Chemie
der
menschlichen Nahrungs- und Genussmittel.

Von

Dr. J. König,

Geh. Reg.-Rath, o. Prof. an der Kgl. Universität und Vorsteher
der agric.-chem. Versuchsstation Münster i. W.

Erster Band.
Chemische Zusammensetzung der menschlichen
Nahrungs- und Genussmittel.

Vierte verbesserte Auflage.

Mit in den Text gedruckten Abbildungen.

Springer-Verlag Berlin Heidelberg GmbH
1903

Chemische Zusammensetzung
der
menschlichen Nahrungs- und Genussmittel.

Nach
vorhandenen Analysen mit Angabe der Quellen zusammengestellt
von

Dr. J. König,
Geh. Reg.-Rath, o. Prof. an der Kgl. Universität und Vorsteher
der agric.-chem. Versuchsstation Münster i. W.

Vierte verbesserte Auflage
bearbeitet von

Dr. A. Bömer,
Privatdocent an der Kgl. Universität und Abtheilungs-Vorsteher der agric.-chem.
Versuchsstation Münster i. W.

Mit in den Text gedruckten Abbildungen.

Springer-Verlag Berlin Heidelberg GmbH
1903

ISBN 978-3-642-89969-0 ISBN 978-3-642-91826-1 (eBook)
DOI 10.1007/978-3-642-91826-1

Softcover reprint of the hardcover 1st edition 1903

Vorrede zur ersten Auflage.

Die Ernährung des Menschen hat bislang seitens der Physiologie nicht die Berücksichtigung gefunden wie andere Zweige dieser Wissenschaft. Während wir über die Beschaffenheit, Art und Menge des Futters, welches zur Ernährung der landwirthschaftlichen Nutzthiere nothwendig ist, schon recht gut informirt sind, besitzen wir über die Zusammensetzung und Menge der für den Menschen nothwendigen und zweckmässigen Nahrung nur sehr mangelhafte Kenntnisse. Es hat dieses verschiedene Gründe. Zunächst ist die Nahrung des Menschen eine sehr vielseitige und komplicirte, sowohl in Rücksicht der einzelnen Arten und der Zubereitung der Nahrungsmittel, als auch nach den Berufsklassen und den örtlichen Verhältnissen. In diesem Labyrinth einen leitenden Faden zu finden, ist gewiss nicht leicht und mag dieses manchen Forscher von dem Gebiet fern gehalten haben. Auch erscheint die Erforschung desselben wenig dankbar; denn der grösste Theil der menschlichen Gesellschaft wird sich derartigen Forschungen gegenüber indolent verhalten, indem er entsprechend seinen Mitteln die Nahrung nicht nach wissenschaftlichen Grundsätzen, sondern nach seinem Geschmack auswählt. So mag es auch gekommen sein, dass die Regierungen dieser Frage bis jetzt gleichgültig gegenüber gestanden haben, insofern sie keine hinreichenden Mittel zur Erforschung dieses Gebietes zur Verfügung stellten.

Den grossartigen unermüdlichen Forschungen besonders der Münchener physiologischen Schule über die Ernährungsvorgänge des Menschen in den letzten 20 Jahren jedoch konnte man sich nicht länger verschliessen. Diese Forschungen haben nicht nur Licht in das verworrene Dunkel gebracht, sie haben auch in den weitesten Kreisen das lebhafteste Interesse hervorgerufen. So sehen wir denn, dass in den letzten Jahren von den Aerzten und Regierungsbehörden der Ernährung des Menschen, besonders in den öffentlichen Anstalten, in der Volksküche, in den Gefängnissen etc. mehr Aufmerksamkeit zugewendet wird.

Um in dieser Hinsicht zu richtigen Regeln zu gelangen, ist vorzugsweise dreierlei zu wissen nothwendig:

1. Die chemische Zusammensetzung der einzelnen menschlichen Nahrungs- und Genussmittel, ihr Gehalt an einzelnen Nährstoffen,

2. die Grösse ihrer Verdaulichkeit,
3. die Art und Menge der täglich für den Menschen verschiedenen Alters und Berufes erforderlichen Nährstoffe, ihr Schicksal und ihre Funktion im menschlichen Organismus.

Um einen Beitrag zu diesen Fragen zu liefern, habe ich seit einigen Jahren eine Reihe menschlicher Nahrungs- und Genussmittel einer chemischen Untersuchung unterworfen, deren erste Reihe durch die Zeitschrift für Biologie 1876, S. 497 mitgetheilt wurde. In Fortsetzung dieser Untersuchung habe ich den Entschluss gefasst, eine „Chemie der menschlichen Nahrungs- und Genussmittel“ zu schreiben, welche nicht nur den mittleren, Maximal- und Minimal-Gehalt der Nahrungs- und Genussmittel, sondern auch die chemische Konstitution der einzelnen Bestandtheile derselben, ferner die Veränderungen, welche dieselben durch Fabrikation und Zubereitung erleiden, enthalten soll. Ich habe mich dazu entschlossen, weil alle bis jetzt über diesen Gegenstand vorliegenden Werke, entweder wie z. B. die seiner Zeit hochgeschätzte „Physiologie der Nahrungsmittel“ von Jac. Moleschott veraltet, oder wie die meisten neuesten Werke ungemein lückenhaft sind.

Man begegnet in den physiologischen Lehrbüchern durchweg nur einzelnen und meistens älteren Analysen, die zum Theil in Folge veränderter und verbesserter Methoden ganz unbrauchbar geworden sind. Diese übertragen sich von einem Buch in das andere, ohne dass man neueres Untersuchungs-Material berücksichtigt. Eine möglichst vollständige Zusammenstellung von Nahrungs- und Genussmittel-Analysen unter besonderer Berücksichtigung der neueren Analysen dürfte daher sehr an der Zeit sein, und nicht bloss von dem eben angeführten Gesichtspunkt aus, sondern auch noch aus einem ebenso wichtigen anderen Grunde.

Die Nahrungs- und Genussmittel werden nämlich wie alle Handelsartikel, nach denen die Nachfrage gross ist, in der gewissenlosesten und gröblichsten Weise verfälscht. Dieser Unfug hat in den letzten Jahren einen solchen Umfang angenommen, dass die deutsche Reichsregierung sogar Veranlassung genommen hat, demselben durch besondere Gesetze Schranken zu setzen. Das Schicksal dieser Gesetzesvorlage im Reichstage ist allerdings noch nicht abzusehen. Inzwischen aber haben schon viele grössere Städte und Vereine Untersuchungsämter eingerichtet, denen die chemische Untersuchung der Lebenswaaren des Handels obliegt. Für derartige Untersuchungen ist aber in sehr vielen Fällen wichtig, die mittlere chemische Zusammensetzung der reinen, unverfälschten Nahrungs- und Genussmittel und deren Schwankung zu kennen, um event. aus dem Vergleich mit dem Untersuchungsobjekt auf eine Verfälschung erkennen zu können.

Man muss nach meinen Erfahrungen zur Zeit in den verschiedensten Werken und Zeitschriften suchen, um über die chemische Zusammensetzung dieser oder jener Nahrungs- und Genussmittel im reinen, unverfälschten Zustande einige Aufklärung zu finden.

Ich glaube daher auch dem analytischen Handelschemiker für viele Fälle dadurch einen Dienst zu erweisen, dass ich die brauchbaren Analysen der Nahrungs- und Genussmittel in übersichtlichen Tabellen zusammenstelle und Mittelwerthe herausziehe.

Anfangs beabsichtigte ich, diese Tabellen mit einem erläuternden Text zu versehen, um sie auch dem Laien zugänglich zu machen. Da dieselben aber zum Theil einen grossen Umfang angenommen haben, so habe ich hiervon Abstand genommen; denn für den Laien haben diese grossen Zahlenreihen keinen Werth, für ihn genügt es, die mittlere chemische Zusammensetzung und deren Schwankungen zu kennen. Der Fachmann aber bedarf des erläuternden Textes nicht, für ihn genügen die einfachen Zahlen.

Ich habe mich daher entschlossen, die „Chemie der menschlichen Nahrungs- und Genussmittel" in zwei von einander unabhängigen Theilen herauszugeben, von denen der erste Theil eine Zusammenstellung aller bisherigen brauchbaren Analysen, der zweite Theil nur die Mittelzahlen und den erläuternden Text unter den oben angedeuteten Erweiterungen enthält.

Den ersten Theil übergebe ich hiermit der Oeffentlichkeit. Ich bin mir wohl bewusst, dass die entworfene Zusammenstellung noch manche Mängel und Lücken besitzt. Wenngleich ich mir alle Mühe gegeben habe, das brauchbare Material in der Literatur seit 1848 zusammenzulesen, so kann es doch sein, dass mir hier und da Analysen entgangen sind. Für jeden Wink in dieser Hinsicht werde ich den Herren Fachgenossen sehr dankbar sein, noch mehr aber, wenn sie die, etwa selbst ausgeführten, bis jetzt noch nicht veröffentlichten Analysen an mich gelangen lassen wollen, um sie den Tabellen zuzufügen.

Ich bitte daher die nachstehende Zusammenstellung in dem Sinne aufzufassen, dass sie das Gute anstrebt, nicht aber bereits erreicht hat.

Nichtsdestoweniger wollte ich mit der Veröffentlichung derselben nicht länger zögern; denn über zahlreiche Nahrungs- und Genussmittel liegt ein umfangreiches Untersuchungs-Material vor, so dass es kaum einer Erweiterung bedarf. Aus dieser Zusammenstellung ersieht man daher am ersten, wo weitere Untersuchungen am nothwendigsten sind.

Ich muss an dieser Stelle dankbar hervorheben, dass mich mein erster Assistent Dr. C. Krauch sowohl durch Ausführung sehr vieler Analysen, als auch durch Zusammenstellung von Tabellen und Berechnung der Mittelwerthe aufs eifrigste unterstützt hat.

Münster i. W., im Juli 1878.

Der Verfasser.

Vorrede zur vierten Auflage.

Die Ausführungen in der ersten Vorrede zu diesem Werk haben, was den Zweck desselben anbelangt, auch noch heute, für die vierte Auflage, ihre Gültigkeit. Dasselbe soll eine Fundgrube bilden für die Zusammensetzung und Beschaffenheit alles dessen, was der Mensch isst und trinkt, einerseits um darnach die Ernährung des Menschen, andererseits um die Verfälschungen der Nahrungs- und Genussmittel richtig beurtheilen zu können. Anders aber haben sich die Verhältnisse bezüglich der Erreichung dieser Ziele gestaltet. Während vor 25 Jahren beim Erscheinen der ersten Auflage (1878) die vorliegenden Untersuchungen noch als äusserst mangel- und lückenhaft bezeichnet werden mussten, ist seit der Zeit auf diesem Gebiete so emsig und allseitig gearbeitet worden, dass man heute in der That von einer Chemie der Nahrungs- und Genussmittel als vollberechtigtem Nebenzweig der allgemeinen Chemie reden kann. Dieser Umstand hat die Neubearbeitung der dritten Auflage, die schon seit Jahren vergriffen ist, sehr erschwert und verzögert. Auch würde es dem bisherigen Verfasser des Werkes bei seinen sonstigen Obliegenheiten nicht möglich gewesen sein, schon jetzt mit der neuen Auflage des I. Bandes hervorzutreten, wenn er nicht in seinem bewährten Mitarbeiter, Herrn Dr. A. Bömer, eine hervorragende Unterstützung gefunden hätte.

Mit Rücksicht auf die ursprünglich gestellte Aufgabe und die Fülle des vorliegenden Stoffes haben wir uns entschlossen, das Werk jetzt statt in zwei in drei Bänden herauszugeben, von denen umfassen soll:

I. Band: Die procentige Zusammensetzung der Nahrungs- und Genussmittel nach vorhandenen Analysen mit Angabe der Quellen, bearbeitet von Dr. A. Bömer.

II. Band: Die Herstellung, Zusammensetzung und Beschaffenheit der Nahrungs- und Genussmittel nebst einer Einleitung über die in denselben vorkommenden chemischen Verbindungen und über die Ernährungslehre, bearbeitet von Dr. J. König.

III. Band: Die Untersuchung der Nahrungs- und Genussmittel, Nachweis der Verfälschungen nebst einem Anhange über die Untersuchung von Gebrauchsgegenständen, bearbeitet von Dr. J. König und Dr. A. Bömer.

Auf diese Weise glauben wir den umfangreichen Stoff einigermassen gleichmässig vertheilen und gleichzeitig ein Werk liefern zu können, welches den verschiedensten Anforderungen entsprechen dürfte.

Dem vorliegenden I. Bande, als wesentlicher Grundlage für die Bearbeitung des II. und III. Bandes, bezw. für die Beurtheilung der natürlichen Zusammensetzung der Nahrungs- und Genussmittel sowie deren Schwankungen, wird der II. Band schon Ende dieses Jahres folgen, und soll der III. Band ebenfalls nicht gar zu lange auf sich warten lassen.

Münster i. W., im April 1903.

Die Verfasser.

Inhalts-Uebersicht.

Druckfehler-Berichtigungen S. XIV.
Vorbemerkungen zu den Tabellen S. XVI.

Thierische Nahrungs- und Genussmittel.

Pflanzliche Nahrungs- und Genussmittel.

Druckfehler - Berichtigungen.

S. 110 lies **3,15** statt 1,78 % für den Niedrigst-Gehalt an Milchzucker.

S. 152 lies bei der Analyse No. 453: **4,38** statt 3,78 % Stickstoff in der Trocken-Substanz.

S. 313 sind bei Ziegenbutter als Mittelzahlen zu setzen:

In der natürlichen Substanz					In der Trocken-Substanz		
Wasser	Fett	Kaseïn	Milchzucker	Asche	Kaseïn	Fett	Stickstoff
13,94	82,11	1,33	0,68	1,94	1,54	95,41	0,25 %.

S. 624 lies bei der Wegerich-Analyse No. 2: **3,05** statt 2,05 % Stickstoff in der Trocken-Substanz.

S. 641 beziehen sich die Zahlen unter b) „Nudeln des Handels" (ausser der Zahl für den Wassergehalt) auf Trocken-Substanz. Ferner sind in der letzten Kolumne für den Aschengehalt irrthümlich die Zahlen für den Wassergehalt wiederholt. Statt dieser Zahlen sind folgende Aschengehalte einzusetzen:

No.	1	2	3	4	5	6	7	8	9	10	11	12	Mittel
	0,697	0,751	0,987	1,345	0,673	0,636	0,601	0,907	1,645	2,134	0,835	0,625	0,986

S. 693 unter Hungersnothbrot No. 12 lies in der ursprünglichen Substanz **64,24** statt 27,55 % Stickstofffreie Extraktstoffe und **7,88** statt 44,12 % Rohfaser und in der Trocken-Substanz **68,24** statt 29,26 % Stickstofffreie Extraktstoffe.

S. 817 Anmerkung *) muss die erste Zahlenreihe gestrichen werden und gehören die vier Vordrucke (Polyporus sulfureus etc.) zu den je eine Zeile tieferstehenden Zahlen.

S. 1068 sind in den beiden letzten Zeilen die Worte „Höchster Werth" und „Niedrigster Werth" umzustellen.

S. 1101 gehören die in der Kolumne „Dextrin" stehenden Zahlen in die Kolumne „Maltose".

S. 1199 lies bei Rheinhessischen Weissweinen die Mittelzahl **0,018** statt 0,008 für Schwefelsäure. In dem zu dieser Zahl gehörigen Kopfe lies SO_3 statt S_3O.

S. 1209 ist bei den Analysen No. 1 und 2 die in der Kolumne „Weinsäure" stehende Zahl 0,008 zu streichen.

S. 1212 ist bei der Analyse No. 99 die in der Kolumne „Weinsäure" stehende Zahl 0,019 zu streichen.

S. 1212 sind die Zahlen bei der No. 112 das Mittel von **2** Analysen.

S. 1344, Zeile 4 von oben lies **mg** statt g in 100 ccm.

S. 1355 bedeuten die Zahlen der letzten Tabelle, ausgenommen die für den Extrakt-, Säure- und Zucker-Gehalt des Mostes, g in **1 l** statt in 100 ccm.

S. 1371 bedeuten in der letzten Tabelle die Zahlen für Glycerin g in **1 l** statt in 100 ccm.

S. 1402 Anmerkung °) muss es bei Himbeerwein No. 4 unter „Weinsäure" heissen „vorhanden" statt 0,636.

Bei den Mittel- und Schwankungszahlen liegen ausserdem folgende Druckfehler vor:

Seite	Bezeichnung des Nahrungsmittels	In der natürlichen Substanz				In der Trocken-Substanz
		Stickstoff-Substanz	Fett	Milchzucker	Asche	Stickstofffreie Extraktstoffe
338	Margarine-Käse { Mittel, lies (statt) .	**26,14** (21,59)	—	**4,51** (8,60)	—	—
	{ Höchst, lies (statt)	—	—	**9,55** (6,22)	—	—
484	Württembergische Gerste, Mittel, lies (statt)	—	—	—	**2,79** (3,14)	—
				Stickstofffreie Extraktstoffe		
576	Erbsen, Mittel, lies (statt) . . .	—	—	—	—	**61,08** (66,67)
616	Kürbissamen, Mittel, lies (statt) .	—	—	—	—	**6,15** (6,49)
626	Weizenmehl, Mittel { feinstes, lies (statt)	—	—	**74,74** (74,69)	—	—
627	{ gröberes, lies (statt)	—	—	**72,29** (73,39)	—	**82,69** (86,24)
639	Eichelmehl, lies (statt)	**5,23** (7,28)	—	**62,59** (62,10)	—	**72,59** (72,45)
			Wasser			
644	Gerstenmehl, Mittel, lies (statt) .	**9,09** (8,87)	**11,63** (14,13)	**75,32** (73,02)	**1,52** (1,54)	—
648	Erdnussmehl, Mittel, lies (statt) .	**47,89** (48,92)	—	**22,01** (22,99)	—	**23,58** (24,57)

Seite	Bezeichnung des Nahrungsmittels	In der natürlichen Substanz				In der Trocken-Substanz
		Stickstoff-Substanz	Fett	Stickstofffreie Extraktstoffe	Rohfaser	Stickstofffreie Extraktstoffe
652	Tofu { No. 5, lies (statt) . . .	—	—	—	—	**27,93** (17,77)
	Tofu { Mittel, frisch, lies (statt) .	—	—	—	—	**34,59** (8,23)
	Tofu { Mittel, gefroren, lies (statt)	—	—	**8,02** (7,99)	—	**31,42** (9,06)
654	Weizenstärke, Mittel, lies (statt) .	—	—	**84,11** (74,11)	**1,45** (1,48)	**97,71** (86,11)
672	Weizenbrot, Mittel { feineres, lies (statt)	—	—	—	—	**87,12** (84,10)
	Weizenbrot, Mittel { gröberes, lies (statt)	—	—	—	—	**81,28** (76,20)
677	Soldatenbrot, Mittel, lies (statt) .	—	—	**48,51** (48,85)	—	**84,36** (84,91)
680	Haferbrot, Mittel, lies (statt) . .	—	—	—	—	**74,01** (73,41)
742	Runkelrübe { No. 46, lies (statt)	—	**0,10** (1,10)	—	—	—
748	Runkelrübe { No. 193, lies (statt)	—	**13,90** (7,90)		—	—
749	Runkelrübe { No. 223, lies (statt)	—	—	**10,51** (19,51)	—	**75,07** (139,29)
761	Zuckerrübe, Mittel, lies (statt) . .	—	Zucker **13,25** (12,25)	Sonstige stickstofffreie Extraktstoffe **1,92** (2,92)	—	—
774	Wasserrübe, Mittel, lies (statt) . .	—	**6,10** (6,06)		—	**65,38** (64,88)
777	Rothrübe, Mittel, lies (statt) . .	—	—	**7,78** (7,88)	—	**65,10** (65,94)
790	Spinat, Mittel, lies (statt) . . .	—	—		—	**33,55** (31,63)
794	Mohrrübe, Mittel, lies (statt) . .	—	**61,40** (71,40)		—	**71,79** (84,83)
814	Speisemorchel, frisch, Mittel, lies (statt)	—	**4,50** (4,30)		—	—
827	Birnen, Mittel, lies (statt) . . .	—	Dextrin —	—	Pektinsäure —	Zucker **56,34** (56,96)
920	Honig { No. 128, lies (statt) . .	**0,83** (5,16)	—	—	—	—
924	Honig { Mittel, lies (statt) . . .	—	**1,30** (5,88)	—	—	—
1019	Thee, Mittel, lies (statt)	—	Koffeïn —	+ Rohfaser **65,22** (70,80)	—	—
1041	Kolanuss, Mittel, lies (statt) . .	—	**2,03** (1,66)	—	—	—
1047	Tabak, Mittel, lies (statt) . . .	—	—	—	**9,49** (12,79)	—

Vorbemerkungen zu den Tabellen.

Bei der nachstehenden Zusammenstellung der Analysen haben wir die älteren Analysen besonders bei den Nahrungs- und Genussmitteln, bei denen genügend neuere und vollkommenere Analysen vorliegen, nicht mehr aufgenommen, sondern uns auf die Angabe der Quellen beschränkt.

Sind ausser den in den allgemeinen Tabellen aufgeführten Bestandtheilen noch andere bestimmt, so haben wir diese in den Anmerkungen oder im Anhang zu dem Nahrungs- oder Genussmittel angegeben.

Im Uebrigen sei Folgendes bemerkt:

1. Was die wichtigste Rubrik „Stickstoff-Substanz“ anbelangt, so sind alle nicht eingeklammerten Zahlen, wo nichts anderes angegeben ist, in der Weise gewonnen, dass in der Stickstoff-Substanz 16% Stickstoff angenommen, der Stickstoff-Gehalt also mit 6,25% multiplicirt worden ist. Diese Zahl beruht gleichsam auf einem internationalen Abkommen. In den älteren Analysen hat man durchweg 15,75% Stickstoff in der Stickstoff-Substanz angenommen. Wir haben jedoch alle Zahlen, welche auf diese Weise gewonnen wurden, unter der Annahme obigen Stickstoff-Gehaltes umgerechnet. Bei manchen älteren Analysen war jedoch weder der Stickstoff-Gehalt angegeben, noch auch, wie der Gehalt an Stickstoff-Substanz berechnet war. Solche Zahlen sind alsdann von uns eingeklammert und bei der Mittelwerthsberechnung nicht mit berücksichtigt.

Eine Ausnahme hiervon bilden nur einige Fleisch-Analysen. Zwar haben wir bei den an hiesiger Station ausgeführten Fleisch-Analysen ebenfalls für die Stickstoff-Substanz einen Stickstoff-Gehalt von 16% zu Grunde gelegt und als stickstofffreie Extraktivstoffe bezeichnet, was nach Abzug von Wasser + Stickstoff-Substanz + Fett + Asche von 100 übrig bleibt. Diese Menge ist aber in den meisten Fällen sehr gering, so dass man das Fleisch als ein Nahrungsmittel bezeichnen kann, welches ausser Wasser nur aus Stickstoff-Substanz, Fett und Salzen besteht. Wir haben daher bei manchen Analysen, bei denen nur Wasser, Fett und Salze bestimmt waren, den Rest als Stickstoff-Substanz angenommen. Wo dieses geschehen, ist es in den Anmerkungen angegeben.

Bei einigen Obst-Analysen haben wir ebenfalls über den Stickstoff-Gehalt oder die Berechnung der Stickstoff-Substanz in den uns zu Gebote stehenden Quellen keine näheren Angaben finden können. Wir haben daher hier die Angaben über den Gehalt an Eiweiss, bezw. Stickstoff-Substanz einstweilen als richtig angenommen und glaubten dieses um so mehr thun zu dürfen, weil hier die letztere gegenüber den anderen Nährstoffen eine untergeordnete Rolle spielt.

Bei Milch und Milcherzeugnissen haben wir dort, wo nur der Stickstoff-Gehalt angegeben war, die Stickstoff-Substanz durchweg durch Multiplikation des Stickstoffs mit 6,37 an Stelle von 6,25 berechnet, weil für diese Proteïnstoffe mit genügender Sicherheit der Sticktoff-Gehalt zu 15,7 % angenommen werden kann.

Dass bei anderen Nahrungsmitteln diese Zahl noch erheblicher von 16 % abweicht, wird im II. und III. Bande dargelegt werden. Aus dem Grunde können die Werthe für „Stickstoff-Substanz“ in den Tabellen nur als Annäherungswerthe angesehen werden und haben wir aus dem Grunde in den Tabellen neben der „Stickstoff-Substanz“ in der Trockensubstanz meistens auch den Gehalt an „Stickstoff“ als massgebendere Grundlage für die Beurtheilung mit aufgeführt.

Denn eine Reihe von Nahrungs- und Genussmitteln wie Wurzelgewächse, Gemüse etc. enthalten neben den eigentlichen Proteïnstoffen noch andere Stickstoff-Verbindungen in nicht unerheblicher Menge z. B. Amide, Alkaloïde, Ammoniak, Salpetersäure, die einen von 16 % noch bei Weitem mehr abweichenden Stickstoff-Gehalt aufweisen und bei denen daher der Werth von Stickstoff-Substanz, berechnet mit 6,25, noch mehr von der Wirklichkeit abweicht.

Wir haben uns bemüht, die Vertheilung des Stickstoffs auf die einzelnen Stickstoffverbindungen, so weit wie die bisherigen Untersuchungen reichen, thunlichst eingehend mit aufzuführen.

Statt des vielfach üblichen Ausdruckes „Reineiweiss“ haben wir „Reinproteïn“ eingeführt, weil der Name „Proteïn“ die ganze Gruppe der Proteïnstoffe, der Name „Eiweiss“ dagegen eine besondere Klasse derselben bedeutet.

2. Unter der Rubrik „Fett“ ist allgemein der Aetherextrakt zu verstehen. Auch diese Zahlen bringen den wirklichen Fettgehalt nicht genau zum Ausdruck; denn sie schliessen ausser Fett noch andere, in Aether lösliche Stoffe mit ein. Diese Menge ist aber durchweg (ausser bei chlorophyll- und wachshaltigen Nahrungsmitteln) nicht sehr gross, so dass die Bezeichnung „Fett“ für diese Gruppe recht wohl zulässig ist.

3. Die Rubrik „Stickstofffreie Extraktstoffe“ bezeichnet überall diejenigen Nährstoffe, welche nach Abzug der anderen summirten Bestandtheile von 100 übrig bleiben. Diese Gruppe Nährstoffe besteht in den menschlichen Nahrungs- und Genussmitteln vorzugsweise aus Zucker, Dextrin, Gummi, Stärke, Pentosanen, Säuren, Alkohol etc.; hierzu kommt häufig ein Rest anderer Bestandtheile, deren Konstitution uns zur Zeit noch völlig unbekannt ist.

4. Mit „Roh- oder Holzfaser“ bezeichnen wir die Cellulose einschliesslich der diese umhüllenden, inkrustirenden Kutikularsubstanz oder auch Lignin genannt. Die Menge der Rohfaser wird dadurch bestimmt, dass man auf die Stoffe entweder Diastase einwirken lässt, welche alle stärkemehlhaltigen Stoffe in Lösung bringt, oder dadurch, dass man dieselben der Reihe nach mit verdünnter Säure und Alkalien behandelt. In manchen Fällen ist unter Rohfaser einfach die in Wasser unlösliche Substanz aufgeführt. Dieses wie das erste Verfahren sind aber unrichtig, weil sie nicht alle Stoffe ausser Cellulose und inkrustirender Substanz in Lösung bringen. Deshalb wendet man jetzt allgemein zur Bestimmung der Rohfaser verdünnte Schwefelsäure und Kalilauge an und zwar nach dem allgemein üblichen Weender Verfahren $1\frac{1}{4}$-procentige Schwefelsäure und $1\frac{1}{4}$-procentige Kalilauge.

Nur die auf diese Weise (durch verdünnte Säure und Alkalien) ermittelten Zahlen für Rohfaser haben wir zur Mittelwerthsberechnung herangezogen; alle nach anderen Verfahren erhaltenen und solche Zahlen, für welche wir die Bestimmungs-Verfahren aus der Quelle nicht ersehen konnten, sind eingeklammert. Dass auch diese Zahlen, weil sie gleichzeitig Pentosane und ligninartige Stoffe einschliessen, nur Annäherungswerthe für den Gehalt an Cellulose bedeuten und ein ganz unrichtiges Bild von der Zusammensetzung eines Nahrungsmittels geben, wenn gleichzeitig die Pentosane bestimmt werden, wird im III. Bande gezéigt und dort gleichzeitig ein Verfahren angegeben werden, welches einen besseren Ausdruck für den Gehalt an wahrer Cellulose zu gewähren im Stande ist.

5. Unter „Asche" ist durchweg sand- und kohlefreier Verbrennungs-Rückstand zu verstehen, ob in allen Fällen auch kohlensäurefreier Rückstand, müssen wir dahin gestellt sein lassen. Die näheren Bestandtheile der Asche haben wir nicht immer mit aufgenommen, weil wir in den „Aschen-Analysen von landwirthschaftlichen Produkten etc." von E. Wolff, Berlin, I. Theil 1871 und II. Theil 1880 eine ausgezeichnete und ausführliche übersichtliche Zusammenstellung besitzen, auf welche hier verwiesen sei. Nur wo neue und wichtige Aschen-Analysen vorliegen, sind sie mit aufgenommen.

6. Zur Mittelwerthsberechnung bemerken wir, das zunächst der mittlere Wassergehalt festgestellt wurde; dieser wurde alsdann bei den Analysen, welche sich auf die Trockensubstanz beziehen, für die Umrechnung auf wasserhaltige Substanz zu Grunde gelegt. In einigen Fällen liegen von diesem oder jenem Bestandtheil der Nahrungsmittel nur eine oder einige Bestimmungen vor, während beim Wasser und einem hervorragenden anderen Bestandtheil mehrere Bestimmungen vorhanden sind. Alsdann ist häufig der mittlere Wassergehalt der Gesammt-Analysen anders als der Wassergehalt für die Analyse oder Analysen, welche den Gehalt besonderer Bestandtheile aufführen. Man kann alsdann aus letzteren nicht einfach das Mittel nehmen, sondern muss dieses ebenfalls auf den berechneten mittleren Wassergehalt zurückführen.

Die Niedrigst- und Höchst-Zahlen sind auf den mittleren Wassergehalt zurückgeführt, so dass sie sich direkt mit den Mittel-Zahlen vergleichen lassen.

Von einer Uebersichtstabelle am Schlusse des Werkes haben wir abgesehen, weil die Mittelwerthe und Schwankungen durchweg bei den einzelnen Nahrungs- und Genussmitteln aufgeführt sind und dort ohne grosse Mühe nachgesehen werden können.

Die wichtigeren, während des Druckes erschienenen Analysen sind als Nachträge zu den einzelnen Kapiteln am Schlusse des Werkes angefügt worden.

Bei der Fülle der Zahlen und der technischen Schwierigkeit einer einheitlichen Anordnung der Tabellen sind trotz sorgfältiger Vergleichung manche Druck- und Rechenfehler unvermeidlich gewesen; einige derselben haben wir selbst bei nochmaliger Durchsicht bezw. bei Benutzung der Tabellen schon gefunden und auf S. XIV und XV berichtigt, worauf wir hier besonders verweisen. Andere etwa vorhandene Fehler wird der Leser schon beim Vergleich der Zahlen unter sich meist leicht auffinden und richtig deuten können. Wir werden aber sehr dankbar sein, wenn uns solche Versehen freundlichst mitgetheilt werden.

P. Behrend und A. Morgen (Zeitschr. d. landw. Central-Ver. Sachsen 1879, 49; vergl. No. 160—163 der Analysen von Runkelrüben) untersuchten in gleicher Richtung Rüben und zogen dabei Rüben von Sandboden und solche von Rübenboden in Vergleich:

	Rothe Riesenpfahlrübe auf Rübenboden	Rothe Riesenpfahlrübe auf Sandboden	Gelbe olivenförmige Rübe auf Rübenboden	Gelbe olivenförmige Rübe auf Sandboden
	%	%	%	%
Gesammt-Stickstoff	0,200	0,184	0,200	0,163
Davon unlöslich im Mark	0,030	0,012	0,036	0,043
„ löslich im Saft	0,170	0,172	0,164	0,120
Vom Saft-Stickstoff war:				
vorhanden in Form von: Eiweiss	0,049	0,058	0,055	0,050
Amiden	0,095	0,078	0,087	0,066
Ammoniak, Salpetersäure etc. . . .	0,032	0,012	0,022	—
Wirkliches Eiweiss in der ganzen Rübe	0,491	0,438	0,569	0,638
Von 100 Gesammt-Stickstoff waren:				
In Eiweiss gebunden	39,5	38,0	45,5	62,2
Nicht in Eiweiss gebunden	60,5	62,0	54,5	37,4

Gemüse.

Wurzelgewächse.

Einige der hier aufgeführten Gemüse sind nur besondere Varietäten der im vorhergehenden Abschnitte aufgeführten Wurzelgewächse. Da aber die Wurzelgewächse des vorhergehenden Abschnittes mehr im Grossen auf dem Felde angebaut werden und auch als Viehfutter dienen, die nachfolgenden dagegen als Gartengewächse nur im Kleinen und ausschliesslich als menschliche Nahrungsmittel gezogen werden, so mögen sie hier unter den „Gemüsen“ Platz finden.

Rothrübe. — Beta vulgaris conditiva. — Rothe Beete.

No.	Nähere Bezeichnung	Zeit der Untersuchung	In der ursprünglichen Substanz: Wasser %	Stickstoff-Substanz %	Fett %	Zucker %	Sonstige stickstfr. Extraktst. %	Rohfaser %	Asche %	In der Trocken-Substanz: Stickstoff-Substanz %	Stickstoff-freie Extraktstoffe %	Stickstoff in der Trocken-Substanz %	Analytiker
1 *)	Anfang August geerntet	1884	87,07	1,37	0,03	0,54	9,02	1,05	0,92	10,63	73,94	1,70	*W. Dahlen* [1])
2	„Rothe Beete“, Mittel von 2 Analysen . .	1886	88,57	1,60	0,18	7.40		1,12	1,08	14,00	—	2,24	*E. H. Jenkins* [2])
3	Rothe Beete 9 Analysen: Mittel	—	88,50	1,50	0,10		8,80		1,10	13,05	—	2,09	*W. O. Atwater* [3])
	Rothe Beete 9 Analysen: Schwankungen	—	85,5—92,2	1,1—1,8	0,1—0,3		4,5—13,0		0,7—1,6	—	—	—	
	Mittel	—	**88,05**	**1,50**	**0,10**	**0,50**	**7,88**	**1,07**	**1,00**	**12,56**	**65,94**	**2,01**	

[1]) Landw. Jahrb. 1874, **3**, 321 u. 723 u. 1875, **4**, 613.

[2]) Annual Rep. Connecticut Agric. Experim. Stat. 1886, 92; Jahresb. Agrik. Chem. 1887, **30**, 422.

[3]) U.-S. Dep. Agric. Bull. 21, 1895, 31.

*) Es enthielt:

	Phosphorsäure	Schwefel organisch gebunden
Rothrübe No. 1	0,090 %	0,008 %

Speisemöhre. — Daucus Carota. L.

No.	Nähere Bezeichnung	Zeit der Untersuchung	In der ursprünglichen Substanz: Wasser %	Stickstoff-Substanz %	Fett %	Zucker %	Sonstige stickstofffr. Extraktst. %	Rohfaser %	Asche %	In der Trocken-Substanz: Stickstoff-Substanz %	Stickstofffreie Extraktstoffe %	Stickstoff in der Trocken-Substanz %	Analytiker
1*)	Speisemöhre, klein	1875	88,07	1,48	0,26	1,96	6,41	1,04	0,79	11,44	70,16	1,83	W. Dahlen[1])
2*)	desgl., mittelgross	„	85,86	0,98	0,16	2,10	8,95	1,10	0,84	6,94	78,15	1,11	W. Dahlen[1])
3*)	desgl., gross	„	87,17	0,90	0,13	1,28	8,90	0,93	0,69	7,01	79,35	1,12	W. Dahlen[1])
4	desgl., klein	1876	91,22	0,79	0,26		6,09	0,86	0,78	9,00	69,36	1,44	J. König und B. Farwick[2])
5	Ohne nähere Bezeichnung	„	89,30	1,06	0,26		8,11	0,82	0,45	9,91	75,80	1,59	R. Pott[3])
6	Ohne nähere Bezeichnung	1881	90,00	1,20	0,27		6,55	1,13	0,85	12,00	65,50	1,92	C. Böhmer[4])
	Mittel	—	**88,84**	**1,07**	**0,21**	**1,58**	**6,59**	**0,98**	**0,73**	**9,38**	**73,05**	**1,50**	

Teltower Rübe. — Brassica rapa teltoviensis.

No.	Nähere Bezeichnung	Zeit der Untersuchung	Wasser %	Stickstoff-Substanz %	Fett %	Zucker %	Sonstige stickstofffr. Extraktst. %	Rohfaser %	Asche %	Stickstoff-Substanz % (Trocken)	Stickstofffreie Extraktstoffe % (Trocken)	Stickstoff in der Trocken-Substanz %	Analytiker
1*)	Brassica rapa teltoviensis	1874	81,57	3,57	0,11	1,26	10,49	1,82	1,17	19,38	63,75	3,10	W. Dahlen[5])
2	desgl.	1876	82,23	3,47	0,17		10,91	1,82	1,40	19,50	61,40	3,12	J. König[2])
	Mittel	—	**81,90**	**3,52**	**0,14**	**1,24**	**10,10**	**1,82**	**1,28**	**19,44**	**62,68**	**3,11**	

Kohlrabe. — Brassica oleracea caulorapa und opsigongyla.

Knollen.

No.	Nähere Bezeichnung	Zeit der Untersuchung	Wasser %	Stickstoff-Substanz %	Fett %	Zucker %	Sonstige stickstofffr. Extraktst. %	Rohfaser %	Asche %	Stickstoff-Substanz % (Trocken)	Stickstofffreie Extraktstoffe % (Trocken)	Stickstoff in der Trocken-Substanz %	Analytiker
1**)	Oberkohlrabe (August)	1874	90,43	2,66	0,12	Spur	4,41	1,29	1,09	27,81	46,08	4,45	W. Dahlen[5])
2**)	Späte Rothkohlrabe (November)	„	85,97	2,74	0,16	0,38	8,45	1,40	0,90	19,50	62,94	3,12	W. Dahlen[5])
3	Ohne nähere Bezeichnung	1876	71,17	6,61	0,43		14,00	5,18	2,61	22,94	48,56	3,67	R. Pott[3])
4	Oberkohlrabe	„	85,76	1,30	0,22		10,81	1,36	0,55	9,19	75,91	1,47	J. König und B. Farwick[2])
5	Greentop	1860	86,02	2,34	0,23		9,01	1,23	1,17	16,75	64,45	2,68	A. Völcker[6])
6	Ohne nähere Bezeichnung	„	89,00	2,27	0,18		6,38	1,11	1,06	20,63	58,00	3,30	A. Völcker[6])
7	Purpletop	1867	86,74	2,75	—		—	0,77	1,12	20,75	—	3,32	Anderson[7])
8	Ohne nähere Bezeichnung	1881	92,04	2,31 ***)	0,13		3,48	1,15	0,89	28,38	43,72	4,64	C. Böhmer[8])
	Mittel	—	**85,89**	**2,87**	**0,21**	**0,38**	**7,80**	**1,68**	**1,17**	**20,63**	**58,97**	**3,30**	

Blätter und Stengel.

No.	Nähere Bezeichnung	Zeit der Untersuchung	Wasser %	Stickstoff-Substanz %	Fett %	Zucker %	Sonstige stickstofffr. Extraktst. %	Rohfaser %	Asche %	Stickstoff-Substanz % (Trocken)	Stickstofffreie Extraktstoffe % (Trocken)	Stickstoff in der Trocken-Substanz %	Analytiker
1**)	Blatttheile von Oberkohlrabe	1874	84,34	5,23	0,86	Spur	6,12	1,53	1,92	33,38	39,08	5,34	W. Dahlen[5])
2**)	Stengel u. Rippen von Oberkohlrabe	„	89,95	1,93	0,14	0,41	4,31	1,77	1,49	19,19	46,97	3,07	W. Dahlen[5])
3**)	Blatttheile von später Rothkohlrabe	„	80,04	5,93	0,97	Spur	9,20	1,73	2,10	29.69	46,09	4,75	W. Dahlen[5])
4**)	Stengel u. Rippen von später Rothkohlrabe	„	85,38	1,89	0,23	0,56	8,36	1,96	1,63	12,94	61,01	2,07	W. Dahlen[5])

[1]) Landw. Jahrb. 1875, **4**, 613.
[2]) Zeitschr. f. Biologie 1876, **12**, 497.
[3]) Untersuchungen über die Stoffvertheilung in verschiedenen Kulturpflanzen. Jena, 1876.
[4]) Original-Mittheilung. Von den stickstoffhaltigen Stoffen waren 81,77 % in Form von Eiweiss vorhanden.
[5]) Landw. Jahrb. 1874, **3**, 321 u. 723; 1875, **4**, 613.
[6]) Journ. of the Royal Agric. Soc. of England 1869, **21**, 93.
[7]) Illustr. landw. Ztg. 1867, 14.
[8]) Original-Mittheilung u. Landw. Vers.-Stat. 1882, **28**, 247.

*) Es enthielt:

	No. 1	No. 2	No. 3	Teltower Rübe No. 1
Phosphorsäure	0,161	0,122	0,110 %	0,190 %
Schwefel, organisch gebunden	0,023	0,006	0,016 „	0,079 „

**) Es enthielt:

	Kohlrabe-Knollen No. 1	No. 2	Kohlrabe-Blätter No. 1	No. 2	No. 3	No. 4
Phosphorsäure	0,141	0,113 %	0,179	0,099	0,184	0,086 %
Schwefel, organisch gebunden	0,054	0,066 „	0,114	0,033	0,131	0,045 „

***) Hiervon waren nur 44,18 % oder 1,02 % der natürlichen Substanz in Form von Eiweissstoffen vorhanden.

No.	Nähere Bezeichnung	Zeit der Untersuchung	In der ursprünglichen Substanz: Wasser %	Stick-stoff-Substanz %	Fett %	Zucker %	Sonstige stickstfr. Extraktst. %	Roh-faser %	Asche %	In der Trocken-Substanz: Stick-stoff-Substanz %	Stickstoff-freie Extraktstoffe %	Stickstoff in der Trocken-Substanz %	Analytiker
5	Blätter	1876	85,50	3,13	0,77		6,79	1,48	2,33	21,56	46,83	3,45	R. Pott [1])
6	Essbare Theile . . .	„	88,09	2,46	0,13		6,50	1,57	1,25	20,63	54,58	3,30	
7	Innere Blätter	1860	89,42	1,50	0,08		7,00	1,14	0,86	14,19	66,16	2,27	A. Völcker [2])
8	Blätter	1867	86,68	2,37	—	—	—	1,21	1,45	17,81	—	2,85	Anderson [3])
9	desgl.	1861	85,00	2,81	—	—	—	—	1,80	18,77	—	3,00	Hoffmann [4])
	Mittel	—	**86,04**	**2,03**	**0,45**	**0,51**	**6,77**	**1,55**	**1,65**	**21,52**	**52,15**	**3,44**	
	Rettig. — Raphanus sativus tristis und augustanus.												
	Ernte im Oktober:												
1*)	Schwarzer Sommer-Rettig	1874	88,13	1,69	0,08	1,76	5,99	1,32	1,04	14,52	65,29	2,28	W. Dahlen [5])
2*)	Weisser Sommer-Rettig .	„	85,08	2,52	0,12	1,37	8,16	1,53	1,22	16,75	63,87	2,68	
3	Ohne nähere Bezeichnung	1876	87,54	1,54	0,14		8,01	1,81	0,96	12,38	64,29	1,98	König u. Hammerbacher [6])
4**)	In Japan gewachsen,	1884	94,36	1,22	0,06		3,07	0,77	0,52	21,69	54,44	3,47 [0])	O. Kellner [7])
5**)	dort „Daikon“ gen.	„	93,45	0,88	0,07		4,40	0,77	0,43	13,39	67,15	2,14 [0])	
	Mittel (aus No. 1—3)	—	**86,92**	**1,92**	**0,11**	**1,53**	**6,90**	**1,55**	**1,07**	**14,46**	**64,48**	**2,31**	
	Radieschen. — Raphanus sativus radicula D. C.												
1*)	Ende Mai geerntet . .	1874	94,31	1,15	0,09	1,14	1,97	0,65	0,67	20,19	54,66	3,23	W. Dahlen [5])
2*)	Ende Oktober geerntet .	„	93,47	1,45	0,11	0,52	2,80	0,73	0,93	22,19	50,84	3,55	
3	Ohne nähere Bezeichnung	1876	92,23	1,09	0,26		4,92	0,87	0,63	13,00	63,32	2,24	R. Pott [1])
	Mittel	—	**93,34**	**1,23**	**0,15**	**0,88**	**2,91**	**0,75**	**0,74**	**18,79**	**56,27**	**3,01**	
	Schwarzwurz. — Scorzonera hisp. glastifolia.												
1*)	Anfang Decbr. geerntet .	1874	80,39	1,04	0,50	2,19	12,61	2,27	0,99	5,31	75,47	0,85	W. Dahlen [5])
	Sellerie. — Apium graveolens L. Knollen.												
1*)	Mitte Oktober geerntet .	1874	84,09	1,48	0,39	0,77	11,03	1,40	0,84	9,31	74,17	1,49	W. Dahlen [5])
	Blätter.												
1*)	Blätter } Mitte Oktober	1874	81,57	4,64	0,79	1,26	7,87	1,41	2,46	25,19	49,54	4,03	W. Dahlen [5])
2*)	Stengel } geerntet	„	89,57	0,88	0,34	0,62	5,94	1,24	1,41	8,44	62,90	1,35	
	Merrettig.												
1*)	Anfang Decbr. geerntet .	1874	73,85	3,35	0,31	Spur	18,29	2,58	1,62	12,81	69,94	2,05	W. Dahlen [5])
2	Ohne nähere Bezeichnung	1876	79,60	2,12	0,39		13,47	2,98	1,44	10,38	66,03	1,66	R. Pott [1])
	Mittel	—	**76,72**	**2,73**	**0,35**	—	**15,89**	**2,78**	**1,63**	**11,60**	**67,99**	**1,86**	

[1]) Untersuchung über die Stoffvertheilung in verschiedenen Kulturpflanzen. Jena, 1876.
[2]) Journ. of the Royal Agric. Soc. of England 1869, 5, **21**.
[3]) Illustr. landw. Ztg. 1867, 14.
[4]) Centralbl. f. gesammte Landeskultur 1861, 113.
[5]) Landw. Jahrb. 1874, **3**, 321 u. 723 u. 1875, **4**, 613.
[6]) Zeitschr. f. Biologie 1876, **12**, 497.
[7]) Mittheil. d. Deutschen Gesellsch. f. Natur- u. Völkerkunde Ostasiens **4**, No. 35.

*) Es enthielt:

	Rettig No. 1	Rettig No. 2	Radieschen No. 1	Radieschen No. 2	Merrettig No. 1	Schwarzwurz No. 1	Sellerie- Knollen	Sellerie- Blätter	Sellerie- Stengel
Phosphorsäure	0,127	0,137	0,057	0,090	0,199	0,120	0,74	0,87	0,005 %
Schwefel, organisch gebunden	0,057	0,088	0,011	0,023	0,078	0,041	0,21	0,36	— „

**) Das Wurzelgewächs ist im Original als „Rettig“ (Raphanus sativus) bezeichnet; nach dem Wassergehalt würde es vielleicht eher zu der Spielart „Radieschen“ gehören. Der Raph. sativus erreicht in Japan ein Gewicht von 2,5 bis 3 im Durchschnitt von 1,5 Kilo; er wird nach dem Trocknen in Reiskleie und Salzwasser gepökelt. Das Trocknen geschieht dadurch, dass man die Rettige den Tag über an Strohseilen an sonnigen Plätzen der Wohnhäuser aufhängt. Wenn sich hierbei Stellen bilden, welche zur Zersetzung und Fäulniss neigen, so werden dieselben sorgfältig abgetrennt.

[0]) Von dem Gesammt-Stickstoff der Trocken-Substanz war Eiweiss-Stickstoff bei No. 4: 1,68 und No. 5: 1,41 %.

Pastinak. — Pastinaca sativa L. — Parsnip. — Panais cultivé.

No.	Nähere Bezeichnung	Zeit der Untersuchung	In der ursprünglichen Substanz: Wasser %	Stickstoff-Substanz %	Fett %	Zucker %	Sonstige stickstofffr. Extraktst. %	Rohfaser %	Asche %	In der Trocken-Substanz: Stickstoff-Substanz %	Stickstofffreie Extraktstoffe %	Stickstoff in der Trocken-Substanz %	Analytiker
1	Ohne nähere Bezeichnung	—	88,30	1,58	0,20	8,22		1,00	0,70	13,50	70,26	2,16	*Boussingault*[1])
2	Von kalkigem, ziemlich steinigem, flachgründigem Boden	1852	82,05	1,22	0,55	2,88	4,28	8,02	1,00	6,77	39,92	1,08	*A. Völcker*[2])
3	Von Lehmboden . . .	1878	79,31	1,32	—	1,80	14,47	1,73	1,28	6,38	79,07	1,02	*E. Mach*[3])
	Mittel	—	**83,22**	**1,40**	**0,38**	**2,34**	**8,09**	**3,58**	**0,99**	**8,88**	**62,16**	**1,42**	

Zwiebeln.

Perlzwiebel. — Allium cepa lutea n.

No.	Nähere Bezeichnung	Zeit	Wasser	Stickstoff-Substanz	Fett	Zucker	Sonstige stickstofffr. Extraktst.	Rohfaser	Asche	Stickstoff-Substanz (Tr.)	Stickstofffreie Extraktstoffe (Tr.)	Stickstoff in der Trocken-Substanz	Analytiker
1*)	Einmach-Zwiebel (Juli)	1874	70,18	2,68	0,10	5,78	19,91	0,81	0,54	9,00	86,15	1,44	*W. Dahlen*[4])

Blassrothe Zwiebel. — Allium cepa rosea n.

Wurzelknolle.

No.	Nähere Bezeichnung	Zeit	Wasser	Stickstoff-Substanz	Fett	Zucker	Sonstige stickstofffr. Extraktst.	Rohfaser	Asche	Stickstoff-Substanz (Tr.)	Stickstofffreie Extraktstoffe (Tr.)	Stickstoff in der Trocken-Substanz	Analytiker
1*)	Ende November geerntet	1874	88,66	1,53	0,09	2,26	8,34	0,59	0,52	13,50	93,47	2,16	*W. Dahlen*[4])
2	Ohne nähere Bezeichnung	1876	83,32	1,83	0,11	14,02		0,84	0,88	11,00	84,05	1,76	*R. Pott*[5])
3	Aus Amerika, 6 Analysen: Mittel	1886	87,55	1,41	0,26	9,53		0,69	0,56	11,17	—	1,79	*E. H. Jenkins*[6])
	Schwankungen	—	81,5—93,5	0,8—2,3	0,2—0,4	4,2—15,5			0,4—0,7	—	—	—	
	Mittel	—	**86,51**	**1,60**	**0,15**	**2,70**	**7,68**	**0,71**	**0,65**	**11,89**	**76,95**	**1,80**	

Blätter.

No.	Nähere Bezeichnung	Zeit	Wasser	Stickstoff-Substanz	Fett	Zucker	Sonstige stickstofffr. Extraktst.	Rohfaser	Asche	Stickstoff-Substanz (Tr.)	Stickstofffreie Extraktstoffe (Tr.)	Stickstoff in der Trocken-Substanz	Analytiker
1	Ohne nähere Bezeichnung	—	88,17	2,58	0,58	5,65		1,76	1,25	21,81	47,76	3,49	*R. Pott*[5])

Lauch. — Allium porrum latum n.

Zwiebel und Wurzel.

No.	Nähere Bezeichnung	Zeit	Wasser	Stickstoff-Substanz	Fett	Zucker	Sonstige stickstofffr. Extraktst.	Rohfaser	Asche	Stickstoff-Substanz (Tr.)	Stickstofffreie Extraktstoffe (Tr.)	Stickstoff in der Trocken-Substanz	Analytiker
1*)	Von Mitte Oktober	1874	87,67	2,71	0,23	0,44	6,95	1,12	0,88	22,00	59,94	3,52	*W. Dahlen*[4])
2*)	Von Mitte Oktober	„	90,14	2,39	0,35	Spur	4,06	1,56	1,49	24,88	41,18	3,98	*W. Dahlen*[4])
3	Zwiebel mit Wurzelfaser	1876	85,08	3,39	0,29	8,14		1,79	1,35	22,75	54,56	3,64	*R. Pott*[5])
	Mittel	—	**87,62**	**2,83**	**0,29**	**0,44**	**6,09**	**1,49**	**1,24**	**23,21**	**51,89**	**3,71**	

[1]) J. B. Boussingault, Die Landwirthschaft in ihren Beziehungen zur Chemie etc. **3**, 200.

[2]) The Journ. of the Royal Agricult. Society of England 1852 **14**, II, 385. Auf der Farm d. R. Agr. Coll. auf kalkhaltigem, flachgründigem Boden gewachsen. Ausführliche Analyse:

	Frisch	Trocken		Frisch	Trocken
Wasser	82,050	—	In Alkohol unlösliche Salze .	0,455	2,535
Cellulose	8,022	44,691	Zucker	2,882	16,055
Asche in der Cellulose . . .	0,208	1,159	In Alkohol lösliche Salze . .	0,339	1,888
Unlösliche Stickstoff-Substanz .	0,550	3,064	Ammoniak als Salz	0,033	0,184
Lösliches Kaseïn	0,665	3,704	Stärke	3,507	19,537
Gummi und Pektin	0,748	4,166	Fett	0,546	3,041

[3]) Original-Mittheilung. Die Pastinak waren auf Lehmboden gewachsen; sie enthielten 1,89 % Zucker.

[4]) Landw. Jahrbücher 1874, **3**, 321 u. 723 und 1875, **4**, 613.

[5]) Untersuchungen über d. Stoffvertheil. in verschiedenen Kulturpflanzen, Jena 1876.

[6]) Ann. Rep. Connect. Agricult. Experim. Stat. 1886, 93; Jahresber. Agrik.-Chem. 1887, **30**, 423.

*) Es enthielt:

	Perlzwiebel No. 1	Blassrothe Zwiebel (Wurzelknolle) No. 1	Lauch (Zwiebel und Wurzel) No. 1	Lauch (Zwiebel und Wurzel) No. 2
Phosphorsäure	0,170 %	0,112 %	0,150 %	0,196 %
Schwefel, organisch gebunden .	0,019 „	0,032 „	0,056 „	0,067 „

No.	Nähere Bezeichnung	Zeit der Untersuchung	In der ursprünglichen Substanz: Wasser %	Stickstoff-Substanz %	Fett %	Zucker %	Sonstige stickstofffr. Extraktst. %	Rohfaser %	Asche %	In der Trocken-Substanz: Stickstoff-Substanz %	Stickstofffreie Extraktstoffe %	Stickstoff in der Trocken-Substanz %	Analytiker
	Lauchblätter.												
1*)	Von Mitte Oktober . .	1874	91,30	1,83	0,42	0,77	3,75	1,06	0,86	21,75	51,95	3,48	*W. Dahlen* [1])
2	Ohne nähere Bezeichnung	1876	90,34	2,37	0,47	4,55		1,48	0,79	24,50	47,10	3,92	*R. Pott* [2])
	Mittel	—	**90,82**	**2,10**	**0,44**	**0,81**	**3,74**	**1,27**	**0,82**	**23,13**	**49,52**	**3,70**	
	Knoblauch. — Allium sativum vulgare.												
1*)	Zwiebel nach Abtrennung der äusseren Schalen .	1875	64,66	6,76	0,06	Spur	26,31	0,77	1,44	19,13	74,45	3,06	*W. Dahlen* [1])
	Aeussere Schalen vorstehender Zwiebeln.												
1	Von Allium cepa lutea .	1874	Trocken	3,91	0,75	—	57,97	28,85	8,52	39,06	57,97	6,25	*W. Dahlen* [1])
2	Von Allium cepa rosea .	„	„	4,58	2,08	—	88,66		4,68	45,81	—	7,33	
3	Von Allium sativ. vulg. .	„	„	3,30	0,50	—	46,17	46,53	3,50	33,00	46,17	5,28	
	Schnittlauch. — Allium Schoenoprasum vulgare.												
1	Blühend	1876	83,17	2,70	0,98	9,69		2,54	0,92	16,06	57,57	2,57	*R. Pott* [2])
2*)	Anfang Dec. entnommen	1875	80,83	5,14	0,78	8,46		2,39	2,40	26,81	44,13	4,29	*W. Dahlen* [1])
	Mittel	—	**82,00**	**3,92**	**0,88**	**9,08**		**2,46**	**1,66**	**21,44**	**50,85**	**3,43**	

Früchte, Samen und Samenschalen.

No.	Nähere Bezeichnung	Zeit der Untersuchung	Wasser %	Stickstoff-Substanz %	Fett %	Zucker %	Sonstige stickstofffr. Extraktst. %	Rohfaser %	Asche %	Stickstoff-Substanz % (Trocken)	Stickstofffreie Extraktstoffe % (Trocken)	Stickstoff in der Trocken-Substanz %	Analytiker
	Gurke. — Cucumis sativus L.												
1*)	Ende Juli geerntet . .	1874	95,44	0,93	0,03	1,51	1,15	0,50	0,45	20,38	58,34	3,26	*W. Dahlen* [1])
2*)	Anfang Oktober geerntet	„	94,17	1,54	0,06	0,73	2,27	0,69	0,48	26,06	51,46	4,17	
3	Ohne nähere Bezeichnung	1875	97,19	0,60	0,19	1,19		0,68	0,25	21,38	42,35	3,42	*R. Pott* [2])
4	Aus Japan	1884	94,00	1,66	0,07	1,12	1,67	1,24	0,58	27,67	48,17	4,43	*Nagai und Murai* [3])
5	Aus Amerika, Mittel von 2 Analysen	1895	96,00	0,80	0,20	2,50			0,50	20,00	—	3,20	*W. O. Atwater* [4])
	Mittel	—	**95,36**	**1,09**	**0,11**	**1,12**	**1,09**	**0,78**	**0,45**	**23,09**	**47,64**	**3,69**	
	Melone. — Cucumis melo L.												
1*)	Anfang Oktober geerntet	1874	95,21	1,06	0,61	0,27	1,16	1,07	0,63	22,23	29,85	3,54	*W. Dahlen* [2])
2	Fleisch**) der Melone, aus Amerika	1879	89,65	0,96	0,34	7,13		1,19	0,73	9,25	68,89	1,48	*F. H. Storer* [5])
3		„	85,28	0,69	0,15	11,98		0,99	0,91	4,69	80,03	0,75	
4		„	89,33	1,11	0,04	8,04		0,95	0,53	10,33	75,35	1,66	
5	Aus Japan	1884	92,44	1,17	0,48	2,50	1,58	1,24	0,59	15,68	53,98	2,51	*Nagai und Murai* [3])

[1]) Landw. Jahrbücher 1874, **3**, 321 u. 723 und 1875, **4**, 613.
[2]) Untersuchungen über d. Stoffvertheil. in verschiedenen Kulturpflanzen, Jena 1876.
[3]) Japan. International Health Exhibitation, London 1884, A. p. 5.
[4]) U. S. Dep. of Agric. Bull. 21, 1895, 31.
[5]) Ann. Report of the Connect. Agricult. Experim. Stat. 1879, 159.

*) Es enthielt:

	Lauch (Blätter) No. 1	Knoblauch No. 1	Schnittlauch No. 2	Gurke No. 1	Gurke No. 2	Melone No. 1
Phosphorsäure	0,081 %	0,452 %	0,258 %	0,083 %	0,104 %	0,113 %
Schwefel, organisch gebunden .	0,056 „	0,166 „	—	0,010 „	0,009 „	0,009 „

**) Die Rinde, ferner der Samen einschliesslich der faserigen Masse dieser 3 Melonensorten ergaben im Mittel:

	Wasser	Proteïn	Fett	Stickstofffreie Extraktstoffe	Holzfaser	Asche
a. Rinde	82,01 %	2,83 %	0,72 %	10,04 %	3,19 %	1,21 %
b. Samen mit faseriger Masse .	74,13 „	5,27 „	6,31 „	8,64 „	4,26 „	1,39 „

No.	Nähere Bezeichnung	Zeit der Untersuchung	In der ursprünglichen Substanz: Wasser %	Stick-stoff-Substanz %	Fett %	Zucker %	Sonstige stickstfr. Extraktst. %	Roh-faser %	Asche %	In der Trocken-Substanz: Stick-stoff-Substanz %	Stickstoff-freie Ex-traktstoffe %	Stickstoff in der Trocken-Substanz %	Analytiker
6	Stockmelone aus Amerika	1892	95,22	0,45	0,04	2,93		1,01	0,35	9,38	61,26	1,50	F. W. Woll[1])
7	Zucker-Melone: Ganze Frucht*)	1895	92,85	1,59	0,48	2,60	0,93	1,06	0,49	22,25	42,29	3,56	Wilhelm Bersch[2])
8	Zucker-Melone: Fruchtfleisch .	"	95,15	0,65	0,08	3,43	0,02	0,33	0,34	13,39	70,92	2,14	
9	Persikaner Mel.: Ganze Frucht*)	"	93,87	1,27	0,81	1,85	0,28	1,32	0,61	20,71	34,67	3,31	
10	Persikaner Mel.: Fruchtfleisch .	"	95,90	0,48	0,08	2,70	0,14	0,35	0,35	11,80	69,29	1,89	
11	Wasser-Melone: Ganze Frucht*)	"	93,44	0,90	0,45	2,45	1,43	1,01	0,32	13,74	59,10	2,20	
12	Wasser-Melone: Fruchtfleisch .	"	93,69	0,61	0,07	4,21	1,07	0,12	0,23	9,73	83,68	1,56	
	Fruchtfleisch (2, 3, 4, 8, 10, 12) Mittel . . .	—	**91,50**	**0,84**	**0.13**	**3,45**	**2,90**	**0,66**	**0,52**	**9,87**	**74,69**	**1,58**	

Melonensaft, gepresst am 17. 9. 1887 enthielt nach H. Kremla (Zeitschr. Nahrungsm.-Unters., Hyg u. Waarenk. 1893, **7**, 365) in 100 ccm: 9,95 g Extrakt (Balling), 4,14 g Invertzucker u. 0,173 g Säure (= Apfelsäure). Spez. Gewicht: 1,0387.

Kürbis. — Cucurbita Pepo L.

No.	Nähere Bezeichnung	Zeit der Untersuchung	Wasser %	Stick-stoff-Substanz %	Fett %	Zucker %	Sonstige stickstfr. Extraktst. %	Roh-faser %	Asche %	Stick-stoff-Substanz %	Stickstoff-freie Extraktstoffe %	Stickstoff in der Trocken-Substanz %	Analytiker
1	Gewöhnlicher Kürbis .	1847	93,48	(0,39)	0,06	—	4,00	(1,32)	0,75	4,75	61,35	(0,96)	Braconnot[3])
2	Von der Insel Corfu .	"	95,40	(0,26)	0,04	—	2,81	(0,39)	0,56	5,63	61,09	(0,90)	
3	Gewöhnlicher Kürbis .	"	89,50	—	0,09	4,83	—	(1,59)	(1,58)	—	—	—	Zeuneck[3])
4	Gemeiner Kürbis . . .	?	94,18	0,17	—	0,27	2,94		(2,45)	2,94	—	0,47	Girardin[3])
5	Pain du pauvre . . .	"	79,67	1,36	0,01	2,50	12,60		(3,86)	6,69	—	1,07	
6	Artichaut de Jerusalem .	"	85,80	0,41	0,01	0,15	7,85		(5,78)	2,89	—	0,46	
7	Giraumet bonnet turc. .	"	92,94	0,14	0,01	0,69	2,09		(4,13)	2,00	—	0,32	
8	Sucrine de Bresil . .	"	93,40	0,20	—	0,33	2,65		(3,43)	3,00	—	0,48	
9	Ohne nähere Bezeichnung	1853	90,60	1,35	—	—	—	—	—	14,06	—	2,25	Wanderleben[4])
10 **)	Gelber Speisekürbis v. Okt.	1874	88,55	1,36	0,08	1,67	6,31	1,49	0,54	11,88	69,69	1,90	W. Dahlen[5])
11 **)	Grüner Einmachkürbis .	"	86,64	1,24	0,11	1,65	7,91	1,89	0,56	9,31	71,56	1,49	
	Fleisch der Kürbisse:***)												
12	Feldkürbis, grosses Expl.	"	92,41	0,87	0,10	4,80		1,11	0,71	11,44	63,24	1,83	H. Storer u. S. Lewis[6])
13	desgl., kleines Exemplar	"	94,57	0,75	0,14	3,05		0,86	0,63	13,81	56,17	2,21	

[1]) Experim. Stat. Rec. 1892, **4**, 174; Jahresber. Agrik.-Chem. 1892, **35**, 450.
[2]) Landw. Vers.-Stat. 1895, **46**, 473.
[3]) Pharm. Centrbl. 1847, 612 u. 767.
[4]) Jahresber. f. Chemie 1853, 566.
[5]) Landw. Jahrbücher 1874, **3**, 321 u. 723 und 1875, 4, 613.
[6]) Bulletin of the Bussey Institut 1877, **2**, II, 81 und 1878, **2**, III, 221.

*) Als Fruchtfleisch wurde jener Theil angesehen, der nach Entfernung der Schale, der Samen und des dieselben umhüllenden Gewebes übrig bleibt, also der essbare Theil. Als Zucker findet sich nur Dextrose. W. Bersch fand ferner:

	Durchschnittliches Gewicht einer Frucht g	Die Frucht besteht aus: Schale %	Fruchtfleisch %	Samen etc. %	Saft erhalten durch Pressen bei 300 Atm. %	Zucker im Saft: vor der Inversion (Dextrose) %	nach der Inversion %
Zuckermelone	3184	37,10	46,52	16,38	70,09	3,15	3,20
Persikaner Melone	821	42,39	49,03	8,58	72,03	2,19	2,25
Wassermelone	1110	35,19	60,37	4,44	87,69	4,64	4,68

Die Inversion geschah nach der Vorschrift von Meissl.

**) Es enthielt:

	Kürbis No. 10	Kürbis No. 11
Phosphorsäure	0,088 %	0,106 %
Schwefel, organisch gebunden . .	0,023 "	0,020 "

***) Die Rinde, ferner der Samen mit faseriger Masse enthielten im Mittel der 5 untersuchten Sorten (No. 12—16):

	Wasser	Proteïn	Fett	Stickstofffreie Extraktstoffe	Holzfaser	Asche
a. Rinde	83,72 %	2,80 %	0,62 %	8,31 %	3,28 %	1,27 %
b. Samen + faserige Masse . .	75,72 "	5,56 "	6,07 "	7,09 "	4,12 "	1,44 "

No.	Nähere Bezeichnung	Zeit der Untersuchung	In der ursprünglichen Substanz: Wasser %	Stick-stoff-Substanz %	Fett %	Zucker %	Sonstige stickstfr. Extraktst. %	Roh-faser %	Asche %	In der Trocken-Substanz: Stick-stoff-Substanz %	Stickstoff-freie Ex-traktstoffe %	Stickstoff in der Trocken-Substanz %	Analytiker
14	Markkürbis	1874	89,65	0,96	0,34	7,13		1,19	0,73	9,25	68,89	1,48	*H. Storer und S. Lewis*[1])
15	Hubbardkürbis . . .	1877	84,28	0,69	0,15	11,98		0,99	0,91	4,38	76,21	0,70	
16	Drehhalskürbis . . .	„	89,33	0,11	0,04	8,04		0,95	1,53	(1,06)	75,35	0,17	
17	Aus Japan	1884	93,47	1,13	0,15	4,19		0,52	0,54	16,77	65,17	2,53	*O. Kellner*[2])
18	Aus Japan, „To-nasu“ genannt	„	90,24	0,65	0,13	6,08		2,15	0,76	6,66	62,29	1,07	*Nagai und Murai*[3])
19	Schweinskürbis*): Fruchtschalen .	18 75/76	86,50	2,15	5,70			4,80	0,85	15,91	—	2,55	*R. Ulbricht*[4])
20	Schweinskürbis*): Fruchtfleisch .	„	93,70	0,50	4,90			0,60	0,30	8,10	—	1,30	
21	Schweinskürbis*): Samengehäuse .	„	93,00	1,10	4,50			0,70	0,70	15,60	—	2,50	
22	Schweinskürbis*): Samenschalen .	„	32,00	11,10	9,70			46,40	0,90	16,30	—	2,61	
23	Schweinskürbis*): Samen-Inneres .	„	26,30	26,50	37,70	—	4,90	1,25	3,40	35,90	6,65	5,74	
24	Schweinskürbis*): Ganze Frucht .	„	90,90	1,30	5,60			1,70	0,50	14,30	—	2,29	

[1]) Bulletin of the Bussey Institut 1877, **2**, II, 81 und 1878, **2**, III, 221.
[2]) Mittheil. d. Deutschen Gesellsch. f. Natur- u. Völkerkunde Ostasiens **4**, No. 35.
[3]) Japan. International Health Exhibitation, London 1884, A. p. 5.
[4]) Landw. Vers.-Stat. 1886, **32**, 231.

*) R. Ulbricht bestimmte in 12 Kürbissorten noch folgende Bestandtheile:

	Frucht-schalen %	Frucht-fleisch %	Samen-gehäuse %	Ganze Samen %	Samen-schalen %	Samen-Inneres %	In 100 Theilen Saft des Fruchtfleisches: Trau-ben-zucker %	Rohr-zucker %	Ge-sammt-zucker %	100 Theile enthalten an Gesammtzucker: Frucht-fleisch %	Frucht-schalen %	Samen-gehäuse %
I. Gelber gew. Feld- oder Schweinskürbis von Ungar.-Altenburg	13,5	6,3	6,9	72,4	68,0	73,7	1,75	2,00	3,85	3,48	—	—
II. Grüner Bastard vom Feld- oder Herrenkürbis aus dem Komorner Komitat . . .	10,5	7,0	6,2	76,3	67,0	79,5	4,23	0,57	4,83	4,36	—	—
III. Breiter, rother Herrenkürbis, ebendaher	20,8	15,2	11,4	58,1	56,0	60,1	1,90	5,57	7,76	6,94	6,27	—
IV. Courge de Valparaiso, ebendaher	10,4	7,8	6,9	71,6	64,5	74,5	4,24	1,13	5,43	4,56	—	—
V. Langer, grüner Herrenkürbis, ebendaher	16,3	11,0	7,0	73,1	70,2	74,6	4,99	0,85	5,88	5,76	—	—
VI. Pilzkürbis, ebendaher . .	14,7	11,9	13,0	77,8	69,3	84,2	—	—	7,16	5,91	—	—
VII. Kleiner gew. weisser Herrenkürbis, ebendaher .	8,8	6,2	6,1	67,4	63,1	69,2	—	—	3,69	3,00	—	unter 1,0
VIII. Grosser gew. weisser Herrenkürbis v. Debreczén	23,7	14,3	10,0	75,5	70,6	76,9	3,10	4,37	7,70	6,04	—	—
IX. Grosser, weisser Seidenkürbis, ebendaher	16,3	9,4	9,4	76,0	72,5	76,8	4,66	1,04	5,75	5,98	—	3,20
X. desgl. von Temeswár . .	12,3	9,1	8,6	73,1	71,0	73,6	3,33	3,04	6,53	5,52	6,11	—
XI. Turbankürbis aus dem Komorner Komitat . . .	21,8	13,1	12,7	80,8	70,0	85,6	—	—	8,03	7,58	—	—
XII. desgl. von Raab . . .	26,4	15,7	11,9	71,5	67,2	72,9	5,19	0,98	6.22	6,20	—	—
Mittel	16,3	10,6	9,2	72,8	67,5	75,1	3,70	2,20	6,07	5,60	6,20	ca. 2,0

Einige Kürbissorten werden in Ungarn vielfach in gebratenem Zustande gegessen; die als solche Bratkürbisse besonders geschätzten Sorten IV, IX, X, sowie III und XII zeichnen sich durch den grössten Gehalt an Fruchtfleisch aus. Die obigen 12 Sorten ergaben ferner:

	I	II	III	IV	V	VI	VII	VIII	IX	X	XI	XII	Mittel
	g	g	g	g	g	g	g	g	g	g	g	g	g
1 Stück = Gewicht	3625	6460	9190	16850	5400	7500	5600	9900	12970	20100	8730	4740	9255
	%	%	%	%	%	%	%	%	%	%	%	%	%
In 100 Theil. frischer Kürbisfrucht: Fruchtschalen	89,2	20,0	14,5	14,8	19,5	—	84,7	18,2	14,6	19,6	—	7,8	17
Fruchtfleisch		68,9	78,5	76,2	68,5	—		66,4	78,8	75,8	—	85,0	73
Mark d. Samengehäuses	6,9	8,5	5,3	6,6	9,6	—	11,1	12,1	4,9	3,3	—	4,8	7
Samenschalen mit Kotyledonen	3,8	2,6	1,7	2,4	2,4	1,4	4,2	3,3	1,7	1,3	2,0	2,4	2

No.	Nähere Bezeichnung	Zeit der Untersuchung	In der ursprünglichen Substanz: Wasser %	Stickstoff-Substanz %	Fett %	Zucker %	Sonstige stickstofffr. Extraktst. %	Rohfaser %	Asche %	In der Trocken-Substanz: Stickstoff-Substanz %	Stickstofffreie Extraktstoffe %	Stickstoff in der Trocken-Substanz %	Analytiker
25	Misch. verschied. Herrenkürbisse*): Fruchtschalen	$18\frac{75}{76}$	83,50	2,00	0,60		10,50	2,60	0,80	12,10	63,30	1,94	R. Ulbricht[1]
26	Fruchtfleisch	„	89,00	1,10	0,10		7,70	1,30	0,80	10,30	69,30	1,65	
27	Samengehäuse	„	90,60	1,70	0,20		5,20	1,00	1,30	17,80	55,50	2,85	
28	Samenschalen	„	32,60	11,70	1,10		14,40	39,60	0,60	17,40	21,40	2,78	
29	Samen-Inneres	„	24,70	27,30	38,90		4,20	1,40	3,50	36,30	5,60	5,81	
30	Ganze Frucht	„	86,75	1,80	0,80		7,95	1,80	0,90	13,60	60,00	2,18	
31	Aus Amerika, Mittel von 2 Analysen	1886	92,27	1,11	0,16		4,34	1,49	0,63	14,36	56,14	2,30	E. H. Jenkins[2]
32	desgl., „Squash", Mittel von 3 Analysen	„	94,88	0,66	0,28		3,24	0,54	0,40	12,89	63,28	2,06	
33	Auf sandig-thonigem Boden gewachsen**)	1896	91,83	1,15	0,14	5,55	0,94	**) 0,44	—	14,07	79,43	2,25	A. Petermann[3]
	Fruchtfleisch, Mittel	—	**90,32**	**1,10**	**0,13**	**1,34**	**5,16**	**1,22**	**0,73**	**11,41**	**67,15**	**1,82**	

Tomate oder **Liebesapfel.** — Lycopersicum esculentum vulgare.

No.	Nähere Bezeichnung	Zeit der Untersuchung	Wasser %	Stickstoff-Substanz %	Fett %	Zucker %	Sonstige stickstofffr. Extraktst. %	Rohfaser %	Asche %	Stickstoff-Substanz %	Stickstofffreie Extraktstoffe %	Stickstoff in der Trocken-Substanz %	Analytiker
1°)	Anfang Oktober geerntet	1874	92,37	1,25	0,33	2,53	1,54	0,84	0,63	16,56	53,34	2,65	W. Dahlen[4]
2	Acme***)	1900	93,61	0,86	0,05	3,85	0,94***)		0,69	13,46	—	2,15	H. Snyder[5]
3	Livingston***)	„	93,76	0,90	—	3,86	0,98***)		0,56	14,42	—	2,31	
4	Draf aristocrat***)	„	93,93	0,80	—	3,79	0,94***)		0 54	13,18	—	2,11	
	Mittel	—	**93,42**	**0,95**	**0,19**	**3,51**	**0,48**	**0,84**	**0,61**	**14,41**	**60,64**	**2,31**	

Tomatenmus

haben G. Briosi u. T. Gigli (Chem.-Ztg. 1891, 15, 205) untersucht. Sie fanden für das gesammte frische Fruchtmus (Mus und Samen) im Mittel von 8 Proben: 95,31 % Wasser, 3,22 % organische, 0,38 % unorganische wasserlösliche Stoffe, 1,01 % organische u. 0,08 % unorganische wasserunlösliche Stoffe.

An näheren Bestandtheilen ergaben sich 3,7 % Fruchthaut (nicht getrocknet), 10,9 % Samen und 85,4 % reines Fruchtmus. Das reine Fruchtmus enthielt:

In Wasser:	Wasser	Fruktose	Citronensäure	Gesammt-Stickstoff	Albuminoid-Stickstoff	Albuminoide	Amid-Stickstoff	Amidosäuren-Stickstoff	Mineralstoffe
Lösliche Stoffe	81,40 %	1,444 %	0,434 %	0,070 %	0,012 %	0,075 %	0,019 %	0,039 %	0,294 %
							Farbstoff	Cellulose	
Unlösliche „	—	—	—	0,036 „	—	0,226 „	0,191 %	0,311 %	0,072 „

Sturtevant (U. S. Depart. of Agricult. Experim. Stat. Rec. 1891, 2, 347—348 u. 350; Centrbl. Agrik.-Chem. 1891, 20, 861) fand bei der Untersuchung von 63 Tomaten-Arten:

3,10—4,52 % Trocken-Substanz 1,75—3,52 % Zucker 0,50—1,74 % Aepfelsäure.

N. Passerini (Boll. di Agricoltura 1, Heft 8; Centrbl. Agrik.-Chem. 1890, 19, 353; Staz. Sperim. Agric. Ital. 1891, 20, 471—476; Centrbl. Agrik.-Chem. 1891, 20, 862) berichtet über Analysen der Früchte, Stengel und Blätter. Er fand in einer Frucht in der Trocken-Substanz:

Stickstoff	Fett und Farbstoff	Fructose	Verschiedene Kohlenhydrate	Rohfaser	Asche
1,79 %	11,73 %	12,68 %	48,45 %	7,83 %	8,05 %.

[1]) Landw. Vers.-Stat. 1886, **32**, 231.
[2]) Ann. Rep. Connect. Agric. Experim. Stat. 1886, 93; Jahresber. Agrik.-Chem. 1887, **30**, 425.
[3]) Chem. Ztg. 1896, **20**, 627.
[4]) Landw. Jahrbücher 1874, **3**, 321 u. 723; 1875, **4**, 613.
[5]) Minnesota Stat. Bull. **63**, 513—517; Experim. Stat. Rec. 1900, **11**, 843.
*) Vergl. Anmerkung *) S. 783.
**) Die Asche enthielt 43,83 % Kali und 15,0 % Phosphorsäure. Die trockenen Kerne enthielten 36,62 % essbares Oel.
***) H. Snyder fand ferner:

	Glykose	Fruktose	Saccharose	Eiweissstoffe	Amide	Aepfelsäure	In Säure unlösliche Asche
No. 2 Acme	1,12 %	1,13 %	1,60 %	0,50 %	0,36 %	0,37 %	0,32 %
„ 3 Livingston	1,12 „	1,12 „	1,62 „	0,50 „	0,40 „	0,47 „	0,34 „
„ 4 Draf aristocrat	1,03 „	1,03 „	1,73 „	0,44 „	0,36 „	0,41 „	0,37 „

°) Es enthielt Liebesapfel No. 1: 0,081 % Phosphorsäure, 0,018 % Schwefel, organisch gebunden.

L. H. Bailey und E. G. Lodemann (Experim. Stat. Rec. 1891, 3, 375; Centrbl. Agrik.-Chem. 1892, 21, 493) fanden für verschieden gedüngte Tomaten (Lycopersicum ignosum) folgende Gehalte an Trocken-Substanz, Zucker und Aepfelsäure:

	No. 1	2	3	4	5	6	7	8
	Stall-dünger	4 Pfd. Chilisalpeter	wie No. 2 + 8 Pfd. Knochen-kohle	wie No. 2 + 4 Pfd. Chlorkalium	4 Pfd. Chlor-kalium	wie No. 5 + 8 Pfd. Knochenmehl		wie No. 2 + 4 Pfd. Chlor-kalium
Trocken-Substanz	4,92 %	6,02 %	6,00 %	5,93 %	5,97 %	5,90 %	5,86 %	6,04 %
Zucker	3,89 „	5,12 „	5,07 „	4,92 „	4,97 „	5,08 „	4,89 „	5,01 „
Aepfelsäure . .	0,80 „	0,76 „	0,70 „	0,68 „	0,68 „	0,71 „	0,71 „	0,77

No. 1 war auf sandigem Thonboden, die übrigen waren auf lehmigem Thonboden gewachsen, die angegebenen Düngermengen beziehen sich auf 3 ar ($^1/_{14}$ acre).

Grüne Gartenerbsen. — Pisum sativum L.

No.	Nähere Bezeichnung	Zeit der Untersuchung	In der ursprünglichen Substanz: Wasser %	Stickstoff-Substanz %	Fett %	Zucker %	Sonstige stickstfr. Extraktst. %	Rohfaser %	Asche %	In der Trocken-Substanz: Stickstoff-Substanz %	Stickstofffreie Extraktstoffe %	Stickstoff in der Trocken-Substanz %	Analytiker
1	Unreife Samen . . .	1872	79,74	6,06	—	—	—	—	1,12	29,94	—	4,79	*H. Grouven* [1])
2	desgl., Anfang Juli . .	1876	82,52	5,54	0,56	9,29		1,41	0,68	31,69	53,15	5,07	*J. König u. Chr. Kellermann* [2])
3*)	desgl., „ „ . .	1874	79,20	5,65	0,44	Spur	12,31	1,79	0,60	29,13	58,22	4,66	*W. Dahlen* [3])
4**)	desgl., „ „ . .	1881	72,28	8,13 **)	0,61	15,70		2,43	0,85	29,31	56,64	4,69	*C. Böhmer* [4])
5	Grüne Erbsen aus Amerika	1899	74,60	7,00	0,50	16,90			1,00	27,56	—	4,41	*W. O. Atwater u. A. P. Bryant* [5])
	Mittel	—	**77,67**	**6,59**	**0,52**	**12,43**		**1,94**	**0,85**	**29,53**	**55,66**	**4,72**	

Grüne Saubohnen. — Faba vulgaris picea Al.

No.	Nähere Bezeichnung	Zeit der Untersuchung	Wasser %	Stickstoff-Substanz %	Fett %	Zucker %	Sonstige stickstfr. Extraktst. %	Rohfaser %	Asche %	Stickstoff-Substanz % (Trocken-S.)	Stickstofffreie Extraktstoffe % (Trocken-S.)	Stickstoff in der Trocken-Substanz %	Analytiker
1	Unreifer Samen . . .	1876	82,56	6,08	0,39	8,03		2,12	0,82	34,88	46,04	5,58	*J. König u. Chr. Kellermann* [2])
2*)	Unreifer Samen, Mitte Juli	1874	89,65	3,25	0,21	5,16		1,26	0,47	31,38	49,85	5,02	*W. Dahlen* [3])
3**)	desgl.	1881	80,00	6,97	0,39	8,84		2,86	0,93	33,00	44,20	5,28	*C. Böhmer* [4])
	Mittel	—	**84,07**	**5,43**	**0,33**	**7,35**		**2,08**	**0,74**	**33,08**	**46,69**	**5,29**	

Schnittbohnen. — Phaseolus vulgaris L.

No.	Nähere Bezeichnung	Zeit der Untersuchung	Wasser %	Stickstoff-Substanz %	Fett %	Zucker %	Sonstige stickstfr. Extraktst. %	Rohfaser %	Asche %	Stickstoff-Substanz % (Trocken-S.)	Stickstofffreie Extraktstoffe % (Trocken-S.)	Stickstoff in der Trocken-Substanz %	Analytiker
1	Unreife Hülse zu Gemüse	1892	91,34	2,04	—	—	—	—	0,63	23,56	—	3,77	*H. Grouven* [1])
2	desgl. zu Gemüse . .	1876	92,34	1,99	0,13	4,23		0,82	0,49	26,00	55,22	4,16	*J. König und B. Farwick* [2])
3*)	desgl. von Mitte Juli .	1874	92,40	1,73	0,17	0,66	3,97	0,88	0,19	22,75	60,92	3,64	*R. Pott* [3])
4*)	desgl. von Ende Oktober	„	83,50	4,29	0,19	9,69		1,57	0,76	26,02	58,73	4,16	*R. Pott* [3])
5*)	desgl. zu Salat von Ende August	„	89,42	2,24	0,09	1,23	5,37	1,13	0,51	21,25	62,38	3,40	*R. Pott* [3])
6*)	desgl., Prinzessbohne von Anfang Oktober . .	„	81,19	4,35	0,17	10,95		1,66	0,87	23,13	58,26	3,70	*R. Pott* [3])
7**)	desgl.	1881	91,06	2,42	0,16	4,48		1,08	0,81	27,00	50,00	4,32	*C. Böhmer* [4])
	Mittel	—	**88,75**	**2,72**	**0,14**	**1,16**	**5,44**	**1,18**	**0,61**	**24,25**	**58,66**	**3,88**	

[1]) Vorträge über Agrik.-Chem. 1872. I, 414.
[2]) Zeitschr. f. Biologie 1876, 12, 497.
[3]) Landw. Jahrbücher 1874, 3, 321 u. 723; 1875, 4, 613.
[4]) Original-Mittheilung und Landw. Vers.-Stat. 1882, 28, 247.
[5]) The Chemical Composition of American food materials. Washington 1899.

*) Es enthielt:

	Grüne Gartenerbsen No. 3	Grüne Saubohnen No. 2	Schnittbohnen No. 3	4	5	6
Phosphorsäure	0,331 %	0,178 %	0,049	0,195	0,123	0,227 %
Schwefel, organisch gebunden .	0,054 „	0,020 „	0,020	0,053	0,028	0,056 „

**) Von der Stickstoff-Substanz waren in Form von Proteïnstoffen vorhanden: (siehe S. 786).

Artischocke. — Fleischiger Blüthenboden von Cynara Scolymus L.

Woll, Failyer u. Willard (Experim. Stat. Rec. 1892, **4**, 173, 175; Centrbl. Agrik.-Chem. 1894, **23**, 282) fanden in der Trocken-Substanz:

Stickstoff-Substanz	Fett	Stickstofffreie Extraktstoffe	Rohfaser	Asche
12,08%	0,60%	78,56%	3,43%	5,33%

Schlagdenhaufen und Reeb (Rev. intern. falsif. 1895, **8**, 87; Zeitschr. Nahrungsmittel-Unters., Hygiene u. Waarenkunde 1895, **8**, 185) fanden in Blättern und Stengeln der Artischocke:

	Petroläther-Extrakt	Alkohol-Extrakt (90%-ig)	Wasser-Extrakt	Asche
Blätter	3,60%	26,80%	17,88%	3,42%
Stengel	1,75 „	23,03 „	18,04 „	4,73 „

Spargel.

Asparagus officinalis L.

No.	Nähere Bezeichnung	Zeit der Untersuchung	In der ursprünglichen Substanz: Wasser %	Stickstoff-Substanz %	Fett %	Zucker %	Sonstige stickstofffr. Extraktst. %	Rohfaser %	Asche %	In der Trocken-Substanz: Stickstoff-Substanz %	Stickstofffreie Extraktstoffe %	Stickstoff in der Trocken-Substanz %	Analytiker
1*)	Aus Mainz (Mitte Mai) .	1874	92,04	2,27	0,31	0,47	2,80	1,54	0,57	28,50	41,08	4,56	*W. Dahlen* [1])
2	Aus Münster (Mitte Mai)	1876	92,94	1,91	0,17	3,47		0,72	0,52	27,06	49,15	4,33	*J. König und B. Farwick* [2])
3	Ohne nähere Bezeichnung	„	94,98	1,75	0,37	1,21		1,16	0,53	34,75	24,10	5,56	*R. Pott* [3])
4	Aus Münster (Mitte Mai)	1881	95,03	1,23 **)	0,13	2,34		0,74	0,53	24,75	47,08	3,96	*C. Böhmer* [4])
5	Aus Amerika	1895	94,00	1,80	0,20	3,30			0,70	30,00	—	4,80	*W. O. Atwater und A. P. Bryant* [5])
6	1898- u. 1899-er Spargel verschiedener Grösse Mittel	1899	92,00	1,21	—	—			0,39 ***)	15,12	—	2,42	*E. Colomb Fradel* [6])
	Düngungsversuche.												
	Parcelle I.												
7	Keine Düngung	1897	93,61	2,04	0,13	2,43		1,13	0,65	31,89	38,06	5,10	*Versuchs-Station Münster* [7]) u. [0])
8	16,58 kg Ammoniaksalz und 0	„	94,01	1,96	0,12	2,17		1,10	0,64	32,66	36,23	5,23	
9	16,58 kg Ammoniaksalz und 19,17 kg schwefels. Kalium .	„	94,00	1,91	0,11	2,20		1,12	0,66	31,87	36,67	5,10	
10	16,58 kg Ammoniaksalz und 19,17 „ Chlorkalium .	„	94,20	1,93	0,11	2,04		1,09	0,63	33,19	35,17	5,31	
11	16,58 kg Ammoniaksalz und 76,68 „ Kainit .	„	93,94	2,03	0,10	2,19		1,10	0,64	33,52	36,14	5,36	
12	Keine Düngung	„	93,75	2,07	0,10	2,25		1,19	0,64	33,05	36,00	5,29	

	In Procenten der Stickstoff-Substanz	In der natürlichen Substanz
Grüne Gartenerbsen No. 4 . .	75,90 %	6,44 %
Grüne Saubohnen No. 3 . .	79,00 „	5,50 „
Schnittbohnen No. 7	61,67 „	1,49 „
Blumenkohl No. 5 (S. 788) .	50,89 „	1,13 „

[1]) Landw. Jahrbücher 1874, **3**, 321 u. 723; 1875, **4**, 613.
[2]) Zeitschr. f. Biologie 1876, **12**, 497.
[3]) Untersuchungen über die Stoffvertheilung in verschiedenen Kulturpflanzen. Jena, 1876.
[4]) Original-Mittheilungen und Landw. Vers.-Stat. 1882, **28**, 247.
[5]) U. S. Dep. of Agric. Bull. 55. 1898, 76.
[6]) Station agronomique de Nancy 1899, Bull. No. 1, 68.
[7]) Original-Mittheilung.

*) W. Dahlen fand ferner 0,041% organisch gebundenen Schwefel und Spuren Phosphorsäure.

**) Von der Stickstoff-Substanz bestanden 80,07% aus Reinproteïn oder in der natürlichen Substanz waren enthalten 0,98%.

***) Die Trocken-Substanz enthielt 0,85% Phosphorsäure, 2,76% Kali, 0,60% Kalk, 0,12% Magnesia und 0,31% Schwefelsäure.

[0]) Vergl. Anmerkung [0]) S. 787.

No.	Nähere Bezeichnung		Zeit der Untersuchung	In der ursprünglichen Substanz: Wasser %	Stickstoff-Substanz %	Fett %	Zucker %	Sonstige stickstofffr. Extraktst. %	Rohfaser %	Asche %	In der Trocken-Substanz: Stickstoff-Substanz %	Stickstofffreie Extraktstoffe %	Stickstoff in der Trocken-Substanz %	Analytiker
13	0	und 9,07 kg Chlorkalium	1897	94,11	1,93	0,12		2,00	1,21	0,63	32,69	33,95	5,23	Versuchs-Station Münster [1] u. [2]
14	11,82 kg Ammoniaksalz		"	94,02	1,92	0,12		2,10	1,17	0,67	32,11	35,12	5,14	
15	10,42 " Salpeter		"	93,67	1,99	0,13		2,30	1,22	0,69	31,39	36,34	5,02	
16	15,64 " "		"	93,66	2,04	0,12		2,40	1,11	0,67	32,22	37,85	5,16	
17	0	und 40,32 kg Kainit	"	93,97	1,99	0,14		2,11	1,15	0,64	33,07	34,99	5,29	
18	13,10 kg Ammoniaksalz		"	93,79	2,00	0,13		2,24	1,17	0,67	32,23	36,71	5,16	
19	11,56 " Salpeter		"	93,70	1,95	0,13		2,42	1,12	0,68	31,01	38,41	4,96	
20	17,34 " "		"	93,86	2,04	0,13		2,10	1,18	0,69	33,18	34,20	5,31	
	Parcelle II.													
21	Keine Düngung . . .		"	93,64	2,01	0,09		2,16	1,39	0,71	31,64	33,96	5,06	
22	0	und 9,73 kg Chlorkalium	"	93,65	1,99	0,08		2,33	1,25	0,70	31,38	36,69	5,02	
23	12,88 kg Ammoniaksalz		"	93,39	2,10	0,10		2,42	1,26	0,73	31,77	36,61	5,08	
24	17,04 " Salpeter		"	93,54	2,08	0,09		2,32	1,26	0,71	32,27	35,91	5,16	
25	0	und 38,88 kg Kainit	"	93,66	1,99	0,10		2,49	1,21	0,65	31,36	39,27	5,02	
26	12,88 kg Ammoniaksalz		"	93,61	2,06	0,09		2,39	1,15	0,70	32,27	37,40	5,16	
27	17,07 " Salpeter		"	93,61	2,04	0,11		2,48	1,12	0,64	31,87	38,81	5,10	
		Mittel	—	**93,72**	**1,95**	**0,14**		**2,40**	**1,15**	**0,64**	**30,99**	**38,22**	**4,96**	

Das zu den obigen Spargeln No. 7—27 gehörende **Kraut**, sowie die zugehörenden **Beeren** hatten folgende Zusammensetzung:

No.	Kraut: Wasser %	In der Trocken-Substanz: Stickstoff %	Asche %	Kali %	Phosphorsäure %	Beeren: Wasser %	In der Trocken-Substanz: Stickstoff %	Asche %	Kali %	Phosphorsäure %
7	28,12	1,55	5,65	1,99	0,302	70,51	3,70	6,85	2,68	0,955
8	39,65	1,80	5,96	1.97	0,329	70,91	3,62	6,41	2,90	0,958
12	40,40	1,41	4,41	1,84	0,282	71,95	3,53	6,28	2,84	0,931
15	27,43	1,43	5,16	1,97	0,302	73,02	3,65	6,77	2,82	1,070
19	38,27	1,61	5,42	1,78	0,374	73,88	3,57	6,55	2,93	0,948
20	30,76	1,84	4,51	1,79	0,348	73,86	3,72	5,79	3,07	1,010
21	39,14	1,49	4,73	1,73	0,366	68,82	3,59	5,45	2,70	1,040
22	25,95	1,44	4,41	1,76	0,310	73,88	3,60	6,02	3,16	0,917
25	34,25	1,77	4,93	1,84	0,345	70,71	3,47	5,01	2,76	0,937
27	37,41	1,78	4,37	1,78	0,345	73,44	3,93	5,27	2,72	0,956

[1] Original-Mittheilung.

[2] Die Düngungsversuche wurden in Bützow in Mecklenburg auf Lehm- und Sandboden angestellt. Ausser Fäkaltorf und Superphosphat wurden die oben bezeichneten Dünger gegeben. Die obigen Analysenzahlen beziehen sich auf sandfreie Substanz. Es wurden ferner gefunden in der sandfreien Trocken-Substanz:

No.	7	8	9	10	11	12	13	14	15	16	
Reinproteïn	15,49	13,82	14,60	12,95	13,54	13,73	14,41	12,73	13,06	15,42	%
Pentosane	10,77	10,88	8,04	10,87	11,21	12,10	11,46	9,67	—	—	"
Kali	4,83	4,59	4,86	4,48	4,51	3,96	3,48	3,93	4,12	4,01	"
Phosphorsäure	1,70	1,76	1,78	1,81	1,84	1,84	1,74	1,74	1,68	1,69	"

No.	17	18	19	20	21	22	23	24	25	26	27	
Reinproteïn . .	14,16	14,25	14,33	12,34	12,66	12,31	11,89	13,46	13,14	13,32	14,94	"
Pentosane . .	—	—	—	—	—	—	—	—	—	—	—	
Kali	4,50	4,38	4,36	4,58	3,88	4,18	4,46	4,54	4,18	4,25	4,18	"
Phosphorsäure .	1,74	1,80	1,75	1,89	1,63	1,73	1,71	1,69	1,70	1,77	1,62	"

Kohlarten.

Blumenkohl. — Brassica oleracea botrytis L.

No.	Nähere Bezeichnung	Zeit der Untersuchung	In der ursprünglichen Substanz: Wasser %	Stickstoff-Substanz %	Fett %	Zucker %	Sonstige stickstfr. Extraktst. %	Rohfaser %	Asche %	In der Trocken-Substanz: Stickstoff-Substanz %	Stickstofffreie Extraktstoffe %	Stickstoff in der Trocken-Substanz %	Analytiker
1	Blüthenkopf von Anfang August	?	90,10	2,37	0,90		5,23	0,60	0,80	23,94	52,83	3,83	*Boussingault*[1])
2*)	desgl.	1874	90,80	2,83	0,21	1,22	3,29	0,94	0,72	30,75	50,00	4,92	*W. Dahlen*[2])
3	Ohne nähere Bezeichnung	1876	92,34	2,89	0,16		3,02	0,80	0,79	37,75	39,45	6,04	*J. König und B. Farwick*[3])
4	desgl.	„	88,21	2,02	0,25		7,40	1,16	0,96	17,23	62,77	2,74	*R. Pott*[4])
5**)	Anfang August . . .	1881	93,04	2,22	0,17		2,60	1,07	0,90	31,88	37,36	5,10	*C. Böhmer*[5])
	Mittel	—	**90,89**	**2,48**	**0,34**	**1,21**	**3,34**	**0,91**	**0,83**	**27,63**	**49,94**	**4,42**	

Butterkohl. — Brassica oleracea luteola L.

No.	Nähere Bezeichnung	Zeit der Untersuchung	Wasser %	Stickstoff-Substanz %	Fett %	Zucker %	Sonstige stickstfr. Extraktst. %	Rohfaser %	Asche %	Stickstoff-Substanz %	Stickstofffreie Extraktstoffe %	Stickstoff in der Trocken-Substanz %	Analytiker
1*)	Blattparenchym 57,5 % .	1874	87,62	3,57	0,72	0,70	5,30	1,02	1,07	28,81	48,46	4,61	*W. Dahlen*[2])
2*)	Blattrippen 42,5 % . .	„	86,06	2,27	0,27	2,49	6,32	1,45	1,13	16,31	63,20	2,61	
3*)	Ganze Pflanze . . .	„	86,96	3,01	0,54	1,47	5,72	1,20	1,10	23,06	55,14	3,69	

Winterkohl (krauser Grünkohl). — Brassica oleracea var. percrispa Al.

No.	Nähere Bezeichnung	Zeit der Untersuchung	Wasser %	Stickstoff-Substanz %	Fett %	Zucker %	Sonstige stickstfr. Extraktst. %	Rohfaser %	Asche %	Stickstoff-Substanz %	Stickstofffreie Extraktstoffe %	Stickstoff in der Trocken-Substanz %	Analytiker
1*)	Blattparenchym 62,4 % .	1874	79,69	2,77	0,99	0,72	12,71	1,63	1,49	13,63	66,13	2,18	*W. Dahlen*[6])
2*)	Blattrippen 37,6 % . .	„	82,30	3,07	0,39	1,93	8,92	2,12	1,28	17,38	61,30	2,78	
3*)	Ganze Pflanze . . .	„	80,67	2,88	0,76	1,17	11,29	1,82	1,41	18,00	64,46	2,88	
4	desgl.	1876	79,38	5,11	1,04		10,78	1,95	1,74	24,81	52,28	3,97	*J. König und B. Farwick*[3])
	Mittel (von 3 u. 4)	—	**80,03**	**3,99**	**0,90**	**1,21**	**10,42**	**1,88**	**1,57**	**18,46**	**61,04**	**2,95**	

Rosenkohl. — Brassica oleracea var. gemmifera Al.

No.	Nähere Bezeichnung	Zeit der Untersuchung	Wasser %	Stickstoff-Substanz %	Fett %	Zucker %	Sonstige stickstfr. Extraktst. %	Rohfaser %	Asche %	Stickstoff-Substanz %	Stickstofffreie Extraktstoffe %	Stickstoff in der Trocken-Substanz %	Analytiker
1*)	Nussgrosse Köpfchen von Oktober	1874	85,00	5,54	0,54	Spur	6,13	1,49	1,29	36,94	48,67	5,91	*W. Dahlen*[6])
2	Ohne nähere Bezeichnung	1876	86,26	4,12	0,38		6,29	1,66	1,29	29,94	45,78	4,79	*J. König und B. Farwick*[3])
	Mittel	—	**85,63**	**4,83**	**0,46**		**6,22**	**1,57**	**1,29**	**33,44**	**47,22**	**5,35**	

Savoyerkohl (Herzkohl). — Brassica oleracea var. bullata Dc.

No.	Nähere Bezeichnung	Zeit der Untersuchung	Wasser %	Stickstoff-Substanz %	Fett %	Zucker %	Sonstige stickstfr. Extraktst. %	Rohfaser %	Asche %	Stickstoff-Substanz %	Stickstofffreie Extraktstoffe %	Stickstoff in der Trocken-Substanz %	Analytiker
1*)	Blattpar. 62,4 % — Mitte Mai geerntet	1876	85,80	4,63	0,93	1,33	4,62	1,25	1,45	32,83	41,90	5,22	*W. Dahlen*[6])
2*)	Rippen 37,6 % — Mitte Mai geerntet	„	87,60	1,65	0,36	1,39	6,26	1,64	1,08	13,31	61,69	2,13	
3*)	Ganze Pflanze — Mitte Mai geerntet	„	86,48	3,51	0,73	1,36	5,23	1,38	1,31	25,99	48,74	4,15	

[1]) Vorträge über Agrik.-Chem. 1872, I, 414.
[2]) Landw. Jahrbücher 1874, **3**, 321 u. 723 u. 1875, **4**, 613.
[3]) Zeitschr. f. Biologie 1876, **12**, 497.
[4]) Untersuchungen über die Stoffvertheilung in verschiedenen Kulturpflanzen. Jena, 1876.
[5]) Original-Mittheilung und Landw. Vers.-Stat. 1882, **28**, 247.
[6]) Landw. Jahrbücher 1874, **3**, 312, 723 u. 1875, **4**, 613.

*) Es enthielt:

	Blumenkohl No. 2	Butterkohl No. 1	Butterkohl No. 2	Butterkohl No. 3	Winterkohl No. 1	Winterkohl No. 2	Winterkohl No. 3
Phosphorsäure	0,150 %	0,159	0,142	0,152 %	0,302	0,202	0,263 %
Schwefel, organisch gebunden . .	0,089 „	0,077	0,061	0,070 „	0,136	0,074	0,102 „

	Rosenkohl No. 1	Savoyerkohl No. 1	Savoyerkohl No. 2	Savoyerkohl No. 3
Phosphorsäure	0,282 %	0,236	0,159	0,207 %
Schwefel, organisch gebunden . .	0,138 „	0,097	0,074	0,088 „

**) Vergl. Anmerkung **) S. 785.

No.	Nähere Bezeichnung	Zeit der Untersuchung	In der ursprünglichen Substanz: Wasser %	Stickstoff-Substanz %	Fett %	Zucker %	Sonstige stickstofffr. Extraktst. %	Rohfaser %	Asche %	In der Trocken-Substanz: Stickstoff-Substanz %	Stickstofffreie Extraktstoffe %	Stickstoff in der Trocken-Substanz %	Analytiker
4	Aeussere Blätter . . .	1876	84,88	3,79	0,79	6,54		1,49	2,51	25,06	43,29	4,01	R. Pott[1])
5	Herzblätter	„	89,91	2,63	0,60	4,94		0,83	1,09	26,13	48,96	4,17	
6	Stengel	„	79,53	6,31	0,62	8,16		2,65	2,73	30,81	39,86	4,93	
	Mittel	—	**87,09**	**3,31**	**0,71**	**1,29**	**4,73**	**1,23**	**1,64**	**25,67**	**47,41**	**4,10**	
	Rothkohl. — Brassica oleracea var. rubra Al.												
1*)	Blattparench. 55,7 % . . (Mitte Juli geerntet)	1874	89,43	2,14	0,19	1,69	4,54	1,27	0,73	20,25	58,94	3,24	W. Dahlen[2])
2*)	Rippen 44,3 % (Mitte Juli geerntet)	„	90,86	1,43	0,18	1,80	3,59	1,31	0,82	15,63	58,97	2,50	
3*)	Ganze Pflanze (Mitte Juli geerntet)	„	90,06	1,83	0,19	1,74	4,12	1,29	0,77	18,44	58,95	2,95	
	Zuckerhut (Spitzkohl). — Brassica oleracea var. conica Al.												
1*)	Blattparench. 51,3 % . . (Von Mitte Juni)	1874	92,96	2,08	0,26	0,99	2,23	0,89	0,58	29,56	45,74	4,73	W. Dahlen[2])
2*)	Rippen 48,7 % (Von Mitte Juni)	„	92,80	1,48	0,21	1,70	2,06	1,14	0,61	20,56	52,17	3,29	
3*)	Ganze Pflanze (Von Mitte Juni)	„	92,89	1,77	0,24	1,34	2,15	1,01	0,60	24,88	49,09	3,98	
4	desgl.	1876	91,63	1,77	0,16	4,64		1,04	0,76	21,13	55,44	3,38	J. König und B. Farwick[3])
5**)	desgl.	1881	92,74	1,91 **)	0,13	3,84		0,75	0,63	26,31	52,89	4,21	C. Böhmer[4])
	Mittel (aus 3 u. 4)	—	**92,60**	**1,80**	**0,20**	**1,39**	**2,40**	**0,97**	**0,64**	**24,49**	**51,21**	**3,92**	
	Weisskohl (Kabbes). — Brassica oleracea capitata alba Al.												
1	Ohne nähere Bezeichnung	?	86,20	(4,75)	—	—	—	—	1,87	34,38	—	(5,50)	A. Völcker[5])
2*)	Blatttheile 69,7 % (Von Mitte Juni)	1874	92,31	1,26	0,14	2,56	2,37	0,83	0,53	16,38	64,11	2,62	W. Dahlen[2])
3*)	Rippen 30,3 % . (Von Mitte Juni)	„	92,95	1,07	0,12	2,70	2,95	1,57	0,64	15,19	51,77	2,43	
4*)	Ganze Pflanze . (Von Mitte Juni)	„	92,51	1,20	0,13	2,00	2,55	1,05	0,56	16,00	60,88	2,56	
5*)	Blatttheile 62,2 % (Von Ende Aug.)	„	91,60	1,40	0,10	1,95	3,21	1,18	0,55	16,69	61,67	2,67	
6*)	Rippen 37,5 % . (Von Ende Aug.)	„	89,77	1,76	0,19	1,63	4,41	1,40	0,85	17,19	59,04	2,75	
7*)	Ganze Pflanze . (Von Ende Aug.)	„	90,81	1,53	0,14	1,83	3,76	1,27	0,66	16,63	60,83	2,66	
8	Ganzer Kopf	1876	92,13	1,87	0,08	4,44		0,83	0,65	23,75	56,42	3,80	J. König und B. Farwick[3])

[1]) Untersuchungen über die Stoffvertheilung in verschiedenen Kulturpflanzen. Jena, 1876.
[2]) Landw. Jahrbücher 1874, **3**, 312, 723 u. 1875, **4**, 613.
[3]) Zeitschr. f. Biologie 1876, **12**, 497.
[4]) Original-Mittheilung und Landw. Vers.-Stat. 1882, **28**, 247.
[5]) Grouven, Vorträge über Agrik.-Chem. 1872, **1**, 414.

*) Es enthielt:

	Rothkohl No. 1	Rothkohl No. 2	Rothkohl No. 3	Zuckerhut No. 1	Zuckerhut No. 2	Zuckerhut No. 3
Phosphorsäure	0,119	0,105	0,112 %	0,122	0,099	0,111 %
Schwefel, organisch gebunden . .	0,069	0,053	0,062 „	0,032	0,027	0,029 „

	Weisskohl No. 2	No. 3	No. 4	No. 5	No. 6	No. 7
Phosphorsäure	0,068	0,092	0,074	0,205	0,131	0,177 %
Schwefel, organisch gebunden . .	0,037	0,029	0,035	0,039	0,044	0,041 „

**) Von der Stickstoff-Substanz sind in Form von Proteïn 51,33 % oder 0,97 % in der natürlichen Substanz vorhanden.

No.	Nähere Bezeichnung	Zeit der Untersuchung	In der ursprünglichen Substanz: Wasser %	Stickstoff-Substanz %	Fett %	Zucker %	Sonstige stickstffr. Extraktst. %	Rohfaser %	Asche %	In der Trocken-Substanz: Stickstoff-Substanz %	Stickstofffreie Extraktstoffe %	Stickstoff in der Trocken-Substanz %	Analytiker
9	Aeussere Blätter . . .	1879	89,10	2,34	0,51		4,18	1,65	2,22	21,44	38,35	3,43	R. Pott[1])
10	Herzblätter	„	92,08	1,84	0,13		3,85	1,09	1,01	17,00	48,61	3,72	R. Pott[1])
11	Stengel	„	86,95	1,89	0,19		5,82	4,50	1,65	14,50	44,60	2,32	R. Pott[1])
12	Frisches Weisskraut .	1897	91,10	1,50 *)	0,10		5,35 *)	1,15	0,80	16,85	60,11	2,70	Eug. Conrad[2])
	Mittel (aus 1, 4, 7, 8, 9, 10, 11 u. 12) . . .	—	**90,11**	**1,83**	**0,18**	**1,92**	**3,13**	**1,65**	**1,18**	**18,58**	**51,06**	**2,97**	

Blattrippen (Stengel) der Steckrübe.**) — Brassica napus rapifera M.

No.	Nähere Bezeichnung	Zeit der Untersuchung	Wasser %	Stickstoff-Substanz %	Fett %	Zucker %	Sonstige stickstffr. Extraktst. %	Rohfaser %	Asche %	Stickstoff-Substanz %	Stickstofffreie Extraktstoffe %	Stickstoff in der Trocken-Substanz %	Analytiker
1	Ohne nähere Bezeichnung	1876	91,63	2,25	0,16		2,40	1,45	2,11	26,88	28,67	4,30	J. König und B. Farwick[3])
2 ***)	Sehr jung	1881	94,13	1,75 ***)	0,12		1,48	0,90	1,62	29,81	25,21	4,77	C. Böhmer[4])
	Mittel	—	**92,88**	**2,00**	**0,14**		**1,94**	**1,17**	**1,87**	**28,35**	**26,94**	**4,54**	

Salat-Kräuter.

Spinat. — Spinacia oleracea L.

No.	Nähere Bezeichnung	Zeit der Untersuchung	Wasser %	Stickstoff-Substanz %	Fett %	Zucker %	Sonstige stickstffr. Extraktst. %	Rohfaser %	Asche %	Stickstoff-Substanz %	Stickstofffreie Extraktstoffe %	Stickstoff in der Trocken-Substanz %	Analytiker
1	Ohne nähere Bezeichnung	1874	93,38	2,19	0,29	0,06	2,38	0,55	1,15	33,13	36,86	5,30	W. Dahlen[5])
2	desgl.	1876	87,14	4,12	0,79		4,23	0,99	2,73	32,06	32,89	5,13	J. König und B. Farwick[3])
3⁰)	desgl.	1881	84,88	4,16⁰)	0,67		6,66	1,25	2,38	27,50	44,05	4,40	C. Böhmer[4])
4	desgl.	1895	91,56	4,28 ⁰⁰)	0,25		1,20 ⁰⁰)	0,96	1,75 ⁰⁰)	45,33	12,71	7,25	A. Stift[6])
	Mittel	—	**89,24**	**3,71**	**0,50**	**0,10**	**3,51**	**0,94**	**2,00**	**34,51**	**31,63**	**5,62**	

Endivien-Salat. — Cichorium Endivia crispa et pallida.

No.	Nähere Bezeichnung	Zeit der Untersuchung	Wasser %	Stickstoff-Substanz %	Fett %	Zucker %	Sonstige stickstffr. Extraktst. %	Rohfaser %	Asche %	Stickstoff-Substanz %	Stickstofffreie Extraktstoffe %	Stickstoff in der Trocken-Substanz %	Analytiker
1⁰⁰⁰)	Krause Winter-Endivien, Ende August . . .	1874	94,38	2,18	0,13	0,69	1,19	0,61	0,82	38,81	33,42	6,21	W. Dahlen[5])
2⁰⁰⁰)	Glatte, gelbe Winter-Endivien, Mitte Oktober .	„	93,88	1,35	0,13	0,83	2,45	0,63	0,74	22,06	53,50	3,53	W. Dahlen[5])
	Mittel	—	**94,13**	**1,76**	**0,13**	**0,76**	**1,82**	**0,62**	**0,78**	**30,44**	**43,51**	**4,87**	

[1]) Untersuchungen über die Stoffvertheilung in verschiedenen Kulturpflanzen. Jena, 1876.
[2]) Dissertation Tübingen, München 1897 bei Oldenbourg; Chem. Centrbl. 1897, I, 1098—1099.
[3]) Zeitschr. f. Biologie 1876, **12**, 497.
[4]) Original-Mittheilung und Landw. Vers.-Stat. 1882, **28**, 247.
[5]) Landw. Jahrbücher 1874, **3**, 312, 723 u. 1875, **4**, 614.
[6]) Oesterr.-Ungar. Zeitschr. Zucker-Ind. und Landw. 1895, **24**, Sonderabdruck; Zeitschr. angew. Chem. 1895, 393.

*) Mit 0,625% Reinproteïn, 2,93% Dextrose und 1,29% Invertzucker.

**) Diese Stengel werden nach Entfernung des Blattparenchyms in Westfalen als sogen. Stengelrüben (richtiger Rübenstengel) als Gemüse gegessen.

***) Von der Stickstoff-Substanz sind in Form von Proteïn 35,50% oder 0,63% in der natürlichen Substanz vorhanden.

⁰) Von der Stickstoff-Substanz in Form von Proteïn vorhanden:

In Procenten der Stickstoff-Substanz	In Procenten der frischen Substanz
76,97 %	3,18 %

⁰⁰) A. Stift fand ferner 2,04% Reinproteïn, 2,24% nicht eiweissartige Stickstoffverbindungen, 0,90% Pentosane und 0,05% Sand.

⁰⁰⁰) Es enthielt:

	Endivien-Salat No. 1	No. 2
Phosphorsäure	0,139	0,016 %
Schwefel, organisch gebunden	0,088	0,018 „

Kopfsalat. — Lactuca sativa vericeps.

No.	Nähere Bezeichnung	Zeit der Untersuchung	In der ursprünglichen Substanz: Wasser %	Stickstoff-Substanz %	Fett %	Zucker %	Sonstige stickstofffr. Extraktst. %	Rohfaser %	Asche %	In der Trocken-Substanz: Stickstoff-Substanz %	Stickstofffreie Extraktstoffe %	Stickstoff in der Trocken-Substanz %	Analytiker
1*)	Blattparenchym 67,8 % . . . (Von Mitte Mai)	1874	93,94	1,92	0,37	0,11	1,98	0,88	0,79	31,69	34,49	5,07	*W. Dahlen* [1])
2*)	Rippen 32,2 % . (Von Mitte Mai)	„	94,56	1,29	0,20		2,14	0,88	0,93 **)	23,69	39,34	3,79	*W. Dahlen* [1])
3*)	Ganze Pflanze . (Von Mitte Mai)	„	94,14	1,72	0,32		1,97	0,88	0,93 **)	29,38	33,62	4,70	*W. Dahlen* [1])
4	Frühe Varietät . . .	1876	94,43	1,44	0,23		2,20	0,72	0,98	25,88	39,50	4,14	*R. Pott* [2])
5	Späte, braune Varietät .	„	93,17	1,80	0,44		2,51	0,79	1,29	26,38	36,75	4,22	*R. Pott* [2])
6	„ grüne „ .	„	93,95	1,36	0,35		2,56	0,73	1,05	22,50	42,31	3,60	*R. Pott* [2])
7	Blätter	?	95,98	0,71	0,22		1,68	0,52	0,89	17,63	41,79	2,82	*A. H. Church* [3])
	Mittel (3, 4, 5, 6, 7)	—	**94,33**	**1,41**	**0,31**	**0,10**	**2,09**	**0,73**	**1,03**	**24,31**	**38,62**	**3,89**	

Feldsalat. — Valerianella Locusta olitoria L.

No.	Nähere Bezeichnung	Zeit der Untersuchung	Wasser %	Stickstoff-Substanz %	Fett %	Zucker %	Sonstige stickstofffr. Extraktst. %	Rohfaser %	Asche %	Stickstoff-Substanz %	Stickstofffreie Extraktstoffe %	Stickstoff in der Trocken-Substanz %	Analytiker
1*)	Von Mitte Oktober . .	1874	93,41	2,09	0,41	—	2,73	0,57	0,79	31,69	41,43	5,07	*W. Dahlen* [1])

Römischer Salat.

No.	Nähere Bezeichnung	Zeit der Untersuchung	Wasser %	Stickstoff-Substanz %	Fett %	Zucker %	Sonstige stickstofffr. Extraktst. %	Rohfaser %	Asche %	Stickstoff-Substanz %	Stickstofffreie Extraktstoffe %	Stickstoff in der Trocken-Substanz %	Analytiker
1	Ohne nähere Bezeichnung	1876	92,50	1,26	0,54	—	3,55	1,17	0,98	16,81	47,33	2,69	*R. Pott* [2])

Salat-Unkräuter und sonstige Gemüse.

No.	Nähere Bezeichnung	Zeit der Untersuchung	Wasser %	Stickstoff-Substanz %	Fett %	Zucker %	Sonstige stickstofffr. Extraktst. %	Rohfaser %	Asche %	Stickstoff-Substanz %	Stickstofffreie Extraktstoffe %	Stickstoff in der Trocken-Substanz %	Analytiker
1	Löwenzahn (Leontodon taraxacum), am 18. Mai mit Blüthenknospen .	1877	85,54	2,81	0,69		7,45	1,52	1,90	19,43	51,52	3,11	*H. Storer und S. Lewis* [4])
2	Nessel (Urtica dioica), am 18. Mai, 8—10 englische Zoll hoch	„	82,44	5,50	0,67		7,13	1,96	2,30	31,32	40,60	5,01	*H. Storer und S. Lewis* [4])
3	Wegebreit-Blätter (Plantago major), am 25. Mai gesammelt	„	81,44	2,65	0,41		11,19	2,09	2,16	14,28	60,29	2,28	*H. Storer und S. Lewis* [4])
4	Gemüse-Portulak (Portulaca oleracea), am 14. Juli vor der Blüthe	„	92,61	2,24	0,40		2,16	1,03	1,56	30,31	29,23	4,85	*H. Storer und S. Lewis* [4])
5	Weisser Gänsefuss (Chenopodium album), am 1. Aug., mittlere Grösse	„	80,80	3,94	0,76		8,93	3,82	3,02	20,52	46,51	3,28	*H. Storer und S. Lewis* [4])

Rhabarberstiele.

No.	Nähere Bezeichnung	Zeit der Untersuchung	Wasser %	Stickstoff-Substanz %	Fett %	Zucker %	Sonstige stickstofffr. Extraktst. %	Rohfaser %	Asche %	Stickstoff-Substanz %	Stickstofffreie Extraktstoffe %	Stickstoff in der Trocken-Substanz %	Analytiker
1	Kleine Stiele ***) . . .	1896	93,81	0,49	0,55	0,06	3,83	0,57	0,69	7,91	62,84	1,27	*F. Schaffer* [5])
2	Grosse „ ***) . . .	„	95,22	0,54	0,60	0,30	2,18	0,60	0,56	11,29	51,88	1,81	*F. Schaffer* [5])

[1]) Landw. Jahrbücher 1874, **3**, 312, 373 u. 1875, **4**, 614.
[2]) Untersuchungen über die Stoffvertheilung in verschiedenen Kulturpflanzen. Jena, 1876.
[3]) Pharm. Journ. and Transact. [3], **5**, 966.
[4]) Bulletin of the Bussey Institution 1877, **2**, II, 115.
[5]) Bericht des Kanton-Chemikers in Bern für 1896; Chem. Centrbl. 1897, II, 908—909.

*) Es enthielt:

	Kopfsalat No. 1	Feldsalat No. 1
Phosphorsäure	0,093 %	0,128 %
Schwefel, organisch gebunden . .	0,012 „	0,036 „

**) Rohasche.

***) F. Schaffer fand ferner:
Kleine Stiele 0,48 % Säure (Oxalsäure) und 2,81 % wasserlösliche Stoffe.
Grössere „ 1,09 „ „ „ „ 3,34 „ „ „

Blattgewürze.

No.	Nähere Bezeichnung	Zeit der Untersuchung	In der ursprünglichen Substanz: Wasser %	Stickstoff-Substanz %	Fett %	Zucker %	Sonstige stickstfr. Extraktst. %	Rohfaser %	Asche %	In der Trocken-Substanz: Stickstoff-Substanz %	Stickstofffreie Extraktstoffe %	Stickstoff in der Trocken-Substanz %	Analytiker
	Dill. — Anethum graveolens L.												
1	Blätter, Blüthen, Blattstiele	1876	83,84	3,48	0,88		7,30	2,08	2,42	21,56	45,14	3,45	R. Pott[1])
2	Stengel	„	83,54	1,67	0,22		7,35	5,60	1,62	10,13	44,65	1,62	R. Pott[1])
3	Wurzel	„	77,80	1,50	0,32		7,43	11,47	1,48	6,75	33,47	1,08	R. Pott[1])
	Petersilie. — Petroselinum sativum Hoffm.												
1*)	Mitte Oktober entnommen	1875	85,05	3,66	0,72	0,75	6,69	1,45	1,68	24,88	49,76	3,98	W. Dahlen[2])
	Beifuss. — Artemisia Dracunculus sativus L.												
1*)	Anfang Okt. entnommen	1875	79,01	5,56	1,16		9,46	2,26	2,55	26,50	45,07	4,24	W. Dahlen[2])
	Pfeffer- (Bohnen-) Kraut. — Satureja hortensis L.												
1*)	Anfang Oktober, Ende der Blüthe	1875	71,88	4,15	1,65	2,45	9,16	8,60	2,11	14,75	41,29	2,36	W. Dahlen[2])
	Becherblume (Bimbernell). — Poterium Sanguisorba glaucescens L.												
1*)	Anfang Oktober, obere Theile der Pflanze	1875	75,36	5,65	1,23	1,98	11,05	3,02	1,72	22,94	52,88	3,67	W. Dahlen[2])
	Sauer-, Gemüse-, Garten-Ampfer. — Rumex patientia L.												
1*)	Ohne nähere Bezeichnung	1875	92,18	2,42	0,48	0,37	3,06	0,66	0,82	30,94	43,86	4,95	W. Dahlen[2])

Anhang zu Gemüsen.

1. Stickstoff- und Rohfasergehalt einiger Gemüse.

J. König (Landw. Vers.-Stat. 1897, 48, 81) fand in der Trocken-Substanz einiger Gemüse-Arten folgende procentigen Gehalte an Stickstoff und Rohfaser (nach Henneberg):

	Spinat	Braunkohl	Weisskohl	Wirsing	Kopfsalat	Rübenstengel	Kohlrabi
Stickstoff	4,897	4,323	2,870	4,917	5,259	4,715	3,783
Rohfaser	8,09	11,75	12,13	13,32	13,58	16,22	15,26

2. Pentosan-Gehalt von Wurzelgewächsen und Gemüsen.

Zuckerrüben. A. Stift (Oesterr.-Ungar. Zeitschr. Zucker-Ind. u. Landw. 1894, 23, 925 und 1895, 24, 290; Chem. Ztg. 1895, 19, Rep. 15 und 165) fand in der sandfreien Trocken-Substanz 9,16—11,94% Pentosane.

---

[1]) Untersuchungen über die Stoffvertheilung in verschiedenen Kulturpflanzen. Jena, 1876.
[2]) Landw. Jahrbücher 1874, 3, 312 u. 373 und 1875, 4, 613.

*) Es enthielt:

	Petersilie No. 1	Beifuss No. 1	Pfefferkraut No. 1	Becherblume No. 1	Sauer-Ampfer No. 1
Phosphorsäure	0,193 %	0,235 %	0,335 %	0,192 %	0,099 %
Schwefel, organisch gebunden	0,058 „	0,076 „	0,079 „	0,068 „	0,028 „

Möhren. In der natürlichen Substanz 1,23 und 0,99 % Pentosane.

Spinat. In der natürlichen Substanz 1,02 und 0,90 % Pentosane.

Sauerkraut. In der natürlichen Substanz 0,96 und 0,85 %.

Sonstige Gemüse-Analysen.

J. D. Tinsley (Amer. Chem. Journ. 1892, 14, 626—627; Chem. Centrbl. 1893, I, 397) theilt Analysen von Kale salad (Krauskohl?) und Turnip salad (Kohlrübe?) mit.

Gemüse-Dauerwaaren.

Dörrgemüse.*)

Kartoffeln.

No.	Nähere Bezeichnung	Zeit der Untersuchung	In der ursprünglichen Substanz: Wasser %	Stickstoff-Substanz %	Fett %	Stickstofffreie Extraktstoffe %	Rohfaser %	Asche %	In der Trocken-Substanz: Stickstoff-Substanz %	Stickstofffreie Extraktstoffe %	Stickstoff in der Trocken-Substanz %	Preis für 1 kg M.	Analytiker
1	„Chunnos", Kartoffel-Konserve	1880	13,03	2,31 **)	0,13	83,04 **)	1,13	0,36	2,66	95,50	0,43	—	*E. Meissl*[1]
2	Getrocknete Kartoffeln in Scheiben von D. H. Carstens in Lübeck .	1892	11,10	5,96	0,24	78,59 ***)	1,82	2,29	6,70	88,42	1,07	—	*J. König*[2]
3	Kartoffel-Gries von E. Seidel u. Co. in Münsterberg (Schl.)	„	12,20	7,16	0,25	74,13 ***)	2,73	3,53	8,15	84,43	1,30	—	*J. König*[2]
	Mittel	—	**12,11**	**5,13**	**0,21**	**78,60**	**1,89**	**2,06**	**5,84**	**89,43**	**0,93**	—	

Kohlrübe.

No.	Nähere Bezeichnung	Zeit der Untersuchung	Wasser %	Stickstoff-Substanz %	Fett %	Stickstofffreie Extraktstoffe %	Rohfaser %	Asche %	Trocken: Stickstoff-Substanz %	Stickstofffreie Extraktstoffe %	Stickstoff in der Trocken-Substanz %	Preis für 1 kg M.	Analytiker
1	Kohlrabi	1891	4,62	16,99 0)	2,93	53,51	12,34	9,61	17,81	56,10	2,85	—	*E. Massute*[3]
2	Erdrüben von C. Seidel u. Co. in Münsterberg (Schl.)	1895	14,72	9,50	0,22	62,79	7,88	4,89	11,13	73,60	1,78	—	*M. Holz*[4]

[1]) Chem. Ztg. 1880, **4**, 651.

[2]) Bericht über die Dauerwaaren auf der 5. Wanderausstellung der Deutschen Landwirthschafts-Gesellschaft zu Bremen, 1891, **6**, 231.

[3]) Journ. f. Landwirthschaft 1891, **39**, 172.

[4]) Apoth. Ztg. 1895, **10**, 197; Vierteljahresschr. Nahrungs- u. Genussmittel 1895, **10**, 122.

*) Die aus der Konservenfabrik von C. H. Knorr in Heilbronn stammenden Dörrgemüse werden wie folgt dargestellt: Die Gemüse werden sorgfältigst geputzt, hierauf vermittelst besonders hierzu konstruirter Maschinen in entsprechende Streifen geschnitten, in einem Vacuum-Apparate leicht gedämpft, in besonderen Trockenöfen mit durch Dampf erwärmter Luft, die durch einen sehr kräftig wirkenden Ventilator fortwährend erneuert wird, getrocknet und darauf in Packetchen etc. gepresst. Die durch den Ventilator zugeführte Luftmenge beträgt 10000 Liter in der Stunde, die Trockendauer 6 bis 8 Stunden.

**) Vom Gesammt-Stickstoff (0,40 %) waren 0,03 % in Wasser löslich und 0,14 % Asparagin. Von den stickstofffreien Extraktstoffen waren 81,84 % Stärke, 0,40 % Zucker, 0,60 % Gummi + Dextrin etc.

***) Von den stickstofffreien Extraktstoffen bestanden bei den Scheiben No. 2: aus Zucker 1,22 % und aus Dextrin 1,16 %; bei dem Gries No. 3 aus Zucker 3,36 % und aus Dextrin 1,54 %.

Die Stärkekörner waren in beiden Präparaten vollständig gequollen.

0) Die Trocken-Substanz enthielt: 2,85 % Gesammt-, 0,74 % Amid- und 2,11 % Proteïn-Stickstoff, also 13,19 % Reinproteïn.

No.	Nähere Bezeichnung	Zeit der Untersuchung	In der ursprünglichen Substanz: Wasser %	Stick-stoff-Substanz %	Fett %	Stickstoff-freie Ex-traktstoffe %	Roh-faser %	Asche %	In der Trocken-Substanz: Stick-stoff-Substanz %	Stickstoff-freie Ex-traktstoffe %	Stickstoff in der Trocken-Substanz %	Preis für 1 kg M.	Analytiker
	Mohrrübe. Daucus carota L.												
1	Karotten in Scheiben von H. C. Knorr in Heilbronn	1886	22,08	7,20 *)	1,44	54,77	8,65	5,86	9,24	70,27	1,48	2,40	*J. König und A. Schulte im Hofe*[1])
2	Gedörrte Möhren . . .	1891	8,96	14,39 **)	2,64	59,35	8,38	6,28	15,81	65,19	2,53	—	*E. Massute*[2])
3	Von C. Seidel u. Co. in Münsterberg (Schl.) .	1895	12,69	6,56	0,42	69,75	6,75	3,83	7,50	79,89	1,20	—	*M. Holz*[3])
	Mittel	—	**14,58**	**9,27**	**1,50**	**71,40**	**7,93**	**5,32**	**10,85**	**84,83**	**1,74**	—	
	Lauch. Allium porrum latum n.												
1	Von C. H. Knorr in Heilbronn	1886	17,19	16,07 ***)	2,83	64,49	10,66	8,76	19,41	77,90	3,11	3,20	*J. König und A. Schulte im Hofe*[1])
	Zwiebeln. Allium cepa rosea n.												
1	Von demselben . . .	1886	26,88	10,02	0,72	55,05	4,24	3,09	13,70	75,25	2,19	3,00	*dieselben*[1])
	Sellerie. Apium graveolens L.												
1	Von demselben: Wurzel	1886	12,80	12,85	2,17	55,06	8,73	8,39	14,74	63,15	2,36	4,40	*dieselben*[1])
2	Von demselben: Blätter	„	14,99	18,81	4,31	36,33	9,78	15,78	22,12	42,72	3,54	2,00	*dieselben*[1])
	Grüne Schnittbohnen. Phaseolus vulgaris L.												
1	Von H. C. Knorr in Heilbronn	1886	19,21	19,22 ⁰)	1,53	45,04	10,33	4,67	23,76	55,67	3,80	6,00	*dieselben*[1])
2	Von H. C. Knorr in Heilbronn	—	22.11	17,49	1,54	45,38	8,58	4,90	22,45	58,26	3,59	5,00	*Vers.-Stat. Münster*[4])
3	Von H. C. Knorr in Heilbronn	1890	11,50	18,31 ⁰⁰)	2,64	52,77	9,86	4,92	20,68	59,63	3,31	—	*A. Stift*[5])
4	Ohne nähere Bezeichnung	1891	5,97	26,15 ⁰⁰⁰)	2,15	43,13	13,24	9,36	27,81	45,87	4,45	—	*E. Massute*[2])
5	Von C. Seidel u. Co. in Münsterberg (Schl.) .	1895	12,40	13,94	0,85	57,64	9,84	5,33	15,94	65,57	2,55	—	*M. Holz*[3])
	Mittel	—	**14,24**	**18,88**	**1,74**	**48,93**	**10,37**	**5,84**	**22,13**	**57,05**	**3,54**	—	

[1]) Vierteljahresschr. Nahrungs- u. Genussmittel 1887, **2**, 149.
[2]) Journ. f. Landwirthschaft 1891, **39**, 172.
[3]) Apoth. Ztg. 1895, **10**, 179; Vierteljahresschrift Nahrungs- und Genussmittel 1895, **10**, 122.
[4]) Original-Mittheilung.
[5]) Zeitschr. Nahrungsm.-Unters., Hygiene und Waarenk. 1890, **4**, 217.

*) Mit 4,84 % Reinproteïn.

**) Die Trocken-Substanz enthielt: 2,53 % Gesammt-, 1,43 % Amid- und 1,10 % Proteïn-Stickstoff entsprechend 6,85 % Reinproteïn.

***) Die von J. König und A. Schulte im Hofe untersuchten Dörrgemüse hatten folgenden Gehalt an Reinproteïn:

	Karotten	Lauch	Zwiebel	Sellerie-Wurzeln	Sellerie-Blätter
Reinproteïn . . .	4,84 %	11,82 %	3,89 %	7,46 %	16,46 %

⁰) Mit 13,59 % Reinproteïn.

⁰⁰) Mit 15,00 % Reinproteïn und einer Verdaulichkeit der Stickstoff-Substanz von 83,62 %.

⁰⁰⁰) Die Trocken-Substanz enthielt 4,45 % Gesammt-, 0,95 % Amid- und 3,50 % Proteïn-Stickstoff entsprechend 21,84 % Reinproteïn.

H. Spindler (Zeitschr. Nahrungsmittel-Unters., Hygiene und Waarenk. 1895, 8, 136) fand in gedörrten Schnittbohnen (No. 1 stammte aus einer amerikanischen, No. 2 aus einer bedeutenden inländischen Fabrik und No. 3 war eine Probe, wie sie von den Hausfrauen gedörrt werden) folgenden Gehalt:

	Wasser	Reinasche	Der Säuregehalt entsprach ccm Stickstoff-Säure für 100 g
No. 1 . . .	19,55%	4,37%	25,2 ccm
No. 2 . . .	15,43 „	4,56 „	19,0 „
No. 3 . . .	19,59 „	—	14,3 „

Die Asche bestand aus:

	Kalk (CaO) %	Magnesia (MgO) %	Kali (K_2O) %	Natron (Na_2O) %	Eisenoxyd (Fe_2O_3) %	Phosphorsäure (P_2O_5) %	Schwefelsäure (SO_3) %	Kieselsäure (SiO_2) %	Chlor (Cl) %
No. 1	16,94	8,69	38,21	3,20	1,37	18,31	3,43	2,75	7,10
No. 2	18,20	9,21	36,62	2,85	1,10	19,08	2,63	3,94	6,36

Spargelbohnen.

No.	Nähere Bezeichnung	Zeit der Untersuchung	In der ursprünglichen Substanz: Wasser %	Stickstoff-Substanz %	Fett %	Stickstofffreie Extraktstoffe %	Rohfaser %	Asche %	In der Trocken-Substanz: Stickstoff-Substanz %	Stickstofffreie Extraktstoffe %	Stickstoff in der Trocken-Substanz %	Preis für 1 kg M.	Analytiker
1	Von C. Seidel u. Co. in Münsterberg (Schl.) .	1895	14,60	18,06	0,85	52,03	8,61	5,83	21,13	60,81	3,38	—	*M. Holz* [1])
	Blumenkohl. Brassica oleracea var. botrylis L.												
1	Von H. C. Knorr in Heilbronn	1886	21,48	29.97 *)	3,00	30,43	8,34	6,78	38,18	38,77	6,11	8,40	*J. König und A. Schulte im Hofe* [2])
	Winterkohl (krauser Grünkohl). Brassica oleracea var. percrispa L.												
1	Von demselben . . .	1886	13,93	20,31 *)	3,59	45,25	7,65	9,27	23,60	52,58	3,78	—	*J. König und A. Schulte im Hofe* [2])
2	Ohne nähere Bezeichnung	1891	5,49	20,67 **)	5,50	48,04	10,68	9,62	21,87	50,83	3,50	—	*E. Massute* [3])
3	Von E. Seidel u. Co. in Münsterberg (Schl.) .	1895	9,85	26,56	3,78	43,41	7,12	9,28	29,44	48,15	4,71	—	*M. Holz* [1])
	Mittel	—	**9,76**	**22,53**	**4,29**	**45,55**	**8,48**	**9,39**	**24 97**	**50,48**	**4,00**	—	
	Wirsing. Brassica oleracca var. bullata D. C.												
1	Von H. C. Knorr in Heilbronn	1886	24,81	20,87 *)	1,67	36,94	8,99	6,72	27,76	49,13	4,44	3,00	*J. König und A. Schulte im Hofe* [2])
2	Wirsing II von C. Seidel u. Co. in Münsterberg (Schl.)	1895	14,12	18,06	1,27	50,44	8,27	7,84	21,06	58,73	3,37	—	*M. Holz* [1])

[1]) Apoth. Ztg. 1895, **10**, 179; Vierteljahresschrift Nahrungs- und Genussmittel 1895, **10**, 122.
[2]) Vierteljahresschrift Nahrung- und Genussmittel 1887, **2**, 149.
[3]) Journ. f. Landwirthschaft 1891, **39**, 172.

*) Die von J. König u. A. Schulte im Hofe untersuchten Dörrgemüse enthielten Reinproteïn:

	Blumenkohl	Winterkohl	Wirsing
Reineiweiss	22,81%	17,50%	9,56%

**) Die von Massute untersuchten Dörrgemüse enthielten in der Trocken-Substanz:

	Gesammt-Stickstoff	Amid-Stickstoff	Proteïn-Stickstoff	Reinproteïn
Winterkohl . . .	3,50%	0,87%	2,63%	16,38%
Rothkohl . . .	4,15 „	1,93 „	2,20 „	13,87 „

Rosenkohl. Brassica oleracea var. gemmifera Al.

No.	Nähere Bezeichnung	Zeit der Untersuchung	In der ursprünglichen Substanz: Wasser %	Stickstoff-Substanz %	Fett %	Stickstoff-freie Extraktstoffe %	Rohfaser %	Asche %	In der Trocken-Substanz: Stickstoff-Substanz %	Stickstoff-freie Extraktstoffe %	Stickstoff in der Trocken-Substanz %	Preis für 1 kg M.	Analytiker
1	Von H. C. Knorr in Heilbronn	1886	17,05	28,11	2,64	36,44	8,91	6,35	33,88	43,81	5,41	8,00	*Vers.-Stat. Münster* [1])

Rothkohl. Brassica oleracea var. rubra Al.

No.	Nähere Bezeichnung	Zeit der Untersuchung	Wasser %	Stickstoff-Substanz %	Fett %	Stickstoff-freie Extraktstoffe %	Rohfaser %	Asche %	Trocken-Substanz: Stickstoff-Substanz %	Stickstoff-freie Extraktstoffe %	Stickstoff in der Trocken-Substanz %	Preis für 1 kg M.	Analytiker
1	Ohne nähere Bezeichnung	1891	12,06	22,80	2,97	41,32	11,39	9,46	25,93	46,98	4,15	—	*E. Massute* [2])
2	Von C. Seidel u. Co. in Münsterberg (Schl.) .	1895	20,89	9,75	0,38	54,32	8,77	5,89	12,31	68,66	1,97	—	*M. Holz* [3])

Weisskohl. Brassica oleracea capitata alba Al.

No.	Nähere Bezeichnung	Zeit der Untersuchung	Wasser %	Stickstoff-Substanz %	Fett %	Stickstoff-freie Extraktstoffe %	Rohfaser %	Asche %	Trocken-Substanz: Stickstoff-Substanz %	Stickstoff-freie Extraktstoffe %	Stickstoff in der Trocken-Substanz %	Preis für 1 kg M.	Analytiker
1	Ohne nähere Bezeichnung	1891	7,06	19,18 *)	2,15	48,84	12,88	9,86	20,43	52,55	3,27	—	*E. Massute* [2])
2	Von C. Seidel u. Co. in Winterberg (Schl.) .	1895	18,74	13,63	0,69	51,94	8,88	6,12	16,75	63,92	2,68	—	*M. Holz* [3])
3	Ohne nähere Bezeichnung	1897	9,60	15,50 **)	**)		11,66	8,11	16,44	—	2,63	—	*E. Conrad* [4])
	Mittel	—	**11,80**	**15.76**	**1,44**	**51,83**	**11,14**	**8,03**	**17,87**	**58,76**	**2,86**	—	

Petersilie. Petroselinum sativum Hoffm.

No.	Nähere Bezeichnung	Zeit der Untersuchung	Wasser %	Stickstoff-Substanz %	Fett %	Stickstoff-freie Extraktstoffe %	Rohfaser %	Asche %	Trocken-Substanz: Stickstoff-Substanz %	Stickstoff-freie Extraktstoffe %	Stickstoff in der Trocken-Substanz %	Preis für 1 kg M.	Analytiker
1	Ohne nähere Bezeichnung	1891	2,18	12,89 *)	3,88	53,67	15,18	12,20	13,18	54,86	2,11	—	*E. Massute* [2])

Sonstige Gemüse.

No.	Nähere Bezeichnung	Zeit der Untersuchung	Wasser %	Stickstoff-Substanz %	Fett %	Stickstoff-freie Extraktstoffe %	Rohfaser %	Asche %	Trocken-Substanz: Stickstoff-Substanz %	Stickstoff-freie Extraktstoffe %	Stickstoff in der Trocken-Substanz %	Preis für 1 kg M.	Analytiker
1	Suppenkräuter („Julienne") von H. C. Knorr in Heilbronn . . .	1886	17,44	8,23 ***)	1,04	44,89	5,62	2,81	9,98	54,41	1,60	—	*J. König und A. Schulte im Hofe* [5])
2	Suppengemüse . . .	1891	4,40	13,74 °)	2,60	60,20	11,09	7,97	14,37	62,96	2,30	—	*E. Massute* [2])
3	Kohl mit Grütze (russische Armeekonserve)°°)	1880	5,40	12,82	5,53	67,58		8,67	13,58	—	2,17	—	*G. Heppe* [6])

[1]) Original-Mittheilung.
[2]) Journ. f. Landwirthschaft 1891, **39**, 172.
[3]) Apoth. Ztg 1895, **10**, 179; Vierteljahresschrift Nahrungs- und Genussmittel 1895, **10**, 122.
[4]) Dissertation Tübingen. München 1897 bei Oldenburg; Chem. Centrbl. 1897, I, 1098.
[5]) Vierteljahresschrift Nahrungs- und Genussmittel 1897, **2**, 149.
[6]) Mitgetheilt von C. A. Meinert: Armee- und Volksernährung Berlin 1880, **1**, 469.

*) Die Trocken-Substanz enthielt:
Weisskohl 3,27 % Gesammt-, 1,13 % Amid- und 2,14 % Proteïn-Stickstoff entsprechend 13,37 % Reinproteïn.
Petersilie 2,11 „ „ 0,34 „ „ „ 1,77 „ „ „ 11,00 „ „

**) Mit 6,27 % Reinproteïn, 29,76 % Dextrose und 13,16 % Invertzucker.

***) Mit 5.55 % Reinproteïn.

°) Die Trocken-Substanz enthielt 2,30 % Gesammt-, 0,70 % Amid- und 1,60 % Proteïn-Stickstoff entsprechend 9,97 % Reinproteïn.

°°) Dargestellt von der Aktiengesellschaft Volksernährung (Narodnoc Prodowolstwo) in Petersburg.

Gemüse-Dauerwaaren in Büchsen und Gläsern.

Nach Untersuchungen von K. P. Mc Elroy und W. D. Bigelow.

(U. S. Departement of Agriculture. Division of Chemistry. Bull. 13, Washington 1893, 1015—1167.)

[Die Untersuchungs-Verfahren sind am Schlusse der Tabellen angegeben.]

Junge Erbsen. (Peas.)

a. Aus französischen Fabriken*):

No.	Nähere Bezeichnung	Inhalt einer Büchse	Erbsen in einer Büchse	Preis einer Büchse	In der natürlichen Substanz							In der Trocken-Substanz		Stickstoff in der Trocken-Substanz	Von der Stickstoff-Substanz verdaulich
					Wasser	Stickstoff-Substanz	Fett	Stickstofffreie Extraktstoffe	Rohfaser	Asche	Chlornatrium in der Asche	Stickstoff-Substanz	Stickstofffreie Extraktstoffe		
		g	g	Cents	%	%	%	%	%	%	%	%	%	%	%
1	Sehr feine	394	—	30	87,95	3,20	0,22	6,70	1,20	0,73	0,31	26,56	55,62	4,25	94,09
2	Feine, englische . . .	423	308	25	84,98	4,18	0,13	8,21	1,51	1,08	0,67	27,81	54,06	4,45	89,93
3	Extrafeine**)	406	—	30	89,38	2,88	0,14	5,74	0,75	1,11	0,77	27,13	54,09	4,34	95,69
4	Feine, natürliche . . .	434	271	30	89,78	2,38	0,08	5,60	1,16	1,01	0,72	23,25	54,80	3,72	91,87
5	Mittelgute, natürliche . .	437	283	25	86,77	3,23	0,07	7,59	1,28	1,06	0,71	24,44	57,34	3,91	92,43
6	Extrafeine, natürliche .	431	293	30	90,10	2,48	0,06	5,06	1,56	1,15	0,87	25,00	51,14	4,00	89,64
7	Feine	396	268	20	85,54	3,57	0,12	8,68	1,49	0,60	0,19	24,69	60,01	3,95	93,48
8	desgl.	427	274	25	89,11	2,42	0,14	6,13	1,16	1,04	0,74	22,19	56,29	3,55	93,28
9	Extrafeine**)	448	303	40	90,11	2,38	0,18	5,28	0,88	1,17	0,92	24,06	53,42	3,85	89,15
10	desgl.	405	309	25	87,96	3,39	0,12	6,15	1,24	1,34	0,70	28,19	51,08	4,51	90,88
11	Feine	432	285	25	86,82	2,84	0,08	7,45	1,36	1,45	1,10	21,56	56,57	3,45	94,25
12	Mittelgute	438	289	15	84,66	3,27	0,11	9,17	1,34	1,45	1,03	21,31	59,80	3,41	93,71
13	Extrafeine	424	297	35	82,05	2,78	0,20	5,68	1,04	1,25	0,91	25,38	51,85	4,06	88,22
14	desgl.	431	283	40	89,67	2,54	0,04	5,58	1,06	1,11	0,85	24,63	54,05	3,94	93,10
15	desgl.	421	263	35	92,22	1,83	0,09	4,39	0,56	0,92	0,69	23,56	56,37	3,77	86,42
16	desgl.	418	313	35	90,02	2,79	0,20	5,14	0,84	1,01	0,64	28,00	51,49	4,48	94,43
17	desgl.	413	284	25	90,31	2,61	0,09	5,07	1,05	0,87	0,56	26,88	52,36	4,30	87,91
18	Englische	421	301	16	84,41	4,11	0,27	8,88	1,38	0,95	0,54	26,38	56,92	4,22	89,13
19	Extrafeine	423	280	16	91,55	2,64	0,15	4,36	0,95	0,34	0,17	31,25	51,64	5,00	85,10
20	desgl.**)	429	280	35	91,54	2,26	0,08	4,46	0,74	0,93	0,64	26,69	52,66	4,27	80,71
21	Mittelgute, natürliche . .	419	275	25	88,82	2,93	0,14	6,06	1,20	0,85	0,49	26,19	54,29	4,19	90,07
22	Ohne nähere Bezeichnung	417	282	19	86,45	3,18	0,07	8,28	1,16	0,87	0,50	23,44	61,10	3,75	94,67
23	Mittelgute	420	282	15	85,08	3,43	0,12	9,12	1,30	0,95	0,57	23,00	61,09	3,68	89,96
24	Feine	406	266	18	87,95	2,87	0,07	6,94	1,04	1,24	0,87	23,63	57,06	3,78	86,29
25	Extrafeine, natürliche .	426	301	18	88,68	2,78	0,21	5,91	0,94	1,48	1,08	24,56	52,23	3,93	91,61
26	Extrafeine	434	294	25	88,33	2,71	0,10	6,32	1,08	1,46	1,13	23,25	54,12	3,72	87,83

*) Der Gehalt an Metallen war folgender: (Es bedeutet + = „vorhanden", 0 = „nicht vorhanden", — = „nicht bestimmt." Die angegebenen Zahlen bedeuten mg pro 1 kg.)

No.	1	2	3	4	5	6	7	8	9	10	11	12	13
Kupfer . .	0	71,8	157,7	79,2	42,7	53,0	35,4	28,5	99,2	28,0	77,8	39,0	73,0
Blei . . .	—	—	—	Spur	+	Spur	+	+	Spur	—	+	+	0
Zinn . . .	—	—	+	Spur	viel	+	+	+	—	—	—	—	0
Zink . . .	85,5	0	—	—	101,0	0	0	0	0	—	97,4	0	0

No.	14	15	16	17	18	19	20	21	22	23	24	25	26
Kupfer . .	28,3	66,2	85,3	65,8	84,6	24,6	41,9	61,4	15,8	131,2	61,9	31,2	31,6
Blei . . .	0	35,2	0	+	Spur	0	29,2	—	+	+	+	+	—
Zinn . . .	—	0	+	+	—	+	—	—	+	+	+	+	—
Zink . . .	0	0	0	0	0	0	0	0	0	3,1	13,0	58,9	—

**) Enthielt Salicylsäure.

No.	Nähere Bezeichnung	Inhalt einer Büchse	Erbsen in einer Büchse	Preis einer Büchse	In der natürlichen Substanz: Wasser	Stick-stoff-Substanz	Fett	Stickstoff-freie Ex-traktstoffe	Roh-faser	Asche	Chlorna-trium in der Asche	In der Trocken-Substanz: Stick-stoff-Substanz	Stickstoff-freie Ex-traktstoffe	Stickstoff in der Trocken-Substanz	Von der Stick-stoff-Substanz verdaulich
		g	g	Cents	%	%	%	%	%	%	%	%	%	%	%
27*)	Mittelgute	429	290	16	83,73	4,22	0,12	9,78	1,06	1,10	0,51	25,94	60,10	4,15	91,71
28	Ohne nähere Bezeichnung	488	370	20	81,69	4,08	0,20	11,59	1,43	1,01	0,46	22,25	63,29	3,56	90,16
29	Feine**)	419	283	25	87,71	3,04	0,23	6,82	1,12	1,08	0,66	24,69	55,48	3,95	89,51
30	Mittelgute	416	283	12	83,84	3,51	0,09	10,08	1,35	1,13	0,65	21,69	62,38	3,47	92,85
31	Extrafeine, englische**)	409	294	30	88,85	3,11	0,23	5,75	1,13	0,93	0,56	27,94	51,57	4,47	89,91
32	Extrafeine	440	292	25	90,06	2,87	0,21	5,38	0,96	0,52	0,21	28,88	54,10	4,62	90,20
33	Feine**)	446	299	20	90,38	2,79	0,18	5,20	0,89	0,56	0,26	29,06	54,01	4,65	91,40
34	Ohne nähere Bezeichnung	437	285	20	82,20	4,39	0,13	11,02	1,26	0,99	0,34	24,69	61,93	3,95	93,56
35	Mittelgute	412	258	20	84,41	4,19	0,16	8,56	1,25	1,43	0,74	26,88	54,91	4,30	91,55
36	Feine	421	289	30	84,51	3,91	0,14	9,17	1,29	0,98	0,51	25,25	59,22	4,04	91,33
	b. Aus einer italienischen Fabrik*):														
37	Petits pois fins	418	272	15	88,26	2,86	0,11	6,63	1,16	0,98	0,65	24,38	56,50	3,90	88,27
	c. Aus nordamerikanischen Fabriken*):														
38	Small May peas, clipper brand	566	385	15	83,26	3,61	0,29	10,29	1,25	0,79	0,29	24,56	61,49	3,93	87,83
39	Jumbo brand early June peas**)	372	—	20	85,25	3,51	0,22	8,81	1,08	1,13	0,74	23,81	59,76	3,81	93,45
40	Sifted early June peas	581	—	25	87,29	3,34	0,19	7,02	1,14	1,01	0,64	26,25	55,29	4,20	90,29
41	Early June peas —	568	374	12	83,38	3,80	0,20	10,23	1,17	1,22	0,69	22,88	61,52	3,66	93,22
42	Early June peas sifted, Cumberland brand	590	385	12	82,57	3,62	0,24	10,77	1,12	1,69	1,16	20,75	61,80	3,32	90,70
43	Early June peas first quality	599	360	13	84,58	3,61	0,24	8,93	1,24	1,41	0,95	23,38	57,91	3,74	91,70
44	Early June peas Cheester Riverbrand	571	401	14	82,53	4,34	0,27	10,16	1,38	1,33	0,24	24,81	58,14	3,97	91,41
45	Early June peas Silver brand	594	370	14	84,46	3,41	0,21	9,20	1,27	1,46	0,99	21,94	59,24	3,51	91,29
46	Early June peas Centennial brand	574	387	14	81,64	3,74	0,30	11,55	1,32	1,44	0,91	20,38	62,93	3,26	92,15
47	Early June peas —	588	399	15	85,46	3,57	0,24	8,62	1,18	0,94	0,44	24,56	59,29	3,93	87,30
48	Early June peas —**)	572	353	13	84,36	3,90	0,28	9,17	1,33	0,96	0,49	24,94	58,63	3,99	90,86
49	Early June peas sweet, gold leaf brand	577	375	15	83,51	3,19	0,31	10,43	1,32	1,24	0,95	19,31	63,29	3,09	86,33
50	Early June peas —	630	620	12	80,79	4,20	0,25	12,44	1,39	0,93	0,35	21,88	64,75	3,59	91,86
51	Early June peas Harpoon brand	588	393	15	82,73	3,82	0,35	10,67	1,29	1,15	0,79	22,13	61,74	3,54	88,07
52	Early June peas Peninsular brand	614	384	15	82,03	4,60	0,43	10,63	1,24	1,44	0,82	25,69	57,05	4,11	89,80
53	Early June peas sifted	614	327	$12^1/_2$	85,68	3,49	0,30	8,55	1,23	0,75	0,28	24,38	59,73	3,90	93,48
54	Early June peas —	605	390	18	83,35	4,16	0,31	9,67	1,38	1,13	0,66	25,00	58,05	4,00	88,32

*) Der Gehalt an Metallen war folgender:

No.	27	28	29	30	31	32	33	34	35	36	37	38	39	40
Kupfer	83,5	73,0	21,9	34,8	127,4	65,8	55,5	128,0	17,1	78,6	14,6	11,4	0	2,1
Blei	—	+	0	—	—	+	0	—	0	+	+	+	0	Spur
Zinn	+	+	—	—	—	+	0	—	+	—	+	+	39,4	0
Zink	—	0	0	0	0	0	0	0	0	0	0	0	0	0

No.	41	42	43	44	45	46	47	48	49	50	51	52	53	54
Kupfer	4,6	1,8	1,6	9,0	6,5	29,1	7,3	56,6	10,8	20,9	0	74,1	44,0	0
Blei	0	+	0	Spur	4,2	Spur	Spur	+	13,9	+	+	Spur	Spuren	Spur
Zinn	27,0	+	0	0	21,6	+	0	+	32,6	+	+	0	"	0
Zink	0	0	0	10,9	0	0	31,2	0	380,0	16,0	0	163,0	15,3	0

**) Enthielt Salicylsäure.

No.	Nähere Bezeichnung	Inhalt einer Büchse g	Erbsen in einer Büchse g	Preis einer Büchse Cents	In der ursprünglichen Substanz: Wasser %	Stick-stoff-Substanz %	Fett %	Stickstoff-freie Extraktstoffe %	Roh-faser %	Asche %	Chlornatrium in der Asche %	In der Trocken-Substanz: Stick-stoff-Substanz %	Stickstoff-freie Extraktstoffe %	Stickstoff in der Trocken-Substanz %	Von der Stickstoff-Substanz verdaulich %
55*)	Early June peas: sifted**) . . .	575	339	20	85,92	3,69	0,24	7,62	1,25	1,28	0,79	26,25	54,06	4,20	94,02
56	Early June peas: Wholesome brand . . .	601	566	15	77,99	5,43	0,37	12,92	1,28	2,01	1,30	24,69	58,68	3,95	93,16
57	Early June peas: —	593	468	15	78,95	5,05	0,32	13,08	1,33	1,27	0,56	26,88	52,36	4,30	87,91
58	Early June peas: clymer . . .	596	373	12½	81,69	4,85	0,35	10,52	1,29	1,30	0,71	26,50	57,46	4,24	92,60
59	Marrow fat peas: —**)	588	490	12½	79,97	4,97	0,21	13,16	1,13	0,57	0,24	24,81	65,70	3,97	86,78
60	Marrow fat peas: Franklin brand .	581	363	11	84,62	3,86	0,29	8,54	1,52	1,16	0,68	25,13	55,51	4,02	90,69
61	Marrow fat peas: —	560	540	10	77,59	5,58	0,30	13,84	1,28	1,41	0,84	24,88	61,76	3,98	90,39
62	Marrow fat peas: first quality . . .	575	453	12	81,53	4,38	0,28	11,89	1,09	0,83	0,32	23,69	64,40	3,74	90,76
63	Marrow fat peas: —	599	360	10	83,83	3,34	0,29	10,03	1,02	1,51	1,12	20,63	62,02	3,30	91,91
64	Marrow fat peas: Napoleon brand**) .	597	363	13	84,71	3,85	0,26	8,59	1,19	1,40	0,91	25,19	56,20	4,03	88,53
65	Marrow fat peas: white	641	474	12½	80,61	4,91	0,38	11 50	1,18	1,41	1,07	25,38	59,26	4,06	90,82
66	Marrow fat peas: desgl.	628	390	15	81,09	4,68	0,40	11,41	1,14	1,41	1,07	24,75	60,35	3,96	91,27
67	Marrow fat peas: desgl.	695	370	10	81,82	5,04	0,34	10,39	1,35	1,06	0,65	27,81	57,07	4,45	91,01
68	Green, little fellows**) .	582	—	25	87,11	3,62	0,21	7,16	1,18	0,73	0,32	25,26	55,55	4,49	90,02
69	Choice green	587	472	12½	79,07	5,35	0,32	12,36	1,42	1,48	0,98	25,56	59,06	4,06	91,74
70	Morgan brand green . .	599	553	20	77,46	6,11	0,40	13,35	1,27	1,41	0,84	27,13	59,20	4,34	93,22
71	Small, sifted	582	364	15	84,90	3,94	0,22	8,15	1,15	1,64	1,13	26,13	53,93	4,18	89,21
72	Extra small**)	610	398	18	83,16	3,39	0,25	10,54	1,47	1,21	0,63	20,13	62,53	3,22	87,03
73	Early sweet, blue Ridge brand**)	580	401	10	87,20	3,06	0,24	6,98	1,16	1,36	0,94	23,94	54,55	3,83	90,77
74	Sweet blossom	586	378	25	87,41	3,44	0,22	6,79	1,19	0,95	0,53	27,38	53,87	4,38	90,29
75	Extra fine pansy blossom	576	352	12½	92,74	1,64	0,17	4,38	0,46	0,60	0,39	22,63	60,40	3,62	91,21
76	Royal favorite	594	393	30	88,93	3,42	0,18	5,48	1,06	0,93	0,50	30,88	49,47	4,94	90,25
77	Harpoon brand extra sifted**)	569	351	18	89,06	2,95	0,21	5,85	1,00	0,93	0,56	26,94	53,53	4,31	88,27
78	van Camp's sifted . . .	630	421	10	80,81	3,98	0,36	12,38	1,34	1,13	0,56	20,75	64,51	3,32	92,29
79	Hamburgh Champion of England	585	—	20	85,60	3,49	0,44	8,58	1,23	0,66	0,24	24,25	59,59	3,88	94,15
80	Hamburgh petits, verts, extra fins	372	—	30	88,53	2,38	0,20	6,59	0,92	1,39	0,64	20,69	57,42	3,31	78,25
	Mittel	**510**	**351**	**19,7**	**85,39**	**3,61**	**0,21**	**8,40**	**1,18**	**1,21**	**0,67**	**24,74**	**57,49**	**3,96**	**90,50**

*) Der Gehalt an Metallen war folgender:

No.	55	56	57	58	59	60	61	62	63	64	65	66	67
Kupfer . .	0	12,0	0	6,4	4,6	7,4	19,1	0	25,0	0	40,0	0	20,4
Blei . . .	0	+	0	0	Spur	5,1	Spur	0	11,5	0	0	+	0
Zinn . . .	0	+	Spur	23,9	0	19,9	0	50,0	24,2	0	33,2	+	0
Zink . . .	0	0	0	0	12,5	0	38,1	0	6,7	0	0	0	0

No.	68	69	70	71	72	73	74	75	76	77	78	79	80
Kupfer . .	7,0	0	0	15,1	35,0	0	16,5	0	Spur	3,4	0	51,0	4,8
Blei . . .	+	Spur	0	+	+	+	0	+	+	+	+	17,5	3,1
Zinn . . .	+	0	Spur	+	+	+	39,8	+	+	+	+	35,6	10,2
Zink . . .	0	23,6	0	0	0	0	0	0	0	0	32,4	—	—

**) Enthielt Salicylsäure.

Grüne Bohnen*) **) (Haricots verts) aus französischen Fabriken.

No.	Nähere Bezeichnung*)	Inhalt einer Büchse g	Feste Substanz in der Büchse g	Preis einer Büchse Cents	In der natürlichen Substanz: Wasser %	Stickstoff-Substanz %	Fett %	Stickstofffreie Extraktstoffe %	Rohfaser %	Asche %	Chlornatrium in der Asche %	In der Trocken-Substanz: Stickstoff-Substanz %	Stickstofffreie Extraktstoffe %	Stickstoff in der Trocken-Substanz %	Von der Stickstoff-Substanz verdaulich %
1	Verts extra	394	214	40	95,54	1,01	0,03	1,93	0,44	1,06	0,76	22,63	43,12	3,62	82,41
2	„ „ fins	431	342	30	94,31	1,36	0,33	2,53	0,53	0,95	0,51	23,81	44,40	3,81	66,53
3	„ „ —	393	349	35	94,98	1,21	0,06	2,05	0,51	1,18	0,91	24,13	40,92	3,86	79,86
4	„ „ fins	438	252	35	95,32	1,03	0,04	1,90	0,48	1,23	0,90	22,00	40,70	3,52	74,86
5	„ — —	401	216	45	96,13	0,92	0,04	1,57	0,44	0,91	0,70	23,81	40,60	3,81	71,31
6	„ surfins	395	274	10	95,33	1,07	0,09	2,13	0,49	0,90	0,62	22,81	45,61	3,65	71,77
7	„ sur extra	477	308	30	94,73	1,16	0,02	2,30	0,49	1,31	0,98	21,94	43,71	3,51	59,07
	Mittel	**418**	**265**	**32**	**95,18**	**1,11**	**0,09**	**2,07**	**0,60**	**1,08**	**0,77**	**23,02**	**42,72**	**3,68**	**72,26**

Wälsche Bohnen (String beans) aus amerikanischen Fabriken.

No.	Nähere Bezeichnung*)	Inhalt einer Büchse g	Feste Substanz in der Büchse g	Preis einer Büchse Cents	In der natürlichen Substanz: Wasser %	Stickstoff-Substanz %	Fett %	Stickstofffreie Extraktstoffe %	Rohfaser %	Asche %	Chlornatrium in der Asche %	In der Trocken-Substanz: Stickstoff-Substanz %	Stickstofffreie Extraktstoffe %	Stickstoff in der Trocken-Substanz %	Von der Stickstoff-Substanz verdaulich %
1	Ohne nähere Bezeichn.[0])	558	335	20	93,96	0,93	0,07	3,26	0,54	1,25	0,91	15,31	54,01	2,45	71,00
2	(desgl.)	576	326	10	94,56	0,84	0,08	2,87	0,51	1,13	0,82	15,50	52,78	2,48	68,00
3	Maryland brand[0])	3028	1785	35	92,67	1,14	0,10	4,36	0,61	1,12	0,39	15,50	59,54	2,48	56,39
4	Choptank brand	546	321	10	94,78	0,99	0,07	3,02	0,64	0,51	0,20	18,88	57,83	3,02	70,87
5	Queen Anne brand[0])	565	295	10	93,45	0,90	0,08	3,94	0,60	1,02	0,66	13,75	60,18	2,20	60,00
6	Standard[0])	516	336	10	90,75	1,52	0,13	5,10	0,76	1,74	1,26	16,44	55,13	2,63	79,62
7	—	564	280	10	95,09	0,81	0,04	2,33	0,39	1,34	0,99	16,56	47,43	2,65	55,13
8	Blue Ridge[0])	580	293	10	94,93	0,99	0,07	2,15	0,47	1,39	0,92	19,56	42,35	3,13	64,57
9	October string beans[0])	573	254	30	94,57	0,88	0,03	2,69	0,47	1,36	1,00	16,19	49,63	2,59	69,19
10	—	568	348	10	92,79	1,11	0,06	4,47	0,63	0,94	0,57	15,37	62,02	2,46	72,61
11	Champion brand[0])	562	335	10	93,45	1,07	0,05	4,09	0,56	0,78	0,41	16,31	62,40	2,61	73,82
12	desgl.[0])	598	300	15	94,53	0,81	0,05	3,17	0,49	0,95	0,62	14,74	58,01	2,36	55,29
13	Choice[0])	580	314	15	95,10	0,64	0,02	1,55	0,44	2,26	1,99	13,06	31,54	2,09	51,84
14	Ohne nähere Bezeichnung[0])	560	247	15	95,13	0,88	0,04	2,31	0,46	1,28	1,00	15,88	47,42	2,54	60,96
15	(desgl.)	555	260	15	94,98	0,91	0,05	2,56	0,50	1,01	0,69	18,00	50,97	2,88	68,83
16	(desgl.)	543	243	20	95,83	0,67	0,04	2,09	0,34	1,04	0,75	16,06	50,03	2,57	53,92
17	Golden wax[0]) [00])	722	430	35	96,30	0,75	0,06	1,97	0,44	0,49	0,22	20,19	53,16	3,23	75,00
18	Peerless[0])	560	300	15	95,06	0,72	0,04	2,53	0,39	1,26	0,96	14,56	51,15	2,33	67,24
	Mittel	**709**	**389**	**16**	**94,33**	**0,92**	**0,06**	**2,21**	**0,51**	**1,16**	**0,81**	**16,21**	**52,53**	**2,59**	**65,24**

*) Der Gehalt an Metallen war folgender:

Grüne Bohnen No.	1	2	3	4	5	6	7	Wälsche Bohnen No.	1	2	3	4
Kupfer	0	0	2,5	0	21,2	0	11,6	Kupfer	0	0	0	0
Blei	—	0	0	—	—	—	—	Blei	Spur	0	0	—
Zinn	—	—	—	—	—	—	—	Zinn	—	—	—	—
Zink	—	0	—	—	—	—	—	Zink	0	0	5,2	—

No.	5	6	7	8	9	10	11	12	13	14	15	16	17	18
Kupfer	0	0	0	0	0	3,3	10,5	0	0	—	0	0	0	0
Blei	—	—	—	—	—	—	—	15,6	—	—	—	—	34,4	—
Zinn	—	—	—	—	—	—	—	—	—	—	—	—	—	—
Zink	—	—	—	—	—	—	—	—	—	—	—	—	3,2	—

**) Sämmtliche Proben enthielten Salicylsäure.

[0]) Enthielt Salicylsäure.

[00]) Der zur Dichtung des Glasgefässes benutzte Dichtungsring enthielt 7,54 % schwefelsaures Blei.

Stringless beans *) aus amerikanischen Fabriken.

No.	Nähere Bezeichnung**)	Inhalt einer Büchse g	Feste Substanz in der Büchse g	Preis einer Büchse Cents	In der natürlichen Substanz: Wasser %	Stickstoff-Substanz %	Fett %	Stickstofffreie Extraktstoffe %	Rohfaser %	Asche %	Chlornatrium in der Asche %	In der Trocken-Substanz: Stickstoff-Substanz %	Stickstofffreie Extraktstoffe %	Stickstoff in der Trocken-Substanz %	Von der Stickstoff-Substanz verdaulich %
1	Ohne nähere Bezeichnung	593	416	15	92,40	1,33	0,07	4,03	0,78	1,40	0,42	17,50	53,06	2,80	51,43
2	Nonpareil	560	383	10	93,88	1,07	0,08	3,15	0,62	1,20	0,81	17,44	51,51	2,79	67,71
3	Ohne nähere Bezeichn.	580	329	17	94,31	0,98	0,07	2,75	0,45	1,45	1,09	17,12	48,31	2,74	68,07
4	Ohne nähere Bezeichn.	605	328	18	94,40	0,98	0,07	2,36	0,45	1,75	1,48	17,38	42,16	2,78	74,22
5	Mountain Rose	572	—	25	94,35	1,15	0,07	2,94	0,56	0,93	0,48	20,31	52,15	3,25	66,90
6	Ohne nähere Bezeichn.	579	354	15	93,95	1,18	0,06	2,56	0,58	1,68	1,19	19,38	42,34	3,10	69,97
7	Ohne nähere Bezeichn.	575	356	30	94,05	1,27	0,10	2,57	0,59	1,42	0,94	21,31	43,27	3,41	73,39
	Mittel	**581**	**361**	**18,6**	**93,91**	**1,13**	**0,07**	**2,91**	**0,58**	**1,40**	**0,92**	**18,63**	**47,78**	**2,98**	**67,38**

Flageolet-Bohne (Haricots flageolets).

No.	Nähere Bezeichnung	Inhalt g	Feste Substanz g	Preis Cents	Wasser %	Stickstoff-Substanz %	Fett %	Stickstofffreie Extraktstoffe %	Rohfaser %	Asche %	Chlornatrium in der Asche %	Trocken: Stickstoff-Substanz %	Trocken: Stickstofffreie Extraktstoffe %	Stickstoff in der Trocken-Substanz %	Verdaulich %
1	Extra fins aus französischen Fabriken***)	425	283	35	80,40	4,67	0,04	12,22	1,01	1,67	1,14	23,81	62,33	3,81	83,50
2	Extra fins aus französischen Fabriken***)	439	327	30	80,44	5,15	0,06	12,41	1,06	0,88	0,27	26,31	63,47	4,21	89,17
3	Extra fins aus französischen Fabriken***)	514	362	50	83,92	4,03	0,05	9,82	1,00	1,18	0,73	25,06	61,07	4,01	80,73
	Mittel	**459**	**324**	**38,1**	**81,59**	**4,61**	**0,05**	**11,49**	**1,02**	**1,24**	**0,71**	**25,06**	**62,41**	**4,01**	**84,47**

Gestreifte Schminkbohne (Haricots Panachés).

No.	Nähere Bezeichnung	Inhalt g	Feste Substanz g	Preis Cents	Wasser %	Stickstoff-Substanz %	Fett %	Stickstofffreie Extraktstoffe %	Rohfaser %	Asche %	Chlornatrium in der Asche %	Trocken: Stickstoff-Substanz %	Trocken: Stickstofffreie Extraktstoffe %	Stickstoff in der Trocken-Substanz %	Verdaulich %
1°)	Aus einer französ. Fabrik	474	351	45	86,05	3,73	0,03	8,17	1,01	1,01	0,51	26,75	58,56	4,28	78,69

Kleine grüne Bohnen (Little green beans).

No.	Nähere Bezeichnung	Inhalt g	Feste Substanz g	Preis Cents	Wasser %	Stickstoff-Substanz %	Fett %	Stickstofffreie Extraktstoffe %	Rohfaser %	Asche %	Chlornatrium in der Asche %	Trocken: Stickstoff-Substanz %	Trocken: Stickstofffreie Extraktstoffe %	Stickstoff in der Trocken-Substanz %	Verdaulich %
1°)	Aus Ohio	582	360	10	93,82	1,15	0,08	2,80	0,65	1,50	1,08	18,56	45,34	2,97	54,26

Wachsbohne (Wachs beans).

No.	Nähere Bezeichnung	Inhalt g	Feste Substanz g	Preis Cents	Wasser %	Stickstoff-Substanz %	Fett %	Stickstofffreie Extraktstoffe %	Rohfaser %	Asche %	Chlornatrium in der Asche %	Trocken: Stickstoff-Substanz %	Trocken: Stickstofffreie Extraktstoffe %	Stickstoff in der Trocken-Substanz %	Verdaulich %
1°)	Aus Nord-Amerika . .	573	295	15	94,68	1,00	0,08	2,48	0,58	1,18	0,87	18,81	46,64	3,01	76,08

Lima-Bohne (Phaseolus lunatus) aus amerikanischen Fabriken.

No.	Nähere Bezeichnung	Inhalt g	Feste Substanz g	Preis Cents	Wasser %	Stickstoff-Substanz %	Fett %	Stickstofffreie Extraktstoffe %	Rohfaser %	Asche %	Chlornatrium in der Asche %	Trocken: Stickstoff-Substanz %	Trocken: Stickstofffreie Extraktstoffe %	Stickstoff in der Trocken-Substanz %	Verdaulich %
1°)	—	587	429	10	83,26	3,93	0,19	10,22	1,12	1,28	0,59	23,44	61,08	3,75	79,18
2°°)	Snowflake	604	—	15	75,68	4,58	0,60	16,51	1,39	1,25	0,24	18,81	67,87	3,01	87,40
3°°°)	Oval brand	633	359	10	83,88	3,49	0,29	9,60	0,95	1,79	1,07	21,69	59,53	3,47	86,95
4	Derby brand	560	533	10	77,71	3,55	0,37	14,63	1,28	2,45	1,47	15,94	65,64	2,55	84,56
5°°)	—	574	352	15	83,66	3,53	0,22	10,13	0,90	1,57	0,84	21,56	61,98	3,45	81,35

*) Sämmtliche Proben ausser No. 7 enthielten Salicylsäure, No. 1 ausserdem auch schweflige Säure.
**) Der Gehalt an Metallen war folgender (mg in 1 kg):

Stringless beans No.	1	2	3	4	5	6	7	Flageolet-Bohne No.	1	2	3
Kupfer	0	0,3	0	0	0	0	0		25,2	90,7	10,2
Blei	—	—	28,4	18,0	0	—	—		46,0	—	79,2
Zink	—	—	0	0	0	—	—		—	—	0

Gestreifte Schminkbohne No.	1	Kleine grüne Bohnen No.	1	Wachsbohnen No.	1	Lima-Bohne No.	1	2	3	4	5
Kupfer	30,4		0		0		5,0	0	0	0	0
Blei	15,6		Spur		+		10,5	0	0	Spur	0
Zink	—		5,6		2,4		0	0	0	0	2,0

***) Alle drei Proben enthielten Salicylsäure.
°) Enthielten Salicylsäure.
°°) Enthielten schweflige Säure.
°°°) Enthielten Salicylsäure und schweflige Säure.

No.	Nähere Bezeichnung*)	Inhalt einer Büchse g	Feste Substanz in der Büchse g	Preis einer Büchse Cents	In der natürlichen Substanz: Wasser %	Stickstoff-Substanz %	Fett %	Stickstofffreie Extraktstoffe %	Rohfaser %	Asche %	Chlornatrium in der Asche %	In der Trocken-Substanz: Stickstoff-Substanz %	Stickstofffreie Extraktstoffe %	Stickstoff in der Trocken-Substanz %	Von der Stickstoff-Substanz verdaulich %
6**)	Equity brand aus derselben Fabrik	558	473	13	77,03	3,96	0,29	15,84	1,36	1,51	0,51	17,25	69,12	2,76	87,01
7 °)	Equity brand aus derselben Fabrik	561	409	13	78,84	3,35	0,26	14,77	1,11	1,68	0,70	15,88	69,73	2,54	90,36
8	Mountain	573	381	10	80,39	3,85	0,27	12,70	1,08	1,71	0,82	19,63	64,78	3,14	84,62
9	Onandaga cream . . .	637	530	15	80,00	3,19	0,28	13,92	1,02	1,59	0,63	15,94	69,60	2,55	89,02
10	Preferred slock . . .	637	457	18	76,21	4,79	0,40	14,74	1,31	2,55	1,69	20,13	61,97	3,22	91,21
11	California	641	577	15	76,39	5,65	0,21	14,72	1,26	1,77	0,85	23,94	62,33	3,83	94,99
12°°)	—	590	377	18	81,99	3,93	0,25	11,68	0,99	1,16	0,30	21,81	64,86	3,49	89,73
13 °)	Golden crown	587	335	13	83,53	3,17	0,24	10,50	1,03	1,53	0,81	19,25	63,73	3,08	85,14
14°°)	Pride of California . .	635	425	10	79,30	5,31	0,23	12,58	1,15	1,43	0,64	25,63	60,78	4,10	91,14
15°°)	—	598	—	20	77,35	3,69	0,46	16,02	1,45	1,03	0,39	16,31	70,73	2,61	87,12
	Mittel	**598**	**434**	**13,7**	**79,68**	**4,03**	**0,30**	**13,21**	**1,16**	**1,62**	**0,77**	**19,81**	**65,01**	**3,17**	**87,32**

Baked beans aus amerikanischen Fabriken.

No.	Nähere Bezeichnung	Inhalt einer Büchse g	Feste Substanz in der Büchse g	Preis einer Büchse Cents	Wasser %	Stickstoff-Substanz %	Fett %	Stickstofffreie Extraktstoffe %	Rohfaser %	Asche %	Chlornatrium in der Asche %	Trocken: Stickstoff-Substanz %	Stickstofffreie Extraktstoffe %	Stickstoff in der Trocken-Substanz %	Von der Stickstoff-Substanz verdaulich %
1°°)	Old South (aus derselben Fabrik)	872	—	25	67,44	7,65	1,27	19,90	1,33	2,41	1,32	23,50	61,10	3,76	83,70
2**)	Picnic beans (aus derselben Fabrik)	299	—	10	64,34	7,13	5,49	16,14	4,44	2,46	1,45	20,00	45,25	3,20	92,85
3	Old South (aus derselben Fabrik)	1081	—	15	66,57	7,61	2,41	19,08	2,18	2,15	0,98	22,75	57,08	3,64	89,94
4°°)	Boston baked beans	555	—	10	65,53	7,34	4,88	19,15	1,38	1,72	0,75	21,44	55,40	3,43	95,48
5**)	Boston baked beans	1120	—	15	67,51	6,68	3,90	16,75	3,04	2,12	1,15	20,50	51,55	3,29	93,58
6°°)	Boston baked beans	1070	—	15	66,48	7,50	4,60	11,32	3,75	2,36	1,23	22,38	45,66	3,58	87,36
7°°)	Yankee	—	—	20	69,12	6,53	1,45	19,54	1,67	1,70	0,84	21,13	63,29	3,38	89,64
8°°)	Yankee	1074	—	25	67,99	7,73	2,19	18,54	1,77	1,79	0,80	24,13	57,95	3,86	78,03
9°°)	Boston	986	—	15	65,69	7,10	4,13	17,21	3,25	2,63	1,07	20,69	50,15	3,31	87,48
10°°)	Ohne nähere Bezeichn.	958	—	15	69,39	6,39	2,57	17,20	2,48	1,98	0,93	20,88	56,17	3,34	86,49
11	Ohne nähere Bezeichn.	1036	—	15	67,88	6,56	2,12	19,48	1,66	2,30	1,07	20,44	60,63	3,27	90,22
12°°)	The World's Fair . . .	1043	—	20	68,37	7,49	3,12	16,32	2,56	2,14	0,81	23,69	51,59	3,79	85,39
	Mittel	**918**	**—**	**16,7**	**67,19**	**7,15**	**3,19**	**17,94**	**2,38**	**2,15**	**1,03**	**21,79**	**54,68**	**3,49**	**88,34**

Rothe Schminkbohne (Red Kidney beans).

No.	Nähere Bezeichnung	Inhalt einer Büchse g	Feste Substanz in der Büchse g	Preis einer Büchse Cents	Wasser %	Stickstoff-Substanz %	Fett %	Stickstofffreie Extraktstoffe %	Rohfaser %	Asche %	Chlornatrium in der Asche %	Trocken: Stickstoff-Substanz %	Stickstofffreie Extraktstoffe %	Stickstoff in der Trocken-Substanz %	Von der Stickstoff-Substanz verdaulich %
1°°)	Aus Batavia N.-Y. . .	597	573	20	72,67	7,02	0,23	17,31	1,14	1,63	0,70	25,69	63,31	4,11	89,45

Zuckermais (Speisemais, Sugar corn, sweet corn).

No.	Nähere Bezeichnung	Inhalt einer Büchse g	Feste Substanz in der Büchse g	Preis einer Büchse Cents	Wasser %	Stickstoff-Substanz %	Fett %	Stickstofffreie Extraktstoffe %	Rohfaser %	Asche %	Chlornatrium in der Asche %	Trocken: Stickstoff-Substanz %	Stickstofffreie Extraktstoffe %	Stickstoff in der Trocken-Substanz %	Von der Stickstoff-Substanz verdaulich %
1	Susquehanna	586	—	20	77,87	2,39	1,33	16,90	0,79	0,72	0,21	10,81	76,36	1,73	87,79
2°°°)	Evergreen	603	—	10	83,67	1,97	0,74	12,47	0,53	0,62	0,19	12,06	76,34	1,93	88,23

*) Der Gehalt an Metallen war folgender (mg in 1 kg):

Lima beans No.	6	7	8	9	10	11	12	13	14	15	Baked beans No.	1	2	3	4
Kupfer	0	0	0	0	0	0	0	0	0	0		0	0	0	0
Blei	Spur	71,6	Spur	Spur	56,0	84,8	33,2	0	63,6	97,6		0	+	186,0	Spur
Zink	0	0	5,2	0	0	0	0	0	0	0		0	0	—	0

Baked beans No.	5	6	7	8	9	10	11	12	Rothe Schminkbohne No.	1	Zuckermais No.	1	2
Kupfer	4,0	7,5	88,9	0	6,6	0	0	0		0		—	—
Blei	+	72,0	+	4,4	—	66,0	69,2	Spur		+		53,9	23,0
Zink	0	0	0	0	2,8	0	0	0		0		4,4	73,2

**) Enthielten Salicylsäure und schweflige Säure.
°) Enthielten schweflige Säure.
°°) Enthielten Salicylsäure.
°°°) Eine andere Büchse enthielt 42,6 mg Zink und 42,2 mg Blei.

No.	Nähere Bezeichnung*)	Inhalt einer Büchse g	Feste Substanz in der Büchse g	Preis einer Büchse Cents	In der natürlichen Substanz: Wasser %	Stick-stoff-Substanz %	Fett %	Stickstoff-freie Extraktstoffe %	Roh-faser %	Asche %	Chlornatrium in der Asche %	In der Trocken-Substanz: Stick-stoff-Substanz %	Stickstoff-freie Extraktstoffe %	Stickstoff in der Trocken-Substanz %	Von der Stickstoff-Substanz verdaulich %
3**)	Nectarine	586	—	12 u. 15	78,91	2,43	0,79	16,39	0,43	1,06	0,53	11,50	77,71	1,84	82,35
4	Union Mills	633	—	10	70,61	3,44	1,84	21,57	1,15	1,39	0,77	11,69	73,41	1,87	84,09
5	Pen-Mar brand	564	—	10	77,60	2,81	1,07	11,69	0,62	1,21	0,70	12,56	74,51	2,01	84,55
6°)	Pen-Mar brand	562	—	10	75,04	2,79	1,31	18,71	0,92	1,23	0,64	11,19	74,95	1,79	74,85
7**)	Premier corn	620	—	15	72,99	3,03	1,40	21,19	0,73	0,68	0,05	11,19	78,44	1,79	88,11
8	Sugar corn	595	—	8 u. 10	75,79	2,79	1,57	17,56	0,96	1,33	0,92	11,50	72,56	1,84	91,91
9**)	Egyptian	602	—	10	75,96	2,34	0,96	19,43	0,64	0,66	0,19	9,75	80,84	1,56	92,62
10	Perfection	586	—	10	76,64	2,60	1,28	17,96	0,85	0,65	0,16	11,13	76,94	1,78	88,50
11**)	Friendship brand	601	—	10	73,59	3,01	1,14	20,73	0,63	0,90	0,31	11,38	78,48	1,82	88,22
12**)	Snowflake	610	—	15	76,94	2,83	1,30	17,60	0,71	0,63	0,02	12,25	76,33	1,96	84,16
13**)	Blue Ridge brand	622	—	10	76,37	2,69	1,06	18,39	0,73	0,76	0,25	11,38	77,82	1,82	82,95
14**)	Sugar corn	570	—	8	72,82	3,35	1,89	19,21	1,24	1,49	0,87	12,31	70,68	1,97	79,77
15**)	Sweet corn	618	—	12	71,90	3,19	1,28	22,02	0,84	0,77	0,01	11,38	78,35	1,82	79,44
16	Swan Creek brand	590	—	10	77,52	2,26	1,21	17,08	0,79	1,14	0,69	16,06	75,99	1,61	86,97
17	Gold leaf brand	633	—	13	77,31	3,09	1,17	16,69	0,86	0,88	0,29	13,62	73,58	2,18	85,24
18	Our choice corn	583	—	8	78,54	2,47	1,15	15,91	0,82	1,12	0,65	11,50	74,12	1,84	90,61
19**)	Sugar corn	585	—	15	77,24	2,83	1,35	16,64	0,73	1,21	0,77	12,44	73,10	1,99	82,40
20**)	Green corn	582	—	10	77,78	2,54	1,17	16,50	0,76	1,26	0,76	11,44	74,26	1,83	83,04
21	Boyle's Run brand	572	—	15	80,09	2,38	0,92	15,20	0,66	0,76	0,28	11,94	76,35	1,91	81,57
22	Western brand	635	—	10	78,96	2,81	1,08	15,39	1,02	0,75	0,19	13,38	73,11	2,14	81,76
23°°)	Rangeley sweet corn	611	—	10	74,62	3,13	1,39	19,49	0,69	0,68	0,21	12,31	76,79	1,97	78,15
24	Wakefield brand	588	—	10	70,67	3,13	1,56	22,55	0,99	1,11	0,44	10,62	76,91	1,70	89,65
25°°)	Scottish Clief	587	—	12½	75,89	3,27	1,28	17,91	0,71	0,95	0,33	13,50	74,33	2,16	88,44
26**)	Preferred slock	587	—	18	74,66	2,79	1,46	19,28	0,80	1,02	0,23	11,00	76,08	1,76	88,27
27°°)	Monogram	602	—	15	79,68	2,76	1,33	15,02	0,53	0,68	0,04	13,56	73,93	2,17	94,40
28°)	Creamlet sweet corn	624	—	15	77,58	2,76	1,13	16,50	0,78	1,25	0,53	12,31	73,59	1,97	92,45
29**)	Honey-dew grated	633	—	25	76,05	2,24	0,66	19,85	0,41	0,78	0,26	9,38	82,87	1,50	71,86
30	Royal brand	661	—	15	68,32	3,73	1,51	25,09	0,71	0,64	0,03	11,75	79,20	1,88	80,34
31°)	Kornlet	524	—	25	75,86	2,85	0,85	19,14	0,44	0,86	0,18	11,81	79,28	1,89	63,84
32	Gaiety brand	620	—	7,5	74,63	2,65	1,20	20,00	0,77	0,75	0,20	10,44	78,85	1,67	90,00
33**)	Egyptian	620	—	10	73,47	2,79	1,56	19,63	1,16	1,40	0,83	10,50	74,01	1,68	80,00
34°°)	Bolling Brook	604	—	10	75,81	2,56	1,24	18,43	0,90	1,07	0,57	10,56	76,20	1,69	73,86
35°°)	Honey-drop	616	—	15	70,72	3,22	1,52	23,04	0,86	0,64	0,06	11,00	78,67	1,76	73,73
36**)	Early sweet corn	649	—	20	72,96	3,03	1,27	21,01	0,84	0,90	0,29	11,19	77,69	1,79	87,13
37**)	Atlantic	620	—	15	76,36	2,85	1,05	17,88	0,93	0,92	0,29	12,06	75,65	1,93	85,16

*) Der Gehalt an Metallen war folgender (mg in 1 kg):

No.	3	4	5	6	7	8	9	10	11	12	13	14	15	16	17	18	19
Blei	43,2	0	9,1	+	0	34,8	Spur	66,8	+	+	+	Spur	+	9,2	Spur	—	0
Zink	0	0	0	0	0	2,1	0	0	23,2	0	0	34,8	0	0	0	4,0	2,8

No.	20	21	22	23	24	25	26	27	28	29	30	31	32	33	34	35	36	37
Blei	+	Spur	0	0	Spur	0	0	Spur	27,6	Spur	55,2	Spur	28,8	Spur	0	51,2	0	0
Zink	0	6,4	1,6	0	+	3,2	0	0	0	0	0	0	3,2	0	0	0	0	0

**) Enthielten Salicylsäure.

°) Enthielten schweflige Säure.

°°) Enthielten Salicylsäure und schweflige Säure.

No.	Nähere Bezeichnung*)	Inhalt einer Büchse g	Feste Substanz in der Büchse g	Preis einer Büchse Cents	In der natürlichen Substanz: Wasser %	Stickstoff-Substanz %	Fett %	Stickstofffreie Extraktstoffe %	Rohfaser %	Asche %	Chlornatrium in der Asche %	In der Trocken-Substanz: Stickstoff-Substanz %	Stickstofffreie Extraktstoffe %	Stickstoff in der Trocken-Substanz %	Von der Stickstoff-Substanz verdaulich %
38**)	Standard	580	—	10	74,60	3,02	1,42	18,69	0,92	1,34	0,62	11,88	73,60	1,90	87,37
39**)	Blair extra	611	—	15	74,82	2,89	1,25	19,45	0,71	0,89	0,34	11,50	77,23	1,84	90,70
40**)	White clover	638	—	15	73,73	2,69	1,24	20,97	0,83	0,54	0,03	10,25	79,83	1,64	91,71
41**)	Halvkeye brand . . .	627	—	15	74,48	2,97	1,45	19,37	1,04	0,69	0,11	11,63	75,91	1,86	90,20
	Mittel	**603**	—	**12,9**	**75,59**	**2,86**	**1,25**	**18,58**	**0,79**	**0,93**	**0,36**	**11,70**	**76,12**	**1,87**	**85,52**
	Artischocken (Artichoke).														
1	} Fonds d'Artichauts	393	248	75	90,21	0,77	0,02	6,17	0,60	2,23	1,80	7,88	63,00	1,26	68,40
2	} aus Frankreich														
3	Green globe artichokes	414	256	75	93,31	0,53	0,01	4,01	0,61	1,53	1,07	7,88	59,94	1,26	65,86
	aus New-Orleans^{0}) . .	456	226	45	93,85	0,98	0,02	3,22	0,53	1,40	0,95	15,81	52,39	2,53	84,88
	Mittel	**421**	**243**	**65**	**92,46**	**0,79**	**0,02**	**4,43**	**0,58**	**1,72**	**1,27**	**10,52**	**58,75**	**1,68**	**73,05**
	Süsse Kartoffeln (Sweet Potato).														
1	Baked sweet potato . .	978	—	20	68,36	1,34	0,26	28,36	0,84	0,84	0,13	4,25	89,63	0,68	100,0
	Okra oder **essbarer Eibisch** (Früchte von Hibiscus esculentus L.).														
1	Popular brand	548	231	12	94,88	0,67	0,24	2,50	1,37	0,34	0,04	13,00	48,80	2,08	54,08
2^{0})	Legget's dwarf okra . .	555	445	15	94,08	0,90	0,04	3,10	0,46	1,42	0,97	15,19	52,42	2,43	38,44
3	Fresh okra	873	845	18	94,02	0,73	0,05	3,30	0,44	1,46	1,01	12,19	55,16	1,95	51,76
4	„ dwarf okra . . .	911	893	18	94,43	0,54	0,05	2,93	0,35	1,70	1,30	9,63	52,71	1,54	31,36
	Mittel	**722**	**604**	**15,8**	**94,35**	**0,71**	**0,10**	**2,95**	**0,66**	**1,23**	**0,83**	**12,50**	**52,21**	**2,00**	**43,91**
	Brüsseler Sprossen (Brussels sprouts).														
1^{00})	Choux de Bruxelles aus Bordeaux	423	254	45	93,75	1,49	0,07	2,86	0,56	1,27	0,93	23,75	45,75	3,80	78,44
	Tomaten (Tomatoes) aus amerikanischen Fabriken.														
1^{0})	Cedar	1072	535	25	94,86	1,04	0,15	3,03	0,45	0,47	0,03	20,31	58,87	3,25	—
2^{0})	Glenwood	975	577	13	93,16	1,20	0,19	3,84	0,54	1,07	0,46	17,50	56,28	2,80	—
3	Fremont	943	444	15	93,06	1,21	0,25	3,69	0,62	1,18	0,50	17,38	53,12	2,78	—
4^{0})	Mariners brand . . .	1034	335	15	94,30	1,11	0,17	3,42	0,44	0,56	0,05	19,30	60,07	3,10	—
5	Abbsco brand	930	464	12	92,53	1,58	0,24	4,47	0,65	0,53	0,06	21,19	59,86	3,39	—
6^{0})	Boston market	1203	752	15	93,29	1,46	0,22	3,97	0,48	0,59	0,08	21,75	59,21	3,48	—
7^{0})	Nanticoke	993	699	12	93,04	1,53	0,24	4,06	0,56	0,58	0,07	22,06	58,22	3,50	—
8	Sea-side brand	928	403	12	93,06	1,36	0,32	4,20	0,47	0,59	0,06	19,56	60,55	3,13	—
9^{0})	—	992	599	10	93,90	1,34	0,26	3,57	0,46	0,47	0,06	22,06	58,46	3,53	—
10^{0})	Albion brand	974	720	15	94,65	1,06	0,23	2,93	0,53	0,60	0,05	19,88	54,71	3,18	—
	Mittel	**1004**	**553**	**14,4**	**93,59**	**1,29**	**0,23**	**3,71**	**0,52**	**0,66**	**0,14**	**20,10**	**57,88**	**3,22**	—

*) Der Gehalt an Metallen war folgender (mg in 1 kg):

Zuckermais No.	38	39	40	41	Artischocken No.	1	2	3	Okra No.	1	2	3	4
Kupfer . .	—	—	—	—		0	4,3	6,6		—	—	3,2	0
Blei . . .	0	Spur	0	20,8		Spur	—	5,7		—	—	18,8	17,6
Zink . . .	0	20,0	0	0		0	—	0		—	—	0	0

**) Enthielten Salicylsäure und schweflige Säure.

^{0}) Enthielten Salicylsäure. ^{00}) Enthielt Salicylsäure und 63,7 mg Kupfer.

Spargel (Asparagus)*).

No.	Nähere Bezeichnung**)	Herkunft	Inhalt einer Büchse g	Feste Substanz in der Büchse g	Preis einer Büchse Cents	In der natürlichen Substanz: Wasser %	Stickstoff-Substanz %	Fett %	Stickstofffreie Extraktstoffe %	Rohfaser %	Asche %	Chlornatrium in der Asche %	In der Trocken-Substanz: Stickstoff-Substanz %	Stickstofffreie Extraktstoffe %	Stickstoff in der Trocken-Substanz %	Von der Stickstoff-Substanz verdaulich %
1⁰)	Asperges entieres	aus französischen Fabriken	1188	828	75	95,08	0,94	0,06	2,30	0,48	1,15	0,81	19,00	46,76	3,04	68,05
2⁰)	Asperges	aus französischen Fabriken	1181	946	45	93,31	1,54	0,09	3,32	0,80	0,94	0,51	23,06	49,68	3,69	91,89
3⁰)	„ hell	aus französischen Fabriken	443	242	40	93,70	1,66	0,09	2,27	0,48	1,80	1,48	26,38	36,05	4,22	71,04
4⁰)	Pointes d'asperges, dunkelgelb	aus französischen Fabriken	423	277	40	94,81	1,72	0,12	1,58	0,56	1,21	0,91	33,06	30,50	5,29	63,31
5⁰)	Asperges	aus französischen Fabriken	1156	986	65	94,52	1,39	0,08	2,55	0,61	0,86	0,50	25,31	46,48	4,05	50,85
6	Tips	aus amerikanischen Fabriken	1018	841	25	92,94	2,41	0,17	2,83	0,66	1,00	0,42	34,19	40,03	5,47	52,00
7⁰)	Oyster Bay	aus amerikanischen Fabriken	1325	805	35	94,60	1,16	0,05	2,29	0,43	1,48	1,14	21,38	42,35	3,42	54,59
8	Colossal	aus amerikanischen Fabriken	1360	877	50	94,47	1,19	0,05	2,28	0,51	1,49	1,18	21,44	41,36	3,43	64,60
9⁰)	—	aus amerikanischen Fabriken	1342	944	35	94,95	1,21	0,08	2,15	0,55	1,06	0,69	23,88	42,54	3,82	68,85
10⁰)	—	aus amerikanischen Fabriken	850	585	40	94,11	1,35	0,06	2,30	0,66	1,52	1,13	22,94	39,10	3,67	67,87
11⁰)	Oyster Bay	aus amerikanischen Fabriken	1000	697	35	94,54	1,71	0,06	2,04	0,53	1,10	0,65	31,50	37,48	5,04	64,48
12⁰)	Asperges en branches	aus amerikanischen Fabriken	930	660	15	95,42	1,23	0,06	2,10	0,44	0,75	0,38	26,88	45,80	4,30	64,95
13⁰)	Hudson brand, tips	aus amerikanischen Fabriken	892	—	35	94,06	2,03	0,12	1,78	0.49	1,52	1,05	34,13	29,86	5.46	79,49
		Mittel	**1008**	**724**	**41,2**	**94,35**	**1,49**	**0,08**	**2 31**	**0,55**	**1,22**	**0,83**	**26,40**	**40,88**	**4,22**	**66,31**

Kürbis (Pumpkin) aus amerikanischen Fabriken.

No.	Nähere Bezeichnung	Inhalt einer Büchse g	Feste Substanz in der Büchse g	Preis einer Büchse Cents	Wasser %	Stickstoff-Substanz %	Fett %	Stickstofffreie Extraktstoffe %	Rohfaser %	Asche %	Chlornatrium in der Asche %	Stickstoff-Substanz % (Trocken-Substanz)	Stickstofffreie Extraktstoffe % (Trocken-Substanz)	Stickstoff in der Trocken-Substanz %	Von der Stickstoff-Substanz verdaulich %
1⁰)	Pumpkin	915	735	10	94,34	0,46	0,07	4,08	0,62	0,44	0,04	8,13	72,09	1,30	—
2⁰)	Sugar	1038	861	15	93,09	0,74	0,06	4,59	0,98	0,55	0,02	10,88	66,18	1,74	—
3⁰)	Golden	1023	851	15	94,03	0,63	0,09	3,55	1,19	0,52	0,02	10,50	59,48	1,68	—
4⁰)	—	1048	871	12	92,77	0,50	0,08	4,97	1,17	0,51	0,02	6,88	68,75	1,10	—
5	Golden	1042	849	12	89,38	0,92	0,40	7,34	1,44	0,52	0,03	8,63	69,12	1,38	—
	Mittel	**1013**	**833**	**12,8**	**92,72**	**0,66**	**0,14**	**4,89**	**1,08**	**0,51**	**0,03**	**9,00**	**67,17**	**1,44**	—

Turbankürbis (Squash) aus amerikanischen Fabriken.

No.	Nähere Bezeichnung	Inhalt einer Büchse g	Feste Substanz in der Büchse g	Preis einer Büchse Cents	Wasser %	Stickstoff-Substanz %	Fett %	Stickstofffreie Extraktstoffe %	Rohfaser %	Asche %	Chlornatrium in der Asche %	Stickstoff-Substanz % (Trocken-Substanz)	Stickstofffreie Extraktstoffe % (Trocken-Substanz)	Stickstoff in der Trocken-Substanz %	Von der Stickstoff-Substanz verdaulich %
1⁰)	Hubbard squash	1002	822	15	85,63	0,81	0,20	11,82	0,81	0,61	0,03	5,63	82,26	0,90	—
2	Marrow squash	1073	869	13	87,53	0,85	0,46	9,47	1,08	0,62	0,03	6,81	75,98	1,09	—
	Mittel	**1038**	**846**	**14**	**86,58**	**0,83**	**0,33**	**10,69**	**0,95**	**0,62**	**0,03**	**6,22**	**79,66**	**1,00**	—

Macédoine⁰⁰) aus französischen Fabriken.

No.	Nähere Bezeichnung	Inhalt einer Büchse g	Feste Substanz in der Büchse g	Preis einer Büchse Cents	Wasser %	Stickstoff-Substanz %	Fett %	Stickstofffreie Extraktstoffe %	Rohfaser %	Asche %	Chlornatrium in der Asche %	Stickstoff-Substanz % (Trocken-Substanz)	Stickstofffreie Extraktstoffe % (Trocken-Substanz)	Stickstoff in der Trocken-Substanz %	Von der Stickstoff-Substanz verdaulich %
1	Macédoine	426	301	30	91,50	1,59	0,03	5,03	0,71	1,14	0,80	18,69	59,20	2,99	87,32
2	Macédoine	435	280	25	92,82	1,34	0,02	4,27	0,73	0,82	0,55	18,75	59,43	3,00	86,99

*) Kupfer und Zink waren nicht nachweisbar.

**) Der Gehalt an Metallen war folgender (mg in 1 kg):

Spargel No.	1	2	3	4	5	6	7	8	9	10	11	12	13
Blei	—	Spur	—	—	Spur	0	Spur	104,5	9,2	Spur	0	39,1	Spur

Ferner enthielt Macédoine No. 1: 17,7 mg und No. 2: 27,6 mg Kupfer.

⁰) Enthielten Salicylsäure.

⁰⁰) Die Macédoine bestand aus:

No.	Erbsen	String beans	Flat beans	Turnips Rüben Steckrüben	Carotten
1	9,00 %	26,08 %	17,10 %	17,10 %	30,72 %
2	13,08 „	24,74 „	8,39 „	10,24 „	43,55 „
3	11,34 „	35,29 „	1.49 „	13,52 „	20,36 „
4	15,56 „	16,25 „	17,07 „	20,30 „	30,82 „
5	10,34 „	17,32 „	19,96 „	33,40 „	18,98 „

No.	Nähere Bezeichnung*)	Inhalt einer Büchse g	Feste Substanz in der Büchse g	Preis einer Büchse Cents	In der natürlichen Substanz: Wasser %	Stickstoff-Substanz %	Fett %	Stickstofffreie Extraktstoffe %	Rohfaser %	Asche %	Chlornatrium in der Asche %	In der Trocken-Substanz: Stickstoff-Substanz %	Stickstofffreie Extraktstoffe %	Stickstoff in der Trocken-Substanz %	Von der Stickstoff-Substanz verdaulich %
3**)	Macédoine de légumes	420	238	25	95,87	0,65	0,01	1,89	0,45	1,13	0,93	15,75	45,80	2,52	80,32
4	Macédoine de légumes	425	270	25	92,86	1,37	0,02	3,92	0,64	1,19	0,88	19,19	54,86	3,07	89,11
5	Macédoine de légumes	387	287	40	92,23	1,70	0,02	4,42	0,72	0,91	0,66	21,88	56,87	3,50	87,34
	Mittel	**419**	**275**	**29**	**93,06**	**1,31**	**0,02**	**3,92**	**0,65**	**1,04**	**0,76**	**18,85**	**56,48**	**3,02**	**86,22**

Mais und Bohnen (Succotash) aus amerikanischen Fabriken.

No.	Nähere Bezeichnung*)	Inhalt einer Büchse g	Feste Substanz in der Büchse g	Preis einer Büchse Cents	Wasser %	Stickstoff-Substanz %	Fett %	Stickstofffreie Extraktstoffe %	Rohfaser %	Asche %	Chlornatrium in der Asche %	Trocken: Stickstoff-Substanz %	Stickstofffreie Extraktstoffe %	Stickstoff in der Trocken-Substanz %	Von der Stickstoff-Substanz verdaulich %
1	Red seal	584	584	15	74,94	3,26	0,94	19,22	0,91	0,74	0,17	13,06	76,68	2,08	86,39
2	Maryland brand . . .	598	519	13	77,05	3,66	0,73	16,11	1,01	1,45	0,65	15,94	70,17	2,55	87,58
3	Rangeley	630	601	15	77,55	2,91	0,99	16,87	0,98	0,70	0,02	12,94	75,15	2,07	89,88
4	Succotash	654	654	15	74,37	3,89	0,72	18,73	1,14	1,15	0,34	15,19	73,09	2,43	91,97
5	Succotash	657	657	20	71,36	4,14	1,10	21,32	1,10	0,98	0,02	14,44	74,45	2,31	90,02
6	Popular brand	605	407	12,5	79,37	3,30	0,76	14,90	0,81	0,86	0,33	16,00	72,22	2,56	91,88
7	Onondaga cream . . .	631	631	16	74,67	4,01	0,86	18,80	0,85	0,81	0,33	15,81	74,25	2,53	78,87
8⁰)	—	571	470	15	79,86	3,43	0,78	13,85	1,12	0,96	0,35	17,00	68,79	2,72	84,82
9	Pride of the valley . .	595	578	18	75,84	3,21	0,83	18,71	0,86	0,92	0,15	13,13	76,27	2,10	90,25
10	Paris	620	620	15	76,72	3,42	1,00	17,35	0,74	0,77	0,02	14,69	74,53	2,35	91,56
	Mittel	**615**	**572**	**15,5**	**76,17**	**3,53**	**0,87**	**17,55**	**0,95**	**0,93**	**0,24**	**14,82**	**70,37**	**2,37**	**88,32**

Mais und Tomaten (Mixed corn and Tomatoes).

No.	Nähere Bezeichnung*)	Inhalt einer Büchse g	Feste Substanz in der Büchse g	Preis einer Büchse Cents	Wasser %	Stickstoff-Substanz %	Fett %	Stickstofffreie Extraktstoffe %	Rohfaser %	Asche %	Chlornatrium in der Asche %	Trocken: Stickstoff-Substanz %	Stickstofffreie Extraktstoffe %	Stickstoff in der Trocken-Substanz %	Von der Stickstoff-Substanz verdaulich %
1**)	Aus amerikanischen Fabriken	562	562	10	91,52	1,21	0,34	6,02	0,39	0,53	0,06	14,25	70,99	2,28	93,82
2	Aus amerikanischen Fabriken	578	519	10	83,57	2,13	0,44	12,08	0,60	1,19	0,68	12,94	73,51	2,07	90,78
	Mittel	**570**	**541**	**10**	**87,55**	**1,69**	**0,39**	**9,01**	**0,50**	**0,86**	**0,37**	**13,60**	**72,37**	**2,18**	**92,30**

Okra und Tomaten (Mixed okra and Tomatoes).

No.	Nähere Bezeichnung*)	Inhalt einer Büchse g	Feste Substanz in der Büchse g	Preis einer Büchse Cents	Wasser %	Stickstoff-Substanz %	Fett %	Stickstofffreie Extraktstoffe %	Rohfaser %	Asche %	Chlornatrium in der Asche %	Trocken: Stickstoff-Substanz %	Stickstofffreie Extraktstoffe %	Stickstoff in der Trocken-Substanz %	Von der Stickstoff-Substanz verdaulich %
1**)	Aus amerikanischen Fabriken	994	—	10	91,66	1,24	0,27	4,56	0,52	1,76	1,20	14,81	54,76	2,37	73,80
2**)	Aus amerikanischen Fabriken	594	—	15	91,44	1,11	0,19	5,25	0,44	1,61	0,97	12,88	61,13	2,06	72,36
3**)	Aus amerikanischen Fabriken	1232	—	20	92,31	1,16	0,27	4,26	0,61	1,39	0,65	15,13	55,32	2,42	75,02
	Mittel	**740**	—	**15**	**91,80**	**1,17**	**0,24**	**4,68**	**0,52**	**1,59**	**0,94**	**14,27**	**57,07**	**2,28**	**73,73**

Bei den vorstehend aufgeführten Untersuchungen von Dauerwaaren sind von Mc Elroy und Bigelow folgende Untersuchungsverfahren angewendet worden:

1. Wasser wurde bestimmt durch Trocknen der zerkleinerten Substanz in einer Platinschale bei 100⁰.

*) Der Gehalt an Metallen war folgender (mg in 1 kg):

Macédoine No.	3	4	5	Mais und Bohnen No.	1	2	3	4	5	6	7	8	9	10
Kupfer . .	35,1	50,4	48,4	Kupfer . .	0	0	0	0	0	—	—	0	0	0
Blei . . .	—	—	—	Blei . . .	44,0	47,2	Spur	Spur	Spur	25,2	—	16,4	0	0
Zink . . .	—	—	3,6	Zink . . .	4,8	0	0	0	0	0	—	0	0	0

Mais und Tomaten No.	1	2	Okra und Tomaten No.	1	2	3
Kupfer	0	0		—	22,4	0
Blei	0	Spur		—	7,2	0
Zink	3,6	0		—	0	0

**) Enthielten Salicylsäure.
⁰) Enthielt Salicylsäure und schweflige Säure.

2. Stickstoff-Substanz. Der Stickstoff wurde nach Kjeldahl bestimmt und die Gesammt-Stickstoff-Substanz durch Multiplikation des gefundenen Stickstoffgehaltes mit 6,25 berechnet. Der unverdauliche Stickstoff wurde nach dem Verfahren von Niebling (Landw. Jahrb. 1890, 19, 149) bestimmt. Die Pankreas-Lösung wurde nach der Vorschrift von Stutzer (Landw. Vers.-Stat. 36, 321) dargestellt. Durch Abziehen der so gefundenen unverdaulichen Stickstoff-Substanz von der Gesammt-Stickstoff-Substanz wurde die verdauliche Stickstoff-Substanz berechnet.
3. Das Fett wurde durch Ausziehen der bei der Wasserbestimmung erhaltenen Trocken-Substanz mit wasserfreiem Aether im Knorr'schen Extraktions - Apparate und durch dreistündiges Trocknen des Rückstandes im Wasserbade ermittelt.
4. Die Rohfaser wurde in dem Rückstande von der Fettbestimmung nach dem Verfahren der „Association of Officinal Agricultural Chemists“ durch Behandeln mit Säure und Alkali von $2^1/_2$ % bestimmt.
5. Die Asche wurde durch Veraschung auf Porzellan-Tiegeldeckeln bestimmt.

Zur Bestimmung des Chlornatriums wurde die Asche mit einem geringen Ueberschusse von Salpetersäure gelöst, in einen 100 ccm-Kolben gespült, mit einem Ueberschusse von Calciumcarbonat versetzt, bis zur vollständigen Austreibung der Kohlensäure gekocht, nach dem Erkalten auf 100 ccm aufgefüllt und in 50 ccm das Chlor titrimetrisch unter Anwendung von Kaliumbichromat als Indikator mit $^1/_{10}$ N-Silbernitratlösung titrirt.

Zur Bestimmung der Metalle (Kupfer, Blei, Zinn, Zink) wurden etwa 50 g Substanz getrocknet und in einem grossen Porzellan-Tiegel verkohlt, die Kohle mit verdünnter Salpetersäure in der Kälte ausgezogen, filtrirt und ausgewaschen. Der Rückstand wurde getrocknet und im Porzellan-Tiegel vollständig verascht, die Asche in eine Platinschale gebracht und mit einer Mischung von Flusssäure und Normal-Kaliumfluorid bedeckt. Nachdem das Wasser über einer kleinen Flamme vertrieben war, wurde stärker erhitzt, bis die anfangs schmelzende Masse aufhörte zu schmelzen; darauf wurde die Masse 5 Minuten bei Rothgluth gehalten. Nach dem Abkühlen wurde die gepulverte Masse mit verdünnter Schwefelsäure erhitzt, bis sich weisse Dämpfe entwickelten, dann der Rückstand mit verdünnter Salzsäure behandelt und die Lösung zu der ersten Lösung hinzugegeben. In dieser Lösung wurden die Metalle nach bekannten Verfahren bestimmt. In einigen Fällen wurde das Kupfer kolorimetrisch, im Uebrigen elektrolytisch bestimmt.

Sauerkraut.

No.	Nähere Bezeichnung	Zeit der Untersuchung	Wasser %	Stickstoff-Substanz %	Fett %	Milchsäure %	Zucker %	Sonstige stickstfreie Extraktstoffe %	Rohfaser %	Asche %	Chlornatrium %	Analytiker
1	Magdeburger Sauerkraut	1891	92,08	1,42	0,70	1,08	2,54		0,79	1,39	—	E. Reichard[1])
2	Jenaer Sauerkraut . .	„	90,02	1,55	0,81	1,53	3,00		1,04	2,05	—	
3	Ohne nähere Bezeichnung	1895	90,62	1,13*)	0,09	0,74	0,45*)	4,36*)	1,18	1,43	0,80	A. Stift[2])
4	desgl.	1897	92,60	0,69	0,74	1,26	—		1,49	1,22	—	Eug. Conrad[3])
5	desgl.	1898	91,71	1,44	0,36	—	0,94	—	2,06	2,12	—	J. S. Kolbossenko[4])
	Mittel	—	**91,41**	**1,25**	**0,54**	**1,15**	**0,68**	**2,02**	**1,31**	**1,64**	**0,73**	

[1]) Zeitschr. Nahrungsmittel-Unters., Hygiene u. Waarenk. 1891, **5**, 43; Chem.-Ztg. 1891, **15**, Rep. 96.
[2]) Oesterr.-Ung. Zeitschr. Zucker-Ind. u. Landw. 1895, **24**, Sonderabdruck; Zeitschr. angew. Chem. 1895, 393.
[3]) Arch. Hyg. 1897. **28**, 56.
[4]) Chem.-Ztg. 1898, **22**, Rep. 313.

*) A. Stift fand ferner: 0,44 % Reinproteïn, 0,69 % nicht proteïnartige Stickstoff-Substanz, 0,45 % Invertzucker, 0,85 % Pentosane und 0,01 % Sand.

Flechten und Algen.

Isländisches Moos (Cetraria islandica).

No.	Nähere Bezeichnung	Zeit der Untersuchung	In der natürlichen Substanz: Wasser %	Stick-stoff-Substanz %	Fett %	Stickstoff-freie Extraktstoffe %	Roh-faser %	Asche %	In der Trocken-Substanz: Stick-stoff-Substanz %	Stickstoff-freie Extraktstoffe %	Stickstoff in der Trocken-Substanz %	Analytiker
1	Ohne nähere Bezeichnung .	1879	15,96	2,19	1,41	76,12 *)	2,91	1,41	2,63	90,57	0,42	C. Krauch u. v. d. Becke[1])
				In der Trocken-Substanz								
2	Aus Schweden	1893	—	2,90 **)	0,98	94,24	1,05	0,83	2,90 **)	94,24	0,46	A. G. Kellgren u. L. F. Nilson[2])
	Mittel	—	**15,96**	**2,33**	**1,12**	**77,63**	**1,90**	**1,06**	**2,77**	**92,37**	**0,44**	

Indianisches Brot***) (Puntsaon oder Tuckahoe genannt).

No.	Nähere Bezeichnung	Zeit der Untersuchung	Wasser %	Stick-stoff-Substanz %	Fett %	Stickstoff-freie Extraktstoffe %	Roh-faser %	Asche %	Trocken: Stick-stoff-Substanz %	Stickstoff-freie Extraktstoffe %	Stickstoff in der Trocken-Substanz %	Analytiker
1	Inwendig weiss, 1 kg schwer	1876	10,70	0,78	81,12 °)		3,76	3,64 °°)	0,87	—	0,14	J. L. Keller[3])
2	Ohne nähere Bezeichnung .	1875	14,51	1,38	0,34	73,73	9,80	0,24	1,61	86,24	0,26	F. H. Storer[4])
	Mittel	—	**12,61**	**1,08**	**0,35**	**77,24**	**6,78**	**1,94**	**1,24**	**88,27**	**0,20**	

Meeralgen°°°) (Sea weeds).

No.	Nähere Bezeichnung	Zeit der Untersuchung	Wasser %	Stick-stoff-Substanz %	Fett %	Stickstoff-freie Extraktstoffe %	Roh-faser %	Asche %	Trocken: Stick-stoff-Substanz %	Stickstoff-freie Extraktstoffe %	Stickstoff in der Trocken-Substanz %	Analytiker
	I. Porphyra vulgaris.											
1	Beste Sorte, „Noviris" . .	1884	14,40	26,14	44,51		5,50	9,45†)	30,53	—	4,88	O. Kellner[5])
2	Mittlere Qualität	„	12,60	18,11	56,83		5,66	6,80†)	20,72	—	3,38	O. Kellner[5])
3	Gewöhnliche Sorte . . .	„	19,40	4,48	57,61		7,46	11,90 †)	5,56	—	0,89	O. Kellner[5])
4	Porphyra vulgaris, „Asakusa-mori" auf Japan . . .	„	13,98	33,75	1,30	41,22		9,75	39,25	—	6,28	Nagai und Murai[6])
	I, Mittel aus No. 1 u. 4	—	**14,19**	**29,95**	**1,29**	**39,45**	**5,52**	**9,60**	**34,89**	**45,92**	**5,58**	

[1]) Original-Mittheilung.
[2]) Mittheilungen aus der Vers.-Stat. der Kgl. Landw. Akademie 1893, **23**, 55; Chem. Centralbl. 1894, I, 99.
[3]) Chem. News 1876, **34**, 168.
[4]) Bull. of the Bussey Institution 1875, **4**, 373.
[5]) Japan. Chem. Analyses of a collection of agric. specimens von O. Kellner. Intern. Agric. Exhibitation. New-Orleans, 1884, 19.
[6]) Japan. Intern. Health Exhibitation. London, 1884. A. Descriptive Catalogue von K. Nagai und J. Murai. London, 1884, 12—16.

*) Mit 55,65 % Stärke oder Lichenin.
**) Von dem Gesammt-Stickstoff (0,464) waren 0,146 % Proteïn-, 0,108 % Amid- und 0,210 % Nucleïn-Stickstoff. Von der Stickstoff-Substanz waren 54,7 % verdaulich.
***) Mit diesem Namen bezeichnet man in Nordamerika eine schwammartige, durch die Thätigkeit eines Pilzmycels sich bildende Wurzelanschwellung grösserer Bäume, die in China unter dem Namen „Fühling" bekannt ist; in botanischen Katalogen wird die Masse als Lycoperdon solidum, Sclerotium cocos oder giganteum aufgeführt. Die Masse soll von den Indianern verspeist werden.
°) Darin 0,87 % Traubenzucker, 2,98 % Zucker, 77,27 % Pectose, keine Stärke und kein Rohrzucker.
°°) Die Asche hat folgende procentige Zusammensetzung:

Kali	Natron	Kalk	Magnesia	Eisenoxyd	Phosphorsäure	Schwefelsäure	Chlor	Kieselsäure
4,68 %	2,19 %	5,17 %	11,38 %	11,81 %	19,78 %	1,58 %	1,161 %	41,77 %

°°°) Die oben aufgeführten Meeralgen werden in Japan als menschliche Nahrungsmittel benutzt; das aus Gelidium gewonnene Agar Agar kommt auch viel bei uns zur Verwendung.

†) O. Kellner bestimmte in der Asche der von ihm untersuchten Meeralgen Kieselsäure, Phosphorsäure und Kali und fand in Procenten der Asche:

	Porphyra vulgaris No. 1 %	Porphyra vulgaris No. 2 %	Porphyra vulgaris No. 3 %	Enteromorpha compressa No. 1 %	Cystoseira sp. No. 1 %	Copea elongata %	Alaria pinnat. No. 1 %	Laminaria japon. No. 1 %
Kieselsäure	1,40	0,60	7,80	6,97	1,91	2,20	Spur	Spur
Phosphorsäure . . .	14,07	13,77	6,05	11,22	2,20	2,37	2,61	2,96
Kali	34,50	31,50	11,15	27,98	32,55	—	21,00	31,77

No.	Nähere Bezeichnung	Zeit der Untersuchung	In der natürlichen Substanz: Wasser %	Stick-stoff-Substanz %	Fett %	Stickstoff-freie Ex-traktstoffe %	Roh-faser %	Asche %	In der Trocken-Substanz: Stick-stoff-Substanz %	Stickstoff-freie Ex-traktstoffe %	Stickstoff in der Trocken-Substanz %	Analytiker
	II. Enteromorpha compressa.											
1	Auf Japan „Awo-nori" gen.	1884	13,60	12,41		52,99	10,58	10,42	14,36	—	2,30	*O. Kellner* [1])
2	desgl.	„	13,53	19,72	1,73	54,81		19,21	22,80	—	3,65	*Nagai und Murai* [2])
	II, Mittel	—	**13,57**	**16,07**	**1,73**	**43,23**	**10,58**	**14,82**	**18,58**	**50,02**	**2,98**	
	III. Cystoseira species.											
1	„Hijiki" auf Japan gen. . .	1884	16,40	8,42		41,92	17,06	16,20	10,07	—	1,61	*O. Kellner* [1])
2	desgl.	„	15,74	11,59	0,49	54,63		17,56	13,26	—	2,12	*Nagai und Murai* [2])
	III, Mittel	—	**16,07**	**10,01**	**0,49**	**39,49**	**17,06**	**16,88**	**11,67**	**47,05**	**1,87**	
	IV. Capea elongata.											
1	Auf Japan „Arame" gen. .	1884	13,17	8,99		45,09	7,40	24,74	10,36	—	1,66	*O. Kellner* [1])
	V. Alaria pinnatifolia.											
1	Wakame	„	15,11	8,29		40,62	2,16	33,82	9,77	—	1,56	*derselbe* [1])
2	desgl.	„	18,91	11,84	0,31	37,59		31,35	14,60	—	2,34	*Nagai und Murai* [2])
	V, Mittel	—	**17,01**	**10,07**	**0,32**	**38,90**	**2,11**	**32,59**	**12,19**	**46,87**	**1,95**	
	VI. Laminaria japonica.											
1	„Tangle" (Kombu) . . .	1884	24,82	6,02		45,66	4,97	18,53	8,01	—	1,28	*O. Kellner* [1])
2	desgl.	„	23,08	7,25	0,87	47,57		21,24	9,43	—	1,51	*Nagai und Murai* [2])
	VI, Mittel	—	**23,95**	**6,64**	**0,87**	**43,68**	**4,97**	**19,89**	**8,72**	**57,43**	**1,39**	
	VII. Gelidium corneum.											
1	Vegetable Isinglass „Kanten"	1884	22,80	11,71		62,05		3,44	14,06	—	2,25	*O. Kellner* [1])
2	Gelidium corneum, Agar-Agar, „Tungusa" . . .	„	18,50	9,80		52,20	5,00	14,50	12,02	—	1,92	*Nagai und Murai* [2])
3	Agar-Agar, Abkunft unbekannt	1883	19,56	2,53		73,60		4,31	3,15	—	0,50	*J. König* [3])

Pilze und Schwämme.

Champignon — Agaricus campestris L. — Psalliota campestris L.

No.	Nähere Bezeichnung	Zeit der Untersuchung	Wasser %	Stickstoff-Substanz %	Fett %	Stickstofffreie Extraktstoffe %	Rohfaser %	Asche %	Trocken: Stickstoff-Substanz %	Trocken: Stickstofffreie Extraktstoffe %	Stickstoff in der Trocken-Substanz %	Analytiker
1	Ohne nähere Bezeichnung	?	90,5	(0,60)	0,25	4,15 *)	(3,20)	1,30 **)	(6,32)	43,68	—	*Gobley* [4])
2	Ohne nähere Bezeichnung	1867	17,54	17,01	1,48	43,55 ***)	6,09	4,37	20,63	52,81	3,30	*Kohlrausch* [5])
3[6])	Ohne nähere Bezeichnung	1875	92,84	3,39	0,07	2,39	0,54	0,76	47,31	33,38	7,57	*W. Dahlen* [6])

[1]) Japan. Chem. Analyses of a collection of agric. specimens von O. Kellner. Intern. Agric. Exhibitation. New-Orleans, 1884, 19.

[2]) Japan. Intern. Health Exhibitation. London 1884. A. Descriptive Catalogue von K. Nagai und J. Murai. London, 1884, 12—16.

[3]) Original-Mittheilung.

[4]) Journ. Pharm. [3], **29**.

[5]) Jahresb. Agrik.-Chem. 1867, **10**, 261.

[6]) Landw. Jahrb. 1875, **4**, 613.

*) Mit 0,35 % Mannit.

**) Mit 4,06 % Mannit u. 5,97 % Traubenzucker.

***) In unserer Quelle ist auch die Zusammensetzung der Asche mitgetheilt.

[6]) Die Probe enthielt 0,229 % Phosphorsäure u. 0,029 % organisch gebundenen Schwefel.

No.	Nähere Bezeichnung	Zeit der Untersuchung	In der natürlichen Substanz: Wasser %	Stick-stoff-Substanz %	Fett %	Stickstoff-freie Ex-traktstoffe %	Roh-faser %	Asche %	In der Trocken-Substanz: Stick-stoff-Substanz %	Stickstoff-freie Ex-traktstoffe %	Stickstoff in der Trocken-Substanz %	Analytiker
4	Ohne nähere Bezeichnung	?	90,00	5,20	0,05	—	—	0,50	52,00	—	8,35	*A. Payen*[1])
5	Ohne nähere Bezeichnung	1878	91,76	4,39	0,28	*)	—	—	53,25	—	8,52	*C. N. Pahl*[2])
6	Ohne nähere Bezeichnung	„	17,93	48,42	—	—	—	—	59,00	—	9,44	*C. N. Pahl*[2])
7	Trocken	„	6,66	27,31 **)	1,13	48,99	11,37	4,54	29,25	52,48	4,68	*C. Böhmer*[3])
8	desgl. (aus Japan) . . .	1884	14,49	(11,85)	1,69	—	—	4,37	(14,85)	—	2,22	*Nagai und Murai*[4])
9	Aus Amerika	1898	87,88	3,35	—	—	—	1,42	27,63	—	4,42	*L. B. Mendel*[5])
10	desgl.	„	92,20	2,40	—	—	—	1,34	30,75	—	4,92	*L. B. Mendel*[5])
	Aus Serbien — Gewicht des Pilzes g											
11	Einzelner ganzer Pilz . . . 90	1899	90,74	4,92	0,26	2,45	0,84	0,59	53,13	26,46	8,50	*A. Zega*[6])
12	desgl. . . . 55	„	91,87	4,31	0,23	2,16	0,88	0,55	53,01	26,57	8,48	*A. Zega*[6])
13	desgl. . . . 18	„	88,12	7,10	0,32	3,12	0,56	0,78	59,77	26,27	9,56	*A. Zega*[6])
14	Kopf 69	„	90,72	5,84	0,34	1,62	0,71	0,77	62,94	17,46	10,07	*A. Zega*[6])
15	Stiel 39	„	86,81	6,12	0,21	4,82	1,00	0,94	46,40	36,54	7,42	*A. Zega*[6])
16	Kopf 16	„	88,15	7,30	0,20	2,77	0,85	0,73	61,60	23,38	9,86	*A. Zega*[6])
17	Stiel 24	„	87,12	6,34	0,12	4,74	0,87	0,81	49,22	36,80	7,86	*A. Zega*[6])
18	Durchschnittsprobe von 10 Pilzen	„	89,51	5,42	0,15	3,14	0,98	0,80	51,67	29,93	8,27	*A. Zega*[6])
19	Durchschnittsprobe von 5 „	„	88,26	6,18	0,25	3,54	0,92	0,85	52,64	30,16	8,42	*A. Zega*[6])
20	Mittel von No. 11—19	„	89,22	5,94	0,23	2,92	0,84	0,81 ***)	55,10	27,09	8,82	*A. Zega*[6])
Mittel (No. 2-19)	Frischer Champignon	—	**89,70**	**4,88**	**0,20**	**3,57**	**0,83**	**0,82**	**47,42**	**34,58**	**7,59**	
Mittel (No. 2-19)	Lufttrockener „	—	**11,66**	**41,69**	**1,71**	**30,55**	**7,16**	**7,03**				

Grosser Parasol-, Schirm- oder Lerchenschwamm — Agaricus Procerus oder Lepiota procerus Scop.

No.	Nähere Bezeichnung	Zeit	Wasser	Stickstoff-Substanz	Fett	Stickstofffreie Extraktstoffe	Rohfaser	Asche	Stickstoff-Substanz (Tr.)	Stickstofffreie Extraktstoffe (Tr.)	Stickstoff (Tr.)	Analytiker
1	Ohne nähere Bezeichnung	1876	84,00	4,65	0,57	8,55	1,11	1,12	29,06	53,44	4,65	*v. Loesecke*[7])

Grosser Stock-, Heckenschwamm oder Buchenpilz — Agaricus melleus Vahl.

No.	Nähere Bezeichnung	Zeit	Wasser	Stickstoff-Substanz	Fett	Stickstofffreie Extraktstoffe	Rohfaser	Asche	Stickstoff-Substanz (Tr.)	Stickstofffreie Extraktstoffe (Tr.)	Stickstoff (Tr.)	Analytiker
1	Ohne nähere Bezeichnung	1876	86,00	2,27	0,73	9,14	0,81	1,05	16,19	63,86	2,59	*v. Loesecke*[7])

---

[1]) H. Grouven: Vorträge über Agrik.-Chem. 1872, **1**, 414.
[2]) Landtbrucks Akademiens Handlingar och Tidskrift 1878, 42.
[3]) Original-Mittheilung.
[4]) Japan. Internat. Health Exhibitation. London, 1884. A. Descriptive Catalogue. 6.
[5]) Amer. Journ. Physiol. 1898, **1**, 225—238; Experim. Stat. Rec. 1898, **10**, 376; Zeitschr. Nahrungs- und Genussmittel 1899, **2**, 729.
[6]) Chem. Ztg. 1900, **24**, 286.
[7]) Arch. der Pharm. 1876, [3], **9**, 133.

*) Die Probe enthielt 1,87 % Zucker.

**) C. Böhmer bestimmte in den von ihm untersuchten Proben „Champignon" und „Trüffel" die einzelnen Stickstoff-Verbindungen mit folgendem Ergebniss für die Trocken-Substanz:

	Gesammt-Stickstoff %	Proteïn-Stickstoff %	Amidosäure-Stickstoff %	Ammoniak-Stickstoff %	Sonstiger Stickstoff %	Oder in Procenten des Gesammt-Stickstoff: Reines Proteïn %	Amidoverbindungen %	Sonstige Stickstoff-Verbindungen %
Champignon . . .	4,68	3,34	0,508	0,011	0,832	71,4	10,8	17,8
Trüffel (S. 815 No. 4)	4,50	3,63	0,274	0,008	0,588	80,7	6,1	13,2

***) Die Asche der Champignons enthält nach A. Zega: 0,188 % Phosphorsäure (P_2O_5), 0,156 % Kali (K_2O) und 0,056 % Sand. Durch Behandeln mit Salzsäure-Salpetersäure-Mischung wurden höhere Phosphorsäure-Gehalte (0,278 %, 0,161 %) erhalten als bei der Phosphorsäurebestimmung in den Aschen (0,201 % bezw. 0,141 %).

No.	Nähere Bezeichnung	Zeit der Untersuchung	In der natürlichen Substanz: Wasser %	Stick-stoff-Substanz %	Fett %	Stickstoff-freie Ex-traktstoffe %	Roh-faser %	Asche %	In der Trocken-Substanz: Stick-stoff-Substanz %	Stickstoff-freie Ex-traktstoffe %	Stickstoff in der Trocken-Substanz %	Analytiker
	Stockschwamm oder Schübling — Agaricus mutabilis Schaeff.											
1	Ohne nähere Bezeichnung	1876	92,88	1,40	0,17	4,47	0,62	0,46	19,69	62,78	3,15	*v. Loesecke* [1]
	Mehlschwamm oder Musseron — Agaricus prunulus, Clitopilus prunulus Scop.											
1	Ohne nähere Bezeichnung	1876	89,25	4,11	0,14	4,08	0,81	1,61	38,25	37,95	6,12	*v. Loesecke* [1]
	Eierschwamm — Pfifferling, Gelbling, Gelbmännchen — Agaricus cantharellus L., Cantharellus cibarius Fries.											
1	Ohne nähere Bezeichnung	1871	16,48	19,56	1,15	48,06 *)	7,91	6,84	23,38	57,54	3,74	*O. Siegel* [2]
2	desgl.	1878	91,91	3,92	0,52	1,17 **)	1,65	0,83	48,44	14,46	7,75	*v. Loesecke* [1]
3	Aus Amerika	1897	90,93	1,89 ***)	0,67	5,50	0,34	0.67 ***)	20,84	68,80	3,34	*M. Stahl-Schroeder* [3]
	Mittel { Frisch	—	**91,42**	**2,64**	**0,43**	**3,81**	**0,96**	**0,74**	**30,89**	**44,22**	**4,94**	
	Mittel { Lufttrocken	—	**16,48**	**25,80**	**4,22**	**36,93**	**9,36**	**7 21**				
	Reizker — Herbstling oder Wachholderschwamm — Agaricus deliciosus L. oder Lactarius deliciosus L.											
1	Frisch	1897	89,98	3,17 ***)	0,62	5,21	0,56	0,88 ***)	31,66	51,04	5,07	*M. Stahl-Schroeder* [3]
2	Getrocknet	1878	12,73	23,92	5,86	21,17 °)	28,14	5,18	27,38	20,27	4,38	*C. N. Pahl* [4]
	Sonstige Agaricus-Arten.											
1	Agaricus caperatus . . .	1876	90,67	1,91	0,19	5,52	1,15	0,56	20,50	59,16	3,28	*v. Loesecke* [1]
2	" ulmarius . . .	"	84,67	4,02	0,49	7,93	0,95	1,94	26,25	51,73	4,20	*v. Loesecke* [1]
3	" excoriatus . .	"	91,25	2,69	0,45	4,41	0,82	0,83	30,75	50,40	4,92	*v. Loesecke* [1]
4	" foetens . . .	1873	67,20	4,66	0,68	20,09	2,24	5,13	14,25	61,25	2,28	*Sace* [5]
5	" saponaceus . .	1878	27,48	13,09	—	—	—	—	18,06	—	2,89	*J. N. Pahl* [4]
6	" arvensis . . .	"	91,74	3,42	—	—	—	—	41,38	—	6,62	*J. N. Pahl* [4]
7	" sylvaticus . . .	"	18,57	39,80	—	—	—	—	48,88	—	7,82	*J. N. Pahl* [4]

[1]) Arch. der Pharm. 1876, [3], **9**, 133.
[2]) Oekon. Fortschritte 1871, 38.
[3]) Experim. Stat. Rec. 1898, **10**, 377; Zeitschr. Nahrungs- und Genussmittel 1899, **2**, 728.
[4]) Landtbrucks Akademiens Handlingar och Tidskrift 1878, 42.
[5]) Compt. rend. 1873, **76**, 505.

*) Mit 8,92 % Mannit.
**) 0,97 % Zucker.
***) M. Stahl-Schroeder fand an Reinproteïn und für die Aschen folgende Zusammensetzung in Procenten der Pilz-Trocken-Substanz:

	Rein-proteïn	Eisen-Mangan- u. Aluminium-oxyd	Kalk (Ca O)	Magnesia (Mg O)	Kali u. Natron ($K_2O + Na_2O$)	Phosphor-säure (P_2O_5)	Schwefel-säure (SO_3)	Kiesel-säure (SiO_2)
Agaricus Cantharellus No. 4	13,71 %	0,34 %	0,12 %	0,18 %	4,78 %	1,13 %	1,10 %	0,17 %
" deliciosus No. 1	21,41 "	0,09 "	0,09 "	0,14 "	3,89 "	1,66 "	0,18 "	0,06 "

°) Mit 16,93 % Zucker.

No.	Nähere Bezeichnung		Zeit der Untersuchung	In der natürlichen Substanz: Wasser %	Stickstoff-Substanz %	Fett %	Stickstofffreie Extraktstoffe %	Rohfaser %	Asche %	In der Trocken-Substanz: Stickstoff-Substanz %	Stickstofffreie Extraktstoffe %	Stickstoff in der Trocken-Substanz %	Analytiker
8	Agaricus species	aus Japan	1885	92,50	1,10	0,30	4,93	0,66	0,51	14,68	65,66	2,35 **)	O. Kellner [1]
9 *)	„ Sitake		„	13,49	15,17	2,46	51,85	13,72	3,31	17,54	59,92	2,88 **)	
10 *)	„ „		„	14,12	13,20	2,00	54,25	13,47	2,96	15,37	63,17	2,46	
11	„ Hatsu-dake		1884	81,73	3,77	0,76	12.75		0,99	20,63	—	3,30	Nagai und Murai [2]
	Mittel Frisch		—	**85,68**	**3,49**	**0,46**	**7,69**	**1,55**	**1,13**	**24,38**	**53,64**	**3,90**	
	Mittel Lufttrocken		—	**18,21**	**19,94**	**2,64**	**43,87**	**8,86**	**6.48**				

Nelkenschwindling — Krösling — Marasmius Oreades Bolt.

No.	Nähere Bezeichnung	Zeit der Untersuchung	Wasser %	Stickstoff-Substanz %	Fett %	Stickstofffreie Extraktstoffe %	Rohfaser %	Asche %	Trocken: Stickstoff-Substanz %	Stickstofffreie Extraktstoffe %	Stickstoff in der Trocken-Substanz %	Analytiker
1	Ohne nähere Bezeichnung	1878	16,00	42,16	3,41	21,90 ***)	8,50	8,63	50,19	26,07	8,03	A. v. Loesecke [3]
2	desgl.	„	91,75	2,93	0,33	3,45	0,67	0,87	35,56	41,82	5,69	C. N. Pahl [4]
3	Aus Amerika	1898	74,98	9,31	—	—	—	1,80	37,21	—	5,97	L. B. Mendel [5]
	Mittel Frisch	—	**83,37**	**6,83**	**0,67**	**6,06**	**1,52**	**1,55**	**40,99**	**36,51**	**6,56**	
	Mittel Lufttrocken	—	**16,00**	**34,43**	**3,39**	**30,67**	**7,66**	**7,85**				

Steinpilz — Edel- oder Herrenpilz — Boletus edulis Bull.

No.	Nähere Bezeichnung	Zeit der Untersuchung	Wasser %	Stickstoff-Substanz %	Fett %	Stickstofffreie Extraktstoffe %	Rohfaser %	Asche %	Trocken: Stickstoff-Substanz %	Stickstofffreie Extraktstoffe %	Stickstoff in der Trocken-Substanz %	Analytiker
1	Ohne nähere Bezeichnung	1871	15,42	19,30	1,67	52,81 °)	5,54	5,26	22,81	62,44	3,65	O. Siegel [6]
2	desgl.	„	11,52	47,25	—	—	—	7,36	53,38	—	8,54	N. Sokoloff [7]
3	desgl.	„	11,50	41,81	—	—	—	6,52	47,25	—	7,56	
4	Frisch °°°)	1886	90,06	2,93 °°°)	0,51	4,72 °°°)	1,15	0,63	29,44	47,48	4,76	Fr. Strohmer [8]
5	Aus Amerika	1897	84,19	7,48 °°)	0,49	5,57	0,88	1,39 °°)	47,36 °°)	34,81	7,58	M. Stahl-Schroeder [9]
	Mittel Frischer Steinpilz	—	**87,13**	**5,39**	**0.40**	**5,12**	**1,01**	**0,95**	**42,05**	**39,58**	**6,73**	
	Mittel Lufttrockener „	—	**12,81**	**36,66**	**2,70**	**34,51**	**6,87**	**6,45**				

[1] Mittheil. der Deutsch. Gesellsch. f. Natur- u. Völkerkunde Ostasiens, **4**, No. 35.
[2] Japan. Intern. Health Exhibitation. London 1889. A. Descriptive Catalogue S. 5.
[3] Arch. der Pharm. [3], **9**, 133.
[4] Landtbrucks Akademiens Handlingar och Tidskrift, 1878, 42.
[5] Amer. Journ. Physiol. 1898, **I**, 225; Exper. Stat. Rec. 1898, **10**, 376; Zeitschr. Nahrungs- u. Genussm. 1899, **2**, 729.
[6] Oekonom. Fortschritte 1871, 38.
[7] Jahresber. Agrik.-Chem. 1870/72, **13/15**, II. Thl. 257.
[8] Arch. Hyg. 1886, **5**, 322.
[9] Experim. Stat. Rec. 1898, **10**, 377; Zeitschr. Nahrungs- u. Genussmittel 1899, **2**, 729.

*) An der Luft getrocknet.
**) Vom Gesammt-Stickstoff der Trocken-Substanz waren Proteïn-Stickstoff:
No. 9 Gesammt-Stickstoff 2,35 % No. 9 Proteïn-Stickstoff 1,19 %
No. 10 „ „ 2,88 „ No. 10 „ „ 1,96 „
***) Mit 7,34 % Zucker.
°) Mit 4,35 % Mannit.
°°) Die Trocken-Substanz enthielt 27,90 % Rein-Proteïn. Die Zusammensetzung der Asche war in Procenten der Pilz-Trocken-Substanz folgende:

Eisen-Manganoxyd und Thonerde	Kalk	Magnesia	Kali und Natron	Phosphorsäure	Kieselsäure	Schwefelsäure
0,19 %	0,34 %	0,21 %	4,39 %	2,18 %	0,05 %	1,24 %

°°°) F. Strohmer bestimmte ausser den obigen Bestandtheilen auch die einzelnen Stickstoff-Verbindungen etc. und untersuchte gleichzeitig „Hut“ und „Stiel“ von Boletus edulis mit folgendem Ergebnisse für die Trocken-Substanz:

	Proteïn	Ammoniak	Amidosäuren	Säurenamide	Freie Fettsäuren	Neutralfett	Stärke	Mannit, Traubenzucker etc.	Rohfaser	Asche	Phosphorsäure
	%	%	%	%	%	%	%	%	%	%	%
Hut	27,13	—	—	—	3,23	2,43	20,22	—	10,88	8,29	1,97
Stiel	13,75	—	—	—	2,14	1,82	34,95	—	13,21	1,95	0,72
Ganzer Schwamm	23,11	0,15	3,37	5,56	2,90	2,25	24,64	20,05	11,58	6,39	1,60

(Fortsetzung auf Seite 813.)

Butterpilz — Ringpilz, gelber Röhrenpilz — Boletus luteus L., Boletus flavus With.

No.	Nähere Bezeichnung	Zeit der Untersuchung	In der natürlichen Substanz: Wasser %	Stick-stoff-Substanz %	Fett %	Stickstoff-freie Ex-traktstoffe %	Roh-faser %	Asche %	In der Trocken-Substanz: Stick-stoff-Substanz %	Stickstoff-freie Ex-traktstoffe %	Stickstoff in der Trocken-Substanz %	Analytiker
1	Trocken	1871	12,34	47,50	—	—	—	7,65	54,19	—	8,67	*N. Sokoloff* [1])

Kapuzinerpilz — Rauher Röhrenpilz — Boletus scaber Fr.

No.	Nähere Bezeichnung	Zeit der Untersuchung	Wasser %	Stick-stoff-Substanz %	Fett %	Stickstoff-freie Ex-traktstoffe %	Roh-faser %	Asche %	Trocken: Stick-stoff-Substanz %	Trocken: Stickstoff-freie Ex-traktstoffe %	Stickstoff in der Trocken-Substanz %	Analytiker
1	Ohne nähere Bezeichnung	1871	13,49	41,43	—	—	—	7,69	47,88	—	7,66	*N. Sokoloff* [1])

Sonstige Boletus-Arten.

No.	Nähere Bezeichnung	Zeit der Untersuchung	Wasser %	Stick-stoff-Substanz %	Fett %	Stickstoff-freie Ex-traktstoffe %	Roh-faser %	Asche %	Trocken: Stick-stoff-Substanz %	Trocken: Stickstoff-freie Ex-traktstoffe %	Stickstoff in der Trocken-Substanz %	Analytiker
1	Boletus granulatus . . .	1876	88,50	1,61	0,23	8,09	0,82	0,75	14,00	70,35	2,24	*A. v. Loesecke* [2])
2	„ bovinus	„	91,34	1,49	0,41	5,52	0,72	0,52	17,19	63,74	2,75	
3	„ elegans	„	91,10	1,88	0,14	5,75	0,60	0,53	19,00	58,08	3,04	
4	„ luteus	„	92,25	1,72	0,29	4,45	0,80	0,49	22,19	57,42	3,55	
5	„ „	1878	93,26	1,23	0,24	3,21*)	1,64	0,42	18,44	47,63	2,95	*C. N. Pahl* [3])
	Mittel	—	**91,30**	**1,59**	**0,26**	**5,39**	**0,92**	**0,54**	**18,06**	**61,95**	**2,89**	

Schafeuter, essbares — Polyporus ovinus Schaeff.

No.	Nähere Bezeichnung	Zeit der Untersuchung	Wasser %	Stick-stoff-Substanz %	Fett %	Stickstoff-freie Ex-traktstoffe %	Roh-faser %	Asche %	Trocken: Stick-stoff-Substanz %	Trocken: Stickstoff-freie Ex-traktstoffe %	Stickstoff in der Trocken-Substanz %	Analytiker
1	Ohne nähere Bezeichnung	1876	91,00	1,20	0,86	4,73	2,00	0,20	13,31	52,56	2,13	*A. v. Loesecke* [2])
2	desgl.	1878	92,04	1,03	0,32	5,40**)	1,64	0,57	14,56	76,49	2,33	
3	desgl.	—	91,85	0,65	—	—	—	—	8,00	—	1,28	*C. N. Pahl* [3])
	Mittel	—	**91,63**	**0,96**	**0,58**	**4,27**	**1,80**	**0,76**	**11,96**	**51,01**	**1,91**	

Leberpilz — Rindszunge — Fistulina hepatica Fr.

No.	Nähere Bezeichnung	Zeit der Untersuchung	Wasser %	Stick-stoff-Substanz %	Fett %	Stickstoff-freie Ex-traktstoffe %	Roh-faser %	Asche %	Trocken: Stick-stoff-Substanz %	Trocken: Stickstoff-freie Ex-traktstoffe %	Stickstoff in der Trocken-Substanz %	Analytiker
1	Ohne nähere Bezeichnung	1876	85,00	1,95	0,12	11,40	1,95	0,94	10,63	76,00	1,70	*A. v. Loesecke* [2])

Die Amidosäuren sind als „Asparaginsäure", die Säureamide als „Asparagin" berechnet. Die Stickstoff-Substanz zerfällt hiernach in Procenten derselben in:

	Proteïn	Ammoniak	Amidosäuren	Säureamide
Hut	71,50 %	—	28,50 %	—
Stiel	75,09 „	—	24,91 „	—
Ganzer Schwarm .	72,26 „	2,34 %	13,89 „	11,51 %

Von der Gesammt-Stickstoff-Substanz waren durch künstlichen Magensaft nach Stutzer in Procenten derselben verdaulich:

Hut	Stiel	Ganzer Schwamm
80,65 %	75,38 %	79,07 %

Unter „Stärke" sind die durch „Diastase" in Zucker überführbaren Stoffe zu verstehen, während sich Mannit und Traubenzucker aus der Differenz ergeben.

Der „Aetherextrakt" verbrauchte nach Köttstorfer's Methode:

	Hut	Stiel
1 g zur Neutralisation der freien Fettsäuren	114,1 mg	109,2 mg Kalihydrat
1 g zur vollständigen Verseifung	195,4 „	183,1 „
Differenz	81,3 mg	73,9 mg

Das Neutralfett erfordert hiernach ca. 189 bezw. 161 mg Kalihydrat pro 1 g.

9850 g des frischen Schwammes lieferten 1069 g lufttrockne Substanz, von welcher 742 g auf den Hut und 327 g auf die Stiele entfielen. Von der Trocken-Substanz kamen 70 % auf den Hut und 30 % auf die Stiele.

[1]) Jahresber. Agrik.-Chem. 1870/72, **2**, 257.

[2]) Arch. der Pharm. [3], **9**, 133.

[3]) Landtbrucks Akademiens Handlingar och Tidskrift 1878, 42.

*) Mit 1,95 % Zucker.

**) Mit 2,76 % Zucker.

Speise-Morchel — Morchella esculenta Pers.

No.	Nähere Bezeichnung	Zeit der Untersuchung	In der natürlichen Substanz: Wasser %	Stick-stoff-Substanz %	Fett %	Stickstoff-freie Extraktstoffe %	Roh-faser %	Asche %	In der Trocken-Substanz: Stick-stoff-Substanz %	Stickstoff-freie Extraktstoffe %	Stickstoff in der Trocken-Substanz %	Analytiker
1	Ohne nähere Bezeichnung	1867	19,04	28,48	1,93	31,62 *)	5,50	7,63	35,19	39,06	5,63	*Kohlrausch* [1])
2	Frische Morchel	1889	89,07	3,59 **)	0,27	5,73		1,34 **)	32,84	—	5,25	*Aug. Pizzi* [2])
3	Aus Amerika, ausgewachsen	1898	89,54	3,05	0,50	4,91	0,91	1,09	29,13	46,15	4,66 ***)	*L. B. Mendel* [3])
4	Aus Amerika, jung . . .	„	91,24	2,93	0,65	3,14	0,83	1,21	33,50	35,85	5,36	*L. B. Mendel* [3])
	Mittel Frisch	—	**89,95**	**3,28**	**0,43**	**4,30**	**0,83**	**1,01**	**32,67**	**43,24**	**5,23**	
	Mittel Lufttrocken	—	**19,04**	**26,45**	**3,50**	**35,01**	**6,72**	**9,28**				

Spitz-Morchel — Morchella conica Pers.

No.	Nähere Bezeichnung	Zeit der Untersuchung	Wasser %	Stick-stoff-Substanz %	Fett %	Stickstoff-freie Extraktstoffe %	Roh-faser %	Asche %	Tr.: Stick-stoff-Substanz %	Tr.: Stickstoff-freie Extraktstoffe %	Stickstoff in der Trocken-Substanz %	Analytiker
1	Ohne nähere Bezeichnung	1867	18,23	29,64	1,24	30,20 °)	5,07	7,25	36,25	36,93	5,80	*Kohlrausch* [1])
2	desgl. °°)	1875	90,00	3,14	0,25	4,76	1,12	0,73 °°)	31,38	47,6	5,02	*W. Dahlen* [4])
3	desgl.	„	90,00	(4,04)	0,06	—	—	1,3	—	—	—	*A. Payen* [5])
	Mittel Frisch	—	**90,00**	**3,38**	**0,15**	**4,63**	**0,87**	**0,97**	**33,81**	**46,30**	**5,41**	
	Mittel Lufttrocken	—	**18,23**	**27,64**	**1,23**	**37,86**	**7,11**	**7,93**				

Speise-Lorchel — Frühlorchel, Steinlorchel — Helvella esculenta Pers.

No.	Nähere Bezeichnung	Zeit der Untersuchung	Wasser %	Stick-stoff-Substanz %	Fett %	Stickstoff-freie Extraktstoffe %	Roh-faser %	Asche %	Tr.: Stick-stoff-Substanz %	Tr.: Stickstoff-freie Extraktstoffe %	Stickstoff in der Trocken-Substanz %	Analytiker
1	Ohne nähere Bezeichnung	1867	16,89	21,27	1,87	46,15 °°°)	5,73	7,49	26,31	55,53	4,21	*Kohlrausch* [1])
2	desgl.	1870	15,81	28,58	1,43	40,44 °°°)	5,54	8,20	33,94	48,03	5,43	*O. Siegel* [6])
	Mittel	—	**16,36**	**25,22**	**1,65**	**43,31**	**5,63**	**7,84**	**30,13**	**51,78**	**4,82**	

Stoppelschwamm — Hydnum repandum L.

No.	Nähere Bezeichnung	Zeit der Untersuchung	Wasser %	Stick-stoff-Substanz %	Fett %	Stickstoff-freie Extraktstoffe %	Roh-faser %	Asche %	Tr.: Stick-stoff-Substanz %	Tr.: Stickstoff-freie Extraktstoffe %	Stickstoff in der Trocken-Substanz %	Analytiker
1	Mittelgross	1878	94,58	0,73	0,25	2,84†)	1,08	0,52	13,44	52,40	2,15	*C. N. Pahl* [7])
2	desgl.	„	95,67	0,79	0,20	2,66†)	0,24	0,44	18,25	61,43	2,92	*C. N. Pahl* [7])
3	desgl.	„	87,78	3,86	—	—	—	1,12	31,56	—	5,05	*C. N. Pahl* [7])
	Mittel	—	**92,68**	**1,79**	**0,34**	**3,47**	**1,03**	**0,69**	**24,44**	**47,40**	**3,91**	

Rother Hirschschwamm — Rother Hahnenkamm, Ziegenbart — Clavaria botrytis Pers.

No.	Nähere Bezeichnung	Zeit der Untersuchung	Wasser %	Stick-stoff-Substanz %	Fett %	Stickstoff-freie Extraktstoffe %	Roh-faser %	Asche %	Tr.: Stick-stoff-Substanz %	Tr.: Stickstoff-freie Extraktstoffe %	Stickstoff in der Trocken-Substanz %	Analytiker
1	Ohne nähere Bezeichnung	1876	89,35	1,31	0,29	7,66	0,73	0,66	12,31	71,92	1,97	*A. v. Loesecke* [8])

[1]) Jahresber. Agrik.-Chem. 1867, 261. Daselbst ist auch die Zusammensetzung der Asche angegeben.
[2]) Staz. sperim. Agr. Ital. 1889, **17**, 167.
[3]) Amer. Journ. Physiol. 1898, **1**, 225; Exper. Stat. Rec. 1898, **10**, 376; Zeitschr. Nahrungs- u. Genussm. 1899, **2**, 729.
[4]) Landw. Jahrbücher 1875, **4**, 613.
[5]) Grouven: Vorträge über Agrik.-Chem. 1872, **1**, 414.
[6]) Göttinger Gelehrten-Anzeiger 1870, 389; Oekonom. Fortschritte 1871, 38.
[7]) Landtbrucks Akademiens Handlingar och Tidskrift 1878, 42.
[8]) Arch. der Pharm. [3], **9**, 133.

*) Mit 4,98 % Mannit u. 0,82 % Traubenzucker.

**) Aug. Pizzi fand ferner 2,39 % Proteïnstoffe u. 1,20 % nichtproteïnartige Stickstoff-Substanzen. Die Analyse der Asche ergab folgende procentige Zusammensetzung:

Kali	Natron	Calcium-oxyd	Magnesia	Thonerde	Eisenoxyd	Phosphorsäure	Schwefelsäure	Chlor	Kohlensäure	Kieselsäure	Sand	Kohlenstoff
20,22 %	7,84 %	3,92 %	2,40 %	3,12 %	6,68 %	22,82 %	8,52 %	4,15 %	2,42 %	6,27 %	8,31 %	1,41 %

***) L. B. Mendel fand ferner in der Trocken-Substanz 3,49 % Reinproteïn-Stickstoff und 1,44 % verdaulichen Reinproteïn-Stickstoff.

°) Mit 7,89 % Mannit u. 0,39 % Traubenzucker.

°°) Mit 0,300 % Phosphorsäure u. 0,029 % organisch gebundenem Schwefel.

°°°) No. 1 enthielt 4,64 % Mannit u. 0,78 % Traubenzucker. No. 2: 6,29 % Mannit.

†) No. 1 enthält 1,24 %, No. 2: 0,94 % Zucker.

Gelber Hirschschwamm — Gelber Hahnenkamm, Aestling, Blumenkohlschwamm — Clavaria flava Pers.

No.	Nähere Bezeichnung	Zeit der Untersuchung	In der natürlichen Substanz: Wasser %	Stick-stoff-Substanz %	Fett %	Sonstige stickstfr. Extraktst. %	Roh-faser %	Asche %	In der Trocken-Substanz: Stick-stoff-Substanz %	Stickstoff-freie Extraktstoffe %	Stickstoff in der Trocken-Substanz %	Analytiker
1	Ohne nähere Bezeichnung	1871	21,43	19,19	1,67	47,00 *)	5,45	5,26	24,44	59,82	3,91	*O. Siegel* [1])

Trüffel — Tuber cibarium Bull.

No.	Nähere Bezeichnung	Zeit der Untersuchung	Wasser %	Stickstoff-Substanz %	Fett %	Sonstige stickstfr. Extraktst. %	Rohfaser %	Asche %	Trocken-Substanz: Stickstoff-Substanz %	Stickstofffreie Extraktstoffe %	Stickstoff in der Trocken-Substanz %	Analytiker
1	Frisch	1867	76,78	8,13	0,66	3,64	8,77	2,02	35,00	15,68	5,60	*Kohlrausch* [2])
2	Frisch	1870	70,83	10,59	0,72	6,79	8,24	2,83	36,31	23,28	5,81	*O. Siegel* [3])
3**)	Frisch	1875	70,80	8,01	0,47	12,20	6,74	1,78	27,44	41,78	4,39	*W. Dahlen* [4])
4	Trocken	„	4,35	26,98 ***)	2,20	36,25	22,93	7,33	28,13	37,89	4,50 ***)	*C. Böhmer* [5])
5	Tuber magnatum Pico., weisse Trüffel . . . (in Reggio in den Apenninen gesammelt)	1889	78,59	8,50 [6])	0,47	10,54		1,80 [6])	39,70	—	6,35	*A. Pizzi* [6])
6	Tuber melanosporum Vittodini, cibarium Bulliardi; schwarze Trüffel . . . (in Reggio in den Apenninen gesammelt)	„	74,95	8,88 [6])	0,33	13,75		2,09 [6])	35,45	—	5,67	*A. Pizzi* [6])
	Mittel Frisch	—	**74,39**	**9,07**	**0,54**	**6,66**	**7,25**	**2,09**	**35,41**	**26,01**	**5,67**	
	Mittel Lufttrocken	—	**4,35**	**33,89**	**2,01**	**24,88**	**27,07**	**7,80**				

Ad. Chatin (Compt. rend. 1890, 10, 435 und 486; Centralbl. Agrik.-Chem. 1890, 19, 486 und 862) berichtet über die Untersuchung namentlich der Asche französischer Trüffeln.

Bestandtheile		Trüffeln von Dijon	Trüffeln von Tullins [00]) (Isère)	Trüffeln von Cahors	Trüffeln von Nerac	Trüffeln aus der Dordogne	Trüffeln von Soillac (Lot)	Trüffeln von Degagnac (Lot)	Trüffeln von Chaumont (Haute Marne)
Trocken-Substanz	%	25,00	25,10	23,4	—	23,00	—	20,84	24,26
In der Trocken-Substanz: Stickstoff . .	„	8,36	16,33	7,16	—	3,98	4,98	5,06	12,65
In der Trocken-Substanz: Asche (mit Sand)	„	10,00	11,55	6,09	—	5,62	7,83	9,88	10,09

[1]) Oekonom. Fortschritte 1871, 38.
[2]) Jahresber. Agrik.-Chem. 1867, **10**, 261. Dort ist auch die Zusammensetzung der Asche angegeben.
[3]) Göttinger Gelehrten-Anzeiger 1870, 389: Oekonom. Fortschritte 1871, 38.
[4]) Landw. Jahrbücher 1875, **4**, 613.
[5]) Original-Mittheilung.
[6]) Staz. sperim. Agr. Ital. 1889, **16**, 737—741; 1889, **17**, 1; Centralbl. Agrik.-Chem. 1890, **19**, 353; auch Chem. Centralbl. 1889, II, 609.

*) Mit 6,13 % Mannit.
**) Mit 0,482 % Phosphorsäure und 0,385 % organisch gebundenem Schwefel.
***) Ueber die Zusammensetzung der Stickstoff-Substanz vergl. oben bei Champignon Amerkung S. 810).
[6]) A. Pizzi fand:

	Spez. Gew. bei 8° C.	Rein-proteïn	Verdaulichkeit des Proteïns	In der Asche: Phosphorsäure (P_2O_5)	Schwefelsäure (SO_3)	Kieselsäure (SiO_2)	Chlor (Cl)
Tuber magnatum . .	1,0368	6,03 %	53,6 %	33,18 %	4,18 %	1,06 %	0,73 %
„ melanosporum .	1,0504	6,24 „	47,7 „	34,65 „	8,01 „	1,31 „	Spur

	Kalk (CaO)	Magnesia (MgO)	Thonerde (Al_2O_3)	Eisenoxyd (Fe_2O_3)	Kali (K_2O)	Natron (Na_2O)	Kohlensäure (CO_2)	Kohle	Sand
Tuber magnatum . .	1,77 %	2,17 %	6,88 %	2,53 %	26,59 %	11,49 %	2,66 %	3,47 %	1,18 %
„ melanosporum	1,40 „	2,90 „	5,28 „	2,25 „	28,09 „	9,13 „	1,48 „	2,36 „	6,18 „

[00]) ¾ dieser Trüffel waren „Périgord-Trüffel“, der Rest „Bourgogne-Trüffel (Tuber uncinatum) und „Truffe-Fourmi“ (Tuber brumale).

Nähere Bezeichnung der Bestandtheile		Trüffeln von Dijon	Trüffeln von Tullins (Isère)	Trüffeln von Cahors	Trüffeln von Nerac	Trüffeln aus der Dordogne	Trüffeln von Souillac (Lot)	Trüffeln von Degagnac (Lot)	Trüffeln von Chaumont (Haute Marne)
Bestandtheile der Asche:									
Kalk	%	7,50	6,50	8,26	8,30	6,00	9,40	6,20	7,25
Magnesia	„	0,85	3,10	7,63	—	1,20	0,20	1,32	0,83
Kali	„	23,77	24,40	28,34	25,00	17,40	25,15	27,26	24,00
Natron	„	0,60	1,20	6,30	—	1,00	1,10	2,10	1,00
Eisenoxyd und Thonerde . .	„	7,50	8,40	—	—	3,80	3,20	4,40	4,00
Manganoxyd	„	Spur	Spur	—	—	—	—	—	—
Phosphorsäure	„	18,90	23,15	27,40	33,5	21,65	30,25	21,14	18,45
Schwefelsäure	„	2,40	2,15	2,52	—	3,10	4,65	4,74	3,94
Kieselsäure	„	26,05	23,24	—	—	35,25	10,00	24,80	30,25
Chlor und Jod	„	0,39	0,36	—	—	0,20	0,20	0,20	0,35

Sonstige essbare Pilze und Schwämme.

No.	Nähere Bezeichnung	Zeit der Untersuchung	In der natürlichen Substanz: Wasser %	Stickstoff-Substanz %	Fett %	Stickstofffreie Extraktstoffe %	Rohfaser %	Asche %	In der Trocken-Substanz: Stickstoff-Substanz %	Stickstofffreie Extraktstoffe %	Stickstoff in der Trocken-Substanz %	Analytiker
	Lycoperdon Bovista L. Bovist.											
1	Lyc. Bovista seu giganteum	1876	86,92	6,62	0,41	3,42	1,43	1,20	50,63	26,15	8,10	*A. v. Loesecke* [1])
2	„ „ gemmatum Batsch	1878	87,02	7,84	0,37	1,68 *)	2,34	0,85	60,38	12,94	9,66	*C. N. Pahl* [2])
	Mittel	—	**86,97**	**7,23**	**0,39**	**2,50**	**1,88**	**1,03**	**55,50**	**19,54**	**8,88**	
	Hygrophorus erubescens.											
1	Ohne nähere Bezeichnung	1878	14,79	16,56	—	—	—	—	19,44	—	3,11	*C. N. Pahl* [2])
	Gyromitra esculenta Fries.											
1	Ohne nähere Bezeichnung	1867	16,89	21,87	1,87	46,24 **)	5,73	7,50	26,31	55,64	4,21	*Kohlrausch* [3])
2	desgl.	1878	16,27	31,44	2,44	33,46 **)	10,87	5,52	37,56	39,96	6,01	*C. N. Pahl* [2])
3	desgl.	„	11,51	29,81	—	—	—	—	33,69	—	5,39	*C. N. Pahl* [2])
	Mittel	—	**14,89**	**27,71**	**2,21**	**40,06**	**8,48**	**6,65**	**32,52**	**47,07**	**5,20**	
	Coprinus comatus.											
1	Aus Amerika	1898	92,19	2,83	0,26	5,17	0,57	0,98	36,19	66,20 ***)	5,77	*J. B. Mendel* [4])

[1]) Arch. der Pharm. [3], **9**, 133.
[2]) Landtbrucks Akademiens Handlingar och Tidskrift 1878, 42.
[3]) Jahresber. Agrik.-Chem. 1867, **10**, 261.
[4]) Amer. Journ. Physiol. 1898, **1**, 235—238; Experim. Stat. Rec. 1898, **10**, 367; Zeitschr. Nahrungs- u. Genussmittel 1899, **22**, 729.

*) Mit 1,34 % Zucker.
**) Es enthielten No. 1: 5,41 % und No. 2: 12,91 % Zucker.
***) Der Stickstoff der Trocken-Substanz bestand aus:

	Proteïn-Stickstoff	Verdaulicher Proteïn-Stickstoff	Nichtproteïn-Stickstoff
Coprinus comatus	1,92 %	0,82 %	3,87 %

Der Gehalt an löslichen Kohlenhydraten betrug 18,00 %.

No.	Nähere Bezeichnung	Zeit der Untersuchung	In der natürlichen Substanz: Wasser %	Stickstoff-Substanz %	Fett %	Stickstofffreie Extraktstoffe %	Rohfaser %	Asche %	In der Trocken-Substanz: Stickstoff-Substanz %	Stickstofffreie Extraktstoffe %	Stickstoff in der Trocken-Substanz %	Analytiker
	Coprinus atrimentarius.											
1	Aus Amerika, jung . . .	1898	92,31	2,25	0,24	3,19	0,72	1,29	29,25	41,48	4,68	*J. B. Mendel*[1])
2	Aus Amerika, ausgewachsen	„	94,42	1,66	0,32	—	—	1,12	29,81	—	4,77	*J. B. Mendel*[1])
	Mittel	—	**93,37**	**1,96**	**0,28**	**2,57**	**0,61**	**1,21**	**29,53**	**38,76**	**4,72**	
	Polyporus sulfureus.											
1	Aus Amerika	1898	70,80	6,00	0,92	19,27	0,88	2,13	20,56	65,99	3,29 *)	*J. B. Mendel*[1])
	Pleurotus ostreatus.											
1	Aus Amerika	1898	73,70	3,95	0,42	18,36	1,97	1,60	15,00	69,81	2,40	*J. B. Mendel*[1])
	Cortinarius cortinarius.											
1	Aus Amerika	1898	91,13	2,01	—	—	—	—	22,69	—	3,63	*J. B. Mendel*[1])
	Hypholoma condolleanum.											
1	Aus Amerika, ausgewachsen	1898	88,87	2,98	0,29	5,06	1,35	1,55	26,75	56,94	4,28	*J. B. Mendel*[1])
2	Aus Amerika, jung . . .	„	91,97	2,30	—	—	—	1,60	27,75	—	4,44	*J. B. Mendel*[1])
	Mittel	—	**90,42**	**2,61**	**0,25**	**3,98**	**1,16**	**1,58**	**27,25**	**41,54**	**4,36**	
	Clytocybe multiceps.											
1	Aus Amerika, ganz . .	1898	93,49	2,18	0,39	2,57	0,62	0,75	33,50	39,46	5,36	*J. B. Mendel*[1])
2	Aus Amerika, Stamm .	„	94,07	1,45	—	—	—	0,77	24,50	—	3,92	*J. B. Mendel*[1])
3	Aus Amerika, Hut . .	„	92,68	2,67	—	—	—	0,79	36,50	—	5,84	*J. B. Mendel*[1])
	Mittel	—	**93,41**	**2,07**	**0,39**	**2,73**	**0,63**	**0,77**	**31,50**	**41,43**	**5,04**	

Anhang zu „Pilze und Schwämme“.

I. Stickstoff-Substanzen und ihre Verdaulichkeit.

C. Th. Mörner (Zeitschr. physiol. Chem. 1886, 10, 503) bestimmte in verschiedenen essbaren Pilzen die in den verschiedenen Formen vorhandenen Stickstoff-Verbindungen und die Verdaulichkeit mit folgendem Ergebnisse für die Trocken-Substanz (Tabelle S. 818):

[1]) Amer. Journ. Physiol. 1898, **1**, 235—238; Experim. Stat. Rec. 1898, **10**, 367; Zeitschr. Nahrungs- u. Genussmittel 1899, **2**, 729.

*) Der Stickstoff der Trocken-Substanz bestand aus:

	Proteïn-Stickstoff	Verdaulichem Proteïn-Stickstoff	Nichtproteïn-Stickstoff	Löslichen Kohlenhydraten
Polyporus sulfureus	3,49 %	1,44 %	1,17 %	15,30 %
Pleurotus ostreatus	2,23 „	1,65 „	1,06 „	12,20 „
Clytocybe multiceps	1,13 „	0,31 „	1,27 „	18,60 „
Hypholoma condolleanum No. 1 . .	1,98 „	1,25 „	3,38 „	—
?	2,49 „	1,33 „	1,79 „	—

Name des Pilzes	Vertheilung des Stickstoffs						In Procenten des Gesammt-Stickstoffs			In der Trocken-Substanz			
	Gesammt-Stickstoff	Proteïn-Stickstoff	Extraktiv-Stickstoff	Durch Pankreas verdaulicher Stickstoff	Durch Magensaft verdaulicher Stickstoff	Unverdaulicher Proteïn-Stickstoff	Verdaulicher Proteïn-Stickstoff im Ganzen	Unverdaulicher Proteïn-Stickstoff	Extraktiv-Stickstoff	Verdauliche Proteïnstoffe	Unverdauliche Proteïnstoffe	Gesammt-Proteïnstoffe	Gesammt-Proteïn (1) : verdaulichem Proteïn
	%	%	%	%	%	%	%	%	%	%	%	%	
1. Agaricus procerus Scop., Hut . . .	6,23	4,21	2,02	0,28	2,71	1,27	48,1	20,4	31,5	22,3	7,4	29,7	1 : 0,75
2. Agaricus campestris L., Hut	7,38	4,89	2,49	0,35	3,29	1,17	49,3	16,0	34,7	19,2	16,7	35,9	1 : 0,53
3. desgl., Fuss . . .	6,02	4,04	1,98	0,10	2,78	1,09	47,8	18,0	34,2	18,7	8,0	26,7	1 : 0,70
4. Lactarius deliciosus	3,11	2,51	0,60	0,21	1,20	1,05	45,3	33,8	20,9	18,0	6,8	24,8	1 : 0,72
5. Lactarius torminosus Fr.	2,52	1,94	0,58	0,17	0,79	1,00	38,1	40,0	21,9	13,6	11,8	25,4	1 : 0,56
6. Cantharellus cibarius Fr.	2,69	2,29	0,40	0,08	0,71	1,46	29,3	54,6	16,1	13,2	4,0	17,2	1 : 0,77
7. Boletus edulis Bull., Hut	3,87	2,73	1,14	0,16	1,94	0,65	54,5	16,9	28,6	11,2	4,3	15,5	1 : 0,71
8. desgl., Fuss . . .	3,30	2,35	0,95	0,14	1,62	0,67	53,3	20,3	26,4	10,5	5,3	15,8	1 : 0,65
9. Boletus scaber Fr., Hut	3,12	2,54	0,58	0,18	1,48	0,85	53,2	27,2	19,6	8,7	6,5	15,2	1 : 0,60
10. desgl., Fuss . . .	2,19	1,71	0,48	0,12	0,87	0,62	45,2	28,3	26,5	7,4	9,6	17,0	1 : 0,41
11. Boletus luteus L. .	2,51	1,77	0,74	0,22	0,48	1,06	27,8	42,2	30,0	6,3	3,8	10,1	1 : 0,60
12. Polyporus ovinus Fr.	1,80	1,35	0,45	0,08	0,42	0,84	27,7	46,6	26,9	6,2	6,3	12,5	1 : 0,48
13. Hydnum imbricatum L.	2,55	1,59	0,96	0,08	0,77	0,76	33,3	29,8	36,9	5,3	5,0	10,3	1 : 0,50
14. Hydn. repandum L.	3,52	2,78	0,74	0,15	1,08	1,55	34,9	44,0	21,1	5,0	9,3	14,3	1 : 0,35
15. Sparassis crispa L.	1,18	0,97	0,21	0,09	0,37	0,40	42,9	37,4	19,7	4,3	6,8	11,1	1 : 0,36
16. Morchella esculenta L.	4,99	4,18	0,81	0,22	1,97	1,90	43,7	38,1	18,2	3,1	2,5	5,6	1 : 0,50
17. Lycoperdon Bovista Fr.	8,19	5,79	2,40	Nicht bestimmt	3,13	2,70	38,2	22,5	29,3	3,1	5,2	8,3	1 : 0,37
Mittel	**3,89**	**2,80**	**1,09**	**0,16**	**1,51**	**1,13**	**41,0**	**33,0**	**26,0**	**8,7**	**7,0**	**15.7**	**1 : 0,57**

Ueber die Zusammensetzung der Stickstoff-Substanz stellte J. Uffelmann (Arch. Hyg. 1887, 6, 104) Untersuchungen an. Er fand an Reinproteïn-Stickstoff aus der Differenz von Gesammt-Stickstoff und dem im essigsauren alkoholischen Extrakte vorhandenen Stickstoff:

4 Proben frischer Champignons mit 89—91,2 % Wasser:

0,461—0,601, im Mittel 0,506 % Gesammt-Stickstoff
0,377—0,489, „ „ 0,414 „ Proteïn-Stickstoff;

4 „ lufttrockener Champignons mit 11—13 % Wasser:

4,218—5,219, im Mittel 4,698 % Gesammt-Stickstoff
3,286—4,111, „ „ 3,661 „ Proteïn-Stickstoff;

3 „ käuflichen Champignonpulvers mit 8—10 % Wasser:

3,623—4,181, im Mittel 3,893 % Proteïn-Stickstoff;

2 „ frischer Edelpilze 0,417—0,476, im Mittel 0,448 % Proteïn-Stickstoff;

Lufttrockene Pfifferlinge 3,180 % Proteïn-Stickstoff.

Bei einem auf Düngbeeten gezüchteten Champignon fand J. Uffelmann in der Trocken-Substanz:

Gesammt-Stickstoff	Proteïn-Stickstoff	Ammoniak-Stickstoff	Säureamid-Amidosäure-Stickstoff	Amidosäure-Stickstoff	Sonstigen Stickstoff
5,492 %	4,286 %	0,014 %	0,118 %	0,429 %	0,645 %

2. Phosphorsäure- und Lecithingehalt der Pilze.

Hierüber stellte Alex. Lietz (Dissertation Jurjew 1893, 36 Seiten; Zeitschr. Nahrungsm.-Untersuchung, Hygiene u. Waarenk. 1893, 7, 223) Untersuchungen mit folgendem Ergebnisse an:

	Gesammt-Phosphorsäure	Lecithin
Lorchel, Morchella esculenta	3,08 %	1,641 %
Pfifferling, Cantharellus cibarius	1,41 „	1,335 „
Erdschieber, Lactarius vellereus	1,78 „	0,786 „
Ellerpilz, Lactarius rufus	2,58 „	1,399 „
Herbstling, Agaricus deliciosus	1,67 „	1,388 „
Champignon (wild), Agaricus campestris	4,25 „	0,935 „
Feldchampignon, Psaliota vaporaria	1,37 „	0,377 „
Rother Täubling, Russula rubra	1,90 „	0,579 „
Steinpilz, Boletus edulis	1,54 „	0,589 „
Kapuzinerpilz, Boletus scaber	0,77 „	0,491 „
Zunderschwamm, Boletus formentarius	0,49 „	0,164 „
Unechter Feuerschwamm, Boletus igniarius	0,11 „	0,080 „
Armingblätterpilz, Armillaria bulbigera	0,23 „	0,163 „
Deutsche weisse Trüffel, Choiromyces meandriformis	1,60 „	0,381 „
Fliegenpilz, Amonita muscaria	1,83 „	1,403 „
Staubschwamm, Lycoperdon caelatum	1,08 „	0,410 „
Hirschbrunst, Lycoperdon cervinum	1,13 „	0,164 „
Birkenporling, Polyporus betulinus	0,36 „	0,162 „
Lärchenporling, Polyporus officinalis	0,072 „	Spur
Mutterkorn, Claviceps purpurea	3,38 „	1,742 „
Hollunderschwamm, Exidia auricula Indae	(9,96 „)*)	0,106 „
Isländisches Moos, Lichen Islandicus	0,22 „	Spuren

Zur Lecithin-Bestimmung wurden die mit Glaspulver möglichst fein zerriebenen Pilze der Reihe nach mit Petroläther, Aether und absolutem Alkohol ausgekocht. Die vereinigten und getrockneten Extrakte wurden mit der dreissigfachen Menge Soda und Salpeter geschmolzen. Die Schmelze wurde in Essigsäure gelöst und die Phosphorsäure mit Uran titrirt.

3. Mannitgehalt der Pilze.

Ausser den bereits in den obigen allgemeinen Tabellen vorhandenen Angaben liegen über den Mannitgehalt der Pilze noch Untersuchungen von Em. Bourquelot (Compt. rend. 1889, 108, 568—571; Centralbl. Agrik.-Chem. 1890, 19, 198) vor. Derselbe fand für die bei 50—60° getrocknete Substanz folgende Mannitgehalte:

	Ernte	Mannit %		Ernte	Mannit %
Lactarius vellereus Fries	1886	7,77	Lactarius controversus Pers.	1888	4,90
„ „ „	1888	2,14	„ torminosus Schaeff.	„	5,10
„ turpis Weinm.	„	9,50	„ subdulcis Bull.	„	6,66
„ piperatus Scop.	„	1,90	„ pallidus Pers.	„	10,50
„ pyrogalus Bull.	„	15,00			

*) Ist wohl Druckfehler für 0,96 % Gesammt-Phosphorsäure.

Obst und Beerenfrüchte.

Frische Früchte.

Aepfel. — Pomme — Apple — Pyrus malus L.

No.	Nähere Bezeichnung	Zeit der Untersuchung	Wasser	In Wasser löslich						In Wasser unlöslich			In der Trocken-Substanz		Analytiker
				Invert-zucker	Rohr-zucker	Freie Säure (=Aepfel-säure)	Stickstoff-Substanz	Pektin-stoffe	Asche	Asche	Pektose	Kerne und Schalen	Zucker	Stickstoff (wasser-löslich)	
			%	%	%	%	%	%	%	%	%	%	%	%	
1	Grosse englische Reinette	1853	86,03	9,25	—	0,53		1,80		—	—	—	66,21	0,43	R. Fresenius [1]
2	Grosse englische Reinette	1854	82,03	5,96	—	0,39	0,49	7,61	0,22	0,06	1,49	1,78 *)	33,16	0,39	
3	Grosse englische Reinette	1855	82,04	6,83	—	0,85	0,43	6,47	0,36	0,03	1,05	1,95	38,03	0,21	
4	Weisser Tafelapfel	1854	85,04	7,58	—	1,04	0,20	2,72	0,44	0,03	1,16	1,80 *)	47,49	—	
5	Borsdorfer . .	1853	82,49	7,61	—	0,61		6,85		—	—	—	43,46	—	
6	Weisser Metapfel	„	82,13	8,98	—	1,01		3,35		—	—	—	50,25	—	
7	Engl. Winter-Goldparmäne .	„	81,87	10,36	—	0,48		5,11		—	—	—	57,14	—	
8	Aus Württemberg (Mittel von 8 Sorten) . .	1856	84,74	7,46	—	0,82		4,23			2,76		48,88	—	E. Wolff [2]
9 **)	Weisser Astrachan-Apfel vom 27. VIII. . .	1874	86,19	7,35	—	1,64	0,50	3,03 (+ Dextrin)	0,17		1,43 (Rohfaser)	—	53,22	0,58	Otto Pfeiffer [3]
10	Pleissner Rambour-Reinette 20.IX.	„	87,31	7,62	—	1,09	0,50	1,94	0,17		1,37	—	60,05	0,63	
11	Pleissner Rambour-Reinette 30.IX.	„	85,28	7,80	—	1,67	0,44	4,15	0,25		1,41	—	52,98	0,47	
	Rother Oster-Calville-Apfel:														
12	20. IX. . . .	„	83,60	5,95	—	1,00	0,37	7,13	0,27		1,68	—	36,28	0,36	Otto Pfeiffer [3]
13	12. XII. . . .	„	81,47	8,92	—	0,75	0,19	6,70	0,30		1,67	—	48,14	0,16	
14	Ohne nähere Bez.	1871	82,10	7,96	—	—	0,39	—	—		—	—	42,96	0,35	Ziurek [4]
15	Borsdorfer Apfel	1861	81,29	8,76	—	0,72	0,42	5,33	0,46		—	3,02	46,82	0,36	Th. Margold [5]
16	Leder-Apfel . .	„	83,16	7,29	—	1,34	0,33	4,77	0,26		—	2,84	43,29	0,31	
17	Quitten-Apfel .	„	84,11	5,49	—	0,46	0,48	5,62	0,38		—	3,96	34,53	0,49	

[1]) Ann. d. Chem. u. Pharm. **101**, 219.
[2]) Württemb. Wochenbl. f. Land- u. Forstw. 1856. No. 18.
[3]) Ann. d. Oenologie 1876. Jahresber. f. Agrik.-Chemie 1875/76, **I**, 313.
[4]) Neue landw. Ztg. 1871, 960.
[5]) Jahresber. f. Agrik.-Chem. 1861/62, 51. Die von Margold untersuchten Obstsorten sind sämmtlich in Böhmen gereift.

*) Davon waren bei No. 1: 0,07 % und bei No. 2: 0,38 % Kerne.
**) Ein Apfel wog bei: No. 9: 55,33; No. 10: 142,38; No. 11: 123,50; No. 12: 59,70; No. 13: 53,00 g

No.	Nähere Bezeichnung	Gewicht eines Apfels g	Zeit der Untersuchung	Wasser %	In Wasser löslich: Invertzucker %	Rohrzucker %	Freie Säure (=Aepfelsäure) %	Stickstoff-Substanz %	Pektinstoffe (Arabinsäure?) %	Asche %	In Wasser unlöslich: Asche %	Pektose (Pektin (Metarabinsäure)) %	Kerne und Schalen (Rohfaser) %	In der Trocken-Substanz: Zucker %	Stickstoff (wasserlöslich) %	Analytiker
18 *)	Amtmanns-A. 16. X.	80,0	1875	88,24	5,45	—	0,87	—	0,86	0,44	0,18	0,42	0,69	46,35	—	*Dragendorff* ¹)
19 *)	Rother holl. Gewürz-Calville 29. X.	35,0	„	84,09	8,43	—	0,49	—	1,62	0,60	0,11	0,55	1,22	52,99	—	
20 *)	Schlotter-A. 29. X.	85,0	„	82,76	8,41	—	0,52	—	2,42	0,67	0,05	0,44	1,51	48,78	—	
21 *)	Champagner-A. 30. IX.	110,0	„	86,43	7,00	—	0,66	—	2,67	0,35	0,03	0,45	0,98	51,58	—	
22 *)	Revaler Birn-A. 15. IX.	58,0	„	84,59	7,51	—	0,29	—	2,70	0,50	0,31	0,68	1,07	48,73	—	
23 *)	Gelber Klar-A. 8. X.	122,0	„	86,82	5,73	—	0,66	—	2,20	0,48	0,20	0,36	1,00	43,48	—	
24 *)	Suislepper I. 18. IX.	72,5	„	86,45	6,01	—	0,73	—	2,78	0,43	0,20	0,41	0,99	44,35	—	
25 *)	desgl. II. 20. IX.	43,0	„	86,95	5,97	—	0,89	—	2,28	0,53	0,25	0,46	1,40	45,75	—	
26 *)	Sommertrauben-A. 24. IX.	49,0	„	89,00	5,95	—	0,85	—	0,89	0,55	0,20	0,38	0,98	54,09	—	
27 *)	Cardinal 24. IX.	97,0	„	86,54	5,20	—	0,48	—	3,89	0,40	0,12	0,50	1,31	38,63	—	
28 *)	Kaiser Alex.-A. 6. X.	133,0	„	87,50	5,98	—	0,79	—	1,05	0,43	0,22	0,26	0,64	47,84	—	
29 *)	Goldgelbe Sommer-Reinette 17. IX.	46,0	„	86,39	7,07	—	1,38	—	1,31	0,55	0,13	0,80	1,31	51,95	—	
30 *)	Süsse Herbst-Reinette 29. X.	43,9	„	85,78	7,59	—	0,82	—	1,92	0,36	0,05	0,43	1,46	53,37	—	
31 *)	Zwiebel-Borsdorfer 16. X.	28,0	„	86,93	8,18	—	0,46	—	0,11	0,35	0,07	0,27	0,77	70,24	—	
32 *)	August-Apfel 11. IX.	49,0	„	84,54	5,00	—	0,96	—	5,37	0,50	0,19	0,50	0,96	32,34	—	
33 *)	Wirthsch.-A. 27. IX.	74,0	„	84,48	6,15	—	1,39	—	2,59	0,41	0,09	0,66	1,12	39,63	—	

¹) Archiv f. die Naturkunde Liv-, Esth- u. Kurlands. **8**, 140; Jahresber. f. Agrik.-Chemie 1878, 114.

*) Die Aepfel 18—33 sind in Livland gewachsen; Dragendorff untersuchte die sämmtlichen Aepfel in den einzelnen Entwicklungsstadien; hier ist nur die Zusammensetzung der reifen Aepfel mitgetheilt. Ausser den aufgeführten Bestimmungen sind noch folgende ausgeführt:

	No. 18	19	20	21	22	23	24	25
1. In Wasser lösliche Stoffe	8,35	11,75	12,70	11,34	12,76	9,56	10,20	10,23 %
2. Unlösliche Stoffe	3,41	4,16	4,54	2,23	2,55	3,62	3,27	2,82 „
3. Proteïn- und andere unlösliche Stoffe	1,96	1,99	2,25	0,45	0,28	1,85	1,44	0,49 „

	No. 26	27	28	29	30	31	32	33
1. In Wasser lösliche Stoffe	8,79	10,19	8,83	10,34	10,63	9,74	12,76	11,40 %
2. Unlösliche Stoffe	2,21	3,27	3,67	3,18	3,59	3,33	2,70	4,12 „
3. Proteïn- und andere unlösliche Stoffe	0,49	0,95	2,44	0,27	1,37	1,84	0,30	1,97 „

No.	Nähere Bezeichnung	Gewicht eines Apfels g	Zeit der Untersuchung	Wasser %	In Wasser löslich: Invertzucker %	Rohrzucker %	Freie Säure (=Apfelsäure) %	Stickstoff-Substanz %	Fett %	Asche %	In Wasser unlöslich: Asche %	Pektose %	Kerne und Schalen %	In der Trocken-Substanz: Zucker %	Stickstoff (wasserlösl.) %	Analytiker
					In Procenten des Fruchtfleisches											
34 *)	Balduin-Apfel 27. IX. . .	—	1875	84,11	—		—	0,21	0,29	0,23		0,91	—	—	0,21	F. H. Storer[1])
35 *)	Russet-A. 27. IX. . .	—	„	82,22	—		—	0,26	0,53	0,26		0,96	—	—	0,24	F. H. Storer[1])
36	Mantuan. A. 9. X. . .	113,0	„	87,70	**) 8,90	—	—	—	0,44	0,31		—	—	72,36	—	E. Mach[2])
					In Procenten der Frucht			Ges.-N.-Substanz							Ges.-N.	
37	Rother Astrachan-A.***)	52,2	1893	88,70	6,84	1,62	0,61	0,34	—	0,194***)		—	—	74,87	0,48	P. Kulisch[3])
38	Sommer-Nelken-A.***) .	42,96	„	89,00	8,77	0,88	0,48	0,44	—	0,201***)		—	—	87,73	0,64	P. Kulisch[3])
	Rother Stettiner (Rosen-A.)	113,38										In Wasser unlöslich im Ganzen				
39 °)	1. Hälfte am 11. II.		1891	85,14	9,77	0,77	0,28	—	—	0,27	0,02	2,04		70,93	—	Heinrich Kremla[4])
40 °)	2. Hälfte am 11. III.		„	85,59	10,19	0,09	0,26	—	—	—	—	1,94		71,34	—	Heinrich Kremla[4])
41	Rother Stettiner 13. II.	116,87	„	83,99	10,69	0,80	0,27	—	—	0,24	0,02	2,11		71,77	—	Heinrich Kremla[4])
42	Winter-Gold-Parmäne (Herzogin-Reinette) 16. II. . .	95,81	„	83,97	10,17	1,11	0,36	—	—	0,36	0,02	2,24		70,37	—	Heinrich Kremla[4])
	Gelber Stettiner:	141,42														
43 °)	1. Hälfte am 23. IX.		„	85,96	9,80	0	0,45	—	—	—	—	2,06		69,80	—	Heinrich Kremla[4])
44 °)	2. Hälfte am 9. XI.		„	—	9,14	0	0,21	—	—	—	—	—		—	—	Heinrich Kremla[4])

[1]) Bulletin of the Bussey Institution 1875, 362.
[2]) Weinlaube 1878, **10**, 334.
[3]) Zeitschr. angew. Chem. 1894, 148.
[4]) Zeitschr. Nahrungsmittel-Unters., Hygiene u. Waarenk. 1892, **6**, 483.

*) Die zugehörigen Schalen enthielten:

	Wasser	Proteïn	Fett	Stickstofffreie Extraktstoffe	Rohfaser	Asche
No. 34 . . .	71,60	1,00	2,27	19,31	5,27	0,45 %
No. 35 . . .	69,93	1,08	1,71	21,73	5,02	0,53 „

**) Mit 3,1 % Glukose u. 5,27 % Fructose.

***) Die von Kulisch untersuchten Früchte wurden im Sommer 1893 geerntet und untersucht. Unter Invertzucker ist der direkt reducirende Zucker verstanden, unter Rohrzucker die Stoffe, welche nach der Inversion Fehling'sche Lösung reducirten.

Ueber die Zusammensetzung der Asche siehe unten S. 862.

°) Die Proben No. 39 u. 40 und ebenso No. 43 u. 44 waren die Hälften je ein- und desselben Apfels. Die jedesmalige Hälfte sah bei der Untersuchung mit Ausnahme des Vorhandenseins einiger kleiner brauner Flecken gesund aus und war wohlschmeckend. Die Proben No. 39—42 stammten vom Wiener Markte, No. 43 und 44 wurden am 19. Sept. 1891 von einem Halbhochstamm in Klosterneuburg gepflückt.

No.	Nähere Bezeichnung	Zeit der Untersuchung	Wasser %	In Wasser löslich: Invert-zucker %	Rohr-zucker %	Freie Säure (=Aepfel-säure) %	Stick-stoff-Substanz %	Pektin-stoffe %	Asche %	In Wasser unlöslich: Asche %	Pektose %	Kerne und Schalen %	In der Trocken-Substanz: Zucker %	Stickstoff (wasserlösl.) %	Analytiker
	Aepfel aus Klosterneuburg: (Gewicht g)						Gerb-säure								
45	Virg. Sommer-Rosenapfel . 122,0	1885 3. 8.	84,93	9,56	—	1,18	0,10	—	0,25		2,41		63,44	—	E. Mach u. K. Portele [1])
46	Goldgulderling 137,0	18. 8.	86,03	7,18	—	0,62	0,05	—	0,20		2,93		51,40	—	
47	Adams Parmäne . . 149,0	26. 8.	85,82	8,34	—	0,66	0,09	—	0,30		2,80		58,81	—	
48	Reinette von Damason . 92,0	26. 8.	82,42	8,98	—	0,76	0,01	—	0,30		3,06		51,08	—	
								Pektin, Gummi, Proteïn							
49	Binet blanc*) 42,8	1892 13. 3.	74,10	14,09	1,92	0,19	0,10	1,50	0,29	0,29	7,53		61,82	—	A. Truelle [2])
50	Rousse Latour*) 50,5	„	73,20	13,28	1,57	0,19	0,10	1,82	0,36	0,25	9,23		55,41	—	
				Stickstoff-freie Extraktstoffe			Gesammt-Stick-stoff-Substanz	Roh-fett				Roh-faser		Ges.-N.	
51	Gemenge von 9 verschiedenen Sorten .	1893	82,20	15,81		—	0,25	0,23	0,25		—	1,26	—	0,22	Houzeau [3])
52	Amerikanische Aepfel	1894	84,80	12,50		—	0,40	0,30	0,50		—	1,50	—	0,42	M. E. Jaffa [4])
53		1895	83,20	—		—	0,30	0,40	0,20		—	—	—	0,28	W. O. Atwater [5])
54	Aus St. Julien (125 g)	1900	82,60	8,90		—	1,44	0,06	0,28		—	1,21	—	1,32	Balland [6])
55	In Paris gekauft, 7 Monate alt . .	„	82,00	10,20		—	0,29	0,08	0,29		—	1,33	—	—	
				Invert-zucker	Rohr-zucker		Wasser-lösliche Stick-stoff-Substanz	Pektin-stoffe			Rohfaser	Sonstige Stoffe	Zucker	Wasserlöslicher Stick-stoff	
	Mittel	—	**84,37**	**7,97**	**0,88**	**0,70**	**0,30**	**3,18**	**0,32**	**0,10**	**1,21**	**0,77**	**56,62**	**0,31**	

Birnen. — Poire — Pear — Pyrus communis L.

No.	Nähere Bezeichnung	Zeit der Untersuchung	Wasser %	Invert-zucker %	Rohr-zucker %	Freie Säure %	Stickstoff-Substanz %	Pektinstoffe %	Asche %	Asche (unlöslich) %	Pektose %	Kerne und Schalen %	Zucker %	Stickstoff %	Analytiker
1	Süsse Rothbirne . .	1854	83,95	7,00	—	0,07	0,23	3,28	0,28	0,05	1,34	3,81 **)	43,61	0,23	R. Fresenius [7])
2	desgl.	1855	83,01	7,94	—	Spur	0,21	4,41	0,28	0,04	0,04	3,52	46,73	0,19	
3	Aus Württemberg (Mittel von 9 Sorten)	1853	80,02	9,26	—	0,58		3,01		—	—	—	46,35	--	E. Wolff [8])
4	Ohne näh. Bezeichn.	1850	83,88	11,52	—	0,08	—	Dextrin 2,07	—	—	—	—	71,46	—	Bérard [9])

[1]) Landw. Vers.-Stat. 1892, **41**, 233.
[2]) Mitgetheilt von L. Weigert. Zeitschr. Nahrungsmittel-Unters., Hygiene u. Waarenk. 1893, **7**, 451.
[3]) Centralbl. Agrik.-Chem. 1894, **23**, 708.
[4]) Agric. Experim. Stat. California Rep. für 1894/95, 155.
[5]) U. S. Depart. of Agric. Bull. No. 2, 1895, 32.
[6]) Rev. intern. falsif. 1900, **13**, 92.
[7]) Ann. d. Chem. u. Pharm. **101**, 219.
[8]) Württemb. Wochenbl. f. Landw. und Forstw. 1856, No. 18.
[9]) Die Landwirthschaft von Boussingault. Deutsch von Gräger 1851, 313.

*) Die Aepfel aus Frankreich waren 1891-er Ernte. Das Gewicht schwankte bei Binet zwischen 37—52 g, bei Rousse Latour zwischen 38—54 g. Die Gerbsäure wurde nach Löwenthal-Neubauer, die Pektinstoffe etc. nach Hauchecorne durch Fällen mit gleichem Volumen 90%-igem Alkohol und Wägung des Niederschlages bestimmt.

**) Davon 0,39% Kerne.

No.	Nähere Bezeichnung	Zeit der Untersuchung	Wasser %	In Wasser löslich: Invertzucker %	Rohrzucker %	Freie Säure (=Aepfelsäure) %	Stickstoff-Substanz %	Pektinstoffe %	Asche %	In Wasser unlöslich: Asche %	Pektose %	Kerne und Schalen %	In der Trocken-Substanz: Zucker %	Stickstoff (wasserlösl.) %	Analytiker
5	Blutbirne	1861	83,88	6,83	—	0,21	0,48	3,18	0,38		—	5,12	42,37	0,48	*Th. Margold* [1])
6	Kaiserbirne . . .	„	81,43	8,21	—	0,11	0,37	4,76	0,37		—	4,75	44,16	0,32	
7	Salzburger Birne 8. IX.	1874	81,91	9,19	—	0,25	0,50	5,21	0,24		—	Rohfaser 2,70	50,80	0,44	*Otto Pfeiffer* [2])
8	Siegels Honigbirne 24. VIII. . . .	„	86,00	6,58	—	0,13	0,50	3,61	0,20		—	—	41,13	—	
9	Ohne näh. Bezeichn.	1871	83,20	8,78	—	—	0,23	—	—		—	1,90	49,33	0,21	*Ziurek* [3])
10	Sommer-Apotheker-Birne 11. IX. . .	1878	85,60	7,20 *)	—	0,27	—	—	—		—	—	50,00	—	*E. Mach* [4])
			In Procenten des Fruchtfleisches				Gesammt-Stickst.-Substanz								
11	Römische Schmalz-B. (46,45 g) . . .	1893 3. 8.	84,60	6,85	1,40	0,21	0,59	—	0,246**)		—	—	53,57	—	*P. Kulisch* [5])
0)	Sog. weisse Salzburger (?) am 13. VIII. gepflückt:		In Procenten der Frucht												
12	grün, unreif . . .	1890	—	6,56	0,33	0,13	—	—	—	—	—	—	—	—	*Heinr. Kremla* [6])
13 0)	weich, gelb und braun gesprenkelt, reif .	„	—	7,08	0,43	0,04	—	—	—	—	—	—	—	—	
14 0)	ganz weich, Haut schlaff, nicht faul	„	—	7,78	0,24	0,05	—	—	—	—	—	—	—	—	
	Gute Louise „Virgilis“:														
15 0)	grün, Fleisch fest, Kerne schwarz, unreif schmeckend .	„	—	7,04	0	0,12	—	—	—	—	—	—	—	—	
16 0)	gelblich grün, ziemlich weich . . .	„	—	8,73	0	0,13	—	—	—	—	—	—	—	—	
17 0)	gelb, Fleisch halb, schmelzend, z. Th. braun	1891	—	8,50	0	0,09	—	—	—	—	—	—	—	—	
							Lösl. Stickstoff-Subst.								
18	Graue Herbst-Butter-Birne („Isenbart“)	1890	79,70	8,85	5,76	0,26	0,24	—	0,53	0,03	—	—	71,97	0,19	
19	dieselbe Sorte . .	„	—	12,37	3,91	0,19	—	—	—	—	—	—	—	—	
20	Weisse Herbst-Butter-B. (Kaiser-B.) vom W.	„	79,89	9,16	2,97	0,12	—	—	0,37	0,03	—	—	60,32	—	

1) Jahresber. f. Agrik.-Chem. 1861/62, 51. Die von Margold untersuchten Obstarten sind sämmtl. in Böhmen gereift.
2) Ann. d. Oenologie 1876. Jahresbericht f. Agrik.-Chem. 1875/76, I, 313.
3) Neue landw. Ztg. 1871, 960.
4) Die Weinlaube 1878, 10, 334.
5) Zeitschr. angew. Chem. 1894, 148.
6) Zeitschr. Nahrungsmittel-Unters., Hygiene u. Waarenk. 1892, 6, 483.
*) Mit 2,4% Glukose und 4,8% Fructose.
**) Ueber die Zusammensetzung der Asche siehe unten S. 862.
0) Die Birnen No. 12, 13, 14, 18 und 19 stammten aus Klosterneuburg, die Birnen No. 15, 16 und 17 vom Wiener Markte. Zeit der Untersuchung und Gewicht der Birnen waren folgende:

	No. 12	13	14	15	16	17	18	19	20
Zeit der Untersuchung	16. VII.	19. IX.	25. IX.	3. X.	4. XI.	5. II.	13. X.	16. X.	23. X.
Gewicht der Birne . .	46,25	46,41	50,93	77,97	73,95	77,40	—	—	121,47 g

No.	Nähere Bezeichnung	Gewicht der Birne g	Zeit der Untersuchung	Wasser %	In Wasser löslich: Invertzucker %	Rohrzucker %	Freie Säure (=Aepfelsäure) %	Stickstoff-Substanz %	Pektinstoffe %	Asche %	In Wasser unlöslich: Asche %	Pektose %	Kerne und Schalen %	In der Trocken-Substanz: Zucker %	Stickstoff (Gesammt) %	Analytiker
				In Procenten des Fruchtfleisches												
	Birnen aus Klosterneuburg							Gerbsäure				In Wasser unlöslich im Ganzen				
21	Sommer-Bergamotte	51,7	1885 11. 8.	79,93	8,80	—	0,56	0,097		0,350		3,25		41,36	—	E. Mach und K. Portele [1])
22	Sorbetto	89,3	„	84,92	7,26	—	0,44	0,048		0,240		2,28		48,14	—	
23	Goubaults Butterbirne	98,2	„	86,58	6,22	—	0,15	0,028		0,250		2,33		46,35	—	
24	Bergamotte Sageret	69,1	„	85,36	6,09	—	0,15	0,015		0,169		2,01		41,60	—	
25	Williams Christbirne	275,0	26. 8.	86,02	7,13	—	0,16	0,091		0,183		2,25		51,00	—	
26	Kongressbirne	284,0	„	87,54	7,30	—	0,17	0,027		0,231		1,39		58,59	—	
27	Hamakers Butterbirne	99,0	4. 8.	87,46	6,31	—	0,06	0,039		0,238		2,44		50,32	—	
28	Colmar. Sommerbirne	129,5	„	84,09	5,87	—	0,12	0,033		0,226		3,01		36,90	—	
29	Amauli's Butterbirne	124,2	„	87,26	6,38	—	0,15	0,056		—		2,37		50,08	—	
30	Colmar de Mars	110,7	„	81,69	7,55	—	0,27	0,069		0,225		3,23		41,23	—	
31	Grüne Muscateller-B.	40,6	„	84,17	5,91	—	0,32	0,045		0,346		3,87		37,33	—	
32	Holzfarbige Butterbirne	250,0	18. 8.	82,71	7,29	—	0,19	0,045		0,224		2,43		42,17	—	
33	Hochfeine Butterbirne	238,0	26. 8.	84,45	9,15	—	0,12	0,041		0,19		2,37		58,84	—	
34	Sarazener B.	118,0	4. 8.	82,14	6,89	—	0,15	0,093		0,37		3,87		38,58	—	
35	Dipinto	38,3	„	84,13	6,89	—	0,09	0,025		0,26		2,69		43,42	—	
36	Doppelte Philippsbirne	150,3	„	84,16	6,66	—	0,49	0,043		0,33		2,99		42,05	—	
37	Madame Favre	203,5	„	85,96	5,80	—	0,45	0,061		0,144		2,24		41,31	—	
					Stickstofffreie Extraktstoffe im Ganzen			Stickstoff-Substanz	Rohfett			Rohfaser				
38	Mittel v. 2 Sorten		1893	82,85	13,71		0,07	—	0,21	0,340		2,82		—	0,20	Houzeau [2])
39	Amerikanische B.		1894	83,90	11,46		0,79	—	0,56	0,54		2,73		—	0,56	M. E. Jaffa [3])
					Zucker											
40	In St. Julien gewachsen, geschält*)	95,0	1900	88,50	6,20	—	0,12	0,24	0,04	0,17		1,12		53,91	0,33	Balland [4])

[1]) Landw. Vers.-Stat. 1892, **41**, 233.
[2]) Centralbl. Agrik.-Chem. 1894, **23**, 708.
[3]) Agric. Experim. Stat. California, Rep. für 1894/95, 155.
[4]) Rev. intern. falsif. 1900, **13**, 92.

*) Die Zusammensetzung der Schale und der Kerne war folgende:

		Wasser	Stickstoff-Substanz	Fett	Stickstofffreie Extraktstoffe	Rohfaser	Asche
Von St. Julien	Schale	72,50	0,17	1,32	18,28	7,45	0,28 %
	Kerne (100 Kerne wiegen 3,65 g):	45,30	17,01	16,04	13,96	6,24	1,45 „
	Winterbirne	70,80	1,34	0,75	26,79		0,32 „

No.	Nähere Bezeichnung	Zeit der Untersuchung	Wasser %	In Wasser löslich: Invertzucker %	Rohrzucker %	Freie Säure (=Aepfelsäure) %	Stickstoff-Substanz %	Pektinstoffe %	Asche %	In Wasser unlöslich: Asche %	Pektose %	Schalen und Kerne %	In der Trocken-Substanz: Zucker %	Stickstoff (Gesammt-N.) %	Analytiker
41	In St. Julien gewachsen, 6 Monate alt	1900	82,00	—	—	—	Im Ganzen —	Rohfett 0,60	—		—	—	—	0,39	Balland [1])
42	Winterbirne, 6 Mon. alt*), geschält (72 g)	„	81,80	—	—	—	0,45	0,11	0,28		—	—	—	0,40	
							In Wasserlöslich	Pektinstoffe			Gerbsäure (löslich)	Rohfaser	Im Ganzen	In Wasserlöslich	
	Mittel	—	**83,83**	**7,61**	**1,50**	**0,19**	**0,35**	**3,79**	**0,29**		**0,05**	**0,23**	**56,96**	**0,41**	

Zwetschen. — Prune — Damask-plum, damson — Prunus domestica L.

No.	Nähere Bezeichnung	Zeit der Untersuchung	Wasser %	Invertzucker %	Rohrzucker %	Freie Säure %	Stickstoff-Substanz %	Pektinstoffe %	Asche %	Asche %	Pektose %	Schalen u. Steine %	Zucker %	Stickstoff %	Analytiker
1	Gewöhnliche . . .	1855	81,93	5,79	—	0,95	0,74	3,65	0,73	0,09	0,63	5,53 **)	32,04	0,65	R. Fresenius [2])
2	Süsse italienische .	„	81,27	6,73	—	0,84	0,79	4,11	0,59	0,07	1,53	4,09 **)	35,93	0,67	
3	Aus Böhmen . .	1861	81,41	5,29	—	0,73	0,72	4,82	0,63		—	6,40	27,00	0,59	Th. Margold [3])
4	Ohne näh. Bezeichn.	1871	80,10	6,78	—	—	0,87	—	—	—	—	—	34,07	0,69	Ziurek [4])
			In Procenten des Fruchtfleisches				Gesammt-Stickst.-Substanz								
5	Italienische (20,34 g) mit 6,34 % Steinen	1893	83,40	5,80	5,73	1,16	0,86	—	0,391		—	—	69,46	—	P. Kulisch [5])
							Lösliche Stickst.-Substanz						Im Ganzen		
	Mittel	—	**81,62**	**5,92**	**5,73**	**0,92**	**0,78**	**4,19**	**0,55**	**0,08**	**1,08**	**5,34**	**63,38**	**0,68**	

Pflaumen. — Prune — Plum — Prunus sp.

No.	Nähere Bezeichnung	Zeit der Untersuchung	Wasser %	Invertzucker %	Rohrzucker %	Freie Säure %	Stickstoff-Substanz %	Pektinstoffe %	Asche %	Asche %	Schalen + Pektose %	Steine %	Zucker %	Stickstoff %	Analytiker
1	Schwarzblaue, mittelgross	1854	88,75	1,99	—	1,27	0,43	2,31	0,49	0,04	0,51	4,19	17,69	0,61	R. Fresenius [6])
2	Dunkelschwarzrothe	1855	85,24	2,25	—	1,33	0,40	5,85	0,55	0,06	1,02	3,32	15,25	0,44	
3	Ohne näh. Bezeichn.	1871	80,60	6,44	—	—	0,37	—	—	—	—	—	33,20	0,29	Ziurek [7])
			In Procenten des Fruchtfleisches				Gesammt-Stickst.-Substanz							Gesammt-Stickst.-Substanz	
4	Runde Pflaumen aus Klosterneuburg 11. VIII. . . .	1890	—	2,57	3,56	1,72	—	—	0,320 ***)		—	—	—	—	H. Kremla [8])
5	„Kirke"	1893	83,40	9,40	2,67	1,04	0,64	—	—	—	—	—	72,71	0,62	P. Kulisch [9])

[1]) Rev. intern. falsif. 1900, **13**, 92.
[2]) Ann. d. Chem. u. Pharm. **101**, 219.
[3]) Jahresber. f. Agrik.-Chem. 1861/62, 51.
[4]) Neue Landw. Ztg. 1871, 960.
[5]) Zeitschr. angew. Chem. 1894, 148.
[6]) Ann. d. Chem. u. Pharm. 1855, **101**, 219.
[7]) Neue landw. Ztg. 1871, 960.
[8]) Zeitschr. Nahrungsmittel-Unters., Hygiene u. Waarenk. 1892, **6**, 483.
[9]) Zeitschr. angew. Chem. 1894, 148.

*) Vergl. Anmerkung *) S. 825.
**) Davon waren bei No. 1: 3,54 % und bei No. 2: 3,12 % Kerne.
***) Eine Frucht wiegt im Mittel 25 g, ein Kern im Mittel 1,50 g. Ueber die Zusammensetzung der Asche vergl. unten S. 862.

No.	Nähere Bezeichnung	Mittleres Gewicht g	Zeit der Untersuchung	Wasser %	In Wasser löslich: Gesammt-Zucker (Invertzucker) %	In Wasser löslich: Freie Säure (=Aepfelsäure) %	In Wasser löslich: Gesammt-Stickstoff-Substanz %	In Wasser löslich: Asche %	In Wasser unlöslich: Asche %	In Wasser unlöslich: Schalen %	In Wasser unlöslich: Steine %	In der Trocken-Substanz: Zucker %	In der Trocken-Substanz: Stickstoff (Gesammt-N.) %	Analytiker
	Aus Californien:		1891	In Procenten der Frucht	Im Saft									
6	Prune d'Agen .	23,5	28. 9.	75,96	17,50	0,39	1,112	0,613		—	5,50	72,79	0,74	G. E. Colby u. H. P. Dyer [1])
7	„	22,9	26. 8.	79,65	15,60	0,40	0,906	0,395		—	5,10	76,66	0,71	
8 *)	Französische . .	20,8	8. 9.	77,00	17,64	0,47	1,050	0,442*)		—	5,76	76,70	0,73	
9	Wangenheim . .	19,5	„	79,44	8,80	0,87	0,870	0,376		—	5,00	42,80	0,68	
10	Robe de Sergent .	20,0	„	82,50	9,89	0,80	0,837	0,361		—	7,50	56,51	0,76	
11	Fellenberg . . .	26,0	„	85,69	8,67	0,99	0,879	0,350		—	5,90	60,58	0,98	
12	Ungarische . .	80,5	„	85,50	10,72	1,59	0,762	0,392		—	3,70	73,93	0,84	
13	Bulgarische . .	25,6	„	82,72	7,92	0,84	0,756	0,410		—	6,20	45,83	0,70	
14	Deutsche . . .	25,5	„	83,00	8,43	0,89	1,050	0,370		—	4,70	49,59	0,99	
15	Datte d'Hongrie .	21,6	3. 10.	81,40	12,44	0,64	0,842	0,330		—	6,00	66,88	0,72	
16	St. Catherine . .	20,2	8. 9.	83,30	8,10	0,57	0,900	0,362		—	4,90	48,50	0,86	
17	desgl.	18,5	3. 10.	78,78	14,34	0,47	1,156	0,440		—	5,20	67,58	0,87	
18	Französische	25,0	1892 7. 10.	67,80	20,39	0,64	1,088	0,737		—	5,20	63,32	0,54	
19	aus	16,2	23. 9.	67,30	20,41	0,62	1,075	0,744		—	7,40	62,42	0,53	
20 *)	Nord-Californien	23,0	27. 9.	71,17	20,65	0,44	1,481	0,567*)		—	5,20	71,63	0,82	
	Französische aus Mittel-Californien:													
21	Unbewässert . .	30,0	1. 9.	65,00	19,24	0,52	1,362	0,598		—	6,20	54,97	0,27	G. E. Colby [2])
22	Im Winter bewässert . . .	35,0	1. 9.	—	19,98	0,40	—	—		—	4,80	—	—	
23	Im Juni bewässert	24,4	21. 9.	—	19,89	0,60	—	—		—	6,10	—	—	

[1]) Agric. Experim. Stat. California, Rep. 1891/92. Sacramento 1893, 91.
[2]) Agric. Experim. Stat. California, Rep. 1892/93 u. 1893/94. Sacramento 1894, 257.

*) Der Gehalt an Reinasche und die procentige Zusammensetzung der Asche waren folgende:

Nähere Bezeichnung		Reinasche	Eisenoxyd (Fe_2O_3)	Mangan-oxydoxydul (Mn_3O_4)	Kalk (CaO)	Magnesia (MgO)	Kali (K_2O)	Natron (Na_2O)	Phosphorsäure (P_2O_5)	Schwefelsäure (SO_3)	Kieselsäure (SiO_2)	Chlor (Cl)
No. 8 Französische Pflaume	ganze Frucht .	0,442	0,85	0,31	3,24	6,16	65,92	3,18	13,19	2,37	4,56	0,19
	Fruchtfleisch .	0,434	0,73	0,17	3,01	5,33	69,50	3,07	11,56	2,13	4,30	0,20
	Kerne . . .	0,582	1,14	1,90	6,04	16,26	24,01	4,53	32.98	5,40	7,88	0,22
No. 20 desgl.	ganze Frucht .	0,567	1.70	0,36	6,27	5,56	66,92	0,92	12,91	2,54	2,67	0,43
	Fruchtfleisch .	0,523	1,30	0,18	5,48	5,02	70,72	0,84	11,16	2,40	2,44	0,46
	Kerne . . .	0,751	6,13	2,38	15,04	11,58	24,63	2,13	29,49	4,13	5,33	0,13
No. 26 desgl.	ganze Frucht .	0,450	1,89	0.51	4,48	4,70	63,67	3,20	16,14	3,15	1,99	0,40
	Fruchtfleisch .	0,430	1,06	0,33	3,66	4,23	67,87	2,99	15,23	2,84	1,46	0,37
	Kerne . . .	0,850	10,41	2,31	12,96	9,72	20,60	5,33	25,92	4,63	7,41	0,72
Mittel:	ganze Frucht	0,486	2,72	0,39	4,66	5,47	63,83	2,65	14,08	2,68	3,07	0,34
Aprikose „Royal“	ganze Frucht .	0,550	1,71	0,21	3,52	3,85	54,88	11,57	13,86	2,95	7,85	0,60
	Fruchtfleisch .	0,542	0,77	0,09	3,24	3,31	58,59	11,20	11,20	2,75	8,31	0,58
	Kerne . . .	0.681	12,39	1,65	6,75	11,58	10,95	3,45	43,76	5,38	2,58	1,65
desgl.	ganze Frucht .	0,467	1,66	0,54	2,82	3,52	63,85	9,95	12,33	2,32	2,62	0,30
	Fruchtfleisch .	0,459	0,97	0,39	2,65	2,89	67,00	10,23	10,88	2,35	2,27	0,28
	Kerne . . .	0,592	10,06	2,20	6,58	11,22	23,09	6.45	30,96	1,84	7,09	0,51
Mittel:	ganze Frucht	0,508	1,68	0,37	3,17	3,68	59,36	10,26	13,09	2,63	5,23	0,45

No.	Nähere Bezeichnung	Mittleres Gewicht g	Zeit der Untersuchung	Wasser %	In Wasser löslich: Gesammtzucker (Invertzucker) %	Freie Säure (=Aepfelsäure) %	Gesammt-Stickstoff-Substanz %	Asche %	In Wasser unlöslich: Asche %	Schalen %	Steine %	In der Trocken-Substanz: Zucker %	Stickstoff (Gesammt-N.) %	Analytiker
	Französische Pfl. aus Süd-Californien:		1892											
24	grosse . . .	22,0	5. 9.	73,00	19,00	0,49	1,006	0,508		—	5,70	70,37	0,60	*G. E. Colby*[1]
25	kleine . . .	16,0	"	—	18,10	0,50	—	—		—	6,20	—	—	
26 *)	—	26,5	6. 9.	80,00	14,36	0,67	0,962	0,450*)		—	5,10	71,80	0,77	
27	wie No. 26, aber 3 Woch. spät. gepflückt	19,5	29. 9.	—	25,62	0,84	—	—		—	7,50	—	—	
28	wie No. 26, aber 3 Woch. spät. gepflückt	21,0	20. 9.	71,31	19,16	0,64	1,344	0,721		—	6,70	66,78	0,75	
29	Robe de Sergent	27,7	25. 8.	80,00	15,74	0,69	0,822	0,450		—	5,90	78,70	0,66	
30	Fellenberg . .	26,0	"	80,00	10,71	1,02	0,875	0,458		—	5,90	53,55	0,70	
31	Coe's Golden Drop plums	68,5	7. 10.	72,31	12,68	0,34	1,321	0,636		—	3,40	45,80	0,77	
32	Coe's Golden Drop plums	51,0	30. 8.	80,00	14,10	0,44	1,194	0,466		—	5,10	70,50	0,96	
33	Gelbe Eierpflaumen . .	51,8	"	80,00	11,90	1,68	0,884	0,503		—	6,10	59,50	0,71	
		Mittel	—	**78,60**	**14,71**	**0,77**	**1,01**	**0,49**		—	**5,64**	**68,74**	**0,76**	

Reineclauden. — Prune blanche.

No.	Nähere Bezeichnung	Zeit	Wasser	Invertzucker	Rohrzucker	Freie Säure	Wasserlösliche N.-Substanz	Pektinstoffe	Asche	Asche (unlöslich)	Schalen	Steine	Zucker	Stickstoff	Analytiker
1	Gelbgrüne, mittelgross	1854	80,84	2,96	—	0,96	0,45	10,47	0,32	0,04	0,68 **)	3,25	15,50	0,37	*R. Fresenius*[2]
2	Sehr süsse, grüne, grosse	1855	79,72	3 41	—	0,86	0,38	12,07	0,39	0,04	0,01 **)	2,85	16,81	0,29	
			In Procenten des Fruchtfleisches				Ges.-N.-Subst.							Ges.-Stickst.	
3	Grosse grüne . . .	1893	85,10	5,54	4,81	1,29	0,75	—	0,432***)		***)	—	69,46	0,80	*P. Kulisch*[3]
								Fett							
4	Geschält (22,5 g) .	1900	78,30	10,90	—	0,38	0,42	0,24	—	—	—	—	50,23	0,28	*Balland*[4]
5	Ungeschält (19,8 g)	"	86,70	6,80	—	0,63	0,48	0,45	—	—	—	—	51,13	0,58	
								Pektinstoffe					Im Ganzen		
	Mittel	—	**82,13**	**5,92**	**4,81**	**0,82**	**0,55**	**11,27**	**0,37**	**0,04**	**3,40**		**60,04**	**0,55**	

Mirabellen.

No.	Nähere Bezeichnung	Zeit	Wasser	Invertzucker	Rohrzucker	Freie Säure	Wasserlösliche N.-Substanz	Pektinstoffe	Asche	Asche (unlöslich)	Schalen	Steine	Zucker	Wasserlöslicher Stickst.	Analytiker
1	Gelbe gewöhnliche .	1854	82,24	3,58	—	0,58	0,18	5,77	0,57	0,08	0,18	5,78	20,16	0,16	*R. Fresenius*[2]
2	Aus Böhmen . . .	1861	76,49	4,37	—	0,49	0,58	7,32	0,63		4,02	—	18,67	0,44	*Th. Margold*[5]
			In Procenten des Fruchtfleisches				Ges.-N.-Subst.							Ges.-Stickst.	
3	Herrenhäuser⁰) . .	1893	84,30	6,97	4,65	0,60	0,79	—	0,386⁰)		—⁰)	—	74,01	0,80	*P. Kulisch*[3]
	Mittel	—	**80,68**	**4,97**	**4,65**	**0,56**	**0,79**	**6,55**	**0,56**		**4,98**		**49,79**	**0,80**	

[1]) Agric. Experim. Stat. California Rep. f. 1892/93 u. 1893/94, 257.
[2]) Ann. d. Chem. u. Pharm. **101**, 219
[3]) Zeitschr. angew. Chem. 1894, 148.
[4]) Rev. intern. falsif. 1900, **13**, 92.
[5]) Jahresber. f. Agrik.-Chem. 1861/62, 51.

*) Vergl. Anmerkung *) S. 827.
**) R. Fresenius fand ausserdem an Pektose: Reineclauden No. 1: 1,03 %, No. 2: 0,25 %. Mirabelle No. 1: 1,08 %.
***) Eine Frucht wog 19 g, ein Kern 5,53 g. Ueber die Zusammensetzung der Asche siehe unten S. 862.
⁰) Eine Frucht wog im Mittel 6,78 g, ein Kern 7,4 g. Ueber die Zusammensetzung der Asche siehe unten S. 862.

No.	Nähere Bezeichnung	Zeit der Untersuchung	Wasser %	In Wasser löslich: Invertzucker %	Rohrzucker %	Freie Säure (=Apfelsäure) %	Stickstoff-Substanz %	Pektinstoffe %	Asche %	In Wasser unlöslich: Asche %	Steine %	Schalen %	In der Trockensubstanz: Zucker %	Stickstoff (wasserlöslich) %	Analytiker
	Pfirsiche. — Pêche — Peach — Persica vulgaris Mill.														
1	Grosse holländische	1854	84,99	1,58	—	0,61	0,43	16,31	0,42	0,04	4,63	0,99	10,52	0,46	*R. Fresenius* [1]
2	Aehnliche	1855	76,55	1,57	—	0,73	11,06		0,91	0,06	6,76	2,42	6,69	—	
3	Aus Böhmen . . .	1861	79,84	1,46	—	0,71	0,54	11,01	0,62		3,02		7,24	0,43	*Th. Margold* [2]
4	Ohne näh. Bezeichn.	1871	78,60	6,19	—	—	0,31	—	—	—	—	—	28,93	0,23	*Ziurek* [3]
5	desgl.	„	80,20	11,60	—	1,10	0,90	—	—	—	—	1,20	58,59	0,73	*Bérard* [4]
	In Procenten des Fruchtfleisches						Ges.-N.-Subst							Ges.-N.	
6	Amsden-Pfirsich*) .	1893	88,70	2,05	5,52	0,52	1,11	—	0,415*)		*)	—	66,99	1,57	*P. Kulisch* [5]
7	„Schöne von Doné"*)	„	89,10	2,14	5,72	0,50	0,81	—	0,617*)		*)	—	72,11	1,19	
	In Procenten der Frucht; Mittleres Gewicht g			Im Ganzen (Invertzucker)		Im Safte					Steine				
8	Orange Cling 153,5	1891 25. 9.	78,50	15,00		0,28	—	—	0,620		6,10		69,77	—	*G. E. Colby u. H. P. Dyer* [6]
9	Lemong Cling 215,5	„	86,50	10,00		0,54	—	—	0,440		6,30		74,07	—	
10	Ohne nähere Bezeichnung 75,0	1900	86,60	6,70	—	1,51	0,86	Fett 0,48	0,510		Rohfaser 1,19		50,00	1,03	*Balland* [7]
	Mittel	—	**82,96**	**3,66**	**5,62**	**0,72**	**0,93**	**0,48**	**0,58**		**5,53** (Differenz)		**54,46**	**0,87**	
	Aprikosen. — Abricot — Apricot — Prunus armeniaca L.							Pektinstoffe							
1	Schöne, ziemlich grosse	1854	84,97	1,14	—	0,89	0,79	5,93	0,82	0,07	4,30	0,97 **)	7,58	0,84	*R. Fresenius* [1]
2	Sehr wohlschmeckende, grosse . .	1855	82,01	1,53	—	0,77	2,36	9,28	0,75	0,10	3,22	0,94 **)	8,12	0,32	
3	Kleine	„	83,55	2,74	—	1,60	0,38	5,57	0,72	0,06	3,42	1,25 **)	16,66	0,37	
4	Ohne näh. Bezeichn.	1850	74,40	16,50	—	1,80	0,20	—	—	—	—	1,90	64,29	0,13	*Bérard* [4]
5	Aus Böhmen . . .	1861	80,67	2,01	—	0,75	0,63	10,24	0,49		5,21		10,39	0,52	*Th. Margold* [2]
6	Ohne näh. Bezeichn.	1871	81,70	4,20	—	—	0,63	—	—	—	—	—	22,88	0,55	*Ziurek* [3]
	In Procenten des Fruchtfleisches						Gesammt-Stickstoff-Substanz							Ges.-N.	
7	Grosse frühe (mittl. Gew. 24,16 g) . .	1893	89,00	1,79	4,30	1,23	0,65		0,519 ***)		9,68	—	55,36	0,94	*P. Kulisch* [5]

[1]) Ann. d. Chem. u. Pharm. **101**, 219.
[2]) Jahresber. f. Agrik. Chem. 1861/62, 51.
[3]) Neue landw. Ztg. 1871, 960.
[4]) Die Landwirthschaft von Boussingault. Deutsch von Gräger 1851, 313.
[5]) Zeitschr. angew. Chem. 1894, 148.
[6]) Agric. Experim. Stat. California Rep. für 1891/92, 92.
[7]) Rev. intern. falsif. 1900, **13**, 92.

*) Es betrug das mittlere Gewicht von Frucht und Kernen bei No. 6: 71,42 g bezw. 5,05 g; bei No. 7: 57,9 g bezw. 6,75 g. Ueber die Zusammensetzung der Asche siehe unten S. 862.
**) R. Fresenius fand ferner an in Wasser unlöslicher Pektose: Aprikosen: No. 1 0,152 %, No. 2 1,00 %, No. 3 0,75 %.
***) Ueber die Zusammensetzung der Asche siehe unten S. 862.

No.	Nähere Bezeichnung	Mittleres Gewicht g	Zeit der Untersuchung	Wasser %	In Wasser löslich: Gesammtzucker (Invertzucker) %	Freie Säure (=Aepfelsäure) %	Gesammt-Stickstoff-Substanz %	Asche %	In Wasser unlöslich: Asche %	Schalen %	Steine %	In der Trocken-Substanz: Zucker %	Stickstoff (Gesammt-N.) %	Analytiker
	Aprikosen aus Californien:		1891	In Procenten der Frucht										
8	Hemskirk . .	89,3	3. 8.	—	6,80	—	1,243	—		—	4,14	—	—	G. E. Colby u. H. P. Dyer¹)
9	desgl. . . .	63,0	14. 8.	82,77	10,70	1,41	1,513	0,530		—	6,02	62,10	1,41	
10	Blenheim . .	81,0	3. 8.	84,60	11,03	—	1,610	0,555		—	5,25	65,13	1,67	
11	Royal*) . .	46,8	7. 8.	85,11	12,30	0,77	1,150	0,550**)		—	6,60	82,61	1,24	
12	Peach . . .	57,5	14. 8.	85,50	12,50	0,97	1,619	0,454		—	6,70	86,21	1,79	
13	Moorpark . .	59,2	19. 8.	85,90	11,30	1,07	—	0,494		—	6,00	80,14	—	
14	Pringle (?) .	24,8	3. 6.	—	—	—	—	—		—	9,10	—	—	
	Royal:		1892											
15	aus Mittel-Californien .	75,5	1. 8.	84,75	10,20	1,11	1,644	0,558		—	6,50	66,88	1,73	G. E. Colby²)
16	aus Süd-Californien	41,7	24. 6.	84,34	9,66	0,89	0,955	0,466		—	7,10	61,68	0,98	
17	aus Süd-Californien	61,0	10. 8.	85,33	10,98	1,12	1,362	0,370		—	6,30	74,85	1,48	
18	aus Süd-Californien	67,0	2. 7.	83,76	12,52	1,51	0,925	0,467		—	6,40	77,09	0,91	
19	Hemskirk aus Süd-Californ.	67,1	25. 6.	86,79	9,70	1,26	1,025	0,457		—	5,50	73,43	1,24	
20	Moorpark aus Süd-Californ.	66,5	24. 6.	85,93	11,25	1,26	0,897	0,503		—	5,30	79,96	1,02	
21	Fruchtfleisch mit Schale**)	43,3	1900	87,70	8,10	—	0,430	0,640		—	—	65,85	0,56	Balland³)
	Mittel		—	**84,15**	**11,01**	**1,15**	**1,16**	**0,56**		—	**5,37**	**69,46**	**1,17**	

Kirschen. — Cerise — Cherry — Prunus cerasus L. u. avinus L.

No.	Nähere Bezeichnung	Zeit	Wasser	Invertzucker	Rohrzucker	Freie Säure	Wasserlösliche Stickstoff-Subst.	Pektinstoffe	Asche	Asche	Schalen	Steine	Zucker	Stickstoff	Analytiker
1	Süsse, hellrothe Herzkirsche	1854	75,37	13,11	—	0,35	0,85	2,27	0,60	0,09	0,45 ***)	5,48	53,23	3,44	R. Fresenius⁴)
2	Säuerliche, sehr helle Herzkirsche . . .	1855	82,46	8,57	—	0,96	3,53		0,83	0,07	6,46 ***)	3,24	48,86	—	
3	Süsse, schwarze . .	„	79,70	10,70	—	0,56	0,96	—	0,60	0,08	0,37 ***)	5,73	52,71	4,75	
4	Saure Kirschen (Weichselkirschen)	„	80,49	8,77	—	1,28	0,78	—	0,56	0,07	0,81 ***)	5,18	44,95	4,00	
5	—	1850	74,90	18,10	—	2,00	0,60	3,20	—	—	1,10	—	52,71	2,38	Bérard⁵)

¹) Agric. Experim. Stat. California Rep. für 1891/92, 92.

²) Agric. Experim. Stat. California Rep. für 1892/93 u. 1893/94, 257.

³) Rev. intern. falsif. 1900, **13**, 92.

⁴) Ann. d. Chem. u. Pharm. **101**, 219.

⁵) Die Landwirthschaft von Boussingault. Deutsch von Gräger 1851, 313.

*) Die Samen der Steine enthielten 74% Wasser und in der Trocken-Substanz 18% Stickstoff-Substanz und 4% Asche.

**) Ueber die Zusammensetzung der Asche siehe oben unter Pflaumen S. 827 Anmerkung *).

***) R. Fresenius fand ferner an in Wasser unlöslicher Pektose:

No. 1	2	3	4
1,45%	0,40%	0,66%	0,25%.

No.	Nähere Bezeichnung	Zeit der Untersuchung	Wasser %	In Wasser löslich: Invertzucker %	Rohrzucker %	Freie Säure (=Aepfelsäure) %	Stickstoff-Substanz %	Pektinstoffe %	Asche %	In Wasser unlöslich: Asche %	Schalen %	Steine %	In der Trocken-Substanz: Zucker %	Stickstoff (wasserlöslich) %	Analytiker
6	Herzkirschen . . .	1861	73,55	11,37	—	0,44	0,83	1,98	0,93		6,89		42,99	3,13	Th. Margold[1])
7	Schwarze Kirschen .	„	88,48	3,43	—	0,32	0,43	0,47	0,64		6,23		29,97	3,69	
8	Weichsel-Kirschen .	„	85,71	6,39	—	1,30	0,40	0,57	0,35		5,28		44,72	2,81	
9	Ohne näh. Bezeichn.	1871	77,70	11,72	—	—	0,82	—	—		—		52,56	3,44	Ziurek[2])
10	Früh-Weichsel-Kirsche 19. VI.*) . Mittleres Gewicht g 3,719	1890	81,22	10,26	—	0,46	—	—	**) 0,739		—		54,63	—	W. Keim[3])
11	Aus Klosterneuburg . . 3,85	„	77,07	13,32	—	0,31	—	—	Im Fruchtfleische 0,38	—		5,68	58,09	—	H. Kremla[4])
				Im Fruchtfleische			Im Ganzen						Im Fruchtfl.	Im Ganzen	
12	Grosse braunrothe Knorpelkirsche . 3,8	1893	85,50	11,99	0,46	0,51	1,26	—	***) 0,376	—		9,46	85,86	1,39	P. Kulisch[5])
13	Bettenburger Gebirgs-K. . 3,85	„	78,60	15,38	—	0,99	1,14	—	***) 0,411	—		6,89	71,87	0,85	
				In Procenten der Frucht											
	Californische Kirschen:	1894		Gesammt-Zucker (als Invertzucker)		Im Safte									
14	Royal Ann. . 8,0	8. 6.	81,21	8,98		0,84	1,14	—	0,41	—		4,0	47,79	0,97	M. E. Jaffa[6])
15	„ „ . . 8,5	13. 6.	81,21	10,05		0,64	1,37	—	0,41	—		3,3	53,49	1,17	
16	Black Tartarian 7,5	8. 6.	81,88	10,64		0,52	1,52	—	0,40	—		4,6	58,61	1,34	
17	„ „ 6,2	13. 6.	77,18	11,51		0,50	1,41	—	0,43	—		5,3	50,44	0,99	
18	„ „ 7,0	19. 6.	79,87	12,75		0,45	1,29	—	0,48[0])	—		6,0	63,34	1,03	
19	Napoleon Bigarreau . . . 8,5	27. 6.	75,18	11,82		0,62	1,73	—	0,52	—		4,6	47,62	1,12	

[1]) Jahresber. f. Agrik.-Chem. 1861/62, 51. Die von Margold untersuchten Kirschen sind in Böhmen gereift.
[2]) Neue landw. Ztg. 1871, 960.
[3]) Zeitschr. analyt. Chem. 1891, **30**, 401.
[4]) Zeitschr. Nahrungsm.-Unters., Hygiene u. Waarenk. 1892, **6**, 483.
[5]) Zeitschr. angew. Chem. 1894, 148.
[6]) Agric. Experim. Stat. California, Rep. für 1894/95, 177.

*) W. Keim untersuchte auch die Kirschfrucht in ihren verschiedenen Grössen vor der Reife und fand:

No.	Zeit der Untersuchung und Reifezustand	Durchschnittsgewicht einer Kirsche	Wasser %	Invertzucker %	Rohrzucker %	Gesammtsäure (= Aepfelsäure) %	Asche %
1.	15. V. 1890 vollständig grün, erbsengross	0,6375 g	88,88	2,74	0,187	0,213	0,478
2.	21. V. 1890 vollständig grün, wenig grösser	0,8259 „	83,73	3,13	—	0,310	0,516
3.	28. V. 1890 Beginn der Färbung . .	1,3210 „	82,13	4,14	0,28	0,412	0,646
4.	10. VI. 1890 annähernd reif	3,0800 „	83,63	9,12	1,17	0,421	0,656
5.	19. VI. 1890 völlig reif	3,7190 „	81,22	10,26	—	0,462	0,739

Die Säuren bestanden bei 1, 2 und 3 aus Aepfel-, Citronen- nnd Bernsteinsäure; bei 4 und 5 fehlte Bernsteinsäure. An Zuckerarten wurden bei 2 und 3 Glukose, Fruktose und Inosit, bei 5 dieselben aber von Inosit nur Spuren gefunden.

**) Für die Reinasche wurde gefunden:

In Wasser löslich: Kali (K_2O)	Natron (Na_2O)	Phosphorsäure (P_2O_5)	Schwefelsäure (SO_3)	Kieselsäure (SiO_2)	Kohlensäure (CO_2)	Salzsäure (HCl)	In Wasser unlöslich, in Salzsäure löslich: Eisenoxyd (Fe_2O_3)	Thonerde (Al_2O_3)	Kalk (CaO)	Magnesia (MgO)	Phosphorsäure (P_2O_5)	Kohlensäure (CO_2)
44,21	1,34	5,40	3,18	1,84	15,31	1,23	1,65	0,81	5,19	4,63	12,55	4,21 %

***) Ueber die Zusammensetzung der Asche siehe unten S. 862.

[0]) Die Asche hatte folgende procentige Zusammensetzung:

Eisenoxyd	Manganoxydoxydul	Kalk	Magnesia	Kali	Natron	Phosphorsäure	Schwefelsäure	Kieselsäure	Chlor
1,12	0,82	4,20	5,49	57,67	6,80	15,11	5,83	1,13	1,83

No.	Nähere Bezeichnung	Zeit der Untersuchung	Wasser %	In Wasser löslich: Invertzucker %	Rohrzucker %	Freie Säure (=Aepfelsäure) %	Stickstoff-Substanz %	Pektinstoffe %	Asche %	In Wasser unlöslich: Asche %	Schalen %	Steine %	In der Trocken-Substanz: Zucker %	Stickstoff (Gesammt-N.) %	Analytiker
	Mittleres Gewicht g			In Procenten des Fruchtfleisches			Im Ganzen				Fett	Rohfaser			
20	Aus Amerika . .	1895	86,10	—		—	1,10	—	0,60		0,80	—	—	1,27	W. O. Atwater [1])
21	Süsse Kirschen 5,83*)	1900	84,10	8,70		0,40	1,02	—	0,18		0,09	0,48	54,72	1,03	Balland [2])
22	Saure Kirschen 4,13*)	„	85,00	9,30		1,46	1,26	—	0,26		0,40	1,11	62,00	1,34	
	Mittel	—	**80,57**	**11,17**		**0,76**	**1,29**	**1,70**	**0,52**		**0,43**	Steine **5,34**	**57,44**	**1,06**	

Mispeln. — Nefle — Mespilus germanica L.

No.	Nähere Bezeichnung	Zeit der Untersuchung	In der natürlichen Substanz: Wasser %	Stickstoff-Substanz %	Fett %	Invertzucker %	Sonstige stickstofffr. Extraktst. %	Rohfaser %	Asche %	In der Trocken-Substanz: Stickstoff-Substanz %	Invertzucker %	Sonstige stickstofffr. Extraktst. %	Stickstoff in der Trocken-Substanz %	Analytiker
1	Ganze Mispel**) . .	1896	69,13	0,86	0,32	11,14	12,65	5,03	0,87	2,79	36,08	40,98	0,45	W. Bersch [3])
2	Mispelschale**) . .	„	63,14	1,52	0,98	26,77		6,45	1,14	4,12	72,62		0,66	
3	Fruchtfleisch**) . .	„	75,21	0,65	0,14	12,04	9,33	1,82	0,81	2,62	48,56	37,63	0,42	
4	Mispelkerne**) . .	„	38,42	1,57	0,38	28,73		29,88	1,02	2,55	46,66		0,41	
5	Frische Mispel aus Pernegg (Steiermark)	1894	75,94	—	—	—	—	—	0,63 ***)	—	—	—	—	E. Hotter [4])
6	Fruchtfleisch ohne Samen (12 g) . .	1900	74,10	0,35	0,44	9,10	2,37	13,20	0,44	1,35	35,14	9,15	0,22	Balland [2])
	Fruchtfleisch (No. 3 u. 6) Mittel	—	**74,66**	**0,50**	**0,29**	**10,57**	**5,84**	**7,51**	**0,63**	**1,99**	**41,85**	**23,28**	**0,32**	

Persimone. — Diopyros virginica L.

Die fleischigen gelblichrothen Früchte von der Grösse der Mispeln schmecken sehr zusammenziehend, nehmen aber gefroren einen milden Geschmack an.

No.	Nähere Bezeichnung	Zeit der Untersuchung	Wasser %	Stickstoff-Substanz %	Fett %	Invertzucker %	Sonstige stickstofffr. Extraktst. %	Rohfaser %	Asche %	Stickstoff-Substanz %	Invertzucker %	Sonstige stickstofffr. Extraktst. %	Stickstoff in der Trocken-Substanz %	Analytiker
1	Aus Georgia U. S. Nord-Amerika . .	1888	66,12	0,83	0,70	Zucker 14,57 [6])	15,14	1,78	0,86	2,44	Zucker 43,05	44,69	0,39	Ch. Parsons [5])

[1]) U. S. Depart. of Agric. Bull. No. 2, 1895, 32.
[2]) Rev. intern. falsif. 1900, **13**, 92.
[3]) Landw. Vers.-Stat. 1896, **46**, 471.
[4]) Zeitschr. Nahrungsm.-Unters., Hygiene u. Waarenk. 1895, **9**, 1.
[5]) Amer. Chem. Journ. 1888, **10**, No. 6; Centralbl. Agrik.-Chem. 1889, **18**, 786.

*) Die Kerne der Steine hatten folgende procentige Zusammensetzung:

	Wasser	Stickstoff-Substanz	Fett	Stickstofffreie Extraktstoffe	Rohfaser	Asche	In der Trocken-Substanz: Stickstoff-Substanz	Fett
No. 21. Süsse Kirschen .	—	—	—	—	—	—	29,80	12,00
No. 22. Saure Kirschen .	41,00	6,94	14,13	33,42	3,54	0,97	23,95	11,76

**) Die Mispeln wurden im gelagerten, genussfähigen Zustande untersucht. Ursprünglich ist das Fruchtfleisch gelblich weiss gefärbt, hart und von unangenehm zusammenziehendem Geschmacke. Nach mehrwöchentlichem Lagern wird dasselbe braun, teigig und sehr wohlschmeckend.

Bersch fand in dem Fruchtfleische neben Aepfelsäure auch Essigsäure, (0,03 %) und Spuren von Alkohol. Die Mispeln sind sehr reich an Pektinstoffen; selbst der mit dem gleichen Volumen Wasser verdünnte Saft gelatinirt noch sehr leicht.

***) Die Asche enthielt 0,29 % Borsäure (in % der Asche). Vergl. „Anhang zu Obst- und Beerenfrüchten" S. 863.

[6]) Mit 13,54 % Glukose und 1,03 % Rohrzucker.

Stachelbeeren. — Groseille verte — Gooseberry — Ribes Grossularia L.

No.	Nähere Bezeichnung	Zeit der Untersuchung	Wasser %	In Wasser löslich: Invertzucker %	Rohrzucker %	Freie Säure (=Aepfelsäure) %	Stickstoff-Substanz %	Pektinstoffe %	Asche %	In Wasser unlöslich: Asche %	Pektose %	Kerne und Schalen %	In der Trocken-Substanz: Zucker %	Stickstoff (wasserlöslich) %	Analytiker
1	Grosse rothe . . .	1854	85,57	8,06	—	1,36	0,42	0,97	0,32	0,15	0,29	2,99 *)	55,85	0,44	R. Fresenius[1])
2	Kleine rothe . . .	„	88,09	6,03	—	1,57	0,42	0,51	0,45	0,07	0,52	2,44	50,63	0,57	
3	desgl.	1855	84,83	8,24	—	1,59	0,33	0,52	0,50	0,25	1,43	2,53	54,32	0,35	
4	Mittelgrosse gelbe .	1854	86,52	6,38	—	1,07	0,55	2,11	0,20	0,10	0,31	3,82 *)	47,33	0,65	
5	desgl.	1855	85,36	7,51	—	1,33	0,34	2,11	0,28	0,17	0,96	2,08	51,29	0,37	
6	Grosse, glatte, rothe	„	86,96	6,48	—	1,66	0,30	0,84	0,55	0,13	0,39	2,80	49,68	0,37	
7	Ohne näh. Bezeichn.	1850	81,30	6,00	—	2,40	0,90	0,80	—	—	—	8,00	32,08	0,77	Bérard[2])
8	Rothe } aus Böhmen	1861	84,87	8,24	—	1,03	0,57	0,88	0,22		—	4,20	54,46	0,60	Th. Margold[3])
9	Gelbe } aus Böhmen	„	86,05	6,88	—	1,12	0,48	1,98	0,21		—	3,27	49,32	0,55	
10	Weisse } aus Böhmen	„	88,14	6,57	—	1,09	0,37	0,59	0,20		—	3,03	55,39	0,49	
11	Ohne näh. Bezeichn.	1871	85,40	6,93	—	—	0,47	—	—		—	—	47,47	0,50	Ziurek[4])
			In Procenten des Fruchtfleisches				Gesammt-Stickst.-Substanz							Gesammt-Stickstoff	
12	„Ballon“ (2,79 g) .	1893	84,70	7,31	—	1,44	0,89	—	0,559**)		—	—	47,78	0,93	P. Kulisch[5])
13	Maurer's Sämling (3,43 g)	„	85,10	7,67	—	1,76	0,88	—	0,439**)		—	—	51,48	0,94	
	Von L. Maurer in Jena:		Der Saft von 100 g Beeren enthält g: Extrakt				Lösl. Stickstoff-Subst.					Trester in den Beeren	In der Trocken-Substanz des Saftes	Lösl. Stickstoff	
14	Jolly miner . . .	1894	11,46	7,23	1,08	1,23	0,45	—	0,45 ***)	—	—	13,18	72,51	0,63	Albert Einecke[6])
15	Maurer's Sämling .	„	12,81	8,53	0,98	1,25	0,40	—	0,44 ***)	—	—	12,07	74,24	0,50	
16	Whitesmith . . .	„	10,99	6,00	2,20	1,09	0,38	—	0,41 ***)	—	—	20,21	74,61	0,55	
17	Industry	„	10,59	7,05	1,12	1,06	0,39	—	0,44 ***)	—	—	15,93	77,15	0,59	
18	Jolly Angler . . .	„	11,05	7,62	1,20	0,98	0,36	—	0,38 ***)	—	—	13,07	79,82	0,52	
19	Mountain seedling .	„	9,94	5,53	1,43	1,35	0,40	—	0,40 ***)	—	—	24,78	70,02	0,64	
20	Jolly miner . . .	1895	12,14	7,73	1,39	1,20	0,45	—	0,44	—	—	19,03	75,12	0,59	
21	Maurer's Sämling .	„	13,16	9,02	0,90	1,29	0,63	—	0,39	—	—	11,39	75,38	0,77	
22	Whitesmith . . .	„	11,34	6,17	2,64	0,94	0,54	—	0,40	—	—	17,96	77,69	0,76	
23	Industry	„	11,12	7,38	1,07	1,14	0,56	—	0,41	—	—	18,38	75,99	0,80	
24	Jolly Angler . . .	„	11,55	7,85	0,97	1,04	0,44	—	0,40	—	—	18,44	76,36	0,61	
25	Mountain seedling .	„	11,38	6,55	1,39	1,49	0,36	—	0,37	—	—	24,56	—	—	

[1]) Ann. d. Chem. u. Pharm. **101**, 219.
[2]) Die Landwirthschaft von Boussingault. Deutsch von Gräger 1851, 313.
[3]) Jahresber. f. Agrik.-Chem. 1861/62, 52.
[4]) Neue landw. Ztg. 1871, 960.
[5]) Zeitschr. angew. Chem. 1894, 148.
[6]) Landw. Vers.-Stat. 1897, **48**, 131.

*) Davon waren bei No. 1: 2,48 % und bei No. 4: 3,38 % Kerne.
**) Ueber die Zusammensetzung der Asche siehe unten S. 862.
***) A. Einecke fand im Safte ferner:

	No. 14	15	16	17	18	19
Phosphorsäure %	0,0134	0,0232	0,0086	0,0017	0,0198	—

No.	Nähere Bezeichnung	Zeit der Untersuchung	In Wasser löslich: Wasser %	Invert-zucker %	Rohr-zucker %	Freie Säure (=Aepfelsäure) %	Lösliche Stickstoff-Substanz %	Pektin-stoffe %	Asche %	In Wasser unlöslich: Asche %	Pektose %	Trester in den Beeren (feucht) %	In der Trocken-Substanz: Zucker %	Stickstoff (wasserlöslich) %	Analytiker
			Der Saft von 100 g Beeren enthält g: Extrakt										In der Trocken-Substanz des Saftes		
26	Industry . von Schiebler in Celle	1895	9,75	7,12	0,24	1,14	0,26	—	0,31	—	—	26,17	75,49	0,43	Albert Einecke[1])
27	Mountain seedling von Schiebler in Celle	„	11,18	6,93	0,67	1,40	0,15	—	0,42	—	—	25,33	67,99	0,21	
28	Gewöhnliche grüne von F. Paschen in Bützow	„	7,85	3,99	0,61	1,13	0,18	—	0,31	—	—	35,03	58,60	0,37	
	Maurer's Sämling von Lierke in Stassfurt:														
29	Ungedüngt	„	—	6,21	0,10	0,93	—	—	—		—	12,95	—	—	
30	Kali + Stickstoff .	„	—	5,63	0,02	1,06	—	—	—		—	15,54	—	—	
31	Stickstoff + Phosphorsäure . . .	„	—	6,41	—	1,22	—	—	—		—	20,64	—	—	
32	Phosphors. + Kali .	„	—	4,12	0,01	1,15	—	—	—		—	29,58	—	—	
33	Hochkoncentr. Salze	„	—	7,18	—	1,17	—	—	—		—	18,39	—	—	
34	Volle Düngung + Chlorkalium . .	„	—	5,42	—	0,97	—	—	—		—	23,11	—	—	
			Wasser		*)							Schalen u. Kerne			
	Mittel (No. 1—13)	—	**85,61**	**7,10**	**1,05**	**1,37**	**0,47**	**1,13**	**0,29**	**0,15**	**0,65**	**3,52**	**56,64**	**0,52**	

Balland (Rev. intern. falsif. 1900, 13, 92) fand bei Groseilles à maquereau folgende procentige Zusammensetzung:

	Wasser	Stickstoff-Substanz	Fett	Zucker	Sonstige stickstofffreie Extraktstoffe	Rohfaser	Asche
Fruchtfleisch ohne Schalen u. Kerne	92,00	0,31	0,65	4,90	0,56	1,43	0,15
Schale (mit der Hand ausgepresst)	87,30	0,73	0,61	9,07		2,08	0,21
Kerne	61,10	6,44	11,01	18,09		2,08	1,28

Johannisbeeren. — Petite groseille, Ribette — Currant — Ribes rubrum und nigrum L.

No.	Nähere Bezeichnung	Zeit	Wasser	Invertzucker	Rohrzucker	Freie Säure	Lösl. Stickstoff-Subst.	Pektinstoffe	Asche	Asche (unlösl.)	Pektose	Trester	Zucker	Stickstoff	Analytiker
1	Völlig reife, mittelgrosse, rothe . .	1854	85,84	4,78	—	2,31	0,45	0,28	0,54	0,11	0,69	5,11 **)	33,76	0,51	R. Fresenius[2])
2	desgl.	1855	85,27	6,44	—	1,84	0,49	0,19	0,57	0,23	0,72	4,48	43,72	0,53	
3	Sehr grosse, rothe .	„	85,35	5,65	—	1,69	0,36	0,01	0,62	0,18	2,38	3,94	38,56	0,39	
4	Mittelgrosse, weisse .	1854	84,17	6,61	—	2,26	0,77	0,18	0,54	0,12	0,53	4,94	41,76	0,84	
5	desgl.	1855	84,81	7,69	—	2,26	0,30	—	0,56	—	0,24	4,14	50,63	0,32	
6	desgl.	1856	83,42	7,12	—	2,53	0,68	0,19	0,70	0,14	0,51	4,85	42,95	0,72	
7	Ohne näh. Bezeichn.	1871	84,50	6,87	—	—	0,55	—	—	—	—	—	41,09	0,57	Ziurek[3])
			In Procenten des Fruchtfleisches				Ges.-Stickstoff-Subst.							Ges.-Stickstoff	
8	Weisse holländische (0,5 g).	1893	82,40	6,06	—	1,70	1,56	—	0,606 ***)		—	—	34,43	1,42	P. Kulisch[4])
9	Grosse, rothe Kirsch-J. (0,73) . . .	„	85,30	5,75	—	2,15	1,44	—	0,585 ***)		—	—	39,12	1,55	
10	Schwarze (0,73 g) .	„	79,00	9,45	—	3,61	—	—	0,951 ***)		—	—	45,00	—	

[1]) Landw. Vers.-Stat. 1897, **48**, 131.
[2]) Ann. d. Chem. u. Pharm. **101**, 219.
[3]) Neue landw. Ztg. 1871, 960.
[4]) Zeitschr. angew. Chem. 1894, 148.
*) Der mittlere Rohrzuckergehalt ist nach den Analysen von Einecke berechnet, obwohl sich die betreffenden Zahlen auf g im Safte von 100 g Beeren beziehen.
**) Davon waren 4,45 % Kerne.
***) Ueber die Zusammensetzung der Asche siehe unten S. 862.

No.	Nähere Bezeichnung	Zeit der Untersuchung	Wasser %	In Wasser löslich: Invertzucker %	Rohrzucker %	Freie Säure (=Aepfelsäure) %	Lösliche Stickst.-Substanz %	Pektinstoffe %	Asche %	In Wasser unlöslich: Asche %	Stickstoff-Subst. in den Trestern %	Trester in den Beeren (feucht) %	In der Trocken-Substanz: Zucker %	Stickstoff (wasserlöslich) %	Analytiker
			Der Saft von 100 g Beeren enthält g										In der Trocken-Substanz des Saftes		
	Von Maurer in Jena:		Extrakt												
11	Rothe holländische .	1894	8,61	5,29	—	2,15	0,77	—	0,42 *)	—	—	20,41	61,44	1,43	Albert Einecke[1]
12	Weisse holländische	„	9,04	6,12	—	1,72	0,71	—	0,45 *)	—	—	20,81	67,70	1,26	
13	Rothe Versailler . .	„	8,37	4,91	—	2,03	0,76	—	0,45 *)	—	—	14,62	58,52	1,44	
14	Rothe holländische .	1895	9,72	6,16	—	2,21	0,57	—	0,45 **)	—	0,55	21,34	63,37	0,94	
15	Weisse holländische	„	10,96	7,19	—	2,25	0,57	—	0,39	—	—	15,65	65,60	0,83	
16	Rothe Versailler . .	„	8,33	4,55	—	2,23	0,51	—	0,43	—	—	15,44	54,38	0,98	
17	Bang up	„	8,03	4,81	0,08	2,57	0,26	—	0,58 **)	—	0,57	32,26	60,90	0,52	
	Von Schiebler in Celle:														
18	Rothe holländische .	„	10,25	6,47	—	2,06	0,15	—	0,56	—	—	18,24	63,12	0,23	
19	Weisse holländische	„	9,28	5,92	—	1,89	0,38	—	0,53	—	—	21,05	63,79	0,65	
	Von Späth in Rixdorf:														
20	Rothe holländische .	„	10,18	5,83	—	2,09	0,59	—	0,68 °) **)	—	0,66	22,99	57,27	0,93	
21	Weisse holländische	„	9,98	6,29	—	1,94	0,36	—	0,69 °)	—	—	22,88	63,03	0,58	
22	Rothe Versailler . .	„	7,62	4,22	—	2,04	0,40	—	0,54 °) **)	—	0,60	26,03	55,38	0,84	
23	Bang up . . .	„	8,93	4,73	0,04	2,23	0,06	—	0,47 °)	—	—	43,63	53,42	0,11	
	Aus Stollberg a. Harz:														
24	Rothe holländische .	„	7,72	4,74	—	1,64	0,28	—	0,43	—	—	25,75	61,40	0,58	
25	Weisse holländische	„	10,25	7,52	—	1,54	0,23	—	0,37	—	—	27,06	73,37	0,36	
26	Rothe Versailler . .	„	8,18	4,83	—	1,97	0,16	—	0,52	—	—	20,79	59,05	0,31	
	Weisse holländische v. Lierke in Stassfurt:														
27	Ungedüngt . . .	„	13,08	9,05	—	2,07	0,55	—	0,51 **)	—	0,64	19,43	69,17	0,67	
28	Kali + Stickstoff .	„	11,86	7,85	—	2,11	0,56	—	0,60 **)	—	0,61	21,44	66,19	0,76	
29	Stickstoff + Phosphorsäure . . .	„	11,92	8,66	—	2,05	0,53	—	0,57	—	—	24,05	72,65	0,71	

[1]) Landw. Vers.-Stat. 1897, **48**, 131.

*) A. Einecke fand im Safte ferner:

	No. 11	12	13
Phosphorsäure	0,0216 %	Spuren	0,0104 %

**) Der Gehalt an Kali und Phosphorsäure war folgender:

	Im Safte von 100 g Beeren: Kali	Phosphorsäure	In den Trestern von 100 g Beeren: Kali	Phosphorsäure
Rothe holländische (Maurer)	0,1817	0,0132	0,1563	0,0861
„ „ (Späth)	0,2084	0,0045	0,1339	0,0897
Rothe Versailler (Späth)	0,2101	0,0055	0,1178	0,0643
Bang up (Maurer)	0,2452	0,0496	0,1204	0,0854
Weisse holländische Lierke	0,1745	0,0082	0,1006	0,0321
1. ungedüngt	0,1051	0,0090	0,1033	0,0335
2. mit Kali und Stickstoff	0,1352	0,0034	0,905	0,0479
4. mit Kali und Phosphorsäure	0,2872	0,0069	0,1091	0,0536
5. mit voller Düngung (hochkonc. Salze) .	0,1488	0,0026	0,0998	0,0434
6. mit voller Düngung (Chlorkalium) . . .	—	—	—	—

°) Die Beerensträucher waren gegen den Kaninchenfrass mit Kalkstaub bestreut, daher rührt der hohe Aschengehalt.

No.	Nähere Bezeichnung	Zeit der Untersuchung	Wasser %	In Wasser löslich: Invertzucker %	Rohrzucker %	Freie Säure (=Aepfelsäure) %	Lösliche Stickst.-Substanz %	Pektinstoffe %	Asche %	In Wasser unlöslich: Asche %	Stickstoff-Subst. in den Trestern %	Trester in den Beeren (feucht) %	In der Trocken-Substanz: Zucker %	Stickstoff (wasserlöslich) %	Analytiker
	Weisse holländische v. Lierke in Stassfurt:		Der Saft von 100 g Beeren enthält g (Extrakt)										In der Trocken-Substanz des Saftes		
30	Phosphorsäure + Kali	1895	12,36	8,19	—	2,20	0,57	—	0,57 *)	—	0,52	21,01	66,26	0,74	*Albert Einecke*[1])
31	Volle Düngung: hochkoncentr. Salze . . .	„	12,60	7,73	—	2,16	0,62	—	0,70 *)	—	0,64	22,42	61,35	0,79	
32	Volle Düngung: kohlensaures Kalium . .	„	11,52	7,63	—	1,90	0,44	—	0,58	—	—	16,61	66,23	0,61	
33	Volle Düngung: schwefelsaures Kalium . .	„	12,25	8,85	—	2,03	0,53	—	0,54	—	—	18,70	72,24	0,69	
34	Volle Düngung: Chlorkalium .	„	12,52	9,16	—	1,80	0,43	—	0,62 *)	—	0,61	23,05	73,16	0,55	
			In Procenten des Fruchtfleisches mit Schale: Wasser				Gesammt-Stickst.-Substanz				Fett	Rohfaser		Gesammt-Stickst.	
35	Petites groseilles blanches**) (0,48 g) .	1900	87,40	6,80	—	2,09	0,88	—	0,63		0,53	2,71	53,97	1,12	*Balland*[2])
							Lösl. N.-Subst.					Schalen + Kerne		Lösl. Stickstoff	
	Mittel (No. 1—10 u. 35)	—	**84,31**	**6,64**	**0,06** ***)	**2,24**	**0,40**	**1,47**	**0,55**	**0,16**	**0,53**	**4,57**	**42,70**	**0,41**	

Himbeeren. — Framboise — Raspberry — Rubus Idaeus L.

No.	Nähere Bezeichnung	Zeit der Untersuchung	Wasser %	Invertzucker %	Rohrzucker %	Freie Säure (=Aepfelsäure) %	Lösl. Stickstoff-Subst. %	Pektinstoffe %	Asche %	Asche %	Pektose %	Kerne und Schalen %	Zucker %	Stickstoff (wasserlöslich) %	Analytiker
1	Rothe Wald-Himbeere	1854	83,86	3,59	—	1,98	0,53	1,11	0,27	0,13	0,18	8,46	22,24	0,53	*R. Fresenius*[3])
2	Rothe Garten-Himb.	1855	86,57	4,71	—	1,36	0,51	1,75	0,48	0,29	0,50	4,11	35,07	0,61	
3	desgl. weiss . . .	„	88,18	3,70	—	1,12	0,63	1,39	0,38	0,08	0,04	4,52	31,30	0,85	
4	Rothe Himbeere . .	1861	86,63	3,82	—	1,07	0,46	1,17	0,38	—	—	6,52	28,65	0,55	*Margold*[4])
											Rohfaser				
5	Wald-Himbeere . .	1879	81,25	2,80	—	1,23 ⁰)	0,15	2,80	0,56		4,15	9,90	14,93	0,18	*Seyffert*[5])
6	Garten-Himbeere . .	„	87,95	4,45	—	1,30 ⁰)	0,12	0,45	0,36		2,28	4,70	36,39	0,16	
			In Procenten des Fruchtfleisches				Gesammt-Stickst.-Substanz							Gesammt-Stickst.	
7	Hernet-Himb. (1,45 g)	1893	82,00	7,60	0,95	1,73	1,64	—	0,611⁰⁰)		—	—	47,50	1,47	*P. Kulisch*[6])
			In Procenten der Frucht	Zucker								Fett			
8	Aus Frankreich . .	1900	84,50	5,70		2,04	1,07	—	0,340		2,33	1,12	36,77	1,10	*Balland*[2])
							Lösl. N.-Subst.					Kerne und Schalen		Lösl. Stickstoff	
	Mittel	—	**85,12**	**4,38**	**0,95**	**1,48**	**0,40**	**1,45**	**0,32**	**0,17**	**2,92**	**6,37**	**35,82**	**0,43**	

[1]) Landw. Vers.-Stat. 1897, **48**, 131.
[2]) Rev. intern. falsif. 1900, **13**, 92.
[3]) Ann. d. Chem. u. Pharm. **101**, 219.
[4]) Jahresber. f. Agrik.-Chem. 1861/62, 51.
[5]) Arch. f. Pharm. 1879, **215**, 324.
[6]) Zeitschr. angew. Chem. 1894, 148.

*) Vergl. Anmerkung **) S. 835.
**) Die Kerne hatten folgende procentige Zusammensetzung:
Wasser 51,70 Stickstoff-Substanz 10,54 Fett 13,96 Stickstofffreie Extraktstoffe 20,82 Rohfaser 2,16 Asche 0,82.
***) Vergl. Anmerkung *) auf S. 834.

⁰) Der Säuregehalt ist im Original als Weinsäure berechnet; wir haben denselben auf Aepfelsäure umgerechnet.
⁰⁰) Ueber die Zusammensetzung der Asche siehe unten S. 862.

Heidelbeeren. — Airelle, myrtille — Bilberry — Vaccinium Myrtillus L.

No.	Nähere Bezeichnung	Zeit der Untersuchung	Wasser %	In Wasser löslich: Invertzucker %	Rohrzucker %	Freie Säure (=Aepfelsäure) %	Stickstoff-Substanz %	Pektinstoffe %	Asche %	In Wasser unlöslich: Asche %	Pektose %	Kerne und Schalen %	In der Trocken-Substanz: Zucker %	Stickstoff (wasserlöslich) %	Analytiker
1	Ohne nähere Bez.	1855	77,55	4,78	—	1,34	0,76	0,56	0,86	0,55	0,26	12,86	21,29	0,54	*R. Fresenius*[1]
2	Aus Böhmen . .	1861	79,19	5,26	—	1,98	0,80	0,42	0,63	—	—	11,72	25,28	0,61	*Margold*[2]
			In Procenten des Fruchtfleisches												
							Ges.-Stickstoff-Subst.							Ges.-Stickstoff	
3	Ohne nähere Bezeichn. (0,43 g)	1893	86,60	6,28	—	1,09	0,83	—	0,319*)		—	—	46,87	0,99	*P. Kulisch*[3]
			In der natürlichen Beere												
4	Vollkommen reif 12. VII.**) . .	1889	83,50	5,06	—	1,07	—	—	0,38		—	—	30,67	—	*Th. Omeis*[4]
5	Amerikanische .	1895	82,40	—	—	—	0,70	—	0,40		Fett 3,00	—	—	0,64	*W. O. Atwater* und *A. P. Bryant*[5]
	Mittel	—	**81,85**	**5.29**	—	**1,37**	**0,77**	**0,49**	**0,71**		**3,00**	—	**29,15**	**0,82**	

Brombeeren. — Baie de ronce — Black-berry — Rubus fruticosus L.

No.	Nähere Bezeichnung	Zeit der Untersuchung	Wasser %	Invertzucker %	Rohrzucker %	Freie Säure %	Stickstoff-Substanz %	Pektinstoffe %	Asche %	Asche (unlöslich) %	Pektose %	Kerne und Schalen %	Zucker %	Stickstoff %	Analytiker
1	Sehr reife . .	1854	86,41	4,14	—	0,19	0,51	1,44	0,41	0,07	0,38	5,21	32,67	0,42	*R. Fresenius*[1]
			In Procenten des Fruchtfleisches												
							Ges.-Stickstoff-Subst.							Ges.-Stickstoff	
2	Gartenbrombeere (1,8 g) . . .	1893	84,90	6,46	0,48	1,35	1,62	—	0,608*)		—	—	—	—	*P. Kulisch*[3]
	Mittel	—	**85,61**	**5,30**	**0,48**	**0,77**	**1,62**	**1,44**	**0,54**		**0,38**	**5,21**	**40,17**	**1,72**	

Maulbeeren. — Mûre — Mulberry — Morus alba und nigra L.

No.	Nähere Bezeichnung	Zeit der Untersuchung	Wasser %	Invertzucker %	Rohrzucker %	Freie Säure %	Stickstoff-Substanz %	Pektinstoffe %	Asche %	Asche (unlöslich) %	Pektose %	Kerne und Schalen %	Zucker %	Stickstoff %	Analytiker
1	Schwarze . . .	1854	84,71	9,19	—	1,86	0,36	2,03	0,57	0,07	0,35	0,91	60,10	0,37	*R. Fresenius*[1]

Preisselbeeren. — Airelle rouge — Red bilberry — Vaccinium Vitis Idaei L.

No.	Nähere Bezeichnung	Zeit der Untersuchung	Wasser %	Zucker %		Freie Säure ***) %	Ges.-Stickstoff-Subst. %	Pektinstoffe %	Asche %	Asche (unlöslich) %	Pektose %	Kerne und Schalen %	Zucker %	Ges.-Stickstoff %	Analytiker
1	Vaccinium macrocarpum aus Amerika	1876	89,29	1,35		2,25	0,12	—	0,16[0])		—	—	12,60	0,18	*C. A. Gössmann*[6]
2		1877	89,89	1,70		2,43	—	—	—		—	—	16,82	—	
	Mittel	—	**89,59**	**1,53**		**2,34**	**0,12**	—	**0,16**		—	—	**14,71**	**0,18**	

[1]) Ann. d. Chem. u. Pharm. **101**, 219.
[2]) Jahresber. f. Agrik.-Chem. 1861/62, 51.
[3]) Zeitschr. angew. Chem. 1894, 148.
[4]) Mitth. pharm. Inst. Erlangen **2**, 272—279; Chem. Centralbl. 1889, II, 598.
[5]) U. S. Dep. of Agric. Bull. 55. 1898, 76.
[6]) Journ. Americ. Chem. Soc. **5**, 1.

*) Ueber die Zusammensetzung der Asche siehe unten S. 862.

**) Th. Omeis untersuchte auch die Heidelbeerfrucht in ihren verschiedenen Stadien vor der Reife und fand:

Zeit der Untersuchung	Zustand der Beeren	Wasser %	Invertzucker %	Rohrzucker %	Säure (Aepfelsäure) %	Asche %
9. Juni.	Beeren noch grün . . .	82,55	0,02	0,17	0,65	0,72
25. Juni.	Beeren in roth übergehend	76,87	0,42	0,74	1,62	0,74
25. Juni.	Beeren roth	—	1,90	—	1,82	0,52
7. Juli.	Beeren blau werdend . .	79,47	1,90	—	1,58	0,54
12. Juli.	Vollkommen reif. Siehe oben!					

***) Als Aepfelsäure berechnet, wahrscheinlich aus dieser und Citronensäure bestehend.

[0]) In der Asche 47,96 % Kali, 6,58 % Natron, 18,58 % Kalk, 6,78 % Magnesia, 0,66 % Eisenoxyd, 14,27 % Phosphorsäure und 5,22 % Kieselsäure (Sand).

Buffalobeeren. — Shepherdia argentea Nuttall.

Die rothen Beeren sind ein geschätztes Nahrungsmittel der Eingeborenen und Ansiedler des nordamerikanischen Westens.

No.	Nähere Bezeichnung	Zeit der Untersuchung	Wasser %	In Wasser löslich: Invertzucker %	Rohrzucker %	Freie Säure (=Aepfelsäure) %	Stickstoff-Substanz %	Asche %	In Wasser unlöslich: Asche %	Pektose %	Kerne und Schalen %	In der Trocken-Substanz: Zucker %	Stickstoff (wasserlöslich) %	Analytiker
1	Ohne näh. Bezeichn.	1888	71,28	5,47		2,45	0,14	0,45		—	—	19,05	—	H. Trimble[1]

Vogelbeere (Eberesche). — Sorbe — Sorb-apple — Sorbus aucuparia L.

No.	Nähere Bezeichnung	Zeit der Untersuchung	Wasser %	Als Invertzucker %	Rohrzucker %	Freie Säure %	Gerbstoff %	Asche %	Asche %	Pektose %	Kerne und Schalen %	Zucker %	Stickstoff %	Analytiker
1	Gewöhnliche Vogelbeeren	1894	—	4,60		2,51	0,39	—	—	—	—	—	—	W. Kehlhofer[2])
2	Süsse Vogelbeeren .	„	—	7,94		3,05	0,58	—	—	—	—	—	—	
	Mittel	—	—	**6,27**		**2,78**	**0,49**	—	—	—	—	—	—	

Erdbeeren. — Fraise — Straw-berry — Fragaria vesca L.; Fr. elatior Ehrh. und Fr. collina Ehrh.

No.	Nähere Bezeichnung	Zeit der Untersuchung	Wasser %	Invertzucker %	Rohrzucker %	Freie Säure %	Stickstoff-Substanz %	Asche %	Asche %	Cellulose Parenchym %	Stickstoff-Substanz %	Fett %	Zucker %	Stickstoff %	Analytiker
1	Wald-E.	Ende der 50er Jahre	81,05	8,99	0,84	1,06	0,53	1,23	0,23	3,85	0,96	1,05	51,88	0,44	M. H. Buignet[3])
2	Alp-E.		83,60	8,03	1,26	0,65	0,48	1,04	0,22	3,36	0,89	0,63	56,64	0,47	
3	desgl. (w. Var.) . .		83,33	7,62	2,16	1,04	0,75	0,23	0,43	3,24	0,59	0,61	58,67	0,72	
4	Fragaria elatior (Duchesne) . . .		80,39	8,19	4,34	0,60	0,58	1,32	0,32	2,79	0,70	0,30	64,41	0,47	
5	Frag. Collina (Ehrh.)		82,29	4,98	6,33	0,55	1,49	1,22	0,23	2,13	0,78	0,41	63,86	1,35	
6	Frag. elatior (Ehrh.)		85,79	6,07	2,94	0,52	0,83	0,37	0,57	1,61	0,61	0,56	63,41	0,93	
7	Fragaria Virginiana (Duchesne) . . .		82,05	11,12	—	0,72	0,47	0,47	0,68	3,04	1,09	0,57	61,95	0,42	
8	desgl.		86,04	8,00	1,69	0,96	0,45	0,59	0,18	1,19	0,45	0,50	69,41	0,51	
9	Essbare Var. (Elton)		88,45	7,60	0,39	0,75	0,48	0,88	0,06	0,76	0,35	0,41	69,17	0,67	
10	desgl. (Princesse royale, gross) . .		90,84	5,86	—	0,75	0,70	0,53	0,23	0,44	0,39	0,19	63,97	1,22	
11	desgl. (klein) . . .		90,68	6,08	—	0,60	0,73	0,30	0,07	0,84	0,32	0,34	65,23	1,25	
12	desgl. Asa Gray . .		87,50	6,15	0,84	1,14	0,31	0,52	0,09	1,70	0,63	0,86	55,92	0,39	
13	Frag. Chiloensis (L.)		88,04	7,13	1,07	0,58	0,26	0,93	0,09	1,14	0,47	0,36	68,56	0,35	
14	desgl.		87,30	7,86	1,52	0,44	0,53	0,15	0,20	1,35	0,35	0,28	73,86	0,67	
15 *)	Wald-Erdbeeren	1854	87,27	3,25	—	1,65	0,54	0,74	0,32	6,03	—	—	25,53	0,68	Fr. Schulze[4])
16 *)	Wald-Erdbeeren	1855	87,02	4,55	—	1,33	0,34	0,60	0,35	5,58	—	—	35,05	0,42	
17 *)	Hellrothe Ananas-E.	„	87,47	7,57	—	1,13	0,51	0,48	0,15	1,96	—	—	60,41	0,65	
18 **)	Wald-E. aus Böhmen	1861	88 32	3,86	—	1,61	0,43	0,59		5,00	—	—	33,05	0,58	Margold[5])
19 **)	Garten-E. aus Böhmen	„	87,82	6,29	—	0,94	0,40	0,60		3,84	—	—	51,64	0,52	

[1]) Amer. Journ. Pharm. 1888, **60**, 595; Chem.-Ztg. 1889, **13**, Rep. 42.
[2]) Chem.-Ztg. 1895, **19**, 1835.
[3]) Journ. de Pharm. et de Chim. [3], **39**, 170.
[4]) Landw. Ann. d. Meckl. patriot. Vereins 1868, 206.
[5]) Jahresber. f. Agrik.-Chem. 1861/62, 51.

*) Fr. Schulze fand ferner in No. 15: 0,15 %, in No. 16: 0,05 und in No. 17: 0,12 % wasserlösliche Pektinstoffe.

**) Th. Margold fand ferner in No. 18: 0,18 % und in No. 19: 0,11 % wasserlösliche Pektinstoffe.

No.	Nähere Bezeichnung	Zeit der Untersuchung	Wasser	In Wasser löslich					In Wasser unlöslich				In der Trocken-Substanz		Analytiker
				Invert-zucker	Rohr-zucker	Freie Säure (=Aepfel-säure)	Stick-stoff-Substanz	Asche	Asche	Cellulose Paren-chym	Stick-stoff-Substanz	Fett	Zucker	Stickstoff (wasser-löslich)	
			%	%	%	%	%	%	%	%	%	%	%	%	
20	Elton Pine . . .	1868	90,59	4,61	—	1,18	—	—	—	—	—	—	47,92	—	R. Fresenius[1]
21	With of the North .	„	90,10	5,26	—	1,04	—	—	—	—	—	—	53,13	—	
22	Victoria Troll. . .	„	90,23	5,70	—	1,01	—	—	—	—	—	—	58,24	—	
23	Goliath	„	90,38	4,68	—	0,95	—	—	—	—	—	—	48,65	—	
24	Triumph de Liège .	„	90,15	3,90	—	0,72	—	—	—	—	—	—	39,59	—	
25	Atleth	„	90,30	3,70	—	0,72	—	—	—	—	—	—	38.14	—	Fr. Schulze[2]
26	Prinzess Alice . .	„	90,97	4,40	—	0,91	—	—	—	—	—	—	48,72	—	
27	Magnum bonum . .	„	87,97	3,03	—	1,25	—	—	—	—	—	—	25,19	—	
28	May Queen . . .	„	91,10	3,20	—	1,06	0,91	—	—	—	—	—	35,95	1,63	
29	Königin	„	89,70	3,60	—	0,84	—	—	—	—	—	—	34,95	—	
30	Bienenkorb . . .	„	88,70	3,50	—	1,03	0,87	—	—	—	—	—	30,97	1,23	
31	Rothe Riesen-E. . .	„	89,95	3,05	—	1,21	—	—	—	—	—	—	30,05	—	
32	Vierlander	„	88,50	3,00	—	1,02	—	—	—	—	—	—	26,09	—	
33	Weisse Riesen-E. .	„	88,98	3,20	—	0,92	—	—	—	—	—	—	29,04	—	
	Amerikanische kultivirte Erdbeeren:						Ges.-Stick-stoff-Subst.			Roh-faser				Ges.-Stick-stoff	
34	Indiana	1889	90,51	4,41	0,86	1,38	1,16	0,69		1,41	—	0,61	55,32	1,95	W. E. Stone[3]
35	Jumbo	„	90,83	3,91	0,86	1,37	0,95	0,55		1.37	—	0,60	52,02	1,67	
36	May king	„	90,13	5,25	0,74	1,18	1,10	0,67		1,42	—	0,62	60,69	1,79	
37	Agriculturist . . .	„	91,25	4,05	1,10	1.24	0,98	0,67		1,22	—	0,62	58,86	1,79	
38	Cornelia	„	90,42	4,30	0,78	1.05	0,94	0,63		1,54	—	0,48	53,01	1,57	
39	Legal tender . . .	„	90,29	6,71	0,02	1,48	0,99	0,61		1,33	—	0,62	69,31	1,63	
40	James Vick . . .	„	89,68	4,41	1,17	1,34	0,98	0,62		1,85	—	0,70	54,07	1,52	
41	Iron clad	„	89,58	4,76	1,00	1,74	—	—		—	—	—	55,28	—	
42	Perry	„	91,03	4,75	0,18	1,47	0,85	0,55		1,04	—	0,53	54,96	1,51	
43	Budwell . . .	„	89,43	4,28	0,74	1,56	1,23	0,68		1,39	—	0,85	47,49	1,87	
44	Primo	„	89,98	4,89	0,26	1,57	1,09	0,69		1,68	—	0,69	51,40	1,74	
45	Mt. Vernon . . .	„	91,26	5,08	0,11	1.22	—	—		—	—	—	59,38	—	
46	Nameles	„	92,43	5,13	0,26	1,30	0,76	0,44		1,45	—	0,63	71,20	1,60	
47	Mrs. Garfield . . .	„	91,22	5,73	0,75	1,24	0,94	0,58		1,27	—	0,57	73,80	1,72	
48	Kentucky	„	87,72	4,77	0,68	1,90	1,01	0,73		1,65	—	0,91	44,38	1,32	
49	Jucunda	„	90,44	4,93	1,09	1,42	1,08	0,73		2,27	—	0,80	62,97	1,81	
50	Perry's seedling . .	„	89,71	4,66	0,75	1,45	1,11	0,83		1,80	—	0,51	52,58	1,72	
51	Boone	„	91,35	4,33	0,05	1,07	0,88	0,70		1,96	—	0,79	50,64	1,63	
52	Manchester . . .	„	91,05	4,83	0,44	1,36	0,98	0,37		1,30	—	0,43	58,89	1,76	
53	Woodruff	„	91,14	3,98	0,82	1,09	—	—		—	—	—	54,18	—	
54	Mittel No. 34—53 .	„	90,52	4,78	0,58	1,37	1,00	0,62		1,55	—	0,64	56,54	1,68	
55	Ananas-E. aus Klosterneuburg (3,04 g) .	1890	86,34	6,36	0	1,32	—	—		4,57			46,56	—	H. Kremla[4]

[1]) Ann. d. Chem. u. Pharm. **101**, 219.
[2]) Landw. Ann. d. Meckl. patriot. Vereins 1868, 206.
[3]) Agricultural Science 1889, 257; Centralbl. Agrik.-Chem. 1890, **19**, 117.
[4]) Zeitschr. Nahrungsm.-Unters., Hygiene u. Waarenk. 1892, **6**, 483.

No.	Nähere Bezeichnung	Zeit der Untersuchung	Wasser %	In Wasser löslich: Invertzucker %	Rohrzucker %	Freie Säure (=Aepfelsäure) %	Gesammt-Stickst.-Substanz %	Asche %	In Wasser unlöslich: Asche %	Trester %	Stickstoff-Subst. in den Trestern %	Fett %	In der Trocken-Substanz: Zucker %	Stickstoff (wasserlöslich) %	Analytiker
56	Ohne näh. Bezeichn. (3,66 g)	1893	86,50	7,16	—	1,56	1,04	0,667*)		—	—	—	53,78	—	P. Kulisch [1])
			Der Saft von 100 g Beeren enthät g												
	Teutonia aus:		Extrakt				Wasserlösliche Stickst.-Substanz								
57	Jena	1895	6,20	4,44	0,56	0,55	0,22	0,39	—	5,64	—	—	—	—	Albert Einecke [2])
58	Stassfurt ungedüngt	„	4,03	2,75	0,12	0,52	0,31	0,37	—	12,71	—	—	—	—	
59	Stassfurt gedüngt**)	„	4,25	3,38	0,003	0,57	0,28	0,38	—	10,19	—	—	—	—	
	Laxtons Noble aus:														
60	Jena	„	5,51	3,77	0,44	0,82	0,09	0,36	—	11,31	—	—	—	—	
61	Celle	„	5,46	4,71	—	0,76	0,18	0,35	—	15,18	—	—	—	—	
62	Rixdorf	„	4,66	3,14	0,26	0,63	0,18	0,33	—	24,76	—	—	—	—	
63	Stassfurt ungedüngt	„	5,36 (?)	4,68	0,44	0,84	0,28	0,36 ***)	—	16,09	0,22	—	—	—	
64	Stassfurt gedüngt**)	„	5,98 (?)	5,36	0	0,90	0,26	0,42 ***)	—	9,56	0,19	—	—	—	
	König Albert von Sachsen aus:														
65	Jena	„	10,90	7,19	1,15	0,89	0,32	0,44	—	9,33	—	—	—	—	
66	Celle	„	9,25	7,73	0,53	0,96	0,32	0,55	—	7,66	—	—	—	—	
67	Rixdorf	„	7,03	5,87	0,007	0,83	0,32	0,56	—	17,71	—	—	—	—	
68	Stassfurt ungedüngt	„	7,78	6,58	0,008	0,84	0,21	0,44 ***)	—	7,79	0,24	—	—	—	
69	Stassfurt gedüngt**)	„	7,23	6,05	0,12	0,93	0,20	0,57 ***)	—	10,69	0,25	—	—	—	
	Kaisers Sämling aus:														
70	Stassfurt ungedüngt	„	6,67	5,42	0	0,72	0,25	0,57	—	9,03	—	—	—	—	
71	Stassfurt gedüngt**)	„	6,12	5,42	0	0,69	0,24	0,64	—	9,47	—	—	—	—	
			In Procenten der Beere												
			Wasser				Ges.-N.-Subst.			Rohfaser					
72	Amerikanische . .	„	90,90	—	—	—	1,00	0,60		—	—	0,70	—	—	W. O. Atwater u. A. P. Bryant [3])
	Aus Frankreich:														
73	Kleine Wald-Erdbeer. (0,86 g)	1900	85,60	3,70	—	0,40	1,36	0,64		2,56	—	0,99	25,70	—	Balland [4])
74	Grosse Erdb. (7,1 g)	„	90,60	6,50	—	—	0,82	0,30		0,60	—	0,38	69,15	—	
							Lösl. N.-Subst.							Lösl. Stickstoff	
Mittel (No. 1—56 und 72—73		—	**86,99**	**5,13**	**1,11**	**1,10**	**0,59**	**0,46**	**0,26**	**1,56**	—	**0,53**	**47,96**	**0,73**	

[1]) Zeitschr. angew. Chem. 1894, 148.
[2]) Landw. Vers.-Stat. 1897, **48**, 131.
[3]) U. S. Depart. of Agric. Bull. No. 55, 1898, 76.
[4]) Rev. intern. falsif. 1900, **13**, 92

*) Ueber die Zusammensetzung der Asche siehe unten S. 862.

**) Die Düngung war auf den Parcellen verschieden, doch wurden alle reichlich mit Kali gedüngt. Die Erträge der verschiedenen Parcellen wurden vermischt.

***) Der Gehalt an Stickstoff, Kali und Phosphorsäure in 100 g Beeren war folgender:

		Im Saft von 100 g Beeren: Kali	Phosphorsäure	In den Trestern von 100 g Beeren: Stickstoff	Kali	Phosphorsäure
Laxton's Noble	ungedüngt	0,1124	0,0199	0,0357	0,0424	0,0410
	gedüngt	0,1717	0,0188	0,0302	0,0258	0,0216
König Albert von Sachsen	ungedüngt	0,1533	0,0182	0,0384	0,0255	0,0241
	gedüngt	0,1677	0,0097	0,0400	0,0327	0,0180

Weintrauben. — Raisin frais — Grape — Vitis vinifera L.

No.	Nähere Bezeichnung	Zeit der Untersuchung	Wasser %	In Wasser löslich: Zucker %	Freie Säure %	Stickstoff-Substanz %	Pektinstoffe %	Asche %	In Wasser unlöslich: Asche %	Pektose %	Schalen und Kerne %	In der Trocken-Substanz: Zucker %	Stickstoff (wasserlöslich) %	Analytiker
1	Ganz reife weisse Oesterreicher . .	1854	78,99	13,78	1,02	0,79	0,49	0,36	0,12	0,94	2,59	65,59	0,60	R. Fresenius[1])
2	Ganz reife Kleinberger	1855	84,87	10,59	0,82	0,59	0,22	0,38	0,08	0,75	1,77	69,98	0,62	
3	Riesling von Oppenheim, sehr reif .	„	76,04	13,52	0,71	—	—	—	—	—	—	56,85	0,14	
4	desgl., edelfaul . .	„	74,38	15,14	0,50	—	—	—	—	—	—	59,06	0,15	
										Stickstofffreie Extraktstoffe				
5	Riesling von Neroberg, 12. Okt., ganz gefüllt und edelfaul	1875	71,93	18,63	0,94	0,25	2,00	0,59	0,11	0,51	4,62 *)	66,73	0,22	C. Neubauer[2])
6	desgl., 22. Okt., geschimmelt . . .	„	72,35	17,86	0,59	0,26	2,33	9,53	0,15	0,56	5,15 *)	64,59	0,24	
7	Oesterreicher aus Wiesbaden, 1. Okt., grün und gesund .	„	77,54	16,71	0,71	0,69	1,16	0,49	0,08	0,28	2,43 *)	74,39	0,49	
8	desgl., 13. Okt., edelfaul u. geschimmelt	„	72.24	18,70	0,85	0,61	2,41	0,52	0,11	0,54	3,73 *)	67,36	0,35	
9	Aus Böhmen . . .	1861	83,95	9,28	1,36	0,73	0,23	0,45		—	4,00	57,82	0,73	Th. Margold[3])
10	„ Prag	„	82,31	11,81	0,72	0,76	0,27	0,40		—	3,72	66,76	0,69	
11	„ Cernosek . .	„	82,67	11,99	0,49	0,39	0,30	0,33		—	3,82	69,19	0,37	
12	Ohne näh. Bezeichn.	1871	80,20	14,31	—	0,74	—	—		—	—	72,27	0,59	Ziurek[4])
	Amerikanische Trauben:			In % des Saftes		Ges.-Stickstoff-Subst.							Ges.-Stickstoff	
13	Thompsons Seedless	1893	81,71	24,12	0,31	1,09	—	0,51**)		—	—	—	0,95	F. T. Bioletti[5])
14	Gros Colman . . .	„	80,77	15,11	0,33	1,44	—	0,45**)		—	—	—	1,20	
15	Muscat of Alexandria	„	77,88	24,43	0,48	1,24	—	0,66**)		—	—	—	0,90	
				In % der Beeren										
16	Ohne näh. Bezeichn.	1894	80,12	16,50	—	1,26	—	0,50		—	—	83,00	1,01	G. E. Colby[6])
17	Europäische Trauben . . .	?	85,40	—	—	1,19	—	0,53		—	—	—	1,14	Blankenborn[7])
18	Italienische Traube Nerello Mascalese .	1895	77,65	15,45	0,52	—	—	—		—	—	71,45	—	E. de Cillis u. C. Odifredi[8])

[1]) Ann. d. Chem. u. Pharm. **101**, 219.
[2]) Ann. d. Oenologie 1875, 343.
[3]) Jahresber. f. Agrik.-Chem. 1861/62, 51.
[4]) Neue landw. Ztg. 1871, 960.
[5]) Agric. Experim. Stat. California. Rep. für 1893/94, Sacramento 1894, 322.
[6]) Mitgetheilt von M. E. Jaffa in Agric. Experim. Stat. California. Rep. f. 1894/95, Sacramento 1896, 155.
[7]) Mitgetheilt von F. T. Bioletti. Vergl. Anmerkung [5]).
[8]) Staz. sperim. Agr. Ital. 1896, **29**, 685.

*) Davon waren:

	No. 5	6	7	8
Kerne	1,20 %	1,77 %	0,64 %	1,15 %

**) Die Aschen hatten folgende procentige Zusammensetzung:

	Eisenoxyd (Fe_2O_3)	Manganoxydoxydul (Mn_3O_4)	Kalk (CaO)	Magnesia (MgO)	Kali (K_2O)	Natron (Na_2O)	Phosphorsäure (P_2O_5)	Schwefelsäure (SO_3)	Kieselsäure (SiO_2)	Chlor (Cl)
Thompsons Seedless . .	2,73	0,16	6,33	2,36	53,87	8,66	15,64	2,92	4,63	3,38
Gros Colman	2,08	0,26	6,03	2,80	43,11	2,26	27,18	7,01	7,45	2,40
Muscat of Alexandria .	1,15	0,28	3,64	2,73	52,45	8,34	26,57	2,37	2,23	0,30

No.	Nähere Bezeichnung	Zeit der Untersuchung	Wasser %	In Wasser löslich: Zucker %	Freie Säure %	Gesammt-Stickst.-Substanz %	Pektinstoffe %	Asche %	In Wasser unlöslich: Asche %	Pektose %	Schalen und Kerne %	In der Trocken-Substanz: Zucker %	Stickstoff (Gesammt-N.) %	Analytiker
	Chasselas Trauben*):			Im % des Mostes			Fett				Rohfaser			
19	Ganze Beere . . .	1900	80,00	—		0,49	0,38	0,20		—	1,24	—	0,39	Balland [1])
20	Fruchtfleisch ohne Schale	„	81,80	16,60		0,36	0,31	0,07		—	0,23	91,12	0,32	Balland [1])
							Pektinstoffe				Schalen u. Kerne			
	Mittel	—	**79,12**	**14,36**	**0,77**	**1,01**	**1,05**	**0,37**	**0,11**	**0,85**	**2,18**	**68,77**	**0,77**	

Granatapfel. — Grenade — Pomegranate — Punica granatum L.

No.	Nähere Bezeichnung	Zeit der Untersuchung	In der natürlichen Substanz: Wasser %	Invertzucker %	Rohrzucker %	Freie Säure %	Stickstoff-Substanz %	Fett %	Rohfaser %	Asche %	In der Trocken-Substanz: Zucker %	Stickstoff %	Analytiker
1	Süsser Granatapfel . . } aus Georgia U. S. Nord-Amerika	1888	78,27	11,61	1,04	0,37	1,33	1,24	2,63	0,76	58,21	0,98	Ch. Parsons [2])
2	Saurer Granatapfel . . } aus Georgia U. S. Nord-Amerika	„	75,41	10,40	0,26	1,85	1,60	2,05	2,83	0,54	43,35	1,20	Ch. Parsons [2])
			In Procenten des Fruchtfleisches			SO_3							
3	Ohne nähere Bezeichnung (198 g)**)	1900	84,20	10.10		0.220	0,59	0,15	2,91	0,29	63,92	0,60	Balland [1])
	Mittel	—	**79,29**	**11,01**	**0,65**	**0,77**	**1,17**	**1,15**	**2,79**	**0,53**	**56,30**	**0,90**	

Orangen und Citronen. — Orange et Citron — Orange and lemon — Citrus Aurantium Risso und Citrus Limonum Risso.

No.	Nähere Bezeichnung	Zeit der Untersuchung	Wasser %	Invertzucker %	Rohrzucker %	Citronensäure %	Stickstoff-Substanz %	Fett %	Rohfaser %	Asche %	Zucker (Trocken-Substanz) %	Stickstoff (Trocken-Substanz) %	Analytiker
	Orangen aus Florida, U. S. N.-Amerika:												
1	Bittersüsse Orangen . .	1888	86,86	5,71	0,84	0,42	0,82	0,24	—	—	49,85	1,00	Ch. Parsons [2])
2	Saure „ . .	„	86,76	3,86	0,97	2,55	1,03	0,13	—	—	36,48	1,24	Ch. Parsons [2])
3	Gewöhnliche „ . .	„	86,58	4,60	4,38	0,76	0,86	0,08	—	—	66,91	1,03	Ch. Parsons [2])
4	Blut- „ . .	„	85,57	5,70	3,94	0,67	0,70	0,10	—	—	66,81	0,78	Ch. Parsons [2])
5	Navels „ . .	„	83,70	6,03	4,68	0,66	1,12	0,23	—	—	65,71	1,10	Ch. Parsons [2])
6	Tangerine- „ . .	„	83,56	6,00	3,41	0,48	0,79	0,26	—	—	57,24	0,77	Ch. Parsons [2])
7	Aus Messina . . .	„	86,22	5,95	1,82	1,18	0,98	0,17	—	—	56,39	1,14	Ch. Parsons [2])
8	Fruchtfleisch ohne Kerne	1900	86,70	6,20		—	0,69	0,26	0,93	0,28	46.61	0,83	Balland [1])
	Mittel	—	85,74	5,41	2,86	0,96	0,87	0,18	0,93	0,28	58,00	0,98	
	Schale . . .	1900	70,40	—	—	—	0,88	0,58	3,23	2,57	—	0,52	Balland [1])
	Kerne . . .	„	48,40	—	—	—	6,57	11,76	3,09	10,01	—	2,04	Balland [1])

[1]) Rev. intern. falsif. 1900, **13**. 92.
[2]) Amer. Chem. Journ. 1888, **10**, No. 6; Centralbl. Agrik.-Chem. 1889, **18**, 786.

*) Für die ausgepressten Schalen und die Kerne fand Balland folgende procentige Zusammensetzung:

	Wasser	Stickstoff-Substanz	Fett	Stickstofffreie Extraktstoffe	Rohfaser	Asche
Ausgepresste Schalen .	76,50	1,50	0,92	18,35	2,07	0,66
Schalen	38,70	5,46	8.58	18,94	27,58	0,74

**) Für die Schale und die Kerne fand Balland folgende procentige Zusammensetzung:

	Wasser	Stickstoff-Substanz	Fett	Sonstige Stickstofffreie Extraktstoffe	Rohfaser	Asche
Schale	32,80	0,88	0,46	40,01	15,25	1,00
Kerne (0,05 g) . .	60,60	4,50	5,87	11,73	11,94	0,96

Orangen und Citronen aus Italien.

Nach V. Oliveri und F. Guerrieri (Staz. sperim. agr. Ital. 1895, 28, 287).

No.	Nähere Bezeichnung	Mittleres Gewicht einer Frucht	Mittleres Volumen einer Frucht	Die Frucht besteht aus			
				Schale	Saft	Fruchtfleisch ohne Saft	Kernen
		g	ccm	%	%	%	%
1	Arancio (Citrus aurantium Riss.) aus Sicilien	106,4	119,3	42,3	42,0	14,2	1,5
2	Manderino (Citrus deliciosa Tass.) aus Sicilien	107,0	112,0	34,5	50,1	13,1	2,3
3	Limone (Citrus limonum L.) aus Sicilien .	153,8	183,3	35,2	44,7	17,2	2,9

1. Zusammensetzung des Saftes.

No.	Bezeichnung der Art	Spec. Gewicht bei 12° C	Wasser	Zucker	Citronensäure	Stickstoff	Asche	Zusammensetzung der Asche									
								Eisenoxyd (Fe_2O_3)	Thonerde (Al_2O_3)	Kalk (CaO)	Magnesia (MgO)	Kali (K_2O)	Natron (Na_2O)	Phosphorsäure (P_2O_5)	Schwefelsäure (SO_3)	Kieselsäure (SiO_2)	Chlor (Cl)
			%	%	%	%	%	%	%	%	%	%	%	%	%	%	%
1	Arancio . .	1,051	90,35	2,51	1,35	0,064	0,31	0,66	2,49	17,83	4,33	60,43	—	8,24	3,42	2,11	0,49
2	Manderino .	1,053	90,50	1,14	0,28	0,056	0,37	0,60	3,34	14,06	6,34	59,60	—	9,91	2,72	2,94	0,49
3	Limone . .	1,052	90,79	0,87	5,86	0,051	0,20	1,32	3,28	15,79	5,10	58,18	—	10,89	2,63	2,31	0,50

2. Zusammensetzung der Schale.

		Wasser	Stickstoff	Aetherisches Oel (Essenza)	Stärke	Rohfaser	Asche										
1	Arancio . .	73,52	0,27	2,09	—	—	0,68	0,81	3,41	41,90	8,30	29,12	2,62	8,78	2,32	2,53	0,21
2	Manderino .	72,50	0,21	3,85	—	—	0,61	0,92	4,58	43,02	6,84	28,42	3,38	8,36	1,72	2,58	0,17
3	Limone . .	76,38	0,23	1,01	—	—	0.52	1,09	2,90	43,98	7,92	30,99	2,28	6,29	2,45	1,95	0,16

3. Zusammensetzung des Fruchtfleisches ohne Saft.

				Fett													
1	Arancio . .	77,66	0,27	1,32	0,26	3,92	0,42	6,77	2,46	29,36	5,75	33,78	2,02	13,73	3,99	1,81	0,34
2	Manderino .	80,85	0,21	1,01	0,50	3,13	0,47	6,81	2,84	26,39	6,37	37,48	0,68	14,57	2,59	1,97	0,31
3	Limone . .	82,91	0,23	0,81	0,20	2,97	0,40	5,43	1,55	24,97	3,42	46,64	1,12	12,45	2,74	1,39	0,31

4. Zusammensetzung der Kerne.

1	Arancio . .	58,75	2,14	0,89	—	—	0,90	4,54	2,76	23,25	8,63	29,32	2,14	22,72	3,46	2,56	0,62
2	Manderino .	60,62	1,97	1,05	—	—	0,84	5,36	1,89	20,04	7,81	32,15	—	26,52	2,89	2,70	0,64
3	Limone . .	44,74	2,24	0,95	—	—	0,91	4,91	2,84	29,04	6,61	30,88	—	20,80	2,91	1,32	0,70

Analysen von L. Danesi und C. Boschi (Staz. sperim. agr. Ital. 1895, 28, 699).

No.	Art	Herkunft	Zeit der Ernte	Mittleres Gewicht einer Frucht	Die Frucht besteht aus: Schale	Fruchtfleisch	Kernen	Gehalt des Fruchtfleisches an Rohsaft	Im Fruchtfleische: Wasser	Reducirender Zucker	Citronensäure	Im Safte: Extrakt	Reducirender Zucker	Citronensäure	Zucker- und säurefreies Extrakt	Aetherisches Oel in der Schale
				g	%	%	%	%	%	%	%	%	%	%	%	%
1	Limone	Messina	9. 11. 1887	115,0	40,12	57,354	2,526	60,43	79,87	0,045	6,900	10,099	0,074	7,140	2,885	1,10
2	Limone	Messina	29. 12. 1887	—	37,47	59,555	2,975	62,23	82,14	0,265	6,820	10,006	0,420	7,035	2,551	1,57
3	Limone	Catania	21. 11. 1887	119,6	37,65	61,588	0,761	72,30	83,65	0,694	6,722	9,895	0,961	6,877	2,047	1,20
4	Limone	Catania	29. 11. 1887	127,9	35,40	63,210	1,390	58,84	83,33	0,302	6,992	10,144	0,514	7,210	2,420	1,38
5	Limone	Palermo	16. 11. 1887	119,0	44,34	54,220	1,440	62,90	80,03	0,066	6,424	10,736	0,106	6,842	3,788	1,22
6	Limone	Palermo	25. 11. 1887	120,0	42,22	57,314	0,466	71,99	82,77	0,067	6,370	13,380	0,094	6,842	4,443	1,04
7	Limone	Palermo	10. 2. 1888	120,8	37,46	60,674	1,863	71,35	78,12	0,443	6,290	10,098	0,621	6,510	2,967	1,25
8	Arancio	Catania	21. 11. 1887	132,9	26,89	71,223	1,887	71,60	83,78	1,590	1,930	9,385	2,232	2,016	5,137	1,70
9	Arancio	Catania	29. 12. 1887	127,8	28,88	70,023	1,097	67,77	81,87	1,510	1,340	11,425	2,232	1,785	7,408	1,88
10	Arancio	Palermo	17. 11. 1887	129,6	31,25	66,900	1,850	76,45	77,52	1,730	2,510	10,864	2,272	2,562	6,029	1,17
11	Arancio	Palermo	1. 12. 1887	136,7	33,70	64,952	1,348	66,74	79,13	1,702	1,970	11,355	2,551	2,327	6,477	1,44
12	Arancio	Palermo	13. 2. 1888	120,0	32,28	65,809	1,911	66,06	83,78	1,750	1,380	13,272	2,659	1,785	8,828	1,91
13	Arancio amaro	Messina	9. 11. 1887	90,7	37,40	55,972	6,628	54,04	77,90	0,430	4,540	11,920	0,796	6,195	4,929	1,34
14	Arancio amaro	Messina	29. 12. 1887	143,7	26,55	66,982	6,468	54,50	80,30	1,016	3,750	10,923	1,865	4,060	4,998	1,35
15	Arancio amaro	Palermo	24. 11. 1887	110,7	45,51	49,763	4,727	53,44	80,18	0,750	4,615	9,279	1,404	5,182	2,693	1,06
16	Arancio amaro	Palermo	17. 2. 1888	136,6	38,92	55,175	5,905	57,19	77,70	0,800	2,151	10,809	1,400	2,345	7,064	1,24
17	Mandarino	Messina	9. 11. 1887	61,7	18,14	78,120	3,740	71,87	77,55	0,591	2,935	11,350	0,823	2,975	7,552	1,86
18	Mandarino	Messina	19. 11. 1887	62,05	19,43	76,056	4,514	68,40	77,97	0,427	1,520	9,718	0,625	1,942	7,151	2,27
19	Mandarino	Messina	29. 12. 1887	67,6	24,21	71,969	3,821	69,90	77,63	0,816	0,706	13,858	1,168	0,910	11,780	2,06
20	Mandarino	Catania	21. 11. 1887	70,0	22,07	73,786	4,144	74,76	77,77	1,510	1,402	13,110	2,020	1,680	9,410	2,47
21	Mandarino	Catania	29. 12. 1887	110,0	25,41	72,604	1,986	68,40	80,73	1,055	0,744	12,540	1,543	0,910	10,087	2,50
22	Mandarino	Palermo	18. 11. 1887	60,7	22,57	74,174	3,356	54,49	77,27	1,031	1,960	12,132	1,893	2,187	9,750	2,02
23	Mandarino	Palermo	15. 2. 1888	—	27,04	70,838	2,122	74,66	77,80	1,469	0,441	14,326	1,968	0,568	11,790	2,04
24	Bergamossi	Gallico (Calabria)	6. 11. 1887	86,5	31,94	66,714	1,346	56,69	79,81	0,257	5,430	9,900	0,455	5,705	3,740	1,70
25	Bergamossi	Gallico (Calabria)	26. 11. 1887	143,0	25,09	73,729	1,181	53,67	84,16	0,580	4,650	9,705	1,082	4,991	3,634	1,50
26	Bergamossi	Gallico (Calabria)	30. 12. 1887	169,9	26,89	72,070	1,040	58,87	82,58	0,432	5,310	9,834	0,735	5,460	3,639	1,74
27	Cedri	Messina	6. 12. 1887	239,9	63,54	36,071	0,388	59,30	81,57	0,304	4,563	8,968	0,513	5,950	2,505	0,63
28	Cedri	Messina	29. 12. 1887	599,0	68,61	28,087	3,303	58,61	85,41	0,146	4,637	8,302	0,250	6,230	1,822	0,83

Orangen aus Californien.

Nach G. E. Colby, z. Theil mit H. L. Dyer (Agric. Experim. Stat. California, Report für 1890, 106; desgl. für 1891/92, 99; desgl. für 1892/93 u. 1893/94, 240 u. 253).

No.	Nähere Bezeichnung	Zeit der Untersuchung	Mittleres Gewicht einer Frucht	Die Frucht besteht aus			Die frische Frucht enthält			Der Saft enthält			
				Schale	Fleisch ohne Saft	Kernen	Wasser	Stickstoff-Substanz	Asche	Extrakt	Gesammtzucker	Rohrzucker	Säure (= Citronensäure)
			g	%	%	%	%	%	%	%	%	%	%
	Orangen aus Californien.												
1*)	Navel	22. 1. 1891	243,2	35,4	25,0	0	86,56	1,18	0,40	10,90	8,00	3,24	1,14
2	„ australische . .	30. 3. „	185,0	35,3	27,7	0	—	—	—	10,70	8,80	4,36	1,05
3	„ „ . .	19. 5. „	—	—	—	—	—	—	—	13,52	10,88	—	1,16
4*)	„	22. 1. „	222,3	17,5	28,4	0	85,24	1,53	0,45	12,70	9,60	4,32	1,01
5	„	12. 5. „	378,3	34,2	22,9	0	86,50	1,54	0,39	12,80	9,92	—	0,88
6*)	„	10. 4. „	373,0	29,5	28,8	0	85,00	1,23	0,41	14,50	11,20	6,09	0,77
7	„ junge Bäume .	10. 4. „	680,0	31,0	26,0	0	—	—	—	12,60	—	—	—
8	„	10. 4. „	294,3	18,6	33,6	0	85,82	1,12	0,48	14,70	11,10	5,77	1,14
9	„ Washington . .	18. 12. „	375,0	28,7	30,0	0	88,19	1,06	0,43	12,40	11,52	4,94	0,66
10	„ „ . .	23. 2. 1892	205,0	27,3	30,5	0	85,47	1,28	0,56	13,65	10,10	5,40	1,16
11	„ Thomson's Improved . . .	18. 3. „	204,0	27,3	32,5	0	85,38	0,75	0,41	14,48	13,10	5,93	1,20
12	„ Washington . .	27. 3. 1893	278,0	25,6	31,6	0	84,90	0,83	0,39	13,55	11,74	5,86	0,76
13	„	3. 3. „	333,0	36,0	25,5	0	85,00	1,01	0,37	12,40	10,35	5,07	0,87
14	„ Washington . .	12. 3. 1894	184,0	30,3	34,8	—	—	—	—	13,01	11,00	—	1,40
15	„ „ . .	14. 6. „	260,0	27,3	36,3	—	—	—	—	15,20	12,55	—	0,71
16	„ „ . .	12. 3. „	307,0	18,6	41,0	—	—	—	—	13,80	11,50	—	1,68
17*)	Seedling, der Mediterranian sweet ähnlich, beim Pflücken nach 2 Monaten	26. 1. 1891	180,0	23,9	29,1	2,0	83,42	1,10	0,53	12,60	10,09	4,14	1,68
18		26. 3. „	124,5	14,4	32,0	2,7	—	—	—	13,54	10,33	4,77	1,72
19*)	Mediterranian sweet . .	12. 5. „	214,5	31,1	19,7	0,1	85,83	1,05	0,41	12,80	9,50	—	1,12
20	„ „ . .	5. 5. „	212,0	27,2	23,0	0,3	85,72	0,91	0,48	12,40	9,80	4,60	1,34

*) Colby und Dyer fanden für die Asche folgende procentige Zusammensetzung:

	Eisenoxyd + Thonerde (Fe_2O_3 + Al_2O_3)	Manganoxyd (Mn_3O_4)	Kalk (Ca O)	Magnesia (Mg O)	Kali (K_2O)	Natron (Na_2O)	Phosphorsäure (P_2O_5)	Schwefelsäure (SO_3)	Kiselsäure (SiO_2)	Chlor (Cl)
No. 1	0,41	0,28	16,37	5,50	55,26	1,39	12,41	6,81	0,55	1,04
„ 4	0,42	0,44	26,42	5,08	49,07	3,30	9,80	4,23	0,79	0,63
„ 6	1,41	0,24	17,50	6,33	47,51	3,06	14,15	7,91	0,98	1,00
„ 17	2,00	0,18	27,77	5,26	43,90	2,31	13,10	4,34	0,53	0,59
„ 19	0,62	0,32	18,78	4,76	51,25	2,41	14,46	5,58	0,85	0,92
„ 26	1,18	0,40	24,70	6,36	47,60	4,09	10,00	4,84	0,38	0,63
„ 28	0,97	0,39	27,20	4,29	45,82	2,85	12,99	3,93	0,31	1,37
„ 38	0,84	0,64	19,07	4,75	52,20	1,48	14,71	4,29	1,06	0,95
„ 41	0,24	0,65	25,37	5,99	40,31	5,52	15,02	4,47	1,52	0,66
„ 50	0,45	0,45	37,53	5,31	35,12	2,66	10,65	6,06	1,20	0,46
„ 67	0,94	0,45	26,65	5,48	47,87	1,67	9,75	5,36	0,63	1,23
„ 78 nach Fesca . .	—	—	21,11	8,58	44,44	10,04	10,40	3,65	0,70	—
„ 79 „ „ . .	—	—	22,57	6,58	42,63	7,83	16,00	3,10	0,66	—

No.	Nähere Bezeichnung	Zeit der Untersuchung	Mittleres Gewicht einer Frucht	Die Frucht besteht aus			Die frische Frucht enthält			Der Saft enthält			
				Schale	Fleisch ohne Saft	Kernen	Wasser	Stickstoff-Substanz	Asche	Extrakt	Gesammtzucker	Rohrzucker	Säure (= Citronensäure)
			g	%	%	%	%	%	%	%	%	%	%
21	Mediterranian sweet or Large St. Michaels	18. 3. 1892	187,3	30,3	27,9	0,4	—	—	—	13,88	10,78	5,12	1,67
22	Mediterranian sweet or Large St. Michaels	24. 6. „	198,0	30,0	31,5	0,2	88,57	—	—	9,80	7,65	4,31	0,92
23	Mediterraian sweet . .	27. 3. 1893	190,0	23,7	24,2	0,8	82,17	0,92	0,48	12,60	9,25	4,25	1,34
24	„ „ . .	3. 3. „	250,0	34,6	28.6	0	85,00	1,41	0,49	11,40	8,36	4,00	1,20
25	„ „ . .	12. 3. 1894	210,0	22,5	30,9	—	—	—	—	11,40	9,65	—	1,28
26*)	St. Michaels	22. 1. 1891	125,2	21.9	25,4	2,4	84,10	1,41	0,48	10,70	7,90	2,77	1,46
27	„ dünnschalige	12. 5. „	178,7	21,7	25,3	2,1	86,49	1,42	0,36	11,50	8,40	—	0,84
28*)	„	10. 4. „	116,2	14,4	30,3	0,8	83,69	1,27	0,56	12,60	8,50	4,20	1,03
29	„ runde . .	5. 5. „	122,0	18,0	25,4	1,9	—	—	—	13,40	9,80	—	1,27
30	„ längliche .	5. 5. „	148,0	20,0	23,2	1,1	—	—	—	12,40	8,99	—	1,15
31	„	18. 3. 1892	171,0	23,8	29,9	0,3	—	—	—	14,25	12,20	6,52	1,55
32	„	24. 6. „	121,0	20,5	28,5	1,4	89,39	1,12	0,36	10,22	8,04	3,95	0,88
33	„ dünnschalige	27. 3. 1893	155,0	20,0	30,6	1,3	—	—	—	13,45	10,62	5,10	1,19
34	„ „	27. 3. „	171,0	15,0	34,4	1,1	87,66	1,06	0,32	11,75	9,59	5,00	0,94
35	„	3. 3. „	168,0	19,5	26,4	2,1	84,69	1,17	0,40	12,90	9,76	4,64	1,28
36	„	12. 3. 1894	167,0	13,5	28,1	2,1	—	—	—	12,40	10,30	—	1,22
37	„	12. 3. „	116,0	19,3	30,0	1,0	—	—	—	13,55	10,82	—	1,30
38*)	Malta-Blutorangen . .	10. 4. 1891	166,6	32,0	26,0	0	84,50	0,75	0,45	14,70	11,10	5,85	2,04
39	„ „ . .	5. 5. „	163,3	24,1	25,1	0	—	—	—	14,00	11,02	—	1,57
40	„ „ . .	12. 5. „	202,5	36,0	22,0	0	86,87	1,59	0,40	12,10	8,80	—	1,23
41*)	Ruby-Blutorangen . .	18. 3. 1892	118,6	29,1	23,7	0.8	81,74	1,68	0,59	15,40	13,00	5,30	1,92
42	„ „ . .	27. 3. 1893	200,0	34,1	22,0	1,0	86,50	1,13	0.41	13,40	10,40	5,00	1,46
43	„ „ . .	3. 3. „	180,0	32,4	23,5	0,8	84,00	1,13	0,40	12,80	9,85	4,51	1,17
44	„ „ . .	12. 3. 1894	140,0	37,0	27,0	1,2	—	—	—	13,90	10,80	—	1,50
45	Malta-Blutorangen . .	12. 3. „	170,0	33,3	30,0	—	—	—	—	12,80	9,80	—	1,50
46	„ „ . .	12. 3. „	150,0	30,0	26,0	—	—	—	—	13,10	10,60	—	1,40
47	„ „ . .	27. 3. 1893	170,0	32,0	23,0	0	84,25	0,96	0,39	13,55	10,62	5,21	1,32
48	„ „ . .	3. 3. „	190,0	34,1	28,5	0	85,63	1,18	0,33	11,90	9,17	4,22	1,02
49	King	7. 7. 1887	165,0	23,6	21,1	0,7	—	—	—	15,29	13,28	5,44	1,25
50*)	„	7. 7. „	131,0	22,9	18,5	1,5	—	—	—	15,35	14,62	5,44	1,40
51	„	12. 3. 1894	136,0	45,7	19,2	2,7	—	—	—	14,70	11,70	—	2,20
52	„	18. 3. 1892	104,0	49,3	22,2	2,4	82,00	1,40	0,71	14,35	11,60	6,13	1,84
53	Seedling, gross . . .	9. 3. „	198,7	25,8	28,2	1,2	85,47	0,93	0.52	13,80	11,74	4,77	1,56
54	„ klein . . .	9. 3. „	141,2	18,5	32,5	1,8	—	—	—	14,05	12,50	5,00	1,64
55	„ Baldwins . .	25. 3. „	184,0	26,1	30,0	1.2	83,96	1,23	0,38	14,70	12,50	5,55	1,28
56	„ (?)	1886	181,5	40,5	18,7	—	—	—	—	—	10,16	5,27	1,54
57	„	10. 3. 1892	183,7	24,1	24,1	2,0	85,96	1,10	0,41	13,86	11,74	4,55	1,71
58	„	3. 1. 1887	277,0	30,7	36,8	2,2	—	—	—	—	6,40	2,97	1,01
59	„ (?)	1886	130,0	33,1	21,2	—	—	—	—	12,00	11,31	5,14	1,25
60	„	18. 3. 1892	155,0	25,8	30,1	2,1	—	—	—	16,45	14,70	6,56	1,26
61	Havanna Seedling . .	2. 6. „	177,5	32,2	25,6	0,2	86,77	0,94	0,39	12,82	11,62	5,75	0,99
62	„ „ . .	24. 6. „	192,0	28,0	27,6	0,8	87,32	—	—	11,20	9,24	5,18	1,44
63	Portugals „ .	24. 6. „	197,0	32,0	25,2	0,9	89,17	0,93	0,40	10,90	8,15	3,75	1,14

*) Vergl. Anmerkung *) S. 845.

No.	Nähere Bezeichnung	Zeit der Untersuchung	Mittleres Gewicht einer Frucht	Die Frucht besteht aus: Schale	Fleisch ohne Saft	Kernen	Die frische Frucht enthält: Wasser	Stick-stoff-Substanz	Asche	Der Saft enthält: Extrakt	Ge-sammt-zucker	Rohr-zucker	Säure (= Citronensäure)
			g	%	%	%	%	%	%	%	%	%	%
64	Wolfskill's Seedling (?) (Wilson's Best, Eureka?)	24. 6. 1892	164,0	34,6	26,9	1,5	85,80	—	—	12,00	9,15	4,75	1,44
65	Seedling	3. 3. 1893	235,0	30,6	30,8	1,5	82,87	0,95	0,47	13,55	10,16	5,06	1,33
66	Valencia	5. 5. „	190,0	22,1	24,5	0,5	85,66	0,90	0,39	11,40	9,20	4,90	1,12
67*)	Tangerine	11. 4. „	54,5	26,0	31,4	2,4	84,90	0,97	0,46	13,80	11,03	7,41	0,87
68	Wildling	19. 5. „	260,0	38,6	23,4	0,6	87,12	0,69	0,29	12,60	9,00	—	1,40
69	Riverside Seedling Blood	27. 3. „	185,0	36,4	23,8	0,4	—	—	—	12,70	9,36	4,56	1,43
70	Jaffa	3. 3. „	263,0	30,0	25,0	0,6	78,71	1,01	0,32	11,40	9,13	4,33	1,15
71	„	12. 3. 1894	147,0	27,2	29,8	0,7	—	—	—	13,20	10,80	—	1,61
72	Star	3. 3. 1893	220,0	34,8	26,6	0,7	84,80	1,08	0,43	12,39	9,68	5,00	1,25
73	Parson Brown . . .	27. 3. „	200,0	37,0	26,2	1,0	—	—	—	12,10	10,34	5,65	0,78
74	Du Roi	27. 3. „	157,5	31,0	24,0	0,5	—	—	—	11,40	9,50	4,64	1,19
75	Pineaple	27. 3. „	211,0	33,2	29,5	1,6	—	—	—	11,40	9,37	4,93	0,64
76	Tardive	8. 6. „	215,0	18,1	25,0	—	—	—	—	12,95	10,76	5,65	0,88
77	„ (Valentia late) .	12. 3. 1894	150,0	15,2	29,8	1,1	—	—	—	13,50	11,00	—	1,27
	Nach M. Fesca. Mitgetheilt von G. E. Colby. Vergl. S. 845.												
78*)	Unshin aus Japan . .	1894	—	—	—	—	84,20	1,13	2,79 *)	—	—	—	—
79*)	Kishin „ „ . .	„	—	—	—	—	85,10	1,00	3,19 *)	—	—	—	—

Orangen bei verschiedener Düngung.

Nach M. E. Jaffa (Agric. Experim. Stat. California, Rep. für 1894/95, 174) und G. E. Colby (Agric. Experim. Stat. California, Rep. für 1895—1897, 162).

No.	Australian und Washington Navel-Orangen. Art der Düngung:	Zeit	Gewicht	Schale	Fleisch ohne Saft	Kernen	Wasser	Stickstoff-Substanz	Asche	Extrakt	Gesammtzucker	Rohrzucker	Säure
1	Barnyard manure . .	1895	190	41,0	25,7	—	87,22	1,15	—	13,80	10,37	—	1,75
2	Ungedüngt	1895	153	37,8	29,3	—	86,92	1,09	—	15,15	12,22	—	1,96
3		1896	245	32,6	30,0	—	84,14	1,01	0,37 **)	12,40	9,65	—	1,00
4	Stickstoff	1895	160	39,4	26,0	—	87,47	1,06	—	13,65	10,18	—	1,82
5		1896	249	33,5	30,9	—	84,85	1,19	0,44 **)	13,20	10,22	—	1,14
6	Phosphorsäure	1895	193	43,2	22,2	—	85,71	1,07	—	13,80	10,31	—	1,82
7		1896	232	32,2	28,3	—	84,28	1,17	0,50 **)	13,40	10,52	—	1,28
8	Kali	1895	205	38,2	30,0	—	88,27	0,99	—	14,40	12,20	—	1,40
9		1896	255	30,8	30,0	—	85,83	0,80	0,38 **)	13,10	10,70	—	1,20
10	Stickstoff + Phosphorsäure	1895	160	39,2	25,0	—	88,88	1,15	—	13,90	11,24	—	1,51
11		1896	215	35,9	25,5	—	86,00	0,99	0,42 **)	12,80	10,13	—	1,48

*) Vergl. Anmerkung *) S. 845.
**) Vergl. Anmerkung *) S. 848.

No.	Nähere Bezeichnung	Zeit der Untersuchung	Mittleres Gewicht einer Frucht g	Die Frucht besteht aus: Schale %	Fleisch ohne Saft %	Kernen %	Die frische Frucht enthält: Wasser %	Stick-stoff-Substanz %	Asche %	Der Saft enthält: Extrakt %	Ge-sammt-zucker %	Rohr-zucker %	Säure (= Citronensäure) %
12	Stickstoff + Kali	1895	208	34,7	26,2	—	85,58	1,14	—	13,30	10,38	—	1,27
13		1896	239	32,0	30,00	—	83,80	1,15	0,46 *)	13,10	10,54	—	1,02
14	Kali + Phosphorsäure	1895	208	34,8	27,4	—	84,09	1,16	—	13,30	10,10	—	1,20
15		1896	234	32,4	29,6	—	87,71	0,93	0,43 *)	12,80	9,98	—	1,19
16	Stickstoff + Phosphorsäure + Kali	1895	173	40,9	21,2	—	84,21	1,14	—	15,05	11,79	—	1,96
17		1896	231	30,7	28,9	—	86,00	1,16	0,47 *)	14,00	11,20	—	1,25
	Navel-Orangen.												
18	Stickstoff + Phosphorsäure	18. 3. 1896	267,8	31,56	30,97	0	85,00	1,24	0,36	12,40	11,56	6,17	1,00
19	Stickstoff + Phosphorsäure + Chlorkalium .	18. 3. „	267,0	30,24	34,50	0	84,20	1,17	0,38	13,70	12,51	6,73	1,00

Citronen aus Californien.

Nach G. E. Colby und H. L. Dyer (Agric. Experim. Stat. California, Report für das Jahr 1890, 106; desgl. für das Jahr 1891/92, 99; desgl. 1892/93 u. 1893/94, 248 u. 253).

No.	Nähere Bezeichnung	Zeit der Untersuchung	Gewicht g	Schale %	Fleisch %	Kernen %	Wasser %	Stickstoff-Substanz %	Asche %	Extrakt %	Gesammtzucker %	Rohrzucker %	Säure %
1 **)	Eureka	10. 4. 1890	125,0	26,7	25,0	0,1	83,39	1,07	0,63 **)	11,40	2,22	0,58	6,86
2	desgl.	10. 4. „	100,8	28,2	24,5	0,2	85,99	0,97	0,51	12,10	2,37	0,58	7,24
3 **)	desgl.	11. 4. „	86,9	40,6	24,1	0,1	82,10	0,80	0,54 **)	12,10	1,66	0,56	7,88

---

*) G. E. Colby fand für die Aschen der 1896-er Ernte folgende procentige Zusammensetzung:

No.	Art der Düngung	Reinasche	Eisenoxyd (Fe_2O_3)	Manganoxydoxydul (Mn_3O_4)	Kalk (CaO)	Magnesia (MgO)	Kali (K_2O)	Natron (Na_2O)	Phosphorsäure (P_2O_5)	Schwefelsäure (SO_3)	Kieselsäure (SiO_2)	Chlor (Cl)
3	Ungedüngt	0,367	2,00	0,50	18,90	5,56	49,94	0,66	12,90	6,94	2,09	0,62
5	Stickstoff	0,447	4,37	0,65	16,25	5,20	51,65	0,65	12,87	5,12	2,75	0,65
7	Phosphorsäure . . .	0,500	1,78	0,53	27,33	5,92	43,66	2,62	11,53	4,19	1,79	0,76
9	Kali	0,382	1,37	0,82	21,92	5,37	50,25	1,18	13,15	3,87	1,09	1,17
11	Stickstoff + Phosphorsäure	0,420	1,98	0,56	22,15	6,18	46,89	1,92	12,50	4,43	2,84	0,63
13	Stickstoff + Kali . .	0,463	1,52	0,38	20,47	6,39	48,30	1,61	13,47	5,74	1,69	0,59
15	Kali + Phosphorsäure	0,432	1,70	0,58	21,79	6,16	45,46	2,41	13,63	4,95	2,84	0,61
17	Stickstoff + Phosphorsäure + Kali . . .	0,468	1,66	0,53	19,67	5,19	49,90	0,82	11,77	8,08	1,59	0,97

Der Stickstoff wurde als Chilisalpeter, die Phosphorsäure als Knochenkohlesuperphosphat und das Kali als Chlorkalium gegeben.

**) Colby und Dyer fanden für die Asche folgende procentige Zusammensetzung:

	Eisenoxyd + Thonerde ($Fe_2O_3 + Al_2O_3$)	Manganoxyd (Mn_3O_4)	Kalk (CaO)	Magnesia (MgO)	Kali (K_2O)	Natron (Na_2O)	Phosphorsäure (P_2O_5)	Schwefelsäure (SO_3)	Kieselsäure (SiO_2)	Chlor (Cl)
No. 1	0,28	0,28	34,07	4,00	45,32	2,03	10,19	2,74	0,54	0,51
No. 3	0,58	0,28	25,67	4,80	61,20	1,50	12,00	2,94	0,68	0,27
No. 5	1,36	0,71	36,07	5,58	30,05	3,00	19,63	2,48	0,85	0,27
No. 8	0,87	0,53	25,17	6,12	44,35	4,39	12,67	4,15	0,92	0,88

No.	Nähere Bezeichnung	Zeit der Untersuchung	Mittleres Gewicht einer Frucht	Die Frucht besteht aus			Die frische Frucht enthält			Der Saft enthält			
				Schale	Fleisch ohne Saft	Kernen	Wasser	Stickstoff-Substanz	Asche	Extrakt	Gesammtzucker	Rohrzucker	Säure (= Citronensäure)
			g	%	%	%	%	%	%	%	%	%	%
4	Arroyo Grande Pride .	22. 4. 1890	80,0	39,0	24,0	0,1	—	—	—	11,64	1,60	0,35	6,79
5	Eureka	18. 3. 1892	90,6	25,6	35,5	0,1	77,93	1,09	0,78 *)	12,95	3,60	—	8,33
6	desgl.	18. 3. „	108,0	34,4	25,2	0,6	85,50	1,13	0,42	11,70	3,31	—	8,14
7	desgl.	2. 6. „	106,3	32,3	24,2	0,1	88,54	0,76	0,44	10,45	1,20	—	7,29
8	Ohne nähere Bezeichn.	1886	107,5	17,2	19,5	—	—	—	— *)	—	—	—	7,70
9	Lisbon	10. 3. 1892	116,5	19,3	23,9	1,7	87,20	1,04	0,51	11,50	3,10	—	7,84
10	desgl.	2. 6. „	102,7	38,1	20,6	0,02	87,00	0,87	0,44	10,92	1,35	—	7,49
11	Ohne nähere Bezeichn.	18. 3. „	91,6	20,0	29,0	0,1	—	—	—	11,90	—	—	7,60
12	desgl.	3. 6. „	135,0	34,3	15,8	—	—	—	—	—	—	—	6,51
13	desgl.	1. 3. „	126,0	38,5	19,8	1,2	86,50	1,14	0,51	10,90	3,07	—	7,35
14	desgl.	18. 3. „	170,0	26,9	29,0	0,5	84,00	0,69	0,50	9,12	1,50	—	7,44
15	Kernlose (neue Varietät)	18. 3. „	152,0	49,8	19,5	0	87,50	0,87	0,45	9,08	2,50	—	6,29
16	Eureka	27. 3. 1893	105,0	28,5	23,8	0	—	—	—	11,15	2,70	—	7,81
17	Lisbon	27. 3. „	110,0	29,6	25,0	0,4	—	—	—	10,70	1,56	—	7,84
18	Genoa	27. 3. „	105,0	28,5	24,9	0	—	—	—	10,80	2,44	—	7,29
19	Royal Messina . . .	27. 3. „	119,0	25,2	25,6	0	—	—	—	13,20	3,46	—	8,40
20	Villa Franca . . .	27. 3. „	105,0	19,1	26,2	1,4	—	—	—	10,30	2,12	—	6,72
21	desgl.	27. 3. „	110,0	25,0	24,1	0,5	—	—	—	10,60	2,27	—	7,39
22	Marysville Seedling .	27. 3. „	100,0	21,6	27,3	0,6	—	—	—	11,65	2,27	—	8,12
23	desgl.	2. 3. „	95,0	21,6	30,0	0,6	—	—	—	12,35	2,70	—	7,56
24	desgl.	2. 3. „	91,0	24,1	26,0	0,6	—	—	—	11,90	2,04	—	7,70
25	Eureka	1894	110,0	44,1	13,5	—	—	—	—	10,00	1,80	—	6,96
26	desgl.	12. 3. 1894	118,0	38,8	30,0	—	—	—	—	12,40	3,46	—	7,77
27	Lisbon	27. 3. „	108,0	33,3	24,2	—	—	—	—	10,20	2,16	—	7,00
28	Genoa	12. 3. „	112,0	44,1	23,5	—	—	—	—	10,70	2,20	—	7,68
29	Villa Franca . . .	12. 3. „	110,0	40,6	20,3	—	—	—	—	10,50	1,87	—	8,01
30	desgl.	27. 3. „	103,0	38,6	26,6	2,5	—	—	—	11,40	2,80	—	8,05
31	desgl.	12. 3. „	150,0	35,5	30,0	—	—	—	—	10,70	2,30	—	7,91
32	desgl.	12. 3. „	94,0	28,0	28,0	—	—	—	—	11,80	2,66	—	7,84
33	Bonnie Brae . . .	12. 3. „	122,5	12,7	37,7	—	—	—	—	8,50	2,20	—	5,74

Mittlere Zusammensetzung**).

Nähere Bezeichnung	Mittleres Gewicht einer Frucht	Die Frucht besteht aus			Die frische Frucht enthält						Der Saft enthält					
		Schale	Fruchtfleisch	Kernen	Wasser	Invertzucker	Rohrzucker	Citronensäure	Stickst.-Subst.	Asche	Extrakt	Invertzucker	Rohrzucker	Citronensäure	Stickst.-Subst.	Asche
	g	%	%	%	%	%	%	%	%	%	%	%	%	%	%	%
Apfelsinen (Orangen)	**188,4**	**27,82**	**70,99**	**1,19**	**84,26**	**2,79**	**2,86**	**1,35**	**1,08**	**0,43**	**12,95**	**4,06**	**4,96**	**1,35**	**0,38**	**0,34**
Citronen (Limonen)***)	**153,1**	**38,49**	**59,22**	**2,29**	**82,64**	**0,37**	—	**5,39**	**0,74**	**0,56**	**10,44**	**1,42**	**0,52**	**5,83**	**0,32**	**0,20**

*) Vergl. Anmerkung **) S. 849.
**) Die Mittelzahlen sind aus den Analysen von S. 842—849 mit Ausnahme der No. 1—19 auf S. 847 u. 848 berechnet.
***) Einschliesslich Arancio amaro, Bergamosi, Cedri.

Feigen.*) — Figue — Fig — Ficus Carica L.

No.	Nähere Bezeichnung	Zeit der Untersuchung	Mittleres Gewicht einer Frucht	Fleisch ohne Saft	Die frische Frucht enthält: Wasser	Zucker	Stickstoff-Substanz	Asche	Der Saft enthält: Zucker	Säure (= SO_3)	Analytiker
			g	%	%	%	%	%	%	%	
	Feigen aus Californien.										
1	White Adriatic	19. 8. 1892	43,0	22,6	79,77	17,99	0,725	0,665	23,25	0,16	*G. E. Colby*[1]
2	desgl.**)	2. 9. „	46,5	14,7	75,67	20,45	2,256	0,897 **)	24,55	0,14	
3	desgl.	16. 9. 1893	38,0	17,3	—	20,99	—	—	25,30	0,20	
4	desgl.**)	27. 9. „	49,3	17,5	78,21	19,37	1,000	0,493 **)	23,25	0,24	
5	Smyrna	6. 8. 1892	44,0	25,3	88,00	8,00	1,119	0,536	10,00	0,10	
6	desgl.	17. 8. „	23,3	35,7	—	19,20	—	—	29,90	0,16	
7	Dalmatian**)	16. 8. 1893	32,1	20,0	76,67	16,80	1,935	0,657 **)	21,00	0,08	
8	California Black . . .	6. 8. 1892	45,0	25,3	83,30	12,40	1,194	0,610	16,60	0,10	
9	Hirtu du Japon	17. 8. „	41,0	19,4	81,10	16,50	1,562	0,630	20,70	0,18	
10	desgl.	16. 9. 1893	28,2	30,0	—	14,50	—	—	20,70	0,12	
11	desgl.	15. 8. „	54,0	26,4	81,80	14,54	1,337	0,480	19,65	0,13	
12	Constantine	17. 8. „	23,3	32,2	—	13,70	—	—	24,04	0,17	
13	desgl.	15. 8. „	30,0	30,7	80,00	14,00	1,450	0,465	21,45	0,12	
14	Du Roi	17. 8. 1892	27,7	31,0	84,00	13,70	1,194	0,560	20,50	0,14	
15	desgl.	10. 8. 1893	42,0	15,4	84,60	12,75	1,690	0,643	15,10	—	
16	Dorée narbus	17. 8. 1892	14,7	34,7	—	17,81	—	—	27,40	0,11	
17	Pasteliere	17. 8. „	24,2	23,0	81,30	14,55	1,000	0,542	18,90	0,21	
18	desgl.	7. 8. 1893	29,0	22,7	80,60	16,30	1,825	0,616	21,00	0,08	
19	Brunswick	25.10.1892	82,0	18,2	81,60	16,10	1,169	0,556	19,80	0,10	
20	desgl.	5. 7. 1893	20,0	13,3	81,40	16,38	1,400	0,564	18,90	0,08	
21	San Pedro, weisse . . .	5. 7. „	68,8	15,9	82,96	15,60	—	—	18,30	0,10	
22	Grise, erste Ernte . . .	14. 7. „	37,5	18,0	—	17,20	—	—	21,00	0,13	
23	desgl., zweite Ernte . .	12. 8. „	26,0	25,0	82,50	16,11	0,900	0,364	21,50	0,06	
24	Brown Turkey	7. 8. „	80,0	20,0	83,70	13,64	1,237	0,463	16,80	0,07	
25	Brown Ischia	10. 8. „	50,0	20,0	84,00	13,28	1,288	0,467	16,66	—	
26	Black Mexican, erste Ernte	14. 7. „	54,6	20,0	—	16,00	—	—	20,00	0,10	
27	desgl., zweite Ernte . .	27. 9. „	27,0	25,9	81,70	13,83	1,275	0,535	18,63	0,11	
28	Abondance précoce . . .	7. 8. „	27,0	26,5	75,00	17,60	—	—	23,47	0,10	
29	Coucourelle blanc . . .	8. 8. „	6,5	61,5	50,00	8,00	—	—	21,00	0,09	
30	Coucourelle noir . . .	8. 8. „	15,0	33,4	80,00	13,93	—	—	20,90	0,08	

[1]) Agric. Experim. Stat. California. Bericht f. 1892/93 u. 1893/94, 226.

*) Die Kerne der trockenen Feigen haben nach Balland (Rev. intern. falsif. 1900, **13**, 92; vergl. die Zusammensetzung der ganzen getrockneten Feigen unten unter „Getrocknete Feigen" S. 868) folgende procentige Zusammensetzung:

Wasser	Stickstoff-Substanz	Fett	Stickstofffreie Extraktstoffe	Rohfaser	Asche
7,70	11,96	24,60	23,44	29,80	2,50

**) Die Asche hat folgende procentige Zusammensetzung:

No.	Reinasche	Eisenoxyd + Thonerde ($Fe_2O_3 + Al_2O_3$)	Manganoxyd (Mn_3O_4)	Kalk (CaO)	Magnesia (MgO)	Kali (K_2O)	Natron (Na_2O)	Phosphorsäure (P_2O_5)	Schwefelsäure (SO_3)	Kieselsäure (SiO_2)	Chlor (Cl)
2	0,897	0,84	0,19	9,12	5,32	60,13	1,17	11,07	4,75	4,85	2,55
4	0,493	1,34	0,22	13,40	5,66	55,43	1,58	12,34	3,29	4,25	2,49
7	0,657	4,40	0,23	10,18	5,83	51,94	4,40	14,87	3,68	3,83	1,11

No.	Nähere Bezeichnung	Zeit der Untersuchung	Mittleres Gewicht einer Frucht g	Fleisch ohne Saft %	Die frische Frucht enthält: Wasser %	Zucker %	Stickstoff-Substanz %	Asche %	Der Saft enthält: Zucker %	Säure (= SO_3) %	Analytiker
31	Rose blanche	8. 8. 1893	30,0	10,0	70,00	18,40	1,362	0,754	20,45	0,09	G. E. Colby [1])
32	White Celeste	12. 8. „	14,0	16,6	80,00	16,93	0,906	0,444	20,40	0,07	
33	Cargigna	12. 8. „	44,0	17,4	84,80	13,40	—	—	16,18	0,06	
34	Rarignon	16. 8. „	32,0	20,0	81,00	14,80	—	—	18,50	0,09	
35	Col di Signora Bianca .	15. 8. „	25,0	23,0	80,00	14,95	1,324	0,485	18,90	0,08	
36	Bellona	8. 8. „	32,0	30,0	76,00	14,96	1,310	0,475	21,37	0,10	
37	Marseilles	8. 8. „	7,5	46,6	60,00	11,05	2,587	1,160	20,70	0,08	
38	Missonne	8. 8. „	30,0	11,4	80,00	15,00	0,993	0,440	17,00	0,12	
39	Bourjassotte panachée . .	27. 9. „	35,5	18,0	78,00	20,50	1,370	0,544	25,00	0,14	
40	Zimitzia	27. 9. „	22,5	23,9	80,00	18,54	1,143	0,644	24,40	0,18	
41	Cernica	27. 9. „	25,2	30,0	76,00	17,95	1,175	0,571	25,64	0,19	
	Californische Feigen, Mittel	—	**34,8**	**24,1**	**78,93**	**15,55**	**1,347**	**0,580**	**20,70**	**0,12**	

No.	Nähere Bezeichnung	Zeit der Untersuchung	Mittleres Gewicht einer Frucht g	Fleisch ohne Saft %	Wasser %	Zucker %	Stickstoff-Substanz %	Asche %	In der frischen Frucht: Fett	Rohfaser	Säure (SO_3)	Analytiker
42	Grüne Feigen	1900	32,5	—	84,80	8,30	0,79	0,710	0,32	1,23	0,210	Balland [2])
43	Violette Feigen	„	29,7	—	78,80	16,60	0,95	0,370	0,31	1,74	—	
44	desgl. aus dem Jardin des Invalides	„	53,3	—	84,00	6,50	0,99	—	0,20	1,67	—	

Bananen. — Bananas.

(Entschälter, innerer, essbarer Theil der Frucht von Musa paradisiaca*) und Musa Cavendishii.)

Ueber die Zusammensetzung des Bananenmehles siehe oben S. 638.

No.	Nähere Bezeichnung	Zeit der Untersuchung	In der natürlichen Substanz: Wasser %	Stickstoff-Substanz %	Fett %	Zucker %	Sonstige stickstofffr. Extraktst. %	Rohfaser %	Asche %	In der Trocken-Substanz: Stickstoff-Substanz %	Stickstofffreie Extraktstoffe %	Analytiker
	Musa paradisiaca:											
1	Aus Brasilien	1876	72,40	2,14	0,96	14,40 **)	8,69	0,38	1,03 ***)	7,75	83,66	*Corenwinder* [3])
2	Aus Venezuela*) . . .	1879	73,80	1,60	0,30	12,30 **)	10,70	0,20	1,10	6,11	87,78	*Marcano und Müntz* [3])
3	Von den Sandwichs-Inseln	1893	82,06	0,61	16,25				1,08 ⁰)	3,37	—	*G. E. Colby* [1])
4	Amerikanische	1895	74,10	1,20	0,80	22,90			1,00	4,63	—	*W. O. Atwater und A. P. Bryant* [4])

¹) Agric. Experim. Stat. California, Rep. für 1892/93 und 1893/94, 226 und 275.
²) Rev. intern. falsif. 1900, **13**, 92.
³) Jahresber. f. Agrik.-Chem. 1877, **20**, 125 u. 1879, **22**, 104.
⁴) U. S. Dep. of Agric. Bull. 55, 1898, 76.

*) Die Frucht von Musa paradisiaca besteht nach Markano und Müntz aus etwa 40 % Schale u. 60 % Fleisch. Die Schale enthielt 14,7 % Trocken-Substanz mit 1,6 % Invertzucker.

**) Der Zucker bestand aus Invertzucker und Rohrzucker und zwar enthielten beide Proben 9,50 % Rohrzucker. Ferner enthielt No. 1: 0,60 % und No. 2: 0,40 % Stärke.

***) Die Asche enthielt 3,61 % Kaliumsulfat, 14,34 % Chlorkalium, 8,77 % Magnesiumphosphat, 27,12 % Kali, 41,66 % Kaliumcarbonat, 1,17 % Calciumcarbonat, 0,36 % Eisenoxyd und 2,06 % Kieselsäure.

⁰) Vergl. Anmerkung **) S. 852.

No.	Nähere Bezeichnung	Zeit der Untersuchung	In der natürlichen Substanz: Wasser %	Stickstoff-Substanz %	Fett %	Zucker %	Sonstige stickstoffr. Extraktst. %	Rohfaser %	Asche %	In der Trocken-Substanz: Stickstoff-Substanz %	Stickstofffreie Extraktstoffe %	Stickstoff in der Trocken-Substanz %	Analytiker
			In Procenten des Fruchtfleisches										
5	Ohne nähere Bezeichnung (68 g)	1900	72,40	1,44	0,09	21,90	2,03	1,22	0,92	5,22	86,70	0,84	Balland[1])
6	Schale von No. 5 (28 g)	„	81,00	1,28	0,68	6,20	6,48	2,42	1,94	6,74	66,74	1,08	Balland[1])
	Mittel (No. 1—5)	—	**74,95**	**1,40**	**0,43**	**16,20**	**5,37**	**0,60**	**1,05**	**5,59**	**86,91**	**0,89**	
	Musa Cavendishii, Cavendish-Banane,												
7	Frische entschälte Banane	1892	75,71	1,71	—	3,00	+ Fett 17,14 *)	1,74	0,71 **)	7,04	—	1,13	*W. H. Doherty* [2])

Johannisbrot (Locust Carob). Früchte von Ceratonia siliqua L. Karoben-Bockshornbaum.***)

Die schotenförmige Frucht des in den Ländern am Mittelländischen Meere wildwachsenden Johannisbrotbaumes bildet in dortigen Ländern ein wichtiges Nahrungsmittel für die ärmere Volksklasse.

No.	Nähere Bezeichnung	Zeit der Untersuchung	Wasser %	Stickstoff-Substanz %	Fett %	Zucker %	Sonstige stickstoffr. Extraktst. %	Rohfaser %	Asche %	Stickstoff-Substanz %	Stickstofffreie Extraktstoffe %	Stickstoff in der Trocken-Substanz %	Analytiker
1	Ohne nähere Bezeichn.[0])	1856	14,12	7,72	0,96	54,07	17,51	3,88	1,74	9,00	83,33	1,44	*Nach Fürstenberg*[3])
2	Hülsen (Johannisbrot ohne Kerne) . . .	„	14,22	3,52	0,47	70,73		7,89	3,17	4,10	82,45	0,66	*Th. Anderson*[4])
3	Locust, bean meel . .	„	12,61	5,87	1,08	70,43		7,14	2,87	6,72	80,60	1,08	*Aug. Völcker*[5])
4	desgl.	1873	16,57	5,19	2,80	64,34		7,60	3,50	6,22	77,11	1,00	*Aug. Völcker*[5])
5	Locust or Carob beans (als Durchschnittsanalyse) .	1875	17,11	7,50	1,19	51,42	13,75	6,01	3,02	9,05	78,62	1,45	*Aug. Völcker*[5])

[1]) Rev. intern. falsif. 1900, **13**, 92.
[2]) Chem. News 1892, **66**, 187; Centralbl. f. Agrik.-Chem. 1893, **22**, 645.
[3]) Zeitschr. f. Deutsche Landw. 1857, 18.
[4]) Trans. Highl. Soc. 1857, 127. Die Johannisbrotfrucht enthielt 11,6 % Körner, welche der Analyse nicht mit unterzogen wurden.
[5]) Journ. Roy. Agric. Soc. England 1871, [2] **1**, 147. 1874, [2], **10**, 279 u. 1876, [2], **12**, 212.

*) Mit 5,90 % Stärke.

**) Die Asche hatte folgende procentige Zusammensetzung:

In Procenten	Eisenoxyd + Thonerde (Fe_2O_3 + Al_2O_3)	Manganoxydoxydul (Mn_3O_4)	Kalk (CaO)	Magnesia (MgO)	Kali (K_2O)	Natron (Na_2O)	Phosphorsäure (P_2O_5)	Schwefelsäure (SO_3)	Kieselsäure (SiO_2)	Chlor (Cl)
No. 3 der frischen Substanz . . .	0,0034	0,0010	0,0093	0,0317	0,6800	0,0250	0,0175	0,0250	0,0595	0,2905
„ „ der Asche	0,229	0,115	0,860	2,940	63,066	2,348	1,620	2,329	5,512	26,930
		MnO_2								
„ 6 der Asche	0,48	0,15	1,61	5,41	55,10	12,00	7,70	1,80	1,96	1,10

No. 6 enthielt ausserdem 12 % Kohlensäure.

***) Nach Aug. Völcker (Zeitschr. f. Deutsche Landw. 1856, 18) enthält das Johannisbrot in dem Zustande, wie es eingeführt wird, mehr als die Hälfte seines Gewichts an Zucker, ausserdem noch über 17 % fettproducirende Stoffe und beinahe 1 % Fett.

Nach Reinsch (ebendaselbst) enthalten

1. die samenfreien Hülsen:

Wasser	Pflanzenfaser	Traubenzucker	Eiweiss-Pflanzenleim	Gummi und rothen Farbstoff	Pektin	Gerbstoff	Chlorophyll, fettes Oel und Stärke
12 %	6,2 %	41,2 %	20,8 %	10,4 %	7,2 %	2,0 %	0,2 %

2. Die Kerne:

Schleim in der äusseren Haut und Schleimgummi im Innern zusammen	Eiweiss, Gummi und Faser	Stärke, Gerbstoff u. Pflanzenleim	Zucker und Gerbstoff	Fettes Oel	Wachs u. gelber Farbstoff	Wasser
44,8 %	33,8 %	8,0 %	2,1 %	1,5 %	0,9 %	9,0 %

[0]) Die nähere Analyse ergab weiter:

	Schleim und sonstige stickstofffreie Nährstoffe	Lösliche Salze der Asche
In der lufttrocknen Substanz	17,41 %	1,12 %
In der Trocken-Substanz	20,30 „	1,31 „

No.	Nähere Bezeichnung	Zeit der Untersuchung	In der natürlichen Substanz: Wasser %	Stick-stoff-Substanz %	Fett %	Zucker %	Sonstige stickstfr. Extraktst. %	Roh-faser %	Asche %	In der Trocken-Substanz: Stick-stoff-Substanz %	Stickstoff-freie Extraktstoffe %	Stickstoff in der Trocken-Substanz %	Analytiker
6	Caroubes	1875	19,55	9,56	0,48	60,77		6,79	2,85	11,88	75,64	1,90	L. Grandeau[1])
7	Ohne nähere Bezeichn.	„	11,10	4,15	0,42	75,31		6,80	2,22	4,67	84,72	0,75	L. Grandeau[1])
8	desgl.	„	15,50	5,96	0,32	68,89		6,71	2,62	7,05	81,53	1,13	L. Grandeau[1])
9	desgl.*)	1878	13,07	3,96	1,97	39,65	33,74	5,85	1,76	4,55	84,42	0,73	H. Weiske, M. Schrodt u. M.C. de Leeuw[2])
10	desgl.**)	„	15,72	4,74	3,02	69,85		5,15	1,52	5,63	82,89	0,90	H. Weiske, G. Kennepohl u. B. Schulze[3])
11	Mittlere Zusammensetzung***)	1887	23,80	5,21	0,55	40,00 ***)	23,14	5,00	2,30	6,84	82,86	1,09	?[4])
12	Johannisbr.-Bohnenmehl	1892	9,99	5,26	0,42	75,49		6,39	2,45	5,84	83,96	0,93	F. W. Woll[5])
13	Johannisbrot-Frucht . .	1895	16,30	4,31	0,54	44,65 °)	32,00		2,20	5,15	—	0,82	Ch. Cornevin[6])
	Mittel	—	**15,36**	**5,65**	**1,12**	**47,54**	**21,50**	**6,35**	**2,48**	**6,67**	**81,57**	**1,07**	

Zuckerschotenbaum. Gleditschia glabra.

No.	Nähere Bezeichnung	Zeit	Wasser	Stickstoff-Substanz	Fett	Dextrose	Sonstige stickstfr. Extraktst.	Rohfaser	Asche	Stickstoff-Substanz (Tr.)	Stickstofffreie Extraktstoffe (Tr.)	Stickstoff in der Trocken-Substanz	Analytiker
1	Körner°°)	1877	10,90	20,94	2,96	21,24	30,44 °°°)	10,66	2,88	23,50	58,00	3,76	J. Moser[7])

Hagebutten.

Unter Hagebutten versteht man die aus dem fleischig gewordenen Fruchtknoten hervorgegangene Scheinfrucht der Rosen, besonders der Hundsrosen (Rosa canina L.).

No.	Nähere Bezeichnung	Zeit	Wasser	Stickstoff-Substanz	Fett	Zucker	Sonstige stickstfr. Extraktst.	Rohfaser	Asche	Stickstoff-Substanz (Tr.)	Stickstofffreie Extraktstoffe (Tr.)	Stickstoff in der Trocken-Substanz	Analytiker
1	Aus Sachsen, halbtrocken	1882	25,47	2,99	1,41	19,44	55,62 †)	9,87	4,64	4,01	74,62	0,64	J. König[1])

Dschugara. ††) (Körner.)

No.	Nähere Bezeichnung	Zeit	Wasser	Stickstoff-Substanz	Fett	Zucker + Dextrin	Sonstige stickstfr. Extraktst.	Rohfaser	Asche	Stickstoff-Substanz (Tr.)	Stickstofffreie Extraktstoffe (Tr.)	Stickstoff in der Trocken-Substanz	Analytiker
1	Aus Mittelasien . . .	1880	11,6	19,5 †††)	2,8	10,8	53,40 †††)		1,9	22,06	72,62	3,53	?[8])

[1]) Original-Mittheilung.
[2]) Journ. Landw. 1879, **27**, 321.
[3]) Ebendort 349.
[4]) Analytiker nicht angegeben. Dingler's Polytechn. Journal 1887, **86**, 369; Viertelj. Nahrungs- u. Genussmittel 1887, **2**, 450.
[5]) Experim. Stat. Wisconsin, Rep. 1892.
[6]) Annal. agron. 1894, **20**, 200; Centralbl. Agrik.-Chem. 1895, **24**, 247.
[7]) I. Bericht d. Vers.-Stat. Wien, 1878, 67.
[8]) Löbe's Illustr. landw. Ztg. 1880, No. 39.

*) In Procenten der Trocken-Substanz enthielt die untersuchte Substanz 1,00% Fett und 1,27% Buttersäure, (2,27% Aetherextrakt) und 38,81% Stärke.
**) Der Aetherextrakt (3,58%) bestand aus 1,08% Fett und 2,5% Buttersäure.
***) Mit 34,70% Rohrzucker, ferner 1,82% Gerbsäure und 1,30% Buttersäure (?)

°) Davon 30,10% Rohrzucker und 14,55% Traubenzucker.
°°) Das Verhältniss der Schoten zu den Körnern war 2 : 3.
°°°) Darin keine Stärke; dagegen 41,40% durch Schwefelsäure in Zucker überführbare Stoffe.

†) Die Probe enthielt 3,28% Rohrzucker und 16,16% Fruchtzucker.
††) Ein in Mittelasien angebautes Körnergewächs, dessen Mehl denselben Zwecken dient, wie bei uns das Getreidemehl: der Ertrag beläuft sich bei einer Aussaat von 100 kg Samen auf 2800 kg Samen und viel Stroh, welches von Thieren gern gefressen wird.
†††) In der Stickstoff-Substanz 94% Fibrin und 10,1% sonstige Proteïnstoffe, in den stickstofffreien Extraktstoffen 53,5% Stärke und 10,8% Dextrin + Zucker.

Anhang zu „Obst und Beerenfrüchte“.

A. Veränderungen in der Zusammensetzung der Aepfel bei längerer Aufbewahrung.

I. Nach P. Behrend (Beiträge zur Chemie des Obstweines. Stuttgart 1892.

1. Zusammensetzung der frischen und der 6 Monate aufbewahrten Aepfel.

No.	Bezeichnung der Sorte	Durchschnittsgewicht eines Apfels (im frischen Zustande)	Zusammensetzung der frischen Aepfel (Oktober 1890)							Gewichtverlust nach 6-monatl. Aufbewahrung (April 1891) in Procenten des frischen Apfels	Zusammensetzung der 6 Monate aufbewahrten Aepfel berechnet auf Procente der frischen Aepfel						
			Wasser	Trocken-Substanz	Dextrose + Lävulose	Rohrzucker	Gesammt-zucker	Säure	Sonstige Stoffe		Wasser	Trocken-Substanz	Dextrose + Lävulose	Rohrzucker	Gesammt-zucker	Säure	Sonstige Stoffe
		g	%	%	%	%	%	%	%	%	%	%	%	%	%	%	%
1	Pommeranzenapfel . .	87	83,46	16,54	5,72	5,99	11,71	0,60	4,23	21,7	63,61	14,69	8,03	2,47	10,50	0,18	4,01
2	Rother Eiserapfel . .	140	83,04	16,96	6 42	3,96	10,38	0,59	5,99	14,6	70,28	15,12	9,00	1,41	10,41	0,26	4,45
3	Englische Spitalreinette	99	79,45	20,55	8,32	4,34	12,66	—	—	17,9	63,63	18,47	10,72	1,95	12,67	0,40	5,40
4	Kleiner Fleiner . . .	60	83,87	16,13	9,01	2,28	11,29	—	—	15,9	70,90	13,20	9,06	0,60	9,66	0,38	3,16
5	Karpentinapfel . . .	69	80,68	19,32	7,26	5,01	12,27	1,49	5,56	30,8	54,41	14,79	9,86	1,53	11,39	0,51	2,89
6	Kugelapfel	146	83,73	16,27	7,70	3,03	10,73	0,87	4,67	12,5	74,58	12,92	8,73	0,60	9,33	0,37	3,22
7	Rheinischer Bohnapfel .	93	84,45	15,55	8,51	2,53	11,04	0,69	3,82	10,7	74,96	14,34	9,61	0,69	10,30	0,39	3,65
8	Glanzreinette	134	81,97	18,03	8,80	3,75	12,55	0,61	4,87	15,5	70,05	14,45	10,34	1,17	11,51	—	—
9	Rother Trier'scher Weinapfel	60	83,14	16,86	7,91	4,15	12,06	1,19	3,61	11,2	74,48	14,32	9,04	1,02	10,06	0,55	3,71
10	Königlicher Kurzstiel .	79	76,40	23,60	11,39	4,89	16,28	0,93	6,39	26,4	54,68	18,92	12,27	2,56	14,83	0,34	3,75
11	Kleiner Langstiel . .	59	84,70	15,30	8,26	2,71	10,97	0,67	3,66	10,9	76,08	13,02	9,72	0,60	10,32	0,40	2,30
12	Kasseler Reinette . .	69	84,85	15,15	9,86	1,25	11,11	0,62	3,42	19,0	68,87	12,13	9,14	0,54	9,68	0,30	2,15
	Mittel	—	**82,48**	**17,52**	**8,26**	**3,66**	**11,92**	**0,83**	**4,77**	**17,3**	**68,04**	**14,70**	**9,63**	**1,26**	**10,89**	**0,37**	**3,52**

2. Zunahme (+) bezw. Abnahme (—) der Bestandtheile nach 6-monatlicher Aufbewahrung der Aepfel.

No.	Bezeichnung der Sorte	Berechnet auf Procente der frischen Aepfel							Berechnet auf Procente der ursprünglich vorhandenen Bestandtheile						
		Wasser %	Trocken-Substanz %	Dextrose + Lävulose %	Rohrzucker %	Gesammt-zucker %	Säure %	Sonstige Stoffe %	Wasser %	Trocken-Substanz %	Dextrose + Lävulose %	Rohrzucker %	Gesammt-zucker %	Säure %	Sonstige Stoffe %
1	Pommeranzenapfel	— 19,85	— 1,85	+ 2,31	— 3,52	— 1,21	— 0,42	— 0,22	— 23,8	— 11,2	+ 40,4	— 58,8	— 10,3	— 70,0	— 5,2
2	Rother Eiserapfel	— 12,76	— 1,84	+ 2,58	— 2,55	+ 0,03	— 0,33	— 1,54	— 15,4	— 10,8	+ 40,2	— 64,4	+ 0,3	— 55,9	— 25,7
3	Englische Spital-reinette	— 15,82	— 2,08	+ 2,40	— 2,39	+ 0,01	—	—	— 19,9	— 10,1	+ 28,8	— 55,1	+ 0,1	—	—
4	Kleiner Fleiner	— 12,97	— 2,93	+ 0,05	— 1,68	— 1,63	—	—	— 15,5	— 18,2	+ 0,6	— 73,7	— 14,4	—	—
5	Karpentinapfel	— 26,27	— 4,53	+ 2,60	— 3,48	— 0,88	— 0,98	— 2,67	— 32,6	— 23,4	+ 35,8	— 69,5	— 7,2	— 65,8	— 48,0
6	Kugelapfel	— 9,15	— 3,35	+ 1,03	— 2,43	— 1,40	— 0,50	— 1,45	— 10,9	— 20,6	+ 13,4	— 80,2	— 13,1	— 57,5	— 31,0
7	Rheinischer Bohn-apfel	— 9,49	— 1,21	+ 1,10	— 1,84	— 0,74	— 0,30	— 0,17	— 11,2	— 7,8	+ 12,9	— 72,8	— 6,7	— 43,5	— 4,5
8	Glanzreinette	— 11,92	— 3,58	+ 1,54	— 2,58	— 1,04	—	—	— 14,5	— 19,9	+ 17,5	— 68,8	— 8,3	—	—
9	Rother Trier'scher Weinapfel	— 8,66	— 2,54	+ 1,13	— 3,13	— 2,00	— 0,64	+ 0,10	— 10,4	— 15,1	+ 14,3	— 75,4	— 16,6	— 53,8	+ 2,8
10	Königlicher Kurzstiel	— 21,62	— 4,68	+ 0,88	— 2,33	— 1,45	— 0,59	— 2,64	— 28,4	— 19,8	+ 7,7	— 47,6	— 8,9	— 63,4	— 41,8
11	Kleiner Langstiel	— 8,62	— 2,28	+ 1,46	— 2,11	— 0,65	— 0,27	— 1,36	— 10,2	— 14,9	+ 17,7	— 77,8	— 5,9	— 40,3	— 37,2
12	Kasseler Reinette	— 15,98	— 3,02	— 0,72	— 0,71	— 1,43	— 0,32	— 1,27	— 18,8	— 19,9	— 7,3	— 56,8	— 12,8	— 51,6	— 37,1
	Mittel	**— 14,43**	**— 2,82**	**+ 1,36**	**— 2,40**	**— 1 03**	**— 0,38**	**— 1,24**	**— 17,63**	**— 15,98**	**+ 18,5**	**— 66,7**	**— 8,65**	**— 55,7**	**— 25,3**

3. Zusammensetzung des Saftes der frischen und der 6 Monate aufbewahrten Aepfel.

No.	Bezeichnung der Sorte	Frische Aepfel (Oktober 1890)								6 Monate aufbewahrte Aepfel							
		Saftgehalt des Apfels	Zusammensetzung des Saftes							Saftgehalt des Apfels	Zusammensetzung des Saftes						
			Wasser	Trocken-Substanz	Dextrose + Lävulose	Rohrzucker	Gesammt-zucker	Säure	Sonstige Stoffe		Wasser	Trocken-Substanz	Dextrin + Lävulose	Rohrzucker	Gesammt-zucker	Säure	Sonstige Stoffe
		%	%	%	%	%	%	%	%	%	%	%	%	%	%	%	%
1	Pommeranzenapfel .	97,4	85,70	14,30	5,87	6,15	12,02	0,65	1,63	97,8	83,05	16,95	10,49	3,22	13,71	0,24	3,00
2	Rother Eiserapfel . .	96,2	86,33	13,67	6,67	4,12	10,79	0,61	2,27	97,7	84,25	15,75	10,79	1,69	12,48	0,31	2,96
3	Englische Spital-reinette	95,2	83,47	16,53	8,74	4,56	13,30	—	—	96,6	80,25	19,75	13,52	2,46	15,98	0,50	3,27
4	Kleiner Fleiner . .	97,3	86,17	13,83	9,26	2,34	11,60	—	—	97,9	86,14	13,86	11,01	0,73	11,74	0,46	1,66
5	Karpentinapfel . . .	97,0	83,18	16,82	7,48	5,17	12,65	1,54	2,63	96,3	80,63	19,37	14,79	2,29	17,08	0,76	1,53
6	Kugelapfel . . .	96,6	86,64	13,36	7,97	3,14	11,11	0,90	1,35	97,2	87,67	12,33	10,27	0,71	10,98	0,44	0,91
7	Rheinischer Bohn-apfel	97,6	86,50	13,50	8,72	2,59	11,31	0,71	1,48	97,0	86,51	13,49	11,09	0,80	11,89	0,44	1,16
8	Glanzreinette . . .	97,1	84,46	15,54	9,06	3,86	12,92	0,63	1,99	98,7	83,98	16,02	12,40	1,40	13,80	—	—
9	Rother Trier'scher Weinapfel . . .	96,7	85,99	14,01	8,18	4,29	12,47	1,23	0,31	96,0	87,32	12,68	10,60	1,20	11,80	0,65	0,23
10	Königlicher Kurzstiel	94,5	80,81	19,19	12,05	5,17	17,22	0,98	0,99	95,9	77,43	22,57	17,38	3,63	21,01	0,48	1,08
11	Kleiner Langstiel . .	97,2	86,96	13,04	8,50	2,79	11,29	0,69	1,06	98,0	87,09	12,91	11,14	0,69	11,83	0,46	0,62
12	Kasseler Reinette . .	97,0	87,47	12.53	10,17	1,29	11,46	0,64	0,43	98,8	86,07	13,93	11,43	0,67	12,10	0,38	1,45
	Mittel	**96,65**	**85,31**	**14,69**	**8,56**	**3,79**	**12,35**	**0,86**	**1,41**	**97,32**	**84,20**	**15,80**	**12,08**	**1,62**	**13,70**	**0,47**	**1,62**

II. Nach P. Kulisch (Preuss. Landw. Jahrb. 1892, 21, 871.

Art des Apfels	Zeit der Untersuchung	Gewichtsverlust seit dem 10. 10. 1891	Zusammensetzung zur Zeit der Untersuchung: Direkt reducirender Zucker %	Nach der Inversion reducirender Zucker %	Rohrzucker %	Stärke %	Säure (= Aepfelsäure) %	Zusammensetzung in Procenten der frischen Aepfel: Direkt reducirender Zucker %	Nach der Inversion reducirender Zucker %	Rohrzucker %	Stärke %	Säure (= Aepfelsäure) %
Goldparmäne Baum A	10. 10. 1891	—	5,77	11,77	5,70	1,16	0,74	5,77	11,77	5,70	1,16	0,74
	26. 10. „	5,3	6,53	12,66	5,82	0,68	0,56	6,18	11,99	5,51	0,64	0,53
	7. 11. „	9,0	7,63	13,88	5,94	—	0,49	6,94	12,63	5,40	—	0,45
	2. 1. 1892	21,8	9,09	13,20	3,90	—	0,39	7,11	10,32	3,05	—	0,31
	3. 2. „	26,8	10,63	15,26	4,40	—	0,30	7,78	11,17	3,22	—	0,22
	8. 3. „	32,1	10,99	14,63	3,46	—	0,30	7,46	9,93	2,34	—	0,20
	11. 4. „	37,0	10,05	13,18	2,02	—	0,22	6,96	8,30	1,27	—	0,14
Goldparmäne Baum B	10. 10. 1891	—	5,17	9,54	4,15	1,72	0,75	5,17	9,54	4,15	1,72	0,75
	26. 10. „	3,2	5,84	11,29	5,18	0,10	0,56	5,65	10,93	5,01	0,10	0,54
	7. 11. „	7,0	6,87	11,33	4,24	—	0,52	6,39	10,54	3,94	—	0,48
	2. 1. 1892	15,9	8,37	12,36	3,79	—	0,38	7,04	10,39	3,18	—	0,32
	3. 2. „	20,1	8,98	11,73	2,61	—	0,34	7,17	9,37	2,09	—	0,26
	8. 3. „	24,0	9,32	12,44	2,86	—	0,29	7,08	9,45	2,25	—	0,22
	11. 4. „	27,2	9,50	11,58	1,98	—	0,25	6,92	8,43	1,43	—	0,18

Der Gang der Untersuchung war folgender:

30 Früchte jeder Sorte wurde einzeln auf einer empfindlichen Waage einmal wöchentlich gewogen, um den Gewichtsverlust feststellen zu können. Die Samen wurden nicht mituntersucht. Die mit aller Vorsicht gewählte Durchschnittprobe wurde auf einer feinen Reibe in einer Schale zerkleinert, die an Händen und Reibe haftende Substanz nach Möglichkeit in die Schale gebracht, dann die Hände und Reibe mit Alkohol nachgespült. Das Gemisch blieb unter wiederholtem Umrühren 24 Stunden leicht bedeckt stehen. Nach 24 Stunden, wo die grösste Menge des Alkohols bereits verdunstet war, wurde die Masse in ein leinenes Presstuch gebracht und in diesem über einem grossen Trichter, der sich auf einem geräumigen Kolben befand, ausgepresst. Der ausgepresste Brei wurde mit dem Presstuch in die Schale zurückgegeben und dort wiederholt mit kleinen Wassermengen ausgelaugt, wozu auf 100 g Substanz etwa 1 l vollkommen ausreichte. Die gewonnene Lösung wurde auf ein bestimmtes Volumen aufgefüllt und filtrirt; in abgemessenen Mengen wurde theils direkt, theils nach der Inversion der Zuckergehalt nach Allihn bestimmt und als Invertzucker berechnet.

Zur Bestimmung der Stärke wurden 100 g der wie oben angegeben vorbereiteten Substanz zuerst in einem geräumigen Becherglase durch Dekantiren mit kaltem Wasser ausgelaugt. Die abgegossenen Flüssigkeiten wurden durch ein stärkefreies Papierfilter abfiltrirt, zuletzt wurde der unlösliche Rückstand auf dem Filter gut mit Wasser ausgewaschen, in Druckflaschen zur Lösung der Stärke gekocht und diese in üblicher Weise nach Ueberführung in Dextrose bestimmt.

III. Nach E. Mach und K. Portele (Landw. Vers.-Stat. 1892, **41**, 233).

Zeit der Untersuchung	Gewichtsverlust seit dem 22. 10. 1889	Spec. Gewicht des Mostes bei 17,5°	In 100 ccm Saft: Invertzucker g	Rohrzucker g	Zucker im Ganzen als Invertzucker g	Gesammtsäure (= Aepfelsäure) g	Gewichtsverlust seit dem 22. 10. 1889	Spec. Gewicht des Mostes bei 17,5°	In 100 ccm Saft: Invertzucker g	Rohrzucker g	Zucker im Ganzen als Invertzucker g	Gesammtsäure (= Aepfelsäure) g
	Champagner-Reinette (Mittleres Gewicht 106,1 g)						Grosser Rheinischer Bohnapfel (Mittleres Gewicht 111,2 g)					
22. 10. 1889	—	1,0470	7,10	3,07	10,34	0,649	—	1,0493	8,02	2,19	10,33	0,411
7. 12. „	7,95	1,0524	8,29	2,59	11,02	0,569	4,72	1,0515	8,82	1,99	10,92	0,366
7. 1. 1890	10,53	1,0524	9,19	1,68	10,96	0,531	6,52	1,0519	9,63	1,32	11,02	0,317
10. 2. „	12,64	1,0518	10,34	0,42	10,78	0,473	8,68	1,0528	10,55	0,52	11,10	0,294
10. 3. „	13,30	1,0515	10,57	—	10,50	0,433	11,61	1,0526	11,08	—	11,08	0,300

IV. Nach L. Lindet (Ann. agronomiques 1894, **20**, 5; Centrbl. Agrik.-Chem. 1894, **23**, 604).

Auch Lindet verfolgte die chemischen Veränderungen, welche während der Reifung der Aepfel vor sich gehen. Die untersuchte Aepfelsorte war mittelgross, von bräunlicher oder gelbrother Färbung mit mattweissem Fleisch. Sie reifte Ende Oktober. Das durchschnittliche Gewicht stieg während der Untersuchungszeit (27. 7. bis 3. 11.) von 21,5 g auf 76,5 g. Die Untersuchung lieferte folgende Zahlen:

Zeit der Untersuchung	Invertzucker %	Rohrzucker %	Stärke %	Freie Säure (= Aepfelsäure) %	Stickstoff-Substanz %	Cellulose %	Mineralstoffe %	1 Apfel mittlerer Grösse enthielt folgende Mengen Kohlenhydrate: Invertzucker g	Rohrzucker g	Stärke g
24. Juli	6,4	1,1	4,8	0,5	—	4,4	0,4	1,4	0,2	1,0
7. August	6,8	1,2	4,8	0,5	0,6	3,1	0,4	2,3	0,4	1,6
23. „	8,3	1,2	4,9	0,4	0,5	3,2	0,4	3,8	0,6	2,2
7. September	8,3	2,3	5,8	0,3	0,3	2,8	0,3	4,2	1,2	2,9
21. „	8,3	2,5	3,8	0,3	0,3	2,8	0,3	5,0	1,5	2,3
4. Oktober	8,2	3,2	3,3	0,2	0,3	2,7	0,2	5,6	2,2	2,2
18. „	8,6	3,7	2,1	0,2	0,4	2,6	0,3	6,5	2,8	1,6
3 November	9,4	2,9	0,8	0,2	0,3	—	0,2	7,2	2,2	0,6

B. Einfluss der Grösse der Früchte desselben Baumes auf die Zusammensetzung der Früchte.

Nach P. Kulisch (Landw. Jahrb. 1892, **21**, 427).

Sorte	Form des Baumes	Mittleres Gewicht einer Frucht g	Die Frucht (ohne Stiele und Kerne) enthält: direkt reducirenden Zucker %	Gesammtzucker nach der Inversion %	Rohrzucker %	Säure (= Aepfelsäure) %
Ananas-Reinette	Palmette	27,5	6,96	7,77	0,77	0,29
		50,8	6,63	8,91	2,17	0,42
		70,3	6,34	9,83	3,31	0,47
		101,3	6,35	10,04	3,51	0,50
Ananas-Reinette	Wagerechter Kordon	79,4	7,47	11,12	3,46	0,57
		172,8	6,78	11,18	4,18	0,61
Champagner-Reinette	Wagerechter Kordon	57,1	7,24	8,13	0,85	0,57
		98,4	7,27	8,93	1,58	0,62
Lamb Abbey-Parmäne	Pyramide	63,8	8,90	13,15	4,05	0,24
		107,7	7,88	13,40	5,24	0,22

Aus diesen Zahlen ergiebt sich, dass die an demselben Baum gewachsenen Aepfel um so mehr Zucker enthalten, je grösser sie sind. Hinsichtlich des Säuregehaltes waltet in der Mehrzahl der Fälle dasselbe Verhältniss ob, während man gewöhnlich annimmt, dass die kleineren Aepfel säurereicher sind. Dass von den unter sonst gleichen Umständen gewachsenen Aepfeln die zuckerärmeren auch weniger Säure enthalten, beweist, dass Bildung von Zucker und Abnahme von Säure in reifenden Früchten miteinander in keinem direkten Zusammenhange stehen.

In den grösseren Aepfeln ist der Gehalt an Rohrzucker, sowohl bezogen auf die Substanz, als auf die Menge des Gesammtzuckers, trotz ihres erheblich höheren Säuregehaltes grösser als in den kleineren Aepfeln mit niedrigerem Säuregehalt.

C. Zusammensetzung derselben Aepfelsorte in verschiedenen Jahren.

Nach P. Kulisch (Landw. Jahrb. 1892, 21, 427).

No.	Bezeichnung der Sorte	1889					1890				
		Spec. Gewicht bei 17,5° C.	100 ccm Most enthalten				Spec. Gewicht bei 17,5° C.	100 ccm Most enthalten			
			Zucker, direkt reducirend g	Rohrzucker g	Nichtzucker g	Säure (=Aepfelsäure) g		Zucker, direkt reducirend g	Rohrzucker g	Nichtzucker g	Säure (=Aepfelsäure) g
1	Der Köstlichste . .	1,0451	8,72	1,28	1,70	0,21	1,0451	9,38	0,89	1,33	0,17
2	Kasseler Reinette .	1,0496	6,82	3,71	2,33	0,37	1,0619	9,12	3,07	3,87	0,90
3	Gäsdonker „ .	1,0533	8,47	2,31	3,04	0,74	1,0720	8,68	5,83	4,19	0,83
4	Schiebler's Taubenapfel	1,0591	7,12	5,46	2,75	0,81	1,0670	6,47	6,27	4,65	1,10
5	Rother Eiserapfel .	1,0642	8,35	4,64	3,66	0,72	1,0594	8,61	5,42	1,38	0,77
6	Dunkapfel . . .	1,0681	9,94	3,51	4,23	0,91	1,0615	9,79	1,95	4,23	1,08

Bei der Auswahl der Proben ist keine Rücksicht darauf genommen worden, dass sie in beiden Jahren unter möglichst ähnlichen Verhältnissen gewachsen seien. Neben dem Sortenmerkmal und den durch die klimatischen Verhältnisse der einzelnen Jahre bedingten Verschiedenheiten wirken eine Reihe anderer Einflüsse auf die chemische Zusammensetzung der Früchte wesentlich ein, wie z. B. die Form des Baumes (ob Hochstamm oder eine der unter sich wieder sehr abweichenden Zwergformen) und dessen Alter, Standort und Ernährungszustand. Bezüglich des Zuckergehaltes könnte eine grosse Verschiedenheit vielleicht allein darauf zurückzuführen sein, wieviele Früchte eine bestimmte Blattoberfläche zu ernähren hat, ein Verhältniss, das ja auch in demselben Jahre bei verschiedenen Bäumen sehr verschieden sein kann.

D. Einfluss der Zahl der auf verschiedenen Bäumen gewachsenen Birnen derselben Sorte, Lage, Baumform etc. auf die Zusammensetzung der Birnen.

Nach P. Kulisch (Landw. Jahrb. 1892, 21, 427).

Bezeichnung der Sorte	Form des Baumes	Zahl der Früchte an einem Baume	Gesammtgewicht der Früchte g	Mittleres Gewicht einer Frucht g	Zusammensetzung der Aepfel (ohne Stiel und Kerne)	
					Zucker %	Säure (= Aepfelsäure) %
Clairgeau's Butterbirne	Einfache U-Form	2	629	314,5	7,71	—
		20	4340	217,0	6,96	—
Birne Regentin	Schlangenkordon	3	406	135,3	10,10	0,10
		50	4294	85,9	9,13	0,043

Die obigen beiden Sorten wurden im Spaliergarten der Kgl. Lehranstalt zu Geisenheim in einer bestimmten Form unter ganz genau gleichen Verhältnissen (Boden, Düngung, Beleuchtung, Temperatur, Schnitt) nebeneinander in einer grösseren Zahl von Exemplaren gezogen. Wenn man aus der Wirkung auf die Ursache schliessen darf, dann kann eine grössere Gleichmässigkeit der Bedingungen wohl kaum erreicht werden, denn der Trieb, die Belaubung u. s. w. sind, wenn die gewählte Form und Veredlungsunterlage für die betreffende Sorte passt, so übereinstimmend, wie man dies bei verschiedenen Individuen kaum mehr erwarten kann. Aus einer grösseren Zahl wurden zur Untersuchung dann überdies mit Sorgfalt besonders gleichmässig entwickelte Exemplare ausgesucht, die sich nur hinsichtlich der Menge der daran befindlichen Früchte in möglichst auffallender Weise unterschieden.

Bei der Probenahme wurde auf eine gleichmässige Berücksichtigung der grossen und kleinen Früchte und an jeder Frucht der gefärbt und nicht gefärbten Seite sorgfältig geachtet. Die Untersuchung wurde vorgenommen, als die Früchte lagerreif waren.

E. Untersuchungen über das Nachreifen der Johannisbeeren

stellte L. Weigert (vergl. unten S. 884 Anmerkung [3]) an, indem er die am 12. Juni gesammelten Beeren in einem dunkelen Raume bis zum 24. Juni liegen liess. Die Ergebnisse waren folgende:

	Gewicht von 100 Beeren	Gesammtzucker (nach Fehling)	Säure (= Aepfelsäure)	Gerbsäure	Pektin
	g	%	%	%	%
12. Juni . .	82,7	4,7	2,40	0,43	1,30
24. „ . .	69,6	4,9	2,37	0,60	0,77

Es blieben also der procentige Zucker-, Säure- und Gerbstoffgehalt nahezu beständig, dagegen verminderte sich der Pektingehalt durch das Lagern nahezu auf die Hälfte.

F. Zusammensetzung der Weintrauben in verschiedenem Reifezustande

und bei Einwirkung starker Wärme-Rückstrahlung des Bodens.

Nach E. de Cillis und C. Odifredi (Staz. sperim. agr. Ital. 1896, 29, 685.)

Die möglichst gleichmässig ausgewählten Reben entstammenden Trauben wurden in verschiedenem Reifezustande vom 14. Juni bis 22. September untersucht.

Gruppe I wuchs in natürlichem Boden.

„ II wuchs in einem Boden, der unter den Reben behufs stärkerer Rückstrahlung der Wärme mit einer gleichmässigen Schicht von grobem Gypspulver bedeckt war.

Die Versuchsergebnisse waren folgende:

No.	Tag der Ernte	Gruppe	Gewicht von 100 Beeren	Von den Beeren sind			Mittleres Volumen der Beeren				Procentige Zusammensetzung							Saftgehalt der Beeren
											Beeren			Beeren-Trockensubst.		Saft		
				kleine	mittlere	grosse	kleine	mittlere	grosse	Gesammtmittel	Wasser	Zucker	Säure	Zucker	Säure	Zucker	Säure	
			g	%	%	%	ccm	ccm	ccm	ccm	%	%	%	%	%	%	%	%
1	14. Juni	I	50	29	57	14	0,33	0,52	0,64	0,48	90,75	1,05	2,55	11,30	27,53	1,23	2,98	76,21
2		II	32	49	42	9	0,23	0,35	0,60	0,32	87,13	0,87	2,51	6,77	19,52	1,09	3,38	79,43
3	24. „	I	64	22	51	27	0,21	0,64	0,83	0,60	88,11	0,84	3,25	7,04	25,77	1,03	3,98	81,32
4		II	48	16	67	17	0,21	0,47	0,64	0,45	87,53	1,04	3,32	8,34	26,59	1,23	3,92	87,20
5	4. Juli	I	70	12	61	27	0,13	0,63	0,97	0,66	87,05	1,15	3,74	9,00	28,77	1,39	4,52	82,60
6		II	29	63	24	13	0,05	0,47	0,50	0,21	88,69	0,92	2,62	8,12	23,20	1,10	3,18	82,00
7	14. „	I	31	57	38	15	0,08	0,57	0,67	0,30	85,16	1,71	3,25	11,52	21,93	2,19	4,19	72,63
8		II	40	52	44	4	0,10	0,68	0,89	0,42	87,39	2,36	3,42	19,05	27,10	2,92	4,26	80,34
9	24. „	I	41	75	9	16	0,81	0,58	1,16	0,39	86,76	5,61	2,23	42,38	16,80	7,21	2,86	77,91
10		II	76	48	29	23	0,28	1,00	1,24	0,71	88,95	4,71	2,18	38,79	17,46	5,84	2,64	82,93
11	3. August	I	50	37	26	37	0,29	0,77	1,35	0,42	85,58	7,80	1,70	54,65	11,79	9,91	2,16	78,74
12		II	88	4	53	43	0,25	0,70	0,95	0,80	84,63	7,81	1,26	52,04	8,21	9,31	1,55	81,26

No.	Tag der Ernte	Gruppe	Gewicht von 100 Beeren	Von den Beeren sind			Mittleres Volumen der Beeren				Procentige Zusammensetzung: Beeren			Beeren-Trockensubst.		Saft		Saftgehalt der Beeren
				kleine	mittlere	grosse	kleine	mittlere	grosse	Gesammtmittel	Wasser	Zucker	Säure	Zucker	Säure	Zucker	Säure	
			g	%	%	%	ccm	ccm	ccm	ccm	%	%	%	%	%	%	%	%
13	13. August	I	55	15	44	41	0,13	0,20	1,10	0,55	82,09	9,26	0,67	51,72	3,80	12,07	0,88	76,67
14		II	107	11	18	71	0,27	0,89	1,07	0,95	80,93	12,53	0,59	66,00	3,11	16,11	0,75	78,41
15	23. „	I	60	60	14	26	0,22	0,53	1,36	0,56	80,65	11,87	0,74	61,34	3,80	15,58	0,97	76,18
16		II	121	8	24	68	0,55	0,72	1,29	1,09	78,94	16,51	0,47	75,57	2,16	23,64	0,68	69,87
17	2. Septbr.	I	65	51	11	38	0,33	0,50	1,53	0,68	81,09	12,33	0,64	65,24	3,37	16,42	0,85	75,11
18		II	91	8	57	35	0,67	0,77	1,30	0,94	72,50	21,04	0,57	76,50	2,08	29,91	0,82	70,30
19	12. „	I	67	49	22	29	0,19	0,44	1,44	0,61	74,02	20,10	0,53	77,37	2,02	28,25	0,74	69,40
20		II	66	64	14	22	0,29	0,88	1,60	0,59	78,34	17,87	0,50	82,48	3,30	24,62	0,69	72,56
21	22. „	I	106	26	60	14	0,27	0,37	1,60	0,52	77,64	15,45	0,52	69,11	2,35	20,58	0,72	75,05
22		II	108	62	20	18	0,35	1,11	1,50	0,71	77,11	15,56	0,37	67,97	1,61	20,70	0,49	75,17

G. Zuckergehalt einiger tropischen Früchte.

Nach H. C. Prinsen-Geerligs (Chem.-Ztg. 1897, 21, 719).

No.	Frucht von	Mittleres Gewicht einer Frucht	Die Frucht besteht aus			Das Fruchtfleisch enthält			
			Fleisch	Schale	Kernen	Glukose	Fruktose	Saccharose	Gesammtzucker
		g	%	%	%	%	%	%	%
1	Achras sapota	60	85	13	2	3,70	3,40	7,02	14,12
2	Ananassa sativa	300	67	33	0	1,00	0,60	8,61	10,21
3	Anona muricata	800	75	20	5	5,05	4,04	2,53	11,62
4	„ reticulata	500	72	22	6	6,20	4,22	0	10,42
5	„ squamosa	140	50	38	12	5,40	3,60	0,50	9,50
6	Artocarpus integrifolia	11000	26	66	8	1,14	0	3,70	4,84
7	Averrhoa Carambola	80	95	5	0	5,50	3,70	0,82	10,02
8	Carica Papaya	600	65	10	25	2,60	2,10	0,85	5,50
9	Cicca nodiflora	5	80	0	20	0,33	1,00	0	1,33
10	Citrullus edulis	2000	59	37	4	0	2,75	2,13	4,88
11	Citrus Aurantium	80	80	20	0	2,40	1,60	3,06	7,06
12	Durio zibethinus	1500	20	60	20	1,80	2,20	8,07	12,07
13	Flacourtia sapida	6	100	0	0	0,41	0,70	0,50	1,61
14	Garcinia mangostana	100	28	64	8	1,00	1,20	10,80	13,00
15	Jambosa alba	50	100	0	0	3,20	3,20	0,53	6,93
16	Lansium domesticum	20	51	25	24	1,67	2,50	9,98	14,15
17	Mangifera indica, süsse Varietät	200	67	3	30	0,62	1,98	9,48	11,98
18	Mangifera indica, saure „	300	75	3	22	0	1,90	3,60	5,50
19	Musa paradisiaca	100	70	30	0	4,72	3,61	13,68	22,01
20	Nephelium lapaceum	20	40	50	10	2,25	1,25	7,80	11,30
21	Persea gratissima	140	67	8	15	0,40	0,46	0,86	1,72
22	Psidium Guajava	65	85	12	3	2,00	0,50	1,66	4,16
23	Spondias mangifera	120	80	2	18	1,68	1,84	2,94	6,46
24	Tamarindus indica	6	41	30	29	5,81	2,51	0	8,32
25	Zalacca edulis	30	58	15	27	2,40	0	8,07	10,47

H. Zusammensetzung der Aschen von Obst und Beerenfrüchten.

Von P. Kulisch (Zeitschr. angew. Chem. 1894, 148).

Ueber die Zusammensetzung des Fruchtfleisches siehe die betreffenden vorstehenden Tabellen, auf die sich auch die Nummern der nachfolgenden ersten Spalte beziehen.

Nähere Bezeichnung		In Procenten des Fruchtfleisches					In Procenten der Asche			
		Asche %	Kalk (CaO) %	Magnesia (MgO) %	Kali (K_2O) %	Phosphorsäure (P_2O_5) %	Kalk (CaO) %	Magnesia (MgO) %	Kali (K_2O) %	Phosphorsäure (P_2O_5) %
Rother Astrachan-Apfel . . .	No. 37	0,194	0,020	0,009	0,076	0,019	10,3	4,6	39,0	9,8
Sommer-Nelken-Apfel . . .	„ 38	0,201	0,015	0,011	0,090	0,019	7,4	5,5	44,7	9,4
Römische Schmalzbirne . . .	„ 11	0.246	0,016	0,014	0,095	—	6,5	5,6	38,6	11,8
Italienische Zwetschen . . .	„ 5	0,391	0,025	0,015	0,225	—	6,4	3,8	57,5	11,6
Pflaume „Cirke“	„ 4	0,320	0,021	0,016	0,153	0,033	6,5	5,0	47,7	10,3
Reineclauden	„ 3	0,432	0,030	0,019	0,199	0,038	6,9	4,3	46,0	8,8
Herrenhäuser Mirabelle . . .	„ 3	0,386	0,024	0,016	0,193	0,034	6,2	4,1	50,0	8,8
Amsden-Pfirsich	„ 6	0,415	0,036	0,020	0,208	0,053	8,6	4,8	50,1	12,7
Pfirsich „Schöne von Doué“ .	„ 7	0,617	0.012	0,017	0,320	0,046	1,9	2,7	51,8	7,4
Aprikose, grosse frühe . . .	„ 7	0,519	0,029	0,020	0,208	0,044	5,6	3,8	40,0	8,4
Grosse braunrothe Knorpelkirsche	„ 10	0,376	0,033	0,022	0,197	0,046	8,7	5,8	52,3	12,2
Bettenburger Gebirgskirsche .	„ 11	0,411	0,022	0,019	0,198	0,056	5,3	4,6	47,9	13,5
Erdbeere	„ 34	0,667	0,070	0,043	0,313	0,084	10,4	6,4	46,5	12,6
Himbeere „Hernet“	„ 7	0,611	0,070	0,053	0,216	0,105	11,4	8,6	35,3	17,1
Heidelbeere	„ 3	0,319	0,028	0,019	0,105	0,041	8,7	5,9	32,9	12,8
Gartenbrombeere	„ 2	0,608	0,089	0,053	0,200	0,069	14,6	8,7	32,8	11,3
Stachelbeere „Ballon“ . . .	„ 12	0,559	0.080	0,022	0,295	0,065	14,3	3,9	52,7	11,6
„ Maurer's Sämling	„ 13	0,439	0,049	0,020	0,198	0,058	11,1	4,5	45,1	13,2
Weisse holländische Johannisbeere	„ 8	0,606	0,039	0,041	0,255	0,118	6,4	6,7	42,0	19,4
Grosse rothe Kirsch-Johannisb.	„ 9	0,585	0,037	0,041	0,258	0,104	6,3	7,0	44,1	17,8
Schwarze Johannisbeere . . .	„ 10	0,951	0,156	0,050	0,343	0,132	16,4	5,2	36,1	13,8

Analysen von Heidelbeeraschen.

Mitgetheilt von B. Borggreve und Hornberger (Zeitschr. f. Forst- u. Jagdwesen 1886, 10, 154; Centrbl. Agrik.-Chem. 1886, 15, 487).

Analytiker	Asche überhaupt %	Eisenoxyd (Fe_2O_3) %	Thonerde (Al_2O_3) %	Manganoxydul (MnO) %	Kalk (CaO) %	Magnesia (MgO) %	Kali (K_2O) %	Natron (Na_2O) %	Phosphorsäure (P_2O_5) %	Schwefelsäure (SO_3) %	Kieselsäure (SiO_2) %
Nach R. Kayser in der Trocken-Substanz	2,73	0,045	0,005	0,037	0,191	0,075	0,693	—	0,115	—	0,010
Nach Hornberger, in der Trocken-Substanz . . .	—	0,032	—	Mn_3O_4 0,059	0,228	0,175	1,639	0,148	0,499	0,089	0,026
Nach Hornberger, in der Reinasche .	—	1,12	—	2,05	7,96	6,11	57,11	5,16	17,38	3,11	0,89

J. Borsäure-Gehalt einiger Obstarten.

E. Hotter (Zeitschr. Nahrungsm.-Unters., Hygiene u. Waarenk. 1895, 9, 1) stellte Untersuchungen über den Borsäure-Gehalt einiger Obstarten an und fand:

	Trocken-Substanz %	Asche %	Borsäure-Gehalt der frischen Substanz %	Borsäure-Gehalt der Trocken-Substanz %	Borsäure-Gehalt der Asche %
Graue Herbst-Reinette aus dem Grazer Thal . .	13,81	0,283	0,0016	0,0120	0,58
Eisäpfel aus Voran (Steiermark)	14,28	0,300	0,0007	0,0050	0,24
Taffetäpfel aus Oberschöckel bei Graz	14,07	0,310	0,0004	0,0028	0,13
Wilder Apfel	18,21	0,498	0,0009	0,0047	0,17
Salzburger Birnen aus der Grazer Ebene . . .	17,01	0,366	0,0019	0,0114	0,53
Herbst-Butterbirnen aus Graz	13,67	0,268	0,0008	0,0060	0,33
Mispel aus Pernegg (Steiermark)	24,06	0,634	0,0018	0,0075	0,29
Feigen aus Smyrna	68,20	2,388	0,0015	0,0022	0,06

Hotter bestimmte die Borsäure in der Asche von 2,909 bis 10,274 kg frischer Substanz durch Destillation mit Methylalkohol und Fällung als Borfluorkalium.

Sonstige Analysen von Obst und Beerenfrüchten.

1. Colby und Dyer: Analysen californischer Zwetschen, Aprikosen, Pfirsiche etc. — Experim. Stat. Rec. 1892, 4, 157; Centrbl. Agrik.-Chem. 1894, 23, 416.
2. G. E. Colby: Analysen von Orangen, Citronen, Limonen etc. — Agric. Experim. Stat. California Rep. für 1894/95, 172; desgl. für 1895—97, 161 u. 183.
3. M. E. Jaffa: Analysen von Pflaumen. — Agric. Experim. Stat. California, Rep. für 1894/95, 189.
4. E. Mach und K. Portele geben ausser den in den obigen Tabellen aufgenommenen vollständigeren Analysen noch zahlreiche Aepfel- und Birnen-Analysen an, bei denen nur Zucker und Säure bestimmt wurde. — Landw. Vers.-Stat. 1892, 41, 233.

Getrocknete Früchte.

Getrocknete Aepfel.

No.	Nähere Bezeichnung	Zeit der Untersuchung	In der natürlichen Substanz: Wasser %	Invertzucker %	Rohrzucker %	Freie Säure (=Aepfelsäure) %	Stickstoff-Substanz %	Fett %	Sonstige stickstfr. Extraktst. %	Rohfaser %	Asche %	In der Trocken-Substanz: Zucker %	Stickstoff-Substanz %	Analytiker
1	Ohne näh. Bezeichn.	1876	32,42	37,71	3,90	2,68	1,06	12,68*)		+ Kerne 5,59	1,96	61,59	1,44	J. Bertram[1]
2	desgl.	1879	23,48	44,05	—	4,52	1,50	0,87	—	4,40	1,19	57,57	2,06	C. Krauch[2]
3	Aus Californien (nach europäischer Art gedörrt)	1892	33,00	32,00		3,33	1,70	21,60		8,30	1,40	47,76	2,54	Colby u. Dyer[3]
4	Amerikanische . .	1895	36,20	—	—	—	1,40	3,00	—	—	1,80	—	2,21	W. O. Atwater und A. P. Bryant[4]
	Mittel	—	**31,28**	**40,88**	**3,90**	**3,51**	**1,42**	**1,94**	**9,38**	**6,10**	**1,59**	**65,16**	**2,07**	

[1]) Landw. Vers.-Stat. 1876, 401.
[2]) Original-Mittheilung.
[3]) Experim. Stat. Rec. 1892, 4, 157; Centralbl. Agrik.-Chem. 1894, 23, 416. Vergl. Agric. Experim. Stat. California, Rep. 1892/93 u. 1893/94, 231.
[4]) U. S. Dep. of Agric. Bull. 55, 1898, 76.
*) Vergl. Anmerkung **) S. 864.

Getrocknete Birnen.

No.	Nähere Bezeichnung	Zeit der Untersuchung	In der natürlichen Substanz: Wasser %	Invertzucker %	Rohrzucker %	Freie Säure (=Aepfelsäure) %	Stickstoff-Substanz %	Fett %	Sonstige stickstfr. Extraktst. %	Rohfaser %	Asche %	In der Trocken-Substanz: Zucker %	Stickstoff-Substanz %	Analytiker
*)										+ Kerne				
1	Ohne näh. Bezeichn.	1876	29,61	29,39	4,98	0,84	1,69	—	**)	7,18	1,80	48,83	2,38	*J. Bertram*[1])
2	Aus Forli	?	32,86	23,93		—	—	—	—	—	—	35,64	—	*F. Sestini*[2])
3	Ohne näh. Bezeichn.	1878	25,77	29,13	—	—	2,55	0,37	—	6,88	1,63	39,24	3,44	*J. König u. C. Krauch*[3])
	Mittel	—	**29,41**	**24,14**	**4,99**	**0,84**	**2,07**	**0,35**	**29,66**	**6,87**	**1,67**	**41,24**	**2,91**	

Getrocknete Pflaumen (Zwetschen). — Fleisch derselben.

No.	Nähere Bezeichnung	Zeit der Untersuchung	Wasser %	Invertzucker %	Rohrzucker %	Freie Säure %	Stickstoff-Substanz %	Fett %	Sonstige stickstfr. Extraktst. %	Rohfaser %	Asche %	Zucker %	Stickstoff-Substanz %	Analytiker
1	Pflaumen***) . . .	1876	30,03	42,28	0,22	1,74	1,31		—**)	1,34	1,18	60,70	2,19	*J. Bertram*[1])
2	Zwetschen	?	12,99	—	—	—	4,56		—	—	(4,53)	—	5,25	*A. Payen*[4])
3	desgl.	1852	32,20	48,10	—	2,5	—		—	—	—	70,94	—	*Faist*[5])
4	desgl.	„	27,90	56,30	—	3,0	—		—	—	—	78,09	—	*Faist*[5])
5	desgl.	„	27,90	47,60	—	3,9	—		—	—	—	66,02	—	*Faist*[5])
6	Schwarze Marseiller Pflaumen . . .	?	31,95	23,28	—	—	—		—	—	—	33,21	—	*F. Sestini*[2])
7	Weisse italienische .	1852	33,05	31,95	—	—	—		—	—	—	47,72	—	*F. Sestini*[2])
8	Schwarze Pflaumen°)	1878	42,62	35,91	—	—	1,93	0,44	—	1,26	1,35	62,58	3,48	*J. König u. C. Krauch*[3])
9	desgl.	1879	25,09	59,20	—	2,80	1,34	0,49	—	1,75	1,40	79,03	1,81	*J. König u. C. Krauch*[3])
10	Zwetschen, französ.	1892	25,20	40,53	—	0,67	2,70	—	29,67	—	1,50	54,18	3,61	*Colby u. Dyer*[6])
11	Getrockn. Pflaumen°°), Fruchtfleisch mit Schale (19,8 g) .	1900	19,80	46,30	—	—	2,37	0,40	25,14	4,13	1,86	57,73	2,96	*Balland*[7])
	Mittel	—	**28,07**	**43,15**	**0,22**	**2,44**	**2,37**	**0,44**	**19,71**	**2,14**	**1,46**	**60,30**	**3,29**	

Getrocknete Aprikosen.

No.	Nähere Bezeichnung	Zeit der Untersuchung	Wasser %	Invertzucker %	Rohrzucker %	Freie Säure %	Stickstoff-Substanz %	Fett %	Sonstige stickstfr. Extraktst. %	Rohfaser %	Asche %	Zucker %	Stickstoff-Substanz %	Analytiker
1	Aus Californien . .	1892	32,44	29,59	—	2,52	3,27	—	31,81	—	1,38	43,80	4,84	*Colby u. Dyer*[6])
2	„ Amerika . .	1895	32,40	—	—	—	2,90	—	—	—	1,40	—	4,30	*W. O. Atwater und A. P. Bryant*[8])
	Mittel	—	**32,42**	**29,59**	—	**2,52**	**3,09**	—	**31,81**	—	**1,39**	**43,78**	**4,57**	

[1]) Landw. Vers.-Stat. 1876, 401.
[2]) Bulletin soc. chim. [2], **7**, 236.
[3]) Original-Mittheilung.
[4]) Journ. de Pharm. **16**, 279.
[5]) Pharm. Centralbl. 1852, 363.
[6]) Experim. Stat. Rec. 1892, **4**, 157; Centrbl. Agrik.-Chem. 1894, **23**, 416. Vergl. Agric. Experim. Stat. California. Rep. 1892/93 u. 1893/94, 231.
[7]) Rev. intern. falsif. 1900, **13**, 92.
[8]) U. S. Dep. of Agric. Bull. 55, 1898, 76.

*) 140 Stück wogen 1 kg; dieselben enthielten 1,37 % Stengel und 98,63 % Fruchtfleisch.

**) Bertram fand ferner:

	Stärke	Pektinstoffe	Sonstige stickstofffreie Extraktstoffe
Getrocknete Aepfel	5,22 %	4,54 %	2,92 %
Getrocknete Birnen	10,31 „	4,46 „	9,74 „
Getrocknete Pflaumen	0,22 „	4,22 „	18,46 „

***) Von den Pflaumen wogen 140 Stück 1 kg; sie enthielten 13,70 % Steine, 86,30 % Fruchtfleisch.

°) Die Pflaumen enthielten 16,40 % Steine.

°°) Die Kerne der Pflaumensteine hatten folgende procentige Zusammensetzung:

Wasser	Stickstoff	Fett	Stickstofffreie Extraktstoffe	Rohfaser	Asche
11,00	23,55	31,33	23,89	7,12	3,11

Getrocknete Heidelbeeren.

No.	Nähere Bezeichnung	Zeit der Untersuchung	In der natürlichen Substanz: Wasser %	Invert-zucker %	Rohr-zucker %	Freie Säure (= Weinsäure) %	Stickst.-Substanz %	Fett %	Sonstige stickstfr. Extraktst. %	Roh-faser %	Asche %	In der Trocken-Substanz: Zucker %	Stick-stoff-Substanz %	Analytiker
1	Gewöhnliche Art .	—	9,14	20,13	—	7,02	—	—	—	—	2,48	22,15	—	*R. Kayser* [1])

Getrocknete Kirschen. — Fruchtfleisch.

No.	Nähere Bezeichnung	Zeit der Untersuchung	Wasser %	Invert-zucker %	Rohr-zucker %	Freie Säure %	Stickst.-Substanz %	Fett %	Sonstige stickstfr. Extraktst. %	Roh-faser %	Asche %	Zucker %	Stick-stoff-Substanz %	Analytiker
1	Ohne näh. Bezeichn.	1878 *)	49,88	31,22	—	—	2,07	0,30	14,29	0,61	1,63	62,99	4,13	*J. König und C. Krauch* [2])

Getrocknete Trauben.

Rosinen.

No.	Nähere Bezeichnung	Zeit der Untersuchung	Wasser %	Invert-zucker %	Rohr-zucker %	Freie Säure %	Stickst.-Substanz %	Fett %	Sonstige stickstfr. Extraktst. %	Roh-faser %	Asche %	Zucker %	Stick-stoff-Substanz %	Analytiker
1	Trauben-Rosinen . .	1878	23,18	55,62	—	—	2,72	0,66	14,12	1,94	1,36	72,43	3,50	*J. König und C. Krauch* [2])
2	Trauben von Korinth	?	34,64	53,97	—	—	—	—	—	—	—	82,58	—	*F. Sestini* [3])
3	Trockne Trauben (Zibibbo) . . .	?	37,83	54,08	—	—	—	—	—	—	—	86,99	—	*F. Sestini* [3])
4	Blaue Malvasier . .	1892	34,83	52,50	—	1,59	2,94	0,56	3,46 **)	3,70	1,16	80,56	4,51	*Colby und Dyer* [4])
5	Muskat-Rosinen . .	„	18,95	72,50	—	1,41	4,00	—	—	—	1,55	89,45	4,93	*Colby und Dyer* [4])
					Sonstige Zuckerarten									
6	Rosinen	1889	—	60,45	0,61 ***)	—	—	—	—	—	—	—	—	*Fr. Strohmer* [5])
7	desgl.	„	—	60,61	0,90	—	—	—	—	—	—	—	—	*Fr. Strohmer* [5])
8	desgl.	„	—	60,45	0,87	—	—	—	—	—	—	—	—	*Fr. Strohmer* [5])
9	desgl.	1894	—	60,20	5,96	—	—	—	—	—	—	—	—	*Fr. Strohmer* [5])
10	Samos-Rosinen . .	18 92/93	—	61,32	1,67	—	—	—	—	—	—	—	—	*Fr. Strohmer* [5])
11	desgl.	„	—	62,60	3,12	—	—	—	—	—	—	—	—	*Fr. Strohmer* [5])
12	desgl.	„	—	58,20	1,79	—	—	—	—	—	—	—	—	*Fr. Strohmer* [5])
13	desgl.	„	—	54,92	6,07	—	—	—	—	—	—	—	—	*Fr. Strohmer* [5])
14	Ohne näh. Bezeichn.	1895	14,00	—	—	—	2,50	(4,70)	—	—	(4,10)	—	2,91	*W. O. Atwater u. A. P. Bryant* [6])
	Moscadello-Trauben⁰) aus Spanien (Malaga).												Freie Säure (= Weinsäure)	
15	Lechos montados I .	1898	26,60	65,11	—	1,24	—	—	—	—	1,94	89,09	1,70	*A. Bornträger* [7])
16	„ „ IIa.	„	25,40	65,19	—	1,12	—	—	—	—	1,50	90,31	1,50	*A. Bornträger* [7])
17	Royant	„	26,68	67,37	—	1,45	—	—	—	—	1,68	88,91	1,98	*A. Bornträger* [7])
18	Lechos pisados . .	„	24,60	65,39	—	1,41	—	—	—	—	1,30	86,35	1,87	*A. Bornträger* [7])

[1]) Mitgetheilt von B. Borggreve und Hornberger, Zeitschr. für Forst- u. Jagdwesen 1886, **10**, 154—156; Centrbl. Agrik.-Chem. 1886, **15**, 487.
[2]) Original-Mittheilung.
[3]) Bulletin soc. Chim. [2], **7**, 236.
[4]) Experim. Stat. Rec. 1892, **4**, 157; Centralbl. Agrik.-Chem. 1894, **23**, 416; u. Agric. Experim. Stat. California for 1892/93 u. 1893/94, 231.
[5]) Bericht der chem. techn. Versuchsstation für Rübenzucker-Industrie in Oesterreich-Ung. 1888/89; 1892/93, 18; 1894/95, 12.
[6]) U. S. Dep. of Agric. Bull. 55, 1898, 76.
[7]) Zeitschr. Nahrungs- u. Genussmittel 1899, **2**, 257.

*) Die Kirschen enthielten 27,6 % Steine und 72,4 % Fruchtfleisch.
**) Mit 1,29 % Gerbstoff.
***) Als Invertzucker berechnet.
⁰) Vergl. Anmerkung *) S. 866.

No.	Nähere Bezeichnung	Zeit der Untersuchung	In der natürlichen Substanz: Wasser %	Invert-zucker %	Rohr-zucker %	Freie Säure (= Weinsäure) %	Stick-stoff-Substanz %	Fett %	Sonstige stickstofffr. Extraktst. %	Roh-faser %	Asche %	In der Trocken-Substanz: Zucker %	Freie Säure (= Weinsäure) %	Analytiker
19	Rasimalis IV	1898	25,60	66,00	—	1,06	—	—	—	—	1,17	88,71	1,42	A. Bornträger[1])
20	„ V	„	28,48	64,38	—	1,28	—	—	—	—	1,58	89,97	1,72	
21	Mejor que corriente bajo	„	21,80	65,16	—	1,41	—	—	—	—	1,67	83,32	1,80	
22	Lechos corrientes . .	„	23,60	62,78	—	1,45	—	—	—	—	1,84	82,17	1,90	
23	Pasas escombro . . .	„	24,50	66,03	—	1,43	—	—	—	—	1,58	87,19	1,90	
24	Grano corriente . . .	„	23,80	65,19	—	1,28	—	—	—	—	1,57	85,55	1,68	
25	„ aseado . . .	„	22,12	65,19	—	1,20	—	—	—	—	1,57	84,99	1,54	
26	„ revisto . . .	„	22,33	67,76	—	1,14	—	—	—	—	1,13	87,27	1,47	
27	Von A. Hoffmann in Neapel bezogen . .	„	27,66	62,80	—	1,23	—	—	—	—	2,12	86,81	1,70	
28	Zibibbo-Trauben*) aus Italien (Insel Pantaleria) . . .	„	26,06	67,10	—	1,58 **)	—	—	—	—	1,60 **)	90,75	2,14	
	Trauben aus Palästina*):													
29	Aus Es Salt, I. Sorte	„	19,75	73,57	—	1,08	—	—	—	—	1,25	91,67	1,34	
30	„ „ „ II. „	„	20,24	72,54	—	1,16	—	—	—	—	1,60	90,99	1,45	
31	„ „ „ III. „	„	21,24	70,55	—	1,20	—	—	—	—	1,42	89,58	1,52	
32	„ „ „ IV. „	„	25,72	66,03	—	1,45	—	—	—	—	1,34	88,89	1,95	
33	„ „ „ V. „	„	21,90	69,59	—	1,62	—	—	—	—	1,80	89,10	2,07	
34	„ „ „ Gaza . .	„	22,01	70,55	—	0,95	—	—	—	—	1,54	90,46	1,22	
35	„ El-Khalil	„	21,97	69,59	—	0,83	—	—	—	—	1,60	89,18	1,06	
	Weisse Trauben aus Syrien*):													
36	Aus Rhamdun (Libanon)	„	—	64,38	—	0,75	—	—	—	—	1,80	—	—	
37	„ „ „	„	—	61,31	—	0,99	—	—	—	—	2,10	—	—	
38	„ „ „	„	—	64,38	—	1,24	—	—	—	—	1,58	—	—	
39	„ Zahle „	„	—	61,31	—	1,12	—	—	—	—	1,74	—	—	
40	„ Damascus „Derbali"	„	—	60,59	—	1,03	—	—	—	—	1,92	—	—	
41	Ohne nähere Bezeichnung	„	—	59,20	—	1,15	—	—	—	—	1,94	—	—	

[1]) Zeitschr. Nahrungs- u. Genussmittel 1899, **2**, 257.

*) A. Bornträger macht über die Farbe und den Schmutzgehalt (Sand, Erde etc.) der Rosinen folgende Angaben:

	No.	Farbe	Schmutz %
Moscadello	15.	dunkelviolett . . .	0,024
	16.	violett	0,027
	17.	röthlichbraun . . .	0,035
	18.	havannabraun . . .	0,018
	19.	dunkelviolettroth . .	0,020
	20.	gelbroth	0,030
	21.	dunkelblond . . .	0,028
	22.	rothblond	0,026
	23.	gelblichroth	0,028
	24.	röthlichbraun . . .	0,050
	25.	„ . . .	0,052

	Farbe	Schmutz %
	Moscadello, No. 26 dunkel .	0,029
	„ „ 27 violettroth	0,055
	Zibibbo, No. 28 dunkelbläulich-roth	0,066
	No.	
Palästina	29. grünlich hellbraun .	0,070
	30. „	0,051
	31. roth	0,042
	32. braunroth	0,053
	33. „	0,605
	34. dunkelroth	0,182

	Farbe	Schmutz %
	Palästina, No. 35 braungelb	0,213
	No.	
Syrien	36. blond	0,045
	37. braunroth	0,045
	38. havannabraun . . .	0,055
	39. dunkel	0,181
	40. braungelb	0,995
	41. blauschwarz . . .	0,213
	42. braunroth	0,161
	43. havannabraun . . .	0,080

**) Im Originale stehen, wohl irrthümlich, die Zahlen 15,84 Säure u. 15,94 % Asche.

No.	Nähere Bezeichnung	Zeit der Untersuchung	In der ursprünglichen Substanz									In der Trocken-Substanz		Analytiker
			Wasser %	Invertzucker %	Rohrzucker %	Freie Säure (= Weinsäure) %	Stickst.-Substanz %	Fett %	Sonstige stickstfr. Extraktst. %	Rohfaser %	Asche %	Zucker %	Freie Säure (= Weinsäure) %	
42	Aus Damascus „Dumberi"	1898	—	62,04	—	1,01	—	—	—	—	2,04	—	—	A. Bornträger[1])
43	„ „ „Harestani"	„	—	62,04	—	1,03	—	—	—	—	1,82	—	—	A. Bornträger[1])
44	Fruchtfleisch und Haut ohne Kerne	1900	19,80	74,60	—	—	0,45	0,56	2,10	1,85	0,64	93,02	—	Balland[2])
	Mittel	—	**24,46**	**63,84**	**(2,61)**	**1,22**	**2,52**	**0,59**	**3,21**	**2,50**	**1,66**	**84,51**	**1,62**	

Korinthen (Cibeben).

No.	Nähere Bezeichnung	Zeit der Untersuchung	Wasser %	Glukose %	Fruktose %	Pektinstoffe %	Freie Säure (= Weinsäure) %	Aepfelsäure %	Weinstein %	In Wasser unlösliche Stoffe %	Asche %	In der Trocken-Substanz: Zucker %	In der Trocken-Substanz: Freie Säure (= Weinsäure) %	Analytiker
1	Cibeben*): Sultanin	1880	20,4	30,2	36,4	1,86	1,76	0,38	3,28	5,0	2,03	83,66	2,21	E. Mach u. K. Portele[3])
2	Cibeben*): Malaga	„	26,7	27,6	33,8	1,73	1,28	0,39	2,05	5,8	1,02	83,76	1,75	E. Mach u. K. Portele[3])
3	Cibeben*): Samos (schwarz) .	„	20,5	28,6	31,7	1,91	1,07	0,10	2,32	11,1	1,78	75,85	1,34	E. Mach u. K. Portele[3])
4	Cibeben*): Samos (weiss) . .	„	22,3	26,5	32,6	1,93	1,30	0,21	2,50	10,5	1,63	76,06	1,67	E. Mach u. K. Portele[3])
5	Cibeben*): Eleme	„	20,8	26,7	36,8	1,14	1,10	0,08	2,37	9,7	1,90	80,17	1,39	E. Mach u. K. Portele[3])
6	Cibeben*): Zante	„	24,8	25,1	35,3	1,43	2,39	0,95	3,15	7,1	1,53	80,32	3,18	E. Mach u. K. Portele[3])
	Mittel No. 1—6	—	22,29	27,45	34,43	1,67	1,48	0,35	2,61	8,20	1,65	79,97	1,90	
				Zucker		N.-Subst.				Fett				
7	Aus Südfrankreich**) .	1883	14,35	53,32		—	1,86	0,72	—	—	2,68	62,25	2,17	R. Kayser[4])
8	Ohne näh. Bezeichnung	1895	27,60	—		1,20	—	—	—	3,00	2,20	—	—	W. O. Atwater und A. P. Bryant[5])
9	Aus Zante (dunkel)***)	1898	—	66,03		—	1,44	—	—	—	1,72	—	—	A. Bornträger[1])
10	„ Santa Maura (schwarz)***) . . .	„	—	66,03		—	1,44	—	—	—	1,94	—	—	A. Bornträger[1])
						Pektinstoffe								
	Mittel	—	**25,35**	**61,85**		**1,67**	**1,52**	**0,40**	**2,61**	**3,00**	**1,84**	**82,85**	**2,04**	

[1]) Zeitschr. Nahrungs- u. Genussmittel 1899, **2**, 257.
[2]) Rev. intern. falsif 1900, **13**, 92.
[3]) Weinlaube 1880, 545.
[4]) Rep. analyt. Chem. 1883, 67.
[5]) El. S. Dep. of Agric. Bull. 55, 1898, 76.

*) Von obigen Sorten haben Malaga-Cibeben den höchsten Preis, dann folgen Sultaninen und Eleme, während für Samos und Zante der geringste Preis berechnet wird.

Ausser obigen Bestandtheilen bestimmten die Verf. folgende:

	Beerenstiele + Kämme %	Gewicht von 100 Beeren g	100 Beeren enthalten Kerne Stück	Gewicht von 100 Kernen g	Gerbstoff %	Freie Säure im Weinstein %
Sultanin	1,81	30,5	—	—	0,07	(1,31)
Malaga	3,03	76,7	42,4	4,36	0,11	(0,82)
Samos (schwarz) .	2,41	55,1	120,8	4,04	0,17	(0,93)
Samos (weiss) . .	4,98	46,3	186,8	1,35	0,26	(1,00)
Eleme	0,13	84,4	135,4	3,64	0,28	(0,95)
Zante	1,77	13,0	1,6	1,20	0,13	(1,26)

**) R. Kayser fand folgende Mengen in Wasser löslicher Stoffe:

Im Ganzen %	Zucker %	Traubensäure %	Aepfelsäure %	Mineralstoffe %	Kali %	Kalk %	Magnesia %	Phosphorsäure %	Schwefelsäure %
71,80	53,32	1,86	0,72	1,46	0,763	0,128	0,065	0,152	0,104

Die Korinthen werden in geschwefelten Fässern verschickt, wodurch ohne Zweifel eine Vermehrung des ursprünglich vorhandenen Schwefelsäuregehaltes bewirkt wird.

***) No. 9 enthielt 0,231 % u. No. 10 0,090 % Schmutz.

Getrocknete Feigen.

No.	Nähere Bezeichnung	Zeit der Untersuchung	In der ursprünglichen Substanz: Wasser %	Invertzucker %	Rohrzucker %	Freie Säure (=Aepfelsäure) %	Stickst.-Subst. %	Fett %	Sonstige stickstfr. Extraktst. %	Rohfaser %	Asche %	In der Trocken-Substanz: Zucker %	Stickstoff-Substanz %	Analytiker
				Zucker										
1	Ohne näh. Bezeichn.	?	21,43	—		—	5,87	—	—	—	3,43	—	7,44	*A. Payen*[1]
2	Gewöhnliche trockene	?	34,38	42,00		—	—	—	—	—	—	64,00	—	*F. Sestini*[2]
3	Feigen à pièce . .	?	40,36	45,50		—	—	—	—	—	—	76,29	—	*F. Sestini*[2]
4	Marseiller Feigen .	?	32,67	48,35		—	—	—	—	—	—	71,81	—	*F. Sestini*[2]
5	Ohne näh. Bezeichn.	1879	28,16	55,57		—	2,92	—	—	—	2,83	77,34	4,06	*C. Krauch*[3]
				In der Trocken-Substanz										
6	Indische Feigen in der Nähe von Livorno gewachsen . . .	1893	—	75,04		—	6,08	1,67	—	11,94	5,26	75,04	6,08	*N. Passerini*[4]
				In der natürlichen Substanz										
7	White adriatic . .	„	25,00	57,60		0,75	4,50	9,81			2,24	76,80	6,00	*G. E. Colby*[5]
8	Smyrna-Feigen . .	„	21,06	62,50		0,67	4,06	9,91			1,80	79,17	5,14	*G. E. Colby*[5]
				Zucker und in Zucker überführbare Stoffe										
9	Ohne näh. Bezeichn.	1894	25,00	51,04		—	1,95	0,51	—	2,61	2,08	—	2,60	*Ch. Cornevin*[6]
				Zucker										
10	desgl.	1900	31,00	48,40		(0,12)	2,26	2,10	5,27	7,82	3,15	70,14	3,28	*Balland*[7]
	Mittel	—	**28,78**	**51,43**		**0,71**	**3,58**	**1,27**	**5,29**	**6,19**	**2,75**	**72,21**	**5,02**	

Getrocknete Datteln.

No.	Nähere Bezeichnung	Zeit der Untersuchung	Wasser	Invertzucker	In Zucker überführbare Stoffe	Freie Säure	Stickst.-Subst.	Fett	Sonstige stickstfr. Extraktst.	In Wasser unlöslich / Rohfaser	Asche	Zucker	Stickstoff-Substanz	Analytiker
1	Fruchtfleisch*) . .	1895	20,33	28,24	36,18	1,26	0,23	0,62	5,51 **)	6,35	1,22	35,32	0,28	*Vers.-Station Münster*[8]
2	desgl. von Datteln aus Mesopotamien***) .	1895	—	66,07 ***)	—	—	2,97	1,01	Gummi 4,26	Rohfaser 4,97	—	—	—	*Lelay*[8]
3	Fruchtfleisch°) . .	1894	16,68	55,74		—	2,46	0,16	—	2,55	2,24	—	2,95	*Ch. Cornevin*[6]
	Mittel	—	**18,51**	**47,16**	—	**1.26**	**1,89**	**0,60**	**4,26**	**3,76**	**1,83**	**57,99**	**2,32**	

Getrocknete Bananen.

No.	Nähere Bezeichnung	Zeit der Untersuchung	Wasser	Zucker		Freie Säure	Stickst.-Subst.	Fett	Sonstige stickstfr. Extraktst.	Rohfaser	Asche	Zucker	Stickstoff-Substanz	Analytiker
1	Geschält und gedörrt	1891	29,17	52,54°°)		0,67	5,25	°°) 2,25	—	2,07	5,33	74,18	7,41	*B. Niederstadt*[9]

[1]) Journ. Pharm. **16**, 279.
[2]) Bull. Soc. Chim. [2], **7**, 236.
[3]) Original-Mittheilung.
[4]) Boll. della scuola agr. di Scandicci presso Firenze 1893, **1**, 22; Centralbl. Agrik.-Chem. 1894, **23**, 202.
[5]) Agric. Experim. Stat. California, Rep. f. 1892/93 und 1893/94, 231.
[6]) Annal. agronom. 1894, **20**, 209; Centralbl. Agrik.-Chem. 1895, **24**, 243.
[7]) Rev. intern. falsif. 1900, **13**, 92.
[8]) Mittheilung vom Internat. Patentbureau C. F. Reichert in Berlin; Viertelj. Nahrungs- und Genussmittel 1895, **10**, 95.
[9]) Chem.-Ztg. 1891, **15**, Rep. 218.

*) Die Kerne enthielten 12,50 % Wasser, 5,77 % Stickstoff-Substanz, 9,78 % Fett, 47,64 % stickstofffreie Extraktstoffe, 23,24 % Rohfaser und 1,07 % Asche.
**) Davon 1,61 % Pentosane.
***) Die Frucht bestand aus 85 % Fruchtfleisch und 15 % Kern-Substanz.

°) Die Frucht bestand aus 81,5 % Fruchtfleisch und 18,5 % Kernen. Die Kerne enthielten 11,10 % Wasser, 5,16 % Proteïn, 4,18 % Fett, 25,18 % Zucker und in Zucker überführbare Stoffe, 12,36 % Rohfaser und 0,85 % Asche.
°°) Der Zucker ist als Trauben- und Rohrzucker angegeben; die sonstigen stickstofffreien Extraktstoffe enthielten 2,17 % Pektin und Gummi und 0,55 % Stärke.

Fruchtsäfte, Fruchtsyrupe, Fruchtgelées und Marmeladen.*)

Fruchtsäfte.

Aepfelsaft (Aepfelmost).

No.	Nähere Bezeichnung	Zeit der Untersuchung	Mittleres Gewicht eines Apfels g	Mittleres Volumen eines Apfels ccm	Specifisches Gewicht bei 17,5° C.	100 ccm Saft enthalten: Extrakt g	Invertzucker g	Rohrzucker g	Säure (=Aepfelsäure) g	Sonstiger Nichtzucker g	Polarisation 200 mm-Rohr ° Wild: direkt	invertirt	Analytiker
	Aus dem Mustergarten in Geisenheim.						**)						
1	Köstlicher	1889 Herbst	—	—	1,0451	11,70	8,72	1,28	0,21	—	−6,5	−8,3	P. Kulisch[1])
2	Edelrother	„	—	—	1,0470	12,20	7,80	2,12	0,33	—	−7,4	−11,3	
3	Casseler Reinette	„	—	—	1,0496	12,86	6,82	3,71	0,37	—	−4,5	−11,0	
4	Bohnapfel	„	—	—	1,0532	13,80	7,19	3,29	0,98	—	—	—	
5	Gäsdonker Reinette	„	—	—	1,0533	13,82	8,47	2,31	0,74	—	−6,15	−10,5	
6	Winter-Rambour	„	—	—	1,0549	14,24	8,69	3,72	0,12	—	−3,7	−10,4	
7	Schiebler's Taubenapfel	„	—	—	1,0591	15,33	7,12	5,46	0,81	—	−1,1	−10,6	
8	Süsser Hoolart	„	—	—	1,0605	15,69	8,36	4,52	0,19	—	−3,9	−12,3	
9	Rother Eiserapfel	„	—	—	1,0642	16,65	8,35	4,64	0,72	—	−2,8	−11,15	
10	Dunchapfel (Lokalsorte)	„	—	—	1,0681	17,69	9,94	3,51	0,91	—	−6,3	−14,0	
11	Graue franz. Reinette	„	—	—	1,0869	22,61	13,12	4,49	0,94	—	−6,0	−13,6	
12	Sommer-Zimmtapfel	1890	—	—	1,0495	12,82	8,80	0,75	0,81	3,27	—	—	P. Kulisch[2]) ***)
13	Kaiser Alexander	„	—	—	1,0560	14,53	8,96	2,32	0,66	3,25	—	—	
14	Burchardt's Reinette	„	—	—	1,0538	13,96	8,26	2,89	0,48	2,81	—	—	
15	Batullenapfel	„	—	—	1,0540	14,02	7,85	2,65	0,58	3,52	—	—	
16	Schmidtberger's Reinette	„	—	—	1,0492	12,75	9,03	1,75	0,56	1,97	—	—	
17	Der Köstlichste	„	—	—	1,0451	11,60	9,38	0,89	0,17	1,33	—	—	
18	Gelber Bellefleur	„	—	—	1,0510	13,24	7,38	2,12	0,69	3,74	—	—	
19	Fette Goldreinette	„	—	—	1,0488	12,66	7,77	2,47	0,35	2,42	—	—	
20	Langer, grün. Gulderling	„	—	—	1,0535	13,87	8,62	3,19	0,70	2,06	—	—	
21	Goldzeugapfel	„	—	—	1,0600	15,58	10,32	2,88	0,66	2,38	—	—	
22	Muskat-Reinette	„	—	—	1,0639	16,58	7,08	6,17	0,62	3,33	—	—	
23	Ananas-Reinette	„	—	—	1,0724	18,82	11,02	3,91	0,51	3,89	—	—	
24	Grüner Fürstenapfel	„	—	—	1,0519	13,46	8,65	1,74	1,05	3,07	—	—	
25	Winter-Goldparmäne	„	—	—	1,0654	16,89	9,20	5,33	0,55	2,36	—	—	
26	Dunkapfel	„	—	—	1,0615	15,97	9,79	1,95	1,08	4,23	—	—	
27	Leichter Matapfel	„	—	—	1,0516	13,37	9,27	2,03	0,55	2,07	—	—	
28	Gäsdonker Reinette	„	—	—	1,0720	18,70	8,68	5,83	0,83	4,19	—	—	
29	Schieblers Taubenapfel	„	—	—	1,0670	17,39	6,47	6,27	1,10	4,65	—	—	
30	Champagner-Reinette	„	—	—	1,0510	13,24	7,87	2,85	0,88	2,52	—	—	

[1]) Preuss. Landw. Jahrb. 1890, **19**, 109.

[2]) Preuss. Landw. Jahrb. 1891, **21**, 427.

*) Fruchtsäfte (-moste) sind die natürlichen oder z. Th. vergohrenen Säfte der Früchte; Fruchtsyrupe sind gezuckerte, nicht oder nur wenig eingekochte Fruchtsäfte; Fruchtgelées sind gezuckerte, stark eingekochte Fruchtsäfte; Marmeladen werden durch Einkochen des von Kernen und Schalen befreiten Fruchtfleisches mit oder ohne Zucker hergestellt.

**) Traubenzucker nach Allihn.

***) Die Apfelmoste wurden im baumreifen Zustande untersucht.

No.	Nähere Bezeichnung	Zeit der Untersuchung	Mittleres Gewicht eines Apfels g	Mittleres Volumen eines Apfels ccm	Specifisches Gewicht bei 17,5° C.	100 ccm Saft enthalten: Extrakt g	Invertzucker g	Rohrzucker g	Säure g (=Aepfelsäure)	Gerbstoff g	Sonstiger Nichtzucker g	Mineralstoffe g	Analytiker
31	Grosse Casseler Reinette	1890	—	—	1,0619	16,06	9,12	3,07	0,90	—	3,87	—	P. Kulisch[1]
32	Rother Eiserapfel . .	„	—	—	1,0594	15,41	8,61	5,42	0,77	—	1,38	—	
33	Canada-Reinette . . .	„	—	—	1,0667	17,32	9,94	4,96	0,76	—	2,42	—	
34	Baumann's Reinette .	„	—	—	1,0507	13,15	8,44	2,44	0,45	—	2,27	—	
35	Binet blanc*) (aus dem nördlichen Frankreich)	1892	42,8	—	1,0753	19,57	14,83	1,01	0,26	0,04	—	0,26	L. Weigert[2]
36	Rousse Latour*) (aus dem nördlichen Frankreich)	„	50,5	—	1,0855	22,25	16,14	0,60	0,46	0,07	—	0,46	
	Oesterreichische Aepfel.												
37	Grüne Reinsberger Reinette	1892 8.3.	46	—	1,0562	14,58	10,78	1,00	0,66	0,06	—	0,38	L. Weigert[3]
38	Bachapfel	2.3.	62	—	1,0635	16,48	10,72	2,39	0,41	0,02	0,34	0,45	
39	Boikenapfel	8.3.	122	—	1,0600	15,58	9,64	1,59	0,64	0,05	—	0,37	
40	Grosser Brünner . . .	8.3.	154	—	1,0511	13,24	9,53	0,85	0,76	0,07	—	0,31	
41	Kleiner „ . . .	4.2.	66	—	1,0557	14,46	9,80	0,96	0,93	0,04	—	0,53	
42	„ „ . . .	12.3.	73	—	1,0523	13,58	9,83	0,44	0,62	0,02	—	0,39	
43	Luikenapfel	2.3.	75	—	1,0532	13,80	10,56	0,57	0,48	0,08	0,21	0,34	
44	Plankenapfel . . .	2.3.	145	—	1,0536	13,91	9,87	0,91	0,59	0,03	0,17	0,40	
45	Römer	12.3.	58	—	1,0613	15,92	7,96	3,61	0,79	0,04	—	0,36	
46	Schafnase	8.3.	92	—	1,0553	13,45	11,40	0,29	0,42	0,03	—	0,40	
47	Abkampapfel . . .	8.3.	121	—	1,0553	14,35	8,58	1,69	0,76	0,08	—	0,47	
48	Braddich's Nonpareil .	26.3.	80	—	1,0566	14,69	9,19	3,22	0,33	0,02	—	0,30	
49	Rother Winter-Calville .	2.4.	79	—	1,0674	17,51	13,13	0,91	0,66	0,07	0,32	—	
50	Steirischer Maschanzker	2.4.	60	—	1,0549	14,24	8,61	2,85	0,34	0,003	0,38	0,41	
51	Baumanns Reinette . .	26.3.	91	—	1,0506	13,13	9,01	1,91	0,36	0,02	—	0,29	
52	Graue Herbst-Reinette	2.3.	80	—	1,0736	19,11	13,28	2,43	0,60	0,07	0,27	0,37	

[1]) Preuss. Landw. Jahrb. 1892, **21**, 427.

[2]) Zeitschr. Nahrungsm.-Unters., Hygiene u. Waarenk. 1893, **7**, 451. Vergl. oben unter Aepfel. S. 823, Anmerkung [2]) und *).

[3]) Zeitschr. Nahrungsm.-Unters., Hygiene und Waarenk. 1892, **6**, 467; Chem. Centralbl. 1893, I, 327.

*) Vergleiche oben unter Aepfel. S. 823, Anmerkung [2]) u. *). A. Truelle fand für den Most derselben Aepfel folgende Zahlen:

	Spec. Gewicht	Extrakt %	Invertzucker %	Rohrzucker %	Gerbstoff %	Säure (Aepfelsaure) %	Mineralstoffe %
Binet blanc	1,0900	22,22	17,06	2,76	0,10	0,20	0,30
Rousse Latour	1,0900	20,87	16,17	1,54	0,06	0,23	0,50

No.	Nähere Bezeichnung	Zeit der Untersuchung	Mittleres Gewicht eines Apfels g	Pressrückstände %	Specifisches Gewicht des Mostes	100 ccm Saft enthalten: Extrakt*) g	Invertzucker g	Rohrzucker**) g	Säure (=Aepfelsäure) g	Gerbstoff g	Stickstoff-Substanz g	Mineralstoffe g	Analytiker
	Aepfel aus Klosterneuburg***):	1889											
1	Van Mons Reinette . .	16. 9.	60,7	17,6	1,0616	15,97	8,34	—	0,86	0,029	—	—	E. Mach und K. Portele[1])
		22. 11.	45,0	—	1,0846	21,96	14,19	4,56	0,67	—	—	—	
2	Osnabrücker Reinette .	16. 9.	155,0	17,7	1,0575	14,90	6,86	—	1,39	0,050	—	—	
		22. 11.	128,0	—	1,0855	22,22	11,02	6,78	0,96	—	—	—	
3	Deutscher Goldpepping .	16. 9.	74,0	15,6	1,0531	13,75	6,36	—	0,79	0,028	—	—	
		22. 11.	63,3	—	1,0783	20,34	9,88	5,65	0,46	—	—	—	
4	Karmeliter-Reinette . .	16. 9.	133,0	21,6	1,0550	14,25	7,53	—	0,95	0,018	—	—	
		3. 12.	122,0	—	1,0680	17,64	8,02	5,87	0,52	—	—	—	
5	Brauner Matapfel . .	16. 9.	114,1	18,2	1,0459	11,88	6,50	—	0,72	0,032	0,137	—	
		22. 11.	71,4	—	1,0664	17,22	11,65	2,41	0,34	—	—	—	
6	Baldwinapfel	17. 9.	169,3	17,7	1,0544	14,09	7,01	—	0,92	0,043	—	—	
		21. 11.	—	—	1,0662	17,17	8,07	5,66	0,59	—	—	—	
7	Rother Trierscher Mostapfel	14. 9.	40,5	22,9	1,0610	15,81	6,50	—	0,90	0,050	—	—	
		26. 11.	24,0	—	1,0630	16,33	10,93	2,23	0,63	—	—	—	
8	Englische Spital-Reinette	14. 9.	119,6	20,2	1,0632	16,39	8,17	—	0,95	0,056	—	—	
		10. 10.	—	—	1,0668	17,33	7,53	5,32	0,86	—	—	—	
9	Rother Cousinot . . .	16. 9.	134,0	19,4	1,0487	12,61	6,53	—	0,71	0,063	—	—	
		22. 11.	93,0	—	1,0644	16,77	10,38	2,62	0,55	—	—	—	
10	Steirischer Maschanzker	16. 9.	100,0	20,0	1,0430	11,13	5,41	—	0,68	0,034	—	—	
		4. 12.	93,0	—	1,0567	14,69	6,78	5,76	0,26	—	—	—	
11	Grosse Casseler Reinette	16. 9.	150,0	18,9	1,0472	12,22	5,88	—	0,82	0,043	0,122	—	
		26. 11.	135,0	—	1,0574	14,87	8,82	3,35	0,56	—	—	—	
12	Hasslinger (Brixner Plattling)	16. 9.	109,2	21,7	1,0498	12,90	7,43	—	0,83	0,032	—	—	
		3. 12.	119,0	—	1,0537	13,91	8,63	3,20	0,44	—	—	—	
13	Harbert's Reinette . .	17. 9.	153,3	15,2	1,0529	13,70	6,50	—	0,79	0,036	—	—	
		10. 10.	—	—	1,0545	14,12	7,72	3,73	0,68	—	—	—	
14	Gelber Herbst-Stettiner	14. 9.	99,7	20,1	1,0434	11,23	5,74	—	0,88	0,029	—	—	
		26. 11.	97,0	—	1,0510	13,21	8,88	2,24	0,56	—	—	—	
15	Gelber Winter-Stettiner	14. 9.	120,0	26,2	1,0468	12,12	6,53	—	0,85	0,049	—	—	
		26. 11.	102,0	—	1,0533	13,81	8,95	2,16	0,54	—	—	—	
16	Weisser Trierscher Mostapfel	14. 9.	78,5	17,8	1,0414	10,71	5,94	—	1,16	0,056	0,104	—	
		26. 11.	60,0	—	1,0504	13,05	7,86	3,09	0,81	—	—	—	
17	Champagner-Reinette .	16. 9.	112,5	12,6	1,0448	11,60	6,11	—	0,89	0,039	0,096	—	
		7. 12.	96,0	—	1,0524	13,57	8,29	2,59	0,60	—	—	—	
18	Rheinischer Bohnapfel .	16. 9.	106,6	19,5	1,0437	11,31	6,17	—	0,55	0,032	0,168	—	
		7. 12.	105,0	—	1,0515	13,34	8,82	1,99	0,35	—	—	—	
19	Szerzika	16. 9.	174,2	18,6	1,0412	10,66	6,05	—	1,09	0,021	—	—	
		6. 12.	150,0	—	1,0498	12,90	7,91	2,59	0,61	—	—	—	

[1]) Landw. Vers.-Stat. 1892, **41**, 233.

*) Die Zahlen für den Extraktgehalt sind aus dem specifischen Gewichte von uns nach der Extrakt-Tabelle für Wein (Windisch) nachgetragen.

**) Wo in dieser Kolumne ein Strich (—) steht, sind die betr. Moste nicht auf Rohrzucker geprüft worden.

***) Die Aepfel des Klosterneuburger Anstaltsgutes stammen von Niederstämmen (auf Wildlinge veredelte Pyramiden), die in der Ebene auf einen etwas feuchten Etschalluvialboden im Muttergarten der Anstalt gepflanzt sind.

No.	Nähere Bezeichnung	Zeit der Untersuchung	Mittleres Gewicht eines Apfels g	Press-rückstände %	Specifisches Gewicht des Mostes	100 ccm Saft enthalten: Extrakt*) g	Invert-zucker g	Rohr-zucker**) g	Säure (=Aepfel-säure) g	Gerbstoff g	Stickstoff-Substanz g	Mineral-stoffe g	Analytiker
20	Oelkofer Pepping . .	1889 16. 9.	97,5	13,7	1,0427	11,05	5,79	—	0,54	0,032	—	—	E. Mach und K. Portele ¹)
		23. 9.	—	—	1,0435	11,26	6,01	3,27	0,54	—	—	—	
21	Carpentin	16. 9.	56,4	24,0	1,0516	13,36	6,02	—	1,43	0,041	0,105	—	
22	Weisser Matapfel . . .	16. 9.	128,3	15,6	1,0502	13,00	6,36	—	0,87	0,018	0,131	—	
23	Rother Zollker	16. 9.	78,5	19,2	1,0489	12,66	5,30	—	0,72	0,034	—	—	
24	Baumann's Reinette . .	17. 9.	101,2	20,9	1,0470	12,17	6,39	—	0,69	0,028	—	—	
25	Rother Eiserapfel . . .	19. 9.	125,0	19,8	1,0453	11,73	5,15	—	0,55	0,038	0,148	—	
	Aepfel aus Vintschgau.												
26	Gelber Herbst-Stettiner (Bozener Apfel) . . .	24. 10.	110,0	15,9	1,0485	12,56	7,02	2,94	0,76	0,091	0,122	—	
27	Strimmlinger	24. 10.	75,0	22,8	1,0506	13,10	9,01	0,67	0,85	0,034	0,113	—	
28	„Hagloe Crab", amerikanischer Cider-Apfel aus der Grafschaft Glocester	1895	40,0	—	1,0628	16,32	13,42		0,44	0,042	—	—	E. Hotter ²)

Aepfelmost-Untersuchungen von E. Hotter***) (Berichte der pomologischen Versuchs- und Samen-Kontrollstation 1892/93, 13; 1893/94, 6; 1894/95, 6 und 1895/96, 8).

No.	Nähere Bezeichnung	Herkunft	Zeit der Untersuchung	Mittleres Gewicht eines Apfels g	Mittleres Volumen eines Apfels ccm	Specifisches Gewicht bei 17,5° C.	100 ccm Saft enthalten: Extrakt (Balling) g	Invert-zucker g	Rohr-zucker g	Gesammt-säure (= Aepfelsäure) g	Gerbstoff g	Beschaffenheit der Aepfel
								Als Invertzucker berechnet				
1	Kleiner Brünner . .	—	24. 1. 1893	55	55	1,05233	13,58	10,98		0,590	0,060	welk, wenig Saft
2	Wälisch „ . .	—	14. 1. „	125	155	1,05106	13,24	10,98		0,670	0,029	gut erhalten
3	Calville de maussion	—	3. 2. „	69	77	1,05064	13,13	11,93		0,175	0,060	frisch
4	RotherHerbst-Calville	—	14. 1. „	90	105	1,04810	12,47	10,21		0,580	0,045	z. Th. überreif
5	Geflammter Cardinal	—	18. 12. 1892	125	147	1,05021	13,02	10,34		0,405	0,054	frisch
6	Elbersdorfer . . .	—	8. 1. 1893	76	91	1,07177	18,65	13,00	2,22	0,215	0,027	welk
7	Rother Eiserapfel .	—	16. 1. „	95	120	1,05149	13,35	8,95	2,26	0,455	0,078	—
8	Kleiner Fleiner . .	—	10. 1. „	149	205	1,04894	12,69	10,29		0,740	0,032	—
9	Rother Holzapfel .	—	16. 12. 1892	80	—	1,06090	15,81	12,29		0,489	0,135	schillernder Wein
10	Weisser „ .	Weiz, Steierm.	16. 12. „	52	—	1,05789	15,02	11,33		1,205	0,030	weisser Wein
11	Huber'scher Most-Apfel Streifling: grün . .	St. Ruprecht a. d. Raab	29. 11. „	50	—	1,05703	14,80	12,53		0,445	0,069	—
12	Huber'scher Most-Apfel Streifling: gelb . .	St. Ruprecht a. d. Raab	29. 11. „	63	—	1.04852	12,58	10,12		0,325	0,051	—
13	Huber'scher Most-Apfel Streifling: weiss . .	St. Ruprecht a. d. Raab	29. 11. „	63	—	1,04683	12,14	10,21		0,080	0,060	—
14	Huber'scher Most-Apfel Streifling: dunkelroth	St. Ruprecht a. d. Raab	29. 11. „	61	—	1,05233	13,58	11,28		1,065	0,072	—

¹) Landw. Vers.-Stat. 1892, **41**, 233.
²) Der Obstgarten 1896, 22; Centralbl. Agrik.-Chem. 1896, **25**, 498.
*) Vergl. Anmerkung *) auf S. 871.
**) Wo in dieser Kolumne ein Strich (—) steht, sind die betr. Moste nicht auf Rohrzucker geprüft worden.
***) Die Untersuchungsverfahren waren die von L. Weigert vorgeschlagenen Vereinbarungen über einheitliche Mostuntersuchung.

No.	Nähere Bezeichnung	Herkunft	Zeit der Untersuchung	Mittleres Gewicht eines Apfels g	Mittleres Volumen eines Apfels ccm	Specifisches Gewicht bei 17,5° C.	100 ccm Saft enthalten: Extrakt (Balling) g	Invert-zucker g	Rohr-zucker g	Gesammt-säure (= Aepfelsäure) g	Gerbstoff g	Beschaffenheit der Aepfel
								Als Invertzucker berechnet				
15	Kronprinz Rudolf .	Graz	3. 2. 1893	66	79	1,04768	12,36	10,25		0,310	0,021	—
16	Maschanzker steirischer Winter-	Klein-Kaïnach, Steierm.	20. 1. „	57	60	1,05446	14,13	11,65		0,585	0,029	—
17	Maschanzker Winter-	Ober-Schöckel bei Graz	22. 1. „	57	63	1,05660	14,69	11,93		0,465	0,021	—
18	Maschanzker —	Graz	3. 2. „	65	72	1,05276	13,69	8,61	2,79	0,340	0,033	frisch
19	Gold-Parmäne . .	Klein-Kaïnach,	12. 1. „	109	111	1,05233	13,58	11,76		0,530	0,062	—
20	Engl. Winter-Gold-Parmäne	Graz	30. 1. „	77	93	1,05233	13,58	12,05		0,345	0,039	etwas welk
21	Passamaner . . .	Afling, Steierm.	18. 12. 1892	126	200	1,05318	13,80	11,49		0,0625	0,060	—
22	Prinzenapfel . . .	Graz	10. 2. 1893	65	66	1,05106	13,24	10,38		0,465	0,108	—
23	Ananas-Reinette .	„	29. 1. „	68	77	1,04683	12,14	10,08		0,500	0,009	etwas runzelich
24	Champagner-Reinette	St. Peter bei Graz	10. 2. „	66	75	1,05233	13,58	10,65		0,595	0,039	—
25	Canada- „	Graz	28. 1. „	109	148	1,06392	16,60	13,72		0,535	0,096	welk
26	„ „	St. Peter	8. 1. „	80	91	1,06133	15,92	10,65	2,04	0,495	0,102	—
27	Graue Herbst- „ (Lederapfel)	Klein-Kaïnach	15. 1. „	82	94	1,06176	16,03	13,57		0,850	0,078	—
28	Graue französ. „	Graz	24. 1. „	72	84	1,06827	17,73	14,11	1,93	0,555	0,015	welk
29	Grosse Casseler „	„	30. 1. „	97	110	1,04768	12,36	10,25		0,525	0,054	—
30	Reinette de Luneville	St. Gotthard bei Graz	24. 11. 1892	67	—	1,07358	19,11	15,15		0,750	0,051	theils welk
31	Ribston Pepping . .	Graz	29. 1. 1893	87	106	1,06696	17,39	14,53		0,415	0,060	welk
32	Rothhähnchen . .	Feldkirchen (Kärnthen)	10. 2. „	61	72	1,04894	12,69	9,61		0,460	0,029	frisch
33	Rother Stettiner . .	Graz	30. 1. „	95	113	1,04810	12,47	10,74		0,0375	0,018	frisch
34	Echter Winter-Streifling	Klein-Kaïnach	20. 1. „	100	130	1,04726	12,25	10,08		0,545	0,027	—
35	Süsser Apfel . . .	„	12. 1. „	67	95	1,06090	15,81	10,74	2,21	0,140	0,063	—
36	„ „ . . .	St. Peter	10. 2. „	34	39	1,05021	13,02	11,08		0,255	0,021	—
37	Weisser Winter-Taffetapfel	Klein-Kaïnach	16. 1. „	68	89	1,05703	14,79	10,56	1,70	0,645	0,048	—
38	Taffetapfel	Ober-Schöckel	22. 1. „	85	95	1,05191	14,46	11,13		0,865	0,054	—
39	„	Graz	3. 2. „	64	81	1,05489	14,24	11,93		0,480	0,036	nur 3 Theile frisch
40	Herbst-Weinling . .	St. Gotthard	24. 11. 1892	63	—	1,06479	16,82	11,41		0,830	0,066	eingeschrumpft
41	Winter- „ . .	Afling, Steierm.	18. 12. „	109	165	1,05789	15,02	11,93		0,655	0,054	—
42	Weinling	„	8. 1. 1893	100	125	1,05831	15,13	12,41		0,560	0,036	—
43	Mostobstmischung .	Seine inférieur Frankreich	—	—	—	1,05960	15,47	9,12	3,13	0,155	0,179	süss u. herbe
44	Azerolapfel Malus baccata fructo rouge	Graz	—	—	—	1,0726	18,88	9,05	—	1,801	0,404	sauer und herbe
45	Azerolapfel Malus baccata fructo lutea .	„	—	—	—	1,0718	18,45	12,80	—	1,135	0,332	sauer und herbe
46	Calville de Moussion	„	5. 1. 1894	80	89	1,05233	13,58	11,60		0,207	0,045	frisch
47	Weisser Winter-Calville	St. Gotthard	—	—	—	1,05405	14,02	11,65		0,455	0,080	klein, etwas welk

No.	Nähere Bezeichnung	Herkunft	Zeit der Untersuchung	Mittleres Gewicht eines Apfels g	Mittleres Volumen eines Apfels ccm	Specifisches Gewicht bei 17,5° C.	100 ccm Saft enthalten: Extrakt (Balling) g	Invertzucker g	Rohrzucker g	Gesammtsäure (= Aepfelsäure) g	Gerbstoff g	Beschaffenheit der Aepfel
								Als Invertzucker berechnet				
48	Geflammter Cardinal	Afling	28. 2. 1894	135	145	1,05446	14,13	12,17		0,357	0,030	frisch
49	Rother Cousinot . .	St. Peter	22. 2. „	76	98	1,04683	12,14	9,50		0,831	0,123	„
50	Edelböhmer . . .	St. Gotthard	24. 1. „	52	54	1,05361	13,91	12,05		0,387	0,045	„
51	Edelborsdorfer . .	Eggenberg bei Graz	9. 2. 1893	—	—	1,06696	17,39	15,06		0,430	0,038	—
52	Eisapfel	St. Gotthard	22. 1. 1894	85	100	1,06047	15,70	13,49		0,444	0,063	frisch
53	Fürstenapfel . . .	St. Peter	15. 3. „	110	131	1,05361	13,91	10,73		0,361	0,042	„
54	Holzapfel, weisser .	Rogelberg bei Leibnitz	3. 10. 1893	—	—	1,05361	13,91	11,49		1,040	0,165	herbe
55	„ roth gestreift	Wolfgruben bei Gleisdorf	15. 10. „	122	160	1,05574	14,46	12,35		0,690	0,130	„
56	„ . .	Strübing	20. 10. „	76	89	1,04852	12,58	11,88		0,750	0,078	frisch
57	„ I . . .	Krumberg	7. 2. 1894	95	110	1,04937	12,80	9,84		0,665	0,012	nicht herbe
58	„ II . . .	Krumberg	7. 2. „	90	108	1,04726	12,25	9,73		0,718	0,047	„
59	Huber'scher Most-Apfel No. 2 weiss	St. Ruprecht a. d. Raab	7. 10. 1893	46	58	1,06047	15,70	13,28		0,845	0,408	sehr herbe
60	Huber'scher Most-Apfel „ 3 roth	St. Ruprecht a. d. Raab	7. 10. „	55	57	1,04683	12,14	9,73		1,135	0,048	sehr sauer
61	Kronprinz Rudolf .	Graz	12. 1. 1894	60	71,4	1,04641	12,03	10,20		0,240	0,040	frisch
62	Lederapfel	Waltendorf bei Graz	1. 3. „	90	112	1,06090	15,81	13,88		0,320	0,050	runzlich
63	Winter-Maschanzker	St. Gotthard	20. 10. 1893	58	68	1,05574	14,46	12,54		0,410	0,015	frisch
64	„ „	Graz	8. 1. 1894	79	90	1,05361	13,91	11,54		0,368	0,053	—
65	„ „	St. Gotthard	5. 2. „	49	51	1,06198	16,09	13,55		0,383	0,063	frisch
66	„ „	Waltendorf	5. 2. „	100	117	1,05917	15,36	12,67		0,368	0,035	„
67	„ „	Oberschlöckel	5. 2. „	100	119	1,05617	14,58	12,23		0,436	0,024	„
68	Menagère Hausmütterchen	St. Gotthard	18. 1. „	—	—	1,05064	13,13	11,18		0,165	0,060	„
	Mostapfel:											
69	No. 1	St. Ruprecht a. d. Raab	7. 10. 1893	80	81	1,06176	16,03	13,57		0,775	0,035	süss
70	„ 4 rothgestreift .	St. Ruprecht a. d. Raab	20. 10. „	—	—	1,05233	13,58	11,30		0,905	0,142	—
71	„ 5 weiss . . .	St. Ruprecht a. d. Raab	20. 10. „	—	—	1,05660	14,69	12,31		0,520	0,035	—
72	Passamaner . . .	St. Gotthard	24. 1. 1894	52	59	1,05404	14,02	11,65		0,455	0,031	frisch
73	„ von Schmölzer	„	5. 2. „	52	58	1,05318	13,80	11,70		0,380	0,035	„
74	„	Afling	7. 3. „	103	119	1,06436	16,71	13,21		0,462	0,026	—
75	Engl. Winter-Gold-Parmäne	Waltendorf	27. 2. „	97	112	1,05703	14,80	12,93		0,323	0,033	meist welk
76	Engl. Gold Pepping	St. Gotthard	16. 1. „	30	33	1,0515	13,35	11,00		0,300	0,033	runzlich
77	Cornwaliser Limonie-Pepping	Graz	12. 1. „	78	94	1,04641	12,03	9,97		0,244	0,050	frisch
78	Londoner Pepping .	Herbersdorf	16. 12. 1893	98	104	1,05233	13,58	11,13		0,650	0,050	„
79	Oelkofer „	Herbersdorf	5. 1. 1894	92	109	1,05318	13,80	10,51		0,384	0,068	„
80	Ribston „	Graz	5. 1. „	72	82	1,05021	13,02	10,88		0,376	0,063	etwas welk
81	Stein- „	St. Gotthard	29. 1. „	47	51	1,08329	21,67	18,71		0,729	0,059	welk, eingeschrumpft

No.	Nähere Bezeichnung	Herkunft	Zeit der Untersuchung	Mittleres Gewicht eines Apfels g	Mittleres Volumen eines Apfels ccm	Specifisches Gewicht bei 17,5° C.	100 ccm Saft enthalten: Extrakt (Balling) g	Invertzucker g	Rohrzucker g	Gesammtsäure (= Aepfelsäure) g	Gerbstoff g	Beschaffenheit der Aepfel
								Als Invertzucker berechnet				
82	Prinzenapfel . . .	Grazer Obstmarkt	8. 3. 1894	52	56	1,04768	12,36	10,00		0,361	0,057	frisch
83	Ananas - Reinette .	Graz	8. 1. „	66	77	1,04852	12,58	10,08		0,545	0,022	„
84	Baumans „	„	5. 1. „	79	90	1,04599	11,92	9,88		0,402	0,048	„
85	Canada- „	„	9. 1. „	157	198	1,05574	14,46	12,29		0,429	0,040	etwas welk
86	„ „	St. Gotthard	24. 1. „	60	—	1,06090	15,81	13,14		0,425	0,047	welk
87	Carmeliter „	„	22. 1. „	57	65	1,06566	17,05	14,36		0.628	0,092	frisch
88	Champagner- „	Herbersdorf	5. 1. „	87	89	1,05064	13,13	10,51		0,707	0,088	„
89	„ „	St. Peter	20. 2. „	74	86	1,05064	13,13	10,47		0,583	0,073	„
90	Damason- „	St. Gotthard	5. 1. „	54	57	1,07177	18,65	16,46		0,639	0,090	welk, runzlich
91	Französ. Edel- „	„	18. 1. „	—	—	1,06262	16,26	14,03		0,432	0,065	welk
92	Gold- „	„	2. 2. „	55	60	1,05682	14,74	12,93		0,323	0,054	frisch
93	„ „	St. Peter	22. 2. „	68	76	1,05574	14,46	11,70		0,278	0,097	„
94	Jägers „	Graz	16. 12. 1893	138	150	1,05064	13,13	11,28		0,312	0,022	„
95	Luneville- „	St. Gotthard	19. 1. 1894	53	56	1,06414	16,65	14,00		0,673	0,087	„
96	Muscat- „	„	22. 1. „	60	63,5	1,07002	18,19	15,44		0,617	0,028	„
97	Orleans- „	„	9. 1. „	56	64,5	1,06740	17,51	15,26		0,527	0,070	welk, runzlich
98	Rosmarin- „	„	29. 1. „	40	43	1,05703	14,80	12,11		0,368	0,073	frisch
99	Sämlingsfrucht, gelb	Hopfgarten bei Weisskirchen	16. 12. 1893	44	53	1,07400	19,22	16,10		0,200	0,332	süss, herbe
100	„ roth	St. Margareten	16. 12. „	62	52	1,06566	17,05	14,31		0,180	0,243	herbe
101	Schafnase	Kogelberg	3. 10. „	125	170	1,06090	15,81	13,35		0,730	0,083	frisch
102	Rother Stettiner . .	Graz	19. 2. 1894	95	114	1,04641	12,03	9,97		0,316	0,025	„
103	„ „ . .	St. Peter	27. 2. „	110	124	1,04473	11,60	9,18		0,451	0,026	„
104	„ „ . .	Waltendorf	27. 2. „	113	123	1,04979	12,91	10,33		0,387	0,024	„
105	Süsser Apfel . . .	Afling	12. 3. „	70	79,5	1,06262	16,26	13,28		0,139	0,028	mit Faulstellen
106	Taffetapfel . . .	Graz	19. 12. 1893	67	77	1,04641	12,03	9,92		0,436	0,020	frisch
107	Rother Winter-Traubenapfel	St. Gotthard	22. 1. 1894	42	45	1,04810	12.47	10,93		0,259	0,023	welk
108	Trdika	Cilli	7. 3. „	154	186	1,06090	15,81	12,67		0,511	0,031	frisch
109	Herbst-Weinling . .	St. Gotthard	24. 1. „	65	77	1,04431	11,49	9,65		0,282	0,033	„
110	Winter- „ . .	Afling	28. 2. „	93	115	1,05318	13,80	11,60		0,402	0,047	„
111	Weinling	„	7. 3. „	108	133	1,05617	14,58	12,53		0,357	0,061	„
112	Zwiebelborsdorfer .	St. Gotthard	19. 12. 1893	60	64,6	1,05746	14,91	12,17		0,525	0,035	„
113	Kleiner Brunner, I. Pressung: 1374 g*)	—	1894	—	—	1,05149	13,35	10,56		0,605	0,065	—
114	Kleiner Brunner, II. Pressung: 400 g*)	—	—	—	—	1,05106	13,24	10,51		0,600	0,053	—
115	Azerolapfel, gelb. .	Graz	10. 8. 1894	74	72	1,05510	14,30	5,81	4,55	1,137	0,601	—
116	Bédan	„	27. 8. „	36	45	1,06609	17,16	9,90	3,99	0,117	0,550	—

*) Die Pressung erfolgt mittelst einer kleinen amerikanischen Fruchtpresse. Es wurde mit einem Drucke von 2,45 Atm. gepresst. Der Saft der ersten Pressung war trübe und dunkelbraun, der der zweiten Pressung fast ganz klar und dunkelgelb.

No.	Nähere Bezeichnung	Herkunft	Zeit der Untersuchung	Mittleres Gewicht eines Apfels g	Mittleres Volumen eines Apfels ccm	Specifisches Gewicht bei 17,5° C.	100 ccm Saft enthalten: Extrakt (Balling) g	Invertzucker g	Rohrzucker g	Gesammtsäure (= Aepfelsäure) g	Gerbstoff g	Beschaffenheit der Aepfel
117	Edelborsdorfer .	Frauenberg bei Leibnitz	21. 11. 1894	71	82	1,07706	20,03	10,04	6,32	0,598	0,067	—
118	Fürstenapfel . . .	Ziglenzen bei Marburg	27. 12. „	182	215	1,05446	14,13	9,92	1,44	0,659	0,058	—
119	Hagloe Crab . . .	Gösting b. Graz	20. 8. „	40	55	1,06284	16,32	9,46	3,76	0,444	0,034	—
120	Kumberger Apfel .	Kumberg	18. 12. „	111	143	1,06566	17,05	10,12	4,52	0,248	0,069	—
121	Königlicher Kurzstiel	Ratsch bei Ehrenhausen	16. 11. „	93	103	1,10375	27,04	12,20	8,82	1,335	0,138	—
122	Limoni-Pepping . .	St. Peter	21. 11. „	81	91	1,07309	18,99	10,21	5,06	0,823	0,048	—
123	Stein-Pepping. . .	St. Gotthard	1. 2. 1895	43	48	1,08599	22,37	13,14	5,19	0,692	0,074	welk
124	Pomme Marabot . .	Pettau	18. 9. 1894	83	108	1,05874	15,25	9,28	3,28	0,169	0,109	—
125	Ananas-Reinette . .	St. Martin a. d. Drau	4. 12. „	104	122	1,05867	14,97	7,97	2,98	0,700	0,062	auf Lehmboden
126	Canada- „ . .	Unterrohr	23. 11. „	170	204	1,07133	18,53	9,80	4,91	0,835	0,087	theilweise welk
127	Graue franz. Reinette	Weiz	29. 11. „	120	151	1,07265	18,88	11,08	4,14	0,639	0,122	etwas welk
128	Gaesdonker „	St. Peter	16. 11. „	63	67	1,06436	16,71	10,16	2,96	0,549	0,039	—
129	Gold-Reinette . . .	Kogelberg bei Leibnitz	6. 12. „	86	97	1,06349	16.48	9,96	3,95	0,432	0,064	frisch
130	Graue Herbst-Reinette	Kogelberg bei Leibnitz	6. 12. „	77	93	1,08218	21,37	13,88	3,97	0,665	0,087	etwas runzlich
131	Orleans-Reinette . .	Pichling bei Steins	19. 11. „	85	100	1,06566	19,80	9,72	6,62	0,609	0,076	—
132	Gelber Winter-Stettiner	Deutsch-Landsberg	18. 12. „	176	250	1,04852	12,58	8,98	1,08	0,504	0,046	frisch
133	Rother Stettiner . .	Ratsch	27. 12. „	163	192	1,05574	14,46	10,08	1,70	0,572	0,030	„
134	Süssling I	St. Gotthard	26. 10. „	47	56	1,07530	19,57	9,69	6,34	0,116	0,091	„
135	„ II	„	26. 10. „	36	44	1,06609	17,16	11,88	1,90	0,180	0,146	„
136	Trdika	Pettau	27. 12. „	167	203	1,05170	13,41	9,61	1,21	0,556	0,120	etwas herb
137	Zwiebelapfel . . .	St. Marein	27. 12. „	163	195	1,05489	14,24	9,08	2,39	0,567	0,021	gut erhalten
138	Bédan	Wildbach	16. 9. 1895	36	48	1,08643	22,49	14,20	4,42	0,267	0,444	frisch
139	Rother Herbst-Calville	St. Gotthard	1. 10. „	85	104	1,06566	17,05	10,98	3,37	0,430	0,410	„
140	Oberösterr. Holzapfel	Wildbach	1. 12. „	76	100	1,06262	15,26	9,50	3,01	0,823	0,078	„
141	Sommer-Taffetapfel .	Stallhofen	4. 9. „	68	89	1,05140	12.25	8,76	0,09	0,457	0,050	„
142	„ „	St. Gotthard	1. 10. „	108	132	1,04852	12,58	7,94	2,98	0,267	0,039	„

Ausser über die in den vorstehenden Tabellen vorhandenen Untersuchungen berichtet **Hotter** in den Jahresberichten III und IV der Pomologischen Versuchsstation in Graz noch über zahlreiche andere Untersuchungen von Apfelmost aus den Jahren 1894/95 und 1895/96, von denen hier wegen Raummangels nur die Schwankungszahlen Platz finden mögen:

Zeit der Untersuch.	Zahl der Untersuch.									
1894/95	67	Niedrigstgehalt . . .	74	72	1,04852	10,12	9,88	0,060	0,021	—
		Höchstgehalt	372	440	1,10375	27,04	21,48	1,433	0,601	—
1895/96	24	Niedrigstgehalt . . .	14	15	1,03806	—	9,89	0,098	0,014	—
		Höchstgehalt . . .	216	210	1,10514	27,41	23,04	1,880	0,444	—

Mostobstsäfte aus der Normandie.

No.	Nähere Bezeichnung	Beschreibung	Zeit der Untersuchung	Specifisches Gewicht bei 15° C.	100 ccm Saft enthalten: Extrakt *) g	Zucker (Invertzucker?) g	Säure (=Aepfelsäure) g	Gerbstoff **) g	Analytiker
1	Bedan, 3. fl.***) . .	klein, grün	1889	1,0631	16,36	12,00	0,255	0,066	Schaffer¹)
2	Belle fille Normande .	gross, ²/₃ roth	„	1,0630	16,33	11,46	0,141	0,650	
3	Bisquet, 2. fl. . .	klein, gelbroth	„	1,0606	15,71	11,15	0,322	0,050	
4	Bonne chambrière, 3. fl.	gross, grün, roth gestreift	„	1,0620	16,07	10,42	0,140	0,366	
5	Cimetière, 3. fl. . . .	„ „ rothwangig	„	1,0560	14,51	10,87	0,188	0,570	
6	Coqueret, 3. fl. . . .	„ „ bräunlich	„	1,0780	20,26	13,59	0,335	0,083	
7	Costard, 3. fl. . . .	mittelgross, gelbgrün, mit wenig roth	„	1,0595	15,42	10,42	0,147	0,450	
8	Dauveré, 2. fl. . . .	gross, grün, roth gestreift	„	1,0564	14,61	9,19	0,248	0,347	
9	Doux amer, 3. fl. .	desgl.	„	1,0550	14,25	7,81	0,435	0,400	
10	Frecquin Andievre, 2 fl.	mittelgross, gelb	„	1,0700	18,16	13,03	0,167	0,570	
11	„ doux amer .	gross, roth gestreift	„	1,0710	18,43	11,90	0,536	0,600	
12	Fou pendant très-amère, 3. fl.	weiss, roth gestreift	„	1,0510	13,21	10,78	0,315	0,150	
13	Gallot, 1. fl.	klein, gelb, wenig roth gestreift	„	1,0800	20,78	15,24	0,335	0,170	
14	Girard, 1. fl. . . .	klein, gelb	„	1,0683	17,72	13,40	0,281	0,170	
15	Gros Farey, 2. fl. . .	klein, gelb, roth gestreift	„	1,0680	17,64	10,08	0,322	0,590	
16	Hérou, 3. fl. . . .	gross, gelb	„	1,0660	17,12	12,50	0,268	0,233	
17	Herbages sèches, 1. fl.	ziemlich gross, roth gestreift	„	1,0610	15,81	10,05	0,168	0,230	
18	Longue queue, 2. fl. .	mittelgross, gelb	„	1,0530	13,73	10,06	0,134	0,020	
19	Matois, 2. fl. . . .	gross, gelb, rothwangig	„	1,0680	17,64	11,15	0,301	0,66	
20	Marin-Onfroi, 2. fl. .	klein, gelbroth	„	1,0754	19,58	12,25	0,482	—	
21	Paux de Vache, 2. fl. .	ziemlich gross, gelblich	„	1,0630	16,33	11,91	0,134	0,347	
22	Pomme de Ozanne, 1. fl.	klein, grün, gelb	„	1,0820	21,31	12,02	0,174	0,302	
23	Railé (Variété), 3. fl. .	—	„	1,0550	14,25	10,60	0,147	0,400	
24	Railé, 3. fl.	mittelgross, gelbgrün, roth gestreift	„	1,0610	15,81	12,26	0,147	0,530	
25	Rouget, 3. fl. . . .	klein, roth	„	1,0590	15,29	11,65	0,235	0,117	
26	„ (semi), 3. fl. .	klein, roth gestreift	„	1,0590	15,29	9,09	0,315	0,300	
27	Rouge amère, 3. fl. .	mittelgross, stark roth gestreift	„	1,0690	17,90	12,60	0,147	0,170	
28	de Renauf, 2. fl. . .	gross, gelb	„	1,0590	15,29	11,00	0,208	0,266	
29	Rivière, 3. fl. . . .	gross, gelb und roth	„	1,0670	17,38	11,36	0,201	0,250	
30	St. Croix, 3. fl. . .	klein, grün, rothwangig	„	1,0585	15,16	10,97	0,281	0,170	
31	St. Martin, 3. fl. . .	klein, grün, schwach roth gestreift	„	1,0650	16,86	11,92	0,134	0,430	

¹) Untersuchungen von Obst- und Obstweinsorten der interkantonalen Mostausstellung in Oberburg, S. 9.

*) Vergl. Anmerkung *) auf S. 871.

**) Der Gerbstoffgehalt ist nach dem Verfahren von M. Barth in den Gerbstoffröhrchen bestimmt.

***) fl. = floraison = Blüthezeit.

Mittlere Zusammensetzung und Schwankungen der Aepfelsäfte.

Zahl der Analysen	Nähere Bezeichnung	Pressrückstände %	Mittleres Gewicht eines Apfels*) g	Mittleres Volumen eines Apfels*) ccm	Specifisches Gewicht**)	100 ccm Saft enthalten: Extrakt**) g	Invertzucker g	Rohrzucker g	Säure (=Aepfelsäure) g	Gerbstoff g	Stickstoff-Substanz g	Mineralstoffe g	Analytiker
273	Mittel	**19,0**	**87,2**	**99,1**	**1,0566**	**15,16**	**9,46**	**3,11**	**0,321**	**0,105**	**0,125**	**0,439**	
	Niedrigstgehalt . . .	12,6	24,0	33,0	1,0427	11,05	5,15	0,09	0,038	0,003	0,096	0,260	
	Höchstgehalt . . .	26,2	182,0	250,0	1,1038	27,04	15,24	8,82	1,801	0,660	0,168	0,530	

Weitere Schwankungszahlen vergl. S. 876 unten.

Birnensaft.

No.	Birnen aus Klosterneuburg***:	Zeit der Untersuchung 1889	Mittleres Gewicht ein. Birne g	Pressrückstände %	Specifisches Gewicht	Extrakt g	Invertzucker g	Rohrzucker g	Säure g	Gerbstoff g	Stickstoff-Substanz g	Mineralstoffe g	Analytiker
1	Winter-Nelis	19.11.	—	—	1,0685	17,77	13,00	0,40	0,25	—	—	—	E. Mach und K. Portele[1]
2	Oster-Bergamotte . .	4.12.	108	—	1,0728	18,90	11,65	1,14	0,37	—	—	—	
3	Edel-Crasanne . . .	20.11.	148	—	1,0650	16,86	11,02	0,70	0,38	—	—	—	
4	Grosse Rommelter Birne	10.9.	147	25,4	1,0500	12,95	7,01	—	0,86	0,179	0,113	—	
		10.10.	—	—	1,0594	15,40	7,62	3,83	(0,07) (?)	—	—	—	
5	Hardenpont's Winter-Butterbirne	20.11.	217	—	1,0588	15,24	9,50	1,83	0,26	—	—	—	
6	Grosser Katzenkopf .	16.9.	530	16,3	1,0552	14,30	7,81	—	0,43	0,070	—	—	
		7.12.	301	—	1,0554	14,35	9,42	0,98	0,39	—	—	—	
7	Esperens Bergamotte .	20.11.	123	—	1,0650	16,86	10,12	0,07	0,34	—	—	—	
8	Forellen-Birne . .	19.10.	—	—	1,0561	14,54	9,72	0,07	0,22	—	—	—	
9	St. Germain . . .	20.11.	125	—	1,0540	13,99	9,80	0	0,31	—	—	—	
		4.12.	98	—	1,0549	14,22	9,57	0,14	0,29	—	—	—	
10	Winter-Dechantsbirne .	19.11.	—		1,0552	14,30	9,28	0,21	0,14	—	—	—	
11	Gute Luise	19.11.	—		1,0552	14,30	9,14	0,34	0,13	—	—	—	
12	Diel's Butterbirne . .	19.11.	—		1,0470	12,17	8,17	0,10	0,18	—	—	—	
13	Späte von Toulouse . .	4.12.	202		1,0359	9,29	6,53	0,53	0,13	—	—	—	
14	Schweizer Wasserbirne .	10.9.	142	16,4	1,0559	14,48	9,21	—	0,41	0,045	0,113	—	
		1890											
15	desgl.	17.9.	—	—	1,0571	14,80	9,03	2,05	0,43	—	—	—	
16	Grosse Rommelter Birne	17.9.	—	—	1,0588	15,24	9,78	0,96	0,99	—	—	—	
17	Pomeranzenbirne von Zabergau	17.9.	—	—	1,0556	14,41	9,36	1,52	0,86	—	—	—	
	Birnen aus dem Vintschgau:	1889											
18	Pallabirne von Mals .	24.10.	145	20,2	1,0619	16,05	11,65	0,66	0,12	0,022	0,172	—	

[1]) Landw. Vers.-Stat. 1892, **41**, 233.

*) Da sich die Einzelwerthe nicht auf dieselben und die gleiche Zahl Aepfel beziehen, so sind die Mittelzahlen für Gewicht und Volumen nicht mit einander vergleichbar.

**) Obwohl sich die spec. Gewichte z. Th. auf 15°, z. Th. auf 17,5° beziehen, sind doch die Unterschiede so geringe, dass beide Theile zur Berechnung des Mittelwerthes benutzt werden können; dem mittleren spec. Gewichte 1,0566 entspricht nach der Weinextrakt-Tabelle ein Extraktgehalt von 14,67 g. Vergl. ferner Anmerkung*) auf S. 871.

***) Die Birnen des Klosterneuburger Anstaltsgutes stammen von Niederstämmen (auf Wildlinge veredelte Pyramiden), die in der Ebene auf einem etwas feuchten Etschalluvialboden im Muttergarten der Anstalt gepflanzt sind.

No.	Nähere Bezeichnung	Zeit der Untersuchung	Durchschnittliches Gewicht einer Birne g	Pressrückstände g	Specifisches Gewicht des Mostes g	100 ccm Saft enthalten: Extrakt g	Invertzucker g	Rohrzucker g	Säure (=Aepfelsäure) g	Gerbstoff g	Stickstoff-Substanz g	Mineralstoffe g	Analytiker
19	Winter-Dechantsbirne aus Graz	1894 5.1.	226	—	1,0592	15,36	8,07	2,54	0,22	0,008	—	—	E. Hotter[1])
20	Fortuné aus Graz	5.1.	116	—	1,0609	15,81	7,89	2,15	0,29	0,055	—	—	
							Als Invertzucker berechnet						
21	Hardenponts aus Graz .	1893 16.12.	150	—	1,0553	14,35	10,98		0,18	0,048	—	—	
22	Steirische Scheibenbirne aus Pettau	2.10.	64	—	1,0626	16,26	13,42		0,38	0,005	—	—	
23	William's Christbirne aus Graz	1894 7.2.	200	—	1,0545	14,13	11,55		0,10	0,031	—	—	
				Mittl. Volumen einer Birne ccm									
24	Diel's Butter-B. (St. Peter)	20.10.	215	208	1,06696	17,39	11,38		0,211	0,010	—	—	
25	Capianmont (Webling) .	17.10.	131	120	1,06653	17,28	13,35		0,226	0,031	—	—	
26	Forellenbirne (St. Peter)	28.10.	76	71	1,07309	18,99	13,00		0,286	0.013	—	—	
27	Grünbirne (Weiz) .	12.10.	69	68	1,04894	12,69	9,65		0,365	0,065	—	—	
28	Herzogin von Angoulème	30.12.	228	234	1,06262	16,26	11,54		0,109	0,010	—	—	
29	Graue Herbstbutterbirne (Webling u. Strassgang)	20.10.	—	—	1,07618	19,80	15,15	0,55	0,229	0,021	—	—	
30	Hirschbirne (Weiz) . .	17.10.	87,5	83	1,06100	15,86	11,33		0,361	0,034	—	—	
31	„ (Lindenhof)	18.10.	65	63	1,05617	14,58	10,93		0,391	0,026	—	—	
32	Holzbirne (Weiz) . . .	15.10.	31	31	1,06090	15,81	11,13		0,308	0,083	—	—	
33	Grosser Katzenkopf (Webling u. Strassgang)	15.10.	48	46	1,05361	13,91	10,08		0,361	0,029	—	—	
34	Grosser Katzenkopf (Webling u. Strassgang)	18.10.	241	234	1,06349	16,48	11,92		0,241	0,026	—	—	
35	Gute Luise von Avranches (St. Peter)	18.10.	108	96	1,07485	19,46	14,53		0,233	0,049	—	—	
36	Champagner-Mostbirne (Dobl)	28.10.	43	43	1,07618	19,80	13,14		0,256	0.010	—	—	
37	Mostbirne: No. 11 . . St. Peter bei Graz	17.10.	43	40	1,07133	18,53	14,11		0,410	0,031	—	—	
38	„ 12 . . St. Peter bei Graz	18.10.	59	58	1,07485	19,46	13,88		0,425	0,013	—	—	
39	„ 14 . . St. Peter bei Graz	30.10.	76	69	1,06609	17,16	13,28		0,361	0,003	—	—	
40	Mostbirne (Pettau) . .	8.10.	50	46	1,06696	17,39	14,12		0,305	0,018	—	—	
41	„ (St. Gotthard)	8.10	47	43	1,07265	18,88	15,50		0,244	0,052	—	—	
42	Regentin (Webling und Strassgang)	26.10.	117	113	1,07706	20,27	14,53		0,102	0,057	—	—	
43	Salzburger Birnen (Hitzendorf)	1895 4.9.	36	36	1,05106	13,24	8,98	1,09	0,680	0,066	—	—	
	Mittel	—	**93,2** *)	**89,6** *)	**1,0611**	**15,85**	**9,54**	**0,99**	**0,328**	**0,038**	**0,133**	—	

[1]) II., III. u. IV. Bericht der pomolog. Vers.-Stat. zu Graz. Graz 1893/94, 14, 1894/95, 16 u. 1895/96, 10.
*) Die Mittelzahlen sind nur aus den Analysen No. 24 bis 43 berechnet.

Zwetschensaft.

No.	Nähere Bezeichnung	Zeit der Untersuchung	Specifisches Gewicht	100 ccm Saft enthaltsn: Extrakt g	Invert-zucker g	Rohr-zucker g	Freie Säure g (=Aepfel-säure)	Stick-stoff-Substanz g	Gerbstoff g	Mineral-stoffe g	Analytiker
1	Aus Geisenheim	1890	1,0750	19,47 *)	7,40	5,50	0,89	—	—	—	*P. Kulisch* [1])
2	„ Graz	11. 9. 1895	1,0557	14,46	9,01	—	0,86	—	0,041	—	*E. Hotter* [2])
	Reineclaudensaft.										
1	Aus Geisenheim	1890	1,0570	14,77 *)	3,02	6,66	0,54	—	—	—	*P. Kulisch* [1])
	Mirabellensaft.										
1	Aus Geisenheim	1890	1,0785	20,39 *)	6,53	6,98	0,76	—	—	—	*P. Kulisch* [1])
	Pfirsichsaft.										
1	Aus Geisenheim	1890	1,0500	12,95 *)	1,96	7,00	0,61	—	—	—	*P. Kulisch* [1])
	Aprikosensaft.										
1	Aus einem Garten bei Nürnberg	1883	—	15,28	3,89 (%)	7,03 (%)	1,96 (%)	—	—	0,80	*R. Kayser* [3])
2	Ohne nähere Bezeichnung	1887	—	—	(Spur)	(5,95)	(1,29)	—	—	—	*J. Moritz* [4])
	Kirschensaft.										
1	Herzkirschen**) } Garten bei Nürnberg	1883	—	18,00	13,82	0,68	0,88	—	Pektin-körper 0,15	0,42 ***)	*R. Kayser* [3])
2	Weichselkirschen } Garten bei Nürnberg	„	—	16,00	10,06	—	2,28	—	—	0,60 ***)	*R. Kayser* [3])
3	Kirschensaft	15. 7. 1887	—	—	% (12,00)	—	% (1,43)	—	—	—	*J. Moritz* [4])
4	Saft der Früh-Weichselkirsche I°)	1890	1,0510	18,10	13,14	—	0,722	—	—	0,583	*W. Keim* [5])
5	Saft der Früh-Weichselkirsche II°)	„	1,0525	18,86	13,92	—	0,452	—	—	0,671	*W. Keim* [5])
	Kirschen aus Gärten und vom Markte in Klosterneuburg:	gekeltert am		(Balling)							
6	Rothe	3. 7. 1888	1,0817	21,26	14,54	—	0,655	0,422	—	0,568°°)	*H. Kremla* u. 3. Th. *Barillot* [6])
7	—	8. 7. 1889	1,0817	21,26	13,54	—	0,732	0,418	—	—	*H. Kremla* u. 3. Th. *Barillot* [6])
8	(Vom Markte)	19. 6. 1891	1,0745	19,37	13,40	—	0,313	—	—	—	*H. Kremla* u. 3. Th. *Barillot* [6])

[1]) Landw. Jahrb. 1892, **21**, 427.
[2]) IV. Bericht der pomolog. Vers.-Stat. Graz 1895/96, 10.
[3]) Repertorium analyt. Chem. 1883, 289.
[4]) Chem.-Ztg. 1887, **11**, 1726.
[5]) Zeitschr. analyt. Chem. 1891, **30**, 401.
[6]) Zeitschr. Nahrungsm.-Unters., Hygiene und Waarenk. 1893, **7**, 365.

*) Vergl. Anmerkung *) auf S. 871.

**) Eine Kirsche ohne Stiel wog im Durchschnitt 6,16 g, davon der Stein mit Kern 0,350 g und der Kern 0,108 g (beide im lufttrocknen Zustande). Die Kirschen gaben bei 95—100° getrocknet 24,8 % Trocken-Substanz.

***) Die Asche enthielt ferner an

	Magnesia	Kali	Phosphorsänre	Schwefelsäure
No. 1	0,009 g	0,220 g	0,031 g	0,005 g
„ 2	0,014 „	0,392 „	0,052 „	0,007 „

und No. 2: 0,007 g.

°) Die Polarisation des Saftes im 200 mm Rohr betrug bei No. 4: 4,166° und bei No. 5: 4,30° Wild. Die von W. Klein in Procenten angegebenen Zahlen sind von uns auf g für 100 ccm umgerechnet worden.

°°) Die Asche enthielt: 0,568 g Kali, 0,0292 g Kalk, 0,0259 g Magnesia, 0,027 g Phosphorsäure und 0,0060 g Schwefelsäure.

No.	Nähere Bezeichnung	Zeit der Untersuchung	Specifisches Gewicht	100 ccm Saft enthalten: Extrakt (Balling) g	Invert-zucker g	Rohr-zucker g	Freie Säure g (=Aepfel-säure)	Stickstoff-Substanz g	Gerb- u. Farbstoff g	Mineral-stoffe g	Analytiker
9	Dunkelrothe . gekeltert am	13. 6. 1862	1,0639	16,60	10,06	0	0,465	—	—	—	H. Kremla[1]) z. Th. auch Barillot
10	Rothe . . . „ „	18. 6. „	1,0763	19,83	14,38	0	0,375	—	—	0,399	
11	Hellrothe . . „ „	23. 6. „	1,0755	19,63	14,00	0	0,439	—	—	0,576	
12	(Vom Markte) . „ „	18. 7. „	1,0710	18,45	12,92	—	0,625	—	—	—	
13	Gelbe . . . . „ „	17. 6. „	1,0654	16,97	12,33	—	0,509	—	—	—	
14	Schwarze . . „ „	Anfang Juli 1889	1,1023	26,68	16,90	—	0,732	—	—	—	
15	desgl. . . . „ „	28. 6. 1892	—	26,41 *)	16,98	—	0,491	—	—	—	
16	desgl. **) . . „ „	4. 7. „	1,1015	26,48	17,26	—	0,759	—	—	—	
					als Invertzucker berechnet						
17	Weichselkirsche (aus Graz)	15. 7. 1893	1,0452	11,71	6,18		1,200	—	0,052	—	E. Hotter[2])
18	Spanische Weichselkirsche (aus Graz)	24. 7. „	1,0762	19,80	9,96		2,050	—	0,230	—	
19	Weichselkirsche (aus Graz)	1. 8. „	1,0515	13,35	6,28		1,725	—	0,159	—	
20	desgl. . . . . (aus Graz)	1. 8. „	1,0613	15,92	7,83		1,888	—	0,185	—	
										Die Kirschen enthalten: Stiele % ; Kerne %	
	Herzkirsche: (Umgebung von Graz)										
21	Schwarze (5,64 g)	17. 7. 1894	1,0687	17,84	13,21		0,414	—	0,044	2,4 ; 4,4	E. Hotter[3])
22	Bunte (4,01 g)	17. 7. „	1,0731	19,11	14,63		0,420	—	0,015	1,9 ; 7,8	
23	Schwarze (6,13 g)	17. 7. „	1,0837	21,78	15,53		0,570	—	0,069	1,6 ; 5,0	
24	Schwarze Herzkirsche (5,0 g) aus Ober-Steiermark . .	26. 7. „	1,0811	21,08	14,28		0,458	—	0,105	1,8 ; 7,3	
25	Bunte Knorpelkirsche (4,06 g) aus Gatwein	24. 7. „	1,0747	19,34	13,35		0,474	—	0,022	1,8 ; 7,9	
26	Schwarze Knorpelkirsche (4,91 g) aus Gatwein . .	„	1,0869	22,61	15,15		0,408	—	0,107	1,7 ; 7,0	
27	Bunte Knorpelkirsche (5,01 g) aus Thal bei Graz . . .	24. 7. „	1,0639	16,60	9,50		0,371	—	0,083	—	
28	Schwarze Knorpelkirsche . . . (Umgebung von Graz)	17. 7. „	1,0797	20,73	15,06		0,556	—	0,062	—	
29	Gelbe Wachskirsche . . . (Umgebung von Graz)	24. 7. „	1,0700	18,19	10,60		0,354	—	0,018	—	
	Mittel	—	**1,0737**	**19,35**	**12,81**		**0,750**	**0,420**	**0,088**	Mineralstoffe **0,545**	

[1]) Zeitschr. Nahrungsm.-Unters., Hygiene u. Waarenk. 1893, **7**, 365.

[2]) II. Bericht der pomolog. Vers.-Stat. zu Graz, 1894, 16.

[3]) III. Bericht der pomolog. Vers.-Stat. zu Graz, 1896, 19.

*) In dieser Probe ist der Extrakt durch Eindampfen bestimmt.

**) Die Kirschen waren 2 Tage vor der Untersuchung gepflückt und bis dahin in einem kalten Raume aufbewahrt. Das Durchschnittsgewicht einer Frucht ohne Stiel war 3,77 g mit 25,7 % Trocken-Substanz, das Durchschnittsgewicht eines Kernes 0,34 g mit 71,5 % Trocken-Substanz.

Erdbeersaft.

No.	Nähere Bezeichnung	Zeit der Untersuchung	Specifisches Gewicht	100 ccm Saft enthalten: Extrakt g	Invert-zucker g	Rohr-zucker g	Freie Säure g (=Aepfel-säure)	Flüchtige Säure (= Essigsäure) g	Pektin g	Mineral-stoffe g	Alkalinität der Asche (ccm N-Säure)	Analytiker
1	Frische Walderdbeeren, Wald bei Nürnberg	1883	1,0314	8,11	4,15	0,17	1,230	—	0,56	0,76	—	*R. Kayser* [1])
2	Gartenerdbeeren	1887	—	—	(%) (6,89)	(%) (1,37)	(%) (1,03)	—	—	—	—	*J. Moritz* [2])
3	Laxton Noble	1895	1,0381	9,89	6,333		0,844	—	—	—	—	*E. Hotter* [3])
	Mittel (No. 1 u. 3)	—	**1,0348**	**9,00**	**5,327**		**1,04**	—	**0,56**	**0,76**	—	

Himbeersaft.

No.	Nähere Bezeichnung	Zeit der Untersuchung	Specifisches Gewicht	Extrakt g	Invert-zucker g	Rohr-zucker g	Freie Säure g	Flüchtige Säure g	Pektin g	Mineral-stoffe g	Alkalinität der Asche	Analytiker
1	Rothe Gartenhimbeeren . .	1887	—	—	Nach der Inversion (Invertzucker) (6,97 %)		(%) (1,59)	—	—	—	—	*J. Moritz* [2])
2	Analysen von bestimmt rein **vergohrenem** Himbeerrohsaft (Himbeersuccus)	1900	1,0168	3,88	—	—	1,849	0,408	—	0,526	6,8	*E. Spaeth* [4])
3		"	1,0170	3,98	—	—	1,755	0,378	—	0,517	6,5	
4		"	1,0160	3,48	—	—	1,206	0,336	—	0,496	5,6	
5		"	1,0190	4,38	—	—	2,090	0,264	—	0,512	6,4	
6		"	1,0200	4,19	—	—	2,010	0,216	—	0,598	7,6	
7		"	1,0196	5,76	—	—	2,250	0,240	—	0,684	7,6	
8		"	1,0170	3,55	—	—	1,440	0,252	—	0,506	6,4	
9		"	1,0190	4,69	—	—	2,140	0,300	—	0,356	6,4	
10		"	1,0190	4,44	—	—	2,170	0,288	—	0,630	6,4	
11		"	1,0180	3,59	—	—	1,550	0,624	—	0,496	6,6	
12		"	1,0200	4,44	—	—	1,930	0,202	—	0,550	6,0	
13		"	1,0180	4,30	—	—	1,680	0,294	—	0,500	6,2	
14		"	1,0210	4,25	—	—	1,940	0,376	—	0,468	7,2	
15		"	1,0220	4,14	—	—	1,920	0,864	—	0,466	7,2	
16		"	1,0190	4,67	—	—	1,920	0,255	—	0,568	6,4	
17		"	1,0210	4,84	—	—	2,170	0,360	—	0,470	7,2	
18		"	1,0178	4,07	—	—	1,790	0,336	—	0,512	6,8	
19		"	1,0138	4,23	—	—	1,620	0,408	—	0,510	6,5	
20		"	1,0160	3,98	—	—	1,530	0,336	—	0,430	6,3	
21		"	1,0170	4,60	—	—	1,750	0,444	—	0,500	6,8	
	Mittel No. (2—21)	—	**1,0184**	**4,27**	—	—	**1,836**	**0,359**	—	**0,515**	**6,6**	

Heidelbeersaft.

No.	Nähere Bezeichnung	Zeit der Untersuchung	Specifisches Gewicht	Extrakt g	Invert-zucker g	Rohr-zucker g	Freie Säure g	Flüchtige Säure g	Pektin g	Mineral-stoffe g	Alkalinität der Asche	Analytiker
1	Frische Heidelbeeren, Wald bei Nürnberg	1883	1,0477	12,36	7,76	—	1,20	—	—	*) 0,380	—	*R. Kayser* [1])
2	Von Vollrath in Nürnberg .	1889 5. 7.	1,0290	9,90	4,39	—	1,15	—	—	0,220	—	*Th. Omeis* [5])
3	—	1887	—	—	(%) (6,66)	—	(%) (1,11)	—	—	—	—	*J. Moritz* [2])
4	Aus Krems	29. 7. 1892	1,0368	9,54	6,67		1,03	—	—	0,258	—	*L. Weigert* [6])
	Mittel	—	**1,0378**	**10,60**	**6,27**		**1,13**	—	—	**0,286**	—	

[1]) Repert. analyt. Chem. 1883, 289.
[2]) Chem.-Ztg. 1887, **11**, 1726.
[3]) IV. Bericht der pomolog. Vers.-Stat. Graz für 1895/96, 10.
[4]) Zeitschr. Nahrungs- und Genussmittel 1901, **4**, 97.
[5]) Mitth. pharm. Inst. Erlangen **2**, 272—279; Chem. Centralbl. 1889, II. 598.
[6]) L. Weigert: Beiträge zur chemischen Untersuchung der Johannisbeeren. Sonderabdruck aus dem Jahresbericht von Klosterneuburg. Wien 1894, 20.

*) Mit 0,220 % Kali und 0,076 % Phosphorsäure.

Brombeersaft.

No.	Nähere Bezeichnung	Zeit der Untersuchung	Specifisches Gewicht	100 ccm Saft enthalten: Extrakt g	Invertzucker g	Rohrzucker g	Freie Säure g (=Aepfelsäure)	Gerbstoff g	Stickstoff-Substanz g	Mineralstoffe g	Analytiker
1	Ohne nähere Bezeichnung .	25. 7. 1887	—	—	7,26	—	0,76	—	—	—	*J. Moritz* 1)

Maulbeersaft.

No.	Nähere Bezeichnung	Zeit der Untersuchung	Specifisches Gewicht	Extrakt g	Invertzucker g	Rohrzucker g	Freie Säure g	Gerbstoff g	Stickstoff-Substanz g	Mineralstoffe g	Analytiker
1	Rothe Beeren	23. 7. 1887	—	—	13,88	—	2,06	—	—	—	*J. Moritz* 1)

Stachelbeersaft.

No.	Nähere Bezeichnung	Zeit der Untersuchung	Specifisches Gewicht	Extrakt g	Invertzucker g	Rohrzucker g	Freie Säure g	Gerbstoff g	Stickstoff-Substanz g	Mineralstoffe g	Analytiker
1	Ohne nähere Bezeichnung .	1887	—	—	(%) (8,33)	—	(%) (0,79)	—	—	—	*J. Moritz* 1)
2	desgl.	15. 7. 1887	—	—	g 7,25	—	g 1,55	—	—	—	*W. Sonne* 2)
3	Gemisch verschiedener Sorten aus Klosterneuburg . .	1888	1,0355	(Balling) 9,11	5,97	—	1,31	—	0,061	0,268	*L. Weigert* 3)
4	Aus Görz	1894	1,0435	11,27	Invertzucker 5,15		2,10	0,063	—	—	*E. Hotter* 4)
	Mittel	—	**1,0395**	**10,19**	**6,12**		**1,65**	**0,063**	**0,061**	**0,268**	

Johannisbeersaft.

No.	Nähere Bezeichnung	Zeit der Untersuchung	Specifisches Gewicht	Extrakt g	Invertzucker g	Rohrzucker g	Freie Säure g	Pektinkörper	Stickstoff-Substanz g	Mineralstoffe g	Analytiker
1	Weisse Beeren*)	1883	1,0501 **)	12,96	7,84	—	2,39	0,90	—	0,38 ***)	*R. Kayser* 1)
2	Rothe Beeren*)	„	1,0490 **)	12,68	6,89	—	2,71	1,08	—	0,50 ***)	*R. Kayser* 1)
3	desgl., grosse, frühe . . .	1886	—	—	4,61	—	2,23	—	—	—	*W. Sonne* 2)
4	desgl., späte, mittelgrosse .	„	—	—	4,99	—	2,40	—	—	—	*W. Sonne* 2)
5	Weisse Beeren	„	—	—	5,57	—	2,04	—	—	—	*W. Sonne* 2)
6	Rothe Beeren	4. 7. 1887	—	—	(%) (5,04)	(%) (0,34)	(%) (2,22)	—	—	—	*J. Moritz* 5)
7	Aus Schierstein a. Rh.⁰) .	1890	1,0425	15,18	g 5,46	—	g 2,45	—	—	0,586	*W. Keim* 6)
8	Rothe Beeren aus Kritzendorf	11. 7. 1888	1,0400	(Balling) 10,30	5,46	—	2,38	—	0,35	0,408 ***)	*H. Kremla* z. Th. *L. Weigert* u *Barillot* 7)

1) Repert. analyt. Chem. 1883, 289.
2) Chem.-Ztg. 1888, **12**, Rep. 128.
3) Mitgetheilt von H. Kremla. Zeitschr. Nahrungsm.-Unters., Hygiene und Waarenk. 1893, **7**, 365.
4) II. Bericht der pomolog. Vers.-Stat. Graz, 1893/94, 16.
5) Chem.-Ztg. 1887, **11**, 1726.
6) Zeitschr. analyt. Chem. 1891, **30**, 401.
7) Zeitschr. Nahrungsm.-Unters., Hygiene und Waarenk. 1893, **7**, 365.

*) 100 g Johannisbeeren ohne Stiele lieferten — Der Saft enthielt ferner in 100 ccm

	Trocken-Substanz	Asche	Kalk	Magnesia	Schwefelsäure
Weisse . .	16,45 g	0,54 g	0,016 g	0,016 g	0,005 g
Rothe . .	15,75 g	0,69 g	0,021 g	0,015 g	0,005 g

**) Die specifischen Gewichte sind von uns nach der Extrakt-Tabelle für Wein (Windisch) berechnet.

***) Es enthielten in der Asche:

	No. 1	2	8	9	10	13	14	16
Kalk	—	—	0,022	0,021	0,037	—	0,123	0,079 g
Magnesia . .	—	—	0,0106	—	—	—	—	0,032 g
Kali	0,204	0,212	0,213	0,255	0,234	—	0,322	0,323 g
Phosphorsäure	0,079	0,052	0,023	0,050	0,042	0,024	0,068	0,070 g

⁰) Die in % angegebenen Zahlen sind von uns auf g in 100 ccm umgerechnet. Der Saft polarisirte im 200 mm-Rohr 2,06° Wild.

No.	Nähere Bezeichnung	Zeit der Untersuchung	Specifisches Gewicht	100 ccm Saft enthalten: Extrakt g	Invert-zucker g	Rohr-zucker g	Freie Säure (= Aepfelsäure) g	Gerbstoff g	Stickstoff-Substanz g	Mineral-stoffe g	Analytiker
	Rothe Johannisbeeren aus Klosterneuburg:										
9	Grosse . . . . gekeltert	13. 7. 1888	1,0467	12,04	6,67	—	2,40	—	0,44	0,470 *)	H. Kremla z. Th. L. Weigert u. Barillot [1])
10	Kleine . . . . „	16. 7. „	1,0505	13,03	8,38	—	2,46	—	0,22	0,442 *)	
11	„ . . . . „	2. 7. 1889	1,0532	13,73	8,68	—	2,38	—	0,26	—	
12	„ langtraubige „	7. 7. 1888	1,0510	13,17	4,85	—	2,73	**)	0,16	0,528	
13	„ . . . . „	Juli 1891	1,0512	13,28	7,51	0	2,31	—	—	*)	
	Weisse Johannisbeeren aus Klosterneuburg:										
14	— gekeltert	13. 7. 1888	1,0644	15,03	—	—	3,24	—	0,24	*) 0,758	
15	— „	7. 7. „	1,0491	12,65	8,52	—	2,12	**)	0,18	0,356	
	Schwarze Johannisbeer. aus Klosterneuburg:										
16	— gekeltert	13. 7. „	1,0601	15,58	8,05	—	3,38	—	0,35	0,670 *)	
					Ges.-Zucker als Inv.-Zuck. berechnet			+ Farbstoff			
17	Rothe Kirsch-Johannisbeeren aus Graz	10. 7. 1893	1,0368	9,54	4,25		2,28	0,095	—	—	E. Hotter [2])
18	Rothe, kleinfrücht. Johannisbeeren aus St. Gotthard .	15. 7. „	1,0426	11,05	5,04		2,75	0,049	—	—	
19	Rothe Johannisbeere (aus Graz)	24. 7. „	1,0422	10,94	4,49		2,54	0,161	—	—	
20	desgl. . . . . . (aus Graz)	24. 7. „	1,0435	11,27	4,77		2,45	0,133	—	—	
21	Weisse holländische Johannisbeere . . (aus Graz)	10. 7. „	1,0464	12,03	7,26		2,60	0,097	—	—	
22	Schwarze Johannisb. (aus Graz)	10. 7. „	1,0237	6,14	1,41		3,38	0,391	—	—	
	Weisse Johannisbeeren aus Klosterneuburg:							Pektin			
23	Durchsichtige	7. 7. 1891	1,0443	11,49	7,12		2,37	0,20	—	0,42	L. Weigert [3])
		3. 7. 1893	1,0452	11,71	6,33		2,67	0,02	—	0,57	
24	Englische, grosse . . .	12. 7. 1891	1,0605	15,70	10,49		2,51	0,12	—	0,58	
		3. 7. 1893	1,0481	12,47	6,50		2,50	0,26	—	0,65	
25	Holländische	7. 7. 1891	1,0464	12,03	7,29		2,40	0,12	—	0,52	
		12. 7. 1893	1,0498	12,91	7,60		2,64	0,18	—	0,64	
26	Kaiserliche	7. 7. 1891	1,0528	13,69	8,66		2,56	0,39	—	0,51	
		12. 7. 1893	1,0481	12,47	6,74		2,90	0,16	—	0,51	
27	Kaiserin Eugenie	12. 7. „	1,0519	13,46	7,76		2,68	0,34	—	0,75	
28	Weissfrüchtige Verriers . .	12. 7. 1891	1,0502	13,02	7,59		2,93	0,18	—	0,52	

[1]) Zeitschr. Nahrungsm.-Unters., Hygiene und Waarenk. 1893, **7**, 365.
[2]) II. Bericht der pomolog. Vers.-Stat. Graz, 1894, 16.
[3]) L. Weigert: Beiträge zur chemischen Untersuchung der Johannisbeeren. Sonderabdruck aus dem Jahresberichte und Programm des k. k. önolog. und pomolog. Lehranstalt in Klosterneuburg. Wien 1894. 18.

*) Vergl. Anmerkung ***) S. 883.

**) L. Weigert fand in No. 12: 0,304 g und in No. 15: 0,160 g Weinstein-Ausscheidung. Dieselbe war aber nicht krystallinisch, sondern eher gummiartig (Pektinkörper?).

No.	Nähere Bezeichnung	Zeit der Untersuchung	Specifisches Gewicht	100 ccm Saft enthalten: Extrakt g	Gesammt-Zucker (Invertzucker) g	Freie Säure (=Aepfelsäure) g	Pektin g	Stickstoff-Substanz g	Mineralstoffe g	Analytiker
	Fleischfarbige Johannisbeeren aus Klosterneuburg:									
29	Budden's hellrothe . .	12. 7. 1891	1,0687	17,85	11,28	3,16	0,24	—	0,81	L. Weigert [1]
		13. 7. „	1,0549	14,24	8,85	3,11	0,16	—	0,54	
30	Gewöhnliche fleischfarbige	2. 8. 1892	1,0600	15,58	9,63	3,57	—	—	0,57	
		3. 7. 1893	1,0498	12,91	7,60	2,93	0,54	—	0.63	
31	Holländische	12. 7. 1891	1,0523	13,58	8,32	2,96	0,14	—	0,51	
32	Champagner-Johannisbeere .	3. 7. 1893	1,0494	12,80	7,26	2,77	0,40	—	0,67	
	Rothe Johannisbeeren aus Klosterneuburg:									
33	British Queen	9. 7. 1891	1,0481	12,47	8,13	2,44	0,14	—	0,53	
34	Rothe Gonduin . . .	14. 7. „	1,0635	16,48	9,57	3,94	0,20	—	0,67	
		2. 8. 1892	1,0700	18,19	10,10	4,56	0,13	—	0,77	
		7. 7. 1893	1,0566	14,69	7,84	4,11	0,15	—	0,66	
35	Grosse Frauendorfer . .	13. 7. 1891	1,0456	11,82	6,90	2,58	0,08	—	0,46	
		7. 7. 1893	1,0406	10,51	5,98	2,67	0,12	—	0,51	
36	Kirsch-Johannisbeere .	13. 7. 1891	1,0592	15,36	8,36	3,84	0,18	—	0,69	
		3. 7. 1893	1,0414	10,73	5,31	2,59	0,36	—	0,61	
37	Knight, grosse rothe .	12. 7. 1891	1,0489	12,69	8,24	2,25	0,08	—	0,50	
		19. 7. 1893	1,0468	12,14	7,52	2,44	0,23	—	0,49	
38	Langtraubige, rothe . .	9. 7. 1891	1,0481	12,47	7,70	2,38	0,18	—	0,50	
		19. 7. 1893	1,0481	12,47	7,35	2,99	0,25	—	0,47	
39	Perl-Johannisbeere (Gloire de Sablons)	14. 7. 1891	1,0536	13,91	8,62	2,89	0,10	—	0,52	
		3. 7. 1893	1,0549	14,24	8,43	2,86	0,33	—	0,69	
40	Hochrothe, sehr frühe .	14. 7. 1891	1,0622	16,15	8,76	4,18	0,18	—	0,77	
		2. 8. 1892	1,0683	17,73	9,32	4,83	0,04	—	0,80	
		19. 7. 1893	1,0631	16,37	5,21	4,65	0,40	—	0,86	
41	Hellrothe, sehr süsse . .	14. 7. 1891	1,0579	15,02	7,73	3,83	0,21	—	0,65	
42	Raby castle	2. 8. 1892	1.0648	16,82	11,52	2,75	0,21	—	0,60	
		7. 7. 1893	1,0519	13,46	8,35	2,81	0,18	—	0,57	
43	Holländische rothe . .	2. 8. 1892	1,0622	16,15	10,36	3,04	0,12	—	0,61	
		7. 7. 1893	1,0494	12,80	7,80	2,77	0,17	—	0,51	
44	Kaukasische rothe . . .	7. 7. „	1,0439	11,38	6,63	2,72	0,17	—	0,43	
45	Kernlose	2. 8. 1892	1,0426	11,05	5,38	4,10	0,16	—	0,42	
46	Grosse rothe von Boulogne	7. 7. 1893	1,0447	11,60	6,92	2,63	0,16	—	0,51	
47	Fruchtbare, rothe . . .	12. 7. „	1,0456	11,82	6,46	2,88	0,33	—	0,53	
48	Beste, süsse, rothe . . .	12. 7. „	1,0502	13,02	8,04	2,66	0,09	—	0,53	
	Schwarze Johannisbeer. aus Klosterneuburg:									
49	Ambrafarbige	25. 7. 1891	1,0691	17,96	11,50	2,71	—	—	0,71	
		2. 8. 1892	1,0687	17,85	10,12	3,75	—	—	0,76	

[1]) Vergl. Anmerkung [3]) S. 884.

No.	Nähere Bezeichnung	Zeit der Untersuchung	Specifisches Gewicht	100 ccm Saft enthalten: Extrakt g	Gesammtzucker (Invertzucker) g	Freie Säure g (=Aepfelsäure)	Pektin g	Stickstoff-Substanz g	Mineralstoffe g	Analytiker
	Schwarze Johannisbeer. aus Klosterneuburg:									
50	Gelbfrüchtige	2. 8. 1892	1,0753	19,57	10,47	3,75	—	—	0,70	L. Weigert [1])
51	Merveille de Gironde (schwarz)	25. 7. 1891	1,0709	18,42	11,99	2,70	—	—	0,70	
		2. 8. 1892	1,0784	20,38	12,01	3,84	—	—	0,84	
52	Neapolitanische (schwarz)	25. 7. 1891	1,0731	18,99	12,84	2,71	—	—	0,93	
		2. 8. 1892	1,0829	21,55	12,92	3,75	—	—	0,83	
53	Oydens schwarze . . .	25. 2. 1891	1,0678	17,62	11,46	2,35	—	—	0,74	
		2. 8. 1892	1,0696	18,08	10,95	3,48	—	—	0,84	
54	See's fertile (schwarz) . .	1891	1,0661	17,16	11,23	2,62	—	—	—	
	Mittel	—	**1,0539**	**14,02**	**8,35** *)	**2,92**	**0,20**	**0,28**	**0,59**	

Preisselbeersaft.

No.	Nähere Bezeichnung	Zeit der Untersuchung	Specifisches Gewicht bei 17,5°	Extrakt	Invert-Zucker	Benzoësäure	Freie Säure	Gerbsäure	Stickstoff-Substanz	Mineralstoffe	Alkohol	Analytiker
	Aus Bozen:											
1	Frische Beeren	26. 9.1888	1,0577	14,11	9,20	—	1,911	0,224	0,075	0,298 **)	—	E. Mach und K. Portele [2])
2		6.10. „	1,0521	12,78	7,92	0,0862	1,804	—	0,069	—	—	
3	Weichgewordene Beeren	13.11. „	1,0660	16,10	11,80	—	1,992	—	—	—	—	
	Aus Hall:							Essigsäure				
4	Gesunde, frische, harte Beeren;	14.11. „	1,0560	13,71	9,02	0,0638	1,884	—	0,063	—	—	
5	Saft untersucht am	21. 3.1889	—	—	7,38	—	2,233	0,325	—	0,364	0,104	
6	Weichgewordene, etwas eingetrocknete	14.11.1888	1,0661	16,12	11,67	—	2,055	—	—	—	—	
7	Beeren; Saft untersucht am	10.12.1889	—	—	4,11	0,0759	3,418	1,520	—	—	0,342	
8	Ohne nähere Bezeichnung	gekeltert am 17. 9.1888	1,0462	(Balling) 11,90	7,45	—	2,27	—	—	0,244 **)		H. Kremla [3])
	Mittel	—	**1,0574**	**14,12**	**8,57**	**0,075**	**2,20**	**0,224**	**0,069**	**0,302**	—	

Citronensaft.

Ausser den in dem Abschnitte „Natürliche Früchte" (S. 843) aufgeführten Analysen liegen noch folgende Untersuchungen über die Zusammensetzung des Citronensaftes vor:

1. Analysen von H. Hassall (Food: Its adulterations and the methods for their detection. London, 1876, 656).

[1]) Vergl. Anmerkung [3]) S. 884.
[2]) Landw. Vers.-Stat. 1890, **38**, 69.
[3]) Zeitschr. Nahrungsm.-Unters., Hygiene und Waarenk. 1893, **7**, 365.

*) Die Mittelzahl ist aus den Analysen von No. 17 an berechnet.
**) Die Asche enthielt bei No. 1: 0,142 % Kali und 0,009 % Phosphorsäure und bei No. 8: 0,119 % Kali.

No.	Spec. Gewicht %	Extrakt %	Citronensäure %	Asche %	Schwefelsäure*) %	No.	Spec. Gewicht %	Extrakt %	Citronensäure %	Asche %	Schwefelsäure*) %
	1. Von Citrus limonum:						2. Von Citrus limetta:				
1	1,03516	8,990	7,776	0,262	0,002	1	1,03604	8,915	7,168	0,465	0,002
2	1,03472	8,976	7 648	0,314	0,002	2	1,03784	9,412	7,680	0,473	0,002
3	1,03520	9,270	7,782	0,353	0,002	3	1,02648	8,583	6,605	0,390	0,002
4	1,02356	7,154	4,081	0,110	0,001	4	1,03492	9,530	7,155	0,330	0,001
						5	1,03888	9,670	7,399	0.437	0,001
Mittel	1,03213	8,597	6,822	0,259	0,002	Mittel	1,03483	9,222	7,201	0,419	0,002

2. A. Bornträger (Zeitschr. Nahrungs- und Genussmittel 1898, 1, 225) fand für den Saft von unreifen und reifen Citronen aus Portici folgende Zusammensetzung (g in 100 ccm):

Saft der	Extrakt	Invertzucker	Rohrzucker	Citronensäure	Weinsäure	Asche
unreifen Frucht	9,30	0,21	0,78	7,52	0	0,486
reifen Frucht .	8,87	0,75	0,19	7,28	0	0,384

Orangensaft.

Ausser den in dem Abschnitte „Natürliche Früchte“ (S. 843) aufgeführten Analysen liegt noch folgende von C. Mestre (Chem. Centralbl. 1891, II, 897) vor:

Spec. Gew.	Wasser	Direkt reducirender Zucker	Nach der Inversion reducirender Zucker	Freie Citronen- und Aepfelsäure	Citronensaures Kalium	Citronensaures Calcium	Mannit und Gummi-Pektinstoffe	Salze
1,070	85,041%	5,430%	5,390%	1,930%	1,390%	0,250%	0,500%	0,057%

Granatäpfelsaft.

No.	Nähere Bezeichnung	Zeit der Untersuchung	Specifisches Gewicht	100 ccm Saft enthalten: Extrakt g	Invertzucker g	Rohrzucker g	Citronensäure g	Aepfelsäure g	Stickstoff-Substanz g	Mineralstoffe g	Analytiker
1	Sicilien**)	1897	—	15,04	13,69	0	0,37	—	—	0,28	A. Bornträger und G. Paris [1])
2	Teramo**)	„	—	—	7,81	0	3,04	—	1,04	—	
3	„ **)	„	—	—	11,33	0	3,36	0,082	—	—	
4	Neapel**)	„	—	—	10,50	0	0,51	—	—	—	
5	Portici**)	„	—	—	11,45	0	0,49	0,106	—	—	
6	„ **)	„	—	—	11,78	0	0,51	0,114	—	—	
7	In Cherchell Oktober 1876 gepflückt	1876	1,061	—	15,60	0	0,19	—	—	—	Balland [2])
	Mittel	—	—	—	11,74	0	1,21	0,101	—	—	

[1]) Zeitschr. Nahrungs- und Genussmittel 1898, I, 158.
[2]) Rev. intern. falsif. 1900. 13, 92.

*) In verfälschtem Citronensaft fand Hassall 0,825% und 0,434% Schwefelsäure.
**) Verff. bestimmten ferner folgende Zahlen:

		No. 1	2	3	4	5	6
Mittleres Gewicht einer Frucht		380 g	189 g	222 g	290 g	286 g	309 g
Die Frucht enthält	Kerne	28,4%	41,8%	38,9%	32,9%	34,2%	33,7%
	Saft	61,3 „	36,4 „	37,1 „	45,0 „	43,8 „	46,9 „

Die Kerne enthielten:	Wasser	Stickstoff-Substanz	Fett	Stärke	Rohfaser	Asche
	35,02%	9,38%	6,85%	12,64%	22,41%	1,54%.

Quittensaft.

No.	Nähere Bezeichnung	Zeit der Untersuchung	Specifisches Gewicht	100 ccm Saft enthalten: Extrakt g	Invertzucker g	Rohrzucker g	Freie Säure g (=Aepfelsäure)	Tannin g	Pektin etc. g	Mineralstoffe g	Analytiker
1	Ohne nähere Bezeichnung	1887 20. 10.	—	—	9,60	—	2,150	—	—	—	*J. Moritz* [1])
2	Aus St. Peter bei Graz (83 g)	1895 27. 11.	1,05404	14,02	9,15	0,51	0,840	0,042	—	—	*E. Hotter* [2])
	Mittel	—	—	—	**9,38**	—	**1,495**	—	—	—	

Sonstige Fruchtsäfte.

No.	Nähere Bezeichnung	Zeit der Untersuchung	Specifisches Gewicht	Extrakt	Invertzucker	Rohrzucker	Freie Säure	Tannin	Pektin etc.	Mineralstoffe	Analytiker
1	Japanische Oelweide (Eleagnus longipes) aus der Umgegend von Graz*) .	1895 27. 7.	1,06522	16,94	12,80		0,981	0,419	—	—	*E. Hotter* [2])
2	Eberesche (Sorbus aucuparia) von St. Gotthard bei Graz	1895 31. 8.	1,07309	81,01	46,87		0,188	0,419	—	—	*E. Hotter* [2])
				%	%	%	%		%	%	
	Ebereschenextrakt**) . .	1893	—	66,50	5,10	3,00	2,010	—	0,34	0,75	*M. Mansfeld* [3])
					Glukose	Fructose					
3	Dattelsyrup aus Algier, Saft der Dattelart „Gharz" (brauner Syrup) . . .	1889	—	—	29,72	22,13	—	—	2,85	1,38	*Grümbert* [4])
4	Dattel-„Honig", wie No. 3, an der Sonne eingedickt	„	—	—	39,34	32,46	—	—	3,35	1,55	*Grümbert* [4])
					In 100 ccm g	g					
5	Feigensaft von indischen Feigen, in der Nähe von Livorno gewachsen***) .	1893	—	—	8,79	4,95	—	—	—	—	*N. Passerini* [5])

Anhang zu „Fruchtsäfte".

Gerbstoff-Gehalt von Apfel- und Birnenmost.

E. Hotter (Chem.-Ztg. **1894**, **18**, **1305**) fand, dass der Gerbstoffgehalt der Obstsäfte (den er nach dem Löwenthal'schen Verfahren bestimmte) allmählich abnimmt.

---

[1]) Chem.-Ztg. 1887, **11**, 1726.

[2]) IV. Jahresber. der pomolog. Vers.-Stat. Graz, 1895/96, 10.

[3]) Zeitschr. Nahrungsm.-Unters., Hygiene und Waarenk. 1893, **7**, 377.

[4]) Journ. Pharm. Chim. 1889 [5], **20**, No. 11; nach O. Haenle: Die Honig-Litteratur der letzten Jahre. Strassburg 1890, 7. — Haenle konnte auf Anfragen in Algier keine genauere Auskunft über diesen „Honig" erhalten.

[5]) Boll. della scuola agr. di Scandicci presso Firenze 1893, **1**, 22; Centralbl. Agrik.-Chem. 1894, **23**, 202.

*) Die Oelweide ist ein aus Japan stammender, in neuerer Zeit vielfach begehrter Beerenobststrauch, der schon nach 3—4 Jahren reichliche Mengen braunrother länglicher Beeren mit rostfarbenen Pünktchen trägt. Die Frucht liefert ein besseres Kompott als die Kornelkirsche.

**) Ueber die Zusammensetzung der Ebereschen-Marmelade siehe unten S. 894.

***) Die Zusammensetzung der zugehörigen Früchte siehe oben S. 868.

Hotter fand nämlich in 100 ccm Obstmost folgenden Gerbstoff-Gehalt in g:

Apfelmost.

1892

	Gleich nach der Pressung	Nach 3 Tagen	Nach 9 Tagen	Nach 14 Tagen
Taffetapfel	0,054	—	0,030	0,018
Maschanzker . . .	0,060	0,036	0,021	—
Wälisch Brunner .	0,069	—	0,030	—
Graue Herbstreinette .	0,078	—	—	0,057
Winter Taffet . . .	0,048	—	—	0,039
Rother Eiserapfel .	0,078	—	—	0,048

1893

	Gleich nach der Pressung	Nach 5 Tagen
Rother Cousinot . .	0,097	0,071
Maschanzker . . .	0,061	0,026
Goldreinette . . .	0,054	0,033
„ . . .	0,097	0,071
Holzapfel	0,047	0,025
Graue Herbstreinette	0,050	0,009
Champagner-Reinette	0,088	0,075

Birnenmost 1893.

	Gleich nach der Pressung	Nach 9 Tagen	Nach 14 Tagen
Williams Christbirne . . .	0,031	0,026	0,017
Birne Fortuné	0,055	0,018	—

Sonstige Analysen von Fruchtsäften.

1. W. Sonne (Vierteljahresschr. Nahrungs- u. Genussmittel 1888, 3, 163) bestimmte den Zucker- u. Säure-Gehalt von Johannis- und Stachelbeeren.

2. P. Behrend (Beiträge zur Chemie des Obstweines und des Obstes, Stuttgart 1892) fand für 18 Aepfel und 1 Birne (2,91 g Rohrzucker bei 11,75 g Gesammtzucker in 100 ccm Most) der 1889-er und 1890-er Ernte folgende Mittel- und Schwankungszahlen für den Gesammtzucker- und Rohrzuckergehalt:

	Mittel	Schwankungen
Gesammtzucker in 100 ccm Saft	12,69 g	9,25—18,64 g
Rohrzucker	3,78 „	1,36—6,51 g
Rohrzucker in Procenten des Gesammtzuckers	29,8 %	11,2—51,2 %

3. P. Kulisch (Landw. Jahrb. 1892, 21, 427) fand in 9 Aepfeln 6,82—13,12 % reducirenden und 1,28—5,46 % Rohrzucker.

4. H. Kremla (Zeitschr. Nahrungsm.-Untersuchung, Hygiene u. Waarenk. 1893, 7, 365.

5. Vivien und Dupont: Analyse von Apfelmost. Bull. assoc. Belge Chim. 1894, 11, 526; Chem.-Ztg. 1894, 18, Rep. 78.

6. L. Weigert (Jahresber. der k. k. önologischen und pomologischen Lehranstalt in Klosterneuburg 1894; Centrbl. Agrik.-Chem. 1895, 24, 264) berichtet über Analysen von Johannisbeerensaft von rothen, weissen, fleischfarbigen Beeren, namentlich über Säure- und Zuckergehalt. Er fand in 100 ccm 2,3—4,4 g Säure und 5,4—12,9 g Zucker.

7. C. Marx: Dingler's Polytechn. Journ. 150, 143—146. Zucker- und Säurebestimmungen in Aepfel- und Birnenmost aus Hohenheim.

8. Balland (Rev. intern. falsif. 1900, 13, 92). Analysen von Orangensaft.

9. A. L. Winton, A. W. Ogden und L. W. Mitchell berichten im 22. und 23. Jahresber. der Connecticut Agric. Experim. Stat. (für 1898 u. 1899) über zahlreiche Analysen von Fruchtsäften, Gelées und Limonaden des Handels.

Fruchtsyrupe.

Himbeersyrup.

No.	Nähere Bezeichnung	Zeit der Untersuchung	Specifisches Gewicht	Wasser %	Invertzucker %	Rohrzucker %	Gesammt-Säure (= Aepfelsäure) %	Flüchtige Säure (= Essigsäure) %	Zuckerfreier Extrakt*) %	Asche %	Kali %	Phosphorsäure %	Analytiker
1	Aus bestimmt rein vergohrenem Rohsaft nach der Vorschrift der deutschen Pharmakopöe hergestellt**)	1900	—	31,20	29,28	35,96	0,482	0,009	1,66	0,20	—	—	E. Spaeth[1])
2		„	—	29,83	58,56	9,08	0,519	0,012	2,05	0,22	—	—	
3		„	—	43,15	32,40	21,37	0,837	0,018	1,75	0,28	—	—	
4		„	—	29,50	33,82	33,32	0,573	0,012	1,60	0,33	—	—	
5		„	—	33,60	10,54	51,64	0,79	0,015	1,50	0,255	—	—	
6		„	—	32,00	5,02	58,27	0,74	0,013	1,74	0,255	—	—	
7		„	—	31,00	5,10	58,99	0,70	0,012	1,80	0,27	—	—	
8		„	—	29,50	3,72	62,09	0,455	0,013	1,42	0,30	—	—	
9		„	—	27,90	24,98	42,80	0,784	0,018	2,06	0,32	—	—	
10		„	—	30,85	23,50	41,59	0,737	0,015	1,87	0,262	—	—	
11		„	—	28,50	14,60	51,87	0,737	0,012	2,30	0,215	—	—	
12		„	—	30,95	25,60	39,36	0,4489	0,015	2,01	0,265	—	—	
13		„	—	33,73	13,42	48,35	0,455	0,018	1,95	0,30	—	—	
14		„	—	32,10	23,70	40,18	0,428	0,021	1,90	0,26	—	—	
15		„	—	27,70	28,96	39,90	0,737	0,012	1,34	0,40	—	—	
16		„	—	31,08	23,36	41,19	0,649	0,015	2,18	0,32	—	—	
	Mittel	—	—	**31,41**	**22,29**	**42,25**	**0,629**	**0,014**	**1,82**	**0,278**	—	—	
	Himbeersyrupe des Handels bezw. Haushaltes.				Traubenzucker***)				Durch 90%-ig. Alkohol fällbar				
17	Aus einer Apotheke	1879	1,2971	39,00	20,50	39,95	—	—	0,169	0,383 °)	0,164	0,016	C. Krauch und v. der Becke[2])
18	Aus einem Haushalt	„	1,1513	54,40	21,18	24,34	—	—	0,023	0,062 °)	0,023	0,007	
19	Aus einer Konditorei (rein?)	„	1,2867	41,59	22,54	35,50	—	—	5,245	0,123 °)	0,041	0,028	

[1]) Zeitschr. Nahrungs- und Genussmittel 1901, **4**, 97.
[2]) Original-Mittheilung.

*) Der zuckerfreie Extrakt wurde berechnet durch Abziehen des Gesammtzuckers als Invertzucker von dem gewichtsanalytisch bestimmten Gesammtextrakt.

**) E. Spaeth ermittelte ferner folgende Werthe für Alkalinität der Asche und die Polarisation in 10%-iger Lösung im Apparate von Schmidt und Haensch.

Polarisation	No. 1	2	3	4	5	6	7	8
Direkt	+ 3° 50′	± 0	+ 0° 30′	+ 3° 10′	+ 6° 42′	+ 7° 39′	+ 7° 20′	+ 8° 15′
Nach der Inversion . .	— 2° 25′	— 2° 27′	— 2° 08′	— 2° 44′	— 2° 20′	— 2° 38′	— 2° 40′	— 2° 36′
Nach der Vergährung . .	± 0							
Alkalinität der Asche entsprechend ccm N-Säure	2,3	2,4	2,95	2,60	3,20	2,65	2,7	2,65

Polarisation	No. 9	10	11	12	13	14	15	16
Direkt	+ 5° 04′	+ 5° 12′	+ 7° 10′	+ 5° 28′	+ 7° 42′	+ 5° 18′	+ 4° 31′	+ 5° 16′
Nach der Inversion . .	— 2° 34′	— 2° 42′	— 2° 42′	— 2° 34′	— 2° 35′	— 2° 28′	— 2° 45′	— 2° 30′
Nach der Vergährung . .	± 0		Spur links	0	Spur links	± 0		
Alkalinität der Asche entsprechend ccm N-Säure	3,10	2,50	2,60	2,20	3,0	2,5	3,3	3,3

***) Nach dem Heinrich'schen Verfahren bestimmt.

°) No. 17 enthielt 0,049%, No. 18 und 19 dagegen enthielten nur Spuren von Schwefelsäure.

Ueber den Säure-, Asche- und Phosphorsäure-Gehalt von Himbeersyrupen,

welche von Apothekern nach dem Deutschen Arzneibuche hergestellt und unzweifelhaft rein waren, berichten Amthor und Zink (Zeitschr. Nahrungsm.-Untersuchung, Hygiene u. Waarenk. 1893, 7, 130); das Verhältniss von Saft zu Zucker war ungefähr wie 7 : 13. Die Untersuchungsergebnisse waren folgende:

No.	Jahrgang	Gesammt-Säure (=Aepfelsäure) %	Asche %	Phosphorsäure %	No.	Jahrgang	Gesammt-Säure (=Aepfelsäure) %	Asche %	Phosphorsäure %
1	1888	0,8375	0,1700	0,0091	11	1892	0,8040	0,2069	0,0134
2	1889	0,6057	0,1980	0,0168	12	„	0,8174	0,2349	0,0101
3	1890	0,7839	0,2170	0,0090	13	„	0,7660	0,1890	0,0123
4	„	0,7771	0,4091	0,0312	14	„	0,6029	0,1920	0,0104
5	„	0,7168	0,2070	0,0175	15	„	0,7905	0,2570	0,0128
6	1891	„	0,1985	0,0157	16	„	0,6029	0,1516	0,0066
7	„	0,6164	0,1932	0,0110	17	„	0,5761	0,1624	0,0105
8	„	1,0786	0,2540	0,0216	18	„	0,8508	0,1633	0,0184
9	1892	0,8297	0,2598	0,0191	19	„	0,7771	0,1760	0,0131
10	„	0,5627	0,1704	0,0103	20	„	0,2060	0,1940	0,0070

Sonstige Analysen von Himbeersyrupen.

Giulio Morpurgo (Pharm. Post 1897, 30, 315; Vierteljahresschr. Nahrungs- und Genussmittel 1897, 12, 230). Zusammensetzung von 3 Himbeersyrupen des Handels.

No.	Nähere Bezeichnung	Zeit der Untersuchung	Specifisches Gewicht	Wasser %	Traubenzucker*) %	Rohrzucker %	Gesammt-Säure (=Aepfelsäure) %	Flüchtige Säure (=Essigsäure) %	Durch 90%igen Alkohol fällbar %	Asche %	Kali %	Phosphorsäure %	Analytiker
	Johannisbeersyrup.												
1	Handels-Syrup aus einer Konditorei (extrafein) . . .	1879	1,2518	46,35	24,84	27,58	—	—	0,901	0,329 **)	0,149	0,020	*C. Krauch und v. der Becke*[1])
2	Aus einem Haushalt	„	1,1885	50,42	23,66	25,63	—	—	0,145	0,144 **)	0,043	0,014	
	Erdbeersyrup.												
1	Aus einer Konditorei (extrafein) . .	1879	1,2584	40,37	20,57	38,62	—	—	0,284	0,160 **)	0,069	0,009	*C. Krauch und v. der Becke*[1])
	Kirschsyrup.												
1	Aus einer Konditorei	1879	1,2474	46,18	15,26	37,44	—	—	0,943	0,174 **)	0,065	0,023	*C. Krauch u. v. der Becke*[1])

[1]) Original-Mittheilung.

*) Nach dem Heinrich'schen Verfahren bestimmt.

**) Der Gehalt an Schwefelsäure betrug:

Johannisbeersaft No. 1	Johannisbeersaft No. 2	Erdbeersaft	Kirschsaft
0,069 %	Spur	0,063 %	0,012 %

Anhang zu Fruchtsyrupen.

Ueber die Bildung von Invertzucker in Fruchtsyrupen hat R. Hundrieser (Pharm. Ztg. Russland 1890, 29, 33, 49 und 65) eingehende Versuche angestellt.

Die verwendeten Rohsäfte enthielten:

	Kirschsaft	Himbeersaft	Johannisbeersaft roth	Johannisbeersaft schwarz	Berberissaft
Säure (= Aepfelsäure)	1,59 %	2,08 %	2,91 %	3,48 %	4,29 %
Glukose	0,50 „	0,50 „	0,39 „	1,11 „	0,77 „

Auf 5 Theile Saft wurden 9 Theile Rohrzucker genommen; letzterer enthielt 0,076 % Invertzucker.

Die Veränderungen im procentigen Invertzucker- und Säuregehalte unter dem Einflusse der verschiedenen Dauer des Kochens waren folgende:

No.	Bezeichnung der Säfte	Invertzucker: Dauer des Kochens in Minuten: Einmal aufgekocht	5	10	15	20	30	Freie Säure (= Aepfelsäure): Dauer des Kochens in Minuten: Einmal aufgekocht	5	10	15	20	30
1	Kirschsyrup	3,13	6,17	9,10	15,15	16,40	30 33	0,79	0,78	0,76	0,75	0,74	0,71
2	Himbeersyrup . . .	4,17	8,33	16,12	43,47	50,00	50,00	1,03	1,00	0,97	0,92	0,90	0,90
3	Johannisbeersyrup roth . .	5,95	17,86	26,31	31,25	43,10	53,65	1,41	1,34	1,31	1,29	1,25	1,17
4	Johannisbeersyrup schwarz .	7,87	20,00	34,48	43,48	55,55	62,50	1,74	1,72	1,71	1,68	1,63	1,57
5	Berberissyrup . . .	5,51	22,73	33,78	50,30	—	—	1,98	1,93	1,86	1,72	—	—
	Nach 14-tägigem Stehen im Keller wurde folgender Gehalt festgestellt:												
1	Kirschsyrup	6,40	7,57	9,43	15,62	17,54	30,33	0,77	0,77	0,75	0,73	0,72	0,71
2	Himbeersyrup . . .	5,55	9,25	18,64	44,24	50,50	51,20	1,02	0,98	0,92	0,88	0,86	0,85
3	Johannisbeersyrup roth . .	7,47	20,23	29,41	32,05	45,04	54,94	1,39	1,32	1,30	1,28	1,24	1,16
4	Johannisbeersyrup schwarz .	8,93	21,74	37,07	44,23	56,80	62,50	1,71	1,71	1,70	1,68	1,63	1,56
5	Berberissyrup . . .	6,94	23,80	34,48	51,02	—	—	1,97	1,92	1,84	1,71	—	—

Gelées (Kraut) und Marmeladen.

Obst- und Zuckerrübenkraut.

Untersuchungen von J. König, W. Kisch und M. Wesener (Zeitschr. analyt. Chem. 1889, 28, 404).

Obstkraut.

No.	Nähere Bezeichnung	Wasser %	Invertzucker %	Rohrzucker %	Stickstoff %	Freie Säure (= Aepfelsäure) %	Nichtzucker*) %	Asche %	Phosphorsäure %	Kali %	Kalk %	Magnesia %	Polarisation der 10 %-igen Lösung im 200 mm-Rohr**)
1	Birnenkraut	33,70	53,03	2,79	0,23	2,099	8,45	2,03	0,178	1,00	—	—	− 5° 49′
2	Aepfelkraut	33,04	57,80	3,80	0,16	1,194	3,48	1,88	0,151	0,92	—	—	− 4° 34′
3	Obstkraut aus Westfalen	37,39	46,88	10,52	0,21	1,971	3,19	2,04	0,199	0,85	—	—	− 4° 34′
4	desgl. aus Rheinland .	38,47	54,83	3,28	0,23	1,309	1,54	1,88	0,160	0,98	—	—	− 4° 12′
5	Aepfelkraut aus Westfalen	33,11	55,36	3,61	0,31	3,307	2,56	2,06	0,178	1,14	0,14	0,044	− 3° 53′
6	desgl., aus unreif. Aepfeln	41,71	48,59	1,04	0,24	4,237	2,37	2,05	0,135	0,99	0,14	0,065	− 4° 06′
7	desgl., mit Kreide abgestumpft	42,55	51,68	—	0,16	3,667	—	2,44	0,133	0,97	(0,40)	0,047	− 4° 06′

*) Unter Nichtzucker ist die Differenz der Summe (Wasser + Zucker + Säure + Mineralstoffe) von 100 zu verstehen.
**) 10 g Kraut werden in 100 ccm Wasser gelöst mit 10 ccm basisch essigsaurem Blei gefällt und das Filtrat im 220 mm-Rohr im Ventzke-Soleil polarisirt.

No.	Nähere Bezeichnung	Wasser %	Invertzucker %	Rohrzucker %	Stickstoff %	Freie Säure (= Aepfelsäure) %	Nichtzucker %	Asche %	Phosphorsäure %	Kali %	Kalk %	Magnesia %	Polarisation der 10%-igen Lösung im*) 200 mm-Rohr
8	Birnenkraut a. Westfalen	32,75	50,78	3,69	0,16	1,156	9,87	1,76	0,162	0,87	0,15	0,056	— 5° 33′
9	Aepfelkraut a. Rheinland	34,58	50,64	4,37	0,17	1,637	6,90	1,87	0,196	0,98	0,17	0,110	— 5° 42′
10	Reines Obstkraut aus süssen Aepfeln . . .	33,55	57,12	1,85	0,224	2,063	3,68	1,74	0,111	0,88	0,100	0,093	— 4,52
	Mittel	**34,88**	**52,94**	**2,77**	**0,200**	**2,264**	**5,23**	**1,92**	**0,160**	**0,96**	**0,139**	**0,070**	**— 4,45**
	Obstkraut mit Zusatz von Rohrzucker und Mehl.												
1	Aepfelkraut mit Kreide abgestumpft; auf 1½ kg Saft 75 g Rohrzucker	39,81	44,00	13,41	0,170	2,889	0,46	1,43	0,068	0,53	0,184	Spur	— 2,50
2	Mit Mehl eingekocht	23,86	21,48	0,69	0,239	1,407	51,44	1,12	0,171	0,59	0,088	0,079	— 1,13

Pflaumenkraut (Pflaumenmus).

Unter „Pflaumenmus" versteht man die zerquetschten, von Kernen befreiten gekochten Pflaumen, welche dadurch, dass sie durch ein Sieb geschlagen werden, auch von einem Theil der Haut befreit sind.

No.	Nähere Bezeichnung	Wasser %	Invertzucker %	Rohrzucker %	Stickstoff %	Freie Säure %	Nichtzucker %	Asche %	Phosphorsäure %	Kali %	Kalk %	Magnesia %	Polarisation
1	Pflaumenmus	64,68	11,92	2,07	0,308	1,252	17,86	2,22	0,145	0,65	0,116	0,070	—
	Zuckerrübenkraut.												
1	Aus Westfalen . . .	28,06	13,67	51,09	0,72	0,282	2,70	4,48	0,319	1,90	—	—	+ 6° 40′
2	desgl., körnig	28,69	20,74	40,20	0,92	(1,890) **)	4,74	3,74	0,370	1,54	0,14	0,191	+ 5° 40′
3	desgl., blank	26,46	22,64	37,76	0,87	(2,029) **)	7,60	3,52	0,390	1,36	0,11	0,063	+ 4° 25′
4	Aus Rheinland . . .	28,29	17,68	42,48	0,51	1,156	7,32	3,07	0,480	1,05	0,11	0,196	+ 5° 06′
5	Reines Zuckerrübenkraut aus Westfalen 1888 .	27,96	14,12	45,60	0,620	1,688	6,43	4,20	0,537	1,38	0,094	0,259	+ 6,0
6	Aus Deutschland . .	21,88	32,06	28,97	—	—	—	3,41	—	—	—	—	+ 8,2
	Mittel (No. 1—5)	**28,01**	**17,85**	**43,63**	**0,727**	**1,400**	**5,30**	**3,80**	**0,419**	**1,49**	**0,104**	**0,202**	**+ 5,36**
	Gemische von Obst- und Rübenkraut.												
1	Obst u. gleiche Theile Obst- u. Rübenkraut	26,83	36,10	19,74	0,374	1,348	12,51	2,47	0,324	1,01	0,118	0,155	— 0,20
2		29,09	38,08	22,38	0,389	1,876	5,63	2,94	0,347	1,08	0,086	0,185	+ 0,27
	Möhrenkraut.												
1	Möhrenkraut	31,19	40,30	12,64	0,612	2,363	7,60	5,85	0,481	2,18	0,296	0,123	+ 0,45
	Verfälschte Proben.												
1	„Aepfelkraut" (m. Stärke-Syrup versetzt) . . .	30,83	50,40	2,89	0,250	1,323	13,09	1,47	0,170	0,72	0,080	0,045	+ 2,58
2	„Zuckerrübenkraut" (mit Stärke-Syrup versetzt).	26,99	30,80	20,77	0,243	0,768	18,05	2,62	0,091	1,01	0,250	0,025	+ 13,45

W. Bersch (Oesterr.-Ungar. Zeitschr. Zucker-Ind. u. Landw. 1897, Heft 1) fand für Rübensaft (Kraut) aus Deutschland folgende Zusammensetzung:

				Säure = ccm N.-KOH auf 100 g		Chlornatrium				
Spec. Gew. 1,4028	21,81	32,06	28.97	15,16	3 41	1,08	—	—	—	+ 8,2

*) Vergl. Anmerkung **) auf S. 892.

**) Die Rübenkrautproben No. 2 und 3 hatten längere Zeit in nur mit Papier bedeckten Gefässen im Laboratorium gestanden, wodurch vielleicht der hohe Säure-Gehalt mitbedingt sein kann.

Marmeladen.

Die Marmeladen werden in der Weise hergestellt, dass die von Stengeln, Kernen, Steinen und z. Th. auch von der Oberhaut und dem Kerngehäuse befreiten Früchte durch ein mehr oder minder feines Sieb gerieben und mit der gleichen bis doppelten Menge zum Syrup eingekochten Rohrzuckers event. unter Zusatz von etwas Gewürz bis zum Dickwerden des Gemisches unter stetem Umrühren eingekocht werden. Die nachfolgenden Marmeladen No. 1—8 wurden von Gebr. Stollwerk in Cöln hergestellt und zwar No. 7 und 8 auf Veranlassung des Verfassers.

No.	Nähere Bezeichnung	Zeit der Untersuchung	Wasser %	Invertzucker %	Rohrzucker %	Säure (= Aepfelsäure) %	Stickstoff-Substanz %	In Wasser unlöslich %	Pektinstoffe %	Mineralstoffe %	Polarisation der Lösung 1:10 im 200 mm-Rohr	Analytiker
1	Johannisbeer-Marmelade	1895	34,31	50,92	7,92	2,96	0,66	0,68	1,72 *)	0,91	−0° 55′	A. Bömer [1])
2	Himbeer-Marmelade	„	34,58	40,68	17,75	1,17	0,56	1,59	1,11	0,55	+1° 26′	
3	Aprikosen- „	„	35,41	25,60	31,12	1,27	0,75	1,41	1,25	0,92	+3° 58′	
4	Aepfel- „	„	39,25	12,56	43,74	0,52	0,28	1,31	1,06	0,27	+5° 52′	
5	Pflaumen- „	„	32,16	49,56	11,59	1,14	0,59	1,84	2,35	0,49	+0° 18′	
6	Tutti frutti- „	„	31,81	55,32	7,01	1,24	0,84	1,71	2,19	0,59	+0° 46′	
	Gemischte Marmeladen mit Zusatz von Agar Agar und Gelatine.											
7	Mit Agar Agar	1895	32,22	39,32	19,60	1,26	0,85	1,39	2,93	0,84	+1° 4′	A. Bömer [1])
8	Mit Gelatine	„	29,04	43,92	17,86	1,23	1,94	1,31	2,52	0,74	+0° 49′	
							**) Eiweiss		**)			
9	Himbeer-Marmelade (Hersteller nicht angegeben)	1896	28,30	40,50	18,40	—	0,50	1,70	0,80	0,56	+1,30°	G. Marpman [2])
10	Himbeer-Marmelade	„	31,50	38,00	17,20	—	0,43	1,50	0,70	0,60	+1,25°	
11°)	Himbeer-Marmelade	„	34,80	35,00	19,00	—	0,40	1,40	0,70	0,51	+1,30°	
12	Himbeer-Marmelade	„	31,80	55,00	8,00	—	0,56	1,70	1,10	0,49	+0,80°	
13°)	Himbeer-Marmelade	„	20,10	49,00	14,00	—	0,40	2,40	0,70	0,38	+1,90°	
14	Johannisbeer-Marmelade	„	35,00	57,20	7,00	—	0,60	0,60	1,50	0,85	+0,30°	
15°)	Johannisbeer-Marmelade	„	39,00	12,00	35,00	—	0,50	0,50	1,70	0,60	+3,50°	
16°)	Erdbeer-Marmelade	„	32,00	15,50	39,00	—	0,80	1,30	2,20	0,59	+4,70°	
17	Erdbeer-Marmelade	„	29,00	17,30	35,00	—	0,60	1,30	2,90	0,65	+3,40°	
18	Tutti frutti	„	31,50	55,00	7,00	—	0,84	1,70	2,10	0,54	−0,40°	
19	Ebereschen-Marmelade°°)	1893	35,50	24,40	31,00	1,13	0,55	—	—	0,35	—	M. Mansfeld [3])
20	Pflaumenmus (Powide)	1899	59,61	18,72	—	1,59	2,53	Sonst. stickst.-freie Extraktst. 8,20		°°°) 2,50	—	M. Mansfeld [4])

[1]) Chem.-Ztg. 1895, 19, 552.
[2]) Zeitschr. angew. Mikrosk. 1896, 2, 97; Vierteljahresschr. Nahrungs- u. Genussmittel 1896, II, 513.
[3]) Zeitschr. Nahrungsm., Hygiene u. Waarenk. 1893, 7. 377.
[4]) Bericht der Untersuchungsanstalt für Nahrungs- u. Genussm. des allgem. österr. Apotheker-Vereins 1898/99, 11.

*) Die in heissem Wasser unlöslichen Reste des Fruchtfleisches von etwa 5 g Substanz wurden auf gewogenem Filter gesammelt und gewogen; das Filtrat hiervon eingedampft, in 10 ccm Wasser gelöst, unter stetem Umrühren mit 100 ccm absolutem Alkohol versetzt, der Niederschlag — „Pektinstoffe" — gleichfalls auf gewogenem Filter gesammelt, mit Alkohol derselben Stärke gewaschen, nach dem Trocknen gewogen und darauf nach Kjeldahl verbrannt. Die „Pektinstoffe" hatten folgenden procentigen Gehalt an Stickstoff-Substanz:

	Reine Marmeladen 1	2	3	4	5	6	mit Agar Agar 7	mit Gelatine 8
In Proc. der Substanz	—	0,313	0,220	0,220	0,313	0,363	0,220	1,125
„ „ „ Pektinstoffe	—	28,2	17,6	20,7	13,3	16,5	7,6	44,6

**) Zur Bestimmung der Pektinstoffe und des Eiweisses wurden 20 ccm des wässerigen Auszuges mit 40 ccm absolutem Alkohol gemischt, die Mischung wurde 24 Stunden kalt gestellt, der aus Pektinstoffen und Eiweiss bestehende Niederschlag auf gewogenem Filter gesammelt und mit 66-procentigem Alkohol ausgewaschen; in dem Niederschlage wurde der Stickstoff nach Kjeldahl bestimmt und daraus wurden Eiweiss und Pektinstoffe berechnet.

°) Diese Proben waren durch eine Anilinfarbe gefärbt.

°°) Ueber die Zusammensetzung des Ebereschenextraktes siehe oben S. 888. — °°°) Mit 0,26 % Phosphorsäure (P_2O_5).

Sonstige Analysen von Marmeladen.

L. K. Boseley (Analyst 1898, 23, 123; Zeitschr. Nahrungs- u. Genussmittel 1899, 2, 159) fand für 16 Marmeladen des Handels aus England folgende Schwankungszahlen:

Wasser	Invertzucker	Rohrzucker	Säure (Citronensäure)
25,3—40,6 %	11,1—42,8 %	19,7—44,7 %	0,3—0,6 %

Von diesen 16 Marmeladen waren 10 Proben frei von Stärkezucker, 6 Proben enthielten 5,0—22,9 %; 1 Probe enthielt Gelatine oder Hausenblase und 2 Proben enthielten Salicylsäure.

Tamarindenmus.

Eug. Dieterich (Helfenberger Annalen 1894, 55; Vierteljahresschr. Nahrungs- und Genussmittel 1895, 10, 49) fand für die verschiedenen Arten von Tamarindenmus folgende procentige Zusammensetzung:

1. Rohes Tamarindenmus.

		No. 1	2	3	4	5	6	7	8	9	10
Im kernfreien Mus	Kerngehalt . . .	4,97	8,82	12,96	7,88	8,72	5,65	8,90	3,10	2,55	9,04
	Trocken-Substanz	49,60	41,70	51,60	52,41	51,82	54,25	52,12	47,23	57,37	53,49
	Zucker	27,30	20,45	19,50	22,91	26,40	32,22	29,50	29,26	34,26	31,41
	Säure	14,23	12,89	15,52	14,71	14,92	14,54	14,16	10,83	14,33	16,10

2. Gereinigtes Tamarindenmus.

	Wasser	Zucker	Säure	Rohfaser	Asche
Schwankungen bei 8 Proben:	33,95—39,45	45,21—49,25	10,50—13,50	3,15—3,95	2,05—3,72

3. Gereinigtes concentrirtes Tamarindenmus.

	Wasser	Zucker	Säure	Rohfaser	Asche
Schwankungen bei 5 Proben:	19,07—22,54	53,86—57,52	13,12—15,00	3,65—4,80	2,27—2,80

Feste künstliche Brauselimonaden.

Die nachfolgenden festen künstlichen Brauselimonaden, welche von Gebr. Stollwerk in Cöln in den Handel gebracht werden, sind Mischungen von Rohrzucker, Citronensäure und doppeltkohlensaurem Natrium mit den entsprechenden ätherischen Oelen.

No.	Nähere Bezeichnung	Wasser %	Rohrzucker %	Citronensäure %	Aetherisches Oel etc. (Differenz) %	Doppelt kohlensaures Natrium %	Analytiker
1	Champagner	4,01	69,35	15,03	1,55	11,06	*J. Cosack*[1])
2	Kirschen	3,80	68,55	15,98	0,96	10,71	
3	Himbeer	2,84	69,19	15,81	1,19	10,97	
4	Citrone	3,52	66,10	16,79	0,74	12,85	
5	Orange	4,15	66,46	16,62	1,06	11,71	

[1]) Original-Mittheilung.

Zucker und Zuckerwaaren.

Zucker.

Rohrzucker.

Zuckerrohr. — Saccharum officinarum, Canne à sucre, Canne créole.

No.	Nähere Bezeichnung	Zeit der Untersuchung	In der natürlichen Substanz: Wasser %	Stickstoff-Substanz %	Fett %	Saccharose %	Rohfaser %	Asche %	In der Trocken-Substanz: Stickstoff-Substanz %	Rohrzucker %	Stickstoff in der Trocken-Substanz %	Analytiker
1	Ohne nähere Bezeichnung	1849	77,8	—	—	16,2	6,0		—	72,97	—	Casaseca [1])
2	Ohne nähere Bezeichnung	„	77,0	—	—	12,0	11,0		—	52,17	—	Casaseca [1])
3	Ohne nähere Bezeichnung	„	69,5	—	—	11,5	19,0		—	37,70	—	Casaseca [1])
4	Otaheitisches Zuckerrohr, reif	„	71,04	0,55	0,35	18,02	9,56	0,48	1,88	62,22	0,30	Payen [2])
5	desgl., unreif	„	79,70	1,17	1,95	9,06	7,03	—	5,75	44,63	0,92	Payen [2])
					Glukose							
6	Martinique und Guadeloupe	1870	72,22	—	0,28	17,80	9,30	0,40	—	64,07	—	O. Popp [3])
7	Von Kairo	„	72,15	—	0,30	16,00	9,20	0,35	—	57,45	—	O. Popp [3])
8	Von Oberägypten	„	72,13	—	0,25	18,10	9,10	0,42	—	64,94	—	O. Popp [3])
9	Am 23. August 1859 . . . (In Circencester angebaut)	1860	85,17	2,56	—	—	—	2,06	17,25	—	2,76	A. Völker [4])
10	Am 26. Septbr. 1859 . . . (In Circencester angebaut)	„	81,80	2,19	Fett 0,55	5,85	—	1,40	12,00	32,14	1,92	A. Völker [4])
11	Band-Zuckerrohr	„	76,73	0,44	—	13,39	9,07	0,37	1,88	57,54	0,30	Avequin [5])
12	Tahiti-Zuckerrohr	1879	76,08	0,42	—	14,28	8,87	0,36	1,75	59,70	0,28	Avequin [5])
13 *)	Unterer und mittlerer Stengeltheil	„	79,09	—	—	16,15	—	0,86	—	77,23	—	A. v. Wachtel [6])
14 *)	Oberer Stengeltheil	„	78,46	—	—	16,90	—	—	—	78,46	—	A. v. Wachtel [6])
15 **)	Von Guadeloupe (Mittel mehrerer Analysen)	1866	71,45	—	0,70 ***)	15,00	11,50 ***)	0,35	—	52,53	—	Ph. Boname [7])
16 **)	„ Réunion (Mittel mehrerer Analysen)	„	69,35	—	0,34 ***)	19,01	9,95 ***)	0,60	—	62,03	—	Ph. Boname [7])
17 **)	„ desgl. (Mittel mehrerer Analysen)	„	72,24	—	0,54 ***)	15,56	10,00 ***)	—	—	56,05	—	Ph. Boname [7])
	Mittel	—	**75,41**	**1,49**	**1,04**	**14,32**	**7,04** ***)	**0,69**	**6,08**	**58,24**	**0,97**	

J. Walter Leather (Journ. Soc. Chem. Ind. 1898, 17, 202—206; Zeitschr. Nahrungs-, Genussmittel 1899, 2, 512—513) fand in 100 ccm Zuckerrohrsaft 11,5—17,0 g Saccharose und 0,1—1,8 g Glukose.

A. Stutzer (Chem. Centrbl. 1892, II, 296) untersuchte die Asche von krankem und gesundem Zuckerrohr.

[1]) Pharm. Centrbl. 1849, 363.
[2]) Pharm. Centrbl. 1849, 854.
[3]) Zeitschr. f. Chemie 1870, 329.
[4]) Jahresb. f. Agrik.-Chem. 1860/61, 128.
[5]) Hassall: Food, its adulterations and the methods for their detection. London 1876, 229.
[6]) Centrbl. f. Agrik.-Chemie 1880, 9, 334.
[7]) Ann. de la science agron. von L. Grandeau 1886, I, 193.

*) Aus amerikanischem Samen in Böhmen angebaut.
**) Die Analysen No. 16 rühren von Delteil, No. 17 von Siere de Fontbrune her.
***) Als unkrystallisirbarer Zucker aufgeführt, während die Zahlen in der Rubrik „Holzfaser“ als Holzmasse (ligneux) bezeichnet sind.

Rohrzucker.

No.	Nähere Bezeichnung	Zeit der Untersuchung	Wasser	Stickstoff-Substanz	Saccharose	Unkrystallisirbarer Zucker	Gummi	Extraktivstoffe	Asche	Eingemengte Stoffe: Organische	Eingemengte Stoffe: Unorganische	In der Trocken-Substanz: Saccharose	Analytiker
			%	%	%	%	%	%	%	%	%	%	
1	Cuba prima	1859	1,70	0,20	96,55	0,49	0,19	0,42	0,68	0,26	0,22	98,22	John Alexander u. Campbell Morfit[1]
2	„ blond	„	2,70	0,18	92,69	2,95	0,32	0,94	0,57	0,29	0,18	95,26	
3	Gemeiner Cuba . . .	„	0,40	0,14	97,32	0,38	0,40	0,30	0,50	0,10	0,09	97,69	
4	Havanna prima . . .	„	0,20	0,14	97,32	0,40	0,15	0,87	0,50	0,40	0,25	97,52	
5	„ blond . . .	„	1,20	6,22	96,40	0,65	0,51	0,87	0,75	0,20	0,20	97,57	
6	„ ordinär . . .	„	1,00	0,96	92,69	1,66	0,32	2,90	1,20	—	0,22	93,62	
7	New-Orleans prima . .	„	1,60	0,26	94,24	0,57	0,21	1,91	0,78	0,08	0,14	95,77	
8	„ blond . .	„	1,30	0,16	94,23	1,20	0,14	1,60	0,64	0,05	0,12	95,47	
9	„ ordinär . .	„	2,20	0,41	93,46	1,52	0,04	2,28	1,00	0,22	0,16	95,54	
10	Pernambuco, weiss . .	„	0,60	0,14	98,25	0,23	0,23	0,47	0,24	—	0,15	98,85	
11	„ braun . .	„	0,30	0,76	93,31	0,54	0,81	2,46	1,24	0,24	0,92	93,59	
12	Porto-Rico prima . . .	„	0,80	0,52	97,32	0,12	0,16	0,49	0,34	0,03	0,10	98,104	
13	„ blond . . .	„	3,10	0,50	93,61	0,56	0,24	1,90	0,40	0,22	0,12	96,604	
14	„ ordinär . .	„	2,70	0,52	93,46	0,94	0,56	1,96	1,15	0,30	0,18	96,05	
15	Trinidad	„	2,20	0,58	91,41	2,35	0,32	3,68	0,38	0,39	0,09	93,46	
						Glukose	+ Pflanzensäure						
16	Java 19.	1852	0,3	—	98,6	0,3	0,5	—	0,2	0,1		98,89	G. J. Mulder[2]
17	Gef. Cand., Java 19 .	„	0,2	—	98,5	0,3	1,0	—	—	—		98,59	
18	Havanna 19	„	1,8	—	94,5	3,0	0,4	—	0,2	0,1		96,23	
19	„ 17	„	0,9	—	97,0	0,9	0,5	—	0,5	0,2		97,88	
20	Java 17.	„	0,4	—	96,3	0,7	2,1	—	0,3	0,2		96,48	
21	Mischung v. 16, 17 u. 18	„	1,1	—	96,3	1,0	1,0	—	0,4	0,3		97,37	
22	Gefärbter Candis . . .	„	0,6	—	96,4	0,6	2,3	—	0,1	—		96,98	
23	Java 15.	„	0,6	—	96,3	0,9	1,4	—	0,6	0,2		96,88	
24	Havanna 14	„	1,5	—	95,6	1,5	1,7	—	0,5	0,2		97,06	
25	„ 12	„	2,3	—	92,7	1,6	2,4	—	0,7	0,3		94,88	
26	Java 13.	„	1,2	—	96,0	1,1	1,0	—	0,7	—		97,16	
27	„ 11.	„	1,5	—	94,3	2,3	1,2	—	0,7	—		95,73	
28	Havanna 10	„	2,3	—	93,4	2,5	0,5	—	1,1	0,2		97,64	
29	Java 9	„	1,8	—	91,6	1,5	4,2	—	0,8	0,1		93,27	
30	Surinam, hell	„	3,6	—	92,3	1,6	1,1	—	0,8	0,6		95,74	
31	Geringer S., hell . . .	„	3,6	—	91,2	2,0	1,6	—	1,2	0,4		94,60	
32	Gef. Cand., Java 8 . .	„	3,6	—	91,4	2,6	2,0	—	0,4	—		94,81	
33	Havanna 7.	„	3,5	—	87,3	3,7	4,5	—	0,9	0,1		90,46	
34	Java 7	„	4,4	—	88,7	3,3	2,2	—	1,3	0,1		92,78	
35	„ 6	„	4,9	—	87,9	4,6	1,6	—	0,9	0,1		92,42	
36	„ 5	„	4,7	—	86,3	5,0	2,0	—	1,9	0,1		90,55	
37	Surinam, braun . . .	„	5,4	—	86,7	4,0	2,0	—	1,4	0,5		91,64	
38	Java 4	„	6,1	—	83,1	5,5	3,5	—	1,6	0,2		88,49	
39	Surin., ger., braun . .	„	6,3	—	85,4	4,4	2,1	—	1,4	0,4		91,13	
	Mittel	—	**2,16**	**0,35**	**93,33**	**1,78**	**0,30**	**0,91**	**0,76**	**0,21**	**0,20**	**95,39**	

[1]) Chem. Centrbl. 1859, 118.
[2]) Pharm. Centrbl. 1852, 295.

Kolonialzucker (Melassezucker).

No.	Nähere Bezeichnung	Zeit der Untersuchung	Wasser %	Saccharose %	Schleimzucker %	Asche %	In der Trocken-Substanz Saccharose %	Analytiker
1	Ohne nähere Bezeichnung	1850	27,07	34,59	35,63	2,71	47,43	W. Stein[1])
2		„	31,67	24,47	41,53	2,33	35,81	
3		„	41,14	15,26	40,70	2,90	25,93	
4		„	40,77	13,42	42,77	3,05	22,66	
5		„	39,57	14,30	42,71	3,43	23,66	
6		„	30,17	7,77	59,18	2,88	11,12	
	Mittel	—	**35,06**	**18,30**	**34,76**	**2,88**	**28,07**	

J. Walter Leather (Journ. Soc. Chem. Ind. 1898, 17, 202—206; Zeitschr. Nahrungs- und Genussmittel 1899, 2, 512) fand für die in Indien hergestellten Zuckerrohr-Rohzucker Gur oder Gul und Rab:

	Wasser	Saccharose	Glukose	Asche
„Gur"	5—15%	60—65%	10—15%	1,5—4,0%
„Rab"	15—25 „	Entsprechend einem Gur mit 15—25% Wasser		
Durch Centrifugiren aus Gur gewonnener Zucker	0,5—2%	90—95%	1—12%	0,8—1,5%

Rübenzucker.

Ueber die Zusammensetzung der Zuckerrüben vergl. S. 755.

Rohzucker.

No.	Nähere Bezeichnung	Wasser %	Saccharose %	Organischer Nichtzucker %	Asche %	In der Trocken-Substanz Saccharose %	Analytiker
	Licht'sche deutsche Rübenzuckermuster.						
1	Weisses (geschleudertes I. Produkt)	0,71	97,70	1,01	0,58	98,49	C. Scheibler[2])
2	Blondes (geschleudertes I. Produkt)	1,12	97,20	0,95	0,73	98,30	
3	Gelbes (geschleudertes I. Produkt)	1,39	96,30	1,31	1,00	97,65	
	Mittel (1—3)	**1,07**	**97,07**	**1,09**	**0,77**	**98,12**	
4	Krystallzucker ff.	0	99,75	0,13	0,12	99,75	
5	Krystallzucker fein	0	99,60	0,21	0,19	99,60	
6	Krystallzucker mittel	0,23	98,70	0,84	0,23	98,92	
7	Krystallzucker ordinär	0,50	98,30	0,83	0,37	98,79	
	Erstes Produkt.						
1	Fein weiss	1,19	96,80	1,25	0,76	97,96	C. Scheibler[2])
2	Weiss	1,74	95,50	1,52	1,24	97,19	
3	Ord. weiss	1,93	94,70	1,94	1,43	96,56	
4	Blond	2,43	93,80	2,01	1,76	96,13	
5	Fein gelb	2,70	92,60	2,82	1,88	95,16	
6	Gelb	3,42	91,10	2,86	2,62	94,32	C. Scheibler[2])
7	Ord. gelb	3,57	90,60	3,14	2,69	93,94	
8	—	2,59	94,90	1,40	1,11	97,42	Bodenbender[4])
9	—	2,57	94,70	1,56	1,17	97,19	
10	—	1,44	95,10	2,05	1,41	96,49	
11	—	1,81	94,00	3,26	0,93	95,73	Heidepriem[3])
12	—	1,09	96,10	2,04	0,77	97,15	
	Mittel	**2,21**	**94,17**	**2,14**	**1,48**	**96,29**	
	Zweites Produkt.						
1	—	2,70	92,40	2,56	2,34	94,96	Bodenbender[3])
2	—	3,54	88,10	4,28	4,08	91,33	
3	—	2,72	93,00	1,67	2,61	95,60	
4	—	2,66	92,70	2,20	2,44	95,23	
5	—	2,78	92,40	2,21	2,61	95,04	
6	—	3,08	90,50	2,76	3,66	93,37	

[1]) Compt. rend. **32**, 421.
[2]) Zeitschr. Deutsch. Vereins Rübenzucker-Ind. **22**, 297. In den sechziger Jahren.
[3]) K. Stammer: Lehrbuch der Zuckerfabrikation 1875, 803.
[4]) Landw. Vers.-Stat. 1878, **9**, 252.

No.	Nähere Bezeichnung	Wasser %	Saccharose %	Organischer Nichtzucker %	Asche %	In der Trocken-Substanz Saccharose %	Analytiker
7	—	2,36	92,20	2,62	2,82	94,42	Bodenbender[1])
8	—	2,62	92,00	2,70	2,68	94,47	
9	—	2,77	91,60	1,94	3,69	94,21	
10	—	2,84	92,30	2,30	2,56	94,99	
11	—	3,99	91,20	2,15	2,66	94,98	
	Mittel	**2,91**	**91,68**	**2,49**	**2,92**	**94,42**	
	Drittes Produkt.						
1	—	3,17	90,80	3,17	2,76	93,77	Bodenbender[1])
2	—	1,43	93,30	2,47	2,80	94,65	
3	—	2,90	92,10	2,24	2,76	94,85	
4	Geschleudertes Nachprodukt .	2,56	93,90	2,02	2,12	95,75	C. Scheibler[2])
5	Ordinäres Nachprodukt . .	3,27	90,70	2,86	3,17	93,76	
	Mittel	**2,68**	**92,05**	**2,55**	**2,72**	**94,58**	
	Oesterreichische Rohzucker.						
1	hellblond	2,89	93,38	0,17	3,56	96,16	J. Moser u. Fr. Soxhlet[3])
2		1,64	94,91	0,16	3,29	96,49	
3		1,54	95,95	0,07	2,41	97,45	
4		2,25	95,04	0,06	2,65	97,23	
5		1,71	95,08	0,07	3,14	96,73	
6		3,35	92,74	0,11	3,80	95,95	
7	blond	1,77	94,80	0,11	3,31	96,51	
8		2,60	94,40	0,17	3,83	96,92	
9		2,71	94,36	0,11	2,82	96,99	
10		1,52	94,98	0,11	3,39	96,45	
11		1,94	94,98	0,09	3,99	95,84	
12	hellbraun	1,05	94,90	0,06	3,99	95,91	
13		3,60	92,60	0,07	3,73	96,06	
14		2,19	94,36	0,15	3,30	96,47	
15		0,91	96,65	0,24	2,20	97,54	
16		2,49	94,43	0,13	2,95	96,84	
17		1,92	94,71	0,13	3,24	96,56	
18		1,32	94,13	0,15	4,45	95,39	
19		0,75	95,72	0,05	3,48	96,44	
20		1,38	94,76	0,10	3,76	96,08	

No.	Nähere Bezeichnung	Wasser %	Saccharose %	Organischer Nichtzucker %	Asche %	In der Trocken-Substanz Saccharose %	Analytiker
21	braun	1,23	95,70	0,13	2,94	96,89	J. Moser u. Fr. Soxhlet[3])
22		1,42	94,42	0,19	3,97	95,78	
23		2,04	93,30	0,08	4,58	95,24	
24		2,13	91,22	0,12	6,53	93,21	
25		3,32	94,00	0,08	2,60	97,23	
26		1,48	93,74	0,05	4,73	95,15	
27		1,60	93,45	0,07	4,88	94,97	
28		3,39	91,68	0,15	4,78	94,89	
29	dunkelbraun	1,20	94,29	0,06	4,45	95,44	
30		1,19	95,30	0,05	3,46	96,46	
31		1,16	95,60	0,22	3,02	96,72	
32		3,09	91,30	1,77	3,84	94,21	
33		2,79	91,22	2,10	3,89	93,84	
	Mittel (1—33)	**1,93**	**94,42**	**0,21**	**3,44**	**96,28**	
34	Rohzucker der Kollektiv-Ausstellung österreichisch-ungarischer Zucker-Industrieller auf der Weltausstellung in Wien 1873, untersucht im Jahre 1889	1,51	94,40	0,24	2,83	1,26	Fr. Strohmer[4])
35		1,91	94,70	0,07	2,11	1,28	
36		1,93	95,20	0,05	1,62	1,25	
37		1,37	96,10	0,05	1,36	1,17	
38		0,56	96,60	0	1,60	1,24	
39		0,99	97,10	0,11	0,85	1,06	
40		0.66	97,20	0,10	1,06	1,08	
41		0,98	97,70	0,08	0,92	0,40	
	Art der Herstellung:						
42	Mit viel Knochenkohle	1,07	96,40	1,38	1,15	97,44	
43	Mit wenig Knochenkohle	0,88	96,50	1,60	1,02	97,36	
44	Mit schwefliger Säure . . .	1,71	95,30	1,70	1,29	96,96	
45	Rohzucker einer mährischen Fabrik . . .	1,42	96,40	1,23 *)	0,99 **)	97,79	Fr. Strohmer u. A. Stift[5])
46	Gewöhnl. Verfahr.	1,45	96,40	1,14	1,05 **)	97,82	
47	Verfahren von Zscheye . .	1,61	96,45	1,05	0,92 **)	98,03	

[1]) K. Stammer: Lehrbuch der Zuckerfabrikation 1875, 803.
[2]) Zeitschr. Deutsch. Vereins Rübenzucker-Ind. **22**, 297.
[3]) Erster Bericht der landwirthschaftlichen Vers.-Stat. Wien 1871—1877, Tabelle 38.
[4]) Oesterr.-ungar. Zeitschr. Zucker-Ind. u. Landw. 1893, **22**, Sonderabdruck.
[5]) Oesterr.-ungar. Zeitschr. Zucker-Ind. u. Landw. 1898, **27**, Sonderabdruck.

*) Mit 0,81 % Stickstoff-Substanz.

**) Die Zahlen bedeuten Sulfatasche. Der Gehalt an Carbonatasche betrug:

No. 45	46	47	48	49
0,95 %	1,01 %	0,89 %	0,95 %	1,05 %

No.	Nähere Bezeichnung	Wasser %	Saccharose %	Organischer Nichtzucker %	Asche %	In der Trocken-Substanz Saccharose %	Analytiker
48	Gewöhnliches Verfahren .	1,65	95,90	1,50	0,97 *)	97,51	*Fr. Strohmer u. A. Stift* ¹)
49	Verfahren von Böcker . .	2,27	95,30	1,38	1,07 *)	97,51	
	Französischer Rohzucker.						
1	—	5,3	91,9	**)	1,8	97,04	*Péligot* ²)
2	—	3,3	94,3	**)	1,4	97,53	

No.	Nähere Bezeichnung	Wasser %	Saccharose %	Organischer Nichtzucker %	Asche %	In der Trocken-Substanz Saccharose %	Analytiker
3	—	4,0	93,2	**)	1,8	97,08	*Péligot* ²)
4	—	1,7	96,5	**)	0,8	98,17	
5	—	2,4	95,6	**)	1,0	97,95	
6	—	4,5	92,8	**)	1,7	97,17	
7	—	4,5	92,5	**)	2,0	96,86	
8	—	4,7	93,5	**)	0,8	98,11	
	Mittel	**3,80**	**93,79**	—	**1,41**	**97,49**	

Analysen einiger (Roh-)Zucker aus den Anfängen der Rübenzucker-Industrie in Oestereich-Ungarn theilt A. Stift (Zeitschr. Nahrungsmittel-Unters., Hygiene und Waarenkunde 1890, **4**, 145; Vierteljahresschrift Nahrungs- und Genussmittel 1890, 5, 307) mit:

No.	Jahr der Darstellung	Farbe	Wasser %	Saccharose %	Invertzucker %	Fremde organische Stoffe %	Asche %	Rendement %	Reaktion
1	1830	hellgelb	1,30	93,60	0	2,73	2,37	81,75	alkalisch
2	1834	schwarzbraun	1,08	93,60	0,61	3,98	1,34	86,90	sauer
3	1835—40	weiss mit schwarzen Flecken	0,20	98,80	0	0,41	0,59	95,85	alkalisch
4	1837	hellgelb	0,71	94,80	0	2,00	2,49	82,35	
5	1838	schwach gelblich mit schwarz. Flecken	0,30	97,80	0	1,16	0,74	94,10	
6	„	hellgelb	0,90	95,80	0	1,99	1,31	89,25	
7	1839	dottergelb	0,77	96,00	0	1,97	1,26	89,70	
8	1840	hellgelb	0,90	95,20	0	2,54	1,36	80,40	
9	„	„	0,94	95,60	0	2,27	1,19	89,65	
10	1841	weiss	0	99,90	0	0	0,10	99,40	
11	1843	schwarzbraun	1,14	93,00	1,22	4,54	1,32	86,40	sauer
12	„	„	1,40	91,90	0,90	4,89	1,81	82,85	desgl.
13	1873	—	1,51	94,40	0,24	2,83	1,26	88,10	desgl.
									Alkalinität entsprechend % CaO
14	„	—	1,91	94,70	0,07	2,11	1,28	88,30	0,001
15	„	—	1,93	95,20	0,05	1,62	1,25	88,95	0
16	„	—	1,37	96,10	0,05	1,36	1,17	90,25	0,009
17	„	—	0,56	96,60	0,05	1,60	1,24	90,40	0,111
18	„	—	0,99	97,10	0,08	0,85	1,06	91,80	0,011
19	„	—	0,66	97,20	0,10	1,06	1,08	91,80	0,04
20	„	—	0,98	97,70	0,08	0,92	0,40	95,70	0,002

Die Asche wurde nach Scheibler unter Anwendung von koncentrirter Schwefelsäure bestimmt und von dem Gewichte der Sulfate $^1/_{10}$ abgezogen. Die fünffache Menge Asche von dem Saccharosegehalte (Polarisation) abgezogen, ergab das Rendement.

¹) Oesterr.-ungar. Zeitschr. Zucker-Ind. u. Landw. 1898, **27**, Sonderabdruck. — ²) Compt. rend. **32**, 421.
*) Vergl. Anmerkung **) S. 899. — **) Die Proben enthielten 1 % durch Bleiessig fällbare Stoffe.

Verhalten des Rohzuckers beim Lagern.

Fr. Strohmer (Oesterr.-Ung. Zeitschr. Zucker-Ind. u. Landw. 1893, 22, Sonderabdruck) stellte über das Verhalten des Rohzuckers beim Lagern Untersuchungen an. Das Endergebniss der Versuche, welche mit drei verschiedenen Rohzuckern (Vergl. S. 899) angestellt wurden, war folgendes: Genügend alkalischer Rohzucker (0,033 % CaO) mit nicht mehr als 3 % Wasser, lässt sich, gleichgiltig auf welche Weise er hergestellt ist, in einem trockenen Raume mindestens 1 Jahr lang unverändert erhalten.

Konsumzucker.

Untersuchungen von Fr. Strohmer u. A. Stift. (Oesterr.-Ungar. Zeitschr. Zucker-Ind. u. Landw. 1895, 24, Heft VI, Sonderabdruck.)

Strohmer und Stift haben umfangreiche Untersuchungen*) von Konsumzucker (Weisszucker) aus sämmtlichen Zuckerfabriken Oesterreich-Ungarns ausgeführt. Die Ergebnisse dieser Untersuchungen mögen hier zusammenhängend Aufnahme finden.

A. Brot- und Hutzucker.

a) Raffinade-Brote.

No.	Nähere Bezeichnung	Beschaffenheit der wässerigen Lösung	Wasser %	Saccharose %	Organischer Nichtzucker %	Sulfatasche %	Carbonatasche %
1	Ohne nähere Bezeichnung	staubig	0,08	99,75	0,13	0,04	0,02
2		klar	0,05	99,80	0,14	0,01	0,01
3		trübe	0,04	99,75	0,19	0,02	0,01
4		staubig	0,06	99,75	0,18	0,01	0,01
5		schwach trübe	0,03	99,75	0,18	0,04	0,01
6		trübe	0,08	99,69	0,21	0,02	0,01
7		klar, gelblich gefärbt	0,04	99,75	0,20	0,01	0,01
8		staubig, gelbliche	0,03	99,89	0,07	0,01	0,01
9		staubig	0,04	99,76	0,19	0,01	0,01
10		schwach staubig	0,06	99,75	0,17	0,02	0,01
11	Export-Brot (3 kg)	„ „	0,03	99,83	0,10	0,04	0,03
12	Ohne nähere Bezeichnung	klar	0,07	99,78	0,14	0,01	0,01
13		„	0,07	99,69	0,22	0,02	0,01
14		„	0,06	99,75	0,18	0,01	0,01
15	Ohne nähere Bezeichnung	staubig	0,05	99,76	0,18	0,01	0,01
16		„	0,03	99,83	0,13	0,01	0,01
17		klar, mit gelblichem Stich	0,04	99,88	0,06	0,02	0,01
18		leicht staubig	0,02	99,93	0,04	0,01	0,01
19		klar	0,02	99,90	0,05	0,03	0,02
20		„	0,03	99,81	0,15	0,01	0,01
21		schwach trübe	0,06	99,75	0,17	0,02	0,02
22		staubig	0,04	99,86	0,06	0,04	0,02
23		„	0,04	99,78	0,15	0,03	0,02
24		klar	0,05	99,79	0,11	0,05	0,04
25		„	0,05	99,79	0,09	0,07	0,05
26		„	0,02	99,88	0,07	0,03	0,02
		Mittel	**0,05**	**99,79**	**0,14**	**0,03**	**0,02**
		Schwankungen	0,02-0,08	99,69-99,93	0,04-0,22	0,01-0,07	0,01-0,05

*) Die von Strohmer u. Stift angewendeten Untersuchungsverfahren waren folgende:

Der Zuckergehalt wurde mittelst Polarisation der normalen Lösung im 400 mm-Rohre in dem von Strohmer konstruirten Polarisationsapparate mit beschränkter Skala, welcher eine Empfindlichkeit für 0,05 ‰ besitzt und solche auch abzulesen gestattet, ausgeführt; die Ablesungen wurden von drei verschiedenen Beobachtern vorgenommen und aus 12 Beobachtungen der Mittelwerth berechnet. Eine Klärung der Lösung mittelst Bleiessig war selbstverständlich in keinem Falle nothwendig und wurden nur jene Lösungen, welche einen gelblichen Stich zeigten, mit 1 ccm colloidaler Thonerde entfärbt.

Die Wasserbestimmung geschah durch Austrocknen von 10 g pulveriger Substanz bei 100° C. bis zu gleichbleibenden Gewicht.

Die Bestimmung der Sulfatasche wurde in der durch die Beschlüsse der im Dienste der österreichisch-ungarischen Zuckerindustrie thätigen öffentlichen Chemiker vorgeschriebenen Weise in der Art ausgeführt, dass 5 g mit chemisch reiner koncentrirter Schwefelsäure befeuchteter Substanz in Platinschalen im Wiesnegg'schen Muffelofen verascht und aus dem Gewichte der so erhaltenen weissen, ungeschmolzenen Asche, nach Abzug des zehnten Theiles derselben als Korrektion für die Umwandlung der Karbonate in Sulfate, der Procentgehalt berechnet wurde.

Die Karbonatasche wurde erhalten durch vollständige Verkohlung von 5 g Zucker, Auslaugen der Kohle nachherige Veraschung derselben und Verdampfung der Lösung in üblicher Weise.

Die Prüfung auf Invertzucker wurde mit Soldaini'schem Reagens ausgeführt.

b) Concassé-Brote.

No.	Nähere Bezeichnung	Beschaffenheit der wässerigen Lösung	Wasser %	Saccharose %	Organischer Nichtzucker %	Sulfatasche %	Carbonatasche %
1	Ohne näh. Bez.	klar	0,09	99,75	0,14	0,02	0,01
2	fein	schwach trübe	0,04	99,74	0,20	0,02	0,01
3	„	klar	0,06	99,72	0,20	0,02	0,02
4	Ohne näh. Bez.	staubig	0,07	99,73	0,19	0,01	0,01
5	fein	klar	0,08	99,73	0,17	0,02	0,02
6	„	„	0,04	99,73	0,20	0,03	0,01
7	grob	schwachstaubig	0,07	99,79	0,12	0,02	0,01
8	fein, für d. Export 2 kg-Brote	„ „	0,06	99,78	0,14	0,02	0,01
9	Ohne näh. Bezeichn.	klar	0,05	99,84	0,09	0,02	0,01
10		„	0,03	99,85	0,11	0,01	0,01
11	grobkörnig	„	0,04	99,78	0,15	0,03	0,02
12	„	„	0,06	99,84	0,02	0,08	0,04
13	weniger grobkörnig	„	0,05	99,77	0,13	0,05	0,04
14	Ohne näh. Bez.	„	0,03	99,90	0,06	0,01	0,01
		Mittel	**0,06**	**99,78**	**0,13**	**0,03**	**0,02**
		Schwankungen	0,03-0,09	99,72-99,90	0,02-0,20	0,01-0,08	0,01-0,04

c) Melis-Brote.

No.	Nähere Bezeichnung	Beschaffenheit der wässerigen Lösung	Wasser %	Saccharose %	Organischer Nichtzucker %	Sulfatasche %	Carbonatasche %
1		klar	0,05	99,75	0,17	0,03	0,01
2		„	0,04	99,83	0,11	0,02	0,01
3		„	0,03	99,79	0,15	0,03	0,01
4		trüb	0,06	99,78	0,14	0,02	0,01
5		staubig	0,06	99,70	0,22	0,02	0,02
6		schwach trüb	0,06	99,68	0,20	0,06	0,03
7		klar	0,04	99,78	0,16	0,02	0,02
8	Ohne nähere Bezeichnung	„	0,04	99,81	0,14	0,01	0,01
9		staubig	0,08	99,80	0,11	0,01	0,01
10		trüb	0,06	99,76	0,16	0,02	0,01
11		trüb, gelblich gefärbt	0,04	99,71	0,24	0,01	0,02
12		schwach trüb	0,04	99,84	0,09	0,03	0,01
13		klar	0,07	99,75	0,16	0,02	0,01
14		„	0,08	99,76	0,14	0,02	0,01
15		trüb	0,04	99,83	0,12	0,01	0,01
16		klar	0,09	99,80	0,09	0,02	0,02
		Mittel	**0,05**	**99,77**	**0,15**	**0,02**	**0,01**
		Schwankungen	0,03-0,09	99,68-99,84	0,09-0,24	0,01-0,06	0,01-0,03

B. Würfelzucker.

a) Raffinade-Würfel.

No.	Nähere Bezeichnung	Beschaffenheit der wässerigen Lösung	Wasser %	Saccharose %	Organischer Nichtzucker %	Sulfatasche %	Carbonatasche %
1		schwach trüb	0,04	99,80	0,13	0,03	0,02
2	Ohne nähere Bezeichnung	„ „	0,03	99,90	0,04	0,03	0,01
3		„ staubig	0,07	99,78	0,13	0,02	0,02
4	Cubes	schwachstaubig	0,11	99,69	0,18	0,02	0,03
5		staubig	0,06	99,63	0,30	0,01	0,01
6		„	0,05	99,73	0,21	0,01	0,01
7		trüb	0,04	99,79	0,14	0,03	0,01
8		staubig, schwach gelbl.	0,08	99,70	0,15	0,07	0,04
9		trüb, Ultramarin bemerkbar	0,17	99,36	0,24	0,23	0,22
10		schwachstaubig	0,06	99,69	0,22	0,03	0,02
11	Ohne nähere Bezeichnung	klar	0,02	99,95	0,01	0,02	0,01
12		„	0,04	99,86	0,09	0,01	0,01
13		staubig	0,04	99,65	0,30	0,01	0,01
14		„	0,04	99,75	0,19	0,02	0,01
15		klar	0,03	99,83	0,12	0,02	0,01
16		„	0,06	99,71	0,17	0,06	0,03
17		„	0,08	99,71	0,14	0,17	0,04
18		„	0,04	99,85	0,08	0,03	0,01
		Mittel	**0,06**	**99,74**	**0,16**	**0,05**	**0,03**
		Schwankungen	0,02-0,17	99,36-99,95	0,01-0,30	0,01-0,23	0,01-0,22

b) Melis-Würfel.

No.	Nähere Bezeichnung	Beschaffenheit der wässerigen Lösung	Wasser %	Saccharose %	Organischer Nichtzucker %	Sulfatasche %	Carbonatasche %
1		schwach trüb	0,06	99,83	0,02	0,09	0,05
2		„ „	0,09	99,55	0,34	0,02	0,01
3	Ohne nähere Bezeichnung	klar	0,10	99,75	0,14	0,01	0,01
4		„	0,08	99,64	0,25	0,03	0,01
5		staubig	0,04	99,84	0,10	0,02	0,01
6		schwach trüb, gelblich	0,04	99,78	0,14	0,04	0,02
7	Würfelabfall	staubig	0,06	99,71	0,15	0,08	0,05
		Mittel	**0,07**	**99,73**	**0,16**	**0,04**	**0,02**
		Schwankungen	0,04-0,09	99,55-99,84	0,02-0,34	0,01-0,09	0,01-0,05

C. Pilé.

a) Raffinade-Pilé.

No.	Nähere Bezeichnung	Beschaffenheit der wässerigen Lösung	Wasser %	Saccharose %	Organischer Nichtzucker %	Sulfatasche %	Carbonatasche %
1		klar	0,08	99,87	0,02	0,03	0,01
2	Ohne nähere Bezeichnung	„	0,03	99,83	0,12	0,02	0,01
3		schwach trüb	0,07	99,78	0,13	0,02	0,02
4		„ „	0,02	99,78	0,17	0,03	0,02
5	Segment	klar	0,05	99,73	0,21	0,01	0,01
6	Ohne näh. Bezeichn.	schwachstaubig	0,09	99,78	0,09	0,04	0,04
7		staubig	0,04	99,78	0,17	0,01	0,01
8	Centrifug.-Pilé grosstückig	trüb	0,05	99,79	0,14	0,02	0,01
9		„	0,07	99,79	0,12	0,02	0,03
10	Ohne nähere Bezeichnung	klar, Ultramarin bemerkbar	0,15	99,39	0,21	0,25	0,18
11		klar	0,04	99,78	0,17	0,01	0,01

No.	Nähere Bezeichnung	Beschaffenheit der wässerigen Lösung	Wasser %	Saccharose %	Organischer Nichtzucker %	Sulfatasche %	Carbonatasche %
12	Ohne nähere Bezeichnung	staubig, schwach gelbl.	0,04	99,84	0,11	0,01	0,01
13		klar	0,05	99,80	0,11	0,04	0,04
14	Segment	stark staubig	0,07	99,79	0,12	0,02	0,01
15	Centrifug.-Pilé	staubig	0,05	99,78	0,16	0,01	0,01
16	"	klar, gelblicher Stich	0,04	99,75	0,18	0,03	0,02
17	Ohne näh. Bez.	schwach trüb	0,09	99,70	0,20	0,01	0,01
18	Centrifug.-Pilé	klar	0,08	99,69	0,15	0,08	0,04
19	"	"	0,06	99,79	0,08	0,07	0,04
20	Segment	staubig	0,05	99,77	0,13	0,05	0,02
21	Ohne näh. Bez.	klar	0,05	99,85	0,08	0,02	0,01
		Mittel	**0,06**	**99,76**	**0,13**	**0,04**	**0,03**
		Schwankungen	0,02-0,15	99,39-99,87	0,02-0,21	0,01-0,25	0,01-0,18

b) Melis-Pilé.

No.	Nähere Bezeichnung	Beschaffenheit der wässerigen Lösung	Wasser %	Saccharose %	Organischer Nichtzucker %	Sulfatasche %	Carbonatasche %
1	Ohne nähere Bezeichnung	trüb	0,12	99,70	0,17	0,01	0,01
2		"	0,50	98,05	0,06	1,39	1,55
3		klar	0,08	99,72	0,19	0,01	0,01
4		staubig	0,04	99,79	0,13	0,04	0,01
5		gelb gefärbt	0,06	99,70	0,18	0,06	0,05
6		staubig	0,06	99,80	0,12	0,02	0,01
7		klar	0,06	99,74	0,15	0,05	0,03
8		schwach gelblich	0,05	99,73	0,09	0,13	0,12
9		" bläulich	0,06	99,66	0,25	0,03	0,02
10		gelblich	0,08	99,68	0,23	0,01	0,01
11		klar	0,05	99,85	0,08	0,02	0,02
12		staubig	0,08	99,64	0,24	0,04	0,03
13		"	0,05	99,80	0,08	0,07	0,11
14		"	0,06	99,71	0,15	0,08	0,11
		Mittel	**0,10**	**99,61**	**0,15**	**0,14**	**0,15**
		Schwankungen	0,04-0,50	98,05-99,85	0,06-0,25	0,01-1,39	0,01-1,55

D. Zuckermehl (Raffinade-Farin).

No.	Nähere Bezeichnung	Beschaffenheit der wässerigen Lösung	Wasser %	Saccharose %	Organischer Nichtzucker %	Sulfatasche %	Carbonatasche %
1	Raffinademehl	klar	0,11	99,75	0,10	0,04	0,02
2	"	schwach trüb	0,06	99,80	0,12	0,02	0,01
3	"	gelblich, undurchsichtig	0,03	99,58	0,35	0,04	0,02
4	"	trüb	0,05	99,77	0,17	0,01	0,01
5	Prima Zuckermehl	schwach trüb	0,04	99,83	0,11	0,02	0,01
6	Secunda Zuckermehl	gelb	0,07	99,45	0,24	0,24	0,23
7	Grieszucker	"	0,04	99,55	0,27	0,14	0,13
8	feinstes Zuckermehl	trüb	0,02	99,75	0,19	0,04	0,02
9	Zuckermehl	trüb, gelblicher Stich	0,08	99,68	0,23	0,01	0,01
10	Raffinademehl	schwach trüb	0,04	99,70	0,23	0,03	0,03
11	Mehl	undurchsichtig, gelblich	0,08	99,60	0,27	0,05	0,03
12	Gries	undurchsichtig, schwach gelbl.	0,08	99,55	0,33	0,04	0,02
13	Raffinademehl	trüb, gelblich	0,25	99,57	0,16	0,02	0,01
14	"	" "	0,10	99,55	0,24	0,11	0,05
15	Zuckermehl	staubig	0,09	99,65	0,16	0,10	0,08
16	"	stark trüb	0,11	99,58	0,29	0,02	0,02
17	Farin	trüb	0,09	99,78	0,10	0,03	0,02
18	Zuckermehl	staubig	0,04	99,72	0,18	0,06	0,04
19	Prima Raffinademehl	trüb, gelblich	0,03	99,70	0,24	0,03	0,02
20	Zuckermehl	staubig	0,05	99,79	0,14	0,02	0,01
21	Gries	"	0,05	99,70	0,23	0,02	0,01
22	Zuckermehl	stark trüb	0,04	99,70	0,25	0,01	0,01
23	Raffinademehl	trüb	0,04	99,68	0,27	0,01	0,01
24	Poudremehl	gelblich, schwach trüb	0,05	99,81	0,13	0,01	0,01
25	Zuckermehl	trüb	0,11	99,68	0,20	0,01	0,01
26	"	undurchsichtig	0,05	99,73	0,20	0,02	0,01
27	Mehl	trüb, gelblich	0,04	99,69	0,24	0,03	0,02
28	Gries	klar	0,03	99,79	0,16	0,02	0,01
29	Raffinademehl	trüb	0,05	99,75	0,16	0,04	0,02
30	Mehl	"	0,03	99,75	0,20	0,02	0,01
31	Zuckermehl	schwach trüb, gelblich	0,04	99,70	0,23	0,03	0,02
32	"	schwach trüb	0,07	99,73	0,10	0,10	0,08
33	Sägegries	staubig	0,06	99,74	0,12	0,08	0,05
34	Zuckermehl	"	0,02	99,85	0,11	0,02	0,02
		Mittel	**0,06**	**99,71**	**0,19**	**0,04**	**0,03**
		Schwankungen	0,02-0,25	99,55-99,85	0,10-0,35	0,01-0,24	0,01-0,23

E. Krystallzucker (Granulated).

No.	Nähere Bezeichnung	Beschaffenheit der wässerigen Lösung	Wasser %	Saccharose %	Organischer Nichtzucker %	Sulfatasche %	Carbonatasche %
1	Granulated	klar	0,08	99,77	0,12	0,03	0,02
2	"	"	0,04	99,85	0,09	0,02	0,01
3	"	"	0,02	99,85	0,10	0,03	0,01
4	"	"	0,03	99,80	0,14	0,03	0,02
5	"	schwach gelblich	0,04	99,73	0,15	0,08	0,03
6	Sandzucker	" "	0,10	99,30	0,26	0,34	0,31
7	"	staubig	0,15	99,69	0,14	0,02	0,02
8	Granulated	"	0,06	99,81	0,11	0,02	0,01
9	Sandzucker I	"	0,07	99,73	0,15	0,05	0,04
10	" II	klar	0,07	99,71	0,20	0,02	0,01
11	Granulated	"	0,04	99,76	0,19	0,01	0,01

No.	Nähere Bezeichnung	Beschaffenheit der wässerigen Lösung	Wasser %	Saccharose %	Organischer Nichtzucker %	Sulfatasche %	Carbonatasche %
12	Granulated	klar	0,04	99,76	0,13	0,07	0,03
13	Sandzucker	gelblich	0,08	99,58	0,25	0,09	0,06
		Mittel	**0,07**	**99,72**	**0,16**	**0,06**	**0,04**
		Schwankungen	0,02-0,15	99,30-99,85	0,09-0,26	0,01-0,34	0,01-0,31
	Mittel aus sämmtlichen Analysen		**0,06**	**99,73**	**0,15**	**0,05**	**0,04**

F. Kandiszucker.

No.	Nähere Bezeichnung	Beschaffenheit der wässerigen Lösung	Wasser %	Saccharose %	Organischer Nichtzucker %	Sulfatasche %	Carbonatasche %
1	Weisse Krystalle	klar	0,01	99,80	0,13	0,06	0,04
2	desgl.	„	0,27	99,70	0,01	0,02	0,01
3	Gelb gefärbte Krystalle	gelb und schwach trüb	0,10	99,60	0,26	0,04	0,04
4	desgl.	trüb	0,55	99,0	0,34	0,11	0,11

Sämmtliche untersuchten Konsumzuckersorten waren frei von Invertzucker.

Rübenzucker-Melasse*).

No.	Nähere Bezeichnung	Zeit der Untersuchung	In der natürlichen Substanz: Wasser %	Stickstoff-Substanz %	Betaïn %	Saccharose %	Sonstige stickstfr. Extraktst %	Asche %	In der Trockensubstanz Saccharose %	Analytiker
1	Aus Mähren	1862	22,60	9,20 **)	—	41,30	16,10	10,80	53,36	*Th. von Gohren*[1])
2	Ohne nähere Bezeichnung	1867	19,43	13,12	—	45,93	13,55	7,97	57,13	
3	"	„	19,00	9,75	—	46,93	16,02	8,30	57,94	*F. Heidepriem*[2])
4	"	„	19,70	10,94	—	49,85	11,90	7,61	62,08	
5	Aus Bleckendorf	1870	17,76	—	1,78	51,00	—	13,66	62,01	
6	„ Erdeborn	„	21,08	—	2,27	48,00	—	13,60	60,82	
7	„ Söllingen	„	16,04	—	1,78	53,30	—	14,78	63,50	
8	„ Plötzkau	„	16,11	—	1,73	55,30	—	13,34	65,86	
9	„ Bernburg	„	21,09	—	2,27	50,90	—	12,29	60,67	*C. Scheibler*[3])
10	„ Alt-Ranft	„	18,89	—	1,59	49,90	—	13,25	63,24	
11	„ Garden	„	13,09	—	2,62	51,20	—	17,38	58,91	
12	„ Mescherin	„	15,05	—	2,79	53,90	—	13,38	63,45	
13	„ Kobernitz	„	21,66	—	2,39	46,60	—	12,85	59,48	
14	Ohne nähere Bezeichnung . . .	1877	15,57	—	—	52,50	—	12,01	62,18	*O. Kohlrausch*[4])
15	Mittel zahlreicher Analysen . .	1878	29,46	8.59 ***)	—	40,90	12,24	8,81	57,98	*H. Pellet*[5])
16	Ohne nähere Bezeichnung	—	20,00	12,56	—	52,73	6,25	8,46	65,91	
17	"	—	16,60	11,37	—	50,10	11,13	10,80	60,07	*K. Stammer*[6])
18	"	—	24,50	7,81	—	53,50	3,29	10,90	70,86	
	Mittel	—	**19,31**	**10,42**	**2,14**	**49,66**	**8,94**	**11,67**	**61,54**	

[1]) Landw. Vers.-Stat. 1863, **5**.
[2]) Daselbst 1867, **9**, 252.
[3]) Jahresber. Agrik.-Chem. 1870/72, 292.
[4]) Daselbst 1877, 544.
[5]) Daselbst 1878, 554.
[6]) K. Stammer: Lehrbuch der Zuckerfabrikation. Braunschweig 1874, 728.

*) Eine ausführliche Zusammenstellung der Melasse-Analysen wird hier nicht beabsichtigt, da die Melasse selbst nicht für die menschliche Ernährung dient, sondern höchstens hie und da vielleicht zur Verfälschung von Obst-Syrupen oder dergl. dient oder doch dienen kann. Es sind daher nur einzelne Analysen, in denen ausser Wasser und Zucker noch sonstige Bestandtheile bestimmt sind, hier aufgeführt.

**) Stickstoff × 6,33.

***) Pellet fand ferner 0,263 % Nitrat-Stickstoff, 0,024 % Ammoniak-Stickstoff und 0,96 % Glukose.

Invertzuckersyrup (Speisesyrup).

Invertzuckersyrupe, (flüssiger Raffinadezucker) sind aus Konsumzucker hergestellte koncentrirte Invertzuckerlösungen mit noch mehr oder minder grossen Mengen Saccharose.

Speisesyrupe sind mehr oder minder unreine, koncentrirte Zuckerlösungen, welche neben dem Rohrzucker meist noch andere Zuckerarten enthalten.

No.	Nähere Bezeichnung		Zeit der Untersuchung	In der ursprünglichen Substanz: Wasser %	Saccharose %	Invertzucker %	Sonstige Bestandtheile %	Asche %	In der Trocken-Substanz Ges.-Zucker %	Analytiker
1	Frischer Syrup		1876	27,70	62,70	8,00	0,60	1,00	97,79	Wallace[1])
2	Gelber Syrup		„	22,70	39,60	33,00	2,20	2,50	93,92	
3	desgl.		„	23,40	32,50	37,20	3,40	3,50	90,99	
		Spec. Gew. bei 17,5°								
4	Nach Oesterr.-Ungarn eingeführte ausländische Speisesyrupe*)	1,4233	1888	25,89	60,02*)	7,09	2,97	3,75	90,55	Fr. Strohmer, Stift, Frolda, u. Jesser[2])
5		1,4173	„	28,96	52,55*)	10,32	3,10	5,07	88,54	
6		1,4344	„	25,97	57,50*)	10,44	1,41	4,68	91,78	
7		1,4309	„	25,72	46,03*)	12,94	8,37	6,94	79,39	
				Wasser + Nichtzucker						
8	Fruchtzucker	—	1889	29,70	29,40	40,80	—	0,10	—	E. Dieterich[3])
9	Flüssiger Raffinade-Zucker**)	von Sachsenröder u. Gottfried in Leipzig	1894	20,29	40,02	39,47	—	0,22	—	Jeep[4])
10		aus der Zuckerfabrik Mangan	„	30,92	33,00	36,04	—	0,04	—	
11		von Langelütje in Cölln b. Meissen	„	30,11	34,72	35,04	—	0,13	—	
12	Flüssiger Raffinadezucker von Langelütge in Cölln b. Meissen***)		„	—	40,30	36,58	—	0,04	—	E. Utescher[5])
		Spec. Gew. bei 17,5°							Sulfate	
13	Flüssige Raffinaden zum Zwecke der Weinbereitung	1,3660	„	28,35	0	60,39	—	0,27	—	Fr. Strohmer[6])
14		—	„	—	0	70,18	—	—	0,16	
15		—	„	—	2,83	61,72	—	—	—	
16		—	„	—	6,78	58,76	—	—	0,24	
17		1,3533	„	—	6,64	62,35	—	—	0,20	

[1]) Hassal: Food, its adulteration, and the methods for their detection. London 1876, 330.

[2]) Mittheilungen der chem.-techn. Versuchsstation des Centralvereins für Rübenzucker-Ind. in der österr.-ungar. Monarchie No. 9, 10 u. 11; Centrbl. f. Agrik.-Chem. 1889, **18**, 358.

[3]) Helfenberger Annalen 1889; Pharm. Centrh. 1890 (N. F.), **11**, 277.

[4]) Pharm. Ztg. 1894, **39**, 214; Vierteljahresschr. Nahrungs- u. Genussmittel 1894, **9**, 57.

[5]) Apoth.-Ztg. 1894, **9**, 875; Vierteljahresschr. Nahrungs- u. Genussmittel 1894, **9**, 523.

[6]) Bericht über die Thätigkeit der chem.-techn. Versuchsstation des Centralvereins in der österr.-ungar. Monarchie. — Oesterr.-ungar. Zeitschr. Zucker-Ind. u. Landw. 1894, **24** u. 1895, **25**. Sonderabdrucke.

*) Nach Strohmer stellen die Syrupe bessere Kolonialzucker-Melassen dar. Als Saccharose ist die Summe von diesem und optisch inaktivem Zucker verstanden. Unter letzterem ist hier eine solche Menge von Glukose und Invertzucker verstanden, bei welcher die Rechtsdrehung der Glukose durch die Linksdrehung des Invertzuckers aufgehoben ist. Es betrug der angegebene Gehalt an

	No. 4	5	6	7
Saccharose	41,91 %	41,41 %	39,60 %	37,30 %
Optisch inaktivem Zucker	18,11 „	11,24 „	17,90 „	8,73 „

**) Jeep fand ferner:

No.	Specifisches Gewicht	Farbe	Reaktion	Grade Brix	Polarisation vor Inversion	Polarisation nach Inversion	Gehalt an ursprünglichem Rohrzucker
9	1,4160	blank, feurig	neutral	80,1	+ 28,67	— 25,35	80,00 %
10	1,3846	gelb	desgl.	75,3	+ 21,92	— 22,80	69,20 „
11	1,3857	farblos	desgl.	75,4	+ 28,00	— 21,60	70,04 „

***) Das spec. Gewicht bei 16° C. betrug 1,39 und die Polarisation bei 20° + 28,50° vor der Inversion und — 25,5° nach derselben.

No.	Nähere Bezeichnung	Spec. Gew. bei 17,5°	Zeit der Untersuchung	In der ursprünglichen Substanz: Wasser %	Saccharose %	Invertzucker %	Sonstige Bestandtheile %	Asche %	In der Trocken-Substanz Ges.-Zucker %	Analytiker
	Invertzuckersyrupe von:			+ Nichtzucker						
18	Sachsenröder u. Gottfried-Leipzig	1,4160	1898	20,29	40,02	39,47	—	0,22	—	A. Röhrig [1])
19	Follenius-Hattersheim	1,3846	"	30,92	33,00	36,04	—	0,05	—	
20	Woll-Kollrep—Berlin	1,3857	"	30,11	34,72	35,04	—	0,14	—	
	Mittel		—	Wasser **26,26**	**32,62**	**36,54**	**2,78**	**1,80**	**93,79**	

Sonstige Rübenzucker-Analysen.

1. J. Moser und Fr. Soxhlet (Erster Bericht der landw. Versuchsstation Wien von 1871—77, Wien 1878) fanden für drei österreichische Raffinaden folgende Zahlen:

	No. I	No. II	No. III
Wasser	0,03 %	0,04 %	0,02 %
Saccharose	99,90 "	99,69 "	99,92 "

2. G. Bruhns (Centrbl. für die Zucker-Ind. der Welt 1898, 6, 484 ff.; Oesterr.-ungar. Zeitschr. Zucker-Ind. u. Landw. 1898, 27, 415) berichtet über die Zusammensetzung von nach dem Ranson-Verfahren gewonnenen Produkten.

3. Mategczek, Zucker-Analysen in Stammer's Jahrbuch für Zuckerfabrikation 18, 171.

Maiszucker.

No.	Nähere Bezeichnung	Zeit der Untersuchung	In der ursprünglichen Substanz: Wasser %	Saccharose %	Organischer Nichtzucker %	Asche %	In der Trocken-Substanz Saccharose %	Analytiker
1	Ohne nähere Bezeichnung	1879	2,50	88,42	7,62*)	1,47	90,86	H. Pellet [2])

Hirsezucker **).

Aus dem Safte der Zuckerhirse, Sorghum saccharatum Pers.

No.	Nähere Bezeichnung	Zeit der Untersuchung	Wasser %	Saccharose %	Organischer Nichtzucker %	Asche %	Saccharose (Trocken-Substanz) %	Analytiker
1	Aus China (?)	1879	1,71	93,05	4,55***)	0,68	94,67	H. Pellet [2])

Palmzucker.

Aus dem Safte der Zuckerpalme, Gomutus saccharifera Labill.

No.	Nähere Bezeichnung	Zeit der Untersuchung	Wasser %	Saccharose %	Organischer Nichtzucker %	Asche %	Saccharose (Trocken-Substanz) %	Analytiker
1	Aus Calcutta	1879	1,86	87,97	9,65°)	0,50	89,64	P. Horsin-Déon [3])

[1]) Zeitschr. öffentl. Chem. 1898, 4, 174; Zeitschr. Nahrungs- u. Genussmittel 1898, 1, 354.
[2]) Centrbl. Agrik.-Chem. 1880, 9, 79.
[3]) Chem. Centrbl. 1879, 770.

*) Mit 3,07 % Glukose.

**) Der Ohio Dairy and Food Commissioner (8. Bericht Norwalk (O.) 1894, 27; Vierteljahresschr. Nahrungs- u. Genussmittel 1895, 10, 40) berichtet über die Zusammensetzung von mit Stärkezucker verfälschtem Ahornzucker-Syrup, Rohrzucker-Syrup und Sorghumzucker-Syrup.

***) Mit 0,41 % Glukose und 4,14 % sonstigen organischen Stoffen.

°) Die sonstigen organischen Stoffe bestehen aus 1,71 % reducirendem Zucker, 4,88 % Gummi und 3,06 % Mannit + Fett.

Stärkezucker und Stärkesyrup.

Stärkezucker.

No.	Nähere Bezeichnung	Spec. Gew. der Lösung 10 : 100	Zeit der Untersuchung	In der natürlichen Substanz: Wasser %	Glukose %	Unvergährbare Stoffe (Dextrin) %	Asche %	In der Trocken-Substanz Glukose %	Analytiker
1	Ohne nähere Bezeichnung	1,0306	1875	21,85	57,24	21,18		72,99	C. Neubauer[1])
2		1,0340	„	12,75	63,78	23,47		73,10	
3		1,0300	„	23,13	56,20	20,67		73,11	
4		1,0340	„	12,75	63,78	23,47		73,10	
5		1,0323	„	17,16	59,25	23,59		71,52	
6		1,0325	„	16,65	63,45	19,90		76,12	
7		1,0327	„	16,12	61,43	22,45		73,24	
8		1,0336	„	13,79	64,78	21,43		75,14	
9		1,0329	„	15,61	64,10	20,29		75,95	
10		1,0298	„	23,66	63,02	13,32		82,55	
11		1,0464 (?)	„	20,28	59,14	20,58		74,75	
12		1,0325	„	16,64	60,66	22,70		72,77	
13		1,0295	„	24,42	57,20	18,23		75,68	
14	Ohne nähere Bezeichnung		1869	13,40	70,10	16,50		80,95	C. Schmid[2])
15			?	16,00	60,65	23,35		72,20	Mohr[3])
16			1874	24,38	64,61	10,66	0,35	85,44	R. Alberti[4])
17			„	27,50	62,10	10,11	0,29	85,66	
18			1873	—	70,62	—	—	—	P. Wagner[5])
19			„	—	64,30	—	—	—	
20			„	—	70,50	—	—	—	
21			„	—	73,70	—	—	—	
22	Aus Prag		1877	18,75	62,30	—	—	76,68	L. v. Wagner[6])
23	Französischer		„	22,00	56,00	—	—	71,79	
24	Aus Prag, Mittel von 5 Bestimmungen		„	14,11	67,50	19,18	0,21	78,59	
25	Fest, aus Oesterreich		„	12,98	65,22	20,89	0,91	74,95	Strohmer und Klaus[7])
26	Aus einer deutschen Fabrik, weiss		1879	15,00	73,40*)	10,80*)	0,30	75,03	J. Steiner[8])
27	Englische Fabrikate: aus Mais		„	6,00	66,80*)	24,70*)	2,50	71,07	
28	Englische Fabrikate: fest . .		„	13,30	81,00*)	5,30*)	0,40	93,43	
29	Englische Fabrikate: zäh . .		„	7,60	42,60*)	48,70*)	1,10	46,10	

[1]) Der Weinbau 1875, 2.
[2]) Die Weinlaube 1869, 258.
[3]) Mohr's Weinstock S. 211.
[4]) Hannov. land- u. forstw. Wochenbl. 1874.
[5]) Zeitschr. d. landw. Centr.-Vereins d. Grossherzogth. Hessen 1873.
[6]) Post: Zeitschr. f. d. chem. Grossgewerbe 1877, 438.
[7]) Kohlrausch's Organ d. Centr.-Vereins f. Rübenzucker-Industrie 1877. S. 635.
[8]) Zeitschr. ges. Brauwesen 1879, **2**, 339.

*) Die Zahlen in der Spalte „Glukose" bedeuten Glukose + Maltose. J. Steiner giebt in den untersuchten Sorten an:

	No. 26	27	28	29
Glukose . . .	45,40 %	26,50 %	76,00 %	—
Maltose . . .	28,00 „	40,30 „	5,00 „	42,60 %
Dextrin . . .	9,30 „	15,90 „	—	39,80 „
Proteïn . . .	—	1,80 „	0,20 „	—

No.	Nähere Bezeichnung	Zeit der Untersuchung	In der natürlichen Substanz: Wasser %	Glukose %	Unvergährbare Stoffe (Dextrin) %	Asche %	In der Trocken-Substanz Glukose %	Analytiker
30	Stärkezucker	Anfang der 70-er Jahre	8,59	85,65	5,56		93,69	J. Moser und Fr. Soxhlet[1])
31	Fester Zucker		14,64	72,33	13,03		84,74	
32	Brustzucker		13,38	71,25	15,37		82,27	
33	Gestockter Stärkesyrup		14,54	69,41	16,05		81,22	
34	Fester Zucker		16,16	69,34	14,50		82,71	
35	Gestockte weisse Glukose		15,19	68,58	16,23		80,86	
36	„ gefärbte „		18,74	68,02	13,24		83,71	
37	„ weisse „		20,62	66,67	12,71		83,99	
38	Fester Stärkezucker		18,18	66,09	15,73		80,78	
39	Gestockter Stärkesyrup		19,14	65,27	15,33		80,72	
40	desgl., kleine Tafeln		17,06	64,31	18,63		77,54	
41	desgl.		18,23	63,54	18,23		77,71	
42	desgl., grosse Tafeln		17,39	62,84	19,77		76,07	
43	desgl.		21,05	62,26	16,69		78,86	
44	Traubenzucker		20,40	61,71	17,89		77,53	
45	Krystallisirter Dextrosezucker, 3. Produkt*) . :	1888	16,69	81,24*)	1,25	0,82	97,52	E. O. von Lippmann[2])
46	Gewöhnlicher Stärkezucker*) . . .	„	22,67	68,36*)	8,67	0,19	88,40	
47	Hellgelber nicht raffinirter Rohzucker	„	—	94,78	—	0,78	—	E. O. von Lippmann[3])
48	Derselbe mit Thierkohle entfärbt . .	„	3,32	95,74	0,65	0,29	99,03	
49	Füllmasse	„	13,36	85,41	1,03	0,10	98,58	
50	Weisse Waare	„	0,19	99,64	0,13	0,04	99,83	
51	Oenoglukose aus Frankreich . . .	„	11,60	87,75	2,65		99,26	Ladislaus von Wagner[4])
52	Amerikanischer Stärkezucker . . .	1893	17,60	73,40	9,10	0,70	89,08	J. Brössler[5])
	Mittel	—	**16,27**	**68,25**	**14,91**	**0,57**	**81,51**	

Stärkesyrup, Kapillärsyrup.

No.	Nähere Bezeichnung	Zeit der Untersuchung	Wasser %	Glukose %	Unvergährbare Stoffe (Dextrin) %	Asche %	In der Trocken-Substanz Glukose %	Analytiker
1	Böhmischer Stärkezuckersyrup . .	1876	20,00	48,30	31,70**)		68,38	Fr. Anthon[6])
2	Französischer „ . .	„	16,90	30,10	53,00**)		36,22	
3	desgl.	1877	17,17	36,95	45,52	0,37	44,61	Strohmer und Kraus[7])
4	Flüssiger Syrup	Anfang der 70-er Jahre	21,05	47,87	31,08		60,63	J. Moser und Fr. Soxhlet[1])
5	„ „		17,63	46.82	35,35		56,84	
6	„ „ Ia		22,37	44,71	32,92		57,59	

[1]) Erster Bericht d. landw. Vers.-Stat. Wien 1871—1877. Wien 1878. Tabelle 37.
[2]) Chem.-Ztg. 1888, **12**, 787—788.
[3]) Vierteljahresschr. Nahrungs- u. Genussmittel 1888, **3**, 141.
[4]) Dingler's Polytechn. Journal 1887, **266**, 474; Vierteljahresschr. Nahrungs- u. Genussmittel 1887, **2**, 547.
[5]) Dingler's Polytechn. Journal 1893, **287**, 231—235; Chem. Centrbl. 1893, I, 674.
[6]) Dingler's Polytechn. Journal 1876, **219**, 437.
[7]) Kohlrausch: Organ d. Centr.-Vereins f. Rübenzucker-Industrie 1877, 635.

*) Die beiden Stärkezucker waren hergestellt nach dem Verfahren von Cords-Virneisel. Durch Gährung u. Polarisation ergaben sich folgende Glukosemengen:

		No. 45	46
Glukose durch	Gährung . . .	81,00 %	68,58 %
	Polarisation . .	75,44 „	119,84 „

**) Fr. Anthon fand ferner:

	Schleimzucker	Dextrin
No. 1	6,2 %	25,5 %
No. 2	5,0 „	48,0 „

No.	Nähere Bezeichnung	Spec. Gew.	Zeit der Untersuchung	In der ursprünglichen Substanz: Wasser %	Glukose %	Unvergährbare Stoffe (Dextrin) %	Asche %	In der Trocken-Substanz Glukose %	Analytiker
7	Flüssiger Syrup		Anfang der 70-er Jahre	16,51	44,21	39,28		52,92	J. Moser und Fr. Soxhlet [1])
8	" "			19,85	42,70	37,45		53,27	
9	" " 1. Erzeugniss			19,27	42,47	38,26		52,61	
10	" " IIa			21,42	41,21	37,37		52,44	
11	" "			22,22	33,33	44,45		42,85	
12	Stärkesyrup A, farblos		1883	14,11	43,86	41,66	0,37	51,06	J. Cosack [2])
13	" B, "		"	15,70	39,98	44,07	0,25	47,43	
14	" C, "		"	16,95	39,77	43,01	0,27	47,68	
15	Krystall-, Export-Stärkesyrup		"	14,06	48,05	37,60	0,29	55,94	
16	Glukose I		1866	21,52	—	30,97	—	—	V. Denamour [3])
17	desgl. II		"	25,73	—	31,06	—	—	
18	desgl. III		"	23,13	—	38,09	—	—	
19	Sehr dicker Glukose-Syrup		"	14,85	—	38,06	—	—	
20	Glukosesyrupe verschiedener Herkunft*)	1,417	1893	20,80	39,06	39,42	0,72	49,32	W. E. Stone und Clinton Dickson [4])
21		1,364	"	23,30	40,49	35,25	0,96	52,79	
22		1,389	"	26,00	39,68	33,20	1,12	53,62	
23		1,390	"	23,20	36,76	39,20	0,84	47,87	
24		1,434	"	20,60	36,17	42,05	1,18	45,55	
25		1,403	"	21,40	30,39	47,33	0,88	38,66	
26		1,389	"	24,40	41,74	32,73	1,13	55,21	
27		1,409	"	24,80	29,04	44,95	1,21	38,62	
28		1,404	"	23,60	37,45	38,36	0,69	49,02	
29		1,401	"	23,30	38,31	37,45	0,94	49,95	
30		1,405	"	23,70	42,91	32,49	0,90	56,24	
31	Mittel von No. 20—30	1,401	"	23,20	37,46	38,38	0,96	48,78	
32	Mährische Kartoffel-Syrupe I	1,4507	"	8,72	65,36	25,57**)	0,36	71,60	A. Gawalowsky [5])
33	II	1,4357	"	11,68	63,18	23,98**)	0,16	71,54	
34	III	1,4214	"	15,12	43,21	41,09**)	0,52	50,91	

[1]) Erster Bericht der landw. Vers.-Stat. Wien 1871—1877. Wien 1878. Tabelle 37.
[2]) Original-Mittheilung.
[3]) Bull. Assoc. Chim. 1896, **13**, 341; Vierteljahresschr. Nahrungs- u. Genussmittel 1896, **1**, 218.
[4]) Journ. anal. and appl. Chem. 1893, **7**, 317; Chem. Centrbl. 1893, **17**, 252.
[5]) Zeitschr. Nahrungsm.-Unters., Hyg. u. Waarenk. 1893, **7**, 245.

*) Stone u. Dickson fanden ferner:

No.	20 %	21 %	22 %	23 %	24 %	25 %	26 %	27 %	28 %	29 %	30 %	31 %
Reduktionsvermögen nach der Inversion	40,99	42,73	46,29	59,52	42,01	33,62	44,87	42,68	40,00	46,73	43,86	43,93
Specifische Drehung	98,81	91,10	79,76	85,23	99,37	97,88	85,21	92,08	98,46	85,86	91,33	91,37
Desgl. nach der Inversion	91,30	82,49	74,39	72,78	92,21	86,36	78,34	87,98	93,67	76,13	89,13	84,07
Desgl. nach der Gährung	10,90	11,22	10,21	10,61	13,36	10,47	9,00	11,53	12,99	10,99	13,03	11,30

**) A. Gawalowski fand ferner:

	Achroodextrin	Schwefelsäure in der Asche	Freie Säure
I:	0,10 %	0,03 %	0
II:	0,38 "	0,05 "	0
III:	1,47 "	—	Spur

No.	Nähere Bezeichnung	Zeit der Untersuchung	In der ursprünglichen Substanz: Wasser %	Glukose %	Maltose %	Unvergährbare Stoffe (Dextrin) %	Asche %	In der Trocken-Substanz Glukose (+ Maltose) %	Analytiker
35	Amerikanische Stärkezucker-Syrupe	1894	19,30	11,64	54,08	13,18	1,80	81,44	H. A. Weber und W. Mc. Pherson[1])
36		„	18,05	11,81	55,44	12,80	1,90	82,06	
37		„	17,15	21,24	34,63	24,98	2,40	67,44	
38		„	17,58	11,03	54,20	15,09	2,10	79,14	
39		„	12,75	14,71	55,40	15,44	1,70	80,36	
40		„	10,42	25,08	39,12	23,18	2,2	71,67	
41		„	16,30	5,81	47,67	26,52	3,7	63,89	
42		„	16,79	27,48	22,30	31,33	2,9	59,83	
43		„	10,26	24,31	28,92	32,81	3,7	59,32	
44		„	—	36,50	19,30	29,80	—	—	
45		„	—	36,50	7,60	40,90	—	—	
46		„	—	39,00	—	41,40	—	—	
47		„	—	18,75	36,10	25,41	—	—	
				Glukose					
48	Kapillärsyrupe verschiedener Herkunft*)	1899	23,04	35,16		41,40	0,40	41,36	Loock[2])
49		„	19,40	33,34		46,65	0,51	41,15	
50		„	17,41	33,99		47,67	0,51	40,18	
51		„	20,75	31,84		46,81	0,52	40,18	
52	Amerikanischer Maissyrup**) . . .	1900	19,15	38,96		41,85	0,20	48,19	Versuchs-Stat. Münster[3])
53	Aus deutschen Fabriken**): Krystallsyrup	„	16,32	39,72		43,56	0,29	47,47	
54	desgl.	„	14,73	54,44		29,39	0,08	63,84	
55	desgl.	„	14,82	39,96		42,70	0,28	46,91	
56	Bonbonsyrup	„	14,67	52,88		30,92	0,23	61,97	
57	Krystallsyrup	„	15,55	43,72		38,95	0,28	51,77	
58	desgl.	„	16,60	42,76		38,47	0,35	51,27	
59	Bonbonsyrup	„	15,32	43,60		40,05	0,20	51,49	
	Mittel	—	**18,47**	**44,86*****)		**35,55**	**0,99**	**55,02**	

[1]) Proceedings of the 11. Annual Convention of the association of official Agric. Chemists held at Washington. 1894. Herausgegeben von H. W. Willy 1894, 126.

[2]) Zeitschr. öffentl. Chem. 1899, **5**, 359—366; Zeitschr. Nahrungs- u. Genussmittel 1899, **2**, 934—936.

[3]) Original-Mittheilung.

*) Der Syrup No. 46 polarisirte in Lösung 1 : 10 im 200 mm-Rohr + 24,4°. Loock fand ferner folgenden Gehalt an freier Schwefelsäure:

No. 49	50	51	52
0	0,104 %	0,115 %	0,088 %

**) Wir fanden ferner:

No.	52	53	54	55	56	57	58	59
Glukose durch Vergährung %	46,50	43,31	57,56	41,38	54,88	50,00	55,63	50,50
Stickstoff-Substanz . . . „	0,33	0,36	0,15	0,37	0,09	0,36	0,32	0,50
Freie Säure (SO_3) . . . . „	0,11	0,04	0,10	0,04	0,05	0,11	0,06	0,03
Schweflige Säure in 1 kg . . mg	1911,4	0	0	0	106,8	164,8	0	0
Polarisation der Lösung 1 : 10 im 100 mm-Rohr	+ 11° 0′	+ 11° 28′	+ 9° 30′	+ 11° 38′	+ 9° 43′	+ 11° 10′	+ 10° 10′	+ 11° 8′

Die Glukose wurde durch Reduktion und das Dextrin nach der Inversion durch darauffolgende Reduktion bestimmt.

***) Glukose bezw. Glukose + Maltose.

Speisesyrupe aus Stärkezucker.

Hier und da kommen auch reine oder gefärbte oder mit besonderen Geschmack- oder Geruchsstoffen versehene, vielfach mit Saccharin versetzte Stärkesyrupe in den Handel, die zum direkten Verzehr bestimmt sind.

W. Bersch (Oesterr.-Ungar. Zeitschr. Zucker-Ind. u. Landw. 1897. Heft I) untersuchte einige derartige Syrupe mit folgendem Ergebnisse:

	Spec. Gewicht	Wasser %	Dextrose %	Dextrin %	Organischer Nichtzucker %	Asche %	Chlornatrium %	Drehung der Lösung 1:10 im 200 mm-Rohr im Halbschattenapparat vor der Inversion	nach der Inversion
1. Weisser Syrup	1,4385	15,81	39,77	34,88	9,14	0,40	0,23	+ 63,6	+ 26,2
2. Brauner „	1,4290	17,85	27,63	33,56	18,96	2,00	0,84	+ 47,9	+ 19,0
3. Citronat- „	1,4244	18,09	35,01	33,87	11,43	1,60	0,81	+ 41,0	+ 16,0
4. Honig- „	1,4295	18,90	50,78	19,31	9,26	1,75	0,21	+ 44,9	+ 21,9

Der Gehalt an freier Säure entsprach in 100 g:

	No. 1	No. 2	No. 3	No. 4
N.-Kalilauge ccm	2,87	3,76	4,56	3,75
Preis für 1 kg:	0,30 Mk.	0,30 Mk.	0,44 Mk.	0,50 Mk.

Zucker-Couleur.

No.	Nähere Bezeichnung	Zeit der Untersuchung	Spec. Gewicht	Wasser %	Sacharometer-Grade %	Polarisation als Rohrzucker %	Glukose %	Asche als Na_2CO_3 %	Sulfate %	Millim. des Stammer'schen Colorimeters	Farbe	Analytiker
1	Stärkezucker Couleur . . .	1880	1,3481	30,40	69,60	11,29	28,34	1,27	1,71	6,0	166,6	E. Matějček [1])
2	desgl.	„	1,3666	27,54	72,46	7,81	29,05	4,14	5,55	12,5	80	
3	Raffinade Couleur	„	1,3593	28,70	71,30	50,79	—	2,30	3,08	40,0	25	
4	Stärkezucker Couleur . . .	„	1,3741	26,40	73,60	11,72	37,56	3,75	5,03	8,0	125	
	Mittel	—	**1,3620**	**28,26**	**71,74**	**20,40**	**31,75**	**2,86**	**3,84**	**19,1**	**99,2**	

Milchzucker.

Der Milchzucker gehört zwar streng genommen nicht in diesen Abschnitt, mag indessen dennoch hier im Zusammenhange mit den übrigen Zuckern Aufnahme finden.

No.	Nähere Bezeichnung	Zeit der Untersuchung	In der natürlichen Substanz: Milchzucker %	Wasser %	Organischer Nichtzucker %	Asche %	In der Trocken-Substanz Milchzucker %	Analytiker
1	Von der deutschen Milchsterilisirungs A.-G. Münster i. W. hergestellt.	1897	99,68	0,24		0,01	—	Vers.-Stat. Münster [2])
2		„	99,56	0,34		0,01	—	
3		1898	98,98	0,86		0,16	—	
4		„	98,42	1,33		0,25	—	
5		1899	98,98	0,07	0,49	0,46	99,05	
6		1900	99,17	0,21	0,25	0,37	99,38	
	Mittel	—	**99,13**	**0,66**		**0,21**	—	

In **Milchzucker-Melasse** fanden wir (1898):

Wasser 54,49% Stickstoff-Substanz 8,06% Milchzucker 23,29% Mineralstoffe 10,78%.

[1]) Listy chem. 1880, **5**, 1.—3. Oktbr.; Chem. Centrbl. 1880, 809.
[2]) Original-Mittheilung.

Zuckerwaaren.

No.	Nähere Bezeichnung	Zeit der Untersuchung	In der natürlichen Substanz: Wasser %	Stick-stoff-Substanz %	Fett %	Zucker %	Sonstige stickstfr. Extraktst. %	Roh-faser %	Asche %	In der Trocken-Substanz: Stick-stoff-Substanz %	Zucker %	Analytiker
	Bonbons.						In Wasser unlöslicher Rückstand					
1	Gewöhnliche Bonbons . .	1878	4,66	0,68	0,21	72,86	21,03		0,56	0,75	76,42	J. König und C. Krauch[1])
2	Bessere „ . .	„	5,86	1,63	0,18	81,69	10,16		0,58	1,69	86,77	
3	Frucht-Bonbons	1879	2,63	0,31	0,07	96,63	0,24		0,12	0,31	99,23	
4	Brust-Bonbons	„	4,63	0,50	0,13	94,25 *)	0,16		0,33	0,52	88,49	
5	Gummi-Bonbons	„	7,24	2,12	0,55	87,62 **)	0,38		2,09	2,25	58,09	
	Marzipan.											
6	2/3 Mandeln, 1/3 Zucker	1887	18,00	—	28,50	28,00	—	—	—	—	34,15	G. A. Ziegeler[2])
7	Handelswaare	1892	16,68	—	32,64	39,05	—	—	—	—	46,87	J. Stern[3])
8	Handelswaare	„	16,39	—	29,60	35,42	—	—	—	—	42,36	
9	Selbst bereitet (2/3 Mandeln)	1897	9,90	—	30,50	35,60	—	—	—	—	39,51	F. Filsinger[4])
10	Handelswaare	„	16,80	—	31,10	34,40	—	—	—	—	41,35	
11	Handelswaare	„	14,90	—	29,10	44,00	—	—	—	—	51,70	
12	Handelswaare	„	14,40	—	29,90	43,20	—	—	—	—	50,47	
13	Handelswaare	„	14,51	—	30,05	40,92	—	—	—	—	47,87	P. Soltsien[4])
14	Handelswaare	„	17,40	—	28,78	38,57	—	—	—	—	46,69	
15	Handelswaare	„	15,45	—	29,71	41,22	—	—	—	—	48,75	
	Marzipan, Mittel	—	15,44	—	29,99	38,04	—	—	—	—	44,99	
	Chokolade-Pralinés*).**											
16	Dessert-Bonbons	1896	7,47	3,60	12,36	64,00	10,75	1,21	0,61	3,89	69,17	Fr. Strohmer u. A. Stift[5])
17	Chokolade-Dessert-Bonbons	„	6,41	6,56	19,95	49,60	15,12	1,36	1,00	7,01	52,99	
							Stärke					
18	Kessel-Dragées[0]) Wurmsamen .	„	5,60	—	—	53,60	33,40	—	0,68	—	56,78	
19	Kessel-Dragées[0]) Coriander . .	„	6,58	—	—	55,40	25,30	—	0,55	—	59,30	
20	Sieb-Dragées[0])	„	11,91	—	—	81,55	—	—	0,21	—	92,55	
	Kandirte Früchte.											
21	Orangenschalen	„	15,43	—	0,23	78,86	—	1,25	0,36	1,34	93,25	
					Invertzucker	Rohrzucker						
22	Schalen der Citronaten[00]) .	—	29,01	—	29,89	1,01	—	3,69	—	—	43,53	J. König[1])
	Orientalische Kanditen.						In 80%-igem Alkoh. unlösl.					
23	Türkischer Honig	1893	7,97	—	56,78	31,02	3,92[000])		0,31	—	95,44	A. Fajans[6])
24	(Türkenbrot)†)	1897	5,73	1,63	67,50	22,95	—	—	0,18	1,73	95,95	A. Stift[7])

[1]) Original-Mittheilung.
[2]) Pharm. Centrbl. 1887, **28**, 162; Chem. Centrbl. 1887, 600.
[3]) Chem.-Ztg. 1892, **16**, 47.
[4]) Zeitschr. öffentl. Chem. 1897, **3**, 443—445 u. 495—496.
[5]) Oesterr.-ungar. Zeitschr. Zuckerind. u. Landw. 1896, **25**, Sonderabdruck.
[6]) Chem.-Ztg. 1893, **17**, 1826.
[7]) Oesterr.-ungar. Zeitschr. Zuckerind. u. Landw. 1897, **26**, [Sonderabdruck.

*) Darin 84,39 % Malzzucker und 9,86 % durch Schwefelsäure in Zucker überführbare Stoffe.
**) Darin 53,89 % Zucker und 33,73 % Gummi etc.
***) Die Dessert-Bonbons bestanden aus weisser, weicher, mit Chokolade überzogener Zuckermasse in kegelförmigen Stücken, die Chokolade-Dessert-Bonbons aus chokoladehaltiger Bonbonmasse mit besonderem Chokoladeüberzug. Verff. fanden ferner:
Dessert-Bonbons: 0,05 % Theobromin, 3,00 % Rein-Eiweiss nach Stutzer, 8,36 % Cacao-Gerbsäure u. Stärke.
Chokolade-Dessert-Bonbons: 0,05 „ 4,56 „ „ „ „ 10,61 „ „ „ „
[0]) Die Wurmsamen waren kleine weiss und roth gefärbte Ellipsoide, welche Semen Cinae Levanticum enthielten; die Coriandersamen (Hochzeitskügelchen) waren kleine weiss und roth gefärbte Kügelchen, welche Coriandersamen enthielten; die Siebdragées waren verschiedene kleine Obst- und Rüben-Imitationen, welche im Innern weiche aromatische Zuckermasse enthielten. Der Zucker bestand bei 18 und 19 aus Saccharose; bei 20 bestand derselbe aus 1,75 % Dextrose und bei 21 aus 16,06 % Invertzucker, im Uebrigen aus Saccharose.
[00]) Citronaten oder Cedratfrüchte sind eine Abart der Citronen (Citrus medica macrocarpa cedra).
[000]) Mit 2,67 % Gummi, 1,09 % Alaun und 0,16 % Gyps.
†) Der Türkische Honig ist eine harte weisse, an der Oberfläche zerfliessliche Masse, welche mit Mandeln,

No.	Nähere Bezeichnung	Zeit der Untersuchung	In der natürlichen Substanz: Wasser %	Stick-stoff-Substanz %	Invert-zucker %	Saccha-rose %	Sonstige stickstfr. Extraktst. %	Roh-faser %	Asche %	In der Trocken-Substanz: Stick-stoff-Substanz %	Gesammt-zucker %	Analytiker
	Ruschuck (Sutschuck, Sultanbrot):						Unlösliches und Unbestimmtes					
25	Gewöhnliche Sorte, gelb .	1897	12,18	0,19	30,20	42,87	14,54		0,21	0,22	83,20	A. Stift[1])
26	Gewöhnliche Sorte, roth .	„	11,40	0,22	29,51	44,92	13,98		0,19	0,25	84,01	
27	Feinere Sorte, gelb .	„	17,18	0,18	32,85	40,99	8,67		0,31	0,22	89,16	
28	Feinere Sorte, roth	„	18,50	0,19	31,86	39,20	10,15		0,29	0,23	87,19	
	Amerikanische Kanditen.						Unlösliches					
29	Broken candy (8 Analysen)	1899	4,60	—	14,00	75,30	—		2,70	—	93,61	W. O. Atwater u. A. P. Bryant[2])
30	Cream „ (20 „)	„	5,30	—	8,70	77,10	—		0,10	—	90,60	
31	Marshmallows (3 „)	„	5,60	—	24,10	33,30	27,00		1,10	—	60,81	
32	Caramels (3 „)	„	3,30	—	15,20	37,50	32,20		1,40	—	54,50	

F. Strohmer und A. Stift (Oesterr.-ungar. Zeitschr. f. Zuckerind. u. Landw. 1896, 25, Sonderabdruck) untersuchten eine grosse Anzahl Wiener Zuckerwaaren mit folgendem Ergebnisse:

No.	Bezeichnung	Aussehen	Beschaffenheit der wässerigen Lösung	Farbstoff	Wasser %	Saccharose %	Reducirender Zucker*) %	Nicht näher bestimmte organische Stoffe %	In Wasser Unlösliches %	Asche %
	Caramelbonbons:								Stärke	
1	Echter Gerstenschleim	weisse und rothe cylindrische Stangen	röthlich schwach trüb	Pflanzenfarbstoff	3,75	72,26	19,40	0,48	0	0,11
2	Gerstenzucker	rothe cylindrische Stangen	desgl.	desgl.	3,04	85,73	9,72	1,42	0	0,09
3	Grosse Hamburger Rocks-Drops	grosse cylindrische Stücke mit farbiger Zeichnung	schwach trüb	desgl.	9,66	60,81	30,20	—	0	0,17
4	Feine Rocks-Drops	verschieden fruchtartig und cylindrisch geformt; verschieden gefärbt	desgl.	desgl.	3,60	96,00	Spur	0,32	0	0,08
5	Rosen-Rocks	weiss und roth gestreifte cylindrische Stücke	trüb	desgl.	4,20	83,54	11,80	0,36	geringe Mengen	0,10
6	Rettig-Rocks	gelblichweisse, poröse cylindrische Stücke	trüb	Caramel	3,63	87,26	8,00	0,90		0,11
7	Eibisch-Bonbons	gelbbraune durchsichtige lange Stücke	klar	desgl.	3,24	90,20	6,46		0	0,10
8	Erfrischungs-Bonbons	runde flache, verschieden gefärbte Stücke	trüb	Pflanzenfarbstoff	7,39	91,16	1,37		geringe Mengen	0,08

Nüssen und anderen essbaren Früchten versetzt und durchweg Gegenstand einheimischer Erzeugung ist. Rohrzucker wird mit Wasser zu einem dicken Brei angerührt und bei 80—90° durch eine Säure theilweise invertirt. Beim Sultanbrot bestand die gewöhnliche Sorte aus einer länglich cylindrischen, an beiden Enden zugespitzten ziemlich harten Masse, deren Aussenseite sich glatt anfühlt und mit etwas Zucker bestäubt ist. Den Kern der Masse bilden Mandeln, die an einer der Länge nach durch die Canditen gehenden Schnur hängen. Der innere Theil ist ziemlich weich und gelatinös und klebt nirgends an den Mandeln an. Die Candite ist gelblich oder roth und mit verschiedenen Pflanzen-Extrakten (Himbeer, Orange etc.) versetzt. Als Grundmasse wird vornehmlich Zucker verwendet. Die feinere Sorte ist der gewöhnlichen ähnlich, nur ist dieselbe in eine Gelatinehülle eingewickelt. Die untersuchten Proben stammen angeblich aus Konstantinopel. Die Masse ist weicher als bei der gewöhnlichen Sorte. Im Innern befanden sich ebenfalls Mandeln, die auf einer Schnur sassen. Eiweiss-Stickstoff war bei allen 4 Proben nicht vorhanden.

[1]) Oesterr.-ungar. Zeitschr. Zuckerind. u. Landw. 1897, **26**, Sonderabdruck.
[2]) U. S. Depart. of Agric. Bull. 18, 1899, S. 64.
*) Wenn nichts näher angegeben als Glukose vorhanden.

No.	Bezeichnung	Aussehen	Beschaffenheit der wässerigen Lösung	Farbstoff	Wasser %	Saccharose %	Reducirender Zucker %	Nicht näher bestimmte organische Stoffe %	In Wasser Unlösliches %	Asche %
9	Schottische Pfefferminz-Bonbons	runde, flache, weisse oder rothe Stäbchen	trüb	Pflanzenfarbstoff	3,24	96,00	0,69	—	0	0,07
10	Potpourri-Caramellen	verschieden gefärbte viereckige Stücke	schwach trüb	desgl.	5,88	85,19	8,55	0,30	0	0,08
11	Dessert-Caramellen (Weinscharln)	viereckige längliche Stücke	trüb, stark sauer	desgl.	2,87	72,35	20,16 *)	4,47	0	0,15
12	Fichtennadel-Bonbons	grüne viereckige Stücke	stark grün, schwach trüb	Chlorophyll	3,84	87,40	7,52	1,15	0	0,10
	Gefüllte Caramels:									
13	Punsch-Caramels	viereckige braune, glasige Stücke, mit Punschmasse gefüllt	röthlich, trüb	Caramel	5,92	69,01	21,07	3,83	0,23	0,17
14	Gefüllte Dessert-Bonbons	braune viereckige Stücke, mit Himbeermarmelade gefüllt	bräunlich, trüb	Pflanzenfarbstoff	7,89	vorhanden	91,06 ***)	—	0,50	0,27
	Fondant-Bonbons:									
15	Jockeyklub-Bonbons	kleine kegelförmige weisse, halbweiche Stücke	schwach getrübt	—	7,02	86,32	5,77	0,78	0,49 °)	0,11
16	Gemischte Fondant-Bonbons	längliche weisse, halbweiche Stücke	trüb	—	5,60	86,76	5,44	2,10	0,80 °°)	0,10
	Konserve-Bonbons:									
17	Geschmacks-Pastillen	kleine, verschieden gefärbte rundliche Plätzchen	sehr schwach trüb	—	0,05	99,70	0	0,15	—	0,10
18	Prominzen	weisse rundliche Plätzchen	schwach trüb	—	4,39	95,00	0	0,58	—	0,03
19	Punsch-Plätzchen	—	trüb	—	+ Alkohol 15,88 Wasser	83,70	0,16 *)	0,24	—	0,02
20	Englische Pfefferminz-Pastillen	weisse, münzenförmige Stücke mit eingeprägter Fabrikmarke	stark trüb	—	0,93	95,80	Spur	3,21 °°°)	—	0,06
21	Bärenzucker-Zelteln	harte, braune rhombische Stücke	trüb	—	0,44	97,20	0	0,67	1,53 †)	0,16
22	Eis-Bonbons	mit krystallinischem Zuckerüberzuge versehene rothbraune, halb weiche kugelige Stücke ††)	stark trüb, sauer	—	8,98	81,01	5,92	3,98	—	0,11

Brem.

Brem ist nach H. C. Prinsen-Geerligs (Chem.-Ztg. 1895, 19, 1681) eine Zuckerwaare, welche auf Java in der Weise hergestellt wird, dass man „Raggi" (das Ferment aus Reisstroh) drei Tage auf gekochten Klebreis einwirken lässt, so dass nahezu alle Stärke verzuckert ist, und die abfiltrirte Zuckerlösung an der Sonne zum Syrup eintrocknet. Der Syrup wird in kleine, kegelförmige Dütchen aus Bananenblättern gebracht, worin er bei der Abkühlung erstarrt. Brem ist eine weisse Masse, welche einen süssen, etwas säuerlichen kühlenden Geschmack besitzt und folgende Zusammensetzung hat:

Wasser 18,75% Dextrose 69,03% Dextrin 10,63% Asche 1,20% Unbestimmtes 0,39%.

*) Invertzucker.
**) Darunter grössere Mengen Weinsäure.
***) Glukose und Invertzucker.
°) Mit geringen, °°) mit grösseren Mengen Stärke.
°°°) Meist Stärke und Tragant.
†) Stärke.
††) Die innere Masse enthielt geriebene Orangenschalen und Nusskerne.

Honig.

Normaler (linksdrehender) Honig.

Aeltere Analysen.

1. E. Röders, Chem. Centrbl. 1864, 102.
2. J. Nessler, Wochenbl. d. landw. Vereins in Baden, 1871, 379.
3. W. Bischop, Journ. Pharm. Chim. 1884, [5], 5, 459; Chem.-Ztg. 1885, 9, 105.

No.	Nähere Bezeichnung	Zeit der Untersuchung	In der natürlichen Substanz: Wasser %	Glukose %	Fruktose %	Saccharose %	Dextrin %	Pollen, Wachs etc. %	Stickstoff-Substanz %	Asche %	In der Trocken-Substanz: Invertzucker %	Saccharose %	Polarisation im Wild'schen Apparat	Analytiker
1	Direkt aus Honigwaben gewonnen*)	1876	17,48	Invertzucker 82,50		—	—	Spur	—	0,02	99,91	—	—	Arthur Hill Hassall[1])
2		"	19,56	79,48		0,49	—	"	—	0,02	89,79	0,61	—	
3		"	16,88	81,00		1,82	—	"	—	0,03	88,75	2,71	—	
4		"	13,68	81,04		5,29	—	"	—	0,04	93,84	6,13	—	
	Aeltere Honige:													
5	Aus Dep. des Landes	1878	19,09	70,39		0,81	—	—	0,89	0,19	87,00	1,00	—	E. Erlenmeier und v. Planta Reichenau[2]) **)
6	Vom Senegal . . .	"	25,59	63,54		2,75	—	—	1,14	0,44	83,40	3,70	—	
7	Von Meligonen . .	"	18,84	—		—	—	—	0,78	0,26	—	—	—	
8	Von Tamps No. 1 .	"	18,61	65,59		2,19	—	—	2,07	0,35	80,61	2,69	—	
9	Esparsette-Honig . .	"	19,44	72,34		—	—	—	0,48	0,10	89,77	—	—	
10	Von Tawetsch IV	"	17,52	69,37		0,41	—	—	1,75	0,27	84,08	0,50	—	
	Jüngere Honige:								Gerinnbares Eiweiss					
11	Von Churwalden (ausgeflossen) . . .	"	21,68	63,91		8,30	—	0,069	0,102	—	81,61	10,60	—	
12	Von Tamins No. III (ausgeflossen) . .	"	21,47	63,41		7,30	—	0,229	0,102	—	80,72	9,29	—	
13	Buchweizen-Honig (ausgeschleudert) .	"	33,59	—		—	—	0,147	1,136	—	—	—	—	
14	Von Tawetsch (ausgeflossen) . . .	"	20,41	69,40		0,64	—	0,238	0,028	—	87,17	0,80	—	
15	Akazien-Honig (ausgeschleudert) . .	"	20,29	—		—	—	0,102	0,031	—	—	—	—	
16	Aus der Scheibe .	1882	17,42	71,66		10,12 ***)	Gummi 0,23	0,44	—	0,13	86,78	12,26	—	James Bell[3]) ***)
17	Aus Californien . .	"	23,32	68,52		4,48	0,17	3,02	—	0,49	89,35	5,84	—	

[1]) Hassall: Food its adulteration, and the methods for their detection. London 1876. S. 330.
[2]) Bienenzeitung 1878, **34**, No. 16 und 17 und 1879, **35**, No. 1 und 12.
[3]) Jam. Bell: Analyse und Verfälschung der Nahrungsmittel, übersetzt von C. Mirus. Berlin 1882, I, 125.

*) Hassall bestimmte das Wasser aus der Differenz; Invertzucker und Saccharose durch Titration mit Fehling'scher Lösung vor und nach der Inversion (1—2 g Substanz mit 5—6 Tropfen Schwefelsäure).

**) Trocken-Substanz wurde im Kohlensäurestrom bestimmt, Pollenkörner durch Abfiltriren des mit Wasser verdünnten Honigs; im Filtrat hiervon das beim Kochen gerinnende Eiweiss und der Gesammt-Stickstoff; Invertzucker und Saccharose vor und nach der Inversion mit Schwefelsäure durch Fehling'sche Lösung. Neben dem Honig wurde auch der Nektar von Fritillaria imperialis untersucht und gefunden: 93,40 % Wasser, 6,60 % Trocken-Substanz mit 5,34 % Invertzucker und 0,18 % Saccharose; Eiweiss war darin nicht enthalten. Es wurde ferner gefunden:

	No. 7	8	9	10	11	12
Phosphorsäure:	0,088 %	0,014 %	0,006 %	0,019 %	0,021 %	0,020 %

***) Als nicht näher gekannter Zucker bezeichnet; derselbe wurde aus der Differenz nach mehrstündigem Kochen mit einigen Tropfen Schwefelsäure bestimmt. Zur Bestimmung des Zuckers verwendete Bell Kupfertartrat.

No.	Nähere Bezeichnung	Zeit der Untersuchung	In der natürlichen Substanz: Wasser %	Glukose %	Fruktose %	Saccharose %	Gummi %	Pollen, Wachs etc. %	Stickstoff-Substanz %	Asche %	In der Trocken-Substanz: Invertzucker %	Saccharose %	Polarisation im Wild'schen Apparat[0])	Analytiker
				Invertzucker										
18	Aus Narbonne . .	1882	17,10	74,04		7,10	0,13	1,35	—	0,28	89,29	8,56	—	James Bell[1]) *)
19	„ Westindien .	„	19,65	69,34		7,55	0,36	2,83	—	0,27	86,15	9,40	—	James Bell[1]) *)
20	„ Transylvanien .	„	22,75	66,57		7,97 *)	0,22	2,17	—	0,32	86,14	10,31	—	James Bell[1]) *)
21	„ England . . .	„	19,10 **)	36,60	36,50	—	—	Spur	—	0,15	90,36	—	—	J. Campbell Brown[2]) **)
22	„ Wallis . . .	„	16,40	37,20	39,70	—	—	Spur	—	0,14	91,74	—	—	J. Campbell Brown[2]) **)
23	„ Normandie . .	„	15,50	36,88	42,50	—	—	Spur	—	0,17	93,94	—	—	J. Campbell Brown[2]) **)
24	„ Deutschland .	„	19,11	33,14	36,58	—	—	Spur	—	0,17	86,19	—	—	J. Campbell Brown[2]) **)
25	„ Griechenland .	„	19,80	40,00	32,20	—	—	0,05	—	0,15	90,02	—	—	J. Campbell Brown[2]) **)
26	„ Lissabon . .	„	18,80	37,26	34,94	1,20	—	1,90	—	0,14	88,92	1,61	—	J. Campbell Brown[2]) **)
27	„ Jamaika . .	„	19,46	33,19	35,21	2,20	—	Spur	—	0,26	84,93	3,02	—	J. Campbell Brown[2]) **)
28	„ Californien . .	„	17,90	37,85	36,01	—	—	Spur	—	0,11	89,97	—	—	J. Campbell Brown[2]) **)
29	„ Mexiko . .	„	18,47 **)	35,96	38,47	—	—	—	—	0,07	91,29	—	—	J. Campbell Brown[2]) **)
[0])	Aus: Reaktion			Invertzucker										
30	Aegypten neutral	1884	30,44	61,11		5,00	—	—	—	0,33	87,87	7,19	−6° 38′	W. Lenz[3]) [0])
31	Lissabon desgl.	„	20,32	68,70		4,31	—	—	—	0,68	86,22	5,40	−7° 34′	W. Lenz[3]) [0])
32	Domingo schwach alkalisch	„	20,62	66,95		7,79	—	—	—	0,27	84,36	9,82	−8°0,5′	W. Lenz[3]) [0])
33	Valparaiso alkalisch	„	23,06	69,53		6,27	—	—	—	0,24	90,39	8,15	−9° 33′	W. Lenz[3]) [0])
34	Havanna desgl.	„	24,58	65,28		1,61	—	—	—	0,58	86,56	2,13	−6° 38′	W. Lenz[3]) [0])
35 [0])	Brasilien stark alkalisch	„	17,54	69,32		2,13	—	—	—	0,29	84,09	2,58	−7° 33′	W. Lenz[3]) [0])

[1]) Jam. Bell: Analyse und Verfälschung der Nahrungsmittel, übersetzt von C. Mirus. Berlin 1882, I, 125.
[2]) A. Winter Blyth: Foods and their adulterations. London 1882, 124.
[3]) Chem.-Ztg. 1884, **8**, 613.

*) Vergl. Anmerkung ***) S. 915.

**) Das Wasser wurde durch Trocknen zunächst bei 100° C. und weiter bei viel höherer Temperatur bestimmt; obige Zahlen sind die bei 100° gefundenen Verluste an Wasser; diese betrugen ferner:

	No. 21	22	23	24	25	26	27	28	29
1. Bei höherer Temperatur	7,60 %	6,56 %	4,95 %	11,00 %	7,80 %	6,66 %	7,58 %	8,13 %	10,03 %
2. Im Ganzen	20,70 „	22,96 „	20,45 „	30,11 „	27,60 „	25,46 „	27,04 „	26,03 „	28,50 „

[0]) Lenz untersuchte die Honigsorten wie folgt: 30 g Honig wurden genau mit dem doppelten Gewicht Wasser gelöst; die Lösung wurde, wenn sie unklar ist, filtrirt und von derselben zunächst das spec. Gewicht und das Drehungsvermögen bestimmt; zu letzterem Zweck wurden 50 ccm der Honiglösung mit 3 ccm Bleiessig und 2 ccm conc. Natriumcarbonatlösung versetzt. Zur Bestimmung des Wassers wurden 5 ccm der Lösung im doppelten Gewicht Wasser genau abgewogen, verdunstet und bei 100—105° C. bis zum konstanten Gewicht getrocknet. Der Trockenrückstand diente gleichzeitig zur Bestimmung der Asche. Der ursprünglich reducirende Zucker wurde in der Weise bestimmt, dass 2 ccm der obigen Lösung (genau gewogen) auf 100 ccm verdünnt und in üblicher Weise mit Fehling'scher Lösung titrirt wurden. Weiter 2 ccm der Lösung (genau gewogen) wurden mit 3 Tropfen officineller Salzsäure und 50 ccm Wasser 30 Min. lang im kochenden Wasserbade erhitzt, neutralisirt, auf 100 ccm aufgefüllt und ebenfalls mit Fehling'scher Lösung titrirt. Die Differenz giebt die Menge des als „Saccharose" bezeichneten Zuckers. W. Lenz fand auf diese Weise:

		No. 30	31	32	33	34	35
Spec. Gewicht der Honiglösung (30 g + 60 g Wasser) bei 17° C.	unfiltrirt . .	1,1120	1,1146	1,1128	1,1157	1,1085	(1,1212 bei 18° C.)
	filtrirt . . .	1,1120	1,1150	1,1160	1,1157	1,1085	(1,1210 bei 19° C.)

W. Lenz glaubt, dass ein natürlicher Honig im doppelten Gewicht Wasser gelöst ein spec. Gew. von 1,111 und eine Drehung von mindestens — 6° 30 (Wild) haben muss.

No.	Nähere Bezeichnung	Zeit der Untersuchung	1 Wasser*) %	2 Glukose*) %	3 Fruktose*) %	4 Invertzucker nach Fehling*) %	5 Saccharose*) %	6 Nichtzucker %	Glukose,*) gefunden nach Zerstören der Fruktose mit Salzsäure %	Glukose: mehr oder weniger als in Sp. 2 + 5 %	In der Trocken-Substanz: Invertzucker %	In der Trocken-Substanz: Saccharose %	Analytiker
36	Unmittelbar von Producenten bezogene und sicher echte Honige	1884	19,21	33,30	40,00	73,12	1,95	5,54	34,20	+ 0,90	90,52	2,41	*Fr. Soxhlet u. E. Sieben*[1]*)
37		„	17,77	37,20	40,80	77,94	0,15	4,08	36,40	— 0,80	94,78	0,18	
38		„	16,68	36,48	37,24	73,70	3,44	6,16	38,50	— 2,14	82,54	3,85	
39		„	16,28	36,46	32,15	68,85	8,22	6,89	38,90	— 1,88	82,21	9,78	
40		„	22,16	35,45	40,05	75,40	0,97	1,37	36,82	+ 0,87	96,89	1,25	
41		„	18,60	37,40	37,00	74,49	0,65	6,35	35,31	— 2,44	92,57	0,86	
42		„	21,62	37,00	38,30	75,32	0,21	2,87	37,06	— 0,05	95,98	0,27	
43		„	19,01	34,20	44,10	78,00	0,10	2,59	34,77	+ 0,52	96,53	1,24	
44		„	18,62	31,80	43,40	74,83	0,43	5,75	34,02	+ 1,98	91,97	0,53	
45		„	17,05	43,35	34,50	78,35	0,70	4,40	41,74	— 1,87	94,59	0,84	
46		„	18,48	39,54	39,69	79,31	0,10	2,19	38,00	— 1,59	97,23	0,12	
47		„	19,52	33,02	41,00	73,79	0,33	6,13	34,77	+ 1,56	91,72	0,41	
48		„	19,09	37,50	35,70	73,35	—	7,71	39,65	+ 2,15	90,66	—	
49		„	17,05	44,71	33,92	79,12	—	4,32	42,89	— 1,71	95,42	—	
50		„	21,97	37,20	33,30	70,72	—	7,53	39,31	+ 2,11	90,66	—	
51		„	16,71	31,10	44,30	74,97	2,49	5,40	32,20	— 0,21	90,04	2,99	
52		„	16,72	43,05	33,40	76,90	1,52	5,31	41,80	— 2,05	92,36	1,83	
53		„	20,32	33,94	36,65	70,53	5,65	3,44	37,54	+ 0,63	88,52	7,09	
54		„	21,41	32,84	36,99	69,74	4,17	3,99	36,00	+ 0,65	88,71	5,30	
55		„	22,59	27,39	42,81	69,60	—	7,21	28,85	+ 1,46	89,92	—	
56		„	16,33	36,89	42,83	79,57	2,02	1,93	35,90	— 2,05	95,09	2,41	
57		„	20,79	38,06	39,86	77,94	—	1,29	39,85	+ 1,79	98,36	—	
58		„	19,45	36,98	38,36	75,36	3,15	2,06	39,54	+ 0,90	93,52	3,90	

[1]) Zeitschr. d. Ver. f. d. Rübenzucker-Industrie d. Deutschen Reiches 1884, 837.

*) Zur Bestimmung des Wassers wurden etwa 2,5 g Honig mit 10—12 g ausgeglühtem Seesand mittelst eines mitgewogenen Glasstäbchens in einer Glasschale verrieben, 6 Stunden lang bei 50—60° C. und weitere 12 Stunden bei 96—97° C. im Vakuum getrocknet.

Glukose und Fruktose wurden in der Weise bestimmt, dass 14 g Honig in heissem Wasser gelöst, mit 2 ccm officineller Eisenacetatlösung versetzt, aufgekocht und nach dem Erkalten auf 100 ccm gebracht wurden. Diese Lösung wurde in der von Fr. Soxhlet angegebenen Weise mit verdünnter Fehling'scher Lösung (100 ccm) und Sachsse'scher Jodquecksilber-Lösung (je 100 ccm) titrirt und der Gehalt an Glukose und Fruktose durch Auflösen zweier Gleichungen mit 2 Unbekannten berechnet. (Vergl. Fr. Soxhlet: Journ. f. prakt. Chemie 1880, **21**, 227.)

Zur Bestimmung des Invertzuckers und der Saccharose wurden 15 g Honig zu 500 ccm gelöst, davon 200 ccm = 6 g Honig zu 500 ccm verdünnt und von dieser 1,2-procentigen Lösung 25 ccm mit 50 ccm Fehling'scher Lösung und 25 ccm Wasser 2 Min. im Kochen erhalten und das ausgeschiedene Kupferoxydul nach der Reduction als Kupfer gewogen. In derselben Weise wurde die invertirte Lösung untersucht; behufs Inversion wurden 200 ccm (= 6 g Honig) der ersten Lösung mit 150 ccm Wasser und 50 ccm $^1/_5$-Normalsalzsäure versetzt, 30 Min. im kochenden Wasser erhitzt, mit 19 ccm $^1/_2$-Normalnatronlauge neutralisirt, zu 500 ccm aufgefüllt und hiervon wie vor der Inversion 25 ccm zur Fällung verwendet. Zur Berechnung der Resultate wurde die von Meissl (Zeitschr. d. Ver. f. d. Rübenzucker-Industrie d. Deutschen Reiches 1880, 16 u. 1034) aufgestellte Tabelle benutzt.

Die Differenz zwischen den Zahlen vor und nach der Inversion wurde als „Saccharose" angesehen und durch Multiplikation mit 0,95 als solche berechnet.

Die Zerstörung der Fruktose und die Zuckerbestimmung in der von dieser freien Lösung wurde in der Weise bewirkt, dass 100 ccm einer Lösung (mit 2,5 g eines Gemisches von Glukose und Fruktose) mit 60 ccm sechsfach Normalsalzsäure 3 Stunden lang in einem mit einem eingehängten Trichter lose geschlossenen Kolben im Wasserbade erhitzt, nach Verlauf dieser Zeit sofort abgekühlt, mit 56—58 ccm sechsfach Normalnatronlauge neutralisirt und auf 250 ccm aufgefüllt wurden; hiervon wurden 25 ccm zur Glukose-Bestimmung nach Allihn benutzt. (Vergl. Zeitschr. f. analyt. Chemie 1883, **22**, 448.)

No.	Nähere Bezeichnung	Zeit der Untersuchung	1 Wasser %	2 Glukose %	3 Fruktose %	4 Invertzucker nach Fehling %	5 Saccharose %	6 Nichtzucker %	Glukose, gefunden nach Zerstören der Fruktose mit Salzzäure %	mehr oder weniger als in Sp. 2 + 5 %	In der Trocken-Substanz: Invertzucker %	In der Trocken-Substanz: Saccharose %	Analytiker
59	Unmittelbar von Producenten bezogene und sicher echte Honige	1884	21,52	36,91	35,15	72,15	3,82	2,60	40,00	+ 1,08	91,92	4,87	Fr. Soxhlet u. E. Sieben[1]) *)
60		„	22,51	34,84	38,31	73,10	0,35	3,99	35,85	+ 0,81	94,30	0,45	
61		„	21,27	36,11	39,52	75,58	0,71	2,39	36,60	+ 0,12	96,29	0,90	
62		„	18,81	39,79	34,12	74,24	1,22	6,06	40,22	— 0,21	91,46	1,50	
63		„	17,84	34,24	41,87	75,88	1,24	5,81	36,77	+ 1,88	92,35	1,51	
64		„	20,86	28,11	46,79	74,26	—	4,24	29,13	+ 1,02	93,86	—	
65		„	24,62	29,20	39,71	68,71	—	6,47	28,00	— 1,20	91,18	—	
66		„	20,36	41,95	33,38	75,74	—	4,31	39,77	— 2,18	95,13	—	
67		„	20,00	41,43	33,74	75,59	—	4,83	41,74	+ 0,31	94,49	—	
68		„	21,08	32,16	39,25	71,22	—	7,51	34,34	+ 2,18	90,24	—	
69		„	21,51	34,70	40,02	74,59	—	3,77	36,54	+ 1,84	95,03	—	
70		„	20,17	35,45	40,05	75,41	—	4,33	37,54	+ 2,09	94,49	—	
71		„	19,02	32,27	39,47	71,54	4,00	5,24	36,00	+ 1,57	88,35	4,94	
72		„	20,61	24,27	45,35	68,89	0,95	8,82	26,57	+ 1,80	86,80	1,20	
73		„	21,24	26,86	43,85	69,93	—	8,05	29,07	+ 2,21	88,81	—	
74		„	24,95	22,23	46,89	68,25	—	5,93	24,25	+ 2,02	90,91	—	
75		„	21,70	32,40	40,06	72,23	—	5,84	31,48	— 0,92	92,24	—	
76		„	20,05	25,24	49,25	73,73	—	4,86	27,00	+ 1,44	92,24	—	
77		„	20,85	32,23	40,93	72,91	—	5,99	34,17	+ 1,94	92,09	—	
78		„	18,21	39,86	35,82	75,91	—	6,20	42,11	+ 2,25	92,84	—	
79		„	17,75	39,45	36,25	75,87	—	6,55	37,40	— 2,05	92,26	—	
80		„	19,35	31,48	42,68	73,91	—	6,49	33,77	+ 2,29	91,65	—	
81		„	22,11	34,60	35,97	70,53	—	7,32	35,31	+ 0,71	90,56	—	
82		„	17,85	35,92	41,96	77,76	—	4,27	36,31	+ 0,39	94,63	—	
83		„	22,90	25,50	43,05	67,95	1,58	6,97	27,65	+ 0,82	88,13	—	
84		„	18,30	31,07	41,01	71,63	3,98	5,64	34,48	+ 0,51	87,68	2,05	
85		„	20,65	35,75	39,75	75,42	—	3,84	35,08	— 0,67	95,03	4,87	
86		„	18,40	32,36	41,11	73,04	0,72	7,41	35,01	+ 2,27	89,47	—	
87		„	18,03	33,20	41,51	74,49	—	7,26	35,27	+ 2,01	90,88	0,88	
88		„	20,85	34,15	38,77	73,19	2,85	3,02	36,17	+ 0,16	92,44	—	
89		„	20,90	35,21	40,13	75,24	1,20	3,56	36,17	— 0,19	95,10	3,60	
90		„	22,81	37,00	38,67	75,63	—	1,52	38,45	+ 1,45	97,94	1,52	
91		„	20,81	34,05	40,26	75,66	1,23	3,53	35,71	+ 0,49	97,56	—	
92		„	21,82	37,89	32,26	70,15	—	8,03	39,08	+ 1,79	89,82	1,55	
93		„	20,79	31,75	39,61	75,35	3,99	3,86	33,85	—	95,09	—	
94		„	19,45	40,14	34,65	74,79	—	5,76	39,68	— 0,46	92,81	5,04	
95		„	21,40	37,68	36,73	74,41	—	4,19	36,60	— 1,08	94,57	—	
96		„	15,94	30,92	38,81	78,86	—	5,33	40,00	+ 0,08	93,84	—	

[1]) Zeitschr. d. Ver. f. d. Rübenzucker-Industrie d. Deutschen Reiches 1884, 837.

*) Vergl. Anmerkung *) auf S. 917.

No.	Nähere Bezeichnung	Spec. Gew.	Zeit der Untersuchung	In der natürlichen Substanz: Wasser %	Glukose %	Fruktose %	Saccharose %	Dextrin %	Pollen, Wachs etc. %	Säure (=Ameisensäure) %	Asche %	In der Trocken-Substanz: Invertzucker %	Saccharose %	Polarisation der Lösung 15:100	Analytiker
					Invertzucker										
97	1888-er Wabenhonig	—	1890	13,9	73,90		1,9	1,20		0,19	0,102	85,83	2,21	—	W. Mader [1]) **)
98	Blüthenhonig . .	1,440	„	17,4	71,59		6,32	1,40		0,09	0,087	86,67	7,65	—3,38°	
99	desgl.	1,450	„	16,1	70,60		5,8	3,30		0,08	0,098	84,15	6,91	—	
100	desgl.	1,440	„	15,3	65,70		8,0	7,30		0,04	—	77,57	9,45	—1,74°	
101	Rapshonig . . .	1,441	„	16,3	74,30		3,7	5,40		0,03	—	88,77	4,42	—3,84°	
102	Kleehonig . . .	1,441	„	16,1	72,32		6,46	2,10		0,03	—	86,08	7,70	—3,94°	
103	Wiesenhonig . .	1,420	„	18,8	72,96		4,02	3,20		0,04	0,060	89,85	4,95	—3,87°	
104	Kastanienhonig .	1,470	„	15,2	74,50		3,42	2,10		0,10	0,119	87,85	4,03	—3,67°	
105	Melilotushonig .	1,440	„	16,4	76,70		2,8	2,40		—	0,068	91,75	3,35	—3,22°	
106	Blüthenhonig . .	1,470	„	14,2	75,50		3,61	2,10		0,16	0,105	88,00	4,21	—3,12°	
107	Lindenhonig . .	—	„	15,2	77,10		2,85	1,50		0,10	0,301	90,92	3,36	—2,95°	
108	Blüthenhonig . .	1,440	„	17,9	70,50		4,65	4,20		0,15	0,171	85,87	5,65	—2,65°	
109	Akazienhonig . .	1,410	„	21,4	70,10		2,56	3,40		0,21	0,116	89,19	3,26	—4,55°	
110	Waldhonig . .	1,432	„	15,7	74,50		—	6,20		0,11	0,398	88,37	—	—4,50°	
111	Blüthenhonig . .	1,435	„	15,0	75,00		2,85	4,10		0,14	0,228	88,24	3,35	—3,20°	
112	desgl.	1,430	„	15,2	72,90		—	3,70		0,14	0,291	85,97	—	—3,46°	
113	Seimhonig . . .	1,410	„	—	65,60		3,70	—		—	—	—	—	—	
114	Haidehonig . .	1,406	„	18,0	72,70		0,66	6,40		0,08	0,465	88,66	0,80	—4,80°	
115	Buchweizenhonig	1,410	„	16,4	72,30		—	8,50		0,06	0,449	86,48	—	—4,75°	
116	Alpenhonig . .	1,470	„	11,7	77,00		2,28	3,30		0,13	0,125	87,20	2,58	—2,50°	
117	desgl.	1,450	„	15,6	77,90		0,38	2,40		0,10	—	94,67	0,45	—4,35°	
118	desgl.	1,445	„	15,1	76,20		3,23	*)		0,15	0,050	89,75	3,80	—3,06°	
119	desgl.	1,470	„	13,5	79,10		—	3,50		0,13	0,100	91,45	—	—4,21°	
120	desgl.	1,469	„	14,3	75,20		3,23	2,60		0,13	0,025	87,75	3,77	—3,43°	
121	desgl.	1,478	„	14,8	77,20		3,61	*)		0,13	—	90,61	4,24	—2,50°	
122	Blüthenhonig . .	1,452	„	16,5	75,50		2,94	1,60		0,15	0,194	90,42	3,52	—2,60°	
123	Haidehonig . .	1,435	„	17,3	74,50		—	4,60		0,10	0,301	90,08	—	—4,00	

[1]) Arch. Hyg. 1890, **10**, 399.

*) Bei diesen Proben überschritt die berechnete Menge Zucker + Gallisin um 1,5 (bei No. 118) und 0,7 % (bei No. 121) den Gehalt an Gesammt-Trockensubstanz.

**) Ueber die Herkunft und äussere Beschaffenheit der Honige macht W. Mader noch folgende Angaben:

No. 97. Honig in Waben erhalten von Obergärtner Saifferth in Erlangen; bräunlich.

98. Honig vom Franziskanerkloster in Gössweinstein, Oberfranken; aus Frühjahrsblüthen, sattgelb, anfangs dickflüssig, später fest.

99. Honig aus Gössweinstein; von Frühjahrsblüthen gesammelt, hellgelb, später festwerdend.

100. Honig wie No. 99; zum Theil während der Lindenblüthe eingetragen, sehr hell, lange flüssig bleibend.

101. Rapshonig aus Schlutow; typischer Geruch, Lösung fluorescirt auch nach der Vergährung gelb; halbweich, fast schwefelgelb.

102. Kleehonig aus Semlow; von starkem Geruch, ziemlich weich, schwach gelblich.

103. Blüthenhonig von Karolinenhof; krystallinisch, fest, fast weiss.

104. Kastanienhonig aus Onolzheim, Württemberg; halbweich, Coniferenhonig ganz ausgeschlossen, gelblich. Mit 0,018 % Phosphorsäure.

105. Melilotushonig, wie No. 104, halbfest, mit unverkennbarem Cumaringeruch, gelblich.

106. Blüthenhonig aus Veitlahn, Oberfranken; enthält, als Spätherbsthonig, viel Haidehonig; halbfest, bräunlichgelb; ist aus gedeckelten Waben geschleudert.

107. Lindenhonig aus dem Baranyer Comitat, Ungarn; schwach bräunlichgelb, halbfest, krümlich. Mit 0,018 % Phosphorsäure.

108. Blüthenhonig, wie No. 107; ist mit Rosenhonig bezeichnet, sattgelb, halbweich. Mit 0,013 % Phosphorsäure

109. Akazienhonig, wie No. 107; bräunlichgelb, lange flüssig bleibend. Mit 0,007 % Phosphorsäure.

110. Waldhonig aus Baiersbram im Schwarzwald; braungelb, etwas zähe, ziemlich weich, scheint in der Wärme ausgelassen zu sein.

(Fortsetzung auf S. 920.)

No.	Nähere Bezeichnung	Zeit der Untersuchung	In der natürlichen Substanz: Wasser %	Glukose %	Fruktose %	Saccharose %	Dextrin %	Pollen, Wachs etc. %	Stickst.-Substanz %	Asche %	In der Trocken-Substanz: Invertzucker %	Saccharose %	Polarisation der Lösung 1:10	Analytiker
124 *)	Kirschen-Honig vom 27. Mai 1885 . .	1887	23,35	Invertzucker 66,05		3,07	6,64	—	0,38	0,51	86,20	8,67	—	C. Amthor und O. Haenle[1])
125 *)	Wiesenblumen-Honig vom 20. Juni 1885	„	22,45	65,65		4,72	5,83	—	0,74	0,61	84,62	7,51	—	
126 *)	Waldblum.-(vielleicht auch etwas Tannen-) Honig, 16. Sept. 1885	„	18,22	71,66		3,41	5,91	—	0,40	0,40	87,64	7,23	—	
127	Mittel von 78 Analysen**)	1892	18,48	37,51	39,25	1,40	—	0,22	—	0,22	94,16	1,72	—	G. Morpurgo[2])
128	Mittel von 48 reinen russischen Honigen***) Spec. Gew. Lösung 1 + 2 . 1,1156	1893	23,34	41,71	29,49	2,06	—	0,134	5,16	0,183	92,88	2,69	—	W. L. Villaret[3])

No. 111. Blüthenhonig aus Erlangen; weingelb.
112. Honig wie No. 111; in gedeckelten Waben erhalten. Mit 0,017 % Phosphorsäure.
113. Seimhonig, aus der Nähe von Lüneburg; dickflüssig, braun, viel Haidehonig enthaltend, stark verunreinigt.
114. Haidehonig, wie No. 113; in Waben erhalten, bräunlich. Mit 0,014 % Phosphorsäure.
115. Buchweizenhonig, wie No. 113; in Waben erhalten, bräunlich.
116. Honig aus Ponte, mittleres Engadin, 1600 m; klar, weingelb.
117. Honig aus dem Bergell, 1000 m; Frühjahr 1889, kalt ausgelassen, krümlich, weich, strohgelb, von Wiesenblumen gesammelt.
118. Honig aus dem Oberengadin, 1700 m; Juli 1889 von Wiesenblumen, halbfest, strohgelb.
119. Honig aus dem Unterengadin, 1300 m; Juli 1889, von Esparsette, Thymian, Salbei und Wermuth gesammelt; fest, hellgelb, kalt ausgelassen. Mit 0,010 % Phosphorsäure.
120. Honig aus Ilanz, Rheinthal, 800 m. Juli 1889, von Weissklee gesammelt, bräunlichgelb, fest, kalt ausgelassen.
121. Honig aus dem Wynenthal, Aargau; halbweich.
122. Blüthenhonig aus Pegnitz, Oberfranken, fast weissgelb, fest.
123. Haidehonig aus der Nähe von Pegnitz, bräunlichgelb, halbfest.

Die Zuckerarten wurden gewichtsanalytisch nach Allihn, die Trocken-Substanz wurde durch Trocknen von nicht über 10 g Honig ohne Zusätze während 16 Stunden unter häufigem Umschwenken bei 95° getrocknet, die Asche durch langsames Verkohlen der so gewonnenen Trocken-Substanz bestimmt.

[1]) Bericht über die 6. Vers. d. freien Vereinigung bayer. Vertr. angew. Chem. 1887, 61. Vergl. auch Journ. Pharm. Elsass-Lothr. 1884, 383 und 1885, 138, 302 u. 424.
[2]) Zeitschr. Nahrungsm., Hygiene u. Waarenk. 1892, **6**, 317 u. 337.
[3]) Pharm. Zeitschr. f. Russland 1893, **32**, 55 u. 71; Vierteljahresschr. Nahrungs- u. Genussmittel 1893, **8**, 26.

*) Trotzdem die Honige No. 124—126 stark dextrinhaltig waren, bezeichnet sie C. Amthor als unzweifelhaft rein. Den Wassergehalt haben wir aus der Differenz angenommen; sonst scheint die Untersuchung theils nach dem Vorschlage von W. Lenz (S. 916), theils nach dem von Soxhlet und Sieben (S. 917) ausgeführt zu sein. Amthor fand ferner für die 3 Honigsorten:

	Spec. Gew. d. Lösung 1 + 2	Drehung (Laurent) der Lösung 10 : 100: natürlich	vergohren	vergohren. u. verzuckert	Dextrin a. letzterer berechnet	Phosphorsäure	Schwefelsäure	Chlor
No. 124 Kirschenhonig . . .	1,1209	— 2,4°	+ 7,28°	+ 3,19°	7,01 %	0,054 %	Spur	—
No. 125 Wiesenblüthen-Honig	1,1197	— 1,82°	+ 7,01°	+ 2,58°	5,67 „	0,048 „	0,012 %	0,023 %
No. 126 Waldblüthen-Honig .	1,1200	— 2,04°	+ 5,35°	+ 2,23°	4,90 „	0,045 „	0,009 „	0,021 „

**) Die Schwankungen betrugen:

Wasser	Glukose	Fruktose	Saccharose	Pollen u. Wachs	Asche
16,50—24,50 %	22,25—42,50 %	33,50—45,00 %	0—8,00 %	0,13—3,00 %	0,13—0,36 %

Morpurgo bestimmte den Invertzucker gewichtsanalytisch mit Fehling'scher Lösung; die Fruktose durch Ausfällen als Kalk-Fruktosat, Zersetzen desselben durch Oxalsäure, Ermittelung des Kupfer-Reduktionsvermögens der freigemachten Fruktose. Die Saccharose wurde durch Bestimmung des Invertzuckers nach der Inversion ermittelt. Die unlöslichen Stoffe wurden bestimmt mittelst Filtration durch ein gewogenes Filter.

***) Die beobachteten Schwankungen und sonstigen Bestimmungen waren folgende:

	Spec. Gewicht d. Lösung 1 + 2	Lösung 1 + 2 Polarisation der Inversion: vor	nach	Wasser %	Glukose %	Fruktose %	Saccharose %	Stickstoff %	Unlösl. Bestandtheile %	Säure (=Oxalsäure) %	Phosph.-säure in der Asche %	Schwefelsäure in der Asche %
Niedrigster Gehalt	1,1100	+ 3° 35′	+ 1° 25′	19,05	34,30	21,51	0	0,40	0,021	0,049	4,23	6,16
Höchster Gehalt .	1,1205	— 12° 8′	— 13° 8′	26,87	54,75	36,81	12,06	1,95	0,582	0,254	20,08	17,25
Mittel	1,1156	— 6° 55′	— 8° 31′	23,34	41,71	29,49	2,06	0,826	0,134	0,133	11,14	11,96

No.	Nähere Bezeichnung	Zeit der Untersuchung	In der natürlichen Substanz: Wasser %	Glukose %	Fruktose %	Saccharose %	Dextrin %	Pollen, Wachs etc. %	Stickst.-Substanz %	Asche %	In der Trocken-Substanz: Invertzucker %	Saccharose %	Polarisation der Lösung 1:10	Analytiker
129	Seimhonig von Friedrich Nagel in Celle, aus der Lüneburger Heide	1892	22,65	Invertzucker 66,12		8,42			2,42	0,39 *)	85,48	—	—2° 55′ (Laurent)	J. König[1])
							(Alkohol-Fällung)						Natürlicher Honig 100 mm-Rohr (Laurent)**)	
130	Blüthenhonig I**)	1894	24,05	32,85	39,25	—	3,27	—	—	0,542	94,93	—	—6,44°	J. König u. W. Karsch[2])
131	Blüthenhonig II**)	"	23,81	38,55	35,35	—	1,76	—	—	0,525	96,99	—	—12,41°	
132	Blüthenhonig III, Erste Schleuderung**) .	"	18,52	34,38	44,80	—	4,98	—	—	0,663	97,29	—	—16,69°	
133	Blüthenhonig III, Zweite Schleuderung**) .	"	21,69	32,68	41,12	—	3,33	—	—	0,647	94,24	—	—11,71°	
134	Blüthenhonig IV**)	"	22,97	33,88	38,14	—	4,82	—	—	0,567	93,50	—	—9,23°	
135	Blüthenhonig V**)	"	21,23	33,78	39,94	—	9,70	—	—	0,152	93,59	—	—7,67°	
136	Blüthenhonig VII**)	"	21,81	33,36	40,69	—	4,90	—	—	0,188	94,75	—	—9,83°	
137	Honig I aus dem Jahre 1892***)	1894 (?)	—	39,47	34,03	1,58	—	—	—	0,148	—	—	—	Em. Deltour[3])
138	" II aus dem Jahre 1892***)	"	—	40,68	33,56	2,32	—	—	—	0,108	—	—	—	
139	" III aus dem Jahre 1892***)	"	—	41,07	34,87	0,99	—	—	—	0,218	—	—	—	
140	Honig aus Kärnten I . .	1896	17,05	43,35	34,50	0,70	4,40				93,85	0,84	—	E. Kramer[4])
141	Honig aus Kärnten II . .	"	19,01	33,02	41,00	0,53	6,44				91,39	0,65	—	
142	Prager Naturhonig Spec. Gew. 1,4248	"	17,90	72,20		6,40	Ameisensäure 0,05	—	0,80	0,08	87,94	7,80	⁰) 20:100 °W.	J. J. Weiss[5])
143	Akazienhonig aus der Wabe	1897	15,45	68,60		6,65	—	—	—	—	81,06	7,87	—2,92 °Schmidt u. Hänsch 200 mm-Rohr	M. Mansfeld[6])
							Gallisin		Ameisensäure					
144	Belgische Honige 1896-er Ernte	"	16,32	39,96	33,22	1,65	—	0,05	—	—	87,44	1,97	—7,6	Jules van den Berghe[7])
145	Belgische Honige 1896-er Ernte	"	17,86	39,42	34,82	1,33	3,44	0,04	0,07	0 16	90,26	1,62	—9,6	
146	Belgische Honige 1896-er Ernte	"	19,66	40,17	31,63	1,32	3,82	0,04	0,09	0,18	89,37	1,62	—6,0	
147	Belgische Honige 1896-er Ernte	"	19,19	39,54	28,44	1,97	2,31	0,04	0,13	0,24	84,14	2,38	—4,0	
148	Belgische Honige 1896-er Ernte	"	17,80	38,90	33,94	1,99	3,23	0,05	0,07	0,12	88,61	2,42	—9,6	
149	Belgische Honige 1896-er Ernte	"	17,69	42,72	30,82	2,65	3,05	0,05	0,07	0,14	89,35	3,22	—4,8	
150	Belgische Honige 1896-er Ernte	"	18,95	41,06	31,08	1,99	3,44	0,05	0,11	0,24	89,07	2,46	—5,6	

[1]) Bericht über die Dauerwaaren auf der 5. Wanderversammlung der Deutschen Landwirthschafts-Gesellschaft zu Bremen 1891, **6**, 231.
[2]) Zeitschr. analyt. Chem. 1895, **34**, 1.
[3]) Bull. Assoc. Belge Chim. 1894, **7**, 343; Vierteljahresschr. Nahrungs- u. Genussmittel 1894, **9**, 222.
[4]) Chem.-Ztg. 1897, **21**, 204.
[5]) Casopis pro prumysl chemicky 1896, **6**, 166; Chem.-Ztg. 1896, **20**, Rep. 181.
[6]) Zeitschr. allgem. österr. Apoth.-Vereins 1897, **51**, 639; Vierteljahresschr. Nahrungs- u. Genussmittel 1897, **12**, 390.
[7]) Revue intern. fals. 1898, **11**, 5; Zeitschr. Nahrungs- u. Genussmittel 1898, **1**, 354.
*) Der Honig enthielt ferner 2,82 % Gummi + Dextrin, 0,22 % Kali und 0,04 % Phosphorsäure.
**) Glukose und Fruktose wurden durch Titration nach dem Verfahren von Soxhlet-Sachsse bestimmt. Die Polarisation wurde in einer Lösung 20:100 ermittelt und auf natürlichen Honig umgerechnet.
***) Deltour bestimmte Glukose, Fruktose und Saccharose durch Polarisation und Kupfer-Reduktion vor und nach der Inversion. Ueber die Verwendbarkeit dieser Methode bei Honiganalysen vergl. die Arbeit von J. König u. W. Karsch Anmerkung [2]) und **).
⁰) 26,048 g Honig in 100 cm drehten —14,10°.

No.	Nähere Bezeichnung	Zeit der Untersuchung	In der natürlichen Substanz: Wasser %	Glukose %	Fruktose %	Saccharose %	Gallisin %	Dextrin %	Ameisensäure %	Asche %	In der Trocken-Substanz: Invertzucker %	Saccharose %	Polarisation der Lösung 20 : 100 im 200 mm-Rohr	Analytiker
													⁰ Schmidt u. Hänsch	
151	Belgische Honige 1896-er Ernte	1897	19,48	37,58	30,06	0,65	2,31	0,12	0,10	0,20	84,00	0,81	—5,6	*Jules van den Berghe*[1])
152	„	„	18,26	40,56	31,93	0,66	4,20	0,05	0,11	0,34	88,68	0,81	—5,6	„
153	„	„	18,62	40,29	29,41	1,33	3,82	0,04	0,11	0,28	85,65	1,63	—4,0	„
154	„	„	20,35	40,81	28,54	1,32	3,05	0,60	0,14	0,34	87,07	1,53	—2,8	„
155	„	„	19,36	43,40	30,14	0,99	3,05	0,15	0,06	0,18	91,20	1,23	—3,4	„
156	„	„	18,98	40,99	30,81	0,33	2,68	0,14	0,08	0,28	88,62	0,41	—4,0	„
157	„	„	18,96	38,78	33,71	2,66	3,23	0,18	0,12	0,18	89,45	3,28	—10,0	„
158	„	„	19,38	38,19	34,30	1,00	2,31	0,08	0,06	0,16	89,92	1,24	—9,6	„
159	„	„	17,86	39,26	28,03	3,28	3,44	0,19	0,12	0,18	81,92	3,99	—4,8	„
160	„	„	19,42	40,42	29,28	1,33	2,82	0,14	0,11	0,24	86,50	1,65	—3,6	„
161	„	„	19,30	39,98	31,47	0,33	1,57	0,17	0,12	0,46	88,54	0,40	—5,2	„
162	„	„	19,00	40,25	28,75	1,65	5,35	0,13	0,12	0,32	85,19	2,04	+3,6	„
163	„	„	20,38	41,29	28,06	2,65	5,35	0,10	0,15	0,38	87,11	3,34	—2,8	„
164	„	„	20,52	40,28	27,36	1,32	0,82	0,17	0,12	0,38	85,10	1,66	—2,0	„
165	Unzweifelhaft echte Honige: Buchweizenhonig: Schleuderhonig . (Spec. Gew. der Lösung 1 + 2) 1,140	1899	17,80	74,40		0,70	—	0,04	—	0,12	90,51	0,85	—5,0	*C. Hoitsema*[2])
166	Leckhonig 1,110	„	11,80	73,10		0,20	—	0,18	—	0,13	82,88	0,23	—9,1	„
167	Presshonig 1,113	„	8,30	74,20		1,30	—	0,35	—	—	80,92	1,42	—5,0	„
168	Leckhonig 1,105	„	16,20	72,20		1,20	—	0,12	—	0,20	86,46	1,43	—3,3	„
169	Haidehonig: Presshonig 1,111	„	10,90	72,60		0,50	—	0,02	—	0,34	81,48	0,55	—7,1	„
170	Leckhonig 1,112	„	13,70	73,30		2,10	—	0,13	—	0,29	84,94	2,43	—7,0	„
171	Presshonig 1,102	„	15,90	71,20		1,30	—	0,08	—	0,33	84,66	1,53	—5,7	„
172	Seimhonig 1,110	„	12,60	73,10		—	—	0,46	—	0,24	83,64	—	—5,2	„
173	Lindenhonig, Schleuderhonig . . 1,115	„	14,90	72,60		2,60	—	0,02	—	0,24	84,14	3,06	—3,1	„

[1]) Revue intern. fals. 1898, **II**, 5; Zeitschr. Nahrungs- und Genussmittel 1898, **I**, 354.
[2]) Zeitschr. analyt. Chem. 1899, **38**, 439—441.

*) Ueber die Konsistenz und Farbe der Honige und die Untersuchungsmethoden berichtet Hoitsema Folgendes:

No.	165	166	167	168	169	170	171	172	173
Konsistenz	dick, syrupartig		syrupartig	wie 165	wie 167	wie 165	dünn, syrupartig	wie 167	fest
Farbe . .	dunkelbraun			braun	gelbbraun				hellgelb

Die Untersuchungen wurden nach folgenden Methoden ausgeführt: 1. Das specifische Gewicht wurde in der gekühlten und filtrirten Lösung 1 + 2 bei 15⁰ mit der Westphal'schen Waage bestimmt. 2. Als Pollen und Wachs ist der unter 1. erhaltene, mit warmem Wasser nachgespülte und bei 100⁰ getrocknete Filterrückstand verstanden. 3. Zur Wasserbestimmung wurden etwa 5 g auf einem Uhrglase im Vakuumexsikkator über Schwefelsäure bis zum konstanten Gewicht (mehrere Wochen) getrocknet. 4. Die Polarisation wurde nach J. König (Untersuchung landwirthschaftlich und gewerblich wichtiger Stoffe, 2. Aufl., 1898, 474) ausgeführt. 5. Asche und 6. Reducirender Zucker und Saccharose wurden in üblicher Weise bestimmt. Die Inversion geschah in einer Lösung 5 : 250 mit 5 ccm Salzsäure vom spec. Gewicht 1,12 während einer halben Stunde im kochenden Wasserbade.

Mittlere Zusammensetzung und Schwankungen von normalem Honig.

	Wasser	Glukose	Fruktose	Saccharose	Dextrin (Gallisin)	Stickstoff-Substanz	Ameisensäure	Sonstige organische Stoffe (Pollen, Wachs etc.)	Asche
		Invertzucker							
	%	%		%	%	%	%	%	%
Mittel	**18,96**	**36,20**	**37,11**	**2,69**	**3,89**	**1,42**	**0,11**	**0,18**	**0,24**
		72,51							
Schwankungen	8,30—33,59	22,23-44,71	27,36-49,25	0,10—10,12	0,99—9,70	0,03—2,67	0,03—0,21	—	0,02—0,68

Die Mittelzahl für den Gehalt an Invertzucker ist ausser aus den Analysen, in denen Glukose und Fruktose einzeln angegeben sind, auch aus denjenigen Analysen berechnet, bei denen Glukose und Fruktose zusammen als Invertzucker bestimmt sind.

Rechtsdrehender Honig.*)

No.	Nähere Bezeichnung	Zeit der Untersuchung	In der natürlichen Substanz: Wasser	Glukose	Fruktose	Saccharose	Dextrin	Pollen u. Wachs	Stickst.-Substanz	Asche	In der Trocken-Substanz: Invertzucker	Saccharose	Polarisation der Lösung 1:10	Analytiker
			%	%	%	%	%	%	%	%	%	%		
	Spec. Gew. d. Lösung 1:2			Invertzucker									Grade Laurent	
1	Aus Ober-Elsass**) 1,1245	1889	—	62,39		5,03	9,03	—	0,29	0,77	—	—	+ 10,26°	C. Amthor u. J. Stern[1])
2	„ Neuweiler i. Steinthal**)	„	—	57,88		6,12	6,12	—	0,52	0,63	—	—	+ 10,70°	
3	Gedeckelter Wabenhonig v. Obergärtner Seyfferth***)	„	14,77	69,32		7,36	—	—	—	0,12	81,33	8,64	***) — 0,3°	E. von Raumer[2])
4	Garantirt reiner Schleuderhonig von Erlangen***)	„	18,94	71,00		2,70	—	—	—	0,22	87,59	3,33	***) — 2,2°	
													Specifische Drehung ⁰)	
5	a) Aus einer Handlung .	1887	22,61	64,31		12,59	—	—	—	0,09	83,12	16,27	+ 3,74°	R. Bensemann[3])
6	b) Von dem Imker, welcher die Probe a geliefert hatte, direkt aus den Waben entnommen	„	21,09	69,41		9,41	—	—	—	0,09	87,96	11,92	+ 1,6€°	

¹) Zeitschr. angew. Chem. 1889, 575. ²) Zeitschr. angew. Chem. 1889, 607.
³) Zeitschr. angew. Chem. 1888, 117; Vierteljahresschr. Nahrungs- u. Genussmittel 1888, **3**, 150.

*) 1. W. L. Villaret (vergl. oben S. 920) fand bei zwei russischen Koniferenhonigen: Polarisation + 3° 35′ und + 2° 38′ Dextrin 7,06% und 7,56%.
2. Analysen von aus Honigthau gesammeltem Honig. Journ. Amer. Chem. Soc. 1892, **14**, 350; Zeitschr. Nahrungsmittel-Unters., Hyg. u. Waarenk. 1893, **7**, 170.

**) Zur Bestimmung des Dextrins wurden 44,9655 g Honig in 300 ccm Wasser gelöst, vergohren, von der Hefe abfiltrirt, das Filtrat auf 200 ccm gebracht und im 200 mm-Rohr im Laurent'schen Halbschatten-Apparat die Drehung bestimmt; dann wurde das Dextrin mit Salzsäure invertirt und die Glukose gewichtsanalytisch bestimmt.

Der Honig von Neuweiler war August-Ernte 1887; er war gewonnen 500—600 m über dem Meeresspiegel an einer Stelle, welche ringsum von Tannenwaldungen umgeben war.

Es wurde ferner gefunden:

	Phosphorsäure	Drehung der 10%-igen Lösung: nach dem Vergähren	nach dem Vergähren und Verzuckern
Honig aus Ober-Elsass	—	+ 11,07° Laurent	+ 4,09° Laurent
„ von Neuweiler	0,0625	+ 6,36° „	—

***) E. von Raumer fand ferner folgende Werthe:

	No. 3	No. 4	Wabenhonig von Dinkelsbühl	Schleuderhonig von Dinkelsbühl	Ungarischer Honig
Polarisation der 15%-igen Lösung nach der Inversion . .	— 1,83°	—· 2,58°	—	—	—
„ nach dem Vergähren	+ 2,83°	+ 2,70°	+ 1,58°	+ 2° 13′	+ 2° 53′
Säure (ccm ¹/₁₀ N.-Kalilauge für 100 g Honig)	25,0	70,0	—	—	—

Zur Vergährung wurden (nach Sieben) 25 g Honig in 200 ccm Wasser gelöst, mit 12 g stärkefreier Presshefe vergohren, darauf mit Thonerdehydrat versetzt und auf 250 ccm aufgefüllt. Hiervon 200 ccm abfiltrirt, auf 60 ccm eingedampft, mit Thierkohle geklärt und polarisirt.

⁰) Das spec. Drehungsvermögen wurde durch Auflösen von 25 g Honig in 100 ccm Wasser, Klären mit Bleiessig und Bestimmung des Ablenkungswinkels α im 200 mm-Rohr ermittelt. — Die Bestimmung der Zuckerarten wurde vor und nach der Inversion mit alkalischer Kupfertartratlösung gewichtsanalytisch ausgeführt. Bensemann ist geneigt, den hohen Gehalt an Saccharose darauf zurückzuführen, dass die Imkerei in der Nähe einer Zuckerraffinerie lag.

No.	Nähere Bezeichnung	Zeit der Untersuchung	In der natürlichen Substanz: Wasser %	Glukose %	Fruktose %	Saccharose %	Dextrin %	Pollen u. Wachs %	Stickst.-Subst. %	Asche %	In der Trocken-Substanz: Invertzucker %	Saccharose %	Polarisation	Analytiker
7	Rechtsdrehende Naturhonige aus d. Nähe von Zucker-Raffinerien*) I	1888	22,86	72,36		4,88	—	—	—	0,06	93,80	6,33	—*)	*E. O. von Lippmann* [1])
8	" II	"	21,81	74,48		3,92	—	—	—	0,07	95,26	5,01	—	
9	" III	"	20,88	62,18		16,38	—	—	—	0,06	77,70	20,70	—	
10	" IV	"	23,00	67,40		9,93	—	—	—	0,07	87,53	12,90	—	
													Lösung 1 + 2 200 mm-Rohr ° Wild	
11	Honigwaben des Handels I	1894	17,80	61,00		14.56	5,88	—	—	0,21	74,70	17,71	+ 6,6°	*Rudolf Hefelmann* [2])
12	" II	"	—	46,60		30,30	—	—	—	0,11	—	—	+ 11,7°	
13	Zuckerwabe von nur mit Rohrzuckersyrup gefütterten Bienen . . .	"	—	44,80		29,98	—	—	—	—	—	—	+ 15,2°	
14	Thauwabe**)	"	18,40	67,75		5,77	4,45	—	—	—	83,03	7,07	+ 4,7°	
15	" **)	"	—	66,00		5,30	—	—	—	—	—	—	+ 2,55°	
16	" Netzschkau I**)	"	—	64,60		4,60	—	—	—	—	—	—	+ 9,8°	
17	" " II**)	"	—	63,80		18,40	—	—	—	—	—	—	+ 13,4°	
18	Lindenhonigwabe**) . .	"	22,20	63,13		6,98	1,35	—	—	—	81,14	8,97	+ 4,4°	
19	Winterwabe von nichtgefütterten Bienen im Winter erzeugt . . .	"	—	63,96		3,63	—	—	—	—	—	—	+ 2,1°	
	Von Eug. Dieterich:													
20	Normaler Blüthenhonig	"	—	70,00		1,30	0,13	—	—	—	—	—	+ 0,72°	
21	Thauhonig, wie No. 13 bis 18 erzeugt . . .	"	—	64,30		4,36	2,64	—	—	—	—	—	+ 9,1°	
													Honig im 100 mm-Rohr	
22	Tannenhonig***) . . .	"	18,75	28,73	39,60	—	34,06	—	—	0,409	84,10	—	+47,54°	*J. König u. W. Karsch* [3])
	Honige des an Honigthau sehr reichen Jahres 1893					Zucker nach der Inversion	Zucker nach Vergährung mit Presshefe				Zucker vor der Inversion	Zucker nach der Inversion	10 g Trocken-Substanz auf 100 ccm	
23	Nibler I[6])	"	15,25	61,61		69,69	3,54	—	2,36	—	72,70	82,23	+ 3,02°	*Ed. von Raumer* [4])
24	" II[6])	"	15,62	58,20		65,49	4,21	—	2,24	0,73	68,97	77,60	+ 4,1°	
25	Vollrath[6])	"	19,27	58,02		67,02	3,24	—	2,74	0,67	71,87	83,02	+ 4,7°	
26	Wabenhonig[6])	"	18,02	72,23		74,16	—	—	—	0,39	88,11	90,46	— 0,4°	
27	Forchheim[6])	"	13.80	60,76		70,48	5.43	—	—	—	70,49	81,76	+ 3,36°	
						Saccharose	Dextrin etc.				Invertzucker	Saccharose		
	Coniferen-Honige u. dergl (No. 1 bis 4, 14—19 u. 21—27) Mittel		**17,50**	**60,78**		**5,30**	**7,31**	—	**0,41**	**0,60**	**73,67**	**6,42**	—	
	Rohrzuckerreiche Honige (No. 5 bis 13) . . . . . . Mittel		**21,44**	**62,51**		**14,66**	**5,88**	—	—	**0,09**	**79,57**	**18,66**	—	

[1]) Zeitschr. angew. Chem. 1888, 633. — [2]) Pharm. Centralh. 1894, **35**, 481; Vierteljhrschr. Nahrgs.- u. Genussm. 1894, **9**, 368. [3]) Zeitschr. analyt. Chem. 1895, **34**, 1. — [4]) Zeitschr. analyt. Chem. 1894, **33**, 398.

*) Die Bienen suchen in vielen Tausenden die Zucker-Raffinerien auf, und wenn sie eine solche gefunden haben, machen sie diese zum einzigen Zielpunkt ihrer Wanderung, wo sie namentlich die Syrupe fressen. — Alle 4 Proben waren völlig vergährbar und gänzlich frei von Dextrinen. Die Zuckerarten wurden vor und nach der Inversion gewichtsanalytisch mittelst Fehling'scher Lösung bestimmt. Die Polarisation der Honige ist nicht angegeben.

**) Die Proben No. 13—18 stammten vom bienenwirthschaftlichen Hauptverein für das Königr. Sachsen. Zur Herstellung der Honige No. 14—18 hatten die Bienen den sogenannten Honigthau von Laubbäumen benutzt.

***) Dextrose und Lävulose wurden durch Titration nach dem Soxhlet-Sachsse'schen Verfahren bestimmt. Die Polarisationsgrade, die auf natürlichen Honig umgerechnet sind, beziehen sich auf den Laurent'schen Halbschattenapparat.

[6]) Ed. von Raumer fand ferner für die Trockensubstanz:

	Nibler I	Nibler II	Vollrath	Wabenhonig	Forchheim
Polarisation der Lösung von 10 g Trockensubstanz in 100 ccm nach der Inversion	+ 0,89°	+ 2,4°	+ 2,1°	— 1,0°	+ 1,42°
Polarisation der nach Sieben vergohrenen Lösung von 40 g Trockensubstanz in 100 ccm . . .	+ 4,68°	+ 4,3°	+ 4,7°	+ 3,8°	+ 7,66°
Zucker durch Gährung bestimmt (aus dem Alkohol)	—	91,50 %	92,95 %	93,20 %	—

Kunsthonig.

Der Kunsthonig wird im Grossen durch Vermischen von Invertzucker mit mehr oder minder grossen Mengen (Haide-) Honig hergestellt.

No.	Nähere Bezeichnung	Zeit der Untersuchung	In der natürlichen Substanz: Wasser %	Glukose %	Fruktose %	Saccharose %	Alkoholfällung %	Ameisensäure %	Asche %	In der Trocken-Substanz: Invertzucker %	Saccharose %	Polarisation natürlich. Honig 100 mm-Rohr (Laurent)	Analytiker
1	Nach dem Verfahren von Wohl und Kohlrepp durch Inversion von Rohzucker gewonnen*)	1894	23,00	37,13	38,01	—	1,20	—	0,05	97,58	—	—18,26°	J. König und W. Karsch[1])
2	Kunsthonig aus Nürnberg. Preis für 100 Pfd. 35,75 Mk.	1894	11,40	—	—	—	—	—	0,08	—	—	—	Bischof[2])
3	"	? „	16,60	42,33	40,67	0	—	—	—	99,52	—	—	Jeserich[2])
4	Kunsthonig von Sachsenroeder und Gottfried in Leipzig, ältere Analyse	1898	21,38	71,08		5,16	2,14	—	0,24	90,29	6,44	—	A. Röhrig[3])
5	Kunsthonig von Sachsenroeder und Gottfried in Leipzig, neuere Analyse	„	19,50	63,58		7,80	8,81	0,071	0,24	78,98	9,69	—18,88°	A. Röhrig[3])
6	Kunsthonig von Langelütje in Cölln-Meissen	„	22,16	60,46		4,18	12,95	0,074	0,16	77,67	5,37	—18,32°	A. Röhrig[3])
7	Gelber Kandishonig . .	1901	20,45	75,47		3,90	—	—	0,13	94,87	4,90	—14,17°	A. Bömer[4])
	Mittel	—	**19,21**	**71,46**		**4,21**	**6,28**	**0,073**	**0,15**	**88,45**	**5,21**	—	

Sonstige Honiganalysen.

1. H. Kämmerer. Forschungsberichte über Lebensmittel etc. 1897, 4, 390.
2. Fr. Soxhlet u. E. Sieben. Zeitschr. Vereins f. d. Rübenzucker-Industrie des deutschen Reiches 1884, 837. — Analysen von 26 reinen Honigen und 8 verfälschten Honigen des Kleinhandels.

Honigthau.

Der Honigthau bildet einen dünnen, klebrigen, süssschmeckenden Ueberzug an der Oberfläche der Blätter verschiedener Bäume und Sträucher, der in heissen und trockenen Sommern reichlicher, in anderen kaum bemerkbar auftritt. Man hält ihn für ein Sekret aus dem After der Blattläuse. Die Bienen sammeln den Honigthau mit ein und so gelangt er in manchen Jahren in grösseren Mengen in den Honig.

No.	Nähere Bezeichnung	Zeit der Untersuchung	Wasser %	Glukose %	Fruktose %	Saccharose %	Dextrin %	Unlösliche Substanz %	Asche %	Polarisation der Lösung 1 : 10 vor der Inversion	Polarisation der Lösung 1 : 10 nach der Inversion	Polarisation nach Sieben und Johann	Analytiker
1	Von Carpinus betulus .	1857	—	25,31	—	—	Gummi 8,59	—	—	—	—	—	Unger[5])
2	„ Quercus pedunculatus	„	—	43,80	—	—	—	—	—	—	—	—	Unger[5])
3	„ Juglans regia . .	„	—	23,82	—	—	16,14	—	—	—	—	—	Unger[5])
4	„ „ „ . .	„	—	25,52	—	—	19,85	0,75	—	—	—	—	Unger[5])

[1]) Zeitschr. analyt. Chem. 1895, **34**, 1.

[2]) Mitgetheilt von Em. Deltour. Bull. Assoc. Belge Chim. 1894, **7**, 343; Vierteljahresschr. Nahrungs- und Genussmittel 1894, **9**, 222.

[3]) Zeitschr. öffentl. Chem. 1898, **4**, 174—178; Zeitschr. Nahrungs- u. Genussmittel 1898, **4**, 354.

[4]) Zeitschr. Nahrungs- und Genussmittel 1901, **4**, 364.

[5]) Ber. K. Akad. Wissensch. zu Wien (Mathem. naturw. Klasse) 1857, **25**, 449; mitgetheilt von v. Raumer, Zeitschr. analyt. Chem. 1894, **33**, 397; nach Büsgen in Zeitschr. f. Naturwissensch. 1891, **25**, 139 (Knorr fand ferner in von Büsgen gesammeltem Honigthau von Ahorn-Blättern 22 % Traubenzucker und 30 % Sacchalose

*) Ueber die Untersuchungsmethoden vergleiche oben S. 921 Anmerkung **).

No.	Nähere Bezeichnung		Zeit der Untersuchung	Wasser %	Glukose / Fruktose (Invertzucker) %	Saccharose %	Dextrin %	Unlösliche Substanz %	Asche %	Polarisation der Lösung 1:10 vor der Inversion	Polarisation der Lösung 1:10 nach der Inversion	Polarisation nach Sieben u. Johann	Analytiker
5	Von Lindenblättern	am 22. Juli gesammelt	1871 (?)	—	28,59	48,86	22,55	—	—	—	—	—	Boussingault[1])
6		am 1. August gesammelt	„	—	24,75	55,44	19,81	—	—	—	—	—	
					In der Trocken-Substanz								
					Vor der Inversion	Zucker nach der Inversion	Dextrin nach der Vergährung mit Presshefe	Stickstoff-Substanz	**)	10 g in 100 ccm		40 g in 100 ccm ***)	
7	Von Ahornblättern durch einige Minut. dauerndes Stehenlassen und Abgiessen gewonnen*)	I	1893	24,88	16,70	28,50	39,40	3,17	3,02	+ 23,2°	+ 22,9°	+66,5°	E. von Raumer[2])
8		II	„	15,92	17,70	28,60	—	—	2,86	+ 21,40°	+ 20,8°	—	
9		III	„	—	16,88	29,14	0)	—	—	+ 24,3°	+ 22,5°	—	

Anhang zu Honig.

Zusammensetzung der Nektararten und des Blüthenstaubes von Pflanzen.

Bei der nahen Beziehung des **Nektars und Blüthenstaubes** zum Bienen-Honig mögen hier einige Untersuchungen über die chemische Zusammensetzung derselben mitgetheilt werden.

1. A. S. Wilson[3]) fand in dem Nektar einer Erbsenart 9,93 mg als höchste Menge, in dem von Claytonia almoides nur 0,413 mg Zucker als niedrigste Menge für eine Blüthe; in vielen Fällen enthielt der Nektar erhebliche Mengen Saccharose, z. B. der von einer Fuchsia-Blüthe 5,9 mg bei einem Gesammt-Zuckergehalt von 7,59 mg.

2. A. v. Planta (vergl. auch Anm. **) S. 915) unterwarf den Pollen der Haselstaude (Corylus avellana)[4]) und der Kiefer (Pinus sylvestris)[5]) einer eingehenden Untersuchung und fand für die über Schwefelsäure getrocknete Substanz:

Pollen der	Wasser %	Stickstoff-Substanz (N × 6,25) %	Hypoxanthin (und Guanin) %	Fettsäuren %	Wachsartige Körper 00) (= Aetherextrakt) %	Harzartige Bitterstoffe %	Farbstoff (in der wässerigen Lösung) %	Saccharose %	Stärke %	Cuticula %	Asche %
Haselstaude .	4,98	30,06	0,15	4,20	3,67	8,41	2,06	14,70	5,26	3,02	3,81
Kiefer . . .	7,66	16,56	0,04	10,63	3,56	7,93	—	11,24	7,06	21,97	3,30

Ausser vorstehenden Bestandtheilen konnte Pepton und Cholesterin in geringer Menge nachgewiesen werden. Mit dem geringeren Gehalt des Kieferpollens an Stickstoff-Substanz, Zucker etc. und dem höheren Gehalt an unverdaulicher Cuticula hängt wohl zusammen, dass die Bienen den Kieferpollen nicht so gern eintragen wie den Haselpollen und andere Pollenarten.

---

[1]) Compt. rend. 1872, **74**, 87; mitgetheilt wie unter [4]) S. 925.
[2]) Zeitschr. analyt. Chem. 1894, **33**, 397.
[3]) Ber. Deutsch. Chem. Ges. 1879, **12**, 1835.
[4]) Landw. Vers.-Stat. 1885, **31**, 97.
[5]) Ebendort 1886, **32**, 215.

*) Die in dieser Weise erhaltene verdünnte Lösung wurde mit etwas Thonerdehydrat geklärt, filtrirt und zu Syrup eingedampft. Es wurden auf diese Weise 300 g eines dicken, durch Verunreinigung schwarz gefärbten Syrups erhalten, der nach dem Entfärben mit Thierkohle und wiederholtem Eindampfen einen goldgelben, dem Honig gleichen Syrup lieferte. Die beiden Analysen beziehen sich auf verschiedene besonders gesammelte Proben.

**) Die Asche enthielt 19,5 % Kalk (CaO) und 16,2 % Schwefelsäure (SO_3).

***) Nach Sieben vergohren.

0) Die Menge des aus dem Alkohol nach der Vergährung berechneten Zuckers betrug 39,85 %, der Trocken-Substanzgehalt der vergohrenen Lösung 59,00 %.

00) Durch Extraktion mit Aether aus dem vorher schon mit alkoholischer Kalilauge gekochten Cuticula-haltigen Rückstand gewonnen; es ist daher anzunehmen, dass die ursprünglich vorhandene Menge wachsartiger Körper grösser war.

3. K. Kressling (Archiv Pharm. 1891, 229, 389; Chem. Centrbl. 1891, II, 710) fand für die Kieferpollen (von Pinus sylvestris) folgende Zusammensetzung:

1. Stickstoff . . . . 2,54 %
2. Proteïnstoffe, wasserlöslich und durch Tannin fällbar . . . . 1,610 „
3. desgl. durch verdünnte Salzsäure u. Natronlauge gelöst u. durch Tannin fällbar . . . . 1,595 „
4. Durch die Behandlung nach 2 u. 3 löslicher Nichtproteïn-Stickstoff . . 1,430 „
   Davon: Ammoniak . . . . 0,094 „
   Xanthin . . . . 0,015 „
   Guanin . . . . 0,012 „
   Hypoxanthin . . . . . . 0,085 „
5. Durch die Behandlung nach 2 u. 3 unlöslicher Stickstoff . . . . . 0,681 %
6. Lecithin . . . . 0,895 „
7. Fett . . . . 11,12 „
8. Saccharose . . . . 12,75 „
9. Glukose 0
10. Amylene . . . . 7,30 „
11. Cellulose . . . . 19,06 „
12. Asche . . . . 3,00 „

Die Proteïnstoffe bestanden aus Globulin, Nucleïn, Pepton und Albumin.

Das „Fett“ bestand aus 5,24 % Glycerin, 6,16 % unverseifbaren Bestandtheilen (Cholesterin, Myricylalkohol und einem niedriger siedenden Alkohol derselben Reihe) und 87,85 % Fettsäuren (bestehend aus 77,35 % Oelsäure und 22,65 % fester Fettsäure, hauptsächlich Palmitinsäure wenig Ceresinsäure und etwas zwischen beiden liegende Säuren). Unter den nur in Spuren vorhandenen flüchtigen Fettsäuren wurde nur Buttersäure nachgewiesen.

4. Ferner untersuchte A. v. Planta[1]) mehrere Nektararten, von Protea mellifera (Kapland) und von zwei in unseren Gewächshäusern sich findenden Pflanzen (Bignonia radicans und Hoya carnosa), ferner nektarhaltige Flüssigkeiten, welche durch Behandeln von Blüthen mit destillirtem Wasser erhalten wurden. Er fand:

Nektarart:	In der frischen Substanz				In der Trocken-Substanz		Drehung im Polarisations-Apparat
	Wasser	Glukose	Saccharose	Asche	Glukose	Saccharose	
1. Protea-Nektar (Spec.	%	%	%	%	%	%	
Gew. 1,077—1,078)	82,34	17,06	?	—	96,60	?	stark links
2. Bignonia-Nektar . .	84,70	14,84	0,437	0,45	97,00	2,85	links
3. Hoya-Nektar . . .	59,23	4,99	35,65	0,105	12,24	87,44	rechts

Für eingedickten Syrup von Protea mellifera aus Kapstadt fand v. Planta:

Wasser	Glukose	Saccharose	Asche	In 100 Theilen Asche			
				P_2O_5	SO_3	Cl	K_2O
26,83 %	70,08 %	1,31 %	1,06 %	1,04 %	4,64 %	7,85 %	15,00 %

Ameisensäure, welche sich im Bienen-Honig findet, konnte in den Nektararten nicht nachgewiesen werden.

Durch Extraktion von frischen Blüthen mit destillirtem Wasser wurde gefunden:

Blüthen:	1. der Alpenrosen (Rhododendron hirsutum)	2. der Akazie (Robinia viscosa)	3. der Esparsette (Onobrychis sativa)
	Anzahl der Blüthen	Anzahl der Blüthen	Anzahl der Blüthen
	2866 = 215 g	3978 = 641,5 g	750 = 345 g
Diese lieferten:			
Glukose	1,3461 g	0,357 g	0,1358 g
Zu 1 g Glukose = 1,3 g Honig sind Blüthen erforderlich	2129 Stck.	2000 Stck.	5000 Stck.

Die Nektare enthalten zwischen 59—93 % Wasser; da älterer Honig nur 17—25 %, jüngerer 20—21 % Wasser enthält, so müssen die Bienen, während sie den Nektar im Honigmagen aufbewahren, einen erheblichen Theil des Wassers wegschaffen.

[1]) Zeitschr. f. physiol. Chem. 1886, 10, 227.

Im Vergleich zu vorstehenden Nektar- und Pollenarten etc. enthielten einige Honigsorten folgende Mengen Glukose und invertirbaren Zucker in 100 Theilen Trocken-Substanz:

Aeltere Honige:	Glukose %	Invertirbarer Zucker %	Jüngere Honige:	Glukose %	Invertirbarer Zucker %
1. Vom Departement des Landes	87,00	1,00	1. Aus Graubünden, Alpenregion	81,60	10,60
2. „ „ Senegal	85,40	3,70	2. „ „ (2000′ Höhe)	81,60	9,30
3. Aus Graubünden (2000′ Höhe)	80,60	2,70	3. „ „ Alpenregion	87,20	0,80
4. Esparsette-Honig	88,70	0,00			
5. Aus Graubünden (4500′ Höhe)	84,10	0,50			

Da manche Nektararten erhebliche Mengen Saccharose enthalten, der Honig aber nicht, so ist anzunehmen, dass die Saccharose des Nektars bei der Bereitung des Honigs durch ein im Speichel der Bienen enthaltenes, dem Honig sich beimischendes Ferment nach und nach invertirt wird.

Zusammensetzung des Futtersaftes der Bienen[1]).

v. Planta[2]) hat auch den Futtersaft der Bienen einer Untersuchung unterworfen. Unter Futtersaft oder Futterbrei versteht man jene breiartige, weissliche Substanz, welche die fütternden Arbeitsbienen in die Zellen der Larven von Königinnen, Drohnen, Arbeiterinnen einlegen. Während einige die Quelle dieses Futtersaftes in den Speicheldrüsen suchen, ist derselbe nach der neuerdings wieder von Schönfeld vertretenen Ansicht ein Erzeugniss des Chylusmagens, und wird von diesem aus in die Zellen erbrochen, ganz so wie der Honig aus dem Honigmagen. Für letztere Ansicht spricht der Umstand, dass der Futterbrei nach den folgenden Untersuchungen keine konstante Zusammensetzung besitzt, was bei einer Abstammung aus Drüsen der Fall sein müsste.

v. Planta fand für verschiedene Arten von Futterbrei folgende Zusammensetzung:

Futterbrei	Wassser %	Trocken-Substanz %	In der Trocken-Substanz: Stickstoff-Substanz %	Fett %	Glukose %	Asche %
Königinnen-Futterbrei:						
1. Von München 1878	73,69	26,31	44,66	—	—	—
2. Von Zug (Schweiz) 1884 . . .	67,83	32,17	48,41	12,62	17,90	4,06
3. „ „ „ 1886 . . .	66,64	33,36	46,05	—	—	—
4. „ Kerns „ 1887 . . .	—	—	41,45	14,49	22,89	—
Mittel	69,38	30,62	45,14	13,55	20,39	4,06
Drohnen-Futterbrei:						
1. Von Kerns (Schweiz), theils ältere, theils jüngere Larven 1886 . .	72,75	27,25	—	—	—	—
2. Von Zug u. Kerns 1887 unter 4 Tage alt	—	—	55,91	11,90	9,57	—
3. Von Zug u. Kerns 1887 über 4 „ „	—	—	31,67	4,74	38,49	2,02
Mittel von 2 und 3	—	—	43,79	8,32	24,03	—
4. Theils ältere, theils jüngere Larven	—	—	40,98	7,85	—	—
5. Theils ältere, theils jüngere Larven	—	—	39,91	8,97	—	—
Arbeiterinnen-Futterbrei:						
1. Von Zug (Schweiz) 1884	—	—	—	6,84	27,65	—
2. Von Zug (Schweiz) 1886	71,63	28,37	51,21	—	—	—
3. Von Kerns (Schweiz) unter 4 Tg. alt 1889	—	—	53,38	8,38	18,09	—
4. Von Kerns (Schweiz) über 4 „ „ „	—	—	27,87	3,69	44,93	—
Mittel von 3 und 4 . . .	—	—	40,62	6,03	31,51	—

[1]) Eine ältere Analyse des Futterbreies ergab nach Schlossberger (Eichstädter Bienenztg. 1891, 230) Wasser (bei 120° flüchtig) 19,17%, Aetherextrakt (Wachs und wenig Fett) 21,78% in 82%-igem Alkohol lösliche Stoffe (Zucker und Extraktstoffe) 2,60%, in verd. Kalilauge lösliche Stoffe (wenig Proteïn, bräunlicher Farbstoff etc.) 16,29 und unlöslichen Rückstand (Haare, Pollen, Pflanzentheile etc.) 40,16%. von Planta, welcher diese Analyse (Zeitschr. physiol. Chem. 1888, **12**, 326) mittheilt, zweifelt daran, ob sich dieselbe auf reinen Futterbrei bezieht.

[2]) Zeitschr. physiol. Chem. 1888, **12**, 326 und 1889, **13**, 552.

Der Königinnen-Futterbrei ist in jeder Alterstufe, der der jüngsten Drohnenlarven bis zu 4 Tagen frei von absichtlich zugesetzten Pollen; beide sind völlig vorverdaut. Der Futterbrei der über 4 Tage alten Drohnenlarven dagegen zeigt reichliche Pollenkörner, ist klebriger und gelber; der Arbeiterinnen-Futterbrei wurde in den untersuchten 2 Proben ebenfalls pollenfrei gefunden. Das Fett des Futterbreies reagirt stark sauer; da es keine Ameisensäure enthielt, musste die sauere Reaktion von freien Fettsäuren herrühren.

Tagma*).

No.	Nähere Bezeichnung	Zeit der Untersuchung	Wasser %	Stickstoff-Substanz %	Zucker %	Mannit %	Dextrin %	Inulin %	Sonstige organische Stoffe %	Asche %	Analytiker
1	Aus Aethiopien . . .	1879	25,5	—	32,0	3,0	27,9	—	9,1	2,5	*A. Vilmorin*[1])
	Manna.										
						Gummi	Stärke		Rohfaser		
1	Von Eucalyptus dumosa **)	?	15,01	—	49,06	5,77	4,29	13,80	12,04	—	*Th. Anderson*[2])
							Fett + Wachs	Lichenin			
2	Von Lichen esculentus ***)	1880	7,03	1,89	4,07	3,30	0,73	10,75	31,99	—	*E. Latour*[3])
					⁰)	Mannit					
3	Von Myoporum platycarpum⁰)	1894	3,50	—	3,38	89,65	—	—	—	1,10	*J. H. Maiden*[4])
	Milchsaft des Kuhbaumes.										
							Fett		Sonstige organische Stoffe		
1	Ohne nähere Bezeichnung	1875	57,3	0,4	4,7		5,8		—	0,4	*Heintz*[5])
2	Ohne nähere Bezeichnung	1878	58,0	1,7	2,8		+ Wachs 35,2		1,80	0,5	*Boussingault*[6])

Milchsaft des Feigenbaumes.

Derselbe enthält nach Ubaldo Mussi (L'Orosi 1891, **14**, 297; Chem. Centrbl. 1892, I, 318) in 100 Theilen:

Wasser	66,187	Gummi	0,067
Kradin (?)	6,889	Extraktivstoffe	1,229
Albumin	3,510	Zucker	1,286
Harz	1,530	Aepfelsäure	0,472
Cerin	2,787	Unlösliche organische Substanz	2,429
Kautschuk	12,857	Asche	0,759

[1]) Ber. Deutsch. Chem. Ges. 1879, **12**, 671.
[2]) Journ. f. prakt. Chemie. **17**, 449.
[3]) Repert. de Pharm. 1880, **8**, 449.
[4]) Mitgetheilt von F. A. Flückiger in Arch. Pharm. 1894, **232**, 311; Chem. Centrbl. 1894, II, 341.
[5]) Milch-Ztg. 1875, **4**, 1449.
[6]) Compt. rend. 1878, **87**, 277.
*) Von einer Art Mosquitos in Höhlen ohne Wachs erzeugt.
**) Diese Manna-Art bedeckt zuweilen die Blätter von Eucalyptus dumosa in Australia felix und wird von den Eingeborenen als Lerp bezeichnet.
***) Latour fand ferner 3,27 % Chlorophyll.
⁰) In dieser „Australischen Manna", die in Südwest-Australien sehr verbreitet ist, fand Maiden ferner 2,87 % direkt reducirenden und 0,51 % nach der Inversion reducirenden Zucker und 2,37 % durch Bleiessig fällbare Stoffe.

Gewürze.

Pfeffer.

Schwarzer Pfeffer. — Unreife Beeren von Piper nigrum L.*).

No.	Nähere Bezeichnung	Zeit der Untersuchung	Wasser %	Stickstoff-Substanz %	Aetherisches Oel %	Fett %	Stärke (in Zucker überführbare Stoffe) %	Sonstige stickstofffreie Extraktstoffe %	Rohfaser %	Asche: Reinasche in Wasser löslich %	Asche: Reinasche in Wasser unlöslich %	Asche: Sand etc. (in HCl unlöslich) %	Alkohol-Extrakt %	Wasser-Extrakt %	Analytiker
1	Ohne nähere Bezeichnung	1877	21,12	12,37		8,38	40,31		13,08	4,36			—	—	J. König u. C. Krauch ¹)
2	Ohne nähere Bezeichnung	„	15,65	11,25		7,05	45,91		15,47	4,67			—	—	J. König u. C. Krauch ¹)
3	West-Coast-Penang, mit vielen Stielen .	1886	13,50	—		—	**) 37,53	—	13,60	4,18		0,52	—	—	H. Weigmann ²)
4	Singapore, sehr rein	„	12,82	—		—	39,21	—	12,67	3,36		0,04	—	—	H. Weigmann ²)
5	Trang, viele unentwickelte Beeren .	„	12,82	—		—	38,39	—	13,76	4,66		0,29	—	—	H. Weigmann ²)
6	Siam, helle Sorte mit vielen Stielen . .	„	12,24	—		—	36,88	—	13,64	4,05		0,21	—	—	H. Weigmann ²)
7	Acheen, Sumatra, ziemlich viel Stiele	„	12,73	—		—	38,54	—	15,19	5,14		1,66	—	—	H. Weigmann ²)
8	Lampong, Batavia, rein, mit einzelnen weissen Körnern .	„	13,22	—		—	31,03	—	14,72	5,84		1,42	—	—	H. Weigmann ²)
9	Tellicherry, sehr schöne Probe . .	„	14,09	—		—	39,33	—	13,51	4,43		0,02	—	—	H. Weigmann ²)
10	Aleppi, kleine Sorte mit braunen Schalen, rein	„	13,58	—		—	28,92	—	11,87	4,59		0,26	—	—	H. Weigmann ²)
11	Singapore unbek. Abkunft	„	13,49	12,00		—	**) 45,00	—	—	3,73			—	**) 11,49	H. Röttger ³)
12	Penang unbek. Abkunft	„	13,89	10,81		— **)	40,68	—	—	4,02			—	14,56	H. Röttger ³)
13	Singapore, 1882-er .	„	14,45	12,12		6,82	41,49	—	—	3,48			—	10,52	H. Röttger ³)
14	desgl., 1883-er . .	„	12,63	12,56		9,03	39,06	—	—	3,73			—	13,67	H. Röttger ³)
15	Penang, 1883-er .	„	13,16	11,18		10,53	38,97	—	—	4,62			—	13,73	H. Röttger ³)
16	Lampong, 1883-er .	„	13,22	12,12		12,34	30,69	—	—	6,42			—	16,64	H. Röttger ³)
17	Acheen, 1883-er .	„	13,61	12,50		10,51	37,44	—	—	5,17			—	14,50	H. Röttger ³)
18	Tellicherry, 1883-er	„	12,79	11,56		7,78	44,01	—	—	4,38			—	13,51	H. Röttger ³)

¹) Original-Mittheilung.

²) Repert. analyt. Chem. 1886, 399.

³) Archiv f. Hygiene 1886, 4, 183 und als Dissertation: Kritische Studien über die chemischen Untersuchungsmethoden des Pfeffers. München, 1886. Ueber sonstige in diesen Sorten von H. Röttger ausgeführte Bestimmungen vergl. Anhang zu Pfeffer S. 938 und 946.

*) Ueber zwei ältere Analysen siehe: Hasall, Food, its adulteration and the methods of their detection. London, 1876, 531 u. Winter-Blyth, Food, their composition und analysis. S. 496.

**) Die von H. Röttger angegebenen Zahlen beziehen sich auf Trocken-Substanz, wir haben sie nach dem angegebenen Wassergehalt auf natürliche Substanz umgerechnet. Ferner haben wir auch den nach der Inversion gefundenen Zucker (Glukose) durch Multiplikation mit 0,9 auf Stärke umgerechnet. Die letztere Umrechnung wurde auch bei den Analysen von Weigmann (No. 3—10) vorgenommen.

No.	Nähere Bezeichnung	Zeit der Untersuchung	Wasser %	Stickstoff-Substanz %	Aetherisches Oel %	Fett %	Stärke (in Zucker überführbare Stoffe) %	Sonstige stickstofffreie Extraktstoffe %	Rohfaser %	Asche: Reinasche in Wasser löslich %	Asche: Reinasche in Wasser unlöslich %	Asche: Sand etc. (in HCl unlöslich) %	Alkohol-Extrakt %	Piperin + Harz %	Analytiker
19	West-Coast, gereinigt	1887	8,91	9,81 *)	0,70	—	36,52	—	10,23	4,04			—	7,29	Cl. Richardson[1] *)
20	desgl., zerstossen	„	8,15	13,65	1,48	5,08	33,92	25,07	8,74	2,91			—	7,20	Cl. Richardson[1] *)
21	Acheen, importirt	„	8,29	12,60	1,69	6,06	37,50	19,14	10,02	4,70			—	7,72	Cl. Richardson[1] *)
22	West-Coast, importirt	„	9,36	13,13	1,63	5,71	36,18	19,17	10,30	4,52			—	7,90	Cl. Richardson[1] *)
23	Singapore, importirt	„	9,83	12,08	1,60	5,74	37,30	19,73	10,02	3,70			—	7,15	Cl. Richardson[1] *)
24	Acheen (unzweifelhaft echt)	1889	15,15	6,63	1,51 **)	—	42,45 **)	—	10,00 **)	1,41	1,74	0,62	—	—	William Johnstone[2] ***)
25	Allepey (unzweifelhaft echt)	„	15,36	8,38	1,87	—	29,50	—	13,10	2,72	1,87	0,06	—	—	William Johnstone[2] ***)
26	Kamport (unzweifelhaft echt)	„	13,82	8,88	1,63	—	37,50	—	11,65	1,50	1,70	0,31	—	—	William Johnstone[2] ***)
27	Lampong (unzweifelhaft echt)	„	15,22	11,38	1,42	—	30,80	—	15,05	2,15	2,10	0,21	—	—	William Johnstone[2] ***)
28	Penang WC (unzweifelhaft echt)	„	15,04	10,75	0,98	—	41,65	—	11,70	1,71	1,63	0,56	—	—	William Johnstone[2] ***)
29	Siam (unzweifelhaft echt)	„	14,06	9,81	1,29	—	40,15	—	12,25	1,64	1,67	0,34	—	—	William Johnstone[2] ***)
30	Singapore (unzweifelhaft echt)	„	14,72	8,75	0,99	—	32,18	—	10,75	2,00	1,48	0,16	—	—	William Johnstone[2] ***)
31	Tellichery (unzweifelhaft echt)	„	14,24	8,75	1,01	—	33,33	—	12,15	2,26	1,55	0,06	—	—	William Johnstone[2] ***)
32	Trang (unzweifelhaft echt)	„	14,02	8,30	1,40	—	37,50	—	10,70	1,74	1,92	0,30	—	—	William Johnstone[2] ***)
	Gewicht von 100 Körn. g														
33	Singapore 4,06	1898	12,43	14,25	1,10	7,89	41,36	7,62	11,67	2,26	1,27	0,15	9,35	—	A. L. Winton, A. W. Ogden u. W. L. Mitchell[3]
34	Singapore 5,26	„	11,88	15,81	1,08	7,92	43,47	5,99	10,76	1,75	1,21	0,13	8,95	—	A. L. Winton, A. W. Ogden u. W. L. Mitchell[3]
35	Singapore 5,46	„	11,47	14,06	1,08	7,36	43,26	8,39	10,84	2,04	1,43	0,07	8,77	—	A. L. Winton, A. W. Ogden u. W. L. Mitchell[3]
36	Singapore 5,20	„	12,07	14,06	1,04	7,71	43,02	7,27	11,20	2,25	1,26	0,12	8,75	—	A. L. Winton, A. W. Ogden u. W. L. Mitchell[3]
37	Singapore 4,49	„	12,16	15,06	0,99	7,78	42,89	6,83	10,75	2,22	1,19	0,12	8,62	—	A. L. Winton, A. W. Ogden u. W. L. Mitchell[3]

[1]) Cl. Richardson: Foods and food adulterants, **2**. Spices u. Condiments. Washington, 1887. Bull. No. 13, 206.
[2]) Analyst 1889, **14**, 41; Chem. Centralbl. 1889, I, 481.
[3]) Vergl. Anmerkung [1]) u. *) S. 932.

*) Cl. Richardson bestimmte in den 5 Sorten No. 19—23 ausser obigen noch nachfolgende Bestandtheile:

	Staub %	Gewicht von 100 Körnern Gramm	Rein-Proteïn %	Unbestimmte stickstofffreie Stoffe %	In Zucker überführbare Stoffe (Dextrose) in d. wasser- u. sandfreien Trocken-Subst. %
No. 19 West-Coast	Rein	5,900	7,69	24,62	47,16
„ 20 desgl.	„	6,460	11,50	21,02	42,38
„ 21 Acheen	2,5	4,525	10,38	13,64	47,87
„ 22 West-Coast	4,3	5,085	10,81	13,59	46,68
„ 23 Singapore	8,3	4,870	10,00	17,66	44,13

**) Zur Bestimmung des flüchtigen Oeles wurden 20 g mit Wasser destillirt; das Destillat wurde mit Aether ausgeschüttelt, letzterer verdampft und der Rückstand über Schwefelsäure getrocknet. — Zur Bestimmung der Stärke wurde der Pfeffer vorher mit 90%-igem Alkohol extrahirt, darauf mit Säure invertirt und der Zucker mit Fehling'scher Lösung bestimmt. — Für die Bestimmung der Rohfaser wurden 3—5 g des gestossenen Pfeffers mit 50 ccm einer 5%-igen Schwefelsäure und 150 ccm Wasser gekocht, der Rückstand erst mit 200 ccm Wasser, darauf mit 50 ccm einer 5%-igen Natronlauge und 150 ccm Wasser ebenso lange und dann wieder mit 200 ccm Wasser gekocht. Der verbleibende Rückstand wurde filtrirt, mit Wasser, Alkohol und Aether ausgewaschen und filtrirt. Diese Methode gleicht im Ganzen, von der Stärke der Reagentien abgesehen, der deutschen Methode der Rohfaserbestimmung.

***) W. Johnstone bestimmte ferner 1. Eiweiss, 2. Piperin, 3. Piperidin, 4. in Alkohol lösliche Bestandtheile. Er fand:

	No. 24	25	26	27	28	29	30	31	32
Gesammtstickstoff	1,03 %	1,34 %	1,42 %	1,82 %	1,72 %	1,57 %	1,40 %	1,40 %	1,49 %
Eiweiss	2,34 „	2,62 „	5,37 „	7,25 „	8,37 „	6,93 „	6,31 „	5,87 „	6,68 „

Der Gehalt an Stickstoffsubstanz wurde in obiger Tabelle aus dem Gesammtstickstoff durch Multiplikation mit 6,25 berechnet. Ueber die Ergebnisse der übrigen Bestimmungen siehe unten S. 938. Johnstone ist der Ansicht, dass weder der Gehalt an Piperin, an Stärke, an in Alkohol löslichen Stoffen, noch an Eiweisstoffen als Anhaltepunkt zur Erkennung von etwaigen Verfälschungen dienen kann; wohl aber der Gehalt an Rohfaser und Asche bezw. deren Löslichkeit in Salzsäure. Uns will es scheinen, dass die obigen Zahlen an sich vielfach sehr abnorm, und der gefundene Gehalt an Stickstoff in obigen Pfefferproben etwas sehr niedrig ist.

No.	Nähere Bezeichnung	Gew. v. 100 Körn. g	Zeit der Untersuchung	Wasser %	Stickstoff-Substanz %	Aetherisches Oel %	Fett %	Stärke (in Zucker überführbare Stoffe) %	Sonstige stickstofffreie Extraktstoffe %	Rohfaser %	Asche: Reinasche in Wasser löslich %	Asche: Reinasche in Wasser unlöslich %	Asche: Sand etc. (in HCl unlöslich) %	Alkohol-Extrakt %	Analytiker
38	Tellicherry	4,77	1898	11,86	13,56	0,65	6,86	41,80	8,76	12,23	2,75	1,53	0	8,47	A. L. Winton, A. W. Ogden u. W. L. Mitchell[1]) *)
39	Tellicherry	4,13	"	11,27	13,38	1,02	7,02	41,55	10,45	12,17	2,75	1,37	0,02	9,14	
40	Lampong	3,43	"	10,63	13,44	1,11	8,67	37,09	9,82	12,72	2,16	3,17	1,19	9,49	
41	Lampong	3,55	"	12,17	12,69	1,23	9,05	41,42	7,03	11,57	2,21	2,17	0,48	9,95	
42	Acheen	A. 3,44	"	12,09	13,19	1,09	9,17	38,17	8,18	13,07	2,78	1,78	0,48	10,04	
43	Acheen	B. 2,66	"	12,95	14,06	1,15	9,03	36,40	6,17	14,09	3,04	1,96	1,15	9,95	

[1]) 22. u. 23. Jahresbericht der Connecticut Agric. Experim. Stat. für 1898, 184 u. 1899, 100; vergl. Zeitschr. Nahrungs- u. Genussmittel 1899, **2**, 940 u. 1900, **3**, 556.

*) Winter, Ogden u. Mitchell fanden ferner in Procenten:

No.	34	34	35	36	37	38	39	40	41	42	43
Stickstoff: Im Ganzen	2,28	2,53	2,25	2,25	2,41	2,17	2,14	2,15	2,03	2,11	2,25
Stickstoff: Im nichtflüchtigen Aetherextrakt	0,31	0,32	0,30	0,31	0,31	0,27	0,27	0,33	0,35	0,37	0,37
Stickstoff: In 100 Theilen nichflüchtigem Aetherextrakt	3,92	4,05	4,02	4,00	3,95	3,90	3,88	3,82	3,85	4,06	4,06
Stickstoff: Gesammt-Stickstoff weniger Stickstoff im nichtflüchtigen Aetherextrakt × 6,25	12,31	13,81	12,19	12,13	13,12	11,88	11,70	11,37	10,50	10,88	11,75
Stärke nach dem Diastaseverfahren	37,50	36,81	39,32	39,24	39,66	37,01	37,01	33,40	37,59	33,30	33,08

No.	44	45	46	Mittel No. 34—46	47	48	49	Pfeffer-Abfälle No. 1	Pfeffer-Abfälle 2	Pfeffer-Abfälle 3	Pfeffer-Abfälle 4
Stickstoff: Im Ganzen	2,34	2,39	2,36	2,26	2,24	2,21	2,26	2,10	2,36	2,21	2,12
Stickstoff: Im nichtflüchtigen Aetherextrakt	0,38	0,38	0,40	0,33	0,35	0,25	0,24	0,30	0,09	0,14	0,15
Stickstoff: In 100 Theilen nichtflüchtigem Aetherextrakt	4,01	3,99	3,90	3,96	3,46	3,29	3,86	3,65	2,91	3,01	2,94
Stickstoff: Gesammt-Stickstoff weniger Stickstoff im nichtflüchtigen Aetherextrakt × 6,25	12,25	12,56	12,25	12,05	11,87	12,06	12,56	11,25	14,19	12,94	12,31
Stärke nach dem Diastaseverfahren	26,81	22,05	25,93	34,15	34,93	34,19	44,83	25,03	2,30	15,30	14,12

Die bei den vorstehenden und den nachfolgenden Gewürzanalysen von Winton, Ogden und Mitchell angewandten Verfahren waren folgende:

1. Wasser. 2 g Gewürzpulver wurden bei 110° bis zum konstanten Gewicht getrocknet und von dem gefundenen Gewichtsverluste wurde der flüchtige Aetherextrakt in Abzug gebracht.

2. Aetherextrakt. Zur Bestimmung des Gesammt-Aetherextraktes wurden 2 g Gewürzpulver 20 Stunden lang mit absolutem Aether extrahirt. Der Aether wurde bei Zimmertemperatur verdunstet, der Rückstand 18 Stunden über Schwefelsäure gestellt und gewogen. Sodann wurde der Rückstand 6 Stunden bei 100° und dann bis zur Gewichtskonstanz bei 110° erhitzt. Der Rückstand ist der nicht flüchtige Aetherextrakt (Fett), die Differenz der flüchtige Aetherextrakt (ätherisches Oel).

3. Alkoholischer Extrakt. 2 g Gewürzpulver wurden in ein 100 ccm-Fläschchen gegeben und bis zur Marke mit 95%igem Alkohol übergossen. Die ersten 8 Stunden wurde alle halbe Stunde gehörig umgeschüttelt und dann ruhig stehen gelassen. Nach 24 Stunden wurden 50 ccm abfiltrirt, eingedampft und bei 110° bis zum konstanten Gewicht getrocknet.

4. In Zucker überführbare Stoffe (Stärke). 4 g Gewürzpulver wurden mit Aether extrahirt und auf einem Filter mit 150 ccm 10%-igem Alkohol gewaschen. Der Rückstand wurde in eine $\frac{1}{2}$ l-Flasche gebracht, mit 200 ccm Wasser übergossen, mit 20 ccm Salzsäure (Spec. Gew. 1,125) versetzt und im Wasserbade 3 Stunden invertirt. Nach dem Erkalten wurde fast neutralisirt, auf 500 ccm aufgefüllt, filtrirt und in dem Filtrate die Zuckerbestimmung nach Allihn ausgeführt.

5. Stärke. Dieselbe wurde nach der Diastasemethode nach Märcker, Handbuch der Spiritusfabrikation 1898, 109 bestimmt.

6. Rohfaser. Der bei der Bestimmung des Aetherextraktes bleibende Rückstand wurde nacheinander mit 1,25%-iger Schwefelsäure und 1,25%-iger Natronlauge behandelt und gewogen.

7. Kaltwasser-Extrakt. 4 g Gewürzpulver wurden in einem 200 ccm-Kolben mit 200 ccm Wasser übergossen, das Kölbchen verkorkt, die ersten 8 Stunden alle halbe Stunde geschüttelt und dann 16 Stunden ruhig stehen gelassen. Sodann wurden 50 ccm abfiltrirt, eingedampft und bei 100° bis zum konstanten Gewicht getrocknet.

8. Die Stickstoffbestimmung geschah nach dem Kjeldahl'schen Verfahren, ausgenommen bei Pfeffer, wo das Gunning-Arnold'sche Verfahren angewandt wurde.

9. Die Gerbsäurebestimmung wurde nach dem Indigoverfahren durchgeführt.

No.	Nähere Bezeichnung	Zeit der Untersuchung	Wasser %	Stickstoff-Substanz %	Aetherisches Oel %	Fett %	Stärke (in Zucker überführbare Stoffe) %	Sonstige stickstofffreie Extraktstoffe %	Rohfaser %	Asche: Reinasche: in Wasser löslich %	Asche: Reinasche: in Wasser unlöslich %	Asche: Sand etc. (in HCl unlöslich) %	Alkohol-Extrakt %	Analytiker
	Gew. v. 100 Körn. g													
44	Acheen C. 2,67	1898	11.84	14,63	1,28	9,47	31,41	8,87	16,40	3,01	2,05	1,04	10,28	A. L. Winton, A. W. Ogden u. W. L. Mitchell[1])
45	Acheen C. 2,12	„	12,33	14,94	1,60	9,64	28,15	8,74	18,25	3,19	2,06	1,10	11,07	
46	Acheen — 2,18	„	12,33	14,75	1,58	10,37	30,82	7,24	17,08	3,20	1,89	0,64	11,86	
	Mittel No. 33—46	—	11,96	14,13	1,14	8,42	38,63	7,90	13,06	2,54	1,75	0,47	9,62	
47	Mangalore . . 8,57	1899	11,61	14,00	1,50	9,08	—	—	10,00	2,19	1,85	0,19	9,97	
48	Singapore . . 5,25	„	11,50	13,81	1,44	7,49	—	—	10,58	1,42	1,08	0,20	8,54	
49	Malabar . . . 5,74	„	9,47	14,13	1,04	6,10	—	—	9,68	2,26	1,10	0,09	6,94	
50	Reiner Pfeffer . —	„	11,54	—	1,40	*)	—	—	*)	4,52			6,45	G. Teyxeira u. B. Ferrucio[2])
	Gesammt-Mittel	—	**12,74**	**12,22**	**1,27**	**7,77**	**37,62**	**11,57**	**12,37**	**2,25**	**1,77**	**0,42**	**10,99**	

Pfeffer-Abfälle.

No.	Nähere Bezeichnung	Zeit	Wasser %	Stickstoff-Substanz %	Aeth. Oel %	Fett %	Stärke %	Sonstige %	Rohfaser %	in Wasser löslich %	in Wasser unlöslich %	Sand etc. %	Alkohol-Extrakt %	Analytiker
1	Stiele und Abgesiebtes (von No. 47) . . .	1898	10,95	13,13	1,26	8,24	29,01	—	17,51	2,34	4,17	1,74	9,66	A. L. Winton, A. W. Ogden u. W. L. Mitchell[1])
2	Pfefferschalen . . .	„	10,57	14,75	0,68	3,04	11,43	—	32,15	3,20	4,01	4,70	4,00	
3	Pfefferschalen u. Staub	„	10,52	13,81	1,06	4,77	21,69	—	23,61	2,28	5,23	2,88	5,71	
4	desgl.	„	10,66	13,25	1,02	4,97	20,99	—	23,27	2,90	4,72	2,63	6,30	

Kunstpfeffer.

No.	Nähere Bezeichnung	Zeit	Wasser %	Stickstoff-Substanz %	Aeth. Oel %	Fett %	Stärke %	Sonstige %	Rohfaser %	Asche %			Alkohol-Extrakt %	Analytiker
1	Ohne nähere Bezeichn.	1900	9,44	—		4,92*)	8,58	—	*)	8,87			4,20	G. Teyxeira u. B. Ferrucio[2])

Weisser Pfeffer. — Reife Beeren von Piper nigrum L.

No.	Nähere Bezeichnung	Zeit	Wasser %	Stickstoff-Substanz %	Aeth. Oel %	Fett %	Stärke %	Sonstige %	Rohfaser %	Reinasche %		Sand etc. %	Alkohol-Extrakt %	Analytiker
1	Ohne nähere Bezeichn.	1883	16,54	12,03	1,06	6,38	54,32		7,82	1,85			—	J. König[3])
2	Penang, erdig überzogen, mit $\frac{1}{4}$—$\frac{1}{3}$ schwarzen Körnern .	1886	15,17	—	—	—	50,22	—	5,64	2,55		0,27	—	H. Weigmann[4])
3	Singapore, rein mit wenigen schwarzen Körnern	„	14,86	—	—	—	56,25	—	5,12	1,04		0,11	—	
4	Unbekannter Abkunft, in London zubereitet	„	13,09	—	—	—	53,01	—	5,93	2,95		0,20	—	

[1]) Vergl. Anmerkung [1]) u. *) S. 932.
[2]) Bull. Chim. Pharm. 1900, **38**, 534; Chem. Centralbl. 1900, II, 736.
[3]) Original-Mittheilung.
[4]) Repert. analyt. Chem. 1886, **6**, 399.

*) Teyxeira und Ferrucio fanden ferner:

	Piperin	Harz	Wasser-Extrakt	Cellulose (Holzsubstanz)	Chlor
Reiner Pfeffer	5,20 %	1,25 %	20,57 %	33,84 %	—
Künstlicher Pfeffer . .	1,07 „	0,23 „	8,09 „	70,25 „	0,09 %

Die Cellulose wurde nach Landerer durch Behandeln mit verdünnter Schwefelsäure bestimmt.

No.	Nähere Bezeichnung	Zeit der Untersuchung	Wasser %	Stickstoff-Substanz %	Aetherisches Oel %	Fett %	Stärke (in Zucker überführbare Stoffe) %	Sonstige stickstofffreie Extraktstoffe %	Rohfaser %	Asche: Reinasche in Wasser löslich %	Asche: Reinasche in Wasser unlöslich %	Asche: Sand etc. (in HCl unlöslich) %	Alkohol-Extrakt %	Analytiker
5	Singapore, unbekannter Abstammung . .	1886	13,74	9,93	—	—	53,73	—	—	1,12			—	H. Röttger [1])
6	Penang, unbekannter Abstammung . . .	„	14,56	9,81	—	—	54,00	—	—	2,69			8,60	
7	Penang, 1883-er . .	„	13,68	10,43	8,13		51,58	—	—	2,97			10,11	
8	Singapore, 1883-er .	„	13,75	10,50	10,69		56,97	—	—	1,23			9,52	
9	Tellicherry, 1884-er .	„	13,85	12,43	8,09		52,56	—	—	1,07			12,76	
10	Coriander Tellicherry, 1884-er	„	12,99	11,68	—		46,26	—	—	0,84			12,76	
11 *)	West-Coast, zerstossen	1887	9,85	11,48 *)	0,57	—	40,61	28,35	7,73	1,41			—	Cl. Richardson [2])
12 *)	Singapore, importirt .	„	10,60	11,90	1,26	2,57	43,10	25,03	4,20	1,34			—	
13	Penang } unzweifelhaft echt	1889	14,94	5,62 **)	0,53 **)	—	51,00 **)	—	4,35 **)	2,47			—	William Johnstone [3])
14	Siam } unzweifelhaft echt	„	13,13	8,56	1,41	—	53,50	—	4,45	2,22			—	
15	Singapore } unzweifelhaft echt	„	15,62	10,06	1,14	—	52,00	—	4,20	1,07			—	
	Gewicht von 100 Körn. g													
16	Geschälter Pfeffer 2,77	1898	12,72	13,13	0,49	7,26	64,79	0,04	0,54	0,44	0,59	0	7,71	A. L. Winton, A. W. Ogden u. L. W. Mitchell [4])
17	Geschälter Pfeffer 2,78	„	13,07	12,94	0,63	7,21	64,92	***)	0,66	0,51	0,57	0,02	7,95	
18	Singapore 4,35	„	13,12	13,31	0,95	7,94	57,00	1,91	4,25	0,33	1,09	0,10	8,35	
19	Singapore 4,47	„	13,82	13,06	0,90	7,85	56,43	2,67	3,95	0,34	0,79	0,09	8,55	
20	Siam 4,81	„	13,65	13,69	0,58	6,81	58,90	1,76	3,55	0,39	0,83	0,04	7,53	
21	Siam 5,00	„	12,77	12,56	0,83	6.54	59,10	3,50	3,49	0,46	1,05	0,20	7,35	
22	Siam 4,49	„	14,47	12,19	0,67	6,58	59,04	2,10	3,52	0,28	1,08	0,07	7,19	

[1]) Archiv f. Hygiene 1886, **4**, 183. Ueber sonstige in diesen Sorten ausgeführte Bestimmungen vergl. Anhang zu Pfeffer S. 938 und 946.

[2]) Cl. Richardson: Foods and food adulterants. Washington 1887, 206.

[3]) Analyst 1889, **14**, 41; Chem. Centralbl. 1889, I, 481.

[4]) Vergl. Anmerkung [1]) u. *) S. 935.

*) Richardson führte in den beiden Sorten noch folgende Bestimmungen aus:

	Staub %	Gewicht von 100 Körnern Gramm	Reines Proteïn %	Piperin und Harz %	Unbestimmte stickstofffreie Stoffe %	In Zucker überführbare Stoffe (Dextrose) in d. wasser- u. sandfreien Substanz %
No. 11 West-Coast .	Rein	5,130	9,31	7,24	23,25	50,86
„ 12 Singapore .	1,4	4,960	9,62	7,76	19,55	54,38

**) Johnstone fand ferner:

	No. 13	14	15
Gesammtstickstoff . .	0,90 %	1,37 %	1,61 %
Eiweiss	2,62 „	6,00 „	7,00 „

Der Gehalt an Stickstoff-Substanz in der Tabelle wurde durch Multiplikation mit 6,25 aus dem Gesammtstickstoff berechnet. Im Uebrigen vergleiche die Anmerkungen **) und ***) auf S. 931.

***) Die Summe der übrigen Bestandtheile ergiebt bei diesem Pfeffer bereits 100,53.

No.	Nähere Bezeichnung		Zeit der Untersuchung	Wasser %	Stickstoff-Substanz %	Aetherisches Oel %	Fett %	Stärke (in Zucker überführbare Stoffe) %	Sonstige stickstofffreie Extraktstoffe %	Rohfaser %	Asche: Reinasche in Wasser löslich %	Asche: Reinasche in Wasser unlöslich %	Asche: Sand etc. (in HCl unlöslich) %	Alkohol-Extrakt %	Analytiker
		Gewicht von 100 Körn. g													
23	Penang	5,38	1898	13,40	12,69	0,62	6,36	57,35	3,97	3,78	0,52	2,10	0,11	7,34	A. L. Winton, A. W. Ogden u. L. W. Mitchell¹) *)
24	Penang	5,18	„	14,19	12,44	0,78	6,34	57,24	2,35	3,70	0,62	2,16	0,18	7,26	
25	Penang	5,02	„	13.45	12,56	0,89	6,26	56,94	3,46	3,91	0,80	1,85	0,17	7,36	
	Mittel No. 16—25		—	13,47	12,75	0,73	6,91	59,17	2,06	3,14	0,47	1,20	0,10	7,66	
26	Coriander oder Aleppy . . .	4,21	1899	9,47	14,44	0,55	7,28	62,67		4,54	0,25	0,76	0,04	8,05	
27	Tellicherry . .	6,67	„	11,13	14,00	0,64	6,68	62,64		3,94	0,22	0,75	0	7,55	
	Gesammt-Mittel		—	**13,39**	**11,73**	**0,81**	**6,58**	**54,40**	**7,17**	**4,25**	**0,43**	**1,13**	**0,11**	**8,59**	

Langer Pfeffer. — Chavica officinarum Mig. oder Chavica Roxburghii Mig. oder Piper longum L.**)

No.	Nähere Bezeichnung	Zeit der Untersuchung	Wasser %	Stickstoff-Substanz %	Aetherisches Oel %	Fett %	Stärke %	Sonstige stickstofffreie Extraktstoffe %	Rohfaser %	in Wasser löslich %	in Wasser unlöslich %	Sand etc. %	Alkohol-Extrakt %	Analytiker
1	Ohne nähere Bezeichnung***)	1887	—	13,12	5,50		44,04	—	15,70	7,71		1,20	7,70	J. Campbell Brown²)
2	Ohne nähere Bezeichnung***)	„	—	12,50	4,90		49,34	—	10,50	7,88		1,10	7,60	
3	Ohne nähere Bezeichnung***)	„	—	14,37	8,60		44,61	—	10,73	8,11		1,50	10,50	
4	desgl.	1888	10,34	14,18	6,57		44,28	5,88	10,50	8,25			—	H. Weigmann u. W. Kisch³)
5	desgl.	1889	12,26	9,44	1,56	—	32,10	—	13,75	2,18	3,92	1,47	—	W. Johnstone⁴)
6	desgl.	1898	9,47	⁰) 13,63	1,55	8,67	42,88	12,11	5,76	4,20	1,51	0,22	—	A. L. Winton, A. W. Ogden u. W. L. Mitchell¹) ⁰)
	Mittel	—	**10,69**	**12,87**	**1,56**	**7,16**	**42,88**	**5,47**	**11,16**	**7,11**		**1,10**	**8,60**	

¹) 22. u. 23. Jahresbericht der Connecticut Agric. Experim. Stat. für 1898, 184 und 1899, 100; vergl. auch Zeitschr. Nahrungs- u. Genussmittel 1899, **2**, 940 u. 1900, **3**, 556.
²) Analyst 1887, **12**, 67 und Richardson: Foods and food adulterants. 2. Th. Bull. No. 13. Washington, 1877, 200.
³) Original-Mittheilung.
⁴) Analyst 1889, **14**, 41; Chem. Centrbl. 1889, I, 481.

*) Vergl. Anmerkung *) S. 932. Winton, Ogden u. Mitchell fanden ferner in Procenten:

No.	16	17	18	19	20	21	22	23	24	25	Mittel No. 16—25	26	27
Stickstoff.													
1. Im Ganzen	2,10	2,07	2,13	2,09	2,03	2,01	1,95	2,03	1,99	2,01	2,04	2,31	2,24
2. Im nichtflüchtigen Aetherextrakt	0,32	0,32	0,34	0,34	0,29	0,29	0,28	0,28	0,26	0,27	0,30	0,31	0,28
3. In 100 Theilen nichtflüchtigem Aetherextrakt . .	4,40	4,45	4,35	4,32	4,27	4,36	4,28	4,33	4,05	4,32	4,31	4,25	4,18
4. Gesammt-Stickstoff weniger Stickstoff im nichtfl. Aetherextrakt × 6,25 . .	11,13	10,94	11,19	10,94	10,88	10,75	10,44	10,94	10,82	10,88	10,89	12,44	12,12
Stärke nach dem Diastase-Verfahren	63,60	62,73	54,67	53,11	56,33	56,10	56,10	54,74	54,02	53,16	56,47	57,60	60,41

**) Der lange Pfeffer von Bengalen, Chavica Roxburghii Miq., besteht aus den 2—3 cm langen dunkelen plumpen Fruchtkolben dieser Pflanze und ist weniger geschätzt, als der sonstige lange Pfeffer, d. h. die walzenförmigen kätzchen- oder kolbenartigen unreifen Fruchtstände von Chavica officinarum Miq. oder Piper officinarum DC.

***) Aus obiger letzter Quelle ist nicht zu ersehen, ob sich die Zusammensetzung für die wasserhaltige oder wasserfreie Substanz versteht. Verf. fand ferner:

	No. 1	2	3
In Alkalien lösliche Stoffe (Albumin etc.) . . .	15,47 %	17,42 %	15,51 %
Gesammte in 10 %iger Salzsäure lösliche Stoffe .	67,83 „	68,31 „	65,91 „

⁰) Verfasser fanden ferner 0,22 % Stickstoff im nichtflüchtigen Aetherextrakt oder auf 100 Theile des letzteren 3,34 % Stickstoff.

A. Hilger und F. E. Bauer (Forschungsberichte über Lebensmittel u. s. w. 1896, 3, 113) fanden in zwei Proben von langem Pfeffer in der Trocken-Substanz folgenden Gehalt an Piperin, bestimmt durch Ueberführung in Piperidin durch Oxydation mit Salpetersäure, in Probe I 5,20% und in Probe II 4,80%.

Für die Zusammensetzung der Asche wurden folgende Zahlen gefunden:

	Gesammt-Asche %	Sand %	Kieselsäure (SiO_2) %	Reinasche %	Eisenoxyd (Fe_2O_3) %	Kalk (CaO) %	Magnesia (MgO) %	Alkalien (als $KCl + NaCl$) %	Phosphorsäure (P_2O_5) %	Schwefelsäure (SO_3) %	Salzsäure (HCl) %
Probe I . . .	7,70	0,40	0,48	6,81	—	—	—	—	—	—	—
Probe II . . .	6,70	0,25	0,42	6,03	0,132	0,842	0,245	3,741	0,504	0,182	0,562
	oder in Procenten der Asche				2,19	13,97	4,076	62,06	8,36	3,02	9,33

Anhang zu Pfeffer.

I. Gehalt des Pfeffers an Alkohol-Extrakt, Piperin, Piperidin, Harz etc.

1. Biechele (Zeitschr. Vereins analyt. Chem. 2, 70) fand an Alkohol-Extrakt*):

Schwarzer Pfeffer 19,87% Weisser Pfeffer 16,87%.

2. E. Geissler (Pharm. Centralhalle 4, 521):

	Preis pro 1 kg Mark	Alkohol-Extrakt %		Preis pro 1 kg Mark	Alkohol-Extrakt %
Batavia-Pfeffer	1,86	15,31	Pfefferstaub	1,20	12,20
Penang-Pfeffer	1,88	15,23	desgl. von der Fabrikation von weissem Pfeffer	1,40	11,40
Singapore-Pfeffer	1,95	11,28	Pfefferschalen	1,26	10,17
Penang- und Batavia-Pfeffer, gemischt	1,87	10,25	desgl., andere Sorte	1,26	9,11
Malabar-Pfeffer, etwas beschädigt	1,92	9,89	Pfefferbruch	1,56	9,44
Gemahlener Pfeffer, billige Sorte	1,76	11,19			

3. C. H. Wolff (Zeitschr. analyt. Chem. 1881, 20, 297) fand an Alkohol-Extrakt (direkt) und an extrahirtem Rückstand**):

Nähere Bezeichnung	Alkohol-Extrakt + Wasser + ätherisches Oel (indirekt), bestimmt durch Trocknen des extrahirten Rückstandes bei 100° C.	Alkohol-Extrakt (direkt), getrocknet bei 100° C.	Nähere Bezeichnung	Alkohol-Extrakt + Wasser + ätherisches Oel (indirekt), bestimmt durch Trocknen des extrahirten Rückstandes bei 100° C.	Alkohol-Extrakt (direkt), getrocknet bei 100° C.
Schwarzer Pfeffer.			Weisser Pfeffer.		
Ohne Bezeichnung . .	22,27	11,67	Ohne Bezeichnung .	22,42	10,98
Singapore	23,87	10,47	Singapore I . . .	26,72	11,31
Batavia	24,37	9,77	„ II . . .	26,00	11,05
Penang	25,17	11,59	Penang (beschädigt) .	23,00	8,54

*) 5 g Gewürzpulver wurden erst bei ca. 30° C. getrocknet, ½ Stunde in einem vom Verf. konstruirten Apparat mit absol. Alkohol extrahirt und darauf der Rückstand bei 100° C. bis zur Konstanz des Gewichtes getrocknet und gewogen.

**) 5 g Gewürzpulver wurden in einem Extraktionsapparat mit 90%-igem Alkohol 1 Stunde lang extrahirt, nach der Erschöpfung sowohl der Gewürzpulverrückstand als auch der Inhalt des Kolbens mit der Extraktionsflüssigkeit in tarirte Porzellanschalen gegeben, beide zunächst im Wasserbade und dann noch 1 Stunde im Luftbade bei 100° C. getrocknet.

4. E. Borgmann (Zeitschr. analyt. Chem. 1882, 21, 535) fand in ähnlicher Weise an Alkohol-Extrakt des Pfeffers (direkt) und extrahirtem Rückstand*) folgenden Gehalt:

Nähere Bezeichnung	Alkohol-Extrakt + Wasser + ätherisches Oel (indirekt), bestimmt durch Trocknen des extrahirten Rückstandes bei 100° C.	Alkohol-Extrakt (direkt), getrocknet bei 100° C.	Nähere Bezeichnung	Alkohol-Extrakt + Wasser + ätherisches Oel (indirekt), bestimmt durch Trocknen des extrahirten Rückstandes bei 100° C.	Alkohol-Extrakt (direkt), getrocknet bei 100° C.
Schwarzer Pfeffer.			Weisser Pfeffer.		
Penang I	25,455	12,904	Batavia	21,841	9,511
„ II	24,932	12,110	Singapore	21,018	9,250
Sumatra	22,696	10,458	Penang	19,913	9,044
Singapore	22,299	11,183			
Aleppo	21,328	10,732			

Aehnliche Beziehungen zwischen dem Gewichtsverlust beim Extrahiren mit Alkohol und Trocknen bei 100° und dem getrockneten und als Extrakt gewogenen Rückstand erhielt K. Birnbaum („Die Prüfung der Nahrungsmittel und Gebrauchsgegenstände im Grossherzogthum Baden," Karlsruhe 1883, S. 19).

5. Im Laboratoire Municipal zu Paris (Documents sur les falsifications des matières alimentaires. Paris 1885, 691) wurde an Alkohol-Extrakt**) gefunden:

Sumatra	7,65 %	Tellicherry	13,34 %
Penang	7,73 „	Weisser Pfeffer (rein) . .	10.90 „
Sumatra	6,65 „	Schwarzer Pfeffer (Mittel von 25 Analysen . . .	12,40 „
Malabar	6,45 „	Weisser Pfeffer	11,95 „

In den Verfälschungsmitteln des Pfeffers wurde gefunden:

Cayenne-Pfeffer	Oliventrester (weiss)	Dattelkerne (nicht gereinigt)	Pfeffer
22,00 %	2,46 %	15,06 %	5,10 %

6. J. N. Zeitler (Zeitschr. angew. Chem. 1888, 510) fand folgende Zahlen:

Nähere Bezeichnung	Wasser %	Alkohol-Extrakt***) %	Nähere Bezeichnung	Wasser %	Alkohol-Extrakt***) %
Schwarzer Pfeffer . . .	12,05	13,22	Schwarzer Pfeffer . .	12,29	12,96
desgl.	12,35	11,22	desgl. mit 2 % Erde verunreinigt . . .	12,48	12,53
desgl.	10,79	12,48	Schwarzer Pfeffer . .	11,95	13,93
desgl.	11,90	12,42	desgl.	12,03	10,66
desgl.	12,48	10,41	Weisser Pfeffer . . .	9,90	11,55
desgl. (stark mit Pfefferstielen verunreinigt) .	11,67	12,49			

*) E. Borgmann's Verfahren weicht nur insofern von dem von C. H. Wolff ab, als er den extrahirten Rückstand nicht aus dem Extraktionsrohr entfernte, sondern in dem letzteren im Wassertrockenschrank bis zur Gewichtsbeständigkeit trocknete. Den alkoholischen Extrakt verdampfte Borgmann in einem weithalsigen Glase auf dem Wasserbade und trocknete denselben in einem Strome mittelst Chlorcalciums getrockneten Leuchtgases bis zur Gewichtsbeständigkeit. Auf diese Weise war es möglich, in etwa 6 Stunden das ätherische Oel und die Feuchtigkeit aus dem Extrakt vollständig zu entfernen.

**) Der Alkoholextrakt wurde direkt und zwar durch Extrahiren von 100 g Pfefferpulver mit Alkohol, Verdampfen des letzteren und Wägen des Extraktionsstandes bestimmt.

***) Zur Alkoholextraktbestimmung wurden 5 g des vorher getrockneten Pfefferpulvers in einen Soxhlet'schen Extraktionsapparat gebracht, 8 Stunden lang mit absolutem Alkohol extrahirt, der Alkohol abdestillirt und der Rückstand 1 Stunde im Wassertrockenschrank getrocknet.

7. H. Röttger (Arch. Hyg. 1886, 4, 183; vergl. auch oben S. 930 u. 934) fand in den von ihm untersuchten Pfefferproben an Alkohol-Extrakt*):

Nähere Bezeichnung	Wasser %	Alkohol-Extrakt in der Trocken-Substanz %	Nähere Bezeichnung	Wasser %	Alkohol-Extrakt in der Trocken-Substanz %
Schwarzer Pfeffer.			Weisser Pfeffer.		
Singapore I 1882-er . .	14,45	12,30	Penang I 1883-er . .	13,69	11,71
„ II 1883-er . .	12,63	15,65	Singapore 1883-er . .	13,74	11,04
Penang I 1883-er . . .	13,16	15,81	Penang II	14,56	10,07
Lampong 1883-er . . .	13,22	19,17	Coriander Tellicherry 1884-er	12,99	14,66
Acheen 1883-er	13,61	16,78	Tellicherry 1889-er . .	13,85	11,89
Tellicherry 1883-er . .	12,79	15,49			
Singapore III 1883-er .	13,49	13,28			
Penang 1883-er	13,89	16,68			

8. Winter Blyth (Chem. News [3], 5, 4 und W. Blyth: Foods, their Composition and analysis S. 496) fand in der Trocken-Substanz:

	Schwarzer Pfeffer					Weisser Pfeffer
	Penang	Tellicherry	Sumatra	Malabar	Trang	—
Wasser . . .	9,53 %	12,90 %	10,10 %	10,54 %	11,66 %	—
Alkohol-Extrakt	7,65 „	7,84 „	6,45 „	6,38 „	7,65 „	5,60 %
Piperin**) . .	5,57 „	4,68 „	4,70 „	4,63 „	4,60 „	—
Harz	2,08 „	1,70 „	1,74 „	1,74 „	1,70 „	2,05 %
Wasser-Extrakt	18,33 „	16,50 „	17,50 „	20,37 „	18,18 „	—

9. Cazeneuve und Caillot (Journ. Pharm. Chim. [4], 25, 422) fanden in dem natürlichen Pfeffer:

	Sumatra (Mittel von 4 Proben)	Singapore Schwarzer	Singapore Weisser	Penang
Piperin . . .	8,10 %	7,15 %	9,15 %	5,24 %

10. William Johnstone (Analyst 1889, 14, 41; Chem. Centralbl. 1889, I, 481; vergl. auch oben S. 931 u. 934) fand an Piperin, Piperidin***) und Alkohol-Extrakt:

*) Röttger ist der Ansicht, dass die Bestimmung des Alkohol-Extraktes nicht zur Beurtheilung der Güte und Reinheit des Pfeffers dienen kann. Soll aber eine solche ausgeführt werden, so ist wie folgt zu verfahren: Das Pfefferpulver wird 3 Stunden über Schwefelsäure gestellt, dann werden zur Bestimmung etwa 5 g abgewogen und diese in eine Hülse von Filtrirpapier gebracht. Man bedeckt das Pulver mit entfetteter Watte und schiebt dann die Hülse in einen Soxhlet'schen Extraktionsapparat. Darauf wird das tarirte Kölbchen mit 90 %-igem Alkohol gefüllt und mit vorgelegtem Kühler bis zur Erschöpfung extrahirt; hierzu sind 38—40 Stunden erforderlich. Nach der Extraktion wird die Hülse mit dem Rückstande aus dem Apparat genommen und der Alkohol bei etwa 40° C. verdunstet. Das Pulver wird darauf vorsichtig in ein tarirtes Trockenglas gebracht, 1 Stunde bei 100° getrocknet, dann 3 Stunden über Schwefelsäure gestellt und gewogen. Aus dem Gewichtsverlust des Pulvers berechnet man die Extraktmenge indirekt. Zur direkten Bestimmung des Extraktes kann man auch den Alkohol in dem tarirten Kölbchen verdunsten und den Rückstand nach dem Trocknen wiegen. Indess ist die direkte Methode nicht zuverlässig; denn durch ausreichendes Trocknen hat man Verluste an flüchtigen Stoffen und bei unzureichendem Trocknen schliesst der Rückstand noch Wasser ein.

**) Der fein gemahlene Pfeffer wird mit starkem Alkohol (oder besser mit Petroleumäther) extrahirt, und der Alkohol verdunstet; der Rückstand, der aus scharfem Harz und Piperin besteht, wird behufs Lösung des Harzes mit Sodalösung behandelt, das ungelöst bleibende Piperin nochmals in Alkohol oder Petroläther gelöst und nach Verdunsten der letzteren getrocknet und gewogen.

***) Das Piperidin geht beim Kochen des Pfeffers mit Wasser in das Destillat über und kann in diesem titrimetrisch bestimmt werden. Seine Identität wurde durch Darstellung des Platindoppelsalzes festgestellt. Es ist nicht durch Hydrolyse des Piperins entstanden, weil dieses, auf gleiche Weise behandelt, kein Piperidin giebt. Das Piperin wurde in der Weise bestimmt, dass 10 g Pfeffer in einem geschlossenen Gefäss 4—6 Stunden mit einer Lösung von 3 g Kalihydrat in 25 ccm Wasser und 25 ccm Alkohol gekocht, die Flüssigkeit nach dem Abkühlen mit viel Wasser in einen geräumigen Destillirkolben gebracht und das entstandene Piperidin abdestillirt wurde, bis das Destillat neutral war. Das letztere wird mit $^{1}/_{10}$ N.-Schwefelsäure unter Anwendung von Methylorange als Indikator titrirt.

	Acheen	Alleppy	Kamport	Lampong	Penang WC	Siam	Singapore	Tellicherry	Trang
Schwarzer Pfeffer.	%	%	%	%	%	%	%	%	%
Wasser	15,15	15,36	13,82	15,22	15,04	14,06	14,72	14,24	14,02
Piperin	12,21	13,03	8,13	11,05	6,41	6,89	5,72	8,25	5,21
Piperidin	0,50	0,44	0,55	0,77	0,46	0,76	0,72	0,39	0,47
Alkohol-Extrakt	0,84	2,12	9,57	4,55	5,44	6,26	5,55	2,50	4,54

	Weisser Pfeffer			Langer Pfeffer
	Penang	Siam	Singapore	
	%	%	%	%
Wasser	14,94	13,13	15,62	12,26
Piperin	8,87	7,79	8,66	7,15
Piperidin	0,34	0,21	0,42	0,34
Alkohol-Extrakt	0,36	0,11	1,76	3,50

11. T. Stevenson (Analyst 1887, 12, 144: Vierteljahresschr. Nahrungs- u. Genussm. 1887, 2, 536) fand in Pfefferproben in der Trocken-Substanz*):

	Piperin	Harz		Piperin	Harz
Schwarzer Pfeffer	7,14%	1,44%	Weisser Pfeffer	6,47%	0,69%
„ „ (Trang)	6,62 „	0,82 „			

12. Chas. Heisch (Analyst 1886, 11, 186; Vierteljahresschr. Nahrungs- u. Genussm. 1886, 1, 326) fand folgenden Gehalt an Alkohol-Extrakt und Piperin**):

No.	Nähere Bezeichnung	Wasser %	Asche in der Trocken-Substanz %	In d. asche- u. wasserfreien Substanz: Alkohol-Extrakt %	Piperin %	No.	Nähere Bezeichnung	Wasser %	Asche in der Trocken-Substanz %	In d. asche- u. wasserfreien Substanz: Alkohol-Extrakt %	Piperin %
	Schwarzer Pfeffer.						Gemahlen. Pfeffer.				
1	Acheen Penang	9,46	8,99	12,26	6,04	12	Feinster, weisser	13,90	1,57	10,60	4,51
2	Trang	9,22	8,85	12,28	4,05	13	Feinster	14,13	2,17	9,53	4,70
3	Singapore	14,36	5,41	12,41	7,14	14	Superfine	14,40	1,40	9,63	4,50
4	Tellicherry	13,76	5,28	12,67	6,88		Langer Pfeffer.				
5	Penang	12,98	6,44	16,20	9,38	15	No. 1 H	12,15	13,48	8,29	1,71
6	Tellicherry	13,01	6,41	13,62	7,86	16	No. 2 T	14,93	11,97	8,52	1,70
7	Singapore	13,94	5,39	11,62	6,29	17	Pfefferschalen	12,37	11,90	13,81	4,84
8	„	14,10	4,35	10,47	6,06	18	Desgl. mit etwas ganzem Pfeffer	12,60	9,30	13,07	4,10
	Weisser Pfeffer.										
9	Penang	15,86	3,77	9,73	5,54	19	Abgesiebtes	7,96	51,39	7,52	1,15
10	Singapore	17,32	1,28	9,49	6,14	20	Pfefferkraut zur Fälschung des Pfeffers	8,52	3,84	2,30	—
11	Siam	13,67	1,80	9,23	5,13						

*) 50 g der gemahlenen Substanz wurden mit Methylalkohol (60 OP) einige Tage extrahirt, die alkoholische Flüssigkeit verdunstet und der Extrakt mit einer kalten Lösung von Kaliumcarbonat digerirt. Das so abgeschiedene Piperin wurde mit Wasser gewaschen, bei 100° C. getrocknet und gewogen. Um dasselbe völlig zu reinigen, wurde es nochmals aus Alkohol umkrystallisirt. Das Harz wurde aus der Lösung in Kaliumcarbonat durch Salzsäure niedergeschlagen und bestand aus einer Mischung von harzigen und öligen Substanzen.

**) Das Piperin wurde durch Extraktion des gepulverten Pfeffers mit Alkohol, Behandeln des alkoholischen Extraktes mit einer Lösung von Kaliumcarbonat und Umkrystallisiren des unlöslichen Rückstandes aus Alkohol bestimmt. Völlig reines Piperin wurde nicht gewonnen.

13. M. Ruffni (Zeitschr. Nahrungsm.-Unters., Hyg. u. Waarenk. 1893, 7, 5 u. 200) fand:

Pulver von	Asche	Alkohol-Extrakt	Rückstand von der Behandlung mit 1%-iger Schwefelsäure
1. reinem schwarzem Pfeffer	4,935%	7,805%	32,309%
2. Paradieskörnern (Amomum Melegeta Roscoe), die zur Verfälschung des Pfeffers dienen . .	3,06 „	19,02 „	29,60 „

14. W. Busse (Arb. Kaiserl. Ges.-Amt 1894, 9, 509) fand an Alkohol-Extrakt*) bei reinen Pfefferproben und Pfefferabfällen in der Trocken-Substanz:

Schwarzer Pfeffer.	Alkohol-Extrakt %
Singapore „Black-Pepper" selbstgemahlen	10,30
Trang selbstgemahlen	11,69
Lampong, staubfrei, selbstgemahlen	10,26
„ reingemahlen, naturell	11,78
Penang, selbst gemahlen: Ia Qualität (zahlreiche geschälte Körner)	9,74
„ „ „ „ „	9,27
Mittelsorte (mit wenig Spindeln und Stielen)	10,88
„ (mit Spindeln und Stielen und viel kleinen geschrumpften Körnern)	14,56
Schlechte Sorte (staubhaltig)	16,51
Geringste Sorte (nur aus kleinen geschrumpften Körnern bestehend)	14,06

Weisser Pfeffer I	Weisser Pfeffer II	Weisser Pfeffer III	Pfefferschalen I	II	III	IV	V	VI	
8,11%	8,28%	8,80%	10,25%	11,32%	9,62%	11,80%	10,22%	10,58%	Alkohol-Extrakt

Abfälle der Weisspfeffer-Fabrikation (hellbraun) . . . . 10,04% „

15. A. Hilger und F. E. Bauer (Forschungsberichte über Lebensmittel etc. 1896, 3, 113) bestimmten in der Trocken-Substanz verschiedener Pfefferproben (mit 12—14% Wasser) das Piperin durch Bestimmung der Piperinsäure (I) sowie durch Oxydation mit konc. Salpetersäure und Bestimmung des Piperidins (II). Sie fanden folgenden Piperin-Gehalt:

Methode	Weisser Pfeffer			Schwarzer Pfeffer						Schalen		
	Singapore I	Singapore II	Penang	Singapore	Aleppy	Tellicherry	Lampong I	Lampong II	Penang	mit Bruch und Staub	mit Staub	ausgesucht
	%	%	%	%	%	%	%	%	%	%	%	%
I	6,34	—	—	5,74	6,30	5,42	—	7,20	—	—	—	0,185
II	6,53	6,014	6,44	5,70	6,27	5,55	7,13	7,65	7,77	1,026	0,798	0,200

*) 5 g der feinst gepulverten, durch ein Sieb von 0,25 mm Maschenweite getriebenen, wasserfreien Substanz wurden in einem Kolben von 400—500 ccm Inhalt mit 80 ccm absoluten Alkohols im Sandbade am Rückflusskühler 5 Stunden gekocht. Die noch heisse Flüssigkeit wurde nach dem Absetzen auf ein Filter dekantirt und in einen etwa 400 ccm fassenden Kolben filtrirt. Der Rückstand wurde noch dreimal mit je 60—70 ccm absoluten Alkohols einige Minuten gekocht, die Flüssigkeit die beiden ersten Male dekantirt und schliesslich alles aufs Filter gespült. Das Pulver wurde auf dem Filter so lange mit heissem Alkohol ausgewaschen, bis das Filtrat beim Verdampfen keinen Rückstand mehr hinterliess. Der Alkohol wurde auf 40—50 ccm abdestillirt und der Rest in einem weithalsigen Extraktionskolben verdampft und im Wassertrockenschranke bis zur Gewichtsbeständigkeit getrocknet.

II. Gehalt des Pfeffers an Stärke (bezw. in Zucker überführbaren Stoffen) und Rohfaser.

1. W. Lenz (Zeitschr. analyt. Chem. 1884, 23, 501) untersuchte eine Reihe Pfeffer und Verfälschungsmittel desselben auf in Zucker überführbare Stoffe*) und fand:

No.	Bezeichnung der Probe	Asche %	Trocken-Substanz (bei 100—106° C.) %	Aschefreie Trocken-Substanz %	Reducirender Zucker: der natürlichen Substanz %	Reducirender Zucker: in der aschefreien Trocken-Substanz %	Bemerkungen
1	Schwarzer Pfeffer I (Batavia-Pfeffer)	3,85	87,68	83,83	43,8	52,3	direkt invertirt
2	Langer Pfeffer II	8,68	88,77	80,12	44,2	55,2	nach Extraktion mit Wasser invertirt
3	Schwarzer Pfeffer III (Prima Singapore)	3,62	86,88	83,26	43,9	52,8	direkt invertirt
4	desgl.	3,62	86,88	83,26	45,0	54,1	nach Extraktion mit Alkohol invertirt
5	desgl.	3,62	86,88	83,26	44,1	53,0	nach Extraktion mit Wasser invertirt
6	Weisser Pfeffer IV (ohne Bezeichnung der Herkunft)	0,99	87,59	86,60	51,8	59,9	desgl.
7	Pfefferschalen, naturell von H. & H. in M.	15,61	89,50	73,89	11,5	15,6	desgl.
8	Pfefferschalen, aus vorstehender, viel Staub und kleine Pfefferkörner enthaltender Handelswaare mit der Pincette ausgesucht	9,21	88,64	79,43	13,0	16,4	desgl.
9	Pfefferschalen, käufliche, von M. & Z. in Amsterdam	20,29	88,42	68,13	11,5	16,9	desgl.
10	Palmkernmehl I	3,71	89,76	86,05	22,7	26,4	nach Extraktion mit Wasser und Alkohol invertirt
11	desgl.	3,71	89,76	86,05	19,1	22,2	nach Extraktion mit Wasser invertirt
12	desgl.	3,71	89,76	86,05	22,7	26,4	direkt invertirt
13	Palmkernmehl II	3,65	89,35	85,70	22,45	26,15	desgl.
14	desgl.	3,65	89,35	85,70	19,7	23,0	nach Extraktion mit Wasser invertirt
15	Palmkernmehl III (aus Emden)	3,54	89,88	86,34	19,4	22,5	desgl.
16	Palmkerne, ganz unzweifelhaft echt, selbst zerkleinert	1,89	93,44	91,55	11,1	12,1	nach Entfettung mit Aether im Soxhlet'schen Apparat und Extraktion mit Wasser invertirt. Der Gehalt an Fett betrug 32,32%
17	Pfeffer III mit 28,8% Palmkernmehl No. III selbst vermischt	3,59	87,88	84,29	36,0	42,7	nach Extraktion mit Wasser invertirt
18	Pfeffer III mit 24,4% Palmkernmehl No. III selbst vermischt	3,58	88,38	84,80	33,7	39,7	desgl.
19	Walnussschalen	1,04	89,34	88,30	17,7	20,0	desgl.
20	Buchweizenmehl	2,10	86,58	84,48	56,1	66,4	direkt invertirt
21	Stark geröstetes Brot	1,15% der Trock.-Subst.	100	98,85	—	86,3	desgl.
22	desgl.	desgl.	100	98,85	—	62,6	nach Extraktion mit Wasser invertirt

*) 3—4 g des Pfefferpulvers wurden in einem Kochkolben mit 1/4 l destillirtem Wasser unter öfterem Umschwenken 3—4 Stunden lang stehen gelassen, alsdann abfiltrirt, mit etwas Wasser gewaschen und das noch feuchte Pulver sofort wieder in den Kolben zurückgespült. Zum Kolbeninhalt wurde nun so viel Wasser gefügt, dass sich 200 ccm desselben im Kolben befanden, 20 ccm einer 25%-igen Salzsäure zugefügt, der Kolben mit einem ein etwa 1 m langes Rohr tragenden Kork verschlossen und unter öfterem Umschwenken genau 3 Stunden lang im lebhaft siedenden Wasserbade erhitzt. Hierauf wurde nach vollständigem Erkalten in einen 1/2 Liter-Kolben filtrirt, mit kaltem Wasser ausgewaschen, das Filtrat mit Natronlauge möglichst genau neutralisirt und bis zur Marke aufgefüllt. In dieser Flüssigkeit wurde der Reduktionswerth gegen 10 ccm Fehling'scher mit 40 ccm verdünnter Lösung festgestellt und angenommen, dass 10 ccm Fehling-scher Lösung 0,05 g Zucker entsprechen.

2. Chas. Heisch (Analyst 1886, 11, 186; Vierteljahresschr. Nahrungs- u. Genussm. 1886, 1, 326) fand folgenden Stärkegehalt*) in der asche- und wasserfreien Substanz**):

a. Schwarzer Pfeffer.

1. Acheen-Penang	2. Trang	3. Singapore	4. Tellicherry	5. Penang	6. Tellicherry	7. Singapore	8. Singapore
48,53 %	54,06 %	56,24 %	56,67 %	51,06 %	55,87 %	54,93 %	54,54 %

b. Weisser Pfeffer			c. Gemahlener Pfeffer			d. Langer Pfeffer	
9. Penang	10. Singapore	11. Siam	12. Feiner weisser	13. Feinster	14. Superfine	15. No. 1 H	16. No. 2 T
77,68 %	76,35 %	76,27 %	75,31 %	84,69 %	85,26 %	58,98 %	46,16 %

17. Pfefferschalen	18. desgl. mit etwas ganzem Pfeffer	19. Abgesiebtes
41,71 %	47,36 %	30,66 %

3. J. König (Landw. Ztg. f. Westf. u. Lippe 1885, 385) hat darauf hingewiesen, dass für den Zweck des Nachweises von Palmkernmehl sehr wohl auch die Bestimmung der Rohfaser dienen kann, da Pfeffer umgekehrt viel weniger Rohfaser enthält als Palmkernmehl und Pfefferschalen. Es wurde gefunden an Rohfaser, in Zucker überführbaren Stoffen und Asche in der Trocken-Substanz:

	Rohfaser	In Zucker überführbare Stoffe, auf Stärke berechnet	Asche
	%	%	%
1. Reiner Pfeffer	17,71	37,28	4,47
2. Reines Palmkernmehl .	29,55	18,02	9,22
3. Verfälschter Pfeffer . .	22,15	24,17	6,49

4. Halenke und Möslinger (Bericht über die vierte Versammlung der freien Ver. bayer. Vertreter der angewandten Chemie, Berlin 1885 und Vierteljahresschr. Nahrungs- u. Genussmittel etc. 1886, 1, 47) fanden***) an in Zucker überführbaren Stoffen (Glukose) und Rohfaser in der wasser- und aschefreien Substanz:

	Glukose	Rohfaser
	%	%
1. Reiner, selbst gemahlener schwarzer Pfeffer	56,0	15,65
2. Reine, ausgesuchte Pfefferschalen	16,4	45,00
3 Pfeffersiebsel, wie es sich beim Mahlbetriebe ergiebt .	21,6	37,40

5. J. Campbell Brown (Analyst 1887, 12, 23) fand für Pfefferstaub, Oliventrester und Mandelschalen folgende Zahlen:

	Asche	Löslich beim Kochen in verdünnter Salzsäure	Eiweiss und sonstige in Alkohol lösliche Stoffe	Rohfaser, unlöslich in Säure und Alkali	Stärke
	%	%	%	%	%
1. Weisser Pfefferstaub } als peperette oder poivrette bezeichnet	1,33	38,32	14,08	48,48	0
2. Schwarzer „ } als peperette oder poivrette bezeichnet	2,47	34,55	17,66	47,69	0
3. Gemahlene Mandelschalen . . .	2,05	23,53	27,79	51,68	0
4. „ Oliventrester	1,61	30,08	15,04	45,38	0

6. A. W. Stokes (Analyst 1887, 12, 148) kochte zur Bestimmung der Rohfaser bezw. des in Säuren unlöslichen Rückstandes 1 g der Masse, nachdem die Stärke entfernt war, mit 50 ccm Wasser und 6 ccm Schwefelsäure 1 Stunde am Rückflusskühler, sammelte die Faser auf gewogenem Filter und fand an Gehalt für letztere:

Schwarzer Pfeffer	Weisser Pfeffer	Langer Pfeffer	Olivenkerne	Reis
21,0—26,3 %	12,7—13,8 %	20,0—22,3 %	62,0—64,2 %	0,8—1,6 %

*) Wasser und Aschengehalt etc. siehe oben S. 939.

**) Die Stärke wurde bestimmt durch 3-stündiges Kochen des feinst gemahlenen Pfeffers mit 10 %-iger Salzsäure und durch Bestimmung der Drehung der erhaltenen Flüssigkeit. Heisch hält einen Pfeffer mit weniger als 50 % Stärke in der wasser- und aschefreien Substanz für verdächtig.

***) Die Glukose wurde nach Allihn und die Rohfaser nach Henneberg bestimmt.

7. Ch. Heisch (Analyst 1888, 13, 49; Vierteljahresschr. Nahrungs- u. Genussm. 1888, 3, 250) bestimmte ebenfalls für verschiedene Pfeffersorten und deren Verfälschungsmittel den Gehalt an Rohfaser mit folgendem Ergebnisse für die wasser- und aschefreie Substanz:

Schwarzer Pfeffer.	Rohfaser %	Weisser Pfeffer.	Rohfaser %		Rohfaser %
Acheen Penang . . .	15,08	Penang	5,15	Langer Pfeffer . .	11,42
Trang	11,58	Singapore	4,48	desgl.	12,96
Singapore	14,61	Siam	6,72	Pfefferstaub, schwarz .	68,80
desgl.	14,32	Handelswaare fein gemahlen .	6,74	„ weiss . .	61,94
Tellicherry	12,92	Handelswaare feinst „ .	5,42	„ schwarz .	16,24
Penang	(27,82)	Handelswaare superfine . .	3,44	„ weiss . .	8,56
Light dusty Singapore .	19,58				

8. P. L. Jumeau (Journ. Pharm. Chim. [5], 20, 442; Chem. Centrbl. 1890, I, 134) fand in reinen Pfefferproben und Olivenkernen etc. folgenden Gehalt an Rohfaser*) in der Trocken-Substanz:

Schwarzer Pfeffer.

Aleppy %	Tellicherry %	Saïgon %	Singapore %	Sumatra %	Java %	Penang %	Pfeffer des Handels %	Pfeffer, gemischt %
12,90	11,83	10,78	13,25	13,50	11,40	12,22	12,88	12,99
11,98	13,00	12,71	12,98	13,00	12,98	13,12	—	12,01

Weisser Pfeffer: Singapore %	Weisser Pfeffer: Penang %	Weisser Pfeffer: Pfeffer des Handels %	Weisser Pfeffer: Melange %	Pfeffer-Abfall %	Weisse Olivenkerne %
4,25	4,25	4,01	3,99	28,7	53,9
4,04	4,01	—	3,55	26,9	54,0
—	—	—	—	28,6	—

9. Ed. von Raumer (Zeitschr. angew. Chem. 1893, 453) untersuchte den Gehalt reiner Pfeffersorten und Pfefferschalen an Rohfaser und Stärke**) mit folgendem Ergebnisse:

No.	Nähere Bezeichnung	In der natürlichen Substanz: Wasser***) %	Stärke⁰) %	Rohfaser⁰⁰) %	In der aschefreien Trocken-Substanz: Stärke %	Rohfaser %
	I. Schwarzer Pfeffer, im Laboratorium gemahlen.					
1	Penang	10,02	40,29	9,85	46,90	11,47
2	Penang	10,00	39,69	11,40	46,25	13,13
3	Singapore (gesiebt)	13,31	26,01	14,21	31,27	17,08
4	Tellicherry	12,87	26,54	15,43	32,08	18,65
5	Lampong	14,14	22,15	14,81	27,41	18,32
6	Penang (ausgesuchte, leichteste Sorte, in London gewonnen)	9,97	23,66	19,04	28,06	22,58

*) 2 g des Pulvers wurden bei 73° auf einem Wasserbade 6 Stunden mit 100 ccm einer 5%-igen Salzsäure behandelt. Nach dem Absetzen wurde die Flüssigkeit dekantirt und die Behandlung mit 5%-iger Kalilauge wiederholt. Dann wurde die auf ein tarirtes Filter gebrachte Cellulose mit siedendem Wasser, darauf mit 25%-iger Essigsäure, dann wieder mit heissem Wasser, Alkohol und schliesslich mit Aether gewaschen und bei 120° getrocknet. Es ist nicht aus dem Referate zu ersehen, ob sich die beiden Zahlen hier und im folgenden auf verschiedene oder auf ein und dieselbe Probe beziehen.

**) Die Untersuchung der Proben auf Asche und deren Bestandtheile siehe unten S. 948.

***) Durch Trocknen über Schwefelsäure bestimmt.

⁰) Zur Bestimmung der Stärke wurden 5 g Pfeffer mit 200 ccm destillirten Wassers ½ Stunde am Rückflusskühler gekocht und so eine völlige Verkleisterung der vorhandenen Stärke bewirkt. Nachdem die Masse auf 65° abgekühlt war, wurde eine entsprechende Menge reiner, zuckerfreier Diastaselösung nach Lintner zugesetzt und 4 bis 5 Stunden auf 65° erwärmt. Der so behandelten Masse wurden 25 ccm Bleiessig zugesetzt und das Ganze auf 250 ccm mit Wasser aufgefüllt. Man lässt unter öfterem kräftigen Durchschütteln etwa 1 Stunde stehen und filtrirt alsdann 200 ccm ab. In dem Filtrate wurde durch Zusatz einer koncentrirten Lösung von doppeltkohlensaurem Kalium das überschüssige Blei gefällt, auf 250 ccm wieder aufgefüllt und hiervon wieder 200 ccm abfiltrirt. Das Filtrat wurde mit Essigsäure neutralisirt und 20 ccm der 25%-igen Salzsäure zugegeben. Diese Lösung wurde 2½ Stunden am Rückflusskühler im Wasserbade erhitzt.

⁰⁰) Die Rohfaserbestimmung wurde nach Henneberg-Stohmann in der Modifikation von Holdefleiss und Wattenberg ausgeführt.

No.	Nähere Bezeichnung	In der natürlichen Substanz			In der aschefreien Trocken-Substanz	
		Wasser %	Stärke %	Rohfaser %	Stärke %	Rohfaser %
	II. Gemahlen bezogener schwarzer Pfeffer, Schalen, Staub etc.					
7	Rein gemahlener Lampong, gesiebt	12,34	27,35	14,45	33,34	17,60
8	Pfeffer, gemahlen (Naturell)	11,67	26,08	16,08	31,78	19,66
9	Leichteste Sorte Penang (Original)	10,65	20,11	21,03	24,06	25,17
10	Schwarzer Pfeffer, rein gemahlen	—	36,92	13,41	—	—
11	Schwarzer Pfeffer aus Pfefferschalen, mit reinem Pfeffer gemengt	—	25,60	19,74	—	—
12	Schalen, gereinigt 1. Probe	10,10	13,82	29,07	16,57	34,86
13	Schalen, gereinigt 2. "	6,21	11,70	29,94	13,49	34,52
14	Schalen, wie sie die Schälmaschine liefert 1. Probe	10,56	12,64	23,98	15,34	29,10
15	Schalen, wie sie die Schälmaschine liefert 2. "	9,42	8,50	28,77	10,28	34,88
16	Schalen, wie sie die Schälmaschine liefert 3. "	11,44	6,24	29,15	7,87	36,81
17	Weisser Pfefferstaub*)	7,77	38,62	10,34	43,68	11,68

III. Gehalt des Pfeffers an Asche, Sand und sonstigen Aschenbestandtheilen.

1. Winter Blyth (Chem. News [3], 5, 4 u. W. Blyth: Foods their Composition and analysis S. 496) fand in mehreren Pfeffersorten folgenden Aschengehalt:

	Schwarzer Pfeffer					Weisser Pfeffer
	Penang %	Tellicherry %	Sumatra %	Malabar %	Trang %	%
in der lufttrocknen Substanz	3,85	5,35	3,33	4,67	4,21	0,79
in der Trocken-Substanz	4,19	5,77	4,32	5,19	4,78	1,12

2. Hassall (Hassall: Food, its adulteration and the methods ect London 1876, 539) giebt für den Gehalt an Asche im ganz reinen Pfeffer folgende Zahlen:

	Schwarzer Pfeffer					
No.	1	2	3	4	5	6
	%	%	%	%	%	%
	4,03	4,33	3,90	4,61	4,01	3,67

	Weisser Pfeffer						
No.	1	2	3	4	5	6	7
	%	%	%	%	%	%	%
	1,73	0,90	1,03	1,14	0,94	1,55	1,56

3. E. Geissler (Pharm. Centralhalle 4, 521) fand in Pfeffer, Pfefferschalen etc. folgenden Gehalt an Asche und Sand:

	Batavia %	Penang %	Singapore %	Penang und Batavia (gemischt) %	Malabar (etwas beschädigt) %	Gemahlener Pfeffer (billige Sorte) %
Asche	10,94	4,43	5,93	9,29	6,96	7,32
Sand	3,43	0,32	1,41	3,55	1,61	3,05

	Pfefferstaub %	Pfefferstaub von der Fabrikation von weissem Pfeffer %	Pfefferschalen a %	Pfefferschalen b %	Pfefferbruch %
Asche	9,65	9,70	8,25	16,03	12,63
Sand	3,37	2,74	0,90	8,60	6,36

4. E. Borgmann (Zeitschr. analyt. Chem. 1882, 21, 535) fand folgenden Aschengehalt:

Schwarzer Pfeffer					Weisser Pfeffer		
Penang I	Penang II	Sumatra	Singapore	Aleppy	Batavia	Singapore	Penang
4,59%	4,15%	4,41%	4,42%	3,27%	0,91%	0,91%	1,54%

*) Der weisse Pfefferstaub gleicht mikro- und makroskopisch einer geringeren Sorte weissen Pfeffers und enthält sehr viel stärkeführende Zellen.

5. Im Laboratoire Municipal (Documents sur les falsifications des matières alimentaires. Paris 1885, 691) zu Paris wurden in verschiedenen Pfeffersorten und einigen Verfälschungsmitteln folgende Aschengehalte gefunden:

Reiner schwarzer Pfeffer					Reiner weisser Pfeffer	
Sumatra 1	Sumatra 2	Penang	Malabar	Tellicherry	1	2
4,48 %	4,50 %	5,67 %	5,20 %	4,17 %	0,95 %	1,54 %

Im Mittel von 25 Proben schwarzen Pfeffers 4,25 %.

Pfefferabfälle (Schalen)	Cayennepfeffer	Oliventrester (weiss)	Dattelkerne (nicht gereinigt)
4,50 %	3,47 %	3,87 %	1,35 %

6. Th. Sachs fand in 12 beanstandeten Pfeffer-Proben des Handels 9,63—15,66 % Asche mit 3,83—9,96 % Sand.

7. Die von W. Lenz in einer Reihe von Pfefferproben und Verfälschungsmitteln desselben gefundenen Aschengehalte siehe oben S. 941.

8. Chas. Heisch (Analyst 1886, 11, 186; Vierteljahresschr. Nahrungs- u Genussm. 1886, 1, 326) bestimmte die Asche und deren Verhalten gegen Wasser und Salzsäure mit folgenden Ergebnissen:

No.	Bezeichnung der Proben	Wasser %	In der Trocken-Substanz: Gesammtasche %	in Wasser lösliche Asche %	In Salzsäure lösliche Asche %	Unlösliche Asche %	Alkalinität (als K_2O) %
	Schwarzer Pfeffer.						
1	Acheen Penang	9,46	8,99	1,54	3,07	4,38	0,72
2	Trang	9,22	8,85	1,60	3,83	3,42	0,80
3	Singapore	14,36	5,41	2,07	3,52	0,82	0.90
4	Tellicherry	13,76	5,28	3,34	1,90	0,04	1,41
5	Penang	12,98	6,44	3,10	2,43	0,90	1,18
6	Tellicherry	13,01	6,41	2,37	2,83	1,19	1,57
7	Singapore	13,94	5,39	2,48	2,18	0,73	1,09
8	Singapore	14,10	4,35	2,48	1,51	0,36	1,14
	Weisser Pfeffer						
9	Penang	15,86	3,77	0,61	2,80	0,35	0,22
10	Singapore	17,32	1,28	0,21	0,84	0,21	—
11	Siam	13,67	1,80	0,25	0,91	0,68	0,10
	Gemahlener Pfeffer						
12	Feiner weisser Pfeffer	13,90	1,57	0,16	0,90	0,51	—
13	Feinster	14,13	2,17	0,50	1,50	0,17	0,10
14	Superfine	14,40	1,40	0,37	1,02	—	0,11
	Langer Pfeffer.						
15	No. 1 H	12,15	13,48	2,28	5,52	5,68	0,53
16	No. 2 T	14,93	11,97	2,37	5,83	3,68	0,82
17	Pfefferschalen	12,37	11,90	2,12	6,36	3,41	0,47
18	Pfefferschalen mit etwas ganzem Pfeffer	12,60	9,03	2,99	4,11	1,92	1,02
19	Abgesiebtes	7,96	51,39	1,02	6,47	43,90	—
20	Pfefferkraut zur Fälschung des Pfeffers	8,52	3,84	0,96	1,05	1,83	0,20
21	10 % von No. 20 und 90 % von No 4 (Mischung)	13,23	5,04	2,88	1,78	0,38	1,13
22	30 % Reis, 70 % von No. 4	12,79	3,10	1,68	1,39	0,30	0,89

9. H. Röttger (Arch. Hyg. 1886, 4, 183; vergl. auch oben S. 930, 934 und 938) hat ausser den oben bereits angeführten Bestandtheilen namentlich die Zusammensetzung der Asche der von ihm untersuchten Pfeffersorten genauer ermittelt; er fand:

Nähere Bezeichnung	Wasser	Mineralstoffe	Von der Reinasche: in Wasser unlöslich	Von der Reinasche: in Wasser löslich	Von der Reinasche in Salzsäure unlöslich	In Procenten der Asche des Pfeffers: Kieselsäure	Phosphorsäure: in Wasser löslich	Phosphorsäure: in Wasser unlöslich	Gesammte Phosphorsäure
	%	%	%	%	%	%	%	%	%
I. Schwarzer Pfeffer:									
Unbekannter Abstammung	13,99	3,75	45,98	54,83	1,93	6,37	0,63	10,47	11,10
desgl.	12,78	4,79	36,66	63,82	1,63	1,61	0,25	9,21	9,47
Malabar, 1883-er	14,70	4,77	45,98	55,05	0,68	1,54	0,11	10,95	11,06
Singapore I, 1882-er	14,45	3,48	34,97	65,03	8,11	3,32	0,37	10,42	10,79
„ II, 1883-er	12,63	3,73	37,78	62,22	5,85	1,87	0,51	10,57	11,08
Penang I, 1883-er	13,16	4,62	32,31	67,69	13,73	2,32	0,42	11,23	11,65
Lampong, 1883-er	13,22	6,42	45,52	54,48	19,85	3,20	0,60	12,57	13,17
Acheen, 1883-er	13,61	5,17	41,64	58,36	17,61	3,61	0,92	11,79	12,71
Tellicherry, 1883-er	12,79	4,38	37,05	62,95	2,10	4,85	0,21	8,22	8,43
Singapore III, 1883-er	13,49	3,73	36,86	63,14	7,60	4,65	0,42	10,53	10,95
Penang, 1883-er	13,89	4,02	45,81	54,19	3,70	5,86	0,45	9,52	9,97
II. Weisser Pfeffer:									
Unbekannter Abstammung	13,50	2,42	87,51	12,49	2,03	2,63	—	—	29,35
desgl.	13,69	1,09	90,89	10,49	2,05	—	—	—	—
Singapore, 1883-er	13,75	1,23	85,68	13,89	17,74	1,46	—	—	30,75
Penang I, 1883-er	13,69	2,97	91,29	8,71	5,33	2,08	—	—	10,89
Singapore, 1883-er	13,74	1,12	91,18	8,22	13,97	2,02	—	—	28,69
Penang II, 1883-er	14,56	2,68	91,89	8,11	2,17	1,03	—	—	12,69
Coriander, Tellicherry, 1884-er	12,99	0,84	—	—	—	—	—	—	—
Tellicherry, 1884-er	13,85	1,07	—	—	—	—	—	—	—

H. Röttger führte ferner von einigen der vorstehenden Pfeffersorten vollständige Aschen-Analysen aus (No. 2—6), welchen eine Analyse (No. 1) von W. Blyth hinzugefügt ist; es wurde in Procenten der Asche gefunden:

No.	Nähere Bezeichnung	Eisenoxyd	Manganoxyd	Kalk	Magnesia	Kali	Natron	Phosphorsäure	Schwefelsäure	Kohlensäure	Chlor	Sand
		%	%	%	%	%	%	%	%	%	%	%
1	Tellicherry (nach W. Blyth)	0,30	—	11,60	13,00	24,38	3,23	8,47	9,61	14,00	7,57	6,53
	Schwarzer Pfeffer.										Salzsäure	Kieselsäure
2	Unbekannter Abstammung	2,16	0,82	16,07	3,32	32,49	1,56	11,10	4,04	17,29	5,59	6,37
3	„ „	0,99	—	13,55	4,47	34,72	4,77	9,49	4,05	20,11	6,84	1,61
4	Malabar, 1883er	0,85	0,19	15,03	7,56	27,39	5,51	11,06	4,01	19,18	8,72	1,54
	Weisser Pfeffer.											
5	Unbekannter Abstammung	2,22	0,89	35,13	9,54	5,11	0,74	29,35	3,24	11,91	0,58	2,63
6	Singapore	1,86	0,21	31,06	11,65	7,15	0,84	30,75	3,76	10,02	0,91	1,46

10. Bissinger u. Henking (Rep. analyt. Chem. 1886, 101) bestimmten das Verhältniss von Pfefferkörnern zu Pfefferstaub und Stielen (Vergl. unten S. 951) sowie die Asche in diesen Bestandtheilen. Sie fanden an Gesammtasche und Sand:

	Höchster Gehalt %	Niedrigster Gehalt %	Mittel %
1. In Pfefferpulvern, welche vorher keine Reinigung erfahren hatten:			
Gesammtasche	9,30	6,78	8,04
Sand	4,88	1,12	3,00
2. In den ausgelesenen Pfefferkörnern:			
Gesammtasche	4,64	3,50	4,70
Sand	0,17	0,02	0,10
3. In nur abgesiebten Pfefferkörnern:			
Gesammtasche	8,18	5,96	7,07
Sand	4,68	2,46	3,57
4. In abgesiebtem Pfefferstaub:			
Gesammtasche	49,10	18,47	34,79
Sand	41,72	12,51	27,12

	Gesammtasche %	Sand %
5. In abgesiebten Stielen	8,09	0,80
6. In Pfefferstaub, der auf einem feinen Sieb zurückgeblieben war	20,60	14,29
7. In Pfefferstaub, der durch ein feines Sieb gegangen war	65,30	61,90

11. J. N. Zeitler (Zeitschr. angew. Chem. 1888, 510) untersuchte verschiedene Handelspfeffersorten auf Asche und in Salzsäure unlösliche Aschenbestandtheile*):

Nähere Bezeichnung	Wasser %	Asche %	In Salzsäure unlöslicher Rückstand in Proc. der Substanz	In Salzsäure unlöslicher Rückstand in Proc. der Asche
Schwarzer Pfeffer	12,05	7,34	1,86	29,35
desgl.	12,35	3,96	0,21	5,45
desgl.	10,79	4,82	0,45	9,53
desgl.	11,90	4,53	0,30	6,76
Schwarzer Pfeffer	12,48	3,73	0,10	2,75
desgl. (stark mit Pfefferstielen verunreinigt)	11,67	5,31	0,50	9,28
Schwarzer Pfeffer	12,29	5,16	0,40	7,85
desgl. (mit 2% Erde verunreinigt)	12,48	7,93	1,80	22,69
Schwarzer Pfeffer	11,95	6,02	0,62	10,33
desgl.	12,03	7,66	1,38	18,05
Weisser Pfeffer	9,90	5,03	1,24	26,35

12. Dem weissen Pfeffer haftet manchmal sehr viel Kalk an, weil die Kerne durch Einlegen in Chlorkalk und Schwefelsäure gebleicht oder auch einfach mit Kalkwasser besprengt werden. Aus

*) Der in Salzsäure unlösliche Theil der Asche wurde in der Weise bestimmt, dass die Asche mit verdünnter Salzsäure (1 : 2) einige Zeit auf dem Wasserbade digerirt wurde. Der Rückstand wurde darauf abfiltrirt, geglüht und gewogen.

diesem Grunde untersuchte W. F. K. Stock (Chem.-Ztg. 1891, 10, 1639) Proben von weissem Pfeffer auch auf ihren Gehalt an Calciumsulfat und -karbonat und fand:

Nähere Bezeichnung	Holzfaser	Asche	Sand	Calciumkarbonat		Calciumsulfat im Pfeffer
				im Pfeffer	in der Asche	
	%	%	%	%	%	%
1. In 4 Proben, die aus ganzen Körnern im Laboratorium gemahlen waren:						
Tellicherry	4,86	1,05	—	0,58	55,20	—
Siam	4,43	1,45	—	0,62	42,70	—
Lampong	4,90	2,20	—	0,81	36,80	—
Penang	5,06	2,75	—	1,67	60,70	—
2. In 4 Proben derselben Abstammung, die im gemahlenen Zustande gekauft waren:						
Tellicherry	4,41	1,10	—	0,54	49,20	—
Siam	4,93	2,65	—	1,88	71,00	—
Lampong	6,60	3,65	—	2,43	66,60	—
Penang	6,16	3,10	—	2,20	79,00	—
3. In 5 Proben verschiedener Handelsqualität:						
Probe 1 (unvollkommen entschält)	9,66	2,25	Spur	0,29	12,89	Spur
„ 2	9,73	9,90	0,28	5,07	51,21	2,85
„ 3	9,74	8,35	0,38	5,59	66,93	0,57
„ 4	3,66	5,55	0,23	2,20	39,64	2,10
„ 5	3,40	1,82	0,43	0,27	14,83	0,12

Die mikroskopische Untersuchung ergab in keinem Falle fremde Beimengungen.

13. Ed. von Raumer (Zeitschr. angew. Chem. 1893, 453) untersuchte die Asche einer Reihe von Pfefferproben (vergl. auch oben S. 943) mit folgendem Ergebnisse:

Nähere Bezeichnung	Gesammt-asche %	Asche		Gesammt-Phosphorsäure	
		in Wasser unlöslich %	in Salzsäure unlöslich %	in Procenten des Pfeffers	in Procenten der Asche
I. Schwarzer Pfeffer im Laboratorium gemahlen.					
Penang	4,107	2,923	1,075	0,3936	9,58
Penang	4,200	2,380	0,922	0,4178	9,94
Singapore (gesiebt)	3,510	1,753	0,290	0,3584	10,21
Tellicherry	4,400	1,615	0,108	0,4396	9,99
Lampong	5,035	3,113	0,740	0,3776	7,49
Penang (ausgesuchte leichteste Sorte)	5,732	2,995	1,062	0,4211	7,34
II. Gemahlen bezogener schwarzer Pfeffer, Staub und Schalen.					
Rein gemahlener Lampong (gesiebt)	5,605	3,460	1,175	0,369	6,58
Pfeffer, gemahlen (naturell)	6,560	4,935	0,201	0,376	5,73
Leichteste Sorte Penang (Original)	5,815	2,808	0,815	0,485	8,33
Staub von Singapore-Pfeffer	14,11	12,136	6,861	0,4416	3,12
Staub von Lampong-Pfeffer	21,631	20,336	13,045	0,4416	2,04

Nähere Bezeichnung	Gesammt-asche %	Asche		Gesammt-Phosphorsäure		In Wasser lösliche Phosphorsäure %
		in Wasser unlöslich %	in Salzsäure unlöslich %	in Procenten des Pfeffers	in Procenten der Asche	
Schwarzer Pfeffer aus Pfefferschalen mit reinem Pfeffer gemengt*)	5,860	2,415	0,400	0,3737	6,37	0,1107
Schwarzer Pfeffer, rein gemahlen**)	5,913	3,780	1,618	0,3900	6,59	0,0410
Schalen gereinigt 1. Probe	6,51	3,25	0,56	0,2579	3,96	0,0152
Schalen gereinigt 2. "	7,06	3,62	0,81	0,2611	3,69	0,0390
Schalen, wie sie die Schälmaschine liefert 1. "	7,05	2,41	0,34	0,3155	4,47	0,0167
Schalen, wie sie die Schälmaschine liefert 2. "	8,12	3,71	1,33	0,3328	4,09	0,0205
Schalen, wie sie die Schälmaschine liefert 3. "	9,37	5,21	2,43	0,3468	3,70	0,0204
Weisser Pfefferstaub, der sich beim Schälen ergiebt	3,82	2,51	0,34	0,4876	12,76	0,0140

14. H. Trillich (Zeitschr. angew. Chem. 1891, 516) untersuchte in einer grösseren Gewürzmühle die einzelnen Mahlprodukte des Pfeffers auf Wasser, Asche und Sand.

Der Mahlstuhl der Mühle bestand aus zwei gerippten sich gegeneinander bewegenden Stahlwalzen, denen durch eine Holzrinne mit Zuführungswalze der ganze Pfeffer oder das Mahlgut zugeführt wurde. Der zerdrückte Pfeffer gelangte durch einen Elevator in ein höher stehendes Schüttelsieb mit Bespannung No. 11, wurde dann in ein Fass abgesiebt, während der Siebrückstand wieder auf die Walzen gebracht wurde. Dieser Vorgang musste häufig 10-mal wiederholt werden, bis der Pfeffer in ein feines Pulver verwandelt worden war. Der letzte Rest, welcher nicht durch das Sieb ging, wurde durch eine Schrotmühle zerkleinert.

Man erhält auf diese Weise bis zu 12 verschiedene Sorten von gemahlenem und gesiebtem Pfeffer, welche sich in ihrem äusseren Ansehen wesentlich von einander unterscheiden. Das erste und zweite Absiebsel zeigt eine ziemlich gleichmässige Vertheilung der schwarzen (Schalen-) und weisslichen (Innen-) Theile, dann wird das Mahlgut immer heller, schliesslich wieder umgekehrt dunkler, so dass das letzte Mahlgut fast nur aus schwarzen Schalentheilchen besteht. Um ein einheitliches Mahlgut zu erhalten, werden die einzelnen Mahlerzeugnisse wieder innig mit einander vermischt, was in der erwähnten Anlage in einem 4-eckigen Kasten geschieht, in welchem durch eine horizontale Scheibe das aus 4 Zuläufen darauffallende Mahlgut durcheinander gewirbelt wird.

Wie die Farbe, so ist auch der Gehalt der einzelnen Mahlerzeugnisse an Asche und Sand verschieden.

Trillich untersuchte dieselben bei einem Singapore- und Lampong-Pfeffer, von denen 1000 g enthielten:

Singapore 0,275 g Staub mit 29,1% Asche und 4,980 g Aehren und Stiele mit 13,2% Asche und keine Steine.

Lampong	6,004 g Staub mit	45,03% Asche und	32,58% Sand
	1,691 g Aehren mit	15% " "	6,56 " "
	10,03 g Hülsen u. Blätter mit	30 " " "	24,00 " "
	4,877 g Steine.		

Die gereinigten Pfefferkörner enthielten:

	Asche	Sand
Singapore	3,54%	0,09%
Lampong	4,50 "	0,52 "

*) Die Asche enthielt 1,88% Natron (Na_2O) und 52,58% Kali (K_2O).
**) " " " 2,50 " " " " 33,88 " " "

Die einzelnen Sieberzeugnisse ergaben:

No. der Mahlung	Singapore-Pfeffer (vermahlen 1250 kg)						Lampong-Pfeffer (vermahlen 543 kg)					
	Gewicht		Wasser	Gesammt-asche	Rein-asche	Sand	Gewicht		Wasser	Gesammt-asche	Rein-asche	Sand
	kg	%	%	%	%	%	kg	%	%	%	%	%
1	284	22,7	13,89	3,71	3,34	0,37	72,5	13,8	12,72	10,92	5,26	5,66
2	209	16,9	14,10	2,86	2,71	0,15	49,5	9,4	12,82	6,98	4,12	2,86
3			14,22	3,04	2,97	0,27	54,0	10,3	12,99	6,30	4,37	1,93
4	338	27,1	13,49	3,17	2,98	0,19	63,0	12,1	13,37	5,82	4,60	1,22
5			13,16	3,30	3,13	0,17	54,0	10,3	12,98	5,24	4,53	0,71
6			13,34	3,50	3,34	0,16	52,5	10,1	13,33	5,56	4,81	0,75
7			12,96	3,80	3,67	0,13	30	5,7	13,29	5,18	4,67	0,51
8	198	15,8	13,10	3,82	3,67	0,15	42	8,0	13,54	5,54	4,90	0,64
9			12,87	3,95	3,85	0,10	43	8,3	13,70	4,91	4,63	0,28
10			12,89	5,11	4,98	0,13	35,5	6,8	13,18	5,67	5,32	0,35
11	218	17,5	12,38	7,52	7,43	0,09	13,5	2,6	11,72	7,46	7,03	0,43
12			12,91	7,50	7,40	0,10	13,5	2,6	11,94	7,22	6,76	0,46

Man sieht, dass, abgesehen von der Verschiedenheit der einzelnen Pfeffersorten, die einzelnen Mahlerzeugnisse desselben Pfeffers im Aschen- und Sandgehalt verschieden ausfallen, und dass hierdurch die Verkaufswaare einer und derselben Mahlung eine verschiedene sein kann, wenn die nachherige Mischung keine vollkommene ist; so ergaben die durchmischten Proben:

	Wasser %	Asche %	Sand %
Singapore-Pfeffer	12,89	3,97	0,15
Lampong-Pfeffer	13,70	6,50	1,81
Dagegen hatte der Lampong-Pfeffer, ehe er vollkommen gemischt war, ergeben: in einer Probe	13,87	6,94	2,05
und einer zweiten Probe	—	6,36	1,65

15. W. **Busse** (Arb. Kaiserl. Gesundh.-Amt. 1894, 9, 509) fand in schwarzem Pfeffer und Pfefferabfällen folgenden Aschen- und Sandgehalt:

Nähere Bezeichnung	In der ursprünglichen Substanz		In der Trocken-Substanz	
	Gesammt-asche %	Sand %	Gesammt-asche %	Sand %
„Singapore-Black Pepper" selbst gemahlen	3,859	0,409	4,467	0,474
Lampong „rein gemahlen naturell"	6,357	1,410	7,462	1,656
Penang, beste Sorte, selbstgemahlen	4,013	0,686	4,636	0,793
„ „ „ völlig staubfrei	4,126	0,782	4,786	0,910
„ Mittelsorte, Spindeln, Stiele u. Staub enthaltend, selbst gemahlen	6,048	0,580	7,116	0,683
Penang, Mittelsorte, wenig Spindeln und Staub und ungeschälte Körner	5,301	0,851	5,957	0,957
Penang, schlechte Sorte, staubhaltig	6,969	1,170	7,987	1,341
„ geringste Qualität, reich an Staub u. Stielen	5,896	0,951	6,720	1,084
Abfälle der Weisspfefferfabrikation, wenig Schalen führend: I. hell	3,862	1,062	4,325	1,190
Abfälle der Weisspfefferfabrikation, wenig Schalen führend: II. hell, geringere Sorte	4,496	0,403	5,013	0,450

Näherere Bezeichnung		In der ursprünglichen Substanz		In der Trocken-Substanz	
		Gesammt-asche %	Sand %	Gesammt-asche %	Sand %
Pfefferschalen	I	7,804	0,805	8,720	0,900
	II	7,310	0,562	8,087	0,622
	III	9,804	1,507	11,296	1,738
	IV	6,872	0,176	7,773	0,197
	V	6,455	0,686	7,197	0,765
Pfefferbruch von der Weisspfeffer-Fabrikation	I	—	—	8,945	1,471
	II	—	—	9,552	1,498
	III	—	—	10,570	—
Pfeffer-staub	I von der Weisspfeffer-Fabrikation, gemahlen	—	—	16,603	8,469
	II aus Singapore, viel Fasern, Bruch- und feines Pulver	—	—	17,456	7,751
	III aus Penang, anscheinend mit Kehricht vermischt, kaum ganze Pfefferkörner enthaltend	—	—	42,144	20,530

Untersuchungsverfahren: Etwa 2 g wurden vorsichtig verkohlt, die Asche mit Wasser ausgezogen, nach dem vollständigen Veraschen der Kohle wurde die Lösung eingedampft, mit Ammonkarbonat befeuchtet und nach dem Verdampfen desselben schwach erhitzt. Zur Bestimmung des Sandgehaltes wurde die Asche mit verdünnter Salzsäure behandelt, das Unlösliche abfiltrirt und geglüht.

IV. Gewicht der Pfefferkörner, Gehalt des Pfeffers an Staub, Stielen und Wasser.

a. Je 100 Pefferkörner hatten folgendes Gewicht:

1. Nach Winter Blyth (Chem. News [3], 5, 4 und W. Blyth: Foods, their composition and analysis S. 496):

Penang	Malabar	Sumatra	Trang	Tellicherry
6,2496 g	6,0536 g	5,1476 g	4,5736 g	4,5076 g

2. Nach Cl. Richardson (Foods and food adulterants 2, Washington 1887, 187):

Schwarzer Pfeffer					Weisser Pfeffer	
West-Coast	West-Coast	Acheen	West-Coast	Singapore	West-Coast	Singapore
5,900 g	5,460 g	4,525 g	5,085 g	4,870 g	5,130 g	4,960 g

3. Nach E. H. (Zeitschr. Nahrungsm.-Unters., Hyg. u. Waarenk. 1888, 2, 5):

Malabar	Tellicherry	Singapore	Penang
4,56—4,68 g	4,60—4,85 g	4,33—4,58 g	3,62—3,83 g

4. Die von A. L. Winton, A. W. Ogden und W. L. Mitchell gefundenen Zahlen vergl. oben S. 931 und 934.

b. Verhältniss zwischen Pfefferkörnern, Pfefferstaub und Stielen:

1. Nach Bissinger und Henking (Rep. analyt. Chem. 1886, 101):

	Pfefferkörner	Pfefferstaub	Stiele
Mittel	88,80%	10,70%	0,92%
Schwankungen	86,20—91,40%	8,00—13,40%	0,60—1,25%

2. Nach H. Trillich (Zeitschr. angew. Chem. 1891, 516) vergl. oben S. 949.

3. Nach A. Rau (Zeitschr. öffentl. Chem. 1897, 3, 439) ergaben sich beim Absieben von 1000 Sack schwarzen Pfeffers im Mittel folgende Staubmengen (für welche Rückvergütung des Zolles eintritt) bei den verschiedenen Siebungen:

I. Siebung	II. Siebung	III. Siebung
2,15%	2,92%	4,39%

c) W. Busse (Arb. Kaiserl. Ges.-Amt. 1894, 9, 509) fand bei einigen reinen Pfefferproben und Abfällen folgenden Wassergehalt:

Singapore (selbst gemahlen)	Lampong (selbst gemahlen)	Lampong gemahlen bezogen	Trang-Pepper (selbst gemahlen)	Penang (selbst gemahlen) Mittelsorte		Penang Beste Sorte		Penang minderwerthig	Penang geringste Sorte
13,6 %	12,0 %	14,8 %	13,4 %	15,0 %	11,0 %	13,4 %	13,7 %	12,7 %	12,2 %

Abfälle der Weisspfefferfabrikation (hell) I	II	„Pfefferbruch“	Pfefferschalen I	II	III	IV	V	VI
10,7 %	10,3 %	10,8 %	10,5 %	9,6 %	13,2 %	10,3 %	11,3 %	16,0 %

Zur Wasserbestimmung wurden 3—4 g der gepulverten Substanz 5 Stunden im Wassertrockenschranke getrocknet, gewogen und dann jede halbe Stunde wiederum gewogen, bis keine Gewichtsabnahme mehr stattfand.

Nelkenpfeffer (Piment).

Pimenta officinalis Berg, Myrtus Pimenta L., Eugenia Pimenta DC.

No.	Nähere Bezeichnung	Zeit der Untersuchung	Wasser %	Stickstoff-Substanz %	Aetherisches Oel %	Fett %	Stärke (in Zucker überführbare Stoffe) %	Sonstige stickstofffreie Extraktstoffe %	Rohfaser %	Asche: Reinasche in Wasser löslich %	Asche: Reinasche in Wasser unlöslich %	Asche: Sand etc. (in HCl unlöslich) %	Alkohol-Extrakt %	Analytiker
1	Von einem Drogisten in Münster . . .	1879	12,68	4,31	3,05	8,17	46,42 *)		22,50	2,87			—	Laube und Aldendorff [1])
2	Ganze Frucht . . .	1887	6,19	4,38	5,15	6,15	59,28 **)		14,83	4,01			—	Cl. Richardson [2])
3	Gemahlene Handelssorten: Aus Washington, garantirt rein .	„	5,51	5,34	2,93	6,10	58,24		17,95	3,93			—	Cl. Richardson [2])
4	Gemahlene Handelssorten: Ebendaher . .	„	8,03	4,38	2,07	5,50	57,20		18,00	4,83			—	Cl. Richardson [2])
5	Gemahlene Handelssorten: Aus Baltimore .	„	8,82	5,42	3,32	6,18	57,90		13,45	4,91			—	Cl. Richardson [2])
6	Gemahlene Handelssorten: desgl. . . .	„	7,31	4,03	3,16	6,92	58,58		16,55	3,45			—	Cl. Richardson [2])
7	Gemahlene Handelssorten: Aus England .	„	8,71	5,42	1,29	5,35	55,90 **)		18,83	4,50			—	Cl. Richardson [2])
	Gew. v. 100 Körn. g													
8	Jamaika-Piment***) 8,30	1898	9,45	5,19	3,57	7,72	20,65	28,81	20,46	2,43	1,72	0	14,27	A. L. Winton, A. W. Ogden u. W. L. Mitchell [3]) [0])
9	Jamaika-Piment***) 6,61	„	9,75	5,69	3,38	5,46	16,87	30,08	23,98	2,69	2,07	0,03	13,71	A. L. Winton, A. W. Ogden u. W. L. Mitchell [3]) [0])
10	Jamaika-Piment***) 5,32	„	10,14	6,37	5,21	4,35	16,56	30,07	22,74	2,29	2,21	0,06	7,39	A. L. Winton, A. W. Ogden u. W. L. Mitchell [3]) [0])
Mittel	(No. 1, 2, 8, 9 u. 10	—	**9,64**	**5,19**	**4,07**	**6,37**	**18,03**	**31,79**	**20,90**	**2,47**	**1,54**	**0,03**	**11,79**	

Anhang zu Nelkenpfeffer.

C. H. Wolff (vergl. oben S. 936) fand im Nelkenpfeffer 16,96 % Alkohol-Extrakt (bei 100° getrocknet).
E. Borgmann („ „ „ 937) „ „ „ 9,86 „ „ „ 100° „
J. N. Zeitler („ „ „ 937) „ „ „ 13,92 „ „ „ 100° „
ferner 11,85 % Wasser und 4,94 % Asche.

A. Rau (Zeitschr. öffentl. Chem. 1897, 3, 439) fand in 84 Proben Piment bis 8,35 % und im Mittel 6,38 % Asche 30 Proben enthielten 5—6 % und 53 Proben über 6 % Asche.

---

[1]) Original-Mittheilung.
[2]) Richardson: Foods and food adulterants. Part second. Bull. No. 13. Washington, 1887, 229 etc.
[3]) 22. Jahresbericht der Connecticut Agric. Experim. Stat. für 1898, 208.
*) Mit 2,54 % Zucker.
**) Richardson bestimmte in den obigen von ihm untersuchten Sorten auch den Gehalt an „Tannin“ und fand

	No. 2	3	4	5	6	7
Tannin-Aequivalent .	10,97 %	13,10 %	9,31 %	9,39 %	12,74 %	10,92 %
Sauerstoff-Verbrauch .	2,81 „	3,36 „	2,39 „	3,27 „	3,27 „	2,80 „

***) Winton, Ogden und Mitchell fanden ferner:

	No. 8	9	10
„Eichengerbsäure“	8,58 %	12,48 %	8,06 %
Stärke nach dem Diastase-Verfahren	3,76 „	1,82 „	3,54 „

[0]) Ueber die Untersuchungsverfahren vergl. oben S. 932.

Paprika (Spanischer Pfeffer).

No.	Nähere Bezeichnung	Zeit der Untersuchung	Wasser %	Stickstoff-Substanz %	Aetherisches Oel %	Fett %	Stärke (in Zucker überführbare Stoffe) %	Sonstige stickstofffreie Extraktstoffe %	Rohfaser %	Asche: Reinasche in Wasser löslich %	Asche: Reinasche in Wasser unlöslich %	Asche: Sand etc. (in HCl unlöslich) %	Alkohol-Extrakt %	Wasser-Extrakt %	Analytiker
1	Samen*) (aus Ungarn, beste Sorte)	1884	8,12	18,31	28,54		24,33		17,50	3,20			—	—	Fr. Strohmer[1])
2	Schalen*) (aus Ungarn, beste Sorte)	„	14,75	10,69	5,48 **)		38,73		23,73	6,62			—	—	Fr. Strohmer[1])
3	Ganze Frucht (aus Ungarn, beste Sorte)	„	11,94	13,88	15,26		32,63		21,09	5,20			—	—	Fr. Strohmer[1])
4	Rosenpaprika, Prima (Handelssorten)	„	17,35	14,56	14,43		—		—	5,10			—	—	Fr. Strohmer[1])
5	desgl., Sekunda (Handelssorten)	„	14,39	14,31	15,06		—		—	5,66			—	—	Fr. Strohmer[1])
6	Königspaprika***) (Handelssorten)	„	12,69	13,19	13,35		—		—	7,14			—	—	Fr. Strohmer[1])
7	Capsicum annuum longum aus der Umgegend von Szegedin: Ganze Frucht ohne Stiel°)	1893	9,75	17,84 °)	9,65		35,94		20,71	6,10			—	—	Béla von Bitto[2])
8	Capsicum annuum longum aus der Umgegend von Szegedin: Fruchtschale ohne Samenlager°)	„	14,14	12,29 °)	4,41		42,13		22,18	4,86			—	—	Béla von Bitto[2])
9	Capsicum annuum longum aus der Umgegend von Szegedin: Samen°)	„	9,51	16,58 °)	24,34		29,93		15,71	3,93			—	—	Béla von Bitto[2])
10	Capsicum annuum longum aus der Umgegend von Szegedin: Samenlager°)	„	12,66	24,93 °)	6,18		34,83		11,78	9,63			—	—	Béla von Bitto[2])
11	Rosenpaprika von Gebr. Pálfy in Szegedin	„	10,10	14,28	12,54		35,80		21,96	5,33			—	—	Béla von Bitto[2])
12	Rosenpaprika von Szenes in Budapest	„	9,35	16,99	11,45		39,74		17,28	5,29			—	—	Béla von Bitto[2])
13	Paprika mittlerer Güte von demselben	„	8,31	17,58	11,85		34,64		21,20	6,42			—	—	Béla von Bitto[2])
14	Grosser rother ungarischer Paprika: Samen°)	1894	8,35	17,83	23,16		27,17		19,46	4,03			—	—	Béla von Bitto[3])
15	Grosser rother ungarischer Paprika: Samenlager	„	12,14	27,16	7,46		33,39		9,82	10,42			—	—	Béla von Bitto[3])
16	Ungarischer Paprika°°)	1899	8,77	14,56	1,12	7,74	Nachdem Diastase-Verfahren 3,83	34,94	22,59	5,05	1,29	0,11	—	21,24	A. L. Winton, A. W. Ogden und W. L. Mitchell[4]) °°°)

Mittel	No.	Wasser %	Stickstoff-Substanz %	Aetherisches Oel + Fett %	Stärke + sonstige N-freie Extraktstoffe %	Rohfaser %	Asche %	Alkohol-Extrakt %	Wasser-Extrakt %
Ganze Frucht	3, 7	**10,85**	**15,86**	**12,46**	**34,28**	**20,90**	**5,65**	—	—
Samen	1, 9, 14	**8,66**	**17,57**	**25,35**	**27,14**	**17,56**	**3,72**	—	—
Samenlager	10, 15	**12,40**	**26,05**	**6,82**	**33,90**	**10,80**	**10,03**	—	—
Schale	2, 8	**14,45**	**11,49**	**4,95**	**40,41**	**22,96**	**5,74**	—	—
Handelswaare	4, 5, 6, 11, 12, 13, 16	**11,57**	**15,07**	**12,51**	**34,92**	**20,76**	**5,17**	—	—

[1]) Chem. Centrbl. 1884, 577.
[2]) Landw. Vers.-Stat. 1893, **42**, 369.
[3]) Landw. Vers.-Stat. 1896, **46**, 309.
[4]) 22. Jahresbericht der Connecticut Agric. Experim. Stat. für 1899, 100.
*) Die Frucht von Capsicum annuum bestand im Mittel aus 42% Samen und 58% Schalen (Kapseln),
**) Das flüchtige Oel ist nach Strohmer ein kampherähnlicher Körper.
***) Diese Sorte enthielt neben den Früchten auch einen Theil der Fruchtstengel und des Fruchtbodens mitvermahlen.
°) Ueber die Zusammensetzung der Stickstoff-Substanz etc. siehe den Anhang S. 954.
°°) Das Gewicht einer Frucht betrug 6,21 g.
°°°) Ueber die Untersuchungsverfahren vergl. oben S. 932.

Anhang zu Paprika.

1. Béla von Bittó (Landw. Vers.-Stat. 1893, 42, 369 u. 1896, 46, 309) untersuchte in zwei Früchten von Capsicum annuum longum ferner:

1. Das Verhältniss von Stiel, Fruchtschale, Samen und Samenlager (in No. 7 bis 10 der Tabelle auf Seite 953):

	Frucht mit Stiel			Frucht ohne Stiel		
	I	II	Mittel	I	II	Mittel
Stiel	5,865	4,809	5,334	—	—	—
Fruchtschale . .	59,796	59,924	59,860	63,488	62,948	63,218
Samen	26,863	25,962	25,962	28,519	26,334	27,426
Samenlager . . .	7,534	9,489	8,511	7,999	9,968	8,983

2. Die Zusammensetzung der Stickstoff-Substanz*) in den Paprika-Proben No. 7—10 der Tabelle S. 953 sowie in „grossem rothem ungarischen Paprika". Er fand:

Nähere Bezeichnung	Gesammt-Stickstoff %	Ammoniak-Stickstoff %	Amid-Stickstoff %	Proteïn-Stickstoff %	Proteïn %	Stickstoff in anderer Form %
a) In der natürlichen Substanz:						
Capsicum annuum longum: Ganze Frucht (ohne Stiel) . .	2,855	0,196	0,084	2,095	13,094	0,480
Capsicum annuum longum: Fruchtschale (ohne Samenlager)	1,966	0,168	0,112	1,540	9,625	0,146
Capsicum annuum longum: Samen	2,653	0,056	0,056	2,660	16,625	—
Capsicum annuum longum: Samenlager	3,989	0,210	0,245	2,100	13,125	1,434
Grosser rother ungarischer Paprika: Samen	2,85	0,056	0,086	2,80	17,83	—
Grosser rother ungarischer Paprika: Samenlager . . .	4,35	0,196	0,224	2,23	13,94	—
b) In der Trocken-Substanz:						
Capsicum annuum longum: Ganze Frucht (ohne Stiel) . .	3,163	0,217	0,093	2,321	14,506	0,532
Capsicum annuum longum: Fruchtschale (ohne Samenlager)	2,289	0,195	0,130	1,792	11,200	0,172
Capsicum annuum longum: Samen	2,931	0,061	0,061	2,938	18,362	—
Capsicum annuum longum: Samenlager	4,566	0,240	0,280	2,403	15,018	1,643
Grosser rother ungarischer Paprika: Samen	3,11	0,062	0,093	3,05	19,45	—
Grosser rother ungarischer Paprika: Samenlager . . .	4,94	0,223	0,254	2,54	15,86	—

3. Die Zusammensetzung der Asche:

Nähere Bezeichnung	Eisen-oxyd %	Thonerde %	Kalk %	Magnesia %	Kali %	Natron %	Kiesel-säure %	Schwefel-säure %	Phosphor-säure %	Kohlen-säure %	Chlor %	Wasserlösl. Theile der Asche %
Die Rohasche enthielt:												
Capsicum annuum longum: Ganze Frucht (ohne Stiel)	1,285	Spuren	4,285	5,557	49,657	3,950	1,823	5,754	15,019	10,681	5,754	85,200
Capsicum annuum longum: Schale (ohne Samenlager)	1,327	0,169	3,995	3,955	41,195	10,533	1,495	3,594	11,429	8,608	3,594	**) 87,635
Capsicum annuum longum: Samen . . .	0,801	—	3,407	10,254	39,453	2,458	1,709	4,888	32,387	1,652	4,888	69,034
Samenlager des grossen rothen ungar. Paprika	0,73	Spuren	3,89	3,28	54,69	3,68	3,08	6,89	7,79	17,22	2,39	—
Die Reinasche enthielt:												
Capsicum annuum longum: Ganze Frucht (ohne Stiel)	1,438	Spuren	4,797	6,221	55,595	4,422	2,040	6,442	16,815	—	3,877	—
Capsicum annuum longum: Schale (ohne Samenlager)	1,691	0,215	5,084	5,037	52,473	13,162	1,904	4,577	14,588	—	1,438	—
Capsicum annuum longum: Samen . . .	0,814	—	3,464	10,426	40,116	2,499	1,737	4,970	33,947	—	2,652	—
Samenlager des grossen rothen ungar. Paprika	0,88	Spuren	4,70	3,97	66,06	4,44	3,72	8,32	8,75	—	2,89	—

*) Das Proteïn wurde nach Stutzer, die nichtproteïnartigen Verbindungen nach R. Sachse in der Abänderung nach Kellner bestimmt.

**) Die Asche enthielt ausserdem noch 12,886 % Salpetersäure, welche von der bei dieser Probe vorgenommenen Veraschung mit Ammonitrat herrührten.

Die Zusammensetzung der Asche der drei Handelssorten No. 11—13 der Tabelle auf S. 953 war folgende:

No.	Nähere Bezeichnung	Eisenoxyd %	Thonerde %	Kalk %	Magnesia %	Kali %	Natron %	Kieselsäure %	Schwefelsäure %	Phosphorsäure %	Kohlensäure %	Chlor %	Wasserlösl. Theile der Asche %
	In der Rohasche:												
1	Ia. Rosenpaprika der Gebrüder Pálfy in Szegedin	1,839	Spuren	4,022	4,306	30,049	2,557	2,757	3,400	13,205	3,171	2,312	85,204 *)
2	Ia. Rosenpaprika von Sczenes in Budapest	2,000	Spuren	8,100	4,514	42,698	2,183	2,950	11,012	13,445	9,818	2,759	71,707
3	Mittleres Fabrikat von demselben . . .	Spuren	1,000	4,800	4,666	43,015	7,653	8,374	4,195	12,376	11,433	2,487	78,391
	In der Reinasche:												
1	Ia. Rosenpaprika der Gebrüder Pálfy in Szegedin	2,503	Spuren	5,475	5,862	53,154	3,481	3,753	4,628	17,976	—	3,147	—
2	Ia. Rosenpaprika von Szenes in Budapest	2,217	Spuren	8,981	5,005	47,346	2,420	3,271	12,210	14,908	—	3,059	—
3	Mittleres Fabrikat von demselben . . .	Spuren	1,129	5,419	5,268	48,567	8,640	9,454	4,736	13,973	—	2,808	—

2. Victor Vedrödi (Zeitschr. Nahrungsm.-Unters, Hyg. u. Waarenk. 1893, 7, 385) fand in einer Anzahl Paprikaproben folgenden Gehalt an Asche und Petrolätherextrakt:

No.	Nähere Bezeichnung	Asche				Petrolätherextrakt			
		Zahl der Versuche	Minimum %	Maximum %	Mittel %	Zahl der Versuche	Minimum %	Maximum %	Mittel %
1	Aeussere rothe von allen übrigen Theilen sorgfältig befreite Hülle	8	4,10	5,96	5,22	5	5,96	6,76	6,31
2	Ganze, fehlerfreie Schoten sammt den inneren Häuten und Samen	3	5,71	6,34	5,84	3	8,40	9,26	9,24
3	desgl., jedoch fehlerhafte Schoten	3	7,93	8,64	8,26	3	7,46	7,78	7,65
4	Innere häutige, werthlose Theile ohne Samen . .	3	7,63	8,10	7,86	3	6,02	6,50	6,18
5	Samen für sich	4	3,25	3,85	3,63	3	14,20	14,36	14,26
6	Fabrikmässig gepulverter Rosenpaprika 1. Klasse der Fabrik von Gebr. Pálfy in Szegedin	—	—	—	—	5	9,18	10,00	9,52
7	desgl. Rosenpaprika 2. Klasse	—	—	—	—	3	11,00	11,60	11,32

Die Farbe der Asche der reinsten und besten Sorten ist grünlich weiss bis lichtgrün. Die Farbe rührt von einem Gehalt an Kupfer her, den Verfasser zu 0,095—0,120% im Mittel zu 0,102% Kupferoxyd fand.

3. J. N. Zeitler (Zeitschr. angew. Chem. 1888, 510) fand in drei Paprikaproben, die mit Blüthenkelch gemahlen waren, folgenden Gehalt an Wasser, Asche, in Salzsäure unlöslicher Asche und Alkoholextrakt:

	Wasser	Alkoholextrakt**)	Asche	In Salzsäure unlösliche Asche
1.	7,25%	28.27%	7,40%	0,39%
2.	9,55 „	36,39 „	6,10 „	0,39 „
3.	5,90 „	30,81 „	7,11 „	0,47 „

*) Die Asche enthielt von der Veraschung mit Salpetersäure herrührende Nitrate.
) Ueber das angewendete Verfahren siehe oben S. 937 Anmerkung *).

4. Hockauf (Zeitschr. allg. österr. Apoth.-Vereins 1898, 52, 438; Zeitschr. Nahrungs- u. Genussmittel 1900, 3, 469) fand für:

	Fruchthaut	Ganze Samen I	Ganze Samen II
Gesammt-Asche	6,785 %	3,078 %	2,800 %
In Salzsäure unlösliche Asche . .	0,03 „	Spuren	Spuren

5. G. Gregor (Zeitschr. Nahrungs- u. Genussmittel 1900, 3, 460) fand für die Früchte von ihm selbst gezogener Paprika 9,511 % Asche, von der 0,146 % in Salzsäure unlöslich waren.

Für das Pulver der sog. Schoten sammt den inneren häutigen Theilen und Kernen (Stiel und Kelch, sowie der grösste Theil des Samenlagers waren entfernt) von verschiedenem, selbst gesammeltem Paprika aus den Gärten von Czernowitz fand er folgende Gehalte an Asche und in Salzsäure löslichen Bestandtheilen:

No.	1	2	3	4	5	6	7	8	9	10
	%	%	%	%	%	%	%	%	%	%
Gesammt-Asche . .	7,123	7,339	7,787	8,382	9,247	9,395	9,490	9,511	10,012	10,027
In Salzsäure unlösliche Asche	0,216	0,064	0,101	0,344	0,297	0,119	0,135	0,146	0,343	0,276

6. A. Vogl (Zeitschr. Nahrungsm.-Unters., Hyg. u. Waarenk. 1895, 9, 377) fand in den selbstgeernteten Früchten von Capsicum longum 5 % Asche.

Cayenne-Pfeffer.

Früchte von Capsicum frutescens Willd. und Capsicum baccatum L.

No.	Nähere Bezeichnung	100 Körn. wiegen g	Zeit der Untersuchung	Wasser %	Stickstoff-Substanz %	Aetherisches Oel %	Fett %	Stärke (in Zucker überführbare Stoffe) %	Sonstige stickstofffreie Extraktstoffe %	Rohfaser %	Asche: Reinasche in Wasser löslich %	Asche: Reinasche in Wasser unlöslich %	Asche: Sand etc. (in HCl unlöslich) %	Alkohol-Extrakt %	Analytiker
1	Zanzibar-Cayenne-Pfeffer	—	1887	2,35	13,13	(0,13) *)	26,99 *)	41,47		16,88	9,06			—	Cl. Richardson[1])
2	Zanzibar-Cayenne-Pfeffer	—	„	5,74	11,20	1,58 *)	17,90 *)	40,24		18,10	5,24			—	Cl. Richardson[1])
3	Japan-Cayenne-Pfeffer	6,82	1898	5,78	13,75	1,02	20,89	8,19	23,13	21,44	4,54	1,12	0,14	25,46	A. L. Winton, A. W. Ogden und W. L. Mitchell[2]) **) ***)
4	Japan-Cayenne-Pfeffer	6,70	„	5,61	14,63	1,16	21,15	7,15	22,39	21,95	4,93	0,98	0,05	23,77	
5	Japan-Cayenne-Pfeffer	7,14	„	6,45	13,44	0.78	21,81	7,65	23,04	21,65	4,17	0,93	0,08	23,19	
6	Zanzibar-Cayenne-Pfeffer	4,27	„	4,86	13,31	1,99	18,37	8,91	22,52	24,91	3,40	1,85	0,18	21,52	
7	Zanzibar-Cayenne-Pfeffer	4,40	„	6,87	13,94	1,24	17,17	9,31	21,52	24,34	3,36	2,06	0,19	23,22	
8	Zanzibar-Cayenne-Pfeffer	4,50	„	3,67	13,31	2,57	19,11	9,04	23,62	23,44	3,30	1,83	0,11	25,64	
9	Bombay-Pfeffer	21,96	„	7,08	13,56	0,73	21,16	8,95	22,68	20,69	4,12	0,83	0,20	24,42	
10	Bombay-Pfeffer	23,31	„	3,67	13,38	1,34	21,56	8,55	26,07	20,35	4,02	0,83	0,23	27,61	
11	Chili-Colorado aus Mexiko .	180,0	1899	15,96	11,94	0,36	15,45	36,17		13,93	5,13	1,02	0,04	30,42	
12	Natal-od. Durban-Cayenne-Pf. .	112,0	„	13,58	16,81	0,85	16,00	28,13		19,12	4,57	0,87	0,07	24,95	

[1]) Cl. Richardson: Foods and food adulterants **2**, Spices and condiments. Washington 1887. Bull. **13**, 211.

[2]) 22. und 23. Jahresbericht der Connecticut Agric. Experim. Stat. für 1898, 200 u. 1899, 102.

*) Im Original heisst es für die Zahlen 0,13 % u. 1,58 % „fixed oil“ und für die Zahlen 26,99 u. 17,90 % „volatile Camphor“; da hierbei wohl offenbar ein Druckfehler vorliegt, haben wir die Zahlen umgestellt.

**) Winton, Ogden und Mitchell fanden ferner:

No.	3	4	5	6	7	8	9	10	11	12	13	14
Stärke nach dem Diastase-Verfahren	1,46	1,35	0,80	0,84	0,84	0,90	0,84	1,06	1,38	—	1,46	1,46 %

***) Ueber die Untersuchungsverfahren vergl. oben S. 932.

No.	Nähere Bezeichnung	Zeit der Untersuchung	Wasser	Stickstoff-Substanz	Aetherisches Oel	Fett	Stärke (in Zucker überführbare Stoffe)	Sonstige stickstofffreie Extraktstoffe	Rohfaser	Asche: Reinasche in Wasser löslich	Asche: Reinasche in Wasser unlöslich	Asche: Sand etc. (in HCl unlöslich)	Alkohol-Extrakt	Analytiker
			%	%	%	%	%	%	%	%	%	%	%	
	100 Körn. wiegen g													
13	Nepaul-Cayenne-Pfeffer aus Hindostan . . . 50,8	1899	5,71	14,87	0,85	20,46	27,79		24,25	4,54	1,48	0,05	23,78	A.L. Winton A. W. Ogden und W. L. Mitchell [1])
14	Zanzibar-Cayenne-Pf. . 4,45	„	5,18	14,62	0,56	15,63	30,23		27,65	4,29	1,69	0,15	19,92	
15	Gemahlene Chillies .	1900	9,90	—	21,08		—		22,09	4,94	1,22	0,11	9,54	W. R. C. Cynaston [2])
16	Gemahlen. japanischer Pfeffer	„	8,90	—	20,91		—		25,30	4,93	1,51	0,06	10,43	
17	Cayenne-Pf. von bekannter Reinheit (Marktwaare) . .	„	9,12	—	20,97		—		17,96	4,40	1,10	0,16	15,12	
	Mittel (No. 3—14)	—	**8,02**	**13,97**	**1,12**	**19,06**	**8,47**	**21,77**	**21,98**	**4,20**	**1,29**	**0,12**	**24,49**	

Wacholderbeere.

Frucht von Juniperus communis L.

No.	Nähere Bezeichnung	Zeit der Untersuchung	Wasser	Stickstoff-Substanz	Aetherisches Oel	Fett	Zucker	Sonstige stickstofffreie Extraktstoffe	Rohfaser	Asche	Alkohol-Extrakt	Analytiker
1	Aus Mähren**) . .	1873	29,44	4,45	0,91	**)	29,65	—	15,83	2,33	—	E. Donath [3])
2	Ohne nähere Bezeichn.	1877	10,77	5,41	12,24		14,36 ***)	43,15		3,37	—	Ritthausen [4])
3	Aus Italien	1890	21,50	3,30	10,20		25,80	19,70	16,40	3,00	—	Behrend [5])
4	Aus Mähren**) .	1892	35,34	3,47	0,89	**)	12,62	—	29,43	2,15	—	B. Franz [3])
	Mittel	—	**24,26**	**4,16**	**0,90**	**10,32**	**20,61**	**16,49**	**20,55**	**2,71**	—	

[1]) Vergl. Anmerkungen [2]), **) und ***) S. 956.
[2]) Chem. News 1900, **81**, 109; Chem.-Ztg. 1900, **24**, Rep. 87.
[3]) Vierteljahresschr. Nahrungs- u. Genussm. 1892, **7**, 69.
[4]) Landw. Vers.-Stat. 1877, **24**, 411.
[5]) Chem.-Ztg. 1890, **14**, 267.

*) Cynaston fand ferner:

	No. 15	16	17
Alkalinität der Asche entsprechend Kali (K_2O)	1,79%	1,91%	1,53%

**) E. Donath und B. Franz fanden ferner in den Wacholderbeeren:

	Wachsähnliches Fett	Harz im Alkohol-Auszuge	Harz im Aether-Auszuge	Bitterstoff (Juniperin)	Pectinartige Stoffe (durch Alkohol fällbar)	Ameisensäure	Essigsäure	Aepfelsäure
	%	%	%	%	%	%	%	%
No. 1 (F. Donath):	0,64	1,29	8,46	1,37	0,73	1,86	0,94	0,21
No. 4 (B. Franz):	0,094	1,33	8,22	0,24	1,64	1,50	0,57	0,43

Ganz reife Beeren enthielten nach B. Franz 26,49% Zucker u. 17,14% Holzfaser, während wenig bis halb reife Beeren 8,46% Zucker u. 29,62% Rohfaser enthielten.

***) An sonstigen wasserlöslichen Stoffen wurden von Ritthausen 11,70% gefunden.

Kümmel.

Spaltfrüchte von Carum Carvi L.

No.	Nähere Bezeichnung	Zeit der Untersuchung	Wasser %	Stickstoff-Substanz %	Aetherisches Oel %	Fett %	Zucker %	Stärke %	Sonstige stickstofffreie Extraktstoffe %	Rohfaser %	Asche: Reinasche in Wasser löslich %	Asche: Reinasche in Wasser unlöslich %	Asche: Sand etc. (in HCl unlöslich) %	Alkohol-Extrakt %	Analytiker
1	Ohne nähere Bez.	1879	13,23	19,43	1,74	17,30	2,14	18,20		22,41	5,55			—	G. Laube u. H. Aldendorf[1])
2	Holländischer .	1893	15,87	20,25	3,78 *)	8,81	4,10	4,53	18,47	17,73	6,46			— Nach der Aether-Extraktion	Th. Arnst u. F. Hart[2])
3	desgl. I . . .	1896	12,30	—	1,90 **)	20,40	—	—	—	—	2,10	3,70	0,30 **)	11,60	B. Dyer u. J. F. H. Gilbard[3])
4	desgl. II . . .	„	11,20	—	1,50	19,50	—	—	—	—	2,20	4,10	0,40	9.50	
	Mittel	—	**13,15**	**19,84**	**2,23**	**16,50**	**3,12**	**4,53**	**14,36**	**20,07**	**2,15**	**3,70**	**0,35**	**10,55**	
	Erschöpfter Kümmel . .	1896	6,90	—	0,10	16,10	—	—	—	—	2,20	4,10	0,40	12,00	

Anis.

Spaltfrüchte von Pimpinella Anisum L.

No.	Nähere Bezeichnung	Zeit der Untersuchung	Wasser %	Stickstoff-Substanz %	Aetherisches Oel %	Fett %	Zucker %	Stärke %	Sonstige stickstofffreie Extraktstoffe %	Rohfaser %	Asche: in Wasser löslich %	Asche: in Wasser unlöslich %	Asche: Sand etc. %	Alkohol-Extrakt %	Analytiker
1	Ohne nähere Bez.	1879	11,42	16,31	1,92	8,36	3,89	23,96		25,23	8,91			—	G. Laube u. H. Aldendorf[1])
2	Russischer . .	1893	12,75	18,09	0,78 *)	9,95	5,50	5,54	25,01	12,10	10,42			—	Th. Arnst u. F. Hart[2])
3	Levante . . .	„	12,81	18,15	1,01 *)	10,45	3,42	4,86	28,72	14,59	5,99			—	
	Mittel	—	**12,33**	**17,52**	**1,24**	**9,59**	**4,27**	**5,20**	**24,10**	**17,31**	**8,44**			—	

Coriander.

Spaltfrüchte von Coriandrum sativum L.

No.	Nähere Bezeichnung	Zeit der Untersuchung	Wasser %	Stickstoff-Substanz %	Aetherisches Oel %	Fett %	Zucker %	Stärke %	Sonstige stickstofffreie Extraktstoffe %	Rohfaser %	Asche: in Wasser löslich %	Asche: in Wasser unlöslich %	Asche: Sand etc. %	Alkohol-Extrakt %	Analytiker
1	Ohne nähere Bezeichnung	1879	11,42	10,94	0,25	19,13	0,10	22,86		30,62	4,68			—	G. Laube u. H. Aldendorf[1])
2		1893	11,31	12,03	0,23 *)	19,17	1,92	10,53	13,30	26,23	5,28			—	Th. Arnst u. F. Hart[2])
	Mittel	—	**11,37**	**11,49**	**0,24**	**19,15**	**1,01**	**10,53**	**13,80**	**28,43**	**4,98**			—	

Fenchel.

Spaltfrüchte von Foeniculum officinale All. oder Foeniculum vulgare Gerarde.

No.	Nähere Bezeichnung	Zeit der Untersuchung	Wasser %	Stickstoff-Substanz %	Aetherisches Oel %	Fett %	Zucker %	Stärke %	Sonstige stickstofffreie Extraktstoffe %	Rohfaser %	Asche: in Wasser löslich %	Asche: in Wasser unlöslich %	Asche: Sand etc. %	Alkohol-Extrakt %	Analytiker
1	Ohne nähere Bez	1893	17,19	16,28	2,89 *)	8,86	4,71	14,33	13,40	13,74	8,60			—	Th. Arnst u. F. Hart[2])

[1]) Hannoversche Monatsschrift „Wider die Nahrungsmittelfälscher" 1879, 83.
[2]) Zeitschr. angew. Chem. 1893, 136.
[3]) Analyst 1896, **21**, 207; Chem. Centrbl. 1896, II, 676.

*) Ueber die Bestimmung des ätherischen Oeles vergl. unten S. 975, Anmerkung**).
**) Zur Bestimmung des ätherischen Oeles wurde der Aether-Extrakt bei 100° so lange getrocknet, bis der Rückstand in 10 Minuten nur noch 1 mg abnahm; darauf wurde bis zur Gewichtsbeständigkeit getrocknet und die Differenz der ersten und zweiten Wägung als flüchtiges, ätherisches Oel berechnet.

No.	Nähere Bezeichnung	Zeit der Untersuchung	In der natürlichen Substanz: Wasser %	Wasser-Extrakt %	Alkohol-Extrakt %	Reinasche %	Abwaschbare Theile: im Ganzen %	Mineralstoffe (Sand etc.) %	In der Trocken-Substanz: Wasser-Extrakt %	Alkohol-Extrakt %	Reinasche %	Keimfähigkeit %	Analytiker
2	Deutscher Fenchel*)	1899	12,09	21,10	11,24	7,46	0,42	0,26	24,00	13,92	8,48	79	A. Juckenack und R. Sendtner[1]
3		„	12,92	21,90	10,70	8,16	0,66	0,41	25,26	12,29	9,37	74	
4		„	16,10	21,40	11,34	6,94	0,66	0,46	25,51	13,56	8,27	83	
5		„	13,74	24,00	11,48	8,17	0,56	0,38	27,82	13,32	9,47	55**)	
6		„	11,90	22,64	11,03	7,61	0,39	0,29	25,69	12,52	8,64	76	
	Mittel No. 2—6	—	13,35	22,21	11,16	7,67	0,54	0,36	25,66	13,12	8,85	78	
7	Italienischer Fenchel	1899	11,06	23,00	15,92	7,63	2,30	2,00	25,86	17,90	8,57	73	
8		„	14,38	23,80	12,22	8,19	0,52	0,31	27,79	14,27	9,57	26**)	
9		„	9,79	24,80	16,57	8,15	0,44	0,38	27,49	18,37	9,03	80	
	Mittel No. 7—9	—	11,74	23,87	14,90	7,99	1,12	0,90	27,05	16,85	9,06	76	
10	Macedonischer Fenchel*)	1899	9,96	26,90	16,28	7,96	—	—	29,88	18,08	8,84	76	
11		„	9,80	25,30	12,85	8,06	0,99	0,77	28,05	14,24	8,92	81	
	Mittel No. 10 u. 11	—	9,88	26,10	14,56	8,01	0,99	0,77	28,96	16,16	8,88	79	
12	Galizischer Fenchel*)	1899	10,63	22,20	15,39	8,38	5,08	4,65	24,84	16,10	9,36	72	
13		„	11,63	21,90	14,51	7,41	4,44	4,02	24,87	16,42	8,38	63	
14		„	10,27	21,20	13,07	7,79	5,58	5,07	23,61	14,56	8,68	68	
15		„	13,71	21,10	16,09	7,79	2,44	1,99	24,45	18,64	9,03	78	
16		„	12,39	21,90	13,11	7,43	3,07	2,67	24,99	14,97	8,48	76	
17		„	10,89	21,40	13,42	8,27	5,37	4,54	24,01	15,06	9,17	65	
	Mittel No. 12—17	—	11,59	21,62	14,27	7,84	4,33	3,82	24,46	15,96	8,85	70	
	Extrahirter deutscher Fenchel	1899	7,74	6,40	4,23	5,44	0	0	6,93	4,58	5,90	0	

Reiner Fenchel:	Wasser %	Stickstoff-Substanz %	Aetherisches Oel %	Fett %	Zucker %	Stärke %	Sonstige stickstofffreie Extraktstoffe %	Rohfaser %	Reinasche %	Abwaschbare Theile: im Ganzen %	Mineralstoffe (Sand etc.) %	Alkohol-Extrakt %	Wasser-Extrakt %
Gesammt-Mittel	**12,26**	**16,28**	**2,89**	**8,86**	**4,71**	**14,33**	**19,05**	**13,74**	**7,88**	**2,21**	**1,88**	**13,45**	**22,78**

[1]) Zeitschr. Nahrungs- u. Genussm. 1899, 2, 329.

*) Die Fenchel enthielten:

	Deutscher Fenchel No. 2 %	3 %	4 %	5 %	6 %	Mittel %	Macedonischer Fenchel No. 10 %	11 %	Mittel %
Gute Körner	95,49	91,35	96,90	93,57	94,89	94,48	82,34	84,93	83,63
Verkümmerte Körner . .	4,51	8,65	3,10	6,43	5,11	5,52	13,31	12,14	12,73
Erdige Beimengung . .	0	0	0	0	0	0	3,23	5,84	4,53
Fremde Samen	0	0	0	0	0	0	—	—	—

	Galizischer Fenchel No. 12 %	13 %	14 %	15 %	16 %	17 %	Mittel %
Gute Körner	74,27	61,59	70,25	82,83	84,87	75,25	74,84
Verkümmerte Körner . .	14,98	28,32	19,54	11,93	12,14	17,10	17,37
Erdige Beimengung . .	6,40	6,70	5,64	2,54	2,99	7,65	5,32
Fremde Samen	4,35	3,39	4,57	2,70	—	—	—

**) No. 5 war mehrere Jahre alter Fenchel, No. 8 war von Maden stark angefressen.

Sternanis (Badian).

Sammelfrucht von Illicium anisatum L. und Illicium religiosum Siebold.

No.	Nähere Bezeichnung	Zeit der Untersuchung	Wasser %	Stickstoff-Substanz %	Aetherisches Oel %	Fett %	Zucker %	Stärke (in Zucker überführbare Stoffe) %	Sonstige stickstofffreie Extraktstoffe %	Rohfaser %	Asche: Reinasche in Wasser löslich %	Asche: Reinasche in Wasser unlöslich %	Asche: Sand etc. (in HCl unlöslich) %	Alkohol-Extrakt %	Analytiker
1	Illicium anisatum	1893	13,16	5,15	4,79 *)	5,85	—	37,51		30,89	2,65			—	Th. Arnst u. F. Hart [1])
2	„ religiosum	„	11,94	6,35	0,66 *)	2,35	—	48,01		27,91	11,94			—	

Vanille.

Kapselfrucht von Vanilla planifolia Andrew.

No.	Nähere Bezeichnung	Zeit der Untersuchung	Wasser %	Stickstoff-Substanz %	Aetherisches Oel %	Fett (Wachs) %	Zucker %	Stärke %	Sonstige stickstofffreie Extraktstoffe %	Rohfaser %	Asche: in Wasser löslich %	Asche: in Wasser unlöslich %	Asche: Sand etc. %	Alkohol-Extrakt %	Analytiker
1	Ohne nähere Bezeichnung	1879	30,93	2,56	—	4,68	9,12	32,90		15,27	4,53			—	G. Laube u. H. Aldendorf [2])
2		„	25,85	4,87	0,64	6,74	7,07	30,50		19,60	4,73			—	
	Mittel	—	**28,39**	**3,71**	**0,64**	**5,71**	**8,09**	**31,70**		**17,43**	**4,63**			—	

Anhang zu Vanille.

1. Gehalt der Vanille an Vanillin.

A. Vanilla planifolia.

a) Nach Tiemann und Haarmann (Ber. Deutsch. Chem. Ges. 1876, 9, 1288) enthielten:

Mexikanische Vanille.	Bourbon-Vanille.	Java-Vanille.
Beste Sorte 1873-er Ernte 1,69 %.	Beste Sorte 1874-er Ernte 2,48, 1,91, und 2,90 %.	Beste Sorte 1873er Ernte 2,75 %.
„ „ 1874-er „ 1,86 „	desgl. 1875-er Ernte 1,97, u. 2,43 %.	Mittlere Sorte 1874-er „ 1,56 „
Mittlere Sorte „ „ 1,32 „	Mittlere Sorte 1875-er 1,19 %	
	Geringste Sorte 1874-er 1,55 %.	
	„ „ 1875-er 0,75 „	

b) Nach Th. und G. Peckolt (Historia das plantas medicinaes e uteis do Brazil. Rio de Janeiro 1888. S. 776; mitgetheilt von W. Busse: Arb. Kaiserl. Gesundh. 1898, 15, 1) enthielt brasilianische Vanille:

	Vanille von Goyaz	Santa Catharina	Pará	Rio de Janeiro	
Vanillin .	1,25 %	1,34 %	0,95 %	1,50 %	1,68 %

c) Nach W. Busse (Arb. Kaiserl. Gesundh. 1898, 15, 1) enthielt:

Vanille aus Deutsch-Ostafrika (1894-er)	Ceylon-Vanille	Tahiti-Vanille	
2,16 %	1,48 %	1,55 %	2,02 %

B. Vanilla palmarum Lindl. und andere „Vanillons". Erstere enthält nach G. Peckolt (Zeitschr. allgem. österr. Apoth.-Ver. 1883, 473; mitgetheilt von W. Busse [l. c]) 1,03 % Vanillin. — Denner fand in brasilianischer Vanille 0,1—0,2 % Aldehyde, welche nur z. Th. aus Vanillin bestanden, neben dem sich auch wahrscheinlich Piperonal fand. — W. Busse fand in 2 Proben Vanillons aus Britisch-Guyana 0,129 % und aus Brasilien 2,12 % Vanillin.

---

[1]) Zeitschr. angew. Chem. 1893, 136.
[2]) Hannoversche Monatsschrift „Wider die Nahrungsfälscher" 1879, 83.

*) Ueber das zur Bestimmung des ätherischen Oeles angewendete Verfahren vergl. unten S. 975 Anmerkung **).

2. Gehalt an Wasser, Fett, Zucker, Asche und Aschenbestandtheilen.

W. von Leutner (Pharm. Zeitschr. f. Russland 1871, 10, 642; mitgetheilt von W. Busse l. c.) fand in Vanilla planifolia 11,37% Fett und 6,98% reducirenden Zucker, ferner in 3 Proben an

Wasser	29,18%	19,90%	16,12% und
Asche	4,23 „	4,68 „	4,93 „

und für die Asche folgende procentige Zusammensetzung:

Phosphorsaures Eisenoxyd	Thonerde	Kalk	Magnesia	Kali	Natron	Phosphorsäure	Schwefelsäure	Kieselsäure	Chlor	Kohlensäure
0,49	4,66	19,66	9,61	16,21	6,68	9,45	0,10	0,17	0,50	28,28

W. Busse (Arb. Kaiserl. Gesundh. 1898, 15, 1—113) erhielt an Petroläther-Extrakt bei Peru-Vanille 21,24%, bei Tahiti-Vanille 7,99%, bei Ceylon-Vanille 10,16%. In der mit Petroläther erschöpften Vanille wurden noch 8—14% alkohollösliches Harz gefunden.

Cardamom.

Kapselfrucht von Elettaria Cardamomum Wh. u. Mat.

No.	Nähere Bezeichnung	Zeit der Untersuchung	Wasser %	Stickstoff-Substanz %	Aetherisches Oel %	Fett %	Zucker %	Stärke %	Sonstige stickstofffreie Extraktstoffe %	Rohfaser %	Asche: Reinasche in Wasser löslich %	Asche: Reinasche in Wasser unlöslich %	Asche: Sand etc. (in HCl unlöslich) %	Alkohol-Extrakt %	Analytiker
1	Kerne } derselb.	1879	19,38	11,18	3,80	1,14	0,65	44,10		11,02	8,73			—	G. Laube u. H. Aldendorf ¹)
2	Hülsen } Frucht	„	8,37	5,50	0,72	2,27	0,94	36,91		30,42	14,87			—	
	Aus Ceylon:														
3	Kerne 64,58%	1893	12,25	12,96	2,85	2,05	0,45	40,53	7,15	14,37	7,39			—	Th. Arnst u. F. Hart ²) *)
4	Hülsen 35,42 „	„	9,15	10,12	0,07 *)	3,07	0,84	18,66	16,89	28,67	12,53			—	
	Aus Malabar:														
5	Kerne 56,94%	„	11,25	14,77	3,83	1,73	0,64	21,73	8,76	16,69	10,60			—	
6	Hülsen 43,06 „	„	9,52	7,64	0,13	2,56	1,16	20,80	16,31	29,99	11,89			—	
7	Echter Cardamom	1897	15,25	—	5,10**)		28,84		—	—	6,55			—	B. Niederstadt ³)
Mittel	Kerne (No. 1, 3, 5)		**14,29**	**12,97**	**3,49**	**1,64**	**0,58**	**31,13**	**12,96**	**14,03**	**8,91**				
Mittel	Hülsen (No. 2, 4, 6)		**9,01**	**7,75**	**0,31**	**2,63**	**0,98**	**19,73**	**29,92**	**16,60**	**13,07**				

Wilder oder Bastard-Cardamom. — Anthioides Ammomum (Fälschungsmittel des echten Cardamom).

No.	Nähere Bezeichnung	Zeit der Untersuchung	Wasser %	Stickstoff-Substanz %	Aetherisches Oel %	Fett %	Zucker %	Stärke %	Sonstige stickstofffreie Extraktstoffe %	Rohfaser %	Asche %	Alkohol-Extrakt %	Analytiker
1	Ohne nähere Bez.	1897	15,50	—	4,04**)		24,00		—	—	7,50	—	B. Niederstadt ³)

Zusammensetzung der Asche von echtem Cardamom (Kerne und Hülsen) nach H. B. Yardley (Chem. News 1899, 79, 122; Zeitschr. Nahrungs- u. Genussm. 1899, 2, 949).

Eisenoxyd (Fe_2O_3) %	Thonerde (Al_2O_3) %	Kalk (CaO) %	Magnesia (MgO) %	Kaliumcarbonat (K_2CO_3) %	Natriumcarbonat (Na_2CO_3) %	Phosphorsäure (P_2O_5) %	Schwefelsäure (SO_3) %	Kieselsäure (SiO_2) %	Chlor (Cl) %	Kohlensäure Kohle etc. %
0,51	1,53	13,33	4,52	10,42	20,43	6,00	12,66	24,81	2,54	4,40

¹) Hannoversche Monatsschrift „Wider die Nahrungsfälscher" 1879, 83.
²) Zeitschr. angew. Chem. 1893, 136.
³) Chem.-Ztg. 1897, 21, 831.

*) Ueber das zur Bestimmung des ätherischen Oeles angewendete Verfahren vergl. unten S. 975. Anmerkung **).
**) Der Gehalt an ätherischem Oel ist bei Bastard-Cardamom geringer als bei echtem Cardamom. Ersterer besitzt einen ausgesprochen kampherartigen Geruch und Geschmack und hinterlässt auf der Zunge ein kratzendes Gefühl. Die Farbe des Bastard-Cardamom ist grau, die des echten Cardamom gelblich-weiss, erzeugt durch Bleichen mit schwefliger Säure.

Senf.

I. Weisser Senf. — Samen von Sinapis alba L.

No.	Nähere Bezeichnung	Gew. v. 100 Körn. g	Zeit der Untersuchung	Wasser %	Stickstoff-Substanz %	Aether-Extrakt flüchtig %	Aether-Extrakt nicht flüchtig %	Stärke %	Sonstige stickstofffreie Extraktstoffe %	Rohfaser %	Asche %	Myrosin %	Myronsaures Kalium %	Rhodan-sinapin %	Analytiker
1*)	Ohne nähere Bezeichnung	—	1860	7,50	18,36	26,20		43,94			4,00	—	—	—	*Rob. Hoffmann* [1])
2	Ohne nähere Bezeichnung	—	—	7,00	26,56	29,30		32,69			4,45	—	—	—	*C. Schädler* [2])
3	Ohne nähere Bezeichnung	—	1873	5,36	33,03	35,76		5,45		16,29	4,11	Myrosin + Albumin 27,48	Bitteres Salz und bittere Stoffe 10,98	Schwefel 1,22	*H. Hassall* [3])
4	Von Yorkshire**)	0,588	1881	9,32	28,37	0,06	25,50	21,68		10,52 ***)	4,57	5,24	—	0,99	*Ch. Piesse u. L. Stansell* [4])
5	Von Cambridge**)	0,581	„	8,00	28,06	0,08	27,43	23,06		8,87 ***)	4,70	4,58	—	0,93	*Ch. Piesse u. L. Stansell* [4])
6	—	0,635	1887	5,57	28,88	0,97	33,56	21,33		5,40	4,29	—	—	—	*Cl. Richardson* [5])
7	Ohne nähere Bez.	—	1893	7,52	29,87	28,77		+ Dextrin 9,10 [0])	—	—	5,18	Myrosin 26,88	Myronsaures Kalium 5,23	Rhodansinapin 11,40	*Vers.-Stat. Münster* [6])
	Mittel		—	**7,18**	**27,59**	**29,66**		**20,83**		**10,27**	**4,47**	—	—	—	
	Sog. falscher weissser Senf (Brassica iberifolia)		1887	6,02	22,76 [00])	45,14		12,42		9,54	4,12	—	1,91	Sinapin etc. 6,58	*E. Wein* [7])

II. Schwarzer Senf. — Samen von Sinapis nigra L.

No.	Nähere Bezeichnung	Gew. von 100 Körn.	Zeit der Untersuchung	Wasser %	Stickstoff-Substanz %	Aether-Extrakt flüchtig %	Aether-Extrakt nicht flüchtig %	Stärke %	Sonstige stickstofffreie Extraktstoffe %	Rohfaser %	Asche %	Myrosin %	Myronsaures Kalium %	Rhodan-sinapin %	Analytiker
1	Ohne nähere Bezeichnung		—	6,78	20,52	22,20		46,29			4,21	—	1,68	—	*C. Schädler* [2])
2	desgl.		1873	4,84	31,67	1,27	34,43	6,30		16,77	4,72	—	Myronsäure 4,84	Schwefel 1,41	*H. Hassall* [3])
3	Von Cambridge	0,106 g	1880	8,52	26,50	0,47	25,07	25,45		9,01	4,98	Myrosin + Albumin 5,24	Myronsaures Kalium 1,69	1,28	*Ch. Piesse u. L. Stansell* [4])
4	Ohne nähere Bezeichnung		1882	10,66	39,66	25,91		11,37		7,07	5,33 [000])	—	—	—	*V. Dirks* [8])
5	desgl.		1893	7,04	27,19	31,38		9,14 [7])		—	5,72	Myrosin 26,17	3,04	Rhodansinapin 12.22	*Vers.-Stat. Münster* [5])
	Mittel		—	**7,57**	**29,11**	**0,87**	**27,28**	**19,23**		**10,95**	**4,99**	—	—	—	

1) Landw. Vers.-Stat. 1863, **5**, 191.
2) C. Schädler: „Technologie der Fette". Berlin 1883, 436.
3) Pharm. Journ. and Trans. [3], **5**; Hoffmann's Jahrb. 1873, **16**, 241.
4) Journ. Pharm. Chim. [5], **3**, 252; Chem. Centrbl. 1881, 374.
5) Cl. Richardson: Foods and food adulterants. **2**, Bull. 13. Washington 1887, 181.
6) Original-Mittheilung.
7) Bot. Centrbl. 1887, **8**, 249; Vierteljahresschr. Nahrungs- u. Genussm. 1887, **2**, 219. Mitgetheilt von C. O. Harz, der den Samen bestimmte.
8) Landw. Vers.-Stat. 1883, **28**, 179.

*) Der untersuchte Samen war im Vergleich mit anderen Oelsaaten 1860 auf einem und demselben Felde zu Zittolib in Böhmen auf einem mit Stallmist gedüngten kalkhaltigen Lehmboden mit Lettenuntergrund angebaut worden. Das spec. Gew. des Samens war = 1,00; 100 Samen wogen 0,421 g. Die Stickstoff-Substanz ist von uns berechnet.

**) Piesse und Stansell fanden ferner:

Weisser Senf	No. 4: 27,38 %	lösliche Substanz	und	0,55 %	lösliche Asche
	„ 5: 26,29 „	„	„	0,75 „	„ „
Schwarzer Senf	„ 3: 24,22 „	„	„	1,11 „	„ „

***) Die Rohfaser ist der Rückstand nach der Behandlung mit verdünnter Salzsäure, Natronlauge, siedendem Wasser und Alkohol.

0) Der weisse Senf enthielt 5,85 % und der schwarze Senf 5,04 % Dextrin.

00) Von dem Gesammt-Stickstoff (3,64 %) waren 3,24 % (= 89 %) als Eiweiss und 0,40 % (= 11 %) als in Alkohol lösliche Substanzen (Myrosinsäure, Sinapin) vorhanden.

000) Der schwarze Senf enthielt 0,56 % Sand.

III. Sonstige Senfarten. — Samen von Sinapis iuncea L., Sinapis arvensis L. u. a.

No.	Nähere Bezeichnung	Zeit der Untersuchung	Wasser %	Stickstoff-Substanz %	Aether-Extrakt flüchtig %	Aether-Extrakt nicht flüchtig %	Stärke %	Sonstige stickstofffreie Extraktstoffe %	Rohfaser %	Asche %	Myrosin + Albumin %	Myronsaures Kalium %	Schwefel %	Bitteres Salz und sonstige bittere Stoffe %	Analytiker
	Gew. v. 100 Körn. g														
1	Sarepta-Senf (Sinapis juncea L.) —	—	7,35	28,60	28,45		29,86			5,74	—	0,61	—	—	*C. Schädler*[1])
2	Acker-Senf (Sinapis arvensis L.) —	1882	8,93	28,22	26,41		21,38		9,46	5,60 *)	—	—	—	—	*V. Dirks*[2])
3	Gelber aus Californien . . 0,480	1887	4,83	31,13	1,27	31,96	16,35		8,50	5,96	—	—	—	—	*Cl. Richardson*[3])
4	Brauner desgl. 0,435	„	4,11	24,69	1,35	36,63	12,16		16,18	4,88	—	—	—	—	„
5	Englischer, gelber . . 0,419	„	3,11	30,25	2,06	31,51	22,10		6,90	4,07	—	—	—	—	„
6	Englischer, tiefbrauner . 0,425	„	4,62	25,88	0,63	39,55	18,87		10,84	5,61	—	—	—	—	„
7	Guzerat-Raps (Sinapis spec.) . . .	1857	5,60	15,50	45,51		14,58		15,31	3,50	—	—	—	—	*Th. Anderson*[4])
	Mittel	—	**5,51**	**26,32**	**1,33**	**33,72**	**16,87**		**11,20**	**5,05**	—	—	—	—	

F. Beck, (Pharm. Journ. 1899, 21, 118; Chem.-Ztg. 1899, 23, Rep. 99) fand nach der von ihm abgeänderten Methode nach Guareschi an rhodansaurem Sinapin in Sinapis alba 0,738 u. 0,888 %, und in Sinapis nigra 0,198 %.

IV. Senfmehl. — Mehl von Sinapis-Arten, vorwiegend von Sinapis alba L., Sinapis nigra L. und Sinapis juncea Mayer.

No.	Nähere Bezeichnung	Zeit der Untersuchung	Wasser %	Stickstoff-Substanz %	Aether-Extrakt flüchtig %	Aether-Extrakt nicht flüchtig %	Stärke %	Sonstige stickstofffreie Extraktstoffe %	Rohfaser %	Asche %	Myrosin + Albumin %	Myronsäure %	Schwefel %	Bitteres Salz und sonstige bittere Stoffe %	Analytiker
1	Echter Senf . . .	1876	5,70	33,37	0,71	36,49	4,07		(13,37) **)	4,33	31,69	2,70	1,31	5,71	*H. Hassall*[5])
2	desgl., doppelt feiner	„	5,16	31,56	0,58	35,94	6,52		(15,58)	4,66	27,36	2,21	1,42	9,08	„
3	desgl., sehr feiner .	„	5,59	34,12	0,52	34,71	5,25		(15,29)	4,32	31,02	1,97	1,25	(7,09)	„
4	desgl., feiner . . .	„	5,68	32,25	0,24	35,24	6,39		(15,55)	4,65	27,89	0,92	1,30	10,06	„
5	Reiner Senf . . .	„	5,08	32,56	0,25	33,96	7,05		(16,81)	4,29	27,62	0,96	1,40	11,26	„
6	Haushaltungssenf .	„	5,29	31,44	0,45	36,75	6,04		(16,32) **)	3,69	27,47	1,72	1,32	8,75	„
7	Weisses Senfsamenmehl	1887	3,33	25,56	1,84	34,83	20,16		9,05	5,23	—	—	—	—	*Cl. Richardson*[3])
											Myrosin	Myronsaures Kalium	Rhodansinapin		
8	Braunes Senfmehl	1882	6,78	—	29,22		—		—	3,73	28,45	0,61	10,97	—	*R. Leeds u. Edg. Everhart*[6])
9	Braunes Senfmehl	„	6,90	—	29,21		—		—	3,84	28,70	0,61	11,19	—	„
10	Braunes Senfmehl	„	6,82	—	29,19		—		—	3,70	28,30	0,72	11,21	—	„
11	Mittel von 18 reinen Handels Senfmehlen	1898	—	39,57	0,56	20,61	—		2,58	5,99	—	—	—	—	*A. L. Winton, A. W. Ogden u. W. L. Mitchell*[7])
	Mittel	—	**5,63**	**32,55**	**0,64**	**32,21**	**18,75**		**5,82**	**4,40**	—	—	—	—	

[1]) C. Schädler: „Technologie der Fette". Berlin 1883, 436.
[2]) Landw. Vers.-Stat. 1883, **28**, 179.
[3]) Cl. Richardson: Foods and food adulterants, **2**, Bull. 13. Washington 1887, 181.
[4]) Bot. Centrbl. 1887, **8**, 249; Vierteljahresschr. Nahrungs- u. Genussm. 1887, **2**, 219. Mitgetheilt von C. O. Harz, der den Samen bestimmte.
[5]) H. Hassall: Foods, its adulteration and the methods of their detection. London 1876, 510.
[6]) Zeitschr. analyt. Chem. 1882, **21**, 389.
[7]) 22. Jahresbericht der Connecticut Agric. Experim. Stat. für 1898, 217.

*) Der Ackersenf enthielt 0,25 % Sand.
**) Die von Hassall angegebenen Zahlen für Rohfaser dürften nach dem vorstehend für reinen Senfsamen gefundenen Gehalt an Rohfaser zu hoch sein; sie sind daher bei der Mittelwerthsberechnung unberücksichtigt geblieben.

Schwankungszahlen für Senfmehle des Handels

	Wasser	Stickstoff-Substanz	Flüchtiges Oel	Fettes Oel	Rohfaser	Asche
	%	%	%	%	%	%
Nach J. Delaite[1]	6,79—7,09	—	—	28,50—34,25	—	4,24—6,00
„ Winton, Ogden und Mitchell[2]	—	35,63—43,56	0—1,90	17,14—28,10	1,58—4,87	4,81—7,35

Analysen von gefälschten Senfmehlen des Handels.

1. H. Hassall in seinem Werke: Foods, its adulterations etc. London 1876, 514.
2. Cl. Richardson in seinem Werke: Foods and food adulterants 2, Bull. 13. Washington 1887, 181.
3. E. Waller u. E. W. Martin, Analyst 1884, 9, 966, auch mitgetheilt von Cl. Richardson. Vergl. No. 2.

V. Gebrauchs-Senf.

No.	Nähere Bezeichnung	Zeit der Untersuchung	Wasser	Stickstoff-Substanz	Aether-Extrakt flüchtig	Aether-Extrakt nicht flüchtig	Zucker	Essigsäure	Asche im Ganzen	Asche in Wasser löslich	Asche in Wasser unlöslich	Asche Chlornatrium	Kupfer	Analytiker
			%	%	%	%	%	%	%	%	%	%	%	
1	Deutscher, in New-York dargestellter Gebrauchssenf (Mustard paste)	1884	77,02	—	2,55		—	2,76	3,44	2,51	0,93	2,11	0,001	E. Waller u. E. W. Martin[3]
2		„	81,52	—	3,50		—	1,98	2,33	1,77	0,56	1,63	Spur	
3		„	79,62	—	3,90		—	2,43	3,49	2,52	0,97	—	0,009	
4		„	76,54	—	4,57		—	3,69	3,67	2,69	0,98	1,86	0,003	
5		„	81,45	—	3,73		—	2,94	2,79	2,14	0,65	1,77	Spur	
6	Aus B., frei von Mehlzusatz I	1895	74,90	6,01	0,24	6,61	3,07	2,37	5,31	—	—	4,05	—	Vers.-Stat. Münster[4]
7	Aus B., frei von Mehlzusatz II	„	75,97	6,04	0,22	6,88	2,79	2,51	4,59	—	—	3,33	—	
8	Aus M., mit Mehlzusatz	„	73,94	6,64	0,18	8.44	1,59	3,16	4,27	—	—	3,90	—	
	Mittel	—	**77,62**	**6,23**	**0,21**	**4,89**	**2,48**	**2,73**	**3,74**	—	—	**2,66**	—	

Muskatnuss.

Samen von Myristica fragans Houttuyn oder Myristica moschata Thunberg.

No.	Nähere Bezeichnung	Zeit der Untersuchung	Wasser	Stickstoff-Substanz	Aetherisches Oel	Fett	Stärke (in Zucker überführbare Stoffe)	Sonstige stickstofffreie Extraktstoffe	Rohfaser	Asche: Reinasche in Wasser löslich	Asche: Reinasche in Wasser unlöslich	Asche: Sand etc. (in HCl unlöslich)	Alkohol-Extrakt	Analytiker
			%	%	%	%	%	%	%	%	%	%	%	
1	Von einem Drogisten in Münster . .	1879	12,86	6,12	2,51	34,43	29,88*)		12,03	2,17			—	Laube und Aldendorff[4]
2	Ganz, von ein. Händler	1887	6,08	5,16	2,84	34,37	36,98		11,30	3,27			—	Cl. Richardson[5]
3	Gemahlen, von einem Händler	„	4,19	5,42	3,97	37,30	40,12		6,78	2,22			—	
4	desgl., aus Baltimore .	„	6,40	5,25	2,90	30,98	41,77		9,55	3,15			—	
5	Ohne nähere Bezeichn.	1886	8,80	—	—	32,20	—		—	3,70			—	R. Frühling[6]

[1]) Rev. intern. falsif. 1897, 37; Vierteljahresschr. Nahrungs- u. Genussm. 1897, 12, 378.
[2]) 22. Jahresbericht der Connecticut Agric. Experim. Stat. für 1898, S. 217.
[3]) Analyst 1884, 9, 966; vergl. auch Cl. Richardson, Foods and food adulterants 2, Bull. 13. Washington 1887, 181.
[4]) Hannover'sche Monatsschrift „Wider die Nahrungsfälscher" 1879, 83.
[5]) Cl. Richardson: Foods and food adulterants. II. Theil Bull. No. 13 S. 229. Washington 1887.
[6]) Chem.-Ztg. 1886, 10, 525.
*) Mit 1,49 % Zucker.

No.	Nähere Bezeichnung	Zeit der Untersuchung	Wasser %	Stickstoff-Substanz %	Aetherisches Oel %	Fett %	Stärke (in Zucker überführbare Stoffe) %	Sonstige stickstofffreie Extraktstoffe %	Rohfaser %	Asche: Reinasche in Wasser löslich %	Asche: Reinasche in Wasser unlöslich %	Asche: Sand etc. (in HCl unlöslich) %	Alkohol-Extrakt %	Analytiker
6	Batavia, gekalkt	1895	11,57	—	—	40,57	—		—	3,88		0,08	—	W. Busse[1]) *)
7	Java, „	„	9,34	—	—	36,12	—		—	3.31		0,16	—	
8	Penang, ungekalkt	„	10,04	—	—	37,77	—		—	1,78		0,04	—	
9	desgl.	„	12,71	—	—	38,06	—		—	1,71		0,04	—	
10	Banda II, gekalkt	„	12,86	—	—	34,55	—		—	4,58		0,08	—	
11	Bombay, Bruch	„	13,49	—	—	30,38	—		—	2,39		0,21	—	
12	Penang, „	„	11,18	—	—	32,38	—		—	2,12		0,12	—	
13	Oelnüsse	„	15,04	—	—	31,44	—		—	5,54		0,16	—	
14		„	13,26	—	—	31,11	—		—	6,57		0,22	—	
15	desgl., geringste Sorte zu Mahlzwecken	„	(28,02)	—	—	(15,66)	—		—	5,35		0,04	—	
	Gewicht v. 100 Nüssen g													
16	Singapore, gekalkt . . 423	1898	5,79	7,00	3,40	36,87	**) 25,60	16,62	2,49	0,84	1,39	0	10,80	A. L. Winton, A. W. Ogden und W. L. Mitchell[2]) **)
17	desgl. (?) 405	„	8,98	6,56	2,56	36,29	25,56	15,54	2,38	0,82	1,30	0,01	10,42	
18	desgl. (?) 390	„	8,12	6,62	3,10	36,94	25,51	13,88	2,65	0,93	1,55	0	11,09	
19	Padang . . . 255	„	10,83	6,75	6,94	28,73	17,19 **)	21,58	3,72	1,46	1,80	0	17,38	
20	Braune Penang, billige Sorte 944	1899	7,69	6,19	5,03	31,26	—		2,40	0,85	0,96	0,04	10,49	
21	Braune Penang, theuere Sorte 572	„	9,40	7,12	2,64	34,80	—		2,70	0,76	1,12	0	11,71	
22	Reine ganze Nüsse	1900	15,53	—	—	31,38	—		—	1,72			—	F. Ranvez[3])
23	Ohne nähere Bezeichnung	„	14,54	—	—	33,40	—		—	3,29			—	
24		„	15,47	—	—	37.62	—		—	2,73			—	
	Mittel	—	**10,62**	**6,22**	**3,59**	**34,35**	**23,49**	**13,03**	**5,60**	**0,94**	**2,08**	**0,08**	**11,98**	

Lange oder Papua-Muskatnuss. — Samen von Myristica argentea Warb.

No.	Nähere Bezeichnung	Zeit der Untersuchung	Wasser %	Stickstoff-Substanz %	Aetherisches Oel %	Fett %	Stärke %	Sonstige stickstofffreie Extraktstoffe %	Rohfaser %	Reinasche in Wasser löslich %	Reinasche in Wasser unlöslich %	Sand etc. %	Alkohol-Extrakt %	Analytiker
1	Makassar I, gute Sorte	1895	9,68	—	—	38,17	—	—	—	2,54		0,08	—	W. Busse[1]) *)
2		„	9,39	—	—	39,33	—	—	—	2,43		0,08	—	
3	Makassar, geringe Sorte	„	12,25	—	—	31,68	—	—	—	3,78		0,12	—	
4	Papua-Macis, gute Sorte A	„	10,19	—	—	37,00	—	—	—	2,60		0,11	—	
5	Papua-Macis, gute Sorte B	„	11,22	—	—	33,09	—	—	—	2,61		0,08	—	
6	Papua-Macis, gute Sorte C	„	11,47	—	—	36,11	—	—	—	2,88		0,06	—	
7	Makassar, gekalkt, 100 Nüsse = 575 g	1898	5,24	6,95	4,70	32,88	29,97 ***)	15,87	2,07	1,25	1,07	0	16,79	A. L. Winton, A. W. Ogden und W. L. Mitchell[2])
	Mittel	—	**9,92**	**6,95**	**4,70**	**35,47**	**29,97**	**8,10**	**2,07**	**2,74**		**0,08**	**16,79**	

[1]) Arb. Kaiserl. Gesundh. 1895, **II**, 390.
[2]) 22. u. 23. Jahresbericht der Connecticut Agric. Experim. Stat. für 1898 (S. 208) und 1899 (S. 102).
[3]) Annales de Pharmacie 1900, **6**, 1; Chem.-Ztg. 1900, **24**, Rep. 31.

*) Das Fett wurde durch 8-stündiges Ausziehen von etwa 2 g mit Aether im Soxhlet'schen Apparat, Zerreiben der Substanz mit Sand und abermaliges 4-stündiges Ausziehen bestimmt. Der Auszug wurde mit Sand vermischt und unter Umrühren 5 Stunden getrocknet. Im Uebrigen vergl. oben S. 950 unter „Pfeffer".

**) Ueber die Untersuchungsverfahren vergl. oben S. 932. — Winton, Ogden und Mitchell fanden ferner:

	No. 16	17	18	19	20	21
Stärke nach dem Diastase-Verfahren	23,34	23,62	24,20	14,62	30,09	26,16

***) Stärke nach dem Diastase-Verfahren wurden 29,25 % gefunden.

Macis (Muskatblüthe).

Samenmantel von Myristica fragans Houttuyn oder Myristica moschata Thunbg.

No.	Nähere Bezeichnung	Zeit der Untersuchung	Wasser %	Stickstoff-Substanz %	Aetherisches Oel %	Fett %	Stärke (in Zucker überführbare Stoffe) %	Sonstige stickstofffreie Extraktstoffe %	Rohfaser %	Asche: Reinasche: in Wasser löslich %	Asche: Reinasche: in Wasser unlöslich %	Asche: Sand etc. (in HCl unlöslich) %	Alkohol-Extrakt %	Analytiker
1	Von einem Drogisten in Münster . . .	1879	17,59	5,44	5,26	—	46,56*)		4,93	1,62			—	*Laube und Aldendorff* [1])
2	Ganzer Samenmantel, garantirt rein . .	1887	5,67	4,55	4,04	—	41,17		8,93	4,10			—	*Cl. Richardson* [2])
3	Gemahlen, garant. rein	„	4,87	6,13	8,66	—	44,13		4,48	2,65			—	
4	desgl. aus Baltimore .	„	10,47	5,08	8,68	—	43,36		6,88	2,20			—	
5	desgl., geringe Qualität	„	8,90	7,18	5,39	—	28,01		(12,20)	3,23			—	
6	Echte Java-Macis . .	1893	18,21	7,80	3,37 **)	21,90	43,40		3,70	1,62			—	*Th. Arnst u. F. Hart* [3])
7	Banda-Macis . . .	1898	10,75	6,25	8,65	22,00	32,35	15,15	3,04	1,09	0,72	0	23,05	*A. L. Winton, A. W. Ogden und W. L. Mitchell* [4]) ***)
8	Penang- „ . . .	„	12,04	6,37	6,27	22,56	34,42	13,50	2,99	1,06	0,73	0,06	22,07	
9	„ „ . . .	„	9,78	6,25	6,97	21,63	33,39	17,19	2,94	1,06	0,76	0,03	22,58	
10	„ „ No. 2 .	„	11,62	7,00	8,45	23,72	26,77	16,05	3,85	1,32	1,01	0,21	24,76	
11	Ausgesuchte Macis .	1899	10,71	5,87	5,79	23,30	51,80		2,57	0,87	0,67	0,02	24,72	
12	Penang-Macis . . .	„	9,41	6,06	8,65	21,23	49,76		3,22	0,92	0,72	0,03	26,04	
13	Banda- „ . . .	„	7,82	6,81	10,80	23,82	56,11		3,10	1,00	0,74	0	27,02	
14	Batavia- „ . . .	„	8,89	7,87	13,03	22,00	41,71		4,01	1,26	1,02	0,21	27,07	
	Mittel	—	**10,48**	**6,33**	**7,43**	**22,46**	**31,73**	**15,16**	**4,20**	**1,07**	**1,07**	**0,07**	**24,66**	

Papua oder Makassar-Macis. — Samenmantel von Myristica argentea Warbg.

No.	Nähere Bezeichnung	Zeit der Untersuchung	Wasser %	Stickstoff-Substanz %	Aetherisches Oel %	Fett %	Stärke %	Sonstige stickstofffreie Extraktstoffe %	Rohfaser %	in Wasser löslich %	in Wasser unlöslich %	Sand etc. %	Alkohol-Extrakt %	Analytiker
1	Enthält einige Schalen der Nuss	1898	4,18	7,00	5,89	53,54	10,39	—	4,57	1,11	0,87	0,03	32,89	*A. L. Winton, A. W. Ogden u. W. L. Mitchell* [4]) ***)

Wilde oder Bombay-Macis. — Samenmantel von Myristica malabarica Lam.

No.	Nähere Bezeichnung	Zeit der Untersuchung	Wasser %	Stickstoff-Substanz %	Aetherisches Oel %	Fett %	Stärke %	Sonstige stickstofffreie Extraktstoffe %	Rohfaser %	in Wasser löslich %	in Wasser unlöslich %	Sand etc. %	Alkohol-Extrakt %	Analytiker
1	Ohne nähere Bezeichnung	1893	7,04	5,24	0,25	56,75	21,19		8,17	1,36			—	*Th. Arnst u. F. Hart* [3])
2		1898	0,32	5,06	4,65	59,81	16,20	—	—	1,37	0,54	0,07	44,27	*A. L. Winton, A. W. Ogden u. W. L. Mitchell* [4]) ***)
	Mittel	—	**3,68**	**5,15**	**2,45**	**58,28**	**16,20**	**4,40**	**8,17**	**1,67**			**44,27**	

[1]) Original-Mittheilung.
[2]) Richardson: Foods and food adulterants. Part. second. Bull. No. 13. Washington 1887, 229.
[3]) Zeitschr. angew. Chem. 1893, 136.
[4]) 22. u. 23. Jahresbericht der Connecticut Agric. Experim. Stat. für 1898 (S. 211) und 1899 (S. 102).

*) Mit 1,97 % Zucker.
**) Ueber das zur Bestimmung des ätherischen Oeles angewendete Verfahren vergl. unten S. 975 Anmerkung **).
***) Ueber die Untersuchungsverfahren vergl. oben S. 932. — Winton, Ogden und Mitchell fanden ferner in Procenten:

	Echte Macis No. 7	8	9	10	11	12	13	14	Makassar-Macis	Bombay-Macis
Stärke nach dem Diastase-Verfahren	27,00	30,43	30,04	23,12	24,19	31,61	27,17	22,68	8,78	14,51

Anhang zu Macis.

Gehalt der Macis an Petroläther-, Aether- u. Alkohol-Extrakt, sowie Asche u. Sand.

1. C. H. Wolff (Zeitschr. analyt. Chem. 1881, 20, 297) fand in der Macis 33,64% Alkohol-Extrakt (bei 100° getrocknet).

2. E. Borgmann (Zeitschr. analyt. Chem. 1882, 21, 535) fand:

Bezeichnung der Sorte:	Alkohol-Extrakt (bei 100° getrocknet)	Asche
Banda (roth)	36,567%	1,810%
Padang	37,159 „	3,172 „
Pamanoekan	37,234 „	1,740 „
Padang (ineinander gesteckt) .	34,961 „	2,093 „
Banda (weiss)	30,423 „	1,511 „
Penang	31,118 „	1,550 „

3. W. Busse (Arb. Kaiserl. Ges.-Amt 1896, 12, 628) fand in echter und unechter Macis:

A. Echte Macis.

No.	Nähere Bezeichnung	Gesammt-Trockenverlust %	Aether-Extrakt %	Gesammt-Asche %	Sand %
1	Rein, gemahlen	14,71	23,23	1,984	0,050
2	Ohne besondere Bezeichnung . . .	19,85	27,88	1,588	0,049
3	Standard Banda F	16,85	25,64	1,807	0,099
4	„ „ G	17,84	24,21	2,161	0,136
5	Grus	23,76	22,88	2,862	0,174
6	Java	23,87	20,85	1,674	0,049
7	Batavia	20,11	20,84	1,736	0,062
8	Penang	17,58	22,81	1,719	0,074
9	Bombay, echt	19,25	26,82	2,788	0,162
10	Menado	17,93	24,86	2,061	0,128
11	Bombay, echt	15,01	—	1,760	0,086
12	„ „	15,33	—	2,488	0,149
13	Westindische	16,39	—	1,704	0,125
14	Separat I	—	26,73	2,128	0,123
15	„ II	—	—	1,811	0,074
16	Grus	—	—	2,120	0,197
17	Banda G	—	—	2,891	0,271
18	Pulver aus dem Kleinhandel bezogen I	—	—	2,344	0,097
19	Pulver aus dem Kleinhandel bezogen II	—	—	2,028	0,123
20	Pulver aus dem Kleinhandel bezogen III	—	—	2,121	0,172
	B. Papua-Macis (oder Makassar-Macis oder Macis-Schalen).				
21	I. Macis-Schalen	—	53,44	2,517	0,122
22	II. Makassar-Macis	—	53,97	1,844	0,076
23	III. Macis-Schalen	—	54,62	1,895	0,073
24	IV. „	—	55,55	2,069	0,125
25	V. „	—	54,58	2,298	0,220
	C. Wilde oder Bombay-Macis.				
26	I	—	62,72	—	—
27	II	—	61,90	1,299	0,150
28	III	—	61,84	1,232	0,137

Die aufeinanderfolgende Extraktion mit Petroläther, Aether und absolut. Alkohol ergab:

	Echte Macis		Papua-Macis		Wilde Bombay-Macis		
	Menado	Banda	1	2	1	2	3
Fett*)	23,68	22,64	53,23	54,22	34,12	34,20	29,59 %
Aetherlösliches Harz	1,18	4,09	1,39	0,36	27,78	27,64	37,56 „
Alkohollösliches Harz	3,83	3,95	2,09	1,74	2,58	3,47	3,52 „

Gewürznelken.

Blüthenknospe von Caryophyllus aromaticus L. oder Eugenia Caryophyllata.

No.	Nähere Bezeichnung	Zeit der Untersuchung	Wasser	Stickstoff-Substanz	Aetherisches Oel	Fett	Stärke (in Zucker überführbare Stoffe)	Sonstige stickstofffreie Extraktstoffe	Rohfaser	Asche: Reinasche in Wasser löslich	Asche: Reinasche in Wasser unlöslich	Asche: Sand etc. (in HCl unlöslich)	Alkohol-Extrakt	Analytiker
			%	%	%	%	%	%	%	%	%	%	%	
1	In Münster gekauft	1879	16,39	5,99	16,98	6,20	39,04 **)		10,56	4,84			—	*Laube u. Aldendorff* [1])
2	Ganze Gewürznelken: In Washington gekauft	1887	6,95	4,73	16,35	7,12	49,11 ***)		9,75	5,99			—	*Cl. Richardson* [2])
3	Ganze Gewürznelken: Von einem Drogisten	„	3,98	6,48	16,61	9,72	46,96		6,94	9,31			—	
4	Ganze Gewürznelken: desgl.	„	5,96	6,48	10,23	9,94	51,03		8,70	7,66			—	
5	Ganze Gewürznelken: desgl.	„	2,90	7,00	15,87	10,07	42,56		8,55	(13,05)			—	
6	Ganze Gewürznelken: Extra-Qualität	„	8,67	5,60	17,94	9,54	42,70		7,83	7,72			—	
7	Ganze Gewürznelken: Amboyna, direkt importirt⁰)	„	8,78	5,42	18,89	10,24	43,24		6,18	5,25			—	
8	Ganze Gewürznelken: Singapore, direkt importirt⁰)	„	10,67	5,42	13,52	9,95	46,86		9,08	5,50			—	
9	Penang, von bekannter Reinheit	1897	—	—	15,83	5,16	—	—	—	5,70			—	*A. L. Winton* [3])
10	Amboyna, von bekannter Reinheit	„	—	—	18,32	4,98	—	—	—	6,52			—	
11	Zanzibar, von bekannter Reinheit	„	—	—	16,10	5,32	—	—	—	6,40			—	
	Gewicht von 100 Nelken g													
12	Penang 10,04	1898	8,16	6,44	17,99	6,61	9,41	38,17	7,94	3,25	1,98	0,05	15,58	*A.L. Winton, A. W. Ogden und W. L. Mitchell* [4])⁰⁰)
13	Penang 8,51	„	7,81	7,06	20,04	6,25	8,91	36,78	7,85	3,48	1,82	0	14,86	
14	Amboyna 9,26	„	7,36	6,00	20,53	6,39	8,23	37,36	7,97	3,57	2,57	0,02	15,20	
15	Amboyna 10,34	„	8,06	5,94	20,42	6,63	8,87	35,75	8,11	3,72	2,48	0,02	15,21	
16	Amboyna 9,58	„	8,26	5,94	20,45	6,67	8,19	37,26	7,06	3,56	2,53	0,08	15,18	

[1]) Original-Mittheilung.
[2]) Richardson: Foods and food adulterants. Part second. Bull. No. 13. Washington 1887, 225.
[3]) 21. Jahresbericht der Connecticut Agric. Experim. Stat. für 1897, 27.
[4]) 22. u. 23. Jahresbericht der Connecticut Agric. Experim. Stat. für 1898 (S. 206) und 1899 (S. 102).

*) Wie die Fettbestimmung von Th. Arnst und F. Hart ausgeführt; vergl. unten S. 975, Anmerkung **), im Uebrigen vergl. oben S. 950 und 965.

**) Darin 1,32 % Zucker.

***) Richardson bestimmte in den von ihm untersuchten Sorten „Tannin“, als „Eichengerbsäure“ berechnet, mit folgendem Ergebniss:

No. 2	3	4	5	6	7	8
15,87 %	18,46 %	20,02 %	11,70 %	21,19 %	18,72 %	22,13 %

⁰) 100 Nelken wogen bei No. 7: 10,505 g und bei No. 8: 8,71 g.

⁰⁰) Ueber die Untersuchungsverfahren vergl. oben S. 932.

Winton, Ogden und Mitchell fanden ferner in Procenten:

	No. 12	13	14	15	16	17	18	19	20	21	Stiele 2	Stiele 3
„Eichengerbsäure“	18,90	18,38	16,90	16,25	16,77	20,54	18,28	19,50	—	—	20,41	17,16
Stärke nach dem Diastase-Verfahren	2,59	2,70	3,15	2,59	2,65	3,15	2,97	2,08	2,25	2,62	1,91	2,42

No.	Nähere Bezeichnung	Gewicht von 100 Nelken g	Zeit der Untersuchung	Wasser %	Stickstoff-Substanz %	Aetherisches Oel %	Fett %	Stärke (in Zucker überführbare Stoffe) %	Sonstige stickstofffreie Extraktstoffe %	Rohfaser %	Asche: Reinasche in Wasser löslich %	Asche: Reinasche in Wasser unlöslich %	Asche: Sand etc. (in HCl unlöslich) %	Alkohol-Extrakt %	Analytiker
17	Zanzibar	7,64	1898	7,03	6,25	17,86	6,24	9,18	39,24	8,24	3,61	2,22	0,13	14,68	A. L. Winton, A. W. Ogden und W. L. Mitchell [1]) *)
18	Zanzibar	8,22	„	7,93	5,88	17,82	6,59	9,50	37,04	9,02	3,75	2,39	0,08	13,99	
19	Zanzibar	8,15	„	7,89	5,94	18,32	6,53	9,63	37,07	8,60	3,67	2,25	0,10	14,25	
20	Penang . .	10,78	1899	7,91	6,31	19,71	5,12	45,77		8,74	3,30	2,10	0,04	15,92	
21	Bencoolen .	9,88	„	6.73	6,12	20,09	5,14	46,32		9,60	3.80	2,17	0,03	15.23	
	Mittel		—	**7,86**	**6,06**	**17,61**	**7,16**	**8,99**	**37,77**	**8,37**	**3,57**	**2,55**	**0,06**	**15,01**	
	Gewürznelken-Stiele.														
1	Singapore, direkt importirt		1887	10,18	5,78	4,40	4,03	55,07		13,58	6,96			—	Cl. Richardson[2])
2	Näheres nicht bekannt		1898	7,93	6,00	5,13	3,92	14,53	36,08	18,73	4,43	2,77	0,48	7,88	A. L. Winton, A. W. Ogden und W. L. Mitchell [1]) *)
3	Näheres nicht bekannt		„	9,54	5,75	4,87	3,73	13,72	35,41	18,69	4,08	3,50	0,71	5,70	
	Mittel		—	**9,22**	**5,84**	**4,80**	**3,89**	**14,13**	**37,48**	**17,00**	**4,26**	**2,78**	**0,60**	**6,79**	

Anhang zu Gewürznelken.

1. C. H. Wolff (Vergl. S. 936) fand in Gewürznelken 41,60% Alkohol-Extrakt (bei 100° getrocknet).

2. E. Borgmann (Vergl. oben S. 937) fand:

	Penang-Nelken	Amboyna-Nelken	Zanzibar-Nelken
Alkohol-Extrakt bei 100° getrocknet	25,04	20,22	15,46%
Asche	4,40	5,21	5,46 „

3. W. J. Swain (Arch. Pharm. 1889, 16, 419; Vierteljhrchr. Nahrgs.- u. Genussm. 1889, 4, 158) fand:

	Spec. Gew.	Aetherisches Oel	Fettes Oel		Spec. Gew.	Aetherisches Oel	Fettes Oel
Ganze Nelken	1,02	22,0%	4,0%	Gepulverte Nelken	1,011	26,6%	1,33%
	1,012	21,5 „	3,5 „		1,023	25,5 „	1,50 „

4. A. Mc Gill (Analyst 1901, 26, 123) fand in reinen, selbstgemahlenen Gewürznelken:

	Penang 1	2	3	4	5	6	7	8	Amboyna 1	2	3
Wasser **)	5,0	7,4	5,8	5,2	6,9	6,9	7,1	5,5	6,7	5,5	6,0%
Aetherisches Oel**) . .	16,2	16,6	14,9	17,2	14,8	16,3	17,2	16,1	19,2	18,0	18,3 „
Fett	12,0	10,4	9,5	9,9	11,7	11,8	11,0	10,1	10,0	8,7	8,2 „

	Zanzibar 1	2	3	4*)	5	6	7*)	8*)	9	10	11	12	13
Wasser**) . . .	5,1	6,0	5,4	5,7	6,3	5,7	6,5	6,5	6,2	4,6	4,1	6,7	5,8%
Aetherisches Oel**)	17,3	18,3	17,5	12,7	16,6	16,4	12,1	14,5	17,4	17,5	17,3	14,1	15,3 „
Fett	8,0	9,8	9,5	8,6	9,7	9,7	10,2	10,7	10,4	—	—	—	— „

Die Penang-Gewürznelken No. 6 enthielten einzelne Stiele; die Proben No. 4, 7 und 8 von Zanzibar-Gewürznelken enthielten gleichfalls Stiele und verschrumpfte Knospen. Gemahlene Stiele enthielten 7,5% Wasser und 5,9% ätherisches Oel.

5 A. Rau (Zeitsch. öffentl. Chem. 1897, 3, 443) fand in 78 Proben von durch Absieben gereinigte Nelken bis 7,65%, im Mittel 6,94% Asche. 45 Proben hatten 6—7% und 33 Proben 7—8% Asche.

[1]) 22. u. 23. Jahresbericht der Connecticut Agric. Experim. Stat. für 1898 (S. 206) und 1899 (S. 102).
[2]) Richardson: Foods and food adulterants. Part second. Bull. No. 13. Washington 1887, 225.
*) Vergl. Anmerkung °°) S. 968.
**) Das Wasser wurde bestimmt durch 24-stündiges Trocknen im Vakuum über koncentrirter Schwefelsäure bei 60 mm Druck und ätherisches Oel + Wasser durch 24-stündiges Trocknen in einem trockenen Luftstrome bei 98°.

Kapern (Kappern).

Blüthenknospen von Capparis spinosa L.

No.	Nähere Bezeichnung	Zeit der Untersuchung	Wasser %	Stickstoff-Substanz %	Aetherisches Oel %	Fett %	Stärke (in Zucker überführbare Stoffe) %	Sonstige stickstofffreie Extraktstoffe %	Rohfaser %	Asche: Reinasche in Wasser löslich %	Asche: Reinasche in Wasser unlöslich %	Asche: Sand etc. (in HCl unlöslich) %	Alkohol-Extrakt %	Analytiker
	Eingemachte Kapern:													
1	„Nonpareilles" } mit Kochsalz eingemacht	1893	87,20	2,70	0,56		4,85		1,25	3,44*)			—	Th. Arnst u. F. Hart[1])
2	„Capotes" . . } mit Kochsalz eingemacht	„	88,52	2,61	0,51		4,59		1,23	2,54*)			—	
3	„Superfines" . } mit Essig eingemacht	„	87,54	3,61	0,48		5,60		1,43	1,34*)			—	
4	„Capucines" . } mit Essig eingemacht	„	86,40	3,96	0,53		6,52		1,47	1,12*)			—	
	Mittel	—	**87,42**	**3,22**	**0,52**		**5,38**		**1,35**	**2,11**			—	
	Kapernsurrogate.													
1	Blüthenknospen der Sumpfdotterblume (Caltha palustris L.) .	1893	5,01	29,56	4,53		Zucker 3,15	—	16,53	7,26			—	Th. Arnst u. F. Hart[1])
2	Blüthenknospe der gemeinen Besenpfrieme (Spartium scoparium L.)	„	8,00	—	3,94		5,91	—	12,90	5,94			—	

Safran.

Blüthennarben von Crocus sativus L.

No.	Nähere Bezeichnung	Zeit der Untersuchung	Wasser %	Stickstoff-Substanz %	Aetherisches Oel %	Fett %	Stärke (in Zucker überführbare Stoffe) %	Sonstige stickstofffreie Extraktstoffe %	Rohfaser %	Asche: Reinasche in Wasser löslich %	Asche: Reinasche in Wasser unlöslich %	Asche: Sand etc. (in HCl unlöslich) %	Alkohol-Extrakt %	Analytiker
1	Ohne nähere Bezeichnung	1879	17,23	11,80	2,82		59,59		4,30	4,26			—	G. Laube u. H. Aldendorff[2])
2	Ohne nähere Bezeichnung	„	14,91	11,68	0,61	3,63	15,56	44,67	4,35	4,49			—	
3	Spanischer	1893	15,90	12,57	0,81 **)	4,69	11,99	45,31	4,88	4,05			—	Th. Arnst u. F. Hart[1])
4	Gatinais	„	14,45	13,58	0,37 **)	8,57	12,51	41,88	4,38	4,26			—	
	Mittel	—	**15,62**	**12,41**	**0,60**	**5,63**	**13,35**	**43,64**	**4,48**	**4,27**			—	
	Safran-Surrogate.													
1	Safflor (Carthamus tinctorius L.) . . .	1893	10,16	16,75	0,68 **)	4,17	6,51	34,66	12,70	9,71		4,66	—	Th. Arnst u. F. Hart[1])
2	Ringelblumen (Calendula officinalis L.) .	„	29,15	12,82	0,08 **)	14,98	Spur	22,54	11,27	9,12			—	

[1]) Zeitschr. angew. Chem. 1893, 136.
[2]) Hannoversche Monatsschrift „Wider die Nahrungsfälscher" 1879, 83.

*) Die Asche enthielt:

	Kalk (CaO) %	Magnesia (Mg O) %	Kali (K_2O) %	Natron (Na_2O) %	Phosphorsäure P_2O_5 %	Schwefelsäure (SO_3) %	Chlor (Cl) %
No. 1	5,07	1,36	8,27	37,46	2,30	3,05	47,82
„ 2	7,34	2,24	12,50	31,06	2,66	4,22	39,80
„ 3	17,91	3,51	20,62	8,50	9,87	23,04	14,00
„ 4	9,04	2,32	20,30	2,14	13,34	21,74	6,04

**) Ueber das zur Bestimmung des ätherischen Oeles angewendete Verfahren vergl. unten S. 975, Anmerkung **).

Anhang zu Safran.

Gehalt des Safrans an Petroläther-, Aether- und Alkohol-Extrakt, sowie Wasser, Asche und Aschenbestandtheilen.

1. G. Kuntze u. A. Hilger[1]) untersuchten zahlreiche reine Safranproben auf Wasser- und Aschengehalt. Sie fanden:

No.	Nähere Bezeichnung	Wasser *) %	Asche %	No.	Nähere Bezeichnung	Wasser *) %	Asche %
1	Crocus Gatinais elect. vieux	16,82	5,07	16	Crocus hispanicus	11,02	5,29
2	„ „ vieux (1884)	13,50	6,64	17	„ „ natur. . .	13,50	6,70
3	„ „ nouveau coupé	13,04	5,16	18	„ „ „ . .	14,42	6,55
4	„ „ natur. extra	12,95	5,35	19	„ „ select. . .	9,07	5,38
5	„ „ epluché . .	11,06	5,13	20	„ „ natur. . .	12,00	5,50
6	„ „ elect. . . .	13,01	4,64	21	„ „ coupé . .	12,24	5,37
7	„ „ naturel . .	15,76	5,98	22	„ „ Sr. extra .	13,09	6,90
8	„ „ elect. . . .	12,47	4,48	23	„ „	13,98	6,56
9	„ d'Espagne Mancha Super	11,38	5,42	24	Italienischer Safran	10,32	5,48
10	„ hispanic. Aragon (Sierra)	9,65	6,27	25	Oesterreichischer Safran . .	9,80	5,01
11	„ „ „ (Rio) .	11,40	6,06	26	„ „ . .	12,03	4,80
12	„ „ Caja	10,26	6,64	27	Neapolitanischer „ . .	11,60	5,59
13	„ „ Mediana (Tobarra)	13,15	5,27	28	Crocus elect. coupé Gatinais .	13,60	5,79
14	„ „ Corriente . . .	8,89	5,62	29	„ Gatinais naturel . .	13,93	6,26
15	„ „ Muy superiore .	9,38	5,38	30	„ „ elect. . . .	13,50	6,20

Der Wassergehalt schwankt nach diesen 30 Analysen zwischen 8,89 und 16,8%, der Aschengehalt von 4,48 bis 6,9%.

Der Aschengehalt des Safflors beträgt im Mittel von 3 Analysen 7,85%,
„ „ der Calendula „ „ „ „ 3 „ 8,4%.

Die Asche von reinem Safran ist weiss bis höchstens grauweiss, die vom Safflor rothbraun und die Calendula-Asche stark grün (Mn).

Von der Asche sind:	Saffran %	Safflor %	Calendula %
1. In Wasser löslich . . .	59,00	33,28	51,50
2. „ Salzsäure löslich . .	28,59	44,11	24,68
3. „ „ unlöslich . .	12,40	22,61	23,80
Die Reinasche enthält:			
1. Kalium (K)	28,61	—	31,29
2. Natrium (Na)	6,35	—	7,10
3. Schwefelsäure (SO_4) . . .	8,54	6,14	3,95
4. Chlor (Cl)	1,89	4,91	8,94
5. Ges. Phosphorsäure (HPO_4)	13,53	1,99	0,37
6. In Wasser lösl. „ „	8,35	—	—

Der Aether-Extrakt von 7 Proben reinem Saffran lag bei 24—36-stündiger Extraktionsdauer zwischen 3,5 u. 14,4%.

Der Alkohol-Extrakt schwankte zwischen 46,8 u. 52,4%.

2. H. Bremer (Forschungsberichte über Lebensmittel etc. 1896, 3, 439) fand an Petroläther-Extrakt in zwei bestimmt reinen Saffranproben aus Spanien folgende Gehalte:

	Crocus Hispan. super coriente 1895-er Ernte	Crocus Hispan. super coriente 1896-er Ernte
Petroläther-Extrakt . .	2,674%	2,968%

In 15 anderen Safranproben, die z. Th. dem Handel entnommen, wurden 1,118—10,720% Petroläther-Extrakt gefunden.

[1]) Arch. Hyg. 1888, 8, 468 u. Vierteljahresschr. Nahrungs- u. Genussm. 1887, 2, 222 nach G. Kuntze, Chem. pharm. Studien über die Safran-Sorten d. Handels. Diss. Erlangen 1886.

*) Durch Trocknen von 3 g bei 100° bestimmt.

Zimmet (Kaneel).

1. Ceylon-Zimmet (Edler Zimmet). — Rinde von Cinnamomum Zeylanicum Krst.

No.	Nähere Bezeichnung	Zeit der Untersuchung	Wasser %	Stickstoff-Substanz %	Aetherisches Oel %	Fett %	Stärke (in Zucker überführbare Stoffe) %	Sonstige stickstofffreie Extraktstoffe %	Rohfaser %	Asche: Reinasche in Wasser löslich %	Asche: Reinasche in Wasser unlöslich %	Asche: Sand etc. (in HCl unlöslich) %	Alkohol-Extrakt %	Analytiker
1	Von einem Drogisten in Münster	1878	12,44	4,06	(1,45)		43,31		35,46	3,28			—	J. König u. C. Krauch [1])
2	Ceylon-Rinde: Geringe Qualität von ein. Gewürzhändler	1887	10,00	3,80	3,14	3,30	59,88		(16,18)	3,70			—	Cl. Richardson [2])
3	Ceylon-Rinde: Von einem Drogisten	„	5,40	2,90	1,05	1,66	51,28		33,08	4,55			—	
4	Ceylon-Rinde: Von einem Drogisten	„	7,93	3,87	0,82	1,58	56,84		25,63	4,20			—	
5	Ceylon-Zimmet No. 1 extra	1898	7,92	4,06	1,46	1,38	17,55	24,99	38,48	1,40	2,73	0,03	12,72	A. L. Winton, A. W. Ogden und W. L. Mitchell [3]) **)
6	„ 1	„	7,90	3,69	1,49	1,42	19,53	23,47	38,09	2,08	2,28	0,05	12,70	
7	„ 2	„	7,79	3,50	1,62	1,46	22,00	22,90	36,40	1,61	2,63	0,09	12,40	
8	„ 2	„	9,34	3,94	1,49	1,37	20,12	24,72	34,61	1,62	2,76	0,03	11,85	
9	„ 4	„	8,33	3,25	1,54	1,35	19,98	25,33	35,23	1,71	3,26	0,02	13,60	
10	Bruch	„	10,48	3,75	0.72	1,68	16,65	26,71	34,38	1,79	3,26	0,58	9,97	
	Mittel (No. 5—10)	—	8,63	3,70	1,39	1,44	19,30	24,52	36 20	1,87	2,82	0,13	12,21	
11	Ceylon-Zimmet, extra fein	1899	6,54	4,56	1,94	1,73	22,86	23,88	33,26	1,62	3,54	0,07	16,73	
12	Reine Zimmet-Rinde	1895	12,41	3.19	1,57	2,14	—	—	34.25	1,46*)	2.76*)		—*)	B. Girard [4])
	Ceylon-Zimmet, Mittel	—	**8,87**	**3,71**	**1,40**	**1,73**	**19,64**	**25,77**	**34,44**	**1,69**	**2,63**	**0,12**	**12,85**	

2. Chinesischer Zimmet (Gemeiner Zimmet, Cassia-Zimmet). — Rinde von Cinnamomum Cassia L.

No.	Nähere Bezeichnung	Zeit der Untersuchung	Wasser %	Stickstoff-Substanz %	Aetherisches Oel %	Fett %	Stärke %	Sonstige stickstofffreie Extraktstoffe %	Rohfaser %	Asche: in Wasser löslich %	Asche: in Wasser unlöslich %	Asche: Sand etc. %	Alkohol-Extrakt %	Analytiker
1	Von einem Drogisten in Münster	1878	13,95	3,85	3,26		59,00		17,72	2,22			—	J. König u. C. Krauch [1])
2	Von einem Drogisten in Münster	„	14,44	2,94	1,24		61,66		17,76	1,96			—	
3	Von einem Drogisten: Cassia-Rinde	1887	9,42	2,80	0,58	1,40	65,72		17,73	2,35			—	Cl. Richardson [2])
4	Von einem Drogisten: Cassia-Rinde	„	9,01	2,45	0,84	1,75	63,57		20,63	1,75			—	
5	Von einem Drogisten: Cassia-Sprossen (buds)	„	4,79	7,00	3,59	5,21	65,23		8,60	5,58			—	
6	Gute gepulverte Handelssorte	„	5,19	3,75	4,41	3,70	58,80		19,10	5,68			—	
7	China- oder Canton-Cassia No. I extra	1898	11,91	3,31	0,93	1,56	32,04	23,44	23,80	1,58	1,33	0,10	4,57	A. L. Winton, A. W. Ogden und W. L. Mitchell [3]) **)
8	„	„	11,71	3,94	1,06	1,87	27,45	26,66	23,66	1,06	1,81	0,78	4,71	
9	„	„	11,13	3,44	1,44	1,67	30,28	26,39	23,08	0,71	2,45	1,31	7,80	
10	„	„	10,95	3,94	1,64	1,70	28,13	24,25	23,97	0,98	1,97	2,42	5,21	
11	„	„	10,87	4,13	1,30	1,75	24,03	27,04	25,70	1,28	2,83	1,07	4,90	
12	Bruch	„	11.08	4,56	1,48	2,27	20.57	27,63	26,83	1,21	2,15	2,22	4,73	
	Mittel (No. 7—12)	—	11,27	3,89	1,31	1,80	27,08	25,93	24,51	1,14	1,75	1,32	5,32	
13	Cassia-Sprossen (buds)	1898	7,12	8,00	4,65	6,27	10,44	45,05	13,89	2,88	1,51	0,19	10,90	
14	Cassia-Sprossen (buds)	„	8,74	7,06	3,11	5,65	10,98	46,96	12,80	2,88	1,47	0,35	10,86	
	Mittel: Cassia-Rinde (No. 1—4 u. 6—12)		**10,88**	**3,56**	**1,52**	**1,96**	**27,08**	**28,63**	**21,82**	**1,14**	**2,09**	**1,32**	**5,32**	
	Mittel: „ -Sprossen (No. 5, 13 u. 14)		**6,88**	**7,35**	**3,78**	**5,71**	**10,71**	**48,92**	**11,76**	**2,88**	**1,80**	**0,27**	**10,88**	

[1]) Original-Mittheilung.
[2]) Cl. Richardson: Foods and food adulterants **2**, Bull. 13. Washington 1887, 221.
[3]) 22. u. 23. Jahresbericht der Connecticut Agric. Experim. Stat. für 1898 (S. 204) und 1899 (S. 102).
[4]) Chem. and Drogg.; Zeitschr. Nahrungsm.-Unters., Hyg. u. Waarenk. 1895, **8**, 281.
*) Der Gehalt an löslicher Asche ist in unserer Quelle mit 0,46 % angegeben, was wohl auf einem Druckfehler beruht. Girard fand ferner nach der Aether-Extraktion 12,57 % Alkohol-Extrakt.
**) Ueber die Untersuchungsverfahren vergl. oben S. 932.

3. Sonstige Zimmet-Arten. — Holz-Cassia, Batavia-Cassia, Saigon-Cassia.

No.	Nähere Bezeichnung	Zeit der Untersuchung	Wasser %	Stickstoff-Substanz %	Aetherisches Oel %	Fett %	Stärke (in Zucker überführbare Stoffe) %	Sonstige stickstofffreie Extraktstoffe %	Rohfaser %	Asche: Reinasche in Wasser löslich %	Asche: Reinasche in Wasser unlöslich %	Asche: Sand etc. (in HCl unlöslich) %	Alkohol-Extrakt %	Analytiker
	Holz-Cassia													
1	In Baltimore gekauft.	1887	11,04	2,63	1,21	1,86	65,33		15,45	2,48			—	*Cl. Richardson*[1]
	Batavia-Cassia													
2	In Baltimore gekauft.	„	17,45	4,03	0,55	0,74	63,65		14,33	5,25			—	*Cl. Richardson*[1]
3	No. 1	1898	8,73	4,50	1,59	1,49	26,95	32,82	19,17	1,83	2,88	0,04	16,74	*A. L. Winton, A. W. Ogden und W. L. Mitchell*[2]*)
4	No. 1	„	9,53	4,88	2,61	1,32	25,60	34,99	17,03	1,49	2,49	0,06	12,39	
5	No. 1	„	8,65	4,63	2,47	1,45	20,25	37,51	20,31	1,85	2,86	0,02	13,31	
6	No. 2	„	9,92	5,32	1,23	1,42	21,15	35,48	21,02	1,64	2,77	0,05	13,07	
7	No. 2	„	9,01	5,19	1,95	1,51	16,65	38,48	22,09	1,90	3,17	0,05	14,50	
8	No. 2 (Bruch)	„	10,16	5,44	2,12	1,39	18,68	36,33	21,51	1,63	2,69	0,05	11,00	
	Batavia-Cassia, Mittel	—	**10,49**	**4,86**	**1,79**	**1,33**	**21,55**	**35,17**	**19,35**	**1,72**	**3,69**	**0,05**	**13,50**	
	Saigon-Cassia													
9	In Baltimore gekauft: Rinde	1887	9,32	4,55	3,51	2,38	57,43		16,95	5,86			—	*Cl. Richardson*[1]
10	In Baltimore gekauft: Stücke (Chips)	„	9,49	4,20	1,01	2,13	48,65		26,29	8,23			—	
11	dünn	1898	7,48	5,06	4,88	3,26	18,36	34,81	21,38	1,63	2,76	0,38	5,63	*A. L. Winton, A. W. Ogden und W. L. Mitchell*[2]*)
12	dünn	„	6,53	4,63	4,85	3,09	25,38	34,04	17,31	2,05	1,95	0,17	8,70	
13	mitteldick	„	7,55	3,75	5,15	2,34	25,29	28,47	22,65	2,02	2,53	0,25	7,91	
14	dick	„	7,06	3,63	3,94	2,43	21,37	26,78	28,80	2,52	3,26	0,21	5,49	
15	dick	„	7,95	3,75	4,58	2,37	24,61	26,25	25,41	2,07	2,93	0,08	5,14	
16	Bruch I	„	7,56	4,50	3,67	2,55	20,74	29,69	25,09	2,28	2,94	0,98	3,92	
17	Bruch I	„	9,12	4,25	2,43	2,78	20,57	30,82	24,95	1,81	2,59	0,68	6,87	
18	Bruch II	„	7,89	3,87	2,84	4,13	18,36	31,73	25,45	2,13	3,39	0,21	9,16	
	Saigon-Cassia, Mittel	—	**8,00**	**4,22**	**3,69**	**2,75**	**21,84**	**30,85**	**23,43**	**2,06**	**2,79**	**0,37**	**6,60**	
19	Penang-Cassia	1899	7,04	4,75	5,84	3,07	23,76	30,92	20,09	2,03	2,42	0,08	6,07	
20	Travencore-Cassia	„	8,06	4,25	4,18	1,14	22,05	33,91	20,69	1,81	3,91	0	12,02	
21	Malabar-Cassia	„	8,57	4,50	3,25	1,30	23,22	32,08	22,27	1,79	2,98	0,03	11,97	
			Schleim				Zucker (Invertzucker) vor der Inversion	Zucker (Invertzucker) nach der Inversion						
22	Falsche Zimmetrinde**)	1900	4,50		2,60		1,87	2,04		4,00			—	*K. Micko*[3]

Anhang zu Zimmet.

1. A. Hilger (Arch. Pharm. **223**, 826) erhielt für die Asche und die in Salzsäure löslichen Bestandtheile in 5 Proben Ceylon-Zimmet folgende Zahlen:

	No. 1	2	3	4	5
Asche	4,5 %	4,8 %	3,9 %	4,3 %	3,4 %
In Procenten der Asche sind wasserlöslich	53,0 „	72,3 „	88,1 „	61,7 „	— „

[1] Cl. Richardson: Foods and food adulterants, **2**, Bull. 13. Washington 1887, 221.
[2] 22. u. 23. Jahresbericht der Connecticut Agric. Experim. Stat. für 1898 (S. 204) u. 1899 (S. 102).
[3] Zeitschr. Nahrungs- u. Genussm. 1900, **3**, 305.
*) Ueber die Untersuchungsverfahren vergl. oben S. 932.
**) Diese falsche Zimmetrinde unterschied sich durch Mächtigkeit, Schwere und das vollständige Fehlen eines gewürzhaften Geschmackes von den echten Rinden.

2. Hehner (Analyst 1879, 4, 223; vergl. auch Hanausek: Die Nahrungs- und Genussmittel 1884, 252) bestimmte in der Asche verschiedener Zimmetsorten Kalk, Mangan und den löslichen Antheil mit folgendem Ergebnisse:

Nähere Bezeichnung	Preis pro engl. Pfd.	Wasser	Asche in der Rinde	In Procenten der Asche		Von der Asche	
				Kalk	Mangan-oxydoxydul	Löslich	Unlöslich
	sd.	%	%	%	%	%	%
Ceylon-Zimmet, ganz No. 1	1,10	12,67	4,78	40,09	0,86	25,04	74,96
„ „ „ 2	3,0	12,05	4,59	36,98	0,97	28,98	71,02
„ „ „ 3	3,6	11,38	4,66	40,39	0,13	25,22	74,78
„ „ . .	3,6	11,64	3,44	34,32	0,62	26,36	73,64
„ „ . .	8,6	12,94	4,28	36,99	0,59	27,67	72,33
„ Stücke .	0,9	11,25	4,44	42,11	0,34	18,34	81,66
Holz-Cassia (Cassia lignea) ganz . .	—	14,22	1,84	25,29	5,11	40,50	59,42
		11,88	2,54	34,49	4,94	26,78	73,22
Holz-Cassia (Cassia lignea) gemahlen .	—	11,05	2,55	28,63	3,55	30,91	69,09
Zimmet-Cassia (Cassia vera)	—	10,37	4,08	52,72	1,13	8,36	91,64
		11,36	4,85	43,40	1,53	15,89	84,11

Die vollständige Analyse einiger dieser Aschen lieferte folgende Ergebnisse:

Nähere Bezeichnung	Asche	Zusammensetzung der Asche											
		Eisen-oxyd (Fe_2O_3)	Mangan-oxyd-oxydul (Mn_3O_4)	Kalk (CaO)	Magnesia (MgO)	Kali (K_2O)	Natron (Na_2O)	Phosphor-säure (P_2O_5)	Schwefel-säure (SO_3)	Kiesel-säure (SiO_2)	Chlor (Cl)	Kohlen-säure (CO_2)	Sand + Kohle
	%	%	%	%	%	%	%	%	%	%	%	%	%
Ceylon-Zimmet 1	4,79	0,78	0,86	40,09	2,65	14,22	3,98	3,52	2,42	0,27	0,18	29,29	1,36
„ 2	4,59	0,41	0,97	36,98	3,30	16,70	2,97	2,20	2,73	0,31	0,51	32,27	0,94
„ 3	4,66	0,46	0,13	40,39	3,86	10,35	4,65	3,00	2,84	0,25	0,76	32,40	0,83
Cassia lignea . .	1,84	1,23	5,11	25,29	5,48	20,58	3,98	3,67	2,02	0,90	0,14	27,18 *)	4,42
Cassia vera . .	4,08	0,14	1,13	52,72	1,10	5,60	0,90	1,13	0,71	0,20	0,09	36,26	0,24

3. G. Rupp (Zeitschr. Nahrungs- u. Genussm. 1899, 2, 211) fand für selbstgemahlenen und Handels-Bruchzimmet folgende Aschen- und Sandgehalte:

I. China-Bruchzimmet.

	Gemahlene Handelswaare			Vom Originalballen, selbstvermahlen			Gereinigt und selbstvermahlen		
	a	b	c	a	b	c	a	b	c
	%	%	%	%	%	%	%	%	%
Gesammtasche	5,80	6,08	6,20	5,43	6,00	5,95	5,03	4,98	4,57
Sand . . .	3,00	3,20	3,20	2,82	2,90	2,85	0,82	0,79	0,90

II. Ceylon-Bruchzimmet.

	a	b	c	a	b	c	a	b	c
Gesammtasche	6,50	6,00	5,80	4,95	4,80	5,00	4,50	4,60	4,00
Sand . . .	2,48	2,63	2,00	1,30	1,00	0,90	0,60	0,66	0,52

4. A. Rau (Zeitschr. öffentl. Chem. 1897, 3, 439) fand bei 990 Originalballen Zimmet bei der ersten Siebung im Mittel 12,56% und bei der zweiten Siebung im Mittel 17,35% Siebabgang. Letzterer enthielt 48,7% Asche.

In dem durch Absieben gereinigten Zimmet betrug nach Rau der Aschengehalt in 142 Proben bis 7,43%, im Mittel 6,35%.

Es enthielten 43 Proben 5—6% Asche, 143 Proben 6—7% Asche und 26 Proben über 7% Asche.

*) Als Differenz von 100 angenommen.

5. Ueber den Zuckergehalt des Zimmets stellte E. Spaeth (Forschungsberichte über Lebensmittel etc. 1896, 3, 291) Untersuchungen an und fand im alkoholischen Auszuge folgende Invertzuckermengen:

	Ceylon-Zimmet I	Ceylon-Zimmet II	Chinesischer Zimmet	Holz-Cassia
Invertzucker (durch Reduktion) .	1,348—1,560%	0,50—1,15%	0,247%	0 — Spur
Polarisation (25 g auf 100 ccm im 200 mm-Rohr	— 0° 20′	— 0° 15′	± 0	± 0

Rohrzucker konnte im Ceylon-Zimmet nicht nachgewiesen werden.

Ingwer.

Wurzel von Zingiber officinalis Roscoe.

No.	Nähere Bezeichnung	Zeit der Untersuchung	Wasser %	Stickstoff-Substanz %	Aetherisches Oel %	Fett %	Stärke (in Zucker überführbare Stoffe) %	Sonstige stickstofffreie Extraktstoffe %	Rohfaser %	Asche: Reinasche in Wasser löslich %	Asche: Reinasche in Wasser unlöslich %	Asche: Sand etc. (in HCl unlöslich) %	Alkohol-Extrakt %	Analytiker
1	Von einem Drogisten in Münster	1879	13,13	6,50	1,53	4,58	62,58*)		6,14	5,55		—	—	*Laube und Aldendorff*[1])
2	Jamaika-Ingwer . . .	1880	13,42	8,80	0,75	3,29	—	—	—	3,57		—	—	
3	Cochin- „ . . .	„	13,53	5,57	1,35	4,97	—	—	—	4,80		—	—	*Thresh*[2])
4	Afrikanischer Ingwer .	„	14,52	3,27	1,61	8,08	—	—	—	4,27		—	—	
5	Ohne nähere Bezeichnung	1884	13,13	6,50	1,53	—	—	—	—	5,55		—	—	*Hanausek*[3])
6	Ganzer Wurzelstock: Calcutta, ungeschält und ungebleicht	1887	9,60	6,30	2,27	4,58	49,34	13,44	7,45	7,02		—	—	
7	Cochin, desgl. . .	„	9,41	7,00	1,84	4,07	53,33	19,91	2,05	3,39		—	—	
8	Jamaika, desgl. .	„	10,49	10,85	2,03	2,29	50,58	15,58	4,74	3,44		—	—	
9	Jamaika, Londoner Markt, gebleicht	„	11,00	9,28	1,89	3,04	49,34	19,21	1,70	4,54		—	—	
10	Jamaika, amerikan. Markt, gebleicht	„	10,11	9,10	2,54	2,69	50,67	11,66	7,65	5,58		—	—	*Cl. Richardson*[4])
11	Jamaika, gebleicht	„	9,10	5,25	0,96	3,09	46,16	27,93	3,15	4,36		—	—	
12	Jamaika, gemahlen und gebleicht (Handelswaare) rein	„	8,06	6,13	1,78	3,11	48,92	25,88	2,65	3,47		—	—	
13	Guter brauner Ingwer, ungebleicht, desgl. . .	„	11,20	6,28	1,61	4,12	50,00	16,69	4,08	6,02		—	—	
14	Guter weisser, desgl. .	„	8,90	6,30	0,95	3,65	49,12	24,24	3,45	3,45		—	—	
15	Aus Bengalen	„	10,92	8,34	1,24 **)	3,53	45,70	14,66 *)	8,88	6,73		—	—	*Th. Arnst u. F. Hart*[5])
16	„ Cochinchina . . .	„	10,17	7,61	0,68 **)	3,47	54,60	15,47 *)	4,21	3,79		—	—	

[1]) Original-Mittheilung.
[2]) Pharm. Journ. 1880, 681.
[3]) Mitgetheilt von J. Buchwald in Arb. Kaiserl. Gesundh. 1898, **15**, 229.
[4]) Cl. Richardson: Foods and food adulterants **2**, Bull. 13, 216. Washington 1887.
[5]) Zeitschr. angew. Chem. 1893, 136.

*) Davon war Zucker bei No. 1: 1,85%, Nr. 15: Spuren, Nr. 16: 1,20%.

**) Zur Bestimmung des ätherischen Oeles wurden 10 g des bei 100° getrockneten Gewürzpulvers im Soxhletschen Apparat mit wasserfreiem Aether ausgezogen; letzterer wurde bei etwa 40° verdunstet; der Rückstand wurde gewogen, mit Wasser versetzt und im siedenden Wasserbade so lange erhitzt, bis jeglicher ätherischer Geruch verschwunden war. Nach dem Trocknen bei 105° wurde der Rückstand (= Fett) wiederum gewogen und die Differenz zwischen der ersten und zweiten Wägung als ätherisches Oel angesehen. Infolge des vorherigen Trocknens bei 100° dürften die für ätherisches Oel angegebenen Zahlen von Arnst und Hart durchweg mehr oder minder zu niedrig sein.

No.	Nähere Bezeichnung	Zeit der Untersuchung	Wasser %	Harz %	Aetherisches Oel %	Fett %	Schleimstoffe %	Rohfaser %	Asche: Reinasche in Wasser löslich %	Asche: Reinasche in Wasser unlöslich %	Asche: Sand etc. (in HCl unlöslich) %	Alkohol-Extrakt %	Wasser-Extrakt %	Analytiker
	Ingwer aus													
17	Afrika 1	1884	15,8	2,2	—	—	18,0	5,1	1,34	2,06		8,5	24,8	
18	Afrika 2	„	14,5	—	—	—	—	—	1,58	2,72		17,5	52,2	
19	Jamaika . . .	„	15,0	0,25	—	—	32,3	3,1	1,22	4,18		6,5	55,7	
20	Cochin. . . .	„	15,2	4,5	—	—	21,8	9,0	3,28	2,52		12,5	35,1	*W. C. Young* [1])
21	Japan	„	15,2	2,8	—	—	19,4	4,6	5,82	2,18		8,3	34,3	
22	Malabar . . .	„	10,2	1,7	—	—	22,4	1,7	1,60	1,80		4,1	30,1	
23	Bengalen . . .	„	20,5	0,84	—	—	41,1	4,9	2,36	2,39		4,3	51,4	
							Stärke + Dextrin + Maltose							
24	Ohne näh. Bez.	1886	10,1	3,38	—	3,58	52,92	2,66		4,80		—	—	*E. W. T. Jones* [2]) *)
25	Jamaika . . .	1892	13,66	1,76	0,64	0,92	— —	—		4,53		—	—	
26	Cochin . . .	„	13,53	1,82	1,35	1,20	— —	—		4,80		—	—	
27	Afrika	„	14,52	3,78	1,62	1,23	— —	—		4,27		—	—	*E. H. Gane* [3])
28	Fidschi . . .	„	11,25	4,47	1,45	0,68	— —	—		4,06		—	—	
29	Jamaika . . .	18$\frac{93}{94}$	13,6	—	0,70	3,00	— —	—		3,10		—	—	
30	„ . . .	„	13,4	—	1,20	3,90	— —	—		3,90		—	—	
31	Japan	„	—	—	0,60	1,96	— —	—		5,15		—	—	*Bern. Dyer und J. F. H. Gilbard* [4])
32	„ gebleicht .	„	—	—	0,68	1,74	— —	—		6,58		—	—	
33	„ gewaschen	„	—	—	0,56	3,66	— —	—		3,34		—	—	
												Nach Aether-Extrakt.		
34	Ohne nähere Bezeichnung 1	1894	—	—	3,2		— —	—		3,1		2,7	—	
35	Ohne nähere Bezeichnung 2	„	—	—	3,0		— —	—		3,9		3,1	—	
36	Ohne nähere Bezeichnung 3	„	—	—	3,5		— —	—		3,7		3,4	—	
37	Ohne nähere Bezeichnung 4	„	—	—	5,0		— —	—		5,0		2,9	—	
38	Ohne nähere Bezeichnung 5	„	—	—	4,2		— —	—		4,5		3,0	—	
39	Jamaika 1	„	11,26	—	—		— —	—		—		—	15,65	
40	Jamaika 2	„	10,98	—	—		— —	—		—		—	13,25	
41	Jamaika 3	„	13,95	—	—		— —	—		3,90		—	14,40	*Allen und Moor* [5])
42	Jamaika 4	„	12,76	—	—		— —	—		3,29		—	12,25	
43	Jamaika 5	„	13,96	—	—		— —	—		3,45		—	11,85	
44	Cochin 1	„	10,64	—	—		— —	—		—		—	13,00	
45	Cochin 2	„	13,50	—	—		— —	—		3,81		—	8,65	
46	Cochin 3	„	13,23	—	—		— —	—		3,62		—	11,65	
47	Afrika 1	„	15,97	—	—		— —	—		3,66		—	10,80	
48	Afrika 2	„	13,70	—	—		— —	—		3,90		—	10,10	
49	Jamaika . . .	1895	12,15	—	3,73		— —	—		3,65		—	—	
50	„ gebleicht	„	9,70	—	4,84		— —	—		6,55		—	—	
51	„ ungebleicht	„	9,05	—	4,30		— —	—		5,20		—	—	*Davis* [6])
52	Afrika	„	12,60	—	6,27		— —	—		4,65		—	—	

[1]) Analyst 1884, **9**, 214.
[2]) Analyst 1886, **11**, 75.
[3]) Vierteljahresschr. Nahrungs- u. Genussm. 1892, **7**, 279.
[4]) Analyst 1893, **18**, 197; Arb. Kaiserl. Gesundh.-A. 1898, **15**, 229.
[5]) Analyst 1894, **19**, 124; Arb. Kaiserl. Gesundh.-A. 1898, **15**, 229.
[6]) Pharm. Journ. 1895, 472; Arb. Kaiserl. Gesundh.-A. 1898, **15**, 229.

No.	Nähere Bezeichnung	Zeit der Untersuchung	Wasser %	Harz %	Aetherisches Oel %	Fett %	Stärke (in Zucker überführbare Stoffe) %	Sonstige stickstofffreie Extraktstoffe %	Rohfaser %	Asche: Reinasche in Wasser löslich %	Asche: Reinasche in Wasser unlöslich %	Asche: Sand etc. (in HCl unlöslich) %	Alkohol-Extrakt %	Wasser-Extrakt %	Analytiker
53	Jamaika	1897	9,33	—	5,00		—	—	—	5,30			—	—	Glass[1])
54	Cochin	„	11,00	—	4,33		—	—	—	4,60			—	—	Glass[1])
55	Afrika	„	8,00	—	6,33		—	—	—	5,50			—	—	Glass[1])
56	Japan, unbearbeitet	1896	—	—	0,70	4,40	—	—	—	1,60	2,80		5,60	12,60 *)	Bern. Dyer[2])
57	„ gewaschen und zubereitet	„	—	—	0,50	4,30	—	—	—	1,30	2,50		3,70	9,20 *)	Bern. Dyer[2])
58	Jamaika-Ingwer, gebleicht und gekalkt	1898	10,56	9,00	1,34	2,82	56,00	8,56	2,37	2,32	7,00	0,03	4,02	15,68	A. L. Winton, A. W. Ogden und W. L. Mitchell[3]) **)
59	Jamaika-Ingwer, gebleicht und gekalkt	„	10,57	9,69	1,21	3,43	58,63	6,81	2,38	2,95	4,31	0,02	5,37	16,10	
60	Jamaika-Ingwer, ungebleicht	„	11,72	6,25	1,76	3,97	58,41	9,09	4,28	3,40	0,81	0,51	5,23	14,81	
61	Jamaika-Ingwer, ungebleicht	„	10,27	9,75	1,61	3,82	56,31	10,94	3,72	2,84	1,23	0,11	4,90	17,55	
62	Jamaika-Ingwer, ungebleicht	„	11,67	7,56	2,01	3,94	58,05	9,99	3,17	2,64	0,92	0,05	5,32	14,73	
63	Cochin- od. Borneo-Ingwer: geschält, geschnitten und gekalkt	„	9,97	7,50	1,49	2,95	62,42	9,71	2,60	2,95	0,33	0,08	3,63	13,22	
64	Cochin- od. Borneo-Ingwer: roh, gewaschen	„	9,96	8,00	2,47	4,50	56,65	10,39	4,22	2,42	1,27	0,12	6,19	12,66	
65	Cochin- od. Borneo-Ingwer: helle, feine, nicht geschälte und nicht gekalkte Sorte	„	10,54	8,06	1,86	3,64	59,73	8,83	3,68	2,62	0,89	0,15	4,89	12,18	
66	Cochin- od. Borneo-Ingwer: helle, feine, nicht geschälte und nicht gekalkte Sorte	„	10,33	8,25	2,32	3,75	58,43	8,29	3,57	2,18	1,82	0,06	4,36	12,66	
67	Cochin- od. Borneo-Ingwer: dünnere und dunklere Sorte	„	9,91	7,88	2,52	5,08	53,43	10,60	5,10	2,89	1,91	0,68	5,98	12,04	
68	Cochin- od. Borneo-Ingwer: dünnere und dunklere Sorte	„	8,71	7,81	3,09	5,15	53,97	10,81	5,50	2,67	2,06	0,23	5,55	12,41	
69	Japan-Ingwer, klein, dick und gekalkt	„	11,13	6,00	0,96	3,86	61,02	10,07	2,62	1,73	2,46	0,15	5,18	12,72	
70	Japan-Ingwer, klein, dick und gekalkt	„	11,65	4,81	0,96	4,02	60,08	7,60	2,84	1,89	4,87	1,28	4,86	10,92	
71	Africanischer (Sierra Leone-) Ingwer unansehnlich, dunkel	„	9,99	7,94	2,66	5,42	57,15	8,39	4,31	2,73	1,27	0,14	6,30	13,31	
72	Africanischer (Sierra Leone-) Ingwer unansehnlich, dunkel	„	9,89	7,88	2,94	5,28	57,42	8,25	4,74	2,17	1,35	0,08	6,58	12,38	
73	Africanischer (Sierra Leone-) Ingwer unansehnlich, dunkel	„	10,03	7,94	2,60	5,34	55,65	9,27	4,93	2,65	1,48	0,11	6,14	13,61	
74	Ostindischer (Calcutta-) Ingwer noch unansehnlicher, als d. vorhergeh.	„	10,19	7,69	1,73	3,37	55,39	8,71	5,37	4,09	1,17	2,29	4,37	12,51	
75	Ostindischer (Calcutta-) Ingwer noch unansehnlicher, als d. vorhergeh.	„	10,86	7,25	1,84	3,52	55,62	9,36	5,08	3,60	1,13	1,74	4,29	12,04	
	Mittel No. 58—75	—	10,44	7,74	1,97	4,10	57,45	9,12	3,91	2,71	2,12	0,44	5,18	13,42	
76	Jamaika-Ingwer gebleicht und gekalkt	1899	9,72	9,19	1,25	2,47	69,37		2,72	2,60	2,44	0,24	3,31	14,57	
77	Jamaika-Ingwer gewaschen	„	10,11	11,12	0,97	2,58	69,60		2,43	2,24	0,79	0,15	2,61	15,85	
78	Cochin-Ingwer, gebleicht und gekalkt	„	9,14	6,06	1,60	3,61	71,18		3,42	3,52	1,38	0,09	3,53	7,72	

[1]) Pharm. Journ. 1897, 245; Arb. Kaiserl. Ges.-A. 1898, **15**, 229.
[2]) Analyst 1896, **21**, 309; Vierteljahresschr. Nahrungs- u. Genussm. 1897, **12**, 45.
[3]) 22. und 23. Jahresbericht der Connecticut Agric. Experim. Stat. für 1898 (S. 202) u. 1899 (S. 102).

*) No. 56 enthielt 2,60% und No. 57 2,00% Asche im Wasser-Extrakt.
**) Winton, Ogden und Mitchell fanden ferner in Procenten:

	No. 58	59	60	61	62	63	64	65	66	67	68
Stärke nach dem Diastase-Verfahren	53,95	55,61	56,13	55,05	57,10	60,31	53,94	58,05	56,62	49,86	49,05
Kalk (CaO)	3,53	1,92	0,28	0,30	0,20	1,29	0,24	0,25	0,71	0,56	0,55

	No. 69	70	71	72	73	74	75	Mittel 58—75	76	77	78
Stärke nach dem Diastase-Verfahren	58,70	55,40	53,36	53,08	51,60	52,48	51,24	54,53	61,67	56,31	64,18
Kalk (CaO)	1,07	2,26	0,26	0,28	0,21	0,26	0,27	0,80	1,33	0,13	1,61

No.	Nähere Bezeichnung		Zeit der Untersuchung	Wasser %	Aetherisches Oel %	Aether-Extrakt %	Alkohol-Extrakt nach d. Aether-Extraktion %	Petroläther-Extrakt %	Kaltwasser-Extrakt %	Gesammt-Asche %	Wasserlösliche Asche: Im Ganzen %	Wasserlösliche Asche: Alkalinität (K_2O) %	Wasserlösliche Asche: Chlor (Cl) %	Asche des Kaltwasser-Extraktes: Im Ganzen %	Asche des Kaltwasser-Extraktes: Alkalinität (K_2O) %	Asche des Kaltwasser-Extraktes: Chlor (Cl) %	Analytiker
79	Ganzer Ingwer, im Laboratorium gemahlen ohne Entfernung der Faser	Jamaika ungewaschen	1899	11,75	0,66	3,71	1,27	1,24	15,88	3,44	2,81	—	—	3,07	1,23	0,04	E. G. Clayton[1]
80		Jamaika gewaschen .	„	14,02	1,15	4,80	0,88	2,00	8,73	2,91	1,59	—	—	2,03	0,31	0,09	
81		Cochin ungewaschen	„	13,80	0,81	4,16	1,35	1,62	9,31	3,75	2,42	—	—	3,30	0,36	0,01	
82		Cochin gewaschen .	„	13,46	0,97	4,38	1,69	1,86	6,69	2,94	1,45	—	—	1,74	0,42	0,02	
83		Cochin „ .	„	—	0,80	4,22	1,23	1,83	10,92	4,32	2,91	—	—	3,36	0,53	0,01	
84		Cochin „ .	„	—	0,71	4,60	0,96	1,73	11,73	3,93	2,63	—	0,02	3,23	0,47	—	
85		Bengalen, ungew. . .	„	—	0,88	4,92	1,20	1,30	12,68	6,19	3,81	1,44	0,04	4,52	1,41	0,05	
86		Japan gekalkt, ungew.	„	14,25	0,30	4,24	1,81	1,35	7,39	3,74	2,29	—	—	2,94	0,94	0,14	
87		Japan gewaschen . .	„	13,09	0,46	4,38	1,72	1,24	7,82	2,67	1,27	—	—	1,82	0,45	0,13	
88		Afrika ungewaschen .	„	11,18	1,18	6,45	1,56	1,87	10,36	3,74	2,41	—	—	2,98	0,77	0,01	
89		Afrika gewaschen . .	„	14,76	1,14	6,88	1,44	1,65	8,17	3,32	1,60	—	—	1,84	0,34	0,13	
		Ungewaschen, Mittel	—	12,72	0,77	4,89	1,44	1,47	11,12	4,17	2,74	1,44	0,04	3,36	0,94	0,05	
		Gewaschen, „		13,83	0,87	4,87	1,32	1,71	9,01	3,34	1,89	—	0,02	2,33	0,42	0,07	
90	Cochin-Ingwer in verschiedenen Stufen der Zubereitung	ganz, gewaschen .	1899	12,94	0,41	3,29	1,86	1,40	11,37	4,91	3,37	—	—	4,52	0,48	0,01	
91		gemahlen, mit Faser	„	11,62	0,42	4,27	0,87	1,69	12,05	4,64	3,19	—	—	3,88	0,38	0,01	
92		„ ohne „	„	12,52	0,41	4,16	1,08	2,08	11,90	3,61	1,86	—	—	3,01	0,35	0,01	
93		Faser von No. 92	„	11,12	0,71	5,33	2,26	2,84	11,12	5,72	3,52	—	—	4,58	0,40	0,04	
94		gewaschen, geschält und geputzt . .	„	—	0,78	3,80	1,63	1,66	8,70	3,71	2,74	—	0,03	2,36	0,20	0,02	
95		Schälabfall . . .	„	—	3,08	10,45	1,61	3,04	9,50	5,31	3,18	0,71	0,10	3,02	0,72	—	
96	Grüner Ingwer		„	85,59	0,34	0,27	3,10	0,21	2,10	1,38	1,26	—	0,09	1,24	0,03	0,11	

Ingwer-Abfälle.

No.	Nähere Bezeichnung	Zeit der Untersuchung	Wasser %	Harz %	Aetherisches Oel %	Fett %	Stärke (in Zucker überführbare Stoffe) %	Sonstige stickstofffreie Extraktstoffe %	Rohfaser %	Asche: Reinasche in Wasser löslich %	Asche: Reinasche in Wasser unlöslich %	Asche: Sand etc. (in HCl unlöslich) %	Alkohol-Extrakt %	Wasser-Extrakt %	Analytiker
97	Ingwer-Abfälle von Cochin-Ingwer No. 67 .	1898	4,99	7,00	6,05	9,55	31,38	19,80	13,18	4,03	3,13	0,89	11,60	14,65	*A. L. Winton, A. W. Ogden und W. L. Mitchel*[2])
98	Ingwer-Spähne . . .	„	3,19	8,69	7,06	2,76	40,23	20,18	8,69	3,90	3,49	1,81	9,20	17,72	
	Gebrauchter (ausgezogener) Ingwer.														
99	Von engl. Ingwer-Ale-Werken	„	10,61	6,94	1,61	3,86	59,86	8,83	5,17	0,59	1,35	0,18	4,88	6,15	*dieselben*
100	Von Extraktions-Werken	„	8,02	—	0,13	0,54	—	—	—	3,55		1,50	1,52	16,42	

[1]) Analyst 1899, **24**, 122.
[2]) 22. u. 23. Jahresbericht der Connecticut Agric. Experim. Stat. für 1898 (S. 202) u. 1899 (S. 102).

*) Winton, Ogden und Mitchell fanden ferner in Procenten:

	No. 97	98	99
Stärke nach dem Diastase-Verfahren	19,35	31,14	54,57
Kalk (CaO)	0,61	1,06	—

No.	Nähere Bezeichnung	Zeit der Untersuchung	Wasser	Aetherisches Oel	Aether-Extrakt	Alkohol-Extrakt nach d. Aether-Extraktion	Petroläther-Extrakt	Kaltwasser-Extrakt	Gesammt-Asche	Wasserlösliche Asche: Im Ganzen	Wasserlösliche Asche: Alkalinität (K_2O)	Wasserlösliche Asche: Chlor (Cl)	Asche des Kaltwasser-Extraktes: Im Ganzen	Asche des Kaltwasser-Extraktes: Alkalinität (K_2O)	Asche des Kaltwasser-Extraktes: Chlor (Cl)	Analytiker
			%	%	%	%	%	%	%	%	%	%	%	%	%	
	Erschöpfter Ingwer (No. 101 und 102 herrührend von d. Mineralwasserfabrikation.)															
101	Jamaika	1899	—	0,84	3,76	0,51	0,78	2,57	1,60	0,52	0,09	0	0,61	0,07	0	E. G. Clayton[1])
102	Gemisch von Jamaika und Afrika	„	—	0,54	4,33	0,96	1,21	3,04	2,05	0,45	0,07	0	0,89	0,06	0,007	
103	Ohne nähere Bezeichnung	„	—	0,34	2,81	0,82	0,78	14,06	2,50	0,56	0,12	0	1,36	0,08	0,005	
104		„	11,05	0,02	3,46	0,70	0,90	11,88	2,70	0,92	0,11	0	1,90	—	0,018	
105		„	—	0,53	3,19	0,73	0,10	8,06	2,70	0,53	0,11	0	1.08	0,12	0,005	
106		„	12,07	0,03	3,70	1,07	0,24	11,56	2,18	0,43	0,07	0	1,21	0,11	0,005	
107		„	—	0	1,89	0,73	0,40	10,27	2,29	0,49	0,08	0	0,67	0,12	0,015	
108	Jamaika	„	—	0	1,79	0,78	0,38	7,62	1,51	0,75	0,04	0	0,65	—	0,005	
															SiO_2	
109	Cochin	„	11,76	0,34	3,52	0,69	1,31	4,94	1,41	1,13	0,15	0,03	1,26	—	0,35	
110	Cochin	„	11,61	0,49	3,55	0,75	1,49	4,96	2,13	1,08	0.12	0,03	1.18	—	0,38	
															Chlor	
	Mittel No. 101—110	—	11,62	0,31	3,20	0,77	0,76	7,89	2,19	0,49	0,09	0*)	1,08	0,09	0,007	
111	Cochin-Ingwer 48 Stunden gelegt in Wasser	1899	13,10	—	—	—	—	—	4,85	3,45	—	0,05	—	0,22	—	
112	Cochin-Ingwer 48 Stunden gelegt in Alkohol**)	„	13,60	—	—	—	—	—	3,94	2,53	—	0,04	—	0,38	—	
113	Cochin-Ingwer 48 Stunden gelegt in 4 Thle. Wasser + 1 Thl. Alkohol	„	13,30	—	—	—	—	—	2,24	1,36	—	0,03	—	0,37	—	

Mittlere Zusammensetzung des Ingwer.

Nähere Bezeichnung	Wasser	Stickstoff-Substanz	Aetherisches Oel	Fett	In Zucker überführbare Stoffe	Sonstige stickstofffreie Extraktstoffe	Rohfaser	Asche: Reinasche in Wasser löslich	Asche: Reinasche in Wasser unlöslich	Asche: Sand etc. (in HCl unlöslich)	Alkohol-Extrakt	Wasser-Extrakt	Asche des Kaltwasser-Extraktes: Im Ganzen	Asche des Kaltwasser-Extraktes: Alkalinität (K_2O)	Asche des Kaltwasser-Extraktes: Chlor (Cl)
	%	%	%	%	%	%	%	%	%	%	%	%	%	%	%
Reiner Ingwer (No. 1—95)	**11,84**	**7,07**	**1,35**	**3,68**	**54,55**	**13,09**	**4,16**	**2,52**	**1,64**	**0,40**	**5,79**	***) **12,02**	**2,97**	**0,58**	**0,048**
Gebrauchter Ingwer (No. 99—110)	**11,73**	—	**0,40**	**2,75**	**59,86**	—	**5,17**	**0,50**	**1,92**		**3,20**	**8,46**	**1,08**	**0,09**	**0,007**

Anhang zu Ingwer.

Liverseege (Pharm. Journ. No. 1362, No. 112; Apoth.-Ztg. 1896, **11**, 639; Vierteljahresschr. Nahrungs- u. Genussm. 1896, **11**, 353) untersuchte mit verschiedenen Extraktions-Mitteln ausgezogenen Ingwer und fand[0]):

[1]) Analyst 1899, **24**, 122.

*) Ausgenommen von No. 109 und No. 110, welche noch etwas unextrahirten Ingwer enthielten.
**) Normal-Weingeist (Proof spirit).
***) Die Zahlen für Wasser-Extrakt in den Analysen No. 17—23 sind zur Mittelwerth-Berechnung nicht mit herangezogen.
[0]) Alle Zahlen mit Ausnahme der letzten Zeile (No. 14) beziehen sich auf Ingwer mit 12,3 % Wasser.

No.	Nähere Bezeichnung der Bestandtheile	Natürlicher Ingwer	Ingwer ausgezogen mit			
			Rectificirtem Alkohol	50 %-igem Alkohol	25 %-igem Alkohol	Wasser
		%	%	%	%	%
1	Gesammt-Asche	4,9	5,0	4,3	3,5	3,3
2	Asche in Wasser löslich	2,4	2,2	1,7	1,1	1,0
3	„ in Salzsäure löslich	1,8	2,1	1,8	1,5	1,4
4	„ in Salzsäure unlöslich	0,7	0,7	0,8	0,9	0,9
5	Alkalinität d. wasserlöslichen Asche als K_2O	0,5	0,5	0,4	0,3	0,3
6	Aether-Extrakt	5,5	1,8	3,8	5,3	5,4
7	Alkoholischer Extrakt nach der Aether-Extraktion	4,6	2,3	2,3	2,6	2,3
8	Wässeriger Extrakt nach der Alkohol-Extraktion	5,8	6,4	4,9	3,2	2,4
9	Kalt-Wasser-Extrakt im Ganzen	11,8	10,5	6,8	5,9	4,7
10	Extrakt mit 25 %-igem Alkohol	10,2	9,2	6,1	5,5	4,8
11	Methylalkohol-Extrakt	6,5	2,9	4,5	5,8	5,6
12	Gelöster Ingwer	—	4,0	4,0	5,1	5,5
13	Gelöste Asche	—	0,1	0,6	1,3	1,3
14	Wasser im lufttrocknen Ingwer	12,4	13,4	14,0	13,4	13,5

Bern. Dyer u. J. F. H. Gilbard (Analyst 1893, 18, 197, mitgetheilt von Joh. Buchwald in Arb. Kaiserl. Gesunh.-Amt. 1898, 15, 229. Vergl. oben S. 976, No. 29—33 der Tabelle) fanden für mit Alkohol extrahirten Ingwer:

	A	B	C	D	E	F
	%	%	%	%	%	%
Wasser	12,1	11,8	11,8	11,7	11,9	11,5
Asche	2,1	1,2	2,3	2,2	1,1	1,9
Wasserlösliche Asche	0,4	0,3	0,4	0,5	0,2	0,3
Aetherisches Oel	0,8	0,5	0,4	0,9	0,5	0,7
Aether-Extrakt	5,2	3,0	4,7	4,9	3,0	4,1
Alkohol-Extrakt nach der Aether-Extraktion	1,2	1,2	1,4	1,5	0,8	1,1

Dyer u. Gilbard halten die Bestimmung des Alkohol-Extraktes nach der Aether-Extraktion für das geeignetste Verfahren zum Nachweise von erschöpftem Ingwer.

Sonstige Ingwer-Analysen.

1. Th. P. Blunt u. Keating Stock: Ueber extrahirten Ingwer. (Analyst 1896, 21, 309; Vierteljahresschr. Nahrungs- u. Genussm. 1897, 12, 45.

2. W. S. Glass: Ingwersorten des Handels. (Pharm. Journ. 1897, [4], 1395, 245; Vierteljahresschr. Nahrungs- u. Genussm. 1897, 12, 202.

3. E. J. Bevan, B. Dyer u. O. Hehner: Extrahirter Ingwer. (Analyst 1899, 24, 949; Zeitschr. Nahrungs- u. Genussm. 1899, 2, 949.

4. A. Russell Bennet (Pharmac. Journal 1901, 522) fand für Ingwer-Proben des Handels folgende procentigen Schwankungszahlen:

	Zahl der Proben	Wasser	Aetherisches Oel	Aether-Extrakt	Alkohol-Extrakt	Wasser-Extrakt	Asche im Ganzen	Asche in Wasser löslich	Asche in Wasser unlöslich
Jamaica-Ingwer	24	10,16-15,01	0,20-1,50	2,97-6,41	3,01-5,16	7,01-15,01	1,39-4,31	1,01-2,91	0,15-2,38
					Harz				
Cochin-Ingwer	17	10,09-13,60	—	—	4,91-6,74	6,41-14,01	2,01-4,21	0,30-3,02	0,80-2,07
African-Ingwer	12	12,16-15,19	—	—	4,57-6,61	7,16-13,14	2,17-4,19	1,56-2,51	0,27-1,78

Zittwer.

Wurzel von Curcuma Zedoaria Roscoe.

No.	Nähere Bezeichnung	Zeit der Untersuchung	Wasser %	Stickstoff-Substanz %	Aetherisches Oel %	Fett %	Zucker %	Stärke %	Sonstige stickstofffreie Extraktstoffe %	Rohfaser %	Asche: Reinasche in Wasser löslich %	Asche: Reinasche in Wasser unlöslich %	Asche: Sand etc. (in HCl unlöslich) %	Alkohol-Extrakt %	Analytiker
1	Ohne nähere Bezeichnung	1879	14,85	9,17	1,93	2,33	0,14	62,83		4,33	4,42			—	*G. Laube u. H. Aldendorff* [1])
2		1893	18,62	10,84	0,37 *)	3,19	1,35	49,40	7,30	4,71	4,22			—	*Th. Arnst u. F. Hart* [2])
3		„	16,56	12,56	1,05 *)	1,87	1,02	50,40	6,57	5,41	4,53			—	
	Mittel	—	**16,68**	**10,86**	**1,12**	**2,45**	**0,84**	**49,90**	—	**4,82**	**4,39**			—	

Galgant.

Wurzel von Apinia officinarum Hance.

No.	Nähere Bezeichnung	Zeit der Untersuchung	Wasser %	Stickstoff-Substanz %	Aetherisches Oel %	Fett %	Zucker %	Stärke %	Sonstige stickstofffreie Extraktstoffe %	Rohfaser %	Asche %	Alkohol-Extrakt %	Analytiker
1	Ohne nähere Bezeichnung	1893	12,87	1,19	0,34	5,15	3,05	59,05		14,53	3,82	—	*G. Laube u. H. Aldendorff* [1])
2		„	14,42	4,54	0,19 *)	4,35	0,95	33,33	18,15	19,27	4,80	—	*Th. Arnst u. F. Hart* [2])
	Mittel	—	**13,65**	**2,87**	**0,27**	**4,75**	**2,00**	**33,33**	**21,92**	**16,90**	**4,31**	—	

Süssholz.

Wurzel von Glycyrrhiza glabra L.

No.	Nähere Bezeichnung	Zeit der Untersuchung	Wasser %	Stickstoff-Substanz %	Aetherisches Oel / Fett %	Zucker %	Stärke %	Sonstige stickstofffreie Extraktstoffe %	Rohfaser %	Asche %	Alkohol-Extrakt %	Analytiker
1	Aus Spanien . .	1893	8,82	12,92	3,71	9,57	31,33	11,59	17,66	4,40	—	*Th. Arnst u. F. Hart* [2])
2	„ Russland .	„	8,68	9,25	3,06	16,39	20,73	17,74	18.80	5,35	—	
	Mittel	—	**8,75**	**11,09**	**3,39**	**12,98**	**26,03**	**14,67**	**18,23**	**4,98**	—	

Lorbeerblätter.

Blätter von Laurus nobilis L.

No.	Nähere Bezeichnung	Preis für 1 kg	Zeit der Untersuchung	Wasser %	Stickstoff-Substanz %	Aetherisches Oel %	Fett %	Zucker, Stärke, Sonstige stickstofffreie Extraktstoffe %	Rohfaser %	Asche %	Wasser-Extrakt %	Alkohol-Extrakt %	Analytiker
1	Italienische	0,80 M.	1901	9,45	8,34	3,63	4,49	38,33	31,83	4,53	20,72	25,01	*Vers.-Stat. Münster* [3])
2	Angeblich italienische	0,60 „	„	10,01	10,56	2,54	6,19	35,55	27,98	4,17	19,21	23,61	
	Mittel		—	**9,73**	**9,45**	**3,09**	**5,34**	**36,94**	**29,91**	**4,35**	**19,97**	—	

Majoran.

Getrocknete Blumenähren und Stengelblätter von Origanum Majorana L.

No.	Nähere Bezeichnung	Preis für 1 kg	Zeit der Untersuchung	Wasser %	Stickstoff-Substanz %	Aetherisches Oel %	Fett %	Zucker, Stärke, Sonstige stickstofffreie Extraktstoffe %	Rohfaser %	Rein-asche %	Sand %			Analytiker
1	Französicher, gerebelt	1,70 M.	1901	9,71	13,73	2,48	7,50	29,77	18,74	10,87	7,20	24,90	17,12	*Vers.-Stat. Münster* [3])
2	Thüringer, gerebelt	1,40 „	„	6,19	15,43	2,07	6,60	37,12	17,95	9,99	4,15	26,88	18,70	
3	Billige Sorte, gerebelt	0,70 „	„	7,98	12,70	1,40	3,66	36,83	29,74	6,49	1,20	27,13	18,07	
4	Pfälzer, gepulvert .	1,20 „	„	6,57	15,36	0,94	4,64	37,79	21,79	11,51	1,00	24.42	14,40	
	Mittel		—	**7,61**	**14,31**	**1,72**	**5,60**	**35,62**	**22,06**	**9,69**	**3,39**	**25.83**	**17,09**	

[1]) Hannoversche Monatsschrift „Wider die Nahrungsfälscher" 1879, 83.
[2]) Zeitschr. angew. Chem. 1893, 136.
[3]) Original-Mittheilung.
*) Ueber das von Arnst und Hart zur Bestimmung des ätherischen Oeles angewendete Verfahren vergl. oben S. 975.

Anhang zu Majoran.

Gehalt des Majorans an Extrakt, Asche und in Salzsäure unlösliche Asche.

1. Untersuchungen von G. Rupp (Zeitschr. angew. Chem. 1892, 681) lieferten folgende Ergebnisse:

			Nähere Bezeichnung	Extrakt %	Asche %	In Salzsäure unlöslich %
Deutscher Majoran	1.	Aus Baden	zerschnitten, graugrün, grossblätterig	16,0	11,8	5,10
	2.		abgerebelt, kleinblätterig, staubig	13,5	17,0	6,20
	3.	Aus Bayern (No. 3—7 aus Franken)	„naturell“, mit dicken Stengeltheilen	14,0	6,5	0,74
	4.		in Blättern, graugrün	25,0	9,7	0,66
	5.		zerschnitten grau	17,0	8,5	0,72
	6.		zerschnitten mit vielen Stengeltheilen	23,0	6,3	0,90
	7.		zerschnitten „ wenig „	14,0	11,6	2,30
	8.		Blättermajoran, zerschnitten, graugrün	17,3	9,8	3,70
	9.		abgerebelt, grau, staubig	13,0	17,9	8,20
	10.		„ graugrün, mit vielen Stengeltheilen .	16,3	16,1	5,90
	11.	Aus Sachsen	„in Bündeln“ mit vielen Stengeltheilen	18,9	9,1	1,90
	12.		abgerebelt, staubig.	18,5	22,8	9,70
	13.		zerschnitten mit vielen dicken Stengeltheilen . .	14,2	9,3	2,60
	14.	Aus Württemberg	zerschnitten kleinblätterig, mit dünnen Stengelth.	17,8	11,4	3,05
	15.		desgl., mit dicken Stengeltheilen	18,0	10,9	2,00
Schweizer Majoran	16.		Neuchâtel: zerschnitten, grossblätterig, grau	15,8	13,7	2,20
	17.		Basel: abgerebelt, mit viel Staub und Sand	23,0	16,7	6,90
Französischer Majoran, aus Deutschland bezogen	18.		In Bündeln, selbst zerschnitten, grün	21,0	8,6	0,80
	19.		Gerebelt, grossblätterig, mit zarten Stengeltheilen	19,2	12,7	2.30
	20.		Extra gerebelt, kleinblätterig, mit zarten Stengeltheilen . . .	21,5	13.8	3,40
	21.		Gerebelt, gewöhnlicher, graugrün	13,8	21,7	7,40
	22.		Gerebelt „courante“, mit viel Staub und Sand	18,7	22,4	11,60
	23.		Gerebelt, stiel- und staubfreie	22,0	10,0	0,80
	24.		Herb. Majoran. gallic., zerschnitten, grün	26,0	13,3	3,80
	25.		In Blättern mit schön grüner Farbe	16,9	20,1	7,40
	26.		„ „ „ graugrüner Farbe	17,0	16,1	4,90
	27.		Mit Stengeltheilchen	17,3	14,0	3,60
	28.		In Blättern mit zarten Stengeltheilen	18,2	13,8	3,82
	29.		Stengel von No. 28 (ohne Blätter)	—	5,97	Spur
	30.		Blätter „ „ „ selbst gerebelt und gesiebt	—	10,8	1,00
Majoran-Pulver	31.		Fränkischer, gepulvert, grün	19,3	9,5	0,90
	32.		„ feinst gepulvert, grün	19,5	10,1	1,95
	33.		Sächsischer, gepulvert	18,2	13,9	5,90
	34.	Französischer, aus Deutschland bezogen	mit viel Sand, grau	12,5	18,7	11,40
	35.		staubig, graugrün	13,2	16,2	6,00
	36.		„ „	12,0	24,0	14,00

Die Analyse der Majoran-Asche ergab folgende Zusammensetzung:

	Eisenoxd (Fe_2O_3) %	Manganoxyduloxyd (Mn_3O_4) %	Kalk (CaO) %	Magnesia (MgO) %	Kali (K_2O) %	Natron (Na_2O) %	Phosphorsäure (P_2O_5) %	Schwefelsäure (SO_3) %	Chlor (Cl) %	Kohlensäure (CO_2) %	Kieselsäure u. Sand (SiO_2) %
Deutscher Majoran	7,30	1,05	17,60	4,76	20,18	0,68	8,88	4,92	2,05	6,06	26,52
Französischer „	6,06	Spur	24,80	6,74	18,34	0,65	9,10	4,80	1,51	8,56	19,44

2. Untersuchungen von Eduard Spaeth (Forschungsberichte über Lebensmittel etc. 1896, 3, 128) über den Aschengehalt des Majorans ergaben folgenden Gehalt:

No.	Nähere Bezeichnung	Asche %	In 10%-iger Salzsäure unlöslich %	No.	Nähere Bezeichnung	Asche %	In 10%-iger Salzsäure unlöslich %
	Deutscher Majoran.				Französischer Majoran.		
1	Von Händlern bezogen: gestreift, nur Blätter, ohne Stengel	13,04	4,73	1	Von Händlern bezogen: gestreift; nur Blätter ohne Stengel	11,70	1,45
2	Von Händlern bezogen: gestreift, nur Blätter, ohne Stengel	13,39	2,41	2	Von Händlern bezogen: gestreift; nur Blätter ohne Stengel	31,16 *)	15,20
3	Von Händlern bezogen: gestreift, doch viel obere dünnere Stengel enthalt.	11,02	1,76	3	Von Händlern bezogen: gestreift; wenig Stiele	30,60 *)	13,70
4	Selbst abgestreift: nur Blätter	16,10	3,33	4	Von Händlern bezogen: Pulver	36,58	18,28
5	Selbst abgestreift: desgl.	12,16	7,30	5	Selbst abgestreift: nur Blätter	16,10	6,32
6	Selbst abgestreift: desgl.	16,90	3,33	6	Selbst abgestreift: desgl.	11,10	1,50
7	Ganze Pflanze mit Stielen u. Blättern	9,33	1,64	7	Selbst abgestreift: desgl.	21,50	8,80
8	Stiele allein	5,92	0,39	8	Selbst abgestreift: Ganze Pflanze mit Stielen und Blättern . . .	11,33	1,70
				9	Selbst abgestreift: Stiele allein	5,35	0,33

Einige weitere Blattgewürze wie **Dill** (Anethum graveolens L.), **Petersilie** (Petroselinum sativum Hoffm.), **Bimbernell** (Poterium sanguisorba glaucescens L.), **Bohnenkraut** (Satureja hortensis L.) haben bereits oben S. 792 Aufnahme gefunden.

Gewürzfälschungsmittel.

No.	Nähere Bezeichnung	Zeit der Untersuchung	Wasser %	Stickstoff-Substanz %	Aetherisches Oel %	Fett %	Stärke (in Zucker überführbare Stoffe) %	Sonstige stickstofffreie Extraktstoffe %	Rohfaser %	Asche: Reinasche in Wasser löslich %	Asche: Reinasche in Wasser unlöslich %	Asche: Sand etc. (in HCl unlöslich) %	Alkohol-Extrakt %	Analytiker
1	Leinmehl	1898	8,71	31,81	0,04	6,58	21,15	—	8,30	1,74	3,43	0,55	9,46	*A. L. Winton, A. W. Ogden u. W. L. Mitchell* [1]
2	Buchweizenschalen .	„	7,63	3,06	0,07	0,38	20,51	—	43,76	1,24	0,60	0	2,17	
3	Kakaoschalen**) . .	„	10,44	16,19	1,00	2,99	8,68	—	14,12	4,66	2,92	0,82	4,77	
4	Wallnussschalen . .	1895	9,97	1,25	0,27	1,60	—	—	47,67	0,37	0,50		—	*B. Girard* [2]
5	desgl., englische . .	1898	7,69	1,69	0,12	0,55	19,30	—	56,58	0,77	0,63	0	1,84	*A. L. Winton, A. W. Ogden u. W. L. Mitchell* [1]
6	Brasilianische Nussschalen	„	9,08	4,19	0,07	0,57	12,96	—	50,98	1,06	0,36	0,17	1,01	
7	Mandelschalen . . .	„	7,80	1,75	0,16	0,64	22,72	—	49,89	2,39	0,42	0,05	5,16	
8	Kokosnussschalen . .	„	7,36	1,13	0	0,25	20,88	—	56,19	0,50	0,04	0	1,12	

[1] 22. u. 23. Jahresbericht der Connecticut Agric. Chem. Stat. für 1898, 210 und 1899, 102.

[2] Chem. and Druggs; Zeitschr. Nahrungsm.-Unters., Hyg. u. Waarenk. 1895, **8**, 281.

*) No. 2 enthielt 5,8% u. No. 3 6,0% kohlensauren Kalk.

**) Weitere Analysen von Kakaoschalen vergl. weiter unten unter Kakao.

No.	Nähere Bezeichnung	Zeit der Untersuchung	Wasser %	Stickstoff-Substanz %	Aetherisches Oel %	Fett %	Stärke (in Zucker überführbare Stoffe) %	Sonstige stickstofffreie Extraktstoffe %	Rohfaser %	Asche: Reinasche in Wasser löslich %	Asche: Reinasche in Wasser unlöslich %	Asche: Sand etc. (in HCl unlöslich) %	Alkohol-Extrakt %	Analytiker
9	Dattelkerne	1894	11,10	5,16	--	4,18	25,18	—	12,36	0,85			—	*Ch. Cornevin*[1])
10	Dattelkerne	1895	12,50	5,77	—	9,78	47,64		23,24	1,07			—	*Vers.-Stat. Münster*[2])
11	Dattelkerne	1898	8,24	5,31	0,36	8,38	20,88	—	5,72	0,76	0,44	0,04	16,72	*A. L. Winton, A. W. Ogden u. W. L. Mitchell*[3])
	Dattelkerne, Mittel	—	10,61	5,41	0,36	7,45	23,03	—	13,74	3,05			16,72	
12	Oliventrester	1888	8,38	5,25	15,25		13,59	7,92	47,05	2,56			—	*H. Weigmann u. W. Kisch*[2])
13	Oliventrester	1893	8,89	8,50	15,10		37,84		23,23	6,44 *)			—	*Fl. Bracci*[4])
14	Oliventrester	1895	11,50	12,47	15,30		22,83		34,06	3,83			—	*G. Paris*[5])
	Oliventrester, Mittel	—	9,59	8,74	15,22		27,39		34,78	4,28			—	
15	Fichtensägemehl . .	1898	8,77	0,56	0,07	0,77	15,48	—	64,03	0,16	0,07	0	1,50	*A. L. Winton, A. W. Ogden u. W. L. Mitchell*[3])
16	Eichensägemehl . .	„	5,73	1,63	0,07	0,84	17,10	—	47,79	0,32	0,88	0,02	6,25	
17	Rothes Sandelholz .	„	4,42	3,06	1,21	11,47	6,79	—	52,30	0,28	0,35	0,07	19,37	
18	Extrahirte Cubeben .	1899	5,60	11,25	1,32	8,58	**)	—	27,64	6,32	3,29	0,77	10,82	
19	Extrahirter Piment .	„	7,69	6,44	0,42	6,07	**)	—	22,89	2,59	1,91	0	8,64	

[1]) Ann. Agronom. 1894, **20**, 209; Centrbl. Agric.-Chem. 1895, **24**, 343.
[2]) Original-Mittheilung.
[3]) 22. u. 23. Jahresbericht der Connecticut Agric. Experim. Stat. für 1898, 210 u. 1899, 102.
[4]) Staz. sperim. Agr. Ital. 1893, **24**, 236.
[5]) Staz. sperim. Agr. Ital. 1895, **28**, 796.

*) Bracci fand in der Asche 1,116 % Kalk (CaO), 0,254 % Kali (K_2O), 0,081 % Natron (Na_2O) und 0,243 % Phosphorsäure (P_2O_5).

**) Winton, Ogden u. Mitchell fanden ferner in Procenten:

	No. 1	2	3	5	6	7	8	11	15	16	17	18	19
Gerbstoff	3,90	—	4,94	2,08	1,30	1,56	1,82	2,34	1,17	12,22	2,29	—	—
Stärke nach dem Diastase-Verfahren	14,06	1,46	3,15	1,01	0,73	0,84	0,73	2,19	1,13	1,68	1,12	8,55	7,42

Alkaloidhaltige Genussmittel.

Kaffee.

Samenkerne von Coffea arabica L. (z. Th. auch von Coffea liberica Ital.).

No.	Nähere Bezeichnung	Zeit der Untersuchung	Wasser %	Stickstoff-Substanz %	Koffeïn %	Aether-Extrakt %	Zucker %	Dextrin %	Gerbsäure %	Sonstige stickstofffreie Extraktstoffe %	Rohfaser %	Asche %	Wasser-Extrakt %	Analytiker
1	Gebrannter Kaffee	1878	1,55	—	—	14,55	0,20		—	—	—	4,43	24,82	C. Krauch, B. Farwick und J. König [1])
2	desgl., beste Sorte	„	4,37	12,44		11,25	—	—	—	—	—	4,33	23,47 *)	
3	desgl., Menado	„	1,53	11,75		13,63	—	—	—	—	—	4,78	23,51 *)	
4	desgl., Java	„	1,47	13,87		13,33	—	—	—	—	—	6,29	23,23 *)	
5	desgl., Ceylon	„	1,57	12,31		14,88	—	—	—	—	—	4,13	22,47 *)	
	Pfd.-Preis										**)		Wasserlösliche Asche	
6	Ceylon-Kaffee 1,00 M.	1882	3,89	14,17		12,13	—	—	—	—	26,33	4,63	3,34	Smetham [2])
7	Costa-Riea 1,20 „	„	3,49	13,68		11,40	—	—	—	—	27,50	4,29	3,50	
8	Plantagen-Ceylon 1,40 „	„	1,84	14,63		13,13	—	—	—	—	34,40	4,40	3,60	
9	Ostindischer 1,60 „	„	3,54	13,37		10,63	—	—	—	—	30,26	4,08	3,14	
10	Jamaika 1,80 „	„	1,59	14,87		10,13	—	—	—	—	27,90 **)	4,19	3,40	
11	Brasilianischer Kaffee ***), ältere Sorte	1883	11,22	(6,96)	1,18	14,27	—	—	—	—	—	3,51	—	Church [3])
12	Brasilianischer Kaffee ***), desgl.	„	12,07	12,19	1,75	14,06	6,36	—	7,01	—	—	3,75	—	Ludwig [3])
13	Brasilianischer Kaffee ***), jüngere Sorte	„	11,65	13,92	1,16	14,10	5,96	—	5,84	—	—	3,55	—	

[1]) Chem. u. techn. Unters. d. landw. Vers.-Stat. Münster von J. König 1878, 108 und 113.
[2]) Analyst 1882, 73 und Repert. f. analyt. Chem. 1882, 218.
[3]) Von Ed. Hanausek mitgetheilt in: Mittheil. a. d. Labor. f. Waarenkunde an der Wiener Handelsakademie 1883, **2**, 155.

*) Der Wasser-Extrakt wurde nach dem im Haushalte üblichen Verfahren bestimmt. Der Wasser-Extrakt enthielt:

	No. 2	3	4	5
Stickstoff	0,57	0,45	0,74	0,48
Oel (Aether-Extrakt)	3,66	4,80	4,38	6,04
Asche	3,39	3,80	5,29	3,24

In der löslichen Asche von No. 2 waren 1,87 % Kali und 0,28 % Phosphorsäure; vom Gesammtkaligehalte des Kaffees waren 97,4 % durch Wasser gelöst.

**) Die Rohfaser ist durch aufeinanderfolgendes Kochen mit 5 %-iger Schwefelsäure und 5 %-iger Kalilauge bestimmt; trotz dieser starken Säure und Lauge ist der Gehalt an Holzfaser noch höher als bei den Analysen No. 14—19, bei welchen nach der Weender Methode nur $1\frac{1}{4}$ %-ige Lösungen verwendet wurden. Vielleicht war der Kaffee für die Analysen No. 6—10 schlecht zerkleinert.

***) In Brasilien werden, wie Hanausek dort mittheilt, die eingesammelten Kaffeefrüchte in Wasser geworfen, um die untersinkenden d. h. reifen von den oben aufschwimmenden (unreifen) zu trennen. Die ersteren gelangen dann in den Despolpator, um sie von den Fruchthüllen zu befreien. Nach dem Trocknen werden die Steinschalen mit dem Descador und besonderen Ventilatoren entfernt. Den Bohnen wird durch Scheuern — mitunter mit Kohle und Graphit — ein höherer Glanz verliehen. Dann werden sie sortirt. Diese erhaltenen Bohnen heissen „Caffee lavado“ oder „Caffee despolpado“; sie sind erbsengrün, von süsslichem Geruch und nicht scharfem Geschmack. Die nicht reifen Kaffeefrüchte (Caffee do terreiro) werden auf Haufen geworfen, gähren gelassen und mit der Hand von den Fruchthüllen befreit.

No.	Nähere Bezeichnung	Zeit der Untersuchung	Wasser %	Stickstoff-Substanz %	Koffeïn %	Aether-Extrakt %	Zucker %	Dextrin %	Gerbsäure %	Sonstige stickstofffreie Extraktstoffe %	Rohfaser %	Asche %	Wasser-Extrakt %	Analytiker
	Gebrannte Handelssorten, als feinster Java-Kaffee bezeichnet: Preis pro ½ Kilo													
14	Glasirt . . . 1,10 M.	1887	7,76	—	—	7,99	—	—	—	—	20,56	6,42	29,83	W. Kisch [1]
15	Nicht glasirt . . 1,30 „	„	6,52	—	—	7,21	—	—	—	—	19,67	4,29	23,83	
16	Nicht glasirt . . 1,40 „	„	7,19	—	—	13,85	—	—	—	—	18,87	5,25	22,71	
17	Nicht glasirt . . 1,50 „	„	7,16	—	—	14,35	—	—	—	—	19,18	4,85	22,83	
18	Nicht glasirt . . 1,60 „	„	7,13	—	—	13,03	—	—	—	—	18,13	4,68	23,35	
19	Glasirt . . . 1,70 „	„	7,87	—	—	12,40	—	—	—	—	20,13	4,45	28,58	
20	Roher Kaffee*) . . .	1886	12,00	13,50	2,50	12,50	14,50		4,00	34,00		7,00	—	Francis Wyatt [2]
21	Gerösteter Kaffee (Cawahlin-Kaffee)*) . .	„	0,93	12,77	0,76	13,10	2,37		3,97	61,45		4,65	—	
				**)					(Kaffeesäuren)				Alkokol-Extrakt	
22	Mokka roh . .	1882	8,98	9,87	1,08	12,60	9,55	0,87	8,46	37,95		3,74	6,90	James Bell [3]
23	Mokka geröstet .	„	0,63	11,23	0,82	13,59	0,43	1,24	4,74	48,62		4,56	14,14	
24	Ostindischer roh . .	„	9,64	11,23	1,11	11,81	8,90	0,84	9,58	38,60		3,98	4,31	
25	Ostindischer geröstet .	„	1,13	13,13 **)	1,05	13,41	0,41	1,38	4,52	47,42		4,88	12,67	
													Wasser-Extrakt	
26	Java-Kaffee ***) roh . .	1888	13,81	13,68	1,48	12,17	7,40		32,35		16,61	3,98	23,84	W. Kisch [1]
27	Java-Kaffee ***) geröstet .	„	1,92	17,18	1,44	16,51	2,45		38,61		18,42	4,91	24,42	
28	Gerösteter gelber Java 15 % Röstverlust [0]) .	1895	2,30	—	—	10,65	0,53		—		—	—	24,11 [0])	Vers.-Stat. Münster [1]
29	Gerösteter gelber Java 18 % Röstverlust [0]) .	„	2,32	—	—	13,14	0,37		—		—	—	25,35 [0])	

[1]) Original-Mittheilung.
[2]) Amer. Anal. 1886, **2**, 462; Vierteljahresschr. Nahrungs- u. Genussmittel 1886, **I**, 330.
[3]) James Bell: „Die Analyse und Verfälschung der Nahrungsmittel", übersetzt von C. Mirus, Berlin 1882, **I**, 45.

*) Die Stickstoff-Substanz wird bei No. 20 als „Legumin" bezw. als „Albumin + stickstoffhaltige Substanz" (löslich in Alkohol?) bezeichnet. Für eine andere Probe von „geröstetem Kaffee" führt Wyatt folgende abnorme Zusammensetzung an:

Wasser	Stickstoff-Substanz (Albumin + stickstoffhaltige Substanz)	Coffeïn	Fett + Oel	Zucker + Dextrin	Cellulose + unlösl. Pflanzenfaser	Asche
0,87 %	23,00 %	0,43 %	14,35 %	1,65 %	50,20 %	4,40 %

**) Die Stickstoff-Substanz ist als „Legumin + Albumin" bezeichnet. Die in der Kolumne Stickstofffreie Extraktstoffe + Rohfaser stehenden Zahlen bezeichnet Bell als „Cellulose + unlösliche Farbstoffe".

***) 800 g der rohen Java-Bohnen (= 689,52 g Trocken-Substanz) lieferten 631 g gebrannte Bohnen (= 618,88 g Trocken-Substanz). Der Gesammtverlust betrug durch das Rösten = 21,13 %, der an organischen Stoffen = 10,25 %. Durch Wasser wurden gelöst:

	Organische Stoffe	Unorganische Stoffe
No. 26	20,27	3,57 %
No. 27	19,91	4,51 „

[0]) Der Gesammt-Wasser-Extrakt wurde indirekt bestimmt. Der durch Uebergiessen von 25 g Kaffee mit 500 ccm kochendem Wasser und ½-stündiges Digeriren erhaltene Extrakt enthielt:

	Extrakt-Trocken-Substanz	Stickstoff
No. 28 (15 % Röstverlust) . . .	21,50 %	0,84 %
„ 29 (18 „ „) . . .	22,75 „	0,88 „

No.	Nähere Bezeichnung	Zeit der Untersuchung	Wasser %	Stickstoff-Substanz %	Koffeïn %	Aether-Extrakt %	Gerbsäure %	Sonstige stickstofffr. Extraktstoffe %	Rohfaser %	Asche %	Wasser-Extrakt %	Röstverlust†) %	Analytiker
30	Santos*) roh	1895	10,86	15,93	—	8,15		61,31		3,75	—	—	E. Herfeldt und A. Stutzer[1])
31	Santos*) geröstet	„	2,43	—	—	16,58		—		4,25	—	—	
32	Neu-Granada*) roh	„	10,45	12,62	—	13,10		60,43		3,40	—	—	
33	Neu-Granada*) geröstet	„	2,18	—	—	15,44		—		4,03	—	—	
34	Java*) roh	„	10,05	13,25	—	14,00		58,72		3,98	—	—	
35	Java*) geröstet	„	2,96	—	—	11,30		—		5,33	—	—	
36	Grüner Kaffee aus Neu-Caledonien**)	1892	11,25	—	0,30	9,76	—	—	—	**) 3,41	—	—	Maljean[2])
37	Rio	„	10,83	—	0,98	10,21	—	—	—	3,47	—	—	
38	Abfall-Kaffee***)	1896	6,82	10,52	0,63	7,88	8,84	—	—	**) 3,89	—	—	Vers.-Stat. Münster[3])
39	Echter Kaffee roh	1894	8,48	—	1,49	5,14	—	—	—	4,23	—	—	V. Vedrödi[4])
40	Echter Kaffee geröstet°)	„	1,23	—	1,03	10,63	—	—	—	5,29	—	—	
					°°)	Petroläther-Extrakt °°°)					Phosphorsäure		
41	Guatemala roh	1896	11,47	11,34	0,86	13,99		59,90		3,30	0,42	—	A. Juckenack u. A. Hilger[5])
42	Guatemala hell geröstet	„	1,29	—	0,83	16,01		—		4,03	0,52	19,33	
43	Guatemala nach D. R. P. 71373 geröstet†)	„	2,48	—	0,82	15,16		—		3,87	0,50	14,67	

[1]) Zeitschr. angew. Chem. 1895, 469.
[2]) Journ. Pharm. Chim. 1892, 491; Zeitschr. Nahrungsmittel-Unters., Hyg. u. Waarenk. 1893, **7**, 6.
[3]) Original-Mittheilung.
[4]) Zeitschr. Nahrungsmittel-Unters., Hyg. u. Waarenk. 1894, **8**, 158.
[5]) Forschungsberichte über Lebensmittel etc. 1897, **4**, 119.

*) Herfeldt u. Stutzer fanden ferner:

No.	30	31	32	33	34	35
	%	%	%	%	%	%
Kali	2,55	—	1,81	—	—	—
Phosphorsäure	0,44	—	0,42	—	—	—
Jodzahl des Fettes	88,9	82,4	85,3	86,7	79,7	87,6
Verseifungszahl des Fettes	183	188	185	217	195	169
Procentige Zunahme (+) bezw. Abnahme (—) des Fettes	+ 66 %		— 3 %		— 33 %	

Der Gewichtsverlust beim Brennen (welches mit je 125 Pfd. ausgeführt wurde) betrug 18 %. — Für die auffallende Fettzunahme von 66 % in Procenten des ursprünglich vorhandenen Fettes finden Herfeldt und Stutzer keine Erklärung.

**) Der Kaffee aus Neucaledonien hat eine hellgrüne Farbe und angenehmen aromatischen Geruch. Die Bohnen sind ziemlich regelmässig länglich (10—12 mm) und sind mit einem feinen silberweissen Häutchen überzogen. Einzelne Körner sind mehr rundlich kleiner, andere nähern sich der dreieckigen Form. Das Gewicht beträgt im Mittel 0,15 g. Das Coffeïn wurde sowohl nach dem Verfahren von Commaille, wie nach dem von Domergue-Nicolas bestimmt.

Maljean fand ferner in der Asche:

	Lösliche Asche	Chlornatrium	Alkalinität (als Na_2O)	Kieselsäure (SiO_2)	Farbe der Asche
	%	%	%	%	
No. 34 Neucaledonien	79,22	2,59	13,40	2,20	weiss
No. 35 Rio	78,20	3,20	10,80	2,00	grünlich

***) Der Abfall-Kaffee (aus einem Kaffeegeschäfte Münsters) bestand aus gebranntem und glasiertem Kaffeebruch und Schalen. Der Preis betrug 1,72 M. für 1 Pfd.

°) Vedrödi gibt ferner für den gerösteten Kaffee einen Gehalt von 5,94 % Kaffeol an. Das Verfahren, nach welchem dieses Kaffeol bestimmt ist, ist jedoch nicht mitgetheilt.

°°) Das Koffeïn wurde durch Auskochen des Kaffees mit Wasser, Zusatz von Aluminiumacetat und Natriumbicarbonat, Abfiltriren, Eindampfen des Filtrates mit Aluminiumhydroxyd und Ausziehen des Rückstandes mit Tetrachlorkohlenstoff bestimmt. Näheres vergl. Forschungsberichte 1897, **4**, 49.

°°°) Der zerkleinerte, im Vacuum über Aetzkali getrocknete Kaffee wurde 20 Stunden im Soxhlet'schen Extraktionsapparat mit Petroläther (Siedep. 30—50°) ausgezogen, die Lösung 12 Stunden im Keller stehen gelassen. Nachdem so das Koffeïn fast vollständig auskrystallisirt war, wurde filtrirt, der Petroläther abdestillirt und der Rückstand im Vakuum über Aetzkali 12 Stunden getrocknet.

†) Vergl. Anmerkung*) S. 988.

No.	Nähere Bezeichnung	Zeit der Untersuchung	Wasser %	Stickstoff-Substanz %	Koffeïn %	Petroläther-Extrakt %	Gerbsäure %	Sonstige stickstofffr. Extraktstoffe %	Rohfaser %	Asche %	Phosphorsäure %	Röstverlust*) %	Analytiker
44	Java I: roh	1896	10,68	12,78	0,83	11,72		60,77		4,05	0,53	—	A. Juckenack u. A. Hilger [1]
45	Java I: hell geröstet	„	1,52	—	0,86	13,49		—		4,99	0,66	19,20	
46	Java I: nach D. R. P. 71 373 geröstet*)	„	2,68	—	0,82	12,77		—		4,72	0,62	14,13	
47	Neu-Granada: roh	„	11,85	9,98	0,99	12,79		61,94		3,44	0,48	—	
48	Neu-Granada: hell geröstet	„	1,53	—	1,02	14,20		—		4,25	0,60	20,00	
49	Neu-Granada: nach D. R. P. 71 373 geröstet	„	3,03	—	0,90	13,69		—		4,05	0,56	15,27	
50	Santos: roh	„	11,86	13,72	0,72	14,11		56,58		3,74	0,50	—	
51	Santos: hell geröstet	„	1,42	—	0,69	15,79		—		4,50	0,62	19,67	
52	Santos: nach D. R P. 71 373 geröstet	„	2,51	—	0,63	15,07		—		4,32	0,59	14,80	
53	Preanger: roh	„	10,31	13,09	1,12	11,02		61,83		3,75	0,52	—	
54	Preanger: hell geröstet	„	2,03	—	1,07	12,14		—		4 60	0,64	18,50	
55	Preanger: mit 9 % Zucker geröstet	„	1,63	—	0,70	10,66		—		4,40	0,61	14,70	
56	Java II: roh	„	9,80	12,21	1,04	10,63		63,47		3,89	0,52	—	
57	Java II: hell geröstet	„	2,03	—	0,98	11,68		—		4,80	0,64	19,00	
58	Java II: mit 8 % Zucker geröstet	„	1,69	—	0,72	10,21		—		4.62	0,61	15,80	
	Mittel aus No. 41 bis 58: Rohkaffee	„	11,00	—	0,92	12,39		60,90		3,70	0,50	—	
	Mittel aus No. 41 bis 58: hell geröstet	„	1,64	—	0,91	13,89		—		4,53	0,61	19,28	
	Mittel aus No. 41 bis 58: nach D. R. P. 71 373 geröstet	„	2,67	—	0,82	14,17		—		4,24	0,57	14,72	
	Mittel aus No. 41 bis 58: mit 8—9 % Zucker geröstet	„	1,66	—	0,71	10,43		—		4,51	0,61	—	
	Liberia-Kaffee (Coffea liberica Ital.).**)											Wasser-Extrakt	
59	Sindjai	1899	—	—	1,29	12,26	—	—	—	3,87	—	32,92	W. L. A. Warnier [2]
60	Timor	„	—	—	1,11	13,23	—	—	—	3,96	—	30,05	

[1]) Forschungsberichte über Lebensmittel etc, 1897, **4**, 119.

[2]) Pharm. Weekbl. voor Nederl. 1899, No. 13; Apoth.-Ztg. 1899, **14**, 485; Zeitschr. Nahrungs- und Genussmittel 1900, **3**, 255.

*) Die ersten vier Kaffees wurden nach dem D. R. P. 71373 der Firma Kathreiner's Nachfolger geröstet und von dieser Firma hergestellt. Die beiden letzten Kaffees wurden von der Firma A. Zuntz sel. Wwe. in Bonn mit 8 bezw. 9 % Zucker geröstet.

Der Röstverlust mit Berücksichtigung des Karamels (der abwaschbaren Stoffe nach dem Stutzer'schen Verfahren bestimmt,) sowie die Menge dieser selbst und der Röstverlust an organischer Substanz waren folgende:

No.	42	43	44	45	48	49	51	52	54	55	57	58
Karamel	—	—	—	—	—	—	—	—	—	1,40	—	1,25 %
Gesammt-Röstverlust mit Berücksichtigung des Karamels	—	—	—	—	—	—	—	—	—	15,89	—	16,85 „
Röstverlust an organischer Substanz	9,67	5,32	9,73	5,75	9,34	5,99	8,83	5,03	9,84	6,97	10,84	8,48 „

**) Vergl. Anmerkung*) S. 989.

No.	Nähere Bezeichnung	Zeit der Untersuchung	Wasser %	Stickstoff-Substanz %	Koffeïn %	Aether-Extrakt %	Zucker %	Dextrin %	Gerbsäure %	Sonstige stickstofffreie Extraktstoffe %	Rohfaser %	Asche %	Wasser-Extrakt %	Analytiker
61	Banthain	1899	—	—	1,11	14,78	—	—	—	—	—	4,29	30,38	W. L. A. Warnier [1]*)
62	Boengei	"	—	—	1,03	16,10	—	—	—	—	—	3,88	31,09	
63	Loewae	"	—	—	1,48	16,06	—	—	—	—	—	4,30	30,13	
64	Waloe Pengenten	"	—	—	1,25	13,57	—	—	—	—	—	3,97	26,98	
65	Kawi Redjo	"	—	—	1,00	15,43	—	—	—	—	—	3,74	29,59	
66	Palman Tjiasem	"	—	—	1,39	16,48	—	—	—	—	—	4,09	30,47	
67	Malang	"	—	—	1,07	16,36	—	—	—	—	—	4,11	30,21	
							Pentosen							
68	Coffea arabica Malang **) roh	"	11,24	15,74	1,16	13,63	5,14	19,88			28,75	4,46	33,52	
69	Coffea arabica Malang **) geröstet	"	5,64	14,71	1,57	14,20	3,15	25,43			20,47	4,83	27,40	
70	Liberia-Kaffee von Java **) roh	"	11,40	14,43	1,59	12,19	5,01	24,68			26,68	4,02	35,16	
71	Liberia-Kaffee von Java **) geröstet	"	3,98	14,42	2,19	13,13	2,44	44,15			15,32	4,37	34,17	
							Zucker							
	Kaffee. Mittel von No. 22—27, 30—35, 39 bis 42, 44, 45, 47, 48, 50, 51, 53, 54, 56, 57 und 68—71. roh	—	**10,73**	**12,64**	**1,07**	**11,80**	**8,62**	**0,86**	**9,02**	**19,30**	**24,01**	**3,02**	**30,84**	
	geröstet	—	**2,38**	**14,13**	**1,16**	**13,85**	**1,10**	**1,31**	**4,63**	**39,88**	**18,07**	**4,65**	**28,66**	

[1]) Pharm. Weekbl. voor Nederl. 1899, No. 13; Apoth.-Ztg. 1899, **14**, 485; Zeitschr. Nahrungs- und Genussmittel 1900, **3**. 255.

*) W. L. A. Warnier fand ferner:

No.	Nähere Bezeichnung	Alkohol-Extrakt %	Säure im Wasser-Extrakt (von 100 g Bohnen)	Säure im Alkohol-Extrakt (von 100 g Bohnen)	In der Asche: Kali (K_2O) %	In der Asche: Phosphorsäure (P_2O_5) %
59	Sindjai	17,43	33,4	7,1	72,05	8,65
60	Timor	16,60	28,9	10,0	78,78	7,87
61	Bauthain	18,89	19,4	11,1	77,83	10,26
62	Boengei	18,41	16,5	8,8	71,47	12,37
63	Loewae	17,82	21,9	8,7	79,90	11,25
64	Waloe Pengenten	17,85	18,2	6,6	76,91	9,47
65	Kawi Redjo	18,89	15,7	9,6	76,00	10,67
66	Palman Tjiasem	19,91	22,1	8,6	67,57	10,27
67	Malang	19,81	13,9	11,3	63,82	11,08

**) Für diese Proben fand W. L. A. Warnier ferner:

No.	Nähere Bezeichnung	Alkohol-Extrakt %	Aether-Alkohol-Extrakt %	Chloroform-Extrakt %	Aether-Extrakt %	Petroläther-Extrakt %	Aether-Extrakt nach der Extraktion mit Petroläther %	Chloroform-Extrakt nach der Extraktion mit Petroläther %	Alkohol-Extrakt nach der Extraktion mit Petroläther %
68	Coffea arabica Malang roh	19,38	17,70	15,65	13,63	12,51	1,08	1,08	3,14
69	Coffea arabica Malang geröstet	16,12	16,53	17,91	14,20	14,31	4,74	1,41	5,37
70	Liberia Kaffee roh	18,62	15,80	13,88	12,19	10,84	0,75	1,18	8,68
71	Liberia Kaffee geröstet	17,27	15,92	15,10	13,13	11,68	3,14	2,60	2,79

Kaffeeschalen, Kaffee-Fruchtfleisch, Kaffeekirschen-Extrakt.

No.	Nähere Bezeichnung	Zeit der Untersuchung	Wasser %	Stickstoff-Substanz %	Koffeïn %	Aether-Extrakt %	Zucker %	Dextrin %	Gerbsäure %	Sonstige stickstofffreie Extraktstoffe %	Rohfaser %	Asche %	Wasser-Extrakt %	Analytiker
1	Kaffeefruchtschalen	1894	14,45	(ohne Koffeïn) 8,64	0,45	1,62	2,52	—	4,80	—	31,17	6,84	31,76	*H. Trillich*[1])
2	Rohes getrocknetes Fruchtfleisch	1896	3,64	6,56	—	2,36	Dextrose 16,42	48,22			—	7,80 *)	30,96	*R. Fitze*[2])
3	Kaffeekirschen-Extrakt aus La Réunion	„	54,06	8,34	—	—	1,424	—	—	—	—	12,39 **)	—	*Vers.-Stat. Münster*[3])

Aeltere und sonstige Kaffee-Analysen.

1. Payen in „Prècis theorique et pratique des substances alimentaires". Paris 1865. S. 414
2. Hassall in „Foods, its adulterations and the methods for their detection". London 1876. S. 146
3. M. Fesca (Journ. f. Landw. 1897, **45**, 13) berichtet über den Gehalt von Kaffee (Pergament-Kaffee) und Kaffeeschalen an Stickstoff und Aschenbestandtheilen.

Bourbon-Kaffee (Café Marron), (Coffea bourbonica).

H. Trillich (Zeitschr. öffentl. Chem. 1898, **4**, 542; Zeitschr. Nahrungs- und Genussmittel 1899, **2**, 545) fand für die von dem auf Bourbon wildwachsenden Baume (wahrscheinlich Coffea bourbonica) stammenden Samen folgende Zusammensetzung:

No.	Nähere Bezeichnung	In der natürlichen Substanz						In der Trocken-Substanz				
		Wasser %	Stickstoff-Substanz %	Fett %	Aether-Extrakt %	Essigäther-Extrakt %	Asche %	Stickstoff-Substanz %	Fett %	Aether-Extrakt %	Essigäther-Extrakt %	Asche %
1	Frische Samen	7,84	8,75	9,46	8,70	3,84	2,59	9,49	10,26	9,44	4,17	2,81
2	Geröstete Samen	0,52	11,21	11,51	11,51	7,21	3,65	11,26	11,56	11,57	7,24	3,67

Der geröstete Kaffee lieferte 17,84% wasserlösliche Bestandtheile. — Bemerkenswerth ist das vollständige Fehlen eines Alkaloids in diesem Kaffee.

[1]) Zeitschr. angew. Chem. 1894, 321.

[2]) Zeitschr. Spirit.-Ind. 1896, **19**, 152; Vierteljahresschrift Nahrungs- und Genussmittel 1896, **II**, 211.

[3]) Original-Mittheilung.

*) Mit 0,68% Phosphorsäure (P_2O_5).

**) R. Fitze fand ferner 0,28% Phosphorsäure (P_2O_5). Die obige Zahl für Wasser-Extrakt bedeutet in heissem Wasser lösliche Stoffe; dagegen waren in kaltem Wasser nur 16,56% löslich.

Kunst-Kaffee.

No.	Nähere Bezeichnung	Zeit der Untersuchung	Wasser %	Stickstoff-Substanz %	Aether-Extrakt %	Koffeïn bezw. Alkaloid %	Zucker %	Sonstige stickstofffr. Extraktstoffe %	Rohfaser %	Asche %	Wasser-Extrakt %	Analytiker
1	Gebrannter Kunst-Kaffee aus Köln a. Rh.*)	1888	5,14	10,75	2,19	—	76,76		3,96	1,20	29,88	E. Fricke[1])
2		1889	1,83	17,90	2,03	0,94 *)	1,99	63,15	10,83	2,27	24,85	
3	desgl.**)	1888	8,30	—	—	—	—	—	—⁰)	1,10	34,34	A. Stutzer[2])
4	Kunst-Kaffee von Paul Gassen	1889	1,46	13,93	3,80	0,07	0,71 ***)	61,74 ***)	15,83	2,53	21,53	K. Portele[3])
5		"	2,66	11,46	2,78	0,55	1,94	—	—	1,77	27,58	
6	Künstliche Kaffeebohnen⁰⁰)	1890	3,45	9,38	3,25	0	6,18	—	4,25	3,36	70,18	C. Kornauth[4])
7		"	6,41	10,56	1,04	0	—	—	10,56	3,04	68,36	
8	Gebrannter Kunst-Kaffee**) .	1895	10,00	13,12	1,90	0	1,87	—	3,70	3,40	20,25	Maljean[5])

Sonstige Analysen von Kunst-Kaffe.

F. Coreil: Journ. Pharm. Chim. 1897 [6], 6, 106; Chem. Centrbl. 1897, II, 781.

Anhang zu Kaffee.

I. Koffeïn-Gehalt des Kaffees.

Ueber den Koffeïn-Gehalt der Kaffeebohnen liegen noch folgende besonderen Untersuchungen vor:

1. Nach Hassall (Foods, its adulterations etc. London 1886) fanden:

	Payen	Parkes	Robiquet	Graham u. Stenhouse (Mittel von 5 Analysen)
	%	%	%	%
Koffeïn .	1,763	1,310	0,238	0,800

2. E. D. Smith giebt (Zeitschr. allgem. österr. Apotheker-Vereins 41, 359) folgenden Gehalt an:

	Rio-Kaffee 1. Sorte	Rio-Kaffee 2. Sorte	Rio-Kaffee 3. Sorte	Perl-Java	Maracaibo	Costa-Rica	Porto-Rico	Tanagra	Sorvanilla	Mexiko
	%	%	%	%	%	%	%	%	%	%
Koffeïn⁰⁰⁰)	1,300	1,185	1,030	1,095	1,370	1,104	0,885	1,020	0,885	0,602

[1]) Zeitschr. angew. Chem. 1888, 630 und 1889, 310.
[2]) Zeitschr. angew. Chem. 1888, 699.
[3]) Zeitschr. Nahrungsm.-Unters., Hyg. und Waarenk. 1889, 3, 221. Die Analyse der Probe No. 4 ist von Monheim und Gilmer ausgeführt.
[4]) Chem. Centrbl. 1890, II, 165; Vierteljahresschrift Nahrungs- und Genussm. 1890, 5, 296.
[5]) Journ. Pharm. Chim 1895; Zeitschr. Nahrungsm.-Unters., Hyg. und Waarenk. 1897, II, 109.

*) Die Probe No. 1 bestand nur aus gebranntem und geformtem Weizenmehlteig und No. 2 aus Cerealienmehl und Lupinen. Diese Probe enthielt ferner 0,94 % Koffeïn künstlich zugesetzt.

**) Der Kunstkaffee bestand aus einer innigen Mischung von ordinären Mehlsorten mit Kleie und einer Schalensorte, geröstet und geleimt mittelst Gummi oder Dextrin in eigenen Formen. Der wässerige Extrakt enthielt 1,87 % Zucker, 5,20 % Gummi, 0,18 % Tannin und 13,00 % lösliche sonstige Extraktivstoffe.

***) Portele fand ferner 0,85 % Gerbsäure, keine Glukose, 0,71 % Rohrzucker und 50,02 % in Zucker überführbare Stoffe.

⁰) Der Gehalt an unlöslicher organischer Substanz betrug 56,26 %.

⁰⁰) Kornauth glaubt, dass die Bohnen, die ein spec. Gewicht von 1,26 hatten und im Mittel 0,39 g schwer waren, aus Gerstenzucker und Dextrin bestehen und nach dem Formen mit Fett und Zucker glasirt worden sind.

⁰⁰⁰) Beim Brennen geht nach Smith etwas Koffeïn verloren; die Probe Perl-Java mit 1,095 % vor dem Brennen gab nach dem Brennen 1,15 % Koffeïn, während der Gewichtsverlust 1/5 betrug. Smith bestimmte das Koffeïn wie folgt: 0,65 g gepulverter Kaffee wurden mit 0,13 g Magnesia gemischt, mit siedendem Wasser 5 Minuten lang gekocht und perkolirt; der Rückstand wurde nochmals ebenso lange mit 300 ccm gekocht und wiederum perkolirt. Die vereinigten Perkolate wurden auf 20 ccm eingedampft, der Rückstand mit 120 ccm starkem Alkohol versetzt, filtrirt, mit Alkohol ausgewaschen, letzterer abgedunstet, der Rückstand unter allmählichem Zusatz kleiner Wassermengen gelöst, die Lösung in einen Scheidetrichter gebracht und dreimal mit je 25 ccm Chloroform ausgeschüttelt.

3. B. H. Paul und Cownley fanden (Chem.-Ztg. 1887, 11, 59) bei verschiedenen Kaffeesorten folgenden Koffeïn-Gehalt

	Wasser	Koffeïn in der Trocken-Substanz		Wasser	Koffeïn in der Trocken-Substanz		Wasser	Koffeïn in der Trocken-Substanz
	%	%		%	%		%	%
Coory . .	8,0	1,20	Rio . . .	9,1	1,20	Costa Rica .	7,2	1,24
Guatemala .	8,6	1,29	Santos Brazil	9,0	1,29	Pala Jamaika	8,7	1,21
Travancore .	10,0	1,29	Manila . .	6,6	1,20	Mysore . .	8,0	1,23
Liberia . .	8,0	1,30	Ceylon . .	6,2	1,24	Jamaika . .	9,0	1,28
desgl. . .	8,0	1,39	Perak . . .	7,3	1,22			

Für den Koffeïn-Verlust beim Rösten fanden Paul und Cownley (Pharm. Journ. 1887, 821; Vierteljahresschr. Nahrungs- und Genussm. 1887, 2, 224) folgende Zahlen:

	Gesammt-Gewichtsverlust	Koffeïn-Gehalt des Rohkaffees	gerösteten Kaffees gefunden	gerösteten Kaffees berechnet
Schwach geröstet (Nussbraun)	13,7 %	1,10 %	1,30 %	1,28 %
Mittelstark geröstet (wie gebräuchlich) . .	16,0 „	1,10 „	1,36 „	1,31 „
Sehr stark geröstet (mehr als gebräuchlich)	31,0 „	1,10 „	1,25 „	1,61 „

4. J. Mayrhofer. Vergl. unten S. 993.

5. P. Siedler (Ber. Deutsch. Pharm. Ges. 1898, 8, 19; Zeitschr. Nahrungs- und Genussmittel 1898, 1, 422) fand in Kaffee aus den deutsch-afrikanischen Kolonien und ferner aus portugiesischen Kolonien folgende Gehalte an Oel und Koffeïn:

Kaffe aus den deutsch-afrikanischen Kolonien:

	Kamerun	Togo	Derema-Plantage	N'guela-Plantage
Preis für 1 kg . . .	2,60 M.	2,60 M.	3,00 M.	1,60 M.
Oel (Petroläther-Extrakt)	8,00 %	7,48 %	7,56 %	7,61 %
Koffeïn	1,08 „	1,28 „	0,94 „	1,04 „

Kaffe aus portugiesischen Kolonien:

Coffea arabica L.	Oel (Petroläther-extrakt) %	Koffeïn %		Oel (Petroläther-extrakt) %	Koffeïn %
Angola: Gollunga alto (Roça Montalegre) .	4,06	2,36	Principe	7,65	1,01
Angola: Casengo (Roça N'Dalla Gand) . .	4,11	2,29	Cabo Verde	8,82	1,30
Angola: „ („ Prototypo) . . .	5,41	2,20	Insel S. Antao	8,52	1,10
Angola: „ (Colonia S. Joao) . . .	4,53	1,64	„ Togo	9,16	2,08
Angola: „ (Roça Palmyra)	4,57	2,27	Mozambique, Inhambane		
Sao Thomé: Roça Agua Isé	8,33	0,98	C. Ibo. Fröhner . . .	11,26	0,91
Sao Thomé: Aus 700 m Höhe	9,83	1,44	Coffea Liberica.		
Sao Thomé: „ 800 „ „	13,65	0,80	Principe	9,50	1,37

6. P. van Romburgh und C. E. J. Lohmann (Zeitschr. Nahrungs- u. Genussm. 1898, 1, 213) fanden für die Blätter, Zweige etc. der Kaffeepflanzen folgenden Koffeïn-Gehalt:

Java-Kaffe.		Liberia-Kaffe.	
Blätter	1,10 % Koffeïn	Blüthen (ohne Kelch)	0,30 % Koffeïn
Junge Zweige	0,60 „ „	Junge Wasserreiser: Blätter	0,90 „ „
Alte Zweige (noch grün) . . .	0,20 „ „	Junge Wasserreiser: Stiele	1,10 „ „
		Samen: unreif	1,20 „ „
		Samen: reif	1,30 „ „

Rinde, grüne und rothe Fruchtschalen, sowie alte Hornschalen von Liberia-Kaffe enthielten kein oder nur Spuren von Koffeïn.

2. Einfluss des Röstens auf den Kaffee.

1. Wasser-Gehalt der gerösteten Kaffees.

a) B. Niederstadt (Forschungsberichte über Lebensmittel etc. 1897, 4, 141) fand in 11 Proben von unbeschädigtem Rohkaffee, die auf einem Lager aus Säcken entnommen waren, 8,54—14,50%, im Mittel 11,05% Wasser (Gewichtsverlust bei 105°).

b) L. Graf (Forschungsberichte über Lebensmittel etc. 1896, 3, 62) stellte Untersuchungen über die Wasseranziehung und die Menge der wasserlöslichen Stoffe des gerösteten Kaffees mit folgendem Ergebnisse an:

Der Trockenverlust betrug beim Aufbewahren in Jute-Säckchen:

Ort der Aufbewahrung:	Columbia-Kaffee					Venezuela-Kaffee				
	nach 4	8	12	26	43	4	8	12	26	43 Tagen
Zimmer des Erdgeschosses	2,06	3,30	4,28	7,22	9,26	2,00	2,50	3,84	5,26	7,80
Rohkaffee-Boden	2,22	2,85	3,62	6,25	9,80	2,22	2,80	4,17	5,71	7,60
Kellerraum	2,94	4,63	5,62	8,25	12,62	2,89	4,63	5,96	7,27	10,86

Bei Aufbewahrung in einem verhältnissmässig trockenen Raume (Wägezimmer) betrug der Trockenverlust:

	nach 2 Wochen (5 Proben)	nach 3 Wochen (9 Proben)	nach 4 Wochen (9 Proben)
Mittel	4,08 %	5,46 %	5,89 %
Schwankungen	3,52—4,42 %	5,07—5,80 %	5,62—6,25 %

Die Menge der wasserlöslichen Stoffe betrug, auf Trockensubstanz bezogen, bei 20 Proben verschiedenster Sorten in demselben Kugelröster gleichmässig hellbraun gerösteter Kaffees (je 150 Pfd.) 22,30—26,40 %, im Mittel 24,09 %.

c) E. Bertarelli (Zeitschr. Nahrungs- und Genussmittel 1900, 3, 681) fand in rohem und dem daraus hergestellten gerösteten Kaffee folgenden procentigen Gehalt an Wasser und Asche:

	Probe 1		Probe 2		Probe 3	
	roh	geröstet	roh	geröstet	roh	geröstet
Wasser . .	13,20	3,80	11,36	2,80	12,60	2,80
Asche . .	4,06	4,58	3,50	3,86	3,64	3,90

2. Gerbstoff-Gehalt vor und nach dem Rösten.

H. Trillich und H. Göckel (Zeitschr. Nahrungs- und Genussmittel 1898, 1, 101) fanden in Neu-Granada-Kaffee an Gerbstoff nach dem

	Verfahren von Bell	Verfahren von Krug	eigenen Verfahren
Rohkaffee	5,32 %	11,31 %	11,37 %
Gerösteter Kaffee	3,00 „	11,00 „	8,30 „

3. Zucker-Gehalt des Kaffees vor und nach dem Rösten.

Graham, Stenhouse und Campbell (nach J. Bell: „Die Analyse und Verfälschung der Nahrungsmittel", übersetzt von C. Mirus, Berlin 1882, 1, 59) fanden in Kaffee vor und nach dem Rösten folgenden procentigen Zuckergehalt:

Kaffeesorten	Roh	Geröstet	Kaffeesorten	Roh	Geröstet	Kaffeesorten	Roh	Geröstet
1. Plantagen-Ceylon	7,52	1,14	5. Native-Ceylon	5,70	0,46	9 Jamaica .	7,78	0
2. „	7,48	0,63	6. Java . . .	6,73	0,48	10. Mokka . .	7,40	0,50
3. „	7,70	0	7. Costa-Rica .	6,72	0,49	11. „ . .	6,40	0
4. „	7,10	0	8. „ .	6,87	0,40	12. Neilgherry .	6,20	0

Der Zucker ist nach dem Gährungsverfahren bestimmt. In unserer Quelle ist nicht angegeben, ob sich die Zahlen auf natürliche oder Trocken-Substanz beziehen.

4. Einfluss des Glasirens auf die Zusammensetzung des Kaffees.

1. J. Mayrhofer (Forschungsberichte über Lebensmittel etc. 1896, 3, 342) fand für einige ohne und mit Zuckerzusatz geröstete Kaffees folgende Zusammensetzung:

a) Gehalt an Stickstoff und Koffeïn:

Bezeichnung der Bestandtheile	Preanger ohne Zucker hell geröstet	Preanger mit 7 % Zucker geröstet	Preanger mit 10 % Zucker geröstet	Probolingo ohne Zucker hell geröstet	Probolingo mit 7 % Zucker geröstet	Probolingo mit 10 % Zucker geröstet	Santos ohne Zucker hell geröstet	Santos mit 7 % Zucker geröstet	Santos mit 10 % Zucker geröstet
Gesammt-Stickstoff %	2,24	2,18	2,10	2,30	2,22	2,22	2,06	1,97	1,84
Koffeïn . . . . %	1,43	1,29	1,24	1,51	1,24	1,27	1,20	1,05	1,04

b) Gehalt an Wasser, Extrakt, Karamel etc.

Bezeichnung der Bestandtheile	Santos (Brasil-Kaffee) 1895: ohne Zucker, hell, mit 15 % Röstverlust geröstet	ohne Zucker, normal, mit 18 % Röstverlust geröstet	ohne Zucker, dunkel, mit 21 % Röstverlust geröstet	mit 7,5 % Zucker geröstet	mit 9 % Zucker geröstet	Ceylon 1895: ohne Zucker, hell, mit 15 % Röstverlust geröstet	ohne Zucker, normal, mit 18 % Röstverlust geröstet	ohne Zucker, dunkel, mit 21 % Röstverlust geröstet	mit 7,5 % Zucker geröstet	mit 9 % Zucker geröstet
Wasser (3 Stunden bei 100° getrocknet) . .	2,78	2,44	2,64	1,62	1,76	2,54	2,38	2,54	2,12	2,18
Extrakt	26,20	26,00	27,80	28,40	28,60	24,90	25,00	26,20	26,20	27,00
Asche	4,00	4,20	3,90	4,20	4,00	4,20	4,10	4,10	4,00	4,20
Karamel (nach Hilger)	1,20	1,68	1,32	2,64	3,36	2,10	2,00	1,10	3,90	4,60
Karamel, im glasirten Kaffee mehr als in dem mit 18 % Röstverlust	—	—	—	1,00	1,70	—	—	—	1,90	2,60
Zunahme der Extrakt-Ausbeute auf normal gerösteten Kaffee berechnet (aschehaltig) .	—	—	—	2,40	2,50	—	—	—	1,20	2,00
Zucker (Glukose) nach der Inversion . . .	Spuren			0,19	0,45	Spuren			0,36	0,37
	Grüner Java 1895					Gelber Java 1895				
Wasser (3 Stunden bei 100° getrocknet) . .	3,08	2,48	2,26	2,50	2,30	3,00	2,80	2,74	2,30	2,26
Extrakt	25,90	15,50	26,50	27,10	27,10	25,28	25,02	26,80	27,86	28,78
Asche	4,10	3,90	4,10	4,10	4,30	4,20	4,50	4,40	4,10	4,30
Karamel, im glasirten Kaffee mehr als in dem mit 18 % Röstverlust .	—	—	—	3,40	3,80	—	—	—	2,00	2,20
Zunahme der Extrakt-Ausbeute auf normal gerösteten Kaffee berechnet (aschehaltig) .	—	—	—	1,60	1,60	—	—	—	2,80	3,70
Zucker (Glukose) nach der Inversion . .	Spuren			0,40	0,50	Spuren			0,28	0,33

c) An abwaschbaren Stoffen (Karamel) fand J. Mayrhofer nach den vier verschiedenen Verfahren folgende Mengen:

Art der Röstung	Grüner Java 1895 König	Neubauer	Hilger	Stutzer	Gelber Java 1895 König	Neubauer	Hilger	Stutzer
Ohne Zucker mit Röstverlust 15 %	2,95	3,00	1,99	0,32	2,40	2,49	1,90	0,50
18 %	3,01	3,50	1,00	1,06	2,50	2,50	1,10	0,90
21 %	3,00	1,70	1,00	0,36	2,60	1,80	0,90	0.60

Art der Röstung	Grüner Java 1895				Gelber Java 1895			
	König	Neubauer	Hilger	Stutzer	König	Neubauer	Hilger	Stutzer
Geröstet mit Zuckerzusatz 7,5 %	4,00	4,83	3,20	1,56	6,30	4,50	3,00	2,50
Geröstet mit Zuckerzusatz 9 %	7,32	6,40	4,40	2,56	6,40	4,90	3,10	2,30

Der Röstverlust des mit Zucker gebrannten Kaffees betrug:

13,3 % 16,8 % (etwas stark geröstet).

2 Untersuchungen von W. Fresenius u. L. Grünhut (Zeitschr. analyt. Chem. 1897, 36, 225).

Nähere Bezeichnung		Wasser (Trocken-verlust bei 100°)	In der Trocken-Substanz					Abwaschbare Stoffe							
								Aschehaltig				Aschefrei			
			Extrakt (indirekt)	Asche	Wasserlösliche Asche	Aether-Extrakt, (Fett etc).	Koffeïn	König	Neubauer	Hilger	Stutzer	König	Neubauer	Hilger	Stutzer
K. Z. (gelb Java)	7½ % Zuckerzusatz	2,89	29,15	4,63	3,88	12,54	1,84	6,09	4,79	3,38	2,84	4,89	3,76	3,04	2,26
	9 % Zuckerzusatz	2,29	29,66	4,65	3,94	12,75	1,72	6,27	4,83	3,87	2,12	5,24	4,13	3,66	1,78
	15 % Röstverlust	3,40	26,29	4,40	4,38	13,23	1,65	2,50	2,43	1,78	0,54	1,85	1,58	1,29	0,47
	18 % Röstverlust	4,37	26,88	4,68	4,59	14,12	1,53	2,45	2,49	0,92	0,77	1,91	1,75	0,71	0,60
	21 % Röstverlust	2,90	28,49	4,58	4,35	15,42	1,75	2,70	1,60	0,75	0,40	1,97	1,25	0,58	0,33
R. Z. (grün Java)	7½ % Zuckerzusatz	2,66	29,17	4,51	4,45	12,55	1,56	4,17	4,75	3,18	1,44	3,45	3,92	2,89	1,31
	9 % Zuckerzusatz	2,59	30,83	4,46	4,19	12,49	1,72	7,52	6,56	4,52	2,53	6,55	5,73	4,29	2,27
	15 % Röstverlust	3,80	28,64	4,63	4,62	12,02	1,80	3,05	3,23	1,87	0,42	2,03	2,02	1,24	0,26
	18 % Röstverlust	3,18	28,59	4,90	4,29	12,83	1,35	3,22	2,32	0,87	1,06	2,38	1,65	0,62	0,73
	21 % Röstverlust	3,46	31,28	4,67	4,67	14,51	1,92	2,91	1,67	0,91	0,31	2,20	1,19	0,65	0,26
P. Z. (blau Java)	7½ % Zuckerzusatz	2,62	29,75	4,68	4,35	11,41	1,50	5,26	5,31	3,67	1,62	4,52	4,46	3,38	1,51
	9 % Zuckerzusatz	2,81	30,90	4,53	4,46	11,27	1,17	7,22	7,50	5,53	2,86	6,09	6,16	4,83	1,46
	15 % Röstverlust	3,42	26,93	5,19	4,65	11,80	1,63	2,80	3,16	1,82	0,46	2,31	2,36	1,22	0,35
	18 % Röstverlust	4,40	26,39	5,15	4,92	12,24	1,90	3,47	2,74	1,81	0,46	2,52	1,97	1,39	0,42
	21 % Röstverlust	3,76	28,30	5,33	4,90	13,33	1,78	4,30	2,49	0,92	0,79	3,21	1,78	0,69	0,57
C. (Maracaibo)	7½ % Zuckerzusatz	2,92	29,38	4,84	4,50	14,06	1,74	7,20	6,37	3,95	1,74	5,60	5,07	3,61	1,41
	9 % Zuckerzusatz	2,78	31,23	4,47	4,23	13,46	1,57	7,72	7,42	4,73	2,33	6,63	6,33	4,22	2,03
	15 % Röstverlust	3,11	26,66	4,38	4,38	13,78	1,41	3,46	3,00	0,75	0,47	2,36	2,34	0,58	0,36
	18 % Röstverlust	3,18	27,86	4,53	4,15	15,15	1,71	3,73	2,49	0,66	0,46	2,56	1,83	0,60	0,33
	21 % Röstverlust	3,59	30,02	4,96	4,18	16,94	1,47	2,67	1,89	0,74	0,32	1,54	1,36	0,57	0,27

König'sches Verfahren: 10 g ganze Kaffeebohnen wurden, ohne vorherige Behandlung mit Aether, zweimal mit je 200 ccm siedendem Wasser 5 Minuten geschüttelt. Die Lösung wurde jedesmal abgegossen, danach wurde noch mit 100 ccm heissem Wasser nachgewaschen. Nach dem Erkalten wurde die Lösung auf 500 ccm gebracht und filtrirt. Ein aliquoter Theil der Lösung wurde eingedampft, bei 100° getrocknet, gewogen, hierauf verascht und die Asche gleichfalls gewogen.

Neubauer'sches Verfahren: 10 g ganze Kaffeebohnen wurden mit Aether befeuchtet, mit 400 ccm siedendem Wasser übergossen und ¼ Stunde unter häufigem Umrühren mit demselben behandelt. Dann wurde sofort in einen ½ Literkolben abgegossen, bis zur Marke nachgewaschen und filtrirt. Im Uebrigen wurde mit dem Filtrat wie bei König verfahren.

Stutzer'sches Verfahren: 10 g ganze Kaffeebohnen wurden mit 250 ccm kaltem Wasser in einer Schüttelmaschine 5 Minuten lang geschüttelt. Dann wurde sofort auf 500 ccm aufgefüllt, abgegossen, filtrirt und die erhaltene Lösung wie oben angegeben behandelt.

Hilger'sches Verfahren: 10 g ganze Kaffeebohnen wurden dreimal gleichmässig je eine halbe Stunde mit 100 ccm Alkohol (gleiche Raumtheile 90-volumprocentiger Alkohol und Wasser) bei gewöhnlicher Temperatur stehen gelassen. Die vereinigten, jeweilig abgegossenen Flüssigkeiten wurden auf ½ l gebracht, filtrirt und im Uebrigen in gleicher Weise wie bei den anderen Verfahren behandelt.

3. H. Weigmann (Zeitschr. angew. Chem. 1888, 631) fand für glasirten und nicht glasirten gebrannten Kaffee folgende procentige Zusammensetzung:

		Wasser	In der Trocken-Substanz			
			Gesammt-Wasser-Extrakt	Aether-Extrakt	Abwaschbare Stoffe Im Ganzen	Abwaschbare Stoffe Zucker (Glukose)
Nicht glasirt	No. 1	3,14	24,09	16,29	4,77	0,44
	„ 2	2,73	21,81	13,44	4,15	0,34
	„ 3	2,79	25,97	12,06	4,43	0,19
Glasirt	„ 4	9,91	28,12	12,62	7,72	1,49
	„ 5	10,46	27,71	12,34	7,59	1,49
	„ 6	4,41	26,07	9,46	5,91	0,91

Die äusserlich den ganzen Bohnen anhaftenden löslichen Stoffe wurden (nach König) in der Weise bestimmt, dass je 10 g Bohnen zweimal mit je 200 ccm heissem Wasser gleichmässig kurze Zeit durchgeschüttelt, dann mit etwa 100 ccm Wasser nachgewaschen und die Lösung auf 500 ccm gebracht wurde; je 200 ccm davon dienten zur Bestimmung des Abdampfrückstandes (= gelöste Stoffe). Die Gesammtmenge der in Wasser löslichen Stoffe wurde durch Auskochen von 10 g gemahlenem Kaffee mit 500 ccm Wasser bestimmt.

Der zum Glasiren empfohlene Syrup, der, je nachdem man „matte“ oder „Glanz-Kaffees“ erhalten will, in einer Menge von 5—25 % den zu röstenden Kaffeebohnen zugesetzt werden sollte, war ein Stärkesyrup, von dem eine Probe enthielt: 26,21 % Wasser, 45,80 % Glukose (vergährbar), 27,45 % unvergährbare Stoffe und 0,54 % Asche.

4. J. Stern und A. Prager (Zeitschr. angew. Chem. 1893, 335) fanden in vier mit Zucker gebrannten Kaffees nach dem Neubauer'schen Verfahren 4,62—6,86 % abwaschbare Stoffe, während die ohne Zucker gebrannten Kaffees nach diesem Verfahren 1,27—1,30 % abwaschbare Stoffe ergaben.

3. Kaffee-Extrakte des Handels.

1. C. G. Moor und M. Priest (Analyst 1899, 24, 281; Zeitschr. Nahrungs- u. Genussmittel 1900, 3, 704) fanden für Kaffee-Extrakte des Handels folgende procentige Zusammensetzung:

	No. 1	2	3	4	5	6	7	8	9	10
Extrakt	39,90	27,90	30,00	34,80	46,40	37,60	50,60	48,60	51,50	48,50
Stickstoff	0,96	0,15	—	0,23	0,06	—	0,41	0,37	0,38	0,30
Koffeïn	1,98	0,47	0,32	0,54	0,57	0,02	0,56	0,26	0,61	0,28
Asche	4,25	0,95	0,36	1,28	0,43	0,36	0,55	1,87	2,50	1,14

Die Proben No. 3, 6 und 8 sind als Kaffee-Extrakte mit Cichorien bezeichnet.

2. F. Jean (Rev. chim. anal. appl. 1895, 3, 164; Chem.-Ztg. 1895, 19, Rep. 275) fand für sechs Kaffee-Extrakte des Handels folgende procentige Zusammensetzung:

No.	Trocken-Substanz	Koffeïn	Aetherisches Oel	Gerbstoff	Ammoniak	Extraktiv-Stoffe	Zucker	Asche	Extraktivstoffe in der Trocken-Substanz
1	21,73	1,119	1,87	1,56	0,003	10,40	2,36	3,61	47,80
2	22,50	0,381	2,21	2,01	Spur	9,59	3,58	3,26	42,30
3	22,42	1,310	2,84	1,84	0,003	9,55	3,46	2,70	42,50
4	55,65	0,888	1,86	1,09	Spur	32,62	15,77	2,23	58,50
5	29,27	1,230	1,75	1,51	Spur	11,61	10,03	2,80	39,60
6	42,90	0,862	1,28	1,45	Spur	24,32	11,00	3,24	57,70

Die Extrakte No. 4, 5 und 6 waren nach obigen Zahlen gezuckert.

3. Nach Domergue (Chem.-Ztg. 1892, 16, Rep. 91) erhält man koncentrirten Kaffee-Extrakt durch Destillation von geröstetem und gemahlenem Kaffee als eine durch ätherisches Oel getrübte, schwach empyreumatisch riechende Flüssigkeit, welche mit der durch Pressen des Destillationsrückstandes erhaltenen Masse gemischt und durch Karamel und Alkoholzusatz gefärbt bezw. konservirt wird. Domergue fand für derartige Extrakte, von denen er No. 1 und 2 selbst herstellte, folgende Zusammensetzung:

	No. 1	2	3	4	5	6
Extrakt . .	13,70	17,60	41,01	27,20	30,10	19,26 %
Koffeïn . .	0,06	0,105	0,06	0,04	0,50	0,096 %
Asche . .	0,61	0,79	4,30	3,10	1,40	1,83 %

4. Nach dem Verfahren von Le Turcq de Rosier werden die Dämpfe, welche sich beim Kaffee-Rösten entwickeln, bei der Temperatur des kochenden Wassers kondensirt und dann dem noch über 100° heissen Kaffee zugefügt, wodurch eine Wiedergewinnung von Koffeïn und Koffeol sowie eine Verbesserung des Aromas erzielt werden soll. Nach M. Mansfeld (Zeitschr. allg. österr. Apoth.-Vereins 1895; Zeitschr. angew. Chem. 1896, 141) enthielt die Kondensationsflüssigkeit in 100 ccm:

	Trocken-Substanz	Koffeïn	Sonstige Stickstoff-Verbindungen (Ammoniak)	Aetherlösliche Stoffe (Koffeol)	Freie Säure (= Essigsäure)	Mineralstoffe
Probe I . .	2,09 g	0,095 g	0,148 g	0,246 g	0,912 g	0,321 g
Probe II . .	1,50 g	0,071 g	—	0,166 g	—	—

Die Mineralstoffe in der Probe I bestanden grösstentheils aus Nickeloxyd, herrührend von der Einwirkung der Essigsäure auf die Metalltheile des Apparates.

Für einen nach dem gewöhnlichen Verfahren und einen nach dem obigen Verfahren (auf 9850 g Rohkaffee kamen 250 g Kondensationsflüssigkeit) gebrannten Kaffee fand Mansfeld folgende Zusammensetzung:

	Wasser	In der Trocken-Substanz: Extrakt	Koffeïn	Aetherextrakt (Fett u. Koffeol)	Mineralstoffe
Gewöhnliches Verfahren	0,91	27,00	1,35	14,22	5,13 %
Verfahren von Le Turcq de Rosier . .	4,50	27,48	1,35	15,18	4,79 %

5. Nach einer Analyse der Landw. Vers.-Stat. Münster (Original-Mittheilung) enthielt ein Kaffee-Extrakt von P. Brennecke-Berlin: 95,153% Wasser, 4,081% organische Stoffe mit 0,189% Stickstoff, 0,150% Koffeïn, 0,091% Aether-Extrakt, 0,160% Zucker, 1,08% Dextrin und 0,259% Gerbsäure; ferner: 0,766% Asche mit 0,291% Kali und 0,088% Phosphorsäure.

Kaffee-Ersatzstoffe.

I. Zuckerreiche Kaffee-Ersatzstoffe.

Cichorien.

Ueber die Zusammensetzung der frischen und getrockneten Cichorien siehe oben unter „Wurzelgewächse“ S. 739 und S. 999 Anmerkung *).

No.	Nähere Bezeichnung	Zeit der Untersuchung	Wasser %	Stickstoff-Substanz %	Aether-Extrakt %	Zucker %	Gummi %	Gerbsäure %	Sonstige stickstofffreie Extraktstoffe %	Rohfaser %	Asche %	Wasser-Extrakt %	Analytiker
1	Geröstet	1876	14,50	—	2,00	12,20	29,10	—	—	(28,4)	4,30	—	Hassall[1])
2	desgl.	„	12,80	—	2,20	10.40	24,40	—	—	(28,5)	6,80	—	
3	desgl.	1878	4,30	—	1,10	22,40	—	—	—	—	10,37	62,60	C. Krauch[2])
4	desgl.	„	21,16	5,87	—	18,36	—	—	—	—	6,02	53,66	J. König und C. Krauch[2])
5	desgl.	„	10,55	6,75	4,94	15,04	38,96			16,49	7,27	62,63	

[1]) Foods, its adulteration and the Methods for their detection London 1876, 174 und 175.

[2]) Ber. Deutsch. Chem. Ges. 1878, II, 277 und Original-Mittheilung.

No.	Nähere Bezeichnung		Zeit der Untersuchung	Wasser %	Stickstoff-Substanz %	Aether-Extrakt %	Zucker %	Dextrin + Gummi %	Sonstige stickstofffreie Extraktstoffe %	Rohfaser %	Asche %	Wasser-Extrakt %	Analytiker
6	Cichorien-Kaffee*)	in Graupenform . .	1883	16,28	6,38	5,71	26,12	9,63	16,40	12,32	7,16	57,96	A. Petermann[1])
7		in Pulverform . .	"	16,96	6,64	3,92	23,79	9,31	20,14	13,37	5,87	56,90	
8	Dom-Kaffee	aus gerösteter Cichorie	1890	13,90	9,00	0,45	67,19			5,11	4,35 **)	78,90	R. Wolffenstein[2])
9	Allerwelts-Kaffee .		"	9,99	11,18	0,37	66,97			5,96	5,53 **)	76,30	
10	Gewöhnlicher Cichorien-Kaffee		1894	4,53	—	3,14	—	—	—	—	3,80	—	V. Vedrödi[3])
11	Király Kávé***) . .		"	7,21	—	5,09	—	—	—	—	3,80	—	
							Glukose	Rohrzucker					
12	Selbstgeröstete Cichorie		1894	—	—	—	5,66	13,62	—	—	5,18	—	E. G. Clayton[4])
13	Reine, fabrikmässig dargestellte Cichorie . .		"	—	—	—	7,19	20,50	—	—	—	—	
14	Ohne nähere Bezeichn.		"	1,71	9,31	—	9,24	22,43	—	—	6,25	—	
					In der Trocken-Substanz					Asche			
								In Wasser unlöslich		Wasser löslich	Im Ganzen	Sand	
15	Zuverlässig reine Cichorien	mittel geröstet	1898	1—4 %	9,56	2,57	—	22,40	—	2,50	4,63	0,70	Bernard Dyer[5])
16		stark geröstet	"		10,64	2,43	—	50,30	—	2,99	4,70	0,30	
17		Cichorienpulver	"		8,31	2,17	—	22,27	—	2,43	5,53	1,43	
18			"		8,38	1,90	—	21,50	—	2,07	5,23	1,43	
19			"		9,38	3,43	—	35,50	—	2,57	5,13	0,77	
20			"		9,50	3,87	—	37,80	—	1,60	8,23	3,97	
21			"		7,81	3,17	—	22,77	—	3,30	5,13	1,60	
22			"		7,69	3,67	—	22,50	—	3,23	5,73	1,63	
23			"		8,06	2,60	—	23,50	—	2,97	5,63	1,47	
24			"		8,06	2,60	—	22,50	—	3,20	5,33	1,47	
25			"		8,06	2,57	—	22,63	—	2,60	5,70	1,47	

[1]) Bull. Stat. Agric. de Gembloux No. 28; Centrbl. Agrik.-Chemie 1883, **12**, 843.
[2]) Zeitschr. angew. Chem. 1890, 84.
[3]) Zeitschr. Nahrungsmittel-Unters., Hygiene u. Waarenk. 1894, **8**, 258.
[4]) Analyst 1895, **20**, 12; Chem. Centrbl. 1895, I, 550.
[5]) Analyst 1898, **23**, 226; Zeitschr. Nahrungs- u. Genussmittel 1899, **2**, 287.

*) Petermann bestimmte die in Wasser löslichen und unlöslichen Stoffe des Cichorienkaffees wie folgt:

	In Wasser lösliche Stoffe							Unlösliche Stoffe				
	Wasser	Im Ganzen	Stickst.-Substanz	Glukose	Dextrin Gummi etc.	Farb- u. Bitterstoffe	Mineralstoffe	Im Ganzen	Stickstoff-Substanz	Fett	Cellulose	Mineralstoffe
	%	%	%	%	%	%	%	%	%	%	%	%
No. 6	16,28	57,96	3,28	16,12	9,63	16,40	2,58	25,76	3,15	5,71	12,32	4,58
No. 7	16,96	56,90	3,66	23,79	9,31	17,59	2,55	26,14	2,98	3,92	13,37	5,87

**) Die Asche enthielt ferner:
No. 8 0,24 % Phosphorsäure, 0,075 % Eisenoxyd und 0,91 % Sand
No. 9 0,26 „ „ 0,104 „ „ „ 1,38 „ „

***) Der Király Kávé wird in der Weise hergestellt, dass gewöhnliche geröstete Cichorien mit den Röstprodukten des echten Kaffees getränkt werden. Vedrödi giebt für den Király Kávé einen Gehalt von 2,95 % Koffeol an. Wie das letztere bestimmt ist, wird nicht mitgetheilt.

No.	Nähere Bezeichnung	Zeit der Untersuchung	Wasser %	Stickstoff-Substanz %	Aether-Extrakt %	Zucker %	Karamel %	Inulin %	Sonstige stickstofffreie Extraktstoffe %	Rohfaser %	Asche %	Wasser-Extrakt %	Analytiker
26	Selbstgeröstet*) . . .	1899	16,00	6,15	1,70	14,40	9,00	9,60	31,20	9,10	2,75	61,00	Jules Wolff [1]
27	Geröstete Cichorien des Handels*) 1	"	13,30	5,50	1,70	12,40	11,60	4,30	38,10	6,90	5,90	59,30	
28	Geröstete Cichorien des Handels*) 2	"	9,20	6,00	—	7,50	14,70	5,00	35,80	13,20	6,30	54,30	
29	Geröstete Cichorien des Handels*) 3	"	14,00	6,60	2,60	14,20	12,80	9,60	28,90	6,50	4,60	65,90	
30	Geröstete Cichorien des Handels*) 4	"	14,50	6,10	2,70	9,00	15,60	4,00	32,10	11,10	3,70	61,30	
31	Geröstete Cichorien des Handels*) 5	"	10,70	6,30	2,30	12,40	12,30	6,60	32,20	8,50	8,50	59,80	
	Cichorien, Mittel	—	**11,76**	**7,35**	**2,48**	**17,46**	**12,74**	**6,61**	**26,58**	**10,03**	**4,99**	**63,33**	
	Feigen-Kaffee.												
		Ende der 70-er Jahre					Dextrin	Stärke					
1	Gerösteter Feigen-Kaffee	Ende der 70-er Jahre	18,98	4,25	2,83	34,19	29,15 (Dextrin, Stärke, Sonstige)			7,16	3,44	73,91	J. König und C. Krauch[2])
2	Feigen-Kaffee, im Laboratorium hergestellt .	1897	12,93	—	4,26	29,82	—	—	—	—	—	62,30	Josef Jettmar[3])
3	Feigen-Kaffee des Handels, aus Böhmen I	"	19,92	—	3,85	18,13	—	—	—	—	5,50 **)	34,16	
4	Feigen-Kaffee des Handels, aus Böhmen II	"	31,87	—	4,39	16,75	—	—	—	—	5,35 **)	27,81	
	Mittel	—	**20,92**	**4,15**	**3,83**	**24,72**	**34,63**			**6,99**	**4,76**	**49,55**	
	Sonstige zuckerreiche Ersatzstoffe.												
1	Deutsches Natron-Kaffee-Surrogat	1884	11,43	13,25	—	12,50	—	—	—	***)	5,57	17,73	Niederstadt [4])
2	Wiener Kaffee-Surrogat	"	9,72	4,50	—	19,92	—	—	—	***)	8,33	39,52	
				In der praktischen Extrakt-Ausbeute								Praktische Extrakt-Ausbeute [0])	
3	Gebrüd. Linde's Kaffee . . .	1892	4,63	4,61	—	59,38		35,81		—	5,03	68,14	Moscheles u. R. Stelzner[5])
4	Gebrüd. Linde's Kaffee-Essenz	"	3,23	4,56	—	59,53		35,81		—	2,35	72,03	

J. Jettmar[3]) fand in den in Böhmen gangbaren Kaffee-Ersatzstoffen aus Cichorien und Zuckerrüben 12,89 bis 27,79 % Wasser und in der Trocken-Substanz: 60,19—73,32 % Extrakt, 14,20—27,09 % Zucker, 3,02—7,85 % Aetherextrakt, 4,29—9,04 % Asche und 0,84—1,88 % Sand.

---

[1]) Ann. chim. analyt. 1899, 4, 157; Zeitschr. Nahrungs- und Genussmittel 1900, **3**, 255 u. 592.
[2]) Original-Mittheilung.
[3]) Časopis pro průmysl chemický 1897, **7**, 47, 100 u. 135; Chem.-Ztg. 1897, **21**, Rep. 117.
[4]) Chem. Centrbl. 1884, 334.
[5]) Chem.-Ztg. 1892, **16**, 281.

*) J. Wolff fand ferner:

	No. 27	28	29	30	31	32
Wasserlösliche Stickstoff-Substanz	3,20	2,50	2,40	4,00	2,80	3,10 %
Chlornatrium	—	0,22	0,30	0,22	0,18	0,17 „
Eisen	—	0,15	0,07	0,05	0,03	0,29 „

Für die frische und getrocknete Cichorie fand J. Wolff folgende procentige Zusammensetzung:

	Wasser	Stickstoff-Substanz	Fett	Reducirender Zucker	Inulin	Stickstofffreie Extraktstoffe im Ganzen	Rohfaser	Asche
Frische Cichorien . . .	79,20	1,15	0,11	0,60	13—15	17,12	1,29	1,11
Getrocknete Cichorien .	17,00	—	—	5,30	47—51	—	—	—

**) Die Asche von I enthielt 0,84 %, die von II 0,96 % Sand.

***) Niederstadt fand ferner in No. 1: 26,16 % und in No. 2: 31,37 % in Wasser unlösliche Stoffe (Pflanzenfaser etc.) (?).

[0]) 25—30 g Substanz wurden in der Reibschale verrieben, in einen Liter-Kolben gebracht und mit etwa 500 ccm Wasser etwa eine halbe Stunde auf dem Wasserbade digerirt, nach dem Erkalten und Auffüllen wurde in 50 ccm die „praktische Extraktausbeute“ durch Eindampfen in einer Platinschale bestimmt.

II. Stärkereiche Kaffee-Ersatzstoffe.

Gebrannte Cerealien und Leguminosen.

No.	Nähere Bezeichnung	Zeit der Untersuchung	Wasser	Stickstoff-Substanz	Aether-Extrakt	Zucker	Dextrin	Stärke	Sonstige stickstofffreie Extraktstoffe	Rohfaser	Asche	Wasser-Extrakt: im Ganzen	Wasser-Extrakt: Stickstoff-Substanz	Wasser-Extrakt: Asche	Analytiker
			%	%	%	%	%	%	%	%	%	%	%	%	
1	Gebrannte Cerealien (Roggen etc.) . .	Ende der 70-er Jahre	15,22	11,84	3,46	3,92		49,37		11,35	4,84	45,11	—	—	J. König und C. Krauch[1])
2	Von Gebr. Behr in Cöthen: Aus Kleie, Mais und Graupen .	1882	2,22	11,87	3,91	—	49,51	18,17		9,78	4,54	61,33 *)	—	3,37	R. Fresenius[2])
3	Von Gebr. Behr in Cöthen: Aus Roggen, Gerste u. Malz (Malto-Kaffee)	„	0,35	4,22	—	In Alkohol löslich 7,57 *)		50,19	—	—	—	64,25 *)	4,22	2,27	R. Fresenius[2])
4	Volkskraft-Kaffee (aus Cerealien bestehend)	1896	10,64	9,08	1,98	—	—	—	—	—	3,[illegible]4	54,63	2,77	2,00	Vers.-Stat. Münster[1])
5	Kathreiner's Patent-Gersten-Kaffee**) .	1894	0,98	11,70	1,95	Maltose 2,56	+ Karamel 57,08	15,29		7,77	2,67	63,52	6,35	1,44	H. Trillich[3])
6	Im Laboratorium geröstete Gerste I	1896	0,28	12,62	2,64			69,04		12,33	3,09	54,89	3,00	1,92	Vers.-Stat. Münster[1])
7	Im Laboratorium geröstete Gerste II	„	0,14	17,45	2,34			62,39		13,72	3,96	53,23	5,52	1,93	Vers.-Stat. Münster[1])
8	Geröstete Maiskörner (Mittel von 4 Analysen)***) .	1887	7,78	—	—	—	—	In Zucker überführbare Stoffe 58,02	—	8,04	1,81	—	—	—	Vers.-Stat. Münster[1])
9	Kongo-Kaffee (Phaseolus-Art[0])) . .	1889	4,22	27,06	1,19	3,25		40,37		19,28	4,63	21,55	—	—	E. Fricke[4])
10	Leo Pelkmann's Perl-Kaffee (Lupinen) .	1896	9,66	44,51	6,59	—	—	—	—	—	4,20	27,32	18,31	3,00	Vers.-Stat. Münster[1])
11	Kaiserschrot-Kaffee (Lupinen) . . .	„	14,42	28,85	3,00	—	—	—	—	—	4,61	35,40	6,44	3,47	Vers.-Stat. Münster[1])

Malz-Kaffee[00]).

No.	Nähere Bezeichnung	Zeit der Untersuchung	Wasser	Stickstoff-Substanz	Aether-Extrakt	Zucker	Dextrin	Stärke	Sonstige stickstofffreie Extraktstoffe	Rohfaser	Asche	Wasser-Extrakt: im Ganzen	Wasser-Extrakt: Stickstoff-Substanz	Wasser-Extrakt: Asche	Analytiker
	Kathreiner's Kneipp-Malzkaffee.														
1	Vom Vertreter aus Berlin eingesandt I	1896	5,05	16,10	—	—	—	—	—	—	2,14	39,30	2,88	1,37	Vers.-Stat. Münster[1])
2	Vom Vertreter aus Berlin eingesandt II	„	5,62	15,68	—	—	—	—	—	—	2,14	39,31	2,44	1,33	Vers.-Stat. Münster[1])
3	Vom Vertreter aus Berlin eingesandt III	„	5,24	16,25	—	—	—	—	—	—	2,15	39,35	2,55	1,32	Vers.-Stat. Münster[1])

[1]) Original-Mittheilung.
[2]) Nach einer Privatbroschüre von Gebr. Behr in Cöthen.
[3]) Zeitschr. angew. Chem. 1894, 203.
[4]) Zeitschr. angew. Chem. 1889, 121.

*) R. Fresenius fand im Wasser-Extrakt von Kleie-Mais-Graupen-Kaffee ferner noch 1,31 % und in dem von Malto-Kaffee 0,54 % Phosphorsäure (P_2O_5). Beim Malto-Kaffee bedeutet die Zahl in der Kolumne „Zucker" = in 92 %-igem Alkohol lösliche Stoffe.

**) Der mit Zucker glasirte Gerstenkaffee wird vor der Röstung mit einem Extrakt aus ungerösteten Kaffeeschalen getränkt. Trillich fand ferner 0,82 Gesammt- und 0,37 % wasserlösliche Phosphorsäure und von obigen 57,08 % waren 51,78 % wasserlösliches Dextrin und Karamel.

***) Die glasirten Maiskörner fanden sich im Gemisch mit echtem Kaffee und wurden für die Analyse herausgesucht.

[0]) Die natürliche Phaseolus-Art, aus welcher obiges Surrogat hergestellt war, enthielt 13,72 % Wasser, 39,82 % Stickstoff-Substanz, 1,26 % Fett, 37,09 % stickstofffreie Extraktstoffe, 4,41 % Rohfaser und 3,70 % Asche. Die Asche enthielt:

	Kalk (CaO)	Magnesia (MgO)	Kali (K_2O)	Phosphorsäure (P_2O_5)
In Procenten der Substanz . .	0,29 %	0,39 %	2,25 %	1,22 %
„ „ „ Asche . . .	6,50 „	8,76 „	47,56 „	27,00 „

[00]) Wo nicht anders angegeben, sind es Gersten-Malzkaffees.

No.	Nähere Bezeichnung	Zeit der Untersuchung	Wasser %	Stickstoff-Substanz %	Aether-Extrakt %	Zucker %	Dextrin %	Stärke %	Sonstige stickstofffreie Extraktstoffe %	Rohfaser %	Asche %	Wasser-Extrakt: im Ganzen %	Wasser-Extrakt: Stickstoff-Substanz %	Wasser-Extrakt: Asche %	Analytiker
4	In Münster gekauft von Sch.	1896	7,40	14,65	—	—	—	—	—	—	2,14	38,74	2,33	1,34	Vers.-Stat. Münster [1])
5	In Münster gekauft von H.	„	6,56	15,22	—	—	—	—	—	—	2,28	40,86	2,66	1,36	
6	In Münster gekauft von B.	„	8,35	14,40	—	—	—	—	—	—	2,34	36,52	—	1,55	
7	Ohne nähere Bezeichnung	—	4,06	10,77	1,55	Glukose 39,46	Saccharose 5,39	22,88	—	12,89	2,42	—	—	—	Schridde[2])
8	Ohne nähere Bezeichnung	—	1,03	12,30	1,87	37,40	8,62	21,56	—	7,91	2,38	57,51	—	—	Scholz[2])
9	Ohne nähere Bezeichnung	—	2,57	14,60	2,95	—	—	—	—	—	2,49	33,20	—	—	Schulte u. Amsel[2])
10	Ohne nähere Bezeichnung	—	—	12,38	1,46	—	—	—	—	11,50	2,40	—	—	—	Mecke u. Wimmer[2])
11	Kathreiner's Kneipp's-Malzkaffee von F. K. N.-München . . .	1891	—	—	—	Maltose 12,32	Glasurstoffe 1,08		Säure (Essigsäure) 1,248	—	—	In der Trocken-Substanz 45,00	—	—	H. Trillich [3])
12	Malzkaffee nach Kneipp von M. W. u. Co.-München .	„	8,59	—	—	9,04	1,74		0,954	—	—	36,67	—	—	
13	Malzkaffee II F. K. N.	„	—	—	—	5,22	0,56*)		—	—	—	64,72	—	—	
14	Von G. G. in Ludwigshafen . . .	„	5,18	—	—	4,10	1,48		—	—	—	63,29	—	—	
15	Von G. R. in Regensburg . . .	„	7,99	—	—	5,04	5,82		0,990	—	—	64,52	—	—	
16	Von G. R. in Regensburg . . .	„	11,92	—	—	4,00	—		—	—	—	64,38	—	—	
17	Nach Kneipp von A. F. in Mainz . . .	„	8,91	—	—	5,29	3,42		1,560	—	—	26,90	—	—	
18	Kathreiner's Krystall-Malzkaffee**) .	1894	0,92	10,48	1,03	11,09	Dextrin 27,80	33,03		13,07	2,56	42,51	3,00	1,21	
19	Kathreiner's Malzkaffee***) . . .	?	3,94	17,81	3,26	—	—	In Zucker überführb. Stoffe 44,85	—	—	2,21	58,35	—	—	Henriques[4])
20	Weizenmalz-Kaffee nach Kneipp . .	1891	3,25	—	—	5,25	—	—	—	—	—	74,13	—	—	H. Trillich [3])
21	Bischoff's Malzkaffee von H. u. B. in Hamburg (Weizenmalz)	„	9,66	—	—	5,15	—	—	Säure (Essigsäure) 1,008	—	—	72,82	—	—	

III. Fettreiche Kaffee-Ersatzstoffe.

No.	Nähere Bezeichnung	Zeit der Untersuchung	Wasser %	Stickstoff-Substanz %	Aether-Extrakt %	Zucker, Dextrin, Stärke, Sonstige stickstofffreie Extraktstoffe %	Rohfaser %	Asche %	Wasser-Extrakt: im Ganzen %	Stickstoff-Substanz %	Asche %	Analytiker
1	Dattelkerne (Phoenix dactylifera) ungebrannt[0]) . . .	1876	9,27	5,46	8,50	52,86	23,97	1,04	—	—	—	F. Storer [5])

[1]) Original-Mittheilung.
[2]) Mitgetheilt von Nicolai, Vierteljahresschr. öffentl. Gesundheitspflege 1901, **33**, 530.
[3]) Zeitschr. angew. Chem. 1891, 540 und 1894, 203.
[4]) Mitgetheilt von H. Trillich. Vergl. Anmerkung [3]).
[5]) Bull. Bussey Instit. 1876, **5**, 373.
*) Der Malzkaffee war nicht glasirt; es gehen also aus dem gebrannten Malze etwa 0,5 % abwaschbare Stoffe in Lösung.
**) Trillich fand ferner:

Gesammt-Phosphorsäure	Wasserlöslich: Dextrin	Wasserlöslich: Phosphorsäure	Gesammtmenge der wasserlöslichen Stoffe bestimmt nach Kornauth	Moscheles	Trillich 1 Minute gekocht	Trillich 5 Minuten gekocht	mittelst Kaffeemaschine
0,915	27,00	0,81	41,36	39,28	41,92	42,48	42,74 %

***) Henriques fand ferner 0,94 % Phosphorsäure.
[0]) Mittel aus 2 Analysen. Ein unter dem Namen „Dattelkaffee" eingekauftes Kaffee-Surrogat bestand fast ganz aus gebrannter Cichorie und ergab:

Wasser	Stickstoff-Substanz	Fett	Stickstofffreie Extraktstoffe	Rohfaser	Asche	In Wasser lösliche Stoffe
12,07	10,18	5,22	55,41	11,87	5,25	63,64 %

No.	Nähere Bezeichnung	Zeit der Untersuchung	Wasser %	Stickstoff-Substanz %	Aether-Extrakt %	Zucker %	Dextrin %	Gerbsäure %	Sonstige stickstofffreie Extraktstoffe %	Rohfaser %	Asche %	Wasser-Extrakt %	Analytiker
2	Sudan-Kaffee (Samen von Parkia biglobosa)*)	1887	—	24.0	18,0	6,0	Gummi 10,0	—	—	5,0		—	Ed. Heckel u. F. Schlagdenhaufen[1])
	Wachspalme												
3	Corypha cerifera L. oder, roh**)	1891	9,37	6,54	10,57	1,67		2,47	23,01	44,31	2,06	12,07	J. König[2])
4	Copernicia cerifera Mart., geröstet**)	„	3,76	6,99	14,06	1,25		5,46	27,79	38,45	2,24	13,50	J. König[2])
5	Körner von Massaenda carbonia***)	1890	1,08	13,75	—	—		—	—	—	4,03	18,40	Coster, Hoorn u. Mazure[3])
6	Afrikanischer Nussbohnenkaffee, geröst. Bohnen der Erdnuss (Arachis hypogaea)	1894	3,18	45,75	27,75	15,98				3,13	4,21	—	Spindler[4])
7	Afrikanischer Nussbohnenkaffee: rohe entschälte Bohnen	1895	5,67	26,01	50,65	12,78				2,90	1,99	—	A. Röhrig[5])
8	Afrikanischer Nussbohnenkaffee: theilweise entfettet u. geröstet (Pea-nut)	„	2,15	29,97	51,08	12,68				1,98	2,14	—	A. Röhrig[5])
9	Afrikanischer Nussbohnenkaffee: entölt und als Kaffee gebrannt	„	8,67	47,05	19,25	14,83				5,87	4,33°)	°°)	A. Röhrig[5])
10	Austria-Kaffee, geschälte entfettete und geröstete Erdnussbohnen	1896	7,45	52,13	16,78	13,22				6,24	4,18°°)	27,15	A. Willert[6])

(In Nr. 3 und 4 gelten die Werthe 1,67 bzw. 1,25 für Zucker und Dextrin zusammen; in Nr. 6–10 die Werthe 15,98 usw. für Zucker, Dextrin, Gerbsäure und sonstige stickstofffreie Extraktstoffe zusammen.)

[1]) Vierteljahresschr. Nahrungs- u. Genussm. 1887, **2**, 225.
[2]) Central-Organ für Waarenkunde und Technologie 1891, **1**, 1; Vierteljahresschrift Nahrungs- u. Genussmittel 1891, **6**, 327.
[3]) Rev. intern. falsif. 1890, **4**, 8; Chem. Ztg. 1890, **14**, Rep. 365.
[4]) Aufschrift auf den Original-Packeten; Vergl. auch Forschungsberichte über Lebensmittel etc. 1894, **1**, 293.
[5]) Forschungsberichte über Lebensmittel etc. 1895, **2**, 15.
[6]) Zeitschr. Nahrungsm.-Unters., Hygiene u. Waarenk. 1896, **10**, 123.

*) Die Körner, welche in dem saftigen Fruchtfleische der Schote eingebettet liegen, werden in dem äquatorialen Afrika roh oder geröstet zur Bereitung eines theeartigen Aufgusses benutzt. Das Fruchtfleisch wird roh gegessen oder es dient zur Herstellung eines alkoholischen Getränkes. Das getrocknete Fruchtfleisch hatte folgende Zusammensetzung:

	Stickstoff-Substanz	Fett	Glukose	Nach der Inversion reducirender Zucker	Freie Säuren Farbstoffe etc.	Gummiartige Körper
Aeusserer Theil	4,90	0,54	39,25	15,65	9,00	20,00 %
Innerer Theil	5,40	0,12	28,54	—	—	18,00 %

Der äussere Theil des Fruchtfleisches (welcher Weinsäure und Citronensäure enthält) ist der Masse nach 10 bis 15-mal so gross, als der innere harte mit der Samenhülle verwachsene Theil.

**) J. König fand ferner:

	Reinproteïn	Kalk	Kali	Phosphorsäure
Roh	5,82	0,42	0,63	0,41 %
gebrannnt . . .	6,14	0,45	0,69	0,43 %

Die Früchte, die in rohem Zustande eine steinharte Beschaffenheit haben, dienen geröstet in Brasilien als Kaffeesurrogat. Das Fett hat eine andere Zusammensetzung als das aus den Blättern ausgeschiedene Wachs (Karnauba-Wachs).

***) Die angebliche Massaenda nach Holmes, die Samen der Loganiacee Gaertneria vaginata Lam., kommen auf Réunion nicht häufig vor. Lapeyre will 0,3—0,5 % Koffeïn in derselben gefunden haben, während Coster Hoorn u. Mazure, ebenso wie Durtan, keine Alkaloide fanden.

°) Für die Menge der in Wasser löslichen und unlöslichen Stoffe — 10 g wurden mit 100 ccm Wasser 5 Minute bei 95—98° gehalten — fand Röhrig in einer anderen Probe folgende Werthe:

In Wasser löslich: Proteïn %	Stickstofffreie Extraktstoffe %	Mineralstoffe %	In Wasser unlöslich: Proteïn %	Fett %	Stickstofffreie Extraktstoffe %	Mineralstoffe %
17,49	2,38	2,98	32,18	19,39	23,79	1,79

Die Asche enthielt:

In Procenten der Substanz	In Procenten der Asche
1,55 % Kali (K_2O) u. 1,39 % Phosphorsäure (P_2O_5)	38,8 % Kali (K_2O) u. 35,1 % Phosphorsäure (P_2O_5)

°°) Die Asche enthielt 1,49 % Kali (K_2O) und 1,61 % Phosphorsäure (P_2O_5).

VI. Sonstige Kaffee-Ersatzstoffe.

No.	Nähere Bezeichnung	Zeit der Untersuchung	Wasser %	Stickstoff-Substanz %	Aether-Extrakt %	Zucker %	Dextrin %	Gerbsäure %	Sonstige stickstofffreie Extraktstoffe %	Rohfaser %	Asche %	Wasser-Extrakt %	Analytiker
1	Carobbe-Kaffee (Samen des Johannisbrotes Ceratonia siliqua L.)	Ende der 70-er Jahre	5,35	8,93	3,65	69,83				10,15	2,09	63,71	*J. König u. C. Krauch* [1]
2	Mogdad-Kaffee (Samen von Cassia orientalis L.)	1880	11,09	15,13	2,55	—	Pflanzenschleim 36,60	5,23	3,86	21,21	4,33	—	*J. Möller u. J. Pohl* [2]
3	Gedörrte Eicheln geschält (Mittel)	—	15,00	6,02	4,22	67,92				4,82	1,97	—	Vergl. S. 623.
4	Gedörrte Eicheln ungeschält (Mehl)	1858	13,78	7,28	4,00	62,10				12,20	2,20	—	„ „ 639.

Sonstige Analysen von Kaffee-Ersatzstoffen.

1. H. Trillich (Zeitschr. angew. Chem. 1891, 540; 1894, 203) untersuchte ausser den in die obigen Tabellen aufgenommenen Kaffee-Ersatzstoffen noch eine grosse Zahl anderer Getreide-, Gerstenmalz-, Weizenmalz-Kaffees vornehmlich auf Wasser- und Extraktgehalt. Ferner untersuchte er (Zeitschr. angew. Chem. 1896, 440) zahlreiche Mischungen von Kaffee und Kaffee-Ersatzstoffen des Handels, welche ausser Kaffee, Kaffeesatz und Kaffee-Röstprodukten enthielten: Cichorien, Rüben, Roggen, Gerste, Malz, Sojabohnen, Lupinen und sonstige Leguminosen, Feigen, Eicheln, Caroben, Kakaoschalen, Natriumcarbonat.

Diese Mischungen, welche unter den verschiedensten Namen zum Preise von 0,60—1,60 für 1 kg in den Handel kommen, enthielten in der Trocken-Substanz:

Wasser	Extrakt	Asche	Sand	Fett
4,73—12,85%	6,95—70,70%	1,91—8,52%	Spuren—4,36%	0,73—9,11%.

2. E. Niederhäuser (Rev. intern. falsif. 1890, 4, 57; Chem. Centrbl. 1890, II, 1015) Analyse von echt holländischem Kaffee mit Zusatz.
3. Rich. Wolffenstein (Zeitschr. angew. Chem. 1890, 84) Analyse von Cichorien- mit Lupinenkaffee.
4. Familien-Kaffee (Chem.-Ztg. 1890, 14, Rep. 364).
5. Moscheles und Stelzner (Chem.-Ztg. 1892, 16, 281) Analysen von Victoria-Malzkaffee (R. Baser-Berlin), Feine's Kaffee-Malz und sonstigen Ersatzstoffen.
6. R. Pfister (Zeitschr. Nahrungsm.-Unters., Hyg. und Waarenkunde 1895, 10, 204) bestimmte in einer Reihe der verschiedensten in der Schweiz gangbarsten Kaffee-Ersatzstoffe den Gehalt an Wasser, Asche und Sand.
7. F. Coreil (Journ. Pharm. chim. 1897, [6], 6, 106; Chem. Centrbl. 1897, II, 791). Analyse eines Kaffee-Ersatzstoffes aus Getreidemehl, Kleie und Kartoffelstärke.
8. A. Ruffin (Ann. chim. analyt. 1897, 3, 114; Zeitschr. Nahrungs- u. Genussm. 1898, 1, 710) untersuchte zahlreiche Cichorienproben des Handels.

---

[1]) Original-Mittheilung.
[2]) Chem. Centralbl. 1880, 539.

Anhang zu Kaffee-Ersatzstoffen.

1. Zuckergehalt der Cichorie und anderer süsser Wurzeln vor und nach dem Rösten.

Graham, Stenhouse und Campbell[1]) fanden in Cichorien und anderen süssen Wurzeln vor und nach dem Rösten folgenden procentigen Zuckergehalt:

Wurzel	Roh	Geröstet	Wurzel	Roh	Geröstet
1. Ausländische Cichorie .	23,76	11,98	6. Möhren (gewöhnliche) .	31,98	11,53
2. Gunrusey-Cichorie . .	30,49	15,96	7. Rübe (weisse)	30,48	9,65
3. „ „ . .	35,23	17,98	8. „ (rothe)	24,06	17,24
4. „ „ (Yorkshire)	32,06	9,86	9. Bergeppich	21,96	9,08
5. Mangold	23,68	9,96	10. Pastinake	21,70	6,98

2. Einfluss der Rösttemperatur auf die Cichorien und Feigen.

K. Kornauth (Rev. intern. falsif. 1889, 3, Heft 8; Vierteljahresschr. Nahrungs- u. Genussm. 1889, 4, 297) fand für bei 100—190° geröstete Cichorien und Feigen folgende Mengen von löslichen Bestandtheilen, Zucker u. s. w.:

Röst-Temperatur °C.	Cichorien. Wasseranziehung %	Wasserlösliche Stoffe %	Zucker %	Feigen. Wasseranziehung %	Wasserlösliche Stoffe %	Zucker %
100	8,24	78,80	20,06	7,94	81,64	61,26
110	8,19	73,40	14,26	8,26	81,60	60,98
120	8,37	73,60	14,04	7,78	78,47	57,03
130	7,19	68,20	13,00	7,10	78,40	50,40
140	6,24	62,16	12,23	6,39	63,67	40,53
150 *) a.	6,00	60,07	10,30	4,18	18,57	0,18
150 *) b.	15,42	59,74	10,30	—	—	—
160	4,18	24,63	9,40	0,37	6,15	—
170	0,72	9,00	—	—	—	—
180	0,49	4,77	—	—	—	—
190	—	0	—	—	—	—

3. Zerener und K. Birnbaum[2]) fanden für 7 reine Cichorien-Proben im Mittel:

	In der frischen Substanz				In der Trocken-Substanz		
	Wasser	Gesammtasche	Reinasche	Sand	Gesammtasche	Reinasche	Sand
1. Zerener . . .	16,05%	3,44%	3,13%	0,45%	4,09%	3,73%	0,54%
2. Birnbaum . .	—	—	—	—	4,95 „	3,26 „	1,69 „

Thee.

Blätter von Thea chinensis.

Aeltere Analysen.

1. G. J. Mulder in Moleschott's Physiologie der Nahrungsmittel 1859, 2, 222.
2. Strauch, Vierteljahresschr. f. Pharm. 16, 167.
3. Hassall in seinem Werke: Foods, its adulterations and the methods for their detection. London 1876, 99.

---

[1]) James Bell, übersetzt von C. Mirus: Die Analyse und Verfälschung der Nahrungsmittel. Berlin 1882, I, 59. Der Zucker ist nach der Gährungsmethode bestimmt. In der angegebenen Quelle ist nicht angegeben, ob sich die Zahlen auf Trockensubstanz oder natürliche Substanz beziehen; wahrscheinlich ist das erstere der Fall.

[2]) K. Birnbaum, Die Prüfung der Nahrungsmittel und Gebrauchsgegenstände im Grossherzogthum Baden. Karlsruhe 1883, 26.

*) a wurde langsam, b wurde schnell erhitzt.

4. J. Bell in seinem Werke: „Die Analyse und Verfälschung der Nahrungmittel“, übersetzt von C. Mirus. Berlin 1882, 1, 7.
5. Hodges, Jahresbericht Agric.-Chem. 1873/74, 1, 247.
6. Ph. Zöller, Ann. Chem. Pharm. 1871, 158, 180.
7. J. König, Zeitschr. Biologie 1876, 2, 497.

No.	Nähere Bezeichnung	Zeit der Untersuchung	Wasser %	Stickstoff-Substanz %	Theïn %	Aether-Extrakt %	Gerbstoff %	Sonstige stickstofffreie Extraktstoffe %	Rohfaser %	Asche in Wasser löslich %	Asche in Wasser unlöslich %	Wasser-Extrakt %	Analytiker
1	Gepresster Thee aus London	1882	10,80	23,87	2,49	3,61	40,23 (Gerbstoff + Sonstige)		15,50	5,99		(24,47)	C. Krauch [1])
	Japanischer Thee, in Tokio gekauft**) — Preis für 1 Kin*)												
2	20 Sen	1884	11,45	23,79	1,79	13,85	15,63	20,12	9,64	5,52		34,44	O. Kellner [2])
3	1½ Yen*)	„	11,40	34,79	3,38	15,15	15,55	8,07	9,96	5,08		38,93	O. Kellner [2])
4	2 „	„	4,48	38,65	3,31	8,73	19,10	11,90	11,22	5,92		45,89	O. Kellner [2])
												Theekraft ***)	
	Japanischer Thee***) — Aus Uji:												
5	Gerollter Thee .	1886	—	—	2,93	—	14,20	—	—	5,67		29,77	F. A. Junker von Langegg [3])
6	Thauperlen-Thee	„	—	—	2,42	—	15,60	—	—	5,80		34,00	F. A. Junker von Langegg [3])
7	Heller Thee . .	„	—	—	3,44	—	22,72	—	—	6,15		35,75	F. A. Junker von Langegg [3])
8	Dunkeler Thee .	„	—	—	4,21	—	25,20	—	—	6,05		35,65	F. A. Junker von Langegg [3])
9	Gesichteter Thee . .	„	—	—	4,15	—	14,20	—	—	4,97		12,82	F. A. Junker von Langegg [3])
10	Gewöhnlicher Thee .	„	—	—	1,98	—	13,06	—	—	5,06		27,75	F. A. Junker von Langegg [3])
11	Export-Thee . . .	„	—	—	2,57	—	23,96	—	—	4,68		30,40	F. A. Junker von Langegg [3])
	Nach chinesischer Art bereitet:												
12	Ziegelthee	„	—	—	3,36	—	19,88	—	—	4,10		36,00	F. A. Junker von Langegg [3])
13	Schwarzer Thee .	„	—	—	4,67	—	14,06	—	—	5,60		30,85	F. A. Junker von Langegg [3])
14	Theestaub	„	—	—	1,94	—	14,20	—	—	5,73		33,07	F. A. Junker von Langegg [3])
15	Grüner Thee .	„	—	—	2,83	—	15,95	—	—	5,73		37,35	F. A. Junker von Langegg [3])
16	Theestaub	„	—	—	2,96	—	15,75	—	—	5,28		36,25	F. A. Junker von Langegg [3])
												Wasser-Extrakt	
17	Ziegelthee aus Blättern . .	1889	—	—	(0,93)	—	9,75	—	—	6,94		31,75	J. Möller [4])
18	„ „ Pulver . .	„	—	—	2,32	—	7,90	—	—	8,03		36,10	J. Möller [4])

[1]) Original-Mittheilung.
[2]) Mittheil. deutsch. Gesellsch. f. Natur- u. Völkerkunde Ostasiens **4**, No. 35.
[3]) „Humboldt“, Monatsschrift f. d. ges. Naturwissensch. 1886, 95.
[4]) Zeitschr. Nahrungsm.-Unters., Hyg. u. Waarenk. 1889, **3**, 25.

*) 1 Kin = 0,6 kg, 1 Yen = 3—4 Mark; 1 Yen = 100 Sen.

**) Die Bereitung des japanischen Thees unterscheidet sich, wie O. Kellner bemerkt, dadurch von der des chinesischen, dass man in Japan die Blätter nicht absichtlich gähren lässt, sondern nach dem Dämpfen und Abkühlen sofort auf dem Ofen verarbeitet und ferner dadurch, dass man es unterlässt, den fertigen Thee mit wohlriechenden Blüthen zu würzen. O. Kellner giebt in den drei untersuchten Sorten für die Trocken-Substanz berechnet ferner an

	No. 2	3	4
Gesammt-Stickstoff . . . . . : . .	4,299	6,284	6,474 %
Nicht-Proteïn-Stickstoff	0,955	2,149	2,115 %

***) Unter „Theekraft“ ist die von G. Martin eingeführte technische Bezeichnung für den Gesammtgehalt des Thees an Extraktivstoffen zu verstehen, welchen man durch Behandlung der Blätter mit einer Mischung von 3 Raumtheilen Aether und 1 Raumtheil absolutem Alkohol erhält, welcher also einschliesst: flüchtiger Oel, Fett, Harz, Chlorophyll, Theïn und andere Extraktivstoffe. — Es ist nicht angegeben, ob sich die von von Langegg gefundenen Zahlen auf wasserhaltige oder wasserfreie Substanz beziehen.

No.	Nähere Bezeichnung	Zeit der Untersuchung	Wasser %	Stickstoff-Substanz %	Theïn %	Aether-Extrakt %	Gerbstoff %	Sonstige stickstofffreie Extraktstoffe %	Rohfaser %	Asche in Wasser löslich %	Asche in Wasser unlöslich %	Wasser-Extrakt %	Analytiker
				In Procenten der Trocken-Substanz									
19	Ursprünglicher . } japanischer Thee aus derselben Quelle*)	1889	—	37,33	3,30	6,49	12,91	24,56	10,44	4,97		50,97	Y. Kozai [1])
20	Rother .	„	—	38,90	3,30	5,82	4,89	32,09	10,07	4,93		47,23	
21	Grüner .	„	—	37,43	3,20	5,52	10,64	28,23	10,06	4,92		53,74	
				In Procenten der natürlichen Substanz									
22	Peccothee von Ceylon .	1891	6,20	—	2,54	—	22,79	—	—	3,77	1,53	43,40 **)	J. F. Geisler [2])
	Schwarzer Thee. (kg-Preis Francs)												
23	Assam 8,85	1892	8,76	—	4,39	—	—	—	—	4,00	1,66	53,85	A. Domergue u. Cl. Nicolas [3]) ***)
24	Peccoblüthen I . 8,50	„	9,14	—	4,25	—	—	—	—	3,92	1,28	48,18	
25	„ II . 7,90	„	10,70	—	3,78	—	—	—	—	3,60	1,86	43,60	
26	Congo Manning . 7,60	„	9,00	—	3,20	—	—	—	—	3,60	2,54	45,25	
27	Pecco Congo I . 6,60	„	10,68	—	2,74	—	—	—	—	3,80	2,54	55,73	
28	„ Orange I . 6,60	„	10,80	—	3,49	—	—	—	—	3,66	2,12	49,03	
29	Souchong extra I 6,10	„	9,86	—	2,56	—	—	—	—	3,40	2,00	35,10	
30	Pecco Congo II . 6,00	„	9,00	—	3,00	—	—	—	—	3,66	2,10	40,60	
31	Souchong extra II 5,80	„	10,60	—	2,27	—	—	—	—	3,20	2,20	37,55	
32	Congo extra II . 5,50	„	9,22	—	2,75	—	—	—	—	3,30	2,40	38,75	
33	Souchong Jaca . 5,50	„	9,74	—	3,00	—	—	—	—	3,66	2,50	39,50	
34	„ extra III 5,40	„	11,74	—	2,73	—	—	—	—	3,20	2,60	31,30	
35	„ superior 5,10	„	11,00	—	2,72	—	—	—	—	3,04	2,66	29,55	
36	Pecco Orange II . 4,85	„	8,60	—	2,33	—	—	—	—	3,00	2,26	42,55	
37	Souchong, superfein 4,60	„	8,96	—	2,68	—	—	—	—	2,86	2,70	31,00	
38	„ ff. . . 4,50	„	9,20	—	2,35	—	—	—	—	3,11	2,55	31,40	
39	„ fein***) 4,35	„	8,96	—	(1,20) ***)	—	—	—	—	(2,06) ***)	4,12	(29,35) ***)	
40	Congo extra II***) 4,30	„	9,30	—	(1,60) ***)	—	—	—	—	(1,96) ***)	4,32	(33,10) ***)	
41	„ fein***) . 4,00	„	9,34	—	(0,91) ***)	—	—	—	—	(1,86) ***)	4,02	(33,35) ***)	

[1]) Journ. Tokio Chem. Soc. 1889, **10**, No. 8; Chem.-Ztg. 1890, **14**, Rep. 109.

[2]) Journ. Americ. Chem. Soc. 1891, **13**, 237; Chem. Centralbl. 1892, I, 231.

[3]) Journ. Pharm. chim. 1892, [5], **25**, 302; Chem. Centralbl. 1892, I, 833.

*) Y. Kozai fand ferner:

	Gesammt-Stickstoff	Proteïn-Stickstoff	Theïn-Stickstoff	Amid-Stickstoff	Wasserlösliche stickstofffreie Stoffe
Ursprünglicher Thee	5,973 %	4,107 %	0,956 %	0,910 %	27,86 %
Rother Thee . . .	6,224 „	4,106 „	0,955 „	1,163 „	35,39 „
Grüner Thee . . .	5,989 „	3,937 „	0,926 „	1,126 „	31,43 „

**) In Procenten des angewandten Thees gingen durch einen Aufguss von 1 Theil Thee mit 100 Theilen siedenden Wassers in Lösung: Im Ganzen 33,25 %, Theïn 2,44 %, Gerbstoff 17,19 %, Asche 3,44 %.

***) Das Theïn bestimmten Domergue und Nicolas nach folgendem Verfahren: 5 g gröblich gepulverte Theeblätter wurden einige Minuten mit 50—60 ccm Wasser ausgekocht, die wässerige Lösung mit Quecksilberacetat versetzt. Der filtrirte wässerige Auszug wurde mit Magnesia und Sand eingedampft, der Rückstand mit einem Gemisch aus gleichen Theilen Chloroform und Benzin erschöpft, das Lösungsmittel verdunstet und aus Wasser umkrystallisirt. Da reiner schwarzer Thee über 2,00 % Theïn enthält, sind die drei letzten als extrahirt anzusehen. Die Proben enthielten 0,022—0,065 % Mangan.

No.	Nähere Bezeichnung	Zeit der Untersuchung	Wasser %	Stickstoff-Substanz %	Theïn %	Aether-Extrakt %	Gerbstoff %	Sonstige stickstofffreie Extraktstoffe %	Rohfaser %	Asche: in Wasser löslich %	Asche: in Wasser unlöslich %	Wasser-Extrakt %	Wasser-Extrakt durch $^1/_2$ stündige Extraktion %	Analytiker
	Tafelthee aus Russland.				*)		*)					*)		
42	Adler in Wilna . . .	1895	7,57	—	2,11	—	5,64	—	—	1,91	4,79	51,32	—	*Thal*[1]) *)
43	Wogan u. Co. . . .	„	11,00	—	2,73	—	10,01	—	—	2,33	3,50	34,99	—	
44	Ssobennikoff und Söhne, Moltschanoff . . .	„	11,97	—	2,95	—	10,81	—	—	2,80	2,88	33,94	—	
45	Nachfolger A. Gubkins, A. Kusneroff u. Co. .	„	11,32	—	2,49	—	9,45	—	—	2,54	3,02	32,91	—	
46	Tokomanoff, Mololkoff u. Co.	„	10,94	—	2,74	—	10,59	—	—	3,00	2,40	34,28	—	
47	Botkin	„	11,36	—	2,72	—	9,29	—	—	3,00	2,86	33,11	—	
	Theeproben des Handels aus Amerika. kg-Preis Francs													
48	Grüner 5,00	1897	5,52	23,94	2,50	—	—	—	—	3,93	2,03	52,75	—	*Guilford L. Spencer*[2]) **)
49	Schwarzer . . . 5,00	„	5,38	22,50	1,09	—	13,17	—	—	3,54	2,46	48,98	—	
50	Gunpowder . . 13,00	„	5,72	28,63	3,01	—	14,11	—	—	4,01	2,20	50,11	44,02	
51	„ . . . 7,50	„	6,39	27,31	2,60	—	6,93	—	—	3,54	2,39	48,28	28,26	
52	„ . . . 5,00	„	6,35	21,00	1,62	—	9,05	—	—	3,29	3,58	48,25	34,50	
53	„ . . 10,00	„	5,05	26,00	2,22	—	12,60	—	—	4,41	2,68	52,93	43,54	
54	„ (bester) 10,00	„	5,32	—	1,64	—	12,01	—	—	4,61	1,89	54,36	40,94	
55	Oolong 8,80	„	5,40	25,38	1,50	—	12,30	—	—	3,31	3,32	49,47	—	
56	„ 6,00	„	8,74	19,50	1,61	—	8,00	—	—	3,59	2,49	47,93	39,04	
57	„ 5,00	„	7,40	20,88	1,55	—	9,92	—	—	2,99	3,14	49,09	39,42	
58	„ 5,00	„	8,64	21,13	2,09	—	10,06	—	—	3,09	2,89	48,51	37,02	
59	Fine imperial . . 5,00	„	6,59	23,94	1,55	—	9,79	—	—	3,28	2,71	50,40	39,60	
60	Japan „ . . 5,00	„	8,12	19,31	2,20	—	7,03	—	—	2,87	4,82	46,18	34,14	
61	„ „ . . 5,00	„	9,58	31,88	2,31	—	7,61	—	—	3,50	2,39	49,27	37,54	
62	Old Hyson imperial 6,00	„	8,71	19,88	1,93	—	6,71	—	—	3,24	2,97	43,40	33,98	
63	Joung „ . . . 6,00	„	9,72	18,19	1,98	—	10,75	—	—	1,66	3,70	46,44	36,12	
64	Pekoe 8,50	„	8,49	23,88	2,06	—	15,51	—	—	2,71	2,67	53,32	39,98	
65	India-Thee 7,00	„	4,84	—	2,15	—	13,67	—	—	3,48	2,13	47,26	—	
66	Ceylon-Thee 5,00	„	4,50	—	1,92	—	11,99	—	—	3,51	2,39	45,56	—	

[1]) Pharm. Zeitschr. Russland 1895, **34**, 353; Vierteljahresschr. Nahrungs- u. Genussm. 1895, **10**, 360.
[2]) Rev. intern. falsif. 1897, **10**, 15; Vierteljahresschr. Nahrungs- u. Genussm. 1897, **12**, 50.

*) Theïn wurde nach dem Verfahren von Hilger u. Vitó, Gerbstoff nach der Kupfermethode und der Wasser-Extrakt indirekt bestimmt.

Der auffallend hohe Gehalt des ersten Thees (aus Wilna) an Wasser-Extrakt ist auf die Beimischung von Theeabfällen zurückzuführen.

**) Theïn wurde aus der durch Kochen erhaltenen wässerigen, mit Bleiessig gefällten, mit Schwefelwasserstoff entbleiten Lösung nach dem Verjagen des Schwefelwasserstoffs mit Chloroform ausgeschüttelt.

Gerbstoff wurde nach Loewenthal, Gesammt-Extrakt durch siebenmaliges Auskochen von 2 g Thee mit 50 ccm Wasser und Wägen des Rückstandes bestimmt.

Der Wasser-Extrakt durch $^1/_2$-stündige Extraktion wurde durch schnelles Erwärmen von 1 g Thee mit 100 ccm Wasser auf 90° und $^1/_2$-stündiges Kochen am Rückflusskühler, Abkühlen, Filtriren und Wägen des Rückstandes bestimmt.

No.	Nähere Bezeichnung	Zeit der Untersuchung	Wasser %	Stickstoff-Substanz %	Theïn %	Aether-Extrakt %	Gerbstoff %	Sonstige stickstofffreie Extraktstoffe %	Rohfaser %	Asche in Wasser löslich %	Asche in Wasser unlöslich %	Wasser-Extrakt %	Alkalität der Asche (= K_2O) %	Analytiker
67	Billige Sorten von schwarzem chinesischem Thee (in Russland gekauft)	1898	9,98	21,81	1,48	—	—	—	—	6,53		29,71	—	J. Zolcinski[1]) *)
68		„	10,09	23,19	1,19	—	—	—	—	6,69		29,50	—	
69		„	10,48	22,25	1,14	—	—	—	—	5,86		29,04	—	
70		„	10,37	21,31	1,46	—	—	—	—	5,81		29,36	—	
71		„	10,29	21,94	1,35	—	—	—	—	5,79		28,66	—	
72		„	10,63	21,29	1,39	—	—	—	—	5,63		29,10	—	
73		„	10,55	22,56	1,64	—	—	—	—	5,71		29,05	—	
74		„	10,35	21,13	1,88	—	—	—	—	5,74		30,03	—	
75		„	10,12	21,88	2,03	—	—	—	—	5,89		30,63	—	
76		„	9,96	22,13	2,06	—	—	—	—	5,70		30,63	—	
77		„	11,09	21,94	1,63	—	—	—	—	5,45		31,17	—	
78		„	11,05	21,06	1,75	—	—	—	—	6,49		30,64	—	
79		„	10,87	22,51	1,32	—	—	—	—	5,77		30,00	—	
80		„	10,07	21,75	1,78	—	—	—	—	5,88		29,36	—	
81		„	10,95	22,19	1,63	—	—	—	—	5,45		29,98	—	
82		„	11,48	23,83	1,30	—	—	—	—	6,78		30,11	—	
83		„	11,57	21,44	1,56	—	—	—	—	4,79		28,40	—	
84		„	10,62	22,38	1,50	—	—	—	—	6,39		30,24	—	
85		„	10,89	22,13	1,40	—	—	—	—	6,23		28,13	—	
86		„	10,20	21,38	1,58	—	—	—	—	6,21		29,63	—	
	Mittel No. 67—86	—	10,58	22,01	1,55	—	—	—	—	5,94		29,67	—	
87	Natal-Thee 1897-er Ernte **) Flowery Pekoe	1898	8,19	—	2,95	—	8,10	—	—	3,39	1,91	39,90	1,43	Edward Sage[2])
88	Golden „	„	7,95	—	2,78	—	10,80	—	—	3,27	1,98	41,57	1,27	
89	Souchong „	„	9,19	—	3,34	—	10,70	—	—	3,59	1,92	38,31	1,53	
90	Pekoe . . .	„	9,36	—	2,94	—	8,90	—	—	3,65	1,98	41,21	1,40	
91	Brocken-Pekoe	„	9,57	—	3,08	—	6,70	—	—	3,44	1,82	36,78	1,23	

No.	Nähere Bezeichnung	Preis eines Pfundes im Grosshandel C.	Wasser %	Theïn %	Gerbstoff %	Asche: Reinasche in Wasser löslich %	Asche: Reinasche in Wasser unlöslich %	Asche: Sand etc. (in HCl unlöslich) %	Gesammt-Wasser-Extrakt %	Wasser-Extrakt nach 1/4-stündigem Ziehen %	Analytiker
92	Grüner Thee: Finest, Nankin, Moyune, Gunpowder	75	4,69	2,68	19,11	5,02	3,23	0,66	47,04	44,70	Jos. F. Geissler[3])
93	Finest Moyune, Young Hysor	65	5,39	2,06	—	3,54	2,53	0,56	50,00	40,20	
94	Fine Moyune Gunpowder .	39	7,34	1,96	16,23	3,57	2,11	0,21	46,90	30,20	
95	Common Moyune Gunpowder	18	7,01	2,20	11,91	3,37	2,71	0,54	43,30	35,37	

[1]) Zeitschr. analyt. Chem. 1898, **37**, 365.
[2]) Pharm. Journ. 1898, 106; Zeitschr. Nahrungs- u. Genussm. 1899, **2**, 289.
[3]) Vergl. Anmerkung [1]) Seite 1009.

*) Das Theïn bestimmte Zolcinski nach dem Verfahren von Weyrich (Zeitschr. analyt. Chem. 1873, **12**, 104) durch Auskochen mit Wasser, Eindampfen mit Magnesia und Ausziehen mit Chloroform anstatt mit Aether wie Weyrich vorschreibt. — Der Wasser-Extrakt wurde durch 4—5-maliges Auskochen von 2—3 g getrocknetem Thee mit 100 ccm Wasser und Auswaschen, bis das Waschwasser farblos war, nach dem indirekten Verfahren bestimmt.

**) Der Thee war in der Gegend von Stanger, auf lichtgrauem mit grauem Sandstein vermengtem Lehmboden, 700 m über dem Meere gewachsen.

No.	Nähere Bezeichnung	Preis eines Pfundes im Grosshandel C.	Wasser %	Theïn %	Gerbstoff %	Asche: Reinasche in Wasser löslich %	Asche: Reinasche in Wasser unlöslich %	Asche: Sand etc. (in HCl unlöslich) %	Gesammt-Wasser-Extrakt %	Wasser-Extrakt nach 1/4-stündigem Ziehen %	Analytiker
96	Grüner Thee: Pingsuëy (Rejected by Govt Inspector) 1	—	6,32	1,52	11,87	2,02	4,68	—	—	—	*Jos. F. Geissler*[1]
97	Grüner Thee: Pingsuëy (Rejected by Govt Inspector) 2	—	7,78	1,54	13,74	2,15	6,38	—	—	33,25	
	Grüner Thee, Mittel	—	6,43	2,02	14,57	3,28	3,61	0,49	46,56	36,74	
98	Japanischer Thee: Japan Basket Fired . .	37½	4,00	2,81	15,08	3,49	1,86	0,27	50,70	42,00	
99	Japanischer Thee: Japan Pan Fired . .	39	3,93	2,22	14,29	3,54	2,23	0,46	50,10	43,20	
	Japanischer Thee, Mittel	—	3,97	2,52	14,69	3,52	2,04	0,37	50,40	42,60	
100	Indischer (Assam-) Thee: Indian Tea 1	13,13	6,19	3,31	18,87	3,24	2,19	0,14	41,92	39,63	
101	„ „ 2	22,82	5,61	2,53	16,29	3,31	2,22	0,29	41,32	39,66	
102	„ „ 3	21,48	5,88	1,88	14,73	3,68	1,94	0,13	41,49	37,94	
103	„ „ 4	23,17	5,83	2,30	13,06	3,60	2,18	0,19	45,64	39,25	
104	„ „ 5	21,25	5,85	3,24	13,01	3,67	2,12	0,15	44,05	37,80	
105	„ „ 6	21,21	5,56	3,06	13,26	3,65	2,10	0,17	43,21	38,40	
	Indischer (Assam-) Thee, Mittel	—	5,81	2,70	14,87	3,52	2,10	0,19	42,92	38,77	
106	Oolong-Thee: Extra choicest Formosa Oolong .	65	6,30	2,78	19,91	3,71	1,85	0,33	48,87	44,00	
107	Choicest Formosa Oolong . . .	65	5,09	2,86	17,07	3,32	2,29	0,35	46,56	40,33	
108	desgl.	53	6,22	—	20,07	3,33	2,62	0,49	45,18	41,60	
109	Superior Formosa Oolong . . .	31	5,86	1,68	17,34	3,50	2,30	0,42	41,09	37,94	
110	desgl.	30	5,16	3,50	16,16	3,04	2,83	0,41	42,60	37,30	
111	Good medium Formosa Oolong .	27	5,56	2,40	16,64	3,19	2,75	0,54	44,20	37,04	
112	Superior, medium Amoy . . .	24	5,47	—	18,07	3,05	2,39	0,39	44,90	37,10	
113	Medium Amoy Oolong	21½	6.05	2,34	13,55	2,60	2,92	0,53	40,80	34,10	
114	Common Amoy „	21	6,65	2,22	16,35	2,81	3,10	0,67	40,60	34,24	
115	Finest Formosa „	75	5,38	2,43	16,43	3,20	2,87	0,66	43,27	40,91	
116	Superior „ „	28	6,09	1,61	14,73	3,59	2,39	0,27	41,50	35,64	
117	Medium Amoy „	20	5,86	2,92	14,70	3,38	2,46	0,50	42,30	37,37	
118	Common „ „	14	6,88	1,15	11,93	2,93	3,18	0,84	41,20	35,18	
	Oolong-Thee, Mittel	—	5,89	2,32	16,38	3,20	2,61	0,51	43,32	37,88	
119	Congo-Thee: Finest Moning	65	8,29	2,84	11,64	3,52	1,91	0,32	35,28	32,14	
120	Fine „	45	7,65	2,87	13,11	3,22	2,39	0,46	35,41	31,42	
121	Superior „	27	8,43	2,77	13,89	3,28	2,54	0,63	37,06	29,00	
122	Superior, medium Moning . . .	23	7,85	1,97	10,11	3,09	2,62	0,45	34,90	27,84	
123	Medium Moning	22	8,14	2,56	11,74	3,00	2,56	0,42	36,41	28,40	
124	desgl.	20	8,78	1,97	12,38	3,00	2,59	0,45	34,32	27,60	
125	desgl.	19½	8,70	2,38	12,26	2,88	2,64	0,42	31,70	27,90	
126	Common Moning	16	9,15	1,70	10,60	2,76	3,72	(1,31)	32,23	23,94	
127	desgl.	15½	8,67	2,01	8,44	2,28	3,86	(0,96)	27,48	23,48	
128	Good common Moning	20½	8,62	2,68	12,30	3,24	2,41	0,36	36,88	30,26	
129	desgl.	17½	7,79	2,68	10,52	3,43	2,30	0,32	36,26	30,52	
	Congo-Thee, Mittel	—	8,37	2,37	11,54	3,06	2,69	0,43	34,35	28,40	

[1]) Nach einem Sonderabdruck der „American Grocer Publishing Association". Der nach ½-stündigem Kochen in 100 Theilen destillirtem Wasser erhaltene Extrakt steht bei Oolong- und Congo-Thee weit eher im Verhältniss zu dem Preise des Thees, als andere Bestandtheile, obgleich der durch Erschöpfen der Blätter erzielte Gesammt-Extrakt sehr unregelmässige Zahlen aufweist. Ueber die Löslichkeitsverhältnisse der einzelnen Bestandtheile bei weniger langer Einwirkung des Wassers vergl. S. 1016 unter 2., No. 1—22.

No.	Nähere Bezeichnung	Zeit der Untersuchung	Wasser %	Theïn %	Gerbstoff %	Gährungsstoffe %	Wasser-Extrakt %	Gesammtgehalt an Theïn, Gerbstoff und Gährungsstoffen %	Vom Gesammtgehalt an Theïn, Gerbstoff und Gährungsstoffen entfallen auf: Theïn	Gerbstoff	Gährungsstoffe	Analytiker
130	Chinesischer Thee erster Ernte 1890*)	1891	7,44	2,14	9,44	1,80	33,43	13,38	16,00	70,55	13,45	P. Dvorkovitsch[1]
131		"	7,79	2,50	9,87	1,61	33,33	13,98	17,89	70,60	11,51	
132		"	8,29	2,53	9,27	1,68	32,11	13,48	18,78	68,76	12,46	
133		"	—	2,68	10,05	1,44	37,26	14,17	18,92	70,92	10,16	
134		"	7,79	2,66	9,77	1,55	34,55	13,98	19,03	69,89	11,08	
135		"	8,16	2,65	9,76	1,45	31,20	13,86	19,13	70,41	10,46	
136		"	7,66	2,72	9,59	1,78	30,70	14,09	19,31	68,06	12,63	
137		"	7,90	2,73	—	—	—	—	—	—	—	
138		"	7,91	2,86	—	—	—	—	—	—	—	
139		"	—	2,91	10,38	1,52	34,88	14,81	19,65	70,09	10,26	
140		"	7,60	3,00	10,55	1,67	34,00	15,22	19,79	69,31	10,90	
141		"	—	2,87	10,05	1,74	33,90	14,66	19,82	68,56	11,68	
142		"	—	2,83	10,07	1,35	33,15	14,25	19,87	70,66	9 47	
143		"	8,07	2,83	9,65	1,65	30,92	14,17	20,33	68,10	11,57	
144		"	—	2,82	9,36	1,59	33,00	13,77	20,55	67,90	11,55	
145		"	—	3,11	10,03	1,70	32,21	14,84	20,96	67,59	11,45	
146		"	8,10	3,00	9,36	1,88	34,12	14,24	21,02	65,73	13,25	
147		"	—	3,10	10,00	1,50	34,10	14,60	21,23	68,50	10,27	
148		"	—	3,16	9,80	1,75	33,66	14,71	21,48	66,62	11,90	
149		"	—	3,02	9,37	1,50	32,40	13,89	21,74	67,46	10,80	
150		"	9,08	3,00	9,45	1,18	33,80	13,63	22,02	69,33	8,65	
151		"	7,84	3,00	8,84	1,18	32,20	13,02	23,05	67,89	9,06	
152		"	8,85	3,02	9,05	0,90	33,00	12,97	23,29	69,77	6,94	
153		"	8,20	3,27	9,21	1,44	34,95	13,92	23,50	66,16	10,34	
154		"	8,24	3,25	9,14	1,25	32,93	13,64	23,84	67,00	9,16	
155		"	9,13	3,41	9,32	1,44	33,26	14,17	24,07	65,77	10,16	
156		"	9,78	3,33	9,22	1,27	32,00	13,82	24,11	66,71	9,18	
157		"	8,42	3,45	9,42	1,38	34,80	14,25	24,22	66,10	9,68	
158		"	7,83	3,21	9,00	1,17	33,46	13,38	24,52	67,26	8,22	
	Mittel	—	8,20	2,93	9,59	1,50	33,31	14,03	21,04	68,40	10,60	

[1]) Ber. Deutsch. Chem.-Ges. 1891, **24**, 1945.

*) Untersuchungsmethoden. Theïn-Bestimmung: 10 g Thee werden sorgfältig gemahlen und mit 200 ccm kochendem Wasser übergossen. Fünf Minuten darauf wird die Flüssigkeit dekantirt und diese Behandlung dreimal wiederholt. Dann wird der Thee zweimal mit 200 ccm Wasser gekocht und zwar jedesmal so, dass sich das Wasser nicht oder nur schwach färbt. Der so erhaltene wasserreiche Extrakt wird auf 1 Liter verdünnt. Ein Theil dieses Extrakts wird dreimal mit Petroläther gewaschen, um das fette Oel und die im Thee enthaltene braune Substanz zu entfernen. Von der mit Petroläther gewaschenen Lösung werden 600 ccm (= 6 g Thee) mit 100 ccm einer Barytlösung (4%) geschüttelt und von dem entstehenden Niederschlage sofort abfiltrirt. Von dem Filtrat werden 583 g (= 5 g Thee) mit 100 ccm einer Kochsalzlösung (20 g auf 100 g Wasser) versetzt und dreimal mit Chloroform ausgeschüttelt und zwar derart, dass die auszuschüttelnden Flüssigkeiten immer nur in kleinen Antheilen mit dem Chloroform geschüttelt werden, welches jedesmal von der vorherigen Portion abgetrennt zur Verwendung kommt.

Darauf wird das Chloroform zum grössten Theil abdestillirt, der kleinere Rest in ein tarirtes Schälchen gegeben und das Kölbchen mit Chloroform nachgewaschen, der Rückstand wird bei 100° C getrocknet. Nach dieser Methode erhält man völlig weisses Theïn in schönen nadelförmigen Krystallen. Die Resultate fallen etwas höher aus als nach den anderen Methoden, da besonders durch das Eindampfen mit Magnesia oder Kalk, Theïn theilweise zersetzt wird.

Gerbstoff wurde nach dem Löwenthal'schen Verfahren bestimmt.

Zur Bestimmung des Grades der Gährung werden 80 ccm der Theelösung mit 20 ccm Barytlösung (4%) versetzt, filtrirt und vom Filtrat 50 ccm (= 1/25 des ganzen Extrakts) mit 500 ccm Wasser verdünnt, 25 ccm verdünnte Schwefelsäure (200 g Vitriolöl in 1 Liter) und dann erst Indigokarmin (50 g Indigokarmin mit Wasser gemischt, 50 g Vitriolöl zugesetzt und 1 Liter Wasser zugefügt) und nun mit Kaliumpermanganat-Lösung in der Weise titrirt, dass anfangs unter Mischen 18 ccm auf einmal, darauf 2—3 Tropfen in der Sekunde, endlich ein Tropfen in der Sekunde zugesetzt wird. Die verbrauchte Menge Kaliumpermanganat weniger der dem Indigokarmin entsprechenden, giebt die Menge der Zersetzungsprodukte des Tannins an. Berechnung: Permanganat wird auf Oxalsäure umgerechnet; 63 Oxalsäure = 31,3 Tannin.

Mittlere Zusammensetzung des Thees und Schwankungszahlen.

Mittel und Schwankungen von 158 Analysen	Wasser	Stickstoff-Substanz	Theïn	Aether-Extrakt	Gerbstoff	Sonstige stickstofffreie Extraktstoffe	Rohfaser	Asche: in Wasser löslich	Asche: in Wasser unlöslich	Wasser-Extrakt
	%	%	%	%	%	%	%	%	%	%
Mittel	**8,46**	**24,13**	**2,79**	**8,24**	**12,35**	**30,28**	**10,61**	**2,97**	**2,96**	**38,76**
Schwankungen	3,93—11,97	18,19—38,65	1,09—4,67	3,61—15,15	4,48—25,20	—	8,51—15,50	1,55—5,02	1,28—5,59	27,48—55,73

Zur Berechnung der Mittelzahlen sind auch die nachstehenden Analysen zum Theil berücksichtigt worden.

Zusammensetzung der Theeblätter in verschiedenen Entwickelungszuständen[0]).

Von O. Kellner, K. Makino und K. Ogasawara[1]).

Zeit der Probenahme		Wasser in den frischen Blättern	In der Trocken-Substanz: Rohprotein	Theïn	Aether-Extrakt	Tannin	Sonstige stickstofffreie Stoffe	Rohfaser	Asche	Wasser-Extrakt	Vertheilung des Stickstoffs: Gesammt-Stickstoff	Proteïn-Stickstoff	Theïn-Stickstoff	Amid-Stickstoff	In Procenten des Gesammt-Stickst.: Proteïn-Stickstoff	Theïn-Stickstoff	Amid-Stickstoff
		%	%	%	%	%	%	%	%	%	%	%	%	%	%	%	%
15. Mai	1884	76,83	30,64	2,85	6,48	8,53	40,56	9,10	4,69	36,18	4,91	3,44	0,81	0,66	70,1	16,5	13,4
30. „	„	75,78	24,25	2,80	6,42	9,67	37,65	17,25	4,76	37,17	3,88	2,77	0,79	0,32	71,4	20,4	8,2
15. Juni	„	78,61	22,83	2,77	6,65	10,10	38,16	17,38	4,88	36,13	3,65	2,73	0,78	0,14	74,8	21,4	3,8
30. „	„	70,85	21,02	2,59	6,83	10,25	38,25	18,69	4,96	36,56	3,37	2,43	0,73	0,21	72,2	21,6	6,2
15. Juli	„	72,67	20,06	2,51	7,00	9,40	40,09	19,16	4,29	31,72	3,21	2,31	0,71	0,21	71,4	22,1	6,5
30. „	„	70,57	19,96	2,30	8,59	10,44	38,99	17,56	4,46	33,77	3,19	2,25	0,65	0,29	70,5	20,4	9,1
15. August	„	64,21	19,05	2,29	10,85	10,75	37,05	17,72	4,58	32,71	3,05	2,28	0,65	0,12	74,7	21,3	4,0
30. „	„	67,75	18,58	2,22	12,14	11,09	35,26	17,95	4,98	33,93	2,91	2,19	0,63	0,16	73,5	21,1	5,4
15. September	„	65,26	18,27	2,05	13,40	11,32	33,03	19,13	4,85	30,01	2,93	2,27	0,59	0,08	77,2	20,1	2,7
30. „	„	64,20	18,15	2,06	14,16	10,91	32,50	19,17	5,11	33,05	2,91	2,39	0,58	—	80,1	19,9	—
15. Oktober	„	64,66	17,91	1,83	17,23	11,21	29,93	18,66	5,06	34,77	2,87	2,45	0,52	—	81.8	18,1	—
30. „	„	64,11	17,98	1,79	19,50	11,27	27,78	18,40	5,07	36,80	2,88	2,35	0 51	0,02	81,6	17,7	0,7
15. November	„	59,43	17,70	1,29	20,38	11,34	27,32	18,26	5,00	38,21	2.83	2,30	0,37	0,16	81,2	13,1	5,7
30. „	„	60,97	17,14	1,00	22,19	12,16	25,13	18,34	5,04	37,91	2,74	2,35	0,28	0,11	85,5	10,2	4,0
15. Mai (alte Blätter)	„	60,03	16,56	0,84	14,18	11,11	35,39	17,62	5,14	36,45	2,66	2,43	0,23	0,01	91,4	8,6	—

[1]) Landw. Vers.-Stat. 1887, **33**, 370 und Mittheil. d. deutsch. Gesellsch. f. Natur- u. Völkerkunde Ostasiens 4, No. 35.

[0]) Hierzu bemerkt O. Kellner: Die immergrünen Organe des Theestrauches zeigen hiernach ein Verhalten während ihrer ersten Wachsthumszeit, das ähnlich ist dem der Nadeln der immergrünen Coniferen. Da dieselben im nächsten Frühjahr wieder in Funktion treten, werden die in ihnen durch Assimilation und Einwanderung angehäuften Stoffe im Herbst nicht in dem Maasse nach anderen Vorrathsorten transportirt, wie bei den gewöhnlichen Laubhölzern, deren Blätter vor dem Winter abgeworfen werden. Im Einklang hiermit bleiben die Theeblätter im Alter reich an Proteïnstoffen und beweglichen Kohlenhydraten. Wohl hauptsächlich in Folge von Neubildung organischer Substanz vermindern sich die stickstoffhaltigen Stoffe, einschliesslich des Theïns, ganz allmählich und regelmässig, ebenso die stickstofffreien Extraktstoffe, während die fettartigen Bestandtheile (Aetherextrakt) sehr rasch ansteigen und wahrscheinlich in Folge von Wachsbildung eine bemerkenswerthe Höhe erreichen †). Die Rohfaser vermehrt sich in den ersten Wochen sehr rasch, bleibt aber alsdann auf ziemlich konstanter Höhe. Die am tiefsten eingreifenden Veränderungen machen sich in der Zusammensetzung der Asche geltend: Kali und Phosphorsäure vermindern sich sehr rasch, während Kalk, Magnesia und Eisenoxyd in gleichem Maasse zunehmen. Der Reichthum der Blätter an letzterer Substanz ist sehr auffällig, indem bis jetzt wohl bei keiner Pflanze ein so hoher Gehalt beobachtet worden ist. Wenn diese grosse Menge Eisenoxyd bei der Ernährung des Theestrauches eine wesentliche Rolle spielt, so würde man bei eisenarmen Bodenarten für einen Ersatz durch Düngung Sorge zu tragen haben.

†) Der Aether-Extrakt der älteren Blätter enthält Theïn und ziemlich viel Gerbsäure.

Y. Kozai (Imperial College of Agric. and Dendrology, Tokyo, Komaba 1890, Bull. 7, S. 1—35; Centrbl. Agrik.-Chem. 1892, 21, 488) fand für die unter natürlichen Verhältnissen im Lichte gewachsenen und für die drei Wochen vor der Ernte durch hölzerne Rahmen vom Lichte abgesperrten, vollkommen gebleichten Theeblätter desselben Feldes:

	Gesammt-Stickstoff	Theïn-Stickstoff	Theïn	Theïn-Stickstoff in Procenten des Gesammt-Stickstoffs
Im Lichte gewachsen . . .	6,945 %	1,095 %	3,784 %	15,75 %
„ Dunkeln „ . . .	7,835 „	1,311 „	4,532 „	16,72 „

Sonstige Analysen von Thee.

1. G. W. Slatter (Zeitschr. gegen Verfälschung der Nahrungsmittel Leipzig 1878, 388) fand in 14 Proben aus Dublin folgende Mittel- und Schwankungszahlen:

	Wasser-Extrakt	Gerbstoff	Gesammt-Asche	Wasserlösliche Asche
Mittel	31,18 %	11,88 %	5,94 %	3,23 %
Schwankungen . .	26,45—41,48 %	9,45—21,35 %	5,17—7,28 %	2,63—3,66 %

2. A. W. Blyth (National Board of Health. Bull. 1881, 1. Jan., Suppl. 11, S. 5) ermittelte für 117 Theeproben, die in verschiedenen Städten Amerikas verkauft wurden, folgende Mittelzahlen:

Wasser	Theïn	Gummi	Wasser-Extrakt	Gesammtasche	Lösliche Asche	Kali	Kieselsäure
6,44 %	1,43 %	6,75 %	35,61 %	6,72 %	3,29 %	1,44 %	0,70 %

3. A. Domergue u. Cl. Nicolas (Journ. Pharm. Chim. 1892, [5], 25, 302; Chem. Centralbl. 1892, I, 833) ermittelten bei 19 Proben von schwarzem Thee des Handels folgende Schwankungen der Bestandtheile:

Preis für 1 kg	Wasser	Theïn	Asche im Ganzen	Asche löslich	Asche unlöslich
4,00—8,85 fr.	8,60—11,74 %	0,91—4,39 %	5,20—6,34 %	1,86—4,00 %	1,66—4,03 %

Schwefelsaure Asche	Mangan	Wasser-Extrakt
6,45—9,15 %	0,022—0,065 %	29,35—55,73 %.

Domergue u. Nicolas fanden, dass der Handelswerth des schwarzen Thees dem Theïn-Gehalte nahezu proportional ist. Schwarzen Thee mit unter 2 % Theïn halten sie für extrahirt.

4. David Hooper (Chem. News 60, 311; Chem. Centralbl. 1890, I, 413) erhielt durch Fällung mit Bleiacetat 10—21 % Gerbstoff und zwar bei den theuersten Sorten den höchsten Gerbstoff-Gehalt.

5. M. Mansfeld (Zeitschr. Nahrungsmittel-Unters., Hyg. u. Waarenk. 1895, 9, 333).

6. A. L. Winton, A. W. Ogden u. W. L. Mitchell (22. Jahresber. d. Connect. Agric. Eperim. Stat. für 1898, 129) untersuchten zahlreiche Theeproben mit folgendem Ergebnisse:

		Wasser %	Wasser-Extrakt %	Asche im Ganzen %	Asche wasserlöslich %	Asche wasserunlöslich %
Grüner Thee (26 Proben)	Mittel . . .	5,18	37,41	7,16	3,61	3,54
	Schwankungen	3,89—6,82	30,82—40,08	6,13—8,39	2,80—4,01	2,25—5,59
Schwarzer Thee (53 Proben)	Mittel . . .	5,94	36,23	6,27	3,58	2,69
	Schwankungen	4,73—7,14	28,48—44,92	5,57—7,42	2,87—4,75	1,94—3,82
Gemischter Thee (10 Proben)	Mittel . . .	6,16	34,35	6,72	3,72	3,00
	Schwankungen	5,75—6,78	31,23—37,18	5,90—7,55	3,29—4,43	2,38—3,53

7. A. Beythien, P. Bohrisch u. J Deiter (Zeitschr. Nahrungs- u. Genussmittel 1900, 3, 145) fanden für in Dresden gekaufte Proben von schwarzem Thee folgende Zusammensetzung:

Bezeichnung	Preis für 1 Pfd.	Wasser-Extrakt	Asche		Bezeichnung	Preis für 1 Pfd.	Wasser-Extrakt	Asche	
			im Ganzen	wasser-lösliche				im Ganzen	wasser-löslich
	Mk.	%	%	%		Mk.	%	%	%
Sonnen-Thee . . .	8,00	30,74	5,98	3,60	Schwarzer Thee .	2,50	36,93	5,87	2,82
Schwarzer Thee . .	4,00	35,47	5,63	3,12	„ „ .	2,40	32,46	5,76	3,55
Souchong	4,00	37,43	5,58	3,28	„ „ .	2,40	37,04	5,75	3,69
„	4,00	35,77	5,78	3,38	„ „ .	2,40	35,00	6,01	2,65
Schwarzer Thee . .	3,30	40,53	5,56	3,82	Souchong . . .	2,40	33,10	5,60	2,92
Henkel's Thee . .	3,20	33,23	6,26	3,28	„ . . .	2,00	36,72	5,68	2,68
Souchong	3,20	36,37	5,68	3,36	„ . . .	2,00	32,93	5,84	2,74
„	3,00	33,14	5,87	3,75	„ . . .	2,00	37,12	5,32	2,38
„	3,00	32,30	5,33	2,84	Schwarzer Thee .	2,00	33,23	5,88	3,99
„	3,00	36,93	5,90	3,30	„ „ .	2,00	34,52	6,26	3,08
„	3,00	38,67	6,36	3,37	„ „ .	2,00	31,72	5,72	3,15
„	3,00	37,10	5,52	2,32	Souchong . . .	1,80	32,48	5,49	3,34
Grüner Thee (Haysan)	3,00	38,21	5,88	3,74	„ . . .	1,80	33,13	5,36	2,44
Schwarzer Thee .	3,00	30,37	5,64	2,78	„ . . .	1,80	37,95	5,66	3,29
Souchong	2,80	32,29	5,71	2,81	Schwarzer Thee .	1,60	29,53	6,40	2,08
Kongo	2,75	36,01	5,62	3,52	Souchongmischung	1,60	30,85	6,16	3,64
Lipton's Thee . . .	2,60	35,97	5,79	3,27	Souchong . . .	1,50	36,00	5,69	2,68
Ceylon-Thee . . .	2,50	44,75	5,60	3,44	Mittel	**2,73**	**35,03**	**5,78**	**3,13**

8. Ch. Estcourt (Analyst 1899, 24, 30; Zeitschr. Nahrungs- u. Genussmittel 1899, 2, 890) und John White (Analyst 1899, 24, 117; Zeitschr. Nahrungs- u. Genussmittel 1900, 3, 257) berichten über hohen Gehalt an Sand und Magnesia bei Kaperthee, der im nördlichen England viel gebraucht wird. — White fand in 8 Proben 8,80—13,47% Rohasche; davon waren 2,76—3,24% in Wasser löslich, 5,62—10,67% in Wasser unlöslich und 3,10—6,26% in Salzsäure unlöslich.

Anhang zu Thee.

I. Theïn-Gehalt des Thees.

1. Nach Stenhouse (Ann. Chem. Pharm. 45, 336).

Huasan	Schwarzer Congo	Schwarzer Assam	Grüner Thee von Iwankay
1,09%	1,02%	1,37%	0,98%.

Diese von Stenhouse gefundenen Werthe sind offenbar zu niedrig*).

2. Nach James Bell („Die Analyse u. Verfälschung der Nahrungsmittel" übersetzt von C. Mirus, Berlin 1882, 8) in dem bei 100° getrockneten Thee:

Congou gering	Congou fein	Hyson	Souchong	Moning	Assam	Gunpowder
2,78%	3,12%	2,24%	2,97%	2,97%	3,43%	2,72%

3. Nach Péligot (mitgetheilt von J. Bell, vergl. No. 2) schwankt der Theïn-Gehalt von 2,3—4,1%.

4. B. St. Paul und A. J. Cownley (Pharm. Journ. and Trans. 1887, 417; Chem.-Ztg. 1888, 12, Rep. 8) fanden:

*) Abweichend von den übrigen Befunden giebt auch Wilh. Kwasnik (Pharm. Zeitschr. f. Russland 1887, 177) erheblich weniger Theïn in Handels-Theesorten an, nämlich Pecco 00 = 1,42%, Pecco = 1,37%, Souchong = 0,9%, Imperial = 0,92%, Peol = 0,87%, Hagsan = 0,21%. Da Kwasnik aber die Thee-Extrakte mit Thierkohle entfärbte, so dürften diese Zahlen, wenn anders die Theesorten rein waren, zu niedrig ausgefallen sein.

Ceylon-Thee:	Theïn*) im frischen Thee %	im trocknen Thee %
1. Penhros	4,56	4,89
2. F. L. C.	4,56	4,85
3. Nahalma	4,54	4,80
4. Haare der Theeblätter	2,40	2,57
5. Hardenhiuschkekon	4,08	4,24
6. Woodstock Pecco Souchong	3,44	3,57
7. Radella brocken Pecco	4,10	4,30
8. Morton Pecco	3,98	4,15
9. Penhros brocken Pecco	4,64	4,96
10. Strathellin Orange Pecco	4,10	4,33
11. Nahalma	4,06	4,29
12. Venture	3,74	3,36
13. St. Leys Pecco Dust	3,46	3,66
14. Venture Pecco Souchong	3,40	3,57
15. Venture brocken Orange Pecco	3,98	4,26
16. Calsag Pecco Souchong	3,22	3,43
17. Venture Pecco	3,48	3,68
18. St. Clair Orange Pecco	3,90	4,09
Indischer Thee:		
19. Pecco, ausgewählte Spitzen	4,27	4,62
20. Brocken Pecco	4,48	4,81
21. Pecco	4,16	4,44
22. Orange Pecco	4,66	4,89
23. Pecco	4,48	4,74
24. Brocken Pecco	3,76	3,95
25. Pecco	3,66	3,86
26. „Weak" tea	4,66	4,35
27. „Strong" tea	4,18	4,43
28. Mixture	3,64	3,87

Paul u. Cownley bemerken, dass durch die Handelsprobe, Behandeln von 3 g Thee mit 100 g Wasser, nur etwa 20% statt 35% Extrakt gewonnen werden, welche etwa nur die Hälfte des Theïns enthalten.

Paul u. Cownley (Pharm. Journ. and Trans. [3], No. 1048, 61; Chem. Centralbl. 1890, II, 491) fanden in verschiedenen Theesorten des Handels an Theïn in der Trocken-Substanz:

Chinesischer Thee	2,42—3,78%	Java-Pecco	3,41—4,10%
Japanischer „	2,60—2,93 „	mit Souchong	3,16%.

5. F. Vité (Mitth. Labor. angew. Chem. Erlangen 1890, 3, 131; Vierteljahresschr. Nahrungs- u. Genussm. 1890, 5, 166) stellte vergleichende Untersuchungen mit den verschiedenen Verfahren der Theïn-Bestimmung an und fand an Theïn nach dem Verfahren von:

Verfahren von:	Theïn roh %	rein %
Kellner	2,71	2,33
Lösch	2,43	2,12
Paul u. Cownley	2,84	2,55
Lieventhal	—	2,92
Tittelbach	2,72	1,41
Patrouillard	2,64	2,23
Hilger 1883	2,60	2,28
Petrik	2,51	2,25
Waage	2,15	1,86
Markownikoff	1,79	1,62
Eder	2,07	1,83
Schimoyama	1,80	1,55
Hilger	1,83	1,65
Fällung mit Erde	2,54	2,28
„ „ Thonerde u. Magnesia	2,46	2,19
„ „ „ „ Bleioxyd	2,27	2,05

Die drei letzten Proben enthielten Thonerde.

6. A. H. Allen (Pharm. Journ. and Trans. 1892, 23, 213; Chem.-Ztg 1892, 16, Rep. 297) ermittelte in verschiedenen Theesorten des Handels folgende Gehalte an Theïn:

*) Zur Bestimmung des Theïns wurden 5 g feinst gepulverter Thee mit heissem Wasser befeuchtet, mit 1 g Calciumhydroxyd innig gemengt, auf dem Wasserbade eingetrocknet und mit Alkohol extrahirt; aus der klaren Lösung wurde der Alkohol verjagt, die bleibende alkoholische Lösung mit einigen Tropfen verdünnter Schwefelsäure angesäuert, um Kalk zu entfernen, filtrirt und im Scheidetrichter mit Chloroform (30—40 ccm) ausgeschüttelt. Das Ausschütteln muss 5—6 Mal wiederholt werden. Zur Entfärbung der Chloroformlösung wird dieselbe mit sehr verdünnter Natronlauge ausgeschüttelt und darauf das Chloroform abdestillirt. Es soll so das Theïn völlig weiss erhalten werden.

		Theïn		Theïn
Assam-Thee (Pecco)	ganze Blätter	4,02 %	Moning (schwarzes Blatt)	2,74 %
	zerkleinerte Blätter	4,02 „	Moyune (Gunpowder)	2,89 „
Ceylon-Thee (Pecco)	ganze Blätter	3,85 „	Natal-Pecco-Souchong	3,08 „
	zerkleinerte Blätter	4,03 „	Kaisow (rothes Blatt)	3,04 „
Java-Pecco		3,75 „	Mittlere schwarze Theesorten	3,06—4,02 „

Bestimmungs-Verfahren: Auskochen von 6 g mit 500 ccm Wasser, Fällen und Erwärmen der Lösung mit Bleiacetat, Einengen des Filtrates, Entbleien durch Natriumphosphat und Ausschütteln des Filtrates mit Chloroform.

7. Nach L. Graf (Forschungsberichte über Lebensmittel etc. 1897, 4, 88) in der lufttrocknen Substanz:

	Preis für 1 Pfd. M.	Theïn %		Preis für 1 Pfd. M.	Theïn %
Souchong	3,15	3,53	Congou	3,10	4,09
	1,80	3,10		2,40	3,70
	1,30	2,96		1,80	2,82

Bestimmungs-Verfahren ähnlich dem von Allen (vergl. No. 6) angewendeten. Doch entfernte Graf das Blei mit Schwefelwasserstoff und setzte beim Eindampfen Natriumacetat hinzu.

8. P. van Romburgh u. C. E. J. Lohmann (Zeitschr. Nahrungs- u. Genussmittel 1898, 1, 213) fanden in den verschiedenen Theilen des Theestrauches (aus Buitenzorg auf Java) folgenden Theïn-Gehalt:

Erstes und zweites Blatt (Assam)	3,4 %	Theeblüthenblätter	0,8 %
Fünftes „ sechstes „ „	1,5 „	Grüne Kelchblätter der Blüthe	1,5 „
Haare der jüngsten Blätter	2,2 „	Grüne Fruchtschalen	0,6 „
Theestengel zwischen dem fünften und sechsten Blatt	0,5 „	Reife Samen	0 „

II. Zusammensetzung der Asche des Thees.

P. van Rombourgh u. C. E. J. Lohmann (Zeitschr. Nahrungs- u. Genussmittel 1899, 2, 290) ermittelten für 3 Proben Java-Thee (Goenoeng Rosa) folgende procentige Zusammensetzung der Asche:

	Eisenoxyd (Fe_2O_3)	Thonerde (Al_2O_3)	Manganoxyd (Mn_2O_3)	Kalk (CaO)	Magnesia (MgO)	Kali (K_2O)	Natron (Na_2O)	Phosphorsäure (P_2O_5)	Schwefelsäure (SO_3)	Kieselsäure (SiO_2)	Chlor (Cl)
I.	0,41	1,52	4,25	8,21	7,86	49,68	0,29	16,98	8,28	0,50	1,08
II.	0,89	2,12	1,43	11,09	8,57	48,99	0,41	15,45	9,32	0,72	1,29
III.	0,36	1,00	2,02	8,53	9,21	53,19	1,36	16,37	6,64	0,71	0,89

van Romburgh u. Lohmann haben gefunden, dass die Fruchtbarkeit des Bodens auf die Zusammensetzung des Thees im Allgemeinen keinen Einfluss hat. Nur der Mangangehalt macht hiervon anscheinend eine Ausnahme. Es wurde gefunden im Boden und in dem darauf gewachsenen Thee an Manganoxyd (Mn_2O_3) in der Trocken-Substanz:

	I.	II.	III.
Boden	0,41 %	Spuren	Spuren
Thee	0,228 %	0,082 %	0,096 %.

III. Veränderungen des Thees durch die Zubereitung.

Ausser den in die allgemeine Tabelle (S. 1006, No. 19—21) aufgenommenen Untersuchungen von Y. Kozai liegen über die Veränderungen des Thees durch die Zubereitung noch Untersuchungen von P. van Romburgh u. C. E. J. Lohmann (Zeitschr. Nahrungs- u. Genussmittel 1898, 1, 213) vor. Diese fanden bei der Zubereitung des javanischen Thees folgende Veränderungen (auf Trocken-Substanz bezogen):

Art des Thees:	Gesammt-Stickstoff %	Theïn %	Gerbstoff %	Wasser-Extrakt %	Alkohol-Extrakt %
Unbehandelte, sofort getrocknete Blätter . . .	4,77	1,8	20,5	48,1	37,9
Grüner Thee	4,78	1,7	16,8	44,8	34,7
Schwarzer Thee	4,58	2,3	15,2	38,2	27,7

Die Theïn-Werthe sind Mittel mehrerer Bestimmungen. Für die Zunahme des Theïn-Gehaltes in dem schwarzen Thee konnte keine befriedigende Erklärung gefunden werden. Ueber das Verfahren der Theïn-Bestimmung vergl. obige Quelle.

IV. Gehalt des Thees an wasserlöslichen Stoffen. Zusammensetzung des Theeaufgusses.

1. Untersuchungen von O. Kellner (Mittheil. der deutsch. Gesellsch. f. Natur- u. Völkerkunde Ostasiens 4, No. 35):

No.	Nähere Bezeichnung	Trocken-Substanz	Gesammt-Stickstoff	Theïn	Gerbstoff	Mineralstoffe	Eisenoxyd (Fe_2O_3)	Manganoxydul-oxyd (Mn_3O_4)	Kalk (CaO)	Magnesia (MgO)	Kali (K_2O)	Natron (Na_2O)	Phosphorsäure (P_2O_5)	Schwefelsäure (SO_3)	Kieselsäure (SiO_2)	Chlor (Cl)
	Aus japanisch. Thee No. 3.	1 Liter Aufguss enthält g*):														
	Aus 180 g:															
1	1. Aufguss .	8,43	0,528	0,91	4,49	1,59	0,040	0,030	0,010	0,123	0,535	0,154	0,117	0,186	0,069	0,327
2	2. „ .	7,60	0,476	0,74	4,07	1,33	0,009	0,006	0,008	0,067	0,533	0,314	0,064	0,039	0,016	0,274
3	3. „ .	5,69	0,452	0,75	3,97	0,45	0,004	0,003	0,005	0,052	0,216	0,048	0,051	0,036	0,010	0,023
4	Aus 100 g des japan. Thees No. 4 . .	15,34	1,061	1,33	7,04	2,14	0,022	0,050	0,034	0,142	1,384	0,101	0,233	0,080	0,004	0,069

2. Untersuchungen von Jos. F. Geisler (Nach Sonderabdruck aus „American Grocer Publishing Association"; vergl. die allgemeine Tabelle S. 1008 u. 1009, No. 92—129):

No.	Nähere Bezeichnung	Preis des Thees im Grosshandel für 1 Pfd.	Nach 10 Min. langem Ziehen waren von 100 Thln. Thee gelöst**): Extrakt			Gerbstoff		Theïn	Asche		
			im Ganzen	aschefrei	vom Gesammt-Extrakt des Thees	im Ganzen	vom Gesammt-Gerbstoff des Thees		im Ganzen	von der Gesammt-Asche des Thees	Alkalität als K_2O
		C.	%	%	%	%	%	%	%	%	%
1	Indischer Thee	100	29,15	25,35	73,56	11,48	60,85	3,30	3,80	70,02	1,48
2	desgl.	100	28,57	24,17	72,04	9,50	58,38	2,75	4,40	79,55	1,28
3	Finest, Nankin, Moyune Gunpowder .	75	37,32	32,72	73,19	16,79	87,80	2,95	4,60	55,77	1,66
4	Common Moyune Gunpowder	18	28,07	24,05	79,36	9,26	77,74	1,68	4,02	66,14	1,29
5	Japan Basket Fired	37½	31,75	27,47	75,59	11,23	74,51	2,18	4,27	79,98	1,61
6	Japan Pan Fired	39	34,37	30,70	79,59	13,41	94,39	2,07	3,67	63,59	1,64

*) 90 g Thee wurden dreimal hintereinander mit ½ Liter heissem destillirten Wasser von 50° C. übergossen, nach fünf Minuten langem Stehen abgegossen und jeder Extrakt gesondert untersucht. Bei Versuch 4 wurden 10 g Thee mit 1 Liter kochendem Wasser übergossen, nach zwei Minuten abgegossen, wobei sich die Temperatur auf 87,5° C. erniedrigt hatte. Beide Methoden sind in Japan üblich.

**) Der Gesammt- oder vollständige Extrakt ist durch ½-stündiges Kochen von 1 Theil Thee mit 100 Theilen Wasser bestimmt; die anderen Extrakte durch Stehenlassen von 1 Theil Thee mit 100 Theilen kochendem Wasser (destillirtem oder Brunnenwasser) während zehn Minuten etc.; der Procentgehalt ist auf lufttrockne Substanz berechnet. Die feineren Theesorten geben ihren Theïngehalt fast ganz an Wasser ab, während dieses bei den schlechteren Sorten nur in beschränktem Maasse der Fall ist.

No.	Nähere Bezeichnung	Preis des Thees im Grosshandel für 1 Pfd.	Nach 10 Min. langem Ziehen waren von 100 Thln. Thee gelöst*): Extrakt im Ganzen	Extrakt aschefrei	Extrakt vom Gesammt-Extrakt des Thees	Gerbstoff im Ganzen	Gerbstoff vom Gesammt-Gerbstoff des Thees	Theïn	Asche im Ganzen	Asche von der Gesammt-Asche des Thees	Alkalität als K_2O
		C.	%	%	%	%	%	%	%	%	%
7	Choicest Formosa Oolong	65	33,62	29,62	75,90	12,91	75,60	2,50	4,00	71,30	1,36
8	desgl.	53	33,30	29,32	73,69	13,75	68,51	2,42	3,97	66,49	1,20
9	Superior Formosa Oolong	30	29,00	25,34	68,60	9,63	59,60	2,12	3,66	62,30	1,39
10	Medium Amoy Oolong	24	27,40	23,67	60,99	10,12	56,00	1,92	3,72	68,47	1,43
11	desgl.	21½	24,50	21,25	60,50	7,53	55,60	1,70	3,25	58,90	1,31
12	Choicest Moning Congou	45	24,25	20,12	70,60	5,46	41,70	2,87	4,13	73,60	1,46
13	Superior Moning Congou	97	21,55	17,85	57,83	4,44	31,98	2,77	3,70	63,50	1,47
14	Medium Moning Congou	19½	21,02	17,80	68,60	5,55	45,20	2,32	3,22	58,28	1,32
15	Good Common Kaison Congou . . .	17¼	23,25	19,95	64,10	4,05	38,49	2,35	3,30	59,86	1,51
16	Common Moning Congou	15½	19,50	15,62	72,20	4,50	52,90	1,95	2,88	46,80	1,26
	Mittel (1—16)	—	27,92	24,03	70,40	9,35	61,20	2,37	3,79	65,28	1,42
	Beim Ziehen von 1 Thl. Thee mit 100 Thln. Wasser wurden gelöst von 100 Thln. Thee:										
17	Nach 3 Min. mit destillirtem Wasser .	—	25,97	22,25	—	9,76	—	1,95	3,73	—	1,03
18	„ 5 „ „ „ „ .	—	28,37	24,50	—	11,23	—	2,65	3,87	—	1,22
19	„ 5 „ „ Brunnenwasser . .	—	27,47	23,85	—	10,18	—	2,02	3,63	—	1,08
20	„ 10 „ „ destillirtem Wasser .	—	30,87	26,70	—	13,46	—	2,75	4,18	—	1,22
21	„ 10 „ „ Brunnenwasser . .	—	30,25	26,12	—	10,60	—	2,82	4,13	—	1,15
22	„ 15 „ „ destillirtem Wasser .	—	23,75	29,42	—	14,94	—	2,85	4,33	—	1.28

3. J. M. Eder (Dingler's Polytechn. Journ. **231**, 445 u. 526) bestimmte in einer Reihe von chinesischen Theesorten den Gehalt an Gerbstoff, an in Wasser löslichen Stoffen etc. mit folgendem Ergebniss für die bei 100° C. getrockneten Blätter:

		Ursprüngliche Blätter: Gerbstoff	Wasser-Extrakt	Asche	In Wasser lösl. Asche	Einmal extrahirte Blätter: Gerbstoff	Wasser-Extrakt	Asche	In Wasser lösl. Asche
		%	%	%	%	%	%	%	%
Schwarzer Thee:	Congo I	11,20	40,3	5,43	2,83	4,14	10,2	3,92	0,94
	„ II	10,10	39,4	6,21	1,55	5,65	15,3	4,80	0,46
	„ III	8,36	37,6	6,05	2,32	3,31	8,5	4,27	0,39
	Souchong I.	8,16	34,4	5,27	2,90	2,51	12,4	—	—
	„ (Assam) . .	10,95	44,3	5,22	3,09	5,07	19,7	4,96	1,05
	Pecco I	11,63	40,6	5,02	3,18	3,11	16,3	2,37	0,81
	Java-Pecco	14,11	40,7	5,53	2,45	6,47	14,1	3,92	0,58
Grüner Thee:	Haysan I	12,44	43,2	4,89	2,77	5,36	13,2	3,41	0,74
	Imperial	12,41	41,5	5,87	2,96	7,97	15,9	4,62	0,90
	Gelber Japan	13,07	39,5	5,81	2,73	2,62	12,0	3,40	0,47
	Als Mittelzahlen aus 34 Analysen berechnet Eder:								
Schwarzer Thee:	Souchong und Pouchong	9,18	38,3	5,88	2,85	—	—	—	—
	Congo	9,75	37,7	5,70	2,41	—	—	—	—
	Blüthenthee	11,34	40,0	5,27	2,59	—	—	—	—
Gelber Thee		12,66	40,8	5,68	2,64	—	—	—	—
Grüner Thee, Haysan und Gunpowder		22,14	41,8	5,79	2,95	—	—	—	—

*) Vergl. Anm. **) S. 1016.

Paraguay-Thee oder Mate.

Blätter des Yerba-Strauches Ilex paraguariensis St. Hil, z. Th. auch von Ilex dumosa Reiss var. montevideensis Loes. und von anderen Ilex-Arten.

No.	Nähere Bezeichnung	Zeit der Untersuchung	Wasser	Stickstoff-Substanz	Theïn	Aether-Extrakt	Gerbstoff	Sonstige stickstofffreie Extraktstoffe	Rohfaser	Asche in Wasser löslich	Asche in Wasser unlöslich	Wasser-Extrakt	Asche im Wasser-Extrakt	Analytiker
			%	%	%	%	%	%	%	%	%	%	%	
1	Ohne nähere Bezeichnung	1873	—	—	0,48	4,50	5,50	—	—	5,53		—	—	*Hildwein* [1])
2		"	—	—	0,62	2,00	4,10	—	—	5,20		—	—	
3		"	—	—	1,15	2,25	4,50	—	—	4,82		—	—	
4	Lufttrocken . . .	—	—	Proteïnstoffe 3,87	1,85	Harz 0,63	—	Zucker 2,38	—	3,92		24,00	—	*H. Byasson* [2])
5	Von Stengeln (26%) befreite Blätter*) .	1896	9,38	Stickst.-Substanz 12,81 *)	1,15	Aether-Extrakt 6,57	7,74	55,11		2,61	4,63 *)	31,18 *)	—	*B. Alexander-Katz* [3])
6	Meist jüngere Blätter, wenig Rippen und Stiele, fein zerkleinert	1898	6,79	—	0,88	—	9,59	Sonstige lösliche organische Stoffe 22,25		6,00**)		36,66	4,82	*Ed. Polenske und W. Busse* [4]) **)
7	Aeltere Blätter mit Rippen und mehr Stielen, grob zerkleinert	"	6,78	—	0,71	—	8,87	22,17		6,02**)		35,63	4,59	
8	Blätter mit viel Rippen und Stielen, fein zerkleinert . . .	"	6,98	—	0,53	—	8,10	21,83		5,44**)		34,13	4,20	
9	Zur Hälfte grob zerkleinert; Stiele und Stengel mit einigen Früchten; z. Th. von Ilex dumosa var. montevideensis	"	7,26	—	0,50	—	6,68	19,93		5,66**)		30,56	3,95	
10	Ohne näh. Bezeichn.	"	9,04	9,60	0,44	5 64	—	—	—	6,16		34,52	—	*Vers.-Stat. Münster* [5])

[1]) Jahresbericht Agric. Chem. 1873/74, **1**, 242.
[2]) Pharm. Journ. and Trans. [3], **8**, 605.
[3]) Centralbl. für Nahrungsmittel-Chemie 1896, **2**, 261; Chem. Centralbl. 1896, II, 671.
[4]) Arb. Kaiserl. Gesundheitsamt 1898, **15**, 171.
[5]) Original-Mittheilung.

*) Alexander-Katz fand ferner: 10,75% theïnfreie Stickstoff-Substanz; die Asche enthielt 1,83% Kieselsäure und Sand, 1,09% Eisenoxyd und Thonerde ($Fe_2O_3 + Al_2O_3$), 0,83% Kalk (CaO), 0,52% Magnesia (MgO), 0,12% Phosphorsäure (P_2O_5) und 0,10% Schwefelsäure.

Der Wasser-Extrakt, erhalten durch ½-stündiges Brühen von 30 g Mate mit 900 ccm Wasser, lieferte an löslichen Mineralstoffen (bezogen auf 100 g Mate) 0,02% Eisenoxyd (Fe_2O_6), 0,11% Manganoxydoxydul (Mn_3O_4), 0,14% Kalk (CaO), 0,46% Magnesia (MgO), 0,44% Kali (K_2O), 0,07% Phosphorsäure (P_2O_5), 0,13% Schwefelsäure (SO_3) und 0,22% Chlor (Cl).

**) Polenske u. Busse fanden in der Asche:

	No. 6	7	8	9
Manganoxdoxydul (Mn_3O_4)	5,51%	6,45%	5,90%	4,51%
Eisenoxyd und Thonerde ($Fe_2O_3 + Al_2O_3$)	4,03 "	4,21 "	3,00 "	3,47 "

Der Gerbstoff wurde nach dem gewichtsanalytischen Verfahren von von Schröder bestimmt. Das Koffeïn wurde durch Auskochen mit Wasser, Fällung der Lösung mit Bleiessig, Entbleien, Einengen und Ausschütteln der Lösung mit Chloroform bestimmt.

No.	Nähere Bezeichnung	Zeit der Untersuchung	Wasser %	Theïn freies %	Theïn im Ganzen *) %	Fett, Farb- u. Extraktivstoffe*) %	Sonstige stickstofffreie Extraktstoffe %	Rohfaser %	Asche in Wasser löslich %	Asche in Wasser unlöslich %	Wasser-Extrakt*) %	Alkohol-Extrakt*) %	Analytiker
11	Grün	1900	9,74	0,74	0,85	7,83	—	—	5,27		—	—	*Karl Dieterich* [1])
12	desgl.	„	8,35	1,04	1,22	8,40	—	—	5,65		42,72	40,69	
13	Halbgeröstet . . .	„	0,64	0,92	1,13	9,34	—	—	6,55		39,08	33,54	
14	Ganzgeröstet . . .	„	0,83	0,45	0,51	12,19	—	—	6,93		30,81	27,86	
15	Kultivirte Waare .	„	10,36	1,08	1.28 *)	6,99	—	—	5,36		33,66	31,94	
				Stickst.-Substanz	Theïn	Aether-Extrakt / Gerbstoff							
	Mittel	—	**6,92**	**11,20**	**0,89**	**4,19** / **6,89**	**70,80**		**5,58**		**33,90**	**33,51**	

Ueber den Theïn-Gehalt des Mate liegen noch folgende Angaben vor[2]):

Stenhouse 1843	Stenhouse 1854	Stahlschmidt 1861	Strauch 1867	Würthner 1873	Bialet —	Hoffmann —
0,13 %	1.20 %	0,45 %	0,45 %	0,80 %	1,30 %	0,30 %

Fa-am- oder burbonischer Thee.

Blätter der Orchidee Angraecum fragrans Du Petit Thonars.

H. Trillich (Zeitschr. Nahrungs- u. Genussmittel 1899, 2, 348) fand für Fa-am-Thee aus Réunion folgende Bestandtheile für die lufttrockenen Blätter:

Wasser (4 Stdn. bei 98° getrocknet)	Stickstoff-Substanz	Asche	Die aufeinander folgende Extraktion ergab mit: Aether (4 Stdn.)	Essigäther (5 Stdn.)	Essigäther (nochmals 5 Stdn.)	Von dem Aether-Essigäther-Extrakt in Wasser löslich
8,36 %	5,21 %	6,35 %	3,91 %	8,46 %	2,57 %	4,34 %

Von dem durch Kochen erhaltenen Alkohol-Extrakt sind

in Alkohol löslich	in der Kälte unlöslich	in Wasser löslich	Cumarin
16,16 %	2,24 %	9,64 %	0,20 %

Thee-Ersatzstoffe bezw. Fälschungsmittel.

No.	Nähere Bezeichnung	Zeit der Untersuchung	Wasser %	Stickstoff-Substanz %	Theïn %	Aether-Extrakt %	Gerbstoff %	Sonstige stickstofffreie Extraktstoffe %	Rohfaser %	Asche in Wasser löslich %	Asche in Wasser unlöslich %	Wasser-Extrakt %	Analytiker
1	**Lycium sinense (eine Solance); in Japan Kuko-cha gt.**	1889	3,28	34,54	—	—	1,12	—	—	8,33		In der Trocken-Substanz 27,15	*O. Kellner, G. Hayakawa und H. Kamoshita* [3])
2	**Acanthopanax spinosum (eine Araliacee); Ukogi-cha**	„	4,75	20,25	—	—	6,84	—	—	7,15		43,94	

[1]) Berichte Deutsch. Pharm.-Gesellsch. 1901, **11**, 253.

[2]) Nach T. F. Hanaussek: Die Nahrungs- u. Genussmittel. Cassel 1884, 393.

[3]) Vergl. Anmerkung [1]) Seite 1020.

*) Theïn wurde nach der Methode von Dieterich bestimmt. Die obigen Zahlen für Wasser- und Alkohol-Extrakt beziehen sich auf indirekte Gesammt-Extrakte. Ausserdem bestimmte Dieterich auch die Extraktmengen, welche erhalten wurden durch Uebergiessen mit siedendem Wasser, 5 Minuten langes Stehenlassen im siedenden Wasserbade, darauffolgendes 24-stündiges Stehenlassen, Ergänzen des verdunsteten Wassers und Eindampfen eines aliquoten Theiles des Extraktes. Dieterich fand nach diesem Verfahren:

	No. 12	13	14	15
Wasser-Extrakt	33,23 %	27,64 %	23,15 %	27,66 %

Die Fett-, Farb- und Extraktivstoffe wurden durch Ausziehen mit Chloroform bestimmt. Der alkoholische Extrakt wurde durch Ausziehen mit 90 %-igem Alkohol bestimmt.

<table>
<tr><th rowspan="2">No.</th><th rowspan="2">Nähere Bezeichnung</th><th rowspan="2">Zeit der Untersuchung</th><th rowspan="2">Wasser
%</th><th rowspan="2">Stickstoff-Substanz
%</th><th rowspan="2">Theïn
%</th><th rowspan="2">Aether-Extrakt
%</th><th rowspan="2">Gerbstoff
%</th><th rowspan="2">Sonstige stickstofffreie Extraktstoffe
%</th><th rowspan="2">Rohfaser
%</th><th colspan="2">Asche</th><th rowspan="2">Wasser-Extrakt
%</th><th rowspan="2">Analytiker</th></tr>
<tr><th>in Wasser löslich
%</th><th>in Wasser unlöslich
%</th></tr>
<tr><td>3</td><td>Lonicera flexuosa (eine Caprifoliacee); Pinto-cha</td><td>1889</td><td>7,80</td><td>18,74</td><td>—</td><td>—</td><td>8,06</td><td>—</td><td>—</td><td colspan="2">7,66</td><td>In der Trocken-Substanz
43,00</td><td rowspan="3">O. Kellner, G. Hayakawa und H. Kamoshita[1])</td></tr>
<tr><td>4</td><td>Akebia quinata; Akebi-cha</td><td>"</td><td>3,93</td><td>16,74</td><td>—</td><td>—</td><td>3,20</td><td>—</td><td>—</td><td colspan="2">8,99</td><td>37,42</td></tr>
<tr><td>5</td><td>Hydrangea Thunbergii (eine Saxifragee); Ama-cha</td><td>"</td><td>11,03</td><td>21,29</td><td>—</td><td>—</td><td>1,41</td><td>—</td><td>—</td><td colspan="2">8,43</td><td>33,33</td></tr>
<tr><td>6</td><td>Vaccinium Ascos-Staphylos aus Kutais*)</td><td>1894</td><td>8,83</td><td>20,71</td><td>0</td><td>3,56</td><td>32,52</td><td>22,01</td><td>6,40</td><td colspan="2">5,00</td><td>In der natürlichen Substanz
36,80
*)</td><td>A. Stackmann[2])</td></tr>
<tr><td>7</td><td>Sogenannter Böhmischer Thee</td><td>1879</td><td>9,86</td><td>24,54</td><td>0</td><td>9,29</td><td>8,25</td><td>26,49</td><td>5,96</td><td colspan="2">20,60</td><td>—</td><td>A. Belohoubeck[3])</td></tr>
<tr><td>8</td><td>(Lithospermum officinale)</td><td>1886</td><td>13,09</td><td>21,50</td><td>0</td><td>1,98</td><td colspan="2">32,91</td><td>8,53</td><td colspan="2">21,99</td><td>29,79</td><td>W. Kisch[4])</td></tr>
</table>

Imperial-Thee und Hyson-Thee sind nach Riche (Journ. Pharm. Chim. 21, 6; Chem. Centrbl. 1890, 1, 415) Blätter unbekannter Abstammung, die schon in China zur Verfälschung des Thees verwendet werden. Riche fand darin kein Theïn, aber in

Imperial-Thee	13,50 %	Gerbstoff,	6,58 %	Asche und	3,30 %	unlösliche (?) Asche.
Hyson-Thee	16,80 "	"	5,78 "	" "	3,63 "	" "

Kakao.

Samen des Kakaobaumes Theobroma Cacao L.

Aeltere Analysen.

1. Abel Poirier, Journ. chim. médic. [4], 2, 257.
2. Chevalier in Payen: Précis théor. et prat. des substances alimentaires, Paris 1856.
3. A. Tuchen, Ueber die organischen Bestandtheile des Kakao". Dissertation, Göttingen 1857.
4. Boussingault in Grouven: Vorträge über Agrikultur-Chemie 1872, 1, 451.
5. Payen, daselbst.
6. Lampadius, „Der Kakao und die Chokolade", Berlin 1859.
7. A. Mitscherlich in Hassall: Food, its adulteration and the methods for their detection, London 1876, 192.
8. James Bell in: „Die Analyse und Verfälschung der Nahrungsmittel", übersetzt von C. Mirus, Berlin 1882, 82.

[1]) Mittheil. d. deutsch. Gesellsch. f. Natur- u. Völkerkunde Ostasiens. 4, No. 35, S. 214 u. 216. Ausser obigen Blättern werden nach O. Kellner in Japan noch als Thee-Ersatzstoffe verwendet: Junge Blätter von Camellia theïfera var. macrophylla (dort Tocha gt.), welche wild in den Bergen der Provinz Ipo und Tamba wachsen; junge Blätter von Camellia japonica (dort Macha gt.) gemischt mit gepulvertem Thee; Blätter einer degenerirten Form von Thea sinensis (dort Oba-cha gt.); Maulbeerblätter; Blätter von Cassia mimosoides einer Leguminose (dort Kawara-cha gt.); junge Gerstenblätter (dort Mugi-cha gt.); Blätter von Botonia cantoniensis (dort Yomena gt.); Blätter von Wistaria sinensis (dort Fuji gt.) und endlich Weidenblätter.

[2]) Zeitschr. analyt. Chem. 1895, 34, 49.

[3]) Arch. mikr. azbozizn. I, 7—34; Prag. böhm Techn. 1879.

[4]) Original-Mittheilung.

*) Die auch unter dem Namen Kaukasischer Thee oder billiger Kutaiser Heilbeerthee in den Handel kommenden Blätter sehen dem schwarzen chinesischen Thee täuschend ähnlich. Der Wasser-Extrakt enthielt 0,537 % Stickstoff-Substanz und 2,956 % Asche.

Kakaobohnen und Kakaomasse (nicht entfettet).

1. Rohe, ungeschälte Kakaobohnen.

No.	Nähere Bezeichnung	Zeit der Untersuchung	Wasser %	Stickstoff-Substanz (Ges.-Stickst. × 6,25) %	Theobromin %	Fett %	Stärke %	Sonstige stickstofffreie Extraktstoffe %	Rohfaser %	Asche: Reinasche %	Asche: Sand %	Analytiker
1	Caracas	$18\frac{84}{85}$	7,77	14,13	1,48	45,54	19,40		6,19	4,91	2,06	H. Weigmann [1]) *)
2	Trinidad	„	7,87	14,06	1,31	44,62	25,39		4,55	3,48	0,10	
3	Surinam	„	7,53	13,69	1,66	44,74	26,45		4,30	3,16	0,13	
4	Port au Prince . . .	„	7,77	14,56	—	46,35	(5,97)	15,53	5,19	4,15	1,48	
5	Machala	„	8,17	14,06	—	45,93	(5,69)	17,50	4,36	4,09	0,22	
6	Puerto Cabello . . .	„	8,08	13,50	1,51	46,61	22,92		4,43	4,28	0,18	
7	Ariba	„	8,27	15,37	—	45,15	(5,83)	16,96	4,48	3,88	0,14	
	Mittel No. 1—7 **)	—	7,93	14,19	1,49	45,57	22,92		4,78	3,99	0,62	

[1]) Original-Mittheilung.

*) H. Weigmann bestimmte das Theobromin in der Weise, dass er 20 g Kakao mit heissem Wasser zu einem ganz feinen Brei zerrieb, mit einer grösseren Menge Wasser ¼—⅓ Stunde aufkochte, darauf auf 1 Liter auffüllte. Hiervon wurden nach dem Absetzen 500 ccm abfiltrirt und mit Ferriacetat unter Kochen gefällt. Das durch Verdampfen eingeengte Filtrat dieser Fällung wurde mit Schwefelsäure stark (mindestens 6 %-ig) angesäuert und mit phosphorwolframsaurem Natrium gefällt, der weisse Niederschlag nach 2—3 Stunden abfiltrirt, mit schwefelsäurehaltigem Wasser ausgewaschen, darin nach dem Trocknen der Stickstoff nach dem Natronkalk-Verfahren oder ohne zu trocknen nach dem Kjeldahl'schen Verfahren bestimmt. Die nach diesem Verfahren erhaltenen Ergebnisse sind etwas niedriger als die vergleichsweise nach dem Verfahren von Wolfram erhaltenen Zahlen. Dagegen stimmen sie unter sich und mit den nach dem Mulder'schen Verfahren erhaltenen Ergebnissen ziemlich gut überein. Nach Mulder werden 10 g Kakao mit Wasser angerieben, ¼ Stunde gekocht, mit Magnesia versetzt, unter öfterem Umrühren auf dem Wasserbade zur Trockne verdampft, der trockne Rückstand mit Chloroform ausgezogen und letzteres abdestillirt. Der hier verbleibende Rückstand wird in heissem Wasser gelöst, filtrirt, das Filtrat zur Trockne verdampft, gewogen, geglüht und wieder gewogen. Der Chloroformauszug nach dem Mulder'schen Verfahren schliesst auch noch das Theïn mit ein; man kann das Theïn des Chloroformauszuges nach H. Weigmann dadurch vom Theobromin trennen, dass man den Rückstand zuerst mit Benzol auszieht, worin das Theobromin so gut wie unlöslich ist. Die Benzollösung wird verdampft, der Rückstand mit heissem Wasser durchgeschüttelt, das wässerige Filtrat zur Trockne verdampft und gewogen. Weigmann fand auf diese Weise:

Kakao von:	Caracas Masse	Caracas Schalen	Puerto Cabello Schalen	Trinidad Schalen	Surinam Schalen
Theobromin . .	1,258 %	0,316 %	0,623 %	0,545 %	0,501 %
Theïn	0,170 „	0,164 „	0,137 „	0,113 „	0,190 „

H. Weigmann bestimmte ferner nach dem Verfahren von E. Schulze (Zeitschr. analyt. Chem. 1883, **22**, 325) den Gehalt der Kakaobohne an Asparagin und Ammoniak und fand:

	Asparagin-Stickstoff	= Asparagin	Ammoniak-Stickstoff	= Ammoniak
Caracas	0,0238 %	0,224 %	0,0211 %	0,0255 %
Trinidad	0,0211 „	0,199 „	0,0172 „	0,0208 „
Surinam	0,0238 „	0,244 „	0,0158 „	0,0192 „
Port au Prince .	0,0224 „	0,211 „	0,0106 „	0,0195 „

(Die Zahlen für Ammoniak dürften eher etwas zu hoch als zu niedrig sein.)

H. Weigmann suchte auch die Weinsäure dadurch zu bestimmen, dass er 10 g der entfetteten Kakaomasse mit Wasser kochte und auf 500 ccm auffüllte, 200 ccm des Filrates nach Neutralisation mit Ammoniak mit Chlorcalcium versetzte, den erhaltenen Niederschlag nach dem Abfiltriren und Auswaschen durch wiederholtes Lösen in Salzsäure und Wiederfällen mit Natronhydrat reinigte, und aus dem Kalkgehalt des Niederschlages schliesslich die als solche zu bezeichnende Weinsäure berechnete; er fand:

Kakao von:	Trinidad	Port au Prince	Machala	Ariba
Weinsäure (?)	5,82 %	4,34 %	4,86 %	5,02 %.

Das Fett der Kakaobohnen hat, wie H. Weigmann fand, die Koettstorfer'sche Zahl 198,4—203,0, im Mittel 200,5.

Zur Bestimmung der Stärke bediente sich H. Weigmann der nach Stutzer's Vorschrift zubereiteten Diastaselösung: 10 g entfettete Kakaomasse wurde ¼ Stunde mit Wasser gekocht und auf 500 ccm aufgefüllt; 250 ccm des gut durchgeschüttelten Gemisches wurden mit 2 ccm der Diastaselösung versetzt, vier Stunden bei 60° C. stehen gelassen, darauf mit 20 ccm starker Salzsäure invertirt, die Lösung neutralisirt, nach dem Verdünnen mit Bleiessig versetzt, filtrirt, das Filtrat durch Schwefelsäure von Blei befreit, das Filtrat hiervon auf 500 ccm gebracht und in 100 ccm der Zucker mit Fehling'scher Lösung bestimmt. Das ausgeschiedene Kupferoxydul wurde nach Soxhlet's Vorschrift durch Asbest filtrirt und als Cu gewogen etc.

**) Die hier aufgeführten Einzelanalysen und Mittelzahlen von Weigmann, ferner die unten für geröstete ungeschälte (S. 1022), geröstete geschälte Bohnen (S. 1025) und Kakaomasse (S. 1026) angeführten Zahlen sind, da sie sich auf dieselben Bohnen beziehen, unmittelbar mit einander vergleichbar.

No.	Nähere Bezeichnung	Gewicht einer Bohne g	Zeit der Untersuchung	Wasser %	Stickstoff-Substanz (Ges.-Stickst. × 6,25) %	Theobromin %	Fett %	Stärke %	Glukose %	Saccharose %	Lignin*) %	Asche %	Analytiker
						*)							
8	Bahia . . .	0,856	1895	5,96	7,50	(1,08)	42,10	7,53	1,07	0,51	7,86	3,63	W. E. Ridenour [1] *)
9	Surinam . . .	1,175	„	5,55	10,54	(0,93)	41,03	3,61	1,27	0,35	3,90	3,05	
10	Java	0,994	„	5,12	9,25	(1,16)	45,50	5,17	1,23	0,51	6,10	3,31	
11	Trinidad . . .	1,295	„	6,34	11,90	(0,85)	43,66	4,98	1,38	0,32	5,65	3,60	
12	Ariba . . .	1,434	„	5,90	10,14	(0,86)	43,31	1,58	0,42	6,37	4,62	3,73	
13	Caracas . . .	1,447	„	6,63	10,59	(1,13)	36,81	3,81	2,76	1,56	3,28	4,36	
14	Granada . . .	0,920	„	5,28	9,76	(0,75)	44,11	6,27	1,81	0,55	5,55	2,71	
15	Tobasco . . .	1,266	„	1,55	7,85	(1,15)	50,95	3,51	0,94	2,72	6,44	3,06	
16	Machalla . .	1,237	„	5,86	12,69	(0,76)	46,84	1,35	1,60	0,46	5,95	4,15	
17	Maracaibo . .	1,364	„	5,67	11,56	(1,03)	42,20	1,69	1,09	1,36	7,16	4,13	
								Stickstofffreie Extraktstoffe			Rohfaser		
	Gesammt-Mittel		—	**6,43**	**11,83**	**1,49**	**44,44**	**28,52**			**4,78**	**4,00**	

2. Geröstete, ungeschälte Kakaobohnen.

No.	Nähere Bezeichnung	Zeit der Untersuchung	Wasser %	Stickstoff-Substanz %	Theobromin %	Fett %	Stärke / Sonstige stickstofffreie Extraktstoffe	Rohfaser	Asche: Reinasche	Asche: Sand	Analytiker
1	Caracas	$18\frac{83}{84}$	6,73	13,66	1,62	45,95	22,75	5,40	4,49	1,02	H. Weigmann [2] ***)
2	Trinidad	„	6,32	13,68	1,44	45,06	26,40	4,92	3,55	0,07	
3	Surinam	„	5,26	14,25	1,75	45,53	26,69	4,80	3,33	0,14	
4	Port au Prince . . .	„	7,14	14,31	—	48,35	21,64	4,35	3,80	0,41	
5	Machala	„	7,97	13,56	—	46,21	24,17	4,01	3,85	0,23	
6	Puerto Cabello . . .	„	5,95	13,68	1,52	46,55	24,75	4,74	4,28	0,05	
7	Ariba	„	8,17	15,75	—	45,53	22,45	4,17	3,83	0,10	
	Mittel No. 1—7 **)	—	6,79	14,13	1,58	46,19	24,10	4,63	3,87	0,29	

No.	Nähere Bezeichnung	Gewicht einer Bohne g	Zeit der Untersuchung	Wasser %	Stickstoff-Substanz %	Theobromin %	Fett %	Glukose	Saccharose	Stärke	Lignin *)	Asche	Analytiker
						*)							
8	Trinidad . . .	1,189	1895	2,63	12,02	(0,95)	41,89	1,48	0,28	5,70	5,87	3,70	W. E. Ridenour [1] *)
9	Caracas . . .	1,214	„	5,69	12,36	(0,99)	37,63	1,76	0,51	6,07	9,05	5,03	
								Stickstofffreie Extraktstoffe		Rohfaser	Asche		
	Gesammt-Mittel		—	**6,20**	**13,70**	**1,58**	**44,65**	**26,61**		**4,63**	**4,21**		

[1] Amer. Journ. Pharm. 1895, **67**, 207; Vierteljahresschr. Nahrungs- u. Genussm. 1895, **10**, 39.
[2] Vergl. Anmerkung [1] S. 1021.

*) In unserer Quelle und auch in anderen Referaten ist nicht angegeben, ob es sich um ungeschälte oder geschälte Bohnen handelt. Wir nehmen nach dem verhältnissmässig niedrigen Fettgehalte an, dass erstere vorliegen.

Die angewendeten Untersuchungsverfahren waren folgende: 1. Theobromin nach P. Süss (Zeitschr. analyt. Chem. 1893, **32**, 57). Dieses Verfahren liefert zu niedrige Ergebnisse (vergl. auch unten S. 1038 die Versuche von Eminger). Die obigen eingeklammerten Zahlen für den Theobromin-Gehalt sind daher bei der Mittelwerths-Berechnung nicht mitberücksichtigt. 2. Fett durch zehnstündiges Ausziehen mit Petroläther. 3. Glukose und Saccharose in der wässerigen Lösung der entfetteten Bohnen vor und nach der Inversion. 4. Stärke durch dreistündiges Kochen des Rückstandes von der Glukose- und Saccharose-Bestimmung mit angesäuertem Wasser. 5. Lignin und Cellulose durch Ausziehen des entfetteten Pulvers mit heissem Wasser, wiederholtes Behandeln mit Laugen und Säuren, Trocknen und Wägen. Der Rückstand (Cellulose + Lignin) wurde zwölf Stunden mit Chlorwasser behandelt und der unlösliche Rückstand als Cellulose berechnet. Die so gefundene Cellulosemenge betrug:

	Rohe, ungeschälte Bohnen No. 8	9	10	11	12	13	14	15	16	17	Geröstete, ungeschälte Bohnen No. 8	9
Cellulose . . .	13,80	16,24	13,85	13,01	14,07	16,35	13,49	12,57	11,32	17,32	19,64	11,69 %

**) Vergl. Anmerkung **) S. 1021.
***) Vergl. Anmerkung *) S. 1021.

3. Rohe, geschälte Kakaobohnen.

No.	Nähere Bezeichnung	Schalengehalt d. Bohnen %	Zeit der Untersuchung	Wasser %	Stickstoff-Substanz (Ges.-Stickst. × 6,25) %	Theobromin %	Fett %	Stärke %	Sonstige stickstofffreie Extraktstoffe %	Rohfaser %	Asche: Reinasche %	Asche: Sand %	Analytiker
1	Caracas	13,8	1876	4,32	10,87	—	48,40		32,19		3,95		*Ch. Heisch* [1]
2	Trinidad	15,5	„	3,84	11,00	—	49,40		32,82		2,80		
3	Surinam	15,5	„	3,76	11,00	—	54,40		28,35		2,35		
4	Guayaquil	11,5	„	4,14	13,04	—	49,80		30,47		3,50		
5	Granada	14,5	„	3,90	12,25	—	45,60		35,70		2,40		
6	Bahia	9,5	„	4,40	7,31	—	50,30		35,30		2,60		
7	Cuba	12,0	„	3,72	8,56	—	45,30		39,41		5,90		
8	Para	8,5	„	3,96	12,50	—	54,30		26,33		3,05		
				Bei 60—70° getrocknet				In Zucker überführbare Stoffe					
9	Caracas I.		1879	4,04	14,68	—	46,18	12,74	(18,50)	—	3,86		*G. Laube und B. Aldendorff* [2]
10	desgl. II.		„	4,72	14,06	—	49,36	13,99	9,46	4,20	4,21		
11	Guayaquil I.		„	3,63	14,68	—	49,64	11,56	12,64	4,13	3,72		
12	desgl. II.		„	2,61	16,25	—	46,99	10,82	16,12	3,53	3,68		
13	Trinidad I.		„	2,81	15,06	—	48,32	14,91	12,06	3,62	3,22		
14	desgl. II.		„	2,28	15,12	—	52,14	14,38	8,82	3,87	3,39		
15	Puerto Cabello		„	2,96	15,03	—	50,57	12,94	11,49	3,07	3,94		
16	Socosnusco		„	2,95	13,19	—	48,38	15,13	13,20	3,34	3,21		
	Mittel von No. 1—16		—	3,63	13,49	—	49,32	13,25	13,18	3,65	3,48		
17	Caracas		18 84/85	6,50	—	(0,77) *)	50,31	7,65 *)	—	—	4,17		*P. Zipperer* [3] *)
18	Trinidad		„	6,20	—	(0,40)	51,57	11,07	—	—	2,87		
19	Surinam		„	7,07	—	(0,50)	50,87	6,41	—	—	2,72		
20	Port au Prince		„	6,94	—	(0,32)	53,66	8,96	—	—	2,92		
21	Machala		„	6,32	—	(0,33)	52,68	8,39	—	—	4,11		
22	Puerto Cabello		„	8,40	—	(0,54)	53,01	10,05	—	—	4,32		
23	Ariba		„	8,35	—	(0,35)	50,39	5,78	—	—	4,12		
	Mittel v. No. 17—23 **)		—	7,11	—	(0,45) *)	51,78	8,33 *)	—	—	3,60		

[1] The American Chemist 1876, 930.

[2] Original-Mittheilung.

[3] P. Zipperer: Untersuchungen über Kakao und dessen Präparate. Hamburg u. Leipzig 1887.

*) Das Theobromin ist in der Weise bestimmt, dass die Substanz erst mit Petroläther und darauf dreimal mit 80%-igem Alkohol extrahirt wurde; die so gewonnenen Extrakte wurden mit 15,0 g Kalkhydrat im Wasserbade zur Trockne verdampft, der trockne Rückstand mit Chloroform extrahirt, letzteres abgeblasen, die zurückbleibenden Krystallnadeln in heissem Wasser gelöst, letzteres verdunstet und der getrocknete Rückstand als „Theobromin" gewogen. Die von Zipperer gefundenen Zahlen für den Theobromingehalt sind offenbar zu niedrig. Die Stärke ist von Zipperer in der Weise bestimmt, dass die mit Petroläther entfettete Substanz mit Wasser in den Soxhlet'schen Dampfdruckkesseln 3—4 Stunden bei 133—144° C. erhitzt und darauf das Filtrat in bekannter Weise mit Salzsäure invertirt und in der invertirten Flüssigkeit der Zucker durch Titration mit Fehling'scher Lösung bestimmt wurde. Ausser obigen Bestandtheilen giebt P. Zipperer die untersuchten Bohnen noch an:

	No. 17 Caracas	18 Trinidad	19 Surinam	20 Port au Prince	21 Machala	22 Puerto Cabello	23 Ariba
Kakaogerbsäure, Zucker, Phlobaphene	10,76%	9,46%	8,31%	11,39%	13,72%	7,85%	8,91%
Cellulose und Proteïnstoffe	19,84 „	18,43 „	24,13 „	15,81 „	14,45 „	15,83 „	22,10 „
Verhältniss von Cellulose: Proteïnstoffe wie 1:	6,6	6,0	8,0	5,25	5,0	4,32	7,30

Der Gehalt an Proteïn und Cellulose für sich allein ist merkwürdiger Weise nicht angegeben.

**) Zum Vergleich mit den Analysen Zipperer's von gereinigten und gerösteten Bohnen No. 8—14.

No.	Nähere Bezeichnung	Zeit der Untersuchung	Wasser %	Stickstoff-Substanz (Ges.-Stickst. × 6,25) %	Theobromin %	Fett %	Stärke %	Sonstige stickstofffreie Extraktstoffe %	Rohfaser %	Asche: Rein-asche %	Asche: Sand %	Analytiker
24	Guayaquil	1883	6,50	14,87	—	40,10	—	—	—	3,75		Boussingault[1])
25	Carugano	„	6,50	13,62	—	47,70	—	—	—	3,35		
26	Puerto Cabello	„	7,00	13,62	—	40,36	—	—	—	3,75		
27	Haiti	„	6,00	14,00	—	42,96	—	—	—	2,85		
28	Trinidad*)	„	6,50	13,93	—	48,93	—	—	—	2,95		
29	Martinique	„	7,50	14,06	—	41,20	—	—	—	2,75		
30	Para	„	6,20	13,06	—	37,13	—	—	—	3,15		
31	Guayra	„	7,00	13,62	—	35,96	—	—	—	4,00		
32	Marageau, getrocknet .	„	4,20	13,87	—	45,80	—	—	—	2,75		
33	San Yago	„	6,00	11,75	—	46,03	—	—	—	2,25		
34	Caracas	„	4,20	13,50	—	51,50	—	—	—	4,00		
35	Montaraz	„	11,60	12,90	(2,40)	53,30	—	—	—	4,00		
36	Bahia	1893	—	—	2,04	55,70	14,31	—	—	2,90		H. Beckurts und C. Heidenreich[2]) **)
37	Para	„	—	—	1,19	55,13	—	—	—	—		
38	Maracas	„	—	—	1,24	52,76	—	—	—	3,20		
39	Gutzko	„	—	—	1,78	57,40	—	—	—	3,60		
40	Canca	„	—	—	1,60	44,30	12,12	—	—	3,75		
41	Caracas	„	—	—	2,06	43,23	13,85	—	—	3,75		
42	Caraquez	„	—	—	1,49	42,76	13,47	—	—	3,75		
43	Domingo	„	—	—	1,30	53,50	—	—	—	—		
44	Garupano	„	—	—	1,92	46,31	15,01	—	—	3,40		
45	Ceylon	„	—	—	1,51	51,80	10,77	—	—	3,30		
46	Domingo	„	—	—	1,27	51,00	9,00	—	—	3,10		
47	Granada	„	—	—	1,52	51,10	9,00	—	—	3,45		
48	Java	„	—	—	2,20	47,75	7,56	—	—	3,20		
49	Kamerun	„	—	—	1,20	42,00	16,20	—	—	2,95		
50	Ariba Guayaquil, Sommerernte .	„	—	—	0,84	46 00	16,00	—	—	3,65		
51	Ariba Guayaquil, Winterernte .	„	—	—	1,38	47,00	12,05	—	—	3,50		
52	Machala Guayaquil . .	„	—	—	0,63	53,58	9,43	—	—	3,50		
53	St. Lucia	„	—	—	0,75	55,41	10,41	—	—	2,20		
54	Puerto Cabello	„	—	—	1,84	51,18	12,74	—	—	3,30		
55	Trinidad	„	—	—	2,18	51,86	11,15	—	—	2,70		

[1]) Ann. Chim. et Phys. 1883, 433; Chem.-Ztg. 1883, **7**, 902.
[2]) Arch. Pharm. 1893, **231**, 687; Chem. Centralbl. 1894, I, 344.

*) Boussingault giebt für die Kerne des Trinidad Kakao a) ungeröstet und b) geröstet noch folgende ausführliche Analyse:

	Wasser	Albumin	Theobromin	Fett	Stärke und Stärkezucker	Schleim-gummi	Weinsäure	Tannin	Lösliche Cellulose	Sonstige Stoffe	Asche
a)	7,6 %	10,9 %	3,3 %	49,9 %	2,4 %	2,4 %	3,4 %	0,2 %	10,6 %	5,3 %	4,0 %
b)	5,8 „	11,8 „	3,6 „	54,0 „	2,5 „	2,5 „	3,7 „	0,2 „	11,5 „	5,8 „	4,4 „

**) Das Theobromin wurde dem mit Chloroform entfetteten Rückstande durch mit verdünnter Schwefelsäure angesäuerten Alkohol entzogen, der Alkohol möglichst abdestillirt, der Rückstand mit Magnesiahydrat verdampft und der Rückstand mit Chloroform ausgezogen. Der das Fett enthaltende erste Chloroformauszug wurde mit Wasser und etwas Salzsäure erwärmt, das Wasser nach dem Erstarren des Fettes abfiltrirt, mit Magnesiahydrat eingedampft und wie vorher verfahren. Die so gefundenen Mengen wurden addirt.

Das Fett wurde durch Chloroform ausgezogen und der Rückstand durch Auskochen mit Wasser vom Theobromin befreit.

No.	Nähere Bezeichnung	Zeit der Untersuchung	Wasser %	Stickstoff-Substanz (Ges.-Stickst. × 6,25) %	Theobromin %	Fett %	Stärke %	Sonstige stickstofffreie Extraktstoffe %	Rohfaser %	Asche: Rein-asche %	Asche: Sand %	Analytiker
56	St. Thomé	1893	—	—	2,20	49,48	12,75	—	—	2,75		H. Beckurts u. C. Heidenreich [1])
57	Guayaquil Balao . . .	„	—	—	0,80	47,05	16,53	—	—	3,45		
58	Ohne nähere Bezeichnung	1900	5,70	13,50	—	54,30	—	—	—	3,76 *)		J. Forster [2])
	Mittel	—	**5,60**	**12,78**	**1,50**	**48,90**	**11,72**	**13,99**	**3,65**	**3,36**		
							**)	Organische Stoffe in Wasser löslich	unlösl.	Asche der in Wasser lösl. Stoffe	unlösl. Stoffe	
59	Maracaibo	18$\frac{84}{85}$	6,87	—	—	49,18	13,01	9,20	17,32	3,58	0,84	R. Bensemann [3])
60	Caracas	„	7,03	—	—	49,43	12,74	8,26	18,53	3,11	0,90	
61	Trinidad	„	6,45	—	—	51,97	10,15	8,80	19,25	2,75	0,63	
62	Machala Guayaquil . .	„	5,81	—	—	53,21	10,82	6,94	19,38	2,84	1,00	
63	Protoplata	„	5,87	—	—	53,57	12,04	9.52	15,69	2,22	1,09	
	Mittel von No. 59—63	—	6,41	—	—	51,47	11,75 **)	8,54	18,03	0,89	2,91	

4. Geschälte (gereinigte) und geröstete Kakaobohnen.

No.	Nähere Bezeichnung	Zeit der Untersuchung	Wasser %	Stickstoff-Substanz %	Theobromin %	Fett %	Stärke %	Sonstige N-freie Extraktstoffe %	Rohfaser %	Reinasche %	Sand %	Analytiker
				***)								
1	Caracas	18$\frac{84}{85}$	6,00	13,93	1,61	48,97	9,22	13,36	4,24	3,83	0,27	H. Weigmann [4]) ***)
2	Trinidad	„	6,07	13,37	1,46	50,28	7,96	16,02	3,30	2,94	0,06	
3	Surinam	„	5,01	13,75	1,73	50,42	10,04	13,08	4,44	2,98	0,08	
4	Port au Prince . . .	„	4,73	14,56	1,66	51,87	8,40	12,25	4,31	3,49	0,39	
5	Machala	„	4,97	14,06	1,39	50,77	7,17	15,99	3,16	3,73	0,15	
6	Puerto Cabello	„	5,71	13,31	1,74	50,20	9,26	13,27	4,33	3,89	0,03	
7	Ariba	„	6,57	15,94	1,28	48,01	7,80	14,65	3,70	3,31	0,02	
	Mittel von No. 1—7	—	5,58	14,13 ***)	1,55	50,09	8,77	13,91	3,93	3,45	0,14	
8	Caracas	18$\frac{84}{85}$	7,48	—	(0,50)	49,24	9,85	—	—	3,92		P. Zipperer [5]) [0])
9	Trinidad	„	7,85	—	(0,42)	48,14	8,72	—	—	4,12		
10	Surinam	„	4,04	—	(0,54)	49,88	10,19	—	—	2,88		
11	Port au Prince . . .	„	6,27	—	(0,36)	46,90	12,64	—	—	4,82		
12	Machala	„	6,25	—	(0,31)	52,09	11,59	—	—	3,75		
13	Puerto Cabello	„	6,58	—	(0,52)	48,40	10,96	—	—	4,08		
14	Ariba	„	8,52	—	(0,38)	50,07	9,10	—	—	3,89		
	Mittel von No. 8—14 [0])	—	6,71	—	(0,43) [0])	49,24	10,43	—	—	3,92		

[1]) Vergl. Anmerkung [2]) u. **) S. 1024.
[2]) Hygienische Rundschau 1900, **10**, 305.
[3]) Rep. analyt. Chem. 1884, **4**, 213 u. 1885, **5**, 178.
[4]) Original-Mittheilung; vergl. Anmerkung *) S. 1021.
[5]) Vergl. Anmerkung [3]) u. *) S. 1023.

*) Forster fand in der fettfreien Trockensubstanz:
Calcium u. Magnesium 1,00 %, Kalium u. Natrium 2,64 %, Phosphorsäure (PO_4) 4,80 %.

**) Unter Stärke sind in Zucker überführbare Stoffe verstanden; vergl. unten S. 1035.

***) In den Bohnen No. 1—7 bestimmte H. Weigmann auch nach der Methode von Stutzer den Gehalt an Reinproteïn mit folgendem Ergebniss:

	No. 1 Caracas	2 Trinidad	3 Surinam	4 Port au Prince	5 Machala	6 Puerto Cabello	7 Ariba
Reinproteïn-Stickstoff . .	1,65 %	1,51 %	1,45 %	1,67 %	1,75 %	1,45 %	1,69 %
Oder Reinproteïn . . .	10,31 „	9,44 „	9,06 „	10,44 „	10,94 „	9,06 „	10,56 „

Ueber die Untersuchungs-Verfahren vergl. Anmerkung **) S. 1021.

[0]) Zum Vergleich mit den Analysen Zipperer's von rohen Bohnen (No. 17—23) S. 1023. Zipperer giebt ferner an:

	No. 8 Caracas	9 Trinidad	10 Surinam	11 Port au Prince	12 Machala	13 Puerto Cabello	14 Ariba
Kakaogerbsäure, Zucker u. Phlobaphene . .	8,61 %	7,69 %	8,08 %	7,19 %	7,84 %	8,25 %	8,61 %
Proteïnstoffe + Cellulose	22,16 „	23,06 „	24,39 „	21,82 „	18,17 „	21,21 „	19,43 „
Cellulose : Proteïnstoffen = 1 :	7,7	7,6	8,0	7,3	6,0	7,0	6,5

Auch hier ist der Gehalt an Proteïn und Cellulose für sich allein nicht angegeben.

No.	Nähere Bezeichnung	Zeit der Untersuchung	Wasser %	Stickstoff-Substanz (Ges.-Stickst. × 6,25) %	Theobromin %	Fett %	Stärke %	Sonstige stickstofffreie Extraktstoffe %	Rohfaser %	Asche: Rein-asche %	Asche: Sand %	Analytiker
15	Frisch geröstet und geschält: Machala Guayaquil	1890	2,72	—	—	54,06	—	—	—	3,44		C. G. Bernhard [1])
16	Ariba	„	3,17	—	—	52,46	—	—	—	3,79		
17	Surinam	„	2,84	—	—	53,35	—	—	—	3,42		
18	Trinidad	„	2,87	—	—	47,42	—	—	—	3,88		
19	Caracas	„	2,48	—	—	50,97	—	—	—	4,08		
20	Puerto Cabello .	„	2,98	—	—	45,87	—	—	—	4,65		
21	Bahia	„	—	—	—	50,19	—	—	—	3,24		
22	Ohne nähere Bezeichnung .	1900	1,80	13,44	—	55,20	—	—	—	3,66 *)		J. Forster [2])
	Gesammt-Mittel	—	**5,00**	**14,04**	**1,55**	**50,22**	**9,61**	**13,44**	**3,93**	**3,76**		

5. Kakaomasse, d. h. geschälte, geröstete und verknetete Kakaobohnen.

No.	Nähere Bezeichnung	Zeit der Untersuchung	Wasser %	Stickstoff-Substanz %	Theobromin %	Fett %	Stärke %	Sonstige stickstofffreie Extraktstoffe %	Rohfaser %	Rein-asche %	Sand %	Analytiker
1	Caracas	18 84/85	5,03	14,05	1,57	50,37	22,76		3,60	3,87	0,32	H. Weigmann [3]) **)
2	Trinidad	„	4,49	13,50	1,25	54,17	21,38		3,51	2,88	0,07	
3	Surinam	„	3,92	13,37	1,74	55,81	20,97		2,92	2,93	0,08	
4	Port au Prince	„	3,10	14,19	1,75	55,51	19,85		3,57	3,44	0,34	
5	Machala	„	3,46	13,62	1,40	54,64	21,55		3,11	3,49	0,13	
6	Puerto Cabello	„	4,93	13,25	1,65	50,83	24,53		3,60	3,88	0,08	
7	Ariba	„	4,16	15,81	—	49,86	22,81		3,48	3,74	0,14	
	Mittel ***)	—	**4,16**	**13,97**	**1,56**	**53,03**	**21,81**		**3,40**	**3,46**	**0,17**	
8	Guter Block-Kakao . . .	1889	2,60	17,50	—	52,87	13,69	9,86		3,48		O. Schweissinger [4])
9	Von 10 bezw. 13 Analysen: Mittel	1890	—	—	—	53,50	—	—	—	3,21		Schuhmacher-Kopp [1])
	Schwankungen	„	—	—	—	50,60-55,88	—	—	—	2,80—3,51		

Kakaoschalen.

No.	Nähere Bezeichnung	Gehalt der Bohnen an Schalen [0]) %	Zeit der Untersuchung	Wasser %	Stickstoff-Substanz %	Theobromin %	Fett %	Stärke und sonstige stickstofffreie Extraktstoffe %	Rohfaser %	Rein-asche %	Sand %	Analytiker
1	Caracas I. . . .	15,03	1879	7,41	13,93	—	4,94	40,78	12,91	7,41	12,62	G. Laube und B. Aldendorff [3])
2	desgl. II. . . .	20,09	„	7,74	11,68	—	5,99	35,29	12,79	8,32	18,19	
3	Guayaquil I. . .	—	„	8,93	13,44	—	8,12	48,01	13,87	6,81	0,82	
4	desgl. II. . . .	—	„	9,11	12,94	—	10,75	47,08	13,12	6,79	0,21	
5	Trinidad I. . . .	15,35	„	9,04	14,94	—	6,18	44,80	16,36	6,39	2,29	
6	desgl. II. . . .	14,04	„	8,30	15,44	—	4,23	46,05	18,00	7,06	0,92	
7	Puerto Cabello .	14,92	„	6,40	13,75	—	4,38	47,12	14,83	6,06	7,46	
8	Soconusco . . .	18,58	„	6,48	19,12	—	6,48	39,39	15,67	8,15	4,71	

[1]) Zeitschr. Nahrungsm.-Unters., Hyg. u. Waarenk. 1890, **4**, 121; Vierteljahresschr. Nahrungs- u. Genussm. 1890, **5**, 172.
[2]) Hygienische Rundschau 1900, **10**, 305.
[3]) Original-Mittheilung.
[4]) Industrieblatt 1889, **26**, 110; Vierteljahresschr. Nahrungs- u. Genussm. 1889, **4**, 160.

*) Forster fand in der fettfreien Trocken-Substanz:
Calcium u. Magnesium 0,98 %, Kalium u. Natrium 2,58 %, Phosphorsäure (PO_4) 4,78 % und Spuren von Kieselsäure.
**) Vergl. die Anmerkung *) auf S. 1021.
***) Vergl. die Anmerkung **) auf S. 1021.
[0]) Die Schalen wurden nach dem Trocknen mechanisch abgetrennt.

No.	Nähere Bezeichnung		Zeit der Untersuchung	Wasser %	Stickstoff-Substanz (Ges.-Stickst. × 6,25) %	Theobromin %	Fett %	Stickstoff-freie Extraktstoffe %	Rohfaser %	Asche: Reinasche %	Asche: Sand %	Analytiker
9	Ohne nähere Bezeichnung		1878	12,30	10,19	—	3,22	39,44	23,00	11,85		L. Grandeau [1])
10			„	14,40	8,44	—	1,89	62,27	10,05	3,05		
11			„	9,62	12,31	—	2,78	47,09	18,00	10,20		
12			„	11,72	9,98	—	2,38	42,11	24,24	9,32		
13			„	11,13	(25,87)	—	8,22	34,15	13,35	7,28		C. Portele [2])
14			„	11,46	10,32	—	4,99	49,94	14,81	6,68	2,30	J. Moser [1])
		Gehalt der Bohnen an Schalen %						Stärke *)	Wasserlösliche organ. Stoffe	Asche der in Wasser unlösl. Stoffe	Asche der in Wasser lösl. Stoffe	
15	Maracaibo . . .	12,00	$18\frac{84}{85}$	13,08	—	—	2,34	8,79	14,45	2,63	4,28	R. Bensemann [3])
16	Caracas	16,00	„	13,62	—	—	1,81	8,81	9,74	13,16	3,90	
17	Trinidad . . .	14,00	„	13,80	—	—	2,37	8,63	18,91	3,84	4,13	
18	Machala Guayaquil	13,00	„	14,56	—	—	2,03	7,07	14,73	9,31	3,80	
19	Portoplata . . .	12,00	„	11,55	—	—	3,95	10,35	15,53	10,21	2,83	
	Mittel (No. 15—19)	13,00	—	13,32	—	—	2,50	8,73	14,67	7,83	3,79	
					**)			Stickstoff-freie Extraktstoffe	Rohfaser	Reinasche	Sand	
20	Caracas**) . . .	—	„	12,49	13,18	0,58	2,38	40,30	16,33	9,06	6,26	H. Weigmann [4])
21	Trinidad**) . . .	—	„	14,64	14,62	0,74	3,45	44,89	15,79	6,19	0,42	
22	Surinam**) . . .	—	„	13,93	16,25	0,78	2,54	42,47	17,04	6,63	0,85	
23	Puerto Cabello**) .	—	„	14,89	16,18	0,75	2,01	43,32	15,25	8,08	0,27	
24	Caracas***) . . .	15,00	„	11,90	14,06	(0,30)	4,15	35,17	17,99	16,73		H. Zipperer [5])
25	Trinidad***) . .	14,68	„	13,09	13,31	(0,40)	4,74	43,04	18,04	7,78		
26	Surinam***) . .	14,60	„	13,02	—	(0,33)	4,17	—	14,85	7,31		
27	Puerto Cabello***)	12,28	„	12,04	—	(0,32)	4,00	—	15,98	8,99		
28	Ohne nähere Bezeichnung .		1887	13,24	11,08	—	2,90	46,71	16,03	8,10 [0])	1,94	A. Petermann [6])

[1]) Nach Dietrich u. König: Zusammensetzung der Futtermittel. 2. Aufl., S. 264.
[2]) Centralbl. Agrik.-Chem. 1879, **8**, 946.
[3]) Rep. analyt. Chem. 1884, **4**, 213 u. 1885, **5**, 178.
[4]) Original-Mittheilung.
[5]) P. Zipperer: Untersuchungen über Kakao und dessen Präparate. Hamburg 1887, S. 55.
[6]) Bull. Stat. agric. experim. Gembloux 1887, No. 38, 9; Centralbl. Agrik.-Chem. 1888, **17**, 429.

*) Unter Stärke sind in Zucker überführbare Stoffe verstanden: vergl. unten S. 1035.

**) Vergl. die Anmerkung *) zu den Analysen von Kakaobohnen desselben Analytikers S. 1021. H. Weigmann bestimmte in den vier von ihm untersuchten Sorten Kakaoschalen den Gehalt an Reinproteïn nach Stutzer's Methode mit folgendem Resultat:

	20	21	22	23
Schalen von Bohnen:	Caracas	Trinidad	Surinam	Puerto Cabello
Reinproteïn-Stickstoff . . .	2,08 %	1,90 %	2,08 %	1,93 %
Oder Reinproteïn	13,00 „	11,88 „	13,00 „	12,06 „

***) Bei Machala-Bohnen betrug der Gehalt an Schalen 16,14 %, bei Port au Prince 16,00 %, bei Ariba 18,68 %. Zipperer fand ferner bei den vier von ihm untersuchten Kakaoschalen an in 80 %-igem Alkohol löslicher

	No. 24	25	26	27
	Caracas	Trinidad	Surinam	Puerto Cabello
Kakaogerbsäure:	3,8 %	4,87 %	5,10 %	9,15 %

[0]) Die Asche hatte folgende procentige Zusammensetzung:

	Eisenoxyd (Fe_2O_3) %	Kalk (CaO) %	Magnesia (MgO) %	Kali (K_2O) %	Natron (Na_2O) %	Phosphorsäure (P_2O_5) %	Schwefelsäure (SO_3) %	Kieselsäure (SiO_2) %	Kohlensäure (CO_2) %	Chlor (Cl) %	Kohle %	Sand %
Rohasche . . .	8,62	12,88	6,81	21,84	2,19	4,03	1,41	10,75	9,26	1,93	1,98	19,34
Reinasche . .	10,95	15,60	8,65	27,74	2,78	5,12	1,79	13,65	11,83	2,45	—	—

Boussingault fand nach Petermann in Kakaoschalen 12,18 % Wasser, 14,25 % Stickstoff-Substanz, 3,90 % Fett u. 6,89 % Asche.

No.	Nähere Bezeichnung	Gehalt der Bohnen an Schalen %	Zeit der Untersuchung	Wasser %	Stickstoff-Substanz (Ges.-Stickst. × 6,25) %	Theobromin %	Fett %	Zucker %	Stärke %	Sonstige stickstofffreie Extraktstoffe %	Rohfaser %	Asche: Rein-asche %	Asche: Sand %	Analytiker
29	Ohne näh. Bezeichn.*)	—	1887	—	—	0,90 *)	5,32	—	—	—	20,92	9,07		Clarkson[1])
30	desgl.**)	—	1896	—	14,53	0,80	—	—	—	—	20,35	—**)		Vers.-Stat. Münster[2])
31	Ganz, staubfrei . .	—	„	9,08	13,56 ***)	—	2,65		39,25		29,14	6,32		M. Märcker[3])
32	Ganz, mit Staub .	—	„	9,95	12,69 ***)	—	3,96		44,59		21,55	7,26		M. Märcker[3])
33	Fein gemahlen . .	—	„	6,50	14,13 ***)	—	6,76		40,37		25,80	6,44		M. Märcker[3])
34	Aus einer italienischen Fabrik . .	—	1898	12,57	14,69	—	3,30		45,76		16,33	7,35		G. Paris[4])
35	Ohne näh. Bezeichn.	10,0	„	—	—	—	4,50		—		21,63	9,25	1,90	F. Filsinger[5])
36	Ohne nähere Bezeichnung		„	10,44	16,19	—	2,99		47,26		14,12	7,58	0,82	A. L. Winton, A. W. Ogden u. W. L. Mitchell[6])
37	Ohne nähere Bezeichnung		1899	12,49	14,52	—	3,44		43,38		15,70	10,47		Vers.-Stat. Münster[2])
38	Ohne nähere Bezeichnung		„	10,82	15,62	—	2,90		41,99		22,33	6,34		Vers.-Stat. Münster[2])
	Mittel		—	**11,19**	**13,61**	**0,76**	**4,21**	—	**8,73**	**35,22**	**17,16**	**9,88**		
	Kakaostaub		1892	6,05	18,52 [0])	—	17,08		37,88		10,67	9,80		Vers.-Stat. Münster[2])

Kakaopulver, d. h. theilweise entfetteter Kakao.

1. Kakaopulver ohne Zusätze[00]).

No.	Nähere Bezeichnung	Zeit der Untersuchung	Wasser %	Stickstoff-Substanz %	Theobromin %	Fett %	Zucker %	Stärke %	Sonstige stickstofffreie Extraktstoffe %	Rohfaser %	Asche %	Analytiker
1	Von Lobeck & Co. in Dresden[00])	1882	6,86	18,91	—	32,55	1,60	17,11	17,79		5,18	A. Stutzer[7])
2	Von Lobeck & Co. in Dresden[00])	„	6,71	18,60	—	33,48	—	—	—		5,18	A. Stutzer[7])
	Von Gebr. Stollwerck in Köln:											
3	Entölter Kakao No. I[000]) .	„	6,55	20,23	—	30,95	2,13	15,20	21,16		3,78	A. Stutzer[7])
4	„ „ „ II[000]) .	„	6,50	20,29	—	32,31	2,53	13,56	19,44		5,37	A. Stutzer[7])

[1]) Amer. Journ. Pharm. 1887, **6**; Chem. Centralbl. 1887, 1234 auch Vierteljahresschr. Nahrungs- u. Genussm. 1887, **2**, 540.
[2]) Original-Mittheilung.
[3]) Mitth. d. Verbandes deutsch. Chokoladenfabr. 1896, 32; Vierteljahresschr. Nahrungs- u. Genussm. 1897, **12**, 49.
[4]) Zeitschr. Nahrungs- u. Genussm. 1898, **1**, 389.
[5]) Zeitschr. öffentl. Chem. 1898, **4**, 809; Zeitschr. Nahrungs- u. Genussm. 1899, **2**, 589.
[6]) 22. Jahresbericht der Connecticut Agric. Experim. Stat. für 1898, 210.
[7]) Repertorium f. analyt. Chem. 1882, 161 u. Hygiene-Bericht 1882/83, **1**, 217.

*) Clarkson bezeichnet die in der Spalte Theobromin stehenden 0,90 % als Alkaloide; er fand ferner 4,70 % Kakaoroth u. 0,93 % Harz.
**) Der Gesammt-Wasser-Extrakt betrug 25,25 %, mit 0,80 % Theobromin, 2,11 % sonstiger Stickstoff-Substanz, 1,10 % Zucker (Glukose) und 4,86 % Mineralstoffen.
***) Der Gehalt an verdaulicher Stickstoff-Substanz betrug bei:
No. 31: 6,06 % No. 32: 4,38 % No. 33: 7,07 %.
[0]) Wir fanden ferner 12,28 % Reinproteïn (nach Stutzer) und 11,00 % unverdauliches Proteïn.
[00]) Abgesehen von zur Aufschliessung zugesetztem Alkali etc.
[000]) Die Kakaopulver No. 1—4 ergaben ferner:

	No. 1	2	3	4
Reinproteïn	6,25 %	4,16 %	6,72 %	8,24 %
Lösliches Nichtproteïn	5,78 „	5,54 „	6,36 „	5,46 „
Unlösliche Stickstoff-Substanz .	6,88 „	8,90 „	7,15 „	6,58 „
Phosphorsäure	1,61 „	1,67 „	1,79 „	1,95 „

No.	Nähere Bezeichnung	Zeit der Untersuchung	Wasser %	Stickstoff-Substanz (Ges.-Stickst. × 6,25) %	Theobromin %	Fett %	Zucker %	Stärke %	Sonstige stickstofffreie Extraktstoffe %	Rohfaser %	Asche %	Analytiker
5	Von Gebr. Stollwerck in Köln: Extrafein; aus Puerto Cabello und Soconusco, 8 M. pro kg*)	1884	6,81	22,50	2,12 *)	21,95	2,77	15,20	20,71	4,64	5,22	J. König, J. Cosack und H. Weigmann [1])
6	Von Gebr. Stollwerck in Köln: Feiner, No. II, 2,40 M. pro kg .	„	6,67	23,62	2,25 *)	23,31	3,62	14,26	18,72	4,76	5,04	
7	Von Gebr. Stollwerck in Köln: Puder-Kakao . . .	1888	5,10	22,31	—	21,81	17,34		22,55	5,42	5,47	
8	Von Lobeck & Co. in Dresden	„	7,62	19,81	—	26,23	13,30		22,79	4,67	5,58	
9	Von P. W. Gaedtke in Hamburg**)	„	7,10	25,18 **)	—	21,68	13,84		20,45	6,05	5,70	
10	Von P. W. Gaedtke in Hamburg**)	„	6,49	21,94	1,64	28,07	16,82		14,63	6,68	5,37	
11	Von C. S. van Houten & Zoon in Amsterdam*)	„	5,42	18,97	—	29,27	13,38		20,24	4,88	7,84	
12	Von C. S. van Houten & Zoon in Amsterdam*)	1886	4,27	20,50	(0,95)	32,30	11,85		13,18	8,78	9,12	A. Stutzer [2])
13	desgl.***)	1888	3,87	(14,47) ***)	1,74	33,27	36,82			3,89	7,88 ***)	Belohoubeck [3])
14	desgl.	1900	8,21	22,06	—	27,56	—	—	—	5,70	8,35	Vers.-Stat. Münster [1])
15	Von P.W.Gaedtke i.Hamburg	1886	3,81	23,12	1,28	28,45	15,08		18,43	5,85	5,26	A. Stutzer [2])
16	Holländ. Puder-Kakao . .	1880	4,60	19,50	—	31,60	—	—	—	—	9,10	Frühling und Schultz [4])

[1]) Original-Mittheilung.
[2]) Nach einer Broschüre von P. W. Gaedtke über Hamburger Puder-Kakao.
[3]) Cas. ceskeho lekarnictoa 1888. **7**, 311; Chem.-Ztg. 1888, **12**, 270.
[4]) Korrespondenz-Blatt des Vereins analyt. Chemiker 1880, 17.

*) Das Theobromin ist in No. 5 und 6 nach G. Wolfram bestimmt, bei No. 10 nach dem von Weigmann abgeänderten Verfahren (vergl. unter Kakaoanalysen S. 1021, Anmerkung *), wo auch das Verfahren der Stärkebestimmung beschrieben ist. Die Proben Puder-Kakao No. 7—11 ergaben ferner:

	Von d. Stickstoff-Substanz Verdaulich %	Von d. Stickstoff-Substanz Unverdaulich %	In Procenten der Gesammt-Stickstoff-Substanz verdaulich %	In Wasser lösliche Stoffe Organische %	In Wasser lösliche Stoffe Unorganische %	Kali %	Kalk %	Magnesia %	Phosphorsäure %
No. 7 .	12,76	9,55	57,19	4,88	2,04	1,58	0,35	0,93	2,05
No. 8 .	10,56	8,25	58,35	4,03	1,93	1,83	0,50	0,86	1,92
No. 9 .	14,06	11,12	55,84	4,34	1,88	1,75	0,50	1,01	2,09
No. 10 .	—	—	—	—	—	1,91	0,28	0,92	1,88
No. 11 .	8,54	10,43	45,02	4,03	3,03	3,52	0,27	0,81	1,84
	Von Reinproteïn:								
No. 12 .	9,18	9,47	49,34	—	—	—	0,16	—	1,77
No. 13 .	13,13	7,50	63,64	—	—	—	0,20	—	1,82

Die Verdaulichkeit ist durch aufeinanderfolgendes Behandeln der Puder-Kakao-Proben mit Magen- und Pankreassaft bestimmt worden.

**) Der Gaedtke'sche Puder-Kakao scheint durch Rösten der Kakaobohnen mit Ammoniak oder dessen Salzen dargestellt zu werden; denn er enthält nicht unwesentliche (durch Magnesia aus dem wässerigen Extrakt abdestillirbare) Mengen Ammoniak- + Asparagin-Stickstoff; wir fanden in einer Probe mit 4,12 % Gesammt-Stickstoff 0,30 % Stickstoff in Form von Ammoniak und Asparagin. H. Weigmann fand nach Anm. S. 1021 in natürlicher Kakaomasse im Mittel:

Asparagin-Stickstoff 0,023 %, Ammoniak-Stickstoff 0,016 %,

welche Menge für entfetteten Puder-Kakao höchstens 0,07 % ausmacht, so dass nach Abzug dieser für den Gaedtke'schen Kakao noch rund 0,30 % Stickstoff in Form von künstlich zugesetztem Ammoniak verbleiben würde. Daher erklärt sich wohl auch der verhältnissmässig hohe Gehalt des Puder-Kakaos an Gesammt-Stickstoff und daraus berechneter Stickstoff-Substanz.

***) Die Stickstoff-Substanz ist als in Wasser lösliche und unlösliche Eiweissstoffe angeführt; das Theobromin ist nach Legler's Verfahren, der Stickstoff nach Will-Varrentrapp, die Rohfaser nach dem Weender Verfahren bestimmt. Die Asche enthielt in Procenten:

Eisenoxyd (Fe_2O_3)	Thonerde (Al_2O_3)	Manganoxyd (Mn_2O_3)	Kalk (CaO)	Magnesia (MgO)	Kali (K_2O)	Natron (Na_2O)	Phosphorsäure (P_2O_5)	Schwefelsäure (SO_3)	Kieselsäure (SiO_2)	Kohlensäure (CO_2)	Chlor (Cl)	Sand etc.
0,22	0,15	0,02	1,56	10,45	52,89	2,14	24,91	2,56	0,78	3,45	0,89	0,09

No.	Nähere Bezeichnung	Zeit der Untersuchung	Wasser %	Stickstoff-Substanz (Ges.-Stickst. × 6,25) %	Theobromin %	Fett %	Zucker %	Stärke %	Sonstige stickstofffreie Extraktstoffe %	Rohfaser %	Asche %	Analytiker
17	Nährsalz-Kakao von Hewel & Veithen in Köln*)	1889	8,00	17,50	1,78	28,26	—	11,09	26,24	4,21	*) 4,70	*E. Haselhoff* [1])
18	Entölter Kakao	„	4,46	16,12	—	28,92	—	14,60	27,17		6,98	*O. Schweissinger* [2])
19	Nach Patent Salomon ohne Zusätze geröstet	1891	4,30	20,84 **)	1,92	27,83	38,62			3,36	5,05	*A. Stutzer* [3]) **)
20	Nach dem holländischen Verfahren geröstet	„	3,83	19,88 **)	1,73	30,51	37,48				8,30	
21	Mit Ammoniak aufgeschlossen I	„	6,56	20,39 **)	1,98	27,34	39,39				5,18	
22	Mit Ammoniak aufgeschlossen II	„	5,41	19,25 **)	1,80	33,85	36,06				5,43	
23	Von Thiele & Holzhausen in Barleben bei Magdeburg ***)	1892	4,86	24,56	—	28,71	30,61			6,26	5,00	*Vers.-Stat. Münster* [1])
24	Von Thiele & Holzhausen in Barleben bei Magdeburg ***)	„	8,06	25,44	1,92	26,37	28,47			6,33	5,33	
25	Atlas-Kakao	1893	4,93	23,81	2,06	28,53	—	11,78	20,43	5,57	4,95	*Vers.-Stat. Münster* [1]) [0])
							Wasserlösliche Stoffe					
26	Rowntree's elect extrakt of cocoa	1895	4,05	15,22	(1,08)	30,82	7,48	—	—	—	7,70	*Frorence Yaple* [4]) [00])
27	Huyler's caracas cocoa	„	4,27	17,29	(1,02)	34,04	7,44	11,26	—	—	5,54	
28	Breakfast cocoa Croft & Allen	„	3,98	17,27	(0,56)	32,48	6,52	17,65	—	—	4,24	
29	Breakfast cocoa Miller	„	3,99	16,77	(1,06)	38,76	7,52	20,71	—	—	4,05	
30	Breakfast cocoa W. Baker & Co.	„	4,44	15,74	(1,28)	27,52	6,62	23,34	—	—	5,23	
31	Breakfast cocoa Wilbur	„	3,84	16,74	(0,82)	33,32	5,84	16,94	—	—	4,69	
32	Fry's cocoa Extrakt	„	4,33	12,78	(1,36)	31,16	5,26	16,07	—	—	4,28	
33	Van Houten's pure soluble cocoa	„	4,53	17,03	(0,69)	29,78	9,88	21,26	—	—	8,19	
34	Bensdorp's pure royal dutch cocoa	„	4,59	11,41	(0,88)	33,06	8,52	11,33	—	—	6,69	
35	J. & C. Blooker's dutch cocoa	„	4,64	16,87	(1,22)	31,78	7,70	15,90	—	—	6,70	
36	Whitmann's pure cocoa	„	2,70	14,13	(0,66)	37,68	4,10	16,26	—	—	4,15	
37	Cadbury's cocoa essence	„	4,00	13,58	(0,70)	27,58	6,48	21,05	—	—	4,70	
38	Cadbury's cocoa essence	1901	4,12	24,86	1,93	24,97	—	14,96	21,79	4,85	4,45	*Vers.-Stat. Münster* [1])

[1]) Original-Mittheilung.
[2]) Industrieblatt 1889, **26**, 110; Vierteljahresschr. Nahrungs- u. Genussmittel 1889, **4**, 160.
[3]) Zeitschr. angew. Chem. 1891, 368.
[4]) Amer. Journ. Pharm. 1895, **67**, 318; Chem.-Ztg. 1895, **19**, Rep. 240.

*) In der Asche 1,66 % Kali (K_2O) u. 1,56 % Phosphorsäure (P_2O_5).

**) A. Stutzer fand ferner an:

	Gesammt-Stickstoff	Stickstoff in Form von: Verdaulichem Proteïn	Unverdaulichem Proteïn	Theobromin	Ammoniak	Amiden	Stickstoff-Verbindungen in Form von: Verdaulichem Proteïn	Unverdaulichem Proteïn	Ammoniak	Amiden
No. 19	3,68	1,64	1,15	0,61	0,05	0,23	10,25	7,18	0,06	1,43 %
No. 20	3,30	1,23	1,47	0,55	0,03	0,02	7,68	9,19	0,03	0,13 „
No. 21	3,95	1,68	1,23	0,63	0,36	0,05	10,50	7,68	0,46	0,31 „
No. 22	3,57	1,25	1,28	0,57	0,26	0,21	7,81	8,00	0,33	1,31 „

***) Wir fanden ferner: in Probe No. 23: 1,98 % Kali (K_2O) und 17,25 % Wasser-Extrakt, in Probe No. 24: 0,36 % Ammoniak (NH_3), 17,95 % Wasser-Extrakt und 36,98 % unverdauliche Stickstoff-Substanz.

[0]) Wir fanden ferner: 12,67 % organische und 4,40 % anorganische in Wasser lösliche Stoffe.

[00]) Untersuchungsverfahren sind nicht angegeben.

No.	Nähere Bezeichnung	Zeit der Untersuchung	Wasser %	Stickstoff-Substanz (Ges.-Stickst. × 6,25) %	Theobromin %	Fett %	Zucker %	Stärke %	Sonstige stickstofffreie Extraktstoffe %	Rohfaser %	Asche %	Analytiker
39	Von Otto Rüger in Dresden*)	1895	6,50	19,04	—	32,20	—	11,24	18,85	3,98	8,19	
40	Von Jordan und Timäus in Bodenbach*)	"	6,12	21,43	—	25,96	—	12,43	20,53	5,33	8,00	
41		"	6,92	23,98	—	23,64	—	13,54	18,84	4,70	8,38	
42		"	4,40	22,05	—	28,42	—	12,28	20,20	5,08	7,57	*M. Mansfeld*[1])
43		"	3,02	23,83	—	24,32	—	13,08	25,64	3,70	6,41	
44		"	5,69	21,95	—	30,51	—	11,67	18,79	5,00	6,39	
45		"	7,58	22,67	—	29,18	—	12,81	17,94	4,12	5,69	
46	Ohne nähere Bezeichnung (nach der mikroskopischen Untersuchung rein)	1897	6,19	23,94	1,52	25,83		34,31		4,50	5,23	
47		"	4,93	23,86	2,69	24,98		35,72		4,88	5,63	*Vers.-Stat. Münster*[2])
48		1898	5,60	23,51	1,51	26,58		30,83		7,92	5,56	
49		1900	5,75	24,58	2,65	24,32	—	17,08	15,80	6,67	5,80	
							Farb- u. Gerbstoff					
50	Von Hartwich & Vogel . .	1899	4,67	23,33	—	25,19	14,97	12,65	8,99	4,67	5,53	*M. Mansfeld*[3])
51	Adler-Kakao	"	6,38	20,03	—	31,12	10,73	11,52	2,48	9,95	7,14	
52	Aus einer deutschen Fabrik.	1900	9,10	19,00	—	25,00	—	—	—	—	5,60	
53	Aus holländischen Fabriken	"	6,40	20,60	—	33,90	—	—	—	—	6,30	
54		"	3,60	19,30	—	33,70	—	—	—	—	7,80	*J. Forster*[4])
55		"	6,60	20,20	—	32,30	—	—	—	—	6,50	
56	Blooker's Kakao	"	5,90	20,00	1,50	31,00		30,90		4,40	6,30 **)	
57	„Doppel-Kakao" von Th. Reichardt in Wandsbeck	"	7,23	26,16	1,68	14,72		37,31		6,17	8,41 ***)	*Vers.-Stat. Münster*[2])
58		"	8,51	24,25	1,97	13,18	Zucker	39,04		5,95	9,07 ***)	
	Mittel	—	**5,54**	**20,33**	**1,88**	**28,35**	**2,52**	**15,60**	**16,05**	**5,37**	**6,24**	

2. Kakaopulver mit Zusatz von proteïnreichen Nährmitteln.
(Ueber Fleisch-Kakaopulver vergl. oben S. 81).

No.	Nähere Bezeichnung	Zeit der Untersuchung	Wasser %	Stickstoff-Substanz %	Theobromin %	Fett %	Zucker %	Stärke %	Sonstige stickstofffreie Extraktstoffe %	Rohfaser %	Asche %	Analytiker
1	Pepton-Kakao⁰) von Rud. Schülke in Hamburg . .	1889	4,08	20,56 ⁰)	1,03	10,88	49,51	9,37		1,43	4,17 ⁰)	*W. Kisch*[2])
	Aleuronat-Kakao.											
2	Von J. Hundhausen in Hamm i. W.	1896	10,76	42,12	—	22,29		16,35		3,93	4,55	
3		1899	6,65	33,74	1.56 ⁰⁰)	16,30		31,33		4,70	7,28	*Vers.-Stat. Münster*[1])
4	Kakao mit Erdnussmehl-Zusatz von Riquet & Co. Leipzig	1896	3,59	34,42	1.05 ⁰⁰)	23,46		27,64		4,41	6.68 ⁰⁰⁰)	
5	Kakao mit Somatose von Jordan u. Timäus in Wien	1898	4,12	20,71 †)	1,49	15,59	28,42	9,16	15,03	2,63	4,34	*M. Mansfeld*[5])

[1]) Zeitschr. Nahrungsmittel-Unters., Hyg. u. Waarenk. 1895, **9**, 317.
[2]) Original-Mittheilung.
[3]) Bericht d. Untersuchungsanstalt f. Nahrungs- u. Genussmittel des Allg. Oesterr. Apoth.-Vereins f. 1898/99 S. 7.
[4]) Hygienische Rundschau 1900, **10**, 305
[5]) Pharm. Post 1898, **31**, 214; Zeitschr. Nahrungs- u. Genussmittel 1898, **1**, 710.

*) Die Kakaoproben waren ohne fremde Beimischungen.
**) Forster fand in der fettfreien Trocken-Substanz Calcium u. Magnesium 0,98 %, Kalium u. Natrium 3,81 %, Phosphorsäure (PO_4) 3,97 % und Spuren von Kieselsäure. Die obigen Zahlen sind Mittel mehrerer Analysen.
***) Wir fanden in No. 57: 0,05 % Chlor entsprechend 0,08 % Chlornatrium und in No. 58: 0,35 % Chlor entsprechend 0,59 % Chlornatrium.
⁰) Der Pepton-Kakao ist mittelst Kemmerichs-Pepton hergestellt: er enthielt ferner: 8,25 % Albumosen (Ammonsulfat-Fällung), 4,41 % Pepton (Fällung mit phosphorwolframsaurem Natrium), 1,97 % Kali und 1,21 % Phosphorsäure.
⁰⁰) Das Theobromin ist nach dem Verfahren von Kunze bestimmt.
⁰⁰⁰) Mit 3,34 % Kali.
†) Mit 12,41 % Reinproteïn (nach Stutzer), 1,49 % Theobromin u. 6,81 % sonstigen löslichen Stickstoffverbindungen.

No.	Nähere Bezeichnung	Zeit der Untersuchung	Wasser %	Stickstoff-Substanz (Ges.-Stickst. × 6,25) %	Theobromin %	Fett %	Zucker %	Stärke %	Sonstige stickstofffreie Extraktstoffe %	Rohfaser %	Asche —	Analytiker
6	Kakao mit 20% Tropon von Gebr. Stollwerck . .	1899	5,75	38,49	1,60 *)	24,77	22,72 (Zucker + Stärke + Sonstige)			3,76	4,51	Vers.-Stat. Münster [1])
7	Kakao mit 20% Mutase von Gebr. Stollwerck . .	„	5,66	28,31	1,67 *)	25,24	30,72 (Zucker + Stärke + Sonstige)			3,81	6,26	Vers.-Stat. Münster [1])

3. Kakaopulver mit Zusatz von Malz, Malzextrakt, Hafermehl etc.

No.	Nähere Bezeichnung	Zeit der Untersuchung	Wasser %	Stickstoff-Substanz %	Theobromin %	Fett %	Maltose + Dextrin %	Stärke %	Sonstige stickstofffreie Extraktstoffe %	Rohfaser %	Asche	Analytiker
1	Malto-Leguminosen-Kakao .	1887	7,38	19,71 **)	0,71	17,86	5,42 **)	27,82	13,80	2,36	4,94 **)	R. Fresenius [2])
2	Malz-Kakao von F. W. Altgelt in Crefeld	1895	4,49	16,07	—	22,88	8,44 ***)	40,30 (Stärke + Sonstige)		4,50	3,32	Vers.-Stat. Münster [1])
3	Kakao mit Mumme-Malzextrakt	„	4,20	16,51	1,31 *)	17,76	30,31 0)	24,58 (Stärke + Sonstige)		3,26	3,38	Vers.-Stat. Münster [1])
4	Viktoria-Familien-Volks-Malz-Kakao	1899	5,67	15,53	—	16,63	—	48,60	6,70	3,41	3,46	M. Mansfeld [3])
5	Viktoria-Familien-Volks-Malz-Kakao	„	5,64	17,17	—	11,63	—	48,51	11,97	3,61	1,47	M. Mansfeld [3])
6	Viktoria-Familien-Volks-Malz-Kakao	„	5,78	14,71	—	14,52	—	43,80	13,91	3,22	4,06	M. Mansfeld [3])
7	Hafer-Kakao aus etwa gleichen Theilen Kakao und Hafermehl	1900	6,10	19,81	0,68	16,96	48,69 (Zucker + Stärke + Sonstige)			3,30	4,46	Nothnagel [4])
8	Desgl. von Th. Reichardt in Wandsbeck	„	6,94	17,81	1,11 *)	19,88	46,42			2,93	6,02 00)	Vers.-Stat. Münster [1])
9	Hausen's Kasseler Hafer-Kakao „Servus“ . . .	„	11,64	16,68	—	15,38	48,73			3,03	4,54	Vers.-Stat. Münster [1])
10	Eiweiss-Hafer-Kakao von Th. Reichardt in Wandsbeck .	„	8,06	25,52	0,49 *)	16,30	41,45			2,50	6,17 00)	Vers.-Stat. Münster [1])

4. Eichel-Kakao.

No.	Nähere Bezeichnung	Zeit der Untersuchung	Wasser %	Stickstoff-Substanz %	Theobromin %	Fett %	Zucker %	Gerbstoff 000) %	Sonstige stickstofffreie Extraktstoffe %	Rohfaser %	Asche	Analytiker
1	Von Gebr. Stollwerck in Köln a. Rh.	1885	—	14,06 †)	—	14,42	25,15	1,96	23,39	(1,88)	—	R. Fresenius [1])
2	Von Gebr. Stollwerck in Köln a. Rh.	„	5,28	—	—	14,14	24,26	1,95	Stärke 22,66	3,13	3,66	A. Tschirch [5]) ††)

[1]) Original-Mittheilung.
[2]) Nach einem Prospekt.
[3]) Bericht der Untersuchungsanstalt für Nahrungs- u. Genussmittel des allg. österr. Apoth.-Vereins 1898/99, S. 7.
[4]) Apoth.-Ztg. 1900, **15**, 181; Zeitschr. Nahrungs- u. Genussmittel 1900, **3**, 705.
[5]) Pharm. Ztg. 1886, **27**, 190; Vierteljahresschr. Nahrungs- u. Genussmittel 1887, **2**, 65.

*) Das Theobromin ist nach dem Verfahren von Kunze bestimmt.
**) In die Stickstoff-Substanz ist das Theobromin nicht eingerechnet; von derselben sind durch Pepsin und Pankreatin 92,64% verdaulich. R. Fresenius fand ferner: 1,88% direkt reducirenden Zucker (Maltose) und in der Asche: 1,735% Kali, 0,123% Kalk und 1,512% Phosphorsäure.
***) Wir fanden: 5,92% Zucker (Maltose), 2,52% Dextrin und 19,80% Wasser-Extrakt mit 2,80% Mineralstoffen.
0) Mit 22,59% Zucker (Maltose) und 7,72% Dextrin.
00) Wir fanden ferner in der Asche von No. 8: 1,18% Chlor entsprechend 1,95% Chlornatrium und in der Asche von No. 10: 1,15% Chlor entsprechend 1,90% Chlornatrium.
000) Als Eichengerbsäure berechnet.
†) Von der Stickstoff-Substanz ist Reinproteïn bei No. 1: 8,13% und bei No. 3: 10,10%.
††) Vergl. Anmerkung **) S. 1033.

No.	Nähere Bezeichnung	Zeit der Untersuchung	Wasser %	Stickstoff-Substanz (Ges.-Stickst. × 6,25) %	Theobromin %	Fett %	Zucker %	Gerbstoff %	Sonstige stickstofffreie Extraktstoffe %	Rohfaser %	Asche %	Analytiker
3	Von Gebr. Stollwerck in Köln a. Rh.	1885	5,52	15,25 *)	—	14,85	19,10	3,28	26,22	3,82	3,95	*H. Weigmann*[1])
4	Ohne nähere Bezeichnung .	1888	7,50	11,25	—	16,54	—	2,50	—	—	3,83	*O. Schweissinger*[2])
5	Holländischer Eichel-Kakao von Kraepelin & Holm in Zeist	1885	4,34	—	—	17,33	26,35	Stärke 32,78	—	2,40	3,34	*A. Tschirch*[3]) **)
6	(ditto)	1887	4,01	13,46	—	11,68	39,70	25,43		2,30	3,42	*van Hamel-Roos*[4])
7	Deutscher Eichel-Kakao (Kronen-Kakao) von F. A. Richter u. Co. in Rudolfstadt	„	3,83	—	—	16,96	Glukose + Dextrin 22,11	23,39	—	4,02	3,38	*A. Tschirch*[3]) **)
8	Dänischer Eichel-Kakao von G. Lotze in Love . .	„	5,37	—	—	24,21	23,48	10,30	—	2,34	2,32	(ditto)
9	Eichel-Kakao von Th. Timpe	1888	—	13,80	—	10,60	—	Gerbst. + Kakaoroth etc. 5,30	66,40	—	***)	*H. Hager*[5])
10	Präparirter[0]) Kakao . . .	1894	8,41	17,23	0,95	21,94	Saccharose 21,16	Gerbstoff nach Fleck 5,54	Stärke 19,66	5,20	3,79	*Vers.-Stat. Münster*[1])

Saccharin-Kakao.

No.	Nähere Bezeichnung	Zeit der Untersuchung	Wasser %	Stickstoff-Substanz %	Theobromin %	Fett %	Zucker %	Gerbstoff %	Sonstige stickstofffreie Extraktstoffe %	Rohfaser %	Asche %	Analytiker
1	Von Max Rieck in Hamburg	1888	7,26	20,50	2,09	32,25	Saccharin 0,40	Stärke 13,02	sonstige stickstofffreie Extraktstoffe 13,51	5,27	5,93 00)	*J. König und M. Wesener*[1])
2	Von D. Sprüngli & Sohn in Zürich	„	3,89	—	—	28,78	0,76	—	—	—	—	?[6])

[1]) Original-Mittheilung.
[2]) Jahresber. d. öffentl.-chem. Laboratoriums in Dresden 1888, 16.
[3]) Vergl. Anmerkung [5]) S. 1032.
[4]) Nach einer Mittheilung von T. F. Hanausek in Zeitschr. Nahrungsm.-Unters., Hygiene u. Waarenk. 1887, **1**, 247. Hanausek fand für den holländischen Eichelkakao nach der mikroskopischen Untersuchung, dass die Kakao-Kotyledonen nur in kleinen Körperchen vorhanden, die Bohnen daher fein gepulvert sind; Kakaoschalen-Bestandtheile liessen sich nur wenige nachweisen; das zugesetzte Weizenmehl war gut geröstet mit allen Kennzeichen der Dextrinirung: indess fand sich auch etwas Kleie von Weizenmehl vor. Kartoffelstärke und Zimmtpulver etc. waren nicht vorhanden.
[5]) Pharm. Ztg. 1888, **33**, 511: Vierteljahresschr. Nahrungs- u. Genussmittel 1888, **3**, 373.
[6]) Chem.-Ztg. 1888, **12**, 106.

*) Vergl. Anmerkung †) S. 1032.
**) Ueber den mikroskopischen Befund berichtet Tschirch folgendes:
No. 2: Spuren von Kakaoschalen; Weizenmehl feinkörnig, schalenarm, die Zellen vollständig zerrissen; Stärke gut geröstet, zahlreiche Körner mit allen Anzeichen der Dextrinirung.
No. 5: Kakaoschalen in sehr geringer Menge; grobes Weizenmehl mit zahlreichen Schalenelementen, Zellen des Endosperms intakt. Weizenstärke gut geröstet, dextrinirt; geringe Mengen ungerösteter Kartoffelstärke und Cassia-Zimmt.
No. 7: Kakaomasse gut zerkleinert, Weizenmehl verhältnissmässig grobkörnig; Stärke gut geröstet, vielfach dextrinirt: wenig Weizen- und Kakaoschalen.
No. 8: Kakaomasse sehr unvollständig zerkleinert; verhältnissmässig viele und grosse Kakaoschalentheile; Weizenmehl besser zerkleinert: Stärkekörner sehr unvollständig geröstet, nahezu alle unverändert.
***) Hager fand an Salzen: 1,27 % Chlorkalium, 0,65 % Kaliumphosphat, 0,93 % Calciumphosphat, 0,58 % Calciumsulfat, 0,30 % Kaliumoxyd, 0,0028 % Eisenoxyd und Spuren Magnesia und Thonerde.

0) Die Bohnen werden nach dem Rösten mit Spuren von Salzsäure unter Dampfdruck gestellt, getrocknet und mit geröstetem Aleuronat unter Zusatz von Gerbsäure verrieben: darauf wird Weizenmehl mit Hühnereiweiss zugesetzt.
00) Mit 2,16 % Kali und 1,69 % Phosphorsäure.

Die löslichen Bestandtheile des Kakaos.

Nach A. Stutzer (Zeitschr. angew. Chem. 1892, 510).

No.	Nähere Bezeichnung	Zusammensetzung des Kakaos						In kochendem Wasser löslich in Procenten der Substanz*)					Von 100 Theilen der Bestandtheile sind löslich			Von 100 Theilen fettfreier organischer Substanz sind gelöst		
		Wasser %	Fett %	Fettfreie organische Substanz %	Asche %	Phosphorsäure %	Ammoniak-Stickstoff %	Organische Stoffe %	Stickstoff**) %	Stickstoff-Substanz (N × 6,25) **) %	Asche %	Phosphorsäure %	Organische Stoffe %	Mineralstoffe %	Phosphorsäure %	Im Ganzen %	Stickstoff-Substanz %	Stickstofffreie Extraktstoffe %
1	Kakaopulver mit Zusatz von Alkalien hergestellt (aus Holland)	6,84	24,18	62,51	6,47	1,74	0,035	20,50	1,60	10,00	4,71	0,31	23,65	72	17	32,79	16,00	16,79
2		5,08	31,21	57,16	6,52	1,74	0,028	20,65	1,46	9,12	4,98	0,25	23,36	76	14	36,11	15,94	20,17
3		6,94	29,38	58,44	5,24	1,62	0,028	18,52	1,30	8,12	3,78	0,35	21,09	72	21	31,69	13,89	17,80
4		3,44	27,72	62,46	6,38	1,84	0,039	18,54	1,52	9,50	4,88	0,44	20,56	76	23	29,68	15,21	14,40
5		4,58	29,26	57,40	8,76	2,02	0,021	18,58	1,05	6,56	6,20	0,59	19,73	70	38	28,89	11,49	17,40
6		5,46	26,86	62,25	5,43	1,89	0,035	16,82	1,37	8,56	4,46	1,12	18,88	82	59	27,02	13,75	13,27
7		5,82	31,84	56,60	5,74	1,89	0,028	16,46	1,15	7,18	4,10	0,39	18,61	71	20	29,08	12,68	16,40
8		5,42	29,34	58,87	5,37	2,09	0,035	16,16	1,21	7,56	4,22	0,90	18,14	78	43	27,48	12,84	14,64
9		6,90	31,00	56,43	5,67	2,08	0,035	12,61	0,93	5,81	3,83	0,76	14,42	67	36	22,35	10,29	12,16
	Mittel (No. 1—9)	5,61	28,98	59,12	6,18	1,88	0,032	17,65	1,29	8,05	4,57	0,56	19,83	74	30	29,45	13,57	15,90
10	Ohne Zusätze hergestellt . .	4,58	30,38	60,06	4,98	2,12	0,035	16,52	1,15	7,18	1,70	1,54	18,27	34	72	27,51	11,95	15,56
11	Mit kohlensaurem Ammon verarbeitet . .	6,56	26,62	61,34	5,48	1,56	0,300	17,35	1,29	8,06	2,90	0,42	19,73	52	27	28,28	13,14	15,14

Chokolade.

1. Reine Chokoladen, d. h. solche, die nur aus Kakaomasse (z. Th. mit Kakaobutter-Zusatz), Zucker und Gewürz hergestellt sind.

No.	Nähere Bezeichnung	Zeit der Untersuchung	Wasser %	Stickstoff-Substanz (Ges.-Stickst. × 6,25) %	Theobromin %	Fett %	Zucker %	Stärke***) %	Sonstige stickstofffreie Extraktstoffe %	Rohfaser %	Asche %	Analytiker
1	Süsse Chokolade	1879	2,81	5,56	—	17,57	54,80	—	—	—	2,98	*J. König, J. Cosack und H. Weigmann*[1] ***)
2	Vanille-Chokolade	„	0,99	4,87	—	12,03	64,96	4,10	—	—	2,18	
3	Haushaltungs-Chokolade . .	„	1,31	4.94	—	15,52	65,64	3,96	5.51	1,22	1,90	
4	desgl.	„	1,09	4,87	—	16.09	69,84	3,69	1,77	1,10	1,55	

[1]) Original-Mittheilung.

*) 10 g des Kakaopulvers wurden in einem Becherglase mit 250 ccm kochendem Wasser unter Umrühren übergossen und zehn Minuten lang mit Hilfe einer kräftig wirkenden Rührmaschine umgerührt. Sodann wurde die Mischung in einen 500 ccm Kolben gebracht und soviel kaltes Wasser hinzugefügt, dass eine Wärme von 37—40° (Bluttemperatur) erreicht wurde. Mit Wasser von gleichem Wärmegrade ist der Kolben sodann bis zur Marke aufgefüllt, die Flüssigkeit umgeschüttelt, schnell durch grosse Faltenfilter gegossen und das klare Filtrat wieder auf 37—40° erwärmt. Hiervon wurden sogleich 250 ccm (= 5 g Kakao) abgemessen, die Flüssigkeit in einer Platinschale eingedunstet und bei 97—99° getrocknet, bis eine Abnahme des Gewichts nicht mehr stattfand. Der gewogene Rückstand ist verascht und die Menge der Asche ebenfalls ermittelt.

**) Auf Theobromin wurde bei den Analysen keine Rücksicht genommen und ist dieses in die berechnete Menge der Stickstoff-Substanz mit eingeschlossen; dagegen ist bei den Berechnungen die gefundene Menge des Ammoniak-Stickstoffs in Abzug gebracht.

***) Bei No. 2, 3 u. 4 sind unter Stärke die nach Extraktion des Zuckers mit Schwefelsäure in Zucker überführbaren Stoffe zu verstehen; bei No. 5—10 ist die Stärke in dem zucker- und fettfreien Rückstand dadurch bestimmt, dass letzterer in Reischauer'schen Druckfläschchen erhitzt und die verkleisterte Masse mit Salzsäure invertirt wurde. Der Zucker ist bei den Analysen No. 1—10 durch Extraktion mit Wasser und in der wässerigen invertirten Lösung mit Fehling'scher Lösung gewichtsanalytisch bestimmt. Für die Bestimmung des Theobromin bei No. 5—10 wurde die Wolfram'sche Methode angewendet.

No.	Nähere Bezeichnung	Preis für 1 kg M.	Zeit der Untersuchung	Wasser %	Stickstoff-Substanz (Ges.-Stickst. × 6,25) %	Theobromin *) %	Fett %	Zucker %	Stärke*) %	Sonstige stickstofffreie Extraktstoffe %	Rohfaser %	Asche %	Asche im Wasser-Extrakt	Analytiker
5	Von Gebr. Stollwerck in Köln a. Rh.: Superfeine Gesundheits-Chokolade I.	4,80	1883	2,50	6,62	0,66	27,31	48,59	4,59	5,40	1,30	1,69		J. König, J. Cosack und H. Weigmann[1]) *)
6	Fürsten-Chokolade . . .	10,00	„	2,06	6,89	0,79	28,55	37,86	5,85	14,68	2,10	2,01		
7	Superfeine Vanille-Chokolade III. .	6,00	„	2,11	6,75	0,68	25,54	45,37	5,83	11,25	1,50	1,65		
8	desgl. für Reisen	6,00	„	2,19	6,93	0,69	24,10	47,29	3,83	12,48	1,50	1,68		
9	Gute Vanille-Chokolade VI.	3,20	„	1,93	8,18	0,56	22,50	55,31	4,44	5,50	0,70	1,44		
								Wasserlösliche organ. Stoffe	**)					
10	Chokoladen in Tafelform nur aus enthülsten Kakaobohnen und Zucker hergestellt	4,80	$18\frac{84}{85}$	1,92	—	—	22,61	59,60	5,20	—	—	2,32	0,27	R. Bensemann[2])
11		4,00	„	2,25	—	—	22,50	59,56	4,70	—	—	2,42	0,24	
12		3,20	„	1,10	—	—	22,48	61,81	4,27	—	—	1,71	0,34	
13		2,40	„	1,53	—	—	21,40	62,43	3,92	—	—	1,70	0,25	
14		—	„	1,43	—	—	24,14	59,73	4,81	—	—	1.80	0,40	
		Mittel	—	1,65	—	—	22,57	60,63	4,58	—	—	1,99	0,30	
								Zucker						
15	Französische Chokoladen		1883	1,22	4,57	(1,26)	21,40	59,07	(1,83)	—	—	1,79		Boussingault[3]) ***)
16			„	1,28	4,57	(1,33)	22,20	57,47	(1,83)	—	—	1,75		
17			„	0,98	4,99	(1,43)	23,80	56,34	(0,97)	—	—	1,87		
18	Spanische Chokoladen		„	1,51	6,45	(1,82)	20,50	54,00	(1,33)	—	—	2,43		
19			„	1,20	8,67	(2,64)	24,80	41,46	(1,84)	—	—	3,23		
20			„	1,33	8,21	(2,50)	26,60	41,40	(1,74)	—	—	3,06		
21	Ohne nähere Bezeichnung .		1889	1,14	7,88	—	26,89	50,77	6,37	—	—	1,52		O. Schweissinger[4])

[1]) Original-Mittheilung.

[2]) Rep. analyt. Chem. 1884, **4**, 213 u. 1885, **5**, 178.

[3]) Ann. Chim. et Phys. 1883, 433; Chem.-Ztg. 1883, **7**, 203.

[4]) Industrieblatt 1889, **26**, 110; Vierteljahresschr. Nahrungs- u. Genussmittel 1889, **4**, 160.

*) Vergl. Anmerkung ***) S. 1034.

**) Die Stärke wurde in der Weise bestimmt, dass 2 g Substanz erst mit kaltem Wasser ausgezogen, darauf das Ungelöste noch feucht mit 200 ccm Wasser aufgenommen und nach Zusatz von 20 ccm Salzsäure (1,12) drei Stunden im kochenden Wasserbade erwärmt wurden. Nach dem Erkalten wurde filtrirt und zu dem Filtrat eine kalte, frisch bereitete Lösung von 4 g Kupfertartrat, 2 g Weinsäure, 30 ccm Natronlauge (1,13) und 100 ccm Wasser gegeben; das Gemisch wurde eine halbe Stunde bei einer Temperatur von 70—80° digerirt, das ausgeschiedene Kupferoxydul als solches gewogen und bei der Berechnung 1 g Cu_2O = 0,4532 g Stärke gesetzt.

***) Ueber die Untersuchungsmethoden ist nichts Näheres angegeben; das Albumin schliesst anscheinend „Theobromin"-Stickstoff aus; die Zahlen für Theobromin dürften entschieden zu hoch, die für Stärke entschieden zu niedrig sein: der Zucker ist anscheinend durch Polarisation bestimmt, da es heisst, dass behufs seiner Bestimmung das stark rechtsdrehende Gummi vorher entfernt wurde. Boussingault giebt in den untersuchten Chokoladen ferner noch folgende Bestandtheile an:

	No. 15	16	17	18	19	20
Gummi (Schleim-) . . .	1,02 %	1,07 %	1,14 %	1,33 %	1,84 %	1,74 %
Weinsäure	1,41 „	1,48 „	1,58 „	1,97 „	2,72 „	2,51 „
Tannin und Farbstoff . .	0,20 „	0,20 „	0,20 „	0,07 „	0,15 „	0,14 „
Lösliche Cellulose . . .	4,53 „	4,70 „	5,07 „	6,22 „	8,45 „	8,00 „
Unbestimmbare Stoffe . .	1,70 „	1,92 „	1,66 „	2,30 „	3,00 „	2,71 „

No.	Nähere Bezeichnung		Zeit der Untersuchung	Wasser %	Stickstoff-Substanz (Ges.-Stickst. × 6,25) %	Theobromin *) %	Fett %	Zucker %	Stärke*) %	Sonstige stickstofffreie Extraktstoffe %	Rohfaser %	Asche %	Analytiker
22	Von 69 (bezw. 56 u. 88) Analysen	Mittel	1890	—	—	—	22,62	54,84	—	—	—	1,39	Schuhmacher-Kopp [1])
		Schwankungen	"	—	—	—	18,8—27,2	48,6—62,5	—	—	—	1,1—1,7	
23	Qualität III der Fabrik „Freia" in Christiania*)		1898	1,03	5,63	0,33	19,71	64,62	5,33		2,24	*) 1,07	E. Bödtker [2])
		Mittel	—	**1,59**	**6,27**	**0,62**	**22,20**	**53,70**	**4,74**	**8,57**	**1,67**	**2,26**	

2. Chokoladen, welche ausser Kakaomasse, Zucker und Gewürz noch sonstige Zusätze enthalten.

(Ueber Fleisch-Chokolade vergl. S. 81).

No.	Nähere Bezeichnung	Zeit der Untersuchung	Wasser %	Stickstoff-Substanz %	Theobromin %	Fett %	Zucker %	Stärke %	Sonstige stickstofffreie Extraktstoffe %	Rohfaser %	Asche %	Analytiker
1	Somatose-Chokolade von Jordan u. Timäus in Wien	1898	2,82	10.24 **)	0,49 ***)	20,72	50,90	4,47	8,07	1,05	1,73	M. Mansfeld [3])
2	Aleuronat-Chokolade von Hundhausen in Hamm .	1899	1,14	14,84	0,52	22,17	52,96	6,74		1,12	1,03	Vers.-Stat. Münster [4])
3	Altgelt's Kraft-Chokolade .	1894	2,19	18.79 0)	0,62 ***)	38,56	21,27	14,04		2,79	2,36	
4	Malz-Pepton-Chokolade von J. Hoff	1899	1,81	6,25	—	24,08	46,14 00)	4,75	12,79	2,26	1,92	M. Mansfeld [5])
5	Gesundheits-Chokolade mit 10% Sago-Zusatz von Stollwerck in Köln am Rhein. Preis 4,80 M. für 1 kg .	1883	2,68	6,81	0,49	21,73	50,65	10,99	3,84	1,87	1,43	J. König [4]) *)
6	Nährsalz-Chokolade von Hewel & Veithen in Köln . . .	1889	1,88	5,81	0,80	24,12	45,67	6,49	12,14	2,05 000)	1,84	E. Haselhoff [4])

Sonstige Analysen.

1. Schuhmacher-Kopp (Zeitschr. Nahrungsm.-Unters., Hyg. u. Waarenk., 1890, 4, 121; Vierteljahresschr. Nahrungs- u. Genussmittel 1890, 5, 173) fand für Kakaopulver folgende Mittel- und Schwankungszahlen:

	Zahl der Analysen		Wasser %	Fett %	Asche %
Entöltes Kakaopulver	3	Mittel . .	—	**36,16**	**4,50**
		Schwankungen	—	35,00—37,88	4,20—5,00
desgl. leicht lösliches	4 (bezw 8 u. 6)	Mittel . .	**3,79**	**30,00**	**6,51**
		Schwankungen	2,78—4,18	27,73—31,18	5,61—7,34

[1]) Zeitschr. Nahrungsm.-Unters., Hygiene u. Waarenk. 1890, 4, 121; Vierteljahresschr. Nahrungs- u. Genussmittel 1890, 5, 173.

[2]) Nach brieflicher Mittheilung.

[3]) Pharm. Post 1898, 31, 214.

[4]) Original-Mittheilung.

[5]) Bericht d. Untersuchungsanstalt f. Nahrungs- u. Genussmittel des allg. österr. Apoth.-Vereins für 1898/99, S. 9.

*) Bödtker fand ferner: 0,017% Vanillin u. in der Asche:

Eisenoxyd (Fe_2O_3)	Kalk (CaO)	Magnesia (MgO)	Kali (K_2O)	Natron (Na_2O)	Phosphorsäure (P_2O_5)	Schwefelsäure (SO_3)	Kieselsäure (SiO_2)	Chlor (Cl)
0,095%	0,040%	0,170%	0,054%	0,056%	0,313%	0,135%	0,012%	0,280%

**) Mansfeld fand 6,28% Reinproteïn (nach Stutzer) und ausser dem Theobromin 3,48% lösliche Stickstoffverbindungen.

***) Das Theobromin wurde nach dem Verfahren von Kunze bestimmt.

0) Mit 14,78% Reinproteïn nach Stutzer.

00) Mansfeld fand ferner 3% Maltose, 0,25% Eisenoxyd u. 0,01% Manganoxyd.

000) Mit 0,82% Kali und 0,59% Phosphorsäure.

2. H. Cohn (Zeitschr. physiol. Chem. 1894, 20, 1) fand in Kakao folgende Gehalte an Gesammt-Stickstoff, verdaulichem Stickstoff und Fett:

	Gesammt-Stickstoff	Vom Gesammt-Stickstoff sind verdaulich durch Magensaft	Pankreassaft	Fett
Rohe geschälte Caracas-Bohnen	2,112 %	—	—	48,2—50,2 %
Caracas-Masse	2,125 „	—	—	49,3—51,9 „
Entfettetes Handelspulver aus verschiedenen Sorten gemischt	3,143 „	35,2—64,5 % Mittel 51,45 %	46,70—58,58 % Mittel 52,64 %	32,65—33,20 %

3. Depaire (Rev. intern. falsif. 1894/95, 8, 22; Chem. Centralbl. 1894, II, 1004) fand in einigen, dem Verkehr entnommenen Proben:

Nähere Bezeichnung	Zahl der Proben	Wasser %	Stickstoff-Substanz %	Fett %	Zucker %	Asche im Ganzen %	Asche in Salzsäure unlöslich %	Für die Asche von 10 g zur Neutralisation erforderlich ccm 1/10 N.-Salzsäure
Kakao, nicht entfettet	1	3,60	13,56	53,32	—	2,42	1,72	40
„ entfettet, gepulvert	16	3,40—6,70	13,56—23,31	25,65—39,34	—	4,24—6,10	1,50—3,40	34—92
„ mit Alkalien behandelt	3	3,50—6,70	20,00—23,31	27,50—30,50	—	6,98—8,70	1,50—1,70	208—520
Kakaoschalen	—	9,20—9,56	13,50—16,85	2,25—3,30	—	7,30—9,10	—	—
Chokoladen (à kg Francs) 3,00	7	0,63—0,96	8,75—10,94	18,65—23,90	50,3—58,0	1,22—1,75	0,02—0,08	14—35
„ 3,40—3,75	4	0,55—0,92	8,75—12,12	21,20—24,00	50,3—55,0	1,27—1,60	0,02—0,08	24—58
„ 4,00	6	0,70—0,98	6,75—11,00	21,95—23,70	57,2—61,6	1,12—1,80	0,03—0,09	36—78
„ 5,50	1	1,20	6,75	22,15	60,0	1,19	0,04	34
„ 11,00 u. 12,00	2	0,80 u. 1,20	8,57 u. 9,50	22,10 u. 24,39	55,0 u. 58,3	1,34 u. 1,78	0,05 u. 0,08	18—26

Die angegebenen Zahlen für „Cellulose" sind so hoch (11,90—22,38 für entfetteten Kakao), dass von einer Wiedergabe der Zahlen abgesehen werden kann.

Anhang zu Kakao.

I. Gehalt der Kakaobohnen an Theobromin, Fett, Wasser und Asche.

Hierüber liegen noch folgende Untersuchungen vor:

1. G. Wolfram (6. u. 7. Jahresber. der chem. Centralstelle für öffentl. Gesundheitspflege in Dresden 1876, 76) fand für die bei 100° C. getrocknete Substanz folgende Zahlen:

No.	Bezeichnung der Sorte	In den enthülsten Bohnen: Theobromin %	Fett %	Asche %	In den Schalen: Theobromin %	Asche %
1	Caracas	1,63	53,80	3,68	1,11	13,32
2	Guayaquil	1,63	50,60	3,81	0,97	5,99
3	Domingo	1,66	51,50	3,02	0,56	10,61
4	Bahia	1,64	51,70	3,35	0,71	5,13
5	Puerto Cabello	1,46	49,90	3,59	0,81	9,28
6	Tabasco	1,34	52,60	4,33	0,42	5,87
	Mittel	**1,56**	**51,68**	**3,63**	**0,76**	**6,37**

2. James Bell („Die Analyse u. Verfälschung der Nahrungsmittel". Uebersetzt von C. Mirus. Berlin 1882, 85) giebt für den Gehalt an Theobromin und ein dem Koffeïn ähnliches Alkaloid an:

	Guayaquil	Grenada	Surinam	Trinidad	Trinidad-Schalen
Theobromin . . .	0,54%	0,91%	0,78%	0,59%	1,02%
Koffeïn	Spur	Spur	0,02 „	0,25 „	0,33 „

3. A. Eminger (Forschungsberichte über Lebensmittel etc. 1896, 3, 275) fand in den verschiedenen Kakaobohnen-Sorten folgende Gehalte an Theobromin und Koffeïn:

	Theobromin %	Koffeïn %		Theobromin %	Koffeïn %
Puerto Cabello	1,05	0,16	Surinam	1,83	—
Maracaibo	1,84	0,15	Guayaquil Ariba	1,20	—
Canca	2,03	0,36	„ Machala	0,88	—
Caracas	1,43	0,07	Kamerun	1,83	0,12
Ceylon	2,06	0,30	St. Thomé	2,09	—
Java	2,34	0,05	Bahia	2,04	0,16
Trinidad	1,98	0,09	Samana	1,82	—
Para	1,08	0,20	Cap Haiti	2,07	—
Granada	1,90	—	Domingo	1,98	—

Eminger bestimmte das Theobromin durch Entfetten der Substanz mit Petroläther, Kochen des Rückstandes mit verdünnter Schwefelsäure, Neutralisiren der Schwefelsäure mit Barythydrat, Eindampfen mit Sand und Extrahiren mit Chloroform. Das Koffeïn wurde vom Theobromin durch Ausziehen mit Tetrachlorkohlenstoff getrennt.

Nach den verschiedenen vorgeschlagenen Verfahren der Theobromin-Bestimmung fand Eminger bei denselben Bohnen folgende Werthe:

Sorte Verfahren von	Zipperer	Dilsing	Süss	Kunze	Eminger
Trinidad	0,48%	0,50%	0,65%	1,80%	1,90%
Ariba Guayaquil	0,36 „	0,49 „	0,60 „	1,94 „	1,94 „
Puerto Cabello	0,32 „	0,35 „	0,40 „	0,90 „	1,05 „

4. L. Maupy (Journ. Pharm. Chim. 1897, [6], 5, 329—332; Chem. Centralbl. 1897, I, 1077) fand nach seinem eigenen Verfahren an Theobromin:

	Trinidad	Caracas	Para	Granada	Martinique	Handels-Chokolade mit 60% Zucker
Theobromin . . .	1,44%	1,38%	1,28%	1,60%	1,52%	0,54%

Maupy bestimmte das Theobromin durch Entfetten von 5 g Kakao mit Petroläther in der Kälte, Verreiben des getrockneten Rückstandes mit 2 ccm Wasser und Ausziehen mit einem Gemenge von 15 g rein krystallisirtem Phenol und 85 g Chloroform auf dem Wasserbade am Rückflusskühler. Der Extraktions-Rückstand wurde mit Aether versetzt, worauf das unlöslich bleibende Theobromin nach sechs Stunden auf gewogenem Filter gesammelt wird.

5 M. Mansfeld (Zeitschr. Nahrungsm.-Unters., Hyg. u. Waarenk. 1896, 9, 322) ermittelte für geröstete und enthülste Kakaobohnen folgende procentigen Aschengehalte:

	Haiti	Ariba	Bahia	Para	Machala	Ceylon	Samana	Trinidad	Caracas	Puerto Cabello	Maracaibo
Asche:	3,42	3,60	2,84	3,46	3,40	3,54	3,29	2,67	3,85	3,64	4,38

6. Wassergehalt von rohen und gerösteten Bohnen.

C. G. Bernhard (Chem.-Ztg. 1888, 12, 445) fand bei rohen und den dazu gehörigen gerösteten Bohnen folgenden procentigen Wassergehalt:

	Machala	Ariba	Surinam	Trinidad	Caracas	Puerto Cabello
Roh	4,69	4,49	4,63	4,05	4,27	4,73
Geröstet . . .	2,72	3,17	2,84	2,84	2,48	2,98

II. Gehalt der Kakaobohnen an Abfall, Schalen und Rohfaser.

1. Ueber die Verluste beim Sieben, Erlesen, Rösten und Putzen der Kakaobohnen liegen folgende Untersuchungen von C. G. Bernhard (Chem.-Ztg. 1889, 13, 32) vor:

Sorte	Zeit der Untersuchung	Verluste					Sorte	Zeit der Untersuchung	Verluste				
		beim Sieben %	beim Erlesen %	beim Rösten %	beim Putzen %	im Ganzen %			beim Sieben %	beim Erlesen %	beim Rösten %	beim Putzen %	im Ganzen %
San Thomé IIa	Nov. 1887	2,32	0,53	5,59	12,20	20,64	Bahia IIa	März 1888	3,27	0,45	4,91	12,95	21,58
„ „	Febr. 1888	2,23	0,69	7,05	10,91	20,88	Bahia . . .	Juli „	1,75	0,98	19,28		22,01
„ „	Oktbr. „	1,10	0,90	4,70	13,32	20,02	Bahia Ia .	Nov. 1887	2,04	0,80	5,67	12,28	20,79
Grenada IIa . .	Juli „	2,14	0,99	4,83	12,62	20,58	„ Ia .	März 1888	1,95	0,94	16,51		19,40
Grenada	Febr. „	1,88	0,50	6,00	11,71	20,09	„ . . .	Okt. „	3,14	0,57	6,66	12,38	22,75
„ supérieur	Dez. 1887	1,86	0,25	5,83	13,02	20,96	Trinidad IIa	März „	3,18	0,22	5,30	16,04	25,74
„ Ia . .	Juni 1888	2,15	0,74	18,29		21,18	„ . .	Juni „	3,87	0,68	4,78	15,95	25,28
„ Ia . .	Juli „	2,82	1,18	5,80	13,59	23,39	„ Ia	April „	3,46	0,27	5,11	13,10	21,94
„ Ia . .	Sept. „	2,18	0,75	4,62	13,04	20,59	Caracas . .	Mai „	5,42	0,98	18,99		25,39
Guadeloupe . .	Dez. 1887	1,69	0,38	4,61	10,08	16,76	Carupano .	Dez. „	5,29	2,09	17,46		24,84
Machala IIa . .	Nov. „	3,57	0,76	5,51	11,94	21,78	„ extra	Aug. „	3,49	1,45	5,53	15,00	25,47
„ Ia . .	März 1888	2,49	0,57	5,59	11,25	19,9	Maraguon .	Juni „	2,20	0,50	5,98	12,48	21,16
„	Juni „	1,52	0,69	17,80		20,01	„ piqué	Aug. „	4,34	0,90	5,21	15,33	25,78
„ Guayaquil	Aug. „	3,79	0,65	6,51	12,82	23,77	Para piqué	Dez. „	3,22	0,59	5,17	11,42	20,40
Ariba	Juni „	3,05	1,06	5,30	12,58	21,99	Soconusco	Dez. „	2,53	0,87	5,96	15,94	25,30

2. L. Legler (14.—17. Jahresber. d. chem. Centralstelle für öffentl. Gesundheitspflege in Dresden 1888, 86) bestimmte den Gehalt an Rohfaser in ungerösteten Kakaobohnen und Kakaoschalen mit folgendem Ergebnisse:

	Bahia	Tabasco	Guyaquil	Caracas	Domingo	Puerto Cabello
Ungeröstete Bohnen	3,09 %	2,14 %	2,37 %	2,97 %	2,25 %	2,68 %
Schalen	14,48 „	11,91 „	10,99 „	11,94 „	16,16 „	10,23 „
Letzterer Gehalt nach Abzug von Quarzsand	0,67 %	0,38 %	1,03 %	6,65 %	2,50 %	5,96 %

3. F. Filsinger (Zeitschr. öffentl. Chem. 1898, 4, 809) fand für die Menge der verschiedenen Abfälle der Kakaobohnen und deren Zusammensetzung folgende Zahlen:

	Hülsen	Abfall	Samenschalen				Staub	Abgang
			Erste Sorte	Zweite Sorte	Dritte Sorte	Vierte Sorte		
	%	%	%	%	%	%	%	%
Menge der Abfälle vom Rohkakao	10,0	4,0	0,37	0,11	0,74	0,16	1,45	0,06
Zusammensetzung der Abfälle:								
Fett	4,50	15,40	21,64	18,39	15,76	16,40	22,06	20,47
Rohfaser	21,63	16,31	10,29	8,75	12,16	12,74	8,46	9,81
Asche	11,15	4,80	6,70	7,10	7,20	7,80	11,75	7,05
Sand	1,90	0,35	—	—	—	—	—	—

III. Aeussere Beschaffenheit der Kakaobohnen.

P. Zipperer macht in seiner Schrift: Untersuchungen über Kakao und dessen Präparate 1887, S. 43 noch folgende Angaben über die äussere Beschaffenheit etc. einiger Kakaobohnen:

No.	Bohnen von	Form der Bohnen	Aussehen und Ueberzug der Schalen	Aussehen der Samenlappen (Kotyledonen)	Durchschnittsmass der Bohnen Länge mm	Breite mm	Dicke mm	Gewicht von 20 Bohnen g
1	Puerto Cabello	gross, eirund, wenig abgeplattet	mineralisch, ockergelb	aussen röthlichbraun, innen rothbraun	24	15	8	25,0
2	Caracas	stark konvex	mineralisch, rothbraun	desgl.	23	15	8	35,5
3	Ariba	gross, mit ungleichen Konturen	mineralisch, gelbbraun	aussen tiefer gefärbt, als gegen die Mitte	24	15	6	34,5
4	Machala	flach, unregelmässig konturirt	schmutzig schwarzbraun	aussen tief schwarzbraun, innen heller	22	13	5	23,5
5	Surinam	gross	graubraun	dunkelrothbraun	23	12	6	33,0
6	Port au Prince	flach unförmig	hellbraun	gleichförmig, schwarzbraun	23	14	4	25,8
7	Trinidad	sehr gross, breit und platt	gelbbraun, leicht abspringend	innen schwarzbraun	25	18	4	—

Ueber sonstige mikroskopische Unterschiede in der anatomischen Struktur, sowie über chemische Reaktionen zur Unterscheidung der einzelnen Kakaobohnen, welche Reaktionen uns nicht sehr zuverlässig erscheinen, verweisen wir auf das Original.

Kolanuss.

Nüsse des Kolabaumes Cola acuminata R. Br. oder Sterculia acuminata. Beauw.

No.	Nähere Bezeichnung	Zeit der Untersuchung	Wasser %	Stickstoff-Substanz %	Koffeïn %	Aether-Extrakt %	Gerbstoff %	Stärke %	Sonstige stickstofffreie Extraktstoffe %	Rohfaser %	Asche %	Analytiker
1	Aus Centralafrika	1882	11,92	6,76	2,35	0,59	1,62	33,75	—	(29,83)	3,33	*Fr. Schlagdenhauffen*[1]) *)
2	Ohne nähere Bezeichnung . .	$18\frac{64}{65}$	13,65	6,33	2,13	1,52	—	42,50	—	(20,00)	3,20 **)	*J. Attfield*[2])
3	Von Binun, Centralafrika . .	1888	11,59	10,12	1,69	0,17	—	46,73	19,41	8,67	3,31	*R. Chodat u. Ph. Chuit*[3])
4	Von Kamerun	„	12,19	—	2,34	0,20	—	—	—	15,14	2,93	*R. Chodat u. Ph. Chuit*[3])
5	Kolapräparat, für Nährzwecke dienend	„	6,83	10,18	1,95	0,15	—	47,92	22,15	8,99	2,88	*R. Chodat u. Ph. Chuit*[3])
6	Ohne nähere Bezeichnung***) .	1886	9,72	8,64	2,71	0,73	1,20	28,99	—	—	4,72	*Lascelles-Scott*[4])

[1]) Compt. rend. 1882, **94**, 802.
[2]) Pharmaceutical Journal 1864/65; vergl. T. F. Hanausek: die Nahrungs- u. Genussmittel. Kassel 1884, S. 433.
[3]) Nach Ann. de Genève (Soc. phys. et histoire nat. de Genève) **19**, 497: Chem. Centralbl. 1888, 1070.
[4]) Mitgetheilt in E. Heckel's: „Les Kolas africains“. Paris 1893, S. 169.

*) Verf. führt noch folgende besondere Bestandtheile für die Kolanüsse auf:

Theobromin	Glukose	Gummi	Tannin (lösl. in Alkohol)	Tannin (lösl. in Chloroform)	Kolaroth (lösl. in Alkohol)	Farbstoff
0,023%	2,88%	3,04%	1,59%	0,027%	1,29%	2,56%

**) Die Asche enthielt:

Kalk	Magnesia	Kali	Natron	Phosphorsäure	Schwefelsäure	Kieselsäure
Spur	8,54%	54,96%	Spur	14,62%	8,50%	1,07%

***) Lascelles-Scott fand ferner:

Theobromin	Aetherisches Oel	Bitterstoff	Harzartige Stoffe (lösl. in abs. Alkohol)	Zucker direkt reducirend	Zucker nach der Inversion reducirend	Gummi = löslich in Wasser von 32°	Stärke und ähnliche Stoffe (sich mit Jod färbend)	Farbstoffe	Rohfaser und Verlust
0,084%	0,081%	0,018%	1,012%	3,312%	0,612%	4,876%	2,130%	3,670%	27,395%

No.	Nähere Bezeichnung	Preis für 1 Pfd. (engl.) *)	Zeit der Untersuchung	Wasser %	Stickstoff-Substanz %	Koffeïn %	Aether-Extrakt %	Gerbstoff %	Stärke %	Sonstige stickstofffreie Extraktstoffe %	Rohfaser %	Asche %	Analytiker
7	L. P.	1 £	1894	15,01	8,75	1,96	1,02	3,35	41,73	15,59	5,61	3,04	C. Uffelmann und A. Bömer[1] **)
8	G., feinste westindische Qualität	1 £	„	13,07	10,38	2,77	2,15	2,13	50,27	14,17	5,23	2,60	
9	A.G.N., feine rothe, westindische Qualität	10 d	„	13,19	7,38	1,72	1,73	3,61	48,45	23,21		2,43	
10	T. G.	9 d	„	14,30	10,69	1,84	0,88	3,48	48,63	13,43	5,82	2,77	
11	J. B., gute gesunde Waare	7½ d	„	11,89	10,00	2,13	1,46	4,88	41,58	20,22	7,35	2,62	
12	J., gesunde, rothe Stücke, etwas geschrumpft	7 d	„	11,67	10,68	1,71	1,16	4,76	39,12	21,41	8,12	3,08	
13	S., aufgespaltene, reine Waare	5½ d	„	12,04	9,25	2,22	1,14	4,30	48,72	13,70	7,97	2,88	
14	A., blau	4 d	„	15,54	10,00	2,03	1,58	3,63	36,65	20,59	8,73	3,28	
15	A., schwarz	4 d	„	13,98	10,06	2,16	1,42	3,96	35,30	24,14	8,05	3,15	
16	Rohe Kolanüsse	—	„	12,80	8,69	2,26	0,98	3,79	47,76	16,54	6,24	3,19	
17	Dieselben geröstet	—	„	8,43	8,75	2,06	1,11	3,80	47,52	15,06	12,27	3,06	
18	Kolapulver nach Haseloff's Patent präparirt	—	„	9,80	8,69	2,28	1,94	3,91	49,03	14,96	9,12	3,25	
	Mittel von No. 7—18		—	13,35	9,56	2,08	1,35	3,79	45,44	16,60	7,01	2,90 ***)	
19	Frische Nüsse		1896	57,29	—	1,15	3,33	—	—	—	—	1,56	K. Dieterich[2] ***)
20	Getrocknete Nüsse		„	13,86	—	1,76	1,67	—	—	—	—	2,50	
21	Geröstete Nüsse		„	4,42	—	1,35	0,63	—	—	—	—	3,86	
	Mittel (ausser No. 19)		—	**12,22**	**9,22** ⁰)	**1,66**	**1,09**	**3,42**	**43,83**	**22,32**	**7,85**	**3,05**	

Ad. Geyger (in Schuchardt: „Die Kolanuss" 1891) fand folgende Schwankungszahlen:

Koffeïn + Theobromin	Kolaroth	Gerbstoff	Zucker	Fett	Alkohol-Extrakt
2,06—2,54%	1,12—1,42%	1,43—1,64	2,34—2,92%	0,32—0,34%	7,62—9,14%

J. W. T. Knox u. A. B. Prescott (Journ. Amer. Chem. Soc. 1897, 19, 63; Chem. Centralbl. 1897, I, 931) fanden in den Kolanüssen (Trockene Handelswaare) folgende Mengen von Koffeïn in der Trocken-Substanz:

	No. 1	2	3	4	5
Freies Koffeïn	1,843%	1,158%	1,235%	1,186%	1,120%
Gebundenes Koffeïn	1,809 „	1,922 „	1,854 „	2,085 „	1,625 „
Gesammt-Koffeïn	3,652 „	3,080 „	3,089 „	3,271 „	2,745 „

[1]) Zeitschr. angew. Chem. 1894, 710.
[2]) Pharm. Centralhalle 1896, **37**, 544.

*) 1 Pfd. (engl.) = 450 g; 1 Pfd. Sterling (£) à 20 Shillings (d) = 20 M.

**) Untersuchungsverfahren: Koffeïn wurde nach Mulder bestimmt, nur wurde das Pulver nicht mit Wasser, sondern mit 5%-iger Schwefelsäure ausgekocht. — Die Stärke wurde durch Erhitzen im Dampftopf gelöst und nach der Inversion die gebildete Glukose gewichtsanalytisch bestimmt. — Der Aetherextrakt, welcher durch sechs- bis achtstündiges Extrahiren der feingepulverten Substanz gewonnen wurde, enthält anscheinend etwas Koffeïn. — Die Bestimmung der Gerbsäure wurde nach dem Verfahren von Fleck ausgeführt, für den vorliegenden Fall jedoch insofern etwas abgeändert, dass 5 g des feinen Pulvers im 500 ccm Kolben eine Stunde mit etwa 200 ccm Wasser gekocht, nach dem Erkalten der Kolbeninhalt auf 500 ccm aufgefüllt und in 200 ccm der filtrirten Flüssigkeit die Gerbsäure nach Vorschrift gefällt wurde.

***) Zur Koffeïn-Bestimmung wurden 10 g der feingeraspelten Substanz mit Calciumoxyd gemischt und im Soxhlet'schen Apparat mit Chloroform ausgezogen. — Dieterich fand in der Asche an Kaliumkarbonat:
No. 19: 47,55% No. 20: 45,54% No. 21: 49,16%.

⁰) Gesammt-Stickstoff × 6,25.

Tabak.

Blätter von Nicotiana macrophylla Spr. (Maryland-Tabak), Nic. Tabacum L. (Virginischer Tabak) und Nic. rustica (Veilchen-Tabak)*).

No.	Nähere Bezeichnung des Tabaks	Zeit der Untersuchung	In der Trocken-Substanz								In d. Asche		In 100 Theilen Asche sind		Analytiker
			Nikotin %	Ammoniak %	Salpetersäure %	Gesammt-Stickstoff %	Fett %	Asche %	Kali (K_2O) %	Natron (Na_2O) %	Kohlens. Kali %	Kohlens. Kalk %	Kali (K_2O) %	Natron (Na_2O) %	
1	Havanna	—	0,620	0,210	0,964	2,450	9,80	24,60	2,93	0,910	2,30	—	11,92	3,70	J. Nessler und E. Muth [1]) **)
2	Portorico	—	1,200	0,105	0,647	2,250	6,70	23,40	5,02	0,630	3,35	17,4	21,50	1,63	
3	Cuba	—	0,954	0,337	0,243	2,993	—	20,00	—	—	3,10	—	—	—	
4	Kentucky	—	1,354	0,767	0,940	4,226	—	—	—	—	5,12	—	—	—	
5	Bahia	—	—	0,300	—	4,290	—	19,30	3,20	0	4,15	—	16,60	—	
6	Syrischer Tabak	—	0	0,601	0,575	2,900	—	20,69	2,75	0,133	3,42	12,1	13,31	0,64	
7	Rheinbayrischer	1858	1,310	0,690	0,830	3,360	5,54	—	—	—	—	—	—	—	
8	desgl.	1864	1,480	0,484	0,310	4,620	—	23,61	4,01	—	2,45	15,5	19,97	—	
9	Bad. Unterländer	1859	3,360	0,590	0,160	4,640	6,05	19,70	—	—	0,05	—	—	—	
10	Hockenheimer	1863	0,728	0,599	—	3,507	2,76	22,34	6,25	0,166	5,21	10,8	27,48	0,74	
11	Friedrichsthaler	„	1,882	0,571	—	4,570	4,31	23,88	4,65	0	4,86	10,2	19,46	0	
12	desgl.	1864	1,950	0,549	—	2,825	6,34	23,71	4,83	0	4,55	12,3	20,33	0	
13	Seckenheimer, hell	„	2,117	0,416	—	4,143	1,81	22,59	1,91	0,156	0,15	9,7	8,50	0,52	
14	desgl.	„	2,320	0,437	—	4,073	4,45	24,22	2,77	0	0,07	14,1	11,40	0	
15	desgl., grünlich	1865	0,907	0,137	—	4,001	2,49	22,73	4,36	0	3,28	16,8	19,20	0	
16	Altlusheimer	„	1,318	0,324	—	3,584	3,41	22,09	2,42	0,673	1,08	18,7	10,90	3,00	
17	Bergsträsser	1863	1,119	0,664	—	3,107	2,67	27,28	3,00	0,197	1,71	20,8	11,00	0,72	
18	Ettenheimer	1865	1,780	0,900	0,569	4,780	—	25,89	4,75	—	3,76	18,2	18,33	—	
19	Gamshurster	„	1,500	0,699	0,070	4,699	—	24,25	2,66	—	1,83	12,7	10,70	0,72	
20	Lilienthaler	„	0,918	0,680	0,170	3,429	—	25,53	3,07	—	1,06	19,1	15,34	—	
21	Herbolsheimer	„	0,962	0,760	0,585	4,110	—	21,21	1,81	—	0,29	17,4	8,06	—	

[1]) Nach J. Nessler: Der Tabak, seine Bestandtheile und seine Behandlung. Mannheim 1867.

*) Von sonstigen Nicotiana-Arten kommen noch vereinzelt zur Verwendung: Nicotiana crispa (Levante-Tabak), Nic. paniculata (Jungfern-Tabak), Nic. glutinosa (Soldaten-Tabak), Nic. persica (Tabak von Schiras) u. Nic. repanda Willd.

**) Stickstoff ist durch Verbrennen mit Natronkalk bestimmt, Nikotin durch Extrahiren des Tabakpulvers mit Ammoniak-haltigem Aether, Verdunsten des letzteren und Titriren des Rückstandes; Salpetersäure durch Ueberführen mittelst Eisenchlorür und Salzsäure in Stickoxyd, dieses in Salpetersäure, letztere in Ammoniak und Wägen des letzteren als Ammoniumplatinchlorid; kohlensaures Kalium durch Titriren des wässerigen Auszuges der Asche.

Ueber das Aussehen und die sonstige Beschaffenheit der Blätter werden noch folgende Angaben gemacht:

No. 1. Dünnes, kleines Blatt, brennt sehr gut und verbreitet einen sehr guten Geruch.

„ 2. Ziemlich grosses Blatt, hellbraun, mit sehr vielen hellen Flecken versehen, brennt sehr gut, glimmt noch etwas länger, als 1, riecht weniger gut. Diese beiden Tabake erhielt Nessler durch das Grossherzogliche Handelsministerium vom badischen Konsul in Amerika.

„ 3. Kleines, etwas grünliches, helles Blatt, brennt sowohl als Blatt, als in der Cigarre sehr gut.

„ 4. Dickes, dunkelbraunes, fettiges Blatt, brennt als Blatt gut, d. h. glimmt lange. Asche schwarzgrau. Die Cigarre hält nicht lange Feuer, hinter dem Feuer bläht sich der Tabak. Geruch schlecht. Geruch und Geschmack sehr stark.

„ 5. 14 Jahre alte Cigarre, brennt gut, hält lange Feuer, riecht und schmeckt gut.

„ 6. Fein geschnittener Tabak, riecht, schmeckt und brennt sehr gut, beim Rauchen ist er sehr betäubend. (Von Dr. Laurent in Mannheim.)

„ 7. Dunkles, stark fermentirtes Blatt, brennt ziemlich gut; Asche grau; Geruch schlecht; Geschmack scharf; beim Rauchen sehr betäubend.

„ 8. Dunkles, stark fermentirtes Blatt, brennt ziemlich gut, besser als No. 19, 20 und 21.

„ 9. Dickes, dunkelbraunes, fettes Blatt, brennt sehr schlecht, kohlt, bläht sich auf und glimmt nicht fort, ist sehr stark und riecht sehr schlecht.

„ 10. Braunes, grosses, nicht dickes Blatt, brennt in jeder Beziehung sehr gut, riecht nicht schlecht.

„ 11. Braunes Blatt von mittlerer Dicke, brennt sehr gut, riecht beim Brennen ziemlich stark nach Nikotin und Nikotinin (?), nicht nach Fett.

(No. 12—21 siehe S. 1043.)

Japanische Tabake*) nach M. Fesca und H. Imai. (Landw. Jahrb. 1888, 17, 329.)

No.	Nähere Bezeichnung des Tabaks	In % der lufttrockenen Substanz: Wasser	Sand	In % der sandfreien Trocken-Substanz: Gesammt-Stickstoff	Stickstoff in Form von: Proteïn	Amiden etc.	Nikotin	Nikotin	Proteïn	Aether-Extrakt	Rohfaser	Reinasche	In % des Gesammt-Stickstoffs: Nikotin-Stickstoff	Amid-Stickstoff	Proteïn-Stickstoff
22	Havanna (N. macrophylla)	11,64	1,51	1,473	0,430	0,588	0,455	2,632	2,69	13,25	12,32	13,83	30,9	39,9	29,2
23	Oyamada (N. rustica) gewöhnlicher	11,17	1,91	1,573	0,389	0,553	0,631	3,653	2,43	13,71	14,44	12,66	40,1	35,2	24,7
24	Oyamada (N. rustica) krausblätterig	12,21	1,74	1,689	0,513	0,674	0,502	2,958	3,21	13,89	11,74	10,68	29,7	39,9	30,3
25	Oyamada (N. rustica) lang gestielt	11,52	1,02	1,459	0,139	0,602	0,708	4,090	0,69	13,93	12,58	12,38	48,6	41,3	9,6
26	N. Tabacum Kentucky . .	8,39	1,25	1,296	0,327	0,346	0,605	3,496	2,04	15,50	10,34	11,09	46,8	26,8	26,2
27	N. Tabacum Florida . . .	11,28	1,40	1,306	0,487	0,317	2,502	2,902	3,04	14,76	12,00	14,94	38,6	24,3	37,3
28	N. Tabacum Connecticut .	8,79	1,76	1,412	0,579	0,329	0,504	2,914	3,62	14,63	11,76	12,32	35,8	23,2	40,0
29	N. macrophylla Russischer .	8,73	1,30	1,348	0,470	0,415	0,463	2,678	2,94	13,17	11,80	14,64	34,3	30,8	36,1
30	N. macrophylla Kiriha . . .	7,37	1,72	1,051	0,796	0,123	0,132	0,762	4,97	—	—	15,52	12,6	11,7	75,7

No.	Nähere Bezeichnung des Tabaks	Bestandtheile der Asche in % der sandfreien Trocken-Substanz: Eisenoxyd (Fe_2O_3)	Kalk (CaO)	Magnesia (MgO)	Kali (K_2O)	Natron (Na_2O)	Phosphorsäure (P_2O_5)	Schwefelsäure (SO_3)	Kieselsäure (SiO_2)	Chlor (Cl)	Kohlensäure: im Ganzen	in Wasser löslich	in Wasser unlöslich	Der löslichen bezw. unlöslichen Kohlensäure entspricht: Kalium-karbonat	Calcium-karbonat
22	Havanna (N. macrophylla)	0,356	6,147	1,523	3,917	0,310	0,678	0,307	0,389	0,635	4,067	0,393	3,674	1,236	8,351
23	Oyamada (N. rustica) gewöhnlicher	0,293	5,364	1,230	3,866	0,186	0,531	0,649	0,514	0,134	4,721	0,528	4,193	1,661	9,531
24	Oyamada (N. rustica) krausblätterig	0,296	3,706	0,964	3,682	0,154	0,411	0,687	0,455	0,378	3,721	0,522	3,199	1,642	7,271
25	Oyamada (N. rustica) lang gestielt	0,183	4,959	1,379	3,140	0,232	0,255	0,885	0,362	0,940	3,717	0,358	3,359	1,126	7,635
26	N. Tabacum Kentucky . .	0,332	4,626	1,143	3,263	0,130	0,444	0,268	0,454	0,527	3,998	0,434	3,564	1,365	8,101
27	N. Tabacum Florida . . .	0,375	5,675	1,433	4,730	0,157	0,559	1,028	0,367	0,309	3,688	0,345	3,343	1,085	7,599
28	N. Tabacum Connecticut .	0,235	4,769	1,176	4,715	0,077	0,383	0,319	0,387	0,491	3,622	0,569	3,053	1,788	7,039
29	N. macrophylla Russischer .	0,304	0,554	1,408	4,425	0,379	0,601	1,120	0,457	0,326	4,279	0,347	3,932	1,093	8,937
30	N. macrophylla Kiriha . . .	0,391	5,120	2,326	2,649	0,140	0,633	1,306	1,006	1,986	—	—	—	—	—

No. 12. Dickes, braunes, fettes Blatt, brennt ziemlich gut, bläht sich dabei auf, riecht schlecht nach brennendem Fett.
„ 13. Hellbraunes Blatt, brennt sehr schlecht, glimmt nicht fort, Asche weiss, flammt stark.
„ 14. Grünlich braunes, fettes Blatt von mittlerer Dicke, glimmt durchaus nicht, riecht schlecht nach brennendem Fett.
„ 15. Hellbraunes, dünnes Blatt, glimmt ziemlich gut fort, riecht nicht schlecht.
„ 16. Hellbraunes, dünnes Blatt, glimmt ziemlich gut fort, riecht nicht schlecht.
„ 17. Dunkelbraunes Blatt von mittlerer Dicke, brennt viel schlechter als No. 15 u. 16, aber besser als No. 13 u. 14. Das brennende Blatt riecht nicht schlecht.
„ 18. Dunkles Blatt, brennt ziemlich gut, glimmt nicht sehr lange fort, riecht nicht schlecht.
„ 19. Hellbraunes, dünnes Blatt. Beim Trocknen geräuchert, brennt weiss, aber glimmt nur kurze Zeit fort.
„ 20. Dunkelbraunes, ziemlich dickes Blatt, brennt nicht gut, kohlt und glimmt nicht fort.
„ 21. Dunkles Blatt, ziemlich dick, brennt besser als No. 19 u. 20, riecht schlecht beim Brennen.

*) Die Tabake No. 22—29 sind in der Dorfschaft Oyamada in Tochigi-Ken (Japan) gebaut; No. 30 wurde als Vergleichsprobe untersucht; sie stammt aus Shudaga yamura bei Komaba (Tokio); der Name Kiriha bedeutet „Schneideblatt".

Der Boden, auf welchem die Tabake gewachsen waren, gehört der tertiären und paläozoischen Formation an; erstere (schotteriger Lehm) ist besser für den Tabaksbau geeignet, als letztere, welche mehr oder weniger aus thonigem Lehm besteht. Durch eine eingehende mechanische und chemische Untersuchung des Bodens hat sich herausgestellt, dass Durchlässigkeit und ein gewisser Humusgehalt des Bodens von grösserer Wichtigkeit für den Tabaksbau sind, als Gehalt an Nährstoffen, welche sich durch Düngung ergänzen lassen.

Bezüglich der Zubereitung des Tabaks, welche in Japan wesentlich von den für den europäischen Geschmack in Anwendung kommenden Methoden abweicht, sei auf das Original verwiesen und nur noch hervorgehoben, dass der in Japan verbrauchte Tabak eine weit geringere Fermentation erfährt, als für den europäischen Geschmack genügt. Salpetersäure war in No. 22—29 nicht und in No. 30 nur in Spuren vorhanden.

Elsässische Tabake*) nach M. Barth (Landw. Vers.-Stat. 1891, 39, 81).

No.	Nähere Bezeichnung des Tabaks	Zeit der Untersuchung	Gesammt-Stickstoff	Stickstoff in Form von Ammoniak	Stickstoff in Form von Neutral. organischen Verbindung.	Stickstoff in Form von Nikotin	Nikotin	Aether-Extrakt	Rohfaser	Asche	Kali (K_2O)	Phosphorsäure (P_2O_5)	Salpetersäure (N_2O_5)	Chlor (Cl)	Glimmdauer	Zahl der Blätter in 1 kg
			%	%	%	%	%	%	%	%	%	%	%	%		
31	Maryland von Geudertheim	1888	3,40	0,343	2,836	0,221	1,28	1,75	—	23,80	4,71	0,307	—	1,770	15	213
32	Elsässer von Geudertheim	„	3,17	0,616	2,251	0,303	1,75	1,72	—	21,32	3,96	0,330	—	1,270	11	102
33	desgl. von Geispolsheim	„	2,73	0,728	1,813	0,189	1,09	2,35	—	25,49	4,36	0,310	—	2,440	7	112
34	Elsässer (Hauptgut) „	1889	2,37	0,530	1,714	0,126	0,73	4,25	—	17,50	2,71	0,358	0,341	0,962	18	100
35	„ „ Geudertheim	„	3,61	0,840	2,549	0,221	1,28	2,60	—	17,94	4,40	0,482	0,658	0,507	27	68
36	Maryland (H)[0] „	„	2,61	0,625	1,664	0,321	1,86	2,90	—	14,86	2,84	0,385	0,351	0,738	15	67
37	Connecticut (H) „	„	2,81	0,513	2,093	0,204	1,18	3,55	—	16,16	2,84	0,465	0,592	0,459	15	65
38	„ (S)[0] v. Westhausen	„	2,05	0,373	1,503	0,174	1,00	4,95	—	14,20	1,92	0,286	—	0,528	22	150
39	Elsässer (S) „ „	„	2,78	0,513	2,072	0,195	1,13	3,70	—	19.34	3.77	0,380	0,640	1.303	29	120
	Mittel (No. 34—39)	—	2,71	0,566	1,933	0,207	1,20	3,66	—	16,67	3,08	0,393	0,516	0,746	21	95
40[0]	Maryland (H) von Holzheim	1890	3,29	0,812	1,870	0,608	3,52	4,00	3,33	14,44	1,09	0,413	0,028	2,10	8	84
41[0]	Connecticut I (S) von Holzheim	„	3,32	0,610	2,098	0,612	3,54	3,60	6,35	16,32	1,21	0,509	0,029	2,25	5	89
42[0]	„ II (H) von Holzheim	„	3,04	0,758	2,097	0,185	1,07	4,05	7,12	20,84	1,44	0,298	0,200	2,99	4	178
43[0]	Connecticut (H) von Osthausen	„	2,30	0,498	1,431	0,371	2,15	4,35	—	19,97	2,20	—	—	2,64	22	—
44	Connecticut (H) „ Westhausen	„	3,75	0,811	2,687	0,252	1,46	3,10	—	17,96	1,72	—	—	2,19	18	—
45	Connecticut (S) „ „	„	3,19	0,536	2,492	0,162	0,94	4,40	—	16,13	2,24	—	—	1,91	26	—
46	Maryland (H) „ „	„	3,49	0,802	2,305	0,383	2,22	3,90	—	15,36	1,43	—	—	1.53	38	—
47	„ (S) „ „	„	3,53	0,654	2,695	0,181	1,02	4,00	—	19,88	2,43	—	—	2,57	24	—
48	Elsässer (H) „ „	„	3,64	0,767	2,563	0,310	1,78	4,25	—	17,63	1,75	—	—	2,44	18	—
49	„ (S) „ „	„	4,27	0,654	3,082	0,534	3,09	2,60	—	18,68	1,80	—	—	1,94	32	—
50[0]	Amersfoorter (H) von Friedrichsthal in Baden .	„	2,73	0.611	1,756	0,363	2,11	4,20	9.00	20,36	3.74	0,302	0,137	1.84	40	133
	Mittel (No. 40—50)	—	3,32	0,683	2,280	0,362	2,09	3,86	6,45	17,98	1,82	0,381	0,099	2,40	21	121

Analysen von R. Kissling („Der Tabak im Lichte der neuesten wissenschaftlichen Forschungen" Berlin 1893, 40).

No.	Bezeichnung der Sorte	Nikotin	Salpetersäure	Ammoniak	Stickstoffhaltige Extraktivstoffe	Unlösliche Proteïne	Fette u. Oele	Pektinsäure	Aepfelsäure	Citronensäure	Oxalsäure	Essigsäure	Gerbsäure	Sonstige stickstofffr. Extraktstoffe	Rohfaser	Mineralstoffe
		In Procenten der Trocken-Substanz														
51	Havanna	3,98	1,32	0,49	7,74	9,75	1,03	11,36	12,11	2,05	1,53	0,42	1,13	13,83	15,76	17,50
52	Manila	3,00	0,43	0,30	8,34	11,27	2,04	10,63	10,72	3,94	3,72	0,63	0,30	16,96	11,73	16,26
53	Bolingo	2,76	0,52	0,31	8,06	6,46	0,78	11,25	11,19	4,01	2,37	0,28	0,58	18,57	11,67	21,19
54	Sumatra	2,38	0,60	0,06	8,84	7,97	1,26	11,88	11,11	2,53	2,97	0,29	0,98	21,51	10,59	17,03
55	Columbia	1,31	3,28	0,14	1,77	19,12	0,67	9,49	11,09	4,61	2,02	0,19	0,51	17,31	11,21	17,28
56	Brasil	2,06	0,25	0,11	6,46	11,75	0,88	9,31	6,44	3,78	1,73	0,47	0,87	18,98	12,19	24,72

*) Die Tabake sind Rohtabake, die im lufttrockenen sogenannten „abgehängten" Zustande 15 % Wasser enthalten. Die analytischen Bestimmungen wurden in den bei 50° getrockneten, fein gepulverten Tabaken ausgeführt. Die Glimmdauer (in Minuten) wurde in dem lufttrockenen Tabake bestimmt. Das Nikotin wurde nach Kissling, das Ammoniak nach Knublauch, die Salpetersäure nach Schlösing-Grandeau bestimmt.

[0]) H bedeutet „Hauptgut", S „Sandgut". — M. Barth fand ferner:

	No. 40	41	42	43	50	Mittel
Kalk (CaO)	3,04	1,59	2,59	1,34	1,58	2,02 %
Magnesia (MgO) . . .	0,74	1,05	0,46	0,22	0,27	0,85 „

No.	Bezeichnung der Sorte	In Procenten der Trocken-Substanz														
		Nikotin	Salpetersäure	Ammoniak	Stickstoffhaltige Extraktstoffe	Unlösliche Proteïne	Fette u. Oele	Pektinsäure	Aepfelsäure	Citronensäure	Oxalsäure	Essigsäure	Gerbsäure	Sonstige stickstofffr. Extraktstoffe	Rohfaser	Mineralstoffe
57	Deutscher	3,22	0,37	0,32	8,10	6,62	0,89	10,23	12,94	2,89	2,51	0,34	0,68	14,69	14,48	21,72
58	Kentucky	4,59	1,88	0,19	13,90	8,10	2,28	8,22	11,57	3,40	2,03	0,43	1,48	15,09	12,48	14,36
59	Missouri*)	4,45	0,59	0,15	14,32	7,37	0,86	9,61	11,20	3,92	2,09	0,30	1,16	16,09	11,69	16,20
60	Virginia (Stengel) . . .	3,86	0,43	0,05	16,24	14,29	1,07	7,72	9,06	3,09	1,58	0,80	1,34	18,14	10,38	11,95
61	Java	3,30	0,23	0,23	10,39	9,53	0,81	10,13	6,04	3,30	3,38	0,22	0,51	21,65	11,82	18,46
62	Japanischer (Yeddo) . .	1,98	0,47	0,13	10,74	8,00	1,00	11,08	10,10	2,09	2,33	0,37	0,95	18,94	14,77	17,05
63	Algerischer	3,13	0,70	0,13	12,37	5,69	3,38	10,46	8,50	3,45	1,61	0,37	1,53	16,11	12,93	19,64
64	Holländischer	3,25	0,26	0,19	12,93	3,31	0,29	9,30	9,02	2,37	2,24	0,23	0,47	21,59	11,08	18,47
65	Samsoun*)	2,62	0,45	0,14	12,82	6,30	0,55	7,78	13,73	4,61	2,88	0,22	0,94	19,15	10,65	17,16
66	Griechischer	0,78	0,29	0,06	14,94	4,65	1,66	8,55	11,64	2,89	2,47	0,31	1,96	21,97	7,36	20,47
67	Latakia*)	1,17	0,76	0,10	18.97	7,25	1,12	6,25	9,07	2,40	1,98	0,36	2,33	23,71	10,00	14,53
	Mittel (No. 51—67)	2,81	0,76	0,18	11,00	8,67	1,21	9,49	10,33	3,25	2,32	0,37	1,04	18,94	11,81	17,82

Griechische Tabake und Toubekis nach A. K. Dambergis**).

Rapport présenté au Congrès international de chimie appliquée. Bruxelles 1894. — Athen 1894.

No.	Ursprungs-Provinz	Wasser	Stickstoff	Nikotin	Salpetersäure	Ammoniak	Reinasche	Zusammensetzung der Reinasche										
								Eisenoxyd (Fe_2O_3)	Thonerde (Al_2O_3)	Kalk (CaO)	Magnesia (MgO)	Kali (K_2O)	Natron (Na_2O)	Phosphorsäure (P_2O_5)	Schwefelsäure (SO_3)	Kieselsäure (SiO_2)	Kohlensäure (CO_2)	Chlor (Cl)
		%	%	%	%	%	%	%	%	%	%	%	%	%	%	%	%	%
	Tabake (NicotianaTabacum)																	
68	Aghias	8,5	3,40	1,35	0,09	0,32	18,75	0,42	1,00	25,18	8,33	13,87	8,52	2,87	4,67	8,15	19,58	4,22
69	Almyro	10,2	4,56	1,23	0,67	0,11	18,23	0,32	0,97	26,19	3,83	14,22	10,41	3,61	3,66	10,46	19,42	2,30
70	Argos	8,4	3,28	1,20	0,81	0,13	16,02	0,21	0,83	27,42	9,64	9,03	8,24	2,14	4,37	5,26	27,40	2,03
71	Arta	8,6	4,51	1,87	0,60	0,22	14.58	0,53	1,04	30,17	4,17	15,25	8,45	1,18	4,32	2,08	27,32	4,17
72	Carditza	9,6	4,09	1,19	3,14	0,13	17,15	0,34	0,92	20,83	7,91	17,20	2,00	3,81	6,67	7,08	12,96	5,96
73	Corinthie . . .	7,6	2,88	0,81	0,83	0,09	13,33	0,22	0,11	23,17	4,18	15,12	9,15	1,95	6,83	8,75	25,32	2,75
74	Epidaure-Limira .	9,0	4,28	0,77	1,47	0,13	16,03	0,54	0.82	24,08	6.32	12,21	7,33	3,17	5,37	3,28	25,83	7,32
75	Eurytanie . . .	7,8	4,42	1,92	1,54	0,15	13,70	0,22	0,72	24,15	6,15	18,14	7,36	2,24	3,15	7,31	18,72	7,82
76	Kalavryta . . .	11,5	4,78	1,88	0,13	0,17	15,70	0,15	0,73	22,15	5,18	18,17	12,25	2,83	3,28	2,92	26,32	3,85
77	Larissa	9,3	2,83	1,09	0,84	0,13	20,78	0,54	0,85	28,10	4,88	16,21	12,03	2,99	5,57	10,75	13,95	1,54
78	Locride	12,0	3,50	1,00	1,45	0,12	21,03	0,18	0,72	22,82	5,31	15,21	12,99	2,39	4,67	3,72	25,27	4,91
79	Messi-Corfou . .	9,4	4,54	1,82	0,05	0,13	15,43	0,74	0,91	21,22	5,28	18,15	7,32	2,25	3,75	8,32	24,87	3,32
80	Messolonghi . .	7,7	3,64	1,76	0,53	0,13	18,55	0,20	0,41	26,69	7,48	9,76	8,73	2,50	5,13	10,34	16,78	7,09
81	Nauplie	12,8	3,28	0,92	2,08	0,11	21,91	0,38	0,62	25,51	6,55	10,46	8,01	1,47	3,03	10,72	29,75	2,18
82	Oros	8,2	2,86	1,62	0,28	0,12	12,65	0,31	0,84	24,69	3,63	10,77	9,30	2,84	3,24	7,63	27,30	7,15
83	Parnasside . . .	14,1	2,35	1,35	0,21	0,12	24,69	0,18	1,03	26,17	5,60	10.33	8,82	1,57	2,65	10,16	27,71	0,89
84	Pharsala . . .	10,1	3,75	1,11	1,63	0,13	20,61	0,19	1,09	28,26	4,21	15,44	13,44	3,29	5,54	4,76	17,30	2,09

*) An Stärke enthielt No. 67: 0,69 %, an Zucker No. 59: 1,35 %, No. 65: 0,55 % und No. 67: 1,46 %.

**) Untersuchungsverfahren: Wasser: Durch Trocknen im Wasserdampf-Trockenschranke; Nikotin: nach Kissling; Stickstoff: nach Kjeldahl; Salpetersäure: nach Schultze-Tiemann; Ammoniak: nach Schlösing.

No.	Ursprungs-Provinz	Wasser	Stickstoff	Nikotin	Salpetersäure	Ammoniak	Reinasche	Zusammensetzung der Reinasche										
								Eisenoxyd (Fe_2O_3)	Thonerde (Al_2O_3)	Kalk (CaO)	Magnesia (MgO)	Kali (K_2O)	Natron (Na_2O)	Phosphorsäure (P_2O_5)	Schwefelsäure (SO_3)	Kieselsäure (SiO_2)	Kohlensäure (CO_2)	Chlor (Cl)
		%	%	%	%	%	%	%	%	%	%	%	%	%	%	%	%	%
85	Phthiotide . . .	9,1	4,17	1,64	3,25	0,10	22,79	0,23	0,83	25,77	3,90	14,00	11,45	3,23	4,03	7,43	20,00	7,21
86	Trikala	8,4	3,98	1,51	2,11	0,13	17,08	0,24	0,84	25,28	9,36	19,09	8,04	2,99	6,09	9,30	11,20	4,28
87	Trikhonie . . .	9,0	3,36	0,82	0,84	0,13	16,29	0,41	0,73	24,84	5,30	12,58	10,22	4,50	5,42	8,16	17,51	7,94
88	Tyrnavo . . .	10,6	3,67	1,09	1,40	0,11	19,38	0,51	0,92	26,92	3,28	14,84	12,21	1,83	4,66	10,41	19,64	2,82
89	Valto	10,6	3,44	1,94	3,38	0,10	16,39	0,18	0,62	24,61	8,38	13,72	10,09	3,14	3,69	3,44	27,46	4,34
90	Volos	9,4	4,45	1,90	0,46	0,33	16,37	0,20	0,51	25,32	7,14	12,26	8,75	1,18	6,85	5,18	26,86	2,15
91	Vonitza	7,4	3,50	1,38	1,40	0,11	12,41	0,29	0,53	47,07	4,82	15,70	10,31	4,41	6,15	3,40	22,89	1,18
92	Xyrokhorion . .	10,2	4,48	0,77	0,31	0,08	19,83	0,71	0,91	20,18	5,27	19,15	9,18	2,47	3,17	9,75	26,17	2,97
	Toubékis (Nicotiana persica)																	
93	Argos	10,0	4,90	2,84	0,18	0,11	18,85	0,15	1,13	27,24	6,90	8,39	6,14	1,35	5,86	10,20	25,03	5,26
94	Messolonghi . .	11,8	3,50	1,84	0,05	0,11	16,92	0,19	0,91	28,56	7,95	11,61	8,35	1,24	5,85	6,90	16,93	7,04
95	Nauplie	8,3	2,52	1,27	0,11	0,11	18,34	0,42	0,83	28,30	8,29	9,39	4,58	2,58	2,20	10,40	26,50	2,78
96	Phthiotide . . .	8,6	3,22	2,27	0,05	0,10	20,54	0,21	0,81	25,21	5,73	12,13	8,45	2,00	6,51	10,46	19,16	5,26
97	Trikhonie . . .	7,8	4,00	0.65	0,05	0,13	13,13	0,52	0.77	25,59	3,08	12.39	11,56	6,43	4,47	10,42	14,29	7,61
	Mittel (No. 68—97)	9,50	3,74	1,58	1,00	0,14	17,58	0,33	0,80	26,06	5,94	13,83	7,46	2,35	4,70	7,57	21,65	4,35

Ueberseeische und orientalische Tabake*) von L. Janke (Forschungsberichte über Lebensmittel u. s. w. 1897, 4, 58).

No.	Nähere Bezeichnung der Tabaksorte	Jahrgang (Ernte)	Wasser	Gesammt-Stickstoff	Nikotin	Ammoniak	Reinasche*)	Eisenoxyd (Fe_2O_3)	Kalk (CaO)	Magnesia (MgO)	Alkalien (als Chloralkalien)	Schwefelsäure (SO_3)	Phosphorsäure (P_2O_5)	Kieselsäure (SiO_2)	Sand
			%	%	%	%	%	%	%	%	%	%	%	%	%
	a) Tabakblätter mit Rippen.														
98	Carmen, leicht	1894	5,36	3,32	0,604	0	20,34 †)	0,63	4,75	0,86	9,19	1,39	0,63	0,56	4,72
99	Brasil, schwer	1892	7,91	4,02	2,598	0	19,44 †)	0,43	4,77	1,35	8,64	0,75	0,44	0,40	2,42
100	Java, kräftig, schwer	„	5,00	2,96	1,120	0	22,20 †)	0,40	4,56	2,92	8,40	1,20	0,46	0,26	0,97
101	Paraguay, leicht	1894	6,97	3,68	2,822	0,78	15,14	0,24	5,18	1,32	8,88	1,12	0,38	0,28	3,75
102	Java, leicht	1893	6,66	2,99	0,596	0	16,21	0,17	4,61	1,16	12,03	0,87	0,44	0,21	0,35
103	Borneo, leicht	„	6,00	3,37	1,419	0,17	14,92	0,09	3,02	1,93	8,84	1.22	0,57	0,05	0,24
104	Sumatra, mittel	„	7,06	4,17	4,348	1,00	13,97	0,14	4,53	2,09	6,68	0,75	0,56	0,08	0,23
105	Mexiko, leicht	1892	8,06	3,64	1,143	0,13	14,38	0,16	6,06	1,60	8,34	1,04	0,63	0,07	1,18
106	St. Felix, leicht	„	5,10	3,48	2,084	0,44	13,68	0,37	4,09	1,68	6,48	0,71	0,51	0,24	1,77
107	Seedleaf, mittel	1893	7,00	4,35	2,913	0,34	14,92	0,15	5,16	1,65	9,33	1,07	0,51	0,08	1,01

*) Die Tabakproben sind zwei Stunden lang bei 50° getrocknet worden. Das Nikotin ist nach dem Verfahren von Kissling bestimmt. Die Reinasche ist kohlensäurefrei aufgeführt mit Ausnahme der mit †) bezeichneten Aschen.

No.	Nähere Bezeichnung der Tabaksorte	Jahrgang (Ernte)	Wasser %	Gesammt-Stickstoff %	Nikotin %	Ammoniak %	Reinasche*) %	Eisenoxyd (Fe_2O_3) %	Kalk (CaO) %	Magnesia (MgO) %	Alkalien (als Chloralkalien) %	Schwefelsäure (SO_3) %	Phosphorsäure (P_2O_5) %	Kieselsäure (SiO_2) %	Sand %
	b) Tabakblätter ohne Rippen.														
108	Neu-Guinea Stephansort	1894	8,00	2,91	3,550	0,05	15,22	0,12	7,31	2,06	6,65	0,59	0,53	0,12	0,32
109	Neu-Guinea Erima . .	„	6,66	3,25	3,860	0,16	15,31	0,11	7,00	1,54	6,60	1,20	0,67	0,09	0,43
110	Türkei	1893	5,71	3,98	1,407	0,31	13,69	0,36	6,65	1,37	5,78	0,74	0,74	0,17	1,06
111	Smyrna	1894	8,00	2,29	1,032	0,13	12,74	0,47	6,56	1,02	4,40	0,77	0.38	0,22	6,25
112	China	1895	7,50	2,07	1,780	0,24	10,61	0,42	5,40	1,01	2,55	0,87	0,84	0,14	2,98
113	Paraguay	1894	4,34	2,82	1,877	0,53	12,83	0,43	5,60	0,41	6,90	1,25	0,71	0,18	5,33
114	Maryland	1893	6,84	4,14	3,153	0,59	10,41	0,25	4,64	0,97	5,00	0,79	0,28	0,13	5,17
115	Kentucky	„	6,06	3,53	6,000	0,53	10,43	0,45	4,42	0,87	5,36	1,03	0,34	0,11	5,66
116	Scrubs, Nord-Amerika .	1894	6,04	1,54	1,072	0,13	12,31	0,52	7,56	1,03	3,30	0,57	0,20	0,33	10,50
117	Cuba	1891	3,15	2,04	2,928	0,49	14,18	0,57	7,57	1,33	5,02	0,66	0,32	0,16	3,41
118	Bay	1894	11,06	1,97	0,901	0,13	8,67	0,13	2,40	1,22	5,88	0,67	0,37	0,04	0,54
119	Ohio	1893	5,38	3,99	3,979	0,39	10,38	0,21	3,53	1,23	7,07	0,54	0,47	0,18	1,32
120	Virginy	„	7,46	1,64	6,156	0,58	11,08	0,11	6,30	0,30	5,08	0,63	0,31	0,03	1,63
121	Chinesischer Tabak I	Anfang der 90-er Jahre	1,71	2,02	0,676	0,07	12,72	0,65	4,57	1,66	6,10	0,45	0,84	0,28	6,71
122	Chinesischer Tabak II	Anfang der 90-er Jahre	3,16	1,77	0,600	0,14	10,10	0,33	5,08	1,21	4,87	0,65	0,74	0,21	2,00
123	Argos, Griechenland (Schneidetabak) . .	Anfang der 90-er Jahre	8,04	2,06	0,938	0,20	11,17	0,55	5,54	1,69	3,00	1,11	0,40	0,14	3,11
							Rohasche				Kali				
124	Havanna	1894	—	2,84	1,176	—	21,15	0,28	6,73	1,00	4,10 *)	1,11	0,72	0,20	—
125	Domingo	1894	—	2,45	0,510	0,09	22,17	0,12	4,72	0,86	6,62 *)	1,05	0,59	0,11	0,40

Mittlere Zusammensetzung des Tabaks und Schwankungszahlen**).
In der Trocken-Substanz.

Von 29—250 Bestimmungen	Gesammt-Stickstoff %	Nikotin %	Ammoniak %	Salpetersäure %	Proteïne %	Aether-Extrakt %	Stickstoff-freie Extraktstoffe %	Rohfaser %	Asche %	Kaliumkarbonat in der Asche %
Mittel	**3,68**	**1,96**	**0,42**	**0,86**	**6,65**	**4,50**	**53,72**	**11,16**	**20,73**[0])	**2,06**
Schwankungen	1,05—8,16	0—7,96	0—1,82	0,05—3,78	0,69—19,12	0.29—15,50	—	3,33—15,76	11,95—27,48	0,05—5,57

Von 17—138 Bestimmungen	Aepfelsäure %	Citronensäure %	Oxalsäure %	Gerbsäure %	Essigsäure %	Pektinsäure %	Kali (K_2O) %	Natron (Na_2O) %	Phosphorsäure (P_2O_5) %	Chlor (Cl) %
Mittel	**8,83**	**3,68**	**2,38**	**1,04**	**0,37**	**12,79**	**3,08**	**0,54**	**0,49**	**0,98**
Schwankungen	3,49—13,73	0,55—8,73	0,96—3,72	0,30—2,33	0,19—0,80	6,25—11,88	1,09—6,25	0—2,77	0,19—1,23	0,08—2,99

*) Bei No. 124 wurde 0,10 % Natron und bei No. 125: 0,05 % Natron gefunden.

**) Bei der Berechnung der Mittel- und Schwankungszahlen sind auch die Analysen des nachfolgenden Anhangs z. Th. berücksichtigt worden.

0) Der Gehalt an Reinasche beträgt im Mittel von 60 Analysen 17,02 %.

Anhang zu Tabak.

I. Gehalt des Tabaks an Nikotin, Amiden, Salpetersäure, organischen Säuren, Extraktivstoffen, Asche und Aschenbestandtheilen.

1. Nach J. Schiel (Ann. Chem. Pharm. 1858, 105, 257) enthielten die Tabake:

	Lot	Garonne	Elsässer	Virginia	Maryland	Havanna
Nikotin . . .	7,96 %	7,34 %	3,21 %	6,87 %	2,29 %	2,00 %

2. Nach Wittstein (Vierteljahresschr. Pharm. 11, 351) enthielten 6 Proben Pfälzer Tabak 0,57—1,25 % im Mittel 0,86 % Ammoniak und 1,54—2,62 % im Mittel 1,94 % Nikotin.

3. Nach Mallet, Irby und Cabell (Jahresbericht Agrik.-Chem. 1873/74, 1, 231) enthielten:

	Cigarrentabak		Feiner Rauchtabak	Oesterreichischer	Englischer
	Deckblatt	Einlage			
Gesammt-Stickstoff . .	3,18 %	3,72 %	2,63 %	5,76 %	5,33 %
Nikotin	3,32 „	5,27 „	3,58 „	7,08 „	6,20 „
Asche	8,94 „	12,34 „	9,29 „	14,83 „	13,39 „

4. Th. Kosutany (Dissertation 1873; Jahresbericht Agrik.-Chem. 1873/74, 1, 297) fand in ungarischen Tabaken an Wasser und in der Trocken-Substanz an Nikotin, Ammoniak und Salpeter:

No.	Wasser	In der Trocken-Substanz			No.	Wasser	In der Trocken-Substanz		
		Ammoniak	Nikotin	Salpeter			Ammoniak	Nikotin	Salpeter
1	9,73 %	0,67 %	3,73 %	1,48 %	13	3,60 %	1,53 %	1,06 %	1,34 %
2	8,47 „	0,56 „	1,71 „	0,84 „	14	2,66 „	1,32 „	0,67 „	1,17 „
3	10,03 „	0,95 „	2,61 „	—	15	2,39 „	0,59 „	0,51 „	0,77 „
4	—	0,42 „	0,88 „	—	16	2,59 „	1,07 „	0,89 „	0,69 „
5	12,32 „	1,12 „	1,37 „	0,74 „	17	4,82 „	1,82 „	1,11 „	0,38 „
6	11,12 „	0,15 „	0,17 „	0,31 „	18	0,75 „	0,15 „	0,63 „	Spur
7	9,31 „	0,19 „	0,21 „	0,66 „	19	4,42 „	0,31 „	0,47 „	0,57 „
8	11,87 „	0,34 „	0,05 „	0,65 „	20	6,95 „	0,06 „	0,38 „	Spur
9	—	0,66 „	0,04 „	—	21	7,84 „	0,07 „	0,28 „	Spur
10	11,71 „	0,90 „	1,49 „	0,50 „	22	—	0,43 „	0,31 „	—
11	8,43 „	0,65 „	0,67 „	1,61 „	23	—	0,14 „	0,35 „	—
12	5,65 „	0,35 „	0,49 „	1,44 „	24	—	0,76 „	0,67 „	—

5. A. Petermann (Annal. Scienc. agronom. 1886, 1, 428) bestimmte in 4 aus direkt importirtem Havanna-Tabak gezogenen und in 16 Sorten belgischen Tabaks den Gehalt an Nikotin. Der Tabak war auf einem sandig-lehmigen Boden gezogen und entweder mit Guano oder Ammoniak-Superphosphaten und Kalisalzen gedüngt. Der Gehalt der an der Luft getrockneten und entrippten Blätter an Nikotin betrug bei belgischem Tabak (16 Proben) 2,53—5,19, im Mittel 3,66 % und bei aus Havanna-Tabak in Belgien gezogenem Tabak (4 Proben) 2,19—3,21, im Mittel 2,68 %

6. Leon. Ricciardi (Staz. sperim. agr. Ital. 1877, 6, 51) berichtet über den Gehalt italienischer Tabake an Wasser, sowie an Nikotin (nach Schlösing bestimmt), Asche u. s. w. mit folgendem Ergebnisse:

	Messina	Palermo	Prov. Lecce			Leccese (Milazzo)	Brasile		Spanischer Catania
			Brasile	Bewässerter	Trockener		Palermo	Catania	
	%	%	%	%	%	%	%	%	%
Wasser (durch Trocknen bei 100°)	13,44	15,55	19,65	14,03	12,86	12,78	16,50	12,50	13,58
Nikotin (in bei 40° getrockn. Tabak)	4,05	2,26	4,69	3,48	2,43	3,24	2,83	4,37	3,24
Asche („ „ 100° „ „)	21,97	21,69	26,82	19,06	27,48	25,18	23,26	22,50	18,30
Lösliche Asche (in % der Ges.-Asche)	39,13	37,43	34,07	38,31	20,96	35,55	34,10	34,67	50,46
Kaliumkarbonat (in % der lösl. Asche)	9,02	26,07	15,29	10,62	12,55	7,35	13,48	41,96	58,19

7. V. Vedrödi (Zeitschr. analyt. Chem. 1893, 32, 277) verglich die Verfahren der Nikotin-Bestimmung von Kosutany und Kissling und fand nach beiden in ungarischen Tabaken:

a) Geschnittene Rauchtabake.

		Nach Kissling *)	Nach Kosutany *)
1. Debrecziner Jungfern-Tabak (ohne Beize)	I	2,332 %	1,466 %
2. Debrecziner Jungfern-Tabak (ohne Beize)	II	1,940	1,246
3. Debrecziner Jungfern-Tabak (ohne Beize)	III	2,939	1,630
4. Csetneker		1,482	1,205
5. Tiszaer Cigarrentabak		4,184	1,131
6. Czereder Cigarettentabak		3,359 %	1,197 %
7. Ungarischer Rauchtabak		3,058	2,131
8. Veilchentabak (Nic. rustica)		3,095	2,222
9. Ungarischer Rauchtabak		2,021	1,530
10. Tabak zu ermässigten Preisen		2,587	2,222

b) Tabak in Blättern.

	Nach Kissling	Nach Kosutany
1. Debrecziner	1,751	1,722
2. Szegediner	1,936	1,130
3. Tiszaer	2,276	1,422
4. Tiszaer feine Gartenblätter	1,147	0,568
5. Csetneker Muskateller	1,898	1,395
6. Veilchentabak	1,872	1,609

c) Cigarren.

	Nach Kissling	Nach Kosutany
1. Regalitas	2,215	1,614
2. Trabuco	2,023	1,348
3. Britannica	1,865	1,242
4. Milares	1,736	1,156
5. Panatelas	1,718	1,144
6. Cuba	2,127	1,418
7. Cuba-Portorico	1,968	1,312
8. Portorico	1,712	1,140
9. Virginia	2,885	1,922
10. Vevey	2,834	1,888
11. Kurze Virginia	2,877	1,918
12. „ Ausländer	2,247	1,498
13. Ungarische	2,182	1,454
14. Kurze ungarische	2,565	1,710

d) Auf dem Debrecziner Versuchsfelde gewachsene 1892-er Tabake.

	Ammoniak	Nikotin (Kissling)	Nikotin (Kosutany)
1. Galsocser Königstabak	0,696	2,048	1,242 %
2. Persa-dor	1,323	1,350	0,970 „
3. Kürk Japrak	0,555	1,617	1,512 „
4. Szamoshater, ungeriffelt	0,549	0,783	0,723 %
5. Szamoshater, ungedüngt	0,909	1,464	1,355 „
6. gedüngt mit Superphosphat	1,086	2,969	1,957 „
7. gedüngt mit Kaliumsulfat	1,075	1,863	1,080 „

8. Nach J. Habermann (Zeitschr. physiol. Chem. 1901, 33, 55) enthielten österreichische Regie-

Cigarren:	Kurze	Portorico	Cuba-Portorico	Operas	Penetelas	Britannica	Trabuco	Regalitas	Brasil-Virginier	Virginier
Wasser	5,94	6,84	7,27	6,96	6,80	6,34	7,03	7,16	6,90	5,64 %
Nikotin	1,88	1,41	1,40	1,43	1,81	1,29	1,61	2,90	1,47	3,99 „
Asche	19,90	18,90	20,00	19,20	19,80	20,40	22,10	19,10	18,90	16,40 „

9. Gehalt des Tabaks an Oxal-, Citronen- und Aepfelsäure.

R. Kissling (Chem.-Ztg. 1899, 23, 2) fand in 8 Proben Tabak nach dem von ihm ausgearbeiteten Verfahren (vergl. das Original) folgende Mengen Oxal-, Citronen- und Aepfelsäure:

	Havanna	Brasil	Sumatra	Virginia	Seedleaf	Pfälzer	Macedonischer	Bosnischer
Oxalsäure	2,08 %	3,05 %	2,50 %	1,80 %	0,96 %	1,74 %	3,72 %	2,29 %
Citronensäure	5,32 „	5,99 „	6,40 „	2,81 „	8,73 „	5,30 „	0,55 „	1,63 „
Aepfelsäure	3,49 „	3,56 „	4,95 „	6,20 „	4,72 „	10,40 „	3,78 „	8,08 „

10. Gehalt des Tabaks an Petroläther-, Aether- und Alkohol-Extrakt; Gehalt dieser Extrakte an Wachs, Nikotin und Harz.

R. Kissling (Chem.-Ztg. 1900, 24, 499) erhielt durch aufeinanderfolgendes Ausziehen des Tabaks mit Petroläther, Aether und Alkohol (99 %) nach dem von ihm ausgearbeiteten Verfahren (vergl. das Original) an Wasser sowie in % der Trocken-Substanz:

---

*) Verfahren von Kosutany: Der Tabak wird mit Wasser ausgezogen, die wässerige Lösung mit Petroläther, der Petroläther mit titrirter Schwefelsäure geschüttelt und die nicht verbrauchte Schwefelsäure mit Barytlauge zurücktitrirt. — Verfahren von Kissling: Der Tabak wird mit verdünnter alkoholischer Natronlösung verrieben, das feuchte Pulver mit Aether ausgezogen, der Rückstand des Auszuges mit Natronlauge versetzt und im Dampfstrome destillirt und das Destillat titrirt.

Nähere Bezeichnung des Tabaks	Wasser	Im Petroläther-Auszuge			Im Aether-Auszuge		Im Alkohol-Auszuge			Ge-sammt-Nikotin	Ge-sammt-Harz
		Wachs	Nikotin	Harz	Nikotin	Harz	Nikotin	Harz	Wasser-lösliche Stoffe		
	%	%	%	%	%	%	%	%	%	%	%
Carmen	6,34	0,372	0,113	3,43	0,238	2,06	2,558	2,64	3,04	2,91	8,13
Maryland	7,03	0,392	0,110	4,47	0,095	1,77	0,240	1,50	1,55	0,45	7,74
Seedleaf	5,69	0,214	0,332	1,47	0,688	0,75	1,619	1,69	5,33	2,64	3,88
Domingo	5,98	0,238	0,212	2,44	0,106	0,89	1,620	1,98	2,21	1,94	5,31
Mexico	5,26	0,243	0,193	3,00	1,014	2,02	0,687	1,74	1,70	1,89	6,76
Havanna	6,10	0,325	0,465	4,57	0,326	1,27	1,862	1,85	3,79	2,65	7,69
Brasil	7,03	0,267	0,324	4,01	0,149	0,97	1,702	1,47	—	2,18	6,45
Virginia	8,41	0,380	0,736	5,54	0,672	5,52	3,456	3,70	—	4,86	14,76
Kentucky	4,06	0,220	0,695	5,67	0,829	1,62	2,478	2,69	8,49	4,00	9,98
Sumatra	7,62	0,205	1,101	3,92	0,720	1,47	1,932	1,71	1,46	3,75	7,10
Java	5,95	0,294	0,164	3,71	0,343	0,81	0,865	1,28	2,00	1,37	5,80
Neu-Guinea	4,02	0,296	0,575	2,92	0,896	1,14	3,982	2,20	3,62	5,45	6,26
Kamerun	7,50	0,213	0,103	3,98	0,029	0,82	0,256	2,14	0,26	0,39	6,94
Ungarn	6,35	0,247	0,222	2,07	0,332	1,17	1,709	1,74	1,04	2,26	4,98
Holländischer unfermentirt	6,17	0,227	0,909	4,05	0,193	1,25	0,885	1,87	4,12	1,99	7,17
Holländischer fermentirt	4,30	0,242	0,139	2,56	0,110	1,00	1,026	2,31	3,76	1,28	5,87
Virginia	6,41	0,227	1,092	3,66	0,422	1,58	1,745	2,93	7,87	3,26	8,17

11. B. C. Niederstadt (Landw. Vers.-Stat. 1886, **32**, 193) berichtet über den Gehalt*) verschiedener Tabake an Ammoniak, Salpetersäure, Aether-Extrakt und Asche wie folgt:

	Jamaica	Seedleaf	Domingo	Sonnsoun	Java	Carmen	Varinas	Paraguay
Ammoniak	0,66	0,85	0,89	1,31	0,58	0,62	0,63	0,19 %
Salpetersäure	0,58	1,39	0,49	0,58	0,62	0,59	0,58	0,45 „
Fett	5,38	2,75	3,62	4,56	3,22	3,19	4,60	5,47 „
Asche	19,45	14,47	20,96	17,91	21,51	19,56	19,83	21,71 „

12. Gehalt des Tabaks an Aschenbestandtheilen.

R. Kissling („Der Tabak im Lichte der neusten wissenschaftlichen Forschungen" Berlin 1893, S. 40) berichtet über die Zusammensetzung der Asche folgender sehr ungleichartiger Tabake, sowie über

*) Aus der Mittheilung ist nicht zu ersehen, ob sich die Zahlen auf wasserfreie oder wasserhaltige Substanz beziehen; wahrscheinlich auf letztere, weil es heisst, dass die Aschenuntersuchungen auf Trockenasche berechnet sind; bezüglich der Aschenuntersuchungen muss auf das Original verwiesen werden. Die Salpetersäure ist durch wiederholtes Eindampfen der Tabakauszüge mit Kalihydrat, bis alles Ammoniak und Nikotin zerstört waren, und darauf durch Ueberführung mittelst Zink und Eisen in Ammoniak bestimmt worden.

Ueber die Beschaffenheit der Blätter macht Niederstadt noch folgende Angaben:

Jamaika-Tabak, Blätter 16 cm breit, 27 cm lang, mit stark behaartem Mittelnerv, Oberfläche warzig, drüsig, lederartig dick.

Seedleaf-Tabak, Blätter 15 cm breit und 34 cm lang, mit stark behaartem Mittelnerv, abwechselnden, sich hervorhebenden Seitennerven, Blatt kahl.

Domingo-Tabak, Blätter 19 cm breit, 40 cm lang, Mittelnerv stark fleischig, Blatt kahl, Blattfläche dünn.

Sonnsoun-Tabak, Blatt 29 cm lang, 16—17 cm breit, mit starkem Mittelnerv und runden, abwechselnden Seitennerven, Oberfläche warzig, fast kahl.

Java-Tabak, Blätter 19 cm breit, 28 cm lang, ganzrandig mit stark behaartem Mittelnerv und abwechselnden Seitennerven, Blattfläche dünn, fast kahl.

Carmen-Tabak, Blätter 10 cm breit, 25 cm lang, mit starkem, rundem Mittelnerv, abwechselnden kahlen Seitennerven, Blattfläche dünn und kahl.

Varinas-Blätter, 6 cm breit, 17 cm lang, ganzrandig, umgekehrt eiförmig, mit schwach behaarten, abwechselnden Seitennerven, Blattfläche dünn, fein und kahl.

Paraguay-Tabak, Blätter 10 cm breit, 29 cm lang, lederartig, mit starkem Mittelnerv und gegenüberstehenden, sich zahlreich verästelnden Seitennerven, Oberfläche warzig behaart.

die Zusammensetzung der Asche verschiedener Sortirungen desselben Tabaks (Virginia). Die Reinasche enthielt:

Nähere Bezeichnung des Tabaks	Reinasche in der Trocken-Substanz %	Eisenoxyd (Fe_2O_3) %	Kalk (CaO) %	Magnesia (MgO) %	Kali (K_2O) %	Natron (Na_2O) %	Phosphorsäure (P_2O_5) %	Schwefelsäure (SO_3) %	Kieselsäure (SiO_2) %	Chlor (Cl) %
1. Asche ungleichartiger Tabake.										
Kentucky	12,83	—	35,31	9,35	37,57	2,10	4,99	4,21	2,73	3,74
Virginia	13,39	1,53	37,36	6,37	39,89	1,32	4,41	4,60	0,85	3,68
Maryland	11,87	3,43	27,77	9,80	21,57	1,72	10,42	9,80	10,54	4,61
Portorico	19,08	1,94	43,50	1,56	26,38	8,59	3,19	3,28	7,52	4,11
Ungarischer Tabak	17,18	3,20	27,10	8,57	30,67	3,15	2,83	3,29	18,39	3,40
Pfälzer	15,89	2,23	39,53	9,61	26,96	7,88	1,97	2,78	4,51	5,86
2. Verschiedene Sortirungen desselben Virginia-Tabaks.										
Cigarren-Deckblatt (lichtgelb)	8,94	1,33	31,12	8,58	39,50	2,74	3,51	9,59	1,39	2,24
Feiner Rauchtabak (hellgelb)	9,29	5,41	47,27	10,16	26,73	1,12	1,24	3,23	2,20	2,70
Cigarren-Einlage, mittelbraun	12,34	13,11	29,12	13,89	36,36	3,15	3,37	3,63	2,51	4,26
„ „ dunkel	14,84	2,93	32,56	14,69	32,17	6,58	2,22	5,42	1,07	2,36
„ „ „	13,39	1,53	37,36	6,37	39,89	1,32	4,41	4,60	0,85	3,68
„ „ „	11,06	5,79	39,68	8,48	31,89	1,27	4,38	5,47	1,93	1,11
3. Verschiedene Jahrgänge derselben (ungarischen) Tabaksorte.										
Jahrgang 1857	14,98	4,55	30,32	7,22	29,08	2,74	4,23	3,78	17,65	0,55
„ 1858	17,18	3,20	27,10	8,57	30,67	3,15	2,83	3,29	18,39	3,40
„ 1859	19,72	3,39	33,81	7,31	30,98	4,95	3,00	3,78	6,59	8,00
„ 1860	15,39	3,60	32,03	15,73	20,68	6,05	3,20	5,94	5,97	8,80
„ 1861	16,38	3,22	46,11	13,93	18,59	1,77	2,85	4,62	9,32	6,02
„ 1862	14,76	2,30	50,19	11,07	19,55	1,88	4,77	3,51	5,14	2,15

13. Beziehungen zwischen der Zusammensetzung der Asche und der Glimmdauer.

J. Nessler und M. Arnhold (Wochenbl. des badischen Landw. Vereins 1889, 175; Centrbl. Agrik.-Chem. 1889, 18, 488) fanden folgende Beziehungen zwischen Glimmdauer und Zusammensetzung der Asche. Es betrugen für die Tabak-Trocken-Substanz die Mittel und Schwankungen:

Glimmdauer	Zahl der Proben	Asche %	Kali (K_2O) %	Natron (Na_2O) %	Alkalität der Asche (= K_2CO_3) %	Chlor (Cl) %
Ueber 25 Sekunden	6	22,05 20,2—23,8	4,02 2,9—5,6	0,02 0,01—0,06	2,76 1,38—3,90	0,40 0,21—0,71
13—25 „	7	19,80 18,0—22,0	3,01 2,2—3,7	0,03 0,01—0,05	2,41 1,24—3,30	0,25 0,15—0,46
8—12 „	—	18,44 17,4—25,6	2,97 1,9—4,1	0,05 0,01—0,16	1,49 0,27—3,20	0,69 0,14—1,80
4—7 „	—	21,81 18,3—27,0	2,46 1,6—4,0	0,05 0,02—0,10	1,45 0,26—3,30	0,92 0,32—1,80

Nach Nessler kann man annehmen, dass kein Tabak gut brennt, der mehr als 0,4% Chlor und zugleich weniger als 2,5% Kali enthält.

J. M. van Bemmelen (Landw. Vers.-Stat. 1890, 37, 408) stellte gleichfalls Untersuchungen an über die Beziehung zwischen der Zusammensetzung der Asche von Tabaken und ihrer Brennbarkeit.

II. Einflüsse der Düngung, des Bodens und der Erntezeit.

a) Einfluss der Düngung.

No.	Düngung	Zeit der Untersuchung	Trocken-Substanz	In der Trocken-Substanz: Gesammt-Stickstoff	Nikotin	Fett	Asche	Kali im Ganzen	Kohlen-saures Kali	Natron	Chlor	Analytiker
			%	%	%	%	%	%	%	%	%	
1	Superphosphat	Vor 1867	14,10	2,82	0,51	4,06	20,40	—	0,148	—	—	J. Nessler und E. Muth[1])
2	desgl. + Ammoniaksalz	„	12,27	2,63	0,60	3,48	21,60	—	—	—	—	
3	Ammoniaksalz allein	„	12,09	2,99	0,87	3,30	20,10	—	0,572	—	—	
4	Ohne Düngung	„	13,04	2,48	0,51	3,73	20,10	—	—	—	—	
5	Superphosphat	„	—	3,23	—	4,50	21,40	3,09	1,16	0,43	—	
6	Chlorkalium	„	—	3,29	0,83	—	23,02	3,62	0,42	0,87	—	
7	Schwefelsaures Kali	„	—	3,11	—	3,94	21,07	3,39	1,40	0,72	—	
8	Chlornatrium	„	—	2,15	0,58	3,65	24,47	2,06	0,47	0,43	—	
9	Kohlensaures Kali	„	—	3,21	0,57	3,42	21,96	3,08	2,51	0,44	—	
10	Feldspath	„	—	3,07	0,94	—	22,19	2,86	1,23	1,00	—	
11	Ungedüngt	„	—	3,12	0,50	—	20,43	2,76	1,13	1,10	—	
12	Carnalith	„	—	3,01	0,93	—	21,70	3,42	1,05	0,87	—	
13	Schwefelsaure Magnesia	„	—	3,02	0,69	—	21,70	2,90	1,03	0,93	—	
14	Gyps	„	—	—	—	—	22,68	2,83	1,60	0,92	—	
15	Schwefelsaures Ammon	„	—	3,14	0,80	3,86	24,79	2,15	0,86	0,71	—	
16	desgl. + schwefelsaure Magnesia + schwefelsaures Kali	„	—	2,80	—	4,40	23,01	2,89	1,40	0,71	—	
17	Gesättigter Torf*)	1873	—	4,87	2,18	—	22,54	—	—	—	—	M. Fesca[2])
18	desgl. + 70,4 g kohlens. Kali .	„	—	5,51	3,55	—	23,59	—	—	—	—	
19	desgl. + 11,4 g kohlens. Natron .	„	—	5,55	2,29	—	23,42	—	—	—	—	
20	desgl. + 143 g kohlens. Ammon	„	—	5,66	2,41	—	19,22	—	—	—	—	
21	desgl. + saurer phosphors. Kalk .	„	—	8,16	2,83	—	23,49	—	—	—	—	
22	desgl. + 70,4 g kohlens. Kali + 11,4 g kohlens. Natron . . .	„	—	4,55	1,92	—	21,32	—	—	—	—	
23	¼ gesättigter Torf + Salzgemisch	„	—	5.96	2,95	—	21,61	—	—	—	—	
24	desgl. + Kali-Magnesia-Salz . .	„	—	5,71	2,87	—	19,04	—	—	—	—	
25	½ gesättigter Torf	„	—	5,21	2,94	—	20,73	—	—	—	—	
26	desgl. + 47 g kohlens. Kali . .	„	—	6,04	2,43	—	20,58	—	—	—	—	
27	desgl. + 7,6 g kohlens. Natron .	„	—	6,47	3,00	—	27,90	—	—	—	—	
28	desgl. + 47 g kohlens. Kali + 7,6 g kohlens. Natron	„	—	6,99	2,17	—	19,25	—	—	—	—	
	Glimmdauer									Phosphorsäure		
29	Maryland von Westhausen mit Haarmist**) 8″	1888	—	3,58	—	—	15,90	3,42	—	0,50	1,21	M. Barth[3]) ***)
30	Maryland von Westhausen ohne „ 13″	„	—	3.43	—	—	18,12	3,61	—	0,40	0,53	
31	Elsässer von Westhausen mit „ 4″	„	—	3,02	—	—	17,77	2.77	—	0,50	1,83	
32	Elsässer von Westhausen ohne „ 9″	„	—	3,51	—	—	17,66	3,08	—	0,40	0,64	

[1]) Der Tabak, seine Bestandtheile und seine Behandlung von J. Nessler. 1867.
[2]) Journ. f. Landw. 1873, **21**, 263.
[3]) Landw. Vers.-Stat. 1891, **39**, 81.

*) Schleissheimer Torf, der lufttrocken 20,83 % Wasser, 6,02 % Asche + Sand und 2,46 % Stickstoff enthielt, wurde mit 16,0 g Kali, 2,3 g Natron, 6,7 g Ammoniak, 21,4 g Salpetersäure und 4,4 g Phosphorsäure zu ¼ gesätttigt und ebenso mit der doppelten Menge dieser Stoffe zu ½ gesättigt; zu dieser Grundmischung wurden dann noch obige Salze zugesetzt.

**) Haarmist ist ein sehr kochsalzreicher Abfall der Gerbereien, welcher aus dem Abschälungsprodukt in Salz- u. Kalklauge konservirter Felle und Häute besteht.

***) Die Zahlen beziehen sich auf bei 50° getrockneten Tabak.

N. Passerini (Staz. sperim. agr. Ital. 1895, 28, 513) stellte Düngungsversuche bei Tabak an und fand für 24 verschieden gedüngte Proben von Tabakblättern und in drei Tabaken von vorzüglicher Brennbarkeit:

	24 Proben Mittel	24 Proben Schwankungen	Sigaro toscana	Minghetti colorado äussere Bl.	Minghetti colorado innere Bl.
	%	%	%	%	%
Wasser in der lufttrocknen Substanz	16,22	11,76—23,72	13,38	14,63	15,53
In der bei 105° getrockneten Substanz: Asche	15,31	10,66—18,56	20,40	20,70	22,78
In der bei 105° getrockneten Substanz: Kaliumkarbonat	0,334	Spuren — 0,844	1,868	3,973	2,704

b) Einfluss des Bodens.

J. Nessler u. M. Arnhold (Wochenbl. des badischen Landw. Vereins 1889, 175; Centrbl. Agrik.-Chem. 1889, 18, 488) untersuchten die Beziehungen zwischen Boden, Düngung und Zusammensetzung bezw. Verbrennlichkeit des Tabaks. Aus den Untersuchungen seien folgende Ergebnisse hervorgehoben über den Einfluss des Bodens auf die Zusammensetzung der Trockensubstanz und die Glimmdauer:

Sandiger Boden						Mittlerer Boden						Schwerer Boden					
Asche	Kali	Natron	Alkalität der Asche (= K_2CO_3)	Chlor	Glimmdauer	Asche	Kali	Natron	Alkalität der Asche (= K_2CO_3)	Chlor	Glimmdauer	Asche	Kali	Natron	Alkalität der Asche (= K_2CO_3)	Chlor	Glimmdauer
%	%	%	%	%	Sek.	%	%	%	%	%	Sek.	%	%	%	%	%	Sek.
15,4	2,4	0,01	1,90	0,21	12	21,0	2,4	0,01	2,20	0,75	10	21,2	2,1	0,04	3,30	1,07	7
19,6	2,6	0,06	0,58	0,48	9	18,3	3,3	0,03	2,90	0,16	21	21,6	2,6	0,09	1,90	1,13	6
22,4	3,0	0,07	1,50	0,18	9	21,0	3,3	0,01	2,30	0,36	17	22,2	2,9	0,03	1,90	0,32	6
20,2	3,9	0,001	3,70	0,27	40	21,2	4,4	0,02	3,18	0,29	55	22,8	2,8	0,03	1,40	0,89	12
19,2	2,2	0,04	2,21	0,28	14	23,8	3,4	0,01	1,66	0,71	67	19,9	2,6	0,04	1,38	0,25	10
21,6	3,9	0,01	2,76	0,36	64	—	—	—	—	—	—	24,3	2,6	0,06	0,83	0,72	4
23,7	2,4	0,03	1,38	0,25	10	—	—	—	—	—	—	27,0	1,6	0,04	1,17	1,57	4
20,0	2,5	0,03	1,66	0,14	8	—	—	—	—	—	—	22,6	2,5	0,05	0,26	1,46	7
23,8	2,8	0,07	1,79	0,25	9	—	—	—	—	—	—	—	—	—	—	—	—
23,7	1,9	0,03	1,38	0,18	9	—	—	—	—	—	—	—	—	—	—	—	—
20,4	3,4	0,16	0,88	0,61	10	—	—	—	—	—	—	—	—	—	—	—	—
20,9	2,8	0,05	1,79	0,29	17,6	21,1	3,3	0,02	2,45	0,45	34,0	23,0	2,4	0,05	1,52	0,92	7,0

c) Einfluss der Erntezeit.

J. Nessler („Der Tabak etc." Mannheim 1867, 101) erhielt für entrippte Blätter und die Rippen zu verschiedener Erntezeit folgende procentige Zusammensetzung:

	Zeit der Entnahme vom Stock	Grösse der Blätter cm/cm	Trocken-Substanz	In der Trockensubstanz: Stickstoff	Nikotin	Asche	Kohlensaures Kalium
1.	Ende Juni	5—8 cm lang	13,3	2,84	2,84	—	—
2.	Mitte August	8,5/21 cm	15,0	—	1,50	11,5	2,80
3.	„ „	27/42 „	13,0	4,68	5,08	15,5	3,55
4.	3. September	Beginn der Reife	14,1	3,10	6,38	23,5	2,53
5.	18. „	vollreif	—	3,22	1,23	22,2	2,03
6.	4. Oktober	überreif	—	3,09	1,20	23,1	1,43
Die zu No. 1 gehörigen Rippen:			10,0	—	1,63	—	—
„ „ „ 4 „ „			8,4	—	2,66	30,3	6,62

No. 5 wurde am 29. November und No. 6 am 3. December untersucht.

III. Einflüsse der Trocknung und Fermentation auf die Zusammensetzung des Tabaks.

a) Einfluss der Trocknung.

J. Behrens (Landw. Vers.-Stat. 1894, 43, 271) untersuchte den Einfluss des Trocknens auf den Tabak in der Weise, dass er von den am 28. August geernteten, neben einander gewachsenen, nur mit

Stallmist gedüngten Pflanzen (Connecticut-Tabak) bei einem Theil die Blätter abbrach und bei dem anderen am Stengel beliess. Die Blätter wurden dann unter Schonung der Mittelrippen halbirt und die abgelöste Hälfte sofort im Trockenschranke getrocknet, die andere mit den Rippen nach Verbinden am Stengel belassen, theils auf Bindfaden gezogen und beide auf dem Speicher der langsamen Austrocknung überlassen. Die Ergebnisse der Untersuchung waren folgende:

In Procenten der Trocken-Substanz der Blattfläche	I. Blätter allein geerntet		II. Blätter mit Stengel geerntet	
	a) sofort getödtete Hälfte	b) dachreife Hälfte	a) sofort getödtete Hälfte	b) dachreife Hälfte
Kohlenstoff	40,25	29,31	41,13	36,88
Stickstoff im Ganzen	4,370	4,482	4,002	4,302
Davon in Form von Eiweiss	3,604	2,051	3,365	2,375
„ „ „ „ Nichteiweiss	0,766	2,431	0,637	1,927
„ „ „ „ Nikotin	0,766	1,102	1,025	0,906
Aether-Extrakt	11,81	8,16	13,36	7,66
Glukose	1,63	1,11	2,72	1,35
Stärke	voll	0	voll	0
Organische Säure (= Aepfelsäure)	6,30	10,96	—	—
Asche	13,87	—	14,69	—
In Procenten des Gesammt-Stickstoffs sind demnach vorhanden in Form von:				
Eiweiss	82,47	45,76	84,08	55,21
Nikotin	3,03	4,25	4,43	3,64
Amiden u. s. w.	14,50	49,99	11,49	41,15

Der Gehalt an Mineralstoffen in den vorstehenden vier Proben war, ebenfalls in Procenten der Trockensubstanz, folgender:

Nähere Bezeichnung	Kali (K_2O)	Natron (Na_2O)	Eisenoxyd (Fe_2O_3)	Kalk (CaO)	Magnesia (MgO)	Phosphorsäure (P_2O_5) im Ganzen	Phosphorsäure anorganisch gebunden	Schwefel (S) im Ganzen	Schwefel als Schwefelsäure	Schwefelsäure (SO_3)	Salpetersäure (N_2O_5)	Chlor (Cl)	Alkalität der Asche (K_2CO_3)
No. I a)	3,91	0,60	0,22	4,93	0,86	0,735	0,592	0,399	0,322	0,806	0,224	0,15	3,52
No. I b)	3,92	0,60	—	—	—	0,873	0,695	0,579	0,492	1,231	0,297	0,14	4,40
No. II a)	3,21	0,38	0,21	4,59	0,65	0,692	0,539	0,454	0,317	0,793	0,176	0,10	3,55
No. II b)	3,91	0,30	—	—	—	0,820	0,629	0,577	0,518	1,295	0,260	0,23	5,34

Um den Einfluss der Rippe bei der Trocknung zu erkennen, halbirte J. Behrens zwei benachbarte stärkereiche Blätter einer Pflanze (Connecticut, noch nicht ganz reif, geerntet am 1. August) unter Schonung der Mittelrippe und tödtete die abgeschnittenen rippenlosen Hälften der Blätter A und B sofort durch Trocknen, während die zweite Hälfte des Blattes A mit der Rippe aufgehängt, die des Blattes B dagegen bis auf ein kurzes Stück (zum Durchziehen des Fadens) der Rippe beraubt und so beide der langsamen Trocknung überlassen wurden. Die Ergebnisse der Untersuchung waren folgende:

	Frisch-Substanz	Trocken-Substanz	In Procenten der Trockensubstanz: Stickstoff in Form von Proteïn	Stickstoff in Form von Nichtproteïn	Vom Gesammt-Stickstoff Proteïn-Stickst.	Alkalität der Asche (= K_2CO_3)
A Linke Hälfte, sofort getödtet	28,15	4,582	3,14	0,73	81,14	3,936
A Rechte „ mit Mittelrippe getrocknet	—	3,678	1,76	2,29	43,46	4,595
B Linke Hälfte, sofort getödtet	24,65	3,910	2,69	0,43	86,22	3,292
B Rechte „ ohne Mittelrippe getrocknet	—	3,975	1,85	1,93	48,94	4,756

Die linken Hälften waren nach der Jodprobe voll von Stärke, während in den rechten Hälften solche nicht vorhanden war.

b) Einfluss der Fermentation.

1. J. Nessler („Der Tabak etc.“, Mannheim 1867) fand für unfermentirten und in verschiedener Weise fermentirten Tabak folgenden procentigen Gehalt an Ammoniak und Nikotin:

Unfermentirt		Gewöhnlich fermentirt		Fermentirt bei möglichstem Luftabschluss		Fermentirt bei möglichstem Luftzutritt	
Ammoniak	Nikotin	Ammoniak	Nikotin	Ammoniak	Nikotin	Ammoniak	Nikotin
0,15	0,85	0,17	0,79	0,18	0,10	0,14	0,39 %

2. Th. Kosutany (Chem.-physiol. Untersuchung der charakteristischen Tabaksorten Ungarns, Budapest 1882; R. Kissling: „Der Tabak etc.“, Berlin 1893, S. 179) erhielt für unfermentirte und fermentirte Tabake folgenden procentigen Gehalt an Ammoniak und Nikotin in der Trockensubstanz:

	Connecticut		Havanna		Ungarischer		Laplata	
	Ammoniak	Nikotin	Ammoniak	Nikotin	Ammoniak	Nikotin	Ammoniak	Nikotin
Unfermentirt .	0,30	1,18	0,20	1,07	0,17	1,27	0,26	1,24 %
Fermentirt . .	0,63	0,90	0,52	0,90	0,50	0,49	0,43	0,92 „

3. S. W. Johnson (Connecticut Experim. Stat. Rep. 1892; New-Haven 1893, 28—31; Centrbl. Agrik.-Chem. 1894, 23, 427) fand für die oberen, nicht völlig reifen Blätter (A), die unteren bei der Ernte etwas überreifen Blätter (B), sowie die besten Blätter (C) vor und nach der Fermentation folgende procentige Zusammensetzung:

		Wasser	Nikotin	Salpetersäure (N_2O_5)	Ammoniak	Proteïn (sonstiger N × 6,25)	Aether-Extrakt	Stärke	Sonstige stickstofffreie Extraktstoffe	Rohfaser	Reinasche
A	Nicht fermentirt	23,50	2,50	1,89	0,67	12,19	3,87	3,20	29,39	7,90	14,89
	Fermentirt . .	23,40	1,79	1,97	0,71	13,31	3,42	3,36	27,99	8,78	15,27
B	Nicht fermentirt	27,40	0,77	2,39	0,16	6,69	2,95	2,62	26,28	7,89	22,85
	Fermentirt . .	21,10	0,50	2,82	0,16	6,81	3,04	3,01	28,36	8,95	25,25
C	Nicht fermentirt	27,50	1,26	2,59	0,33	11,31	2,84	2,89	25,52	9,92	15,84
	Fermentirt . .	24,90	1,14	2,35	0,47	11,62	2,92	3,08	26,88	10,42	16,22

Von den Bestandtheilen der nicht fermentirten Blätter gingen durch die Fermentation verloren (in % des nicht fermentirten Tabaks):

	Trockensubstanz										
A.	7,38	2,34	0,88	0,09	0,02	0,09	0,78	0,16	4,32	—	1,08
B.	3,40	8,94	0,33	—	0,02	0,79	0,30	0,13	1,20	0,03	0,71
C.	4,19	4,88	0,20	0,46	—	0,75	0,18	0,09	1,11	0,42	1,08

4. J. Behrens (Landw. Vers.-Stat. 1894, 43, 271) untersuchte den Einfluss der Fermentation auf die Zusammensetzung des Tabaks in der Weise, dass er die Blätter (von Connecticut-Tabak) unter Schonung der Mittelrippe halbirte, die rippenlosen Hälften sofort auf einer Mühle zur Untersuchung zerkleinerte, die anderen Hälften dagegen mit anderem Tabak fermentiren liess. Nach der Fermentation wurden auch diese Hälften entrippt und untersucht. Für die sandfreie Trockensubstanz wurde folgende procentige Zusammensetzung gefunden:

	Gesammt-Stickstoff	Proteïn-Stickstoff	Nikotin	Aether-Extrakt	Säure: im Aether-Extrakt (= Milchsäure)	Säure: organische nichtflüchtige (= Aepfelsäure)	Säure: mit Wasserdampf flüchtige (= Buttersäure)	Reducirender Zucker	Asche	Salpetersäure (N_2O_5)	Schwefelsäure (SO_3)	Alkalität der Asche (= K_2CO_3)
Dachreif . .	3,09	1,30	1,464	9,41	0,446	16,81	0,124	1,26	19,83	0,201	2,147	0,50
Fermentirt .	3,24	1,36	1,075	8,34	0,450	14,45	0,299	0	21,01	0	2,201	0,98

Der Tabak hatte infolge der Düngung mit schwefelsaurem Ammon einen auffallend hohen Schwefelsäuregehalt; auch war derselbe infolge hohen Chlorgehaltes (1,39 %) schlecht brennbar.

IV. Tabak-Stengel, Tabak-Abfälle, Tabak-Extrakte.

a) Tabak-Stengel.

S. W. Johnson (Connecticut Experim. Stat. Rep. 1892; New-Haven 1893, 31; Centrbl. Agrik.-Chem. 1894, 23, 283) fand für 3 verschiedene Proben von Tabak-Stengeln in der Trockensubstanz:

	Proteïn	Nikotin	Salpetersäure	Aether-Extrakt	Glukose	Stärke	Sonstige stickstofffreie Extraktstoffe	Rohfaser	Reinasche	Sand
No. 1 . .	10,13	0,52	1,40	0,88	2,87	11,55	29,45	35,12	6,64	1,44 %
„ 2 . .	11,69	0,69	1,72	0,96	2,71	14,21	25,67	34,79	7,00	0,56 „
„ 3 . .	16,69	—	1,92	0,87	0,66	12,91	22,15	36,98	7,46	0,36 „

Die Reinasche enthielt:

	Kalk (CaO)	Kali (K_2O)	Phosphorsäure (P_2O_5)	Schwefelsäure (SO_3)	Chlor (Cl)
No. 1 . . .	14,01	56,34	6,37	8,06	6,55 %
„ 2 . . .	16,58	54,46	6,27	6,75	7,05 „
„ 3 . . .	14,85	55,43	7,96	7,38	6,82 „

b) Tabak-Abfälle,

bestehend aus Bruchstücken von Stengeln und Blättern sowie aus Staub, enthielten nach L. P. Brown (Americ. Chem. Journ. 1889, 11, 37; Chem. Centrbl. 1889, I, 493):

Wasser	Nikotin	Proteïnstoffe und Nitrate	Ammoniak	Asche	Kali (K_2O)	Phosphorsäure (P_2O_5)
10,27	0,36	6,96	1,48	43,40	1,187	0,296 %

c) J. Behrens (Landw. Vers.-Stat. 1892, 41, 191) berichtet in seinen Beiträgen zur Kenntniss der Tabakpflanze auch über die Zusammensetzung des Tabaksamens und der Tabaksetzlinge. Bezüglich der Zusammensetzung dieser muss auf die Quelle verwiesen werden.

d) Tabak-Extrakte.

1. J. Biel (Pharm. Ztg. f. Russland 1888, 27, 3; Chem. Centrbl. 1888, 425) fand für Tabak-Extrakte folgende procentige Zusammensetzung:

	Wasser	Trocken-Substanz	In Alkohol lösliche Trocken-Substanz	Nikotin	Asche	Alkalität der wasserlöslichen Asche in % der Asche = K_2CO_3
No. I . .	31,76	68,24	52,56	1,64	23,13	97,3 %
„ II . .	21,06	78,94	54,20	7,48	30,98	63,8 „

Das Nikotin wurde nach einer Abänderung des Kissling'schen Verfahrens bestimmt. Der Extrakt I scheint nach Ansicht Biel's mit Melasse verfälscht zu sein.

2. E. Geissler (Gartenflora 37, 650; Centrbl. Agrik.-Chem. 1889, 18, 211) fand für Tabak-Extrakte aus Rippen und Blättern folgende procentige Zusammensetzung:

	Wasser	Organische Stoffe	Nikotin	Asche	Kohlensaures Kalium (K_2CO_3)
Rippen-Extrakt	32,80	48,40	1,86	22,10	7,73 %
Blätter-Extrakt von Donath & Jasper in Dresden	36,20	50,86	8,10	15,50	—

V. Schnupf-Tabak.

1. L. Janke (Zeitschr. Nahrungsm.-Unters., Hyg. u. Waarenk. 1894, 8, 41) fand in 9 im Jahre 1892 untersuchten Proben Schnupftabak:

Wasser	Wasser-Extrakt	Im Wasser-Extrakt: Organische Stoffe	Im Wasser-Extrakt: Nikotin	Asche	In Salzsäure unlöslich (Sand u. s. w.)
32,30—51,45 %	22,58—44,35 %	6,32—23,33 %	0,38—1,13 %	18,74—33,44 %	0,88—3,76 %

Janke fand ferner (1891) in: Kownoer Schnupftabak 27,25 % Asche und 1,61 % Unlösliches,
Kreuznacher „ 23,74 „ „ „ 3,43 „ „

2. Nach R. Kissling („Der Tabak etc.", Berlin 1893, S. 249) enthielten 19 Proben Schnupftabak 29,80—59,54 % Wasser, 19,31—27,79 % Asche und — meist von der zur Verpackung verwendeten Zinnfolie herrührend — 0—1,252 % Blei.

Alkoholische Getränke.

Bier und seine Rohstoffe.

Hopfen.

Blüthendolden von Humulus Lupulus L.

No.	Nähere Bezeichnung	Zeit der Untersuchung	Wasser	Aether-Extrakt	Alkohol-Extrakt		Wasser-Extrakt		Stickstoff-Substanz	Rohfaser	Gesammt-Asche		Analytiker
					im Ganzen	Harz	im Ganzen	Gerbstoff			Reinasche	Sand	
			%	%	%	%	%	%	%	%	%	%	
1	East-Kent, Goldings	1861	—	—	21,45	—	25,74	3,55	—	—	8,09		E. Peters[1]
2	Mid-Kent	„	—	—	21,24	—	28,02	7,22	—	—	7,35		
3	Yellow weald of Kent	„	—	—	22,09	—	23,80	3,47	—	—	9,63		
4	Fine weald of Kent	„	—	—	25,31	—	28,13	4,55	—	—	8,82		
5	Sussex	„	—	—	24,13	—	24,33	6,84	—	—	10,42		
6	Amerikan I	„	—	—	25,69	—	26,84	6,87	—	—	6,78		
7	„ II	„	—	—	20,95	—	24,80	2,97	—	—	9,02		
8	Neuguth bei Schmiegel	„	—	—	19,73	—	18,80	10,89	—	—	9,44		
9	Kotusch bei Schmiegel	„	—	—	16,12	—	18,32	11,36	—	—	10,68		
10	Hacz bei Schmiegel	„	—	—	23,44	—	25,90	8,54	—	—	9,23		
11	Neutomischel	„	—	—	24,45	—	27,15	7,57	—	—	6,73		
							Nach der Alkohol-Extraktion		In Wasser lösliche Asche				
12	Späthopfen aus Lindstellerhorst*)	1867	12,06	—	13,50	9,78	—	4,56	4,56	—	9,20		M. Sievert[2]
13	Aus Holzhausen mit grüner Farbe	„	13,24	—	20,00	11,16	11,50	3,79	5,18	—	6,94		
14	Aus Holzhausen mit grüner Farbe	„	13,54	—	19,60	12,00	11,00	4,38	4,53	—	7,53		
15	Späthopfen (hellgrün) aus Lotsche	„	10,85	—	18,00	13,82	12,50	4,00	4,82	—	8,06		
16	Spät-H. (grün) aus Holzhausen*)	„	11,53	—	25,50	16,70	12,00	3,49	5,16	—	6,74		
17	Echter bairischer Grün-H.	„	13,45	—	23,00	18,40	12,50	3,24	5,18	—	6,70		
	Mittel (No. 1—17, bezw. 12—17)	—	12,44	—	21,43	13,72	11,34	5,72	4,74	—	8,31		
					Nach der Aether-Extraktion				Stickst.-Substanz				
18	Aus Westpreussen	1878	12,00	16,99	13,43	—	—	1,22	17,50	9,92	5,38	1,55	
19	Aus Westpreussen	„	11,80	17,46	17,20	—	—	1,43	14,88	16,60	5,72	1,46	
20	Aus Westpreussen	„	11,68	19,10	14,70	—	—	1,41	15,05	17,60	6,30	1,70	
21	Aus Westpreussen	„	13,90	13,43	12,33	—	—	0,83	13,39	15,58	8,40	1,90	
22	Aus Westpreussen	„	12,00	18,84	13,20	—	—	1,01	12,94	15,20	6,10	2,56	
23	Aus Westpreussen	„	10,00	18,40	13,00	—	—	1,40	12,34	17,12	5,56	2,70	
24	Aus Westpreussen	„	10,40	16,71	13,00	—	—	1,08	15,75	14,44	7,00	2,64	
25	Aus Westpreussen	„	10,00	19,03	14,50	—	—	1,50	16,01	15,62	6,20	1,90	

[1]) Wochenbl. d. Ann. der Landw. 1862, 468.
[2]) Zeitschr. d. Landw. Centr.-Vereins der Prov. Sachsen 1868, 272 und Allgem. Hopfenzeitung 1878, 385.
*) No. 12 war auf Moorboden und No. 16 auf fettem Lettenboden gewachsen.

No.	Nähere Bezeichnung	Zeit der Untersuchung	Wasser	Aether-Extrakt	Alkohol-Extrakt im Ganzen	Alkohol-Extrakt Harz	Wasser-Extrakt im Ganzen	Wasser-Extrakt Gerbstoff	Stickstoff-Substanz	Rohfaser	Gesammt-Asche Reinasche	Gesammt-Asche Sand	Analytiker
			%	%	%	%	%	%	%	%	%	%	
					Nach der Aether-Extrakt.								
26	Aus Westpreussen	1878	9,90	18,39	11,10	—	—	1,34	13,39	15,20	6,60	2,90	*M. Sievert* [1]
27		„	9,40	15,28	12,33	—	—	1,01	16,01	15,42	6,00	5,50	
28		„	10,73	11,30	10,19	—	—	0,90	15,75	18,20	5,80	1,60	
	Mittel (No. 18—28)	—	11,07	16,81	13,18	—	—	1,09	14,82	15,45	6,28	2,40	
					In Alkohol von 0,82 spec. Gew. löslich		Nach der Alkohol-Extraktion						
	Aus Oesterreich.			Aetherisches Oel	Im Ganzen	Harz	Wasser-Extrakt	Asche im Wasser-Extrakt	Gerbstoff im Ganzen				
29	Aus Neuhaus *): Ungeschwefelt . .	In den 70-er Jahren	16,75	0,48	29,93	17,05	—	—	4,01	—	4,34	1,08	*J. Moser* und *Fr. Soxhlet* [2]
30	Derselbe geschwefelt		16,78	0,45	30,46	16,35	—	—	5,01	—	4,86	1,03	
31	Ungeschwefelt . .		14,87	0,31	33,19	16,88	—	—	3,43	—	5,59	0,96	
32	Derselbe geschwefelt		17,13	0,48	30,97	17,00	—	—	4,85	—	3,57	2,27	
33	Aus Neufelden aus Saazer Setzlingen Früh-H.		13,10	0,25	21,93	18,09	9,95	3,10	3,47	—	5,29	0,65	
34	Spät-H.		13,25	0,21	22,13	17,43	10,31	2,91	5,13	—	5,72	1,14	
35	Früh-H.		14,95	0,18	21,98	17,98	10,17	3,16	4,00	—	5,01	0,60	
36 *)	Aus Rohrbach . . .		11,32	0,18	21,99	17,69	14,95	4,32	1,38	—	6,19	0,29	
37 *)	Aus Grieskirchen . .		10,21	0,15	24,07	18,62	15,21	4,95	3,27	—	8,57	0,38	
38 *)	Aus Saaz		9,90	0,13	20,12	14,57	16,66	5,42	2,52	—	10,01	0,91	
39 *)	Aus Auscha		10,61	0,17	20,97	15,14	15,61	5,10	3,18	—	7,87	0,81	
	Mittel (No. 29—39)	—	13,53	0,27	25,24	16,98	13,02	3,66	—	—	6,09	0,93	
				In der Trocken-Substanz									
				Aether-Extrakt					Stickstoff-Substanz				
40	Saazer **)	1881	—	(5,74)	—	—	—	—	12,87	(51,15)	6,42**)		*Fr. Farsky* [3]
41	Taborer **)	„	—	(4,91)	—	—	—	—	14,18	(53,21)	6,26**)		
				In der natürlichen Substanz									
				Aetherisches Oel	Alkohol-Extrakt	Hopfen-Harz		Gerbstoff					
42	Aus Chile	1888	14,11	0,16	15,30	9,54	—	1,28	10,55	—	6,52	3,34	*C. Killing* [4]
43	„ Böhmen	„	13,55	0,44	27,86	19,42	—	1,26	11,45	—	6,56	2,48	
44	„ Bayern	„	13,88	0,41	25,36	17,38	—	1,19	11,52	—	6,36	1,76	

[1] Allgem. Hopfenzeitung 1878, 385.
[2] Erster Bericht der Ver.-Stat. Wien 1871—1877. Wien 1878.
[3] Bericht der landw. Vers.-Stat. zu Tabor 1881: Centrbl. Agrik.-Chem. 1882, **II**, 427.
[4] Observaciones quimicas sobre El Oblon Chileno por Dr. Ch. Killing, Valparaiso 1885; Vierteljahresschr. Nahrungs- u. Genussmittel 1888, **3**, 65.

*) Die Analysen No. 29—32 wurden 3 Monate, die Analysen No. 36—39 5 Monate nach der Ernte ausgeführt.
**) Fr. Farsky fand ferner:

	Bestandtheile des Hopfens: Hopfenmehl	Blüthenblätter	Blüthenstiele	Früchte	In Procenten der Asche: Kali	Kalk	Phosphorsäure
1. Saazer Hopfen	12,40	69,79	17,54	0,27	33,14	12,45	29,20 %
2. Taborer „	6,12	74,79	18,52	0,57	42,30	16,04	12,08 „

No.	Nähere Bezeichnung	Zeit der Untersuchung	Wasser	Aether-Extrakt	Alkohol-Extrakt im Ganzen	Alkohol-Extrakt Harz	Wasser-Extrakt im Ganzen	Wasser-Extrakt Gerbstoff	Stickstoff-Substanz	Rohfaser	Gesammt-Asche Reinasche	Gesammt-Asche Sand	Analytiker
			%	%	%	%	%	%	%	%	%	%	
				In der Trocken-Substanz									
45	Ohne nähere Bezeichnung *)	um 1885	—	20,43	—	—	31,62	—	15,27	—	10,08		C. Krauch[1])
				In der natürlichen Substanz									
				Petroläther-Extrakt		Harz im Ganzen		**) Gerbstoff im Ganzen		Wasserlösliche Stickst.-Substanz	Wasser-Extrakt nach der Alkohol-Extraktion		
46	Saazer, feinste Sorte	1890	6,79	(29,06)	43,06	—	(13,86)	4,06	14,56	5,38	—		L. Aubry [2]) **)
47	Elsässer, rauh, aber gesund und kräftig	„	7,30	(26,70)	43,29	—	(13,88)	3,72	15,25	4,50	—		
				Benzol-Extrakt									
48	Posener	1891	8,08	30,10	45,50	19,46	25,88	5,39	13,19	4,31	14,29		
49	Saazer	„	8,29	33,09	46,21	19,15	27,04	5,84	14,69	4,69	16,28		
50	Spalter Stadt-H.	„	8,48	33,27	48,76	22,20	26,55	5,31	12,81	4,56	13,79		
51	Württemberger	„	9,26	36,19	49,57	26,10	23,47	4,37	12,25	4,00	12,09		
52	Wolnzacher	„	8,17	34,52	47,62	24,31	23,30	4,89	13,31	4,31	13,63		
53	Altmärker	„	8,72	26,41	39,07	17,92	21,14	4,40	15,44	4,56	15,79		
54	Englischer	„	7,63	27,45	41,39	15,62	25,76	4,43	17,19	5,06	11,15		
55	Marktwaare	„	8,35	30,85	42,00	19,81	22,15	4,02	14,12	4,69	14,52		
56	desgl.	„	7,51	32,64	43,48	21,64	22,49	4,89	13,06	3,94	14,59		
57	Auer Hopfen: Original	„	6,33	—	47,08	—	24,12	4,67	—	—	—		
58	Auer Hopfen: Grosse reife Dolden	„	6,19	—	46,48	—	24,73	4,95	—	—	—		
59	Auer Hopfen: Unreife Dolden	„	6,00	—	45,54	—	27,55	4,74	—	—	—		
60	Russischer	„	9,38	31,06	49,66	—	28,80	5,33	15,37	—	—		

[1]) Original-Mittheilung.
[2]) Zeitschr. ges. Brauw. 1894, 17, 1.

*) Von der Hopfen-Trockensubstanz waren löslich in Wasser: 7,02 % Stickstoffsubstanz, 12,64 % Aether-Extrakt, 6,32 % stickstofffreie Extraktstoffe und 5,64 % Asche.

**) Der Gerbstoff wurde nach dem Verfahren von Carpené-Barbieri bestimmt.

L. Aubry fand ferner in einigen anderen 1890-er Hopfenproben:

Bestandtheile:	Auer Land-H.	Auschaer Land-H.	Saazer Hopfen	Spalter Land-H. (schwere Lage)	Aischgründer Hopfen	Stadt Weiler-H. (Württemberger)
Wasser	7,26 %	6,17 %	6,25 %	5,28 %	6,24 %	4,21 %
In der Trocken-Substanz: Alkohol-Extrakt	42,44 „	40,87 „	46,65 „	44,09 „	41,66 „	43,26 „
In der Trocken-Substanz: Wasser- „	10,98 „	11,92 „	10,20 „	13,96 „	14,72 „	13,20 „

In dem Saazer (No. 46) und dem Elsässer Hopfen (No. 47) fand L. Aubry in den vorher mit Petroläther ausgezogenen Proben:

Gerbsäure in No. 46: 3,99 % und in No. 47: 3,66 %
Stickstoff-Substanz „ „ 46: 14,69 „ „ „ „ 47: 14,06 „

Hopfen-Untersuchungen von C. G. Zetterlund. Chemische und Samenkontrolstation in Orebo. (Allgem. Zeitschr. f. Bierbrauerei u. Malzfabrik. Wien, No. 46, 1886).

No.	Herkunft des Hopfens	Aeussere Beschaffenheit*) der Fruchtzapfen: Form und Geschlossenheit	Farbe	Geruch	Botanische Untersuchung**): Gewicht von 100 Zapfen g	Reinheit %	Hopfenmehl (Lupulin) %	Deckblätter %	Rippen %	Perigone %	Samen %	Chemische Untersuchung**): Wasser %	Asche %	Gerbstoff %	Harz %	Alkohol-Extrakt %
61	Spalt (Bayern)	dicht	grüngelb	nicht sehr stark	17,74	98,45	11,10	75,95	9,36	2,91	0,68	12,62	7,01	4,43	7,43	32,40
62	Kindig (Bayern)	„	„	stark	12,94	98,57	10,50	75,33	10,48	3,69	—	14,93	6,94	3,98	9,10	32,44
63	Au (Bayern)	„	„	nicht sehr stark	15,22	98,11	16,59	70,51	8,45	4,33	0,12	13,16	6,77	4,20	11,57	35,57
64	Wolznach (Bayern)	„ ***)	bleich gelbgrün mit braunen Flecken	nicht sehr stark	15,78	97,54	15,54	73,40	8,29	2,59	0,18	11,92	7,12	3,36	9,18	35,03
65	Aischgrund (Bayern)	nicht dicht	bleich gelbgrün mit braunen Flecken	nicht sehr stark	13,51	96,41	13,52	70,17	11,92	2,10	2,29	10,09	7,62	3,69	12,80	38,20
66	Hersbruck (Bayern)	der grösste Theil zerbröckelt	bleich gelbgrün mit braunen Flecken	schwach	10,12	94,72	12,75	68,15	12,70	1,98	4,42	11,25	7,41	4,03	10,62	36,30
67	Baden	dicht⁰)	grüngelb	stark	19,95	98,64	11,70	77,29	7,28	3,17	0,56	11,82	7,56	3,78	11,21	39,23
68	Posen	„ ⁰)	bleich grün mit braun. Flecken	schwach	13,91	97,81	13,42	73,23	10,90	2,35	0,10	11,64	7,11	4,37	9,50	37,25
69	Elsass	„	grüngelb	„	14,57	98,40	11,38	72,93	10,31	4,61	0,32	11,90	6,63	3,41	13,80	37,38
70	Altmark, Brandenburg	theilweise zerbröckelt	bleich gelbgrün	„	11,83	96,90	10,42	63,25	13,52	2,22	0,50	12,02	7,52	3,93	9,14	39,85
71	Württemberg	nicht dicht	grüngelb	stark	15,85	98,59	13,19	72,36	11,51	2,08	0,86	10,14	6,31	3,67	15,42	41,71
72	Saaz (Böhmen)	dicht	hellgrün	„	18,31	98,46	13,58	72,95	9,05	3,71	0,71	9,66	7,18	3,91	11,61	38,79
73	Auscha (Böhmen)	„	„	nicht sehr stark	17,05	98,05	12,04	77,38	8,09	2,49	—	11,68	7,58	3,95	11,62	40,27
				Mittel (No. 61—73)	15,14	97,75	12,75	73,19	10,14	2,94	0,98	11,76	7,14	3,90	11,00	37,25

Untersuchungen von 1891-er Hopfen von Max Levy⁰⁰). — Der Bierbrauer 1892, 911; Centrbl. Agrik.-Chem. 1893, 22, 348.

No.	Herkunft	Doldengrösse	Farbe	Geruch	Gewicht von 100 Zapfen g	Reinheit %	Hopfenmehl %	Deckblätter %	Rippen + Zapfen-Achsen %	Perigone %	Samen %	Wasser %	Wasser-Extrakt	Alkohol-Extrakt	Aether-Extrakt	Hopfen-Oel
74	Saaz, Stadt	mittel	gelbroth	schwach bitter	18,20	—	14,32	71,66	11,23	4,33	0,64	9,36	31,98	26,34	23,08	0,521
75	„ , Bezirk	gross	gelb	aromatisch, herb	19,80	—	14,56	71,88	10,32	3,60	0,68	9,14	31,78	26,53	23,24	0,537

76	Saaz, Kreis . . .	gross	grüngelb	herb, bitter	17,00	—	13,27	72,53	9,58	2,90	0,58	9,39	32,66	25,12	22,98	0,501
77	Spalt, Stadt . . .	„	grün	schwach aromatisch	13,82	—	12,12	71,28	15,71	2,52	0,51	9,88	28,93	22,72	19,53 [000])	0,325
78	Spalt, Land { Schwere Lage	mittel	gelbroth	stark bitter	15,71	—	13,08	73,23	14,12	3,32	0,58	9,57	26,13	20,73	18,34	0,496
79	Spalt, Land { Leichte „	klein	grünroth	wie No. 77	13,40	—	9,70	74,88	15,64	1,98	0,32	9,90	20,99	20,59	21,12	0,476
80	Bayerisches Gebirge .	mittel	grüngelb	aromatisch, bitter	19,20	—	9,78	68,60	16,21	4,10	0,72	9,83	26,78	23,50	19,23	0,483
81	Kinding	„	grünroth	wie No. 77	13,80	—	9,80	76,50	12,12	2,89	0,48	7,57	25,39	21,48	16,99	0,498
82	Wolnzach	klein	röthlich	„ „ 76	13,60	—	13,28	73,79	9,43	4,01	0,36	10,50	22,23	25,02	15,38	0,412
83	Au	„	„	„ „ 77	15,40	—	13,78	74,31	9,93	3,88	0,23	7,93	20,91	20,09	14,72	0,372
84	Hallertau	sehr klein	gelbroth	schwach	14,70	—	8,90	71,35	15,37	4,60	0,59	9,48	19,78	18,72	14,12	0,443
85	Rot Auschau . . .	mittel	grüngelb	schwach herb	13,90	—	9,30	70,54	15,49	4,01	0,53	7,66	17,12	16,21	13,98	0,352
86	Baden	„	„	bitter, kräftig	19,20	—	12,28	76,93	8,57	4,23	0,37	9,39	30,50	22,47	17,52	0,462
87	Württemberg . . .	„	gelbroth	schwach bitter	16,00	—	11,96	71,23	10,78	2,13	0,91	9,45	27,53	21,36	16,26	0,397
88	Elsass	„	grün	„ „	15,37	—	11,35	72,05	11,45	3,92	0,76	12,18	31,45	24,06	17,35	0,402
89	Posen	„	grüngelb	aromatisch, kräftig	19,40	—	12,72	71,65	11,89	3,80	0,40	11,77	25,93	23,72	19,23	0,398

*) C. G. Zetterlund macht über die äussere Beschaffenheit ausser obigen noch folgende Angaben:
Geschmack der Fruchtzapfen war bei sämmtlichen Proben rein bitter, die Farbe des Hopfenmehles goldgelb; die Proben No. 61, 63, 65, 66 und 68—73 waren trocken, während die übrigen Proben No. 62, 64 und 67 in Folge ihrer Klebrigkeit „sich ballten". Die Deckblätter waren bei sämmtlichen Proben häutig und der Glanz derselben bei No. 64—68, 70 und 73 unbedeutend, bei den übrigen Proben dagegen wird er als „nicht unbedeutend" bezeichnet.

**) Die angewendeten Untersuchungsverfahren waren folgende:
Reinheit: 50 g wurden abgewogen, mit der Scheere die Stiele abgeschnitten und diese mit den anderen Verunreinigungen gewogen. Gewicht von 100 g Fruchtzapfen: Dasselbe bezieht sich auf gereinigte Zapfen. Hopfenmehl: Etwa 10 g Hopfen wurden, nachdem sie gut getrocknet waren, über ein Haarsieb mit 0,5 mm weiten Maschen mittelst Pincette zerpflückt und abgesiebt. Deckblätter, Rippen, Perigone und Samen wurden sortirt und gewogen.
Gerbstoffgehalt: 10 g Hopfen wurden zwei Stunden mit Wasser gekocht, abfiltrirt, der Rückstand mit Wasser ausgewaschen und das Filtrat auf ein Liter verdünnt. In 200 ccm wurde der Gerbstoff mit ammoniakalischer Zinkacetatlösung im Ueberschuss ausgefällt und auf zwei Drittel des Volumens eingedampft. Der Niederschlag wurde abfiltrirt und mit warmem Wasser ausgewaschen, darauf in verdünnter Schwefelsäure (1 : 4) gelöst und mit Kaliumpermanganat der Gehalt an Gerbstoff bestimmt. Der Harzgehalt wurde aus der Differenz des Wasser- und Alkoholauszuges berechnet. Alkohol-Extrakt: 10 g Hopfen wurden zwölf Stunden mit 85%-igem Alkohol gekocht, abfiltrirt und nochmals zwölf Stunden mit 85%-igem Alkohol gekocht. Die vereinten Auszüge wurden eingedampft und bei 100° getrocknet.

***) Stiel zu lang.

[0]) Stiel zu lang, mehrere Zapfen an demselben Stiel.

[00]) M. Levy bezeichnet den Glanz bei No. 74, 75 und 76 als „sehr lebhaft", bei No. 77, 86, 87 und 89 als „lebhaft", bei No. 78 als „schwach lebhaft", bei No. 80, 82 und 88 als „schwach", bei No. 79 und 81 als „matt" und bei No. 83, 84 und 85 als „sehr matt". Die Klebfähigkeit war bei No. 74, 75, 76, 80 und 88 „stark", bei No. 77, 78, 85, 86 und 87 „ziemlich", bei No. 83, 84 und 89 „gering" und bei No. 79, 81 und 82 „schwach".
Untersuchungsverfahren: Es wurde bestimmt Wasser durch Trocknen bei 90—100° bis zur Gewichtsbeständigkeit, Wasser-Extrakt durch ein viertelstündiges Kochen von 5 g Hopfen mit 250 ccm Wasser, Abfiltriren und Wägen des Rückstandes, Alkohol-Extrakt durch zweistündiges Ausziehen von 5 g Hopfen mit 94%-igem Alkohol im Soxhlet'schen Apparat, Hopfenöl durch Versetzen von 10 g Hopfen mit 250 ccm Wasser, Abdestilliren von 150 ccm und Ausschütteln des Destillates mit Aether.
M. Levy bestimmte auch die Farbe der Hopfenlösung mit Wasser nach Leyser; diese Bestimmung scheint (nach L. Aubry, Vierteljahresschr. Nahrungs- u. Genussm. 1892, **7**, 321) nicht ganz zweckmässig zu sein und sehen wir daher von der Mittheilung dieser Ergebnisse ab.

[000]) Im Original steht 29,53!

Untersuchungen von Th. Remy (Wochenschr. Brauerei 1898, 15, 530).

No.	Anbau-Gebiet	Gewinnungsort	100 Dolden-Gewicht	Gehalt des Hopfens an:					Die Trocken-Substanz enthält:						
				Hoch-blättern[1])	Spindeln	Früchten[4])	Stengeln und Laubblättern	Sand	Gesammt-Harz[0])	Weichharz (=Petroläther-Extrakt)	Gesammt-Stickstoff	Löslicher Stickstoff	Gerbstoff	Kali	Phosphorsäure
			g	%	%	%	%	%	%	%	%	%	%	%	%
90	Saaz	Dreihöfe	—	83,4	9,7	0,5	5,2	1,2	21,12	17,00	2,64	0,81	2,92	3,30	1,29
91	Saaz	Dobritschau	11,1	85,2	9,2	—	3,8	1,8	20,28	15,86	2,87	0,83	3,75	3,24	1,24
92	Saaz	—	8,8	81,2	11,0	—	6,1	1,7	20,78	15,19	2,62	0,74	3,54	2,92	1,17
93	Saaz	Stadt Saaz	18,2	84,6	9,5	—	3,6	2,3	20,42	14,49	2,95	1,03	2,88	3,68	1,28
94	Spalt	Windsbach	10,9	86,5	9,0	—	3,2	1,3	20,65	15,66	2,61	0,94	3,03	2,96	1,37
95	Spalt	Absberg	15,9	86,4	8,2	—	3,9	1,5	20,27	15,51	2,44	0,98	3,22	3,16	1,36
96	Spalt	Spalt	12,2	86,7	9,1	—	3,0	1,2	20,20	16,53	2,36	0,60	2,99	3,19	1,44
97	Ober-Bayern	Schrobenhausen	9,8	84,8	10,4	—	3,2	1,6	20,46	14,89	2,51	0,84	2,71	2,76	1,29
98	Ober-Bayern	Pfaffenhofen	13,4	87,2	9,2	—	1,8	1,8	19,99	13,77	2,30	0,66	2,84	2,93	1,48
99	Ober-Bayern	Abens-Au	12,0	85,7	9,4	—	2,5	2,4	20,45	14,95	2,12	0,62	2,86	2,64	1,25
100	Aischgrund	Neustadt a. d. Aisch	12,5[2])	81,5	11,4	3,6	1,5	2,0	17,37	12,73	2,61	1,01	1,95	2,62	1,25
101	Aischgrund	Neustadt a. d. Aisch	11,9	85,5	9,7	1,6	2,0	1,2	20,24	14,34	2,79	0,94	2,13	2,64	1,42
102	Aischgrund	Neustadt a. d. Aisch	11,6[2])	76,1	16,1	3,6	2,8	1,4	17,28	12,07	2,44	0,78	1,42	2,52	1,29
103	Württemberg	Munderkingen	9,5	88,7	7,6	—	2,5	1,2	22,84	14,85	2,26	0,91	3,40	2,74	1,11
104	Württemberg	Rottenburg	10,0	85,2	9,4	0,5	3,5	1,4	22,53	13,59	2,03	0,74	3,15	2,29	1,23
105	Württemberg	Tettnang	7,7	86,2	8,9	0,5	2,0	2,4	20,68	13,97	2,25	0,89	4,25	2,41	1,14
106	Elsass	Mundolsheim	13,0	88,2	8,7	—	1,6	1,5	19,41	12,87	2,35	0,65	1,96	2,33	1,02
107	Elsass	Hürtigheim	9,0	88,4	9,3	—	0,8	1,5	22,55	14,74	2,59	0,92	3,34	2,70	1,04
108	Elsass	Berstett	16,3	88,8	7,6	—	1,2	1,4	21,56	13,97	1,88	0,72	3,22	2,21	1,03
109	Neutomischel	Bolewitz	17,8	86,3	9,5	1,0	1,6	1,6	18,53	12,81	2,47	0,59	2,38	2,52	1,16
110	Neutomischel	Wonsowo	17,8	90,0	7,8	—	0,8	1,4	22,48	14,47	2,39	0,84	2,38	2,76	1,20
111	Neutomischel	Altomischel	16,6	85,3	9,2	—	4,2	1,3	19,67	13,51	2,44	0,78	2,98	3,00	1,38
112	Altmark	Schenkenhorst	—[3])	65,8	12,1	18,2	2,3	1,6	14,00	9,47	2,39	0,40	1,82	1,85	1,63
113	Altmark	Schenkenhorst	13,9[2])	78,1	11,2	5,9	1,6	3,2	15,41	9,75	2,61	0,66	1,85	3,24	1,40
114	Altmark	Schenkenhorst	—[3])	66,5	12,2	15,7	3,2	2,4	14,91	9,58	2,28	0,88	2,13	2,96	2,05
115	Ost- und Westpreussen	Marienhof bei Neumark	17,7	89,4	8,8	—	0,4	1,4	20,36	14,46	2,71	0,87	2,32	2,68	1,14
116	Ost- und Westpreussen	Mühlenthal bei Sensburg	18,0	86,2	9,8	0,5	1,5	2,0	19,24	13,17	2,80	0,85	2,22	2,51	1,11
117	Ost- und Westpreussen	Soldau	13,5	85,5	10,0	—	3,2	1,3	19,74	13,41	2,65	0,84	2,15	2,16	1,34
118	Wolhynien	—	13,2	79,7	10,7	2,9	3,6	3,1	15,50	9,86	2,87	0,86	2,43	3,75	1,55

[1]) Sandfrei, einschl. Perigone und Drüsen. — [2]) Diese Zahlen sind unsicher, da die Dolden stark zerfallen waren. — [3]) Zerfallen. — [4]) Mengen unter 0,5% sind nicht in Anrechnung gebracht.

[0]) Untersuchungs-Verfahren: Gesammt-Harz wurde bestimmt durch Ausziehen mit Aether im Soxhlet'schen Apparat und darauf folgendes Ausziehen des Aether-Extraktes mit kaltem Alkohol, Filtriren, Abdunsten des Alkohols und Trocknen des Rückstandes bei $^1/_{10}$ Atm. bei 60° bis zur Gewichtsbeständigkeit. Das Weichharz (Petroläther-Extrakt) wurde in derselben Weise getrocknet. Der Gerbstoff wurde nach dem von v. Schröder abgeänderten Löwenthal'schen Verfahren bestimmt.

Mittlere Zusammensetzung des Hopfens und Schwankungszahlen*).

Von 11—139 Bestimmungen	Wasser	Aetherisches Oel	Aether-Extrakt	Petroläther-Extrakt (Weichharz)	Alkohol-Extrakt		Wasser-Extrakt		Stickstoff-Substanz		Rohfaser	Asche	Kali	Phosphorsäure
					im Ganzen	Harz (Gesammt-Harz)	im Ganzen	Gerbstoff	im Ganzen	wasserlöslich				
	%	%	%	%	%	%	%	%	%	%	%	%	%	%
Natürliche Substanz.														
Mittel	**10,40**	**0,33**	**15,89**	**13,43**	**29,54**	**16,24**	**24,57**	**3,40**	**14,63**	**4,46**	**15,56**	**8,00**	**2,49**	**1,16**
Schwankungen **)	6,00—17,13	0,13—0,48	11,17-22,92	6,81—20,46	13,75-49,10	7,62—25,77	18,32-32,29	0,87—11,36	10,53-17,82	2,24—5,77	10,10-18,27	5,83—10,95	1,66—3,36	0,91—1,84
Trocken-Substanz.														
Mittel	—	**0,37**	**17,73**	**14,99**	**32,74**	**18,12**	**27,42**	**3,79**	**16,33**	**4,98**	**17,37**	**8,93**	**2,78**	**1,30**
Schwankungen	—	0,14—0,58	12,47-25,58	7,60—22,84	15,35-54,80	8,50—28,76	20,45-36,04	0,97—12,68	11,75-19,89	2,50—6,44	11,27-20,39	6,51—12,22	1,85—3,75	1,02—2,05

Anhang zu Hopfen.

I. Gehalt des Hopfens an Gerbstoff, Harz und Aschenbestandtheilen.

1. Gg. Barth (Zeitschr. ges. Brauw. 1897, 20, 153) fand für verschiedene Hopfen — die in der nachfolgenden Zusammenstellung nach ihrer empirischen Güte geordnet sind — folgenden procentigen Gehalt an Wasser und nach dem von Heron verbesserten Verfahren von Löwenthal an Gerbstoff:

Herkunft:	Wasser	Gerbstoff in der natürlichen Substanz	Gerbstoff in der Trocken-Substanz	Herkunft:	Wasser	Gerbstoff in der natürlichen Substanz	Gerbstoff in der Trocken-Substanz
Spalter (Stadt) . .	9,28	5,40	5,95	Hallertauer II . .	9,47	3,00	3,31
„ (Land)				Württemberger . .	10,09	3,51	3,90
Siegelhopfen . .	10,43	4,41	4,93	Gebirgshopfen . .	9,44	2,99	3,30
Spalter (Kreis) . .	7,69	4,31	4,67	Elsässer	9,38	2,26	2,49
Auschaer	9,55	3,87	4,27	Kenter	8,04	3,22	3,50
Badischer	9,21	2,49	2,74	Californischer . .	8,12	2,80	3,04
Hallertauer I . .	9,61	3,07	3,39	Altmärker . . .	9,26	2,39	2,63

2. L. Briant u. C. S. Meacham (Zeitschr. ges. Brauw. 1894, 17, 262) fanden folgenden procentigen Gehalt an Gesammtharz (in Aether löslich) und Weichharz (in Petroläther löslich):

Herkunft:	Gesammt-Harz	Weichharz	Herkunft:	Gesammt-Harz	Weichharz
Kent	14,90	9,40	Californien	18,60	11,70
Sussex	14,38	8,20	Bayern	22,40	12,10
Goldings	14,35	10,10	Amerika	19,30	13,20
Worcester	12,72	7,60	Burgund	20,80	12,30

3. Th. Remy (Wochenschr. Brauerei 1899, 16, 421) ermittelte in dem auf der Hopfen-Ausstellung 1898 ausgestellten Hopfen folgende procentigen Gehalte an Gesammtharz, Weichharz und Gerbstoff in der Trockensubstanz:

---

*) Bei der Berechnung der Mittel- und Schwankungszahlen sind auch die Analysen des nachfolgenden Anhangs zum Theil berücksichtigt worden.

**) Die Schwankungszahlen für die natürliche Substanz sind sämmtlich auf solche von mittlerem Wassergehalt (10,40 %) bezogen.

Herkunft		Gesammt-Harz	Weichharz	Gerbstoff	Lupulinfreie Bestandtheile			Hochblätter, Perigone und Lupulin
					Spindeln	Früchte	Stiele und Laubblätter	
Spalt (7 Proben)	Mittel	**19,5**	**17,4**	**3,08**	—	—	—	—
	Schwankungen	18,1—21,2	16,5—19,1	2,89—3,24	—	—	—	—
Aischgrund (10 Proben)	Mittel	**17,5**	**15,3**	**2,37**	**12,60**	**5,85**	**3,32**	**78,23**
	Schwankungen	15,4—19,4	12,7—18,4	1,86—2,93	11,2—14,4	3,3—9,1	2,1—4,6	76,0—81,4
Württemberg (3 Proben)	Mittel	**20,0**	**18,1**	**3,18**	**11,33**	**0,25**	**2,67**	**85,75**
	Schwankungen	16,7—21,7	15,0—20,0	3,02—3,41	10,5—12,2	0,2—0,3	2,4—3,0	84,6—86,9
Elsass (3 Proben)	Mittel	**21,0**	**17,3**	**2,97**	**11,17**	**0,40**	**2,90**	**85,53**
	Schwankungen	20,3—21,8	17,1—17,4	2,82—3,06	10,5—11,7	0,4—0,4	2,5—3,3	85,0—86,6
Neutomischel (7 Proben)	Mittel	**19,4**	**17,0**	**2,45**	—	—	—	—
	Schwankungen	18,3—21,4	16,1—18,4	2,13—2,78	—	—	—	—

4. E. Hantke u. W. Lawrence (Chem.-Ztg. 1899, **23**, 545) fanden in amerikanischem Hopfen in Procenten:

	Wasser	Petroläther-Extrakt	Weichharz	Wachs	Aether-Extrakt (Hartharz)	Gerbstoff
1898-er Californier	9,00	9,63	8,33	1,30	5,50	4,25
1898-er Newyorker	10,40	9,40	7,22	2,18	6,23	3,75

5. M. Barth (Allgem. Brau- u. Hopfen-Ztg. 1891, **31**, 1014; Vierteljahresschr. 1891, **6**, 233) fand für die auf der landw. Ausstellung in Strassburg ausgestellten Hopfen folgende procentigen Mittelzahlen:

	Zahl der Proben	Stickstoff	Asche	Kalk	Magnesia	Kali	Phosphorsäure
Mit höchsten Preisen ausgezeichnet . .	7	2,23	7,27	0,38	0,29	2,31	0,73
Mittelgute Hopfen	25	2,11	7,23	0,93	0,39	2,15	0,81
Unprämiirt	19	2,09	7,18	1,03	0,50	1,97	0,70

II. Einflüsse der Sorte, der Düngung, der Erziehung (Wachsthumsart) und der Erntezeit auf die Zusammensetzung des Hopfens.

a) Einfluss der Sorte.

Nach Th. Remy (Wochenschr. Brauerei 1899, **16**, 424).

Für je fünf im Aischgrund gezogene Hopfen Hallertauer und Aischgrunder Fechsung, welche in verschiedenen Jahren von demselben Züchter gezogen waren, wurde gefunden in Procenten der Trockensubstanz:

Fechsung		Gehalt an lupulinfreien Zapfengebilden	Gesammt-Harz	Weichharz	Gerbstoff
Hallertauer	Mittel	21,2	17,2	14,6	2,33
	Schwankungen	19,8—22,8	15,4—18,1	12,7—16,4	1,86—2,93
Aischgrunder	Mittel	22,4	17,8	16,0	2,42
	Schwankungen	18,6—24,0	13,4—18,4	13,4—18,4	1,93—2,71

b) Einfluss der Düngung.

1. Nach Th. Remy (Wochenschr. Brauerei 1899, **16**, 701).

A. Einfluss verschiedener Stickstoff-Düngung.

Im Jahre 1897 wurden für jeden Stock bei sämmtlichen fünf Parzellen als Grunddüngung 21 g Thomasmehl-Phosphorsäure, sowie bei den Parzellen I, IV, und V 9 g wasserlösliche Phosphorsäure und 9 g Kali in Form von Kainit gegeben.

Im Jahre 1898 wurden für jeden Stock bei sämmtlichen fünf Parzellen als Grunddüngung 20 g Kali als schwefelsaures Kali und 15 g wasserlösliche Phosphorsäure, sowie bei den Parzellen I, IV und V ausserdem noch 10 g Kali und 9 g Phosphorsäure in den vorgenannten Formen gegeben.

Versuche in Lotsche (Kr. Gardelegen in der Altmark) auf übersandetem Moordamm in weniger guter Lage:

Hopfenart	Düngung	In der Trocken-Substanz: Aether-Extrakt %	Weichharz durch Wägung %	Weichharz durch Titration %	Gerbstoff %	Morphologische Zusammensetzung: Vor- und Deckblätter, Perigone mit Lupulin %	Spindeln %	Früchte %	Stiele, Laubblätter etc. %
Altmärker Frühhopfen 1897	I Stickstofffr. Grunddüngung	14,3	9,0	7,5	1,49	60,9	18,9	13,6	6,6
	II Stallmist	14,7	11,0	9,3	1,84	60,4	17,6	15,5	6,5
	III Poudrette	17,0	12,0	7,5	1,20	62,8	17,0	13,6	6,6
	IV Schwefels. Ammon.	15,4	11,3	8,0	1,34	61,4	17,4	14,5	6,7
	V Chilisalpeter	14,7	11,8	8,3	1,76	63,3	17,5	12,9	6,3
desgl. 1898	I Stickstofffr. Grunddüngung	16,0	14,8	8,9	2,57	67,8	11,4	15,4	5,4
	II Stallmist	15,9	14,9	8,5	2,05	68,9	10,5	15,9	4,9
	III Poudrette	15,3	15,3	9,7	1,76	69,2	11,3	14,7	4,8
	IV Schwefels. Ammon.	16,5	14,9	9,4	2,06	68,8	11,3	14,8	5,1
	V Chilisalpeter	16,6	15,2	10,2	1,43	70,5	10,4	14,9	4,0
Altmärker Späthopfen 1897	I Stickstofffr. Grunddüngung	16,1	12,9	6,9	1,46	—	—	—	—
	II Stallmist	16,5	13,4	6,8	1,46	—	—	—	—
	III Poudrette	13,2	10,8	5,9	1,14	—	—	—	—
	IV Schwefels. Ammon.	14,7	12,3	6,3	1,58	—	—	—	—
	V Chilisalpeter	12,4	11,3	5,9	1,46	—	—	—	—
desgl. 1898	I Stickstofffr. Grunddüngung	16,1	15,4	10,5	1,71	58,7	8,8	17,5	5,0
	II Stallmist	15,6	15,4	10,2	2,06	71,1	9,6	15,0	4,3
	III Poudrette	15,4	14,8	10,4	2,10	68,9	10,1	16,4	4,6
	VI Schwefels. Ammon.	16,8	15,2	10,7	2,40	68,5	9,9	17,0	4,6
	V Chilisalpeter	14,8	13,8	9,0	1,54	67,8	9,9	18,2	4,1

Versuche in Paprotsch (Kr. Neutomischel) im Jahre 1897 auf typischem Hopfenboden (20 cm humoser schwarzer Sand, auf den ein eisenschüssiger Sand folgt):

Düngung:	Saazer Hopfen: Aether-Extrakt	Weichharz	Gerbstoff	Neutomischeler Hopfen: Aether-Extrakt	Weichharz	Gerbstoff
I Grunddüngung	18,1 %	13,1 %	2,66 %	14,9 %	10,8 %	2,15 %
II Stallmist	—	—	—	16,2 „	12,6 „	2,15 „
III Poudrette	18,7 „	13,0 „	2,88 „	16,7 „	11,6 „	1,89 „
IV Schwefels. Ammon	18,9 „	13,5 „	2,96 „	17,4 „	11,9 „	2,27 „
V Chilisalpeter	19,0 „	13,9 „	3,01 „	15,6 „	10,8 „	2,07 „

B. Einfluss verschieden starker Kali-Düngung.

Versuche in Paprotsch im Jahre 1897:

	Saazer Hopfen: Aether-Extrakt	Weichharz	Gerbstoff	Neutomischeler Hopfen: Aether-Extrakt	Weichharz	Gerbstoff
9 g Kali auf den Stock	16,7 %	13,8 %	2,36 %	12,9 %	10,4 %	2,17 %
24 „ „ „ „ „	17,4 „	14,8 „	2,36 „	15,1 „	12,9 „	2,36 „

2. Ant. Kukla (Chem.-Ztg. 1896, 20, Rep. 204) fand für verschieden gedüngten Hopfen für die Trockensubstanz:

Düngung für den Strauch:	90 g Chilisalpeter	80 g 16%-iges Superphosphat	130 g Kainit
Hopfenmehl	12,74 %	12,35 %	10,94 %
Gesammt-Extrakt	34,71 „	44,46 „	44,46 „
Von letzterem in Aether und Alkohol löslich	67,01 „	59,51 „	80,00 „

Salpeter erhöht weder die Feinheit (Griff) noch die Güte (Extrakt); Kali erhöht den Griff und den Extraktgehalt, giebt aber wenig Mehl; Phosphorsäure erhöht den Extrakt- und Mehlgehalt, giebt aber keine feine Waare.

3. Bernh. Dyer und Hadlow (Zeitschr. ges. Brauw. 1899, 22, 321) stellten Versuche an über die rationell anzuwendende höchste Salpetermenge, sowie über die vortheilhafteste Zeit der Anwendung desselben; auf diese Versuche kann hier nur verwiesen werden.

c) Einfluss der Erziehung (Wachsthumsart).

J. Behrens (Zeitschr. ges. Brauw. 1898, 21, 40) fand für an verschiedenen (Draht- u Stangen-) Anlagen in Karlsruhe gewachsenen Schwetzinger Landhopfen 1897-er Ernte in Procenten:

Gewachsen an 1896 angelegter	Gewicht von 100 Dolden g	Wasser	Sand	In der sandfreien Trocken-Substanz					
				Aether-Extrakt	Petroläther-Extrakt	also Hartharz	Alkohol-Extrakt	Wasser-Extrakt	Asche
Herrmann'scher Drahtanlage .	12,56	5,64	1,83	17,73	8,99	8,74	19,56	25,61	9,36
Höherer Drahtanlage	13,78	6,12	2,23	18,47	16,42	2,05	18,88	25,86	8,97
Stangenanlage	10,18	5,68	3,10	16,48	12,75	3,73	19,21	26,23	8,75

d) Einfluss der Erntezeit.

Die Versuche wurden von W. Behrend (Wochenschr. Brauerei 1899, 16, 684) auf dem Felde der Versuchs- und Lehranstalt für Brauerei in Berlin mit Schwetzinger Hopfen angestellt.

Zeit der Ernte	Bau der Dolden	Farbe	Geruch	Wasser in den lufttrockenen Dolden %	In der Trocken-Substanz			Ertrag an Trocken-Substanz von 12 Stöcken kg
					Gesammt-Harz %	Weichharz %	Gerbstoff %	
1899								
25. August	locker	rein grün	leicht fichtennadelduftartig	11,30	14,02	11,84	3,66	1,68
30 August	geschlossener	desgl.	desgl. aber stärker	9,69	15,30	13,01	2,99	1,68
4. September	unverändert	mit einem Stich ins Gelbe	unverändert	12,67	17,38	14,30	2,98	1,72
9. September	unverändert	unverändert	unverändert	12,24	17,72	15,17	3,17	1,72
14. September	unverändert	mehrfach rothe Flecke	unverändert	11,89	16,69	14,60	2,72	1,84

III. Morphologische Bestandtheile der Hopfendolde und chemische Zusammensetzung derselben.

1. Gustav Marek (Zeitschr. ges. Brauw. 1889, 12, 405) untersuchte eine Anzahl Hopfensorten nach dem Verfahren von Haberlandt und bestimmte ausserdem den Harzgehalt mit folgendem procentigen Ergebnisse:

No	Bezeichnung des Hopfens	Gewicht von 10 Dolden g	In Procenten der frischen Dolden					
			Lupulin	Perigone	Fruchtspindeln	Blätter	Körner	Harzgehalt
1	Saazer Stadthopfen 1878	1,254	2,69	1,38	7,48	71,03	0,48	16,94
2	desgl. desgl. 1879	1,588	3,15	1,76	6,74	55,73	—	26,67
3	desgl. Bezirkshopfen 1878	1,354	3,39	1,62	7,15	70,15	—	17,69
4	desgl. desgl. 1879	1,703	1,61	2,52	7,92	56,50	—	23,31

No.	Bezeichnung des Hopfens	Gewicht von 10 Dolden g	In Procenten der frischen Dolden					
			Lupulin	Perigone	Fruchtspindeln	Blätter	Körner	Harzgehalt
5	Saazer Kreishopfen 1878	0,840	3,47	0,90	8,55	69,88	—	17,10
6	desgl. desgl. 1879	1,506	1,49	2,49	8,20	59,13	—	26,86
7	Auschaer Roshopfen 1878	1,151	2,53	1,77	9,82	67,67	0,66	17,39
8	desgl. desgl. 1879	1,145	1,79	2,27	8,56	60,96	1,92	21,35
9	Schwetzinger Hopfen 1878	1,717	3,22	1,06	9,48	67,30	1,31	17,63
10	Allensteiner, bestgut 1878	1,619	2,36	2,05	10,29	69,82	0,45	15,03
11	desgl. bodenroth 1878	1,242	2,09	1,23	11,01	69,76	1,15	14,76
12	desgl. stangenroth 1878 . . .	1,061	2,07	0,79	10,24	68,76	0,59	17,64
13	Württemberger Hopfen 1879	1,692	1,51	2,69	6,94	58,71	0,29	29,25
14	Saazer Hopfen, verdorben 1878 . . .	1,304	2,84	1,10	6,47	71,80	0,89	16,90
15	desgl. desgl. desgl. 1879 . . .	1,337	1,87	2,24	8,23	62,76	0,14	23,52

2. A. Lang (Zeitschr. ges. Brauw. 1897, 20, 663) fand in

	Blätter	Lupulin	Lupulin-Blättchen	Stiele und Blatttheile
1897-er Schwetzinger Hopfen	82,50 %	4,50 %	3,75 %	10,50 %
1896-er böhmischem Hopfen.	80,25 „	10,00 „	4,50 „	4,75 „

Lang fand ferner in

fein zerrissenem Hopfen . . .	9,39 %	Wasser	41,3 %	Wasser-Extrakt	8,74 %	Asche
ganz fein zerrissenem Hopfen . .	9,79 „	„	44,2 „	„	8,46 „	„
Hopfen-Blättern	10,17 „	„	45,1 „	„	7,91 „	„
Stengeln und Stielen	11,12 „	„	47,0 „	„	10,72 „	„

3. A. Lang (Zeitschr. ges. Brauw. 1898, 21, 391) fand für die Theile des Spalter Stadthopfen bei verschieden langem Kochen folgende Mengen Wasser-Extrakt in Procenten:

	Gehalt der Dolden an den einzelnen Bestandtheilen	Wasser	Extrakt bei Kochdauer			
			1/3 Stunde	1/2 Stunde	1 1/2 Stunde	2 Stunden
Lupulin (9,33 %) und Lupulin-Blätter (4,00 %)	13,33	10,82	28,59	29,76	30,37	30,80
Blätter	80,00	12,26	27,33	30,47	31,62	31,87
Stengel und Spindeln	6,66	13,00	28,12	28,60	30,07	33,02
Ganze Dolden	—	12,06	27,26	29,09	30,02	30,10

4. Th. Remy (Wochenschr. Brauerei 1898, 15, 593) erhielt in Procenten der sandfreien Trockensubstanz:

Art des Hopfens	Morphologischer Bestandtheil	Aether-Extrakt	Stickstoff		Gerbstoff	Kali (K_2O)	Phosphorsäure (P_2O_5)
			im Ganzen	wasserlöslich			
Gewöhnlicher Altmärker Hopfen	Lupulin	63,21	1,53	0,76	0,89	1,16	0,91
	Hochblätter*)	12,60	1,54	0,26	2,15	1,90	1,28
	Spindeln und Stiele	5,12	2,23	0,82	0,59	2,38	1,60
	Früchte	25,64	5,50	0,31	0,09	1,48	2,73
Feiner Hallertauer Hopfen	Lupulin	63,84	1,13	0,59	0,97	1,04	0,53
	Hochblätter	11,50	1,91	0,68	3,32	2,65	1,18
	Spindeln und Stiele	8,18	2,45	1,10	0,33	3,31	1,64

*) Mit einem Theile der Lupulindrüsen.

Art des Hopfens	Morphologischer Bestandtheil	Aether-Extrakt	Stickstoff im Ganzen	Stickstoff wasser-löslich	Gerbstoff	Kali (K_2O)	Phosphor-säure (P_2O_5)
Mittelguter	Lupulin	69,91	1,18	0,90	1,28	1,48	0,32
Neutomischeler	Hochblätter	10,91	2,28	0,77	3,80	2,26	1,51
Hopfen	Spindeln und Stiele	7,75	2,74	1,07	0,63	2,34	1,56
	Lupulin	65,7	1,41	0,63	1,05	1,23	0,59
Mittel	Hochblätter	12,0	1,91	0,53	3,09	2,27	1,32
	Spindeln und Stiele	7,0	2,47	1,05	0,52	2,68	1,60

Der durch Auslesen mit der Hand von 25 g Hopfen ermittelte procentige Gehalt an Hochblättern, Spindeln etc. war folgender:

	Hochblätter (einschl. Perigone und Lupulindrüsen)	Stiele und Laubblätter	Spindeln	Früchte	Alkohollöslicher Aether-Extrakt in der Trocken-Substanz
Altmärker	67,4	2,3	12,1	18,2	14,80
Hallertauer	88,1	2,5	9,4	—	20,45
Neutomischeler . .	86,0	2,7	11,0	0,3	18,24

5. Russell W. Moore (Journ. Soc. Chem. Ind. 1899, **18**, 987) fand in 25 Proben von frischem europäischem Lupulin 60,62—79,57%, im Mittel 69,70% Aether-Extrakt und 9,50—24,39%, im Mittel 16,11% Asche.

6. Georg Barth (Zeitschr. ges. Brauw. 1900, **23**, 509) giebt für das Lupulin oder Hopfenmehl folgende procentige Zusammensetzung an:

In Aether löslich: Im Ganzen	Wachs	α-Harz (durch Bleifällung nach Hayduck)	β-Harz (durch Titration nach Abzug des α-Harzes)	Asche	Sonstige Bestandtheile (Fett, Oel u. dergl.)	In Aether unlöslich: Stickstoff-Substanz	Pentosane (nach Tollens)	Sonstige stickstofffreie Extraktstoffe + Rohfaser	Asche in Salzsäure löslich	Asche in Salzsäure unlöslich
63,93	0,18	11,55	43,31	0,17	8,72	4,78	2,34	10,89	2,75	15,31

7. E. Hantke u. F. Kremer (Letters on Brewing Hantke's Brew. School and Labor. 1900, 93; Zeitschr Nahrungs- u. Genussm. 1901, **4**, 715) fanden für Hopfensamenkörner folgende procentige Zusammensetzung:

Wasser	Stickstoff-Substanz	Aether-Extrakt	Stickstofffreie Extraktstoffe	Rohfaser	Asche
5,50	28,35	28,18	11,81	18,22	12,94

8. F. W. Richardson (Journ. federated Instit. Brewing 1898, **4**, 128; Wochenschr. Brauerei 1898, **15**, 160) fand in einem Hopfen mit 8,10% Feuchtigkeit (+ ätherischem Oel), 3,90% Gerbstoff und Phlobaphen und 10,00% Harzen folgende procentige Zusammensetzung der Asche:

Im Ganzen Asche	Eisenoxyd + Thonerde	Kohlensaurer Kalk	Phosphorsaure Magnesia	Kohlensaures Kali	Phosphorsaures Kali	Kohlensaures Natron	Kieselsäure
5,93	0,09	2,32	1,96	0,97	0,01	0,19	0,39%

IV. Hopfen-Extrakte.

Fr. Wyatt (Brauer-Journal 1898, No. 11; Wochenschr. Brauerei 1898, **15**, 628) untersuchte einen von ihm selbst durch Ausziehen von einjährigem Newyorker Hopfen mit Petroläther hergestellten Hopfen-Extrakt und fand ferner für 13 in derselben Weise hergestellte Hopfen-Extrakte des Handels folgende procentigen Schwankungszahlen:

		Spec. Gewicht	Wasser	Weichharze	In Petroläther unlöslich	In der Trocken-Substanz: Blätter, Sand etc.	In der Trocken-Substanz: Asche
Selbst hergestelltes Hopfen-Extrakt . .		1,0227	8,96	91,04	0	0	Spur
Hopfen-Extrakte des Handels	Höchster Werth .	1,0302	4,82	45,39	3,13	0	0,15
	Niedrigster Werth .	1,0768	21,50	87,42	44,61	2,13	1,30

E. Hantke u. W. Lawrence (Chem.-Ztg. 1899, **23**, 545) ermittelten für den Hopfen-Extrakt der Newyork Hoh. Extrakt-Works folgende procentige Zusammensetzung:

Wasser	Petrol-äther-Extrakt	Weichharz	Wachs	Hartharz (Aether-Extrakt)	Gerbstoff	Asche
8,40	57,54	53,24	4,30	32,84	Spur	1,21

Aeltere und sonstige Hopfen-Analysen.

1. Ives — Amer. Journ. Science de Siliman 1820, **2**, 302; auch mitgetheilt in Hassall: Foods, its adulterations etc. London 1876, S. 676.
2. Payen und Chevalier — Journ. Pharm. **8**, 209; gleichfalls mitgetheilt von Hassall vergl. No. 1.
3. Griesmayer — Chem. Centrbl. 1872, 360.
4. Harz, Rösch und Wein — Allgem. Hopfen-Ztg. 1879, 588.
5. L. Aubry (in Lintner's Lehrbuch der Bierbrauerei 1878, 96) fand im Lupulin 82,5 % Aether-Extrakt, 7,5 % durch Ammoniak ausziehbare Stoffe, 6,0 % Lupulinhüllen und 4,00 % Asche.
6. Wilh. Gintl (Allgem. Brauer- u. Hopfen-Ztg. 1888, **28**, 2074; Vierteljahresschr. Nahrungs- u. Genussm. 1888, **3**, 421) fand in Saazer-Stadthopfen: 7,79 % Wasser, 8,95 % Lupulin, 0,44 % Blatttheile, 8,55 % Spindeln (Zapfen), 7,01 % Stengel und 26,55 % Extrakt.
7. Wahl und Henius (Zeitschr. ges. Brauw. 1893, **16**, 336; Vierteljahresschr. Nahrungs- u. Genussm. 1893, **8**, 265) fanden in 8 Proben Hopfen 26,6—62,0 %, im Mittel 52,13 % Alkohol-Extrakt und in 36 Proben Lupulin bis 31,77 % Extrakt und im Mittel 22,57 % Asche.
8. L. Aubry (Zeitschr. ges. Brauw. 1894, **17**, 1) berichtet über den Einfluss verschiedener Hopfenarten und verschieden extrahirter Hopfensorten auf die Würze.
9. Ph. Biourge (Wochenschr. Brauerei 1896, **13**, 329; Vierteljahresschr. Nahrungs- und Genussm. 1896, **11**, 245) fand in 11 Proben von belgischem Hopfen (von Poperinghe) 5,6—9,4 % Wasser, 1,95—2,50 % Tannin, 7,3—14,0 % Aether-Extrakt; ferner 3,33—8,88 % Lupulin mit 1,83—5,52 % Aether-Extrakt und endlich 1,0—22,4 % Körner. — Aloster Hopfen enthielt 4,8 % Wasser, 2,37 % Tannin und 9,57 % Aether-Extrakt des Lupulins.

Malz und Würze.

(Ueber die Zusammensetzung der Gerste vergl. S. 481—519).

Malz.

Grünmalz und Darrmalz.

a) Zusammensetzung von Grünmalz.

No.	Nähere Bezeichnung	Zeit der Untersuchung	In der natürlichen Substanz: Wasser %	Stickstoff-Substanz %	Fett %	Zucker %	Stärke %	Sonstige stickstfr. Extraktst. %	Rohfaser %	Asche %	In der Trocken-Substanz: Stickstoff-Substanz %	Stickstofffreie Extraktstoffe %	Analytiker
1	Mittel von 2 Analysen	1855	47,46	6,60	—		—		4,31	2,17	12,56	—	H. Ritthausen [1])
2	Ohne nähere Bezeichn.*)	1871	42,40	7,13	1,30		40,50		6,81	1,86	12,38	70,31	E. Schulze u. M. Märcker [2])
3	desgl.	„	44,10	6,34	1,26		39,53		6,61	2,16	11,35	70,71	
	Mittel	—	**45,35**	**6,67**	**1,28**		**39,10**		**5,51**	**2,09**	**12,21**	**70,51**	

b) Zusammensetzung von Darrmalz (Luftmalz).

No.	Nähere Bezeichnung	Zeit der Untersuchung	Wasser %	Stickstoff-Substanz %	Fett %	Zucker + Dextrin etc. %	Stärke %	Sonstige stickstfr. Extraktst. %	Rohfaser %	Asche %	Stickstoff-Substanz %	Stickstofffreie Extraktstoffe %	Analytiker
1	Ohne nähere Bezeichnung	1855	8,00	7,59	1,68	24,67	48,17		6,95	2,94	8,25	—	H. Hellriegel [3])
2	desgl.	„	7,90	9,42	1,43	22,66	48,59		7,10	2,90	10,23	—	
3	Darrmalz	„	4,20	8,33	—	—	—		8,70	2,67	8,70	—	H. Ritthausen [1])

[1]) 5. Bericht der Vers.-Stat. Möckern. Leipzig 1857, 29.
[2]) Journ. f. Landwirthschaft 1872, **21**, 52 und 74.
[3]) Chem. Ackersm. 1855, 284.

*) Das Malz enthielt 0,606 % in kaltem Wasser löslichen Stickstoff (= 3,79 % Stickstoffsubstanz) und 0,801 % beim Digeriren in der Wärme löslichen Stickstoff (= 5,01 % Stickstoffsubstanz).

No.	Nähere Bezeichnung	Zeit der Untersuchung	In der natürlichen Substanz: Wasser %	Stickstoff-Substanz %	Fett %	Zucker %	Stärke %	Sonstige stickstfr. Extraktst. %	Rohfaser %	Asche %	In der Trocken-Substanz: Stickstoff-Substanz %	Stickstofffreie Extraktstoffe %	Analytiker
4	Aus Landgerste . . .	1869	10,30	12,56	—		67,29		6,11	2,14	15,00	75,01	E. Heiden[1])
5	„ Hanna-Gerste . .	„	12,95	10,96	—		65,32		5,78	3,18	12,59	75,05	E. Heiden[1])
6	„ böhmischer Gerste	„	11,53	11,38	—		66,62		5,75	3,02	12,88	75,41	E. Heiden[1])
7	„ mährischer „	„	12,10	14,31	—		64,75		4,70	2,29	16,18	73,69	E. Heiden[1])
8	Ohne nähere Bezeichnung	„	9,35	11,37	—		68,27		5,53	3,51	12,54	75,30	J. Nessler u. H. Körner[2])
												Stärke	
9	Aus ungarischer Gerste: mässig lange geführt . . .	1900	3,24	10,68	—	—	59,56	—	6,21	2,38	11,04	61,54	A. Kukla[3]) *)
10	Aus ungarischer Gerste: desgl., aber mit SO_2-haltigem Wasser (nach Kukla) geweicht	„	3,07	10,85	—	—	58,92	—	5,58	2,27	11,19	60,79	A. Kukla[3]) *)
11	Aus ungarischer Gerste: lange geführt .	„	2,72	9,35	—	—	62,28	—	5,60	2,35	9,62	64,02	A. Kukla[3]) *)
	Mittel	—	**7,76**	**10,76**	**1,56**		**71,04**		**6,18**	**2,70**	**11,66**	**77,02** **)	

c) Beziehungen zwischen Grünmalz und Darrmalz.

1. Nach Lintner u. Krandauer (Zeitschr. ges. Brauw. 1880, 2, 303).

No.		Nähere Bezeichnung	Grünmalz: Wasser %	In der Trocken-Substanz: Extrakt %	Maltose %	Glukose %	Maltose : Nichtmaltose = 1:	Darrmalz: Wasser %	In der Trocken-Substanz: Extrakt %	Maltose %	Glukose %	Maltose : Nichtmaltose = 1:	Beziehungen zwischen Darrmalz und Grünmalz
I	a)	Von der Tenne . . .	43,00	65,29	41,00	26,98	0,60	17,30	71,15	43,63	28,60	0,63	aus a) von der oberen Horde.
	b)	13 Stdn. Schwelke bei 18,8°	43,10	66,71	45,66	30,11	0,46	3,86	74,16	51,73	33,78	0,43	desgl. abgedarrt.
	c)	37 „ „ „ 18,8°	42,06	66,93	40,45	30,96	0,44	21,01	71,06	45,82	29,95	0,55	aus c) von der oberen Horde.
								3,06	72,98	50,29	32,57	0,45	desgl. abgedarrt.
II	a)	Von der Schwelke . .	58,53	70,23	46,39	30,96	0,51	1,56	71,52	43,90	29,27	0,63	aus a) abgedarrt und 3 Tage gelagert.
	b)	2 Tage im Zimmer gestanden	58,34	73,92	48,18	32,13	0,53	—	—	—	—	—	
	c)	6 Tage bei bis — 18,5° C. gefroren	37,79	71,92	48,73	32,49	0,48	5,01	73,89	48,34	32,56	0,51	aus Grünmalz c.
III	a)	24 Stdn. bei bis — 20,4° C. gefroren	58,38	70,71	46,45	30,97	0,52	3,70	70,08	44,58	29,72	0,57	aus a) abgedarrt und 3 Tage gelagert.
	b)	Wie IIb	58,48	73,85	47,52	31,68	0,56	—	—	—	—	—	
IV	a)	Von der Tenne . . .	45,03	64,32	39,73	26,51	0,60	21,39	66,75	42,83	27,31	0,56	obere Horde aus a) und b).
	b)	Von der Schwelke . .	44,98	67,58	44,65	29,79	0,50	3,76	72,77	47,22	31,48	0,53	untere Horde aus a) und b).
		Mittel	**48,97**	**69,15**	**44,88**	**30,26**	**0,52**	—	**71,60**	**46,72**	**30,58**	**0,54**	

[1]) Original-Mittheilung.
[2]) Bericht der Vers.-Stat. Karlsruhe 1870, 58.
[3]) Zeitschr. ges. Brauw. 1900, **23**, 418.

*) Ueber die Ergebnisse der brauereitechnischen Analyse vergl. unten S. 1082.
**) Stickstofffreie Extraktstoffe.

Durch die Untersuchungen sollte der Einfluss des Schwelk- und Darrprocesses auf die Veränderungen des Malzes dargethan werden. Für die Untersuchung des Grünmalzes wurden die Keime abgetrennt. Das Grünmalz verblieb bei den Darrmalzen aus Grünmalz No. I und IV acht Stunden auf der oberen und weitere acht Stunden auf der unteren Darre.

2. Nach Untersuchungen der wissenschaftlichen Station für Brauerei in München. Zeitschr. ges. Brauw. 1880, 3, 581.

No.	Nähere Bezeichnung		Zeit der Untersuchung	Wasser im Malze %	Aus 100 Theilen Malz-Trockensubstanz gingen in die Würze: Extrakt (Balling) %	Stickstoff-Substanz %	Maltose %	Asche %	In 100 Theilen Extrakt: Stickstoff-Substanz %	Maltose %	Asche %	Aus der Gersten-Trockensubstanz Extrakt
1 a)	Grünmalz*)	gemälzt bei nicht über 27° R.	1877	42,62	58,91	2,71	38,79	0,94	4,60	65,86	1,60	49,81
1 b)	Oberdarrmalz*)		„	10,18	74,43	3,39	53,08	1,25	4,56	71,40	1,68	62,94
1 c)	Unterdarrmalz*)		„	5,18	73,29	3,08	50,46	1,11	4,20	68,85	1,51	61,97
2 a)	Grünmalz*)	desgl. 18,5° R.	„	40,29	53,87	3,04	36,87	0,95	5,17	68,43	1,61	45,63
2 b)	Oberdarrmalz*)		„	7,41	76,09	3,64	52,40	0,94	4,80	68,86	1,23	64,45
2 c)	Unterdarrmalz*)		„	3,75	75,71	3,35	50,18	0,97	4,43	66,28	1,28	64,13
3 a)	Grünmalz*)	desgl. 15° R.	„	36,06	60,86	3,27	42,91	0,99	5,38	70,51	1,63	53,39
3 b)	Oberdarrmalz*)		„	9,29	75,82	3,98	52,67	1,28	5,25	69,47	1,68	66,51
3 c)	Unterdarrmalz*)		„	3,01	74,29	3,62	49,24	1,14	4,87	66,28	1,54	65,17

Darrmalz.

Malze von Gersten verschiedener Länder und verschiedener Bodenarten.

No.	Nähere Bezeichnung	Zeit der Untersuchung	Wasser im Malze %	In bezw. aus der Malz-Trockensubstanz: Extrakt %	Gesammt-Stickstoff-Substanz %	Lösliche Stickstoff-Substanz %	Maltose %	Dextrin %	Lösliche Asche %	In der Extrakt-Trockensubstanz: Stickstoff-Substanz %	Maltose %	Dextrin %	Asche %	Analytiker
1	Englische Malze zur Ale-Bereitung: Blass gedarrte Malze vom Sudjahr 1878/79, wovon No. 1 und 7 noch als gelagerte vom Vorjahre	1881	7,01	78,91	8,94	3,44	46,05	23,59	1,37	4,36	58,36	29,89	1,73	*H. Grimmer*[1])
2		„	7,13	80,75	9,74	4,06	52,52	13,11	1,43	5,03	64,71	16,23	1,77	
3		„	5,87	78,63	8,81	2,92	47,40	18,30	1,43	3,70	60,28	23,28	1,82	
4		„	6,93	81,22	10,12	2,46	52,16	13,19	1,31	3,02	64,23	16,24	1,61	
5		„	8,71	80,45	8,80	4,16	49,54	10,66	1,40	5,17	61,57	13,25	1,74	
6		„	4,57	77,83	10,80	4,03	48,57	10,58	1,57	5,18	62,14	13,59	2,02	
7		„	6,03	76,75	10,22	3,91	46,69	18,91	1,44	5,10	60,84	24,64	1,87	
8		„	5,81	79,01	9,99	4,33	52,66	8,94	1,38	5,48	66,65	11,31	1,73	
9		„	5,65	81,29	9,56	4,41	51,43	13,01	1,46	5,43	63,28	16,00	1,79	
10		„	4,54	79,79	9,15	4,87	50,99	17,20	1,42	6,10	63,90	21,56	1,78	
11		„	5,15	77,70	—	4,57	55,04	12,98	1,28	5,88	70,84	16,70	1,65	
12		„	5,43	80,66	10,11	4,85	51,54	8,45	1,48	4,77	63,90	10,47	1,83	
13		„	6,40	80,00	—	4,21	56,71	10,26	1,08	5,25	70,89	12,82	1,35	

[1]) Zeitschr. ges. Brauw. 1881, **4**, 181.

*) Die Versuche wurden mit grösseren Mengen Gerste ausgeführt. Bei denselben wurde das Malz in verschiedenen Darrstadien untersucht: Oberdarrmalz nach 24 Stunden, als es auf die untere Horde gebracht wurde, Unterdarrmalz nach dem Abdarren. Die Gerste enthielt 15,6 % Wasser, 10,18 % Stickstoffsubstanz und 2,92 % Asche in der Trockensubstanz; dieselbe wurde geweicht bei Versuch No. 1: 120 Stdn., bei Versuch No. 2: 100 Stdn. und bei Versuch No. 3: 76 Stdn. Die Keimdauer betrug 6, bezw. $7^1/_2$ und $9^1/_2$ Tage.

No.	Nähere Bezeichnung	Zeit der Untersuchung	Wasser im Malze %	In bezw. aus der Malz-Trockensubstanz: Extrakt %	Gesammt-Stickstoff-Substanz %	Lösliche Stickstoff-Substanz %	Maltose %	Dextrin %	Lösliche Asche %	In der Extrakt-Trockensubstanz: Stick-stoff-Substanz %	Maltose %	Dextrin %	Asche %	Analytiker
14	Englische Malze zur Ale-Bereitung: Blass gedarrte Malze vom Sudjahre 1879/80, nur No. 20 verhältnissmässig stark gedarrt	1881	8,62	79,04	—	4,78	56,40	—	—	6,05	71,35	—	—	H. Grimmer [1])
15		„	9,20	80,85	—	5,33	57,27	13,36	—	6,60	70,84	16,52	—	
16		„	5,96	80,37	—	5,10	55,02	6,10	—	6,35	68,46	7,60	—	
17		„	7,43	81,83	—	—	56,30	10,10	—	—	68,79	12,36	—	
18		„	8,42	82,35	—	5,29	58,43	10,75	—	6,43	70,95	13,05	—	
19		„	5,64	80,04	—	4,53	54,99	13,88	—	5,66	68,70	17,34	—	
20		„	5,77	78,95	—	5,12	52,62	—	—	6,48	66,65	—	—	
21		„	5,08	75,66	—	4,25	52,08	13,51	—	5,63	68,84	17,86	—	
22		„	5,80	77,42	—	4,97	51,38	—	—	6,55	66,36	—	—	
23		„	5,75	78,92	—	5,11	53,56	—	—	6,61	67,87	—	—	
	Mittel (1—23)	—	6,39	79,50	9,66	4,40	52,58	12,09	1,39	5,49	66,10	16,35	1,75	
	Malze aus:							Lösliche Phosphorsäure				Phosphorsäure		
24	Böhmischer, weisser Gerste*)	1881	8,29	76,04	—	2,78	53,25	0,50	1,16	3,65	70,03	0,66	1,53	Wissensch. Station für Brauerei in München [2])
25	Mährischer Hanna-Gerste, gelb . .	„	7,07	79,24	—	2,65	49,03	0,51	1,14	3,34	61,88	0,67	1,49	
26	Schweinfurter Gerste	„	3,16	74,06	—	2,58	45,17	0,44	1,07	3,49	61,00	0,60	1,45	
27	Niederbayerischer Gerste (Landshuter)	„	7,06	74,50	—	3,35	47,79	0,56	1,18	4,49	64,15	0,75	1,59	
28	Elsässer Gerste . .	„	9,96	70,58	—	3,52	39,77	—	1,30	4,99	56,35	—	1,84	
29	desgl.	„	6,64	71,20	—	3,53	48,68	—	1,08	4,96	68,37	—	1,52	
30	Champagner-Gerste*)	„	6,82	70,97	—	3,64	49,62	—	1,21	5,14	67,79	—	1,69	
	Malze aus:							Gesammtasche				Maltose : Nichtmaltose = 1 :		
31	Ungarischer Gerste**)	1882	5,79	77,83	10,16	4,73	51,33	2,48	1,29	6,07	65,95	0,52	1,66	
32	Slovakischer „	„	6,55	79,91	10,00	4,77	53,02	2,39	1,24	5,97	66,35	0,51	1,55	
33	Regensburger „	„	4,80	76,05	11,61	5,14	56,56	2,44	1,39	6,76	74,37	0,35	1,83	
34	Böhmischer „	„	5,40	77,47	11,33	4,71	57,13	2,30	1,24	6,08	73,74	0,36	1,60	
35	Fränkischer „	„	4,72	72,26	10,81	4,95	56,37	2,42	1,20	6,85	78,01	0,28	1,66	
36	Saalgerste	„	5,42	78,61	9,80	4,82	57,10	2,35	1,28	6,13	72,64	0,38	1,63	
37	Mährischer Gerste .	„	5,07	78,73	10,83	4,74	54,55	2,32	—	6,02	69,29	0,44	—	
38	Schwedischer „ **)	„	4,85	65,05	8,83	3,69	46,75	2,31	1,13	5,67	71,87	0,39	1,74	

[1]) Zeitschr. ges. Brauw. 1881, **4**, 33; 1882, **5**, 189.

*) Von den Malzen No. 24—30 stammten No. 24—27 aus einer und No. 28—30 aus einer anderen grösseren Mälzerei; es enthielt die verwendete Gerste:

		No. 24	25	26	27	28	29	30
Wasser		14,87	14,67	15,73	15,66	15,57	16,16	16,40 %
In der Trocken-Substanz	Stickstoff-Substanz .	8,01	8,43	9,07	9,54	9,61	10,82	10,78 %
	Asche	3,05	2,73	2,77	2,86	2,99	2,93	2,58 „
	Phosphorsäure . . .	0,97	0,94	0,80	0,99	0,68	0,95	0,73 „
Von der Stickstoff-Substanz der Gersten-Trocken-Substanz	Im Darrmalz . .	6,88	7,24	7,78	8,19	8,25	9,30	9,26 %
	In der Würze . .	2,39	2,27	2,22	2,87	3,02	3,03	3,13 „
Von 100 Thln. Stickstoff-Substanz der Gerste gingen in die Würze über		34,7	31,3	28,5	35,0	36,6	32,1	33,8 %
Von 100 Thln. Phosphorsäure der Gerste gingen in die Würze über		44,57	46,49	47,81	48,54 %	—	—	—

**) Vergl. Anmerkung *) S. 1073.

No.	Nähere Bezeichnung	Zahl der Proben	Zeit der Untersuchung	Hektoliter-Gewicht	Wasser %	Extrakt der Malz-Trocken-Substanz %	In der Extrakt-Trockensubstanz: Maltose %	Stickstoff-Substanz %	Säure (= Milchsäure) %	Asche %	Maltose : Nichtmaltose = 1 :	Verzuckerungszeit Min.	Analytiker
39	Nord-Böhmen: Diluvialboden	5	1889	54,6	—	75,78	70,71	5,27	—	—	0,41	—	J. Hanamann[1]
40	Nord-Böhmen: Plänerkalkboden	5	„	54,8	—	74,52	73,48	4,92	—	—	0,36	—	
41	Nord-Böhmen: Kalkreicher Lössboden	3	„	53,7	—	75,14	74,02	4,93	—	—	0,35	—	
42	Süd-Böhmen: Mährische Frucht	3	„	52,1	—	74,50	71,12	4,97	—	—	0,41	—	
43	Süd-Böhmen: Kalkarmer tertiärer Lehm und Gneiss	4	„	52,1	—	73,66	72,22	5,46	—	—	0,39	—	
44	Süd-Böhmen: Gneiss	3	„	55,2	—	74,01	71,81	5,73	—	—	0,39	—	
45	Süd-Böhmen: Granit und Gneiss	4	„	55,5	—	73,44	70,15	5,62	—	—	0,43	—	
46	Süd-Böhmen: Kalkarmer Amphibolitschiefer	2	„	54,4	—	76,15	72,49	5,67	—	—	0,38	—	
47	Süd-Böhmen: Urgebirge	3	„	54,9	—	74,40	69,69	4,95	—	—	0,44	—	
48	Süd-Böhmen: Gneiss	3	„	53,4	—	75,07	68,96	5,34	—	—	0,45	—	
49	Süd-Böhmen: Feldspathaltiger Boden	2	„	53,6	—	72,71	73,80	6,34	—	—	0,36	—	
50	Aus Gerste von Öland		„	—	6,15	73,68	70,29	3,89 **)	—	—	0,422	36	E. Doelling und E. Hartmann[2]
51	„ „ „ Gotland		„	—	6,10	73,40	69,44	3,19 **)	—	—	0,440	31	
52	„ „ „ Skåne		„	—	5,53	75,37	67,46	4,08 **)	—	—	0,482	32	

[1]) Brauer- und Hopfen-Ztg. 1889, 1623; Zeitschr. ges. Brauw. 1889, **12**, 465.
[2]) Zeitschr. ges. Brauw. 1889, **12**, 216; Zeitschr. angew. Chem. 1889, 466.

*) [zu S. 1072] Ueber die Zusammensetzung der Gerste bezw. der aus dem Malz gewonnenen Würze sind noch folgende Angaben gemacht:

Mälzungsergebniss:	No. 31	32	33	34	35	36	37	38
Durchschnittsgewicht eines lufttrocknen Gerstenkorns	37,64	38,02	41,17	44,50	47,40	43,60	38,65	39,93 mg
Schwemmlinge aus lufttrockner Gerste	0,73	0,44	1,28	0,82	1,40	0,56	1,34	1,14 %
Quelldauer	75	92	79	74	95	73	94	92 Stdn.
Keimdauer	11,0	9,4	8,9	8,9	10,25	9,33	9,25	11,05 Tage
Grünmalz aus lufttrockner Gerste	148,1	133,1	157,3	151,9	146,4	153,7	158,2	152,9 %
Keimfreies Darrmalz aus lufttrockner Gerste	83,2	84,4	81,0	83,3	78,5	83,3	80,8	79,6 „
Malz-Trockensubstanz aus Gersten-Trockensubstanz	91,27	90,62	91,09	91,30	90,82	91,01	89,17	92,86 %
Die Gersten zu No. 31—38 enthielten:								
Trocken-Substanz	85,87	87,03	84,65	86,31	82,35	86,56	86,07	81,07 %
In der Trocken-Substanz: Stickstoff-Substanz	11,31	10,18	11,73	11,31	11,62	10,60	10,94	10,03 %
Asche	2,69	2,64	2,85	2,57	2,81	2,86	2,65	2,63 „
Kali	—	—	—	0,515	0,608	0,526	—	0,592 %
Kalk	0,056	0,059	0,065	0,062	0,059	0,037	0,040	0,067 „
Magnesia	—	—	—	0,231	0,229	0,216	—	0,224 „
Phosphorsäure	1,010	0,790	1,078	0,923	0,798	0,817	0,804	0,767 „
Kieselsäure	0,599	0,671	0,656	0,651	0,826	0,579	0,645	0,711 „
Hiervon in der Malz-Trockensubstanz: Kali	0,468	0,363	0,470	0,367	0,385	0,417	—	0,470 %
Kalk	0,091	0,072	0,087	0,077	0,084	0,096	0,085	0,082 „
Magnesia	0,253	0,266	0,236	0,219	0,239	0,239	0,219	0,212 „
Phosphorsäure	0,929	0,868	0,904	0,708	0,779	0,784	0,830	0,693 „
Kieselsäure	0,598	0,711	0,677	0,644	0,725	0,556	0,770	0,651 „
Procente der Gersten-Trockensubstanz im Malz: Stickstoff-Substanz	9,27	9,06	10,57	10,35	9,81	8,92	9,66	8,21 %
Extrakt	71,03	72,41	69,27	70,73	65,62	71,54	70,20	60,47 „
Asche	2,26	2,17	2,22	2,10	2,19	2,14	2,07	2,15 „
Procente der Gersten-Trocken-Substanz im Extrakt: Stickstoff-Substanz	4,32	4,42	4,68	4,30	4,49	4,38	4,22	4,43 %
Von 100 Thln. Stickstoff-Substanz der Gersten-Trockensubstanz sind in der Würze gelöst	46,58	47,69	44,29	41,56	45,70	49,17	43,73	41,77 %

**) Diese Zahlen sind als „Proteïn in der Maische“ bezeichnet. Der Gehalt der Malze von Gesammt-Stickstoff-Substanz in der Trockensubstanz betrug bei No. 50: 11,37 %, No. 51: 9,25 % und No. 52: 11,13 %.

No.	Nähere Bezeichnung	Zeit der Untersuchung	Hektoliter-Gewicht	Wasser %	Extrakt der Malz-Trocken-Substanz %	In der Extrakt-Trockensubstanz: Maltose %	Saccharose %	Reducirender Zucker %	Dextrin %	Maltose : Nicht-maltose = 1 :	Verzuckerungszeit Min.	Analytiker
53	Bayerisches Malz (für dunkeles Bier)	1891	—	5,31	74,18	49,61	3,79	6,88	25,26	—	—	C. J. Lintner [1]) *)
54	Norddeutsches Malz (für mittelfarbiges Bier) . .	„	—	6,27	74,95	53,36	3,91	9,53	19,79	—	—	C. J. Lintner [1]) *)
55	Böhmisch. Malz (für lichtes B.)	„	—	6,97	74,82	56,93	2,17	8,29	17,77	—	—	C. J. Lintner [1]) *)
	Zahl der Proben				(Balling)		Stickst.-Substanz					
56	Pilsener Malz 40	1895	55,2	5,33	77,38	64,80	5,00	—	—	0,555	9	E. Ehrich [2])
57	Pilsener Malz 60	1896	54,0	5,50	77,00	66,33	5,06	—	—	0,508	—	E. Ehrich [2])
58	Wiener Malz 30	1895	54,4	4,17	76,48	61,24	5,00	—	—	0,653	15	E. Ehrich [2])
59	Wiener Malz 20	1896	54,4	4,88	76,91	64,60	4,87	—	—	0,547	—	E. Ehrich [2])
60	Münchener Malz 30	1895	54,6	5,00	76,42	57,78	4,75	—	—	0,738	19	E. Ehrich [2])
61	Münchener Malz 20	1896	53,6	3,85	75,72	59,24	4,87	—	—	0,688	—	E. Ehrich [2])
	Mittel (No. 56—61) 100	1895	54,8	4,88	76,82	61,59	4,94	—	—	0,633	13,7	E. Ehrich [2])
	Mittel (No. 56—61) 100	1896	54,0	4,74	76,54	63,70	4,94	—	—	0,590	—	E. Ehrich [2])
	Aus bayerischer Landgerste:							Säure (=Milchsäure)				
62	Gut gelöst und gedarrt . .	1892	50,75	3,64	77,21	65,06	—	0,466	—	0,54	29	E. Prior [3])
63	Fehlerhaft gedarrt . . .	„	53,37	8,39	72,31	45,71	—	0,512	—	0,79	über 60	E. Prior [3])
64	Malze aus Montana-Gerste**) hell	1896	—	7,50	78,81	—	—	0,99	—	0,400	15	[4])
65	Malze aus Montana-Gerste**) dunkel	„	—	3,30	77,00	—	—	0,09	—	0,490	25	[4])
							Saccharose	Gesammtzucker : Nichtzucker = 1 :				
66	Malze aus ungarischer Gerste***) Esterhazy	1894	—	10,08	75,1	60,4	9,68	0,43	—	0,65	über 60	L. Aubry [5])
67	Vesprim	„	—	10,02	76,1	65,1	5,29	0,42	—	0,58	35	L. Aubry [5])
68	Beled	„	—	9,88	74,7	62,9	6,69	0,44	—	0,58	45	L. Aubry [5])
69	Tyrnau	„	—	10,12	75,3	58,9	7,91	0,50	—	0,69	45	L. Aubry [5])
70	Raab	„	—	10,05	75,5	61,8	7,79	0,44	—	0,62	50	L. Aubry [5])
71	Leva	„	—	9,79	74,2	55,1	8,12	0,58	—	0,81	über 60	L. Aubry [5])
72	Wienerboden . . .	„	—	9,34	75,1	61,3	8,45	0,43	—	0,63	55	L. Aubry [5])

[1]) Zeitschr. ges. Brauw. 1891, **14**, 113.
[2]) Bierbrauer 1896 **3**, Hauptheft 33; Chem.-Ztg. 1896, **20**, Rep. 158; Zeitschr. ges. Brauw. 1897, **20**, 282.
[3]) Bayer. Brauer-Journ. 1892, 97; Zeitschr. angew. Chem. 1892, 310.
[4]) Wochenschr. Brauerei 1896, **13**, 569; Vierteljahresschr. Nahrungs- u. Genussm. 1896, **II**, 242.
[5]) Zeitschr. ges. Brauw. 1894, **17**, 427.

*) Die Untersuchungs-Verfahren waren die von Heron (Zeitschr. ges. Brauw. 1890, **13**, 555). Saccharose und „reduzierender Zucker" sind im Malze vorgebildet vorhanden.

**) Die Gerste enthielt 11,70 % Wasser, 10,78 % Stickstoff-Substanz, 69,0 % Stärke, 2,6 % Asche und 1,01 % Phosphorsäure.

***) Die zugehörigen Gersten ergaben:

	No. 66	67	68	69	70	71	72	73	74	75	76	77	78
Gewicht von 100 Körnern g . .	4,04	4,06	3,90	4,14	4,18	3,81	4,25	4,39	4,23	4,20	4,43	—	—
Glasige Körner %	76	87	80	68	91	85	59	54	76	65	54	—	—
Wasser %	12,40	12,20	11,99	12,05	12,00	11,72	12,15	12,04	12,39	12,04	12,80	12,33	12,42
In der Trocken-Substanz: Stickstoff % . .	1,59	1,58	1,55	1,42	1,50	1,53	1,89	1,51	1,49	1,59	1,49	1,42	1,56
Stickstoff-Subst. %	9,95	9,88	9,69	8,87	9,41	9,55	11,83	9,17	9,34	9,92	9,34	8,86	9,76
Stärke % . . .	71,87	71,06	72,42	71,29	70,97	70,38	70,06	71,87	72,48	70,87	72,15	73,47	72,85

Die Malze wurden sämmtlich auf der Reischl-Darre gedarrt. Die Untersuchung erfolgte nach den Wiener Vereinbarungen. Die Saccharose wurde nach der von Jais abgeänderten Meissl'schen Methode bestimmt.

L. Aubry berichtet ausserdem noch über die Zusammensetzung verschiedener Malze der 1894-er Ernte.

No.	Nähere Bezeichnung	Zeit der Untersuchung	Hektoliter-Gewicht	Wasser %	Extrakt der Malz-Trocken-Substanz %	In der Extrakt-Trockensubstanz: Maltose %	Saccha-rose %	Gesammt-Zucker : Nicht-zucker = 1:	Asche %	Maltose : Nicht-maltose = 1:	Verzucke-rungszeit Min.	Analytiker
73	Malze aus mährischer Gerste*): Seelowitz	1894	—	7,91	75,5	61,9	8,16	0,43	—	0,61	55	L. Aubry[1]
74	Nischau	„	—	8,07	76,1	60,1	8,56	0,46	—	0,66	über 60	
75	Braunowitz	„	—	9,08	77,0	63,1	8,34	0,40	—	0,58	30	
76	Auspitz	„	—	10,60	76,2	62,4	4,79	0.49	—	0,60	45	
77	Znaim	„	—	10,00	76,4	58,9	5,75	0,55	—	0,69	45	
78	Neustadtl	„	—	8,91	75,5	58,9	6,77	0,52	—	0,69	35	
							Stickst.-Substanz					
79	Aus 1895-er Minesota-Gerste**)	1896	—	6,07	72,15	66,89	3,97	—	—	0,495	20	A. Lang[2]
80	Aus 1896-er kalifornischer Gerste**): aus besserer Sorte	1897	—	3,41	72,08	46,39	2,48	—	—	—	über 60	
81	aus gering. Sorte, aus 2 Mälzereien I	„	—	3,65	75,48	58,73	3,60	—	—	0,703	55	
82	aus gering. Sorte, aus 2 Mälzereien II	„	—	6,35	74,62	56,68	3,57	—	—	0,765	40	
								Dextrin			100Körn.-Gewicht	
83	Pilsener Malze	1899	55,2	5,30	77,43	—	5,12	—	—	0,477	33,1	R. Gifhorn[3]
84	Wiener „	„	53,7	4,70	75,82	—	5,12	—	—	0,536	32,0	
85	Münchener „	„	53,2	4,96	76,04	—	4,68	—	—	0,617	32,2	
	Mittel von No. 83-85 (100 Analys.)	„	54,0	4,99	76,43	—	5,00	—	—	0,543	32,4	
	Mittel	—	**53,9**	**6,55**	**76,34**	**65,02**	**5,16**	**16,98**	**1,69**	**0,52**	—	

Malze aus Wintergerste.

No.	Nähere Bezeichnung	Zeit der Untersuchung	Gerste: Hektoliter-Gewicht kg	Gerste: 100 Körner-Gewicht g	Gerste: Wasser %	Gerste: Stickstoff-Substanz in der Trocken-Subst. %	Malz: Hektoliter-Gewicht kg	Malz: Wasser %	Malz, In der Trocken-Substanz: Stickstoff-Substanz %	Malz, In der Trocken-Substanz: Extrakt %	Malz, Im Extrakt: Maltose %	Malz, Im Extrakt: Stickstoff-Substanz %	Verzucke-rungszeit Min.	Analytiker
1	Gerste mit bauchigem Korn mit nur geringen Grannenresten	1897	67,0	4,00	13,40	7,22	—	6,00	7,70	76,60	70,50	0,725	—	F. Schönfeld[4]
2	Typus der echten Wintergerste	„	63,8	3,58	13,60	8,50	—	7,04	8,50	74,40	70,20	0,808	—	
3	Korn klein; der Sommergerste ähnlich	„	63,3	3,27	13,10	10,90	—	7,90	9,44	75,20	69,80	0,826	—	
4	Gerste aus Crengeldanz***)	1898	67,6	3,74	12,03	10,28	56,2	5,79	9,85	75,36	—	—	10	H. Lange[5]
5	Aus dänischer Gerste	„	—	—	—	—	49,0	2,80	8,47	73,47	—	—	10—15	
6	Gerste aus Mühlberg	„	—	3,68	11,04	8,90	52,1	5,82	8,65	74,36	—	—	25	
	Mittel	—	**65,4**	**3,65**	**12,63**	**9,16**	**52,4**	**5,87**	**8,77**	**74,90**	**70,17**	**0,786**	**18**	

[1]) Zeitschr. ges. Brauw. 1894, **17**, 427.
[2]) Zeitschr. ges. Brauw. 1897, **20**, 227.
[3]) Bierbrauer 1900, **31**, 5; Zeitschr. ges. Brauw. 1900, **23**, 162.
[4]) Wochenschr. Brauerei 1897, **14**, 581.
[5]) Wochenschr. Brauerei 1898, **15**, 333.

*) Vergl. Anmerkung ***) S. 1074.
**) Die Gersten enthielten:

	Wasser	Stickstoff-Substanz	Fett	Stärke	Asche	Phosphor-säure	Keimungs-energie
1895-er Minesota-Gerste	13,74 %	11,27 %	1,62 %	69,11 %	—	0,924 %	97,6 %
1896-er Kalifornische Gerste: Bessere Sorte	11,25 „	10,31 „	—	—	—	—	—
1896-er Kalifornische Gerste: Geringere Sorte	11,73 „	10,02 „	—	70,57 „	2,58 %	1,094 „	99,4 „

Bei No. III betrug das hl-Gewicht 72,2 kg und das 100-Körner-Gewicht 3,854 g.

***) Das aus diesem Malze gewonnene Bier enthielt: 3,86 Gew.-% Alkohol, 5,00 % Extrakt und 0,54 % Stickstoff-Substanz. Dasselbe war rein, vollmundig, nicht hart, kohlensäurereich und schaumhaltig.

Ueber weitere Analysen von Wintergerste und den Extraktgehalt (75,3—77,7 % in der Trockensubstanz) der daraus gewonnenen Malze berichtet F. Schönfeld in Wochenschr. Brauerei 1899, 16, 293.

Frisches und gelagertes Malz.

No.	Nähere Bezeichnung	Zeit der Untersuchung	Wasser-Gehalt des Malzes	Aus 100 Thln. Malz-Trockensubstanz gingen in die Würze: Extrakt i. Ganzen (Balling)	Stickstoff-Substanz	Dextrose	Asche	In 100 Thln. Extrakt: Stickstoff-Substanz	Dextrose	Asche	Analytiker
			%	%	%	%	%	%	%	%	
1	Malz, frisch	1876	6,49	76,79	4,04	35,44	1,21	5,30	47,15	1,57	*K. Reischauer* [1]
2	desgl. 1 Monat alt	„	6,24	75,16	3,16	34,47	1,12	4,20	45,86	1,49	
3	desgl. 2 „ „	„	6,29	73,48	3,09	31,70	1,11	4,20	43,13	1,51	
	Malz aus:										
4	Ungarischer Gerste, frisch	1878	—	77,89	4,73	34,22	1,29	6,07	43,93	1,66	*Wissenschaftl. Station für Brauerei in München* [2]
5	4 Monat alt	„	—	67,07	4,18	32,31	1,36	6,23	48,17	2,03	
6	Slovakischer Gerste, frisch	„	—	79,91	4,77	35,35	1,24	5,97	44,24	1,68	
7	4 Monat alt	„	—	74,99	4,13	32,82	1,26	5,51	43,77	1,68	
8	Bayer. (Regensburger) Gerste, frisch	„	—	76,05	5,14	37,71	1,39	6,75	49,59	1,83	
9	4 Monat alt	„	—	76,27	4,78	34,61	1,39	6,27	45,38	1,69	
10	Böhmischer Gerste, frisch	„	—	77,47	4,71	38,09	1,24	6,08	49,17	1,55	
11	4 Monat alt	„	—	78,16	3,97	34,84	1,16	5,08	44,58	1,47	
12	Fränkischer Gerste, frisch	„	—	77,26	4,95	37,58	1,20	6,41	48,64	1,55	
13	4 Monat alt	„	—	77,29	4,90	37,73	1,20	6,34	48,82	1,55	
14	Saale-Gerste, frisch	„	—	78,61	4,82	38,07	1,28	6,13	48,43	1,63	
15	4 Monat alt	„	—	77,95	4,61	38,05	1,26	5,91	48,81	1,62	
16	Mährischer Gerste, frisch	„	—	78,73	4,74	36,37	—	6,02	46,20	—	
17	4 Monat alt	„	—	76,58	4,87	35,21	1,20	6,36	45,98	1,57	
18	Schwedischer Gerste, frisch	„	—	65,05	3,69	31,17	1,13	5,67	47,92	1,74	
19	4 Monat alt	„	—	69,13	3,73	31,26	1,14	5,40	45,22	1,65	
20	Saale-Gerste, 3 Wochen alt	„	—	77,60	4,29	41,93	—	5,53	54,03	—	
21	11 „ „	„	—	77,84	4,38	31,05	—	5,63	39,89	—	
22	Ungarischer Gerste, 6 „ „	„	—	75,68	3,08	31,56	—	4,07	41,70	—	
23	10 „ „	„	—	76,53	3,31	36,51	—	4,32	47,71	—	
24	Malz, frisch	„	9,56	73,21	4,61	36,45	—	6,31	49,79	—	
25	desgl. nach 2 Monaten am Licht aufbewahrt	„	6,56	71,83	4,04	36,38	—	5,62	56,65	—	
26	im Dunkeln „	„	9,56	70,48	4,04	33,08	—	5,73	46,94	—	
27	in Kohlensäure „	„	9,56	69,11	4,36	33,02	—	6,31	47,78	—	
						Maltose			Maltose		
28	Malz, frisch	1879	4,42	74,37	2,36	37,54	—	3,17	50,48	—	
29	desgl. nach 2 Monaten im Glase aufbewahrt	„	4,77	72,73	2,49	39,96	—	3,42	54,94	—	
30	in Blechdose „	„	5,67	73,52	2,48	37,84	—	3,37	51,47	—	
31	im Sack „	„	9,69	74,41	2,33	39,73	—	3,13	53,39	—	
32	desgl. nach 7 Monaten im Glase „	„	4,95	73,76	2,37	38,37	—	3,21	52,02	—	
33	in Blechdose „	„	6,47	71,49	2,41	38,94	—	3,37	54,47	—	
34	im Sack „	„	11,33	73,19	2,41	38,22	—	3,29	52,22	—	
35	desgl. nach weiteren 7 Monaten, in Blechdose	„	8,29	72,46	2,29	38,62	—	3,16	53,30	—	

[1]) Zeitschr. ges. Brauw. 1885, **8**, 262.
[2]) Zeitschr. ges. Brauw. 1885, **8**, 263.

No.	Nähere Bezeichnung	Zeit der Untersuchung	Wasser-Gehalt des Malzes	Aus 100 Thln. Malz-Trockensubstanz gingen in die Würze				In 100 Thln. Extrakt			Analytiker
				Extrakt i. Ganzen (Balling)	Stickstoff-Substanz	Maltose	Asche	Stickstoff-Substanz	Maltose	Asche	
			%	%	%	%	%	%	%	%	
	Malz aus:										
36	Ungarischer Neutra-Gerste: frisch	1880	5,15	78,22	3,38	48,29	—	4,32	61,67	—	Wissenschaftl. Station für Brauerei in München[1]
37	2 Monat alt	„	6,08	78,01	3,44	47,73	—	4,41	61,18	—	
38	4 „ „	„	6,78	77,54	3,48	48,05	—	4,49	61,97	—	
39	Pressburger Gerste: frisch	„	4,29	75,55	3,11	46,84	—	4,12	62,00	—	
40	2 Monat alt	„	6,07	76,45	3,35	48,42	—	4,38	63,34	—	
41	4 „ „	„	6,79	75,37	3,32	50,50	—	4,40	67,00	—	
42	Chevalier-Gerste: 1 „ „	„	6,12	79,13	3,72	51,15	—	4,70	64,64	—	
43	2 „ „	„	6,42	78,77	3,53	50,93	—	4,48	64,66	—	
44	Zirndorfer Gerste (Mittelfranken): 1 „ „	„	5,22	78,44	3,65	53,11	—	4,65	67,71	—	
45	2 „ „	„	7,24	79,12	3,78	47,40	—	4,78	59,91	—	
46	Elsässer Gerste (Wasslenheim): frisch	„	4,84	78,95	4,08	43,89	—	5,19	55,59	—	
47	2 Monat alt	„	8,64	77,34	4,07	54,14	—	5,26	70,00	—	
48	Champagner-Gerste (Vitry): 20 Tage alt	„	5,29	77,45	3,84	47,29	—	4,96	61,06	—	
49	2 Monat alt	„	7,65	76,45	4,04	48,68	—	5,28	63,68	—	
50	Elsässer Malz: stark gedarrt, frisch	1881	2,53	76,9	3,09	46,0	—	4,02	59,82	—	
51	stark gedarrt, gelagert*)	„	5,53	76,8	3,17	44,2	—	4,13	57,55	—	
52	schwach gedarrt, frisch	„	2,72	76,9	3,17	48,5	—	4,12	63,01	—	
53	schwach gedarrt, gelagert*)	„	6,73	77,3	3,26	46,4	—	4,22	60,03	—	
54	Vitry-Malz: stark gedarrt, frisch	„	4,19	75,3	3,19	43,9	—	4,24	58,30	—	
55	stark gedarrt, gelagert	„	6,32	75,5	3,19	44,3	—	4,23	58,68	—	
56	schwach gedarrt, frisch	„	4,54	77,1	3,25	47,2	—	4,22	61,22	—	
57	schwach gedarrt, gelagert	„	7,77	78,9	3,41	49,6	—	4,32	62,86	—	
58	Malz: frisch	1882	—	77,91	3,90	54,83	—	5,00	70,38	—	L. Aubry[2]
59	7 Monat gelagert	„	—	77,72	3,06	50,07	—	3,94	64,40	—	

W. Windisch (Wochenschr. Brauerei 1898, **15**, 53) fand für frisches und verschieden gelagertes Malz folgende Zahlen:

	Wasser	Extrakt in der Trockensubstanz	100 g Trockensubstanz erfordern N.-Natronlauge	Verzuckerungszeit
Frisches Malz	3,10 %	74,03 %	7,93 ccm	20 Minuten
Dasselbe nach 3-monatlicher Lagerung in geschlossenem Kasten	4,30 „	74,08 „	8,37 „	15 „
Dasselbe nach 3-monatlicher Lagerung auf dem Boden	11,30 „	75,23 „	14,79 „	10 „

Von G. Matthews und Frank Lott (Zeitschr. ges. Brauw. 1900, **23**, 158) wurden Versuche mit einem 1896 (Juni) untersuchten frischen Malze und demselben Malze angestellt, nachdem es in versiegelten Flaschen bis 1899 (Juni) aufbewahrt worden war. Die Ergebnisse der Untersuchung waren folgende für die Extrakt-Trockensubstanz:

---

[1]) Zeitschr. ges. Brauw. 1885, **8**, 263.

[2]) Zeitschr. ges. Brauw. 1885, **8**, 154.

*) 10 Wochen gelagert.

	Extrakt	Vorgebildeter Zucker			Maltose	Dextrin	Sonstige lösliche Stoffe
		Reduc. Zucker	Saccharose	Im Ganzen			
1896 . . .	69,01	11,50	4,78	16,28	54,00	19,10	10,62 %
1899 . . .	69,50	13,50	4,08	17,58	50,82	15,38	16,22 „

L. Aubry (Zeitschr. ges. Brauw. 1897, 20, 265) stellte Untersuchungen über den Einfluss der Lagerung des Darrmalzes auf die Beschaffenheit des Malzes, der Würze und des Bieres an. Für frisches und verschieden gelagertes Malz ermittelte er folgende procentige Zusammensetzung:

Malz	Wasser	Gesammt-Stickstoff-Substanz	Wasserlösliche Stickstoff-Substanz	Aether-Extrakt	Saccharose (vorgebildet)	Aus der Malz-Trockensubstanz		
						Extrakt	Maltose	Maltose : Nichtmaltose
Vor dem Einlagern . .	3,10	9,62	2,71	3,04	5,65	76,1	47,9	1 : 0,59
Nach 6-monatlicher Lagerung in Kasten I .	4,49	9,28	3,19	2,50	6,14	75,3	47,1	1 : 0,59
II .	3,67	9,50	2,84	2,55	5,86	74,7	46,4	1 : 0,61
III .	5,83	9,31	2,19	2,57	5,73	75,4	47,4	1 : 0,09

L. Aubry fand ferner:

	Maischzeit	Fermentativ-Vermögen des Malzes	Beschaffenheit der Würze	Farbe der Würze
Vor dem Einlagern	35′	35,2	schwach trübe	0,70 ccm
Nach 6-monatlicher Lagerung in Kasten I	45′	21,2	fast klar	0,60 „
II	35′	21,0	schwach trübe	0,55 „
III	40′	21,3	fast glänzend	0,60 „

Ueber die Art der Einbringung etc. der Kasten ist Folgendes zu bemerken:

I. Eingebracht bei 39° R; Kasten offen, Temperatur nach 6 Wochen 17° R, dann zugedeckt, darauf Temperatur stets unter 17° R.

II. Eingebracht bei 39° R; Kasten durch einen Deckel fest verschlossen; Temperatur nach 3 Wochen 30° R, und in den 6 Monaten nicht unter 20° R.

III. Mit 16 Tagen in offenen Haufen gelagertem Malz gefüllt; Kasten blieb offen. Temperatur nach 5 Wochen (von der Herstellung an gerechnet) immer unter 17° R.

Nach 6-monatlicher Lagerung wurden die Malze unter möglichst gleichmässigen Verhältnissen nach dem bayerischen Dickmaisch-Verfahren (55 hl Schüttung und 66 Pfd. Hopfen) gesotten. Die Würzen liefen sämmtlich gut ab, zeigten guten Bruch und hatten folgende procentige Zusammensetzung:

Würze aus	Extrakt	Maltose	Maltose : Nichtmaltose =	Im Extrakt			
				Maltose	Saccharose	Gesammt-Stickstoff-Substanz	Eiweissstoffe
Malz I	14,90	9,52	1 : 0,57	63,9	6,62	3,64	1,018
„ II	15,11	9,59	1 : 0,57	63,4	6,52	3,47	0,837
„ III	14,76	9,45	1 : 0,56	64,0	5,76	3,87	0,920

Die Jungbiere und die schankreifen Biere (nach 2 Monaten) hatten folgende procentige Zusammensetzung:

	Alkohol	Extrakt	Stickstoffsubstanz	Maltose	Milchsäure	Stammwürze	Wirklicher Vergährungsgrad
Jungbiere I . .	—	8,83	—	—	—	—	40,9
II . .	—	8,61	—	—	—	—	44,0
III . .	—	8,89	—	—	—	—	38,6
Schankreife Biere I . .	3,93	7,41	0,427	2,50	0,105	14,9	50,0
II . .	3,83	7,90	0,406	2,92	0,105	15,2	48,0
III . .	3,99	7,23	0,427	2,41	0,105	14,8	51,3

In den Eigenschaften und im Geschmacke zeigten die Biere keine wesentlichen Verschiedenheiten. Das Lagern in Silos (bei den unter II angegebenen Verhältnissen) hat demnach keinen wesentlichen Einfluss auf das Malz und das daraus gewonnene Bier.

Bei verschiedenen Temperaturen gedarrte Malze.

Untersuchungen von O. Reinke (Wochenschr. Brauerei 1888, 5, 1013; Zeitschr. angew. Chem. 1888, 715).

Ursprung der Gerste	Bei 55° R. gedarrt						Bei 70° R. gedarrt						Bei 75° R. gedarrt					
	Wasser %	Extrakt in der Trocken-Substanz %	Maltose im Extrakt %	Maltose : Nichtmaltose =1:	Verzuckerungszeit Min.	Farbe der Würze*)	Wasser %	Extrakt in der Trocken-Substanz %	Maltose im Extrakt %	Maltose : Nichtmaltose =1:	Verzuckerungszeit Min.	Farbe der Würze	Wasser %	Extrakt in der Trocken-Substanz %	Maltose im Extrakt %	Maltose : Nichtmaltose =1:	Verzuckerungszeit Min.	Farbe der Würze
Thüringen	5,98	74,31	76,26	0,31	15	1,2	4,76	75,35	71,47	0,40	23	1,9	2,71	73,60	70,75	0,41	25	—
	6,11	77,12	72,70	0,38	18	1,0	2,98	73,18	73,66	0,36	25	1,7	2,93	75,43	72,53	0,48	25	—
Sachsen	4,63	76,57	66,66	0,50	25	1,5	6,26	76,93	72,72	0,38	20	1,6	5,44	71,29	63,50	0,58	40	2,9
	—	—	—	—	—	—	4,35[1])	74,89	72,07	0,38	25	1,9	3.28	75,18	65,37	0,53	25	2,7
Saale-Gebiet	5,25	75,79	74,01	0,35	18	1,5	3,44	75,97	70,57	0,42	17	1,4	2,80	74,33	71,52	0.40	20	2,9
Hannover, Ost- und West-Preussen	Hannover						Ost-Preussen						West-Preussen					
	9,20	75,95	71,91	0,39	22	1,6	10,73	69,99	73,83	0,36	25	1,6	—	—	—	—	—	—
	7,46	75,86	71,87	0,39	19	1,2	9,40[2])	74.85	74.64	0,34	30	1.7	3,37	71,98	64,19	0,56	22	2,2
Böhmen	8,14	75,56	76,90	0,30	25	1,5	—	—	—	—	—	—	4,54	75,60	68,33	0,46	20	2,2
Mähren	2,89	73,43	66,53	0,50	18	1,2	2,46	75,34	66,00	0,52	28	2,1	1,71[4])	72,77	64,08	0,56	35	2,8
	5,95	77,20	74,00	0,35	18	1,0	2,71[3])	76,86	69,80	0,43	25	2,2	2,62	76,02	66.62	0,50	23	2,6
	6,08	76,87	75,34	0,33	22	1,2	5,26	74,80	69,97	0,43	18	2,3	6,03[5])	72,36	67,62	0,48	27	2,4
	8,01	75,44	78,17	0,28	18	1,3	—	—	—	—	—	—	—	—	—	—	—	—
Mittel	6,34	75,83	74,94	0,37	20	1,3	5,24	74,82	71,47	0,40	24	1,8	3,54	73,86	67,45	0,49	26	2,6

Ueber die Gersten liegen noch folgende Angaben vor: [1]) z. Th. glasig; [2]) kleine Landgerste; [3]) Hanna-Gerste; [4]) z. Th. hart; [5]) 6 % halbglasig.

Einfluss des Darrens auf Malz, Würze und Bier.

1) Nach P. Matz und J. Balcke[1]).

	I	II	III	IV	V	VI	VII
Darrtemperatur °R.	65°	65°	65°	65°	65°	70°	70°
Züge:	¾ geschlossen (Heizrohr)	¾ geschlossen (direkt)	geschlossen (1 Stunde)	offen	geschlossen (gesteigerte [39°] Anfangstemperatur)	geschlossen	offen
Malz:							
Wasser	4,00	3,80	3,06	3,42	3.20	3,37	3,58 %
Extrakt in der Malz-Trockensubst.	78,90	77,30	78.10	78,30	76,31	77,47	77,30 „
Maltose : Nichtmaltose wie 1 :	0,397	0,466	0,395	0,430	0,400	0,510	0,486
Verzuckerungsdauer in Min.	30	30	30	30	30	40	53
Würzefarbe	hellgelb	hellgelb	hellgelb	hellgelb	hellgelb	bernsteingelb	
Würze:							
Extrakt nach Balling	13,05	13,00	13,05	13,20	13,20	13,05	13,10 %
Maltose : Nichtmaltose wie 1 :	0,360	0,396	0,360	0,380	0,408	0,404	0,412
Bier:							
Extrakt	5,00	4,95	4,95	5,00	5,25	5,28	5,40 %
Alkohol	4,00	4,04	3,86	4,00	4,06	3,92	4,00 „
Maltose	1,43	1,47	1,40	1,43	1,66	1,43	1,46 „
Phosphorsäure in Proc. der Asche	42,11	42,57	42,39	42,15	42,44	41,22	40,65
Vergährungsgrad (wirklicher)	60,7	61,2	60,1	60,7	59,9	58,9	58,8

[1]) Wochenschr. Brauerei, 1888, **5**, 858.

Die zu den Versuchen verwendete Gerste war Hanna-Gerste mit 99 % Keimfähigkeit; sie enthielt 13,10 % Wasser, 1,29 % Stickstoff, 2,65 % Asche und 0,83 % Phosphorsäure. Zur Darrung diente eine gewöhnliche Malzdarre, in welcher zur besseren Ausgleichung in den Temperaturen in den Ecken der Darre ein eisernes Heizrohr angebracht war, in welchem das Feuer noch einmal unter der Horde herumläuft.

*) Die Zahlen geben an, wieviel ccm $^1/_{100}$ N.-Jodlösung erforderlich sind, um 100 ccm Wasser dieselbe Farbe zu geben, wie sie die 5 %-ige Würze hat.

2. Nach E. Prior (B. Brauer. 1892; Zeitschr. angew. Chem. 1892, 312). Ein Grünmalz mit 42,00 % Wasser und in der Trockensubstanz mit 12,58 % reduz. Zucker und 88,88 % Fermentativvermögen lieferte auf der Engelhardt'schen Darre ein Luftmalz mit 8,44 % Wasser und 13,74 % reduz. Zucker und 134,0 % Fermentativvermögen.

Die von diesem Luftmalz bei 35—80° R. im Luftbade getrockneten Proben hatten folgende Zusammensetzung:

Bestandtheile		35°	45°	50°	55°	60°	65°	70°	75°	80°
Wasser	%	8,44	6,15	5,89	4,41	4,31	3,88	3,17	2,36	1,74
Extrakt der Trockensubstanz	„	—	76,30	76,78	76,71	76,77	75,26	75,22	73,66	—
Maltose im Extrakt	„	74,57	74,82	74,68	72,88	70,62	69,66	68,59	63,86	60,75
Maltose : Nichtmaltose	= 1 :	0,34	0,34	0,34	0,37	0,42	0,44	0,46	0,57	0,65
Vorgebildeter Zucker im Malze, in % des Extraktes	Vergährbar (Maltose)	—	9,94	10,18	9,05	9,28	8,63	8,28	8,26	—
	Nicht vergährbar (Isomaltose)	—	1,88	1,77	1,77	1,71	2,12	1,97	1,70	—
Beim Maischen gebildeter Zucker	Maltose %	—	52,82	51,72	50,66	47,46	46,23	45,84	40,02	—
	Isomaltose „	—	12,79	12,90	12,90	12,96	12,55	12,70	12,97	—
Dextrin	„	—	12,00	12,00	14,58	17,39	19,11	19,84	25,40	—
Röstprodukte	„	—	—	—	0,84	1,55	2,47	2,14	3,25	—
Von der Maltose sind in % des Extraktes vergährbar	durch Nürnberger Reinhefe A.	68,12	68,24	68,01	65,85	62,70	61,73	60,52	54,89	50,03
	durch norddeutsche Betriebsreinhefe L.	62,57	62,76	61,95	59,71	56,74	54,86	54,12	48,28	43,65
Braune Körner	%	—	—	—	0,5	1,0	2,5	7,5	29,0	37,0
Fermentativvermögen der Trockensubstanz		134,0	85,2	85,0	72,6	72,6	66,5	47,2	26,4	15,1
Verzuckerungszeit	Minuten	7	8	10	10	10	12	13	20	26
Farbe der Würze (ccm 1/10 N.-Jodlösung)		—	0,25	0,25	0,3	0,3	0,4	0,5	1,75	2,5

Die Isomaltose wurde nach Lintner bestimmt. Der vergährbare Antheil des vorgebildeten Zuckers wurde im Kaltwasser-Auszuge des Malzmehles mit der Reinhefe L. aus der Betriebshefe einer norddeutschen Brauerei bestimmt.

Ueber die Zuckerbildung beim Darren des Malzes

stellte F. Schönfeld (Wochenschr. Brauerei 1900, 17, 245) Untersuchungen an und fand an fertig gebildetem Zucker in verschieden gedarrten Malzen aus derselben Gerste in der Trockensubstanz folgenden Gehalt in Procenten:

Versuch	Behandlung des Malzes	In der Malz-Trockensubstanz: Invertzucker	Saccharose
I	In der Trommel gemälzt und gedarrt (schwer zu trocknen)	3,50	7,22
	Auf der Tenne gemälzt und auf Horden gedarrt	2,42	5,69
II	Grünmalz	4,76	
	Bei 50—55 ° C. mit steter Durchlüftung gedarrt (Mürbmalz)	7,76	
	„ 50—55 ° C. ohne „ „ (Hartmalz)	5,14	
III	Grünmalz	6,54	5,27
	Als Grünmalz 24 Stdn. bei 35—37,5 ° C. in bedeckter Schale gelegen und getrocknet bei 43,8 ° C. mit Durchlüftung (Mürbmalz)	6,41	5,70
	Als Grünmalz 24 Stdn. bei 35—37,5 ° C. in bedeckter Schale gelegen und getrocknet bei 43,8 ° C. ohne „ (Hartmalz)	7,40	5,75
IV	Hartmalz	6,19	4,00
	Dasselbe Malz in feuchter Kammer längere Zeit gelagert und wiederum gedarrt	7,85	2,28
V	Hartmalz	14,36	3,45
	Dasselbe Malz wie beim Versuch IV behandelt	15,75	2,42
VI	Hartmalz	5,79	3,24
	Dasselbe Malz wie beim Versuch IV behandelt	6,76	1,28
VII	Hartmalz	10,64	
	Dasselbe Malz wie beim Versuch IV behandelt	10,64	

Farbmalze (Karamelmalze).

1. E. Prior (Deutsch. Bierbr. 1888, 3, 645; Vierteljahresschr. Nahrungs- und Genussmittel 1888, 3, 287) fand beim Maischen mit lichten Malzen für:

	Wasser	Extrakt in der Trockensubstanz	Im Extrakt: Maltose	Im Extrakt: Säure (= Milchsäure)
Krystall-Farbmalz von M. Schramm-München	8,00	74,77	60,60	0,68 %
Schneider's Patent-Farbmalz von L. Rübsam-Bamberg	6,07	75,53	54,59	1,06 „

2. H. Fischer (Allgem. Zeitschr. Bierbr. 1892, 33; Zeitschr. angew. Chem. 1892, 96) fand für 7 Farbmalzproben 4,4—7,9 %, im Mittel 5,8 % Wasser und in der Trockensubstanz 32,3—76,1 %, im Mittel 62,9 % Extrakt.

3. F. Schönfeld (Wochenschr. Brauerei 1900, 17, 545) erhielt für eine Anzahl Farb- und Karamelmalze folgende procentigen Werthe:

Bestandtheile	Farbmalze				Karamelmalze							
	I	II	III	IV	I		II		III		IV	
					a	b	a	b	a	b	a	b
Wasser	4,8	9,6	7,8	5,0	7,5	—	8,9	—	7,6	—	5,9	—
Extrakt der Trockensubstanz	63,1	39,1	63,3	61,3	47,9	76,5	56,7	72,9	56,8	74,5	50,9	70,3
Maltose im Extrakt	16,2	17,7	24,3	15,9	37,1	45,8	41,9	64,0	50,9	51,7	49,3	67,6
Färbkraft (ccm N-Jodlösung auf 100 g Extrakt bezogen	103,0	128,0	106,0	109,0	22,0	—	9,1	—	18,2	—	13,0	—

Bei den Karamelmalzen sind die Proben „a" für sich allein vermaischt, die Proben „b" dagegen unter Zusatz von hellem Malz.

4. E. Prior (Bayer. Brauer-Journ. 1893, 3, 517; Vierteljahresschr. Nahrungs- und Genussm. 1893, 8, 414) fand in Karamelmalz 57,78 % Extrakt und im Extrakt:

	Saccharose	Maltose + Invertzucker (direkt vergährbar)	Isomaltose (schwer vergährbar)	Dextrin und sonstige Extraktstoffe
in Procenten des Malzes	2,45 %	11,02 %	13,04 %	31,27 %
in „ „ Extraktes	4,24 „	19,07 „	22,57 „	54,12 „

Sudversuche mit Patent-Farbmalz

von E. Prior (Bericht der Vers.-Stat. für Brauerei in Nürnberg. Febr. 1890; Vierteljahresschr. Nahrungs- und Genussm. 1890, 5, 66).

Zusammensetzung der verwendeten Malze:

	Wasser	Extrakt	Maltose im Extrakt	Maltose : Nichtmaltose	Milchsäure	hl-Gewicht
Patent-Farbmalz (von L. Rübsam-Bamberg	4,64 %	66,97 %	77,14 %	1 : 0,29	1,10 %	43,75 kg
Darrmalz	2,89 „	76,62 „	65,73 „	1 : 0,52	0,38 „	52,62 „

Zum ersten Sud (I) wurden 44,1 hl Darrmalz und 90 l gewöhnliches von brenzlichen Stoffen freies Farbmalz, zum zweiten Sud (II) 40 hl Darrmalz und 7 hl Patentfarbmalz eingemaischt. Die weitere Behandlung der Würze und des Bieres war die gleiche. Würze und Bier (nach 2 monatlicher Lagerung) hatten folgende procentige Zusammensetzung:

	Spec. Gew.	Alkohol	Extrakt	Stickstoff-Substanz	Maltose	Dextrin	Glycerin	Milchsäure	Asche	Phosphorsäure	Farbe (ccm 1/10 N.-Jodl.)
Würze I	1,0534	—	13,47	0,572	9,25	1,96	—	0,104	—	—	3,5
„ II	1,0525	—	13,25	0,537	8,92	2,47	—	0,129	—	—	9,7
Bier I	1,0201	3,21	6,86	0,394	2,41	2,85	0,12	0,170	0,25	0,075	4,1
„ II	1,0191	3,43	6,66	0,469	2,23	2,49	0,11	0,200	0,25	0,085	7,7

Nach verschiedenen Verfahren gewonnene Malze.

No.	Nähere Bezeichnung	Zeit der Untersuchung	Hektoliter-Gewicht	Wasser %	Extrakt der Malz-Trocken-Substanz %	In der Extrakt-Trockensubstanz: Maltose %	Stick-stoff-Substanz %	Säure (= Milchsäure) %	Asche %	Maltose : Nicht-maltose = 1:	Verzuckerungszeit Min.	Analytiker
	Dauer / Temperatur: Weichwasser, Tenne / Höchst-Temp.											
1*)	6 Tage 7,7° R. 10° R. 24° R.	1880	—	5,21	75,05	70,51	5,38	—	1,63	—	—	Wissensch. Station f. Brauerei München
2*)	8 „ 7,0 „ 9,5° R. 16 „	„	—	5,30	76,42	69,47	5,25	—	1,68	—	—	
3*)	10 „ 6,0 „ 8,0 „ 12 „	„	—	5,73	77,22	66,28	4,87	—	1,54	—	—	
4	Aus englischer Gerste: Tennenmalz . .	1893	55,4	5,61	78,70	68,34	—	—	—	0,46	20	O. Reinke[1]
5	Aus englischer Gerste: Trommelmalz (nach Galland) . .	„	53,0	5,76	79,38	67,88	—	—	—	0,47	20	
							In der Malz-Trockensubstanz: Dextrin			Stickstoff-Substanz		
6	Abgeschwelkte englische Trommelmalze: Bohemian pale	1896	53,2	2,92	79,11	66,09	20,77	0,28	2,54	8,38 *)	10	
7	Abgeschwelkte englische Trommelmalze: High Dried Englisch .	„	53,1	2,64	80,64	64,09	20,77	0,28	2,22	7,82 *)	10	
								Im Extrakt		Maltose : Nichtmaltose = 1:		
8	Aus derselben Gerste: Tennenmalz .	1899	52,0	1,21	77,08	56,07	—	—	—	0,74	30	C. Bleisch[2]
9	Aus derselben Gerste: Trommelmalz	„	53,0	1,94	77,64	60,45	—	—	—	0,65	20	
					nach Stolba		Stickstoff-Substanz				nach Kukla	
10	Tennenmalz, wenig aufgelöst, Gerste mit 96% Keimfähigkeit	1900	—	9,49	67,94	60,97	4,66	0,40	—	0,64	über 60	A. Kukla[3] 00)
11	desgl. schnell aufgelöst; Gerste mit 100% Keimenergie . .	„	—	7,11	73,42	67,79	2,90	0,17	—	0,47	30—35	
12	Von Gerste aus schlechter Braugerste-Gegend	„	—	3,83	75,17	63,42	4,05	0,35	—	0,57	10—15	
13	desgl. guter Gegend, aber bei der Reife trat Dürre und bei der Ernte viel Regen ein . . .	„	—	3,21	76,85	62,50	4,70	0,29	—	0,60	20—25	
14	Malze aus südungar. Gerste: mässig lange geführt***)	„	53,8	3,24	71,98	62,89	5,00	0,48	—	0,59	5	
15	Malze aus südungar. Gerste: mit SO_2-haltigem Wasser geweicht .	„	—	3,07	72,37	62,18	5,01	0,62	—	0,60	5—10	
16	Malze aus südungar. Gerste: lange geführt***) . .	„	53,3	2,72	74,63	70,44	1,75⁰)	0,27	—	0,41	10	

[1]) Wochenschr. Brauerei 1893, **10**, 689; 1896, **13**, 606; Vierteljahresschr. Nahrungs- u. Genussm. 1893, **8**, 267; 1896, **11**, 243.

[2]) Zeitschr. ges. Brauw. 1889, **22**, 375.

[3]) Zeitschr. ges. Brauw. 1900, **23**, 418.

*) Die Gerste enthielt 14,88% Wasser und in der Trockensubstanz 10,84% Stickstoff-Substanz, 2,84% Asche und 1,27% Phosphorsäure. In Procenten der Gersten-Trockensubstanz wurden folgende Ausbeuten an Malz und Malzbestandtheilen erhalten:

	Malz-Trocken-Substanz	Extrakt	Stickstoff-Substanz	Maltose	Asche
No. 1:	85,8%	64,4%	3,7%	42,21%	0,9%
No. 2:	85,2 „	65,1 „	3,9 „	49,10 „	0,9 „
No. 3:	84,6 „	65,3 „	4,0 „	44,46 „	1,0 „

**) Davon waren löslich bei No. 6: 4,08% und bei No. 7: 3,78%.

***) Ueber die Führungszeiten giebt Kukla an, dass bei dem mässig lange geführten Malze dasselbe nach 223 Stunden auf die Schwelke und nach 258 Stunden (10¾ Tagen) auf die Darre kam, während bei dem lange geführten Malze diese Zeiten 254 bezw. 289 Stunden (12 Tage) betrugen.

⁰) Diese Zahl bedeutet lösliche nicht gerinnbare Stickstoff-Substanz.

⁰⁰) Ueber den Gehalt an Gesammt-, löslicher und gerinnbarer Stickstoff-Substanz vergl. unten S. 1098.

No.	Nähere Bezeichnung	Zeit der Untersuchung	Hektoliter-Gewicht	Wasser %	Extrakt der Malz-Trocken-Substanz %	In der Extrakt-Trockensubstanz: Maltose %	Stickstoff-Substanz*) %	Säure (= Milchsäure) %	Asche %	Maltose : Nichtmaltose = 1:	Verzuckerungszeit Min.	Analytiker
17	Aus schlechter Braugerste, lange geführt	1900	52,4	3,95	73,08	66,77	4,89	0,29	—	0,49	10	A. Kukla[1] *)
18	Mit SO_2-haltigem Wasser (nach Kukla) geweicht	„	47,6	4,79	71,94	70,57	4,75	0,77	—	0,42	15—20	
19	Mit SO_2-haltigem Wasser (nach Kukla) geweicht	„	49,4	4,14	71,98	70,39	4,59	0,74	—	0,42	15—20	
20	Aus derselben Gerste: gewöhnliche Führung auf langes Gewächs	„	—	5,94	73,67	67,36	5,40	0,32	—	0,48	5—10	
21	Aus derselben Gerste: künstliche Führung (Nachspritzung) auf langen Blattkeim	„	—	5,80	73,88	65,78	5,25	0,38	—	0,52	5—10	
22	Künstliche Führung (Nachspritzung) auf langen Blattkeim	„	—	7,14	71,77	64,37	5,41	0,32	—	0,55	15—20	
23	Nach Cerny geführt (Unterdrückung des Wurzelkeimes)	„	54,0	6,74	74,52	67,17	5,08	0,44	—	0,49	5—10	
24	desgl., aber stärker abgedarrt	„	52,3	6,38	75,52	67,30	4,59	0,51	—	0,48	10—15	
25	Schlecht aufgelöst und unnatürlich geführt	„	—	4,72	73,99	56,03	3,42	0,46	—	0,78	über 60	

H. Pfahler und M. Nauck (Zeitschr. ges. Brauw. 1900, **23**, 173 u. 767) haben Vergleiche im Grossen zwischen Tennenmalzen und Trommelmalzen bei kalter und warmer Haufenführung aus derselben Gerste angestellt. Von den 5 Versuchsreihen mögen hier die beiden ausführlicheren letzten mitgetheilt werden.

Die beiden verwendeten Gersten ergaben folgende Werthe:

Bezeichnung der Gerste	Wasser	Stickstoff-Substanz in der Trockensubstanz	Hektoliter-Gewicht	100 Körner-Gewicht
Sedletzer (polnische)	17,54 %	10,72 %	65,8 kg	3,940 g
Minsker	17,93 „	12,12 „	65,2 „	3,848 „

Zusammensetzung und Eigenschaften der Malze.

Die Menge der vermälzten Gerste betrug auf der Tenne je 4500 kg, in der grossen Trommel 10650 kg. Die Weichdauer betrug stets 72 Stdn.	Malze aus Sedletzer Gerste: Tenne kalt	Tenne warm	Grosse Trommel	Kleine Trommel kalt	Kleine Trommel warm	Malze aus Minsker Gerste: Tenne kalt	Tenne warm	Grosse Trommel	Kleine Trommel kalt	Kleine Trommel warm
Grünmalz: Wasser %	45,8	45,9	44,9	46,2	46,0	45,6	43,9	46,4	44,9	46,5
Grünmalz: Vorgebildeter Zucker (= Maltose) in der Trockensubstanz %	5,17	5,86	5,81	4,57	4,50	6,81	6,18	—	6,50	6,47
Darrmalz: Hektoliter-Gewicht kg	55,1	54,7	53,8	54,3	56,7	54,3	53,0	53,8	52,2	53,0
Darrmalz: 100 Körner-Gewicht g	2,92	2,91	2,98	2,94	2,92	2,83	2,86	2,85	2,81	2,84
Darrmalz: Wasser %	2,06	4,67	7,79	1,65	2,18	1,77	3,76	1,43	2,97	1,96
Darrmalz: Stickstoff-Substanz in der Trockensubstanz %	10,91	10,81	10,69	11,06	10,86	12,13	11,19	11,31	11,44	11,56

[1]) Zeitschr. ges. Brauw. 1900, **23**, 418.

*) Ueber den Gehalt an Gesammt-, löslicher und gerinnbarer Stickstoff-Substanz vergl. S. 1098.

Die Menge der vermälzten Gerste betrug auf der Tenne je 4500 kg, in der grossen Trommel 10650 kg. Die Weichdauer betrug stets 72 Stdn.		Malze aus Sedletzer Gerste					Malze aus Minsker Gerste				
		Tenne		Grosse Trommel	Kleine Trommel		Tenne		Grosse Trommel	Kleine Trommel	
		kalt	warm		kalt	warm	kalt	warm		kalt	warm
Darrmalz: Extrakt der Trockensubstanz %	Gesammtprobe Feinschrot	77,5	76,8	76,1	76,1	76,4	75,8	75,5	74,9	75,9	75,9
	Gesammtprobe Grobschrot	76,0	73,6	—	74,8	74,6	73,4	74,1	73,8	73,9	74,3
	Schwimmer- „	77,0	76,1	75,8	75,3	76,4	75,5	74,7	75,6	75,6	76,0
	Sinker- „	74,7	70,8	68,0	73,0	73,9	70,3	72,4	73,4	72,8	72,2
Maltose in der Trockensubstanz %	Gesammtprobe Feinschrot	50,8	47,9	49,5	48,9	46,9	47,7	47,9	46,9	51,9	52,2
	Gesammtprobe Grobschrot	50,7	45,0	—	48,3	45,9	45,6	45,5	45,7	47,9	50,3
	Schwimmer- „	52,0	47,6	49,0	47,9	46,7	47,7	47,1	47,8	51,1	52,2
	Sinker- „	49,2	43,4	42,0	44,5	43,8	45,5	45,2	44,1	48,8	47,7
Maltose : Nichtmaltose = 1 :	Gesammtprobe Feinschrot	0,52	0,60	0,54	0,56	0,63	0,60	0,58	0,60	0,46	0,45
	Gesammtprobe Grobschrot	0,50	0,63	—	0,55	0,63	0,61	0,63	0,61	0,54	0,48
	Schwimmer- „	0,48	0,60	0,55	0,57	0,63	0,58	0,59	0,58	0,48	0,46
	Sinker- „	0,52	0,63	0,62	0,64	0,69	0,54	0.60	0,64	0,50	0,51
Verzuckerungszeit Minuten	Gesammtprobe Feinschrot	12	10	15	12	12	12	12	12	12	10
	Gesammtprobe Grobschrot	15	15	—	15	15	15	15	15	15	15
	Schwimmer- „	10	10	15	12	10	12	12	12	12	10
	Sinker- „	25	20	25	20	20	20	22	25	20	20
Extraktausbeute im Sudhaus		67,8	68,5	67,2	66,7	67,9	65,5	66,7	67,9	67,2	66,1

A. Kukla (Oesterr. Brau- u. Hopf.-Ztg. 1895, 8, 175; Vierteljahresschr. Nahrungs- u. Genussm. 1895, 10, 415) stellte aus einer Oregon-Gerste (hl-Gewicht 69 kg, Wasser 12,03%, Gesammt-Stickstoffsubstanz 9,92%, Stärke 57,48%, Milchsäure 0,243%, Keimfähigkeit und Keimungsenergie 99,6%) zwei Malze dar, von denen das eine (A) 52 Stunden geweicht und 9½ Tage geführt und das andere (B) 57 Stunden geweicht 10½ Tage geführt wurde. Im Uebrigen war die Behandlung die gleiche. Die Analyse ergab:

	Extrakt	Maltose	Maltose : Nichtmaltose	Stickstoff-Substanz	Lösliche Stickstoff-Substanz	Stärke	Asche	Diastatische Kraft
A . . .	69,65%	43,80%	1 : 0,59	10,68%	3,66%	59,55%	2,38%	706
B . . .	72,60 „	51,14 „	1 : 0,41	9,35 „	1,89 „	62,28 „	2,35 „	632

Hiernach ist das durch langsame Führung gewonnene Malz B besser geworden.

H. Becker (Zeitschr. ges. Brauw. 1896, 20, 437) fand für eine Gerste und die unter im übrigen möglichst gleichen Verhältnissen nach dem gewöhnlichen Verfahren (Malz I) und im Bergmüller'schen Cirkulationsbottiche (Malz II) geweicht worden war, folgende Zahlen:

	Wasser	In der Trockensubstanz: Extrakt	Milchsäure	Phosphorsäure	Maltose im Extrakt	Maltose : Nichtmaltose	Verzuckerungszeit	Keime in 1 g Malz
Malz I . .	12,51%	75,98%	0,041%	1,1135%	70,08%	1 : 0,41%	20 Min.	6978000
„ II . .	12,83 „	76,78 „	0,036 „	1,0391 „	70,84 „	1 : 0,43 „	18 „	2547000

Die Schimmelbildung war bei I gering und bei II sehr gering. Die Würze war bei I nicht ganz klar, bei II dagegen glänzend.

Die Gerste enthielt 17,58% Wasser und in der Trockensubstanz 10,62% Stickstoff-Substanz, 69,01% Stärke, 2,94% Asche und 0,77% Phosphorsäure. Die Keimungsenergie betrug 76%, die Keimfähigkeit 80%. 1 g enthielt 1251000 Keime von Mikroorganismen.

Sonstige Einflüsse auf die Zusammensetzung des Malzes.

1. Einfluss der Blattkeimlänge auf die Güte des Malzes.

Franz Czerny (Zeitschr. ges. Brauw. 1892, 15, 290—293) stellte Versuche mit frisch abgedarrtem Pilsener Malz an und fand:

Nähere Bezeichnung	Wasser %	Extrakt in der lufttrockenen Substanz %	Extrakt in der Trocken-Substanz %	Maltose in 100 Theilen Extrakt %	Maltose: Nichtmaltose = 1:	Verzuckerungszeit Minuten	Ablauf
1. Unsortirtes Malz	4,75	73,51	77,16	70,76	0,41	15	sehr rasch
2. Dasselbe mit 20% ungewachsenen und schwach gewachsenen Körnern	4,96	73,11	76,92	70,18	0,42	mehr als 15	desgl.
3. Normale Körner, Blattkeim von $^1/_2$—$^2/_3$ Kornlänge	5,73	72,35	76,74	67,23	0,48	weniger als 15	desgl.
4. Langgewachsene Körner; Blattkeim $^3/_4$ bis ganze Kornlänge	7,00	72,20	77,63	68,65	0,45	12	desgl.
5. Ausgewachsene Körner	6,32	71,61	76,44	76,09	0,31	10	mässig schnell

Handelt es sich um die Erzeugung eines maltosereichen Malzes, so muss dieses womöglich lang geführt werden, ein Theil der Körner bis zum Auswuchs; kleine Verluste an Extrakt sind hierbei jedoch unvermeidlich. Körner mit $^1/_2$—$^2/_3$ Kornlänge sind an und für sich kein gerade vorzügliches Malz, weder in Bezug auf Extraktausbeute noch auf Maltosegehalt; ein minder gleichmässiges, sonst gut gelöstes Malz mit einem kleineren Antheile der schwächeren und einem grösseren der langgewachsenen Körner liefert extrakt- und maltosereichere Würzen.

2. Zusammensetzung mehliger und harter Körner desselben Malzes.

E. Prior (Bayr. Brauer-Journ. 1895, 5, 2; Zeitschr. ges. Brauw. 1895, 18, 72) fand:

Beschaffenheit der Körner	Wasser %	In der Malz-Trockensubstanz: Extrakt-Ausbeute %	Stickstoff-Substanz: im Ganzen %	Stickstoff-Substanz: in die Würze übergehend %	Stickstoff-Substanz: durch Kochen gefällt %	Fermentativ-Vermögen	Im Extrakt: Reducirender Zucker %	Im Extrakt: Saccharose %	Im Extrakt: Gesammt-Zucker: Nichtzucker = 1:	Verzuckerungsdauer des Malzes Min.	Farbe der Würze
Mehlig	11,45	76,15	10,19	2,82	0,74	16,73	61,93	5,99	0,47	45	0,8
Verglast	11,23	70,29	10,19	2,28	0,68	18,02	61,19	5,43	0,50	über 60	0,4

Der Bruch der Würze beim Kochen war bei den mehligen Körnern ziemlich gut, bei den verglasten dagegen schlecht.

3. Geschwefeltes Malz.

Jos. L. Rausar (Oesterr. Brauer- und Hopfen-Ztg. 1894, 7, 133; Zeitschr. ges. Brauw. 1894, 17, 295, 6) fand: Gewicht von 100 Körnern 3,561 g; Wasser 6,85 %. Extrakt im natürlichen Malze 64,063, in der Malz-Trockensubstanz 69,383 %, Maltose 40,896 %; Zucker : Nichtzucker = 1 : 0,58.

Das stark geschwefelte Malz hatte eine ungewöhnlich schöne weisse Farbe, lieferte aber nur eine geringe Extraktausbeute.

Malze aus Weizen und sonstigen Cerealien.

Zusammensetzung der Gerste, des Roggens, Weizens und Hafers vor und nach dem Mälzen. (Nach Schneider: „Die Mälzerei" S. 111.)

Nähere Bezeichnung	In der Trocken-Substanz: Stickst.-Subst. löslich %	Stickst.-Subst. unlöslich %	Fett %	Zucker %	Dextrin %	Stärke %	Rohfaser %	Asche %	Die Korn-Trockensubstanz liefert Malz-Trockensubstanz %
Gerste	1,11	10,84	2,93	—	6,31	66,32	9,54	2,95	—
Gerstenmalz	2,31	9,11	1,87	0,49	7,22	61,91	6,24	2,61	91,76
Roggen	1,04	12,31	2,41	—	6,87	67,49	7,15	2,73	—
Roggenmalz	1,41	11,32	1,91	—	6,92	64,19	6,54	2,31	94,60
Weizen	1,21	12,14	1,87	—	5,32	70,20	7,32	1,94	—
Weizenmalz	1,73	11,21	1,62	0,41	5,72	64,51	6,54	1,41	93,15
Hafer	1,02	13,47	6,41	—	4,78	60,64	11,27	2,41	—
Hafermalz	1,51	11,12	5,91	0,30	4,91	55,34	8,39	2,14	89,62

Die Asche hatte folgende procentige Zusammensetzung:

Nähere Bezeichnung	Eisenoxyd (Fe_2O_3)	Kalk (CaO)	Magnesia (MgO)	Kali (K_2O)	Natron (Na_2O)	Phosphorsäure (P_2O_5)	Schwefelsäure (SO_3)	Kieselsäure (SiO_2) unlösl.	Kieselsäure (SiO_2) löslich	Chlor (Cl)
Gerste	0,9	4,5	7,7	16,4	6,3	36,9	1,5	8,4	23,2	1,2
Gerstenmalz . . .	1,4	5,0	8,3	14,4	4,9	31,2	1,3	9,3	23,4	0,8
Roggen	0,7	3,2	6,4	13,4	5,7	37,8	1,4	7,8	22,3	1,3
Roggenmalz . . .	1,5	5,8	8,3	12,5	4,9	33.1	1,2	9,4	21,3	1,8
Weizen	0,6	3,1	6,4	15,3	5.2	42,4	1,1	5,2	19,4	1,3
Weizenmalz . . .	1,2	6,3	8,4	14,2	4.8	36,5	1,0	7,3	19.2	1,1
Hafer	0,9	5,9	7,2	16.7	7,8	29,4	1,4	8,4	20,2	2,1
Hafermalz . . .	1,0	8,2	8,4	17,4	6,2	27,8	1,2	8,7	19,3	1,8

Weizenmalze.

No.	Nähere Bezeichnung	Zeit der Untersuchung	Beschaffenheit der Körner: glasig %	Beschaffenheit der Körner: halbglasig %	Wasser %	In der Malz-Trockensubstanz: Stickstoff %	In der Malz-Trockensubstanz: Extrakt (Grobschrot) %	Maltose im Extrakt %	Maltose : Nichtmaltose = 1:	Stickstoff in der Würze aus Grobschrot in % des Ges.-Stickstoffs %	Verzuckerungszeit Min.	Extrakt aus der Trockensubstanz von Feinschrot %	Analytiker
1	Angeblich schlechtes Malz	1890	2	6	9,21	2,33	73,64	72,85	0,373	35,08	28	84,99	W. Windisch [1]
2	Nach besonderem Verf. gemälzt; schlecht gewachsen	„	2	12	9,95	2,25	73,72	67,79	0,475	19,96	über 120	84,09	
3	Angeblich gutes Malz; schlecht gewachsen .	„	4	4	9,58	2,08	73,97	70,38	0,421	25,09	33	84,07	
4	Grün schmeckend . .	„	6	6	6,49	2,06	72,47	75,25	0,329	28,82	20	84,64	
5	Hartes Korn	„	6	12	8,26	2,06	76,81	74,72	0,338	28,13	85	83,84	
6	Ohne nähere Bezeichnung	„	2	4	8,72	2,04	71,49	77,17	0,296	26,29	20	85,87	
7	Wie No. 2	„	4	16	9,39	2,03	71,49	71,58	0,397	23,09	über 120	81,57	
8	Hartes Korn	„	4	12	9,21	2,01	76,64	69,72	0,434	30,31	31	85,47	
9	Sehr aromatisch . . .	„	2	6	6,87	1,94	77,81	72,03	0,388	31,12	28	85,98	
10	Ohne nähere Bezeichnung	„	4	4	7,96	1,90	74,81	67,80	0,475	31,01	35	86,38	
11	Grün schmeckend . .	„	0	4	9,23	1,85	76,55	78,31	0,277	35,11	30	88,72	
12	Aromatisch	„	2	8	7,08	1,79	72,34	74,78	0,337	37,37	30	90,54	
13	Ohne nähere Bezeichnung	„	4	4	8,29	1,79	76,84	74,03	0,351	32,34	23	87,32	
14		„	0	8	10,06	1,73	77,92	66,29	0,508	31,63	30	88,76	
15		„	2	4	6,24	1,69	72,19	76,26	0,311	35,90	38	83,49	
16		„	2	6	9.75	1,64	81,84	69.66	0,435	36,95	28	88,94	
	Mittel No. 1—16	—	2,9	7,3	8,52	1,95	74,89	72,41	0,378	30,51	—	85,92	
17	Von H. Schramm in München	1888	—	—	6,00	—	81,11	53,47	0,520	—	—	—	Krandauer [2]
18	Trommelmalz nach Galland's Verfahren*)	1893	—	—	5,25	—	82,80	67,81	0,474	—	15	—	O. Reinke [3]

Ueber weitere Weizenmalz-Analysen von W. Windisch vergl. unten S. 1089.

[1]) Wochenschr. Brauerei 1890, **7**, 221; Zeitschr. angew. Chem. 1890, 374.
[2]) Zeitschr. ges. Brauw. 1888, **11**. 137.
[3]) Wochenschr. Brauerei 1893, **10**, 689; Vierteljahresschr. Nahrungs- u. Genussm. 1893, **8**, 267.
*) Das Hektoliter-Gewicht betrug 66,7 kg.

Maismalz.

Nach Brillié und Dupré (La Distillerie Française; Wochenschr. Brauerei 1892, 9, 752; Vierteljahresschr. Nahrungs- u. Genussm. 1892, 7, 183) hatte das Maismalz, aus dem das weiter unten aufgeführte Maisbier hergestellt war, folgende Zusammensetzung:

Wasser	Stickstoff-Substanz	Zucker	Dextrin	Stärke
5,60	17,12	1,63	4,83	54,02 %.

Darimalz.

(Analyse mitgetheilt von W. Bersch, Landw. Vers.-Stat. 1896, 46, 103).

Wasser	Stickstoff-Substanz	Fett	Stickstofffreie Extraktstoffe	Rohfaser	Asche
8,00	10,30	4,50	73,30	1,80	2,10 %.

Theilweiser Ersatz des Malzes durch ungemälzte Gerste.

Versuche von F. Wyatt (Brewers Journ. 21, 97; Zeitschr. ges. Brauw. 1897, 22, 98).

Aus Gerste (welche vorher wie Mais aufgeschlossen ist) lassen sich mit Malzdiastase 72 % Extrakt gewinnen. Der Extrakt von Gerste und Malz enthält:

Malzextrakt: 4,50 % Stickstoffsubstanz und 0,85 % Gesammtsäure (= Milchsäure)
Gerstenextrakt: 0,75 „ „ „ 0,28 „ „ „

Im Grossen wurde folgende Zusammensetzung für Malz und Malz mit 10 % Gerste erhalten:

	Extrakt	Stickstoff-Substanz	Maltose	Säure (= Milchsäure)	Asche
Malz	13,85	0,92	9,83	0,17	0,22 %
Malz mit 10 % Gerste . .	13,85	0,73	9,62	0,13	0,21 „

Die bei 11,5° angestellten Würzen ergaben für das Bier aus Malz mit 10 % Gerste schnellere und vollständigere Klärung und guten Geschmack.

Die Biere hatten beim Ausstoss folgende procentige Zusammensetzung:

Bier aus:	Alkohol	Extrakt	Stickstoff-Substanz	Maltose	Nichtflüchtige Säure (= Milchsäure)	Flüchtige Säure (= Essigsäure)	Asche	Vergährungsgrad
reinem Malz	4,08	5,69	0,74	1,67	0,179	0,004	0,210	60
Malz mit 10 % Gerste .	3,90	6,05	0,52	1,82	0,136	0,003	0,203	58

Würze.

Analysen verschiedener Würzen.

No.	Nähere Bezeichnung	Zeit der Untersuchung	Spec. Gewicht	In der Würze: Extrakt %	Maltose %	Stickstoff-Substanz %	Milchsäure %	Phosphorsäure %	In Procenten des Würze-Extrakts: Maltose %	Stickstoff-Substanz %	Milchsäure %	Phosphorsäure %	Analytiker
1a	Hopfenkesselwürze*) . .	$18\frac{80}{81}$	1,0496	12,63	7,98	0,566	0,2565	0,0904	63,18	4,486	2,031	0,716	K. Lintner[1])
1b	Anstellwürze*)	„	1,0546	13,76	8,52	0,548	0,1161	0,0985	61,92	3,982	0,843	0,716	
2a	Hopfenkesselwürze . . .	„	1,0548	13,81	8,88	0,609	1,1701	0,0970	64,30	4,413	1,232	0,703	
2b	Anstellwürze	„	1,0558	14,06	9,58	0,623	0,1071	0,1004	68,14	4,431	0,761	0,713	
3a	Hopfenkesselwürze . . .	„	1,0545	13,73	7,83	0,458	0,0831	0,0803	57,03	3,331	0,605	0,585	
3b	Anstellwürze	„	1,0591	14,91	8,49	0,506	0,0959	0,0848	56,94	3,416	0,643	0,569	
4	Anstellwürze	„	1,0578	14,57	9,21	0,483	0,1044	1,1018	63,21	3,306	0,716	0,697	
5	desgl.	„	1,0556	14,01	8,54	0,583	—	0,1045	60,95	4,161	—	0,745	

[1]) Zeitschr. ges. Brauw. 1883, **8**, 417.

*) Unter a und b sind Würzen desselben Sudes zu verstehen und zwar a = Würze aus dem Hopfenkessel unmittelbar vor dem Ausschlagen, d. h. ehe dieselbe auf die Kühle kommt und b = Anstellwürze d. h. Würze, ehe dieselbe nach dem Abkühlen mit Hefe versetzt wird.

No.	Nähere Bezeichnung	Zeit der Untersuchung	Spec. Gewicht	In der Würze: Extrakt %	In der Würze: Maltose %	In der Würze: Stickstoff-Substanz %	In der Würze: Milchsäure %	In der Würze: Phosphorsäure %	In Procenten des Würze-Extrakts: Maltose %	In Procenten des Würze-Extrakts: Stickstoff-Substanz %	In Procenten des Würze-Extrakts: Milchsäure %	In Procenten des Würze-Extrakts: Phosphorsäure %	Analytiker
6	Anstellwürze	18 80/81	1,0592	14,94	9,18	0,575	0,0409	0,0719	61,44	3,850	0,274	0,482	K. Lintner[1])
7	desgl.	"	1,0585	14,74	9,21	0,570	0,0423	0,0683	62,62	3,856	0,287	0,468	
8a	Hopfenkesselwürze . .	"	1,0552	13,91	7,81	0,511	0,0586	0,0721	56,15	3,681	0,417	0,519	
8b	Anstellwürze	"	1,0599	15,11	8,49	0,541	0,0866	0,0782	56,19	3,581	0,573	0,517	
9a	Hopfenkesselwürze . .	"	1,0596	15,04	8,49	0,546	0,0582	0,0790	56,45	3,640	0,387	0,526	
9b	Anstellwürze	"	1,0625	15,69	9,39	0,548	0,0954	0,0785	59,86	3,490	0,608	0,501	
10	Anstellwürze	"	1,0579	14,59	9,21	0,620	0,0723	0,0684	63,13	4,250	0,496	0,469	
11	desgl.	"	1,0589	14,86	9,19	0,594	0,0766	0,0670	61,84	4,019	0,515	0,452	
12a	Hopfenkesselwürze . .	"	1,0586	14,75	9,21	0,628	0,0868	0,0828	62,44	4,262	0,588	0,563	
12b	Anstellwürze	"	1,0624	15,67	9,90	0,638	0,1035	0,0922	63,18	4,100	0,660	0,591	
13a	Hopfenkesselwürze . .	"	1,0612	15,40	9,19	0,600	0,1404	0,0947	59,67	3,802	0,912	0,615	
13b	Anstellwürze	"	1,0643	16,09	9,55	0,625	0,1467	0,0944	59,35	3,850	0,911	0,587	
14a	Hopfenkesselwürze . .	"	1,0589	14,86	9,19	0,614	0,1044	0,0973	61,84	4,150	0,702	0,654	
14b	Anstellwürze	"	1,0628	15,76	9,55	0,654	0,0954	0,0981	60,60	4,162	0,605	0,622	
15a	Hopfenkesselwürze . .	"	1,0572	14,41	8,55	0,481	0,0738	0,0913	59,33	3,350	0,512	0,633	
15b	Anstellwürze	"	1,0583	14,70	8,86	0,481	0,1026	0,0937	60,27	3,287	0,697	0,637	
16	Würze v. d. Hefengabe	1884	1,0559	13,70	8,88	0,83	—	0,084	64,82	6,06	—	0,613	M. Krandauer[3])
17	desgl. nach dem Dekoktions-Verfahren*) . .	"	1,0745	—	—	—	—	—	59,47	4,79	—	0,600	
18	desgl. n. d Infusions-Verf.	"	1,0583	—	—	—	—	—	58,12	4,27	—	0,500	
							Asche				Reinproteïn		
19	Ungehopfte Würzen **)	1886	—	15,95	10,88	1,00	0,298	0,144	68,21	6,27	1,25	0,903	J. König und H. Weigmann[3])
20	Ungehopfte Würzen **)	"	—	17,40	11,93	1,13	0,348	0,157	68,56	6,49	2,00	0,902	
21	Ungehopfte Würzen **)	"	—	17,43	12,19	1,13	0,284	0,143	69,93	6,49	2,00	0,820	
	Mittel No. 19—21)	—	—	16,93	11,67	1,09	0,310	0,148	68,90	6,42	1,75	0,874	
22	Gehopfte Würzen vom Kühlschiff nach dem Infusions-Verfahren[0]): Sud I, 1. Würze[0])	1881	1,1037	25,00	16,72	1,33	0,140	—	66,88	5,30	0,56	—	H. Grimmer[4])
23	Sud I, 2. "	"	1,0685	17,10	11,23	0,91	0,109	—	65,68	5,33	0,64	—	
24	Sud I, 3. "	"	1,0238	6,14	3,66	0,39	0,057	—	59,66	6,42	0,93	—	
25	Gemisch d. 3 Würzen	"	1,0626	15,72	10,29	0,86	0,102	—	65,40	5,48	0,65	—	
26	Sud II, 1. Würze	"	1,0980	23,80	16,73	1,21	0,171	—	70,30	5,08	0,72	—	
27	Sud II, 2. "	"	1,0605	15,25	10,47	0,84	0,109	—	68,64	5,48	0,72	—	
28	Sud II, 3. "	..	1,0286	7,39	4,86	0,43	0,064	—	65,78	5,78	0,86	—	
29	Gemisch d. 3 Würzen	"	1,0618	15,54	10,73	0,83	0,115	—	68,45	5,33	0,74	—	

[1]) Zeitschr. ges. Brauw. 1883, **8**, 417.
[2]) Zeitschr. ges. Brauw. 1884, **9**, 140.
[3]) Original-Mittheilung.
[4]) Zeitschr. ges. Brauw. 1881, **6**, 181.

*) Aus Darrmalz gewonnen, indem nach dem Dekoktions-Verfahren aus 200 g Malz bei 39, 51 und 59° R. während einer Zeit von vier Stunden vom Einmaischen bis zur Filtration eine Dick- und Lautermaische dargestellt wurde; nach dem Infusions-Verfahren wurden 200 g Malz ebenfalls kalt eingemaischt, innerhalb zwei Stunden langsam auf 60° R. erwärmt und darauf die Maische eine Stunde der Verzuckerung überlassen.

**) Es wurde ferner gefunden in den natürlichen Würzen:

No. 19: 0,20% Reinproteïn, 3,97% Dextrin (Differenz) und 0,071% Kali
" 20: 0,35 " " 3,99 " " " " 0,075 " "
" 21: 0,35 " " 3,98 " " " " 0,072 " "

[0]) Die Würzen (Infusionswürzen) waren reine Malzwürzen für die Ale-Fabrikation, welche durch Einmaischen des Malzes mit Wasser von 73—74° C. und Stehenlassen während 2 Stunden gewonnen wurden. Die klar abgeläuterte Würze wurde in 3 Pfannen laufen gelassen als 1., 2. und 3. Würze, mit etwa 1 kg Hopfen für 1 Hektoliter 2 Stunden gekocht, durch Hopfenseier filtrirt und gekühlt.

No.	Nähere Bezeichnung	Zeit der Untersuchung	Spec. Gewicht	In der Würze: Extrakt %	Maltose %	Stickstoff-Substanz %	Milchsäure %	Phosphorsäure %	In Procenten des Würze-Extrakts: Maltose %	Stickstoff-Substanz %	Milchsäure %	Phosphorsäure %	Analytiker
30	Gehopfte Würzen vom Kühlschiff nach dem Infusionsverfahren: Sud III 1. Würze	1881	1,0967	23,40	15,68	1,24	0,156	—	67,02	5,30	0,67	—	*H. Grimmer*[1]
31	2. „	„	1,0611	15,38	11,31	0,84	0,111	—	73,53	5,43	0,72	—	
32	3. „	„	1,0254	6,55	4,24	0,41	0,061	—	64,75	6,27	0,94	—	
33	Gemisch d. 3 Würzen	1881	1,0615	15,47	10,64	0,85	0,109	—	68,94	5,47	0,71	—	
34	Stammwürze vor dem Stellen: Sud IV	„	1,0522	13,81	7,98	0,79	—	—	57,81	5,73	—	—	
35	„ V	„	1,0698	17,80	11,79	0,79	0,135	—	66,30	4,40	0,76	—	
36	„ VI	„	1,0517	13,43	8,78	0,71	0,095	—	66,37	5,30	0,70	—	
37	„ VII	„	1,0542	14,00	10,10	0,73	0,128	—	72,16	5,20	0,91	—	
Mittel	a. Hopfenkesselwürze . .	—	**1,0566**	**14,28**	**8,57**	**0,557**	**0,1146**	**0,0872**	**60,06**	**3,923**	**0,821**	**0,613**	
	b. Anstellwürze (einschl. 4, 5, 6, 7, 16, 27, 31, 35)	—	**1,0605**	**14,94**	**9,44**	**0,629**	**0,0948**	**0,0865**	**62,48**	**4,215**	**0,629**	**0,586**	

Einfluss der Schrotung auf die Zusammensetzung der Würze. — Beziehungen zwischen im Laboratorium und im Betriebe gewonnenen Würzen.

1. G. Matthews und Frank Lott (Zeitschr. ges. Brauw. 1900, 23, 158) stellten aus demselben Malze 5 verschiedene Schrote her, vom gewöhnlichen Malzmehle (I) bis zum gröbsten Schrot (V), das zu erhalten war, ohne ganze Körner zurückzulassen. No. III entspricht etwa dem gewöhnlichen Brauerschrote. Die Analyse ergab folgende Werthe:

Schrot	In % des natürlichen Malzes: Extrakt	Vorgebildeter Zucker	Maltose	Dextrin	Sonstige lösliche Stoffe	In % des Extraktes: Vorgebildeter Zucker	Maltose	Dextrin	Sonstige lösliche Stoffe
No. I . . .	72,40	13,23	43,00	7,80	8,37	18,27	59,39	10,77	11,57
„ II . . .	72,86	13,23	44,20	9,22	6,21	18,15	60,67	12,65	8,53
„ III . . .	69,54	13,23*)	35,35	10,70	10,28*)	19,03*)	50,83	15,38	14,76*)
„ IV . . .	67,20	13,23	34,60	13,00	6,37	19,69	51,49	19,34	9,48
„ V . . .	66,10	13,23	33,70	12,50	6,67	20,02	50,98	18,91	10,09

2. Untersuchungen von W. Windisch (Wochenschr. Brauerei 1891, 8, 83; Zeitschr. ges. Brauw. 1891, 14, 58).

Durch diese Versuche sollte festgestellt werden:

a) ob durch zu feines Schroten die Würze eine abnorme Zusammensetzung, insbesondere an Stickstoffsubstanz erhält.

Die procentigen Ergebnisse waren folgende:

Weizenmalze.	No. I grob	No. I fein	No. II grob	No. II fein	No. III grob	No. III fein	No. IV grob	No. IV fein
Extrakt der Trockensubstanz . . .	78,34	85,22	79,04	89,99	80,76	86,09	75,84	85,95
Im Extrakt: Maltose	71,25	70,89	69,59	68,78	72,06	72,90	71,20	71,20
Im Extrakt: Stickstoff	0,63	0,63	0,56	0,53	0,68	0,67	0,67	0,67

[1]) Zeitschr. ges. Brauw. 1881, 6, 181.

*) In der Angabe des vorgebildeten Zuckers in der Trockensubstanz von Schrot No. III liegt wohl ein Versehen vor (im Original steht 12,3 %), wir haben den obigen Werth eingesetzt und dem entsprechend die mit *) versehenen Werthe für Schrot No. III abgeändert.

Gerstenmalze	Pilsener grob	Pilsener fein	Norddeutsches grob	Norddeutsches fein	Münchener grob	Münchener fein
Extrakt der Trockensubstanz	76,88	80,63	69,73	76,14	74,30	78,64
Im Extrakt { Maltose	74,60	75,30	69,72	70,34	68,79	69,43
Im Extrakt { Stickstoff	0,81	0,81	0,93	0,95	0,81	0,81

Bei den Gerstenmalzen sind die Unterschiede zwischen der Extraktausbeute bei weitem nicht so gross wie bei Weizenmalzen. — Bei 6 weiteren vorzüglichen Gerstenmalzen betrugen die Unterschiede nur 0,80—3,83, im Mittel 1,98 %.

Betriebs- (Vorder-) Würzen aus Weissbierbrauereien enthielten im Extrakt:

	No. 1	2	3	4	5
Maltose . . .	71,33	70,74	69,61	69,03	67,19 %
Stickstoff . .	0,81	0,91	0,80	0,81	0,73 „

b) **Inwieweit sich die Betriebswürzen von den im Laboratorium bereiteten unterscheiden.**

Es wurden im Laboratorium aus einer Anzahl von Weizen- und Gerstenmalzen Würzen hergestellt, und diese mit den Betriebswürzen, die aus denselben Malzen bereitet waren, verglichen. Die Untersuchung der verwendeten Malze lieferte folgende Ergebnisse:

No.	Weizen-Malze: Wasser %	Weizen-Malze: Extrakt der Trocken-Substanz %	Weizen-Malze: Maltose im Extrakt %	Weizen-Malze: Stickstoff in der Trocken-Substanz %	Weizen-Malze: Stickstoff im Extrakt %	Weizen-Malze: Vom Stickstoff des Malzes gingen in die Würze %	Gersten-Malze: Wasser %	Gersten-Malze: Extrakt der Trocken-Substanz %	Gersten-Malze: Maltose im Extrakt %	Gersten-Malze: Stickstoff in der Trocken-Substanz %	Gersten-Malze: Stickstoff im Extrakt %	Gersten-Malze: Vom Stickstoff des Malzes gingen in die Würze %
1	8,14	85,38	71,32	1,80	0,700	38,38	9,65	79,13	66,25	1,67	0,792	47,42
2	9,84	85,37	72,31	1,73	0,714	41,27	8,31	79,71	71,74	1,84	0,820	44,56
3	9,41	83,15	72,16	1,95	0,673	34,51	8,83	77,34	71,94	1,85	0,805	43,51
4	9,31	84,23	74,84	2,02	0,728	36,04	10,11	76,20	70,00	2,04	0,898	44,02
5	10,14	87,47	70,06	1,72	0,736	36,08	9,04	79,85	68,24	1,76	0,754	42,84

Die Würzen (Vorderwürzen), welche aus dem Gemische der vorstehenden Malze (3/4 Weizenmalz + 1/4 Gerstenmalz) im Laboratorium und im Betriebe erhalten wurden, und die Jungbiere hatten folgende Zusammensetzung:

No.	Extrakt der Betriebswürze %	Die Würze enthielt in % des Extraktes: Maltose: Laboratorium %	Maltose: Betrieb %	Stickstoff: Laboratorium %	Stickstoff: Betrieb %	Stickstoff: Betrieb mehr als Laboratorium %	Das Jungbier enthielt: Alkohol %	Extrakt %	Im Extrakt: Maltose %	Im Extrakt: Stickstoff %	Stickstoff der Würze durch Gährung entzogen %	Wirklicher Vergährungsgrad %
1	11,9	71,35	71,59	0,723	0,820	11,9	3,55	5,03	27,83	1,42	25,2	57,8
2	12,1	72,47	71,82	0,749	0,901	16,8	3,49	5,35	33,09	1,58	22,0	55,8
3	12,0	72,03	71,42	0,693	0,827	16,2	3,46	5,29	32,70	1,34	28,3	55,9
4	12,2	74,57	70,74	0,781	0,932	16,2	3,42	5,61	33,51	1,58	22,0	54,0
5	12,0	69,42	66,58	0,749	0,821	8,7	3,25	5,70	30,70	1,28	25,5	52,5

Die vorstehenden Zahlen, welche im Laboratorium für die Gemische der Malze gefunden wurden, stimmen fast vollkommen überein mit den Zahlen, welche sich aus den obigen Analysen der Weizen- und Gerstenmalze und ihrem Mischungsverhältnisse berechnen. Der Stickstoffgehalt der Betriebswürzen ist, jedenfalls in Folge der längeren Dauer des Maischprocesses, durchweg wesentlich höher als der der Laboratoriumswürzen.

Einfluss verschiedener Dauer der Anwärmung auf die Zusammensetzung der Würze.

Nach Kukla (Zeitschr. ges. Brauw. 1900, 23, 430).

Kukla stellte seine Versuche mit dem Malze aus der Gerste No. 18, S. 1083 an und zwar waren Dauer und Temperatur der Anwärmung und die dabei gewonnenen Ergebnisse folgende:

Bezeichnung	Dauer der Anwärmung in Minuten				Im natürlichen Malz			In % der Malz-Trockensubst.				In % der Stickstoff-Substanz		In % des Extrakts Stickstoff-Substanz			Von der löslichen Stickstoff-Substanz gerinnbar
	bis 50° C.	bis 62,5° C.	bis 70 bis 75° C.	Im Ganzen	Extrakt %	Maltose %	Maltose : Nichtmaltose = 1 :	Extrakt %	Stickstoff-Substanz Gesammt- %	Stickstoff-Substanz löslich %	Stickstoff-Substanz gerinnbar %	löslich %	gerinnbar %	Gesammt- %	löslich %	gerinnbar %	%
Nach Stolba	10	10	10	30	68,20	46,23	0,47	73,42	8,64	2,27	0,14	26,27	1,62	11,75	3,09	0,19	6,17
a	30	30	30	90	68,54	47,76	0,43	73,79	8,64	2,90	0,16	33,56	1,85	11,70	3,93	0,22	5,51
b	30	30	60	120	69,40	51,68	0,34	74,71	8,64	2,76	0,20	31,94	2,31	11,56	3,83	0,27	7,24
c	60	30	30	120	69,15	51,77	0,33	74,44	8,64	2,88	0,14	33,33	1,62	11,60	3,87	0,19	4,86
d	30	60	30	120	69,00	52,22	0,32	74,28	8,64	3,05	0,16	35,30	1,85	11,63	4,10	0,21	5,24
e	90	30	30	150	69,05	55,40	0,24	74,33	8,64	2,67	0,19	30,90	2,20	11,62	3,59	0,25	7,11

Bei den Versuchen a und d war die Würze stark opalisirend, bei den übrigen dagegen klar. Für eine möglichst grosse Extraktausbeute ist demnach das Verfahren b, für ein möglichst günstiges Verhältniss von Maltose : Nichtmaltose das Verfahren e und für die möglichst grosse Aufschliessung der Proteïnstoffe das Verfahren d am günstigsten.

Vergährung der Bierwürze zu Bier.

No.	Nähere Bezeichnung	Zeit der Untersuchung	Spec. Gewicht	In der Würze bezw. im Bier: Extrakt nach Balling %	Extrakt wirklicher %	Alkohol %	Maltose %	Stickstoff-Substanz %	Asche %	Phosphorsäure %	In Procenten des Extraktes: Maltose %	Stickstoff-Substanz %	Milchsäure %	Analytiker
1a	Würze vor der Hefengabe	1884	1,0559	13,7	—	—	8,88	0,83	0,234	0,084	64,81	6,06	1,71	*M. Krandauer* [1]
b	Dieselbe am 2. Tage bei hohem Kräusen . .	„	1,0452	11,5	—	—	6,09	0,75	0,230	0,082	52,97	6,52	2,00	
c	Dieselbe am 8. Tage bei zurückgehender Gähr.	„	1,0279	6,7	7,59	2,95	3,34	0,66	0,222	0,079	49,85	9,85	3,31	
d	Am 12. Tage beim Schlauchen . . .	„	1,0246	6,0	6,98	3,27	2,19	0,60	0,219	0,078	36,50	10,00	3,65	
2	Sud I.								Milchsäure	Essigsäure				
a	Stammwürze vor dem Stellen	1881	1,0626	15,72	15,72	—	10,29	0,861	0,102	—	65,40	5,48	0,646	*H. Grimmer* [2]
b	Gährende Würze, 22 Stdn. nach der Hefengabe .	„	1,0558	15,94	14,42	0,80	9,38	0,761	0,119	0,0006	65,00	5,28	0,827	
c	Bier beim Fassen . .	„	1,0185	15,61	6,94	4,68	1,72	0,683	0,157	0,0012	24,75	9,85	2,26	
d	Bier, 7 Monat alt . .	„	1,0148	15,78	6,04	5,13	1,06	—	0,166	0,0071	17,61	—	2,76	
3	Sud II.													
a	Stammw. vor d. Stellen	„	1,0618	15,54	15,54	—	10,73	0,827	0,114	—	68,45	5,33	0,736	
b	Gährende Würze, 25 Stdn. nach dem Stellen .	„	1,0546	15,53	14,07	0,77	10,30	0,768	0,120	0,0003	73,25	5,45	0,849	
c	Bier beim Fassen . .	„	1,0191	15,09	6,98	4,38	1,65	0,641	0,150	—	23,60	9,18	2,15	

[1]) Zeitschr. ges. Brauw. 1884, **9**, 140. — [2]) Zeitschr. ges. Brauw. 1881, **6**, 181.

No.	Nähere Bezeichnung	Zeit der Untersuchung	Spec. Gewicht	In der Würze bezw. im Bier: Extrakt nach Balling %	Extrakt wirklicher %	Alkohol %	Maltose %	Stickstoff-Substanz %	Milchsäure %	Essigsäure %	In Procenten des Extraktes: Maltose %	Stickstoff-Substanz %	Milchsäure %	Analytiker
4	Sud III.													
a	Stammw. vor d. Stellen	1881	1,0615	15,47	15,47	—	10,64	0,846	0,110	—	68,94	5,47	0,713	H. Grimmer[1]
b	Gährende Würze, 25 Stdn. nach dem Stellen .	„	1,0482	15,38	12,78	1,37	8,37	0,727	—	—	65,45	5,69	1,075	
c	Bier beim Fassen . .	„	1,0173	—	—	4,26	—	0,650	0,139	0,0018	—	—	—	
5	Sud IV.													
a	Gährende Würze, 27 Stdn. nach dem Stellen .	„	1,0522	16,49	13,81	1,42	7,98	0,794	—	—	57,81	5,73	—	
b	Bier beim Fassen . .	„	1,0214	16,09	7,59	4,49	1,76	0,608	0,173	0,0018	23,22	8,01	2,29	
c	Bier, 8 Monate alt . .	„	1,0140	16,11	6,16	5,25	1,00	0,617	—	—	16,32	10,02	—	
6	Sud V.													
a	Gährende Würze, 18 Stdn. nach dem Stellen .	„	1,0698	19,62	17,80	0,98	11,79	0,785	0,135	0,0008	66,30	4,40	0,756	
b	Bier beim Fassen . .	„	1,0282	18,52	9,51	4,82	2,40	0,580	0,174	0,0011	25,15	6,06	1,83	
7	Sud VI.													
a	Gährende Würze, 21 Stdn. nach dem Stellen .	„	1,0517	15,37	13,43	1,02	8,78	0,713	0,095	0,0005	65,37	5,30	0,701	
b	Bier beim Fassen . .	„	1,0169	15,28	6,47	4,63	1,60	0,597	0,149	0,0012	24,62	9,23	2,30	
c	Bier, 7 Monate alt . .	„	1,0124	15,29	5,49	5,15	0,99	0,593	0,169	0,0059	18,00	10,80	3,08	
8	Sud VII.													
a	Gährende Würze, 20 Stdn. nach dem Stellen .	„	1,0542	15,55	14,00	0,815	10,10	0,729	0,128	0,0005	72,16	5,20	0,914	
b	Bier beim Fassen . .	„	1,0175	15,10	6,56	4,48	1,50	0,660	0,157	0,0012	22,90	10,06	2,40	
c	Bier, 7 Monate alt . .	„	1,0126	15,23	5,56	5,08	0,89	0,593	0,157	0,0041	15,96	10,65	2,84	

Vergleich des bislang üblichen (alten) Maischverfahrens mit dem abgekürzten (neuen) Maischverfahren nach Windisch.

Versuche von P. Behrend und A. Eberts (Zeitschr. ges. Brauw. 1897, **20**, 564).

Die Zusammensetzung der Malze, Würzen, Jungbiere und Schankbiere war folgende:

		hl-Gewicht	Wasser	In der Malz-Trockensubstanz: Extrakt	Maltose	Stickstoff	Im Extrakt: Maltose	Maltose : Nichtmaltose =	Verzuckerungszeit Minuten
Malze	hell	55,8 kg	9,3 %	77,8 %	54,3 %	1,53 %	69,8 %	1 : 0,43	10
	dunkel	52,7 „	5,8 „	73,9 „	47,2 „	1,57 „	63,9 „	1 : 0,57	20

Würzen (beim Ausschlagen)	Hell: Altes Verfahren*) I	Hell: Neues Verfahren IV	Hell: Neues Verfahren VI	Dunkel: Altes Verfahren II	Dunkel: Neues Verfahren III	Dunkel: Neues Verfahren V
Spec. Gewicht	1,0544	1,0532	1,0542	1,0529	1,0537	1,0523
Extrakt . . . . . . %	13,33	13,04	13,29	12,98	13,17	12,83
Maltose . . . . . . %	9,01	9,01	9,02	8,12	7,66	8,07
Maltose im Extrakt . . %	67,6	69,1	67,9	62,5	58,2	62,9
Maltose : Nichtmaltose = 1 :	0,48	0,45	4,47	0,60	0,72	0,59
Stickstoff im Extrakt . . %	0,694	0,794	0,744	0,759	0,693	0,697

[1]) Zeitschr. ges. Brauw. 1881, **6**, 181.

*) Bei diesem Versuche ist durch ein Versehen die zu dem Jungbier und fertigen Bier verwendete Würze nicht untersucht worden. Die angeführten Zahlen beziehen sich auf eine in einem besonderen Versuche unter Einhaltung möglichst gleicher Bedingungen neu hergestellte Würze.

		Hell			Dunkel		
		Altes Verfahren	Neues Verfahren		Altes Verfahren	Neues Verfahren	
		I	II	III	IV	V	VI
Jungbier (beim Fassen)	Spec. Gewicht . . . . %	1,0234	1,0216	1,0222	1,0290	1,0294	1,0267
	Alkohol . . . . . . %	3,47	3,62	3,44	2,70	2,76	2,85
	Extrakt . . . . . . %	7,44	7,10	7,12	8,44	8,61	8,04
	Maltose . . . . . . %	2,98	3,02	2,88	3,53	3,38	3,31
	Stammwürze (berechn.) . .	14,09	14,02	13,73	13,65	13,90	13,49
	Vergährungsgrad (wirkl.) .	47,2	49,4	48,1	38,1	38,1	40,3
	Stickstoff . . . . g in 1 l	0,844	0,859	0,778	0,787	0,782	0,748
Schenkbier	Spec. Gewicht.	1,0171	1,0159	1,0158	1,0203	1,0239	1,0205
	Alkohol . . . . . . %	4,11	4,21	4,10	3,46	3,29	3,61
	Extrakt . . . . . . %	6,17	5,88	5,80	6,67	7,45	6,77
	Maltose . . . . . . %	1,83	1,86	1,67	2,09	2,23	2,19
	Stammwürze (berechn.) . .	14,05	13,90	13,67	13,33	13,77	13,70
	Vergährungsgrad (wirkl.) .	56,1	57,7	57,6	49,9	45,9	50,6
	Stickstoff . . . . g in 1 l	0,801	0,825	0,772	0,733	0,748	0,724
	Farbe (= ccm 1/10 N.-Jodlös. auf 100 ccm Wasser) . .	0,80	0,55	0,50	4,90	3,66	4,50

Sieht man von dem in Bezug auf die Maltosebildung nicht vollkommen verlaufenen Versuche III ab, so ist der Vergährungsgrad der nach dem neuen Verfahren hergestellten Biere durchweg etwas höher gegenüber den nach dem alten Verfahren hergestellten Bieren. Die Unterschiede sind jedoch so gering, dass man sie nicht ohne weiteres dem Maischverfahren zuschreiben kann.

Einfluss der Art der Kochung (Dampfkochung und direkte Feuerung) von Maische und Würze auf das Bier.

Versuche von O. Reinke (Wochenschr. Brauerei 1889, 4, 498) und Ed. Jalowetz (Zeitschr. ges. Brauw. 1895, 18, 28).

Beide Versuchsreihen ergaben, dass die nach beiden Verfahren erzeugten Würzen und Biere weder in der Zusammensetzung noch im Geschmack noch in den sonstigen Eigenschaften irgendwelche Unterschiede zeigten. Es kann daher hier von der Wiedergabe der ausführlichen Versuchsergebnisse abgesehen werden.

Würze in verschiedenen Stadien der Gährung.

Bau (Wochenschr. Brauerei 1890, 7, 710; Chem. Centrlbl. 1890, II, 361) fand für Würze in den verschiedenen Stadien der Gährung folgende procentige Gehalte an Extrakt, Maltose und Dextrin:

Würze nach	1	2	3	4	6	7	8	10	24 Tagen
Spec. Gewicht (15°)	1,0419	1,0402	1,0375	1,0336	1,0256	1,0227	1,0210	1,0192	1,0153
Maltose	7,92	7,25	6,91	5,83	3,98	3,19	3,02	2,66	1,68 %
Dextrin	1,55	1,58	1,63	1,81	2,33	2,48	2,30	2,31	2,51 „

Der Dextrin-Gehalt erfährt hiernach im Laufe der Gährung jedenfalls in Folge Bildung von Amyloinen eine nicht unwesentliche Zunahme. Das fertige Bier enthielt 2,85 Gew.-% Alkohol und 5,00% Extrakt (Balling).

Einfluss des Lüftens auf den Verlauf der Gährung.

K. Michel (Zeitschr. ges. Brauw. 1900, 23, 358) stellte Versuche über den Einfluss des Lüftens auf den Verlauf der Gährung an, indem er in die Maische bei 50° C., bei 70° C. und beim Kochen Luft trieb. Bei 50° war das Lüften ohne Einfluss, bei 70° trat eine raschere Verzuckerung ein. Im Hopfenkessel war die Eiweissausscheidung eine stärkere und die Klärung der Würze eine bessere, dagegen trat aber gleich nach dem Beginne des Hopfenkochens ein auffallendes Dunkelwerden der Würze ein. Die Farbentiefe stieg von 2,5 auf 8,0.

Zwei aus dem gleichen Malze hergestellte Sude zeigten während der Vergährung folgende Zusammensetzung:

Zeit der Untersuchung	Während der Verzuckerung gelüftet: Extrakt scheinbarer %	Extrakt wirklicher %	Alkohol Gew. %	Reduc. Zucker %	Vergährungsgrad scheinbarer %	Vergährungsgrad wirklicher %	Normal gemaischt: Extrakt scheinbarer %	Extrakt wirklicher %	Alkohol Gew. %	Reduc. Zucker %	Vergährungsgrad scheinbarer %	Vergährungsgrad wirklicher %
Beim Anstellen .	—	14,50	—	9,85	—	—	—	14,90	—	9,85	—	—
Nach 2 Tagen .	13,80	13,90	0,22	9,47	4,83	4,14	13,50	13,52	0,72	9,72	9,38	8,85
„ 4 „ .	12,30	12,74	0,98	9,16	15,17	12,13	10,80	11,18	1,96	7,04	27,52	25,10
„ 6 „ .	10,80	11,54	1,64	7,41	25,52	20,41	9,40	10,04	2,55	5,82	36,92	32,16
„ 8 „ .	9,40	10,42	2,27	6,02	35,18	28,14	8,30	9,16	2,77	5,89	44,30	35,50
„ 10 „ .	8,70	9,61	2,65	5,53	40,00	32,00	7,60	9,04	3,07	4,27	48,99	39,51
„ 15 „ . (beim Fassen)	6,50	8,06	3,37	3,78	55,20	44,40	7,10	8,63	3,29	4,24	52,30	42,10
Nach 29 Tagen .	4,10	6,10	4,39	2,16	71,70	57,90	6,20	7,89	3,67	3,85	58,40	47,00

Hiernach ist in dem gelüfteten Sude bis zum zehnten Tage nach dem Anstellen die Gährung etwas zurück geblieben; dann aber überholt die Gährung die des normal gemaischten Sudes.

Vergährung von Bierwürze mit Reinhefen.

C. Amthor (Zeitschr. physiol. Chem. 1887, 12, 64; Vierteljahresschr. Nahrungs- u. Genussm. 1887, 2, 561) untersuchte das Verhalten von acht nach Hansen's Verfahren rein gezüchteten Hefen in sterilisirter Bierwürze (100 ccm von 15° derselben enthielten 17,73 g Extrakt (Schulze), 10,8042 g Maltose und 0,1075 g Stickstoff) im Pasteur'schen 1 Liter-Kolben. Bei der Einsaat der Hefen wurde in allen Fällen nur von einer einzigen Zelle ausgegangen. Die mittlere Temperatur bei Reihe I war 11,9°, bei Reihe II anfangs 11,9° und später 13,7°. Die Ergebnisse waren folgende (Gew.-% bezw. g in 100 ccm):

No.	Bezeichnung der Hefen	I. Reihe. Die Gährung wurde (nach 14 Tagen) unterbrochen, als nur noch schwache Kohlens.-Entwicklung bemerkbar war: Spec. Gewicht	Alkohol Gew. %	Extrakt g	Wirklicher Vergährungsgrad %	II. Reihe. Die Kolben blieben so lange stehen (40 Tage), bis keine Kohlensäure-Entwicklung mehr zu bemerken war und die Biere klar geworden waren: Spec. Gewicht	Alkohol Gew. %	Extrakt g in 100 ccm	Stickstoff g in 100 ccm	Glycerin (aschefrei) g in 100 ccm	Zucker (= Maltose) g in 100 ccm	Wirklicher Vergährungsgrad %	Farbe (Normalfarbe von Stammer=100)
1	Saccharomyces cerevisiae: Franziskaner . . .	1,0279	4,50	9,39	47,0	1,0239	4,75	8,27	0,090	0,107	1,886	53,3	14,29
2	Saccharomyces cerevisiae: Rotterdamm . . .	1,0288	4,30	9,37	47,1	1,0243	4,50	8,35	0,095	0,096	1,994	52,9	11,11
3	Saccharomyces cerevisiae: Königshofen . . .	1,0302	4,25	9,76	44,9	1,0245	4,50	8,37	0,094	0,125	2,014	52,8	11,11
4	Saccharomyces cerevisiae: Carlsberg I . . .	1,0259	4,69	8,71	50,8	1,0245	4,81	8,46	0,098	0,123	1,938	52,2	11,11
5	Saccharomyces cerevisiae: „ II (neu) .	1,0247	4,75	8,49	52,1	1,0240	4,81	8,33	0,095	0,106	1,919	53,0	11,11
6	S. Pastoriane-Form (aus hefetrübem Bier)	1,0278	4,31	9.34	47,3	1,0247	4,69	8,46	0,097	0,078	1,916	52,2	12,50
7	Oberhefe Berlin (Kühle Blonde)	1,0260	4,37	8,59	51,5	1,0242	4,75	8,33	0,094	0,120	1,888	53,0	12,50
8	Sacch. ellipsoideus (aus oberelsässischem Weisswein) .	1,0432	2,83	12,61	28,8	1,0369	3,47	11,23	0,098	0,149	—	36,7	12,50

Anhang zu Malz und Würze.

I. Ueber die stickstoffhaltigen Bestandtheile der Gerste, des Malzes und der Würze.

1. K. Lintner (Zeitschr. ges. Brauw. 1882, 7, 365) fand im Mittel von 8 Gerstenproben (mit 1,74 % Gesammtstickstoff) 0,717 % in 70%-igem Alkohol löslichen Stickstoff (= 41,23 % des Gesammtstickstoffs). In 13 Malzproben wurde im Mittel 0,639 % in 70 %-igem Alkohol löslicher Stickstoff gefunden.

Durch Bleiessig nicht fällbar waren in % des Gesammtstickstoffs in der Würze 82,15 %, in der gehopften Würze 89,03 % und im Bier 72,07 %.

2. L. Aubry (Zeitschr. ges. Brauw. 1882, 7, 421) bestimmte den Amid-Stickstoff in Gerste, Malz und Würze theils durch Zersetzung der Amide mit Natriumnitrit, theils durch Ausfällung der Proteïnstoffe etc. mit Phosphorwolframsäure und fand im Mittel in 4 Chevalier-Gersten 1,59 % Gesammt- und 0,35 % Amid-Stickstoff, in den daraus gewonnenen Malzen 1,60 % Gesammt- und 0,70 % Amid-Stickstoff. — Die von 3 anderen Malzen gewonnene Würze enthielt im Mittel im Extrakt ungehopft 0,83 % Gesammt- und 0,40 % Amid-Stickstoff und gehopft 0,80 % Gesammt- und 0,43 % Amid-Stickstoff.

3. H. Bungener und L. Fries (Zeitschr. ges. Brauw. 1884, 9, 69) bestimmten in Gerste, Malz und Würze den Proteïn-, Pepton- und Amid-Stickstoff*) und zwar wurden untersucht: a) Ein Auszug aus gemahlener Gerste (18-stündiges Einwirken von kaltem Wasser unter Zusatz von Thymol als Antisepticum); — b) eine auf dieselbe Weise aus Malz dargestellte Flüssigkeit; — c) eine etwa 15 %-ige Würze durch Infusion aus demselben Malz erhalten (3/4 Stunde bei 20—70°, 1/2 Stunde bei 70°). Weder Auszüge noch Würzen wurden gekocht. Die Ergebnisse waren folgende:

	Elsässer Gerste und Malz (Gerste = 1,69 % N, Malz = 1,58 % N)			Champagner-Gerste und Malz (Gerste = 1,84 % N, Malz = 1,73 % N)		
Auszug	a	b	c	a	b	c
Gesammt-Stickstoff . . .	0,355	0,642	0,581	0,380	0,625	0,630 %
Proteïn-Stickstoff . . .	0,161	0,230	0,163	0,223	0,249	0,184 „
Pepton-Stickstoff	0,040	0,060	0,080	0,041	0,042	0,060 „
Amid-Stickstoff (fällbar) .	0,052	0,182	0,197	0,025	0,134	0,165 „
desgl. (nicht fällbar) . .	0,102	0,170	0,141	0,091	0,200	0,221 „
Gesammt-Amid-Stickstoff	0,154	0,352	0,338	0,116	0,334	0,386 „
oder in Procenten des Gesammt-Stickstoffs der Gerste (a) bezw. des Malzes (b und c):						
Gesammt-Stickstoff im Auszuge	21,6	40,6	36,7	20,6	36,2	36,9 %
Proteïn-Stickstoff . . .	9,5	14,5	10,3	12,1	14,4	10,6 „
Pepton-Stickstoff . . .	2,4	3,8	5,0	2,2	2,4	3,5 „
Gesammt-Amid-Stickstoff	9,1	22,3	21,4	6,3	19,4	22,3 „

Auf dieselbe Weise wurden 6 aus verschiedenen hellen, bei 65° abgedarrten Malzen zubereitete (Infusion: 3/4 Stunde bei 20—70°, 1/2 Stunde bei 70° C.) nicht gekochte Würzen untersucht:

---

*) Es wurde bestimmt: a) Der Proteïn-Stickstoff durch Fällen mit Bleioxydhydrat und etwas Bleiacetat in der Wärme; b) der Pepton-Stickstoff durch Fällen mit Gerbsäure im Filtrat des Bleioxydniederschlages, nachdem mit Schwefelwasserstoff das überschüssige Blei entfernt war; c) der Amid-Stickstoff als der weder durch Bleioxyd noch Gerbsäure fällbare Stickstoff.

Zuweilen wurde die von Proteïn befreite Lösung, ohne das Blei abzuschneiden, mit essigsaurem Quecksilberoxyd gefällt unter Zusatz von so viel Natron, dass die Flüssigkeit nach der Fällung schwach alkalisch reagirte. In der obigen Tabelle bedeutet „fällbare Amide“ = durch Quecksilberacetat fällbare Amide.

Malz aus Gerste:	Auvergne 1883	Ungarn 1883	Elsass 1882	Elsass 1883	Ungarn 1883	Champagne 1882	Mittel
Stickstoff im Malz	1,40	1,43	1,58	1,59	1,72	1,73	1,58 %
Gesammt-Stickstoff in der Würze	0,504	0,535	0,581	0,580	0,514	0,630	0,560 „
Proteïn-Stickstoff	0,158	0,125	0,163	0,170	0,166	0,184	0,161 „
Pepton-Stickstoff	0,070	0,072	0,080	0,070	0,060	0,060	0,072 „
Amid-Stickstoff	0,276	0,338	0,338	0,334	0,288	0,386	0,327 „
oder in Procenten des im Malz enthaltenen Stickstoffs:							
Gesammt-Stickstoff in der Würze	36,0	37,3	36,8	36,4	29,8	36,4	35,6 „
Proteïn-Stickstoff	11,3	8,7	10,3	11,0	9,6	10,6	—
Pepton-Stickstoff	5,0	5,0	5,1	4,4	3,5	3,4	—
Amid-Stickstoff	19,7	23,6	21,4	21,0	16,7	22,4	—

4. A. Hilger und Fr. von der Becke (Arch. Hyg. 1890, 10, 477) fanden für Gerste und die daraus hergestellten Malze folgende Mengen von löslichem Stickstoff in den verschiedenen Verbindungsformen (auf Trockensubstanz bezogen):

	Löslicher Stickstoff in Form von				
	Eiweiss	Peptonen	Ammoniak	Amidosäuren	Amiden
Rohgerste	0,0600	0,0046	0,0169	0,0417 %	—
Geweichte Gerste	0,0354	0,0009	—	0,0294 „	—
Grünmalz	0,1671	0,0058	0,0290	0,1417	0,0505 %
Darrmalz	0,1194	0,0233	0,0057	0,2257	0,0029 „

Untersuchungs-Verfahren: In dem mit kaltem Wasser hergestellten Auszuge wurde Eiweiss mit Kupferhydroxyd gefällt; im Filtrate wurden die Peptone nach Entfernung des Kupfers mit Schwefelwasserstoff durch Phosphorwolframsäure gefällt. — In einem zweiten Theil des Kaltwasserauszuges wurden nach Abscheidung des Eiweisses und der Peptone bestimmt: a) der Gesammt-Stickstoff, b) das Ammoniak durch Destillation mit Magnesia und c) die Amide durch Kochen mit Salzsäure und Destillation des daraus gebildeten Ammoniaks mit Magnesia.

5. W. J. Sykes (Wochenschr. Brauerei 1891, 8, 719; Vierteljahresschr. Nahrungs.- und Genussm. 1891, 6, 227) ermittelte in Gerste und dem daraus gewonnenen Malze folgende Gehalte an den verschiedenen Stickstoffverbindungen:

	Gesammt-Stickstoffsubstanz	Gesammt-Albumin (löslich)	Koagulirbares Eiweiss	Albumosen	Amide
Gerste	10,56	2,23	0,70	0,55	0,98 %
Malz	9,68	4,05	0,70	1,11	2,24 „

Ueber die Untersuchungsverfahren vergl. die obigen Quellen.

6. E. Ehrich (Bierbr. 1895, 145; Centralbl. Agrik.-Chem. 1896, 25, 333) fand für verschieden lange bei 45° gemaischtes Pilsener Malz folgende Mengen Stickstoff in den verschiedenen Verbindungsformen:

		In % des Extraktes				In % des Gesammt-Stickstoffs		
		Gesammt-Stickstoff	Proteïn-Stickstoff	Pepton-Stickstoff	Amid-Stickstoff	Proteïn-Stickstoff	Pepton-Stickstoff	Amid-Stickstoff
Malz I	½ Stde. gemaischt	0,8130	0,3130	0,5000 %		38,50	61,50 %	
	2 Stdn. „	0,9337	0,3424	0,5913 „		36,67	63,33 „	
„ II	½ Stde. „	0,6527	0,2396	0,1199	0,2932 %	36,71	18,37	44,92 %
	2 Stdn. „	0,6895	0,2664	0,1358	0,2873 „	38,64	19,70	41,66 „

Es werden also durch das längere Maischen etwas mehr Stickstoff-Verbindungen in Lösung übergeführt.

7. A. Schulte im Hofe (Zeitschr. ges. Brauw. 1898, 21, 231) stellte Versuche mit ein und demselben Malze an über den Einfluss des Darrens und Lagerns des Malzes auf die Ausbeute an Extrakt und Maltose, sowie auf die Diastase, den Eiweiss-, Pepton- und Amid-Stickstoff. Die procentigen Ergebnisse waren folgende:

No.	Nähere Bezeichnung der Malze etc.	Wasser	In der Trocken-Substanz			In % des Malz-Stickstoffs				Im Extrakt		Vom Extrakt-Stickstoff ist vorhanden in Form von			Fermentativ-Vermögen der Malz-Trockensubstanz
							löslicher Stickstoff in Form von								
		Wasser	Extrakt	Maltose	Stickstoff	Unlöslicher Stickstoff	Eiweiss	Pepton	Amiden	Maltose	Gesammt-Stickstoff	Eiweiss	Pepton	Amiden	
		%	%	%	%	%	%	%	%	%	%	%	%	%	%
1	Gerste . . .	14,87	61,85	31,20	1,856	82,00	2,12	7,00	8,79	50,44	0,540	12,03	38,90	49,07	42,56
2	Grünmalz . . .	45,14	81,45	60,43	2,100	58,62	4,24	8,09	29,05	74,19	1,067	10,21	19,59	70,20	74,00
3	Darrmalze der oberen Darre (End-Temp. °C.) 40	35,90	81,47	58,57	2,100	62,43	5,57	7,48	24,52	71,88	0,969	14,86	19,92	65,22	78,00
4	mittleren „ 43,8	16,26	81,40	55,10	2,100	66,95	4,29	7,52	21,24	67,71	0,853	13,01	22,74	64,25	66,50
5	„ „ 52,5	10,02	81,17	55,34	2,100	68,76	3,05	8,33	19,86	68,18	0,808	9,78	26,61	63,61	57,17
6	unteren „ 53,8	9,43	78,34	50,42	2,100 *)	67,71	3,29	8,43	20,57	64,36	0,865	10,17	26,13	63,70	49,06
7	Im Trockenschranke gedarrt bei 80,0	5,78	79,49	50,50	2,100	73,05	2,29	9,23	15,43	63,55	0,712	8,57	34,27	57,16	24,94
8	Im Trockenschranke gedarrt bei 100,0	3,78	76,94	41,92	2,100	76,38	2,24	8,95	12,43	54,49	0,644	9,47	37,88	52,65	6,93
9	Im Trockenschranke gedarrt bei 131,3	2,02	37,97	—	2,100	88,71	1,76	1,76	7,77	—	0,625	15,52	15,52	68,96	Spuren
10	No. 5 nach 7 Wochen untersucht	15,79	79,13	43,58	2,100	74,39	1,95	8,05	15,67	55,07	0,682	7,62	31,38	61,00	—
11	„ 6 nach 7 Wochen untersucht	15,23	78,82	42,66	2,100	71,81	2,95	9,19	16,05	54,13	0,752	10,50	32,45	57,05	—
12	„ 7 nach 7 Wochen untersucht	11,80	79,19	48,57	2,100	72,52	2,09	8,95	16,48	61,30	0,729	7,41	32,51	60,08	26,64
13	„ 8 nach 7 Wochen untersucht	11,51	80,25	46,57	2,100	75,19	2,10	7,38	15,33	58,03	0,650	8,46	29,69	61,85	11,11

Die Gerste war 64 Stunden in der Weiche und 7 Tage auf der Tenne. Blattkeim = $^2/_3$ Kornlänge. Die Auflösung war eine gute.

Untersuchungs-Verfahren: Der Extrakt wurde nach Schultze-Ostermann, die Maltose gewichtsanalytisch mittelst Fehling'scher Lösung bestimmt.

Zur Bestimmung der koagulirbaren Eiweissstoffe wurden 50 ccm der filtrirten Würze zwei Stunden am Rückflusskühler über freier Flamme erhitzt, nach dem Erkalten auf 100 ccm aufgefüllt und in 50 ccm des Filtrates der Stickstoff bestimmt. Die Differenz aus dem Gesammt-Stickstoff und dem so gefundenen giebt den in Form von koagulirbaren Eiweissstoffen vorhandenen Stickstoff an.

Zur Bestimmung der Peptone und Amide wurden in weiteren 50 ccm der Würze mittelst 15 ccm einer 5%-igen Tanninlösung die Peptone und koagulirbaren Eiweissstoffe gefällt, auf 100 ccm aufgefüllt und in 50 ccm des Filtrates der Stickstoff (= Amid-Stickstoff) bestimmt. Gesammt-Stickstoff weniger koagulirbarem Eiweiss-Stickstoff und Amid-Stickstoff ergiebt den Pepton-Stickstoff.

8. Bol. de Verbno Laszczynski (Zeitschr. ges. Brauw. 1899, 22, 140) ermittelte für den Kaltwasser-Auszug, die Würze und das Bier aus demselben Malze folgenden Gehalt an löslichem Stickstoff in den verschiedenen Bindungsformen:

Nähere Bezeichnung	Wasser	Gesammt-Stickstoff	Im Kaltwasser-Auszug Stickstoff in Form von					In der Würze Stickstoff in Form von				
			Gesammt-löslichen Verbindungen	Albumin	Albumosen	Xanthin	Sonstigen Amiden	Gesammt-löslichen Verbindungen	Albumin	Albumosen	Xanthin	Sonstigen Amiden
	%	%	%	%	%	%	%	%	%	%	%	%
Helles Darrmalz	5,06	1,620	0,512	0,167	0,107	0,021	0,219	0,617	0,062	0,122	0,034	0,400
Dunkeles Darrmalz	7,98	1,570	0,522	0,141	0,101	0,013	0,268	0,571	0,056	0,110	0,032	0,374
			Helles Bier					Dunkeles Bier				
Bier (g in 1 Liter)	—	—	0,638	0,013	0,148	0,032	0,445	0,860	0,015	0,190	0,048	0,607

Untersuchungs-Verfahren: Der Kaltwasser-Auszug wurde durch zweistündiges Rühren von 100 g feingemahlenem Malz mit 500 ccm Wasser bei gewöhnlicher Temperatur erhalten. Das Albumin wurde durch einstündiges

*) Der Stickstoff des Malzes wurde in Probe No. 6 bestimmt.

Erhitzen bei 1 ½ Atm. im Dampftopfe abgeschieden und im ausgeschiedenen Albumin der Stickstoff bestimmt. Aus dem eingeengten Filtrat wurden die Albumosen nach A. Bömer mit Zinksulfat gefällt und aus dem Filtrat von diesen die Xanthinkörper nach Krüger mit Kupfersulfat und Natriumbisulfit abgeschieden.

Die Würze wurde aus 100 g Malz und 500 ccm Wasser hergestellt.

9. A. Kukla (Zeitschr. ges. Brauw. 1900, **23**, 418) ermittelte in einer grossen Zahl von nach verschiedenen Verfahren gewonnenen Malzen den Gehalt an den verschiedenen Verbindungsformen des Stickstoffs — über die Ergebnisse der üblichen brauereitechnischen Analyse vergl. oben S. 1082*) — und erhielt folgende Mengen von Stickstoffsubstanz:

No.	Nähere Bezeichnung	Extrakt in der Malz-Trockensubstanz	In % der Gersten- bezw. der Malz-Trockensubstanz			In % der Stickstoff-Substanz		In % des Extraktes			In % des löslichen Stickstoffs gerinnbar
		%	Gesammt-	löslich	gerinnbar	löslich	gerinnbar	Gesammt-	löslich	gerinnbar	
1	1892-er mährische Gerste: Auspitz	—	8,48	1,75	0,81	20,64	9,55	—	—	—	46,27
2	1892-er mährische Gerste: Ungarisch-Ostra	—	10,87	1,11	0,60	10,17	5,51	—	—	—	54,05
3	1892-er mährische Gerste: Eibenschitz	—	12,56	1,42	0,57	11,34	4,54	—	—	—	40,14
4	1892-er Nieder-Oesterreicher (Marchfeld)	—	10,92	1,71	0,63	15,65	5,80	—	—	—	36,84
5	1892-er ungarische Gerste: Wieselburg	—	12,35	1,45	0,57	11,74	4,61	—	—	—	39,31
6	1892-er ungarische Gerste: Raab	—	11,44	1,76	0,51	15,38	4,45	—	—	—	29,00
7	1892-er ungarische Gerste: Gran	—	12,87	1,47	0,51	11,42	3,97	—	—	—	34,69
8	1892-er ungarische Gerste: Szt. Mihály	—	12,68	1,65	0,46	13,01	3,62	—	—	—	27,87
9	1892-er ungarische Gerste: Miskolcz	—	12,62	1,55	0,44	12,28	3,48	—	—	—	28,38
10	1892-er bayerische Gerste: Regensburg	—	12,31	1,35	0,36	10,96	2,92	—	—	—	26,66
11	1892-er bayerische Gerste: Augsburg	—	11,55	1,69	0,52	14,63	4,50	—	—	—	30,76
12	1892-er serbische Gerste (Semendria)	—	9,89	1,84	0,54	18,60	5,46	—	—	—	29,34
13	1893-er schlechte Braugersten aus Russland und daraus gewonnene Malze: Gerste A.	—	13,88	1,98	0,53	14,27	3,82	—	—	—	26,76
14	„ „ B.	—	11,25	2,93	0,87	26,04	7,73	—	—	—	29,69
15	Malz A.	71,74	11,25	4,74	0,18	42,13	1,60	15,68	6,61	0,25	3,80
16	„ B.	73,28	11,02	3,44	0,13	31,21	1,18	15,03	4,69	0,18	3,78
17	Normales Malz	—	9,35	3,31	0,15	35,41	1,60	12,24	4,40	0,20	4,53
18	Gerste (Keimfähigkeit 98%, -energie 96%)	—	12,68	1,65	0,46	—	—	—	—	—	—
19	Malz daraus, wenig aufgelöst	67,94	9,99	3,40	0,23	34,03	2,30	14,70	5,00	0,34	6,76
20	Malz aus Gerste von 100% Keimenergie, sehr schnell aufgelöst	73,42	8,64	2,27	0,14	26,27	1,62	11,75	3,09	0,19	6,17
21	Gerste aus schlechter Braugerste-Gegend	—	10,60	1,67	0,28	15,75	2,64	—	—	—	16,76
22	Gerste aus guter Braugerste-Gegend (Dürre bei der Reife, viel Regen bei der Ernte)	—	9,84	1,85	0,14	18,80	1,42	—	—	—	7,56
23	Malz aus Gerste No. 21	75,17	9,35	3,31	0,15	35,41	1,60	12,44	4,40	0,20	4,54
24	„ „ „ „ 22	76,85	9,38	3,74	0,12	39,87	1,28	12,20	4,86	0,16	3,21
25	Südungarische Gerste	—	11,26	1,60	0,17	14,20	1,52	—	—	—	10,62
26	Malze aus No. 25: mässig lange geführt	71,98	11,04	3,78	0,18	34,24	1,63	15,33	5,26	0,26	4,76
27	desgl. aber mit SO_2-haltigem Wasser (n. Kukla) geweicht	72,37	11,19	3,83	0,21	34,22	1,87	15,46	5,29	0,28	5,48
28	lange geführt	74,63	9,62	1,94	0,64	20,16	6,65	12,87	2,60	0,85	32,47

*) Die zusammengehörigen Malze sind ausser an der näheren Bezeichnung auch leicht an dem Gehalt an Extrakt der Malz-Trockensubstanz zu erkennen, die in beiden Tabellen aufgeführt ist.

No.	Nähere Bezeichnung	Extrakt in der Malz-Trockensubstanz %	In % der Gersten- bezw. der Malz-Trockensubstanz Gesammt-	löslich	gerinnbar	In % der Stickstoff-Substanz löslich	gerinnbar	In % des Extraktes Gesammt-	löslich	gerinnbar	In % des löslichen Stickstoffs gerinnbar
29	Schlechte Braugerste (98 % Keimenergie)	—	10,85	2,23	0,58	20,55	5,24	—	—	—	26,00
30	Aus No. 29 lange geführtes Malz	73,08	11,06	3,74	0,15	33,82	1,36	15,11	5,09	0,20	4,00
31	Gerste (Keimfähigkeit u. -energie 98,8 %)	—	12,61	2,12	0,43	16,85	3,46	—	—	—	20,00
32	Malz aus No. 31 mit SO_2-haltigem Wasser (n. Kukla) geweicht	71,94	11,07	3,87	0,45	34,96	4,06	15,38	5,37	0,62	11,62
33	Anderes Malz, ebenso geweicht	71,98	12,30	3,75	0,45	30,49	3,66	17,08	5,21	0,62	12,00
34	Malze aus derselben Gerste: gewöhnliche Führung auf langes Gewächs	73,67	11,69	4,23	0,25	36,19	2,14	15,87	5,74	0,34	5,91
35	Malze aus derselben Gerste: künstl. Führ. (Nachspritzung) für langen Blattkeim	73,88	10,19	4,14	0,26	40,13	2,55	13,79	5,60	0,35	6,28
36	Künstliche Führung (Nachspritzung) auf langen Blattkeim	71,77	6,97	4,05	0,17	58,10	2,43	—	5,64	0,23	4,20
37	Nach Cerny geführt (Unterdrückung des Wurzelkeimes)	74,52	9,41	3,90	0,11	41,44	1,16	12,63	5,23	0,15	2,82
38	Mährische Gerste	—	7,71	1,09	0,34	14,14	4,41	—	—	—	31,19
39	Malz aus No. 38, wie No. 37 geführt, aber stärker abgedarrt	75,52	9,42	3,93	0,46	41,72	4,88	12,47	5,20	0,61	11,70
40	Englische Kolonialgerste	—	9,48	1,27	0,14	13,39	1,47	—	—	—	11,01
41	Daraus hergestelltes, schlecht aufgelöstes und unnatürlich geführtes Malz	73,99	8,40	2,68	0,15	31,90	1,79	11,35	3,62	0,20	5,59

II. Einfluss von Schimmel auf Malz, Würze und Bier.

1. Jos. L. Rausar (Oesterr. Brauer- u. Hopfen-Ztg. 1895, 8, 16; Zeitschr. ges. Brauw. 1895, 18, 166) fand für gesundes und schimmeliges Malz aus derselben Gerste folgende Zusammensetzung:

	Wasser	Extrakt im natürlichen Malze	Extrakt in der Malz-Trockensubstanz	Maltose im Extrakt	Maltose : Nichtmaltose =	Säure (= Milchsäure)	Verzuckerungszeit Minuten
Gesundes Malz	5,03 %	60,00 %	63,12 %	34,82 %	1 : 0,71	0,36 %	60
Schimmeliges Malz	6,63 „	59,25 „	64,45 „	26,79 „	1 : 1,21	1,08 „	über 90

Das gesunde Malz enthielt 5 % harte, 11 % übergehende und 84 % mehlige Körner, das schimmelige Malz 11 % weiche, gelbe, vom Schimmel gänzlich aufgezehrte Körner; die übrigen Körner hatten einen mehr oder minder weichen Inhalt. Die Würze des schimmeligen Malzes lief langsam und färbte sich dunkler.

2. Fr. E. Lott (Journ. Federated Instit. Brewing 1899, 5, 1; Zeitschr. ges. Brauw. 1899, 22, 276) verwendete für jede Versuchsreihe schimmelfreie und verschimmelte Körner desselben Malzes.

Die Ergebnisse, die daher keinen absoluten sondern nur einen vergleichenden Werth besitzen, waren folgende:

Bestandtheile		Versuchsreihe I			Versuchsreihe II			Versuchsreihe III		
		Schimmelfreie Körner	Körner mit blauem Schimmel	½ schimmelfrei, ½ mit blauem Schimmel	Schimmelfreie Körner	Körner mit blauem Schimmel	Körner mit rothem Schimmel	Schimmelfreie Körner	⁹⁄₁₀ schimmelfrei, ¹⁄₁₀ mit blauem Schimmel	⁹⁄₁₀ schimmelfrei, ¹⁄₁₀ mit rothem Schimmel
Wasser		4,7	6,4	5,5	11,0	11,0	11,0	4,5	4,6	4,6
Im Extrakt in % des Malzes	Fertig gebildete Kohlenhydrate vergährbar	6,0	8,9	7,4	7,9	8,3	7,5	5,1	5,6	4,8
	Fertig gebildete Kohlenhydrate nicht vergährb.	2,2	2,9	2,5				2,2	1,6	1,5
	Rohrzucker	0	0	0	1,4	1,2	0	0,3	0,3	0,8
	Maltose (leicht vergährbar)	34,0	14,8	22,9	9,0	3,0	4,1	26,6	22,2	23,0
	Amylomaltose	4,8	1,0	2,4	7,6	8,4	7,6	7,0	7,8	8,3
	Amylodextrose	5,1	7,4	9,5	7,5	2,8	(12,7)	7,2	9,0	8,8
	Freies Dextrin	4,6	18,5	(2,9)	7,2	9,3	(3,0)	6,0	6,0	6,1
	Stickstoffsubstanzen	4,0	4,6	4,3	2,3	2,6	2,9	2,5	2,7	2,8
Treber		26,2	30,3	26,2	37,0	44,0	43,3	27,1	27,8	28,3
Im Extrakt und in % des Extrakts	Zucker	72	51	62	61	46	(65)	67	66	68
	Stickstoff	0,64	0,73	0,68	—	—	—	0,39	0,43	0,44
Säure (= Milchsäure)		normal	hoch	hoch	—	—	—	0,52	0,57	0,57
Diastatische Kraft (nach Lintner)		10,8	14,0	—	—	—	—	19,0	20,5	21,0
Farbe		1	3	2	1	3	5	mittel	schwächer	tiefer
Stickstoff im Biere		0,38	0,53	—	—	—	—	0,39	0,43	0,44

Der blaue Schimmel bestand meist aus Penicillium glaucum nicht selten auch aus Aspergillus glaucus, der rothe Schimmel aus Fusarium hordei. Da die schimmelfreien Körner aus den theilweise verschimmelten Malzen ausgelesen wurden, so erklärt sich daraus die geringe Qualität der schimmelfreien Körner. Die Analyse wurde nach Heron ausgeführt. Die in Klammern stehenden Zahlen werden als offenbar fehlerhaft bezeichnet.

Aeltere und sonstige Analysen von Malzen, Würzen etc.

1. Mulder und Oudemans in R. Stierlin: Das Bier, seine Verfälschungen etc. 1878, 18.
2. J. B. Laves — Journ. Royal Agric. Soc. England 1849, 10, II, 299 und 323.
3. F. Stein — Wilda's Landw. Centrbl. 1860, 2, 8; Weende'r Jahresbericht 1857/60, 2, 212.
4. W. Krandauer — Zeitschr. ges. Brauw. 1884, 7, 140.

Ausser den neuern in die obigen Tabellen aufgenommenen Analysen liegen noch zahlreiche Malzanalysen vor, in denen meist nur Wasser, Extrakt, Maltose, Verzuckerungszeit etc. bestimmt worden sind. Wir haben darauf verzichtet diese Analysen sämmtlich aufzunehmen, begnügen uns vielmehr damit, die Analytiker und die uns darüber zur Verfügung stehenden Litteraturquellen hier aufzuführen:

1. C. Amthor: Patentfarbmalz — Zeitschr. ges. Brauw. 1888. **11**, 318.
2. R. Albert: Analysen von Kräusen — Zeitschr. ges. Brauw. 1889, **12**, 58.
3. L. Aubry: Malzanalysen — Zeitschr. ges. Brauw. 1893, **16**, 1 u. 458; 1894, **17**, 69, 341 u. 449; 1895, **18**, 203; 1896, **19**, 529 u. 682.
4. R. Gifhorn: Malzanalysen — Bierbrauer 1900, **31**, 5; Zeitschr. ges. Brauw. 1900, **23**, 162.
5. H. Hanow: Malzanalysen — Wochenschr. Brauerei 1900, **17**, 141, 300, 457 u. 607; 1901, **18**, 13, 61 u. 249.
6. M. Hayduck: Gersten-, Hafer-, Roggen- und Weizenmalzanalysen — Wochenschr. Brauerei 1892, **9**, 510; Zeitschr. angew. Chem. 1892, 310 — Zeitschr. Spiritus-Ind. 1894, **17**, Ergänzungsh. 26; Vierteljahresschr. Nahrungs- und Genussm. 1895, **10**, 95.
7. T. Hayek: Malzanalysen — Bierbrauer 1901, 1; Chem.-Ztg. 1901, **25**, Rep. 55.
8. J. Jais und J. Fuchs: Malzanalysen — Zeitschr. ges. Brauw. 1894, **17**, 163; Chem.-Ztg. 1894, **18**, Rep. 132.
9. Jalowetz: Maische-Analysen — Wochenschr. Brauerei 1899, **16**, 11.
10. C. Kraus und K. Ulsch: Malzanalysen — Zeitschr. ges. Brauw. 1894, **17**, 356.
11. A. Kukla: Malzanalysen — Zeitschr. ges. Brauw. 1892, **15**, 134.
12. A. Lang: Malzanalysen — Zeitschr. ges. Brauw. 1897, **20**, 227; 1898, **21**, 698.
13. H. Lange: Wintergerste als Braugerste — Wochenschr. Brauerei 1898, **15**, 333.

14. G. Luff: Malzanalysen — Zeitschr. ges. Brauw. 1898, **21**, 16.
15. G. H. Morris u. J. G. Wells: Beitrag zum Studium der Amyloïne — Zeitschr. ges. Brauw. 1892, **15**, 384.
16. Pfründner u. Fuchs: Malzanalysen — Zeitschr. ges. Brauw. 1893, **16**, 1.
17. E. Prior: Malzanalysen — Bierbrauer 1887, **18**, 733; Zeitschr. angew. Chem. 1888, 83 — Bierbrauer 1894, **25**, 415; Centrbl. Agrik.-Chem. 1894, **23**, 860.
18. O. Reinke: Malzanalysen — Wochenschr. Brauerei 1888, **5**, 1013; 1892, **9**, 1237; 1899, **16**, 341; Zeitschr. Spiritus-Ind. 1893, **16**, 18 — Vergl. auch Zeitschr. angew. Chem. 1888, 715; Vierteljahresschr. Nahrungs- und Genussmittel 1892, **7**, 466; Centrbl. Agrik.-Chem. 1893, **22**, 839.
19. Saare: Malzanalysen — Wochenschr. Brauerei 1888, **5**, 17.
20. Schifferer und Fr. Krämer: Analysen von Malzen, Malzkeimen und Würzen — Zeitschr. ges. Brauw. 1898, **21**, 271.
21. F. Schönfeld: Malzanalysen — Wochenschr. Brauerei 1900, **17**, 173.
22. F. Schwackhöfer: Malzanalysen — Mitth. österr. Vers.-Stat. für Brauerei u. Malzerei 1890, **3**, 71.
23. E. Wachsmann: Malzanalysen — Zeitschr. Bierbr. 1895, 159; Zeitschr. angew. Chem. 1895, 209.
24. Wahl und Henius: Analysen von Malz, Würzen etc. — Bericht der Brauerei-Vers.-Stat. Chikago; Vierteljahresschrift Nahrungs- u. Genussm. 1891, **6**, 366; 1893, **8**, 268 u. 269; 1894, **9**, 564 u. 568 — Zeitschr. ges. Brauw. 1893, **16**, 336; 1894, **17**, 425; 1897, **20**, 49.
25. L. Weibel: Würzeextrakt-Analysen — Zeitschr. ges. Brauw. 1892, **15**, 355.
26. Brauerei-Vers.-Stat. Weihenstephan: Malzanalysen — Zeitschr. ges. Brauw. 1888, **11**, 133.
27. A. Zoebl: Malzanalysen — Centrbl. Agrik.-Chem. 1889, **18**, 257; Oesterr. Landw. Wochenbl. 1892.

Bier.

Leichtere Biere.

No.	Nähere Bezeichnung	Zeit der Untersuchung	Spec. Gewicht 15° C.	Alkohol Gew. %	Extrakt %	Stickstoff-Substanz %	Maltose %	Dextrin %	Säure (=Milchsäure) %	Asche %	Phosphorsäure %	Kohlensäure %	Analytiker
1	Hofbräu	13. 6. 1867	1,0170	3,70 *)	5,87	—	—	—	—	—	—	—	C. Prantl ¹) *)
2	„	14. 6. „	1,0172	3,60	5,90	—	—	—	—	—	—	—	
3	Spatenbräu	27. 6. „	1,0207	3,23	6,61	—	—	1,38	—	—	—	—	
4	„	4. 7. „	1,0178	3,50	6,01	—	—	1,01	—	—	—	—	
5	Löwenbräu	1. 7. „	1,0181	3,48	6,20	—	—	1,17	—	—	—	—	
6	„	2. 7. „	1,0189	3,61	6,35	—	—	1,07	—	—	—	—	
7	Singlspieler	3. 7. „	1,0185	3,45	6,22	—	—	1,00	—	—	—	—	
8	„	9. 7. „	1,0191	3,48	6,40	—	—	1,06	—	—	—	—	
9	Augustinerbräu . . .	4. 7. „	1,0198	3,24	6,50	—	—	1,25	—	—	—	—	
10	„ . . .	10. 7. „	1,0202	3,42	6,54	—	—	1,38	—	—	—	—	
11	G. Pschorr	12. 7. „	1,0160	3,41	5,62	—	—	0,82	—	—	—	—	
12	„	16. 7. „	1,0153	3,43	5,42	—	—	0,78	—	—	—	—	
13	Schleibinger	17. 7. „	1,0180	3,86	6,26	—	—	1,00	—	—	—	—	
14	„	24. 7. „	1,0192	3,81	6,32	—	—	1,09	—	—	—	—	
15	Hackerbräu	29. 7. „	1,0177	3,71	6,12	—	—	0,96	—	—	—	—	
16	„	30. 7. „	1,0178	3,61	6,13	—	—	0,96	—	—	—	—	
17	Zacherlbräu	1. 8. „	1,0190	3,80	6,49	—	—	1,04	—	—	—	—	
18	„	5. 8. „	1,0177	3,98	6,22	—	—	1,00	—	—	—	—	
19	Leistbräu	2. 8. „	1,0181	3,33	6,05	—	—	1,22	—	—	—	—	
20	„	5. 8. „	1,0183	3,34	6,11	—	—	1,19	—	—	—	—	
21	Franziskaner Kloster .	30. 8. „	1,0223	3,41	—	—	—	1,00	—	—	—	—	

¹) Dingler's Polytechn. Journ. **189** 397; Chem. Centrbl. 1870, 710.

*) Alkohol ist nach der Destillations-Methode, Extrakt nach der Saccharometer-Anzeige bestimmmt.

No.	Nähere Bezeichnung	Zeit der Untersuchung	Spec. Gewicht 15° C.	Alkohol Gew. %	Extrakt %	Stickstoff-Substanz %	Maltose %	Dextrin %	Säure (=Milchsäure) %	Asche %	Phosphorsäure %	Kohlensäure In 100 ccm g	Analytiker
22	Münchener Löwenbräu	1884	1,0183	3,65	6,36	0,96	—	—	0,310	0,301	0,095	0,178	C. Röhrig u. J. Skalweit [1]) *)
23	„ Kindl	„	1,0151	4,48	5,97	1,02	—	—	0,203	0,207	0,092	0,175	
24	Nürnberger Aktien-Brauerei hell	„	1,0171	4,27	6,31	1,08	—	—	0,145	0,220	0,103	0,222	
25	Nürnberger Aktien-Brauerei mittelfarbig	„	1,0190	3,71	6,58	1,24	—	—	0,442	0,220	0,092	0,232	
26	Nürnberger Aktien-Brauerei dunkel	„	1,0168	3,41	6,19	1,25	—	—	0,145	0,220	0,090	0,208	
27	Münchener Lagerbiere dunkel	1896	—	3,70	7,22	—	2,52	—	—	—	—	—	Doemens [2])
28	„	„	—	3,69	7,23	—	—	—	0,160	—	—	—	
29	„	„	—	3,70	7,61	—	2,87	—	0,150	—	—	—	
30	„	„	—	3,33	7,80	—	2,92	—	0,160	—	—	—	
31	„	„	—	3,93	7,27	—	2,38	—	0,200	—	—	—	
32	hell	„	—	4,20	5,50	—	1,30	—	0,170	—	—	—	
33	Helles Münchener	1899	1,0164	3 84	5,70	—	1,56	—	0,150	—	—	—	Doemens [3])
34	Münchener Sommerbiere I	1898	—	3,96	6,55	—	1,90	—	0,15	—	—	—	Bernhold u. Karabibarowic [4])
35	Münchener Sommerbiere II	„	—	3,34	7,25	—	2,97	—	0,17	—	—	—	

No.	Nähere Bezeichnung	Sommerbiere ($^{13}/_4$—$^{17}/_5$ 1878)								Winterbiere ($^{17}/_1$—$^{25}/_1$1879)				Analytiker
		Spec. Gewicht 15° C.	Alkohol Gew. %	Extrakt %	Asche %	Phosphorsäure %	Kieselsäure %	Schwefelsäure %	Kohlensäure In 100 ccm g	Spec. Gewicht 15° C.	Alkohol Gew. %	Extrakt %	Asche %	
36	Speyerer Biere: Welz	1,017	4,70	6,41	0,26	0,099	0,024	0,008	0,107	1,018	3,80	6,82	0,26	Halenke [5]) **)
37	Schwartz	1,020	4,80	7,27	0,25	0,100	0,025	0,006	0,182	1,019	3,70	7,26	0,22	
38	Leibner	1,021	4,40	7,55	0,29	0,097	0,027	0,008	0,213	1,019	4,10	7,04	0,26	
39	Villmann	1,019	4,60	7,41	0,31	0,090	0,030	0,016	0,187	1,020	4,40	7,10	0,31	
40	Hartmann	1,018	4,50	6,77	0,24	0,080	0,022	0,010	0,126	1,018	3,50	6,37	0,24	
41	Schirmer, Jean	1,018	4,30	6,70	0,24	0,084	0,028	0,005	0,242	1,018	4,30	6,66	0,28	
42	Möser	1,018	3,30	6,35	—	0,067	0,026	0,005	0,206	1,014	3,80	5,34	0,25	
43	Hauser	—	4,50	7,78	0,24	0,093	0,026	0,005	0,172	1,019	4,10	7,29	0,27	
44	Sick	1,018	4,30	6,68	0,22	—	—	—	0,062	1,020	3,60	8,24	0,23	
45	Hummel Wwe.	1,017	5,00	6,59	0,25	0,099	0,026	0,012	0,254	1,018	3,80	6,73	0,25	
46	Schwesinger	1,019	3,70	6,61	0,28	0,080	0,026	1,021	0,092	1,015	3,50	5,64	0,26	
47	Schirmer, Fr.	1,016	4,50	5,78	0,29	0,086	0,020	0,026	0,170	1,010	3,30	4,22	0,25	
48	Eberle	1,022	4,20	7,67	0,27	0,093	0,028	0,008	0,321	1,016	3,40	5,95	0,22	

[1]) Bericht über die deutsche Brauerei-Ausstellung in Hannover 1884.
[2]) Wochenschr. Brauerei 1896, **13**, 1343; Vierteljahresschr. Nahrungs- u. Genussm. 1896, **II**, 555.
[3]) Jahresb. der Münchener Brauer-Akademie 1898/99; Zeitschr. ges. Brauw. 1899, **22**, 693.
[4]) 5. Jahresb. 1897/98 der Münchener Brauer-Akademie S. 33; Wochenschr. Brauerei 1898, **15**, 683.
[5]) Zeitschr. ges. Brauw. 1879, **2**, 416.

*) Spec. Gewicht ist in dem von Kohlensäure befreiten Bier mit der Westphal'schen Waage bestimmt; Extrakt nach Verjagen des Alkohols aus dem spec. Gewichte des gleichen Volumens Extraktlösung nach der Schultze'schen Tabelle; Alkohol einerseits nach Neutralisiren des Bieres mit Magnesia durch Destillation von 100 ccm und Bestimmung des spec. Gewichtes von 100 ccm Destillat bei 15° C., andererseits durch Division der spec. Gewichte von Extrakt und Bier; aus beiden Ergebnissen wurde das Mittel genommen. Asche wurde durch Eintrocknen von 50 ccm Bier und Verbrennen des Rückstandes bestimmt; in dieser Asche die Phosphorsäure nach Schmelzen mit Soda nach der Molybdänmethode; Milchsäure durch Titration von 50 ccm Bier mit Normalalkali; Kohlensäure in 50 ccm Bier durch schwach alkalische Chlorbariumlösung; Stammwürze und Vergährungsgrad nach den bekannten Methoden.

) Spec. Gewicht wurde mit dem Aräometer in dem entkohlensäuerten Bier bestimmt, Alkohol in 50 ccm durch Destillation, Extrakt durch 6—8-stündiges Trocknen auf dem Wasserbade und 24-stündiges Stehen unter der Luftpumpe, Asche in 50 ccm durch Verbrennen des Extraktes über freiem Feuer, Schwefelsäure und Phosphorsäure in der Asche, letztere nach der Molybdän-Methode, Kohlensäure durch Destillation und Auffangen der getrockneten Kohlensäure in Natronkalk oder Kalihydrat nach der Classen'schen Methode (Zeitschr. analyt. Chem. 1876, **15, 288).

No.		Nähere Bezeichnung	Sommerbiere ($^{13}/_{4}$—$^{13}/_{5}$ 1878) Spec. Gewicht 15° C.	Alkohol Gew. %	Extrakt %	Asche %	Phosphorsäure %	Kieselsäure %	Schwefelsäure %	Kohlensäure In 100 ccm g	Winterbiere ($^{17}/_{1}$—$^{25}/_{1}$ 1879) Spec. Gewicht 15° C.	Alkohol Gew. %	Extrakt %	Asche %	Analytiker
49	Speyerer Biere	Schultz	1,021	4,80	7,95	0,26	0,097	0,020	0,008	0,166	1,021	4,10	7,66	0,24	*Halenke*[1]
50		Reisch Wwe.	1,015	4,40	6,04	0,27	0,067	0,030	0,007	0,177	—	—	—	—	
51		Durst	1,013	3,40	5,24	0,18	0,127	0,022	0,010	0,171	—	—	—	—	
52		Moos	1,014	4,30	5,65	0,28	0 099	0,025	0,007	0,190	1,021	4,20	7,42	0,25	
53		Sick, Wiener-B.	1,020	4,30	7,47	0,24	0,093	0,024	0,005	0,144	1,021	4,00	7,50	0,25	
54		„	1,016	4,60	6,55	0,23	0,102	0,022	0,012	0,082	1,017	4,20	7,07	0,23	
55		„	1,017	4,90	6,43	0,24	0,097	0,026	0,007	0,285	—	—	—	—	
56		„ Wiener-B.	1,020	5,00	7,59	0,27	0,100	0,026	0,009	0,173	—	—	—	—	
57		Pöhe	—	—	—	—	—	—	—	—	1,015	3,70	5,74	0,31	
58		Schultz, Wiener-B.	—	—	—	—	—	—	—	—	0,023	4,30	8,26	0,26	

No.		Nähere Bezeichnung	Sommerbiere ($^{20}/_{8}$—$^{26}/_{11}$ 1886) Spec. Gewicht	Alkohol %	Extrakt %	Glycerin %	Säure (= Milchsäure) %	Asche %	Winterbiere ($^{4}/_{3}$—$^{25}/_{3}$ 1887) Spec. Gewicht	Alkohol %	Extrakt %	Glycerin %	Säure (= Milchsäure) %	Asche %	Analytiker
59	Aus Nürnberger Brauereien	Tucher	1,0170	4,24	6,14	0,232	0,272	0,232	—	3,65	5,65	0,162	0,247	0,230	*H. Kämmerer*[2]
60			1,0165	3,65	5,65	0,162	0,247	0,230							
61		Strebel	1,0150	4,52	5,10	0,123	0,255	0,224	1,0175	3,93	6,10	0,169	0,241	0,243	
62		Lederer	1,0180	4,20	5,78	0,183	0,213	0,202	—	3,93	6,03	0,168	0,256	0,246	
63			1,0175	3,93	6,03	0,168	0,256	0,246							
64		Zeltner	1,0175	4,43	5,82	0,227	0,240	0.236	1,0147	4,68	5,80	0,178	0,223	0,236	
65		Denk	1,0133	5,37	5,15	0,232	0,282	0,234	1,0150	3,88	5,46	0,175	0,265	0,199	
66		Bernreuther	1,0169	4,05	5,83	0,168	0,202	0,249	—	4,05	5,83	0,168	0,202	0,249	
67			1,0158	4,55	5,84	0,224	0,208	0,225							
68		Dürst sen.	1,0164	3,35	5,34	0,146	0,199	0,199	—	—	—	—	—	—	
69		Dürst jun.	1,0164	4,85	5,97	0,224	0,249	0,238	1,0166	3,59	5,83	0,150	0,252	0,230	
70		Lechner	1,0183	4,67	5,78	0,199	0,210	0,196	—	3,52	6,25	0,152	0,227	0,198	
71			1,0200	3,52	6,25	0,152	0,227	0,198							
72		Seiderer & Worlein	1,0158	4,37	5,59	0,223	0,214	0,230	1,0150	3,42	5,35	0,140	0,230	0,262	
73		Dummet	1,0150	4,92	5,80	0,240	0,239	0,241	1,0158	4,07	5,71	0,169	0,239	0,228	
74		Liebel	1,0170	4,30	6,10	0,218	0,275	0,227	1,0175	3,99	5,78	0,174	0,271	0,228	
75		Reif	1,0168	4,18	5,83	0,192	0,270	0,260	1,0155	4,00	5,46	0,164	0,270	0,229	
76		Süss	1,0174	4,42	6,22	0,193	0,224	0,253	1,0149	4,11	5,40	0,174	0,266	0,279	
77		Loewen-Br. (Müller)	1,0198	3,86	7,33	0,163	0,253	0,283	1,0158	3,94	5,59	0,172	0,212	0,233	
78		Aktien-Br. Nürnberg	1,0173	4,12	5,78	0,172	0,203	0,268	1,0185	3,87	6,09	0,161	0,221	0,235	
79		Schmauser & Weinmann	1,0153	4,30	5,59	0,185	0,237	0,289	1,0170	3,59	5,65	0,149	0,252	0,221	
80		Dürst sen.	1,0155	3,94	5,27	0,165	0,261	0,215	—	3,35	5,34	0,146	0,199	0,199	
		Mittel (No. 59—80)	1,0156	4,43	5,28	0,206	0,242	0,221	1,0138	3,85	5,72	0,163	0,239	0,232	
81		Humbser-Fürth	1,0145	4,52	5,15	0,198	0,243	0,222	1,0170	3,65	5,83	0,165	0,255	0,210	
82		Gaismann- „	1,0145	4,25	5,15	0,203	0,211	0,203	—	—	—	—	—	—	
83		Grüner- „	1,0165	4,49	5,97	0,205	0,203	0,243	—	—	—	—	—	—	
84		Mailänder	1,0175	4,24	6,10	0,181	0,263	0,230	1,0165	4,37	5,98	0,185	0,266	0,259	
85		Aktien-Brauerei Zirndorf	1,0177	4,73	6,26	0,239	0,257	0,260	1,0178	3,64	5,83	0,162	0,255	0,194	
86		Dreykorn-Lauf	—	—	—	—	—	—	1,0172	3,93	6,03	0,174	0,248	0,281	
87		Dorn-Vach	—	—	—	—	—	—	1,0132	3,66	4,84	0,180	0,225	0,206	

[1]) Vergl. Anmerkung [5]) u. **) Seite 1102. [2]) Zeitschr. ges. Brauw. 1889, **12**, 61.

No.	Nähere Bezeichnung	Zeit der Untersuchung	Spec. Gewicht 15° C.	Alkohol Gew. %	Extrakt %	Stickstoff-Substanz %	Maltose %	Dextrin %	Säure (=Milchsäure) %	Asche %	Phosphorsäure %	Kohlensäure %	Analytiker
	Heidelberger Biere.			100 ccm Bier enthalten g									
88	Meclasheim	1886	1,0207	5,00	7,70	—	—	—	0,108	0,208	0,061	—	R. Sachs[1]) *)
89	Eppelheim**)	„	1,0191	4,00	8,24	—	—	—	0,108	0,193	0,056	—	
90	Rohrbach	„	1,0176	4,12	6,42	—	—	—	0,108	0,219	0,058	—	
91	Weinheim 1	„	1,0199	4,50	7,53	—	—	—	0,072	0,268	0,072	—	
92	„ 2	„	1,0166	4,50	6,38	—	—	—	0,072	0,201	0,074	—	
93	Neuenheim	„	1,0147	4,62	6,05	—	—	—	0,054	0,212	0,074	—	
	Strassburger Schenkbiere.		bei 17,5°										
94	Zum Kaiser	November und December 1878	1,0181	4,86	6,27	—	1,22	3,24	0,121	0,233	0,043	—	C. Weigelt[2]) ***)
95	Zum goldenen Adler . . .		1,0151	3,61	5,58	—	0,94	3,25	0,128	0,226	0,030	—	
96	Zum Rappen		1,0209	2,57	6,46	—	1,25	3,80	0,133	0,232	0,046	—	
97	Zum Einhorn		1,0195	3,92	6,67	—	1,47	3,61	0,129	0,222	0,032	—	
98	Zum goldenen Ring . . .		1,0160	3,80	6,16	—	1,24	3,17	0,128	0,270	0,017	—	
99	Zum Mohrenkopf		1,0168	3,90	6,37	—	1,31	3,62	0,160	0,224	0,043	—	
100	Zu den 4 Winden		1,0202	4,90	7,10	—	1,30	4,28	0,187	0,240	0,043	—	
101	Zum grünen Wald . . .		1,0174	3,97	6,40	—	1,28	3,58	0,155	0,224	0,042	—	
102	Zum weissen Hahn . . .		1,0169	4,86	6,28	—	1,17	3,23	0,153	0,239	0,027	—	
103	Zur goldenen Kette . . .		1,0198	3,89	6,57	—	1,25	3,87	0,147	0,231	0,049	—	
104	Zum Fischer		1,0179	4,96	6,64	—	1,13	4,06	0,133	0,232	0,049	—	
105	Zur Axt		1,0179	4,27	6,28	—	1,24	3,50	0,157	0,220	0,047	—	
106	Zum Tiger		1,0161	3,15	5,54	—	1,06	3,01	0,112	0,212	0,034	—	
107	desgl.		1,0203	4,70	7,03	—	1,24	4,10	0,171	0,258	0,048	—	
108	Zur Stadt Paris		1,0188	4,41	6,71	—	1,28	3,58	0,133	0,227	0,045	—	
109	desgl.		1,0178	4,68	6,39	—	1,17	3,75	0,144	0,230	0,045	—	
	Schiltigheimer Biere.												
110	Kutz		1,0202	3,70	6,68	—	1,54	3,55	0,117	0,220	0,034	—	
111	Gebr. Ehrhardt		1,0197	4,15	6,99	—	1,45	3,84	0,147	0,228	0,044	—	
112	Weltz & Co.		1,0220	2,73	6,76	—	1,28	4,30	0,121	0,209	0,038	—	
113	Aktienbrauerei		1,0168	4,63	6,10	—	1,22	3,24	0,182	0,263	0,061	—	
114	Schützenberg		1,0178	4,53	6,51	—	1,26	3,20	0,153	0,272	0,061	—	
115	desgl. Hauer		1,0167	4,62	6,21	—	1,16	3,19	0,151	0,272	0,060	—	
116	Hauer		1,0145	4,70	5,75	—	1,01	3,28	0,183	0,226	0,054	—	

[1]) 2. u. 3 Jahresber. der städtischen Laboratoriums Heidelberg 1886, 10.
[2]) Allgem. Hopfen-Ztg. 1879, No. 23 u. 24.

*) Spec. Gewicht wurde in dem entkohlensäuerten Bier, Akohol durch Destillation, Phosphorsäure in der Asche nach der Molybdän-Methode bestimmt; die übrigen Bestimmungen geschahen nach den üblichen Methoden. In Procenten der Asche wurde ferner gefunden:

	No. 88	89	90	91	92	93
Kali (K_2O)	38,17	39,80	44,00	39,00	25,16	34,06 %
Natron (Na_2O)	3,65	1,24	3,65	2,84	7,86	2,13 „

**) Dieses Bier ergab 0,00045 g schwefelige Säure (bestimmt durch Destillation von 200 ccm und Auffangen des Destillats in Bromwasser).

***) Spec. Gewicht ist mit der Westphal'schen Waage bei 17,5° C., Alkohol mit dem Geissler'schen Vaporimeter, Extrakt durch das spec. Gewicht der entgeisteten Flüssigkeit mit dem Pyknometer nach Balling's Tabelle, Zucker, Dextrin und Milchsäure nach Lintner bestimmt, Phosphorsäure in der Asche titrirt. Die Zahlen verstehen sich für 100 ccm Bier; das Mittel derselben ist auf 100 Gewichtstheile umgerechnet, um sie den übrigen Zahlen vergleichbar zu machen.

No.	Nähere Bezeichnung	Zeit der Untersuchung	Spec. Gewicht 15° C.	Alkohol Gew. %	Extrakt %	Stickstoff-Substanz %	Maltose %	Dextrin %	Säure (=Milchsäure) %	Asche %	Phosphorsäure %	Kohlensäure %	Analytiker
				100 ccm Bier enthalten g									
117	Kronenburg, Tyatt . . .	Nov. u. Dec. 1878	1,0154	4,43	5,86	—	0,99	3,50	0,175	0,222	0,034	—	C. Weigelt[1])
118	Bischheim, Müller & Koch .	Nov. u. Dec. 1878	1,0227	3,29	7,23	—	1,25	3,95	1,130	0,226	0,038	—	C. Weigelt[1])
	Mittel (No. 88—118)	—	1,0182	4,13	6,42	—	1,23	3,59	0,146	0,234	0,041	—	C. Weigelt[1])
	oder Gewichts-Procent	—	1,0182	3,24	6,23	—	1,20	3,52	0,143	0,229	0,040	—	C. Weigelt[1])
	Chemnitzer Biere.			%	%	%	%	%	%	%	%	%	
119	Nach böhmischer Art: Akt.-Brauer. Schloss Chemnitz . . .	1878	1,0131	3,84	4,85	—	1,02	1,77	—	0,170	0,027	0,213	C. Hebenstreit[2]) *)
120	Nach böhmischer Art: Feldschlösschen-Br. .	„	1,0071	3,88	3,66	—	0,48	2,42	—	0,165	0,062	0,201	C. Hebenstreit[2]) *)
121	Nach böhmischer Art: Böttger's Brauerei .	„	1,0062	4,00	3,47	—	0,48	2,40	—	0,185	0,062	0,215	C. Hebenstreit[2]) *)
122	Nach böhmischer Art: Societäts-Brauerei .	„	1,0093	3,66	3,96	—	0,48	1,82	—	0,165	0,061	0,215	C. Hebenstreit[2]) *)
123	Nach böhmischer Art: Bergschlösschen-Br.	„	1,0128	3,71	4,80	—	0,85	1,92	—	0,160	0,069	0,176	C. Hebenstreit[2]) *)
124	Nach bayerischer Art: Akt.-Br. Schl. Chemn.	„	1,0200	3,96	6,64	—	1,04	3,21	—	0,175	0,078	0,215	C. Hebenstreit[2]) *)
125	Nach bayerischer Art: Feldschlösschen-Br. .	„	1,0097	4,24	4,71	—	0,62	3,18	—	0,168	0,071	0,222	C. Hebenstreit[2]) *)
126	Nach bayerischer Art: Böttger's Brauerei .	„	1,0114	4,53	5,53	—	0,90	2,96	—	0,235	0,079	0,210	C. Hebenstreit[2]) *)
127	Nach bayerischer Art: Societäts-Brauerei .	„	1,0240	4,26	7,81	—	0,92	3,69	—	0,237	0,086	0,228	C. Hebenstreit[2]) *)
128	Nach bayerischer Art: Bergschlösschen-Br.	„	1,0151	3,72	5,26	—	1,05	2,51	—	0,210	0,068	0,183	C. Hebenstreit[2]) *)
129	Lagerbier: Akt.-Br. Schloss Chemnitz, 4 Mon.**) . .	„	1,0129	4,00	4,84	—	0,83	2,88	—	0,17	0,073	0,227	C. Hebenstreit[2]) *)
130	Lagerbier: Feldschlössch.-Br., 4 Mon.	„	1,0103	4,40	4,53	—	0,83	2,07	—	0,19	0,072	0,208	C. Hebenstreit[2]) *)
131	Lagerbier: Böttger's Br., 4 Mon. .	„	1,0095	4,48	4,56	—	0,55	2,50	—	0,20	0,073	0,198	C. Hebenstreit[2]) *)
132	Lagerbier: Societäts-Br., 3 Mon. .	„	1,0136	4,67	5,43	—	0,96	2,93	—	0,22	0,073	0,228	C. Hebenstreit[2]) *)
133	Lagerbier: Bergschlössch.-Br., 5 Mon.	„	1,0134	4,68	5,16	—	0,80	2,49	—	0,20	0,071	0,186	C. Hebenstreit[2]) *)
134	Lagerbier: Waldschlössch.-Br., 4 Mon.	„	1,0160	4,00	5,56	—	1,04	2,53	—	0,21	0,073	0,220	C. Hebenstreit[2]) *)
	Dresdener Biere bezw. in Dresden getrunkene Biere.							Glycerin					
135	Gambrinus (Einfache Schenkbiere)	„	1,008	2,10	2,97	—	—	—	—	0,125	0,034	0,159	G. Hofmann und E. Geissler[3]) ***)
136	Schneider (Einfache Schenkbiere)	„	1,004	1,75	1,98	—	—	—	—	0,137	0,035	0,146	G. Hofmann und E. Geissler[3]) ***)
137	St. Pilatus (Einfache Schenkbiere)	„	1,013	3,87	5,09	—	—	0,45 ***)	—	0,205	0,102	0,187	G. Hofmann und E. Geissler[3]) ***)
138	Nürnberger (Einfache Schenkbiere)	„	1,012	4,27	6,39	—	—	—	—	0,255	0,065	0,200	G. Hofmann und E. Geissler[3]) ***)

[1]) Vergl. Anmerkung [2]) u. ***) S. 1104.
[2]) Leipziger Zeitschr. gegen Verfälschung der Nahrungsmittel 1878. S. 356.
[3]) Jahresbericht Agrik.-Chem. 1878, 663 und Pharm. Centrh. 1880, **21**, No. 10.

*) Alkohol wurde durch Destillation bestimmt, Extrakt durch Trocknen bei 110° C. bis zum constanten Gewicht, Zucker durch Fehling'sche Lösung in dem 4—5-fach verdünnten Bier, Dextrin durch 6—8-stündiges Erwärmen des mit etwas Schwefelsäure versetzten Bieres auf 106° im Salzbade, Neutralisiren mit Baryumcarbonat, Titriren des Filtrats mit Fehling'scher Lösung, wobei der gefundene Zucker in Abrechnung gebracht wurde; Kohlensäure ist durch Einleiten des Destillats in ammoniakalische Chlorcalciumlösung und durch Titriren des gut ausgewaschenen Calciumcarbonats ermittelt; Phosphorsäure durch Lösen der Asche in Salpetersäure nach der Molybdän-Methode.

**) Die Angaben bedeuten das Alter des Bieres.

***) Die Bestimmung des spec. Gewichtes wurde im Pyknometer bei 15° C. vorgenommen; der Alkohol wurde durch die direkte Destillations-Methode, der Extrakt bei den Analysen von 1878 durch Eintrocknen bei 100—105° C., bei den Analysen von 1880 durch Eintrocknen von 10 g Bier bei 70° C. bis zum konstanten Gewicht, nach dem Vorschlage von Schultze (Zeitschr. ges. Brauw. 1878), das Glycerin nach der Methode von Reichardt bestimmt. Die Reichardt'sche Glycerin-Bestimmungsmethode besteht darin, dass man 100 ccm Wein oder Bier mit etwa 5 g Kalk eindampft und den Rückstand mit 90-procentigem Alkohol extrahirt. Neubauer und Borgmann haben aber (Zeitschr. analyt. Chemie 1878, **17**, 442) gezeigt, dass durch Alkohol von dieser Stärke ausser Glycerin auch noch andere Körper in Lösung gehen, also die so erhaltenen Zahlen zu hoch ausfallen.

No.	Nähere Bezeichnung	Zeit der Untersuchung	Spec. Gewicht 15° C.	Alkohol Gew. %	Extrakt %	Stickstoff-Substanz %	Maltose %	Dextrin %	Säure (=Milchsäure) %	Asche %	Phosphorsäure %	Kohlensäure %	Analytiker
139	Pilsener (Böhmisches Bier)	1878	1,012	3,42	4,34	—	—	—	—	0,190	—	0,220	G. Hofmann und E. Geissler[1]
140	Cziskowitz (Böhmisches Bier)	„	1,014	3,43	5,09	—	—	—	—	0,190	—	0,212	
141	Colin. Schloss (Böhmisches Bier)	„	1,011	3,90	4,88	—	—	—	—	0,192	—	0,240	
142	Kamenz (Einfache Biere)	1880	1,0252	1,70	7,10	—	—	—	—	0,170	—	—	
143	Bayer. Brauhaus (Einfache Biere)	„	1,0075	2,36	3,03	—	—	—	—	0,120	—	—	
144	Naumann (Einfache Biere)	„	1,0080	2,16	3,00	—	—	—	—	0,120	—	—	
	Lagerbiere:												
145	Hofbrauhaus	1878	1,0110	3,59	5,66	—	—	—	—	0,18	0,056	—	
146	Felsenkeller	„	1,0140	3,79	5,35	—	—	—	—	0,20	0,066	—	
147	Plauenscher Lagerkeller	„	1,0120	4,00	4,83	—	—	—	—	0,20	0,076	—	
148	Feldschlösschen	„	1,0130	4,31	5,06	—	—	—	—	0,19	0,061	—	
149	Medingen	„	1,0120	3,93	5,41	—	—	—	—	0,22	0,063	—	
150	Gambrinus	„	1,0120	4,27	4,54	—	—	—	—	0,22	0,064	—	
151	Reisewitz	„	1,0140	3,59	4,99	—	—	—	—	0,21	—	—	
152	Radeberg	„	1,0120	4,04	5,29	—	—	—	—	0,24	0,073	—	
153	„ böhmisch	„	1,0080	3,75	3,59	—	—	—	—	0,18	0,065	—	
154	Bayerisches Brauhaus	„	1,0150	3,75	5,28	—	—	—	—	0,22	—	—	
155	Waldschlösschen, dunkeles	„	1,0130	4,65	5,46	—	—	—	—	0,29	0,103	—	
156	„ helles	„	1,0100	3,61	4,22	—	—	—	—	0,23	0,073	—	
157	„ böhmisch	„	1,0080	3,11	3,44	—	—	—	—	0,19	0,045	—	
158	„ Bavaria	„	1,0140	6,09	6,52	—	—	—	—	0,36	—	—	
159	Hofbrauhaus	„	1,0190	3,70	7,11	—	—	—	—	0,24	—	—	
160	„	„	1,0190	4,57	7,47	—	—	—	—	0,21	0,062	—	
161	Felsenkeller	„	1,0160	3,90	7,20	—	—	—	—	0,26	—	—	
162	Waldschlösschen, dunkel, Febr.	1880	1,0152	4,78	5,99	—	—	—	—	0,23	—	—	
163	Hofbrauhaus, Juli	1879	1,0142	4,29	5,58	—	—	—	0,20	0,24	—	—	
164	„ Januar	„	1,0195	3,65	6,64	—	—	—	—	0,18	—	—	
165	Elsterwerda, Februar	1880	1,0182	3,70	6,46	—	—	—	—	0,20	—	—	
166	Reisewitz, Februar	„	1,0160	3,96	5,73	—	—	—	0,19	0,18	—	—	
167	Gambrinus, November	1879	1,0136	4,13	5,35	—	—	—	0,23	0,23	—	—	
168	Waldschlösschen, hell, Februar	„	1,0123	4,57	4,36	—	—	—	0,19	0,20	—	—	
169	Plauenscher Keller, Februar	1880	1,0141	4,09	5,20	—	—	—	0,20	0,18	—	—	
170	Bayerisches Brauhaus, Septbr.	1879	1,0110	4,16	4,79	—	—	—	0,19	0,23	—	—	
171	Meissener Felsenkeller, Januar	„	1,0120	4,00	4,94	—	—	—	—	0,20	—	—	
172	Feldschlösschen, Juli	„	1,0130	3,90	5,14	—	—	—	0,16	0,17	—	—	
173	Felsenkeller, December	„	1,0134	3,84	5,08	—	—	—	0,16	0,18	—	—	
174	Nöthnitz, August	„	1,0100	3,37	4,07	—	—	—	0,20	0,20	—	—	
175	„ November	„	1,0099	3,38	4,02	—	—	—	0,21	0,19	—	—	
	Hannoversche Biere. Schenkbiere:												
176	Hannoversche Aktien-Br. I	1878	1,0150	4,48	6,29	—	—	—	—	0,26	0,060	—	J. Skalweit[2]
177	„ „ II	„	1,0151	4,42	6,39	—	—	—	-	0,27	0,062	—	

[1]) Vergl. Anmerkung [3]) u. ***) S. 1105. [2]) Vergl. Anmerkung [1]) u. *) S. 1107.

No.	Nähere Bezeichnung	Zeit der Untersuchung	Spec. Gewicht 15° C.	Alkohol Gew. %	Extrakt %	Stickstoff-Substanz %	Maltose %	Dextrin %	Säure (=Milchsäure) %	Asche %	Phosphorsäure %	Kohlensäure %	Analytiker
178	Union	1878	1,0150	4,00	6,69	—	—	—	—	0,19	0,073	—	J. Skalweit[1]) *)
179	Wülfel (Fontaine)	"	1,0140	4,15	6,39	—	—	—	—	0,23	0,068	—	
180	Brande & Mayer	"	1,0190	4,81	6,65	—	—	—	—	0,28	0,065	—	
181	O. Bornemann	"	1,0115	4,80	5,20	—	—	—	—	0,24	0,042	—	
182	Anderten (Schaale) . . .	"	1,0135	4,04	5,84	—	—	—	—	0,28	0,065	—	
183	Leidenroth	"	1,0150	4,48	4,43	—	—	—	—	0,28	0,048	—	
184	Vlothoer Brauerei	"	1,0134	4,07	5,43	—	—	—	—	0,28	0,093	—	
185	Bückeburger "	"	1,0149	3,28	6,81	—	—	—	—	0,25	0,082	—	
186	Schilling (Celle)	"	1,0129	3,94	4,55	—	—	—	—	0,21	0,049	—	
187	Osnabrücker Aktien-Br. I .	"	1,0140	4,68	4,71	—	—	—	—	0,24	0,075	—	
188	" " II .	"	1,0170	4,24	5,72	—	—	—	—	0,25	0,076	—	
189	Oeynhauser Brauerei . . .	"	1,0208	4.07	5,43	—	—	—	—	0,23	0,093	—	
190	Hannov. Aktien-Br., Februar	1879	1,0120	4,21	5,04	—	—	—	—	0,30	0,091	0,227	
191	" " Juni .	"	1,0170	3,44	6,01	—	—	—	—	0,23	0,080	0,230	
192	" " Septbr.	"	1,0151	3,84	5,73	—	—	—	—	0,21	0,065	0,228	
193	Remmer (einfaches Braunbier)	"	1,0164	2.28	5.36	—	—	—	—	0,17	0.035	0,201	
194	Mindener (Brettholz & Denken)	"	1,0186	3,60	6,48	—	—	—	—	0,25	0,080	0,193	
195	Celle (Harmuth & Worbs) .	"	1,0128	2,88	4,66	—	—	—	—	0,23	0,053	0,211	
196	" (A. Schilling) . . .	"	1,0108	3,24	4,33	—	—	—	—	0,23	0,062	0,233	
197	" (Achilles)	"	1,0101	3,60	4,26	—	—	—	—	0,24	0,084	0,167	
198	Nienburger Bier	"	1,0156	3,52	5,70	—	—	—	—	0,28	0,080	0,142	
	Lagerbiere:												
199	Städtisches Lagerbier I	1878	1,0145	4,02	5,84	—	—	—	—	0,25	0,057	—	
200	Städtisches Lagerbier II	"	1,0181	3,68	6,64	—	—	—	—	0,24	0,076	—	
201	Städtisches Lagerbier III	"	1,0166	3,71	6,49	—	—	—	—	0,22	0,068	—	
202	Städtisches Lagerbier IV	"	1,0158	3,60	6,23	—	—	—	—	0,26	0,075	—	
203	Städtisches Lagerbier V	"	1,0168	4,48	6,45	—	—	—	—	0,25	0,070	0,230	
204	Celle (Schilling)	1879	1,0151	3,19	4,46	—	—	—	—	0,23	0,060	0,120	
205	Einbecker	"	1,0146	4,02	5,66	—	—	—	—	0,30	0,075	0,248	
206	Herrenhauser	"	1,0162	4,32	6,56	—	—	—	—	0,27	0,075	0,230	
207	Städtische Brauerei in Hannov. Lagerbier . .	1884	1,0151	4,01	5,72	0,77	—	—	0,132	0,20	0,085	0,177	
208	Städtische Brauerei in Hannov. n. Pilsener Art .	"	1,0140	4,29	5,57	0,60	—	—	0,147	0,21	0,086	0,162	
209	Städtische Brauerei in Hannov. Doppeltlagerbier	"	1,0262	3,79	8,45	1,24	—	—	0,091	0,24	0,093	0,198	
210	Union-Br. in Hannov. n. Münchener Art	"	1,0190	3,88	6,71	0,84	—	—	0,147	0,20	0,088	0,188	
211	Union-Br. in Hannov. n. Pilsener Art .	"	1,0131	3,91	5,70	0,67	—	—	0,136	0,19	0,091	0,081	
212	Vereins-Br. Herrenhausen bei Hannover	"	1,0158	3,74	5,82	0,65	—	—	0,118	0,19	0,070	0,179	
213	Schlombs-Br. Ahlten bei Lehrte	"	1,0150	3,88	5,70	0,62	—	—	0,141	0,23	0,060	0,156	

[1]) Zeitschr. gegen Verfälschung der Nahrungsmittel. Leipzig, 1878, 355 und Hannoversche Monatsschrift wider die Nahrungsfälscher 1879, 177—181.

*) Die Zahlen beziehen sich auf entkohlensäuertes Bier; das spec. Gewicht ist im Pyknometer ermittelt, der Extrakt-Gehalt aus dem spec. Gewicht des von Kohlensäure und Alkohol befreiten Bieres nach der Tabelle von W. Schultze; der Alkohol-Gehalt aus der Differenz des spec. Gewichts des frischen entkohlensäuerten Bieres und des von Alkohol befreiten Bieres; die Phosphorsäure durch Titration mit Uranlösung, von der 1 ccm 0,005 g Phosphorsäure entspricht, in 100 ccm Bier, die bei hellen Sorten direkt titrirt werden können, bei dunkelen erst durch Thierkohle entfärbt werden müssen.

No.	Nähere Bezeichnung	Zeit der Untersuchung	Spec. Gewicht 15° C.	Alkohol Gew. %	Extrakt %	Stickstoff-Substanz %	Maltose %	Dextrin %	Säure (=Milchsäure) %	Asche %	Phosphor-säure %	Kohlen-säure %	Analytiker
214	Lindener Aktien-Brauerei .	1884	1,0171	4,19	6,31	0,65	—	—	0,132	0,25	0,078	0,189	J. Skalweit [1])
215	Hannoversche Aktien-Brauer.	„	1,0140	3,98	5,45	0,85	—	—	0,171	0,20	0,065	0,158	
216	Kelbra-Kyffhäuser . . .	„	1,0130	3,17	4,66	0,72	—	—	0,134	0,19	0,058	0,157	
217	Hasenburg bei Lüneburg .	„	1,0170	3,88	6,14	0,81	—	—	0,137	0,22	0,069	0,188	
218	Leipziger Kindl-Br., dunkel	„	1,0200	1,87	5,99	1,45	—	—	0,348	0,23	0,048	0,229	
219	Schaumburg.B. in Stadthagen	„	1,0150	3,19	5,33	0,66	—	—	0,127	0,28	0,075	0,147	
220	National-Aktien-Brauerei Lagerbier	1891 9. 5.	1,0136	3,98	5,63	0,44	1,18	—	—	0,198	0,026	—	R. Frühling u. J. Schulz [2])
221	National-Aktien-Brauerei „Pilsener“		1,0152	3,68	5,75	0,50	1,63	—	—	0,212	0,021	—	
222	Aktien-Brauerei Streitberg Lagerbier	1891 2. 6.	1,0125	4,48	5,19	0,67	1,10	—	—	0,252	0,070	—	
223	Aktien-Brauerei Streitberg „Pilsener“		1,0099	4,32	4,62	0,58	0,91	—	—	0,251	0,069	—	
	Westfälische Lagerbiere.							Glycerin					
224	Dortmunder	1879	1,0151	3,52	5,57	—	—	—	—	0,24	0,084	0,120	J. Skalweit u. Röhrig [3])
225	Victoria-Br. Dortmund goldfarbig . .	1884	1,0190	4,50	6,93	0,99	—	—	0,152	0,228	0,075	0,125	
226	Victoria-Br. Dortmund nach böhm. Art	„	1,0175	4,31	6,44	0,95	—	—	0,118	0,201	0,082	0,118	
227	Marienborn bei Siegen, 2 bis 3 Monat alt	„	1,0113	4,13	4,93	0,88	—	—	0,184	0,18	0,065	0,152	
228	Barmer Aktien-Brauerei .	„	1,0190	3,49	6,50	—	—	—	1,161	0,203	0,084	0,147	
229	Gebr. Meininghaus-Dortmund	„	1,0138	4,39	4,85	0,87	—	—	0,020	—	—	0,290	C. G. Zetterlund [4])
230	Westfalia-Br., Münster hell . .	1887	1,0130	4,56	5,64	0,65	0,99	0,197	0,302	0,236	0,111	0,236	H. Weigmann [5])
231	Westfalia-Br., Münster dunkel . .	„	1,0150	3,95	5,79	0,62	1,60	0,151	0,317	0,218	0,091	0,269	
232	Löwenbräu, Dortmund . .	1893	—	4,48	5,02	—	1,19	—	0,270	0,234	0,075	—	B. C. Niederstadt [6])
	Hessische Biere.												
233	W. Engelhard-Hersfeld . .	1893	1,0157	3,83	5,62	—	—	—	0,179	0,235	—	—	Th. Dietrich [7])
234	G. Wolff-Schmalkalden .	„	—	3,88	4,47	0,410	—	—	0,270	0,209	—	—	
235	Kaufmann „ . .	„	—	3,48	4,62	0,540	—	—	0,271	0,192	—	—	
236	Falk „ . .	„	—	3,39	4,87	0,390	—	—	0,218	0,193	—	—	
237	Messerschmidt „ . .	„	—	3,41	4,72	0,440	—	—	0,262	0.224	—	—	
238	Cramer „ . .	„	—	3,38	5,00	0,650	—	—	0,232	0,231	—	—	
239	Wwe. Lesser „ . .	„	—	3,87	5,31	0,420	—	—	0,232	0,225	—	—	
240	Wwe. Köhler „ . .	„	1,0140	3,43	5,69	0,380	—	—	0,152	0,249	—	—	
241	A. Wiegand „ . .	„	1,0098	4,37	4,62	0,440	—	—	0,148	0,196	—	—	
242	Bühner „ . .	„	1,0120	3,37	5,39	0,390	—	—	0,211	0,194	—	—	
243	Kühn „ . .	„	1,0170	4,50	6,66	0,570	—	—	0,137	0,236	—	—	
244	C. Wolff „ . .	„	1,0140	3,31	5,69	0,390	—	—	0,137	0,198	—	—	
245	H. Wiegand „ . .	„	1,0132	3,31	5,23	0,427	—	—	0,137	0,183	—	—	
246	Rückert-Siemen „ . .	„	1,0180	3,31	6,23	0,394	—	—	0,179	0,221	—	—	
247	Ritter Sauer-Hersfeld . .	„	1,0113	3,83	5,18	0,510	—	—	—	0,194	—	—	

[1]) Vergl. Anmerkung [1]) u. *) S. 1107.
[2]) Zeitschr. angew. Chem. 1891, 665.
[3]) Bericht über die deutsche Brauerei-Ausstellung in Hannover 1884. Ueber die Untersuchungs-Methoden vergl. S. 1102, Anm. *).
[4]) Zeitschr. ges. Brauw. 1884. Ueber Untersuchungsmethoden vergl. weiter unten S. 1120, Anmerkung *).
[5]) Original-Mittheilung. Die Untersuchung wurde nach den „Vereinbarungen“ bayerischer Chemiker, herausgegeben von A. Hilger, Berlin 1885, ausgeführt.
[6]) Zeitschr. Nahrungsm.-Unters., Hyg. u. Waarenk. 1893, **7**, 166.
[7]) Bericht der agrik.-chem. Versuchsstelle Marburg; Zeitschr. angew. Chem. 1893, 616.

No.	Nähere Bezeichnung	Zeit der Untersuchung	Spec. Gewicht 15° C.	Alkohol Gew. %	Extrakt %	Stickstoff-Substanz %	Maltose %	Dextrin %	Säure (=Milchsäure) %	Asche %	Phosphorsäure %	Kohlensäure %	Analytiker
248	Missomelius-Marburg . .	1893	—	4,75	5,82	—	—	—	0,097	0,242	—	—	Th. Dietrich[1]
249	„ „ . .	„	1,0132	4,56	5,20	0,472	—	—	0,210	0,233	0,048	—	Th. Dietrich[1]
250	Lederer „ . .	„	—	3,72	5,54	—	—	—	0,140	0,198	—	—	Th. Dietrich[1]
251	Hessische Aktien-Br. Cassel	„	1,0120	3,77	4,79	0,423	—	—	0,185	0,176	0,032	—	Th. Dietrich[1]
	Hamburger Biere.												
252	G. Hastedt-Harburg . . .	$18\frac{80}{81}$	—	4,28	5,48	—	—	—	—	0,240	0,089	—	B. C. Niederstadt[2]) *)
253	Marienthaler, hell . . .	„	—	3,92	5,67	—	—	—	—	0,230	0,069	—	B. C. Niederstadt[2]) *)
254	„ dunkel . .	„	—	4,74	7,06	—	—	—	—	0,270	0,110	—	B. C. Niederstadt[2]) *)
255	Borgfelder Bier	„	—	4,16	5,49	—	—	—	—	0,260	0,036	—	B. C. Niederstadt[2]) *)
256	Bier zu Bergendorf . . .	„	—	4,60	5.25	—	—	—	—	0,220	0,058	—	B. C. Niederstadt[2]) *)
257	Bosselmann-Hamburg . .	„	—	4,12	4,79	—	—	—	—	0,220	—	—	B. C. Niederstadt[2]) *)
258	desgl.	„	—	1,36	4,34	—	—	—	—	0,210	0,031	—	B. C. Niederstadt[2]) *)
259	Aktien-Bier St. Pauli . .	„	—	3,92	5,79	—	—	—	—	0,300	0,042	—	B. C. Niederstadt[2]) *)
260	Teufelsbrücker Bier . . .	„	—	4,84	4,55	—	—	—	—	0,240	0,071	—	B. C. Niederstadt[2]) *)
261	Lagerbier: Copperhold	„	—	4,62	5,23	—	—	—	—	0,250	0,086	—	B. C. Niederstadt[2]) *)
262	Lagerbier: Von Uelzen, Septbr. .	„	—	5,05	5,88	—	—	—	—	0,250	0,085	—	B. C. Niederstadt[2]) *)
263	Lagerbier: „ „ Oktober .	„	—	4,72	5,44	—	—	—	—	0,280	0,085	—	B. C. Niederstadt[2]) *)
264	Lagerbier: Leitmeritz. Br. Elbschloss	„	—	4,30	4,83	—	—	—	—	0,190	0 066	—	B. C. Niederstadt[2]) *)
265	Lagerbier: Holsten-Br., Altona .	„	—	5,78	4,86	—	—	—	—	0,240	0,088	—	B. C. Niederstadt[2]) *)
								Glycerin				Schwefelsäure	
266	Holsten-Br., Altona . . .	1893	—	4,19	4,03	—	1,28	—	—	0,226	0,043	0,017	B. C. Niederstadt[3])
267	Von Joh. Höbold: Malz-Exp.-Lagerbier .	„	—	3,12	6,52	—	1,05	—	—	0,199	0,053	—	B. C. Niederstadt[3])
268	Von Joh. Höbold: Doppel-Malz-Lagerbier	„	—	3,20	5,30	—	1,01	—	—	0,192	0,039	—	B. C. Niederstadt[3])
269	Von Joh. Höbold: Doppel-Malz-Lagerbier	„	—	2,88	5,77	—	1,01	—	0,351	0,189	0,063	—	B. C. Niederstadt[3])
270	Von Joh. Höbold: Doppel-Malz-Lagerbier	„	—	3,24	5,60	—	1,02	—	0,401	0,184	0,068	—	B. C. Niederstadt[3])
271	Frisia-Br., Exportbier . .	„	—	4,00	5,19	—	—	0,290	—	0,221	—	—	B. C. Niederstadt[3])
272	Marienthaler Gesellschaft: Helles Exportbier .	„	—	4,00	5,92	—	1,22	—	0,175	0,242	0,089	—	B. C. Niederstadt[3])
273	Marienthaler Gesellschaft: Lagerbier .	„	—	4,28	6,55	—	1,29	—	0,198	0,199	0,089	—	B. C. Niederstadt[3])
274	Uelzener Br., Exportbier	„	—	3,40	5,88	—	—	—	0,270	0,234	0,097	—	B. C. Niederstadt[3])
275	Einbecker Export-Lagerbier-Br.	„	—	4,00	5,12	—	—	—	0,150	0,214	0,042	—	B. C. Niederstadt[3])
276	Einbecker Export-Lagerbier-Br.	„	—	3,92	5,97	—	—	—	0,110	0,205	0,058	—	B. C. Niederstadt[3])
277	Br. Bahrenfeld, Lagerbier .	„	—	3,65	6,11	—	—	—	0,272	0,226	0,089	—	B. C. Niederstadt[3])
278	Germania-Br. Wandsbeck: Exportbier .	„	—	3,92	5,46	—	—	—	—	0,220	0,086	—	B. C. Niederstadt[3])
279	Germania-Br. Wandsbeck: Helles Lagerb.	„	—	3,84	4,96	—	—	—	0,250	0,198	0,086	0,032	B. C. Niederstadt[3])
280	Br. Ditmarsia, Heide, Lagerb.	„	—	4,12	5,46	—	2,05	—	—	0,286	0,067	0,017	B. C. Niederstadt[3])
281	Brauerei Hammonia, Hamburg: Lagerbier .	„	—	3,44	6,00	—	—	—	0,180	0,215	0,079	—	B. C. Niederstadt[3])
282	Brauerei Hammonia, Hamburg: „ . .	„	—	3,49	6,98	—	0,51	—	0,198	0,210	0,077	—	B. C. Niederstadt[3])
283	Brauerei Hammonia, Hamburg: Klosterbräu .	„	—	3,76	7,54	—	—	—	0,300	0.244	0,081	—	B. C. Niederstadt[3])
284	Brauerei Hammonia, Hamburg: „Pilsener" .	„	—	3,36	6,63	—	—	—	—	0,224	0,071	—	B. C. Niederstadt[3])

[1]) Bericht der agrik.-chem. Versuchsstelle Marburg; Zeitschr. angew. Chem. 1893, 616.
[2]) Original-Mittheilung.
[3]) Zeitschr. Nahrungsm.-Unters., Hyg. u. Waarenk. 1893, **7**, 166.
*) Alkohol ist durch Destillation, Extrakt nach Entfernung des Alkohols durch das spec. Gewicht nach der Tabelle von W. Schultze, Phosphorsäure in der Asche gewichtsanalytisch nach der Molybdän-Methode bestimmt.

No.	Nähere Bezeichnung	Zeit der Untersuchung	Spec. Gewicht 15° C.	Alkohol Gew. %	Extrakt %	Stickstoff-Substanz %	Maltose %	Dextrin %	Säure (=Milchsäure) %	Asche %	Phosphorsäure %	Kohlensäure %	Analytiker
285	Elbschloss-Br., Hamburg, Lagerbier	1893	—	3,68	6,31	—	—	—	0,300	0,207	—	—	B. C. Niederstadt[1])
286	Lagerbier v. Richard Behn in Ottensen hell	„	—	4,35	3,90	—	0,47	—	0,314	0,199	0,096	—	
287	Lagerbier v. Richard Behn in Ottensen dunkel	„	—	4,04	4,30	—	0,50	—	—	0,199	0,096	—	
288	Hansa-Br., Hamburg Lagerbier	„	—	4,08	5,34	—	—	—	0,270	0,222	—	—	
289	Hansa-Br., Hamburg Exportlagerb.	„	—	4,08	6,02	—	1,32	—	0,212	0,217	0,079	—	
290	Löwen-Br., Hamburg Prälatenbräu	„	—	4,40	6,06	—	0,94	—	0,315	0,231	0,092	—	
291	Löwen-Br., Hamburg „Pilsener“	„	—	4,17	5,85	—	0,67	—	0,405	0,239	—	—	
292	Löwen-Br., Hamburg Kaiser-Tafelb.	„	—	3,60	5,88	—	0,92	—	0,293	0,189	—	—	
293	Kronen- u. Krystall-Lagerbier	„	—	4,64	5,22	—	1,64	—	—	0,192	0,070	—	
294	Kaiserblume-Lagerbier	„	—	4,81	5,08	—	1,71	—	0,200	0,221	0,064	—	
295	Kaiserblume-Lagerbier	„	—	4,08	4,72	—	0,92	—	0,135	0,224	0,078	—	
	Bremer Biere.												
296	Braunbier aus Bremen	1879	1,0100	5,13	4,83	—	—	—	—	0,265	0,084	—	L. Janke[2]) *)
297	Braunbier aus Bremen	„	1,0140	4,51	4,56	—	—	—	—	0,180	—	—	
298	Braunbier aus Bremen	„	1,0220	2,87	4,86	—	—	—	—	0,109	0,026	—	
299	Braunbier aus Bremen	„	1,0120	3,90	6,40	—	—	—	—	0,201	0,034	—	
300	Braunbier aus Bremen	„	1,0125	3,32	5,61	—	—	—	—	0,284	—	—	
301	Braunbier aus Bremen	„	1,0120	5,13	4,36	—	—	—	—	0,199	0,035	—	
302	Lagerbier, hellbraun	„	1,0160	(7,00)	6,49	—	—	—	—	0,28	0,090	—	
303	„ braun	„	1,0165	5,77	5,39	—	—	—	—	0,24	—	—	
304	„ hellbraun	„	1,0145	2,17	4,92	—	—	—	—	0,23	0,097	—	
305	„ braun	„	1,0120	5,77	5,01	—	—	—	—	0,22	0,104	—	
306	„ desgl.	„	1,0140	(7,09)	5,49	—	—	—	—	0,22	0,076	—	
307	„ hellbraun	„	1,0120	5,77	5,04	—	—	—	—	0,22	0,097	—	
308	Bremer Aktien-Br. Lagerbier	1884	1,0162	4,62	6,21	1,11	—	—	0,142	0,230	0,095	0,152	J. Skalweit u. Röhrig[3])
309	Bremer Aktien-Br. „Pilsener“	„	1,0091	4,30	4,28	0,77	—	—	0,145	0,201	0,081	0,168	
310	Hemelingen bei Bremen	„	1,0121	3,89	4,93	0,92	—	—	0,137	0,20	0,065	0,174	
311	Andr. Müller, Bremen Lagerbier	„	1,0117	5,51	5,11	0,80	—	—	0,04	—	—	0,26	C. G. Zetterlund[4])
312	Andr. Müller, Bremen desgl.	„	1,0138	5,64	5,01	0,79	—	—	0,01	—	—	0,22	
	Kieler Biere.												
313	Schlüter & Co., Kiel dunkel	„	1,0138	4,01	5,45	0,42	—	—	0,128	0,23	0,058	0,151	J. Skalweit u. Röhrig[3])
314	Schlüter & Co., Kiel hell	„	1,0155	3,58	5,70	0,63	—	—	0,111	0,22	0,063	0,169	
315	Kieler Aktien-Brauerei, nach Wiener Art	„	1,0153	3,63	5,45	—	—	—	(0,02)	—	—	0,390	C. G. Zetterlund[4])
316	Dreves & Co., Kiel, Lagerbier	„	1,0189	4,60	6,26	0,82	—	—	(0,02)	—	—	0,310	
317	Brauerei Holsatia, Kiel	1893	—	3,60	5,74	—	1,34	—	—	0,223	0,046	0,133	B. C. Niederstadt[1])

[1]) Zeitschr. Nahrungsm.-Unters., Hyg. u. Waarenk. 1893, **7**, 166.

[2]) Zeitschr. gegen Verfälschung der Lebensmittel 1879, No. 10.

[3]) Bericht über die deutsche Brauerei-Ausstellung in Hannover 1884. Ueber Untersuchungs-Methoden vergl. S. 1102 Anm. *).

[4]) Zeitschr. ges. Brauw. 1884. Ueber die Untersuchungs-Verfahren vergl. S. 1120, Anmerkung *).

*) Extrakt wurde durch Trocknen bei 100° C. bestimmt, Alkohol durch Destillation und Wägen des Destillats m Pyknometer, Phosphorsäure in der Asche nach der Molybdän-Methode.

No.	Nähere Bezeichnung	Zeit der Untersuchung	Spec. Gewicht 15° C.	Alkohol Gew. %	Extrakt %	Stickstoff-Substanz %	Maltose %	Dextrin %	Säure (=Milchsäure) %	Asche %	Phosphorsäure %	Kohlensäure %	Analytiker
	Königsberger Biere.												
318	Ponarther, Winterbier . .	1880	1,0222	3,54	6,63	—	—	—	0,245	0,31	—	0,21	E. Schrader[1] *)
319	Schönbuscher, „ . .	„	1,0290	4,00	9,23	0,35	1,94	6,70	0,113	0,20	0,071	0,26	
320	Woriener, Sommerbier . .	„	1,0172	4,08	5,32	0,45	1,02	3,62	—	0,21	0,072	0,18	
321	Ponarther, „ . .	„	1,0250	3,22	7,25	0,43	1,05	5,57	—	0,19	0,051	0,25	
322	Wickholder März-Bräu . .	„	1,0191	3,68	5,01	0,38	1,01	3,39	—	0,22	0,084	0,23	
323	Schönbuscher, Sommerbier .	„	1,0188	4,48	5,25	0,44	1,03	3,51	—	0,25	—	0,19	
324	„ Herbstbier .	„	1,0265	4,01	6,75	0,73	1,43	4,12	—	0,39	0,120	0,24	
	Berliner Biere.												
325	Br.-Aktien-Ges. Friedrichshain, Lagerbier . . .	1887	1,0246	4,26	8,02	0,56	2,03	Glycerin 0,201	— **)	0,247	0,097	0,295	S. Bein[2] ***)
326	Br.-Akt.-Ges. Königstädt, Lagerbier dunkel .	„	1,0238	3,94	7,73	0,40	1,68	0,210	0,148 **)	0,229	0,064	0,323	
327	Br.-Akt.-Ges. Königstädt, Lagerbier hell . .	„	1,0157	4,19	5,28	0,37	1,38	0,242	0,141 **)	0,191	0,070	0,346	
328	Erfurter Biere	1879	—	3,67	4,31	—	—	—	0,16	0,22	0,054	0,25	W. Hadelich[3] [0]
329	„ „	„	—	3,15	5,60	—	—	—	0,15	0,22	—	0,15	
330	„ „	„	—	3,49	5,35	—	—	—	0,15	0,21	0,052	0,21	
331	„ „	„	—	3,46	5,10	—	—	—	0,15	0,22	0,053	0,20	
332	„ „	„	—	3,91	4,64	—	—	—	0,12	0,25	0,072	0,27	
333	„ „	„	—	3,98	5,23	—	—	—	0,13	—	—	0,20	
334	„ „	„	—	3,31	6,27	—	—	—	0,11	0,24	0,055	—	
335	„ „	„	—	3,44	5,98	—	—	—	0,10	0,24	—	0,18	
336	„ „	„	—	3,61	5,13	—	—	—	0,09	0,23	0,057	0,15	
337	„ „	„	—	4,25	5,23	—	—	—	—	—	—	0,15	
338	„ „	„	—	4,00	5,71	—	—	—	0,06	0,24	0,055	0,15	
339	„ „	„	—	4,06	5,90	—	—	—	0,11	0,26	0,062	0,10	
340	„ „	„	—	3,99	5,99	—	—	—	0,15	0,28	—	—	
341	„ „	„	—	4,07	5,91	—	—	—	0,10	0,23	0,061	0,20	
342	„ „	„	—	3,73	5,53	—	—	—	0,11	0,23	0,061	0,25	
343	„ „	„	—	4,02	6,48	—	—	—	0,09	0,25	0,061	0,20	
344	„ „	„	—	4,64	7,75	—	—	—	0,09	0,26	0,076	0,08	
345	„ „	„	—	5,07	6,00	—	—	—	—	—	—	—	

[1]) Zeitschr. analyt. Chem. 1880, **19**, 167.
[2]) Rep. analyt. Chem. 1887, 398.
[3]) Korrespondenzbl. des Vereins analyt. Chemiker 1879, No. 17.

*) Alkohol ist durch Destillation, Extrakt durch Abdampfen, Zucker durch Titriren, Dextrin desgl. nach der Inversion, Stickstoff-Substanz durch Verbrennen mit Natronkalk und Multiplikation desselben mit 6,25, Phosphorsäure in der Asche, spec. Gewicht bei 16,5 C. durch das Pyknometer bestimmt.

**) Flüchtige Säure (= Essigsäure): No. 325: 0,015 %, No. 326: 0,027 %, No. 327: 0,009 %.

***) Nach den Vereinbarungen bayer. Vertreter der angewandten Chemie (Berlin 1885) untersucht. Spec. Gewicht wurde mit dem Pyknometer bestimmt, Extrakt aus dem spec. Gewicht des von Alkohol befreiten Extraktes nach der Tabelle von Schultze, indem von 100 ccm Bier etwa 35 ccm abdestillirt und der Rückstand wieder auf das ursprüngliche Gewicht gebracht wurde; die Stickstoff-Bestimmung ist nach Kjeldahl ausgeführt.

[0]) Der Alkohol wurde durch Destillation von 200 ccm Bier unter Zusatz von etwas Tannin und Ermittelung des spec. Gewichtes des Destillats (100 ccm) mittels des Pyknometers bestimmt; Extrakt durch Eintrocknen im trocknen Luftstrom bei 85° C.; Kohlensäure aus dem Gewichtsverlust nach dem Kochen in einer Kochflasche mit aufgesetztem Chlorcalciumrohr; Phosphorsäure in der Asche theils nach dem Molybdän-, theils nach dem Uran-Verfahren; freie Säuren durch Titration mit Normal-Kalilauge und Umrechnen auf Milchsäure.

No.	Nähere Bezeichnung	Zeit der Untersuchung	Spec. Gewicht 15° C.	Alkohol Gew. %	Extrakt %	Stickstoff-Substanz %	Maltose %	Dextrin %	Säure (=Milchsäure) %	Asche %	Phosphorsäure %	Kohlensäure %	Analytiker
346	Erfurter Biere	1879	—	3,54	5,70	—	—	—	0,06	0,26	0,082	0,20	*W. Hadelich* [1])
347	" "	"	—	3,15	6,76	—	—	—	0,09	0,24	0,052	0,10	
	Breslauer Biere.												
348	Nach Pilsener Art*) I	1894	1,0100	3,71	4,09	—	—	—	—	0,228	0,079	0,247	*B. Fischer* [2])
349	Nach Pilsener Art*) II	1897	1,0146	3,53	4,98	0,47	1,26	2,26	0,161	0,227	0,098	0,322	
	Oesterreichische Biere.												
350	Aus Bodenbach: Schenkbier .	1866	—	3,12	4,48	0,563	1,57	2,23	—	0,173	—	0,248	*Th. von Gohren* [3]) **)
351	desgl. . . .	"	—	3,04	4,32	0,510	1,48	2,14	—	0,203	—	0,262	
352	Abzugsbier .	"	—	2,02	4,42	0,604	1,55	2,24	—	0,163	—	0,258	
353	Lagerbier .	"	—	4,00	5,63	0,501	1,98	3,01	—	0,519	—	0,445	
354	Aus Teschen: Schenkbier .	"	—	5,59	4,98	0,511	1,75	2,54	—	0,172	—	0,405	
355	Abzugsbier .	"	—	4,91	4,84	0,562	1,42	2,17	—	0,162	—	0,418	
356	Schenkbier .	"	—	2,95	4,31	0,597	1,88	1,70	—	0,209	—	0,209	
357	Abzugsbier .	"	—	1,63	4,31	0,618	1,81	1,55	—	0,203	—	0,254	
358	Wern-stadler: Lagerbier .	"	—	2,97	4,55	0,501	1,28	2,47	—	0,298	—	0,147	
359	Schenkbier .	"	—	1,99	3,98	0,561	1,50	1,66	—	0,124	—	0,194	
360	Abzugsbier .	"	—	2,97	4,55	0,501	1,28	2,47	—	0,298	—	0,147	
361	Kl.-Schwechater (Flaschen-Bier)	$18\frac{73}{74}$	1,0174	3,90	6,15	—	—	—	—	0,194	—	0,25	*O. Kohlrausch* [4]) ***)
362	St. Marxer Lagerbier . .	"	1,0189	2,76	6,00	—	—	—	—	0,243	—	0,24	
363	Liesinger " . .	"	1,0179	3,11	6,55	—	—	—	—	0,221	—	0,20	
364	Pilsener " . .	"	1,0129	3,55	5,15	—	—	—	—	0,197	—	0,14	
365	Chotzener " . .	"	1,0126	2,99	4,95	—	—	—	—	1,171	—	0,10	
366	Wittingauer " . .	"	1,0106	3,42	4,65	—	—	—	—	0,214	—	0,30	
367	Kreuzherren-Br. (Prälaten-Flaschenbier)	"	1,0160	4,32	5,95	—	—	—	—	—	—	0,29	
368	Prager Flaschenbier . . .	"	1,0128	3,42	4,75	—	—	—	—	0,174	—	0,24	
369	Lobositzer Flaschenbier . .	"	1,0129	3,41	4,85	—	—	—	—	0,167	—	0,19	
370	Gräflich Larisch-Damen-Flaschenbier	"	1,0181	2,89	5,95	—	—	—	—	0,214	—	0,15	
371	Mönisch'sches Flaschenbier	"	1,0173	3,45	6,35	—	—	—	—	0,242	—	0,17	

[1]) Vergl. Anmerkung [3]) und [0]) S. 1111.

[2]) Zeitschr. ges. Brauw. 1895, **18**, 209 u. 1897, **20**, 305.

[3]) Bömisches Centrbl. für die gesammte Landeskultur 1876, 373.

[4]) Jahresber. Agrik.-Chem. 1873/74, **2**, 264.

*) Fischer fand ferner bei No. I: 0,307 % Glycerin und bei No. II: 0,226 % Glycerin und Harz, 0,007 % Schwefelsäure.

**) Alkohol ist durch Destillation bestimmt, Kohlensäure durch Gewichtsverlust beim Erwärmen des Bieres: Trockensubstanz durch Eintrocknen bei 110° C. Zur Bestimmung von Zucker und Gummi (Dextrin) wurde das Bier zu Syrupskonsistenz eingedampft, das Gummi durch wiederholtes Fällen mit Alkohol und Wiederauflösen in Wasser abgeschieden, der Zucker durch Fehling'sche Lösung bestimmt. Der Stickstoff wurde durch Verbrennen mit Natronkalk bestimmt. An koagulirbarem Eiweiss wurde gefunden 0,021—0,121 %, im Mittel 0,075 %.

***) Alkohol und Extrakt wurden nach der Balling'schen saccharimetrischen Bierprobe bestimmt und beziehen sich auf entkohlensäuertes Bier; zur Kohlensäure-Bestimmung wurden 200 g Bier mit einer ammoniakalischen, von Baryumkarbonat freien Chlorbaryumlösung geschüttelt und 1/2 Stunde stehen gelassen; das ausgeschiedene kohlensaure Baryum wurde nach dem Filtriren, Auswaschen und Glühen in schwefelsaures Barium übergeführt und als solches gewogen.

No.	Nähere Bezeichnung	Zeit der Untersuchung	Spec. Gewicht 15° C.	Alkohol Gew. %	Extrakt %	Stickstoff-Substanz %	Maltose %	Glycerin %	Säure (=Milchsäure) %	Asche %	Phosphorsäure %	Kohlensäure %	Analytiker
372	Simmeringer Abzugsbier .	1881/85	1,0153	2,66	4,69	0,24	—	0,17	—	0,15	0,051	—	*L. Rösler* [1]) *)
373	Kl.-Schwechater Abzugsbier	"	1,0120	2,94	4,25	0,26	—	0,09	—	0,14	0,041	—	
374	St. Marxer Abzugsbier . .	"	1,0145	2,72	4,49	0,23	—	0,11	—	0,13	0,046	—	
375	Ottakringer " . .	"	1,0153	2,66	4,95	0,29	—	0,10	—	0,15	0,049	—	
376	Schwechater, Wien . . .	"	1,0163	3,72	5,60	0,31	—	0,18	—	0,18	0,059	—	
377	Ansbacher Flaschenbier .	"	1,0156	3,87	6,32	0,44	—	0,13	—	0,20	0,076	—	
378	Olmützer Lagerbier . . .	"	1,0142	3,40	5,46	0,35	—	0,18	—	0,18	0,076	—	
379	Tucher'sches Flaschenbier .	"	1,0182	3,63	5,95	0,44	—	0,17	—	0,25	0,061	—	
380	Klein-Schwechater . . .	"	1,0153	3,95	5,41	0,30	—	0,12	—	0,17	0,059	—	
381	Wittingauer	"	1,0158	3,24	5,35	0,41	—	0,11	—	0,17	0,047	—	
382	Grazer in Flaschen . . .	"	1,0156	4,07	5,97	0,54	—	0,09	0,15	0,21	0,092	—	
383	Liesinger, Abzugsbier . .	1876	1,0162	2,86	4,64	0,32	—	—	0,17	0,18	—	—	*Fr. Schwackhöfer* [2]) **)
384	St. Marx, " . . .	"	1,0148	2,74	4,87	0,28	—	—	0,10	0,16	—	—	
385	Simmering, Abz., 6 Woch. alt	"	1,0149	2,63	4,91	0,30	—	—	0,10	0,17	—	—	
386	Brunner, Abz., 1 Monat alt	"	1,0136	2,85	4,75	0,36	—	—	0,10	0,18	—	—	
387	Hütteldorf, Abzugsbier . .	"	1,0147	2,52	4,70	0,31	—	—	0,09	0,14	—	—	
388	Nussdorf, Abz., 6 Wochen alt	"	1,0153	2,93	4,92	0,30	—	—	0,09	0,16	—	—	
389	Währinger, Abzugsbier . .	"	1,0105	3,21	4,06	0,29	—	—	0,10	0,19	—	—	
390	Grinzinger, " . . .	"	1,0131	2,75	4,43	0,29	—	—	0,11	0,18	—	—	
391	Lichtenthaler, " . . .	"	1,0142	2,67	4,73	0,33	—	—	0,08	0,16	—	—	
392	Ottakringer, " . . .	"	1,0096	3,27	3,89	0,29	—	—	0,11	0,15	—	—	
393	Rauensteiner, " . . .	"	1,0156	2,77	4,68	0,21	—	—	0,12	0,16	—	—	
394	Pilsener Schenkbier . . .	"	1,0138	3,81	4,95	0,41	—	—	—	0,21	—	—	
395	Dreher's Böhmisches Bier .	"	1,0157	3,60	5,54	0,38	—	—	0,17	0,20	—	—	
396	Schwechater, Lager . . .	"	1,0176	3,62	6,01	0,52	—	—	0,13	0,21	—	—	
397	Liesinger, " . . .	"	1,0179	3,72	6,04	0,38	—	—	0,15	0,22	—	—	
398	Simmeringer, Lagerb., 3 M. alt	"	1,0211	4,06	6,74	0,45	—	—	0,20	0,21	—	—	
399	Brunner, Lagerb., 5 Mon. alt	"	1,0140	4,07	5,17	0,45	—	—	0,16	0,21	—	—	
400	Hütteldorfer, Lagerbier . .	"	1,0149	3,94	5,46	0,38	—	—	0,11	0,19	—	—	
401	Nussdorfer, Lagerb., 3 M. alt	"	1,0196	3,56	6,08	0,41	—	—	0,13	0,19	—	—	
402	Währinger, Lagerbier . .	"	1,0153	3,85	5,58	0,42	—	—	0,14	0,22	—	—	

[1]) Mittheilungen d. K. K. chem.-physiol. Vers.-Stat. Klosterneuburg. 1888, **5**, Tabelle **56**.

[2]) Allgem. Zeitsch. f. Brauerei und Malzfabrikation. Wien 1876 und Organ des Centr.-Vereins f. Rübenzucker-Industrie in Oesterreich-Ungarn 1875, 398.

*) Das spec. Gewicht ist bei 15° mittels des Pyknometers bestimmt; Alkohol nach der Destillationsmethode; Extrakt durch Eintrocknen und 2⅓-stündiges Trocknen im Wasser-Trockenschrank, oder nach Balling in dem entgeisteten Extrakt, Glycerin wie bei Süssweinen mit geringen Abweichungen von den vom deutschen Gesundheitsamt beschlossenen Methoden (vergl. die Weinanalysen desselben Verfassers). Die schweflige Säure ist durch Destillation mit Phosphorsäure im Kohlensäurestrom und Auffangen des Destillats in Jodlösung bestimmt. Die Biere enthielten ferner:

	No. 372	373	374	375	376	377	378	379	380	381	382
Schwefelsäure . . . . . %	0,0088	0,0095	0,0028	0,0056	0,0085	0,0037	0,0021	0,0075	0,0057	—	0,0084
Kieselsäure . . . . %	0,0150	0,0140	0,0193	0,0183	0,0199	0,0257	0,0213	0,0356	0,0210	0,0137	—
Der schwefligen Säure entsprechender schwefelsaurer Baryt in g für 1 l	—	0,0029	0,0110	0,0179	0,0039	0,0059	0,0091	0,0132	0,0219	0,0230	—

**) Alkohol wurde durch Destillation bestimmt, Extrakt durch Eindampfen in einem besonders konstruirten Trommelwasserbade bei 100° unter gleichzeitigem Ueberleiten von getrockneter Luft und unter Anwendung einer Saugpumpe zur Herstellung eines luftverdünnten Raumes; Stickstoff-Substanz durch Eintrocknen von 40—50 g Bier in Glasschalen und Verbrennen mit Natronkalk, Zucker durch Titration mit Fehling'scher Lösung, Dextrin durch 6—7-stündiges Erwärmen von 20 g Bier mit 3 ccm verdünnter Schwefelsäure in zugeschmolzenen Röhren im Kochsalzbade bei 108—110° C., Neutralisiren, Verdünnen auf 200 ccm und Titriren mit Fehling'scher Lösung, wobei der ursprüngliche Zucker in Abzug gebracht wird, Säure durch Titration des entkohlensäuerten Bieres (25 ccm) mittelst 1/10 N.-Natronlauge und Berechnen als Milchsäure (als Indikator diente Kurkumapapier).

No.	Nähere Bezeichnung	Zeit der Untersuchung	Spec. Gewicht 15° C.	Alkohol Gew. %	Extrakt %	Stickstoff-Substanz %	Maltose %	Dextrin %	Säure (=Milchsäure) %	Asche %	Phosphorsäure %	Kohlensäure %	Analytiker
403	Grinzinger, Lagerbier . .	1876	1,0153	3,94	5,51	0,39	—	—	0,12	0,22	—	—	Fr. Schwackhöfer[1])
404	Lichtenthaler, „ . . .	„	1,0140	3,57	5,09	0,46	—	—	0,10	0,18	—	—	
405	Ottakringer, „ . . .	„	1,0157	3,85	5,55	0,39	—	—	0,16	0,21	—	—	
406	Schellenhofer, „ . . .	„	1,0198	3,36	6,34	0,37	—	—	0,15	0,20	—	—	
407	Rauhensteiner, „ . . .	„	1,0202	3,76	6,09	0,41	—	—	—	0,20	—	—	
408	Pilsener Lagerbier, Bgl. Brauhaus	„	1,0130	3,47	4,97	0,37	—	—	0,16	0,20	—	—	
409	Pilsener Lagerbier, Aktienbrauerei	„	1,0128	3,72	4,83	0,41	—	—	0,17	0,20	—	—	
410	Wittingauer, Lagerbier . .	„	1,0140	3,16	4,99	0,41	—	—	0,14	0,19	—	—	
411	Budweiser, „ . .	„	1,0114	3,55	4,24	0,38	—	—	—	0,20	—	—	
412	Jaroscher, „ . .	„	1,0144	3,45	5,20	0,31	—	—	0,09	0,19	—	—	
413	Napageldner, „ . .	„	1,0134	3,36	4,73	0,28	—	—	0,12	0,19	—	—	
414	Leitmeritzer, „ . .	„	1,0139	3,41	4,95	0,34	—	—	—	0,19	—	—	
415	Pardubitzer, „ . .	„	1,0150	3,30	5,15	0,27	—	—	0,13	0,17	—	—	
416	Medleschitzer, „ . .	„	1,0112	3,45	4,35	0,31	—	—	0,12	0,17	—	—	
417	Olmützer, „ . .	„	1,0162	3,22	5,54	0,39	—	—	—	0,22	—	—	
418	Reichenbacher, Salonbier .	„	1,0103	3,42	4,10	0,34	—	—	0,14	0,19	—	—	
419	Königinhofer, „ . .	„	1,0159	2,76	5,10	0,29	—	—	0,16	0,18	—	—	
420	Bürgerl. Brauhaus, Pilsen .	„	1,0130	3,32	5,08	—	—	—	0,12	0,18	0,064	—	E. Geissler[2])
421	Aktien- „ „ .	„	1,0111	3,51	4,70	—	—	—	0,12	0,19	0,063	—	
422	Böhmisch-Kamnitzer . .	„	1,0128	3,15	4,84	—	—	—	0,12	0,18	0,065	—	
423	Münchengrätzer	„	1,0090	3,35	3,93	—	—	—	0,08	0,15	0,049	—	
424	Libotschauer	„	1,0110	3,14	4,26	—	—	—	0,11	0,17	0,053	—	

No.	Nähere Bezeichnung	Zeit der Untersuch.	Spec. Gew.	Alkohol %	Extrakt %	Asche %
	Böhmische Biere.	1886				
425	Pilsener, bürgl. Brauh.	27.3	1,0145	2,98	5,23	0,196
426	„ Aktien-Br.	30.3.	1,0125	3,24	4,82	0,192
427	Tuschkauer . . .	20.4.	1,0131	3,08	4,90	0,162
428	Rokycaner . . .	5.4.	1,0143	2,74	5,03	0,187
429	Neckmirer . . .	21.4.	1,0135	2,85	4,90	0,160
430	Radnicer . . .	23.4.	1,0142	2,68	4,98	0,165
431	Dobraner . .	6 4.	1,0119	2.97	4,54	0,162
432	Tscheminer . . .	20.5.	1,0129	2.75	4,70	0,171
433	Rochlauer . . .	22.5.	1,0131	2,57	4.64	0,152
434	Libocaner . . .	7.4.	1,0110	2.92	4,26	0,166
435	Kladrüber . . .	1.4.	1,0116	2,80	4,36	0.157
436	Choteschauer . .	16.5.	1,0135	2,40	4,67	0,158

No.	Nähere Bezeichnung	Zeit der Untersuch.	Spec. Gew.	Alkohol %	Extrakt %	Asche %	Analytiker
		1886					
437	Planer	2.4.	1,0138	2,35	4,72	0,184	Fr. Kundrat[3]) *)
438	Stenovicer . . .	3.4.	1,0127	2,46	4,49	0,132	
439	Postoloputer . .	8.5.	1,0107	2,80	4,13	0,153	
440	Staaber	31.3	1,0099	2,86	3,98	0,144	
441	Klattauer . . .	8.4.	1,0102	2,75	4,01	0,156	
442	Wscherauer . .	26 5.	1,0096	2,86	3,88	0,160	
443	Wilkischener . .	19.5.	1,0115	2,52	4,21	0,126	
444	Ulicer	17.4.	1,0090	2,80	3,72	0,159	
445	Krimicer . . .	1.5.	1,0112	2,30	4,03	0,153	
446	Stankauer . . .	23.4.	1,0101	2,41	3,80	0,128	
447	Lukovicer . . .	27.4.	1,0074	2,76	3,27	0,147	
448	Malesiser . . .	15.5.	1,0066	2,65	3,00	0,125	
449	Pilsener Lager, Bürgl. Brh.	1886	1,0154	3,35	5,39	0,210	
450	Pilsener Lager, Aktien-Br.	„	1,0127	3,59	5,03	0,200	

[1]) Vergl. Anmerkung [2]) u. **) S. 1113.

[2]) Norddeutsche Brauer-Ztg. 1885, 717. Hier sind die Untersuchungs-Methoden nicht angegeben. Die Biere dürften wie die von Geissler und Hofmann S. 1105 Anm. ***) untersucht sein oder nach den „Vereinbarungen“ bayerischer Chemiker, herausgegeben von Hilger 1885.

[3]) Nach Listy chem. II, 6; Chem. Centrbl. 1887, 175.

*) Die Biere waren die in Pilsen gangbarsten Sorten. Dieselben wurden nach den „Vereinbarungen“ bayerischer Chemiker, herausgegeben von Hilger 1885, untersucht. Der Alkohol wurde indirekt bestimmt, nachdem sich Verf. überzeugt hatte, dass die so erhaltenen Werthe mit den durch Destillation erzielten übereinstimmten.

No.	Nähere Bezeichnung	Zeit der Untersuchung	Spec. Gewicht 15° C.	Alkohol Gew. %	Extrakt %	Stickstoff-Substanz %	Maltose %	Dextrin %	Säure (=Milchsäure) %	Asche %	Phosphorsäure %	Kohlensäure %	Analytiker
451	Alt-Pilsener	1888	1,0121	2,86	4,52	—	—	—	—	0,164	—	—	Fr. Kundrat [1])
452	Pilsener Akt.-Br. Bockbier in Flaschen .	„	1,0154	4,09	5,96	—	—	—	—	0,234	—	—	Fr. Kundrat [1])
453	Pilsener Akt.-Br. Exportbier	„	1,0146	4,70	6,00	—	—	—	—	0,258	—	—	Fr. Kundrat [1])
454	Bürgerl. Brauh., Pilsen .	„	—	3,47	5,33	—	1,05	1,54	—	—	—	—	C. Rach und C. Gottfried [2])
455	Pilsener Bier	1890	—	3,63	4,93	—	—	—	0,186	0,199	—	—	M. Mansfeld [3])
456	In Zürich verschenkt Bürgl. Brauhaus, Pilsen	1891	1,0146	3,60	5,33	—	1,50	—	—	—	—	—	A. Bertschinger, E. Holzmann und J. Schütz [4])
457	In Zürich verschenkt Akt.-Br. „	„	1,0120	3,84	4,85	—	1,20	—	—	—	—	—	A. Bertschinger, E. Holzmann und J. Schütz [4])
458	Pilsener Export-Br., in Bern verschenkt . .	1892	1,0111	4,28	4,69	—	0,98	—	0,120	0,210	—	—	F. Schaffer [5])
459	Bürgerl. Brauh., Pilsen .	1893	—	4,16	5,17	—	0,53	—	0,320	0,205	0,089	—	B. C. Niederstadt [6])
460	Original-Pilsener*) . .	1897	1,0143	3,49	5,09	0,376	1,34	2,29 Glycerin	0,242	0,215	0,091	0,316 Essigsäure	B. Fischer [7])
461	Bürgerl. Brauhaus, Pilsen Schankbier	1898	1,0115	3,27	4,55	0,358	0,97 **)	0,209	0,112	0,212	0,079	—	Fr. Kundrat [8])
462	Bürgerl. Brauhaus, Pilsen Lagerbier .	„	1,0126	3,61	5,01	0,376	0,76 **)	0,224	0,103	0,219	0,083	—	Fr. Kundrat [8])
463	Pilsener Bier in Berlin verschenkt	„	—	3,55	5,21	0,328	—	—	—	0,198	0,090	—	E. Donath [9])
464	Wiener Bier in Berlin verschenkt	„	—	4,09	6,36	0,488	—	—	—	0,220	0,094	—	E. Donath [9])
465	Bürgerl.Br. in den Kgl. Weinbergen, Prag Schwarzes Königsbier	1895	—	3,66	5,86	0,464	1,57	—	0,097	0,232	—	0,024	A. Kukla [10])
466	Bürgerl.Br. in den Kgl. Weinbergen, Prag Helles Lagerbier	„	—	3,45	4,36	0,407	1,03	—	0,103	0,193	—	0,015	A. Kukla [10])
467	Bürgerl.Br. in den Kgl. Weinbergen, Prag Helles gewöhnl. Bier	„	—	3,18	4,36	0,387	1,16	—	0,098	0,189	—	0,015	A. Kukla [10])
468	Aktien-Br., Eger Lagerbier .	„	—	3,79	4,71	0,404	1,44	—	0,078	0,207	—	0,017	A. Kukla [10])
469	Aktien-Br., Eger Abzugsbier	„	—	2,94	2,07	0,350	1,27	—	0,089	0,168	—	0,010	A. Kukla [10])
470	Gödinger Schenkbier .	1892	1,0180	3,06	5,99	—	2,02	0,110	0,218	0,191	—	0,042	Gawalowski [11])
471	„ Märzenbier .	„	1,0263	2,80	7,80	—	1,06	0,104	0,272	0,223	—	0,132	Gawalowski [11])
472	Budweiser Schenkbier	„	1,0108	3,84	4,28	—	1,59	0,109	0,258	0,201	—	0,075	Gawalowski [11])
473	Pasteurisirtes Touristenbier, Kalthausen . .	1894	1,0254	2,71	7,84	—	—	—	0,146	0,228	—	—	M. Mansfeld [3])
474	Abzugbier	„	1,0166	2,90	5,16	0,334	—	—	0,092	0,175	—	—	M. Mansfeld [3])
475	desgl.	„	1,0145	2,97	5,03	0,344	—	—	0,108	0,182	—	—	M. Mansfeld [3])
476	desgl.	„	1,0120	3,00	4,39	0,330	—	—	0,115	0,173	—	—	M. Mansfeld [3])

[1]) Chem. Centrbl. 1888, 1520.
[2]) Allgem. Brauer- und Hopfen-Ztg. **28**, 711; Vierteljahresschr. Nahrungs- u. Genussm. 1888, **3**, 179.
[3]) Zeitschr. Nahrungsmittel-Unters., Hyg. u. Waarenk. 1890, **4**, 203; Vierteljahresschr. Nahrungs- und Genussm. 1890, **5**, 331 und 1894, **8**, 298.
[4]) Zeitschr. angew. Chem. 1891, 728.
[5]) Schweizer Wochenschr. Chem. u. Pharm. 1892, Sonderabdruck.
[6]) Zeitschr. Nahrungsmittel-Unters., Hyg. u. Waarenk. 1893, **7**, 166.
[7]) Zeitschr. ges. Brauw. 1897, **20**, 305.
[8]) Oesterr. Brauer- u. Hopfen-Ztg. 1898, **11**, 35; Zeitschr. ges. Brauw. 1898, **21**, 209.
[9]) Wochenschr. Brauerei 1900, **17**, 343.
[10]) Oesterr. Brauer- u. Hopfen-Ztg. 1895, **8**, 199; Zeitschr. ges. Brauw. 1895, **18**, 394.
[11]) Zeitschr. ges. Brauw. 1892, **15**, 279.

*) B. Fischer fand ferner 0,214 % Glycerin und Harze, 0,010 % Schwefelsäure.
**) Kundrat fand ferner im Schankbier 1,792 % und im Lagerbier 1,913 % Dextrin.

No.	Nähere Bezeichnung	Zeit der Untersuchung	Spec. Gewicht 15° C.	Alkohol Gew. %	Extrakt %	Stickstoff-Substanz %	Maltose %	Glycerin %	Säure (=Milchsäure) %	Asche %	Phosphorsäure %	Kohlensäure %	Analytiker
477	Mährisch-Neustädter Lagerbier à la Pilsen . . .	1894	1,0111	3,74	4,59	0,462	—	0,094	0,194	0,215	—	—	*M. Mansfeld* [1])
478	Wiener Lagerbier . . .	1896	—	3,89	5,52	—	1,25	—	0,150	—	—	—	*Dömens* [2])
479	Aus der Br. „Fohrenburg“ in Bludenz: Fassbier .	1897	1,0158	3,17	6,23	0,550	—	0,181	0,131	0,210	0,026	—	*v. Tobisch* [3])
480	Aus der Br. „Fohrenburg“ in Bludenz: Flaschenb.	„	1,0157	3,00	6,69	0,480	—	0,110	0,163	0,223	0,035	—	*v. Tobisch* [3])
												Schweflige Säure (mg in 1 l)	
	In Prag verschenkte Flaschenbiere:												
481	Raudnitzer	1890	1,0106	2,97	4,49	—	—	—	0,15	0,15	—	4,5	*Joseph Klaudi und Anton Swoboda* [4])
482	Aktien-Br. Pilsen . .	„	1,0158	3,25	4,58	—	—	—	0,21	0,19	—	9,1 *)	
483	„ Smichow .	„	1,0164	2,68	5,39	—	—	—	0,17	0,21	—	4,8	
484	Kreuzherrn	„	1,0203	2,60	6,73	—	—	—	0,15	0,21	—	6,8	
485	desgl. (Prälat) . . .	„	1,0201	3,82	6,78	—	—	—	0,29	0,27	—	5,9	
486	Petromitzer	„	1,0124	2,62	4,75	—	—	—	0,27	0,20	—	2,9	
487	Wittingauer	„	1,0124	3,75	4,87	—	—	—	0,16	0,22	—	9,2 *)	
488	Nusler	„	1,0156	2,30	5,34	—	—	—	0,17	0,20	—	0	
489	Jinonitzer	„	1,0147	2,65	5,08	—	—	—	0,12	0,18	—	1,5	
490	Wisotschauer Bockbier	„	1,0167	3,17	6,32	—	—	—	0,27	0,23	—	8,3	
491	„	„	1,0130	2,69	4,54	—	—	—	0,15	0,17	—	3,8	
492	Bürgerl. Brauh. Pilsen	„	1,0107	3,39	4,16	—	—	—	0,17	0,20	—	9,0 *)	
493	Miliner	„	1,0105	3,00	3,90	—	—	—	0,23	0,19	—	6,8	
494	Pracer	„	1,0127	3,14	4,72	—	—	—	0,17	0,16	—	2,7	
495	Wrschowitzer . . .	„	1,0182	2,45	5,64	—	—	—	0,18	0,19	—	2,1	
496	Konopischter . . .	„	1,0178	2,29	5,64	—	—	—	0,14	0,20	—	1,6	
497	Br. „n. Flecu“ (schwarz)	„	1,0162	3,11	5,62	—	—	—	0,18	0,25	—	6,3	
498	Popowitzer	„	1,0109	2,85	4,41	—	—	—	0,17	0,17	—	4,6	
499	Br. „n. Stajgru“ . .	„	1,0113	2,56	4,34	—	—	—	0,15	0,19	—	0	
500	Br. zum blauen Hecht (schwarz)	„	1,0125	3,19	4,70	—	—	—	0,26	0,22	—	2,1	
	Flaschenbiere aus Czernowitz:												
501	Helles Dampfbier der Bukowinaer Akt.-Br.	„	1,0163	4,26	4,85	—	—	0,230	0,120	—	0,042	—	*N. Wender* [5])
502	Helle Exportbiere von Steiner & Co. . .	„	1,0155	3,78	4,95	—	—	0,175	0,114	—	0,036	—	
503	Helle Exportbiere von Jos. Göbel	„	1,0168	3,16	5,52	—	—	0,201	0,140	—	0,055	—	

[1]) Zeitschr. Nahrungsm.-Unters., Hygiene u. Waarenk. 1890, **4**, 203; Vierteljahresschr. Nahrungs- u. Genussmittel 1890, **5**, 331 und 1894, **8**, 298.

[2]) Wochenschr. Brauerei 1896, **13**, 1343; Vierteljahresschr. Nahrungs- u. Genussm. 1896, **11**, 555.

[3]) Zeitschr. Nahrungsmittel-Unters., Hyg. und Waarenk 1897, **11**, 155; Vierteljahresschr. Nahrungs- und Genussmittel 1897, **12**, 262.

[4]) Allgem. Brauer- u. Hopfen-Ztg. 1890, **30**, 2079.

[5]) Zeitschr. Nahrungsmittel-Unters., Hyg. u. Waarenk. 1890, **4**, 270; Vierteljahresschr. Nahrungs- und Genussm. 1890, **5**, 484.

*) Klaudi u. Svoboda wollten feststellen, in welchen Mengen sich schweflige Säuren in den Bieren fand. Dieselbe wurde nach dem Verfahren von Weigert bestimmt. Die Menge der schwefligen Säuren steigt nach obigen Zahlen mit der Vergährung. Der Gehalt an schwefliger Säure betrug bei No. 482 nach 4 Monaten 5,4 mg, bei No. 487 nach 3 Monaten 4,4 mg und bei No. 492 nach 1 Monat 5,4 mg in 1 l.

No.	Nähere Bezeichnung	Zeit der Untersuchung	Spec. Gewicht 15° C.	Alkohol Gew. %	Extrakt %	Stickstoff-Substanz %	Maltose %	Dextrin %	Säure (= Milchsäure) %	Flüchtige Säure (= Essigsäure) %	Asche %	Phosphorsäure %	Analytiker
504	Dreher's Märzenbier . . .	1891	—	3,86	5,88	—	1,76	—	0,092	0,024	—	—	W. Kaspar[1]
505	Smichower Granatbier .	„	—	3,35	6,80	—	1,49	—	0,121	0,028	—	—	W. Kaspar[1]
506	Pracer „ . .	„	—	3,58	6,39	—	1,90	—	0,092	0,008	—	—	W. Kaspar[1]
507	„Schwarzes" Bier . . .	„	—	3,49	6,34	—	1,56	—	0,173	0,018	—	—	W. Kaspar[1]
508	Bayerisch-Bier	„	—	3,63	6,44	—	1,62	—	0,097	0,007	—	—	W. Kaspar[1]
509	Schwarzes Lagerbier	„	—	3,57	6,93	—	2,62	—	0,155	0,019	—	—	W. Kaspar[1]
510	Schwarzes Lagerbier	„	—	3,25	5,20	—	1,02	—	0,096	0,021	—	—	W. Kaspar[1]
511	Schwarzes Lagerbier	„	—	3,92	5,21	—	1,17	—	0,154	0,004	—	—	W. Kaspar[1]
512	Schwarzes Lagerbier	„	—	3,62	5,65	—	1,54	—	0,211	0,008	—	—	W. Kaspar[1]
513	Pilsener Schenkbier . . .	„	—	2,87	5,03	—	1,15	—	0,092	0,019	—	—	W. Kaspar[1]
514	Wittingauer weisses Lagerb.	„	—	3,72	4,86	—	1,34	—	0,099	0,018	—	—	W. Kaspar[1]
515	Pracer Schenkbier . . .	„	—	3,16	4,55	—	1,13	—	0,131	0,015	—	—	W. Kaspar[1]
516	Schwechater weisses Lagerb.	„	—	4,34	5,06	—	1,27	—	0,076	0,019	—	—	W. Kaspar[1]
517	Weisses Lagerbier . . .	„	—	3,17	5,48	—	1,20	—	0,140	0,027	—	—	W. Kaspar[1]
518	Weisses gewöhnliches Bier	„	—	3,33	3,98	—	1,54	—	0,137	0,020	—	—	W. Kaspar[1]
519	Schwarzes bayerisches Bier	„	—	3,52	5,78	—	1,82	—	0,133	0,006	—	—	W. Kaspar[1]
520	Schwarzes bayerisches Bier	„	—	3,89	4,93	—	1,09	—	0,208	0,014	—	—	W. Kaspar[1]
	Gesammt-Mittel	—	1,0130	3,69	5,39	0,52	1,26	3,07	0,178	Glycerin 0,181	0,207	0,063	Kohlensäure 0,207

Aeltere und sonstige Analysen.

1. Wackenroder: De cerevisiae vera mixtione et indole chemica Jenae 1850.
2. Kayser in R. Stierlin: Das Bier seine Verfälschungen etc. Bern 1878, 125.
3. C. Lermer in Chem. Centrbl. 1866, 1086.
4. A. Hilger (Arch. Pharm. **5**, 3) fand in 1874/75-er Erlanger Bieren folgende Schwankungen:

	Alkohol	Extrakt	Zucker	Dextrin	Asche
Winterschenkbiere aus 17 Brauereien	2,80—4,06 %	4,27—6,58 %	—	—	0,13—0,29 %
Sommerbiere aus 5 Brauereien . . .	4,06—4,50 „	4,37—6,18 „	0,38—0,67 %	0,03—1,64 %	0,04 (?)—0,48 %

5. 22 auf Veranlassung des Kgl. Polizei-Präsidiums in Berlin ausgeführte Analysen („Tribüne" 1877, No. 290) ergaben: 1,62—4,65 % Alkohol, 3,11—6,44 % Extrakt, 0,152—0,339 % Asche.
6. F. Goppelsröder: Baseler Lagerbiere — Dingler's Polytechn. Journ. **217**, 328.
7. O. Reinke: Lagerbiere — Wochenschr. Brauerei 1887, **4**, 795.
8. J. Samelson: Bieranalysen ohne nähere Angabe der Art und des Ursprungs. — Chem.-Ztg. 1889, **13**, 757.
9. H. Kämmerer: Nürnberger Biere — Allgem. Brau- u. Hopfen-Ztg. 1890, **30**, 165, 1895, **35**, 1682, 1896, **36**, 1669, 1898, **38**, 1937; Vierteljahrsschr. Nahrungs- und Genussm. 1890, **5**, 69, 1894, **9**, 409, 1895, **10**, 416, 1896, **11**, 402; Zeitschr. ges. Brauw. 1898, **21**, 538, 1900, **23**, 129.
10. C. Wacker: Ulmer Biere — Zeitschr. angew. Chem. 1892, 312.
11. Gawalowski (Zeitschr. ges. Brauw. 1892, **15**, 158) untersuchte die Biere des Brünner Bezirkes und fand für die 7 in Mähren selbst gebrauten Biere 2,50—3,53 % Alkohol, 3,94—5,65 % Extrakt, 0,087—0,255 % Säure und 0,170 bis 0,252 % Asche.
12. B. Fischer: Bier nach Pilsener Art aus einer Breslauer Brauerei. Jahresbericht des chemischen Untersuchungsamtes 1893/94.
13. F. Schönfeld: Analysen und Betrachtungen über Pilsener Biere und Vergleich derselben mit norddeutschen Bieren nach Pilsener Art (Wochenschr. Brauerei 1895, **12**, 1157 und 1230) ergaben:

		Alkohol	Extrakt	Extraktgehalt der Stammwürze	Vergährungsgrad
5 Pilsener (Böhmische) Biere	Mittel . . .	3,55 Gew.-%	4,56 %	11,44 %	60,3 %
	Schwankungen	3,23—3,71 %	4,05—4,87 %	10,81—11,99 %	58,6—63,2 %

---

[1]) Wochenschr. Brauerei 1891, **8**, 286; Chem. Centralbl. 1891, I, 766.

		Alkohol Gew.-%	Extrakt %	Extraktgehalt der Stammwürze %	Vergährungsgrad %
7 Norddeutsche Biere nach Pilsener Art	Mittel . . .	3,76	4,86	12,17	60,0
	Schwankungen	3,16—4,20	4,45—5,90	11,10—13,85	50,8—65,1
Süddeutsche helle Biere .	I	3,45	5,75	12,37	53,5
	II	3,80	5,90	13,20	55,3

14. Zahlreiche Angaben über den Vergährungsgrad bayerischer Biere — Forschungsberichte über Lebensmittel etc. 1895, **2**, 330.
15. E. Ehrich (Zeitschr. Bierbrauerei 1896, 364; Zeitschr. angew. Chem. 1896, 308) Untersuchungen über den End-Vergährungsgrad ergaben, dass in den Bieren (6 Proben) noch 0,385—2,130 % vergährbarer Extrakt vorhanden war.
16. Blochmann: Auf der Ausstellung zu Königsberg i. Pr. 1895 ausgestellte Biere — Jahresber. des Polytechn. u. Gewerbe-Vereins zu Königsberg für 1895, 52.
17. Bernhold u. Karabibarowic: 1898-er in München ausgeschenkte Biere — Jahresber. 1897/98 der Münchener Brauakademie S. 33; Wochenschr. Brauerei 1898, **15**, 683.
18. E. Donath: Zusammensetzung der Biere des Jahres 1899 — Wochenschr. Brauerei 1900, **17**, 343. Ein Theil der Analysen ist in die vorstehenden und nachfolgenden Tabellen aufgenommen.
19. G. Lenz: Heilbronner Biere. — Zeitschr. ges. Brauw. 1900, **23**, 287.
20. R. Woy: Breslauer Biere — Zeitschr. öffentl. Chem. 1901, **7**, 240.

Schwerere Biere.

Export-Biere.

No.	Nähere Bezeichnung	Zeit der Untersuchung	Spec. Gewicht 15° C.	Alkohol Gew. %	Extrakt %	Stickstoff-Substanz %	Maltose %	Dextrin %	Säure (=Milchsäure) %	Asche %	Phosphorsäure %	Kohlensäure %	Analytiker
1	Weihenstephaner	1874	1,0189	3,20	6,75	0,50	0,96	3,22	0,225	0,24	—	—	*Krandauer*[1])
2	Strassburger	„	1,0149	4,75	5,63	0,47	0,85	2,40	0,216	0,23	—	—	
3	Aus Norwegen	„	1,0170	4,40	6,12	0,50	1,06	4,32	0,270	0,23	—	—	
4	Aus Stralsund	„	1,0190	3,94	6,56	—	0,96	1,76	0,270	—	—	—	
5	Kulmbacher aus der Puszta hell . .	1878	1,0153	3,59	6,10	—	—	—	0,17	0,28	0,086	0,227	*J. Skalweit*[2])
6	Kulmbacher aus der Puszta dunkel .	„	1,0182	3,62	7,53	—	—	—	0,13	0,32	0,102	0,201	
7	Kulmbacher hell, Gebr. Christ	„	1,0151	3,66	5,89	—	—	—	0,18	0,39	0,085	0,232	
8	Weihenstephan	„	1,0147	4,06	5,49	—	—	—	0,19	0,22	0,067	0,218	
9	Erlanger, A. Schelle . .	„	1,0175	3,98	6,59	—	—	—	0,12	0,27	0,089	0,113	
10	„ Niklass . . .	„	1,0190	3,40	7,85	—	—	—	0,19	0,26	0,082	0,150	
11	Nürnberger, Robby . . .	„	1,0158	3,77	6,18	—	—	—	0,21	0,22	0,070	0,181	
12	Uelzener	„	1,0150	4,52	6,76	—	—	—	0,19	0,30	0,070	0,222	
13	Erlanger, Niklass . . .	1879	1,0210	3,82	7,27	—	—	—	—	0,38	0,112	0,209	
14	Kulmbacher, Aktien-Br. .	„	1,0174	3,84	6,27	—	—	—	—	0,29	0,097	0,198	
15	Nürnberger I., braun . .	1878	1,0180	3,87	6,04	—	—	—	—	0,26	0,061	—	*L. Janke*[3])
16	„ II., „ . .	„	1,0210	4,40	6,58	—	—	—	—	0,29	0,056	—	
17	Kitzinger	„	1,0250	5,13	7,16	—	—	—	—	0,28	0,071	—	
18	Erlanger, Erich	„	1,0160	4,15	5,36	—	—	—	—	0,21	0,075	—	
19	„ Henninger . . .	„	1,0200	3,90	5,74	—	—	—	—	0,23	0,084	—	
20	Bayerisches Export-Bier .	1879	1,0180	(9,92)?	(6,18)	—	—	—	—	0,28	0,093	—	
21	Nürnberger „ .	„	1,0140	5,77	5,78	—	—	—	—	0,28	0,097	—	

[1]) C. Lintner: Lehrbuch der Bierbrauerei 1875, 556 und Mittheil. der bayer. Central-Landwirthschaftsschule 1874/75, 12. Ueber die Untersuchungs-Methoden ist nichts angegeben.

[2]) Zeitschr. gegen Verfälschung der Nahrungsmittel Leipzig 1878, 355 und Hannov. Monatsschr. wider die Nahrungsfälscher 1879, 177—181.

[3]) Zeitschr. gegen Verfälschung der Lebensmittel Leipzig 1879, No. 10.

No.	Nähere Bezeichnung	Zeit der Untersuchung	Spec. Gewicht 15° C.	Alkohol Gew. %	Extrakt %	Stickstoff-Substanz %	Maltose %	Dextrin %	Säure (=Milchsäure) %	Asche %	Phosphorsäure %	Kohlensäure %	Analytiker
22	Kulmbacher I. Aktien-Brauerei	1878	1,022	5,29	8,40	—	—	—	—	0,32	0,106	0,300	*E. Geisler und G. Hofmann* [1] *)
23	Kulmbacher Export-Brauhaus	„	1,016	4,47	6,62	—	—	—	—	0,30	0,104	0,302	
24	Kulmbacher „ „	1879	1,0193	4,51	7,94	—	—	—	0,20	0,33	—	—	
25	Kulmbacher Eberlein	Dec.	1,0240	4,82	8,19	—	—	—	0,28	0,32	—	—	
26	Kulmbacher Sandler	Nov.	1,0182	4,86	7,91	—	—	—	0,23	0,24	—	—	
27	Kulmbacher Pätz	März	1,0214	4,78	7,49	—	—	—	0,26	0,31	—	—	
28	Kulmbacher Rizzi	Aug.	1,0132	5,47	6,07	—	—	—	0,27	0,30	—	—	
29	Nürnberger, Aktien-Br.	„	1,0172	4,60	6,63	—	—	—	0,23	0,25	—	—	
30	Kitzinger, Ehemann	Nov.	1,0175	4,88	5,74	—	—	—	0,23	0,23	—	—	
31	Nürnberger	März	1,0184	4,30	6,63	—	—	—	0,23	0,27	—	—	
32	Münchener Spaten-Br.	Dec.	1,0201	3,74	6,59	—	—	—	0,19	0,20	—	—	
33	Münchener Löwen-Br.	Aug.	1,0147	4,20	5,66	—	—	—	0,23	0,22	—	—	
34	Dresdener, Waldschlösschen	1879	1,0190	4,96	7,33	—	—	—	0,20	0,27	—	—	
35	Speyerer, Sick	17.5.78	1,0220	5,00	8,22	—	—	—	—	0,27	—	—	*Halenke* [2]
36	„ „	24.1.79	1,0250	4,30	8,64	—	—	—	—	0,27	—	—	
37	Löwenbräu, München, pasteurisirtes Flaschenbier	1884	1,0187	3,47	6,37	0,88	—	—	0,260	0,296	0,090	0,018	*E. Röhrig und J. Skalweit* [3] **)
38	Kulmbacher Akt.-Exp.-Br. dunkeles	„	1,0259	4,31	8,51	1,12	—	—	0,180	0,321	0,105	0,189	
39	Kulmbacher Akt.-Exp.-Br. helles	„	1,0133	4,19	5,35	0,87	—	—	0,132	0,240	0,084	0,140	
40	H. Henninger, Erlangen helles	„	1,0141	4,43	5,70	0,95	—	—	0,127	0,22	0,080	0,172	
41	H. Henninger, Erlangen mittelfarbiges	„	1,0170	5,07	6,71	1,03	—	—	0,142	0,23	0,095	0,136	
42	H. Henninger, Erlangen dunkeles	„	1,0145	4,61	5,82	1,08	—	—	0,148	0,23	0,088	0,162	
43	Carl Niklass, Erlangen dunkeles	„	1,0200	4,49	7,26	0,99	—	—	0,127	0,24	0,089	0,201	
44	Carl Niklass, Erlangen helles	„	1,0205	3,49	6,85	1.18	—	—	0,108	0,23	0,094	0,187	
45	Kubra-Kyffhäuser, dunkeles	„	1,0144	3,78	5,45	0,70	—	—	0,135	0,21	0,062	0,128	
46	Union-Brauerei in Hannover	„	1,0195	3,68	6,71	0,87	—	—	0,129	0,21	0,081	0,150	
47	Vereins-Br. in Herrenhausen, in Flaschen	„	1,0140	5,12	5,91	0,62	—	—	0,132	0,22	0,073	0,129	
48	Aktien-Brauerei in Hannover	„	1,0150	5,57	5,53	0,63	—	—	0,183	0,19	0,078	0,165	
49	H. & J. ten Doornkaat-Koolmann in Norden	„	1,0171	4,50	6,41	1,20	—	—	0,135	0,23	0,082	0,187	
50	Schaumburg. Br., Stadthagen	„	1,0151	3,64	5,57	0,76	—	—	0,128	0,21	0,062	0,159	
51	Hemelinger Aktien-Brauerei	„	1,0120	4,11	5,20	0,73	—	—	0,135	0,21	0,070	0,188	
52	Barmer Aktien-Brauerei	„	1,0210	3,47	7,01	0,79	—	—	0,152	0,251	0,073	0,227	
								Flücht. Säure (=Essigsäure)					
53	Müller, Bremen	„	1,0120	5,50	5,40	—	—	0,008	0,120	—	—	0,16	*C. G. Zetterlund* [4] ***)
54	Herrmann, „	„	1,0138	3,65	6,37	—	—	0,008	0,09	—	—	0,16	
55	Geisel, Neustadt a. H.	„	1,0177	5,83	6,85	—	—	0,005	0,14	—	—	0,07	
56	Kulmbacher	„	1,0202	3,35	6,44	—	—	0,003	0,12	—	—	0,13	

[1]) Pharmc. Centralhalle 1880, **21**, No. 10; Jahresber. f. Agrik.-Chemie 1878, 663 u. 664.
[2]) Zeitschr. ges. Brauw. 1879, **2**, 416.
[3]) Bericht über die deutsche Brauerei-Ausstellung in Hannover 1884.
[4]) Zeitschr. ges. Brauw. 1884.

*) Vergl. Anmerkung ***) S. 1105.
**) Ueber die Untersuchungs-Methoden vergl. Anm. *) S. 1102.
***) Vergl. Anmerkung *) S. 1120.

No.	Nähere Bezeichnung	Zeit der Untersuchung	Spec. Gewicht 15° C.	Alkohol Gew. %	Extrakt %	Stickstoff-Substanz %	Maltose %	Flüchtige Säure (= Essigsäure) %	Säure (= Milchsäure) %	Asche %	Phosphorsäure %	Kohlensäure %	Analytiker
57	Frankfurter Bierbrauerei-Gesellschaft	1884	1,0196	4,03	5,78	0,61	—	0,004	0,04	—	—	0,31	C. G. Zetterlund[1]) *)
58	Frankfurter Bierbrauerei-Gesellschaft	„	1,0179	3,58	6,28	—	—	0,003	0,03	—	—	0,30	
59	Frankfurter Bierbrauerei-Gesellschaft	„	1,0214	4,00	6,59	1,21	—	Spur	0,07	—	—	0,19	
60	Vereins-Br. in Bergedorf	„	1,0176	4,72	6,21	0,52	—	0,005	0,55	—	—	0,18	
61	Aktien-Br. Hemelingen	„	1,0136	4,28	5,23	0,48	—	0,004	0,03	—	—	0,10	
62	Aktien-Br. Hemelingen	„	1,0106	4.08	5,27	0,46	—	0,005	0,02	—	—	0,19	
63	C. Seger's Bier-Export, Hamburg: Münchner Kindl	„	1,0157	3,86	6,35	—	—	0,003	0,11	—	—	0,34	
64	C. Seger's Bier-Export, Hamburg: Bayr. Exportbier für die Marine	„	1,0133	5,80	5,44	1,13	—	0,005	0,04	—	—	0,33	
65	C. Seger's Bier-Export, Hamburg: Nürnberg. Exportbier	„	1,0229	4,26	6,99	—	—	0,005	0,02	—	—	0,35	
66	C. Seger's Bier-Export, Hamburg: Erlanger „	„	1,0232	4,11	7,52	1,72	—	0,003	0,07	—	—	0,24	
67	C. Seger's Bier-Export, Hamburg: La Colombiana	„	1,0180	5,45	5,69	—	—	Spur	0,14	—	—	0,30	
68	C. Seger's Bier-Export, Hamburg: Kulmbacher Exportb.	„	1,0230	4,19	7,34	—	—	Spur	0,13	—	—	0,36	
69	C. Seger's Bier-Export, Hamburg: Pilsener „	„	1,0116	4,63	4,80	0,69	—	Spur	0,02	—	—	0,38	
70	C. Seger's Bier-Export, Hamburg: Akt.-Br. in Aschaffenburg	„	1,1032	5,07	4,88	—	—	Spur	0,09	—	—	0,32	
								Dextrin					
71	Ursprung unbekannt	1887	1,0157	4,07	5,95	0,55	1,26	2,42	0,180	0,23	0,098	—	O. Reinke [2]) ***)
72	desgl. **)	„	1,0195	4,00	6,75	0,35	2,10	3,68	0,176	0,187	0,067	—	
				Vol. %				Glycerin					
73	Aktien-Brauerei Nürnberg	1886	1,0179	4,40	6,40	—	—	0,124	0,108	0,223	0,050	—	F. Schaffer[3]) [0])
74	Sedlmayer, München	„	1,0182	4,90	6,55	—	—	0,185	1,081	0,220	0,068	—	
75	Augustinerbräu, „	„	1,0210	4,60	7,41	—	—	—	0,135	0,204	—	—	
76	Frankfurter	„	1,0198	5,35	6,98	—	—	—	0,144	0,225	0,048	—	
77	Löwenbräu, München	1883	1,0196	4,90	7,12	—	—	—	0,207	0,187	0,073	—	A. Bertschinger[4]) [00])
78	Leistbräu, „	„	1.0155	5,60	6,02	—	—	—	0,291	0,179	0,070	—	
79	Wahl, Augsburg	„	1,0192	5,50	6,93	—	—	—	0,207	0,195	0,075	—	
80	Königsbräu, Lindau	„	1,0206	5,20	7,28	—	—	—	0,234	0,248	0,095	—	
81	Henninger, Erlangen	„	1,0185	5,60	6,85	—	—	—	0,366	0,238	0,088	—	
82	„ Frankfurt	„	1,0186	5,40	6,66	—	—	—	0,216	0,227	0,098	—	

[1]) Zeitschr. ges. Brauwesen 1884.
[2]) Nach Wochenschr. f. Brauerei in Zeitschr. f. chem. Industrie 1887, 291.
[3]) Bericht des Laboratoriums f. den Kanton Bern für 1887, 7.
[4]) Bericht d. städt. chem. Laboratoriums der Stadt Zürich für 1883, 6.

*) Spec. Gewicht wurde in dem entkohlensäuerten Bier bei 15° C. im Pyknometer bestimmt; Alkohol durch Destillation des entkohlensäuerten und mit Natriumcarbonat neutralisirten Bieres im Destillat; Extrakt durch Eindampfen des Bieres mit Quarzsand uud Trocknen bei 80—90° C.; Kohlensäure wurde doppelt bestimmt, einmal durch Einleiten entkohlensäuerter Luft und Auffangen der Kohlensäure im Natronkalkrohr, dann durch einfaches Erwärmen des Bieres in einer mit Chlorcalciumrohr versehenen Flasche aus dem Gewichtsverlust; Säure durch Titration mit Normal-Natronlauge und ferner die flüchtige Säure aus der Differenz der Titration des ursprünglichen entkohlensäuerten und des zum Syrup eingedampften Bieres.

**) Dieses Exportbier war bereits in Amerika gewesen.

***) Die Untersuchungs-Methoden sind nicht angegeben.

[0]) Das spec. Gewicht im entkohlensäuerten Bier mit der Westphal'schen Waage, Alkohol durch Destillation und Bestimmung des spec. Gewichtes des Destillats, Asche durch Eindampfen und Einäschern von 50 ccm, Phosphorsäure in der Asche nach der Molybdän-Methode, Glycerin nach der Clausnitzer'schen Methode, Extrakt sowohl direkt durch Eindunsten und Trocknen von 10 ccm bei 80° C. als indirekt durch Bestimmung des spec. Gewichtes der von Alkohol befreiten Extraktlösung nach der Schultze'schen Tabelle. Meistens wurden übereinstimmende Zahlen erhalten, anderen Falles das Mittel aus beiden genommen.

[00]) Die Methoden der Untersuchung sind nicht angegeben; wahrscheinlich sind die Biere nach den vorstehend von F. Schaffer angewendeten Methoden untersucht.

No.	Nähere Bezeichnung	Zeit der Untersuchung	Spec. Gewicht 15° C.	Alkohol Vol. %	Extrakt %	Stickstoff-Substanz %	Maltose %	Glycerin %	Säure (=Milchsäure) %	Asche %	Phosphorsäure %	Kohlensäure %	Analytiker
83	Bürgerl. Brauhaus, Pilsen .	1883	1,0144	4,60	5,48	—	—	—	0,180	0,184	0,070	—	A. Bertschinger[1])
84	Aktien-Brauhaus, „ .	„	1,0109	4,60	4,42	—	—	—	0,144	0,176	0,065	—	
85	Kulmbacher, dunkel . . .	1884	1,0240	4,89	8,08	—	—	0,152	0,153	0,270	0,086	—	F. Schaffer[2])
86	Frankfurter, hell	„	1,0205	3,92	6,94	—	—	—	0,108	0,200	0,086	—	
87	Spatenbr., München, dunkel	„	1,0220	3,56	6,92	—	—	—	0,099	0,210	0,085	—	
88	Pschorrbräu, München . .	1885	1,0185	4,00	6,45	—	—	—	0,140	0,186	0,062	—	L. Friedrich[3]) *)
89	Spatenbräu, „ . .	„	1,0196	3,92	6,65	—	—	—	0,200	0,203	0,047	—	
90	Erich, Erlangen	„	1,0180	4,50	6,40	—	—	—	0,198	0,256	0,090	—	
91	Ehemann-Kitzingen, hell .	„	1,0170	5,10	6,40	—	—	—	0,210	0,270	0,066	—	
92	Jacob & Co., Rehau . . .	„	1,0160	4,60	5,90	—	—	—	0,234	0,238	0,110	—	
93	Tucher'sches, hell . . .	„	1,0192	3,95	6,50	—	—	—	0,175	0,252	0,052	—	
	Oesterreich. Biere (No. 94—101).			Gew. %									
94	Staaber Exportbier . .	1873	1,0100	4,79	4,65	—	—	—	—	—	—	0,22	O. Kohlrausch[4])
95	Schwechater „ . .	1876	1,0174	3,52	6,00	0,47	—	—	0,13	0,19	—	—	Fr. Schwackhöfer[5])
96	Liesinger „ . .	„	1,0256	4,26	8,08	0,64	—	—	0,23	0,36	—	—	
97	Pilsener „ . .	„	—	3,39	4,78	0,34	—	—	0,13	0,20	—	—	
98	„ „ . .	„	1,0139	4,59	5,37	0,42	—	—	—	0,23	—	—	
99	Pardubitzer „ . .	„	1,0146	3,19	5,08	0,28	—	—	0,12	0,17	—	—	
100	Lundenburger „ . .	„	1,0148	3,47	5,15	0,30	—	—	0,15	0,20	—	—	
101	Aus Puntigam bei Graz .	1880	1,0194	4,70	6,90	0,51	1,06	—	—	—	—	—	Lintner[6])
102	Budapester Exportbier . .	1884	1,0150	4,06	5,49	—	—	—	0,157	0,25	—	—	S. Fischer[7])
103	desgl.	„	1,0149	4,31	5,63	—	—	—	0,152	0,20	—	—	
						Dextrin							
104	Hackerbräu, München . .	1887	1,0200	3,92	6,79	—	—	0,131	0,238	0,256	—	—	H. Kämmerer[8])
105	Bürgerl. Brauhaus „ . .	„	1,0214	3,86	6,83	—	—	0,164	0,223	0,237	—	—	
106	Münchener Exp.-Biere: Löwenbräu .	1888	—	3,66	7,86	1,66	2,60	—	—	—	—	—	C. Rach u. C. Gottfried[9])
107	Münchener Exp.-Biere: Leistbräu (Franziskaner)	„	—	3,74	7,60	3,27	2,39	—	—	—	—	—	
108	In Coblenz verschenkt: Münchener Biere	1889	—	4,12	7,10	—	—	0,184	—	0,212	0,081	—	J. Samelson[10]) **)
109	In Coblenz verschenkt: Münchener Biere	„	—	4,30	7,18	—	—	0,196	—	0,265	0,086	—	
110	In Coblenz verschenkt: Münchener Biere	„	—	3,20	8,42	—	—	0,220	—	0,272	0,086	—	
111	In Coblenz verschenkt: Münchener Biere	„	—	3,94	7,75	—	—	0,164	—	0,256	0,082	—	
112	In Coblenz verschenkt: Speyerer Bier . .	„	—	4,18	7,00	—	—	0,170	—	0,220	0,079	—	

[1]) Vergl. Anmerkung [4]) u. [00]) S. 1120.
[2]) Bericht des Laboratoriums f. den Kanton Bern für 1884, 9.
[3]) Bericht d. Vereins gegen Verfälschung der Lebensmittel in Chemnitz bis 1885 von L. Friedrich.
[4]) Jahresber. f. Agrik.-Chem. 1873/74, **3**, 264. Untersuchungs-Methoden vergl. S. 1112 Anm. ***).
[5]) Allgem. Chem. Zeitschr. f. Brauerei u. Malzfabrikation 1876. Untersuchungs-Methoden vergl. S. 1113 Anm. **).
[6]) Correspondenzbl. d. Vereins analyt. Chemiker 1880, 64.
[7]) Archiv f. Hygiene 1884, **2**, 432. Ueber Untersuchungs-Methoden vergl. die Analysen desselben Verfassers S. 1125, Anm. †).
[8]) Zeitschr. ges. Brauw. 1889, **12**, 61.
[9]) Allgem. Brauer- u. Hopfen-Ztg. **28**, 711; Vierteljahresschr. Nahrungs- u. Genussm. 1888, **3**, 179.
[10]) Chem.-Ztg. 1889, **13**, 757.

*) Die Untersuchungs-Verfahren sind nicht angegeben.
**) Untersuchungs-Verfahren: Extrakt indirekt nach Schulze, Glycerin nach Neubauer und Borgmann, Phosphorsäure durch Eindampfen mit Barythydrat und dann nach der Molybdän-Methode.

No.	Nähere Bezeichnung	Zeit der Untersuchung	Spec. Gewicht 15° C.	Alkohol Gew. %	Extrakt %	Stickstoff-Substanz %	Maltose %	Glycerin %	Säure (=Milchsäure) %	Asche %	Phosphorsäure %	Flüchtige Säure (=Essigsäure) %	Analytiker
113	In Bern verschenkt: Pschorr-München, dunkel	1892	1,0203	3,96	6,81	—	1,91	0,10	0,162	0,226	—	—	F. Schaffer [1] *)
114	In Bern verschenkt: Br. Beau-Regard in Freiburg, hell . .	„	1,0127	4,60	6,45	—	2,00	—	0,230	0,300	—	—	F. Schaffer [1] *)
115	In Bern verschenkt: Br. Jäger-Solothurn, braun	„	1,0251	4,16	8,01	—	2,05	—	0,132	0,250	—	—	F. Schaffer [1] *)
	Braunschweiger Biere.												
116	National-Aktien-Br. „Münchener"	1891	1,0178	4,01	6,78	0,52	1,46	—	—	0,245	0,045	—	R. Frühling und J. Schulz [2]
117	National-Aktien-Br. „Kulmbacher"	„	1,0202	4,23	7,12	0,54	1,48	—	—	0,254	0,048	—	R. Frühling und J. Schulz [2]
118	Akt.-Br. Streitberg: „Löwenbier" (nach Art des Münchener Exportbieres) . .	„	1,0135	5,30	6,03	0,76	1,50	—	—	0,280	0,081	—	R. Frühling und J. Schulz [2]
119	Kulmbacher dunkeles Exportbier	„	—	3,90	8,73	—	3,10	—	0,137	—	—	0,020	W. Kasper [3]
120	Kulmbacher dunkeles Exportbier	„	—	4,62	7,80	—	2,20	—	0,142	—	—	0,028	W. Kasper [3]
121	Aicher Exportbier . . .	„	—	5,10	6,39	—	1,54	—	0,127	—	—	0,030	W. Kasper [3]
122	Die Biere waren auf der Ausstellung der Deutschen Landwirthschafts-Gesellschaft in Bremen prämiirt: Bergische Br.-Ges. Elberfeld . . .	„	1,0110	4,44	4,71	0,358	1,12	—	0,126	0,182	0,077	—	J. König [4]
123	Gambrinusbräu, Böhm. Brauhaus Berlin .	„	1,0203	3,31	6,64	0,460	1,44	—	0,117	0,218	0,075	—	J. König [4]
124	Munkebräu, Exp.-Br. Flensburg . . .	„	1,0176	3,60	5,99	0,561	1,29	—	0,151	0,205	0,084	—	J. König [4]
125	Export-Fassbier **), Exp.-Br. Bamberg .	„	1,0168	4,19	5,89	0,583	1,32	—	0,173	0,235	0,094	—	J. König [4]
126	Prälatenbräu, Gaardener Exp.-Br., Gaarden bei Kiel . .	„	1,0119	4,37	4,74	0,293	1,17	—	0,120	0,195	0,067	—	J. König [4]
127	Hansa-Br.-Gesellsch., Hamburg . . .	„	1,0150	4,01	5,18	0,445	1,26	—	0,129	0,183	0,068	—	J. König [4]
128	Andr. Müller, Exp.-Br. Bremen . .	„	1,0103	4,64	4,75	0,324	1,16	—	0,144	0,206	0,074	—	J. König [4]
129	Nach Pilsener Art, W. Remmer, Bremen	„	1,0037	5,62	3,47	0,319	0,82	—	0,129	0,169	0,062	—	J. König [4]
130	Nach Münchener Art, W. Remmer, Bremen	„	1,0163	4,68	6,42	0,663	1,62	—	0,145	0,277	0,091	—	J. König [4]
131	München. Exp.-Biere, in Zürich verschenkt: Pschorrbräu . . .	„	1,0189	3,87	6,56	—	1,20	—	—	—	—	—	A. Bertschinger, F. Holzmann u. J. Schulz [5]
132	Löwenbräu . . .	„	1,0234	3,41	7,44	—	2,70	—	—	—	—	—	A. Bertschinger, F. Holzmann u. J. Schulz [5]
133	Leistbräu (Franziskaner)	„	1,0230	3,57	7,44	—	2,55	—	—	—	—	—	A. Bertschinger, F. Holzmann u. J. Schulz [5]
134	Hackerbräu . . .	„	1,0201	3,87	6,87	—	1,95	—	—	—	—	—	A. Bertschinger, F. Holzmann u. J. Schulz [5]
135	Bürgerbräu . . .	„	1,0241	3,45	7,63	—	3,00	—	—	—	—	—	A. Bertschinger, F. Holzmann u. J. Schulz [5]
136	Metzgerbräu . . .	„	1,0197	3,87	6,75	—	1,95	—	—	—	—	—	A. Bertschinger, F. Holzmann u. J. Schulz [5]

[1]) Schweizer. Wochenschr. Chem. u. Pharm. 1892. Sonderabdruck.
[2]) Zeitschr. angew. Chem. 1891, 665.
[3]) Wochenschr. Brauerei 1891, **8**, 286; Chem. Centrbl. 1891, I, 766.
[4]) Bericht über die Dauerwaaren auf der 5. Wanderausstellung der deutschen Landw. Gesellschaft zu Bremen 1891, **6**, 236. Die Biere hatten bereits eine Reise über den Aequator mitgemacht.
[5]) Zeitschr. angew. Chem. 1891, 728.

*) Vergl. unter Schweizer Biere S. 1132 Anm. **).
**) Das Bier war in einem Metallfass pasteurisirt und mit einem hölzernen Fasse u. Sägespänen umgeben.

No.	Nähere Bezeichnung	Zeit der Untersuchung	Spec. Gewicht 15° C.	Alkohol Gew. %	Extrakt %	Stickstoff-Substanz %	Maltose %	Glycerin %	Säure (=Milchsäure) %	Asche %	Phosphorsäure %	Kohlensäure %	Analytiker
137	Akt.-Brauerei Kulmbach	1891	1,0262	4,38	8,49	—	2,85	—	—	—	—	—	A. Bertschinger, E. Holzmann u. J. Schütz [1])
138		„	1,0155	4,92	6,11	—	1,05	—	—	—	—	—	
139	Henninger-Erlangen . . .	„	1,0203	3,87	6,89	—	1,80	—	—	—	—	—	
140	Br. zum Spaten, München, Spatenhräu	1893	—	4,16	5,70	—	1,36	—	—	0,215	0,078	—	B. C. Niederstadt [2])
141	Exportbier	„	—	4,40	5,44	—	1,15	—	—	0,206	0,086	—	
142	Akt.-Exp.-Brauerei Kulmbach, Helles Exp.-B.	„	—	5,05	5,74	—	1,36	—	0,150	0,286	0,084	—	
143	Dunkeles „	„	—	5,30	8,74	—	1,32	—	—	0,314	0,086	—	
144	Monopol-Kulmbacher	„	—	4,81	5,41	—	1,13	—	0,203	0,284	0,090	—	
145	Kgl. Bayer. Staats-Brauerei Weihenstephan, Exp.-Bier	„	—	3,24	7,66	—	2,13	—	—	0,216	0,099	—	
146	Aschaffenburger Bayer. Akt.-Brauerei	„	—	4,12	7,00	—	1,87	—	0,180	0,292	0,087	—	
147	Erlang. Exp.-B. v. H. Henninger	„	—	3,96	7,41	—	1,13	—	0,281	0,291	0,082	—	
148	Strassburger Exp.-B.-Akt.-Gesellschaft	„	—	4,10	6,01	—	—	—	0,150	0,204	0,065	Schwefelsäure 0,008	
149	Spatenbräu, Exportbier . .	1894	1,0201	4,17	7,07	0,610	—	0,17	0,180	0,223	—	—	M. Mansfeld [3])
150	desgl.	1900	1,0200	3,94	6,72	0,410	2,06	—	0,160 *)	0,209	—	—	F. B. Ahrens [4])
151	Münchener, in Berlin verschenkt	1898	—	3,73	6,44	0,409	—	—	—	0,195	0,077	—	E. Donath [5])
152	„	„	—	4,02	6,63	0,470	—	—	—	0,240	—	—	
153	Nürnberger	„	—	3,79	5,96	0,447	—	—	—	0,231	0,090	—	
	Mittel	—	**1,0178**	**4,29**	**6,50**	**0,66**	**1,65**	**0,17**	**0,174**	**0,239**	**0,078**	Kohlensäure **0,207**	Dextrin etc. **3,61**

Doppelbiere.

Bock-, Märzen-, Salvator-, Tafel-, Salonbier etc.

No.	Nähere Bezeichnung	Zeit der Untersuchung	Spec. Gewicht 15° C.	Alkohol Gew. %	Extrakt %	Stickstoff-Substanz %	Maltose %	Glycerin / Dextrin %	Säure (=Milchsäure) %	Asche %	Phosphorsäure %	Kohlensäure %	Analytiker
1	Märzenbier, Altenburg . .	1874	1,0156	4,17	5,75	0,48	1,02	3,60	0,342	0,23	—	—	Krandauer [6])
2	desgl., Eger	„	1,0108	4,24	4,62	—	0,50	3,42	0,270	—	—	—	
3	desgl., Altenburg . . .	„	1,0156	4,17	5,75	—	1,02	3,60	0,342	—	—	—	
4	Salvator, Zacherl	1875	1,0280	4,64	9,08	0,40	1,47	5,40	—	0,263	—	—	C. Reischauer [6])
5	desgl.	„	1,0324	4,35	9,78	0,68	—	—	—	0,27	—	—	Schwackhöfer [7])
6	Bockbier	„	1,0206	4,20	7,10	0,56	—	—	0,18	0,24	—	—	
7	Bockbier, Speyer, 26. Jan. .	1878	1,0250	3,60	8,54	—	—	—	—	0,28	—	—	Halenke [8])

[1]) Zeitschr. angew. Chem. 1891, 728.
[2]) Zeitschr. Nahrungsm.-Unters., Hyg. u. Waarenk. 1893, **7**, 166.
[3]) Zeitschr. Nahrungsm.-Unters., Hyg. u. Waarenk. 1894, **8**, 298.
[4]) Zeitschr. angew. Chem. 1900, 483.
[5]) Wochenschr. Brauerei 1900, **17**, 345.
[6]) C. Lintner: Lehrbuch der Bierbrauerei 1875, 556 u. Mittheil. d. bayer. Central-Landwirthschaftsschule in Weihenstephan 1874/75, 12. Ueber die Untersuchungs-Methoden ist nichts angegeben.
[7]) Allgem. Zeitschr. f. Brauerei u. Malzfabrikation. Wien 1876. Ueber Untersuchungs-Methoden vergl. S. 1113 Anmerkung **).
[8]) Zeitschr. ges. Brauw. 1879, **2**, 416.
*) Mit 0,01% flüchtiger Säure (= Essigsäure).

No.	Nähere Bezeichnung	Zeit der Untersuchung	Spec. Gewicht 15° C.	Alkohol Gew. %	Extrakt %	Stickstoff-Substanz %	Maltose %	Glycerin %	Säure (=Milchsäure) %	Asche %	Phosphorsäure %	Kohlensäure %	Analytiker
8	Kulmbacher	1878	1,033	5,58	11,39	—	—	—	—	0,47	0,111	—	*E. Geisler und G. Hofmann* [1]
9	Dresden: Klosterbräu	"	1,015	4,48	6,70	—	—	—	—	0,29	0,129	—	
10	Dresden: Felsenkeller	"	1,019	4,62	6,51	—	—	0,220	—	0,23	0,081	—	
11	Dresden: Medingen	"	1,021	4,82	7,15	—	—	—	—	0,32	0,115	0,254	
12	Dresden: "	"	1,018	5,89	7,20	—	—	0,294	—	0,31	0,089	—	
13	Dresden: Plauenscher Lagerkeller	"	1,016	5,36	6,65	—	—	—	—	0,27	0,082	0,217	
14	Münchener Hofbräu, Einbock	1879 Mai	1,0342	4,75	11,60	—	—	—	0,24	0,39	—	—	
15	Kulmbach, I. Aktien-Exp.-Br.	1880 Jan.	1,0280	5,28	9,68	—	—	—	0,15	0,35	—	—	
16	Kitzingen, Batavia	Febr.	1,0250	4,72	8,69	—	—	—	0,18	0,28	—	—	
17	Dresden: Hofbräuhaus	1879 Jan.	1,0235	4,49	8,08	—	—	—	—	0,21	—	—	
18	Dresden: Naumann	Okt.	1,0175	4,68	6,64	—	—	—	—	0,27	—	—	
19	Dresden: Plauenscher Lagerkeller	1880 Febr.	1,0192	4,34	7,20	—	—	—	0,23	0,21	—	—	
20	Striessen	1879 Nov.	1,0202	4,23	7,10	—	—	—	0,19	0,26	—	—	
21	Dresdener Feldschlösschen	Dec.	1,0180	4,34	6,65	—	—	—	0,14	0,21	—	—	
22	Zieschen	1878	1,0153	3,79	5,67	—	—	—	0,18	0,22	—	—	
23	Einbecker Bockbier	"	1,0218	5,39	7,41	—	—	—	0,15	0,34	0,085	0,108	*J. Skalweit* [2]
24	Uelzener Bock-Exportbier	"	1,0219	5,08	8,07	—	—	—	0,22	0,26	0,095	0,201	
25	Celler Doppelbier	1879	1,0127	3,84	5,08	—	—	—	—	0,27	0,081	0,197	
26	Einbecker Bier	"	1,0193	5,39	7,41	—	—	—	—	0,30	0,075	0,248	
27	Bremer Doppel-Braunbier, frisch	1878	1,0200	5,77	7,58	—	—	—	—	0,21	(0,041)	—	*L. Janke* [3]
28	Bremer Doppel-Braunbier, frisch	"	1,0140	4,51	5,95	—	—	—	—	0,27	—	—	
29	Märzenbier: Ponarth, Königsberg	1895	1,0137	4,75	5,73	0,46	—	—	—	0,239	—	—	*Blochmann* [4]
30	Märzenbier: Wickbold, Königsberg	"	1,0103	4,62	5,02	0,37	—	—	—	0,210	—	—	
31	Märzenbier: Bernecker-Insterburg	"	1,0113	4,47	4,98	0,35	—	—	—	0,189	—	—	
	Oesterreichische Biere.												
32	Karwin	1873	1,0285	4,36	8,45	—	—	—	—	0,312	—	0,25	*O. Kohlrausch* [5]
33	Schwechater, Märzenbier	1876	1,0169	3,83	5,88	0,48	—	—	0,14	0,21	—	—	*Fr. Schwackhöfer* [6]
34	St. Marx, Märzenbier	"	1,0192	3,69	6,42	0,63	—	—	0,11	0,17	—	—	
35	Brünner, Märzenb., 14 Mon. alt	"	1,0167	4,39	6,11	0,43	—	—	0,19	0,27	—	—	
36	Schellenhofer Märzen	"	1,0215	3,51	6,81	0,41	—	—	0,14	0,21	—	—	
37	Reichenbacher Salonbier	"	1,0103	3,42	4,10	0,34	—	—	0,14	0,19	—	—	
38	Königinh. Salonbier	"	1,0159	2,76	5,10	0,29	—	—	0,16	0,18	—	—	
39	Exportbier-Brauerei in Pfungstädt: Kaiserbräu	1884	1,0215	4,49	7,60	1,12	—	—	0,132	0,24	0,100	0,192	*E. Röhrig und J. Skalweit* [7]*)
40	Exportbier-Brauerei in Pfungstädt: Märzen	"	1,0161	4,07	6,04	1,01	—	—	0,127	0,23	0,065	0,190	
41	Exportbier-Brauerei in Pfungstädt: Bock-Ale	"	1,0122	5,23	5,53	1,03	—	—	0,113	0,26	0,083	0,188	

[1] Jahresber. f. Agrik.-Chem. 1878, 663 u. 664 und Pharm. Centralhalle 1880, No. 10.
[2] Zeitschr. gegen Verfälschung der Nahrungsmittel. Leipzig 1878, 355 und Hannov. Monatsschr. wider die Nahrungsfälscher 1879, 177—181.
[3] Zeitschr. gegen Verfälschung der Lebensmittel, Leipzig 1879, No. 10.
[4] Jahresbericht des Polytechnischen und Gewerbe-Vereins zu Königsberg i. Pr. 1896, S. 52.
[5] Jahresber. f. Agrik.-Chem. 1873/74, **2**, 266.
[6] Allgem. Zeitschr. f. Brauerei und Malzfabrikation. Wien 1876 und Organ des Centr.-Vereins f. Rübenzucker-Industrie in Oesterreich-Ungarn 1875, 398.
[7] Bericht über d. deutsche Brauerei-Ausstellung in Hannover 1884.
*) Ueber die Untersuchungs-Methoden vergl. S. 1102 Anm. *).

No.	Nähere Bezeichnung	Zeit der Untersuchung	Spec. Gewicht 15° C.	Alkohol Gew. %	Extrakt %	Stickstoff-Substanz %	Maltose %	Flüchtige Säure (= Essigsäure) %	Säure (= Milchsäure) %	Asche %	Phosphorsäure %	Kohlensäure %	Analytiker
42	Schlombs-Brauerei in Ahlten	1884	1,0195	4,18	6,99	0,92	—	—	0,132	0,28	0,072	0,137	*E. Röhrig* und *J. Skalweit* [1]) *)
43	Unions-Br. Hannover, Bock-Ale	„	1,0170	4,48	6,44	0,53	—	—	0,121	0,25	0,097	0,173	
44	Kieler Akt.-Br., Bayer. Salvator	„	1,0162	4,03	5,78	0,61	—	Spur	0,04	—	—	0,310	*C. C. Zetterlund* [2]) **)
45	Seeger's Bier-Export, Hamburg: Krone aller Biere	„	1,0227	4,10	7,61	1,01	—	0,004	0,50	—	—	0,390	
46	Seeger's Bier-Export, Hamburg: Wiener Salon-Tafelbier . .	„	1,0131	5,51	4,84	—	—	0,004	0,15	—	—	0,29	
47	Seeger's Bier-Export, Hamburg: Münch. Salvator	„	1,0185	4,00	5,22	0,73	—	0,003	0,15	—	—	0,33	
48	Seeger's Bier-Export, Hamburg: Super. Pilsenbeer	„	—	5,83	5,03	0,79	—	0,005	0,04	—	—	0,23	
49	Ritterbier von Henninger in Erlangen	„	1,0192	4,00	6,29	0,91	—	0,003	0,14	—	—	0,29	
								Glycerin					
50	Pfungstädter Märzenbier .	1887	1,0197	3,88	6,47	0,45	1,67	0,172	— ***)	0,247	0,088	0,149	*S. Bein* [3]) [0])
								Dextrin					
51	Münchener Salvator, Zacherl	1886	1,0300	5,05	10,05	—	3,44	3,21	0,242	0,288	—	—	*Jos. Herz* [4]) [00])
52	Würzburger Bier	1885	1,0274	5,60	8,95	—	2,60	3,87	0,215	0,345	—	—	
53	Salvator	1886	1,0305	4,76	10,10	—	3,02	3,16	0,207	0,305	—	—	
54	Dettelbacher Klosterbier .	1884	1,0192	4,69	6,67	—	1,70	1,99	0,308	0,242	—	—	
												Glycerin	
55	Salvatorbier: Münchener Kindl-Br. .	1887	1,0338	4,78	10,67	0,65	3,23	5,31	0,147	0,294	0,116	0,099	*H. Trillich* [5]) [00])
56	Salvatorbier: Petuel-Schwabing . .	„	1,0298	4,29	9,52	0,79	3,04	4,09	0,139	0,285	0,102	0,125	
57	Salvatorbier: Zacherl-Brauerei Keller . .	„	1,0280	5,08	9,49	0,73	2,85	4,18	0,144	0,289 [000])	0,099	0,160	
58	Salvatorbier: Zacherl-Brauerei Original-Flasche .	„	1,0289	5,13	9,66	—	—	—	0,183	0,290	—	0,155	
59	Salvatorbier: München. Brauerschule	„	1,0284	5,24	9,54	0,61	2,63	4,39	0,183	0,274 [000])	0,093	0,177	
	Budapester Biere.												
60	Doppel-Märzen	1884	1,0225	4,19	7,26	—	—	—	0,211	0,284	0,088	—	*S. Fischer* [6]) †)
61	desgl.	„	1,0190	4,06	6,77	—	—	—	0,141	0,248	—	—	

[1]) Bericht über d. deutsche Brauerei-Ausstellung in Hannover 1884.
[2]) Zeitschr. ges. Brauw. 1884.
[3]) Repertorium analyt. Chem. 1887, 397.
[4]) Ebendort 1886, 365.
[5]) Ebendort 1887, 313.
[6]) Archiv f. Hygiene 1884, **2**, 432.

*) Ueber die Untersuchungs-Methoden vergl. S. 1102 Anm. *).
**) Ueber die Untersuchungs-Methoden vergl. S. 1120 Anm. *).
***) Gesammt-Säure ist nicht angegeben, an flüchtiger Säure = Essigsäure wurde 0,0117 % gefunden.

[0]) Ueber die Untersuchungs-Methoden vergl. S. 1111 Anm. [0]).

[00]) J. Hertz und H. Trillich untersuchten die Biere nach den Vereinbarungen bayerischer Chemiker, herausgegeben von A. Hilger. Berlin 1885. Phosphorsäure wurde von Trillich nach der Molybdän-Methode bestimmt, da die Uran-Methode beim Titriren der direkt in Essigsäure gelösten Bierasche bedeutend niedrigere Zahlen (0,050—0,060 %) ergab. Ausserdem wurde von Trillich das Glycerin nach der Clausnitzer'schen Methode durch 8-stündiges Extrahiren ohne Abzug der Asche (die nur 0,003—0,004 g betrug) bestimmt. Kontrolversuche nach der Borgmann'schen Methode lieferten etwas niedrigere Werthe.

[000]) Die Asche von diesen beiden Bieren hatte folgende procentige Zusammensetzung:

	Kali (K_2O)	Natron (Na_2O)	Kalk (CaO)	Magnesia (MgO)	Eisenoxyd (Fe_2O_3)	Phosphorsäure (P_2O_5)	Schwefelsäure (SO_3)	Chlor (Cl)	Kohle + Sand etc.
No. 57 Zacherl-Brauerei . .	33,60 %	6,23 %	2,35 %	8,21 %	Spur	34,60 %	0,51 %	1,00 %	13,69 %
No. 59 Brauerschule . . .	27,00 „	11,31 „	4,23 „	6,75 „	Spur	33,80 „	2,66 „	2,62 „	12,08 „

†) Der Extrakt ist theils indirekt aus dem spec. Gewicht der von Alkohol befreiten Extraktlösung nach Schultze's Tabelle, theils direkt durch Trocknen des Abdampfrückstandes bei 70—80° C. bestimmt; Alkohol indirekt durch Division des ursprünglichen spec. Gewichts mit dem der alkoholfreien Extraktlösung etc., Säure durch Titration mit $^1/_{10}$ N.-Natronlauge. Ueber die Bestimmung des spec. Gewichtes, der Asche und Phosphorsäure ist nichts gesagt.

No.	Nähere Bezeichnung	Zeit der Untersuchung	Spec. Gewicht 15° C.	Alkohol Gew. %	Extrakt %	Stickstoff-Substanz %	Maltose %	Dextrin %	Säure (=Milchsäure) %	Asche %	Phosphor-säure %	Kohlen-säure %	Analytiker
62	Märzenbier	1884	1,0161	3,82	5.98	—	—	—	0,203	0,221	0,068	—	S. Fischer [1])
63	desgl.	„	1,0161	3,84	6,04	—	—	—	0,118	0,256	0,070	—	
64	desgl.	„	1,0121	3,24	4,69	—	—	—	0,119	0,165	—	—	
65	Kronenbier	„	1,0139	3,12	5,18	—	—	—	0,149	0,195	0,059	—	
											Stamm-würze	Vergährungs-Grad	
66	Salvator-Biere der Zacherl-Brauerei in München*)	1878	1,0327	4,69	10,19	—	—	—	—	—	18,94	46,20	A. Lang [2])
67		1879	1,0318	4,73	10,02	0,717	—	—	—	—	18,84	46,80	
68		1880	1,0268	5,12	8,93	0,715	—	—	—	—	18,49	51,73	
69		1881	1,0290	4,96	9,33	0,668	—	—	—	—	18,59	49,81	
70		1882	1,0294	5,07	9.68	0,668	—	—	—	—	19,12	49,37	
71		1883	1,0312	4,67	9,83	—	—	—	—	—	18,56	47,03	
72		1884	1,0338	4,63	10,43	0,670	—	—	—	—	19,05	45,26	
73		1885	1,0315	4,64	9,78	—	—	—	—	—	18,46	47,01	
74		1886	1,0282	4,75	9,20	0,606	—	—	—	—	18,09	49,18	
75		1887	1,0288	5,21	9,37	0,594	—	—	—	—	19,07	50,89	
76		1888	1,0308	4,66	9,80	0,822	—	—	—	—	18,50	47,00	
77		1889	1,0287	4,79	9,32	—	—	—	—	—	18,28	49,03	
78		1890	1,0400	3,41	11,45	0,644	—	—	—	—	17,85	35,84	
79		1891	1,0373	3,70	10,93	—	—	—	—	—	17,87	38,87	
80		1892	1,0355	3,95	10,56	0,850	—	—	—	—	17,96	41,19	
81		1893	1,0326	4,28	9,98	0,690	—	—	—	—	18,30	45,49	
82		1894	1,0346	4,19	10,45	—	—	—	—	—	18,24	42,84	
83		1895	1,0326	4,30	10,02	—	—	—	—	—	18,07	44,57	
	Salvator-Biere.												
84	Zacherl-Brauerei in München, Fass . .	1890	1,0390	4,10	11,18	0,700	4,23	4,89	0,153	0,280	18,83	40,63	E. Wein [3]) **)
85	Zacherl-Brauerei in München, Flaschen	„	1,0376	4,19	11,02	0 694	4,15	4,87	0,171	0,290	18,83	41,48	
86	Salv.-Br. Schwabing . . .	„	1,0343	4,82	10,30	0,775	3,54	4,34	0,180	0,300	18,98	45,73	
87	Kronenbräu, Augsburg . .	„	1,0414	4,56	11,84	0,800	4,76	5,04	0,171	0,340	20,27	41,58	
											Phosphor-säure		
88	Bockbier von Jos. Göbel in Czernowitz	„	1,0227	4,25	7,20	—	—	—	0,145	—	0,062	—	N. Wender [4])
89	Bockbier der Akt.-Br. Streitberg in Braunschweig .	1891 2. 6.	1,0172	5,70	7,06	0,890	1,61	—	—	0,302	0,086	—	R. Frühling u. J. Schulz [5])

[1]) Vergl. Anmerkung [6]) und †) S. 1125.
[2]) Zeitschr. ges. Brauw. 1895, **18**, 129.
[3]) Allgem. Brauer- u. Hopfen-Ztg. 1890; Vierteljahresschr. Nahrungs- u. Genussm. 1890, **5**, 70.
[4]) Zeitschr. Nahrungsm.-Unters., Hyg. u. Waarenk. 1890, **4**, 270; Vierteljahresschr. Nahrungs- u. Genussm. 1890, **5**, 484.
[5]) Zeitschr. angew. Chem. 1891, 665.

*) Aus den obigen Zahlen ergiebt sich eine mittlere Stammwürze von 18,40 % und ein mittlerer Vergährungsgrad von 46,01 %. A. Lang führt ausser diesen noch zahlreiche Analysen von Salvatorbieren anderer Brauereien Münchens und von ausserhalb München erzeugten Salvatorbieren auf. Dieselben hatten im Mittel 18,6 % (Balling) Stammwürze und 47 % Vergährungsgrad.

**) Der Referent der Vierteljahresschrift (L. Aubry) bemerkt zu den Analysen Folgendes: „Wenn man den Alkoholgehalt unter Benutzung der angegebenen Extraktzahlen bezw. der spec. Gewichte berechnet, so erhält man viel niedrigere Werthe; desgl. berechnet sich aus dem angegebenen Alkoholgehalte und dem Extraktreste eine andere Stammwürze; es dürften demnach Versuchs- oder Druckfehler nicht ausgeschlossen sein."

No.	Nähere Bezeichnung	Zeit der Untersuchung	Spec. Gewicht 15° C.	Alkohol Gew. %	Extrakt %	Stickstoff-Substanz %	Maltose %	Dextrin %	Säure (=Milchsäure) %	Asche %	Phosphorsäure %	Kohlensäure %	Analytiker
90	Wiener Märzenbier . .	1896	—	4,75	6,29	—	1,45	—	0,130	—	—	—	*Doemens* [1])
91	Münchener Bockbiere	1899	1,0327	4,71	10,23	—	3,68	—	0,170	—	—	—	*Doemens* [2])
92		„	1,0347	3,90	10,35	—	4,16	—	0,150	—	—	—	
93	Münchener Starkbiere der 1899-er Salvatorsaison	„	1,0357	4,37	10,80	—	4,30	—	0,150	—	—	—	
94		„	1,0295	4,32	9,28	—	3,67	—	0,150	—	—	—	
95		„	1,0324	4,37	10,00	—	3,52	—	0,150	—	—	—	
96		„	1,0278	4,63	9,00	—	1,93	—	0,120	—	—	—	
97		„	1,0323	4,14	9,88	—	—	—	0,120	—	—	—	
98		„	1,0341	4,20	10,35	—	—	—	0,150	—	—	—	
99		„	1,0288	5,02	9,42	—	2,85	—	0,170	—	—	—	
100	Von J. Hoff in Wandsbeck	1893	—	5,05	7,72	—	2,00	—	0,200	0,284	0,100	—	*B. C. Niederstadt* [3])
101		„	—	4,12	9,00	—	2,93	—	—	0,287	0,114	—	
102	Bock-Exportbier der Dampf-Br.-Akt.-Ges. Einbeck	„	—	3,76	8,04	—	—	—	0,138	0,248	0,080	—	
103		„	—	4,06	6,50	—	—	—	0,140	0,275	0,052	—	
104		„	—	3,24	9,17	—	—	—	0,190	0,277	0,092	—	
105	Salon - Tafelbier, Akt.-Exp.-Br. Kulmbach .	„	—	4,81	6,03	—	—	—	0,085	0,283	0,080	—	
106	Tafelbier, Gebr. Sedlmayr-München . . .	„	—	8,17	12,90	1,01	—	—	0,330	0,400	0,154	—	*M. Printz* [4])
107	Münchener Salvatorbiere: Löwenbräu . .	„	—	4,53	9,97	—	2,91	—	—	—	—	—	*A. Sammereyer* [5])
108	Hackerbräu . .	„	—	4,26	9,45	—	2,50	—	—	—	—	—	
109	Spatenbräu . .	„	—	3,69	11,70	—	3,60	—	—	—	—	—	
110	Salvatorbräu . .	„	—	4,29	10,43	—	3,53	—	—	—	—	—	
111	Zacherlbräu . .	„	—	4,20	10,60	—	3,83	—	—	—	—	—	
112	Tafelbier der Br. „zum Spaten" (Gabriel Sedlmayr)	1886	1,0360	7,00	10,35	0,71	2,27	6,29	—	0,300	—	—	*L. Aubry* [6])
113		1892	—	8,17	12,90	1,012	—	—	0,330	0,400	0,154	—	
				g in 100 ccm				Glycerin			Stammwürze	Vergährungs-Grad	
114	Salvatorbiere: Akt. - Br. Nürnberg	1895	1,0311	5,24	12,12	—	—	0,071	0,195	0,293	19,84	48,99	*Kämmerer* [7])
115	Gebr. Lederer „	„	1,0326	4,19	10,32	—	—	0,126	0,213	0,352	18,20	43,30	
116	Löwenbräu „	„	1,0316	4,20	9,71	—	—	0,109	0,198	0,312	17,60	44,83	
117	Br. Reif „	„	1,0301	4,81	7,79	—	—	0,146	0,188	0,347	16,87	53,80	
118	v. Tucher'sche Br. Nürnberg . . .	„	1,0241	4,81	8,16	—	—	0,177	0,185	0,292	17,22	52,67	
119	Br. Geismann-Fürth	„	1,0350	5,92	11,14	—	—	0,097	0,205	0,279	22,00	49,36	
120	Knöllinger-Schwabach	„	1,0392	3,78	11,42	—	—	0,129	0,305	0,300	18,45	38,10	
121	Spaten (Gabr. Sedlmayr) München .	„	1,0340	5,00	10,72	—	—	0,166	0,222	0,298	20,00	46,40	

[1]) Wochenschr. Brauerei 1896, **13**, 1343; Vierteljahresschr. Nahrungs- u. Genussm. 1896, **11**, 555.
[2]) 5. Jahresbericht der Münchener Brauer-Akademie 1898/99; Zeitschr. ges. Brauw. 1899, **22**, 693.
[3]) Zeitschr. Nahrungsm.-Unters., Hyg. u. Waarenk. 1893, **7**, 166.
[4]) Zeitschr. ges. Brauw. 1893, **16**, 235; Vierteljahresschr. Nahrungs- u. Genussm. 1893, **8**, 412.
[5]) Münchener Fremdenblatt 1893, **3**, 31; Chem.-Ztg. 1893, **17**, Rep. 135.
[6]) Zeitschrift ges. Brauw. 1893, **16**, 235.
[7]) Jahresbericht des städtischen Untersuchungsamtes Nürnberg 1895; Zeitschr. ges. Brauw. 1896, **19**, 685.

No.	Nähere Bezeichnung	Zeit der Untersuchung	Spec. Gewicht 15° C.	Alkohol	Extrakt	Stickstoff-Substanz	Maltose	Glycerin	Säure (= Milchsäure)	Asche	Stammwürze %	Vergährungs-Grad %	Analytiker
				g in 100 ccm									
122	Salvator-Biere: Zacherlbräu . .	1895	1,0345	4,39	10,57	—	—	0,083	0,189	0,306	18,77	43,69	Kämmerer [1])
123	Salvator-Biere: Patrizierbier Gebr. Lederer-Nürnberg . .	„	1,0321	4,68	7,08	—	—	0,122	0,202	0,213	16,00	55,75	Kämmerer [1])
	Mittel (No. 114—123)	—	1,0324	4,70	9,90	—	—	0,123	0,210	0,299	18,50	47,69	
	oder in Gew. %	—	1,0324	4,55	9,59	—	—	0,119	0,203	0,290	18,50	47,69	
	Dortmunder Adam-Bier.			Gew. %	%	%	%	% Dextrin	% *)	%	% Phosphorsäure	% Kohlensäure	
124	Kloster-Adamb. von Meininghaus-Dortmund**)	1884	1,0199	7,81	7,80	1,46	—	—	0,180	—	—	0,300	C. G. Zetterlund [2])
125	Ohne nähere Bezeichnung	1889	—	7,38	3,37	0,700	0,660	0,500	0,610	0,284	0,133	0	O. Reinke [3])
126	1864-er Bier ***) . . .	1897	—	7,35	13,38	0,662	3,610	5,480	0,360	0,433	0,158	—	derselbe [4])
	Gesammt-Mittel	—	**1,0255**	**4,64**	**8,34**	**0,72**	**2,77**	**4,09**	**0,181**	**0,276**	**0,095**	**0,221**	
				g in 100 ccm								Essigsäure	
	Meth vom Jahre 1835	1897	—	6,14	29,02	—	21,16	—	0,738	0,582 0)	0,006	0,198	R. Kayser [5])

Aeltere und sonstige Analysen.

1. Engelmann: Wiesbadener Doppelbiere der 1850-er Jahre. Journ. prakt. Chem. **50**, 133.
2. Kayser: Münchener Bockbiere. — Stierlein: Das Bier, seine Verfälschungen etc. Bern 1878, 125.
3. C. Lermer: Münchener Bockbiere. — Chem. Centrbl. 1866, 1086.
4. O. Kohlrausch: Salonbier. — Jahresbericht Agrik.-Chem. 1873/74, **2**, 264.
5. H. v. d. Planitz: Analyse eines Münchener Bieres. — Zeitschr. ges. Brauw. 1891, **14**, 230.

Ausländische gewöhnliche Biere.

Schweizer Biere.

No.	Nähere Bezeichnung	Zeit der Untersuchung	Spec. Gewicht 15° C.	Alkohol Vol. %	Extrakt %	Stickstoff-Substanz %	Maltose %	Glycerin %	Säure (= Milchsäure) %	Asche %	Phosphorsäure %	Kohlensäure %	Analytiker
	Biere aus Canton Luzern. 00)												
1	Br. Arnold in Triengen . . .	1876	1,0127	4,06	4,89	—	1,06	0,118	—	0,280	0,068	—	R. Stierlein [6]) 000)
2	Basel-Strassburger Br. . . .	1879	1,0169	4,90	6,33	—	1,75	0,085	—	0,202	0,051	—	R. Stierlein [6]) 000)
3	desgl. andere Sorte	„	1,0168	5,16	6,37	—	1,60	0,185	—	0,212	0,059	—	R. Stierlein [6]) 000)

[1]) Jahresbericht des städtischen Untersuchungsamtes Nürnberg 1895; Zeitschr. ges. Brauw. 1896, **19**, 685.
[2]) Zeitschr. ges. Brauw. 1884.
[3]) Wochenschr. Brauerei 1889, **6**, 314; Zeitschr. angew. Chem. 1889, 460.
[4]) Wochenschr. Brauerei 1897, **14**, 494.
[5]) Zeitschr. öffentl. Chem. 1897, **3**, 120; Vierteljahresschr. Nahrungs- u. Genussm. 1897, **12**, 232.
[6]) R. Stierlein: Das Bier, seine Verfälschung etc. Bern 1878, 129.

*) Mit 0,007% flüchtiger Säure (= Essigsäure).
**) Ueber die Untersuchungs-Verfahren vergl. S. 1120 Anm. *).
***) Das Bier wurde beim Abbruch der alten Lindenbrauerei in Dortmund aus dem Fundament des alten Brauhauses (nach 33 Jahren) zu Tage gefördert. Es enthielt noch lebende Hefe und war wohlschmeckend.
0) Kayser fand ferner; 0,219 g Kalk, 0,109 g Magnesia, 0,054 g Schwefelsäure und 0,059 g Chlor.
00) Die Biere sind dort zum Theil gebraut, zum Theil anderswoher bezogen; sie stammen aus den Jahren 1876 u. 1877.
000) Spec. Gewicht ist mit dem Pyknometer bei 15° C. bestimmt, Alkohol durch Destillation, Extrakt durch 36-stündiges Trocknen im Wasserbade und Erkaltenlassen über Chlorcalcium, Maltose mit Fehling'scher Lösung durch Titration, Phosphorsäure aus der Asche nach der Molybdän-Methode.

No.	Nähere Bezeichnung	Zeit der Untersuchung	Spec. Gewicht 15° C.	Alkohol Vol. %	Extrakt %	Stickstoff-Substanz %	Maltose %	Glycerin %	Säure (=Milchsäure) %	Asche %	Phosphorsäure %	Kohlensäure %	Analytiker
4	Bernet in Altbüren	1879	1,0137	4,35	5,37	—	1,22	0,061	—	0,210	0,073	—	R. Stierlein¹) *)
5	Brun in Luzern	„	1,0129	5,22	5,41	—	1,31	0,210	—	0,228	0,068	—	
6	Bühler in Willisau	„	1,0176	5,38	6,91	—	0,43	0,104	—	0,213	0,089	—	
7	Bühler in Altishofen	„	1,0191	5,28	6,95	—	0,25	0,238	—	0,225	0,080	—	
8	Baumberger in Langenthal . .	„	1,0150	5,34	6,01	—	1,16	0,360	—	0,214	0,062	—	
9	Br. Dali in Root	„	1,0161	5,90	6,23	—	0,46	0,186	—	0,264	0,083	—	
10	Falken-Br. in Luzern . . .	„	1,0117	4,83	5,06	—	1,23	0,165	—	0,249	0,062	—	
11	Bier von Dagmarsellen . . .	„	1,0177	4,71	5,85	—	1,70	0,215	—	0,237	0,072	—	
12	Gebr. Friedinger in Malters .	„	1,0161	4,80	5,92	—	0,40	0,185	—	0,210	0,074	—	
13	Freienhof in Luzern	„	1,0146	4,85	5,81	—	0,97	0,224	—	0,225	0,072	—	
14	Furrer in Hochdorf	„	1,0187	4,48	6,48	—	0,51	0,233	—	0,210	0,066	—	
15	Steinhofbier	„	1,0174	5,30	6,32	—	0,93	0,345	—	0,250	0,070	—	
16	Gassler in Luzern	„	1,0164	2,99	5,82	—	1,28	0,405	—	0,228	0,068	—	
17	Grieb in Dagmarsellen . . .	„	1,0164	5,58	6,86	—	2,45	0,221	—	0,228	0,084	—	
18	Hurliman in Zürich	„	1,0167	5,52	6,19	—	1,60	0,193	—	0,252	0,058	—	
19	St. Jacob in Luzern	„	1,0130	4,11	5,65	—	1,40	0,083	—	0,182	0,056	—	
20	Jos. Hügi in Schötz	„	1,0179	1,85	5,58	—	0,38	0,321	—	0,184	0,046	—	
21	Pfungstädter Export	„	1,0159	5,74	6,16	—	1,61	0,260	—	0,242	0,079	—	
22	J. Limacher in Luzern . . .	„	1,0137	5,67	5,86	—	1,03	0,217	—	0,298	0,079	—	
23	Löwengarten „ „ . . .	„	1,0181	4,05	6,62	—	1,50	0,100	—	0,239	0,071	—	
24	desgl. „ „ . . .	„	1,0186	4,48	6,39	—	1,77	0,225	—	0,200	0,066	—	
25	Carlsruher Bier	„	1,0117	5,75	5,32	—	1,11	0,363	—	0,242	0,069	—	
26	desgl. Exportbier	„	1,0193	5,82	7,01	—	0,77	0,570	—	0,250	0,072	—	
27	desgl. Utobier	„	1,0206	4,99	7,31	—	1,24	0,193	—	0,261	0,069	—	
28	Brauerei Münster	„	1,0174	4,64	6,13	—	0,32	0,164	—	0,194	0,064	—	
29	Pfungstädter Br.	„	1,0152	5,61	5,95	—	1,47	0,190	—	0,244	0,067	—	
30	A. Reeb in Büron	„	1,0152	5,42	5,88	—	0,27	0,230	—	0,226	0,068	—	
31	Renggli in Hasle	„	1,0153	5,38	6,71	—	0,10	0,106	—	0,230	0,089	—	
32	Rosengarten in Luzern . . .	„	1,0133	4,80	5,18	—	1,49	0,233	—	0,175	0,051	—	
33	Schweizerhalle in Luzern . .	„	1,0151	5,44	5,53	—	0,87	0,180	—	0,237	0,062	—	
34	Burgdorfer Bier	„	1,0162	5,69	6,16	—	0,21	0,174	—	0,243	0,068	—	
35	Sursener Br.	„	1,0159	6,32	6,19	—	0,19	0,188	—	0,252	0,067	—	
36	Vonesch in Werthenstein . .	„	1,0191	4,55	7,01	—	0,36	0,150	—	0,229	0,071	—	
37	Br. Vitznau	„	1,0170	5,70	7,22	—	0,32	0,094	—	0,234	0,083	—	
38	Br. Wäggis	„	1,0272	5,52	7,11	—	0,27	0,076	—	0,248	0,087	—	
39	Williman in Dagmarsellen . .	„	1,0172	5,18	6,94	—	0,33	0,283	—	0,223	0,089	—	
40	Br. Zell	„	1,0177	5,18	6,54	—	0,22	0,168	—	0,255	0,078	—	
	Mittel**) (No. 1—40)	—	1,0163	5,02	6,179	—	0,883	0,218	—	0,231	0,069	—	
	Schweizer Lagerbiere.	1883		Gew. %									
41	Fäsch, Basel, hell	1. 5.	1,0132	5,13	5,80	—	—	0,22	0,076	0,208	0,068	—	Abeljanz²)
42	Merian, Basel, hell	2. 5.	1,0176	4,10	6,44	—	—	0,19	0,063	0,177	0,063	—	

¹) R. Stierlein: Das Bier, seine Verfälschung etc. Bern 1878, 129.
²) Vergl. Anmerkung ¹) und *) S. 1130.
*) Vergl. Anmerkung ⁰⁰⁰) S. 1128.
**) Diese Mittelzahlen sind von Stierlein an besagter Stelle selbst angegeben.

No.	Nähere Bezeichnung	Zeit der Untersuchung	Spec. Gewicht 15° C.	Alkohol Gew. %	Extrakt %	Stickstoff-Substanz %	Maltose %	Glycerin %	Säure (=Milchsäure) %	Asche %	Phosphorsäure %	Kohlensäure %	Analytiker
		1883											
43	Hürlimann, Enge, hell . . .	3. 5.	1,0195	4,43	7,12	—	—	0,20	0,085	0,225	0,079	—	*Abeljanz* [1]) *)
44	Reichenbach, Bern, hell . . .	4. 5.	1,0170	4,33	6,39	—	—	—	0,067	0,189	—	—	
45	Steinhof, Berghof, hell . . .	5. 5.	1,0200	3,78	6,96	—	—	—	0,085	0,204	—	—	
46	Thoma, Basel, hell	6. 5.	1,0153	5,25	6,19	—	—	—	0,085	0,169	—	—	
47	Feller u. Sohn, Thun, hell. . .	7. 5.	1,0132	4,22	5,40	—	—	0,17	0,067	0,182	—	—	
48	Billweiler-Gnägi, St. Gallen, hell	8. 5.	1,0176	5,00	6,44	—	—	0,23	0,072	0,183	0,065	—	
49	Hemmann bei Bern, hell . .	9. 5.	1,0710	4,50	6,50	—	—	0,18	0,085	0,192	0,056	—	
50	Attenhofer, Zurzach, braun . .	10. 5.	1,0310	5,01	9,85	—	—	—	0,072	0,255	—	—	
51	Aktien-Br. Lenzburg, hell . .	11. 5.	1,0160	4,25	5,82	—	—	—	0,072	0,121	0,041	—	
52	Spies, Luzern, hell	12. 5.	1,0145	5,25	5,94	—	—	0,26	0,085	0,257	—	—	
53	Stehle, Steckborn, braun . .	13. 5.	1,0130	4,46	5,45	—	—	0,24	0,076	0,203	0,050	—	
54	Br. d'Aigle (Vaud) braun . .	14. 5.	1 0150	4,58	5,99	—	—	—	0,099	0,208	—	—	
55	Aktien-Br. Chur, hell . . .	15. 5.	1,0142	4,22	5,45	—	—	—	0,085	0,181	—	—	
56	Füglistaller, Basel, hell . . .	16. 5.	1,0165	4,15	6,19	—	—	—	0,085	0,227	—	—	
57	Schnell u. Co., Burgdorf, braun	17. 5.	1,0250	3,59	8,09	—	—	—	0,081	0,211	—	—	
58	Dietrich, Basel, hell	18. 5.	1,0233	4,19	7,93	—	—	—	0,067	0,205	—	—	
59	Br. Uetliberg, Zürich, hell . .	19. 5.	1,0180	4,07	6,44	—	—	—	0,076	0,191	—	—	
60	Giger, Ragatz, hell	20. 5.	1,0175	4,20	6,50	—	—	—	0,072	0,224	—	—	
61	Siebenmann, Aarau, hell . .	21. 5.	1,0170	4,78	6,58	—	—	—	0,085	0,201	—	—	
62	Künzli, Reinach, braun . . .	22. 5.	1,0228	3,88	7,71	—	—	—	0,072	0,202	—	—	
63	Dietschy, Rheinfelden, hell . .	23. 5.	1,0158	5,07	6,19	—	—	—	0,081	0,191	—	—	
64	Wüthrich und Roniger, Rheinfelden, braun	24. 5.	1,0195	4,69	7,26	—	—	—	0,081	0,224	—	—	
65	Schwab, Lyss, braun	25. 5.	1,0180	4,68	6,44	—	—	—	0,076	0,212	—	—	
66	Walz, Richtersweil, braun . .	26. 5.	1,0141	5,87	5,91	—	—	—	0,072	0,208	—	—	
67	Akt.-Br. Solothurn, braun . .	27. 5.	1,0163	5,25	6,59	—	—	—	0,085	0,207	—	—	
68	Br. Haldengut, Winterthur, hell	28. 5.	1,0176	5,08	6,19	—	—	—	0,072	0,198	—	—	
69	Würkelmann, Affontern, braun	29. 5.	1,0153	5,20	6,20	—	—	—	0,067	0,278	—	—	
70	Irion, Winterthur, hell . . .	30. 5.	1,0175	4,54	6,46	—	—	—	0,085	0,185	—	—	
71	Br. Felsenkeller bei Zürich, hell	31. 5.	1,0180	4,94	7,46	—	—	—	0,081	0,183	—	—	
72	Frank, Feldbach, hell . . .	1. 6.	1,0175	4,69	6,74	—	—	—	0,076	0,205	—	—	
73	Akt.-Br. Basel-Strassburg, hell	2. 6.	1.0210	4,00	7,03	—	—	—	0,076	0,172	—	—	
74	Br. Bavaria, St. Gallen, hell .	3. 6.	1,0190	4,98	7,22	—	—	—	0,081	0,186	—	—	
75	Schmider, Porrentruy, hell . .	4. 6.	1,0155	4,75	6,19	—	—	—	0,067	0,161	—	—	
76	Weber, Wädensweil, hell . .	5. 6.	1,0200	5,12	7,48	—	—	—	0,076	0,194	—	—	
77	Br. St. Jean, Genf	6. 6.	1,0200	4,87	7,39	—	—	—	0,090	0,249	—	—	
78	Fässler, Appenzell	7. 6.	1,0280	5,00	7,26	—	—	—	0,085	0,218	—	—	
	Mittel (No. 41—78)	—	1,0180	4,63	6,65	—	—	(0,21)	0,078	0,202	(0,060)	—	

[1]) Schweiz. Landes-Ausstellung in Zürich 1883. Bericht über Gruppe V. S. 109.

*) Alkohol ist durch Destillation aus dem spec. Gewicht des Destillates mit der Westphal'schen Waage, Extrakt aus dem spec. Gewicht des entgeisteten Bieres nach der Tabelle von W. Schultze, Säure durch Titriren des entkohlensäuerten Bieres mit $^1/_{10}$ Normal-Natronlauge bestimmt worden. Ueber die Bestimmungsmethode der Asche und Phosphorsäure, welche bei No. 78 und 80 sehr gering ist, sind keine Angaben gemacht. Die Biere gelangten auf der Schweiz. Landes-Ausstellung in Zürich 1883 zum Ausschank.

No.	Nähere Bezeichnung	Zeit der Untersuchung	Spec. Gewicht 15° C.	Alkohol Gew. %	Extrakt %	Stickstoff-Substanz %	Maltose %	Glycerin %	Säure (=Milchsäure) %	Asche %	Phosphorsäure %	Kohlensäure %	Analytiker
	Berner Schenkbiere.												
79	Stümpfli, Schüpfen, hellbraun .	1884	1,0230	4,56	7,32	—	—	0,212	0,153	0,240	0,089	—	*F. Schaffer*[1]) *)
80	Bamberger, Langenthal, „ .	„	1,0150	4,60	6,00	—	—	0,280	0,189	0,220	0,073	—	
81	Egger, Aaarwanger, „ .	„	1,0191	4,76	6,36	—	—	—	0,090	0,237	0,056	—	
82	Tüscher, Langenthal, „ .	„	1,0178	4,60	6,29	—	—	—	0,162	0,240	0,084	—	
83	Bächli, Matte (Bern), hell . .	„	1,0210	4,68	6,76	—	—	0,213	0,164	0,235	0,091	—	
84	Baumeister, Matte (Bern), hellbr.	„	1,0192	4,56	6,49	—	—	—	0,234	0,230	0,056	—	
85	Fischer, Reichenbach, hell . .	„	1,0175	4,64	6,33	—	—	—	0,090	0,230	0,068	—	
86	Heinzelmann bei Bern, braun .	„	1,0245	4,89	7,63	—	—	0,326	0,190	0.250	0,079	—	
87	Teuscher, Matte (Bern), hell .	„	1,0221	5,05	7,16	—	—	—	0,180	0,240	0,087	—	
88	Chipot, Biel, hellbraun . . .	„	1,0170	4,32	5,95	—	—	—	0,090	0,180	0,057	—	
89	Müller, „ „ . . .	„	1,0220	3,12	6,51	—	—	0,163	0,099	0,190	0,068	—	
90	Walther, „ „ . . .	„	1,0205	4,32	6,96	—	—	—	0,117	0,240	0,081	—	
91	Käser, Büren, braun	„	1,0250	4,72	7,65	—	—	—	7,117	0,260	0,099	—	
92	Christen, Burgtorf, braun . .	„	1,0245	4,12	7,70	—	—	—	0,099	0,240	0,089	—	
93	Roth, Kirchberg, braun . . .	„	1,0210	4,32	6,79	—	—	0,122	0,090	0,225	0,065	—	
94	Steinhof, Burgtorf, hellbraun .	„	1,0240	3,32	7,04	—	—	—	0,099	0,230	0,070	—	
95	Hauert, St. Imier, „ .	„	1,0225	4,24	7,02	—	—	—	0,117	0,240	0,081	—	
96	Jacquet, „ „ „ .	„	1,0200	4,40	6,63	—	—	—	0,089	0,230	0,057	—	
97	Gürtler, Delsberg, „ .	„	1,0175	4,08	5.80	—	—	—	0,090	0,200	0,073	—	
98	Michel Stein bei Meiringen, hellbr.	„	1,0120	3,68	4,48	—	—	—	0,072	0,200	0,059	—	
99	Schmider, Pruntrut, hellbraun .	„	1,0250	4,24	7,86	—	—	0,225	0,118	0,210	0,076	—	
100	Feller u. Sohn, Thun, „ .	„	1,0205	3,88	6,36	—	—	0,184	0,154	0,215	0,068	—	
101	Schüpbach, Steffisburg, braun .	„	1,0187	4,89	6,28	—	—	—	0,153	0,240	0,083	—	
102	Burger, Sumiswald, hell . . .	„	1,0223	2,88	6,94	—	—	—	0,108	0,184	0,059	—	
103	Minder, Huttwyl, braun . . .	„	1,0215	3,28	6,67	—	—	—	0,081	0,230	0,053	—	
104	Christen, Herzogenbuschsee, br.	„	1,0205	3,88	—	—	—	0,211	0,225	0,235	0,067	—	
105	Reber, Dürrmühle, braun . .	„	1,0198	5,25	—	—	—	—	0,108	0,220	0,057	—	
	Mittel (No. 79—105)	—	1,0205	4,27	6,74	—	—	0,215	0,129	0,226	0,072	—	
	Berner Lagerbiere.												
106	Schwab, Lyss, dunkel . . .	1884	1,0230	4,28	7,12	—	—	—	0,135	0,240	0,087	—	
107	Hemmann, Felsenau, dunkel .	„	1,0215	4,89	6,83	—	—	—	0,132	0,245	0,083	—	
108	Hess, Steinhölzli, braun . . .	„	1,0242	4,81	7,98	—	—	—	0,162	0,260	0,078	—	
109	Inker, Wabern, braun . . .	„	1,0210	4,85	6,83	—	—	0,191	0,112	0,240	0,086	—	
110	Tröhler, Liebefeld, hell . . .	„	1,0250	4,64	7,78	—	—	—	0,153	0,260	0,078	—	
111	Buri, Dicki, hellbraun . . .	„	1,0158	5,30	6,13	—	—	—	0,162	0,250	0,084	—	
112	Iselli, Wynigen, „ . . .	„	1,0220	3,88	7,03	—	—	0,307	0,108	0,230	0,070	—	
113	Schnell, Lochbach, hellbraun .	„	1,0185	3,36	5,83	—	—	—	0,081	0,195	0,041	—	
114	Stolder, Jegenstorff, „ .	„	1,0135	5,42	5,80	—	—	—	0,099	0,230	0,043	—	
115	Aktien-Br. Interlaken, hell . .	„	1,0205	4,32	6,63	—	—	0,256	0,126	0,240	0,078	—	
116	Nickel, Laufen, braun . . .	„	1,0130	3,88	4,81	—	—	—	0,144	0,200	0,078	—	

[1]) Bericht des Laboratoriums f. d. Kanton Bern für 1884, 9.

*) Diese Biere sind, wie F. Schaffer auf briefliche Anfrage mittheilte, nach den gebräuchlichen Methoden ausgeführt; vergl. unter „Exportbiere“ S. 1120 Anm. [6]).

No.	Nähere Bezeichnung	Zeit der Untersuchung	Spec. Gewicht 15° C.	Alkohol Gew. %	Extrakt %	Stickstoff-Substanz %	Maltose %	Glycerin %	Säure (=Milchsäure) %	Asche %	Phosphorsäure %	Kohlensäure %	Analytiker
117	Abel, Tavanner, dunkel . . .	1884	1,0173	4,89	6,23	—	—	—	0,153	0,240	0,084	—	F. Schaffer[1] *)
118	Aegerten, Bärau, braun . . .	„	1,0205	4,64	6,72	—	—	—	0,117	0,245	0,047	—	
119	Hofer, Signau, „ . . .	„	1,0190	4,85	6,35	—	—	—	0,144	0,230	0,077	—	
120	Marti, Glockenthal, „ . . .	„	1,0192	4,56	6,54	—	—	—	0,153	0,245	0,083	—	
121	Schüpbach, Steffisburg, braun .	„	1,0180	4,89	6,28	—	—	—	0,153	0,240	0,083	—	
122	Egger, Worb, braun	„	1,0205	4,08	6,60	—	—	—	0,095	0,233	—	—	
	Mittel (No. 106—122)	—	1,0196	4,56	6,56	—	—	0,251	0,131	0,237	0,070	—	
123	Lagerbier, Aarberg, G., hellbraun	1892	1,0150	4,20	5,87	—	1,00	—	—	0,333	0,179	—	F. Schaffer[2] **)
124	Sch., „	„	1,0123	3,84	4,67	—	0,88	—	—	0,130	0,200	—	
125	St., „	„	1,0165	5,28	6,50	—	0,96	—	—	0,234	0,265	—	
126	Aarwangen, B., „	„	1,0208	3,88	6,86	—	2,22	—	—	0,145	0,270	—	
127	E., „	„	1,0174	4,44	6,50	—	1,50	—	—	0,108	0,169	—	
128	H., „	„	1,0140	4,40	5,59	—	1,07	—	—	0,180	0,218	—	
129	Bern, B., „	„	1,0168	4,72	6,45	—	1,16	—	—	0,270	0,230	—	
130	G., „	„	1,0160	4,32	6,07	—	2,43	—	—	0,180	0,230	—	
131	H. (a. d. M.), „	„	1,0150	4,64	6,05	—	1,13	—	—	0,117	0,270	—	
132	H. (i. Kl.), braun	„	1,0162	4,44	7,14	—	1,32	—	—	0,230	0,280	—	
133	H. (i. d. F.), hell	„	1,0227	4,04	7,21	—	1,95	—	—	0,250	0,260	—	
134	H. (i. R.), „	„	1,0140	3,76	5,31	—	1,14	—	—	0,110	0,190	—	
135	J., „	„	1,0145	4,16	5,67	—	1,13	—	—	0,170	0,240	—	
136	H. (i. St.), hellbr.	„	1,0176	5,05	6,54	—	1,44	—	—	0,180	0,220	—	
137	Schenkbier v. Sch. in Biel, hell	„	1,0202	3,44	7,16	—	1,78	—	—	0,081	0,220	—	
138	Lagerbier, Wl. in Biel, hellbraun . .	„	1,0140	4,64	5,64	—	1,28	—	—	0,216	0,240	—	
139	Wa. „ „ „ . .	„	1,0215	4,12	7,21	—	1,70	—	—	0,108	0,195	—	
140	K. in Büren, braun . .	„	1,0208	4,81	7,21	—	1,40	—	—	0,230	0,290	—	
141	Burgdorf, Ch., hellbraun .	„	1,0250	4,40	8,18	—	2,60	—	—	0,260	0,270	—	
142	J., „	„	1,0218	4,24	7,30	—	1,80	—	—	0,162	0,260	—	
143	L., hell . .	„	1,0164	4,08	6,05	—	1,79	—	—	0,108	0,200	—	
144	M., hellbraun .	„	1,0170	4,04	5,87	—	1,11	—	—	0,198	0,235	—	
145	R., braun . .	„	1,0210	4,82	7,26	—	2,14	—	—	0,270	0,325	—	
146	St., hell . .	„	1,0204	3,68	6,67	—	2,16	—	—	0,144	0,228	—	
147	Exportbier aus Courtelary, H., hellbraun	„	1,0223	3,36	6,70	—	1,70	—	—	0,210	0,240	—	
148	J., „	„	1,0167	4,20	6,20	—	0,98	—	—	0,270	0,275	—	
149	Lagerbier, G. in Delsberg, „	„	1,0241	3,44	7,81	—	2,80	—	—	0,122	0,280	—	
150	H. „ Fraubrunnen, „	„	1,0200	4,65	7,01	—	1,80	—	—	0,270	0,215	—	
151	R. „ „ „	„	1,0153	4,36	5,97	—	1,06	—	—	0,306	0,285	—	
152	W. „ Freibergen, „	„	1,0172	4,64	6,48	—	1,47	—	—	0,130	0,230	—	
153	Hr. „ Interlaken, „	„	1,0210	3,84	6,66	—	1,79	—	—	0,135	0,195	—	
154	Schenkb., Hn. in Interlaken, braun	„	1,0227	4,24	7,34	—	2,15	—	—	0,176	0,240	—	
155	„ E. in Konolfingen, hellbr.	„	1,0168	4,08	6,20	—	0,96	—	—	0,140	0,200	—	

[1]) Bericht des Laboratoriums f. d. Kanton Bern für 1884, 9.
[2]) Schweiz. Wochenschr. Chem. u. Pharm. 1892, Sonderabdruck.
*) Vergl. Anmerkung *) S. 1131.
**) Die Untersuchungs-Verfahren waren die vom „Verein schweizerischer analytischer Chemiker" vereinbarten Konservirungsmittel waren nicht nachweisbar.

No.	Nähere Bezeichnung	Zeit der Untersuchung	Spec. Gewicht 15° C.	Alkohol Gew. %	Extrakt %	Stickstoff-Substanz %	Maltose %	Glycerin %	Säure (=Milchsäure) %	Asche %	Phosphorsäure %	Kohlensäure %	Analytiker
156	Lagerb., M. in Oberhasli, braun	1892	1,0205	4,04	7,49	—	1,97	—	—	0,090	0,190	—	F. Schaffer [1] *)
157	Schenkb., Ch. in Pruntrut braun	„	1,0186	4,16	6,91	—	1,39	—	—	0,140	0,220	—	
158	„ K. in Pruntrut hellbr.	„	1,0200	3,72	6,38	—	0,78	—	—	0,252	0,190	—	
159	Exportb., Sch. in Pruntrut „	„	1,0144	4,24	5,69	—	1,13	—	—	0,110	0,190	—	
160	Schenkb., W. in Signau, „	„	1,0150	4,66	5,85	—	0,97	—	—	0,216	0,305	—	
161	Lagerb., F. in Thun, „	„	1,0179	4,64	6,76	—	1,50	—	—	0,288	0,270	—	
162	Schenkb., M. „ „ „	„	1,0185	4,56	6,63	—	1,29	—	—	0,135	0,230	—	
163	Lagerbier: Sch. R. in Thun, ganz hell	„	1,0136	4,52	5,32	—	1,43	0,160	—	0,270	0,255	—	
164	Lagerbier: Sch. S. „ „ braun	„	1,0139	4,81	7,54	—	0,65	—	—	0,225	0,270	—	
165	Lagerbier: M. in Trachselwald, hellbraun	„	1,0175	4,08	6,30	—	1,52	—	—	0,230	0,230	—	
166	Lagerbier: Ch. in Wangen, braun	„	1,0219	4,62	7,25	—	2,70	—	—	0,176	0,240	—	
167	Lagerbier: R. „ „ „	„	1,0219	4,52	7,22	—	2,64	—	—	0,150	0,220	—	
	Mittel (No. 123—167)	—	1,0181	4,28	6,55	—	1,55	—	—	0,188	0,215	—	
	Schweizer Biere.												
168	22 bis 312 Analysen: Mittel	1882 bis 1890	—	4,12	6,65	0,456	1,75	0,220	0,162	0,210	0,071	—	A. Bertschinger [2]
	Schwankungen		—	2,61-5,87	4,48-9,85	0,094-0,594	0,72-3,07	0,12—0,32	0,072-0,313	0,121-0,330	0,025-0,106	—	
									Stammwürze		Vergährungsgrad		
169	28 Biere: Mittel	1891	1,0179	4,04	6,37	—	1,79	—	14,45		55,79		A. Bertschinger, E. Holzmann u. J. Schütz [3]
	Schwankungen	„	1,0120-1,0264	3,30-5,29	5,22-8,17	—	1,05-2,85	—	13,22—16,45		45,4—64,3		
	Schweizer Bockbiere.												
170	Br. Uetliberg	1889	—	3,46	9,09	—	3,01	—	16,00		43,7		A. Bertschinger [2]
171	„ Romanshorn	„	—	2,98	8,20	—	1,38	—	14,20		42,2		
172	„ Weinfelden	„	—	4,02	8,68	—	—	—	16,70		48,0		

Holländische Biere.

No.	Nähere Bezeichnung	Zeit der Untersuchung	Spec. Gewicht 15° C.	Alkohol Gew. %	Extrakt %	Stickstoff-Substanz %	Maltose %	Glycerin %	Säure (=Milchsäure) %	Asche %	Phosphorsäure %	Kohlensäure %	Analytiker
1	Süsses Bier	1871	—	4,30	7,00	—	1,63	—	—	0,22	—	—	E. Monier [4]
2	Balkerbier	1874	1,0090	3,20	6,07	0,52	0,96	3,22	—	0,25	—	—	Krandauer [5]
3	Aus Amsterdam: Amerforstsche Br. .	1884	1,0172	4,56	6,51	0,48	—	—	0,18	—	—	0,26	C. G. Zetterlund [6]
4	Aus Amsterdam: Koninklyke Bierbrauwery Bairisches	„	1,0152	4,37	6,05	—	—	—	0,51	—	—	0,18	
5	Aus Amsterdam: Koninklyke Bierbrauwery Pilsener .	„	1,0081	4,56	4,13	—	—	—	0,51	—	—	0,17	
6	Dè Haan u. Raven-Haarlem: Ale	„	1,0034	4,50	2,90	—	—	—	0,31	—	—	0,32	
7	Dè Haan u. Raven-Haarlem: Dè withe Extra Stoute .	„	1,0156	4,19	5,93	—	—	—	—	—	—	0,20	
8	Amstelbier, Amsterdam . .	„	1,0215	3,94	7,39	—	—	—	0,28	—	—	0,24	

[1]) Schweiz. Wochenschr. Chem. u. Pharm. 1892, Sonderabdruck.
[2]) Zeitschr. angew. Chem. 1890, 169 und 665.
[3]) Zeitschr. angew. Chem. 1891, 728.
[4]) Compt. rend. 1871, **73**, 801.
[5]) Mitth. d. kgl. bayer. Central-Landwirthschaftsschule Weihenstephan 1874/75, 12.
[6]) Zeitschr. ges. Brauw. 1884. Ueber die Untersuchungs-Verfahren vergl. S. 1120 Anm. *).

*) Vergl. Anmerkung **) S. 1132.

Belgische Biere.

No.	Nähere Bezeichnung	Zeit der Untersuchung	Spec. Gewicht 15° C.	Alkohol Vol. %	Extrakt %	Stickstoff-Substanz %	Maltose %	Dextrin %	Säure (=Milchsäure) %	Asche %	Phosphorsäure %	Kohlensäure %	Analytiker
1	Lambic 1839 } E. Begquet Bruxelles	—	1,0115	7,77	5,65	—	1,06	2,51	1,11 *)	—	—	—	
2	" 1869 } E. Begquet Bruxelles	—	1,0024	6,20	2,97	—	0,33	0,73	1,18	—	—	—	
3	" 1872 } E. Begquet Bruxelles	—	1,0033	5,94	3,30	—	0,48	1,74	1,00	—	—	—	
4	Faro . . . } E. Begquet Bruxelles	—	1,0130	4,33	5,15	—	0,71	2,90	0,90	—	—	—	
5	Lambic 1868 aus Thielrode .	—	1,0023	5,93	2,63	—	0,44	1,55	0,85	—	—	—	*Krandauer* [1]) **)
6	Doppel-Bier, ebendaher . . .	1874	1,0030	4,99	2,90	—	0,48	2,05	0,55	—	—	—	
7	Lambic 1871 (de Boeck frères-Bruxelles)	—	1,0090	6,38	4,48	—	0,66	1,87	1,06	—	—	—	
8	Gerstenbier aus Oud-Turnhout.	1874	1,0028	4,77	2,70	—	0,44	0,89	0,46	—	—	—	
9	Aus Brouwers Oppuers . . .	"	1,0066	8,44	4,80	—	1,20	2,50	0,32	—	—	—	
10	Stanbier von Breda	"	—	3,85	3,10	—	0,36	1,33	0,320	—	—	—	*Ch. Girard* [2]) ***)
11	Lambic	"	1,0012	6,14	2,95	0,43	0,42	—	0,120	0,31	—	—	
				Gew. %									
12	De Winter frères } dunkeles Winter-Bier	1884	1,0120	6,59	5,47	0,96	—	—	0,23	—	—	0,14	*C. G. Zetterlund* [3])
13	Oppuers . . . } dunkeles Winter-Bier	"	1,0060	7,21	3,90	0,95	—	—	0,30	—	—	0,24	
14	Export-B. von Schulte-Hülsenbeck-Antwerpen	1893	—	3,28	6,25	—	—	—	0,220	0,310	0,092	—	*B. C. Niederstadt* [4])
15	Ohne nähere Bezeichnung	1898	—	3,03	4,28	0,25	—	—	—	0,165	—	—	
16	Ohne nähere Bezeichnung	"	—	5,67	6,24	0,66	—	—	—	0,320	—	—	
17	Ohne nähere Bezeichnung	"	—	2,93	3,74	0,25	—	—	—	—	—	—	*E. Donath* [5])
18	Ohne nähere Bezeichnung	"	—	3,33	4,25	0,25	—	—	—	0,210	—	—	
19	Ohne nähere Bezeichnung	"	—	3,00	4,27	0,26	—	—	—	0,160	—	—	

Französische Biere.

No.	Nähere Bezeichnung	Zeit der Untersuchung	Spec. Gewicht 15° C.	Alkohol Vol. %	Extrakt %	Stickstoff-Substanz %	Maltose %	Dextrin %	Säure (=Milchsäure) %	Asche %	Phosphorsäure %	Kohlensäure %	Analytiker
1	Aus Nordfrankreich. } sauere Biere	1871	—	3,20	4,04	—	0,70	—	—	0,16	—	—	
2	desgl. . . . . . } sauere Biere	"	—	2,60	3,79	—	0,48	—	—	0,21	—	—	
3	desgl. . . . . . } sauere Biere	"	—	2,88	3,19	—	0,66	—	—	0,22	—	—	*E. Monier* [6])
4	Aus Paris } süsse Biere	"	—	3,76	6,19	—	1,43	—	—	0,26	—	—	
5	desgl. . . } süsse Biere	"	—	3,60	6,50	—	1,16	—	—	0,21	—	—	
6	Aus Nancy	1885	—	4,64	7,60	—	—	—	—	0,35	—	—	*Ch. Girard* [7]) ***)

[1]) Mitth. d. kgl. bayer. Central-Landwirthschaftsschule Weihenstephan 1874/75, 12.
[2]) Ch. Girard: Documents sur les falsifications etc. 2-ième rapport du Laboratoire Municipal à Paris 1885, 209.
[3]) Zeitschr. ges. Brauw. 1884. Ueber Untersuchungs-Methoden vergl. S. 1120 Anm. *).
[4]) Zeitschr. Nahrungsm.-Unters., Hyg. u. Waarenk. 1893, **7**, 166.
[5]) Wochenschr. Brauerei 1900, **17**, 343.
[6]) Compt. rend. 1871, **73**, 801.
[7]) Ch. Girard: Documents sur les falsifications etc. 2-ième rapport du Laboratoire Municipal à Paris 1885, 196.

*) Die Säure ist im Original in ccm Normalkalilauge angegeben; wir haben diese Zahlen auf „Milchsäure" umgerechnet, indem 1 ccm N.-Alkali = 0,0912 g Milchsäure gesetzt wurde.

**) Ueber die Methoden der Untersuchungen ist nichts Näheres angegeben.

***) Ob die Analyse No. 10 von Girard selbst ausgeführt ist, ist aus der angeführten Quelle nicht ersichtlich; die von Krandauer herrührenden Analysen belgischer Biere sind dort auch aufgeführt. Ueber die Untersuchungs-Methoden vergl. weiter unten unter „Ale". Die Bestimmung der Stickstoff-Substanz ist in der Weise ausgeführt, dass die von der Zuckerbestimmung herrührende Alkoholfällung von 50 ccm Bier getrocknet und nach dem Zerreiben in zwei Hälften getheilt wurde; die eine wurde eingeäschert und diente zur Bestimmung der Salze; die andere wurde in bekannter Weise mit Natronkalk verbrannt. Der gefundene Stickstoff wurde unter der Annahme, dass die Stickstoffsubstanz 15,5 % Stickstoff enthält, mit 6,45 multiplicirt.

No.	Nähere Bezeichnung	Zeit der Untersuchung	Spec. Gewicht 15° C.	Alkohol Gew. %	Extrakt %	Stickstoff-Substanz %	Maltose %	Dextrin %	Säure (=Milchsäure) %	Asche %	Phosphorsäure %	Kohlensäure %	Analytiker
7	Aus Tantouville, Lagerbier	1885	—	4,79	6,00	—	—	—	—	0,32	—	—	Ch. Girard [1]) *)
8	„ Toul	„	—	4,00	4,00	—	—	—	—	0,19	—	—	
9	„ Vittel	„	—	5,21	6,01	—	0,86	—	—	0,14	—	—	
10	„ Lille, starkes Bier	„	—	3,35	5,30	—	—	—	—	0,35	—	—	
11	„ dem Norden, in Paris verkauft	„	—	6,70	3,36	—	1,92	—	—	0,21	—	—	
12	Aus Paris, nach Wiener Art, Mittel von 67 **) Proben	„	—	3,54	5,32	—	1,11	—	—	0,19	—	—	
13	Delebart fils, Dou-ai-Nord, blondes Tyroler Bier	„	1,0148	5,89	6,05	0,82	—	—	0,13	—	—	0,32	C. G. Zetterlund [2]) ***)

Portugiesische Biere.

No.	Nähere Bezeichnung	Zeit der Untersuchung	Spec. Gewicht 15° C.	Alkohol Gew. %	Extrakt %	Stickstoff-Substanz %	Maltose %	Dextrin %	Säure (=Milchsäure) %	Asche %	Phosphorsäure %	Glycerin %	Analytiker
1	Jansen, Pipa⁰), hell, trübe	1892	1,0064	3,88	3,28	0,37	0,62	1,61	0,343	0,187	0,048	0,045	H. Mastbaum u. F. Dickmann [3])
2	„ Pilsener, hell, klar	„	1,0121	4,69	5,04	0,58	1,04	2,50	0,188	0,241	0,050	0,033	
3	„ Exportacao, hell, trübe	„	1,0115	3,65	4,50	0,39	1,11	2,15	0,311	0,185	0,052	0,018	
4	Trinidade, Bohemia, hell, klar	„	1,0124	3,71	4,79	0,43	1,53	2,11	0,116	0,190	0,036	0,029	
5	„ Pipa⁰), hell, klar	„	1,0131	3,65	4,90	0,49	1,42	2,21	0,152	0,185	0,036	0,033	
6	„ Preta engarrafada, dunkel, klar	„	1,0215	3,82	7,42	0,57	2,12	3,63	0,148	0,243	0,043	0,025	
7	Schreek, Engarrafada, hell, trübe (Flaschenbier)	„	1,0138	4,47	5,55	0,45	1,30	2,44	0,195	0,219	0,037	0,046	
8	Trinidade, Munich, dunkel, klar	„	1,0160	4,06	5,84	0,63	1,54	2,38	0,123	0,240	0,084	0,059	
9	Leao, Pipa⁰), hell, trübe	„	1,0116	2,17	3,87	0,26	1,09	1,87	0,096	0,127	0,038	0,020	
10	„ Engarrafada, hell, trübe	„	1,0089	3,12	3,46	0,31	0,60	1,85	0,258	0,143	0,049	0,017	
11	Trinidade, „Bohemia"	1897	1,0119	4,35	4,40	0,37	1,04	1,89	0,128	0,190	0,046	0,17	M. Hoffmann [4]) ⁰⁰)
12	Jansen, „Pilsener"	„	1,0126	3,72	4,74	0,28	2,09	1,75	0,155	0,180	0,050	0,09	
13	Uniao, „Vienna"	„	1,0131	4,50	4,70	0,25	1,23	1,92	0,115	0,170	0,070	0,13	

Spanische Biere.

No.	Nähere Bezeichnung	Zeit der Untersuchung	Spec. Gewicht 15° C.	Alkohol Gew. %	Extrakt %	Stickstoff-Substanz %	Maltose %	Dextrin %	Säure (=Milchsäure) %	Asche %	Phosphorsäure %	Kohlensäure %	Analytiker
1	Bedeka de la Cruzblanca, Santander: Imp. Bock-Ale	1884	1,0068	6,33	4,24	—	0,93	—	—	0,19	—	0,21	C. G. Zetterlund [2]) ***)
2	Bedeka de la Cruzblanca, Santander: Double Bock	„	1,0142	4,38	7,31	—	0,89	—	—	0,07	—	0,25	
3	Specialidade	„	1,0130	4,31	4,80	—	0,84	—	—	0,24	—	0,39	

[1]) Vergl. Anmerkung [7]) S. 1134.
[2]) Zeitschr. ges. Brauw. 1884, **7**.
[3]) Zeitschr. angew. Chem. 1892, 201; Untersuchungs-Verfahren nach König: Untersuchung landw. etc. Stoffe 1891.
[4]) Wochenschr. Brauerei 1898, **15**, 121.

*) Vergl. Anmerkung ⁰) S. 1134.
**) Aus der angegebenen Quelle ist nicht ersichtlich, ob diese Biere in Paris selbst gebraut sind. Die Schwankungen im Gehalt betrugen:

Alkohol	Extrakt	Zucker	Asche
0,86—6,17 Gew.-Proc.	1,68—8,89 %	0,35—5,40 (?) %	0,04 (?)—0,40 %.

Der Gehalt an „Asche" ist bei mehreren der untersuchten Sorten Bier so gering, dass kein Bier aus reinem Gerstenmalz angenommen werden kann; möglicher Weise hat dieser geringe Gehalt aber seine Ursache in der Untersuchungs-Methode, welche zu niedrige Zahlen liefern dürfte.
***) Ueber die Untersuchungs-Verfahren vergl. oben S. 1120, Anmerkung *).
⁰) Cerveja da pipa ist obergähriges Bier.
⁰⁰) M. Hoffmann fand ferner:

	Aussehen und Geschmack	Kohlensäure	Flüchtige Säuren	Farbentiefe = ccm 1/10 N.-Jodlösung
No. 11:	Klar, aromatisch	0,16 %	0,013 %	1,3
„ 12:	Etwas trübe, süsslich, wässerig	0,18 „	0,010 „	0,6
„ 13:	Klar, angenehm frisch	0,11 „	0,009 „	0,6

Englische Biere.

No.	Nähere Bezeichnung	Zeit der Untersuchung	Spec. Gewicht 15° C.	Alkohol Gew. %	Extrakt %	Stickstoff-Substanz %	Maltose %	Dextrin %	Säure (= Milchsäure) %	Asche %	Phosphorsäure %	Kohlensäure %	Analytiker
1	Wohl gehopft und von guter Haltbarkeit	1879	1,0080	4,20	4,36	0,35	1,02	1,55	*) 0,21	0,25	0,052	—	J. Steiner [1] **)
2	Wohl gehopft und von guter Haltbarkeit	„	1,0091	5,10	4,53	0,38	1,60	1,47	0,27	0,28	0,057	—	J. Steiner [1] **)
3	Gewöhnliche schwere Biere für den Konsum	„	1,0106	4,50	4,91	0,32	1,75	1,56	0,36	0,24	0,048	—	J. Steiner [1] **)
4	Gewöhnliche schwere Biere für den Konsum	„	1,0110	5,00	5,90	0,40	2,12	1,81	0,36	0,36	0,072	—	J. Steiner [1] **)
5	Besonders starke Biere zum Abmischen (Blenden) von schwachem Bier	„	1,0144	6,43	5,60	0,68	2,25	1,57	0,40	0,40	0,091	—	J. Steiner [1] **)
6	Besonders starke Biere zum Abmischen (Blenden) von schwachem Bier	„	1,0203	8,11	8,60	0,79	2,24	2,79	0,55	0,45	0,092	—	J. Steiner [1] **)
											Essigsäure		
7	Burton süss	1882	1,0800	6,78	6,74	0,26	2,13	3,64	0,18	—	0,010	—	Ch. Graham [2]
8	Burton hell	„	1,0620	5,37	5,13	0,21	1,75	2,48	0,14	—	0,020	—	Ch. Graham [2]
9	Burton bitter	„	1,0640	5,44	5,42	0,16	1,62	2,60	0,17	—	0,015	—	Ch. Graham [2]
10	Süsses Bier	„	1,0555	4,60	5,39	0,20	1,87	1,88	0,14	—	0,036	—	Ch. Graham [2]
11	Süsses Bier	„	1,0607	5,13	5,44	0,20	1,99	1,73	0,15	—	0,031	—	Ch. Graham [2]
12	Süsses Bier	„	1,0737	6,50	6,80	0,30	2,88	2,05	0,10	—	0,024	—	Ch. Graham [2]
13	Ohne nähere Bezeichnung	„	1,0440	3,29	5,00	0,23	2,14	1,37	0,09	—	0,010	—	Ch. Graham [2]
14	Bitteres Bier	„	1,0450	4,34	2,97	0,16	0,84	1,48	0,10	—	0,030	—	Ch. Graham [2]
15	Bitteres Bier	„	1,0446	4,69	2,76	0,21	0,81	0,75	0,14	—	0,060	—	Ch. Graham [2]
16	Schottische Biere süss	„	1,0530	4,62	4,08	0,35	1,50	0,86	0,14	—	0,030	—	Ch. Graham [2]
17	Schottische Biere Exportb., bitter	„	1,0570	5,00	5,21	0,30	1,62	2,50	0,09	—	0,060	—	Ch. Graham [2]
18	Schottische Biere bitter	„	1,0570	5,50	3,20	0,30	0,87	1,45	0,10	—	0,020	—	Ch. Graham [2]
19	Schottische Biere bitter	„	1,0590	5,87	3,55	0,32	0,87	1,38	0,20	—	0,030	—	Ch. Graham [2]
20	Tottenham-Lagerbier, hellbraun, mässig	1888	1,0151	3,59	5,65	—	1,19	2,61	**) 0,187	—	—	—	C. Rach u. C. Gottfried [3]
21	The finest London Cooper, schwarz, bitter	„	1,0138	5,03	5,87	—	1,30	2,02	**) 0,204	—	—	—	C. Rach u. C. Gottfried [3]
22	Tottenham- Lagerbier	1896	—	4,52	4,45	—	1,08	—	0,155	—	—	—	Dömens [4]
23	Tottenham- Pilsener Bier	„	—	4,30	3,02	—	0,71	—	0,126	—	—	—	Dömens [4]
24	Tottenham- Münchener Bier	„	—	4,92	7,32	—	1,84	—	0,216	—	—	—	Dömens [4]
25	Ohne nähere Bezeichnung hell	1898	—	4,42	3,44	0,14	—	—	—	0,110	0,029	—	E. Donath [5]
26	Ohne nähere Bezeichnung hell	„	—	3,83	4,98	0,14	—	—	—	0,130	0,045	—	E. Donath [5]
27	Ohne nähere Bezeichnung goldgelb	„	—	5,13	10,65	0,81	—	—	—	0,349	—	—	E. Donath [5]

Schwedische Biere.

No.	Nähere Bezeichnung	Zeit der Untersuchung	Spec. Gewicht 15° C.	Alkohol Gew. %	Extrakt %	Stickstoff-Substanz %	Maltose %	Dextrin %	Säure (= Milchsäure) %	Asche %	Phosphorsäure %	Kohlensäure %	Analytiker
1	Norlings Bruggeri, Oerebro Pilsener Art	1884	1,0148	3,45	4,65	—	—	—	0,11	—	—	0,22	C. G. Zetterlund [6] ***)
2	Norlings Bruggeri, Oerebro Bayer. Art	„	1,0200	3,60	6,76	—	—	—	0,11	—	—	0,21	C. G. Zetterlund [6] ***)

[1]) Zeitschr. ges. Brauw. 1879, **2**, 244.
[2]) The Brewers Guardian No. 291; Zeitschr. Brauw. 1882, **5**, 29.
[3]) Allgem. Brauer- u. Hopfen-Ztg. 1888, No. 51.
[4]) Wochenschr. Brauerei 1896, **13**, 1343; Vierteljahresschr. Nahrungs- u. Genussm. 1896, **II**, 555.
[5]) Wochenschr. Brauerei 1900, **17**, 343.
[6]) Zeitschr. ges. Brauw. 1884.

*) Vergl. Anmerkung *) S. 1134.
**) Extrakt wurde durch Eintrocknen bei 70° C., Alkohol nach dem Destillations-Verfahren (engl. Art: „Excise method"), Zucker mittelst Fehling'scher Lösung, Dextrin durch Berechnung aus der abgelesenen Polarisation, die Stickstoffsubstanz durch Verbrennen mit Natronkalk und Multiplikation des gefundenen Stickstoffs mit 6,25 ermittelt.
***) Ueber die Untersuchungs-Verfahren vergl. S. 1120 Anm. *).

No.	Nähere Bezeichnung	Zeit der Untersuchung	Spec. Gewicht 15° C.	Alkohol Gew. %	Extrakt %	Stickstoff-Substanz %	Maltose %	Dextrin %	Säure (=Milchsäure) %	Asche %	Phosphorsäure %	Kohlensäure %	Analytiker
	A. Sog. Bayerische Biere.	Winter											
3	Bayerisches Bier aus Venersberg	1880	1,0146	4,64	5,32	—	—	—	0,150	—	—	0,252	Versuchsstation in Oerebro[1]
4	Bayerisches Bier aus Alingsas	„	1,0180	4,48	5,99	—	—	—	0,132	—	—	0,177	
5	Sandvalls Bier aus Boras	„	1,0132	4,16	4,58	—	—	—	0,115	—	—	0,184	
6	Bayerisches Bier aus Ulriahamm	„	1,0132	4,24	4,64	—	—	—	0,106	—	—	0,183	
7	Bayerisches Bier aus Falköping	„	1,0120	3,68	4,24	—	—	—	0,098	—	—	0,211	
8	Bayerisches Bier aus Sköfde	„	1,0188	4,40	6,44	—	—	—	0,167	—	—	0,168	
9	Bayerisches Bier aus Mariestad	„	1,0184	4,24	6,13	—	—	—	0,194	—	—	0,106	
10	Bayerisches Bier aus Lund	„	1,0164	4,32	5,33	—	—	—	0,106	—	—	0,394	
11	Klappans Bier aus Aby	„	1,0156	4,88	5,49	—	—	—	0,097	—	—	0,216	
12	Finnlands „ „ Kristianstad	„	1,0140	4,16	5,03	—	—	—	0,177	—	—	0,336	
13	Wendels „ „ „	„	1,0178	5,12	6,09	—	—	—	0,118	—	—	0,343	
14	Bayerisches Bier aus der deutschen Brauerei in Karlskrona	„	1,0216	5,20	7,24	—	—	—	0,132	—	—	0,267	
15	Bayerisches Bier aus Lykeby	„	1,0180	4,48	6,15	—	—	—	0,176	—	—	0,186	
16	Bayerisches Bier aus „	„	1,0204	4,94	6,56	—	—	—	0,202	—	—	0,239	
17	Kronlein u. Co., Bier aus Jönköping	„	1,0160	4,08	5,15	—	—	—	0,115	—	—	0,204	
18	Sands Bier von Jönköping	„	1,0172	4,88	6,04	—	—	—	0,127	—	—	0,303	
19	Bayerisches Bier aus Ulrigstad	„	1,0176	4,32	5,74	—	—	—	0,150	—	—	0,134	
20	Bayerisches Bier aus Säfsjö	„	1,0164	3,68	5,00	—	—	—	0,155	—	—	0,190	
21	Bayerisches Bier aus Näfsjö	„	1,0176	5,52	6,14	—	—	—	0,141	—	—	0,307	
22	Bayerisches Bier aus Motala	„	1,0132	4,40	4,91	—	—	—	0,115	—	—	0,221	
23	Bayerisches Bier aus Eskilstuna	„	1,0182	4,24	5,96	—	—	—	0,106	—	—	0,300	
24	Bayerisches Bier aus „	„	1,0148	4,41	5,39	—	—	—	0,185	—	—	0,332	
25	Sala Dampfbrauerei-Akt.-Ges. Sala	„	1,0174	4,16	5,90	—	—	—	0,097	—	—	0,163	
26	Erlangens bayerisches Bier	„	1,0187	3,44	5,43	—	—	—	0,115	—	—	0,200	
27	Bayerisches Bier aus Westeras	„	1,0176	4,40	5,68	—	—	—	0,106	—	—	0,335	
28	Bayerisches Bier aus Köping	„	1,0152	4,00	5,27	—	—	—	0,141	—	—	0,242	
29	Bayerisches Bier aus Arboga	„	1,0160	3,44	5,24	—	—	—	0,119	—	—	0,205	
30	Bayerisches Bier aus Lindersberg	„	1,0164	3,68	4,93	—	—	—	0,113	—	—	0,334	
31	Bayerisches Bier aus Nora	„	1,0156	4,08	5,04	—	—	—	0,106	—	—	0,188	
32	Bayerisches Bier aus Baughammer	„	1,0156	3,50	5,34	—	—	—	0,180	—	—	0,250	
33	Bayerisches Bier aus Nordlings Brauerei, Akt.-Ges. in Oerebro	„	1,0200	3,70	6,84	—	—	—	0,140	—	—	0,340	
34	Starkbier von derselben Brauerei	„	1,0225	4,32	7,28	—	—	—	0,106	—	—	0,269	
35	Akt.-Ges. Oerebro Bayerisches Bier	„	1,0226	5,04	7,35	—	—	—	0,114	—	—	0,201	
36	Akt.-Ges. Oerebro Starkbier	„	1,0228	5,78	7,59	—	—	—	0,123	—	—	0,187	
37	Bayerisches Bier von J. Zenk	„	1,0164	4,00	5,70	—	—	—	0,164	—	—	0,175	
38	Bayerisches Bier „ Askersund	„	1,0264	4,56	8,49	—	—	—	0,144	—	—	0,138	
39	Pilsener Bier aus Kristinehamm	„	1,0184	3,52	5,72	—	—	—	0,265	—	—	0,151	
40	Samen- „ „ „	„	1,0172	4,24	5,25	—	—	—	0,159	—	—	0,199	
	B. Bockbier.												
41	Erlangens Bockbier aus Upsala	„	1,0437	4,72	12,22	—	—	—	0,146	—	—	0,140	

[1]) Brauer- u. Hopfen-Ztg. Nürnberg 1884.

No.	Nähere Bezeichnung	Zeit der Untersuchung	Spec. Gewicht 15° C.	Alkohol Gew. %	Extrakt %	Stickstoff-Substanz %	Maltose %	Dextrin %	Säure (=Milchsäure) %	Asche %	Phosphorsäure %	Kohlensäure %	Analytiker
	C. Porter.	Winter											
42	Carnegu u. Co., Göteborg	1880	1,0162	6,33	5,75	—	—	—	0,355	—	—	0,447	Versuchsstation in Oerebro [1])
	D. Süssbier (Schwedisches Bier).												
43	Nordlings Brauerei-Akt.-Ges. in Oerebro, Weihnachtsbier	„	1,0283	5,26	8,64	—	—	—	0,124	—	—	0,261	
44	Nordlings Brauerei-Akt.-Ges. in Oerebro, Schwedisches Bier . . .	„	1,0429	0,96	10,00	—	—	—	0,103	—	—	0,190	
45	Schwedisches Bier der Oerebro Brauerei-Akt.-Gesellsch. in Oerebro	„	1,0431	1,09	11,61	—	—	—	0,108	—	—	0,274	
	F. Dünnbier.												
46	Nordlings Brauerei-Akt.-Ges. in Oerebro	„	1,0092	2,10	1,64	—	—	—	0,070	—	—	0,260	
47	Oerebro Brauerei-Akt.-Ges.	„	1,0184	1,72	4,65	—	—	—	0,126	—	—	0,178	
			Farbe										
48	Biere der „Nürnberger“ Brauerei in Stockholm*) nach Art des deutschen Lagerbieres	1889	goldgelb	3,95	6,58	0,535	1,91	3,01	0,098	0,270	0,098	—	E. Doelling u. E. Hartmann [2])
49	Biere der „Nürnberger“ Brauerei in Stockholm*) Erlanger Bieres	„	dunkelbraun	4,31	6,39	0,540	1,87	2,75	0,110	0,248	0,090	—	
50	Biere der „Nürnberger“ Brauerei in Stockholm*) Pilsener „	„	hellgelb	3,37	4,37	0,330	0,99	2,22	0,090	0,188	0,067	—	

No.	Nähere Bezeichnung	Zahl der Analysen	Zeit der Untersuchung	Spec. Gewicht	Alkohol	Extrakt	Stammwürze	Vergährungsgrad	Analytiker
51	Untergährig: Bayerisches Bier	174	1892	—	4,24 (2,96—5,78)	5,79 (3,16—8,49)	13,92 (10,52—18,40)	5,83 (48,2—74,3)	E. L. Hartmann [3])
52	Untergährig: Pilsener „	31	„	—	3,76 (2,34—4,88)	4,77 (2,80—6,99)	11,92 (7,44—14,26)	60,1 (51,0—66,9)	
53	Untergährig: Bayerisch. Schwachb.	39	„	—	2,62 (1,37—3,65)	3,33 (1,90—4,66)	8,47 (5,29—11,42)	60,5 (40,1—68,2)	
54	Obergährig: Porter	18	„	—	6,07 (4,80—7,51)	7,22 (4,39—9,92)	18,52 (14,79—23,03)	61,2 (50,7—70,4)	
55	Obergährig: Schwedisches Bier	17	„	—	2,47 (0,96—5,26)	7,53 (3,37—13,30)	12,26 (6,73—18,43)	39,6 (15,3—58,7)	
56	Obergährig: Dünnbier (Dricka)	52	„	—	1,04 (0,43—1,77)	2,87 (1,44—5,60)	4,96 (2,96—7,39)	43,0 (15,1—69,7)	

Norwegische Biere.

No.	Nähere Bezeichnung	Zeit der Untersuchung	Spec. Gewicht	Alkohol	Extrakt	Stickstoff-Substanz	Maltose	Dextrin	Säure	Asche	Phosphorsäure	Kohlensäure	Analytiker
1	Aus Christiania: Christ. Brewery, Pale Ale	1884	1,0212	4,57	6,80	0,89	—	—	0,11	—	—	0,25	C. G. Zetterlund [4]) **)
2	Aus Christiania: Friedenlunds Brewery Pale Ale . . .	„	1,0214	4,38	6,17	—	—	—	0,14	—	—	0,34	
3	Aus Christiania: Friedenlunds Brewery Bock Beer . .	„	1,0254	6,02	7,30	1,30	—	—	0,09	—	—	0,21	
4	Aus Christiania: Friedenlunds Brewery Export Beer .	„	1,0187	4,38	—	—	—	—	0,11	—	—	0,24	
5	Aus Christiania: Ringnes u Co., Pale Ale	„	1,0228	4,00	6,45	0,97	—	—	0,13	—	—	0,23	
6	Aus Drammen: P. Ltz-Aas Norw. Beer . .	„	1,0184	4,69	5,90	—	—	—	0,15	—	—	0,25	
7	Aus Drammen: P. Ltz-Aas Norskt Exp. .	„	1,0206	3,83	6,35	—	—	—	0,17	—	—	0,33	
8	Aus Drammen: Christ. Wriedt Bière de Wriedt	„	1,0146	3,77	4,94	0,64	—	—	0,07	—	—	0,26	
9	Aus Drammen: Christ. Wriedt „ Salvator .	„	1,0228	4,94	7,06	—	—	—	0,09	—	—	0,28	

[1]) Brauer- u. Hopfen-Ztg. Nürnberg 1884.
[2]) Zeitschr. ges. Brauw. 1889, **12**, 216; Zeitschr. angew. Chem. 1889, 466.
[3]) Zeitschr. ges. Brauw. 1884.
[4]) Zeitschr. ges. Brauw. 1893, **16**, 155; Vierteljahresschr. Nahrungs- u. Genussm. 1893, **8**, 149.

*) Die Biere werden meist aus Mischungen der drei oben (S. 1073, No. 50—52) aufgeführten Malze hergestellt.
**) Ueber die Untersuchungs-Verfahren vergl. S. 1120 Anmerkung *).

Sonstige Analysen schwedischer, norwegischer etc. Biere.

1. Aug. Almèn (Upsala Läkareförnings Forhandlingar 1879, 14, 8) fand bei 20 schwedischen Bieren: Spec. Gewicht 1,0135—1,0356, Alkohol 2,10—4,81%, Extrakt 3,20—12,40%.

2. Hercules Tornoe bestimmte bei Gelegenheit der Prüfung seiner spektrometrisch-aräometrischen Methode der Bieranalyse mit dem Differentialprisma von Hallwachs (Zeitschr. ges. Brauwesen 1897, 20, 373—375 und 387—390) den Alkohol- und Extraktgehalt zahlreicher Biere aus Norwegen, Schweden, Dänemark, England und Deutschland. Er fand (nach der Destillationsanalyse):

	Zahl der Proben	Alkohol	Extrakt
Schwach vergohrene untergährige Biere aus Norwegen	9	1,31—2,20%	5,80—12,77%
„Bayerische" „ „ „ „	8	3,50—4,28 „	5,38—6,50 „
Bockbiere, Exportbiere, „Kulmbacher" etc. „ „	9	4,35—5,56 „	5,30—10,37 „
„Pilsener", Haushaltungsbier, Eiskellerbier „ „	3	2,42—4,73 „	3,42—8,78 „
Schwedische Biere	8	2,23—4,32 „	2,82—4,87 „
Dänische Lagerbiere	2	4,28; 4,12 „	5,49; 5,16 „
Englische Biere (Double Brown Stout)	2	7,05; 6,98 „	8,46; 8,59 „

Serbische Biere.

Die Haupt-Brauereien sind die von Weifert und Bailoni in Belgrad und die Brauerei in Jagodina (Nr. 1—14).

No.	Nähere Bezeichnung	Zeit der Untersuchung	Spec. Gewicht 15° C.	Alkohol Gew. %	Extrakt %	Stickstoff-Substanz %	Maltose %	Flüchtige Säure (= Essigsäure) %	Gesammt-Säure (= Milchsäure) %	Asche %	Phosphorsäure %	Kohlensäure %	Analytiker
1	4 Monate alt . . .	1885	1,0199	3,18	6,44	—	—	—	—	—	—	0,27	Jos. Zd. Raušar[1])
2	2 „ „ . . .	1886	1,0207	3,73	6,30	—	—	—	—	—	—	0,36	
3	Dunkelfarbig . . .	„	1,0181	4,10	4,57	—	—	—	—	—	—	0,31	
4	— . . .	1887	1,0193	3,68	4,83	—	—	—	0,130	0,230	—	0,30	
5	Kräftiger Schaum .	„	1,0202	3,91	5,15	—	—	—	0,140	0,213	—	0,36	
6	— . . .	„	1,0174	3,24	4,35	—	—	—	—	—	—	0,28	
7	3 Wochen alt . . .	1886	1,0227	3,66	7,29	—	—	0,019	0,155	—	—	0,35	
8	— . . .	„	1,0200	3,40	6,30	—	—	—	0,130	—	—	0,31	
9	— . . .	„	1,0177	3,36	6,19	—	—	—	—	—	—	0,31	
10	— . . .	„	1,0174	3,24	4,35	—	—	—	—	—	—	0,28	
11	2 Monate alt . . .	„	1,0205	3,79	5,13	—	—	—	—	—	—	0,30	
12	— . . .	1894	1,0127	3,83	5,06	—	1,25	—	—	0,217	—	—	
13	— . . .	1895	1,0140	3,86	5,33	—	1,24	—	0,158	0,196	—	—	
14	Schwarz süsslich, 6 Wochen alt . .	1896	1,0174	3,33	5,92	—	1,87	—	0,187	—	—	—	

Russische Biere.

No.	Nähere Bezeichnung	Zeit der Untersuchung	Spec. Gewicht	Alkohol	Extrakt	Stickstoff-Substanz	Maltose	Dextrin	Gesammt-Säure	Asche	Phosphorsäure	Kohlensäure	Analytiker
1	Dunkelgelb 1894/95-er . .	1898	—	4,67	12,02	0,835	3,27	6,32	0,24	0,306	—	—	E. Donath[2])
2	„ 1896/97-er . .	„	—	6,00	10,42	0,922	3,13	4,52	0,21	0,358	0,148	—	

Türkisches Bier.

No.	Nähere Bezeichnung	Zeit der Untersuchung	Spec. Gewicht	Alkohol	Extrakt	Stickstoff-Substanz	Maltose	Flüchtige Säure	Gesammt-Säure	Asche	Phosphorsäure	Kohlensäure	Analytiker
1	Dunkelgoldgelb	1898	—	3,07	5,52	0,310	—	—	0,080	0,170	0,051	—	E. Donath[2])

[1]) Zeitschr. ges. Brauw. 1897, **20**, 687.

[2]) Wochenschr. Brauerei 1900, **17**, 343.

Amerikanische Biere.

No.	Nähere Bezeichnung	Zeit der Untersuchung	Spec. Gewicht 15° C.	Alkohol Gew. %	Extrakt %	Stickstoff-Substanz %	Zucker (= Maltose)*) %	Dextrin %	Säure (= Milchsäure) %	Asche %	Phosphorsäure %	Kohlensäure %	Analytiker
1	Bieranalysen, ausgeführt für die „Moderation Society" in New-York. (Verfälschungen und schädliche Stoffe liessen sich nicht nachweisen.)	1873	1,0280	4,00	8,52	0,86	2,21 *)	—	0,189	0,29	0,130	—	*Doremus*[1]) *)
2	„	„	1,0315	2,00	8,46	0,86	2,20	—	0,171	0,34	0,161	—	„
3	„	„	1,0175	4,60	6,56	0,70	1,23	—	0,081	0,37	0,178	—	„
4	„	„	1,0275	2,80	8,34	0,61	2,78	—	0,108	0,27	0,058	—	„
5	„	„	1,0330	3,40	—	0,63	3,03	—	0,090	0,37	0,120	—	„
6	„	„	1,0210	4,60	6,83	0,64	2,65	—	0,135	0,34	0,188	—	„
7	„	„	1,0250	2,50	6,97	0,67	0,97	—	0,162	0,29	0,088	—	„
8	„	„	1,0180	2,80	6,86	0,64	1,03	—	0,163	0,46	0,063	—	„
9	„	„	1,0150	3,10	5,18	1,61	1,05 *)	2,63	0,225	0,25	0,100	—	„
10	„	„	1,0125	5,20	5,47	0,79	1,44	2,30	0,225	0,26	0,100	—	„
11	„	„	1,0155	4,30	6,04	0,84	1,26	2,69	0,270	0,24	0,112	—	„
12	„	„	1,0120	5,20	5,07	0,77	1,15	1,97	0,270	0,27	0,117	—	„
13	„	„	1,0150	4,60	6,49	0,46	1,53	3,58	0,162	0,21	0,085	—	„
14	„	„	1,0150	4,60	6,07	0,86	0,30 *)	2,38	0,315	0,29	0,120	—	„
15	„	1885	1,0145	4,25	5,75	0,60	1,42	2,74	0,153	0,30	0,093	—	*F. E. Engelhardt*[1])
16	„	„	1,0150	3,70	5,67	0,68	1,43	2,68	0,174	0,28	0,107	—	„
17	„	„	1,0156	3,70	5,77	0,71	1,59	2,51	0,150	0,31	0,107	—	„
18	„	„	1,0134	4,25	5,35	0,32	1,29	2,56	0,212	0,32	0,118	—	„
19	„	„	1,0197	3,50	6,47	0,87	1,43	3,16	0,150	0,32	0,076	—	„
20	„	„	1,0187	3,70	6,46	0,76	1,56	3,30	0,202	0,31	0,078	—	„
21	„	„	1,0120	4,10	4,29	0,62	0,91	2,04	0,150	0,32	0,076	—	„
22	„	„	1,0175	4,30	6,59	0,66	1,44	3,14	0,123	0,34	0,097	—	„
23	„	„	1,0174	4,20	6,38	0,81	1,45	3,00	0,212	0,34	0,098	—	„
24	„	„	1,0162	4,25	6,21	0,70	1,49	3,03	0,212	0,35	0,098	—	„
25	Lagerbier, Mittel**) von 170 Proben	„	1,0160	3,75	5,80	—	—	—	—	0,26	0,096	—	*F. E. Engelhardt*[2])
							Maltose						
26	Aus Rochester: V. Bartolomay, Brewing-Co.	1884	1,0110	5,30	3,95	0,35	0,51	2,70	0,120	0,18	(0,02)?	—	*Lattimore*[3])
27	Aus Rochester: Von Brewing-Co. . .	„	1,0110	4,58	4,00	0,30	0,50	2,75	0,160	0,21	(0,03)	—	„
28	Aus Rochester: „ desgl.	„	1,0150	4,25	4,87	0,40	0,55	3,10	0,140	0,22	(0,03)	—	„
29	Aus Rochester: „ J.G. Bratzel u. Broth.	„	1,0220	3,83	5,70	0,47	0,57	4,30	0,200	0,24	(0,04)	—	„

[1]) Nach der S. 1141 Anmerkung [1]) angeführten Schrift von C. A. Crampton S. 280. Dort sind die von Doremus und Engelhardt angewendeten Methoden nicht erwähnt.

[2]) State Board of health of New-York. Sixt ann. Report. Report of the examinations of beers.

[3]) Brau- u. Hopfen-Ztg. Nürnberg 1884.

*) Bei den Analysen 1—8 ist der Zucker und Maltose einfach als Zucker aufgeführt; bei den Analysen 9—14 haben wir die Zahlen für Maltose und Glukose addirt und als Summe aufgeführt; sie enthielten an Maltose und Glukose:

	No. 9	10	11	12	13	14
Maltose . .	0,547	0,312	0,204	0,754	0,689	0,095 %
Glukose . .	0,509	1,122	1,058	0,391	0,845	0,206 „

**) Die Schwankungen der 170 Proben betrugen:

0,68—7,06 Gew.-Proc. Alkohol   3,66—9,65 % Extrakt   0,172—0,412 % Asche.

No.	Nähere Bezeichnung	Zeit der Untersuchung	Spec. Gewicht 15° C.	Alkohol Gew. %	Extrakt %	Stickstoff-Substanz %	Maltose %	Dextrin %	Säure (=Milchsäure) %	Asche %	Phosphorsäure %	Kohlensäure %	Analytiker
30	In Flaschen: Lagerbier, Milwaukee	1887	1,0100	4,28	4,18	0,51	1,10	1,57	0,057	0,20	0,065	0,411	C. A. Crampton[1]) **)
31*)	In Flaschen: Exportbier „	„	1,0140	4,42	5,40	0,40	1,06	2,63	0,057	0,31	0,056	0,300	
32*)	In Flaschen: Lagerbier Alexandria, Va.	„	1,0171	4,55	5,71	0,68	2,04	2,21	0,074	0,36	0,091	0,489	
33	In Flaschen: Lagerbier Washington	„	1,0143	4,18	5,05	0,67	1,25	0,98	0,059	0,39	0,086	0,415	
34	In Flaschen: Lagerbier Cincinnati	„	1,0100	5,53	4,55	0,51	0,94	2,25	0,073	0,24	0,082	0,328	
35*)	In Flaschen: Exportbier, St. Louis	„	1,0178	4,40	6,15	0,46	2,14	2,54	0,067	0,31	0,074	0,471	
36*)	In Flaschen: Lagerbier Philadelphia	„	1,0147	4,29	5,22	0,54	1,46	2,30	0,078	0,24	0,071	0,717	
37	In Flaschen: Lagerbier Philadelphia	„	1,0147	4,35	5,09	0,74	1,37	1,80	0,080	0,27	0,104	0,219	
38	In Flaschen: Budweissb., Philadelphia	„	1,0181	4,52	5,94	0,53	2,14	2,57	0,086	0,24	0,078	0,324	
39	Lagerbier vom Fass: Buffalo	„	1,0241	3,84	7,05	0,52	2,81	3,09	0,035	0,22	0,069	—	
40	Lagerbier vom Fass: Washington	„	1,0146	4,29	5,18	0,67	1,22	2,21	0,044	0,24	0,086	—	
41	Lagerbier vom Fass: Cincinnati	„	1,0169	4,63	5,86	0,46	2,37	2,29	0,074	0,24	0,085	—	
42*)	Lagerbier vom Fass: Alexandria, Va.	„	1,0137	4,71	4,91	0,62	1,10	2,40	0,008	0,26	0,089	—	
43*)	Lagerbier vom Fass: Washington	„	1,0140	4,30	4,83	0,68	1,49	1,45	0,071	0,26	0,087	—	
44*)	Lagerbier vom Fass: desgl.	„	1,0181	3,86	5,62	0,62	1,52	2,59	—	0,31	0,083	—	
45*)	In Flaschen: Lagerbier, St. Louis	„	1,0178	4,28	4,64	0,46	2,17	2,75	0,067	0,18	0,064	0,629	
46	In Flaschen: Erlangerbier, St. Louis	„	1,0203	4,68	6,82	0,68	2,51	2,58	0,046	0,22	0,093	0,344	
47	In Flaschen: Lagerbier, Boston	„	1,0077	5,30	3,94	0,56	1,06	1,63	0,107	0,33	0,065	—	
48*)	In Flaschen: Milwaukee: Exportbier	„	1,0150	4,59	5,38	0,43	1,87	2,46	0,071	0,19	0,059	—	
49	In Flaschen: Milwaukee: Salnitbier	„	1,0183	4,22	5,88	0,42	1,88	2,82	0,061	0,19	0,059	—	
50	In Flaschen: Milwaukee: Exportbier	„	1,0183	4,22	5,84	0,41	1,75	3,12	0,053	0,22	0,058	0,242	
51	In Flaschen: Milwaukee: Böhmisches Bier	„	1,0183	4,16	5,86	0,41	1,82	3,04	0,071	0,22	0,057	—	
52	In Flaschen: Milwaukee: Bayerisches Bier	„	1,0187	5,02	6,26	0,56	1,75	2,87	0,074	0,35	0,077	0,265	
53	51 Analysen, Mittel	1888	—	3,92	6,46	0,52	2,01	2,67	—	0,20	—	—	*R. Wahl u. M. Henius*[2])
	51 Analysen, Schwankungen	„	—	3,20-5,43	5,00-7,68	0,31-0,74	1,06-3,11	1,26-3,92	—	0,14-0,25	—	—	
54	Mittel von 88 Analysen	1889	—	3,64	6,21	0,50	1,99	—	0,110	0,20	—	—	*dieselben*[3])
55	Schwankungen bei 176 Analys.	1892	—	2,28-4,92	3,45-8,12	—	—	—	—	—	—	—	*dieselben*[4])

[1]) C. A. Crampton: Foods and food adulterants **3.** Fermented alcoholic beverages. Washington 1887.

[2]) Allgem. Brauer- u. Hopfen-Ztg. 1888, **28**, 1444; Vierteljahresschr. Nahrungs- u. Genussm. 1888, **3**, 288.

[3]) Der Braumeister, Chicago **2**, 388; Vierteljahresschr. Nahrungs- u. Genussm. 1889, **4**, 344.

[4]) 6. Jahresbericht der Vers.-Stat. für Brauerei in Chicago; Zeitschr. ges. Brauw. 1893, **16**; Vierteljahresschr. Nahrungs- u. Genussm. 1893, **8**, 269.

*) No. 31, 32, 35, 36, 45 und 48 waren mit Salicylsäure versetzt, No. 42 und 44 mit Soda, während No. 43 Sulfite enthielt.

**) Der Alkohol ist entweder direkt aus dem spec. Gewicht eines gleichen Volumens Destillat nach Hehner's Tabelle bestimmt oder indirekt aus dem spec. Gewicht des ursprünglichen Bieres und dem der von Alkohol befreiten, auf gleiches Volumen gebrachten Extraktlösung. Letzteres spec. Gewicht diente auch zur indirekten Extraktbestimmung; andererseits wurde der Extrakt auch direkt durch Eindampfen von 10 bezw. 5 g Bier und Trocknen des Rückstandes bei 100° C. bis zur Konstanz des Gewichtes bestimmt. Zur Bestimmung der Stickstoff-Substanz wurden 10 g Bier in Schälchen zur Trockne verdampft und mit Natronkalk verbrannt (Stickstoff × 6,25 = Stickstoff-Substanz). Maltose und Dextrin wurden vor und nach der Inversion durch Fehling'sche Lösung bestimmt, wobei das reducirte Kupferoxydul als „Kupferoxyd" gewogen und durch Multiplikation mit 0,731 auf Maltose berechnet wurde; 10 ccm Bier wurden mit Wasser zu 100 ccm verdünnt und hiervon 20 ccm direkt mit 30 ccm Fehling'scher Lösung behandelt; ferner wurden 10 ccm Bier mit 3 ccm Schwefelsäure gemischt, auf 100 ccm verdünnt und 3—4 Stunden bei 100° C erwärmt (invertirt); von der zu 100 ccm ergänzten Lösung dienten 10 ccm nach Neutralisation mit Natriumkarbonat zur Reduktion wie vor der Inversion; das Dextrin ergab sich nach Abzug der gefundenen Menge Maltose. Die freie Säure wurde nach Entfernung der Kohlensäure durch Titration mit $^1/_{10}$ Normalalkali bestimmt und als Milchsäure berechnet; Phosphorsäure wurde bei den hellen Bieren direkt nach dem Uran-Verfahren, bei den stark dunkelen Bieren in der Asche nach dem Molybdän-Verfahren bestimmt.

No.	Nähere Bezeichnung	Zeit der Untersuchung	Spec. Gewicht 15° C.	Alkohol Gew. %	Extrakt %	Stickstoff-Substanz %	Maltose %	Dextrin %	Säure (=Milchsäure) %	Asche %	Phosphorsäure %	Flüchtige Säure (=Essigsäure) %	Analytiker
56	Mittlere Zusammensetzung: Gewöhnl. Biere	1896	—	3,82	5,29	0,460	1,62	—	0,101	—	0,068	0,0035	*R. Wahl u. M. Henius*[1]
57	Mittlere Zusammensetzung: Ales	„	—	5,55	5,64	0,460	1,81	—	0,256	—	0,061	0,0094	
58	Mittlere Zusammensetzung: Tonics	„	—	4,88	8,85	0,670	3,88	—	0,141	—	0,229	0,0041	
59	„Pilsener der Br. Anhäuser Bock in St. Louis	1899	1,0130	3,84	4,98	—	1,56	—	0,150	—	—	—	*Dömens*[2]
	Sonstige amerikanische Biere.												
1	Mexikanisches Bier der Oaxaca Brauerei*)	—	—	4,01	5,25	0,500	1,11	Glycerin 0,151	0,124	0,203	0,089	Kohlensäure 0,235	*A. Lang*[3]
2	Ohne näh. Bezeichnung	1899	1,0137	4,57	5,52	—	1,68	—	0,150	—	—	—	*Dömens*[2]
	Südamerikanische Biere.												
3	Lagerbier der Caracas Br. in Venezuela	1893	—	6,02	6,11	—	1,21	—	0,315	0,260	0,076	Schwefelsäure 0,060	*B. C. Niederstadt*[4]
4	Brasilianische Biere: hellgelb	1898	—	4,56	5,76	0,580	—	—	0,140	0,290	—	—	*E. Donath*[5]
5	Brasilianische Biere: dunkel	„	—	4,43	7,39	0,625	—	—	0,140	0,300	—	—	
	Japanische Biere.												
1	„Yebisu" der Japan Beer Brewery Co. Tokyo**)	1896	—	4,56	5,23	0,491	1,29	Dextrin 2,41	0,161	0,222	0,051	Glycerin 0,120	*O. Saare*[6]
2	„Asahi-Lagerbier" der Osaka Beer Brewing Co.**)	1897	—	4,60	5,64	0,454	1,73	—	0,133	0,214	0,072	0,145	*A. Lang*[7]
3	Braungelb	1898	—	4,17	5,85	0,528	0,77	3,29	0,120	0,240	0,072	—	*E. Donath*[5]
4	Asahi	1899	1,0151	3,80	5,47	—	1,50	—	—	—	—	—	*Dömens*[2]
5	Kirin	„	1,0144	3,90	5,37	—	1,23	—	—	—	—	—	

Besondere Biere.

Ale.

No.	Nähere Bezeichnung	Zeit der Untersuchung	Spec. Gewicht 15° C.	Alkohol Gew. %	Extrakt %	Stickstoff-Substanz %	Maltose %	Dextrin %	Säure (=Milchsäure) %	Asche %	Phosphorsäure %	Kohlensäure %	Analytiker
1	Ale	1875	1,0106	5,43	4,81	0,57	—	—	0,31	0,36	—	—	*Fr. Schwakhöfer*[8]
2	Pale-Ale aus Basel: Brändlin	1869	1,0120	3,23	5,02	—	1,00	—	—	0,21	0,028	0,205	*Fr. Goppelsröder*[9]
3	Pale-Ale aus Basel: desgl.	„	1,0137	3,51	5,26	—	0,93	—	—	0,22	0,026	0,261	
4	Pale-Ale aus Basel: Burgvogtei	„	1,0123	3,71	6,25	—	0,99	—	—	0,23	0,032	0,195	
5	Pale-Ale aus Basel: Cardinal	„	1,0157	4,30	4,00	—	0,99	—	—	0,22	0,037	0,269	

[1]) Americ. Brewers Review 1896, **10**, 152; Zeitschr. ges. Brauw. 1897, **20**, 49.
[2]) 5. Jahresbericht der Münchener Brauer-Akademie 1898/99; Zeitschr. ges. Brauw. 1899, **22**, 693.
[3]) Zeitschr. ges. Brauw. 1897, **20**, 179.
[4]) Zeitschr. Nahrungsm.-Unters., Hyg. u. Waarenk. 1893, **7**, 166.
[5]) Wochenschr. Brauerei 1900, **17**, 343.
[6]) Wochenschr. Brauerei 1896, **13**, 1036; Zeitschr. ges. Brauw. 1897, **20**, 27.
[7]) Zeitschr. ges. Brauw. 1897, **20**, 27.
[8]) Allgem. Zeitschr. f. Brauerei u. Malzfabrikation. Wien 1876.
[9]) Dingler's Polytechn. Journal. **217**, 328.

*) Das Bier war aus bayerischem Malz von mährischer Gerste, Spalter und Saazer Hopfen und Reinzuchthefe gebraut; es war von heller Farbe und hatte durch Pasteurisiren stark abgesetzt. Die Brauerei liegt 1400 m über dem Meeresspiegel.

**) Die Koncentration der Biere entspricht der der Lagerbiere, während der hohe Vergährungsgrad dem der norddeutschen Biere entspricht. Der Geschmack des Yebisu-Bieres war weinig, das Asahi-Bier hatte, jedenfalls beeinflusst durch das Pasteurisiren, einen an Apfelmost erinnernden, gleichwohl bierartigen Geschmack. Es war nicht klar und hatte ziemlich abgesetzt. Die Ausscheidungen bestanden aus Glutin und enthielten keine lebenden Organismen.

No.	Nähere Bezeichnung	Zeit der Untersuchung	Spec. Gewicht 15° C.	Alkohol Gew. %	Extrakt %	Stickstoff-Substanz %	Maltose %	Dextrin %	Säure (=Milchsäure) %	Asche %	Phosphorsäure %	Kohlensäure %	Analytiker
6	Pale-Ale aus Basel: Dietrich . . .	1869	1,0157	4,30	6,07	—	1,16	—	—	0,25	0,032	0,185	*E. Goppelsröder* [1])
7	Gesler	„	1,0157	4,00	6,35	—	0,85	—	—	0,21	0,035	0,228	
8	Gloch	„	1,0177	4,05	6,73	—	0,10	—	—	0,24	0,030	0,207	
9	Hoch, z. Pflug .	„	1,0181	4,28	7,13	—	1,02	—	—	0,26	0,036	0,181	
10	Pale-Ale aus Burton .	1871	—	6,05	5,05	—	0,83	—	—	0,28	—	—	*F. Monier* [2])
11	desgl.	„	—	5,50	5,78	—	1,51	—	—	0,27	—	—	
12	Aus Bremen	1879	1,0200	9,82	3,69	—	—	—	—	0,26	0,084	—	*L. Janke* [3])
13	Bass's Ale von Burton .	„	1,0138	6,34	6,87	0,48	—	—	0,135	—	0,027	—	*Lawrence und Reilly* [4]) *)
14	Allsopp's Ale von „ .	„	1,0144	6,30	4,37	0,45	—	—	0,235	—	0,026	—	
15	Pale-Ale, Bass u. Co. .	1880	1,0174	3,92	4,50	—	—	—	—	0,300	0,060	—	*H. Schmidt* [5]) **)
16	Burton-Ale, Bass u. Co.	„	1,0540	4,81	13,61	—	—	—	—	0,276	0,039	—	
17	desgl. (Allsopp's) . . .	„	1,0361	5,54	9,24	—	—	—	—	0,453	0,056	—	
18	India Pale-Ale Bass u. Co.	„	1,0226	1,36	5,84	—	—	—	—	0,523	0,078	—	
19	India Pale-Ale Bass u. Co.	1874	1,0140	5,42	5,90	—	0,66	1,57	0,40	—	—	—	*Krandauer* [6])
20	Prinzess-Ale von Vellenhoven	„	1,0180	5,05	4,25	—	0,60	1,09	—	—	—	—	
21	Ale von Helgoland . .	1880	—	5,54	5,62	—	—	—	—	0,66	0,121	—	*Niederstadt* [7])
22	Pale-Ale, Unions-Br. Hannover	1884	1,0170	4,51	6,44	0,78	—	—	0,138	0,24	0,095	0,175	*E. Röhrig und J. Skalweit* [8])
23	desgl., Bass u. Co. . .	1887	—	4,97	5,08	0,61	1,11	2,32	0,182	0,30	0,057	—	*R. Sendtner* [9]) ***)
24	Pale-Ale aus Christiania, Brewery Ringes u. Co.	1884	1,0212	4,57	6,80	0,89	—	—	0,11	—	—	0,25	*C. G. Zetterlund* [10])
25		„	1,0214	4,38	6,17	—	—	—	0,14	—	—	0,34	
26		„	1,0228	4,00	6,45	—	—	—	0,13	—	—	0,23	

[1]) Dingler's Polytechn. Journal. **217**, 328.
[2]) Compt. rend. 1871, **73**, 801.
[3]) Zeitschr. gegen Verfälschung der Lebensmittel 1879, No. 10.
[4]) Chemical News 1879, **38**, 215.
[5]) Hannov. Monatsschr. gegen Verfälschung der Nahrungsmittel 1880, 49.
[6]) Mittheilungen der bayer. Central-Landwirthschaftsschule Weihenstephan. 1874/75, 12.
[7]) Original-Mittheilung.
[8]) Bericht über die deutsche Brauerei-Ausstellung in Hannover 1885. Ueber die Untersuchungs-Methoden vergl. S. 1102 Anm. *).
[9]) Archiv f. Hygiene 1887, **6**, 85.
[10]) Zeitschr. ges. Brauw. 1884; über die Untersuchungs-Methoden vergl. S. 1120 Anm. *).

*) Die Zahlen sind für 1 Liter angegeben; wir haben sie auf Gewichtsprocente umgerechnet. Der Stickstoff ist nach dem Will-Varrentrapp'schen Verfahren bestimmt und durch Multiplikation mit 6,25 die Stickstoff-Substanz berechnet; die Phosphorsäure wurde mit Uranlösung titrirt. Bezüglich der anderen Untersuchungs-Methoden verweisen die Verfasser auf eine Abhandlung über die Dublin-Porter von Jackson u. Windsor (Journ. of the Royal Dublin Soc. **III**, 163). Letztere ist uns nicht zugänglich geworden.

**) Das spec. Gewicht ist mittels des Pyknometers bei 15° C., der Extrakt aus dem spec. Gewicht der von Alkohol befreiten Flüssigkeit nach der Tabelle von W. Schultze, der Alkohol-Gehalt nach der Methode von Bolley (Division des spec. Gewichts des ursprünglichen Bieres durch das der von Alkohol befreiten Flüssigkeit für gleiches Volumen), die Phosphorsäure in der Asche von 100 ccm bestimmt. Für die Asche von No. 16 u. 18 sowie von einem Porter (Double Stout Barkly) fand Schmidt folgende procentige Zusammensetzung:

	Kali (K_2O)	Natron (Na_2O)	Kalk (CaO)	Magnesia (MgO)	Phosphorsäure (P_2O_5)	Schwefelsäure (SO_3)	Chlor (Cl)	Kieselsäure (SiO_2)
1. Porter, Double Stout Barklay	27,27 %	41,35 %	0,97 %	2,02 %	8,10 %	6,54 %	6,27 %	7,31 %
2. Burton-Ale, Bass u. Co. . .	11,62 „	27,37 „	7,21 „	8,27 „	14,01 „	4,29 „	10,71 „	16,32 „
3. India Pale-Ale, Bass u. Co. .	17,02 „	31,10 „	6,12 „	3,00 „	15,17 „	12,12 „	10,17 „	5,13 „

Der hohe Natron- und Chlor-Gehalt rührt von einem Zusatz von Kochsalz her.

***) Die Untersuchung wurde nach den Vereinbarungen bayerischer Chemiker, herausgegeben von Hilger, (Berlin 1885) ausgeführt. In No. 23 wurde 0,184 % Glycerin gefunden.

No.	Nähere Bezeichnung	Zeit der Untersuchung	Spec. Gewicht 15° C.	Alkohol Gew. %	Extrakt %	Stickstoff-Substanz %	Maltose %	Dextrin %	Säure (=Milchsäure) %	Asche %	Phosphorsäure %	Kohlensäure %	Analytiker
27	Ale (d'Ecosse)	1885	—	4,60	10,50	—	—	—	—	—	—	—	Ch. Girard[1]) *)
28	Ale zum Export . . .	„	—	5,84	5,90	—	—	—	—	0,35 *)	—	—	
29	Mittel von 17 Proben**)	„	—	5,09	7,64	—	1,12	—	—	0,31	—	0,150	Ch. Girard[1]) ***)
30	Mittel von 199 Proben**)	„	1,0130	4,62	5,42	—	—	—	—	0,31	0,083	—	F. E. Engelhardt[2])
31	Bass-Pale-Ale in Flaschen	1887	1,0095	5,66	4,42	0,50	0,49	2,20	0,117	0,31	0,056	0,503	C. A. Crampton[3])
32	Ale aus Philadelphia . .	„	1,0059	6,24	3,46	0,53	0,59	0,90	0,232	0,40	0,085	—	
33	Aus Philadelphia Pa. .	„	1,0171	5,25	6,02	0,57	1,49	2,80	0,094	0,33	0,057	—	
34	Aus Reading Pa. . . .	„	1,0125	6,92	5,55	0,73	0,93	1,99	0,382	0,47	0,077	0,441	
											Flüchtige Ester (Essigester)	Flüchtige Säure (Essigs.)	
35	Fass-Ale aus Somerset, 2 Jahre alt	1882	1,0710	6,50	6,02	0,42	1,54	2,48	0,640 ⁰)	—	—	0,070	Ch. Graham[4])
36	Fass-Ale aus Somerset, 3 „ „	„	1,0850	8,57	5,49	0,71	1,36	1,96	0,630 ⁰)	—	—	0,225	
37	Pale-Ale von Bass u. Co.⁰)	1888	1,0112	6,06	5,35	—	1,51	1,14	0,189 ⁰⁰)	—	—	0,014	C. Rach u. C. Gottfried[5])
38	Devenish-Pale-Ale⁰) . .	„	1,0127	4,73	5,45	—	1,21	1,46	0,178 ⁰⁰)	—	—	0,011	
39	Neues Ale, 18 Monate alt	1890	bei 60° F. 1,0305	7,85	—	—	—	—	0,554	—	0,033	0,210	H. Browne u. Harris Morris [6]) ⁰⁰)
40	Altes Ale, 90 Jahre alt .	—	1,0305	8,70	—	—	—	—	0,914	—	0,060	0,140	

[1]) Documents sur les falsifications; 2-ième rapport du Laboratoire Municipal. Paris 1885, 205.
[2]) State Board of Health of New-York. Sixt Ann. Report of Beer. 1886.
[3]) Foods and food adulterants. **3**. Fermented alcoholic beverages. Von C. A. Crampton. Washington 1887. Ueber die Untersuchungs-Methoden vergl. S. 1141, Anmerkung **).
[4]) Nach The Brewer's Guardian No. 291 in Zeitschr. ges. Brauw. 1882, **5**, 29. Die Untersuchungs-Methoden sind in letzterer Quelle nicht angegeben.
[5]) Allgem. Brauer- und Hopfenztg. 1888, No. 51.
[6]) Trans. Labor. Club **3**, 4; Allgem. Brauer- u. Hopfenztg. **30**, 513; Vierteljahresschr. Nahrungs- und Genussmittel 1890, **5**, 70.

*) Alkohol ist nach Entfernung der Kohlensäure und nach Neutralisation durch Destillation und Prüfung des Destillats mit einem in $^1/_{10}$ Grad eingetheilten Alkoholometer bestimmt; Extrakt durch Eindampfen von 20 ccm Bier bei 70° C. und schliessliches Trocknen bei 110°—115°; Asche durch Eindampfen von 100 ccm Bier und Verbrennen des Rückstandes.

Für die Asche wurde folgende procentige Zusammensetzung gefunden:

	Kali (K_2O)	Natron (Na_2O)	Kalk (CaO)	Magnesia (MgO)	Phosphorsäure (P_2O_5)	Schwefelsäure (SO_3)	Chlor (Cl)	Kieselsäure (SiO_2)
No. 27	23,5 %	38,0 %	1,1 %	1,2 %	22,0 %	2,7 %	6,1 %	5,2 %
No. 28	19,4 „	37,1 „	1,2 „	0,5 „	19,1 „	5,9 „	6,5 „	9,9 „

**) Die Schwankungen betrugen:

No. 29: Alkohol 4,00—6,82 %; Extrakt 4,62—14,90 %; Asche 0,22—0,36 %.
No. 30: „ 2,41—8,99 „ „ 2,70— 9,50 „ „ 0,197—0,552 %.

Bei No. 29 wurden Zucker und Kohlensäure nur in je einer und die Asche nur in 4 Proben bestimmt.

***) Die Kohlensäure wurde im städtischen Laboratorium in Paris durch Erwärmen von 250 ccm Bier in einem mit Chlorcalciumrohr versehenen Kolben auf 70—80° aus dem Gewichtsverlust bestimmt, Maltose durch Eindampfen von 50 ccm Bier bis zum Syrup, Fällen des mit 10 ccm Wasser versetzten Syrups mit 100 ccm 90 %-igem Alkohol, Filtriren, Verjagen des Alkohols und Fällen der auf 100 ccm gebrachten Lösung nach Fehling oder Polarisiren, nachdem mit basisch essigsaurem Blei oder Thierkohle entfärbt war.

⁰) Beide Biere waren hellbraun, bitter und hatten starkes Hopfen-Aroma.

⁰⁰) Das Bier wurde in Bourton-on-Trent um 1798 von Wortington u. Co. gebraut und wurde in dem Keller eines alten Gebäudes der Brauerei 1864 entdeckt. Das Bier war ein starkes Ale und noch vollständig gesund, hatte aber den allgemeinen Biercharakter während seiner langen Aufbewahrung in der Flasche zum grössten Teil verloren. Das starke Bouquet glich dem eines alten Madeira.

Brown u. Morris fanden ferner:

	Stammwürze: Spec. Gewicht	Stammwürze: Trocken-Substanz in 100 ccm	In % der Trocken-Substanz der Stammwürze: Vergohrene Substanz	Freie Maltose	Freies Dextrin	Amyloine	Stickstoff - Subst. (N × 6,25)
Neues Ale . .	1,1036	26,785 g	50,04	0	14,04	17,08	—
Altes „ . .	1,1104	28,595 g	59,98	0	5,25	17,57	4,63

No.	Nähere Bezeichnung	Zeit der Untersuchung	Spec. Gewicht 15° C.	Alkohol Gew. %	Extrakt %	Stickstoff-Substanz %	Maltose %	Dextrin %	Säure (=Milchsäure) %	Asche %	Phosphorsäure %	Flüchtige Säure (=Essigsäure) %	Analytiker
41	Bass u. Co. Pale-Ale . . .	1896	—	5,58	4,32	—	0,76	—	0,234	—	—	—	Dömens[1])
42	Bass u. Co. Strong Ale . .	„	—	6,85	11,80	—	3,81	—	0,288	—	—	0,017	
43	Bass u. Co. Light Porter-Ale	„	—	3,49	2,82	—	0,60	—	0,090	—	—	0,031	
44	Allsopp, Light Dinner-Ale	„	—	4,65	4,05	—	0,70	—	0,198	—	—	—	
	Mittel	—	**1,0219**	**5,27**	**5,99**	**0,60**	**1,07**	**1,81**	**0,284**	**0,32**	**0,055**	**0,089**	Kohlensäure **0,255**

Porter (Stout).

No.	Nähere Bezeichnung	Zeit der Untersuchung	Spec. Gewicht 15° C.	Alkohol Gew. %	Extrakt %	Stickstoff-Substanz %	Maltose %	Dextrin %	Säure (=Milchsäure) %	Asche %	Phosphorsäure %	Flüchtige Säure (=Essigsäure) %	Analytiker
1	Ohne näh. Bezeichnung	1875	1,0207	5,72	7,43	0,83	—	—	0,340	0,40	—	—	*Fr. Schwachöfer*[2])
2	Aus Dublin	1873	—	9,04	8,49	0,79	0,34	7,12	0,525	0,42	—	—	*Jacson u. Wonfore*[3])
3	Deutscher Porter . .	1879	1,0355	2,32	13,06	—	—	—	0,315	0,35	—	—	*E. Geisler*[4])
4	Double Stout aus Dublin	„	1,0116	7,23	6,17	0,78	—	—	0,546	—	0,173	—	*Lawrence und Reilly*[5])
5	Single „ aus Dublin	„	1,0243	4,92	5,34	0,43	—	—	0,333	—	0,115	—	
6	Porter	„	1,0125	5,07	5,40	0,56	1,82	1,62	0,236	0,34	0,071	—	*J. Steiner*[6]) *)
7	Stout	„	1,0160	5,10	6,50	0,72	2,22	1,69	0,273	0,33	0,068	—	
8	Aus Hermelingen bei Bremen Brown Stout	1880	1,0180	6,33	7,32	—	0,99	2,88	0,46	—	—	—	*Krandauer*[7])
9	Aus Hermelingen bei Bremen Porter	„	1,0260	5,62	6,71	—	—	—	—	0,37	0,126 **)	—	*H. Schmidt*[8])
10	Aus Mecklenburg Grabower	„	1,0301	6,27	7,93	—	—	—	—	0,57	0,097 **)	—	
11	Aus Mecklenburg Rostocker	„	1,0290	2,08	7,48	—	—	—	—	0,38	0,075	—	
12	Von Courage u. Co. Imperial Stout . .	„	1,0442	5,62	11,20	—	—	—	—	0,33	0,061 **)	—	
13	Von Courage u. Co. Brown Stout . .	„	1,0272	4,40	7,04	—	—	—	—	0,37	0,027	—	
14	Von Courage u. Co. Double brown Stout	„	1,0301	4,32	7,93	—	—	—	—	0,32	0,086	—	
15	Von Barkley, Perkins u. Co. Double stout . .	„	1,0374	4,56	9,55	—	—	—	—	0,45	0,037 **)	—	
16	Von Barkley, Perkins u. Co. Double brown stout .	„	1,0313	2,40	8,00	—	—	—	—	0,34	0,050	—	
17	Von Barkley, Perkins u. Co. Single „ „	„	1,0271	2,08	7,01	—	—	—	—	0,54	0,084	—	
18	Von Barkley, Perkins u. Co. Double „ „ ***)	1884	1,0160	6,00	6,78	—	—	—	0,46	0,39	—	—	*v. Fodor*[9])
19	Von Barkley, Perkins u. Co. Ohne näh. Bezeichn.	1880	—	7,34	7,57	—	—	—	—	0,54	0,162	—	*B. C. Niederstadt*[10])
20	Von Helgoland . . .	„	—	7,24	6,80	—	—	—	—	0,66 ⁰)	0,121	—	
21	Aus London	1885	—	4,16	6,40	—	—	—	—	0,32	0,060	—	*Ch. Girard*[11])
22	„ Dublin	„	—	3,75	6,00	—	—	—	—	0,37 ⁰)	0,060	—	
23	Mittel von 8 Proben⁰⁰) .	„	—	4,32	6,47	—	—	—	—	0,38	—	Kohlensäure 0,16	

[1]) Wochenschr. Brauerei 1896, **13**, 1343; Vierteljahresschr. Nahrungs- und Genussmittel 1896, **II**, 555.
[2]) Allgem. Zeitschr. Brauerei u. Malzfabrikation, Wien 1876 und Organ des Centr. Vereins f. Rübenzucker-Industrie in Oesterreich-Ungarn 1875, 398.
[3]) Chem. News **3**, 10.
[4]) Jahresbericht Agrik.-Chemie 1878, 663 u. 664 und Pharmac. Centralhalle 1880, No. 10.
[5]) Chem. News 1878, **38**, 215.
[6]) Zeitschr. ges. Brauw. 1879, **2**, No. 14.
[7]) Mittheilungen der bayer. Central-Landwirthschaftsschule Weihenstephan 1874/75, 12.
[8]) Hannov. Monatsschr. gegen Verfälschung der Nahrungsmittel 1880, 49.
[9]) Arch. Hyg. 1884, **2**, 432.
[10]) Original-Mittheilung.
[11]) Vergl. Anmerkung [1]) S. 1144.

*) Ueber die Untersuchungs-Verfahren vergl. S. 1136, Anmerkung **).
**) Durch Titriren mit Uranlösung, bei den anderen aus der Asche von 100 g Bier durch Gewichtsanalyse bestimmt.
***) Diese Probe wurde in Budapest vertrieben. Ueber die Untersuchungs-Verfahren vergl. oben S. 1125 Anm. †).
⁰) Für die Asche der beiden Proben wurde folgende procentige Zusammensetzung gefunden:

	Kalk	Magnesia	Kali	Natron	Phosphorsäure	Schwefelsäure	Chlor	Kieselsäure
No. 21 . .	2,8	0,3	20,9	33,4	18,6	6,5	7,7	10,0
„ 22 . .	1,4	0,7	19,5	36,0	16,2	4,1	5,5	15,9

⁰⁰) Vergl. Anmerkung *) S. 1146.

No.	Nähere Bezeichnung	Zeit der Untersuchung	Spec. Gewicht 15° C.	Alkohol Gew. %	Extrakt %	Stickstoff-Substanz %	Maltose %	Dextrin %	Säure (=Milchsäure) %	Asche %	Phosphorsäure %	Flüchtige Säure (= Essigsäure) %	Analytiker
24	Mittel von 70 Proben*)	1885	1,0150	4,46	6,00	—	—	—	—	0,35	0,094	—	*F. E. Engelhardt* [1])
25	Dublin stout	1882	—	5,50	8,71	0,26	3,45	3,07	0,172	—	—	0,012	*Ch. Graham* [2])
26	Dublin stout	„	—	6,78	9,52	0,43	5,35	2,09	0,252	—	—	0,036	
												Glycerin	
27	Deutscher P. von Hollack	1887	1,0564	3,42	14,60	1,09	6,54	6,20	0,157	0,331	0,123	0,059	*R. Sendtner* [3])
28	Porter aus Chile . . .	„	1,0124	4,16	5,16	0,43	1,05	2,38	0,122	0,229	0,081	—	*O. Reinke* [4])
29	Deutscher Porter . . .	„	1,0461	3,18	12,90	0,62	—	—	—	—	—	—	
30	„ „ . . .	„	—	4,56	6,68	0,52	1,66	3,46	0,088	0,256	0,077	—	
												Kohlensäure	
31	Porter aus England . .	„	1,0147	6,13	5,90	0,76	0.57	2,76	0,151	0,37	0,049	0,397	*C. A. Crampton* [5])**)
32	„ „ Reading Pa.	„	1,0269	4,89	8,19	0,76	2,67	2,88	0,166	0,41	0,100	0,592	
												Flüchtige Säure = Essigsäure	
33	Victoria St. (schwarz, bitter, mit starkem Hopfenaroma)	1888	1,0094	5,36	4,90	—	1,30	2,14	0,526	—	—	0,056	*Rach u. Gottfried* [6])
34	Guiness St. (schwarz, bitter, mit starkem Hopfenaroma)	„	1,0181	5,66	7,42	—	1,51	1,81	0,523	—	—	0,028	
35	Von Haacke u. Co. in Bremen	1891	1,0220	7,17	8,58	0,50	1,95	—	0,207	0,308	0,080	—	*J. König* [7])
36	Von Haacke u. Co. in Bremen	1893	—	4,94	11,53	—	—	—	0,450	0,446	0,082	—	*B. C. Niederstadt* [8])
37	Von Haacke u. Co. in Bremen	„	—	3,13	8,85	—	2,25	—	0,260	0,343	0,080	—	
38	Aus Hamburg	„	—	4,40	9,12	—	—	—	0,240	0,290	0,075	—	
39	Export-Porter-Brauerei Einbeck	„	—	4,64	9,00	—	—	—	0,225	0,288	0,044	—	
40	Deutscher P. von Scheffer in Königsberg . . .	1895	1,0228	7,72	9,21	0,98	—	—	—	0,443	—	—	*Blochmann* [9])
41	Desgl. von O. Engelbrecht in Braunsberg . . .	„	1,0108	7,79	6,04	0,50	—	—	—	0,399	—	—	
42	Special Stout, Bass u. Co.	1896	—	6,11	5,27	—	0,80	—	0,432	—	—	0,034	*Dömens* [10])
43	Guiness Extra Stout .	„	—	5,64	7,02	—	1,03	—	0,477	—	—	0,082	
44	Allsopp Luncheon Stout	„	—	5,35	5.37	—	1,53	—	0,504	—	—	0,030	
	Mittel	—	**1,0256**	**5,16**	**7,97**	**0,63**	**2,06**	**3,08**	**0,325**	**0,380**	**0,086**	**0,040**	Kohlensäure **0,383**

Aeltere Analysen.

1. Kayser: Porter aus London u. Edinburg — R. Stierlin: Das Bier und seine Verfälschungen. Bern 1878, 125.
2. Aug. Almén: Porter aus Schweden — Wagner's Technologischer Jahresbericht 1873.

[1]) State Board of Health of New-York; 16. Rep. of the examinations of beers.
[2]) Brewers Guardian No. 291; Zeitschr. ges. Brauw. 1882, **5**, 29.
[3]) Vergl. Anm. [9]) und ***) S. 1143.
[4]) Wochenschr. Brauerei 1887, **4**, 125 und 795; Chem.-Ztg. 1887, **11**, Rep. 57 und Zeitschr. chem. Industrie 1887, **2**, 291.
[5]) C. A. Crampton: Foods and Food adulterants. **3**. Fermented alcoholic beverages. Washington 1887.
[6]) Allgem. Brauer- u. Hopfenztg. 1888, No. 51.
[7]) Bericht über die Dauerwaaren auf der 5. Wanderausstellung der Deutschen Landw.-Gesellschaft 1891, **6**, 236.
[8]) Zeitschr. Nahrungsm.-Unters., Hyg. u. Waarenk. 1893, **7**, 166. No. 36 enthielt 0,017 g Schwefelsäure (SO_3).
[9]) Jahresbericht des Polytechnischen u. Gewerbe-Vereins zu Königsberg i. Pr. 1896, 53.
[10]) Wochenschr. Brauerei 1896, **13**, 1343; Vierteljahresschr. Nahrungs- u. Genussm. 1896, **11**, 555.

*) Die Schwankungen betrugen:
bei No. 23 (8 Proben) Alkohol: 3,20—5,58 %; Extrakt: 5,90—7,43 %; Asche: 0,32—0,42 %
„ „ 24 (70 „) „ 1,67—6,69 „ „ 2,84-11,78 „ „ 0,17—0,56 „
Bei No. 23 wurde die Asche nur in 4 Proben und die Kohlensäure nur in 1 Probe bestimmt.

**) Ueber die Untersuchungs-Verfahren vergl. Anmerkung **) S. 1141.

Kondensirtes Bier*) (Condensed Beer).

No.	Nähere Bezeichnung	Zeit der Untersuchung	Spec. Gewicht 15° C.	Alkohol Gew. %	Extrakt %	Stickstoff-Substanz %	Maltose %	Dextrin %	Säure (=Milchsäure) %	Asche %	Phosphorsäure %	Kohlensäure %	Analytiker
1	Aus London erhalten.	1887	1,0722	17,98	24,94	—	—	—	—	0,224	0,081	—	R. Sendtner u. H. Trillich [1]) **)
2	In München gekauft .	„	1,0650	19,13	23,80	0,720	13,04	6,85	0,101	0,209	0,076	—	
3	„ Frankfurt „ .	„	1,0714	17,68	25,82	0,873	14,06	8,01	0,126	0,221	0,076	—	
4	Selbst dargestellt: Aus Malzextrakt und Alkohol .	1887	1,0685	18,20	24,59	1,28	16,56	4,36	0,135	0,369	0,152	—	
5	Selbst dargestellt: Aus Pale-Ale .	„	1,0417	25,61	22,10	2,95	3,61	10,73	0,475	1,047	0,322	—	

Weissbier.***)

No.	Nähere Bezeichnung	Zeit der Untersuchung	Spec. Gewicht 15° C.	Alkohol Gew. %	Extrakt %	Stickstoff-Substanz %	Maltose %	Dextrin %	Säure (=Milchsäure) %	Asche %	Phosphorsäure %	Kohlensäure %	Analytiker
1	Aus München . . .	1866	1,0129	3,51	4,73	0,53	—	—	—	0,15	—	—	C. Lermer [2])
2	Aus Berlin November	1879	1.0175	2,60	5,45	—	—	—	0,32	0,13	—	—	E. Geissler u. G. Hofmann [3])
3	Aus Berlin Dezember	„	1,0120	2,92	4,62	—	—	—	0,30	0,12	—	—	
4	Potsdamer Weisse . .	1878	1,0138	3,26	4,72	—	—	—	0,60	0,19	0,035	0,388	J. Skalweit [4])
5	Berliner „ I	„	1,0133	3,91	4,85	—	—	—	0,51	0,17	0,037	0,321	
6	„ „ II	„	1,0128	3,33	4,28	—	—	—	0,55	0,16	0,032	0,293	

[1]) Archiv für Hygiene 1887, **6**, 85.

[2]) Chem. Centrbl. 1866, 1086.

[3]) Jahresber. Agrik.-Chem. 1878, 663 u. 664 und Pharm. Centralhalle 1880, No. 10.

[4]) Zeitschr. gegen Verfälschung der Nahrungsmittel Leipzig 1878, 355 und Hannov. Monatsschr. wider die Nahrungsfälscher 1879, 177—181.

*) Das „Condensed Beer" wird nach F. Springmühl (Pharm. Ztg. 1886, **31**, 107) von der Concentrated Produce Co. London in der Weise hergestellt, dass stark gehopfte und extraktreiche aber nicht zu alkoholreiche englische Biere in besonderen Vaccuumapparaten bei 40—50° C. auf $^1/_5$—$^1/_6$ ihres Volumens koncentrirt werden. Unter Zugrundelegung der mittleren Zusammensetzung der englischen Biere berechnet Springmühl, wie der Gehalt der auf $^1/_5$ des ursprünglichen Gewichtes eingedunsteten Biere sein müsse und findet:

	Ursprüngliche Biere Alkohol	Extrakt	Asche	Milchsäure	Auf $^1/_5$ des Gewichtes koncentrirt Alkohol	Extrakt	Asche	Milchsäure
Ale (ord.) . . .	5,09 %	4,25 %	0,42 %	0,37 %	25,45 %	21,25 %	2,10 %	1,85 %
Ale (Export) . .	6,24 „	6,29 „	0,50 „	0,31 „	31,20 „	31,45 „	2,50 „	1,55 „
Porter	5,85 „	7,92 „	0,53 „	0,35 „	29,25 „	39,60 „	2,65 „	1,75 „
Stout (ord.) . .	4,89 „	5,44 „	0,39 „	0,38 „	24,45 „	27,20 „	1,95 „	1,90 „
Double Stout .	6,30 „	7,48 „	0,52 „	0,40 „	31,50 „	37,40 „	2,60 „	2,00 „

Dann will Springmühl in einigen Sorten „Condensed Beer" gefunden haben:

	Stickstoff-Subst.	Glycerin	Milchsäure	Hopfen-Extraktivstoffe (? d. Verf.)
Probe I	2,52 %	0,21 %	1,26 %	3,25 %
Probe II	2,09 „	0,19 „	1,09 „	3,44 „
Probe III	2,41 „	0,23 „	1,45 „	3,56 „

Mit diesen Angaben stimmen aber die für wirkliche verkaufte Waaren gefundenen Zahlen von Sendtner und Trillich nicht überein; auch zeigt die aus Pale-Ale von denselben nach der Vorschrift selbst dargestellte Probe eine ganz andere Zusammensetzung als die Verkaufsproben No. 1—3. Noch deutlicher tritt der Unterschied hervor, wenn man die Bestandtheile: Stickstoff-Substanz, Mineralstoffe und Phosphorsäure in Procenten des Extraktes ausdrückt, mit welchen Zahlen ich gleichzeitig die für Glycerin und Extrakt (nach der direkten Methode) aufführen will:

	In Procenten des Extraktes Stickstoff-Substanz	Mineralstoffe	Phosphorsäure	In der ursprünglichen Substanz Glycerin	Extrakt (direkt bestimmt)
Gekaufte Sorten „Cond. Beer":					
1. Aus London	—	0,90 %	36,3 %	—	—
2. Aus München	3,06 %	0,89 „	36,6 „	0,184 %	23,53 %
3. Aus Frankfurt.	3,59 „	0,91 „	34,4 „	—	24,29 „
Selbst dargestellte Sorten:					
4. Aus Malzextrakt und Alkohol .	5,20 „	1,54 „	43,9 „	—	23,99 „
5. Aus Pale-Ale	14,17 „	5,03 „	30,7 „	0,717 „	20,81 „

Da Sendtner und ebenso Warnecke in dem Condensed beer ferner kein Alkaloïd (das Hopfenalkaloïd) nachweisen konnte, so hält er das Cond. beer für ein Gemisch von Alkohol mit Malzextrakt (d. h. ungehopfter Bierwürze).

**) Die Untersuchung wurde nach den Vereinbarungen bayerischer Vertreter für angewandte Chemie, herausgegeben von A. Hilger, Berlin 1885, vorgenommen.

***) Weissbier ist ein aus Weizenmalz oder aus einem Gemisch von diesem mit Gerstenmalz durch Obergährung gewonnenes Bier.

No.	Nähere Bezeichnung	Zeit der Untersuchung	Spec. Gewicht 15° C.	Alkohol Gew. %	Extrakt %	Stickstoff-Substanz %	Maltose %	Glycerin %	Säure (=Milchsäure) %	Asche %	Phosphorsäure %	Kohlensäure %	Analytiker
7	Städt. Weissb. } Hannover	1878	1,0287	1,08	7,28	—	—	—	0,18	0,18	0,050	0,328	J. Skalweit[1])
8	Von Glitz . . } Hannover	"	1,0112	1,56	5,74	—	—	—	0,42	0,15	0,015	0,189	
9	Weizenbier von Celle .	"	1,0128	0,70	10,45	—	—	—	0,18	0,19	0,031	0,160	
10	Berliner Weissbier . .	1879	—	—	4,66	—	—	—	—	0,16	0,035	—	
11	Hannoversches Weissbier	"	—	—	6,99	—	—	—	—	0,18	0,045	—	
12	Berliner Weissbier . .	1880	—	2,20	6,40	—	—	—	—	0,18	0,044	—	Niederstadt[2])
13	Von A. Landré in Berlin No. I	1884	1,0148	2,71	5,06	0,81	—	—	0,717	0,125	0,041	0,338	E. Röhrig u. J. Skalweit[3]) *)
14	Von A. Landré in Berlin „ II	"	1,0104	2,71	3,90	0,72	—	—	0,829	0,150	0,028	0,302	
15	Hamburg-Altonaer Weissbier-Brauerei Export-W. .	"	1,0170	2,78	5,25	1,34	—	—	0,627	0,102	0,050	0,317	
16	Hamburg-Altonaer Weissbier-Brauerei Weissbier .	"	1,0095	2,38	3,54	0,62	—	—	0,578	0,098	0,022	0,299	
17	Hamburg-Altonaer Weissbier-Brauerei Braunbier .	"	1,0100	1,27	3,35	0,73	—	—	0,165	0,128	0,038	0,302	
18	Schlombs-Br. Ahlten, Weissbier in Flaschen	"	1,0098	2,49	3,66	0,39	—	—	0,787	0,172	0,029	0,328	
19	Aktien-Brauerei (vorm. H. A. Bolle) Berlin .	1887	1,0095	0,94	3,89	—	0,49	0,092	0,363	0,186	0,015	—	S. Bein[4]) **)
20	Lichtenhainer***) . . .	1886	1,0071	3,02	3,22	—	0,66	Dextrin 1,42	0,238 ***)	0,128	—	—	J. Herz[5]) **)
21	Berliner Weissbier . .	1888	1,0118	2,82	4,21	0,32	0,92	2,10	0,234	0,124	—	—	E. Wein[6])
22	Münchener Weissbier von Schramm	"	1,0162	3,75	5,73	0,35	2,04	2,13	0,149	0,143	—	—	
23	Münchener Weissbier von Schneider	"	1,0159	3,57	5,62	0,38	1,53	2,64	0,171	0,112	—	—	
24	Münchener Weissbier von Röckl .	"	1,0140	3,72	5,17	0,30	1,36	2,23	0,158	0,108	—	—	
25	Münchener Weissbier-Bock von Schramm	"	1,0277	4,49	8,96	0,59	3,65	3,48	0,180	0,228	—	—	
26	Münchener Weissbier-Bock von Schneider	"	1,0208	3,89	6,96	0,46	2,33	2,97	0,180	0,113	—	—	
27	Weizenb. der Br. Streicher u. Co. in Rorsach .	1892	1,0142	4,64	5,80	—	1,23	—	0,420	0,200	—	0,325	F. Schaffer[7]) [0])
28	Berliner Weissbier, in Bern verschänkt . .	"	1,0069	2,55	3,13	—	—	—	0,198	0,050	—	—	
29	Berliner Weissbiere	1898	—	2,64	3,01	0,310	—	—	0,306	0,116	0,050	—	E. Donath[8])
30	Berliner Weissbiere	"	—	2,72	2,83	0,264	—	—	0,248	0,109	0,048	—	
31	Berliner Weissbiere	"	—	2,57	2,56	0,279	—	—	0,216	0,095	0,034	—	
32	Berliner Weissbiere	"	—	2,15	3,06	0,196	—	—	0,216	0,095	0,048	—	
33	Münchener Weissbier .	1899	1,0164	3,55	5,70	-	1,39	—	0,190	—	—	—	Dömens[9])
	Mittel	—	**1,0141**	**2,79**	**5,29**	**0,54**	**1,56**	**2,43**	**0,353**	**0,142**	**0,036**	**0,299**	

[1]) Vergl. Anmerkung [4]) S. 1147.
[2]) Original-Mittheilung.
[3]) Bericht über die deutsche Brauerei-Ausstellung in Hannover 1884.
[4]) Rep. analyt. Chem. 1887, 397.
[5]) Rep. analyt. Chem. 1886, 391.
[6]) Allgem. Brauer- und Hopfen-Ztg. 1888, 2.
[7]) Schweizer. Wochenschr. Chem. u. Pharm. 1892, Sonderabdruck.
[8]) Wochenschr. Brauerei 1900, **17**, 343.
[9]) 5. Jahresbericht der Münchener Brauer-Akademie 1898/99; Zeitschr. ges. Brauw. 1899, **22**, 693.

*) Ueber die Untersuchungs-Methoden vergl. S. 1102 Anm. *).
**) Die Untersuchung wurde nach den Vereinbarungen bayerischer Vertreter der angewandten Chemie, herausgegeben von A. Hilger, Berlin 1885, ausgeführt.
***) Das Lichtenhainer Bier war sehr trübe; es hatte vor der Filtration ein spec. Gewicht von 1,0078. In dem Bodensatz konnten verschiedene Hefeformen, der Essigsäure- und Milchsäure-Pilz nachgewiesen werden, ferner Krystalle von oxalsaurem Kalk. An Essigsäure wurde 0,0101 % gefunden.
[0]) Vergl. unter „Schweizer Biere" S. 1132 Amerk. **).

Broyhan.*)

No.	Nähere Bezeichnung	Zeit der Untersuchung	Spec. Gewicht 15° C.	Alkohol Gew. %	Extrakt %	Stickstoff-Substanz %	Maltose %	Dextrin %	Säure (=Milchsäure) %	Asche %	Phosphorsäure %	Kohlensäure %	Analytiker
1	Städt. Broyhan-Brauerei in Hannover: Einfacher	1884	1,0230	0,82	6,31	1,32	—	—	0,158	0,20	0,054	0,237	*E. Röhrig u. J. Skalweit*[1] **)
2	Städt. Broyhan-Brauerei in Hannover: Doppelter	„	1,0420	0,96	11,30	1,67	—	—	0,060	0,23	0,123	0,067	

Sonstige obergährige Biere.***)

1. Obergähriges einfaches Bier.

No.	Nähere Bezeichnung	Zeit der Untersuchung	Spec. Gewicht 15° C.	Alkohol Gew. %	Extrakt %	Stickstoff-Substanz %	Maltose %	Dextrin %	Säure (=Milchsäure) %	Asche %	Phosphorsäure %	Kohlensäure %	Analytiker
1	Röttger & Co., Kappel .	1878	1,0062	2,00	3,91	—	0,93	1,46	—	0,112	0,043	0,289	*C. Hebenstreit*[2]°)
2	Böttger, Niederrabenstein	„	1,0101	2,00	3,49	—	0,89	1,49	—	0,115	0,040	0,152	
3	L. Gefe, Bernsdorf . .	„	1,0137	1,87	4,66	—	0,90	2,38	—	0,125	0,049	0,194	
4	H. Weber, Hilbersdorf .	„	1,0135	1,95	4,18	—	1,08	1,55	—	0,115	0,048	0,162	
5	Stadt-Brauerei Chemnitz	„	1,0122	1,92	4,11	—	1,06	1,56	—	0,110	0,049	0,133	
6	Graetzer Bier: Akt.-Br. Graetz	1895	1,0055	2,54	2,51	0,30	—	—	—	0,101	—	—	*Blochmann*[3])
7	Graetzer Bier: Grünberg, Graetz	„	1,0061	2,35	2,69	0,21	—	—	—	0,107	—	—	

2. Sogenanntes „Altbier“ aus Münster i. W.

No.	Nähere Bezeichnung	Zeit der Untersuchung	Spec. Gewicht 15° C.	Alkohol Gew. %	Extrakt %	Stickstoff-Substanz %	Maltose %	Dextrin %	Säure (=Milchsäure) %	Asche %	Phosphorsäure %	Kohlensäure %	Analytiker
1	Von Appels°°)	1883	1,0048	4,45	3,35	0,33	0,58	1,66	0,372	0,294	0,052	0,113	*J. König und Schwarz*[4]) °°)
2	„ Brüggemann . .	„	1,0120	3 87	4,93	0,52	0,72	2,07	0,444	0,306	0,055	0,122	
3	„ Fiehe	„	1,0093	4,29	4,39	0,37	0,61	1,82	0,482	0,216	0,058	0,127	
4	„ Mühlenhoff°°°) . .	1901	1,0027	4,21	2,66	0,48	0,59	0,71	0,515	0,163	0,056	—	*Vers.-Stat. Münster*[4])
	Mittel	—	**1,0071**	**4,41**	**3,83**	**0,43**	**0,63**	**1,57**	**0,453**	**0,245**	**0,055**	**0,121**	

Mumme.

Braunschweiger Mumme.

No.	Nähere Bezeichnung	Zeit der Untersuchung	Spec. Gewicht 15° C.	Alkohol Gew. %	Extrakt %	Stickstoff-Substanz %	Maltose %	Dextrin %	Säure (=Milchsäure) %	Asche %	Phosphorsäure %	Kohlensäure %	Analytiker
1	Ohne nähere Bezeichnung	—	1,2310	3,60	47,60	—	—	—	—	—	—	0,12	*Kaiser*[5])
2	Ohne nähere Bezeichnung	1880	—	2,32	56,99	—	—	—	—	1,39	0,509	—	*Niederstadt*[6])
3	Doppelt-Schiffs-M. von A. Nettelbeck in Braunschw.	1891	1,2754	0	54,40	2,32	41,10	8,30	—	1,01	0,36	—	*R. Frühling u. J. Schulz*[7])

[1]) Bericht über die deutsche Brauerei-Ausstellung in Hannover 1884.
[2]) Leipziger Zeitschr. gegen Verfälschung der Nahrungsmittel 1878, 356.
[3]) Jahresbericht d. Polytechn. u. Gewerbe-Vereins Königsberg i. Pr. 1895, S. 53.
[4]) Repert. analyt. Chem. 1883, 291.
[5]) Nach R. Stierlin: Das Bier und seine Verfälschungen etc. Bern 1878, 125.
[6]) Original-Mittheilung.
[7]) Zeitschr. angew. Chem. 1891, 665.
*) Unter Broyhan versteht man ein süssgehaltenes „Weissbier“.
**) Ueber die Untersuchungs-Methoden vergl. S. 1102 Anmerk. *).
***) Vergl. über sonstige Analysen auch E. Donath, Wochenschr. Brauerei 1900, **17**, 343.
°) Ueber die Untersuchungs-Methoden vergl. S. 1105 Anmerk. *).
°°) Das spec. Gewicht wurde in dem entkohlensäuerten Bier mit der Westphal'schen Waage bestimmt, Alkohol nach der Destillations-Methode, Extrakt sowohl durch Eindunsten von 50 ccm Bier und Trocknen bei 100° C., als auch nach der indirekten Methode aus dem spec. Gewicht der von Alkohol befreiten Extraktlösung; Stickstoff-Substanz durch Verbrennen des Extrakt-Rückstandes von 25 ccm Bier mit Natronkalk; Maltose durch Reduktion Fehling'scher Lösung nach Soxhlet's Methode; Dextrin durch Fällen mit Fehling'scher nach Ueberführung desselben in Glukose in Reischauer'schen Druckfläschchen; Asche durch Eindunsten von 50 ccm Bier und Verbrennen des Rückstandes; Phosphorsäure in der Asche nach der Molybdän-Methode; Milchsäure durch Titration mit Barytlauge. Ausserdem wurde noch Essigsäure nach dem von C. H. Wolff abgeänderten Weigert'schen Verfahren und Glycerin nach der Clausnitzer'schen Methode bestimmt. Es wurde für letztere gefunden:

	Proben vom 28. Juli: Glycerin	Proben vom 28. Juli: Essigsäure	Proben vom 30. August: Essigsäure	Proben vom 30. August: Milchsäure
Altbier von Appels . . .	0,229	0,021 %	0,031	0,366 %
„ „ Brüggemann .	0,206	0,014 „	0,023	0,406 „
„ „ Fiehe . . .	0,239	0,031 „	0,084	0,269 „

°°°) Das Bier enthielt ferner 0,150 g Glycerin und 0,050 g flüchtige Säure (= Essigsäure).

No.	Nähere Bezeichnung		Zeit der Untersuchung	Spec. Gewicht 15° C.	Alkohol Gew. %	Extrakt %	Stickstoff-Substanz %	Maltose %	Dextrin %	Glycerin %	Asche %	Phosphor-säure %	Kali (K_2O) %	Analytiker
4	Doppelte Schiffs-mumme v. Franz Steger in Braun-schweig	sterilisirt, nach Dr. Degener	1891	1,2043	—	45,25 *)	2,325	34,15	6,71	—	0,747	0,299	—	R. Otto und H. Beckurts [1]) **)
5		unfiltrirt, trübe	1896	1,3078	—	65,88	3,295	53,30	4,08	—	0,818	0,283	0,252	
6		filtrirt, klar	„	1,3057	—	61,21	1,946	53,30	2,76	0	0,757	0,253	0,247	
		Mittel	—	**1,2648**	—	**55,22**	**2,472**	**45,46**	**5,46**	—	**0,944**	**0,341**	**0,250**	

Frauenburger Mumme.

No.	Nähere Bezeichnung	Zeit der Untersuchung	Spec. Gewicht	Alkohol	Extrakt	Stickstoff-Substanz	Maltose	Dextrin	Säure = Milchsäure	Asche	Phosphor-säure	Kali	Analytiker
1	Von H. Harder in Frauenburg (Ostpr.)	1885	—	3.68	18,04	—	3,49	—	0,240	--	—	—	Lintner [2])
2		1887	--	2,62	18,20	0,881	5,43	—	0,320	0,375	0,119	—	Sattler und Nitschke [2])

Seefahrts-Bier von W. Remmer in Bremen.

No.	Nähere Bezeichnung	Zeit der Untersuchung	Spec. Gewicht	Alkohol	Extrakt	Stickstoff-Substanz	Maltose	Dextrin	Glycerin	Asche	Phosphor-säure	Glycerin	Analytiker
1	Das Seefahrtsbier, für welches 40% Extrakt gewährleistet werden, wird seit Jahrhunderten in Bremen gebraut u. noch alljährlich bei der Schaffermahlzeit im Hause „Seefahrt" getrunken.	1879	1,1730	0,86	41,78	—	—	—	—	0,550	—	—	J. Skalweit [3])
2		1885	1,1747	0,14	45,32	1,875	—	—	—	0,829	0,370	—	
3		„	1,1985	0,05	52,64	1,966	—	—	—	0,960	0,382	—	
4		„	1,1750	0,07	47,84	1,910	—	—	—	0,860	0,294	—	
5		„	1,1770	0,42	46,32	1,855	—	—	—	0,780	0,266	—	
6		1886	1,1840	0,41	46,63	1,972	—	—	—	0,580	0,201	—	
7		„	1,1630	0,66	41,83	2,083	—	—	—	0,573	0,174	—	
8		1887	1,1683	0,72	44,18	1,733	—	—	—	0,670	0,184	—	
9		1879	1,1650	—	38,05	—	—	—	—	0,655	0,286	—	L. Janke [3])
10		1881	1,1900	—	38,55	—	—	—	—	0,770	0,205	—	
11		1886	1,1566	0,05	45,82	1,836	—	—	—	0,780	0,283	—	
12		„	1,1756	0,42	46,25	1,811	—	—	—	0,720	0,284	—	
13		„	1,1817	0,37	46,60	1,925	17,53	25,54	—	0,652	0,265	—	C. Bischoff [3])
14		1888	1,1642	0,11	45,06	1,550	—	—	—	0,580	0,180	—	C. Klemm [3])
15		1889	1,1718	Spur	41,13	1,361	31,61	—	—	0,540	0,272	0,267	H. Leonhardt [3])
16		„	1,1751	0,17	42,68	1,620	—	—	—	0,660	0,286	—	W. Thörner [3])
17		1890	1,1819	0,08	48,80	1,660	—	—	—	0,750	0,320	—	
18		„	1,1906	0,11	51,10	1,700	—	—	—	0,840	0,280	—	
19		1891	1,1884	—	47,15	2,475	38,40	—	0,261	0,855	0,273	—	J. König [4])
	Mittel	—	**1,1766**	**0,29**	**45,14**	**1,832**	—	—	—	**0,716**	**0,276**	—	

[1]) Forschungsberichte über Lebensmittel etc. 1894, **1**, 211.
[2]) Allgem. Brauer- u. Hopfenztg. **29**, 1592; Vierteljahresschr. Nahrungs- u. Genussm. 1889, **4**, 345.
[3]) Nach einer Privat-Broschüre.
[4]) Bericht über die Dauerwaaren auf der 5. Wanderausstellung der Deutschen Landw.-Gesellschaft 1891, **6**, 236.

*) Hiervon waren 1,71% in Wasser unlöslich.
**) Die Bestandtheile sind von Otto u. Beckurts in g für 100 ccm angegeben; wir haben dieselben in Gewichts-Procente umgerechnet. Der Extrakt ist indirekt nach der Tabelle von Schulze-Ostermann bestimmt.

Malzbier (Malzextrakt).

No.	Nähere Bezeichnung	Zeit der Untersuchung	Spec. Gewicht 15° C.	Alkohol Gew. %	Extrakt %	Stickstoff-Substanz %	Maltose %	Dextrin %	Glycerin %	Säure (=Milchsäure) %	Asche %	Phosphorsäure %	Analytiker
1	Von J. Hoff, Berlin .	1882	1,0258	2,77	7,58	0,28	0,80	1,08	—	0,32	—	—	E. Geissler[1] **)
2	„ Werner	„	1,0385	3,35	10,26	—	—	—	—	0,31	0,23	0,051	
3	„ Grohmann . . .	„	1,0535	4,66	14,23	0,83	4,40	5,04	—	0,31	0,44	0,108	
4	„ Hollack	„	1,0638	3,65	15,62	0,98	4,66	5,28	—	0,32	0,36	0,120	
5	„ J. Hoff, Berlin . .	„	—	1,25	7,38	0,28 *)	6,97		—	—	0,13	0,082	A. Stutzer[2]
6	„ Kennecke, Dortmund	„	—	4,58	15,57	1,00 *)	14,11		—	—	0,46	0,164	
7	„ Hollack, „deutscher Porter"	1888	1,0577	3,08	15,61	0,93	—		0,28	0,19	0,28	0,107	L. Rösler[3]
8	Malzextrakt von Groh & Raudnitz, Wien . .	„	1,0178	5,16	7,10	0,47	—	—	0,29	0,27	0,19	0,073	
9	desgl. von R. Strassnick, Wien	„	1,0260	4,34	8,50	0,56	—	—	0,30	0,36	0,26	0,126	
10	Hoff'sches Malzextrakt-B.	„	1,0325	2,92	11,23	0,33	—	—	(6,18)	—	0,17	0,051	
11	Ohne nähere Bezeichnung	1889	—	4,22	10,88	—	—	—	0,210	—	0,420	0,098	J. Samelson[4]
12	Diätetisches Malzbier .	1890	—	4,30	10,18	0,64	3,76	4,32	0,320	0,126	0,280	—	M. Mansfeld[5]
13	Malzextrakt von M. Hoff, Hamburg	1893	—	3,12	10,72	—	1,99	—	—	—	0,248	0,084	B. C. Niederstadt[6]
14	Malz-Gesundheitsbier } von Joh. Hoff in Wandsbeck	„	—	4,12	8,27	—	1,90	—	—	—	0,222	0,112	
15	Malz-Gesundheitsbier } von Joh. Hoff in Wandsbeck	„	—	4.89	10,66	—	1,18	—	—	0,320	—	0,069	
16	Kräuter-M.-Gesundh.-B. } von Joh. Hoff in Wandsbeck	„	—	4,12	8,58	—	2,05	—	—	—	0,223	0,072	
17	Sanitäts-Malzbier von B. Mössen	„	—	2,88	6,95	—	—	—	—	—	0,220	0,075	
18	Malzbier aus Ottensen .	„	—	3,04	6,31	—	—	—	—	—	0,186	0,070	
19	Gesundh.-B. aus Hamburg	„	—	4,19	7,25	—	2,42	—	—	0,540	0,232	0,032	
20	Kräuter-Malz-Gesundheitsbier von W. Kruse u. Co., Hamburg . .	„	—	2,16	6,16	—	—	—	—	—	0,158	—	
21	Braunbier von Steiner in Zinten	1895	1,0276	2,91	8,33	0,50	—	—	—	—	0,214	—	Blochmann[7]

[1]) Pharm. Centralhalle. 1882, **23**, 406.

[2]) Bericht über die erste allgemeine deutsche Hygiene-Ausstellung 1882/83. Breslau 1885, 217.

[3]) Mittheil. d. K. K. chem. phys. Vers.-Stat. Klosterneuburg 1888, **5**. Tabelle 56. Der Extrakt ist bei No. 7 bis No. 9 nach Balling bestimmt; es wurde ferner gefunden:

	No. 7	8	9	10	
Schwefelsäure	0,0042	0,0037	0,0017	0,0076	Gewichtsprocent
Kieselsäure	0,026	0,014	0,019	0,018	„

In No. 9—10 liessen sich ferner 0,0039 g freie schweflige Säure für 1 l nachweisen. Der hohe, durch wiederholte Bestimmungen kontrolirte Gehalt an Glycerin im Hoff'schen Malzextraktbier kann nur durch künstlichen Zusatz bedingt sein.

[4]) Chem.-Ztg. 1889, **13**, 757. — Untersuchungs-Methoden vergl. S. 1121, Anm. **).

[5]) Zeitschr. Nahrungsmittel-Unters., Hyg. u. Waarenk. 1890, **4**, 203; Vierteljahresschr. Nahrungs- und Genussmittel 1890, **5**, 331.

[6]) Zeitschr. Nahrungsm.-Unters., Hyg. u. Waarenk. 1893, **7**, 166.

[7]) 7. Jahresbericht des Polytechnischen u. Gewerbe-Vereins zu Königsberg i. Pr. 1896, 53.

*) Die Stickstoff-Substanz zerfällt in:

	Proteïn	Pepton	Lösliches Nichtproteïn
No. 5 Malzbier von Hoff	0,04 %	0,05 %	0,19 %
No. 6 Malzbier von Kennecke . .	0,19 „	0,18 „	0,63 „

**) In den Analysen von Malzextraktbier von Geissler ist der Extrakt direkt durch Trocknen bei 75°—80° C. bestimmt; Maltose und Dextrin durch Fehling'sche Lösung vor und nach der Inversion; Phosphorsäure in der Asche nach der Molybdänmethode; Proteïn durch Eindampfen von 25 ccm Bier in Hofmeister'schen Glasschälchen, Verbrennen mit Natronkalk und Multiplikation des gefundenen Stickstoffs mit 6,25.

No.	Nähere Bezeichnung	Zeit der Untersuchung	Spec. Gewicht 15° C.	Alkohol Gew. %	Extrakt %	Stickstoff-Substanz %	Maltose %	Dextrin %	Glycerin %	Säure (=Milchsäure) %	Asche %	Phosphorsäure %	Analytiker
22	Berliner Kraft-Malzbier	1898	—	2,98	8,95	0,450	—	—	—	0,165	0,236	0,069	E. Donath [1])
23	Deutsches Malzbier . .	18$\frac{98}{99}$	1,0702	2,07	18,40	1,13	9,48	—	0,171	0,283	0,357	0,084	M. Mansfeld [2])
24	Malzbiere (Malz-Extrakte) von Joh. Hoff in Wien *) A	„	1,0532	3,55	14,97	1,01	7,40	—	0,101	0,225	0,283	0,057	
25	B	„	1,0533	3,34	15,32	1,01	7,40	—	0,077	0,230	0,339	0,060	
26	C	„	1,0524	3,40	14,87	1,01	7,44	—	0,248	0,225	0,307	0,076	
27	D	„	1,0686	3,13	18,48	1,44	12,40	—	0,547	0,354	0,394	0,094	
28	E	„	1,0769	3,09	20,43	1,56	14,13	—	0,611	0,285	0,424	0,111	
29	F	„	1,0537	3.52	15,21	1,16	8,94	—	0,337	0,277	0,370	0,161	
30	G	„	1,0507	3,16	14,34	1,09	8,57	—	0,336	0,239	0,330	0,139	
31	Extrait, de Malt Français de Déjardin	1899	1,0351	4,84	11,47	0,563	5,00	—	—	0,309	0,373	0,120	Aufrecht [3])
32	Extrait de Malt Parisien (Malt pur du Dr. Boyé)	„	1,0522	6,97	15,63	0,836	8,21	—	—	0,114	0,451	0,154	
	Mittel	—	**1,0479**	**3,74**	**11,74**	**0,86**	**5,85**	**3,93**	**0,291**	**0,275**	**0,292**	**0,094**	

Malz-Extrakt

No.	Nähere Bezeichnung	Zeit der Untersuchung	Spec. Gewicht 15° C.	Alkohol Gew. %	Extrakt %	Stickstoff-Substanz %	Maltose %	Dextrin %	Glycerin %	Säure (=Milchsäure) %	Asche %	Phosphorsäure %	Analytiker
1	Patent Malz-Extrakt .	1892	—	—	75,57	5,93	63,32	0	—	—	1,47	0,530	M. Mansfeld [4])
2	Konz. Malz-Extrakt . .	18$\frac{98}{99}$	—	—	82,40	6,65	66,66	—	—	0,144	1,47	0,675	M. Mansfeld [2])
3	„ „ „ mit Eisen **)	„	—	—	80,60	5,54	59,20	—	—	1,17	1,42	0,644	
	Mittel	—	—	—	**79,52**	**6,04**	**63,06**	—	—	—	**1,45**	**0,616**	

Aeltere und sonstige Analysen von Malz-Extrakten und Malzbieren.

1. Hayer u. Jacobson: Industrie-Blätter 5, 43.
2. Sonden: Jahresbericht für Chemie 1869, 1103.
3. N. N.: Chem. Centrbl. 1862, 266.
4. Himley: Kieler Universitäts-Chronik 1873.
5. Lintner: Analyse von Seefahrtsbier (Der bayer. Bierbrauer 1874).
6. Helbing u. Passmore (Chem. Centrbl. 1893, I, 399) fanden in 7 Proben 25,48—35,89% Wasser, 45,3—61,6% Zucker (Maltose), 1,09—1,50% Asche, 0,21—0,55% Phosphorsäure, 63,4—77,8° Polarisation der 10%-igen Lösung. Die Verzuckerungszeit gegenüber einem gleichen Gewicht Stärke dauerte 9—35 Minuten, nur bei einer Probe war dieselbe nach 24 Stunden noch nicht erfolgt.
7. W. Meyer (Zeitschr. öffentl. Chem. 1897, 3, 260; Vierteljahresschr. Nahrungs- u. Genussm. 1897, 12, 579) theilt Analysen von mit Saccharin und Zuckerkouleur versetzten „Malzbieren" mit.

---

[1]) Wochenschr. Brauerei 1900, **17**, 343.

[2]) Bericht über die Thätigkeit der Untersuchungsanstalt für Nahrungs- u. Genussm. des allgem. österr. Apoth.-Vereins 1898/99, S. 2.

[3]) Pharm. Ztg. Berlin 1899, **44**, 404; Zeitschr. Nahrungs- u. Genussm. 1900, **3**, 273.

[4]) Zeitschr. Nahrungsm.-Unters., Hyg. u. Waarenk. 1893, **7**, 376.

*) B, C, F u. G. sind als Malz-Extrakte mit Pepton-Eisen-Mangan bezeichnet. An Manganoxyd enthielten B und C Spuren, F: 0,0034% und G: 0,0026%; Eisenoxyd war in F und G nicht vorhanden.

**) Der Gehalt an Eisenoxyd betrug 0,023%.

No.	Nähere Bezeichnung	Zeit der Untersuchung	Spec. Gewicht 15° C.	Alkohol Gew. %	Extrakt %	Stickstoff-Substanz %	Maltose %	Glycerin %	Säure (=Milchsäure) %	Asche %	Phosphorsäure %	Kohlensäure %	Analytiker
	Farbbier.												
1	Tief dunkel, aus stark gedarrtem Malz, zum Färben dienend	1884	—	2,39	10,63	0,84	1,70	—	0,972	0,313	—	—	A. Hilger, J. Mayrhofer und Röse[1])
2		„	—	2,92	8,07	1,02	2,00	—	0,270	0,270	—	—	
3	Farbsyrup, eingedicktes Farbbier	1884	—	—	58,02	2,324	37,70	0,363	—	1,88	0,82	—	L. Aubry[1])
								Dextrin					
4	Durch Abkochen von Farbmalz mit Hopfen hergestellt I	1893	—	0	11,15	0,450	Spur	—	0,240	0,218	0,046	—	O. Reinke[2])
5	II	„	—	0	43,25	1,163	3,57	26,95	0,900	0,730	—	—	
6	III	„	—	0	42,75	1,631	3,95	26,05	1,800	0,890	0,269	—	
	Braunbier (Jungbier, Dünnbier).												
1	F. F. Doppelbraunbier der Löwenbrauerei Hamburg	—	—	1,48	4,58	—	1,11	—	0,279	0,134	—	—	B. C. Niederstadt[3])

B. Fischer (Jahresbericht des chemischen Untersuchungsamtes der Stadt Breslau 1896/97; Zeitschr. ges. Brauw. 1898, 21, 400) fand in „Einfachbier" und „Jungbier" (Preis 3—10 Pf. für 1 l) in 100 ccm 0,21—1,66 g Alkohol, 0,70—2,45 % Extrakt, 1,53—5,55 % Stammwürze.

No.	Nähere Bezeichnung	Zeit der Untersuchung	Spec. Gewicht 15° C.	Alkohol Gew. %	Extrakt %	Stickstoff-Substanz %	Maltose %	Glycerin %	Säure (=Milchsäure) %	Asche %	Phosphorsäure %	Kohlensäure %	Analytiker
	Reisbier.*)												
1	Von Mainz	1869	1,0230	3,65	7,36	0,37	1,63	5,13	—	0,22	0,077	—	A. Metz[4])
2*)	Von Weihenstephan	1886	1,0220	3,52	7,14	0,36	1,59	4,13	0,23	—	—	—	Krandauer[5])
3		—	1,0190	4,40	6,30	0,65	1,13	3,34	—	0,21	—	—	Aubry[6])
	Mittel	—	**1,0213**	**3,86**	**6,93**	**0,46**	**1,45**	**4,20**	**0,23**	**0,22**	**0,077**	—	
	Maisbier.												
1	Französ. Maisbier**) .	1892	1,0214	1,32	7,63	0,42	1,00	4,20	0,151	0,330	—	0,247	Brillié und Dupré[7])
											Stammwürze	Vergährungsgrad	
2	Mit 35° C. eingemaischt***)	1893	—	5,01	4,45	0,71	1,06	—	0,09	—	14,23	70,0	R. Wahl[8]) ***)
3	„ 50° „ „ ***)	„	—	3,80	6,40	0,49	2,00	—	0,07	—	13,80	53,0	
4	„ 56° „ „ ***)	„	—	3,20	7,95	0,36	1,94	—	0,07	—	14,12	49,0	
5	Mit 32 % Maiszusatz[9]) .	1894	1,0173	4,00	5,90	—	—	—	—	—	—	57,5	C. Schubert[9])

[1]) Korrespondenzbl. der freien Vereinigung bayer. Vertr. der angew. Chem. 1884, No. 2.
[2]) Wochenschr. Brauerei 1893, **10**, 1169; Vierteljahresschr. Nahrungs- u. Genussm. 1893, **8**, 411.
[3]) Zeitschr. Nahrungsm.-Unters., Hyg. u. Waarenk. 1893, **7**, 166.
[4]) Landw. Centralbl. 1871, **I**, 56.
[5]) Zeitschr. ges. Brauw. 1887, **10**, 89.
[6]) C. Lintner: Lehrbuch der Bierbrauerei 1875, 556.
[7]) La Distillerie française; Wochenschr. Brauerei 1892, **9**, 752; Vierteljahresschr. Nahrungs- u. Genussm. 1892, **7**, 183.
[8]) Zeitschr. ges. Brauw. 1893, **16**, 439.
[9]) Allgem. Zeitschr. Bierbr. u. Malzfabr. 1894, **22**, 888; Zeitschr. ges. Brauw. 1894, **17**, 313.

*) Zu dem Reisbier No. 2 wurden 4 hl Gerstenmalz mit 30 kg Reismehl nach dem Dickmaisch-Verfahren vermaischt; zu der ersten Dickmaische in der Pfanne bei 58° wird das Reismehl in kleineren Portionen zugesetzt und gehörig vertheilt, dann nach 3/4-stündigem Stehen bei 60—65° innerhalb 3/4 Stdn. zum Kochen erhitzt und 1/2 Stde. gekocht.

**) Das Bier enthielt ferner 0,04 % Essigsäure und 0,81 % Glycerin. Ueber die Zusammensetzung des zugehörigen Malzes vergl. oben S. 1087.

***) Ueber die Herstellung liegen noch folgende Angaben vor:
No. 2: In 1/2 Stde. mit Wasser auf 60° aufgemaischt, bei dieser Temperatur 1/2 Stde. stehen gelassen, dann mit der gekochten Maismaische auf 75° in 1/2 Stde. aufgemaischt.
No. 3: Mit der gekochten Maismaische in 3/4 Stde. auf 75° aufgemaischt.
No. 4: In 1/2 Stde. mit der gekochten Rohfruchtmaische auf 75° aufgemaischt.

R. Wahl fand für den Rohmais sowie den geschälten und entkeimten Mais folgende Zusammensetzung:

	Wasser	Stickstoff-Substanz	Fett	Stickstofffreie Extraktstoffe	Rohfaser	Asche
Rohmais	12,50 %	9,80 %	4,90 %	65,67 %	1,53 %	1,62 %
Entkeimter und geschälter Mais .	12,00 „	8,75 „	0,60 „	77,59 „	0,62 „	0,40 „

[9]) Der Mais enthielt 14,27 % Wasser, 1,67 % Fett und lieferte 80,03 % Extrakt. Das Bier war normal, hatte aber einen eigenthümlichen rohen Beigeschmack. Die Zahlen sind in g für 1 l angegeben, wir haben dieselben auf Gew.-Proc. umgerechnet.

Mais-Maltose-Bier.

Im Jahre 1885/86 wurde Mais-Maltose-Syrup („Maltose") aus Mais hergestellt, als Surrogat für die Bierbereitung vorgeschlagen, gegen welchen Vorschlag seitens der deutschen Bierbrauer lebhaft Stellung genommen wurde. Es dürfte daher von Interesse sein, hier einige vergleichende Untersuchungen über diese Maltose und das Maltose-Bier im Vergleich zu reinem Gerstenmalz-Bier mitzutheilen.

No.	Nähere Bezeichnung	Spec. Gew. bei 15°	In der natürlichen Substanz: Wasser %	Maltose %	Dextrin %	Stickst.-Substanz %	Rein-Protein %	Asche %	Kali %	Phosphorsäure %	In der Trocken-Substanz: Maltose %	Dextrin %	Stickst.-Substanz %	Rein-Protein %	Asche %	Kali %	Phosphorsäure %	Analytiker
1	Maltose-Syrup . .	—	30,05	56,55	9,58	2,69	0,69	1,13	0,391	0,369	80,81	13,74	3,84	0,99	1,61	0,558	0,567	J. König und H. Weigmann[1])
2	Dextrin- „ . .	—	29,42	31,82	35,36	2,44	0,61	0,96	0,347	0,286	45,09	51,09	3,46	0,86	1,36	0,492	0,405	
3	Ungehopfte reine Bierwürze zum Vergleich I	—	84,05	10,88	3,97	1,00	0,20	0,298	0,071	0,144	68,21	23,65	6,27	1,25	1,87	0,501	0,903	
4	Ungehopfte reine Bierwürze zum Vergleich II	—	82,60	11,93	3,99	1,13	0,35	0,348	0,075	0,157	68,56	22,95	6,49	2,00	2,00	0,431	0,902	
5	Ungehopfte reine Bierwürze zum Vergleich III	—	82,57	12,19	3,98	1,13	0,35	0,284	0,072	0,143	69,93	21,95	6,49	2,00	1,63	0,414	0,822	
6	Maltose-Syrup stark verzuckert	—	18,21	44,26	34,09	2,44	—	1,00	—	—	—	—	—	—	—	—	—	A. Stutzer[2])
7	Maltose-Syrup schwach verzuckert	—	20,94	24,02	44,92	2,19	—	0,85	—	—	—	—	—	—	—	—	—	
8	Mais-Maltose-Syrup zuckerreich	1,3824	26,91	57,00	13,85	1,24	—	1,00	—	—	—	—	—	—	—	—	—	K. Birnbaum[2])
9	Mais-Maltose-Syrup dextrinreich	1,3721	28,66	29,50	29,89	1,08	—	0,87	—	—	—	—	—	—	—	—	—	
10	Mais-Maltose-Syrup Sirop cristall	1,4290	17,12	60,43	22,22	Spur	—	0,23	—	—	—	—	—	—	—	—	—	

Aus den vorstehenden Maltose-Syrupen gebaute Biere im Vergleich mit reinen Malzbieren.

No.	Nähere Bezeichnung	Spec. Gewicht 15° C.	Alkohol, Gew. %	Extrakt %	Stickstoff-Substanz %	Maltose %	Dextrin %	Glycerin %	Säure (=Milchsäure) %	Asche %	Kali %	Phosphorsäure %	Kohlensäure %	Analytiker
1	J. R. 30: ½ Maltose-Syrup (1), ½ Malz, 14% Stammwürze . .	1,0252	3,96	7,63	0,463	1,62	5,14	0,187	0,162	0,216	0,089	0,064	0,26	J. König u. H. Weigmann[1])
2	J. R. 30: Reines Malz, 12% Stammwürze . .	1,0162	3,63	5,55	0,468	1,05	3,64	0,169	0,180	0,221	0,069	0,084	0,34	
3	D. M. 11: ½ Maltose-Syrup (1), ½ Malz, 14% Stammwürze . .	1,0164	5,88	4,10	0,387	1,76	3,26	0,156	0,171	0,201	0,069	0,067	0,29	
4	D. M. 11: Reines Malz, 14% Stammwürze . .	1,0160	5,80	4,06	0,487	1,77	3,13	0,198	0,153	0,223	0,062	0,079	0,28	
	In Procenten des Extraktes No. 1	—	—	—	6,06	21,23	67,43	2,45	—	2,83	1,17	0,84	—	
	In Procenten des Extraktes „ 2	—	—	—	8,43	18,92	65,63	3,04	—	3,98	1,24	1,51	—	
	In Procenten des Extraktes „ 3	—	—	--	6,56	30,43	56,93	2,65	—	3,43	1,17	1,14	—	
	In Procenten des Extraktes „ 4	—	--	—	8,37	30,50	53,88	3,41	—	3,84	1,07	1,36	—	
5	Bier I Gerstenmalz-Bier	1,0155	3,68	5,62	0,509	1,02	2,99	—	—	0,213	0,075	0,080	0,226	A. Stutzer[2])
6	Bier I Maltose-Bier . .	1,0248	3,36	7,25	0,489	1,30	5,13	—	—	0,212	0,050	0,039	0,206	
7	Bier II Gerstenmalz-Bier	1,0153	4,02	5,62	0,500	1,90	3,02	—	—	0,218	0,090	0,072	0,229	
8	Bier II Maltose-Bier . .	1,0158	4,01	5,77	0,459	1,65	3,27	—	—	0,219	0,076	0,069	0,223	
					g in 100 ccm					In % der Asche		Natron		
9	½ Maltose-S., ½ Malz	1,0250	3,41	8,38	—	—	—	0,266	0,170	0,214	29,53	33,18	9,81	K. Birnbaum[2])
10	Reines Malz	1,0160	3,65	5,78	—	—	—	0,216	0,170	0,228	24,73	35,09	9,91	
11	½ Maltose-S., ½ Malz	1,0160	4,00	6,02	—	—	—	0,252	0,150	0,222	22,79	32,25	10,28	
12	Reines Malz	1,0160	3,97	5,97	—	—	—	0,302	0,150	0,208	27,50	46,15	9,90	

[1]) Original-Mittheilung.
[2]) Nach gedruckt vorliegenden Gutachten.

Biere mit Zusätzen.

No.	Nähere Bezeichnung	Zeit der Untersuchung	Spec. Gewicht 15° C.	Alkohol Gew. %	Extrakt %	Stickstoff-Substanz %	Maltose %	Glycerin %	Säure (=Milchsäure) %	Asche %	Phosphorsäure %	Kohlensäure %	Analytiker
	Champagner-Bier.*)												
1	Original-Bier**)	1893	1,0208	3,65	6,85	0,55	—	—	0,170	—	—	—	*J. E. Siebel*[1])
2	Champagner-Bier**) . . .	„	1,0157	3,45	5,50	0,43	—	—	0,140	—	—	—	
	Caroubier-Bier.												
1	Bier mit Carobensaft (für Ammen und Frauen) . .	1894	1,0136	3,61	5,26	0,677	—	0,179	0,177	0,229	—	—	*M. Mansfeld*[2])

Bierähnliche fremde Getränke.

Kwass.***)

Der Kwass ist ein durch saure und alkoholische Gährung aus Mehl oder Malz oder Brot oder einem Gemische von diesen bereitetes im Zustande der Nachgährung befindliches alkohol- und hopfenarmes Getränk, dem gewürzige Zusätze, z. B. Pfefferminze, gemacht werden können. Der Kwass ist in Russland sehr verbreitet.

No.	Nähere Bezeichnung	Zeit der Untersuchung	Spec. Gewicht 15° C.	Alkohol Vol. %	Extrakt %	Stickstoff-Substanz %	Glukose %	Dextrin %	Aether-Extrakt %	Milchsäure %	Essigsäure %	Kohlensäure %	Asche %	Analytiker
1	Soldaten-Kwass: aus dem klinischen Hospital . .	1895	1,006	1,0	1,8	0,200	0,29	0,44	0,08	0,24	0,010	0,055	0,14	*R. Kobert*[3]) [0])
2	Soldaten-Kwass: aus den Artilleriekasernen des Moskauer Regimentes	„	1,008	1,2	2,8	0,360	0,25	0,04	0,09	0,43	0,082	0,060	0,18	
3	Soldaten-Kwass: aus den Artilleriekasernen des Moskauer Regimentes	„	1,009	2,0	3,6	0,450	0,83	1,04	0,09	0,46	0,028	0,060	0,25	
4	Bayerischer Kwass . .	„	1,010	2,0	3,6	0,185	1,85	0,38	0,03	0,24	0,020	0,130	0,22	
5	Aus dem Gastronomie-Magazin	„	1,015	2,2	5,2	0,580	1,70	1,25	0,10	0,48	0,038	0,145	0,38	
6	Hauskwass	„	1,008	1,0	2,7	0,364	0,50	0,90	0,03	0,28	0,011	0,060	0,14	
7	Soldaten-Kwass: Mittel . . .	1897	1,014	1,54	3,48	0,336	0,29	0,80	—	0,579	0,062	0,038	0,20	*G. W. Kubarew*[4])
	Soldaten-Kwass: Schwankungen	„	1,004-1,026	0,33-2,86	1,10-7,48	0,062-0,662	0,07-1,00	0,30-2,36	—	0,131-1,260	0,012-0,171	0,012-0,069	0,08-0,36	

[1]) The Western Brewer 1893, 320; Wochenschr. Brauerei 1893, 246; Zeitschr. Nahrungsm.-Unters., Hyg. und Waarenk. 1893, **7**, 152.
[2]) Zeitschr. Nahrungsm.-Unters., Hyg. u. Waarenk. 1894, **8**, 298.
[3]) Wiener klin. Rundschau 1895 No. 2, und 5—7; Zeitschr. Nahrungsm.-Unters., Hyg. u. Waarenk. 1895, **8**, 254.
[4]) G. W. Kubarew u. N. A. Tereschtschenko. Wratsch 1897, **18**, 1357; Chem.-Ztg. 1898, **22**, Rep. 42.

*) Ueber die Kohlensäure-Aufnahme des Bieres beim Karbonisiren nach dem Wackenhuth-Stobaeus'schen Verfahren stellte Jos. Krieger (Amer. Bierbrauer 1894, **27**, 520; Zeitschr. ges. Brauw. 1894 **17**, 426) Versuche an; er fand im Mittel von 7 Versuchen an Kohlensäure vor dem Karbonisiren 0,351% und nach dem Karbonisiren 0,427%. Die Zunahme schwankte von 0,057—0,092% und betrug im Mittel 0,076%.

**) Das Champagnerbier wird aus dem Originalbiere durch Imprägniren mit Kohlensäure und Zusatz von Wasser und Alkohol hergestellt.

***) Iljinski (mitgetheilt von Kobert vergl. Anmerk. [3])) fand für Kwass: Spez. Gewicht 1,004—1,007, ferner 0,2% Alkohol, 0,41% Zucker und 0,26% Milchsäure. Ueber die Veränderung während der Gährung vergl. die Quelle.

[0]) Kobert fand ausser den obigen Zahlen noch folgende:

	No. 1	2	3	4	5	6
Sonstige organische Stoffe:	0,41	0,46	0,48	0,71	0,71	0,48%
In Alkohol lösliche „	—	1,175	1,205	0,475	1,505	1,150%

No.	Nähere Bezeichnung		Zeit der Untersuchung	Spec. Gewicht 15° C.	Alkohol Gew. %	Extrakt %	Stickstoff-Substanz %	Maltose %	Dextrin %	Säure (=Milchsäure) %	Asche %	Phosphorsäure %	Kohlensäure %	Analytiker
	Bosa.				g in 100 ccm									
1	Macedonisches Bier „Bosa" *)	I	1893	—	1,75	9,93	—	—	—	0,840	0,220	—	—	A. Könyöki [1])
2		II	„	—	1,62	9,00	—	—	—	0,830	0,220	—	—	
	Pombe.													
1	Hirsebier der Neger in Deutsch-Ostafrika**)		1890	bei 17,5° 1,0078	2,37	**) 4,02	0,28	1,38	0,23	0,500	0,18	—	—	O. Saare [2])

Braga.

Die Braga ist ein von der unteren Volksklasse der rumänischen Städte besonders während der Sommermonate sehr beliebtes, durch alkoholische und saure Gährung der Hirse gewonnenes, meist milchig trübes Getränk.

No.	Nähere Bezeichnung	Zeit der Untersuchung	Spec. Gewicht	Alkohol %	Extrakt %	Stickstoff-Substanz %	Glukose %	Dextrin %	Säure %	Asche %	Phosphorsäure %	Kohlensäure %	Analytiker
1	Handelsbraga	1899	1,0253	1,33	7,01	0,981	0,711	1,002	0,360	0,289	0,013	0,17	S. G. Cerkez [3]) ***)
2	Dekantirte Braga	„	1,0156	—	4,78	0,584	0,205	0,907	—	0,232	0,011	—	
3	Filtrirte Braga	„	1,0087	—	2,52	0,217	0,151	0,871	—	0,197	0,008	—	

Anhang zu Bier.

I. Gehalt des Bieres an Pentosanen bezw. Pentosen.

P. Mohr (Wochenschr. Brauerei 1895, **12**, 769; Chem. Centrbl. 1895, II, 549) fand nach dem Verfahren von Tollens und Flint folgende Mengen von Pentosen:

	Pentosen im Bier	Pentosen im Extrakt		Pentosen im Bier	Pentosen im Extrakt
Lagerbier	0,31 %	4,81 %	Kulmbacher Bier	0,37 %	4,79 %
„	0,33 „	5,13 „	Pilsener „	0,31 „	6,74 „
„	0,35 „	4,90 „	Berliner Weissbier	0,19 „	5,69 „

II. Die Säuren und sauren Phosphate des Bieres.

E. Prior (Bayer. Brauer-Journ. 1894, Sonderabdruck) fand in 10 Bierproben folgende Säuremengen (in ccm $^1/_{10}$ N.-Natronlauge für 100 ccm Bier):

---

1) Zeitschr. Nahrungsm.-Unters., Hyg. u. Waarenk. 1893, **7**, 35

2) Wochenschr. Brauerei 1890, **7**, 534; Vierteljahresschr. Nahrungs- u. Genussm. 1890, **5**, 534.

3) Zeitschr. Nahrungs- u. Genussm. 1899, **2**, 29.

*) In Pancsova wird dieses Bier von eingewanderten Orientalen gebraut und in den Verkehr gebracht; es wird vermuthlich aus Mais bereitet; es stellt eine weissliche, milchartige, an Kohlensäure reiche, in Gährung befindliche Flüssigkeit von süsslichem, angenehmem Geschmack und an Mandelmilch erinnerndem Geruch dar. Beim Stehen setzt sich in den Flaschen viel Bodensatz ab, der Hefe, Milchsäure-Bakterien und andere Pilze enthält.

**) Die Probe stellte eine hellgelbe Flüssigkeit mit starkem Bodensatz dar; dieselbe enthielt Salicylsäure. Die obigen Zahlen beziehen sich auf die Gesammtflüssigkeit mit Bodensatz. Von den obigen Bestandtheilmengen waren ungelöst (im Bodensatz) 1,19 % Trockensubstanz, 0,18 % Stickstoff-Substanz und 0,02 % Asche.

***) Cerkez fand ferner in

	Aetherextrakt (Oel)	Flüchtige Säure (Essigsäure)	Glycerin	In 96%-igem Alkohol löslich
No. 1:	0,102 %	0,0303 %	0,097 %	1,60 %
No. 2:	0,093 „	—	0,083 „	2,38 „
No. 2:	0,053 „	—	0,056 „	2,53 „

Nähere Bezeichnung des Bieres	Gesammt-Säure gefunden	Gesammt-Säure berechnet	Saure Phosphate	Nichtflüchtige Säuren	Flüchtige Säuren
J. G. Zeltner, Nürnberg	26,20	25,75	14,20	6,90	4,65
„ „ „	25,30	25,05	13,75	6,60	4,70
v. Tucher, „	27,40	27,65	15,20	7,30	5,15
Akt-Br (vorm. Henniger), Nürnberg .	25,10	24,90	13,90	6,30	4,70
Akt.-Ges. („ Lederer), „ .	25,10	25,25	14,55	6,00	4,70
Gebr. Grüner, Fürth	23,20	23,60	12,00	6,80	4,80
Löwenbräu, München	23,90	24,10	14,00	5,60	4,50
Aktien-Brauerei, Pilsen	22,20	22,15	10,90	6,40	4,85
Altes Weissbier, München	21,80	22,00	5,60	11,50	4,90
„ „ „	23,50	23,50	5,35	12,30	5,75

Untersuchungsverfahren: Die flüchtigen Säuren wurden aus 50 ccm Bier destillirt, der Rückstand (18—20 ccm) mit 75 ccm Alkohol und 405—410 ccm Aether versetzt. Die abfiltrirte alkoholisch-ätherische Lösung enthält die nicht flüchtigen Säuren und der Rückstand die sauren Phosphate.

III. Bildung von Glycerin und Bernsteinsäure bei der Gährung.

Nach A. Straub (Forschungsberichte über Lebensmittel etc. 1895, 2, 382).

Versuch No.	Art der Vergährung	Dauer der Gährung Tage	Temperatur während der Gährung °C.	Spec. Gewicht	Alkohol %	Extrakt %	Stickstoff-Substanz %	Maltose %	Dextrin %	Gesammt-Säure (= Milchsäure) %	Flüchtige Säure (= Essigsäure) %	Bernstein-Säure %	Glycerin %	Asche %
I	a) Würze	—	—	—	—	—	1,450	7,35	4,17	—	—	—	—	0,410
	b) Bei Luftzutritt (mit Watte-Verschluss) vergohrene Würze	6	15—25	1,0175	2,93	5,97	0,938	0,77	3,95	0,238	0,0096	0,0015	0,06	0,370
II	a) Würze	—	—	1,0530	—	12,82	1,010	7,85	3,04	—	—	—	—	0,310
	b) Wie bei Ib . .	6	12—15	1,0170	3,17	6,31	0,663	1,54	2,50	0,256	0,0076	0,0012	0,133	0,220 *)
III u. IV	a) Würze	—	—	1,0527	—	13,05	1,048	7,84	3,92	—	—	—	—	0,250
	b) bei Luftabschluss vergohren	6	25—30	1,0125	3,58	5,98	0,977	1,20	3,13	0,351	0,0057	0,0019	0,054	0,250 *)
	c) bei Luftabschluss vergohren	6	30—35	1,0020	3,79	5,07	0,938	0,77	2,99	0,369	0,0072	0,0024	0,040	0,226 *)
V	a) Würze	—	—	1,0540	—	13,04	—	7,66	3,65	—	—	—	—	—
	b) Mit Hefe unter Luftzutritt vergohren	5	Zimmer-Temperatur	1,0124	—	6,51	—	1,52	3,10	0,324	0,0132	0,0057	0,042	—
	c) ohne Hefe offen . .	14	Zimmer-Temperatur	1,0490	—	12,48	—	7,18	3,51	0,225	0,0042	—	0,0038	—
	d) ohne Hefe mit Wasserverschluss	14	Zimmer-Temperatur	1,0512	—	12,49	—	7,23	3,50	0.207	0,0042	—	0,0041	—
VI	a) Würze	—	—	1,0514	—	12,83	—	7,25	3,84	—	—	—	—	—
	b) Würze mit Hefe	12	Zimmer-Temperatur	1,0530	—	12,53	—	6,93	3,81	0,207	0,0138	0,0032	0,028	—
	c) Würze mit Hefe	24	Zimmer-Temperatur	1,0520	—	12,52	—	6,83	3,82	0,207	0,0048	0,0042	0,097	—
	d) Würze mit Hefe	36	Zimmer-Temperatur	1,0517	—	12,27	—	6,81	3,63	0,216	0,0051	0,0076	0,018	—
	e) Würze mit Hefe	48	Zimmer-Temperatur	1,0191	—	6,04	—	1,22	3,23	0,324	0,0072	0,0123	0,045	—

Hiernach steigt die Gesammt-Säure mit Zunahme der Temperatur ohne Rücksicht auf Luftzutritt oder -Abschluss. Die flüchtigen Säuren zeigen bei Luftzutritt eine stärkere Vermehrung als bei Luftabschluss. Die Glycerinbildung nimmt bei steigender Temperatur und Zunahme des Säure-

---

*) Der Gehalt an Phosphorsäure betrug bei IIb: 0,08%, bei IIIb: 0,102 und bei IV: 0,0978%.

gehaltes ab. Ein bestimmtes Verhältniss zwischen Maltose und Glycerin ist nicht zu erkennen. Die Bildung der **Bernsteinsäure** ist unabhängig von der Glycerinbildung und der vorhandenen Maltosemenge.

IV. Verhältniss von Alkohol zu Glycerin im Biere.

E. Eger u. H. Röttger (Arch. f. Hygiene 1884, 2, 254) stellten das Verhältniss von Alkohol zu Glycerin im Bier während der fortschreitenden Gährung fest, indem die beiden Bestandtheile (Glycerin nach dem Verfahren von E. Borgmann, Zeitschr. analyt. Chem. 1882, 21, 239) von Zeit zu Zeit während etwa 3 Monaten ermittelt wurden. Sie fanden:

Zeit der Probenahme	Spec. Gew. der Würze bei 15° C.	In 100 g Würze		Alkohol zu Glycerin		Vergährungsgrad
		Alkohol g	Glycerin g	Alkohol	Glycerin	%
30. November 1883	1,055	—	—	—	—	—
4. December „	1,044	1,62	0,085	100	5,18	21,7
7. „ „	1,0294	3,12	0,115	100	3,68	41,7
11. „ „	1,0248	3,71	0,173	100	4,66	47,4
4. Januar 1884	1,0217	4,00	0,162	100	4,05	51,0
23. „ „	1,0209	4,12	0,164	100	3,98	51,9
27. Februar „	1,0199	4,12	0,160	100	2,88	53,5

Hiernach nimmt das Glycerin im Verhältniss zum Alkohol mit fortschreitender Gährung ab. Die Frage, ob das Glycerin, selbst wenn keine Steigerung des Alkohols mehr statt hat, eine Verminderung erfährt, bleibt nach den Verfassern weiteren Untersuchungen vorbehalten.

V. Veränderungen des Bieres während der Lagerung.

1. Nach Untersuchungen des kantonalen (I) und städtischen Laboratoriums (II—IV) in Zürich mitgetheilt von A. Bertschinger (Zeitschr. angew. Chem. 1890, 670).

No.	Art des Bieres und Brauerei	Dauer der Lagerung Tage	Spec. Gewicht	Alkohol %	Extrakt %	Stickstoff-Substanz %	Maltose %	Säure (= Milchsäure) %	Asche %	Phosphorsäure %	Stammwürze	Vergährungs-Grad
I	Nach Münchener Art von A. Hürlimann in Enge	0	1,0235	3,35	7,32	—	3,07	0,185	0,218	—	14,02	47,79
		82	1,0193	3,82	6,55	—	2,06	0,132	0,215	—	14,19	53,84
II	Lagerbier der Brauerei „zum Uetliberg“ in Wiedikon	14	1,0243	3,20	7,76	0,550	2,63	0,150	0,200	0,078	14,16	45,20
		42	1,0220	3,44	7,29	0,538	2,25	0,140	0,200	0,076	14,17	48,52
		70	1,0201	3,64	6,88	0,525	1,95	0,144	0,200	0,074	14,16	51,41
III	Nach Pilsener Art von derselben Brauerei	14	1,0213	3,60	7,11	0,594	2,55	0,158	0,213	0,087	14,31	50,31
		42	1,0185	3,89	6,58	0,581	2,10	0,152	0,211	0,084	14,36	54,17
		70	1,0165	4,07	6,15	0,563	1,35	0,156	0,210	0,087	14,30	56,99
IV	Lagerbier von Gebr. Weber in Wädensweil	14	1,0295	3,26	8,19	0,500	2,55	0,174	0,214	0,072	14,71	44,32
		28	1,0251	3,31	8,01	0,563	—	0,176	0,213	0,073	14,63	45,25
		42	1,0242	3,43	7,80	0,500	2,40	0,172	0,215	0,076	14,66	46,78
		70	1,0225	3,57	7,51	0,481	2,03	0,176	0,219	0,072	14,65	48,74

Die Proben der einzelnen Biere wurden jeweilen demselben Lagerfasse entnommen. Die Dauer der Lagerung ist seit dem Abzuge aus dem Gährbottich in das Lagerfass gerechnet.

2. Lacamber (nach R. Stierlein: „Das Bier und seine Verfälschungen", Bern 1878, 126) giebt für Jungbier und Lagerbier gleicher Sorte folgende Gehalte an Alkohol und Extrakt an:

Nähere Bezeichnung	Alkohol		Extrakt		Nähere Bezeichnung	Alkohol		Extrakt	
	Jungbier %	Lagerbier %	Jungbier %	Lagerbier %		Jungbier %	Lagerbier %	Jungbier %	Lagerbier %
Ale, London	7,0	8,0	6,5	5,0	Diest goldenes Bier . .	3,5	6,0	8,0	5,5
Ale, Hamburg	5,5	6,0	6,0	5,0	Peterman Löwen . . .	3,5	5,0	8,0	5,5
Gewöhnl. Ale, London .	4,0	5,0	5,0	4,0	Weissbier I.	2,25	3,25	5,0	3,5
Porter	5,0	6,0	7,0	6,0	Doppelbier, Gent . . .	3,25	4,5	5,0	4,0
Gewöhnl. Porter, London	3,0	4,0	5,0	4,0	Einfaches Bier	2,75	3,5	4,0	3,0
Münchener Salvator . .	5,0	6,0	12,0	10,0	Gerstenbier, Antwerpen .	3,00	3,5	4,5	3,0
„ Bock . . .	3,5	4,0	9,0	7,0	Strassburger Bier . . .	4,00	4,5	4,0	3,5
Gewöhnl. Bayer. Bier .	3,0	4,0	6,5	4,5	Kräftiges Bier von Lille	4,0	5,0	4,0	3,0
Brüsseler Lambic . . .	4,5	6,0	5,3	3,5	Weissbier von Paris . .	3,5	4,0	8,0	5,0
„ Faro . . .	2,5	4,0	5,0	3,0					

VI. Veränderungen des Bieres in Flaschen.

A. Hilger (Arch. Hyg. 1888, 8, 445) bewahrte Erlanger Bier in Flaschen bei verschiedenen Temperaturen auf und bestimmte in denselben nach 2 Wochen (a), 3 Wochen (b) und 4 Wochen (c) den Gehalt an Alkohol, Gesammt-Säure und flüchtiger Säure (durch Abdestilliren bis zur Syrupkonsistenz und Titration der Destillate) mit folgendem Ergebnisse:

		Frisch	I. Im Keller bei 4° aufbewahrt			II. Bei 6—8° aufbewahrt			III. Bei 17—19° aufbewahrt		
			a	b	c	a	b	c	a	b	c
Alkohol, Gew.-%		4,17	4,03	3,99	3,86	4,03	3,99	3,86	3,98	3,98	3,77
Gesammt-Säure	ccm	1,50	1,64	1,76	1,80	1,70	1,80	1,82	2,06	2,22	2,36
Flüchtige „	N.-Alkali	0,12	0,13	0,19	0,22	0,15	0,21	0,22	0,30	0,34	0,36

Nach 14 Tagen hatten sich überall, am stärksten bei den Proben No. III Bodensätze gebildet. Bei Ic konnten neben Eiweissgerinnsel und Hefezellen nur vereinzelte Milchsäure-Bakterien ähnliche Formen gefunden werden. In IIa und IIIa konnten Essigsäure- und Milchsäure-Bakterien mit Sicherheit nachgewiesen werden.

Wein.

Most.*)

(Ueber die Zusammensetzung der Weintrauben vergl. S. 841.)

I. Ausführliche Analysen deutscher Moste.

1. Pfälzer Moste nach A. Halenke (Deutsche Weinstatistik).

No.	Gemarkung und Jahrgang		Zahl der Proben	Spec. Gewicht	100 ccm Most enthalten Gramm:												Polarisation im 200 mm-Rohr °W.
					Extrakt	Glukose	Fruktose	Gesammt-Säure (= Weinsäure)	Weinsäure halb-gebunden	Weinsäure frei	Aepfelsäure	Mineral-stoffe	Kalk (CaO)	Magnesia (MgO)	Phosphor-säure (P_2O_5)	Bereits gebildeter Alkohol	
1	Burrweiler **)	1892	2	1,0851	22,41	9,78	10,42	0,61	0,45	0,10	0,26	0,24	—	—	0,020	0,01	9,44
2		1894	3	1,0644	16,93	7,04	7,15	1,35	0,47	0,17	0,84	0,29	—	—	0,030	0,01	6,30
3		1895	3	1,0791	20,83	9,60	9,34	0,65	0,49 [2]	0,13 [2]	0,29 [2]	0,25	—	—	0,026	0,03	16,71
4		1896	2	1,0628	16,49	7,11	6,94	1,35	0,57		—	0,30	—	—	—	0	5,78
5		1897	2	1,0736	19,43	8,08	8,57	1,22	—	—	—	—	—	—	—	0,19	7,78
6	Dacken-heim **)	1894	3	1,0755	19,92	7,98	8,92	1,00	0,54	0,12	0,50	0,36	—	—	0,025 [2]	0,12	8,29
7		1895	3	1,0863	22,77	10,25	10,59	0,49	—	—	—	0,33	—	—	—	0,13	9,45
8		1896	3	1,0655	17,25	6,80	7,18	1,29	0,43 [1]	0 [1]	0,78 [1]	0,42	—	—	—	0,07	6,55
9		1897	3	1,0749	19,70	8,04	8,84	1,06	—	—	—	0,34 [2]	—	—	—	0	8,45
10		1898	2	1,0796	20,93	8,61	9,47	1,02	—	—	—	0,36	—	—	—	0	9,04
11	Dürkheim **)	1892	8	1,0957	25,23	10,89	11,48	0,61	0,32	0	0,56	0,40	—	—	0,036 [5]	0,08	10,72
12		1893	1	1,0985	26,00	11,77	12,36	0,53	0,40	0	0,29	0,53	—	—	—	0,05	11,24
13		1894	5	1,0756	19,90	8,31	8,80	1,19	0,40	0	0,67	0,42	—	0,013 [1]	—	0,05	8,06
14		1895	6	1,0925	24,41	11,23	11,72	0,50	—	—	—	0,39	0,15 [3]	0,12 [2]	—	0,10	9,94
15		1896	5	1,0710	18,73	7,74	8,09	1,03	0,34 [2]	0 [2]	0,76 [2]	0,40	—	—	—	0,14	6,47
16		1897	4	1,0846	22,35	9,30	10,21	1,03	—	—	—	0,42 [2]	—	—	—	0,14	9,75
17		1898	6	1,0844	22,20	8,82	9,99	0,86	—	—	—	0,48	—	—	—	0	9,89
18	Eden-koben **)	1892	3	1,0707	18,58	7,98	8,76	0,55	0,42	0,03	0,27	0,23	—	—	0,014 [1]	0,11	8,36
19		1894	4	1,0641	17,39	7.33	7,37	1,28	0,50	0,16	0,77	0,32	0,017 [3]	0,012 [3]	0,029 [3]	0,07	6,39
20		1895	2	1,0902	23,72	10,32	11,37	0,51	0,47	0	0,30	0,44	0,015 [1]	0,010 [1]	—	0	10,88
21		1896	3	1,0596	15,66	6,25	5,95	1,73	—	—	—	0,34	—	—	—	0,09	4,80
22		1897	3	1,0805	21,19	8,68	9,76	1,04	0,47 [1]		—	0,33	—	—	—	0	8,76
23		1898	1	1,0720	18,93	7,70	8,20	1,22	—	—	—	0,38	—	—	—	0	7,60

*) Im Nachfolgenden beabsichtigen wir nicht eine erschöpfende Zusammenstellung der veröffentlichten Mostanalysen zu geben, vielmehr nur einige Beispiele, aus denen die Schwankungen in der Zusammensetzung der Moste erkannt werden können. Es sind dabei vorwiegend die in der Deutschen Weinstatistik veröffentlichten Analysen der neueren Jahrgänge berücksichtigt und von diesen wiederum nur die vollständigeren, soweit bei ihnen noch keine nennenswerthe Vergährung des Zuckers eingetreten ist. Von den sonstigen Analysen der Deutschen Weinstatistik geben wir nur die Mittel- und Schwankungszahlen. Eine Zusammenstellung älterer Analysen folgt am Schlusse des Kapitels.

**) Der Gehalt an Kali (K_2O) und Schwefelsäure (SO_3) betrug:

	No. 3	13	33	56	62	73	86
Kali (K_2O)	0,108 (1)	0,183 (1)	0,155 (1)	0,162	0,142	0,202	0,217

	No. 2	7	19	40	69	86	98
Schwefelsäure (SO_3) .	0,015	0,011	0,010 (3)	0,010	0,008 (3)	0,007 (1)	0,012 (1)

No.	Gemarkung und Jahrgang		Zahl der Proben	Spec. Gewicht	100 ccm Most enthalten Gramm: Extrakt	Glukose	Fruktose	Gesammt-Säure (= Weinsäure)	Weinsäure halbgebunden	Weinsäure frei	Aepfelsäure	Mineralstoffe	Kalk (CaO)	Magnesia (MgO)	Phosphorsäure (P_2O_5)	Bereits gebildeter Alkohol	Polarisation im 200 mm-Rohr °W.
24	Forst	1892	1	1,0996	26,27	11,01	12,09	0,74	0,38	0	0,63	0,36	—	—	—	0,10	11,53
25		1893	2	1,1135	30,00	12,74	13,18	0,58	0,37	0	0,35	0,40	—	—	—	0,16	13,71
26		1894	2	1,0948	25,02	10,46	10,88	1,17	0,42	0	0,86	0,40	0,026 [1]	0,023 [1]	0,030	0,04	9,80
27		1895	2	1,0990	26,17	11,55	11,93	0,62	—	—	—	0,39	—	—	0,062	0,12	10,90
28		1896	4	1,0792	20,90	8 81	9,33	1,06	—	—	—	0,35	0,018 [1]	0,015 [1]	—	0,16	8,76
29		1897	3	1,1246	32,82	13,53	15,14	1,31	—	—	—	0,43 [1]	—	—	—	0,05	14,71
30		1898	3	1,0944	24,85	10,01	11,12	1,02	—	—	—	0,42	—	—	—	0	10,82
31	Freinsheim*)	1892	4	1,0935	24,64	9,92 [3]	10,41 [3]	0,70	0,39	0,01	0,54	0,33	—	—	0,042 [1]	0,09	9,47 [3]
32		1893	2	1,1013	26,72	11,91	12,27	0,56	0,42	0	0,32	0,45	—	—	—	0	10,93
33		1894	2	1,0770	20,29	8,52	9,13	1,03	0,49	0	0,70	0,34	0,013 [1]	0,013 [1]	—	0,07	8,50
34		1895	3	1,0946	24,94	11,41	11,76	0,58	—	—	—	0,35	0,015	0,011	—	0,03	10,37
35		1896	3	1,0590	15,48	6,12	6,40	1,13	—	—	—	0,39	0,018 [1]	0,014 [1]	0,050	0,28	5,80
36		1897	1	1,0694	18,37	7,09	8,01	1,07	—	—	—	—	—	—	—	0,26	7,86
37		1898	2	1,0792	20,84	8,41	9,30	0,97	—	—	—	0,41	—	—	—	0	8,93
38	Gross-Karlbach *)	1892	2	1,0771	20,28	8,58	9,15	0,81	0,47	0,04	0,47	0,24	—	—	—	0	8,46
39		1893	2	1,0862	22,71	9,41	10,20	0,66	0,54 [1]	0 [1]	0,34 [1]	0,40	—	—	—	0,04	9,55
40		1894	2	1,0624	16,42	7,15	7,18	1,23	0,46	0,12	0,78	0,28	0,025	0,012	0,025	0,08	6,22
41		1895	3	1,0896	23,59	10,96	11,08	0,64	—	—	—	0,34	—	—	—	0	9,66
42		1896	3	1,0520	13,69	5,21	5,47	1,40	—	—	—	0,29	—	—	—	0,03	4,97
43		1897	3	1,0688	19,58	7,65	8,84	1,08	—	—	—	0,53 [1]	—	—	—	0	8,83
44		1898	2	1,0698	18,34	7,68	8,18	1,01	—	—	—	0,29	—	—	—	0	7,57
45	Haardt	1893	1	1,0851	22,48	10,03	10,48	0,48	0,46	0	0,22	0,44	—	—	—	0,16	9,49
46		1894	3	1,0690	18,35	7,62	7,89	1,02	0,44	0	0,71	0,36	—	—	—	0,10	7,07
47		1895	2	1,0904	23,85	10,85	11,08	0,56	—	—	—	0,41	0,017	0,012 [1]	—	0,07	9,79
48		1896	1	1,0648	17,03	7,00	7,32	1,08	—	—	—	0,36	0,018	—	—	0	6,65
49		1897	3	1,0800	21,05	9,06	9,91	0,92	—	—	—	0,32	—	—	—	0	9,45
50		1898	3	1,0794	20,90	8,75	9,54	0,88	—	—	—	0,41	—	—	—	0	9,05
51	Hambach	1892	5	1,0840	22,11	9,57	10,11	0,62	0,34	0,01	0,47	0,28	—	—	0,026	0,11	9,25
52		1894	2	1,0736	19,38	8,18	8,41	1,22	0,61	0,01	0,81	0,35	—	—	—	0,07	7,47
53		1895	2	1,0877	23,10	10,61	11,07	0,53	—	—	—	0,25	0,016 [1]	0,012 [1]	—	0,03	10,00
54		1896	2	1,0698	18,47	7,76	7,79	1,26	—	—	—	0,32	—	—	—	0,28	7,35
55		1897	2	1,0794	20,89	8,65	9,66	1,01	0,54 [1]		—	0,28	—	—	—	0	9,28
56	Herxheim am Berg *)	1894	2	1,0682	17,94	7,24	7,95	1,10	0,46	0,01	0,77	0,31	—	—	—	0,06	7,60
57		1895	3	1,0909	23 98	10,89	11,17	0,56	—	—	—	0,43	—	—	—	0,05	8,28
58		1896	2	1,0643	16,94	6,82	7,11	1,16	—	—	—	0,40	—	—	—	0,08	6,41
59		1897	2	1,0820	21,59	8,85	9,93	1,05	—	—	—	0,37	—	—	—	0	9,51
60		1898	3	1,0784	20,64	8,58	9,41	0,90	—	—	—	0,39	—	—	—	0	8,91

*) Vergl. Anmerkung **) S. 1160.

No.	Gemarkung und Jahrgang		Zahl der Proben	Spec. Gewicht	100 ccm Most enthalten Gramm: Extrakt	Glukose	Fruktose	Gesammt-Säure (= Weinsäure)	Weinsäure halb-gebunden	Weinsäure frei	Aepfelsäure	Mineral-stoffe	Kalk (CaO)	Magnesia (MgO)	Phosphor-säure (P_2O_5)	Bereits gebildeter Alkohol	Polarisation im 200 mm-Rohr °W.
61	Kallstadt *)	1892	2	1,0947	24,96	10,77	11,37	0,61	0,27	0	0,56	0,31	—	—	—	0,09	10,43
62		1894	4	1,0770	20,29	8,30	9,23	0,86	0,49	0,02	0,54	0,34	—	—	—	0,08	8,59
63		1895	2	1,0848	22,32	9,93	10,68	0,41	—	—	—	0,30	—	—	0,041 [1]	0,04	10,00
64		1896	3	1,0678	17,88	7,34	7,68	1,11	—	—	—	0,40	—	—		0,11	7,16
65		1897	1	1,0965	25,61	10,43	11,91	1,04	—	—	—	0,41	—	—	—	0,32	11,81
66		1898	3	1,0783	20,59	8,09	9,56	0,85	—	—	—	0,41	—	—	—	0	9,83
67	Lauter-ecken	1892	7	1,0782	20,57	8,77	9,31	0,71	0,45	0	0,39	0,29	—	—	0,032	0,07	8,59
68		1893	3	1,0711	18,75	7,73	8,20	0,71	0,49	0,02	0,40	0,36	—	—	—	0,12	7,58
69		1895	4	1,0751	19,75	8,57	8,91	0,62	—	—	—	0,35	—	—	—	0,02	7,78
70		1896	1	1,0440	11,81	4,42	5,10	1,22	—	—	—	0,27	—	—	—	0,46	5,10
71		1897	2	1,0418	11,07	3,63	4,29	1,26	—	—	—	—	—	—	—	0,24	4,07
72	Rupperts-berg	1892	1	1,0839	22,08	9,00	9,74	0,77	0,30	0	0,68	0,38	—	—	0,070	0,14	9,14
73		1894	1	1,0776	20,53	8,89	8,73	1,05	0,47	0	0,73	0,45	—	0,016	—	0,26	7,35
74		1895	2	1,0888	23,50	10,65	10,89	0,52	—	—	—	0,44	—	—	0,059	0,23	9,68
75		1896	2	1,0644	16,98	6,95	7,38	1,03	0,43	0	0,74	0,34	—	—	—	0,10	7,61 [1]
76		1897	3	1,0878	23,13	9;38	10 59	1,05	—	—	—	0,39	—	—	—	0	10,17
77		1898	2	1,0691	18,15	7,01	8,13	0,84	—	—	—	0,42	—	—	—	0	8,18
78	Ungstein	1893	1	1,1055	27,89	12,68	13,35	0,48	0,47	0	0,22	0,36	—	—	—	0,11	12,22
79		1894	3	1,0869	22,94	9,50	10,45	0,79	0,50	0	0,48	0,39	—	—	0,020	0,11	10,06
80		1895	3	1,0998	26,34	12,22	12,45	0,47	—	—	—	0,35	—	—	—	0	10,92
81		1896	3	1,0741	19,53	8,02	8,68	0,87	—	—	—	0,36	—	—	—	0,11	8,15
82		1897	3	1,0977	25,76	10,91	11,87	1,10	—	—	—	0,43 [1]	—	—	—	0,05	11,21
83		1898	3	1,0820	21,58	8,87	9,88	0,81	—	—	—	0,36	—	—	—	0	9,56
84	Wachen-heim	1892	3	1,0902	23,76	10,26	10,83	0,66	0,34	0	0,55	0,34	—	—	—	0,07	9,92
85		1893	2	1,1037	27,45	11,95	12,69	0,59	0,39	0	0,35	0,43	—	—	—	0,14	11,67
86		1894	3	1,0765	20,09	8,14	8,61	1,06	0.53	Spur	0,73	0,41	—	—	—	0,03	7,89
87		1895	6	1,0934	24,84	11,23	11,44	0,62	—	—	—	0,38	0,014 [2]	0,014 [2]	0,035 [1]	0,08	10,13
88		1896	5	1,0694	18,27	7,33	7,92	1,10	—	—	—	0,37	—	—	—	0,16	7,03
89		1897	3	1,0925	24,48	10,03	10,88	1,25	—	—	—	0,48 [2]	—	—	—	0,25	10,26
90		1898	2	1,0804	21,17	8,57	9,35	0,99	—	—	—	0,45	—	—	—	0	8,97
91	Wolfstein	1892	1	1,0738	19,40	8,11	8,93	0,72	0,40	0	0,56	0,33	—	—	—	0,18	8,16
92		1894	3	1,0611	16,07	6,56	7,08	1,04	0,46	0,06	0,67	0,30	0,012	0,015	0,029 [2]	0,04	6,99
93		1895	3	1,0772	20,33	9,16	9,32	0,70	0,66 [1]		—	0,31	—	—		0,08	8,09
94		1896	3	1,0607	15,92	6,58	6,84	0,96	—	—	—	0,34	—	—	—	0,03	6,16
95		1898	3	1,0629	16,78	6,34	7,03	1,15	—	—	—	0,39	—	—	—	0	6,77
96	Zell	1894	4	1,0712	18,74	7,95	8,64	0,87	0,45	0,02	0,57	0,35	—	—	—	0,04	8,15
97		1895	5	1,0914	23,91	10,96	11,18	0,51	0,48 [3]	0,04 [3]	0,25	0,34	0,020 [1]	0,013 [1]	—	0,06	9,84
98		1896	5	1,0657	17,32	6,87	7,37	1,13	0,44 [3]	0 [3]	0,72 [3]	0,35	0,019 [1]	—	—	0	6,87
99		1897	4	1,0781	20,57	8,44	9,15	1,26	—	—	—	0,33 [1]	—	—	—	0,04	8,78
100		1898	4	1,0732	19,24	7,95	8,79	0,95	—	—	—	0,38	—	—	—	0	8,08

*) Vergl. Anmerkung **) S. 1160.

2. Hessische Moste nach H. Weller (Deutsche Weinstatistik).

a) Moste der Bergstrasse.

No.	Gemarkung	Jahrgang	Zahl der Proben	Spec. Gewicht	Extrakt	Glukose	Fruktose	Gesammt-Säure (= Weinsäure)	Weinsäure halbgebunden	Weinsäure frei	Mineralstoffe	Kalk (CaO)	Magnesia (MgO)	Kali (K_2O)	Phosphorsäure (P_2O_5)	Schwefelsäure (SO_3)	Polarisation im 200 mm-Rohr °W.
					100 ccm Most enthalten Gramm:												
1	Auerbach	1894	12	1,0582	15,28	12,02		1,17	—	—	0,359	—	0,011 [11]	0,172 [10]	0,050	0,014	6,22
2	Auerbach	1895	2	1,0961	25,32	11,59	11,22	0,57	—	0,07	0,254	0,013	0,014	—	0,053	0,014	9,38
3	Auerbach	1896	10	1,0681	18,10	7,26	6,94	1,06	0,42	0,01	0,349	0,021	0,015	—	0,046	0,014	5,55
4	Auerbach	1897	12	1,0716	18,82	7,97	8,02	1,06	—	0,02 [10]	0,335	0,016	0,013	—	0,045	0,016	7,57
5	Auerbach	1898	5	1,0855	22,51	9,65	9,43	0,83	0,36		0,392	0,018	0,015	—	0,031	0,011	7,11
6	Bensheim	1892	16	1,0809	21,29	18,44		0,88	—		0,325	—	0,014	0,122	0,038	0,006	9,01
7	Bensheim	1893	10	1,0852	22,43	19,59		0,65	—		0,335	—	0,015	0,117	0,044	0,014	7,46
8	Bensheim	1894	12	1,0627	16,47	12,90		1,04	—		0,408	—	0,011 [10]	0,149 [10]	0,055	0,015	7,04
9	Bensheim	1895	3	1,0842	22,26	10,04	9,68	0,54	—	0,01	0,338	0,016	0,014	—	0,052	0,013	7,96
10	Bensheim	1896	8	1,0632	16,60	6,58	6,51	1,00	0,39	0	0,348	0,017	0,015	—	0,050	0,015	5,52
11	Bensheim	1897	8	1,0752	19,77	7,90	7,97	1,07	—	0 [5]	0,397	0,016	0,013	—	0,046	0,017	7,74
12	Bensheim	1898	4	1,0654	17,19	6,98	6,84	0,85	0,34		0,415	0,016	0,017	—	0,054	0,014	5,50
13	Heppenheim	1892	20	1,0839	22,08	17,39		0,88	—		0,444	—	0,011	0,109	0,034	0,007	9,19
14	Heppenheim	1893	13	1,0750	19,72	16,98		0,81	—		0,284	—	0,013	0,131	0,033	0,011	8,09
15	Heppenheim	1894	11	1,0602	15,81	11,83		1,11	—		0,392	—	0,011 [10]	0,154 [8]	0,050	0,016	6,02
16	Heppenheim	1895	1	1,0938	24,41	10,47	10,48	0,57	—	0	0,348	0,022	0,012	—	0,052	0,015	9,02
17	Heppenheim	1896	9	1,0618	16,24	6,41	6,37	1,06	0,45	0,01	0,335	0,021	0,014	—	0,043	0,015	5,37
18	Heppenheim	1897	13	1,0586	15,39	6,98	7,04	1,19	—	0,04	0,331	0,016	0,016	—	0,050	0,017	6,06
19	Heppenheim	1898	6	1,0716	18,82	7,75	7,53	0,99	0,25		0,382	0,015	0,016	—	0,039	0,014	6,07
20	Seeheim	1894	2	1,0670	17,87	13,33		1,15	—	—	0,300	—	0,011	0,119	0,045	0,017	7,12
21	Seeheim	1895	1	1,0847	22,46	10,09	9,91	0,65	—	0,23	0,228	0,016	0,013	—	0,041	0,020	8,33
22	Seeheim	1896	4	1,0669	17,58	7,10	6,76	1,26	0,48	0,09	0,346	0,022	0,014	—	0,042	0,016	5,45
23	Seeheim	1897	3	1,0764	20,10	8,23	8,29	1,07	—	0,06	0,359	0,019	0,013	—	0,038	0,018	7,61
24	Seeheim	1898	1	1,0763	20,07	8,31	8,16	1,26	0,54		0,426	0,014	0,010	—	0,039	0,012	6,70
25	Zwingenberg	1893	7	1,0788	20,73	17,95		0,89	—		0,263	—	0,014 [6]	0,122 [6]	0,036	0,012	6,90
26	Zwingenberg	1894	6	1,0583	15,31	11,78		1,20	—		0,373	—	0,009	0,168	0,042	0,017	6,12
27	Zwingenberg	1895	2	1,0871	23,05	10,15	10,15	0,55	—	0 [1]	0,277	0,020	0,014	—	0,049	0,016	8,75
28	Zwingenberg	1896	5	1,0601	15,79	6,18	6,33	1,12	0,44	Spur	0,343	0,023	0,018	—	0,040	0,016	5,61
29	Zwingenberg	1897	6	1,0699	18,37	7,33	7,38	1,13	—	0,08	0,298	0,016	0,015	—	0,034	0,016	7,26
30	Zwingenberg	1898	3	1,0853	24,46	9,82	9,19	0,84	0,36		0,380	0,018	0,021	—	0,050	0,014	6,90

b) Oberhessische Moste.

No.	Gemarkung	Jahrgang	Zahl der Proben	Spec. Gewicht	Extrakt	Glukose	Fruktose	Gesammt-Säure (= Weinsäure)	Weinsäure halbgebunden	Weinsäure frei	Mineralstoffe	Kalk (CaO)	Magnesia (MgO)	Kali (K_2O)	Phosphorsäure (P_2O_5)	Schwefelsäure (SO_3)	Polarisation im 200 mm-Rohr °W.
1	Büdingen	1892	1	1,0740	19,74	16,00		1,02	—		0,330	—	0,012	0,141	0,048	0,006	7,60
2	Büdingen	1893	1	1,0691	18,44	15,21		1,03	—		0,277	—	0,014	0,180	0,054	0,008	5,88
3	Büdingen	1895	2	1,0703	18,72	7,79	7,88	0,98	—	0,03	0,240	0,022	0,014	—	0,049	0,013	6,95
4	Büdingen	1896	1	1,0492	13,04	5,26	4,28	1,40	0,49	0,06	0,350	0,018	0,015	—	0,050	0,009	2,66
5	Büdingen	1897	2	1,0503	13,20	5,40	5,44	1,34	—	0,02	0,302	0,014	0,012	—	0,033	0,012	5,44
6	Büdingen	1898	1	1,0502	13,18	5,11	5,36	1,25	0,40		0,403	0,018	0,015	—	0,037	0,012	4,00

c) Moste des Odenwaldes.

No.	Gemarkung und Jahrgang		Zahl der Proben	Spec. Gewicht	100 ccm Most enthalten Gramm: Extrakt	Glukose	Fruktose	Gesammt-Säure (= Weinsäure)	Weinsäure halb-gebunden	Weinsäure frei	Mineral-stoffe	Kalk (CaO)	Magnesia (MgO)	Kali (K_2O)	Phosphor-säure (P_2O_5)	Schwefel-säure (SO_3)	Polarisation im 200 mm-Rohr °W.
1	Heubach	1893	10	1,0738	19,41	16,48		1,00	—	—	0,308	—	0,017 [4]	0,122 [4]	0,039	0,010	6,53
2		1894	6	1,0412	10,85	7,87		1,42	—	—	0,295	—	0,012	0,139	0,034	0,012	4,37
3		1895	2	1,0778	20,72	9,15	9,21	0,59	—	0,03	0,365	0,013	0,014	—	0,050	0,012	7,99
4		1896	4	1,0364	9,63	3,43 [2]	3,75 [2]	1,49	0,34 [1]	0 [1]	0,301 [3]	0,036 [3]	0,023 [3]	—	0,059	0,014	3,28 [3]
5		1897	5	1,0625	16,42	6,73	6,84	1,23	—	0,08	0,364	0,017	0,013	—	0,035	0,018	7,07
6	Gross-Umstadt	1893	9	1,0777	20,44	17,33		0,90	—	—	0,283	—	0,013	0,128	0,035	0,013	7,02
7		1894	10	1,0531	13,95	10,68		1,16	—	—	0,350	—	0,011	0,162	0,044	0,012	5,61
8		1895	2	1,0669	17,79	7,16	7,71	0.74	—	0,08	0,328	0,014	0,016	—	0,046	0,015	7,23
9		1896	14	1,0572	15,02	5,55 [11]	6,08 [11]	1,23	0,38 [13]	0 [13]	0,350	0,018	0,016	—	0,045	0,015 [13]	5,91 [13]
10		1897	10	1,0646	16,98	6,68	6,92	1,08	—	0,03	0,382	0,013	0,011	—	0,035	0,017	6,72
11	Klein-Umstadt	1893	8	1,0684	17,98	15,74		1,04	—	—	0,311	—	0,018 [3]	0,142 [2]	0,040	0,009	6,09
12		1895	2	1,0629	16,76	6,30	7,23	0,70	—	0	0,310	0,019	0,015	—	0,062	0,020	7,19
13		1896	7	1,0581	15,26	5,74 [6]	5,80 [6]	1,20	0,42	0,01	0,288	0,020	0,015	—	0,043	0,011	5,22
14		1897	6	1,0554	14,55	5,50	5,54	1,07	—	0,02	0,336	0,013	0,011	—	0,038	0,016	5,92

3. Unterfränkische Moste*) nach L. Medicus (Deutsche Weinstatistik).

a) Gewächse des Königl. Hofkellers zu Würzburg.

No.	Gemarkung und Jahrgang		Spec. Gewicht	100 ccm Most enthalten Gramm: Extrakt	Zucker (= Invert-zucker)	Gesammt-Säure (= Weinsäure)	Weinsäure halb-gebunden	Weinsäure frei	Aepfel-säure	Mineral-stoffe	Phosphor-säure (P_2O_5)	Bereits gebildeter Alkohol
1	Leisten (Fels)	1893	1,0961	25,42	22,35	0,80	—	—	—	0,42	0,032	0,16
2		1894	1,0704	18,55	14,99	1,12	0,50	0	0,77	0,34	0,033	0,11
3		1895	1,0955	25,23	22,70	0,40	0,38		—	0,35	0,064	0,11
4		1896	1,0778	20,46	17,19	0,99	0,45		—	0,33	0,037	0
5		1897	1,0953	25,18	21,78	0,94	0,50	0	—	0,41	0,039	0,11
6		1898	1,0796	20,99	17,91	1,06	0,48	0,14	—	0,30	0,037	0,11
7	Innerer Leisten	1893	1,1042	27,58	23,97	0,64	—	—	—	0,39	0,036	0,16
8		1894	1,0752	19,93	15,96	1,03	0,46	0	0,71	0,36	0,040	0,32
9		1895	1,0943	24,94	22,37	0,50	0,42		—	0,40	0,073	0,16
10		1896	1,0736	19,35	16,30	1,17	0,39	0,11	—	0,27	0,032	0
11		1897	1,0901	23,79	20,98	0,95	0,44	0,04	—	0,26	0,041	0,11
12	Schalksberg	1893	1,0952	25,14	21,83	0,75	—	—	—	0,37	0,030	0,11
13		1894	1,0687	18,29	13,72	1,01	0,38	0	0,73	0,47	0,080	0,48
14		R**) 1896	1,0760	19,99	16,34	1,23	0,41	0,09	—	0,34	0,067	0
15		1896	1,0747	19,64	15,90	1,23	0,50		—	0 32	0,067	0
16		R**) 1897	1,0921	24,32	20,83	1,08	0,45	0,10	—	0,30	0,044	0,11
17		1897	1,0929	24,56	20,50	0,95	0,45	0	—	0,44	0,064	0,16
18		O**) 1898	1,0740	19,56	15,79	0,92	0,38	0	—	0,42	0,041	0,21

*) Sämmtliche Analysen beziehen sich auf je 1 Probe.

**) R = Riesling; O = Oesterreicher.

No.	Gemarkung und Jahrgang		Spec. Gewicht	Extrakt	Zucker (= Invertzucker)	Gesammt-Säure (= Weinsäure)	Weinsäure halbgebunden	Weinsäure frei	Aepfelsäure	Mineralstoffe	Phosphorsäure (P_2O_5)	Bereits gebildeter Alkohol
19		1893	1,0975	25,79	22,14	0,88	—	—	—	0,42	—	0,16
20		1894	1,0597	15,89	11,35	1,10	0,40	0	0,80	0,46	0,066	0,42
21	Schlossberg	1895	1,0916	24,16	21,36	0,59	0,55		—	0,44	—	0.05
22		1896	1,0719	18,90	15,34	1,23	0,42		—	0,39	0,043	0
23		1897	1,0847	22,38	18,68	1,08	0,38	0	—	0,38	0,042	0,16
24		O*) 1893	1,1035	27,42	24,09	0,77	—	—	—	0,42	0,032	0,21
25		R*) 1893	1,0994	26,33	23,45	0,73	—	—	—	0,36	0,042	0,21
26		1894	1,0849	22,43	17,85	0,88	0,38	0	0,61	0,43	0,069	0,16
27		1895	1,0863	22,75	19,85	0,38	0,42		—	0,41	0,085	0,05
28	Stein	R*) 1895	1,0911	24,00	22,05	0,48	0,41		—	0,37	0,071	0
29		1896	1,0766	20,14	16,46	1,08	0,45		—	0,35	0,063	0
30		R*) 1896	1,0840	22,13	18,80	0,97	0,42	0,05	—	0,32	0,041	0,05
31		1897	1,0990	26,19	21,88	1,09	0,40	0	—	0,37	0,049	0,16
32		R*) 1897	1,0908	23,98	20,89	0,82	0,42	0	—	0,29	0,041	0,11
33		O*) 1898	1,0756	19,93	16,54	0,88	0,40	0	—	0,35	0,050	0,11

b) Gewächse des Juliusspitals zu Würzburg.

No.	Gemarkung und Jahrgang		Spec. Gewicht	Extrakt	Zucker (= Invertzucker)	Gesammt-Säure (= Weinsäure)	Weinsäure halbgebunden	Weinsäure frei	Aepfelsäure	Mineralstoffe	Phosphorsäure (P_2O_5)	Bereits gebildeter Alkohol
1		1893	1,0897	23,92	20,95	0,63	—	—	—	0,47	0,050	0,58
2		1894	1,0657	17,36	14,13	1,05	0,43	0	0,75	0,34	0,045	0,21
3	Rödelsee	1895	1,0881	23,28	20,49	0,44	0,36		—	0,46	0,110	0,16
4		1896	1,0640	16,87	13,31	1,19	—		—	0,41	0,072	0,11
5		1897	1,0722	19,14	15,89	0,93	0,30	0	—	0,39	0,075	0,32
6		1893	1,1002	26,64	23,17	0,73	—	—	—	0,36	0,032	0,42
7		1894	1,0715	18,95	15,04	0,97	0,45	0	0,67	0,28	0,035	0,32
8	Schalksberg	1895	1,0865	22,83	19,85	0,49	0,46		—	0,35	0,086	0,21
9		1896	1,0649	17,08	13,71	1,04	0,44		—	0,32	0,040	0,05
10		1897	1,0798	21,15	17,37	1,07	0,37	0	—	0,34	0,051	0,32
11		1898	1,0613	16,23	12,88	1,09	0,51	0	—	0,34	0,042	0,26
12		1893	1,1165	30,95	26,40	0,66	—	—	—	0,49	0,041	0,42
13		1894	1,0897	23,79	19,15	1,16	0,40	0	0,85	0,35	0,035	0,32
14	Stein	1895	1,0864	22,85	19,82	0,42	0,35		—	0,40	0,102	0,21
15		1896	1,0779	20,49	16,93	1,03	0,44		—	0,29	0,031	0
16		1897	1,1028	27,20	23,42	1,02	0,44	0	—	0,35	0,045	0,16
17		1898	1,0697	18,40	15,08	0,89	0,39	0	—	0,38	0,051	0,16

c) Gewächse des Bürgerspitals.

No.	Gemarkung und Jahrgang		Spec. Gewicht	Extrakt	Zucker (= Invertzucker)	Gesammt-Säure (= Weinsäure)	Weinsäure halbgebunden	Weinsäure frei	Aepfelsäure	Mineralstoffe	Phosphorsäure (P_2O_5)	Bereits gebildeter Alkohol
1		1893	1,0848	22,62	18,88	0,81	—	0	—	0,45	0,051	0,48
2		1894	1,0699	18,45	14,47	1,31	0,59	—	0,91	0,37	0,036	0,16
3	Lindlesberg	1895	1,0812	21,37	18,57	0,50	0,42		—	0,38	0,090	0
4		1896	1,0582	15,33	11,49	1,29	0,44		—	0,42	0,073	0,11
5		1897	1,0739	19,77	15,80	1,07	0,45	0	—	0,43	0,074	0,69
6		1898	1,0547	14,60	10,62	1,10	0,36	0	—	0,40	0,053	0,47

*) O = Oesterreicher; R = Riesling.

No.	Gemarkung und Jahrgang		Spec. Gewicht	100 ccm Most enthalten Gramm: Extrakt	Zucker (= Invertzucker)	Gesammt-Säure (= Weinsäure)	Weinsäure halbgebunden	Weinsäure frei	Aepfelsäure	Mineralstoffe	Phosphorsäure (P_2O_5)	Bereits gebildeter Alkohol
7	Schalksberg	1893	1,0999	26,70	21,81	0,90	—	—	—	0,50	0,053	0,68
8		1894	1,0731	19,27	15,24	1,26	0,56	0	0,87	0,34	0,038	0,11
9		1895	1,0816	21.50	18,66	0,43	0,35		—	0,37	0,105	0,05
10		1896	1,0613	16,15	12,85	1,13	0,40		—	0,31	0,046	0,11
11		1897	1,0859	22,67	19,43	0,94	0,44	0	—	0,33	0,050	0,11
12		1898	1,0670	17,76	13,76	0,98	0,36	0	—	0,50	0,055	0,32
13	Stein	1893	1,1034	27,29	24,08	0,60	—	—	—	0,43	0,031	—
14		1894	1.0741	19,53	16,00	1,17	0,54	0	0,80	0,38	0,034	0,11
15		1895	1,0879	23,23	20,15	0,39	0,37		—	0,40	0,090	0,16
16		1896	1,0724	19,03	15,72	1,08	0,38		—	0,29	0,040	0
17		1897	1,0910	24,06	20,96	0,95	0,51	0,04	—	0,33	0,045	0,16
18		1898	1,0790	20,88	17,48	0,83	0,42	0	—	0,40	0,051	0,21

II. Schwankungen der deutschen Moste der Jahrgänge 1891—1900.

1. Bezirk der Mosel (einschl. Saar und Ahr).[1]

Jahrgang	Zahl der Proben	Spec. Gewicht (Grade Oechsle)	100 ccm Most enthalten Gramm: Zucker (Invertzucker)	Gesammt-Säure (= Weinsäure)	Weinsäure	Mineralstoffe
1891	14	53,0— 81,5	11,13—17,53 (Glukose)	0,87—1,25	—	—
1892	102	58,6—103,8	12,48—23,55 [78]	0,60—1,41	—	0,18—0,39 [22]
1893	55	55,1— 95,1	—	0,55—1,13	—	0,19—0,41
1894	51	39,1— 86,3	9,60—15,40	0,93—1,63	—	0,24—0,37
1896	51	46,0— 85,0	8,56—18,90	0,74—1,62	—	—
1897	96	50,0—119,0	11,37—26,13	0,87—1,88	—	—
1898	40	33,0— 87,0	5,70—15,91	0,82—2,10	—	—
1900	16	55,0—10,05	—	0,96—1,35	—	—
2. Bezirk Rhein- und Maingau.[2])						
1891	41	63,5— 96,5	12,99—20,80 [36]	0,77—1,22 [39]	—	—
1892	187	68,7—104,5	17,03—25,73 [108]	0,46—1,29	—	0,21—0,36 [25]
1893	134	65,0—189,2	16,68—37,85 [36]	0,48—1,33	—	0,24—0,68 [98]
1894	111	48,6—106,0	11,40—21,60	0,88—1,52	—	0,28—0,51
1895	136	74,3— 99,7	—	0,41—0,79	—	—
1896	130	50,0—102,4	—	0,86—1,64	—	—
1897	150	68,2—118,6 *)	—	0,75—1,70 *)	—	—
1898	61	59,4— 99,0	12,64—21,44 [20]	0,64—1,52	0,29—0,56 [19]	0,31—0,48 [6]
1899	91	50,7—104,5	—	0,72—2,02	—	—
1900	142	72,0—138,0	—	0,39—1,35	—	—

[1]) Analytiker: 1891: R. Fresenius, E. Borgmann u. W. Fresenius; 1892: Dieselben, ferner W. Korn und P. Kulisch (Zeitschr. angew. Chem. 1893, 473); 1893 und 1894: P. Kulisch; 1896—1898: Schnell; 1899: Fr. Bolm (Weinbau u. Weinhandel 1900, **18**, 62); 1900: K. Windisch (Weinbau u. Weinhandel 1901, **19**, 311).

[2]) Analytiker: 1891: R. Fresenius, E. Borgmann u. W. Fresenius; 1893: Dieselben und P. Kulisch (Zeitschr. angew. Chem. 1893, 473); 1894 bis 1897: P. Kulisch (vergl. auch Weinbau u. Weinhandel 1895, **13**, 45 und 1896, **14**, 432, 1897, **15**, No. 47—49; 1898: W. Fresenius u. L. Grünhut u. P. Kulisch (Weinbau und Weinhandel 1898, **16**, 421); 1900: K. Windisch (Zeitschr. Nahrungs- u. Genussmittel 1902, **5**, 49.

*) Ein Hattenheimer Most hatte ausserdem ein Mostgewicht von 210,7° und 2,00 g Säure.

Jahrgang	Zahl der Proben	Spec. Gewicht (Grade Oechsle)	100 ccm Most enthalten Gramm: Zucker (Invertzucker)	Gesammt-Säure (= Weinsäure)	Weinsäure	Mineralstoffe
Rheinthal unterhalb des Rheingaus.						
1892	25	69,1—82,1	15,28—19,08 [18]	0,61—0,84	—	0,23—0,32
1895	12	66,1—82,1	—	0,43—0,83	—	—
1896	4	57,4—72,6	—	1,15—1,41	—	—
1897	8	77,1—99,9	—	0,75—1,08	—	—
1898	5	62,8—81,4	—	0,82—1,45	—	—
1900	5	77,9—84,5	—	0,88—1,03	—	—
3. Bezirk Rheinhessen.[1])						
1891	66	45,8— 80,4	—	0,63—1,64	—	—
1892	131	61,8—113,0	15,10—24,60 [15]	0,47—1,00	—	—
1893	141	65,5—113,0	15,40—28,00 [29]	0,41—0,95	0,34—0,63 [18]	0,25—0,54 [16]
1894	69	46,8— 89,0	7,45—18,38 [25]	0,72—1,66	0,42—0,72 [17]	0,30—0,78 [9]
1895	88	51,5—101,0	15,10—23,57 [25]	0,23—0,78	0,25—0,55 [26]	0,24—0,49 [26]
1896	145	43,6— 90,6	9,46—19,72 [38]	0,72—1,70	0,36—0,68 [40]	0,26—0,48 [40]
1897	101	60,2—149,0	13,36—39,12 [40]	0,66—1,29	0,32—0,66 [32]	0,24—0,67 [34]
1898	72	48,0— 90,9	7,18—21,12 [17]	0,51—1,74	0,29—0,65 [17]	0,30—0,51 [17]
1899	122	60,0—154,0	—	0,73—2,13	—	—
1900	153	53,0—148,0	—	0,54—1,37	—	—
4. Bezirk Bergstrasse, Oberhessen und Odenwald.[2])						
1891	15	64,1— 96,0	14,60—24,02	0,79—1,04	—	—
1892	44	70,0— 90,0	13,85—21,58	0,63—1,10	—	0,17—0,60
1893	92	54,4— 99,6	11,75—22,43	0,47—1,21	—	0,20—0,45
1894	61	36,0— 77,5	6,81—16,72	0,98—1,56	—	0,28—0,51
1895	56	55,8—108,4	12,04—26,55	0,47—1,01	Freie Weinsäure 0—0,23 [20]	0,23—0,40 [22]
1896	64	30,8— 91,0	5,72—20,23 [61]	0,60—1,72	Ges.-Weinsäure 0,20—0,67 [57]	0,18—0,42 [63]
1897	71	41,5—110,0	8,36—23,95	0,80—1,61	Freie Weinsäure 0—0,22	0,22—0,54
1898	21	50,2— 98,5	10,00—21,97	0,71—1,27	Ges.-Weinsäure 0,15—0,54	0,25—0,53
5. Bezirk Rheinpfalz.[3])						
1891	77	55,7— 94,5	14,99—22,66 [25]	0,52—1,13	—	—
1892	116	46,0—102,9	8,26—23,28 [110]	0,38—1,73	0,26—1,04 [115]	0,18—0,55 [113]
1893	195	53,0—155,0	12,00—36,75	0,42—1,02	0,26—0,68 [177]	0,24—0,60 [73]
1894	148	41,9—102,9	7,57—23,57	0,74—1,78	0,30—0,94	0,24—0,45
1895	117	65,0—104,5	15,19—25,69	0,35—0,99	0,44—0,68 [40]	0,21—0,52
1896	118	48,6— 86,0	6,85—19,80	0,39—2,04	0,31—0,75 [32]	0,24—0,50 [116]
1897	124	31,5—171,0	6,17—35,98	0,70—2,13	0,47—0,57 [2]	0,22—1,02 [76]
1898	87	41,0—100,2	7,67—26,43 [85]	0,58—2,11	—	0,23—0,54 [85]

[1]) Analytiker: 1891—1898: J. Mayrhofer; 1899 und 1900: A. Koch (Weinbau u. Weinhandel 1899, **17**, 459 und 1900, **18**, 481.

[2]) Analytiker: Weller, z. Th. Weller u. Wirtz.

[3]) Analytiker: 1891—1893: Halenke u. Möslinger; 1894—1898: Halenke.

Jahrgang	Zahl der Proben	Spec. Gewicht (Grade Oechsle)	100 ccm Most enthalten Gramm: Zucker (Invertzucker)	Gesammt-Säure (= Weinsäure)	Weinsäure	Mineralstoffe
			6. Bezirk Unter-Franken.[1])			
1891	20	51,0—91,7	14,66—18,56 [10]	0,61—1,00	—	—
1892	58	66,4—94,7	15,65—21,90	0,47—0,83	—	0,18—0,39 [50]
1893	48	59,4—116,5	15,72—26,40 [26]	0,49—1,14 [47]	—	0,24—0,50
1894	51	36,4—89,7	6,36—19,15 [35]	0,83—1,89 [49]	0,38—0,59 [11]	0,22—0,47
1895	63	57,4—96,7	12,05—23,17 [49]	0,32—0,73 [62]	0,32—0,55 [19]	0,18—0,46 [44]
1896	74	36,8—92,4	5,80—20,50 [68]	0,86—1,84	0,38—0,50 [13]	0,25—0,42 [36]
1897	52	30,3—104,5	15,80—23,42 [15]	0,74—1,83	0,30—0,55 [15]	0,24—0,56 [39]
1898	39	41,2—82,5	10,62—17,91 [11]	0,81—1,73	0,36—0,62 [11]	0,29—0,50 [26]
			7. Bezirk Württemberg.[2])			
1891	28	60,0—81,0 [14]	9,61—22,20	0,80—1,56	—	—
1892	28	58,4—87,0	13,60—21,60	0,56—1,05	—	0,20—0,27 [7]
1894	36	40,5—83,5	7,67—18,54	1,08—1,72	—	0,16—0,36 [35]
1895	20	67,5—98,6	14,24—22,79	0,38—0,59	0,35—0,55	0,35—0,46
1896	22	47,5—87,4	8,78—17,24	0,86—1,70	—	0,24—0,43
1897	14	64,8—80,0	11,92—16,41 [13]	1,12—1,61	—	0,19—0,41
1898	12	61,7—87,5	11,03—18,60	0,63—1,09	—	0,27—0,42
			8. Bezirk Baden.[3])			
1892	17	67,7—88,4	14,10—19,10	0,44—0,98	0,38—0,64	0,22—0,45
1893	13	43,0—86,5	8,60—19,30 [11]	0,40—1,47	0,28—0,63	0,24—0,38
1894	48	26,2—102,9	5,13—20,60	0,65—1,55	—	—
			9. Bezirk Lindau.[4])			
1893	8	44,5—79,8	—	0,84—1,20	—	—
1894	8	41,9—62,3	—	0,92—1,59	—	—
1895	6	66,8—86,6	15,05—19,50	0,84—0,93	—	—
1896	6	48,6—72,0	7,41—14,89	1,15—1,40	—	—
1897	7	39,0—68,0	—	0,78—1,13	—	0,28 [1]
1898	9	55,7—72,0	11,07—16,34	0,70—1,17	—	0,24—0,34
			10. Bezirk Elsass-Lothringen.[5])			
1891	74	42,0—94,0	8,28—19,98	0,62—1,44	—	—
1892	24	61,6—90,0	13,86—19,56	0,60—1,10	0,30—0,80 [10]	0,17—0,57 [8]
1893	24	59,0—91,4	12,56—22,06 [19]	0,39—0,81	0,28—0,60 [8]	0,20—0,37 [8]
1894	44	48,1—90,1	9,77—20,70 [40]	0,48—1,57	0,26—0,77 [32]	0,23—0,41 [32]
1895	39	52,1—90,8	11,11—21,73 [30]	0,34—1,18	0,28—0,56 [30]	0,20—0,43 [30]

[1]) Analytiker: Medicus u. Omeis.
[2]) Analytiker: 1891 u. 1892: Abel (bezw. Abel u. Benz) und Gantter; 1894—1898: Abel.
[3]) Analytiker: Nessler.
[4]) Analytiker: Kellermann.
[5]) Analytiker: M. Barth bezw. M. Barth u. Luib.

II. Bezirk Mittel- und Ost-Deutschland.[1])

Jahrgang	Zahl der Proben	Spec. Gewicht (Grade Oechsle)	100 ccm Most enthalten Gramm: Zucker (Invertzucker)	Gesammt-Säure (= Weinsäure)	Weinsäure	Mineralstoffe
1892	2	70,0—79,0	15,49—17,66	0,65—0,79	—	0,27—0,32
1893	12	66,7—85,0	—	0,70—1,04	—	0,24—0,48
1894	3	62,0—70,9	12,40—15,40	0,92—1,29	—	—
1896 a	4	39,8—53,0	—	1,29—1,84	—	—
1896 b	3	37,5—61,5	7,10—13,25	1,35—1,62	—	0,36—0,37
1900	2	75,6—86,0	—	0,86—1,07	—	—

III. Mittlere Zusammensetzung der deutschen (Weisswein-) Moste der Jahrgänge 1892—1898.

Nach G. Sonntag (Arb. Kaiserl. Gesundh.-Amt 1900, **17**, 472) und Deutsche Weinstatistik XII, (Zeitschr. analyt. Chem. 1900, **39**, 737).

Weinbau-Bezirk	Bestandtheile	1892	1893	1894	1895	1896	1897	1898
Mosel und Saar	Spec. Gew.	1,0753 [63]	1,0781 [41]	1,0662 [47]	1,0684 [68]	1,0633 [39]	1,0832 [16]	1,0595 [40]
	Zucker	16,96 [40]	16,98 [36]	13,38 [6]	15,02 [32]	—	—	10,63 [40]
	Säure	1,00 [63]	0,88 [41]	1,31 [47]	0,73 [68]	1,38 [39]	1,10 [16]	1,29 [40]
Rhein- und Maingau	Spec. Gew.	1,0827 [130]	1,1118 [92]	1,0778 [108]	1,0873 [72]	1,0715 [90]	1,0966 [149]	1,0802 [41]
	Zucker	18,97 [51]	23,02 [56]	16,56 [44]	19,89 [30]	—	—	—
	Säure	0,87 [130]	0,83 [92]	1,17 [108]	0,54 [72]	1,20 [90]	1,07 [149]	1,10 [41]
Rheinthal unterhalb des Rheingaus (1892—1895) Ahrthal (1896—1897)	Spec. Gew.	1,0762 [25]	1,0839 [15]	—	1,0748 [10]	1,0749 [12]	1,0839 [6]	—
	Zucker	17,42 [18]	18,42 [14]	—	16,88 [9]	—	—	—
	Säure	0,70 [25]	0,77 [15]	—	0,60 [10]	1,20 [12]	0,97 [6]	—
Rheinhessen	Spec. Gew.	1,0835 [127]	1,0848 [112]	1,0620 [69]	1,0896 [88]	1,0634 [144]	1,0810 [99]	1,0669 [71]
	Zucker	17,67 [15]	18,73 [29]	12,39 [27]	19,78 [25]	13,41 [40]	18,47 [36]	14,05 [17]
	Säure	0,72 [110]	0,66 [112]	1,13 [69]	0,50 [88]	1,13 [143]	0,99 [99]	1,09 [72]
Bergstrasse	Spec. Gew.	1,0823 [43]	1,0814 [55]	1,0606 [45]	1,0871 [37]	1,0640 [38]	1,0714 [48]	1,0763 [20]
	Zucker	18,15 [43]	18,63 [55]	12,33 [45]	21,55 [37]	13,17 [38]	15,33 [48]	16,58 [20]
	Säure	0,88 [43]	0,76 [55]	1,13 [45]	0,56 [37]	1,08 [38]	1,12 [48]	0,92 [20]
Odenwald	Spec. Gew.	—	1,0734 [35]	1,0486 [16]	1,0715 [16]	—	1,0615 [21]	—
	Zucker	—	16,36 [35]	9,63 [16]	16,63 [16]	—	12,84 [21]	—
	Säure	—	0,97 [35]	1,26 [16]	0,67 [16]	—	1,11 [21]	—
Rheinpfalz	Spec. Gew.	1,0846 [102]	1,0873 [68]	1,0654 [146]	1,0865 [117]	1,0644 [117]	1,0788 [119]	1,0727 [79]
	Zucker	19,16 [96]	19,85 [68]	14,20 [145]	20,73 [117]	13,75 [115]	17,47 [119]	16,25 [79]
	Säure	0,67 [102]	0,63 [68]	1,17 [146]	0,61 [117]	1,25 [116]	1,16 [119]	1,04 [79]
Unter-Franken und Aschaffenburg	Spec. Gew.	1,0798 [48]	1,0887 [27]	1,0573 [29]	1,0790 [34]	1,0601 [59]	1,0727 [37]	1,0653 [27]
	Zucker	18,35 [48]	19,30 [27]	12,05 [15]	17,87 [12]	12,05 [54]	—	—
	Säure	0,64 [48]	0,84 [27]	1,34 [29]	0,50 [34]	1,37 [59]	1,05 [37]	1,17 [27]

[1]) Analytiker: 1892—1894: P. Kulisch (vergl. auch Zeitschr. angew. Chem. 1893, 473); 1896: a) (Crossen und Freiburg a. d. Unstrut) P. Kulisch (Weinbau u. Weinhandel 1896, **14**, 432); 1896: b) (Schlesien, Grünberg) B. Fischer; 1900: K. Windisch (Zeitschr. Nahrungs- u. Genussmittel 1902, **5**, 49).

Weinbau-Bezirk	Bestandtheile	1892	1893	1894	1895	1896	1897	1898
Württemberg	Spec. Gew.	1,0757 [24]	—	1,0580 [56]	1,0833 [42]	1,0651 [45]	1,0714 [39]	1,0700 [36]
	Zucker	17,10 [24]	—	11,33 [56]	19,20 [42]	13,37 [45]	15,26 [38]	14,79 [36]
	Säure	0,71 [24]	—	1,35 [56]	0,56 [42]	1,33 [45]	1,22 [39]	0,97 [36]
Baden	Spec. Gew.	1,0761 [18]	1,0636 [12]	1,0626 [43]	—	—	—	—
	Zucker	16,90 [18]	13,30 [12]	11,93 [32]	—	—	—	—
	Säure	0,69 [18]	0,93 [12]	1,03 [43]	—	—	—	—
Elsass-Lothringen	Spec. Gew.	1,0736 [21]	1,0776 [18]	—	1,0781 [32]	—	—	—
	Zucker	16,73 [21]	17,48 [17]	—	17,74 [24]	—	—	—
	Säure	0,76 [21]	0,56 [18]	—	0,69 [32]	—	—	—

IV. Moste verschiedenen Ursprungs.

No. 1—8 von R. Kayser[1]), No. 9 u. 10 von C. Klement[2]), No. 11—18 von E. Kayser[2]), No. 19—23 von Hoffmann[2]), No. 25—29 von E. Rotondi, No. 30 von A. Bömer[3]), No 31—34 von B. Haas[4]).

No.	Nähere Bezeichnung des Mostes	Jahrgang	Spec. Gewicht	100 ccm Most enthalten Gramm: Extrakt	Zucker	Gesammt-Säure (= Weinsäure)	Gesammt-Weinsäure	Aepfelsäure	Mineral-stoffe	Kalk (CaO)	Magnesia (MgO)	Kali (K_2O)	Phosphor-säure (P_2O_5)	Schwefel-säure (SO_3)
1	Franken-Riesling-Traube	1881	—	20,76	16,94	1,20	0,44	0,92	0,26	0,013	0,014	0,170	0,034	0,015
2 *)	Franken-Riesling-Traube	„	—	17,87	13,90	1,37	0,50	0,72	0,33	0,012	0,012	0,156	0,031	0,010
3 *)	Pfälzer Riesling-Traube a	„	—	18,90	15,60	0,97	0,25	0,54	0,29	0,017	0,012	0,130	0,035	0,010
4	Pfälzer Riesling-Traube b	„	—	22,15	18,50	0,87	0,25	0,44	0,35	0,009	0,012	0,115	0,027	0,007
5	Pfälzer, Gimmeldingen-Traminer-Traube .	„	—	25,93	25,00	0,54	0,08	0,38	0,43	0,019	0,016	0,188	0,043	0,019
6	Rothe Südtyroler Tr.	„	—	25,12	21,74	0,79	0,27	0,55	0,36	0,014	0,014	0,139	0,029	0,007
7	Weisse ungarische Tr., Hidegkut bei Pest .	„	—	26,35	20,83	0,82	0,31	0,64	0,30	0,018	0,015	0,115	0,043	0,008
8	Rothe ungarische Tr., Budakesz bei Pest .	„	—	22,20	18,69	0,99	0,16	0,84	0,28	0,016	0,019	0,162	0,036	0,013
				%	%	%	%	Stickstoff-Subst. %	%	%	%	%	%	%
9	Kakarda-Most, ungarische Traube . .	„	1,0960	22,60	18,46	0,64	—	—	0,27	—	—	0,144	0,033	0,013
10	Portugiesischer Most, ungarische Sorte .	„	1,1000	23,60	19,81	0,51	—	—	0,37	—	—	0,212	0,040	0,015
11	Blauer Burgunder .	1883	1,0790	19,14	17,67	0,96	—	0,44	0,28	0,010	0,010	0,156	0,042	0,011
12	Kleiner Riesling . .	„	1,0800	19,30	17,66	1,08	—	0,33	—	—	—	—	—	—
13	Wälsch-Riesling . .	„	1,0700	17,01	14,57	0,92	—	0,22	0,23	0,012	0,010	0,140	—	0,009
14	Rothgipfler	„	1,0800	19,21	17,33	1,16	—	0,35	0,29	0,010	0,009	0,156	0,036	0,010
15	Oesterreicher, weiss .	„	1,0730	17,70	12,79	1,16	—	0,32	0,24	0,012	0,012	0,117	0,025	0,007

[1]) Rep. analyt. Chem. 1881, 1 u. 52.
[2]) Mittheil. d. k. k. chem.-physiol. Vers.-Stat. Klosterneuburg 1885, **4**, Tabelle 28, 30, 31.
[3]) Original-Mittheilung.
[4]) Zeitschr. Nahrungsm.-Unters., Hyg. u. Waarenk. 1893, **7**, 17.

*) No. 2 enthielt 0,188 g und No. 3 : 0,054 g freie Weinsäure.

No.	Nähere Bezeichnung des Mostes	Jahrgang	Spec. Gewicht	Extrakt %	Zucker %	Gesammt-Säure (= Weinsäure) %	Freie Weinsäure %	Stickstoff-Substanz %	Mineralstoffe %	Kalk (CaO) %	Magnesia (MgO) %	Kali (K_2O) %	Phosphorsäure (P_2O_5) %	Schwefelsäure (SO_3) %
16	Sylvaner	1893	1,0730	17,61	14,99	1,17	—	0,19	0,25	—	—	0,149	0,040	0,012
17	Rother Veltliner . .	„	1,0770	18,60	17,07	0,88	—	0,34	0,25	0,010	0,013	0,135	0,031	0,006
18	Weisser Veltliner .	„	1,0690	16,80	14,59	0,94	—	0,42	0,28	0,013	0,012	0,153	0,049	0,010
19	Gutedel	„	1,0640	15,60	13,38	0,81	—	—	0,24	—	—	0,121	0,025	0,013
20	Klosterneuburger Moste	1894	1,0775	18,70	16,10	0,69	—	0,31	0,258	—	—	0,123	0,028	0,009
21	Klosterneuburger Moste	„	1,0780	18,80	15,31	0,97	—	0,29	0,324	—	—	0,150	0,050	0,013
22	Klosterneuburger Moste	„	1,0730	17,70	14,63	1,13	—	0,31	0,309	—	—	0,149	0,052	0,014
23	Klosterneuburger Moste	„	1,0806	19,40	16,44	0,63	—	0,34	0,338	—	—	0,160	0,057	0,016
	Italienische Moste							Weinsäure	Reinasche *)					
24 **)	Aste Barbera (Galeria d'Asti) . . .	1878	1,099	—	18,32	1,18	0,25	0,74	0,91	0,066	0,048	0,545	0,094	0,042
25 **)	Barbera (Costiglione d'Asti)	„	1,098	—	17,74	1,67	0,37	0,92	0,91	0,064	0,004	0,628	0,081	0,083
26 **)	Grigerlino (Galeria d'Asti)	„	1,089	—	17,11	1,07	0,29	0,72	0,61	0,037	0,036	0,361	0,074	0,035
27 **)	Grigerlino (Costiglione d'Asti)	„	1,087	—	17,97	1,23	0,12	0,79	0,63	0,018	—	0,457	0,050	0,065
28 **)	Pinot (Galeria d'Asti)	„	1,096	—	20,16	0,63	0,06	0,73	0,89	0,053	0,043	0,541	0,106	0,042
29 **)	Frestin (Costiglione d'Asti)	„	1,082	—	15,83	1,33	0,21	0,80	0,73	0,044	0,020	0,512	0,058	0,071
				100 ccm enthalten Gramm:				Stickstoff-Substanz	Mineralstoffe					
30	Maphrodaphne von Patras	1895	1,1078	27,00	24,42 ***)	0,36		0,385	0,65	—	—	—	0,053	—
							Mineralstoffe	Eisenoxyd (Fe_2O_3)	Kalk (CaO)	Magnesia (MgO)	Kali (K_2O)	Natron (Na_2O)		
31 °)	Klosterneuburger Moste: Portugieser	1885	1,0896	23,29	20,66	0,62	0,44	0,001	0,025	0,023	0,202	0,008	0,050	—
32 °)	Klosterneuburger Moste: Lasca . .	„	1,0860	22,34	19,68	0,84	0,39	0,001	0,033	0,015	0,152	0,008	0,045	0,014
33 °)	Klosterneuburger Moste: Gutedel .	„	1,0731	18,97	16,38	0,74	0,39	0,001	0,013	0,012	0,162	0,012	0,043	0,016
34 °)	York Madeira von Pettau	„	1,0873	22,70	19,76	0,88	0,46	0,001	0,022	0,014	0,184	0,009	0,045	0,010

*) Reinasche = Asche frei von Sand, Kohle und Kohlensäure.

**) Die Moste enthielten ferner:

	No. 24	25	26	27	28	29
Eisenoxyd (Fe_2O_3) .	0,032	0,009	0,023	0,005	0,049	0,007 %
Natron (Na_2O) . . .	0,017	0,021	0,023	0,015	0,011	0,013 „
Chlor (Cl)	0,004	0,101	0,002	0,004	0,007	0,003 „
Kieselsäure (SiO_2) .	0,051	0,016	0,027	0,012	0,042	0,021 „

***) Davon waren 12,49 g Glukose und 11,93 g Fruktose.

°) Die Moste enthielten ferner:

	No. 31	32	33	34
Chlor	—	0,002	0,003	0,003 %
Kieselsäure	0,003	0,003	0,001	0,003 „

Oesterreichische Moste der Jahrgänge 1872, 1873 und 1874.*)
Von B. Haas (Zeitschr. analyt. Chem. 1878, 17, 425).

No.	Bezeichnung der Trauben	Jahrgang 1872				Jahrgang 1873				Jahrgang 1874			
		Spec. Gewicht	Extrakt (Balling) %	Zucker %	Säure %	Spec. Gewicht	Extrakt (Balling) %	Zucker %	Säure %	Spec. Gewicht	Extrakt (Balling) %	Zucker %	Säure %
1	Augster, blau	1,086	(20,6)	18,0 *)	0,68	1,078	18,8	15,0	0,99	1,082	19,7	14,7	0,72
2	Blaufränkisch	1,100	23,7	18,2	0,48	1,089	21,3	17,3	0,72	1,100	23,7	18,6	0,77
3	Bodenseetrauben	1,097	23,1	19,4	0,65	1,084	20,2	15,6	0,87	1,084	20,2	15,4	1,08
4	Burgunder, blau	1,101	23,9	20,9	0,59	1,094	22,4	17,6	0,65	1,093	22,2	17,3	0,87
5	Burgunder, weiss	1,101	23,9	21,9	0,60	1,091	21,7	19,1	0,72	1,094	22,4	17,2	0,77
6	Carmenet, blau	1,092	21,9	19,5	0,52	1,090	21,5	17,6	0,52	1,079	19,0	16,5	0,66
7	Dinka, roth	1,090	21,5	19,1	0,61	1,090	21,5	18,4	0,88	1,086	20,6	15,6	0,75
8	Elben, roth	1,093	22,2	17,6	0,70	1,067	16,3	12,8	0,82	1,080	19,3	13,1	0,75
9	Gutedel, roth	1,079	19,0	16,3	0,70	1,072	17,4	13,1	0,69	1,075	18,1	13,9	0,64
10	Gutedel, weiss	1,076	18,4	16,6	0,53	1,074	17,9	13,7	0,58	1,075	18,1	14,3	0,63
11	Kadarka, blau	1,099	23,5	19,0	0,71	1,071	17,2	13,1	0,88	1,085	20,4	16,2	1,01
12	Kleinweiss	1,093	22,2	17,7	0,67	1,095	22,6	16,6	0,61	1,089	21,3	17,0	0,65
13	Krachgutedel	1,080	19,3	16,6	0,42	1,080	19,3	14,7	0,46	1,076	18,4	13,9	0,50
14	Liverdun, blau	1,103	24,4	22,1	0,62	1,088	21,1	14,6	0,90	1,094	22,4	17,3	0,92
15	Mosler, gelb	1,100	23,7	19,0	0,55	1,077	18,6	14,7	0,95	1,092	21,9	17,3	0,88
16	Müllerrebe, blau	1,105	24,8	19,6	0,55	1,085	20,4	15,1	0,83	1,087	20,6	17,4	0,99
17	Oesterreicher, weiss	1,101	23,9	20,2	0,71	1,092	21,9	17,0	0,86	1,094	22,4	17,2	1,10
18	Ortlieber, gelb	1,090	21,5	18,5	0,53	1,081	19,5	14,4	0,70	1,084	20,2	15,6	0,60
19	Portugieser, blau	1,107	25,2	21,3	0,56	1,097	23,1	19,0	0,55	1,100	23,7	18,9	0,50
20	Riesling, roth	1,106	25,0	22,3	0,60	1,090	21,5	17,0	0,98	1,080	19,3	14,9	0,76
21	Riesling, schwarz	1,095	22,6	18,6	0,58	1,088	21,1	16,7	0,62	1,086	20,6	15,3	1,22
22	Riesling, weiss	1,102	24,1	21,6	0,58	1,078	18,8	14,7	0,93	1,085	20,4	15,4	0,85
23	Ruländer	1,100	23,7	19,1	0,47	1,103	24,4	20,1	0,56	1,096	22,8	17,2	0,75
24	Seetraube, grün	1,084	20,2	16,4	0,84	1,089	21,3	17,7	0,95	1,082	19,7	14,2	0,89
25	Steinschiller, roth	1,078	18,8	16,3	0,61	1,081	19,5	15,2	0,52	1,081	19,5	15,7	0,57
26	Sylvaner, grün	1,095	22,6	18,6	0,57	1,080	19,3	14,5	1,00	1,090	21,5	16,4	0,72
27	Traminer, roth	1,100	23,7	20,9	0,42	1,097	23,1	17,7	0,61	1,090	21,5	16,7	0,77
28	Trollinger, blau	1,083	19,9	17,6	0,58	1,075	18,1	13,9	1,04	1,086	20,6	16,1	0,75
29	Veltliner, roth	1,098	23,3	20,0	0,50	1,100	23,7	18,2	0,56	1,106	25,0	18,8	0,81
30	Veltliner, grün	1,090	21,5	19,1	0,51	1,094	22,4	16,7	0,77	1,094	22,4	17,9	0,71
31	Veltliner, weiss	1,102	24,1	18,3	0,64	1,079	19,0	16,3	0,63	1,105	24,8	20,1	0,70
32	Wälschriesling	1,090	21,5	19,0	0,46	1,093	22,2	18,3	0,59	1,095	22,6	17,5	0,65
33	Wildbacher, blau	1,094	22,4	17,8	0,73	1,079	19,0	13,4	1,25	1,088	21,1	16,7	1,17
34	Zierfahndler, roth	1,116	27,1	23,0	0,63	1,091	21,7	17,3	0,68	1,083	24,4	19,3	0,76
	Mittel	**1,092**	**23,2**	**19,3**	**0,59**	**1,086**	**21,1**	**16,1**	**0,75**	**1,086**	**21,3**	**16,6**	**0,79**

*) Diese Moste älterer Jahrgänge haben hier trotz ihrer Unvollständigkeit Aufnahme gefunden, weil sie einen Vergleich zwischen den Mosten verschiedener Traubensorten in denselben Jahrgängen gestatten.

Der Zucker ist mittels Fehling'scher Lösung bestimmt.

1888-er Rumänische Moste.

Nach Chiaric D. Drutzu (Untersuchungen über den Weinbau Rumäniens. Inaugural-Dissertation Halle a. S. 1889).*)

No.	Bezeichnung der Sorten	Farbe der Trauben	Farbe des Mostes	Spec. Gewicht	Saccharometer-Grade bei 17,5° C.	Zucker %	Freie Säure %	Weinstein %	Stickstoff-Substanz %	Asche %
	Nicoresci (Hügelland).									
1	Póma mare . . .	weiss	wenig gelb	1,0700	17,03	14,92	0,695	0,342	0,1243	0,163
2	Córna alba . . .	"	weiss	1,0792	19,50	16,66	0,626	0,325	0,1593	0,157
3	Joeana	"	"	1,0739	17,94	15,74	0,789	0,312	0,0993	0,164
4	Beorésca	"	wenig gelb	1,1116	26,24	23,64	0,744	0,180	0,1431	0,167
5	Negru vertos . .	blau	wenig roth	1,0757	18,34	15,76	0,918	0,279	0,0612	0,158
6	Pasarésca alba . .	weiss	weiss	1,0846	20,35	14,69	0,663	0,249	0,1206	0,145
7	Babésca	blau	wenig roth	1,0722	17,53	15,30	0,936	0,332	0,1218	0,146
8	Turcésca	weiss	weiss	1,0792	19,15	17,05	0,685	0,320	0,1893	0,166
9	Busuioca	"	"	1,0806	19,45	17,36	0,747	0,306	0,1193	0,153
10	Mustósa	"	sehr schwach gelb	1,0753	18,24	16,07	0,818	0,233	0,0243	0,133
11	A. Calulni . . .	"	" " "	1,0815	19,65	17,81	0,654	0,250	0,0237	0,144
12	Vulpe	blau	rother als 5 u. 7	1,0982	23,33	21,32	0,615	0,260	0,0868	0,161
13	Grasa	weiss	sehr schwach gelb	1,0783	18,95	16,45	0,764	0,325	0,2918	0,183
14	Tamaiosa . . .	"	" " "	1,0850	20,45	18,15	0,050	0,272	0,1725	0,171
15	Tivda	"	weiss	1,0713	17,33	15,13	1,051	0,285	0,2481	0,194
16	Plavac	"	sehr schwach gelb	1,0739	17,94	15,95	0,744	0,284	0,1975	0,141
17	Verde	"	weiss	1,0634	15,50	13,58	0,526	0,287	0,0775	0,141
18	Pasarésca négra .	blau	roth wie 12	0,0891	21,35	19,21	0,910	0,322	0,2406	0,173
19	Galbena	weiss	sehr schwach gelb	1,0739	17,94	16,08	0,670	0,308	0,1025	0,135
	Mihalesci (Flachland).									
20	Vulpe	weiss	hellgelb	1,0489	12,10	10,15	0,335	0,334	0,0856	0,166
21	Besicata	"	goldgelb	1,0674	16,41	13,56	0,464	0,324	0,1737	0,232
22	Córnita . . .	blau	rother als 25 u 26	1,0801	19,30	16,84	0,181	0,208	0,0793	0,228
23	Paserésca alba . .	weiss	hellgelb	1,0621	15,20	12,94	0,579	0,297	0,0743	0,165
24	Tita vacei . . .	"	wasserhell	1,0617	15,10	12,94	0,501	0,387	0,1006	0,195
25	Negru móle . . .	blau	hellroth	1,0709	17,23	15,26	0,422	0,290	0,1062	0,163
26	Negru vertos . .	"	"	1,0634	15,50	13,16	0,477	0,306	0,1056	0,165
27	Córna rosie . . .	"	hellgelb	1,0596	14,60	12,50	0,354	0,326	0,1325	0,185

*) Die Untersuchung geschah nach den an der Versuchsstation zu Klosterneuburg üblichen Verfahren.

Anhang zu Most.

I. Zusammensetzung des Mostes bei verschiedenen Reifezuständen der Trauben.

1. B. Haas (Zeitschr. Nahrungsmittel-Unters., Hygiene u. Waarenk. 1893, 7, 17) fand für Portugieser und Lasca-Trauben in verschiedenem Reifezustande folgende Zusammensetzung des Mostes (g in 100 ccm):

Zeit der Untersuchung	Portugieser Traube						Lasca-Traube					
	Spec. Gewicht	Extrakt	Zucker berechnet als		Freie Säure (= Weinsäure)	Polarisation im 200 mm-Rohr (Kreis-Grade)	Spec. Gewicht	Extrakt	Zucker berechnet als		Freie Säure (= Weinsäure)	Polarisation im 200 mm-Rohr (Kreis-Grade)
			Glukose	Invertzucker					Glukose	Invertzucker		
3. August	1,0259	6,45	1,44	—	3,95	+ 0,6	1,0343	8,88	4,02	—	3,43	+ 0,1
10. „	1,0431	11,14	5,80	6,02	2,90	— 0,7	1,0431	11,14	8,05	8,37	2,28	— 1,6
17. „	1,0462	11,95	8,42	8,76	2,00	— 2,2	1,0506	13,11	10,19	10,60	1,75	— 2,9
24. „	1,0532	13,78	10,82	11,25	1,56	— 3,3	1,0585	15,17	12,40	12,90	1,58	— 3,3
31. „	1,0631	16,35	13,97	14,53	0,99	— 4,4	1,0657	17,03	14,55	15,14	1,37	— 4,6
7. September	1,0700	18,17	15,77	16,40	0,83	— 6,4	1,0691	17,94	15,42	16,04	1,25	— 5,3
5. Oktober	1,0937	24,36	21,15	22,00	0,58	— 10,3	1,0918	23,88	20,39	21,20	0,84	— 9,5

Der Zuckergehalt wurde titrimetisch nach Soxhlet bestimmt. Der Extrakt wurde aus dem specifischen Gewicht nach der Tabelle von Balling (bezw. Brix) berechnet.

2. M. Barth (Forschungsberichte über Lebensmittel 1894, 1, 205) untersuchte 1892-er und 1893-er Traubensäfte im verschiedenen Reifezustande mit folgendem Ergebnisse (g in 100 ccm:

Jahrgang, Sorte und Reifezustand	Spec. Gewicht	Glukose	Fruktose	Gesammt-Säure (= Weinsäure)	Gesammt-Weinsäure	Weinstein	Weinsäure		Aepfelsäure		Mineralstoffe	Kalk (CaO)	Magnesia (MgO)	Kali (K_2O)	Phosphorsäure (P_2O_5)
							halbgebunden	frei	halbgebunden	frei					
1892-er Elbling (Ende Juli: unreif; Ende August: halbreif; Ende September: reif).															
Unreif	1,0220	0,82	0	3,22	1,08	0,42	—	—	—	—	0,37	—	—	0,152	0,033
Halbreif	1,0550	5,40	3,25	1,56	0,70	0,58	—	—	—	—	0,68	—	—	0,185	0,044
Reif	1,0700	7,18	7,20	0,99	0,47	0,57	—	—	—	—	0,50	—	—	0,205	0,027
1892-er Gutedel (Ende Juli: unreif; Ende August: halbreif; Ende September: reif).															
Unreif	1,0230	0,74	0	3,00	1,23	0,36	—	—	—	—	0,32	—	—	0,120	0,037
Halbreif	1,0530	5,74	3,42	1,25	0,61	0,46	—	—	—	—	0,40	—	—	0,130	0,045
Reif	1,0770	7,37	8,00	0,67	0,48	0,54	—	—	—	—	0,57	—	—	0,187	0,042
1893-er Elbling (Ende Juli: unreif; Ende August: reif).															
Unreif	1,0325	1,83	0,79	3,38	1,00	0,56	0,72	0,27	0	2,46	0,41	0,040	0,018	0,150	0,018
Reif	1,0765	8,30	7,80	0,88	0,48	0,60	0,48	0	0,22	0,46	0,48	0,026	0,014	0,180	0,042
1893-er Gutedel (Ende Juli: unreif; Ende August: reif).															
Unreif	1,0295	1,15	0,42	3,57	1,38	0,32	0,74	0,64	0	2,30	0,44	0,072	0,023	0,126	0,025
Reif	1,0705	6,80	8,30	0,80	0,61	0,57	0,61	0	0,01	0,44	0,44	0,036	0,014	0,182	0,047
1893-er blauer (später) Trollinger. Anfang September: unreif (grün) und halbreif (blau); Ende September: reif (dunkelblau).															
Unreif	1,0430	4,24	2,76	2,50	0,94	0,25	0,49	0,45	0	1,62	0,23	0,035	0,017	0,083	0,017
Halbreif	1,0650	7,32	6,74	0,99	0,57	0,30	0,38	0,19	0	0,54	0,21	0,020	0,012	0,091	0,019
Reif	1,0680	7,99	7,55	0,79	0,58	0,27	0,45	0,13	0	0,38	0,30	0,028	0,011	0,105	0,029

	1892-er Elbling			1892-er Gutedel		
	unreif	halbreif	reif	unreif	halbreif	reif
Gewicht einer Beere . . . . g	0,615	1,286	2,564	—	—	—
Wasserlösliche Alkalität der Asche als K_2O . .	0,106	0,145	0,173	0,089	0,114	0,134
Polarisation (200 mm-Rohr, 15°, °W.) . . .	+ 1,02	— 0,55	— 6,20	+ 0,75	— 0,50	— 7,50

	1893-er Elbling		1893-er Gutedel		1893-er blauer Trollinger		
	unreif	reif	unreif	reif	unreif	halbreif	reif
Alkalität der Asche als K_2O im Ganzen	0,227	0,229	0,232	0,195	0,152	0,120	0,141
Alkalität der Asche als K_2O wasserlöslich . . .	0,140	0,165	0,080	0,142	0,063	0,075	0,068
Polarisation (200 mm-Rohr, 15°, °W.)	+ 0,40	— 6,10	+ 0,40	— 8,70	— 0,82	— 5,20	— 6,050

3. Ueber die Untersuchungen von J. Moritz und P. Seucker vergl. unten S. 1177.

II. Einflüsse des Entblätterns und Beschneidens des Weinstockes auf die Zusammensetzung des Mostes.

1. Einfluss des Entblätterns des Weinstockes auf das Reifen der Trauben.

In einzelnen Gegenden Frankreichs pflegt man einige Zeit vor der Weinlese bis zu 30% aller Blätter des Weinstockes zu entfernen, um die Reifung der Trauben zu beschleunigen und zu vervollständigen.

A. Müntz (Compt. rend. 1892, **114**, 434; Chem. Centrbl. 1892, I, 677) erhielt bei 2 Versuchen über die Einwirkung des Entblätterns auf die Trauben folgende Ergebnisse:

	I. Versuch			II. Versuch		
	Vor dem Entblättern 2. 10. 1891	Nicht entblättert 13. 10. 1891	Entblättert 13. 10. 1891	Vor dem Entblättern 2. 10. 1891	Nicht entblättert 13. 10. 1891	Entblättert 13. 10. 1891
Dichte des Mostes (°Beaumé) .	9,20°	12,3°	10,0°	8,8°	11,4°	9,3°
Zucker (Glukose) in 100 ccm .	16,35 g	22,78 g	17,48 g	15,19 g	19,93 g	15,37 g
Säure in 100 ccm	0,796 g	0,531 g	0,602 g	0,708 g	0,531 g	0,673 g

Hiernach ist die Wirkung des Entblätterns eine ungünstige.

Versuche über Zusammensetzung des Mostes von Beeren, die an der Sonne gereift, und von solchen desselben Stockes, die im Schatten gereift waren, lieferten folgende Ergebnisse für 100 ccm:

	Zucker (Glukose)	Säure
An der Sonne gereift	17,96 g	0,496 g
Im Schatten gereift	17,96 g	0,566 g

Hiernach nimmt der Gehalt an Säure beim Reifen an der Sonne etwas ab.

2. Einfluss des Beschneidens des Weinstockes auf Traubenertrag und Zusammensetzung des Mostes.

Auf die beiden hierüber vorliegenden Arbeiten von A. Sansone (Staz. sperim. agrar. Ital. 1894, 26, 389) und A. Ravizza (Staz. sperim. agrar. Ital. 1897, **30**, 197) kann hier nur verwiesen werden.

III. Unterschiede zwischen Vorlauf, Pressmost und Nachdruck sowie zwischen Hülsenmost und Butzenmost.

1. P. Kulisch (Weinbau u. Weinhandel 1893, **11**, 115) fand bei seinen in fünf Jahren angestellten Versuchen für Vorlauf (den nach dem Aufschütten der gemahlenen Trauben auf die Spindelpresse freiwillig abfliessenden Most), Pressmost (den beim Pressen mit der Kelter abfliessenden Most) und Nachdruck (den nach dem ersten und zweiten Umscheitern der Trester gewonnenen Most) folgende Zusammensetzung*):

*) Die Zahlen sind beim 1889-er Riesling das Mittel aus 3 und beim 1892-er Riesling aus 2 Versuchen. Die übrigen Zahlen beziehen sich auf nur einen Versuch.

Traubensorte und Mostart	1888		1899		1890		1891				1892				
	Most-Gew. (Grade Oechsle)	Gesammt-Säure (= Weinsäure)	Most-Gew. (Grade Oechsle)	Gesammt-Säure (= Weinsäure)	Most-Gew. (Grade Oechsle)	Gesammt-Säure (= Weinsäure)	Most-Gew. (Grade Oechsle)	Invertzucker	Nichtzucker	Gesammt-Säure (= Weinsäure)	Most-Gew. (Grade Oechsle)	Invertzucker	Nichtzucker	Gesammt-Säure (= Weinsäure)	Mineral-stoffe
Riesling: Vorlauf	79,2	1,36	85,8	1,00	77,2	0,90	74,0	15,74	3,44	1,46	83,9	19,24	2,54	1,08	0,26
Riesling: Pressmost	80,3	1,31	85,6	1,00	77,5	0,93	75,0	15,79	3,65	1,36	82,6	19,04	2,43	1,01	0,28
Riesling: Nachdruck	79,8	1,29	82,7	1,01	78,8	0,90	75,0	15,70	3,74	1,37	77,7	17,41	2.80	1,05	0,33
Sylvaner: Vorlauf	76,0	1,03	93,5	0,76	79,8	0,79	78,0	17,13	3,14	1,02	88,1	—	—	0,72	—
Sylvaner: Pressmost	76,5	1,00	93,2	0,77	78,0	0,77	77,8	16,93	3,29	1,02	87,5	19,53	3,23	0,67	—
Sylvaner: Nachdruck	75,0	1,02	91,8	0,78	75,2	0,80	78,0	16,85	3.41	1,03	87,0	19,01	3,54	0,73	—
Traminer: Vorlauf	—	—	97,0	0,80	—	—	79,0	17,41	3,12	0,99	87,2	20,66	2,02	0,66	0,23
Traminer: Pressmost	—	—	97,5	0,75	—	—	79,5	17,32	3,34	0,93	88,0	20,99	1,92	0,53	0,27
Traminer: Nachdruck	—	—	97,5	0,69	—	—	79,5	17,25	3,41	0,90	86,5	20,11	2,39	0,56	0,31

Die Menge der drei Mostarten ist sehr schwankend; sie beträgt für Vorlauf niemals weniger als $^{6}/_{10}$, für Pressmost etwa $^{3}/_{10}$ und für Nachdruck immer weniger als $^{1}/_{10}$ des Gesammt-Mostes.

Nur zwischen Nachdruck einerseits gegenüber Vorlauf und Pressmost andererseits finden sich namentlich in den besseren Weinjahren (1889 und 1892) im Mostgewicht und Zuckergehalt grössere Unterschiede. Der Nachdruck ist bei den Traminer Mosten, welche eine sehr feste Haut haben, wesentlich säurearmer als Vorlauf und Pressmost. Der Gehalt an Nichtzucker, Mineralstoffen und Gerbstoff ist im Nachdruck am grössten. Der Nachdruck hat gewöhnlich in Folge des höheren Gerbstoff-Gehaltes einen etwas mehr kratzend saueren Geschmack.

2. Untersuchungen über Hülsen-, Butzen-*) und frei ablaufenden Most.

Von E. Mach und K. Portele (Weinlaube 1881, 61).

	Bezeichnung des Mostes	Spec. Gewicht	Extrakt (Balling) %	Glukose %	Fruktose %	Gesammt-Säure (= Weinsäure) %	Weinsäure %	Freie Weinsäure %	Aepfelsäure (ber.) %	Gerbsäure %	Stickstoff-Substanz %	Pektin-Substanz %	Polarisation
Am 25. August	Hülsen-Most	1,058	14,4	5,7	3,7	0,82	0,80	0,04	0,46	—	1,19	1,02	— 3,9
	Butzen-Most	1,054	13,3	5,7	4,6	2,10	0,77	0,36	1,43	—	1,34	0,43	— 8,0
	Frei abgelaufener Most	1,057	14,0	6,1	4,3	2,00	0,65	0,42	1,32	—	1,25	0,46	— 5,6
Am 30. September	Hülsen-Most	1,081	19,6	9,3	8,3	0,23	0,25	—	0,13	—	0,88	0,61	— 18,7
	Butzen-Most	1,081	19,6	9,1	7,1	1,26	0,63	0,05	0,96	—	0,88	0,54	— 12,5
	Frei abgelaufener Most	1,084	20,1	9,8	8,6	0,62	0,47	0,07	0,36	—	0,82	0,45	— 18,7
Am 15. Oktober	Hülsen-Most	1,093	22,1	9,6	9,6	0,33	0,32	—	0,19	0,048	0,98	0,75	— 25,0
	Butzen-Most	1,093	22,1	9,2	7,6	1,22	0,62	0,01	0.96	0,008	0,88	0,56	— 21,3
	Frei abgelaufener Most	1,095	22,6	9,6	9,6	0,83	0,57	0,01	0,59	0,003	0,77	0,48	— 26,3

E. Mach und K. Portele (Landw. Vers.-Stat. 1889, 36, 373 und 1892, 41, 264) untersuchten auch Hülsen-, Butzen- und frei ablaufenden Most der Jahrgänge 1888, 1889 und 1891 und einige sonstige Moste namentlich auf den Gehalt an Stickstoff-Substanz und fanden:

a) Für je 23 Proben europäischer Trauben und 10 Proben amerikanischer Trauben an Stickstoff-Substanz:

Weisse europäische Trauben . . .	0,097—0,688 %,	im Mittel 0,277 %
Blaue europäische Trauben	0,169—0,513 „	„ „ 0,293 „
Amerikanische Trauben	0,259—0,667 „	„ „ 0,451 „

*) Butzen-Most ist der Most aus den die Kerne umgebenden Zellen, welche letzteren aus den mit einem Scalpell angeschnittenen Trauben zusammen mit den Kernen herausgedrückt werden.

b) Für Hülsen-, Butzen- und frei ablaufenden Most an Stickstoff-Substanz.

Jahrgang 1888 (8 Proben).

Hülsen-Most	0,181—0,797 %,	im Mittel	0,348 %
Butzen-Most	0,159—0,666 „	„ „	0,340 „
Frei ablaufender Most	0,140—0,566 „	„ „	0,258 „

Jahrgang 1889: 2 Proben amerikanischer Sorten (a = Isabellla Labrusca, b = Clinton).

	Spec. Gewicht a	Spec. Gewicht b	Gesammt-Säure a	Gesammt-Säure b	Weinstein a	Weinstein b	Stickstoff-Substanz a	Stickstoff-Substanz b
Hülsen-Most	1,0720	1,0797	0,61	0,33	0,75	0,48	0,409	0,339 %
Butzen-Most	1,0745	1,0722	1,69	0,97	0,75	0,83	0,274	0,239 „
Frei ablaufender Most . .	1,0737	1,0771	0,29	0,83	0,26	0,87	0,202	0,226 „

IV. Einfluss der Düngung auf die Zusammensetzung des Mostes.

1. Von J. Moritz und P. Seucker (Landw. Jahrb. 1887, 16, 549). Zu den Versuchen dienten 5 Parzellen mit je 225 Riesling-Stöcken, jeder zu 3 Reben, die im Jahre 1875 gepflanzt waren. Der Düngungsversuch begann im Frühjahr 1878. Der Kunstdünger war ein Gemisch von 125 kg Kali-Ammoniak-Superphosphat mit 50 kg Chlorkalium. Die Ergebnisse waren folgende:

Ernte, Menge und Bestandtheile	Parzelle I. Volle Stallmist-Düngung (400 Ctr. pro Meter-Morgen)		Parzelle II. Halbe Stallmist-Düngung u. pro Stock 222 g Kunstdünger		Parzelle III. Auf den Stock 822 g Torf und Kunstdünger wie Parzelle II		Parzelle IV. Auf den Stock 411 g Torf und 333 g Kunstdünger		Parzelle V. Ungedüngt	
	gesund	faul	gesund	faul	gesund	faul	gesund	faul	gesund	faul
Herbst 1883										
Mostgewicht (Grade Oechsle)	81,5	95,0	80,0	93,5	73,0	90,5	75,5	96,5	69,5	89,5
Zucker %	18,30	21,00	18,10	20,30	16,33	20,30	16,66	21,36	14,79	19,68
Säure %	1,10	0,95	1,05	0,83	0,98	0,88	0,98	0,92	0,99	1,00
Ernte-Menge kg	93,7	21,7	95,7	27,9	78,2	31,2	61,0	35,5	52,7	16,5
Herbst 1884.										
Mostgewicht (Grade Oechsle)	86,5		85,0		84,5		86,5		81,5	
Zucker %	20,1		20,0		19,84		21,00		17,70	
Säure %	1,16		1,11		1,19		1,21		1,21	
Ernte-Menge kg	227,4		185,1		213,8		245,0		190,0	
Herbst 1885.										
Mostgewicht (Grade Oechsle)	78,5	80,5	78,0	83,0	77,5	83,5	78,0	81,0	71,0	74,8
Zucker %	17,67	18,70	18,20	18,27	17,47	17,79	18,35	17,90	15,50	16,10
Säure %	1,53	1,38	1,42	1,35	1,44	1,37	1,40	1,35	1,47	1,26
Ernte-Menge kg	52,94	28,30	53,56	27,06	42,67	41,55	40,10	43,45	21,60	31,20
Herbst 1888.										
Mostgewicht (Grade Oechsle)	88,5	101,5	85,5	101,0	85,0	101,5	85,0	99,5	83,0	98,5
Zucker %	21,00	23,50	19,90	23,40	20,30	23,80	19,70	22,90	18,90	22,25
Säure %	1,16	1,13	1,04	1,01	1,08	1,08	1,28	1,14	1,11	1,08
Ernte-Menge kg	25,2	6,6	32,2	17,1	19,6	11,4	16,5	12,0	5,8	2,0

2. M. Barth (Weinbau u. Weinhandel 1890, 8, 139; Vierteljahresschr. Nahrungs- u. Genussm. 1890, 5, 199) stellte im Jahre 1889 vergleichende Rebdüngungsversuche mit Stallmist, Fäkaltorf, Chilisalpeter, Ammoniaksalz, 20%-igem Superphosphat, 16%-igem Thomasmehl und Kalimagnesia bei je 36 Stöcken an. Chilisalpeter und Ammoniaksalz wurden im Frühjahr, die anderen Dünger im Herbst gegeben. Die Versuchs-Ergebnisse waren folgende:

No.	Düngung auf 100 Stöcke	Ertrag an Trauben von 100 Stöcken kg	Der Most enthielt Spec. Gewicht	Zucker %	Säure (= Weinsäure) %	Mehr- (+) bezw. Minderertrag (—) gegenüber „Ungedüngt" für 100 Stöcke kg
1	Ungedüngt (Mittel von 2 Versuchen)	25,30	1,0819	17,80	1,21	—
2	3,0 kg Chilisalpeter; 5,0 kg Superphosphat; 4,0 Kalimagnesia	25,70	1,0833	18,10	1,14	+ 0,40
3	4,5 „ „ 5,0 „ „ 4,0 „	33,60	1,0779	16,93	1,24	+ 8,30
4	6,0 „ „ 2,5 „ Thomasmehl 4,0 „	32,50	1,0842	18,27	1,23	+ 7,20
5	6,0 „ „ 5,0 „ Superphosphat 8,0 „	33,60	1,0825	17,93	1,18	+ 8,30
6	6,0 „ „ 10,0 „ „ 4,0 „	32,60	1,0800	17,40	1,19	+ 7,30
7	6,0 „ „ 5,0 „ „ 4,0 Chlorkalium	21,50	1,0818	17,78	1,34	— 3,80
8	5,0 „ Ammoniaksalz; 5,0 „ „ 4,0 Kalimagnesia	18,75	1,0842	18,27	1,24	— 6,55
9	800 kg Stallmist	31,00	1,0801	17,42	1,37	+ 5,70
10	400 „ „ + 3 kg Chilisalpeter	37,80	1,0843	18,34	1,31	+ 12,50
11	800 „ Fäkaltorf	20,90	1,0856	18,59	1,17	— 4,40
12	400 „ „ + 3 kg Chilisalpeter	29,00	1,0815	17,72	1,30	+ 3,70
13	400 „ „ + 4 kg Kalimagnesia	35,00	1,0825	17,92	1,38	+ 9,70
14	400 „ „ + 3 kg Chilisalpeter + 4 kg Kalimagnesia + 5 kg Superphosphat	32,40	1,0813	17,68	1,27	+ 7,10
15	200 kg Torf + 125 kg Thomasmehl	36,40	1,0833	18,10	1,21	+ 9,10

3. Ueber Versuche von A. v. Chambrier mit Thomasmehl und Phosphorit vergl. Centrbl. Agrik.-Chem. 1888, 17, 427.

V. Schwankungen der Mineralstoffe von Mosten derselben Traube von verschiedenen Parzellen in derselben Lage.

K. John (Mittheil. der k. k. chem.-physiol. Vers.-Station Klosterneuburg 1885) fand für die Moste von 1872-er weissen Burgunder-Trauben, welche in Klosterneuburg auf Kalkboden auf 9 verschiedenen Parzellen derselben Lage gewachsen waren, für die Aschenbestandtheile folgende beträchtlich schwankenden Werthe (g in 100 ccm):

No.	1	2	3	4	5	6	7	8	9
Mineralstoffe . . .	0,27	0,33	0,24	0,26	0,26	0,30	0,31	0,36	0,25
Kalk	0,018	0,024	0,016	0,019	0,009	0,018	0,024	0,015	0,010
Magnesia	0,014	0,023	0,012	0,012	0,012	0,016	0,020	0,013	0,011
Kali	0,152	0,169	0,128	0,143	0,156	0,168	0,166	0,216	0,166
Phosphorsäure . .	0,044	0,051	0,044	0,047	0,054	0,045	0,049	0,078	0,050
Schwefelsäure . .	0,011	0,018	0,007	0,009	0,008	0,011	0,017	0,007	0,004

VI. Moste von ungespritzten uud gespritzten Reben.

Halenke u. Möslinger (Zeitschr. analyt. Chem. 1892, 31, 634) fanden für je 6 Moste aus gespritzten Reben und ebenso viele aus nach Lage und sonstigen Eigenschaften durchaus gleichen aber ungespritzt gebliebenen Reben folgende mittlere Zusammensetzung (g in 100 ccm):

	Spec. Gewicht bei 15°	Glukose	Fruktose	Gesammt-Säure (= Weinsäure)	Weinstein	Freie Weinsäure	Polarisation
Gespritzt:	1,0786	8,86	9,70	0,677	0,199	0	— 9,21°
Ungespritzt:	1,0759	8,44	9,29	0,679	0,225	0	— 8,89°

Der Ertrag war bei den gespritzten Reben mindestens doppelt so hoch als bei den ungespritzten.

VII. Veränderungen des Mostes durch Edelfäule und Schimmel.

H. Müller-Thurgan (Landw. Jahrb. 1888, 17, 83), impfte einen 1882-er Most mit Reinkulturen beider Pilze und verfolgte die hierbei eintretenden Veränderungen in der Zusammensetzung des Mostes mit folgenden Ergebnissen:

	Ursprünglicher Most	Tage nach der Aussaat:					
Versuche mit Botrytis (Edelfäule)		18	21	23	25	28	30
Zucker %	12,55	11,80	9,26	8,48	7,93	6,09	4,13
Säure %	1,30	0,85	0,47	0,38	0,32	0,17	0,11
Stickstoff %	0,12	0,08	0,05	—	0,04	0,03	0,02
Versuche mit Penicillium (Pinselschimmel)							
Zucker %	12,55	7,77	7.30	5,52	3,33	1,70	0,84
Säure %	1,30	1,17	1,16	1,09	0,75	0,51	0,35
Stickstoff %	0,12	0,04	0,04	0.03	0,02	—	0,01

Hiernach erniedrigt Botrytis anfangs die Säure viel rascher als den Zucker; umgekehrt verhält sich Penicillium, durch welches der Most verdorben wird.

Bezüglich der übrigen in derselben Richtung angestellten Versuche muss auf die Quelle verwiesen werden.

VIII. Koncentrirter Traubenmost.

1. In Italien (Sicilien) werden von der Firma Favara und Figli in Mazarra dell Vallo angeblich durch Erwärmen im starken Luftstrome bei 40° koncentrirte Moste durch Einengen auf 1/4 des ursprünglichen Volumens hergestellt.

a) P. Kulisch (Weinbau u. Weinhandel 1893, 11, 212) fand für derartige Moste folgende Zusammensetzung:

Most aus	Spec. Gew. bei 15°	Invert-zucker	Ges.-Säure (= Weinsäure)
weissen Trauben (Mittel von 3 Proben)	1,364	67,8 g	1,38 g
desgl. filtrirt (1 Probe)	1,384	70,3 g	1,02 g
desgl. filtrirt und entsäuert (1 Probe)	1,370	69,4 g	0,17 g
blauen Trauben (Mittel von 2 Proben)	1,359	68,1 g	1,26 g
desgl. mit getrockneten Hülsen (desgl.)	—	60,7 g	1,09 g
weissen Trauben mit getrockneten blauen Hülsen (1 Probe)	—	64,3 g	0,98 g

b) Th. Omeis (Forschungsberichte über Lebensmittel 1894, 1, 474) ermittelte folgenden Gehalt in 100 g:

Extrakt	64,90 g	Mineralstoffe	0,691 %	Phosphorsäure (P_2O_5)	0,089 g
Zucker (Glukose)	62,10 g	Kalk (CaO)	0,051 „	Schwefelsäure (SO_3)	0,081 g
Saccharose	0	Kali (K_2O)	0,242 „	Chlor (Cl)	0,050 g
Gesammt-Säure	1,10 g	Natron (Na_2O)	0,048 „		

Der Most stellte eine hellbraune, syrupartige, durch Ausscheidungen (namentlich von Glukose) getrübte Flüssigkeit mit angenehmem Frucht-Geruch und Geschmack dar.

c) M. Giunti u. C. Boschi (Staz. sperim. agrar. Ital. 1894, 27, 376) fanden für den koncentrirten Most (Mosto di salute) von der oben genannten Firma folgende Zusammensetzung:

	g in 100 g	g in 100 ccm		g in 100 g	g in 100 ccm		g in 100 g	g in 100 ccm
Extrakt	69,23	92,63	Flüchtige Säure (= Essigsäure)	0,05	0,07	Weinsaures Eisen	0,042	0,056
Zucker	60,85	81,42	Aepfelsäure	0,38	0,50	Weinsaurer Kalk	0,052	0,069
Gesammt-Säure (= Weinsäure)	1,06	1,42	Citronensäure	Spur	Spur	Freie Weinsäure	0	0
Nichtflüchtige Säure (= Weinsäure)	1,00	1,34	Gerbsäure	0,24	0,31	Stickstoff-Substanz	0,358	0,479
			Weinstein	0,52	0,70	Aetherextrakt	0,066	0,088
						Mineralstoffe	0,89	1,19

	g in 100 g	g in 100 ccm		g in 100 g	g in 100 ccm		g in 100 g	g in 100 ccm
Kalk (CaO) . . .	0,075	0,100	Kupferoxyd (CuO)	0,001	0,001	Phosphorsäure (P_2O_5)	0,058	0,077
Magnesia (MgO) .	0,037	0,049	Manganoxyd (Mn_2O_3)	Spur		Schwefelsäure (SO_3)	0,096	0,128
Kali (K_2O) . . .	0,390	0,522	Eisenoxydul (FeO)	0,024	0,032	Kieselsäure (SiO_2) .	0,016	0,021
Natron (Na_2O) . .	0,045	0,060	Thonerde (Al_2O_3) .	0,017	0,032	Chlor (Cl) . . .	0,013	0,017

2. P. Kulisch (Weinbau u. Weinhandel 1892, **10**, 348; Centrbl. Agrik.-Chem. 1893, **22**, 194) gewann durch Keltern gefrorener 1890-er Trauben koncentrirte Moste von folgender Zusammensetzung:

	Geisenheimer Morschberg	Geisenheimer Klauserweg	Geisenheimer Mäuerchen	Winkeler Ansbach
Grade Oechsele	140,0	105,5	111,5	138,0
Säure (g in 100 ccm) . . .	1,33	0,82	0,87	1,32

Die aus derartigen Mosten gewonnenen Weine zeigten hohen Alkohol- und Säuregehalt, welch' letzterer aber durch den hohen Alkohol- und Zuckergehalt verdeckt wurde.

Aeltere und sonstige Mostanalysen.

1. J. Moser, Agronom. Ztg. 1868, 321.
2. Blankenhorn und Rösler, Annalen der Oenologie 1873.
3. Fausto Sestini, Staz. sperim. agrar. di Roma 1873, 1874 u. 1875.
4. Vers.-Stat. Asti, deren Jahresbericht 1878.
5. A. Funaro und Pellegrini, Agricoltura Italiana 1878.
6. C. Neubauer (Landw. Centralbl. f. Deutschland 1869, **2**, 318; Annalen der Oenologie 1872, **2**, 6 und 1874; Jahresbericht Agrik.-Chem. 1873/74, 250 und 1875/76, **2**, 228, 231 und 244) fand für 23 Proben 1868-er bis 1874-er Rheinweinmost folgende Mittel und Schwankungszahlen.

	Spec. Gewicht	Extrakt	Zucker	Säure	Stickstoff-Substanz	Mineral-stoffe
Mittel	1,1024	25,51 %	19,71 %	0,64 %	0,28 %	0,40 %
Schwankungen	1,0690—1,2075	17,90—46,47 %	12,89—35,45 %	0,20—1,18 %	0,11—0,57 %	0,20—0,63 %

7. C. Weigelt (Landw. Zeitschr. f. Elsass-Lothringen 1878, 4. Beilage 69; Oenolog. Jahresbericht 1878, 84 u. Jahresber. Agrik.-Chem. 1883, 549) berichtet über zahlreiche Analysen Elsässer Moste, von denen hier die Mittel- und Schwankungszahlen angeführt sein mögen:

a) Elsässer Moste aus der Gegend von Vögtlinshofen (13 Proben):

	Spec. Gew. bei 17°	Extrakt	Zucker	Säure	Stickstoff-Substanz	Farb- und Gerbstoff	Mineralstoffe
Mittel	1,0800	18,86 %	16,60 %	1,27 %	0,57 %	0,058 %	0,36 %
Schwankungen	1,067—1,099	15,72—20,76 %	13,58—18,21 %	0,89—1,69 %	0,44—0,78 %	0,033—0,066 %	0,32—0,40 %

b) Sonstige Elsässer Moste (46 Proben):

	Gewicht einer Traube	Most in % der Trauben	Spec. Gew. des Mostes	Zucker	Säure	Wein-stein	Gerbstoff	Asche	Schwefel-säure
Mittel	72,7 g	76,9 %	1,0797	18,82 %	0,97 %	0,529 %	0,059 %	0,382 %	0,077 %
Schwankungen . .	25,7—158,1 g	62,0—86,2 %	1,0628—1,0973	15,04—23,59 %	0,68—1,42 %	0,38—0,80 %	0,037—0,078 %	0,28—0,52 %	0,050—0,106 %

8. Ergebnisse der deutschen Weinstatistik der Jahrgänge 1886—1890. — Zeitschr. analyt. Chem. 1888, **27**. 729; 1889, **28**, 525 und 1890, **29**, 509.

9. P. Kulisch (Vierteljahresschr. Nahrungs- u. Genussm. 1887, **2**, 572; 1888, **3**, 414; 1889, **4**, 485; 1090, **5**, 474) Analysen von Rheingauer Mosten der Jahrgänge 1887—1890.

10. Reitlechner (Vierteljahresschr. Nahrungs- u. Genussm. 1887, **2**, 577 u. 1888, **3**, 418) Analysen von 1887 u. 1888-er niederöstereichischen Mosten.

11. Analysen von 1887-er und 1888-er Siebenbürgener Mosten (Vierteljahresschr. Nahrungs- u. Genussm. 1887, **2**, 575 u. 1888, **3**, 419).

12. Rumänische Moste (15 Proben) des Jahrganges 1889 ergaben (Weinbau und Weinhandel 1898, **8**, No. 12; Vierteljahresschr. Nahrungs- u. Genussm. 1890, **5**, 59) folgende Schwankungszahlen:

Gewicht von 100 Beeren	1 kg Trauben liefert Most	Spec. Gew. des Mostes	Der Most enthielt Extrakt	Zucker	Säure	Nichtzucker
142—394 g	590—760 g	1,0635—1,0901	16,24—24,28	13,33—20,62	0,23—0,50	2,37—4,26 %

13. P. Palladino (Staz. sperim. agrar. Ital. 1891, **21**, 574), über italienische Moste.

14. T. Chiaromonte (Staz. sperim. agrar. Ital. 1892, **23**, 449). Die Arbeit enthält eine grosse Zahl von Analysen italienischer Moste der Provinzen Foggia, Bari und Lecce.

15. W. Percy Wilkinson (Besondere Schrift) untersuchte eine Reihe von australischen Mosten (aus Victoria) der Jahrgänge 1893 u. 1894 mit folgenden Ergebnissen (g in 100 ccm):

			Spec. Gewicht bei 15⁰	Zucker	Gesammt-Säure (= Weinsäure)
Moste des nördlichen Goulburn-Thales	1893 (41 Moste)	Mittel	1,110	26,3	0,72
		Schwankungen .	1,080—1,160	18,3—39,0	0,34—1,12
	1894 (31 Moste)	Mittel	1,101	23,9	0,64
		Schwankungen .	1,084—1,131	19,4—31,9	0,43—0,79
Moste des südlichen Goulburn-Thales	1893 (78 Moste)	Mittel	1,107	25,8	0,69
		Schwankungen .	1,074—1,158	16,7—38,6	0,41—0,95
	1894 (165 Moste)	Mittel	1,098	23,1	0,80
		Schwankungen .	1,073—1,130	16,4—31,6	0,36—1,59

16. P. Radulescu (Zeitschr. Nahrungsm. - Untersuchung, Hyg., u. Waarenk. 1894, **8**, 61) fand für den 1893-er Most von rumänischen Reben, die auf einem Flugsandboden im Westen Rumäniens gewachsen waren bei 13 Proben folgende Schwankungen:

	Spec. Gewicht (17,5⁰)	Gesammt-Säure (= Weinsäure) in 100 g	Zucker in 100 g
Blaue Trauben (4 Proben)	1,083—1,092	0,570—0,743	19,07—20,73
Weisse Trauben (9 Proben)	1,073—1,085	0,507—0,650	17,09—19,57

17. G. de Artis (Staz. sperim. agrar. Ital. 1896, **29**, 553). Analysen von Mosten und Weinen in Syracus gebauter amerikanischer Reben.

18. Ueber einige Analysen von amerikanischen Mosten von E. W. Hilgard vergl. unter „Amerikanische Weine".

Deutsche Weine.

Bei den deutschen Weinen sind vorwiegend nur die in der Weinstatistik für Deutschland (Zeitschr. analyt. Chem. 1888, **27**, 729; 1889, **28**, 525; 1890, **29**, 509; 1891, **30**, 553; 1892, **31**, 607; 1893, **32**, 647; 1894, **33**, 629; 1895, **34**, 649; 1897, **35**, 413; 1898, **37**, 597; 1899, **38**, 545; 1900, **39**, 737) niedergelegten neueren Analysen von Naturweinen berücksichtigt, die nach den Beschlüssen der im Jahre 1884 im Kaiserlichen Gesundheitsamte versammelten Kommission zur Berathung einheitlicher Verfahren für die Weinanalyse bezw. nach der „Amtlichen Anweisung zur Untersuchung des Weines" vom 25. Juni 1896 ausgeführt worden sind.

Die aus den nachfolgenden Analysen von Weinen der verschiedenen Weinbaubezirke bezw. Länder berechneten Mittelzahlen haben selbstverständlich nur eine annähernde Gültigkeit und sollen nur einen allgemeinen Anhaltspunkt für die Zusammensetzung der betreffenden Weine geben. Bei dieser Berechnung sind die Mittelzahlen der einzelnen Jahrgänge als Einzelanalysen angenommen und sind die Gesammtmittel der einzelnen Bezirke und Länder unter sich um so mehr vergleichbar, je grösser die Uebereinstimmung in den einzelnen Jahrgängen und Lagen ist. Im Uebrigen haben Mittelzahlen für die chemische Zusammensetzung der Weine nur eine untergeordnete Bedeutung, da die Unterschiede in der Zusammensetzung der Weine der verschiedenen Jahrgänge und Lagen vielfach grösser sind, als die Unterschiede in der Zusammensetzung der Weine der verschiedenen Weinbaubezirke.

I. Mosel- und Saarweine. (Weissweine.)

Ausser den in der Deutschen Weinstatistik vorliegenden Analysen von R. Fresenius und E. Borgmann (*F*), P. Kulisch (*K*) und Schnell (*S*), sind in die nachfolgende Uebersicht noch aufgenommen Analysen von P. Kulisch (*K*) — Zeitschr. angew. Chem. 1893, 567; Schnell (*S*) — Zeitschr. angew. Chem. 1894, 209; Fr. Mallmann (*M*) — Zeitschr. angew. Chem. 1895, 341; K. Windisch (*W*) — Zeitschr. Nahrungs- u. Genussmittel 1901, 4, 625 und 1902, 5, 49.

No.	Gemarkung und Jahrgang		Zahl der Proben	Spec. Gewicht	Alkohol	Extrakt	Ges.-Säure (Weinsäure)	Flüchtige Säure (Essigsäure)	Weinstein	Zucker	Glycerin	Mineral-stoffe	Kalk (CaO)	Magnesia (MgO)	Kali (K_2O)	Phosphor-säure (P_2O_5)	Schwefel-säure (SO_3)	Analytiker
					100 ccm Wein enthalten Gramm:													
1	Ahn	1893	1	0,9967	8,67	2,11	0,73	0,04	—	—	—	0,14	—	—	—	—	—	*K*
2	Aldegund	1892	1	0,9960	7,04	2,03	0,86	0,02	—	—	0,54	0,15	—	—	—	—	—	*M*
3		1893	2	0,9959	7,76	2,23	0,82	0,03	—	—	0,74	0,14	—	—	—	—	—	*M*
4	Andel	1894	2	1,0024	4,65	2,67	1,24	0,04	—	0,12	0,42	0,16	—	—	—	—	—	*K*
5	Ayl*)	1892	1	0,9960	7,60	2,19	0,74	—	0,25	0,15	0,92	0,16	0,013	0,021	0,075	0,027	0,002	*S*
6		1893	4	0,9950	8,09	2,03	0,69	0,06	—	0,13	0,70	0,15	—	—	—	—	—	*K*
7	Bausendorf	1892	1	0,9955	6,71	1,61	0,58	0,04	—	0,09	0,45	0,17	—	—	—	—	—	*K*
									Weinsäure				Weinstein	Freie Weinsäure	Stickstoff			
8	Bern-kastel	1893	3	0,9960	8,17	2,30	0,64	0,05	—	0,15	0,71	0,19	—	—	—	—	—	*K*
9		1897	4	0,9954	8,90	2,36	0,59	0,05	0,30	0,14	0,83	0,20	—	0,044	—	0,030	0,019	*S*
10	Besch*)	1898	1	1,0017	4,59	2,28	0,99	0,05	0,42	0,12	0,41	0,21	0,207	0	0,044	0,029	0,010	*S*
															Kali			
11	Börsch	1897	1	0,9976	8,91	2,94	0,62	0,05	0,41	0,48	0,89	0,13	—	0,180	—	0,028	0,009	*S*
12	Bremm	1892	2	0,9960	7,64	2,18	0,88	0,03	—	—	0,58	0,15	—	—	—	—	—	*M*
13		1893	2	0,9960	7,85	2,28	0,80	0,03	—	—	0,71	0,15	—	—	—	—	—	*M*
14		1994	1	1,0001	5,22	2,10	0,96	0,05	—	0,03	0,40	0,19	—	—	—	—	—	*K*
15		1899	1	0,9947	9,11	2,52	0,73	0,06	0,20	0,19	0,71	0,19	—	0,004	—	0,040	—	*W*
16		1900	2	0,9941	9,65	2,43	0,79	0,06	0,20	0,24	0,74	0,17	0,099	0,044	0,034	—	—	*W*
17	Briedel	1893	4	0,9957	7,80	2,24	0,70	0,04	—	—	0,80	0,15	—	—	—	—	—	*M*
18	Briedern	1893	1	0,9948	9,09	2,55	0,68	0,05	—	—	0,87	0,17	—	—	—	—	—	*M*
19	Bruttig	1892	1	0,9944	7,78	1,81	0,67	0,03	—	—	0,53	0,14	—	—	—	—	—	*M*
20		1893	4	0,9970	6,77	2,14	0,73	0,04	—	—	0,62	0,15	—	—	—	—	—	*M*
21		1894	1	0,9991	5,23	1,84	0,94	0,05	—	0,23	0,45	0,19	—	—	—	—	—	*K*
22	Burg	1893	1	0,9953	7,55	1,98	0,71	0,06	—	—	0,63	0,13	—	—	—	—	—	*M*
23	Canzem	1893	2	0,9943	8,57	2,59	0,72	0,03	—	—	0,90	0,15	—	—	—	—	—	*K*
24		1894	4	0,9988	7,45	2,96	1,01	0,05	—	0,18	0,84	0,15	—	—	—	—	—	*K*
25		1897	1	0,9980	9,27	3,17	0,95	0,09	0,44	0,50	0,84	0,19	—	0,063	—	0,033	0,015	*S*

*) Schnell fand ferner (g in 100 ccm):

No.	Weinstein	Freie Weinsäure	Eisenoxyd + Thonerde	Natron	Kieselsäure	Chlor
5 Ayl	—	0,0705	0,0012	0,0091	0,0022	—
38 Drohn	0,2256	0,0540	0,0021	0,0031	0,0026	0,0063
59 Frehn	0,2519	0,0720	0,0019	0,0047	0,0024	0,0111
60 Geisberg . . .	0,2369	0,0075	0,0013	0,0015	0,0020	0,0065
79 Langsur . . .	0,2569	0,0070	0,0027	0,0086	0,0013	0,0088
80 Leiwen	0,2707	0,0435	0,0013	0,0062	0,0015	0,0113
84 Longuich . . .	0,2405	0,0450	0,0025	0,0039	0,0015	0,0054
105 Nittel	0,2482	0,0265	0,0020	0,0096	0,0018	0,0104
124 Pisport	0,2714	0,0655	0,0031	0,0035	0,0019	0,0086
140 Saarburg . . .	0,2331	0,0469	0,0015	0,0032	0,0028	0,0074
146 Schweich . . .	0,2651	0,0353	0,0016	0,0073	0,0010	0,0053

Schnell fand ausserdem an Chlor:

No.	10	42	58	89	103	108	109	112	114	118	119	122
Chlor . . .	0,004	0,011	0,014	0,005	0,004	0,025	0,003	0,003	0,004	0,006	0,014	0,003

No.	127	128	129	152	157	159	162	166	168	170	171
Chlor . . .	0,009	0,007	0,008	0,005	0,003	0,017	0,008	0,007	0,004	0,028	0,005

No.	Gemarkung und Jahrgang		Zahl der Proben	Spec. Gewicht	Alkohol	Extrakt	Gesammt-Säure (Weinsäure)	Flüchtige Säure (Essigsäure)	Weinsäure	Zucker	Glycerin	Mineral-stoffe	Weinstein	Freie Weinsäure	Schweflige Säure (SO_2)	Phosphor-säure (P_2O_5)	Schwefel-säure (SO_3)	Analytiker
					100 ccm Wein enthalten Gramm:													
26	Casel	1890	2	0,9964	7,21	2,24	0,85	0,09	—	—	0,71	0,16	—	—	0,007	—	0,022	*F*
27		1892	1	0,9959	7,77	2,32	0,97	0,06	—	—	0,66	0,12	—	—	—	—	—	*M*
28		1893	1	0,9983	9,44	3,50	0,88	0,07	—	—	—	0,17	—	—	—	—	—	*K*
29		1894	1	0,9998	5,75	2,38	1,11	0,03	—	0,14	0,51	0,12	—	—	—	—	—	*K*
30		1897	1	0,9957	8,00	2,38	0,86	0,08	0,45	0,09	0,85	0,17	—	0,176	—	0,022	0,038	*S*
31	Clüsserath	1894	1	0,9999	5,03	2,06	0,81	0,088	—	0,19	0,48	0,17	—	—	—	—	—	*K*
32	Cobern	1894	2	0,9973	8,35	2,89	0,91	0,040	—	0,24	0,67	0,18	—	—	—	—	—	*K*
33	Cröv	1892	2	0,9955	8,31	2,11	0,79	0,05	—	—	0,68	0,14	—	—	—	—	—	*M*
34		1893	3	0,9961	7,66	2,28	0,71	0,04	—	—	0,77	0,17	—	—	—	—	—	*M*
35		1893	1	0,9973	7,33	2,48	0,88	0,04	—	0,16	0,76	0,15	—	—	—	—	—	*K*
36	Cues	1892	1	0,9952	8,05	2,00	0,82	0,02	—	0,08	0,60	0,15	—	—	—	—	—	*K*
37		1893	4	0,9961	8,20	2,38	0,70	0,05	—	0,15	0,17	0,21	—	—	—	—	—	*K*
													Kalk	Magnesia	Kali			
38	Dhron*)	1892	1	0,9950	7,94	2,19	0,94	—	—	0,15	0,73	0,14	0,014	0,019	0,055	0,018	0,008	*S*
39		1893	1	0,9935	9,73	2,58	0,55	0,06	—	0,19	0,84	0,17	—	—	—	—	—	*K*
													Stickstoff	Freie Weinsäure	Chlor			
40		1896	2	0,9983	5,54	1,92	0,62	—	0,45	0,11	0,56	0,15	0,050	0,156	0,006	0,029	0,014	*S*
41		1897	1	0,9948	8,72	2,43	0,83	0,05	0,30	0,15	0,78	0,18	—	0	—	0,046	0,009	*S*
42		1898	1	0,9991	6,53	2,50	0,75	0,08	0,33	0,10	0,58	0,17	0,090	0,098	0,011	0,047	0,019	*S*
43	Dusemont	1894	1	0,9995	6,43	2,66	0,97	0,080	—	0,18	0,57	0,17	—	—	—	—	—	*K*
44	Ediger	1893	1	0,9957	8,28	2,39	0,80	0,03	—	—	0,82	0,15	—	—	—	—	—	*M*
45	Eitelsbach	1892	2	0,9957	8,00	2,39	0,87	0,03	—	0,24	0,68	0,14	—	—	—	—	—	*K*
46		1893	4	0,9949	8,09	2,34	0,69	0,04	—	0,23	0,88	0,14	—	—	—	—	—	*K*
47		1894	3	1,0002	6,26	2,53	0,84	0,04	—	0,17	0,60	0,17	—	—	—	—	—	*K*
48	Eller	1893	1	0,9964	7,66	2,31	0,79	0,04	—	—	0,71	0,16	—	—	—	—	—	*M*
49	Enkirch	1892	1	0,9951	8,08	2,14	0,88	0,03	—	0,12	0,65	0,13	—	—	—	—	—	*K*
50		1892	3	0,9949	8,13	2,22	0,75	0,04	—	—	0,68	0,14	—	—	—	—	—	*M*
51		1893	1	0,9951	8,15	2,15	0,74	0,05	—	0,18	0,76	0,13	—	—	—	—	—	*K*
52	Ensch	1894	1	1,0006	5,02	2,17	0,85	0,10	—	0,17	0,45	0,17	—	—	—	—	—	*K*
53	Erden	1892	2	0,9957	7,57	2,07	0,76	0,04	—	—	0,58	0,14	—	—	—	—	—	*M*
54		1893	2	0,9967	7,47	2,36	0,79	0,05	—	—	0,76	0,16	—	—	—	—	—	*M*
55	Ernst	1893	1	0,9969	6,20	2,06	0,77	0,04	—	0,13	0,56	0,16	—	—	—	—	—	*K*
56		1894	1	0,9979	6,04	1,90	0,84	0,14	—	0,04	0,44	0,17	—	—	—	—	—	*K*
57	Fell	1892	1	0,9947	8,14	2,04	0,67	0,06	—	—	0,63	0,13	—	—	—	—	—	*M*
													Weinstein		Stickstoff			
58	Filzen a. d. S.*)	1892	1	0,9990	6,53	2,64	0,78	0,06	0,34	0,14	0,62	0,20	0,072	0,101	0,093	0,037	0,034	*S*
													Kalk	Magnesia	Kali			
59	Frehn*)	1892	1	0,9957	7,66	2,36	0,74	—	—	0,21	0,97	0,15	0,013	0,021	0,060	0,017	0,005	*S*
60	Geisberg	1892	1	0,9965	7,19	2,11	0,86	—	—	0,13	0,88	0,15	0,013	0,016	0,060	0,020	0,005	*S*

*) Vergl. Anmerkung *) auf S. 1182.

No.	Gemarkung und Jahrgang		Zahl der Proben	Spec. Gewicht	100 ccm Wein enthalten Gramm: Alkohol	Extrakt	Gesammt-Säure (Weinsäure)	Flüchtige Säure (Essigsäure)	Weinsäure	Zucker	Glycerin	Mineralstoffe	Weinstein	Freie Weinsäure	Schweflige Säure (SO_2)	Phosphorsäure (P_2O_5)	Schwefelsäure (SO_3)	Analytiker
61	Graach	1890	2	0,9962	7,74	2,16	0,56	0,07	—	—	0,76	0,19	—	—	0,007	—	0,011	*F*
62		1891	6	0,9958	8,78	2,70	0,78	0,08	—	—	0,67	0,25	—	—	0,009	—	0,021	*F*
63		1892	2	0,9953	7,73	1,96	0,88	0,02	—	0,10	0,59	0,13	—	—	—	—	—	*K*
64		1892	2	0,9975	6,61	2,33	0,88	0,04	—	—	0,69	0,16	—	—	—	—	—	*M*
65		1893	4	0,9953	8,27	2,32	0,65	0,04	—	0,16	0,81	0,16	—	—	—	—	—	*K*
66	Grewenmacher (Luxemburg)	1888	3	1,0018	5,41	2,60	1,46	—	—	Spur	0,55	0,18	0,175	0,370	—	—	—	*K*
67	Güls	1894	1	0,9963	7,98	2,47	0,93	0,04	—	0,13	0,60	0,18	—	—	—	—	—	*K*
68	Hatzenport	1893	3	0,9938	9,18	2,31	0,57	0,04	—	0,16	0,74	0,15	—	—	—	—	—	*K*
69		1894	3	1,0001	6,36	2,66	1,31	0,03	—	0,13	—	0,18	—	—	—	—	—	*K*
70		1899	4	0,9967	7,72	2,42	0,88	0,04	0,26	0,18	0,60	0,19	—	0,040	—	0,044	—	*W*
71	Irsch	1893	1	0,9954	8,00	2,34	0,74	0,06	—	—	0,72	0,17	—	—	—	—	—	*K*
72	Kesten	1892	4	0,9970	6,46	2,05	0,68	—	—	—	0,66	0,14	—	—	—	—	—	*M*
73		1897	1	0,9944	7,87	2,33	0,86	0,06	0,28	0,28	0,65	0,13	—	0,008	—	0,026	0,012	*S*
74	Kinheim	1892	1	0,9941	8,52	2,14	0,85	0,02	—	0,12	0,54	0,15	—	—	—	—	—	*K*
75		1892	2	0,9963	7,69	2,25	0,86	0,05	—	—	0,67	0,15	—	—	—	—	—	*M*
76		1893	4	0,9965	7,81	2,38	0,87	0,04	—	—	0,78	0,17	—	—	—	—	—	*M*
77		1894	1	0,9966	7,32	2,10	0,77	0,05	—	0,06	0,60	0,16	—	—	—	—	—	*K*
													CaO	MgO	K_2O			
78 *)	Langsur	1892	2	0,9963	6,92	1,96	0,86	0,03	—	0,09	0,62	0,17	—	0,011 [1]	0,067 [1]	0,029 [1]	0,033 [1]	*K*
79 **)		1892	3	0,9964	6,92	1,96	0,74	—	—	0,16	0,73	0,19	0,013	0,015	0,078	0,023	0,023	*S*
80	Leiwen **)	1892	3	0,9945	7,71	1,81	0,78	—	—	0,13	0,70	0,14	0,011	0,015	0,054	0,017	0,009	*S*
													Stickstoff	Freie Weinsäure	Chlor			
81		1896	2	0,9985	6,28	2,24	0,96	—	0,42	0,06	0,62	0,18	0,032	0,158	0,008	0,017	0,017	*S*
82		1897	1	0,9983	7,39	2,69	0,93	0,05	0,29	0,13	0,53	0,19	0,038	0	0,005	0,037	0,014	*S*
													CaO	MgO	K_2O			
83	Lieser	1893	2	0,9973	6,67	2,15	0,68	0,04	—	0,15	0,69	0,15	—	—	—	—	—	*K*
84	Longuich **)	1892	3	0,9951	7,35	1,91	0,68	—	—	0,15	0,73	0,14	0,010	0,018	0,055	0,027	0,007	*S*
85		1892	4	0,9947	7,92	1,95	0,58	0,05	—	—	0,61	0,14	—	—	—	—	—	*M*
86	Machern	1892	3	0,9942	8,08	1,93	0,59	0,04	—	—	0,64	0,13	—	—	—	—	—	*M*
87	Maring	1892	2	0,9950	8,04	2,12	0,87	0,01	—	0,15	0,61	0,12	0,012 [1]	0,020 [1]	0,043 [1]	0,016 [1]	0,016 [1]	*K*
													Weinstein	Freie Weinsäure	Stickstoff			
88	Mehring **)	1894	1	0,9986	5,77	2,19	0,95	0,06	—	0,20	0,52	0,13	—	—	—	—	—	*K*
89		1896	5	0,9933	6,78	2,03	0,80	—	0,40	0,10	0,58	0,16	—	0,106	0,032	0,020	0,012	*S*
90		1897	1	0,9981	8,14	1,77	0,56	0,04	0,33	0,14	0,85	0,12	—	0,124	—	0,042	0,009	*S*
91	Merl	1893	2	0,9955	7,37	2,01	0,61	0,05	—	—	0,71	0,15	—	—	—	—	—	*M*
92	Mesenich	1893	2	0,9960	8,19	2,42	0,77	0,04	—	—	0,75	0,16	—	—	—	—	—	*M*

*) P. Kulisch fand ferner:

	No. 78	87	106	176	180
Chlor	0,003 [1]	0,006 [1]	0,003	0,006	0,005 g [1]
Schweflige Säure . . .	0,006	0,006 [1]	0,004	—	0,010 g [1]

**) Vergl. Anmerkung *) S. 1182.

No.	Gemarkung und Jahrgang	Zahl der Proben	Spec. Gewicht	100 ccm Wein enthalten Gramm: Alkohol	Extrakt	Ges.-Säure (Weinsäure)	Flüchtige Säure (Essigsäure)	Weinsäure	Zucker	Glycerin	Mineral-stoffe	Weinstein	Freie Weinsäure	Stickstoff	Phosphor-säure (P_2O_5)	Schwefel-säure (SO_3)	Analytiker
93	Mertesdorf 1893	1	0,9947	8,73	2,33	0,72	0,05	—	—	—	0,15	—	—	—	—	—	—
94	Monzel 1897	1	0,9925	9,06	2,09	0,72	0,06	0,24	0,28	0,74	0,14	—	0	—	0,023	0,014	—
95	Mühlheim 1892	1	0,9949	8,44	2,18	0,86	0,03	—	0,11	0,62	0,13	—	—	—	—	—	*K*
96	Mühlheim 1893	2	0,9955	8,02	2,31	0,74	0,04	—	0,17	0,78	0,15	—	—	—	—	—	*K*
97	Mühlheim 1894	1	1,0006	5,75	2,53	1,13	0,064	—	0,18	0,51	0,17	—	—	—	—	—	*K*
98	Müstert 1898	1	0,9996	5,95	2,61	0,62	0,07	0,27	0,12	0,64	0,22	—	0	0,113	0,048	0,021	*S*
99	Neef 1892	3	0,9956	7,79	2,13	0,82	0,03	—	—	0,61	0,12	—	—	—	—	—	*M*
100	Neef 1893	3	0,9946	7,79	1,92	0,59	0,05	—	—	0,66	0,13	—	—	—	—	—	*M*
101	Neumagen 1897	2	0,9936	8,91	2,28	0,82	0,06	0,38	0,13	0,73	0,17	—	0,039	—	0,030	0,013	*S*
102	Niederemmel 1898	1	0,9978	6,66	2,43	0,58	0,06	0,25	0,12	0,61	0,20	—	0	0,092	0,045	0,017	*S*
103	Niederkonz 1898	1	1,0017	4,77	2,37	1,05	0,07	0,39	0,12	0,46	0,22	0,197	0	0,027	0,033	0,021	*S*
104	Niederleuken 1893	4	0,9951	7,70	2,06	0,71	0,05	—	0,15	0,73	0,14	—	—	—	—	—	*K*
												CaO	MgO	K_2O			
105	Nittel 1892	3	0,9966	6,36	2,04	0,78	—	—	0,14	0,78	0,18	0,013	0,016	0,068	0,022	0,022	*S*
106	Nittel 1892	2	0,9968	6,95	2,11	0,81	0,02	—	0,20	0,63	0,15	0,021	0,018	0,058	0,027	0,016	*K*
107	Nittel 1893	3	0,9985	6,41	1,89	0,68	0,05	—	0,10	0,68	0,14	—	—	—	—	—	*S*
												Weinstein	Freie Weinsäure	Stickstoff			
108	Nittel 1897	2	0,9982	6,21	2,28	0,96	0,03	0,42	0,15	0,75	0,17	—	0,190	—	0,021	0,011	*S*
109	Nittel 1898	3	1,0026	4,51	2,47	1,14	0,07	0,44	0,11	0,42	0,23	0,111	0,108	0,038	0,032	0,040	*S*
														SO_2			
110	Oberemmel 1890	3	0,9960	6,81	1,82	0,62	0,05	—	—	0,63	0,17	—	—	0,006	—	0,008	*F*
111	Oberemmel 1891	3	0,9965	7,68	2,26	0,64	0,06	—	—	0,58	0,19	—	—	0,011	—	0,013	*F*
														Stickstoff			
112	Oberkonz *) 1898	2	1,0022	4,47	2,54	1,20	0,06	0,38	0,10	0,41	0,21	0,165	0,051	0,029	0,028	0,030	*S*
113	Ockfen *) 1893	3	0,9957	7,95	2,31	0,71	0,04	—	—	0,82	0,16	—	—	—	—	—	*K*
114	Ockfen 1896	1	1,0003	5,14	2,33	1,19	—	0,39	0,14	0,51	0,17	—	0,098	0,045	0,022	0,028	*S*
115	Ockfen 1897	1	0,9977	7,80	2,82	0,64	0,09	0,26	0,26	0,62	0,20	—	0	—	0,030	0,019	*S*
116	Ockfen 1899	2	1,0039	7,56	4,25	1,25	0,09	0,24	1,11	0,54	0,26	—	0,064	—	0,059	—	*W*
117	Ockfen 1900	2	1,0012	8,19	4,20	1,00	0,05	0,20	0,68	1,00	0,20	0,033	0,024	—	0,043	—	*W*
118	Olewig *) 1896	1	0,9988	5,51	2,14	1,02	—	0,39	0,10	0,50	0,18	—	0,128	0,029	0,029	0,030	*S*
119	Olewig 1898	1	0,9967	7,26	2,47	0,71	0,07	0,39	0,11	0,65	0,20	0,056	0,135	0,094	0,038	0,027	*S*
120	Osann 1893	1	0,9962	7,22	1,99	0,63	0,04	—	0,15	0,71	0,13	—	—	—	—	—	*K*
121	Osann 1897	1	0,9942	8,56	1,97	0,62	0,12	0,27	0,23	0,70	0,14	—	0	—	0,019	0,013	*S*
122	Palzem *) 1898	1	1,0020	4,29	2,23	0,93	0,06	0,52	0,12	0,42	0,20	0,197	0,116	0,036	0,020	0,019	*S*
												CaO	MgO	SO_2			
123	Pisport *) 1890	2	0,9963	7,47	2,12	0,46	0,10	—	—	0,70	0,17	—	—	0,007	—	0,011	*F*
														K_2O			
124	Pisport 1892	6	0,9960	7,52	2,20	0,94	—	—	0,14	0,80	0,14	0,013	0,017	0,058	0,019	0,009	*S*
125	Pisport 1893	1	0,9952	8,52	2,47	0,57	0,05	—	0,17	0,59	0,17	—	—	—	—	—	*K*

*) Vergl. Anmerkung *) S. 1182.

No.	Gemarkung und Jahrgang		Zahl der Proben	Spec. Gewicht	100 ccm Wein enthalten Gramm: Alkohol	Extrakt	Ges.-Säure (Weinsäure)	Flüchtige Säure (Essigsäure)	Weinsäure	Zucker	Glycerin	Mineral-stoffe	Weinstein	Freie Weinsäure	Stickstoff	Phosphor-säure (P_2O_5)	Schwefel-säure (SO_3)	Analytiker
126	Pisport	1894	2	1,0001	7,01	2,92	1,25	0,05	—	0,23	0,63	0,17	—	—	—	—	—	*K*
127		1896	6	0,9982	6,18	2,26	0,75	—	0,33	0,10	0,65	0,17	—	0,032	0,052	0,030	0,018	*S*
128		1897	2	0,9965	9,27	3,08	0,78	0,05	0,32	0,17	0,93	0,18	—	0,038	0,067	0,033	0,016	*S*
129		1898	3	0,9994	6,47	2,72	0,73	0,05	0,27	0,16	0,66	0,21	0,113	0,005	0,095	0,045	0,024	*S*
130	Pölich	1894	1	0,9981	6,11	1,98	0,76	0,08	—	0,25	0,55	0,17	—	—	—	—	—	*K*
131	Pündrich	1894	1	0,9958	7,13	1,78	0,76	0,05	—	0,23	0,47	0,15	—	—	—	—	—	*K*
132	Rachtig	1892	1	0,9951	6,83	1,73	0,69	0,03	—	0,08	0,53	0,12	—	—	—	—	—	*K*
133		1892	1	0,9957	6,90	1,76	0,69	0,05	—	—	0,61	0,13	—	—	—	—	—	*M*
134		1893	1	0,0963	7,41	1,94	0,74	0,05	—	0,12	0,74	0,16	—	—	—	—	—	*K*
135		1893	2	0,9953	7,69	2,07	0,75	0,05	—	—	0,63	0,14	—	—	—	—	—	*M*
136	Reil	1892	1	0,9949	7,65	1,97	0,70	0,04	—	—	0,62	0,13	—	—	—	—	—	*M*
137		1893	2	0,9984	6,78	2,41	1,10	0,04	—	—	0,65	0,17	—	—	—	—	—	*M*
															SO_2			
138	Ruver	1890	4	0,9973	7,47	2,33	0,72	0,04	—	—	0,75	0,18	—	—	0,005	—	0,011	*F*
139		1893	4	0,9958	8,20	2,40	0,69	0,06	—	—	0,85	0,16	—	—	—	—	—	*K*
													CaO	MgO	K_2O			
140	Saar-burg*)	1892	4	0,9967	7,29	2,38	0,89	—	—	0,30	0,87	0,15	0,015	0,016	0,053	0,030	0,011	*S*
141		1893	3	0,9965	7,79	2,51	0,66	0,04	—	0,17	0,79	0,17	—	—	—	—	—	*K*
													Weinstein	Freie Weinsäure	An alkal. Erdegeb. Weins.			
142	Schoden	1893	2	0,9949	8,14	2,21	0,80	0,06	—	0,11	0,73	0,14	—	—	—	—	—	*K*
143		1897	1	0,9959	8,56	2,68	0,74	0,12	0,32	0,27	0,60	0,16	—	0,108	—	0,020	0,010	*S*
144		1899	1	0,9986	7,78	2,48	0,96	0,06	0,31	0,50	0,70	0,17	—	0,128	—	0,035	—	*W*
145		1900	1	0,9970	8,22	2,66	0,88	0,04	0,28	0,12	0,76	0,15	0,047	0,109	0,135	0,028	—	*W*
													CaO	MgO	K_2O			
146	Schweich *)	1892	4	0,9952	7,40	2,04	0,78	—	—	0,15	0,78	0,15	0,012	0,015	0,059	0,024	0,015	*S*
147		1893	1	0,9953	7,42	1,97	0,71	0,04	—	—	—	0,14	—	—	—	—	—	*K*
148		1894	1	0,9993	5,60	2,20	0,88	0,06	—	0,17	0,52	0,14	—	—	—	—	—	*K*
													Weinstein	Freie Weinsäure	Stickstoff			
149		1897	1	0,9966	6,59	2,03	0,65	0,08	0,35	0,17	0,71	0,15	—	0,098	—	0,025	0,022	*S*
150	Senheim	1892	1	0,9961	7,17	2,09	0,90	0,02	—	0,09	0,54	0,13	—	—	—	—	—	*K*
151	Staadt	1893	1	0,9949	8,77	2,43	0,63	0,05	—	—	0,77	0,22	—	—	—	—	—	*K*
152	Temmels *)	1898	1	1,0014	5,01	2,46	0,85	0,05	0,40	0,13	0,46	0,26	0,113	0,060	0,043	0,045	0,046	*S*
153	Traben	1892	1	0,9951	8,02	2,11	0,91	0,02	—	0,12	0,62	0,14	—	—	—	—	—	*K*
154		1893	2	0,9945	8,84	2,34	0,71	0,04	—	0,16	0,74	0,16	—	—	—	—	—	*K*
155		1894	1	0,9976	6,37	2,05	0,78	0,10	—	0,13	0,48	0,15	—	—	—	—	—	*K*
156	Trier	1893	4	0,9952	7,98	2,19	0,70	0,06	—	—	0,67	0,16	—	—	—	—	—	*K*
157	Trarbach *)	1898	1	0,9991	6,66	2,68	0,85	0,07	0,39	0,14	0,54	0,19	0,077	0,176	0,101	0,044	0,031	*S*
158	Tritten-heim*)	1897	1	0,9942	9,06	2,65	0,85	0,07	0,30	0,33	0,80	0,18	—	0	—	0,026	0,012	*S*
159		1898	1	0,9973	6,93	2,43	0,74	0,08	0,39	0,12	0,56	0,15	—	0,206	0,095	0,056	0,017	*S*

*) Vergl. Anmerkung *) S. 1182.

No.	Gemarkung und Jahrgang		Zahl der Proben	Spec. Gewicht	Alkohol	Extrakt	Ges.-Säure (Weinsäure)	Flüchtige Säure (Essigsäure)	Weinsäure	Zucker	Glycerin	Mineralstoffe	Weinstein	Freie Weinsäure	Stickstoff	Phosphorsäure (P_2O_5)	Schwefelsäure (SO_3)	Analytiker
					100 ccm Wein enthalten Gramm:													
160	Uerzig *)	1892	2	0,9960	7,50	2,13	0,74	0,05	—	—	0,65	0,15	—	—	—	—	—	*M*
161		1893	3	0,9966	7,06	2,12	0,66	0,04	—	—	0,73	0,19	—	—	—	—	—	*M*
162		1898	1	1,0001	6,59	2,68	0,74	0,09	0,28	0,15	0,51	0,19	—	0,019	0,095	0,052	0,024	*S*
163	Veldenz	1894	1	1,0002	4,84	2,38	1,12	0,024	—	0,13	0,43	0,15	—	—	SO_2 —	—	—	*K*
164	Waldrach	1893	4	0,9954	8,31	2,22	0,64	0,05	—	0,17	0,71	0,15	—	—	—	—	—	*K*
165	Wavern a. d. S. *)	1890	2	0,9974	6,99	2,16	0,46	0,05	—	—	0,64	0,19	—	—	0,005	—	0,015	*F*
166		1898	2	0,9989	7,23	2,73	0,72	0,06	0,23	0,18	0,70	0,21	0,155	0	Stickstoff 0,076	0,043	0,015	*S*
167	Wehlen *)	1892	1	0,9945	8,72	2,22	0,79	0,03	—	0,16	0,71	0,12	—	—	—	—	—	*K*
168		1898	2	1,0007	5,03	2,25	0,85	0,06	0,35	0,13	0,47	0,22	0,188	0	0,040	0,029	0,024	*S*
169	Wellen *)	1893	1	0,9965	6,14	1,72	0,62	0,03	—	0,10	0,59	0,15	—	—	—	—	—	*K*
170		1897	1	0,9977	6,47	2,26	0,79	0,03	0,36	0,12	0,72	0,17	—	0,109	—	0,025	0,006	*S*
171		1898	1	1,0009	4,71	2,23	0,83	0,08	0,41	0,12	0,43	0,24	0,103	0,056	0,043	0,046	0,040	*S*
172	Wiltlingen a. d. Saar	1893	6	0,9953	8,84	2,60	0,69	0,05	—	0,14	0,86	0,18	—	—	—	—	—	*K*
173		1894	1	1,0003	6,60	2,91	1,22	0,06	—	0,12	0,73	0,16	—	—	—	—	—	*K*
174		1900	1	0,9999	8,39	4,64	1,11	0,06	0,23	1,13	1,10	0,16	0,038	0,064	—	0,033	—	*W*
175	Winningen *)	1892	1	0,9942	7,43	1,82	0,55	0,03	—	—	0,69	0,13	—	—	—	—	—	*M*
176		1892	3	0,9948	8,47	2,24	0.83	0,02	SO_2 0,007 [2]	0,07	0,61	0,14	CaO 0,009	MgO 0,014	K_2O 0,060	0,026	0,007	*K*
177		1893	3	0,9951	8.26	2,33	0,73	0,05	—	0,11	0,75	0,17	—	—	—	—	—	*K*
178		1894	2	0,9993	6,67	2,64	1,05	0,048	—	0,11	0,57	0,21	—	—	—	—	—	*K*
179	Wintrich	1897	1	0,9936	9,27	2,41	0,88	0,08	Weinsäure 0,39	0,14	0,78	0,17	—	Freie Weinsäure 0,033	—	0,026	0,004	*S*
180	Wittlich (Lieserthal)	1892	2	0,9972	6,80	2,15	0,99	0,04	—	0,13	0,56	0,14	0,013	MgO 0,020	0,037	0,027	0,010 [1]	*K*
181		1893	2	0,9973	8,20	2,57	0,89	0,04	—	—	0,84	0,14	—	—	—	—	—	*K*
182		1900	3	0,9996	5,99	2,23	1,23	0,05	0,34	0,09	0,60	0,16	Weinstein 0,055	Freie Weinsäure 0,201	—	0,028	—	*W*
183	Zell	1893	2	0,9957	7,74	2,18	0,68	0,05	—	—	0,70	0,15	CaO —	MgO —	—	—	—	*M*
184		1894	1	0,9983	7,65	2,07	0,80	0,06	—	0,18	—	0,17	—	—	—	—	—	*K*
185	Zeltingen	1892	2	0,9965	7,64	2,29	0,87	0,04	—	—	0,64	0,15	—	—	—	—	—	*M*
186		„	1	0,9952	8,03	2,06	0,84	0,02	—	0,13	0,60	0,12	—	—	—	—	—	—
187		1893	1	0,9950	7,86	2,05	0,75	0,06	—	—	0,66	0,15	—	—	—	—	—	*M*
	Mittel		—	**0,9963**	**7,36**	**2,31**	**0,77**	**0,05**	**0,34**	**0,20**	**0,66**	**0,16**	**0,013**	**0,017**	**0,058**	**0,033**	**0,017**	
				Weinstein 0,171			Freie Weinsäure 0,071		Stickstoff 0,061			Chlor 0,008			Schweflige Säure 0,007			

*) Vergl. Anmerkung *) S. 1182.

Schwankungen der Jahrgänge 1892—1900.*)

Jahrgang	Zahl der Analysen	100 ccm Wein enthalten Gramm: Alkohol	Extrakt	Gesammt-Säure (=Weinsäure)	Zucker	Glycerin	Mineralstoffe
1892	87	6,02—8,72	1,61—2,55	0,58—1,03	0,05—0,33	0,45—0,97	0,11—0,17
1893	131	5,90—10,07	1,72—3,50	0,49—0,91	0,07—0,30 [50]	0,56—1,06 [118]	0,11—0,22
1894	36	4,56—8,50	1,78—3,29	0,59—1,41	0,01—0,26	0,39—0,88 [32]	0,12—0,22
1895**)	29	—	1,74—2,25	0,53—1,15	—	0,43—0,85	0,13—0,21
1896	18	4,89—7,12	1,78—2,55	0,56—1,19	0,05—0,14	0,50—0,75	0,15—0,19
1897	25	6,02—10,07	1,77—3,17	0,44—0,97	0,09—0,50	0,53—0,98	0,12—0,26
1898	25	4,29—7,66	2,08—2,94	0,56—1,36	0,10—0,21	0,40—0,75	0,15—0,26
1899	8	6,23—9,17	2,00—5,07	0,58—1,38	0,14—1,96	0,43—0,76	0,16—0,29
1900	9	5,76—9,72	1,95—5,50	0,73—1,24	0,07—1,13	0,57—1,10	0,14—0,20

Aeltere Analysen.

1. Saenz Diez, Ann. Chem. u. Pharm. 1854, **90**, 305.
2. v. Babo, Ann. Oenologie 1873, **3**, 224.
3. R. Kayser, Rep. analyt. Chem. 1884, 145.
4. R. Fresenius u. E. Borgmann, Zeitschr. analyt. Chem. 1883, **22**, 46.
5. W. Klinkenberg, Zeitschr. analyt. Chem. 1884, **23**, 514.
6. A. Stutzer, Zeitschr. analyt. Chem. 1888, **27**, 729.

II. Rheingau- und Maingau-Weine (einschl. des Kinzigthales).

Weissweine.

Ausser den in der deutschen Weinstatistik vorliegenden Analysen von R. Fresenius, E. Borgmann, W. Fresenius und L. Grünhut (*F*) und P. Kulisch (*K*) (vergl. auch Zeitschr. angew. Chem. 1893, 567) sind in die nachfolgende Uebersicht noch die Analysen von K. Windisch (*W*) (Zeitschr. Nahrungs- u. Genussm. 1901, 4, 625 und 1902, 5, 49 aufgenommen).

No.	Gemarkung und Jahrgang	Zahl der Proben	Spec. Gewicht	100 ccm Wein enthalten Gramm: Alkohol	Extrakt	Gesammt-Säure (Weinsäure)	Flüchtige Säure (Essigsäure)	Weinsäure	Zucker	Glycerin	Mineral-stoffe	Kalk (CaO)	Magnesia (MgO)	Kali (K_2O)	Phosphor-säure (P_2O_5)	Schwefel-säure (SO_3)	Analytiker
1	Eibingen 1890	3	0,9962	8,15	2,43	0,54	0,06	—	—	0,85	0,19	—	—	—	—	0,013	*F*
2	Eibingen 1891	1	0,9987	8,57	3,26	0,71	0,07	—	0,20	0,90	0,27	—	—	—	—	0,018	*F*
3 ⁰)	Eibingen 1892	1	0,9955	8,51	2,34	0,76	0,04	—	0,03	0,59	0,16	0,016	0,015	0,064	0,049	0,006	*K*
4	Eibingen 1893	7	0,9950	9,43	2,75	0,74	0,07	—	0,21	0,83	0,21	—	—	—	—	—	*K*
5	Eibingen 1894	4	0,9993	7,10	2,77	1,17	0,06	—	0,16	—	0,20	—	—	—	—	—	*K*
6	Eibingen ⁰⁰) 1900	2	0,9989	9,15	3,59	0,90	0,05	0,29	0,54	1,18	0,18	Weinstein 0,038	Freie Weinsäure 0,133	0,044	0,042	—	*W*

*) Der Gehalt an Extrakt (abzüglich des 0,1 g übersteigenden Zuckergehaltes), Extrakt minus Nichtflüchtige Säure, Extrakt minus Gesammtsäure bezw. Mineralstoffen lag unter 1,6 g, 1,1 g, 1,0 g, bezw. 0,13 g:

Zahl der Weine	Jahrgang 1892	1893	1894	1895	1896	1897	1898	1899	1900
Extrakt	0	0	0	—	0	0	0	0	0
Extrakt minus Nichtflücht. Säure	3	0	3	—	—	0	0	0	0
Extrakt minus Gesammt-Säure	0	0	2	—	0	0	0	0	0
Mineralstoffe	14	5	1	—	0	3	0	0	0

) Nach J. Moritz (Arb. Kaiserl. Gesundh.-Amt. 1897, **13, 307). Vom Extrakt ist die 0,1 g übersteigende Zuckermenge in Abzug gebracht.

⁰) Vergl. Anmerkung *) S. 1189. ⁰⁰) Eibingen und Geisenheim.

No.	Gemarkung und Jahrgang		Zahl der Proben	Spec. Gewicht	Alkohol	Extrakt	Ges.-Säure (Weinsäure)	Flüchtige Säure (Essigsäure)	Weinsäure	Zucker	Glycerin	Mineral-stoffe	Kalk (CaO)	Magnesia (MgO)	Kali (K_2O)	Phosphor-säure (P_2O_5)	Schwefel-säure (SO_3)	Analytiker
					100 ccm Wein enthalten Gramm:													
7	Eltville *)	1892	2	0,9951	8,39	2,36	0,79	0,03	—	0,16	0,70	0,15	0,016	0,015	0,057	0,029	0,010	*K*
8		1893	2	0,9957	9,90	2,88	0,59	0,08	—	0,34	0,88	0,23	—	—	—	—	—	*K*
													Wein-stein	Freie Wein-säure				
9	Erbach	1893	2	0,9956	9,88	3,16	0,64	0,06	—	0,30	1,01	0,20	—	—	—	—	—	*K*
10		1898	1	1,0008	8,59	3,71	0,89	0,05	0,13	0,30	1,05	0,31	0,128	0	—	—	—	*F*
11		1899	3	1,0018	8,62	4,14	1,05	0,05	0,15	0,56 [2]	1,11	0,28 [2]	—	0	—	0,049	—	*W*
12		1900	1	1,0034	10,59	5,34	0,85	0,07	0,16	0,83	1,61	0,36	0,196	0	—	—	—	*W*
													CaO	MgO				
13	Geisen-heim *) **)	1892	19	0,9951	8,64	2,38	0,77	0,04	—	0,21	0,74	0,14	0,020 [6]	0,016 [6]	0,042 [6]	0,026 [6]	0,012 [6]	*K*
14		1893	6	0,9965	8,75	2,70	0,71	0,06	—	0,18	0,91	0,16	—	—	—	—	—	*K*
15		1894	5	0,9988	7,37	2,78	0,94	0,05	—	0,25	—	0,19	—	—	—	—	—	*K*
													Wein-stein	Freie Wein-säure				
16		1899	5	0,9989	9,16	3,49	1,12	0,05	0,21	0,34	0,92	0,24	—	0,003 [4]	—	0,051	—	*W*
17		1900	2	0,9976	7,18	2,56	0,66	0,05	0,19	0,13	0,73	0,21	0,161	0,025	0,027	—	—	*W*
													CaO	MgO				
18	Geln-hausen *)	1892	1	0,9943	8,29	2,03	0,69	0,02	—	0,08	0,56	0,20	0,020	0,018	0,077	0,046	0,013	*K*
19		1893	2	0,9961	7,27	2,14	0,50	0,07	—	0,13	0,74	0,21	—	—	—	—	—	*K*
														Freie Wein-säure				
20	Hall-garten	1892	7	0,9951	8,44	2,33	0,79	0,03	—	0,17	0,77	0,15	—	—	—	—	—	*K*
21		1893	5	0,9975	8,89	3,02	0,69	0,05	—	0,53	0,98	0,17	—	—	—	—	—	*K*
22		1899	1	1,0007	7,15	3,17	1,10	0,07	0,29	0,24	0,88	0,21	—	0,075	—	0,048	—	*W*
														MgO				
23	Hatten-heim *)	1890	3	0,9971	8,00	2,59	0,62	0,06	—	—	1,00	0,20	—	—	—	—	0,012	*F*
24		1891	3	0,9984	7,82	2,87	0,68	0,05	—	0,20	0,78	0,20	—	—	—	—	0,016	*F*
25		1892	3	0,9952	8,80	2,38	0,74	0,04	—	0,14	0,83	0,18	0,023	0,014	0,070	0,037	0,007	*K*
26		1893	2	0,9954	9,24	2,73	0,59	0,05	—	0,22	0,86	0,23	—	—	—	—	—	*K*
27		1894	2	0,9998	7,16	3,06	0,93	0,03	—	0,22	0,75	0,21	—	—	—	—	—	*K*
													Wein-stein	Freie Wein-säure				
28		1898	1	1,0004	7,87	3,44	0,91	0,05	0,18	0,37	0,98	0,25	0,098	0	—	—	—	*F*
29		1899	4	1,0007	8,38	3,61	1,18	0,06	0,21	0,35	0,90	0,28	—	0,006	—	0,056	—	*W*
30		1900	2	1,0005	8,40	3,87	0,65	0,06	0,15	0,38	1,24	0,34	0,188	0	—	—	—	*W*

*) Die Weine enthielten ferner (g in 100 ccm):

	No. 3	7	13	18	23	24	25	33	39	45	46
Chlor	0,006	0,006	0,007 [6]	0,007	—	—	0,009 [2]	0,010 [3]	0,009	—	—
Schweflige Säure	0,007	0,009	0,006 [6]	0,006	0,004	0,005	0,006	0,008 [3]	0,003	0,028	0,008

	No. 47	50	56	57	58	64
Chlor	0,006	0,004	—	—	0,006 [1]	0,003
Schweflige Säure .	0,005	0,003	0,007	0,004	0,012 [1]	0,008

**) Einer der 1894-er Weine ist als aus den Gemarkungen Geisenheim und Eibingen stammend bezeichnet.

No.	Gemarkung und Jahrgang		Zahl der Proben	Spec. Gewicht	100 ccm Wein enthalten Gramm: Alkohol	Extrakt	Ges.-Säure (Weinsäure)	Flüchtige Säure (Essigsäure)	Weinsäure	Zucker	Glycerin	Mineralstoffe	Kalk (CaO)	Magnesia (MgO)	Schweflige Säure (SO_2)	Phosphorsäure (P_2O_5)	Schwefelsäure (SO_3)	Analytiker
31	Hochheim *)	1890	1	0,9990	7,06	2,56	0,36	0,07	—	—	0,86	0,36	—	—	0,008	—	0,017	*F*
32		1891	1	0,9972	8,23	2,56	0,85	0,08	—	—	0,63	0,24	—	—	0	—	0,013	*F*
33		1892	3	0,9940	9,25	2,35	0,73	0,06	—	0,13	0,69	0,18	0,016	0,017	K_2O 0,074	0,036	0,011	*K*
34		1894	1	1,0011	7,25	3,30	1,09	0,04	—	0,19	0,76	0,27	—	—	—	—	—	*K*
35		1898	1	0,9973	8,42	2,79	0,54	0,03	0,18	0,22	0,82	0,25	Weinstein 0,213	Freie Weinsäure 0	Schweflige Säure —	—	—	*F*
36		1899	1	0,9987	8,94	4,26	1,02	0,05	0,10	0,28	0,85	0,31	—	0	—	0,058	—	*W*
37	Johannisberg *)	1890	6	0,9982	7,00	2,55	0,64	0,05	—	—	0,92	0,19	—	—	0,008	—	0,011	*F*
38		1891	4	0,9997	7,42	2,97	1,04	0,05	—	0,15	0,67	0,23	—	—	0,005	—	0,021	*F*
39		1892	1	0,9962	8,08	2,24	0,97	0,05	—	0,10	0,55	0,16	CaO 0,024	MgO 0,018	K_2O 0,052	0,038	0,017	*K*
40		1898	3	0,9991	7,08	2,72	0,84	0,05	0,30	0,18	0,60	0,24	Weinstein 0,153	Freie Weinsäure 0,009 [1]	—	—	—	*F*
41		1899	2	0,9977	7,91	2,86	0,75	0,06	0,20	0,25	0,69	0,21	—	0,012	—	0,046 [1]	—	*W*
42		1900	1	0,9952	8,69	3,09	0,94	0,04	0,18	0,23	1,03	0,18	0,047	0,064	—	0,044	—	*W*
43	Kiedrich	1899	1	1,0018	8,78	4,24	1,00	0,04	—	0,44	1,07	0,33	—	—	—	0,095	—	*W*
44		1900	1	1,0006	8,27	3,77	0,54	0,07	0,21	0,26	1,48	0,29	0,150 CaO	0 MgO	0,035	0,064	—	*W*
45	Lorch *) **)	1890	1	0,9932	10,43	2,65	0,58	0,04	—	—	0,95	0,16	—	—	—	—	0,017	*F*
46		1891	1	0,9965	8,29	2,66	0,71	0,06	—	0,11	0,63	0,21	—	—	—	—	0,023	*F*
47		1892	2	0,9942	8,29	2,03	0,61	0,03	—	0,11	0,63	0,15	0,008	0,015	0,064	0,025	0,012	*K*
48		1894	4	0,9948	9,05	2,42	0,48	0,03	—	0,09	0,79	0,15	—	—	—	—	—	*K*
49		1898	4	0,9972	7,75	2,55	0,48	0,05	0,16	0,13	0,65	0,24	Weinstein 0,139	Freie Weinsäure 0	—	—	—	*F*
50	Lorchhausen *)	1892	1	0,9936	8.27	1,98	0,52	0,04	—	0,16	0,64	0,15	CaO 0,006	MgO 0,014	0,058	0,027	0,006	*K*
51	Mittelheim	1899	2	0,9988	7,69	3,06	0,69	0,05	0,12 [1]	0,15	0,79	0,25	Weinstein —	Freie Weinsäure 0 [1]	—	0,041	—	*W*
52		1900	2	0,9992	9,77	3,54	0,97	0,06	0,12	0,25	1,14	0,20	0,071	0,008	—	0,061	—	*W*
53	Oestrich	1892	1	0,9953	8,39	2,20	0,59	0,04	—	0,16	0,67	0,20	—	—	—	—	—	*K*
54		1894	1	1,0002	7,54	3,24	0,97	0,06	—	0,28	0,91	0,20	—	—	—	—	—	*K*
55	Rauenthal	1893	4	0,9944	9,10	2,54	0,63	0,05	—	0,14	0,94	0,18	—	—	—	—	—	*K*
56	Rüdesheim *)	1890	15	0,9967	8,74	2,74	0,49	0,06	—	—	1,03	0,21	—	—	—	—	0,013	*F*
57		1891	6	0,9972	9,28	3,13	0,67	0,07	—	0,19	0,93	0,27	—	—	—	—	0,022	*F*
58		1892	4	0,9948	8,91	2,46	0,68	0,03	—	0,15	0,69	0,17	CaO 0,014 [1]	MgO 0,015 [1]	0,060 [1]	0,046 [1]	0,007 [1]	*K*

*) Vergl. Anmerkung *) S. 1189.

**) No. 49 enthielt 0,049 g an alkalische Erden gebundene Weinsäure.

No.	Gemarkung und Jahrgang		Zahl der Proben	Spec. Gewicht	Alkohol	Extrakt	Ges.-Säure (Weinsäure)	Flüchtige Säure (Essigsäure)	Weinsäure	Zucker	Glycerin	Mineral-stoffe	Weinstein	Freie Weinsäure	Schweflige Säure (SO_2)	Phosphor-säure (P_2O_5)	Schwefel-säure (SO_3)	Analytiker
					100 ccm Wein enthalten Gramm:													
59	Rüdesheim	1898	7	0,9979	8,10	2,86	0,60	0,07	0,12	0,13	0,73	0,27	0,127	0	—	—	—	*F*
60		1899	6	0,9969	10,00	3,38	0,84	0,04	0,16	0,41	0,96 [5]	0,25	—	0	—	0,060	—	*W*
61		1900	5	0,9959	9,28	2,90	0,68	0,04	0,19	0,32	1,08	0,19	0,077	0,052	—	0,028 [2]	—	*W*
62	Wiesbaden *)	1890	1	1,0000	5,94	2,51	0,57	0,05	—	—	0,78	0,27	—	—	0,007	—	0,013	*F*
63		1891	1	0,9994	5,92	2,48	0,74	0,04	—	0,01	0,61	0,28	—	—	0,003	—	0,025	*F*
64		1892	2	0,9959	7,84	2,37	0,88	0,04	—	0,08	0,71	0,20	CaO 0,019	MgO 0,016	K_2O 0,080	0,043	0,013	*K*
65		1894	1	0,9998	5,70	2,34	0,87	0,06	—	0,15	0,57	0,19	—	—	—	—	—	*K*
66		1898	1	1,0060	4,65	3,16	1,62	0,02	0,28	0,12	0,35	0,30	Weinstein 0,177	Freie Weinsäure 0	0,121	—	—	*F*
67	Winkel	1899	2	0,9979	8,63	3,07	0,90	0,05	0,23	0,27	0,92	0,22	—	0,047	—	0,037	—	*W*
68		1900	1	0,9971	8,47	3,23	0,98	0,03	0,11	0,20	1,05	0,27	0,113	0	—	0,040	—	*W*
	Mittel		—	**0,9977**	**8,12**	**2,91**	**0,77**	**0,05**	**0,18**	**0,23**	**0,85**	**0,20**	**0,130**	**0,017**	**0,062**	**0,045**	**0,014**	
					Kalk 0,017		Magnesia 0,016			Schweflige Säure 0,006			Chlor 0,007					

Schwankungen der Jahrgänge 1892—1900.**)

Jahrgang	Zahl der Analysen	Alkohol	Extrakt	Gesammt-Säure (=Weinsäure)	Zucker	Glycerin	Mineralstoffe
		100 ccm Wein enthalten Gramm:					
1892	45	7,83— 9,41	2,61—2,74	0,59—0,97	0,02—0,41	0,54—0,88	0,11—0,22
1893	30	6,73—11,76	2,08—3,69	0,45—0,85	0,09—0,85	0,64—1,15	0,14—0,34
1894	14	5,70— 8,54	2,26—3,35	0,65—1,37	0,06—0,69	0,57—0,91 [5]	0,16—0,27
1895***)	20	—	1,94—2,51 ***)	0,40—0,78	—	0,59—0,89	0,14—0,26
1896***)	18	—	2,33—3,77 ***)	0,80—1,42	—	0,53—1,18 [16]	0,14—0,25
1897***)	29	—	2,35—4,22 ***)	0,51—1,15	—	0,58—1,56	0,16—0,35
1898	18	4,65— 9,63	2,30—3,51	0,41—1,62	0—0,37	0,35—1,05	0,21—0,34
1899	29	7,15—10,49	2,68—4,55	0,69—1,40	0,09—1,02 [28]	0,51—1,23 [28]	0,19—0,34 [28]
1900	17	6,98—10,59	2,48—5,34	0,54—1,01	0,12—0,92	0,71—1,48	0,15—0,36

*) Vergl. Anmerkung *) S. 1189.

**) Bezüglich ihres Gehaltes an a) Extrakt (abzüglich des 0,1 g übersteigenden Zuckergehaltes), b) Extrakt minus Nichtflüchtige Säure, c) Extrakt minus Gesammt-Säure und d) Mineralstoffen genügten den Anforderungen des Weingesetzes 3 1892-er Weine in ihrem Aschengehalte nicht; im Uebrigen genügten sämmtliche Weine den Anforderungen des Weingesetzes (1901). Doch ist hierbei zu berücksichtigen, dass die Weine vielfach aus besonders guten Lagen stammten.

***) Nach der von J. Moritz bezw. G. Sonntag bearbeiteten Weinstatistik (Arb. Kaiserl. Gesundh.-Amt, 1897, **13**, 306, 1898, **14**, 601, 1899, **15**, 212). — Der 0,1 g übersteigende Zuckergehalt ist vom Extrakt in Abzug gebracht.

Rothweine.

No.	Gemarkung und Jahrgang		Zahl der Proben	Spec. Gewicht	100 ccm Wein enthalten Gramm: Alkohol	Extrakt	Ges.-Säure (Weinsäure)	Flüchtige Säure (Essigsäure)	Gerb- und Farbstoff	Zucker	Glycerin	Mineral-stoffe	Kalk (CaO)	Magnesia (MgO)	Kali (K_2O)	Phosphor-säure (P_2O_5)	Schwefel-säure (SO_3)	Analytiker
1	Ass-	1886	1	0,9966	10,67	3,48	0,62	0,07	0,24	Spur	—	0,27	—	—	—	—	0,018	P. Kulisch[1] *)
2	manns-	1890	3	0,9974	10,08	3,40	0,59	0,07	—	—	0,86	0,31	—	—	—	—	0,017	
3	hausen	1892	1	0,9974	9,35	3,19	0,55	0,10	—	0,21	0,63	0,27	0,014	0,019	0,133	0,067	0,014	
4		1886	1	0,9954	9,05	2,50	0,51	0,05	0,13	Spur	—	0,27	—	—	—	—	0,024	
5	Geisen-	1892	1	0,9959	8,06	2,28	0,49	0,07	—	0,15	0,53	0,22	0,012	0,019	0,091	0,029	0,032	
6	heim	1893	2	0,9942	8,80	2,39	0,52	0,07	—	0,08	0,71	0,16	—	—	—	—	—	
7		1894	1	0,9953	8,84	2,43	0,66	0,03	—	0 18	—	0,16	—	—	—	—	—	
	Mittel		—	**0,9960**	**9,26**	**2,81**	**0,56**	**0,07**	**0,19**	**0,10**	**0,63**	**0,24**	**0,013**	**0,019**	**0,112**	**0,048**	**0,021**	

Naturweine aus demselben Weinberge der Kgl. Lehranstalt zu Geisenheim.
(Boden: Leichter, sandiger Lehm. — Zeit der Untersuchung: Kurz vor dem ersten Abstich.)
Analysen von P. Kulisch, Zeitschr. angew. Chem. 1892, 238.

Traubensorte und Jahrgang		Spec. Gewicht	100 ccm Wein enthalten Gramm: Alkohol	Extrakt	Ges.-Säure (Weinsäure)	Flüchtige Säure (Essigsäure)	Weinstein	Freie Weinsäure	Glycerin	Mineral-stoffe	Kalk (CaO)	Magnesia (MgO)	Kali (K_2O)	Phosphor-säure (P_2O_5)	Schwefel-säure (SO_3)
1889	Elbling	0,9951	8,28	2,27	0,55	0,034	0,113	0	0,89	0,16	0,010	0,007	0,074	0,047	0,006
	Sylvaner . . .	0,9935	9,82	2,45	0,49	0,040	0,103	0	0,95	0,19	0,009	0,014	0,088	0,051	0,010
	desgl. u. Riesling	0,9935	9,39	2,22	0,58	0,036	0,132	0	0,84	0,14	0,010	0,015	0,065	0,048	0,010
	Riesling . . .	0,9957	9,65	2,62	0,68	0,040	0,114	0,062	1,03	0,15	0,012	0,014	0,056	0,055	0,007
	desgl. u. Traminer	0,9945	9,73	2,63	0,80	0,038	0,141	0,101	0,96	0,13	0,011	0,011	0,055	0,044	0,015
	Rothwein aus Burgunder **) . .	0,9966	9,53	2,98	0,68	0,036	0,181	0	0,92	0,28	0,012	0,019	0,132	0,059	0,028
1890	Elbling	0,9966	6,60	1,91	0,75	0,029	0,216	0,090	0,69	0,12	0,012	0,015	0,053	0,015	0,006
	Sylvaner . . .	0,9956	8,38	2,46	0,57	0,037	0,174	0	0,93	0,17	0,011	0,017	0,076	0,029	0,008
	Riesling . . .	0,9970	8,22	2,78	0,79	0,046	0,185	0,100	1,10	0,14	0,012	0,019	0,057	0,023	0,005
	desgl. u. Traminer	0,9972	8,05	2,77	0,68	0,028	0,207	0,015	1,11	0,14	0,010	0,018	0,059	0,022	—
	Rothwein aus Burgunder **) . .	0,9959	9,37	2,60	0,46	0,065	0,169	0	0,83	0,26	0,007	0,019	0,135	0,042	—
1891	Elbling	0,9971	7,04	2,24	0,81	0,039	0,226	0,045	0,46	0,18	0,015	0,018	0,072	0,024	—
	Sylvaner . . .	0,9953	8,16	2,27	0,64	0,037	0,188	0,105	0,54	0,16	0,007	—	0,065	0,029	—
	Riesling u. Tram.	0,9979	8,07	2,80	1,12	0,038	0,254	0,263	0,56	0,14	0,016	0,018	0,054	0,038	—
	Rothwein aus Burgunder **) . .	0,9974	8,10	2,66	0,52	0,069	0,141	0	0,72	0,27	0,011	0,019	0,135	0,050	—

Sämmtliche Weine enthielten nur unbestimmte Spuren von Zucker. Ihr optisches Verhalten war normal. — Der Gehalt an Gerb- und Farbstoff betrug bei den Rothweinen:

1889: 0,308 g, 1890: 0,200 g, 1891: 0,149 g.

[1]) *K* = P. Kulisch: Zeitschr. angew. Chem. 1892, 238; 1893, 567 u. Zeitschr. analyt. Chem. 1894, **33**, 629; 1895, **34**, 649.

*) Kulisch fand ferner an schwefliger Säure und Chlor:

	No. 2	3	5
Schweflige Säure	0,004 g	0,003 g	0,003 g
Chlor	—	0,004 g	0,004 g

**) Früh- und Spätburgunder.

Aeltere Analysen.

a) Weissweine.

1. R. Fresenius, Ann. Chem. u. Pharm. 1846, **63**, 384.
2. Man. Saenz Diez, Ann. Chem. u. Pharm. 1854, **90**, 305.
3. G. Glässner, Naumann's Jahresbericht für Chemie 1872, 1043.
4. R. Fresenius, E. Borgmann und W. Fresenius, Zeitschr. analyt. Chem. 1883, **22**, 46; 1884, **23**, 44; 1888, **27**, 750; 1889, **28**, 525 und 1890, **29**, 520.
5. Rich. Meyer, Jahresbericht der naturforschenden Gesellschaft Graubünden 1884, **28**, 83.

b) Rothweine.

1. M. Saenz Diez, Ann. Chem. u. Pharm. 1894, **90**, 305.
2. C. Neubauer, Ann. der Oenologie 1872, **2**, 30.

III. Weine des Rheinthales unterhalb des Rheingaues, des Nahe- und Glanthales, sowie des Ahrthales.

Weissweine.

1. Weine des Rheinthales unterhalb des Rheingaues.

No.	Gemarkung und Jahrgang	Zahl der Proben	Spec. Gewicht	100 ccm Wein enthalten Gramm: Alkohol	Extrakt	Ges.-Säure (Weinsäure)	Flüchtige Säure (Essigsäure)	Schweflige Säure (SO_2)	Zucker	Glycerin	Mineralstoffe	Kalk (CaO)	Magnesia (MgO)	Kali (K_2O)	Phosphorsäure (P_2O_5)	Schwefelsäure (SO_3)	Analytiker
1	Bacharach 1893	1	0,9942	8,71	2,40	0,56	0,04	—	0,13	0,93	0,16	—	—	—	—	—	P. Kulisch[1] *)
2	Boppard 1892	1	0,9970	6,92	2,18	0,82	0,03	0,006	0,09	0,66	0,14	0,016	0,020	0,044	0,024	0,011	
3	Caub 1893	1	0,9944	8,36	2,23	0,61	0,05	—	0,12	0,70	0,13	—	—	—	—	—	
4	Coblenz 1892	1	0,9929	9,37	1,95	0,73	0,02	—	0,07	0,59	0,15	—	—	—	—	—	
5	Damscheidt 1893	1	0,9970	7,41	2,41	0,76	0,07	—	0,21	0,87	0,14	—	—	—	—	—	
6	Königswinter 1893	1	0,9925	10,55	2,30	0,67	0,03	—	0,14	0,84	0,19	—	—	—	—	—	
7	Mannbach 1892	1	0,9953	7,61	2,03	0,72	0,02	0,004	0,10	0,63	0,13	0,009	0,018	0,051	0,031	0,008	
8	Mannbach 1893	1	0,9969	7,69	2,77	0,64	0,05	—	0,22	0,80	0,17	—	—	—	—	—	
9	Niederburg 1893	1	0,9981	7,46	2,66	0,89	0,05	—	0,27	0,77	0,17	—	—	—	—	—	
10	Niederheimbach 1894	1	0,9981	6,97	2,49	0,85	0,04	—	0,16	0,61	0,16	—	—	—	—	—	
11	Oberdiebach 1892	1	0,9957	7,21	2,23	0,85	0,04	0,008	0,07	0,68	0,15	0,014	0,016	0,063	0,025	0,045	
12	Oberdiebach 1894	1	0,9989	6,69	2,56	1,04	0,04	—	0,13	0,46	0,19	—	—	—	—	—	
13	Oberheimbach 1892	1	0,9936	8,22	2,04	0,64	0,03	0,004	0,09	0,65	0,12	0,008	0,016	0,046	0,027	0,009	
14	Oberheimbach 1893	1	0,9978	7,06	2,61	0,57	0,10	—	0,18	0,74	0,16	—	—	—	—	—	
15	Oberheimbach 1894	1	0,9988	7,16	2,86	0,94	0,04	—	0,19	0,67	0,14	—	—	—	—	—	
16	Oberwesel 1892	1	0,9929	9,60	2,24	0,73	0,03	0,003	0,13	0,72	0,12	0,015	0,018	0,040	0,031	0,010	
17	Oberwesel 1893	1	0,9955	8,83	2,64	0,69	0,06	—	0,18	0,92	0,14	—	—	—	—	—	
	Mittel	—	**0,9959**	**7,99**	**2,39**	**0,75**	**0,04**	**0,005**	**0,15**	**0,72**	**0,15**	**0,012**	**0,018**	**0,049**	**0,028**	**0,017**	

[1]) Zeitschr. angew. Chem. 1893, 567; Zeitschr. analyt. Chem. 1894, **33**, 629 und 1895, **34**, 649.

*) Kulisch fand ferner an

	No. 2	7	11	13	16
Chlor	0,008	0,006	0,007	0,003	0,006 g

2. Weine des Nahe- und Glanthales.[1])

No.	Gemarkung und Jahrgang		Zahl der Proben	Spec. Gewicht	100 ccm Wein enthalten Gramm: Alkohol	Extrakt	Ges.-Säure (Weinsäure)	Flüchtige Säure (Essigsäure)	Weinsäure	Zucker	Glycerin	Mineralstoffe	Weinstein	Freie Weinsäure	Kali (K_2O)	Phosphorsäure (P_2O_5)	Schwefelsäure (SO_3)	Analytiker
1	Bretzenheim	1892	1	0,9934	9,76	2,31	0,75	0,03	—	0,17	0,75	0,13	—	—	—	—	—	*K*
2		1893	1	0,9940	8,91	2,36	0,64	0,04	—	0,16	0,84	0,14	—	—	—	—	—	*K*
3		1894	1	0,9986	6,19	2,33	0,67	0,08	—	0,14	0,62	0,19	—	—	—	—	—	*K*
4		1900	3	0,9957	8,19	2,35	0,76	0,05	0,14	0,13	0,83	0,19	0,085	0	—	0,046	—	*W*
5	Langenlonsheim	1888	2	—	7,13	2,39	0,63	—	—	—	0,64	0,23	—	—	—	0,058	—	*M*
6		1892	1	0,9946	8,34	2,13	0,77	0,03	—	0,14	0,65	0,13	—	—	—	—	—	*K*
7	Meddersheim	1892	1	0,9955	7,73	2,14	0,79	0,02	—	0,14	0,62	0,18	—	—	—	—	—	*K*
8	Meisenheim	1892	1	0,9945	7,98	1,94	0,70	0,02	—	0,15	0,60	0,15	—	—	—	—	—	*K*
9		1893	1	0,9969	8,38	2,73	0,78	0,02	—	0,50	0,67	0,15	—	—	—	—	—	*K*
10	Monzingen	1893	6	0,9943	9,02	2,41	0,54	0,04	—	0,10	0,90	0,16	—	—	—	—	—	*K*
11		1900	2	0,9939	9,53	2,51	0,73	0,04	0,23	0,09	0,78	0,17	0,080	0,073	—	—	—	*W*
12	Niederhausen*)	1892	1	0,9945	7,66	2,00	0,57	0,02	0,21	—	0,60	0,19	CaO 0,010	MgO 0,017	0,060	0,016	0,015	*K*
13	Odernheim	1892	1	0,9954	7,88	2,17	0,67	0,02	—	0,14	0,70	0,18	—	—	—	—	—	*K*
14	Sponheim*)	1892	1	0,9948	7,79	2,01	0,60	0,03	—	0,11	0,71	0,19	0,014	0,013	0,090	0,029	0,012	*K*
15		1893	1	0,9943	9,36	2,10	0,42	0,04	—	0,33	0,63	0,20	—	—	—	—	—	*K*
16	Staudernheim	1892	1	0,9956	7,94	2,07	0,79	0,02	—	0,11	0,55	0,17	Weinstein —	Freie Weinsäure —	—	—	—	*K*
17	Weiler bei Bingerbrück	1900	4	0,9974	7,87	1,91	0,49	0,04	0,18	0,05	0,63	0,18	0,118	0,010	0,026 [1]	0,046	—	*W*
18	Winzenheim	1892	1	0,9941	8,82	2,14	0,74	0,02	—	0,16	0,59	0,14	—	—	—	—	—	*K*
19		1893	2	0,9944	9,28	2,61	0,68	0,04	—	0,21	0,89	0,15	—	—	—	—	—	*K*
20		1894	2	0,9986	6,16	2,36	0,72	0,08	—	0,12	0,60	0,17	—	—	—	—	—	*K*
	Mittel		—	**0,9953**	**8,20**	**2,25**	**0,67**	**0,04**	**0,19**	**0,16**	**0,69**	**0,17**	**0,094**	**0,028**	**0,059**	**0,039**	**0,014**	

Rothweine.

1. Weine des Rheinthales unterhalb des Rheingaues.[2])

No.	Gemarkung und Jahrgang		Zahl der Proben	Spec. Gewicht	Alkohol	Extrakt	Ges.-Säure (Weinsäure)	Flüchtige Säure (Essigsäure)	Weinsäure	Zucker	Glycerin	Mineralstoffe	Weinstein	Freie Weinsäure	Kali (K_2O)	Phosphorsäure (P_2O_5)	Schwefelsäure (SO_3)	Analytiker
1	Königswinter	1887	1	—	7,65	2,40	0,51	—	—	—	—	0,31	—	—	—	0,061	0,015	*St*
2		1893	1	0,9941	10,55	2,97	0,47	0,10	—	0,14	0,78	0,24	—	—	—	—	—	*K*
3	Unkel	1899	1	1,0001	8,43	3,57	0,80	0,03	0,17	0,27	0,73	0,32	—	0	—	0,076	—	*W*
4		1900	2	0,9961	9,34	2,88	0,62	0,12	0,13	0,21	0,65	0,27	0,150	0	0,032	0,062	—	*W*

[1]) Analytiker: *K* = P. Kulisch (Zeitschr. angew. Chem. 1893, 567; Zeitschr. analyt. Chem. 1894, **33**, 629 und 1895, **34**, 649; *M* = J. Mayrhofer (Zeitschr. analyt. Chem. 1889, **28**, 525 und 1893, **32**, 647; *W* = K. Windisch (Zeitschr. Nahrungs- u. Genussm. 1902, **5**, 49).

[2]) Analytiker: *St* = A. Stutzer; *K* = P. Kulisch (Zeitschr. analyt. Chem. 1894, **33**, 629); *W* = K. Windisch (Zeitschr. Nahrungs- u. Genussm. 1901, **4**, 625 und 1902, **5**, 49.)

*) No. 12 enthielt keine freie Weinsäure. No. 14 enthielt 0,017 g schweflige Säure und 0,004 g Chlor.

2. Weine des Ahrthales.

1. Ahrrothweine des Winzerkasinos in Ahrweiler.

No.	Gemarkung und Jahrgang	Zahl der Proben	Spec. Gewicht	Alkohol Vol. %	Extrakt %	Ges.-Säure (Weinsäure) %	Flücht. Säure (Essigsäure) %	Weinstein %	Zucker %	Glycerin %	Mineralstoffe %	Farb- und Gerbstoff %	Stickstoff %	Kali (K_2O) %	Phosphorsäure (P_2O_5) %	Schwefelsäure (SO_3) %	Analytiker
1	Walportsheimer Berg, Schiefer 1865	1	0,9932	11,12	2,80	0,51	0,08	0,19	0,08	—	0,20	0,221	0,059	0,094	0,040	—	*C. Neubauer* [1]) *)
2	Walportsheimer Berg, Schiefer 1867	1	0,9942	9,32	2,72	0,42	0,07	0,20	0,12	—	0,19	0,229	0,087	0,089	0,050	—	
3	desgl., Clevner Rebe . . . 1868	1	0,9933	10,63	2,65	0,42	0,06	0,17	0,16	—	0,25	0,229	0,031	0,139	0,054	—	
4	Clevner Rebe, verschiedene Lagen 1868	1	0,9950	9,19	2,40	0,46	0,07	0,20	0,13	—	0,21	0,213	0,036	0,115	0,047	—	
5	Clevner Rebe, verschiedene Lagen 1867	1	0,9915	10,84	2,55	0,51	0,10	0,08	0,09	—	0,21	0,187	0,057	0,074	0,065	—	
6	desgl., Ebene, Lehm . . . 1868	1	0,9953	9,50	2,72	0,53	0,07	0,19	0,06	—	0,26	0,231	0,027	0,131	0,065	—	
7	Ahrweiler Berg, Clevner Rebe . 1867	1	0,9952	8,25	2,52	0,52	0,08	0,25	0,08	—	0,18	0,190	0,063	0,100	0,051	—	
8	Marienthaler Berg, Portugieser . 1867	1	0,9957	7,93	2,14	0,53	0,08	0,22	0,11	—	0,21	0,099	0,023	0,111	0,040	—	
9	desgl., Clevn. Rebe 1868	1	0,9917	10,80	2,32	0,45	0,06	0,17	0,14	—	0,20	0,168	0,043	0,106	0,043	—	
10	Frühburgunder Traube, Ebene, schwerer Lehm	1	0,9944	10,13	2,71	0,50	0,08	0,22	0,13	—	0,20	0,272	0,047	0,100	0,100	—	
	2. Neuere Analysen. [2]) 100 ccm Wein enthalten Gramm:																
								Weinsäure				Weinstein	Freie Weinsäure				
11	Ahrweiler . . 1892	1	0,9961	8,83	2,66	0,64	0,03	—	0,16	0,72	0,22	—	—	—	—	—	*K*
12	Dernau . . . 1893	1	0,9940	11,19	3,22	0,65	0,04	—	0,12	0,99	0,25	—	—	—	—	—	*K*
13	Mayschoss . 1893	1	0,9948	10,61	3,12	0,72	0,03	—	0,12	0,94	0,22	—	—	—	—	—	*K*
14	Mayschoss . 1899	1	0,9984	7,86	2,97	0,66	0,05	0,19	0,23	0,71	0,26	—	0	—	0,054	—	*W*
15	Mayschoss . 1900	3	0,9989	7,69	3,01	0,69	0,04	0,16	0,09	0,92	0,30	0,203	0	0,041	0,050 [2]	—	*W*
16	Rech . . . 1892	1	0,9958	8,86	2,52	0,51	0,03	—	0,17	0,67	0,23	—	—	—	—	—	*K*
17	Rech . . . 1893	2	0,9934	11,07	3,07	0,68	0,04	—	0,20	1,00	0,23	—	—	—	—	—	*K*
18 **)	Walportzheim 1892	1	0,9948	9,58	2,72	0,53	0,04	—	0,18	0,81	0,23	CaO 0,013	MgO 0,019	0,097	0,050	0,009	*K*
19	Walportzheim 1894	2	0,9953	9,43	2,81	0,59	0,05	—	0,10	0,67	0,25	—	—	—	—	—	*K*
	Mittel (No. 11—19)	—	**0,9957**	**9,47**	**2,90**	**0,63**	**0,04**	**0,18**	**0,15**	**0,83**	**0,24**	**0,013**	**0,019**	**0,069**	**0,051**	**0,009**	

[1]) Ann. d. Oenologie 1872, **2**, 34.

[2]) Analytiker: *K* = P. Kulisch, Zeitschr. angew. Chem. 1893, 567 und Zeitschr. analyt. Chem. 1894, **33**, 629 und 1895, **34**, 649; *W* = K. Windisch, Zeitschr. Nahrungs- u. Genussm. 1901, **4**, 625 und 1902, **5**, 49.

*) Die obigen Weine, welche pasteurisirt waren, waren nach dem übereinstimmenden Urtheil der Sachverständigen klarer und wohlschmeckender als die nicht pasteurisirten Weine.

C. Neubauer wendete folgende Untersuchungs-Verfahren an: Spec. Gewicht wurde mit dem Pyknometer bei 15° C. bestimmt, Alkohol in 100 ccm Wein durch Destillation und Ermittelung des spec. Gewichts von dem auf 100 ccm gebrachten Destillat bei 15,5° C., Extrakt durch Eindampfen von 10 ccm Wein in einer Platinschale bis zur Syrupdicke, Umfüllen des letzteren in ein mit Glassplittern beschicktes, in einem verschlossenen Glasrohr vorher tarirtes Porzellanschiffchen, Verdunsten der Flüssigkeit auf dem Wasserbade und 1½—2 stündiges Trocknen des Rückstandes im Trockenapparat (Zeitschr. analyt. Chem. 1862, **1**) unter gleichzeitigem Durchleiten eines trocknen Luftstromes; zur Bestimmung der Säure diente $^1/_{10}$ N.-Natronlauge. Für die Bestimmung des Farb- und Gerbstoffes wurde das Verfahren von Löwenthal (Journ. f. prakt. Chem. **81**), wie folgt, angewendet: Eine abgemessene Menge Wein wurde durch Destillation von Alkohol befreit und wieder bis zum ursprünglichen Volumen aufgefüllt; 10 ccm dieser Flüssigkeit wurden bis zu ½—¾ l mit Wasser verdünnt, 20 ccm Indigocarminlösung, 10 ccm verdünnte Schwefelsäure zugesetzt und mit Chamäleon titrirt. Um die neben Farb- und Gerbstoff durch Chamäleon oxydirbaren Stoffe zu bestimmen, wurden 10 ccm der Flüssigkeit mit Wasser verdünnt, mit Thierkohle entfärbt und filtrirt; das Filtrat wurde dann nach dem Auswaschen der Thierkohle in derselben Weise mit Chamäleon titrirt; die Differenz beider Bestimmungen gab die Menge Farb- und Gerbstoff.

**) Schweflige Säure 0,002 g; Chlor: 0,007 g.

IV. Rheinhessische Weine.

Ergebnisse der Deutschen Weinstatistik. Analysen von J. Mayrhofer.

Weissweine.

No.	Gemarkung und	Jahrgang	Zahl der Proben	Spec. Gewicht	100 ccm Wein enthalten Gramm:												
					Alkohol	Extrakt	Gesammt-Säure (Weinsäure)	Flüchtige Säure (Essigsäure)	Weinsäure	Zucker	Glycerin	Mineral-stoffe	Kalk (CaO)	Magnesia (MgO)	Kali (K_2O)	Phosphor-säure (P_2O_5)	Schwefel-säure (SO_3)
1	Abenheim **)	1895	1	0,9944	8,77	2,27	0,63	0,03	0,31	Spur	0,75	0,16	—	—	—	0,023	0,010
2	Alsheim *) **)	1892	1	0,9939	8,91	2,20	0,56	—	0,26	0,19	0,77	0,16	0,008	0,017	0,055	0,022	0,012
3		1893	1	0,9941	9,78	2,52	0,56	—	0,14	0,14	1,10	0,22	0,012	0,018	0,092	0,027	0,013
4		1894	1	0,9970	6,34	2,19	0,65	—	0,21	0	0,71	0,22	0,010	0,020	0,146	0,010	0,013
5		1895	2	0,9961	9,69	2,30	0,46	0,04	0,21	<0,1 ***)	0,78	0,19	—	—	—	0,029	0,015
6	Aspisheim **)	1892	1	0,9947	7,53	1,80	0,55	0,01	0,18	0,06	0,62	0,15	0,014	0,018	0,073	0,032	0,018
7	Bechtheim *) **)	1892	1	0,9941	8,98	2,33	0,47	—	0,20	0,24	0,75	0,18	0,011	0,017	0,050	0,022	0,022
8		1894	1	0,0967	6,66	2,10	0,65	—	0,22	0	0,64	0,16	0,013	0,016	0,068	0,009	0,020
9		1895	1	0,9934	9,49	2,36	0,41	0,05	0,16	Spur	1,08	0,23	—	—	—	0,031	0,020
10	Bodenheim **)	1890	1	0,9961	6,93	2,15	0,48	—	—	—	0,51	0,23	—	—	—	0,037	—
11		1892	2	0,9928	9,35	2,06	0,39	—	—	0,38	0,73	0,18	—	—	—	0,022	—
12		1896	4	0,9983	7,08	2,70	0,61	0,04	0,18	0,13	0,80	0,24	—	—	—	0,028	0,013
13	Büdesheim	1897	2	0,9960	8,28	2,69	0,68	0,04	0,19	0,11	0,84	0,21	—	—	—	0,027	—
14	Dexheim **)	1893	1	0,9939	8,35	2,11	0,54	—	0,20	0,12	0,68	0,20	0,008	0,015	0,065	0,012	0,024
15		1897	1	0,9960	7,66	2,32	0,48	0,04	0,18	—	0,55	0,23	—	—	—	0,022	—
16	Dolgesheim **)	1895	1	0,9936	8,77	2,38	0,47	—	0,16	Spur	0,92	0,24	—	—	—	0,037	0,025
17		1896	1	0,9994	4,89	2,13	0,68	0,10	0,20	Spur	0,43	0,28	—	—	—	0,029	0,020
18		1897	1	0,9986	6,02	2,37	0,44	0,05	0,18	—	0,48	0,29	—	—	—	0,035	—
19	Drommersheim	1890	2	0,9968	7,03	2,03	0,83	—	—	—	0,52	0,20	—	—	—	0,036	—
20	Ebersheim *) **)	1892	2	0,9940	8,52	2,09	0,48	0,006	0,21	0,10	0,89	0,18	0,008	0,018	0,071	0,022	0,017
21		1893	1	0,9952	7,39	2,10	0,49	—	0,22	0,17	0,77	0,23	0,011	0,015	0,063	0,020	0,015
22	Elsheim	1890	2	0,9992	5,81	1,97	0,90	—	—	—	0,42	0,19	—	—	—	0,022	—
23	Essenheim **)	1893	1	0,9940	7,66	1,93	0,56	—	0,22	0,09	0,79	0,17	0,013	0,017	0,088	0,026	0,012
24		1896	2	0,9993	4,77	1,91	0,70	0,09	0,24	Spur	0,42	0,22	—	—	—	0,025	0,014
25		1897	3	0,9980	7,02	2,55	0,70	0,03	0,19	0,28	0,64	0,22	—	—	—	0,028	—
26	Gau-Bischoffsheim **)	1897	5	0,9978	7,37	2,70	0,67	0,03	0,16	0,12	0,75	0,24	—	—	—	0,036	—
27		1898	1	1,0000	5,51	2,44	0,61	0,06	0,16	0,03	0,35	0,30	—	—	—	—	—
28	Gau-Algesheim **)	1890	1	0,9955	7,33	1,85	0,60	—	—	—	0,51	0,16	—	—	—	0,021	—
29		1892	3	0,9941	8,41	1,91	0,57	0,04	—	0,08	0,73	0,16	0,009	0,016	0,060	0,018	0,010
30		1893	3	0,9928	8,55	1,93	0,52	0,07	0,23	0,12	0,77	0,17	0,005	0,011	0,041	0,021	0,019
31		1894	1	0,9960	6,59	1,92	0,63	—	0,22	—	0,57	0,19	0,006	0,016	—	0,017	0,019
32		1895	2	0,9916	9,89	2,09	0,42	0,04	0,15	0,11	0,79	0,20	—	—	—	0,030	0,016
33		1896	2	0,9953	6,34	1,90	0,64	0,05	0,26	<0,1	0,68	0,18	—	—	—	0,021	0,012

*) Der Gehalt an Chlor und schwefliger Säure betrug bei

	No. 2	7	20	29
Chlor	0,001	0,001	Spur	0,001 g
Schweflige Säure . . .	—	—	0,005 [1]	0,002 „

**) Freie Weinsäure war bei No. 3, 4—9, 12, 14, 16, 17, 20, 21, 23, 24, 27 und 31—33 nicht vorhanden, No. 1 enthielt 0,090 g, No. 2: 0,023 g und von den Weinen No. 30 enthielt der eine keine, die beiden anderen dagegen enthielten 0,037 und 0,046 g freie Weinsäure.

***) < 0,1 bedeutet hier und im Folgenden, dass der Wein weniger als 0,1 g Zucker enthielt.

No.	Gemarkung und Jahrgang		Zahl der Proben	Spec. Gewicht	Alkohol	Extrakt	Gesammt-Säure (Weinsäure)	Flüchtige Säure (Essigsäure)	Weinsäure	Zucker	Glycerin	Mineral-stoffe	Kalk (CaO)	Magnesia (MgO)	Kali (K_2O)	Phosphor-säure (P_2O_5)	Schwefel-säure (SO_3)
					100 ccm Wein enthalten Gramm:												
34	Gross-Wintern-heim **)	1890	2	0,9962	6,85	1,90	0,77	—	—	—	0,65	0,14	—	—	—	0,031	—
35		1891	1	0,9970	6,78	2,01	0,54	—	—	—	0,55	0,19	—	—	—	0,054	—
36		1895	2	0,9940	7,67	1,90	0,53	0,04	0,29	Spur	0,72	0,17	—	—	—	0,022	0,014
37	Gumbs-heim *) **)	1890	1	0,9984	5,75	1,99	0,93	—	—	—	0,42	0,23	—	—	—	0,021	—
38		1891	2	1,0008	5,10	2,06	0,91	—	—	—	0,39	0,25	—	—	—	0,030	—
39		1892	2	0,9942	8,23	1,81	0,72	—	0,16	0,10	0,62	0,17	0,009	0,021	0,080	0,016	0,015
40		1893	3	0,9937	7,48	1,82	0,45	—	0,19	0,17 [1] <0,1 [2]	0,87	0,18	0,010	0,014	—	0,010	0,015
41		1894	2	0,9990	5,42	1,98	0,55	—	0,20	0,08	0,48	0,25	0,008	0,015	—	0,018	0,037
42		1895	1	0,9953	6,86	2,02	0,34	0,04	0,12	Spur	0,82	0,28	—	—	—	0,029	0,016
43		1896	1	0,9994	4,59	1,84	0,63	0,08	0,21	—	0,35	0,27	—	—	—	—	0,022
44		1897	2	0,9989	5,93	2,27	0,74	0,03	0,16	—	0,45	0,27	—	—	—	0,031	—
45	Gunters-blum **)	1894	1	0,9950	7,87	2,19	0,51	—	0,17	0,05	0,73	0,23	0,012	0,015	0,100	0,022	0,022
46		1895	1	0,9931	9,34	2,43	0,48	0,04	0,13	Spur	0,89	0,26	—	—	—	0,035	0,017
47		1897	1	0,9969	8,91	3,03	0,53	0,07	0,13	0,05	0,70	0,31	—	—	—	0,039	—
48		1898	1	0,9982	6,34	2,34	0,60	0,05	0,18	0	0,41	0,31	—	—	—	—	—
49	Hahn-heim *) **)	1890	1	0,9955	7,53	1,92	0,44	—	—	—	0,58	0,23	—	—	—	0,025	—
50		1892	1	0,9931	9,06	2,15	0,57	—	0,19	0,15	0,89	0,17	0,007	0,016	0,070	0,013	0,010
51		1893	2	0,9944	9,17	2,39	0,43	—	0,13	0,24	0,85	0,27	0,010	0,022	—	0,018	0,015
52		1894	1	0,9978	5,76	1,99	0,37	—	—	0,08	0,52	0,26	0,012	0,020	—	0,027	0,021
53		1895	1	0,9921	9,63	2,26	0,31	0,04	0,07	0	0,76	0,31	—	—	—	0,039	0,034
54		1896	2	0,9975	5,67	1,99	0,42	0,02	0,13	0	0,44	0,33	—	—	—	0,029	0,020
55		1897	2	0,9957	7,84	2,41	0,42	0,03	0,13	—	0,56	0,27	—	—	—	0,036	—
56	Harxheim *) **)	1892	1	0,9930	8,70	2,00	0,50	0,04	0,19	0,10	0,84	0,17	0,009	0,017	0,052	0,024	0,020
57		1896	1	0,9994	4,95	2,11	0,59	0,07	0,19	0	0,39	0,18	—	—	—	0,027	0,022
58	Heimersheim **)	1898	1	0,9991	6,27	2,37	0,80	0,04	0,19	0,08	0,32	0,27	—	—	—	—	—
59	Hessloch **)	1890	1	1,0020	4,12	1,93	0,87	—	—	—	0,34	0,24	—	—	—	0,037	—
60		1895	1	0,9937	8,56	2,13	0,54	0,09	0,17	0,06	0,82	0,21	—	—	—	0,034	0,014
61		1898	1	0,9968	7,60	2,54	0,57	0,06	0,16	0,05	0,49	0,30	—	—	—	—	—
62	Hillesheim **)	1896	1	0,9993	5,26	2,14	0,59	0,03	0,17	Spur	0,37	0,29	—	—	—	0,031	0,018
63		1897	1	0,9982	6,47	2,48	0,50	0,05	0,15	—	0,44	0,31	—	—	—	0,036	—
64	Jugenheim *) **)	1892	1	0,9939	8,43	1,98	0,47	—	0,23	0,14	0,73	0,17	0,009	0,018	—	0,015	0,019
65	Kempten	1890	1	0,9939	10,08	2,56	0,49	—	—	—	0,69	0,25	—	—	—	0,036	—
66	Lörzweiler **)	1890	1	0,9991	6,00	2,20	0,84	—	—	—	0,44	0,19	—	—	—	0,028	—
67		1892	1	0,9934	9.28	2,10	0,50	—	0,20	0,09	0,68	0,21	0,008	0,018	—	0,024	—
68		1896	1	0,9993	4,71	1,90	0,50	0,03	0,08	<0,1	0,48	0,28	—	—	—	—	—

*) Der Gehalt an Chlor und schwefliger Säure betrug bei

	No. 39	50	56	64
Chlor	0,003	0,001	—	0,001 g
Schweflige Säure . . .	—	—	0,005	— "

**) Freie Weinsäure war bei No. 36, 39—43, 45, 46, 48, 50, 51, 53, 54, 56, 58, 60—62, 67, 68 nicht vorhanden.

No.	Gemarkung und Jahrgang		Zahl der Proben	Spec. Gewicht	100 ccm Wein enthalten Gramm:												
					Alkohol	Extrakt	Gesammt-Säure (Weinsäure)	Flüchtige Säure (Essigsäure)	Weinsäure	Zucker	Glycerin	Mineral-stoffe	Kalk (CaO)	Magnesia (MgO)	Kali (K_2O)	Phosphor-säure (P_2O_5)	Schwefel-säure (SO_3)
69	Mettenheim *) **)	1892	1	0,9944	8,91	2,35	0,41	—	0,18	0,36	0,74	0,21	0,008	0,019	0,087	0,026	0,014
70		1895	1	0,9928	9,56	2,25	0,49	0,03	0,18	Spur	0,78	0,20	—	—	—	0,032	0,016
71	Mommenheim *) **)	1892	1	0,9937	8,71	2,01	0,38	—	0,17	0,12	0,76	0,16	0,008	0,014	—	0,014	0,014
72	Monzernheim	1895	1	0,9927	9,49	2,08	0,53	0,02	0,17	Spur	0,66	0,21	—	—	—	0,030	0,017
73	Nierstein *) **)	1890	4	0,9960	8,03	2,31	0,56	—	—	—	0,66	0,27	—	—	—	0,037	—
74		1891	4	0,9955	8,75	2,08	0,49	—	—	—	0,72	0,22	—	—	—	0,039	—
75		1892	3	0,9937	9,13	2,09	0,46	—	0,19	0,07	0,77	0,22	0,007	0,016	0,081	0,030	0,017
76		1894	1	0,9959	8,07	2,49	0,66	—	0,14	0,10	0,87	0,22	0,011	0,018	0,098	0,022	0,018
77		1895	1	0,9919	10,14	2,43	0,37	0,07	0,26	Spur	0,95	0,28	—	—	—	0,041	0,015
78		1896	1	0,9968	7,94	1,91	0,54	0,05	0,14	Spur	1,07	0,24	—	—	—	0,018	—
79		1897	1	0,9962	10,07	3,18	0,51	0,05	0,09	0,21	0,88	0,30	—	—	—	0,046	—
80	Ober-Ingelheim**)	1895	2	0,9934	8,58	1,93	0,61	0,05	0,38	0,08	0,66	0,16	—	—	—	0,022	0,015
81	Oberolm	1893	1	0,9941	9,63	2,82	0,49	—	0,16	0,12	0,99	0,29	0,011	0,020	—	0,017	0,019
82	Ockenheim	1890	2	0,9961	7,77	2,05	0,76	—	—	—	0,57	0,22	—	—	—	0,033	—
83		1895	2	0,9916	9,92	2,09	0,46	0,03	0,14	0,05	0,81	0,22	—	—	—	0,065	0,016
84		1896	1	0,9953	8,21	2,31	0,53	0,05	0,14	<0,1	0,84	0,22	—	—	—	—	—
85	Oppenheim *)	1892	2	0.9939	9,04	2,24	0,42	—	0,15	0,14	0.79	0,26	0,008	0,018	0,080	0,026	0,024
86		1896	1	0,9975	6,02	2,08	0,51	0,04	0,19	Spur	0,51	0,23	—	—	—	0,015	0,018
87		1897	1	0,9954	8,98	2,78	0,65	0,06	0,20	0,13	0,88	0,19	—	—	—	0,030	—
88	Osthofen	1894	1	0,9975	6,40	2,18	0,60	—	0,23	0,12	0,67	0,22	0,015	0,012	0,094	0,010	0,026
89		1895	1	0,9919	9,58	2,08	0,52	0,03	0,38	Spur	0,77	0,17	—	—	—	0,028	0,018
90	Selzen	1896	1	0,9983	4,35	2,01	0,51	0,05	0,14	—	0,37	0,26	—	—	—	0,022	0,020
91	Sprendlingen *) **)	1890	2	0,9967	6,47	1,78	0,76	—	—	—	0,55	0,21	—	—	—	0,035	—
92		1891	2	0,9985	5,88	1,81	0,52	—	—	—	0,47	0,26	—	—	—	0,031	—
93		1892	2	0,9948	7,91	1.99	0,80	—	0,17	0,13	0,80	0,19	0,012	0,019	0,079	0,021	0,015
94		1893	3	0,9951	8,21	2,24	0,59	—	0,14	0,25	0,92	0,20	0,013	0,018	0,043	0,014	0,015
95		1894	2	0,9980	5,54	1,99	0,75	—	0,21	Spur	0,50	0,22	0,012	0,017	—	0,013	0,026
96		1895	2	0,9933	8,01	2,00	0,39	0,07	0,34	0,17	0,64	0,24	—	—	—	0,027	0,018
97		1896	2	0,9998	5,08	1,86	0,63	0,02	0,22	<0,1	0,50	0,23	—	—	—	0,024	0,019
98		1897	2	0,9978	7,04	2,39	0,62	0,03	0,15	0,12	0,64	0,26	—	—	—	0,031	—
99	Stadecken **)	1892	1	0,9930	8,86	1,89	0,39	—	0,19	0,12	0,73	0,16	—	—	—	0,016	0,017
100		1893	1	0,9949	7,19	2,14	0,51	—	0,23	0,20	0,75	0,18	0,011	0,019	—	0,010	0,016
101		1896	1	0,9989	4,65	1,80	0,62	0,02	0,23	0	0,41	0,22	—	—	—	0,029	0,022

*) Der Gehalt an Chlor betrug bei

	No. 69	71	75	85	93	99
Chlor	Spur	0,002	Spur	0,001	0,001	0,001 g

**) Freie Weinsäure war bei No. 69—71, 76—78, 83—86, 88—90 und 93—101 nicht vorhanden. Von No. 75 enthielt der eine Wein 0,023 g, der andere keine freie Weinsäure. Von No. 80 enthielt der eine keine, der andere bei 0,465 g Gesammt-Weinsäure 0,180 g freie Weinsäure.

No.	Gemarkung und Jahrgang	Zahl der Proben	Spec. Gewicht	100 ccm Wein enthalten Gramm: Alkohol	Extrakt	Gesammt-Säure (Weinsäure)	Flüchtige Säure (Essigsäure)	Weinsäure	Zucker	Glycerin	Mineral-stoffe	Kalk (CaO)	Magnesia (MgO)	Kali (K_2O)	Phosphor-säure (P_2O_5)	Schwefel-säure (S_3O)
102	Sulzheim 1896	1	1,0020	4,35	2,33	1,20	0,03	0,23	0	0,49	0,23	—	—	—	0,026	0,022
103	*) **) 1897	1	0,9974	6,86	2,31	0,59	0,03	0,20	—	0,56	0,23	—	—	—	0,024	—
104	Udenheim 1896	1	0,9979	5,06	1,77	0,60	0,03	0,22	Spur	0,42	0,23	—	—	—	0,024	0,021
105	Vendersheim 1895	2	0,9929	8,63	2,02	0,51	0,05	0,14	0,04	0,88	0,19	—	—	—	0,028	0,015
106	1896	2	1,0033	4,08	2,29	1,16	0,03	—	<0,1	0,39	0,26	—	—	—	0,016	—
107	1897	2	0,9983	5,99	2,17	0,78	0,03	0,20	0,15	0,52	0,20	—	—	—	0,025	—
108	Wallertheim *) 1898	1	0,9962	6,93	2,01	0,58	0,03	0,15	0,06	0,45	0,19	—	—	—	—	—
109	Weinolsheim 1892	1	0,9938	8,91	2,16	0,47	—	0,17	0,02	0,78	0,21	0,007	0,018	0,084	0,020	0,020
110	*) ***) 1895	1	0,9928	9,78	2,21	0,43	0,08	0,25	0	0,82	0,26	—	—	—	0,033	0,020
111	Weisenau-Laubenheim 1891	1	0,9967	7,47	2,26	0,35	—	—	—	0,60	0,32	—	—	—	0,036	—
112	Welgersheim *) 1892	1	0,9950	7,26	1,93	0,70	0,06	0,12	—	0,64	0,16	0,013	0,020	0,086	0,012	0,014
113	Wintersheim 1897	1	0,9992	5,89	2,36	0,65	0,05	0,20	—	0,42	0,26	—	—	—	0,039	—
114	Wörrstadt 1890	1	0,9971	5,56	1,87	0,51	—	—	—	0,51	0,23	—	—	—	0,042	—
115	*) 1896	1	1,0005	3,69	1,89	0,69	0,03	0,25	Spur	0,40	0,22	—	—	—	0,030	0,017
116	Zotzenheim *) 1892	1	0,9934	8,28	1,87	0,60	0,02	0,16	0,04	0,72	0,18	0,010	0,016	0,078	0,014	0,014
	Mittel	—	**0,9960**	**7,42**	**2,15**	**0,58**	**0,04**	**0,19**	**0,08**	**0,63**	**0,22**	**0,010**	**0,017**	**0,075**	**0,025**	**0,008**

Rothweine.

No.	Gemarkung und Jahrgang	Zahl der Proben	Spec. Gewicht	Alkohol	Extrakt	Gesammt-Säure	Flüchtige Säure	Weinsäure	Zucker	Glycerin	Mineral-stoffe	Kalk	Magnesia	Kali	Phosphor-säure	Schwefel-säure
1	Ober-Ingelheim 1892	2	0,9960	8,73	2,52	0,46	—	0,21	0,15	0,76	0,27	0,007	0,019	0,100	0,043	0,016
2	⁰) 1895	3	0,9945	9,15	2,56	0,46	0,12	0,21	0,16	0,74	0,28	—	—	—	0,040	0,015
3	1898	3	0,9986	7,97	3,10	0,42	0,06	0,11	0,19	0,67	0,33	—	—	—	—	—
4	Ockenheim 1890	1	0,9947	9,04	2,29	0,51	—	—	—	0,65	0,28	—	—	—	0,040	—
5	⁰) 1895	1	0,9946	9,13	2,45	0,39	0,04	0,17	0,25	0,69	0,31	—	—	—	0,042	0,026
	Mittel	—	**0,9957**	**8,80**	**2,58**	**0,45**	**0,07**	**0,18**	**0,19**	**0,70**	**0,29**	**0,007**	**0,019**	**0,100**	**0,041**	**0,019**

Ueber einige ältere (1887-er) Rothweine von Bodenheim, Frei-Weinheim, Heidesheim, Nieder-Saulheim, Saulheim und Stadecken vergl. die Analysen von Egger in Zeitschr. analyt. Chem. 1888, 27, 729.

*) Freie Weinsäure war bei No. 102, 105, 108—110, 112, 115 und 116 nicht vorhanden.

**) Der 1897-er ist als aus der Eichloch-Sulzheimer Gemarkung stammend bezeichnet.

***) Der Gehalt an Chlor betrug bei No. 109: 0,003 g.

⁰) Der Gehalt an Chlor betrug bei No. 1: 0,001 g. Freie Weinsäure war in No. 1—3 und 5 nicht vorhanden.

Schwankungen der Jahrgänge 1892—1899.*)

Jahrgang	Zahl der Analysen	100 ccm Wein enthalten Gramm:					
		Alkohol	Extrakt	Gesammt-Säure (= Weinsäure)	Zucker	Glycerin	Mineralstoffe
1892	32	7,26—9,94	1,76—2,73	0,38—0,72	0—0,52	0,56—0,95	0,14—0,29
1893	17	7,19—10,52	1,68—2,82	0,40—0,65	⟨0,1—0,30	0,70—1,10	0,15—0,29
1894	11	5,20—8,07	1,86—2,49	0,37—0,93	0—0,12	0,40—0,87	0,16—0,26
1895	30	6,86—10,14	1,70—2,70	0,31—0,70	0—0,34	0,53—1,08	0,16—0,31
1896	27	3,69—8,21	1,77—3,01	0,42—1,23	0—0,21 [26]	0,35—1,06	0,17—0,34
1897	26	5,38—10,07	1,95—3,18	0,42—1,02	Spur—0,68 [15]	0,42—0,99	0,19—0,31
1898	8	5,51—8,63	2,01—3,39	0,41—0,80	0—0,20	0,32—0,73	0,19—0,37
1899 **)	21	—	2,04—2,61**)	0,48—1,11	—	0,29—0,72	0,17—0,29

Aeltere und unvollständige Analysen.

1. Man. Saenz Diez, Ann. Chem. u. Pharm. 1854, **90**, 305.
2. C. Neubauer, Ann. Oenologie 1872, **2**, 32.
3. Schellenberger, Ann. Oenologie 1873, **3**, 228.
4. R. Fresenius u. E. Borgmann, Zeitschr. analyt. Chem. 1883, **22**, 46.
5. Egger, Zeitschr. analyt. Chem. 1888, **27**, 729 und 1889, **28**, 525.
6. J. Mayrhofer, Zeitschr. analyt. Chem. 1890, **29**, 509.

V. Hessische Weine.***)

(Weine der Bezirke Oberhessen, Bergstrasse und Odenwald.)

Ergebnisse der Deutschen Weinstatistik. Analysen von H. Weller (z. Th. [1893] in Gemeinschaft mit L. Schnell und G. Wirtz). Es sind nur die Naturweine in die nachfolgende Zusammenstellung aufgenommen.

I. Weine der Bergstrasse.[0])

Weissweine.

No.	Gemarkung und Jahrgang		Zahl der Proben	Spec. Gewicht	100 ccm Wein enthalten Gramm:												
					Alkohol	Extrakt	Gesammt-Säure (Weinsäure)	Flüchtige Säure (Essigsäure)	Weinsäure	Zucker	Glycerin	Mineral-stoffe	Kalk (CaO)	Magnesia (MgO)	Kali (K_2O)	Phosphor-säure (P_2O_5)	Schwefel-säure (SO_3)
1	Alsbach [00])	1892	3	0,9946	8,33	2,03	0,67	0,06	—	0,11	0,97	0,19	0,008	0,017	0,066	0,027	0,036
2		1895	1	0,9936	9,50	2,11	0,57	0,04	—	Spur	0,84	0,19	—	—	—	0,037	0,023
3	Auerbach [00])	1889	2	—	7,84	2,03	0,58	—	—	0,15	0,88	0,24	—	—	—	0,038	—
4		1890	1	—	8,71	2,62	0,55	—	—	0,11	0,98	0,26	—	—	—	0,041	—
5		1891	5	—	8,42	2,34	0,78	—	—	0,20	0,84	0,23	—	—	—	0,049	0,036
6		1892	12	0,9936	9,12	2,06	0,68	0,06	—	0,10	0,93	0,20	0,013	0,013	0,078	0,032	0,025
7		1893	7	0,9938	9,49	2,31	0,56	0,02	—	0,08	0,93	0,26	—	—	—	0,040	0,043
8		1894	5	0,9979	7,22	2,01	0,63	0,05	—	0,07	0,82	0,20	0,010	0,014	0,086	0,028	0,022

*) Bezüglich ihres Gehaltes an a) Extrakt (abzüglich des 0,1 g übersteigenden Zuckergehaltes), b) Extrakt minus Nichtflüchtige Säure, c) Extrakt minus Gesammt-Säure, d) Mineralstoffen genügten, soweit die erforderlichen Bestimmungen ausgeführt sind, sämmtliche Weine mit Ausnahme eines 1892-er Weines (mit 0,93 g Extrakt minus Gesammt-Säure) den Anforderungen des Weingesetzes (1901).

) Nach G. Sonntag (Arb. Kaiserl. Gesundh.-Amt 1901, **18, 355). Bei dem angegebenen Extrakt sind die 0,1 g übersteigenden Zuckermengen in Abzug gebracht.

***) An älteren Analysen liegen 7 Analysen von Weinen der Bergstrasse von R. Kersting (Ann. Chem. und Pharm. 1849, **70**, 250) vor.

[0]) Vergl. auch die badischen Weine von der Bergstrasse.

[00]) Vergl. Anmerkung *) S. 1201.

No.	Gemarkung und Jahrgang		Zahl der Proben	Spec. Gewicht	Alkohol	Extrakt	Gesammt-Säure (Weinsäure)	Flüchtige Säure (Essigsäure)	Weinsäure	Zucker	Glycerin	Mineral-stoffe	Kalk (CaO)	Magnesia (MgO)	Kali (K_2O)	Phosphor-säure (P_2O_5)	Schwefel-säure (SO_3)
					100 ccm Wein enthalten Gramm:												
9	Auerbach *) **)	1895	6	0,9930	9,61	2,11	0,55	0,04	—	0,14	0,86	0,21	—	—	—	0,049	0,038
10		1896	5	0,9975	7,14	2,39	0,73	0,05 [3]	—	0,16	0,68	0,23	—	—	—	0,035	0,028
11		1897	7	0,9968	7,87	2,22	0,62	0,05	—	0,01	0,67	0,24	0,020	0,013	—	0,034	0,021
12		1898	8	0,9944	8,63	2,17	0,59	0,10	0,15	0,08	0,70	0,27	—	—	—	0,027	0,047
13	Bensheim *) **)	1889	4	—	7,88	1,95	0,71	—	—	0,15	0,63	0,21	—	—	—	0,037	0,009
14		1890	4	—	8,59	2,18	0,79	—	—	0,09	0,88	0,19	—	—	—	0,036	0,031
15		1891	4	—	9,56	1,92	0,53	—	—	0,05	0,85	0,21	—	—	—	0,032	0,016
16		1892	17	0,9933	9,16	2,09	0,67	0,06	—	0,08	0,97	0,20	0,015	0,013	0,062	0,028	0,018
17		1893	3	0,9951	9,81	2,58	0,72	0,03	—	0,09	0,88	0,26	—	—	—	0,045	0,034
18		1894	9	0,9972	7,30	2,15	0,65	0,06	—	0,10	0,62	0,25	0,017	0,012	0,093	0,035	0,025
19		1895	5	0,9950	8,04	2,05	0,60	0,04	—	0,01	0,83	0,25	—	—	—	0,039	0,059
20		1896	7	0,9987	6,76	2,27	0,70	—	—	0,08	0,60	0,26	—	—	—	0,047	0,022
21		1897	7	0,9958	7,50	2,17	0,63	0,04	—	0,02	0,62	0,24	0,015	0,011	—	0,033	0,027
22		1898	4	0,9981	6,67	2,27	0,66	0,08	0,15	0,10	0,75	0,31	—	—	—	0,039	0,060
23	Hambach *)	1892	1	0,9928	9,57	2,03	0,45	0,02	—	0,15	1,17	0,19	0,014	0,012	0,066	0,026	0,034
24	Heppenheim *) **)	1890	2	—	8,70	2,09	0,61	—	—	0,14	0,87	0,20	—	—	—	0,035	—
25		1891	3	—	9,00	2,14	0,64	—	—	0,15	0,86	0,22	—	—	—	0,042	0,022
26		1892	2	0,9942	9,24	2,23	0,77	0,08	—	0,08	1,12	0,21	0,021	0,013	0,062	0,038	0,027
27		1893	9	0,9947	8,82	2,19	0,63	0,02	—	0,09	0,74	0,23	—	—	—	0,030	0,045
28		1894	7	0,9965	7,93	1,99	0,52	0,05	—	0,08	0,68	0,24	0,013	0,012	0,087	0,033	0,020
29		1895	5	0,9942	8,48	2,00	0,60	0,05	—	0,06	0,79	0,25	—	—	—	0,029	0,043
30		1896	8	0,9966	7,54	2,23	0,71	—	—	0,11	0,62	0,24	—	—	—	0,028	0,021
31		1897	4	0,9974	8,03	2,29	0,69	0,06	—	Spur	0,68	0,28	0,014	0,012	—	0,031	0,031
32		1898	1	0,9980	8,36	2,45	0,55	0,08	0,08	0,10	0,74	0,36	—	—	—	0,035	0,040
33	Jugenheim *)	1889	2	—	8,36	2,76	0,85	—	—	0,22	0,81	0,29	—	—	—	0,051	0,046
34		1890	1	—	7,60	2,57	0,54	—	—	0,12	0,78	0,27	—	—	—	0,050	0,053
35		1891	1	—	8,14	2,64	0,89	—	—	0,16	1,01	0,22	—	—	—	0,037	0,060
36		1893	2	0,9939	8,37	2,08	0,70	0,02	—	0,08	0,93	0,17	0,011	0,014	0,071	0,036	0,038
37	Schönberg *)	1890	1	—	7,64	2,06	0,73	—	—	0,20	0,77	0,18	—	—	—	0,042	—
38		1892	1	0,9926	9,33	1,81	0,68	0,04	—	0,05	1,17	0,16	—	—	—	0,021	0,007
39		1894	1	0,9980	5,06	2,12	0,50	0,05	—	0,07	0,60	0,25	0,023	0,011	0,075	0,032	0,015
40		1895	1	0,9925	8,79	2,02	0,68	0,03	—	0,10	0,92	0,18	—	—	—	0,043	0,016
41	Seeheim *)	1892	1	0,9952	8,36	2,07	0,48	0,06	—	0,10	1,05	0,24	0,017	0,010	0,080	0,046	0,035
42		1893	1	0,9936	10,15	2,47	0,56	0,03	—	0,10	0,85	0,26	—	—	—	0,038	0,038
43		1894	3	0,9959	7,35	1,99	0,70	0,04	—	0,08	0,69	0,18	0,010	0,011	0,072	0,027	0,020

*) Es betrug der Gehalt an Chlor und schwefliger Säure (g in 100 ccm):

	No. 1	6	7	8	16	17	18	23
Chlor	0,006	0,010	—	0,005	0,014	—	0,006	0,017
Schweflige Säure	0,0003	0,0030	0,0066	0,0003	0,0010	Spur	0,0004	0

	No. 26	28	36	39	41	43	50	52
Chlor	0,008	0,006	0,012	—	0,007	0,004	0,008	0,006
Schweflige Säure	0	0,0001	0,0011	0	0,0072	0,0004	0,0018	0,0001

**) Freie Weinsäure war in No. 12, 22 und 32 nicht vorhanden.

No.	Gemarkung und Jahrgang		Zahl der Proben	Spec. Gewicht	100 ccm Wein enthalten Gramm: Alkohol	Extrakt	Gesammt-Säure (Weinsäure)	Flüchtige Säure (Essigsäure)	Weinsäure	Zucker	Glycerin	Mineralstoffe	Kalk (CaO)	Magnesia (MgO)	Kali (K_2O)	Phosphorsäure (P_2O_5)	Schwefelsäure (SO_3)
44	Seeheim *)	1895	2	0,9946	9,04	2,48	0,57	0,03	—	0,05	0,96	0,19	—	—	—	0,042	0,024
45		1896	2	0,9964	8,38	2,53	0,90	—	—	0,30	0,76	0,18	—	—	—	0,025	0,017
46		1897	1	0.9960	8,57	2,11	0,60	0,04	—	Spur	0,70	0,38	0,014	0,016	—	0,025	0,032
47		1898	1	0,9950	8,91	3,21	0,80	0,06	0,15	0,32	0,69	0,18	—	—	—	—	—
48	Zwingenberg *) **)	1889	1	—	7,53	2,13	0,51	—	—	0,13	0,76	0,18	—	—	—	0,031	—
49		1890	2	—	8,47	2,06	0,53	—	—	0,11	0,78	0,22	—	—	—	0,037	—
50		1892	5	0,9928	9,17	2,03	0,64	0,04	—	0,09	1,07	0,18	0,012	0,011	0,071	0,027	0,018
51		1893	5	0,9923	8,87	2,04	0 60	0,03	—	0,08	0,70	0,22	—	—	—	0,031	0,031
52		1894	2	0,9964	7,09	1,96	0,57	0,06	—	0,10	0,76	0,23	0,013	0,010	0,083	0,026	0,018
53		1895	5	0,9938	8,67	2,09	0,57	0,04	—	0,13	0,89	0,21	—	—	—	0,033	0,036
54		1897	3	0,9971	7,21	2,09	0,60	0,06	—	0,01	0,64	0,22	0,019	0,016	—	0,031	0,025
55		1898	1	0.9952	9.50	2,57	0,79	0,08	0,14	0.10	0,87	0,28	—	—	—	0,030	0,030
		Mittel	—	**0,9952**	**8,35**	**2,21**	**0,64**	**0,05**	**0,13**	**0,13**	**0,64**	**0,23**	**0,015**	**0,013**	**0,075**	**0,035**	**0,030**

Rothweine.

No.	Gemarkung	Jahrgang	Zahl der Proben	Spec. Gewicht	Alkohol	Extrakt	Gesammt-Säure	Flüchtige Säure	Weinsäure	Zucker	Glycerin	Mineralstoffe	Kalk	Magnesia	Kali	Phosphorsäure	Schwefelsäure
1	Lützelsachsen ***)	1890	1	—	7,53	3,00	0,50	—	—	0,14	0,90	0,29	—	—	—	0,057	0,065
2		1891	5	—	8,59	2,80	0,67	—	—	0,15	0,82	0,30	—	—	—	0,059	0,020
3		1892	3	0,9938	10,06	2,72	0,66	0,08	—	0,06	1,11	0,24	0,019	0,010	0,100	0,048	0,020
4	Weinheim	1891	1	—	8,93	2.81	0,62	—	—	0,15	0,98	0,34	—	—	—	0,078	0,021
5		1892	1	0,9943	7,57	2,62	0,63	0,02	—	Spur	1,07	0,25	0,006	0,010	0,071	0,045	0,009

Schwankungen der Jahrgänge 1892—1898.[0])

Jahrgang	Zahl der Proben	100 ccm Wein enthalten Gramm: Alkohol	Extrakt	Gesammt-Säure (= Weinsäure)	Zucker	Glycerin	Mineralstoffe
1892	44	6,99—10,14	1,66—2,84	0,45—0,96	0,01—0,19	0,60—1,24	0,15—0,29
1893	25	7,40—10,15	1,75—2,85	0,50—0,89	0,05—0,11	0,65—1,05	0,18—0,32
1894	27	4,62—10,62	1,70—2,74	0,36—1,09	0,05—0,17	0,50—1,03	0,15—0,33
1895	25	6,07—10,62	1,89—2,69	0,50—0,69	0—0,23	0,65—1,05	0,18—0,35
1896	22	5,11—9,98	1,91—2,95	0,39—1,21	0—0,47	0,47—0,92	0,16—0,31
1897	22	5,89—9,43	1,84—2,47	0,50—0,76	Spur—0,07	0,49—0,84	0,19—0,38
1898	15	5,75—9,63	1,67—3,21	0,53—0,80	0,05—0,32	0,56—0,89	0,18—0,36

*) Vergl. Anmerkung *) S. 1201.

**) Freie Weinsäure war in No. 47 und 55 nicht vorhanden.

***) Der Gehalt an Chlor und schwefliger Säure betrug (g in 100 ccm):

	No. 3	5
Chlor	0,050	0,004
Schweflige Säure . .	0,0005	0

[0]) Bezüglich ihres Gehaltes an a) Extrakt (abzüglich des 0,1 g übersteigenden Zuckergehaltes), b) Extrakt minus Nichtflüchtige Säure, c) Extrakt minus Gesammt-Säure, d) Mineralstoffen entsprachen sämmtliche Weine den Anforderungen des Weingesetzes (1901).

II. Weine des Odenwaldes.

No.	Gemarkung und Jahrgang		Zahl der Proben	Spec. Gewicht	100 ccm Wein enthalten Gramm: Alkohol	Extrakt	Gesammt-Säure (Weinsäure)	Flüchtige Säure (Essigsäure)	Zucker	Glycerin	Mineralstoffe	Kalk (CaO)	Magnesia (MgO)	Kali (K_2O)	Phosphorsäure (P_2O_5)	Schwefelsäure (SO_3)
1	Heubach *)	1893	8	0,9936	9,14	2,04	0,63	0,02	0,09	0,81	0,22	—	—	—	0,034	0,023
2		1894	4	0,9966	5,71	2,16	0,78	0,04	0,10	0,47	0,25	0,017	0,013	0,089	0,028	0,016
3		1895	4	0,9949	8,02	1,88	0,51	0,04	0,26	0,67	0,21	—	—	—	0,029	0‘062
4		1896	6	0,9955	9,15	2,06	0,57	0,06	Spur	0,74	0,22	0,011	0,011	—	0,039	0,024
5	Gross-Umstadt *)	1892	2	0,9980	8,70	2,21	0,72	—	0,15	0,83	0,32	—	—	—	0,058	0,051
6		1893	6	0,9945	9,23	2,16	0,63	0,02	0,09	0,90	0,21	—	—	—	0,032	0,026
7		1895	5	0,9946	8,70	2,04	0,44	0,02	0,03	0,88	0,25	—	—	—	0,044	0,029
8		1896	2	0,9947	7,90	2,31	0,71	0,04 [1]	0,04	0,77	0,26	—	—	—	0,028	0,024
9		1897	14	0,9961	8,38	2,23	0,58	0,06	Spur	0,69	0,27	0,012	0,012	—	0,037	0,033
10	Klein-Umstadt *)	1893	4	0,9946	8,88	2,12	0,67	0,02	0,09	0,78	0,20	—	—	—	0,030	0,033
11		1895	5	0,9959	7,65	1,97	0,61	0,03	0,07	0,70	0,21	—	—	—	0,044	0,030
12		1896	1	0,9943	9,42	1,80	0,56	—	0,08	0,72	0,21	—	—	—	0,029	0,043
13		1897	1	0,9935	8,29	1,87	0,59	0,06	Spur	0,63	0,22	0,009	0,012	—	0,039	0,023
14	Richen *)	1894	1	0,9957	7,47	1,97	0,55	0,09	0,10	0,88	0,22	0,009	0,014	0,077	0,022	0,022
	Mittel		—	**0,9952**	**8,33**	**2,06**	**0,61**	**0,04**	**0,08**	**0,75**	**0,23**	**0,012**	**0,012**	**0,083**	**0,035**	**0,031**

Schwankungen der Jahrgänge 1892—1897.**)

Jahrgang	Zahl der Proben	100 ccm Wein enthalten Gramm: Alkohol	Extrakt	Gesammt-Säure (= Weinsäure)	Zucker	Glycerin	Mineralstoffe
1892	2	8,59—8,80	2,18—2,45	0,69—0,83	0,14—0,17	0,73—0,93	0,30—0,33
1893	18	7,60—10,54	1,75—2,50	0,55—0,80	0,05—0,11	0,66—1,09	0,19—0,25
1894	5	4,37—7,47	1,80—2,74	0,50—1,02	0,07—0,13	0,38—0,88	0,18—0,32
1895	14	6,14—9,36	1,60—2,27	0,38—0,78	0—0,48	0,54—1,05	0,18—0,31
1896	3	7,56—9,42	1,80—2,55	0,51—0,91	0—0,08	0,72—0,78	0,21—0,27
1897	21	7,27—10,69	1,78—2,63	0,44—0,86	Spuren	0,53—0,80	0,20—0,40

III. Oberhessische Weine.

No.	Gemarkung und Jahrgang		Zahl der Proben	Spec. Gewicht	100 ccm Wein enthalten Gramm: Alkohol	Extrakt	Gesammt-Säure (Weinsäure)	Flüchtige Säure (Essigsäure)	Zucker	Glycerin	Mineralstoffe	Kalk (CaO)	Magnesia (MgO)	Kali (K_2O)	Phosphorsäure (P_2O_5)	Schwefelsäure (SO_3)
1	Büdingen *)	1892	1	0,9959	8,21	2,12	0,90	—	0,09	0,75	0,21	0,038	0,015	0,078	0,054	0,011
2		1893	1	0,9953	8,00	2,17	0,71	0,04	0,12	0,89	0,20	—	—	—	0,042	0,008
3		1895	2	0,9963	8,07	2,06	0,74	0,05	0 08	0,62	0,20	0,029	0,009	0,074	0,048	0,009
4		1896	2	1,0034	4,17	2,65	1,42	0,07	0,12	0,29	0,26	—	—	—	0,047	—
5		1897	1	0,9970	6,02	2,31	1,05	0,04	0,10	0,78	0,22	0,022	0,015	—	0,052	0,030
	Mittel		—	**0,9969**	**6,89**	**2,26**	**0,96**	**0,04**	**0,10**	**0,67**	**0,22**	**0,030**	**0,013**	**0,076**	**0,049**	**0,015**

*) Der Gehalt an Chlor und schwefliger Säure betrug (g in 100 ccm):

Weine des Odenwaldes:	No. 1	2	5	6	10	14
Chlor	—	0,005	—	—	—	0,0055
Schweflige Säure	Spur	0,0003	0,0022	Spur	Spur	0,0013

Oberhessische Weine:	No. 1	2	3
Chlor	0,026	—	$0,004_5$
Schweflige Säure	0,0054	0,0033	Spur

**) Sämmtliche Weine entsprachen den Anforderungen des Weingesetzes (1901).

VI. Pfälzer Weine.

Weissweine.

Ergebnisse der Deutschen Weinstatistik. Analysen von A. Halenke und W. Möslinger.*)

No.	Gemarkung und	Jahrgang	Zahl der Proben	Spec. Gewicht	100 ccm Wein enthalten Gramm:												
					Alkohol	Extrakt	Gesammt-Säure (Weinsäure)	Flüchtige Säure (Essigsäure)	Weinsäure	Zucker	Glycerin	Mineral-stoffe	Kalk (CaO)	Magnesia (MgO)	Kali (K_2O)	Phosphor-säure (P_2O_5)	Schwefel-säure (SO_3)
1	Albers-	1892	2	0,9942	9,01	2,18	0,61	0,03	—	0,36	0,73	0,18	—	—	0,028	0,020	0,013
2	weiler	1893	3	0,9958	7,37	2,00	0,53	0,03	0,25	0,05	0,73	0,19	0,010	0,015	—	0,028	—
3	**)	1895	3	0,9934	8,68	2,07	0,63	—	—	0,12	0,59	0,18	—	—	—	—	—
4	Albisheim	1895	3	0,9925	9,54	2,25	0,51	0,06	0,18	0,12	0,78	0,19	—	—	—	0,020	—
5	Alsenz	1895	3	0,9951	9,60	2,02	0,54	—	0,18	0,12	0,59	0,23	0,010	0,017	—	0,037	—
6	Dacken-	1894	3	0,9949	7,73	2,28	0,56	—	0,20	0	0,50	0,16	—	—	—	—	0,012
7	heim	1895	3	0,9923	9,47	2,09	0,50	0,07	0,19	0,13	0,67	0,20	0,005	0,012	—	0,027	0,018
8	**) ***)	1898	3	0,9953	8,12	2,26	0,51	0,06	0,15	0,06	0,73	0,23	—	—	—	—	—
9	Deides-	1892	1	0,9936	9,95	2,45	0,44	0,04	—	0,16	0,70	0,26	0,015	—	—	0,038	0,016
10	heim **)	1898	1	0,9971	7,36	2,42	0,61	0,06	0,16	0,08	—	0,24	—	—	—	—	—
11	Diedesfeld	1893	1	—	7,44	1,89	0,63	0,04	0,45	0,12	—	0,18	—	—	—	—	—
12	**) ***)	1895	3	0,9929	8,66	1,98	0,51	0,05	0,20	0,07	0,65	0,21	0,006	0,009	0,100	—	0,019
13	Dörren-	1890	2	—	8,75	2,23	0,49	—	—	—	—	0,25	—	—	—	0,043	—
14	bach	1891	1	0,9977	4,31	1,24	0,49	0,06	—	<0,1	0,40	0,21	—	—	0,070	0,023	0,072
15	**) ***)	1892	2	0,9981	8,18	2,71	0,84	0,03	—	0,70	0,63	0,15	—	—	—	0,017	0,022
16		1893	4	0,9940	8,19	1,82	0,55	0,04	0.33 [3]	0,13	0,65	0,15	0,007 [1]	0,013 [1]	0,068 [2]	0,020 [2]	—
17		1889	2	0,9958	8,89	2,61	0,52	0,06	—	<0,1	0,68	0,33	0,010	0,013	0,098	0,040	0,070
18		1890	1	0,9957	8,71	2,53	0,50	0,07	—	<0,1	0,61	0,32	—	—	0,129	0,048	0,063
19		1891	3	0,9947	7,95	2,20	0,47	0,06	—	<0,1	0,66	0,24	—	—	—	0,033	0,033
20	Dürkheim	1892	6	0,9923	10,60	2,39	0,40	0,06	—	<0,1	0,73	0,29	—	—	—	0,030	0,017
21	**) 0)	1894	3	0,9974	7,55	2,72	0.59	—	0,12	0	0,68	0,28	—	—	—	—	—
22		1895	12	0,9929	9,89	2,38	0,44	—	0,11	0,16	0,76	0,30	—	—	—	—	—
23		1896	3	0,9980	6,83	2,52	0,57	0,06	0,14	0,10	0,57	0,31	—	—	—	0,025	—
24		1898	3	0,9982	8,10	2.91	0,51	0,06	0,11	0,12	0,82	0,37	—	—	—	—	—
25	Eden-	1893	6	—	7,16	2,09	0,72	0,02	0,43	0,14	—	0,20	—	—	—	—	—
26	koben ***)	1895	2	0,9925	9,86	2,13	0,51	—	0,19	0,15	0,79	0,19	—	—	—	—	—
27	Edesheim	1893	1	—	7,02	1,76	0,58	0,03	0,30	0,07	—	0,19	—	—	—	—	—
28	***)	1895	2	0,9925	7,35	2,05	0,53	—	0,20	0,14	0,69	0,18	0,011	0,013	—	—	0,019

*) Die Analysen sind theils von Halenke und Möslinger gemeinsam, grösstentheils von Halenke allein und zum kleinen Theil von Möslinger allein mitgetheilt worden.

**) Der Gehalt an schwefliger Säure betrug (g in 100 ccm):

Schweflige Säure	No. 1	7	9	12	15	20	23
im Ganzen	0,0013 [1]	0,0045 [2]	0,0039	0,0022	0,0025	0,0035	0,0027
frei . . .	—	0,0027 [2]	—	0,0005	—	—	0,0010

***) Der Gehalt an freier Weinsäure betrug (g in 100 ccm):

	No. 11	16	25	26	27	28
Freie Weinsäure . .	0,219	0,076	0,131	0,023	0,013	0,010 [1]

0) Der Gehalt an Chlor betrug bei No. 17: 0,0049 g, bei No. 18: 0,0048 g, bei No. 19: 0,0038 g und bei No. 20: 0,0060 g. Einer der Weine No. 20 enthielt gerade 0,1 g Zucker.

No.	Gemarkung und Jahrgang		Zahl der Proben	Spec. Gewicht	100 ccm Wein enthalten Gramm: Alkohol	Extrakt	Gesammt-Säure (Weinsäure)	Flüchtige Säure (Essigsäure)	Weinsäure	Zucker	Glycerin	Mineral-stoffe	Kalk (CaO)	Magnesia (MgO)	Freie Weinsäure	Phosphor-säure (P_2O_5)	Schwefel-säure (SO_3)
29	Einselthum *)	1895	2	0,9913	9,53	2,03	0,42	0,03	0,22	0,08	0,83	0,15	—	—	—	—	0,013
30	Ellerstadt	1894	2	0,9926	9,17	2,00	0,54	0,06	0,14	0,10	0,55	0,22	0,008	0,014	—	—	—
31		1896	2	0,9970	7,17	2,26	0,64	—	0,16	0,05	0,52	0,26	0,015	0,016	—	—	—
32	Eschbach	1895	2	0,9945	0,08	2.16	0,55	0,04	0,23	0,06	0,74	0,19	0,016	0,011	—	—	0,008
33	Forst *)	1892	3	0,9953	10,57	3,15	0,71	0,04	—	0,32	0,94	0,23	0,013	0,009	—	0,031	0,014
34		1893	1	1,0014	11,34	3,84	0,45	0,06	0,11	1,89	1,16	0,27	—	—	—	0,041	0,021
35		1894	3	1,0008	9,29	4,20	0,98	—	0,06	0,63	1,04	0,24	0,017	0,022	—	—	—
36		1895	3	0,9946	10,59	2,83	0,64	—	0,14	0,18	0,71	0,31	0,013	0,015	—	0,051	—
37		1896	3	0,9986	8,84	3,38	0,85	0,06	0,18	0,09	0,84	0,27	—	—	—	—	—
38		1898	3	0,9981	9,60	3,34	0,70	0,07	0,05	0,27	—	0,28	—	—	—	—	—
39	Frankweiler	1893	3	—	7.81	1,71	0,52	0,04	0,27	0,18	—	0,16	—	—	0,030	—	—
															Kali		
40	Freins-heim	1889	3	—	9,81	2,49	0,51	—	—	—	—	0,24	—	—	—	0,045	—
41		1891	1	—	7,81	2,03	0,51	—	—	<0,2	—	0,22	—	—	—	0,036	—
42		1893	3	0,9939	10,68	2,83	0,56	0,05	—	0,16	0,99	0,26	0,012	0,016	0,116	0,041	0,026
43		1895	3	0,9927	9,76	2,27	0,44	0,04	0,14	0,05	0,75	0,24	0,005	0,014	—	0,038	—
44		1896	3	0,9936	9,72	2,41	0,64	0,06	0,12	0,10	0,59	0,22	—	—	—	0,032	—
45		1898	3	0.9953	9,19	2,59	0,62	0,07	0,10	0,07	—	0,28	—	—	—	—	—
46	Gleishor-bach	1889	1	0,9956	6,85	1,82	0 57	0,07	—	<0,1	0,50	0,20	—	—	0,086	0,032	—
															Freie Wein-säure		
47	Gleis-weiler	1893	1	—	7,70	1,92	0,54	0,04	0,34	0,07	—	0,18	—	—	0,006	—	—
48		1895	1	0,9916	9,27	1,80	0,49	0,05	0,26	0,10	0,54	0,17	—	—	0,097	0,019	—
															Kali		
49	Gleiszeller *)	1889	1	0,9969	6,02	1,65	0,53	0,06	—	<0,1	0,52	0,22	0,012	0.012	0,112	0,021	0,038
50		1890	3	0,9955	6,85	1,72	0,51	0,06	—	<0,1	0,57	0,20	0,011	0,012	0,094	0,028	0,024
51		1891	1	0,9949	7,14	1,73	0,53	0,05	—	<0,1	0,56	0,20	0,008	0,013	0,092	0,027	0,016
52		1895	3	0,9936	7,85	1,72	0,48	0,07	0,19	0,09	0,63	0,19	—	—	—	—	0,013
															Freie Wein-säure		
53	Gross-Bocken-heim	1893	3	0,9937	8.85	2,00	0,54	0,05	0,31	0,17	0,64	0,15	—	—	0,060	—	—
54	Gross-Karl-bach	1895	1	0,9918	10,32	2,33	0,68	—	0,26	0,14	0,84	0,15	0,010	0,012	0,050	—	0,007
55	Haardt	1891	1	0,9969	6,69	2,12	0,55	0,07	—	0	0,61	0,23	0,013	0,016	—	0,033	0,027
56		1892	1	0,9929	9,84	2,30	0,41	0,05	—	0,10	0,75	0,23	0,009	0,014	—	0,030	0,011
57	Hainfeld	1895	3	0,9939	8,03	1,90	0,49	—	0,19	0.10	0,62	0,18	—	—	—	—	—
58	Hambach *)	1892	3	0,9936	9,19	2,12	0,67	0,03	—	0,20	0,72	0,18	—	—	—	0,020	0,025
59		1893	3	0,9903	10,33	1,84	0,50	0,06	0,16	0,12	0,77	0,15	0,017	0,005	—	—	0,009
60		1895	3	0,9923	9,52	2,12	0,54	—	0,16	0,11	0,58	0,21	0,009	0,013	—	0,032	—
61		1896	1	0,9923	9,78	2,04	0,68	0,06	0,15	0,15	0,75	0,18	—	—	—	0,017	—
62		1897	2	0,9934	9,18	2,08	0,61	0,09	0,21	0,04	0,74	0,18	—	—	—	—	—
63		1898	2	0,9923	9,05	1,88	0,48	0,07	0,14	0,09	—	0,18	—	—	—	—	—

*) Der Gehalt an Chlor und schwefliger Säure betrug (g in 100 ccm):

	No. 29	33	49	50	51	58
Chlor	0,0028	0,0056	0,0028	0,0023	0,0023	—
Schweflige Säure . .	[1] —	0,0046	0,0129	0,0088	0,0034	0,0018

No.	Gemarkung und	Jahrgang	Zahl der Proben	Spec. Gewicht	Alkohol	Extrakt	Gesammt-Säure (Weinsäure)	Flüchtige Säure (Essigsäure)	Weinsäure	Zucker	Glycerin	Mineral-stoffe	Kalk (CaO)	Magnesia (MgO)	Kali (K_2O)	Phosphor-säure (P_2O_5)	Schwefel-säure (SO_3)
					100 ccm Wein enthalten Gramm:												
64	Herxheim *) **)	1892	2	0,9922	9,99	2,26	0,59	0,03	—	0,14	0,85	0,16	0,006	0,011	—	0,021	0,008
65		1893	3	0,9922	9,86	2,13	0,43	0,07	0,19	0,12	0,74	0,14	0,007	0,015	0,055	0,027	0,015
66		1894	3	0,9950	8,03	2,29	0,51	—	0,17	0,06	0,69	0,17	—	—	—	0,023	0,017
67		1895	3	0,9927	10,22	2,44	0,54	—	0,18	0,17	0,84	0,21	0,007	0,012	—	—	0,012
68		1896	3	0,9968	7,27	2,28	0,66	—	0,14	0,09	0,56	0,25	—	—	—	0,022	—
69		1897	3	0,9951	8,65	2,44	0,63	0,08	0,14	0,02	0,69	0,22	—	—	—	—	—
70		1898	3	0,9955	8,65	2,51	0,67	0,06	0,15	0,10	0,72	0,24	—	—	—	—	—
															Freie Weinsäure		
71	Heuchelheim *)	1892	3	0,9947	7,53	1,73	0,54	0,05	—	<0,1	0,56	0,18	0,012	0,006	—	0,020	0,018
72		1895	2	0,9945	7,50	1,77	0,64	0,04	0,26	0,06	0,61	0,17	—	—	0,070	—	—
73	Kallstadt	1893	3	0,9927	10,14	2,37	0,41	0,06	0,08	0,16	0,99	0,21	0,012	0,006	—	0,030	0,019
74		1894	3	0,9948	8,23	2,37	0,53	0,03	0,13	0,06	0,72	0,22	—	—	—	0,023	0,012
75		1895	3	0,9928	10,07	2,37	0,43	0,05	0,13	0,11	0,82	0,25	—	—	—	—	—
76		1898	2	0,9960	8,08	2,52	0,53	0,07	0,12	0,07	0,76	0,27	—	—	—	—	—
77	Kirchheim a. E.	1895	1	0,9918	8,59	1,72	0,44	—	0,18	0,15	0,60	0,16	0,007	0,011	—	—	0,009
78	Klingenmünster*)	1892	2	0,9930	8,90	1,72	0,60	0,05	—	0,13	0,69	0 17	0,011	0,011	—	0,027	0,008
79		1895	2	0,9931	8,81	2,02	0,55	—	0,22	0,07	0,76	0,18	—	—	0,020	—	—
80	Königsbach	1898	2	0,9960	7,66	2,39	0,61	0,07	0,12	0,07	0,64	0,28	—	—	—	—	—
81	Lauterecken *)	1892	4	0,9940	8,25	1,94	0,49	0,05	—	0,15 [1] <0,1 [3]	0,57	0,16	—	—	—	0,019	0,007
82		1895	1	0,9945	7,98	2,13	0,58	—	0,30	0,19	0,65	0,17	—	—	0,090	—	—
83	Leistadt	1893	2	0,9929	9,40	2,21	0,46	0,03	—	0,16	0,74	0,15	0,008	0,012	—	—	0,014
84		1894	1	0,9939	8,56	2,13	0,62	—	0,32	0	0,69	0,16	0,009	0,023	0,070	—	—
85		1896	1	0,9986	6,78	2,52	0,76	0,05	0,17	0,07	0,65	0,25	—	—	—	0,030	—
86	Leinsweiler	1895	3	0,9959	6,70	1,95	0,57	0,05	0,25	0,04	0,66	0,16	—	—	0,052	—	0,015
87	Maikammer *)	1893	1	0,9956	7,31	1,90	0,57	0,03	0,32	0,12	0,60	0,15	0,010	0,010	0,130	0,018	0,018
88		1895	3	0,9936	9,23	2,12	0,53	0,04	0,20	0,09	0,76	0,18	—	—	—	0,031	0,006
89	St. Martin	1893	4	—	7,30	2,24	0,75	0,02	0,42	<0,1	—	0,18	—	—	0,106	—	—
90		1893	1	0,9946	7,86	1,94	0,57	0,03	0,31	0,12	0,72	0,14	0,010	0,011	0,110	0,118	0,118
91		1895	3	0,9936	8,95	2,11	0,59	—	0,20	0,12	0,66	0,20	—	—	—	—	—
92	Mörzheim	1895	1	0 9932	8,98	2,16	0,51	0,06	0,20	0,06	0,81	0,17	0,007	0,010	—	—	—
93	Mussbach	1893	2	0,9939	9,76	2,40	0,45	0,07	0,12	0,17	0,77	0,24	0,012	0,024	—	—	—
94		1895	2	0,9929	9,59	2,29	0,52	—	—	0,20	—	0,24	—	—	—	—	—
95		1896	2	0,9943	8,63	1,94	0,54	0,06	0,15	0,09	0,59	0,20	—	—	0,008 [1]	—	—
96		1897	2	0,9941	8,67	2,15	0,63	0,08	0,18	0,02	0,66	0,21	—	—	—	—	—
97		1898	1	0,9939	7,80	1,84	0,49	0,05	0,16	0,06	—	0,20	—	—	—	—	—

*) Der Gehalt an Chlor und schwefliger Säure betrug (g in 100 ccm):

	No. 64	71	78	81	87	88	90
Chlor	0,0035	0,0069	0,0035	0,0033	0,0035	0,0051	0,0035
Schweflige Säure im Ganzen	0,0015	—	0,0015	0,0052	—	0,0030	—
Schweflige Säure frei	—	—	—	—	—	0,0011	—

**) Der Wein No. 65 enthielt im Mittel 0,014 g freie Weinsäure.

No.	Gemarkung der Jahrgang		Zahl der Proben	Spec. Gewicht	100 ccm Wein enthalten Gramm:												
					Alkohol	Extrakt	Gesammt-Säure (Weinsäure)	Flüchtige Säure (Essigsäure)	Weinsäure	Zucker	Glycerin	Mineral-stoffe	Kalk (CaO)	Magnesia (MgO)	Freie Weinsäure	Phosphor-säure (P_2O_5)	Schwefel-säure (SO_3)
98	Neustadt a. d. H.*)	1895	1	0,9946	8,35	2,32	0,57	0,06	0,30	0,15	0,73	0,28	—	—	—	—	0,022
99		1897	4	0,9961	7,90	2,32	0,69	0,06	0,18	0,07	0,60	0,22	—	—	—	—	—
100	Niederhorbach	1895	2	0,9939	7,80	1,79	0,62	0,07	0,21	0,17	0,62	0,17	—	—	0,030 [1]	—	—
101	Niefernheim	1895	1	0,9919	9,92	2,21	0,52	0,06	0,20	0,15	0,74	0,20	—	—	—	—	0,016
102	Rhodt	1894	4	0,9975	6,64	2,21	0,80	—	0,28	0,12	0,54	0,17	—	—	0,013	—	0,011
103	Rossbach*)	1892	2	0,9921	9,20	1,74	0,45	0,04	—	0,21	0,71	0,16	0,007	0,006	Kali 0,051	0,013	0,011
104	Ruppertsberg	1889	1	—	10,29	3,26	0,76	—	—	—	—	0,26	—	—	—	0,074	—
105		1891	1	—	8,20	2,20	0,56	—	0,19	<0,2	—	0,25	—	—	—	0,046	—
106		1892	1	0,9931	10,22	2,53	0,42	0,05	—	0,10	0,75	0,24	0,012	0,013	0,106	0,034	0,014
107		1893	2	0,9932	10,66	2,53	0,43	0,08	0,10	0,19	0,75	0,25	0,010	—	—	—	—
108		1894	2	0,9960	8,24	2,57	0,56	—	0,15	0,12	0,80	0,21	0,016	0,016	—	0,027	—
109		1895	2	0,9929	10,11	2,25	0,53	—	0,17	0,14	0,83	0,24	—	—	—	—	—
110		1896	2	0,9971	7,42	2,50	0,63	0,06	0,14	0,06	0,70	0,26	0,014	0,014	—	—	—
111		1897	3	0,9966	8,52	2,79	0,66	0,09	0,12	Spur	0,78	0,26	—	—	—	—	—
112	Speyer*)	1890	1	0,9938	8,38	1,90	0,58	0,05	—	0,05	0,76	0,18	—	—	—	0,029	0,038
113	Ungstein *)	1892	2	0,9938	9,51	2,34	0,47	0,06	—	<0,1	0,44	0,27	—	—	—	0,038	0,034
114		1895	3	0,9918	10,56	2,37	0,47	—	—	0,13	—	0,29	—	—	—	—	—
115		1896	3	0,9981	7,11	2,61	0,60	—	0,14	0,06	0,73	0,26	—	—	—	0,032	—
116	Venningen	1893	1	—	7,06	1,93	0,52	0,04	0,38 Weinstein	0,13	—	0,18	—	—	Freie Weinsäure 0,030	—	—
117	Wachenheim *)	1890	2	—	8,96	2,22	0,47	—	0,16	<0,2	—	0,23	—	—	Kali —	0,042	—
118		1891	5	0,9937	8,91	2,28	0,45	0,06	0,19 [3]	<0,2	0,73	0,25	—	—	0,103	0,042	0,018
119		1893	3	0,9971	10,39	3,54	0,48	0,07	—	0,80	0,92	0,26	0,009	0,014	—	0,039	0,010
120		1894	3	0,9983	7,67	2,83	0,71	0,06	Weinsäure 0,14	0,11	0.71	0,23	0,012	0,030	—	0,049	—
121		1895	3	0,9927	10,59	2,45	0,47	0,05	0,14	0,06	0,75	0,26	0,011	0,016	—	—	—
122		1896	3	0,9987	7,11	2,75	0,68	—	0,16	0,09	0,66	0,26	—	—	—	—	0,019
123		1898	2	0,9976	7,46	2,57	0,65	0,07	0,10	0,07	0,81	0,30	—	—	—	—	—
124	Wolfstein *) **)	1890	1	0,9970	6,57	2,16	0,52	0,07	—	0	0,51	0,29	0,018	0,019	0,129	0,054	0,041
125		1892	1	0,9907	10,11	1,83	0,50	0,02	—	0,19	0,75	0,14	0,006	0,008	0,020	0,015	0,015
126		1893	3	0,9937	8,81	2,11	0,56	0,04	0,19	0.08	0,81	0,17	0,031	0,005	—	0,010	0,014
127		1894	3	0,9983	6,37	2,28	0,89	0,04	0,26	0,08	0,49	0,19	0,013	0,014	0,099	0,022	0,014
128		1895	1	0,9941	7,87	1,88	0,49	0,04	0,20	0,10	0,63	0,21	—	—	—	—	—
129	Zell	1893	3	0,9926	9,60	2,07	0,39	0,03	0,13	0,14	0,82	0,18	—	—	—	—	—
	Mittel		—	**0,9946**	**8,54**	**2,26**	**0,64**	**0,05**	**0,19**	**0,13** ***)	**0,71**	**0,21**	**0,011**	**0,013**	**0,086**	**0,032**	**0,022**

*) Der Gehalt an Chlor und schwefliger Säure betrug (g in 100 ccm):

	No. 99	103	112	113	118	125	126	127	128
Chlor	0,0020	0,0020	—	0,0048	0,0050 [2]	0,0020	—	0,0050	0,0200
Schweflige Säure . .	0,0017	0,0017	0,0056	0,0068	0,0029 [1]	0,0059	0,0080	—	—

**) Der Wein No. 127 enthielt im Mittel 0,04 g freie Weinsäure.

***) Die Angaben <0,2 und <0,1 sind mit 0,10 bezw. 0,05 in Rechnung gezogen.

Schwankungen der Jahrgänge 1892—1899.*)

Jahrgang	Zahl der Proben	100 ccm Wein enthalten Gramm:					
		Alkohol	**Extrakt**	**Gesammt-Säure** (= Weinsäure)	**Zucker**	**Glycerin**	**Mineralstoffe**
1892	35	6,97—11,18	1,63—3,57	0,36—0,84	0—1,22	0,40—1,05	0,14—0,38
1893	40	6,57—11,88	1,70—4,85	0,36—0,66	0,05—1,89	0,59—1,16	0,14—0,31
1894	30	5,12—9,70	1,91—4,79	0,45—1,18	0—1,17	0,41—1,36	0,15—0,32
1895	87	4,17—11,42	1,59—3,14	0,37—0,68	0,03—0,30	0,43—0,91 [76]	0,15—0,37
1896	26	6,21—9,80	1,89—3,60	0,53—0,93	0,03—0,15	0,46—0,87	0,18—0,34
1897	14	7,09—9,57	1,89—2,92	0,59—1,16	Spur—0,10	0,55—1,36	0,17—0,35
1898	30	6,49—10,22	1,77—3,81	0,47—0.82	0,05—0,62 [28]	0,64—0,89 [10]	0,16—0,45
1899**)	26	—	2,01—3,02 **)	0,51—1,15	—	0,38—0,86 [23]	0,16—0,34

Aeltere Analysen.

1. Man. Saenz. Diez, Ann. Chem. u. Pharm. **90**, 305.
2. G. Glässner, Arch. Pharm. [2], **149**, 117; Naumann's Jahresbericht für Chemie 1872, 1043.
3. R. Kayser, Rep. analyt. Chem. 1884, 145.

Rothweine.

Analysen***) von R. Kayser (Rep. analyt. Chem. 1884, 145).

No.	Gemarkung und Jahrgang	Zeit der Untersuchung	Alkohol Vol. %	100 ccm Wein enthalten Gramm:										
				Extrakt	**Gesammt-Säure** (Weinsäure)	**Weinsäure**	**Zucker**	**Glycerin**	**Mineral-stoffe**	**Kalk** (CaO)	**Magnesia** (MgO)	**Kali** (K_2O)	**Phosphor-säure** (P_2O_5)	**Schwefel-säure** (SO_3)
1	Gimmeldingen . 1878	1882	10,30	2,95	0,49	0,10	0,44	1,18	0,27	0,004	0,017	0,017	0,036	0,040
2	Königsbach . . 1876	„	11,00	3,08	0,50	0,07	0,54	1,34	0,29	0,002	0,016	0,094	0,039	0,037
3	Königsbach . . 1878	„	12,10	2,55	0,49	0,07	0,12	1,30	0,22	0,003	0,017	—	0,036	0,022
4	Königsbacher Idig-Auslese 1870	„	13,20	3,65	0,46	0,05	1,12	1,47	0,23	0,006	0,018	—	0,038	0,028
5	Königsbacher Idig-Auslese 1874	„	13,30	2,88	0,41	0,04	0,64	1,42	0,22	0,006	0,018	0,081	0,039	0,031
6	Eschbach . . 1880	„	10,00	2,30	0,57	0,06	0,02	1,05	0,24	0,003	0,015	0,089	0,042	0,022
7	Kallstadt . . 1876	„	11,40	3,20	0.49	0,08	0,72	1.28	0,23	—	0,016	—	0.034	0,043
	Mittel	—	**11,60**	**2,94**	**0,49**	**0,07**	**0,51**	**1,29**	**0,24**	**0,004**	**0,017**	**0,095**	**0,038**	**0,029**

*) Die Zahlen für den Jahrgang 1899 sind der Bearbeitung der Weinstatistik von G. Sonntag (Arb. d. Kaiserl. Gesundh.-Amt. 1901, **18**, 355) entnommen. Vom Extrakt ist der 0,1 g übersteigende Zuckergehalt in Abzug gebracht.

**) Bezüglich ihres Gehaltes an a) Extrakt (abzüglich des 0,1 g übersteigenden Zuckergehaltes) b) Extrakt minus Nichtflüchtige Säure, c) Extrakt minus Gesammt-Säure, d) Mineralstoffen entsprachen, soweit die erforderlichen Bestimmungen ausgeführt sind, sämmtliche Weine den Anforderungen des Weingesetzes (1901).

***) Ueber ältere Analysen von 1868-er und 1869-er Wachenheimer Rothwein von C. Neubauer vergl. Annal. Oenologie 1872, **I**, 31.

VII. Franken-Weine.

(Bezirk Unterfranken und Aschaffenburg.)

Ergebnisse der Deutschen Weinstatistik. Die Analysen sind von Medicus und Th. Omeis ausgeführt worden. Die Analysen von Medicus sind als solche besonders bezeichnet, alle übrigen rühren von Th. Omeis her.

No.	Gemarkung	Jahrgang	Zahl der Proben	Spec. Gewicht	100 ccm Wein enthalten Gramm: Alkohol	Extrakt	Gesammt-Säure (Weinsäure)	Flüchtige Säure (Essigsäure)	Weinsäure	Zucker	Glycerin	Mineral-stoffe	Kalk (CaO)	Magnesia (MgO)	Kali (K_2O)	Phosphor-säure (P_2O_5)	Schwefel-säure (SO_3)
1	Abtswind *)	1890	1	1,0019	4,19	1,85	0,79	0,07	0,008	0,05	0,38	0,32	0,012	0,020	0,105	0,047	0,041
2		1893	2	0,9936	9,38	2,33	0,65	0,06	0,008 [1]	<0,1	—	0,20	—	—	—	0,027	—
3		1895	2	0,9934	8,36	1,91	0,47	0,04	—	<0,1	—	0,18	—	—	—	—	—
4	Astheim *) **)	1890	1	0,9991	5,19	1,94	0,60	0,03	—	0,15	0,44	0,19	0,015	0,016	0,079	0,046	0,038
5		1891	1	0,9992	5,56	1,95	0,60	0,03	—	0,04	0,49	0,15	0,012	0,020	0,062	0,034	0,050
6		1892	1	0,9954	8,36	2,12	0,70	—	—	0,30	0,62	0,14	0,018	0,014	0,062	0,033	0,007
7		1893	1	0,9944	10,14	2,62	0,60	0,05	—	0,23	0,95	0,16	0,016	0,018	0,066	0,029	0,011
8		1894	2	1,0008	4,62	2,18	0,79	0,03	0,24	—	—	0,19	Freie Weinsäure 0	—	—	0,035	—
9		1895	2	0,9945	8,04	1,99	0,47	0,03	—	0,05	—	0,20	—	—	—	—	—
10		1896	2	1,0020	5,11	2,69	1,23	0,03	—	0,10	—	0,21	—	—	—	0,039	—
11		1897	2	0,9977	6,35	2,21	0,65	0,03	—	<0,1	—	0,16	—	—	—	0,032	—
12		1898	2	1,0003	4,84	2,17	1,04	0,04	0,37	<0,1	0,32	0,16	0.189 CaO	—	—	0,035	—
13	Bergheinfeld	1893	1	0,9956	7,39	2,05	0,60	0,06	—	0,11	0,76	0,16	—	—	—	0,025	—
14	Binsfeld *)	1892	2	0,9941	7,47	1,59	0,56	0,05	—	0,07	0,65	0,11	0,010 [1]	0,013 [1]	0,054 [1]	0,026	0,014 [1]
15		1893	1	0,9961	7,46	2,15	0,73	0,05	—	0,12	0,83	0,12	0,013	0,012	0,051	0,020	0,010
16		1894	1	0,0039	3,29	2,31	1,30	0,04	—	0	—	0,19	—	—	—	0,029	—
17		1895	1	0,9945	7,66	1,83	0,57	0,02	—	<0,1	—	0,12	—	—	—	0,023	—
18		1897	1	0,9976	6,08	2,15	0,61	0,03	—	<0,1	—	0,14	—	—	—	0,028	—
19	Buchbrunn *) ***)	1890	2	0,9971	7,07	2,08	0,93	—	—	—	—	0,19	—	—	—	0,033	—
20		1892	1	0.9922	8,49	1,81	0,54	—	—	<0,1	0,70	0,15	—	—	—	0,024	—
21		1893	2	0,9947	7,77	1,97	0,51	—	—	0,05 / <0,1	0,86 [1]	0,17	—	—	—	0,022	—
22		1894	1	0,9996	4,89	2,02	0,66	0,04	—	—	—	0,20	0,017	0,018	0,085	0,038	0,022
23		1895	1	0,9934	8,07	1,91	0,46	0,04	—	<0,1	—	0,16	—	—	—	0,028	0,016
24		1897	1	0,9992	7,12	2,86	1,01	0,04	0,23	<0,1	0,74	0,21	—	—	—	0,033	—
25	Bürgstadt *) ***)	1892	1	0,9960	7,07	1,81	0,56	0,08	—	0,16	0,48	0,16	0,012	0,017	0,084	0,031	0,013
26		1893	1	0,9967	7,26	1,87	0,67	—	—	—	—	0,19	—	—	—	0,028	—
27		1894	1	0,9977	6,08	1,91	0,55	0,07	0,18	0	0,60	0,20	0,011	0,017	0,090	0,028	0,010
28		1895	1	0,9944	8,35	2,04	0,55	0,03	0,24	0,11	0,67	0,19	0,008	0,015	0,111	0,034	0,015

*) Der Gehalt an schwefliger Säure und Chlor betrug (g in 100 ccm):

	No. 1	2	4	5	6	7	14	15	22	23	25	27	28
Schweflige Säure	0,008	0,008 [1]	0,006	0,006	0,006	0,004	0,003 [1]	0,003	0,003	0,004	0,003	0,003	0,003
Chlor	Spur	—	0,005	—	Spur [1] (6–15)				—	—	0,002	0,007	0,006

**) Bei dem 1891-er Weine übersteigt die Summe der einzelnen Mineralstoffe den angegebenen Gesammtgehalt an Mineralstoffen.

***) In den Weinen No. 24, 27 und 28 war freie Weinsäure nicht vorhanden.

No.	Gemarkung und Jahrgang		Zahl der Proben	Spec. Gewicht	100 ccm Wein enthalten Gramm:												
					Alkohol	Extrakt	Gesammt-Säure (Weinsäure)	Flüchtige Säure (Essigsäure)	Weinsäure	Zucker	Glycerin	Mineral-stoffe	Kalk (CaO)	Magnesia (MgO)	Kali (K_2O)	Phosphor-säure (P_2O_5)	Schwefel-säure (SO_3)
29	Castell *) **)	1892	1	0,9919	9,86	2,09	0,37	0,03	—	0,10	0,87	0,21	0,011	0,016	0,089	0,031	0,008
30		1893	1	0,9951	9,78	2,66	0,59	—	—	0,13	0,87	0,24	—	—	—	0,027	—
31		1895	1	0,9930	8,91	2,30	0,42	0,04	—	<0,05	—	0,20	—	—	—	—	—
32		1896	1	0,9992	5,70	2,40	0,75	0,05	—	0,10	—	0,20	—	—	—	0,023	—
33		1897	1	0,9964	8,91	2,64	0,54	0,06	—	<0,1	—	0,20	—	—	—	0,043	—
34		1898	1	0,9997	5,14	2,19	0,54	0,05	0,17	<0,1	0,38	0,26	—	—	—	0,046	—
35	Dettel-bach *) **)	1893	3	0,9955	7,26	2,12	0,56 [2]	0,05 [1]	—	0,11 <0,1	0,71 [1]	0,17	0,012 [1]	0,014 [1]	0,075 [1]	0,026	0,015 [1]
36		1894	2	1,0030	4,33	2,49	1,09	0,05	0,29 [1]	0	0,50 [1]	0,20	0,020 [1]	0,019 [1]	0,068 [1]	0,043	0,012 [1]
37		1895	4	0,9967	6,80	2 09	0,59	0,07	0,20 [2]	<0,1	0,67 [2]	0,21	—	—	—	0,041	0,034 [2]
38		1896	2	0,9987	5,73	2,18	0,67	0,07	0,19	<0,1	0,59	0,21	—	—	—	0,052	0,024
39		1897	4	0,9981	6,08	2,19	0,67	0,05	0,21	<0,1	0,62	0,21	—	—	—	0,032	0,028 [2]
40		1898	2	0,9984	4,95	1,85	0,50	0,04	0,17	<0,1	0,33	0,23	—	—	—	0,056	—
41	Dürrbach *)	1891	1	1,0007	4,87	2,22	0,67	0,05	—	0,05	0,35	0,26	0,014	0,015	0,087	0,033	—
42	Eibelstadt	1894	2	0,9986	4,92	2,00	0,63	0,05	—	0	—	0,17	—	—	—	0,015	—
43		1895	2	0,9951	7,30	2,09	0,49	0,04	—	<0,05	—	0,18	—	—	—	—	—
44		1896	2	1,0003	5,43	2,37	1,02	0,04	—	0,10	—	0,21	—	—	—	—	—
45		1897	2	0,9978	6,53	2,22	0,83	0,04	0,27	<0,1	0,63	0,16	—	—	—	0,026	—
46		1898	2	0,9974	6,41	1,97	0,46	0,05 [1]	0,16 [1]	<0,1	0,60	0,21	—	—	—	0,034	—
47	Erlabrunn	1891	1	1,0011	4,19	2,00	0,77	0,17	—	0,05	0,37	0,25	0,010	0,011	0,074	0,021	0,069
48		1892	1	0,9945	7,93	1,96	0,61	0,06	—	0,13	0,66	0,14	0,018	0,014	0,065	0,030	0,007
49		1893	2	0,9972	6,31	2,03	0,77	0,03 [1]	—	0,17 <0,1	0,65 [1]	0,16	0,021 [1]	0,014 [1]	0,068 [1]	0,021	0,019
50		1895	2	0,9946	6,86	1,67	0,54	0,02	—	0,10	0,66 [1]	0,14	—	—	0,038 [1]	—	—
51		1896	2	0,9983	5,20	1,77	0,76	0,03	—	0,10	0,39 [1]	0,15	0,017	—	0,069	0,015	—
52		1897	2	0,9965	6,68	2,03	0,67	0,05	0,31	<0,1	0,61	—	—	—	—	—	—
53		1898	2	1,0029	3,41	2,01	0,79	0,05 [1]	0,29	<0,1	0,31 [1]	0,20	—	—	—	0,046	—
54	Eschern-dorf *) **)	1891	1	0,9973	6.78	2,15	0,53	0,07	—	0,10	0,46	0,22	0,013	0,019	0,099	0,046	0,034
55		1892	2	0,9941	9,25	2,29	0,59	0,03	—	0,09	0,94 [1]	0,21	0,013	0,016	0,097	0,032	0,050
56		1893	5	0,9950	9,25	2,67	0,56	0,05	—	0,15 [3] <0,1 [2]	1,12 [3]	0,22	0,018 [3]	0,021 [3]	0,108 [3]	0,035	0,008 [2]
57		1894	1	1,0029	5,14	2,87	1,12	—	—	<0,1	—	0,23	—	—	—	0,033	—
58		1895	2	0,9922	9,56	2,17	0,37	0,04	—	<0,05	—	0,20	—	—	—	—	—
59		1896	2	1,0008	6,36	2,76	0,86	0,04	—	0,10	—	0,22	—	—	—	0,035	—
60		1897	2	0,9999	8,57	3.68	0,90	0,05	—	0,70 <0,1	—	0,19 [1]	—	—	—	0,034	—
61		1898	1	0,9983	6,08	2,07	0,61	0,05	0,20	<0,1	0,49	0,21	—	—	—	0,028	—

*) Der Gehalt an schwefliger Säure und Chlor betrug (g in 100 ccm):

No.	29	35	36	37	38	39	41	47	48	39	51	54	55	56
Schweflige Säure	0,002	0,011 [2]	0.004 [1]	0,007 [2]	0,004	0,006 [2]	0,005	0,008	0,010	0,004 [1]	—	0,011	0,010	0,008 [4]
Chlor	0,001	0,001 [1]	0,001 [1]	0,005 [2]	0,004	0,004 [2]	0,003	0,003	—	Spur [1]	0,003	0,004	Spur	0,002 [2]

**) Bei den Weinen No. 34, 37—40, 45, 46, 53 u. 61 war freie Weinsäure nicht vorhanden; No. 36 enthielt 0,033 g [1].

No.	Gemarkung	Jahrgang	Zahl der Proben	Spec. Gewicht	Alkohol	Extrakt	Gesammt-Säure (Weinsäure)	Flüchtige Säure (Essigsäure)	Weinsäure	Zucker	Glycerin	Mineral-stoffe	Kalk (CaO)	Magnesia (MgO)	Kali (K_2O)	Phosphor-säure (P_2O_5)	Schwefel-säure (SO_3)
					100 ccm Wein enthalten Gramm:												
62	Euerdorf *)	1890	1	1,0015	4,25	2,11	0,62	0,08	—	0,05	0,35	0,33	0,016	0,016	0,128	0,024	0,034
63		1892	3	0,9947	8,58	2,02	0,78	0,05	—	0,08	0,71	0,16	0,019 [2]	0,013 [1]	0,083 [2]	0,022	0,026 [2]
64		1893	1	0,9956	8,00	2,04	0,55	0,05	—	0,12	0,71	0,18	—	—	—	0,028	—
65		1895	1	0,9950	7,80	2,02	—	—	—	⟨0,05	—	0,21	—	—	—	—	—
66	Fahr *) **)	1892	1	0,9948	7,60	1,87	0,69	0,06	—	—	0,59	0,16	0,017	0,016	0,108	—	0,013
67		1893	1	0,9948	8,00	2,33	0,72	0,06	—	0,15	0,84	0,18	—	—	—	0,029	—
68		1894	2	1,0001	4,68	2,00	0,74	0,04	0,19 [1]	—	—	0,17	0,016 [1]	0,014 [1]	0,060 [1]	0,028	—
69		1895	2	0,9946	7,77	1,92	0,52	0,03	—	⟨0,1	—	0,17	—	—	—	—	—
70	Fricken-hausen	1892	1	0,9936	8,64	1,85	0,54	0,07	—	0,12	0,71	0,16	—	—	—	0,017	—
71	Gemünden *)	1890	1	0,9993	4,62	1,61	0,63	0,09	—	0,06	0,33	0,21	0,013	0,019	0,097	0,056	0,034
72	Gross-Heubach*)	1892	1	0,9949	7,93	1,86	0,44	0,09	—	0,07	0,56	0,22	—	—	—	0,029	—
73		1893	1	0,9945	8,84	2,32	0,62	0,07	—	0,10	0,93	0,23	0,014	0,017	0,110	0,033	0,023
74	Gross-Langheim *)	1890	1	0,9988	5,57	1,92	0,68	0,07	—	0,11	0,40	0,25	0,018	0,018	0,102	0,035	0,041
75		1891	1	0,9975	6,14	1,91	0,48	0,05	—	⟨0,05	—	0,21	—	—	—	0,038	—
76	Hammel-burg *)	1892	4	0,9947	8,07	1,94	0,71	0,06	—	0,09	0,57	0,15	0,013 [3]	0,012 [3]	0,067 [3]	0,023	0,013 [3]
77		1893	2	0,9952	8,11	2,25	0,73	0,04	—	0,11	0,90	0,14	0,016	0,016	0,058	0,024	0,008
78		1894	2	1,0001	4,77	2,06	0,84	0,06	—	0	0,44	0,16	0,014	0,019	0,060	0,018	0,015
79	Heidings-feld *)	1892	1	0,9954	7,40	1,94	0,71	0,06	—	0,12	0,64	0,14	0,024	0,015	0,063	0,018	0,013
80		1893	1	0,9958	7,19	2,12	0,56	—	—	⟨0,1	—	0,16	—	—	—	0,022	—
81		1895	2	0,9942	7,77	1,95	0,44	0,01	—	⟨0,1	—	0,16	—	—	—	0,030	—
82		1896	1	1,0006	5,38	2,50	1,13	0,03	—	0,10	—	0,19	— Freie Weinsäure	—	—	0,039	—
83		1897	1	1,0007	5,45	2,56	1,00	0,05	0,27	⟨0,1	0,64	0,20	0,019	—	—	0,040	—
84		1898	2	1,0005	5,23	2,31	0,99	0,04	0,30	⟨0,1	0,41	0,20	0,145 Kalk	—	—	0,037	—
85	Himmel-stadt *)	1894	1	1,0017	3,81	2,06	0,92	0,05	—	0	0,35	0,15	0,011	0,019	0,056	0,021	0,013
86		1895	2	0,9955	6,76	1,74	0,58	0,03	—	⟨0,1	0,66	0,12	—	—	—	0,018	—
87		1896	2	1,0015	4,08	2,02	0,91	0,04	—	0,10	—	0,19	—	—	—	—	—
88		1897	2	1,0003	4,47	2,13	0,92	0,03	—	⟨0,1	—	0,15	—	—	—	0,029	—
89	Hörstlin *)	1895	1	0,9927	10,07	2,47	0,70	0,03	—	0,15	0,94	0,17	0,012	0,014	0,084	0,042	0,014
90		1896	1	0,9976	7,46	2,50	0,66	0,03	—	—	—	0,21	—	—	—	0,057	—
91		1897	1	0,9968	10,14	3,41	0,85	0,06	—	⟨0,1	1,10	0,20	— Freie Weinsäure	—	—	0,049	—
⁰) 92		1899	2	1,0003	6,05	2,60	0,95	0,05	0,27	0,12	0,53	0,24	0,013	—	—	0,045	—

*) Der Gehalt an schwefliger Säure und Chlor betrug (g in 100 ccm):

	No. 62	63	66	68	71	73	74	76	77	79	85	89
Schweflige Säure	0,003	0,003 [2]	0,003	—	—	0,002	0,017	0,005 [3]	0,007	0,010	0,001	—
Chlor	0,001	Spur	Spur	0,002 [1]	0,004	Spur	Spur	0,002	Spur	—	0,002	0,004

**) Bei dem Wein No. 68 war freie Weinsäure nicht vorhanden.

⁰) Analyse von K. Windisch, Zeitschr. Nahrungs- u. Genussm. 1901, **4**, 625.

No.	Gemarkung und Jahrgang		Zahl der Proben	Spec. Gewicht	100 ccm Wein enthalten Gramm: Alkohol	Extrakt	Gesammt-Säure (Weinsäure)	Flüchtige Säure (Essigsäure)	Weinsäure	Zucker	Glycerin	Mineral-stoffe	Kalk (CaO)	Magnesia (MgO)	Kali (K_2O)	Phosphor-säure (P_2O_5)	Schwefel-säure (SO_3)
93	Homburg a. M. *) **)	1892	1	0,9945	8,50	2,10	0,64	0,04	—	0,08	0,66	0,18	—	—	—	0,026	—
94		1893	1	0,9926	8,63	1,75	0,50	0,06	—	0,14	0,71	0,19	0,018	0.015	0,080	0,027	0,006
95		1894	1	0,9968	7,19	2,35	0,55	0,05	—	0	—	0,19	—	—	—	0,017	—
96		1896	1	—	7,39	2,34	0,51	0,05	—	0,10	—	0,25	—	—	—	0,032	—
97		1897	1	0,9942	8,56	2,46	0,49	0,05	0,14	<0,1	0,79	0,21	—	—	—	0,023	—
98	Karlstadt *)	1890	2	0,9964	6,95	1,87	0,62	0,078 [1]	—	0,12 [1]	0.54 [1]	0,21	0,019 [1]	0,011 [1]	0,085 [1]	0,037	0,063
99		1892	5	0,9958	7,00	1,84	0,73	0,062	0,019 [3]	0,08	0,57	0,17	0.017 [2]	0,012 [3]	0,076 [3]	0,020	0,038 [3]
100		1894	2	0,9987	5,61	2,00	0,81	0,066	—	0	0,55	0,18	—	—	—	0,019 [1]	—
101		1895	2	0,9948	7,19	1,91	0,54	0,038	—	<0,1	—	0,19	—	—	—	—	—
102		1896	2	0,9970	6,88	2,18	0,82	0,034	—	0,10	—	0,21	—	—	—	—	—
103		1897	2	0,9981	5,61	1,93	0,57	0,040	—	<0,1	—	0,18	—	—	—	0,022	—
104	Kitzingen *) **)	1891	3	0,9963	6,44	1,71	0,53	0.05 [2]	—	<0,05 [2]	0,46 [1]	0,20	0,014 [1]	0,015 [1]	0,102 [1]	0,035	0,058 [1]
105		1892	2	0,9959	7,04	2,01	0,54	0,03 [1]	—	0,12 / <0,1	0,65	0,21	0,023 [1]	0,014 [1]	0,036 [1]	0,038	0,028 [1]
106		1893	1	0,9950	8,21	2,24	0,50	0,07	—	0,13	0,94	0,18	0,010	0,015	0,083	0,033	0,011
107		1894	2	0,9996	5,72	2,22	0,97	0,03	—	0	—	0,19	—	—	—	0,028	—
108		1895	2	0,9949	7,70	2,04	0,42	0,04	—	<0,1	—	0,19	—	—	—	—	—
109		1896	2	0,9952	6,74	2,05	0,56	0,03	—	0,10	—	0,20	—	—	—	0,025	-
110		1897	2	0,9994	5,58	2,24	0,70	0,04	0,21	<0,1	0,48	0,22	—	—	—	0,036	—
111		1898	1	0,9986	5,51	2,02	0,61	0,05	0,22	<0,1	0,42	0,25	—	—	—	0,039	—
112	Klein-Ostheim *) **)	1892	1	0,9957	7,33	1,90	0,73	0,04	—	0,09 / <0,2	0,61	0,18	—	—	—	0,025	—
113		1893	1	0,9954	7,66	1,95	0,73	—	—	0,13	0,56	0,19	—	—	—	0,026	—
114		1894	2	1,0003	4,59	1,94	0,72	0,07	—	Spur	0.50 [1]	0,23	0,018 [1]	0,017 [1]	0.097 [1]	0,027	0,042 [1]
115		1896	1	0,9963	6,27	1,86	0,54	0,04	0,25	0,10	0,52	0,20	0,016	0,012	0,082	0,025	0,033
116	Klein-Wallstadt *)	1891	1	0,9975	5,75	1,75	0.60	0,05	—	0,10	0,39	0,25	0,018	0,019	0,081	0,054	0,036
117		1892	1	0,9954	7,07	1,65	0,55	0,06	—	0,09	0,48	0,18	—	—	—	0,027	—
118		1893	1	0,9942	7,94	1,84	0,62	—	—	—	—	0,15	—	—	—	0,032	—
119	Klingenberg *) **)	1892	2	0,9956	6,97	1,80	0.66	0,03	—	0,08	0,62	0,15	0,018	0,015	0,064	0,025	0,022
120		1893	2	0,9962	7,13	1,95	0,71	0,08	—	0,12	0,65	0,18	0,011 [1]	0,017 [1]	0,058 [1]	0,033	0,006 [1]
121		1894	2	0,9983	6,37	2,25	0,83 [1]	0,05 [1]	—	0 [1]	—	0,22	—	—	—	0,033	—
122		1895	1	0,9946	7,46	1,85	—	—	—	Spur	0,69	0,16	0,010	0,016	0,091	0,034	0,031
123		1896	2	0,9991	4,99	2,07	0,64	0,04	0,27 [1]	0,10	—	0,19	0,011 [1]	—	0,071 [1]	—	0,017
124		1897	2	0,9999	5,17	2,16	0,64 [1]	0,05 [1]	0,32	<0,1	0,56	0,20	—	—	—	0,039	—

*) Der Gehalt an schwefliger Säure und Chlor betrug (g in 100 ccm):

No.	94	98	99	104	105	106	114	115	116	119	120	122	123
Schweflige Säure	0,005	—	0,019 [3]	0,006 [1]	0,008 [1]	0,008	0,005 [1]	0,005	0,006	0,010	0,001 [1]	—	0,016 [1]
Chlor	Spur	0,004 [1]	0,001 [3]	Spur [2]	—	0,002	0,004 [1]	0,004	0,003	0,002	Spur [1]	0,004	0,003 [1]

**) Freie Weinsäure war in No. 97, 110, 111 und 124 nicht vorhanden; No. 115 dagegen enthielt 0,030 g und No. 123 enthielt 0,067 g freie Weinsäure.

No.	Gemarkung und	Jahrgang	Zahl der Proben	Spec. Gewicht	100 ccm Wein enthalten Gramm: Alkohol	Extrakt	Gesammt-Säure (Weinsäure)	Flüchtige Säure (Essigsäure)	Weinsäure	Zucker	Glycerin	Mineral-stoffe	Kalk (CaO)	Magnesia (MgO)	Kali (K_2O)	Phosphor-säure (P_2O_5)	Schwefel-säure (SO_3)
125	Kreuz-wert-heim *)	1892	1	0,9958	7,33	1,82	0,53	0,04	—	0,09	0,74	0,20	—	—	—	0,040	—
126		1894	1	0,9985	6,93	2,36	0,54	0,05	0,16	Spur	—	0,20	—	—	—	—	—
127		1896	1	—	6,53	1,99	0,60	0,05	—	0,10	—	0,21	—	—	—	0,029	—
128		1897	1	0,9963	6,73	2,09	0,59	0,03	0,16	<0,1	0,59	0,22	—	—	—	0,032	—
129	Machtils-hausen**)	1892	1	0,9945	7,93	1,96	0,61	0,06	—	0,13	0,66	0,14	0,018	0,014	0,065	0,030	0,007
130	Markt-breit **)	1892	1	0,9951	8,29	2,25	0,71	0,10	—	0,14	0,55	0,17	0,012	0,009	0,075	0,022	0,040
131		1893	2	0,9970	7,16	2,23	0,46	0,07	—	0,01 <0,1	0,66 [1]	0,26	0,018 [1]	0,017 [1]	0,016 [?]	0,032	0,038 [1]
132		1894	2	1,0007	4,74	2,15	0,78	0,03	—	0	—	0,22	—	—	—	0,027	—
133	Markt-steft **)	1892	1	0,9939	7,73	1,80	0,49	0,05	—	0,08	0,63	0,15	0,012	0,007	0,061	0,019	0,008
134		1893	1	0,9948	8,56	2,13	0,61	0,06	—	<0,1	—	0,18	—	—	—	0,030	—
135		1894	2	0,9993	4,93	2.05	0,70	0,05	—	0	0,48	0,19	—	—	—	0,027	—
136		1895	2	0,9937	8,11	2,03	0,46	0,04	—	<0,05	—	0,16	—	—	—	—	—
137		1896	2	0,9998	5,54	2,27	0,60	0,03	—	0,10	—	0,27	—	—	—	0,034	—
													Freie Wein-säure				
138	Milten-berg	1894	1	0,9989	5,01	1,87	0,77	0,08	—	0	0,50	0,17	—	—	—	0,024	—
139		1895	2	0,9967	6,25	1,84	°)	—	—	<0,1	—	0,18	—	—	—	0,034	—
140		1896	2	0,9984	5,08	1,96	0,63	0,03	—	0,10	—	0,25	—	—	—	—	—
141		1897	2	0,9965	6,47	1,91	0,71 [1]	—	0,25	<0,1	0,56	0,18	0	—	—	0,034	—
142		1898	2	0,9961	7,06	2,11	0,57	0,05	0,18	<0,1	0,61	0,23	0,131	—	—	0,038	—
													CaO				
143	Müdes-heim **)	1893	2	0,9961	7,67	2,15	0,64	0,07 [1]	—	0,06	0,80	0,17	0,012 [1]	0,012 [1]	0,078 [1]	0,018	0,012 [1]
144		1894	2	1,0033	4,20	2,10	1,27	0,05	—	0	0,42	0,20	0,020 [1]	0,017 [1]	0,079 [1]	0,029	0,016 [1]
145		1896	1	0,9972	6,79	2,22	0,69	0,04	—	0,10	0,55	0,16	—	—	—	0,027	0,040
146		1897	1	0,9976	5,93	2,18	0.63	0,03	—	<0,15	0,58	0,13	—	—	—	0,007	—
147	Mühl-bach**)	1898	1	0,9982	5,51	1,96	0,72	0,04	—	0,13	0,61	0,20	—	—	—	0,038	—
148		1890	1	0,9972	6,14	1,69	0,55	0,05	—	0,11	0,39	0,21	0,014	0,012	0,088	0,039	0,030
													Freie Wein-säure				
149	Nord-heim **) ***)	1894	2	1,0015	5,64	2,51	1.20	0,02	—	Spur	—	0,18	—	—	—	0,035	—
150		1895	2	0,9944	8,10	2,02	0,49	0,03	—	<0,05	—	0,18	—	—	—	—	—
151		1896	2	0,9990	5,88	2,45	0,89	0,06	—	0,10	—	0,21	—	—	—	—	—
152		1897	1	0,9983	7,60	2,88	0,68	0,06	0,16	<0,1	0,77	0,20	0	—	—	0,030	—
153		1898	2	0,9981	5,27	1,90	0,66	0,05	0,20	<0,1	0,50	0,21	0,022	—	—	0,038	—
													CaO				
154	Obereisen-heim**)	1893	2	0,9950	8,59	2,52	0,66	0,06	—	0,24 <0,1	0,90	0,16	0,010 [1]	0,015 [1]	0,053 [1]	0,032	0,003 [1]

*) Freie Weinsäure war bei No. 126 und 128 nicht vorhanden.

**) Der Gehalt an schwefliger Säure und Chlor betrug (g in 100 ccm):

	No. 129	130	131	133	143	144	145	147	148	149	154
Schweflige Säure .	0,010	0,013	0,013	0,004	0,002	—	0,007	0,004	0,015	—	0,006
Chlor	—	Spur	0,001	0,001	0,001 [1]	0,002 [1]	—	—	Spur	0,004 [1]	0,001

***) Eine Probe der 1895-er Weine stammte aus der Gemarkung Nordheim und die anderen aus der Gemarkung Nordheim-Sommerach.

°) Der Gehalt an nichtflüchtiger Säure betrug 0,45 g.

No.	Gemarkung und Jahrgang		Zahl der Proben	Spec. Gewicht	100 ccm Wein enthalten Gramm: Alkohol	Extrakt	Gesammt-Säure (Weinsäure)	Flüchtige Säure (Essigsäure)	Weinsäure	Zucker	Glycerin	Mineral-stoffe	Kalk (CaO)	Magnesia (MgO)	Kali (K_2O)	Phosphor-säure (P_2O_5)	Schwefel-säure (SO_3)
155	Obernbreit *)	1890	1	0,9993	4,69	1,50	0,59	0,07	—	0,05	0,30	0,23	0,014	0,014	0,107	0,048	0,042
156		1893	2	0,9977	6,83	2,24	0,95 [1]	0,05 [1]	—	<0,1 [1]	0,59 [1]	0,21	—	—	—	0,027	—
157		1894	2	0,9997	4,87	2,03	0,67	—	—	—	—	0,21	—	—	—	0,031	—
158		1895	2	0,9959	7,03	2,05	**)	—	—	<0,05	—	0,21	—	—	—	—	—
159		1896	2	1,0025	4,47	2,49	0,94	0,03	—	0,10	—	0,28	—	—	—	—	—
160		1897	2	0,9988	4,99	1,93	0,56	0,05	0,19	<0,1	0,40	0,24	Freie Weinsäure 0	—	—	0,040	—
161	Obernburg *)	1892	3	0,9958	7,49	1,88	0,70	0,03 [2]	—	0,12 / <0,2	0,67	0,16	CaO 0,012 [2]	0,014 [2]	0,072 [2]	0,021	0,005 [2]
162		1893	2	0,9965	6,73	1,88	0,66	0,08	—	0,05	0,65	0,17	—	—	—	0,035	—
163	Randersacker *) ***) 0)	1887	1	0,9960	8,07	2,39	0,71	0,06	—	0,14	0,75	0,21	0,018	0,017	0,083	0,036	0,060
164		1887 I	1	0,9947	9,79	2,22	0,67	—	—	0,30	0,83	0,14	—	—	—	0,031	0,010
165		1887 III	1	0,9935	9,43	2,17	0,54	—	—	0,13	0,94	0,18	—	—	—	0,034	0,017
166		1888 I	1	0,9943	8,56	2,17	0,72	—	—	0,15	0,60	0,18	—	—	—	0,047	0,007
167		1888 II	1	0,9940	8,64	2,14	0,68	—	—	0,14	0,60	0,19	—	—	—	0,044	0,007
168		1889 I	1	0,9956	7,73	2,06	0,60	—	—	—	0,82	0,19	—	—	—	0,044	0,014
169		1889 II	1	0,9974	7,00	2,00	0,59	—	—	—	0,70	0,22	—	—	—	0,039	0,012
170		1889 III	1	0,9962	7,67	2,20	0,56	—	—	—	0,72	0,21	—	—	—	0,037	0,029
171		1889	1	0,9953	6,71	1,92	0,63	—	—	0,05	0,59	0,18	—	—	—	0,025	0,033
172		1890	7	0,9991	5,63	1,98	0,85	—	—	—	—	0,19	—	—	—	0,035	—
173		1891	6	0,9979 [2]	6,18	2,17	0,74	0,05 [1]	—	<0,05 [1]	—	0,19	—	—	—	0,037	—
174		1892	3	0,9939	8,57	1,93	0,51	0,05	—	0,08 [2]	0,67	0,17	0,012	0,014	0,069	0,028	0,017
175		1893	1	0,9936	8,14	2,00	0,57	0,04	—	0,09	0,84	0,14	0,012	0,014	0,061	0,018	0,005
176		1894	2	0,9983	7,20	2,77	0,66	0,07	—	0	0,90	0,21	0,012 [1]	0,017 [1]	0,079 [1]	0,029	0,028
177		1895	4	0,9941	8,18	2,11	0,42	0,04	0,14 [1]	<0,1	0,74 [1]	0,20	0,007 [1]	0,012 [1]	0,052 [1]	0,038 [2]	—
178		1896	2	0,9967	7,17	2,41	0,68	0,04	—	0,10	0,54 [1]	0,20	0,012 [1]	0,014 [1]	0,090	0,040	0,009
179		1897	2	0,9962	9,03	2,99	0,72	0,05	0,16	<0,1	0,77	0,20	—	—	—	0,032	—
180		1898	1	0,9947	8,21	2,32	0,52	0,05	0,20	<0,1	0,66	0,21	—	—	—	0,027	—
181	Retzbach *) ***)	1890	1	0,9968	6,43	1,73	0,59	—	—	—	—	0,16	—	—	—	—	—
182		1892	1	0,9996	5,38	2,24	1,06	0,08	—	0,13	0,72	0,15	0,014	0,014	0,067	0,015	0,017
183		1893	2	0,9965	6,53	1,97	0,69	0,08	—	0,09	0,80	0,15	0,015	0,014	0,061	0,021	0,029
184		1894	2	1,0015	4,71	2,20	1,13	—	—	—	—	0,17	—	—	—	0,016	—
185		1895	4	0,9959	6,75	2,00	0,65	0,04	0,31 [1]	<0,1	—	0,15	—	—	—	0,018 [3]	—

*) Der Gehalt an schwefliger Säure und Chlor betrug (g in 100 ccm):

	No. 155	156	161	163	166	174	175	176	177	178	182	183	185
Schweflige Säure .	—	0,007 [1]	0,003 [2]	0,023	0,005	0,012	0,008	0,006 [1]	0,012 [2]	0,005 [1]	0,009	0,011	0,014
Chlor	0,003	—	0,001 [2]	Spur	—	Spur	0,001	0,003 [1]	0,002 [1]	0,003	Spur	Spur	—

**) Die Weine enthielten im Mittel 0,37 g nichtflüchtige Säure.

***) Freie Weinsäure war bei No. 177, 179 und 180 nicht vorhanden; dagegen enthielt ein Wein von No. 185: 0,234 g und der Wein No. 187: 0,034 g freie Weinsäure.

0) Die Analysen No. 164—170 sind von Medicus ausgeführt und stammen aus der Lage Pfülben, alle übrigen Analysen der Randersackerer Weine sind von Omeis. Die Zahlen I, II, III hinter den Jahrgängen bezeichnen I., II. oder III. Abstich.

No.	Gemarkung und Jahrgang	Zahl der Proben	Spec. Gewicht	100 ccm Wein enthalten Gramm: Alkohol	Extrakt	Gesammt-Säure (Weinsäure)	Flüchtige Säure (Essigsäure)	Weinsäure	Zucker	Glycerin	Mineralstoffe	Kalk (CaO)	Magnesia (MgO)	Kali (K_2O)	Phosphorsäure (P_2O_5)	Schwefelsäure (SO_3)
186	Retzbach 1896	1	0,9978	5,51	1,89	0,78	0,03	—	0,10	—	0,16	0,019	0,014	0,045	—	—
187	Retzbach 1897	1	0,9951	6,99	2,09	0,59	0,05	0,26	<0,1	0,76	0,15	—	—	—	0,024	—
188	Retzstadt *) 1892	1	0,9946	7,40	1,78	0,67	0,05	—	0,03	0,58	0,11	—	—	0,039	0,018	—
189	Retzstadt *) 1893	1	0,9968	7,53	2,45	0,83	0,05	—	0,16	0,88	0,15	0,018	0,016	0,061	0,019	0,018
190	Retzstadt *) 1894	2	1,0031	4,30	2,47	1,51	0,03	—	0	0,36	0,14	0,022 [1]	0,014 [1]	0,050 [1]	0,016	0,031 [1]
191	Retzstadt *) 1895	1	0,9949	7,46	1,93	0,65	0,04	—	<0,1	—	0,13	—	—	—	0,021	—
192	Retzstadt *) 1896	2	0,9984	5,17	2,06	0,90	0,03	—	0,10 [1]	—	0,18	0,020 [1]	0,017 [1]	0,048 [1]	0,019 [1]	0,023 [1]
193	Retzstadt *) 1897	2	0,9976	6,41	2,21	0,75	0,03	—	<0,1	—	0,13	—	—	—	0,020	—
194	Reuchelheim *) **) 1893	1	0,9960	7,07	2,12	0,63	0,07	—	0,11	0,73	0,18	0,024	0,014	0,096	0,017	0,008
195	Reuchelheim *) **) 1894	1	1,0000	5,57	2,49	0,77	0,03	—	0	—	0,17	—	—	—	0,021	—
196	Reuchelheim *) **) 1895	2	0,9947	6,88	1,92	0,49	0,02	—	<0,1	—	0,15	—	—	—	0,027	—
197	Reuchelheim *) **) 1896	2	0,9990	5,29	2,13	0,72	0,04	0,25	0,10	0,41	0,17	0,016	0,014 [1]	0,076 [1]	0,030 [1]	0,028
198	Reuchelheim *) **) 1897	2	0,9994	6,50	2,75	0,86	0,03	—	<0,1	—	0,16	—	—	—	0,023	—
199	Reuchelheim *) **) 1898	2	1,0038	3,80	2,52	1,20	0,05	0,27	<0,1	0,29	0,20	—	—	—	0,049	—
200	Rödelsee *) **) ***) 1887 I	1	0,9942	9,93	2,74	0,75	—	—	0,16	0,83	0,17	—	—	—	0,039	0,007
201	Rödelsee 1887 III	1	0,9943	9,71	2,46	0,69	—	—	0,14	0,83	0,20	—	—	—	0,042	0,017
202	Rödelsee 1888 I	1	0,9947	8,29	2,19	0,88	—	—	0,14	0,78	0,19	—	—	—	0,041	0,010
203	Rödelsee 1888 II	1	0,9660	7,93	2,26	0,88	—	—	0,14	0,59	0,19	—	—	—	0,042	0,010
204	Rödelsee 1889 I	1	0,9986	6,78	2,28	0,80	—	—	—	0,68	0,24	—	—	—	0,045	0,008
205	Rödelsee 1889 II	1	0,9973	6,86	2,04	0,66	—	—	—	0,57	0,22	—	—	—	0,041	0,011
206	Rödelsee 1889 III	1	0,9982	6,21	2,05	0,56	—	—	—	0,61	0,24	—	—	—	0,056	0,010
207	Rödelsee 1892	2	0,9933	9,44	2,10	0,57	0,03 [1]	—	0,10 / <0,2	0,78	0,21	0,016 [1]	0,017 [1]	0,100 [1]	0,033	0,008 [1]
208	Rödelsee 1893	2	0,9933	9,57	2,29	0,46	—	—	0,10	0,85	0,22	—	—	—	0,027	—
209	Rödelsee 1894	3	0,9985	6,14	2,09	0,58	0,06	0,12 [1]	0	0,59 [1]	0,21	0,013 [1]	0,022 [1]	0,093 [1]	0,027	0,015 [1]
210	Rödelsee 1895	3	0,9940	8,66	2,19	0,42	0,03	0,11	0 [1] / <0,1 [2]	0,78 [1]	0,22	—	—	—	—	—
211	Rödelsee 1896	3	0,9997	5.94	2,54	0,82	0,05	—	0,10	0,46 [1]	0,26	—	—	—	0,048	0,014 [1]
212	Rödelsee 1897	1	0,9973	7,66	2,84	0,62	0,07	0,18	<0,1	—	0,28	—	—	—	0,053	—
213	Rödelsee 1898	1	0,9960	7,53	2,22	0,47	0,05	0,18	<0,1	0,61	0,25	—	—	—	0,039	—
214	Röttingen *) **) 1892	2	0,9959	7,69	1,68	0,59	0,07	—	0,09	0,59	0,18	0,024 [1]	0,014 [1]	0,072 [1]	0,035	0,029
215	Röttingen *) **) 1893	1	0,9958	6,34	1,75	0,75	0,06	—	0,08	0,57	0,16	—	—	—	0,023	—
216	Röttingen *) **) 1894	2	1,0000	4,44	1,91	0,75	0,08	0,17 [1]	Spur [1]	—	0,17	—	—	—	0,032	—
217	Röttingen *) **) 1895	2	0,9939	7,84	1,79	0,53	0,03	—	<0,1	—	0,16	—	—	—	—	—

*) Der Gehalt an schwefliger Säure und Chlor betrug (g in 100 ccm):

	No. 189	190	192	194	197	204	207	209	211	214
Schweflige Säure . .	0,015	—	0,005 [1]	0,025	0,003	0,005	0,008	—	0,004 [1]	0,011
Chlor	Spur	0,002 [1]	—	Spur	0,002	—	0,002	0,003 [1]	0,002 [1]	0,005

**) Die Weine No. 197 enthielten im Mittel 0,064 g und die Weine No. 199 im Mittel 0,098 g freie Weinsäure. — Freie Weinsäure war dagegen bei No. 209 [1], 210 [1], 212, 213 und 216 nicht vorhanden.

***) Die Analysen No. 200—206 stammen von Medicus, alle übrigen von Omeis. Die Zahlen I, II, III hinter den Jahrgängen bezeichnen den I., II. oder III. Abstich.

No.	Gemarkung und Jahrgang		Zahl der Proben	Spec. Gewicht	100 ccm Wein enthalten Gramm:												
					Alkohol	Extrakt	Gesammt-Säure (Weinsäure)	Flüchtige Säure (Essigsäure)	Weinstein	Zucker	Glycerin	Mineral-stoffe	Kalk (CaO)	Magnesia (MgO)	Kali (K_2O)	Phosphor-säure (P_2O_5)	Schwefel-säure (SO_3)
218	Röttingen *) **)	1896	1	1,0005	4,74	2,31	0,88	0,04	0,19	0,10	0,43 [1]	0,27	—	—	—	0,065 [1]	0,030 [1]
219		1897	2	0,9991	5,05	2,01	0,75	0,04	0,29	<0,1	0,47	0,18	—	—	—	0,047	—
220		1898	2	1,0000	5,36	2,15	0,68	0,05	0,17	<0,1	0,44	0,24	—	—	—	0,052	—
221	Rüdenhausen	1891	1	0,9961	6,79	1,83	0,54	—	—	—	—	0,19	—	—	—	0,039	—
222	Schweinfurt *)	1892	2	0,9943	8,14	1,96	0,62	0,07	—	<0,1 [1]	0,66	0,21	0,018 [1]	0,025 [1]	0,069 [1]	0,039	0,006 [1]
223		1893	2	0,9978	7,34	2,72	0,89	0,09	—	0,18	1,16 [1]	0,24	0,022 [1]	0,017 [1]	0,083 [1]	0,041	0,050 [1]
224		1894	2	1,0025	4,24	2,36	1,19	0,04	—	0	0,50	0,23	—	—	—	0,042	—
225		1895	2	0,9958	7,65	2,23	0,46	0,05	—	<0,05	—	0,23	—	—	—	0,039	—
226		1896	2	1,0040	4,53	2,66	1,25	0,04	—	0,10	—	0,27	—	—	—	0,045	—
227		1897	2	1,0003	7,10	3,19	0,66	0,05	—	<0,1	—	0,25	—	—	—	0,034	—
228	Segnitz	1893	1	0,9960	6,21	2,06	—	—	—	<0,1	—	0,18	—	—	—	0,019	—
229	Sommerach *) **)	1892	1	0,9940	7,87	1,96	0,55	—	—	—	—	0,17	—	—	—	0,027	—
230		1893	3	0,9945	8,66	2,35	0,49	0,06	—	0,08 [2] <0,1 [1]	0,93 [2]	0,18	0,016	0,017	0,089	0,031	0,009
231		1895	2	0,9938	8,78	2,19	0,44	0,04	0,12 [1]	<0,05	0,75 [1]	0,18	0,004	0,013	0,077	0,040 [1]	0,006 [1]
232		1896	2	0,9997	5,77	2,47	0,88	0,02	—	0,10	—	0,21	—	—	—	0,031	—
233		1897	2	0,9977	6,79	2,42	0,58	0,03	—	<0,1	—	0,19	—	—	—	0,032	—
234		1898	2	0,9975	5,83	2,05	0,66	0,05	0,25	<0,1	0,50	0,18	Freie Weinsäure 0,020	—	—	0,029	—
235	Sommerhausen ***)	1890	1	0,9987	5,40	1,63	0,67	—	—	0,03	—	0,18	CaO —	—	—	0,035	—
236		1892	1	0,9937	7,39	1,88	0,55	—	—	<0,2	0,58	0,15	—	—	—	0,024	—
237		1893	1	0,9951	7,39	2,10	0,52	—	—	0,13	0,83	0,15	—	—	—	0,028	—
238		1894	1	1,0008	4,17	1,95	0,78	0,03	—	0	—	0,19	—	—	—	0,033	—
239	Steinbach *) **)	1890	1	0,9972	6,14	1,85	0,54	0,03	—	0,04	0,47	0,26	0,013	0,014	0,107	0,045	0,026
240		1891	1	0,9975	5,94	1,74	0,54	0,04	—	0,03	0,38	0,21	0,016	0,021	0,045	0,048	0,029
241		1892	2	0,9967	7,20	2,02	0,68	0,09	—	0,15 [1]	0,53	0,20	0,014 [1]	0,017	0,086	0,026	0,022 [1]
242		1893	2	0,9964	8,18	2,55	0,57	0,04	—	0,16	0,96	0,23	0,012 [1]	0,020 [1]	0,090 [1]	0,036 [1]	0,012 [1]
243		1894	1	0,9994	6,21	2,50	0,95	0,04	—	0	0,63	0,22	—	—	—	0,030	0,027
244		1895	1	0,9934	8,56	2,12	0,48	0,06	0,12	0,09	0,91	0,22	—	0,016	0,058	0,038	0,055
245	Sulzfeld *)	1890	1	0,9979	5,62	1,85	0,65	—	—	0,05	0,44	0,18	—	—	—	0,024	—
246		1891	1	0,9970	7,20	2,25	0,60	0,05	—	0,05	0,52	0,17	0,010	0,014	0,059	0,041	0,033
247		1892	1	0,9953	7,80	2,17	0,65	0,05	—	0,14	0,47	0,19	0,012	0,015	0,111	0,026	0,026
248		1893	1	0,9948	8,28	2,21	0,48	0,05	—	0,12	0,98	0,15	0,008	0,015	0,065	0,026	0,003
249		1894	2	0,9995	5,02	2,04	0,71	0,05	—	0 [1]	—	0,17	—	—	—	0,028	—

*) Der Gehalt an schwefliger Säure und Chlor betrug (g in 100 ccm):

	No. 218	222	223	230	231	239	240	241	242	243	244	246	247	248
Schweflige Säure	0,008 [1]	0,005 [1]	0,014	0,010 [2]	0,005 [1]	0,010	0,008	0,015 [1]	0,010	0,017	—	0,014	0,012	0,005
Chlor	—	Spur	0,001	Spur [1]	0,002 [1]	0,001	0,003	0,004	Spur	0,002	0,002	0,001	Spur	Spur

**) Freie Weinsäure war bei No. 218, 231 [1] und 244 nicht vorhanden; No. 219 enthielt 0,081 g.

***) No. 235 stammte aus den Gemarkungen Sommerhausen und Segnitz.

No.	Gemarkung und Jahrgang		Zahl der Proben	Spec. Gewicht	100 ccm Wein enthalten Gramm:												
					Alkohol	Extrakt	Gesammt-Säure (Weinsäure)	Flüchtige Säure (Essigsäure)	Weinsäure	Zucker	Glycerin	Mineral-stoffe	Kalk (CaO)	Magnesia (MgO)	Kali (K_2O)	Phosphor-säure (P_2O_5)	Schwefel-säure (SO_3)
250	Sulzthal *)	1884	1	0,9976	6,02	1,99	0,64	0,07	—	<0,05	—	0,18	—	—	—	0,030	—
251		1890	1	0,9980	5,20	1,84	0,68	0,04	—	0,10	—	0,14	—	—	—	0,024	—
252		1892	1	0,9943	7,53	1,65	0,65	0,09	—	0,04	0,50	0,14	0,005	0,007	0,089	0,030	0,045
													Freie Weinsäure				
253	Tauberrettersheim *)	1892	1	0,9956	6,93	1,85	0,64	0,03	—	0,14	0,53	0,14	—	—	—	0,029	0,009
254		1895	2	0,9950	7,27	1,96	0,60	0,02	—	<0,1	—	0,16	—	—	—	—	—
255		1896	2	1,0020	4,62	2,28	0,97	0,04	—	0,10	—	0,18	—	—	—	0,050	—
256		1897	2	0,9991	6,02	2,39	0,68	0,03	—	<0,1	—	0,18	—	—	—	0,041	—
257		1898	2	0,9971	6,41	2,01	0,59	0,04	0,23	<0,1	0,51	0,17	0,072	—	—	0,050	—
													CaO				
258	Thüngen*)	1890	1	0,9967	7,40	1,71	0,68	0,05	—	0,03	0,56	0,18	0,016	—	0,067	0,039	—
259	Thüngersheim *)	1889	1	0,9987	4,94	1,78	0,75	0,04	—	0,05	0,48	0,17	0,017	0,016	0,062	0,029	0,031
260		1890	2	0,9983	6,31	2,29	0,95	—	—	—	—	0,15	—	—	—	0,024	—
261		1891	1	0,9953	7,60	1,93	0,78	0,03	—	0,10	0,68	0,15	0,018	0,014	0,054	0,020	0,004
262		1893	3	0,9967	6,60	2,10	0,70	0,06	—	0,11	0,78	0,15	0,017	0,014	0,059	0,019	0,015
263	Untereschenbach*)	1893	1	0,9940	8,49	2,15	0,62	0,06	—	<0,1	—	0,14	—	—	—	0,025	—
264		1894	1	1,0000	5,64	1,90	0,67	0,07	—	0	0,51	0,14	0,010	0,016	0,066	0,020	0,010
265	Unterdürrbach *)	1892	1	0,9937	8,00	1,69	0,57	—	—	0,09	0,57	0,16	—	—	—	0,015	—
266		1893	1	0,9958	6,99	2,08	0,62	0,04	—	0,10	0,75	0,16	0,014	0,013	0,065	0,026	0,030
267		1896	2	0,9996	5,64	2,38	1,04	0,03	—	0,10	—	0,19	—	—	—	0,031	—
268		1897	2	0,9989	6,28	2,38	0,84	0,03	—	<0,1	—	0,18	—	—	—	0,027	—
269	Volkach *)	1890	1	1,0023	4,12	2,12	0,81	—	—	—	—	0,22	—	—	—	0,051	—
270		1892	1	0,9955	8,43	2,15	0,72	0,06	—	0,16	0,69	0,16	0,012	0,017	0,051	0,022	0,010
271		1893	2	0,9960	8,37	2,39	0,60	0,05	—	0,13	0,76 [1]	0,19	—	—	—	0,029	—
													Freie Weinsäure				
272		1894	1	1,0037	3,40	2,47	0,77	0,03	0,25	Spur	—	0,25	0	—	—	0,028	—
273		1895	2	0,9936	8,49	2,15	0,55	0,03	—	<0,1	—	0,19	—	—	—	0,032	—
274		1896	2	0,9998	6,44	2,57	1,14	0,07	—	0,10	—	0,19	—	—	—	0,032	—
275		1897	2	0,9997	5,04	2,05	0,64	0,04	—	<0,1	—	0,18	—	—	—	0,029	—
276		1898	2	0,9994	6,64	2,46	0,93	0,05	0,25	<0,1	0,50	0,21	0,138	—	—	0,043	—
													CaO				
277	Wasserlos *)	1884	2	0,9950	8,46	2,19	0,65	0,06	—	0,02	0,83	0,16	0,019 [1]	0,029 [1]	0,061 [1]	0,031 [1]	0,051 [1]
278		1892	2	0,9947	9,00	2,24	0,84	0,03 [1]	—	0,10 [1]	0,81 [1]	0,17	0,014	0,019	0,075	0,018	0,021 [1]
279		1893	2	0,9952	9,48	2,76	0,64	0,05	—	0,16	0,99	0,20	0,024 [1]	0,019 [1]	0,077 [1]	0,039	0,012 [1]
280 **)		1895	3	0,9926	9,34	2,20	0,43	0,04	0,11 [1]	<0,02 <0,1 [1]	0,90 [1]	0,18	0,010 [1]	0,014 [1]	0,075 [1]	0,029 [1]	—
281		1897	3	0,9965	8,44	2,74	0,69	0,03	—	<0,1	—	0,19	—	—	—	0,039	—

*) Der Gehalt an schwefliger Säure und Chlor betrug (g in 100 ccm):

	No. 251	252	253	258	259	261	262	264	266	270	277	278	279	280	
Schweflige Säure	0,006	0,003	0,004	0,003	0,006	0,005	0,004	—	0,003	0,004	0,004 [1]	0,003 [1]	0,006 [1]	—	g
Chlor	—	0,001	0,006	0,001	0,004	0,003	Spur	0,003	—	0,001	0,001 [1]	0,001 [1]	Spur	0,002 [1]	„

**) Bei No. 280 war freie Weinsäure nicht vorhanden.

No.	Gemarkung und Jahrgang	Zahl der Proben	Spec. Gewicht	100 ccm Wein enthalten Gramm: Alkohol	Extrakt	Gesammt-Säure (Weinsäure)	Flüchtige Säure (Essigsäure)	Weinsäure	Zucker	Glycerin	Mineral-stoffe	Kalk (CaO)	Magnesia (MgO)	Kali (K_2O)	Phosphor-säure (P_2O_5)	Schwefel-säure (SO_3)
282	Winter-hausen 1893	1	0,9942	8,21	1,92	0,63	0,05	—	0,12	0,61	0,19	—	—	—	0,025	—
283	Würzburg*) **) ***) 1887 I	15	0,9948	9,01	2,51	0,76	—	—	0,22	0,80	0,17	—	—	—	0,034	0,014
284	1887 II	4	0,9955	9,25	2,62	0,72	—	—	0,23	0,79	0,18	—	—	—	0,038	0,016
285	1887 III	13	0,9946	9,42	2,55	0,76	—	—	0,16	0,83	0,17	—	—	—	0,037	0,022
286	1888 I	9	0,9970	7,98	2,47	0,78	—	—	0,16	0,59	0,20	—	—	—	0,050	0,018
287	1888 II	6	0,9972	7,91	2,55	0,83	—	—	0,19	0,71	0,21	—	—	—	0,046	0,019
288	1888 III	3	0,9980	7,19	2,47	0,66	—	—	—	0,62	0,24	—	—	—	—	0,031
289	1889 I	7	0,9973	7,44	2,35	0,63	—	—	—	0,68	0,21	—	—	—	0,038	0,016
290	1889 II	6	0,9967	7,27	2,20	0,65	—	—	—	0,81	0,19	—	—	—	0,037	0,014
291	1889 III	7	0,9971	7,48	2,25	0,55	—	—	—	0,64	0,21	—	—	—	0,048	0,029
292	1889	1	0,9969	6,47	2,03	0,64	0,05	—	0,07	0,57	0,21	0,022	0,016	0,086	0,035	0,043
293	1890	4	0,9975	7,67	2,44	0,57	—	—	—	—	0,26	—	—	—	0,050	0,018
294	1890	13	0,9971	7,43	2,27	0,68	—	—	—	—	0,20	—	—	—	0,038	—
295	1891 I	2	0,9968	8,50	2,64	0,73	0,02	—	—	0,57	0,21	—	—	—	0,039	0,013
296	1891 II	2	0,9963	8,48	2,49	0,52	0,02	—	—	0,62	0,23	—	—	—	0,038	0,018
297	1891 III	2	0,9961	8,25	2,42	0,50	0,04	—	—	0,50	0,20	—	—	—	0,038	0,027
298	1891	9	—	8,66	2,44	0,72	—	—	—	—	0,19	—	—	—	0,033	—
299	1892	9	0,9955	8,11	2,21	0,69	0,07	0,15	0,14 [5] <0,1 [4]	0,61 [5]	0,18	0,013 [5]	0,012 [4]	0,072 [5]	0,027 [5]	0,038
300	1893	8	0,9950	10,35	2,99	0,54	0,05	—	—	0,85	0,22	—	—	—	0,037	0,020
301	1893	4	0,9947	9,77	2,74	0,60 [3]	0,05 [2]	—	0,18	0,98	0,21	0,012 [3]	0,016 [3]	0,085 [2]	0,033	0,016 [2]
302	1894 I	6	0,9996	7,13	2,87	0,74	0,03	0,19	—	0,66	0,20	Aepfelsäure 0,578	—	—	0,032	0,021
303	1894 II	2	0,9989	6,38	2,49	0,64	0,05	0,19	—	0,61	0,19	0,488	—	—	0,027	0,019
304	1894	5	0,9993	5,62	2,43	0,73	0,06	—	0	0,65 [3]	0,20	CaO 0,015 [1]	0,016 [1]	0,066 [1]	0,024	0,022 [2]
305	1895	3	0,9933	9,41	2,22	0,39	0,03	0,15	—	0,60	0,23	—	—	—	0,042	0,020
306	1895	6	0,9939	8,27	2,08	0,43	0,04	0,14 [2]	<0,1	0,79 [2]	0,19	—	—	0,070 [1]	0,032	0,016 [2]
307	1896	2	0,9971	8,56	2,87	0,92	0,04	0,22	0,10	0,74	0,23	Freie Weinsäure 0,046	—	—	0,038	—
308	1896	7	0,9986	7,70	2.81	0,93	0,03	0,25	—	0,67	0,22	—	—	—	0,033	0,021
309	1897	6	0,9964	9,03	2,99	0,77	0,05	0,15 [5]	0,12 [1] <0,1 [5]	0,79 [5]	0,19	0 [5]	—	—	0,031 [5]	—
310	1897 I	3	0,9954	9,00	2,62	0,58	0,03	—	—	0,84	0,19	—	—	—	0,035	0,009
311	1897 II	3	0,9961	8,44	2,72	0,70	0,06	0,16	0,11	—	0,21	—	—	—	0,033	0,014
312	1898	7	0,9977	7,43	2,63	0,65	0,05	0,20	<0,1	0,64	0,24	0,012	—	—	0,039	—

*) Der Gehalt an schwefliger Säure und Chlor betrug (g in 100 ccm):

	No. 286	289	291	292	297	301	304	306
Schweflige Säure. . .	0,004	0,003	0,007 [2]	0,015	0,013	0,004 [2]	0,008 [3]	0,013 g [1]
Chlor	—	—	—	0,001	0,002 [5]	0,002 [2]	0,003 [1]	— „

**) Die Analysen No. 283—291, 293, 295—297, 302, 303, 305, 308, 310 und 311 sind von Medicus, die übrigen von Th. Omeis ausgeführt.

***) Freie Weinsäure war in No. 306 nicht vorhanden; dagegen enthielt No. 299 [2] 0,070 g freie Weinsäure.

No.	Gemarkung und Jahrgang		Zahl der Proben	Spec. Gewicht	100 ccm Wein enthalten Gramm:												
					Alkohol	Extrakt	Gesammt-Säure (Weinsäure)	Flüchtige Säure (Essigsäure)	Weinsäure	Zucker	Glycerin	Mineral-stoffe	Freie Weinsäure	Magnesia (MgO)	Kali (K_2O)	Phosphor-säure (P_2O_5)	Schwefel-säure (SO_3)
313	Zell*) **)	1892	1	0,9965	7,12	2,13	0,72	0,07	0,20	<0,1	—	0,20	0,107	—	—	—	0,051
													CaO				
314		1893	1	1,0017	4,35	2,32	0,84	0,05	—	0	0,46	0,21	0,014	0,017	0,085	0,033	0,059
315		1894	1	0,9944	8,49	2,04	0,38	0,05	—	0	0,71	0,19	0,006	0,012	0,084	0,037	0,009
316		1895	1	0,9990	5,89	2,31	0,48	0,04	—	0,10	—	0,24	—	—	—	0,044	—
317		1896	1	0,9979	7,53	2,93	0,80	0,06	0,22	<0,1	—	0,18	—	—	—	0,034	—
318		1897	1	0,9988	5,70	2,38	0,64	0,06	—	<0,1	—	0,24	—	—	—	0,042	—
319		1898	1	0,9976	5.69	2,00	0,88	0,038	—	0,09	0,58	0,15	0,025	0,015	0,064	0,021	0,003
	Mittel		—	**0,9972**	**7,01**	**2,17**	**0,69**	**0,05**	**0,21**	**0,07** ***)	**0,64**	**0,19**	**0,015**	**0,017**	**0,075**	**0,032**	**0,022**

Weine des Juliusspitals in Würzburg.

Medicus untersuchte die einzelnen Abstiche verschiedener Weine des Juliusspitales, des Bürgerspitales und des Kgl. Hofkellers in Würzburg eine Reihe von Jahren hindurch. Die Ergebnisse der Untersuchungen dreier Weine des Juliusspitales, von denen fast sämmtliche Abstiche von 1891—1898 untersucht worden sind, seien hier nach der „Deutschen Weinstatistik“ wiedergegeben.

Steinwein.

No.	Jahrgang und Abstich		Zeit der Untersuchung	Spec. Gewicht	100 ccm Wein enthalten Gramm:									
					Alkohol	Extrakt	Gesammt-Säure (Weinsäure)	Flüchtige Säure (Essigsäure)	Weinsäure	Zucker	Glycerin	Mineral-stoffe	Phosphor-säure (P_2O_5)	Schwefel-säure (SO_3)
1	1891	I	4. 2. 92	0,9967	8,71	2,67	0,72	0,021	—	—	0,61	0,21	0,035	0,012
2		II	15. 4. 92	0,9977	8,14	2,66	0,67	0,036	—	—	0,59	0,22	0,047	0,022
3		III	7. 10. 92	0,9964	8,43	2,61	0,70	0,027	—	—	0,65	0,21	0,037	0,024
4	1892	I	25. 1. 93	0,9946	9,50	2,39	0,52	0,020	—	—	0,69	0,22	0,032	0,013
5		II	27. 5. 93	0,9945	9,21	2,38	0,55	0,034	—	—	0,69	0,22	0,032	0,022
6		III	7. 10. 93	0,9944	8,71	2,34	0,54	0,037	—	—	0,66	0,21	0,031	0,025
7	1893	I	10. 2. 94	0,9996	12,19	4,92	0,62	0,085	—	0,78	1,16	0,30	0,041	0,010
8		II	12. 6. 94	0,9997	11,65	4,72	0,54	0,083	—	0,78	1,12	0,29	0,040	0,016
9		III	25. 10. 94	0,9996	11,64	4,76	0,56	0,089	—	—	1,13	0,28	0,041	0,020
10	1894 °)	I	1. 2. 95	1,0012	9,20	4,00	0,95	0,052	0,108	0,22	1,04	0,24	0,033	0,011
11		II	18. 4. 95	1,0002	8,98	3,83	0,81	0,063	0,066	—	1,01	0,24	0,032	0,019
12		III	12. 10. 95	0,9988	8,84	3,54	0,74	0,065	—	—	—	0,24	0,032	0,024
13	1895	I	7. 2. 96	0,9942	9,34	2,35	0,44	0,031	0,193	—	0,63	0,23	0,037	0,015
14		II	12. 6. 96	0,9945	9,34	2,40	0,47	0,048	0,168	—	0,62	0,24	0,041	0,021
15		III	9. 10. 96	0,9943	8,98	2,40	0,49	0,047	0,178	—	0,64	0,23	0,040	0,029
16	1896	I	12. 2. 97	0,9980	7,80	2,64	0,90	0,025	0,213	—	0,65	0,20	0,032	0,019
17		II	15. 5. 97	0,9972	7,94	2,68	0,83	0,034	0,186	—	—	0,20	0,029	0,028
18		III	—	0,9965	7,66	2,52	0,61	0,039	0,202	—	—	0,19	0,027	0,024

*) Der Gehalt an schwefliger Säure und Chlor betrug (g in 100 ccm):

	No. 313	315	319
Schweflige Säure	0,016	0,006	0,002 g
Chlor	—	0,003	0,001 g

**) Freie Weinsäure war in No. 317 nicht vorhanden.

***) Die Angaben <0,2 und <0,1 sind mit 0,10 bezw. 0,05 in Rechnung gezogen.

°) Der Gehalt an Aepfelsäure betrug bei

	No. 10	11	33	34	56	57
Aepfelsäure	0,790	0,693	0,620	0,615	0,410	0,450 g

No.	Jahrgang und Abstich		Zeit der Untersuchung	Spec. Gewicht	100 ccm Wein enthalten Gramm:									
					Alkohol	Extrakt	Gesammt-Säure (Weinsäure)	Flüchtige Säure (Essigsäure)	Weinsäure	Zucker	Glycerin	Mineral-stoffe	Phosphor-säure (P_2O_5)	Schwefel-säure (SO_3)
19	1897	I	—	1,0018	10,22	4,53	0,80	0,050	—	1,27	1,18	0,22	0,035	0,014
20		II	—	1,0003	9,99	4,18	0,59	0,055	0,123	1,09	1,17	0,23	0,034	0,016
21	1898	I	26. 1. 99	0,9969	7,83	2,58	0,53	0,050	0,198	0,14	0,73	0,22	0,031	0,015
22		II	27. 4. 99	0,9967	7,80	2,56	0,58	0,064	0,195	0,09	0,72	0,23	0,032	0,023
23		III	25. 10. 99	0,9968	7,60	2,54	0,58	0,060	0,195	0,09	0,70	0,22	0,033	0,026

Schalksberg bei Würzburg.

No.	Jahrgang	Abstich	Zeit der Untersuchung	Spec. Gewicht	Alkohol	Extrakt	Gesammt-Säure (Weinsäure)	Flüchtige Säure (Essigsäure)	Weinsäure	Zucker	Glycerin	Mineral-stoffe	Phosphor-säure (P_2O_5)	Schwefel-säure (SO_3)
24	1891	I	4. 2 92	1,0007	7,20	3,08	0,84	0,037	—	—	0,65	0,22	0,060	0,025
25		II	15. 4. 92	1,0004	7,27	2,98	0,82	0,042	—	—	0,59	0,22	0,057	0,033
26		III	17. 10. 92	0,9998	7,20	2,97	0,79	0,040	—	—	0,62	0,22	0,055	0,044
27	1892	I	25. 1. 93	0,9939	9,29	2,12	0,53	0,023	—	—	0,69	0,16	0,026	0,009
28		II	27. 5. 93	0,9939	9,00	2,14	0,60	0,033	—	—	0,68	0,16	0,030	0,017
29		III	7. 10. 93	0,9939	9,07	2,20	0,59	0,046	—	—	0,71	0,18	0,028	0,017
30	1892	I	10. 2. 94	0,9938	11,04	3,15	0,60	0,065	—	—	1,02	0,17	0,033	0,009
31		II	12. 6. 94	0,9938	10,96	3,03	0,54	0,067	—	—	0,95	0,18	0,032	0,017
32		III	25. 10. 94	0,9939	11,01	3,00	0,54	0,067	—	—	0,97	0,18	0,034	0,024
33	1894 *)	I	1. 2. 95	1,0005	6,59	2,98	0,84	0,043	0,280	Spur	0,78	0,18	0,031	0,016
34		II	18. 4. 95	1,0005	6,53	2,96	0,81	0,050	0,243	—	0,77	0,19	0,031	0,018
35		III	12. 10. 95	0,9990	6,79	2,64	0,63	0,048	0,238	—	0,70	0,19	0,030	0,016
36	1895	I	7. 2. 96	0,9930	9,42	2,11	0,36	0,026	0,198	—	0,58	0,20	0,038	0,012
37		II	12. 6. 96	0,9933	9,27	2,14	0,37	0,033	0,183	—	0,54	0,20	0,038	0,023
38		III	9. 10. 96	0,9931	9,27	2,13	0,38	0,037	0,168	—	0,58	0,21	0,039	0,026
39	1896	I	12. 2. 97	0,9995	6,34	2,47	1,00	0,021	0,261	—	0,54	0,19	0,029	0,014
40		II	15. 5. 97	0,9994	6,47	2,53	0,98	0,026	0,261	—	0,54	0,19	0,028	0,018
41	1897	I	—	0,9977	7,53	2,63	0,59	0,037	—	—	0,80	0,20	0,031	0,011
42		II	—	0,9978	6,93	2,69	0,67	0,051	0,202	0,14	0,77	0,22	0,032	0,013
43		III	25. 10. 98	0,9979	7,06	2,65	0,64	0,086	0,187	<0,1	0,73	0,20	0,032	0,016
44	1898	I	26. 1. 99	0,9988	6,69	2,57	0,54	0,067	0,180	0,12	0,67	0,27	0,031	0,021
45		II	27. 4. 99	0,9983	6,79	2,53	0,55	0,060	0,161	0,08	0,69	0,26	0,030	0,022
46		III	25. 10. 99	0,9983	6,48	2,47	0,56	0,061	0,157	<0,1	0,67	0,25	0,036	0,028

Rödelsee.

No.	Jahrgang	Abstich	Zeit der Untersuchung	Spec. Gewicht	Alkohol	Extrakt	Gesammt-Säure (Weinsäure)	Flüchtige Säure (Essigsäure)	Weinsäure	Zucker	Glycerin	Mineral-stoffe	Phosphor-säure (P_2O_5)	Schwefel-säure (SO_3)
47	1891	I	4 2. 92	0,9962	7,93	2,14	0,67	0,016	—	—	0,57	0,18	0,046	0,008
48		II	15. 4. 92	0,9960	7,87	2,16	0,67	0,017	—	—	0,58	0,18	0,046	0,011
49		III	17. 10. 92	0,9959	7,87	2,18	0 68	0,024	—	—	0,58	0,19	0,049	0,024
50	1892	I	25. 1. 93	0,9930	9,36	2,18	0,51	0,015	—	—	0,71	0,23	0,034	0,007
51		II	27. 5. 93	0,9924	9,71	2,16	0,55	0,016	—	—	0,70	0,21	0,030	0,018
52		III	7. 10. 93	0,9924	9,86	2,00	0,44	0,032	—	—	0,72	0,20	0,030	0,019
53	1893	I	10. 2. 94	0,9925	10,36	2,36	0,37	0,043	—	—	0,67	0,23	0,038	0,008
54		II	12. 6. 94	0,9923	10,36	2,38	0,38	0,051	—	—	0,66	0,25	0,036	0,019
55		III	25. 10. 94	0,9932	10,17	2,41	0,42	0,061	—	—	0,73	0,22	0,039	0,023
56	1894 *)	I	1. 2. 95	0,9979	7,12	2,42	0,54	0,031	0,168	Spur	0,58	0,23	0,042	0,014
57		II	18. 4. 95	0,9985	7,21	2,15	0,60	0,046	0,193	—	0,46	0,23	0,036	0,020
58		III	12. 10. 95	0,9971	7,26	2,26	0,53	0,046	0,175	—	0,55	0,23	0,037	0,019

*) Vergl. Anmerkung [0]) S. 1219.

No.	Jahrgang und Abstich		Zeit der Untersuchung	Spec. Gewicht	Alkohol	Extrakt	Gesammt-Säure (Weinsäure)	Flüchtige Säure (Essigsäure)	Weinsäure	Zucker	Glycerin	Mineral-stoffe	Phosphor-säure (P_2O_5)	Schwefel-säure (SO_3)
					100 ccm Wein enthalten Gramm:									
59	1895	I	7. 2. 96	0,9927	9,63	2,16	0,45	0,013	0,178	—	0,71	0,20	0,041	0,008
60		II	12. 6. 96	0,9927	9,63	2,13	0,33	0,024	0,108	—	0,62	0,25	0,046	0,015
61		III	9. 10. 96	9,9924	9,27	2,10	0,35	0,026	—	—	0,64	0,26	0,046	0,020
62	1896	I	12. 2. 97	0,9990	6,59	2,48	0,65	0,026	0,160	—	0,56	0,31	0,054	0,018
63		II	15. 5. 97	0,9995	6,47	2,58	0,58	0,032	0,198	—	—	0,28	0,055	0,029
64		III	—	0,9981	6,47	2,43	0,56	0,038	0,157	—	0,53	0,29	0,051	—
65	1897	I	—	0,9974	7,73	2,64	0,45	0,036	—	—	0,67	0,31	0,057	0,014
66		II	—	0,9974	7,42	2,62	0,50	0,051	0,101	0,16	—	0,30	0,051	0,015
67		III	25. 10. 98	0,9973	7,53	2,60	0,48	0,072	0,116	0,12	0,78	0,28	0,053	0,016
68	1898	I	26. 1. 99	9,9957	7,69	2,14	0,43	0,052	0,176	0,13	0,66	0,24	0,046	0,013
69		II	27. 4. 99	0,9960	7,42	2,19	0,55	0,078	0,187	0,08	0,62	0,23	0,042	0,015
70		III	25. 10. 99	0,9968	6,82	2,13	0,50	0,070	0,183	⟨0,1	0,59	0,22	0,039	0,023
Rödelseer Wein, Mittel No. 47—70		I	—	0,9956	8,30	2,32	0,51	0,029	0,171	—	0,65	0,24	0,045	0,010
		II	—	0,9959	8,26	2,30	0,52	0,039	0,157	—	0,61	0,24	0,043	0,018
		III	—	0,9954	8,28	2,26	0,50	0,046	0,158	—	0,64	0,24	0,043	0,021

Schwankungen der Jahrgänge 1892—1899.**)

Jahrgang	Zahl der Proben	Alkohol	Extrakt	Gesammt-Säure (Weinsäure)	Zucker	Glycerin	Mineralstoffe
		100 ccm Wein enthalten Gramm:					
1892	77	5,38—10,08	1,52—2,64	0,37—1,06	0,03—0,19 [68]	0,44—0,97 [65]	0,11—0,23
1893	89	5,83—12,19	1,75—4,92	0,40—0,96 [71]	0—0,27 [72]	0,56—1,24 [65]	0,12—0,31
1894	79	3,29— 9,20 [73]	1,65—4,00	0,38—1,70 [72]	0—0,22 [64]	0,29—1,04 [37]	0,14—0,25
1895	82	5,57—10,19	1,60—3,02	0,30—0,74 [75]	0—0,15 [76]	0,57—0,94 [24]	0,12—0,25
1896	69	3,99— 8,98	1,75—3,15	0,48—1,29	bis 0,1 [56]	0,38—0,77 [14]	0,14—0,33
1897	70	3,93—10,22	1,82—4,53	0,45—1,04	⟨0,1—1,27 [65]	0,40—1,18 [40]	0,13—0,31
1898	40	3,00— 8,21	1,73—2,92	0,40—1,57	⟨0,1—0,14	0,28—0,73	0,16—0,27
1899***)	45	4,81— 9,06	1,80—2,86	0,50—1,27	⟨0,1	0,36—0,86	0,12—0,23

*) Vergl. Anmerkung [0]) S. 1219.

**) Der Gehalt an a) Extrakt, abzüglich der 0,1 g übersteigenden Zuckermenge, b) Extrakt minus Nichtflüchtige Säure, c) Extrakt minus Gesammt-Säure und d) Mineralstoffen lag unter den gesetzlichen Grenzen (1,6, 1,1, 1,0 bezw. 0,13 g):

	Jahrgang	1892	1893	1894	1895	1896	1897	1898	1899
Zahl der Weine	Extrakt	3	0	0	1	0	0	0	0
	Extrakt minus Nichtflüchtige Säure	5	1	2	0	2	0	0	5
	„ „ Gesammt-Säure	4	0	2	0	0	0	0	4
	Mineralstoffen	5	1	0	6	0	1	0	3

***) Nach Weinbau u. Weinhandel 1901, **19**, 461.

Rothweine.*)

No.	Gemarkung und Jahrgang		Zahl der Proben	Spec. Gewicht	Alkohol	Extrakt	Gesammt-Säure (Weinsäure)	Flüchtige Säure (Essigsäure)	Weinsäure	Zucker	Glycerin	Mineral-stoffe	Freie Weinsäure	Magnesia (MgO)	Kali (K_2O)	Phosphor-säure (P_2O_5)	Schwefel-säure (SO_3)
					100 ccm Wein enthalten Gramm:												
1	Würzburg (Leisten)	1875	1	—	9,51	3,30	0,62	—	—	—	1,23	0,35	—	—	—	0,065	0,082
2		1878	1	—	9,49	2,70	0,54	—	—	—	1,16	0,29	—	—	—	0,065	0,070
3	Bürgstadt	1897	1	0,9988	5,45	2,02	0,73	0,06	0,29	<0,1	0,50	0,20	0,010	—	—	0,037	—
4	Eichenbühl	1896	1	0,9984	6,99	2,61	0,49	0,04	—	—	—	0,26	—	—	—	0,044	—
5 **)	Wasserlos	1895	1	0,9965	9,27	3,02	**)	—	—	0,07	0,78	0,31	CaO 0,015	0,022	0,119	0,061	—

Aeltere Analysen.

1. Schubert, Poggendorf's Annalen **77**, 397 und Annalen der Oenologie 1873, **3**, 229.
2. J. Nessler in seinem Werke „Der Wein" 1845, 46.
3. A. Hilger, Bericht über die Thätigkeit der Vers.-Stat. für Unterfranken und Aschaffenburg 1872, 55.
4. E. List und Hampel, Correspondenzblatt des Vereins analyt. Chemiker 1879, **2**, 23.
5. R. Fresenius und E. Borgmann, Zeitschr. analyt. Chem. 1883, **22**, 46 und 1884, **23**, 44.
6. J. Moritz, Zeitschr. analyt. Chem. 1883, **22**, 513.
7. J. Kayser, Rep. analyt. Chem. 1882, 145.
8. E. List, Zeitschr. analyt. Chem. 1888, **27**, 793 und 1889, **28**, 571 (Beiträge zur Deutschen Weinstatistik).

VIII. Württembergische Weine.

Ergebnisse der Deutschen Weinstatistik.

Die nachfolgenden Analysen sind ausgeführt von: F. Gantter (*G*) Jahrgänge 1884—1886, Marx (*M*) Jahrgänge 1884—1887 und G. Abel (*A*), z. Th. in Gemeinschaft mit Benz, Jahrgänge 1884 bis 1894.

Die von Abel und Benz untersuchten, auf der Flasche vergohrenen Moste (1892 u. 1893) sind in die nachfolgende Zusammenstellung nicht mit aufgenommen worden; dagegen einige ältere Analysen von A. Klinger (*Kl*) (Jahreshefte des Vereins f. Vaterländische Naturkunde in Württemberg 1884, 30) hinzugefügt.

I. Weissweine (einschl. Schillerweine).

No.	Gemarkung und Jahrgang		Zahl der Proben	Spec. Gewicht	Alkohol	Extrakt	Gesammt-Säure (Weinsäure)	Flüchtige Säure (Essigsäure)	Freie Weinsäure	Zucker	Glycerin	Mineral-stoffe	Kali (K_2O)	Phosphor-säure (P_2O_5)	Schwefel-säure (SO_3)	Analytiker
					100 ccm Wein enthalten Gramm:											
1	Bönnigheim	1884	4	—	6,31	1,77	0,55	—	—	—	0,74	0,26	—	0,036	0,024	*G*
2		1886	4	—	6,75	1,70	0,56	—	—	—	0,81	0,22	—	0,040	0,014	*G*
3	Eilfingen	1890	1	0,9975	7,40	2,07	0,71	0,019	—	Spur	0,68	0,22	—	0,050	0,046	*A*
4	Geradtstett	1881	1	0,9985	7,43	2,49	1,08	Weinstein 0,340	0,043	—	0,65	0,31	—	—	—	*Kl*
5	Hauweiler	1881	1	0,9980	7,23	2,38	0,97	0,217	0,170	—	0,99	0,33	0,140	—	—	*Kl*
6		1882	1	1,0000	5,13	2,27	0,83	0,228	0,093	—	0,41	0,32	0,165	0,060	—	*Kl*

*) Analytiker: No. 1 und 2: R. Fresenius u. E. Borgmann (Zeitschr. analyt. Chem. 1883, **22**, 46. No. 3—5: Th. Omeis, Beiträge zur Deutschen Weinstatistik.

**) Der Wein enthielt 0,366 g Nichtflüchtige Säure und 0,002 g Chlor.

No.	Gemarkung und Jahrgang		Zahl der Proben	Spec. Gewicht	100 ccm Wein enthalten Gramm: Alkohol	Extrakt	Gesammt-Säure (Weinsäure)	Weinstein	Freie Weinsäure	Zucker	Glycerin	Mineral-stoffe	Kali (K_2O)	Phosphor-säure (P_2O_5)	Schwefel-säure (SO_3)	Analytiker
7	Heilbronn	1884	7	—	7,90	1,85	0,60	—	—	—	0,76	0,21	—	0,029	0,044	*G*
8		1885	9	—	6,16	1,96	0,62	—	—	—	0,72	0,21	—	0,036	0,044	*G*
9		1886	3	—	6,22	1,68	0,51	—	—	—	0,67	0,21	—	0,045	0,019	*G*
10	Hemigkofen	1891	1	0,9975	4,75	1,32	0,80	—	—	0	0,21	0,16	—	0,042	0,027	*A*
11	Lange Berg	1889	1	0,9981	6,43	1,75	0,60	0,050	—	0	0,39	0,24	—	0,058	0,019	*A*
12		1890	1	0,9970	6,75	1,72	0,51	0,043	—	0	0,45	0,21	—	0,045	0,013	*A*
13	Mergentheim	1884	2	—	7,27	1,80	0,71	—	—	—	0,87	0,23	—	0,032	0,023	*G*
14	Mundelsheim	1884	2	—	6,92	1,97	0,48	—	—	—	0,73	0,21	—	0,028	0,022	*G*
15		1885	1	—	7,27	1,98	0,65	—	—	—	1,00	0,18	—	0,023	0,022	*G*
16		1886	3	—	7,04	1,94	0,62	—	—	—	0,78	0,21	—	0,030	0,022	*G*
17	Neckarsulm	1884	2	—	6,29	1,93	0,58	—	—	—	0,75	0,23	—	0,022	0,031	*G*
18		1885	2	—	6,22	2,01	0,63	—	—	—	0,81	0,19	—	0,037	0,026	*G*
19		1886	1	—	7,60	1,70	0,59	—	—	—	0,71	0,22	—	0,029	0,020	*G*
20	Ravensberg	1884	1	—	5,87	1,64	0,63	—	—	—	0,66	0,20	—	0,038	0,017	*G*
21		1886	3	—	5,89	2,03	0,65	—	—	—	0,68	0,25	—	0,037	0,026	*G*
22	Reichelsberg*)	1882	1	1,0000	4,82	2,25	1,02	0,271	0,079	—	0,28	0,29	0,142	0,043	0,011	*Kl*
23	Rothenburg	1881	1	0,9983	7,09	2,22	0,87	0,145	0,060	—	0,68	0,24	0,089	—	—	*Kl*
24	Schnaith	1881	1	0,9982	7,53	2,19	0,72	0,228	0,101	—	—	0,28	0,144	—	—	*Kl*
25		1884	1	—	5,75	1,76	0,64	—	—	—	—	0,25	—	0,025	0,016	*A*
26	Stuttgart	1886	4	—	6,75	1,76	0,59	—	—	—	0,68	0,24	—	0,033	0,021	*G*
27	Tettnang	1885	1	—	5,87	1,86	0,72	—	—	—	0,82	0,26	—	0,043	0,062	*G*
28		1886	2	—	6,22	1,83	0,85	—	—	—	0,69	0,21	—	0,033	0,032	*G*
29	Untertürkheim	1882	1	0,9980	7,21	2,42	0,85	0,169	0,107	—	0,36	0,23	0,084	0,050	0,018	*Kl*
30	Weikersheim	1811	1	—	5,87	2,09	0,60	—	—	—	0,94	0,33	—	0,055	0,121	*G*
31		1834	1	—	6,57	2,74	0,79	—	—	—	1,15	0,32	—	0,055	0,129	*G*
32		1868	1	—	7,27	2,17	0,73	—	—	—	0,85	0,25	—	0,038	0,059	*G*
33	Weinsberg	1885	3	—	7,03	2,19	0,65	—	—	—	0,75	0,25	—	0,036	0,039	*G*
34		1893	2	—	7,95	2,16	0,59	—	—	—	—	0,28	—	0,032	0,033	*A*
		Mittel	—	**0,9983**	**6,60**	**1,99**	**0,66**	**0,188**	**0,093**	—	**0,70**	**0,24**	**0,127**	**0,038**	**0,034**	

II. Rothweine.

No.	Gemarkung und Jahrgang		Zahl der Proben	Spec. Gewicht	Alkohol	Extrakt	Gesammt-Säure	Flücht. Säure (Essigs.)	Freie Weinsäure	Zucker	Glycerin	Mineral-stoffe	Kali	Phosphor-säure	Schwefel-säure	Analytiker
1	Cannstadt	1889	1	1,0000	6,21	2,00	0,52	—	—	—	0,44	0,30	—	0,048	0,033	*A*
2		1890	1	0,9980	6,28	1,71	0,53	0,037	—	0	0,40	0,30	—	0,068	0,037	*A*
3	Eilfingen	1885	1	—	9,00	2,60	0,60	—	—	—	0,60	0,37	—	0,092	0,023	*M*
4		1886	1	—	9,36	3,01	0,73	—	—	—	0,69	0,41	—	0,095	0,020	*M*
5		1887	1	—	6,40	2,18	0,90	—	—	—	0,74	0,20	—	0,043	0,011	*M*
6		1890	1	0,9978	8,53	2,70	0,56	—	—	—	0,58	0,33	—	0,080	0,024	*A*
7	Hohenhaslach	1887	1	—	6,39	2,05	0,76	—	—	—	0,67	0,22	—	0,035	0,012	*M*
8	Kleinheppach	1889	1	1,0010	6,21	1,93	0,62	—	—	—	0,54	0,27	—	0,051	0,026	*A*
9	desgl. u. Stetten	1890	1	0,9956	9.00	2,46	0,61	—	—	—	0,58	0,37	—	0,056	0,030	*A*
10	Knittlingen	1890	1	0,9968	6,64	1,77	0,61	—	—	0	—	0,17	—	0,036	0,020	*A*
11	Metzingen	1891	1	0,9965	7,27	1,99	0,52	—	—	0	—	0,23	—	0,026	0,010	*A*

*) Schillerwein.

No.	Gemarkung und Jahrgang		Zahl der Proben	Spec. Gewicht	100 ccm Wein enthalten Gramm: Alkohol	Extrakt	Gesammt-Säure (Weinsäure)	Flüchtige Säure (Essigsäure)	Weinsäure	Zucker	Glycerin	Mineral-stoffe	Kali (K_2O)	Phosphor-säure (P_2O_5)	Schwefel-säure (SO_3)	Analytiker
12	Mundelsheim	1887	1	—	6,54	1,92	0,80	—	—	—	0.61	0,18	—	0,021	0,008	*M*
13		1888	3	1,0005	5,12	1,99	0,78	—	—	—	0,49	0,25	—	0,040	0,056	*A*
14		1889	1	1,0000	6,21	1,77	0,59	—	—	—	0,56	0,20	—	0,032	0,011	*A*
15		1890	2	0,9969	6,89	1,85	0,60	0,019 [1]	—	—	0,51	0,22	—	0,045	0,029	*A*
16	Oedheim	1884	1	0,9984	7,27	2,46	0,69	0,048	—	0	0,64	0,24	—	0,047	0,068	*A*
17		1887	1	0,9992	6,93	2,38	0,63	0,026	—	Spur	0,52	0,23	—	0,052	0,039	*A*
18	Stuttgart	1884	1	—	7,60	2,01	0,73	—	—	—	—	0,24	—	—	—	*M*
19		1885	1	—	7,27	1,73	0,64	—	—	—	—	0,21	—	—	—	*M*
20		1886	1	—	5,94	1,93	0,73	—	—	—	—	0,24	—	—	—	*M*
21		1887	1	—	7,27	2,32	0,52	—	—	—	0,73	0,40	—	0,051	0,015	*M*
									Wein-stein	Freie Wein-säure	Gerb- u. Farb-stoff					
22	Untertürkheim	1886	1	0,9951	8,17	2,21	0,48	0,077	0,175	0	0,103	0,24	—	—	0,026	*K* *)
											Glycerin					
23		1889	2	0,9988	6,29	2,07	0,55	—	—	—	0,48	0,30	—	0,055	0,038	*A*
24		1890	2	0,9959	8,06	2,00	0,59	0,015 [1]	—	—	0,61	0,22	—	0,042	0,013	*A*
25	Weinsberg	1893	1	—	8,00	2,27	0,65	—	—	—	—	0,28	—	0,037	0,037	*A*
26	Württem-bergische Rothweine	1891	1	0,9980	7,66	2,60	0,87	—	0,239	0,089	—	0,29	0,119	—	—	*Kl*
27		1892	3	1,0010	5,67	2,58	1,13	—	0,206	0,072	—	0,26	0,111	0,046 [1]	0,005 [2]	*Kl*
		Mittel	—	**0,9983**	**7,12**	**2,17**	**0,66**	**0,037**	**0,207**	**0,054**	**0.58**	**0,27**	**0,115**	**0,050**	**0,026**	

Aeltere und sonstige Analysen.

1. Th. Bronner, Württemb. Wochenbl. f. Land- u. Forstw. 1857. Beilage No. 13.
2. A. Klinger, Jahreshefte des Vereins f. vaterländ. Naturkunde in Württemberg 1884, 300.
3. R. Kayser, Rep. analyt. Chem. 1884, 149.
4. Gantter, Mittheil. d. Untersuchungsamtes Heilbronn 1887 u. Zeitschr. analyt. Chem. 1888, **27**, 779.
5. Abel, Zeitschr. analyt. Chem. 1897, **36**, 646.

IX. Badische Weine.

Ergebnisse der Deutschen Weinstatistik. Sämmtliche Analysen von J. Nessler.

I. Weissweine.

1. Tauber- und Mainweine.

No.	Gemarkung und Jahrgang		Zahl der Proben	Spec. Gewicht	100 ccm Wein enthalten Gramm: Alkohol	Extrakt	Gesammt-Säure (Weinsäure)	Flüchtige Säure (Essigsäure)	Weinsäure	Weinstein	Zucker	Glycerin	Mineral-stoffe	Phosphor-säure (P_2O_5)
1	Ohne Bezeichnung der Gemarkung	1892	2	0,9952	8,11	2,02	0,63	0.032 [1]	—	—	0,1 ⟨0,1	0,74	0,18	—
2	Beckstein	1894	1	0,9990	5,83	2,29	1,00	0,029	—	—	⟨0,1	0,56	0,18	0,018
3		1895	4	0,9915	9,26	1,84	0,48	0,032	—	—	0,13	0,80 [3]	0,16	—

*) Zeitschr. angew. Chem. 1892, 238.

No.	Gemarkung und Jahrgang	Zahl der Proben	Spec. Gewicht	100 ccm Wein enthalten Gramm: Alkohol	Extrakt	Gesammt-Säure (Weinsäure)	Flüchtige Säure (Essigsäure)	Weinsäure	Weinstein	Zucker	Glycerin	Mineralstoffe	Phosphorsäure (P_2O_5)
4	Beckstein 1896	2	0,9977	6,13	2,15	0,70	0,031	—	—	<0,1	0,60 [1]	0,20	—
5	Dienstadt 1894	1	1,0005	4,11	1,93	0,84	0,048	—	—	0,11	0,38	0,18	—
6	Distelhausen 1895	2	0,9942	7,33	1,90	0,48	0,055	—	—	0,11 / <0,1	—	0,20	—
7	Distelhausen 1898	1	0,9995	5,32	2,17	0,69	0,035	0,234	0,293	<0,1	—	0,23	—
8	Dittigheim 1898	1	0,9994	5,20	2,05	0,65	0,051	0,265	0,333	<0,1	—	0,21	—
9	Dittwar 1896	1	0,9978	6,47	2,19	0,72	0,032	—	—	<0,1	—	0,25	—
10	Epplingen 1894	1	1,0012	2,94	1,74	0,66	0,058	—	—	0,11	0,32	0,19	—
11	Gerlachsheim 1894	1	0,9970	6,30	1,96	0,72	0,032	—	—	0,10	—	0,23	—
12	Gerlachsheim 1895	1	0,9925	7,80	1,62	0,42	0,028	—	—	<0,1	—	0,19	—
13	Gerlachsheim 1896	1	0,9985	5,95	2,16	0,77	0,048	—	—	<0,1	—	0,25	—
14	Gerlachsheim 1897	1	0,9948	7,53	1,87	0,58	0,070	—	—	<0,1	—	0,18	—
15	Grünsfeld 1897	1	0,9949	7,87	2,11	0,50	0,038	—	—	<0,1	—	0,24	—
16	Impfingen 1896	1	0,9982	6,02	2,25	0,97	0,024	—	—	<0,1	—	0,22	—
17	Königheim 1895	1	0,9950	7,66	2,04	0,61	0,038	—	—	—	0,12	0,16	—
18	Lauda 1897	1	0,9960	7,19	2,14	0,62	0,035	—	—	<0,1	—	0,20	—
19	Marbach 1894	1	0,9975	6,56	2,13	0,96	—	—	—	0,12	0,56	0,20	—
20	Marbach 1896	1	0,9960	7,26	2,22	0,86	0,032	—	—	<0,1	—	0,23	—
21	Tauberbischoffsheim 1895	1	0,9940	7,10	1,86	0,43	0,038	—	—	<0,1	—	0,18	—
22	Tauberbischoffsheim 1898	1	0,9976	6,27	2,12	0,61	0,061	0,238 *)	0,250	<0,1	—	0,18	—
23	Unterschlüpf 1894	1	0,9971	5,40	1,79	0,68	0,048	—	—	0,10	0,55	0,17	0,019
24	Werbach 1894	1	0,9973	5,11	1,74	0,53	0,048	—	—	<0,1	0,50	0,23	0,012
	2. Weine des Bezirks Moosbach.												
25	Hassmersheim 1894	2	0,9979	3,80	1,48	0,47	0,062	—	—	<0,1	0,36	0,17	—
26	Moosbach 1894	2	0,9993	4,26	1,77	0,62	0,072	—	—	<0,1	0,46	0,19	0,024 [1]
27	Moosbach 1895	2	0,9958	7,88	1,69	0,43	0,028	—	—	0,12	0,65	0,19	—
28	Neckarzimmern 1894	1	0,9988	3,73	1,71	0,53	0,040	—	—	<0,1	0,37	0,20	—
29	Neckarzimmern 1895	1	0,9949	7,46	1,80	0,32	0,040	—	—	0,12	0,72	0,19	0,031
30	Nüstenbach 1894	2	0,9977	4,52	1,77	0,76	0,036	—	—	<0,1	0,41	0,18	—
	3. Weine der Bergstrasse. (Vergl. auch die hessischen Weine der Bergstrasse S. 1200.)												
31	Grosssachsen 1893	1	0,9938	8,24	1,93	0,52	—	—	—	0,12	0,71	0,18	—
32	Grosssachsen 1894	1	1,0022	5,14	2,64	1,00	—	—	—	0,32	0,52	0,26	—
33	Laudenbach 1893	1	0,9942	8,84	2,12	0,55	—	—	—	0,12	0,75	0,23	—
34	Schriesheim 1893	2	0,9952	7,70	2,10	0,53	—	—	—	0,13	0,94	0,21	—
35	Weinheim 1893	3	0,9930	9,75	2,23	0,53	0,037 [2]	—	—	0,14	0,79	0,18	—
	4. Mittelbadische Weine.												
36	Sulzfeld 1893	2	0,9947	7,92	2,04	0,69	0,032	—	—	0,11	0,67	0,17	—
37	Unteröwisheim 1898	2	0,9986	6,01	2,28	0,72	0,058	0,213	0,261	0,13 / <0,1	—	0,25	—
38	Wiesloch 1897	1	0,9976	7,06	2,35	1,07	0,016	—	—	0,10	—	0,24	—

*) Davon waren 0,039 g freie Weinsäure.

5. Weine der Ortenau.

No.	Gemarkung und Jahrgang		Zahl der Proben	Spec. Gewicht	100 ccm Wein enthalten Gramm:									
					Alkohol	Extrakt	Gesammt-Säure (Weinsäure)	Flüchtige Säure (Essigsäure)	Weinsäure	Weinstein	Zucker	Glycerin	Mineral-stoffe	Phosphor-säure (P_2O_5)
39	Achern	1894	1	0,9955	6,21	1,85	0,55	0,054	—	—	<0,1	0,61	0,18	0,030
40	Affenthal	1898	1	0,9972	7,06	2,12	0,73	0,038	0,265	0,333	<0,1	—	0,22	—
41	Alsenhof	1898	1	0,9933	8,77	1,65	0,50	0,048	0,226	0,284	<0,1	—	0,20	—
42	Altschweier	1894	2	0,9998	4,99	2,02	0,99	0,035 [1]	—	—	<0,1	0,50	0,20	0,018 [1]
43		1896	3	—	6,91	2,34	1,00	0,029	—	—	0,44 [1]; <0,1 [2]	—	0,19	—
44		1898	1	0,9973	6,21	2,29	0,63	0,051	0,190	0,238	0,15	—	0,24	—
45	Bühl	1893	1	0,9937	9,23	2,04	0,59	0,032	—	—	0,12	0,69	0,16	—
46	Bühlerthal	1895	1	0,9942	7,60	1,96	0,52	0,020	—	—	0,11	—	0,22	—
47	Fessenbach	1895	1	0,9941	8,28	1,87	0,54	0,033	—	—	0,11	0,70	0,20	—
48		1896	4	0,9974	6,18	1,94	0,66	0,042	—	—	0,12 [2]; <0,1 [2]	0,67 [1]	0,21	—
49	Fautenbach	1893	1	0,9958	7,00	1,80	0,61	0,070	—	—	0,15	0,56	0,17	—
50	Lauf	1893	1	0,9931	9,75	2,29	0,58	0,032	—	—	0,10	0,88	0,20	—
51	Neusatz	1894	1	0,9970	5,98	2,19	0,55	0,048	—	—	<0,1	0,63	0,21	—
52		1895	1	0,9950	7,53	2,05	0,56	0,020	—	—	<0,1	—	0,22	—
53	Neuweier	1893	1	0,9944	8,46	1,99	0,65	0,035	—	—	0,12	0,68	0,18	—
54	Obersasbach	1894	1	0,9962	5,52	1,95	0,60	0,048	—	—	0,12	0,49	0,24	—
55	Offenburg	1893	1	0,9904	10,14	1,87	0,45	—	—	—	<0,1	0,83	0,21	—
56		1898	1	0,9964	8,00	2,36	0,46	0,041	0,159	0,199	—	0,10	0,30	—
57	Ortenberg	1898	3	0,9955	8,13	2,18	0,55	0,043	0,189	0,237	0,11 [2]; <0,1 [1]	—	0,26	—
58	Ottersweier	1897	1	—	7,62	2,35	0,86	0,032	—	—	0,10	—	0,25	—
59	Ringelbach	1893	1	0,9920	9.48	2,10	0,48	—	—	—	0,11	0,82	0,22	—
60		1895	2	0,9938	8,74	1,93	0,60	0,034	—	—	0,11	0,67	0,23	0,035 [1]
61	Varnhalten	1893	1	0,9940	8,38	1,89	0,60	0,042	—	—	0,11	0,70	0,16	—
62		1895	1	0,9930	8,70	1,93	0,66	0,032	—	—	0,12	—	0,17	—
63		1897	1	—	7,39	2,09	0,82	0,038	—	—	0,08	—	0,22	—
64		1898	1	0,9951	6,53	1,76	0,49	0.053	0,244	0,306	<0,1	—	0,20	—
65	Waldulm	1894	1	0,9942	7,36	1,99	0,50	0,064	—	—	0,12	0,52	0,24	—

6. Kaiserstühler Weine.

No.	Gemarkung	Jahrgang	Zahl der Proben	Spec. Gewicht	Alkohol	Extrakt	Gesammt-Säure	Flüchtige Säure	Weinsäure	Weinstein	Zucker	Glycerin	Mineral-stoffe	Phosphor-säure
66	Bahlingen	1895	8	0,9951	7,08	1,87	0,62	0,026	—	—	0,11 [7]; <0,1 [1]	0,61 [1]	0,15	—
67		1898	2	0,9988	5,08	1,81	0,74	0,044	—	—	<0,1	—	0,19	—
68	Bötzingen	1893	2	0,9946	7,06	1,64	0,48	0,037	—	—	<0,1	0,64	0,15	—
69		1895	1	0,9941	7,53	1,68	0,57	0,034	—	—	0,13	0,76	0,16	—
70	Blankenhornsberg	1894	5	0,9943	9,10	2,28	0,57	0.047 [2]	—	—	0,18	0,80	0,15	0,022 [2]

No.	Gemarkung und Jahrgang		Zahl der Proben	Spec. Gewicht	Alkohol	Extrakt	Gesammt-Säure (Weinsäure)	Flüchtige Säure (Essigsäure)	Weinsäure	Weinstein	Zucker	Glycerin	Mineral-stoffe	Phosphor-säure (P_2O_5)
					100 ccm Wein enthalten Gramm:									
71	Eichstetten	1893	2	0,9966	6,31	1,94	0,73	0,036	—	—	0,10	0,64	0,15	—
72	Eichstetten	1896	3	0,9987	4,92	1,87	0,73	0,046	—	—	0,13 [2], <0,1 [1]	0,44 [1]	0,16	—
73	Eichstetten	1898	1	—	6,81	1,68	0,58	0,048	0,243	0,304	<0,1	—	0,17	—
74	Endingen	1893	4	0,9950	7,54	1,96	0,48	0,039	—	—	0,11	0,67	0,16	—
75	Leiselheim	1898	1	0,9985	5,64	2,00	1,01	0,035	0,390	0,489	<0,1	—	0,15	—
76	Oberschaffhausen	1898	3	0,9981	5,39	1,98	0,68	0,044	0,209	0,261	<0,1	—	0,22	—
77	Rothweil	1893	2	0,9952	7,53	2,15	0,55	0,029	—	—	<0,1	0,77	0,18	—
78	Rothweil	1898	3	0,9961	6,80	1,95	0,52	0,034	0,193	0,275	<0,1	—	0,21	—

7. Markgräfler Weine.

No.	Gemarkung und Jahrgang		Zahl der Proben	Spec. Gewicht	Alkohol	Extrakt	Gesammt-Säure	Flüchtige Säure	Weinsäure	Weinstein	Zucker	Glycerin	Mineral-stoffe	Phosphor-säure
79	Auggen	1896	1	—	7,87	2,28	0,57	0,051	—	—	0,10	—	0,22	—
80	Auggen	1898	2	0,9953	6,80	1,86	0,57	0,039	0,235	0,294	<0,1	—	0,20	—
81	Bellingen	1894	1	0,9964	6,21	1,84	0,54	0,032	—	—	0,09	0,62	0,16	—
82	Güttigheim	1893	1	0,9952	6,75	1,72	0,43	0,034	—	—	0,12	0,78	0,16	—
83	Heitersheim	1893	2	0,9991	5,30	1,93	0,66	—	—	—	<0,1	—	0,26	—
84	Heitersheim	1896	1	0,9988	4,35	1,96	0,65	0,109	—	—	<0,1	—	0,21	—
85	Hügelheim	1893	3	0,9936	7,98	1,79	0,48	0,042	—	—	0,12 [2], <0,1 [1]	0,77	0,17	—
86	Laufen	1893	1	0,9939	7,38	1,59	0,47	0,038	—	—	<0,1	0,73	0,16	—
87	Laufen	1894	1	0,9956	6,93	1,91	0,51	0,043	—	—	<0,1	0,65	0,16	—
88	Mauchen	1894	1	0,9965	5,89	1,84	0,58	0,050	—	—	0,23	0,53	0,20	—
89	Mühlheim	1894	2	0,9946	6,93	1,84	0,50	0,034	—	—	<0,1	0,65	0,16	0,013 [1]
90	Mühlheim	1895	4	0,9934	8,26	2,02	0,52	0,025	—	—	0,10 [3], <0,1 [1]	0,85 [1]	0,22	—
91	Mühlheim	1896	4	0,9957 [3]	7,18	2,16	0,61	0,042	—	—	0,12 [2], <0,1 [2]	0,70 [1]	0,22	—
92	Mühlheim	1898	2	0,9947	7,53	1,98	0,46	0,035	0,182	0,228	<0,1	—	0,23	—
93	Niedereggen	1895	1	0,9936	7,86	2,06	0,46	0,038	—	—	0,14	—	0,21	—
94	Niederweiler	1894	1	0,9958	6,40	1,82	0,59	0,048	—	—	0,09	0,59	0,17	—
95	Niederweiler	1895	1	0,9927	8,87	1,96	0,54	0,020	—	—	0,10	—	0,22	—
96	Schallstadt	1898	1	0,9954	7,53	2,02	0,46	0,035	0,210	0,263	<0,1	—	0,19	—

8. Breisgauer Weine.

No.	Gemarkung und Jahrgang		Zahl der Proben	Spec. Gewicht	Alkohol	Extrakt	Gesammt-Säure	Flüchtige Säure	Weinsäure	Weinstein	Zucker	Glycerin	Mineral-stoffe	Phosphor-säure
97	Bleichheim	1894	1	0,9968	6,71	2,05	0,59	0,041	—	—	0,15	0,55	0,17	—
98	Freiburg	1894	1	0,9940	8,45	2,23	0,44	0,050	—	—	0,11	0,84	0,25	0,032
99	Kenzingen	1894	2	0,9968	6,93	2,20	0,59	0,044	—	—	0,13	0,72	0,20	0,028 [1]
100	Munzingen	1894	3	0,9968	6,02	1,95	0,61	0,045	—	—	<0,1 [2], 0,1 [1]	0,56	0,18	0,023 [1]
101	Munzingen	1898	2	0,9953	6.62	1,81	0,54	0,018	0,295	0,369	<0,1	—	0,18	—
102	Suggenthal	1898	4	0,9950	8,09	2,27	0,62	0,030	0,196	0,242	<0,1	—	0,23	—

9. Weine des Bezirks Waldshut.

No.	Gemarkung und Jahrgang		Zahl der Proben	Spec. Gewicht	100 ccm Wein enthalten Gramm:									
					Alkohol	Extrakt	Gesammt-Säure (Weinsäure)	Flüchtige Säure (Essigsäure)	Freie Weinsäure	Weinstein	Zucker	Glycerin	Mineralstoffe	Phosphorsäure (P_2O_5)
103	Erzingen	1894	1	1,0010	4,40	2,16	1,32	0,029	—	—	<0,1	0,36	0,15	—
104	Rheinheim	1895	1	0,9958	6,73	1,88	0,62	0,030	—	—	0,14	0,75	0,21	—
	10. Weine des Seekreises.													
105	Ohne Bezeichnung der Gemarkung	1892	2	0,9975	5,14	1,55	0,66	0,058	0 Ges.-Weinsäure	—	0,12 / <0,1	0,52	0,15	—
106	Bermatingen	1894	1	1,0000	5,20	2,17	0,97	0	—	—	0,14	0,45	0,20	—
107	Dinglsdorf	1894	1	1,0065	2,10	2,51	1,54	0,024	—	—	<0,1	0,20	0,23	—
108	Hagnau	1893	1	0,9996	4,17	1,66	0,84	0,032	—	—	<0,1	0,42	0,16	—
109	Hagnau	1894	4	0,9983	6,04	2,19	0,85	0,024 [1]	—	—	0,1 [2] / <0,1 [2]	0,47	0,20	0,034 [2]
110	Hagnau	1895	2	0,9949	7,61	1,93	0,57	0,040	—	—	0,16 / <0,1	0,66	0,19	—
111	Hagnau	1896	1	1,0010	4,29	2,05	0,92	0,048	—	—	<0,1	0,39	0,22	—
112	Immenstaad	1897	2	0,9986	5,52	2,13	0,76	0,037	—	—	0,12	—	0,20	—
113	Kirchberg	1894	1	0,9998	5,48	2,31	0,99	0,024	—	—	0,14	0,57	0,22	0,025
114	Konstanz	1898	1	0,9945	8,42	2,12	0,62	0,038	0,217	0,273	0,10	—	0,21	—
115	Markdorf	1894	3	0,9993	5,45	2,03	1,01	0,039	—	—	0,12 [2] / <0,1 [2]	0,42	0,18	0,027 [1]
116	Markdorf	1895	1	0,9962	6,47	1,77	0,63	0,040	—	—	0,12	0,57	0,20	—
117	Maurach	1894	2	0,9982	7,39	2,57	1,01	0,029	—	—	0,12	0,61	0,21	0,041
118	Meersburg	1893	7	0,9962	7,01	2,05	0,62	0,042	—	—	0,13	0,63	0,19	—
119	Meersburg	1894	8	0,9978	7,14	2,45	0,75	0,043 [5]	—	—	0,13	0,61 [7]	0,22	0,030 [3]
120	Meersburg	1895	9	0,9937	8,75	2,01	0,53	0,037	—	—	0,12	0,71	0,21	0,030 [3]
121	Meersburg	1896	3	1,0002	4,99	2,12	0,99	0,040	—	—	0,11 [2] / <0,1 [1]	0,38 [1]	0,21	—
122	Meersburg	1897	2	0,9970	6,82	2,18	0,68	0,056	—	—	0,11	—	0,21	—
123	Meersburg	1898	3	0,9966	6,64	1,96	0,56	0,063	0,239	0,329	0,15 [2] / <0,1 [1]	—	0,20	—
124	Dehningen	1898	1	1,0002	4,47	1,93	0,72	0,057	0,250	0,314	<0,1	—	0,19	—
125	Reichenau	1895	2	0,9950	6,82	1,61	0,60	0,050 [1]	—	—	0,13	0,53	0,16	0,030 [1]
126	Reichenau	1897	1	0,9980	5,64	1,87	0,73	0,054	—	—	0,14	—	0,19	—
127	Reichenau	1898	1	0,9978	5,38	1,84	0,71	0,042	0,279	0,349	<0,1	—	0,20	—
	Badische Weissweine, Mittel		—	**0,9964**	**6,75**	**2,00**	**0,65**	**0,041**	**0,233**	**0,292**	**0,09***)	**0,58**	**0,20**	**0,026**

Anhang. Wein aus dem bayerischen Bezirk Lindau am Bodensee.
(Analyse von L. Kellermann, Zeitschr. analyt. Chem. 1898, 37, 641.)

No.	Gemarkung	Jahrgang	Zahl der Proben	Spec. Gewicht	Alkohol	Extrakt	Gesammt-Säure	Flüchtige Säure	Freie Weinsäure	Weinstein	Zucker	Glycerin	Mineralstoffe	Schwefelsäure
1	Alwind	1895	1	0,9971	7,12	2,17	0,55	0,034	—	—	0,09	0,65	0,26	0,024

*) Vergl. Anmerkung ***) S. 1219.

Schwankungen der Jahrgänge 1892—1899.*)

Jahrgang	Zahl der Proben	100 ccm Wein enthalten Gramm:					
		Alkohol	Extrakt	Gesammt-Säure (Weinsäure)	Zucker	Glycerin	Mineralstoffe
1892	4	4,59—8,21	1,49—2,02	0,58—0,70	<0,1—0,12	0,45—0,77	0,14—0,18
1893	41	3,95—11,10	1,51—2,45	0,40—0,86	0,03—0,20	0,42—0,94 [39]	0,14—0,26
1894	51	2,10—9,63	1,36—3,69	0,44—1,54	0,09—0,32	0,20—1,00	0,14—0,39
1895	47	6,27—10,52	1,53—2,41	0,32—0,79	0,09—0,19	0,51—0,88 [27]	0,13—0,26
1896	26	3,93—7,87	1,70—2,78	0,54—1,32	<0,1—0,44	0,38—0,70 [16]	0,15—0,25
1897	12	5,64—8,00	1,81—2,54	0,50—1,07	0,08—0,14	—	0,18—0,25
1898	41	4,47—9,85	1,65—2,56	0,40—1,01	<0,1—0,19	—	0,15—0,34
1899**)	56**)	—	1,79—2,91	0,49—1,28	—	—	0,16—0,31

II. Rothweine.

1. Tauber-Weine.

No.	Gemarkung und Jahrgang		Zahl der Proben	Spec. Gewicht	100 ccm Wein enthalten Gramm:									
					Alkohol	Extrakt	Gesammt-Säure (Weinsäure)	Flüchtige Säure (Essigsäure)	Weinsäure	Weinstein	Zucker	Glycerin	Mineral-stoffe	Phosphor-säure (P_2O_5)
1	Beckstein	1894	1	1,0032	3,84	2,24	1,11	0,024	—	—	0,10	0,37	0,19	—
2	Beckstein	1895	2	0,9952	7,63	2,07	0,47	0,035	—	—	0,14 <0,1	—	0,20	—

2. Weine der Bergstrasse. (Vergl. auch die hessischen Weine der Bergstrasse S. 1202.)

No.	Gemarkung	Jahrgang	Zahl der Proben	Spec. Gewicht	Alkohol	Extrakt	Gesammt-Säure (Weinsäure)	Flüchtige Säure (Essigsäure)	Weinsäure	Weinstein	Zucker	Glycerin	Mineral-stoffe	Phosphor-säure (P_2O_5)
3	Lützelsachsen	1893	2	0,9959	8,62	2,70	0,46	—	—	—	0,13	0,85	0,26	—
4	Weinheim	1893	3	0,9952	8,87	2,66	0,46	0,085	—	—	<0,1 0,16 [1]	0,82	0,28	—
5	Weinheim	1894	1	0,9970	7,53	2,78	0,47	0,048	—	—	0,09	0,61	0,31	0,058

3. Mittelbadische Weine.

No.	Gemarkung	Jahrgang	Zahl der Proben	Spec. Gewicht	Alkohol	Extrakt	Gesammt-Säure (Weinsäure)	Flüchtige Säure (Essigsäure)	Weinsäure	Weinstein	Zucker	Glycerin	Mineral-stoffe	Phosphor-säure (P_2O_5)
6	Sulzfeld	1893	1	0,9956	8,48	2,62	0,52	0,105	—	—	0,16	0,99	0,26	—
7	Unteröwisheim	1898	1	1,0020	5,70	2,81	0,70	0,032	0,186	0,233	<0,1	—	0,35	—

4. Weine der Ortenau.

No.	Gemarkung	Jahrgang	Zahl der Proben	Spec. Gewicht	Alkohol	Extrakt	Gesammt-Säure (Weinsäure)	Flüchtige Säure (Essigsäure)	Weinsäure	Weinstein	Zucker	Glycerin	Mineral-stoffe	Phosphor-säure (P_2O_5)
8	Affenthal	1893	1	0,9946	9,45	2,49	0,37	0,058	—	—	0,14	0,73	0,28	—
9	Affenthal	1895	1	0,9945	9,70	2,84	0,49	0,070	—	—	0,18	—	0,35	—
10	Altschweier	1894	2	0,9990	6,89	2,71	0,63	0,029	—	—	0,11	0,64	0,31	0,062
11	Altschweier	1896	1	—	7,78	2,69	0,84	0,019	—	—	0,09	0,66	0,32	—
12	Altschweier	1897	1	—	8,70	2,46	0,54	0,048	—	—	0,11	—	0,27	—
13	Altschweier	1898	1	0,9975	6,66	2,47	0,56	0,070	0,111	0,139	0,15	—	0,30	—

*) Der Gehalt an a) Extrakt, abzüglich der 0,1 g übersteigenden Zuckermenge, b) Extrakt minus Gesammt-Säure, c) Extrakt minus Nichtflüchtige Säure und d) Mineralstoffen lag unter den gesetzlichen Grenzen 1,60, 1,0, 1,1 bezw. 0,13:

	Jahrgang	1892	1893	1894	1895	1896	1897	1898	1899
Zahl der Weine	Extrakt	1	2	1	1	0	0	0	0
	Extrakt minus Nichtflüchtige Säure	2	2	7	1	2	0	1	3
	„ „ Gesammt-Säure	2	2	6	1	2	0	1	2
	Mineralstoffe	0	0	0	0	0	0	0	0

Bei dem Jahrgang 1899 sind 4 Rothweine mit den für diese vorgeschriebenen Grenzzahlen eingeschlossen.

**) Einschliesslich 4 Rothweine.

No.	Gemarkung und Jahrgang		Zahl der Proben	Spec. Gewicht	100 ccm Wein enthalten Gramm:									
					Alkohol	Extrakt	Gesammt-Säure (Weinsäure)	Flüchtige Säure (Essigsäure)	Weinsäure	Weinstein	Zucker	Glycerin	Mineral-stoffe	Phosphor-säure (P_2O_5)
14	Bühl	1893	1	0,9946	9,27	2,35	0,32	0,058	—	—	0,16	0,75	0,27	—
15	Durbach	1893	2	0,9927	9,81	2,26	0,40	0,064 [1]	—	—	⟨0,1	0,91	0,26	—
16		1894	1	0,9927	7,93	1,87	0,46	0,070	—	—	0,13	0,55	0,22	0,035
17	Fessenbach	1893	1	0,9950	9,18	2,60	0,47	—	—	—	0,13	0,73	0,31	—
18		1896	1	0,9979	8,25	2,53	0,65	0,038	—	—	0,15	0,84	0,34	—
19	Gaisbach bei Oberkirch	1893	1	0,9950	9,56	2,56	0,41	0,060	—	—	⟨0,1	0,74	0,35	—
20	Kappelwindeck	1894	1	0,9990	6,50	2,54	0,48	0,043	—	—	0,10	0,54	0,33	—
21	Neuweier	1893	1	0,9959	9,89	3,10	0,55	0,023	—	—	0,19	0,88	0,33	—
22	Offenburg	1898	1	0,9991	7,26	3,03	0,44	0,048	0,099	0,124	0,20	—	0,41	—
23	Ortenberg	1893	1	0,9942	9,06	2,55	0,40	—	—	—	0,10	0,80	0,28	—
24	Windeck	1893	1	0,9948	10,03	2,73	0,48	0,023	—	—	0,10	0,97	0,29	—
25	Zell	1893	2	0,9936	9,36	2,36	0,43	—	—	—	0,10	0,85	0,27	—
26		1895	1	0,9954	9,78	2,75	0,53	0,040	—	—	0,20	0,84	0,35	0,060
	5. Kaiserstühler Weine.													
27	Blankenhornsberg	1894	1	0,9959	8,80	2,53	0,37	0,043	—	—	0,20	0,74	0,25	0,042
28	Ihringen	1894	1	0,9990	7,19	3,04	0,49	0,064	—	—	0,15	0,73	0,29	0,040
	6. Weine des Seekreises.													
29	Hagnau	1893	2	0,9987	6,32	2,33	0,98	0,032	—	—	⟨0,1	0,51	0,22	—
30		1894	2	0,9990	6,34	2,37	0,84	—	—	—	0,10 ⟨0,1	0,50	0,23	—
31		1895	3	0,9946	8,40	2,09	0,55	0,037	—	—	0,14	0,70	0,21	—
32	Immenstaad	1897	2	0,9983	6,56	2,24	0,71	0,060	—	—	0,13	—	0,26	—
33	Konstanz	1898	2	0,9964	7,77	2,28	0,61	0,053	0,272	0,335	⟨0,1	—	0,23	—
34	Meersburg	1893	5	0,9979	6,03	2,06	0,73	0,043	—	—	0,14	0,53	0,21	—
35		1894	9	0,9983	7,00	2,62	0,79	0,035	—	—	0,14	0,63	0,26	0,032 [2]
36		1895	2	0,9955	8,12	2,24	0,57	0,062	—	—	0,14	0,69	0,24	—
37		1896	2	0,9995	5,97	2,45	0,87	0,046	—	—	0,11 ⟨0,1	—	0,25	—
38		1897	2	0,9987	7,06	2,62	0,75	0,045	—	—	0,14 ⟨0,1	—	0,27	—
39		1898	2	0,9977	7,67	2,56	0,79	0,035	0,259	0,324	0,15 ⟨0,1	—	0,26	—
40	Oehningen	1898	1	0,9994	5,57	2,36	0,90	0,032	0,262	0,329	⟨0,1	—	0,24	—
41	Reichenau	1895	1	0,9960	8,14	2,31	0,74	0,020	—	—	0,15	0,63	0,26	0,037
42		1897	1	0,9976	6,08	2,21	0,62	0,053	—	—	⟨0,1	—	0,24	—
43		1898	1	0,9973	6,86	2,21	0,57	0,051	0,231	0,289	⟨0,1	—	0,23	—
	Badische Rothweine, Mittel		—	**0,9968**	**7,57**	**2,49**	**0,59**	**0,047**	**0,203**	**0,253**	**0,12*)**	**0,71**	**0,28**	**0,046**

*) Vergl. Anmerkung ***) S. 1219.

Schwankungen der Jahrgänge 1892—1898.*)

Jahrgang	Zahl der Proben	100 ccm Wein enthalten Gramm:					
		Alkohol	Extrakt	Gesammt-Säure (Weinsäure)	Zucker	Glycerin	Mineralstoffe
1892	3	5,92—6,32	2,10—2,41	0,68—0,85	0,12—0,15	0,59—0,64	0,22—0,23
1893	25	4,19—10,59	1,93—3,10	0,32—1,11	0,09—0,19	0,42—0,99	0,18—0,35
1894	22	3,84—8,80	1,87—3,19	0,37—1,11	0,09—0,20	0,37—0,75	0,21—0,33
1895	11	7,19—9,78	1,89—2,84	0,49—0,74	0,12—0,20	0,63—0,84 [8]	0,20—0,35
1896	4	5,89—8,25	2,32—2,69	0,65—1,05	0,09—0,15	0,66—0,84 [2]	0,23—0,34
1897	6	6,08—8,70	2,19—2,72	0,54—0,87	<0,1—0,14	—	0,24—0,28
1898	8	5,57—8,07	2,21—3,03	0,44—0,90	<0,1—0,20	—	0,22—0,41

Aeltere Analysen.

1. J. Nessler, Landw. Vers.-Stat. 1865, **7**, 173.
2. Alex. Salomon, Annalen der Oenologie 1871, **I**, 364.
3. H. Wachter, Weinbau 1882, **8**, 91.
4. J. Nessler, Weinbau 1882, **8**, 15 und 1883, **9**, 21.
5. J. Nessler in seiner Schrift: „Die Weine Badens“, Karlsruhe 1887.
6. J. Nessler, Zeitschr. analyt. Chem. 1888, **27**, 729; 1889, **28**, 525 und 1890, **29**, 509.
7. P. Kulisch, Zeitschr. angew. Chem. 1892, 238 — Analysen von Müllheimer Weinen der Jahrgänge 1834—1881.

X. Elsass-Lothringer Weine.

Ergebnisse der Deutschen Weinstatistik. Analysen von M. Barth.**)

I. Weissweine.

a) Elsässer Weissweine.

No.	Gemarkung und Jahrgang		Zahl der Proben	Spec. Gewicht	100 ccm Wein enthalten Gramm:										
					Alkohol	Extrakt	Gesammt-Säure (Weinsäure)	Gesammt-Weinsäure	Weinstein	Freie Weinsäure	Gerbstoff	Zucker	Glycerin	Mineral-stoffe	Phosphor-säure (P_2O_5)
1	Ammersweier	1890	2	—	5,66	1,77	0,56	—	—	—	—	—	—	0,23	—
2		1893	1	0,9929	8,39	1,68	0,50	0,18	—	0	0,002	<0,1	—	0,21	—
3		1895	2	0,9938	8,74	2,11	0,50	0,12	—	—	0,001	0,13	—	0,26	0,023
4		1896	4	0,9985	6,42	2,41	0,80	0,17	—	—	0,002	0,11	0,59 [2]	0,28	0,033
5		1897	2	0,9960	7,26	2,11	0,60	0,12	—	—	0,005	0,07	0,64	0,26	0,037
6	Avolsheim	1890	2	—	8,19	2,13	0,56	—	0,090	—	0,013	0,14	0,63	0,20	0,032
7	Baldenheim	1891	2	—	5,41	2,17	1,04	—	0,120	—	0,001	0,17 <0,1	0,43	0,18	—
8	Barr	1889	1	—	6,99	2,00	0,64	—	—	—	0,001	0,18	—	0,23	—
9		1895	1	—	6,63	1,98	0,65	—	—	—	0,005	0,19	—	0,22	—
10		1892	1	—	7,70	2,05	0,70	—	—	—	0,010	0,18	—	0,20	—
11		1894	1	0,9960	5,85	1,63	0,59	0,23	—	0	0,005	0,14	—	0,16	0,022
12		1895	2	0,9927	9,02	1,89	0,55	0,21	—	—	0,007	0,12	—	0,18	0,034

*) Der Gehalt der Weine an Extrakt minus Nichtflüchtige Säure lag 1893 und 1894 je bei einem Weine unter 1,3 g und der Gehalt an Extrakt minus Gesammt-Säure 1894 bei demselben Weine unter 1,2 g. Im Uebrigen entsprachen sämmtliche Weine den gesetzlichen Anforderungen auch bezüglich ihres Gehaltes an Extrakt (1,7 g) und Mineralstoffen (0,16 g). — Ueber die 4 Rothweine des Jahrganges 1899 vergleiche oben S. 1229.

**) 1892 in Gemeinschaft mit Luib.

No.	Gemarkung und	Jahrgang	Zahl der Proben	Spec. Gewicht	100 ccm Wein enthalten Gramm: Alkohol	Extrakt	Gesammt-Säure (Weinsäure)	Gesammt-Weinsäure	Weinstein	Freie Weinsäure	Gerbstoff	Zucker	Glycerin	Mineral-stoffe	Phosphor-säure (P_2O_5)
13	Beblenheim	1889	3	—	7,47	1,95	0,55	—	0,169 [2]	—	0,003	0,16 [1] <0,1 [2]	0,63	0,20	0,023 [1]
14		1890	1	—	7,87	2,02	0,70	—	0,160	—	0,001	<0,1	0,63	0,21	—
15		1891	3	—	7,76	1,93	0,59	0,11 [1]	0,285 [2]	—	0,003	<0,1	0,69	0,22	0,020 [1]
16		1892	1	—	7,22	1,51	0,44	—	—	—	0,002	<0,1	—	0,18	—
17		1893	1	0,9932	8,18	1,70	0,49	0,25	—	0,104	0,002	<0,1	—	0,17	—
18		1894	1	0,9946	6,85	1,67	0,48	0,20	—	0	0,003	0,13	—	0,16	0,013
19		1895	2	0,9923	8,90	1,79	0,41	0,20	—	—	0,005	0,10	—	0,19	0,009
20		1896	4	0,9963	7,15	2,04	0,71	0,26	—	—	0,002	0,08	0,57	0,19	0,034
21		1897	3	0,9941	8,00	2,11	0,64	0,22	—	—	0,002	0,05	0,67	0,19	0,022
22	Bennweier	1890	1	—	5,69	2,02	0,54	—	0,100	—	0,005	0,13	0,54	0,30	—
23		1891	1	—	8,21	2,10	0,70	—	0,270	—	—	<0,1	0,64	0,23	—
24	Bergbieten	1890	1	—	5,93	2,02	0,62	—	—	—	0,003	0,15	0,63	0,21	—
25		1891	2	—	5,56	1,91	0,70	0,24	—	—	0,007	0,14	0,59	0,20	0,018
26	Bergheim	1889	1	—	6,90	2,16	0,65	—	—	—	0,001	0,15	—	0,24	—
27		1890	1	—	6,90	1,94	0,61	—	0,170	—	0,008	0,12	0,48	0,23	—
28		1891	1	—	4,95	2,18	0,68	—	—	—	0,007	0,15	—	0,29	—
29		1892	1	—	7,86	1,82	0,56	—	—	—	—	—	—	0,19	—
30		1897	1	0,9956	6,34	2,05	0,59	—	—	—	—	—	—	0,23	—
31	Bergholz	1890	1	—	6,43	1,67	0,67	—	0,110	—	0,002	<0,1	0,46	0,18	—
32		1891	1	—	5,72	1,79	0,68	—	—	—	0,002	<0,1	—	0,19	—
33		1897	1	0,9953	7,39	2,01	0,63	—	—	—	—	—	—	0,19	—
34	Bergholzzell	1892	1	—	7,18	1,73	0,71	—	—	—	—	—	—	0,14	—
35	Börsch	1890	1	—	5,44	1,97	0,79	—	0,130	—	0,001	0,10	0,45	0,20	—
36		1892	1	1,0053	7,27	2,17	1,00	—	—	—	—	—	—	—	—
37	Bollweiler	1890	1	—	4,12	1,60	0,63	—	0,17	—	0,001	<0,1	0,35	0,17	—
38	Brumath	1890	2	—	7,14	1,90	0,64	—	0,110	—	0,013	0,13 <0,1	0,69	0,24	0,013
39	Bühl	1890	2	—	6,74	1,76	0,51	—	0,080	—	0,004	0,12	0,42	0,25	—
40	Colmar	1890	1	—	7,33	2,29	0,99	—	—	—	0,001	0,10	—	0,28	—
41		1891	2	—	6,55	1,86	0,69	0,21	—	—	0,004	<0,1	0,60	0,20	0,032
42		1892	1	—	7,13	1,63	0,55	0,23	0,184	0	0,003	<0,1	—	0,19	0,031
43		1893	1	0,9938	7,29	1,55	0,47	0,26	—	0,024	0,005	<0,1	—	0,15	—
44		1894	1	0,9989	4,66	1,80	0,70	0,25	—	0	0,005	0,18	0,30	0,18	0,035
45		1895	2	0,9956	6,76	1,72	0,56	0,25	—	0,134	0,002	0,08	—	0,21	0,013
46		1896	3	0,9972	5,92	1,77	0,74	0,25	—	—	0,001	0,04	0,41 [1]	0,17	0,013
47		1897	2	0,9961	7,10	2,05	0,73	0,21	—	—	0,010	0,05	0,53	0,24	0,023
48	Dorlisheim	1889	1	—	6,77	1,89	0,61	—	—	—	0,010	0,21	—	0,20	—
49		1891	1	—	4,88	1,83	0,65	—	—	—	0,005	0,18	—	0,20	—
50	Düttlenheim	1890	1	—	6,57	2,00	0,46	—	0,030	—	0,005	0,12	0,54	0,27	—
51	Egisheim	1894	1	0,9945	7,38	1,85	0,53	0,19	—	0	0,002	<0,1	—	0,20	0,020
52		1895	2	0,9931	8,37	1,77	0,52	0,21	—	0	0,005	0,09	—	0,17	0,020
53		1896	3	0,9989	5,76	2,22	0,81	0,23	—	0,028 [1]	0,002	0,09	0,50	0,23	0,025
54		1897	1	0,9950	6,79	1,78	0,62	0,19	—	—	0,004	0,02	0,55	0,17	0,021

No.	Gemarkung und	Jahrgang	Zahl der Proben	Spec. Gewicht	100 ccm Wein enthalten Gramm: Alkohol	Extrakt	Gesammt-Säure (Weinsäure)	Gesammt-Weinsäure	Weinstein	Freie Weinsäure	Gerbstoff	Zucker	Glycerin	Mineral-stoffe	Phosphor-säure (P_2O_5)
55	Enchenberg	1891	1	—	5,70	1,82	0,73	—	—	—	0,005	<0,1	—	0,20	—
56	Epfig	1890	3	—	4,99	1,81	0,59	—	0,090	—	0,005	0,12 [2] <0,1	0,60	0,23	0,042
57		1891	1	—	5,89	1,91	0,60	—	—	—	0,003	<0,1	—	0,20	—
58	Erlenbach bei Weiler	1891	1	—	5,20	1,99	0,60	0,17	0,218	0	0,003	<0,1	—	0,29	—
59	Finstingen	1890	1	—	3,88	1,77	0,62	—	—	—	0,030	<0,1	—	0,29	—
60		1891	1	—	4,05	2,03	0,76	—	—	—	0,010	0,15	—	0,25	—
61	Geberschweier	1890	2	—	5,22	1,87	0,64	—	0,060	—	0,001	0,13	0,42	0,23	0,037
62		1891	1	—	6,40	1,86	0,57	—	—	—	0,001	<0,1	—	0,22	—
63		1892	1	—	6,83	1,64	0,55	0,21	0,172	0	0,002	<0,1	—	0,17	0,029
64		1893	1	0,9935	7,98	1,84	0,55	0,29	0,100	0,082	0,001	<0,1	0,53	0,15	0,019
65		1894	1	0,9948	6,74	1,74	0,60	0,20	—	0	0,002	0,12	0,45	0,17	0,022
66		1895	4	0,9930	8,57	1,94	0,55	0,14	—	0	0,007	0,10 [3] <0,1	—	0,20	0,026
67		1896	4	0,9991	5,81	2,28	0,85	0,22	—	—	0,003	0,08	0,53	0,24	0,026
68		1897	2	0,9954	7,56	2,19	0,71	0,22	—	—	0,003	0,08	0,58	0,18	0,017
69	Gebweiler	1890	2	—	6,56	1,88	0,59	—	0,130	—	0,002	0,12 <0,1	0,42	0,27	0,039
70		1891	1	—	7,46	1,83	0,59	0,21	—	—	0,005	0,15	0,66	0,18	0,050
71		1892	1	—	7,26	1,78	0,53	—	—	—	0,002	<0,1	—	0,22	—
72		1893	2	0,9953	6,57	1,82	0,54	0,26	0,100	0,023	0,005	<0,1	—	0,19	0,023
73		1894	2	0,9953	7,17	1,97	0,64	0,20	—	0	0,003	0,16 <0,1	0,48	0,18	0,033
74		1895	2	0,9935	8,60	1,92	0,53	0,23	—	0,011	0,002	0,09	—	0,19	0,016
75		1896	4	0,9987	5,69	2,26	0,72	0,24	—	—	0,004	0,11	0,52	0,26	0,035
76		1897	3	0,9958	7,10	2,20	0,72	0,22	—	—	0,003	0,08	0,55	0,23	0,037
77	Gertweiler	1890	2	—	6,10	2,03	0,56	—	0,090	—	0,006	0,10 <0,1	0,54	0,28	—
78	Goxweiler	1890	1	—	5,82	1,75	0,63	—	—	—	0,010	0,13	—	0,22	—
79		1891	1	—	5,32	1,98	0,75	—	—	—	0,005	0,12	—	0,24	—
80		1893	1	0,9969	5,57	1,64	0,55	0,27	—	0,017	0,006	0,15	—	0,21	—
81		1894	2	0,9961	6,35	1,62	0,54	0,18	—	0	0,005	<0,1	0,60	0,19	0,021
82		1895	3	0,9946	7,79	1,92	0,62	0,22	—	0	0,002	0,1 <0,1 [2]	—	0,18	0,034
83	Hattstadt	1890	3	—	5,61	1,72	0,60	—	0,090	—	0,002	0,10 <0,1 [2]	0,47	0,23	0,033
84	Herlisheim	1890	1	—	5,44	1,85	0,68	—	—	—	0,002	0,12	—	0,28	—
85		1891	1	—	6,93	1,89	0,58	—	—	—	0,030	<0,1	—	0,23	—
86	Hunaweier	1890	2	—	6,64	1,98	0,64	—	0,11	—	0,005	0,12	0,46	0,24	0,044
87		1891	1	—	8,60	2,12	0,69	—	—	—	0,002	0,15	—	0,21	—
88	Jebsheim	1889	1	—	5,95	1,85	0,60	—	—	—	0,005	0,17	—	0,23	—
89		1891	1	—	4,65	1,61	0,52	—	—	—	0,050	<0,1	—	0,25	—
90	Ingersheim	1889	1	—	6,44	1,86	0,67	—	—	—	0,002	<0,1	—	0,24	—
91		1891	1	—	6,99	1,81	0,60	—	—	—	0,003	<0,1	—	0,23	—
92		1897	1	0,9969	6,27	2,12	0,70	—	—	—	—	—	—	0,21	—

No.	Gemarkung und Jahrgang		Zahl der Proben	Spec. Gewicht	100 ccm Wein enthalten Gramm: Alkohol	Extrakt	Gesammt-Säure (Weinsäure)	Gesammt-Weinsäure	Weinstein	Freie Weinsäure	Gerbstoff	Zucker	Glycerin	Mineral-stoffe	Phosphor-säure (P_2O_5)
93	Ittersweiler	1890	1	—	5,19	1,94	0,61	—	0,090	—	0,002	<0,1	0,55	0,26	0,047
94	Kestenholz	1890	2	—	6,10	1,99	0,76	—	0,110	—	0,002	{0,13 <0,1	0,56	0,25	—
95	Kienheim	1889	1	—	7,03	2,10	0,58	—	—	—	0,005	0,15	—	0,20	—
96		1891	1	—	4,71	1,62	0,70	—	—	—	0,001	<0,1	—	0,34	—
97	Kirchberg	1896	2	0,9973	6,31	2,05	0,68	0,21	—	—	0,006	0,13	0,53	0,21	0,033
98		1897	1	0,9961	7,06	2,05	0,67	0,17	—	—	0,008	0,14	0,54	0,21	—
99	Kleeburg	1889	1	—	5,51	2,03	0,54	—	—	—	0,005	0,19	—	0,25	—
100		1890	1	—	5,61	2,33	0,95	—	—	—	0,002	0,35	—	0,26	—
101		1891	1	—	3,29	1,70	0,58	—	—	—	0,007	0,15	—	0,26	—
102		1892	1	—	5,51	1,67	0,58	0,26	0,132	0	0,001	0,15	—	0,19	0,021
103		1895	1	0,9959	6,40	1,80	0,41	0,16	—	—	0,003	0,14	—	0,21	0,016
104		1896	2	1,0001	4,92	2,04	0,80	0,30	—	0,010	0,004	0,10	0,45	0,22	0,012
105	Königsmachern	1896	1	1,0050	3,99	2,04	0,88	0,49	—	0,114	—	0,005	—	0,16	0,008
106		1897	1	0,9964	5,57	1,91	0,63	0,25	—	—	0,002	0,11	0,57	0,17	0,018
107	Kolbsheim	1890	1	—	7,83	1,99	0,48	—	—	—	—	0,14	0,70	0,22	—
108	Kötzingen	1890	1	—	4,69	1,75	0,64	—	0,03	—	0,005	<0,1	0,41	0,29	—
109	Mittelweier	1890	2	—	5,99	1,92	0,62	—	0,07	—	0,013	<0,1	0,43	0,25	0,039
110	Mühlhausen	1890	1	—	3,67	1,68	0,77	—	—	—	0,005	0,16	—	0,24	—
111		1891	1	—	4,94	1,77	0,74	0,27	0,168	0,030	0,001	<0,1	—	0,20	0,033
112	Münster	1890	1	—	6,64	1,98	0,56	0,10	—	—	0,005	0,13	0,44	0,25	—
113	Nieder-Morschweier	1890	2	—	5,47	2,03	0,67	—	0,090	—	0,002	0,10	0,57	0,26	—
114		1891	1	—	3,12	2,32	1,04	—	0,200	—	—	0,18	0,26	0,26	—
115	Niederstinzel	1891	1	—	4,05	2,16	0,75	—	—	—	0,020	0,10	—	0,26	—
116	Nothhalten	1889	1	—	6,44	2,11	0,72	—	—	—	0,002	0,10	—	0,23	—
117		1891	1	—	5,14	1,80	0,64	—	—	—	0,001	0,10	—	0,27	—
118	Ober-Bergheim	1891	1	—	6,99	1,90	0,70	—	—	—	0,001	<0,1	—	0,19	—
119	Ober-Ehnheim	1889	1	—	5,82	2,02	0,57	—	—	—	0,010	0,15	—	0,21	—
120		1890	3	—	6,42	2,08	0,74	—	0,250	—	0,004	{0,19 <0,1 [2]	0,58	0,28	0,037
121		1891	1	—	5,26	1,81	0,63	0,29	—	—	0,003	<0,1	0,57	0,17	0,030
122		1892	1	—	7,40	2,08	0,62	0,22	0,132	0,022	0,002	0,12	—	0,20	0,036
123		1893	1	0,9944	7,12	1,63	0,62	0,33	—	0,105	0,002	<0,1	—	0,16	—
124		1894	1	0,9968	5,82	1,67	0,67	0,25	—	0,003	0,002	<0,1	—	0,16	0,027
125		1895	5	0,9948	7,94	2,03	0,54	0,20	—	—	0,003	0,10	—	0,19	0,019
126		1896	3	0,9984	5,73	2,03	0,67	0,23	—	—	0,004	0,10	0,58	0,22	0,025
127		1897	1	0,9958	7,12	2,11	0,59	0,20	—	—	0,002	0,09	[1] 0,62	0,21	0,025
128	Ober-Morschweier	1889	1	—	7,00	2,11	0,78	—	—	—	0,002	<0,1	—	0,21	—
129		1890	1	—	4,81	1,76	0,61	—	0,070	—	0,005	<0,1	0,34	0,22	—
130		1891	1	—	6,21	1,86	0,67	—	—	—	0,002	<0,1	—	0,23	—
131	Ollweiler	1897	1	0,9960	7,46	2,27	0,66	—	—	—	—	—	—	0,24	—
132	Orschweier	1890	2	—	5,78	1,76	0,59	—	0,070	—	0,008	{0,12 <0,1	0,40	0,23	—
133	Ostheim	1891	1	—	5,75	1,63	0,50	—	0,140	—	0,002	<0,1	0,46	0,23	—

No.	Gemarkung und Jahrgang	Zahl der Proben	Spec. Gewicht	Alkohol	Extrakt	Gesammt-Säure (Weinsäure)	Gesammt-Weinsäure	Weinstein	Freie Weinsäure	Gerbstoff	Zucker	Glycerin	Mineral-stoffe	Phosphor-säure (P_2O_5)
				100 ccm Wein enthalten Gramm:										
134	Osthofen 1889	1	—	5,33	2,22	0,72	—	—	—	0,010	0,19	—	0,28	—
135	Osthofen 1891	1	—	4,23	1,95	0,78	—	—	—	0,007	⟨0,1	—	0,24	—
136	Pfaffenheim 1889	1	—	6,58	1,88	0,63	—	—	—	0,004	⟨0,1	—	0,22	—
137	Pfaffenheim 1890	1	—	4,94	1,66	0,71	—	—	—	0,002	⟨0,1	—	0,18	—
138	Pfaffenheim 1891	1	—	5,64	1,84	0,65	—	—	—	0,005	⟨0,1	—	0,22	—
139	Pfaffenheim 1892	2	—	6,86	1,66	0,54	—	—	—	0,002	⟨0,1	—	0,20	—
140	St. Pilt 1890	2	—	6,76	2,05	0,54	—	0,110	—	0,004	⟨0,1	0,66	0,25	0,050
141	St. Pilt 1893	1	0,9933	8,41	1,84	0,47	0,18	—	0	0,002	⟨0,1	—	0,20	—
142	St. Pilt 1894	1	0,9941	7,56	1,81	0,48	0,07	—	0	0,002	0,10	0,59	0,22	0,026
143	Rappoltsweiler*) 1892	1	—	7,65	1,76	0,44	0,13	0,160	0	—	⟨0,1	—	0,19	0,033
144	Rappoltsweiler*) 1893	1	0,9946	7,66	2,00	0,51	0,22	—	0	0,005	0,15	—	0,18	—
145	Rappoltsweiler*) 1894	5	0,9982	7,26	2,26	0,87	0,30	—	0	0,001	0,16	—	0,22	—
146	Reichenweier 1893	1	0,9938	7,79	1,89	0,51	0,24	0,128	0,009	0,002	0,10	0,57	0,17	0,017
147	Reichenweier 1897	2	0,9942	8,39	2,18	0,56	—	—	—	—	—	—	0,19	—
148	Riedwasen bei Schlettstadt 1865	1	—	7,07	1,92	0,64	—	—	—	—	⟨0,1	0,69	0,19	—
149	Rixheim 1893	2	0,9958	6,23	1,70	0,61	0,31	0,116	0,068	0,004	⟨0,1	0,46	0,15	0,014
150	Rixheim 1894	2	1,0004	4,95	2,05	0,93	0,43	—	0,010	0,002	0,14	—	0,24	—
151	Rixheim 1895	2	0,9955	6,67	1,67	0,50	0,27	—	0,019	0,005	0,06	—	0,17	0,009
152	Rixheim 1896	2	0,9981	5,51	1,89	0,60	0,29	—	—	0,001	0,07	—	0,20	0,013
153	Rixheim 1897	1	0,9960	6,53	1,73	0,65	—	—	—	—	—	—	0,17	—
154	Rosheim 1890	1	—	6,10	1,91	0,68	—	—	—	0,004	0,15	—	0,17	—
155	Rosheim 1891	1	—	5,32	1,95	0,66	—	—	—	0,003	0,18	—	0,21	—
156	Rott 1889	1	—	6,73	2,02	0,61	—	—	—	0,003	0,17	—	0,22	—
157	Rott 1891	1	—	4,28	1,99	0,77	—	—	—	0,005	0,19	—	0,24	—
158	Rufach 1889	9	—	7,25	1,88	0,60	—	0,090	—	0,008	⟨0,1	0,61	0,20	0,019
159	Rufach 1890	10	—	6,36	2,10	0,77	—	—	—	0,002	0,17 [5] ⟨0,1 [4]	0,53	0,20	0,035
160	Rufach 1891	4	—	6,72	2,07	0,77	—	0,370	—	0,002	0,29 [2] ⟨0,1 [2]	0,54	0,22	—
161	Rufach 1892	2	—	7,72	1,88	0,52	0,23	0,132	0	0,002	0,13 ⟨0,1	—	0,21	0,018
162	Rufach 1893	2	0,9945	7,17	1,65	0,59	0,31	—	0,055	0,001	⟨0,1	—	0,18	—
163	Rufach 1894	2	0,9948	6,90	1,77	0,53	0,23	—	—	0,002	0,10 ⟨0,1	—	0,19	0,016
164	Rufach 1895	6	0,9934	8,42	1,84	0,55	0,21	—	—	0,006	0,12 [5] ⟨0,1 [1]	—	0,18	0,012 [2]
165	Rufach 1896	4	0,9977	5,99	2,08	0,73	0,19	—	—	0,002	0,08	0,51	0,23	0,020
166	Rufach 1897	2	0,9959	7,46	2,27	0,79	0,19	—	—	0,018	0,06	0,61	0,22	0,018
167	Scharrach-Bergheim 1894	4	0,9964	5,91	1,91	0,55	0,21	—	—	0,008	0,11	0,40	0,21	0,014
168	Scharrach-Bergheim 1895	1	0,9946	8,03	2,03	0,55	0,13	—	—	0,005	0,10	—	0,22	0,033
169	Scharrach-Bergheim 1896	4	0,9990	5,35	2,00	0,77	0,26	—	—	0,003	0,09	0,48	0,21	0,015
170	Scharrach-Bergheim 1897	1	0,9964	6,47	1,97	0,67	0,26	—	—	0,002	0,11	0,54	0,20	0,022

*) Der Wein enthielt 0,0006 g freie und 0,0043 g gebundene schweflige Säure.

No.	Gemarkung und Jahrgang		Zahl der Proben	Spec. Gewicht	100 ccm Wein enthalten Gramm: Alkohol	Extrakt	Gesammt-Säure (Weinsäure)	Gesammt-Weinsäure	Weinstein	Freie Weinsäure	Gerbstoff	Zucker	Glycerin	Mineral-stoffe	Phosphor-säure (P_2O_5)
171	Scherrweiler	1891	1	—	6,66	1,98	0,50	0,19	—	—	0,010	0,15	0,61	0,34	—
172		1892	1	—	6,67	1,68	0,51	—	—	—	0,003	0,14	—	0,24	0,036
173		1893	1	0,9955	7,22	1,93	0,60	0,27	0,104	0,046	0,004	0,18	0,69	0,20	0,036
174		1894	2	0,9947	7,29	1,79	0,64	0,24	—	0	0,004	0,10 / <0,1	0,49	0,18	0,024
175		1895	2	0,9934	6,80	1,73	0,43	0,19	—	—	0,002	0,06	—	0,20	0,014
176		1896	2	0,9963	6,40	1,91	0,53	0,17	—	—	0,005	0,10	—	0,21	0,012
177	Schlettstadt	1890	2	—	4,44	1,69	0,66	0,11	—	—	0,006	0,12 / <0,1	0,27	0,24	0,047
178		1891	2	—	4,79	2,03	0,80	0,38	—	—	0,005	0,10	—	0,28	—
179	Sennheim	1893	2	0,9941	7,19	1,69	0,48	0,24	—	0,059	0,002	<0,1	—	0,15	0,010
180	Sigolsheim	1890	2	—	6,47	2,25	0,60	—	0,110	—	0,004	0,10	0,50	0,32	0,054
181		1891	1	—	7,13	2,04	0,64	0,18	0,112	0	0,002	<0,1	—	0,30	0,041
182	Steinbach	1890	1	—	4,96	1,66	0,65	—	—	—	0,002	<0,1	—	0,23	—
183		1892	1	—	6,39	1,57	0,62	—	—	—	0,003	<0,1	—	0,15	—
184		1894	1	0,9978	5,02	1,70	0,68	0,24	—	0	0,002	<0,1	—	0,19	0,022
185		1895	1	0,9934	7,73	1,61	0,43	0,24	—	0,003	0,002	0,07	—	0,15	0,012
186		1896	2	0,9965	6,18	1,98	0,54	0,25	—	—	0,001	0,06	—	0,19	0,008
187		1897	1	0,9980	5,83	1,98	0,49	0,18	—	—	0,002	0,08	0,57	0,24	0,038
188	Steinselz	1891	1	—	6,79	2,08	0,74	—	—	—	0,002	0,12	—	0,22	—
189	Sulzmatt	1890	1	—	4,81	1,58	0,61	—	0,140	—	0,001	<0,1	0,36	0,18	0,028
190		1891	1	—	4,59	1,80	0,62	—	—	—	0,005	<0,1	—	0,21	—
191	Sundhofen	1889	1	—	3,65	1,77	0,76	—	—	—	0,003	0,13	—	0,24	—
192		1890	1	—	5,32	1,72	0,53	—	—	—	0,006	<0,1	—	0,23	—
193	Thann	1890	2	—	6,08	2,02	0,71	—	—	—	0,002	0,12	—	0,24	—
194		1891	2	—	5,83	2,25	1,00	0,24	—	—	0,002	0,18 / <0,1	0,51	0,25	0,036
195		1892	1	—	5,98	1,90	0,52	0,21	0,152	0,015	0,001	<0,1	—	0,19	0,029
196		1893	1	0,9972	6,10	1,82	0,71	0,25	0,036	0,121	0,003	<0,1	0,44	0,22	0,023
197		1894	1	0,9970	6,57	2,26	0,61	0,09	—	0	0,002	<0,1	—	0,22	0,041
198		1895	2	0,9947	7,23	1,83	0,52	0,23	—	0,078 [1]	0,003	0,08	—	0,19	0,012
199		1896	4	0,9965	7,15	2,21	0,68	0,21	—	—	0,002	0,09	0,67	0,22	0,022
200		1897	2	0,9986	6,12	2,22	0,62	0,21	—	—	0,010	0,08 / <0,1	0,59	0,24	0,045
201	Türkheim	1893	1	0,9925	8,29	1,67	0,48	0,21	0,108	0	0,002	<0,1	0,44	0,16	0,018
202		1895	1	0,9931	8,38	1,92	0,35	0,11	—	0	0,002	<0,1	—	0,24	0,033
203	Uffholz	1892	1	—	6,17	1,80	0,67	—	—	—	0,001	<0,1	—	0,19	—
204		1893	1	0,9946	6,67	1,52	0,51	0,19	—	0,031	0,002	<0,1	—	0,14	—
205		1894	2	1,0008	4,70	2,25	0,93	0,24	—	0	0,004	0,12 / <0,1	—	0,22	0,038
206		1895	2	0,9949	7,13	1,70	0,51	0,20	—	0	0,005	<0,1	—	0,19	0,026
207		1896	1	0,9979	5,89	2,04	0,73	0,21	—	—	0,001	0,06	0,50	0,23	0,041
208		1897	1	0,9990	5,38	2,24	0,60	0,15	—	—	0,002	0,07	0,54	0,22	—
209	Vögtlinshofen	1890	1	—	5,19	1,82	0,65	—	0,090	—	0,002	<0,1	0,48	0,23	—

No.	Gemarkung und Jahrgang		Zahl der Proben	Spec. Gewicht	100 ccm Wein enthalten Gramm:										
					Alkohol	Extrakt	Gesammt-Säure (Weinsäure)	Gesammt-Weinsäure	Weinstein	Freie Weinsäure	Gerbstoff	Zucker	Glycerin	Mineral-stoffe	Phosphor-säure (P_2O_5)
210	Vögtlinshofen	1891	2	—	6,75	2,20	0,79	—	0,440	—	0,002 [1]	0,14	0,57 [1]	0,24	—
211		1892	1	—	7,53	1,63	0,63	—	—	—	0,002	<0,1	—	0,15	—
212	Waltenheim	1890	2	—	6,46	1,89	0,52	—	0,070	0,003	—	<0,1	0,51	0,22	—
213	Weiler bei Schlettstadt	1892	1	—	5,51	1,94	0,88	—	—	—	0,001	<0,1	—	0,18	—
214		1893	1	0,9962	6,23	1,69	0,60	0,29	—	0,033	0,004	0,12	—	0,18	—
215		1894	1	0,9979	5,74	1,94	0,73	0,23	—	0	0,003	0,10	—	0,20	—
216	Weissenburg	1889	1	—	7,42	2,57	0,64	—	—	—	0,020	0,15	—	0,29	—
217		1891	1	—	5,76	1,91	0,61	0,18	—	—	0,010	0,12	0,63	0,20	0,035
218		1893	1	0,9972	6,75	2,08	0,81	0,36	—	0,121	0,005	0,10	0,43	0,19	0,031
219		1894	3	0,9999	5,62	2,37	0,90	0,33	—	0	0,004	0,17	—	0,24	—
220		1895	1	0,9930	8,07	1,90	0,55	0,26	—	0,054	0,005	0,08	—	0,18	0,011
221		1896	1	0,9974	6,40	2,03	0,65	0,29	—	—	0,004	0,10	—	0,19	0,006
222		1897	1	0,9974	6,93	2,20	0,67	0,30	—	—	0,005	0,08	0,61	0,25	0,027
223	Westhalten	1897	1	0,9955	6,79	1,88	0,71	—	—	—	—	—	—	0,19	—
224	Westhofen	1890	1	—	7,07	1,88	0,56	—	0,160	—	0,010	0,10	0,44	0,18	—
225	Willgottheim	1890	1	—	5,56	1,73	0,51	—	0,120	—	0,002	<0,1	—	0,17	0,025
226	Winzenheim	1890	2	—	6,87	1,73	0,52	0,09	0,090	—	0,004	<0,1	0,59	0,18	0,036
227		1891	1	—	7,33	1,78	0,60	—	—	—	0,002	0,15	—	0,19	—
228		1893	1	—	7,81	1,75	0,48	—	—	—	—	—	—	0,20	—
229		1894	1	—	10,32	2,04	0,62	—	—	—	—	—	—	0,16	—
230		1897	1	0,9939	8,07	1,91	0,59	—	—	—	—	—	—	0,18	—
231	Wolxheim	1889	1	—	7,22	1,94	0,56	—	—	—	0,003	0,10	—	0,22	—
232		1890	2	—	6,32	1,94	0,69	—	0,100	—	0,006	0,13 / <0,1	0,57	0,18	0,028
233		1891	1	—	5,45	1,93	0,58	0,18	—	—	0,020	0,16	0,60	0,21	0,040
234		1892	1	—	7,62	1,92	0,60	0,21	0,152	—	0,001	0,11	—	0,18	0,026
235		1893	2	0,9951	7,77	2,09	0,66	0,31	0,132	0,091	0,002	0,15	0,50	0,18	0,009
236		1896	2	0,9981	5,61	2,08	0,77	0,29	—	0,018 [1]	0,006	0,10	0,55	0,20	0,021 [1]
237		1897	2	0,9995	4,99	1,98	0,72	0,31	—	—	0,005	0,09	0,45	0,20	0,024
238	Wünheim	1890	2	—	6,12	1,72	0,70	—	0,180	—	0,002	<0,1	0,46	0,16	—
239	Zellenberg bei Beblenheim	1891	2	—	8,57	1,90	0,47	—	—	—	0,001	0,14 / <0,1	0,95	0,22	—
240	Zellweiler	1891	1	—	5,14	2,44	0,92	—	—	—	0,005	0,12	—	0,22	—
241		1893	1	0,9944	6,79	1,66	0,44	0,23	—	—	0,002	0,07	—	0,16	0,010
242		1895	1	0,9970	5,89	1,84	0,62	0,31	—	0,098	0,006	0,09	—	0,17	0,007
Elsässer Weissweine, Mittel			—	**0,9961**	**6,44**	**1,92**	**0,64**	**0,23**	**0,134**	**0,026**	**0,004**	**0,09** *)	**0,53**	**0,22**	**0,026**

*) Vergl. Anmerkung ***) S. 1219.

b) Lothringer Weissweine.

No.	Gemarkung und Jahrgang		Zahl der Proben	Spec. Gewicht	100 ccm Wein enthalten Gramm: Alkohol	Extrakt	Gesammt-Säure (Weinsäure)	Gesammt-Weinsäure	Weinstein	Freie Weinsäure	Gerbstoff	Zucker	Glycerin	Mineral-stoffe	Phosphor-säure (P_2O_5)
1	Arry	1890	1	—	6,78	2,14	1,10	—	0,060	—	—	<0,1	0,69	0,13	0,040
2	Ars a. d. Mosel	1892	1	—	7,79	1,89	0,64	—	—	—	—	—	—	0,18	—
3	Château Salins	1889	1	—	5,69	1,85	0,82	—	—	—	0,002	0,10	—	0,18	—
4	Chazelles	1896	1	0,9938	8,42	1,98	0,62	0,29	—	0,046	0,001	0,22	—	0,14	0,007
5	Gentringen	1889	1	—	6,83	1,93	0,69	—	—	—	0,003	0,10	—	0,23	—
6		1890	1	—	5,55	1,90	0,86	0,18	0,104	0	0,003	<0,1	—	0,28	0,054
7		1892	2	—	6,47	2,02	0,80	—	—	—	—	—	—	0,20	—
8		1894	2	0,9991	5,80	2,33	0,90	0,41	0,352	0,004	—	0,14	—	0,22	0,038
9		1896	3	0,9996	5,09	1,93	0,90	0,34	—	0,024	0,004	0,07	0,43	*) 0,19	0,011
10		1897	2	0,9967	6,44	2,16	0,76	0,30	—	[1] 0,060	0,003	0,07	[1] 0,62	0,19	0,036
11	Longeville bei Metz	1890	2	—	6,26	1,80	0,74	0,35	0,145	0,139	0,002	0,13	0,50	0,17	0,035
12		1892	1	—	7,13	1,81	0,46	—	—	—	—	—	—	0,23	—
13	Nieder-Kontz	1890	2	—	5,78	2,22	1,00	—	0,090	—	0,002	0,10 <0,1	0,62	0,18	—
14	Novéant	1892	1	—	7,12	2,02	1,00	—	—	—	—	—	—	0,15	—
15	Ober-Gentringen	1890	1	—	6,36	1,85	0,60	—	0,080	—	0,005	<0,1	0,47	0,22	—
16		1891	1	—	3,88	2,14	0,93	—	—	—	—	—	—	0,34	—
17	Pange	1889	1	—	5,69	1,87	0,55	—	0,040	—	0,050	0,09	0,60	0,23	—
18	Salonnes	1890	2	—	7,45	1,93	0,60	—	0,110	—	0,003	0,10 <0,1	—	0,21	0,042
19	Scy	1890	1	—	7,27	2,37	0,94	—	0,130	—	0,005	0,18	0,65	0,21	0,017
20		1891	2	—	4,94	2,25	1,16	—	0,320	—	—	0,13	0,41	0,20	—
21		1892	1	—	9,21	1,92	0,82	—	—	—	0,004	0,10	—	0,14	—
22		1895	1	0,9935	9,31	2,25	0,77	0,27	—	0,074	0,001	0,16	—	0,18	0,033
23		1896	1	0,9950	8,56	2,35	0,70	0,35	—	0,016	0,001	0,27	—	0,15	0,008
24	Sierck	1890	1	—	5,37	2,66	0,76	—	0,080	—	0,002	0,10	0,47	0,19	0,031
25		1891	1	—	4,47	1,72	0,78	0,27	—	—	0,001	<0,1	0,44	0,22	0,034
26		1892	1	—	6,75	1,85	0,67	0,26	0,120	0,024	0,001	0,11	—	0,17	—
27		1893	1	0,9960	6,74	2,01	0,70	0,32	0,056	0,065	0,002	<0,1	0,74	0,18	0,029
28		1894	1	0,9979	5,24	1,69	0,70	0,30	—	0,030	0,002	<0,1	0,34	0,17	0,023
29		1895	2	0,9971	6,51	1,99	0,88	0,33	—	0,042	0,002	0,10 <0,1	—	0,19	0,018
30		1896	2	0,9975	6,20	2,03	0,74	0,34	—	0,027	0,002	0,08	0,67	0,18	0,012
31		1887	1	0,9964	7,26	2,23	0,70	0,30	—	—	0,002	0,09	0,67	0,18	0,028
32	Vallières	1880	1	—	5,99	1,56	0,60	—	0,080	—	0,002	0,10	0,48	0,17	—
33	Vaux bei Metz	1890	1	—	6,94	2,33	0,74	—	—	—	—	—	—	0,25	—
34	Vic	1891	1	—	6,43	2,49	1,29	—	0,200	—	—	—	0,51	0,13	—
35		1892	1	0,9986	6,64	2,27	0,63	—	—	—	—	—	—	—	—
Lothringer Weissweine		Mittel	—	**0,9968**	**6,52**	**2,05**	**0,79**	**0,37**	**0,131**	**0,042**	**0,004**	**0,10**	**0,55**	**0,19**	**0,028**

*) Der eine Wein enthielt 0,096 g Kali (K_2O).

Schwankungen der Jahrgänge 1892—1899.*)

Jahrgang	Zahl der Proben	100 ccm Wein enthalten Gramm:					
		Alkohol	Extrakt	Gesammt-Säure (Weinsäure)	Zucker	Glycerin	Mineralstoffe
1892	50	5,37—9,36	1,51—2,42	0,44—1,17	<0,1—0,65 [26]	—	0,14—0,25 [46]
1893	56	5,57—8,56	1,52—2,76	0,42—1,14	0,07—0,17 [50]	0,43—0,74 [14]	0,11—0,25 [6]
1894	34	4,45—10,32	1,59—2,35	0,48—1,14	<0,1—0,20 [33]	0,30—0,60 [7]	0,16—0,26
1895	49	5,19—10,66	1,56—2,25	0,35—0,89	0,06—0,18	—	0,15—0,28
1896	59	3,99—8,56	1,69—2,62	0,46—1,07	0,03—0,28 [57]	0,41—0,71 [26]	0,14—0,32
1897	38	4,83—8,70	1,73—2,49	0,49—0,92	0,02—0,14 [26]	0,43—0,69 [26]	0,16—0,28
1898 **)	24	—	1,53—2,13 **)	0,40—0,72	—	—	0,18—0,33
1899 **)	27	—	1,84—2,63 **)	0,43—1,37	—	—	0,16—0,33

II. Rothweine.

a) Elsässer Rothweine.

No.	Gemarkung und Jahrgang		Zahl der Proben	Spec. Gewicht	100 ccm Wein enthalten Gramm:										
					Alkohol	Extrakt	Gesammt-Säure (Weinsäure)	Gesammt-Weinsäure	Weinstein	Freie Weinsäure	Gerbstoff	Zucker	Glycerin	Mineralstoffe	Phosphorsäure (P_2O_5)
1	Beblenheim	1887	6	—	8,05	2,56	0,94	—	—	—	—	0,21	0,65	0,20	0,017
2		1888	2	—	7,64	2,23	0,59	—	—	—	—	0,16	0,77	0,22	0,016
3	Bergbieten	1891	1	—	5,66	1,89	0,74	—	—	—	0,100	0,15	0,55	0,19	—
4	Königsmachern	1891	1	—	5,90	2,47	0,90	0,26	—	—	—	0,11	0,44	0,25	—
5		1896	1	0,9976	5,57	1,67	0,39	0,19	—	—	0,007	—	—	0,20	0,007
6		1897	1	0,9990	5,64	2,09	0,55	0,19	—	—	0,100	0,13	0,49	0,28	0,034
7	Hattstadt	1891	1	—	7,94	2,36	0,55	—	—	—	0,100	<0,1	—	0,25	—
8	Kirchberg	1897	1	0,9987	6,14	2,24	0,91	0,39	—	—	0,050	0,10	0,42	0,21	0,025
9	Ober-Ehnheim	1892	1	—	7,32	2,34	0,65	—	—	—	0,020	0,10	—	0,21	—
10		1893	1	0,9952	7,06	1,80	0,56	0,13	0,132	0	0,010	0,12	0,43	0,19	0,036
11		1895	1	0,9951	8,49	2,35	0,43	0,15	—	—	—	0,11	—	0,25	0,029
12		1896	2	0,9981	6,99	2,61	0,61	0,17	—	—	0,010	0,12	0,54	0,28	0,033
13		1897	1	0,9972	7,12	2,41	0,60	0,14	—	—	0,010	0,05	0,58	0,29	0,043
14	St. Pilt	1891	1	—	7,19	2,51	0,50	0,08	—	—	0,100	0,15	0,70	0,30	0,065
15		1892	1	—	8,25	2,33	0,50	—	—	—	0,050	0,10	—	0,29	—
16		1893	1	0,9947	9,04	2,49	0,53	0,11	0,143	0	0,040	0,15	0,63	0,29	0,051

*) Der Gehalt an a) Extrakt (abzüglich des 0,1 g übersteigenden Zuckergehaltes), b) Extrakt minus Nichtflüchtige Säure, c) Extrakt minus Gesammt-Säure und d) Mineralstoffen lag, soweit die erforderlichen Bestimmungen ausgeführt sind, unter den Forderungen des Weingesetzes (1,6, 1,1, 1,0 bezw. 0,13 g) bei Weinen:

		1892	1893	1894	1895	1896	1897	1898	1899
Zahl der Weine	Extrakt	3	4	2	1	0	0	?	0
	Extrakt minus Nichtflüchtige Säure	—	—	—	—	—	—	0	2
	„ „ Gesammt-Säure	1	3	2	0	1	0	0	2
	Mineralstoffe	0	4	0	0	0	0	0	0

G. Amthor (Forschungsberichte über Lebensmittel 1894, **1**, 19) und Th. Hoffmann (daselbst 168) berichten gleichfalls über an Extrakt und Mineralstoffen arme 1893-er Elsässer Weine.

) Nach G. Sonntag (Arb. Kaiserl. Gesundh.-Amt 1901, **18, 355). Bei dem angegebenen Extrakt sind die 0,1 g übersteigenden Zuckermengen in Abzug gebracht.

No.	Gemarkung und Jahrgang		Zahl der Proben	Spec. Gewicht	100 ccm Wein enthalten Gramm:										
					Alkohol	Extrakt	Gesammt-Säure (Weinsäure)	Gesammt-Weinsäure	Weinstein	Freie Weinsäure	Gerbstoff	Zucker	Glycerin	Mineral-stoffe	Phosphor-säure (P_2O_5)
17	St. Pilt	1895	2	0,9965	9,21	2,89	0,63	0,13	—	0	0,100	0,18 / <0,1	—	0,35	0,060
18		1897	1	1,0001	7,19	3,32	0,69	—	—	—	—	—	—	0,39	—
19	Quatzenheim	1890	1	—	7,07	2,15	0,53	—	0,090	—	0,020	0,14	—	0,21	0,030
20	Reichenweier	1892	1	0,9954	7,91	2,15	0,44	0,15	—	0	0,020	0,10	—	0,20	—
21	Rott	1889	4	—	5,68	2,24	0,50	—	—	—	0,020	0,19	—	0,26	—
22	Rufach	1888	1	—	6,00	3,25	0,85	—	—	—	—	0,15	0,93	0,21	0,030
23		1889	1	—	6,40	2,47	0,85	—	—	—	—	0,16	0,51	0,17	0,025
24		1890	2	—	8,32	2,22	0,55	—	0,150	—	0,080	0,17 / <0,1	0,64	0,26	0,036
25	Steinbach	1897	1	0,9999	6,47	2,60	0,81	0,15	—	—	0,100	0,09	0,52	0,26	0,054
26	Weissenburg	1893	1	0,9959	7,39	2,21	0,46	0,16	—	0	0,020	0,12	—	0,24	—
27		1895	1	0,9940	8,77	2'28	0,50	0,19	—	—	0,011	0,10	—	0,24	—
28		1896	2	0,9976	7,46	2,63	0,78	0,30	-	0,006	0,032	0,10	0,67	0,24	0,026
29		1897	1	1,0015	6,34	3,21	0,67	0,23	—	—	0,050	0,08	0,60	0,34	0,027
30	Winzenheim	1890	1	—	7,20	2,36	0,64	—	0,050	—	0,050	—	0,71	0,24	0,041
		Mittel	—	**0,9973**	**7,18**	**2,41**	**0,61**	**0,184**	**0,113**	**0,001**	**0,048**	**0,12**	**0,60**	**0,25**	**0,034**

b) Lothringer Rothweine.

No.	Gemarkung	Jahrgang	Zahl der Proben	Spec. Gewicht	Alkohol	Extrakt	Gesammt-Säure (Weinsäure)	Gesammt-Weinsäure	Weinstein	Freie Weinsäure	Gerbstoff	Zucker	Glycerin	Mineral-stoffe	Phosphor-säure (P_2O_5)
1	Ancy a. d. M.	1889	1	—	5,07	2,02	0,70	—	—	—	0,050	0,12	—	0,24	—
2		1890	2	—	6,57	1,94	0,58	—	0,080	—	0,050	0,12	0,49	0,22	0,039
3		1891	1	—	3,69	1,79	0,63	—	—	—	0,020	<0,1	—	0,24	—
4	Arry	1890	1	—	6,14	1,84	0,56	—	0,050	—	0,050	<0,1	0,65	0,19	—
5	Ars a. d. M.	1889	1	—	5,13	2,05	0,77	—	—	—	0,020	0,12	—	0,22	—
6		1890	1	—	5,60	2,00	0,60	0,20	0,106	0	0,020	0,17	—	0,27	—
7		1893	2	0,9964	7,48	2,32	0,57	0,25	—	0	0,065	0,14	—	0,24	—
8	Brülingen	1890	2	—	7,67	2,15	0,54	—	—	—	0,100	0,15 / <0,1	0,78	0,24	0,040
9	Château Salins	1891	1	—	5,26	2,04	0,58	—	—	—	0,130	<0,1	—	0,23	—
10	Corny a. d. M.	1890	1	—	6,50	2,12	0,72	—	—	—	0,020	0,17	—	0,19	—
11	Devant les Ponts	1889	1	—	6,22	2,12	0,77	—	—	—	0,030	0,14	—	0,23	—
12	Gentringen	1896	1	0,9997	5,70	2,18	0,78	0,23	—	—	—	0,07	—	0,23	0,007
13		1897	1	0,9974	6,14	1,98	0,53	0,21	—	—	0,015	0,06	0,51	0,27	0,028
14	Gerbecourt	1890	1	—	5,19	2,80	0,87	—	0,070	—	0,050	0,18	0,60	0,33	0,048
15	Gorze	1890	2	—	7,60	1,95	0,49	—	0,080	—	0,050	0,10	0,62	0,22	0,029
16	Harraucurt les Marsal	1890	1	—	5,74	2,02	0,52	—	—	—	—	0,10	0,51	0,25	—
17		1891	1	—	5,41	2,06	0,60	—	—	—	0,130	0,10	0,48	0,25	—
18	Hohen-Gentringen	1887	1	—	7,13	2,25	0,55	—	—	—	0,250	0,15	0,69	0,28	0,038
19	Jouy-aux-arches	1884	1	—	7,33	2,08	0,62	—	—	—	—	0,10	0,62	0,17	—
20	St. Julien b. Metz	1891	1	—	6,86	2,09	0,53	0,17	—	—	—	0,12	0,68	0,26	0,024
21	Jussy	1884	1	—	7,80	1,97	0,60	—	—	—	—	0,10	0,56	0,20	—
22	Longeville	1890	1	—	5,75	2,15	0,43	—	0,080	—	0,050	<0,1	0,54	0,29	—
23		1891	1	—	4,95	1,71	0,62	0,23	—	—	0,015	<0,1	0,42	0,21	0,030
24	Lorry-Mardigny	1890	2	—	7,98	2,14	0,54	—	0,060	—	0,060	0,12	0,73	0,19	—
25	Magny	1890	1	—	6,21	1,96	0,62	—	0,100	—	0,010	0,10	0,52	0,24	—

No.	Gemarkung und Jahrgang		Zahl der Proben	Spec. Gewicht	100 ccm Wein enthalten Gramm:										
					Alkohol	Extrakt	Gesammt-Säure (Weinsäure)	Gesammt-Weinsäure	Weinstein	Freie Weinsäure	Gerbstoff	Zucker	Glycerin	Mineral-stoffe	Phosphor-säure (P_2O_5)
26	Marsal	1890	3	—	5,75	1,88	0,65	—	0,080	—	0,070	0,10 <0,1 [2]	0,51	0,22	0,037
27		1891	1	—	6,02	1,87	0,67	—	—	—	0,070	0,16	—	0,22	—
28		1892	1	—	7,27	2,07	0,67	—	—	—	0,060	0,15	—	0,19	—
29		1893	1	0,9957	8,07	2,17	0,54	0,23	—	0	0,100	0,19	—	0,22	—
30		1894	1	0,9984	5,75	2,04	0,83	0,43	—	0,077	0,100	<0,1	—	0,20	0,028
31		1895	1	0,9968	7,80	2,37	0,51	0,19	—	—	—	0,10	—	0,27	0,008
32	Moyenvic	1891	1	—	5,66	2,39	1,08	—	—	—	0,050	0,15	—	0,23	—
33	Novéant	1890	1	—	5,99	1,76	0,66	—	—	—	0,060	<0,1	—	0,21	—
34	Ober-Gentringen	1890	1	—	5,69	2,18	0,51	—	0,050	—	0,100	0,13	0,60	0,28	0,046
35	Pange	1890	1	—	5,25	1,93	0,43	—	0,030	—	0,040	0,10	0,43	0,31	—
36	Salonnes	1890	1	—	5,56	2,21	0,75	—	0,150	—	0,020	0,10	0,40	0,25	0,020
37	Scy	1891	1	—	6,73	2,71	0,66	—	—	—	0,120	0,10	—	0,25	—
38		1893	1	0,9942	7,76	1,83	0,50	0,24	0,044	0,058	0,050	<0,1	0,58	0,23	0,019
39		1894	1	0,9986	6,14	2,13	0,61	0,25	—	0,023	0,100	0,15	0,52	0,23	0,041
40		1896	2	0,9967	7,07	2,06	0,63	0,29	—	0,003	0,050	0,11	0,54	0,19	0,018
41		1897	1	0,9973	6,99	2,30	0,49	0,18	—	—	0,100	0,20	0,63	0,27	0,043
42	Vallières	1890	1	—	5,06	1,92	0,50	—	0,060	—	0,050	0,13	0,42	0,27	—
43	Vaux	1889	1	—	4,54	1,88	0,77	—	—	—	0,010	<0,1	—	0,21	—
44		1893	1	0,9959	8,38	2,37	0,44	0,14	—	0	0,100	0,18	—	0,40	—
45	Vic	1889	1	—	5,98	2,14	0,65	—	—	—	0,020	0,13	—	0,28	—
46		1890	3	—	6,58	2,29	0,82	—	0,170	—	0,067	<0,1 0,13 [2]	0,60	0,24	0,031
47		1891	2	—	4,63	2,20	0,88	0,16 [1]	0,390 [1]	—	0,025	<0,1	0,44	0,26	0,030
48		1893	1	0,9968	6,41	1,88	0,52	0,19	0,172	0	0,050	0,12	0,57	0,24	0,026
49		1894	1	0,9996	6,08	2,49	0,63	0,19	—	0	0,150	0,10	0,52	0,31	0,047
50	Wallersberg	1890	2	—	6,14	2,37	0,61	—	0,050	—	0,060	0,13 <0,1	0,64	0,26	—
		Mittel	—	**0,9972**	**6,25**	**2,10**	**0,63**	**0,22**	**0,101**	**0,016**	**0,064**	**0,11**	**0,56**	**0,24**	**0,031**

Vergleichende Untersuchung mehrerer Weine von sehr gesuchten Rebsorten. Von M. Barth (Weinbau u. Weinhandel 1890, 8, 33; Vierteljahresschr. Nahrungs- u. Genussm. 1890, 5, 58).

No.	Bezeichnung der Rebsorte	Mostgewicht (Grade Oechsle)	100 ccm Wein enthalten Gramm:								
			Alkohol	Extrakt	Gesammt-Säure (Weinsäure)	Weinstein	Gerbstoff	Zucker	Glycerin	Mineral-stoffe	Phosphor-säure (P_2O_5)
	Rothweine*).										
1	Burgunder, blau	86	8,71	2,64	1,00	0,10	0,05	0,30	0,65	0,18	0,013
2	St. Laurent	84	8,37	2,69	1,00	0,10	0,05	0,22	0,69	0,20	0,014
3	Müllerrebe	86	8,71	2,72	0,85	0,09	0,01	0,30	0,64	0,19	0,020

*) In Hinsicht ihrer Farbenstärke ordnen sich die Rothweine (zunehmend) wie folgt: No. 2, 5, 6, 4, 3, 1.

No.	Bezeichnung der Rebsorte	Mostgewicht (Grade Oechsle)	100 ccm Wein enthalten Gramm: Alkohol	Extrakt	Gesammt-Säure (Weinsäure)	Weinstein	Gerbstoff	Zucker	Glycerin	Mineralstoffe	Phosphorsäure (P_2O_5)
4	Limberger	74	7,49	2,36	0,88	0,14	0,05	0,12	0,69	0,19	0,019
5	Portugieser	74	7,60	2,43	0,85	0,10	0,12	0,15	0,71	0,26	0,016
6	Lasca (frühe Wälsche) . .	76	7,33	2,51	1,03	0,16	0,05	0,20	0,52	0,21	0,019
	Weissweine.										
1	Ruländer (Pinot gries) . .	96	10,46	2,46	0,78	0,07	—	0,35	0,67	0,15	0,016
2	Feigentraube (Saurignon) .	94	8,86	2,16	0,77	0,07	—	0,30	0,67	0,14	0,011
3	Orangetraube	88	9,00	2,42	1,05	0,11	—	0,30	0,61	0,18	0,010
4	Manharttraube	84	8,14	1,97	0,91	0,10	—	0,19	0,58	0,14	0,011
5	Muscateller	74	7,60	1,98	0,85	0,05	—	0,10	0,64	0,18	0,014
6	Rothgipfler	78	7,27	2,97	1,60	0.13	—	0,30	0,57	0,19	0,019
7	Pikolit (Balafant)	64	7,00	2,27	1,20	0,11	—	0,10	0,58	0,15	0,006

Schwankungen der Jahrgänge 1892—1899.*)

Jahrgang	Zahl der Proben	100 ccm Wein enthalten Gramm: Alkohol	Extrakt	Gesammt-Säure (Weinsäure)	Zucker	Glycerin	Mineralstoffe
1892	4	6,63—8,25	2,07—2,34	0,50—0,57	0,10—0,19	—	0,19—0,29
1893	11	6,41—9,04	1,80—2,49	0,44—0,57	<0,1—0,19	0,43—0,63 [4]	0,19—0,40
1894	5	5,20—6,14	2,04—2,57	0,61—0,84	<0,1—0,18	0,52—0,52 [2]	0,20—0,31
1895	5	7,80—9,21	2,28—2,90	0,43—0,65	<0,1—0,18	—	0,24—0,35
1896	8	5,57—7,87	1,67—2,80	0,49—0,91	0,07—0,15 [7]	0,54—0,67 [3]	0,17—0,28
1897	8	5,04—7,12	1,98—3,32	0,49—0,91	0,05—0,20 [7]	0,42—0,63 [3]	0,21—0,39
1898	—	—	—	—	—	—	—
1899 **)	6	—	2,02—2,84 **)	0,51—0.99	—	—	0,22—0,27

Aeltere Analysen.

1. F. Goppelsröder, Sur l'analyse des vins. Mulhouse 1877.
2. C. Weigelt, Veröffentl. Kaiserl. Gesundh.-Amt. 1878, **2**, Nr. 48 und Oenol. Jahresbericht 1881, **4**, 118.
3. C. Weigelt und P. Hofferichter, Zeitschr. für Wein-, Obst- u. Gartenbau in Elsass-Lothringen 1883, 18.
4. C. Amthor, Weinbau 1883, **9**, 21; Rep. analyt. Chem. 1883, 226; 1884, 296; Zeitschr. analyt. Chem. 1886, **25**, 359; 1887, **26**, 610; 1888, **27**, 364.
5. M. Barth, Zeitschr. analyt. Chem. 1888, **27**, 729; 1889, **28**, 525; 1890, **29**, 509.

---

*) Bezüglich des Gehaltes an a) Extrakt (abzüglich des 0,1 g übersteigenden Zuckergehaltes), b) Extrakt minus Nichtflüchtige Säure, c) Extrakt minus Gesammt-Säure und d) Mineralstoffen lagen, soweit die erforderlichen Bestimmungen ausgeführt sind, unter den Forderungen des Weingesetzes (1,7, 1,3, 1,2, bezw. 0,16 g), bezüglich des Gehaltes an Extrakt ein 1896-er Wein und bezw. des Gehaltes an Extrakt minus Nichtflüchtige Säure ein 1899-er Wein.

) Nach G. Sonntag (Arb. Kaiserl. Gesundh.-Amt 1901, **18, 355). Bei dem angegebenen Extrakt sind die 0,1 g übersteigenden Zuckermengen in Abzug gebracht.

XI. Mittel- und ostdeutsche Weine.*)

Ausser den in der Deutschen Weinstatistik niedergelegten Analysen von Schweissinger (S) und P. Kulisch (K) sind in die nachfolgende Uebersicht noch aufgenommen sonstige Analysen von P. Kulisch (Zeitschr. angew. Chem. 1893, 567) und von K. Windisch (Zeitschr. Nahrungs- u. Genussm. 1902, 5, 49).

I. Weissweine.

No.	Gemarkung und Jahrgang		Zahl der Proben	Spec. Gewicht	100 ccm Wein enthalten Gramm: Alkohol	Extrakt	Gesammt-Säure (Weinsäure)	Flüchtige Säure (Essigsäure)	Zucker	Glycerin	Mineral-stoffe	Kali (K_2O)	Phosphor-säure (P_2O_5)	Schwefel-säure (SO_3)	Analytiker
1	Cossebaude**)	1887	1	1,0029	6,07	3,42	1,41	—	0,03	0,55	0,29	—	0,055	0,102	S
2		1888	1	0,9980	7,27	2,34	0,79	—	0,01	0,63	0,22	—	0,042	0,067	S
3		1889	1	0,9970	8,00	2,46	0,64	—	—	0,66	0,25	—	—	0,050	S
4		1890	1	0,9973	7,47	2,94	0,84	—	—	—	0,35	—	—	—	S
5	Crossen a. d. Oder ***)	1893	2	0,9951	7,63	1,91	0,71	0,037	0	0,40	0,20	—	—	—	K
6		1900	1	0,9922	8,27	1,55	0,54	0,05	0,04	0,45	0,13	—	0,025	—	W
7	Freiburg a. d. Unstrut**) ***)	1892	1	0,9947	8,25	2,01	0,82	0,027	0,04	0,67	0,16	—	0,020	0,018	K
8		1893	2	0,9949	8,01	2,21	0,71	0,051	0,11	0,59	0,18	—	—	—	K
9	Unstrutthal	1894	1	1,0007	5,21	2,30	1,10	0,040	0,12	0,37	0,19	—	—	—	K
10	Guben	1893	2	0,9944	8,08	2,05	0,61	0,037	0	0,66	0,20	—	—	—	K
11		1894	1	0,9964	7,22	2,09	0,88	0,032	0,05	0,51	0,22	—	—	—	K
12	Hof-Lösnitz	1887	1	0,9992	7,47	2,95	1,13	—	0,08	0,58	0,24	—	0,047	0,056	S
13	Hundsbelle	1893	1	0,9927	8,35	2,22	0,63	0,042	0	0,53	0,18	—	—	—	K
14	Naumburg	1892	2	0,9953	8,68	2,30	0,91	0,027	0,41	0,62	0,12	—	—	—	K
15		1893	2	0,9945	8,61	2,25	0,72	0,034	0,10	0,71	0,17	—	—	—	K
16	Merzdorf	1892	1	0,9938	8,22	1,81	0,67	0,019	0,09	0,65	0,14	—	—	—	K
17	Radewitsch b. Guben	1894	5	1,0005	5,65	2,43	0,94	0,136	0,22	0,50	0,21	—	—	—	K
18	Pillnitz	1888	1	0,9950	8,14	2,25	0,64	—	—	0,81	0,22	—	0,030	0,050	S
19		1889	1	0,9950	9,14	2,42	0,57	—	—	0,69	0,24	—	—	0,047	S
20	Züllichau	1893	1	0,9934	8,09	1,67	0,76	0,033	0	0,53	0,11	—	—	—	K

II. Rothweine.

No.	Gemarkung und Jahrgang		Zahl der Proben	Spec. Gewicht	Alkohol	Extrakt	Gesammt-Säure (Weinsäure)	Flüchtige Säure (Essigsäure)	Zucker	Glycerin	Mineral-stoffe	Kali (K_2O)	Phosphor-säure (P_2O_5)	Schwefel-säure (SO_3)	Analytiker
1	Cossebaude	1889	1	0,9979	8,47	2,81	0,56	—	0,03	0,79	0,30	—	0,067	0,043	S
2	Crossen***)	1900	1	0,9960	8,22	2,38	0,45	0,08	0,08	0,61	0,29	0,036	0,049	—	W
3	Freiburg a. d. Unstrut	1893	2	0,9969	7,72	2,35	0,71	0,048	0,19	0,61	0,25	—	—	—	K
4		1894	2	1,0004	5,66	2,43	0,84	0,064	0,18	0,46	0,26	—	—	—	K
5	Pillnitz	1889	1	0,9965	9,07	2,79	0,65	—	—	0,81	0,29	—	—	0,048	S
6	Radewitsch b Guben	1894	3	1,0029	5,16	2,83	1,12	0,200	0,12	0,41	0,27	—	—	—	K
7	Züllichau	1893	1	0,9971	7,48	2,41	0,86	0,027	0,08	0,65	0,22	—	—	—	K

*) B. Alexander-Katz (Zeitschr. öffentl. Chem. 1897, **3**, 276; Chem. Centrbl. 1897, II, 558) untersuchte 13 Weiss- und Rothweine der Jahrgänge 1886, 1887 und 1892—1895 aus der Gegend von Tschichertzig und von Züllichau. Der Extrakt lag in zwei Fällen unter 1,5 g, der Extrakt minus Gesammt-Säure in drei Fällen unter 1,0 g (niedrigster Gehalt 0,7 g); das Alkohol-Glycerin-Verhältniss betrug 6,1—11,5.

**) Der Gehalt an Chlor und schwefliger Säure betrug bei

	No. 1	2	7	12		No. 7
Schweflige Säure . .	0,014	0,010	0,005	0,011 g	Chlor	0,005 g

***) Es wurde ferner gefunden:

	Gesammt-Weinsäure	Weinstein	Freie Weinsäure	Kalk	Magnesia	Kali
Weisswein No. 6 . . .	0,280	0,103	0,060	—	—	0,030 g
„ „ 7 . . .	—	—	—	0,012	0,016	0,052 „
Rothwein „ 2 . . .	0,150	0,188	0	—	—	0,036 „

Sehr alte deutsche Weine.

Rheingau-Weine des herzoglich nassauischen Kabinetskellers.

Untersucht von C. Schmitt in den Jahren 1888—1892. (Besondere Schrift: Wiesbaden, P. Brems'sche Buchdruckerei 1892.)

No.	Lage bezw. Bezeichnung	Jahrgang	Spec. Gewicht	100 ccm Wein enthalten Gramm: Alkohol	Extrakt	Gesammt-Säure (Weinsäure)	Flüchtige Säure (Essigsäure)	Weinsäure im Ganzen	Weinsäure freie	Weinstein	Zucker	Gerbstoff	Stickstoff	Glycerin	Mineralstoffe	Eisenoxyd (Fe_2O_3)	Kalk (CaO)	Kali (K_2O)	Natron (Na_2O)	Phosphorsäure (P_2O_5)	Schwefelsäure (SO_3)	Chlor (Cl)	Aldehyd-schwefelige Säure**)	Gesammt-Ester ccm $\frac{n}{10}$ KOH	Flüchtige Ester ccm $\frac{n}{10}$ KOH
1		1706	1,0044	3,76	2,76	0,63	0,101	0,396	0,135	0,327	—	1,071	0,031	1,16	0,267	0,0044	0,013	0,094	0,007	0,049	0,075	0,0028	0,0073	17,48	2,35
2		1779	1,0025	4,25	2,65	0,74	0,115	0,261	0,102	0,199	—	0,056	0,030	1,20	0,254	0,0050	0,011	0,096	0,008	0,045	0,062	0,0050	0,0074	18,88	2,47
3		1783	1,0020	4,50	2,61	0,72	0,136	0,283	0,093	0,237	—	0,058	0,026	1,19	0,257	0,0058	0,012	0,094	0,008	0,043	0,068	0,0028	0,0087	25,20	2,48
4		1806	1,0025	4,87	2,76	0,68	0,120	0,293	0,101	0,241	—	0,050	0,024	1,31	0,242	0,0040	0,012	0,097	0,008	0,044	0,051	0,0043	0,0073	20,80	2,76
5	Hochheime	1825	1,0011	5,06	2,54	0,57	0,108	0,258	0,096	0,203	—	0,039	0,023	1,16	0,219	0,0042	0,009	0,085	0,007	0,041	0,041	0,0078	0,0059	20,84	2,84
6		1839	1,0012	5,37	2,65	0,62	0,136	0,231	0,069	0,203	—	0,015	0,021	1,25	0,222	0,0008	0,008	0,092	0,008	0,038	0,043	0,0068	0,0111	17,84	2,84
7		1859	0,9990	7,60	3,30	0,70	0,165	0,261	0,063	0,248	—	0,027	0,031	1,58	0,248	Spur	0,011	0,095	0,004	0,046	0,053	0,0078	0,0220	22,80	4,28
8		1868	0,9975	7,67	2,69	0,63	0,182	0,242	0,050	0,241	0,206	0,019	0,025	1,29	0,231	0,0018	0,009	0,099	0,004	0,037	0,049	0,0071	0,0223	27,80	4,56
9		1868	0,9981	7,67	2,78	0,67	0,232	0,225	0,042	0,229	0,224	0,022	0,017	1,23	0,257	0,0012	0,009	0,120	0,004	0,036	0,035	0,0099	0,0207	30,80	5,04
10		1811	1,0020	5,12	2,70	0,66	0,117	0,251	0,072	0,224	—	0,043	0,018	1,18	0,232	0,0036	0,009	0,087	0,005	0,043	0,046	0,0039	0,0082	16,16	1,72
11		1822	1,0010	5,50	2,79	0,59	0,110	0,204	0,069	0,169	—	0,043	0,023	1,33	0,227	0,0038	0,007	0,094	0,008	0,040	0,046	0,0039	0,0069	19,12	2,44
12		1834	1,0020	5,25	2,82	0,66	0,123	0,261	0,078	0,229	—	0,041	0,026	1,23	0,231	0,0054	0,009	0,087	0,007	0,038	0,051	0,0078	0,0080	19,92	3,24
13		1835	1,0025	4,37	2,79	0,69	0,121	0,276	0,090	0,233	—	0,042	0,021	1,41	0,226	0,0050	0,008	0,090	0,008	0,037	0,047	0,0064	0,0194	28,00	2,40
14		1846	1,0000	5,87	2,59	0,62	0,145	0,207	0,084	0,154	—	0,022	0,021	1,24	0,213	0,0008	0,008	0,086	0,009	0,037	0,039	0,0078	0,0133	20,64	2,88
15		1848	0,9991	6,50	2,72	0,66	0,177	0,180	0,054	0,158	—	0,044	0,026	1,31	0,220	0,0074	0,009	0,079	0,008	0,041	0,029	0,0057	0,0161	25,84	3,52
16		1857	0,9982	7,27	2,72	0,64	0,142	0,174	0,063	0,139	—	0,037	0,024	1,29	0,221	0,0028	0,010	0,082	0,007	0,041	0,045	0,0064	0,0158	19,68	2,92
17		1857	0,9978	7,27	2,69	0,63	0,151	0,189	0,066	0,154	—	0,032	0,027	1,22	0,210	0,0012	0,008	0,076	0,007	0,040	0,036	0,0085	0,0166	21,84	3,84
18	Steinberger	1858	0,9987	7,40	3,24	0,61	0,160	0,234	0,072	0,203	—	0,033	0,025	1,47	0,238	0,0030	0,009	0,099	0,006	0,042	0,053	0,0064	0,0189	23,92	3,84
19		1859	0,9999	7,60	3,59	0,71	0,152	0,225	0,075	0,188	—	0,027	0,031	1,63	0,239	Spur	0,010	0,099	0,007	0,046	0,037	0,0064	0,0174	21,20	3,68
20		1861	0,9984	7,93	3,16	0,63	0,145	0,213	0,102	0,139	0,257	0,043	0,030	1,72	0,229	0,0026	0,009	0,092	0,004	0,048	0,042	0,0057	0,0192	28,00	3,72
21		1862	0,9995	7,53	3,38	0,71	0,154	0,279	0,081	0,248	0,330	0,040	0,031	1,74	0,240	0,0016	0,010	0,096	0,009	0,050	0,055	0,0036	0,0245	52,40	3,52
22		1862	1,0005	8,50	4,23	0,63	0,158	0,279	0,096	0,229	0,489	0,023	0,029	2,30	0,239	Spur	0,007	0,099	0,008	0,054	0,031	0,0071	0,0241	36,56	3,68
23		1865	0,9970	6,78	2,12	0,61	0,206	0,225	0,057	0,211	0,136	0,023	0,029	1,17	0,206	0,0022	0,008	0,092	0,004	0,040	0,029	0,0064	0,0188	30,40	4,20
24		1865	0,9970	6,78	2,19	0,63	0,242	0,219	0,042	0,218	0,134	0,028	0,028	1,22	0,195	Spur	0,008	0,085	0,004	0,036	0,035	0,0057	0,0196	23,00	3,64
25		1865	0,9989	7,67	3,29	0,60	0,152	0,204	0,051	0,192	0,273	0,045	0,027	1,88	0,214	„	0,007	0,088	0,004	0,042	0,030	0,0057	0,0179	27,84	3,24
26		1868	0,9988	7,73	3,07	0,66	0,175	0,228	0,033	0,244	0,284	0,032	0,023	1,57	0,238	0,0038	0,006	0,063	0,009	0,043	0,039	0,0085	0,0231	32,80	4,40

27	Stein-	1868	0,9999	9,29	3,74	0,69	0,160	0,194	0,056	0,173	0,344	0,022	0,021	1,81	0,259	0,0028	0,005	0,116	0,005	0,044	0,027	0,0099	0,0219	37,76	4,80
28	berger	1873	0,9998	6,21	2,46	0,77	0,097	0,332	0,101	0,290	0,102	0,042	0,050	1,05	0,178	Spur	0,001	0,066	0,005	0,040	0,035	0,0036	0,0173	23,00	2,44
29		1822	1,0017	4,94	2,72	0,66	0,120	0,203	0,062	0,177	—	0,040	0,022	1,29	0,225	0,0050	0,009	0,084	0,005	0,037	0,041	0,0036	0,0059	16,28	3,44
30		1859	0,9988	7,47	2,92	0,65	0,166	0,210	0,072	0,173	—	0,068	0,029	1,43	0,213	Spur	0,009	0,083	0,005	0,040	0,031	0,0050	0,0174	28,76	3,60
31	Marko-	1861	1,0018	9,00	4,41	0,79	0,189	0,270	0,093	0,222	0,684	0,056	0,039	2,22	0,245	„	0,009	0,097	0,006	0,048	0,020	0,0071	0,0214	25,60	1,80
32	brunner	1862	1,0009	8,93	4,33	0,73	0,149	0,309	0,099	0,263	0,500	0,032	0,034	2,25	0,234	„	0,010	0,090	0,003	0,055	0,026	0,0050	0,0167	46,20	1,56
33		1865	0,9983	6,36	2,35	0,66	0,146	0,240	0,057	0,229	0,159	0,023	0,034	1,17	0,206	„	0,011	0,083	0,006	0,037	0,070	0,0028	0,0186	24,64	4,32
34		1868	0,9978	7,40	2,56	0,64	0,184	0,193	0,050	0,179	0,196	0,045	0,028	1,47	0,225	0,0044	0,009	0,102	0,006	0,041	0,036	0,0078	0,0209	24,24	4,48
35		1868	0,9987	8,00	2,96	0,68	0,215	0,170	0,039	0,164	0,266	0,029	0,022	1,58	0,234	0,0032	0,008	0,101	0,004	0,039	0,030	0,0092	0,0201	36,36	4,92
36		1831	1,0016	4,69	2,51	0,58	0,104	0,255	0,081	0,218	—	0,037	0,026	0,13	0,215	0,0050	0,008	0,083	0,006	0,037	0,033	0,0072	0,0077	17,56	2,72
37		1839	1,0000	5,87	2,55	0,58	0,118	0,210	0,057	0,192	—	0,026	0,026	1,27	0,208	0,0014	0,007	0,092	0,008	0,037	0,037	0,0064	0,0111	20,04	2,84
38		1842	1,0006	5,25	2,53	0,60	0,131	0,195	0,060	0,169	—	0,034	0,026	1,23	0,220	0,0028	0,008	0,088	0,008	0,037	0,044	0,0060	0,0106	15,24	3,36
39		1859	0,9996	7,47	3,17	0,68	0,187	0,222	0,066	0,196	0,248	0,066	0,034	1,53	0,223	Spur	0,009	0,089	0,006	0,042	0,035	0,0064	0,0184	30,60	4,36
40	Rüdes-	1861	0,9988	8,36	3,22	0,71	0,142	0,315	0,111	0,256	0,234	0,025	0,036	1,49	0,228	„	0,009	0,089	0,005	0,048	0,044	0,0036	0,0241	28,60	3,48
41	heimer	1861	1,0026	9,36	4,74	0,73	0,153	0,357	0,141	0,271	0,681	0,016	0,038	2,32	0,260	„	0,008	0,101	0,005	0,057	0,032	0,0078	0,0260	47,20	3,60
42		1862	1,0012	8,29	4,50	0,70	0,168	0,270	0,084	0,233	0,706	0,020	0,032	2,45	0,238	„	0,009	0,098	0,008	0,054	0,022	0,0071	0,0179	48,40	4,04
43		1868	0,9983	8,21	3,15	0,67	0,229	0,180	0,039	0,177	0,237	0,019	0,027	1,46	0,255	0,0050	0,007	0,119	0,004	0,043	0,031	0,0106	0,0167	28,60	5,04
44		1865	0,9963	7,27	2,18	0,62	0,166	0,231	0,042	0,237	0,096	0,031	0,043	1,03	0,216	Spur	0,014	0,093	0,003	0,035	0,044	0,0057	0,0161	24,44	3,64
45		1874	0,9974	6,57	2,20	0,62	0,106	0,228	0,054	0,218	0,071	0,028	0,048	0,98	0,187	0,0062	0,009	0,067	0,003	0,029	0,055	0,0014	0,0145	17,84	3,56
46		1880	0,9986	7,40	2,84	0,68	0,114	0,243	0,051	0,241	0,176	0,021	0,050	1,21	0,222	Spur	0,014	0,076	0,009	0,045	0,037	0,0057	0,0133	17,04	3,88
47	Nero-	1859	1,0001	7,33	3,59	0,79	0,190	0,258	0,063	0,244	—	0,029	0,035	1,89	0,242	Spur	0,007	0,101	0,007	0,043	0,033	0,0099	0,0184	24,20	4,48
48	berger	1874	1,0003	5,81	2,51	0,80	0,227	0,189	0,090	0,124	0,203	0,057	0,036	1,24	0,209	0,0024	0,015	0,097	0,004	0,037	0,090	0,0014	0,0193	28,40	4,32
49	Johannisberger .	1868	0,9987	8,00	2,89	0,64	0,205	0,195	0,069	0,158	0,262	0,030	0,018	1,67	0,208	0,0010	0,009	0,086	0,002	0,032	0,026	0,0085	0,0223	34,36	3,68
50	Gräfenberger .	1861	1,0003	7,47	3,46	0,74	0,160	0,258	0,105	0,192	0,308	0,067	0,035	1,63	0,236	Spur	0,010	0,085	0,006	0,044	0,047	0,0014	0,0220	28,20	3,60
51	Hattenheimer .	1862	0,9975	7,33	2,55	0,65	0,143	0,267	0,102	0,207	0,161	0,031	0,033	1,32	0,238	Spur	0,011	0,092	0,002	0,041	0,046	0,0050	0,0167	20,24	3,36
52	Assmannshäuser .	1865	0,9966	11,62	3,58	0,66	0,164	0,333	0,039	0,368	—	0,246	0,078	1,41	0,340	Spur	0,008	0,144	0,004	0,084	0,019	0,0043	Spur	—	8,52

*) Die Untersuchungs-Verfahren waren im Allgemeinen die von der im Jahre 1884 vom Kaiserl. Gesundheitsamte einberufenen Kommission vereinbarten. Ueber die neuen Schmitt'schen Verfahren vergl. M. Barth, Forschungsberichte über Lebensmittel etc. 1894, **1**, 162.

**) Freie schweflige Säure war in keinem der Weine vorhanden.

Sonstige sehr alte Weine.*)

No.	Nähere Bezeichnung	Jahrgang	Zeit der Untersuchung	Spec. Gewicht	100 g Wein enthalten Gramm: Alkohol	Extrakt	Ges.-Säure (Weinsäure)	Flüchtige Säure (Essigsäure)	Weinstein	Freie Weinsäure	Glycerin	Mineral-stoffe	Phosphor-säure (P_2O_5)	Schwefel-säure (SO_3)	Analytiker
1	Rüdesheimer Rose (aus dem Bremer Rathskeller)	1653	1886	—	8,05	4,01	1,39	—	—	—	1,00	0,31	0,080	—	E. Winkelmann[1])
2	Hochheimer Apostel (aus dem Bremer Rathskeller)	1726	„	—	8,66	4,32	1,56	—	—	—	1,02	0,31	0,070	—	E. Winkelmann[1])
3	Oestricher . . .	1783	„	—	2.83	3,26	0,94	—	0,101	—	0,92	0,31	0,057	—	E. Borgmann[1])
4	Hofleister . . .	1728	„	—	9,56	2,64	0,74	0,15	0,140	—	0,91	0,27	0,036	0,048	E. Borgmann[1])
5	Rüdesheimer Berg, Orleans	„	„	—	8,79	3,51	0,63	—	0,116	—	1,14	0,29	—	—	W. Thomas[2])
6	Rüdesheimer Berg, Orleans	1811	„	—	7,89	2,93	0,68	—	0,169	—	0,90	0,26	—	—	W. Thomas[2])
7	Vom Weingut des Baron v. Zwierlein: Geisenheimer Rothenberg	1748	„	—	7,50	4,59	1,50	0,64	0,256	0,297	1,43	0,29	0,083	—	J. Moritz[3])
8	Vom Weingut des Baron v. Zwierlein: Geisenheimer Rothenberg	1783	„	—	7,80	4,22	1,47	0,52	0,210	0,270	1,53	0,28	0,077	—	J. Moritz[3])
9	Vom Weingut des Baron v. Zwierlein: Geisenheimer	1804	„	—	6,70	3,86	1,29	0,41	0,278	0,615	1,73	0,29	0,062	—	J. Moritz[3])
10	Vom Weingut des Baron v. Zwierlein: Geisenheimer	1857	„	—	9,14	2,30	0,63	0,25	0,218	0,282	1,41	0,17	0,042	—	J. Moritz[3])
11	Vom Weingut des Baron v. Zwierlein: Geisenheimer														J. Moritz[3])
12	Altbaum .	1862	„	—	10,40	2,90	0,68	0,26	0,169	0,156	1,16	0,20	0,059	—	J. Moritz[3])
13	Rothwein, in Frickenhausen gewachsen**)	1719	1894	1,0080	100 ccm Wein enthalten Gramm: Spur	1,93	0,54	0,033	0,090	0,120	0,84	0,20	0,059	—	E. v. Raumer[4])

Ausländische trockene Weine.

Französische Weine.

Rothweine.

No.	Nähere Bezeichnung	Jahrgang	Spec. Gewicht	100 ccm Wein enthalten Gramm: Alkohol	Extrakt	Gesammt-Säure (Weinsäure)	Zucker	Glycerin	Mineral-stoffe	Kalk (CaO)	Magnesia (MgO)	Kali (K_2O)	Phosphor-säure (P_2O_5)	Schwefel-säure (SO_3)	Analytiker
1	Chât. d'Avensan .	1870	—	9,32	2,67	0,55	—	0,99	0,27	0,013	0,017	0,125	0,025	0,027	R. Fresenius u. E. Borgmann[5])
2	„ Lafitte . .	1871	—	8,58	2,17	0,58	—	0,88	0,24	0,006	0,013	0,122	0,037	0,021	R. Fresenius u. E. Borgmann[5])
3	Haut Canon, St. Emilion . . .	1874	—	8,36	2,45	0,48	—	0,81	0,21	0,010	0,012	0,078	0,024	0,006	R. Fresenius u. E. Borgmann[5])

---

[1]) Weinbau u. Weinhandel 1886, No. 15.
[2]) Pharm. Ztg. 1886, **31**, 307.
[3]) Chem.-Ztg. 1886, **10**, 1370, woselbst auch die Analysen No. 1—6 mitgetheilt sind.
[4]) Forschungsberichte über Lebensmittel u. s. w. 1894, **I**, 342.
[5]) Vergl. Anmerkung [1]) und **) S. 1247.

*) Ueber sehr alte mährische Weine vergl. unten S. 1262.

**) Der Wein wurde im Grundsteine der im Jahre 1892 abgebrannten Kirche zu Uffenheim (Mittel-Franken) gefunden. Laut beiliegender Urkunde war der Wein in Frickenhausen im Jahre 1719 gewachsen und 1726 in den Grundstein gelegt.

No.	Nähere Bezeichnung	Jahrgang	Spec. Gewicht	100 ccm Wein enthalten Gramm: Alkohol	Extrakt	Ges.-Säure (Weinsäure)	Zucker	Glycerin	Mineral-stoffe	Kalk (CaO)	Magnesia (MgO)	Kali (K_2O)	Phosphor-säure (P_2O_5)	Schwefel-säure (SO_3)	Analytiker
4	Chât. Leonville . .	1875	—	7,99	2,46	0,53	—	0,75	0,27	0,007	0,013	0,110	0,023	0,009	*R. Fresenius u. E. Borgmann*[1]) **)
5	„ Verdus, St. Seurin Cadourne Medoc	1879	0,9945	8,73	1,96	0,57	—	0,64	0,22	0,021	0,021	—	0,028	0,018	
6	Margaux Medoc . .	1880	0,9941	8,82	2,34	0,56	—	0,72	0,21	0,010	0,018	0,112	0,027	0,034	
7	St. Eulalic Côtus .	1881	0,9962	7,45	2,09	0,58	—	0,55	0,23	0,012	0,015	0,089	0,032	0,024	
8	Medoc Macau*) . .	1872	—	7,55	2,60	0,52	0,28	1,04	0,23	0,009	0,024	0,108	0,020	0.014	*R. Kayser*[2])
9	Bordeaux	1875	—	6,80	2,40	0,46	0,26	0,90	0,21	0,010	0,023	0,114	0,026	0,020	
10	Medoc St. Estèphe*)	—	—	8,01	2,39	0,38	0,27	0,98	0,23	0,008	0,031	0,108	0,032	0,016	
11	Brugnac*)	—	—	7,93	3,03	0,45	0,21	—	0,29	0,011	0,018	—	0,026	0,012	
12	Fronsac	—	—	6,75	2,74	0,46	0,24	—	0,24	0,008	0,014	—	0,022	0,032	
13	St. Foy	—	—	8,18	2,66	0,52	0,28	—	0,23	0,009	0,014	—	0,024	0,015	
14	Farques	—	—	9,13	3,88	0,54	0,84	—	0,23	0,009	0,015	—	0,024	0,020	
15	Medoc St. Julien .	—	—	8,49	2,53	0,63	0,11	—	0,26	0,005	0,024	0,098	0,031	0,031	
							Gerbstoff-			Weinstein	Stickstoff-Subst.				
16	Chambertin, Burgund	—	0,9938	8,94	2,61	0,59	0,30	0,68	0,21	0,272	—	—	0,062	0,036	*B. Haas*[3])
17	Château Margaux .	—	0,9966	7,56	2,61	0,62	0,20	0,65	0,26	0,175	—	—	—	0,032	
18	Bordeaux	1878	0,9956	7,18	2,42	0,47	0,19	0,64	0,31	—	—	—	—	0,095	
19	Guter Rothwein . .	—	0,9941	8,38	2,12	0,54	0,11	0,62	0,19	—	—	—	—	0,035	
20	Aramou gepfropft auf Riparia Sauvage .	1882	0,9980	6,20	2,17	0,69	0,16	0,57	0,23	—	—	0,098	0,015	0,038	
21	Jacquez	„	0,9982	8,71	3,05	0,78	0,17	0,67	0,28	—	—	0,113	0,017	0,026	
		Zeit der Untersuchung													
22	Château Lafitte***) .	1884	0,9970	7,65	2,49	0,63	0,15	0,63	0,25	—	0,28	—	0,035	0,043	*B. Haas*[4])
23	St. Julien***)	„	0,9971	7,98	2,59	0,64	0,20	0,62	0,27	—	0,26	—	0,039	0,043	
24	St. Julien***)	„	0,9961	7,94	2,15	0,65	—	0,76	0,26	—	—	—	0,035	0,062	
25	St. Julien***)	„	0,9967	8,42	2,68	0,68	0,24	0,70	0,29	—	—	—	0,041	0,037	
26	Bordeaux***) [0]) . .	„	0,9967	7,18	2,09	0,67	—	0,60	0,28	—	—	—	—	0,064	
27	Medoc***)	1886	0,9965	8,34	2,19	0,68	—	0,67	0,30	—	—	—	—	0,051	

[1]) Zeitschr. analyt. Chem. 1883, **22**, 46 (No. 1—4) u. 1884, **23**, 44 (No. 5—7). Die Weine, welche von der Firma H. Faber u. Co. in Bordeaux stammten, sind als durchaus reine Naturweine garantirt.

[2]) Repert. analyt. Chem. 1884, 15. Die Weine sind als solche bezeichnet, zu deren Beanstandung keine Veranlassung vorlag.

[3]) Mittheil. der k. k. chem.-physiol. Vers.-Stat. f. Wein- u. Obstbau in Klosterneuburg Wien 1985, Heft 4. Der Wein No. 17 wurde 1881, No. 19 1883, die übrigen 1882 untersucht. No. 15—17 sind als vorzügliche, No. 18—20 als gute Rothweine bezeichnet.

[4]) Mittheil. k. k. physiol.-chem. Vers.-Stat. f. Wein- u. Obstbau in Klosterneuburg 1888, Heft 5.

*) Der Gehalt an Weinsäure betrug in 100 ccm:

	No. 8	10	11	15
Weinsäure	0,126	0,104	0,140	0,101 g.

**) Untersuchungs-Verfahren: Alkohol durch Destillation und Ermittelung des spec. Gewichtes des Destillates mittels Pyknometers. — Extrakt durch Eindunsten von 50 ccm Wein und 2—3-stündiges Trocknen im Wasserdampf-Trockenschranke. — Säure durch Titration mit $^1/_{10}$ N.-Natronlauge. — Glycerin durch Eindampfen von 100 ccm Wein mit Kalk, Aufnehmen des Rückstandes mit Spiritus, Verdunsten des letzteren, Aufnehmen mit 10—20 ccm Alkohol und Zusatz von 15—30 ccm Aether, Filtriren und Eindunsten der Lösung. — Schwefelsäure ist direkt im Wein bestimmt durch Ansäuern mit Salzsäure und Fällen mit Chlorbaryum.

***) Ueber die Eigenschaften der Weine liegen folgende Angaben vor: No. 22 u. 23: Voll, nicht zu sauer, sehr gut; No. 24: Wenig herb, ziemlich voll, gut; No. 25: Mild, voll, sehr gut; No. 26: Ziemlich stark und voll, wenig herb, gut; No. 27: Unklar, in Nachgährung.

[0]) Der Wein No. 26 enthielt Salicylsäure.

Bordeaux-Weine.

No.	Nähere Bezeichnung	Jahrgang	Spec. Gewicht	100 ccm Wein enthalten Gramm: Alkohol	Extrakt	Ges.-Säure (Weinsäure)	Flüchtige Säure (Essigsäure)	Zucker	Glycerin	Mineralstoffe	Weinstein	Magnesia (MgO)	Kali (K_2O)	Phosphorsäure (P_2O_5)	Schwefelsäure (SO_3)	Analytiker
28	Medoc aus dem Kurhause zu Davos	1883	0,9952	8,50	2,17	0,66	0,092	—	—	0,26	—	—	—	—	0,069	*E. Bosshard*[1]
29		1884	0,9952	8,36	2,18	0,63	0,097	—	—	0,25	—	—	—	—	0,055	
30		1885	0,9946	8,86	2,36	0,58	0,096	—	—	0,23	—	—	—	—	0,055	
31		1886	0,9962	7,49	2,22	0,56	0,106	—	—	0,25	—	—	—	—	0,055	
32		1887	0,9964	8,43	2,12	0,61	0,098	—	—	0,26	—	—	—	—	0,060	
33	Pontet Canet	1887	0,9955	8,52	2,28	0,51	—	0,18	—	0,28	0,302	—	—	—	0,033	*A. Bertschinger*[2]
34		1888	0,9954	8,18	2,13	0,53	—	0,15	—	0,26	0,245	—	—	—	0,027	
35		1889	0,9952	8,10	2,11	0,48	—	0,12	—	0,27	0,283	—	—	—	0,024	
36		1890	0,9952	9,29	2,47	0,47	—	0,25	—	0,27	0,189	—	—	—	0,019	
37	Château des Ambroises	1887	0,9958	9,32	2,35	0,54	—	0,18	—	0,25	0,245	—	—	—	0,036	
38		1888	0,9958	8,38	2,28	0,56	—	0,15	—	0,24	0,245	—	—	—	0,028	
39		1889	0,9943	8,80	2,09	0,48	—	0,20	—	0,23	0,302	—	—	—	0,019	
40		1890	0 9956	8,94	2,30	0,54	—	0,18	—	0,21	0,349	—	—	—	0,017	
41	Fronsac (Premières Côtes)	1887	0,9970	8,24	2,54	0,56	—	0,18	—	0,27	0,274	—	—	—	0,037	
42		1888	0,9969	8,52	2,58	0,57	—	0,15	—	0,27	0,358	—	—	—	0,037	
43		1889	0,9957	8,45	2,30	0,57	—	0,17	—	0,26	0,302	—	—	—	0,028	
44		1890	0,9951	9,22	2,42	0,48	—	0,19	—	0,25	0,320	—	—	—	0,023	
Mittel (No. 1—44)		—	**0,9958**	**8,16**	**2,42**	**0,58**	**0,098**	**0,23**	**0,73**	**0,25**	Kalk **0,010**	**0,018**	**0,106**	**0,029**	**0,034**	

Weissweine.

No.	Nähere Bezeichnung	Jahrgang	Spec. Gewicht	Alkohol	Extrakt	Ges.-Säure	Flüchtige Säure	Zucker	Glycerin	Mineralstoffe	Weinstein	Magnesia	Kali	Phosphorsäure	Schwefelsäure	Analytiker
1	Chât. Séreilhan 1-er Graves .	1869	—	9,05	2,47	0,71	—	—	0,88	0,24	0,010	0,015	0,118	0,046	0,019	*R. Fresenius u. E. Borgmann*[3]
2	Chât. Rigailhou desgl . . .	1878	—	9,84	2,62	0,54	—	—	1,00	0,28	0,007	0,013	0,105	0,023	0,015	
3	Chât. Filhot Haut Sauterne	1877	0,9956	12,49	3,54	0,75	—	—	1,03	0,25	0,014	0,017	0,094	0,040	0,070	
4	Chât. Pernaud tête, 1-er Crû de Haut Barsac	1876	1,0097	10,31	6,80	0,72	—	—	0,83	0,23	0,024	0,018	0,070	0,045	0,075	
5	Haut Sauterne, sehr gut . .	—	0,9958	8,15	3,18	0,65	—	0,65	0,97	0,26	—	—	—	—	0,052	*B. Haas*[4]
6	Chât. d'Yquem, mild, voll, feines Bouquet	1879	0,9974	7,85	3,32	0,65	0,090	1,02	0,95	0,20	—	0,040	0,075	0,020	0,036	
Mittel (ausser No. 4)		—	**0,9963**	**9,48**	**3,03**	**0,66**	**0,090**	**0,84**	**0,97**	**0,25**	**0,010**	**0,015**	**0,098**	**0,032**	**0,036**	

[1]) Zeitschr. analyt. Chem. 1890, **29**, 551. Ueber die Untersuchungs-Verfahren vergl. S. 1252, Anmerkung *).

[2]) Schweizer. Wochenschr. Chem. u. Pharm. 1891; Vierteljahresschr. Nahrungs- u. Genussm. 1891, **6**, 490. Die Zusammensetzung der Weine steht in keiner Beziehung zu ihrem Preise.

[3]) Zeitschr. analyt. Chem. 1883, **22**, 46 (No. 1 u. 2) u. 1884, **23**, 44 (No. 3 u. 4). Die Weine sind als Naturweine garantirt. No. 3 und 4 enthielten je 0,014 g Natron und je 0,003 g Chlor.

[4]) Mitth. d. k. k. chem.-physiol. Versuchs-Station Klosterneuburg 1888, Heft 5. Der Wein No. 5 ist als sehr guter Wein und No. 6 als mild, voll, von feinem Bouquet und vorzüglich bezeichnet. No. 6 enthielt 0,170 g Weinstein.

Aus amerikanischen Reben in Frankreich gewachsene Weine.

No.	Nähere Bezeichnung	Jahrgang	Spec. Gewicht	Alkohol Gew.-%	Extrakt %	Ges.-Säure (Weinsäure) %	Gerbstoff %	Glycerin %	Mineralstoffe %	Weinstein %	Freie Weinsäure %	Kali (K_2O) %	Phosphorsäure (P_2O_5) %	Schwefelsäure (SO_3) %	Analytiker
1	Jacquez-Trauben .	—	0,9890	7,80	3,98	0,60	0,15	0,80	0,30	0,054	—	—	—	—	*J. Boussingault*[1]
2	Othello, Montelimar (Drôme)	1885	0,9983	7,04	2,29	0,81	0,13	0,63	0,19	0,22	0,10	0,087	0,013	0,014	*B. Haas*[2] *)
3		„	0,9983	6,93	2,37	0,82	0,15	0,66	0,19	0,15	0,12	0,086	0,014	0,015	
4	Othello, Montpellier	„	0,9983	6,53	2,08	0,73	0,12	0,66	0,22	0,30	0,06	0,109	0,012	0,027	
5		„	0,9964	6,86	2,56	0,79	0,14	0,96	0,20	0,22	0,04	0,099	0,018	0,029	
6		„	0,9976	6,94	2,10	0,68	0,14	0,67	0,19	—	—	0,095	0,009	0,012	
7	Herbemaut $^9/_{10}$, Jacquez $^1/_{10}$. Villary Côte (St. Gilles) . . .	—	0,9960	13,60	3,00	0,59	0,062	Zucker 0,18	0,24	0,17	—	—	—	0,034	*A. M. Desmoulins*[3]
8	Herbemaut. La Rêole (Gironde) . . .	1886	0,9950	7,90	2,10	0,53	0,064	0,07	0,28	0,27	—	—	—	0,018	
9	Jacquez Manduel (Gard)	—	0,9970	11,50	2,60	0,53	0,064	0,13	0,20	0,27	—	—	—	0,018	
10	Jacquez Blacaus (Drôme)	1886	0,9980	12,60	3,04	0,40	0,180	0,20	0,28	0,105	—	—	—	0,023	
11	Jacquez Vauver (Gard) .	„	0,9990	10,40	2,56	0,36	0,080	0,10	0,24	0,090	—	—	—	0,041	
12	Cynthiana. Mornay (Drôme)	„	0,9980	10,20	2,44	0,44	0,035	0,14	0,24	0,085	—	—	—	0,016	
13	Othello Chazay d'Azergues (Rhône) .	1885	0,9970	9,40	1,96	0,46	0,136	0,06	0,18	0,110	—	—	—	0,016	
14	Othello St. Laurent (Gard)	—	0,9980	8,70	2,04	0,50	0,080	0,06	0,20	1,135	—	—	—	0,027	
15	Black defiance . .	—	—	10,50	2,15	1,03	—	—	—	0,270	—	—	—	—	*Grandclement*[4]
16	Othello	—	—	11,10	2,03	0,94	—	—	—	0,235	—	—	—	—	
17	Cynthiana . . .	—	—	10,80	2,20	1,00	—	—	—	0,225	—	—	—	—	
18	Senasqua	—	—	11,00	2,25	1,08	—	—	—	0,285	—	—	—	—	
19	$^2/_5$ Gamays, $^3/_5$ Persagne	—	—	8,1	1,85	0,94	—	—	—	0,230	—	—	—	—	

Aeltere und sonstige Analysen:

1. A. Salomon, Annalen der Oenologie 1871, **1**, 364.
2. C. Neubauer, Daselbst 1872, **2**, 33.
3. J. Nessler, Daselbst 1873, **3**, 200.
4. T. Péneau und Lécat, Annales agronomiques 1877, **3**, 131.
5. Boussingault untersuchte eine grosse Zahl der 1878 in Paris ausgestellten Weine. Die Grenzzahlen für diese Weine finden sich in der Zeitschrift „Weinlaube“ 1883, **15**, 397.
6. Ch. Girard (Documents sur les falsifications des matières alimentaires et sur les traveaux du Laboratoire municipal. Paris 1885, 121—130) theilt gleichfalls eine grosse Zahl von Analysen französischer Weine mit.
7. Mouillefert und Quantin (Annal. agronomiques 1886, **13**, 362; Vierteljahresschr. Nahrungs- u. Genussm. 1887, **2**, 425) veröffentlichen Untersuchungen über Most und Wein einiger in Grignon angebauten Rebsorten.
8. Bishop u. Ferrer (Journ. Pharm. Chim. 1888, 503; Vierteljahresschr. Nahrungs- u. Genussm. 1888, **3**, 175) berichten über die Zusammensetzung von 16 Weinen aus den Ost-Pyrenäen. Die Weine, welche als notorisch rein bezeichnet sind, zeigen z. Th. sehr starke Rechtsdrehung.

---

[1]) Weinlaube 1881, **13**, 585.
[2]) Mittheil. d. k. k. chem.-physiol. Vers.-Stat. Klosterneuburg 1888, Heft 5.
[3]) Monit. vinicol. 1887, No. 96. Vierteljahresschr. Nahrungs- u. Genussm. 1888, **3**, 60.
[4]) Weinlaube 1888, **20**, No. 15; Vierteljahresschr. Nahrungs- u. Genussm. 1888, **3**, 61.

*) B. Haas fand ferner:

	No. 2	3	4	5	6
Flüchtige Säure (Essigsäure) . . .	0,050 %	0,060 %	0,110 %	0,140 %	—
Stickstoff-Substanz	0,249 „	0,249 „	0,198 „	0,255 „	0,115 %
Natron (Na_2O)	0,0041 „	0,0082 „	0,0081 „	0,0097 „	0,0079 „

Ueber die Eigenschaften der Weine liegen folgende Angaben vor: No. 2: Stark, herb, sauer, gut; No. 3: Wenig stark, voll, herb, sehr gut; No. 4 u. 5: Wenig stark, herb, gut; No. 6: Wenig stark, voll, sehr gut.

Schweizer Weine.

Weissweine.

Waadtländer (Valiser) Weissweine.*)

No.	Herkunft	Jahrgang	Spec. Gewicht	Alkohol Vol.-%	100 ccm Wein enthalten Gramm: Extrakt	Gesammt-Säure (Weinsäure)	Weinstein	Zucker	Mineral-stoffe	Schweflige Säure (SO_2)	Analytiker
1	Rivaz	1890	0,9945	10,60	1,920	0,820	—	—	0,150	—	F. Schaffer[1]
2		1891	0,9950	10,10	1,726	0,735	—	—	0,171	0,0024	
3	Château du Châtelard, Récolte Marquis	1891	0,9940	10,30	1,580	0,450	0,246	—	0,187	—	
4		1892	0,9939	10,30	1,632	0,525	0,132	—	0,172	—	
5		1893	0,9934	10,40	1,590	0,487	—	—	0,174	—	
6		1895	0,9930	11,60	1,550	0,555	—	—	0,178	—	
7	Châtelard sur Clarens	1890	0,9950	10,30	1,920	0,850	—	—	0,140	—	
8	Corsier Châtelard	1890	0,9935	10,70	1,700	0,670	0,260	—	0,150	—	
9		1891	0,9954	9,50	1,752	0,495	—	—	0,194	0,0014	
10		1893	0,9924	11,00	1,609	0,532	—	—	0,175	—	
11		1895	0,9930	11,60	1,791	0,525	—	—	0,185	—	
12		1895	0,9929	11,20	1,758	0,585	—	—	0,174	—	
13	Vinzel	1890	0,9952	9,80	1,850	0,820	0,260	—	0,160	0,0036	
14		1891	0,9954	10,30	2,020	0,840	0,321	—	0,176	—	
15		1892	0,9935	10,40	1,594	0,555	0,151	—	0,170	—	
16		1893	0,9929	10,50	1,526	0,547	—	—	0,157	—	
17		1895	0,9920	11,70	1,700	0,465	—	—	0,164	—	
18	Dézaley	1890	0,9933	11,40	1,780	0,690	—	—	0,130	0,0039	
19		1891	0,9938	10,70	1,937	0,540	—	—	0,161	0,0022	
20	Echichens	1890	0,9956	10,70	1,970	0,890	—	—	0,120	—	
21		1891	0,9960	9,70	2,100	0,900	—	—	0,161	0,0045	
22		1892	0,9949	9,90	1,789	0,625	—	—	0,143	0,0022	
23		1893	0,9934	10,70	1,848	0,570	—	—	0,149	—	
24		1895	0,9914	12,20	1,806	0,510	—	—	0,138	—	
25	Vevey, Corseaux	1891	0,9952	9,80	1,745	0,735	0,246	—	0,180	—	
26		1892	0,9940	9,90	1,705	0,660	—	—	0,140	0	
27		1893	0,9938	10,10	1,567	0,495	—	—	0,158	—	
28	Desgl., Récolte Samaritain	1890	0,9954	10,20	2,015	0,840	0,240	—	0,150	—	
29		1891	0,9960	9,00	1,865	0,750	—	—	0,185	0,0007	
30		1892	0,9940	9,30	1,719	0,732	0,170	—	0,160	—	
31		1895	0,9932	10,90	1,[illegible]50	0,623	0,114	—	0,159	—	
32	Desgl., Récolte Guex	1892	0,9952	9,50	1,860	0,630	—	—	0,160	—	
33		1893	0,9942	9,70	1,686	0,603	—	—	0,164	—	
34		1895	0,9934	11,10	1,936	0,630	—	—	0,171	—	
35	Yvorne	1891	0,9946	10,90	2,050	0,750	0,246	—	0,150	—	
36	Desgl., Maison blanche, Récolte Sinner	1890	0,9950	10,90	2,060	0,930	—	—	0,140	0,0036	
37		1892	0,9942	10,50	2,030	0,653	—	—	0,160	—	

[1]) Revue intern. falsif. 1892, **6**, Chem.-Ztg. 1892, **16**, Rep. 297, Bericht des Kantons-Chemikers in Bern für 1892 u. 1895 (Bern 1893, S. 6 u. 1896, S. 12) und Zeitschr. Nahrungsm.-Unters., Hygiene u. Waarenk. 1894, **8**, 223.

*) Die Weine werden als bestimmt rein bezeichnet.

No.	Herkunft	Jahrgang	Spec. Gewicht	Alkohol Vol.-%	100 ccm Wein enthalten Gramm: Extrakt	Gesammt-Säure (Weinsäure)	Weinstein	Zucker	Mineral-stoffe	Schweflige Säure (SO_2)	Analytiker
37	Yvorne, Maisonblanche, Récolte Sinner	1893	0,9925	11,60	1,946	0,563	—	—	0,156	—	F. Schaffer[1]
38	Yvorne, Maisonblanche, Récolte Sinner	1895	0,9929	12,00	2,104	0,563	—	—	0,153	—	
39	Desgl., Récolte Marquis	1892	0,9942	10,80	1,945	0,623	—	—	0,161	0,0116	
40	Desgl., Récolte Marquis	1893	0,9930	10,60	1,850	0,510	—	—	0,174	—	
41	Aigle	1892	0,9936	10,20	1,584	0,488	0,115	—	0,150	0,0013	
42	Aigle	1895	0,9925	11,40	1,795	0,554	—	—	0,160	—	
43	Desgl. u. Yvorne . .	1893	0,9924	11,10	1,574	0,532	—	—	0,166	—	
44	Genf, Bonvier . . .	1890	0,9949	9,30	1,610	0,720	0,220	—	0,110	0,0006	
45	Desgl., Russin . .	1891	0,9952	8,74	1,553	0,525	—	—	0,161	0,0052	
46	Desgl., Russin . .	1892	0,9932	10,20	1,584	0,563	—	—	0,158	—	
47	Desgl., Russin . .	1893	0,9932	9,80	1,459	0,503	—	—	0,144	—	
48	Desgl., Choulli*) . .	1895	0,9918	10,30	1,462	0,525	0,150	—	0,148	0,0066	
49	Ollon	1890	0,9948	10,00	1,800	0,840	—	—	0,140	—	
50	Basset bei Clarens, Récolte Nicod . . .	1895	0,9938	10,60	1,840	0,570	0,206	—	0,180	—	
51	Burier, Réeolte Courven	1895	0,9918	10,40	1,499	0,473	—	—	0,142	—	

Weissweine vom Thuner- und Bieler-See.

No.	Herkunft	Jahrgang	Spec. Gewicht	Alkohol Vol.-%	Extrakt	Gesammt-Säure (Weinsäure)	Weinstein	Zucker	Mineral-stoffe	Schweflige Säure (SO_2)	Analytiker
52	Vom Thuner See**), Oberhofen	1895	0,9932	10,50	1,589	0,615	—	—	0,180	—	F. Schaffer[2]
53	Vom Thuner See**), Oberhofen	„	0,9933	10,40	1,606	0,518	—	—	0,178	—	
54	Vom Thuner See**), Spiez . . .	„	0,9953	10,50	2,193	0,728	—	—	0,213	—	
55	Vom Thuner See**), Thun . .	„	0,9940	10,10	1,842	0,750	0,226	—	0,174	—	
56	Vom Bieler See und Umgegend**), Twann .	„	0,9924	11,60	1,883	0,525	—	—	0,160	—	
57	Vom Bieler See und Umgegend**), Twann .	„	0,9930	10,90	1,630	0,525	—	—	0,170	—	
58	Vom Bieler See und Umgegend**), Twann .	„	0,9924	11,90	1,801	0,533	—	—	0,188	—	
59	Vom Bieler See und Umgegend**), Twann .	„	0,9945	11,30	2,129	0,789	—	—	0,179	—	
60	Vom Bieler See und Umgegend**), Gampelen .	„	0,9928	10,50	1,401	0,600	—	—	0,146	—	

St. Gallener Weissweine (einschl. Schillerweine).

No.	Herkunft	Zahl der Proben	Jahrgang	Spec. Gewicht	Alkohol Vol.-%	Extrakt	Gesammt-Säure (Weinsäure)	Weinstein	Zucker	Mineral-stoffe	Schweflige Säure (SO_2)	Analytiker
61	Berg (Schiller) .	1	1895	0,9927	11,50	2,314	0,648	0,141	—	0,252	—	G. Ambühl[3]
62	Rebstein . . .	2	„	0,9960	8,45	1,699	0,578	0,170	—	0,212	—	
63	Marbach . . .	3	„	0,9947	8,47	1,642	0,518	0,135	—	0,215	—	
64	Schmerikon . .	4	„	0,9940	9,20	1,939	0,599	0,226	—	0,174	—	
65	Rapperswill , .	3	„	0,9930	10,10	1,835	0,525	0,162	—	0,205	—	
66	Jona	6	„	0,9939	10,33	1,976	0,622	0,202	—	0,208	—	

[1]) Vergl. Anmerkung [1]) S. 1250.

[2]) Bericht über die Thätigkeit des kantonalen chemischen Laboratoriums in Bern für 1895. Bern 1896, S. 10.

[3]) G. Ambühl: Die Weine des Kantons St. Gallen vom Jahrgang 1895. St. Gallen 1896.

*) Der Wein enthielt in 100 ccm 0,0024 g freie und 0,0042 g gebundene schweflige Säure.

**) Alle Weine mit Ausnahme von No. 59 (Riesling) stammten von Gutedel-Trauben.

1900-er Schweizerische Weissweine (einschl. Schillerweine).

No.	Herkunft und Jahrgang	Zahl der Proben	Spec. Gewicht	Alkohol Vol.-%	100 ccm Wein enthalten Gramm: Extrakt	Gesammt-Säure (Weinsäure)	Weinstein	Zucker	Farb- und Gerbstoff	Gl. cerin	Mineral-stoffe	Phosphor-säure (P_2O_5)	Analytiker
	Kanton:												
67	Aargau	5	0,9973	7,32	1,758	0,688	—	0,102	—	—	0,174	—	Verein schweizerischer analytischer Chemiker [1]) *)
68	Basel (Land)	30	0,9981	7,04	2,003	0,656	—	0,200 [2]	—	—	0,193	—	
69	„ (Stadt)	5	0,9973	7,54	1,928	0,638	—	—	—	—	0,197	—	
70	Bern	35	0,9955	8,91	1,803	0,622	—	0,114	—	—	0,163	—	
71	Freiburg	9	0,9954	8,55	1,688	0,665	—	0,152	—	—	0,154	—	
72	Genf	93	0,9953	8,95	1,795	0,614	—	0,225 [2]; ⟨0,2 [91]	—	—	0,145	—	
73	Glarus	1	0,9973	8,30	2,120	0,720	—	0,180	—	—	0,200	—	
74	Graubünden	1	0,9992	9,90	2,900	1,140	—	0,200	—	—	0,299	—	
75	Luzern	1	0,9955	8,18	1,550	1,035	—	0,379	—	—	0,195	—	
76	St. Gallen	7	0,9970	8,39	2,127	0,786	—	0,019	—	—	0,197	—	
77	Schaffhausen	12	0,9989	5,88	1,654	0,790	—	0,059 [10]	—	—	0,160	—	
78	Schwyz	1	0,9963	9,50	2,230	0,870	—	0,100	—	—	0,166	—	
79	Solothurn	5	0,9999	5,42	1,790	0.736	—	0,032	—	—	0,178	—	
80	Thurgau	10	0,9985	6,51	1,786	0,943	—	0,130	—	—	0,162	—	
81	Vaud	230	0,9940	10,13	1,906	0,657	—	0,099 [165]; ⟨0,2 [37]	—	—	0,161	—	
82	Valais	38	0,9932	11,37	1,875	0,589	—	0,134	—	—	0,147	—	
83	Zug	1	0,9996	6,48	2,250	1,575	—	0,083	—	—	0,222	—	
84	Zürich Weissweine	36	0,9976	7,89	2,035	0,806	—	0,160	—	—	0,175	—	
85	Zürich Schillerweine	3	0,9966	8,03	1,793	0,717	—	0,193	—	—	0,136	—	
86	Tessin	6	0,9988	8.86	1,720	0,852	—	⟨0,2	—	—	0,180	—	
	Mittel (No. 1—86)	—	**0,9946**	**10,04**	**1,84**	**0,67**	**0,196**	**0,10**	—	—	**0,171**	—	

Rothweine.

Veltliner Rothweine. **)

No.	Herkunft und Jahrgang	Zahl der Proben	Spec. Gewicht	Alkohol g in 100 ccm	Extrakt	Gesammt-Säure	Flüchtige Säure	Eisenoxyd	Farb- und Gerbstoff	Glycerin	Mineral-stoffe	Phosphor-säure	Analytiker
1	Veltliner 1884	3	—	6,89	2,08	0,71	—	—	—	—	0,23	—	E. Bosshard [2])
2	Veltliner 1885	3	0,9880 [1]	7,52	2,15	0,78	—	—	0,049 [1]	0,59 [1]	0,21	—	
3	Montagna 1884	1	—	7,60	2,41	0,74	—	—	—	—	0,23	—	
4	Montagna 1885	1	0,9942	8,50	1,98	0,59	—	0,0014	0,105	—	0,24	0,032	
5	Montagna 1886	1	0,9943	10,08	2,52	0,65	0,049	—	0,103	1,10	0,25	0,043	
6	Grumello 1885	1	0,9925	10,46	2,34	0,68	—	0,0022	0,152	—	0,22	0,032	
7	Grumello 1886	2	0,9938	9,50	2,28	0,62	0,105	—	0,073	—	0,22	—	
8	Grumello 1887	1	0,9942	10,54	2,58	0,63	—	—	0,092	—	0,32	0,029	
9	Sassella 1885	2	0,9930	10,17	2,25	0,65	—	0,0019	0,117	—	0,22	0,029	
10	Sassella 1886	1	0,9945	9,79	2,34	0,61	0,066	—	0,090	—	0,22	—	
11	Sassella 1887	2	0,9947	10,06	2,40	0,67	0 061 [1]	0,0031	0,104	—	0,29	0,024 [1]	

[1]) Die schweizerische Weinstatistik. — Sonderabdruck aus dem Landwirthschaftlichen Jahrbuch der Schweiz 1901.
[2]) Zeitschr. analyt. Chem. 1890, **29**, 551.

*) Die Untersuchung wurde nach den vom Verein schweizerischer analytischer Chemiker vereinbarten Verfahren ausgeführt.

**) Die Analysen wurden ausgeführt: a) Veltliner Weine: Die 1884-er Weine im Dezember 1885, die 1885-er im November 1886 u. Mai 1887 und die 1886-er u. 1887-er Weine im April 1888. b) Churer Rheinthal: 1885-er Weine im Mai—November 1886; 1886-er im März—Mai 1887. Die Untersuchungs-Verfahren waren die vom Verein

No.	Herkunft und Jahrgang		Zahl der Proben	Spec. Gewicht	100 ccm Wein enthalten Gramm: Alkohol	Extrakt	Gesammt-Säure (Weinsäure)	Flüchtige Säure (Essigsäure)	Weinstein	Farb- und Gerbstoff	Glycerin	Mineral-stoffe	Phosphor-säure (P_2O_5)	Analytiker
12	Castione . . .	1886	1	0,9954	7,73	1,93	0,70	0,069	—	0,088	—	0,20	—	E. Bosshard[1]
13	Ponte . . .	1886	1	0,9963	7,73	1,89	0,62	0,061	—	0,090	—	0,22	—	
14	Valgella . . .	1887	3	0,9952	9,16	2,09	0,62	0,082 [1]	—	0,082	—	0,21	0,032	
15	Tresivio . . .	1887	1	0,9958	8,64	2,23	0,82	—	—	0,085	0,69	0,21	—	
	Rothweine aus dem Churer Rheinthal.													
16	Chur	1886	1	—	7,73	2,31	0,81	—	—	—	—	0,22	—	E. Bosshard[1]
17	Maienfeld .	1885	4	—	7,53	2,14	0,60	—	—	—	0,56 [2]	0,22	—	
18	Maienfeld .	1886	6	—	8,43	2,43	0,62	—	—	—	—	0,24	—	
19	Jenins . . .	1886	2	0,9974	8,05	2,60	0,78	—	—	—	—	0,25	—	
20	Igis	1886	4	0,9985 [2]	8,03	2,60	0,79	—	—	—	—	0,24	—	
21	Zizers . . .	1886	4	—	7,53	2,30	0,62	—	—	—	—	0,28	—	
22	1886-er Landweine	Untervaz	1	—	7,00	2,67	0,75	—	—	—	—	0,31	—	
23	1886-er Landweine	Mastrils	3	—	7,28	2,41	0,70	—	—	—	—	0,27	—	
	1895-er St. Gallener Rothweine*).				Vol.-%									
24	Mörschwil		2	0,9935	10,00	2,140	0,485	—	0,207	—	—	0,268	—	G. Ambühl[2] **)
25	Goldach		6	0,9949	9,77	2,207	0,535	—	0,183	—	—	0,279	—	
26	Steinach		3	0,9947	10,05	2,137	0,588	—	0,146	—	—	0,265	—	
27	Berg		1	0,9972	10.20	2,638	0,772	—	0,258	—	—	0,298	—	
28	Tübach		3	0,9949	9,73	2,077	0,467	—	0,186	—	—	0,302	—	
29	Rorschacherberg . .		2	0,9933	9,70	1,832	0,504	—	0,184	—	—	0,232	—	
30	Thal		2	0,9940	10,05	2,090	0,432	—	0,172	—	—	0,254	—	
31	Rheineck		2	0,9939	11,00	2,331	0,446	—	0,142	—	—	0,316	—	
32	Au		4	0,9947	10.83	2,404	0,473	—	0,141	—	—	0,299	—	
33	Berneck		7	0,9945	10,51	2,213	0,477	—	0,172	—	—	0,296	—	
34	Balgach		5	0,9949	9,66	2,181	0,399	—	0,167	—	—	0,286	—	
35	Rebstein		3	0,9950	10.10	2,106	0,466	—	0,128	—	—	0,271	—	
36	Marbach		3	0,9943	10,37	2,056	0,498	—	0,135	—	—	0,312	—	
37	Sevelen		2	0,9958	9,50	2,207	0,409	—	0,132	—	—	0,335	—	
38	Wartau		3	0,9943	10,37	2,093	0,541	—	0,194	—	—	0,286	—	
39	Sargans		5	0,9942	11,24	2,250	0,494	—	0,211	—	—	0,277	—	
40	Vilters		1	0,9960	9,70	2,382	0,453	—	0,160	—	—	0,306	—	
41	Ragaz		2	0,9933	10,95	2,261	0,579	—	0,254	—	—	0,223	—	
42	Wallenstadt		3	0,9943	11,80	2,529	0,453	—	0,172	—	—	0,275	—	

schweizerischer analytischer Chemiker vereinbarten. Dieselben stimmen im Allgemeinen (Alkohol, Extrakt, Säure, Asche) mit den amtlichen deutschen überein. — Gerb- u. Farbstoff wurden nach Neubauer-Löwenthal und Glycerin nach Borgmann bestimmt. — Der eine der Weine No. 11 enthielt 0,0103 g Manganoxyd.

[1]) Zeitschr. analyt. Chem. 1890, **29**, 551.

[2]) G. Ambühl: Die Weine des Kantons St. Gallen vom Jahrgang 1895. St. Gallen 1896.

*) Die Schwankungszahlen der einzelnen Weine waren folgende (Vol.-% bezw. g in 100 ccm):

	Spec. Gewicht	Alkohol Vol.-%	Extrakt	Gesammt-Säure	Weinstein	Mineralstoffe
Rothwein	0,9914—0,9972	8,7—13,3	1,640—2,694	0,367—0,772	0,084—0,312	0,204—0,392
Weisswein	0,9920—0,9966	8,2—11,5	1,512—2,324	0,505—0,742	0,103—0,226	0,156—0,280

**) Die Untersuchung wurde nach den vom Verein schweizerischer analytischer Chemiker vereinbarten Verfahren ausgeführt.

No.	Herkunft und Jahrgang	Zahl der Proben	Spec. Gewicht	Alkohol Vol.-%	100 ccm Wein enthalten Gramm: Extrakt	Gesammt-Säure (Weinsäure)	Flüchtige Säure (Essigsäure)	Weinstein	Zucker	Mineral-stoffe	Phosphor-säure (P_2O_5)	Analytiker
43	Quarten	4	0,9946	10,35	2,246	0,437	—	0,167	—	0,243	—	G. Ambühl[1]
44	Weesen	4	0,9942	10,40	2,017	0,482	—	0,230	—	0,265	—	
45	Rapperswill	1	0,9940	10,20	2,286	0,562	—	0,235	—	0,284	—	
46	Jona	4	0,9947	10,90	2,318	0,508	—	0,170	—	0,268	—	
47	Wil	4	0,9940	9,40	2,022	0,539	—	0,200	—	0,223	—	
48	Zuzwil	1	0,9945	9,10	1,894	0,577	—	0,150	—	0,204	—	
	Rothweine vom Thuner- und Bieler-See.	Jahrgang										
49	Burgunder vom Thuner See – Gunten	1895	0,9952	11,0	2,186	0,870	—	—	—	0,245	—	F. Schaffer[2]
50	Burgunder vom Thuner See – Gunten	1895	0,9942	12,3	2,356	0,945	—	0,075	—	0,230	—	
51	Burgunder vom Thuner See – Oberhofen	1895	0,9937	10,9	1,815	0,607	—	—	—	0,230	—	
52	Burgunder vom Bieler See u. Umgegend – Twann	1895	0,9936	14,1	2,891	0,622	—	—	—	0,252	—	
53*)	Burgunder vom Bieler See u. Umgegend – Twann	1895	0,9950	12,7	2,622	0,600	—	—	—	0,255	—	
54*)	Burgunder vom Bieler See u. Umgegend – Gampelen	1895	0,9920	15,7	2,856	0,855	—	—	—	0,204	—	
	Tessiner Rothweine.)**	Zahl der Proben										
55	Weine von Locarno – Ascona – Moscia 1882	1	0,9954	10,52	1,945	0,622	0,041	—	—	0,166	—	Vinassa[3]
56	Weine von Locarno – Ascona – Ronco 1887	1	0,9943	10,12	1,825	0,615	0,049	—	—	0,214	—	
57	Weine von Locarno – Ascona – Moscia 1891	1	0,9948	9,37	1,723	0,690	0,091	—	—	0,264	—	
58	Weine von Locarno – Ascona – Ronco 1892	1	0,9967	10,12	2,395	0,765	0,012	—	—	0,214	—	
59	Weine von Locarno – Cavigliano 1892	1	0,9975	8,18	2,040	0,615	0,028	—	—	0,200	—	
60	Weine von Locarno – Gordola 1892	5	0,9962	9,36	2,071	0,634	0,038	—	—	0,246	—	
61	Weine von Locarno – Locarno 1891	2	0,9962	10,56	2,393	0,803	0,021	—	—	0,230	—	
62	Weine von Locarno – Locarno 1892	7	0,9947	9,41	2,103	0,634	0,029	—	—	0,252	—	
63	Weine von Locarno – Mirabello	1	0,9951	10,12	2,015	0,532	0,025	—	—	0,252	—	
64	Weine von Locarno – Muralto 1891	2	0,9964	10,60	2,443	0,626	0,026	—	—	0,243	—	
65	Weine von Locarno – Muralto 1892	4	0,9960	9.86	2,143	0,613	0,036	—	—	0,278	—	
66	Weine von Locarno – Solduno 1891	1	0,9950	10,91	2,205	0,712	0,062	—	—	0,229	—	
67	Weine von Locarno – Solduno 1892	1	0,9954	10,91	2,295	0,630	0,054	—	—	0,270	—	
68	Weine von Locarno – Tenero 1892	4	0,9966	10,55	2,496	0,661	0,016	—	—	0,218	—	
69	Weine von Bellinzona – Bellinzona 1892	1	0,9979	9,13	2,395	0,660	0,031	—	—	0,292	—	
70	Weine von Bellinzona – Monte Carano 1892	1	0,9960	9,04	1,920	0,630	0,030	—	—	0,204	—	
71	Weine von Bellinzona – Prato Carano 1892	1	0,9975	9,45	2,395	0,653	0,025	—	—	0,258	—	
72	Weine von Bellinzona – Pedevilla 1891	1	0,9966	9,37	2,155	0,690	0,018	—	—	0,215	—	
73	Weine von Bellinzona – Pedevilla 1892	1	0,9962	9,86	2,155	0,660	0,016	—	—	0,222	—	
74	Weine von Bellinzona – Ravecchia 1891	1	0,9974	9,70	2,395	0,750	0,020	—	—	0,241	—	
75	Weine von Bellinzona – Ravecchia 1892	1	0,9971	9,45	2,275	0,638	0,026	—	—	0,242	—	

1) Vergl. Anmerkung 2) und **) S. 1253.
2) Bericht über die Thätigkeit des kantonalen chemischen Laboratoriums in Bern für 1895. Bern 1896, S. 10.
3) Forschungsberichte über Lebensmittel etc. 1894, I, 185.
*) Mit Reinhefe vergohren.
**) Die Weine waren bestimmt rein; sie wurden sämmtlich im Jahre 1893 untersucht. Das spec. Gewicht wurde mittels der Westphal'schen Waage, als Extrakt wurde die Mittelzahl der Schulze- und Hager'schen Tabelle angenommen. Zur Bestimmung der flüchtigen Säuren wurden von 100 ccm Wein 60 ccm abdestillirt und

No.	Herkunft und Jahrgang		Zahl der Proben	Spec. Gewicht	Alkohol Vol.-%	100 ccm Wein enthalten Gramm: Extrakt	Gesammt-Säure (Weinsäure)	Flüchtige Säure (Essigsäure)	Zucker	Mineral-stoffe	Phosphor-säure (P_2O_5)	Analytiker
76	Weine von Lugano: Morcote	1892	1	0,9971	8,18	1,945	0,593	0,023	—	0,242	—	*Vinassa*[1]
77	Pregassona	1892	1	0,9941	11,96	2,275	0,660	0,030	—	0,206	—	
78	Savosa	1892	1	0,9981	8,72	2,325	0,780	0,018	—	0,174	—	
79	Ligirino	1892	3	0,9961	9,34	2,088	0,593	0,046	—	0,200	—	
80	Castagnola	1892	4	0,9961	10,39	2,010	0,589	0,035	—	0,207	—	
81	Melide	1892	1	0,9958	9,29	1,945	0,585	0,010	—	0,174	—	
82	Cadro	1892	2	0,9997	6,59	2,098	0,788	0,040	—	0,164	—	
83	Calprino	1892	1	0,9998	7,25	2,205	0,892	0,017	—	0,225	—	
84	Manno	1892	1	0,9980	6,71	1,730	0,615	0,016	—	0,143	—	
85	Viganello	1892	3	1,0004	5,99	2,062	0,820	0,024	—	0,179	—	
86	Gandria	1891	1	0,9983	6,86	1,850	0,720	0,034	—	0,228	—	
87	Gandria	1892	1	0,9981	8,27	2,205	0,817	0,010	—	0,197	—	
88	Raucate von Mendrisio	1887	1	0,9960	8,18	1,685	0,615	0,013	—	0,166	—	
89	Raucate von Mendrisio	1892	3	0,9958	10,11	2.195	0,740	0,016	—	0,164	—	

1900-er schweizerische Rothweine.

No.	Kanton:	Zahl der Proben	Spec. Gewicht	Alkohol Vol.-%	Extrakt	Gesammt-Säure (Weinsäure)	Flüchtige Säure (Essigsäure)	Zucker	Mineral-stoffe	Phosphor-säure (P_2O_5)	Analytiker
90	Aargau	4	0,9960	10,23	2,265	0,525	—	0,105	0,242	—	*Verein schweizerischer analytischer Chemiker*[2]
91	Basel (Land)	9	0,9991	7,81	2,367	0.681	—	0,200 [1]	0,244	—	
92	Bern	3	0,9952	10,73	2,350	0,567	—	0,107	0,246	—	
93	Freiburg	3	0,9960	10,16	2,253	0,675	—	0,182	0,183	—	
94	Genf	18	0,9980	8,89	2,366	0,828	—	0,250 [4] ⟨0,2 [14]	0,172	—	
95	Glarus	1	0,9968	9,70	2,460	0,560	—	0,200	0,248	—	
96	Graubünden	31	0,9971	10,00	2,162	0,838	—	0,084	0,255	—	
97	Luzern	2	0,9988	7,53	2,385	0,537	—	0,273	0,200	—	
98	St. Gallen	37	0,9970	9,90	2,505	0,747	—	0,016	0,251	—	
99	Schaffhausen	22	0,9985	7,71	2,085	0.780	—	0,094 [11]	0,221	—	
100	Schwyz	1	0,9956	11,10	2,570	0,800	—	0,170	0,197	—	
101	Thurgau	20	0,9968	9,15	2,283	0,880	—	0,160	0,212	—	
102	Vaud	4	0,9972	9,15	2,143	0,700	—	0,110 [3]	0,190	—	
103	Valais	14	0,9938	11,66	2,189	0,566	—	0,086	0,191	—	
104	Zug	1	1,0008	6,56	2,570	1,790	—	0,050	0,223	—	
105	Zürich	15	0.9981	8,59	2,326	0,783	—	0,151	0,255	—	
106	Tessin	54	0,9968	9,19	2,151	0,855	—	⟨0,2	0,221	—	
	Mittel	—	**0,9959**	**10,00**	**2,23**	**0,64**	**0,036**	**0,13**	**0,24**	**0,032**	

das Destillat mit $^1/_{10}$ N.-Alkalilauge titrirt: es entspricht diese Menge etwa $^2/_3$ des Gesammt-Verbrauches für 100 ccm Wein. Die Zahlen sind von uns auf Essigsäure umgerechnet.

Sämmtliche Weine enthielten weniger als 0,1 g schwefelsaures Kalium und weniger als 0,008 g schweflige Säure.

[1]) Forschungsberichte über Lebensmittel etc. 1894, I, 185.

[2]) Die schweizerische Weinstatistik. — Sonderabdruck aus dem Landwirthschaftlichen Jahrbuch der Schweiz 1901

Aeltere und sonstige Analysen:

1. Fr. Goppelsröder: Sur l'analyse des vins. Mulhouse 1877.
2. Rich. Meyer u. G. Dändliker: Jahresbericht der naturforschenden Gesellschaft Graubündens **28**, 83.
3. E. Ackermann: Ueber 1901-er Weissweine des Kantons Genf. — Schweizerische Wochenschr. Chem. u. Pharm. 1901, **39**, 558.

Oesterreichisch-Ungarische Weine.

Tyroler Weine.*)

Weissweine.**)

Analysen No. 1—17 von B. Haas und C. Hoffmann[1]); No. 18—39 von E. Mach[2]).

No.	Herkunft und Jahrgang	Zeit der Untersuchung	Spec. Gewicht	100 g Wein enthalten Gramm: Alkohol	Extrakt	Gesammt-Säure (Weinsäure)	Weinstein	Gerbstoff	Glycerin	Mineral-stoffe	Kali (K_2O)	Phosphor-säure (P_2O_5)	Schwefel-säure (SO_3)
1	Weiss-Terlan Bozen, 1881 .	1882	0,9946	7,89	2,17	0,55	0,13	0,20	0,61	0,245	0,121	0,024	0,023
2	Geringer Wein, 1886 . . .	„	0,9946	7,89	1,97	0,67	0,20	0,12	0,53	0,203	0,097	0,017	0,019
							Stickstoff-Substanz						
3	Maderno (Trient) Riesling 1878	1883	0,9923	8,03	1,56	0,59	0,126		0,67	0,158	0,063	0,019	0,027
4	Castello Aquilla (Trient) 1881	„	0,9929	9,04	1,92	0,72	0,088		0,75	0,144	0,056	0,026	0,018
5	Lavis (Trient) Riesling . .	„	0,9912	7,96	1,52	0,78	0,136		0,51	0,159	0,079	0,019	0,016
6	Marano d'Isera: Ruländer, 1879 . .	„	0,9912	10,18	2,07	0,75	0,181		0,91	0,168	0,072	0,029	0,043
7	Marano d'Isera: Riesling, 1877 . .	„	0,9931	9,12	2,07	0,67	0,178		0,68	0,195	0,079	0,039	0,048
8	Nosiola Trento, 1879 . . .	1883	0,9941	6,93	1,51	0,47	0,143		0,57	0,182	0,079	0,018	0,022
9	Muscateller Weisswein, 1881	„	0,9959	8,17	2,47	0,49	0,178		0,67	0,201	0,092	0,022	0,012
10	Terlaner, 1881	„	0,9931	7,76	1,60	0,69	0,132		0,45	0,201	0,088	0,020	0,013
11	Nosiola Lavis	„	0,9921	8,09	1,62	0,52	0,112		0,58	0,166	0,068	0,015	0,015
12	Vers.-Stat. St. Michele: Traminer,***) 1880	1885	0,9905	10,16	1,76	0,45	0,096		0,70	0,174	0,076	0,022	0,029
13	Vers.-Stat. St. Michele: Traminer,***) 1879	„	0,9913	9,91	1,89	0,49	0,107		0,67	0,154	0,068	0,018	0,025
14	Vers.-Stat. St. Michele: Ruländer,***) 1879 .	„	0,9910	10,10	1,87	0,52	0,107		0,66	0,147	0,062	0,017	0,038
15	Vers.-Stat. St. Michele: Kleinweiss,***) 1878 .	„	0,9934	8,61	1,86	0,64	0,101		0,61	0,139	0,061	0,017	0,029
16	Vers.-Stat. St. Michele: Riesling, 1878 . . .	„	0,9930	9,21	1,96	0,58	0,085		0,74	0,176	0,074	0,026	0,039
17	Vers.-Stat. St. Michele: Zierfahndler, 1879 .	„	0,9910	9,19	1,97	0,49	0,075		0,74	0,158	0,071	0,018	0,027

[1]) Mitth. d. k. k. chem.-physiol. Versuchsstation Klosterneuburg. Heft 4 und 5. Wien 1885 und 1888.

[2]) E. Mach: Der Weinbau und die Weine Deutsch-Tyrols 1894. Die Weine wurden im Januar 1894 untersucht.

*) Der Alkohol wurde nach dem Destillations-Verfahren bestimmt; Extrakt aus dem spec. Gewicht des entgeisteten und mit Wasser auf das ursprüngliche Volumen gebrachten Weines; Säure durch Titration mit Kalilauge (von welcher 1 ccm = 0,01 g Weinsäure); Weinstein und freie Weinsäure nach Berthelot-Fleurieu; Glycerin nach Reichardt-Neubauer; Zucker nach Fehling; Gerbsäure nach Löwenthal-Neubauer; Essigsäure nach Kissel-Neubauer; Stickstoff-Substanz nach der Natronkalk-Methode; Phosphorsäure nach der Molybdän-Methode.

Nach Veröffentlichung der im deutschen Gesundheitsamt vereinbarten Methoden hat man an der Vers.-Stat. f. Wein- u. Obstbau in Klosterneuburg auch thunlichst diese berücksichtigt. Im Jahre 1886 sind von den österreichischen Oenochemikern ebenfalls gemeinschaftliche, mit den deutschen im allgemeinen übereinstimmende Wein-Untersuchungsverfahren (vergl. K. Portele: Bericht über den 3. österr. Weinbau-Congress in Bozen 1886) vereinbart.

**) Eigenschaften der Weine:

No. 1. Wenig sauer, bitterer Nachgeschmack, gering.
„ 2. Etwas sauer.
„ 3. Etwas unklar, gut.
„ 4. Gut.
„ 5. Etwas unklar, gering.
„ 6. Klar, sehr gut.
„ 7. Klar, gut.
„ 8. Etwas unklar, sauer, voll, gut.
„ 9. Unklar, wenig voll.
No. 10. Unklar, unharmonisch.
„ 11. Etwas unklar, sauer, ziemlich voll, noch jung, mittel.
„ 12. Etwas unklar, voll, mild, sehr gut.
„ 13. Klar, ziemlich stark, voll, mild, sehr gut.
„ 14. Etwas unklar, stark, wenig sauer, voll, gut.
„ 15. Klar, mild, voll, sehr gut.
„ 16. Klar, ziemlich sauer, stark, voll, sehr gut.
„ 17. Unklar, ziemlich stark und sauer, mittel.

***) Es enthielten:

	No. 12	13	14	15
Schweflige Säure:	0,0011 %	0,0014 %	0,0013 %	0,0008 %

No.	Herkunft und Jahrgang		Zahl der Proben	Spec. Gewicht	100 ccm Wein enthalten Gramm: Alkohol	Extrakt	Gesammt-Säure (Weinsäure)	Flüchtige Säure (Essigsäure)	Weinsäure	Zucker	Glycerin	Mineral-stoffe	Kali (K_2O)	Phosphor-säure (P_2O_5)	Schwefel-säure (SO_3)
18	In St. Michele bereitet	Terlan 1893	1	—	8,75	1,903	0,512	0,034	0,355	0,08	0,84	0,196	0,099	0,013	—
19		Neumarkt 1893	1	—	8,85	1,691	0,430	0,027	0,270	0,07	0,87	0,172	0,088	0,013	—
					Vol.-%				Stickst.-Substanz						
20	Junge Tischweine*)	Missian . . 1892	1	—	11,06	1,701	0,500	0,085	—	0,09	—	0,164	—	—	—
21		Missian . . 1893	1	—	10,25	1,920	0,496	0,056	—	0,07	—	0,181	—	—	—
22		Leifers . . 1893	1	—	10,66	1,728	0,566	0,075	—	0,16	—	0,164	—	—	—
23		Neumarkt . 1893	1	—	9,44	1,758	0,536	0,045	—	0,19	—	0,156	—	—	—
24		Salurn . . 1892	1	—	10,93	1,488	0,542	0,060	—	0,05	—	0,171	—	—	—
25		Siebenreich 1892	2	—	9,98	1,708	0,533	0,055	—	0,13 [1]	—	0,248 [1]	—	—	—
26		Terlan . . 1892	2	—	10,60	1,684	0,560	0,064	—	—	—	—	—	—	—
27		Terlan . . 1893	1	—	10,25	1,852	0,452	0,056	—	0,29	—	0,179	—	—	—
28		Andrian . 1893	1	—	10,80	1,865	0,612	0,042	—	0,21	—	0,149	—	—	—
29	Flaschenweine*)	Tramin . . 1890	1	—	13,94	1,935	0,510	0,062	—	0,22	0,87	0,147	—	0,023	—
30		Rebenhof b. Gries . . 1889	3	—	11,35	1,830	0,542	0,097	—	0,08	0,79 [2]	0,160	—	0,025 [2]	—
31		Bozen . . 1884	1	—	11,64	1,326	0,460	0,082	—	0,03	—	0,142	—	—	—
32		Bozen . . 1888	2	—	11,58	1,851	0,608	0,086	—	0,25	0,88	0,184	—	0,028	—
33		Bozen . . 1889	1	—	12,67	1,858	0,585	0,088	—	0,20	0,94	0,192	—	0,035	—
34		Bozen . . 1890	1	—	12,09	2,142	0,630	0,105	—	0,30	0,94	0,209	—	0,025	—
35		Bozen . . 1891	1	—	11,56	2,037	0,700	0,107	—	0,16	0,97	0,139	—	0,030	—
36		St. Michele a. d. Etsch 1881	1	—	11,30	1,650	0,570	0,120	—	0,22	0,93	0,160	—	0,016	—
37		St. Michele a. d. Etsch 1887	2	—	10,85	1,785	0,545	0,079	—	0,15	0,77	0,166	—	0,015	—
38		St. Michele a. d. Etsch 1890	2	—	12,34	1,910	0,605	0,056	—	0,08 [1]	0,81 [1]	0,160 [1]	—	0,020 [1]	—
39		St. Michele a. d. Etsch 1891	2	—	11,93	2,082	0,518	0,071	—	0,18	0,88	0,182	—	0,023	—
		Mittel	—	**0,9927**	**11,10**	**1,88**	**0,57**	**0,075**	**0,122**	**0,15**	**0,74**	**0,17**	**0,079**	**0,022**	**0,026**

Rothweine.

Analysen No. 1—50 und 52—58 von R. Haas und C. Hoffmann[1]); No. 51 von R. Kayser[2]) **); No. 59—88 von C. Mach.[3])

No.	Herkunft	Zeit der Untersuchung	100 g Wein enthalten Gramm: Spec. Gewicht	Alkohol	Extrakt	Gesammt-Säure	Flüchtige Säure	Weinsäure	Gerbstoff	Glycerin	Mineralstoffe	Kali	Phosphorsäure	Schwefelsäure
1	Negrara-Wein aus Südtyrol	1879	0,9948	12,48	3,44	0,71	—	—	0,08	—	0,250	0,110	0,047	0,041
2		„	0,9934	7,57	1,54	0,82	—	—	0,19	—	0,191	0,087	0,032	0,009
3		„	0,9935	6,75	(1,14)?	0,78	—	—	0,12	—	0,195	0,086	0,029	0,009
4		„	0,9978	7,52	2,54	0,62	—	—	0,15	—	0,182	0,089	0,019	0,010
5		„	0,9920	10,92	2,24	0,63	—	—	0,16	—	0,239	0,098	0,055	0,021
6		„	0,9920	7,75	3,69	0,71	—	—	0,27	—	0,262	0,126	0,025	0,012

1) Mitth. d. k. k. chem.-physiol. Vers.-Stat. in Klosterneuburg. Heft 4 und 5. Wien 1885 und 1888. Ueber die Untersuchungs-Verfahren vergl. oben S. 1256. Die Weine No. 1—10 enthielten kein Fuchsin.

2) Repert. analyt. Chem. 1882, **2**, 53.

3) E. Mach: Der Weinbau und die Weine Deutsch-Tyrols 1894.

*) Diese Weine wurden gelegentlich der Ausstellungen in Innsbruck 1893 und St. Petersburg 1894 und behufs Beschickung von Weinstuben untersucht. Von der Wiedergabe einer weiteren Zahl von Analysen, bei denen nur Alkohol, Extrakt, Gesammt- und flüchtige Säuren bestimmt wurden oder bei denen der Jahrgang nicht angegeben ist, ist hier abgesehen worden.

**) R. Kayser untersuchte die Weine nach den „Vereinbarungen analytischer Chemiker“.

No.	Herkunft und Jahrgang*)	Zeit der Untersuchung	Spec. Gewicht	100 g Wein enthalten Gramm: Alkohol	Extrakt	Gesammt-Säure (Weinsäure)	Weinstein	Freie Weinsäure	Gerbstoff	Glycerin	Mineralstoffe	Kali (K_2O)	Phosphorsäure (P_2O_5)	Schwefelsäure (SO_3)
7	Meran	1882	0,9928	7,81	1,60	0,76	—	0	0,17	(0,19)	0,224	0,121	0,024	0,014
8		„	0,9930	7,18	1,50	0,77	—	0	0,17	(0,27)	0,228	0,109	0,017	0,011
9	Leitacher, Bozen, 1881	„	0,9932	8,00	1,90	0,72	—	0	0,17	0,41	0,243	0,127	0,022	0,019
10	Kälterer See „ 1881	„	0,9930	7,78	1,90	0,52	—	0	0,17	0,64	0,245	0,132	0,023	0,019
11	Traminer, Bozen, 1881 gut .	„	0,9940	7,65	1,90	0,51	—	0	0,16	0,44	0,229	0,121	0,022	0,014
12	leicht	„	0,9938	7,47	1,85	0,55	—	0	0,14	0,49	0,214	0,116	0,022	0,017
13	—	„	0,9944	8,19	2,07	0,58	—	0	0,19	0,65	0,236	0,122	0,023	0,015
14	Meran	„	0,9937	7,97	1,72	0,67	0,03	0	0,22	0,53	0,241	0,129	0,022	0,010
15	Leichter Wein . . .	„	0,9940	8,56	1,87	0,56	0,15	0	0,18	0,57	0,219	0,115	0,021	0,018
16	Südtyrol	„	0,9935	7,68	1,77	0,62	0,17	0	0,22	(0,31)	0,235	0,119	0,019	0,015
17	Teroldigo	„	0,9933	10,44	2,60	0,85	0,32	—	0,26	0,59	0,250	—	—	0,024
18	Rossara	„	0,9928	8,37	1,70	0,48	0,27	—	0,17	0,47	0,187	—	—	0,018
19	Trento, Teroldigo,	9. 4. 1883	0,9960	9,68	3,06	0,59	—	—	0,18	0,54	0,231	0,115	0,024	0,024
20	Giuseppe Pedrotti	„	0,9937	9,95	2.43	0,58	—	—	0,20	0,56	0,239	0,115	0,021	0,024
21	Muzzo-Lombardo, 1881	„	0,9930	10,00	2,40	0,57	—	—	0,19	0,55	0,239	0,116	0,022	0,025
22	Trentino, Teroldigo,	„	0,9943	9,53	2,45	0,59	—	—	0,16	0,53	0,225	0,116	0,019	0,015
23	Pietro Pezzi Mezzo-	„	0,9944	9,68	2,47	0,71	—	—	0,18	0,47	0,231	0,117	0,024	0,021
24	Lombardo, 1881	„	0,9930	9,49	2,25	0,60	—	—	0,16	0,53	0,190	0,104	0,022	0,028
25	Teroldigo, Vers.- 1880	„	0,9934	10,02	2,52	0,55	—	—	0,12	0,89	0,234	0,108	0,037	0,028
26	Stat. St. Michele 1878	27.3.1883	0,9954	9,23	2,73	0,61	—	—	0,21	0,82	0,269	0,124	0,042	0,042
27	Teroldigo, A. Schwarz jun., Bozen . . .	„	0,9965	7,73	2,31	0,66	—	—	0,23	0,53	0,226	0,106	0,026	0,035
28	Teroldigo, Trient: Luigi Litterotti	10.4.1883	0,9951	9,32	2,51	0,70	—	—	0,25	0,53	0,241	0,106	0,024	0,025
29	Teroldigo, Trient: Conti Consolati	„	0,9920	9,62	1,97	0,69	—	—	0,14	0,41	0,214	0,099	0,022	0,023
30	Teroldigo aus Trient 1868	1883	0,9915	10,24	2,00	0,65	—	—	0,11	0,80	0,218	0,094	0,024	0,030
31	1872	„	0,9926	10,02	2,00	0,65	—	—	0,14	0,78	0,255	0,114	0,030	0,033
32	1880	„	0,9936	9,01	1,90	0,66	—	—	0,14	0,79	0,239	0,112	0,028	0,033
33	Negrara aus Marano d'Isera 1880	„	0,9934	8,63	1,90	0,61	—	—	0,18	0,59	0,208	0,098	0,017	0,019
34	1881	„	0,9947	8,54	2.10	0,68	—	—	0,20	0,59	0,235	0,107	0,039	0,035
35	Negrara aus Trient 1868	„	0,9919	10,03	1,90	0,64	—	—	0,12	0,72	0.233	0,103	0,032	0,037
36	—	„	0,9905	9,54	1,73	0,81	—	—	0,12	0,59	0,220	0,101	0,027	0,019
37	1881	„	0,9910	9,85	2,08	0,61	—	—	0,15	0,65	0,198	0,093	0,026	0,021
38	1869	„	0,9910	9,81	2,03	0,62	—	—	0,15	0,64	0,214	0,102	0,027	0,027

*) Eigenschaften der Weine:

No. 7 u. 8. Trübe, unfertig.
„ 9. Etwas trübe, leicht.
„ 10. Trübe, unfertig.
„ 13. Klar, mild gut.
„ 14. Unklar, gering.
„ 15. Ziemlich klar, etwas sauer.
„ 16. Sehr geringer Tischwein.
„ 17 u. 18. Gut, etwas kohlensäurehaltig.
„ 19. Klar, voll, sehr gut.
„ 20. Klar, etwas sauer, gut.
„ 21. Voll, mild, sehr gut.
„ 22. Etwas sauer, gut.
„ 23. Etwas sauer, mittelmässig.
„ 24. Mild, sehr gut.
No. 25. Klar, mild, sehr gut.
„ 26. Nicht zu herb, gut.
„ 27. Klar, ziemlich sauer, gut.
„ 28. Zu herb, noch unfertig.
„ 29. Nicht ganz klar.
„ 30. Sauer, gut.
„ 31. Sauer, gut.
„ 32. Sehr sauer, mittelgut.
„ 33. Sehr gut.
„ 34. Gut.
„ 35. Sehr sauer, mittelgut.
„ 36. Nicht ganz klar, ziemlich sauer.
„ 37. Nicht zu sauer, gut.
„ 38. Etwas sauer, mittelgut.

No.	Herkunft und Jahrgang*)	Zeit der Untersuchung	Spec. Gewicht	Alkohol	Extrakt	Gesammt-Säure (Weinsäure)	Weinstein	Stickstoff-Substanz	Gerbstoff	Glycerin	Mineral-stoffe	Kali (K_2O)	Phosphor-säure (P_2O_5)	Schwefel-säure (SO_3)
				100 g Wein enthalten Gramm:										
39	Marzemino aus Trient 1881	1883	0,9918	9,31	2,13	0,55	—	—	0,16	0,71	0,236	0,107	0,036	0,026
40	Marzemino aus Trient 1867	„	0,9910	9,93	2,03	0,68	—	—	0,16	0,67	0,225	0,108	0,033	0,032
41	Marzemino aus Rovereto 1881	„	0,9925	8,51	2,18	0,56	—	—	0,21	0,62	0,211	0,105	0,028	0,022
42	Vino da pasto 1879	„	0,9930	9,51	2,27	0,58	—	0,111	0,13	0,79	0,199	0,089	—	0,023
43	Vino da pasto 1881	„	0,9927	9,86	2,22	0,52	—	0,088	0,12	0,87	0,205	0,092	0,029	0,021
44	Rosaro, Bozen . 1882	„	0,9951	6,81	1,70	0,54	0,25	—	—	0,50	0,200	—	—	0,021
45	Maderno bei Trient 1880	„	0,9933	8,48	2,18	0,56	—	0,188	0,14	0,67	0,212	0,098	0,028	0,022
46	Maderno bei Trient 1878	„	0,9924	8,39	1,98	0,60	—	0,134	0,12	0,52	0,189	0,083	0,035	0,015
47	Castello Aquila Trient 1880	„	0,9939	9,13	2,32	0,59	—	0,143	0,18	0,66	0,216	0,096	0,031	0,036
48	Castello Aquila Trient 1881	„	0,9925	8,57	2,12	0,49	—	0,161	0,12	0,70	0,221	0,100	0,036	0,019
49	Borgogna, Marano d'Isera . . . 1881	„	0,9931	9,45	2,45	0,62	—	0,159	0,19	0,75	0,191	0,098	0,026	0,031
50	Riva sul Garda . 1881	„	0,9926	8,40	1,88	0,75	—	0,131	0,18	0,51	0,184	0,084	0,027	0,016
51	Rothwein aus Südtyrol**)	1882	—	Vol.-% 10,00 Gew.-%	3,52	0,62	Zucker (0,84)	—	—	1,14	0,210	0,102	0,026	0,005
52	Vers.-Stat. St. Michele a. E. Carbenot . . 1880	1884	0,9940	9,33	2,45	0,53	—	0,129	0,15	0,77	0,202	0,094	0,023	0,028
53	Vers.-Stat. St. Michele a. E. Cabernet . . 1879	„	0,9942	8,90	2,40	0,55	—	0,123	0,17	0,72	0,211	0,097	0,023	0,030
54	Vers.-Stat. St. Michele a. E. Burgunder 1879	„	0,9950	8,55	2,45	0,59	—	0,118	0,15	0,75	0,225	0,104	0,032	0,033
55	Vers.-Stat. St. Michele a. E. Kadarka . . 1879	1885	0,9942	8,76	2,45	0,60	—	0,123	0,18	0,71	0,250	0,117	0,035	0,039
56	Vers.-Stat. St. Michele a. E. Merlot . . 1880	„	0,9940	10,03	2,94	0,58	—	0,091	0,16	0,93	0,208	0,084	0,029	0,045
57	Negraro-Trento . 1881	1883	0,9943	7,89	1,96	0,54	—	0,134	0,22	0,59	0,204	0,097	0,020	0,019
58	Negraro vecchio Trient (alt)	„	0,9915	10,93	2,14	0,61	—	0,157	0,13	0,98	0,224	0,103	0,027	0,038
				100 ccm Wein enthalten Gramm:										
		Zahl der Proben					Flüchtige Säure	Weinsäure	Zucker (Glukose)					
59	In der Vers.-Station St. Michele bereitet***) Eppan . 1893	2	—	7,64	1,84	0,457	0,039	0,330	0,10	0,74	0,229	0,127 [1]	0,020	—
60	In der Vers.-Station St. Michele bereitet***) Kurtatsch 1893	3	—	9,16	2,033	0,440	0,071	0,233	0,18	0,81	0,216	0,111 [2]	0,020	—
61	In der Vers.-Station St. Michele bereitet***) Neumarkt 1893	1	—	7,86	2,065	0,416	0,037	0,295	0,10	0,87	0,293	—	0,014	—
62	In der Vers.-Station St. Michele bereitet***) Andrian 1893	1	—	8,13	1,740	0,404	0,034	0,295	0,12	0,73	0,217	—	0,018	—

*) Eigenschaften der Weine:

No. 39. Nicht zu sauer, sehr gut.
„ 40. Nicht zu sauer, gut.
„ 41. Wenig sauer, sehr gut.
„ 42. Klar, mild, gut.
„ 43. Noch unfertig.
„ 44. Unklar, minder gut.
„ 45. Klar, sehr gut.
„ 46. Etwas unklar.
„ 47. Klar, mild, sehr gut.
„ 48. Unklar, nicht ganz fertig.
No. 49. Sehr gut.
„ 50. Mittelgut.
„ 52. Klar, mild voll, vorzüglich.
„ 53. Etwas herb.
„ 54. Mild, voll, sehr gut.
„ 55. Mild, voll, vorzüglich.
„ 56. Mild, voll, sehr gut.
„ 57. Etwas herb, mittelgut.
„ 58. Etwas sauer, gut.

**) Dieser Wein ist von R. Kayser aus Südtyroler Trauben selbst gekeltert; es wurde ausser obigen Bestandtheilen in dem Wein gefunden: 0,140 % Gesammt-Weinsäure, 0,542 % Aepfelsäure, 0,122 % Bernsteinsäure, 0,006 % Kalk und 0,014 % Magnesia.

***) Die Weine wurden im Januar 1894 untersucht.

No.	Herkunft und Jahrgang	Zahl der Proben	Spec. Gewicht	Alkohol Vol.-%	Extrakt	Gesammt-Säure (Weinsäure)	Flüchtige Säure (Essigsäure)	Gerbstoff	Zucker (Glukose)	Glycerin	Mineral-stoffe	Stickstoff-Substanz	Magnesia (MgO)	Kali (K_2O)	Phosphor-säure (P_2O_5)	Schwefel-säure (SO_3)
					100 ccm Wein enthalten Gramm:											
	Junge Tisch- und Spezialweine*)															
63	Kaltern 1893	7	—	10,20	2,010	0,429	0,071	—	0,19	—	0,221	—	—	—	—	—
64	St. Peter u. St. Jacob . 1893	1	—	11,71	1,931	0,514	0,073	—	0,13	—	0,206	—	—	—	—	—
65	St. Justina 1893	1	—	10,94	2,147	0,432	0,059	—	0,13	—	0,263	—	—	—	—	—
66	Gries . . 1892	2	—	10,83	2,442	0,538	0,062	—	0,08	—	0,254	—	—	—	—	—
67	Gries . . 1893	5	—	11,55	2,405	0,448	0,069	—	0,24	—	0,282	—	—	—	—	—
68	Missian . 1892	1	—	10,35	2,089	0,488	0,076	—	0,13	—	0,225	—	—	—	—	—
69	Missian . 1893	1	—	10,48	2,146	0,444	0,049	—	0,13	—	0,213	—	—	—	—	—
70	Tramin . 1892	1	—	10,35	2,044	0,544	0,064	—	0,05	—	0,244	—	—	—	—	—
71	Tramin . 1893	3	—	9,99	1,924	0,475	0,076	—	0,12	—	0,234	—	—	—	—	—
72	Salurn . . 1893	1	—	11,85	2,133	0,464	0,086	—	0,16	—	0,228	—	—	—	—	—
73	Andrian . 1893	2	—	9,42	1,999	0,479	0,062	—	0,15	—	0,203	—	—	—	—	—
74	Neumarkt . 1893	1	—	8,69	1,950	0,452	0,056	—	0,12	—	0,238	—	—	—	—	—
75	Terlan . . 1893	3	—	11,57	2,384	0,433	0,059	—	0,19	—	0,260	—	—	—	—	—
76	Siebeneich b. Terlan 1890	1	—	9,06	2,417	0,484	0,064	—	0,14	—	0,168	—	—	—	—	—
77	Siebeneich b. Terlan 1893	3	—	10,40	2,465	0,423	0,054	—	0,53	—	0,289	—	—	—	—	—
	Flaschenweine*)															
78	Gries . . 1889	3	—	11,39	2,291	0,538	0,086	—	0,13	0,85	0,232	—	—	—	0,031	—
79	Gries . . 1890	1	—	11,62	2,130	0,590	0,068	—	0,15	0,85	0,251	—	—	—	0,031	—
80	Bozen . . 1886	1	—	9,06	2,417	0,484	0,064	—	0,14	—	0,168	—	—	-	—	—
81	Bozen . . 1887	3	—	11,02	2,076	0,548	0,076	—	0,10	0,79	0,246	—	—	—	0,033	—
82	Bozen . . 1888	1	—	11,65	2,102	0,548	0,057	—	—	—	—	—	—	—	—	—
83	Bozen . . 1889	2	—	10,97	2,144	0,547	0,099	—	0,10	0,99 [1]	0,231	—	—	—	0,046	—
84	Bozen . . 1890	4	—	11,96	2,436	0,576	0,087	—	0,14	0,92	0,280	—	—	—	0,038	—
85	Bozen . . 1891	3	—	11,81	2,326	0,558	0,116	—	0,12	0,89	0,281	—	—	—	0,036	—
86	Auer . . 1890	1	—	10,95	2,277	0,532	0,079	—	0,12	—	0,242	—	—	—	—	—
87	St. Michele a. d. Etsch 1887	1	—	11,16	2,106	0,545	0,091	—	0,10	0,83	0,205	—	—	—	0,019	—
88	St. Michele a. d. Etsch 1890	5	—	11,59	2,306	0,495	0,067	—	0,16 [2]	0,89 [2]	0,256 [2]	—	—	—	0,026	—
	Mittel	—	**0,9934**	**11,05**	**2,16**	**0,58**	**0,068**	**0,167**	**0,15**	**0,69**	**0,23**	**0,191**	—	**0,105**	**0,028**	**0,023**

Böhmische Weine.

Analysen No. 1, 4 und 5 von E. Kaiser und B. Haas[1]); No. 2, 3 und 6—9 von J. Klaudi[2]).

Weissweine.

**)																
1	Unter-Berkovic 1876	—	0,9940	8,98	2,22	0,58	—	0,019	—	0,90	0,135	—	0,215	0,063	0,029	0,026
									Weinstein			Kalk				
2	Riesling, Cabinet Julienne***) . .	—	0,9940	9,40	2,06	0,70	0,08	0,002	0,42	0,62	0,17	0,009	0,012	0,040	0,020	0,020
3	Draminer Julienne***)	—	0,9957	7,36	2,15	0,75	0,08	0,020	0,32	0,79	0,19	0,009	0,019	0,070	0,040	0,020

[1]) Mittheil. d. k. k. chem.-physiol. Vers.-Stat. Klosterneuburg. Heft 5. Wien 1888. Ueber die Untersuchungs-Verfahren vergl. S. 1256, Anmerkung *). No. 5 enthielt 0,228 g Stickstoff-Substanz.

[2]) Listy Chemické 1890, **14**, 237; Chem.-Ztg. 1890, **14**, Rep. 227.

*) Vergl. Anmerkung *) S. 1257.

**) No. 1 ist als ziemlich starker, voller u. guter Weisswein; No. 4 als ziemlich starker, voller und etwas sauerer guter Rothwein und No. 5 als milder, voller, sehr guter Rothwein bezeichnet.

***) Vergl. Anmerkung **) S. 1261.

Rothweine.*) **)

No.	Herkunft und Jahrgang	Spec. Gewicht	100 ccm Wein enthalten Gramm: Alkohol	Extrakt	Ges.-Säure (Weinsäure)	Flücht. Säure (Essigsäure)	Weinstein	Gerbstoff	Glycerin	Mineral-stoffe	Kalk (CaO)	Magnesia (MgO)	Kali (K_2O)	Phosphor-säure (P_2O_5)	Schwefel-säure (SO_3)
4	Unter-Berkovic 1878	0,9940	8,98	2,32	0,73	—	—	0,138	0,56	0,201	—	—	—	—	0,034
5	Melnik . . . —	0,9939	9,61	2,49	0,55	—	—	—	0,86	0,235	—	—	—	—	—
6	Melnik { Vorlauf (Julienne)	0,9915	10,41	1,97	0,92	0,10	0,30	0,10	0,58	0,21	0,007	0,016	0,090	0,040	0,020
7	Melnik { Tischwein. 1883	0,9956	8,98	2,68	0 81	0,07	0,28	0,28	0,63	0,25	0,010	0,019	—	0,050	0,020
8	Melnik { Vorlauf . 1884	0,9962	8,70	2,50	0,68	0,10	0,21	0,11	0,72	0,23	0,008	0,013	—	0,032	0,020
9	Trosjlaver Vorlauf . . . 1885	0,9943	9,43	2,70	0,75	0,10	0,25	—	0,91	0,19	0,006	0,015	—	0,040	0,018

Alte reine Naturweine des Czernosecker Bezirkes.***)

Nach W. Seifert (Zeitschr. Nahrungsm.-Unters., Hyg. u. Waarenk. 1893, 7, 150).

No.	Herkunft	Auf der Flasche	Jahrg.	Spec. Gewicht	Alkohol	Extrakt	Ges.-Säure (Weinsäure)	Flücht. Säure (Essigsäure)	Zucker (Glukose)	Gerbstoff	Glycerin	Mineral-stoffe	Kalk (CaO)	Magnesia (MgO)	Kali (K_2O)	Phosphor-säure (P_2O_5)	Schwefel-säure (SO_3)
10	Traminer (No. 12 mit etwas Riesling und rothem Burgunder)	15 Jahre	1834	—	7,86	1,98	0,71	—	0,06	—	0,86	0,207	—	—	—	0,037	—
11		30 „	1846	—	8,58	1,95	0,55	—	0,06	—	0,86	0,232	—	—	—	0,045	—
12		25 „	1862	—	9,14	1,72	0,52	—	0,07	—	0,83	0,165	—	—	—	0,018	—
13		13 „	1865	—	9,45	2,21	0,61	—	0,08	—	1,01	0,234	—	—	—	0,035	—
14		13 „	1868	—	9,45	2,25	0,69	—	0,11	—	1,04	0,227	—	—	—	0,036	—

Mährische Weine.

Weissweine (einschl. Schillerwein No. 9).

Analysen von Franz Lafar.¹) ⁰)

No.	Herkunft und Traubensorte	Jahrgang	Spec. Gewicht bei 23°	100 ccm Wein enthalten (bei 23°) Gramm: Alkohol	Extrakt	Ges.-Säure (Weinsäure)	Flüchtige Säure (Essigsäure)	Weinstein	Zucker	Stickstoff	Gerbstoff	Glycerin	Mineral-stoffe
1	Neusiedl	1885	0,9930	6,87	1,58	0,62	0,096	0,260	Spur	0,010	0,042	0,44	0,170
2	Ottnitz (Schwarzfelder) .	1888	0,9950	6,15	1,76	0,68	0,134	0,357	„	(0,250) ⁰⁰)	0,041	0,55	0,183
3	Schöllschitz (Krachgutedel, Muskateller, Burgunder)	1888	0,9943	7,48	1,59	0,84	0,107	0,302	0,038	(0,272)	0,029	0,32	0,166

¹) Zeitschr. angew. Chem. 1889, 609.

*) Vergl. Anmerkung **) S. 1260.

**) Die von J. Klaudi (nach Barth's Weinanalyse) untersuchten Weine waren zuverlässig rein. Sie enthielten ferner in 100 ccm:

	No. 2	3	6	7	8	9
Freie Weinsäure	0,070	0,130	0,150	0,020	0,050	0,010 g
Stickstoff-Substanz	0,138	0,163	0.113	—	—	— „
Eisenoxyd + Thonerde	0,005	0,002	0,001	0,002	0,004	0,002 „
Chlor.	0,005	0,006	0,008	0,001	0,005	0,002 „

***) Ueber die Eigenschaften der Weine liegen folgende Angaben vor:

No. 10. Sehr feines Bouquet, ziemlich stark, mild, voll, harmonisch.

„ 11. Feines Bouquet, ziemlich stark, voll, harmonisch.

No. 12. Feines Bouquet, stark, voll, harmonisch.

„ 13. Sehr feines Bouquet, stark, mild, voll, harmonisch.

„ 14. Feines Bouquet, stark, voll, harmonisch.

⁰) Vergl. Anmerkung *) S. 1262.

⁰⁰) Die eingeklammerten hohen, in der Originalarbeit angegebenen Zahlen für den Stickstoff-Gehalt dieser Weine, können unmöglich richtig sein.

No.	Herkunft und Traubensorte	Jahrgang	Spec. Gewicht bei 23°	100 ccm Wein enthalten (bei 23°) Gramm: Alkohol	Extrakt	Ges.-Säure (Weinsäure)	Flüchtige Säure (Essigsäure)	Weinstein	Zucker	Stickstoff	Gerbstoff	Glycerin	Mineral-stoffe	Schwefel-säure (SO_3)
4	Testitz (Tokayer)	1863	0,9959	6,53	1,84	0,70	0,139	0,406	Spur	(0,240)	0,076	0,48	0,194	—
5	Mährische Original-Eigenbauweine der Fürstl. Karl v. Lichtenstein'schen Domänen-Direktion	1875	0,9938	7,62	2,11	0,68	0,102	0,220	0,089	(0,322)	0,048	0,85	0,200	—
6		1882	0,9932	7,50	1,92	0,64	0,099	0,253	0,076	(0,392)	0,030	0,61	0,167	—
7		1885	0,9921	8,35	2,04	0,65	0,115	0,243	0,065	(0,322)	0,041	0,78	0,190	—
8		1887	0,9933	10,10	2,09	0,72	0,167	0,279	0,121	(0,401)	0,032	0,83	0,201	—
9	Schillerwein von Ottnitz (Ziehrfandler) . . .	1888	0,9973	4,86	1,66	0,73	0,085	0,166	0,023	0,012	0,056	0,49	0,195	—
	Mittel	—	**0,9942**	**7,27**	**1,84**	**0,69**	**0,116**	**0,276**	**0,046**	—*)	**0,044**	**0,59**	**0,185**	—

Sehr alte mährische Weine.

Analysen von Reitlechner.[1])

No.	Herkunft	Jahrgang	Spec. Gewicht bei 15°	Alkohol	Extrakt	Ges.-Säure	Flüchtige Säure	Weinstein	Zucker	Stickstoff	Gerbstoff	Glycerin	Mineralstoffe	Schwefelsäure
1	Frischauer Weine	1720	1,0030	3,18	2,30	0,74	—	0,600	—	—	—	—	0,34	0,237
2		1746	1,0020	3,58	2,10	0,77	—	0,375	—	—	—	—	0,30	0,079
3		1794	1,0004	4,61	2,10	0,72	—	0,450	—	—	—	—	0,24	0,165
4		1834	0,9904	8,03	2,00	0,75	—	0,751	—	—	—	—	0,18	0,012

Rothwein.

Analyse von L. Weigert.[2])

No.	Herkunft	Zeit der Untersuchung	Spec. Gewicht	Alkohol	Extrakt	Ges.-Säure	Flüchtige Säure	Weinstein	Zucker	Stickstoff	Gerbstoff	Glycerin	Mineralstoffe	Schwefelsäure
1	Von Znaim (wenig stark, voll, mittelgut) . .	1885	0,9970	7,13	2,02	0,59	—	—	—	—	—	0,67	0,197	0,052

Niederösterreichische Weine.

Analysen von B. Haas, C. Hoffmann, L Weigert und F. Hock.[3]) **)

Weissweine.***)

	Herkunft:			100 g Wein enthalten Gramm:			Freie Weinsäure				Glycerin	Mineralstoffe	Phosphorsäure	
1	Wiener Schankwein .	1878	0,9920	7,03	3,15	0,65	—	—	0,19	—	—	0,167	—	0,036
2	Tischwein	1878	0,9950	6,27	2,55	0,64	—	—	0,13	—	—	0,168	—	0,029
3	Ziersdorf	1881	0,9970	5,97	1,90	0,62	0,22	—	—	—	0,44	0,159	—	0,028
4	Goldesburg	1882	0,9946	7,09	1,80	0,62	—	0,25	—	—	0,49	0,144	—	0,018
5	Bockfluss	1883	0,9950	6,35	1,80	0,63	—	—	—	—	0,47	0,175	0,030	0,017
6	Guter Wein	1883	0,9986	7,06	2,70	1,04	—	0,27	—	—	0,72	0,257	—	0,024

1) Weinlaube 1887, 37. Vierteljahresschr. Nahrungs- u. Genussm. 1887, **2**, 429.
2) Mittheil. d. k. k. chem.-physiol. Vers.-Stat. Klosterneuburg. Wien 1888. Heft 5.
3) Mittheil.. der k. k. chem.-physiol. Vers.-Stat. Klosterneuburg Wien 1885 u. 1888. Heft 4 u. 5.

*) Vergl. Anmerkung [00]) S. 1261.

**) Untersuchungs-Verfahren: Spec. Gewicht mittels Pyknometers; Alkohol durch Destillation von 200 ccm Wein unter Zusatz von Tannin und Magnesia, Wägen des Destillates und Bestimmung des spec. Gewichtes desselben; Extrakt durch Eindampfen von 20—25 ccm Wein, dreistündiges Trocknen im Wasserdampf-Trockenschranke; Mineralstoffe durch Veraschen des Extraktes; Gesammt-Säure durch Verdünnen von 10—20 ccm Wein auf 500—750 ccm und Titration mit $^1/_{10}$ N.-Kalilauge; flüchtige Säuren durch Abdestilliren von 100 ccm Wein im Chlorcalciumbade, Zusatz von Wasser zum Rückstande, abermaliges Abdestilliren u. s. w. und Titration der Destillate mit $^1/_{10}$ N.-Lauge; Gerbstoff nach Neubauer-Löwenthal; Weinstein nach Berthelot-Fleurien; Zucker gewichtsanalytisch nach Allihn; Stickstoff in 100 ccm Wein nach dem Eindampfen nach Kjeldahl; Glycerin durch Eindampfen mit Kalk, Aufnehmen des Rückstandes mit 96%-igem Alkohol, Verdampfen des Alkohols, Aufnehmen mit 95%-igem Alkohol, Zusatz eines gleichen Volums Aether, Filtriren, 3-stündiges Trocknen im Wasserdampftrockenschranke und Abziehen des Zuckergehaltes des Weines.

***) Eigenschaften der Weine:

No. 1. Etwas sauer, gut.
„ 2. Etwas sauer, leicht, gut.
„ 3. Leicht.
No. 4. Unklar, sauer, ordinär.
„ 5. Etwas unklar, jung, leicht.
„ 6. Etwas unklar.

No.	Herkunft und Jahrgang*)	Zeit der Untersuchung	Spec. Gewicht	100 g Wein enthalten Gramm: Alkohol	Extrakt	Ges.-Säure (Weinsäure)	Stickstoff-Substanz	Schweflige Säure (SO_2)		Glycerin	Mineralstoffe	Kali (K_2O)	Phosphorsäure (P_2O_5)	Schwefelsäure (SO_3)
7	Klosterneuburger Stift —	1885	0,9960	7,24	2,34	0,75	0,137	0,0058		0,63	0,171	0,072	0,028	0,036
8	Klosterneuburger Stift Sylvaner . 1878	„	0,9941	8,55	2,34	0,62	0,121	0,0049		0,69	0,189	0,076	0,030	0,049
9	Klosterneuburger Stift Traminer . 1875	„	0,9950	8,22	2,40	0,69	0,127	0,0066		0,76	0,193	0,079	0,027	0,056
10	Klosterneuburger Stift Kahlenber . 1846	„	0,9985	6,43	2,61	0,88	0,155	0,0055		0,68	0,233	0,092	0,039	0,070
11	Retzbach, Langenlois 1868	1884	0,9931	7,72	1,94	0,56	0,113	0,0029		0,72	0,161	0,065	0,037	0,035
12	Bisamberg, Affenthaler . . . 1868	„	0,9925	9,04	2,04	0,73	0,133	0,0033		0,69	0,157	0,068	0,034	0,021
								Weinstein	Freie Weinsäure					
13	Klosterneuburg . .	1885	0,9936	8,07	1,89	0,70	—	—	—	0,62	0,167	—	—	0,032
14	Klosterneuburg . .	„	0,9940	8,39	1,99	0,67	—	—	—	0,67	0,186	—	—	0,036
15	Nussdorf	„	0,9967	5,81	1,76	0,70	—	0,33	—	0,55	0,191	—	0,036	0,024
16	Harnals	„	0,9947	7,34	1,73	0,73	—	0,34	—	0,54	0,168	—	—	0,021
17	Mistelbach	„	0,9971	6,29	1,74	0,75	—	—	—	0,47	0,168	—	—	—
18	Klosterneuburg, Traminer	1884	0,9930	8,90	1,72	0,63	—	—	—	0,74	0,201	0,083	0,027	0,031
19	Kalksburg . . 1868	„	0,9949	7,37	1,83	0,65	0,144	—	—	0,55	0,175	0,072	0,030	0,042
20	Kalksburg . . 1874	„	0,9950	7,32	1,83	0,67	0,149	—	—	0,58	0,174	0,073	0,029	0,043
21	Gumpoldskirchen —	„	0,9973	8,24	2,86	0,73	0,178	—	—	0,62	0,209	0,084	0,037	0,024
												Schweflige Säure		
22	Gumpoldskirchen — 1868	„	0,9944	10,09	2,67	0,79	—	—	—	0,93	0,200	0,0082	—	0,046
23	Gumpoldskirchen „Braut von Oesterreich“ 1868	1886	0,9944	8,79	2,05	0,67	0,179	—	0,01	0,92	0,206	0,0015	0,044	0,059
24	Gumpoldskirchen — 1869	„	0,9950	8,62	2,19	0,62	0,172	—	0,02	1,01	0,200	0,0011	0,048	0,057
25	Gumpoldskirchen — 1872	„	0,9968	7,17	2,11	0,69	0,184	—	0,02	0,87	0,173	0,0092	0,036	0,062
26	Gumpoldskirchen — 1874	„	0,9963	7,21	2,21	0,69	0,137	—	0,02	1,05	0,210	0,0077	0,031	0,060
27	Gumpoldskirchen — 1874	1884	0,9932	10,05	2,41	0,75	—	—	—	0,85	0,192	—	—	0,048
28	Gumpoldskirchen — 1876	1886	0,9963	7,58	2,12	0,69	0,194	—	0	0,87	0,206	0,0066	0,034	0,052
29	Gumpoldskirchen — 1885	„	0,9920	10,11	1,97	0,63	0,179	—	0,01	0,93	0,153	0,0016	0,037	0,015
30	Soos, Muscateller . .	1884	0,9974	11,40	3,91	0,72	—	—	—	0,35	0,195	—	—	0,040
31	Pfaffstädt . . . 1884	1886	0,9918	10,01	1,78	0,61	0,108	—	0,02	0,83	0,181	0,0051	0,024	0,025
32	Ziersdorf, Schillerwein	1881	0,9958	7,15	2,05	0,63	—	0,22	—	0,45	0,181	0,0080	—	0,032
	Mittel	—	**0,9950**	**7,90**	**2,20**	**0,69**	**0,151**	**0,28**	**0,04**	**0,69**	**0,185**	Kali **0,076**	**0,034**	**0,038**

*) Eigenschaften der Weine:

No. 7. Etwas sauer, voll.
„ 8 u. 9. Mild, voll, sehr gut.
„ 10. Voll, sehr gut.
„ 11 u. 12. Etwas unklar, etwas sauer, ziemlich gut.
„ 13. Etwas sauer, voll, mittelgut.
„ 14. Desgl. gut.
„ 15. Unklar, wenig stark, gering.
„ 16. Unklar, etwas sauer, mittelmässig.
„ 17. Unklar, ziemlich sauer, gering.
„ 18. Etwas unklar, ziemlich stark, gut.
„ 19, 21. Etwas unklar, voll, sehr gut.

No. 20. Etwas unklar, nicht zu sauer, voll, gut.
„ 22. Voll, sehr gut.
„ 23. Ziemlich stark, voll, gut.
„ 24. Ziemlich stark, mild, voll, sehr gut.
„ 25—27. Ziemlich stark, mild, voll, gut.
„ 28. Desgl., sehr gut.
„ 29. Ziemlich stark, mild, voll, jung und gut.
„ 30. Etwas stark und süss, voll, sehr gut.
„ 31. Ziemlich stark, voll, jung und gut.
„ 32. Nicht zu sauer, leicht.

Rothweine.

No.	Herkunft und Jahrgang *)	Zeit der Untersuchung	Spec. Gewicht	100 g Wein enthalten Gramm: Alkohol	Extrakt	Gesammt-Säure (Weinsäure)	Stickstoff-Substanz	Weinstein	Gerbstoff	Glycerin	Mineral-stoffe	Kali (K_2O)	Phosphor-säure (P_2O_5)	Schwefel-säure (SO_3)
1	Wiener Schankwein	1881	0,9950	8,99	2,46	0,52	—	—	0,08	—	0,167	—	—	0,016
2	Wiener Schankwein	1882	1,0015	9,56	3,86	0,78	—	—	—	—	0,346	—	—	0,031
3	Bisamberger, Affenthaler . . . 1874	1884	0,9950	8,39	2,33	0,64	0,162	—	0,11	0,73	0,187	0,085	0,041	0,016
4	Matzner, 1872 . .	„	0,9975	6,41	2,33	0,64	0,178	—	0,14	0,79	—	0,094	0,031	0,037
5	Matzner, 1872 . .	„	0,9950	8,11	2,43	0,61	0,186	—	0,13	0,70	—	0,134	0,041	0,054
6	Langenlois, Portugieser . . . 1874	„	0,9950	7,57	2,03	0,56	0,144	—	0,09	0,87	—	0,073	0,041	0,022
7	Vöslauer, Portugieser . . . 1882	1883	0,9942	9,18	1,96	0,55	—	—	—	0,59	0,214	—	—	0,008
8	Vöslauer Anstich 1883	„	0,9956	8,31	2,42	0,63	—	—	—	0,81	0,241	—	—	0,051
9	Vöslauer Anstich 1884	1884	0,9950	8,22	2,64	0,57	0,142	—	0,10	0,87	0,249	0,110	0,041	0,027
10	Vöslauer Anstich 1884	„	0,9952	10,16	2,93	0,61	—	—	—	1,17	0,277	—	—	0,025
11	Vöslauer Anstich 1884	„	0,9940	10,17	2,56	0,62	—	—	—	0,81	0,219	—	—	0,030
12	Vöslauer Anstich 1884	„	0,9958	8,77	2,62	0,68	—	—	—	0,81	0,280	—	0,029	0,035
13	Vöslauer Anstich 1869	1886	0,9970	8,45	2,73	0,67	0,146	—	—	1,03	0,253	—	0,033	0,064
14	Vöslauer Anstich 1884	„	0,9959	8,94	2,50	0,58	0,168	—	—	0,95	0,266	—	0,041	0,049
	Mittel	—	**0,9958**	**8,66**	**2,56**	**0,62**	**0,161**	—	**0,11**	**0,84**	**0,24**	**0,099**	**0,037**	**0,033**

Steiermärkische Weine.

Weissweine.

Analysen von B. Haas, L. Weigert, C. Hoffmann und E. Kayser.[1]) **)

No.	Herkunft und Jahrgang *)	Zeit der Untersuchung	Spec. Gewicht	Alkohol	Extrakt	Gesammt-Säure (Weinsäure)	Stickstoff-Substanz	Weinstein	Gerbstoff	Glycerin	Mineral-stoffe	Kali (K_2O)	Phosphor-säure (P_2O_5)	Schwefel-säure (SO_3)
1	Pettau, gemischter Satz	1883	0,9950	6,92	1,78	0,65	—	—	—	0,57	0,150	—	—	0,005
2	Marburg	„	0,9973	6,52	2,16	0,87	—	0,30	0,03	0,66	0,170	0,068	0,028	0,021
3	Marburg	„	0,9967	7,00	2,33	0,76	—	0,26	0,04	0,67	0,190	0,068	—	0,028
								Schweflige Säure						
4	Lüttenberger . 1873	1884	0,9942	7,85	1,96	0,70	0,159	—		0,63	0,152	0,059	0,046	0,019
5	Lüttenberger . 1875	„	0,9944	7,94	2,02	0,69	0,154	—		0,77	0,154	0,072	0,044	0,019
6	Lüttenberger . —	„	0,9950	9,02	2,54	0,74	0,107	0,0071		0,65	0,155	0,064	0,038	0,032
7	Picknoer	„	0,9940	9,40	2,35	0,64	0,104	0,0029		0,66	0,149	0,068	0,034	0,019
8	Schützenberger . . .	„	0,9940	9,76	2,79	0,77	0,107	0,0029		0,92	0,151	0,068	0,028	0,025
9	Sauritscher	„	0,9980	6,01	2,10	0,13	—	—		—	0,170	—	—	0,014
	Mittel (No. 1—9)	—	**0,9994**	**8,44**	**3,14**	**0,78**	**0,134**	**0,0043**		**0,71**	**0,167**	**0,069**	**0,039**	**0,026**

[1]) Mittheil. k. k. chem.-physiol. Vers.-Stat. Klosterneuburg. Wien 1885 u. 1888. Heft 4 u. 5.

*) Eigenschaften der Weine:

Niederösterreichische Rothweine.

No. 1. Sehr unklar, sauer, alkoholischer Geschmack.
„ 2. Desgl. ziemlich sauer.
„ 3—5. Mild, voll, sehr gut.
„ 6. Nicht zu herb, voll, gut.
„ 7. Selbst gekeltert.
„ 8. Noch moussierend, gut.
„ 9. Etwas unklar, nicht zu herb und sauer, hat sich gebrochen.
„ 10. Mild, voll, sehr gut.
„ 11. Mild, voll, vorzüglich, wie Burgunder.
„ 12. Ziemlich stark, nicht zu herb, voll, sehr gut.
No. 13. Ziemlich stark, mild, voll, sehr gut.
„ 14. Ziemlich stark, mild, voll, gut.

Steiermärkische Weissweine.

„ 2. Sauer, ziemlich gut.
„ 3. Gut.
„ 4. Unklar, nicht zu sauer und voll.
„ 5. Unklar, voll und gut.
„ 6. Sehr klar, mild, voll, sehr gut.
„ 7. Nicht zu sauer, ziemlich voll, stark und gut.
„ 8. Nicht zu sauer, voll, gut.
„ 9. Ziemlich voll, wenig stark, sehr sauer.

**) Ueber die Untersuchungs-Verfahren vergl. S. 1262 Anmerkung *).

Rothweine (aus widerstandsfähigen amerikanischen Reben).

Analysen von F. Hock.[1])

No.	Herkunft und Jahrgang	Zeit der Untersuchung	Spec. Gewicht	100 g Wein enthalten Gramm: Alkohol	Extrakt	Gesammt-Säure (Weinsäure)	Flüchtige Säure (Essigsäure)	Stickstoff-Substanz	Gerbstoff	Glycerin	Mineralstoffe	Kali (K_2O)	Phosphorsäure (P_2O_5)	Schwefelsäure (SO_3)
1*)	York-Madeira aus Pettau	1886	0,9950	9,70	2,69	0,75	0,056	0,125	0,069	0,89	0,207	0,082	0,041	0,007
2*)	York-Madeira aus Pettau	1886	0,9951	9,79	2,68	0,76	0,085	0,136	0,056	0,96	0,202	—	—	—

Weine aus Istrien, der Grafschaft Görz bezw. dem Küstenlande.**)

Analysen von B. Haas, L. Weigert, E. Kayser und C. Hoffmann.[2])

Weissweine.

No.	Herkunft und Jahrgang	Zeit der Untersuchung	Spec. Gewicht	Alkohol	Extrakt	Gesammt-Säure (Weinsäure)	Flüchtige Säure (Essigsäure)	Stickstoff-Substanz	Gerbstoff	Glycerin	Mineralstoffe	Kali (K_2O)	Phosphorsäure (P_2O_5)	Schwefelsäure (SO_3)
1	Villanova di Fara (Görz) . . . 1879	1883	0,9930	8,94	2,02	0,68	—	0,118	—	0,81	0,195	0,089	0,021	0,054
2	Dornberg (Görz) 1881 Wälschriesling	1884	0,9935	8,38	2,22	0,59	—	0,149	—	0,64	0,191	0,084	0,022	0,012
3	Dornberg (Görz) 1881 Vinorejko Drustov . .	1884	0,9923	9,48	1,90	0,46	—	0,118	—	0,66	0,190	0,086	0,024	0,020
4	Parenzo	1883	1,0000	6,42	3,23	1,18	—	—	—	0,67	0,180	—	—	0,013
5	Weinbau-Vers.-Station Parenzo (Istrien) . .	1883	0,9924	10,99	2,63	0,79	—	0,154	—	0,94	0,218	0,099	0,029	0,054
	Mittel No. 1—5	—	**0,9942**	**8,87**	**2,40**	**0,74**	—	**0,135**	—	**0,74**	**0,195**	**0,090**	**0,024**	**0,028**

Rothweine.

No.	Herkunft und Jahrgang	Zeit der Untersuchung	Spec. Gewicht	Alkohol	Extrakt	Gesammt-Säure (Weinsäure)	Flüchtige Säure (Essigsäure)	Stickstoff-Substanz	Gerbstoff	Glycerin	Mineralstoffe	Kali (K_2O)	Phosphorsäure (P_2O_5)	Schwefelsäure (SO_3)
1	— 1882	1883	0,9992	6,35	2,60	0,85	—	—	0,240	0,54	(0,61)	—	—	0,031
2	Villanova di Fara (Görz) Pinot blanc 1880	1884	0,9910	8,29	2,23	0,62	—	0,157	0,047	0,79	0,198	0,080	0,034	0,056
3	Villanova di Fara (Görz) Carmenet 1875	1884	0,9960	8,27	2,32	0,56	—	0,193	0,151	0,71	0,198	0,080	0,036	0,036
4	Villanova di Fara (Görz) Barbera 1878	1883	0,9961	8,50	2,95	0,58	—	0,188	0,237	0,74	0,258	0,133	0,035	0,044
5	Dornberg (Görz) Vinorejko Drustov 1881	1884	0,9950	8,51	2,32	0,83	—	0,170	0,131	0,59	0,224	—	0,038	0,014
6	Weinbau-Vers.-Station Parenzo (Istrien) Pinot	1884	0,9980	9,55	3,49	0,82	—	0,201	0,149	0,86	0,249	0,104	0,038	0,068
7	Weinbau-Vers.-Station Parenzo (Istrien) Syrrha	1883	0,9940	9,43	2,88	0,83	—	0,069	0,140	0,61	0,202	0,095	0,022	0,051
	Mittel No. 1—7	—	**0,9956**	**8,44**	**2,68**	**0,70**	—	**0,163**	**0,156**	**0,69**	**0,222**	**0,098**	**0,034**	**0,043**

[1]) Mittheil. k. k. chem.-physiol. Vers.-Stat. Klosterneuburg. Wien 1888, Heft 5.

[2]) Mittheil. k. k. chem.-physiol. Vers.-Stat. Klosterneuburg. Wien 1885, Heft 4 u. 1888, Heft 5. Ueber die Untersuchungs-Verfahren vergl. S. 1262.

*) Der Wein No. 1 wurde aus unfiltrirtem Most von frischen Trauben im Laboratorium bereitet, nicht auf Hülsen vergohren, am 25. Nov. 1885 auf Flaschen gefüllt und am 18. Mai 1886 untersucht. — Der Most von Wein No. 2 wurde 6 Stunden lang gelüftet und der Wein am 7. Dezember 1885 auf Flaschen gezogen und am 18. Mai 1886 untersucht.

Die Weine enthielten ferner:

	Weinstein	Freie Weinsäure	Natron	Kalk	Magnesia	Eisenoxyd	Thonerde	Chlor	Kieselsäure
No. 1	0,29	0,05	0,0047	0,092 (?)	0,048 (?)	0,0020	0,0007	0,0035	0,0029 %
„ 2	0,22	0,07	—	—	—	—	—	—	—

**) Eigenschaften der Weine:

Weissweine.

No. 1. Wälschriesling, voll, sehr gut.
„ 2. Unklar, noch etwas süss, leer.
„ 3. Ziemlich stark, voll, sehr gut.
„ 4. Terrano-Traube.
„ 5. Rothgipfler, stark, voll, gut.

Rothweine.

No. 1. Wenig sauer, sehr gut.
„ 2—4. Mild, voll, vorzüglich.
„ 5. Ziemlich sauer.
„ 6. Farbstoff abgesetzt, sonst klar, gering.
„ 7. Voll, ziemlich stark.

Weine aus Dalmatien.

Analysen No. 1—19 von B. Haas, L. Weigert, C. Hoffmann und E. Kayser[1]*); No. 20—23 von R. Kayser.[2])

No.	Herkunft und Jahrgang	Zeit der Untersuchung	Spec. Gewicht	100 g Wein enthalten Gramm: Alkohol	Extrakt	Gesammt-Säure (Weinsäure)	Weinstein	Gerbstoff	Zucker	Glycerin	Mineral-stoffe	Kalk (CaO)	Phosphor-säure (P_2O_5)	Schwefel-säure (SO_3)
1	Herber Rothwein	1883	0,9950	8,95	3,03	0,64	0,37	0,21	—	0,87	0,25	—	—	0,035
2	Plavaz aus Lissa	„	0,9940	11,21	2,96	0,45	—	—	—	0,80	0,19	—	—	0,011
3	Spalato 1870 (No. 3) und 1871: Bollopollo	1873	0,9990	10,90	4,38	0,66	—	0,20	0,81	—	0,21	—	—	—
4	Bol (schietto)	„	1,0040	9,50	4,62	0,73	—	0,28	0,96	—	0,27	0,009	0,033	—
5	soprafinu	„	0,9990	8,51	4,38	0,70	—	0,27	0,58	—	0,28	0,016	0,017	—
6	—	„	1,0000	8,91	4,12	0,68	—	0,24	0,50	—	0,28	0,012	0,031	—
7	Castello (schietto)	„	0,9960	9,18	3,36	0,65	—	0,28	0,14	—	0,29	0,008	0,028	—
8	Glavinusa	„	0,9960	9,74	3,88	0,66	—	0,22	—	—	0,29	0,009	0,038	—
9	Pucisce Cianco Sebenico 1871	„	0,9960	9,02	3,88	0,60	—	0,09	0,31	—	0,29	0,014	0,040	—
10	Sebenico: Cevica	1883	0,9943	11,02	2,70	0,62	—	0,26	—	0,76	0,25	—	—	0,027
11	Sebenico: Ribnik	„	0,9945	10,12	2,50	0,58	—	0,28	—	0,75	0,27	—	—	0,024

No.	Herkunft und Jahrgang	Zeit der Untersuchung	Spec. Gewicht	Alkohol	Extrakt	Gesammt-Säure (Weinsäure)	Stickstoff-Subst.	Gerbstoff	Zucker	Glycerin	Mineral-stoffe	Kali	Phosphor-säure (P_2O_5)	Schwefel-säure (SO_3)
12	Vino commune aus Lissa 1881: Schillerwein	„	0,9976	10,64	3,63	0,49	0,207	0,11	—	0,92	0,33	0,157	0,024	0,043
13	roth	„	0,9940	9,93	2,59	0,55	0,170	0,31	—	0,80	0,25	0,108	0,025	0,021
14	roth	„	0,9930	10,98	3,00	0,54	0,191	0,43	—	0,88	0,24	0,106	0,025	0,021
15	weiss	„	0,9953	10,72	3,22	0,51	0,195	0,26	—	0,85	0,38	0,171	0,021	0,050
16	Insel Lacroma 1870 (No. 16) und 1871: Cervenak, roth	1872	0,9980	11,07	4,95	0,59	0,175	0,19	1,14	—	0,241	0,088	0,034	—
17	Plavka, braun	„	0,9930	10,89	3,30	0,44	0,071	0,08	—	—	0,302	0,110	0,048	—
18	Glavinjas, roth	„	0,9950	9,75	3,20	0,65	0,158	0,25	—	—	0,211	—	0,037	—
19	Plavaz, weiss	„	0,9910	8,66	2,30	0,62	0,071	0,08	—	—	0,166	0,067	0,031	—

No.	Herkunft und Jahrgang	Zeit der Untersuchung	Spec. Gewicht	Alkohol Vol.-%	100 ccm Wein enthalten Gramm: Extrakt	Gesammt-Säure	Zucker	Glycerin	Mineralstoffe	Kalk	Magnesia	Kali	Phosphor-säure	Schwefel-säure
**) 20	Rothweine 1878	1882	—	11,9	2,99	0,51	0,01	1,25	0,23	0,006	0,014	0,150	0,032	0,019
21	Rothweine 1879	1883	—	12,2	3,59	0,83	0,13	1,35	0,28	0,005	0,016	0,147	0,035	0,032
22	Rothweine 1880	„	—	12,8	3,36	0,73	0,19	1,30	0,29	0,004	0,019	0,160	0,034	0,020
23	Rothweine 1881	„	—	11,7	3,05	0,67	0,16	1,09	0,27	0,006	0,015	0,156	0,034	0,024

[1]) Mittheil. k. k. chem.-physiol. Vers.-Stat. Klosterneuburg. Wien 1885, Heft 4 u. 1888, Heft 5. Ueber die Untersuchungs-Verfahren vergl. S. 1262.

[2]) Repert. analyt. Chem. 1884, **4**, 150.

*) Eigenschaften der Weine:

No. 3. Voll, etwas süss, sehr gut.
„ 4. Guter, rother Tischwein.
„ 5. Sehr guter, exportfähiger Tischwein.
„ 6. Guter Tischwein.
„ 7. Mittlerer, aber zu herber Tischwein.
„ 8. Sehr guter, exportfähiger Tischwein.
„ 9. Mittlerer Tischwein.
„ 10. Unklarer, herber, unfertiger Rothwein.
„ 11. Mild, sehr guter Rothwein.

No. 12. Mild, süss, hellroth, vorzüglich.
„ 13. Sehr gut.
„ 14. Herb, gut.
„ 15. Stark, gut.
„ 16. Herb, aber gut.
„ 17. Ziemlich süss, sehr braun.
„ 18. Sehr herb, aber sehr gut.
„ 19. Herb, nicht süss, gering.

**) Mit 0,07 g Weinsäure.

Weine aus Ungarn, Siebenbürgen und Kroatien.

Weissweine.

No.	Herkunft und Jahrgang*)	Zeit der Untersuchung	Spec. Gewicht	100 g Wein enthalten Gramm: Alkohol	Extrakt	Gesammt-Säure (Weinsäure)	Weinstein	Freie Weinsäure	Glycerin	Mineral-stoffe	Kali (K_2O)	Phosphor-säure (P_2O_5)	Schwefel-säure (SO_3)	Analytiker
1	Badacson 1878	1879	0,9946	8,89	2,41	0,63	—	—	—	0,255	0,089	0,036	0,023	B. Haas, L. Weigert und C. Hoffmann [1])
2	Somlo 1879	„	0,9944	8,93	2,22	0,69	—	—	—	0,203	0,063	0,044	0,053	
3	Somlo . . . . . —	1882	0,9980	6,93	2,69	0,73	0,23	0,31	0,73	0,216	—	—	0,027	
4	Losoncz	„	0,9960	6,84	1,92	0,83	0,36	0,42	0,54	0,176	—	—	0,009	
5	Losoncz	„	0,9940	7,51	1,81	0,85	0,30	—	0,51	0,138	—	—	0,009	
6	Kabánya 1878	1879	0,9954	9,35	2,80	0,68	—	—	—	0,236	0,089	0,035	0,014	
7	Dioscéger	1881	0,9964	5,43	1,60	0,62	0,15	—	0,41	0,192	—	—	—	
8	Werschetz 1880	1882	0,9943	7,26	1,68	0,55	—	—	0,46	0,180	—	—	0,037	
9	Selbstgekelterter Wein aus 1882-er Trauben: Werschetz, Kadarka .	1883	0,9950	9,84	2,84	0,75	—	—	0,85	0,205	—	—	0,004	
10	Werschetz, Steinschiller	„	0,9940	7,09	1,56	0,55	—	—	0,51	0,157	—	—	0,006	
11	Gyongyös, Kadarka .	„	0,9947	6,93	1,63	0,45	—	—	0,53	0,199	—	—	0,005	
12	Gyongyös, Riesling . .	„	0,9972	7,09	2,69	0,78	—	—	0,85	0,164	—	—	0,005	
13	Gyongyös, Mehlweiss .	„	0,9980	6,23	2,49	0,98	—	—	0,41	0,150	—	—	0,003	
14	Illok (Kadarka) . . .	„	0,9978	6,59	2,53	0,63	—	—	0,46	0,156	—	—	0,003	
15	Siebenbürgen	„	0,9950	9,31	3,15	1,01	—	—	0,59	0,167	—	—	0,007	
16	Gemischt	„	0,9950	8,40	2,31	0,92	—	—	0,81	0,148	—	—	0,004	
17	Margof Save (Kroatien) .	„	0,9963	7,16	2,19	0,65	—	—	0,53	0,182	—	—	0,006	
18	Somlo 1885	„	0,9938	8,21	2,37	0,73	0,31	—	—	0,209	—	—	0,041	
19	Somlo 1885	„	0,9940	8,20	2,45	0,76	0,30	—	—	0,209	—	—	0,045	
20	Ohne nähere Bezeichnung .	„	0,9946	8,45	2,00	0,70	0,20	—	0,79	0,200	—	—	0,054	
21	Château de Maros-Ujvar, Muskateller 1872	1884	0,9949	8,06	2,10	0,65	—	—	0,94	0,173	—	0,014	0,038	
22	Château de Maros-Ujvar, Riesling 1875	„	0,9944	7,91	2,00	0,64	—	—	0,86	0,164	—	0,013	0,017	
23	Château de Maros-Ujvar, — —	„	0,9943	8,87	2,20	0,68	—	—	0,95	0,177	—	0,014	0,025	
24	Madeleine Angevine 1883	1885	0,9950	9,22	2,68	0,68	—	—	1,12	0,216	—	0,051	0,059	
25	Madeleine Angevine 1884	„	0,9958	8,97	2,80	0,62	—	—	1,22	0,226	—	0,068	0,031	
26	Schomlauer	„	0,9957	8,73	2,87	0,80	0,23	0,01	1,22	0,179	—	—	0,034	
27	Schomlauer	„	0,9954	7,90	2,43	0,78	—	—	0,98	0,178	—	—	0,041	
28	Moorer	„	0,9960	8,05	2,59	0,79	0,25	0,02	1,08	0,181	—	—	0,038	
29	Plattenseer	„	0,9966	7,45	2,35	0,78	—	—	1,00	0,186	—	—	0,039	
30	Töplitz bei Warasdin . .	„	0,9971	6,45	2,11	0,83	—	—	0,42	0,156	—	—	0,010	
31	Töplitz bei Warasdin . .	„	0,9972	6,85	2,31	0,80	—	—	0,75	0,160	—	—	0,011	
32	Ohne nähere Bezeichnung .	„	0,9974	8,37	2,80	0,75	—	—	1,01	0,212	—	0,027	0,054	

[1]) Mittheil. k. k. chem.-physiol. Vers.-Stat. Klosterneuburg 1885, Heft 4 u. 1888, Heft 5.

*) Eigenschaften der Weine No. 1—32:

No. 1 und 2. Mild, sehr guter Tischwein.
„ 3. Sauer und rauh.
„ 4 und 5. Sauer mit Fassgeschmack.
„ 6. Sehr guter Tischwein.
„ 7. Unklar, ziemlich sauer, sehr leicht.
„ 8. Ziemlich stark und sauer, mittelgut, junger Wein.
„ 18 u. 19. Etwas sauer, nicht zu stark.
„ 20. Nicht zu sauer, gut.
„ 21. Nicht süss, voll, mild, vorzüglich.
No. 22. Mild, voll, vorzüglich.
„ 23. Ziemlich stark, mild und voll, sehr gut.
„ 24. Mild, voll, mit feinem Bouquet, sehr gut.
„ 25. Etwas unklar und sauer, jung, sehr gut.
„ 28 u. 29. Etwas sauer und herb, ziemlich stark und voll, mittelmässig.
„ 30. Ziemlich stark und voll, gut.
„ 31. Etwas unklar und voll, mittelmässig.
„ 32. Trüb, etwas sauer, wenig voll, gering.

No.	Herkunft und Jahrgang*)	Zeit der Untersuchung	Spec. Gewicht	100 g Wein enthalten Gramm: Alkohol	Extrakt	Ges.-Säure (Weinsäure)	Weinstein	Zucker	Glycerin	Mineral-stoffe	Kali (K_2O)	Phosphor-säure (P_2O_5)	Schwefel-säure (SO_3)	Analytiker
33	Aus Siebenbürgen	1885	0,9930	9,60	2,10	0,59	—	—	0,49	0,142	—	0,019	0,011	B. Haas, L. Weigert und C. Hoffmann [1])
34	Aus Siebenbürgen	„	0,9907	9,70	1,59	0,60	—	—	0,54	0,141	—	0,017	0,009	
35	Ohne nähere Bezeichnung	—	0,9970	5,98	1,45	0,55	0,23 Stickst.-Substanz	—	0,44	0,185	0,069	0,029	0,029	
36	Pressburg (Riesling)	1884	0,9982	10,06	3,50	0,71	0,210	—	0,87	0,170	—	0,037	0,028	
37	Chât. Palugyay	„	0,9951	7,77	2,00	0,64	0,265	—	0,85	0,199	—	0,048	0,032	
38	Neszmelyer	—	0,9940	8,62	1,91	0,70	0,128	—	0,75	0,176	0,072	0,033	0,038	
39	Tischweine: Steinschiller 1886	1873	0,9978	7,22	1,93	0,50	0,129	0,046	—	0,126	—	—	—	
40	Tischweine: Steinschiller 1871	„	0,9933	8,73	2,90	0,71	0,183	0,080	—	0,310	—	—	—	
41	Tischweine: Steinschiller 1871	„	0,9947	8,57	1,51	0,50	0,070	0,054	—	0,421	—	—	—	
42	Tischweine: Steinschiller 1871	„	0,9990	6,34	2,83	0,54	0,333	0,040	—	0,342	—	—	—	
43	Tischweine: Desgl. Prinzenthal 1867	„	0,9961	7,53	2,57	0,55	0,098	0,050	—	0,504	—	—	—	
44	Tischweine: Zierfahndler 1870	„	0,9971	7,78	2,92	0,92	0,071	0,096	—	0,145	—	—	—	
45	Tischweine: Zierfahndler 1871	„	0,9993	8,41	2,66	0,48	0,315	0,152	—	0,404	—	—	—	
46	Tischweine: Semendrianer 1870	„	0,9973	7,89	2,15	0,80	0,077	0,068	—	0,132	—	—	—	
47	Tischweine: Gemischt 1870	„	0,9932	8,13	2,98	0,55	0,104	0,042	—	0,232	— Freie schwefl. Säure	—	—	
48	Vilanyer (Riesling)	1886	0,9943	8,87	2,12	0,64	0,136	—	0,91	0,202	0,003	0,041	0,043	
49	Vilanyer (Riesling)	„	0,9942	8,95	2,14	0,60	0,156	—	0,93	0,221	0,001	0,043	0,042	
50	Vilanyer (Riesling)	„	0,9956	9,17	2,45	0,62	0,176	—	0,89	0,227	0,002	0,043	0,038	
51	Desgl. (Burgunder)	„	0,9927	9,25	1,85	0,60	0,169	—	0,73	0,175	0,001	0,030	0,036	
52	Budapest**) 1881	1882	—	Vol.-% 11,50	3,16	0,75	Weinsäure 0,096	0,78	1,12	0,190	Kali 0,066	0,038	0,006	R. Kayser [2])
53	Noch nicht flaschenreif	1887	—	Gew.-% 10,38	1,98	0,69	—	0,25	1,02	0,19	—	0,046	—	Schweissinger [3])
54	Noch nicht flaschenreif	„	—	10,85	2,07	0,69	—	0,19	1,25	0,18	—	0,043	—	
55	Noch nicht flaschenreif	„	—	12,08	2,55	0,63	—	0,25	0,88	0,20	—	0,062	—	
56	Parczali	„	—	8,79	2,25	0,81	—	0,13	0,94	0,17	—	0,036	—	
				100 ccm Wein enthalten Gramm:										
57	1890-er Sandweine (No. 57: 1887-er) von Kecskemet ***): Sylvaner	1893	0,9933	8,73	2,01	0,66	—	—	0,73	0,154	—	0,017	—	A. Könyöki [4])
58	desgl.: Sylvaner	„	0,9910	10,56	2,21	0,52	—	—	1,04	0,198	—	0,026	—	
59	desgl.: Riesling	„	0,9929	8,73	1,93	0,64	—	—	0,68	0,152	—	0,017	—	
60	desgl.: Welschriesling	„	0,9919	9,76	2,11	0,57	—	—	0,89	0,166	—	0,020	—	

[1]) Vergl. Anmerkung [1]) S. 1267.
[2]) Repert. analyt. Chem. 1882, **2**, 53.
[3]) Pharm. Centrh. 1887, **28**, 234; Chem. Centrbl. 1887, 704.
[4]) Zeitschr. Nahrungsm.-Unters., Hyg. u. Waarenk. 1893, **7**, 349. Daselbst sind auch die Ergebnisse der Untersuchung der Weine No. 57—64 als Jungweine im Frühjahr 1891 angegeben.

*) Eigenschaften der Weine No. 33—51:

No. 33. Wie No. 32, mittelmässig.
„ 34. Ziemlich sauer, wenig voll, mittelmässig.
„ 35. Wenig sauer, stark und voll, gering.
„ 36. Ziemlich stark und voll, mittelmässig.
„ 37. Unklar, wenig sauer und voll, gering.
„ 38. Ziemlich stark, mild, voll, sehr gut.
„ 39. Mild, voll, feines Bouquet, vorzüglich.
„ 40. Etwas unklar und süss, ziemlich sauer, gut.
„ 41. Mit Fassgeschmack.
No. 42. Mit Pilzgeschmack.
„ 43. Nicht gut.
„ 44. Stichig.
„ 45. Besserer Wein.
„ 46. Schlecht.
„ 47. Zähe, in Gährung.
„ 48. Mild, voll, feines Bouquet, sehr gut.
„ 49 u. 50. Wie No. 48, erste Gewächse.
„ 51. Stark, voll, mild, gut, schwach moussirend.

**) Von R. Kayser aus weissen Trauben von Higdekut bei Pest gekeltert. In dem Weine wurde ferner gefunden 0,620 % Aepfelsäure, 0,011 % Kalk und 0,015 % Magnesia.

***) Wegen Zerstörung zahlreicher Weingärten Ungarns durch die Reblaus wurden die einheimischen Sorten auf Sandboden angebaut. Bezüglich weiterer unvollständiger Analysen sei auf die Originalarbeit verwiesen.

No.	Herkunft und Jahrgang	Zeit der Untersuchung	Spec. Gewicht	Alkohol	Extrakt	Gesammt-Säure (Weinsäure)	Flüchtige Säure (Essigsäure)	Zucker	Glycerin	Mineralstoffe	Kali (K_2O)	Phosphorsäure (P_2O_5)	Schwefelsäure (SO_3)	Analytiker
				100 ccm Wein enthalten Gramm:										
61	1890-er Sandweine*) von Kecskemet: Traminer, roth	Novbr. 1892	—	10,69	2,70	0,75	—	—	0,99	0,18	—	—	—	A. Könyökt[1])
62	Steindinka	„	—	8,86	2,00	0,62	—	—	0,80	0,16	—	—	—	
63	Veltliner, roth	„	—	9,43	1,96	0,76	—	—	0,90	0,23	—	—	—	
64	Semendrianer, grün	„	—	9,20	2,12	0,70	—	—	0,86	0,18	—	—	—	
65	Sauvignon u. Semillon	„	—	11,00	2,42	0,70	—	—	0,90	0,18	—	—	—	
66	Riesling	„	—	10,08	2,12	0,65	—	—	0,84	0,16	—	—	—	
67	Tausendgut	„	—	10,54	2,28	0,60	—	—	0,90	0,16	—	—	—	
68	Welschriesling	„	—	10,54	2,21	0,60	—	—	0,91	0,16	—	—	—	
	No. 69—88 Szamorodner Weine.**)	Jahrgang												
69	—	1859	0,9941	12,28	2,96	0,30	0,120	—	—	0,16	—	0,040	—	Preysz[2])
70	Aus zuverlässigen Quellen: aus Talya	1883	0,9941	9,60	2,53	0,63	—	—	0,98	—	—	0,063	—	Ed. Laszlo[3]) ***)
71	Vom Musterkeller-Verein: aus O-Liszka	—	0,9951	10,00	2,93	0,74	—	—	1,06	0,23	—	0,051	—	
72	—	—	0,9954	11,41	3,47	0,77	—	0,48	1,23	0,29	—	0,075	—	
73	—	—	0,9954	9,76	3,12	0,66	—	—	1,15	0,27	—	0,065	—	
74	—	—	0,9963	11,75	3,85	0,71	—	—	1,32	0,27	—	0,064	—	
75	aus O-Liszka	—	0,9954	12,38	3,82	0,62	—	0,82	1,23	0,23	—	0,064	—	
76	„ S. A. Ujhely	—	0,9961	9,52	3,05	0,73	—	—	1,25	0,23	—	0,061	—	
77	—	—	0,9941	9,68	2,56	0,58	—	—	1,13	0,18	-	0,033	—	
78	—	—	0,9937	11,03	3,20	0,62	—	—	1,22	0,22	—	0,065	—	
79	I	—	0,9936	9,60	2,40	0,65	—	—	0,85	0,21	—	0,041	—	
80	II	—	0,9904	11,58	2,27	0,60	—	—	0,89	0,20	—	0,065	—	
81	—	1848	0,9910	11,12	2,30	0,53	—	—	0,70	0,28	—	0,066	—	
82	—	1874	0,9945	11,20	3,20	0,67	—	—	1,34	0,23	—	0,064	—	
83	—	1886	0,9952	8,10	2,27	0,60	—	—	0,79	0,28	—	0,087	—	
84	—	1887	0,9940	9,77	2,58	0,57	—	—	0,99	0,21	—	0,058	—	
85	—	1888	0,9935	10,72	2,79	0,58	—	—	1,27	0,19	—	0,061	—	
86	—	1889	0,9954	8,10	2,32	0,56	—	—	0,69	0,28	—	0,087	—	
87	Von neuen Anpflanzungen	1893	0,9987	12,07	2,25	0,53	—	—	0,86	0,20	—	0,026	—	
88		1894	0,9909	11,12	2,23	0,56	—	—	0,92	0,16	—	0,021	—	
89	Hegyaljaer	—	0,9939	9,20	2,35	0,66	—	—	—	0,23	—	0,041	—	

[1]) Vergl. Anmerkung [4]) S. 1268.

[2]) Mitgetheilt von V. Wartha (Zeitschr. Nahrungsm.-Unters., Hyg. u. Waarenk. 1894, **8**, 246); vergl. auch die Analysen von Preysz unter „Ungarische Süssweine".

[3]) Zeitschr. angew. Chem. 1897, 175.

*) Eigenschaften der Weine No. 61—68:

No. 61. Bratenwein, jung, süss, wenig Bouquet.
„ 62. Gesund, leichter Tischwein.
„ 63. Reinschmeckend, etwas süss.
„ 64. Guter, gesunder Tischwein, gährt noch etwas.
„ 65. Sehr fein, schwaches Muskateller-Bouquet, noch süss.
No. 66. Bratenwein, bouquetreich, noch süss.
„ 67. Sehr guter Tischwein, noch süss.
„ 68. Noch süss, scheint ein guter feuriger Bratenwein zu werden.

**) Die Szamorodner Weine werden aus den nicht eingeschrumpften Tokayer-Trauben gewonnen. Sie besitzen das eigentliche Bouquet der Tokayer-Weine und kommen häufig nach dem Versüssen mit Zucker als Ausbruchweine in den Handel.

***) Ueber die Untersuchungs-Verfahren vergl. unter „Ungarische Süssweine".

No.	Herkunft und Jahrgang	Zeit der Untersuchung	Spec. Gewicht	Alkohol	Extrakt	Gesammt-Säure (Weinsäure)	Stickstoff-Substanz	Zucker	Glycerin	Mineral-stoffe	Kali (K_2O)	Phosphor-säure (P_2O_5)	Schwefel-säure (SO_3)	Analytiker
				100 ccm Wein enthalten Gramm:										
90	Sajat, 1887	1895	0,9954	11,34	3,75	0,73	—	0,48	1,29	0,22	0,087	0,079	0,014	M. Barth [1] *)
91	O-Liszka, 1889 . . .	„	0,9960	12,19	4,01	0,63	—	0,86	1,55	0,23	0,066	0,063	0,016	
	Mittel (ausser No. 52—56)	—	**0,9950**	**8,97**	**2,45**	**0,55**	**0,101**	**0,25**	**0,94**	**0,20**	**0,074**	**0,048**	**0,028**	

Ueber einige sonstige Analysen von herben Tokayer-Weinen vergl. unter „Ungarische Süssweine".

Schillerweine.**)

No.	Herkunft und Jahrgang	Zeit der Untersuchung	Spec. Gewicht	Alkohol	Extrakt	Gesammt-Säure	Stickstoff-Substanz	Zucker	Glycerin	Mineral-stoffe	Kali	Phosphor-säure	Schwefel-säure	Analytiker
				100 g Wein enthalten Gramm:				Wein-stein						
1	Oedenburger, 1881 .	1882	0,9942	7,81	1,85	0,65	—	0,12	0,44	0,183	—	—	0,019	B. Haas, L. Weigert u. C. Hoffmann [2]
2	Oedenburger, 1881 .	„	0,9944	7,59	1,90	0,67	—	0,12	0,50	0,192	—	—	0,020	
3	Oedenburger, 1881 .	„	0,9970	6,75	2,31	0,75	—	0,25	0,72	0,183	—	—	0,024	
4	Oedenburger, 1881 .	„	0,9968	6,30	2,16	0,59	—	0,18	0,64	0,177	—	—	0,013	
5	Oedenburger, 1881 .	„	0,9942	7,74	1,90	0,65	—	0,12	0,45	0,187	—	—	0,020	
				Vol.-%			Flüchtige Säuren							
6	Oedenburger, echt . .	1888	—	11,80	2,25	0,72	0,006	—	—	0,230	—	—	—	G. Ambühl [3]

Rothweine.**)

No.	Herkunft und Jahrgang	Zeit der Untersuchung	Spec. Gewicht	Alkohol	Extrakt	Gesammt-Säure	Stickstoff-Substanz	Zucker	Glycerin	Mineral-stoffe	Kali	Phosphor-säure	Schwefel-säure	Analytiker
				Gew.-%			Gerbstoff							
1	Szegszard, 1878 . . .	1879	0,9944	10,06	2,50	0,63	0,06	—	—	0,211	0,065	0,039	0,029	B. Haas, L. Weigert und C. Hoffmann [4]
2	Carlowitz, 1878 . . .	„	0,9940	10,00	2,44	0,62	—	—	—	0,210	0,064	0,044	0,021	
3	Ohne nähere Bezeichnung	1882	0,9916	10,58	2,20	0,58	0,15	0,15	0,55	0,256	—	—	0,032	
4	Ohne nähere Bezeichnung	„	0,9962	7,74	2,30	0,53	0,13	0,17	0,83	0,222	—	—	0,039	
5	Ohne nähere Bezeichnung	„	0,9960	7,73	2,37	0,61	—	—	0,73	0,222	—	—	0,029	
6	Ohne nähere Bezeichnung	1883	0,9935	10,87	2,62	0,61	0,28	—	0,70	—	—	0,019	0,013	
7	Ohne nähere Bezeichnung	„	0,9936	10,17	2,50	0,60	0,25	—	0,71	0,254	—	0,035	0,014	
8	Ofner Königswein . .	1882	0,9926	9,94	2,27	0,54	0,13	0,20	0,75	0,158	0,069	0,036	0,017	
9	Ofner Landwein . . .	1883	0,9946	8,44	2,25	0,59	0,13	—	0,68	0,208	—	—	0,040	

[1]) Forschungsberichte über Lebensmittel etc. 1896, **3**, 20.
[2]) Mittheil. k. k. chem.-physiol. Vers.-Stat. Klosterneuburg. Wien 1885, Heft 4.
[3]) Jahresbericht St. Gallen für 1888; Rev. intern. falsif. 1888/89, **2**, 76.
[4]) Mittheil. k. k. chem.-physiol. Vers.-Stat. Klosterneuburg 1885, Heft 4 und 1888, Heft 5. Von den zahlreichen Analysen sind nur die vollständigeren hier aufgenommen. Ueber die Untersuchungs-Verfahren vergl. unter „Tyroler Weine" S. 1256.

*) Die Weine stammten aus dem kgl. ungarischen Landes-Centralmusterkeller. Sie enthielten ferner (g in 100 ccm):

	Weinsäure	Weinstein	Glukose	Fruktose	Flüchtige Säure: in Esterbindung	Flüchtige Säure: freie	Kalk	Magnesia	Alkalität der Asche (als K_2O): im Ganzen	Alkalität der Asche (als K_2O): wasserlöslich
No. 90 . .	0,098	0,064	0,13	0,35	0,077	0,025	0,0095	0,0230	0,0536	0,0160
No. 91 . .	0,086	0,044	0,16	0,70	0,049	0,040	0,0080	0,0144	0,0586	0,0110

Ueber die Untersuchungs-Verfahren vergl. das Original.

**) Eigenschaften der Weine:

Schillerweine No. 1—5.

No. 1—5 waren etwas herb, wenig stark und voll.
„ 3 war roth und ziemlich klar, die übrigen waren hellroth und unklar.

Rothweine No. 1—9.

No. 1. Unklar und unreif.
„ 2. Mild, sehr gut.
No. 3. Sehr schön roth, sehr gut, nicht zu herb.
„ 4. Unklar, wenig sauer.
„ 5. Schön roth, voller Geschmack, sehr gut.
„ 6. Sehr schön roth, sehr gut, etwas herb.
„ 7. Wie No. 3.
„ 8. Sehr gut.
„ 9. Gut.

No.	Herkunft und Jahrgang*)	Zeit der Untersuchung	Spec. Gewicht	100 g Wein enthalten Gramm: Alkohol	Extrakt	Gesammt-Säure (Weinsäure)	Stickstoff-Substanz	Gerbstoff	Glycerin	Mineral-stoffe	Kali (K_2O)	Phosphor-säure (P_2O_5)	Schwefel-säure (SO_3)	Analytiker
10	Ofen	1883	0,9973	7,07	2,40	0,65	—	—	0,64	0,203	—	—	0,022	B. Haas, L. Weigert und C. Hoffmann[1])
11	Ofen	1885	0,9951	8,54	2,71	0,63	—	0,17	1,00	0,234	—	—	0,046	
12	Ofen	1886	0,9959	9,09	2,76	0,65	—	—	1,26	0,217	—	—	0,019	
13	Erlau	1883	0,9964	8,57	2,65	0,65	—	0,16	0,80	0,227	—	—	0,021	
14	Villany: Ohne nähere Bezeichnung	1884	0,9951	10,25	2,88	0,65	—	—	0,71	0,233	—	—	0,031	
15	Villany: Ohne nähere Bezeichnung	1886	0,9968	8,48	3,01	0,70	0,113	0,16	0,89	0,221	0,088	0,041	0,038	
16	Villany: Portugieser. 1874	1885	0,9934	8,62	2,14	0,91	0,256	0,13	0,52	0,234	0,099	0,048	0,020	
17	Villany: Portugieser. 1881	"	0,9930	8,81	1,99	0,79	0,214	0,11	0,51	0,272	0,130	0,039	0,019	
18	Villany: Kadarka. 1874	"	0,9954	8,31	2,61	0,74	0,240	0,11	0,61	0,211	0,087	0,044	0,028	
19	Villany: Kadarka. 1879	"	0,9950	9,74	2,93	0,67	0,258	0,14	0,63	0,229	0,098	0,051	0,024	
20	Villany: Kadarka. 1881	"	0,9940	8,42	1,97	0,75	0,279	0,11	0,54	0,240	0,113	0,035	0,014	
21	Villany: Kabinet-Ausstich, 1884	1886	0,9951	10,37	3,13	0,62	0,156	—	1,34	0,195	—	0,034	0,031	
22	Villany: Kabinet-Ausstich, 1884	"	0,9946	10,54	3,05	0,66	0,172	—	1,41	0,226	—	0,037	0,030	
23	Villany: Kabinet-Ausstich, 1884	"	0,9963	9,25	2,77	0,72	0,172	—	0,92	0,212	—	—	—	
24	Villany: Ohne nähere Bezeichnungen	"	0,9951	9,90	2,77	0,62	0,192	—	1,29	0,219	—	0,034	0,012	
25	Villany: Ohne nähere Bezeichnungen	"	0,9961	10,92	3,43	0,62	0,156	—	1,41	0,199	—	0,030	0,025	
26	Villany: Ohne nähere Bezeichnungen	"	0,9949	10,46	2,99	0,64	0,165	—	1,32	0,208	—	0,035	0,014	
27	Villany: Ohne nähere Bezeichnungen	"	0,9974	9,64	3,13	0,70	0,235	—	0,91	0,194	—	—	0,026	
28	Pressburg: Eigenbau	1884	0,9958	8,42	2,40	0,62	0,269	0,13	0,77	0,214	—	—	0,021	
29	Pressburg: Château Palugyay	"	0,9960	9,22	2,80	0,65	0,285	0,16	0,75	0,209	—	0,047	0,037	
30	Pressburg: Château Palugyay	"	0,9950	9,29	2,50	0,62	0,261	0,13	0,78	0,212	—	0,037	0,036	
31	Pressburg: —	1886	0,9963	9,02	2,65	0,68	—	—	0,79	0,203	—	—	0,034	
32	Budai, 1882	"	0,9969	8,37	2,43	0,73	—	—	0,65	0,226	—	0,028	0,041	
**)							Weinstein							
33	Gyöngyös, 1885	1885	0,9963	9,19	2,87	0,90	0,480	0,17	0,78	0,212	—	0,049	0,009	
34	Syrmier	1884	0,9943	7,35	1,40	0,68	0,096	—	0,33	0,265	0,119	—	0,029	
**)							Weinsäure							
35	Budapest***), 1881	1882	—	9,30	2,97	1,05	0,048	—	0,88	0,230	0,094	0,033	0,006	R. Kayser[2])

[1]) Vergl. Anmerkung [4]) S. 1270.

[2]) Repert. analyt. Chem. 1882, **2**, 53.

*) Eigenschaften der Weine:

No. 10. Unklar, gering.
" 11. Wie „Burgunder", ziemlich kräftig, voll, gut.
" 12. Herb, ziemlich stark, voll, gut.
" 13. Schön roth, mild, gut, voll.
" 14. Ziemlich stark, voll, gut.
" 15. Etwas sauer, nicht zu herb, voll, gut.
" 16 u. 17. Unklar, bitter.
" 18. Absatz in der Flasche, Schimmelgeruch.
" 19. Mild, voll, gut.
" 20. Unklar, in Nachgährung.
" 21. Ziemlich sauer, mittelmässig.
" 22. Herb, mittelmässig.
No. 23. Ziemlich voll und gut.
" 24. Ziemlich herb und voll, gut.
" 25. Ziemlich mild, voll, sehr gut.
" 26. Ziemlich voll, nicht zu herb, gut.
" 27. Stark, voll, mild.
" 28. Mild, voll, sehr gut.
" 29. Sehr mild und voll, feines Bouquet, vorzüglich.
" 30. Nicht zu herb, voll, sehr gut.
" 31. Ziemlich stark, voll, mild.
" 32. Ziemlich stark und voll, nicht zu herb, gut.
" 33. Unklar, noch jung, schwach moussirend, mittelmässig.
" 34. Etwas unklar, sauer, herb, voll, gering.

**) No. 33 enthielt 0,15 g und No. 35: 0,25 g Zucker.

***) Dieser Wein wurde von R. Kayser selbst aus rothen Budakeszer Trauben bei Pest gekeltert; die Hälfte der Trester wurde mit dem ausgepressten Saft überschüttet, 4 Tage digeriren gelassen, dann gepresst und der Gährung unterworfen; der Wein besass eine blassrothe Farbe. In dem Wein wurde 0,832% Aepfelsäure, 0,111% Bernsteinsäure, 0,014% Kalk und 0,017% Magnesia gefunden.

No.	Herkunft und Jahrgang*)		Zeit der Untersuchung	Spec. Gewicht	100 ccm Wein enthalten Gramm: Alkohol	Extrakt	Gesammt-Säure (Weinsäure)	Stickstoff-Substanz	Gerbstoff	Glycerin	Mineral-stoffe	Kali (K_2O)	Phosphor-säure (P_2O_5)	Schwefel-säure (SO_3)	Analytiker
36	Sandweine von Kecskemet	Cabernet, 1890 . .	April u. Mai 1893	—	10,08	2,64	0,73	—	—	1,06	0,24	—	—	—	A. Könyöki[1])**)
37		Kadarka, 1890 . .	„	—	10,77	2,36	0,72	—	—	0,98	0,20	—	—	—	
38		Merlot, 1890 . . .	„	—	10,69	2,42	0,76	—	—	1,13	0,21	—	—	—	
39		Oporto, 1890 . . .	„	—	10,08	2,80	0,76	—	—	1,16	0,25	—	—	—	
40		St. Lorenzer, 1890 .	„	—	9,93	2,40	0,75	—	—	0,99	0,21	—	—	—	
41		Burgunder, 1890 .	„	—	10,15	2,86	0,77	—	—	1,08	0,22	—	—	—	
42		Cabernet, 1887 . .	—	0,9959	8,18	2,40	0,62	—	—	0,62	0,192	—	0,014	—	
43		Kadarka, 1890 . .	—	0,9943	8,89	2,32	0,57	—	—	0,72	0,176	—	0,023	—	
44		Merlot, 1890 . . .	—	0,9942	10,32	2,88	0,55	—	—	0,88	0,210	—	0,042	—	
45		Oporto, 1887 . .	—	0,9977	7,78	2,65	0,56	—	—	0,71	0,247	—	0,013	—	
46		Burgunder, 1890 .	—	0,9951	10,32	3,10	0,58	—	—	0,91	0,243	—	0,056	—	
47		Jacquez, 1887 . .	—	0,9978	8,73	3,04	0,71	—	—	0,48	0,292	—	0,017	—	
		Mittel	—	**0,9952**	**9,15**	**2,62**	**0,68**	**0,203**	**0,147**	**0,85**	**0,222**	**0,094**	**0,036**	**0,026**	

Weine der Bukowina.

No.	Herkunft	Jahrgang	Zeit der Untersuchung	Spec. Gewicht	Alkohol	Extrakt	Gesammt-Säure	Flücht. Säure	Zucker	Glycerin	Mineral-stoffe	Kali	Phosphor-säure	Schwefel-säure	Analytiker
1	Riesling aus	1885	1899	0,9950	8,00	1,95	0,42	0,042	0,10	0,57	0,23	—	—	—	G. Gregor[2])
2	Repuzynetz	1890	„	0,9932	9,64	2,19	0,47	0,043	0,12	0,79	0,20	—	—	—	
3	Aus Czernowitz .	1898	„	0,9957	6,71	1,80	0,50	0,040	0,10	0,50	0,15	—	—	—	

Bosnische Weine.

Weissweine.

No.	Herkunft und Jahrgang	Zeit der Untersuchung	Spec. Gewicht	100 g Wein enthalten Gramm: Alkohol	Extrakt	Gesammt-Säure	Stickst.-Substanz	Wein-stein	Glycerin	Mineral-stoffe	Kali	Phosphor-säure	Schwefel-säure	Analytiker
1	Ustrama Marko Dzalto 1883	1884	0,9940	6,85	1,72	0,57	0,106	0,25	0,62	0,142	0,073	—	—	B. Haas, L. Weigert u. C. Hoffmann[3])
2	Aus 1884-er Trauben des	„	0,9950	7,40	2,16	0,69	0 074	—	0,62	0,163	—	—	—	
3	Bez. Prozoo selbst erzeugt	„	0,9990	7,77	2,74	0,68	0,088	0,13	0,53	0,163	0,080	0,033	0,016	

Rothweine.

No.	Herkunft und Jahrgang	Zeit der Untersuchung	Spec. Gewicht	Alkohol	Extrakt	Gesammt-Säure	Stickst.-Substanz	Wein-stein	Glycerin	Mineral-stoffe	Kali	Phosphor-säure	Gerbst.	Analytiker
1	Bez. Prozoo ***) . . .	1883	0,9960	7,02	1,70	0,60	—	0,33	0,63	0,148	0,077	0,020	0,16	B. Haas, L. Weigert u. C. Hoffmann[3])
2	Ustrama Marko Dzalto Romawein	1884	0,9970	7,47	2,56	0,84	0,141	0,26	0,70	0,148	0,055	—	0,14	
3	Ustrama Ibrasina Balics Romawein	„	0,9950	7,94	2,31	0,67	0,113	0,35	0,58	0,151	0,072	—	0,23	

[1]) Zeitschr. Nahrungsm.-Unters., Hyg. u. Waarenk. 1893, **7**, 349.
[2]) Oesterr. Chem.-Ztg. 1899, **2**, 333.
[3]) Mittheil. k. k. chem.-physiol. Vers.-Stat. Klosterneuburg. Wien 1885, Heft 4 u. 1888, Heft 5.

*) Eigenschaften der Weine:

Ungarische Rothweine.

No 36. Schön dunkelfarbig, gesund, fein, mit Kabinet-Bouquet.
„ 37. Schön, aber nicht tiefroth, gesund, Bouquet noch nicht gehörig entwickelt.
„ 38. Schön dunkelfarb., vollkommen gesund, Bouquet fein.
„ 39. Schöne Farbe, gut, noch nicht vollkommen reif.
„ 40. Lichtroth, guter Tischwein.
„ 41. Schön dunkelroth, charakteristisches Bouquet.

Bosnische Weissweine.

No. 1. Unklar, etwas herb, jung, mittelgut.
„ 2 u. 3. Gut.

Bosnische Rothweine.

No. 1. Leicht, gut.
„ 2. Etwas sauer, unfarbig, gering.
„ 3. Etwas sauer mit beginnendem Essigstich.

**) Vergl. unter Weissweine S. 1268, Anmerkung **).

***) Der Wein enthielt 0,032 g Schwefelsäure.

Weine der Hercegovina.

Weissweine.

Analysen No. 1—10 von B. Haas und L. Weigert[1]), No. 11—45 von C. A. Neufeld[2]).

No.	Herkunft und Jahrgang*)	Zeit der Untersuchung	Spec. Gewicht	100 g Wein enthalten Gramm: Alkohol	Extrakt	Gesammt-Säure (Weinsäure)	Stickstoff-Substanz	Weinstein	Gerbstoff	Glycerin	Mineral-stoffe	Kali (K_2O)	Phosphor-säure (P_2O_5)	Schwefel-säure (SO_3)
1	Stolac 1883: Gem. Dolni Poplad	1884	0,9960	7,92	1,87	0,47	0,071	—	—	0,89	—	—	—	—
2	Stolac 1883: Gem. Dolni Poplad	„	0,9950	8,20	2,74	0,62	—	—	—	0,89	0,183	—	—	—
3	Stolac 1883: Prenj	1882	0,9960	10,01	2,72	0,66	0,068	—	—	0,97	0,237	0,018	0,025	—
4	Bezirk Mostar: Mostarskobielo 1880	1885	0,9940	11,24	2,65	0,66	0,155	0,184	0,08	0,72	0,175	0,074	0,048	0,006
5	Bezirk Mostar: Mostarskobielo 1881	„	0,9950	9,82	2,54	0,84	0,155	0,177	0,13	0,78	0,203	0,089	0,058	0,007
6	Bezirk Mostar: Mostarskobielo 1883	„	0,9940	9,94	2,26	0,66	0,157	0,126	0,05	1,03	0,190	0,096	0,028	0,009
7	Bezirk Mostar: Savo Biliu Gnojnica	1884	0,9950	9,84	2,34	0,54	0,363	—	—	0,86	0,192	0,082	0,043	—
8	Bezirk Mostar: Ristan Gatalo . . .	„	0,9950	8,58	2,00	0,54	0,204	—	—	0,86	0,179	0,094	0,039	—
9	Bezirk Mostar: Cimilici Klapo . . .	„	0,9940	9,85	2,00	0,53	0,127	—	—	0,91	0,155	0,084	0,028	—
10	Bezirk Mostar: desgl., 1883 . . .	1885	0,9930	9,39	2,14	0,56	—	0,256	—	0,73	—	—	0,024	0,007

No.	Herkunft und Traubensorte	Jahrgang	Spec. Gewicht	100 ccm Wein enthalten Gramm: Alkohol	Extrakt	Gesammt-Säure (Weinsäure)	Flüchtige Säure (Essigsäure)	Gesammt-Weinsäure	Weinstein	Freie Weinsäure	Zucker	Glycerin	Mineral-stoffe	Phosphor-säure (P_2O_5)
	Bezirk Konjica.													
11	Donje selo	1899	0,9975	5,26	1,59	0,79	0,13	0,296	0,141	0,011	0,008	0,362	0,162	0,006
12	Orahovica . . .	„	0,9948	5,89	1,15	0,67	0,27	0,045	0,056	0	Spur	0,351	0,163	0,006
13	Orahovica . . .	„	0,9939	6,27	1,16	0,69	0,23	0,045	0,056	0	Spur	—	0,144	0,005
14	Orahovica . . .	„	0,9940	6,04	1,23	0,68	0,34	0,041	0,056	0	Spur	0,358	0,176	0,011
	Mittel (No. 11—14)	—	0,9950	5,86	1,28	0,71	0,24	0,107	0,077	0,003	0,002	0,357	0,161	0,007
**)	**Bezirk Mostar.**													
15	Čitluk: Gemischt. Satz	1899	0,9939	9,72	2,50	0,53	0,16	0,120	0,150	0	0,082	0,750	0,278	0,029
16	Čitluk: Gemischt. Satz	„	0,9962	8,84	2,72	0,63	0,16	0,154	0,193	0	0,119	0,779	0,304	0,033
17	Čitluk: Zilavka . . .	„	0,9961	8,77	2,61	0,63	0,14	0,161	0,202	0	0,096	0,764	0,264	0,034
18	Blizanci: Zilavka und Dobrogrozdina	„	0,9924	9,49	1,97	0,61	0,15	0,161	0,103	0	0,044	0,720	0,198	0,028
19	Blizanci: Zilavka und Dobrogrozdina	„	0,9951	9,20	2,57	0,61	0,16	0,098	0,123	0	0,070	0,743	0,296	0,031
20	Blizanci: Krkosija u. Podlijel	„	0,9924	9,49	2,03	0,63	0,10	0,161	0,160	0	0,072	0,717	0,202	0,032
21	Blizanci: Krkosija u. Podlijel	„	0,9946	8,42	2,21	0,59	0,13	0,176	0,178	0	0,090	0,721	0,226	0,023
22	Krusevo (desgl.) . .	„	0,9967	9,13	2,95	0,61	0,12	0,157	0,197	0	0,153	0,815	0,298	0,037

[1]) Mittheil. k. k. chem.-physiol. Vers.-Stat. Klosterneuburg. Wien 1885, Heft 4 u. 1888, Heft 5.
[1]) Zeitschr. Nahrungs- u. Genussm. 1901, **4**, 295. Ueber Aussehen, Geschmack etc. der Weine vergl. das Original.

*) Eigenschaften der Weine:

No. 1. Unklar, wenig herb und sauer, gering.
„ 2. Unklar, voll, würzig, unfarbig, mittel.
„ 3. Etwas herb mit Essigstich.
„ 4. Etwas unklar und sauer, herb, gut.
„ 5. Etwas unklar und herb, krank und Essigstich.
No. 6. Etwas unklar und sauer mit Hülsengeschmack, ziemlich gut.
„ 7. Mild, voll, sehr gut.
„ 8. Etwas unklar, mild, ziemlich voll, sehr gut.
„ 9. Mild, voll, kräftig, gut.
„ 10. Etwas unklar und sauer, voll, gut.

**) Der Wein No. 15 enthielt 0,242 g Gerbstoff.

No.	Herkunft und Traubensorte	Jahrgang	Spec. Gewicht	100 ccm Wein enthalten Gramm: Alkohol	Extrakt	Gesammt-Säure (Weinsäure)	Flüchtige Säure (Essigsäure)	Gesammt-Weinsäure	Weinstein	Freie Weinsäure	Zucker	Glycerin	Mineral-stoffe	Phosphor-säure (P_2O_5)
23	Drazevice (Zilavka)	1897	0,9923	10,07	2,39	0,58	0,11	0,262	0,094	0,046	0,101	0,969	0,170	0,031
24*)	Drazevice (Zilavka)	1899	0,9926	10,89	2,44	0,82	0,18	0,236	0,113	0	0,087	0,600	0,228	0,033
25	Drazevice (Zilavka)	„	0,9976	9,20	3,55	0,82	0,17	0,210	0,085	0,060	0,247	0,790	0,204	0,042
26*)	Gnojnice (desgl.) . .	„	0,9919	10,07	2,01	0,81	0,16	0,195	0,141	0,115	0,052	—	0,202	0,032
27	Weinbau-Station Gnojnice: Zilavka	2897	0,9964	8,77	2,75	0,73	0,14	0,225	0,028	0,020	0,268	0,804	0,298	0,031
28	„ III . . .	1898	0,9937	9,99	2,56	0,75	0,14	0,225	0,107	0,061	0,064	0,839	0,282	0,041
29*)	„ IV . . .	„	0,9990	10,14	3,88	0,80	0,20	0,229	0,028	0	0,590	0,799	0,280	0,041
30*)	„ V . . .	„	0,9934	10,36	2,66	0,80	0,25	0,221	0,028	0,030	0,133	0,815	0,238	0,036
31*)	„ I . . .	1899	0,9942	8,49	2,11	0,71	0,26	0,045	0,056	0	Spur	0,494	0,302	0,035
32*)	„ III . . .	„	0,9949	8,21	2,09	0,75	0,15	0,210	0,066	0,098	0,044	0,573	0,288	0,034
33*)	Zierfandler . .	1898	0,9935	9,27	2,23	0,82	0,19	0,045	0,056	0	0,004	0,530	0,284	0,036
34	„ , roth	1899	0,9945	9,56	2,70	0,67	0,17	0,150	0,150	0	0,084	0,725	0,292	0,044
35	Bálint	1898	0,9942	9,06	2,13	0,78	0,19	0,045	0,056	0	0,024	0,380	0,304	0,038
36*)	Rezakija. . . .	„	0,9950	9,49	2,59	0,86	0,18	0,045	0,056	0	0,013	0,465	0,292	0,047
37	Muskat-Alexandrin.	„	0,9942	11,65	3,33	0,72	0,13	0,139	0,160	0	0,147	0,690	0,370	0,060
38*)	Buna (Zilavka)	„	0,9977	9,56	3,28	0,90	0,25	0,218	0,094	0,054	0,117	0,692	0,226	0,042
39	Buna (Zilavka)	—	0,9930	9,20	2,16	0,65	0,12	0,233	0,094	0,045	0,097	0,715	0,192	0,033
40*)	Mostar (Zilavka) . .	1899	0,9935	9,49	2,30	0,76	0,20	0,240	0,169	0	0,068	0,706	0,240	0,038
	Mittel (No. 15—40)	—	0,9945	9,50	2,57	0,71	0,16	0,169	0,115	0,016	0,111	0,704	0,260	0,037
	Bezirk Trebinje.													
41	Weinbau-Station	1898	0,9925	9,70	2,09	0,57	0,11	0,244	0,122	0,019	0,081	0,917	0,178	0,011
42	Lastva (Zilavka)	1899	0,9924	9,63	2,10	0,56	0,09	0,251	0,160	0	0,052	0,959	0,180	0,011
	Bezirk Ljubuski.													
43*)	Kloster Humac . .	1899	0,9953	8,07	2,25	0,54	0,06	0,188	0,141	0	0,195	0,776	0,228	0,020
44*)	Studenci	„	0,9979	7,26	2,53	0,68	0,17	0,296	0,206	0,019	0,173	0,867	0,215	0,016
45	Medjugorje	„	0,9931	9,63	2,29	0,58	0,07	0,191	0,197	0	0,151	0,933	0,210	0,028
	Mittel (No. 11—45)	—	**0,9945**	**8,99**	**2,38**	**0,69**	**0,17**	**0,171**	**0,118**	**0,014**	**0,101**	**0,701**	**0,240**	**0,031**

Rothweine.

Analysen No. 1—29 von B. Haas und L. Weigert[1]), No. 30—60 von C. A. Neufeld[2]).

No.	Herkunft und Jahrgang**)	Zeit der Untersuchung	Spec. Gewicht	100 g Wein enthalten Gramm: Alkohol	Extrakt	Gesammt-Säure (Weinsäure)	Stickstoff-Substanz	Weinstein	Gerbstoff	Glycerin	Mineral-stoffe	Kali (K_2O)	Phosphor-säure (P_2O_5)	Schwefel-säure (SO_3)
1	Odramei bei Turia (Kadarka) 1882	1883	0,9940	7,39	2,11	0,71	—	0,41	0,16	0,58	0,17	—	0,014	0,006
2	Odramei bei Turia (Kadarka) 1882	1883	0,9950	8,17	2,21	0,73	—	0,41	0,19	0,65	0,19	—	0,013	0,006

[1]) u. [2]) Vergl. Anmerkungen [1]) u. [2]) S. 1273.

*) C. A. Neufeld fand an Gerbstoff in No. 25: 0,017 g, No. 31: 0,043 g, No. 43: 0,140 g und in No. 44: 0,207 g. Die Proben No. 24, 29, 33, 36, 38 u. 40 hatten trotz des hohen Gehaltes an flüchtigen Säuren keinen Essigstich; die Proben No. 30 und 31 dagegen hatten zur Zeit der Untersuchung beginnenden Essigstich; letztere beiden Weine sind daher bei der Berechnung der Mittelzahlen für Gesammt-Säure und flüchtige Säure nicht berücksichtigt worden.

**) Eigenschaften der Weine: No. 1. Gering. No. 2. Leicht, mittelgut.

No.	Herkunft und Jahrgang*)	Zeit der Untersuchung	Spec. Gewicht	100 g Wein enthalten Gramm: Alkohol	Extrakt	Gesammt-Säure (Weinsäure)	Stickstoff-Substanz	Weinstein	Gerbstoff	Glycerin	Mineral-stoffe	Kali (K_2O)	Phosphor-säure (P_2O_5)	Schwefel-säure (SO_3)
3	Bezirk Mostar 1881 (No. 4), 1882 (No. 3 u. 9), 1883 (No. 5—8): Cim	1883	0,9930	9,78	2,11	0,67	—	0,22	0,22	0,89	0,17	—	0,033	0,009
4	Mostarsko Crno .	1885	0,9950	9,64	2,76	0,84	0,164	0,146	0,18	0,78	0,229	0,114	0,055	0,006
5	Cim Ilici crnoi bielo groz . .	„	0,9950	8,88	2,40	0,59	0,117	0,189	0,16	0,67	0,182	0,094	0,028	0,007
6	Savo Bilic Gnojnica	1884	0,9970	8,79	2,34	0,61	0,288	—	0,19	0,69	0,220	—	0,045	—
7	Ristan gatalo Ekmecja . . .	„	0,9980	8,49	2,34	0,56	0,264	—	0,25	0,94	0,193	—	0,039	—
8	Cim becbelusic crnoi bielogroz	„	0,9960	9,68	2,34	0,58	0,135	—	0,23	0,86	0,212	—	0,051	—
9	Cim-Kreis . . .	„	0,9930	9,87	2,11	0,67	—	—	0,22	0,87	0,167	—	0,033	0,009
10	Bezirk Stolac 1883: Gem. Dolni Poplad: MihoPodnajeviv	„	0,9950	8,13	2,30	0,52	0,077	—	0,22	—	—	—	—	—
11	Alesca pecely	„	0,9950	7,77	2,30	0,57	0,064	—	0,21	—	—	—	—	—
12	Jova Ruzcia .	„	0,9960	8,46	2,43	0,52	0,140	—	0,26	—	—	—	—	—
13	Ivan Vukasovic	„	0,9955	8,69	2,29	0,52	0,209	—	0,31	0,65	0,217	0,115	0,027	—
14	Prenj	„	0,9930	11,69	2,53	0,47	0,063	—	0,09	0,70	0,322	0,168	0,024	—
15	Vino crno Njeste Prenj	„	1,0000	10,35	3,61	0,59	0,204	—	—	0,96	0,263	0,132	0,039	—
16	Bez. Trebinje 1883: Pridovica: Nikola Traparica . .	„	0,9960	7,59	2,12	0,62	0,088	—	0,32	—	—	—	—	—
17	Spira Nikolic .	„	0,9980	7,38	2,11	0,60	0,084	—	0,29	—	—	—	—	—
18	Police Audria Selcc	„	0,9990	7,06	2,71	0,70	0,149	—	0,52	—	—	—	—	—
19	Konjica 1882 (No. 19–21) und 1883 (No. 22 u. 23): Skadarka Odramei in Turija	1883	0,9950	7,80	2,07	0,73	—	0,45	0,170	—	0,184	—	0,013	—
20		„	0,9950	8,17	2,21	0,73	—	0,41	0,196	0,65	0,185	—	0,013	0,006
21		„	0,9940	7,39	2,11	0,71	—	0,41	0,160	0,58	0,172	—	0,014	0,006
22	Turija, Andr. Saravanga . .	1884	0,9950	6,60	1,84	0,92	0,112	—	0,130	(0,19)	0,151	0,071	0,013	—
23	Trusina Lepen Tade Kruso Skadarka Coolu blatina .	„	0,9960	6,70	2,11	0,74	—	—	0,160	(0,39)	0,154	0,076	0,007	—
24	Zabradje Govro Popa dic Crven, 1883 .	„	0,9960	7,08	2,11	0,70	—	—	0,151	0,56	0,144	0,069	0,009	—
25	Ohne nähere Bezeichnung —	1883	0,9967	9,58	3,12	0,67	—	—	0,235	0,65	0,168	—	—	—
26	1882	„	0,9960	10,29	3,32	0,62	—	—	0,240	0,76	0,190	—	—	—
27	„	„	0,9940	9,30	2,60	0,55	—	—	0,179	0,73	0,188	—	—	—
28	„	„	0,9960	9,50	3,22	0,60	—	—	0,240	0,80	0,191	—	—	—
29	„	„	0,9960	10,30	3,22	0,62	—	—	0,215	0,77	0,219	—	—	—
	Mittel (No. 1—29)	—	0,9956	8,72	2,45	0,64	0,144	0,38	0,218	0,63	0,195	0,105	0,025	0,007

*) Eigenschaften der Weine:

No. 3. Gut.
„ 4. Krank durch Essigstich.
„ 5. Etwas herb, voll, gut.
„ 6. Ziemlich voll, gut.
„ 7. Unklar, voll, mittelgut.
„ 8. Unklar, voll, etwas herb, aber gut.
„ 9. Voll, nicht zu herb, gut.
„ 10. Herb, gering.
„ 11. Herb, gering, mit Essigstich.
„ 12. Unklar, etwas sauer, gering.
„ 13. Etwas herb, leicht.
„ 14. Stark, voll, sehr gut, Schillerwein.
„ 15. Mittelstark, etwas herb, voll, gut.
„ 16. Mittelgut.
No. 17. Kahmig, etwas sauer, ziemlich gut.
„ 18. Unklar, sehr herb, wenig sauer und voll, gering.
„ 19. Unklar, herb, gering.
„ 20. Wenig sauer, voll, mittelgut.
„ 21. Etwas unklar, sauer, voll, gering.
„ 22. Unklar, sauer, leicht, ordinär.
„ 23. Unklar, herb, sehr leicht, gering.
„ 24. Unklar, etwas herb, ziemlich voll, leicht, gering.
„ 25. Voll, sehr gut.
„ 26. Etwas süss, ziemlich stark, voll, gut.
„ 27. Voll, etwas nach faulen Trauben schmeckend.
„ 28. Jung, nicht zu herb und sauer, gut.
„ 29. Nicht zu herb, ziemlich stark, voll, gut.

No.	Herkunft und Traubensorte	Jahrgang	Spec. Gewicht	100 ccm Wein enthalten Gramm: Alkohol	Extrakt	Gesammt-Säure (Weinsäure)	Flüchtige Säure (Essigsäure)	Gesammt-Weinsäure	Weinstein	Freie Weinsäure	Zucker	Glycerin	Mineral-stoffe	Phosphor-säure (P_2O_5)
	1. Bezirk Konjika.													
30*)	Turija (Traubensorte nicht bekannt)	1898	0,9942	8,35	2,05	0,57	0,13	0,251	0,193	0	0,028	0,679	0,176	0,009
31	"	1899	0,9968	7,19	2,35	0,68	0,12	0,318	0,164	0	0,056	0,601	0,163	0,019
32	"	"	0,9965	7,26	2,30	0,72	0,12	0,188	0,226	—	0,036	0,675	0,157	0,009
33	"	"	0,9974	6,66	2,27	0,70	0,16	0,296	0,230	0	0,052	—	0,190	—
34	Donje selo . . .	"	0,9988	6,08	2,43	0,90	0,20	0,364	0,235	0,020	0,048	0,591	0,175	0,008
35*)	"	"	0,9935	8,70	2,07	0,76	0,34	0,248	0,197	—	0,050	0,640	0,160	0,010
36*)	"	"	0,9983	6,02	2,25	0,87	0,24	0,330	0,160	0,038	0,133	0,542	0,158	0,008
37*)	Orahovica . . .	"	0,9972	7,46	2,56	0,72	0,18	0,232	0,202	0	0,139	0,677	0,202	0,024
38	"	"	0,9965	6,14	1,86	0,87	0,15	0,319	0,094	0,019	0,038	—	0,179	0,008
	Mittel (No. 30—38)	—	0,9970	7,09	2,24	0,75 *)	0,15 *)	0,283	0,189	0,008	0,070	0,629	0,181	0,012
	2. Bezirk Mostar.													
39*)	Weinbau-Station Mostar: Skadarka . .	1893	0,9954	9,63	2,95	0,75	0,22	0,210	0,028	0,098	0,131	1,054	0,204	0,049
40*)	" Skadarka	1899	0,9981	7,39	2,74	0,81	0,17	0,225	0,141	0	0,076	0,490	0,306	0,053
41*)	" Blatina . . .	1898	0,9974	8,63	3,07	0,72	0,22	0,247	0,084	0,097	—	0,771	0,278	0,041
42*)	" Blatina	1899	0,9993	8,56	3,39	0,75	0,18	0,098	0,090	0	0,113	0,753	0,310	0,060
43*)	" Alicante-Bouschet	1898	0,9999	8,63	3,53	0,72	0,21	0,176	0,066	0	0,221	0,877	0,316	0,046
44*)	" Aramon	1898	0,9990	7,87	3,00	0,81	0,19	0,203	0,019	0	0,147	0,783	0,288	0,043
45*)	" Cabernet . . .	1899	0,9990	7,87	3,19	0,87	0,28	0,053	0,092	0	0,035	0,480	0,427	0,059
46	Mostar: Skadarka	"	0,9949	9,78	2,82	0,66	0,15	0,258	0,122	0	0,165	0,764	0,240	0,033
47*)	Mostar: Blatina .	"	0,9957	9,56	2,82	0,66	0,10	0,266	0,113	0,093	0,219	0,717	0,298	0,045
48*)	Rodoc	"	0,9975	8,91	3,04	0,68	0,19	0,161	0,197	0	0,105	0,734	0,298	0,056
49*)	Krusevo	"	0,9986	9,70	3,60	0,66	0,19	0,124	0,169	0	0,196	0,794	0,368	0,047
50	Citluk: —	"	0,9956	10,36	3,12	0,59	0,12	0,109	0,136	0	0,143	0,864	0,303	0,031
51	Citluk: gemischt . .	"	0,9976	8,56	2,94	0,66	0,16	0,161	0,202	0	0,107	0,690	0,307	0,037
52	Gradnijci, desgl. . .	"	0,9970	8,91	2,68	0,87	0,31	0,135	0,169	0	0,088	0,591	0,324	0,045
53	Blizanci: gemischt	"	0,9976	8,35	2,84	0,69	0,15	0,164	0,079	0	0,080	0,795	0,270	0,039
54	Blizanci: gemischt	"	0,9969	8,63	2,89	0,64	0,13	0,154	0,193	0	0,113	0,797	0,243	0,043
55*)	Blizanci: Blatina. .	"	0,9979	8,91	3,20	0,70	0,19	0,094	0,118	0	0,113	0,805	0,298	0,045
56	Dracevice (Skadarka)	1898	0,9959	9,27	2,74	0,60	0,15	0,214	0,188	0,087	0,076	0,741	0,267	0,032
57	Dracevice (Skadarka)	"	0,9960	8,28	2,64	0,64	0,10	0,282	0,075	0,070	0,131	0,775	0,223	0,043
58*)	Gnojnice (Blatina) .	1899	0,9959	8,98	2,80	0,61	0,15	0,214	0,178	0,004	0,195	0,779	0,242	0,041
59	Buna: Blatina .	1898	0,9964	9,78	3,16	0,81	—	0,225	0,112	0,037	0,094	0,789	0,246	0,045
60	Buna: Skadarka	"	0,9938	9,42	2,38	0,64	0,16	0,244	0,028	0,056	0,066	0,829	0,200	0,028
	Mittel (No. 39—60)	—	0,9970	8,90	2,98	0,69 *)	0,15 *)	0,186	0,117	0,002	0,124	0,708	0,284	0,044

*) C. A. Neufeld fand an Gerbstoff:

	No. 30	47	49	58	61	63	65	66	72
Gerbstoff	0,174	0,150	0,322	0,150	0,140	0,114	0,189	0,131	0,242 g.

Die Proben No. 37, 39—44, 48, 49, 55 hatten trotz des hohen Gehaltes an flüchtigen Säuren keinen Essigstich, die Proben No. 35, 36, 45, 52 und 72 dagegen hatten zur Zeit der Untersuchung beginnenden Essigstich; letztere Proben sind bei Berechnung der Mittelzahlen für Gesammt-Säure und flüchtige Säuren nicht berücksichtigt worden.

No.	Herkunft und Traubensorte	Jahrgang	Spec. Gewicht	100 ccm Wein enthalten Gramm: Alkohol	Extrakt	Gesammt-Säure (Weinsäure)	Flüchtige Säure (Essigsäure)	Gesammt-Weinsäure	Weinstein	Freie Weinsäure	Zucker	Glycerin	Mineral-stoffe	Phosphor-säure (P_2O_5)
	3. Bezirk Trebinje.													
61*)	Weinbau-Station Lastva: Alicante-Bouschet	1898	0,9983	7,73	2,69	0,78	0,14	0,289	0,141	0,035	0,129	0,816	0,256	0,014
62	Weinbau-Station Lastva: Alicante-Bouschet	1899	0,9972	8,35	2,79	0,68	0,17	0,300	0,282	0	0,105	0,658	0,294	0,013
63*)	Weinbau-Station Lastva: Skadarka . . .	"	0,9961	8,77	2,64	0,66	—	0,292	0,197	0	0,109	0,801	0,228	0,018
64	Weinbau-Station Lastva: Skadarka . . .	"	0,9960	8,77	2,60	0,63	0,15	0.292	0,159	0,020	0,096	0,714	0,224	0,018
65*)	Weinbau-Station Lastva: Aramon	"	0,9972	7,87	2,61	0,59	0,13	0,225	0,103	0	0,110	0,640	0,264	0,009
66*)	Weinbau-Station Lastva: Blatina . . .	"	0,9968	8,14	2,51	0,75	0,10	0,262	0,188	0	0,119	0,724	0,226	0,011
67	Weinbau-Station Lastva: Blatina . . .	"	0,9959	8,35	2,58	0,67	0,16	0,304	0,169	0	0,115	0,736	0,222	0,016
68	Weinbau-Station Lastva: Cabernet	"	0,9962	7,66	2,23	0,53	0,10	0,258	0,113	0	0,118	0,673	0,234	0,018
	Mittel (No. 61—68)	—	0,9967	8,22	2,58	0,66	0,13	0,290	0,169	0,007	0,112	0,720	0,243	0,014
	4. Bezirk Ljubuski.													
69	Studenci (Traubensorte nicht bekannt)	1899	0,9980	7,46	2,48	0,61	0,12	0,240	0,141	0	0,135	0,599	0,272	0,014
70	Studenci (Traubensorte nicht bekannt)	"	0,9975	7,80	2,76	0,67	0,17	0,300	0,206	0	0,133	0,711	0,234	0,020
71	Studenci (Traubensorte nicht bekannt)	"	0,9971	8,41	2,89	0,63	0,11	0,161	0,244	0	0,177	0,770	0,308	0,023
72*)	Medjugorce	"	0,9970	8,14	2,66	0,65	0,24	0,210	0.263	0	0,076	0,762	0,288	0,033
	Mittel (No. 69—72)	—	0,9974	7,95	2,69	0,63	0,13*)	0,228	0,214	0	0,140	0,706	0,276	0,022
	Mittel (No. 30—72)	—	**0,9970**	**8,31**	**2,72**	**0,69**	**0,15*)**	**0,230**	**0,151**	**0,016**	**0,110**	**0,697**	**0,235**	**0,030**

Schillerweine.

(Analysen von C. A. Neufeld.[1])

No.	Herkunft und Traubensorte	Jahrgang	Spec. Gewicht	Alkohol	Extrakt	Gesammt-Säure (Weinsäure)	Flüchtige Säure (Essigsäure)	Gesammt-Weinsäure	Weinstein	Freie Weinsäure	Zucker	Glycerin	Mineral-stoffe	Phosphor-säure (P_2O_5)
1	Blinzanci (Bez. Mostar)	1899	0,9971	8,91	2,98	0,63	0,15	0,143	0,159	0,083	0,155	0,654	0,266	0,045
2	Bezirk Trebinje: Weinbau-Station Lastva	"	0,9952	7,66	1,98	0,64	0,16	0,285	0,122	0	0,076	0,701	0,198	0,015
3**)	Bezirk Trebinje: Zasad	"	0,9937	7,80	1,71	0,82	0,24	0,229	0,075	0,044	0,040	0,486	0,174	0,027
4	Bezirk Trebinje: Trebinje	"	0,9964	7,12	2,13	0,63	0,10	0,255	0,047	0,098	0,143	0,625	0,185	0,022
5	Bezirk Trebinje: Gorica	"	0,9939	8,77	2,05	0,66	0,10	0,195	0,019	0	0,064	0,730	0,180	0,031
6**)	Bezirk Trebinje: Police	"	0,9932	8,91	2,03	0,69	0,16	0,258	0,037	0,100	0,070	0,732	0,178	0,026
7	Bezirk Trebinje: Cicevo	"	0,9966	8,07	2,36	0,69	0,14	0,258	0,112	0,101	0,135	0,710	0,216	0,034
8**)	Crveni (Bezirk Ljubuski)	"	0,9991	8,21	3,18	0,69	0,17	0,172	0,215	0	0,123	0,720	0,280	0,044

Aeltere und sonstige Analysen von österreichisch-ungarischen Weinen.

1. K. Portele: Tyroler Weine. — Weinlaube 1878, **10**, 141.
2. W. Eugling: Tyroler Weine. — Weinlaube 1879, **11**, 209.
3. J. Pohl: Weine aus Nieder-Oesterreich, Steiermark, Tyrol, Böhmen, Krain, Ungarn, Slavonien, Kroatien und Dalmatien. — Chemisch-technische Untersuchungen österreichischer Weine S. 79 u. Annalen der Oenologie 1873, **3**, 205—224.
4. C. Neubauer: Oesterreichische Rothweine. — Annalen der Oenologie 1872, **2**, 32.
5. J. Hanamann: Böhmische Weine. — Fühling's landw. Zeitschrift 1876, Heft 11.
6. A. Blankenhorn: Ungarweine. — Annalen der Oenologie 1873, **3**, 253.
7. L. Baudis: Oesterreichisch-ungarische Weine. — Casopis pro prumysl chemicky 1898, **8**, 290; Chem.-Ztg. 1899, **23**, Rep. 131.

[1]) Zeitschr. Nahrungs- u. Genussm. 1901, **4**, 295.

*) Vergl. Anmerkung *) S. 1276.

**) C. A. Neufeld fand in dem Schillerwein No. 6: 0,037 g Gerbstoff. Der Wein No. 3 hatte zur Zeit der Untersuchung beginnenden Essigstich und No. 8 war durch Essigstich verdorben.

Weine der Balkanhalbinsel.

Bulgarische Weine.*)

Analysen von N. Petkow.[1])

Weissweine.**)

No.	Herkunft und Bezugsquelle	Jahrgang	Spec. Gewicht	100 ccm Wein enthalten Gramm: Alkohol	Extrakt	Gesammt-Säure (Weinsäure)	Flüchtige Säure (Essigsäure)	Gerbstoff	Zucker	Glycerin	Mineral-stoffe	Phosphor-säure (P_2O_5)	Schwefel-säure (SO_3)
1	Aus Stara-Sagora (M. Koitschew) . . .	1899	0,9910	9,27	1,581	0,516	0,026	0,032	0	0,651	0,195	0,032	—
2	Aus Stara-Sagora (Gebr. Matrewi) „Tamjanka“	„	0,9914	9,63	2,037	0,549	0,028	—	<0,04	0,753	0,161	0,015	—
3	Aus Stara-Sagora (Gebr. Matrewi) „Papaska“ .	„	0,9915	10,14	2,048	0,519	0,064	—	0,111	0,868	0,141	0,012	—
4	Aus Stara-Sagora (Gebr. Matrewi) „Misket“. .	„	0,9941	10,59	2,868	0,528	0,105	—	0,397	0,786	0,137	0,018	—
5	Aus Stara-Sagora (J. Lübenow)	1898	0,9906	9,99	1,594	0,482	0,082	—	Spur	0,700	0,158	0,022	—
6	Aus Burgas (M. Kokino)	1899	0,9927	9,63	2,122	0,531	0,066	—	0,062	0,853	0,158	0,014	—
7	Aus Burgas (M. Kokino)	„	0,9915	10,07	2,108	0,525	0,068	—	0,118	0,818	0,160	0,019	—
8	Von Pasartschik (A. Dimitrow)	„	0,9910	10,22	1,850	0,476	0,074	—	0,042	0,719	0,194	0,047	—
9	Von Küstendil (G. Dinow)	„	0,9931	8,98	1,986	0,450	0,020	0,022	0,110	0,869	0,143	0,026	—
10	Von der Weinbauschule in Pleven	1895	0,9924	9,49	2,062	0,645	0,081	—	0,124	0,782	0,159	0,017	—
11	Von der Weinbauschule in Pleven	1896	0,9936	10,22	2,670	0,660	0,100	—	0,202	0,942	0,149	0,018	—
12	Von Hlebarow in Pleven .	1899	0,9944	11,04	3,520	0,868	0,038	—	0,066	1,360	0,136	0,013	—
13	Von Tschirpan (J. S. Kolarow)	„	0,9973	10,36	3,484	0,585	0,115	—	1,281	0,889	0,156	0,012	—
14	Von Tschirpan (N. Tanew)	1898	0,9910	11,04	2,220	0,640	0,044	—	0,081	0,854	0,134	0,012	—
15	Von Tschirpan (N. Tanew)	1899	0,9908	10,59	2,038	0,495	0,050	—	0,108	0,810	0,126	0,013	—
16	Von der Landwirthschaftsschule in Sadowo „Mawrud“	„	0,9916	10,07	2,082	0,611	0,057	—	0,067	0,828	0,150	0,019	—
17	Von der Landwirthschaftsschule in Sadowo „Tamianka“ . . .	„	0,9908	10,66	2,162	0,429	0,061	—	0,101	0,975	0,144	0,012	—
18	Von der Landwirthschaftsschule in Sadowo „Misket“ . . .	1895	0,9922	8,98	1,951	0,600	0,138	—	<0,04	0,875	0,173	0,021	—
19	Von der Landwirthschaftsschule in Sadowo „Misket“	1896	0,9926	9,06	1,994	0,627	0,146	—	0,058	0,722	0,180	0,020	—
20	Von der Landwirthschaftsschule in Sadowo „Misket“	1897	0,9937	9,34	1,880	0,459	0,078	—	0,056	0,807	0,132	0,015	—
21	Von der Landwirthschaftsschule in Sadowo „Misket“	1898	0,9936	9,49	2,345	0,573	0,081	—	0,071	0,902	0,218	0,021	—
22	Von der Landwirthschaftsschule in Sadowo „Misket“	1900	0.9909	9,27	1,634	0,417	0,052	—	0,040	0,657	0,126	0,017	—
23	Von der Landwirthschaftsschule in Sadowo „Pamitianka“ . .	1895	0,9926	9,06	1,968	0,618	0,127	—	<0,04	0,729	0,180	0,020	—
24	Von der Landwirthschaftsschule in Sadowo „Pamitianka“	1896	0,9914	9,85	2,001	0,579	0,124	—	0,050	0,767	0,170	0,022	—
25	Von der Landwirthschaftsschule in Sadowo „Pamitianka“	1897	0,9950	8,21	1,808	0,459	0,082	—	Spur	0,679	0,188	0,024	—
26	Von der Landwirthschaftsschule in Sadowo „Pamitianka“	1899	0,9916	9,78	2,014	0,453	0,080	—	<0,04	0,917	0,187	0,031	—
27	Von der Landwirthschaftsschule in Sadowo „Pamitianka“	1900	0,9909	9,20	1,502	0,323	0,051	—	<0,04	0,650	0,149	0,012	—
28	Aus dem Fürstl. Domänenkeller bei Warna —	1886	0,9937	8,74	2,346	0,714	0,181	—	0,055	0,728	0,152	0,015	—
29	Aus dem Fürstl. Domänenkeller bei Warna —	1897	0,9926	9,42	2,184	0,654	0,156	—	0,040	0,678	0,159	0,015	—
30	Aus dem Fürstl. Domänenkeller bei Warna „Misket“	1895	0,9907	9,99	1,836	0,570	0,096	—	0,040	0,865	0,154	0,014	—
31	Aus dem Fürstl. Domänenkeller bei Warna „Pamit“	1897	0,9906	9.85	1,976	0,582	0.138	—	<0,04	0,918	0,159	0,017	—
	Mittel	—	**0,9923**	**9,75**	**2,13**	**0,553**	**0,084**	**0,027**	**0,110**	**0,818**	**0,159**	**0,019**	—

[1]) Zeitschr. Nahrungs- u. Genussm. 1901, **4**, 1153.

*) Die Weine sind auf Veranlassung des chemischen Staatslaboratoriums in Sofia von den Weinbau-Inspektoren der staatlichen Weinbauschulen und von Verwandten und Bekannten Petkows eingesandt.

Die Untersuchung erfolgte nach den Vorschriften der Werke von Dr. K. Windisch: „Die chemische Untersuchung und Beurtheilung des Weines“ und Dr. E. Borgmann „Anleitung zur chemischen Analyse des Weines“.

**) Die Gesammt-Ester-Zahl (nach Schmitt bestimmt) betrug bei:

No.	28	29	30	31
Gesammt-Ester-Zahl . . .	12,8	7,6	13,2	12,0

Das Alkohol-Glycerin-Verhältniss schwankte von 100: 7,00, bis 100: 12,32.

Rothweine.*)

No.	Herkunft und Bezugsquelle	Jahrgang	Spec. Gewicht	100 ccm Wein enthalten Gramm:									
				Alkohol	Extrakt	Gesammt-Säure (Weinsäure)	Flüchtige Säure (Essigsäure)	Gerbstoff	Zucker	Glycerin	Mineralstoffe	Phosphorsäure (P_2O_5)	Schwefelsäure (SO_3)
1	Weine von Stara-Sagora: (K. Stanew)	1899	0,9935	9,34	2,209	0,519	0,116	0,066	0,069	0,720	0,180	0,026	—
2	(Histro Gidokow) . .	„	0,9952	8,56	2,348	0,429	0,045	0,089	Spur	0,702	0,198	0,024	—
3	(P. Philipow) . . .	„	0,9950	9,70	2,724	0,654	0,195	0,099	0,122	0,689	0,241	0,040	—
4	(Gebr. Matrewi) „Schekka“	„	0,9910	10,66	2,136	0,600	0,140	—	0,087	0,747	0,162	0,018	—
5	(J. Lübenow) . . .	„	0,9969	8,84	2,628	0,540	0,062	—	0,056	0,700	0,228	0,048	—
6	Von Burgas: (E. Topalow) . .	„	0,9943	9,06	2,259	0,510	0,096	—	0,066	0,672	0,232	0,026	0,023
7	(P. Kapri) . . .	„	0,9943	9,56	2,596	0,630	0,157	—	0,063	0,899	0,204	0,018	0,009
8	(P. Kuzarow) . .	„	0,9944	9,56	2,604	0,501	0,084	—	0,044	0,779	0,196	0,022	0,009
9	Von Pasartschik: (S. Kazarow) . .	„	0,9939	8,28	1,907	0,403	0,081	—	0	0,712	0,188	0,032	0,010
10	(P. Philipow) . .	„	0,9944	8,77	2,201	0,396	0,061	—	0,044	0,832	0,182	0,028	0,011
11	(A. Nicoglu) . .	„	0,9959	6,21	1,598	0,360	0,096	—	0,060	0,541	0,156	0,024	0,013
12	(K. Bojadjiiski) .	„	0,9946	8,98	2,318	0,420	0,073	—	0,075	0,734	0,194	0,032	0,015
13	Von Küstendil: (S. Stanew) .	„	0,9949	7,33	1,762	0,541	0,168	0,231	Spur	0,567	0,250	0,033	0,005
14	(S. Stanew) .	„	0,9950	7,19	1,755	0,549	0,166	0,230	Spur	0,560	0,249	0,032	0,006
15	(G. Dinow) . .	„	0,9944	8,14	2,094	0,471	0,057	0,046	Spur	0,829	0,208	0,030	0,007
16	(G. Dinow) . .	„	0,9923	9,27	1,950	0,393	0,043	0,066	0,048	0,859	0,157	0,030	0,007
17	—	„	0,9942	7,60	1,720	0,381	0,043	—	0,040	0,569	0,202	0,037	0,002
18	—	„	0,9944	7,80	1,823	0,402	0,054	—	0,020	0,586	0,231	0,037	0,006
19	**)	1900	0,9925	8,98	1,800	0,387	0,049	—	0,100	0,736	0,158	0,029	0,002
20	Von Tirnowo Seimen: (W. Stankow) . .	1899	0,9961	7,80	2,308	0,672	0,200	—	0,055	0,734	0,215	0,024	0,010
21	(D. Jantschew) .	„	0,9947	7,66	1,879	0,567	0,147	—	Spur	0,585	0,157	0,012	0,007
22	(D. Tonew) . .	„	0,9967	6,93	2,136	0,516	0,060	0,059	0,040	0,578	0,166	0,017	0,007
23	Von der Weinbauschule in Pleven	1893	0,9934	9,85	2,366	0,687	0,187	0,069	0,082	0,792	0,183	0,030	0,033
24		1894	0,9923	10,44	2,275	0,705	0,150	0,046	0,061	0,753	0,176	0,026	0,025
25		1895	0,9941	9,99	2,686	0,717	0,152	0,056	0,045	0,848	0,164	0,024	0,015
26		1896	0,9940	10,22	2,715	0,648	0,098	—	Spur	0,886	0,170	0,030	0,020
27		1899	0,9940	9,13	2,267	0,489	0,098	—	0,106	0,776	0,193	0,034	0,019
28	Von Hlebarow in Pleven	1899	0,9943	11,88	3,474	0,840	0,042	—	0,132	1,406	0,153	0,014	0,003
29		1900	0,9934	9,20	2,178	0,537	0,073	—	0,040	0,784	0,170	0,014	0,002
30	Von Tirnowo: (H. Lüdskanow)	1899	0,9946	8,07	2,031	0,681	0,108	—	0,068	0,690	0,135	0,017	0,004
31	(A. Entschew) .	„	0,9936	8,63	2,122	0,600	0,058	—	0,051	0,748	0,130	0,013	0,009
32	Von Tschirpan: (J. S. Kolarew)	„	0,9971	10,14	3,306	0,402	0,076	—	0,170	0,734	0,231	0,029	0,008
33	(J. S. Kolarew)	„	1,0029	10,66	4,992	0,507	0,094	—	1,513	0,892	0,217	0,032	0,011
34	(J. S. Kolarew)	„	0,9956	10,52	3,251	0,495	0,044	—	0,120	0,943	0,214	0,024	0,019
35	(N. Tanew) . .	„	0,9953	10,29	2,971	0,399	0,057	0,101	0,092	0,802	0,214	0,026	0,012
36	(A. Dimitrow) . .	„	0,9959	9,49	2,780	0,457	0,044	—	0,110	0,666	0,227	0,029	0,012
37	Von der Landw.-Schule in Sadowo: „Pamitianka“	1895	0,9929	9,34	1,986	0,666	0,127	—	0,070	0,680	0,211	0,027	0,034
38		1899	0,9929	9,49	2,203	0,450	0,068	—	0,099	0,749	0,216	0,037	0,011
39		1900	0,9939	8,42	1,902	0,402	0,046	—	<0,04	0,595	0,201	0,013	0,011

*) Die Gesammt-Ester-Zahl (nach Schmitt bestimmt) betrug bei:

No.	19	28	29	46	47	48	49
Gesammt-Ester-Zahl . . .	12,0	16,4	10,0	23,2	22,4	20,4	23,0

**) Von N. Petkow selbst hergestellt.

No.	Herkunft und Bezugsquelle	Jahrgang	Spec. Gewicht	100 ccm Wein enthalten Gramm: Alkohol	Extrakt	Gesammt-Säure (Weinsäure)	Flüchtige Säure (Essigsäure)	Gerbstoff	Zucker	Glycerin	Mineral-stoffe	Phosphor-säure (P_2O_5)	Schwefel-säure (SO_3)
40	Von der Landw.-Schule in Sadowo: „Mawrud“	1895	0,9937	9,56	2,291	0,648	0,100	—	0,083	0,739	0,187	0,029	0,033
41		1896	0,9933	9,70	2,376	0,620	0,114	—	0,062	0,917	0,180	0,028	0,023
42		1897	0,9958	8,21	2,454	0,570	0,072	—	Spur	0,845	0,231	0,038	0,034
43		1898	0,9954	9,78	2,915	0,645	0,075	—	Spur	0,896	0,204	0,030	0,011
44		1899	0,9956	9,85	2,988	0,642	0,081	—	0,267	0,776	0,215	0,036	0,023
45		1900	0,9942	8,70	2,102	0,516	0,056	—	0	0,676	0,205	0,017	0,012
46	Aus dem Fürstl. Domänenkeller bei Warna: „Mawrud“	1896	0,9952	9,06	2,656	0,660	0,124	—	0,040	1,002	0,188	0,024	0,026
47	—	1896	0,9950	9,13	2,616	0,633	0,128	—	⟨0,04	0,960	0,183	0,024	0,017
48	—	1897	0,9936	9,27	2,258	0,558	0,097	—	0,040	0,719	0,213	0,028	0,028
49	—	1898	0,9928	10,22	2,422	0,552	0,105	—	0,084	0,797	0,210	0,022	0,008
50	—	1899	0,9931	8,77	1,996	0,570	0,117	—	0,050	0,670	0,192	0,018	0,006
51	—	1899	0,9925	9,27	1.890	0,438	0,048	—	0,050	0,723	0,170	0,024	0,004
	Mittel	—	**0,9943**	**9,09**	**2,377**	**0,541**	**0,097**	**0,096**	**0,087**	**0,761**	**0,195**	**0,027**	**0,014**

Rumänische Weine.*)

Analysen von Chiriac D. Drutzu.**)

Weissweine.

No.	Herkunft	Jahrgang	Spec. Gewicht	100 ccm Wein enthalten Gramm: Alkohol	Extrakt	Gesammt-Säure (Weinsäure)	Weinstein	Stickstoff-Substanz	Glycerin	Mineral-stoffe	Kali (K_2O)	Phosphor-säure (P_2O_5)	Schwefel-säure (SO_3)
1	Falciu, Pahnesci . .	1883	0,9957	8,34	2,435	1,172	0,218	0,091	0,69	0,184	0,072	0,028	0,014
2		1885	0,9940	6,91	1,797	0,776	0,168	0,136	0,69	0,153	0,069	0,025	0,010
3	Falciu, Husi . . .	1875	0,9924	8,50	1,730	0,652	0,133	0,037	0,84	0,149	0,068	0,025	0,007
4		1881	0,9950	7,94	2,154	1,120	0,238	0,105	0,61	0,144	0,063	0,032	0,008
5		1884	0,0917	9,29	2,066	0,724	0,158	0,045	0,83	0,103	0,042	0,017	0,006
6		1887	0,9910	8,82	1,675	0,524	0,173	0,031	0,72	0,147	0,067	0,032	0,010
7	Tecuciu Zeletin, Gohor .	„	0,9935	6,83	1,214	0,520	—	0,014	0,56	0,168	0,079	0,028	—
8⁰)	Vlasca Calniscea Mihalesci	„	0,9916	8,82	1,488	0,526	0,152	0,060	0,58	0,149	0,072	0,034	0,028
9	Muscel, Dranesci . . .	„	1,0024	7,71	3,44	0,696	0,168	0,039	0,86	0,133	0,062	0,029	0,026
10	Prahova, Dealu-Mare . .	„	0,9970	7,86	2,575	0,616	0,146	0,027	0,82	0,207	0,107	0,046	0,003
11	Putna, Odobesci. . .	1874	0,9924	8,42	1,810	0,552	0,178	0,033	0,81	0,103	0,055	0,020	0,002
12		1887	0,9951	6,59	1,551	0,696	0,038	0,048	0,55	0,246	0,116	0,031	0,007
13	Teleorman, Zimnicea . .	1886	0,9932	8,58	1,927	0,632	0,238	0,139	0,82	0,190	—	0,013	—
14	Jassy, Cotnari . . .	1882	0,9931	9,45	2,459	0,628	0,208	0,090	0,98	0,149	0,058	0,026	0,007
15⁰)		1884	0,9965	10,05	3,324	1,010	0,160	0,165	1,06	0,145	0,053	0,036	0,002
16⁰)		1886	0,9927	9,21	1,931	0,631	0,185	0,140	0,68	0,187	0,073	0,046	0,004

*) Die Analysen wurden nach den Verfahren der k. k. chem.-physiolog. Vers.-Stat. Klosterneuburg untersucht. Die Weine waren aus ursprünglich vorzüglichen Trauben gewonnen, liessen aber z. Th. in der Behandlung zu wünschen übrig, infolgedessen dieselben theilweise trübe waren. Sie sind theils gar nicht, theils (die Mehrzahl) einmal und theils dreimal abgezogen.

**) Untersuchungen über den Weinbau Rumäniens. Inaugural-Dissertation Halle a. S. 1889.

⁰) No. 8 und 15 sind Mittel von 2 Proben, No. 16 von 3 Proben.

No.	Herkunft	Jahrgang	Spec. Gewicht	100 ccm Wein enthalten Gramm: Alkohol	Extrakt	Gesammt-Säure (Weinsäure)	Weinstein	Stickstoff-Substanz	Glycerin	Mineral-stoffe	Kali (K_2O)	Phosphor-säure (P_2O_5)	Schwefel-säure (SO_3)
17 *)	R.-Valcia, Dragasani	1882	0,9950 [1]	8,62	2,564	0,720	0,227	0,095	0,87	0,226	0,078	0,041	0,049 [1]
18	R.-Valcia, Dragasani	1885	0,9910	9,06	1,724	0,612	0,100	0,078	0,77	0,143	0,062	0,034	0,007
19	R.-Valcia, Dragasani	1886	0,9920	10,09	2,293	0,644	0,108	0,058	1,19	0,153	0,067	0,037	0,008
20	R.-Valcia, Dragasani	1887	0,9950	8,90	2,650	0,584	0,130	0,054	1,04	0,133	0,059	0,031	0,007
21	Tecuciu Nicoresci	1883	0,9910	8,02	1,692	0,576	0,193	0,068	0,67	0,147	0,063	0,024	0,005
21	Tecuciu Nicoresci	1885	0,9905	8,34	1,585	0,556	0,168	0,020	0,68	0,132	0,053	0,029	0,006
23	Schillerweine: Jalomita, Chirnogi	1887	0,9954	6,91	1,597	0,804	0,321	0,163	0,35	0,171	0,087	0,015	—
24	Schillerweine: Tulcea, Ostrov	1887	0,9940	7,55	1,474	0,660	0,178	0,093	0,43	0,204	0,108	0,025	—
	Mittel	—	**0,9934**	**8,37**	**2,05**	**0,698**	**0,173**	**0,076**	**0,75**	**0,161**	**0,071**	**0,029**	**0,011**
	Rothweine.												
1	Tecuciu Zeletin, Iresca	1874	0,9951	6,67	1,601	0,748	0,038	0,035	0,79	0,202	0,088	0,037	0,019
2	Tecuciu Zeletin, Iresca	1878	—	8,98	2,132	—	0,098	0,097	0,92	0,176	0,070	0,043	—
3	Tecuciu Nicoresci	1885	—	9,85	2,533	0,588	0,130	0,167	0,97	0,207	0,102	0,037	0,005
4	Falciu Husi	1875	0,9932	9,06	2,126	0,656	0,133	0,087	0,82	0,138	0,064	0,025	0,004
5	Falciu Husi	1882	0,9935	9,06	2,238	0,520	0,113	0,072	0,98	0,234	0,124	0,049	0,009
6	Falciu Husi	1884	0,9969	7,55	2,355	0,680	0,168	0,130	0,65	0,218	0,108	0,040	—
7	Falciu Husi	1885	0,9950	8,74	2,255	0,528	0,073	0,089	0,95	0,227	0,111	0,035	0,005
8	R.-Valcia, Dragasani	1880	0,9960	8,34	2,859	0,596	0,135	0,136	1,04	0,241	0,091	0,044	0,028
9	R.-Valcia, Dragasani	1886	1,0036	8,50	3,939	0,660	0,188	0,078	0,88	0,173	0,078	0,036	0,012
10	Vlasca Calniscea, Mihalesci	1881	0,9968	7,15	1,821	0,724	0,308	0,090	0,33	0,237	0,113	0,052	—
11	Vlasca Calniscea, Mihalesci	1883	0,9950	7,71	1,774	0,616	0,218	0,080	0,51	0,234	0,122	0,048	—
12 **)	Vlasca Calniscea, Mihalesci	1887	0,9938	8,77	2,024	0,559	0,170	0,074	0,76	0,207	0,101	0,042	0,007
13	Putna: Odobesci	1882	0,9957	8,82	2,780	0,768	0,151	0,050	0,93	0,144	—	0,034	0,004
14	Putna: „	1884	0,9951	9,14	2,459	0,604	0,181	0,138	0,90	0,240	0,109	0,044	0,007
15	Putna: Cazaclii	1882	0,9944	8,66	2,185	0,684	0,233	0,076	0,76	0,153	0,065	0,037	0,003
16	Tutova, Doalu-Mare (Berlad)	„	0,9994	9,21	2,623	0,852	0,163	0,130	0,86	0,154	0,055	0,023	0,012
17	Sarateni	„	0,9950	8,18	2,198	0,664	0,236	0,125	0,75	0,200	0,082	0,044	0,026
18	Mehedinti Golu Drancei	1884	0,9944	9,14	2,479	0,584	0,181	0,135	0,87	0,218	0,103	0,052	0,016
19	Mehedinti Golu Drancei	1887	0,9944	8,10	1,932	0,668	0,223	0,043	0,61	0,141	0,057	0,017	0,008
	Mittel	—	**0,9957**	**8,51**	**2,33**	**0,650**	**0,165**	**0,096**	**0,80**	**0,197**	**0,091**	**0,039**	**0,011**

Sonstige Analysen.

1. Die **mittlere Zusammensetzung** zahlreicher Analysen rumänischer Weine der Jahrgänge **1888** und **1889** war (nach Weinbau u. Weinhandel **1890**, **8**, No. **12**; Vierteljahrsschr. Nahrungs- u. Genussm. **1890**, **5**, **59**) folgende:

	Zahl der Analysen	Spec. Gew.	Alkohol Vol.-%	Extrakt	Säure	Mineralstoffe
Weissweine . . .	108	0,9948	9,95	1,909	0,622	0,154 g
Rothweine . . .	48	0,9959	10,93	2,294	0,674	0,183 g

2. C. **Roman** (Weinlaube **1893**, **17**; Vierteljahrsschr. Nahrungs- u. Genussm. **1893**, **8**, **41**) berichtet über die Zusammensetzung von **1891**-er Weinen von Zinten aus amerikanischen Reben.

*) No. 17 ist das Mittel von 2 Proben.
**) No. 12 ist das Mittel von 3 Proben.

Altserbische und macedonische Weine.*)

Weissweine.

No.	Herkunft und Jahrgang		Zahl der Proben	Spec. Gewicht	Alkohol	Extrakt	Gesammt-Säure (Weinsäure)	Farb- und Gerbstoff	Zucker	Glycerin	Mineral-stoffe	Kali (K_2O)	Phosphor-säure (P_2O_5)	Schwefel-säure (SO_3)	Analytiker
					100 ccm Wein enthalten Gramm:										
1	Ueskūb	weiss	2	0,9915	10,49	1,99	0,297	0,033	0,20 [1]	0,842	0,224	—	0,022	0,133	*Branko*
2	(Skoplje)	Schiller	1	0,9910	11,54	2,07	0,523	0,042	—	0,880	0,243	—	0,023	—	*Anovic*[1]

Rothweine.

No.	Herkunft	Jahrgang	Zahl der Proben	Spec. Gewicht	Alkohol	Extrakt	Gesammt-Säure	Farb- und Gerbstoff	Zucker	Glycerin	Mineral-stoffe	Kali	Phosphor-säure	Schwefel-säure	Analytiker
1	Salonichi	1889	1	1,0103	12,68	6,44	0,364	0,516	3,55	1,111	0,155	—	0,043	—	
2	(Solun)	1892	6	1,0013	10,85	3,89	0,510	0,330	1,03 [5]	1,037	0,200	—	0,040	—	
3	Ueskūb	1891	10	0,9941	10,96	2,59	0,574	0,400	0,53 [2]	0,962	0,310	—	0,025	—	
4	(Skoplje)	1892	14	0,9961	11,47	3,31	0,418	0,301	1,59 [5]	1,009	0,289	—	0,032	—	
5	Gratzko	1892	2	0,9995	10,11	3,66	0,459	0,364	0,73	1,031	0,303	—	0,039	—	*Branko*
6	Nauschti	1891	1	0,9950	10,35	2,73	0,539	0,401	—	0,935	0,248	—	0,052	—	*Anovic*[1]
7	(Negosch)	1892	1	0,9995	10,89	3,42	0,491	0,385	1,31	0,942	0,149	—	0,041	—	
8	Kaffadar	1892	2	0,9933	13,43	2,98	0,562	0,097	1,20 [1]	1,377	0,275	—	0,046	—	
9	Satischta	1892	2	0,9948	9,93	2,46	0,364	0,263	—	0,841	0,175	—	0,039	—	
10	Welles	1892	1	1,0075	10,19	5,33	0,539	0,353	2,56	1,054	0,234	—	0,032	—	

Serbischer Wein.

No.	Herkunft	Zahl der Proben	Spec. Gewicht	Alkohol	Extrakt	Gesammt-Säure	Farb- und Gerbstoff	Zucker	Glycerin	Mineral-stoffe	Kali	Phosphor-säure	Schwefel-säure	Analytiker
11	Negotiner Rothwein, mild, voll	1	0,9951	9,28	3,25	0,53	0,26	—	0,91	0,229	—	—	0,025	*C. Hoffmann*[2]

Griechische Weine.

No.	Herkunft	Jahrgang	Zeit der Untersuchung	Spec. Gewicht	Alkohol	Extrakt	Gesammt-Säure	Stickst.-Subst.	Zucker	Glycerin	Mineral-stoffe	Kali	Phosphor-säure	Schwefel-säure	Analytiker
					100 g Wein enthalten Gramm:										
1	Kamarite von	1884	1887	0,9948	9,46	2,78	0,67	—	—	0,72	0,29	0,106	0,035	0,010	*J. König*
2	Santorin(roth)	1886	1887	0,9945	10,08	2,63	0,64	—	—	0,73	0,27	0,092	0,043	0,018	*u. H.*
3	Mont Eros (Cephalonia) weiss.		1885	0,9906	12,85	2,86	0,62	0,16	0,52	0,87	0,25	0,068	0,025	0,041	*Weigmann*[3]

[1]) Zeitschr. Nahrungsm.-Unters., Hygiene u. Waarenk. 1893, **7**, 313.

[2]) Mittheil. d. k. k. chem.-physiol. Vers.-Stat. Klosterneuburg. Wien 1888, Heft 5.

[3]) Original-Mittheilung. Die Weine sind nach den Beschlüssen der vom Kaiserl. Gesundh.-Amt (1884) einberufenen Kommission untersucht.

*) Infolge der geringen Ernte des Jahres 1892 war Serbien gezwungen Weine aus Alt-Serbien und Macedonien einzuführen. Alle diese Weine wurden gemäss Ministerialverordnung von Anovic untersucht. Sämmtliche Weine waren mit den betr. Ursprungs-Bescheinigungen der serbischen Konsulate versehen, sodass über ihren Ursprung kein Zweifel bestehen konnte.

Bezüglich der Herstellung werden folgende Angaben gemacht: Der Most wird fast durchweg mit den Trestern vergohren und ist die Farbe der Weine daher meist sehr dunkel, vielfach sogar prachtvoll rubinroth und der Geschmack mehr oder minder herb.

Untersuchungs-Verfahren: Spec. Gewicht mittels eines kontrollirten Aräometers; Alkohol durch Destillation von 100 ccm und Bestimmung des spec. Gewichtes mittels Aräometers oder Westphal'scher Waage unter Benutzung der Hehner'schen Tabelle. Extrakt wurde bei den Weinen mit weniger als 6 g Extrakt aus dem spec. Gewicht des entgeisteten Weines unter Benutzung der Hager'schen Tabelle bestimmt. Bei den Weinen mit mehr als 6 g Extrakt wurde der Wein auf 1,0—1,5 % Extrakt verdünnt und von dieser Verdünnung wurden 10 ccm in halbkugeligen Nickelschalen verdampft und der Rückstand 3 Stunden im Wasserdampf-Trockenschranke getrocknet; Säure durch Titration mit Barytlauge; Zucker nach Allihn und als Glukose berechnet; Glycerin nach dem Verfahren von M. T. Lecco (Chem.-Ztg. 1892, **16**, 504). Farb- und Gerbstoff nach Löwenthal-Neubauer's Verfahren; Asche durch Verbrennen von 25 ccm Wein; in der Asche die Phosphorsäure titrimetrisch mit Molybdänlösung nach A. Grete (Ber. Deutsch. Chem.-Ges. 1888, **21**, 2762. Die Weine, bei denen der Schwefelsäure-Gehalt nicht angegeben ist, enthielten weniger als 0,1 g Kaliumsulfat (K_2SO_4) entsprechende Mengen Schwefelsäure. Schweflige Säure und Theerfarbstoffe konnten in keinem der Weine nachgewiesen werden.

No.	Herkunft und Jahrgang	Zeit der Untersuchung	Spec. Gewicht	100 g Wein enthalten Gramm: Alkohol	Extrakt	Ges.-Säure (Weinsäure)	Stickstoff-Substanz	Zucker	Glycerin	Mineralstoffe	Kali (K_2O)	Phosphorsäure (P_2O_5)	Schwefelsäure (SO_3)	Analytiker
4	Athen, weiss 1877	1885	0,9960	10,76	3,75	0,70	0,086	—	0,88	0,21	0,101	0,012	0,021	C. Hoffmann[1])
5	Athen, weiss 1883	„	0,9930	9,70	2,58	0,62	0,076	—	0,73	0,22	0,109	0,013	0,016	
6	Achaios, weiss*) 1884	1888	0,9979	11,10	3,88	0,70	0,125	0,67	0,85	0,34	0,123	0,087	0,036	H. Weigmann, C. Stood u. W. Kisch[2])
7	Euboea, roth 1886	„	0,9927	11,70	2,73	0,56	0,176	0,39	0,83	0,28	0,165	0,038	0,025	
8	Kamarite von Santorin (roth) 1884	1887	0,9948	9,46	2,78	0,67	—	—	0,72	0,29	0,106	0,035	0,010	J. König u. H. Weigmann[2])
9	Kamarite von Santorin (roth) 1886	„	0,9945	10,08	2,63	0,64	—	—	0,73	0,27	0,092	0,043	0,018	
								Gerbstoff						
10	Athen (roth) mittel 1877	1885	0,9920	11,53	2,80	0,63	0,086	0,18	0,94	0,26	0,125	0,018	0,029	C. Hoffmann[1])
11	Athen (roth) gut 1883	„	0,9970	9,73	3,42	0,68	0,081	0,37	0,76	0,25	0,126	0,015	0,018	
12	Insel Milos, roth 1883	„	0,9965	9,18	3,09	0,61	—	0,36	—	0,33	—	—	0,020	
				100 ccm Wein enthalten Gramm:				Zucker						
13	Santorin-Weine: Kamarite . . .	1887	0,9960	11,62	3,76	0,79	—	0,46	0,88	0,30	—	—	—	Sachs[3]) **)
14	Santorin-Weine: Vino di notte, Elia	„	0,9920	13,15	3,23	0,71	—	0,76	1,03	0,28	—	—	—	
15	Santorin-Weine: Vino di Bacco .	„	0,9990	12,38	4,64	0,60	—	1,42	0,91	0,24	—	—	—	
16	Mont Eros (Cephalonia)	„	0,9900	13,15	3,09	0,63	—	0,27	1,07	0,21	—	—	—	
17	Ithaka-Weine: Wein des Homer	„	0,9960	12,38	4,03	0,60	—	0,53	0,91	0,39	—	—	—	
18	Ithaka-Weine: Korinther (roth)	„	0,9940	12,00	4,17	0,70	—	0.38	0,89	0,23	—	—	—	
	No. 19—22 Weissweine.						Weinstein							
19	Domestica, Tischwein: Patrassa	1897	—	10,44	2,02	0,50	0,06	—	0,88	0,25	—	0,040	—	F. Moreschini[4])
20	Domestica, Tischwein: Patrassa	„	—	11,80	1,92	0,66	0,08	0,34	0,80	0,23	—	0,026	—	
21	Château Décélie . .	„	—	11,19	1,59	0,62	0,08	—	0,89	0,18	—	0,018	—	
22	Solon", Tischwein, Athen	„	—	9,78	2,24	0,62	0,07	—	0,91	0,22	—	0,032	—	
	No. 23-31 Rothweine.										Freie Weinsäure			
23	Wein von Patrasso .	„	—	9,78	3,18	0,64	0,08	Spur	0,94	0,34	—	0,041	—	
24	Von Corfu: tipo asciuto, 1895 A	„	—	10,36	4,52	0,90	0,10	„	0,90	0,25	0,02	0,069	—	
25	Von Corfu: tipo asciuto, 1895 B	„	—	10,96	4,67	0,78	0,07	0,67	0,94	0,35	0,01	0,032	—	
26	„Solon", Tischwein, Athen	„	—	8,70	2,54	0,70	0,08	—	0,92	0,28	—	0,032	—	
27	Glos Lykouryssi Attica	„	—	8,98	2,27	0,52	0,07	Spur	1,02	0,24	—	0,026	—	
28	Château Décélie . .	„	—	8,70	1,86	0.55	0,06	—	0,84	0,20	—	0,027	—	
29	S. Mauro, 1895 . .	„	—	9,85	2,99	0,50	0,07	—	1,21	0,54	—	0,062	—	
30	Vino nero di Cumi	„	—	8,98	3,48	0,43	0,06	—	0,82	0,33	—	0,046	—	
31	Vino nero di Cumi	„	—	8,98	3,09	0,47	0,06	—	0,89	0,30	0,01	0,045	—	

1) Mittheil. d. k. k. chem.-physiol. Vers.-Stat. Klosterneuburg 1888. Heft 5. Ueber die Untersuchungs-Verfahren vergl. oben S. 1256, Anmerkung *).

2) Vergl. Anmerkung 3) S. 1282.

3) Vierteljahresschr. Nahrungs- u. Genussm. 1887, **2**, 574.

4) Annali del Laboratorio Chimico Centrale delle Gabelle Roma 1897.

*) Die Weine stammten von der Firma H. Chardon in Koblenz.

**) Die Weine sind von Menzer-Neckargemünd aus Griechenland bezogen und nach den Beschlüssen der vom Kaiserl. Gesundh.-Amt (1884) einberufenen Kommission untersucht.

No.	Traubensorte und Herkunft	Jahrgang	Spec. Gewicht	Alkohol	Extrakt	Ges.-Säure (Weinsäure)	Weinstein	Zucker	Glycerin	Mineralstoffe	Kali (K_2O)	Phosphorsäure (P_2O_5)	Schwefelsäure (SO_3)	Analytiker
				100 ccm Wein enthalten Gramm:										
32 *)	Rombola (weiss) von E. A. Toole in Argostoli (Kephalonia) direkt bezogen. (No. 34 alt)	—	0,9924	12,92	3,24	0,64	0,150	0,80	0,89	0,22	0,070	0,017	0,017	*M. Barth*[1])
							Flüchtige Säure	**)			Stickstoff-Subst.			
33		—	0,9910	12,56	2,78	0,76	0,100	0,25	0,64	0,21	0,135	0,024	0,037	*E. List*[1])
34		—	0,9905	14,65	3,42	0,83	0,025	0,44	1,06	0,22	0,137	0,031	0,045	

Sonstige Analysen von griechischen Weinen.
Fr. Elsner, Zeitschr. gegen Verfälschung der Lebensmittel 1878/79, **2**, 264 u. 338.

Italienische Weine.***)

Weine aus Ober-Italien und Sardinien.

Sämmtliche Analysen von Mario Zecchini und Agostino Vigna.[2]) [0])

Weissweine aus Ober-Italien.

No.	Herkunft und Traubensorte	Jahrgang	Spec. Gewicht	Alkohol	Extrakt	Gesammt-Säure (Weinsäure)	Flüchtige Säure (Essigsäure)	Weinstein	Freie Weinsäure	Zucker	Stickstoff	Glycerin	Mineralstoffe	Phosphorsäure (P_2O_5)
				100 ccm Wein enthalten Gramm:										
	Provinz Genua.													
1	Chiavari, gem.[0])	1889	0,9945	8,79	1,92	0,74	0,120	0,255	0,056	0,09	0,018	0,72	0,202	0,045
2		1891	0,9983	6,51	2,10	0,64	0,109	0,180	0,054	0,08	0,027	0,62	0,182	0,029
3		1892	0,9964	8,66	2,29	0,74	0,098	0,249	0,084	0,10	0,021	0,79	0,172	0,020
4		"	0,9955	9,06	2,35	0,71	0,075	0,240	0,099	0,10	0,021	0,81	0,188	0,034
5	Cornigliano, Bi.	1891	0,9984	6,36	2,33	1,16	0,127	0,170	0,120	Spur	0,012	0,53	0,154	0,015
6		1892	0,9948	9,06	2,21	0,77	0,044	0,161	0,079	0,15	0,012	0,70	0,123	0,013
7		"	0,9952	9,29	2,41	0,73	0,074	0,339	0,094	0,16	0,017	0,82	0,228	0,054
8	Cornigliano, gem.	"	0,9939	9,21	2,32	0,66	0,071	0,274	0,045	0,11	0,023	0,84	0,210	0,026
9	Verici, gem. . . .	1891	0,9926	10,80	2,45	0,68	0,030	0,208	0,015	0,17	0,016	1,05	0,204	0,025
10	Pontedecimo, Bi.	"	0,9945	8,98	2,28	0,56	0,132	0,189	0,024	0,15	0,025	0,90	0,176	0,028
11		"	0,9949	8,50	2,23	0,68	0,065	0,236	0,125	0,13	0,021	0,77	0,156	0,025
12	Sestri Ponente, Bi.	"	0,9988	9,14	2,43	0,72	0,083	0,194	0,101	0,24	0,019	0,97	0,148	0,028
13		"	0,9964	8,90	2,67	0,69	0,116	0,189	0,045	0,41	0,027	0,85	0,180	0,024
14		1892	0,9941	8,74	2,30	0,64	0,056	0,311	0,052	0,17	0,018	0,77	0,164	0,022
15		"	0,9933	9,06	2,08	0,67	0,078	0,255	0,067	0,12	0,013	0,69	0,192	0,026
16	Sestri Ponente, gem.	"	0,9933	9,21	1,99	0,70	0,072	0,278	0,019	0,04	0,010	0,66	0,186	0,012

[1]) Forschungsberichte über Lebensmittel u. s. w. 1896, **3**, 20 u. 81.

[2]) Staz. sperim. agrar. Ital. 1891, **21**, 612, 1893, **25**, 431 und 1895, **28**, 762.

*) Der Wein enthielt ferner:

Gesammt-Weinsäure	Flüchtige Säure in Esterbindung	Flüchtige Säure frei	Glukose	Fruktose	Kalk (CaO)	Magnesia (MgO)
0,186	0,085	0,001	0,19	0,61	0,010	0,016 g

**) Mit 0,10 g Glukose und 0,15 g Fruktose.

***) Von den zahlreichen Analysen italienischer Weine sind vorwiegend nur die neueren, welche nach den vom 9. Kongresse der landwirthschaftlichen Versuchsstationen Italiens vereinbarten und am 1. Juni 1889 vom Ministerium vorgeschriebenen Verfahren untersucht worden sind, hier aufgenommen.

[0]) Die Abkürzungen der Traubensorten bei den Analysen von M. Zecchini und A. Vigna bedeuten: Al. = Albarola; Ba. = Barbera; Bal. = Balsamina; Bb. = Barbarossa; Bi. = Bianchetto; Bo. = Bonarda; Bov. = Bovali; Br. = Brachetto; Ca. = Cannonau; Ce. = Cellerina; Cg. = Cagnulari; Cr. = Croirolo; Cro. = Croetto; Do. = Dolcetto; Fr. = Freisa: Gr. = Grignolino; La. = Lambrusca; Ma. = Mascarella; Mo. = Moretto; Mon. = Monica; Mos. = Moscato; Neb. = Nebbiolo; Ner. = Nerano; Nu. = Nuragus; Or. = Ormeasca; Pi. = Piccabon; Pin. = Pinot; Ro. = Rossese; Sa. = Salerno; U. b. = Uva bianca; U. n. = Uva nera; Ve. = Vermetico; Gem. = gemischte Sorten.

No.	Herkunft und Traubensorte	Jahrgang	Spec. Gewicht	100 ccm Wein enthalten Gramm: Alkohol	Extrakt	Ges.-Säure (Weinsäure)	Flüchtige Säure (Essigsäure)	Weinstein	Freie Weinsäure	Zucker	Stickstoff	Glycerin	Mineral-stoffe	Phosphor-säure (P_2O_5)
17	Bolsaneto, gem.	1891	0,9940	7,93	2,02	0,65	0,068	0,208	0,082	0,13	0,016	0,81	0,156	0,026
18	Bolsaneto, gem.	1892	0,9934	9,06	2,20	0,59	0,090	0,296	0,034	0,10	0,018	0,79	0,212	0,022
19	Campo morane, Bi.	1891	0,9959	7,86	2,20	0,62	0,058	0,255	0,075	0,17	0,027	0,66	0,180	0,026
20	Arcola, Ve., Ro.	1892	0,9945	9,06	2,36	0,60	0,056	0,255	0,075	0,17	0,019	0,75	0,180	0,029
21	Genova (S. Franzesco d'albaro) Bi.	"	0,9949	8,66	2,36	0,69	0,070	0,199	0,045	0,22	0,019	0,76	0,180	0,028
22	Genova (S. Franzesco d'albaro) Bi.	"	0,9923	10,41	2,56	0,62	0,073	0,209	0,030	0,10	0,019	0,95	0,206	0,036
23	Genova (S. Franzesco d'albaro) Bi.	"	0,9948	8,74	2,18	0,73	0,060	0,293	0,085	0,13	0,017	0,73	0,228	0,033
24	Genova (S. Franzesco d'albaro) Bi.	"	0,9950	8,02	2,15	0,70	0,058	0,320	0,090	0,16	0,017	0,79	0,200	0,026
25	Genova (S. Franzesco d'albaro) U. b.	"	0,9967	8,18	2,67	0,78	0,070	0,269	0,038	0,16	0,024	0,63	0,276	0,035
26	Genova (S. Franzesco d'albaro) U. b.	"	0,9973	7,93	2,69	0,86	0,068	0,320	0,082	0,13	0,027	0,48	0,230	0,028
27	Sori, Bi.	"	0,9951	7,62	2,03	0,70	0,062	0,264	0,052	0,05	0,017	0,75	0,172	0,023
28	Pegli, gem.	"	0,9929	9,37	2,30	0,71	0,055	0,311	0,069	0,03	0,020	0,81	0,210	0,031
29	Pegli, gem.	"	0,9938	9,37	2,60	0,62	0,064	0,221	0,053	0,14	0,014	0,92	0,204	0,035
30	Pra, gem.	"	0,9929	9,77	2,45	0,65	0,043	0,283	0,112	0,05	0,018	0,77	0,182	0,012
31	S. Giovanni Battista, Bi.	"	0,9955	9,37	2,38	0,61	0,073	0,274	0,008	0,05	0,024	0,80	0,218	0,034
32	S. Giovanni Battista, Bi.	"	0,9955	7,93	2,15	0,59	0,064	0,302	0,023	0,09	0,015	0,66	0,210	0,022
33	S. Quiricio Bi.	"	0,9938	9,61	2,34	0,71	0,053	0,217	0,165	0,06	0,019	0,80	0,156	0,028
34	S. Quiricio gem.	"	0,9959	9,06	2,36	0,71	0,074	0,236	0,053	0,07	0,018	0,71	0,262	0,032
35	Sampierdarena U. b.	"	0,9948	9,37	2,59	0,85	0,114	0,274	0,075	0,13	0,024	0,96	0,268	0,029
36	Sampierdarena U. b.	"	0,9941	9,37	2,38	1,04	0,162	0,340	0,075	0,09	0,010	0,89	0,246	0,033
37	Sampierdarena U. b.	"	0,9954	8,74	2,46	0,74	0,166	0,255	0,008	0,09	0,023	0,75	0,254	0,041
38	Sampierdarena Bi.	"	0,9950	9,06	2,41	0,73	0,072	0,330	0,090	0,11	0,020	0,81	0,210	0,032
39	Sampierdarena Bi., Ve.	"	0,9948	10,25	2,66	0,98	0,066	0,330	0,082	0,25	0,027	0,87	0,254	0,035
40	Riomaggiore, Al., Ro etc.	"	0,9998	11,60	2,61	0,51	0,072	0,255	0,035	0,19	0,011	1,05	0,214	0,028
41	Riomaggiore, Al., Ro etc.	"	0,9920	9,53	2,27	0,65	0,296	0,048	Spur	0,09	0,013	0,89	0,300	0,031
	Provinz Alessandria.													
42	Serravalle Scrivia, gem.	1891	0,9940	8,26	1,79	0,72	0,062	0,236	0,068	0,06	0,014	0,64	0,140	0,009
43	Tagliolo, Pin.	1888	0,9906	11,04	2,07	0,61	0,162	0,166	0,049	0,09	0,019	0,74	0,178	0,017
	Provinz Pavia.													
44	Stradella, gem.	1892	0,9942	9,20	2,21	0,69	0,061	—	—	0,29	0,010	0,73	0,146	0,013
	Herkunft: **Provinz Piemont.***)													
45	Gavi	1893	—	8,02	1,49	0,61	—	0,203	—	0,05	—	0,57	0,136	—
46	Veguzzolo	"	—	8,90	1,89	0,66	—	0,227	—	0,09	—	0,94	0,182	—
47	Volpedo	"	—	8,74	1,89	0,63	—	0,198	—	0,13	—	0,64	0,174	—
48	Novi	"	—	7,47	1,47	0,61	—	0,222	—	0,06	—	0,60	0,140	—
49	Tortona	"	—	7,31	1,60	0,56	—	0,180	—	0,08	—	0,58	0,164	—
50	Tortona	"	—	7,78	1,73	0,66	—	0,184	—	0,08	—	0,71	0,136	—
51	Sarezzano	"	—	9,14	1,96	0,65	—	0,208	—	0,12	—	0,75	0,178	—
52	Sarezzano	"	—	8,34	1,70	0,67	—	0,132	—	0,08	—	0,65	0,148	—
53	Sarezzano	"	—	7,93	1,83	0,71	—	0,114	—	0,07	—	0,65	0,174	—
54	Cossano spinola	"	—	8,66	1,74	0,58	—	0,240	—	0,09	—	0,76	0,146	—
	Mittel	—	**0,9949**	**8,83**	**2,21**	**0,69**	**0,085**	**0,238**	**0,064**	**0,12**	**0,019**	**0,76**	**0,191**	**0,027**

*) Die Weine, welche z. Th. einen auffallend niedrigen Extrakt-Gehalt aufweisen, stammten direkt von den Producenten.

Weissweine aus Sardinien.

No.	Herkunft und Traubensorte	Jahrgang	Spec. Gewicht	100 ccm Wein enthalten Gramm: Alkohol	Extrakt	Ges.-Säure (Weinsäure)	Flüchtige Säure (Essigsäure)	Weinstein	Freie Weinsäure	Zucker	Gerbstoff	Stickstoff	Glycerin	Mineral-stoffe	Phosphor-säure (P_2O_5)
1	Samassi (Provinz Cagliari), Nu. . .	1889	0,9984	10,92	1,63	0,57	0,116	0,062	0,004	Spur	0,031	0,013	0,64	0,289	0,018
2	Tempio (Provinz Sassari), Mos. .	1889	0,9954	9,43	2,41	0,62	0,101	0,222	0,008	0,44	Spur	0,013	0,50	0,206	0,016

Rothweine aus Ober-Italien *)

No.	Herkunft und Traubensorte	Jahrgang	Spec. Gewicht	Alkohol	Extrakt	Ges.-Säure (Weinsäure)	Flüchtige Säure (Essigsäure)	Weinstein	Freie Weinsäure	Zucker	Gerbstoff	Stickstoff	Glycerin	Mineral-stoffe	Phosphor-säure (P_2O_5)
	Provinz Alessandria.														
1	Gr. .	1885	0,9977	9,07	2,73	0,74	0,064	0,302	0,019	0,13	0,115	0,018	—	0,271	0,034
2	Ba. .	„	0,9973	8,79	3,21	1,26	0,053	0,387	0,169	0,12	0,182	0,008	0,60	0,223	0,033
3	Moncalvo Gr. .	1887	0,9981	7,33	2,56	0,81	0,191	0,260	0,019	0,08	0,252	0,019	0,70	0,208	0,026
4	Bo. .	„	0,9946	8,79	2,20	0,68	0,150	—	—	Spur	0,224	0,017	—	0,225	0,023
5	Ba., Fr.	1889	0,9990	7,80	2,75	0,83	0,041	0,354	0,011	0,12	0,209	0,011	0,64	0,302	0,031
6	Montechiaro, gem. .	„	0,9958	8,29	2,30	0,59	0,093	0,185	0,023	0,11	0,200	0,013	0,65	0,278	0,030
7	Quarto Astese, Gr.	„	0,9963	9,14	2,71	0,77	0,056	0,250	0,004	0,15	0,272	0,017	0,76	0,262	0,049
8	Cossombrato, Gr. .	„	0,9942	9,50	2,56	0,86	0,060	0,221	0,026	0,16	0,190	0,008	0,69	0,218	0,030
9	Castell'Alfero, Ba. .	„	0,9947	9,86	2,61	0,86	0,041	0,288	0,135	0,12	0,164	0,008	0,74	0,216	0,020
10	Mongardino, Gr. .	„	0,9940	8,93	2,42	0,72	0,161	0,175	0,030	0,04	0,218	0,011	0,64	0,248	0,024
11	Castelnuova - Calcca, Ba.	„	0,9948	11,08	3.58	0,97	0,064	0,387	0,053	0,21	0,260	0,014	0,75	0,268	0,057
12	Vigliano d'Asti, Ba.	„	0,9942	11,77	3,62	1,07	0,078	0,420	0,034	0,17	0,232	0,020	0,87	0,292	0,037
13	Costigliolo „ „	„	0,9952	9,86	2,78	0,86	0,112	0,335	0,015	0,19	0,222	0,016	0,72	0,266	0,031
14	S. Damiano „ „	„	0,9946	11,00	2,72	0,86	0,116	0,335	0,053	0,14	0,182	0,018	0,81	0,232	0,039
15	Ba.	„	0,9957	9,79	3,10	1,01	0,075	0,297	0,071	0,33	0,270	0,015	0,78	0,229	0,029
16	Agliano . . Gr.	„	0,9954	9,86	2,71	0,87	0.135	0,246	0,030	0,10	0,185	0,011	0,78	0,242	0,027
17	„	„	1,0123	7,53	4,82	0,74	0,105	0,227	0,068	2,70	0,187	0,008	0,46	0,255	0,028
18	gem.	„	0,9957	9,00	2,46	0,79	0,068	0,293	0,034	0,11	0,227	0,015	0,66	0,246	0,028
19	Alfiano Natta „	„	0,9958	8,86	2,60	0,86	0,045	0,316	0,064	0,19	0,245	0,017	0,76	0,230	0,031
20	Fr.	„	0,9950	9,36	2,53	0,63	0,060	0,199	0,019	0,14	0,263	0,011	0,75	0,276	0,030
21	Cast.-Ponzano	„	0,9973	7,67	2,33	0,70	0,056	0,283	0,026	0,11	0,272	0,007	0,68	0,266	0,025
22	Cellamonte . Ba. u. Fr.	„	0,9986	8,64	3,01	0,86	0,049	0,354	0,015	0,14	0,263	0,015	0,73	0,274	0,051
23	Valdonna-Casale	„	0,9967	8,71	2,95	0,78	0,071	0,260	0,019	0,07	0,200	0,015	0,67	0,282	0,050
24	Cardella-Casale	„	0,9952	9,29	2,78	0,81	0,045	0,358	0,034	0,12	0,190	0,016	0,31	0,272	0,023
25	Valroso-Valenza, La.	„	0,9967	7,47	2,11	0,62	0,195	0,123	0,011	Spur	0.245	0,017	0,49	0,278	0,047
26		„	0,9967	9,50	3,01	0,60	0,105	0,307	0,019	0,10	0,290	0,018	0,70	0,278	0,029
27	Valenza La. .	„	0,9957	9,14	2,71	0,68	0,101	0,307	0,008	0,06	0,255	0,026	0,70	0,274	0,045
28		„	0,9944	8,64	2,38	0,59	0,090	0,283	0,030	Spur	0,232	0,015	0.59	0,230	0,032
29	Ce., Mo.	„	0,9951	9,36	2,60	0,73	0,113	0,335	0,045	Spur	0,262	0,015	0,72	0,234	0,033
30	Cantalupo, gem. .	„	0,9965	7,20	1,80	0,89	0,229	0,293	0,064	Spur	0,130	0,013	0,37	0,222	0,020
31	Spinetta, gem. . .	„	0.9955	8,07	1,82	0,77	0,206	0,046	—	0,06	0,129	0,016	0,56	0,269	0,040
32	Sezze, Mo. . . .	„	0,9939	10,08	2,38	0.68	0.120	0,302	0,038	0,06	0,067	0,019	0,76	0,208	0,037
33	Pontecurone Do.	„	0,9975	7,60	2,18	0,67	0,079	0,227	0,029	0,07	0,063	0,010	0,58	0,286	0,026
34	Ba.	„	0,9949	8,86	2,16	0,64	0,150	0,241	0,026	0,06	0,131	0,011	0,61	0,238	0,020

*) Die untersuchten Weine stammten grösstentheils direkt von den Producenten, einige von den landwirthschaftlichen Schulen (Cagliari und Nulvi) etc.

No.	Herkunft und Traubensorte	Jahrgang	Spec. Gewicht	Alkohol	Extrakt	Ges.-Säure (Weinsäure)	Flüchtige Säure (Essigsäure)	Weinstein	Freie Weinsäure	Zucker	Gerbstoff	Stickstoff	Glycerin	Mineral-stoffe	Phosphor-säure (P_2O_5)
				100 ccm Wein enthalten Gramm:											
35	Rosano (Tortona) . Do. u. Mo.	1886	0,9947	8,71	2,41	0,59	0,113	0,213	0,026	0,06	0,155	0,015	0,62	0,280	0,021
36	Volpedo . Do. u. Mo.	„	0,9934	10,15	2,66	0,79	0,068	0,297	0,043	0,08	0,116	0,018	0,73	0,240	0,042
37	Tagliolo, Do. .	„	1,0240	10,31	4,66	0,68	0,071	0,297	0,047	1,54	0,345	0,017	0,89	0,202	0,033
38		1892	0,9944	10,17	2,69	0,51	0,057	0,166	0,026	0,05	—	0,019	1,07	0,235	0,026
39	S. Stefano-Balbo, Ba.	1889	0,9952	10,23	2,89	0,91	0,090	0,346	0,053	0,10	0,211	0,018	0,85	0,248	0,025
40	Cast. S. Pietro, Ba.	1892	0,9979	9,69	2,95	0,92	0,042	0,274	0,030	0,34	—	0,015	0,82	0,232	0 031
41	S. Rocco, Ba. . .	„	0,9946	10,09	2,94	0,60	0,086	0,259	0,034	0,19	—	0,021	0,74	0,276	0,012
	Provinz Cuneo.														
42	Serralunga . Neb.	1891	0,9934	10,64	2,45	0,65	0,066	0,208	0,052	0,07	—	0,011	0,81	0,195	0,035
43	Ba.	„	0,9939	10,41	2,49	0,79	0,062	0,241	0,082	0,02	—	0,010	0,79	0,168	0,025
44	Neb.	„	0,9947	10,09	2,73	0,83	0,048	0,227	0,082	0,19	—	0,012	0,76	0,160	0,019
45	Ner.	„	0,9949	8,58	2,30	0,65	0,046	0,255	0,056	0,07	—	0,010	0,68	0.182	0,012
	Provinz Genua.														
46	Sestri-Levante, gem.	1889	0,9959	9,50	2,95	0,77	0,075	0,274	0,041	0,13	0,081	0,021	0,79	0,249	0,056
47	Pietra-Ligure, Br.	„	0,9970	9,36	2,94	0,69	0,075	0,199	0,023	0,11	0,155	0,016	0,77	0,344	0,063
48		„	0,9980	8,07	2,66	0,74	0,068	0,293	0,016	0,14	0,098	0,018	0,75	0.316	0,057
49	Albenga Arcola, Uraggi vari	„	0,9939	9,48	2,38	0,66	0,077	0,175	0,010	0,08	—	0,024	0,83	0,226	0,015
50		1892	0,9949	9,61	2,75	0,67	0,095	0,246	0,045	0,17	—	0,010	0,76	0,190	0,033
51	Pietra ligure, Br. .	1891	0,9953	9,06	2,68	0,60	0,086	0,187	0,011	0,07	—	0,010	0,84	0,294	0,042
52	Riomaggiore, gem. .	1892	0,9988	8,18	2,85	0,87	0,034	0,152	0,015	0,25	—	0,018	0,69	0,295	0,025
	Prov. Porto Maurizio.														
53	Porto Maurizio Ga., Ve. u. Ro.	1889	0,9950	9,71	2,53	0,74	0,094	0,274	0,011	0,10	0,137	0,013	0,83	0,254	0,033
54		„	0,9944	9,64	2,57	0,79	0,055	0,260	0,026	0,11	0,134	0,011	0,83	0,287	0,030
55	gem. . .	„	0,9940	10,15	2,55	0,78	0,158	0,311	0,011	0,13	0,121	0,013	0,90	0,294	0,044
56	„ . .	„	0,9932	9,79	2,32	0,57	0,090	0,241	0,026	0,05	0,076	0,013	0,81	0,278	0,042
57	Or. . .	„	0,9923	9,48	1,68	0,80	0,188	0,246	0,041	Spur	0,029	0,013	0,72	0,180	0,032
58	„ . .	„	0,9953	8,64	2,34	0,76	0,131	0,269	0,030	0,05	0,071	0,013	0,63	0,199	0,017
59	Vessalico, Do. . .	„	0,9973	7,57	2,19	0,71	0,113	0,222	0,041	0,08	0,055	0,010	0,72	0,251	0,026
60	Airole, Bb., Ro.	„	0,9964	8,00	2,20	0,76	0,146	0,335	0,053	0,06	0,187	0,016	0,64	0,196	0,015
61		„	0,9952	8,29	2,05	0,66	0,218	0,170	0,053	Spur	0,151	0,016	0,58	0,224	0,014
62	Olivetta, Cr. . .	„	0,9958	9,57	2,49	0,63	0,199	0,034	0,004	0,53	0,090	0,013	0,56	0,312	0,020
63		„	0,9964	8,36	2,18	0,68	0,169	0,311	0,019	0,06	0,123	0,017	0,71	0,232	0,025
64	Ventimiglia, Ro.	„	0,9952	9,79	2,18	0,70	0,150	0,283	0,004	0,11	0,074	0,010	0,77	0,260	0,011
65		„	0,9943	9,57	2,85	0,69	0,090	0,227	0,008	0,18	0,150	0,017	0,81	0,324	0,033
66		„	0,9965	8,00	2,48	0,56	0,086	0,194	0,011	0,14	0,090	0,016	0,76	0,291	0,034
67	Coscio d'Arroschia, Do.	„	0,9958	9,29	2,24	0,68	0,083	0,311	0,061	0,10	0,134	0,013	0,66	0,192	0,012
68	Dolceacqua, gem. .	1891	0,9938	9,61	2,31	0,65	0,182	0,241	0,010	0,08	—	0,012	0,74	0,232	0,026
69	Vessalico . Cro.	1890	0,9951	7,63	1,95	0,90	0,231	0,189	0,090	Spur	—	0,011	0,51	0,168	0,017
70	„	1891	0,9960	8,10	2,20	0,71	0,079	0,248	0,112	0,10	—	0,011	0,63	0,160	0,014
71	Pi.	1887	0,9927	7,78	1,47	0,83	0,414	0,156	0,030	0,03	—	0,017	0,51	0,126	0,017
72	Taggia, gem. . .	1892	0,9955	8,10	1,98	0,51	0,112	0,236	0	0,07	—	0,015	0,51	0,270	0,029

No.	Herkunft und Traubensorte	Jahrgang	Spec. Gewicht	100 ccm Wein enthalten Gramm: Alkohol	Extrakt	Ges.-Säure (Weinsäure)	Flüchtige Säure (Essigsäure)	Weinstein	Freie Weinsäure	Zucker	Gerbstoff	Stickstoff	Glycerin	Mineralstoffe	Phosphorsäure (P_2O_5)
	Provinz Massa Carrara.														
73	Avenza, Ve., Ma. .	1889	0,9949	10,69	2,96	0,86	0,113	0,274	0,049	0,13	0,169	0,021	0,80	0,232	0,042
74	Massa { Bal. . .	„	0,9954	9,00	2,61	0,85	0,225	0,382	0,075	0,08	0,182	0,020	0,69	0,213	0,042
75	Massa { Bal., Ve.	„	0,9969	6,93	1,90	1,05	0,313	0,349	0,019	Spur	0,161	0,015	0,52	0,221	0,030
76	S. Lusurgiu, gem. .	„	0,9929	10,85	2,36	0,80	0,176	0,044	0,004	Spur	0,104	0,014	0,80	0,344	0,016
	Mittel	—	**0,9958**	**9,25**	**2,57**	**0,76**	**0,111**	**0,257**	**0,050**	**0,16**	**0,174**	**0,015**	**0,70**	**0,246**	**0,030**

Rothweine aus Sardinien.

No.	Herkunft und Traubensorte	Jahrgang	Spec. Gewicht	Alkohol	Extrakt	Ges.-Säure (Weinsäure)	Flüchtige Säure (Essigsäure)	Weinstein	Freie Weinsäure	Zucker	Gerbstoff	Stickstoff	Glycerin	Mineralstoffe	Phosphorsäure (P_2O_5)
	Provinz Cagliari.														
1	Cagliari, Bo. . . .	1889	0,9932	11,90	2,90	0,59	0,131	0,236	0,011	0,10	0,053	0,013	0,81	0,263	0,030
2	Quartu-S. Elena, Bov., Mon., Nu.	1888	0,9909	11,69	2,84	0,59	0,139	0,199	0,008	0,09	0,156	0,013	0,94	0,320	0,041
3	Quartu-S. Elena, Bov., Mon., Nu.	„	0,9940	11,38	3,22	0,67	0,169	0,137	0,008	0,19	0,157	0,018	0,91	0,428	0,026
4	Quartu-S. Elena, Bov., Mon., Nu.	„	0,9922	11,92	2,91	0,59	0,109	0,051	0,015	0,08	0,174	0,012	0,88	0,388	0,043
5	Quartu-S. Elena, Bov., Mon., Nu.	1889	0,9922	11,62	2,75	0,62	0,150	0,128	0,019	0,07	0,163	0,021	0,84	0,346	0,027
6	S. Pantaleo, Mon., Ca.	„	0,9914	11,85	2,46	0,95	0,041	0,091	0,011	0,06	0,132	0,018	0,78	0,342	0,029
7	Samassi, Nu., Bov., Mon.	„	0,9969	10,46	3,63	0,97	0,255	0,114	0,015	0,14	0,087	0,016	0,85	0,364	0,021
8	Sperato, Nu. . . .	„	0,9928	10,23	2,33	0,59	0,173	0,147	0,115	Spur	0,101	0,017	0,71	0,325	0,027
9	Suelli, Mon., Bov. .	1890	0,9933	10,62	2,42	0,55	0,131	0,058	0,094	Spur	0,089	0,016	—	0,276	0,026
10	Quartu-S. Elena { Nu., Bov.	1889	0,9943	10,85	2,85	0,65	0,169	0,166	0,011	0,08	0,179	0,020	0,97	0,335	0,026
11	Quartu-S. Elena { gem. . .	„	0,9930	11,54	2,54	0,61	0,161	0,114	0,004	0,05	0,143	0,023	0,68	0,331	0,024
12	Mte. Serrato, gem. .	„	0,9926	10,85	2,31	0,56	0,094	0,053	0,008	Spur	0,085	0,022	0,73	0,301	0,014
13	Quartucciu, gem. .	„	0,9956	12,23	3,49	0,72	0,214	0,123	0,049	0,13	0,158	0,010	0,94	0,406	0,018
14	Oristano, Mon., Mos.	„	0,9930	12,65	2,96	0,62	0,180	0,119	0,045	0,11	0,065	0,015	0,78	0,351	0,022
	Provinz Sassari.														
15	Sassari, Cg. . .	„	0,9942	9,86	2,56	0,51	0,068	0,236	0,041	0,06	0,109	0,016	0,71	0,209	0,009
16	Sassari, Cg. . .	„	0,9931	10,31	2,47	0,53	0,064	0,175	0,079	0,06	0,110	0,014	0,81	0,195	0,010
17	Nulvi, Mon., Mos. .	„	0,9954	8,00	2,29	0,59	0,083	0,288	0,008	Spur	0,043	0,018	0,65	0,282	0,031
18	Tempio, U. n. . .	„	0,9950	8,21	1,96	0,45	0,083	0,236	0,015	0,05	0,125	0,019	0,70	0,238	0,018
	Mittel	—	**0,9935**	**10,90**	**2,72**	**0,63**	**0,134**	**0,149**	**0,031**	**0,07**	**0,118**	**0,017**	**0,76**	**0,317**	**0,025**

Weine von der Insel Elba.

Analysen von S. Signorini.[1]) *)

No.	Herkunft und Traubensorte	Jahrgang	Spec. Gewicht	Alkohol Vol.-%	Extrakt	Ges.-Säure	Flüchtige Säure	Weinstein	Freie Weinsäure	Zucker	Gerbstoff	Stickstoff	Glycerin	Mineralstoffe	Phosphorsäure
1	Weissweine, garantirt rein	—	—	11,10	3,54	0,62	—	0,19	0,036	1,49	0,10	—	—	0,31	—
2	Weissweine, garantirt rein	—	—	11,60	3,41	0,57	—	0,18	0,042	0,81	0,12	—	—	0,28	—
3	Rothwein aus 2/3 rothen u. 1/3 weissen Trauben	—	—	13,00	3,45	0,54	—	0,18	0,042	0,47	0,25	—	—	0,28	—

[1]) Studi e Ricerche Institute nei Laboratorio di chim. agrar. della R. Universita di Pisa 1885, 81.

*) Die Weine sind als selbst dargestellte und garantirt reine Weine bezeichnet. Der Alkohol wurde nach Gay-Lussac bestimmt; Extrakt durch Eindampfen von 10 ccm Wein und mehrstündiges Trocknen bei 80° C.; freie Weinsäure und Weinstein nach dem Verfahren von E. Borgmann (Anleitung zur chem. Analyse des Weines 1884); Gerbstoff nach dem von Pavesi und Rotondi abgeänderten Fleck'schen Verfahren; Zucker nach Entfärben mit Bleiessig durch Titration mit Fehling'scher Lösung und unter Berechnung als Glukose.

Mittelitalienische Weine.

Weissweine.*) **)

Analysen No. 1—33 von C. Boschi und A. Lazzari[1]), No. 34—36 von C. Boschi[2]).

No.	Herkunft und Traubensorte	Jahrgang	Spec. Gewicht	Alkohol	Extrakt	Ges.-Säure (Weinsäure)	Flüchtige Säure (Essigsäure)	Weinstein	Freie Weinsäure	Zucker	Gerbstoff	Stickstoff	Glycerin	Mineral-stoffe	Kali (K_2O)	Phosphor-säure (P_2O_5)
				100 ccm Wein enthalten Gramm:												
1	Provinz Rom: Frascati, gem.*)	1888	0,9937	10.23	2,89	0.60	0,087	0,126	0	0,24	0,107	0,009	0,81	0,275	0,100	0,030
2	Provinz Rom: Frascati, gem.*)	„	0,9946	9,79	2,59	0,55	0,177	0,135	0,002	0,02	0,065	0,018	0,78	0,249	0,096	0,041
3	Provinz Rom: Grottaferrata, gem.	„	0,9939	10,46	2,59	0,66	0,102	0,121	0	0,21	0,081	0,013	0,79	0,246	0,084	0,036
4	Provinz Rom: Marino gem.	„	0,9932	9,64	2,33	0,54	0,178	0,123	0	0,06	0,032	0,027	0,82	0,292	0,153	0,032
5	Provinz Rom: Marino „	„	0,9934	10,28	2,52	0,53	0,151	0,076	0	0,05	0,032	0,022	0,88	0,286	0,105	0,045
6	Provinz Rom: Marino Bu.	„	0,9929	10,20	2,40	0,49	0,073	0,171	0	0,23	0,049	0,027	0,79	0,194	0,077	0,041
7	Cosenza, Lungro	1889	0,9899	12,46	2,54	0,54	0,097	0,086	0	0,15	0,058	0,014	0,79	0,191	0,103	0,027
8	Catanzaro, Petrici	„	0,9900	11,00	2,03	0,45	0,083	0,151	0	0,03	0,027	0,009	0,50	0,204	0,096	0,021
9	Reggio Calabria: Africa, 1/3 Mac., 2/3 Ma.	„	0,9920	9,86	2,06	0,53	0,100	0,169	0	Spur	0,022	0,030	0,81	0,220	0,091	0,028
10	Reggio Calabria: Brancaleone, Gr.	„	1,0115	13,38	8,50	1,04	0,445	0,135	0,015	0,47	0,022	0,012	0,94	0,270	0,110	0,032
11	Prov. Rom: Frascati, Ce.	1888	0,9972	11,31	4,08	0,89	0,342	0,116	0,002	0,26	0,089	0,016	0,81	0,312	0,124	0,042
12	Prov. Rom: Marino, Ce.	„	0,9926	11,92	2,75	0,48	0,093	0,104	0	0,28	0,029	0,027	0,97	0,253	0,110	0,031
13	Provinz Bari: Andria	„	1,0006	11,31	4,79	0,77	0,262	0,106	0	0,01	0,190	0,023	0,91	0,340	0,164	0,024
14	Provinz Bari: Corato	„	0,9990	9,93	2,85	0,84	0,243	0,142	0,004	0,06	0,283	0,043	0,67	0,318	0,120	0,025
15	Provinz Bari: Bitonto	„	0,9949	8,40	2,49	0,75	0,285	0,043	0	0,02	0,107	0,019	0,48	0,248	0,099	0,019
16	Provinz Bari: Palo	„	0,9966	6,43	1,66	0,57	0,156	0,057	0	0,02	0,121	0,016	0,40	0,262	0,065	0,015
17	Provinz Bari: Ruvo	„	0,9951	10,00	2,86	0,81	0,335	0,077	0	0,10	0,174	0,039	0,56	0,258	0,024	0,025
18	Provinz Bari: Trani	„	0,9990	11,00	3,07	0,94	0,296	0,057	0,029	0,03	0,244	0,039	0,89	0,364	0,151	0,031
19	Provinz Lecce: Lecce, 2/3 Ne., 1/3 Ma.	„	0,9945	12,63	3,38	0,66	0,208	0,163	0	0,17	0,101	0,015	1,22	0,291	0,136	0,042
20	Provinz Lecce: Lecce, 2/3 Ne., 1/3 Ma.	„	1,0001	12,38	5,66	0,71	0,137	0,242	0	1,16	0,107	0,022	1,01	0,246	0,099	0,038
21	Provinz Lecce: Gagliano del Capo, gem.	„	0,9972	13,49	4,92	0,92	0,084	0,145	0,106	0,07	0,058	0,025	1,08	0,249	0,061	0,032
22	Provinz Lecce: Monteroni Ma. u. Ne.	„	0,9977	12,69	4,49	0,59	0,132	0,132	0	0,46	0,027	0,015	1,21	0,253	0,094	0,022
23	Provinz Lecce: Nardo Ma. u. Ne.	„	0,9969	10,85	4,16	0,81	0,294	0,114	0	0,37	0,119	0,023	1,01	0,394	0,101	0,038
24	Provinz Lecce: Racale Ma. u. Ne.	„	0,9933	12,88	4,01	0,74	0,165	0,286	0	0,07	0,127	0,029	1,20	0,276	0,090	0,033

[1]) Staz. sperim. agrar. Ital. 1891, **21**, 399.
[2]) Staz. sperim. agrar. Ital. 1895, **28**, 657.

*) Die Abkürzungen der Traubensorten bedeuten: As. = Asprigno; Bo. = Boraccio; Bu. = Buonvi; Ce. = Cesanese; Ga. = Gaglianico; Gr. = Greco (nero, rosso, bianco); La. = Lacrima; Ma. = Malvasia; Mac. = Macedonica: Magl. = Magliocco; Mo. = Montanese; Ne. = Nero amaro; Ner. = Nerellone; No. = Nocera; To. = Tocarina.

**) Weissweine:

No.	1	2	3	4	5	6	7	8	9	10	11	
Thonerde (Al_2O_3)	0,0012	0,0010	0,0007	0,0020	0,0025	0,0008	0,0020	0,0018	0,0028	0,0020	0,0021	%
Kaliumsulfat (K_2SO_4)	0,029	0,066	0,038	0,053	0,055	0,0049	0,012	0,034	0,0017	0,0050	0,048	„
Chlor (Cl)	0,016	0,013	0,016	0,010	0,010	0,0010	0,006	0,006	0,007	0,007	0,012	„
No.	**12**	**13**	**14**	**15**	**16**	**17**	**18**	**19**	**20**	**21**	**22**	
Thonerde (Al_2O_3)	0,0015	0,0016	0,0010	0,0021	0,0010	0,0008	0,0016	0,0018	Spur	0,0007	0,0022	%
Kaliumsulfat (K_2SO_4)	0,049	0,025	0,017	0,023	0,023	0,043	0,037	0,071	0,072	0,044	0,040	„
Chlor (Cl)	0,009	0,008	0,011	0,010	0,012	0,015	0,019	0,009	0,008	0,012	0,029	„
No.	**23**	**24**	**25**	**26**	**27**	**28**	**29**	**30**	**31**	**32**	**33**	
Thonerde (Al_2O_3)	0,0024	0,0028	0,0021	0,0010	0,0024	0,0005	Spur	0,0014	0,0012	Spur	0,0017	%
Kaliumsulfat (K_2SO_4)	0,088	0,095	0,059	0,047	0,049	0,022	0,029	0,050	0,057	0,026	0,018	„
Chlor (Cl)	0,007	0,007	0,009	0,013	0,010	0,014	0,011	0,010	0,014	0,012	0,014	„

No.	Herkunft und Traubensorte	Jahrgang	Spec. Gewicht	100 ccm Wein enthalten Gramm: Alkohol	Extrakt	Ges.-Säure (Weinsäure)	Flüchtige Säure (Essigsäure)	Weinstein	Freie Weinsäure	Zucker	Gerbstoff	Stickstoff	Glycerin	Mineral-stoffe	Kali (K_2O)	Phosphor-säure (P_2O_5)
25	Provinz Potenza: Rionero in Volture	1889	0,9961	11,08	3,87	0,72	0,068	0,150	0	0,53	0,121	0,052	0,82	0,270	0,098	0,039
26	Provinz Potenza: Rionero in Volture	1888	1,0060	11,44	6,29	0,67	0,141	0,119	0	0,78	0,170	0,028	0,69	0,288	0,096	0,044
27	Provinz Potenza: Ripacaudita	1889	0,9976	9,71	3,38	0,78	0,120	0,235	0	0,08	0,213	0,045	0,77	0,271	0,084	0,045
28	Provinz Cosenza: Cosenza	„	0,9933	11,54	2,78	0,50	0,090	0,217	0	Spur	0,116	0,026	0,86	0,288	0,120	0,047
29	Provinz Cosenza: Donnici	„	0,9940	11,65	2,78	0,66	0,163	0,161	0	0,04	0,204	0,027	0,88	0,288	0,119	0,035
30	Provinz Cosenza: Donnici	„	0,9940	11,73	3,20	0,53	0,102	0,135	0,016	0,26	0,179	0,023	0,95	0,298	0,104	0,034
31	Provinz Cosenza: Donnici	„	0,9939	12,46	3,35	0,45	0,087	0,145	0	0,46	0,148	0,035	0,67	0,315	0,065	0,064
32	Provinz Cosenza: Lungro	„	0,9930	11,15	2,59	0,53	0,102	0,161	0	0,18	0,049	0,017	0,94	0,253	0,030	0,029
33	Provinz Cosenza: Lungro	„	0,9922	12,38	2,93	0,65	0,042	0,165	0	0,21	0,065	0,016	0,76	0,302	0,085	0,036
34	Prov. Rom *): Trebbiano	1881	0,9954	8,76	2,55	0,66	0,110	0,092	—	0,05	0,044	—	—	0,274	—	0,038
35	Prov. Rom *): Trebbiano	1888	0,9983	9,91	3,64	0,83	0,114	0,150	—	0,57	0,061	—	—	0,232	—	0,029
36	Prov. Rom *): Genzano	1881	0,9934	9,53	2,61	0,69	0,094	0,123	—	0,05	0,038	—	—	0,212	—	0,040
	Mittel	—	**0,9960**	**10,95**	**3,38**	**0,67**	**0.160**	**0,137**	**0,005**	**0,27**	**0,158**	**0,024**	**0,84**	**0,244**	**0,099**	**0,034**

Rothweine.**)

Analysen No. 1—16 von C. Boschi und A. Lazzari[1]), No. 17—35 von C. Boschi[2]).

No.	Herkunft und Traubensorte	Jahrgang	Spec. Gewicht	Alkohol	Extrakt	Ges.-Säure (Weinsäure)	Flüchtige Säure (Essigsäure)	Weinstein	Freie Weinsäure	Zucker	Gerbstoff	Stickstoff	Glycerin	Mineral-stoffe	Kali (K_2O)	Phosphor-säure (P_2O_5)
	No. 1-14 Prov. Catanzaro.															
1	Catanzaro, Gr., Ner.	1888	0,9936	11,69	2,96	0,64	0,180	0,095	0,024	0,06	0,049	0,019	0,95	0,398	0,109	0,043
2	Catanzaro, ½ Gr., ½ Ner.	„	1,0010	10,41	4,18	0,64	0,216	0,117	0	1,24	0,094	0,014	0,68	0,246	0,116	0,018
3	Tervieto Antico	„	0,9945	10,96	2,77	0,62	0,087	0,175	0	0,02	0,069	0,022	0,73	0,291	0,099	0,049
4	Tervieto Antico	„	0,9939	11,85	3,01	0,82	0,067	0,236	0	0,07	0,103	0,022	0,97	0,211	0,081	0,016
5	Gimigliano, Ner., Gr., Ma.	1889	0,9920	10,54	3,29	0,65	0,273	0,135	0	0,08	0,074	0,022	0,47	0,337	0,040	0,040
6	Montauro, Gr.	„	0,9924	9,71	2,01	0,62	0,130	0,081	0	0,02	0,065	0,018	0,42	0,292	0,122	0,014
7	Mongiano, Mag., La.	1886	0,9953	9,43	2,62	0,59	0,091	0,131	0	0,11	0,206	0,011	0,82	0,247	0,090	0,024
8	Nicastro, Mag.	1889	0,9934	10,85	2,82	0,67	0.114	0,161	0	0,02	0,143	0,024	1,04	0,124	0,098	0,021
9	Nicastro, —	„	0,9949	9,00	2,98	0,63	0,122	0,173	0	0,17	0,083	0,019	0,91	0,259	0,096	0,021
10	Platania, ½ Gr., ¼ Mag., ¼ To.	„	0,9940	10,20	2,47	0,81	0,075	0,236	0,092	0,04	0,097	0,026	0,67	0,202	0,069	0,005
11	Platania, ½ Gr., ½ To.	„	0,9950	10,08	2,42	0,85	0,075	0,264	0,139	0,05	0,126	0,015	0,81	0,208	0,069	0,025
12	Pontegrande, ⅓ Ner., ⅔ Gr.	1887	0,9955	11,18	3,12	0,65	0,087	0,232	0,002	0,30	0,067	0,016	0,73	0,249	0,044	0,044
13	Sambiase, Magl.	1889	0,9950	11,73	3,38	0,87	0,140	0,170	0,022	0,02	0,241	0,030	1,19	0,168	0,061	0,036
14	Sambiase, Magl.	„	0,9963	11,46	3,73	0,90	0,129	0,142	0,123	0,31	0,215	0,031	1,04	0,197	0,072	0,030
15	Reggio Calabria: Campo, ¼ Ner., ¾ No.	1888	1,0030	10,96	5,12	1,62	0,072	0,193	0,290	0,32	0,147	0,017	1,02	0,226	0,060	0,034
16	Reggio Calabria: Brancaleone, ½ Gr., ½ Ner.	„	0,9960	12,92	3,97	0,81	0,284	0,057	0,002	0,15	0,179	0,025	1,00	0,430	0,219	0,040

[1]) Staz. sperim. agrar. Ital. 1891, **21**, 399.
[2]) Staz. sperim. agrar. Ital. 1895, **28**, 657.

*) Der Gehalt an Eisenoxyd betrug bei No. 34: 0,0016, No. 35: 0,0018 und No. 36: 0,0029 %.

**) Rothweine:

	No. 1	2	3	4	5	6	7	8	
Thonerde (Al_2O_3)	Spur	0,0014	0,0004	0,0021	0,0017	0,0009	0,0011	0,0020	%
Kaliumsulfat (K_2SO_4)	0,043	0,032	0,009	0,051	0,024	0,026	0,052	0,038	„
Chlor (Cl)	0,011	0,006	0,010	0,012	0,008	0,011	0,010	0,009	„

	No. 9	10	11	12	13	14	15	16	
Thonerde (Al_2O_3)	0,0008	0,0016	0,0008	0,0019	0,0018	0,0021	0,0025	Spur	%
Kaliumsulfat (K_2SO_4)	0,040	0,031	0,031	0,065	0,040	0,035	0,060	0,096	„
Chlor (Cl)	0,013	0,006	0,006	0,008	0,011	0,010	0,015	0,017	„

No.	Herkunft und Bezeichnung		Jahrgang	Spec. Gewicht	100 ccm Wein enthalten Gramm: Alkohol	Extrakt	Ges.-Säure (Weinsäure)	Flüchtige Säure (Essigsäure)	Weinstein	Freie Weinsäure	Zucker	Gerbstoff	Stickstoff	Glycerin	Mineral-stoffe	Eisenoxyd (Fe_2O_3)	Phosphor-säure (P_2O_5)
17	Genzano, Provinz Rom	Cesanese	1881	0,9942	9,42	2,66	0,64	0,120	0,095	—	0,08	0,049	—	—	0,236	0,0017	0,023
18			1882	0,9943	9,77	2,66	0,68	0,139	0,095	—	0,05	0,036	—	—	0,242	0,0017	0,034
19			1883	0,9943	9,29	2,56	0,66	0,138	0,104	—	0,06	0,049	—	—	0,252	0,0017	0,040
20			1885	0,9933	9,63	2,48	0,66	0,138	0,076	—	0,05	0,034	—	—	0,244	0,0016	0,044
21			1886	0,9934	9,22	2,46	0,64	0,118	0,114	—	0,08	0,043	—	—	0,228	0,0018	0,020
22			1887	0,9934	10,07	2,63	0,60	0,116	0,104	—	0,06	0,053	—	—	0,238	0,0015	0,038
23			1890	0,9933	11,41	3,06	0,73	0,079	0,273	—	0,08	0,049	—	—	0,244	0,0017	0,036
24		Alicante	1882	0,9953	10,55	3,19	0,65	0,157	0,095	—	0,08	0,025	—	—	0,311	0,0019	0,035
25			1884	0,9936	9,25	2,26	0,56	0,106	0,086	—	0,07	0,034	—	—	0,272	0,0010	0,032
26			1890	0,9929	10,66	2,92	0,60	0,079	0,217	—	0,02	0,067	—	—	0,258	0,0011	0,043
27		Genzano qualita superiore	1878	0,9950	9,36	2,72	0,71	0,096	0,161	—	0,10	0,049	—	—	0,263	0,0019	0,041
28			1879	0,9952	9,91	2,95	0,73	0,110	0,180	—	0,11	0,074	—	—	0,274	0,0022	0,025
29			1880	0,9944	9,91	2,73	0,71	0,127	0,179	—	0,06	0,056	—	—	0,247	0,0025	0,035
30			1881	0,9949	9,22	2,76	0,80	0,114	0,208	—	0,06	0,063	—	—	0,244	0,0032	0,043
31			1882	0,9948	9,63	2,59	0,68	0,113	0,179	—	0,08	0,067	—	—	0,192	0,0031	0,038
32	Sutri, Provinz Rom	Grenache	—	0,9921	10,51	2,42	0,62	0,069	0,086	—	0,04	0,040	—	—	0,294	0,0012	0,012
33		Sangiovese	—	0,9936	9,35	2,38	0,69	0,069	0,250	—	0,07	0,056	—	—	0,236	0,0011	0,028
34		Cesanese di Afile	—	0,9934	10,07	2,54	0,72	0,067	0,198	—	0,07	0,043	—	—	0,270	0,0016	0,018
35		Cesanese di Genzano	—	0,9953	9,91	2,90	0,70	0,103	0,189	—	0,05	0,069	—	—	0,349	0,0016	0,016
	Mittel		—	**0,9946**	**10,29**	**2,91**	**0,72**	**0,120**	**0,157**	**0,043**	**0,12**	**0,083**	**0,021**	**0,84**	**0,257**	**0,0018**	**0,030**

Süditalienische Weine.

Analysen von A. Bornträger, J. Campolo, A. Liquore und G. Paris.[1]

Weissweine.*)

No.	Herkunft und Traubensorte	Zeit der Untersuchung	Zahl der Proben	100 ccm Wein enthalten Gramm: Alkohol	Extrakt	Gesammt-Säure (Weinsäure)	Flüchtige Säure (Essigsäure)	Weinstein	Freie Weinsäure	Zucker	Glycerin	Mineral-stoffe	Phosphor-säure (P_2O_5)	Kalium-sulfat (K_2SO_4)
1	Palmi (Calabria) . . .	1891	1	4,77	2,82	0,34	—	0,15	0	1,21	0,33	0,19	—	0,10
2	Portici	„	1	6,43	3,82	0,79	—	0,25	0,02	2,15	0,44	0,17	—	0,05
3		1893	1	7,93	2,16	0,61	—	—	—	0,12	0,57	0,23	—	0,07
4		1895	1	9,37	2,20	0,65	—	—	—	0,15	0,69	0,23	—	0,16
5	Teramo	1892	8	9,04	2,66	0,66	0,18 [6]	0,09 [6]	0,02 [6]	0,13	0,68	0,23	—	0,07
6	Casalnuovo (Napoli) .	„	1	8,50	1,96	0,78	—	—	—	0,04	0,60	0,21	—	0,05
7		1897	1	10,33	2,68	0,57	—	—	—	0,21	0,72	0,28	—	<0,2
8	Napoli	„	5	9,78	2,27	0,62	—	—	—	0,05	0,72	0,28	—	<0,2
9		1893	3	8,72	2,02	0,52	—	—	—	0,04	0,62	0,22	—	0,07

[1]) Staz. sperim. agrar. Ital. 1897, **30**, 349 und 1898, **31**, 5; auch Chem.-Ztg. 1897, **21**, 285 und 1898, **22**, 172.

*) Die Untersuchungs-Verfahren waren vorwiegend die im Jahre 1884 von der im Reichsgesundheitsamte tagenden Kommission festgesetzten, jedoch wurde der Alkohol-Gehalt nach der Haas'schen Tabelle und der Gehalt an flüchtigen Säuren nach Landmann's Vorschrift ermittelt.

No.	Herkunft und Traubensorte	Zeit der Untersuchung	Zahl der Proben	100 ccm Wein enthalten Gramm: Alkohol	Extrakt	Gesammt-Säure (Weinsäure)	Flüchtige Säure (Essigsäure)	Weinstein	Freie Weinsäure	Zucker	Glycerin	Mineral-stoffe	Phosphor-säure (P_2O_5)	Kalium-sulfat (K_2SO_4)
10	Napoli	1897	2	9,37	2,47	0,80	—	—	—	0,22	0,66	0,27	—	<0,2
11	Afragola (Napoli)	1893	1	8,82	1,90	0,62	—	—	—	0,09	0,64	0,23	—	0,12
12	Sparanise (Caserta)	"	2	8,74	2,15	0,53	—	—	—	0,12	0,64	0,24	—	0,06
13	Castellalto	"	2	6,76	2,15	0,61	—	—	—	0,13	0,56	0,21	—	0,12
14	Ischia	"	2	7,17	1,87	0,62	—	—	—	0,06	0,61	0,22	—	0,06
15		1896	15	7,01	1,83	0,66	—	—	—	0,05	0,56	0,23	—	<0,2
16		1897	50	7,15	1,84	0,65	—	—	—	0,07	0,59	0,24	—	<0,2
17	Capri	1893	1	9,77	1,83	0,60	—	—	—	0,07	0,63	0,20	—	0,02
18	Anastasia (Napoli)	1894	3	8,27	1,88	0,52	0,10	0,07	0,02	0,05	0,62	0,30	—	0,03
19	Licignano (Napoli) . . .	1894	2	7,43	2,17	0,60	—	—	—	0,10	0,74	0,22	—	0,10
20		1895	2	7,85	2,02	0,72	—	—	—	0,19	0,64	0,25	—	0,14
21		1896	12	8,39	2,24	0,69	—	—	—	0,19	0,64	0,29	—	<0,2
22		1897	30	6,87	2,06	0,77	—	—	—	0,07	0,57	0,27	—	<0,2
23	Forio d'Ischia	1896	1	8,86	2,39	0,66	—	—	—	0,10	0,67	0,21	—	<0,2
24		1897	1	9,06	2,21	0,65	—	—	—	0,05	0,68	0,23	—	<0,2
25	Paolisi (Benevento) . . .	1896	1	6,20	1,83	0,73	—	—	—	0,02	0,43	0,23	—	<0,2
26		1897	1	6,73	1,86	0,71	—	—	—	0,02	0,51	0,22	—	<0,2
27	Lacco Ameno	1897	4	9,22	1,94	0,72	—	—	—	0,09	0,67	0,25	—	<0,2
28[0])	Malvasia, Eboli	1896	1	8,98	1,70	0,76	0,16	0,13	0,15	0,04	0,85	0,16	0,024	<0,2
29[0])	Fianello e Vernaccia } Buna-	—	1	8,22	1,85	0,74	0,07	0,14	0	0,03	0,67	0,15	0,039	<0,2
30[0])	Vernaccia Montonico, Aleatico . } bitacolo	—	3	8,63	1,95	0,87	0,17	0,06	0,03	0,03	0,67	0,22	0,040	<0,2
	Mittel	—	—	**8,15**	**2,16**	**0,66**	**0,14**	**0,13**	**0,03**	**0,20**	**0,62**	**0,23**	**0,034**	**0,094**

Rothweine.*)

No.	Herkunft und Traubensorte	Zeit der Untersuchung	Zahl der Proben	Alkohol	Extrakt	Gesammt-Säure (Weinsäure)	Flüchtige Säure (Essigsäure)	Weinstein	Freie Weinsäure	Zucker	Glycerin	Mineral-stoffe	Phosphor-säure (P_2O_5)	Kalium-sulfat (K_2SO_4)
1	Palmi (Calabria)	1891	1	9,18	1,96	0,32	—	0,18	0,05	0,21	0,85	0.21	—	0,06
2		1893	1	7,78	1,88	0,51	—	—	—	0,11	0,54	0,20	—	0,15
3	Resina (Napoli)	1891	1	7,19	1,69	0,37	—	0,17	0	0,19	0,53	0,20	—	0,09
4		1892	1	8,95	2,26	0,58	—	—	—	0,02	0,70	0,24	—	0,04
5	Portici (Napoli)	1891	2	9,05	3,04	0,72	—	0,12	0	0,13	0,79	0,35	—	0,17
6		1892	5	9,58	2,99	0,67	0,19 [2]	0,08 [2]	0 [2]	0,10	0,73	0,24	—	0,06
7	Torre del Greco (Napoli) . .	1891	1	9,21	2,54	0,62	—	0,17	0,01	0,20	0,74	0,23	—	0,02
8	Cava dei Tirreni (Salerno) .	"	1	9,92	5,31	0,95	—	0,17	0	1,01	0,77	0,37	—	0,05
9	Cerignola (Foggia)	1892	1	11,04	3,55	0,56	0,21	0,18	0	0,25	0,86	0,33	—	0,04
10	Ischia	1892	1	8,98	3,09	0,70	0,16	0,18	0,01	0,15	0,64	0,31	—	0,14
11		1896	1	7,07	2,07	0,62	—	—	—	0,04	0,58	0,15	—	<0,2
12	Lecce	1892	2	11,12	4,11	0,57	0,20 [1]	0,19 [1]	0 [1]	0,17	0,81	0,30	—	0,06
13	Teramo	"	2	8,20	2,54	0,70	0,17	0,07	0	0,18	0,62	0,21	—	0,04
14	Barra (Napoli)	"	1	7,47	2,50	0,63	—	—	—	0,10	0,57	0,19	—	0,10
15	S. Giorgio a Cremano (Napoli)	"	3	10,74	4,36	0,83	—	—	—	0,28	0,81	0,30	—	0,06

[0]) Die Weine No. 28, 29 und 30 waren aus der Provinz Salerno und entstammten der Landw.-Schule zu Eboli.

*) Vergl. Anmerkung *) S. 1291.

No.	Herkunft und Traubensorte	Zeit der Untersuchung	Zahl der Proben	Spec. Gewicht	100 ccm Wein enthalten Gramm: Alkohol	Extrakt	Ges.-Säure (Weinsäure)	Flüchtige Säure (Essigsäure)	Weinstein	Freie Weinsäure	Zucker	Glycerin	Mineralstoffe	Phosphorsäure (P_2O_5)	Kaliumsulfat (K_2SO_4)
16	Maddaloni (Caserta) .	1893	1	—	9,85	2,81	0,56	—	—	—	0,12	0,71	0,23	—	0,08
17	Sparanise „ .	„	1	—	9,06	2,84	0,73	—	—	—	0,20	0,70	0,29	—	0,09
18	S. Anastasia (Napoli) .	1894	5	—	8,59	2,40	0,68	0,16	0,09	0,01	0,11	0,63	0,28	—	0,04
19	Casalnuovo . . .	„	1	—	10,44	3,97	0,81	—	—	—	0,47	1,05	0,38	—	0,10
20	Casalnuovo . . .	1897	8	—	12,26	3,07	0,65	—	—	—	0,22	0,91	0,29	—	<0,2
21	Castellammare di Stabia	1896	1	—	11,20	2,43	0.58	—	—	—	0,19	0,97	0,26	—	<0,2
22	Paolisi (Benevento)	„	1	—	5,68	2,29	0,81	—	—	—	0,03	0,55	0,26	—	<0,2
23	Paolisi (Benevento)	1897	1	—	5,62	2,00	0,73	—	—	—	0,03	0,41	0,27	—	<0,2
24	Licignano	„	1	—	10,04	3,60	0,64	—	—	—	1,05	0,72	0,29	—	<0,2
25	Napoli	„	5	—	11,64	3,61	0,70	—	—	—	0,30	0,89	0,31	—	<0,2
*)		Jahrgang													
26	Sangiovese von Eboli	1894	1	—	10,24	3,15	0,81	0,13	0,16	0	0,16	1,15	0,22	0,047	<0,2
27	Sangiovese von Eboli	1895	1	—	10,20	3,62	0,92	0,10	0,14	0	0,22	1,32	0,28	0,052	<0,2
28	Sangiovese von Eboli	1866	1	—	9,89	2,61	0,72	0,08	0,32	0,17	0,10	0,99	0,25	0,042	<0,2
29	Pinot, Eboli	1894	1	—	11,40	3,50	0,75	0,17	0,07	0,08	0,37	1,04	0,28	0,052	<0,2
30	Aleatico, Eboli . . .	—	1	—	10,73	3,17	0,77	0,14	0,16	0,13	0,13	0,90	0,16	0,050	<0,2
31	Aleatico u. Vernaccia von Bellosguardo	1895	1	—	10,57	3,62	0,79	0,16	0,19	—	0,98	0,64	0,27	0,038	<0,2
32	Aleatico u. Vernaccia von Bellosguardo	„	1	—	9,54	2,44	0,64	0,11	0,07	—	0,05	0,63	0,22	0,025	<0,2
33	Von Frette: Aleatico u. Sangiovese	1894	1	—	10,14	2,02	0,83	0,27	0,04	—	0,05	0,75	0,26	0,022	<0,2
34 *)	Von Frette: Aleatico, Olivella u. Piede-Colombo .	1896	1	—	9,77	2,47	0,67	0,24	0,12	—	0,05	0,75	0,27	0,045	<0,2
	Mittel	—	—	—	**9,48**	**2,93**	**0,68**	**0,17**	**0,14**	**0,03**	**0,23**	**0,77**	**0,26**	**0,041**	—

Sicilische Weine. — Analysen von V. Oliveri. [1]

No.	Herkunft	Zeit der Untersuchung	Zahl der Proben	Spec. Gewicht	Alkohol Vol.-%	Extrakt	Ges.-Säure	Flüchtige Säure	Weinstein	Gerbstoff	Zucker	Glycerin	Mineralstoffe	Phosphorsäure	Kaliumsulfat
1	Provinz Palermo: Borghetto, weiss	1893	—	—	15,77	2,78	0,56	—	—	0,041	0,30	0,81	0,18	—	0,064
2	Provinz Palermo: Partinico, roth	„	—	—	18,10	5,12	0,68		—	0,027	0,90	0,98	0,36	—	0,058

Italienische Weintypen. — Analysen von P. Kulisch. [2]

No.	Herkunft	Zeit der Untersuchung	Zahl der Proben	Spec. Gewicht	Alkohol	Extrakt	Ges.-Säure	Flüchtige Säure	Farb- u. Gerbstoff	Freie Weinsäure	Zucker	Glycerin	Mineralstoffe	Phosphorsäure	Schwefelsäure
1	Val Wineviole . . .	1892	—	0,9942	10,41	2,69	0,80	0,092	—	—	0,38	—	0,252	—	0,135
2	Corvo Casteldaccia . .	„	—	0,9951	11,03	3,20	0,76	0,073	0,061	—	0,58	—	0,336	—	0,136
3	Val Tollicella . . .	„	—	0,9932	10,19	2,41	0,62	0,134	0,181	—	0,43	—	0,205	—	0,043
4	Barolo	„	—	0,9947	9,43	2,44	0,81	0,162	0,199	—	0,18	—	0,210	—	0,034
5	Chianti	„	—	0,9960	8,35	2,36	0,70	0,144	0,325	—	0,18	—	0,234	—	0,016
6	Sangiovese di Santermete	„	—	0,9946	11,45	3,22	0,63	0,072	0,343	—	0,48	—	0,256	—	0,014
7	Bordeaux	„	—	0,9971	7,76	2,46	0,70	0,075	0,168	—	Spur	—	0,265	—	0,030
8	Vino di Taglia . . .	„	—	0,9956	10,86	3,12	0,65	0,100	0,345	—	0,33	—	0.271	—	0,043
9	Salento rossa . . .	„	—	0,9957	9,76	3,86	0,81	0,055	0,276	—	0,47	—	0,277	—	0,028

[1]) Staz. sperim. agrar. Ital. 1894, **26**, 498.
[2]) Weinbau und Weinhandel 1892, **10**, 105.
*) Die Weine No. 26—34 waren aus der Provinz Salerno und entstammten der Landw.-Schule zu Eboli.

Aeltere und sonstige Analysen.

1. F. Sestini (Stat. sperim. agrar. di Roma 1873) berichtet über die Zusammensetzung von 511 auf der Weltausstellung zu Wien 1873 ausgestellten Weinen.

2. G. Briosi, Del Torre, Vaccarone und Bomboletti: Italienische Weine von der Pariser Weltausstellung 1878. — Esame Chimica comparativo del vini italiani, inviti all Esposizione internationale del Parigi 1878. Roma 1879.

3. A. Carpenè: Weine aus dem Bezirke Lecce (Terra d'Otranto). — Rivista di viticoltura ed enologia 1878, **2**, 517.

4. E. Rotondi: Piemontesische Weine. — Rivista di viticoltura ed enologia 1878, **2**, 346.

5. C. Portele: Analysen von 26 italienischen Weiss- und Rothweinen. — Weinlaube 1878, **10**, 319.

6. A. Funaro: Weine von dem Gute Piaggia bei Pisa. — Rivista di viticoltura ed enologia 1879, **3**, 449.

7. G. Briosi: Sicilische Weine. — Intornoai Vini della Sicilia. Roma 1879.

8. R. Kayser: Analysen von 18 italienischen Weinen der Jahrgänge 1877, 1878 und 1882. — Repert. analyt. Chem. 1882, **2**, 69 und 1884, **4**, 150.

9. G. Briosi: Zahlreiche Analysen römischer Weine der Jahrgänge 1879, 1880 und 1881. — Annali della Stazione chim. agrar. sperim. di Roma 1882, Heft 9.

10. Portele (Mittheil. d. k. k. chem.-physiol. Vers.-Stat. Klosterneuburg 1885, Heft 4) fand für je einen römischen Weiss- und Rothwein folgende procentige Zusammensetzung:

	Alkohol	Extrakt	Gesammt-Säure (Weinsäure)	Flüchtige Säure	Gerbstoff	Stickstoff-Substanz	Mineralstoffe	Reinasche
Weisswein . .	10,2	3,4	0,72	0,18	0,04	0,086	0,23	0,0170 %
Rothwein . . .	10,1	3,1	0,75	0,22	0,07	0,077	0,22	0,0162 „

	Kalk	Magnesia	Kali	Natron (Na_2O)	Eisenoxyd	Phosphorsäure	Schwefelsäure	Kieselsäure
Weisswein . .	0,013	0,003	0,087	0,009	0,002	0,037	0,016	0,003 %
Rothwein . . .	0,009	0,005	0,085	0,005	0,001	0,032	0,018	0,007 „

11. C. Gianetti: Analysen von auf der landwirthschaftlichen Ausstellung in Siena prämiirten Weinen. — Staz. sperim. agrar. Ital. 1888, **15**, 518.

12. C. Schmitt: Weine der deutsch-italienischen Wein-Import-Gesellschaft. — Weinbau u. Weinhandel 1889, **7**, 490; Vierteljahresschr. Nahrungs- u. Genussm. 1889, **4**, 490.

13. P. Freda (Staz. sperim. agrar. Ital. 1888, **14**, 57) berichtet über den Alkohol-, Extrakt- und Säuregehalt einer grossen Zahl italienischer Weiss- und Rothweine.

14. M. Giunti, M. Tortelli und C. Boschi (Staz. sperim. agrar. Ital. 1888, **15**, 532) setzen die Untersuchungen in derselben Weise wie P. Freda fort. Die zahlreichen Analysen erstrecken sich nur auf Alkohol, Extrakt und Säuregehalt.

15. Ag. Vigna (Staz. sperim. agrar. Ital. 1888, **15**, 15) untersuchte in verschiedener Weise hergestellte Weine auf ihren Gehalt an Alkohol, Extrakt, Säure, Mineralstoffen, Gesammt- und wasserlösliche Alkalität der Asche.

16. E. Bosshard: Toskaner Rothweine. — Zeitschr. analyt. Chem. 1890, **29**, 551.

17. E. Niederhäuser: Ueber italienische Weine. — Pharm. Centrh. 1891 [N. F.], **12**, 15; Chem.-Ztg. 1891, **15**, Rep. 16.

18. A. Fonseca: Apulische Verschnittweine. — Staz. sperim. agrar. Ital. 1893, **25**, 306.

19. A. Fonseca und G. Corra (Staz. sperim. agrar. Ital. 1893, **24**, 610) berichten über den Gehalt nach Deutschland ausgeführter Verschnittweine an Alkohol, Extrakt, Zucker, Gesammt-Säure und flüchtiger Säure. Es enthielten 74 untersuchte Weine 0,0792—0,1608, im Mittel 0,1071 % flüchtige Säure (= Essigsäure), während 16 direkt von den Producenten bezogene Proben 0,0468—0,1392 %, im Mittel 0,0893 % Essigsäure enthielten.

20. Benysek: Analyse eines reinen italienischen Weines. — Zeitschr. Nahrungsm.-Unters., Hyg. u. Waarenk. 1895, **8**, 378.

21. A. Succi (Staz. sperim. agrar. Ital. 1896, **29**, 825) macht in seiner Arbeit über den Weinbau in der Provinz Perugia Angaben über den Alkohol-, Extrakt- und Säuregehalt von 19 Weinen dieser Provinz.

22. G. Paris (Zeitschr. Nahrungs- u. Genussm. 1898, **1**, 816) berichtet über zahlreiche extraktarme Naturweine Süditaliens.

23. Walter May: Die Weinproduktion und der Weinhandel Italiens. (Chem.-Ztg. 1890, **14**, 1304). Die Arbeit enthält Durchschnittszahlen für italienische Weine verschiedener Herkunft.

Spanische Weine.

Weissweine.

No.	Herkunft und Jahrgang	Zeit der Untersuchung	Spec. Gewicht	Alkohol Vol.-%	100 g Wein enthalten Gramm: Extrakt	Gesammt-Säure (Weinsäure)	Zucker	Glycerin	Mineralstoffe	Kalk (CaO)	Magnesia (MgO)	Kali (K_2O)	Phosphorsäure (P_2O_5)	Schwefelsäure (SO_3)	Analytiker
1	Andalusien . 1878	1880	—	16,3	2,53	0,60	0,27	1,04	0,58	0,013	0,013	—	0,027	0,239	R. Kayser [1]
2	Sevilla . . 1878	„	—	18,6	3,12	0,56	0,48	1,12	0,65	0,012	0,020	—	0,026	0,249	
3	Nördl. Spanien . .	„	—	9,4	2,90	0,45	0,31	1,14	0,67	0,014	0,015	0,229	0,027	0,250	
4	Xeres	—	—	18,0	3,22	0,35	0,62	0,92	0,40	0,011	0,007	0,172	0,016	0,165	
5	Elda (Alicante), vino blanco secco . .	1877	0,9910	Gew.-% 12,60	2,40	0,30	—	Chlor 0,004	0,47	Natron 0,014	0,010	0,166	0,021	0,084	Dworzak, Weigert u. Haas [2]

Rothweine.*)

No.	Herkunft und Jahrgang	Zeit der Untersuchung	Spec. Gewicht	Alkohol	Extrakt	Gesammt-Säure (Weinsäure)	Zucker	Glycerin	Mineralstoffe	Kalk (CaO)	Magnesia (MgO)	Kali (K_2O)	Phosphorsäure (P_2O_5)	Schwefelsäure (SO_3)	Analytiker
				Vol.-%				Glycerin		Kalk					
1	Benicarlo . . 1878	1880	—	17,0	3,43	0,35	0,45	1,09	0,43	0,010	0,016	0,182	0,023	0,177	R. Kayser [1]
2	Valencia . . 1878	—	—	15,6	3,81	0,45	0,54	—	0,60	0,009	0,014	0,215	0,033	0,276	
3	Alicante . . 1878	—	—	12,0	2,81	0,43	0,39	—	0,67	0,006	0,014	0,235	0,027	0,259	
4	Sevilla . . 1878	1881	—	18,5	2,38	0,64	0,28	1,06	0,55	0,007	0,014	0,202	0,025	0,188	
5	Benicarlo . . .	1880	—	13,5	4,18	0,58	0,42	—	0,41	0,009	0,015	—	0,021	0,187	
6		„	—	17,3	3,81	0,38	0,19	1,14	0,56	0,007	0,035	0,228	0,025	0,221	
7	Romano . . 1878	„	—	15,3	3,40	0,45	0,34	—	0,60	0,006	0,014	—	0,026	0,240	
				Gew.-%				Gerbstoff		Natron					
8	Provinz Alicante Vino tinto seco: Sax . .	1877	0,9942	11,4	3,10	0,40	—	0,080	0,56	—	0,005	—	0,019	0,241	Dworzak, Weigert, u. Haas [2]
9	—	„	0,9950	11,1	3,00	0,40	—	0,206	0,59	—	0,014	—	0,021	0,079	
10	Maisonnave	„	0,9950	11,3	3,00	0,50	—	0,247	0,64	0,029	0,007	0,246	0,035	0,226	
11	Alaque-Alicante .	„	0,9971	13,6	4,30	0,50	—	0,230	0,74	0,053	0,024	0,300	0,029	0,294	
12	Benilloba, vino tinto clarificado . . .	„	0,9937	10,8	2,80	0,50	—	0,174	0,54	0,085	0,009	0,186	0,024	0,155	
13	Valencia	„	0,9907	12,9	2,60	0,40	—	0,065	0,45	0,022	0,018	0,153	0,017	0,186	
				100 ccm Wein enthalten Gramm:				Glycerin		Gerbstoff	Weinstein				
14 **)	Naturweine, Prov. Catalana, 18 Proben: Mittel	1885	—	9,91	2,96	0,53	0,19	0,86	0,24	0,20	0,13	—	0,027	0,029	E. Mascarenas u. J. Santome [3]
	Schwankungen	„	—	6,95—12,33	1,50—5,57	0,38—0,68	0,10—0,38	0,55—1,49	0,18—0,35	0,02—0,42	0,02—0,25	—	0,009-0,060	0,017-0,077	

Portugiesische Weine.

Rothweine.

No.	Herkunft und Jahrgang	Zahl der Proben	Spec. Gewicht	Alkohol Vol.-%	Extrakt	Gesammt-Säure (Weinsäure)	Zucker	Glycerin	Mineralstoffe	Kalk (CaO)	Magnesia (MgO)	Kali (K_2O)	Phosphorsäure (P_2O_5)	Schwefelsäure (SO_3)	Analytiker
1	1887-er Weine; 1888 in Berlin ausgestellt: Castello di Pavia .	1	0,9940	11,00	2,420	0,938	0,093	—	0,276	0,015	—	—	—	—	J. H. Vogel u. G. F. Laeerda [4] ***)
2	Sever di Vouga .	1	0,9920	10,50	2,490	0,970	0,094	—	0,272	0,046	—	—	—	—	

[1]) Repert. analyt. Chem. 1884, **4**, 152.

[2]) Mittheil. k. k. physiol.-chem. Vers.-Stat. in Klosterneuburg. Wien 1885, Heft 4.

[3]) Chem.-Ztg. 1885, **9**, 1857.

[4]) Zeitschr. angew. Chem. 1889, 243.

*) Eigenschaften der Weine: No. 8: Starker Dessertwein. No. 9: Ordinär, gut. No. 10: Ordinär, gewöhnlich. No. 11 und 12: Gut. No. 13: Starker Dessertwein.
Die Weine No. 1—13 sind fast sämmtlich gegypst. Ferner ergaben an Chlor: No. 9: 0,053 und No. 10: 0,006%.

**) Die Weine wurden nach den von Fresenius und Borgmann angewendeten Verfahren untersucht.

***) Vergl. Anmerkung *) S. 1296.

No.		Herkunft und Jahrgang	Zahl der Proben	Spec. Gewicht	Alkohol Vol.-%	100 ccm Wein enthalten Gramm: Extrakt	Gesammt-Säure (Weinsäure)	Flüchtige Säure (Essigsäure)	Gerbstoff	Zucker	Weinstein	Mineral-stoffe	Phosphor-säure (P_2O_5)	Kalium-sulfat (K_2SO_4)	Analytiker
3	1887-er Weine; 1888 in Berlin ausgestellt	Anadia	3	0,9927	13,28	2,598	0,893	—	0,048	0,120	—	0,283	—	—	*J. H. Vogel u. G. F. Laerda*[1] *)
4		Cantanhede . . .	3	0,9937	13,28	2,790	1,023	—	0,038	0,073	—	0,296	—	—	
5		Celorico da Beira .	1	0,9890	14,90	1,930	0,885	—	0,015	0,066	—	0,232	—	—	
6		Fornos de Algodres	1	0,9920	14,40	2,550	0,820	—	0,044	0,092	—	0,248	—	—	
7		Adriano Tavares Segurao . . .	1	0,9920	14,40	2,300	0,837	—	0,040	0,177	—	0,236	—	—	
8		Mangualde . . .	1	0,9920	13,90	2,176	0,833	—	0,018	0,110	—	0,338	—	—	
9		Oliveira do Hospital	1	0,9910	13,00	2,240	0,970	—	0,051	0,072	—	0,348	—	—	
10		Nellas	1	0,9890	14,40	2,428	0,816	—	0,057	0,095	—	0,308	—	—	
11		Penacova	2	0,9900	13,50	2,260	0,771	—	0,026	0,070	—	0,266	—	—	
12		Penalva do Càstello	1	0,9900	14,70	2,300	0,696	—	0,057	0,100	—	0,284	—	—	
13	1890 in Paris ausgestellte Weine	Coimbra . . 1887	1	0,9925	15,80	2,330	0,634	—	0,085	0,195	—	0,295	—	—	*J. H. Vogel*[2] *)
14		Coimbra . . 1888	4	0,9965	12,62	2,302	0,711	—	0,091	0,172	—	0,295	—	—	
15		Anadia . . 1887	1	0,9950	14,30	2,508	0,726	—	0,386	0,147	—	0,312	—	—	
16		Anadia . . 1888	9	0,9964	11,28	2,260	0,675	—	0,154	0,122	—	0,264	—	—	
17		Figueira da Foz. 1887	2	0,9975	17,53	2,794	0,594	—	0,268	1,212	—	0,271	—	—	
18		Figueira da Foz. 1888	5	0,9946	13,74	2,377	0,566	—	0,194	0,316	—	0,294	—	—	
19		Cantanhede . 1888	2	0,9955	10,20	2,053	0,603	—	0,156	0,171	—	0,261	—	—	
20		Condieixa-a-nova . . 1888	1	0,9940	12,20	2,284	0,592	—	0,132	0,145	—	0,217	—	—	
21		Oliveira da Bairro . 1888	1	0,9940	9,50	1,750	0,865	—	0,087	0,072	—	0,236	—	—	
22		Oliveira da Hospital . 1888	3	0,9992	9,40	2,259	0,583	—	0,078	0,160	—	0,282	—	—	
23		Agueda . . 1888	3	0,9917	8,50	2,081	0,690	—	0,097	0,166	—	0,263	—	—	
24		Castello de Paiva . . 1888	1	1,0000	7,90	2,136	0,855	—	0,331	0,238	—	0,233	—	—	
25		Leiria**) . . . 1888	5	0,9954	11,75	2,631	1,156	—	0,054	0,103	—	0,303	—	—	
26		Orta**) . . . 1888	2	0,9988	8,42	2,443	1,596	—	0,016	0,013	—	0,482	—	—	
27		Leira**) . . . 1888	1	0,9935	8,10	1,764	0,822	—	0,050	0,051	—	0,209	—	—	
28		Coimbra**) . . 1888	3	0,9977	10,57	2,280	0,696	—	0,151	0,147	—	0,273	—	—	
29	Zur Ausfuhr nach Deutschland geeignete Weine	Collares . . .	—	0,9938	9,10	2,48	0,64	0,13	0,08	0,12	0,10	0,24	0,04	0,03	*J. H. Vogel*[3])
30		Azeitao . . .	—	0,9938	10,02	2,91	0,69	0,16	0,10	0,17	0,10	0,25	0,03	0,06	
31		Arruda . . .	—	0,9934	10,88	2,89	0,57	0,10	0,04	0,18	0,06	0,23	0,02	0,07	
32		Vallada . . .	—	0,9955	10,40	3,29	0,64	0,10	0,11	0,16	0,11	0,33	0,04	0,12	
33		Santarem . .	—	0,9912	11,21	2,65	0,69	0,13	0,08	0,07	0,08	0,26	0,04	0,04	

[1]) Zeitschr. angew. Chem. 1889, 243.
[2]) Zeitschr. angew. Chem. 1891, 74.
[3]) Zeitschr. angew. Chem. 1891, 480.

*) Untersuchungs-Verfahren: Alkohol mit Hilfe des Salleron'schen Apparates (es wurden $^2/_3$ des ursprünglichen Volumens abdestillirt); Gerbstoff durch Titration mit Kaliumpermanganat nach Löwenthal bezw. nach dem von J. H. Vogel verbesserten Löwenthal'schen Verfahren; Extrakt mit Hilfe des Houdrat'schen Oenobarometers; Farbe und Farben-Intensität mittelst des Salleron'schen Vino-colorimètre; Zucker nach Entfärbung und Entfernung des Gerbstoffes durch Reduktion mittels Fehling'scher Lösung. — Zeitschr. angew. Chem. 1891, 44.

**) No. 25 und 26 sind Weine aus jung angepflanzten amerikanischen Reben. No. 27 stammte von einer portugiesischen Rebe auf amerikanischem Wurzelstock her; No. 28 ist das Mittel von 3 für den eigenen Gebrauch (nicht für den Handel) bestimmten Weinen.

Mittel- und Schwankungszahlen der Weine verschiedener Bezirke.*)

No.	Herkunft und Jahrgang	Zahl der Proben	Spec. Gewicht	Alkohol Vol.-%	Extrakt	Gesammt-Säure (Weinsäure)	Flüchtige Säure (Essigsäure)	Gerbstoff	Zucker	Weinstein	Mineralstoffe	Phosphorsäure (P_2O_5)	Kaliumsulfat (K_2SO_4)	Analytiker
				100 ccm Wein enthalten Gramm:										
34	Süd-Portugal: I. Lissabon, Santarem Leiria, Portalegre	—	—	10,55 7,48—12,98	2,809 1,68—3,61	0,667 0,45—1,02	0,170 0,07—0,35	0,089 Spur—0,19	0,123 Spur—0,29	0,083 Spur—0,16	0,254 0,15—0,37	0,040 0,02—0,07	0,053 0,01—0,16	J. H. Vogel, H. Mastbaum u. L. Richter[1])
35	Süd-Portugal: II. Alemtejo und Alagare	—	—	11,01 8,05—14,11	3,070 2,30—3,97	0,697 0,56—0,94	0,233 0,13—0,30	0,133 0,01—0,31	0,202 0,06—0,42	0,080 0,01—0,14	0,258 0,14—0,35	0,041 0,02—0,08	0,047 0,03—0,08	
36	Nord-Portugal: III. Entre Duro e Minho mit Braga u. Oporto	—	—	7,56 4,65—9,85	2,534 1,91—3,68	1,061 0,59—1,48	0,121 0,05—0,32	0,103 Spur—0,28	0,146 0,13—0,43	0,211 0,06—0,32	0,225 0,13—0,32	0,021 0,01—0,05	0,034 0,01—0,11	
37	Nord-Portugal: IV. Traz os Montes mit Bragança und Mirandella	—	—	10,12 6,92—12,15	2,578 1,65—3,90	0,705 0,43—0,97	0,117 0,06—0,28	0,104 0,01—0,29	0,150 0,03—0,57	0,134 0,03—0,28	0,210 0,12—0,37	0,034 0,02—0,07	0,037 0,01—0,11	
38	Nord-Portugal: V. Mangualde und Coïmbra	—	—	9,39 6,75—16,44	2,548 1,88—3,38	0,640 0,36—0,87	0,123 0,05—0,22	0,145 Spur—0,40	0,183 0,03—0,42	0,137 0,01—0,30	0,242 0,17—0,32	0,031 0,01—0,06	0,039 0,01—0,12	
	Portug. Rothweinc, Mittel	—	**0,9945**	**11,67**	**2,43**	**0,78**	**0,138**	**0,099**	**0,16**	**0,11**	**0,27**	**0,034**	**0,053**	

Weissweine.

No.	Herkunft und Jahrgang	Zahl der Proben	Spec. Gewicht	Alkohol Vol.-%	Extrakt	Gesammt-Säure (Weinsäure)	Flüchtige Säure (Essigsäure)	Gerbstoff	Zucker	Weinstein	Mineralstoffe	Phosphorsäure (P_2O_5)	Kaliumsulfat (K_2SO_4)	Analytiker
1	1888 in Berlin ausgestellt: Cantanhede . 1887	2	0,9920	15,00	2,535	1,000	—	0,021	0,369	—	0,290	—	—	J. H. Vogel, G. F. Laerda[2])***)
2	Nellas (schäumend) . . 1887	1	0,9850	16,90	2,034	0,891	—	0	0,225	—	0,168	—	—	
3	Penacova . . 1887	1	0,9860	14,90	1,640	0,869	—	0,015	0,102	—	0,234	—	—	
4	1890 in Paris ausgestellt: Coimbra . . 1887	1	0,9990	12,65	2,943	0,901	—	0,045	1,194	—	0,313	—	—	J. H. Vogel[3])
5	Anadia . . 1888	6	0,9938	12,23	1,829	0,716	—	0,042	0,149	—	0,216	—	—	
6	Figueira da Foz 1887	1	0,9950	11,70	2,251	0,585	—	0,059	0,299	—	0,318	—	—	
7	Figueira da Foz 1888	1	0,9910	14,80	2,260	0,573	—	0,114	0,243	—	0,371	—	—	
8	Zur Ausfuhr nach Deutschland geeignet: Bucellas . . .	—	0,9929	9,92	2,74	0,58	0,09	0,04	Spur	0,11	0,25	0,03	0,06	J. H. Vogel[4])
9	Alcobaça . . .	—	0,9985	10,79	2,91	0,61	0,15	0,11	0,40	0,03	0,26	—	0,04	
10	Setubal	—	0,9946	11,21	3,17	0,66	0,15	0,10	0,76	0,09	0,25	0,03	0,06	
11	Santarem . . .	—	0,9901	12,57	2,57	0,55	0,12	0,05	0,48	*)	0,28	0,06	0,07	

Mittel- und Schwankungszahlen der Weine verschiedener Bezirke.**)

No.	Herkunft und Jahrgang	Zahl der Proben	Spec. Gewicht	Alkohol Vol.-%	Extrakt	Gesammt-Säure (Weinsäure)	Flüchtige Säure (Essigsäure)	Gerbstoff	Zucker	Weinstein	Mineralstoffe	Phosphorsäure (P_2O_5)	Kaliumsulfat (K_2SO_4)	Analytiker
12	Süd-Portugal: I. Lissabon, Santarem Leiria u. Portalegre	—	—	11,56 8,53—15,78	2,613 1,73—3,54	0,586 0,45—0,76	0,125 0,02—0,20	0,028 Spur—0,09	0,202 Spur—0,72	0,078 0,02—0,17	0,239 0,18—0,32	0,042 0,03—0,07	0,059 0,02—0,12	Vogel, Mastbaum u. Richter[1])
13	Süd-Portugal: II. Alemtejo und Alagare	—	—	10,91 8,38—13,23	2,776 2,05—3,88	0,604 0,41—0,84	0,146 0,03—0,28	0,072 Spur—0,12	0,216 0,08—0,67	0,064 0,02—0,13	0,262 0,13—0,38	0,040 0,02—0,08	0,056 0,02—0,09	

[1]) Mitgetheilt von J. H. Vogel, Zeitschr. angew. Chem. 1891, 480.
[2]) Zeitschr. angew. Chem. 1889, 243.
[3]) Zeitschr. angew. Chem. 1891, 74.
[4]) Zeitschr. angew. Chem. 1891, 480.

*) Die an dieser Stelle angegebene Zahl 0,77 ist sehr unwahrscheinlich und beruht wohl auf einem Druckfehler.

**) Die Zahlen beziehen sich auf 2269 im Auftrage des Generaldirektors für Landwirthschaft in der Versuchs-Station Lissabon untersuchte und — von dem in Portugal üblichen Alkohol-Zusatz abgesehen — echte und unverfälschte Weine, die 1884 in Lissabon, 1888 in Berlin und 1890 in Paris ausgestellt waren.

Der Gehalt an Glycerin wurde nur in den auf der Berliner und Pariser Ausstellung ausgestellten Weinen (von Triebel) bestimmt und zwar mit folgendem Ergebniss:

Bezirk	I	II	III IV (z. Th.)	V
Mittel	0,88	0,85	0,67	0,75
Schwankungen . .	0,52—1,28	0,75—1,14	0,55—0,86	0,45—1,10

***) Vergl. Anmerkung *) S. 1296.

No.	Herkunft und Jahrgang	Spec. Gewicht	Alkohol Vol.-%	100 ccm Wein enthalten Gramm: Extrakt	Gesammt-Säure (Weinsäure)	Flüchtige Säure (Essigsäure)	Gerbstoff	Zucker	Weinstein	Mineral-stoffe	Phosphor-säure (P_2O_5)	Kalium-sulfat (K_2SO_4)	Analytiker
14	Nord-Portugal: I. Entre Duro e Minho mit Braga und Oporto	— —	8,36 6,75—10,18	2,160 1,73—2,71	0,731 0,60—0,88	0,132 0,07—0,30	0,047 Spur—0,16	0,116 Spur—0,18	0,141 0,04—0,23	0,233 0,17—0,27	0,027 0,02—0,04	0,036 0,02—0,06	J. H. Vogel, H. Mastbaum u. L. Richter[1])
15	Nord-Portugal: II. Traz os Montes mit Bragança und Mirandella	— —	10,06 8,05—11,55	2,266 1,80—2,72	0,641 0,45—0,83	0,128 0,07—0,30	0,045 0,01—0,08	0,139 0,07—0,21	0,124 0,06—0,22	0,220 0,14—0,37	0,036 0,01—0,06	0,031 0,01—0,05	
16	Nord-Portugal: III. Mangualde u. Coïmbra	— —	10,10 7,89—11,49	2,268 1,66—3,64	0,584 0,47—0,86	0,109 0,05—0,26	0,035 Spur—0,19	0,237 0,07—0,86	0,134 0,05—0,27	0,207 0,13—0,35	0,032 0,02—0,06	0,034 0,01—0,08	
	Portug. Weissweine, Mittel	**0,9925**	**12,13**	**2,44**	**0,69**	**0,128**	**0,051**	**0,32**	**0,10**	**0,26**	**0,037**	**0,050**	

Russische Weine.

Weine der Krim. — Nach A. Salomon.[2]) *)

Weissweine.

No.	Herkunft und Jahrgang	Spec. Gewicht	100 ccm Wein enthalten Gramm: Alkohol	Extrakt	Gesammt-Säure (Weinsäure)	Flüchtige Säure (Essigsäure)	Weinsäure	Zucker	Glycerin	Stickstoff-Substanz	Mineral-stoffe	Kali (K_2O)	Phosphor-säure (P_2O_5)
1	Weine der Südküste, Riesling: — . . 1842	0,9922	13,10	3,517	0,642	0,025	0,115	0,040	—	—	0,257	0,109	—
2	Liwadia . . 1868	0,9922	11,87	2,204	0,630	0,140	0,204	—	0,71	0,052	0,171	0,082	0,021
3	Djemiett . . 1868	0,9931	9,55	1,943	0,480	0,102	0,200	Spur	0,67	0,144	0,163	0,082	0,036
4	Magaratsch . 1867	0,9906	12,51	2,789	0,605	0,090	0,176	—	0,61	0,175	0,179	0,050	—
5	Tschukurlar . 1868	0,9890	12,36	2,155	0,495	0,090	0,196	—	0,63	0,219	0,195	0,106	0,023
6	Sauterne: Liwadia . . 1869	0,9897	12,13	2,577	0,412	0,102	0,180	Spur	0,31	0,175	0,212	0,096	0,011
7	Massandra . 1868	0,9895	11,43	2,082	0,420	0,117	0,147	0,225	0,32	0,200	0,200	0,059	0,011
8	Gursuf . . . 1869	0,9905	13,59	2,225	0,427	0,107	0,095	Spur	0,66	0,194	0,153	0,078	0,019
9	Parteint . . 1869	0,9926	11,85	2,225	0,322	0,051	0,156	„	0,57	0,194	0,153	0,071	0,020
10	Pinot Magaratsch 1867	0,9991	11,16	4,515	0,427	0,132	0,112	3,405	—	0,210	0,172	0,084	0,037
11	Pedro-Ximenes . 1868	0,9948	11,31	3,237	0,505	0,155	0,093	Spur	0,83	0,124	0,382	0,092	0,090
12	Kokur Aluschta . 1869	0,9934	11,51	1,353	0,544	0,090	0,207	—	0,58	0,125	0,215	0,127	0,028
	Mittel (No. 1—12)	0,9931	11,96	2,568	0,492	0,100	0,157	0,458	0,59	0,165	0,204	0,086	0,030
13	Tischweine der Thäler: Belbeck . . . 1869	0,9940	11,69	2,826	0,540	0,132	0,021	Spur	0,48	0,188	0,308	0,086	0,012
14	Nowobajant . . 1870	0,9987	9,78	3,403	0,780	0,168	0,283	1,710	—	0,156	0,177	0,103	0,009
15	Burgund., Sudack 1869	0,9922	8,62	1,773	0,564	0,231	0,101	—	0,38	0,151	0,205	0,087	0,019

[1]) Mitgetheilt von J. H. Vogel, Zeitschr. angew. Chem. 1891, 480.
[2]) Annalen der Oenologie 1873, **3**, 1.

*) Untersuchungs-Verfahren: Alkohol durch Destillation von 50 ccm bis auf die Hälfte des Volumens, Auffüllen auf 50 ccm und Bestimmung des spec. Gewichts. — Extrakt durch Eindampfen von 5 ccm Wein in Porzellanschalen, 5-stündiges Trocknen bei 100° und 24-stündiges Stehen unter der Luftpumpe. — Gesammt-Säure durch Titration mit Natronlauge, von welcher 1 ccm = 0,0057 g Weinsäure entsprach. — Glycerin nach Pasteur durch Eindampfen von 100 ccm Wein bei 40° bis auf das halbe Volumen; Zusatz von gelöschtem Kalk und Thierkohle und weiteres Eintrocknen bei 40° C.; der trockene Rückstand wurde mit gleichen Theilen Alkohol und Aether ausgezogen, die Lösung (das Filtrat) erst in freier Luft und dann unter der Luftpumpe verdunstet. — Mineralstoffe durch Einäschern des Abdampfrückstandes von 50 ccm Wein. — Phosphorsäure durch Behandeln der Asche mit Salpetersäure nach der Molybdän-Methode. — Weinstein nach der Methode von Berthelot und Fleurieu: 100 ccm Wein werden mit 20 ccm einer Mischung von gleichen Theilen Alkohol und Aether versetzt, 48 Stunden stehen gelassen, der ausgeschiedene Niederschlag abfiltrirt, mit der ätherischen Mischung ausgewaschen, in Wasser gelöst und mit Natronlauge titrirt; zu der gefundenen Zahl wurde für 1000 ccm noch 0,2 g als Verlust für nicht ausgeschiedenen Weinstein hinzuaddirt.

No.	Herkunft und Jahrgang		Spec. Gewicht	Alkohol	Extrakt	Gesammt-Säure (Weinsäure)	Flüchtige Säure (Essigsäure)	Weinsäure	Zucker	Glycerin	Stickstoff-Substanz	Mineralstoffe	Kali (K_2O)	Phosphorsäure (P_2O_5)
			100 ccm Wein enthalten Gramm:											
16	Tischweine der Thäler: Sudack . . .	1869	0,9960	7,25	1,860	0,562	0,215	0,107	—	0,47	0,088	0,181	0,090	0,019
17	Asjsowwa .	1867	0,9943	8,96	2,222	0,525	0,132	0,124	Spur	0,70	0,156	0,245	0,088	0,017
18	Asjsowwa .	1869	0,9926	8,06	1,874	0,580	0,120	0,062	—	—	—	0,214	0,095	—
19	Theodosia .	—	0,9939	11,67	2,574	0,854	0,282	0,059	—	—	0,363	0,266	0,080	0,009
20	Theodosia .	1868	0,9924	10,07	2,005	0,528	0,115	0,192	—	0,53	0,187	0,165	0,092	0,017
	Mittel (No. 13—20)		0,9943	9,51	2,317	0,617	0,174	0,144	0,570	0,51	0,184	0,220	0,090	0,015

Rothweine.

No.	Herkunft und Jahrgang		Spec. Gewicht	Alkohol	Extrakt	Gesammt-Säure	Flüchtige Säure	Weinsäure	Gerbstoff	Glycerin	Stickstoff-Substanz	Mineralstoffe	Kali	Phosphorsäure
1	Weine der Südküste, Bordeaux: Laspy . . .	1868	0,9959	8,81	2,165	0,507	0,148	0,091	0,350	0,34	0,150	0,215	0,097	0,029
2	Alupka . .	1869	0,9942	9,85	2,720	0,570	0,174	0,277	0,143	0,89	0,174	0,255	0,155	0,017
3	Liwadia . .	1868	0,9926	12,44	3,063	0,735	0,070	0,294	—	0,59	0,200	—	0,144	—
4	desgl. . . .	1867	0,9937	10,61	2,450	0,643	0,140	0,235	0,438	0,85	0,156	0,285	0,148	0,028
5	Margaratsch .	1868	0,9934	10,98	2,909	0,588	0,201	0,118	0,503	0,58	0,306	0,245	0,078	0,026
6	Margaratsch, erwärmt .	1868	0,9934	10,98	2,858	0,588	—	0,118	0,250	—	0,063	—	0,078	—
7	Gursuf . .	1869	0,9937	11,86	3,080	0,490	0,097	0,128	0,370	0,46	0,225	0,338	0,110	0,057
8	Aluschta . .	1869	0,9925	10,52	2,840	0,557	0,090	0,140	—	0,85	0,298	0,245	0,170	0,029
9	Lafitte Parteint .	1869	0,9941	11,51	3,078	0,350	0,127	0,024	0,354	0,48	0,269	0,247	0,021	0,011
10	Petitbourgogne Limery . . .	1868	0,9952	10,03	2,451	0,558	0,230	0,114	0,312	0,72	0,313	0,309	0,105	0,022
	Mittel (No. 1—10)		0,9939	10,76	2,761	0,559	0,142	0,154	0,340	0,64	0,225	0,267	0,111	0,027
									Zucker					
11	Tischweine der Thäler: Belbeck . . .	1869	0,9939	9,56	2,170	0,615	0,121	0,128	—	0,54	0,200	0,195	0,096	0,016
12	Novobajant*) .	1870	1,0011	9,98	3,490	0,720	0,160	0,316	1,756	0,23	0,213	0,218	0,100	0,016
13	Taraktasch . .	1870	0,9943	8,25	1,569	0,580	0,240	0,096	—	0,21	0,113	0,237	0,081	(0,002)
	Mittel (No. 11—13)		0,9964	9,26	2,343	0,638	0,174	0,180	1,756	0,32	0,175	0,217	0,092	0,016

Bessarabische Weine. — Nach A. Salomon.[1] **)

Weissweine.***)

No.	Herkunft und Jahrgang		Spec. Gewicht	Alkohol	Extrakt	Gesammt-Säure	Flüchtige Säure	Weinsäure	Zucker	Glycerin	Stickstoff-Substanz	Mineralstoffe	Kali	Phosphorsäure
1	Tischwein, Ackjermann	—	0,9923	9,82	1,851	0,589	0,080	0,215	—	0,50	0,119	0,185	0,046	0,020
2	Tischwein, Ackjermann	1862	0,9910	9,85	2,125	0,662	0,080	0,149	—	0,52	0,119	0,141	0,108	0,030
3	Tischwein, Ackjermann	1867	0,9911	9,77	1,812	0,622	0,090	0,154	—	0,57	0,156	0,141	0,072	0,025
4	Sautome, Odessa .	1868	0,9933	8,41	2,110	0,407	0,139	0,188	—	0,40	0,248	0,185	0,095	0,012
5	Tischwein, Donizeny (Pruth)	1866	0,9936	8,86	2,154	0,676	0,120	0,175	—	0,46	0,069	0,186	0,130	0,033
6	Rheinwein, Kamenka	1869	0,9922	10,10	1,833	0,510	0,142	0,092	Spur	0,17	0,175	0,171	0,143	0,011
	Mittel (No. 1—6)		0,9926	9,47	1,985	0,585	0,120	0,148	Spur	0,37	0,135	0,177	0,084	0,022

[1]) Annalen der Oenologie 1873, **3**, 1.

*) Mit 0,143 g Gerbstoff.

**) Ueber die Untersuchungs-Verfahren vergl. Anmerkung *) S. 1298.

***) Die Weine No. 1—4 entstammten der südlichen, No. 5 der mittleren und No. 6 der nördlichen Gegend.

Rothweine.*)

No.	Herkunft und Jahrgang	Spec. Gewicht	100 ccm Wein enthalten Gramm: Alkohol	Extrakt	Gesammt-Säure (Weinsäure)	Flüchtige Säure (Essigsäure)	Weinsäure	Zucker	Glycerin	Stickstoff-Substanz	Mineral-stoffe	Kali (K_2O)	Phosphor-säure (P_2O_5)
1	Kischineff 1868	0,9960	9,85	3,120	0,796	0,312	0,216	0,542	0,22	0,194	0,182	0,100	0,019
								Gerb-stoff					
2	Ackjer-mann { Tischwein . —	0,9926	9,78	2,164	0,567	0,070	0,228	0,153	0,50	0,138	0,189	0,101	0,021
3	Ackjer-mann { Bonbourgeois 1869	0,9951	7,75	2,140	0,540	0,142	0,159	0,195	0,20	0,244	0,232	0,064	0,011
4	Bordeaux, Odessa . 1868	0,9941	6,59	2,454	0,460	0,112	0,177	0,232	0,28	0,194	—	0,069	—
5	Kischineff, 1868 . . .	0,9907	7,08	1,826	0,605	0,232	0,124	0,250	0,23	0,206	0,185	0,091	0,016
6	Kischineff, 1868 . . .	0,9963	9,64	2,406	0,660	0,130	0,205	—	0,46	0,119	0,198	0,194	0,028
7	Kischineff, 1868 . . .	0,9954	8,16	2,357	0,681	0,140	0,197	—	0,48	0,119	0,202	0,088	—
8	Bendery 1868	0,9921	10,54	2,060	0,600	0,100	0,209	—	0,66	0,306	0,157	0,091	0,022
9	Tiraspol 1869	0,9953	8,55	1,918	0,602	0,115	0,251	—	0,50	0,194	0,223	0,129	0,025
10	Donizeny 1869	0,9931	9,19	2,060	0,600	0,080	0,225	—	0,63	0,150	0,130	0,100	0,029
11	Bordeaux, Kamenka (Podolien) 1869	0,9950	9,35	2,190	0,315	—	0,161	—	0,28	0,213	0,207	0,112	0,018
12	Bordeaux, Kamenka (Podolien) 1869	0,9934	8,68	2,287	0,520	0,127	0,088	0,200	0,11	0,200	0,224	0,041	0,017
	Mittel (No. 1—12)	0,9942	8,79	2,233	0,545	0,140	0,174	0,214	0,33	0,189	0,200	0,092	0,020

Kaukasische Weine.**)

Weissweine.

Analysen No. 1—3 von A. Salomon[1]), No. 4—12 von Basile Tairoff[2]) und No. 13—20 von A. Stackmann[3]).

No.	Herkunft und Jahrgang						Stick-stoff-Substanz	Wein-säure		Mineral-stoffe	Kali	Phos-phor-säure	Schwefel-säure
1	Eriwan	0,9988	11,55	3,85	0,33	0,306	0,131	0,040	0,51	0,34	0,085	0,014	—
2	Derbent	0,9937	9,69	2,29	0,42	0,030	0,113	0,160	0,46	0,18	0,089	0,030	—
3	Kachetien	0,9934	10,06	2,80	0,50	0,070	0,250	0,166	0,58	0,23	0,125	0,038	—
							Wein-stein	Freie Weins.					
4	Kachetien ***) (Tiflis) . 1883	0,9908	10,88	2,25	0,60	0,182	0,058	0,017	0,80	0,24	0,084	0,029	0,019
5	Kachetien ***) . . . 1885	0,9955	10,72	2,90	0,44	0,084	0,134	0,024	0,85	0,18	0,117	0,041	0,006
6	Kachetien ***) . . . 1885	0,9922	6,93	2,13	0,51	0,043	0,152	0,039	0,72	0,18	0,098	0,033	0,013
7	Kachetien ***) . . . 1885	0,9939	11,58	2,78	0,52	0,104	0,073	—	1,03	0,20	—	—	0,015
8	Kachetien ***) . . . 1885	0,9937	11,74	2,68	0,46	0,094	0,096	—	1,00	0,21	—	—	0,010
9	Kachetien ***) . . . 1886	0,9936	9,75	2,04	0,49	0,073	0,087	—	0,76	0,31	—	—	0,011
10	Kachetien ***) . . . 1886	0,9927	9,16	2,10	0,53	0,079	0,122	—	0,70	0,24	—	—	0,008
11	Eriwan, 1885***) { Stadt . . .	0,9920	11,80	2,71	0,38	0,062	0,058	0,017	0,83	0,35	0,118	0,049	0,019
12	Eriwan, 1885***) { Gouvernement	0,9916	9,51	1,85	0,47	0,070	0,077	0,024	0,69	0,30	0,136	0,034	0,014

1) Annalen der Oenologie 1873, **3**, 1.

2) Zeitschr. analyt. Chem. 1887, **26**, 52 u. Weinlaube 1887, No. 38 und 39.

3) Zeitschr. analyt. Chem. 1892, **31**, 288.

*) Die Weine No. 1—4 entstammen der südlichen, No. 5—10 der mittleren und No. 11 und 12 der nördlichen Gegend.

**) Die Weinbereitung lässt in Kaukasien, wie Tairoff bemerkt, noch viel zu wünschen übrig. Die besten Weine sind die Kachetiener Weine; weniger gut die von Mingrelien, sowie aus den Gouvernements Eriwan, Jelisawetopol etc. Die obigen Weine sind reine Naturweine. Sie sind nach den von E. Borgmann in seiner „Anleitung zur chemischen Analyse der Weine" angegebenen Verfahren untersucht worden.

Tairoff fand ferner in No. 5: 1,07 % Zucker, sowie an:

	No. 4	5	6	11	12
Kalk (CaO) . .	0,011	0,007	0,010	0,006	0,010 g
Magnesia (MgO)	0,013	0,013	0,011	0,013	0,014 „
Natron (Na_2O) .	0,004	0,011	0,012	0,015	0,013 g
Chlor (Cl) . . .	0,009	0,006	0,007	0,007	0,006 „

No.	Herkunft und Jahrgang	Spec. Gewicht	100 ccm Wein enthalten Gramm: Alkohol	Extrakt	Gesammt-Säure (Weinsäure)	Flüchtige Säure (Essigsäure)	Farb- und Gerbstoff	Zucker	Glycerin	Mineral-stoffe	Kali (K_2O)	Phosphor-säure (P_2O_5)	Stickstoff-Substanz
13	Kachetien (rein) . . 1891	0,9935	9,09	2,04	0,86	0,036	0,074	0,17	0,69	—	—	—	—
14	Handelsweine aus Tiflis: Kachetien	0,9930	7,49	2,12	0,48	0,134	—	0,17	0,54	—	—	—	—
15	Handelsweine aus Tiflis: desgl.	0,9923	9,32	2,14	0,58	0,157	—	0,13	0,56	—	—	—	—
16	Handelsweine aus Tiflis: desgl.	0,9925	8,58	2,36	0,52	0,133	—	0,14	0,61	—	—	—	—
17	Handelsweine aus Tiflis: Zinondaly	0,9930	9,04	2,22	0,53	0,122	—	0,19	0,60	—	—	—	—
18	Handelsweine aus Tiflis: Alasan	0,9935	8,21	2,08	0,58	0,144	—	0,09	0,50	—	—	—	—
19	Handelsweine aus Tiflis: Georgien (Muchran) 1882	0,9930	8,58	2,25	0,68	0,108	—	0,08	0,73	—	—	—	—
20	Handelsweine aus Tiflis: Marktwein*) . . 1891	0,9970	5,42	2,22	0,54	0,116	0,109	—	0,47	—	—	—	—

Rothweine.

Analysen No. 1—4 von A. Salomon[1]), No. 5—11 von Basile Tairoff[2]) und No. 12 von A. Stackmann[3]).

No.	Herkunft und Jahrgang	Spec. Gewicht	Alkohol	Extrakt	Gesammt-Säure	Flüchtige Säure			Glycerin	Mineral-stoffe	Kali	Phosphor-säure	Stickstoff-Substanz
							Weinsäure	Gerbstoff					
1	Imeretien**)	0,9967	6,04	3,23	0,60	0,041	0,044	0,311	0,12	0,33	0,080	0,001	0,156
2	Derbent, 1869**) . . .	0,9937	10,52	2,03	0,41	0,045	0,166	0,495	0,54	0,19	0,080	Spur	0,046
3	Derbent, 1869**) . . .	0,9993	10,95	2,92	0,39	0,040	0.115	0,589	0,53	0,29	0,146	0,017	0,096
4	Kachetien**)	0,9958	9,76	2,81	0,54	0,060	0,196	0,638	0,60	0,25	0,146	0,041	0,269
							Weinstein	Freie Weins.					Schwefel-säure
5	Kachetien, 1885, tiefroth ***) [0])	0,9948	10,46	2,76	0,43	0,058	0,134	0,032	0,89	0,32	0,131	0,060	0,008
6	Kachetien, 1885, tiefroth ***) [0])	0,9961	11,67	3,15	0,46	0,080	0,171	0,032	0,95	0,27	0,137	0,045	0,007
								Gerb- u. Farbstoff					
7	Kachetien 1885	0,9959	10,16	2,99	0,51	0,083	0,134	0,66	1,01	0,27	—	—	0,009
8	„ 1885	0,9964	10,60	2,94	0,56	0,098	0,135	0,51	0,99	0,27	—	—	0,012
9	„ 1886	0,9943	9,82	2,16	0,60	0,080	0,149	0,57	0,80	0,25	—	—	0,010
10	„ 1886	0,9940	9,42	2,11	0,58	0,076	0,138	0,61	0,75	0,26	—	—	0,008
11	Eriwan, 1885, hellroth***) [0])	0,9928	8,95	1,96	0,46	0,074	0,115	—	0,68	0,26	0,128	0,020	0,005
							Zucker						
12	Kachetien	0,9953	10,95	3,23	0,65	0,106	0,25	0,365	0,64	—	—	—	—
	Analysen						Weinstein						
	Russische Weine, Gesammt-Mittel, weiss (46)	**0,9938**	**10,12**	**2,37**	**0,54**	**0,119**	**0,129**	**0,061**	**0,53**	**0,22**	**0,091**	**0,026**	**0,013**
	Russische Weine, Gesammt-Mittel, roth (37)	**0,9947**	**9,73**	**2,53**	**0,55**	**0,120**	**0,161**	**0,388**	**0,53**	**0,24**	**0,104**	**0,023**	**0,008**

Sonstige Analysen.

1. Struve — Allgem. Wein-Ztg. 1887, No. 4; Vierteljahresschr. Nahrungs- u. Genussm. 1887, **2**, 100.
2. N. M. Lobjagin (Journ. Pharm. Chim. 1895, 395; Vierteljahresschr. Nahrungs- u. Genussm. 1895, **10**, 245) theilt eigene und fremde Analysen russischer, namentlich süsser Weine mit.
3. L. J. Wolpjan (Farmazeft 1897, **5**, 730; Chem.-Ztg. 1897, **21**, Rep. 314) untersuchte Weine der Krim und des Kaukasus.

---

1) Annalen der Oenologie 1873, **3**, 1.
2) Zeitschr. analyt. Chem. 1887, **26**, 52 u. Weinlaube 1887, No. 38 u. 39.
3) Zeitschr. analyt. Chem. 1892, **31**, 288. Der Wein ist ein Handelswein aus Tiflis.

*) Der Wein No. 20 war trübe. Der Wein wird in Schläuchen von den Bauern auf den Strassen feilgeboten.
**) Der Wein No. 1 enthielt 0,931 g, die übrigen enthielten nur Spuren von Zucker.
***) Ueber die Untersuchungs-Verfahren vergl. oben S. 1298. Der Wein No. 11 enthielt 0,024 g freie Weinsäure.
0) Vergl. auch Anmerkung ***) S. 1300. Der Gehalt der Weine an Gerbstoff, Kalk, Magnesia, Chlor und Natron war folgender:

	Gerb- u. Farbstoff	Kalk (CaO)	Magnesia (MgO)	Natron (Na_2O)	Chlor (Cl)
No. 5	0,69	0,008	0,015	0,009	0,009 g
„ 6	0,74	0,009	0,023	0,009	0,007 „
„ 11	0,36	0,011	0,013	0,012	0,005 „

Asiatische Weine.

Weine aus Kleinasien.

No.	Bezeichnung und Herkunft	Jahrgang	Spec. Gewicht	100 ccm Wein enthalten Gramm: Alkohol	Extrakt	Ges.-Säure (Weinsäure)	Zucker	Glycerin	Mineralstoffe	Kalk (CaO)	Magnesia (MgO)	Phosphorsäure (P_2O_5)	Schwefelsäure (SO_3)	Analytiker
1	Rothweine Ismid Pinot	1881	0,9921	12,27	2,56	—	0,90	—	0,25	—	—	—	—	A. Stutzer [1]) *)
2	Rothweine „ Medoc	„	0,9921	10,17	2,42	—	0,60	—	0,23	—	—	—	—	
3	Rothweine „ Pinot	„	0,9871	14,28	2,08	—	0,20	—	0,13	—	—	—	—	
4	Smyrnaer Rothweine I .	1883	0,9960	10,30	3,53	0,64	0,26	0,72	0,42	0,014	0,019	0,048	0,023	
5	Smyrnaer Rothweine II .	„	0,9925	10,40	3,08	0,61	0,11	0,71	0,35	0,010	0,018	0,032	0,019	
6	Smyrnaer Rothweine herb	—	—	12,10	5,00	0,93	—	—	0,40	—	—	0,046	0,034	R. Kayser [2]) **)
	Weine aus Syrien.													
							Gerbstoff			Stickst.-Substanz	Kali			
7	Libanon-Wein (Beyruth) roth . .	1882	0,9970	9,72	3,32	0,57	—	0,85	0,31	0,091	0,132	0,026	0,067	C. Hoffmann [3])
8	Libanon-Wein (Beyruth) weiss .	„	0,9923	11,73	3,07	0,60	0,19	0,81	0,31	0,102	0,143	0,024	0,026	
										Kalk	Magnesia			
9	Muskatwein	1873	0,9922	14,62	4,22	0,76	0,25	1,09	0,21	0,016	0,033	0,035	0,084	A. Stutzer [1]) *)
	Weine aus Palästina.													
							Zucker							
10	Jerusalem weiss	1880	1,0000	12,64	5,13	—	1,20	—	0,22	—	—	—	—	A. Stutzer [1])
11	Jerusalem roth	„	0,9911	12,56	2,68	—	0,70	—	0,17	—	—	—	—	
12	Jerusalem roth	1881	0,9940	13,96	2,84	—	0,90	—	0,22	—	—	—	—	
											Kali			
13	Jerusalem weiss, trüb, krank	1883	0,9940	10,16	2,72	0,56	—	0,94	0,26	—	0,118	0,026	0,029	C. Hoffmann [3])
										Ges.-Weinsäure	Flüchtige Säure			
14	Rothweine ***) Sarona . .	—	0,9932	10,96	2,59	0,70	0,23	0,94	0,23	—	0,155	0,022	0,023	H. Spindler [4]) [0])
15	Rothweine ***) „ -Auslese	—	0,9924	11,12	2,67	0,52	0,17	0,94	0,27	—	0,139	0,021	0,026	
16	Rothweine ***) Jaffa . . .	—	0,9932	11,42	2,83	0,63	0,18	1,10	0,27	0,233	0,160	0,022	0,031	
17	Rothweine ***) Maccabäer .	—	0,9929	11,27	2,73	0,60	0,14	0,93	0,26	—	0,141	0,024	0,028	
18	Weissweine ***) Jordanthaler	—	0,9906	12,34	2,44	0,49	0,28	0,85	0,24	—	0,118	0,026	0,025	
19	Weissweine ***) Samariter .	1895	0,9932	9,85	2,22	0,57	0,32	0,72	0,20	0,225	0,136	—	0,016	

[1]) Rep. analyt. Chem. 1882, **2**, 209 (No. 1—3 u. No. 9) und 1885, **5**, 77 (No. 4 u. 5).
[2]) Original-Mittheilung.
[3]) Mittheil. d. k. k. chem.-physiol. Vers.-Stat. Klosterneuburg 1888, Heft 5.
[4]) Forschungsberichte über Lebensmittel 1897, **4**, 54.

*) Die Weine wurden vom deutschen Handelsverein in Berlin mit obigen Bezeichnungen in den Handel gebracht. Die Weinbereitung steht in obigen Ländern in Folge der Vorschriften des Korans und des geringen Exports auf einer sehr niedrigen Stufe.

**) Die Weine stammten ebenfalls vom deutschen Handelsverein in Berlin. Die Untersuchung erfolgte nach den Vereinbarungen der Freien Vereinigung bayerischer Vertreter der angewandten Chemie.

***) Die Weine waren in Gegenwart des deutschen Konsuls in Jaffa den Lagerbeständen der Deutschen Weinbau-Gesellschaft in Sarona-Jaffa (Palästina) entnommen; die Untersuchung geschah nach den vom deutschen Bundesrath für die Untersuchung von Wein erlassenen Bestimmungen.
Die Asche reagirte in allen Fällen alkalisch; Saccharose war in keinem der Weine nachzuweisen.
Der „Samariter" war Jahrgang 1895, die übrigen Weine waren ältere Jahrgänge.
Auch bei diesen Palästinaweinen war die schon wiederholt erörterte Wahrnehmung zu machen, dass trotz des gegenüber deutschen Weinen verhältnissmässig hohen Gehaltes an flüchtigen Säuren der Geschmack der Weine nichts zu wünschen übrig liess.

[0]) H. Spindler fand ferner:

No.	14	15	16	17	18	19	
Weinstein	—	—	0,1081	—	—	0,1081	g
Weinsäure, an alk. Erden gebunden . .	—	—	0,1462	—	—	0,1200	„
Freie Weinsäure	—	—	0	—	—	0,0187	„
Gerbstoff	—	0,28	0,21	0,20	0,066	—	„
Schweflige Säure	0,0009	0,0006	0,0006	—	—	0,0012	„
Chlor	0,0071	—	0,0083	—	0,0062	0,0051	„

Afrikanische Weine.

Weine aus Algier.

No.	Bezeichnung und Herkunft	Zeit der Untersuchung	Spec. Gewicht	100 ccm Wein enthalten Gramm: Alkohol	Extrakt	Ges.-Säure (Weinsäure)	Flüchtige Säure (Essigsäure)	Gerbstoff	Zucker	Glycerin	Mineralstoffe	Schwefelsäure (SO_3)	Kali (K_2O)	Phosphorsäure (P_2O_5)	Analytiker
1*)	Mustapha extra, roth, rein, 4—5-jähr. . .	1892	0,9956	8,87	2,47	0,61	—	0,20	0,15	0,89	0,29	0,042	0,126	0,014	*W. Cronheim* [1]**)
2	Rothwein, 3 Monate alt***) .	1897	—	8,89	2,37	—	0,118	Weinstein 0,368	0,18	0,68	0,29	0,048	0,126	0,024	*J. A. Müller* [2])
3	Weisswein aus Staouéli . . .	1901	0,9945	8,00	2,18	0,59	—	—	—	0,55	0,28	0,021	—	0,019	*J. Boes* [3])
	Weine aus Deutsch-Südwest-Afrika.							Ges.-Weinsäure				Weinstein	Freie Weinsäure		
1	Weissweine aus Kaptrauben, 1897 in Windhoeck gewonnen	1899	0,9951	10,43	2,12	0,47	0,020	0,292	0	0,49	0,29	0,37	0,042	0,020	*H. Thoms* [4])
2		„	0,9949	11,68	2,25	0,72	0,126	0,218	0	0,55	0,29	0,26	0,048	0,019	
	Kap-Weine.							Gerbstoff							
1⁰)	Green Grape . .	1882	—	13,92	1,83	0,60	0,082	—	—	—	0,139	—	—	0,029	*Portele* [5])
2⁰)	Perl green . .	1882	—	16,13	2,99	0,49	0,121	—	—	—	0,271	—	—	0,040	
3⁰)	Frontignac . .	1886	—	15,30	2,97	0,63	0,197	—	—	—	0,290	—	—	0,055	
4⁰)	Stein grape . .	„	—	12,35	2,16	0,68	0,143	—	—	—	0,219	—	—	0,027	
5⁰)	Muscatdamascener	„	—	14,11	2,25	0,54	0,128	—	—	—	0,195	—	—	0,027	
6⁰)	Rother Muscateller	„	—	15,11	2,79	0,61	0,131	0,102	—	—	0,289	—	—	0,067	
7⁰)	Pontac	„	—	15,85	4,35	0,53	0,110	0,312	—	—	0,425	—	—	0,085	
8⁰)	Hermitage . .	„	—	14,39	2,66	0,61	0,145	0,091	—	—	0,235	—	—	0,044	
		Zahl der Proben													
9	Weine der Reg.-Farm Constantia: Sauvignon Blanc .	2	0,9908	12,50	2,16	0,48	0,137	—	0,18	—	—	—	—	—	*Chas. F. Juritz* [6])
10	Weine der Reg.-Farm Constantia: Stein . .	8	0,9886	13,10	2,20	0,64	0,083	—	0,11	—	—	—	—	—	
11	Weine der Reg.-Farm Constantia: Hermitage	3	0,9947	11,30	2,74	0,48	0,102	—	0,27	—	—	—	—	—	
12	Weine der Reg.-Farm Stellenbosch: Weidenhof	1	0,9902	12,30	2,24	0,50	0,076	—	0,16	—	0,22	—	—	—	
13	Weine der Reg.-Farm Stellenbosch: GreenGrape	3	0,9908	13,40	2,27	0,52	0,041	—	0,18	—	0,19	—	—	—	
14	Weine der Reg.-Farm Stellenbosch: Stein . .	2	0,9933	12,60	2,59	0,63	0,051	—	0,22	—	0,20	—	—	—	
15	Weine der Reg.-Farm Stellenbosch: Hermitage	2	0,9940	11,30	2,39	0,44	0,080	—	0,22	—	0,24	—	—	—	

[1]) Zeitschr. angew. Chem. 1892, 459.
[2]) Annal. Chim. Phys. 1897, **II**, 394; Vierteljahresschr. Nahrungs- u. Genussm. 1897, **12**, 410.
[3]) Ber. Deutsch. Pharm. Gesellsch. 1901, **II**, 204. Der Wein war in der Trappisten-Kolonie Staouéli gebaut.
[4]) Tropenpflanzer 1899, **3**, 13; Zeitschr. Nahrungs- u. Genussm. 1899, **2**, 678.
[5]) Weinlaube 1888, No. 11; Vierteljahresschr. Nahrungs- u. Genussm. 1888, **3**, 61.
[6]) Report of the Senior Analyst on the Analytical Laboratory 1892 u. 1897. Kapstadt 1893 u. 1898. — Der Bericht für das Jahr 1893 enthält gleichfalls noch einige Angaben über den Alkohol- und Essigsäure-Gehalt von Kapweinen.

*) Der Wein enthielt keine schweflige Säure.

**) Der Wein wurde nach den Vereinbarungen der Freien Vereinigung bayer. Vertr. d. angew. Chemie untersucht, jedoch wurde eine Korrektur für das verdunstende Glycerin nicht in Anwendung gebracht. Cronheim theilt auch Analysen von Algierweinen von Fresenius und Thomas mit, deren Reinheit aber nicht feststand. Es sei daher an dieser Stelle nur auf dieselben verwiesen.

***) Müller fand in dem Weine ferner:

Bernsteinsäure	Milchsäure	Weinsäure	Säuren $C_{11}H_{20}O_{13}$	Mannit	Stickstoff	Chlorkalium	Natron
0,0715	0,1413	0,2812	0,0626	0,048	0,033	0,0221	0,0087
Kalk	**Magnesia**	**Manganoxydul**	**Kupferoxyd**	**Thonerde**	**Eisenoxyd**	**Borsäure**	**Kieselsäure**
0,0,1	0,019	0,0002	0,0001	0,0016	0,0033	0,0005	0,0031

Müller berichtet auch noch über die Zusammensetzung desselben Weines, nachdem er sauer geworden war.

⁰) Die Weine No. 1—8 stammten von der Musterfarm der Kapregierung in Groot Constantia.

No.	Bezeichnung und Jahrgang		Zahl der Proben	Spec. Gewicht	Alkohol Vol.-%	100 ccm Wein enthalten Gramm: Extrakt	Gesammt-Säure (Weinsäure)	Flüchtige Säure (Essigsäure)	Gerbstoff	Zucker	Glycerin	Mineral-stoffe	Phosphor-säure (P_2O_5)	Analytiker
16	1892 ausgestellte Weine	Hermitage .	5	0,9941	11,40	2,41	0,48	0,065	—	0,19	—	0,21	—	*Chas. F. Juritz*[1])
17		Pontac . .	2	0,9950	13,80	3,75	0,63	0,088	—	0,36	—	0,23	—	
18	1897 in Stellenbosch ausgestellt	Hermitage	4	0,9952	9,98	2,12	0,62	0,049	—	—	—	—	—	
19		Pontac	3	0,9964	13,62	3,52	0,60	0,063	—	—	—	—	—	
20		Muscadel	1	0,9933	15,58	3,08	0,58	0,054	—	—	—	—	—	
21		Cabernet de Sauvignon	1	0,9956	11,17	2,43	0,68	0,053	—	—	—	—	—	
22		Green Grape	6	0,9926	12,52	2,21	0,61	0,061	—	—	—	—	—	
23		Stein	7	0,9934	12,59	2,43	0,60	0,055	—	—	—	—	—	
24		French Grape . . .	1	0,9935	12,96	2,51	0,49	0,050	—	—	—	—	—	
25		Small Stein	1	0,9918	13,71	2,26	0,58	0,068	—	—	—	—	—	

Sonstige Analysen.

Ueber die Analysen je eines in Wien untersuchten Weiss- und Rothweines ohne nähere Angaben vergl. Rev. intern. falsif. 1894, **7**, 74—98; Chem.-Ztg. 1894, **18**, Rep. 73.

Amerikanische Weine.

Kalifornische Weine.

Weissweine.

No.	Traubensorte und Jahrgang	Zeit der Untersuchung	Spec. Gewicht	100 ccm Wein enthalten Gramm: Alkohol	Extrakt	Ges.-Säure (Weinsäure)	Zucker	Glycerin	Mineral-stoffe	Kalk (CaO)	Magnesia (MgO)	Freie Weinsäure	Phosphor-säure (P_2O_5)	Schwefel-säure (SO_3)	Analytiker
1	Riesling-Traube .	1882	0,9900	11,60	1,67	0,54	0,10	0,35	0,19	0,006	0,012	0,15	0,016	0,058	*A. Stutzer*[2])
2	Gutedel, Cabinet aus Sonoma County*) . .	1887	0,9907	10,45	2,09	0,59	0,02	0,61	0,20	0,006	0,017	Kali 0,097	0,022	0,038	*J. L. de Fremery*[3])
3	Riesling-Auslese .	„	0,9911	10,06	1,86	0,59	—	0,81	0,19	Flücht. Säure 0,129	—	—	—	0,049	*G. Baumert*[4]) **)
4	Gutedel, 1880 .	„	0,9919	10,14	2,01	0,63	—	0,76	0,20	—	—	—	0,020	0,028	
	Rothweine.														
1	Zinfandel von Burgunder Tr. .	1882	0,9930	9,45	2,43	0,75	0,10	0,33	0,39	Kalk 0,014	0,015	—	0,035	0,141	*A. Stutzer*[2])
2	Zinfandel aus Sonoma County, 1884***). . .	1885	0,9938	9,80	2,13	0,53	0,03	0,56	0,22	0,008	0,015	0,106	0,019	0,017	*J. L. de Fremery*[3])
3	Burgunder . .	1887	0,9959	9,30	2,83	0,67	—	0,80	0,29	—	—	—	0,034	—	*G. Baumert*[4]) **)

[1]) Vergl. Anmerkung [5]) S. 1303.
[2]) Repert. analyt. Chem. 1882, **2**, 211.
[3]) Landw. Vers.-Stat.. 1887, **33**, 39.
[4]) Ber. Deutsch. Chem. Ges. 1885, **18**, 426.

*) Der Wein ergab ferner für 100 ccm: 0,080 g flüchtige, 0,485 g nichtflüchtige Säure, 0,158 g Weinstein, 0,032 g Aepfelsäure, 0,007 g Bernsteinsäure, 0,032 g Gerbstoff (auf Tannin berechnet), 0,0009 g Eisen, 0,0003 g Thonerde, 0,0049 g Natron und 0,0036 g Chlor. Die Untersuchungs-Verfahren sind nicht angegeben.

**) Die von G. Baumert untersuchten Weine sind echte Originalproben, die nach den Beschlüssen der vom Kaiserl. Gesundh.-Amt 1884 einberufenen Kommission (M. Barth: Die Weinanalyse) untersucht wurden.

***) Fremery fand ferner (g in 100 ccm): 0,097 flüchtige, 0,411 nichtflüchtige Säure, 0,143 Weinstein, 0,0097 Bernsteinsäure, 0,092 Aepfelsäure, 0,155 Gerbsäure (auf Tannin berechnet), 0,052 Farbstoff, 0,001 Eisen, 0,0001 Thonerde, 0,0035 Natron und 0,0054 Chlor.

No.		Traubensorte und Jahrgang	Zeit der Untersuchung	Spec. Gewicht	Alkohol Vol.-%	Extrakt	Gesammt-Säure (Weinsäure)	Zucker	Glycerin	Mineralstoffe	Kalk (CaO)	Magnesia (MgO)	Chlornatrium (NaCl)	Phosphorsäure (P_2O_5)	Kaliumsulfat (K_2SO_4)	Analytiker
						100 ccm Wein enthalten Gramm:										
4	Californische Weine aus europäischen Reben	Zinfandel .	1893	0,9949	11,87	2,61	0,68	0,27	—	0,20	—	—	0,014	—	0,039	U. Gayon[1]
5		Medoc . .	„	0,9976	12,22	2,99	0,68	0,24	—	0,27	—	—	0,029	—	0,072	
6		Burgunder .	„	0,9955	12,22	2,94	0,90	0,21	—	0,22	—	—	0,029	—	0,062	
7		St. Julien .	„	0,9955	12,49	2,84	0,90	0,15	—	0,23	—	—	0,030	—	0,063	
8		St. Emilion	„	0,9955	12,13	2,83	0,90	0,17	—	0,22	—	—	0,038	—	0,056	
9		Moselle . .	„	0,9938	11,96	2,21	0,68	0,18	—	0,20	—	—	0,023	—	0,080	
10		Chablis . .	„	0,9930	12,15	2,44	0,68	0,19	—	0,23	—	—	0,017	—	0,087	
11		Sauterne .	„	0,9939	12,13	2,46	0,60	0,32	—	0,20	—	—	0,038	—	0,082	

Kalifornische Rothwein-Moste und Rothweine.

Nach E. W. Hilgard und L. Paparelli (Report of the Viticultural Work. I. Sacramento 1892).

No.	Traubensorte und Jahrgang		Zahl der Proben	Most: Zucker*) %	Most: Gesammt-Säure (Weinsäure) %	Most: Mineralstoffe %	Wein: Alkohol Gew.-%	Wein: Extrakt %	Wein: Gesammt-Säure (Weinsäure) %	Wein: Flüchtige Säure (Essigsäure) %	Wein: Gerbstoff %	Wein: Mineralstoffe %
	1. Bordeaux- oder Claret-Typus.											
1	Malbeck	1884	1	21,33	0,61	0,33	8,34	2,68	0,45	—	0,100	0,36
2		1887	2	27,86	0,44	0,48	10,45	3,05	0,52	0,09 [1]	0,414	—
3		1888	2	24,19	0,41	0,47	8,84	3,05	0,47	—	0,259	—
4		1889	1	25,19	0,34	0,50	10,07	3,15	0,35	—	0,330	—
5	Cabernet Frank	1884	2	20,63	0,70	0,29	9,06	2,49	0,55	—	0,053	0,36
6		1886	1	24,64	0,35	0,34	9,71	2,82	0,57	—	0,264	—
7		1887	1	24,64	0,56	0,39	10,07	2,90	0,55	—	0,204	—
8		1888	1	23,82	0,31	0,37	9,27	3,05	0,32	—	0,229	—
9		1889	1	26,24	0,45	0,34	10,63	3,60	0,52	—	0,108	—
10	Cabernet Sauvignon . . .	1884	1	23,13	0,46	0,32	9,92	3,19	0,45	—	0,079	0,45
11		1886	1	21,79	0,68	0,28	8,27	2,72	0,69	—	0,226	—
12		1887	2	25,82	0,40	0,44	9,78	3,40	0,52	—	0,345	—
13		1889	1	24,12	0,45	0,32	9,63	2,78	0,48	—	0,288	—
14	Tannat	1884	1	21,15	0,81	0,29	7,46	2,69	0,63	—	0,170	—
15		1886	1	24,12	0,97	0,32	9,27	2,74	0,63	—	0,320	—
16		1887	1	22,67	0,75	0,38	9,12	2,90	0,67	0,13	0,230	—
17		1889	1	23,13	0,58	0,24	8,62	2,95	0,45	—	0,310	—
18		1890	1	(27,20)	0,63	0,28	10,81	3,50	0,39	—	0,237	—
19	Stant Marcaire	1888	1	23,81	0,63	0,48	8,34	2,95	0,66	—	0,290	—
20		1889	2	21,28	0,55	0,34	8,45	3,08	0,50	—	0,211	—
21		1890	2	(20,93)	0,97	0,25	8,56	2,95	0,52	—	0,260	—
22	Merlot	1884	1	21,39	0,47	0,22	9,20	2,44	0,47	—	0,070	0,39
23		1885	1	(22,03)	0,51	0,32	9,20	2,69	0,42	—	0,120	0,31
24		1886	2	—	—	—	10,44	2,95	0,53	—	0,225	0,33

[1]) Zeitschr. Nahrungsm.-Unters., Hyg. u. Waarenk. 1894, **8**, 21.

*) Der Zuckergehalt wurde durch Kupfer-Reduktion bestimmt, bei den in Klammern stehenden Zahlen durch Spindelung. Letztere Zahlen sind bei der Berechnung des Mittelwerthes (S. 1309) nicht mit berücksichtigt worden.

No.	Traubensorte und Jahrgang		Zahl der Proben	Most: Zucker*) %	Most: Gesammt-Säure (Weinsäure) %	Most: Mineralstoffe %	Wein: Alkohol Gew.-%	Wein: Extrakt %	Wein: Gesammt-Säure (Weinsäure) %	Wein: Flüchtige Säure (Essigsäure) %	Wein: Gerbstoff %	Wein: Mineralstoffe %
25	Merlot	1887	1	25,19	0,41	0,42	10,54	3,20	0,73	0,08	0,290	—
26		1888	2	24,13	0,39	0,16	9,78	3,03	0,56	—	0,307	—
27		1889	2	24,75	0,43	0,40	10,00	3,07	0,44	—	0,203	—
28	Verdot	1884	1	23,04	0,66	0,31	9,78	2,77	0,44	—	0,070	0,41
29		1886	1	19,89	1,09	0,34	7,43	2,22	0,66	—	0,170	—
30		1887	2	23,66	0,80	0,43	9,74	2,95	0,61	—	0,285	—
31		1888	2	27,66	0,64	0,50	9,73	3,25	0,71	—	0,298	—
32		1889	1	24,95	0,71	0,47	9,92	2,95	0,54	—	0,338	—
33	Gros Mansec . .	1887	2	23,22	0,84	0,38	9,64	3,50	0,61	0,06 [1]	0,310	—
34		1888	2	25,54	0,62	0,34	9,81	2,93	0,61	—	0,253	—
35		1889	1	23,13	1,01	0,25	9,20	3,20	0,53	—	0,201	—
36		1890	3	22,05 [1]	1,20	0,29	9,27	2,86	0,57	—	0,234	—
37	Gamay Teinturier	1886	1	20,76	0,99	0,29	8,48	2,41	0,72	—	0,170	—
38		1887	1	27,65	0,70	0,35	10,81	3,10	0,57	0,09	0,290	—
39		1888	2	23,22	0,81	0,41	9,27	2,98	0,61	—	0,244	—
40		1889	2	23,40	0,72	0,47	9,31	2,86	0,58	—	0,225	—
41		1890	2	(22,97)	0,82	0,23	9,38	2,83	0,47	—	0,229	—
42	Teinture Mâle . .	1885	1	(20,78)	0,94	0,34	8,06	3,07	0,56	—	0,180	0,34
43		1886	2	22,75	0,70	0,38	8,92	2,82 [1]	0,75	—	0,197	—
44		1887	1	25,07	0,67	0,40	10,72	3,30	0,54	—	0,380	—
45		1888	2	24,41	0,59	0,50	9,63	3,28	0,58	—	0,308	—
46		1889	2	27,21	0,42	0,61	12,44	3,33	0,58	—	0,229	—
47		1890	3	(24,45)	0,66	0,36	9,53	3,09	0,36	—	0,293	—
48	Charbono . . .	1882	1	—	—	—	8,41	1,92	0,38	—	0,110	0,45
49		1883	1	—	—	—	9,78	2,46	0,42	—	0,130	0,33
50		1884	2	—	—	—	8,17	2,84	0,51	—	0,188	0,43
51		1885	6	(18,47) [4]	0,63 [4]	0,29 [4]	7,83	2,25	0,53	—	0,158	0,30
52		1886	2	19,23	0,60	0,33	7,19	1,95	0,74	—	0,219	—
53		1887	1	21,80	0,53	0,36	7,78	3,10	0,50	—	0,205	—
54	Affenthaler . . .	1889	1	20,99	0,43	0,31	7,92	2,70	0,50	—	0,100	—
55		1890	2	(23,00)	0,67	0,24	10,08	2,89	0,42	—	0,271	—
	2. Burgunder Typus.									Zucker		
56	Pinots	1885	2	(21,20)	0,56	0,29	8,88	2,84 7,98	0,60	— 5,18	0,127	0,36
57		1886	3	(25,13)	0,52	0,41	9,61	2,79	0,70	—	0,110	—
										Essigsäure		
58		1887	5	24,61	0,53	0,40	9,61	2,72	0,63	0,11	0,194	—
59		1888	3	24,83	0,44	0,49	9,43	2,80	0,60	—	0,166	—
60		1889	6	25,86	0,50	0,41	10,44 [2]	2,75 [2]	0,55 [2]	—	0,187 [2]	—
61	Meunier	1884	2	21,39 [1]	0,54	0,46 [1]	8,51	2,50	0,58	—	0,045	—
62		1886	2	23,44	0,43	0,30	9,16	2,57	0,73	—	0,160	—
63		1887	1	27,65	0,42	0,41	10,91	3,60	0,46	—	0,240	—
64		1888	2	24,49	0,40	0,30	9,27 [1]	2,70 [1]	0,60 [1]	—	0,163 [1]	—
65		1889	1	24,64	0,38	0,31	9,56	2,95	0,84	—	0,139	—

*) Vergl. Anmerkung *) S. 1305.

No.	Traubensorte und Jahrgang		Zahl der Proben	Most			Wein					
				Zucker *) %	Gesammt-Säure (Weinsäure) %	Mineral-stoffe %	Alkohol Gew.-%	Extrakt %	Gesammt-Säure (Weinsäure) %	Flüchtige Säure (Essigsäure) %	Gerbstoff %	Mineral-stoffe %
66	Pfeffer's Cabernet . . .	1885	3	(22,86)	0,78	0,33	9,17	—	0,61	—	0,133	—
67		1886	2	21,57	0,75	0,34	8,31	2,37	0,63	—	0,200	—
68		1888	1	26,48	0,60	0,40	9,20	2,35	0,69	—	0,195	—
69		1889	1	23,62	0,55	0,39	9,92	2,55	0,40	—	0,214	—
70	Chauché noir	1886	2	20,64	0,45	0,44	9,03	2,51	0,57	—	0,090	—
71		1887	1	28,40	0,45	0,38	11,62	3,30	0,64	—	0,163	—
72		1888	1	25,54	0,35	0,41	10,26	2,80	0,47	—	0,163	—
73		1889	1	29,62	0,59	0,40	12,23	3,57	0,41	—	0,143	—
	3. Norditalienischer Typus.											
74	Nebbiolo	1886	2	20,38	0,90	0,27	8,24	2,40	0,71	—	0,195	—
75		1888	2	27,65	0,46	0,28	10,35	3,35	0,61	—	0,301	—
76		1889	3	22,56	0,69	0,29	9,32	2,85	0,45	—	0,221	—
77	Barbera	1886	1	21,38	1,07	0,38	8,84	2,72	0,69	—	0,150	—
78		1887	1	23,13	0,79	0,49	8,77	3,20	0,54	—	0,410	—
79		1888	5	25,48	0,92	0,35	10,01	3,18	0,62	—	0,257	—
80	Bonarda	1888	2	24,78	0,49	0,39	8,66	3,03	0,62	—	0,371	—
81		1889	1	26,00	0,67	0,28	7,63	3,05	0,50	—	0,349	—
82		1890	2	(24,01)	0,87	0,56	9,67	2,64	0,46	—	0,343	—
83	Fresa	1886	1	17,17	1,31	0,30	5,69	2,72	0,72	—	0,160	—
84		1887	1	23,61	0,90	0,33	8,98	3,10	0,56	—	0,320	—
85		1888	2	26,31	0,57	0,33	9,48	3,15	0,43	—	0,376	—
86		1889	1	24,10	0,77	0,36	9,78	3,02	0,53	—	0,331	—
87		1890	1	23,90	0,94	0,21	9,78	3,08	0,53	—	0,451	—
88	Refosco	1889	1	23,62	0,85	0,33	10,54	3,45	0,56	—	0,321	—
89	Crabbs schwarzer Burgunder	1884	1	22,76	0,89	0,30	9,34	2,77	0,77	—	0,188	0,28
90		1886	1	18,89	0,47	0,26	7,37	1,82	0,72	—	0,220	—
91		1887	2	25,08	0,60	0,40	10,26	2,95	0,53	—	0,287	—
92		1888	2	24,12	0,42	0,44	9,34	2,95	0,50	—	0,223	—
93		1889	2	25,97	0,48	0,43	10,23	3,16	0,53	—	0,229	—
94		1890	1	(26,50)	0,63	0,22	10,81	3,32	0,45	—	0,264	—
95	Aleatico	1888	1	(27,24)	0,32	0,45	11,62	3,10	0,66	—	0,225	—
	4. Südfranzösischer Typus.											
96	Aramon	1884	1	18,29	0,66	0,33	9,05	2,32	0,50	—	0,070	0,36
97		1887	1	20,24	0,61	0,38	8,48	2,20	0,52	—	0,200	—
98		1888	1	23,13	0,39	0,34	9,20	2,60	0,45	—	0,218	—
99		1889	2	22,67 [1]	0,42	0,34	8,84	2,63	0,40	—	0,190	—
100		1890	3	20,99 [1]	0,66	0,29	9,15	2,74	0,40	—	0,232	—
101	Carignane	1882	2	21,46	0,68	0,37	8,66	1,97	0,63	—	0,068	0,38
102		1884	1	19,03	0,59	0,29	7,92	2,18	0,53	—	0,063	0,28
103		1886	1	23,32	0,74	0,35	8,84	2,30	0,56	—	0,172	—
104		1887	3	22,57	0,53	0,37	9,33	2,80	0,61	0,22 [1]	0,240	—
105		1889	1	25,76	0,44	0,20	11,92	3,07	0,44	—	0,391	—
106		1890	1	19,89	0,74	0,41	8,91	2,36	0,48	—	0,125	—

*) Vergl. Anmerkung *) S. 1305.

No.	Traubensorte und Jahrgang		Zahl der Proben	Most: Zucker*) %	Most: Gesammt-Säure (Weinsäure) %	Most: Mineralstoffe %	Wein: Alkohol Gew.-%	Wein: Extrakt %	Wein: Gesammt-Säure (Weinsäure) %	Wein: Flüchtige Säure (Essigsäure) %	Wein: Gerbstoff %	Wein: Mineralstoffe %
107	Petit Sirah	1884	2	21,80 [1]	0,66 [1]	0,33 [1]	10,44	2,74	0,40	—	0,100	0,40
108		1886	1	21,80	0,76	0,37	8,62	2,70	0,69	—	0,110	—
109		1887	1	24,12	0,49	0,33	9,56	3,30	0,59	0,14	0,300	—
110		1888	1	25,06	0,40	0,43	9,76	3,05	0,45	—	0,308	—
111		1890	1	(23,30)	0,84	0,22	9,99	3,45	0,43	—	0,259	—
112	Sérine	1884	1	21,31	0,59	0,28	8,48	2,49	0,51	—	0,060	0,40
113		1887	1	29,07	0,55	0,50	11,85	3,40	0,72	0,15	0,480	—
114		1888	1	26,31	0,43	0,24	10,34	3,05	0,53	—	0,298	—
115		1889	3	27,61	0,41	0,49	10,25	3,48	0,44	—	0,252	—
116		1890	2	(25,25)	0,54	0,28	10,23	3,01	0,43	—	0,273	—
117	Mondeuse	1884	2	20,39 [1]	0,51 [1]	0,22 [1]	9,74	2,74	0,46	—	0,155	0,30
118		1886	2	18,75	0,67	0,29	7,26	2,41	0,62	—	0,225	—
119		1887	1	22,23	0,54	0,42	8,98	2,60	0,40	—	0,330	—
120		1888	2	22,16	0,41	0,33	8,22	2,40	0,57	—	0,312	—
121		1889	2	22,68	0,43	0,38	9,13	2,96	0,42	—	0,323	—
122		1890	2	(21,05)	0,78	0,21	8,31	2,64	0,50 [1]	—	0,266	—
123	Mataro	1883	2	21,02	0,61	0,39	8,84	2,41	0,52	—	0,066	0,42
124		1885	1	(19,25)	0,83	0,29	7,23	1,98	0,49	—	0,080	0,29
125		1886	2	20,55	0,39	0,29	8,93	1,83	0,45	—	—	0,25 [1]
126		1887	3	22,60	0,66	0,45	9,18	2,70	0,51	—	0,190	—
127		1888	2	21,91	0,39	0,29	8,63	2,40	0,42	—	0,134	—
128		1890	2	20,44 [1]	0,47	0,41	8,84	2,45	0,47	—	0,130	—
129	Mourastel	1884	1	18,30	0,63	0,29	7,92	2,60	0,55	—	0,050	0,29
130		1887	1	20,24	0,58	0,39	8,48	2,80	0,50	—	0,140	—
131		1888	1	27,65	0,43	0,30	7,78	2,85	0,52	—	0,222	—
132		1889	2	23,44	0,60	0,44	9,20	2,55	0,57	—	0,139	—
133		1890	2	(19,95)	1,18	0,31 [1]	8,10	2,54	0,57	—	0,145	—
134	Trosseau	1884	2	22,85 [1]	0,43	0,30 [1]	9,94	2,29	0,59	0,18 [1]	0,048	0,37
135		1886	1	(23,70)	0,41	0,59	10,07	3,10	0,55	—	0,090	—
136		1887	2	27,80	0,44	0,45	11,85	3,15	0,70	0,15 [1]	0,215	—
137		1888	2	25,73	0,40	0,59	9,95	3,20	0,59	—	0,166	—
138		1890	1	21,05	0,58	0,52	8,84	2,60	0,43	—	0,084	—
139	Grenache	1883	2	21,38 [1]	0,60	0,32	9,45	2,63	0,52	—	0,098	0,38
140		1884	2	21,75 [1]	0,52	0,26 [1]	7,96	1,79	0,51	—	0,085	0,28
141		1887	3	24,40	0,53	0,30	10,31	2,53	0,61	0,11 [2]	0,224	—
142		1888	2	25,61	0,31	0,44	10,92	2,85	0,45	—	0,276	—
143		1890	1	23,72	0,57	0,40	9,70	3,02	0,46	—	0,153	—
144	Cinsaut (Boudalès)	1884	1	(23,94)	0,53	—	10,44	2,60	0,38	—	0,070	—
145		1885	1	(18,58)	0,54	0,25	7,37	2,20	0,53	—	0,040	—
146		1886	1	23,32	1,00	0,39	8,84	2,67	0,51	—	0,110	—
147		1887	2	23,33	0,62	0,40	8,81	2,55	0,46	—	0,162	—
148		1888	3	21,86	0,40	0,33	8,23	2,24	0,56	—	0,113	—
149		1889	1	21,80	0,34	0,30	8,98	2,70	0,36	—	0,158	—
150		1890	1	(22,35)	0,47	0,21	9,92	2,58	0,41	—	0,122	—

*) Vergl. Anmerkung *) S. 1305.

No.	Traubensorte und Jahrgang		Zahl der Proben	Most: Zucker*) %	Most: Gesammt-Säure (Weinsäure) %	Most: Mineral-stoffe %	Wein: Alkohol Gew.-%	Wein: Extrakt %	Wein: Gesammt-Säure (Weinsäure) %	Wein: Flüchtige Säure (Essigsäure) %	Wein: Gerbstoff %	Wein: Mineral-stoffe %
151	Ploussard (Poulsart) . .	1886	1	22,67	0,50	0,24	9,41	2,60	0,60	—	0,050	—
152		1887	1	29,07	0,41	0,41	12,62	3,00	0,67	—	0,200	—
153		1888	1	26,31	0,37	0,48	10,07	2,90	0,43	—	0,178	—
154		1889	1	26,31	0,48	0,32	10,81	2,35	0,52	—	0,087	—
155		1890	1	(24,80)	0,55	0,34	9,78	2,95	0,41	—	0,115	—
156	Alicante-Bouschet . . .	1889	1	21,80	0,44	0,43	9,12	3.25	0,50	—	0,295	—
157		1890	1	20,61	0,44	0,71	9,05	2,85	0,53	—	0,214	—
158	Petit Bouschet	1884	2	(20,61) [1]	0,47 [1]	0,36 [1]	9,06	2,66	0,54	—	0,105	0,30
159		1886	1	—	—	—	9,92	3,80	0,69	—	0,360	0,31
160		1887	1	18,29	0,66	0,56	7,43	2,60	0,50	—	0,260	—
161		1888	1	22,67	0,45	0,67	8,27	3,10	0,71	—	0,370	—
162		1889	1	22,13	0,57	0,34	8,91	2,70	0,56	—	0,303	—
163		1890	1	(23,50)	0,80	0,39	9,12	3,32	0,37	—	0,485	—
	5. Oesterreichisch-ungar. Typus.											
164	Zinfandel	1887	7	24,56	0,64	0,40	9,54	2,96	0,54	0,09 [1]	0,198	—
165		1888	4	24,14	0,40	0,32 [3]	9,28	2,84	0,54	—	0,220	—
166		1889	2	25,76 [1]	0,48	0,33	10,94	2,95	0,45	—	0,293	—
167	Blaue Portugieser . . .	1888	1	27,65	0,36	0,84	9,34	4,10	0,67	—	0,206	—
168		1889	1	24,97	0,30	0,49	9,99	3,67	0,62	—	0,260	—
169		1890	1	(24,35)	0,45	0,33	9,63	2,58	0,50	—	0,217	—
170	Schwarze Kadarka . .	1889	1	21,80	0,51	0,33	8,62	2,70	0,47	—	0,120	—
171		1890	2	(23,58)	0,65	0,28	9,31	3,08	0,44	—	0,186	—
172	Lagrain	1889	1	23,62	0,69	0,30	9,56	3,15	0,50	—	0,299	—
173	Grosse Blaue	1884	1	20,61	0,56	0,18	9,20	2,10	0,57	—	0,070	0,25
174		1886	2	17,18	0,78	0,28	6,92	2,44	0,60	—	0,185	—
175		1887	2	24,49	0,61	0,49 [1]	9,91	3,05	0,57	0,06 [1]	0,265	—
176		1888	2	21,51	0,60	0,28	7,78	2,20	0,50	—	0,204	—
177		1889	1	24,86	0,50	0,39	9,92	3,20	0,34	—	0,320	—
178		1890	1	(25,10)	0,77	0,27	10,07	3,08	0,34	—	0,263	—
	6. Portugiesischer Typus.											
179	Bastardo	1884	1	23,14	0,43	0,40	10,35	3,12	0,51	—	0,062	0,56
180		1887	1	25,76	0,46	0,38	10,26	2,80	0,65	0,10	0,235	—
181		1888	1	23,62	0,30	0,43	9,20	2,30	0,45	—	0,133	—
182		1889	1	28,20	0,53	0,43	11,46	3,35	0,47	—	0,162	—
183	Tinta Amarella . . .	1884	1	20,29	0,47	0,32	9,56	2,39	0,53	—	—	0,47
184		1887	1	23,13	0,57	0,47	9,49	2,60	0,50	0,12	0,170	—
185		1888	1	23,13	0,33	0,38	8,27	2,70	0,49	—	0,130	—
186	Tinta Câo	1887	1	22,23	0,60	0,36	8,77	2,70	0,56	—	0,250	—
187		1888	1	26,31	0,32	0,41	10,26	2,60	0,62	—	0,202	—
188		1889	2	23,40	0,34	0,46	9,09	3,01	0,52	—	0,180	—
189		1890	1	(23,07)	1,03	0,23	9,20	2,78	0,42	—	0,222	—
190	Tinta de Madeira . . .	1888	1	24,13	0,31	0,40	9,63	2,30	0,59	—	0,210	—
191		1889	1	23,12	0,36	0,35	9,20	2,95	0,41	—	0,243	—
192		1890	1	(23,70)	0,57	0,30	9,41	2,82	0,38	—	0,241	—
		Mittel	—	**23,27*)**	**0,58**	**0,36**	**9,35**	**2,82**	**0,53**	**0,118**	**0,207**	**0,35**

*) Vergl. Anmerkung *) S. 1305.

Ohio-Weine.

No.	Bezeichnung und Jahrgang		Spec. Gewicht	100 g Wein enthalten Gramm: Alkohol	Extrakt	Ges.-Säure (Weinsäure)	Flüchtige Säure (Essigsäure)	Weinstein	Freie Weinsäure	Gerbstoff	Stickstoff	Zucker	Glycerin	Mineral-stoffe	Phosphor-säure (P_2O_5)	Analytiker
1	1894- u. 1895-er reine Ohio-Weine	Concord	0,9921	12,00	1,93	0,34	—	0,31	0,05	0,04	0,007	0,11	0,55	0,14	0,004	*A. W. Smith und N. Parks*[1]) *)
2		Ives	0,9971	8,45	1,61	0,36	—	0,28	0,10	—	0,009	0,12	0,42	0,14	0,005	
3		Hayse	0,9959	7,90	1,51	0,29	—	0,40	0,12	—	0,008	0,11	0,36	0,14	0,008	
4		Catawba I	1,0010	10,50	3,66	0,40	0,031	0,30	0,11	0,04	0,007	1,54	0,51	0,15	0,003	
5		Catawba II	0,9918	11,40	2,00	0,33	0,210	0,25	0,03	0,02	0,013	0,07	0,50	0,12	0,005	
6		Catawba III	0,9972	8,82	3,86	0,46	0,300	0,20	0,05	0,03	—	—	0,95	0,12	0,008	
7		Centennial . . .	0,9934	8,20	1,28	0,38	0,200	0,23	0,08	0,02	0,005	0,11	0,40	0,11	0,001	
8		Werden	0,9970	7,40	1,81	0,45	0,110	0,24	0,09	0,03	0,011	0,92	0,42	0,13	0,009	
9		Hartford	0,9977	5,10	1,55	1,14	0,120	0,31	0,10	0,03	0,005	0,12	0,29	0,15	0,003	
10		Delaware	0,9909	11,50	1,65	0,38	0,070	0,24	0,08	0,03	0,017	0,10	0,45	0,12	0,005	
11		Riesling	1,0060	3,30	2,29	1,83	—	0,20	0,07	0,02	0,008	0,10	0,39	0,12	0,004	
12		Niagara	0,9931	8,77	1,58	0,33	0,120	0,16	0,05	0,02	0,008	0,11	0,50	0,10	0,007	

Weine aus Nord-Carolina.**)

No.	Bezeichnung und Jahrgang		Spec. Gewicht	Alkohol	Extrakt	Ges.-Säure (Weinsäure)	Flüchtige Säure (Essigsäure)	Weinsäure	Freie Weinsäure	Gerbstoff	Stickstoff	Zucker	Glycerin	Mineral-stoffe	Phosphor-säure (P_2O_5)	Analytiker
1	Mish	1884	0,9946	9,64	2,46	0,61	0,041	0,57	—	0,025	—	0,31	—	0,13	—	*J. P. Venable u. Wm. B. Phillips*[2]) **)
2		1885	0,9957	9,51	3,16	0,70	0,044	0,66	—	0,020	—	0,60	—	0,12	—	
3	Imperial Scuppernong . . .	1884	0,9949	9,36	2,60	0,77	0,055	0,71	—	0,025	—	0,08	—	0,11	—	
4	Black Scuppernong . . .	1886	0,9944	8,43	2,34	0,68	0,026	0,66	—	0,030	—	0,20	—	0,14	—	
5	Norton . . .	1885	0,9965	9,14	2,79	0,77	0,041	0,72	—	0,025	—	0,25	—	0,22	—	
6	Bulay	1885	0,9951	8,38	2,11	0,85	0,031	0,82	—	0,015	—	0,45	—	0,11	—	
7	King Grape . .	1885	0,9932	12,77	3,32	0,77	—	0,77	—	Spur	—	(1,75)	—	0,17	—	
8	(N. C. Claret) Ives Seedling . .	1884	0,9952	10,46	3,14	0,96	—	0,96	—	0,030	—	0,25	—	0,17	—	
9	Scuppernong .	1885	0,9931	13,80	3,70	0,67	0,014	0,66	—	0,005	—	0,50	—	0,12	—	

Virginische Weine.

No.		Bezeichnung und Jahrgang	Spec. Gewicht	Alkohol	Extrakt	Ges.-Säure (Weinsäure)	Flüchtige Säure (Essigsäure)	Weinstein	Freie Weinsäure	Gerbstoff	Stickstoff	Zucker	Glycerin	Mineral-stoffe	Kohlensaures Kali (K_2CO_3)	Analytiker
1	Monticello u. Co.	Virginia Claret (Alveg-Tr.) . . .	0,9949	9,80	1,78	0,79	0,15	—	—	0,018	0,083	0,07	—	0,24	0,148	*J. W. Mollet u. R. W. Cooper*[3]) ***)
2		Virginia Hock (Concord-Tr.) . . .	0,9932	8,56	1,84	0,53	0,07	—	—	0,004	0,122	0,06	—	0,17	0,111	

[1]) Journ. Americ. Chem. Soc. 1898, **20**, 878; Chem.-Ztg. 1898, **22**, 336 und Zeitschr. Nahrungs- u. Genussm. 1900, **3**, 199.
[2]) Chem.-Ztg. 1887, **11**, 54 und 87.
[3]) Chem. News 1875, **32**, 160.

*) Smith u. Parks stellten die Weine selbst aus reifen Trauben her. Sie liessen die Moste bei gewöhnlicher Temperatur vergähren; im Februar füllten sie die Weine auf Flaschen und pasteurisirten sie.

**) Die Weine wurden direkt vom Weinproducenten bezogen und zwar No. 1—6 von C. W. Garrett u Cie. in Medoc, No. 7 von N. W. Graft in Shore, No. 8 von H. Mahler in Raleigh u. No. 9 von G. W. Lawrence in Jayetteville. Die Scuppernong-Traube ist, wie die Verf. bemerken, nicht nur die beste Tafeltraube, sondern liefert auch einen vorzüglichen Wein; die Misch- und Bulay-Trauben sind der Scuppernong-Traube verwandte Varietäten. Die Weine wurden nach den Beschlüssen der vom Kaiserl. Gesundh.-Amt einberufenen Kommission ausgeführt (vergl. M. Barth: Die Weinanalyse. Hamburg u. Leipzig 1884). Nur der Gehalt an Extrakt ist etwas anders ermittelt, nämlich durch $2\frac{1}{2}$-stündiges Erhitzen im Dampfbade, in welchem die Temperatur nicht über 97° C. stieg. Die Zahlen für den Extrakt dürften daher etwas zu hoch sein.

***) Vergl. Anmerkung **) S. 1311.

No.	Bezeichnung und Jahrgang	Spec. Gewicht	100 g Wein enthalten Gramm: Alkohol	Extrakt	Gesammt-Säure (Weinsäure)	Flüchtige Säure (Essigsäure)	Gerbstoff	Stickstoff-Substanz	Zucker	Glycerin	Mineral-stoffe	Kohlen-saures Kali (K_2CO_3)	Analytiker
3 *)	Monticello u. Co.: Delaware (Delaware-Tr.)	0,9931	9,46	1,98	0,55	0,10	0,008	0,090	0,08	—	0,24	0,160	J. W. Mollet u. R. M. Cooper [1]) **)
4	Monticello u. Co.: Nortony (Nortony-Virginia-Tr.)	0,9953	10,57	2,66	0,76	0,22	0,019	0,115	0,11	—	0,31	0,234	
5	Laurel Hill: Bachantees (Concord-Tr.)	0,9941	10,04	1,52	0,54	0,15	0,019	0,083	0,05	—	0,14	0,098	
6	Laurel Hill: Nortony (Nortony-Virginia-Tr.)	0,9981	11,79	3,55	1,02	0,41	0,041	0,102	1,23	—	0,20	0,148	
7	Belmont: Concord (Concord-Tr.)	0,9926	11,03	1,60	0,61	0,13	0,011	0,038	0,05	—	0,15	0,098	
8	Belmont: Delaware (Delaware-Tr.)	0,9875	12,69	1,42	0,52	0,08	0,002	0,102	0,11	—	0,12	0,086	
9	Belmont: Catawta (Catawta-Tr.)	0,9902	10,04	1,41	0,63	0,16	0,003	0,077	0,03	—	0,13	0,086	
10	Belmont: Ivey (Ivey-Tr.)	0,9915	11,13	1,69	0,73	0,12	0,009	0,051	0,07	—	0,12	0,074	
								Weinstein					
11	Claret-Rothwein	0,9943	9,04	1,52	0,48	0,13	—	0,057	0,12	0,52	0,22	—	C. A. Crampton [2])
12	Claret-Rothwein	0,9958	8,92	1,71	0,53	0,18	—	0,095	Spur	0,38	0,40	—	
13	Claret-Rothwein	0,9949	8,43	1,43	0,56	0,22	—	0,086	0,05	0,42	0,31	—	
14	Claret-Rothwein	0,9969	7,78	1,82	0,71	0,08	—	0,133	—	0,41	0,25	—	

Sonstige Nordamerikanische Weine.

No.	Bezeichnung und Jahrgang	Spec. Gewicht	Alkohol	Extrakt	Gesammt-Säure	Flüchtige Säure	Gerbstoff	Stickstoff-Substanz	Kalk	Kali	Mineral-stoffe	Phosphorsäure	Analytiker
1	Catawba, weiss	0,9900	9,81	2,40	0,50	—	0,014	0,033	0,019	0,094	0,19	0,040	Haas u. Hintze [3])
2	Delaware, weiss	0,9900	10,92	2,30	0,56	—	0,029	0,033	0,016	0,090	0,20	0,041	
3	Nortons Virginia Seedling, roth	0,9920	9,44	2,40	0,72	—	0,216	0,045	0,019	0,097	0,23	0,044	
			Vol.-%						Freie Weinsäure			Glycerin	
4	Aus Jacquez-Tr.	0,9980	11,28	3,08	0,78	0,101	0,324	0,266	0	0,053	0,27	0,61	E. Mach [4])

Brasilianische Weine.

No.	Bezeichnung und Jahrgang	Spec. Gewicht	Alkohol	Extrakt	Gesammt-Säure	Flüchtige Säure	Gerbstoff	Stickstoff-Substanz	Zucker	Glycerin	Mineral-stoffe	Kohlensaures Kali	Analytiker
1	Weine des Staat. S. Paulo: Isabella, weiss (Itatiba) 1890	bei 25° 0,9870	12,20	2,08	0,44	—	—	—	0,09	—	0,19	—	Instituto Agronomico de S. Paulo [5])
2	Weine des Staat. S. Paulo: Jacquez, roth (Itatiba) 1891	0,9980	8,10	2,77	0,59	—	—	—	0,15	—	0,41	—	

[1]) Chem. News 1875, **32**, 160.
[2]) C. L. Crampton, Foods and food adulterants. **3**. Fermented alcoholic beverages. Washington 1887. S. 351.
[3]) Mittheil. k. k. chem.-physiol. Vers.-Stat. Klosterneuburg. Wien 1885, Heft 4.
[4]) Tyroler landw. Blätter; Jahresbericht Agrik.-Chem. 1883, 565.
[5]) Vergl. Anmerkung [1]) S. 1312.

*) Hergestellt unter Zusatz von 1/4 Pfd. raffinirtem Zucker auf die Gallone.
**) Extrakt wurde durch Trocknen bei 110° bestimmt; Ges.-Säure durch Titriren mit Kalkwasser oder Ammoniak; Flüchtige Säuren durch Eindampfen unter Zusatz von Natronlauge und Destillation des Rückstandes mit Phosphorsäure; Gerbstoff nach Maumené's Verfahren d. h. Zugeben von Alkohol, Barytwasser und Salmiak zum Wein, Abfiltriren und Auswaschen des Niederschlages mit Alkohol und Wasser, Digeriren desselben mit verdünnter Schwefelsäure und Titriren mit Indigo und übermangansaurem Kalium.

No.	Bezeichnung und Jahrgang	Spec. Gewicht bei 25°	100 g Wein enthalten Gramm: Alkohol	Extrakt	Gesammt-Säure (Weinsäure)	Flüchtige Säure (Essigsäure)	Zucker	Glycerin	Mineral-stoffe	Phosphor-säure (P_2O_5)	Analytiker
3	Weine des Staates S. Paulo aus Rembuças 1890	0,9953	9,35	1,89	0,84	0,210	—	—	0,250	—	Instituto Agronomico de S. Paulo[1]
4	Weine des Staates S. Paulo aus Rembuças 1891	0,9973	7,75	1,87	0,80	0,080	—	—	0,210	—	Instituto Agronomico de S. Paulo[1]
5	Weine des Staates S. Paulo aus Rembuças 1893	0,9976	8,69	2,22	0,77	0,080	—	—	0,220	—	Instituto Agronomico de S. Paulo[1]
6	Weine des Staates S. Paulo aus Campinas 1895	1,0090	5,30	1,79	1,10	0,063	—	—	—	—	Instituto Agronomico de S. Paulo[1]
7	1888 in Rio de Janeiro ausgestellt. (No. 7—9 weiss, No. 10—17 roth). Itatiba, Isabella . 1888	0,9911	12,60	1,66	0,73	—	—	—	0,152	—	F. M. Draenert[1]
8	Moramby, Isabella 1887	0,9931	13,20	2,61	0,90	—	—	—	0,120	—	F. M. Draenert[1]
9	S. Paulo . . . —	1,0053	16,70	9,28	0,73	—	—	—	0,310	—	F. M. Draenert[1]
10	Tieté Isabella 1888	0,9940	11,10	2,62	0,89	—	—	—	0,266	—	F. M. Draenert[1]
11	Tieté Americana „	0,9915	14,10	2,90	1,27	—	—	—	0,226	—	F. M. Draenert[1]
12	Itatiba Americana „	0,9952	10,40	2,18	0,89	—	—	—	0,200	—	F. M. Draenert[1]
13	Itatiba Isabella „	0,9935	11,70	2,13	0,77	—	—	—	0,196	—	F. M. Draenert[1]
14	Nerra Negra . . „	0,9972	7,50	2,04	1,08	—	—	—	0,216	—	F. M. Draenert[1]
15	Sorocaba Americana „	0,9957	13,20	3,09	1,18	—	—	—	0,210	—	F. M. Draenert[1]
16	Penha de França Americana „	0,9948	11,50	3,29	0,91	—	—	—	0,196	—	F. M. Draenert[1]
17	Morumby . . . „	0,9937	12,10	2,75	0,99	—	—	—	0,156	—	F. M. Draenert[1]
		bei 15°	Vol.-%	100 ccm Wein enthalten Gramm:							
18	Weine des Staates S. Paulo: Capoeira Grande . . .	1,0028	5,7	1,52	0,72	0,27	—	—	0,30	—	Ernesto Sixt[1]
19	Capoeira Grande . . .	1,0013	4,9	1,76	0,97	0,16	—	—	0,24	—	Ernesto Sixt[1]
20	Capoeira Grande . . .	1,0001	5,1	1,88	0,90	0,12	—	—	0,24	—	Ernesto Sixt[1]
21	Itatiba	0,9935	13,4	2,64	0,54	0,10	—	—	0,26	—	Ernesto Sixt[1]
22	Itatiba	0,9955	8,2	1,36	0,72	0,12	—	—	0,23	—	Ernesto Sixt[1]
23	Itatiba	0,9957	10,5	1,89	0,75	0,17	—	—	0,26	—	Ernesto Sixt[1]
24	Itatiba	0,9968	8,3	1,84	0,75	0,13	—	—	0,21	—	Ernesto Sixt[1]
25	Itatiba	0,9985	8,1	1,99	0,72	0,09	—	—	0,21	—	Ernesto Sixt[1]
26	Itú	0,9957	11,0	2,09	0,76	0,17	—	—	0,25	—	Ernesto Sixt[1]
27	Pindamonhangaba . .	0,9989	8,9	2,12	0,73	0,16	—	—	0,29	—	Ernesto Sixt[1]
28	Pindamonhangaba . .	0,9989	8,4	1,98	0,81	0,09	—	—	0,24	—	Ernesto Sixt[1]
29	Piedade de Sorocaba . .	0,9997	4,0	1,79	0,91	0,16	—	—	0,30	—	Ernesto Sixt[1]
30	Itú	0,9978	7,8	1,90	0,91	0,24	—	—	0,24	—	Ernesto Sixt[1]
31	Itú	0,9978	7,9	1,90	0,88	0,20	—	—	0,24	—	Ernesto Sixt[1]
32	Soccorro	0,9967	8,5	1,93	0,75	0,11	—	—	0,22	—	Ernesto Sixt[1]
33	Bragança	0,9968	7,9	1,77	0,77	0,12	—	—	0,24	—	Ernesto Sixt[1]
34	Bragança	0,9989	8,0	2,13	0,86	0,14	—	—	0,24	—	Ernesto Sixt[1]
35	Bragança	0,9987	5,8	1,94	0,74	0,06	—	—	0,21	—	Ernesto Sixt[1]
36	Bragança	0,9998	8,4	1,68	0,67	0,09	—	—	0,24	—	Ernesto Sixt[1]
37	São Roque	1,0013	6,8	2,05	0,84	0,11	—	—	0,24	—	Ernesto Sixt[1]
38	São Roque	1,0004	8,4	2,12	0,97	0,17	—	—	0,22	—	Ernesto Sixt[1]
39	São Roque	0,9952	11,1	2,16	0,64	0,06	—	—	0,24	—	Ernesto Sixt[1]
40	São Roque	1,0015	7,7	2,40	0,85	0,03	—	—	0,26	—	Ernesto Sixt[1]
41	São Roque	0,9994	9,0	2,25	0,87	0,09	—	—	0,31	—	Ernesto Sixt[1]
42	São Roque	0,9968	8,5	1,43	0,72	0,07	—	—	0,28	—	Ernesto Sixt[1]
43	Mogy das Cruzes . .	0,9962	7,8	1,51	0,95	0,33	—	—	0,25	—	Ernesto Sixt[1]
44	Mogy das Cruzes . .	1,0009	7,4	1,85	0,92	0,10	—	—	0,26	—	Ernesto Sixt[1]
45	Mogy das Cruzes . .	0,9960	12,3	2,33	0,81	0,10	—	—	0,26	—	Ernesto Sixt[1]

[1]) Boletim do Instituto agronomico do Estado de S. Paulo 1898, **9**, 65 und 332.

Aeltere und sonstige Analysen.

1. Merrick, The American Chemist 1875; vergl. G. Baumert in Landw. Vers.-Stat. 1887, **33**, 39.
2. E. W. Hilgard, Pacific Rural Press San Franzisco 1884; vergl. G. Baumert wie bei No. 1.
3. C. A. Crampton, Foods and food adulterants. 3. Fermented alkoholic beverages. Washington 1887, 339. Zahlreiche Analysen von Handelsweinen, die zum Zwecke der Kontrolle derselben untersucht wurden.

Australische Weine.

J. Skalweit (Hannov. Zeitschr. wider die Nahrungsfälscher 1879, 167) fand für zwei australische Weine folgende Zusammensetzung:

	Alkohol		Extrakt	Säure	Mineralstoffe
Shiraz, roth .	17,13 Vol.-%	13,80 Gew.-%	3,86	0,90	0,20 %
Penena . . .	16,62 „	13,40 „	9,26	1,21	0,40 „

Süssweine.

Deutsche Ausleseweine.

Pfälzer Ausleseweine.

No.	Gemarkung und Lage	Zeit der Untersuchung	Spec. Gewicht	Alkohol Vol.-%	100 ccm Wein enthalten Gramm: Extrakt	Ges.-Säure (Weinsäure)	Weinsäure	Zucker	Glycerin	Mineral-stoffe	Kalk (CaO)	Magnesia (MgO)	Phosphor-säure (P_2O_5)	Schwefel-säure (SO_3)	Analytiker
1*)	Deidesheimer Langenmorgen .	1878	—	10,80	3,07	0,67	0,120	0,78	1,15	0,25	0,011	0,017	0,046	—	R. Kayser[1])
2	Deidesheimer Kieselberg .	1862	—	12,60	4,08	0,52	0,046	1,80	—	0,26	—	0,020	0,040	0,038	
3	Deidesheimer Kieselberg .	1878	—	10,60	3,34	0,47	—	1,24	—	0,24	0,008	0,019	—	0,036	
4*)	Deidesheimer Gewürztraminer .	1875	—	11,25	4,46	0,69	—	2,05	1,27	0,26	0,011	0,017	0,043	—	
5	Deidesheimer Hofstück . . .	„	—	12,70	4,59	0,68	—	1,90	—	0,25	—	0,020	0,046	—	
6*)	Deidesheimer Grain (Riesling) .	„	—	13,50	4,05	0,58	0,060	1,79	1,41	0,24	0,007	0,018	0,048	0,050	
7*)	Dürkheimer Michesberg	1864	—	10,20	14,15	0,76	0,144	11,44	1,10	0,38	0,009	0,026	0,056	0,081	
8	Forster Kirchenstück (Riesling)	1874	—	12,80	5,06	0,59	0,058	2,78	—	0,27	—	0,018	0,040	—	
9*)	Forster Kirchenstück —	1875	—	12,50	11,40	0,68	0,086	9,04	1,40	0,27	0,008	0,028	0,038	0,072	
10	Forster Jesuitengarten	„	—	11,70	9,33	0,55	0,042	6,88	1,29	0,29	0,007	0,021	0,036	0,058	
11*)	Forster Jesuitengarten	„	—	13,20	4,04	0,60	0,063	1,86	1,30	0,24	0,009	0,019	0,049	0,051	
12*)	Forster Riesling . .	„	—	11,60	2,68	0,38	0,015	0,64	1,24	0,18	0,006	0,015	0,030	—	
13	Forster Riesling . .	Jahrgang 1893	1,0014	g in 100 ccm 11,34	3,84	0,45	0,105	1,89	1,16	0,27	Flücht. Säure 0,060	—	0,041	0,021	Halenke[2])
14	Forster Riesling . .	„	1,0180	10,68	8,46	0,57	0,120	5,87	1,02	0,27	0,061	—	0,050	0,020	
15	Forster Riesling und Oesterreicher	„	1,0169	10,89	8,73	0,57	0,067	5,56	1,17	0,28	0,060	—	0,046	0,026	
16	Forster Riesling und Oesterreicher	1897	1,0228	10,68	10,53	1,01	0,041 **)	5,23	1,36	0,35	0,100	—	—	—	
17	Forster Riesling**) .	„	1,0417	8,74	14,79	1,14	0,135	9,99	1,08	0,28	0,100	—	—	—	
18	Forster Riesling**) .	„	1,0509	8,67	17,16	1,16	0,157	12,13	1,05	0,28	0,110	—	—	—	
	Mittel	—	**1,0253**	**9,72**	**7,43**	**0,67**	**0,084**	**4,60**	**1,21**	**0,27**	Kalk **0,008**	**0,020**	**0,036**	**0,045**	

[1]) Rep. analyt. Chem. 1884, **4**, 145.
[2]) Zeitschr. analyt. Chem. 1894, **33**, 670; 1899, **38**, 590.
*) Der Gehalt an Kali betrug (g in 100 ccm):

No.	1	4	6	7	9	11	12
Kali	0,106	0,104	0,100	0,143	0,087	0,097	0,082.

**) Freie Weinsäure war in den Weinen No. 16—18 nicht vorhanden.

Rheinwein-Auslesen.

No.	Gemarkung und Lage	Jahrgang	Spec. Gewicht	100 ccm Wein enthalten Gramm: Alkohol	Extrakt	Ges.-Säure (Weinsäure)	Weinsäure	Zucker	Glycerin	Mineral-stoffe	Kalk (CaO)	Magnesia (MgO)	Kali (K_2O)	Phosphor-säure (P_2O_5)	Analytiker
1	Johannisberger *)	1890	1,0078	10,38	6,27	0,97	—	—	1,43	0,19	—	—	—	—	*R. Fresenius* [1])
2		„	1,0236	10,05	9,77	0,95	—	6,26	—	0,20	—	—	—	0,040	*P. Kulisch* [2]) **)
3		„	1,0221	10,04	9,47	1,04	—	5,98	—	0,20	—	—	—	0,051	
4	Hattenheimer.	„	1,0079	12,18	6,69	0,73	—	3,38	—	0,21	0,013	0,020	0,070	0,048	
5		„	1,0395	10,77	14,06	1,02	—	9,94	—	0,24	0,019	0,027	0,083	0,057	
6	Geisenheimer .	„	1,0029	12,18	5,70	0,96	—	1,82	—	0,20	0,015	0,023	0,064	0,044	
7	Winkeler . . .	„	1,0457	10,17	15,60	1,14	—	10,69	—	0,21	0,017	0,026	0,072	0,053	
	Mittel	—	**1,0213**	**10,82**	**9,65**	**0,97**	—	**6,35**	—	**0,21**	**0,016**	**0,024**	**0,072**	**0,049**	

Französische Süssweine.

No.	Herkunft u. Jahrgang	Zeit der Untersuchung		Vol.-%			Flücht. Säure				Aldehyd	Kaliumcarbonat	Kaliumsulfat	Ges.-Schweflige Säure	
1	Weisse Likörweine von Chât. Yquem (Sauternes) [0]) 1874	1901	—	14,90	11,79	0,80	0,066	8,21	—	0,33	0,004	0,089	0,062	0,017	*X. Rocques* [3]) ***)
2	1880	„	—	13,40	5,87	1,28	0,156	2,29	—	0,30	0,004	0,007	0,170	0,018	
3	1889	„	—	11,70	2,34	0,68	0,159	0,73	—	0,23	0,003	0,024	0,101	0,018	
4	1893	„	—	12,80	12,78	0,93	0,156	8,27	—	0,49	0,005	0,184	0,082	0,060	
5	1894	„	—	13,60	3,61	0,85	0,114	1,32	—	0,39	0,004	0,024	0,122	0,042	
6	1896	„	—	13,20	9,55	0,86	0,135	6,47	—	0,37	0,004	0,091	0,096	0,035	
7	1898	„	—	13,90	3,30	0,77	0,140	0,98	—	0,37	0,004	0,019	0,158	0,023	
				g in 100 ccm							Stickstoff-Substanz				
8	Aus einem französischen Kloster (weiss)	1902	1,0196	6,08	7,81	0,66	0,077	5,90	0,41	0,17	0,161	—	—	—	*Vers.-Stat. Münster* [4])
9		1902	1,0266	5,57	9,42	0,60	0,082	7,20	0,42	0,16	0,098	—	—	—	
10	Vin de St. Raphael Valence (Drôme) (roth)	1885	1,0401	12,00	14,80	0,45	—	12,40	—	0,21	—	0,041	0,066	—	*B. Haas* [5])

[1]) In Gemeinschaft mit E. Borgmann u. W. Fresenius. Zeitschr. analyt. Chem. 1892, **31**, 624.
[2]) Weinbau u. Weinhandel 1894, **12**, No. 9; Forschungsberichte über Lebensmittel etc. 1894, **1**, 216.
[3]) Annal. chim. analyt. 1901, **6**, 366—371; Zeitschr. Nahrungs- u. Genussm. 1902, **5**, 485.
[4]) Original-Mittheilung.
[5]) Mittheil. k. k. chem.-physiol. Vers.-Stat. Klosterneuburg 1888, Heft 5.

*) Die Trauben waren gefroren gekeltert. Das Mostgewicht betrug 127° Oechsle.

**) Die Weine waren aus durch Gefrierenlassen der Trauben gewonnenen Mosten hergestellt.

***) Untersuchungs-Verfahren: Extrakt durch Eintrocknen von 20 ccm Weine in einer Platinschale 7 Stdn. auf dem kochenden Wasserbade. Säuren unter Verwendung von Phenolphtaleïn als Indikator; zur Bestimmung der nichtflüchtigen Säuren wurde der im Vakuum erhaltene Extrakt titrirt. Zur Bestimmung des Aldehyds wurden 200 ccm Wein destillirt und das Destillat in einem fest verschlossenen Fläschchen 2 Stunden auf 50° C. erhitzt, damit sich der gesammte Aldehyd mit der im Ueberschuss vorhandenen schwefligen Säure verband. Nach dem Erkalten wurde die freie schweflige Säure mit $^1/_{20}$ N.-Jodlösung titrirt. Dann wurden 10 ccm einer 10%-igen Kalilauge hinzugefügt, um die aldehydschweflige Säure zu zerlegen, nach $^3/_4$-stündigem Stehen mit verdünnter Schwefelsäure (1 : 3) angesäuert und die gebunden gewesene schweflige Säure mit $^1/_{50}$ N.-Jodlösung titrirt. Jedem ccm verbrauchter $^1/_{50}$ N.-Jodlösung entsprechen 0,0044 g Aldehyd. Zieht man die mit dem Aldehyd verbundene schweflige Säure von der gesammten gebundenen schwefligen Säure ab, so erhält man die an Zucker gebundene schweflige Säure. Die freie und die gesammte schweflige Säure wurden im Weine selbst nach dem Verfahren von Ripper mit $^1/_{50}$ N.-Jodlösung titrirt.

[0]) X. Rocques fand ferner (g in 100 ccm):

	No. 1	2	3	4	5	6	7
Glukose	1,94	0,79	0,23	2,61	0,49	1,49	0,23
Fruktose	6,27	1,59	0,50	5,67	0,84	4,98	0,75
Schweflige Säure: an Aldehyd gebunden	0,0064	0,0064	0,0048	0,0066	0,0056	0,0064	0,0051
an Zucker „	0,0103	0,0090	0,0088	0,0384	0,0154	0,0190	0,0131
frei	0,0012	0,0025	0,0043	0,0154	0,0110	0,0092	0,0043

Oesterreichisch-Ungarische Süssweine.

Tokayer.*)

Echte Tokayer Weine.

No.	Nähere Bezeichnung	Jahrgang	Spec. Gewicht	100 g Wein enthalten Gramm: Alkohol	Extrakt	Gesammt-Säure (Weinsäure)	Flüchtige Säure (Essigsäure)	Zucker	Glycerin	Mineral-stoffe	Kali (K_2O)	Phosphor-säure (P_2O_5)	Schwefel-säure (SO_3)	Analytiker
	Reelle, alte Weine, direkt von den Producenten bezogen:													
1	—	—	1,0151	10,66	7,28	0,46	0,146	5,38	—	0,30	—	0,051	—	Preyss[1])
2	Essenz	—	1,0956	6,85	23,77	0,60	0,150	20,50	—	0,29	—	0,065	—	
3	No. 1	1841	1,0638	8,31	16,91	0,54	0,069	—	—	0,29	—	0,049	—	
4	No. 2	1848	1,0300	10,66	10,78	0,41	0,096	—	—	0,29	—	—	—	
5	—	1850	1,0268	10,92	9,94	0,44	0,160	7,92	—	0,26	—	0,050	—	
6	—	„	1,0019	10,47	3,85	0,59	0,138	1,86	—	0,28	—	0,049	—	
7	No. 3	1852	1,0200	11,34	8,62	0,49	0,108	—	—	0,21	—	—	—	
8	—	„	0,9965	12,06	3,17	0,53	0,108	—	—	0,16	—	—	—	
9	4-buttig	1855	1,0482	9,15	13,96	0,51	0,096	11,74	—	0,20	—	0,048	—	
10	„	1856	1,0510	8,71	14,83	0,49	0,120	12,79	—	0,22	—	—	—	
11	„	„	1,0012	13,84	4,85	0,60	0,120	—	—	0,28	—	—	—	
12	„	„	1,0594	8,76	16,61	0,51	0,100	14,48	—	0,21	—	0,052	—	
13	„	„	1,0497	9,22	14,66	0,56	0,100	—	—	0,19	—	—	—	
14	„	„	1,0602	8,63	16,64	0,57	0,114	—	—	0,34	—	—	—	
15	—	1857	1,0256	11,03	9,82	0,60	0,328	—	—	0,20	—	0,056	—	
16	4-buttig	„	1,0147	12,40	7,49	0,47	0,072	—	—	0,21	—	—	—	
17	1- „	„	0,9954	11,55	3,11	0,57	0,132	—	—	0,14	—	0,041	—	
18	2- „	„	0,9950	12,25	3,28	0,59	0,079	—	—	0,14	—	—	—	
19	4- „	„	1,0092	14,75	6,48	0,60	0,077	—	—	0,16	—	—	—	
20	5- „	1858	1,0877	8,12	22,79	0,38	0,104	20,48	—	0,27	—	0,062	—	
21	4- „	„	1,0565	10,38	16,96	0,53	0,108	14,84	—	0,21	—	0,050	—	
22	1½- „	„	0,9936	13,68	3,31	0,49	0,081	—	—	0,17	—	—	—	
23	4- „	„	1,0602	9,89	17,42	0,47	0,102	—	—	0,24	—	—	—	
24	1- „	„	0,9942	13,89	3,28	0,45	0,100	—	—	0,17	—	—	—	
25	5- „	„	1,0460	11,36	15,16	0,62	0,078	13,35	—	0,15	—	0,048	—	
26	5- „	„	1,0646	9,24	17,83	0,42	0,080	15,50	—	0,24	—	0,055	—	
27	3- „	„	1,0248	10,35	9,22	0,58	0,108	—	—	0,27	—	—	—	
28	4- „	„	1,0508	9,87	15,31	0,50	0,114	—	—	0,20	—	—	—	
29	4- „	„	1,0723	8,33	19,03	0,47	0,100	—	—	0,19	—	—	—	
30	4- „	„	1,0462	10,05	14,70	0,59	0,108	—	—	0,30	—	—	—	
31	4- „	„	1,0673	9,58	18,49	0,58	0,114	—	—	0,32	—	—	—	
32	2- „	„	1,0187	11,92	8,91	0,53	0,108	—	—	0,16	—	0,049	—	
33	2- „	„	1,0145	11,84	7,82	0,56	0,108	—	—	0,16	—	0,049	—	
Mittel	Herb (No. 6, 8, 17, 18, 22, 24) %	—	0,9961	12,65	3,33	0,54	0,093	—	—	0,18	—	0,045	—	
	Herb (No. 6, 8, 17, 18, 22, 24) g in 100 ccm	—	0,9961	12,60	3,32	0,54	0,093	—	—	0,18	—	0,045	—	
	Ausbruch (die übrigen Weine) %	—	1,0438	10,23	13,57	0,52	0,114	13,70	—	0,24	—	0,057	—	
	Ausbruch (die übrigen Weine) g in 100 ccm	—	1,0438	10,68	14,17	0,54	0,120	14,30	—	0,25	—	0,059	—	

[1]) Mitgetheilt von V. Wartha (Zeitschr. Nahrungsm.-Unters., Hygiene u. Waarenk. 1894, **8**, 246) nach dem „Tokaj-Hegyaljaer Album", welches im Jahre 1867 von der Tokaj-Hegyaljaer Weinkultur-Gesellschaft herausgegeben wurde. Die Zucker- und Phosphorsäure-Bestimmungen erscheinen in ihrer Richtigkeit nach unseren heutigen Kenntnissen sehr fraglich.

*) Die Preise, unter denen Tokayer in Deutschland vertrieben werden, lassen es zweifelhaft erscheinen, ob bei denselben auch wirklich Tokayer Trauben Verwendung gefunden haben. L. v. Wagner giebt den Preis einer kleinen

No.		Nähere Bezeichnung	Jahrgang	Spec. Gewicht	Alkohol	Extrakt	Ges.-Säure (Weinsäure)	Stickstoff-Substanz	Glukose	Fruktose	Mineralstoffe	Kali (K_2O)	Phosphorsäure (P_2O_5)	Schwefelsäure (SO_3)	Analytiker
					100 ccm Wein enthalten Gramm:										
34	Tokayer Ausbruchweine aus zuverlässigen Quellen	aus Mad, 5-buttig .	—	1,0159	11,74	8,92	0,66	—	0,79	4,03	0,31	—	0,073	—	Ed. Laszlo[1] *)
35		„ Talya	—	1,0433	11,03	15,81	0,53	—	2,85	7,75	0,40	—	0,120	—	
36		—	1866	1,0417	11,37	15,48	0,69	—	4,37	6,73	0,36	—	0,080	—	
37		„ O-Liska . .	—	1,0165	12,62	9,39	0,70	—	1,37	3,75	0,29	—	0,073	—	
38		„ O-Liska . .	—	1,0304	11,43	12,58	0,82	—	2,33	5,67	0,34	—	0,077	—	
39		„ Tarczal 4-buttig	—	1,0290	11,51	12,24	0,63	—	1,47	—	0,31	—	0,061	—	
40		„ Tarczal 3-buttig	—	1,0085	12,62	7,29	0,62	—	0,64	2,84	0,29	—	0,082	—	
41		No. 1	—	1,0070	11,41	6,49	0,73	—	1,09	1,73	0,27	—	0,071	—	
42		No. 2	—	1,0121	12,30	8,12	0,67	—	1,93	2,30	0,28	—	0,069	—	
43		No. 3	—	1,0237	13,02	11,41	0,64	—	3,63	3,81	0,40	—	0,071	—	
44		5-buttig	—	1,0445	11,51	16,28	0,56	—	2,99	7,83	0,26	—	0,069	—	
45		4- „	—	1,0188	12,38	9,88	0,53	—	0,92	4,48	0,27	—	0,088	—	
46		—	1866	1,0196	11,51	9,80	0,56	—	0,93	4,98	0,23	—	0,068	—	
47		—	1879	0,9958	11,59	3,67	0,63	—	0,35		0,22	—	0,067	—	
48		—	1880	1,0090	11,91	7,11	0,60	—	0,33	3,04	0,27	—	0,084	—	
									Zucker	Glycerin					
49		—	1886	0,9986	11,75	4,44	0,63	—	1,13	—	0,25	—	0,070	—	
50		—	1888	1,0052	11,20	5,84	0,57	—	2,17	—	0,30	—	0,087	—	
51		Isizka Tolesva, 4-buttig***)	1889	1,0189	11,31	8,89	0,65	0,175 Weinsäure	5,37 **)	0,77	0,19	0,071	0,039	—	J. König[2]
52	Kgl. ungar. Landescentral-musterkeller in Budapest⁰)	aus O-Liska .	1885	1,0202	11,70	10,23	0,72	0,086	5,52	1,51	0,34	0,048	0,079	0,019	M. Barth[3] ⁰⁰)
53		„ Tarczal, 3-buttig . . .	1885	1,0085	12,30	7,33	0,67	0,039	3,25	1,19	0,29	0,095	0,087	0,012	
54		aus Tokay 1-buttig	1883	1,0105	11,91	7,73	0,75	0,090	3,93	1,17	0,27	0,060	0,082	0,009	
55		aus Tokay 3-buttig	1880	1,0268	11,80	12,00	0,72	0,047	7,22	0,98	0,30	0,051	0,074	0,034	
56		Essenz aus Tokay	1864	1,1098	7,22	32,20	0,74	0,080	24,94	1,80	0,28	0,045	0,084	0,003	

Flasche von kaum mehr als 0,3 l echten Tokayers zu $3^1/_2$—12 Gulden österreich. Währung an, während in Deutschland für Flaschen von 0,5—0,75 l Inhalt gewöhnlich nur 4—5 Mk. bezahlt werden. Ungarn selbst besitzt grosse Fabriken, die sich mit der Erzeugung façonnirter Tokayer Weine befassen. Der eigentliche Tokayer wächst in der Hegyallya, d. h. an der Gebirgslehne zwischen Tokay und Satorallya—Ujhaly; Mittelpunkt ist Erdöbeny, das auch die besten Trauben hat; der nördlichste Punkt ist Sarros-Patak; in Tokay selbst wächst kein Tokayer.

Im Nachfolgenden geben wir zunächst Analysen unzweifelhaft echter Tokayer Weine wieder und schliessen an diese eine Anzahl Analysen von Tokayer Weinen des Handels.

[1]) Zeitschr. angew. Chem. 1897, 175.

[2]) Chem.-Ztg. 1895, **19**, 999.

[3]) Forschungsberichte über Lebensmittel etc. 1896, **3**, 20.

*) Untersuchungs-Verfahren: Spec. Gewicht mittels Pyknometers; Extrakt nach der Tabelle von K. Windisch; Gesammt-Zucker nach Meissl; Glukose und Fruktose nach der Formel von Seyda und Woy (Zeitschr. angew. Chem. 1895, 268); Phosphorsäure durch direkte Fällung mittels molybdänsauren Ammons (vergl. unsere Quelle).

**) Der Wein enthielt 1,12 % Glukose und 4,25 Fruktose.

***) Von glaubwürdiger Seite als echt bezeichnet; der Preis betrug in Budapest 7,00 M. für die Flasche.

⁰) Die Weine enthielten ferner (g in 100 ccm):

	Weinstein	Glukose	Fruktose	Flüchtige Säuren in Esterbindung	Flüchtige Säuren frei	Kalk	Magnesia	Alkalität der Asche (als K_2O) im Ganzen	Alkalität der Asche (als K_2O) wasserlöslich
No. 52	0,0740	1,28	4,24	0,074	0,031	0,0120	0,0238	0,0760	0,0185
„ 53	0,0483	0,44	2,81	0,061	0,047	0,0095	0,0216	0,0860	0,0309
„ 54	0,1129	1,42	2,51	0,082	0,039	0,0125	0,0274	0,0935	0,0309
„ 55	0,0583	3,30	3,92	0,075	0,065	0,0333	0,0338	0,0835	0,0209
„ 56	0,1005	9,46	15,48	0,088	0,036	0,0119	0,0154	0,0690	0,0299

⁰⁰) Ueber die Untersuchungs-Verfahren vergl. das Original.

No.	Nähere Bezeichnung	Jahrgang	Spec. Gewicht	100 ccm Wein enthalten Gramm: Alkohol	Extrakt	Ges.-Säure (Weinsäure)	Flüchtige Säure (Essigsäure)	Zucker	Glycerin	Mineralstoffe	Kalk (CaO)	Phosphorsäure (P_2O_5)	Schwefelsäure (SO_3)	Analytiker
57	Hegyalja Tokayer .	—	—	13,08	8,51	0,55	0,021	4,31	0,75	0,28	0,012	0,064	0,014	R. Kayser [1]) *)
58		—	—	13,08	10,83	0,69	0,024	6,50	0,80	0,32	0,012	0,075	0,015	
59		70-er Jahre	—	12,34	11,55	0,77	0,035	7,92	1,02	0,24	—	0,062	—	R. Kayser [2]) **)
											Kali			Weinstein
Echter Tokayer Mittel	herb***) . .	—	**0,9964**	**12,37**	**3,50**	**0,56**	**0,093**	—	—	**0,19**	—	**0,057**	—	—
	Ausbruch***)	—	**1,0354**	**11,19**	**12,72**	**0,60**	**0,101**	**9,01**	**1,11**	**0,27**	**0,062**	**0,070**	**0,015**	**0,079**

Tokayer des Handels.

No.		Zeit der Untersuchung		100 g Wein enthalten Gramm:			Stickstoff-Subst.							
1⁰)	Sehr klar, dunkel . .	1882	1,0704	8,54	20,67	0,61	0,76	16,10	0,52	0,41	0,178	0,053	0,048	B. Haas, L. Weigert, C. Hoffmann, E. Kayser [3]) ⁰⁰)
2⁰)	1872-er Ausbruch, vorzüglich	„	1,0933	8,44	25,75	0,65	—	22,53	0,41	0,32	0,118	0,041	0,041	
3⁰)	Bräunlich gelb, sehr gut	„	1,1090	6,95	24,82	0,52	0,16	21,97	0,46	0,30	0,103	0,053	0,045	
4⁰)		„	1,0900	9,50	22,90	0,49	0,95	20,85	0,36	0,35	0,117	0,053	0,075	
5⁰)	Goldgelb, vorzüglich .	„	1,0576	11,11	18,30	0,59	0,91	14,62	0,84	0,39	0,139	0,085	0,076	
6	Dunkelgelb, gut und sehr gut	„	1,0866	8,34	24,05	0,62	—	20,43	0,58	0,40	—	—	0,080	
7		1883	1,0753	10,83	22,65	0,52	—	19,32	0,55	0,34	—	—	0,032	
8⁰)		„	1,0788	9,58	23,10	0,69	—	18,08	0,95	0,31	—	—	0,062	
9	Ausbruch — sehr gut	1882	1,1077	9,70	29,50	0,51	—	23,50	0,65	0,34	—	—	0,041	
10	Ausbruch — gut . .	„	1,0522	9,10	16,61	0,70	—	11,87	0,56	0,36	—	—	0,043	
11	Ausbruch — sehr gut	„	1,0947	8,80	26,12	0,57	—	20,45	0,69	0,29	—	—	0,029	
12	Ausbruch — gut . .	„	1,0887	9,65	25,23	0,55	—	20,13	0,84	0,29	—	—	0,047	
13	Ausbruch — gering .	„	1,0593	9,19	18,00	0,74	—	—	0,38	0,41	—	—	—	
14⁰)	Ausbruch, goldgelb, sehr gut	1883	1,0598	11,26	18,55	0,48	—	16,63	0,32	0,24	0,114	0,042	0,023	
15		„	1,0670	10,20	20,80	0,61	—	17,71	0,40	0,29	—	0,043	0,026	
16		„	1,0967	11,19	27,22	0,53	—	23,78	0,47	0,27	—	0,036	0,034	
17	Medizinal-Tokayer . .	„	1,0580	9,18	17,50	0,53	—	15,60	0,39	0,39	—	0,046	0,058	
							Weinstein							
18	Gut, alt, gezehrt . .	„	0,9904	14,47	2,85	0,64	0,17	0,48	0,80	0,24	0,107	0,047	0,043	

[1]) Forschungsberichte über Lebensmittel etc. 1895, **2**, 58.
[2]) Zeitschr öffentl. Chem. 1897, **3**, 233; Vierteljahresschr. Nahrungs- u. Genussm. 1897, **12**, 413.
[3]) Mittheil. k. k. chem.-physiol. Vers.-Stat. Klosterneuburg. Wien 1885, Heft 4 u. 1888, Heft 5.

*) Die Weine waren etwa 20 Jahre vorher an Ort und Stelle gekauft und seitdem kellermässig in Flaschen aufbewahrt. Beide Weine waren goldbraun und klar; sie besassen den eigenartigen Geruch nach frischem Brot. — Beide Flaschen enthielten nur einen geringen Bodensatz.

**) Der Wein enthielt ferner 0,140 g gebundene Weinsäure, 0,070 g gebundenes Ammoniak und 0,250 g Proteïn.

***) Das Mittel für herben Tokayer ist aus No. 6, 8, 17, 18, 22, 24, 47 und 49 berechnet, das für Tokayer Ausbruch aus den übrigen Analysen.

⁰) In den Tokayern wurde ferner gefunden:

	Weinstein	Gerbstoff	Glukose	Fruktose	Essigsäure	Kalk	Magnesia	Eisenoxyd	Thonerde	Natron	Chlor	Kieselsäure
No. 1	0,23 %	0,06 %	7,70 %	8,40 %	0,22 %	0,016 %	0,026 %	0,091 %	—	0,011 %	0,010 %	0,005 %
„ 2	0,25 „	0,07 „	10,51 „	12,02 „	0,22 „	0,017 „	0,025 „	0,002 „	0,002 %	0,012 „	0,007 „	0,004 „
„ 3	—	Spur	10,72 „	12,11 „	—	0,011 „	0,025 „	0,001 „	Spur	0,012 „	0,021 „	0,003 „
„ 4	0,14 „	0,04 „	9,77 „	11,08 „	—	0,014 „	0,024 „	0,001 „	0,001 „	0,011 „	0,013 „	0,005 „
„ 5	0,18 „	0,12 „	6,46 „	8,15 „	—	0,010 „	0,031 „	0,001 „	0,001 „	0,011 „	0,011 „	0,005 „
„ 8	0,08 „	—	—	—	—	—	—	—	—	—	—	—
„ 14	—	—	8,12 „	8,51 „	—	—	—	—	—	—	—	—

⁰⁰) Ueber die Untersuchungs-Verfahren dieser Weine vergl. unter „Tyroler Weine“ S. 1256, Anm. *).

No.	Nähere Bezeichnung	Zeit der Untersuchung	Spec. Gewicht	100 g Wein enthalten Gramm: Alkohol	Extrakt	Ges.-Säure (Weinsäure)	Flücht. Säure (Essigsäure)	Zucker	Glycerin	Mineral-stoffe	Kali (K_2O)	Phosphor-säure (P_2O_5)	Schwefel-säure (SO_3)	Analytiker
19	Ausbruch, goldgelb: Vorzüglich	1884	1,0601	10,42	18,67	0,60	—	15,18	—	0,36	—	—	—	B. Haas, L. Weigert, C. Hoffmann u. E. Kayser[1] (No. 19–37)
20	Ausbruch, goldgelb: sehr gut	"	1,1045	7,64	27,83	0,57	—	23,79	—	0,42	—	0,068	0,053	
21	Ausbruch, goldgelb: sehr gut	"	1,0700	8,51	20,25	0,61	—	17,44	—	0,34	—	0,071	0,049	
22	Ausbruch, goldgelb: sehr gut	"	1,0935	7,80	25,50	0,59	—	22,42	—	0,38	—	0,076	0,035	
23	Ausbruch, dunkelgelb, sehr gut	1883	1,0687	9,65	20,10	0,59	—	16,73	—	0,26	—	0,044	0,040	
24	Herb gezehrt, mild, voll, sehr gut	1885	0,9922	11,05	2,80	0,65	—	—	1,35	0,181	—	0,049	0,010	
25	Sehr guter Ausbruch	1884	1,0898	9,84	25,48	0,57	—	21,88	0,80	0,246	—	0,036	0,025	
26	Sehr guter Ausbruch	"	1,1119	10,43	30,25	0,52	—	26,17	0,82	0,229	—	0,035	0,021	
27	Sehr guter Ausbruch	"	1,1042	9,78	28,35	0,54	—	24,56	0,76	0,254	—	0,037	0,027	
28	Sehr guter Ausbruch	"	1,1230	9,90	32,58	0,50	—	28,27	0,64	0,242	—	0,040	0,028	
29	Sehr gute Essenz . .	1885	1,0842	7,47	24,02	0,86	—	19,07	—	0,244	—	0,070	0,029	
30	Sehr guter Ausbruch*)	"	1,0840	8,28	23,80	0,53	0,11	20,53	1,12	0,289	0,115	0,036	0,036	
31	Gut*)	"	1,0618	10,02	19,34	0,50	—	16,89	—	0,267	0,116	0,026	0,052	
32	Vorzüglich	"	1,1201	8,79	31,75	0,50	—	26,33	—	0,318	—	0,038	0,026	
33	Sehr gut	"	1,0711	9,28	20,90	0,60	—	16,91	—	0,267	—	0,035	0,028	
34	Sehr gut	"	1,0932	8,28	25,85	0,55	—	21,07	—	0,306	—	0,042	0,033	
35	Vorzüglich	"	1,0973	7,46	26,32	0,64	—	21,52	—	0,317	—	0,043	0,033	
36	Sehr guter Ausbruch	1884	1,0700	8,51	20,25	0,61	—	16,77	—	0,340	—	0,071	0,035	
37	Sehr guter Ausbruch	"	1,0935	7,80	25,50	0,59	—	21,56	—	0,375	—	0,076	0,040	
	Mittel (No. 1—37) %	—	1,0792	9,37	22,54	0,59	0,11	18,92	0,65	0,31	0,123	0,049	0,040	
				100 ccm Wein enthalten Gramm:										
	Mittel (No. 1—37)	—	1,0792	10,11	24,33	0,64	0,11	20,42	0,70	0,33	0,133	0,053	0,043	
											Stick-stoff-Subst.			
38	Ausbruch, 1874-er . .	18 80/81	1,0615	9,99	19,00	0,68	0,08	14,45	—	0,29	0,35	0,026	—	E. Egger[2] **) (No. 38–42)
39	Aus Berlin: Essenz, 1869-er	"	1,0908	9,06	26,10	0,65	0,14	18,96	—	0,38	0,18	0,065	—	
40	Aus Berlin: 1872-er . . .	"	1,0442	12,82	15,84	0,84	0,15	10,63	—	0,25	0,54	0,062	—	
41	Ausbruch aus Hamburg I	"	1,0743	10,26	22,77	0,63	0,12	19,99	—	0,35	0,51	0,053	—	
42	Ausbruch aus Hamburg II	"	1,0927	8,91	26,32	0,71	0,12	19,78	—	0,37	0,19	0,041	—	
43	Medizinal-Tokayer***) .	1883	1,0837	10,43	25,43	0,64	—	21,27	0,48	0,43	0,16	0,055	0,038	C. Böhmer[3]

[1]) Vergl. Anmerkung [3]) S. 1317.

[2]) 1. und 2. Jahresber. d. Unters.-Stat. d. Hygien. Instituts in München für 1880/81. München 1882, 79.

[3]) Original-Mittheilung.

*) In den Weinen wurde ferner bestimmt:

	Kalk	Magnesia	Eisenoxyd	Thonerde	Natron	Chlor	Schweflige Säure
No. 30 . . .	0,011 %	0,022 %	0,0015 %	0,0009 %	0,008 %	0,0064 %	0,0033 %
" 31 . . .	0,012 "	0,015 "	0,0011 "	0,0010 "	0,003 "	0,0068 "	—

**) Der Alkohol wurde durch Destillation und Ermittelung des spec. Gewichtes des auf gleiches Volumen gebrachten Destillates bestimmt; Extrakt aus dem spec. Gew. der von Alkohol befreiten Extraktlösung nach der Tabelle von Schultze; Säure nach Weigert (Zeitschr. analyt. Chem. 1879, 18, 207); Zucker mittels Kupferlösung nach Fehling. Weitere Angaben fehlen.

***) Der Gehalt an Kali betrug 0,136 g in 100 ccm.

No.	Nähere Bezeichnung	Zeit der Untersuchung	Spec. Gewicht	100 ccm Wein enthalten Gramm: Alkohol	Extrakt	Ges.-Säure (Weinsäure)	Flüchtige Säure (Essigsäure)	Zucker	Glycerin	Mineral-stoffe	Kali (K_2O)	Phosphor-säure (P_2O_5)	Schwefel-säure (SO_3)	Analytiker
44	Ungarweine des Handels, welche den Rösler'schen*) Anforderungen an österreichisch-ungarische Sanitätsweine genügen.	In den Jahren 1884—1897	1,0971	8,64	29,22	0,57	—	24,21	0,68	0,46	—	0,078	—	W. Fresenius[1])
45			1,0859	9,21	26,68	0,64	—	22,54	0,97	0,39	—	0,076	—	
46			1,0130	12,45	9,12	0,59	—	5,69	0,78	0,28	—	0,069	—	
47			1,0030	11,74	6,18	0,65	—	3,69	1,02	0,24	—	0,061	—	
48			1,0000	12,88	5,75	0,64	—	2,74	1,24	0,21	—	0,064	—	
49			1,0098	11,79	7,08	0,77	—	2,83	1,05	0,23	—	0,081	—	
50			1,0789	9,58	24,55	0,81	—	20,79	0,54	0,35	—	0,075	0,144	
51			1,0829	10,12	25,83	0,63	0,156	22,70	0,21	0,43	—	0,061	—	
52			1,0922	7,58	27,01	0,91	0,321	23,33	0,33	0,42	—	0,082	—	
53			1,1098	9,20	32,37	0,56	—	29,03	0,27	0,37	—	0,066	—	
54			1,0958	10,96	28,38	0,50	—	24,96	0,59	0,72	—	0,076	0,049	
55			1,1578	6,28	44,29	0,54	—	40,70	0,80	0,50	—	0,082	—	
56			1,0782	10,14	24,15	0,57	—	20,48	0,53	0,38	—	0,078	0,049	
57			1,0923	10,10	27,95	0,66	0,163	24,30	0,52	0,48	—	0,067	0,063	
	Tokayer des Handels, Mittel		1,0767	9,93	23,76	0,65	0,164	19,80	0,69	0,35	0,133	0,058	0,044	

Sonstige Ungarische Süssweine.

1. Ruster Ausbruch.

No.	Nähere Bezeichnung	Zeit der Untersuchung	Spec. Gewicht	Alkohol	Extrakt	Ges.-Säure	Stickstoff-Subst.	Zucker	Glycerin	Mineral-stoffe	Kali	Phosphor-säure	Schwefel-säure	Analytiker
**) 1	Ohne nähere Bezeichn.	1872	1,0849	8,21	21,61	0,48	0,29	20,04	—	0,38	0,171	0,053	0,032	G. Laube u. B. Aldendorff [2]) ***)
2	Ziemlich stark, gut .	1885	1,0923	9,82	26,36	0,44	—	23,07	—	0,39	0,160	0,054	0,048	B. Haas [3])
3	Stark, gut . . .	1885	1,1070	10,26	29,36	0,42	—	25,58	—	0,25	—	0,027	0,029	
4		1885	1,0978	9,84	26,87	0,44	—	23,39	—	0,26	—	0,027	0,038	
	Mittel	—	1,0800	9,55	26,05	0,44	0,29	23,77	—	0,32	0,166	0,040	0,037	

2. Menescher Ausbruch (rother).

No.	Nähere Bezeichnung	Zeit der Untersuchung	Spec. Gewicht	Alkohol	Extrakt	Ges.-Säure	Stickstoff-Subst.	Zucker	Glycerin	Mineral-stoffe	Kali	Phosphor-säure	Schwefel-säure	Analytiker
1 ⁰)	Sehr süss, vorzüglich	1882	1,0631	9,77	19,10	0,50	0,76 Saccharose	15,14	0,27	0,34	0,141	0,040	0,061	B. Haas [3])
2	Sehr süss, ziemlich stark und voll	1885	1,0797	8,90	22,70	0,52	0,41	18,59	1,33	0,24	—	0,033	0,019	
3		1885	1,1072	8,40	28,45	0,49	0,23	22,83	0,92	0,25	—	0,055	0,019	
	Mittel	—	1,0833	9,02	23,42	0,50	0,32	18,85	0,84	0,28	0,141	0,036	0,033	

3. Ohne nähere Bezeichnung (No. 1—10 Ausbruchweine).

No.	Nähere Bezeichnung	Zeit der Untersuchung	Spec. Gewicht	Alkohol	Extrakt	Ges.-Säure	Stickstoff-Subst.	Zucker	Glycerin	Mineral-stoffe	Kali	Phosphor-säure	Schwefel-säure	Analytiker
1	Ziemlich stark und voll, gut	1885	1,0775	9,95	22,41	0,63	—	18,17	—	0,232	—	0,036	0,031	B. Haas [3])
2	Stark, voll, sehr gut	1885	1,0639	9,63	19,27	0,62	—	15,46	—	0,245	—	0,036	0,039	

[1]) Zeitschr. analyt. Chem. 1897, **36**, 102.
[2]) Hannover. Monatsschr. wider die Naturfälscher 1879, 124.
[3]) Mittheil. k. k. chem.-physiol. Vers.-Stat. Klosterneuburg. Wien 1885, Heft 4 u. 1888, Heft 5.

*) Die Weine sollen 55 mg Phosphorsäure enthalten. Ueber die von L. Rösler in Ungar-Süssweinen gefundenen Mengen Alkohol, zuckerfreier Extrakt, Glycerin, Mineralstoffe und Phosphorsäure vergl. Zeitschr. analyt. Chem. 1895, **34**, 354.

**) Der Wein enthielt ferner:

Glukose	Fruktose	Kalk	Magnesia	Eisenoxyd	Thonerde	Natron	Chlor	Kieselsäure
6,44 %	8,70 %	0,013 %	0,020 %	0,002 %	0,002 %	0,008 %	0,007 %	0,004 %

***) Untersuchungs-Verfahren: Alkohol durch Destillation und Bestimmung des spec. Gewichtes des Destillates mittels Pyknometers. Extrakt durch Eintrocknen bei 105—110°, Zucker gewichtsanalytisch mit Fehling-scher Lösung; Stickstoff-Substanz durch Verbrennen mit Natronkalk. Schwefelsäure direkt im Wein nach dem Weigelt'schen Verfahren.

⁰) Der Wein enthielt 0,18 % Weinstein.

No.	Nähere Bezeichnung	Zeit der Untersuchung	Spec. Gewicht	100 g Wein enthalten Gramm: Alkohol	Extrakt	Gesammt-Säure (Weinsäure)	Stickstoff-Substanz	Zucker	Glycerin	Mineral-stoffe	Kali (K_2O)	Phosphor-säure (P_2O_5)	Schwefel-säure (SO_3)	Analytiker
3	Stark, voll, sehr gut, unklar	1885	1,0458	11,01	15,33	0,45	—	13,09	0,76	0,277	—	0,030	0,032	B. Haas[1])
4		„	1,0813	9,55	23,44	0,56	—	20,43	0,83	0,221	—	0,033	0,028	
5		„	1,0887	9,70	25,07	0,54	—	21,83	0,87	0,226	—	0,033	0,026	
6		„	1,1031	10,01	28,11	0,50	—	24,93	0,81	0,233	—	0,033	0,025	
7		„	1,1201	8,35	31,11	0,52	—	27,79	0,71	0,240	—	0,034	0,024	
8	Stark, voll, vorzüglich, feines Aroma . . .	1884	1,0601	10,42	18,67	0,60	—	14,60	—	0,360	—	0,068	0,053	
9	Voll, sehr gut . .	„	1,1045	7,64	27,83	0,57	—	22,88	—	0,421	—	0,072	0,049	
10		„	1,0690	10,00	20,20	0,51	—	17,15	0,38	0,267	0,114	0,039	0,037	
11	Halbausbr., voll, sehr gut	„	1,0740	10,01	20,69	0,65	—	18,64	0,54	0,249	—	0,041	0,024	
12	Fettausbr., voll, sehr gut	„	1,1100	10,14	27,24	0,53	—	23,79	0,42	0,231	—	0,035	0,026	
13	Essenz, voll und gut .	„	1,1560	10,23	33,39	0,43	--	27,89	0,35	0,206	—	0,026	0,027	
14	Ausbruchwein, stark, voll, sehr gut	1886	1,0788	12,00	23,83	0,46	—	20,58	—	0,241	—	0,028	0,028	
5		„	1,1100	9,45	29,61	0,43	—	26,31	—	0,211	—	0,028	0,025	

Aeltere und sonstige Analysen von ungarischen Süssweinen.

1. Analysen von Pohl, Lüdersdorf und Knapp. — Annalen der Oenologie 1873, **3**, 200.
2. G. Glässner. — Arch. Pharm. [2], **149**, 117.
3. J. Moser. — Erster Bericht der Versuchsstation Wien 1878, 83.
4. Fr. Elsner. — Praxis des Nahrungsmittelchemikers. Leipzig 1880, 104.
5. G. Laube und B. Aldendorff. — Hannoversche Monatsschrift wider die Nahrungsfälscher 1879, 124.
6. J. Skalweit. — Hannoversche Monatsschr. wider die Nahrungsfälscher 1879, 167.
7. E. Egger. — 1. u. 2. Jahresbericht der Untersuchungsstation des hygienischen Instituts in München 1880/81. München 1882, 79.
8. N. N. — Weinlaube 1886; Vierteljahresschr. Nahrungs- u. Genussm. 1886, **I**, 75.
9. O. Schweissinger. — Pharm. Centralhalle 1889, **28**, 234; Chem. Centralbl. 1889, 704.
10. B. C. Niederstadt (Fortschr. der öffentl. Gesundheitspfl. 1894, **3**, Heft 6) fand in 3 Tokayer Weinen 0,091, 0,100 und 0,102% Phosphorsäure.
11. H. Beckurts (Apoth.-Ztg. 1894, **9**, No. 20) fand in 3 Medic.-Tokayer Weinen 0,062—0,090% Phosphorsäure.
12. L. Roesler. — Zeitschr. analyt. Chem. 1895, **34**, 354.
13. W. Fresenius (Zeitschr. analyt. Chem. 1897, **36**, 102) theilt ausser den oben aufgeführten noch zahlreiche sonstige Analysen von Ungar-Weinen des Handels mit.
14. R. Kayser (Forschungsberichte über Lebensmittel 1894, **I**, 18) berichtet über durch Glycerin-Zusatz verfälschte Ungar-Weine.

Süssweine aus Tyrol, Steiermark, Dalmatien und der Hercegovina.

Tyroler Süssweine (No. 1 u. 2 weiss; No. 3 u. 4 roth).

No.	Herkunft und Jahrgang	Zeit der Untersuchung	Spec. Gewicht	100 g Wein enthalten Gramm: Alkohol	Extrakt	Ges.-Säure (Weinsäure)	Stickstoff-Substanz	Zucker	Glycerin	Mineral-stoffe	Kali (K_2O)	Phosphor-säure (P_2O_5)	Schwefel-säure (SO_3)	Analytiker
1	Goccia d'oro, Trento, 1866	1883	1,0110	11,88	7,55	0,63	0,229	—	0,60	0,20	0,089	0,023	0,036	B. Haas, L. Weigert, C. Hoffmann u. E. Kayser[1]) *)
2	Trebbiano, 1867 . . .	1883	0,9982	14,90	5,13	0,55	0,221	—	0,83	0,17	0,077	0,022	0,031	
3	Vino di pasto, Süd-T. .	1882	1.0100	6,86	5,11	0,59	Gerbstoff 0,19	2,75	0,95	0,23	0,095	0,027	0,013	
4	Trento, 1881	1883	1,0140	8,02	6,55	0,59	0,16	—	0,41	0,24	0,118	0,022	0,023	

[1]) Mittheil. k. k. chem.-physiol. Vers.-Stat. Klosterneuburg. Wien 1885, Heft 4 u. 1888, Heft 5.
*) Untersuchungs-Verfahren vergl. oben unter „Tyroler Weine“ S. 1256.

Steiermärkische Süssweine.

No.	Herkunft und Jahrgang	Zeit der Untersuchung	Spec. Gewicht	100 g Wein enthalten Gramm: Alkohol	Extrakt	Ges.-Säure (Weinsäure)	Stickstoff-Substanz	Zucker	Glycerin	Mineralstoffe	Kali (K_2O)	Phosphorsäure (P_2O_5)	Schwefelsäure (SO_3)	Analytiker
1*)	Lüttenberger Auslese .	1884	1,0210	10,04	8,46	0,71	0,155	—	0,72	0,21	0,086	0,045	0,051	B. Haas etc. 1) **)
2*)	Jerusalemer Auslese, 1862	1884	1,0040	8,84	4,06	0,82	0,152	—	0,85	0,18	0,067	0,042	0,040	
3*)	Jerusalemer Auslese, 1862	1884	1,0090	8,14	5,11	0,83	0,136	—	0,71	0,18	0,069	0,042	0,041	

Süssweine aus Dalmatien.***)

No.	Herkunft und Jahrgang	Zeit der Untersuchung	Spec. Gewicht	Alkohol	Extrakt	Ges.-Säure	Weinstein	Zucker	Glycerin	Mineralstoffe	Kalk	Phosphorsäure	Gerbstoff	Analytiker
1	Sebenico: Maraschino weiss	1873	1,0540	10,19	18,40	0,47	—	10,44	—	0,21	0,004	0,044	0,35	B. Haas, L. Weigert, C. Hoffmann u. E. Kayser 1)
2	Sebenico: Maraschino 1869	„	1,0440	8,80	14,40	0,63	0,112	8,60	—	0,25	0,002	0,027	—	
3	Sebenico: Maraschino 1850	„	1,0790	7,70	21,80	0,83	0,088	15,20	—	0,50	0,011	0,028	0,07	
4	Sebenico: Vino debito, 1869 .	„	1,0000	11,70	4,70	0,74	0,058	1,90	—	0,22	0,009	0,026	—	
5	Sebenico: roth, 1872	„	1,0240	11,60	10,70	0,70	0,074	3,20	—	0,72	0,008	0,026	0,12	
6	Sebenico: Tartavo, 1868. . .	„	1,0030	11,30	5,60	0,85	0,058	2,10	—	0,27	0,004	0,034	—	
7	Sebenico: Plavinio, 1863 . .	„	1,0160	11,20	8,40	0,89	0,093	4,30	—	0,28	0,004	0,032	—	
8	Spalato 1870 (No. 8) u. 1871: Muscat rosa . . .	„	1,0300	10,04	11,43	0,58	—	5,34	—	0,36	0,019	0,016	0,16	
9	Spalato 1870 (No. 8) u. 1871: Vugava	„	1,0150	10,50	8,40	0,60	—	3,17	—	0,24	0,021	0,025	0,08	
10	Spalato 1870 (No. 8) u. 1871: Bol	„	1,0140	10,11	7,63	0,65	—	3,66	—	0,31	0,015	0,025	0,39	
11	Spalato 1870 (No. 8) u. 1871: Castello	„	1,0130	10,60	7,63	0,69	—	3,00	—	0,32	0,014	0,032	0,34	
12	Spalato 1870 (No. 8) u. 1871: Cerljenack . . .	„	1,0290	9,74	11,07	0,63	—	5,17	—	0,33	0,031	0,029	0,18	
13	Insel Brazza, Vugava, 1870	„	1,0110	11,09	8,27	0,67	—	3,09	—	0,26	0,015	0,044	0,09	
							Stickstoff-Subst.				Kali			
14	Insel Lacroma 1870 u. 1871 (No. 15): Maraschino I	1872	1,0540	9,20	16,60	0,64	0,143	—	—	0,204	0,059	0,051	0,04	
15	Insel Lacroma 1870 u. 1871 (No. 15): Maraschino II	„	1,0110	11,72	6,70	0,56	0,078	2,60	—	0,160	0,077	0,057	0,06	
16	Insel Lacroma 1870 u. 1871 (No. 15): Maraschino III	„	1,0330	10,77	12,00	0,80	0,136	—	—	0,227	0,049	0,040	0,03	
17	Insel Lacroma 1870 u. 1871 (No. 15): Slatarizza . . .	„	1,0210	10,90	9,13	0,64	0,206	5,10	—	0,304	0,089	0,051	0,07	
18	Insel Lacroma 1870 u. 1871 (No. 15): Muscat rosa . .	„	1,0850	7,80	22,90	0,67	0,356	—	—	0,396	—	0,047	0,07	

Süssweine der Hercegovina.

No.	Herkunft und Jahrgang	Zeit der Untersuchung	Spec. Gewicht	Alkohol	Extrakt	Ges.-Säure	Flüchtige Säure	Zucker	Glycerin	Mineralstoffe	Kali	Phosphorsäure	Schwefelsäure	Analytiker
1⁰)	Weinbau-Station Mostar: Muscat Lunel	1896	1,0098	11,80	7,37	0,69	0,17	3,75	1,16	0,320	—	0,047	—	C. A. Neufeld 2)
2⁰)	Weinbau-Station Mostar: Malaga . .	1899	1,0498	10,59	17,35	0,81	0,13	11,70	1,29	0,472	—	0,108	—	

1) Mittheil. k. k. chem.-physiol. Vers.-Stat. Klosterneuburg. Wien 1885, Heft 4 u. 1888, Heft 5.
2) Zeitschr. Nahrungs- u. Genussm. 1901, **4**, 295.
*) Der Gehalt an schwefliger Säure betrug bei No. 1: 0,0013; No. 2: 0,0148 und No. 3: 0,0206.
**) Untersuchungs-Verfahren vergl. oben unter „Tyroler Weine" S. 1256, Anmerkung *).
***) Eigenschaften der Weine:

No. 2. Mittelgut.
„ 3. Dunkel, ausgezeichnet.
„ 4. Hellgelb, gering.
„ 5 u. 6. Gering.
„ 7. Gelbroth, gering.
„ 8. Roth, vorzüglich.
„ 9. Dunkelgelb, anisartiger Geschmack.
„ 10. Dunkelroth, gut.
No. 11. Dunkelroth, ziemlich gut.
„ 12 u. 13. Sehr gut.
„ 14. Sehr süss, fein.
„ 15. Ziemlich gut.
„ 16. Riecht nach Essigsäure.
„ 17. Sehr süss, fein.
„ 18. Vorzüglich, mit Essenz-Charakter.

⁰) Die Weine enthielten ferner:

	Weinsäure im Ganzen	Weinsäure frei	Weinstein
No. 1	0,165	0,045	0,038
„ 2	0,203	0	0,226

Türkische, Rumänische und Russische Süssweine.
Altserbische und Macedonische Süssweine.

No.	Herkunft	Jahrgang	Spec. Gewicht	100 ccm Wein enthalten Gramm: Alkohol	Extrakt	Gesammt-Säure (Weinsäure)	Farb- und Gerbstoff	Zucker	Glycerin	Mineral-stoffe	Kali (K_2O)	Phosphor-säure (P_2O_5)	Schwefel-säure (SO_3)	Analytiker
1	Salonichi (Solun) gelb	1890	1,0678	11,05	22,32	0,222	0,044	19,45	0,845	0,214	—	0,023	—	Branko Anovic[1]) *)
2	Salonichi (Solun) hellroth	1891	1,0361	10,88	12,40	0,586	0,410	8,98	0,812	0,366	—	0,046	—	
3	Salonichi (Solun) roth	1892	1,0897	7,86	25,42	0,681	0,250	21,70	1,172	0,866	—	0,081	0,175	
4	Ueskūb (Skoplje) roth	1891	1,0467	8,46	14,64	0,570	0,600	11,30	1,134	0,410	—	0,041	—	
5	Ueskūb (Skoplje) roth	1892	1,0305	9,53	10,50	0,333	0,458	6,50	1,004	0,410	—	0,040	0,068	
6	Ueskūb (Skoplje) gelb	1892	1,0205	8,59	7,60	0,222	0,250	5,66	0,638	0,262	—	0,019	—	
7	Satischta, gelb	1891	1,0687	10,22	20,04	0,412	0,069	17,76	0,644	0,325	—	0,026	—	
8	Satischta, gelb	1892	1,0157	8,59	7,75	0,539	0,048	4,82	0,768	0,114	—	0,021	—	
9	Nauschti (Negosch) gelb	1888	1,0409	12,48	14,76	0,334	0,074	12,57	0,822	0,214	—	0,033	—	
10	Nauschti (Negosch) hellroth	1888	1,0912	8,00	25,36	0,792	0,220	22,34	0,582	0,582	—	0,085	0,182	
11	Kaffadar, roth	1892	1,0366	8,59	12,12	0,570	0,520	8,56	0,936	0,354	—	0,031	—	
12	Tikwesch, roth	1892	1,0497	8,40	15,60	0,364	0,445	12,40	1,111	0,362	—	0,037	—	
	Mittel	—	**1,0495**	**9,39**	**15,71**	**0,47**	**0,282**	**12,67**	**0,87**	**0,373**	—	**0,040**	**0,142**	

Rumänischer Süsswein.

No.	Herkunft	Jahrgang	Spec. Gewicht	Alkohol	Extrakt	Gesammt-Säure	Weinstein	Zucker	Glycerin	Mineral-stoffe	Kali	Phosphor-säure	Schwefel-säure	Analytiker
1 **)	R. Valcei, Dragasani (roth)	1887	1,0441	6,43	13,76	0,648	0,053	11,09	0,63	0,211	0,078	0,036	0,012	*Ch. D. Drutzu* [2]) **)

Russische Süssweine (Krim-Weine).

No.	Herkunft	Jahrgang	Spec. Gewicht	Alkohol	Extrakt	Gesammt-Säure	Flücht. Säure	Zucker	Glycerin	Mineral-stoffe	Kali	Phosphor-säure	Weinsäure	Analytiker
1	Muscat Magaratsch, roth	1866	1,0680	9,11	21,58	0,477	0,050	10,56	—	0,445	0,160	—	0,053	*A. Salomon*[3]) ⁰)
2	Muscat Gursuf, weiss	1864	1,0250	10,54	10,70	0,732	0,099	6,82	0,232	0,451	0,117	—	0,052	
3	Muscat Sudack***)	1869	1,0039	12,14	5,54	0,567	0,060	3,23	0,505	0,314	0,118	0,019	0,041	
4	Mad. Malvoisie Simeis	1867	1,0440	12,59	16,30	0,330	0,204	5,89	—	0,456	0,068	—	0,036	
5	Mad. Malvoisie Partenit	1868	1,0240	11,89	11,12	0,435	0,092	3,95	—	0,352	0,080	—	0,029	

Portugiesische Süssweine.⁰⁰)
Portwein.⁰⁰⁰)

No.	Nähere Bezeichnung und Jahrgang	Zeit der Unter-suchung		100 g Wein enthalten Gramm:			Stick-stoff-Substanz						Schwe-felsäure	Analytiker
1	Weiss . . . 1860	1879	1,0126	16,12	8,71	0,33	0,09	4,82	—	0,21	0,091	0,034	0,037	*B. Haas und L. Weigert*[4])
2	Roth . . . 1863	1879	1,0059	15,71	6,69	0,42	0,23	4,42	—	0,29	0,133	0,034	0,045	
3	Roth . . . 1865	1879	1,0125	17,61	8,71	0,44	0,20	6,33	—	0,23	0,113	0,031	0,018	
4	Alt, granatroth, vorzüglich†)	1882	1,0084	16,79	8,41	0,47	Weinstein 0,13	6,20	0,51	0,21	0,091	0,028	0,021	

[1]) Zeitschr. Nahrungsm.-Unters., Hygiene u. Waarenk. 1898, **7**, 314.
[2]) Br. Anovic: Untersuchungen über den Weinbau Rumäniens. Inaug. Dissertation Halle a. S. 1889.
[3]) Annalen der Oenologie 1873, **3**, 1.
[4]) Mittheil. k. k. chem.-physiol. Vers.-Stat. Klosterneuburg. Wien 1885, Heft 4 u. 1888, Heft 5.

*) Ueber die Untersuchungs-Verfahren vergl. oben S. 1282.
**) Der Wein enthielt 0,124 g Stickstoff-Substanz. Ueber die Untersuchungs-Verfahren vergl. oben S. 1280.
***) Der Wein enthielt 0,208 g Stickstoff-Substanz.

⁰) Ueber die Untersuchungs-Verfahren vergl. oben S. 1298, Anm. *).
⁰⁰) Ueber die Untersuchungs-Verfahren vergl. S. 1296, Anm. *).
⁰⁰⁰) Aeltere Analysen von Thudichum, Griffith und Hassal in „Foods, its adulterations ect." von Hassal London 1876, 732.
†) Der Wein enthielt: 4,05 % Glukose, 2,15 % Fruktose und 0,081 % Flüchtige Säure (Essigsäure).

No.	Nähere Bezeichnung und Jahrgang	Zeit der Untersuchung	Spec. Gewicht	100 g Wein enthalten Gramm: Alkohol	Extrakt	Ges.-Säure (Weinsäure)	Weinstein	Zucker	Glycerin	Mineral-stoffe	Kali (K_2O)	Phosphor-säure (P_2O_5)	Schwefel-säure (SO_3)	Analytiker
5	Roth, sehr gut . . .	1882	1,0026	16,65	6,76	0,29	—	4,70	0,28	0,33	—	—	0,042	B. Haas u. L. Weigert [1]
6	Echt, roth, vorzüglich .	1883	1,0034	17,87	7,58	0,45	—	5,29	0,71	0,21	0,096	0,029	0,020	
7	Schmeckt fuselig . . .	1883	1,0018	17,00	9,90	0,36	0,15	—	—	0,18	0,085	0,030	0,015	
8	Sehr stark, gut . . .	1884	1,0180	15,78	9,67	0,44	—	8,12	0,23	0,21	—	—	0,017	
	Mittel (No. 1—8) %	—	1,0081	16,69	8,05	0,40	0,14	5,82	0,43	0,23	0,102	0,031	0,023	
				100 ccm Wein enthalten Gramm:										
	Mittel (No. 1—8)	—	1,0081	16,83	8,12	0,40	0,14	5,87	0,43	0,23	0,103	0,031	0,023	
							Flüchtige Säure							
9	Rothe Portweine aus absolut zuverlässiger Quelle (zweifellos rein)	In den Jahren 1884—1896	1,0103	14,47	8,47	0,42	0,075	5,88	0,37	0,23	—	0,036	—	W. Fresenius [2] *)
10			1,0095	14,87	8,58	0,42	0,081	6,31	0,21	0,22	—	0,030	—	
11			1,0098	15,27	8,26	0,42	0,079	6,55	0,30	0,21	—	0,032	—	
12			1,0077	16,07	8,26	0,47	0,097	5,57	0,22	0,22	—	0,068	—	
13			1,0056	15,51	6,66	0,50	0,093	3,76	0,33	0,22	—	0,058	—	
14	Weisse Portweine, wahrscheinlich rein		1,0143	15,67	9,70	0,44	—	8,17	0,32	0,19	—	0,028	—	
15			1,0100	16,22	8,79	0,39	—	7,30	0,27	0,19	—	0,023	—	
	Mittel (No. 1—15)	—	**1,0088**	**16,18**	**8,25**	**0,42**	**0,085**	**6,04**	**0,34**	**0,22**	**0,103**	**0,035**	**0,023**	

Madeira.**)

No.	Nähere Bezeichnung und Jahrgang	Zeit der Untersuchung	Spec. Gewicht	100 g Wein enthalten Gramm: Alkohol	Extrakt	Ges.-Säure (Weinsäure)	Stickstoff-Subst.	Zucker	Glycerin	Mineral-stoffe	Kali (K_2O)	Phosphor-säure (P_2O_5)	Schwefel-säure (SO_3)	Analytiker
1	1870-er	1879	1,0040	15,53	5,21	0,48	0,21	3,46	—	0,40	0,148	0,056	0,097	B. Haas u. L. Weigert [1]
2	1878-er	1879	0,9990	15,34	5,32	0,49	0,14	3,39	—	0,38	0,162	0,082	0,081	
							Weinstein							
3	Echt, vorzüglich . . .	1883	0,9997	15,14	5,76	0,52	—	2,93	1,04	0,38	0,149	0,052	0,068	
4	Finest old reserve***) .	1882	1,0040	14,85	6,71	0,30	0,12	3,88	0,71	0,33	0,145	0,051	0,048	
5	Sehr gut	1882	0,9947	16,14	4,60	0,38	—	2,48	0,46	0,27	—	—	0,081	
	Mittel (No. 1—5) %	—	1,0003	15,40	5,52	0,43	0,12	3,23	0,74	0,35	0,149	0,060	0,075	
				100 ccm Wein enthalten Gramm:										
	Mittel (No. 1—5)	—	1,0003	15,40	5,52	0,43	0,12	3,23	0,74	0,35	0,149	0,060	0,075	
6	Madeira-Weine aus einer Quelle, die eine gewisse Gewähr für die Reinheit bietet.	In den Jahren 1884—1896	0,9985	14,54	5,14	0,57	—	2,88	0,64	0,30	—	0,040	0,031	W. Fresenius [3] *)
7			0,9995	13,44	4,89	0,46	—	3,19	0,48	0,22	—	0,047	<0,2 g K_2SO_4	
8			0,9984	15,32	5,47	0,58	—	2,88	0,59	0,27	—	—		
9			1,0028	12,97	5,72	0,51	—	3,45	0,67	0,28	—	0,039		

[1] Mittheil. k. k. chem.-physiol. Vers.-Stat. Klosterneuburg. Wien 1885, Heft 4 und 1888, Heft 5.

[2] Zeitschr. analyt. Chem. 1897, **36**, 102. Daselbst sind auch noch die Analysen von 13 weiteren Portweinen des Handels aufgeführt.

[3] Zeitschr. analyt. Chem. 1897, **36**, 102.

*) Der Extrakt ist nach der Klosterneuburger Tabelle und der Zucker als Invertzucker berechnet.

) Aeltere Analysen von A. Salomon und Lamotte (Ann. Oenologie 1873, **3, 199) u. Hassal in „Foods, its adulterations ect.“ London 1876, 732.

***) Der Wein enthielt: 1,76 % Glukose, 2,12 % Fruktose und 0,139 % Flüchtige Säure (Essigsäure).

No.	Herkunft und Jahrgang	Zeit der Untersuchung	Spec. Gewicht	Alkohol	Extrakt	Ges.-Säure (Weinsäure)	Gerbstoff	Zucker	Glycerin	Mineral-stoffe	Kali (K_2O)	Phosphor-säure (P_2O_5)	Schwefel-säure (SO_3)	Analytiker
				100 ccm Wein enthalten Gramm:										
10	Madeira-Weine (wie No. 6—9)	Wie No. 6—9	1,0007	15,40	5,72	0,42	—	2,99	0,58	0,28	—	0,054	—	*W. Fresenius* [1] **)
11			0,9994	13,66	4,99	0,50	—	2,65	0,75	0,26	—	0,045	—	
12			0,9989	14,44	5,51	0,55	—	3,33	0,68	0,31	—	0,073	—	
13	Naturweine von Porto Santo*), 1899 . .	1901	0,9945	11,27	2,89	0,62	—	0,87	0,79	0,26	—	0,033	0,066	*H. Thoms u. C. Mannich* [2]
	Mittel (No. 1—13)	—	**0,9996**	**14,47**	**5,23**	**0,49**	—	**2,95**	**0,67**	**0,25**	**0,149**	**0,052**	**0,067**	

Sonstige Portugiesische Süssweine.***)

No.	Herkunft und Jahrgang	Zeit der Untersuchung	Spec. Gewicht	Alkohol	Extrakt	Ges.-Säure	Gerbstoff	Zucker	Glycerin	Mineralstoffe	Kali	Phosphorsäure	Schwefelsäure	Analytiker
				100 g enthalten Gramm:										
1	Benavente (Santarem) Vinho bastardo, 1867	1874	1,0625	13,77	20,09	0,39	0,13	13,97	—	0,32	—	0,042	0,016	*B. Haas* [3] [0]
2	Abranthes (Estremadura) Vinho tinto, 1852	„	1,0175	16,25	9,86	0,42	—	5,48	—	0,16	—	0,040	0,042	
3	Ega (Coimbra), roth, 1872	„	0,9925	9,93	3,32	0,52	—	—	—	0,28	0,123	0,017	0,016	
4	Celecros am Douro Lacrima branca, 1870	„	1,0470	15,64	16,86	0,26	0,13	13,28	—	0,12	0,046	0,028	0,012	
5	Villa Real (Trasosmontes), weiss 1815	1875	1,0010	9,62	5,10	0,69	—	2,38	—	0,20	0,098	0,037	0,017	
6	Villa Real (Trasosmontes), weiss 1834	„	1,0000	15,34	5,88	0,42	—	2,63	—	0,20	0,104	0,035	0,021	
7	Villa Real (Trasosmontes), weiss 1851	„	0,9990	15,10	5,88	0,42	—	2,59	—	0,22	0,116	0,059	0,026	
8	Alijo (Villa Real), 1872 weiss	„	1,0000	10,58	4,32	0,42	—	1,43	—	0,16	0,083	0,035	0,017	
9	Alijo (Villa Real), 1872 roth	„	1,0140	12,33	8,09	0,63	—	3,18	—	0,22	—	0,038	0,017	
10	Concelho d'Alijo (Villa Real), 1872 . . .	1874	1,0120	17,08	7,80	0,42	—	4,25	—	0,21	0,074	0,029	0,066	
11	Real Companhia dos Vinhos de Porto, 1840	„	1,0140	16,79	10,15	0,64	0,15	5,72	—	0,54	—	0,040	0,067	
12	Rothe Geropiga (Figueira da Foz), 1887	1890	1,0200	Vol.-% 21,00	11,65	0,30	0,09	3,06	—	0,30	—	—	—	*J. H. Vogel* [4]

Spanische Süssweine.

Sherry- (Xeres-) Weine.⁰⁰)

No.	Nähere Bezeichnung und Jahrgang	Zeit der Untersuchung	Spec. Gewicht	Alkohol	Extrakt	Ges.-Säure	Stickstoff-Subst.	Zucker	Glycerin	Mineralstoffe	Kali	Phosphorsäure	Schwefelsäure	Analytiker
1	1870-er	1879	0,9952	18,78	3,80	0,45	0,20	1,89	0,52	0,50	0,226	0,032	0,186	*G. Laube u. B. Aldendorff* [5] ⁰⁰⁰)
2	Sh. Amontilado . .	1879	0,9924	16,44	2,69	0,51	0,20	0,52	0,57	0,66	0,269	0,038	0,269	

[1]) Zeitschr. analyt. Chem. 1897, **36**, 102.
[2]) Ber. Deutsch. Pharm. Ges. 1901, **11**, 91; Zeitschr. Nahrungs- u. Genussm. 1901, **4**, 661.
[3]) Mittheil. k. k. chem.-physiol. Vers.-Stat. Klosterneuburg. Wien 1885, Heft 4.
[4]) Zeitschr. angew. Chem. 1891, 69.
[5]) Hannov. Monatsschr. wider die Nahrungsfälscher 1879, 124.

*) Der Wein stammt von der Madeira benachbarten Insel Porto Santo. Er war seit April 1900 auf Flaschen gezogen und hatte aus 781 ccm 0,497 g Weinstein ausgeschieden.

**) Der Extrakt ist nach der Klosterneuburger Tabelle und der Zucker als Invertzucker berechnet.

***) Eigenschaften der Weine:

No. 1. Lichtrother, sehr guter Liqueurwein.
„ 2. Cognacliqueur, dunkelgelb.
„ 3. Sehr guter Flaschenwein.
„ 4. Noch trübe, Spritgeruch.
No. 5. Gut.
„ 6. Nicht sehr fein.
„ 7. Gut.
„ 8. Feiner Süsswein.
No. 9. Gut, halbsüss.
„ 10. Guter Dessertwein.
„ 11. Lichtrother, guter Dessertwein.

⁰) Ueber die Untersuchungs-Verfahren vergl. oben S. 1256, Anmerkung *).

⁰⁰) Aeltere Analysen von Thudichum, Hassal und Griffin in Hassal: „Foods, its adulterations ect." London 1876, 732. Ferner von Fr. Elsner in seiner „Praxis des Chemikers". Leipzig 1880, 104.

⁰⁰⁰) Ueber die Untersuchungs-Verfahren vergl. S. 1319, Anmerkung ***).

No.	Nähere Bezeichnung und Jahrgang	Zeit der Untersuchung	Spec. Gewicht	100 g Wein enthalten Gramm: Alkohol	Extrakt	Ges.-Säure (Weinsäure)	Stickstoff-Substanz	Zucker	Glycerin	Mineral-stoffe	Kali (K_2O)	Phosphor-säure (P_2O_5)	Schwefel-säure (SO_3)	Analytiker
3	Goldgelb, sehr gut .	1883	0,9913	16,45	4,06	0,43	—	1,69	0,43	0,45	0,194	0,021	0,166	B. Haas [1]*)
4		1882	0,9866	17,37	3,28	0,25	—	1,93	0,22	0,20	—	—	0,044	
5	Voll, gut	1886	0,9963	16,01	4,98	0,54	—	2,93	0,52	0,34	—	—	0,098	
6	Sherry pale	1883	0,9934	19,88	5,40	0,30	0,12	3,77	0,45	0,31	0,136	0,027	0,109	C. Böhmer [2]
7	Nicht zu beanstanden**)	1883	0,9975	17,21	3,64	0,64	—	—	0,91	0,23	—	0,032	0,022	E. List [3]
	Mittel (No. 1—7) %	—	0,9932	17,45	3,98	0,45	0,17	2,12	0,52	0,38	0,206	0,031	0,128	
				100 ccm Wein enthalten Gramm:										
	Mittel (No. 1—7)	—	0,9932	17,33	3,95	0,45	0,17	2,10	0,52	0,38	0,205	0,31	0,127	
							Weinst.							
8	Reine echte Sherry-Weine, durch F. A. Schmölder in Frankfurt a. M. direkt von dem Exporthause Gonzales Byass u. Co. in Xeres de la Frontera bezogen — Fein und hochfein	1889	—	13,82	2,40	0,32	0,051	—	0,58	0,44	0,180	0,019	0,182	E. Borgmann u. W. Fresenius [4]***)
9		„	—	17,88	4,71	0,48	0,057	2,35	0,65	0,42	0,191	0,026	0,133	
10		„	—	13,28	1,94	0,33	0,155	—	0,33	0,55	0,234	0,024	0,247	
11		„	—	16,91	4,08	0,51	0,020	1,59	0,83	0,53	0,244	0,021	0,235	
12		„	—	19,01	8,13	0,43	—	4,80	0,34	0,56	0,256	0,019	0,230	
13		„	—	16,51	4,65	0,37	—	2,25	0,37	0,51	0,234	0,015	0,219	
14		„	—	15,67	4,07	0,53	—	1,10	0,86	0,62	0,278	0,031	0,280	
15		„	—	16,19	3,90	0,52	—	—	0,96	0,63	0,292	0,028	0,299	
16		„	—	13,33	1,93	0,34	—	—	0,21	0,43	0,207	0,027	0,187	
17		„	—	13,17	2,36	0,37	—	—	0,39	0,66	0,219	0,034	0,304	
18		„	—	12,26	1,88	0,34	—	—	0,25	0,52	0,233	0,027	0,223	
19		„	—	18,63	6,32	0,71	—	—	0,99	0,92	0,418	0,053	0,405	

[1]) B. Haas u. Mitarbeiter: Mittheil. k. k. chem.-physiol. Vers.-Stat. Klosterneuburg. Wien 1885, Heft 4 und 1888, Heft 5.

[2]) Original-Mittheilung.

[3]) Arch. Hyg. 1883, **I**, 500.

[4]) Zeitschr. analyt. Chem. 1889, **28**, 71.

*) Ueber die Untersuchungs-Verfahren vergl. S. 1256, Anmerkung *).

**) Der Sherry wurde gleichzeitig mit Hamburger Kunst-Sherry untersucht, welcher in 2 Proben folgende Zusammensetzung hatte:

	Spec. Gew.	Alkohol	Extrakt	Gesammt-Säure (Weinsäure)	Glycerin	Mineral-stoffe	Chlor	Phosphor-säure	Schwefel-säure	Polari-sation
		Gew.-%	%	%	%	%	%	%	%	(° Wild)
No. 1	0,9934	14,41	4,11	0,30	0,33	0,16	0,049	0,008	0,022	+ 0,08
„ 2	0,9940	16,65	4,05	0,38	0,48	0,21	0,042	0,011	0,023	— 0,04

No. 1 war ein Gemisch von Zuckerwasser, Weingeist und Kochsalz; der Zuckerzusatz hat wegen der Rechtsdrehung bei Abwesenheit von Hefe stattgefunden; durch gelindes Erwärmen drehte das Kunstgemisch 0,60° nach links; No. 2 war ein Verschnitt von Hamburger Kunst-Sherry.

***) Die Weine wurden nach den von der im April 1884 im Reichsgesundheitsamte zusammenberufenen Kommission vereinbarten Verfahren untersucht. Der Weinstein ist nur bei den ersten 4 Nummern bestimmt, weil sich beim Aufbewahren der anderen Proben ein Bodensatz von Weinstein abgeschieden hatte. Aus dem Grunde kann die Bestimmung des Weinsteins in einem gegypsten Wein nicht, wie Blitz (Repertorium analyt. Chem. 1862, **I**, 164; vergl. Petrowitsch, Zeitschr. analyt. Chem. 1876, **25**, 198) vorgeschlagen, einen Anhaltspunkt über die Stärke des Gypsens liefern; denn die Abscheidung des Weinsteins richtet sich nicht allein nach der zugesetzten Menge Gyps, sondern hängt auch ab von der Temperatur, dem Alkoholgehalt etc.

Die Weine enthielten ferner (g in 100 ccm):

	No. 8	9	10	11	12	13	14	15	16
Kalk	0,020	0,015	0,016	0,011	0,014	0,017	0,019	0,023	0,015
Magnesia	0,024	0,022	0,025	0,031	0,030	0,023	0,027	0,032	0,022
Natron	0,018	0,022	0,012	0,015	0,014	0,013	0,016	0,025	0,012
Chlor	0,020	0,019	0,021	0,022	0,019	0,016	0,022	0,021	—

	No. 17	18	19	20	21	22	23	24	25	Mittel
Kalk	0,016	0,016	0,003	0,015	0,017	0,017	0,013	0,016	0,015	0,015
Magnesia	0,031	0,023	0,049	0,019	0,019	0,017	0,021	0,017	0,017	0,022
Natron	0,013	0,021	0,026	0,015	0,026	0,017	—	—	0,017	0,018
Chlor	0,024	—	0,036	—	—	—	—	—	—	0,022

No.	Nähere Bezeichnung und Jahrgang	Zeit der Untersuchung	Spec. Gewicht	100 ccm Wein enthalten Gramm: Alkohol	Extrakt	Ges.-Säure (Weinsäure)	Weinstein	Zucker	Glycerin	Mineralstoffe	Kali (K_2O)	Phosphorsäure (P_2O_5)	Schwefelsäure (SO_3)	Analytiker
20	Reine echte Sherry-Weine (wie No. 8—19) mittel und gering	1889	—	16,33	2,75	0,29	—	—	0,46	0,35	0,159	0,020	0,135	*E. Borgmann u. W. Fresenius*[1])
21		„	—	11,98	3,40	0,27	—	—	0,38	0,34	0,153	0,018	0,116	
22		„	—	15,97	3,54	0,30	—	—	0,50	0,36	0,173	0,016	0,132	
23		„	—	17,40	4,71	0,41	—	—	0,41	0,41	—	0,034	0,169	
24		„	—	15,61	5,78	0,30	—	—	0,27	0,34	—	0,042	0,119	
25		„	—	17,20	7,22	0,30	—	4,20	0,14	0,37	0,178	0,025	0,139	
	Mittel (No. 8—25)	—	—	15,61	4,10	0,39	0,071	2,71*)	0,49	0,49	0,228	0,027	0,209	
	Gesammt-Mittel	—	0,9932	**16,09**	**4,06**	**0,41**	**0,071**	**2,40**	**0,51**	**0,46**	**0,224**	**0,028**	**0,186**	
				Gew.-%	*) %	%	Stickst.-Substanz	*) %	%	%	%	%	%	
26	Red Star Sherry old finest**)	1882	1,0490	15,90	18,02	0,29	—	14,73	0,24	0,35	0,156	0,034	0,088	*B. Haas*[2])

Malaga-Weine. ***)

No.	Nähere Bezeichnung und Jahrgang	Zeit der Untersuchung	Spec. Gewicht	100 g Wein enthalten Gramm: Alkohol	Extrakt	Ges.-Säure	Weinstein	Zucker	Glycerin	Mineralstoffe	Kali	Phosphorsäure	Schwefelsäure	Analytiker
1	Ohne nähere Bezeichn.	1872	1,0691	12,23	19,85	0,39	0,20 Weinstein	15,50	0,23	0,27	0,133	0,039	0,024	*G. Laube u. B. Aldendorff* [3]) [0])
2	Medicinischer Malaga-Sekt, dunkelbraun, klar: Sehr gut .	1882	1,0788	11,28	23,59	0,58	0,34	18,50	0,54	0,44	0,198	0,050	0,039	*B. Haas u. L. Weigert* [2]) [00])
3	Medicinischer Malaga-Sekt: Vorzüglich, echt . .	1883	1,0425	13,70	15,92	0,64	—	11,90	0,65	0,39	0,177	0,041	0,072	
4	Medicinischer Malaga-Sekt: Stark . .	„	1,0547	11,65	18,28	0,43	0,21	14,79	0,38	0,31	0,137	0,036	0,040	
5	Sehr gut	„	1,0860	10,82	24,00	0,56	—	19,04	0,30	0,51	0,232	0,053	0,045	
6	Sehr gut	„	1,0871	12,54	27,14	0,81	0,30	19,47	0,23	0,59	0,245	0,065	0,075	
7	1862, gut	„	1,0817	13,45	22,76	0,65	—	19,67	0,71	0,41	—	0,056	0,058	
8	Sehr gut, Red Malaga	„	1,0656	12,35	20,72	0,61	—	15,30	0,65	0,32	0,108	0,038	0,036	
9	Sehr gut, echt . . .	„	1,0543	12,03	17,70	0,41	0,19	14,26	0,44	0,29	0,134	0,033	0,043	
10	Gut	1882	1,0953	9,15	26,00	0,63	—	21,87	0,28	0,68	0,332	0,053	0,072	
11	Fein, alt	1883	1,0892	10,02	27,11	0,52	Stickst.-Substanz 0,32	22,00	0,65	0,42	0,169	0,054	0,028	*C. Böhmer*[4])
12	Stark, süss, voll, vorzüglich	1885	1,0770	12,24	23,54	0,60	—	17,96	—	0,43	0,180	0,049	0,045	*B. Haas* [2])
13	Stark, süss, mit wenig Aroma, ziemlich gut	1884	1,0454	12,31	15,88	0,47	—	12,13	0,47	0,29	—	0,029	0,061	
	Mittel (No. 1-13) %. . . .	—	1,0694	11,93	21,73	0,55	0,26	17,11	0,46	0,41	0,187	0,049	0,043	
	Mittel (No. 1-13) g in 100 ccm	—	1,0694	12,76	23,24	0,59	0,28	18,33	0,49	0,44	0,200	0,052	0,046	

[1]) Vergl. Anmerkung [4]) und ***) S. 1325.
[2]) Mittheil. k. k. chem.-physiol. Vers.-Stat. Klosterneuburg. Wien 1885, Heft 4 u. 1888, Heft 5.
[3]) Hannov. Monatsschr. wider die Nahrungsfälscher 1879, 124.
[4]) Original-Mittheilung.
*) Da der Zuckergehalt nicht in allen Proben bestimmt ist, sind die Zahlen für Extrakt und Zucker nicht vergleichbar.
**) Der Wein enthielt ferner: 0,11 % Weinstein und 0,094 % Flüchtige Säure (Essigsäure); der Zucker bestand aus 7,20 % Glukose und 7,53 % Fruktose.
***) Aeltere Analysen von Fr. Mayer (Jahrb. der Pharmacie **15**, 201) und Fr. Elsner (Praxis des Chemikers. Leipzig 1880, 104).
[0]) Ueber die Untersuchungs-Verfahren vergl. oben S. 1319, Anmerkung ***).
[00]) Ueber die Untersuchungs-Verfahren vergl. unter „Tyroler Weine" S. 1256. Die Weine enthielten ferner:

No.	2	4	5	6	9	10
Glukose	9,67 %	7,55 %	9,46 %	10,55 %	7,17 %	11,07 %
Fruktose	8,83 „	7,24 „	9,58 „	8,92 „	7,09 „	10,80 „
Gerbstoff	—	0,07 „	0,13 „	0,14 „	—	—
Essigsäure	0,16 „	—	—	—	—	—

No.	Nähere Bezeichnung und Jahrgang	Zeit der Untersuchung	Spec. Gewicht	100 ccm Wein enthalten Gramm: Alkohol	Extrakt	Ges.-Säure (Weinsäure)	Flüchtige Säure (Essigsäure)	Zucker	Glycerin	Mineralstoffe	Kali (K_2O)	Phosphorsäure (P_2O_5)	Schwefelsäure (SO_3)	Analytiker
14	1874-er	1879	—	11,11	29,20	0,62	—	24,80	—	0,41	0,174	0,058	0,038	R. Kayser [1]) *)
15	1874-er Verschnitt . .	1879	—	11,91	21,68	0,53	—	17,24	—	0,34	—	0,042	0,032	
16	1879-er	1882	—	10,80	29,23	0,36	—	25,20	—	0,73	—	0,053	—	
17	Malaga-Weine aus ganz zuverlässiger Quelle	In den Jahren 1884—1896	1,0686	12,81	22,95	0,47	0,139	19,84	0,23	0,41	—	0,035	0,030	W. Fresenius [2]) **)
18			1,1013	9,27	30,27	0,62	0,160	24,86	0,23	0,60	—	0,053	0,089	
19			1,0812	11,42	25,80	0,61	0,132	20,46	0,28	0,52	—	0,044	0,056	
20			1,0635	12,08	22,09	0,48	0,132	19,20	0,14	0,42	—	0,033	norm.	
21	Malaga-Weine aus einer Quelle, die eine gewisse Gewähr für die Reinheit bietet.		1,0403	13,15	15,02	0,41	—	13,00	0,46	0,37	—	0,038	0,042	
22			1,0405	14,34	15,92	0,53	—	13,58	0,50	0,55	—	0,055	0,156	
23			1,0469	11,76	16,82	0,57	—	14,80	0,40	0,39	—	0,038	norm.	
24			1,0462	13,31	17,34	0,55	0,185	13,58	0,54	0,47	—	0,049	0,087	
25	Desgl., aus einer zweiten Quelle		1,0406	16,07	16,58	0,45	—	12,50	0,97	0,36	—	0,046	—	
26			1,0411	13,92	16,37	0,35	—	13,85	0,42	0,30	—	0,031	0,040	
27			1,0502	14,26	18,93	0,46	—	15,62	0,56	0,44	—	0,045	0,041	
28			1,0721	10,16	23,26	0,47	—	19,52	0,71	0,34	—	0,052	0,042	
											Stickstoff			
29	Helle Malaga-Weine: Ohne näh. Bezeichn.	1898	—	12,77	20,80	0,69	0,256	16,17	—	0,57	—	0,030	—	O. Leixl [3])
30	Prima	„	1,0509	14,00	18,78	0,39	0,127	16,00	0,48	0,35	0,035	0,028	—	
31	Superior	„	1,0535	13,30	19,23	0,47	0,110	16,12	0,76	0,36	0,040	0,025	—	
32	Extra	„	1,0643	13,52	22,15	0,56	0,164	17,87	0,92	0,43	0,042	0,039	—	
33	Excelsior	„	1,0766	12,65	25,09	0,62	0,150	20,68	0,92	0,45	0,042	0,046	—	
34	Reservador . . .	„	1,0873	12,08	27,70	0,46	0,164	23,15	0,69	0,49	0,043	0,048	—	
35	Einjährig	„	1,0566	9,85	18,87	0,26	0,078	16,10	—	0,37	0,016	0,015	—	
36	Zweijährig . . .	„	1,0579	12,81	20,23	0,24	0,053	17,34	—	0,38	0,022	0,019	—	
37	Dreijährig . . .	„	1,0590	13,52	20,75	0,28	0,036	18,41	—	0,38	0,035	0,026	—	
38	Vierjährig . . .	„	1,0490	13,52	18,24	0,40	0,128	15,07	—	0,36	0,035	0,021	—	
39	Leuchtmann, Alamedaz Cie., London: dunkel	„	—	10,96	25,57	—	—	20,60	1,06	0,50	—	0,056	—	M. Mansfeld [4])
40	hell .	-	—	12,89	22,69	—	—	19,00	0,82	0,32	—	0,048	—	
											Kali			
	Mittel	—	**1,0749**	**12,60**	**22,09**	**0,51**	**0,134**	**18,32**	**0,55**	**0,42**	**0,199**	**0,044**	**0,052**	

Sonstige Spanische Süssweine.

No.	Weissweine:			100 g Wein enthalten Gramm:			Magnesia							
1	Elda (Prov. Alicante) .	1877	1,0090	13,00	6,60	0,30	0,012	3,90	—	0,53	0,238	0,028	0,110	B. Haas, L. Weigert u. Dworzak [5])
2	Alicante, echt . . .	1883	1,0568	12,06	18,59	0,48	—	15,47	0,63	0,24	0,143	0,025	0,031	
3	Lacrimae Christi . .	1883	1,0766	12,10	21,76	0,54	—	18,51	0,58	0,28	0,120	0,030	0,017	

[1]) Repertorium analyt. Chem. 1882, **2**, 152.
[2]) Zeitschr. analyt. Chem. 1897, **36**, 102.
[3]) O. Leixl: Inaugural-Dissertation 1898; Apoth.-Ztg. 1899, **14**, 532.
[4]) Bericht der Unters.-Anstalt f. Nahrungs- u. Genussm. des Allgem. österr. Apotheker-Vereins in Wien 1898/99.
[5]) Mitth. k. k. chem.-physiol. Vers.-Stat. Klosterneuburg. Wien 1885, Heft 4 u. 1888, Heft 5.

*) R. Kayser untersuchte die Weine nach den „Vereinbarungen analytischer Chemiker.“ Die Weine ergaben ferner:

	No. 14	15	16
Kalk	0,007 %	0,018 %	0,006 %
Magnesia	0,032 „	0,024 „	0,034 „

Der Wein No. 14 enthielt 0,002 % Kieselsäure, 0,003 % Thonerde und 0,003 % Eisen.

**) Der Extrakt ist bei No. 25, 27 u. 28 gewichtsanalytisch, bei den übrigen Weinen mittels der Klosterneuburger Tabelle berechnet; der Zucker ist als Invertzucker berechnet.

No.	Nähere Bezeichnung und Jahrgang	Zeit der Untersuchung	Spec. Gewicht	100 g Wein enthalten Gramm: Alkohol	Extrakt	Ges.-Säure (Weinsäure)	Magnesia (MgO)	Zucker	Gerbstoff	Mineralstoffe	Kali (K_2O)	Phosphorsäure (P_2O_5)	Schwefelsäure (SO_3)	Analytiker
	Rothweine:													
4	Elda (Prov. Alicante) *)	1877	1,0063	12,50	5,60	0,80	0,008	—	0,33	1,07	0,425	0,046	0,303	*B. Haas, L. Weigert u. Dworzak* [1])
5	Elda (Prov. Alicante) *)	„	1,0220	12,70	9,40	0,50	0,004	5,80	—	0,67	0,281	0,036	0,161	
6	Taragona-Alicante*) .	„	1,0187	12,90	8,30	0,50	0,033	3,90	0,22	0,93	0,343	0,042	0,322	
7	Elsche (Alicante)*) .	„	1,0062	12,40	5,80	0,80	0,033	—	0,38	1,09	0,395	0,040	0,332	
8	Alicante	1883	1,0463	11,80	15,38	0,56	Glycerin 0,63	12,63	0,06	0,30	0,135	0,033	0,062	

Italienische Süssweine.**)

Marsala-Weine.***)

No.	Nähere Bezeichnung und Jahrgang	Zeit der Untersuchung	Spec. Gewicht	Alkohol	Extrakt	Ges.-Säure (Weinsäure)	Flücht. Säure	Zucker	Glycerin	Mineralstoffe	Kali (K_2O)	Phosphorsäure (P_2O_5)	Schwefelsäure (SO_3)	Analytiker
1	Ingham	1879	0,9966	16,73	4,94	0,40	0,15	3,48	0,30	0,27	0,123	0,024	0,087	*G. Laube u. B. Aldendorff* [2]) [0])
2	Woudhouse	1879	1,0111	15,41	5,39	0,46	0,23	3,74	0,45	0,41	0,171	0,023	0,152	
3	Mittel aus 54 Analysen	1870 bis 1876	1,0041	16,08	5,40	0,55	—	4,23	—	0,43	—	—	—	*G. Briosi* [3]) [00])
4	Mittel aus 23 „		1,0005	16,92	4,10	0,55	—	3,17	—	0,45	—	—	—	
5	Sehr gut . . .	1882	0,9975	15,71	5,55	0,52	0,22	3,08	0,48	0,33	0,116	0,018	0,112	*B. Haas u. L. Weigert* [4])
6	Sehr gut . . .	1883	1,0032	14,22	6,26	0,45	—	3,49	0,83	0,42	0,158	0,048	0,103	
	Mittel (No. 1—6) %	—	1,0022	15,85	5,27	0,49	0,23	3,53	0,51	0,38	0,142	0,029	0,114	
				100 ccm Wein enthalten Gramm:										
	Mittel (No. 1—6)	—	1,0022	15,88	5,28	0,49	0,23	3,54	0,51	0,38	0,142	0,029	0,114	
											Chlor			
7	Deutsch-ital. Wein-Import-Gesellsch. Mars. Italia	1889	1,0110	14,18	5,64	0,46	—	2,75	0,71	0,39	0,016	0,027	0,068	*C. Schmitt* [5])
8	„ Inghilterra	1889	1,0032	15,42	6,61	0,46	—	3,44	1,05	0,50	0,015	0,028	0,080	
9	Marsala . .	1889	1,0035	14,55	6,39	0,63	—	3,05	1,24	0,33	0,009	0,026	0,083	
10	Marsala-Weine aus drei verschiedenen z. Th. zuverlässigen Quellen stammend	In den Jahren 1884—1896	0,9985	15,51	5,51	0,53	—	2,67	0,83	0,37	—	0,028	0,114	*W. Fresenius* [6]) [000])
11			1,0015	15,18	6,30	0,59	—	3,31	0,85	0,38	—	0,024	0,139	
12			1,0038	14,47	6,87	0,59	0,125	3,64	0,73	0,31	—	0,026	0,082	
13			1,0097	15,04	8,10	0,59	0,122	5,22	0,62	0,36	—	0,032	0,113	
14			1,0017	15,15	6,35	0,57	0,136	3,28	0,81	0,34	—	0,027	0,103	
15			1,0104	14,92	8,50	0,59	0,127	5,36	0,66	0,36	—	0,034	0,114	
16			1,0031	14,24	6,46	0,60	0,104	3,62	0,51	0,33	—	0,027	0,111	
17	Desgl. Vino dolce bianco	—	1,0205	13,56	10,72	0,47	0,070	8,24	0,34	0,23	—	0,025	0,039	
18	Marsala des Handels	1898	—	14,71	6,00	—	—	2,75	1,17	0,36	—	0,030	0,111	*M. Mansfeld* [7])
											Kali			
	Mittel (No. 1—18)	—	**1,0047**	**11,59**	**6,40**	**0,53**	**0,153**	**3,25**	**0,72**	**0,36**	**0,142**	**0,028**	**0,101**	

[1]) Vergl. Anmerkung [5]) S. 1327.
[2]) Hannov. Monatsschr. wider die Nahrungsfälscher 1879, 124.
[3]) Internoai Vini della Sicilia. Studio dell Ing. Giov. Briosi. Rom 1879.
[4]) Mittheil. k. k. chem.-physiol. Vers.-Stat. Klosterneuburg. Wien 1885, Heft 4 u. 1888, Heft 5.
[5]) Weinbau u. Weinhandel 1889, **7**, 490; Vierteljahresschr. Nahrungs- u. Genussm. 1889, **4**, 490.
[6]) Zeitschr. analyt. Chem. 1897, **36**, 102.
[7]) Bericht der Unters.-Anstalt. f. Nahrungs- u. Genussm. des Allgem. österr. Apoth.-Vereins in Wien. 1898/99.
*) Der Gehalt an Natron und Chlor betrug:
Natron (Na_2O) No. 4: 0,068 No. 5: 0,036 No. 6: 0,099 No. 7: 0,120. | Chlor (Cl) No. 4: 0,026 No. 5: 0,065%.
**) Ausser den hier wiedergegebenen Analysen liegen noch 131 von G. Briosi, Del Torre, Vaccarone und Bomboletti ausgeführte Analysen von auf der Weltausstellung in Paris 1878 ausgestellten Liqueur-Weinen vor. — Esame Chimica comparativo del vini italiani, inviti al Espositione internationale del Parigi 1878. Roma 1879.
***) Aeltere Analysen von D. Joss (Annalen der Oenologie 1873, **3**, 200).
[0]) Ueber Untersuchungs-Verfahren vergl. oben S. 1319, Anmerkung ***).
[00]) Die Weine No. 4 stammten aus den 4 grössten Weinhandlungen Florio, Ingham, Woudhouse und D'Aliee Bordanaro.
[000]) Der Extrakt ist nach der Klosterneuburger Tabelle und der Zucker als Invertzucker berechnet.

Gekochte Süssweine (Vini cotti).*)

No.	Nähere Bezeichnung	Jahrgang	Spec. Gewicht	100 ccm Wein enthalten Gramm: Alkohol	Extrakt	Ges.-Säure (Weinsäure)	Flüchtige Säure (Essigsäure)	Zucker	Glycerin	Mineral-stoffe	Eisenoxyd (Fe_2O_3)	Phosphor-säure (P_2O_5)	Weinstein	Analytiker
1	Gekochte Weine aus der Provinz Teramo	1873	—	8,66	37,71	2,46	0,22	31,02	1,20	0,31	0,031	0,192	—	*G. Paris* [1])
2		1874	1,042	13,46	6,18	0,96	0,07	3,12	1,02	0,26	0,047	0,051	0,10	
3		1875	1,238	10,72	6,45	1,14	0,08	3,10	0,77	0,19	0,031	0,036	0,11	
4		„	1,001	11,37	5,18	1,05	0,11	1,29	0,81	0,21	0,071	0,042	0,09	
5		„	1,245	11,64	8,76	1,72	0,11	4,14	0,87	0,22	0,024	0,057	0,14	
6		„	1,119	11,12	4,29	1,41	0,24	1,29	0,90	0,20	0,034	0,043	0,14	
7		„	1,118	12,16	5,12	1,25	0,11	1,72	0,95	0,19	0,023	0,050	0,15	
8		1884	1,112	11,84	7,50	0,90	0,06	4,58	0,81	0,22	0,038	0,044	0,14	
9		1886	1,119	10,96	5,26	1,01	0,06	1,44	1,00	0,23	0,033	0,038	0,22	
10		1887	0,997	10,21	3,58	1,02	0,06	0,65	0,75	0,24	0,038	0,039	0,07	
11		1895	0,997	12,39	3,93	0,75	0,06	0,92	0,89	0,30	0,033	0,059	0,09	
	Mittel (No. 2—11)	—	1,0988	11,59	5,63	1,12	0,10	2,23	0,88	0,23	0,037	0,046	0,12	

Sonstige Italienische Süssweine.

No.	Nähere Bezeichnung	Jahrgang	Spec. Gewicht	Alkohol	Extrakt	Ges.-Säure	Flücht. Säure	Zucker	Glycerin	Mineral-stoffe	Chlor	Phosphor-säure	Schwefelsäure	Analytiker
1	Lacrimae Christi**) . .	1889	0,9991	11,54	3,87	0,58	—	1,48	0,91	0,26	0,015	0,015	0,015	*C. Schmitt* [2])
2	Moscato**)	„	1,0520	11,00	18,86	0,71	—	13,94	—	0,35	0,048	0,048	0,029	
3	Malvasia**)	„	1,0457	11,92	16,90	0,62	—	11,55	0,91	0,40	0,059	0,059	0,045	
4	Malvasia (Resina) . .	—	—	11,44	16,69	0,57	—	9,26	0,56	0,33	—	—	—	*A. Bornträger* [3])
											Gerbstoff			
5	Aleatico	1892	1,0099	11,55	7,34	0,69	0,177	4,24	—	0,25	0,214	—	0,025	*P. Kulisch* [4])
6	Monica	„	1,0379	15,00	16,45	0,40	0,114	10,62	—	0,29	0,063	—	0,014	

Ober-Italienische Süssweine.***)

No.	Nähere Bezeichnung	Jahrgang	Spec. Gewicht	Alkohol	Extrakt	Ges.-Säure	Flüchtige Säure	Zucker	Glycerin	Mineral-stoffe	Phosphor-säure	Wein-stein	Freie Wein-säure	Analytiker
7	Alessandria { Canelli, Muscat	1889	1,0590	3,31	17,13	0,76	0,034	14,85	—	0,30	0,031	0,264	0,083	*M. Zecchini u. A. Vigna* [5])
8	Alessandria { S. Stefano-Belbo, Muscat . .	„	1,0399	5,19	12,23	0,77	0,045	9,36	0,32	0,24	0,010	0,340	0,034	
9	Prov. Genova { Rio-maggiore { Al., Re. etc.[0])	1891	1,0134	11,92	7,82	0,85	0,114	4,54	1,09	0,28	0,015	0,208	0,041	
10	Prov. Genova { Rio-maggiore { Al., Re. etc.[0])	„	1,0270	12,15	5,04	0,69	0,131	1,75	1,03	0,27	0,039	0,255	0,026	
11	Prov. Genova { Verici „	„	1,0172	10,01	7,51	0,63	0,198	5,17	0,95	0,21	0,026	0,171	0,021	
12	Porto Mauricio Vessalico, Al., Re. etc. .	1887	1,0024	9,45	4,39	0,71	0,178	2,10	0,68	0,23	0,024	0,189	0,015	
13	Reggio Em. (Albinea) { gem.	1890	1,0111	7,15	5,97	0,73	0,134	3,81	0,71	0,20	0,011	0,218	0,112	
14	Reggio Em. (Albinea) { Pin.	1891	1,0028	8,50	4,36	0,68	0,132	1,87	0,61	0,15	0,017	0,208	0,142	

[1]) Zeitschr. Nahrungs- u. Genussm. 1898, **1**, 164. Ueber die Untersuchungs-Verfahren, die meist den amtlichen deutschen Verfahren entsprachen, vergl. die Originalarbeit.
[2]) Weinbau u. Weinhandel 1889, **7**, 490; Vierteljahresschr. Nahrungs- und Genussm. 1889, **4**, 490.
[3]) In Gemeinschaft mit J. Campolo, A. Liquore und G. Paris. Chem.-Ztg. 1897, **21**, 285.
[4]) Weinbau u. Weinhandel 1892, **10**, 105; Vierteljahresschr. Nahrungs- und Genussm. 1892, **7**, 47.
[5]) Staz. sperim. agrar. Ital. 1891, **21**, 612 und 1893, **25**, 431.

*) Die Weine wurden hergestellt aus durch Eindampfen auf freiem Feuer auf die Hälfte oder noch stärker koncentrirtem, zuckerarmem und säurereichem Most. Die Jungweine haben einen gleichzeitig süssen und sauren Geschmack, nehmen aber nach vielen Jahren das Aroma des alten Marsala-Weines an.

**) Die Weine stammten von der deutsch-italienischen Weinimport-Gesellschaft. No. 1 enthielt 0,0011 g und No. 2 0,0003 g Eisenoxyd.

***) Der Gehalt an Stickstoff betrug (g in 100 ccm):
Stickstoff No. 7: 0,013 No. 9: 0,016 No. 10: 0,026 No. 11: 0,018 No. 12: 0,013 No. 13: 0,016 No. 14: 0,015

[0]) Die Abkürzungen bedeuten die Traubensorten. Ueber ihre Bedeutung vergl. oben S. 1284.

No.	Nähere Bezeichnung	Jahrgang	Spec. Gewicht	100 ccm Wein enthalten Gramm: Alkohol	Extrakt	Ges.-Säure (Weinsäure)	Stickstoff-Substanz	Zucker	Glycerin	Mineral-stoffe	Gerbstoff	Weinstein	Freie Weinsäure	Analytiker
15	Moscato di Canelli (Mittel v. 46 Proben) *)	1892	—	3,00	19,20	0,46	—	16,11	—	0,21	—	—	—	*E. Silva* [1])
	Süssweine von der Insel Elba.													
				Vol.-%	%	%	%	%	%	%	%	%	%	
16	Muscat	—	—	12,60	8,96	0,46	—	6,12	—	0,33	0,17	0,16	0,030	*S. Signorini* [2]) **)
17	Aleatico	—	—	13,00	10,10	0,47	—	6,96	—	0,33	0,16	0,12	0,036	
	Sicilische Süssweine.			100 ccm Wein enthalten Gramm:										
	Zahl der Proben			Vol.-%									Kalium-sulfat	
18	Albanello. . . 17	1870—1876	1,0201	17,30	7,73	0,66	—	6,37	—	0,43	0,037	—	—	*G. Briosi* [3]) ***)
19	Zucco rosso . . 5		0,9976	17,61	4,53	0,74	—	—	—	0,40	0,157	—	—	
20	Zucco bianco . 13		0,9919	18,01	3,46	0,62	—	0,95	—	0,26	0,056	—	—	
21	Moscato . . . 27		1,0715	15,34	20,08	0,63	—	17,16	—	0,41	0,031	—	—	
22	Malvasia . . . 13		1,0503	15,28	15,13	0,60	—	12,33	—	0,32	0,015	—	—	
23	Naccarella . . 3		1,0366	16,88	14,44	0,74	—	10,83	—	0,52	0,060	—	—	
24	Lacrimae Christi 3		1,0155	18,49	3,08	0,62	—	3,17	—	0,26	0,060	—	—	
25	Calabrese . . . 9		1,0690	15,81	15,59	0,80	—	24,15	—	0,33	0,084	—	—	
26	Süssweine der Prov. Palermo: Partinico, weiss	1893	—	14,84	12,44	0,73	—	7,43	0,76	0,27	0,022	—	0,070	*V. Oliveri* [4])
27	Partinico, weiss	„	—	11,18	23,99	0,59	—	18,91	0,94	0,24	0,031	—	0,082	
28	Partinico, weiss	„	—	16,30	7,33	0,68	—	3,01	0,75	0,21	0,027	—	0,068	
29	Partinico, weiss	„	—	16,24	5,99	0,60	—	2,11	0,93	0,27	0,030	—	0,074	
30	Partinico, roth	„	—	12,49	23,86	0,71	—	16,90	1,02	0,33	0,025	—	0,071	
31	Partinico, roth	„	—	15,30	11,65	0,85	—	7,20	0,78	0,24	0,043	—	0,052	
32	Partinico, roth	„	—	14,56	12,47	0,87	—	6,71	0,76	0,43	0,041	—	0,064	
33	Partinico, roth	„	—	16,24	7,06	0,65	—	1,61	0,82	0,27	0,040	—	0,071	

Griechische Süssweine.⁰)

No.	Nähere Bezeichnung	Jahrgang	Spec. Gewicht	100 g Wein enthalten Gramm:							Kali	Phosph.-säure	Schwefelsäure	Analytiker
1	Samos	1872	1,0519	10,40	13,73	0,49	0,23	11,22	—	0,52	0,203	0,055	0,042	*G. Laube u. B. Aldendorff* [5]) ⁰⁰)
2	Muscat	1872	1,0574	9,44	16,00	0,54	0,14	13,74	—	0,29	0,115	0,036	0,070	

[1]) Staz. sperim. agrar. Ital. 1893, **52**, 130.
[2]) Studi e richerche Institute nel Laboratorio di chim. agrar. della R. Universita di Pisa 1885, 81.
[3]) Intornoai Vini della Sicilia. Studio dell Ing. Giovanni Briosi. Roma 1879.
[4]) Staz. sperim. agrar. Ital. 1894, **26**, 498.
[5]) Hannov. Monatschr. wider die Nahrungsfälscher 1879, 124.

*) E. Silva fand für die Weine folgende Schwankungen:

	Alkohol	Extrakt	Gesammt-Säure (Weinsäure)	Zucker	Mineralstoffe
Schwankungen	1,31—5,62	12,72—23,96	0,38—0,57	11,23—20,83	0,16—0,26

**) Ueber die Untersuchungs-Verfahren vergl. oben S. 1288, Anm. *).

***) Untersuchungs-Verfahren: Das spec. Gewicht ist mit der Mohr'schen Waage bei 15° C. bestimmt; der Alkohol durch Destillation und Bestimmung des spec. Gewichtes des Destillats mit der Mohr'schen Waage bei 15° C., die Gesammt-Säure durch Titriren mit Natronlauge, von der 1 ccm = 0,01 g Weinsäure anzeigte; Gerb- und Farbstoff nach dem von Neubauer abgeänderten Löwenthal'schen Verfahren; Zucker nach Entfernung von Gerb- und Farbstoff durch Thierkohle mittels Fehling'scher Lösung; Extrakt durch Trocknen von 100 ccm Wein bei 100° C. Mineralstoffe durch Einäschern von 100 ccm Wein.

⁰) Aeltere Analysen von Fr. Elsner (Zeitschr. gegen die Verfälschung der Lebensmittel 1878/79, **2**, 264 und 338) und aus dem Laboratorium der Chemiker-Zeitung (Chem.-Ztg. 1881, **5**, 666).

⁰⁰) Ueber die Untersuchungs-Verfahren vergl. oben S. 1319, Anm. ***).

No.	Nähere Bezeichnung	Jahrgang	Spec. Gewicht	Alkohol	Extrakt	Ges.-Säure (Weinsäure)	Stickstoff-Substanz	Zucker	Glycerin	Mineral-stoffe	Kali (K_2O)	Phosphor-säure (P_2O_5)	Schwefel-säure (SO_3)	Ana-lytiker
				100 g Wein enthalten Gramm:										
3	Vino Santo	1870	1,0188	13,48	9,30	0,69	—	6,74	0,69	0,23	0,101	0,025	0,028	*B. Haas*[1]) *)
4	Kalavrita (Achaia) .	—	1,1000	15,64	6,21	0,43	0,14	3,56	0,50	0,29	0,117	0,044	0,044	*J. König u. H. Weigmann*[2]) **)
5	Moscato di Argostoli (Kephalonia) . .	—	1,0535	11,61	13,32	0,41	0,23	—	0,57	0,35	0,121	0,044	0,045	
6	Vino Santo (Santorin) .	—	1,1426	6,07	36,71	0,67	0,49	30,11	0,52	0,46	0,126	0,088	0,026	
				100 ccm Wein enthalten Gramm:										
7	Vino Santo Rosato (S. Maura)	1884	1,0296	12,46	12,02	0,61	0,173	9,51	0,63	0,30	0,074	0,047	0,041	*H. Weigmann, C. Stood u. W. Kisch* [2]) **)
8	Santo, Claret (Sant.)	1882	1,0019	12,74	5,76	0,43	0,194	3,31	0,77	0,31	0,089	0,061	0,053	
9	Kephalonia: Gran Moscato di Lixuri (weiss)	1884	1,0461	10,92	15,61	0,78	0,162	10,39	0,59	0,31	0,107	0,045	0,056	
10	Kephalonia: Gran Malvasia „	1882	1,0522	11,38	17,23	0,61	0,269	15,25	0,52	0,34	0,102	0,057	0,051	
11	Kephalonia: Moscato Nectar .	„	1,0806	10,38	23,00	0,59	0,181	20,17	0,85	0,42	0,142	0,056	0,065	
12	Peloponnes: Monemvasia (Malvasia), braun .	„	1,0436	13,92	16,09	0,61	0,250	13,38	0,72	0,36	0,133	0,051	0,043	
13	Peloponnes: Achaios	„	1,0003	13,31	5,30	0,63	0,200	3,04	0,68	0,33	0,111	0,070	0,058	
14	Peloponnes: Argos Malvasia .	1884	1,0429	13,69	15,76	0,61	0,256	11,02	0,92	0,27	0,080	0,055	0,047	
15	Peloponnes: Malvasia Nectar .	1882	1,0690	11,38	20,65	0,57	0,312	16,94	0,73	0,34	0,133	0,084	0,063	
16	Peloponnes: Mavrodaphne (Patras)	1884	1,0444	13,69	16,12	0,59	0,237	13,27	0,74	0,32	0,138	0,063	0,048	
17	Santorin: Kalliste, vino di notte	—	1,0050	14,82	7,30	0,62	—	4,71	1,07	0,22	—	—	—	*Sachs*[3]) **)
18	Santorin: Santo, Malvasier .	—	1,0750	10,08	24,89	0,64	—	18,95	0,89	0,37	—	—	—	
19	Santorin: Malvasier . . .	—	1,1110	9,00	33,75	0,82	—	25,50	0,90	0,33	—	—	—	
20	Kephalonia: Moscato . . .	—	1,0460	11,62	17,84	0,58	—	13,50	0,95	0,29	—	—	—	
21	Kephalonia: Odysseus-Wein .	—	1,0500	11,62	18,44	0,50	—	15,50	0,89	0,29	—	—	—	
22	Kephalonia: Helena-Wein .	—	1,0500	12,38	18,95	0,58	—	16,22	1,07	0,30	—	—	—	
23	Patras (Pelop.): Achaia, Malvasia .	—	1,0480	14,82	20,48	0,58	—	16,02	1,32	0,23	—	—	—	
24	Patras (Pelop.): desgl., roth . .	—	1,0440	13,92	17,57	0,58	—	13,87	1,25	0,29	—	—	—	
25	Patras (Pelop.): Mavrodaphne . .	—	1,0390	14,82	17,04	0,52	—	12,50	1,15	0,32	—	—	—	
26	Patras (Pelop.): Achilles-Wein . .	—	1,0720	12,38	26,43	0,63	—	19,25	1,24	0,36	—	—	—	
27	Patras (Pelop.): Agamemnon-Wein	—	1,0460	15,67	18,53	0,50	—	13,15	1,09	0,32	—	—	—	
28	Ithaka: Misistra (Malv.) .	—	1,1040	9,00	32,60	0,82	—	25,50	0,98	0,44	—	—	—	
29	Ithaka: Achaia, Nestor-W.	—	1,1440	11,62	45,34	0,50	—	37,20	0,88	0,29	—	—	—	
30	Ithaka: Elis, roth . . .	—	1,0140	8,64	8,92	0,70	—	5,00	0,71	0,31	—	—	—	

[1]) Mittheil. k. k. chem.-physiol. Vers.-Stat. Klosterneuburg. Wien 1885, Heft 4.

[2]) Original-Mittheilung.

[3]) Vierteljahresschr. Nahrungs- u. Genussm. 1887, **2**, 574.

*) Ueber die Untersuchungs-Verfahren vergl. oben S. 1256, Anm. *).

**) Die Weine No. 7—16 stammten von der Firma H. Chardon in Coblenz und No. 17—30 von Menzer in Neckargemünd. Die Weine sind nach den Beschlüssen der 1884 vom Kaiserl. Gesundheitsamte einberufenen Kommission untersucht worden.

No.	Nähere Bezeichnung	Zeit der Untersuchung	Spec. Gewicht	100 ccm Wein enthalten Gramm: Alkohol	Extrakt	Ges.-Säure (Weinsäure)	Weinstein	Zucker	Glycerin	Mineralstoffe	Kalk (CaO)	Phosphorsäure (P_2O_5)	Schwefelsäure (SO_3)	Analytiker
31	Von Flotho und Kaiser in Köln importirt: Samos . . .	1882	1,0231	15,20	11,90	0,68	—	8,20	1,43	0,38	0,016	0,044	0,053	A. Stutzer [1]) *)
32	Santorin . .	"	1,0442	9,27	13,36	0,55	—	9,82	0,56	0,33	0,010	0,068	0,057	
33	Malvasier I	"	1,0511	15,34	17,78	0,59	—	8,20	0,29	0,29	0,009	0,067	0,034	
34	Malvasier II	"	1,0479	13,16	17,52	0,52	—	9,20	—	0,21	0,008	0,032	0,018	
35	Muscat . . .	"	1,0458	13,08	16,36	0,68	—	8,82	1,03	0,32	0,010	0,036	0,006	
											Kali			
36	Von H. Chardon in Coblenz I	1893	1,0493	12,69	17,05	0,63	—	14,00	0,48	0,31	0,099	0,054	0,024	Versuchs-Station Münster [2])
37	Von H. Chardon in Coblenz II	"	1,0492	12,15	16,73	0,60	—	13,92	0,57	0,32	0,117	0,046	0,015	
38	Mavrodaphne . . .	1895	1,0484	15,00	18,05	0,52	0,131	—	0,61	0,29	—	0,075	0,046	L. Baudis [3]) **)
39	Achaia	"	1,0014	16,76	6,16	0,56	0,102	—	1,02	0,31	—	0,056	0,044	
													Freie Weinsäure	
40	Mavrodaphne von Patras, weiss . . .	1897	—	14,47	17,93	0,60	0,06	14,19	0,75	0,28	—	0,082	—	R. Moreschini [4]) ***)
41	Muscat, Patras . . .	"	—	13,60	16,18	0,56	0,06	12,10	0,87	0,34	—	0,070	—	
42	Weine von Corfu, 1895 A	"	—	9,06	6,89	0,96	0,10	3,96	0,65	0,33	—	0,035	0,02	
43	Weine von Corfu, 1895 B	"	—	9,42	8,17	0,59	0,06	4,92	0,70	0,40	—	0,036	—	
44	Weine von Corfu, 1895 C	"	—	8,63	9,12	0,66	0,05	5,27	0,90	0,45	—	0,081	—	
45	Von S. Maura, roth .	"	—	8,28	6,50	0,61	0,06	3,35	0,65	0,36	—	0,052	—	
							Flüchtige Säure							
46	Samos-Weine des Handels aus sechs verschiedenen Quellen	In den Jahren 1884—1896	1,0396	12,33	15,30	0,67	—	12,48	0,66	0,29	—	0,052	$\langle 0,2\ K_2SO_4$	W. Fresenius [5]) [0])
47			1,0413	13,16	15,99	0,46	—	13,38	0,35	0,28	—	0,033		
48			1,0732	11,63	23,65	0,34	0,044	22,37	0,20	0,25	—	0,032		
49			1,0679	13,88	23,15	0,45	0,122	20,59	0,10	0,45	—	0,041		
50			1,0644	12,19	21,31	0,49	0,092	19,30	0,11	0,27	—	0,029		
51			1,0680	12,15	22,48	0,38	0,077	20,48	0,03	0,27	—	0,030		
52			1,0691	11,98	22,73	0,37	0,054	20,99	0,02	0,27	—	0,027		
													Schwefelsäure	
53	Mavrodaphne der Gesellschaft Achaia .		1,0448	14,67	17,16	0,49	—	14,41	0,45	0,39	—	0,077	0,044	
54	Angeblich von der Gesellschaft Achaia stammend		1,0039	15,91	7,21	0,48	—	4,41	0,86	0,21	—	0,045	—	
55			1,0375	13,57	15,26	0,53	—	11,75	0,46	0,29	—	0,035	—	
56			1,0552	15,11	20,02	0,48	—	17,68	0,82	0,42	—	0,062	—	
57			1,0446	13,71	16,91	0,49	—	13,73	0,66	0,31	—	0,055	0,047	

[1]) Repert. analyt. Chem. 1882, **2**, 209.

[2]) Original-Mittheilung.

[3]) Casopis pro prumysl chemicky 1895, **5**, 290; Chem.-Ztg. 1895, **19**, Rep. 249.

[4]) Annali del Laboratorio chimico Centrale dell Gabelle di Roma 1897. Sonderabdruck.

[5]) Zeitschr. analyt. Chem. 1897, **36**, 102. Daselbst sind auch noch 9 weitere Analysen von griechischen Süssweinen mitgetheilt.

*) Der Gehalt an Magnesia betrug:

No.	31	32	33	34	35
Magnesia	0,035	0,029	0,028	0,019	0,031

**) Die Schwefelsäure ist in der Asche bestimmt.

***) Die Weine waren zuverlässig rein. Die Untersuchung erfolgte nach E. Borgmann's Anleitung zur chemischen Untersuchung des Weines. Alkohol wurde nach der Tabelle von K. Windisch ermittelt.

[0]) Der Extrakt wurde bei No. 54 u. 55 direkt, bei den übrigen Weinen indirekt unter Benutzung der Klosterneuburger Extrakt-Tabelle bestimmt. Der Zucker ist als Invertzucker berechnet.

Griechische Weine von der Gesellschaft Achaia in Patras und von der Insel Kephalonia.

Analysen No. 58—67 von M. Barth[1]) und No. 68—78 von E. List[2]).

No.	Nähere Bezeichnung		Spec. Gewicht	100 ccm Wein enthalten Gramm: Alkohol	Extrakt	Gesammt-Säure (Weinsäure)	Gesammt-Weinsäure	Weinstein	Flüchtige Säure in Esterbindung	Flüchtige Säure frei	Glukose	Fruktose	Glycerin	Mineralstoffe	Kalk (CaO)	Magnesia (MgO)	Kali (K_2O)	Phosphorsäure (P_2O_5)	Schwefelsäure (SO_3)
58	Weine von Patras	Achaier (weiss)	0,9949	14,59	4,51	0,50	0,026	0,032	0,063	0,144	0,52	1,43	0,93	0,282	0,045	0,018	0,083	0,027	0,037
59		Malvasier (weiss) . (A)	1,0449	13,71	17,40	0,53	0,031	0,053	0,076	0,077	5,77	8,56	0,56	0,300	0,012	0,023	0,077	0,044	0,038
60		Malvasier (weiss) . (M)	1,0452	13,08	17,27	0,56	0,670	0,083	0,085	0,071	5,72	8,08	0,44	0,246	0,012	0,019	0,089	0,038	0,035
61		Mavrodaphne (dunkelbraun) (A)	1,0473	14,17	18,20	0,54	0,051	0,063	0,040	0,094	5,09	9,92	0,75	0,288	0,016	0,021	0,078	0,040	0,040
62		Mavrodaphne (dunkelbraun) (M)	1,0467	13,89	17,96	0,57	0,041	0,051	0,129	0,020	5,70	8,40	0,50	0,302	0,013	0,022	0,118	0,050	0,051
63		Agamemnon, roth (M) .	1,0704	14,49	24,39	0,65	0,039	0,048	0,129	0,001	9,19	11,20	0,67	0,372	0,011	0,027	0,134	0,072	0,070
64	Weine von Kephalonia	Moscato (T) . fein .	1,0476	12,21	17,62	0,62	0,102	0,128	0,052	0,091	5,46	8,43	0,52	0,388	0,011	0,026	0,114	0,032	0,031
65		Moscato (T) . Auslese	1,0728	12,34	24,31	0,59	0,100	0,125	0,122	0,050	7,85	12,85	0,43	0,336	0,010	0,029	0,097	0,050	0,059
66		Korinthen-Auslese (T) . .	1,0589	12,13	20,57	0,58	0,122	0,153	0,043	0,091	7,60	9,56	0,50	0,282	0,017	0,021	0,077	0,038	0,029
67		Moscato (M)	1,0475	11,11	17,22	0,64	0,126	0,126	0,066	0,112	6,00	7,79	0,48	0,322	0,009	0,028	0,116	0,044	0,048
		Mittel (No. 58—67)	1,0476	13,17	17,95	0,58	0,131	0,086	0,081	0,075	5,89	8,62	0,58	0,312	0,016	0,023	0,098	0,044	0,044
									Stickst.-Subst.										
68	Patras-Weine von der Gesellschaft Achaia	Achaier	0,9960	14,44	4,20	0,45	—	—	0,094	0,059	0,86	0,92	0,75	0,277	—	—	—	0,045	0,043
69		Malvasier . . roth .	1,0755	17,53	26,65	0,65	—	—	0,106	0,072	11,47	12,20	0,84	0,322	—	—	—	0,051	0,055
70		Malvasier . . weiss .	1,0440	14,56	17,00	0,49	—	—	0,100	0,051	5,73	7,87	0,58	0,292	—	—	—	0,044	0,043
71		Malvasier . . Gutland	1,0842	15,46	28,48	0,63	—	—	0,115	0,060	10,30	15,00	—	0,313	—	—	—	0,064	0,043
72		Mavrodaphne	1,0414	14,23	16,53	0,57	—	—	0,084	0,054	5,00	8,03	0,78	0,284	—	—	—	0,062	0,046
73	Kephalonia-Weine von E. A. Toole in Argostoli	Moscato . . —	1,0480	12,56	17,51	0,68	—	—	0,125	0,101	5,28	8,25	0,65	0,277	—	—	—	0,047	0,050
74		Moscato . . jung . .	1,0640	10,65	21,21	0,66	—	—	—	0,096	8,37	8,75	0,60	0,329	—	—	—	0,063	0,031
75		Moscato . . Ausbruch	1,0795	12,98	26,25	0,60	—	—	0,456	0,109	9,65	11,95	0,62	0,341	—	—	—	0,066	0,051
76		Moscato . . 1894-er .	1,0570	11,41	19,72	0,60	—	—	—	0,160	8,24	8,72	0,85	0,223	—	—	—	0,042	0,043
77		Malvasier	1,0685	12,56	22,65	0,63	—	—	0,187	0,054	8,54	9,88	0,80	0,277	—	—	—	0,065	0,051
78		Korinthen-Ausbruch . .	1,0555	12,98	19,86	0,50	—	—	0,103	0,046	7,29	8,90	0,84	0,288	—	—	—	0,046	0,043
		Mittel (No. 68—78)	1,0558	13,58	20,01	0,59	—	—	0,152	0,078	7,34	9,13	0,73	0,284	—	—	—	0,054	0,045
		Gesammt-Mittel (No. 1—78)	**1,0520**	**12,73**	**17,67**	**0,58**	**0,131**	**0,083**	**0,205**	**0,077**	**14,09**		**0,71**	**0,317**	**0,014**	**0,025**	**0,112**	**0,051**	**0,044**

[1]) Forschungsberichte über Lebensmittel etc. 1896, **3**, 20. Die Weine von Patras waren theils (A) von der Gesellschaft Achaia in Patras direkt bezogen, theils (M) waren sie durch J. F. Menzer in Neckargemünd bezogen. — Die Weine von Kephalonia waren theils (T) von der Firma E. A. Toole in Argostoli direkt bezogen, theils (M) waren sie durch J. F. Menzer in Neckargemünd bezogen. — Ueber die Untersuchungs-Verfahren und die Aschen-Alkalität vergl. die Originalarbeit.

[2]) Forschungsberichte über Lebensmittel etc. 1896, **3**, 81. Die Weine stammten aus denselben Quellen, wie die von M. Barth direkt bezogenen. Die Echtheit der Weine steht ausser Zweifel. — Ueber die Untersuchungs-Verfahren und die Aschen-Alkalität vergl. die Originalarbeit.

Asiatische Süssweine.

Weine aus Kleinasien.

No.	Nähere Bezeichnung	Jahrgang	Spec. Gewicht	100 ccm Wein enthalten Gramm: Alkohol	Extrakt	Ges.-Säure (Weinsäure)	Flüchtige Säure (Essigsäure)	Zucker	Glycerin	Mineralstoffe	Stickstoff-Substanz	Phosphorsäure (P_2O_5)	Schwefelsäure (SO_3)	Analytiker
1	Muscat von Smyrna	1883	1,0230	11,10	11,54	0,60	—	2,95	1,06	0,37	—	0,035	0,042	*A. Stutzer* [1]
2	Smyrnaer Wein: Muscat Budja .	—	—	12,40	11,30	0,78	—	—	—	0,30	—	0,045	0,040	*R. Kayser* [2]
3	„ -Auslese .	—	—	12,30	10,90	0,60	—	—	—	0,34	—	0,050	0,038	*R. Kayser* [2]
4	„ -Essenz Seidikoi . . .	—	—	11,60	27,50	0,75	—	—	—	0,49	—	0,048	0,050	*R. Kayser* [2]
5	Kukludja, roth .	—	—	12,80	18,20	1,27	—	—	—	0,52	—	0,057	0,048	*R. Kayser* [2]
6	Trüb, voll, feines Aroma . . .	1883	1,0360	10,63	13,08	0,76	—	9,03	0,91	0,45	0,133	0,028	0,038	*C. Hoffmann* [3]
7	Von der Deutschen Wein-Gesellsch. Ign. Müller in Smyrna*)	—	1,0755	10,84	24,03	0,58	0,197	20,73	0,09	0,41	—	0,051	—	*W. Fresenius* [4]
8	"	—	1,1602	7,42	45,12	0,44	0,054	42,22	0,05	0,46	—	0,059	—	*W. Fresenius* [4]
9	"	—	1,2000	6,63	55,54	0,48	0,116	50,75	0,07	0,72	—	0,104	—	*W. Fresenius* [4]

Weine aus Syrien.

No.	Nähere Bezeichnung	Jahrgang	Spec. Gewicht	Alkohol	Extrakt	Ges.-Säure	Kalk	Zucker	Glycerin	Mineralstoffe	MgO	Phosphorsäure	Schwefelsäure	Analytiker
1	Muscat-Weine	1866	1,0251	15,26	12,52	0,83	0,018	4,30	2,00	0,42	0,049	0,041	0,218	*A. Stutzer* [1]
2	Muscat-Weine	1871	1,0031	13,80	6,61	0,61	0,011	2,60	0,82	0,33	0,033	0,042	0,054	*A. Stutzer* [1]
3	Muscat-Weine	1876	1,0571	10,67	18,86	0,57	**)	4,20	0,41	0,96	0,046	0,051	0,056	*A. Stutzer* [1]
4	Muscat-Weine	1878	1,0031	13,16	4,70	0,61	0,024	2,10	0,50	0,46	0,036	0,033	0,204	*A. Stutzer* [1]
5	Muscat-Weine	1869	1,0199	15,10	11,63	0,71	0,017	4,50	0,86	(1,16) **)	0,051	0,053	0,325	*A. Stutzer* [1]

Weine aus Palästina.

No.	Nähere Bezeichnung	Jahrgang	Spec. Gewicht	Alkohol	Extrakt	Ges.-Säure	Flüchtige Säure	Zucker	Glycerin	Mineralstoffe	Stickstoff-Substanz	Phosphorsäure	Schwefelsäure	Analytiker
1	„Hoffnung der Kreuzfahrer" (roth) ***) .	—	1,0776	12,81	25,41	0,47	0,051	22,53	1,32	0,22	—	0,017	0,025	*H. Spindler* [5]
2	„Perle von Jericho" (weiss) ***) . . .	—	1,0457	14,00	17,43	0,34	0,065	15,12	1,00	0,19	—	0,023	0,010	*H. Spindler* [5]

[1]) Repertorium f. analyt. Chem. 1882, **2,** 209. Die Untersuchungs-Verfahren sind nicht angegeben. Die Weine aus Kleinasien waren dem Analytiker von dem deutschen Handelsverein in Berlin geliefert; es wird zu den Weinen bemerkt, dass die Weinbereitung in diesen Ländern in Folge der Vorschriften des Korans und des bisherigen Exportes auf einer sehr geringen Stufe steht.

[2]) Original-Mittheilung. Die Weine wurden unter Kontrolle des deutschen Handelsvereins in Berlin mit obiger Bezeichnung in den Handel gebracht. Die Weine sind nach den Vereinbarungen der Freien Vereinigung bayerischer Vertreter der angewandten Chemie untersucht.

[3]) Mittheil. k. k. chem.-physiol. Vers.-Stat. Klosterneuburg. Wien 1888, Heft 5, Tab. 20.

[4]) Zeitschr. analyt. Chem. 1897, **36**, 102.

[5]) Forschungsberichte über Lebensmittel etc. 1897, **4**, 54.

*) Die Weine sind nach der Art, wie sie bei Tokayer-Essenz üblich ist, hergestellt. Dieses Verfahren ist sonst bei Smyrna-Weinen nicht üblich.

**) Dass No. 5 1,16 g Asche in 100 ccm enthalten hat, ist mehr als unwahrscheinlich und ein Gehalt von 0,454 g CaO bei No. 3, worin nur 0,96 g Asche und 0,056 g Schwefelsäure vorhanden sind, unmöglich; vielleicht soll es für Kalk bei No. 3 = 0,045 und bei No. 5 für Asche 0,61 heissen.

***) Die Weine sind in der Weise hergestellt, dass in dem Moste die Gährung durch Alkohol-Zusatz stumm gemacht worden ist. Die Weine enthielten ferner

	Gesammt-Weinsäure	Weinstein	An alkal. Erden gebundene Weinsäure	Freie Weinsäure	Schweflige Säure		Chlor
No. 1	0,2025	0,019	0,1200	0,068	0,0007	No. 2	0,0012

Ueber Herkunft, Untersuchungs-Verfahren etc. vergl. oben S. 1302, Anm. ***).

Weine von Cypern.

No.	Nähere Bezeichnung	Jahrgang	Spec. Gewicht	Alkohol	Extrakt	Ges.-Säure (Weinsäure)	Kalk (CaO)	Zucker	Glycerin	Mineral-stoffe	Magnesia (MgO)	Phosphor-säure (P_2O_5)	Schwefel-säure (SO_3)	Analytiker
				100 ccm Wein enthalten Gramm:										
1	Kommanderia . .	1866	1,0130	14,86	8,59	—	0,019	3,70	0,62	0,79	0,055	0,045	0,330	A. Stutzer [1])
				Gew.-%	%	%	Flücht. Säure %	%	%	%	Kali %	%	%	
2	Bräunlicher Lanarka: Geschmack wie eingekocht. Most	—	1,1145	3,94	35,40	1,04	—	21,83	—	0,85	0,424	0,067	0,089	Klement [2])
3	Bräunlicher Lanarka: Riechen nach Most	—	1,0380	11,29	14,00	0,65	—	8,17	—	0,42	0,176	0,031	0,117	Klement [2])
4	Bräunlicher Lanarka: Riechen nach Most	—	1,0670	10,90	19,90	0,89	—	12,02	—	0,49	0,212	0,050	0,100	Klement [2])
5	Bräunlicher Lanarka: Riechen nach Most	—	1,0430	11,06	15,10	0,74	—	8,56	—	0,41	0,172	0,035	0,106	Klement [2])
6	Cypro, sehr guter Dessertwein . . .	—	1,0967	7,84	23,95	0,53	—	*) 22,26	0,39	0,37	0,176	0,047	0,047	B. Haas [3])

Afrikanische Süssweine.**)

Kap-Weine.

No.	Nähere Bezeichnung	Jahrgang	Spec. Gewicht	Alkohol	Extrakt	Ges.-Säure (Weinsäure)	Kalk (CaO)	Zucker	Glycerin	Mineral-stoffe	Magnesia (MgO)	Phosphor-säure (P_2O_5)	Schwefel-säure (SO_3)	Analytiker
				Vol.-%	100 g Wein enthalten Gramm:									
1	Von der Reg.-Farm Groot Constantia: Muscateller . .	1886	—	17,65	5,18	0,44	0,104	2,89	—	0,173	—	0,045	—	Portele [4])
2	Von der Reg.-Farm Groot Constantia: Claoner . . .	1886	—	15,87	3,83	0,52	0,136	1,79	—	0,187	—	0,040	—	Portele [4])
3	Von der Reg.-Farm Groot Constantia: Jan Meiring, Hex River (Malaga ähnlich) . . .	1857	—	17,89	26,58	0,75	0,136	17,46	—	0,760	—	0,114	—	Portele [4])
		Zahl der Proben												
4	Von der Reg.-Farm Groot Constantia: Haanepoot . . .	3	1,0198	14,60	10,94	0,45	0,081	3,85	—	—	—	—	—	Chas. F. Juritz [5])
5	Von der Reg.-Farm Groot Constantia: Sweet Constantia	4	1,0574	14,90	22,63	0,67	0,114	12,25	—	—	—	—	—	Chas. F. Juritz [5])
6	Von der Reg.-Farm Groot Constantia: Constantia Berg .	1	1,0027	15,60	5,82	0,40	0,076	3,22	—	—	—	—	—	Chas. F. Juritz [5])
7	Von der Reg.-Farm Groot Constantia: Pontac	2	1,0069	14,00	6,42	0,88	0,087	1,67	—	—	—	—	—	Chas. F. Juritz [5])
8	Muscat von der Reg.-Farm Stellenbosch	2	1,0188	16,50	10,66	0,44	0,068	6,72	—	0,30	—	—	—	Chas. F. Juritz [5])
9	1892 ausgestellte Weine: Muscateller weiss	3	1,0895	11,40	27,42	0,38	0,025	19,99	—	0,18	—	—	—	Chas. F. Juritz [5])
10	1892 ausgestellte Weine: Muscateller roth	3	1,0858	11,10	26,00	0,40	0,052	22,92	—	0,27	—	—	—	Chas. F. Juritz [5])
11	1892 ausgestellte Weine: Frontignac .	1	1,1823	5,80	52,24	0,51	0,076	48,58	—	0,51	—	—	—	Chas. F. Juritz [5])
12	1892 ausgestellte Weine: Pontac . . .	2	1,1307	9,90	40,01	0,56	0,086	29,51	—	0,44	—	—	—	Chas. F. Juritz [5])
13	1897 auf der Ausstellung in Stellenbosch prämiirt: Rother Muscat Worcester	—	1,0916	12,49	27,17	0,49	0,032	23,65	—	—	—	—	—	Chas. F. Juritz [5])
14	1897 auf der Ausstellung in Stellenbosch prämiirt: Rother Muscat Constantia	—	1,1048	12,22	30,97	0,42	0,035	26,75	—	—	—	—	—	Chas. F. Juritz [5])
15	1897 auf der Ausstellung in Stellenbosch prämiirt: Pontac, Paarl .	—	1,1669	6,17	44,10	0,58	0,119	37,78	—	—	—	—	—	Chas. F. Juritz [5])
16	1897 auf der Ausstellung in Stellenbosch prämiirt: Haanepoot Constantia	—	1,0673	11,52	20,65	0,40	0,028	19,18	—	—	—	—	—	Chas. F. Juritz [5])
17	1897 auf der Ausstellung in Stellenbosch prämiirt: Haanepoot Constantia	—	1,0678	14,56	21,82	0,34	0,034	19,73	—	—	—	—	—	Chas. F. Juritz [5])
18	1897 auf der Ausstellung in Stellenbosch prämiirt: Haanepoot Stellenbosch	—	1,0824	11,87	24,32	0,41	0,031	20,29	—	—	—	—	—	Chas. F. Juritz [5])
19	1897 auf der Ausstellung in Stellenbosch prämiirt: Muscat, weiss .	—	1,0892	12,96	26,91	0,38	0,031	24,77	—	—	—	—	—	Chas. F. Juritz [5])
20	1897 auf der Ausstellung in Stellenbosch prämiirt: Frontignac, Paarl	—	1,1594	6,78	43,77	0,47	0,108	37,44	—	—	—	—	—	Chas. F. Juritz [5])

[1]) Rep. analyt. Chem. 1882, 209.
[2]) u. [3]) Mittheil. k. k. chem.-physiol. Vers.-Stat. Klosterneuburg. Wien 1885, Heft 4, Tab. 15.
[4]) Weinlaube 1888, No. 11; Vierteljahresschr. Nahrungs- u. Genussm. 1888, **3**, 61.
[5]) Report of the Senior Analyst on the Analytical Laboratory für 1892 und 1897. Capstadt 1893 u. 1898.

*) Der Wein enthielt 11,50 % Glukose und 10,76 % Fruktose, ferner 0,26 % Stickstoff-Substanz, 0,049 % Gerbstoff und 0,204 % Weinstein.

) Es liegt ferner noch die Analyse eines in Wien untersuchten Süssweines ohne nähere Bezeichnung vor (vergl. Revue intern. falsif. 1894, **7, 74—98; Chem.-Ztg. 1894, **18**, Rep. 73).

No.	Nähere Bezeichnung	Jahrgang	Spec. Gewicht	100 ccm Wein enthalten Gramm: Alkohol	Extrakt	Ges.-Säure (Weinsäure)	Flüchtige Säure (Essigsäure)	Zucker	Glycerin	Mineral-stoffe	Kali (K_2O)	Phosphor-säure (P_2O_5)	Schwefel-säure (SO_3)	Ana-lytiker
21	Eigentliche Kap-Weine (Typus Pontac und Constantia)	—	1,0485	13,86	18,18	0,49	—	14,87	0,57	0,40	—	0,064	0,085	W. Fresenius [1]) *)
22		—	1,0468	14,04	17,25	0,53	—	14,87	0,78	0,46	—	0,050	0,074	
23		—	1,0186	15,10	10,83	0,59	0,177	7,51	0,49	0,36	—	0,047	0,053	
24		—	1,0986	10,00	29,37	0,59	0,185	27,92	0,22	0,50	—	0,065	0,055	
25	Sherry- bezw. Portwein-Imitationen	—	0,9957	14,92	4,89	0,53	0,139	2,60	0,65	0,20	—	0,028	0,038	
26		—	1,0127	13,41	8,79	0,50	0,145	6,14	0,49	0,38	—	0,029	0,049	
	Süssweine aus Algier.													
1	Muscatwein aus Algier	—	1,0386	12,19	14,98	0,39	0,047	12,75	0,28	0,15	0,061	0,014	0,023	A. Bömer [2]) **)
2	Vin des Coteaux de bon secours, Muscat (Algier)	1896	1,0399	13,36	15,71	0,39	0,049	13,23	0,27	0,16	0,076	0,014	0,017	
3		1897	1,0426	12,81	16,21	0,36	0,025	14,36	0,27	0,18	0,071	0,012	0,020	

Amerikanische Süssweine.

Süssweine aus Kalifornien.

No.	Nähere Bezeichnung	Zeit der Unters.	Spec. Gewicht	Alkohol	Extrakt	Ges.-Säure (Weinsäure)	Flüchtige Säure (Essigsäure)	Zucker	Glycerin	Mineral-stoffe	Kali (K_2O)	Phosphor-säure (P_2O_5)	Schwefel-säure (SO_3)	Ana-lytiker
1	Muscat	1887	1,0398	16,49	16,72	0,35	—	13,57	0,88	0,33	—	—	0,017	G. Baumert [3]) ***)
2		„	1,0521	14,09	18,71	0,37	0,040	15,08	1,52	0,30	—	—	0,019	
3	Best „Sherry“ . . .	„	0,9995	14,67	5,53	0,44	—	3,12	0,82	0,33	—	—	0,057	
4	Angelika. . . .	„	1,0476	15,03	18,79	0,31	—	16,66	0,70	0,26	—	—	0,008	
5	„Portwein“	„	1,0255	14,81	12,17	0,29	—	—	0,49	0,25	—	—	0,013	
6	Kalifornische Süssweine unbekannter Herkunft, wie sie in Nürnberg im Handel vorkommen, wahrscheinlich „Sherry“-Weine	1879	—	14,64	5,58	0,62	0,013	3,10	0,95	0,23	0,090	0,035	0,041	R. Kayser [4]) [0])
7		Anfang der 80-er Jahre	—	12,4	7,40	0,57	0,018	3,70	1,14	0,24	0,089	0,041	0,018	
8			—	11,80	6,80	0,67	0,020	3,20	1,23	0,22	0,084	0,039	0,030	
9			—	14,00	9,50	0,58	0,023	6,40	1,36	0,22	0,087	0,037	0,027	
10			—	11,40	9,40	0,70	0,019	6,70	1,24	0,25	0,104	0,040	0,031	
11			—	10,90	4,20	0,50	0,019	2,10	1,08	0,21	0,107	0,032	0,024	

[1]) Zeitschr. analyt. Chem. 1897, **36**, 102.
[2]) Zeitschr. Nahrungs- u. Genussm. 1898, **I**, 495.
[3]) Landw. Vers.-Stat. 1887, **33**, 39.
[4]) Mittheil. d. Bayr. Gewerbemuseums in Nürnberg. 1879, No. 19 und Landw. Vers.-Stat. 1887, **33**, 61; hier von G. Baumert mitgetheilt.

*) Bei den Weinen No. 21 und 22 ist der Extrakt direkt, bei den übrigen indirekt mittels der Klosterneuburger Extrakt-Tabelle bestimmt. Der Zucker ist als Invertzucker berechnet.

**) Die Weine stammten aus dem Kloster Maison Carrée in Algier und wurden unter Aufsicht der Mönche in der Weise hergestellt, dass ein Theil der gelesenen Trauben (aus Süd-Spanien) gekeltert, der Most vergohren und dieser Wein destillirt wurde. Das Destillat wurde mit einem zweiten Theile bis zu einem bestimmten Grade vergohrenen Mostes gemischt. Die Weine enthielten ferner:

	Glukose	Fruktose	Saccharose	Schweflige Säure im Ganzen	Schweflige Säure freie
No. 1	5,90	6,85	0	0,0212	0,0004 g
„ 2	5,97	7,26	0	0,0159	— „
„ 3	6,65	7,71	0	0,0072	0,0003 „

***) In sämmtlichen Süssweinen No. 1—5 liess sich wie in den Roth- und Weissweinen Borsäure nachweisen; jedoch hält Baumert es für möglich, dass diese aus dem Boden stammt. Auch enthielten einige Weine Blei (vielleicht auch Kupfer und Zinn), herrührend von der dort üblichen Verwendung von metallenen Geräthen bei der Weinfabrikation. Ueber die Eigenschaften der Weine macht Baumert noch folgende Angaben: No. 1: Stark und weniger süss. No. 2: Süss und weniger stark. No: 3: Stark, wenig süss, braungelb. No. 4: Nicht so fein wie Muscat, braungelb. No. 5: Vorzüglich, roth bis braungelb.

[0]) Die Weine sollten den spanischen Süssweinen Konkurrenz machen, was ihnen jedoch nicht gelungen ist. Die Weine No. 6—11 ergaben ferner (g in 100 ccm):

No.	7	8	9	10	11
Freie Weinsäure (theilweise Traubensäure)	0,070	0,056	0,087	0,080	0,092 g
Chlor	0,004	0,007	0,002	0,007	0,005 „

Nr. 6 Kalk (Ca O) 0,004 g

Süssweine aus Nord-Carolina.

No.	Traubensorte	Jahrgang	Spec. Gewicht	100 g Wein enthalten Gramm: Alkohol	Extrakt	Ges.-Säure (Weinsäure)	Flüchtige Säure (Essigsäure)	Weinsäure	Zucker	Gerbstoff	Mineralstoffe	Phosphorsäure (P_2O_5)	Analytiker
12	Mish	1885	1,0336	9,71	14,28	0,53	0,028	0,501	5,50	0,025	0,11	—	J. P. Venable u. Wm. B. Phillips [1]) *)
13	Scuppernong . .	1884	1,0347	11,85	14,30	0,81	—	0,809	3,00	0,005	0,14	—	
14	Scuppernong . .	1886	1,0323	9,07	13,89	0,66	0,015	0,647	5,75	0,020	0,11	—	
15	Imperial Scuppernong	1885	1,0009	9,37	4,26	0,79	—	0,770	2,20	0,025	0,11	—	
16	Norton	1885	1,0331	9,07	14,93	0,71	0,013	0,693	4,75	0,020	0,20	—	
17	Victory, weiss . .	1885	1,0392	12,38	16,65	0,76	—	0,755	4,25	Spur	0,11	—	
18	Martha	1884	1,0332	11,15	15,10	0,71	—	0,708	2,95	0,005	0,15	—	
19	Concord	1884	1,0317	10,85	15,45	0,58	—	0,578	3,00	0,010	0,20	—	
20	Clinton Port . . .	1885	1,0314	12,92	10,95	0,89	—	0,886	2,00	Spur	0,20	—	

Virginische Süssweine.

No.	Traubensorte	Jahrgang	Spec. Gewicht	Alkohol	Extrakt	Ges.-Säure (Weinsäure)	Flüchtige Säure (Essigsäure)	Stickstoff-Substanz	Zucker	Gerbstoff	Mineralstoffe	Kohlensaures Kali	Analytiker
1	Laurel Hill Concord .	—	1,0050	11,79	5,11	0,66	0,17	0,038	3,15	0,006	0,13	0,111	J. W. Mollet u. R. M. Cooper [2]) **)
2	Laurel Hill Delaware .	—	1,0117	10,57	6,41	0,72	0,10	0,058	3,70	0,006	0,17	0,111	

Sonstige Analysen von Süssweinen.

1. W. Fresenius (Zeitschr. analyt. Chem. 1889, **28**, 67) theilt die Zusammensetzung je eines Tokayers, Kap- und Muscatweines mit.
2. E. Spaeth (Forschungsberichte über Lebensmittel etc. 1894, **I**, 40) berichtet über die Zusammensetzung verfälschter Süssweine.
3. J. Pinette (Zeitschr. angew. Chem. 1894, 433) veröffentlicht Analysen verschiedener Süssweine des Handels.
4. M. Mansfeld (Zeitschr. Nahrungsm.-Unters., Hygiene u. Waarenk. 1895, **8**, 334) Analysen von Handelssüssweinen; desgl. Bericht der Unters.-Anstalt für Nahrungs- u. Genussm. des allgem. österr. Apoth.-Vereins 1898/99.
5. Cazeneuve und Hugounenq (Bull. Soc. Chim. 1895, **13**, 601; Chem. Centrbl. 1895, II, 193) berichten über die Zusammensetzung von vier Samos-Weinen, die zur Herstellung von Wermuthweinen dienen.
6. W. Fresenius (Zeitschr. analyt. Chem. 1897, **36**, 102) berichtet über die Zusammensetzung einer grossen Anzahl reiner und Kunstsüssweine des Handels. Die Mehrzahl der Analysen ist in die vorstehenden Tabellen aufgenommen.

Schaumweine.

Deutsche und französische Schaumweine.

No.	Nähere Bezeichnung	Zeit der Untersuchung	Spec. Gewicht	100 ccm Wein enthalten Gramm: Alkohol	Extrakt	Gesammt-Säure (Weinsäure)	Zucker	Stickstoff-Substanz	Mineralstoffe	Kali (K_2O)	Phosphorsäure (P_2O_5)	Schwefelsäure (SO_3)	Analytiker
1	Carte blanche . . .	1879	1,0443	9,43	13,96	0,61	12,05	0,22	0,14	0,051	0,027	0,017	G. Laube u. B. Aldendorff [3])
2	Mouss. Rheinwein .	1879	1,0373	9,79	10,86	0,59	9,02	0,29	0,17	0,066	0,034	0,027	

[1]) Chem.-Ztg. 1887, **II**, 54 u. 87.

[2]) Chem. News 1875, **32**, 160.

[3]) Hannov. Monatsschr. wider die Nahrungsfälscher 1879, 124. Ueber die Untersuchungs-Verfahren vergl. S. 1319. Anm. ***).

*) Die Weine No. 12, 14, 15 und 16 stammten von C. W. Garrett u. Cie. in Medoc, No. 13 von G. W. Lawrence in Jayetteville, No. 17—19 von N. W. Graft in Shore und No. 20 von Mahler in Raleigh. Ueber die Untersuchungs-Verfahren vergl. oben S. 1310, Anm. **).

**) Beide Weine sind unter Zusatz von Zuckersyrup bereitet. Ueber die Untersuchungs-Verfahren vergl. oben S. 1311, Anm. **).

No.	Nähere Bezeichnung	Zeit der Untersuchung	Spec. Gewicht	100 ccm Wein enthalten Gramm: Alkohol	Extrakt	Ges.-Säure (Weinsäure)	Zucker	Glycerin	Mineral-stoffe	Kali (K_2O)	Phosphor-säure (P_2O_5)	Schwefel-säure (SO_3)	Kohlen-säure	Analytiker
3	Tokayer Mousseux . . .	1879	1,0301	9,54	11,33	0,85	9,36	(0,16)	0,13	0,063	0,024	0,024	—	*B. Haas* [1] *)
4	Veuve Cliquot Reims, Pousardin	1883	1,0565	10,20	19,75	0,60	17,52	1,13	0,12	Weinstein 0,25	0,016	0,022	0,514	*C. Schmidt* [2] **)
5	Louis Röderer, Carte blanche	„	1,0572	9,50	20,24	0,70	18,50	0,97	0,12	0,26	0,012	0,017	1,514	
6	Söhnlein u. Co. in Schierstein: Rheingold	„	1,0600	9,60	20,52	0,68	17,85	0,89	0,11	0,23	0,014	0,019	0,432	
7	Söhnlein u. Co. in Schierstein: Schloss Vollrads . .	„	1,0360	10,00	13,58	0,72	11,76	0,79	0,15	0,25	0,009	0,021	0,413	
8	Söhnlein u. Co. in Schierstein: Söhnlein u. Co. . .	„	1,0445	9,90	15,90	0,69	13,65	0,85	0,15	0,20	0,019	0,026	0,405	
9	Söhnlein u. Co. in Schierstein: Rheingauer Schaumwein, roth . . .	„	1,0244	10,50	10,76	0,46	8,61	0,81	0,21	0,19	0,028	0,038	0,447	
10	Matheus Müller in Eltville: Rheinwein . . .	„	1,0392	10,35	14,31	0,72	12,50	0,84	0,15	0,23	0,012	0,034	0,521	
11	Matheus Müller in Eltville: Johannisberger . .	„	1,0343	10,85	13,18	0,70	(1,55)?	1,06	0,21	0,18	0,030	0,033	0,578	
12	Matheus Müller in Eltville: Scharzberger . . .	„	1,0363	9,70	13,23	0,66	11,25	0,74	0,14	0,21	0,013	0,019	0,470	
13	Matheus Müller in Eltville: Assmannshäuser, roth	„	1,0323	10,10	12,54	0,46	11,00	0,78	0,23	0,18	0,048	0,035	0,492	
14	Champagne	„	1,0477	10,35	16,75	0,68	14,45	0,85	0,17	0,22	0,020	0,042	0,579	
15	Ewald u. Co. in Rüdesheim: Kaisersekt . . .	„	1,0436	9,80	15,69	0,64	13,40	0,77	0,15	0,24	0,025	0,028	0,462	
16	Ewald u. Co. in Rüdesheim: Sparkling Hock .	„	1,0215	10,20	9,47	0,59	8,00	0,81	0,14	0,20	0,026	0,023	0,507	
17	Ewald u. Co. in Rüdesheim: Sparkling Moselle	„	1,0124	10,75	7,10	0,52	5,60	0,80	0,13	0,22	0,018	0,018	0,727	
18	A. Burghardt in Deidesheim: Carte d'or . .	1887	1,0447	8,73	14,60	0,61	13,00	0,22	0,17	Kali 0,074	0,029	0,027	0,845	*H. Weigmann u. W. Kisch* [3] ***)
19	A. Burghardt in Deidesheim: Monopol . .	„	1,0280	8,44	10,43	0,59	8,69	0,24	0,13	0,061	0,016	0,026	0,922	
20	A. Burghardt in Deidesheim: Fleur de Sillery	„	1,0190	8,29	8,28	0,56	6,51	0,29	0,13	0,065	0,017	0,028	0,882	
21	Von einem Stuttgarter Schaumwein-Fabrikanten	„	—	8,87	11,96	0,67	10,00	—	0,18	—	—	—	0,730	*H. Abel* [4] ***)
22	Von einem Stuttgarter Schaumwein-Fabrikanten	„	—	9,07	16,32	0,74	13,51	—	0,15	—	—	—	0,530	
23	Von einem Stuttgarter Schaumwein-Fabrikanten	„	—	9,48	9,57	0,75	8,00	—	0,17	—	—	—	0,520	
24	Champagner, Kleinoscheck, Graz	1883	—	8,49	13,29	0,56	Glukose 10,86	Gerbstoff 0,050	—	Flücht. Säure 0,046	—	—	—	
25	Asti spumante von Boschiera in Asti	„	—	6,75	13,25	0,52	11,31	0,045	—	0,055	—	—	—	*K. Portele* [5] 0)
26	Aug. Grote, Frankfurt a. M.: Moussir. Moselwein	„	—	8,14	12,71	0,65	10,67	0,036	—	0,055	—	—	—	
27	Aug. Grote, Frankfurt a. M.: „ Hochheimer	„	—	9,10	11,62	0,64	9,12	0,043	—	0,043	—	—	—	

[1]) Mittheil. k. k. chem.-physiol. Vers.-Station Klosterneuburg. Wien 1885, Heft 4. Ueber Untersuchungs-Verfahren vergl. S. 1256, Anm. *).
[2]) Repert. analyt. Chem. 1883, **3**, 84.
[3]) Original-Mittheilung.
[4]) Repert. analyt. Chem. 1887, **7**, 390.
[5]) Jahresbericht Agrik.-Chem. 1883, 565.

*) Der Tokayer mousseux enthielt ferner 0,27% Weinstein, 0,081% freie Weinsäure, 0,26% Stickstoff-Substanz, 0,04% Gerbstoff, 0,003% Natron, 0,012% Kalk, 0,006% Magnesia, 0,0009% Eisenoxyd, 0,0009% Thonerde, 0,0037% Chlor, 0,0019% Kieselsäure, während der Zucker aus 4,61% Glukose und 4,48% Fruktose bestand.

**) Die Kohlensäure wurde unter Anwendung eines besonders konstruirten Bohrers volumetrisch bestimmt; die anderen Zahlen beziehen sich auf Gramm in 100 ccm des von Kohlensäure befreiten Weines. Das Glycerin ist nach Borgmann's Verfahren, die übrigen Bestandtheile nach den Vereinbarungen rheinischer Chemiker bestimmt. Die Schaumweine No. 4—17 enthielten nur Spuren von Chlor, No. 5, 6, 7, 8, 10, 12, 14, 15 und 16 enthielten Spuren bis merkliche Mengen freier Weinsäure.

***) Die Weine wurden genau nach den Beschlüssen der vom Kaiserl. Gesundheitsamt 1884 einberufenen Kommission untersucht; vergl. M. Barth: Die Weinanalyse, Hamburg 1884. Die Kohlensäure wurde bei No. 21—23 mittels eines besonderen Bohrers nach dem Befreien von Wasser durch Schwefelsäure und Chlorcalcium durch Auffangen derselben mit Natronkalk bestimmt; in derselben Weise wurde auch die Kohlensäure bei No. 18—20 bestimmt, nur mit dem Unterschiede, dass statt des Natronkalkes konc. Kalilauge angewendet wurde.

0) Der Zucker ist direkt mit Fehling'scher Lösung bestimmt. Da derselbe — wahrscheinlich als Rohrzucker zugesetzt — nicht vollständig invertirt war, so zeigen obige Zahlen nicht den Gesammt-Zucker an.

No.	Nähere Bezeichnung	Zeit der Untersuchung	Spec. Gewicht	100 ccm Wein enthalten Gramm: Alkohol	Extrakt	Ges.-Säure (Weinsäure)	Invert-zucker	Glycerin	Mineral-stoffe	Flüchtige Säure (Essigsäure)	Gerbstoff	Schwefel-säure (SO_3)	Kohlen-säure	Analytiker
28	Kupferberg Gold	1895	1,0067	10,44	5,87	0,62	4,01	—	0,11	—	—	—	—	Vers.-Stat. Münster[1])
29	Chevrier (Reims) Carte d'or	—	1,0331	9,27	12,71	0,57	11,60	0,24	0,13	—	—	—	0,660	M. u. A. Jolles[2])
30	L. Perrier (Reims) Grand vin sans sucre	—	0,9907	11,15	2,23	0,79	0,18	0,77	0,13	0,034	—	—	0,917	
31	Hygienic Champagne, Fabrik A.	18 96/98	0,9926	9,46	2,10	0,94	0,13	0,54	0,14	—	—	—	—	W. Fresenius[3])
32	Grand vin brut von Laurent-Perrier u. Cie. Bouzy bei Reims	„	0,9935	10,14	2,51	0,38	0,71	0,68	0,13	0,054	—	—	—	
33		„	0,9908	11,19	2,16	0,79	0,17	0,72	0,13	0,031	0,022	—	0,990	
34		„	0,9926	10,14	2,34	0,75	0,35	0,53	0,14	0,036	—	—	—	L. Grünhut[4])
35		„	0,9924	10,44	2,40	0,78	0,33	0,58	0,14	0,037	—	—	—	
36	Fabrik C. Champagne brut	„	0,9925	10,22	2,30	0,77	0,17	0,70	0,15	0,047	—	—	—	
37	Fabrik C. Cabinet brut	„	0,9932	10,44	2,48	0,74	0,43	0,70	0,14	0,049	—	—	—	
38		„	0,9922	10,22	2,39	0,79	0,15	0,78	0,15	0,033	—	—	—	
39	Extra dry, Fabrik D.	„	0,9912	10,14	1,89	0,56	0,19	0,70	0,15	0,056	—	—	—	
40	Natural brut, Fabrik E.	„	0,9922	9,85	1,96	0,64	0,10	0,69	0,16	0,038	—	—	—	
41		„	0,9914	8,77	1,61	0,48	0,05	0,63	0,16	0,047	—	—	—	
42		„	0,9918	8,70	1,72	0,50	0,06	0,71	0,16	0,059	—	—	—	
43	Grand vin brut, Fabrik F.	„	0,9908	10,52	1,93	0,72	0,11	0,76	0,12	0,044	—	—	—	
44	Brut, Fabrik G.	„	0,9913	10,36	2,07	0,74	0,13	0,69	0,14	0,035	—	—	—	
							Zucker				Weinsäure			
45	Deutsche Schaumweine	1898	1,0217	8,96	9,44	0,64	7,61	—	0,18	0,036	—	—	—	P. Kulisch[5]) *)
46		„	1,0223	9,81	9,92	0,65	8,19	—	0,15	0,061	—	—	—	
		Jahrgang												
47	Pommery et Greno, Champagne naturel	1892	0,9904	11,11	2,10	0,52	0,34	0,76	0,12	0,052	0,22	—	0,827	O. Rosenheim u. Ph. Schidrowitz[6])
48	Pommery et Greno, Extra sec	1893	0,9911	10,74	2,30	0,50	0,78	0,65	0,11	0,056	0,22	—	0,812	
49	Clos de Cordeliers, Reserve, brut	1892	0,9958	9,87	2,86	0,40	1,06	0,63	0,10	0,048	0,40	—	0,885	
50	Veuve Cliquot Ponsardin, brut	1892	0,9909	9,97	1,98	0,32	0,13	0,76	0,25	0,042	0,28	—	0,779	
51	Veuve Cliquot Ponsardin, dry	1893	0,9940	11,45	3,03	0,48	1,39	0,91	0,11	0,050	0,20	—	—	
52	Veuve Monnier et Fils, Grand vin, extra sec	1892	0,9989	9,96	3,77	0,69	1,95	0,93	0,13	0,049	0,22	—	0,635	
53	Heidsieck, Dry Monopol, special cuvée	1892	0,9939	10,72	2,71	0,60	0,92	0,91	0,12	0,051	0,21	—	0,955	
54	Binet Fils et Cie., Dry élite	1892	0,9929	11,87	2,72	0,35	0,99	0,68	0,13	0,053	0,23	—	0,786	
55	Perrier et Jonet, Extra dry	1893	0,9927	9,96	2,32	0,54	0,72	0,82	0,11	0,059	0,25	—	0,775	
56	Jules Mumm et Cie., „ „	1893	0,9942	10,96	2,91	0,60	1,19	0,78	0,12	0,060	0,25	—	0,814	
57	Renaudin, Bollinger et Cie., Extra qualité, very dry	1893	0,9897	11,40	2,00	0,38	0,38	0,59	0,16	0,085	0,26	—	1,021	

1) Original-Mittheilung.
2) Mitgetheilt von L. Grünhut (Zeitschr. analyt. Chem. 1898, **37**, 231 nach Chem.-Ztg. 1895, **19**, 428 u. 1897, **21**, 353). Die Werthe von No. 29 sind z. Th. von Grünhut umgerechnet.
3) Mitgetheilt von L. Grünhut; vergl. Anmerkung 4) und Privat-Mittheilung von R. Fresenius.
4) Zeitschr. analyt. Chem. 1898, **37**, 131.
5) Zeitschr. angew. Chem. 1898, 610.
6) Analyst 1900, **25**, 6; Zeitschr. Nahrungs- u. Genussm. 1900, **3**, 714.

*) Dieselben Weine hatten vor dem Zusatz des Liqueurs folgende Zusammensetzung (g in 100 ccm):

	Spec. Gewicht	Alkohol	Extrakt	Gesammt-Säure (Weinsäure)	Flüchtige Säure (Essigsäure)	Zucker	Mineralstoffe
No. 45	0,9925	9,17	1,93	0,638	0,061	0,104	0,198
„ 46	0,9911	10,14	2,01	0,693	0,071	0,117	0,153

No.	Nähere Bezeichnung	Jahrgang	Spec. Gewicht	100 ccm Wein enthalten Gramm: Alkohol	Extrakt	Ges.-Säure (Weinsäure)	Zucker	Glycerin	Mineral-stoffe	Flüchtige Säure (Essigsäure)	Weinsäure	Schwefel-säure (SO_3)	Kohlen-säure	Analytiker
58	Laurent Perrier et Cie., Grand vin sans sucre	1893	0,9930	10,79	2,52	0,63	0,84	0,67	0,12	0,058	0,24	—	0,943	*O. Rosenheim u. Ph. Schidrowitz*[1])
59	Pfungst Frères et Cie., Ay - Champagne, Carte d'or . . .	1893	0,9934	11,04	2,64	0,64	0,81	0,66	0,13	0,046	0,29	—	—	
	Mittel { trocken*)	—	**0,9925**	**10,42**	**2,36**	**0,61**	**0,53**	**0,71**	**0,14**	Kali **0,048**	**0,25**	—	**0,857**	
	Mittel { süss**) .	—	**1,0347**	**9,50**	**12,88**	**0,63**	**10,92**	**0,70**	**0,15**	**0,063**	Phosphors. **0,022**	**0,026**	**0,628**	

Amerikanische Schaumweine.

No.	Nähere Bezeichnung	Zeit der Unters.	Spec. Gewicht	Alkohol	Extrakt	Ges.-Säure	Zucker	Glycerin	Mineral-stoffe	Flüchtige Säure	Weinsäure	Schwefel-säure	Kohlen-säure	Analytiker
1	Dry Sillery . . .	1880	1,0293	9,22	10,70	0,69	7,34	—	0,10	0,198	—	—	—	*C. A. Crampton*[2])
2	Great Western extra {	„	1,0268	9,05	10,41	0,82	9,08	—	0,13	0,352	—	—	—	
3	dry {	„	1,0285	8,35	11,07	0,50	8,79	—	0,13	0,186	—	—	—	
4	Grand price, medium dry	„	1,0228	9,75	9,15	0,82	8,21	—	0,13	0,398	—	—	—	
5	Eclipse, extra dry .	„	1,0174	9,26	7,78	0,89	6,51	—	0,15	0,472	—	—	—	
6	Gold Scal	„	1,0402	8,26	13,31	0,88	12,02	—	0,11	0,346	—	—	—	
7	Sans Pareil . . {	„	1,0272	5,78	9,00	0,86	8,74	—	0,15	0,339	—	—	—	
8		„	1,0308	8,07	10,30	0,83	8,78	—	0,15	0,159	—	—	—	
9	La Diamant . . .	„	1,0217	8,40	8,73	0,56	7,54	—	0,14	0,122	—	—	—	
10	Norton's Virginia (red), 1872	„	1,0188	6,24	8,58	0,69	7,24	—	0,16	0,142	—	—	—	
11	Cook's Imperial . {	„	1,0207	8,41	8,47	0,78	7,23	—	0,13	0,247	—	—	—	
12		„	1,0222	7,03	7,80	0,85	7,02	—	0,11	0,352	—	—	—	
13	Red Cross . . . {	„	1,0264	10,02	11,23	0,57	10,11	—	—	0,198	—	—	—	
14		„	1,0265	8,58	11,01	0,57	9,01	—	0,10	0,145	—	—	—	
15	Catawba, 1878 . .	„	1,0233	7,64	8,57	0,57	6,60	—	0,11	0,119	—	—	—	
	Mittel	—	**1,0255**	**8,27**	**9,74**	**0,73**	**8,28**	—	**0,12**	**0,252**	—	—	—	

Oesterreichischer Schaumwein (aus Istrien).

No.	Nähere Bezeichnung	Jahrgang	Spec. Gewicht	Alkohol	Extrakt	Ges.-Säure	Zucker	Glycerin	Mineral-stoffe	Flüchtige Säure	Weinsäure	Schwefel-säure	Kohlen-säure	Analytiker
1	Refosco spumante di Visignano, roth .	1884	1,0600	2,70	16,41	1,46	Gerbstoff 0,036	Stickstoff-Subst. 0,13	0,15	Kali 0,099	Phosphors. 0,020	0,006	—	*B. Haas*[3])

Italienische Schaumweine.***)

No.	Nähere Bezeichnung	Jahrgang	Spec. Gewicht	Alkohol	Extrakt	Ges.-Säure	Zucker	Glycerin	Mineral-stoffe	Flüchtige Säure	Weinsäure	Schwefel-säure	Kohlen-säure	Analytiker
1	Moscato spumante {	1889	1,0150	6,24	7,59	0,52	Zucker 5,30	Glycerin 0,44	0,19	—	0,014	0,014	0,688	*C. Schmitt*[4])
2		1893	—	4,87	17,31	0,44	14,37	—	0,24	—	—	—	—	*E. Silva*[5])

[1]) Analyst 1900, **25**, 6; Zeitschr. Nahrungs- u. Genussm. 1900, **3**, 714.

[2]) C. A. Crampton: Foods and food adulterants. Part third. Fermented alcoholic beverages. Washington 1887, 337.

[3]) B. Haas, L. Weigert, E. Kayser u. C. Hoffmann: Mittheil. k. k. chem.-physiol. Vers.-Stat. Klosterneuburg. Wien 1888, Heft 5.

[4]) Weinbau u. Weinhandel 1889, **7**, 490; Vierteljahrsschr. Nahrungs- u. Genussm. 1889, **4**, 490.

[5]) Staz. sperim. agrar. Ital. 1893, **25**, 130.

*) Mittel von No. 30—44 und 47—59.

**) Mittel von No. 1—29, 45 und 46.

***) G. Briosi, Del Torre, Vaccarone und Bomboletti (Esame Chimica comparativo del vini italiani, inviti. all Expositione internationale del Parigi 1878 — Roma 1879) berichten über die Zusammensetzung von sechs Schaumweinen, die 1878 in Paris ausgestellt waren.

No.	Nähere Bezeichnung	Zeit der Untersuchung	Spec. Gewicht	100 ccm Wein enthalten Gramm: Alkohol	Extrakt	Ges.-Säure (Weinsäure)	Zucker	Glycerin	Mineralstoffe	Kali (K_2O)	Phosphorsäure (P_2O_5)	Gesammt-Weinsäure	Stickstoff-Substanz	Analytiker
3	Moscato spumante	1893	—	3,41	21,27	0,50	17,17	—	0,24	—	—	—	—	*E. Silva* [1])
4	Moscato spumante	„	—	3,82	18,50	0,47	14,89	—	0,28	—	—	—	—	
5	Moscato Champagne	„	—	6,43	14,56	0,47	11,72	—	0,19	—	—	—	—	
6	Moscato Champagne	„	—	6,14	12,39	0,56	9,47	—	0,25	—	—	—	—	
7	Sicilische Schaumw. (2 Analysen) . .	1879	1,0449	11,68	13,36	0,74	—	—	0,37	—	—	—	—	*G. Briosi* [2])
	Russische Schaumweine.													
1*)	Weine v. Don: Zimliansk, roth	1873	1,0278	5,02	8,33	0,34	7,26	0,25	0,14	0,055	0,008	0,050	0,069	*A. Salomon* [3])
2*)	Weine v. Don: Donscher, weiss	1873	1,0510	7,30	16,4	0,53	8,26	0,31	0,25	0,060	0,013	0,620	—	
	Asiatischer Schaumwein.											Schwefelsäure		
1	Sog. Smyrnaer Rothwein-Sekt . . .	1888	—	15,20	10,30	0,80	—	—	0,41	—	0,047	0,047	—	*R. Kayser* [4])

Sonstige Weine.

Wermuth-Wein.**)

No.	Nähere Bezeichnung		Zeit	Spec. Gew.	Vol.-% (Alkohol)	100 g Wein enthalten Gramm: Extrakt	Säure	Zucker							Analytiker
1	Tropfwermuth	aus Karlowitz	1886	1,0209	7,77	6,90	0,64	4,98	—	—	—	—	—	—	*M. Petrowitsch* [5])
2	Origin.-Wermuth	aus Karlowitz	„	1,0517	7,37	13,14	0,55	10,24	—	—	—	—	—	—	
3	Zweiter Wermuth	aus Karlowitz	„	1,0122	8,71	5,82	0,41	3,47	—	—	—	—	—	—	
4	Italienischer . . .		—	1,0280	20,40	12,60	0,57	8,70	—	—	—	—	—	—	*E. Mach* [5])

[1]) Staz. sperim. agrar. Ital. 1893, **25**, 130.
[2]) Internoai Vini della Sicilia. Studio dell Ing. Giovanni Briosi. Roma 1879.
[3]) Annalen der Oenologie 1873, **3**, 1. Ueber die Untersuchungs-Verfahren vergl. oben S. 1298, Anm. *).
[4]) Original-Mittheilung. Vergl. S. 1334, Anm. [2]).
[5]) Zeitschr. analyt. Chem. 1886, **25**, 520. Das spec. Gew. ist im Pyknometer bei 15° C. bestimmt; Alkohol nach dem Destillations-Verfahren; Extrakt nach dem spec. Gewicht der entgeisteten Flüssigkeit und auch direkt durch Eintrocknen; Zucker mit Fehling'scher Lösung; Säure durch Titration mit $^1/_{10}$ Normal-Natronlauge.

*) Der Wein No. 1 enthielt 0,18 g Gerbstoff und 0,024 g flüchtige Säure; No. 2 enthielt 0,131 g flüchtige Säure.

**) Unter „Wermuthwein" versteht man nach Petrowitsch sehr verschiedenartige Wein-Erzeugnisse, welche nur das gemein haben, dass überall „Wermuthkraut" (Artemisia Absynthium) und sonstige aromatische und gährungswidrige Körper (besonders Senfmehl) verwendet werden. Wermuthwein wird im südlichen Frankreich, in Italien (besonders Piemont), ferner in Ungarn, in der kroatisch-slavonischen Landschaft Syrmien (hier besonders in der Stadt Karlowitz und den umliegenden Klöstern) bereitet. Bei der Wermuth-Erzeugung in Italien wird Eindicken des Mostes, Zusatz von Sekt und Zucker, sehr oft auch Alkoholzusatz angewendet. Auch in Ungarn ist die Anwendung von eingedicktem Most ziemlich allgemein. In Syrmien dagegen bereitet man den Wermuthwein in der Weise, dass man in einem kleinen Fasse frische, am besten stark eingeschrumpfte Trauben, denen man das Wermuthkraut und die sonstigen Ingredientien zusetzt, mit gutem Rothwein übergiesst und 4—5 Wochen ruhig liegen lässt. Ist dieser erste Wermuth (Original-Wermuth) verzehrt oder abgezogen, so werden die im Fasse zurückgebliebenen Trauben häufig zum zweiten und dritten Male übergossen; man erhält auf diese Weise einen zweiten etc. Wermuth. Den Tropfwermuth erhält man in Karlowitz und den umliegenden Klöstern durch eine beschleunigte und forcirte Gährung des schnell abgepressten Mostes im stark eingeheizten Zimmer. — Der verhältnissmässig geringe Gehalt der syrmischen Wermuthweine an Alkohol erklärt sich daraus, dass beim Aufgiessen von Wein auf die Beeren eine Diffusion eintritt, indem Alkohol in die Beerenzellen übertritt, Extraktstoffe dagegen aus diesen in den Wermuthwein; dieses erhellt aus folgenden Zahlen:

	Spec. Gew.	Alkohol	Extrakt	Gesammt-Säure (Weinsäure)	Zucker
1. Auffüllwein . . .	0,9960	8,29 %	1,90 %	0,61 %	Spur
2. Wermuthwein . .	1,0122	6,91 „	5,82 „	0,57 „	3,45 %
3. Beerensaft	1,0240	6,43 „	7,38 „	0,64 „	6,79 „

No.	Nähere Bezeichnung	Zeit der Untersuchung	Spec. Gewicht	100 g Wein enthalten Gramm: Alkohol	Extrakt	Ges.-Säure (Weinsäure)	Stickstoff-Substanz	Zucker	Glycerin	Mineral-stoffe	Kali (K_2O)	Phosphor-säure (P_2O_5)	Schwefel-säure (SO_3)	Analytiker
5	Trienter Wermuthw.	1884	1,0520	Vol.-% 14,30	16,43	0,48	—	14,39	0,42	0,135	0,055	0,013	0,015	*R. Meyer u. G. Dändliker* [1])
6	Wiener „	1892	—	16,98	13,83	0,39	0,093	12,38	0,39	0,120	—	Spur	—	*M. Mansfeld* [2])
				100 ccm Wein enthalten Gramm:			Flüchtige Säure				Weinstein			
7	Original-Wermuthwein aus Syrmia .	1889	1,0437	5,75	12,40	0,58	0,100	10,46	—	0,27	0,28	0,054	0,038	*M. Petrowitsch* [3])*)
											Chlor			
8	Aus Italien { Wermuth Extra	1889	1,0310	12,31	13,03	0,47	—	10,26	—	0,18	0,008	0,019	0,115	*C. Schmitt* [4]) **)
9	Aus Italien { Wermuth . .	1889	1,0307	12,31	13,06	0,45	—	10,26	—	0,15	0,006	0,015	0,049	*C. Schmitt* [4]) **)

A. Bianchi (Annali del Labor. Chim. Centrale della Gabelle Roma 1900, 4, 217—236; Zeitschr. Nahrungs- u. Genussm. 1901, 4, 658) fand für 50 Proben italienischen Wermuthwein folgende Schwankungen:

Alkohol	Reduc. Zucker	Saccharose	Gesammt-Säure	Glycerin
10,66—14,87 Gew.-%	2,82—16,88%	0—14,29%	0,165—0,650%	0,096—0,992%

Amarena.***)

No.	Nähere Bezeichnung	Zeit der Untersuchung	Spec. Gewicht	100 ccm Wein enthalten Gramm: Alkohol	Extrakt	Gesammt-Säure (Weinsäure)	Gerbstoff	Zucker	Glycerin	Mineral-stoffe	Weinsäure	Phosphor-säure (P_2O_5)	Schwefel-säure (SO_3)	Analytiker
1	Aus Italien . .	1889	1,0438	11,92	16,49	0,70	0,140	11,40	—	0,27	—	0,051	0,068	*C. Schmitt* [4])
2	Desgl. (Mittel von 20 Proben) . .	18 70/76	1,0390	12,08	12,86	0,62	0,065	8,41	—	0,34	—	—	—	*G. Briosi* [5])

Alkoholfreie „Weine".

No.	Nähere Bezeichnung	Zeit der Untersuchung	Spec. Gewicht	Alkohol	Extrakt	Gesammt-Säure (Weinsäure)	Flücht. Säure	Zucker	Stickstoff	Mineral-stoffe	Weinsäure	Phosphor-säure (P_2O_5)	Schwefel-säure (SO_3)	Analytiker
1	Von der Firma „Nektar" in Worms [0]) weiss	1898	1,0733	—	18,91	0,92	—	16,01	0,097	0,34	—	0,030	—	*J. Marcuse* [6])
2	Von der Firma „Nektar" in Worms [0]) roth	„	1,0591	—	15,71	0,97	—	13,18	0,067	0,32	—	0,032	—	*J. Marcuse* [6])
3	Von der Firma „Nektar" in Worms [0]) weiss	1899	1,0588	Spur	15,42	0,89	0,006	11,59	0,117	0,35	—	0,029	—	*P. Süss* [7])
4	Von der Firma „Nektar" in Worms [0]) roth	„	1,0525	Spur	13,57	1,07	0,046	9,76	0,108	0,36	—	0,025	—	*P. Süss* [7])
5	Hygienischer Traubenwein .	1901	1,0590	—	15,33	1,43	0,060	12,75	—	0,20	0,26	Weinstein 0,31	0,014	*F. Jean* [8])

[1]) Jahresbericht der Naturforschenden Gesellschaft Graubünden **28**, 83.
[2]) Zeitschr. angew. Chem. 1892, 732.
[3]) Zeitschr. analyt. Chem. 1889, **28**, 455.
[4]) Weinbau u. Weinhandel 1889, **7**, 490; Vierteljahresschr. Nahrungs- u. Genussm. 1889, **4**, 490.
[5]) G. Briosi: Internoai Vini della Sicilia. Roma 1879. Vergl. auch S. 1330, Anm. ***).
[6]) Therapeut. Monatshefte 1898, **12**, 621; Zeitschr. Nahrungs- u. Genussm. 1899, **2**, 454.
[7]) Pharm. Centrh. 1899, **40**, 529; Zeitschr. Nahrungs- u. Genussm. 1900, **3**, 198.
[8]) Annal. chim. analyt. 1901, **6**, 209; Zeitschr. Nahrungs- u. Genussm. 1902, **5**, 1182.

*) Der Wein enthielt ferner in 100 ccm 0,0222 g Kalk und 0,0252 g Magnesia. Der zugehörige Rothwein hatte folgende Zusammensetzung (g in 100 ccm):

Spec. Gew.	Alkohol	Extrakt	Gesammt-Säure (Weinsäure)	Flüchtige Säure (Essigsäure)	Weinstein	Glycerin	Mineral-stoffe	Kalk	Phosphor-säure
0,9920	9,76	2,44	0,49	0,05	0,17	0,78	0,22	0,0215	0,0486

**) Die Weine wurden von der Deutsch-ital. Wein-Import-Gesellschaft eingeführt. Der Gehalt an Eisenoxyd betrug bei den Wermuthweinen No. 8: 0,0009 und bei No. 9: 0,0006 g.

***) Der Amarena wird vorwiegend in Sicilien hergestellt durch Vergährenlassen des Mostes über Weichsel- und Pfirsichblättern. — Der Wein No. 1 enthielt 0,0018 g schweflige Säure.

[0]) Diese sogenannten „Weine" sind nach dem Verfahren von Müller-Thurgau durch Sterilisation von frischem Most hergestellt.

Anhang zu Wein.

I. Gehalt des Weines an verschiedenen Bestandtheilen.

1. Gehalt des Weines an Milchsäure.

a) R. Kunz (Zeitschr. Nahrungs- u. Genussm. 1901, 4, 673) fand auch in gesunden Weinen grössere Mengen von Milchsäure, nämlich (g in 100 ccm):

No.	Bezeichnung der Weine und Jahrgang	Gesammt-Säure (Weinsäure)	Weinstein	Weinsäure	Flüchtige Säure (Essigsäure)	Bernsteinsäure	**Milchsäure**
1	Istrianer Rothwein (Landwein 1899) . .	0,83	0,37	0,06	0,090	0,0932	0,3338
2	Burgunder-Wein 1893 (Tyroler) . . .	0,60	0,2406	0,03	0,084	0,0908	0,2251
3	Traminer 1893 (Tyroler)	0,57	0,3308	0	0,075	0,0811	0,1773
4	Rothwein-Verdot (Tyroler)	0,525	0,2557	0	0,0735	0,0954	0,3158
5	Vernatsch 1893 (Tyroler)	0,60	0,2068	0,015	0,093	0,0778	0,2114
6	Blauer Burgunder 1899 (Tyroler) . . .	0,48	0,2068	0	0,072	0,0828	0,2677
7	Teroldigo 1894 (Tyroler)	0,63	0,2875	0	0,108	0,1253	0,2931
8	Maria - Engersdorfer Weisswein 1885 (Oesterreicher)	0,757	0,2594	0,057	0,078	0,0958	0,3372
9	Weine a. d. Wiener Rathhauskeller: Weisser Schankwein	0,675	0,3083	0,069	0,072	0,0826	0,2841
10	Weine a. d. Wiener Rathhauskeller: Alberndorfer Weisswein	0,712	0,2218	0,057	0,084	0,0855	0,4004
11	Weine a. d. Wiener Rathhauskeller: Retzer-Züngeln Weisswein 1889 .	0,7575	0,2481	0,081	0,090	0,0935	0,3287
12	Weine a. d. Wiener Rathhauskeller: Zöbinger - Heiligensteiner Riesling 1895 Weisswein	0,75	0,2180	0	0,0924	0,0879	0,3447
13	Weine a. d. Wiener Rathhauskeller: Mailberger-Anglisberger 1893 . .	0,6825	0,3384	0	0,091	0,0781	0,3524
14	Landwein aus Mistelbach	0,84	0,176	0,021	0,074	0,0832	0,6444
15	Landwein aus Mistelbach	0,87	0,319	0	0,0408	0,059	0,7340
16	Mailberger 1889 (Oesterreicher) . . .	0,54	0,263	0	0,072	0,0678	0,3210
17	Weisskirchner 1900 (Ungar-Wein) . .	0,528	0,127	0	0,0804	0,0972	0,3136
18	Siebenbürger 1900	0,607	0,188	0	0,0384	0,0649	0,3221
19	Modern 1900 (Ungar-Wein)	0,675	0,304	0	0,0732	0,1003	0,3766
20	Badacsony 1900 (Ungarn-Wein) . . .	0,48	0,195	0	0,0564	0,0885	0,3297
21	Plattensee-Riesling 1900	0,66	0,2406	0,045	0,0516	0,1047	0,1185
22	Oesterreicher 1900	0,84	0,282	0,105	0,026	0,0886	0,1684
23	Malaga	—	—	—	—	—	0,4360

b) Möslinger (Zeitschr. Nahrungs- u. Genussm. 1901, 4, 1120) fand an Milchsäure (g in 100 ccm):

No.	Bezeichnung des Weines	Gesammt-Säure	**Milchsäure**
1	Portugieser Rothwein	0,535	0,216
2	„ „	0,510	0,166
3	Dürkheimer Weisswein . . .	0,675	0,319
4	Königsbacher	0,495	0,214
5	Gezuckerter Oberländer . . .	0,630	0,326
6	„ „ . . .	0,755	0,375
7	„ „ . . .	0,395	0,146
8	„ „ . . .	0,500	0,234
9	Pfälzer Naturwein	0,75	0,336
10	„ „	0,70	0,126
11	„ „	0,60	0,280
12	Bocksteiner (Flaschenwein) . .	0,89	0,296
13	Bordeaux „ . . .	0,65	0,306
14	Clairet (Lothringer)	0,95	0,225
15	Deidesheimer Naturwein . . .	—	0,221
16	„ „ . . .	—	0,244
17	Jungweine: Thüngertsheimer . .	1,55	0,048
18	Jungweine: Deidesheimer . . .	0,96	0
19	Jungweine: „ . . .	0,99	0
20	Jungweine: Gleisweilerer . . .	1,05	0
21	Jungweine: „ . . .	1,10	0,050

2. Gehalt des Weines an schwefliger Säure.

a) E. Borgmann, Medicus, A. Hilger u. R. Kayser (Bericht über die 9. Jahresvers. der Freien Vereinigung bayerischer Vertreter d. angew. Chem. 1890, 9, 46; Chem. Centralbl. 1891, I, 44) berichten über den Gehalt verschiedener Weine an schwefliger Säure; sie fanden (g in 100 ccm):

α) Borgmann in 8 Proben Natur-Rheinwein 0,7—10,6 mg, im Mittel 6,05 mg.

β) Medicus in 11 Weinen des Würzburger Bürgerspitals, Juliusspitals und Hofkellers, die mit Ausnahme eines Weines, der nur Spuren schweflige Säure enthielt, nach dem ersten Abstich in frisch geschwefelte Fässer gekommen waren, Spuren bis 7,6 mg, im Mittel 3,2 mg schweflige Säure.

γ) R. Kayser in

In 100 ccm:	Forster Weinen					Deidesheimer Weinen		
	Kirchenstück		Riesling	Jesuitengarten		Hofstück	Grain (Riesling)	Kieselberg
Zucker g	2,5	3,4	2,8	1,7	2,1	1,4	1,4	1,6
Schweflige Säuren mg .	14,0	17,0	24,0	12,0	18,0	17,0	16,0	21,0

δ) A. Hilger in 39 verschiedenen in der Kgl. Untersuchungsanstalt Erlangen untersuchten Weinen: 4,4 bis 20,0, im Mittel 9,9 mg schweflige Säure.

b) E. Mach (Weinlaube 1893, 74; Forschungsberichte über Lebensmittel 1895, 2, 47) fand in 16 syrmischen, italienischen und österreichischen Weinen 0,3—16,7 mg Gesammt-, 0,3—16,0 mg aldehydschweflige Säure und 0—0,8 mg freie schweflige Säure.

c) M. Ripper (Forschungsberichte über Lebensmittel 1895, 2, 12) fand für den Gehalt der Weine an freier und aldehydschwefliger Säure folgende Werthe (mg in 100 ccm):

α) Bei 238 kleinen, mittleren und besseren Handelsweinen, die nach der in rheinischen Kellereien üblichen Weise innerhalb nicht ganz zwei Jahre mindestens sechsmal abgestochen und jedesmal mit 50 g Schwefel für das Stückfass (1200 l) eingeschwefelt waren:

	Gesammt-Schweflige Säure	Aldehydschweflige Säure	Freie schweflige Säure
Mittel . . .	9,7	9,1	0,6
Schwankungen	3,4—20,5	3,0—20,0	0,1—3,7

β) Bei 54 auserlesenen Gewächsen, den Weinen des Herzoglich nassauischen Kabinetskellers (vergleiche S. 1244):

	Gesammt-Schweflige Säure	Aldehydschweflige Säure	Freie schweflige Säure
Mittel . . .	15,2	15,2	0
Schwankungen	5,9—26,0	5,9—26,0	0—0

d) F. Schaffer und A. Bertschinger (Zeitschr. Nahrungsmittel-Unters., Hyg. u. Waarenk. 1894, 8, 722) bestimmten in zahlreichen schweizerischen Weinen den Gehalt an Gesammt- und freier schwefliger Säure nach dem Verfahren von Schmitt und Ripper (Journ. prakt. Chem. 44, 428; Vierteljahresschr. Nahrungs- u. Genussm. 1893, 8, 42) und stellten ferner Versuche an über die Veränderungen im Gehalte an schwefliger Säure unter verschiedenen Umständen. Die Ergebnisse waren folgende:

α) Gehalt verschiedener, z. Th. frisch geschwefelter Weine an schwefliger Säure:

Untersuchungsstelle	Zahl der Weine	Gesammt-Schweflige Säure		Freie schweflige Säure	
		Mittel	Schwankungen	Mittel	Schwankungen
Städtisches Laboratorium Zürich	96	6,37	1,0—28,6	0,54	0,13—3,51
Kantonales „ „	21	7,80	2,0—26,0	0,33	0—0,76
„ „ Bern	17	8,05	3,2—13,7	1,26	0,51—3,46

β) Ueber das Verhalten der schwefligen Säure beim Lagern des Weines. Aus der grossen Zahl der Versuche sei hier nur der folgende, welcher mit einem 1892-Seuzacher Schillerwein angestellt wurde, aufgeführt. Der Wein war am 7. Juli eingebrannt und enthielt:

am	9. 7.	10. 7.	11. 7.	12. 7.	16. 7.	21. 7.	2. 8.	10. 8.	16. 8.	24. 8.
Gesammt-Schweflige Säure	8,0	7,7	7,5	7,5	7,3	6,9	7,0	6,9	6,9	7,2
Freie „ „	4,4	3,9	3,8	3,6	3,1	3,0	2,7	2,7	2,4	2,1

γ) Ueber die Menge der beim Einbrennen in den Wein gelangenden schwefligen Säure:

Eingebrannt mit g Schwefel auf 1 hl	1891-er Küsnachter Ursprünglich	1 g	2 g	4 g	1892-er Seuzacher Schiller Ursprünglich	Feuchtes Fass 2 g	4 g	8 g*)	Trockenes Fass 4 g
Gesammt-Schweflige Säure	6,55	6,78	7,17	8,19	1,38	2,38	5,02	8,03	6,15
Freie „ „	—	0,38	0,38	—	0,50	0,75	2,27	4,44	3,01

δ) Auf die weiteren Versuche über Bindung der schwefligen Säure durch Aldehyd, über die desinficirende Wirkung der aldehydschwefligen und der freien schwefligen Säure, über die physiologische Wirkung der schwefligen Säure auf Menschen und Thiere, sowie über die Veränderungen des Gehaltes an schwefliger Säure beim Erwärmen kann hier nur verwiesen werden.

e) E. Rieter (Zeitschr. Nahrungsm.-Unters., Hyg. u. Waarenk. 1895, 9, 21) stellte gleichfalls zahlreiche Versuche über die Veränderungen der schwefligen Säure im Weine an, indem er die Weine mit gasförmiger schwefliger Säure behandelte und die gebundene und freie schweflige Säure nach Ripper bestimmte. Von den Versuchen sei hier nur eine Reihe mitgetheilt:

Der Wein enthielt vor der am 20. August stattfindenden Schwefelung in 100 ccm 7,4 mg Gesammt- und 0,13 mg freie schweflige Säure. Nach der Schwefelung betrug der Gehalt:

am	21. 8.	22. 8.	23. 8.	24. 8.	25. 8.	27. 8.	28. 8.	29. 8.	30. 8.	31. 8.	1. 9.	3. 9.	18. 9.	19. 9.	
Im Ganzen	38,8	36,2	36,6	36,6	35,4	34,3	34,1	31,6	29,9	29,8	29,3	27,9	21,1	21,4	mg
Frei	21,9	20,7	19,5	19,1	18,1	17,0	16,3	14,5	13,4	12,8	12,2	10,5	2,9	3,2	„
Gebunden	16,9	15,5	17,1	17,5	17,3	17,3	17,8	17,1	16,5	17,0	17,1	17,4	18,2	18,2	„

Hieraus und ebenso aus den übrigen Versuchen geht hervor, dass die Bindung der schwefligen Säure sehr rasch erfolgt.

Ferner stellte E. Rieter Versuche darüber an, ob in demselben Wein bei erneuter Schwefelung auch die gebundene schweflige Säure zunimmt, er fand dabei an schwefliger Säure:

Versuch I.	Nach der ersten Schwefelung	Nach der zweiten Schwefelung am 24. 8.				Nach der dritten Schwefelung am 1. 9.		
		25. 8.	27. 8.	29. 8.	30. 8.	3. 9.	4. 9.	6. 9.
Im Ganzen	39,6	42,5	40,4	37,9	35,3	57,5	56,4	54,0 mg
Frei	22,2	25,5	23,0	20,3	18,7	39,9	38,3	36,6 „
Gebunden	17,4	17,0	17,5	17,6	16,6	17,6	18,2	17,4 „

Versuch II.	Nach der ersten Schwefelung	Stunden nach der zweiten Schwefelung				Stunden nach der dritten Schwefelung		
		3 Stdn.	48 Stdn.	58 Stdn.	70 Stdn.	14 Stdn.	24 Stdn.	44 Stdn.
Im Ganzen	11,2	52,7	48,5	46,9	45,0	157,6	155,0	150,6
Frei	4,6	44,4	36,5	35,1	33,1	142,0	140,0	135,5
Gebunden	6,6	8,3	12,0	11,8	11,9	15,6	15,0	15,1

Hieraus geht hervor, dass die Weine je nach dem Gehalt an freier schwefliger Säure verschiedene relative Maxima an gebundener schwefliger Säure enthalten können.

E. Rieter stellte endlich noch Versuche an über die Einwirkung der Luft auf die gebundene schweflige Säure im Weine, auf die hier nur verwiesen werden kann.

f) Ch. Blarez und R. Tourrou (Journ. Pharm. Chim. 1899, [6], 9, 533; Zeitschr. Nahrungs- u. Genussm. 1900, 3, 194) fanden für den Gehalt des Weines an schwefliger Säure und Schwefelsäure (in 100 ccm):

	1898-er Weissweine verschiedenen Ursprungs No. 1	2	3	4	5	6	7
Schweflige Säure { frei	4,10	6,40	2,24	2,28	3,52	3,20	0,98 mg
Schweflige Säure { organisch gebunden	6,80	2,80	3,28	5,58	7,52	7,84	9,69 „
Kaliumsulfat	0,038	0,119	0,149	0,171	0,134	0,149	0,015 g

*) Von den 8 g verbrannten nur 7,1 g, worauf die Flamme erlosch.

		Alte Weissweine verschiedenen Ursprungs					
	No.	8	9	10	11	12	13
Schweflige Säure	frei	4,80	10,50	16,90	11,10	2,88	11,20 mg
	organisch gebunden	13,20	18,50	5,10	8,70	1,62	21,56 „
Kaliumsulfat		0,175	0,145	0,120	0,140	0,105	0,149 g

Hiernach sind alte Weine in Folge des öfteren Abziehens auf geschwefelte Fässer meist reicher an schwefliger Säure als junge Weine.

g) R. Wischin (Zeitschr. Nahrungsm.-Unters., Hyg. u. Waarenk. 1895, 9, 246) stellte Untersuchungen über den Einfluss der schwefligen Säure auf Most an, auf die hier gleichfalls nur verwiesen sei.

3. Gehalt des Weines (und der Traube) an Pentosanen.

Untersuchungen von E. Comboni (Staz. sperim. agrar. Ital. 1896, 29, 815).

In den einzelnen Theilen der Traube wurden (in der natürlichen Substanz) folgende Gehalte an Pentosanen gefunden:

Traubensorte	In % der ganzen Traube				In % der Trauben-Theile			
	im Most %	in den Hülsen %	in den Kämmen %	in den Kernen %	im Most %	in den Hülsen %	in den Kämmen %	in den Kernen %
Raboso	0,3780	0,1653	0,1457	0,2208	0,480	1,574	2,790	3,870
Prosecco	0,2334	0,1156	0,0507	0,1191	0,284	1,080	1,208	3,960
Verdiso	0,1567	0,1370	0,0388	0,0294	0,185	1,343	1,049	4,540

In 14 verschiedenen Weinen wurden folgende Pentosan-Gehalte gefunden (g in 100 ccm):

No.	Bezeichnung des Weines	Alkohol	Extrakt	**Pentosane**	No.	Bezeichnung des Weines	Alkohol	Extrakt	**Pentosane**
1	Dolcetto	12,0	2,71	0,0937	8	Grignolino	12,6	2,56	0,0617
2		11,3	3,35	0,1100	9		12,9	2,48	0,1066
3		11,1	3,75	0,1045	10	Prosecco	12,3	2,15	0,0458
4		11,8	2,54	0,0873	11	Verdiso	10,5	1,93	0,0669
5	Barbera	—	4,21	0,1320	12	Weine aus Trocken-beeren a)	4,7	1,31	0,0284
6		13,5	3,14	0,1178	13	b)	7,0	2,43	0,0342
7	Rabosa	11,2	2,59	0,0644	14	c)	1,4	0,26	0,0028

4. Gehalt des Weines an Stickstoff.

Martinaud und Rietsch (Monit. vinicole 1890, No. 55; Centrbl. Agrik.-Chem. 1891, 20, 70) glauben eine Beziehung zwischen Blume und Stickstoff-Gehalt des Weines gefunden zu haben, da die an Aroma reicheren Burgunder mehr Stickstoff enthalten als die Bordeaux-Weine und diese mehr als gewöhnliche Weine z. B. aus dem Berré. Sie fanden an Stickstoff (g in 100 ccm):

Corton	0,0817	Beaune	0,0364	Berré	0,0062
Nuits	0,0784	Sauternes	0,0285	Algier vergohren mit eigener Hefe	0,0150
Volnay	0,0761	St. Emilion	0,0246	Champagner Hefe	0,0161
Pomard	0,0621	Bordeaux commune	0,0230	Beaujolais Hefe	0,0153
Chambertin	0,0650	Var	0,0146	Burgunder Hefe	0,0149

5. Gehalt des Weines an Eisen.

a) Ein eisenhaltiger Naturwein aus amerikanischen La Jaquez-Trauben enthielt (Journ. Pharm. Chim. 1887, 344; Chem.-Ztg. 1887, 11, No. 95) in 100 ccm:

Alkohol	Extrakt	Säure (Weinsäure)	Mineralstoffe	Eisenoxyd (Fe_2O_3)
6,75 g	2,05 g	1,163 g	0,620 g	11,0 mg

b) In italienischen Weinen wurden (nach Journ. Pharm. Chim. 1893, [5], 27, 484; Chem. Centrbl. 1893, II, 177) folgende Gehalte an Eisenoxyd (Fe_2O_3) gefunden (mg in 100 ccm):

Barbara	0,6	Neapel (Falerner)	1,8	Apulien	2,6
Bassanello	1,1	Tischwein III	1,9	Cagliari	2,8
Lacrimae Christi	1,2	Oberitaliener	1,9	Tischwein (Italien)	3,0
Chianti	1,4	Amarena	1,9	Château rom. (roth)	4,0 5,0
Capri (roth)	1,6	Campidano	2,4		

Die Weine aus vulkanischen Gegenden sollen am reichsten an assimilirbaren Eisenverbindungen sein.

c) F. Ravizza (Staz. sperim. agrar. Ital. 1891, 21, 449) bestimmte in einer Anzahl italienischer (piemontesischer) Weine auch den Gehalt an Eisenoxyd; die Ergebnisse seiner Untersuchungen waren folgende:

No.	Bezeichnung des Weines	Herkunft	Jahrgang	Alkohol Vol.-%	In 100 ccm Wein: Extrakt g	Gesammt-Säure g	Phosphorsäure g	Eisenoxyd mg
1	Nerano	Monforte-Alba	1889	12,94	2,53	0,555	0,022	0,60
2	Barolo	Monforte-Alba	1889	11,50	2,51	0,990	0,026	1,31
3	„	Fontanafredda-Alba	1890	11,44	2,98	1,035	0,037	0,82
4	„	Fontanafredda-Alba	1887	13,43	2,71	0,720	0,045	0,82
5	„	Barola-Alba	1885	13,75	2,54	0,645	0,030	1,04
6	„	Barola-Alba	1887	13,40	2,73	0,731	0,029	0,88
7	„	Barola-Alba	1890	12,85	2,82	1,071	0,031	0,97
8	Dolcetto	Monforte-Alba	1889	10,20	2,19	0,760	0,021	0,88
9	Freisa	Fontanafredda-Alba	1889	13,24	2,64	0,817	0,023	0,71
10	Barbera	Asti	1860	13,42	2,93	0,720	0,047	0,62
11	„	Fontanafredda-Alba	1890	12,13	2,85	0,785	0,034	1,12
12	„	Agliano-Asti	1889	12,10	3,10	1,000	0,029	1,00
13	„	Fontanafredda-Alba	„	12,40	3,14	0,811	0,027	1,02
14	„	S. Stefano Belbo	„	12,71	2,89	0,900	0,025	0,62
15	„	Moncalvo-Casale	„	10,91	3,22	1,016	0,033	0,68
16	Grignolino	Agliano-Asti	„	12,20	2,71	0,870	0,027	0,56
17	„	Mongardino-Asti	„	11,91	2,42	0,721	0,024	0,53
18	Malvasia	Costigliole-Asti	„	9,00	6,66	0,651	0,019	0,39
19	Croairola	Porto Maurizio	„	11,87	2,49	0,630	0,020	0,54
20	„	Porto Maurizio	„	10,38	2,18	0,675	0,025	0,55
21	Rossesse	Ventimiglia	„	12,13	2,18	0,697	0,011	0,60
22	„	Ventimiglia	„	11,87	2,85	0,690	0,033	0,66
23	Brachetto	Ventimiglia	„	11,61	2,94	0,690	0,063	0,28
24	„	Pietra Ligure	„	10,03	2,66	0,735	0,057	0,55
25	Vermentino	Massa Carrara	„	13,24	2,96	0,855	0,042	0,62
26	Balsamina	Massa Carrara	„	11,17	2,61	0,847	0,042	0,54
27	„	Massa Carrara	„	8,63	1,80	1,050	0,030	0,32
28	Sardus pater	Quartu S. Elena	„	14,09	3,22	0,667	0,026	0,16
29	„ „	Quartu S. Elena	„	14,74	2,91	0,585	0,043	0,71
30	Verschiedene Trauben	Cagliari	„	13,15	2,42	0,547	0,026	0,67
31	Verschiedene Trauben	Cagliari	„	15,20	3,49	0,720	0,014	0,59
32	Cagnulari	Sassari	„	12,22	2,56	0,510	0,009	0,43
33	„	Sassari	„	12,77	2,47	0,525	0,010	0,43
			Mittel	12,20	2,83	0,764	0,030	0,89

d) Weitere Angaben über den Eisengehalt italienischer Weine finden sich oben S. 1290 u. 1291.

e) A. Borntraeger (Chem.-Ztg. 1896, 20, 686) berichtet über einen in Folge des Eisengehaltes des verwendeten Wassers grün gefärbten Tresterwein.

6. Gehalt des Weines an Kalk und Magnesia.

a) E. Mach und K. Portele (Tyroler landw. Blätter 1888, 56) untersuchten eine Reihe Tyroler Weine auf ihren Gehalt an Kalk und fanden folgende Mittel- uud Schwankungszahlen (für 100 ccm):

Bezeichnung der Weine	Zahl der Weine	Mineralstoffe	Kalk	Kalk in % der Mineralstoffe
1. Weine aus dem Keller der Landw. Vers.-Stat. St. Michele	15	0,199 g 0,137—0,260	0,0099 g 0,0082—0,0120	4,92 % 2,58—7,88
2. Rametzer Weine von Fr. Boscarolli	7	0,253 g 0,212—0,302	0,0097 g 0,0072—0,0118	3,83 % 3,40—4,58
3. Aus dem Keller von Fr. Tschürtschenthaler in Bozen	3	0,199 g 0,189—0,208	0,0123 g 0,0100—0,0150	6,19 % 5,75—7,93

Erst nach dem Ausfällen von Weinstein und Weinsäure z. B. durch Gypsen oder Entsäuern mittelst Kalk bezw. Marmorpulver können grössere Mengen Kalk in den Weinen auftreten. Von den von der Klosterneuburger Versuchs-Station untersuchten 228 Sorten Wein enthielten 170 Sorten nur 0,0051—0,0200 g, 19 Sorten unter 0,0051 g und 28 Sorten 0,0200—0,0300 g Kalk; die Hälfte dieser letzten Weine waren gegypste oder mit Kalk versetzte italienische Weine, die andere Hälfte grösstentheils Beeren- oder Aepfelweine, welche kalkreicher sind als Traubenweine. Dalmatiner Weine enhielten 0,0037—0,0310 g, im Mittel 0,0126 g Kalk in 100 ccm.

Nach E. Borgmann beträgt der Gehalt von Naturweinen an Kalk in 100 ccm:

Rheingauer Weissweine	8 Rheinhessische Weine	11 Frankenweine	5 Moselweine	Mittel von 25 deutschen Weinen
0,005—0,037	0,0081—0,0130	0,007—0,016	0,008—0,021	0,015 g

4 weisse Bordeauxweine	7 rothe Bordeauxweine	Mittel von 11 Bordeauxweinen
0,007—0,024	0,007—0,021	0,011 g

b) Turié (Journ. Pharm. Chim. 1894, 151; Zeitschr. Nahrungsm.-Unters., Hyg. u. Waarenk. 1894, 8, 237) berichtet über den Magnesia- und Chlornatriumgehalt von Weinen aus den Salines du Midi.

7. Gehalt der Weine von mit Kupferlösungen bespritzten Reben an Kupfer.

a) Fréchou (Journ. de l'agriculture; Allgem. Wein-Ztg. 1891, No. 24; Vierteljahresschr. Nahrungs- u. Genussm. 1891, 6, 226) berichtet über den Kupfergehalt von Jungweinen, welche von gegen Peronospora und „black-roth" mit alkalischer Kupferlösung behandelten Trauben stammten, und fand:

	Jungwein von an Peronospora erkrankten Reben		Jungwein von an „black-roth" erkrankten Reben: Lacomme		Jungwein von an „black-roth" erkrankten Reben: Sérignac	
	aus Maische	von den Trestern	aus Maische	von den Trestern	aus Maische	von den Trestern
Alkohol	9,00	8,00	8,25	7,10	9,60	5,50 g
Extrakt	2,85	2,00	2,50	2,40	2,30	1,58 „
Säuren (?)	0,80	0,62	0,72	1,30	0,87	0,70 „
Kupfer	Spuren	0,10	0,06	11,00	0,04	0,09 mg

b) Ueber den Gehalt der Weine von mit Kupferlösung bespritzten Reben an Schwefelsäure vergl. unten S. 1355.

c) Caudes (Sic. vinic. 1887, 21; Vierteljahresschr. Nahrungs- u. Genussm. 1887, 2, 260) berichtet über den Einfluss der Kalk- und Kupfersalze beim Bespritzen gegen Peronospora auf die Zusammensetzung des Mostes. Ueber ähnliche Versuche vergl. ferner Weinlaube 1887, No. 46; Vierteljahresschr. Nahrungs- u. Genussm. 1887, 2, 570.

8. Gehalt kranker Weine an Mannit.

Ueber den Gehalt an Mannit, der nach den Untersuchungen von Gayon und Dubourg (Annales Inst. Pasteur 1894, 109) bei höherer Gährtemperatur, wie sie in Algier häufig vorkommt, durch einen Bacillus aus dem Zucker gebildet wird, in Folge dessen Mannit enthaltende Weine als kranke Weine zu bezeichnen sind, liegen folgende Angaben vor:

a) Langlois (Algérie vinicole vom 18. 9. 1892) fand in in Algier gewachsenen Naturweinen 0,50—0,70 g Mannit.

b) C. Mestre (Union pharm. 1893, 62; Zeitschr. Nahrungsmittel-Unters., Hyg. und Waarenk. 1893, 7, 71) dagegen fand in 3 von 17 echten Algier-Weinen nur Spuren (im Mittel weniger als 0,010 g in 100 ccm), in den übrigen keinen Mannit.

c) Gayon und Dubourg fanden in Weinen 0,86—3,146 g Mannit in 100 ccm; beim Aufbewahren in einem kühlen Raume beobachteten sie folgende Zunahme an Mannit und dementsprechende Abnahme an Zucker (in 100 ccm):

Versuchsdauer	8 Monate	8 Monate	9 Monate
Abnahme an Zucker . . .	0,560	0,473	1,605 g
Zunahme an Mannit . . .	0,200	0,162	1,332 „

Sie fanden ferner für 5 mannithaltige Rothweine (In Staz. sperim. agrar. Ital. 1894, 26, 451 mitgetheilt von G. Basile) aus Frankreich und Algier folgende Zusammensetzung (Vol.-% bezw. g in 100 ccm):

	Rothwein		Alkohol Vol.-%	Extrakt	Gesammt-Säure	Flüchtige Säure	Weinstein	Zucker	**Mannit**
1	Aus Frankreich . .	1892	10,30	3,25	0,490	0,162	0,210	0,67	0,860
2		„	11,40	3,93	0,610	0,220	0,150	0,87	1,236
3	Aus Algier . . .	1891	11,00	7,10	0,540	0,158	0,350	1,80	3,146
4		1892	12,40	7,09	0,860	0,428	0,170	2,18	1,832
5	Aus Spanien	„	9,30	11,80	0,827	0,538	0,195	6,02	2,350

d) W. Seifert und V. Kreps (Allgem. Wein-Ztg. 1899, 16, 153; Zeitschr. Nahrungs- und Genussm. 1900, 3, 188) fanden für zwei von der Mannit-Gährung befallene Weine folgende Zusammensetzung (Vol.-% bezw. g in 100 ccm):

	Alkohol Vol.-%	Extrakt	Gesammt-Säure	Flüchtige Säure	Weinstein	Zucker	**Mannit**	Glycerin	Mineralstoffe
Weisswein . .	8,8	14,68	1,50	1,01	0,15	5,51	5,0	0,88	0,70
Rothwein . .	11,5	8,85	1,08	0,36	0,13	4,44	1,0	1,14	0,26

Ausser den Mannit-Bakterien können nach W. Seifert auch andere Mikroorganismen z. B. Penicillium glaucum (Grünfäule) Mannit bilden.

e) G. Basile (Staz. sperim. agrar. Ital. 1894, 26, 451) stellte Versuche über die Mannit-Gährung der Weine in Sicilien an. Er theilt zunächst die Ergebnisse von Untersuchungen von Jégou (Journ. Pharm. Chim. 1893, [5], 28, 103) mit, die dieser bei 1892-er algerischen Weinen angestellt hatte, welche aus Trauben gewonnen waren, die durch den Seriocco-Wind stark ausgetrocknet waren, und Mannit enthielten; dieselben hatten folgende Zusammensetzung (Vol.-%, bezw. g in 100 ccm):

Alkohol	13,0	12,5	9,6	11,7	14,0	11,5	12,2	11,7	24 (?) Vol.-%
Extrakt	6,07	5,66	6,65	3,12	4,98	4,17	3,20	3,35	3,64 g
Säure (SO_3)	0,82	0,68	0,79	0,76	0,70	0,74	0,64	0,58	0,55 „
Zucker (reducirender) .	2,50	3,06	3,40	0,45	1,90	1,04	0,75	0,60	0,92 „
Mannit	0,70	0,40	1,15	0,30	0,25	0,62	0,50	0,40	0,55 „

G. Basile selbst theilt für vier mannithaltige sicilische Weine folgende Zusammensetzung mit:

No.	Herkunft	Alkohol Vol.-%	Extrakt	Gesammt-Säure (Weinsäure)	Flüchtige Säure (Essigsäure)	Weinstein	Zucker	**Mannit**	Gerbstoff	Glycerin	Mineralstoffe
1	Viagrande (roth)	10,90	9,49	1,438	0,348	0,283	2,88	1,600	0,182	0,38	0,424
2*)	Catania (roth) Fortino . .	13,90	5,43	0,951	0,384	0,085	0,16	0,104	0,248	0,84	0,450
3	Catania (roth) Bombacaro .	12,40	5,67	1,255	0,525	0,195	0,13	1,001	0,138	0,55	0,392
4*)	Sciacca (weiss)	13,80	—	1,156	0,209	—	1,04	0,598	—	0,79	—

*) Die Weine No. 2 und 4 waren gleichzeitig auch „umgeschlagen".

Ueber das Fortschreiten der Mannit-Gährung im Weine macht Basile noch folgende Angaben:

No.	Herkunft		Alkohol Vol.-%	Extrakt	Gesammt-Säure (Schwefels.)	Flüchtige Säure (Essigsäure)	Weinstein	Zucker	Mannit	Gerbstoff	Glycerin	Mineral-stoffe
5	In Mannit-Gährung befindlicher Wein am	7. 1. 1894	10,90	9,49	1,438	0,348	0,283	2,88	1,600	0,182	0,38	0,427
6		17. 2. „	10,00	9,28	1,722	0,602	0,387	2,77	1,647	0,135	0,35	0,418
7		2. 3. „	10,00	9,01	1,640	0,537	0,217	2,74	1,650	0,102	0,35	0,394
8		17. 3. „	10,00	9,06	1,656	0,651	0,227	2,63	1,682	0,081	0,39	0,363
9		2. 4. „	10,00	9,15	1,640	0,537	0,216	2,64	1,750	0,085	0,38	0,360
10		17. 4. „	10,00	9,06	1,640	0,544	0,215	2,64	—	0,091	0,37	0,352

f) V. Peglion (Staz. sperim. agrar. Ital. 1898, 31, 222) fand in einem Pinot-Wein 10,30 Vol.-% Alkohol, 0,638 g nichtflüchtige Säuren, 0,377 g flüchtige Säuren und 1,436 g Mannit.

g) Ph. Schidrowitz (Analyst 1902, 27, 42; Zeitschr. Nahrungs- u. Genussm. 1902, 5, 1173) fand für mannithaltige französische Weine folgende Zusammensetzung (g in 100 ccm):

No.	Jahrgang	Zeit der Untersuchung	Specifisches Gewicht	Alkohol	Extrakt	Gesammt-Säure (Weinsäure)	Flüchtige Säure (Essigsäure)	Weinstein	Zucker	Glycerin	Mannit	Mineral-stoffe
1	1895	1896	1,0014	8,43	4,089	0,570	0,033	—	0,323	0,63	0,622	0,355
2	1895	1896	1,0027	8,50	4,359	0,647	0,043	—	0,258	0,659	1,026	0,333
3	1899	1900	0,9993	8,73	3,460	0,407	0,170	0,214	0,672	0,780	0,115	0,260
4	1899	1900	0,9964	9,20	2,985	0,375	0,126	0,201	0,413	0,815	0,189	0,236
5	1899	1900	0,9972	9,13	3,118	0,388	0,143	0,234	0,579	0,681	0,154	0,225
6	1895	1896	0,9971	8,79	2,595	0,406	0,023	—	0,134	—	0,259	0,274
7	1895	1896	0,9945	8,57	2,206	0,350	0,014	—	0,111	—	0,352	0,237
8	1895	1896	0,9959	10,31	3,079	0,389	—	—	0,109	—	0,157	0,303
9	1865	1896	0,9957	9,07	2,682	0,417	—	0,238	0,111	0,799	0,066	0,218
10	1875	1896	0,9955	8,93	2,533	0,419	—	—	0	0,516	0,050	0,258

Die Weine No. 1 und 2 waren vollständig verdorben; No. 3—5 sehr minderwerthig; No. 6—8 enthielten sehr reichlich Mannit, waren aber durch geeignete Behandlung (Pasteurisiren und Umgähren mit Reinhefe) wiederhergestellt; No. 9 und 10 waren hervorragend gute alte Weine. Aus den Untersuchungen ergiebt sich, dass die Mannit-Gährung nicht immer mit einer starken Bildung von flüchtiger Säure verbunden ist.

II. Einfluss verschiedener Zusätze und Behandlungsweisen auf die Zusammensetzung des Weines.

1. Einfluss des Gallisirens (Zusatz von Zucker bezw. Zucker und Wasser).

a) R. Kayser (Repert. analyt. Chem. 1882, 2, 1) untersuchte einen 1881-er fränkischen Rieslingmost und den daraus selbst hergestellten natürlichen Wein, sowie durch Zusatz von 368 ccm destillirtem Wasser und 132,5 g Rohrzucker (Kandiszucker) bezw. festem Stärkezucker (blassgelb) zu ½ Liter Most hergestellte gallisirte Weine mit folgendem Ergebnisse (Vol.-% bezw. g in 100 ccm):

No.	Nähere Bezeichnung		Alkohol Vol.-%	Extrakt	Ges.-Säure (Weinsäure)	Weinsäure*)	Aepfelsäure	Bernstein-säure	Zucker	Glycerin	Mineral-stoffe	Kalk	Magnesia	Kali	Phosphor-säure	Schwefel-säure
1	Most		0	17,87	1,37	0,501	0,720	0	13,90	0	0,33	0,012	0,012	0,156	0,031	0,010
2	Natürlich. Wein daraus		6,6	2,53	1,28	0,343	0,715	0,110	0,21	0,65	0,26	0,009	0,011	0,117	0,024	0,006
3	Wein hergestellt durch Gallisiren mit	Rohrzucker	12,2	2,11	0,77	0,120	0,400	0,140	0,18	1,15	0,10	0,007	0,004	0,051	0,011	0,002
4		Stärkezucker .	9,1	5,91	0,80	0,140	0,388	0,114	0,34	0,80	0,17	0,018	0,005	0,081	0,011	0,010

*) Der Gehalt an freier Weinsäure betrug bei No. 1: 0,188 g, bei No. 2: 0,012 g, dagegen war bei No. 3 und 4 freie Weinsäure nicht vorhanden.

b) P. Kulisch (Zeitschr. angew. Chem. 1898, 610) untersuchte gleichfalls den Einfluss des Gallisirens auf den Wein; er fand (g in 100 ccm):

	Zucker-Zusatz auf 100 l Most	Alkohol	Freie Säure	Zuckerfreier Extrakt	Extrakt minus Freie Säure	Glycerin	Alkohol: Glycerin = 100:
I. 1896-er Elblingmost mit 68,2° Oechsle und 1,25% Säure; ohne Wasserzusatz vergohren mit	0	6,26	0,699	2,260	1,564	0,488	7,8
	4,25 kg	7,71	0,669	2,180	1,511	0,526	6,8
	6,75 „	9,01	0,909	2,531	1,622	0,609	6,8
	9,25 „	9,91	0,960	2,669	1,509	0,658	6,6
II. 1896-er Geisenheimer Rieslingmost mit 62,8° Oechsle u. 1,32% Säure; ohne Wasserzusatz vergohren mit	0	5,75	0,905	2,461	1,556	0,521	9,0
	5,50 „	8,09	0,830	2,666	1,836	0,622	7,7
	9,25 „	9,91	0,815	2,657	1,842	0,659	6,6
III. 1896-er Geisenheimer Rieslingmost im Verhältniss 3 + 1 mit Wasser verdünnt und vergohren mit	9,71 „	9,71	0,638	2,107	1,469	0,583	6,6
	13,59 „	13,59	0,690	2,182	1,492	0,612	6,1

Hiernach wächst beim Gallisiren der Glyceringehalt nicht proportional dem Alkoholgehalt.

Ueber weitere Versuche vergl. auch die Gährversuche mit Reinhefen von G. Gelm unten S. 1369.

c) Analysen von gallisirten Weinen.

α) R. Kayser (Repert. analyt. Chem. 1882, 2, 1, 52, 65 u. 81; ferner Chem.-Ztg. 1890, 14, 1201) berichtet über die Zusammensetzung von gallisirten Rhein-, Mosel-, Rheinhessischen, Pfälzer, Unterfränkischen, Badischen und Elsass-Lothringischen Weinen. Dieselben wichen in ihrer Zusammensetzung nicht von Naturweinen der betreffenden Bezirke ab. Bei 13 von 18 darauf hin untersuchten Weinen war Salpetersäure nachweisbar, bei den übrigen nicht. Der Gehalt an Chlornatrium betrug bei den Weinen, in welchen Salpetersäure nachweisbar war, 0,006—0,020, im Mittel 0,0113 g, bei den übrigen 0,001—0,007, im Mittel 0,0034 g.

β) P. Kulisch (Bericht der Kgl. Lehranstalt für Obst-, Wein- u. Gartenbau zu Geisenheim für das Jahr 1898/99, Wiesbaden 1899, 95) fand für vier im Verhältniss 100 : 209 durch Zusatz von Zuckerwasser vermehrte Weine folgende Zusammensetzung (g in 100 ccm):

1898-er	Alkohol	Extrakt	Gesammt-Säure	Flüchtige Säure	Zucker	Mineral-stoffe
Geisenheimer . .	9,16	1,82	0,66	0,023	0,07	0,171 g
Gaualgesheimer .	8,84	1,64	0,68	0,031	0,03	0,168 „
Ellerer	8,39	2,03	0,72	0,020	0,11	0,168 „
Hatzenporter . .	8,79	1,93	0,75	0,018	0,04	0,163 „

2. Einfluss des Zucker-Zusatzes nach der Gährung sowie des Alkohol-Zusatzes vor und nach der Gährung.

Versuche von F. Hock und M. Kremla (Mittheil. k. k. chem.-physiol. Vers.-Stat. Klosterneuburg. Wien 1888, Heft 5).

a) Versuche mit Zucker-Zusatz.

No.	Nähere Bezeichnung der Zusätze		Zeit der Untersuchung	Spec. Gewicht	Alkohol Gew.-%	Extrakt %	Zucker (Glukose) %	Säure (Weinsäure) %	Stickstoff-Substanz %	Glycerin %	Polarisation im 200 mm-Rohr
1	Zu 1 l Riesling*) wurden zugesetzt am 8. Mai 1880 nach der Gährung	60 g Rohrzucker	25. 10. 1885	0,9927	10,89	2,80	0,57	0,76	0,061	0,81	—0,6°
2		80 g „	„	0,9952	11,26	3,34	1,28	0,76	0,047	0,78	— 1,4
3		100 g „	„	1,0059	10,91	5,78	3,62	0,75	0,049	0,70	— 4,2
4		120 g „	„	1,0166	10,35	8,28	5,94	0,76	0,064	0,68	— 5,0
5		160 g „	„	1,0388	9,11	13,50	10,83	0,71	0,079	0,66	— 7,0

*) Der verwendete Riesling wurde am 30. Oktober 1879 im Laboratorium gepresst und stammte aus den stiftlichen Weingärten in Klosterneuburg; derselbe wurde vor der Untersuchung zweimal abgezogen.

b) **Versuche mit Alkohol-Zusatz.**

Es wurden an 90,2 volumprocentigem Alkohol vor der Gährung bezw. am 8. Mai 1880 nach der Gährung zugesetzt:

No.	Nähere Bezeichnung der Zusätze	Zeit der Untersuchung	Spec. Gewicht	Alkohol Gew.-%	Extrakt %	Säure (Weinsäure) %	Stickstoff-Substanz %	Glycerin %	Mineralstoffe %	Phosphorsäure %	Polarisation im 200 mm-Rohr
1	20 ccm vor der Gährung . .	13. 12. 1886	0,9920	9,62	1,94	0,68	0,099	0,67	—	—	± 0°
2	20 ccm nach „ „ . .	„	0,9922	9,70	2,01	0,71	0,075	0,66	0,179	0,043	+ 0,2
3	40 ccm vor „ „ . .	„	0,9909	10,67	1,94	0,70	0,105	0,75	0,149	0,035	— 0,1
4	40 ccm nach „ „ . .	„	0,9908	10,90	2,01	0,69	0,077	0,69	0,173	0,041	+ 0,2
5	60 ccm vor „ „ . .	„	0,9935	12,01	3,31	0,74	0,133	0,67	0,141	0,033	— 1,4
6	60 ccm nach „ „ . .	„	0,9894	12,27	2,05	0,69	0,081	0,69	0,169	0,040	± 0
7	80 ccm vor „ „ . .	„	1,0053	11,46	6,35	0,67	0,137	0,60	0,127	0,032	— 5,2
8	80 ccm nach „ „ . .	„	0,9877	13,45	1,98	0,61	0,079	0,67	0,155	0,040	— 0,1

3. Einfluss des Chaptalisirens (Entsäuerung mit kohlensaurem Kalk).

a) R. Kayser (Repert. analyt. Chem. 1882, 2, 1 und 52) untersuchte (I) einen 1881-er Pfälzer Rieslingmost und aus diesem selbst hergestellten natürlichen und chaptalisirten (zu 1 l Most 1 g präc. kohlensauren Kalk) Wein und zwei 1881-er fränkische Rieslingmoste sowie die daraus durch Chaptalisiren hergestellten Weine, von denen der eine (II) durch Zusatz von 5 g für 1 l, der andere (III) durch Zusatz von soviel präc. kohlensaurem Kalk, als zur Ausfällung der Gesammt-Weinsäure nöthig war, bereitet war. Die Ergebnisse waren folgende:

No.	Nähere Bezeichnung	Alkohol Vol.-%	100 ccm Wein enthalten Gramm: Extrakt	Ges.-Säure (Weinsäure)	Weinsäure*)	Aepfelsäure	Bernsteinsäure	Zucker	Glycerin	Mineralstoffe	Kalk	Magnesia	Kali	Phosphorsäure	Schwefelsäure
I a)	Pfälzer Most .	0	22,15	0,86	0,252	0,435	0	18,50	0	0,35	0,014	0,015	0,158	0,036	0,012
I b)	Daraus hergestellter Wein natürlich	9,0	2,26	0,81	0,192	0,422	0,155	0,20	0,86	0,22	0,010	0,014	0,113	0,022	0,004
I c)	Daraus hergestellter Wein chaptalisirt .	9,4	2,08	0,60	0,090	0,418	0,150	0,19	0,79	0,28	0,003	0,014	0,154	0,032	0,006
II a)	Franken-Most .	0	17,87	1,37	*) 0,501	0,720	0	13,90	0	0,33	0,012	0,012	0,156	0,031	0,010
II b)	Daraus hergestellter Wein natürlich	6,6	2,53	1,28	0,343	0,715	0,110	0,21	0,65	0,26	0,009	0,011	0,117	0,024	0,006
II c)	Daraus hergestellter Wein chaptalisirt .	6,6	2,19	0,66	0,014	0,710	0,112	0,20	0,60	0,28	0,027	0,012	0,134	0,023	0,006
III a)	Franken-Most .	0	20,76	1,20	*) 0,435	0,920	vorhanden	16,94	0	0,26	0,013	0,014	0,170	0,034	0,015
III b)	Daraus hergestellt. stark chaptalisirter Wein	8,4	2,44	0,60	0,010	0,900	desgl.	0,24	0,80	0,22	0,006	0,014	0,168	0,030	0,013

b) Ueber weitere Versuche vergl. auch die Gährversuche mit Reinhefen von G. Gelm unten S. 1369.

---

*) Der Gehalt an freier Weinsäure betrug bei IIa 0,188 und bei b: 0,012 g; dagegen war bei IIc sowie bei Ia, b, c und IIIa und b freie Weinsäure nicht vorhanden.

4. Einfluss des Gypsens (und Phophatirens).

a) Untersuchungen von R. Kayser.[1]) *)

No.	Nähere Bezeichnung		Alkohol Vol.-%	100 ccm Wein enthalten Gramm:												
				Extrakt	Ges.-Säure (Weinsäure)	Weinsäure **)	Aepfelsäure	Bernsteinsäure	Zucker	Glycerin	Mineralstoffe	Kalk	Magnesia	Kali	Phosphorsäure	Schwefelsäure
1	1881-er Pfälzer Wein	natürlich	9,4	2,26	0,81	0,192	0,422	0,155	0,20	0,86	0,22	0,010	0,014	0,113	0,022	0,004
2		gegypst	9,6	2,24	0,86	0,085	0,420	0,140	0,19	0,84	0,34	0,006	0,015	0,148	0,032	0,121
3	1881-er Franken-Wein	natürlich	6,6	2,53	1,28	0,343	0,715	0,110	0,21	0,65	0,26	0,009	0,011	0,117	0,024	0,006
4		gegypst	6,7	2,80	1,29	0,260	0,716	0,101	0,18	0,70	0,29	0,039	0,012	0,127	0,025	0,077
			g in 100 ccm													
5	Aus Franken-Trauben	+ 7,5 g Gyps	6,80	2,67	0,76	0,162	—	—	—	—	0,48	0,034	0,023	0,147	0,029	0,218
6		desgl. + 3 g Weinsäure	6,90	2,81	0,92	0,264	—	—	—	—	0,38	0,044	0,023	0,136	0,028	0,234

b) Untersuchungen von J. Erdely.[2]) ***)

No.	Nähere Bezeichnung		Alkohol	Extrakt	Ges.-Säure	Flüchtige Säure	Weinstein	Weinsäure	Zucker	Glycerin	Mineralstoffe	Kalk	Magnesia	Kali	Phosphorsäure	Schwefelsäure
1	Aus denselben stark angefaulten Trauben	natürlich	11,08	2,51	0,60	0,069	0,15	—	—	0,82	0,27	0,003	—	0,149	0,039	0,033
2		gegypst	10,99	2,77	0,66	0,071	0,15	—	—	0,82	0,45	0,030	—	0,193	0,039	0,153

c) Untersuchungen von E. Comboni.[3]) [0])

No.	Nähere Bezeichnung		Spec. Gew.	Alkohol Vol.-%	Extrakt	Ges.-Säure	Weinsäure	Aepfelsäure	Bernsteinsäure	Zucker	Glycerin	Mineralstoffe	Kalk	Magnesia	Kali	Phosphorsäure	Schwefelsäure
1	Wein von rothen Trauben	natürlich	1,0209	8,10	2,46	0,94	—	0,381	—	0,51	—	0,20	—	—	—	0,015	0,023
2		gegypst	1,0244	8,80	2,94	0,97	—	0,168	—	0,47	—	0,38	—	—	—	0,004	0,122
3		mit Kalkposphat versetzt	1,0214	8,60	3,00	0,79	—	0,180	—	0,44	—	0,33	—	—	—	0,029	0,016

d) A. Gautier u. Desmoulins (Monit. vinicol 1888, No. 64—66; Vierteljahresschr. Nahrungs- u. Genussm. 1888, 3, 381) stellten vergleichende Versuche über den Einfluss des Gypsens und Phosphatirens auf den Wein an. Zu den Versuchen wurden 800 kg frische Trauben von den Kämmen befreit, gepresst, der Saft in Gefässe von je 60 l Inhalt gefüllt und ohne und mit Zusatz verschiedener Mengen Gyps und Calciumphosphat vergähren gelassen; der ohne Zusatz vergährende Most gebrauchte 45 Tage; die mit Gyps und Calciumphosphat versetzten Moste zeigten eine viel raschere Vergährung wie auch werthvollere Eigenschaften bezüglich der Farbe und zwar umsomehr, je grösser die Menge des Zusatzes war. Im Jahre 1887 wurden die Versuche wiederholt; die erzielten Weine hatten folgende procentige Zusammensetzung:

---

1) Repert. analyt. Chem. 1882, **2**, 1 und 1885, **5**, 127.

2) Weinlaube 1884, **16**, 432.

3) Chem. Centrbl. 1888, 432.

*) Die von R. Kayser untersuchten Weine No. 1—4 waren aus Riesling-Trauben selbst hergestellt. Die gegypsten Weine No. 2—4 hatten einen Zusatz von 2 g gebranntem Gyps auf 1 l Most erhalten. Ueber die Zusammensetzung der betreffenden Moste vergl. oben S. 1352.

Bei No. 5 und 6 wurden je 600 g Trauben aus der Nähe von Würzburg mit den dazu gehörigen Kämmen zerquetscht, die Masse zwei Tage lang der Gährung überlassen, dann ausgepresst und die von Trestern und Kämmen befreite Flüssigkeit der Gährung überlassen; die ausgegohrenen Weine wurden drei Monate lang im Keller aufbewahrt und dann untersucht.

**) Der Gehalt an freier Weinsäure betrug bei No. 3: 0,012 g und bei No. 4: 0,160 g; dagegen war bei No. 1 und 2 freie Weinsäure nicht vorhanden.

***) Das spec. Gewicht der Weine betrug bei No. 1: 0,9955 und bei No. 2: 0,9960.

0) E. Comboni wollte feststellen, ob der Gyps bei der Weinbereitung durch Calciumphosphat ersetzt werden kann. Zu den Versuchen diente Most von rothen Trauben, welcher einerseits für sich, andererseits mit einem Zusatz von 3,5 g Gyps bezw. 3,5 g neutralem Calciumphosphat der Gährung überlassen wurde. Comboni hält die Anwendung des Calciumphosphats statt des Gypses für empfehlenswerth.

Nähere Bezeichnung der Zusätze		Alkohol	Extrakt	Säure (Schwefelsäure)	Mineralstoffe	Phosphorsäure	Kaliumsulfat	Kaliumkarbonat
Versuche von 1886	Ohne Zusatz	8,00	1,79	0,416	0,302	0,012	0,054	—
	Zusatz von Gyps auf 1 hl 150 g	8,70	1,63	0,496	0,275	0,010	0,171	—
	Zusatz von Gyps auf 1 hl 525 g	8,30	1,88	0,536	0,422	0,006	0,404	—
	Zusatz von Calciumphosphat auf 1 hl 165 g	8,40	1,77	0,466	0,275	0,028	0,054	—
	Zusatz von Calciumphosphat auf 1 hl 350 g	8,30	1,82	0,456	0,295	0,026	0,048	—
Versuche von 1887	Ohne Zusatz	9,70	2,18	0,75	0,188	—	0,034	0,041
	Gegypst	9,80	2,42	0,79	0,384	—	0,370	0,089
	Phosphatirt	9,90	2,59	0,93	0,624	—	0,045	0,174

Nach diesen Versuchen hatte das Calciumphosphat eine gleich günstige Wirkung wie der Gyps, sowohl auf die raschere Vergährung wie auf die schnellere Klärung des Weines.

Auf die Ergebnisse eines weiteren Versuches kann hier nur verwiesen werden.

e) An der Weinbau-Versuchs-Station St. Michele (nach Bersch: Die Praxis der Weinbereitung 1889, 417) ausgeführte vergleichende Versuche über den Einfluss des Gypsens (1 kg Gyps auf 1 hl) ergaben folgende procentige Zusammensetzung der Weine:

	Spec. Gewicht	Alkohol Vol.-%	Extrakt	Gesammt-Säure	Flüchtige Säure	Weinstein	Glycerin	Gerb- u. Farbstoff	Mineralstoffe	Schwefelsäure
Ungegypst	0,9955	11,80	2,50	0,60	0,069	0,15	0,82	0,168	0,260	0,033
Gegypst	0,9960	10,99	2,76	0,66	0,071	0,15	0,82	0,157	0,438	0,152

Die Mineralstoffe (Asche) hatten folgende procentige Zusammensetzung:

	Kalk	Magnesia	Kali	Eisenoxyd + Thonerde	Phosphorsäure	Schwefelsäure
Ungegypst .	1,4	10,0	57,0	1,8	15,1	15,0
Gegypst . .	6,9	4,1	43,8	0,9	8,9	35,0

f) Untersuchungen von G. de Astis (Staz. sperim. agrar. Ital. 1894, **26**, 232).

Es wurde bei diesen Versuchen beabsichtigt, die Wirkung eines Zusatzes von Calciumsulfit und ferner die Wirkung desselben im Vergleich zum Gypsen zu ermitteln. Die Versuchsreihe I wurde im Grossen mit Hülsen und Kämmen, die Versuchsreihe II im Laboratorium angestellt. Die Weine der Reihe I wurden nach 14½, die der Reihe II nach 8 Wochen mit folgendem Ergebnisse untersucht (Vol.-% bezw. g in 100 ccm):

No.	Zusatz auf 1 l	Alkohol Vol.-%	Extrakt	Nichtflüchtige Säure	Zucker	Mineralstoffe	Kaliumsulfat
	I. Versuchsreihe (der Versuchsmost enthielt 26,5% Zucker (nach Guyot) und 0,668% Säure).						
1	Ohne Zusatz	16,10	3,82	0,561	0,746	0,251	0,055
2	Calciumsulfit . . . 0,1 g	16,40	3,62	0,557	0,307	0,268	0,060
3	Calciumsulfit . . . 1,0 g	16,60	3,46	0,535	0,156	0,294	0,079
4	Calciumsulfit . . . 2,0 g	16,35	3,53	0,490	0,393	0,324	0,082
	II. Versuchsreihe.						
1	Ohne Zusatz	14,00	3,16	0,683	—	0,220	0,046
2	Gyps . . . . . . 2 g	14,60	3,20	0,787	—	0,323	0,241
3	Gyps . . . . . . 4 g	14,60	3,31	0,835	—	0,404	0,331
4	Calciumsulfit . . . . 1 g	14,00	3,13	0,668	—	0,282	0,078
5	Calciumsulfit . . . . 2 g	14,10	3,12	0,572	—	0,364	0,126
6	Calciumsulfit . . . . 3 g	14,30	3,07	0,512	—	0,406	0,133
7	Calciumsulfit . . . . 4 g	14,40	2,96	0,504	—	0,424	0,136

Das wesentlichste Ergebniss dieser Versuche ist, dass beim Gypsen eine wesentliche Zunahme, beim Zusatz von Calciumsulfit dagegen eine Abnahme des Säure-Gehaltes stattfindet; ferner ergiebt sich, dass in letzterem Falle die Zunahme der Sulfate nicht so erheblich ist, wie im ersteren.

g) G. Teyxeira (Staz. sperim. agrar. Ital. 1896, 29, 564) fand, dass Weine von Reben, welche mit Bordeleser- (Kupferkalk-) Brühe bespritzt wurden, Weine lieferten, die die Eigenschaften gegypster Weine zeigten. Vergleichende Analysen von mit Kupferkalk-Brühe bespritzten und nicht bespritzten 1895-er Weinen lieferten folgende Ergebnisse (Vol.-% bezw. g in 100 ccm):

Mit Kupferkalk-Brühe bespritzt							Nicht bespritzt						
No.	Herkunft	Alkohol Vol.-%	Extrakt	Gesammt-Säure	Weinstein	Schwefelsaures Kalium	No.	Herkunft	Alkohol Vol.-%	Extrakt	Gesammt-Säure	Weinstein	Schwefelsaures Kalium
1	Ponte d'Oddi . . .	10,0	1,80	0,60	0,150	0,090	1	Ponte d'Oddi . . .	7,5	1,67	1,05	0,380	0,012
2	Ponte Felcino*) . .	9,8	1,73	0,61	0,101	0,039	2	Ponte S. Giovanni .	8,1	1,73	1,05	0,290	0,010
3	Ponte Valle Ceppi .	9,5	1,77	0,59	0,093	0,045	3	S. Marco	6,6	1,56	1,20	0,349	0,013
4	Mugnano	10,8	1,85	0,45	0,098	0,102	4	S. Erminio . . .	7,7	1,61	1,00	0,487	0,015
5	Casaglia	8,2	1,78	0,61	0,120	0,069	5	Pudiana	7,0	1,63	0,99	0,280	0,012
6	Casa del diavolo .	10,2	1,91	0,45	0,075	0,098	6	Colle Cardinale . .	8,3	1,75	0,89	0,398	0,014
7	Piano del Tevere .	9,0	1,88	0,55	0,092	0,128	7	Piano del Teveri .	7,9	1,82	0,97	0,295	0,020
8	S. Erminio*) . . .	7,9	1,71	0,66	0,184	0,071	8	Magione	8,8	1,97	0,87	0,197	0,015
9	S. Enea	8,7	1,78	0,57	0,130	0,100	9	Ponte Pietra . . .	8,9	2,00	0,98	0,262	0,021
10	Colle del Cardinale .	7,1	1,66	0,65	0,135	0,099	10	Casaglia	6,9	1,60	0,82	0,235	0,011
11	Padiana	8,8	1,70	0,50	0,105	0,087							
12	Magione	11,1	1,95	0,46	0,086	0,120							

4. Einfluss sonstiger Zusätze.

a) Versuche mit verschiedenen Salzen von Portes (Zeitschr. angew. Chem. 1888, 210).

60 kg schwarze Trauben wurden mit den Füssen ausgetreten und gepresst. Der Most wurde in zehn, die Trester in neun gleiche Theile getheilt. Neun mit hydraulischen Verschlüssen versehene Gefässe von je 4 l Inhalt wurden mit 1 Thl. Most und 1 Thl. Trestern gefüllt und nach Zusatz der nachstehend angegebenen Stoffe vergohren. Die Untersuchungs-Ergebnisse waren folgende (Vol.-% bezw. g in 100 ccm):

No.	Nähere Bezeichnung der Zusätze	Alkohol Vol.-%	Extrakt	Säure	Weinstein	Weinsäure	Glukose	Tannin	Gummi	Asche	Kalk	Magnesia	Kali	Phosphorsäure	Schwefelsäure	Chlor	Thonerde- und Eisenphosphat
1	Most	—	19,86	7,83	7,60	Spur	17,4	Spur	—	3,40	0,234	0,147	0,155	0,304	0,81	0,035	0,025
2	Einfache Gährung . .	9,3	26,20	5,76	3,30	—	0,88	1,18	2,80	2,72	0,168	0,159	0,170	0,420	0,052	0,024	0,051
3	Gährung mit Luftzufuhr	9,1	26,4	5,70	3,20	—	1,02	1,24	3,05	2,60	0,167	0,159	1,170	0,385	0,050	0,024	0,051
	Einfache Gährung mit (auf 1 l) Zusatz von																
4	Weinsäure (1 g) .	9,3	26,4	6,13	3,15	Spur	1,45	1,20	3,00	2,46	0,179	0,158	0,165	0,410	0,051	0,025	0,052
5	Weinsäure (1 g) + Luft . . .	9,2	26,30	6,06	3,50	Spur	1,42	1,18	2,90	2,52	0,168	0,160	0,165	0,411	0,051	0,025	0,051
6	Calciumtartrat (4 g)	9,0	26,40	5,95	2,80	0,96	1,02	1,26	2,80	2,56	0,161	0,158	1,067	0,415	0,050	0,026	0,053
7	Weinsäure (1 g) + Calciumtartrat (4 g)	9,2	26,25	6,10	3,00	0,95	1,06	1,21	2,70	2,46	0,178	0,159	1,166	0,410	0,050	0,024	0,052
8	Calciumsulfat (4 g)	9,0	27,80	6,33	3,60	Spur	1,13	1,30	2,50	4,36	0,280	0,150	1,565	0,565	1,425	0,025	0,061
9	Weinsäure (4 g) + Calciumsulfat (1 g)	9,1	28,60	6,65	3,90	Spur	1,00	1,26	2,20	4,25	0,283	0,167	1,565	0,440	1,435	0,025	0,055
10	Calciumphosphat (4 g)	9,0	28,40	5,80	3,00	—	1,26	1,20	3,05	4,50	0,204	0,150	1,985	1,605	0,050	0,024	0,105

*) Die Weine enthielten Spuren von Kupfer.

b) Versuche mit Alaun.

F. Sestini (Staz. sperim. agrar. Ital. 1895, 28, 281) untersuchte drei Weine ohne Zusatz und dieselben Weine, nachdem sie sieben Tage nach dem Zusatz von 0,3 g Alaun auf 1 l filtrirt worden waren, mit folgendem Ergebnisse (Vol.-% bezw. g in 100 ccm):

		Alkohol Vol.-%	Extrakt	Gesammt-Säure (Weinsäure)	Flüchtige Säure (Essigsäure)	Phosphorsäure	Schwefelsäure
1893-er Wein A	vor dem Zusatz	8,80	2,13	0,686	0,065	0,0207	0,0206
	nach „ „	8,90	2,14	0,686	0,075	0,0191	0,0302
1893-er Wein B	vor „ „	10,00	2,44	0,754	0,069	0,0155	0,0151
	nach „ „	9,20	2,38	0,930	0,291	0,0155	0,0256
1892-er Wein C	vor „ „	13,40	2,48	0,656	0,062	0,0360	0,0192
	nach „ „	12,60	2,45	0,660	0,087	0,0323	0,0286

Die entstandenen Niederschläge betrugen aus 1 l bei A: 0,039 g, bei B: 0,003 g und bei C: 0,090 g. Von diesen enthielt der aus A: 0,0043 g Thonerde und 0,0102 g Phosphorsäure, ferner der aus C: 0,0089 g Thonerde und 0,0244 g Phosphorsäure.

c) Versuche mit Tannin, Weinstein und Pepton.

G. Gelm (Staz. sperim. agrar. Ital. 1897, 30, 294 und 302) verfolgte den Einfluss der verschiedenen Weinbestandtheile, indem er zu je 500 ccm eines Mostes, welcher enthielt: 22,18% Extrakt, 0,533 Gesammt-Säure, 0,490 Weinstein und 19,60 Zucker, verschiedene Mengen Tannin, Weinstein und Pepton zusetzte und unter gleichen Bedingungen die Moste zwölf Tage vergähren liess.

Die Ergebnisse waren folgende (g in 100 ccm):

No.	Zusatz auf 1 l		Alkohol	Extrakt	Säure	Weinstein	Gerbstoff	Zucker
1	Ohne Zusatz		9,1	4,14	0,87	0,330	0,040	2,50
2	Tannin	0,50 g	7,5	8,20	0,90	—	0,124	4,08
3		1,00 g	10,5	2,82	0,86	—	0,113	0,67
4		4,00 g	7,5	9,83	0,90	—	0,341	5,71
5	Weinstein . . .	0,50 g	9,0	5,10	0,92	0,264	—	3,33
6		1,00 g	8,6	5,80	0,95	0,255	—	2,86
7		4,00 g	10,1	4,13	0,88	0,264	—	1,82
8	Pepton	0,50 g	9,7	4,43	0,94	—	—	0,61
9		1,00 g	9,6	5,49	0,81	—	—	2,50
10		4,00 g	11,5	2,49	0,87	—	—	0,11

G. Gelm berichtet ausserdem noch über einige andere Versuche mit Citronensäure-, Zucker- und Pepton-Zusatz, auf die hier nur verwiesen werden kann.

d) Fr. Ravizza (Staz. sperim. agrar. Ital. 1894, 26, 357) untersuchte den Einfluss verschiedener antiseptischen Mittel (Calciumsulfit, Kaliumbisulfit, Fluorammonium) auf die Gährung.

5. Einfluss des elektrischen Stromes auf trübe Weine.

F. Martinotti (Staz. sperim. agrar. Ital. 1890, 18, 694) untersuchte den Einfluss des elektrischen Stromes auf kranke, insbesondere trübe Weine. Dieselben befanden sich in einer 30 cm langen, 400 ccm Wein fassenden Glasröhre, die an beiden Enden mit einem Gummistopfen versehen waren; durch letztere führte ein Platindraht, woran sich die Elektroden befanden; an dem oberen Ende der Röhre befand sich ein Tubus, durch welchen das gebildete Gas entweichen konnte.

Für fünf trübe Weine, in denen sich unter dem Mikroskope keine Keime nachweisen liessen, wurde vor und nach der 24-stündigen Einwirkung eines durch zehn Daniell'sche Elemente erzeugten elektrischen Stromes folgende Zusammensetzung gefunden (Vol.-% bezw. g in 100 ccm):

Bestandtheile	Wein No. I vor	Wein No. I nach	Wein No. II vor	Wein No. II nach	Wein No. III vor	Wein No. III nach	Wein No. IV vor	Wein No. IV nach	Wein No. V. vor	Wein No. V. nach
	der Einwirkung des elektrischen Stromes									
Alkohol, Vol.-%	10,51	10,51	12,70	12,70	11,58	11,58	10,25	10,52	9,44	9,44
Extrakt	2,92	2,74	3,07	2,82	2,72	2,68	2,40	2,36	2,95	2,81
Gesammt-Säure	0,71	0,70	0,54	0,56	0,74	0,73	0,63	0,65	1,03	1,01
Nichtflüchtige Säure	0,55	0,52	0,37	0,36	0,54	0,52	0,52	0,51	0,81	0,78
Flüchtige Säure (als Weinsäure berechnet)	0,16	0,18	0,17	0,20	0,20	0,21	0,11	0,14	0,12	0,13
Mineralstoffe	0,26	0,25	0,26	0,25	0,28	0,28	0,28	0,28	0,29	0,26

Die Weine waren nach der Einwirkung des elektrischen Stromes vollkommen klar. Der Extrakt war in den Weinen etwas vermindert; desgleichen der Gehalt an nichtflüchtigen Säuren, während die flüchtigen Säuren eine kleine Zunahme aufwiesen.

6. Einfluss des Gefrierens.

Vinassa (Forschungsberichte über Lebensmittel 1894, 1, 185) versuchte, ob durch Gefrierenlassen des Weines eine Verbesserung desselben erzielt werden kann. Er kühlte in einem Meidinger'schen Eisapparat, wie er in Haushaltungen gebraucht wird, 930—1220 ccm von acht verschiedenen Weinen auf —6 bis —10° ab und untersuchte den ursprünglichen Wein, den Wein (flüssig gebliebenen Theil) nach dem Gefrieren und den festen gefrorenen Rückstand. Es wurde dabei keine Verbesserung des Weines beobachtet. Da die Zahlen z. Th. unter sich im Widerspruche stehen, sehen wir von einer Wiedergabe derselben hier ab.

7. Einfluss des Lagerns auf den Farbstoffgehalt der Weine.

E. Mach und K. Portele (Landw. Vers.-Stat. 1892, 41, 279) stellten Versuche über die Abnahme des Farbstoff-Gehaltes beim Lagern der Rothweine an und konnten eine starke Abnahme derselben bei allen untersuchten Weinen — auch bei den „Färberweinen" — nachweisen.

III. Einfluss des Petiotisierens (Zusatz von Tresterauszügen mit oder ohne Zuckerzusatz) auf den Wein. Zusammensetzung der Tresterweine.

1. Untersuchungen von R. Kayser.[1])

No.	Nähere Bezeichnung	Alkohol Vol.-%	Extrakt	Ges.-Säure (Weinsäure)	Weinsäure	Aepfelsäure	Bernsteinsäure	Zucker	Glycerin	Mineralstoffe	Kalk	Magnesia	Kali	Phosphorsäure	Schwefelsäure
			100 ccm Weine enthalten Gramm:												
1*)	Aus 1881-er fränkisch. Riesling-most: Naturwein	6,60	2,53	1,28	**) 0,343	0,715	0,110	0,21	0,65	0,26	0,009	0,011	0,117	0,024	0,006
2*)	Aus 1881-er fränkisch. Riesling-most: Tresterwein	10,40	1,98	0,49	**) 0,150	0,165	0,127	0,30	0,90	0,16	0,006	0,008	0,093	0,017	0,002
3***)	1882-er Leistadter Trebermost, für sich gekeltert	4,80	2,32	0,94	0,256	—	—	wenig	0,52	0,26	0,014	0,014	0,113	0,025	0,008
4***)	Trester-Auszug	—	4,85	0,71	0,387	—	—	3,22	—	0,31	0,069	0,014	0,157	0,036	0,013
5***)	Desgl. + Most von No. 3 + Zucker	7,50	2,02	0,59	0,120	—	—	wenig	0,86	0,23	0,018	0,012	0,097	0,027	0,010

[1]) Repert. analyt. Chem 1882, 2, 1 und 1883, 3, 205.

*) Zu den Trestern (330 g) von 1 kg Trauben wurden 200 g Kandiszucker und die bis zu 1 kg Gesammt-Masse erforderliche Wassermenge gegeben. Ueber die Zusammensetzung des zugehörigen Naturmostes vergl. oben S. 1352.

**) Der Wein No. 1 enthielt 0,012 g, dagegen No. 2 keine freie Weinsäure.

***) Der erhaltene Most von No. 3, welcher der Gährung überlassen wurde, betrug 1000 l; die Trester hiervon wurden mit 352 l heissem Wasser extrahirt, 12 Stdn. digerirt und gekeltert; zu 1000 l Most No. 3 wurden 352 l Tresterauszug + 71 kg Rohrzucker gegeben und der Gährung überlassen. Wein No. 5 zeigt keine Abweichung von der Zusammensetzung eines normalen Weines.

2. Untersuchungen von L. Scholz. [1]) *)

No.	Nähere Bezeichnung	Spec. Gewicht	Alkohol	Extrakt	Ges.-Säure (Weinsäure)	Flüchtige Säure (Essigsäure)	Weinstein	Freie Weinsäure	Zucker	Glycerin	Mineral-stoffe	Kalk	Magnesia	Kali	Phosphor-säure	Schwefel-säure
			100 ccm Wein enthalten Gramm:													
1	Aus gemischten Trauben: Naturwein .	0,9950	7,87	2,13	0,78	0,074	0,391	0,030	0,08	0,69	0,224	0,009	0,017	0,109	0,021	0,011
2	Aus gemischten Trauben: Trester Aufgüsse erster .	0,9970	6,16	1,63	0,49	0,075	0,275	0,004	0,06	0,61	0,219	0,010	0,017	0,101	0,011	0,013
3	Aus gemischten Trauben: Trester Aufgüsse zweiter	0,9980	4,55	1,22	0,39	0,059	0,203	—	0,04	0,48	0,162	0,011	0,014	0,085	0,004	0,011
4	Aus gemischten Trauben: Trester Aufgüsse dritter	0,9986	3,34	0,91	0,34	0,034	0,158	—	0,02	0,38	0,138	0,013	0,014	0,062	0,003	0,015
5	Aus gemischten Trauben: Trester Aufgüsse vierter	0,9982	3,59	0,88	0,33	0,064	0,063	—	0,03	0,33	0,100	0,016	0,010	0,039	0,002	0,013
6	Aus gemischten Trauben: Trester-Presswein . .	0,9992	3,74	1,12	0,37	0,053	0,236	0,004	0,03	0,39	0,171	0,011	0,016	0,086	0,009	0,016
7	Laska-Wein: Wein . .	0,9960	9,86	3,22	0,83	0,063	0,202	0,075	0,24	1,24	0,207	0,006	0,019	0,074	0,049	0,006
8	Laska-Wein: Tresterwein	0,9982	8,52	1,68	0,42	0,047	0,151	0,027	0,03	0,84	0,127	0,006	0,005	0,062	0,017	0,002

3. Untersuchungen von Wein aus mit Stärkezucker petiotisirten Maischen von C. Weigelt und O. Saare. [2]) **)

No.	Sorte und Ursprung		Spec. Gewicht	Alkohol Vol.-%	Extrakt	Freie Säure (Weinsäure)	Nichtflüchtige Säure (Weinsäure)	Flüchtige Säure (Essigsäure)	Weinstein	Gerbstoff	Zucker	Stickstoff	Stickstoff-Substanz	Asche	Polarisation im 200 mm-Rohr	Stickstoff in % des Extraktes
					100 ccm Wein enthalten Gramm:											
1	M. Original Elbling Most .		1,0511	—	—	1,313	—	—	—	0,071	11,63	0,0700	0,4375	0,4066	—	—
2	M. vergohren. . . .	Nach 14 Tagen	1,0163	4,158	5,828	1,177	—	—	—	0,051	4,32	0,0203	0,1269	0,2770	—	—
3	1. Aufguss	Nach 14 Tagen	1,0137	5,828	5,675	0,780	—	—	—	0,122	2,57	0,0133	0,0831	0,3774	—	—
4	2. „	Nach 14 Tagen	1,0191	6,749	7,292	0,503	—	—	—	0,094	3,25	0,0065	0,0406	0,2669	—	—
5	3. „	Nach 14 Tagen	1,0210	6,714	7,101	0,367	—	—	—	0,051	3,88	0,0053	0,0331	0,2110	—	—
6	4. „	Nach 14 Tagen	1,0254	6,980	8,756	0,367	0,251	0,093	—	0,031	4,91	0,0048	0,0300	0,2070	—	—
7	5. „	Nach 14 Tagen	1,0297	7,122	9,833	0,405	0,259	0,117	—	0,043	5,44	0,0028	0,0175	0,1940	—	—
8	6. Ablauf von der Trotte	Nach 14 Tagen	1,0239	7,359	9,541	0,411	0,258	0,131	—	0,055	3,96	0,0028	0,0175	0,2130	—	—
9	M. + 1	4 Tage n. d. letzt. Misch.	1,0062	6,116	3,950	0,983	—	—	—	0,082	0,93	0,0098	0,0613	0,2970	—	—
10	M. + 1 + 2 . . .	4 Tage n. d. letzt. Misch.	1,0090	6,443	4,875	0,795	—	—	—	0,063	1,53	0,0073	0,0456	0,2886	—	—
11	M. + 1 + 2 + 3 .	4 Tage n. d. letzt. Misch.	1,0152	7,277	6,389	0,720	0,563	0,126	—	0,067	2,72	0,0062	0,0383	0,2694	—	—
12	4 + 5	4 Tage n. d. letzt. Misch.	1,0265	6,820	9,014	0,427	0,244	0,147	—	0,041	5,06	0,0036	0,0225	0,2040	—	—
13	4 + 5 + 6 . . .	4 Tage n. d. letzt. Misch.	1,0240	7,132	8,221	0,474	0,240	0,186	—	0,043	4,44	0,0036	0,0225	0,2100	—	—

[1]) Mittheil. k. k. chem.-physiol. Vers.-Stat. Klosterneuburg. Wien 1888, Heft 5.
[2]) Dingler's Polytechn. Journ. 1878, **230**, 489; Oenolog. Jahresbericht 1878, I, 124.

*) Der Most enthielt nach der Klosterneuburger Mostwaage 17,4 % Zucker. Auf die Trester wurde ebensoviel laues Wasser, in welchem auf 1 hl 8 kg Rohrzucker gelöst waren, aufgegossen, als Most abgelaufen war. Der Aufguss blieb in offenen Bottichen bis zum Beginn der Gährung auf den Trestern, was in 24 Stunden der Fall war. Nun wurde abgezogen und mit ebenso viel (8 %) Zuckerlösung nachgefüllt, als Flüssigkeit abgelaufen war; das Verfahren ist viermal wiederholt worden. Die Gährung trat nach jedem neuen Aufguss immer später ein, da die Gährstube nicht geheizt war und die Thätigkeit der Hefe sich bedeutend verminderte. Die in der Versuchs-Station hergestellte Maische wurde 7 Wochen in mit Gährtrichtern versehenen Glasgefässen aufbewahrt.

Von einer anderen Partie frischer Trauben wurden 1660 g Pressrückstand mit destillirtem Wasser und 1865 g (= 21 %) Rohrzucker ebenfalls 7 Wochen vergähren gelassen.

Die Weine enthielten ferner (g in 100 ccm):

No.	1	2	3	4	5	6	7	8
Stickstoff-Substanz . . .	0,152	0,067	0,016	0,014	0,002	0,048	0,227	0,032
Gerbstoff	0,012	0,017	0,029	0,027	0,032	0,033	0,139	0,097
Eisenoxyd	0,0013	0,0010	0,0007	0,0006	0,0005	0,0010	0,0007	0,0006
Chlor	0,0069	0,0051	0,0051	0,0051	0,0051	0,0051	0,0006	0,0004
Kieselsäure	—	—	—	—	—	—	0,0014	0,0014

**) Die Darstellung geschah nach Dochnahl's Recept. Von 50 l Elblingmaische liefen 20 l Most freiwillig ab (M). Auf die Trester kamen 20 l Traubenzuckerlösung, nach 4 Tagen wurden 30 l abgezogen (1), wieder 30 l aufgefüllt und nach 4 Tagen abgelassen (2) — endlich 40 l Zuckerwasser aufgefüllt und abgelassen (3). Die Mischung aller dieser Abzüge M + 1 + 2 + 3 gab Wein I. Qualität. Wein II. Qualität wurde durch zweimaligen neuen Zuckeraufguss von je 30 l erhalten und endlich abgepresst (10 l) (4 + 5 + 6). Die Abzüge wurden für sich gemischt, unvergohren und im nächsten Frühjahre auch die Weine analysirt.

No.	Sorte und Ursprung	Spec. Gewicht	Alkohol Vol.-%	100 ccm Wein enthalten Gramm: Extrakt	Freie Säure (Weinsäure)	Nichtflüchtige Säure (Weinsäure)	Flüchtige Säure (Essigsäure)	Weinstein	Gerbstoff	Zucker	Stickstoff	Stickstoff-Substanz	Asche	Polarisation im 200 mm-Rohr	Stickstoff in % des Extraktes
	Vergohrene Weine:														
14	M. Mostwein (Naturwein) .	0,9953	6,812	1,582	0,968	0,772	0,156	0,2057	0,027	0,07	0,0384	0,2400	0,1320	± 0	2,42
15	1	1,0067	6,953	3,937	0,615	0,525	0,072	0,1126	0,102	0,96	0,0083	0,0519	0,1780	+ 5,4	0,241
16	2	1,0166	7,305	6,580	0,570	0,375	0,312	0,1674	0,078	2,60	0,0048	0,0300	0,1732	+ 11,2	0,07
17	3	1,0193	7,512	7,015	0,439	0,270	0,270	0,0377	0,059	2,98	0,0028	0,0175	0,1632	+ 13,0	0,04
18	4	1,0241	7,689	8,391	0,435	0,252	0,354	0,0253	0,043	3,80	0,0028	0,0175	0,1472	+ 15,6	0,03
19	5	1,0261	7,700	8,889	0,461	0,236	0,360	0,0316	0,039	4,40	0,0028	0,0175	0,1508	+ 16,8	0,02
20	6	1,0155	8,685	6,688	0,461	0,262	0,318	0,0267	0,039	2,53	0,0020	0,0125	0,1700	+ 13,1	0,03
21	M. + 1	1,0034	6,573	3,190	0,787	0,630	0,126	0,1102	0,055	0,77	0,0084	0,0525	0,1832	+ 3,0	0,26
22	M. + 1 + 2	1,0080	7,632	4,347	0,720	0,532	0,150	0,1493	0,067	1,30	0,0067	0,0419	0,1850	+ 6,8	0,15
23	Wein I. Qual. (M + 1 + 2+3)	1,0155	7,256	5,475	0,623	0,435	0,150	0,1798	0,059	1,88	0,0045	0,0281	0,1940	+ 10,0	0,09
24	Wein II. Qual. (4 + 5 + 6)	1,0185	7,881	7,195	0,304	0,219	0,144	0,0294	0,043	2,77	0,0025	0,0156	0,1592	+ 14,8	0,03

4. Untersuchungen von A. Girard.[1]) *)

No.	Nähere Bezeichnung		Alkohol Vol.-%	g in 100 ccm: Extrakt	Weinstein	Gerb- und Farbstoff	Farbenintensität	No.	Nähere Bezeichnung		Alkohol Vol.-%	g in 100 ccm: Extrakt	Weinstein	Gerb- und Farbstoff	Farbenintensität
1	La Barbe (Bordeaux)	Wein . .	12,4	2,98	0,24	0,36	10,0	7	Montrichard (Cher)	Wein . .	9,0	2,76	0,32	0,29	10,0
2		Tresterwein	11,0	1,81	0,20	0,15	2,4	8		Tresterwein	10,5	1,37	0,19	0,03	3,6
3	Cantenac (Bordeaux)	Wein . .	11,5	3,04	0,24	—	10,0	9	Capestrang (Hérault)	Wein . .	8,5	2,47	0,26	0,11	10,0
4		Tresterwein	10,1	1,78	0,20	0,09	1,7	10		Tresterwein	11,0	1,43	0,16	0,04	5,6
5	Epinnuil (Burgund)	Wein . .	10,6	2,41	0,27	0,27	10,0	11	Tullein (Isure)	Wein . .	9,5	2,53	0,24	0,27	10,0
6		Tresterwein	10,4	1,74	0,18	0,04	1,8	12		Tresterwein	9,1	1,57	0,19	0,12	5,2

5. Untersuchungen von A. Vigna.[2]) **)

No.	Nähere Bezeichnung		Spec. Gewicht	100 ccm Wein enthalten Gramm: Alkohol	Extrakt	Säure (Weinsäure)	Zucker	Glycerin	Mineral-stoffe
1	Barbera von Castagnole Lanze . . .	Wein	1,0014	10,07	4,53	0,71	1,95	0,96	0,19
2		Tresterwein	0,9903	10,37	1,87	0,64	0,22	0,66	0,12
3	Barbera von Castelalfero	Wein	0,9958	8,53	2,57	0,83	0,19	0,85	0,23
4		Tresterwein	0,9964	9,02	2,96	0,71	1,23	0,50	0,11
5	Barbera von Asti	Wein	0,9952	8,74	2,57	0,87	0,46	0,79	0,28
6		Tresterwein	0,9959	7,06	1,94	0,63	0,47	0,50	0,19

[1]) Compt. rend. 1882, **94**, 227.

[2]) Staz. sperim. agrar. Ital. 1895, **28**, 769.

*) Girard liess sich im September und Oktober 1881 Trester senden, welche theils in dem zugehörigen Weine schwammen, theils bereits abgepresst waren. Auf je 1 l Wasser wurden 250 g gepresste Trester und 180 g Zucker verwendet und in Flaschen von 6—8 l Inhalt unter Wasserverschluss der Gährung überlassen. Nach deren Beendigung (in 7—10 Tagen) wurde abgelassen, die Jungweine bis zum 15. März eingekeltert, dann auf Flaschen abgezogen und untersucht. Der Wein aus Most, den die Winzer aus denselben Trauben erhielten, kam ebenfalls zur Untersuchung. Bezüglich der Untersuchungs-Verfahren ist mitgetheilt, dass der Extrakt durch Eindampfen im luftverdünnten Raum ohne Erwärmung, die Farbenintensität nach dem Kolorimeter von Laurent, Gerbstoff nach einem eigenen Verfahren (Niederschlagen des Gerbstoffs auf getrocknete Hammeldärme etc.) bestimmt wurde.

**) Die Reihenfolge der Schnelligkeit, mit welcher die Weine vergohren, war folgende: bei No. 8—10 zuerst No. 9, dann No. 10 und darauf No. 8; bei No. 11—15: zuerst No. 13, dann No. 12, 15, 11 und zuletzt No. 14.

No.	Nähere Bezeichnung		Spec. Gewicht	100 ccm Wein enthalten Gramm: Alkohol	Extrakt	Säure (Weinsäure)	Zucker	Glycerin	Mineral-stoffe
7	Barbera von Asti: Wein		—	9,37	4,32	0,87	1,76	0,88	0,26
8	Barbera von Asti: Tresterwein aus 240 g Trestern, 255 g Zucker, 3 g Weinsäure, 1 ½ l Wasser mit Zusatz von	Ohne Zusatz	—	8,80	2,28	0,68	0,66	0,72	0,13
9		1,5 g Ammonsulfat	—	9,22	2,11	0,75	0,44	0,77	0,17
10		2,25 g Kaliumphosphat	—	9,29	1,64	0,54	0,04	0,63	0,15
11	Barbera-Tresterwein aus 1 kg Trestern, 1 kg Zucker, 30 g Weinsäure, 5 l Wasser und mit (für 1 l) Zusatz von	Ohne Zusatz	1,0150	6,50	6,06	0,98	4,39	0,41	0,12
12		1 g Ammonphospat	0,9936	8,51	1,83	0,94	0,05	0,59	0,14
13		1 g Ammonsulfat	0,9935	8,75	1,94	0,91	0,17	0,66	0,15
14		1,2 g Kalkphosphat	1,0045	7,31	4,56	0,91	2,77	0,43	0,15
15		1,5 g Kaliumnitrat	0,9912	8,75	1,44	0,81	Spur	0,55	0,10

6. Untersuchungen von M. Barth. [1]*)

No.	Zur Bereitung verwendet für 1 hl: Trester A	Zucker	Weinsäure	Spec. Gewicht	100 ccm Wein enthalten Gramm: Alkohol	Extrakt	Ges.-Säure (Weinsäure)	Weinsäure	Weinstein	Gerbstoff	Glycerin	Mineral-stoffe	Alkalität der Asche (K_2O) im Ganzen	wasserlöslich
1	25 kg	10 kg	0	0,9970	4,88	1,32	0,43	0,238	0,297	0,008	—	0,232	0,136	0,093
2	33 „	10 „	0	0,9974	4,77	1,34	0,42	0,222	0,277	0,010	—	0,248	0,138	0,088
3	50 „	10 „	0	0,9979	4,94	1,44	0,44	0,230	0,286	0,010	—	0,258	0,148	0,083
4	100 „	10 „	0	1,0010	5,00	2,17	0,57	0,194	0,242	0,020	—	0,370	0,183	0,093
	Trester B													
5	25 kg	10 kg	0	0,9973	4,62	1,30	0,46	0,262	0,292	0,020	0,46	0,194	0,123	0,073
6	25 „	10 „	200 g	0,9977	4,47	1,37	0,50	0,349	0,264	0,020	0,44	0,172	0,123	0,066
7	33 „	10 „	0	0,9977	4,45	1,36	0,42	0,281	0,332	0,020	0,44	0,216	0,146	0,083
8	33 „	10 „	200 g	0,9979	4,47	1,42	0,49	0,305	0,244	0,020	0,44	0,198	0,136	0,061
9	50 „	10 „	0	0,9984	4,51	1,51	0,44	0,281	0,350	0,030	0,42	0,236	0,156	0,093
10	50 „	10 „	100 g	0,9982	4,51	1,48	0,47	0,305	0,320	0,020	0,43	0,218	0,143	0,080
11	100 „	10 „	100 g	0,9982	4,58	1,47	0,46	0,325	0,272	0,020	—	0,188	0,136	0,068

7. Untersuchungen von W. Fresenius und L. Grünhut. [2]**)

No.	Bezeichnung			Spec. Gewicht	Alkohol	Extrakt	Ges.-Säure (Weinsäure)	Weinsäure	Weinstein	Gerbstoff	Glycerin	Mineral-stoffe	Alkalität im Ganzen	wasserlöslich
1	Vom Neroberg***)			0,9961	6,27	1,71	0,38	0,218	0,273	0,067	0,63	0,224	0,122	0,093

[1]) Zeitschr. Nahrungs- u. Genussm. 1899, **2**, 106.

[2]) Zeitschr. analyt. Chem. 1899, **38**, 472.

*) Die Weine sind von M. Barth im Jahre 1897 selbst dargestellt. Die Maischgährung dauerte bei No 1—4: 8 Tage und bei No. 5—11: 7 Tage. Keiner der Weine enthielt mehr flüchtige Säuren als 0,06 g Weinsäure entsprechen. Der Gehalt an Zucker betrug bei den Weinen No. 5—11 weniger als 0,05 g.

**) Die Weine enthielten ferner (g in 100 ccm):

	No. 1	2	3	4	5	6	7
Flüchtige Säure (Essigsäure)	0,014	0,188	0,067	0,109	0,106	0,120	0,140
Zucker	0,080	0,029	0,055	0,013	6,038	0,023	0,035

Freie und an alkalische Erden gebundene Weinsäure war nicht vorhanden.

Die Asche von No. 1 enthielt:

	Eisenoxyd u. Thonerde	Kalk	Magnesia	Kali	Natron	Schwefelsäure	Phosphorsäure	Kieselsäure	Kohlensäure	Chlor
In 100 ccm Wein	0,0009	0,075	0,087	0,1123	0,0107	0,0067	0,0177	0,0011	0,0572	0,0092 g
In % der Mineralstoffe	0,40	3,35	3,88	50,14	4,78	2,99	7,90	0,49	25,54	4,11 %

W. Fresenius und L. Grünhut geben ferner zahlreiche Analysen von Tresterwein-Verschnitten des Handels an.

***) Die Trester stammt von edelfaulen Trauben vom Neroberg, die am 11. 11. 1897 gepresst worden waren. Am 12. 11. 1897 wurden 1,33 kg Trester mit 4,25 l Raffinade-Lösung (1 l enthielt 140 g Raffinade, in destillirtem Wasser ge-

No.	Nähere Bezeichnung	Spec. Gewicht	100 ccm Wein enthalten Gramm: Alkohol	Extrakt	Ges.-Säure (Weinsäure)	Weinsäure	Weinstein	Gerbstoff	Glycerin	Mineral-stoffe	Alkalität der Asche (K_2O) im Ganzen	wasser-löslich
2	Aus dem Elsass	0,9997	3,93	1,56	0,65	0,175	0,219	0,064	0,32	0,221	0,093	0,055
3		0,9982	4,86	1,71	0,65	0,211	0,265	0,060	0,37	0,208	0,181	0,075
4	Aus dem Keller eines nassauischen Weinhändlers	0,9965	5,76	1,56	0,49	0,121	0,151	0,019	0,57	0,287	0,106	0,056
5		0,9962	5,83	1,57	0,46	0,124	0,156	0,022	0,52	0,281	0,103	0,057
6		0,9963	5,95	1,57	0,50	0,127	0,159	0,017	0,57	0,292	0,110	0,059
7		0,9968	5,76	1,56	0,47	0,128	0,161	0,017	0,61	0,312	0,115	0,068

8. Sonstige Analysen von Tresterweinen. *)

No.	Nähere Bezeichnung	Spec. Gewicht	100 g Wein enthalten Gramm: Alkohol	Extrakt	Ges.-Säure (Weinsäure)	Weinstein	Weinsäure	Stickstoff-Substanz	Gerbstoff	Glycerin	Mineral-stoffe	Kali	Phosphor-säure	Schwefel-säure	Analytiker
1	Kadarka - Trester	1,0070	6,48	4,63	0,58	—	—	0,013	—	0,72	0,048	0,033	—	—	B. Haas, L. Weigert und C. Hoffmann [1] **)
2	Petiotisirte Rothweine aus Lasca-Trestern	0,9900	7,24	0,75	0,21	0,195	—	0,069	0,102	—	0,149	—	—	—	
3		0,9900	8,23	0,99	0,26	0,217	—	0,099	0,106	—	0,157	—	—	—	
4		0,9910	8,30	1,49	0,32	0,264	—	0,190	0,121	—	0,203	—	—	—	
5	Riesling-Trester .	0,9910	5,76	0,55	0,19	—	—	0,027	—	—	0,166	—	—	—	
			100 ccm enthalten Gramm:			Flüchtige Säure		Freie Weinsäure							
6	Tresterwein . .	—	7,90	1,56	0,44	0,060	0,292	0	—	—	0,173	—	—	—	Möslinger [2])
7	Von Kl. Umstadt***)	0,9930	7,67	1,51	0,39	0,040	—	—	—	0,67	0,184	—	0,031	0,026	H. Weller [3])
8	Tresterwein [0]) .	—	3,12	2,05	0,97	0,294	—	—	0,035	0,12	0,432	—	0,037	0,035	E. Spaeth u. J. Thiel [4])

9. Petiotisir- und Gallisir-Extrakte.

F. Schaffer (Zeitschr. Nahrungsm.-Unters., Hyg. u. Waarenk. 1894, 8, 223) fand für diese zur „Weinverbesserung" bestimmten vorwiegend mit Karamel gefärbten Extrakte in 100 ccm:

	Alkohol	Extrakt	Weinsäure	Mineralstoffe
Petiotisir-Extrakt . . .	3,60 Vol.-%	42,67 g	34,12 g	0,30 g
Gallisir-Extrakt . . .	6,20 „	36,44 „	28,50 „	0,16 „

löst). Nach $9^1/_2$ Tagen wurde die Maische abgekeltert und in einer Flasche der Nachgährung überlassen. Am 31. 3. 1898 wurde der Wein untersucht.

1 kg der obigen Trester mit 2,5 l angewärmtem destillirtem Wasser 18 Stunden behandelt gab einen Tresterauszug von folgender Zusammensetzung (g in 100 ccm):

Spec. Gewicht	Extrakt	Zucker	Freie Säure (Weinsäure)	Gesammt-Weinsäure	Wein-stein	An alkalische Erden geb. Weinsäure	Freie Weinsäure	Mineral-stoffe	Kali	Phosphor-säure
1,0193	5,07	2,94	0,423	0,558	0,700	0	0	0,360	0,221	0,032

[1]) Mittheil. k. k. chem.-physiol. Vers.-Stat. Klosterneuburg. Wien 1888, Heft 5.

[2]) Zeitschr. Nahrungs- u. Genussm. 1899, **2**, 93.

[3]) Zeitschr. analyt. Chem. 1897, **36**, 438.

[4]) Zeitschr. angew. Chem. 1896, 721.

*) Vergl. auch E. Silva: Beitrag zur Verwerthung der Trester. — Staz. sperim. agrar. Ital. 1895, **28**, 1.

**) Die Weine waren folgendermassen hergestellt: No. 1: 1 kg Trester mit 10 l 20%-iger Rohrzuckerlösung; einmaliger Aufguss. — No. 2 und 3: 1 kg frische Lasca-Trester mit 3 l 12 vol.-%-igem Alkohol. — No. 4: Wie 2 u. 3, aber $1^1/_2$ kg Trester. — No. 5: 46 kg dreimal gescheiterter Trester wurden mit 54 kg 6,7 vol.-%-igem Alkohol einmal übergossen und vergähren gelassen.

***) Der Wein war aus den Trestern von 600 l 1895-er Most mit 100 kg Zucker, 600 l Wasser und 50 g Weinsäure hergestellt.

[0]) Der Wein, welcher als Tresterwein verkauft war, enthielt ferner 0,048 g Kalk und 0,117 g Chlornatrium; er war durch Essigstich verdorben.

E. Spaeth und J. Thiel berichten ferner über die Zusammensetzung von 12 als Tresterwein bezw. petiotisirt beanstandeten Weinen.

IV. Hefenwein.

No.	Nähere Bezeichnung	Spec. Gewicht	100 ccm Wein enthalten Gramm: Alkohol	Extrakt	Ges.-Säure (Weinsäure)	Flüchtige Säure (Essigsäure)	Weinstein	Freie Weinsäure	Stickstoff-Substanz	Glycerin	Mineral-stoffe	Kali	Phosphor-säure	Schwefel-säure	Analytiker
1	Ohne nähere Bezeichnung*) .	1,0013	5,07	2,31	0,79	—	—	—	0,590	0,49	0,21	—	0,048	0,057	*J. Herz* [1])
2	Von der Hefe abgepresst, sehr trübe	1,0053	3,35	2,98	0,67	—	—	—	—	0,57	0,39	0,184	0,069	0,044	*B. Haas, L. Weigert u. C. Hoffmann* [2])
3	100 g Weinhefe, 160 g Zucker, 960 g Wasser**)	0,9950	5,47	1,48	1,04	—	0,384	—	—	0,29	0,19	—	—	—	
4	Von 1879-er Geläger, 1880 abgezogen . . .	1,0090	5,13	4,54	1,04	—	0,378	—	—	1,39	0,26	—	—	—	
	No. 5—16 Elsässer Hefenweine.	Jahrgang													
5	Andlau . . .	1887	5,50	2,31	0,68	0,227	0,108	0	0,831	0,39	0,29	—	0,066	—	*C. Amthor* [3])
6	Barr . . .	„	6,07	3,35	0,70	0,267	—	0	1,219	—	0,31	—	0,068	—	
7	Barr . . .	„	6,07	2,80	0,50	0,273	0,095	0	1,213	0,41	0,30	—	0,064	—	
8	Colmar . . .	„	6,36	2,45	0,62	0,224	0,113	0,019	0,817	0,48	0,31	—	0,066	—	
9	Ittersweiler . .	„	5,31	2,57	0,69	0,131	—	—	0,824	0,29	0,28	—	0,058	—	
10	Kientzheim . .	„	6,21	2,87	0,55	0,104	0,118	0	0,909	0,61	0,27	—	0,064	—	
11	Eichhofen, Mittelbergheim u. Nothhalten gem.	„	5,50	2,70	0,59	0,077	0,353	0	—	0,52	0,33	—	0,078	—	
12	Eichhofen, Mittelbergheim u. Nothhalten gem.	„	5,31	2,60	0,57	0,080	0,263	0	—	0,48	0,32	—	0,079	—	
13	Eichhofen, Mittelbergheim u. Nothhalten gem.	„	6,14	2,26	0,61	0,190	0,101	0	0,821	—	0,26	—	0,062	—	
14	St. Pilt u. Reichenweier gemischt	„	7,07	3,04	0,52	0,097	0,193	0	1,019	0,75	0,29	—	0,087	—	
15	Zellenberg . .	„	7,87	2,78	0,56	0,058	0,146	0	—	0,54	0,27	—	0,047	—	
16	Avolsheim . .	1888	4,87	3,13	0,70	0,091	0,193	0,032	0,829	0,48	0,28	—	0,066	—	
							Weinsäure im Ganzen	Weinsäure frei							
17	Mit Weinsäurezusatz . . .	—	5,87	1,55	0,47	0,060	0,336	0,066	—	—	0,15	—	—	—	*Möslinger* [4])
18	Aus Trestern u. Hefe	—	6,50	1,30	0,35	0,060	0,180	0	—	—	0,12	—	—	—	
	Mittel (No. 1, 2, 4 bis 16)***)	—	**5,72**	**2,85**	**0,65**	**0,152**	Weinstein **0,187**	**0,005**	**0,907**	**0,57**	**0,29**	**0,184**	**0,066**	**0,051**	

Sonstige Kunstweine.

No.	Nähere Bezeichnung	Spec. Gew.	Alkohol	Extrakt	Ges.-Säure (Weinsäure)	Flüchtige Säure (Essigsäure)	Weinstein	Freie Weinsäure	Zucker	Glycerin	Mineral-stoffe	Kali	Phosphor-säure	Schwefel-säure	Analytiker
1	Strohwein, ohne Gährung erzeugt, nach Malz riech.	1,0450	10,56	14,69	0,80	—	—	—	—	0,06	0,19	0,102	0,028	0,017	*B. Haas* etc. [2])
2	Galizischer Kunstwein[0]) . . .	1,0110	8,21	6,07	0,65	—	0,070	0,26	4,76	0,06	0,06	0,016	0,003	0,009	
3	Aus Heidelbeersaft, Wasser, Weinsäure u. Alkohol bereitet	0,9893	9,86	1,13	0,49	0,144	—	—	0,13	0,10	0,09	—	0,005	—	*B. Fischer* [5])

[1]) Repert. analyt. Chem. 1885, **5**, 209.
[2]) Mittheil. k. k. chem.-physiol. Vers.-Stat. Klosterneuburg. Wien 1885, Heft 4 und 1888, Heft 5.
[3]) Zeitschr. angew. Chem. 1890, 27.
[4]) Zeitschr. Nahrungs- u. Genussm. 1899, **2**, 101.
[5]) Jahresbericht des chem. Untersuchungsamtes der Stadt Breslau für 1893/94. Breslau 1894, 31.

*) Die Untersuchungs-Verfahren sind nicht mitgetheilt, jedoch ist anzunehmen, dass die von den bayerischen Chemikern vereinbarten Verfahren angewendet wurden. Herz bemerkt als charakteristisch für diesen Wein, dass beim Erwärmen desselben mit Kalkhydrat und beim Kochen mit Fehling'scher Lösung ein eigenthümlicher, unangenehmer, hornähnlicher Geruch auftrat; das abgeschiedene Kupfer war von einer gallertartigen Masse (Gummi?) eingehüllt. — Der Wein enthielt ferner 0,006 g Chlor.

**) Der Wein wurde drei Monate gelagert.

***) Diese Weine sind durch Auspressen der Hefe gewonnen; No. 3, sowie No. 17 u. 18 sind Kunst-Hefenweine.

[0]) Der Wein enthielt ferner 0,009 g Kalk.

V. Trockenbeer-Weine (Rosinen-Weine).

No.	Nähere Bezeichnung	Zeit der Untersuchung	Spec. Gewicht	100 ccm Wein enthalten Gramm: Alkohol	Extrakt	Ges.-Säure (Weinsäure)	Flücht. Säure (Essigsäure)	Weinsäure	Zucker	Aepfelsäure	Mineral-stoffe	Kali	Phosphor-säure	Schwefel-säure	Ana-lytiker
				Vol.-%											
1	Aus südspanisch. Rosinen*) . .	1882	—	10,30	2,27	0,31	—	0,190	0,22	0,24	0,43	0,197	0,029	0,012	*R. Kayser* 1) **)
								Weinstein							
2	Aus Sultanina-Trauben . .	1886	—	5,00	1,68	0,83	—	0,23	0,16	—	0,26	0,081	—	—	*F. Ravizza* 2) ***)
3	Aus Passita-Tr.	1886	—	9,31	3,14	0,88	—	0,17	—	—	0,34	—	—	—	
				Gew.-%	%	%	%	%	Stickstoff-Substanz %	Glycerin %	%	%	%	%	
4	Nach Schweizer Art bereiteter Weisswein	1886	0,9977	4,22	1,33	0,58	—	—	0,014	0,57	0,17	0,089	0,021	0,012	*Hock u. Kremla* 3) 0)
5		1886	0,9971	6,46	1,91	0,58	—	—	0,051	0,62	0,21	0,107	0,015	0,014	
				100 ccm Wein enthalten Gramm:				Ges.-Weinsäure	Zucker			Stickstoff-Substanz			
6	Rosinenwein (mit Weinsäure-Zusatz)00) . . .	1898	—	7,70	1,65	0,49	0,08	0,29	—	—	0,18	—	—	—	*Mösslinger* 4)
7	Aus Patras-Korinthen000) . .	1899	0,9978	6,47	1,98	0,51	0,07	0,28	0,24	0,61	0,25	—	—	—	*W. Fresenius u. L. Grünhut* 5)
8	Aus Korinthen†)	1901	1,0265	11,34	11,55	0,96	0,18	0,17	7,40	1,27	0,30	0,169	0,055	0,034	*A. Schneegans* 6)
9		1901	1,0249	12,03	11,36	0,79	0,13	0,16	7,23	1,32	0,30	0,163	0,054	0,031	
10	Aus Thyra-Rosinen†) . . .	1901	1,0131	12,19	8,35	0,73	0,11	0,10	2,32	1,06	0,58	0,313	0,092	0,025	

G. Oksmann (Farmazeft 1896, **4**, 248; Chem.-Ztg. 1896, **20**, Rep. 156) fand für fünf Proben Korinthenwein im Mittel 1,0151 Spec. Gewicht, 3,67 Gew.-% Alkohol, 3,82% Extrakt und 0,97% Säure (Weinsäure).

---

1) Repert. analyt. Chem. 1882, **2**, 54.
2) Rivista di Viticoltura ed Enologia Italiana 1886, 10.
3) Mittheil. k. k. chem.-physiol. Vers.-Stat. Klosterneuburg. Wien 1888. Heft 5.
4) Zeitschr. Nahrungs- u. Genussmittel 1899, **2**, 101.
5) Zeitschr. analyt. Chem. 1899, **38**, 511.
6) Arch. Pharm. 1901, **239**, 589; Zeitschr. Nahrungs- u. Genussm. 1902, **5**, 487.

*) Der Wein enthielt ferner 0,003 g Kalk und 0,015 g Magnesia.

**) Der Rosinenwein wurde aus südspanischen Rosinen durch Ausziehen mit Wasser und Pressen so hergestellt, dass der Most nach dem Verdünnen mit Wasser 20% Zuckergehalt hatte; zu 2 l Most wurden 5 g ausgewaschene Bierhefe zugesetzt.

***) Ravizza weist darauf hin, dass getrocknete Trauben weniger freie Säure (abzüglich des Säureäquivalents des Ditartrats) enthalten als frische; die obigen Weine waren von ihm selbst durch Extraktion der Trauben mit kaltem und heissem Wasser, so dass Lösungen von 5,5° u. 10° Beaumé entstanden, dargestellt worden. Er bestimmte den Gehalt an Glukose und Fruktose in No. 2 und drei derartigen Weinen wie folgt:

	Gesammt-Zucker	Glukose	Fruktose
Wein aus Sultanina (Rosinen) No. 2 . .	0,160 %	0,052 %	0,108 %
„ „ Barbera (1 Jahr alt)	0,625 „	0,302 „	0,323 „
„ „ „ (2 Jahre alt)	0,008 „	0,001 „	0,006 „
„ „ „ (10 Jahre alt)	0 „	0 „	0 „

0) Der Gehalt an Natron betrug bei No. 3: 0,011% und bei No. 4: 0,012%.

00) Der Wein enthielt ferner 0,039 g freie Weinsäure; die Alkalität der Asche entsprach 1,70 ccm N-Kalilauge.

000) Der Wein enthielt ferner 0,271 g Weinstein, 0,060 g an alkalische Erden gebundene Weinsäure — freie Weinsäure war nicht vorhanden, — 0,041 g Gerbstoff; die Gesammt-Alkalität der Asche entsprach 2,35 ccm und die wasserlösliche 1,44 ccm N-Kalilauge.

Fresenius u. Grünhut berichten ausserdem noch über zwei Rosinenweine aus dem Keller eines Weinfälschers.

†) Die Weine waren völlig klar, hell- bis dunkelbraunroth. Die Thyra-Rosinen aus Kleinasien enthielten Kerne und waren nicht von den Kämmen getrennt; sie gaben daher einen herberen, weniger feinen Geschmack. Die Weine enthielten ferner (g in 100 ccm):

	Weinstein	An alkal. Erden gebundene Weinsäure	Freie Weinsäure	Saccharose	Gerb- und Farbstoffe (nach Neubauer-Löwenthal)
No. 8	0,11	0,08	0	0	0,09 g
„ 9	0,15	0,04	0	0	0,11
„ 10	0,13	0	0	0	0,19

Der Stickstoff-Gehalt der Trockenbeerweine ist nach P. Cazeneuve und L. Ducher (Bull. Soc. Chim. 1890, [3], 514) derselbe wie bei Traubenbeerweine; sie fanden z. B. an Stickstoff (g in 100 ccm):

	Herber Weisswein	Gezuckerte Weine	Rothwein: Nicht geschönt	Rothwein: Geschönt
aus Trauben . . .	0,0275	0,1085—0,1106	0,0340	0,0276 g
„ Trockenbeeren .	0,0201—0,0273	0,1051—0,1523	—	—

Ueber sonstige Analysen von Trockenbeerweinen berichten F. Schaffer (Bericht über die Thätigkeit des kantonalen Laboratoriums zu Bern 1883, 6; 1884, 6 und 1886, 4; ferner Zeitschr. analyt. Chem. 1885, 24, 559) und A. Bertschinger (Bericht des chem. Laboratoriums der Stadt Zürich 1884, 18 und 1885, 16).

VI. Kunst- (Façon-) Süssweine.

No.	Nähere Bezeichnung	Preis der Flasche (3/4 l) M.	Spec. Gewicht	100 ccm Wein enthalten Gramm: Alkohol	Extrakt	Säure (Weinsäure)	Glukose	Fruktose	Stickstoff	Glycerin	Mineral-stoffe	Kali	Phosphor-säure	Schwefel-säure	Analytiker
1	Muscat-Façon . .	0,48	1,0275	7,93	10,30	0,32	3,76	3,07	0,023	0,05	0,06	0,029	0,010	0,033	R. Scherpe[1]) *)
2		0,48	1,0311	8,14	11,33	0,30	4,45	3,64	0,020	0,07	0,06	0,026	0,011	0,021	
3	Malaga-Verschnitt	0,68	1,0485	15,50	17,67	0,36	2,40	3,06	0,043	0,16	0,10	0,037	0,012	0,022	
4		0,77	1,0562	12,92	19,18	0,36	8,92	8,93	0,008	0,02	0,34	0,068	0,022	0,039	
5	Portwein-Façon .	0,68	1,0000	16,69	6,04	0,35	2,12	2,48	0,018	0,04	0,25	0,033	0,025	0,019	
6		0,80	1,0022	16,54	6,44	0,39	3,03	2,48	0,023	0,10	0,20	0,077	0,022	0,016	
7	Sherry-Façon . . .	0,68	0,9912	16,31	3,91	0,42	1,52	1,08	0,020	0,11	0,22	0,063	0,026	0,024	
8	Madeira-Façon . .	0,88	0,9939	18,15	5,09	0,43	1,81	1,72	0,025	0,13	0,19	0,046	0,031	0,050	
9	Teneriffa-Façon . .	0,80	0,9961	21,31	5,01	0,51	2,12	1,22	0,023	0,19	0,22	0,074	0,035	0,031	
							Flüchtige Säure	Invertzucker	Saccharose						
10	Muscat-Lunel-Façon .	—	1,0254	13,02	12,10	0,21	—	11,09	0·	0,12	0,11	—	0,011	0,025	W. Fresenius[2])
11	Portwein-Façon . .	—	1,0135	13,28	8,96	0,08	0,018	8,14	0	0,06	0,09	—	0,004	—	
12	Aus einer Hamburger Kunstwein-Fabrik	—	0,9957	12,98	3,76	0,34	—	—	—	0,07	0,16	—	0,007	—	
13		—	1,0496	14,17	18,31	0,38	—	16,69	0,38	0,18	0,26	—	0,021	0,025	
14		—	1,0543	13,65	19,34	0,35	—	17,43	0,78	0,13	0,20	—	0,020	0,013	

VII. Gährversuche mit Reinhefen.

1. Versuche von C. Amthor (Zeitschr. angew. Chem. 1889, 5).

Die Aussaat der Reinhefen in den in Pasteur'schen Kolben befindlichen sterilisirten Most erfolgte am 24. 12. 1887; die Gährtemperatur schwankte von 5—15°. Die Gährung war in den verschiedenen Kolben eine sehr ungleiche. Am 19. 5. 1888 wurden sämmtliche Weine filtrirt.

Die Zusammensetzung der Weine war folgende (g in 100 ccm):

---

1) Zeitschr. angew. Chem. 1894, 640.
2) Zeitschr. analyt. Chem. 1897, **36**, 102.

*) Die Weine stammten sämmtlich aus Hamburg. Die Untersuchungen erfolgten nach den Vereinbarungen der im Jahre 1884 vom Kaiserl. Gesundheitsamte einberufenen Kommission deutscher Weinchemiker. Der Extrakt ist nur bei No. 4 direkt, bei allen übrigen indirekt bestimmt. Glukose und Fruktose wurden nach Soxhlet mittels Fehling'scher und Sachsse'scher Lösung bestimmt.

Die Polarisation im 200 mm-Rohr im Halbschatten-Apparat von Schmidt u. Haensch war folgende:

No.	1	2	3	4	5	6	7	8	9
Vor der Inversion . . .	+2° 52′	+2° 30′	+10° 22′	—2° 44′	—2° 12′	—2° 30′	—0° 28′	—0° 56′	—0° 56′
Nach der „ . . .	—1° 40′	—1° 52′	—2° 36′	—2° 50′	—2° 14′	—	—0° 38′	—0° 48′	—
„ „ Vergährung . .	+0° 6′	+0° 8′	+1° 2′	+0° 12′	—	—	—	—	—

No.	Nähere Bezeichnung	Spec. Gewicht	Alkohol	Extrakt	Ges.-Säure (Weinsäure)	Flüchtige Säure (Essigsäure)	Stickstoff	Zucker (Invertzucker)	Glycerin (aschefrei)	Mineralstoffe	Phosphorsäure
1	Sterilisirter Most	1,0823	—	21,87	1.01	0,003	0,055	20,72	—	—	—
2	Ohne Zusatz vergohren	0,9943	9,36	2,25	0,93	0.047	—	0,15	0,61	0,138	0,024
3	Vergohren mit Zusatz von Saccharomyces ellipsoideus aus Elsass (Hunaweier)	—	8,82	2,20	1,01	0,068	0,032	0,14	0,51	0,184	0,024
4	Rheinhessen I Niedersaulheim	—	8,86	2,85	0,95	0,020	0,034	0,67	0,62	0,164	0,024
5	Rheinhessen II —	0,9952	8,90	2,35	0,95	0,015	0,032	0,23	0,62	0,159	0,024
6	dem oberen Moselthal	—	9,00	2,25	0,95	0,017	0,036	0,10	0,57	0,172	0,024
7	Dalmatien	—	9,17	2,06	0,87	0,054	0,032	0,12	0,48	0,168	0,019
8	Ober-Elsass (Reichenweier)	0,9937	8,93	2,01	0,82	0,081	0,030	0,10	0,55	0,164	—
9	Rheinland (Winkel)	0,9945	9,03	2,29	0,93	0,022	0,031	0,15	0,65	0,156	0,024
10	Mit Torula aus rheinhessisch. Most versetzt	—	1,00	19,74	1,05	0,022	0,051	17,23	0,38	0,216	0,028

Der Extrakt in dem Most No. 1 und in der mit Torula versetzten Probe No 10 ist indirekt nach der Tabelle von Schulze, die übrigen Extrakte sind gewichtsanalytisch bestimmt.

2. E. Mach und K. Portele (Landw. Vers.-Stat. 1892, 41, 233) stellten eine Reihe von Laboratoriums-Gährversuchen mit Reinhefen an, deren Ergebnisse folgende waren:

a) Gährversuche mit Most von weissem Burgunder.

$1^1/_4$ l sterilisirter Most wurden in mit Wattebausch verschlossenen Erlenmeyer-Kolben von $1^3/_4$ l Inhalt am 16. 10. 1891 mit den von A. Jörgensen in Kopenhagen bezogenen Reinhefen geimpft, bis zum 25. 10. im Laboratorium bei 19—20° und darauf bis zum 2. 11. im Keimschrank bei 25—28° vergohren und gleich darauf (3.—10. 11) untersucht. Die Ergebnisse waren folgende:

No.	Nähere Bezeichnung	Spec. Gewicht	100 ccm Wein enthalten Gramm: Alkohol	Extrakt	Gesammt-Säure	Flüchtige Säure	Stickstoff	Glycerin	Auf 100 Gew.-Theile Alkohol kommen: Flüchtige Säure	Glycerin	verbrauchter Stickstoff
1	Most, unvergohren	1,0926	—	—	0,74	—	0,059	—	—	—	—
2	Vergohren mit Sacch. cerevisiae	1,0029	9,39	4,62	0,67	0,050	0,031	0,44	0,53	4,68	0,29
3	Sacch. ellipsoideus I	0,9936	10,78	2,68	0,72	0,067	0,035	0,57	0,62	5,23	0,22
4	Sacch. ellipsoideus II	0,9959	9,93	2,94	0,68	0,105	0,034	0,55	1,05	5,57	0,25
5	Sacch. Pastorianus I	0,9977	9,77	3,45	0,68	0,042	0,039	0,55	0,43	5,67	0,21
6	Sacch. Pastorianus III	0,9996	9,63	3,79	0,65	0,033	0,033	0,46	0,34	4,74	0,27
7	Sacch. apiculatus	1,0662	2,31	18,21	0,71	0,094	0,051	0,15	4,08	6,42	0,32
8	Monilia candida	1,0435	4,78	13,03	0,71	0,041	0,044	0,19	0,85	3,88	0,32

b) Gährversuche mit Most von weisser Nosiola.

Die wie bei a) am 3. 11. angesetzten Proben wurden bei 15—21° vergohren, am 26. 11. von der Hefe abgezogen und sechs Wochen später mit folgendem Ergebnisse untersucht:

No.	Nähere Bezeichnung	Spec. Gewicht	Alkohol	Extrakt	Gesammt-Säure	Invertzucker / Flüchtige Säure	Stickstoff	Glycerin	Flüchtige Säure	Glycerin	verbrauchter Stickstoff
1	Most, unvergohren	1,0712	—	17,25	0,72	Invertzucker 16,04	0,038	—	—	—	—
2	Vergohren mit Sacch. cerevisiae	0,9948	8,05	2,01	0,68	Flüchtige Säure 0,014	0,013	0,33	0,18	4,11	0,30
3	Sacch. ellipsideus I	0,9943	7,84	1,84	0,75	0,032	0,014	0,34	0,41	4,35	0,30
4	Sacch. ellipsideus II	0,9941	7,83	1,82	0,68	0,033	0,015	0,39	0,42	4,95	0,29

No.	Nähere Bezeichnung		Spec. Gewicht	100 ccm Wein enthalten Gramm:						Auf 100 Gew.-Theile Alkohol kommen:		
				Alkohol	Extrakt	Gesammt-Säure	Flüchtige Säure	Stickstoff	Glycerin	Flüchtige Säure	Glycerin	ver-brauchter Stickstoff
5	Ver-gohren mit	Sacch. Pastorianus I	0,9947	7,98	1,84	0,69	0,006	0,019	0,47	0,08	5,86	0,24
6		Sacch. Pastorianus III	0,9949	7,56	1,94	0,68	0,025	0,018	0,42	0,33	5,53	0,26
7		Sacch. apiculatus	1,0194	5,27	7,02	0,68	0,074	0,030	0,36	1,39	6,79	0,14
8		Monilia candida	1,0190	5,04	6,93	0,68	0,032	0,020	0,21	0,63	4,23	0,43

Ueber den Verlauf der Gährung liegen für diesen Versuch folgende Angaben vor: No. 2: Anfangs langsam, später am stärksten; No. 3: Schnell und stürmisch, viel Schaum; No. 4: Wie No. 2; No. 5 und 6: Fast ohne Schaumbildung, Flüssigkeit klar, stürmische Gährung, bei No. 6 etwas früher als bei No. 5; No. 7: Gährung träge, stets stark trübe; No. 8: Gährung träge, Decke auf der Oberfläche.

3. O. Bernheimer (Allgem. Wein-Ztg. 1895; Chem. Centrbl. 1895, II, 650; Vierteljahresschr. Nahrungs- u. Geuussm. 1895, 10, 401) bestimmte den Gehalt an Alkohol und Glycerin, welche bei der Einwirkung von verschiedenen Reinhefen auf ein und denselben Most (150 ccm) entstehen, und fand:

	Vöslau-Riesling	Rhein-Riesling I	Rhein-Riesling II	Ruländer I	Ruländer II	Ruländer III	Muskat I	Muskat II	Semillon I	Semillon II	Traminer	Burgunder	Vöslauer	Rheingauer
Gährdauer in Stdn.	22	25	27	22	25	26	25	29	23	22	24	27	29	19
Kohlensäure aus 150 ccm Most g	11,3	11,4	11,5	11,8	11,4	11,5	11,5	11,6	11,9	11,5	11,4	11,4	11,5	11,3
Alkohol, Gew.-%	7,40	7,33	7,40	7,47	7,60	7,40	7,40	7,53	7,40	7,57	7,40	6,93	7,33	7,73
Glycerin g in 100 ccm	0,78	0,69	0,69	0,88	0,68	0,69	0,66	0,70	0,69	0,63	0,78	0,67	0,66	0,44

Das Verhältniss von Alkohol : Glycerin schwankte von 100 : 8,3 bis 100 : 11,8.

Im Grossen ausgeführte Gährversuche mit Reinhefe lieferten folgendes Ergebniss (g in 100 ccm):

No.	Nähere Bezeichnung		Alkohol	Extrakt	Gesammt-Säure	Flüchtige Säure	Zucker	Glycerin	Mineral-stoffe	Alkohol : Glycerin = 100 :
1	Ribola-Most	ohne Reinhefe	9,64	1,95	0,73	0,068	0,13	0,82	0,184	8,54
2		Riesling-Hefe	10,08	1,99	0,65	0,052	0,21	0,66	0,180	6,55
3		Muskat-Hefe	9,57	2,05	0,60	0,056	0,28	0,76	0,186	6,55
4	Perschlinger Most	ohne Reinhefe	7,13	1,97	0,70	0,031	0,10	0,70	0,152	9,78
5		Rheingauer Hefe	7,60	1,72	0,63	0,027	0,08	0,59	0,132	7,78
6	Wilfersdorfer Most	ohne Reinhefe	8,14	—	0,61	—	0,08	0,45	—	5,50
7		Ruländer Hefe	10,00	—	0,52	—	0,10	0,50	—	5,02
8	Cibeben-Auszug	Rothwein-Reinhefe	13,54	3,20	0,56	0,047	0,90	0,63	0,300	4,60
9		Weisswein-Reinhefe	14,36	2,88	0,54	—	0,44	0,87	0,302	6,00

Wenngleich die Versuche wegen der ungünstigen Verhältnisse des Herbstes nicht entscheidend ausfielen, so lassen sie doch manche charakteristische Unterschiede bei der Anwendung der verschiedenen Hefen erkennen.

4. J. Wortmann (Landw. Jahrb. 1894, 23, 535) stellte umfangreiche Gährversuche mit drei reinen Rassen von Saccharomyces ellipsoideus (Schloss Johannisberger, Würzburger (Stein-) Hefe und Ahrweiler von Rothweintrauben stammende Hefe) bei Mosten verschiedenen Ursprungs an, indem er je 1 l sterilisirten Most mit rund je 1 Million Hefezellen versetzte und bei 17—24° vergähren liess.

Von den Versuchs-Ergebnissen sind diejenigen Reihen, bei denen mit sämmtlichen drei Hefenrassen gleichzeitig Versuche angestellt wurden, in nachfolgender Tabelle (S. 1367) wiedergegeben:

No.	Herkunft des Mostes	Traubensorte	Zusammensetzung des Mostes: Zucker %	Säure (Weinsäure) g in 100 ccm	Stickstoff g in 100 ccm	Mineralstoffe g in 100 ccm	Alkohol: Johannisberger Hefe	Alkohol: Würzburger Hefe	Alkohol: Ahrweiler Hefe	Extrakt: Johannisberger Hefe	Extrakt: Würzburger Hefe	Extrakt: Ahrweiler Hefe	Ges.-Säure (Weinsäure): Johannisberger Hefe	Ges.-Säure: Würzburger Hefe	Ges.-Säure: Ahrweiler Hefe	Stickstoff: Johannisberger Hefe	Stickstoff: Würzburger Hefe	Stickstoff: Ahrweiler Hefe	Glycerin: Johannisberger Hefe	Glycerin: Würzburger Hefe	Glycerin: Ahrweiler Hefe	Mineralstoffe: Johannisberger Hefe	Mineralstoffe: Würzburger Hefe	Mineralstoffe: Ahrweiler Hefe
1	Rappoltsweiler	Gutedel u. Zierfahndler	16,96	0,53	0,040	0,320	9,57	10,00	10,00	2,00	2,12	2,00	0,51	0,51	0,51	0,022	0,024	0,018	0,498	0,609	0,551	0,280	0,292	0,291
2	Rappoltsweiler	Traminer	19,03	0,63	0,078	0,324	9,93	9,86	9,86	2,18	2,18	2,00	0,56	0,56	0,55	0,052	0,059	0,050	0,576	0,580	0,551	0,241	0,238	0,232
3	Grünhaus . . .	Riesling	17,77	0,94	0,030	0,279	9,21	9,29	9,21	2,46	2,75	2,44	0,91	0,94	0,92	0,015	0,019	0,016	0,524	0,589	0,483	0,263	0,269	0,266
4	Berncastel (Doktor)	Riesling	16,74	0,85	0,053	0,312	8,79	8,79	8,71	2,17	2,14	2,13	0,80	0,86	0,80	0,035	0,034	0,032	0,438	0,468	0,344	0,303	0,307	0,302
5	Mayschoss . .	Spätburgunder	20,21	0,88	0,071	0,273	10,38	10,54	10,46	2,36	2,47	2,15	0,86	0,86	0,87	0,048	0,056	0,045	0,536	0,495	0,504	0,221	0,245	0,223
6	Walporzheim (Humschen Berg)	Spätburgunder	20,43	0,76	0,089	0,318	10,77	10,31	10,77	2,25	2,66	2,46	0,72	0,76	0,72	0,066	0,076	0,070	0,514	0,612	0,480	0,297	0,313	0,310
7	Winzenheim . .	gemischt*)	18,29	0,76	0,059	0,297	9,21	9,50	9,48	2,19	2,21	2,19	0,70	0,72	0,72	0,039	0,043	0,041	0,463	0,482	0,469	0,247	0,248	0,245
8	Kreuznach . .	Riesling	16,89	0,69	0,072	0,241	8,86	8,86	8,93	2,11	2,12	1,94	0,60	0,60	0,60	0,058	0,059	0,044	0,504	0,523	0,515	0,230	0,229	0,223
9	Laubenheim . .	Oesterreich.	17,94	0,77	0,089	0,289	10,77	10,54	10,85	2,36	2,35	2,14	0,74	0,75	0,71	0,062	0,067	0,060	0,518	0,521	0,478	0,245	0,224	0,217
10	Ockenheim . .	Oesterreich. u. Riesling	19,87	0,64	0,049	0,295	10,38	10,31	10,92	2,05	2,22	1,92	0,63	0,64	0,63	0,025	0,032	0,023	0,475	0,602	0,420	0,277	0,281	0,278
11	Forst	Riesling	20,21	0,76	0,075	0,405	9,93	10,08	10,15	2,80	2,87	2,79	0,71	0,72	0,71	0,057	0,063	0,052	0,567	0,636	0,551	0,395	0,394	0,389
12	Deidesheim (Königsbach) . .	Sylvaner	22,22	0,60	0,079	0,407	10,92	10,92	11,00	2,21	3,40	2,35	0,54	0,56	0,47	0,067	0,071	0,058	0,700	0,715	0,642	0,365	0,370	0,357
13	Dürkheim	Riesling	18,54	1,16	0,055	0,353	9,71	9,57	9,64	2,76	3,03	2,57	1,08	1,10	1,05	0,038	0,044	0,036	0,497	0,560	0,449	0,337	0,342	0,342
14	Dürkheim	Sylvaner	18,84	0,85	0,073	0,426	9,79	9,71	9,93	2,46	2,56	2,31	0,76	0,79	0,71	0,050	0,060	0,047	0,488	0,554	0,464	0,397	0,407	0,383
15	Dürkheim	Traminer	21,59	0,51	0,119	0,341	11,31	11,23	11,54	2,50	2,54	2,91	0,48	0,48	0,48	0,101	0,103	0,098	0,587	0,596	0,519	0,301	0,300	0,300
16	Lorch	Elbling	17,35	0,65	0,075	0,314	9,21	9,50	9,14	2,15	2,26	2,17	0,63	0,65	0,64	0,056	0,061	0,051	0,457	0,464	0,409	0,302	0,299	0,291
17	Assmannshausen	Spätburgund.	20,11	0,75	0,109	0,305	10,31	10,15	10,31	2,37	2,44	2,28	0,64	0,65	0,64	0,094	0,095	0,094	0,548	0,565	0,530	0,329	0,238	0,220
18	Geisenheim (Rothenberg) . .	Riesling	17,77	0,88	0,052	0,340	9,93	9,71	10,15	2,93	3,29	2,86	0,80	0,85	0,80	0,036	0,040	0,030	0,767	0,799	0,737	0,317	0,306	0,316
19	Hattenheim . .	„	17,61	0,81	0,084	0,346	9,50	9,07	9,07	2,51	2,59	2,50	0,75	0,76	0,75	0,065	0,069	0,066	0,464	0,512	0,471	0,321	0,326	0,319
20	Würzburg: Leisten . .	„	20,43	0,77	0,079	0,273	10,92	10,54	10,69	2,23	2,43	2,24	0,68	0,71	0,68	0,039	0,048	0,048	0,461	0,507	0,452	0,262	0,260	0,263
21	Würzburg: Lindlesberg .	vorwiegend Oesterreicher	17,76	0,76	0,103	0,405	9,57	9,43	9,50	2,85	2,95	3,44	0,62	0,65	0,62	0,087	0,091	0,081	0,557	0,563	0,526	0,381	0,387	0,376
22	Würzburg: Stein . . .	vorwiegend Oesterreicher	18,65	0,66	0,070	0,358	9,71	9,86	10,00	2,46	2,60	2,51	0,61	0,62	0,60	0,066	0,076	0,069	0,488	0,555	0,532	0,344	0,349	0,343
23	Würzburg: Stein . . .	Riesling	19,63	0,76	0,088	0,294	10,38	10,23	10,54	2,55	2,69	2,51	0,69	0,74	0,70	0,074	0,081	0,070	0,582	0,634	0,540	0,279	0,280	0,276
		Mittel	18,91	0,76	0,074	0,327	9,96	9,91	10,04	2,39	2,56	2,38	0,70	0,71	0,69	0,054	0,060	0,052	0,531	0,571	0,505	0,301	0,300	0,294

*) Riesling, Sylvaner und Traminer.

Hiernach besitzen die verschiedenen Hefen nicht nur specifisch verschiedene physiologische Eigenschaften, sondern sie behalten dieselben auch unabhängig von der Zusammensetzung des Mostes. In Bezug auf die Nährstoffmengen ist die Ahrweiler Hefe am anspruchvollsten; dann folgt die Johannisberger und am bescheidensten ist die Würzburger Hefe. Letztere erzeugt am meisten Glycerin. Das Bouquet war durchweg am stärksten bei der Johannisberger und am schwächsten bei der Würzburger Hefe.

Aus den Ergebnissen der Analysen geht ferner hervor, dass kein gegenseitiges Verhältniss der verschiedenen Gährprodukte unter einander besteht, derart, dass die Menge des einen auf die Menge des anderen direkt bestimmend einwirkt.

5. W. Seifert (Zeitschr. Nahrungsm.-Unters., Hyg. u. Waarenk. 1893, 7, 125) stellte Gährversuche bei Vialla-Most mit verschiedenen Reinhefen an; die Ergebnisse derselben waren folgende:

No.	Vergohren mit:	Spec. Gewicht	100 ccm Wein enthalten Gramm:								
			Alkohol	Extrakt	Gesammt-Säure (Weinsäure)	Flüchtige Säure (Essigsäure)	Zucker (Glukose)	Glycerin	Mineralstoffe	Ester (n. Schmitt) flüchtig	Ester (n. Schmitt) nicht flüchtig
										ccm $^1/_{10}$ N-Kalilauge	
1	Spontan vergohren	1,0002	7,39	2,85	1,19	0,029	0,08	0,55	0,23	2,00	15,60
2	Saccharomyces ellipsoideus von Portugieser Tr.	1,0016	6,83	2,84	1,11	0,017	0,10	0,67	0,20	2,64	9,12
3	Saccharomyces ellipsoideus von Sylvaner Tr.	1,0008	7,31	2,92	1,12	0,006	0,11	0,62	0,22	1,32	—
4	Saccharomyces ellipsoideus von Traminer (roth)	1,0016	6,99	3,01	1,10	0,048	0,27	0,59	0,21	4,40	14,00
5	Saccharomyces apiculatus	1,0302	3,65	8,76	1,11	0,064	5,56	0,33	0,19	10,80	12,80
6	Desgl. u. Sacch. ellipsoideus von Gutedel-Trauben	1,0021	7,23	3,30	1,28	0,048	0,36	0,59	0,22	2,80	18,00

Ueber die Eigenschaften dieser Weine liegen folgende Angaben vor: No. 1: Geringe Qualität; No. 2: Ziemlich stark und voll, sehr sauer, etwas fuchsig, gering; No. 3: Wie No. 2, aber nicht fuchsig, ziemlich gut. No. 4: Kein fuchsiger Geschmack, mittelmässig; No. 5: Noch etwas süss, wenig stark, nicht zu sauer. No. 6: Mittelmässig.

6. A. Berlese (Staz. sperim. agrar. Ital. 1897, 30, 513; vergl. Centrbl. Agrik.-Chem. 1897, 27, 560) stellte Gährversuche unter Zusatz der verschiedensten Fermente, auch solcher, welche nicht direkt von Trauben, sondern von Rebpfählen, Obst- und Waldbäumen, aus dem Boden, von Insekten u. s. w. stammten, an. Von den zuerst in 300 ccm Most geprüften 22 Fermenten wurden in einer zweiten Versuchsreihe die acht kräftigsten und ihrer Herkunft nach wichtigsten Fermente in 5 l sterilisirtem Most besonders geprüft. Diese Versuche lieferten nach 20-tägiger Gährung folgende Ergebnisse:

No.	Art des Fermentes	Beginn der Gährung nach Stunden	Spec. Gewicht	Alkohol Vol.-%	100 ccm Wein enthalten Gramm: Extrakt	Gesammt-Säure	Flüchtige Säure	Zucker	Mineral-stoffe
	Most I	—	1,0786	—	21,39	1,825	—	18,25	0,47
1	Most mit Trestern, nicht sterilisirt	20	0,9975	10,63	2,90	0,640	0,055	0,45	0,24
2	desgl. aber sterilisirt u. mit Hefe von No. 1 versetzt	—	0,9970	10,70	2,68	0,859	0,080	0,42	0,23
3	Saccharomyces ellipsoideus aus humusreichem Boden	15—16	0,9950	10,23	2,51	0,865	—	0,63	0,18
4	Saccharomyces ellipsoideus aus dem Körper von Vespa Crabro	9	0,9980	11,08	3,09	0,865	—	0,27	0,19
5	Saccharomyces ellipsoideus aus Mispel-Most	8	0,9950	11,52	2,48	0,830	—	0,23	0,15
6	Saccharomyces ellipsoideus aus Eichenrinde	18	0,9970	11,52	2,81	0,863	—	0,22	0,23
7	Saccharomyces ellipsoideus aus Rebpfahl	9	0,9971	11,52	2,66	0,905	—	0,29	0,21
8	Saccharomyces ellipsoideus aus Aepfelmost	7	0,9962	11,52	2,80	0,865	—	0,23	0,22
9	Saccharomyces ellipsoideus aus Mauerspalten	14	0,9961	11,17	2,98	0,900	—	0,27	0,23
10	Saccharomyces ellipsoideus aus Sacrophaga carnaria	16	0,9960	11,52	2,75	0,865	—	0,23	0,20

Weitere Versuche im Grossen (50 l sterilisirter Most) in sterilisirten Gefässen ergaben:

No.	Art des Fermentes	Beginn der Gährung nach Stunden	Spec. Gewicht	Alkohol Vol.-%	Extrakt	Gesammt-Säure	Flüchtige Säure	Zucker	Mineralstoffe
					100 ccm Wein enthalten Gramm:				
	Most II aus weissen Trauben	—	1,0925	—	25,43	0,813	—	20,45	0,39
11	Derselbe, nicht sterilisirt	18	0,9970	11,30	2,82	0,606	0,043	0,44	0,18
12	Sterilisirt und vergohren mit Sacch. ellipsoideus aus Erdbeersaft	12—13	1,0210	10,10	5,62	0,796	—	4,67	0,30
	Most III aus rothen Trauben	—	1,0790	—	21,05	1,059	—	18,00	0,37
13	Derselbe, mit Trestern, nicht sterilisirt	20	0,9960	11,05	2,70	0,769	0,043	1,02	0,17
14	Sterilisirt und vergohren mit Saccharomyces ellipsoideus aus Rebfahl (mit Trestern)	18	1,0029	10,67	4,22	0,779	—	1,15	0,20
15	Sterilisirt und vergohren mit Saccharomyces ellipsoideus aus Eichenrinde (Most)	14	1,0042	10,70	4,61	0,789	—	1,18	0,23

Aus den Versuchen ergab sich, dass die in Mauerspalten, an Eichenrinde, an Rebpfählen und im Apfelmost gefundenen Sacch. ellipsoideus-Arten für die Mostgährung am kräftigsten waren, während die aus den Körpern von Vespa crabro und Sacrophaga carnaria, sowie aus Mispel- und Erdbeersaft, ferner aus dem Boden gewonnenen Hefen nur eine mittlere Wirkung zeigten. Alle anderen Fermente erwiesen sich für die Mostgährung als nahezu werthlos.

7. G. Gelm (Staz. sperim. agrar. Ital. 1900, 33, 172) stellte Gährversuche über den Einfluss von Temperatur, sowie Säure und Extrakt-Gehalt des Mostes auf die Gährung mit verschiedenen Reinhefen an.

Die Versuche wurden mit Barletta-Most (21,93 g Extrakt, 19,60 g Zucker, 0,495 g Säure in 100 ccm) angestellt und zwar eine Reihe bei $16^{1}/_{2}$—$17^{1}/_{2}{}^{0}$ und die andere bei $21^{3}/_{4}$—25^{0}. Die Gährung war theils eine freiwillige, theils erfolgte sie durch (10 ccm) Burgunder-, Lambrusco- oder Barbera-Reinhefe. Der Extraktgehalt wurde durch Zusatz von Zucker, der Säuregehalt durch Zusatz von Weinsäure oder Calciumkarbonat geändert. Die Ergebnisse waren für die nach elf Tagen untersuchten Weine folgende:

I. Gährversuche bei verschiedenem Zuckerzusatz.

A. Versuche bei 22—25°.

Zusätze zu 1 l natürlichem Most	Natürliche Gährung Alkohol	Zucker	Säure	Weinstein	Burgunder Hefe Alkohol	Zucker	Säure	Weinstein	Lambrusco-Hefe Alkohol	Zucker	Säure	Weinstein	Barbera-Hefe von Asti Alkohol	Zucker	Säure	Weinstein
Kein Zusatz	13,05	0,06	0,52	0,22	13,15	0,02	0,50	0,27	12,96	0,05	0,50	0,20	10,73	0,01	0,68	0,23
40 g Zucker	15,02	0,09	0,53	0,24	13,99	0,03	0,56	0,29	14,37	0.09	0,61	0,24	14,84	0,12	0,68	0,28
80 g Zucker	16,15	0,02	0,65	0,26	15,86	0,17	0,59	0,29	15,40	0,17	0,74	0,27	15,02	0,16	0,71	0,30
B. Versuche bei $16^{1}/_{2}$—$17^{1}/_{2}{}^{0}$.																
Kein Zusatz	13,15	0,02	0,54	0,15	12,87	0,02	0,53	0,14	13,24	0,04	0,53	0,15	13,34	0,05	0,49	0,14
40 g Zucker	14,56	0,03	0,64	0,17	14,84	0,05	0,55	0,15	14,56	0,13	0,58	0,16	14,75	0,04	0,55	0,17
80 g Zucker	16,24	0,23	0,62	0,15	16,24	0,06	0,59	0,14	15,86	0,19	0,60	0,14	16,15	0,13	0,60	0,18
II. Gährversuche bei verschiedenem Säuregehalt. A. Versuche bei 22—25°.																
Kein Zusatz	13,05	0,06	0,52	0,22	13,15	0,02	0,50	0,27	12,96	0,05	0,50	0,20	10,73	0,01	0,68	0,23
3 g Weinsäure	13,43	0,07	0,79	0,34	13,24	0,07	0,77	0,33	13,71	0,08	0,78	0,30	13,43	0,07	0,78	0,28
1,5 g Calciumkarbonat*)	12,05	0,03	0,48	0,22	11,96	0,03	0,32	0,18	12,05	0,04	0,34	0,17	12,40	0,04	0,38	0,19
B. Versuche bei $16^{1}/_{2}$—$17^{1}/_{2}{}^{0}$.																
Kein Zusatz	13,15	0,02	0,54	0,15	12,87	0,02	0,53	0,14	13,24	0,04	0,53	0,15	13,34	0,05	0,49	0,14
3 g Weinsäure	14,09	0,11	0,80	0,33	13,99	0,14	0,77	0,36	13,90	0,13	0,83	0,33	14,09	0,03	0,78	0,35
1,5 g Calciumkarbonat*)	13,99	0,12	0,35	0,31	12,31	0,14	0,32	0,29	12,81	0,13	0,35	0,22	12,81	0,08	0,33	0,29

*) Demnach Säuregehalt = 0,195 g.

VIII. Sonstige Gährversuche.

1. Einfluss verschiedener Hefemengen auf die Gährung.

J. Wortmann (Weinbau und Weinhandel 1895, 13, 184; Vierteljahresschr. Nahrungs- u. Genussm. 1895, 10, 232) stellte hierüber Versuche an. Er brachte in sieben Flaschen mit Gährverschluss je 500 ccm desselben Mostes und setzte demselben gleichzeitig verschiedene Hefemengen zu. Je mehr Hefe zugesetzt wurde, desto schneller begann und energischer verlief die Gährung und umgekehrt; jedoch war in allen Fällen die Gesammtmenge der gebildeten Kohlensäure ungefähr die gleiche (rund 42 g Kohlensäure aus 500 ccm Most), während nach der Theorie 42,9 g Kohlensäure zu erwarten gewesen wären. Die Zusammensetzung des Mostes und der Weine war folgende (g in 100 ccm):

No.	Nähere Bezeichnung	Gährungs- Anfang nach Tagen	Gährungs- Ende nach Tagen	Alkohol	Extrakt	Gesammt-Säure (Weinsäure)	Zucker	Stickstoff	Glycerin	Mineralstoffe	Hefezellen in 1 cmm Wein
—	Most	—	—	—	22,23	0,84	17,53	0,094	—	0,252	—
1	Wein geimpft mit Hefezellen (rund): 5	3	21	9,01	3,68	0,96	0,16	0,071	0,89	0,239	272660
2	100	2	21	8,97	3,61	0,95	0,17	0,074	0,87	0,237	245340
3	100000	2	20	8,95	3,65	0,95	0,15	0,077	0.88	0,238	228660
4	1000000	1	20	8,84	3,70	0,95	0,12	0,077	0,91	0,239	230660
5	10000000	1	19	8,74	3,69	0,94	0,21	0,075	0,92	0,240	204660
6	100000000	sofort	14	8,58	3,71	0,92	0,22	0,064	0,92	0,240	208660
7	1 ccm dicker Hefenbrei	sofort	9	8,29	3,46	0,90	0,30	0,061	0,92	0,240	197940

Hieraus geht hervor, dass die Gährung um so gründlicher ist und dem Weine um so weniger Stoffe entzogen werden, je langsamer die Gährung verläuft. Jedoch sind die Unterschiede so gering, dass sie praktisch nicht in Betracht kommen. Auch die Menge der vorhandenen Hefezellen ist schliesslich fast überall die gleiche.

2. Verhältniss, in welchem sich Alkohol und Hefe bei der Gährung bilden.

E. Mach und K. Portele (Landw.-Vers.-Stat. 1892, 41, 261) stellten hierüber Versuche mit sterilisirtem 1891-er Nosiola-Most an, von dem sie je 200 ccm mit 2 Tropfen einer Kultur von Sacch. Pastorianus I Hansen in demselben Most impften. Die Ergebnisse waren folgende:

No.	Dauer der Gährung	Spec. Gewicht der Flüssigkeit	Alkohol	Hefe (ohne Weinstein)					
				Gebildet auf 1 l Wein	Gehalt an Stickstoff	Hefe-Stickstoff		Alkohol, erzeugt durch	
						auf 1 l Wein	auf 100 g Alkohol	1 g Hefe	1 g Hefen-Stickstoff
	Tage		Vol.-%	g	%	g	g	g	g
1	Most	1,0679	0	—	—	—	—	—	—
2	2	1,0589	1,08	1,295	10,81	0,140	12,58	7,95	73,47
3	3	1,0268	4,88	2,959	9,08	0,266	7,60	13,22	145,69
4	4	1,0057	7,78	3,095	9,08	0,281	5,00	19,96	219,82
5	6	0,9974	8,73	2,938	8,88	0,261	4,24	23,59	265,54
6	8	0,9971	8,54	2,492	9,06	0,226	3,67	27,21	300,33

Hiernach ergiebt sich, dass die Hefe sich grösstentheils während der ersten Periode der Gährung (bis zum dritten Gährtage) bildet und dass die auf 1 g Hefe bezw. Hefen-Stickstoff gebildete Alkoholmenge um so grösser ist, je weiter die Gährung fortschreitet.

3. Einflüsse auf die Glycerinbildung.

a) A. Hilger und V. Thylmann (Arch. Hyg. 1888, 8, 451) stellten Versuche an über die sich unter verschiedenen Verhältnissen bei der Gährung im Verhältniss zum Alkohol

bildenden Glycerinmengen. Bei diesen Versuchen erhielten die Lösungen No. 6 und 7 auf 500 ccm Zuckerlösung einen Zusatz von Nährstoffen, nämlich 1,0 g Pepsin (?), 1,0 g saures Kaliumphosphat, 0,5 g Magnesiumsulfat und 0,5 g Calciumphosphat. Die Gährung fand theils bei Luftzutritt in einem nur mit Wattebausch verschlossenen Gefässe (offen), theils unter Luftabschluss (geschlossen) statt. Die Ergebnisse waren folgende (g in 100 ccm):

No.	1	2	3	4	5	6	7	8	9	10	11
Art der Lösung:	10% Rohrzucker		20%-ige Rohrzucker-Lösungen								
Luftzutritt bezw. -Abschluss:	geschl.	ffen	geschlossen			geschlossen (Zusatz von Nährstoffen)		offen			
Gährtemperatur:	25—27°		15°	25°	35°	25°	30°	Zimmertemp.	25°	35°	15—17°
Dauer der Gährung, Tage:	6	6	25	10	10	5	5	10	12	12	11
Unvergohrener Zucker .	Spur	0,05	0,10	0,60	6,25	1,40	0,65	0,16	0,30	5,60	0,10
Alkohol	4,87	4,56	9,14	9,60	5,45	8,59	8,73	8,78	8,59	4,82	9,09
Glycerin	0,246	0,191	0,150	0,300	0,268	0,397	0,394	0,252	0,424	0,192	0,331
Alkohol : Glycerin = 100:	5,04	4,18	1,64	3,12	4,91	4,61	4,50	2,58	4,93	3,97	3,74
Flüchtige Säure (Essigsäure)	0,013	0,024	0,021	0,033	0,031	0,017	0,021	0,030	0,044	0,031	0,029

No.	12	13	14	15	16	17	18	19	20	21
Art der Lösung:	30% Rohrzucker		40% Rohrzucker		20% amerik. Traubenzucker		20% chem. reiner Traubenzucker		15% Fruktose	
Luftzutritt bezw. -Abschluss:	offen	geschl.	offen	geschl.	geschl.	offen	geschl.	offen	geschl.	offen
Gährtemperatur:	25—27°				25°	25°	25°	25°	25°	25°
Dauer der Gährung, Tage:	6 Tage				9	12	9	12	9	12
Unvergohrener Zucker .	12,50	11,50	28,10	26,8	1,15	0,25	0,10	0,50	0,25	0,10
Alkohol	8,00	8.93	5,76	5,87	8,61	8.96	8,59	8,55	5,64	3,21
Glycerin	0,435	0,444	0,790	0,439	0,314	0,387	0,274	0,410	0,116	0,232
Alkohol : Glycerin = 100:	5,43	4,96	11,78	7,47	3,64	4,92	3,19	4,79	2,05	7,19
Flüchtige Säure (Essigsäure)	0,064	0,057	0,151	0,084	0,043	0,034	0,032	0,031	0,017	0,051

Die hauptsächlichsten Ergebnisse dieser Versuche sind demnach folgende: 1. Bei langsamer Gährung und niedriger Temperatur ist die Glycerinbildung vermindert, 2. Das für Wein angenommene niedrigste Verhältniss von Alkohol : Glycerin = 100 : 7 ist für reine Zuckerlösungen nicht zutreffend; 3. Bei Zuckerlösungen, welche einen Zusatz von Nährstoffen erhalten haben, ist die Glycerinbildung meistens in erhöhtem Masse zu beobachten; 4. Ob die Gährung bei Luftzutritt oder -abschluss erfolgt, ist von keinem merklichen Einfluss auf die Glycerinbildung; 5. Temperaturen von 35° verlangsamen die Gährung und vermindern die Glycerinbildung; 6. Bei koncentrirteren Zuckerlösungen ist die Glycerinbildung, und zwar bei Luftzutritt am meisten, erhöht.

b) **E. Mach und K. Portele** (Landw. Vers.-Stat. 1892, 41, 276) stellten **Versuche über den Einfluss des Lüftens auf die Glycerinbildung** an. Ein durch Erwärmen haltbar gemachter Nosiola-Most (Spec. Gew. 1,0805, Säure 0,70%) wurde am 30. 6. 1890 in Flaschen zur Gährung gebracht. Die eine Flasche wurde häufig unter Oeffnung des Stopfens stark durchgeschüttelt (gelüftet), die andere bei 21—23° ruhig stehen gelassen. Die Ergebnisse waren folgende (g in 100 ccm):

	Zeit der Untersuchnng	Alkohol	Extrakt	Gesammt-Säure (Weinsäure)	Flüchtige Säure (Essigsäure)	Zucker	Glycerin	Alkohol : Glycerin = 100:
Gelüftet . .	4. Juli 1890	7,31	4,50	—	0,012	2,75	5,36	7,33
	10. „ „	8,42	2,27	0,68	0,016	0,10	6,36	7,55
Nicht gelüftet	4. „ „	7,15	5,69	—	0,025	3,77	4,27	5,96
	10. „ „	8,77	2,38	0,67	0,031	0,22	5,43	6,18

Hiernach ist in der gelüfteten Probe mehr Glycerin gebildet, als in der nicht gelüfteten. Der etwas geringere Alkoholgehalt in der gelüfteten Probe dürfte auf Verdunstung zurückzuführen sein.

4. Veränderungen im Gehalte an Gesammt-Säure und Glycerin während der Gährung und Lagerung.

a) E. Mach und K. Portele (Landw. Vers.-Stat. 1892, 41, 270) stellten Versuche über die Veränderungen im Säure- und Glyceringehalt während der Gährung und Lagerung an. Die Schönung erfolgte mit Gelatine. Es ergab sich (g in 100 ccm):

I. 1889-er Teroldigo	18. 10. 1889 Lese	24. 10. 1889 Gährung		31. 10. 1889 Ende der Gährung		21. 5. 1890 3-mal abgezogen	4. 12. 1890 4-mal abgezogen	23. 11. 1891 6-mal abgezogen, 2-mal geschönt	18. 6. 1892 7-mal abgezogen, 2-mal geschönt
		unten *)	oben *)	unten *)	oben *)				
Alkohol	—	2,52	2,25	10,18	9,43	10,15	10,00	9,95	9,77
Extrakt	26,56 *)	20,81	21,48	3,73	5,82	3,01	2,84	2,54	2,40
Gesammt-Säure (Weins.)	0,89	0,90	0,89	0,82	0,81	0,70	0,66	0,53	0,53
Flüchtige Säure (Essigs.)	—	0,020	0,022	0,046	0,040	0,047	0,048	0,060	0,073
Glycerin	—	0,14	0,19	0,54	0,49	0.72	0,70	—	0,70
Alkohol : Glycerin = 100 :	—	—	—	5,3	5,2	7,1	7,0	—	7,2

II. 1889-er Riesling	15. 10. 1889	24. 10. 1889	7. 11. 1889 Ende der Gährung	21. 5. 1890 2-mal abgezogen	4. 12. 1890 2-mal abgezogen	23. 11. 1891 4-mal abgezogen, 1-mal geschönt	18. 6 1892 6-mal abgezogen, 1-mal geschönt
Alkohol	—	6,10	9,55	9,63	9,74	9,72	9,67
Extrakt	23,14 *)	10,03	2,50	1,84	1,82	1,81	1,81
Gesammt-Säure (Weins.)	0,76	0,76	0,61	0,56	0,55	0,53	0,54
Flüchtige Säure (Essigs.)	—	0,018	0,040	0,045	0,048	0,053	0,058
Glycerin	—	0,28	0,43	0,62	0,60	—	0,60
Alkohol : Glycerin = 100 :	—	4,5	4,5	6,4	6,2	—	6,2

b) P. Kulisch (Weinbau u. Weinhandel 1899, 16, 12) untersuchte den Einfluss des Alkoholgehaltes auf die Säureabnahme im Weine. Er stellte durch Zusatz verschiedener Zuckermengen zu demselben Most Weine von verschiedenem Alkoholgehalt her und verfolgte in den vergohrenen Mosten den Säuregehalt. Die Ergebnisse waren folgende (g in 100 ccm):

Most						
I. 1896-er Spätburgunder Rothwein (Geisenheimer Fuchsberg), Mostgewicht: 79,5° Oechsle	Alkoholgehalt der Weine . . .		7,5	8,8	9,9	10,6
	Säuregehalt	nach dem Zuckerzusatz **)	1,18	1,16	1,14	1,12
		am 10. 12. 1896 . . .	0,85	0,90	0,86	0,88
		am 7. 5. 1897	0,55	0,55	0,52	0,54
II. 1896-er Elbling-Most (Geisenheimer Fuchsberg), Mostgewicht: 63,2° Oechsle	Alkoholgehalt der Weine . . .		6,26	7,71	9,01	9,91
	Säuregehalt	nach dem Zuckerzusatz **)	1,25	1,22	1,20	1,19
		im Juli 1897	0,70	0,67	0,91	0,96
		im November 1897 . .	0,70	0,67	0,74	0,99
III. 1896-er Gaualgesheimer Most (gemischt), Mostgewicht: 58,2° Oechsle	Alkoholgehalt der Weine . . .		5,26	7,75	8,77	10,09
	Säuregehalt	nach dem Zuckerzusatz **)	1,33	1,29	1,27	1,25
		am 12. 5. 1897 . . .	0,83	0,66	0,78	0,95
		am 19. 7. 1897 . . .	0,70	0,70	0,77	0,94
		am 30. 11. 1897 . . .	—	—	0,76	0,97

Aus den Versuchen ergiebt sich, dass in den mit Zucker versetzten Mosten und dementsprechend alkoholreicheren Weinen in der Regel die Säureabnahme um so später eintritt, je mehr der Alkoholgehalt durch Zuckerzusatz erhöht ist. Vergleiche auch die Versuche von P. Kulisch bei Obstweinen.

*) „Oben bezw. „unten" bedeutet: Oben aus dem Gährständer (oberhalb des falschen Bodens) bezw. unten aus dem Gährständer entnommen. — Der Extraktgehalt des Mostes ist von uns aus dem specifischen Gewicht nach der Tabelle von K. Windisch berechnet.

**) Die verschiedenen Säuregehalte sind durch die verschiedenen Zuckermengen bedingt.

5. Gährversuche mit amerikanischen Trauben.

a) Vinassa (Forschungsberichte über Lebensmittel etc. 1894, 1, 185) stellte Versuche über den Einfluss verschiedener Zusätze auf die Vergährung amerikanischer Reben an und erhielt folgende Ergebnisse:

No.	Art der Bereitung		Spec. Gewicht	Alkohol Vol.-%	Extrakt %	Gesammt-Säure (Weinsäure) %	Flüchtige Säure (Essigsäure) %	Mineral-stoffe %
1	Amerikanische Trauben, schnell gepresst mit Zusatz von	ohne Zusatz	1,0099	7,92	5,46	0,96	0,011	0,205
2		Zucker	0,9967	9,13	2,16	0,99	0,013	0,204
3		mit den Hülsen	1,0015	6,55	2,52	1,10	0,028	0,190
4		desgl. und Zucker	0,9996	8,72	2,68	1,00	0,013	0,154
5		Hefe und Ammoniak	0,9983	6,48	1,73	0,81	0,012	0,195
6		Zucker, Hefe und Ammoniak	0,9980	8,45	2,23	0,77	0,011	0,209
7		desgl. und Hülsen	0,9986	8,54	2,40	0,90	0,008	0,196
8	Saft amerikanischer Trauben mit Hülsen von	Nostrano-Trauben	1,0015	5,78	2,28	0,89	0,014	0,152
9		Piemonteser-Trauben	1,0012	7,17	2,63	0,86	0,017	0,192
10		Nostrano-Tr. } mit Zucker, Hefe und Ammoniak	0,9968	8,36	1,92	0,80	0,008	0,158
11		Piemonteser-Tr. } mit Zucker, Hefe und Ammoniak	0,9969	8,88	2,09	0,82	0,013	0,199
12	$^2/_3$ Saft amerikanischer Trauben + $^1/_3$ Saft von	Nostrano-Trauben	1,0061	7,32	4,23	0,99	0,015	0,153
13		Piemonteser-Trauben	1,0019	7,01	2,75	0,96	0,013	0,127
14		Nostrano-Tr. } mit Zucker, Hefe und Ammoniak	0,9970	7,40	1,71	0,78	0,010	0,154
15		Piemonteser-Tr. } mit Zucker, Hefe und Ammoniak	0,9960	9,29	2,00	0,87	0,008	0,149
16	Amerikanische Trauben gepresst nach	12 Stunden	0,9994	6,86	2,11	1,12	0,013	0,180
17		24 „	0.9990	6,55	1,92	1,11	0,010	0,194
18		3 Tagen	1,0035	6,02	2,82	1,32	0,011	0,210
19		8 „	1,0010	6,48	2,61	1,20	0,008	0,219
20		3 „ } mit Zusatz von Tannin und Hefe	1,0028	5,78	2,58	1,22	0,008	0,202
21		8 „ } mit Zusatz von Tannin und Hefe	1,0010	5,78	2,16	1,08	0,011	0,227

Die flüchtige Säure wurde in der Weise bestimmt, dass von 100 ccm Wein 60 ccm abdestillirt wurden; die so gefundene Menge entspricht etwa $^2/_3$ der Gesammtmenge der flüchtigen Säuren.

In den zur Beförderung der Gährung mit Ammonkarbonat versetzten Proben war nach der Vergährung Ammoniak noch nachweisbar.

Die Versuche ergaben, dass aus amerikanischen Reben ohne Veredelung der Stöcke kein guter Wein zu erwarten ist.

b) Seyfert (Allgem. Wein-Ztg. 1892, 9, 423; Vierteljahresschr. Nahrungs- u. Genussm. 1892, 7, 456) konnte dem Weine aus amerikanischen Reben den ihm eigenthümlichen „fuchsigen" Geschmack nehmen, wenn er statt der spontanen Gährung eine solche mit Marsala-Hefe vornahm. Der so gewonnene Wein hatte einen dem Marsala ähnlichen Geruch und Geschmack. Die Ergebnisse der Analyse waren folgende:

	Spec. Gewicht	Alkohol Vol.-%	Extrakt	Gesammt-Säure	Zucker	Mineralstoffe
Vergohren mit eigener Hefe (spontan)	1,0034	8,23 (?)	3,85	1,61	0,59	0,30
„ „ Marsala-Hefe „	1,0016	9,35	3,74	1,52	0,35	0,34

6. Einfluss von Mycoderma vini Pasteur auf den Wein.

a) F. Schaffer (Chem.-Ztg. 1891, 15, 919) untersuchte den Einfluss der Mycoderma vini auf die chemische Zusammensetzung des Weines. Er impfte 5 l Wein mit einer Reinkultur des Pilzes und liess den Wein in 15 l-Flaschen bei Luftzutritt und Zimmer-Temperatur stehen. Die Ergebnisse waren folgende:

			Spec. Gewicht	Alkohol Vol.-%	Extrakt	Gesammt-Säure (Weinsäure)	Flüchtige Säure (Essigsäure)	Weinstein	Mineralstoffe
I. Weisser „La Côte“ (Waadtländer)	vor dem Zusatz	18.2.1891	0,9956	8,3	1,81	0,66	0,114	0,245	0,180
	nach dem Zusatz	9.4.1891	0,9957	7,9	1,51	0,53	0,078	—	0,172
		13.5.1891	0,9962	7,2	1,49	0,45	0,048	0,245	0,170
II. Weisser Schaffiser (vom Bieler-See)	vor dem Zusatz	18.2.1891	0,9944	9,8	1,61	0,56	0,107	0,189	0,205
	nach dem Zusatz	9.4.1891	0,9943	9,1	1,45	0,47	0,078	—	0,192
		13.5.1891	0,9949	8,2	1,43	0,50	0,101	0,189	0,188

b) L. Brotzu (Staz. sperim. agrar. Ital. 1897, 30, 576) stellte bei Weinen von Cagliari (Sardinien), welche sehr leicht sauer werden, Versuche über den Einfluss verschiedener reingezüchteter Fermente aus derartigen Weinen auf sterilisirten Wein an. Ferner bewahrte er zahlreiche Handelsweine längere Zeit auf, um die eintretenden Veränderungen zu beobachten. Auf alle diese Versuche kann hier nur verwiesen werden.

Sonstige Litteratur über Gährversuche.

1. B. Haas, C. Hoffmann, L. Weigert und F. Hock (Mittheil. k. k. chem.-physiol. Vers.-Stat. Klosterneuburg. Wien 1888, Heft 5) stellten Gährversuche bei zwei Mosten je mit Wein- und Presshefe an und bestimmten in den erhaltenen Weinen Alkohol, Extrakt, Säure, Stickstoff-Substanz und Glycerin.
2. E. W. Hilgard (Reports of experiments of Methods of Fermentation and related subjects Sacramento 1888) berichtet über Gährversuche mit verschiedener Anordnung der Gährgefässe etc.
3. Rietch und Martinaud (Progrès Agricole et Vinicole No. 13; Staz. sperim. agrar. Ital. **18**, 389 u. 535; Centrbl. Agrik.-Chem. 1890, **19**, 648) berichten über Gährversuche mit Algierwein und Hefe aus Burgund und dem Beaujolais.
4. D. C. Forti (Allgem. Wein-Ztg. 1891, 47: Vierteljahresschr. Nahrungs- u. Genussm. 1891, **6**, 485) stellte Gährversuche mit Nebiolo-, Barbera- und Asti-Hefe an einem Moste an und theilt die Alkohol- und Extrakt-Gehalte der erhaltenen Produkte mit.
5. T. Kosutany, (Landw. Vers.-Stat. 1892, **40**, 217) stellte Gährversuche mit einem nicht sterilisirten ungarischen Most und verschiedenen Weinhefen an, welche zu dem Ergebnisse führten, dass die Art der Hefen einen bedeutenden Einfluss auf die Beschaffenheit der Weine ausüben.
6. F. Ravizza (Staz. sperim. agrar. Ital. 1892, **22**, 113) hat zahlreiche Gährversuche mit nach dem Pasteur-schen Verfahren „rein gezüchteter“ Hefe — keine Reinhefe! — angestellt und zwar mit Pomard-, Isabella-, Champagne- und Bordeaux-Hefe. Weder in der Zusammensetzung noch in dem Geschmacke der erhaltenen Weine zeigten sich nennenswerthe Unterschiede.
7. B. Haas (Zeitschr. Nahrungsm.-Unters., Hyg. u. Waarenk. 1893, **7**, 17) berichtet über Untersuchung von Traubenmosten in verschiedenen Gährungsstadien.
8. Vinassa (Forschungsberichte über Lebensmittel 1894, **1**, 185) berichtet über Gährversuche mit verschiedenen Reinhefen und Zuckerarten.
9. M. Zecchini und F. Ravizza (Staz. sperim. agrar. Ital. 1895, **28**, 189) machten auch Gährversuche mit nach dem Hansen'schen Verfahren reingezüchteten Wein- und auch Bierhefen und stellten ausser dem Gehalte an Alkohol, Extrakt und Säure auch den Geschmack fest. Die Reinhefen zeigten bei letzterer theils eine günstige, theils aber auch eine ungünstige Wirkung.
10. N. Passerini (Staz. sperim. agrar. Ital. 1896, **29**, 415) theilt zahlreiche Versuche mit über die Wirkung des „Einschlages“, d. h. der Zufügung einer gewissen Menge zerdrückter und in Gährung begriffener Trauben zum Jungweine, sobald dieser aufgehört hat, zu gähren.
11. A. Fonseca (Staz. sperim. agrar. Ital. 1896, **29**, 185 u. 753; 1897, **30**, 45) berichtet über die Abkühlung des Mostes bei der Weinbereitung in heissen Ländern sowie über die Unterschiede in den Eigenschaften der Weine bei Vergährung in Holzständern, Eisenständern und gemauerten Cisternen. Er kommt zu dem Ergebnisse, dass, so lange in den südlichen Ländern in der Kellerwirthschaft für Kühlanlagen oder für passende Eisenständer nicht gesorgt wird, die gemauerten Cisternen den Holzständern vorzuziehen sind.
12. A. Fonseca (Staz. sperim. agrar. Ital. 1896, **29**, 588) stellte ferner Versuche an über den Einfluss des Säuregehaltes des Mostes auf die alkoholische Gährung und macht dabei Angaben über die Kohlensäuremengen, welche bei Zusatz verschiedener Mengen von Weinsäure und Citronensäure entwickelt werden.
13. A. Bornträger (Staz. sperim. agrar. Ital. 1897, **30**, 537) stellte Gährversuche mit Bierhefe bei Invertzucker an, um festzustellen, in welchem Verhältniss Glukose und Fruktose bei fortschreitender Gährung durch die Hefe vergohren werden.
14. G. Gelm (Staz. sperim. agrar. Ital. 1899, **32**, 399) berichtet über 12 Punkte, die bei der Vergährung von Troja-Trauben zu befolgen sind, und belegt seine Angaben durch besondere Versuche. Die Punkte beziehen sich auf 1. Gährkeller, 2. Weintraubenkämme, 3. Pressung, 4. Most-Zusammensetzung, 5. Beschaffenheit der Gährgefässe, 6. Grösse derselben, 7. Gährtemperatur, 8. Gährungserzeugung, 9. Brausen, 10. Lüften, 11. Abziehen, 12. Lagerfässer.

Obst- und Beerenweine.

Apfelwein.

Deutscher Apfelwein.

No.	Nähere Bezeichnung	Jahrgang	Spec. Gewicht	100 ccm Wein enthalten Gramm:											Analytiker
				Alkohol	Extrakt	Gesammt-Säure (Apfelsäure)	Flüchtige Säure (Essigsäure)	Gerbstoff	Zucker	Glycerin	Mineral-stoffe	Kali	Phosphor-säure	Schwefel-säure	
*) 1	Selbst bereitet { Borsdorfer	1881	—	4,60	2,36	0,30	0,080	—	0,75	0,68	0,31	0,105	0,022	0,008	R. Kayser [1])
2 **)	Selbst bereitet { Ruppiner Apfel .	1882	—	5,71	2,85	0,64	0,015	—	0,16	0,79	0,30	0,155	0,012	0,005	
3	Selbst bereitet .	1881	—	5,44	2,38	1,34	0,096	—	—	0,39	0,27	0,155	0,008	0,004	R. Fresenius u. E. Borgmann [2]) ***)
4	60% Luiken, 40% Goldparmänen .	1885	1,0010	6,28	3,06	0,74	0,059	—	—	—	0,43	—	—	—	P. Behrend [3]) [0])
5	Casseler Reinette	„	1,0012	5,68	2,68	0,79	0,051	—	—	—	0,32	—	—	—	
6	Carpentinapfel .	„	1,0078	5,43	4,12	1,44	0,051	—	—	—	0,47	—	—	—	
7	Bohnapfel. . .	„	1,0039	5,45	3,20	0,90	0,060	—	—	—	0,38	—	—	—	
														Kohlensäure	
8	Export-A. } Frankfurt-Bornheim	1888	1,0013	4,71	2,42	0,66	0,011	0,051	0,11	0,47	0,23	0,133	0,022	0,210	P. Kulisch [4]) [00])
9	Speierling } Frankfurt-Bornheim	„	1,0007	4,73	2,27	0,61	0,011	0,040	0,10	0,46	0,23	0,135	0,020	0,274	
10	Borsdorfer } Frankfurt-Bornheim	„	1,0006	4,77	2,26	0,46	0,018	0,042	0,10	0,45	0,23	0,136	0,021	0,167	
11	Cronberg (Taunus) { Speierling	„	1,0014	4,77	2,45	0,57	0,034	0,037	0,08	0,44	0,28	0,175	0,021	0,300	
12	Cronberg (Taunus) { —	„	1,0018	4,75	2,55	0,59	0,025	0,049	0,10	0,42	0,30	0,171	0,023	0,268	
13	Oberrossbach (Wetterau) . .	„	1,0014	5,12	2,49	0,75	0,012	0,036	0,17	0,42	0,25	0,144	0,021	0,256	
14	Gernsbach (Baden)	„	1,0010	4,96	2,42	0,60	0,025	0,042	0,15	0,47	0,26	0,137	0,013	0,127	
15	Trier	„	1,0019	4,29	2,39	0,55	0,035	—	0,10	0,42	0,33	0,182	0,022	0,186	
16	Matapfel (Geisenheim) . . .	„	1,0007	5,10	2,36	0,45	0,029	0,025	0,13	0,43	0,25	0,138	0,014	0,197	

[1]) Repert. analyt. Chem. 1882, **2**, 354 und 1883, **3**, 373,

[2]) Zeitschrift analyt. Chem. 1883, **22**, 46.

[3]) Mittheilungen aus Hohenheim von O. Vossler. Stuttgart 1887 u. Württembergisches Wochenbl. f. Landwirthschaft 1887, 143.

[4]) Landw. Jahrb. 1890, **19**, 83.

*) Der zugehörige Most, welcher durch Auspressen der Aepfel gewonnen wurde, enthielt:

Extrakt	Apfelsäure	Zucker	Mineralstoffe	Kalk	Magnesia	Kali	Phosphorsäure	Schwefelsäure
16,25	0,33	12,50	0,35	0,025	0,018	0,106	0,024	0,009

Der Wein wurde nach vollendeter Gährung des Mostes untersucht.

**) Der Wein wurde vier Wochen nach vollendeter Gährung untersucht.

***) Ueber die Untersuchungs-Verfahren vergl. S. 1247, Anm. **).

[0]) Die Gewinnung des Mostes geschah mittels einer Frankfurter Obstmühle und einer kräftigen Klein'schen Spindelpresse. Die Untersuchungs-Verfahren waren folgende: Spec. Gew. durch mehrmalige Wägung von 50 ccm im Pyknometer und durch die Westphal'sche Waage; Extrakt durch Eindampfen von 25 ccm im Wasserbade und weiteres dreistündiges Trocknen bei 100°; Alkohol durch Destillation und Bestimmung des Alkoholgehaltes des Destillates mittels eines empfindlichen Alkoholometers: Säure (gesammte) durch Titration von 20 ccm Most mit verdünnter Kalilauge unter Anwendung von violettem Lackmuspapier (nach der Tüpfelmethode); Flüchtige Säure durch Destillation von 50 ccm im Wasserdampfstrom und Titration des Destillates (200 ccm) mit derselben Kalilauge unter Anwendung von Phenolphthalein als Indikator (vergl. Barth: Weinanalyse. S. 20.)

[00]) Die Weine waren auf der Ausstellung der Deutschen Landwirthschafts-Gesellschaft in Magdeburg 1889 ausgestellt; sie enthielten ferner:

No.	8	9	10	11	12	13	14	15	16
Stickstoff . . .	0,0027	0,0035	0,0031	0,0028	0,0026	0,0019	0,0035	—	0,0044
Kalk (Ca O) . .	0,0071	0,0068	0,0088	0,0063	0,0056	0,0059	0,0071	0,0103	0,0132
Magnesia (Mg O)	0,0084	0,0083	0,0085	0,0101	0,0090	0,0088	0,0087	0,0114	0,0101

Die Untersuchungs-Verfahren waren im Allgemeinen dieselben, wie sie durch die Beschlüsse der im Jahre 1884 vom Kaiserlichen Gesundheitsamte einberufenen Kommission vereinbart waren (Zeitschr. analyt. Chem. 1884, **23**, 390). — Sämmtliche Bestimmungen (mit Ausnahme der Ermittelung des Kohlensäure-Gehaltes selbst) beziehen sich auf

No.	Nähere Bezeichnung	Jahrgang	Spec. Gewicht	100 ccm Wein enthalten Gramm: Alkohol	Extrakt	Gesammt-Säure (Apfelsäure)	Flüchtige Säure (Essigsäure)	Gerbstoff	Zucker	Glycerin	Mineral-stoffe	Kali	Phosphor-säure	Schwefel-säure	Analytiker
												Stickstoff			
17	Friedrichsdorf (Homburg v.d.H.) Borsdorfer	1888	1,0027	4,94	2,81	0,76	0,017	0,040	0,27	0,44	0,26	0,0054		0,138	P. Kulisch[1] *)
18	Friedrichsdorf (Homburg v.d.H.) Speierling	„	1,0014	5,51	2,70	0,73	0,025	0,041	0,24	0,59	0,23	0,0132		0,108	
19	Friedberg (Hessen) .	„	1,0001	4,74	2,13	0,54	0,055	0,031	0,10	0,46	0,25	—		0,290	
20	Schandau (Sachsen) —	„	0,9977	5,86	1,92	0,45	0,137	0,035	0,22	0,57	0,27	0,0033		0,010	
21	Schandau (Sachsen) Reinette .	„	1,0019	4,67	2,46	0,50	0,129	0,042	0,39	0,47	0,34	0,0034		0,066	
22	Strasburg (Uckermark)	„	0,9995	5,14	2,00	0,34	0,047	0,024	0,17	0,38	0,30	0,0039		0,039	
23	Nothgottes (Geisenheim)	„	1,0024	4,94	2,75	0,65	0,028	—	0,18	—	0,26	—		0,168	
24	Frankfurt a. M. (Sachsenhausen) Export-Apfel.	„	1,0005	4,85	2,26	0,44	0,021	—	0,18	—	0,25	—		0,193	
25	Frankfurt a. M. (Sachsenhausen) Speierling	„	1,0022	5,51	3,02	0,66	0,025	—	0,27	—	0,33	—	—	0,207	
26	Frankfurt a. M. (Sachsenhausen) Speierling	„	1,0014	4,55	2,42	0,55	0,026	—	0,27	—	0,25	—	—	0,205	
27	Frankfurt a. M. (Sachsenhausen) Borsdorfer	„	1,0011	5,05	2,62	0,50	0,018	—	0,26	—	0,26	—	—	0,204	
28	Frankfurt a. M. (Sachsenhausen) Borsdorfer	„	1,0050	4,43	2,14	0,71	0,021	—	0,71	—	0,27	—	—	0,192	
29	Frankfurt a. M. (Sachsenhausen) —	„	1,0022	4,46	2,49	0,57	0,044	—	0,34	—	0,26	—	—	0,161	
30	Altenhasslau bei Gelnhausen . . .	„	1,0012	4,58	2,21	0,56	0,021	—	0,15	—	0,25	—	—	0,275	
31	Wertheim a. M., Export-Apfelwein . .	„	1,0015	4,38	2,32	0,46	0,018	—	0,09	—	0,26	—	—	0,253	
32	Stuttgart, gemischt	„	1,0006	4,30	2,19	0,48	0,063	—	0,18	—	0,28	—	—	0,205	
33	3/4 Luiken, 1/4 Fleiner	„	0,9999	4,84	2,04	0,47	0,038	—	0,08	—	0.28	—	—	0,198	
34	Sulz (Neckar), Goldparmäne u. Luiken	„	1,0004	4,66	2,21	0,41	0,067	—	0,12	—	0,29	—	—	0,051	
35	Export-Apfelwein .	—	0,9997	6,07	2,12	0,37	—	—	0,14	0,31	0,38	0,137	0,014	0,014	J. König[2]
36	Borsdorfer Apfelwein	—	1,0017	5,69	2,67	0,55	—	—	0,23	0,25	0,31	0,093	0,017	0,013	
												Im Most: Spec. Gew.	Ex-trakt	Säure	
	Apfelwein aus:														
37	Goldparmänen .	1886	1,0024	7,14	3,28	0,76	0,090	—	—	—	0,30	—	—	—	P. Behrend[3]
38	Goldparmänen .	1888	1,0016	5,60	2,32	0,67	0,040	—	—	—	0,17	1,0526	13,10	0,61	
39	Riesling-Apfel . .	„	1,0096	5,56	4,40	0,87	0,020	—	—	—	0,32	1,0614	15,10	0,90	
40	Rosen-Apfel . . .	„	1,0012	4,89	2.12	0,65	0,020	—	—	—	0,17	1,0475	11,60	0,62	
41	Quitten-Apfel . . .	„	1,0028	4,85	2,39	0,90	0,020	—	—	—	0,20	1,0475	11,10	1,08	
42	Luiken-Apfel . . .	„	1,0096	4,85	3,95	0,74	0,020	—	—	—	0,22	1,0509	12,50	0,83	
43	Bohn-Apfel . . .	„	1,0028	4,77	2,52	0,68	0,020	—	—	—	0,17	1,0471	11,30	0,73	
44	Kasseler Reinette .	„	1,0028	5,08	2,50	0,77	0,010	—	—	—	0,17	1,0492	11,70	0,72	
45	Kleiner Langstiel .	„	1,0004	5,24	—	0,44	0,040	—	—	—	0,13	1,0479	11.90	0,67	
												Kali	Phosphors.	Schwefelsäure	
	Mittel	—	**1,0019**	**5,09**	**2,52**	**0,63**	**0,038**	**0,038**	**0,21**	**0,47**	**0,27**	**0,143**	**0,018**	**0,013**	

[Fortsetzung von S. 1375.]
kohlensäurefreien Wein. Im Einzelnen ist noch Folgendes zu bemerken: Die Kohlensäure wurde durch Erwärmen ausgetrieben, mittels Schwefelsäure getrocknet und in Natronkalk-Röhren aufgefangen. Zur Ausführung der Bestimmung diente der Classen'sche Apparat. Die Glycerin-Bestimmung erfolgte nach Neubauer-Borgmann in 50 ccm Wein und die Gerbstoff-Bestimmung nach Neubauer-Löwenthal, nachdem die Pektinstoffe durch Fällen mit Alkohol entfernt waren.

[1]) Landw. Jahrb. 1890, **19**, 83.

[2]) Bericht über die Dauerwaaren auf der 5. Wanderausstellung der Deutschen Landwirthschafts-Gesellschaft zu Bremen 1891.

[3]) Vergl. Anmerkung [4]) u. [00]) S. 1375. | *) Vergl. Anmerkung [00]), S. 1375.

Oesterreichische Aepfelweine.

No.	Nähere Bezeichnung	Jahrgang	Spec. Gewicht	Alkohol Vol.-%	Extrakt %	Ges.-Säure (Aepfelsäure) %	Flüchtige Säure (Essigsäure) %	Stickstoff-Substanz %	Zucker %	Glycerin %	Mineralstoffe %	Kali %	Phosphorsäure %	Schwefelsäure %	Analytiker
1	Aus Klosterneuburg	—	1,0000	6,00	2,28	0,66	—	0,029	—	0,40	0,25	—	—	—	*L. Weigert* [1])
2	„ Holzäpfeln*) .	—	1,0079	7,00	2,75	0,47	—	—	0,55	—	0,16	0,057	0,005	0,016	*Vers.-Stat. Tabor* [2])
				100 ccm Wein enthalten Gramm:				Aepfelsäure							
3	„ Borsdorfer A.	1891	—	6,21	2,49	0,75	0,148	0,583	0,17	0,61	0,35	—	0,015	0,054	*I. Formanek u. O. Laxa* [3]) ***)
4	„ Reinetten . .	1891	—	6,75	3,02	0,72	0,140	0,565	0,17	0,69	0,29	—	0,016	0,024	
5	Mit geringem Birnenzusatz	1897	—	7,40	2,79	0,50	0,065	0,426	0,24	0,60	0,33	—	0,014	0,014	
6 **)	Mit geringem Birnenzusatz	1898	—	9,12	8,31	0,72	0,074	0,639	5,18	—	0,29	—	0,013	0,010	

Analysen steiermäkischer Aepfelweine ⁰) ⁰⁰)

von E. Hotter (No. 1—32: I. u. II. Bericht der Pomologischen Versuchsstation Graz, 1893 u. 1894. — No. 33—121: Zeitschr. landw. Versuchswesen Oesterreich 1902, 5, 333.)

No.	Sorte und Herkunft	Jahrgang	Spec. Gewicht	Alkohol	Extrakt	Ges.-Säure (Aepfels.)	Flüchtige Säure (Essigsäure)	Gerbstoff	Stickstoff-Substanz	Zucker	Glycerin	Mineralstoffe	Phosphorsäure	Schwefelsäure
				100 ccm Wein enthalten Gramm:										
1	Schafnase (aus Leibnitz) .	1890	1,0026	5,40	3,10	0,56	—	0,058	—	—	—	0,31	—	—
2	Schafnase (aus Leibnitz) .	1891	1,0027	5,00	2,92	0,54	—	0,064	—	—	—	0,32	—	—
3	Aus Graz	„	1,0024	4,85	2,68	0,64	—	0,037	—	—	—	0,38	—	—
4	Aus Graz	„	1,0004	3,42	1,71	0,42	—	0,048	—	—	—	0,26	—	—
5	Aus Graz	„	1,0004	4,93	2,23	0,63	—	0,055	—	—	—	0,23	—	—
6	Gutsverw. Heberstein Maschanzker	—	1,0138	3,65	5,27	0,48	—	0,050	—	3,17	—	0,47	—	—
7	Gutsverw. Heberstein Maschanzker	—	1,0114	3,65	4,71	0,46	—	0,053	—	2,64	—	0,36	—	—
8	Gutsverw. Heberstein —	—	1,0133	3,89	5,27	0,45	—	0,055	—	3,13	—	0,38	—	—
9	Gutsverw. Heberstein Eggenberg . .	—	0,9997	4,13	1,86	0,37	—	0,039	—	—	—	0,20	—	—
10	Aus Graz Maschanzker . . .	1891	0,9993	5,00	2,12	0,47	—	0,021	—	—	—	0,24	—	—
11	Aus Graz Mischobst . . .	„	0,9997	4,77	2,20	0,41	—	0,037	—	—	—	0,32	—	—
12	Aus Graz Mischobst . . .	„	0,9999	5,00	2,14	0,50	—	0,053	—	—	—	0,31	—	—
13	Vergohren mit Jerusalemer Weinhefe	1894	1,0015	4,05	2,22	0,46	0,158	0,053	—	—	—	0,34	—	—
14	Vergohren mit Asti-Weinhefe . .	„	1,0073	3,18	3,24	0,54	—	0,057	—	—	—	0,40	—	—
15	Vergohren mit Barbera-Hefe . . .	„	1,0030	4,13	2,79	0,35	0,158	0,053	—	—	—	0,40	—	—

[1]) Mittheil. k. k. chem.-physiol. Vers.-Stat. Klosterneuburg. Wien 1890, **5**, Tabelle 38.
[2]) Allgem. Wein-Ztg. 1888, No. 32; Vierteljahresschr. Nahrungs- u. Genussm. 1888, **3**, 277.
[3]) Zeitschr. Nahrungs- u. Genussm. 1899, **2**, 401.

*) Der zugehörige Most enthielt 6,17 % Zucker und 0,74 % Aepfelsäure; demselben wurde Zucker bis zu 10 % der letzteren zugesetzt. — Der Wein enthielt 0,013 % Kalk (CaO), 0,012 % Magnesia (MgO).

**) Mit Zusatz von Zucker vor der Gährung hergestellt.

***) Die Weine sind nach den im Jahre 1897 von den österreichischen Vers.-Stat. vereinbarten Verfahren untersucht.

⁰) Die Weine No. 1—12 waren auf der Obstausstellung in Graz im Jahre 1892, die Weine No. 13—32 daselbst im Jahre 1894 ausgestellt und prämiirt.

⁰⁰) Der Wein No. 10 war unter Zusatz von 30 g weinsaurem Ammonium mit Wein-Reinhefe, No. 11 ebenso unter Zusatz von 30 g Chlorammonium und No. 12 ohne Hefenzusatz vergohren. Die Weine No. 35—38, 43, 52, 60, 64, 66—68, 79—81, 89 und 100 sind ohne jeglichen Wasserzusatz hergestellt; bei No. 51, 75, 77 u. 78 sind 5 %, bei No. 34, 58, 76 und 116 sind 10 %, bei No. 105 sind 15 %, bei No. 88 sind 20 % und bei No. 57 sind 25 % Wasser zugesetzt worden. Bei den übrigen Weinen sind Angaben über den Wasserzusatz bezw. dessen Menge nicht gemacht.

No.	Sorte und Herkunft	Jahrgang	Spec. Gewicht	100 ccm Wein enthalten Gramm:										
				Alkohol	Extrakt	Ges.-Säure (Aepfels.)	Flüchtige Säure (Essigsäure)	Gerbstoff	Stickstoff-Substanz	Zucker	Glycerin	Mineral-stoffe	Phosphor-säure	Schwefel-säure
16	Aus Vasoldsberg —	1894	1,0125	3,10	4,64	0,33	0,170	0,050	—	—	—	0,36	—	—
17	Aus Vasoldsberg nach Frankfurter Art	„	1,0036	4,77	2,96	0,48	0,150	0,059	—	—	—	0,42	—	—
18	Aus Gleinstätten	„	1,0015	4,61	2,33	0,47	—	0,044	—	—	—	0,37	—	—
19	Aus Graz, vergohren mit Riesling-H.	1893	0,9999	5,32	2,30	0,46	0,100	0,029	—	—	—	0,39	—	—
20	Aus Graz, vergohren mit Asti-Hefe II	„	1,0002	5,16	2,46	0,46	0,063	0,045	—	—	—	0,34	—	—
21	Aus Eggeberg	„	1,0035	5,00	2,88	0,29	0,122	0,021	—	—	—	0,36	—	—
22	Aus Eggeberg	„	1,0175	5,44	5,16	0,45	0,087	0,020	—	—	—	0,48	—	—
23	Aus Eggeberg	„	1,0029	4,77	2,89	0,44	0,107	0,046	—	—	—	0,33	—	—
24	Aus Ratsch b. Ehrenhausen Maschanzker . . .	„	1,0016	4,77	2,47	0,45	0,092	0,040	—	—	—	0,43	—	—
25	Aus Ratsch b. Ehrenhausen mit Weinh. vergohren	„	1,0107	4,21	4,71	0,36	0,083	0,046	—	—	—	0,49	—	—
26	Aus Ratsch b. Ehrenhausen mit Reinhefe Asti vergohren	„	1,0081	4,53	4,18	0,29	0,083	0,040	—	—	—	0,50	—	—
27	Ohne nähere Bezeichnung	„	1,0046	4,69	2,21	0,30	—	0,070	—	—	—	—	—	—
28	Aus Eibiswald	„	1,0223	4,93	8,10	0,39	0,104	0,023	—	—	—	0,54	—	—
29	Aus Strassgang bei Graz	1894	1,0026	3,10	2,01	0,40	0,109	—	—	—	—	0,34	—	—
30	Aus Strassgang bei Graz	„	1,0019	3,57	2,04	0,39	0,102	—	—	—	—	0,28	—	—
31	Aus Strassgang bei Graz	„	1,0006	4,53	2,11	0,37	0,080	—	—	—	—	0,28	—	—
32	Aus Strassgang bei Graz	„	1,0000	4,61	1,95	0,33	0,102	0,042	—	—	—	0,28	—	—
33*)	Maschanzker Aepfel Graz . .	1892	1,0020	3,11	2,22	0,67	0,204	0,065	0,018	0,09	0,46	0,26	0,018	0,030
34	Maschanzker Aepfel Graz . .	1900	1,0021	5,64	2,80	0,50	0,112	0,046	—	0,12	0,50	0,32	0,019	0,019
35	Maschanzker Aepfel Frauheim .	„	1,0042	4,77	2,94	0,49	0,089	—	0,013	0,87	0,46	0,29	0,019	0,022
36	Maschanzker Aepfel St. Marein .	„	1,0130	3,89	5,20	0,40	0,085	0,065	0,018	2,47	0,31	0,36	0,026	0,005
37	Maschanzker Aepfel St. Ruprecht	„	1,0090	5,08	4,37	0,55	0,081	0,057	0,018	1,34	0,39	0,38	0,020	0,007
38	Maschanzker Aepfel Ratsch . .	„	1,0152	4,61	5,93	0,57	0,093	0,062	—	2,95	—	0,46	0,021	—
39	Maschanzker Aepfel Marburg . .	„	1,0014	3,58	1,83	0,36	0,095	0,033	0,013	0,16	0,37	0,20	0,016	0,025
40	Maschanzker Aepfel Pettau . .	„	1,0120	3,10	4,62	0,35	0,063	0,026	0,009	2,71	—	0,22	0,015	0,007
41	Maschanzker Aepfel Hartberg .	„	1,0024	2,78	2,08	0,34	0,104	—	—	0,20	—	0,19	0,010	—
42	Maschanzker Aepfel Hartberg .	„	1,0010	2,94	—	0,30	0,089	—	0,013	—	—	0,16	0,010	0,003
43	Desgl. u. Prinzenapfel gemischt (Marburg) . . .	„	1,0108	3,73	4,53	0,45	0,103	0,025	—	2,24	0,35	0,28	0,021	0,037
44	Desgl. u. Holzapfel (Hatzendorf)	„	1,0144	1,91	4,58	0,42	0,099	—	0,018	2,25	—	0,28	0,019	0,002
45*)	Holzapfel Kirchbach . .	1900	0,9980	7,15	2,66	0,42	0,078	0,057	0,022	0,29	0,27	0,27	0,017	0,010
46*)	Holzapfel Gleichenberg .	1899	1,0004	5,80	2,60	0,63	0,079	0,140	0,022	0,21	0,33	0,29	0,017	0,017
47	Holzapfel Ratsch . . .	1900	1,0068	4,85	3,77	0,94	0,078	0,150	—	0,49	0,47	0,26	—	—
48	Holzapfel Eibiswalde .	„	1,0028	5,24	2,88	0,62	0,087	0,135	0,013	0,15	0,31	0,39	0,018	0,010
49	Holzapfel Eibiswalde .	„	1,0044	5,08	3,07	0,88	0,108	0,127	0,013	0,18	0,34	0,42	0,017	0,010
50	Holzapfel Eibiswalde .	„	1,0054	3,97	3,15	0,61	0,176	0,078	—	0,22	0,28	0,33	0,017	0,005
51	Goldreinette St. Marein .	„	1,0080	5,48	4,48	0,52	0,116	0,067	0,018	1,58	0,38	0,34	0,028	0,005
52	Goldreinette Gleisdorf .	„	1,0080	5,48	4,17	0,51	0,116	—	0,022	1,23	0,41	0,33	0,024	0,008

*) Die Weine sind vergohren: No. 33 mit Tiroler Weinhefe, No. 45, 46, 59 und 63 mit Weinhefe, No. 53 mit Rüdesheimer Weinhefe, No. 57 mit Fridauer-Weinhefe, No. 67 mit Rhein-Riesling-Weinhefe, No. 74 mit Weinhefe, No. 87 mit Refesco-Hefe, No. 90 und 91 mit Friedauer Hefe.

No.	Sorte und Herkunft	Jahrgang	Spec. Gewicht	Alkohol	Extrakt	Ges.-Säure (Aepfels.)	Flüchtige Säure (Essigsäure)	Gerbstoff	Stickstoff-Substanz	Zucker	Glycerin	Mineral-stoffe	Phosphor-säure	Schwefel-säure
				100 ccm Wein enthalten Gramm:										
53*)	Oberösterr. Mostapfel, Deutsch-Landsberg . .	1900	1,0430	1,83	11,54	1,09	0,039	0,043	0,026	8,18	0,16	0,33	0,020	0,006
54	Huber'scher Mostapfel, Weiz . .	1898	1,0032	3,89	2,54	0,54	0,116	0,165	—	0,24	—	0,29	0,017	—
55	Huber'scher Mostapfel, Weiz . .	„	1,0038	4,61	2,73	0,77	0,119	—	0,022	—	—	0,32	0,021	0,029
56	Huber'scher Mostapfel, St. Marein .	1899	1,0194	2,94	6,27	1,17	0,068	—	—	2,97	—	0,30	0,018	—
57*)	Weisser Mostapfel, Graz .	1898	1,0010	4,05	2,00	0,58	0,180	0,067	0,026	0,09	0,49	0,26	0,015	0,042
58	Pomme Marabot, Graz .	„	1,0014	5,32	2,60	0,54	0,196	0,138	0,022	0,13	0,46	0,24	0,024	0,015
59*)	Sommer-Taffet-A., Trauheim	„	1,0030	3,89	2,38	0,56	0,081	—	0,035	0,14	0,43	0,32	0,021	0,010
60	Schafnase und Reinetten, Leibnitz	1900	1,0051	6,11	3,90	0,48	0,061	0,076	0,026	0,77	0,38	0,28	0,025	0,023
61	Gemischte Sorten, Kirchberg . .	1898	0,9989	5,16	1,88	0,48	0,163	0,078	—	0,12	—	0,28	0,015	0,021
62	Gemischte Sorten, Kehlberg . .	1899	1,0039	5,24	3,17	0,54	0,076	0,070	—	—	0,48	0,30	0,028	0,073
63*)	Gemischte Sorten, Gnas . . .	„	1,0026	3,73	2,20	0,55	0,083	0,109	—	0,14	0,33	0,28	0,016	0,013
64	Gemischte Sorten, Leibnitz . .	1900	1,0046	5,96	3,68	0,57	0,071	0,080	—	0,58	0,42	0,32	0,028	0,038
65	Gemischte Sorten, Gamlitz . .	„	1,0064	5,48	3,86	0,55	0,129	0,070	—	0,42	0,36	0,39	0,024	0,017
66	Gemischte Sorten, Marburg . .	„	1,0030	4,29	2,31	0,67	0,185	0,041	0,018	0,15	0,39	0,32	0,023	0,060
67*)	Gemischte Sorten, Graz . . .	„	1,0048	5,48	3,40	0,90	0,059	0,076	—	0,23	0,45	0,32	0,029	0,037
68	Gemischte Sorten, Ratsch . . .	„	1,0042	3,89	2,74	0,70	0,121	0,059	—	0,11	—	0,37	0,022	—
69	Gemischte Sorten, Saggauthal	„	1,0014	4,77	2,29	0,63	0,280	0,046	0,022	0,10	0,39	0,32	0,021	0,006
70	Gemischte Sorten, Saggauthal	„	1,0030	4,85	2,89	0,62	0,149	0,050	—	0,13	0,35	0,34	0,024	0,004
71	Gemischte Sorten, Saggauthal	„	1,0059	4,77	3,84	0,40	0,101	0,039	—	1,12	0,33	0,30	0,020	0,003
72	Gemischte Sorten, Weiz . . .	„	1,0074	4,85	3,87	0,51	0,162	0,052	0,018	—	—	0,37	0,021	0,008
73	Gemischte Sorten, Hatzendorf .	„	1,0120	2,15	3,86	0,40	0,087	—	0,013	1,48	—	0,26	0,020	0,002
74*)	Gemischte Sorten, Wildon . .	„	1,0001	5,64	2,46	0,52	0,127	0,050	—	0,13	0,39	0,29	0,020	0,016
75	Fallobst, Leibnitz . .	„	1,0020	5,40	2,80	0,55	0,129	0,048	0,022	0,10	0,37	0,27	0,022	—
76	Fallobst, Marburg . .	„	1,0050	4,13	2,89	0,64	0,105	0,032	—	0,70	0,38	0,29	0,016	0,082
77	Desgl. mit 10% Weiler'schen Mostbirnen, Leibnitz	„	1,0004	5,24	2,04	0,45	0,055	0,039	0,022	0,13	0,38	0,25	0,024	—
78	Desgl. mit 10% Weiler'schen Mostbirnen, Leibnitz	„	1,0028	5,00	2,76	0,40	0,049	0,035	—	0,57	0,41	0,27	0,018	—
79	Tafelapfel, Marburg . .	„	0,9989	5,48	2,08	0,38	0,079	0,041	—	0,11	0,38	0,26	0,019	0,012
80	Tafelapfel, Marburg . .	„	0,9994	5,80	2,34	0,38	0,089	0,039	—	0,17	0,38	0,28	0,021	0,013
81	Ohne Angaben über Sorten, Graz . . .	1898	1,0112	4,85	4,60	0,59	—	—	0,059	1,70	0,31	0,44	0,034	—
82	Ohne Angaben über Sorten, Hatzendorf .	„	1,0024	2,94	1,86	0,53	0,049	—	—	0,08	—	0,20	0,012	—
83	Ohne Angaben über Sorten, Kirchbach .	„	1,0016	4,29	1,93	0,41	0,171	—	—	—	—	0,27	0,016	—
84	Ohne Angaben über Sorten, Kirchberg .	„	1,0071	7,39	4,95	1,03	0,052	—	—	—	—	0,31	0,015	—
85 **)	Ohne Angaben über Sorten, Kirchberg .	„	0,9956	5,88	2,18	0,56	0,109	—	—	0,14	—	0,27	0,012	—
86	Ohne Angaben über Sorten, Kirchberg .	„	0,9992	5,32	2,12	0,44	0,116	—	—	0,20	—	0,31	0,017	—
87*)	Ohne Angaben über Sorten, Graz . . .	1899	1,0014	4,77	2,37	0,53	0,192	0,543	0,026	0,11	—	0,30	0,017	0,020
88	Ohne Angaben über Sorten, Gleisdorf . .	„	1,0016	4,29	2,14	0,54	0,140	—	—	0,13	—	0,28	0,019	—

*) Vergl. S. 1378, Anmerkung *).
**) Der Most hatte einen Zuckerzusatz erfahren.

No.	Sorte und Herkunft		Jahrgang	Spec. Gewicht	100 ccm Wein enthalten Gramm: Alkohol	Extrakt	Ges.-Säure (Aepfels.)	Flüchtige Säure (Essigsäure)	Gerbstoff	Stickstoff-Substanz	Zucker	Glycerin	Mineral-stoffe	Phosphor-säure	Schwefel-säure
89	Ohne Angaben über Sorten	St. Andrae in B. W. . .	1900	1,0132	4,05	5,31	0,57	0,127	—	—	2,47	—	0,34	0,015	0,002
90*)		Deutsch-Landsberg	"	1,0312	1,51	8,68	0,82	0,045	0,021	—	5,61	—	0,27	0,021	0,004
91*)			"	1,0350	2,62	10,08	0,98	0,041	0,034	0,026	6,17	—	0,34	0,021	0,009
92		Eggersdorf .	"	1,0066	1,51	2,37	0,20	—	—	—	0,24	—	0,22	—	0,004
93		St. Egydi . .	"	1,0030	3,81	2,42	0,51	0,160	—	0,022	—	—	0,27	0,015	0,009
94		Feldbach	"	1,0108	2,38	3,68	0,68	0,039	—	—	—	—	0,29	0,013	0,004
95			"	1,0027	3,09	1,94	0,36	0,123	—	—	—	—	0,25	0,013	—
96			"	1,0052	3,73	2,73	0,30	0,057	—	—	—	—	0,24	0,013	0,002
97			"	1,0096	2,94	3,62	0,70	0,057	—	0,013	—	—	0,25	0,014	0,004
98		Frasslau .	"	1,0076	3,97	3,82	0,41	0,099	0,057	0,013	1,69	0,37	0,30	0,016	0,003
99			"	1,0024	4,77	2,59	0,43	0,095	0,057	—	0,62	0,37	0,28	0,018	0,002
100		Frauheim . .	"	1,0020	3,97	2,05	0,50	0,059	—	—	—	—	0,28	0,017	—
101		Graz . .	"	1,0016	3,97	2,03	0,37	0,087	—	—	0,22	—	0,22	0,015	—
102			"	1,0208	1,99	6,14	0,45	0,046	—	—	—	—	0,25	0,014	0,012
103			"	1,0008	3,89	1,88	0,38	0,099	—	—	0,03	—	0,22	0,013	0,032
104		Kirchbach .	"	1,0048	4,45	3,24	0,51	0,147	0,041	0,018	0,72	0,38	0,28	0,017	0,002
105		Launach . .	"	1,0041	4,77	2,97	0,64	0,223	0,052	—	0,48	0,44	0,29	0,022	0,042
106		Marburg .	"	1,0020	4,93	2,33	0,55	0,076	0,086	0,018	0,15	0,33	0,33	0,021	0,035
107			"	1,0006	5,00	2,19	0,52	0,119	0,041	—	0,09	0,33	0,28	0,022	0,009
108			"	1,0014	5,48	2,41	0,41	0,109	0,054	0,018	0,17	0,39	0,29	0,026	0,010
109			"	1,0022	5,32	2,57	0,53	0,105	0,047	—	1,18	0,41	0,35	0,022	0,021
110		St. Marein a. E. . .	"	1,0018	4,85	2,39	0,43	0,093	0,049	—	0,11	0,37	0,31	0,017	—
111		Neudau .	"	1,0018	2,38	1,50	0,38	0,131	0,023	0,018	—	—	0,19	0,019	—
112			"	1,0076	4,37	3,75	0,45	—	—	—	—	—	0,39	0,028	—
113			"	1,0040	4,77	3,12	0,60	0,077	—	0,026	0,61	—	0,31	0,017	0,021
114	Pettau		"	1,0050	5,41	3,51	0,55	0,143	0,044	0,013	0,89	0,50	0,33	0,026	0,021
115			"	1,0020	5,08	2,43	0,61	0,125	0,041	—	0,15	0,39	0,31	0,026	0,033
116	Pöllau		"	1,0031	2,62	2,42	0,43	0,115	—	—	0,20	—	0,22	0,012	0,002
117	Radkersburg		"	1,0052	4,37	3,39	0,68	0,135	—	—	0,44	—	0,42	0,027	0,033
118	Stainz		"	1,0030	4,37	2,80	0,68	0,135	0,119	0,022	0,23	0,39	0,35	0,019	0,005
119	Wildon		"	1,0026	4,61	2,64	0,51	0,139	0,067	—	0,10	0,30	0,31	0,021	0,007
120			"	1,0024	4,45	2,61	0,45	0,109	0,066	—	0,10	0,31	0,30	0,022	0,009
121			"	1,0038	4,69	2,89	0,49	0,143	—	0,018	0,31	0,25	0,29	0,020	0,006
	Mittel (No. 1—121)		—	**1,0054**	**4,38**	**3,26**	**0,52**	**0,108**	**0,063**	**0,020**	**0,95**	**0,38**	**0,31**	**0,019**	**0,015**

*) Vergl. S. 1378, Anmerkung *).

Schweizerischer Aepfelwein.

No.	Nähere Bezeichnung	Jahrgang	Spec. Gewicht	100 ccm Wein enthalten Gramm: Alkohol	Extrakt	Gesammt-Säure (Aepfels.)	Flüchtige Säure (Essigsäure)	Gerbstoff	Zucker	Glycerin	Mineral-stoffe	Kali	Phosphor-säure	Kohlen-säure	Analytiker
1	Aus Thalweil (Zürich) *) . . .	1888	1,0014	5,11	2,48	0,51	0,029	—	0,38	—	0,29	—	—	0,228	*P. Kulisch* 1)
				Vol.-%			Stickst.-Substanz								
2	Gelbjoggeler: Bussnang	—	0,9993	4,90	1,61	0,25	—	0,050	—	—	—	—	—	—	*Schaffer* 2) **)
3	Gelbjoggeler: Weinfelden	—	1,0026	5,20	2,42	0,63	—	0,002	—	—	—	—	—	—	
4	Gelbjoggeler: Wigoltingen .	—	1,0004	5,10	1,92	0,38	—	0,035	—	—	—	—	—	—	
5	Sauergrauech (Meggen) . .	—	0,9989	4,50	1,40	0,38	—	0,030	—	—	—	—	—	—	
6	Waldhöfler (Buch)	—	1,0015	5,20	2,13	0,40	—	0,080	—	—	—	—	—	—	
7	Ohne Bezeichnung der Sorte: Solothurn .	—	1,0002	5,90	1,97	0,34	—	0,036	—	—	—	—	—	—	
8	Ohne Bezeichnung der Sorte: Obstbau-Verein Oberfreiamt	1885	0,9985	6,40	1,76	0,27	—	0,050	—	—	—	—	—	—	
9	Ohne Bezeichnung der Sorte: Obstbau-Verein Oberfreiamt	1888	0,9975	6,15	1,66	0,40	—	0,050	—	—	—	—	—	—	
10	Ohne Bezeichnung der Sorte: Ober-Bussnang . .	—	1,0012	5,20	2,25	0,54	—	0,050	—	—	—	—	—	—	
11	Ohne Bezeichnung der Sorte: Brenngarten	—	0,9994	6,50	2,07	0,30	—	0,030	—	—	—	—	—	—	
					%	%	%	%	%	%	%				
12	Thurgau: Zweitholzapfel	—	1,0070	4,06	3,90	0,69	—	—	0,18	—	0,42	—	—	—	*C. Tuchschmidt* 3) ***)
13	Thurgau: Zweitholzapfel	—	1,0030	4,05	2,08	0,50	0,360	—	0,18	—	0,39	—	—	—	
14	Thurgau: Piemonteser Apfel . .	—	1,0030	4,02	1,98	0,51	—	—	0,18	—	0,48	—	—	—	
15	Kanton Zug: Steinhauser Apfel . .	—	1,0030	5,09	2,35	0,53	0,320	—	0,20	—	0,31	—	—	—	
16	Kanton Zug: von Bibersee	—	1,0170	8,09	4,82	0,66	—	—	2,82	—	0,66	—	—	—	
17	Kanton Zug: „ Utterberg	—	1,0170	7,05	5,75	0,51	—	—	2,98	—	0,65	—	—	—	
18	Kanton Zug: —	1868	0,9980	6,90	1,32	0,54	0,210	—	0,09	—	0,29	—	—	—	
19	Kanton Zug: —	„	1,0000	6,08	1,23	0,49	0,250	—	0,07	—	0,25	—	—	—	
20	Kanton Zug: „ Kronau .	„	0,9980	7,10	1,29	0,49	—	—	0,08	—	0,27	—	—	—	

1) Landw. Jahrb. 1890, **19**, 83.

2) Schaffer: Untersuchungen von Obst- und Obstweinsorten der interkantonalen Mostausstellung in Oberburg 1889, 6.

3) Programm d. eidgenöss. polytechn. Schule in Zürich 1870/71.

*) Der Apfelwein, welcher auf der Ausstellung der Deutschen Landwirthschafts-Gesellschaft in Magdeburg 1889 ausgestellt war, war aus Oberrieder Glanzreinetten und Hansuli-Aepfeln hergestellt. Ueber die Untersuchungs-Verfahren vergl. S. 1375, Anm. 00).

**) Die Obstweine waren ohne Zusätze hergestellt und auf der Ausstellung in Oberburg prämiirt. — Die Säure wurde nach der Entfernung der Kohlensäure und der Gerbstoff nach dem Verfahren von M. Barth bestimmt.

***) Einige der Weine waren mit Wasser verdünnt; die Zahlen sind darnach umgerechnet und beziehen sich auf Wein ohne Wasserzusatz.

Untersuchungs-Verfahren: Spec. Gew. wurde mittels des Aräometers bestimmt, Säure durch Titration mit $^{1}/_{10}$-N.-Natronlauge, Alkohol mit dem Vaporimeter, Zucker durch Titration mit Fehling'scher Lösung, Extrakt durch Eindampfen von 10 ccm Wein in einer Schale mit Quarzsand und Trocknen bei 100—110°, Mineralstoffe durch Glühen des Extraktes, Stickstoff durch Glühen des Extraktes mit Kupferoxyd nach dem Dumas'schen Verfahren.

Die Asche von Wein No. 28 ergab:

Calcium-carbonat	Calcium-sulfat	Kalium-phosphat	Magnesium-carbonat	Chlor-natrium	Thon-erde	Eisen-oxyd	Kiesel-säure
0,26 %	0,02 %	0,21 %	0,10 %	0,010 %	0,028 %	0,016 %	0,009 %

Die Asche der Obstweine ist reich an Calciumcarbonat; in 6 Aepfelweinen fand Tuchschmidt 0,26 %, 0,22 %, 0,28 %, 0,22 %, 0,32 %, 0,35 % in 5 Birnenweinen 0,26 %, 0,40 %, 0,40 %, 0,12 %, 0,11 %.

No.	Nähere Bezeichnung	Jahrgang	Spec. Gewicht	Alkohol Vol.-%	Extrakt %	Ges.-Säure (Aepfelsäure) %	Flüchtige Säure (Essigsäure) %	Gerbstoff %	Zucker %	Glycerin %	Mineral-stoffe %	Kali %	Phosphor-säure %	Schwefel-säure %	Analytiker
21	Oberer Thurgau: Waldhöfler Apfel	1868	1,0100	5,07	2,71	0,43	—	—	0,19	—	0,29	—	—	—	C. Tuchschmidt [1])
22	Oberer Thurgau: Waldhöfler Apfel	„	1,0030	10,04	2,08	0,73	—	—	0,17	—	0,41	—	—	—	
23	Oberer Thurgau: Waldhöfler Apfel	1869	1,0080	5,08	2,74	0,40	—	—	0,19	—	0,36	—	—	—	
24	Oberer Thurgau: Gelbjocker A.	1868	1,0030	9,07	1,41	0,59	—	—	0,07	—	0,37	—	—	—	
25	Oberer Thurgau: Nägeli-A.	1869	1,0030	6,04	1,35	0,53	—	—	0,06	—	0,26	—	—	—	
26	Oberer Thurgau: Uttweiler A.	1868	1,0050	8,08	2,93	0,53	—	—	0,14	—	0,50	—	—	—	
27	Oberer Thurgau: Weissbreitbacher A.	1869	1,0040	5,07	2,10	0,53	—	—	0,11	—	0,60	—	—	—	
28	Aus dem Hochgau	—	1,0270	6,30	6,70	0,62	—	0,230	—	—	—	—	—	—	E. Madler [2]) *)

Birnenwein.

Deutscher Birnenwein.

No.	Nähere Bezeichnung	Jahrgang	Spec. Gewicht	100 ccm Wein enthalten Gramm: Alkohol	Extrakt	Ges.-Säure	Flüchtige Säure	Gerbstoff	Zucker	Glycerin	Mineral-stoffe	Kali	Phosphor-säure	Schwefel-säure	Analytiker
1	Selbst dargestellt	1881	—	3,65	3,48	0,93	0,140	—	0,14	0,37	0,22	0,122	0,019	0,006	R. Fresenius u. E. Borgmann [3]) **)
														Kohlen-säure	
2	Gernsbach (Baden)	1888	1,0051	4,96	2,52	0,51	0,042	0,068	0,16	0,42	0,29	0,153	0,024	0,073	P. Kulisch [4]) ***)
3	Kockelsberg (Trier), Siewenicher Most-B.	„	1,0128	4,93	5,37	0,65	0,019	0,096	0,90	0,31	0,41	0,231	0,023	0,168	
4	Altenhassland bei Gelnhausen	„	1,0076	4,50	4,25	0,39	0,063	0,054	0,32	—	0,26	—	—	0,253	
5	Stuttgart, deutsche Brat-B.	„	1,0039	5,01	3,13	0,46	0,084	0,091	0,14	—	0,31	—	—	0,203	
6	Wildling von Einsiedel	1885	1,0238	3,58	7,88	0,37	0,073	—	—	—	0,34	—	—	—	P. Behrend [5])
7	Rommelter	„	1,0137	4,99	5,63	0,91	0,052	—	—	—	0,34	—	—	—	
8	Champagner-Bratbirnen	„	1,0020	6,39	3,06	0,62	0,085	—	—	—	0,32	—	—	—	
9	Wolfsbirnen	„	1,0092	6,03	4,58	0,76	0,051	—	—	—	0,61	—	—	—	
10	Langstieler	„	1,0081	6,52	4,66	0,52	0,093	—	—	—	0,53	—	—	—	
												Im Most: Spec. Gew.	Extrakt	Ges.-Säure	
11	Wolfsbirnen	1886	1,0104	5,80	5,01	0,83	0,060	—	—	—	0,38	1,0644	—	—	P. Behrend [6]) [0])
12	Schneiderbirnen	„	1,0060	5,13	3,71	0,37	0,120	—	—	—	0,21	1,0560	—	—	
13	Champagner-Bratbirnen	„	1,0092	4,93	4,34	0,70	0,050	—	—	—	0,26	1,0564	—	—	

[1]) Vergl. Anmerkung [4]) u. ***) S. 1381.
[2]) Mittheil. d. Landw. u. Gartenbau-Vereins in Bozen 1879, 16; Centrbl. Agric.-Chem. 1879, **8**, 477.
[3]) Zeitschr. analyt. Chem. 1883, **22**, 46.
[4]) Landw. Jahrb. 1890, **19**, 83.
[5]) Vergl. oben S. 1375, Anm. [3]) u. [0]).
[6]) P. Behrend: Beiträge zur Chemie des Obstweines und des Obstes. Stuttgart 1892.
*) Der Extrakt-Gehalt ist aus dem spec. Gew. der von Alkohol befreiten Lösung bestimmt.
**) Ueber die Untersuchungs-Verfahren vergl. S. 1247, Anm. **).
***) Die Weine waren auf der Ausstellung der Deutschen Landwirthschafts-Gesellschaft in Magdeburg 1889 ausgestellt. Der Gehalt an Stickstoff, Kalk und Magnesia betrug:
No. 2: 0,0032 g Stickstoff, 0,0124 g Kalk, 0,0115 g Magnesia,
„ 3: 0,0042 g „ 0,0126 g „ 0,0159 g „
Ueber die Untersuchungs-Verfahren vergl. oben S. 1375, Anm. [00]).
[0]) Die Weine wurden im Februar des auf die Ernte folgenden Jahres untersucht.

No.	Nähere Bezeichnung	Jahrgang	Spec. Gewicht	100 ccm Wein enthalten Gramm: Alkohol	Extrakt	Ges.-Säure (Aepfels.)	Flüchtige Säure (Essigsäure)	Gerbstoff	Zucker	Glycerin	Mineral-stoffe	Im Most: Spec. Gew.	Extrakt	Ges.-Säure	Analytiker
14	Wildling von Einsiedel	1886	1,0092	5,59	4,28	0,87	0,090	—	—	—	0,30	1,0593	—	—	
15		1887	1,0116	4,63	4,91	0,94	0,020	—	—	—	0,37	1,0564	14,78	0,86	
16	Knaussbirnen .	„	1,0144	6,15	6,20	0,70	0,020	—	—	—	0,37	1,0691	18,72	0,61	
17	Welsche Brat-B.	„	1,0104	6,80	5,28	—	—	—	—	—	0,38	1,0748	19,90	0,70	
18	Rommelter . .	„	1,0096	5,17	4,55	0,52	0,010	—	—	—	0,31	1,0580	15,43	0,55	
19	Schneiderbirnen .	„	1,0068	5,45	3,96	0,37	0,030	—	—	—	0,26	1,0593	15,22	0,32	
20	Eierbirnen . .	„	1,0080	5,42	3,84	0,81	0,010	—	—	—	0,33	1,0572	14,53	0,69	*P. Behrend* [1]
21	Champagner-Bratbirnen . .	„	1,0277	4,73	9,00	0,69	0,020	—	—	—	0,32	1,0732	19,32	0,67	
22	Wöhrles-Birnen .	1888	1,0040	5,12	3,04	0,44	0,060	—	—	—	0,22	1,0501	12,60	0,30	
23	Rommelter-B. .	„	1,0204	3,97	6,07	0,43	0,020	—	—	—	0,27	1,0538	13,60	0,47	
24	Grun-Birnen . .	„	1,0032	5,56	2,84	0,17	0,020	—	—	—	0,14	1,0492	12,50	0,16	
25	Wolfsbirnen . .	„	1,0088	5,48	4,71	0,60	0,020	—	—	—	0,30	1,0601	15,10	0,55	
												Kali	Phosph.-säure	Kohlen-säure	
	Mittel	—	**1,0102**	**5,22**	**4,65**	**0,61**	**0,052**	**0,077**	**0,33**	**0,37**	**0,32**	**0,169**	**0,022**	**0,174**	

Oesterreichischer Birnenwein.

No.	Nähere Bezeichnung	Jahrgang	Spec. Gewicht	Alkohol	Extrakt	Ges.-Säure (Aepfels.)	Flüchtige Säure (Essigsäure)	Gerbstoff	Zucker	Glycerin	Mineral-stoffe	Phosph.-säure	Schwe-felsäure	Stickst.-Substanz	Analytiker
1	Aus Gleinstätten in Steiermark .	1894	1,0071	4,77	3,91	0,47	—	0,101	—	—	0,45	—	—	—	*E. Hotter* [2]
2	Aus Strassgang bei Graz*) —	1899	1,0054	5,80	3,96	0,56	0,063	—	—	0,37	0,32	0,036	0,040	—	
3	Aus Strassgang bei Graz*) —	„	1,0054	6,04	3,82	0,60	0,067	—	—	0,36	0,31	0,035	0,038	0,018	
4	Aus Strassgang bei Graz*) Deutsche u. wällische Mostbirnen	„	1,0072	4,61	3,90	0,51	0,116	0,062	—	0,43	0,33	0,031	0,082	0,022	
5		1900	1,0064	5,48	4,10	0,42	0,115	0,066	0,22	—	0,32	0,040	0,024	0,035	
6	Winterb. (Gamlitz)	„	1,0070	5,40	3,75	0,36	0,061	0,059	0,33	0,38	0,33	0,022	0,015	0,026	
7	Knaussbirnen (Marburg)*) .	„	1,0038	4,53	2,90	0,49	0,137	0,052	0,12	0,32	0,30	0,016	0,025	0,018	
8	Herbstbirnen (Hartberg) . .	„	1,0092	4,85	4,16	0,37	0,085	0,070	1,21	0,34	0,31	0,027	—	0,031	
9	desgl. und Maschanzker .	„	1,0034	2,30	2,41	0,44	0,149	0,043	0,22	—	0,26	0,013	0,002	0,026	*E. Hotter* [3]
10	Hirschbirnen (D.-Landsberg)	„	1,0410	2,30	11,71	0,73	0,039	0,067	7,48	—	0,40	0,035	0,008	0,022	
11	Mostb. (Gleisdorf)	—	1,0046	2,91	2,43	0,51	0,107	0,163	0,05	—	0,25	—	—	—	
12	Hirsch- u. Mostbirnen gemischt (Graz)*)	—	1,0062	4,29	3,31	0,48	0,264	0,135	0,64	—	0,30	0,024	0,020	—	
13		—	1,0040	5,16	3,37	0,64	0,294	0,174	0,10	0,40	0,34	0,026	0,019	—	
14		—	1,0078	4,77	3,91	0,71	0,242	0,234	0,33	0,33	0,37	0,026	0,008	—	
15	Holzbirnen (Ehrenhausen)*) . .	—	1,0060	4,93	3,50	0,64	0,119	0,137	0,44	0,34	0,44	0,027	0,011	—	
16	Frauenbirnen (Gr.-Klein)*) . .	—	1,0076	5,64	4,47	0,69	0,277	0,200	0,63	0,38	0,37	0,026	0,011	—	

[1]) Vergl. Anmerkung [6]) u. [9]) S. 1382.
[2]) III. Bericht des Pomologischen Vers.-Stat. Graz 1895, 33.
[3]) Zeitschr. landw. Versuchsw. Oesterreich 1902, **5**, 333.
*) Die Weine sind ohne Wasserzusatz hergestellt. No. 2 ist mit Weinhefe und No. 3 mit Jerusalemer Weinhefe vergohren.

No.	Nähere Bezeichnung	Jahrgang	Spec. Gewicht	Alkohol	Extrakt	Ges.-Säure (Aepfels.)	Flüchtige Säure (Essigsäure)	Gerbstoff	Zucker	Glycerin	Mineral-stoffe	Phosphor-säure	Schwefel-säure	Stickstoff-Substanz	Analytiker
				100 ccm Wein enthalten Gramm:											
17	Wällische Holzbirnen (Hartberg)	1900	1,0040	3,02	2,06	0,35	0,131	0,067	0,09	—	0,21	0,012	0,004	—	E. Hotter [1]
18 *)	Ohne nähere Bezeichnung: Frauheim	„	1,0064	5,72	3,76	0,60	0,059	—	0,63	0,30	0,36	0,025	0,023	0,021	E. Hotter [1]
19 *)	Ohne nähere Bezeichnung: D.-Landsberg . .	—	1,0070	6,28	4,37	0,49	0,205	0,150	0,11	0,39	0,44	0,023	0,018	0,053	E. Hotter [1]
20	Birnen-Ausbruch	—	1,0170	7,63	7,62	0,27	0,027	—	5,61	0,56	0,23	0,014	0,006	—	E. Hotter [1]
	Mittel (ohne No. 10 u. 20)		**1,0060**	**4,81**	**3,55**	**0,52**	**0,146**	**0,114**	**0,34**	**0,36**	**0,33**	**0,026**	**0,020**	**0,028**	

Schweizerischer Birnenwein.

No.	Nähere Bezeichnung	Jahrgang	Spec. Gewicht	Alkohol	Extrakt	Ges.-Säure (Aepfels.)	Flüchtige Säure (Essigsäure)	Gerbstoff	Zucker	Glycerin	Mineral-stoffe	Phosphor-säure	Schwefel-säure	Stickstoff-Substanz	Analytiker
														Kohlen-säure	
1	Thalweil (Zürich): Wettinger Holzb. .	1888	1,0039	4,90	3,23	0,51	0,012	0,089	0,30	—	0,26	—	—	0,182	P. Kulisch [2], **)
2	Thalweil (Zürich): Spätbirnen	„	1,0003	4,58	2,07	0,32	0,128	0,047	0,10	—	0,22	—	—	0,120	P. Kulisch [2], **)
				Vol.-%			Stickst.-Substanz								
3	Schweizer Bratb. (Gelfingen) . .	—	1,0013	5,95	2,23	0,24	—	0,020	—	—	—	—	—	—	Schaffer [3]
4	Schellerbirnen (Wädensweil) .	—	1,0189	4,90	5,95	0,40	—	0,317	2,79	—	—	—	—	—	Schaffer [3]
5	Theilersbirnen: Meggen	1888	1,0022	6,50	2,63	0,44	—	0,020	—	—	—	—	—	—	Schaffer [3]
6	Theilersbirnen: Uetikon	—	1,0052	7,20	3,65	0,36	—	0,003	—	—	—	—	—	—	Schaffer [3]
7	Berglerbirnen (Oberkirch) .	—	1,0315	2,45	7,91	0,32	—	—	5,43	—	—	—	—	—	Schaffer [3]
8	desgl. u. Fraurothlacher (Buch) .	—	1,0005	5,20	2,11	0,34	—	0,045	—	—	—	—	—	—	Schaffer [3]
9	Ohne Bezeichnung der Sorte: Goldau . .	—	1,0275	3,70	4,05	0,25	—	0,265	2,75	—	—	—	—	—	Schaffer [3]
10	Ohne Bezeichnung der Sorte: Oetweil . .	—	1,0046	5,95	3,16	0,27	—	0,180	—	—	—	—	—	—	Schaffer [3]
11	Ohne Bezeichnung der Sorte: Rapperswyl	—	1,0050	5,20	3,01	0,30	—	0,020	—	—	—	—	—	—	Schaffer [3]
12	Ohne Bezeichnung der Sorte: Oberfreiamt	1888	1,0013	6,60	2,40	0,54	—	0,073	—	—	—	—	—	—	Schaffer [3]
13	Ohne Bezeichnung der Sorte: Steckborn	—	1,0045	6,30	2,77	0,32	—	0,040	—	—	—	—	—	—	Schaffer [3]
14	Ohne Bezeichnung der Sorte: Steckborn	—	1,0033	4,95	2,37	0,24	—	0,050	—	—	—	—	—	—	Schaffer [3]
15	Ohne Bezeichnung der Sorte: Zug	—	1,0042	5,60	1,73	0,44	—	0,030	—	—	—	—	—	—	Schaffer [3]
16	Ohne Bezeichnung der Sorte: Zug	—	1,0024	4,65	2,23	0,34	—	0,050	—	—	—	—	—	—	Schaffer [3]
														Stickst.-Substanz	
17	Speckbirnen . .	—	1,0050	5,08	3,33	0,53	—	—	0,54	—	0,50	—	—	0,215	L. Weigert [4]
18	Deilerbirnen (Nachdruck) .	—	1,0150	6,01	4,81	0,63	—	—	1,41	—	0,63	—	—	0,320	L. Weigert [4]
19	Utterbery . . .	—	1,0170	7,05	5,75	0,51	—	—	2,98	—	0,65	—	—	0,210	L. Weigert [4]
20	Ohne nähere Bezeichnung . .	—	1,0080	7,08	3,33	0,39	—	—	0,45	—	0,36	—	—	0,250	L. Weigert [4]
21	Thurgau: Aus Speckbirnen	—	1,0050	5,08	3,33	0,53	—	—	0,54	—	0,50	—	—	—	C. Tuchschmidt [5]
22	Thurgau: Aus Speckbirnen	—	1,0060	4,03	2,65	0,52	0,215	—	0,38	—	0,31	—	—	—	C. Tuchschmidt [5]
23	Thurgau: Wirgler . .	—	1,0050	6,08	3,47	0,59	—	—	0,40	—	0,53	—	—	—	C. Tuchschmidt [5]

[1]) Zeitschr. landw. Versuchsw. Oesterreich 1902, **5**, 333.
[2]) Landw. Jahrb. 1890, **19**, 83
[3]) Vergl. Anmerkung [3]) und **) S. 1381.
[4]) Mittheil. k. k. chem.-physiol. Vers.-Stat. Klosterneuburg. Wien 1890, Heft 5.
[5]) Vergl. Anmerkung [4]) und ***) S. 1381.

*) Die Weine sind ohne Wasserzusatz vergohren.
**) Ueber die Untersuchungs-Verfahren vergl. S. 1375, Anm. [00]). Die Weine waren auf der Ausstellung der Deutschen Landwirthschafts-Gesellschaft in Magdeburg 1889 ausgestellt.

No.	Nähere Bezeichnung	Jahrgang	Spec. Gewicht	Alkohol Vol.-%	100 ccm Wein enthalten Gramm: Extrakt	Ges.-Säure (Aepfels.)	Flüchtige Säure (Essigsäure)	Gerbstoff	Zucker	Glycerin	Mineral-stoffe	Phosphate, unlöslich in H_2O	Kohlen-saures Kalium	Analytiker
24	Luzern, aus Spätbirnen, Vordruck	—	1,0070	5,05	2,70	0,43	—	—	1,00	—	0,18	—	—	C. Tuchschmidt [1]
25	Luzern, aus Spätbirnen, —	—	1,0350	3,09	5,62	0,43	—	—	3,64	—	0,17	—	—	
26	Luzern, aus Deilerbirnen, Federmost	—	1,0000	4,08	2,27	0,40	—	—	0,15	—	0,18	—	—	
27	Luzern, aus Deilerbirnen, Nachdruck	—	1,0150	6,01	4,81	0,63	—	—	1,41	—	0,63	—	—	
28	Zug, aus Spätbirnen . .	1869	1,0050	5,05	3,37	0,49	—	—	0,26	—	0,29	—	—	
29	Zug, „ Frühbirnen . .	„	1,0040	6,02	2,63	0,49	—	—	0,14	—	0,33	—	—	
30	Zug, —	„	1,0080	7,08	3,33	0,39	—	—	0,45	—	0,36	—	—	
31	Oberer Thurgau, Ohne nähere Bezeichnung	„	1,0100	5,00	2,32	0,56	—	—	0,21	—	0,32	—	—	
32	Oberer Thurgau, Ohne nähere Bezeichnung	„	1,0060	5,06	1,75	0,36	—	—	0,22	—	0,69	—	—	
33	Bodensee, Gundishauser B.	1878	1,0160	5,4	4,00	0,51	—	0,150	—	—	—	—	—	E. Madler [2]
34	Bodensee, Rossbirne . .	—	1,0180	5,6	4,50	0,57	—	0,353	—	—	—	—	—	
35	Hochgau, Bädelbirne .	—	0,0220	6,4	7,90	0,36	—	0,216	—	—	—	—	—	

Sonstige Obstweine.

Französischer Obstwein.

No.	Nähere Bezeichnung	Jahrgang	Spec. Gewicht	Alkohol	Extrakt	Ges.-Säure (Aepfels.)	Flüchtige Säure (Essigsäure)	Gerbstoff	Zucker	Glycerin	Mineral-stoffe	Phosphate, unlöslich in H_2O	Kohlen-saures Kalium	Analytiker
1	Aus der Normandie (Pont-l'Evêque), moussirend . .	—	1,0046	5,10	2,97	0,23	—	0,130	1,04	—	—	—	—	Schaffer [3] **)
2	Aus der Normandie (Pont-l'Evêque), moussirend . .	—	1,0184	3,20	5,29	0,36	—	0,350	3,85	—	—	—	—	
3	Aus der Normandie (Pont-l'Evêque), moussirend . .	—	1,0013	4,30	1,90	0,32	—	0,070	—	—	—	—	—	
4	Aus der Normandie (Pont-l'Evêque), moussirend . .	—	1,0164	2,80	5,12	0,38	—	0,050	2,89	—	—	—	—	
5	Aus der Normandie (Pont-l'Evêque), Cidre vieux, nicht moussirend . .	—	1,0095	3,50	3,41	—	—	0,030	—	—	—	—	—	
6	Aus der Bretagne (Mittel von 21 Analysen) . .	—	—	g in 100 ccm 2,50	1,93	—	—	—	0,25	—	0,15	—	—	Rousseau [4]
7	Von Bois-Guillaume . .	1877	—	4,75	5,16	0,60	—	—	2,00	—	0,35	0,038	0,223	Ch. Girard [5] ***)
8	„ Mazure Yvetot . .	1876	—	4,11	3,09	0,69	—	—	0,75	—	0,25	—	—	
9	Alter Wein	—	—	3,79	2,09	0,91	—	—	0,44	—	0,25	0,025	0,140	
10	Aus Yvetot (Obst aus der Ebene)	1878	—	3,48	6,13	0,76	—	—	0,37	—	0,30	0,030	0,200	
11	Aus Bayeux	1880	—	2,37	5,32	0,54	—	—	1,65	—	0,26	0,045	0,180	
12	„ Bagneux	„	—	1,98	6,38	0,35	—	—	2,50	—	0,28	0,055	—	
13	Obstweine des Handels I	—	—	2,53	8,12	—	—	—	3,90	—	0,23	0,017	—	
14	Obstweine des Handels II	—	—	0,79	6,97	0,45	—	—	3,60	—	0,25	0,062	0,150	

[1]) Vergl. Anmerkung [4]) und ***) S. 1381.

[2]) Mittheil. d. Landw. u. Gartenbauvereins in Bozen 1879, 16; Centrbl. Agrik.-Chem. 1879, **8**, 477.

[3]) Schaffer: Untersuchungen von Obst- und Obstweinsorten der interkantonalen Mostausstellung in Oberburg in der Schweiz 1889.

[4]) Dictionnaire des altérations et falsifications des substances alimentaires par Chevalier et Baudrimont. Paris 1878, 264.

[5]) Documents sur les falsifications des matières alimentaires par Ch. Girard. Paris 1885, 243.

*) Der Extrakt-Gehalt ist aus dem spec. Gewicht der von Alkohol befreiten Lösung bestimmt.

**) Die Säure wurde nach Entfernung der Kohlensäure und der Gerbstoff nach dem Verfahren von M. Barth bestimmt.

***) Zur Extrakt-Bestimmung wurden 25 ccm Wein in Platinschalen im Wasserbade während 7 Stunden bei 100° getrocknet; Alkohol ist nach Gay-Lussac's Verfahren durch Destillation bestimmt; der Zucker entweder durch Titration mit der alkalischen Kupferlösung von Neubauer u. Vogel oder durch Gährung.

Englischer Obstwein.

No.	Nähere Bezeichnung	Zeit der Untersuchung	Spec. Gewicht	Alkohol %	Extrakt %	Ges.-Säure (Aepfelsäure) %	Flüchtige Säure (Essigsäure) %	Zucker %	Mineral-stoffe %	Ursprünglicher Extrakt %	Analytiker
1	Aepfelwein, ausgegohren . . .	1876	1,0129	4,70	5,76	0,36	0,086	3,63	0,27	—	A. H. Hassal [1]) *)
2		„	1,0131	4,88	6,14	0,33	0,111	3,96	0,53	—	
3		„	1,0128	4,76	5,38	0,33	0,118	3,75	0,22	—	
4		„	1,0019	5,01	2,67	0,37	0,119	1,72	0,29	—	
5		„	1,0116	4,88	5,18	0,31	0,133	3,83	0,24	—	
6		„	1,0124	4,88	5,33	0,34	0,111	3,91	0,22	—	
7	desgl., moussirend	„	1,0277	2,08	7,63	0,37	0,177	5,82	0,37	—	
8		„	1,0289	2,32	8,94	0,53	0,053	6,30	0,27	—	
9		„	1,0075	4,39	3,64	0,22	0,088	2,83	0,23	—	
10		„	1,0156	3,67	5,65	0,33	0,010	4,38	0,23	—	
11	Aus Herrfordshire	„	0,9992	5,07	1,80	0,30	0,151	1,09	0,18	—	
12		„	0,9984	4,76	1,66	0,31	0,146	1,04	0,16	—	
				100 ccm Wein enthalten Gramm:							
13	Birnenwein, alt	1891	1,0100	3,64	4,50	0,49	0,222	0,36	0,30	—	G. Embrey [2])
14	Aepfelwein, jung	„	1,0215	3,32	6,70	0,40	0,144	3,86	0,34	—	
				Gew.-%		Nichtflüchtige Säure [Aepfels.]					
15	Aepfelweine aus Norfolk (in Flaschen)	1901	1,005	5,30	2,07	0,35	0,07	0,30	0,77	13,09	A. H. Allen [3]) **)
16		„	1,002	7,21	2,54	0,42	0,21	0,26	1,16	17,71	
17		„	1,012	7,29	5,47	0,42	0,11	0,33	4,55	20,65	
18		„	1,012	7,14	4,55	0,41	0,10	0,27	3,12	19,41	
19		„	1,002	7,69	2,33	0,31	0,10	0,26	0,88	18,32	
20	Aepfelweine aus Devonshire (in Flaschen)	„	1,012	4,77	4,09	0,15	0,19	0,23	2,94	14,20	
21		,	1,013	5,09	4,27	0,33	0,24	0,34	2,27	15,12	
22		„	1,006	4,95	2,12	0,12	0,20	0,25	0,94	12,62	
23		„	1,032	2,57	8,23	0,31	0,37	0,34	7,24	14,08	
24		„	1,011	4,09	3,88	0,21	0,31	0,30	2,17	12,77	
25		„	1,023	4,18	7,13	0,35	0,24	0,31	5,62	16,10	
26		„	1,026	3,43	7,73	0,34	0,20	0,41	5,68	15,10	
27		„	1,019	4,62	6,25	0,22	0,28	0,36	4,90	16,19	
28	Englische Aepfelweine vom Fass	„	—	5,86	7,63	0,41	0,21	0,22	—	20,01	
29		„	1,012	3,96	3,04	0,43	0,18	0,22	—	11,47	
30		„	1,027	3,86	8,14	0,26	0,16	0,34	4,17	16,39	
31		„	1,016	4,06	5,18	0,31	0,18	0,24	2,94	13,81	
32		„	1,006	4,37	2,59	0,25	0,20	0,35	0,93	11,89	
33		„	1,028	2,49	7,52	0,20	0,23	0,24	6,17	12,99	
34	Birnenweine aus Worcestershire .	„	1,020	4,61	6,51	0,25	0,41	0,40	2,71	16,61	
35	Birnenweine aus Devonshire . .	„	1,021	4,81	6,49	0,20	0,35	0,28	3,60	16,92	
36	Birnenweine aus Gloucestershire .	„	1,010	3,64	4,50	0,24	0,22	0,30	0,36	12,33	

[1]) Foods, its adulterations and the methods for their detection. London 1876, 713.
[2]) Analyst 1891, **16**, 41; Chem.-Ztg. 1891, **15**, 71.
[3]) Analyst 1902, **27**, 183.

*) Sämmtliche Sorten sind als rein und unverfälscht bezeichnet. Indess glaubt P. Kulisch (Landw. Jahrb. 1890, **19**, 83), dass von diesen 12 Proben die 8 Weine mit über 0,1 % Säure als essigstichig anzusehen seien.

**) Der Zucker ist bei den Analysen von A. H. Allen als Invertzucker berechnet.

Amerikanischer Obstwein.

No.	Nähere Bezeichnung	Zeit der Untersuchung	Spec. Gewicht	Alkohol Gew.-%	Extrakt %	Ges.-Säure (Aepfelsäure) %	Flüchtige Säure (Essigsäure) %	Stickstoff-Substanz %	Zucker %	Glycerin %	Mineral-stoffe %	Kali %	Phosphor-säure %	Druck bei 15° Atmosphären	Analytiker
1	Vom Fass (extra dry)	1887	1,0132	4,18	3,31	0,60	—	0,038	—	—	0,39	—	—	—	C. A. Crampton[1] *)
2	In Flaschen, anscheinend rein	„	1,0003	8,09	1,88	0,46	—	0,063	—	—	0,28	—	—	—	
3	desgl.	„	1,0007	6,28	1,80	0,38	—	0,014	—	—	0,34	—	—	—	
4	„ (extra dry russet) . . .	„	1,0264	4,48	5,52	0,34	—	0,031	—	—	0,39	—	—	—	
5	Ohne nähere Bezeichnung	„	1,0203	3,46	3,84	0,30	—	0,044	—	—	0,37	—	—	—	
6	Ohne nähere Bezeichnung	„	1,0355	2,96	6,98	0,48	—	0,069	—	—	0,35	—	—	—	
7	Unvollständig vergohrene Obstweine vom Fass	„	1,0537	0,65	9,34	0 57	—	0,069	—	—	0,32	—	—	—	
8	Unvollständig vergohrene Obstweine vom Fass	„	1,0516	0,61	9,59	0,30	—	0,063	—	—	0,27	—	—	—	
9	Unvollständig vergohrene Obstweine vom Fass	„	1,0567	0,20	9,53	0,38	—	0,075	—	—	0,28	—	—	—	
10	Unvollständig vergohrene Obstweine vom Fass	„	1,0552	0,55	9,75	0,41	—	0,031	—	—	0,34	—	—	—	
11	Ohne nähere Bezeichnung	1891	1,0343	2,91	9,20	0,45	0,096	—	7,91	—	0,30	—	—	—	G. Embrey[2]
12	Ohne nähere Bezeichnung	„	1,0335	3,49	9,60	0,72	0,048	—	8,20	—	0,32	—	—	—	
13	Ohne nähere Bezeichnung	„	1,0324	2,45	8,96	0,85	0,128	—	6,93	—	0,24	—	—	--	
14 **)	Aus Hagloe-Crab-Aepfeln . . .	1894	0,9972	5,96	1,89	0,37	0,190	Gerbstoff 0,030	—	—	0,38	—	—	—	E. Hotter[3]

Obst-Schaumweine.

No.	Nähere Bezeichnung	Jahrgang	Spec. Gewicht	Alkohol	Extrakt	Ges.-Säure	Flüchtige Säure	Stickstoff-Substanz	Zucker	Glycerin	Mineralstoffe	Kali	Phosphorsäure	Druck	Analytiker
				100 ccm Wein enthalten Gramm:											
1	Aepfelwein-Champagner: Frankfurt a. M. (Sachsenhausen)	—	1,0363	6,29	12,15	0,55	0,047	—	1,01	—	0,17	—	—	3,75	P. Kulisch[4] ***)
2	Aepfelwein-Champagner: Frankfurt a. M. (Sachsenhausen)	—	1,0404	6,89	13,25	0,42	0,065	—	1,13	—	0,24	—	—	4,50	
3	Aepfelwein-Champagner: Schandau (Sachsen)	—	1,0168	7,70	7,57	0,49	0,129	--	5,54	—	0,27	—	—	3,50	
4	Aus Paris: Cidre de la Sarthe . .	1888	1,0257	4,96	7,65	0,20	0,060	—	5,62	—	0,24	—	—	3,50	
5	Aus Paris: Cidre en fut .	„	1,0026	3,11	2,02	0,25	0,082	—	0,42	—	0,25	—	—	2,20	
6	Aus Paris: „ Mousseaux	„	1,0188	2,93	6,19	0,37	0,192	—	4,32	—	0,23	—	—	3,90	
7	Aus Paris: Pommé „	„	1,0124	2,73	4,42	0,32	0,124	—	2,50	—	0,24	—	—	3,00	
8	Aus Paris: Poiré „	„	1,0138	3,85	5,28	0,46	0,252	—	4,37	—	0,37	—	—	1,25	
9	Deutscher Aepfel-Schaumwein .	Zeit der Unters. 1891	1,0381	6,57	12,74	0,36	—	—	9,33	0,09	0,27	0,078	0,018	Schwefelsäure 0,026	J. König[5]

[1]) C. A. Crampton: Foods and food adulterants, III. Fermented alcohólic beverages. Washington 1887, 373.
[2]) Analyst 1891, **16**, 41; Chem.-Ztg. 1891, **15**, 71.
[3]) 3. Bericht der pomologischen Vers.-Stat. Graz 1894/1895. Graz 1895, 21.
[4]) Landw. Jahrb. 1890, **19**, 83.
[5]) Bericht über die Dauerwaaren auf der 5. Wanderausstellung der Deutschen Landwirthschafts-Gesellschaft zu Bremen 1891. S. 235.

*) Das spec. Gew. ist mit dem Pyknometer bestimmt, Alkohol nach Neutralisation der Säure durch Destillation und Ermittlung des spec. Gew. des Destillates; Extrakt durch Eindampfen von 10—50 ccm und Trocknen bis zum konstanten Gewicht; hierdurch sind die Zahlen viel niedriger als nach neueren deutschen Verfahren; Säure (als Aepfelsäure berechnet) ist durch Titration mit $^1/_{10}$ N.-Natronlauge bestimmt; Stickstoff-Substanz durch Eindampfen von 25 ccm Wein und Verbrennen des Rückstandes mit Natronkalk, wobei N mit 6,25 multiplicirt ist; Kohlensäure durch Erwärmen des Weines und Auffangen der Kohlensäure durch Kalilauge.

**) Der Hagloe-Crab-Apfel, welcher in den Vereinigten Staaten in ausgedehntem Maasse angepflanzt u. zur Obstweinbereitung verwendet wird, stammt aus der englischen Grafschaft Glocester. Der Saft, den E. Hotter selbst herstellte, enthielt in 100 ccm 16,32 g Extrakt, 13,42 g Zucker, 0,44 g Aepfelsäure und 0,042 g Gerbstoff. Die Trester wurden mit 10 % des Obstgewichtes Wasser nachgepresst.

***) Ueber die Untersuchungs-Verfahren vergl. S. 1375, Anm. [00]). — Der Druck in den Flaschen wurde mittels eines Federmanometers bestimmt, wie solche in der Schaumwein-Industrie im Gebrauch sind. Die Weine waren auf der Ausstellung der Deutschen Landwirthschafts-Gesellschaft in Magdeburg 1889 ausgestellt.

No.	Nähere Bezeichnung	Zeit der Untersuchung	Spec. Gewicht	100 ccm Wein enthalten Gramm: Alkohol	Extrakt	Ges.-Säure (Aepfels.)	Schweflige Säure	Saccharose	Zucker [Invertzucker]	Glycerin	Mineral-stoffe	Kali	Phosphor-säure	Schwefel-säure	Analytiker
10	Aus Frankfurt a. M.: Kellerei Victoria .	1897	1,0264	7,80	10,22	0,40	0,002	0	9,26	—	0,23	0,104	0,018	0,022	A. Bömer [1]) *)
11	A. Rackles .	„	1,0158	8,21	7,50	0,41	0,005	0	6,26	0,30	0,18	0,113	0,017	0,018	
12	J. G. Rackles	„	1,0229	5,76	8,40	0,43	0,006	0,05	7,36	0,38	0,24	0,111	0,024	0,019	
13	Gebr. Freyeisen . .	„	1,0235	5,45	8,69	0,43	0,003	0	7,69	0,32	0,24	0,126	0,024	0,020	
							Flücht. Säure								
	Mittel (No. 1—13)	—	**1,0226**	**5,56**	**8,16**	**0,39**	**0,119**	—	**4,99**	**0,27**	**0,24**	**0,106**	**0,020**	**0,021**	
				Gew.-%	%	%	Stickst.-Substanz %	%	%	%	%	%	%	Kohlensäure %	
14	Amerikanischer Obstwein-Champagner	1887	1,0223	4,08	5,02	0,57	0,050	—	—	—	0,31	—	—	0,161	C. A. Crampton [2])
15		„	1,0143	5,45	3,69	0,36	0,038	—	—	—	0,42	—	—	0,120	
16		„	1,0306	3,63	5,92	0,11	—	—	—	—	0,51	—	—	0,621	
				Vol.-%			Flücht. Säure	Gerbstoff	Glukose						
17	Cider-Sekt . .	1883	—	7,67	10,00	0,63	0,050	0,057	7,44	—	—	—	—	—	K. Portele [3])
18	Moussirender Birnenwein aus Württemberg .	„	—	4,52	5,73	1,03	0,023	0,173	2,86	—	—	—	—	—	

Konzentrirter Aepfelwein.

Th. Omeis[4]) fand für einen 1894-er Aepfelwein und den gleichen durch Ausfrieren (von 11 hl Eis aus 40 hl Wein) konzentrirten Aepfelwein folgende Zusammensetzung (g in 100 ccm):

	Alkohol	Extrakt	Säure (Aepfelsäure)	Zucker	Glycerin	Mineral-stoffe	Phosphor-säure
1894-er Wein . . .	5,51	2,25	0,46	0,26	0,36	0,226	0,0128
Konzentrirter Wein .	6,73	2,70	0,60	0,34	0,42	0,272	0,0179

Eine Ausscheidung von Säure hatte nicht stattgefunden.

Alkoholfreier Ersatz für Aepfelwein.

„Apfelfrada“ — mit Citronensäure versetzter Aepfelsaft — enthält nach F. Hirschfeld und J. Meyer (Berl klin. Wochenschr. 1899, 36, 1055; Zeitschr. Nahrungs- u. Genussm. 1900, 3 716) in 100 ccm:

Alkohol	Extrakt	Säure	Invertzucker	Saccharose	Mineralstoffe
0	9,59	0,40	3,45	4,90	0,48 g

„Apfelin“, ein konzentrirter natürlicher Aepfelsaft, enthält (nach einem Prospekt der Konservenfabrik Friedrichshafen) nach einer Analyse von Fresenius:

Spec. Gewicht bei 15°	Extrakt	Invertzucker	Stickstoff-Substanz	Mineral-stoffe	Phosphor-säure	Eisenoxyd
1,2995	61,61%	50,42%	0,28%	1,49%	0,095%	0,039%

Alkohol, Weinsäure, Citronensäure und Stärkezucker waren nicht vorhanden.

[1]) Bericht über die Dauerwaaren für Ausfuhr und Schiffsbedarf auf der 11. Wanderausstellung der Deutsch. Landw.-Gesellsch. zu Hamburg 1897, S. 282.

[2]) Vergl. Anmerkung [1]) und *) S. 1387.

[3]) Jahresbericht Agric.-Chem. 1883, 565.

[4]) Forschungsberichte über Lebensmittel 1895, 2, 202.

*) Die Weine hatten vor der Ausstellung eine fünfmonatliche Reise nach Australien und zurück mitgemacht. Keiner der Weine enthielt Salicylsäure und Borsäure.

Der Druck in den Flaschen betrug:

No.	10	11	12	13	
Druck bei 17° . .	1,0	1,0	1,5	3,5	Atmosphären.

Anhang zu Obstwein (Aepfel- und Birnenwein).

I. Zusammensetzung der Obstmoste erster und zweiter Pressung.

1. P. Behrend (Beiträge zur Chemie des Obstweines und des Obstes. Stuttgart 1892, 39) fand für Moste erster (I) und zweiter (II) Pressung des 1888-er Herbstes folgende Zusammensetzung (g in 100 ccm):

	Riesling-Apfel		Rosen-Apfel		Gold-parmäne		Quitten-Apfel		Luiken-Apfel		Wöhrles-Birne	
	I	II	I	II	I	II	I	II	I	II	I	II
Saccharometer-Grade	15,0	15,2	11,9	11,5	13,0	12,7	11,8	11,2	12,5	12,6	12,4	12,3
Extrakt	14,3	14,3	11,1	10,7	12,5	12,4	10,6	10,3	11,9	11,9	12,0	12,0
Säure (Aepfelsäure) .	0,84	0,86	0,61	0,59	0,57	0,59	1,02	1,04	0,78	0,81	0,29	0,29

Das Obst wurde auf einer Frankfurter Obstmahlmühle gequetscht und darauf stark abgepresst (I. Pressung). Die ausgepressten Trester wurden darauf zum zweiten Male gequetscht und gepresst (II. Pressung).

Nach obigen Zahlen sind die Unterschiede in der Zusammensetzung der Moste erster und zweiter Pressung nicht nennenswerth.

Für die Ausbeute an Most bei der ersten (I) und zweiten (II) Pressung fand P. Behrend bei 1886-er Obst folgende Zahlen:

		Goldparmäne	Wolfsbirne	Wildling von Einsiedel	Schneiderbirne	Champagner-Bratbirne
Ausbeute an Saft aus 100 kg Obst	I . . .	49,1 kg	52,7 kg	58,3 kg	57,0 kg	56,7 kg
	II . . .	14,8 „	14,2 „	9,7 „	15,8 „	15,0 „
	Im Ganzen	63,9 „	66,9 „	68,0 „	72,8 „	71,7 „
Specifisches Gewicht des gesammten Mostes		1,0704	1,0644	1,0593	1,0560	1,0564

2. E. Hotter (2. und 3. Bericht, 1./7. 1893/94 und 1894/95, der Pomologischen Versuchs- und Samen-Control-Station zu Graz. 1894 u. 1895) kam bezüglich der Zusammensetzung des Obstmostes erster und zweiter Pressung zu demselben Ergebnisse wie P. Behrend. Die von ihm untersuchten Aepfel (kleiner Brunner) wurden mittels einer amerikanischen Fruchtpresse zerquetscht und dann auf einer kleinen Hebelpresse ausgepresst. Die Ergebnisse waren folgende:

	Most von 2834 g Aepfel		Spec. Gewicht	100 ccm Most enthielten Gramm				Aussehen
	g	%		Extrakt	Gesammt-Säure	Invert-zucker	Gerbstoff	
Erste Pressung . .	1374	48,5	1,0515	13,354	0,605	10,56	0,065	trübe, dunkelbraun
Zweite Pressung . .	400	14,1	1,0511	13,243	0,600	10,51	0,053	fast klar, dunkelgelb

Hiernach ist nur im Gerbstoff-Gehalte ein nennenswerther Unterschied vorhanden. Bei Versuchen mit der sehr gerbstoffreichen französischen Aepfelsorte Bédan fand E. Hotter im Safte der ersten Pressung 0,550 g und in dem Safte der zweiten Pressung 0,177 g Gerbstoff.

II. Zusammensetzung des Mostes in verschiedenen Stadien der Gährung.

P. Kulisch (Landw. Jahrb. 1890, 19, 109) fand für einen Bohnäpfelmost in verschiedenen Stadien der Gährung folgende Zusammensetzung (g in 100 ccm):

Zeit der Untersuchung	Spec. Gew. bei 15°	Alkohol	Säure (Aepfelsäure)	Invert-zucker	Saccharose
29. Oktober . . .	1,0537	—	0,98	7,19	3,29
7. November . . .	1,0401	1,33	0,95	5,95	1,89
12. „ . .	1,0259	2,79	0,94	4,40	1,03
20. „ . .	1,0161	3,90	0,94	2,84	0,09
28. „ . .	1,0090	4,63	0,83	1,42	0,02
14. Dezember . . .	1,0032	5,01	0,54	0,54	—

Die Aepfel wurden im Laboratorium auf einer Reibe zerkleinert und dann auf einer starken Kelter abgepresst. Vor der Untersuchung wurde der Most durch Papier filtrirt. Der Zucker wurde vor und nach der Inversion (mit 0,5 ccm Salzsäure von 1,124 spec. Gew. auf 50 ccm Most) gewichtsanalytisch nach Allihn bestimmt.

III. Gährversuche mit Obstmost.

1. E. Hotter (1. u. 2. Bericht der pomologischen Versuchsstation Graz 1892/93 S. 28 und 1893/94 S. 21) stellte umfangreiche Untersuchungen über den Einfluss verschiedener Hefen auf die Vergährung des Apfelmostes an, über die hier kurz berichtet sei.

a) Einfluss verschiedener Betriebs-Weinhefen (Varietäten von Saccharomyces ellipsoideus) von Fässern mit normaler Gährung (keine Reinhefen!).

No.	Nähere Bezeichnung	Spec. Gewicht	g in 100 ccm Alkokol	Extrakt	Freie Säure (Aepfels.)	Glycerin	Gerbstoff	Zucker	Geschmack
	Ursprünglicher Most . .	1,0477	—	12,36	0,487	—	0,023	9,14	—
								Mineralstoffe	
1	Ohne Hefenzusatz vergohren	1,0015	4,21	2,11	0,415	0,64	0,017	0,312	Starker Aepfelsäure-Geschmack
2	Desgl., mit 10 g weinsaurem Ammon versetzt . . .	1,0011	4,21	2,17	0,410	—	0,019	0,298	
3	Zusatz von Riesling-Hefe . .	1,0014	4,21	2,23	0,430	0,48	0,017	0,306	Starkes Riesling-Bouquet
4	Zusatz von Friedauer Hefe .	1,0014	4,13	2,10	0,425	0,48	0,021	0,300	Weiniger Geschmack, nicht so bouquetreich wie No. 3.
5	Zusatz von Luttenberger Hefe	1,0016	4,21	2,31	0,485	0,47	0,017	0,344	Weiniger Geschmack

Das Mostobst bestand aus stark überreifen Maschanzker-Aepfeln. Der Most (am 6. 12. 1892 gepresst) wurde in einem auf 20 ⁰ erwärmten Raume gelagert. Nachdem die ursprüngliche Temperatur des Mostes (5⁰) nach 36 Stdn. auf 11,5 ⁰ gestiegen war, wurden die Weinhefen zugesetzt. No. 4 war schon nach 24 Stdn. in lebhafter Gährung; nach drei Tagen war die Temperatur des Mostes auf 16,5 ⁰ gestiegen und zeigten sämmtliche Fässer ausser Nr. 5 lebhafte Gährung; bei No. 5 trat nach fünf Tagen ebenfalls Gährung ein. Bei No. 2 begann die Gährung später als bei No. 1. Am 26. 2. 1893 wurden die Weine von der Hefe abgezogen, wobei No. 1 und 2 noch sehr trüb, die übrigen Weine dagegen klar waren. Die Weine wurden am 24. April 1893 untersucht.

b) Einfluss der obergährigen Brennereihefe und der untergährigen Bierhefe.

No.	Nähere Bezeichnung	Spec. Gewicht	g in 100 ccm Alkohol	Extrakt	Freie Säure (Aepfels.)	Gerbstoff	Zucker	Geschmack
	1. Versuch mit Maschanzker Most.							
	Ursprünglicher Most	1,0485	—	12,58	0,495	0,045	9,82	—
							Mineralstoffe	
1	Vergohren ohne Hefenzusatz	1,0044	3,89	2,84	0,370	0,028	0,336	Starker Aepfelsäure-Geschmack
2	Vergohren mit obergährig. Brennereihefe	0,9981	4,13	1,50	0,605	0,033	0,322	Unangenehm
3	Vergohren mit untergähriger Bierhefe .	1,0019	4,45	2,40	0,530	0,021	0,378	Abscheulich
	2. Versuch mit Maschanzker Most.						Zucker	
	Ursprünglicher Most	1,0406	—	10,51	0,550	—	8,27	—
							Mineralstoffe	
1	Vergohren ohne Hefenzusatz	1,0021	3,65	2,41	0,470	—	0,302	Aepfelwein-Geschmack
2	Vergohren mit obergähriger Presshefe .	1,0011	3,02	1,61	0,455	—	0,282	Nicht angenehm
3	Vergohren mit untergähriger Bierhefe .	1,0019	3,65	2,24	0,460	—	0,394	Widerlich
	3. Versuch mit gerbstoffreichem Prinzenäpfel-Most.						Zucker	
	Ursprünglicher Most	1,0511	—	13,24	0,465	0,108	10,38	—
							Mineralstoffe	
1	Vergohren ohne Hefenzusatz	1,0031	3,50	2,55	0,525	0,059	0,302	Aepfelwein-Geschmack
2	Vergohren mit obergähr. Hefe Most nicht sterilisirt	1,0005	3,73	2,01	0,505	0,057	0,308	Fade
3	Vergohren mit obergähr. Hefe Most sterilisirt . .	1,0012	3,89	2,13	0,315	0,050	0,318	Widerlich

Beim 1. Versuch wurden die Hefen direkt aus den Gährbottichen einer Brauerei und einer Brennerei entnommen. Die dickliche Masse wurde filtrirt mit Wasser ausgewaschen und mit Fliesspapier abgepresst. Der Verlauf der Gährung ergiebt sich aus dem Gewichtsverlust, der betrug:

	Ohne Hefenzusatz	mit obergähriger Hefe	mit untergähriger Hefe
Nach zwei Tagen . .	0,4 g	39,4 g	100,6 g
„ acht „ . .	14,3 „	75,0 „	105,6 „

Die Weine wurden vier Monate nach dem Ansetzen untersucht.

Beim 2. Versuch wurde die Presshefe einem Bäckerladen entnommen und dem Moste 10 g zugesetzt. Die Hefe war schon einige Tage alt; die Gährfähigkeit schien infolgedessen schon sehr vermindert zu sein.

c) Einfluss verschiedener italienischer und steirischer reinen Weinhefen und Einfluss verschiedener Mengen derselben Hefe.

No.	Nähere Bezeichnung	Spec. Gewicht	g in 100 ccm: Alkohol	Extrakt	Freie Säure (Aepfels.)	Gerbstoff	Zucker	Mineral-stoffe	Geschmack
	I. Italienische Hefen.								
1	Ursprünglicher Most . . .	1,0511	—	13,24	0,460	0,023	11,33	—	—
							Glycerin		
2	Freiwillige Gährung . . .	1,0000	4,69	2,24	0,361	0,036	0,52	0,250	Etwas schärfer als die folgenden
3	Vergohren mit Zusatz der Hefe: Asti I . . .	0,9994	4,93	2,16	0,361	0,039	0,44	0,254	Milde, weinig
4	„ II . . .	0,9982	5,08	2,09	0,346	0,044	0,50	0,274	Milde, weinig
5	Barbera I . .	0,9996	4,93	2,21	0,350	0,042	0,46	0,264	Weinig, etwas herb
6	„ II . .	0,9997	4,85	2,28	0,346	0,039	0,51	0,272	Milde, weinig
	II. Steirische und italienische Hefen.						Zucker		
1	Ursprünglicher Most . . .	1,0485	—	12,58	0,425	0,018	10,65	—	—
							Glycerin		
2	Freiwillige Gährung . . .	0,9996	4,53	1,88	0,334	0,031	0,48	0,278	Angenehm, milde
3	Vergohren mit Zusatz der Hefe: Jerusalemer . .	0,9989	4,61	1,78	0,323	0,031	0,47	0,254	Milde, weinig
4	Friedauer . .	0,9989	4,65	1,80	0,334	0,026	0,48	0,272	Weinig
5	Canegliano . .	0,9990	4,61	1,87	0,316	0,031	0,45	0,262	Milde, Nachgeschmack
6	Nebiolo . . .	0,9991	4,61	1,87	0,320	0,029	0,41	0,262	Weinig, Nachgeschmack
	III. Jerusalemer Hefe.						Zucker		
1	Ursprünglicher Most . . .	1,0452	—	11,71	0,445	0,012	10,33	—	—
							Glycerin		
2	Auf 100 hl zugesetzte Menge Reinhefe: 0,2 l	1,0000	4,29	2,21	0,327	0,034	0,47	0,229	—
3	2,0 l	0,9991	4,29	1,87	0,331	0,034	0,53	0,227	—

Die Moste wurden am 12. November 1893 angesetzt, am 20. 2. 94 zum ersten und Ende April zum zweiten Male abgezogen. Die Weine der Reihe I wurden am 2. 8. 94, die der Reihe II am 27. 7. 94 und die der Reihe III am 16. 8. 94 untersucht. Die Asti-, Jerusalemer-, Friedauer und Conegliano-Hefen sind Weisswein-, die übrigen Rothwein-Hefen. Der höhere Gerbstoff-Gehalt der Weine gegenüber den Mosten beruht auf der Verwendung neuer Fässer.

Die Ergebnisse der Gährversuche fasst E. Hotter, wie folgt, zusammen:

1. Selbst unter den günstigsten Gährungsbedingungen (konstante Temperatur von 20°) haben die spontan vergohrenen Aepfelweine etwas mehr Alkohol und dementsprechend etwas weniger Extrakt, als die mit Weinhefe-Zusatz vergohrenen Weine.
2. Wesentliche Unterschiede im Säure-, Gerbstoff- und Mineralstoffgehalt treten bei den mit verschiedenen Heferassen vergohrenen Weine nicht auf, nur im Glyceringehalt und im Verhältniss von Alkohol zu Glycerin zeigen sich geringe Unterschiede.
3. Die Verwendung reingezüchteter Weinhefen verursacht eine unverkennbare Erhöhung des Bouquets der Weine; die steirischen Hefen scheinen eine günstigere Wirkung als die italienischen und die Weissweinhefen eine günstigere als die Rothweinhefen auf die Bouquetbildung auszuüben.
4. Bei gleichem Alkoholgehalt enthält der mit wenig Reinhefe hergestellte Wein mehr Extrakt, aber weniger Glycerin, als der mit einem Ueberschuss von Hefe erhaltene Wein. Im Gehalt an Säure, Gerbstoff und Mineralstoffen zeigt sich in dieser Hinsicht kein Unterschied.

2. E. Mach und K. Portele (Landw. Vers.-Stat. 1892, 41, 233) stellte Untersuchungen über die Gährung von sterilisirtem Most der kleinen gelben Casseler Reinette mit verschiedenen reingezüchteten Hefearten im Laboratorium an. Da die Moste ohne Stickstoff-Zusatz nicht recht gähren wollten, wurde auf je 1 l Most 3,28 g Ammoniumtartrat zugesetzt. Die Moste wurden angesetzt am 3. November, am 7. bezw. 21. Dezember von der Hefe abgezogen und anfangs Februar untersucht. Die Ergebnisse waren folgende (g in 100 ccm):

Bezeichnung der Reinhefe	Spec. Gewicht	Alkohol	Extrakt (indirekt)	Gesammt-Säure (Weinsäure)	Flüchtige Säure (Essigsäure)	Invertzucker	Glycerin	Stickstoff: Organischer	Stickstoff: Ammoniak-	Auf 100 g Alkohol: Glycerin g	Auf 100 g Alkohol: Verbrauchter Gesammt-Stickstoff g
Ursprünglicher Most	1,0556	—	15,57	0,61	—	12,60 *)	—	0,009	0,050	—	—
Nach der Gährung mit S. cerevisiae	0,9999	5,65	2,28	0,69	0,019	0,10	0,26	0,008	0,022	4,56	0,53
„ ellipsoideus I	0,9996	5,61	2,36	0,86	0,041	0,10	0,30	0,008	0,025	5,26	0,48
„ „ II	1,0000	5,44	2,46	0,70	0,025	0,10	0,39	0,009	0,025	7,14	0,50
„ Pastorianus I	0,9996	5,70	2,35	0,70	0,004	0,09	0,43	0,008	0,027	7,60	0,44
„ „ II	0,9994	5,57	2,27	0,70	0,010	0,08	0,34	0,008	0,018	6,15	0,60
„ apiculatus	1,0070	4,80	3,84	0,69	0,105	1,52	0,34	0,008	0,046	7,13	0,12
Monilia candida	1,0020	4,95	2,59	0,96	0,266	0,34	0,28	0,007	0,031	5,67	0,44

Bezüglich der Menge des gebildeten Glycerins zeigten sich im Allgemeinen dieselben Unterschiede wie bei den Traubenweinen (S. 1365) und auch bezüglich des Stickstoff-Verbrauchs zeigten sich im Allgemeinen ähnliche Verhältnisse.

3. O. Bernheimer (Allgem. Wein-Ztg. 1895; Chem. Centrbl. 1895, II, 650) stellte gleichfalls Versuche über den Einfluss verschiedener Reinhefen auf Obstweine an und erhielt folgende Ergebnisse (g in 100 ccm):

Bezeichnung der Reinhefe	Alkohol Gew.-%	Extrakt	Gesammt-Säure	Flüchtige Säure	Zucker	Glycerin	Mineral-stoffe	Alkohol : Glycerin = 100
Aus Pettau (Steiermark): ohne Reinhefe	4,94	2,00	0,39	0,050	0,17	0,41	0,24	8,3
Aus Pettau (Steiermark): mit Rheingauer Reinhefe	5,37	2,25	0,41	0,059	0,42	0,50	0,19	9,3
Selbst angesetzter Aepfelmost: ohne Reinhefe	5,06	2,16	0,31	0,085	0,09	0,30	0,36	5,8
Selbst angesetzter Aepfelmost: mit Muskat-Reinhefe	5,25	2,30	0,37	0,078	0,07	0,35	0,44	6,6
Selbst angesetzter Aepfelmost: mit Rheingauer Reinhefe	5,56	2,38	0,55	0,071	0,07	0,37	0,35	6,6

4. Sonstige Gährversuche mit Reinhefen:

a) L. Nathan: Die Bedeutung der Hefereinzucht für die Obstweinbereitung. Gartenflora. 1891, 40, 267; Centrbl. Agrik.-Chem. 1892, 21, 57.

b) R. Goethe (Bericht der Kgl. Lehranstalt für Obst-, Wein- und Gartenbau zu Geisenheim 1893/94. Wiesbaden 1894, 26) berichtet über Anwendung von Reinhefe bei Weichsel-, Stachelbeer- und Heidelbeerwein, die bei Weichsel- und Heidelbeerwein gute, bei Stachelbeerwein dagegen nicht so ausgesprochene Ergebnisse lieferte.

*) Einschliesslich der auf Invertzucker berechneten Saccharose.

IV. Veränderungen der Obstweine, insbesondere die Säureabnahme, bei der Gährung und Lagerung.

1. P. Behrend (Beiträge zur Chemie des Obstweines und des Obstes. Stuttgart 1892, 52) hat über die Veränderung der Obstweine bei längerer Aufbewahrung eingehende Untersuchungen angestellt. Von den zahlreichen Analysen geben wir hier nur einige, welche sich auf die ohne Wasserzusatz hergestellten Weine des Jahrganges 1888 beziehen, wieder (g in 100 ccm):

Bezeichnung der Obstsorte (Bakteriologischer Befund)	Zeit der Untersuchung	Spec. Gewicht	Alkohol	Extrakt	Gesammt-Säure (Aepfels.)	Flüchtige Säure (Essigsäure)	Nichtflüchtige Säure (Aepfels.)
Rieslingapfel (Wenig Hefenzellen, wenig ziemlich grosse unbewegliche Bacillen mit Kapselbildung)	(Most) 1888	1,0614	—	15,10	0,90	—	0,90
	Febr. 1889	1,0096	5,60	4,40	0,87	0,02	0,85
	Juli "	1,0020	5,60	3,30	0,78	0,03	0,75
	Juni 1891	1,0020	5,60	3,10	0,60	0,07	0,53
	" 1892	1,0020	5,67	3,00	0,54	0,07	0,47
Rosenapfel (Mässige Mengen Hefenzellen, öfter in Sprossverbänden zu 6 Gliedern; nur sehr vereinzelte Bakterien)	(Most) 1888	1,0475	—	11,60	0,62	—	0,62
	Febr. 1889	1,0012	4,89	2,12	0,65	0,02	0,63
	Juli "	< 1,0	4,90	1,90	0,60	0,04	0,56
	" 1890	"	4,70	1,90	0,42	0,05	0,37
	Juni 1891	"	4,80	1,80	0,44	0,09	0,35
	" 1892	"	4,90	1,80	0,32	0,07	0,25
Goldparmäne (Geringe Mengen Hefe, vereinzelt ein beweglicher Bacillus)	(Most) 1888	1,0526	—	13,10	0,62	—	0,62
	Febr. 1889	1,0016	5,60	2,30	0,63	0,04	0,63
	Juli "	< 1,0	5,30	2,10	0,58	0,05	0,53
	" 1890	"	5,20	1,90	0,36	0,06	0,30
	Juni 1891	"	5,30	1,80	0,36	0,05	0,31
	" 1892	"	5,30	1,80	0,40	0,07	0,33
Quittenapfel (Wenige Hefenzellen und Bakterien)	(Most) 1888	1,0475	—	11,10	1,08	—	1,08
	Febr. 1889	1,0028	4,85	2,39	0,90	0,02	0,88
	Juli "	1,0000	4,60	2,00	0,64	0,08	0,65
	" 1890	1,0000	4,60	2,00	0,49	0,06	0,43
	Juni 1892	1,0000	4,40	1,90	0,51	0,08	0,43
Casseler Reinette (Mässige Mengen stark mit Fetttropfen durchsetzter Hefenzellen; Bakterien nicht bemerkbar)	(Most) 1888	1,0492	—	11,70	0,72	—	0,72
	Febr. 1889	1,0028	5,08	2,50	0,77	0,01	0,76
	Juli 1890	1,0008	4,80	2,10	0,44	0,08	0,36
	Juni 1891	1,0008	4,80	2,10	0,43	0,09	0,34
	" 1892	1,0008	4,80	2,10	0,45	0,11	0,34
Wöhrlesbirne (Wenig Hefenzellen; ziemlich häufig ein Diplococcus; hie und da zu Ketten vereinigte Kurzstäbchen)	(Most) 1888	1,0501	—	12,60	0,30	—	0,30
	Febr. 1889	1,0040	5,12	3,04	0,44	0,06	0,38
	Juli "	—	4,60	3,00	0,35	0,06	0,29
	" 1890	1,0032	4,60	2,90	0,32	0,07	0,25
	Juni 1891	1,0028	4,80	2,80	0,24	0,10	0,14
Rommelter Birne (Eine Hefenart; eine Bacillenart; meist in geknickten Ketten auftretend)	(Most) 1888	1,0538	—	13,60	0,47	—	0,47
	Febr. 1889	1,0204	3,97	6,07	0,43	0,02	0,41
	Juli "	1,0048	4,90	3,90	0,40	0,09	0,31
	" 1890	1,0048	4,80	3,60	0,33	0,13	0,20
	Juni 1891	1,0048	4,90	3,50	0,33	0,11	0,22

Aehnlich waren die Veränderungen bei allen anderen Jahrgängen und Sorten. Es zeigten sich bei den Jahrgängen 1885—1888 bei 1—6¼-jährigem Lagern eine Abnahme des Alkoholgehaltes um 0,2—0,8 g (= 4,2—14,6 % in % des Alkohols) und bei 1—5¼-jährigem Lagern eine Abnahme des Gehaltes an nichtflüchtiger Säure um 0,04—0,64 g (= 10,0—75,0 %) in % der nichtflüchtigen Säure.

2. P. Kulisch (Chem.-Ztg. 1889, 13, 1407) berichtet über die Säureabnahme während der Gährung und Lagerung bei zehn Obstweinen; von den Ergebnissen seien hier einige mitgetheilt, wobei die unter den Säurezahlen eingeklammerten Zahlen das ungefähre Alter der Weine in Wochen angeben:

Wein aus:	Most	Säuregehalt des Weines							
Frühäpfeln und Palmischbirnen.	0,98	0,97 [1]	0,94 [3]	0,93 [4]	0,59 [12]	0,55 % [20]			
Leichtem Matapfel	0,63	0,37 [5]	0,34 [7]	0,34 [9]	(in einem Glasballon vergohren)				
Engl. Erdbeerapfel	1,05	1,02 [1/2]	0,85 [1]	0,77 [1 1/2]	0,67 [2]	0,50 [2 1/2]	0,49 [3]		(sterilisirt und in Flasche mit Reinhefe vergohren)
1/3 desgl. u. 2/3 Leichtem Matapfel	0,75	0,76 [1/2]	0,76 [1]	0,78 [1 1/2]	0,80 [1 1/2]	0,78 [2]	0,69 [2 1/2]	0,34 [4]	

Bei einigen Proben wurde auch Extrakt und Zuckergehalt bestimmt; es ergab sich z. B. bei einem Versuch im Grossen mit dem Leichten Matapfel (g in 100 ccm):

	Most	Wein					
	30. 11. 88	3. 12. 88	12. 12. 88	19. 12. 88	2. 1. 89	14. 2. 89	7. 5. 89
Extrakt . . .	—	2,66	2,46	2,41	2,33	2,34	2,35
Zucker . . .	—	0,23	0,20	0,18	0,18	0,16	0,13
Säure . . .	0,74	0,67	0,54	0,46	0,46	0,45	0,45

Bei einem Weine aus 1/3 Engl. Erdbeerapfel und 2/3 Leichtem Matapfel wurde ein Theil des Weines pasteurisirt und mit dem nichtpasteurisirten verglichen. Es ergab sich:

	Most	Ende der Hauptgährung	Die Hälfte am 25. 3. 88 bei 60° pasteurisirt; beide Flaschen gleichmässig bis 21. 9. 88 gelagert	
	18. 3. 88	25. 3. 88	pasteurisirt	nicht pasteurisirt
Extrakt . . .	—	2,59	2,61	2,26
Zucker	—	0,21	0,18	0,11
Gesammt-Säure .	0,75	0,84	0,82	0,45
Flüchtige Säure .	—	0,01	—	—

Der Wein, der in Folge häufiger Lüftung fast frei von Kohlensäure in die Flaschen gefüllt war, erwies sich in der nicht pasteurisirten als mit Kohlensäure übersättigt, während die pasteurisirte Flasche durch sechsmonatliches Lagern nicht verändert war.

3. P. Kulisch (Landw. Jahrb. 1890, 19, 83) beobachtete ferner in den oben (S. 1375) angeführten Aepfelweinen sieben Monate nach der ersten Untersuchung folgende Säuremengen (g Aepfelsäure in 100 ccm):

1889	No. 8	9	10	11	12	13	14	16	17	18	19
Anfang Mai . .	0,66	0,61	0,46	0,57	0,59	0,75	0,60	0,45	0,76	0,72	0,54
30. November .	0,35	0,40	0,38	0,49	0,49	0,38	0,60	0,47	0,47	0,72	0,43

4. Neuere Versuche von P. Kulisch (Weinbau u. Weinhandel 1899, 16, 12) geben Aufschluss über den Einfluss der Gährtemperatur und des Alkoholgehaltes auf die Säureabnahme im Aepfelwein.

a) Einfluss der Gährtemperatur.

Es betrug der Säure- (bezw. Extrakt-) Gehalt:

	Gährtemperatur	Vor der Gährung	Nach Tagen 16	28	36	43	50	58	107	145
I. Zierapfelmost von 74,6° Oechsle	15°	1,65	1,37	1,35 (4,96)	1,33	1,31 (4,85)	1,31 (4,89)	1,32	1,02 (4,62)	0,69 (4,40)
	20°	1,65	1,39	1,35 (4,91)	1,27	1,07 (4,67)	0,76 (4,47)	0,70	0,69 (4,49)	0,69 —
	25°	1,65	1,37	1,11 (4,79)	0,71	0,70 (4,55)	0,69 (4,49)	0,70	0,68 (4,43)	0.68 —

			Nach Tagen 13	20	34	50	Nach Monaten 3	4	7
II. Saurer Wirthschaftsapfel von 48,2° Oechsle	12°	1,22	1,22	1,24	1,20	1,10	0,97	0,98	0,92
	15°	1,22	1,19	1,15	0,99	0,81	0,73	0,71	0,68
	20°	1,22	0,99	0,78	0,69	0,67	0,67	0,64	0,64
	25°	1,22	0,67	0,57	0,57	0,57	0,57	0,56	0,56

b) Einfluss des Alkoholgehaltes.

Ein Most aus gemischten Sorten (von 52⁰ Oechsle) wurde zur Erhöhung des Alkoholgehaltes mit verschiedenen Mengen Zucker vergohren. Die Ergebnisse waren folgende:

	No.	1	2	3	4
Alkoholgehalt der Weine	. . .	5,47	6,44	7,52	8,74 g
Säure-Gehalt	vor der Vergährung *) .	0,68	0,67	0,66	0,65 g
	am 3. 11. 1896 . . .	0,36	0,44	0,46	0,55 g
	„ 11. 6. 1897 . . .	0,40	0,39	0,40	0,39 g

Wie die neueren Untersuchungen von J. Möslinger (Zeitschr. Nahrungs. u. Genussm. 1901, 4, 1122) gezeigt haben, beruht die Säureabnahme im Wesentlichen auf der Umsetzung der Aepfelsäure zu Milchsäure und Kohlensäure.

V. Zusammensetzung von Kunstmost-Essenzen.

E. Hotter (4. Bericht der pomologischen Versuchs-Station Graz 1895/96, S. 23) berichtet über die Zusammensetzung zahlreicher derartiger Essenzen:

1. Mostsubstanzen von P. Hartmann in Steckborn (Schweiz) bestehen aus einem röthlichgrauen Pulver und einem Fläschchen Oenanthäther. Das Pulver besteht aus 15 % Chlornatrium, 42 % Weinsäure und 43 % getrocknetem Pflanzenextraktpulver mit etwas Gerbstoff und Pflanzenfarbstoff.
2. Mostersatz aus Graz besteht aus 43,34 % Invertzucker, 10,45 % Essigsäure, 0,13 % Aepfeläther, 0,37 % Asche und 22,81 % Wasser.
3. Mostsubstanzen aus Graz a) für 333 l werden geliefert: 2,1 kg Traubenzucker, 5,1 kg eines Gemisches von 1,122 kg Weinsäure und 3,978 g Rübenzucker, 600 ccm alkoholische Lösung von Aepfeläther (Valeriansaurem Aethyl) und 50 ccm Zuckerkouleur, b) für 50 l Most 1200 g brauner Sandzucker, 210 g Weinsäure, dazu ein Fläschchen Aepfeläther und Zuckerkouleur.
4. Mostsubstanzen aus Wels in Oberösterreich: Für 3 Eimer Most werden gegeben 440 g „Moststoff" (Weinsäure), 487 g „Gährextrakt" (Tamarindenfrüchte) und 35 ccm Most-Essenz (Aepfeläther).
5. Steierisches Weinkompositum aus Wildon. 3 kg sollen mit 300 l Wasser vermischt werden. Die Mischung ist mit Zuckerkouleur gefärbte 24-procentige Essigsäure; sie enthielt 68,40 % Wasser, 24,00 % Essigsäure, 7,63 % Extrakt und 0,06 % Asche.

Aeltere und sonstige Analysen von Obstweinen.

1. J. Moritz — Chem.-Ztg. 1884, **8**, 471.
2. P. Behrend (Mittheilungen aus Hohenheim von O. Vossler. Stuttgart 1887 u. Württembergisches Wochenbl. für Landwirthschaft 1887, 143) untersuchte ausser den in obige Tabellen aufgenommenen selbstbereiteten Weinen noch eine Anzahl von Obstweinproducenten hergestellte Weine, die meist einen Zusatz von Wasser u. z. Th. auch von Spiritus etc. erfahren hatten; auf diese Analysen kann hier nur verwiesen werden.
3. G. Lechatier: Aepfelwein-Analysen. — Compt. rend. 1886, **103**, 1104; Chem. Centrbl. 1887, 130.
4. P. Kulisch: Analysen von nach dem Diffusionsverfahren hergestellten Aepfelweinen. — Landw. Jahrb. 1890, **19**, 83.
5. E. Farsky: Obstwein aus Holzäpfeln. — Archiv zemedelsky 1890, 64; Chem.-Ztg. 1890, **14**, 341.
6. E. Hotter; Obstweine des Handels. — I. Bericht (1892/93) der Pomologischen Vers.-Stat. Graz. S. 22.
7. A. Petermann: Aepfelweine des Handels. — Bull. Stat. agronom. à Gembloux 1895, No. 59, S. 1; Chem.-Ztg. 1895, **19**, Rep. 307.
8. F. Schaffer: Analysen von Obstweinen, die während der interkantonalen Obst- und Obstwein-Ausstellung in Oberburg in der Schweiz 1889 ausgestellt wurden, und von kranken Obstweinen. — Besondere Schrift. S. 8.
9. E. Hotter (4. Bericht der Pomologischen Vers.-Stat. Graz 1895/96, S. 26) berichtet über den Gehalt von Aepfel- und Birnenweinen an freier und gebundener schwefliger Säure.

---

*) Die Unterschiede in dem Säuregehalt sind durch den Zusatz der verschiedenen Zuckermengen verursacht.

Kirschwein.

No.	Nähere Bezeichnung	Zeit der Untersuchung	Spec. Gewicht	100 ccm Wein enthalten Gramm: Alkohol	Extrakt	Ges.-Säure (Aepfels.)	Flüchtige Säure (Essigsäure)	Stickstoff-Substanz	Zucker	Glycerin	Mineralstoffe	Kali	Phosphorsäure	Schwefelsäure	Analytiker
1	Aus Weichselkirschen	1883	—	11,31	17,71	0,70	—	—	12,75	0,55	0,11	—	0,013	—	*J. Moritz u. A. Förster*[1])
	Gährversuche mit Kirschsaft.								Invertzucker						
1	Kirschsaft I: Vor der Vergährung .		1,0510	—	17,23	0,69	—	—	12,50	—	0,55	—	—	—	*W. Keim*[2])
2	Kirschsaft I: Ohne Zusätze vergohren		1,0240	3,18	6,90	0,59	0,062	—	2,32	0,29	0,50	—	0,041	—	
3	Kirschsaft I: 1 l Saft + 30 g Hefe		1,0045	5,12	3,53	0,34	0,055	—	—	0,23	0,47	—	0,042	—	
4	Kirschsaft I: 1 l Saft auf 20% Zucker		1,0022	8,50	4,35	0,50	0,050	—	—	0,41	0,47	—	0,037	—	
5	Kirschsaft II: Vor der Vergährung .		1,0525	—	17,91	0,43	—	—	13,23	—	0,64	—	—	—	
6	Kirschsaft II: Mit Fruchtfleisch vergohren		1,0189	3,65	6,43	0,59	0,170	—	0,22	0,31	0,53	—	0,045	—	
7	Kirschsaft II: 1 l Saft + 30 g Hefe		1,0090	5,44	4,65	0,37	0,080	—	—	0,31	0,50	—	0,046	—	
8	Kirschsaft II: 1 l Saft auf 20% Zucker		1,0046	8,71	4,79	0,26	0,061	—	—	0,36	0,48	—	0,040	—	

Ueber vergohrene Kirschmaischen vergleiche auch unten unter Kirschbranntwein S. 1423.

Beerenweine.

Stachelbeerwein.

No.	Nähere Bezeichnung	Zeit der Untersuchung	Spec. Gewicht	Alkohol	Extrakt	Ges.-Säure (Aepfels.)	Flüchtige Säure (Essigsäure)	Stickstoff-Substanz	Zucker *)	Glycerin	Mineralstoffe	Kali	Phosphorsäure	Schwefelsäure	Analytiker
1	Aus unreifen Beeren	1883	—	12,16	19,32	0,87	—	—	12,45	—	0,12	—	0,010	0,002	*J. Moritz u. A. Förster*[1])
2	„ reifen „	„	—	11,17	17,30	0,87	—	—	13,05	—	0,17	—	0,013	—	
3 **)	Bei Osnabrück gewachsen	„	1,0110	11,37	7,64	0,63	—	0,057	5,59	0,46	0,24	0,061	0,015	0,009	*J. König*[3])
4	Röthlich, angenehm	1886	1,0356	11,22	14,39	0,77	0,021	—	10,83	0,99	0,26	0,134	0,019	0,013	*L. Marquardt*[4])
								Gerbstoff							
5	Aus Graz bräunlich	1887	0,9932	9,37	2,24	0,87	0,064	0,033	—	—	0,21	—	—	—	*E. Hotter*[5]) ***)
6	Aus Graz goldgelb	1890	1,0110	10,25	7,34	0,64	—	0,028	—	—	0,32	—	—	—	
7	Aus Graz weingelb	—	1,0180	11,04	9,40	0,84	—	0,038	6,33	—	0,19	—	—	—	
8	Aus Piber, hellgelb	1891	1,0418	8,74	15,10	0,78	—	0,026	13,14	—	0,18	—	—	—	
9	Jahrgang 1897 .	1899	—	6,75	1,69	0,74	0,054	—	0,08	0,47	0,25	—	0,014	0,048	*J. Formánek u. O. Laxa*[6]) ⁰)
10	Jahrgang 1897 .	„	—	9,52	10,69	0,77	0,156	—	7,11	0,98	0,25	—	0,010	Spur	
	Mittel herb⁰⁰)	—	**0,9932**	**8,06**	**1,97**	**0,81**	**0,059**	**0,033**	**0,08**	**0,47**	**0,23**	—	**0,014**	**0,048**	
	Mittel süss⁰⁰)	—	**1,0235**	**10,74**	**12,78**	**0,77**	**0,089**	**0,031**	**9,79**	**0,78**	**0,22**	**0,098**	**0,015**	**0,007**	

1) Chem.-Ztg. 1883, **7**, 1009. Saccharose war in dem Weine nicht mehr vorhanden.
2) Inaugural-Dissertation 1891; Zeitschr. analyt. Chem. 1891, **30**, 401.
3) Original-Mittheilung.
4) Zeitschr. analyt. Chem. 1886, **25**, 156.
5) I. u. II. Jahresbericht der Pomologischen Vers.-Stat. Graz 1893 u. 1894.
6) Zeitschr. Nahrungs- u. Genussm. 1899, **2**, 401.

*) Von dem Zucker war bei No. 1 noch 2,71% Saccharose vorhanden, dagegen war bei No. 2 solche nicht mehr nachweisbar. Die Untersuchungs-Verfahren waren die bei Wein allgemein gebräuchlichen.

**) Der Wein enthielt ferner in 100 ccm: 0,117 g Weinstein, 0,012 g Kalk, 0,007 g Magnesia, 0,050 g Natron und 0,009 g Chlor. Der Wein drehte im Halbschattenapparat — 16,3° und nach der Vergährung war er optisch inaktiv.

***) Die Weine No. 5 und 6 waren von Mitgliedern des steiermärkischen Obstbau-Vereins eingesandt, die Weine No. 7 und 8 auf der Obstausstellung in Steiermark 1892 prämiirt worden.

⁰) Ueber die Untersuchungs-Verfahren vergl. S. 1398, Anmerkung **).
Der Wein No. 10 war durch Vergähren des mit Wasser- und Zuckerzusatz bereiteten Mostes (mit 1,6 g Gesammt-Säure) hergestellt; No. 9 enthielt ferner (g in 100 ccm):

	Weinsäure	Citronensäure	Aepfelsäure
No. 9	0,213	0,025	0,415

⁰⁰) „Herb“ ist das Mittel von No. 5 u. 9, „süss“ das Mittel der übrigen Analysen.

Johannisbeerwein.

No.	Nähere Bezeichnung	Zeit der Untersuchung	Spec. Gewicht	100 ccm Wein enthalten Gramm: Alkohol	Extrakt	Ges.-Säure (Aepfels.)	Flüchtige Säure (Essigsäure)	Stickstoff-Substanz	Zucker	Glycerin	Mineral-stoffe	Kali	Phosphor-säure	Schwefel-säure	Analytiker
1	Aus schwarzen Beeren	1883	—	11,65	12,42	1,59	—	—	8,90 *)	0,85	0,35	—	0,024	0,009	*J. Moritz u. A. Förster* [1])
2	„ rothen „	„	—	10,51	15,40	0,93	—	—	12,09 *)	0,60	0,16	—	0,007	—	
3	Bei Osnabrück gewachsen	„	1,0058	11,46	5,71	0,82	—	0,058	3,85	0,54	0,26	0,074	0,016	0,007	*J. König* [2])
4	1882 in Charlottenburg ausgestellt: aus Grosseille (weiss) . .	1882	0,9920	10,08	2,58	0,95	0,244	—	—	0,53	0,16	—	0,009	—	*C. Weigelt u. A. Looss* [3])
5	aus Perle	„	0,9980	12,23	4,52	1,05	0,255	—	—	1,06	0,17	—	0,007	—	
6	blanche (roth)	„	0,9910	11,31	2,28	1,19	0,128	—	—	0,48	0,20	—	0,013	—	
7	Aus schwarzen Beeren	1891	0,9999	12,38	4,50	1,33	—	—	2,52	0,99	0,32	0,128	0,012	0,027	*J. König* [4]) **)
8	Von Gamsenegg in Kärnthen, röthlich	Jahrg. 1888	1,0289	10,41	12,04	0,70	—	Gerbstoff 0,012	10,25	—	0,20	—	—	—	*E. Hotter* [5]) **)
9	Von W. Kl. in Graz röthlich	1887	0,9929	10,25	2,49	0,96	—	0,028	—	—	0,19	—	—	—	
10	Von W. Kl. in Graz dunkelroth	1890	0,9942	8,34	2,21	1,05	—	0,050	—	—	0,19	—	—	—	
11	Von W. G. in Eggenberg hellroth	1891	1,0001	9,85	3,98	0,85	—	0,016	—	—	0,16	—	—	—	
12	Von W. G. in Eggenberg „	1888	0,9906	12,47	2,41	0,94	—	0,019	—	—	0,26	—	—	—	
13	Von St. Gotthard in Steiermk., dunkelroth	1891	1,0421	8,26	15,81	0,95	—	0,040	13,14	—	—	—	—	—	
14	Von K. in Graz: Rothe Beeren (röthlich) . .	1890	1,0182	12,23	10,02	0,92	0,084	0,031	7,23	—	0,40	—	—	—	
15	Weisse B. (weiss)	1886	0,9981	11,04	4,77	0,44	0,232	0,024	—	—	0,50	—	—	—	
16	Schwarze Beeren (dunkelroth) .	1890	1,0078	12,47	7,21	0,96	0,067	0,047	4,52	—	0,23	—	—	—	
17	Unter starkem Zuckerzusatz vergohren: weiss	—	1,0169	13,07	9,83	1,06	0,060	—	7,07	0,65	0,22	Alkalien 0,128	0,009	0,010	*E. Reichardt* [6]) ***)
18	roth	—	1,0220	13,48	10,32	0,98	0,091	—	6,96	0,56	0,23	0,184	0,007	0,017	
19	Schwarzer, schwerer Cassis	1888	1,0170	10,62	9,27	0,71	—	—	6,11	0,45	0,23	SO_2 0,003	0,022	0,030	*Th. Omeis* [7]) [0])
20	Schwarz. Dessertwein	1889	1,0064	10,54	5,88	0,74	0,114	—	3,52	0,31	0,22	0,006	0,019	0,052	
21	Johannisbeer- „	1890	1,0000	10,23	4,14	0,72	0,125	—	1,84	0,34	0,24	0,002	0,022	0,028	
22	Schwerer Cassis . .	„	1,0116	11,92	7,29	0,84	0,104	—	5,02	0,60	0,22	0,002	0,020	0,042	

[1]) Chem.-Ztg. 1883. **7**, 1009.
[2]) Original-Mittheilung.
[3]) Jahresbericht Agrik.-Chem. 1884, 728.
[4]) Bericht über die Dauerwaaren auf der 5. Wander-Versammlung der Deutschen Landwirthschaftsgesellschaft zu Bremen 1891, 18.
[5]) I. u. II. Bericht der Pomologischen Versuchsstation Graz 1893 und 1894.
[6]) Zeitschr. Nahrungsm.-Untersuchung, Hygiene und Waarenk. 1891, **5**, 21; Vierteljahresschr. Nahrungs- u. Genussm. 1891, **6**, 62.
[7]) Forschungsberichte über Lebensmittel 1894, **I**, 257.

*) Vom Zucker waren noch als Saccharose vorhanden bei No. 1: 1,80 % und bei No. 2: 0,30 %.
**) Die Weine No. 7—12 waren auf der Obstausstellung in Graz 1892 prämiirt; die Weine 13—16 dagegen waren von Mitgliedern des steiermärkischen Obstbauvereins eingesandt.
***) Die Weine enthielten ferner:

	Kalk	Magnesia	Chlor
No. 17:	0,025 %	0,006 %	—
„ 18:	0,021 %	0,004 %	0,006 %

[0]) Die Johannisbeeren stammten aus Baden und Unterfranken. Die Weine selbst wurden in Ochsenfurt a. M. hergestellt. Der frische Johannisbeersaft wurde mit Wasser auf das 2—3-fache verdünnt und vor der Gährung mit Rohrzucker versetzt. Spritzusatz hatte nicht stattgefunden. Die Untersuchung erfolgte nach den bei der Weinstatistik in Anwendung kommenden Verfahren. Der Zucker wurde als Glukose nach Allihn bestimmt.

No.	Nähere Bezeichnung	Zeit der Untersuchung	Spec. Gewicht	Alkohol	Extrakt	Ges.-Säure (Aepfels.)	Flüchtige Säure (Essigsäure)	Gerbstoff	Zucker	Glycerin	Mineral-stoffe	Kali	Phosphor-säure	Schwefel-säure	Analytiker
				100 ccm Wein enthalten Gramm:											
23	Auf der Nahrungsmittel-Ausstellung Dresden 1894 ausgestellt: Weisse B.	1895	1,0150	8,74	7,91	0,58	—	—	—	(0,01) *)	0,19	—	0,011	—	A. Petermann[1])
24	Rothe Beeren	„	0,9950	7,76	1,85	0,92	—	—	—	(0,02)	0,23	—	0,011	—	
25	Rothe Beeren	„	1,0060	9,49	5,69	0,76	—	—	—	(0,01)	0,21	—	0,009	—	
26	Grosse B.	„	1,0080	9,24	6,06	0,64	—	—	—	(0,05)	0,21	—	0,006	—	
27	Von Professor Laurent dargestellt: weiss	„	1,0340	12,59	13,81	1,00	—	—	—	(0,11)	0,21	—	0,015	—	
28	roth	„	1,0610	11,44	20,78	1,12	—	—	—	(0,12) *)	0,21	—	0,014	—	
29	Ohne nähere Bezeichnung	1897	—	10,42	1,96	0,84	0,048	—	0,09	—	0,25	—	0,017	0,034	J. Formánek u. O. Laxa [2]) **)
30	Ohne nähere Bezeichnung	„	—	12,55	6,78	0,99	0,055	—	3,70	0,93	0,21	—	0,014	—	
31	½ rothe, ½ schwarze Beeren	„	—	10,59	24,01	1,12	0,037	—	20,59	0,90	0,27	—	0,029	0,013	
	Mittel herb⁰)	—	**0,9926**	**10,09**	**2,25**	**0.98**	**0,140**	**0,032**	**0,09**	**0,51**	**0,21**	—	**0,012**	**0,034**	
	Mittel süss⁰)	—	**1,0115**	**11,15**	**9,51**	**0,91**	**0,111**	**0,028**	**7,39**	**0,68**	**0,24**	**0,101**	**0,015**	**0,023**	

Gährversuche mit Johannisbeersaft.

No.	Nähere Bezeichnung	Spec. Gewicht	Alkohol	Extrakt	Ges.-Säure	Flüchtige Säure	Gerbstoff	Invert-Zucker	Glycerin	Mineralstoffe	Kali	Phosphorsäure	Schwefelsäure	Analytiker
1	Saft vor der Vergährung .	1,0425	—	14,56	2,35	—	—	5,24	—	0,56	—	—	—	W. Keim [3])
2	Ohne Zucker- und Wasserzusatz vergohren: mit Schalen	1,0120	2,83	3,88	2,07	0,035	—	—	0,35	0,44	—	0,031	—	
3	ohne Schalen	1,0110	3,29	3,85	2,30	0,053	—	—	0,38	0,44	—	0,027	—	
4	desgl. mit 30 g Hefe auf 1 l	1,0120	3,06	3,78	2,17	0,043	—	—	0,34	0,46	—	0,035	—	
5	Auf 20% Zucker gestellt .	1,0091	8,71	6,08	2,30	0,091	—	1,63	0,60	0,42	—	0,022	—	
6	1 l Saft + 500 ccm Wasser, auf 20% Zucker gestellt	0,9993	9,14	3,67	1,59	0,077	—	0,61	0,55	0,29	—	0,019	—	
7	Desgl. mit 45 g Hefe . .	0,9970	9,50	3,09	1,56	0,034	—	—	0,55	0,29	—	0,019	—	
8	1 l Saft + 30 g Hefe auf 20% Zucker und mit Kaliumkarbonat auf 1,6% Säure gestellt	1,0061	9,21	4,85	1,52	0,030	—	—	0,57	1,27	—	0,034	—	

Versuche mit Reinhefen.

No.	Nähere Bezeichnung	Spec. Gewicht	Alkohol	Extrakt	Ges.-Säure	Flüchtige Säure	Gerbstoff	Zucker	Glycerin	Mineralstoffe	Kali	Phosphorsäure	Schwefelsäure	Analytiker
1	Freiwillige Gährung . .	0,9935	8,26	1,73	0,72	0,049	0,044	—	0,34	0,19	—	—	—	E. Hotter [4]) ⁰⁰)
2	Vergohren mit Schilcher Hefe	0,9935	8,42	1,80	0,71	0,056	0,044	—	0,31	0,20	—	—	—	
3	Vergohren mit Tyroler „	0,9935	8,42	1,80	0,71	0,052	0,039	—	0,33	0,20	—	—	—	
4	Vergohren mit Barbera- „	0,9937	8,34	1,85	0,71	0,056	0,037	—	—	0,21	—	—	—	
5	Vergohren mit Teroldigo- „	0,9941	8,18	1,90	0,72	0,054	0,038	—	—	0,23	—	—	—	

Der ohne Hefezusatz gewonnene Wein war geschmacklich viel minderwerthiger, als die mit Reinhefen hergestellten Weine. Der mit Schilcher Hefe vergohrene Wein zeigte deutliches Schilcher Bouquet.

[1]) Bull. Stat. agronom. Gembloux 1895, **59**, 1.
[2]) Zeitschr. Nahrungs- u. Genussm. 1899, **2**, 401.
[3]) Inaugural-Dissertation 1891; Zeitschr. analyt. Chem. 1891, **30**, 401.
[4]) 3. Bericht der Pomologischen Vers.-Stat. Graz für 1894/95, S. 27.

*) Vergl. Anmerkung **) S. 1399.

**) Die Weine No. 30 u. 31 sind nach dem Verdünnen mit Wasser und Zuckerzusatz vergohren. Die Untersuchung erfolgte nach den 1897 von den österreichischen Versuchsstationen vereinbarten Verfahren.
Die Weine enthielten ferner:

	Weinsäure	Citronensäure	Aepfelsäure
No. 29:	0,145 g	0,045 g	0,570 g
„ 30:	0,142 „	0,179 „	0,614 „
„ 31:	0,208 „	0,084 „	0,795 „

⁰) „Herb“ ist das Mittel von No. 4, 6, 9, 10, 12, 24 und 25; „süss“ das Mittel der übrigen Analysen.

⁰⁰) Zu den Versuchen dienten rothe grossfrüchtige Johannisbeeren; der Saft war beim Auspressen mit der

Heidelbeerwein (Blaubeerwein).

No.	Nähere Bezeichnung	Zeit der Untersuchung	Spec. Gewicht	100 ccm Wein enthalten Gramm: Alkohol	Extrakt	Ges.-Säure (Aepfels.)	Flüchtige Säure (Essigsäure)	Gerbstoff	Zucker	Glycerin	Mineral-stoffe	Kali	Phosphor-säure	Schwefel-säure	Analytiker
1	Ohne näh. Bezeichn.	1883	—	11,98	20,03	0,88	—	—	14,36	0,44	0,15	—	0,008	—	*J. Moritz u. A. Förster*[1])
2 *)	Aus Gamsenegg in Kärnthen . . .	Jahrgang 1888	1,0396	4,85	12,76	0,71	—	0,043	10,98	—	0,13	—	—	—	*E. Hotter*[2])
3	Aus Wien bezogen .	—	0,9933	7,47	3,35	0,51	0,047	0,068	—	—	0,14	—	—	—	*E. Hotter*[2])
4	Niederländischer . .	—	—	5,40	10,80	0,80	—	—	7,70	—	0,19	—	—	—	*J. Forster*[3])
5	Nach Rohrzucker-Zusatz vergohren .	—	—	8,00	3,53	0,62	—	—	1,36	0,49	0,26	—	—	—	*B. Fischer*[4])
6	Von der Nahrungs-mittel-Ausstellung in Dresden	1893	1,0020	9,49	4,77	0,69	—	—	—	(0,06) **)	0,19	—	0,006	—	*A. Petermann*[5])
7	Von der Nahrungs-mittel-Ausstellung in Dresden	"	0,9950	8,18	2,05	0,60	—	—	—	(0,11) **)	0,19	—	0,006	—	*A. Petermann*[5])
8	Medizinischer Heidel-beerwein	Zeit der Untersuchung 1897	0,9980	6,93	2,51	0,75	0,146	—	0,11	0,42	0,20	0,088	0,013	0,033	*A. Bömer*[6])
	Mittel herb (No. 7 u. 8)	—	**0,9965**	**7,56**	**2,28**	**0,68**	**0,146**	—	**0,11**	**0,42**	**0,20**	**0,088**	**0,010**	**0,033**	*A. Bömer*[6])
	Mittel süss (No. 1—6)	—	**1,0116**	**7,86**	**9,21**	**0,71**	**0,047**	**0,056**	**7,96**	**0,47**	**0,17**	—	**0,007**	—	*A. Bömer*[6])
9	Heidelbeer-Champagner	1897	1,0183	7,80	8,22	0,52	—	Saccharose 1,49	4,64	0,47	0,19	0,108	0,038	0,038	*A. Bömer*[6])

„Heidelbeerfrada" — ein mit Citronensäure versetztes „alkoholfreies" Ersatzgetränk — enthält nach F. Hirschfeld und I. Meyer (Berl. klin. Wochenschr. 1899, 36, 1055; Zeitschr. Nahrungs- und Genussm. 1900, 3, 716) in 100 ccm:

Alkohol	Extrakt	Säure	Invertzucker	Saccharose	Mineralstoffe
0,50	12,28	1,13	9,17	1,98	0,41 g

Anhang zu Heidelbeerwein.

Ueber den Einfluss verschiedener Zusätze auf die Vergährung des Heidelbeermostes liegen noch folgende Arbeiten vor:

1. A. Hilger und Th. Omeis (Bericht über die 7. Vers. der Freien Vereinigung bayer. Vertreter d. angew. Chemie. 1888, 116; Vierteljahresschr. Nahrungs- u. Genussm. 1889, 4, 74) berichten über die Zusammensetzung von unter verschiedenem Zucker- und Hefezusatz vergohrenen Heidelbeerweinen mit folgendem Ergebnisse (g in 100 ccm):

[Fortsetzung von Seite 1398.]

doppelten Menge Wasser verdünnt. Auf 312 l verdünnten Most wurden 50 kg Zucker zugesetzt. Der Most wurde bei 68—70° sterilisirt und für jeden Versuch 50—60 l verwendet. Nach vier Tagen trat auch in dem sterilisirten Most ohne Hefenzusatz No. 1 Gährung ein; dieser erhielt alsdann Zusatz von natürlich gährendem Johannisbeersaft. Nach 20 Tagen war die stürmische Gährung vorüber; nach 2 ½ Monaten wurde der Jungwein von der Hefe abgelassen und nach viermonatlicher Lagerung wurden die Weine untersucht.

1) Chem.-Ztg. 1883, **7**, 1009.

2) I. u. II. Bericht der Pomologischen Versuchsstation Graz 1893 u. 1894.

3) Vierteljahresschr. Nahrungs- u. Genussm. 1891, **6**, 487.

4) Jahresbericht des Chemischen Untersuchungsamtes der Stadt Breslau 1893/94. S. 31.

5) Bull. Stat. agronom. Gembloux 1895, No. 59, S. 1.

6) Bericht über die auf der 11. Wanderausstellung der Deutschen Landw.-Gesellsch. in Hamburg 1897 ausgestellten Dauerwaaren für Ausfuhr u. Schiffsbedarf. — Jahrbuch der Deutschen Landw.-Gesellsch. 1897, **12**, 298.

*) Der Wein war auf der Obstausstellung in Graz 1892 prämiirt worden.

**) Die Glycerin-Bestimmungen, welche nach dem Verfahren von Pasteur ausgeführt wurden, sind offenbar zu niedrig, da Petermann auch in bestimmt reinen Obst- und Beerenweinen solche niedrigen Zahlen fand.

Nähere Bezeichnung	Temperatur	Dauer der Gährung Tage	Spec. Gewicht	Alkohol	Extrakt	Gesammt-Säure	Flüchtige Säure	Zucker	Glycerin	Mineral-stoffe
I. Frischer Heidelbeersaft .	—	—	1,0290	—	9,93	1,15	—	4,39	—	0,22
II. Ohne Zucker und Hefe vergohren	Zimmer-Temp.	12	1,0082	2,30	3,38	1,36	—	0,21	0,35	0,26
		16	—	2,20	3,37	1,98	—	0,23	0,34	0,26
III. Mit 10 % Zuckerzusatz und Hefezusatz vergohren	desgl.	12	1,0015	7,73	3,62	1,04	0,048	0,04	0,77	0,29
		16	1,0017	7,73	3,62	1,05	0,054	0,04	0,76	0,29
	25 °	12	1,0015	7,53	3,50	1,04	0,052	0,06	0,73	0,29
		16	1,0015	7,42	3,50	1,02	0,060	0,08	0,67	0,29
	35 °	16	1,0021	6,82	3,50	1,02	0,050	0,04	0,63	0,29
IV. Mit 25 % Zuckerzusatz und Hefezusatz vergohren	Zimmer-Temp.	12	1,0185	10,70	9,34	1,06	0,115	4,46	0,88	0,34
		16	1,0100	12,08	7,20	1,06	0,123	2,20	1,00	0,35
	25 °	12	1,0130	11,38	7,80	1,03	0,116	2,86	0,95	0,35
		16	1,0120	11,66	7,80	1,05	0,117	2,51	0,94	0,36

2. J. Nessler (Weinbau u. Weinhandel 1891, 9, 2; Vierteljahresschr. Nahrungs- u. Genussm. 1891, 6, 57) untersuchte unter Zusatz von Chlorammonium vergohrene Heidelbeerweine mit folgendem Ergebnisse (g in 100 ccm):

No.	Chlorammonium-Zusatz auf 1 l	Spec. Gewicht	Alkohol	Gesammt-Säure	Flüchtige Säure (Essigsäure)	Zucker	Glycerin	Ammoniak
1	Kein Zusatz	1,0150	7,07	0,64	0,06	3,30	0,68	0
2	0,2 g	0,9942	9,43	0,59	0,03	Spur	0,71	0,003
3	Desgl. + 0,2 g phosphorsaurer Kalk .	0,9933	9,50	0,60	—	„	0,64	0
4	0,4 g	0,9935	8,93	0,58	0,03	„	0,62	0

Bei einer Versuchsreihe mit Zusatz von Zuckerwasser ohne Ammoniakzusatz trat bei 6 ° innerhalb 50 Tagen überhaupt keine Gährung auf, während bei Ammoniakzusatz 1,2 % Alkohol entstanden; bei 16—20 ° waren die gleichen Weine mit Ammoniakzusatz in 100 Tagen ganz, jene ohne Ammoniakzusatz dagegen nur etwa zur Hälfte vergohren. Durch höheren Ammoniakzusatz wurde die Gährung beschleunigt, durch Zusatz von Weinsäure dagegen verzögert.

3. R. Otto (Landw. Jahrb. 1898, 27, 261) stellte Untersuchungen über den Zucker- und Säuregehalt von Heidelbeermosten, sowie Gährversuche unter Zugabe verschiedener Stickstoff-Verbindungen an und fand (g in 100 ccm):

a) Zucker- und Säuregehalt:

No.	1	2	3		4		5	6
Zeit der Untersuchung	27. 7. 1896	27. 7. 1896	30. 7. 1896 Vorlauf	Pressmost	12. 8. 1896 Vorlauf	Pressmost	16. 7. 1897	23. 7. 1897
Grade Oechsle bei 15 °:	42 °	35 °	40,8 °	39,3 °	30,8 °	30,8 °	34 °	28 °
Entsprechender Zucker (nach Kulisch)	7,00	5,25	6,75	6,50	4,50	4,50	5,00	3,50
Gesammt-Säure (Aepfelsäure)	0,878	0,958	1,032	1,280	0,817	0,891	0,931	0,811

Bei zwei weiteren Mosten wurde an Gesammt-Säure gefunden:

	No. 7		No. 8	
Zeit der Untersuchung	26. 8. 1897		27. 8. 1897	
	Vorlauf	Pressmost	Vorlauf	Pressmost
Gesammt-Säure (Aepfelsäure) . . .	1,106	1,300	0,838	0,911

b) Gährversuche ohne Reinhefe, aber mit Zugabe verschiedener Stickstoff-Verbindungen hatten folgende Ergebnisse:

1. Ohne jeglichen Stickstoffzusatz dürfte es kaum gelingen, einen Heidelbeermost normal mit gewöhnlicher Hefe (ohne Zugabe von Reinhefe) zu vergähren. — 2. Von den geprüften Stickstoff-Verbindungen hat sich hinsichtlich der spontanen Vergährung am besten erwiesen das Asparagin (0,6 g auf 1 l Most); ihm steht sehr nahe in dieser Eigenschaft das weinsaure Ammonium (0,6 g auf 1 l Most); wenig gut war die Vergährung mit Chlorammonium (0,2 g auf 1 l Most).

c) Gährversuche mit Reinhefe und Zugabe verschiedener Stickstoff-Verbindungen.

Der Most war der oben unter a, No. 6 aufgeführte; derselbe wurde mit der Hälfte destillirtem Wasser versetzt und zu dem verdünnten Most 100 g Kandiszucker auf 1 l zugesetzt. Den in Gährung befindlichen Mosten wurden die verschiedenen Stickstoff-Verbindungen zugesetzt: Nach Verlauf der stürmischen Gährung hatten die Weine folgende Zusammensetzung:

	No.	1	2	3	4	5	6	7
			Chlorammonium			Weins.-Ammon.	Asparagin	Norm.-Ammoniak
Stickstoff-Zusatz		0	0,2 g	0,3 g	0,4 g	0,6 g	0,6 g	10 ccm
am 30.8.97	Specifisches Gewicht	1,0100	0,9950	0,9930	0,9930	0,9927	0,9926	0,9932
am 30.8.97	Alkohol, Vol.-%	6,47	8,81	9,23	9,66	9,83	9,83	9,32
am 30.8.97	Gesammt-Säure (Aepfelsäure) %	0,625	0,657	0,637	0,637	0,643	0,610	0,583
Zucker (Glukose) am 15. 10. 97 %		2,573	0,135	0,136	0,157	0,148	0,147	0,140

Die Ergebnisse dieser Versuche waren folgende:

1. Bei Reinhefe allein ohne jeden Zusatz einer Stickstoff-Verbindung ist die Vergährung, selbst bei schwachen Heidelbeerweinen (Haustrunk), eine verhältnissmässig langsame und unvollkommene, wenngleich sie schneller und besser verläuft, als eine Vergährung ohne Reinhefe, also bei spontaner Vergährung. — 2. Die geprüften Stickstoff-Verbindungen haben bei gleichzeitigem Reinhefezusatz fast alle den Most gleich gut und schnell vergohren. — 3. Es scheint hiernach für die Vergährung des Heidelbeermostes sich am besten Reinhefe mit 20 g Chlorammonium- (höchstens 30 g Chlorammonium-) Zusatz für 1 hl zu eignen. — 4. Auch mit Normal-Ammoniak-Flüssigkeit (10 ccm auf 1 l Most) als Stickstoff-Zusatz geht bei gleichzeitiger Gegenwart von Reinhefe die Vergährung des Heidelbeerweines gut von statten und man erniedrigt dadurch gleichzeitig den Säuregehalt.

4. E. Hotter (2. Jahresbericht der Pomologischen Versuchs-Station Graz 1893/94, S. 19) stellte Gährversuche mit verschiedenen Hefen an. Auf 500 l beim Auspressen mit Wasser verdünnten Most kamen 50 kg Zucker. Die Versuche wurden mit je 100 l ausgeführt. Die Ergebnisse waren folgende (g in 100 ccm):

No.		Spec. Gewicht	Alkohol	Extrakt	Freie Säure (Aepfelsäure)	Flüchtige Säure (Essigsäure)	Gerbstoff	Mineralstoffe
1	Freiwillige Gährung	0,9965	5,92	1,70	0,504	0,081	0,059	0,192
2	Schilcher Hefe	0,9962	6,12	1,66	0,489	0,057	0,052	0,188
3	Riesling-Hefe	0,9975	6,12	1,72	0,493	0,064	0,057	0,166
4	Friedauer Hefe	0,9964	6,12	1,75	0,530	0,057	0,066	0,163

Die Moste No. 2, 3 und 4 vergohren schneller als No. 1; die Gährung dauerte fünf Wochen; nach vier Wochen (Mitte Oktober) wurde abgezogen und die Weine wurden Februar 1894 untersucht.

Alle vier Weine waren vollkommen klar und tief dunkelroth. No. 1 war etwas herb und zeigte starken Heidelbeergeschmack und Geruch. No. 2 hatte sehr reinen weinigen Geschmack, bei No. 3 war der Geschmack etwas weniger stark, als bei No. 2; No. 4 schmeckte rein weinig. Bei den Weinen No. 2, 3 und 4 war der Beerengeruch stark vermindert.

Erdbeerwein.

No.	Nähere Bezeichnung	Zeit der Untersuchung	Spec. Gewicht	Alkohol	Extrakt	Ges.-Säure (Aepfels.)	Flüchtige Säure (Essigsäure)	Gerbstoff	Zucker	Glycerin	Mineral-stoffe	Kali	Phosphor-säure	Schwefel-säure	Analytiker
				100 ccm Wein enthalten Gramm:											
1	Aus Walderdbeeren .	1883	—	10,74	16,56	0,86	—	—	13,56 *)	0,46	0,18	—	0,018	—	*J. Moritz u. A. Förster*[1]
2	Exportwein . . .	1891	1,0603	10,15	20,68	1,07	—	—	18,01	0,61	0,31	0,134	0,015	0,023	*J. König*[2]
3[0]	Zuckerzusatz vor der Gährung, 1897-er .	1899	—	9,20	15,11	0,70	0,023	—	10,76	0,92	0,25	—	0,012	—	*J. Formánek u. O. Laxa*[3]
4	Von der Nahrungsmittel-Ausstellung, Dresden 1894 . .	1895	1,0350	8,27	12,99	0,62	—	—	—	(0,03) **)	0,22	—	0,008	—	*A. Petermann*[4]
	Mittel	—	**1,0477**	**9,59**	**16,34**	**0,81**	**0,023**	—	**14,11**	**0,66**	**0,24**	**0,134**	**0,013**	**0,023**	

Himbeerwein.

No.	Nähere Bezeichnung	Zeit der Untersuchung	Spec. Gewicht	Alkohol	Extrakt	Ges.-Säure (Aepfels.)	Flüchtige Säure (Essigsäure)	Gerbstoff	Zucker	Glycerin	Mineral-stoffe	Kali	Phosphor-säure	Schwefel-säure	Analytiker
1	Aus Waldhimbeeren	1883	—	11,55	17,48	0,91	—	—	13,54 *)	0,75	0,18	—	0,020	—	*J. Moritz u. A. Förster*[1]
2	Aus Graz, 1891-er .	1893	1,0463	8,26	16,19	0,54	0,242	0,033	13,35	—	0,40	—	—	—	*E. Hotter*[5]
3	Von der Nahrungsmittel-Ausstellung, Dresden 1894 . .	1895	1,0050	9,93	5,54	0,66	—	—	—	(0,08) **)	0,23	—	0,009	—	*A. Petermann*[4]
4[0]	Zuckerzusatz vor der Gährung, 1896-er .	1899	—	9,93	12,61	0,69	0,036	—	10,42	0,92	0,18	—	0,014	—	*J. Formánek u. O. Laxa*[3]
	Mittel (No. 1, 2 u. 4)	—	**1,0463**	**9,91**	**15,43**	**0,71**	**0,139**	**0,033**	**12,44**	**0,84**	**0,25**	—	**0,017**	—	

Maulbeerwein.

No.	Nähere Bezeichnung	Zeit der Untersuchung	Spec. Gewicht	Alkohol	Extrakt	Ges.-Säure (Aepfels.)	Flüchtige Säure (Essigsäure)	Gerbstoff	Zucker	Glycerin	Mineral-stoffe	Kali	Phosphor-säure	Schwefel-säure	Analytiker
1	Schwarze Beeren .	1883	—	10,03	24,75	0,85	—	—	18,90 *)	—	0,14	—	0,005	—	*J. Moritz u. A. Förster*[1]

Brombeerwein.

No.	Nähere Bezeichnung	Zeit der Untersuchung	Spec. Gewicht	Alkohol	Extrakt	Ges.-Säure (Aepfels.)	Flüchtige Säure (Essigsäure)	Gerbstoff	Zucker	Glycerin	Mineral-stoffe	Kali	Phosphor-säure	Schwefel-säure	Analytiker
1	Aus Waldbrombeeren	1883	—	10,73	18,28	0,96	—	—	16,55	—	0,09	—	0,005	—	*J. Moritz u. A. Förster*[1]
2	Von der Nahrungsm.-Ausst. Dresden 1894	1895	1,0260	7,87	10,58	0,79	—	—	—	(0,03) **)	0,21	—	0,009	—	*A. Petermann*[4]

Preisselbeerwein.

No.	Nähere Bezeichnung	Zeit der Untersuchung	Spec. Gewicht	Alkohol	Extrakt	Ges.-Säure (Aepfels.)	Flüchtige Säure (Essigsäure)	Gerbstoff	Zucker	Glycerin	Mineral-stoffe	Kali	Phosphor-säure	Schwefel-säure	Analytiker
1	Ohne näh. Bezeichn.	1883	—	10,03	24,75	0,85	—	—	18,90	—	0,14	—	0,005	—	*J. Moritz u. A. Förster*[1]
2[0]	Zuckerzusatz vor der Gährung, 1897-er .	1899	—	7,88	3,55	0,87	0,077	—	1,13	0,75	0,15	—	0,005	—	*J. Formánek u. O. Laxa*[3]

[1]) Chem.-Ztg. 1883, **7**, 1009. Die Untersuchungs-Verfahren waren die allgemein bei Weinen üblichen; das Glycerin wurde nach dem von Borgmann für Süssweine vorgeschlagenen Verfahren und die Phosphorsäure in der Asche nach dem Uran-Verfahren bestimmt.

[2]) Bericht über die Dauerwaaren auf der 5. Wander-Ausstellung der Deutschen Landw.-Gesellsch. zu Bremen 1891, S. 18.

[3]) Zeitschr. Nahrungs- u. Genussm. 1899, **2**, 401.

[4]) Bull. Stat. agronom. Gembloux 1895, **59**, 1.

[5]) II. Bericht der Pomologischen Vers.-Stat. Graz 1893/94, S. 22.

*) Von dem Zucker war Saccharose: Erdbeerwein No. 1: 0, Himbeerwein No. 1: 1,47 %, Preisselbeerwein No. 1: 0,52 %, Maulbeerwein No. 1: 2,50 %.

**) Vergl. Anmerkung **) S. 1399.

[0]) Ueber die Untersuchungs-Verfahren vergl. S. 1377, Anm. ***). Die Weine enthielten ferner (g in 100 ccm):

	Citronensäure	Weinsäure	Aepfelsäure
Erdbeerwein No. 3	0,110	0,123	0,465
Himbeerwein No. 4	0,044	0,636	0,636
Preisselbeerwein No. 2 . . .	0,330	0,244	0,253

Sonstige Analysen von Beerenweinen.

1. W. Sonne (Gewerbebl. f. d. Grossherzogthum Hessen 1888, 142; Chem.-Ztg. 1888, **12**, Rep. 128) berichtet über die Zusammensetzung von Stachelbeer- und Johannisbeerweinen, die bei hohen Alkohol-Gehalten nur sehr geringe Mengen Glycerin enthielten, also jedenfalls gespritet waren.
2. L. I. Wolpjan: Analysen russischer Beeren-, Honig- und Honigbeerenweine. Farmazeft 1897, **5**, 730; Chem.-Ztg. 1897, **21**, Rep. 314.
3. G. Morpurgo (Pharm. Post. 1897, **30**, 315) giebt für einen Himbeerwein folgende Zusammensetzung (g in 100 ccm bezw. Vol.-%):

Spez. Gew.	Alkohol	Extrakt	Säure (Aepfelsäure)	Invertzucker	Asche
1,0053	1,57	2,27 g	1,81 g	0,21 g	0,21 g

4. E. Hotter (4. Bericht der pomologischen Vers.-Stat. Graz 1895/96, S. 26) berichtet über den Gehalt von Johannisbeer- und Stachelberweinen an freier und gebundener schwefliger Säure.

Sonstige Weine und weinähnliche Getränke.

Malton-Weine*) der Deutschen Malton-Gesellschaft in Wandsbeck.

No.	Nähere Bezeichnung	Zeit der Untersuchung	Spec. Gewicht	100 ccm Wein enthalten Gramm: Alkohol	Extrakt	Gesammt-Säure (Milchsäure)	Flüchtige Säure (Essigsäure)	Zucker (Glukose)	Dextrin	Stickstoff-Substanz	Glycerin	Mineral-stoffe	Phosphor-säure	Analytiker
1**)	Malton-Sherry	1896	1,0237	12,84	11,35	0,59	—	5,58	2,25	0,462	0,29	0,23	0,103	*Vers.-Stat. Münster* [1])
2		„	1,0245	12,30	11,52	0,66	0,060	5,59	—	—	0,70	0,23	0,084	*J. Möslinger* [2])
3		„	1,0283	14,00	12,86	0,63	0,050	6,25	—	—	—	0,17	0,064	*Niederstadt* [3])
4		„	1,0277	13,36	12,47	0,64	0,061	6,81	1,01	0,419	0,38	0,17	0,073	*R. Fresenius* [4])
5		1897	—	14,71	11,10	—	—	6,33	—	0,469	—	—	0,096	*E. List* [5])
	Mittel	—	**1,0258**	**13,44**	**11,86**	**0,63**	**0,057**	**6,11**	**1,63**	**0,450**	**0,46**	**0,20**	**0,084**	
1**)	Malton-Portwein	1896	1,0430	12,89	15,72	0,78	—	10,21	3,92	0,462	0,23	0,18	0,072	*Vers.-Stat. Münster* [1])
2		„	1,0439	12,90	17,01	0,84	0,080	11,04	—	—	0,62	0,19	0,059	*J. Möslinger* [2])
	Mittel	—	**1,0435**	**12,90**	**16,37**	**0,81**	**0,080**	**10,63**	**3,92**	**0,462**	**0,43**	**0,19**	**0,066**	
1**)	Malton-Tokayer	1896	1,0895	10,23	24,80	0,72	—	16,91	5,30	0,748	0,40	0,37	0,143	*Vers.-Stat. Münster* [1])
2		„	1,0903	9,61	28,25	0,80	0,070	17,74	–	—	0,81	0,33	0,128	*J. Möslinger* [2])
3		„	1,0916	10,85	31,70	0,67	0,090	19,60	—	—	—	0,24	0,113	*Niederstadt* [3])
4***)		„	1,0940	9,92	28,29	0,80	0,071	19,07	4,04	0,506	0,28	0,27	0,119	*R. Fresenius* [4])
5		1897	—	10,59	28,07	—	—	19,77	—	0,589	—	—	0,136	*E. List* [5])
	Mittel	—	**1,0914**	**10,24**	**28,22**	**0,75**	**0,077**	**18,62**	**4,67**	**0,614**	**0,50**	**0,30**	**0,128**	

[1]) Original-Mittheilung.
[2]) Forschungsberichte über Lebensmittel 1896, **3**, 313.
[3]) Zeitschr. Nahrungsm.-Unters., Hygiene u. Waarenk. 1896, **10**, 292.
[4]) Mitgetheilt von E. List (Chem.-Ztg. 1897, **21**, 211) nach der Schrift „Ueber Maltonweine" S. 24.
[5]) Chem.-Ztg. 1897, **21**, 211.

*) Hergestellt nach dem Verfahren von Dr. Sauer.

**) Der Gehalt an Kali und Schwefelsäure betrug (g in 100 ccm):

	Malton-Sherry	Malton-Portwein	Malton-Tokayer
Kali (K_2O)	0,061 g	0,044 g	0,086 g
Schwefelsäure (SO_3) .	0,013 „	0,009 „	0,025 „

***) Der Wein enthielt ausserdem 0,41 g Saccharose.

Sonstige aus Malz-Würze hergestelle Weine.

No.	Nähere Bezeichnung	Zeit der Untersuchung	Spec. Gewicht	Alkohol %	Extrakt %	Weinstein %	Flüchtige Säure (Essigsäure) %	Zucker (Glukose) %	Dextrin %	Stickstoff-Substanz %	Glycerin %	Mineral-stoffe %	Phosphor-säure %	Schwefel-säure %	Analytiker
1*)	Gerstenwein **) . .	1888	—	4,80	6,02	0,25	0,020	1,00	3,00	1,28	0,20	0,23	0,050	—	*Jacquemin* 1)
				Vol.-%		Freie Säure									
2	Malzwein	1892	—	11,50	8,24	—	—	3,59	2,07	0,569	0,60	0,20	0,055	—	*M. Mansfeld* 2)
3	Desgl. mit Rieslinghefe bereitet . .	„	—	6,60	6,19	0,61	—	1,37	1,62	0,569	0,38	0,35	0,081	—	
	Sonstige seltenere Weine.														
						Aepfelsäure	Bernsteinsäure	Zucker	Gummi	Glycerin	Mineralstoffe	Kali	Kohlensäure		
1	„Pulque fuerte" aus dem Saft von Agave americana ***)	—	0,9760	5,87	—	0,55	0,140	—	0,05	0,21	0,25	0,085	0,061	—	*Boussingault* 3)
							Mannit								
2	Palmenwein⁰) . .	—	—	4,38	—	0,54	5,60	0,20	3,30	(1,64)	0,32	—	—	—	*Balland* 4)
	Wodnijika.⁰⁰)						Essigsäure								
3	Aus Wacholderbeeren, Senf und Meerrettich	1898	1,0037	0,83	0,98	0,09	0,399	—	0,05	0,03	0,19	0,054	0,018	--	*A. Zega* 5)
4	Aus gedörrten Birnen	„	1,0120	0,48	3,38	—	0,038	—	2,83	—	0,19	—	—	—	
5	Desgl. und Citronen .	„	1,0090	1,70	2,27	--	0,440	—	1,22	—	0,57	—	—	—	
				100 ccm Wein enthalten Gramm:											
						Citronensäure			Glukose						
6	Orangenwein⁰⁰⁰) .	1892	0,9960	4,85	3,81	1,26	—	—	2,43	0,35	0,52	—	—	0,003	*C. Mestre* 6)
7	Feigenwein†) . .	1893	1,0180	3,42	6,22	—	—	—	3,31	—	—	—	—	—	*N. Passerini* 7)
						Aepfelsäure									
8	desgl. selbst bereitet††)	1891	1,0200	4,20	6,92	0,84	—	—	—	—	0,59	—	0,050	—	*J. H. Vogel* 8)
				Vol.-%		Weinsäure									
9	Honigwein . . .	1892	—	8,90	4,21	0,41	—	—	1,60	0,54	0,13	—	—	—	*M. Mansfeld* 2)

1) Compt. rend. 1888, **106**, 643; Zeitschr. ges. Brauwesen 1888, **11**, 180.
2) Zeitschr. angew. Chem. 1892, 732.
3) Ann. chim. et phys. [4], **7**, 429 und **11**, 497.
4) Journ. Pharm. Chim. 1878, [4], **30**, 461.
5) Chem.-Ztg. 1898, **22**, 776.
6) Chem. Centrbl. 1891, II, 897.
7) Boll. Scuola agrar. di Scandicci 1893, **1**, 22; Centrbl. Agrik.-Chem. 1894, **23**, 202.
8) Zeitschr. angew. Chem. 1891, 642.

*) Der Wein enthielt ferner 0,04 % Bernsteinsäure.

**) Der Gerstenwein wurde aus Gerstenwürze, welcher auf 1000 Thle. 2,50 Thle. Kaliumbitartrat zugesetzt waren, unter Zusatz von Saccharomyces ellipsoideus hergestellt; das Gährungsprodukt hatte einen völlig weinigen Charakter. Bei der Darstellung von Gerstenwein kann man nach Jacquemin einen Theil des Malzes durch ungekeimte Gerste oder Wein etc. ersetzen; um ein Getränk von 8—10° Alkohol zu erzielen, kann man das Verhältniss der Cerealien vermehren oder Zucker zu der Würze setzen.

***) Der Pulque fuerte ist ein im tropischen Amerika gebräuchliches Getränk, welches durch Gährung aus dem Safte einer Varietät der Agave americana (Met oder Magney der Eingeborenen) erhalten wird. Eine Analyse des unvergohrenen Saftes der Agave ergab: 11,35 % Extrakt, 1,01 % Stickstoff-Substanz, 6,17 % Saccharose, 2,65 % Fruktose, 0,53 % Gummi, 0,35 % Aepfelsäure, 0,62 % Asche.

⁰) Der Palmenwein wird aus dem Safte von 40-jährigen Dattelpalmen gewonnen. Ueber sonstige Analysen von Palmenwein vergl. D. Martelli (Zeitschr. Nahrungs- u. Genussm. 1900, **3**, 200).

⁰⁰) Die Wodnjika, welche in Serbien eine grosse Rolle spielt, wird in folgender Weise gewonnen: 5—10 kg Wacholderbeeren werden mit 50 l Wasser übergossen, dazu kommt ½ kg Senf und etwas Meerrettich, das Ganze wird an einem warmen Orte der Vergährung überlassen. Dieses (No. 3) ist die billigste Art Wodnjika, die aber gleichzeitig der Grundkörper für die feineren Sorten ist. Sie ist blassgelb, riecht stark nach Wacholder und schmeckt sehr sauer. Für die feineren Sorten werden meist gedörrte, aber auch noch frische Mostbirnen, Aepfel, selten Quitten verwendet und zwar auf 30 l Wasser 3—5 kg Obst. Zur Verfeinerung des Aromas gelangen auch Citronen, Orangen etc. zur Verwendung.

Die Probe No. 3, welche in dem Fasse durch Ausfrieren koncentrirt war, enthielt ferner: 0,036 % Kalk, 0,017 % Magnesia, 0,012 % Natron und 0,010 % Chlor. Die nach dem Aufthauen des Eises entnommene Probe hatte ein spez. Gew. von 1,0022 und enthielt 0,34 % Alkohol, 0,45 % Extrakt und 0,29 % flüchtige Säure (Essigsäure).

⁰⁰⁰) Ueber die Zusammensetzung des zugehörigen Orangensaftes vergl. oben S. 887.

†) Der Wein war aus bei Livorno gewachsenen indischen Feigen hergestellt, deren Trockensubstanz enthielt: 6,08 % Stickstoff-Substanz, 1,67 % Fett, 75,04 % Zucker (Glukose), 11,94 % Rohfaser und 5,26 % Asche. Der röthliche Saft enthielt 8,79 % Glukose und 4,95 % Fruktose.

††) Der Wein hatte einen angenehmen, säuerlichen, erfrischenden Geschmack, ähnlich einem leichten Rothwein.

No.	Nähere Bezeichnung	Zeit der Untersuchung	Spec. Gewicht	100 ccm Wein enthalten Gramm: Alkohol	Extrakt	Gesammt-Säure (Weinsäure)	Flüchtige Säure (Essigsäure)	Glukose	Dextrin	Glycerin	Mineral-stoffe	Kali	Ameisen-säure	Analytiker
10	Bassiawein*) . . .	1887	—	3,82	1,70	0.62	—	—	—	—	0,21	0,100	Spuren	A. Klinger u. A. Bujard 1)
11	Rhabarberwein**) Selbst dargestellt .	1895	—	3,94	2,41	Aepfelsäure 0,75	—	—	—	0,55	0,40	—	Oxalsäure 0,067	R. Otto 2)
12	Rhabarberwein**) Handelswein	„	0,9971	7,07	2,40	0,54	—	—	—	—	—	—	0	R. Otto 2)

Alkoholische Getränke Japans.

Sake (Reiswein).***)

No.	Nähere Bezeichnung	Zeit der Untersuchung	Spec. Gewicht	Alkohol	Extrakt	Milchsäure	Flüchtige Säure	Glukose	Dextrin	Glycerin	Mineralstoffe	Kali	Ameisensäure	Analytiker
1	Sake Oiran	1884	0,9902 (17° C.)	12,12	2,86	0,38	—	0,55	0,22	0,95	0,100	—	—	K. Nagai u. J. Murai 3)
2	Clear Sake foom Uwosaki (Settsu)	„	0,9854 (27,5° C.)	13,80	2,94	0,36	—	0,63	0,20	0,81	0,060	—	—	K. Nagai u. J. Murai 3)
3	Clear Sake foom Imatsu (Settsu)	„	0,9897 (27,5° C.)	9,60	2,64	0,53	—	0,54	0,17	0,65	0,050	—	—	K. Nagai u. J. Murai 3)
4	Sake Masamune . . .	„	0,9930	12,33	3,74	0,24	0,006	—	—	—	—	—	—	O. Kellner 4)
5	Sake Oiran	„	0,9992	12,61	4,03	0,24	0,083	—	—	—	—	—	—	O. Kellner 4)
6	Sake Hayarimasu . .	„	0,9900	14,63	2,76	0,09	0,040	—	—	—	0,056	—	—	O. Kellner 4)
	Mittel	—	**0,9913**	**12,52**	**3,16**	**0,31**	**0,043**	**0,57**	**0,20**	**0,80**	**0,067**	—	—	

Sonstige alkoholische Getränke.

No.	Nähere Bezeichnung	Zeit der Untersuchung	Spec. Gewicht	Alkohol	Extrakt	Weinsäure	Milchsäure	Glukose	Stärke	Glycerin	Mineralstoffe	Kali	Ameisensäure	Analytiker
7	Mirin 0)	1884	1,1210	12,15	43,21	—	—	36,21	—	—	0,087	—	—	O. Kellner 4)
8	Shirosake	„	1,1790	6,97	5,32	—	—	1,11	4,08	—	0,069	—	—	O. Kellner 4)
9	Weisser Kofuwein . .	„	0,9941	8,26	0,17	0,05	—	—	—	—	0,010	—	—	O. Kellner 4)
10	Sakurada-Bier	„	1,0030	5,60	0,33	—	0,188	—	—	—	0,021	—	—	O. Kellner 4)

1) Repert. analyt. Chem. 1887, **7**, 411.
2) Landw. Jahrb. 1895, **24**, 273.
3) Japan. International health Exhibitation. London 1884, 29.
4) Mittheil. d. deutschen Gesellsch. für Natur- u. Völkerkunde Ostasiens. **4**, No. 35.

*) Der Wein wurde von Klinger u. Bujard durch Vergährenlassen eines mit 2 l Wasser aus 250 g Bassia-Blüthen gewonnenen Extraktes hergestellt. Die Blüthen der Bassia oleracea (Butterbaum), aus welchen in Indien ein alkoholisches Getränk hergestellt wird, enthielten 16,93 % Wasser und 2,91 % Mineralstoffe mit 0,84 % Kali; 100 g getrocknete Blüthen lieferten 89,1 g Extrakt mit 58,32 g Zucker, 1,7 g Weinsäure und 1,8 g Mineralstoffen. Der Wein hatte einen unangenehmen Geruch und Geschmack.

**) Der selbst dargestellte Wein war ohne jeden Zusatz aus den Blattstielen verschiedener Rhabarberarten gewonnen. Nach Zusatz von 0,72 g Calciumkarbonat wurde derselbe vollständig oxalsäurefrei und enthielt 2,13 g Extrakt und 0,344 g Asche. Der Handelswein von Metzner in Neustadt (O.-S.) war mit Hülfe von Zucker hergestelllt.

***) Zur Bereitung des Sake benutzt man nach O. Kellner, Y. Mori u. M. Nagaoka (Zeitschr. physiol. Chem. 1890, **14**, 297) in Japan eine eigenthümliche, Stärke zu Glukose umbildende (Invertase enthaltende) Substanz, das Koji, welches aus gedämpftem, von der Kleie befreitem Reis besteht, auf dem durch künstliche Aussaat der Sporen von Eurotium oryzae Ahlburg ein weisses, die einzelnen Körner verfilzendes Mycel zur Entwicklung gebracht wird. Zur Gewinnung von Alkohol selbst wird statt Reis- auch Gersten-Koji verwendet.

Die Zusammensetzung des Koji ist in Procenten folgende:

Nähere Bezeichnung	Wasser	Stickstoff-Subst.	Fett	Maltose	Glukose	Stärke + Dextrin	Rohfaser	Mineralstoffe	Flüchtige Säure (Essigs.)	Nichtflücht. Säure (Milchs.)	In kaltem Wasser lösliche Stoffe	Gesammt-Stickstoff	Reinproteïn-Stickstoff	Ammoniak
Reis, gedämpft, mit Sporen . . .	39,16	7,81	2,23	—	Spur	87,97	1,05	0,94	—	—	3,63	1,249	1,227	—
Reis-Koji, fertiger	31,77	8,97	7,21	6,05	4,07	70,97	1,60	1,13	0,079	0,351	38,52	1,436	1,246	0,020
Gerste, gedämpft, mit Sporen . .	49,01	10,79	1,19	—	0,68	84,63	1,52	1,19	—	—	6,50	1,726	1,621	—
Gersten-Koji, fertiger	42,74	12,92	4,74	11,03	0,22	64,62	4,53	1,94	0,003	0,516	37,92	2,067	1,768	0,024

0) Bei der Bereitung des Mirin, eines süssen Getränkes, vermischt man gekochten Klebreis mit dem invertirenden Ferment der Sake (Koji, das durch Aussaat von Sporen auf gekochten Reis erhalten wird), und setzt in verschiedenen Perioden Alkohol (Shochin) zu, um die durch Inversion aus der Reisstärke entstandene Maltose und Glukose vor alkoholischer Gährung zu schützen.

Branntweine und Liqueure.*)

Gewöhnliche (Korn- und Kartoffel-) Trinkbranntweine.

I. Gewöhnliche deutsche Branntweine.

1. Eugen Sell (Arb. Kaiserl. Gesundh.-Amt. 1888, 4, 109) untersuchte 265 Trinkbranntweine des Kleinhandels aus verschiedenen Teilen Deutschlands und fand:

		Mittel	Schwankungen		Mittel	Schwankungen
Alkohol	Vol.-%	39,39	21,58—77,68	Fuselöl (Vol.-%)	0,113	0—0,582
	Gew.-%	33,03	17,57—70,89			

Von den 265 untersuchten Proben waren 33 oder 12,4 % fuselfrei. Auf Alkohol berechnet, ergab sich als niedrigster Gehalt 0,034 Vol.-% Fuselöl und als höchster Gehalt 1,177 Vol.-%.

Für Rohsprit und die daraus dargestellten Prima- und Weinsprite einer Spritfabrik wurde gefunden:

Rohsprit			Primasprit			Weinsprit		
Alkohol		Fuselöl	Alkohol		Fuselöl	Alkohol		Fuselöl
Vol. %	Gew. %	Vol. %	Vol. %	Gew. %	Vol. %	Vol. %	Gew. %	Vol. %
88,55	83,81	0,20	91,16	87,17	—	96,57	94,66	—

Ferner wurden 8 Proben Kornbranntwein verschiedenen Alters und verschiedener Fabrikationsstadien aus einer Nordhäuser Brennerei mit folgendem Ergebnisse untersucht:

		Alkohol Vol.-%	Alkohol Gew.-%	Fuselöl Vol.-%
1.	Sehr alter, besonders gepflegter, „uralter" Kornbranntwein, gewonnen aus lutterhaltigem Branntwein, der sich durch langes Lagern auf Eichenholzgebinden gut entwickelt hatte	45,49	38,29	—
2.	„Sehr alter Branntwein," bestehend aus 17—20-procentigem Lutter, welcher durch nochmaliges Ueberdestilliren mit feinstem Kartoffelsprit (sog. Weinsprit) auf 46 % gebracht worden war	46,14	38,89	—
3.	Alter, ganz reiner Kornbranntwein, gewonnen durch nochmaliges Destilliren von Lutter ohne Zusatz von Sprit und sog. „Probe"; derselbe diente zum Verschnitt	45,23	38,07	0,202
4.	Jüngerer, ganz reiner Kornbranntwein, gewonnen und verwendet wie No. 3	46,35	39,08	0,155
5.	Gewöhnlicher Branntwein zum Verbrauch mit Gewürz und „Probe"	42,63	35,71	—
6.	Desgl.	42,61	35,69	—
7.	Desgl., mit karamelisirtem Zucker gefärbt	42,87	35,93	—
8.		42,56	35,65	—

Zur Bestimmung des Fuselöles wurde das Verfahren von Röse in der Abänderung von Stutzer und Reitmair zu Grunde gelegt und für den Schüttelapparat diejenige Form gewählt, welche ihm von Herzfeld gegeben worden ist. Gleichzeitig wurden die Branntweine auf Farbe, Geruch und Reaktion geprüft; bezl. dieser Untersuchungsergebnisse sei auf das Original verwiesen.

---

*) Einige ältere Analysen verschiedener Branntweine liegen vor von H. Grouven (Vorträge über Agrikulturchemie 1872, I, 425).

2. Branntweine des Kleinbetriebes. Von Behrend (Zeitschr. Spiritus-Industrie 1890, 13, 273; Vierteljahresschr. Nahrungs- u. Genussm. 1890, 5, 493).

No.	Bezeichnung des Branntweins		Alkohol Vol.-%	Alkohol Gew.-%	Fuselöl im Branntwein Vol.-%	Fuselöl im absoluten Alkohol Vol.-%	Säure (Essigsäure) g in 100 ccm	Kupfer mg in 1 l	Aldehyd-Reaktion	Furfurol-Reaktion
1	Branntwein aus Kartoffeln	1	43,1	36,2	0,135	0,313	0,013	0	schwach	0,005
2		2	57,8	50,0	0,097	0,167	0,020	〉10	0	Spur
3		3	42,1	35,2	0,119	0,283	0,026	8—10	0	„
4		4	42,2	35,4	0,127	0,300	0,028	4—6	0	„
5		5	47,7	40,4	0,142	0,297	0,022	4—6	0	„
6		6	62,5	54,7	0,090	0,143	0,030	6—8	0	0
7		7	51,7	44,1	0,201	0,387	0,059	0	0	Spur
8		8	47,2	39,9	0,109	0,230	0,004	0	0	0,003—0,004
9		9	46,6	39,4	0,142	0,303	0,009	0	0	0
10		10	49,2	41,8	0,122	0,263	0,024	0	0	0
11		11	41,4	34,6	0,176	0,423	0,004	0	sehr schwach	Spur
12		12	55,7	48,0	0,135	0,240	0,017	6—8		0
13		13	50,5	43,0	0,080	0,157	0,024	0	0	0
		Mittel	49,1	41,7	0,129	0,270	0,022	—	—	—
14	Branntwein aus Dinkel	1	42,6	35,7	0,306	0,700	0,007	0	zieml. stark	0,005—0,01
15		2	57,4	49,6	0,156	0,270	0,007	0	0	0,005
16		3	52,4	44,8	0,299	0,567	0,020	〉10	0	0,01—0,02
17		4	47,0	39,7	0,139	0,293	0,013	6—8	0	0,005—0,01
		Mittel	49,9	42,5	0,225	0,458	0,012	—	—	—
18	Branntwein aus Mais	1	63,8	56,0	0,365	0,567	0,009	0	zieml. stark	0,003—0,004
19		2	56,9	49,1	0,487	0,850	0,013	2—4		0
20		3	53,5	45,9	0,321	0,597	0,007	0	0	Spur
21		4	47,8	40,5	0,158	0,330	0,017	0	0	0,003—0,004
22		5	48,0	40,7	0,497	1,030	0,009	0	0	0
23		6	57,8	50,0	0,227	0,390	0,017	0	0	0,002
24		7	54,4	46,7	0,382	0,697	0,015	4—6	schwach	0
25		8	50,3	42,8	0,098	0,193	0,017	0	0	0,002
		Mittel	54,1	46,5	0,317	0,582	0,013	—	—	—
26	Branntwein aus Dari	1	56,6	48,8	0,331	0,580	0,050	4—6	stark	Spur
27		2	50,5	43,0	0,149	0,293	0,024	0	0	0
28		3	48,9	41,5	0,066	0,133	0,004	0	0	0
29	Branntwein aus Roggen . .		56,6	48,5	0,487	0,860	0,011	2—4	zieml. stark	0
30	„ „ Reis . . .		54,3	46,6	0,310	0,567	0,009	0	0	0,002
	Branntwein aus Gemischen:									
31	100 kg Kartoffeln 11 kg Dinkel		36,9	30,6	0,063	0,170	0,009	0	0	0,005
32	165 „ „ 10 „ Weizen		44,5	37,4	0,164	0,367	0,024	0	0	Spur
33	260 „ „ 5 „ Hafer		48,2	40,8	0,144	0,297	0,022	2—4	schwach	„
34	112,5 kg Mais 50 „ Gerste		55,2	47,5	0,178	0,320	0,009	0	„	0,003—0,004

Untersuchungs-Verfahren: Fuselöl nach Röse; Säure durch Titration mit Barytlauge; Kupfer mit Ferrocyankalium nach Nessler u. Barth vergl. unten S. 1423, Anm. *); Aldehyd mittels salzsauren Metaphenylendiamins nach W. Windisch (Zeitschr. Spiritus-Industrie 1886, **9**, 519; Vierteljahresschr. Nahrungs- u. Genussm. 1886, **1**, 375); Furfurol mittels frisch destillirten farblosen Anilins und Salzsäure.

3. Wacholderbranntwein.

Analysen von M. Mansfeld (11. Bericht d. Untersuchungsanstalt d. allgem. österr. Apoth.-Vereins 1898/99, S. 2; Zeitschr. Nahrungsm.-Unters., Hyg. u. Waarenk. 1895, 9, 317; Zeitschr. angew. Chem. 1898, 449).

No.	Nähere Bezeichnung	Zeit der Untersuchung	Alkohol Vol.-%	In 100 ccm natürlichem Branntwein: Extrakt mg	Säuren mg	Aldehyde mg	Furfurol mg	Höhere Alkohole mg	Ester mg	Basen mg	Auf 100 ccm absoluten Alkohol: Säuren mg	Aldehyde mg	Furfurol mg	Höhere Alkohole mg	Ester mg	Basen mg	Gesammt-Verunreinigungen g
1	Wachholder . .	1895	55,08	17,0	30,0	12,1	0,7	101,7	91,5	0,1	54,5	21,9	1,2	184,6	166,1	0,2	0,33
2	Borowicka . .	1897	42,51	49,0	4,8	7,0	0,5	96,5	45,4	—	11,3	16,5	1,2	227,1	106,8	—	0,36
3	Aus Salzburg .	„	42,69	15,2	69,6	17,8	1,7	241,9	151,5	—	163,0	41,7	3,9	566,6	354,8	—	1,13
4	Ohne nähere Bezeichnung . .	1898	46,79	—	96,0	7,0	0,9	285,9	188,3	—	205,1	14,9	1,9	610,9	402,3	—	1,24
	Mittel	—	**46,77**	**27,1**	**50,1**	**11,0**	**0,9**	**181,5**	**119,2**	**0,1**	**108,5**	**23,8**	**2,1**	**397,3**	**257,5**	**0,2**	**0,77**

B. Franz (Zeitschr. Nahrungsm.-Unters., Hyg. u. Waarenk. 1892, 6, 73; Vierteljahresschr. 1892, 7, 69) fand für mährischen Wacholderbranntwein bester Sorte folgende Zusammensetzung:

Spec. Gewicht bei 15,5°	Alkohol	Extrakt	Säure (Essigsäure)	Mineralstoffe
0,9430	45,41 Vol.-%	0,0272 %	0,0580 %	0,0169 %

Die Mineralstoffe enthielten deutliche Spuren von Kupfer. Die Reaktion auf Aldehyd und Furfurol war stark.

Ueber Herstellung von Branntwein aus Wacholderbeeren vergl. P. Behrend, (Zeitschr. Spiritus-Industrie 1890, **13**, No. 36; Centrbl. Agric.-Chem. 1891, **20**, 345).

II. Whisky.

1. Fr. Wyatt theilt (American analyst 1886, 455) folgende Analyse (No. 1) des amerikanischen Whisky's mit, welcher zwei weitere (Ebendort 1886, 366 mitgetheilte) Analysen (No. 2 und 3) hinzugefügt seien.

	No. 1
Spec. Gewicht bei 60° F.	0,9500
Aethylalkohol	46,00 %
Propyl-, Butyl-, Amyl- Alkohol	4,87 „
Aethyläther	5,08 „
Ameisen-, Capron-, Capryl- Säure	0,58 „
Wasser, Zucker, Gerbstoff	43,47 „

	No. 2 Neuer	No. 3 4 Jahre alt
Spec. Gewicht	1,0114	1,0922
Propylalkohol	2,13	1,10
Butyl- „	1,08	0,81
Amyl- „	2,08	1,02
Aethyläther	4,11	8,31
Capronsäure	0,06	0,13
Caprylsäure	0,04	0,02
Ameisensäure	0,52	0,28
Kupfer	Spur	—

Ob die Zahlen bei No. 2 u. 3 sich auf 1 l oder 100 Volum- (bezw. Gewichts-) Theile beziehen, ist aus der Quelle nicht ersichtlich.

2. X. Rocques (Bull. Soc. Chim. 50, 157; Zeitschr. angew. Chem. 1888, 531) fand (Vol.-% bezw. g in 100 ccm):

	Alkohol	Extrakt	Säure	Furfurol
Natürlicher Whisky . . .	61,9 Vol.-%	0,036	0,027	0,00018
Künstlicher „ . . .	50,0 „	0,020	—	Spur

3. Cl. Richardson (Amer. Chem. Journ. 6, 425) fand den Alkoholgehalt des Whisky zwischen 42—44 %; ein 6 Monate alter Branntwein hatte 0,034 %, ein 4—5 Jahre alter 0,2 % feste Bestandtheile.

4. Ph. Schidrowitz (Journ. Soc. Chem. Industr. 1902, 21, 814) untersuchte englische Whisky-Sorten des Handels mit folgenden Ergebnissen:

No.	Hergestellt aus	Alter	Alkohol Vol.-%	Auf 100 ccm absoluten Alkohol kommen mg: Extrakt	Flüchtige Säure (Essigsäure)	Nichtflüchtige Säure (Weinsäure)	Gesammtester	Höhere Alkohole	Furfurol	Sonstige Aldehyde
1	Malz	frisch	62,6	16,3	14,3	0	90,0	263,3	3,4	3,0
2	„	„	63,5	10,0	9,4	0	82,3	94,3	3,5	19,8
3	„	„	62,2	27,0	25,4		—	199,4	6,2	11,4
4	Roggen	„	52,4	17,3	0	0	56,2	84,9	—	5,9
5	„	„	70,6	7,0	0	0	47,6	67,7	—	3,7
		Jahre								
6	Malz	4	60,4	316,1	28,1	21,5	112,7	182,0	1,8	13,2
7	„	4	60,5	264,2	31,3	34,6	96,0	265,9	3,0	29,6
8	„	4	60,5	122,0	61,1	11,5	111,0	160,8	2,8	35,2
9	„	5	59,7	22,4	20,1	5,0	109,4	148,3	3,7	21,3
10	„	4	60,5	29,1	31,1		—	258,0	4,3	13,5
11	Roggen	3	60,3	124,6	3,3	Spur	69,4	76,2	—	12,8
12	„	5	59,1	164,7	13,5	5,1	72,4	77,4	—	9,1

Die Proben No. 6, 9, 10 u. 11 hatten in gewöhnlichen Fässern, die Proben No. 7, 8 u. 12 dagegen in alten Sherry-Fässern gelagert.

Untersuchungs-Verfahren: Höhere Alkohole nach Allen-Marquardt; Aldehyde mittels Rosanilinsulfit; Furfurol mittels Anilinacetat.

Sonstige Analysen von Branntweinen.

1. O. Reinke (Zeitschr. Spiritus-Industr. 1898, 21, 437; Zeitschr. Nahrungs- u. Genussm. 1899, 2, 466) untersuchte sechs bei Gastwirthen entnommene Branntweine, die nur 17,94—23,83 Vol.-% Alkohol enthielten.
2. M. G. Filow (Farmazeft 1900, 8, 653; Zeitschr. Nahrungs- u. Genussm. 1901, 4, 422) und W. Fawr (Westnik obshtshest. gigienyi 1900, 10, 1548; Zeitschr. Nahrungs- u. Genussm. 1901, 4, 423) untersuchten russische Monopol-Branntweine.
2. P. M. Butjagin (Technolog. 1901, 4, 4; Chem.-Ztg. 1902, 26, Rep. 85) untersuchte den „Chanchin", einen chinesischen Branntwein.

Edelbranntweine.*)

Arrak.

No.	Nähere Bezeichnung	Zeit der Untersuchung	Spec. Gewicht	Alkohol Vol.-%	Alkohol Gew.-%	Extrakt g in 100 ccm	Säure (Essigsäure) g in 100 ccm	Mineralstoffe g in 100 ccm	Analytiker
1	Ohne nähere Bezeichnung . . .	—	0,9158	60,50	52,50	0,082	—	0,024	*J. König* [1])
2	Batavia-Arrak	1890	0,9132	59,98	52,14	0,057	0,164	0,004	*W. Fresenius* [2])
3	Desgl. mit 1/6 feinstem Sprit . . .	„	0,9139	59,68	51,83	0,061	0,110	0,007	
4	Soerabaya-Arrak	„	0,9141	59,59	51,75	0,141	0,079	0,015	

[1]) Original-Mittheilung.
[2]) Zeitschr. analyt. Chem. 1890, 29, 283.
*) Ueber weitere Analysen von Edelbranntweinen vergl. die „Nachträge".

Eugen Sell (Arb. Kaiserl. Gesundh.-Amt 1891, 7, 210) untersuchte 5 Proben echten Arraks, welche von der Firma H. Segnitz in Bremen zur Verfügung gestellt wurden und von denen No. 1—4 den ersten Arrak-Brennereien in Batavia entstammten, während die Probe No. 5 ein Küstenarrak war. Die Ergebnisse der Untersuchung waren folgende:

No.	Nähere Bezeichnung	Spec. Gewicht	Alkohol		Extrakt	Invertzucker	Saccharose	Mineralstoffe	Freie Säuren				Aethylester der			
									Ameisensäure	Essigsäure	Buttersäure	Caprinsäure	Ameisensäure	Essigsäure	Buttersäure	Caprinsäure
		15,5°	Vol.-%	Gew.-%	mg in 100 ccm											
1	Batavia-Arrak 1	0,9215	56,55	48,74	84	17	4	14	10	84	6	5	13	276	9	8
2	Batavia-Arrak AP	0,9156	58,62	50,77	72	7	0	4	9	125	11	7	5	148	5	9
3	Batavia-Arrak KWT (einjährig) .	0,9156	58,63	50,78	65	14	0	6	13	144	6	8	10	224	8	11
4	Batavia-Arrak KWF (zweijährig)	0,9157	58,63	50,78	78	4	17	16	19	167	Spur	7	9	208	Spur	13
5	Cheribon-Arrak . .	0,9174	58,11	50,27	73	0	0	28	2	61	2	5	2	67	2	6

E. Beckmann (Zeitschr. Nahrungs- und Genussm. 1899. 2, 709) fand in zwei Arrak-Proben (g in 100 ccm):

	Spec. Gewicht (15°)	Freie Säure	Estersäure	Höhere Alkohole (Amylalkohol)
Batavia-Arrak O. G. B.	0,9140	0,0780	0,125	0,223
„ „Mandarinen" von Brems u. Co. in Bremen	0,9150	0,0782	0,283	0,207

Ueber Arrak-Façon vergl. E. Polenske (Arb. Kaiserl. Gesundh.-Amt 1890, 6, 518).

Rum.

No.	Nähere Bezeichnung	Zeit der Untersuchung	Spec. Gewicht	Alkohol		Extrakt	Invertzucker	Saccharose	Säure (Essigsäure)	Mineralstoffe	Analytiker
				Vol.-%	Gew.-%	g in 100 ccm					
1	Ohne nähere Bezeichnung .	—	0,9378	51,4	43,5	1,260	—	—	—	0,059	*J. König*[1])
2	Jamaika-Rum aus den Docks in London	1881	0,8850	61,38	53,20	0,668	—	—	—	0,023	*H. Beckurts*[2])
3	Jamaika-Rum „ „ „ „ Glasgow	„	0,8750	61,38	53,20	4,800	—	—	—	0,089	
4	Jamaika-Rum „ Bremen	„	0,8750	74,07	66,83	0,568	—	—	—	0,031	
5	Jamaika-Rum direkt bezogen . . .	„	0,9100	51,33	43,47	2,047	—	—	—	0,098	
6	Natürlicher Rum	1887	—	50,60	—	0,330	—	—	0,102	—	*X. Rocques*[3])
7	Jamaika-Rum aus Bremen .	1889	0,868	72,25	—	1,029	—	—	0,150	0,035	*H. Brunner*[4])
8	Demerara-Rum	„	0,8861	65,79	57,24	0,671	0,160	—	—	0,072	*H. Richter*[5])
9	Aus Berlin	„	0,8868	66,03	58,24	0,709	0,131	—	—	0,014	
10	Aus Berlin	„	0,8788	68,54	60,38	0,511	0,077	—	—	0,086	
11	Verschnitt-Rum	„	0,9267	50,45	42,52	0,430	—	—	—	0,015	
					g in 100 ccm						
12	Echter Jamaika-Rum .	1890	0,8735	77,00	69,97	0,680	0,368	0,132	0,089	0,007	*W. Fresenius*[6])
13	Echter Jamaika-Rum .	„	0,8735	76,58	69,61	0,611	0,324	0,005	0,093	0,006	
14	Echter Jamaika-Rum .	„	0,8811	73,28	66,02	0,339	0,144	0,033	0,139	0,007	
15	Desgl. mit 1/6 feinstem Sprit	„	0,8745	75,83	68,83	0,495	0,257	0,010	0,089	0,005	

[1]) Original-Mittheilung.
[2]) Hannoversche Zeitschr. wider die Nahrungsfälscher 1881, 104.
[3]) Bull. Soc. Chim. Paris 1888 [2], 50, 157; Zeitschr. angew. Chem. 1888, 531.
[4]) Schweizer. Wochenschr. Chem. u. Pharm. 1889, 27, 61.
[5]) Zeitschr. landw. Gewerbe 1889, 9, 11; Vierteljahresschr. Nahrungs- u. Genussm. 1889, 4, 80.
[6]) Zeitschr. analyt. Chem. 1890, 29, 283.

No.	Nähere Bezeichnung	Zeit der Untersuchung	Preis für 1 l M.	Alkohol Vol.-%	Alkohol Gew.-%	Extrakt	Ameisensäure-Ester	Sonstige Ester (Essigsäure)	Säure (Essigsäure)	Mineralstoffe	Analytiker
						g in 100 ccm					
16	Martinique-Rum	1890	5,00	52,01	44,36	0,364	0,011	0,270	—	0,062	A. Scala[1])
17	Jamaika-Rum des Handels; in Rom gekauft	„	5,60	60,85	53,00	0,554	0,004	0,127	—	0,018	A. Scala[1])
18	Jamaika-Rum des Handels; in Rom gekauft	„	2,00	43,13	36,17	0,194	0,006	0,029	—	0,016	A. Scala[1])
19	Jamaika-Rum des Handels; in Rom gekauft	„	2,40	34,69	28,69	2,047	0,006	0,081	—	0,011	A. Scala[1])
20	Jamaika-Rum des Handels; in Rom gekauft	„	3,20	47,89	40,50	0,810	0,001	0,128	—	0,028	A. Scala[1])
21	Jamaika-Rum des Handels; in Rom gekauft	„	2,40	47,02	39,70	0,996	0,005	0,065	—	0,012	A. Scala[1])
22	Jamaika-Rum des Handels; in Rom gekauft	„	2,00	38,89	32,37	2,212	—	0,022	—	0,012	A. Scala[1])
23	Jamaika-Rum des Handels; in Rom gekauft	„	3,20	52,91	45,23	0,654	0,008	0,051	—	0,020	A. Scala[1])
			Spec. Gew.		g in 100 ccm		Invertzucker	Gesammt-Ester [Essigsäure-Ester]			
24	Arguardente aus Muskovado-Melasse (Cuba)	„	0,924	—	47,3	0,016	0	0,208	0,034	0,005	A. Herzfeld[2])
25	St. Lino-Alkohol aus Centrifugen-Melasse, Sa. Clara (Cuba) .	„	0,812	—	94,0	0,006	0	0,248	0,006	0,002	A. Herzfeld[2])
26	Arguardente (Habanna) aus derselb. Fabrik	„	0,923	—	47,9	0,009	0	0,082	0,094	0,006	A. Herzfeld[2])
27	„ Refino (Habanna) aus derselb. Fabrik	„	0,870	—	71,0	0,009	0	0,046	0,048	0,002	A. Herzfeld[2])
28	„ „ (Habanna) aus derselb. Fabrik	„	0,903	—	56,9	0,018	Spur	0,256	0,088	0,011	A. Herzfeld[2])
29	Aus Kingston (Jamaika) weiss, unverfälscht	„	0,857	—	76,3	0,002	0	1,974	0,072	0,001	A. Herzfeld[2])
30	Aus Muskovado-Melasse (Habanna)	„	0,927	—	46,0	0,021	0	0,240	0,122	0,012	A. Herzfeld[2])
31	Desgl. bei 30° gewonnen . .	„	0,884	—	65,1	0,094	Spur	0,506	0,078	0,026	A. Herzfeld[2])
32	Sa. Clara (Cuba)	„	0,813	—	93,4	0,018	0	0,088	0,010	0,003	A. Herzfeld[2])
33	Arguardente (Cuba) aus derselben Fabrik	„	0,924	—	47,3	0,006	0	0,062	0,052	0,003	A. Herzfeld[2])
34	Rum (Cuba) aus derselben Fabrik	„	0,876	—	67,8	0,014	0	0,076	0,026	0,005	A. Herzfeld[2])
35	Alkohol-Rum (Cuba) aus derselben Fabrik	„	0,823	—	90,0	0,012	0	0,114	0,004	0,002	A. Herzfeld[2])
36	Jamaika-Rum	„	0,856	—	76,9	0,036	0	0,208	0,010	0,001	A. Herzfeld[2])

Sonstige Untersuchungen.

1. E. Mohler (Compt. rend. 1891, **112**, 53; Chem.-Ztg. 1891, **15**, Rep. 13) fand für 1875-er Jamaika-Rum und Kunst-Rum folgende Zusammensetzung (Vol.-% bezw. mg in 100 ccm):

	Alkohol Vol.-%	Extrakt	Säure (Essigsäure)	Ester (Essigester)	Aldehyde (Acetaldehyd)	Furfurol	Höhere Alkohole (Isobutylalkohol)	Ammoniak u. Amide (NH_3)	Pyridinbasen u. Alkaloide (NH_3)
Jamaika-Rum . .	50,6	376	96	105,6	12,0	2,3	34,0	0,3	1,2 mg
Kunst-Rum . .	44,6	348	6	2,6	2,6	0,2	8,0	0,3	1,3 „

2. A. Scala[1]) fand in Kunst-Rum 55,83 Vol.-% Alkohol, 0,026 Vol.-% Ameisensäure-Ester 0,160 Vol.-% sonstige Ester (Essigsäure-Ester).

Scala untersuchte ferner auch fünf Rum-Essenzen, die 0,46—1,36 Vol.-% Ameisensäure-Ester, und 6,11—26,90 Vol.-% sonstige Ester enthielten.

3. Eugen Sell (Arb. Kaiserl. Gesundh.-Amt 1891, **7**, 210) untersuchte eine Anzahl Rumproben, welche Fässern entnommen waren, die direkt aus dem Ursprungslande an die Firma H. Segnitz in

[1]) Atti della R. Academia Medica di Roma 1890 [2], **5**, Sonderabdruck; vergl. auch Arb. kaiserl. Gesundh.-Amt 1898, **8**, 291.
[2]) Zeitschr. Zuckerindustrie 1890, **40**, 645; vergl. Arb. Kaiserl. Gesundh.-Amt 1893, **8**, 290.

Bremen gesandt waren. Die Proben sind Typen des im Handel vorkommenden echten Rums. Die Zusammensetzung ist folgende:

No.	Sorte	Nähere Bezeichnung	Spec. Gewicht 17,5°	Alkohol		Extrakt	Invertzucker	Saccharose	Mineralstoffe	Freie Säuren: Ameisensäure	Freie Säuren: Essigsäure	Freie Säuren: Buttersäure	Freie Säuren: Caprinsäure	Aethylester der: Ameisensäure	Aethylester der: Essigsäure	Aethylester der: Buttersäure	Aethylester der: Caprinsäure
				Vol.-%	g in 100 ccm					mg in 100 ccm							
1	Jamaika-Rum	1	0,8808	74,30	67,09	0,536	0,199	0,087	0,010	9	72	4	5	17	251	5,0	12
2	Jamaika-Rum	2	0,8806	74,04	66,82	0,423	0,104	0,017	0,007	7	78	3	4	17	310	6,0	9
3	Jamaika-Rum	3	0,8809	74,44	67,25	0,704	0,265	0,097	0,001	9	91	4	11	19	612	8,0	27
4	Jamaika-Rum	LF (sehr dick)	0,8789	74,65	67,47	0,684	0,270	0,076	0,009	7	68	5	8	15	502	2,3	12
5	Jamaika-Rum	TG (ordinär)	0,8665	79,06	72,46	0,782	0,216	0,240	0,010	4	47	2	5	22	405	6,2	8
6	Jamaika-Rum	C (früchtig)	0,8760	75,89	68,87	0,842	0,406	0,141	0,016	3	58	3	4	19	428	6,4	9
7	Jamaika-Rum	MNF	0,8785	74,91	67,77	0,555	0,254	0,098	0,012	8	59	7	5	14	472	7,3	8
8	Jamaika-Rum	FAJR (Ananas)	0,8721	77,04	70,17	0,270	0,036	0,083	0,004	7	55	9	12	14	426	16,4	22,3
9	Jamaika-Rum	LGC (zart)	0,8783	75,04	67,92	0,391	0,176	0,064	0,008	9	81	7	7	17	542	11,0	13
10	Cuba-Rum	1 (weiss)	0,8780	74,74	67,58	0,063	0	0	0,004	12	105	3	3	14	511	5,0	8
11	Cuba-Rum	Los Caños (weiss)	0,8793	73,73	66,48	0,030	0	0	0,002	6	56	11	4	10	92	10,3	6
12	Cuba-Rum	S. Antonio „	0,8756	75,29	68,19	0,046	Spur	Spur	0,004	3	78	Spur	5	8	363	Spur	5
13	Demerara-Rum	1	0,8792	74,72	67,56	0,549	0,168	0,021	0,020	12	72	7	4	18	297	6,0	9
14	Demerara-Rum	PM (dunkel)	0,8776	75,21	68,10	0,698	0,260	0,082	0,035	11	65	9	5	23	179	6,3	6

4. K. Windisch (Arb. Kaiserl. Gesundh.-Amt 1893, 8, 278) macht Angaben über die Zusammensetzung von 13 Rumproben, welche unter amtlicher Vermittelung an dem Gewinnungsort entnommen und sogleich auf Flaschen gefüllt waren. Die Proben stellen wirklichen Roh-Rum dar, der ganz oder nahezu farblos war und nur sehr geringe Mengen Extrakt enthielt. Die Ergebnisse der Untersuchung waren folgende:

No.	Herkunft	Spec. Gewicht bei 15,5°	Alkohol	Freie Säuren: Ameisensäure	Freie Säuren: Essigsäure	Freie Säuren: Buttersäure	Freie Säuren: Caprinsäure	Aethylester der: Ameisensäure	Aethylester der: Essigsäure	Aethylester der: Buttersäure	Aethylester der: Caprinsäure	Fuselöl nach Röse
			Gew.-%	mg in 100 g								Vol.-%
1	Jamaika (Kingston)	0,8581	76,02	0	137	6	9	0	1847	56	23	0
2	„	0,8567	76,57	+	11	+	1	4	61	5	4	0
3	Habanna	0,9281	45,53	0	147	7	7	0	143	12	10	0
4	Cuba	0,9252	46,82	7	69	7	2	5	32	4	2	0,031
5	„	0,9249	46,95	2	39	3	2	2	21	2	3	0
6	Habanna	0,9239	47,42	+	86	+	+	+	82	+	4	0
7	„	0,9041	56,27	+	82	+	4	9	206	17	12	0
8	Cuba	0,8848	64,66	0	63	8	5	0	166	13	7	(— 0,022)
9	„	0,8782	67,48	4	29	3	2	7	68	9	3	0,026
10	Habanna	0,8712	70,38	+	44	+	+	+	41	+	+	0
11	Cuba	0,8245	89,35	+	4	+	+	7	95	6	3	0
12	„	0,8143	93,08	0	14	+	1	0	5	+	1	(— 0,031)
13	„	0,8138	93,28	0	4	+	+	0	8	+	1	0

Anmerkung: Bezüglich der Untersuchungs-Verfahren muss auf das Original verwiesen werden. Die Angabe + bedeutet, dass die betreffende Verbindung qualitativ nachgewiesen werden konnte, aber nicht hinreichende Substanzmengen zur Verfügung standen, um dieselbe quantitativ zu bestimmen.

Bei den Fuselöl-Bestimmungen bedeuten (—0,022) und (—0,031), dass bei der Chloroform-Ausschüttelung keine Vermehrung, sondern eine Verminderung des Chloroform-Volumens stattfand und die Verminderung dem angegebenen „negativen" Fuselölgehalt entsprach.

5. E. Beckmann (Zeitschr. Nahrungs- u. Genussm. 1899, 2, 708) fand für drei Rumproben aus zuverlässigen Quellen folgende Zusammensetzung (Vol.-% bezw. g in 100 ccm):

	Jamaika-Rum von	Spec. Gew. (15°)	Alkohol Vol.-%	Extrakt	Mineral-stoffe	Freie Säure	Ester-säure	Höhere Alkohole (Amylalkohol)
1.	Segnitz u. Co. in Bremen	0,8653	66,24	0,715	0,0075	0,051	0,337	0,261
2.	Segnitz u. Co. in Bremen	0,8768	61,82	0,802	0,0078	0,087	0,275	0,253
3	Schimmel u. Co. in Leipzig	0,8638	65,72	—	—	0,102	0,518	0,270

Ueber die Untersuchungs-Verfahren vergl. die Originalarbeit.

6. Rum-Analysen von M. Mansfeld (Zeitschr. Nahrungsm.-Unters., Hyg. u. Waarenk. 1895, 9, 317 und Berichte der Untersuchungsanstalt für Nahrungs- u. Genussm. d. Allg. österr. Apoth.-Vereins zu Wien 1897/98 u. 1900/01.

No.	Nähere Bezeichnung	Zeit der Untersuchung	Alkohol	In 100 ccm natürlichem Branntwein:							Auf 100 ccm absoluten Alkohol:						
				Extrakt	Säuren	Aldehyde	Furfurol	Höhere Alkohole	Ester	Basen	Säuren	Aldehyde	Furfurol	Höhere Alkohole	Ester	Basen	Gesammt-Verunreinigungen
			Vol.-%	g	mg	mg	mg	mg	mg	mg	mg	mg	mg	mg	mg	mg	g
1	Jamaika, echt .	1895	72,66	0,404	84,0	14,7	2,9	218,6	846,5	2,4	115,6	20,2	4,1	300,8	1165,0	3,3	1,600
2	Echtes Destillat .	„	71,36	0,510	103,2	15,5	2,3	298,8	391,7	0,2	144,6	21,7	3,2	418,7	548,9	0,3	1,140
3	Jamaika-Rum .	18 97/98	65,36	0,223	24,0	8,7	0,7	151,3	72,2	—	36,8	13,3	1,0	231,5	110,4	—	0,393
4	„ .	„	65,60	0,219	67,0	8,0	0,8	200,2	167,2	—	102,3	12,2	1,2	305,2	254,9	—	0,676
5	„ .	19 00/01	69,20	0,461	81,6	20,1	1,0	145,9	351,2	—	117,9	29,0	1,4	210,8	507,9	—	0,867
1	Rum-Verschnitt	18 97/98	65,78	0,248	43,2	4,6	0,9	100,9	191,9	—	65,7	7,0	1,5	153,4	291,7	—	0,519
2	Rum-Verschnitt	„	72,65	0,354	39,0	10,3	0,7	—	137,2	—	53,7	14,1	1,0	—	188,6	—	0,257
	Kunstprodukte.																
1	Cuba-Rum	1895	60,13	0,520	19,2	0,8	0,06	33,0	88,2	0,1	31,9	1,4	0,1	54,8	146,6	0,2	0,240
2	Cuba-Rum	18 97/98	43,30	0,253	15,0	4,1	—	40,0	91,5	—	34,6	9,5	—	92,3	211,0	—	0,343

Sonstige Rum-Analysen.

1. E. List (Repert. analyt. Chem. 1883, **3**, 33) fand in elf Rumproben des Handels 0,064—0,152 g Säure (Essigsäure) in 100 ccm. Alle Proben waren stark ameisensäurehaltig.
2. E. Polenske (Arb. Kaiserl. Gesundh.-Amt 1890, **6**, 518) berichtet über die Zusammensetzung von Rum-Façon.

Weinbranntweine (Kognak, Tresterbranntwein).

1. Echte Weinbranntweine (Kognak).

No.	Nähere Bezeichnung		Zeit der Untersuchung	Spec. Gewicht	Alkohol	Extrakt	Säure (Essigsäure)	Mineral-stoffe	Furfurol	Analytiker
					Vol.-%	g in 100 ccm			mg in 100 ccm	
1	Natürlicher von Château des Andreaux (Charente)	1836	1887	—	47,5	—	0,490	0,073	—	5,6	X. *Rocques* [1]) *)
2	Natürlicher von Château des Andreaux (Charente)	1848	„	—	51,5	—	0,330	0,078	—	4,5	X. *Rocques* [1]) *)
3	Natürlicher von Château des Andreaux (Charente)	1849	„	—	60,0	—	0,130	0,054	—	4,0	X. *Rocques* [1]) *)

[1]) Bull. Soc. Chim. **50**, 157; Zeitschr. angew. Chem. 1888, 531.

*) Zur Unterscheidung der natürlichen Branntweine von Kunstgemischen destillirt Rocques den Branntwein aus einem Kolben mit einem Lebel- und Henniger'schem Aufsatz in der Weise, dass nur Tropfen für Tropfen übergehen

No.	Nähere Bezeichnung	Zeit der Untersuchung	Spec. Gewicht	Alkohol		Extrakt	Säure (Essigsäure)	Mineral-stoffe	Invert-zucker	Saccharose	Analytiker
				Vol.-%	g in 100 ccm						
4	Ohne nähere Bezeichnung . .	—	0,8987	69,50	61,40	0,645	—	0,009	—	—	*J. König*[1])
5	Zuverlässig reine Proben von P. A. Schmölder in Frankfurt bezogen: hochfein, mehr als 15 Jahre alt	1890	0,9314	54,12	46,12	0,562	0,089	0,016	0,283	0,090	*W. Fresenius*[2])
6	desgl.	„	0,9327	52,63	44,78	0,521	0,081	0,021	—	—	
7	etwas jünger, feine Sorten	„	0,9332	52,49	44,57	1,020	0,044	0,014	0,742	0,168	
8	desgl.	„	0,9380	51,64	43,70	1,135	0,060	0,012	0,771	0,160	
9	desgl.	„	0,9393	51,78	43,76	1,483	0,030	0,005	0,702	0,617	
10	junge Sorte	„	0,9324	53,80	45,80	0,499	0,028	0,004	0,188	0,250	
11	desgl.	„	0,9378	50,45	42,71	0,461	0,026	0,004	—	—	
12	mit Zuckerkouleur gefärbt . . .	„	0,9365	51,55	43,70	0,505	0,026	0,004	—	—	
			bei 15,5° C.		g in 100 g						
13	Reiner französ. Kognak, Chât. de la Sablière, 1874-er . .	1891	0,9426	47,86	40,27	1,258	0,038	0,021	0,610	0,427	*E. Sell*[3])
14	Von angesehener Bremer Firma	.	0,9223	57,86	49,75	1,282	0,036	0,020	0,240	0,815	
15	Kalifornischer Kognak der Firma Walden	„	0,9285	53,66	45,83	0,451	0,034	0,009	0,190	0,137	
16	Kaukasischer Kognak*): Cognac de Kiselen .	1893	0,8992	—	58,52	0,439	0,062	0,001	0,002	0,199	*K. Windisch*[4])
17	Cognac de Digomm .	„	0,9274	—	45,86	0,177	0,071	0,001	0,108	0,029	
18	Cognac Elisabeth Pol	„	0,9376	—	41,25	0,969	0,064	0,010	0,131	0,756	
19	Cognac de Kurdamin	„	0,9024	—	57,08	0,046	0,067	0,001	Spur	0	
20	Aus Wiener Apotheken No. 1	1891	0,9400	49,74	—	1,45	0,040	0,015	—	—	*M. Mansfeld*[5])
21	„ 2	„	0,9423	48,90	—	1,82	0,040	0,030	—	—	
22	„ 3	„	0,9354	52,95	—	1,98	0,036	0,016	—	—	
23	„ 4	„	0,9436	49,00	—	2,07	0,036	0,029	—	—	
24	„ 5	„	0,9520	42,36	—	1,02	0,040	0,015	—	—	
25	La croix rouge	„	0,9428	48,12	—	0,26	0,032	0,008	—	—	
26	Von Berger, Volk & Co. . .	„	0,9212	58,86	—	1,46	0,029	0,002	—	—	
27	Fine Champagne von Rouyen, Guillet & Cie in Cognac . .	1894	bei 15° 0,9387	49,85	—	1,309	0,043	0,010	0,300	1,080	*M. Mansfeld*[6])
28	Echte Französische Kognaks: Aigrefeuille . .	1893	0,9080	—	54,53	0,008	—	Spuren	—	—	*Chas. F. Juritz*[7])
29	Bois	„	0,9050	—	55,91	0,017	—	„	—	—	
30	Champagne . .	„	0,9060	—	55,46	0,015	—	„	—	—	

[Fortsetzung von S. 1413.]
und die Destillation $1^1/_2$ Stunden dauert. Man sammelt 9 verschiedene Theile des Destillates von je 50 ccm, vermerkt die Temperaturen und prüft jeden dieser Antheile mit Rosanilinbisulfit, Anilinacetat, konc. Schwefelsäure, Kaliumpermanganat, und ammoniakalischem Silbernitrat.

Beim natürlichem Kognak giebt das 3., 4., 5. und 6. Destillat mit Schwefelsäure eine Rosafärbung, welche beim Erhitzen roth und dann gelbbraun wird. Die beiden ersten Antheile des Destillats riechen nach Aldehyd; die drei folgenden nur nach Alkohol. Das Bouquet findet sich in dem 6. und 7. Theil; der 8. und 9. Theil des Destillates ist trübe mit brenzlichem Geruch. Der Aldehyd- und Furfurolgehalt ist ziemlich gross, während alle künstlichen Branntwein-Gemische arm daran sind. Der geringe Gehalt der natürlichen Weintrester-Branntweine soll durch die Art der Destillation bedingt sein. Letztere Branntweine lassen sich nicht durch künstliche Mischungen von Essenzen mit Sprit herstellen; man begnügt sich damit, sie zu verschneiden.

1) Original-Mittheilung.
2) Zeitschr. analyt. Chem. 1890, **29**, 283.
3) Arb. Kaiserl. Gesundh.-Amt 1891, **6**, 335.
4) Arb. Kaiserl. Gesundh.-Amt 1893, **8**, 293.
5) Zeitschr. allgem. österr. Apoth.-Vereins 1891, No. 2 u. 3; Vierteljahresschr. Nahrungs- u. Genussm. 1891, **6**, 79.
6) Zeitschr. Nahrungsm.-Unters., Hyg. u. Waarenk. 1894, **8**, 306. Vergl. unten S. 1420 unter 13 No. 1.
7) Rep. of the Senior Analyst für 1893 und 1897. Capstadt 1894, 18 und 1897, 36.

*) Der Kognak No. 16 war 3, No. 17: 4, No. 18: 2 und No. 19: 1 Jahr alt. Vergl. auch S. 1417 unter 6.

No.	Nähere Bezeichnung	Zeit der Untersuchung	Spec. Gewicht bei 15°	Alkohol Vol.-%	Alkohol g in 100 g	Extrakt g in 100 g	Säure (Essigsäure) g in 100 g	Mineralstoffe g in 100 g	Invertzucker g in 100 g	Saccharose g in 100 g	Analytiker
31	Echter Kap-Kognak Ordinary	1893	0,9280	—	45,60	0,190	—	Spur	—	—	Chas F. Juritz [1])
32	Echter Kap-Kognak Egrot	„	0,9070	—	55,00	0,115	—	„	—	—	
33	Echter Kap-Kognak Raë	„	0,8540	—	77,76	0,050	—	„	—	—	
34	Dop Brandy, 1897-er	1897	0,9301	49,36	—	0,020	0,130	—	—	—	
35	Dop Brandy, 1897-er	„	0,9310	48,36	—	0,020	0,129	—	—	—	
36	Old Dop Brandy	„	0,9343	48,36	—	1,210	0,064	—	—	—	
						g in 100 ccm					
37	Palestina-Kognak	1897	0,9495	43,32	36,33	0,946	0,134	0,025	0,554	0,217	H. Spindler [2])

Kunst-Kognak.

No.	Nähere Bezeichnung	Zeit der Untersuchung	Spec. Gewicht	Alkohol Vol.-%	Alkohol g	Extrakt	Säure	Mineralstoffe	Invertzucker	Saccharose	Analytiker
1	Aus Reisalkohol, Kognakessenz, Vanillin und Karamel	1887	—	50,00	—	0,102	0,012	—	—	—	X. Rocques [3])

2. Weintresterbranntweine (Trester-Kognak).

No.	Nähere Bezeichnung	Alter Jahre	Zeit der Untersuchung	Spec. Gewicht bei 15,5°	Alkohol Vol.-%	Alkohol g	Extrakt	Säure	Ester [Essigester]	Zucker	Analytiker
1	Aus Zombor (Ungarn)	neu	1886	0,9715	24,40	—	0,022	0,066	—	—	M. Petrowitsch [4])
2	Aus Zombor (Ungarn)	„	„	0,9492	41,69	—	0,020	0,048	—	—	
3	Aus Zombor (Ungarn)	„	„	0,9608	33,77	—	0,036	0,054	—	—	
4	Aus Zombor (Ungarn)	1	„	0,9538	38,80	—	0,058	0,084	—	—	
5	Aus Zombor (Ungarn)	2	„	0,9405	46,67	—	0,008	0,018	—	—	
6	Aus Maria-Theresiopel (Ungarn)	neu	„	0,9492	41,69	—	0,025	0,216	—	—	
7	Aus Maria-Theresiopel (Ungarn)	„	„	0,9432	45,17	—	0,013	0,048	—	—	
8	Aus Maria-Theresiopel (Ungarn)	„	„	0,9492	41,69	—	0,010	0,108	—	—	
9	Aus Maria-Theresiopel (Ungarn)	6	„	0,9467	43,17	—	0,016	0,060	—	—	
10	Aus Kisfalu (Baranya)	2	„	0,9499	41,25	—	0,018	0,111	—	—	
11	Aus Pantschowa	1	„	0,9643	31,00	—	0,024	0,180	—	—	
12	Natürlicher französisch. aus Beaune (Côte-d'or)		1887	—	52,00	—	0,030	0,018	—	Spur	X. Rocques [3]) *)
13	Natürlicher französisch. aus Bourgogne	neu	„	—	49,00	—	0,030	0,029	—	0,00145	
14	Natürlicher französisch. aus Bourgogne	alt	„	—	49,40	—	0,030	0,029	—	0,00016	
15	Beaune, 1887, echt**)		1891	—	49,30	—	0,010	0,022	0,114	0,00008	Ed. Mohler [5])
									Ester (ccm 1/10 N.-KOH für 100 ccm) im Ganzen	Ester leichtflüchtig	
16	1872-er		1897	0,9298	52,49	41,66	—	0,063	13,5	—	C. Amthor u. J. Zink [6])
17	1894-er		„	0,9356	49,53	39,31	—	0,013	12,8	10,3	

1) Rep. of the Senior Analyst für 1893 und 1897. Capstadt 1894, 18 und 1897, 36.
2) Forschungsberichte über Lebensmittel 1897, **4**, 54.
3) Bull. Soc. Chim. Paris **50**, 157; Zeitschr. angew. Chem. 1888, 531.
4) Zeitschr. analyt. Chem. 1886, **25**, 195. Vergl. auch die näheren Angaben über die Herstellung unten S. 1429.
5) Compt. rend. 1891, **112**, 53; Chem.-Ztg. 1891, **15**, Rep. 13.
6) Forschungsberichte über Lebensmittel 1897, **4**, 362. Ueber die Untersuchungs-Verfahren vergl. S. 1428.

*) Vergl. Anmerkung *) S. 1413 und 1414.
**) E. Mohler fand ferner mg in 100 ccm:

	Aldehyde (Acetaldehyd)	Höhere Alkohole (Isobutylalkohol)	Ammoniak u. Amide (als NH_3)	Pyridinbasen u. Alkaloide (als NH_3)
Echter Tresterbranntwein No. 15	116,3	160,0	0,1	0,06 mg
Künstlicher „ No. 2	10,5	13,0	0,3	0,04 mg

Künstlicher Trester-Kognak.

No.	Nähere Bezeichnung	Zeit der Untersuchung	Spec. Gewicht bei 15,5°	Alkohol	Extrakt	Säure (Essigsäure)	Ester (Essig-Ester)	Furfurol	Analytiker
				Vol.%	g in 100 ccm			mg in 100 ccm	
1	Aus Frankreich	1887	—	50,10	—	0,008	Spur	—	Spur	*X. Rocques*[1])
2	Künstlicher*)	1891	—	44,50	—	0,032	0,025	0,028	0,10	*Ed. Mohler*[2])

Burcker (Bev. intern. falsif. 1893, **6**, 81; Chem. Centrbl. 1893, I, 372) untersuchte einen Branntwein aus Rosinentrestern.

Hefenbranntwein.

No.	Nähere Bezeichnung	Zeit der Untersuchung	Spec. Gewicht bei 15,5°	Alkohol	Extrakt	Säure (Essigsäure)	Ester (Essig-Ester)	Furfurol	Analytiker
3	Aus Zombor	1886	0,9552	37,87	—	0,018	0,036	—	—	*M. Ietrowitsch*[3])

3. Ch. Ordonneau (Compt. rend. 1886, **102**, 217) fand durch fraktionirte Destillation in einem zweifellos reinen Kognak an verschiedenen Alkoholen und Bestandtheilen in 1 l:

Acetaldehyd	0,03 g	Normaler Hexylalkohol	0,006 g
Essigester	0,35 „	„ Heptylalkohol	0,015 „
Acetal	0,35 „	Ester der Propion-, Butter- und Caprylsäure	0,030 „
Normaler Propylalkohol	0,40 „	Oenanthester	0,040 „
„ Butylalkohol	2,19 „	Basen, Amine	0,040 „
„ Amylalkohol	0,84 „		

4. E. Claudon und Ed. Ch. Morin (Bull. Soc. Chim. Paris. 1888, **44**, 178) geben die Zusammensetzung eines Kognaks aus der Charente-Inférieure für 1 l wie folgt an:

Aldehyd	Spur	Furfurol und Basen	0,022 g
Aethylalkohol	508,370 g	Aromatisches Weinöl	0,076 „
Normaler Propylalkohol	0,273 „	Essig- und Bernsteinsäure	Spur
Isobutylalkohol	0,065 „	Isobutylenglycocoll	0,022 „
Amylalkohol	1,902 „	Glycerin	0,044 „

Auf 100 l absoluten Alkohol und in Procenten der höheren Alkohole fanden Claudon u. Morin sowie Ordonneau in einer Probe Kognak:

Bestandtheile	In 100 l absolutem Alkohol:			In % der höheren Alkohole:		
	Zucker-Vergährung mit elliptischer Hefe	**Weinbranntwein** von Surgères	**Kognak** nach Ordonneau	**Zucker-Vergährung** mit elliptischer Hefe	**Weinbranntwein** von Surgères	**Kognak** nach Ordonneau
Normal-Propylalkohol	3,1 g	46,2 g	48,1 g	3,7 %	12,1 %	11,9 %
Isobutylalkohol	2,4 „	11,1 „	18,5 „	2,7 „	2,9 „	4,5 „
Normal-Butylalkohol	0	0	199,9 „	0	0	49,3 „
Amylalkohol	80,0 g	324,6 g	139,5 „	93,6 %	85,0 %	34,4 „

5. Br. Röse (Zeitschr. angew. Chem. 1888, 425) ermittelte in verschiedenen echten Kognaks (Rohkognak) den Gehalt an Alkohol und Fuselöl wie folgt:

Jahrgang:	1852	1858	1865	1870	1875	1880	1885
Alkohol	54,8 %	56,4 %	66,4 %	61,8 %	63,6 %	65,6 %	64,7 %
Fuselöl	0,01 „	0,02 „	0,01 „	0,05 „	0,04 „	0,05 „	0,07 „

---

1) Bull. Soc. Chim. Paris **50**, 157; Zeitschr. angew. Chem. 1888, 531.
2) Compt. rend. 1891, **112**, 53; Chem.-Ztg. 1891, **15**, Rep. 13.
3) Zeitschr. analyt. Chem. 1886, **25**, 195.

*) Vergl. Anmerkung **) S. 1415.

6. E. Sell und K. Windisch (Arb. Kaiserl. Gesundh.-Amt 1891, 6, 335 u. 1893, 8, 257) fanden in den von ihnen untersuchten Kognak-Proben (vergl. oben S. 1414 No. 13—19) an sonstigen Bestandtheilen (mg in 100 g):

No.	Herkunft		Ameisensäure	Essigsäure	Buttersäure	Caprinsäure	Ameisensäure-Aethylester	Essigsäure-Aethylester	Buttersäure-Aethylester	Caprinsäure-Aethylester	Fuselöl
1	Französischer Kognak	Chât. de la Sablière	0	35,0	2,0	6,0	0	53,0	5,0	14,0	0,167 Gew.-%
2		aus Bremen	0	32,0	1,0	4,0	0	49,0	1,0	10,0	0,079 „
3	Kalifornischer Kognak		0	31,0	2,0	3,0	0	43,0	4,0	8,0	0,151 „
4	Russischer Kognak	Cognac de Kiselen	4,0	62,0	1,0	6,0	6,0	145,0	6,0	18,0	0,295 Vol.-%
5		Cognac de Digomm	3,0	71,0	4,0	5,0	5,0	63,0	9,0	19,0	0,191 „
6		Cognac Elisabeth Pol	0	64,0	6,0	7,0	0	90,0	8,0	14,0	0,128 „
7		Cognac de Kurdamin	0	67,0	7,0	6,0	0	88,0	10,0	16,0	0,207 „

7. Ed. Mohler (Compt. rend. 1891, 112, 53; Chem.-Ztg. 1891, 15, Rep. 13) fand für echten und künstlichen Kognak — über die Zusammensetzung von Trester-Kognak vergl. oben S. 1415 Anmerkung**) — folgende Zusammensetzung (Vol.-% bezw. g und mg in 100 ccm):

	Alkohol Vol.-%	Extrakt g	Säure (Essigs.) g	Ester (Aethyl-acetat) g	Aldehyde (Acetal-dehyd) g	Höhere Alkohole (Isobutyl-alkohol) g	Furfurol mg	Ammoniak u. Amide (als NH_3) mg	Pyridinbasen u. Alkaloide (als NH_3) mg
Kognak natürlicher (1860)	48,5	0,6640	0,0600	0,0422	0,0106	0,0800	0,65	3,50	0,50
Kognak künstlicher	44,7	0,4120	0,0072	0,0140	0,0027	0,0100	0,15	0,40	0,20

Untersuchungs-Verfahren: Ester durch Kochen des Destillates mit gemessener Menge titrirter Lauge und Titration des unverbrauchten Alkalis. — Aldehyde kolorimetrisch mit Rosanilinsulfit. — Höhere Alkohole kolorimetrisch mit konc. Schwefelsäure. — Stickstoffhaltige Stoffe kolorimetrisch mit Nessler's Reagens vor und nach dem Behandeln mit Natriumkarbonat und Kaliumpermanganat.

8. F. Lusson (Monit. scientif. 1896, 10, 785, Vierteljahresschr. Nahrungs- u. Genussm. 1897, 12, 264) untersuchte eine Anzahl Kognak-Proben nach den von Girard, Dupré und Saglier vorgeschriebenen Verfahren. (Vergl. auch unter „Nachträge".)

No.	Nähere Bezeichnung	Jahrgang	Alkohol Vol.-%	In 100 ccm absolutem Alkohol mg: Säure (Essigsäure)	Aldehyde (Acetaldehyd)	Furfurol	Ester (Essigester)	Höhere Alkohole (Isobutylalkohol)	Verunreinigungs-Koefficient	Oxydations-Koefficient
1	Junge Original-Branntweine	1895	67,7	50,6	5,9	1,3	158,3	151,9	367,0	15,4
2		„	64,8	32,5	7,4	1,1	131,8	167,7	340,5	11,7
3		„	66,1	29,4	15,9	0,9	98,4	267,4	412,0	10,9
4		„	67,0	25,0	14,0	3,8	77,4	222,0	342,2	11,4
5		„	70,2	30,7	46,1	3,0	287,7	159,0	526,5	11,6
6	Zweijährige Original-Branntweine	1894	66,0	54,6	10,5	1,0	179,6	113,8	359,5	18,1
7		„	64,0	116,2	16,9	1,1	167,6	219,6	521,4	25,0
8		„	63,5	84,0	13,6	0,8	220,3	178,0	476,7	19,5
9		„	65,1	73,7	13,9	1,2	147,6	185,7	422,1	21,0
10	Aeltere Original-Branntweine aus der Aunis und Charente	1878	61,8	105,9	26,0	1,3	127,0	194,6	454,8	28,0
11		1875	61,5	114,0	28,9	1,0	144,0	173,6	461,8	30,0
12		1860	47,5	202,1	48,1	1,3	133,3	345,4	730,1	34,2
13		1840	52,0	127,0	44,0	1,1	132,0	175,1	479,2	36,0
14	Kognak aus der Charente	1845	49,1	146,7	31,4	0,7	125,5	203,5	507,8	35,0

No.	Nähere Bezeichnung	Jahrgang	Alkohol Vol.-%	In 100 ccm absolutem Alkohol mg: Säure (Essigsäure)	Aldehyde (Acet-aldehyd)	Furfurol	Ester (Essigester)	Höhere Alkohole (Isobutyl-alkohol)	Verunreini-gungs-Koeffizient	Oxydations-Koeffizient
15	Ordinäre Kognaks	—	47,5	50,5	0,4	0,1	25,8	10,5	87,3	58,3
16		—	48,0	80,0	9,8	0,2	25,6	11,3	126,9	70,7
17	Branntwein aus einer Hafenkneipe .	—	35,3	20,4	2,8	0,1	13,4	Spur	36,7	63,0
18	Durch Destillation von Alkohol mit Rückständen der Weindestillation erhalten	—	59,3	160,8	35,8	1,2	153,0	57,3	408,1	48,0
19	Gewöhnliche Alkohole des Handels	—	95,1	7,5	Spur	0,07	22,8	0	30,4	—
20		—	96,5	7,5	Spur	0,10	14,1	0	21,7	—

Unter „Verunreinigungs-Koeffizient“ sind die mg Verunreinigungen (Säuren, Aldehyde etc.) bezogen auf 100 ccm absol. Alkohol verstanden; sie sollen mindestens 250 mg betragen. Unter „Oxydations-Koeffizient“ ist der procentige Gehalt der „Verunreinigungen“ an Säuren und Aldehyden verstanden, der bei jungem Branntwein 11—15 % beträgt und mit dem Alter der Branntweine steigen soll.

9. X. Rocques und F. Lusson (Ann. chim. analyt. 1897, 2, 308; Chem.-Ztg. 1897, 21, Rep. 223) fanden für Kognak der Charente von verschiedenem Alter folgende Säuremengen (als Essigsäure berechnet) bezogen auf 100 ccm absoluten Alkohol:

Alter des Kognaks	Gesammt-Säure	Nichtflüchtige Säure	Flüchtige Säure	Von der Gesammt-Säure sind flüchtig:
Unter 1 Jahr	8,9—36,4 mg	1,2—7,1 mg	6,8—29,5 mg	71—87 %
1—3 Jahre	22,6—84,0 „	3,5—18,8 „	19,8—65,1 „	72—90 „
5—11 „	32,3—100,3 „	5,6—36,2 „	21,1—72,3 „	60—85 „
16—21 „	70,3—142,0 „	17,7—58,2 „	47,6—104,2 „	66—85 „
22—39 „	110,9—300,0 „	29,6—126,8 „	81,3—173,2 „	57—73 „
44—80 „	126,9—393,0 „	51,2—174,2 „	60,0—265,5 „	47—68 „

Zur Bestimmung der nichtflüchtigen Säure wurden 25 ccm Kognak 3 Stdn. auf einem kochenden Wasserbade erwärmt, der Trockenrückstand mit warmem Wasser aufgenommen und mit Alkali titrirt; die flüchtigen Säuren wurden aus der Differenz berechnet.

10. E. Beckmann (Zeitschr. Nahrungs- u. Genussm. 1899, 2, 709) untersuchte Kognaks aus zuverlässigen Quellen (von Segnitz u. Co. in Bremen bezogen) mit folgenden Ergebnissen (Vol.-% bezw. g in 100 ccm):

No.	Nähere Bezeichnung	Alter	Spec. Gewicht (15°)	Alkohol Vol.-%	Extrakt	Freie Säure	Ester-Säure	Höhere Alkohole (Amyl-alkohol)	Mineral-stoffe
1	Französischer Kognak „Henessy“	sehr alt	0,9349	43,79	0,618	0,039	0,111	0,206	0,013
2		1878	0,9250	44,99	0,543	0,027	0,068	0,200	0,016
3		1887	0,9233	45,65	0,412	0,024	0,053	0,226	0,008
4		1893	0,9166	46,96	0,438	0,024	0,105	0,184	0,008
5		1896	0,9159	47,14	0,409	0,018	0,075	0,185	0,009
6	Californischer Kognak „Walden“ .	1894	0,9179	47,07	0,536	0,038	0,110	0,191	0,019

Ueber die Untersuchungs-Verfahren vergl. die Originalarbeit.

11. Im Laboratorium der schweizerischen Alkohol-Verwaltung (Schweizer. Wochenschr. Chem. Pharm. 1901, 39, 479) wurde für echte Weindestillate und verschiedene Kognaks folgende Zusammensetzung gefunden:

1. Unter Kontrolle der Alkoholverwaltung hergestellte Weindestillate.*)

No.	Bezeichnung der Proben	Alkohol	Gesammte alkohol. Verunreinigungen		Fuselöl		Im Branntwein				Esterzahl			
			im Branntwein	auf absol. Alkohol	im Branntwein	auf absol. Alkohol	Aldehyde	Furfurol	Extrakt	Säure (Essigsäure)	des ursprünglichen Branntweines	des Destillates ohne Wasserdampf**)	der Destillate mit Wasserdampf**)	im Rückstande der Destillation
		Vol.-%	Raumtheile in 1000 Raumtheilen						g in 1 l		ccm $^1/_{10}$N.-Natronlauge für 1 l			
1	Fraktionen eines spanischen Weissweines von 10 zu 10 Minuten gewonnen I	71,0	9,80	13,8	4,69	6,6	1,66	0	0,462	—	—	—	—	—
2	II	71,3	5,63	7,9	3,92	5,5	0,35	0	0,250	—	—	—	—	—
3	III	73,2	5,27	7,2	3,81	5,2	0,48	0	0,402	—	—	—	—	—
4	IV	74,2	4,45	6,0	3,34	4,5	0,07	0	0,393	—	—	—	—	—
5	V	68,8	3,65	5,3	2,96	4,3	Spur	0	0,275	—	—	—	—	—
6	VI	71,0	3,48	4,9	2,98	4,2	"	0,002	0,284	—	—	—	—	—
7	VII	73,5	3,16	4,3	2,87	3,9	"	0,005	0,147	—	—	—	—	—
8	VIII	71,2	2,42	3,4	2,28	3,2	"	0,009	0,221	—	—	—	—	—
9	IX	63,6	1,53	2,4	1,53	2,4	0	0,012	0,204	—	—	—	—	—
10	X	55,0	1,10	2,0	0,93	1,7	Spur	0,015	0,231	—	—	—	—	—
11	Durchschnitt Bon goût .	71,0	4,33	6,1	3,19	4,5	0,19	0	0,355	—	—	—	—	—
12	Durchschnitt Nachlauf .	24,1	0,89	3,7	—	—	0,06	0	0,182	—	—	—	—	—
13	Altes Weindestillat (aus Waadtländer)	55,5	3,66	6,6	—	—	0,37	Spur	0,666	—	—	—	—	—
14	Cognac fine Champagne .	50,0	0,95	1,9	—	—	0,12	0,027	0,110	—	—	—	—	—
15	Cognac vieux	50,2	0,88	1,7	—	—	0,12	0,027	0,065	—	—	—	—	—
16	Cognac ordinaire	49,5	0,49	1,0	0,44	0,9	0,13	0,010	0,049	—	—	—	—	—

2. Verschiedene französische Kognaks und Weindestillate.*)

No.	Bezeichnung der Proben	Alkohol	Ges. im Branntwein	Ges. auf absol. Alkohol	Fuselöl im Branntwein	Fuselöl auf absol. Alkohol	Aldehyde	Furfurol	Extrakt	Säure	des ursprünglichen Branntweines	des Destillates ohne Wasserdampf	der Destillate mit Wasserdampf	im Rückstande der Destillation
1	Cognac très vieux⁰) . . .	49,0	0,68	1,38	0,52	1,06	0,10	0,02	10,70	0,30	340	10	0	320
	Desgl. nach 6 Monaten . .	—	—	—	—	—	—	—	—	0,34	415	10	0	360
2	Cognac grande Champagne⁰)	47,1	0,83	1,77	0,78	1,66	0,16	0,02	17,09	0,36	395	20	0,5	380
3	Cognac Aigrefeuille . . .	63,7	1,58	2,48	1,20	1,88	0,32	0,06	8,39	0,35	200	78	8,5	115
	Desgl. nach 10 Monaten .	—	—	—	—	—	—	—	—	0,36	230	80	3,0	124
4	Cognac Fin Bois 1899 . .	65,2	1,66	2,54	1,26	1,94	0,11	0,03	3,19	0,24	178	65	4,0	120
	Desgl. nach 6 Monaten .	—	—	—	—	—	—	—	—	0,21	228	—	—	—
	" " 10 " .	—	—	—	—	—	—	—	—	0,28	230	68	0	135
5	Kognak nach neuem französ. Verfahren hergestellt⁰) .	64,1	3,08	4,81	2,55	3,98	0,36	0,02	0,16	0,17	31	26	0	7,0
6	Weindestillat, inländ. 1894⁰)	51,6	2,89	5,60	1,70	3,30	0,28	0	1,85	0,59	129	52	4,0	60
7	Weindestillat, im Laboratorium aus essigstichigem Wein hergestellt, 1901⁰) .	55,1	4,08	7,40	1,83	3,32	0,17	0,01	0	0,76	202	192	0	0
	Desgl. nach 45 Tagen⁰) .	—	—	—	—	—	—	—	—	0,74	215	—	—	—
8	Kognak, käuflicher . . .	38,1	—	—	0	0	—	—	9,75	0,30	200	6	—	190

*) Untersuchungs-Verfahren: Die „Gesammten alkoholischen Verunreinigungen" sind vor, das „Fuselöl" dagegen ist nach der Destillation des Branntweines mit Natron nach dem Verfahren von Röse bestimmt. Beide Werthe sind sowohl auf 1000 Thle. des betr. Branntweines selbst, wie auf 1000 Thle. absol. Alkohol berechnet. — Aldehyde wurden in 30-procentigem Branntwein kolorimetrisch mit salzsaurem Metaphenylendiamin und Furfurol in 30-procentigem Branntwein kolorimetrisch mit essigsaurem Anilin bestimmt.

**) Die „Destillate ohne Wasserdampf" wurden durch Versetzen von 50 ccm Kognak mit 10 ccm Wasser und Abdestilliren von 50 ccm gewonnen, die „Destillate mit Wasserdampf" durch Destillation des Rückstandes von „den Destillaten ohne Wasserdampf" mit Wasserdampf und Auffangen von 3 Fraktionen zu je 200 ccm.

⁰) No. 1 und 2 waren karamelhaltig. No. 5 war sehr bouquetreich. No. 6 hatte eine schmutziggrüne Farbe. No. 7 roch in beiden Fällen deutlich nach Essigester.

12. Fr. Freyer (Zeitschr. landw. Versuchsw. Oesterreich 1902, 5, 1266) untersuchte 4 garantirt echte Rohkognaks, welche von dem Syndikat der Viticulteurs des Charentes zur Verfügung gestellt wurden, und einen aus italienischen Weinen im Laboratorium hergestellten und vier Monate im Fasse gelagerten Branntwein (No. 5) nach dem von M. Mansfeld angewendeten Verfahren und fand:

No.	Bezeichnung	Farbe	Alkohol Vol.-%	Alkohol g in 100ccm	mg in 100 ccm Kognak: Extrakt	Säure (Essigsäure)	Ester (Aethylacetat)	Furfurol	Höhere Alkohole	Aldehyd	mg auf 100 ccm absol. Alkohol: Säure	Ester (Aethyl-acetat)	Furfurol	Höhere Alkohole	Aldehyd	Gesammt-Verunreinigungen
1	Fin bois 1900 A.	hell-weingelb	67,85	53,84	50	23	81	2,0	210	4,0	33,9	119,4	3,0	309,5	5,9	471,7
2	Fin bois 1900 D.	fast farblos	69,30	55,00	17	15	192	1,5	253	13,0	21,6	277,1	2,2	365,8	18,7	685,4
3	Fine Champagne 1900 A. C.	fast farblos	69,30	55,00	10	12	54	2,0	198	2,5	17,3	77,9	2,9	285,7	3,6	387,4
4	Fine Champagne 1898 A. C. R.	braun-gelb	66,70	52,94	93	15	64	0,6	349	13,0	22,5	95,9	0,9	523,2	19,5	662,0
5	Selbst dargestellt 1900	hellgelb	42,80	33,96	63	46	64	Geringe Spur	202	13,0	107,4	149,5	Spur	471,9	30,4	759,2

13. Kognak-Analysen von M. Mansfeld (Zeitschr. Nahrungsm.-Unters., Hyg. u. Waarenk. 1894, 8, 306; 1895, 9, 318, 1896, 10, 319; Berichte d. Untersuch.-Anstalt für Nahrungs- u. Genussm. d. Allgem. österr. Apoth.-Vereins 1897/98, 1898/99 und 1900/01; Oesterreich. Chem.-Ztg. 1898, 1, 166).

No.	Nähere Bezeichnung	Zeit der Untersuchung	Alkohol Vol.-%	Extrakt g in 100ccm	mg in 100 ccm Kognak: Säure*)	Aldehyde*)	Furfurol	Höhere Alkohole*)	Ester*)	mg auf 100 ccm absol. Alkohol: Säure*)	Aldehyde*)	Furfurol	Höhere Alkohole*)	Ester*)	Gesammt-Verunreinigungen	Höhere Alkohole: Ester = 1:
1	Fine Champagne von Rouyen, Guillet & Cie. in Cognac **)	1894	49,85	1,309	43,2	8,0	1,5	53,4	68,6	86,6	16,0	3,0	107,1	137,6	351,9	0,8
2	Fine Champagne von Rouyen, Guillet & Cie. in Cognac **)	1897	52,34	1,398	55,2	12,1	1,2	103,9	44,9	105,0	23,6	2,2	197,8	85,5	414,1	2,3
3	Echtes Weindestillat **) .	1895	51,94	1,150	62,4	8,0	1,3	103,8	56,3	120,1	15,4	2,5	199,8	108,4	446,8	1,8
4	Von A. Jaquet, Klug & Pelot in Cognac **)	„	47,78	0,300	134,4	16,4	0,5	298,8	128,8	281,3	34,3	1,0	625,3	269,6	1214,0	2,3
5	Von A. Jaquet, Klug & Pelot in Cognac **)	1895	49,27	1,776	50,2	8,3	0,5	27,4	29,9	101,9	16,8	1,0	55,0	60,8	235,9	0,9
6	Medizinal-Kognak von Jul. Laine & Cie	1899	59,48	0,059	26,4	9,5	0,9	100,8	50,2	44,3	15,9	1,5	169,4	84,4	315,5	2,0
7	Medizinal-Kognak von Jul. Laine & Cie	„	59,30	0,087	38,4	12,0	0,9	109,4	77,1	64,7	20,2	1,5	184,4	130,3	401,1	1,4
8	Echtes Destillat . . .	„	44,74	0,637	112,8	5,5	0,5	123,7	107,4	252,3	12,3	1,1	276,7	240,2	782,6	1,2
9	Französ. Kognaks **) Fine Champagne 1875 .	1896	51,89	1,470	60,0	8,3	1,4	58,8	50,9	115,6	15,8	2,7	113,3	98,2	346,3	1,2
10	Französ. Kognaks **) B. Royon & Cie	„	56,41	0,184	48,0	6,7	0,8	305,0	89,0	85,1	11,9	1,4	540,7	157,8	797,3	3,4
11	Ungarischer Kognak **) Tokayer Kognak —	„	44,76	0,214	36,0	7,1	0,6	150,0	24,7	80,4	15,8	1,3	335,1	55,2	488,5	6,1
12	Ungarischer Kognak **) Tokayer Kognak für Diabetiker .	„	45,50	0,190	43,2	8,8	0,7	27,0	34,9	94,9	19,3	1,5	59,3	76,7	252,4	0,8
13	Ungarischer Kognak **) Tokayer Kognak Medizinal- .	„	45,67	0,200	48,0	9,4	0,7	90,8	37,6	105,1	25,8	1,5	198,8	82,3	414,4	2,4
14	Ungarischer Kognak **) Villagoser Kognak-Fabriks-Akt.-Ges. B.	„	47,78	0,566	50,2	7,3	0,5	80,6	99,1	105,0	15,3	1,2	168,7	207,4	498,3	0,8
15	Ungarischer Kognak **) Villagoser Kognak-Fabriks-Akt.-Ges. M.	„	46,51	0,655	55,2	6,8	0,6	55,9	110,3	118,7	14,6	1,3	118,0	237,1	490,1	0,5
16	Ungarischer Kognak **) Villagoser Kognak-Fabriks-Akt.-Ges. O.	„	47,34	0,978	48,0	7,2	0,7	64,7	95,0	101,4	15,2	1,5	135,5	200,7	455,0	0,7
17	Ungarischer Kognak **) Villagoser Kognak-Fabriks-Akt.-Ges. E.	„	46,01	1,358	46,8	7,9	7,9	21,0	65,8	101,8	17,1	17,1	45,7	143,2	325,6	0,3

*) Säure = Essigsäure, Aldehyde = Acetaldehyd, Höhere Alkohole = Amylalkohol, Ester = Essigsäure-Aethylester.

**) Der Gehalt an Basen (Ammoniak) betrug im Kognak bezw. auf absol. Alkohol bezogen in 100 ccm:

No.	1	3	4	5	9	10	11	12	13	14	15	16	17	18	19	20
Kognak . . .	0,8	0,3	1,2	0,2	0,4	0,4	0,3	0,3	0,4	0,3	0,2	0,3	0,3	0,4	0,2	0,4 mg
Absol. Alkohol	1,6	0,6	2,5	0,4	0,7	0,8	0,7	0,7	0,9	0,7	0,4	0,7	0,7	0,9	0,4	0,9 mg

No.	Nähere Bezeichnung	Zeit der Untersuchung	Alkohol Vol.-%	Extrakt g in 100ccm	mg in 100 ccm Kognak: Säure	Aldehyde	Furfurol	Höhere Alkohole	Ester	mg auf 100 ccm absol. Alkohol: Säure	Aldehyde	Furfurol	Höhere Alkohole	Ester	Gesammt-Verunreinigungen	Höhere Alkohole : Ester = 1:
18	Ungarischer Kognak*) Graf Keglewich Ist.	1896	44,70	1,861	38,4	5,7	0,8	87,9	36,1	85,9	12,7	1,7	196,6	80,7	378,6	2,4
19	Ungarischer Kognak*) Quarnero Brandy von Pfau & Cie in Fiume	„	46,57	3,773	55,2	8,0	0,8	63,9	63,9	118,5	17,1	1,7	137,2	137,2	412,1	1,0
20	Ungarischer Kognak*) Quarnero Brandy von Pfau & Cie in Fiume	„	46,97	3,902	55,2	7,9	0,9	88,1	71,6	117,5	16,8	1,9	187,4	152,3	476,7	1,2
21	Karolinenthaler Kognak-Fabrik, Prag . . .	1897	62,39	0,012	108,0	9,1	Spur	427,0	182,8	173,1	14,6	Spur	684,4	293,0	1165,1	2,3
22	Quarnero Brandy, J. Pfau u. Cie	„	45,39	3,582	62,4	9,4	0,7	290,8	147,4	137,4	20,0	1,6	640,6	324,8	1124,4	2,0
23	Boulestin & Cie, in Cognac 4 Sterne	„	49,22	0,366	19,2	5,1	0,2	67,6	19,6	39,1	10,3	0,4	137,3	39,8	226,9	3,5
24	Boulestin & Cie, in Cognac V. O. .	„	48,69	0,246	21,6	5,3	0,2	51,2	18,1	44,3	10,8	0,4	105,1	37,1	197,7	2,8
25	Echte Destillate St. Georges . . .	1898	41,77	1,109	36,0	7,6	0,6	92,1	51,8	87,3	18,1	1,4	220,4	121,5	448,7	1,8
26	Echte Destillate J. Denyes, H. Mounie u. Cie	„	44,87	1,228	15,0	5,6	0,6	102,3	23,9	33,4	12,4	1,3	227,9	53,2	328,2	4,2
27	Echte Destillate Ohne nähere Bezeichnung	„	45,05	0,932	54,0	6,7	0,5	62,0	41,6	119,7	14,8	1,1	137,5	92,3	365,4	1,5
28	Echte Destillate Ohne nähere Bezeichnung	„	46,29	2,195	42,0	5,4	0,6	107,2	32,0	90,7	11,7	1,3	231,6	69,2	404,5	3,3
29	Echte Destillate Ohne nähere Bezeichnung	„	51,74	1,432	60,0	10,3	0,5	142,7	54,3	116,0	19,9	1,0	275,8	104,9	517,6	2,6
30	Kattus, 1872-er . . .	1901	40,32	1,375	64,8	7,2	0,6	154,1	42,2	160,6	17,8	1,4	382,2	104,6	666,6	3,7
31	Vieux, Cannis & Stock .	„	43,65	0,097	100,8	11,7	0,3	194,0	191,0	230,9	26,8	0,7	444,4	437,5	1140,3	1,0
32	Weisser Rabe, Dr. Lamatsch	„	44,68	1,047	19,2	11,6	0,6	71,7	28,4	41,1	22,7	1,3	153,6	60,8	279,5	2,5
33	Ungarischer, Ehrlich & Cie.	„	47,40	1,049	33,6	6,1	1,1	145,2	24,3	70,9	12,8	2,5	306,0	51,3	443,5	6,0
	Mittel	—	**48,37**	**1,113**	**52,8**	**8,2**	**0,9**	**118,9**	**66,6**	**110,0**	**17,1**	**1,9**	**242,4**	**137,4**	**509,3**	**1,8**
	Aus 2 l Wein selbst hergestellt a) zweimal über freiem Feuer destillirt . .		42,51	—	38,4	14,6	0,6	110,1	85,4	90,3	34,3	1,4	259,0	200,9	585,9	1,3
	Aus 2 l Wein selbst hergestellt b) einmal im Wasserbade destillirt . .		39,60	—	45,6	15,6	0,3	144,6	72,2	115,0	39,6	0,8	365,0	182,2	702,6	2,0

Façon-Kognak.

No.	Nähere Bezeichnung	Zeit der Untersuchung	Alkohol Vol.-%	Extrakt g in 100ccm	mg in 100 ccm Kognak: Säure	Aldehyde	Furfurol	Höhere Alkohole	Ester	mg auf 100 ccm absol. Alkohol: Säure	Aldehyde	Furfurol	Höhere Alkohole	Ester	Gesammt-Verunreinigungen	Höhere Alkohole : Ester = 1:
1	Ohne nähere Bezeichnung	1901	43,47	0,925	21,0	4,2	0,6	—	21,2	48,2	9,6	1,2	—	48,7	107,7	—
2	Ohne nähere Bezeichnung	„	41,75	0,200	28,8	3,9	0,6	—	18,5	69,3	9,3	1,3	—	44,3	124,2	—
3	Ohne nähere Bezeichnung	„	51,04	0,684	36,0	5,9	0,4	23,1	312,5	70,5	11,5	0,8	45,2	612,2	740,2	0,07

Sonstige Kognak-Analysen.

1. E. Polenske (Arb. Kaiserl. Gesundh.-Amt 1890, **6**, 518) berichtet über die Zusammensetzung von Kognak-Essenz und Kognak-Façon.
2. Niederstadt (Zeitschr. Nahrungsm.-Unters., Hyg. u. Waarenk. 1892, **6**, 161) berichtet gleichfalls über Kognak-Analysen.
3. B. Jürgens (Farmaz. Journ. 1898, **20**, 254; Chem.-Ztg. 1898, **22**, Rep. 180) theilt Analysen von französischem und russischem Kognak mit.
4. Z. Kaliandjieff (Oesterr. Chem.-Ztg. 1901, **4**, 57; Zeitschr. Nahrungs- u. Genussm. 1901, **4**, 795) untersuchte bulgarische Branntweine (Kognak) nach den Verfahren von Lusson, Girard und Rocques.
5. Chas. F. Juritz (Rep. of the Senior Analyst. Capstadt 1894, 18) berichtet ausser über die in die obigen Tabellen (S. 1414 und 1415) aufgenommenen Kap-Kognak-Analysen noch über sonstige Kap-Kognaks sowie sonstige französische und Kap-Branntweine.

*) Vergl. Anmerkung **) S. 1420.

Aepfel- und Birnenbranntwein.

Im Laboratorium der schweizerischen Alkohol-Verwaltung (Schweizer. Wochenschr. Chem. Pharm. 1901, 39, 479) wurden verschiedene Aepfel-Rohsprite der Brenn-Kampagne 1900/01 mit folgendem Ergebnisse untersucht*):

No.	Name der Brennerei**)	Alkohol	Gesammte alkoholische Verunreinigungen		Fuselöl		Im ursprünglichen Branntwein			
			im Branntwein	auf absoluten Alkohol	im Branntwein	auf absoluten Alkohol	Aldehyde	Furfurol	Säure (Essigsäure)	Esterzahl ccm 1/10 N.-NaOH für 1 l
		Vol.-%	Raumtheile in 1000 Raumtheilen						g in 1 l	
1	Uettligen	92,2	5,61	6,08	5,25	5,70	0,07	0,001	0,43	26
2	Payerne	93,0	5,77	6,20	5,77	6,20	0,10	Spur	0,50	24
3	Lohn	94,2	1,36	1,44	—	—	0,05	0	0,50	29
4	Lüsslingen	94,0	1,56	1,66	1,22	1,30	0,10	0	0,27	28
5	Utzenstorf	95,0	1,71	1,80	1,23	1,30	0,09	0	0,88	52
6	Rosé	94,5	2,93	3,10	2,74	2,90	0,07	Spur	0,39	24
7	Niederbipp	94,2	1,97	2,09	1,88	2,00	0,03	0	0,59	23
8	Büren	95,3	0,94	0,99	—	—	0,07	0	0,59	39
9	Fraubrunnen	93,4	2,37	2,54	1,87	2,00	0,05	0	0,43	42
10	Worb	95,0	0,85	0,90	0,85	0,90	0,10	0	0,25	26
11	Domdidier	95,4	0,84	0,88	0,67	0,70	0,19	0	0,21	50
12	Grasswil	91,8	6,88	7,50	6,79	7,40	0,09	0,002	0,45	42
13	Kleindietwil	91,5	6,59	7,20	6,68	7,30	0,15	0,002	0,51	49
14	Roggwil	89,7	7,89	8,80	6,91	7,70	0,09	0,003	0,36	78
15	Wynigen	91,5	6,17	6,74	5,67	6,20	0,20	0,010	0,42	37
16	Suberg	87,8	9,31	10,60	9,39	10,70	0,15	0,006	0,29	23
17	Steig bei Flamatt	85,4	4,10	4,80	4,10	4,80	0,08	0,009	0,30	30
18	Heimiswil	83,9	6,46	7,70	5,70	6,80	0,17	0,008	0,33	42
19	Melchnau	85,0	7,48	8,80	—	—	0,23	0,015	0,31	48
20	Seeberg	85,1	7,62	8,95	7,23	8,50	0,15	0,008	0,26	34
21	Goutenschwil	85,7	7,63	8,90	7,11	8,30	0,17	0,015	0,14	46
22	Mischung verschiedener Branntweine vom Depôt Delsberg	52,4	4,51	8,60	4,40	8,40	0,05	0,005	0,07	20
23	Aepfel-Rohsprit von Delsberg	88,8	5,86	6,60	5,59	6,30	0,17	0,008	0,25	57

Aepfelbranntweine.

1. X. Rocques (Bull. Soc. Chim. Paris 50, 157; Zeitschr. angew. Chem. 1888, 531) fand für reinen 1875-er Ciderbranntwein aus St. Quen-du-Mésuil-Oge (Vol.-% bezw. g in 100 ccm):

Alkohol	Extrakt	Säure	Furfurol
64,0 Vol.-%	0,110 g	0,044 g	0,6 mg

2. M. Mansfeld (Zeitschr. angew. Chem. 1898, 449) fand für Aepfelbranntwein aus konfiszirten Aepfeln folgende Zusammensetzung (Vol-% bezw. mg in 100 ccm):

Alkohol	Extrakt	Freie Säure (Essigsäure)	Aldehyde (Acetaldehyd)	Furfurol	Höhere Alkohole (Amylalkohol)	Ester (Aethyl-essigs.-Ester)
54,75 Vol.-%	8,2	158,4	19,5	1,7	440,8	734,8 mg

*) Ueber die Untersuchungs-Verfahren vergl. S. 1419, Anmerkung *).

**) Die Brennereien No. 1—15 arbeiteten mit kontinuirlichen, die übrigen mit periodischen Apparaten.

Birnenbranntweine.

1. M. Petrowitsch (Zeitschr. analyt. Chem. 1886, **25**, 195; vergl. oben S. 1415) fand für Birnenbranntwein aus Bosnien folgende Zusammensetzung:

Spec. Gewicht bei 15,5°	Alkohol Vol.-%	Extrakt in 100 ccm	Freie Säure (Essigsäure) in 100 ccm
0,9764	19,60	0,040 g	0,189 g

2. A. Petermann (Recherches de Chimie et de Physiologie appliquées à l'Agriculture 1894, **2**; vergl. Forschungsberichte über Lebensmittel 1897, **4**, 362) fand für Birnenbranntwein folgende Zusammensetzung (Vol.-% bezw. mg in 100 ccm):

Alkohol	Fuselöl nach Röse	Säure (Essigsäure)	Aldehyd	Furfurol	Basen-Stickstoff
50,2 Vol.-%	80,0	14,0	28,0	0,8	0,57 mg

Kirschbranntwein (Kirschwasser).

1. Analysen von J. Nessler und M. Barth.[1])*)

No.	Alkohol Vol.-%	100 ccm enthalten mg: Säure (Essigsäure)	Freie Blausäure	Kalk	Kupfer	No.	Alkohol Vol.-%	100 ccm enthalten mg: Säure (Essigsäure)	Freie Blausäure	Kalk	Kupfer	No.	Alkohol Vol.-%	100 ccm enthalten mg: Säure (Essigsäure)	Freie Blausäure	Kalk	Kupfer
1	51,0	40	0,6	1,0	0,2	15	49,8	60	1,0	0,4	0,3	29	50,8	30	1,0	0,1	0,6
2	53,0	40	0,6	0,1	0,2	16	55,8	30	0,8	0,3	0,2	30	53,6	30	1,2	0,3	0,5
3	55,4	40	0,7	0,2	0,6	17	48,3	50	0,5	0,2	0,5	31	50,8	80	1,5	0,1	0,2
4	57,4	60	0,4	0,1	0,2	18	53,1	40	0,6	0,2	0,7	32	53,1	40	1,7	Spur	0,7
5	50,0	90	0,3	0,8	0,5	19	52,6	50	1,0	0,2	<0,2	33	53,1	30	1,0	0,1	0,6
6	52,3	50	0,3	0,7	<0,2	20	52,3	40	1,5	0,3	Spur	34	50,3	30	1,0	0,3	0,2
7	52,0	60	0,3	1,0	0,2	21	51,2	50	1,2	0,2	„	35	54,3	70	1,5	0,2	0,7
8	53,0	60	0,5	0,8	0,2	22	52,1	50	1,2	0,4	0,3	36	52,9	60	1,5	0,1	<0,2
9	52,0	60	0,5	0,8	<0,2	23	53,5	80	1,0	0,4	0,8	37	54,2	70	0,8	Spur	0,5
10	54,3	100	0,3	0,1	0,6	24	47,2	80	0,2	0,3	0,9	38	55,2	70	1,2	„	0,2
11	55,6	40	0,3	0,3	0,6	25	55,1	40	0,8	Spur	—	39	52,4	50	1,0	„	0,6
12	49,0	40	0,4	0,1	<0,2	26	49,5	60	1,0	„	0,6	40	50,3	50	1,0	„	0,6
13	51,6	50	0,4	0,3	0,2	27	53,4	40	1,0	„	0,3	41	54,0	110	1,2	0,3	0,5
14	50,6	180	0,4	0,2	<0,2	28	51,7	40	1,0	„	0,5	Mittel	52,4	57,1	0,8	0,3	0,4

[1]) Zeitschr. analyt. Chem. 1883, **22**, 32.

*) Die Kirschwasserproben stammten von den Ausstellungen in Kappel-Rodeck (Schwarzwald) und Oberkirch 1882. In Baden, besonders im Rench- und Kinzig-Thale, werden die Obstfrüchte, Kirschen und Zwetschen (unter den Kirschen liefert die sog. wilde Kirsche den bouquetreichsten Branntwein) zu einer breiigen Fruchtmaische in Gährbottiche eingestampft und der freiwilligen Gährung überlassen; nach längerer Zeit wird die Masse aus geeigneten Destillirblasen entweder über freiem Feuer oder viel seltener mit überhitzten Wasserdämpfen abgebrannt, wobei das Destillat gewöhnlich durch kupferne Kühlschlangen geführt wird. Daher kommt es, dass die Fruchtbranntweine durchweg Kupfer enthalten.

Untersuchungs-Verfahren: Alkohol aus dem spec. Gew. des ursprünglichen Branntweines nach dem Hehner'schen Verfahren. Amylalkohol konnte nach dem Verfahren von Marquardt in einigen guten Fruchtbranntweinen nicht nachgewiesen werden; das Verfahren von Jorissen (Zeitschr. analyt. Chem. 1869, **8**, 67) erwies sich für den Zweck als unbrauchbar; Freie Säure durch Titration mit $^1/_{30}$-N.-Kalilauge unter Benutzung von Phenolphthalein als Indikator; Kalk in der entgeisteten Flüssigkeit mit Ammoniumoxalat. Der Kalk rührt vom Verdünnen des Kirschbranntweines von etwa 60 Vol.-% Alkohol auf 45—50 Vol.-% mit Brunnenwasser her.

Kupfer wurde kolorimetrisch durch eine Lösung von Ferrocyankalium bestimmt, welche selbst in 10 ccm einer Flüssigkeit, die nur 2 mg Kupfer in 1 l enthielt, eine schwach röthliche Färbung erzeugte. Zur quantitativen Bestimmung des Kupfers wurde die Reaktion in den gleichen Flüssigkeitsmengen mit 2, 5, 7 und mehr mg Kupfergehalt in 1 l erzeugt. Geringere Mengen Kupfer als 2 mg in 1 l sind durch die Bläuung einer dünnen Guajakharzlösung bei Vorhandensein von Spuren von Blausäure noch bis zu weniger als 0,5 mg in 1 l nachweisbar. Die Blausäure wurde ebenfalls kolorimetrisch bestimmt. Zu 10 ccm Kirschwasser werden 3 Tropfen einer 0,5-procentigen Kupferlösung und 1,5 ccm einer frisch bereiteten Guajakholztinktur von weingelber Farbe (15 g Guajakholz mit 100 ccm 50-procentigen Weingeistes) gesetzt, indem man nach Zusatz der Kupfersalzlösung die der Guajaktinktur vorsichtig über das Kirschwasser aufschichtet, dann plötzlich durch einmaliges Umkehren des verschlossenen Reagenzglases mischt und die Stärke der Bläuung rasch mit der einer frisch

2. Analysen reiner Kirschbranntweine von K. Birnbaum.[1]) *)

No.	Alkohol	100 ccm enthalten mg:				No.	Alkohol	100 ccm enthalten mg:				No.	Alkohol	100 ccm enthalten mg:			
	Vol.-%	Extrakt	Mineral-stoffe	Kalk	Säure (Essigsäure)		Vol.-%	Extrakt	Mineral-stoffe	Kalk	Säure (Essigsäure)		Vol.-%	Extrakt	Mineral-stoffe	Kalk	Säure (Essigsäure)
1	50,2	19,0	8,5	1,0	49	8	53,0	7,0	2,4	Spur	47	15	58,0	4,0	1,5	—	64
2	50,0	5,0	1,0	—	113	9	52,75	6,0	0,8	—	61	16	50,0	5,0	1,5	Spur	—
3	48,5	5,0	0,5	—	163	10	53,0	4,6	1,0	—	64	17	51,75	5,0	1,5	„	24
4	51,0	5,0	0,5	—	106	11	51,0	4,0	1,0	—	58	18	47,25	7,5	3,0	0,6	55
5	52,0	3,0	0,6	—	30	12	63,0	3,0	1,0	—	21	19	50,5	9,5	4,5	1,0	28
6	64,5	5,0	2,3	—	64	13	52,3	4,0	1,0	Spur	72	20	49,5	10,5	2,0	Spur	18
7	56,0	5,0	2,0	—	78	14	48,5	7,0	2,5	„	102	21	51,2	6,0	2,0	„	47

Die Reaktion auf Blausäure war bei No. 2—11, 14, 15 und 21 stark, bei No. 16—18 deutlich, bei No. 1 schwach und bei No. 12, 13, 19 und 20 kaum erkennbar. No. 6, 7 und 8 enthielten viel, No. 1 sehr wenig Kupfer. No. 13 war 5 Jahre alt und No. 19 eine Handelswaare von unbekannter Quelle.

3. X. Rocques (Bull. Soc. Chim. Paris 1887, [2], 47, 303; Arb. Kaiserl. Gesundh.-Amt 1895, 285) fand für zehn echte Kirschbranntweine folgende Zusammensetzung:

No.	Herkunft	Jahr-gang	Alkohol	Extrakt	Säure (Essig-säure)	Blau-säure
			Vol.-%	100 ccm enthalten mg		
1	Schwarzwald	1882	51,5	—	62	40
2	„	1883	49,0	—	135	25
3	Baden	—	51,0	—	102	50
4	Rupt-aux Nonnains (Meuse)	—	52,5	—	24	40
5	Umgegend von Saint-Dié	—	52,0	—	49	32
6	Luxeuil (Haute Saône)	1883	49,0	5	174	110
7	Luxeuil (Haute Saône)	1884	50,0	12	102	64
8	Luxeuil (Haute Saône)	1885	50,0	6	78	95
9	Sainte-Marie-en-Chanois (Haute Saône)	—	51,0	—	—	55
10	Gemischter Kirschbranntwein	—	50,0	8	138	44

Die Blausäure bestimmte X. Rocques durch Destillation des in alkalischer Lösung vom Alkohol befreiten Extraktes nach dem Ansäuern, Auffangen des Destillates in Ammoniak und Titration der Blausäure mit Kupfersulfatlösung.

[Fortsetzung von S. 1423.]
bereiteten Versuchsskala vergleicht. Als letztere dient ein mit 50-procentigem Weingeist verdünntes Kirschlorbeerwasser, in welchem der Blausäuregehalt nach dem Liebig'schen Verfahren (Zeitschr. analyt. Chem. 1863, 2, 173) mit Silberlösung festgestellt ist, indem man Verdünnungen von 2—10 mg und mehr Blausäure in 1 l wählt. Die so gewonnenen Zahlen geben nur die freie Blausäure an.

[1]) K. Birnbaum: Die Prüfung der Nahrungsmittel und Gebrauchsgegenstände im Grossherz. Baden. Stuttgart 1883, 96.

*) Zur Prüfung auf Blausäure bediente sich K. Birnbaum wie Nessler und Barth einer Kupfervitriollösung und der Guajakholztinktur, während er die Essigsäure aus der verbrauchten Menge einer $^1/_{10}$-N.-Natronlauge berechnete.

4. Kirschwässer von zuverlässigen Brennern des Schwarzwaldes. Analysen von W. Fresenius (Zeitschr. analyt. Chem. 1890, 29, 283).

No.	Nähere Bezeichnung	Spec. Gewicht (15,5°)	Alkohol Vol.-%	Alkohol g in 100 ccm	Extrakt mg in 100 ccm	Mineralstoffe mg in 100 ccm	Säure (Essigsäure) mg in 100 ccm
1	1887-er	0,9343	50,16	42,62	9,0	2,0	141,0
2		0,9293	52,63	44,96	9,0	2,0	80,0
3	Desgl. aus schwarzen Kirschen .	0,9177	58,06	50,22	9,0	2,0	102,0
4		0,9199	57,02	49,70	9,0	2,0	59,0
5	1885-er und 1886-er gemischt . .	0,9336	50,52	42,95	23,0	5,0	198,0
6	Aus schwarzen Kirschen	0,9258	54,29	46,55	14,0	2,0	93,0
7	Aus schwarzen, wilden Kirschen . .	0,9236	55,32	47,55	7,0	1,0	70,0
8	1886-er aus z. Thl. rothen Kirschen	0,9325	51,07	43,48	18,0	5,0	210,0
9	1885-er aus veredelten Kirschen . .	0,9242	55,04	47,27	17,0	11,0	50,0
10	1887-er	0,9347	49,96	42,43	11,0	3,0	157,0
11	1883-er aus schwarzen Kirschen . .	0,8975	66,90	59,17	9,0	3,9	61,0
12	1887-er Nachlauf	0,9697	26,31	21,54	20,0	6,0	218,0

5. Ed. Mohler (Compt. rend. 1891, 112, 53; Chem.-Ztg. 1891, 15, Rep. 13) fand für natürliches Kirschwasser aus Rufach (1886-er) und für ein Kunsterzeugniss folgende Zusammensetzung (Vol.-% bezw. mg in 100 ccm):

	Alkohol	Extrakt	Säure (Essigsäure)	Ester (Aethylacetat)	Aldehyde (Acetaldehyd)	Furfurol	Höhere Alkohole (Isobutylalkohol)	Ammoniak u. Amide (als NH_3)	Pyridinbasen u. Alkaloide (als NH_3)	Cyanwasserstoff
	Vol.-%	mg	mg	mg	mg	mg	mg	mg	mg	mg
Natürlich . .	47,6	17,6	12,0	35,2	5,8	0,58	45,0	0,4	0,5	4,5
Künstlich . .	43,6	80,0	8,4	15,8	1,5	0,10	5,0	0,2	0,05	0

6. A. Petermann (Recherches de Chimie et de Physiologie appliquées à l'Agriculture 1894, 2; vergl. Forschungsberichte über Lebensmittel 1897, 4, 362) fand für Luxemburger Kirschwasser folgende Zusammensetzung (Vol.-% bezw. mg in 100 ccm):

Alkohol	Fuselöl (nach Röse)	Säure (Essigsäure)	Ester (Essigester)	Aldehyd	Furfurol	Basen-Stickstoff
Vol.-%	mg	mg	mg	mg	mg	mg
61,3	960	19,0	180,0	9,0	2,0	0,33

7. K. Windisch (Arb. Kaiserl. Gesundh.-Amt 1895, 11, 285) stellte umfangreiche Untersuchungen über die Zusammensetzung des Kirschbranntweines*) an und fand für 1. vergohrene Kirschmaische, 2. daraus in Elsass-Lothringen dargestellten Kirschbranntwein, 3. Spätbrand, dargestellt aus über $^1/_2$ Jahr in geschlossenem Fasse gelagerter, vergohrener Maische, 4. ein Gemisch verschiedener reiner Kirschbranntweine:

*) Die Kirschbranntweine etc. waren bei Kirschbranntweinbrennern in Elsass-Lothringen aufgekauft und unzweifelhaft rein. Bezüglich der Untersuchungs-Verfahren muss auf die Quelle verwiesen werden.

Bestandtheile	100 ccm Branntwein enthalten:				Auf 100000 Gew.-Thle. Aethylalkohol kommen Gew.-Thle.:			
	Aus kleinen schwarzen Vogelkirschen (Merises)			4. Gewöhnlicher Kirschbranntwein	Aus kleinen schwarzen Vogelkirschen (Merises)			4. Gewöhnlicher Kirschbranntwein
	1. Vergohrene klare Kirschmaische	2. Aus 1 dargestellter Kirschbranntwein	3. Spätbrand		1. Vergohrene klare Kirschmaische	2. Aus 1 dargestellter Kirschbranntwein	3. Spätbrand	
Specifisches Gewicht bei 15°	1,0206	0,9324	0,9358	0,9372	—	—	—	—
Aethylalkohol	8,200	g 43,600	g 41,800	g 41,200	—	—	—	—
Extrakt	8,240	mg 12,73	mg 16,76	mg 10,80	100488,0	29,2	40,0	26,2
Invertzucker	0,178	—	—	—	2171,0	—	—	—
Glycerin und Isobutylenglycol	0,557	1,2	2,3	1,7	6793,0	2,8	5,5	4,4
Mineralstoffe	0,730	6,94	9,33	6,2	8902,0	15,9	22,3	15,0
Acetaldehyd	mg 1,4	2,1	4,0	4,6	17,1	4,8	9,6	11,2
Acetal	0,5	0,8	1,6	1,6	6,1	1,8	3,8	3,9
Ameisensäure	0,6	0,9	1,4	1,3	7,3	2,1	3,3	3,2
Essigsäure	175,6	56,2	71,6	62,6	2141,5	128,9	195,2	151,9
Norm.-Buttersäure	1,8	2,0	3,5	2,9	22,0	4,6	8,4	7,0
Höhere Fettsäuren (Caprin-, Capron-, Caprylsäure und Palmitinsäure [?])	1,6	2,8	2,9	3,8	19,5	6,4	7,9	9,2
Ameisensäure-Aethylester	0,5	1,2	1,6	2,1	6,1	2,8	3,8	5,1
Essigsäure-Aethylester	22,8	65,7	120,4	75,3	278,0	150,7	288,0	182,8
Norm.-Buttersäure-Aethylester	1,4	3,2	4,7	4,5	17,1	7,3	11,2	10,9
Ester höherer Fettsäuren (obiger Säuren und wahrscheinlich Pelargonsäure)	2,0	6,8	11,7	9,3	24,4	15,6	28,0	22,6
Norm.-Propylalkohol	2,7	2,5	2,7	3,8	32,9	5,7	6,5	9,2
Isobutylalkohol		3,5	5,6	6,2		8,0	13,4	15,0
Amylalkohol	8,1	20,0	33,4	25,8	98,8	48,2	79,9	62,6
Blausäure frei	1,4	1,96	6,98	5,14	17,3	4,5	16,7	12,5
Blausäure gebunden		1,17	3,24	2,84		2,7	7,7	6,9
Benzaldehyd	3,1	0,4	2,0	1,3	37,8	0,9	4,8	3,2
Benzaldehydcyanhydrin	—	5,8	15,94	14,0	—	13,3	38,1	34,0
Benzoësäure	0,1	Spur	0,3	0,06	1,2	Spur	0,7	0,2
Benzoësäure-Aethylester	1,4	5,9	12,0	8,4	17,1	13,5	28,7	20,4
Furfurol	Spur	0,73	0,46	0,58	Spur	1,7	1,1	1,4
Aepfelsaures Kupfer	0,5	6,14	8,62	5,13	5,7	14,1	20,6	12,5
		(Essigsaures Kupfer)				(Essigsaures Kupfer)		
Nichtflüchtige Säure (Aepfelsäure)	478,0	—	—	—	5829,0	—	—	—
Ammoniak (einschl. organischer Basen)	—	0,52	0,27	0,41	—	1,2	0,6	1,0
Neutrale hochsiedende ölige Bestandtheile	—	0,35	0,50	0,30	—	0,80	1,2	0,7
Fuselöl (nach Röse)	—	Vol.-% 0,037	Vol.-% 0,059	Vol.-% 0,046	—	—	—	—

K. Windisch hat ausser dem vorstehenden, bestimmt reinen Kirschwasser noch drei Proben Kirschwasser des Handels (aus Berliner Geschäften) untersucht und folgende Ergebnisse erhalten:

No.	Nähere Bezeichnung	Spec. Gewicht 15°	Alkohol g in 100 ccm	100 ccm enthalten mg: Extrakt	Mineralstoffe	Essigsäure	Buttersäure	Essigäther	Buttersäureäther	Blausäure im Ganzen	Blausäure freie	Benzaldehydcyanhydrin	Fuselöl Vol.-%
1	Kirschwasser	0,9292	41,82	9,0	3,0	87,0	6,0	141,0	13,0	2,82	1,38	7,08	0,035
2	Desgl. aus Heilbronn . .	0,9347	39,64	11,0	2,0	40,0	3,0	88,0	5,0	2,67	1,70	4,77	0,044
3	Schwarzwälder Kirschwasser	0,9342	39,89	8,0	2,0	52,0	5,0	83,0	10,0	2,48	1,42	5,22	0,035

K. Windisch (Arb. Kaiserl. Gesundh.-Amt 1895, **11**, 369) stellte auch Untersuchungen an über die Vergährung des Kirschsaftes unter verschiedenen Bedingungen, um Aufschluss über die Ursachen des verschiedenen Blausäuregehaltes zu erhalten. Bezüglich der Ausführung der Versuche muss auf die Originalarbeit verwiesen werden. Die Ergebnisse (g bezw. mg in 100 ccm) waren folgende:

No.	Art der Kirschen	und der Vergährung	Spec. Gewicht 15°	Alkohol g	Extrakt (direkt) g	Nichtflüchtige Säure (Aepfelsäure) g	Flüchtige Säure (Essigsäure) g	Invertzucker g	Mineralstoffe g	Blausäure in 100 ccm Saft mg	Blausäure auf 100 g Alkohol mg
1a	Hellrothe Herzkirschen	Unvergohrener Saft	1,0705	—	18,17	0,890	—	13,81	0,637	—	—
b		Vergohren ohne Steine*)	1,0116	5,95	5,68	0,586	0,204	0,24	0,678	0,07	1,2
c		Vergohren mit unverletzten Steinen	1,0145	5,83	6,22	0,454	0,109	0,40	0,656	0,66	11,3
d		Vergohren „ zerquetschten „	1,0137	5,89	6,13	0,486	0,200	0,26	0,726	0,60	10,2
2a	Braunrothe Knorpelkirschen	Unvergohrener Saft	1,1064	—	27,13	0,682	—	11,28	0,672	—	—
b		Vergohren ohne Steine	1,0185	8,84	8,71	0,555	0,204	0,41	0,699	0,17	1,9
c		Vergohren mit unverletzten Steinen	1,0214	8,84	9,82	0,521	0,109	0,52	0,712	1,10	12,4
d		Vergohren „ zerquetschten „	1,0215	8,63	9,66	0,324	0,200	0,41	0,773	0,92	10,7
3a	Grosse schwarze Kirschen	Unvergohrener Saft	1,0909	—	23,87	0,581	—	9,78	0,641	—	—
b		Vergohren ohne Steine	1,0146	7,06	7,29	0,218	0,079	0,39	0,736	0,14	2,0
c		Vergohren mit unverletzten Steinen	1,0187	6,93	8,03	0,373	0,086	0,37	0,755	0,79	11,4
d		Vergohren „ zerquetschten „	1,0200	6,59	8,36	0,377	0,280	0,35	0,756	0,55	8,3
4a	Merises (kleine, wilde, schwarze Waldkirschen)	Unvergohrener Saft	1,0934	—	24,15	0,762	—	16,32	0,630	—	—
b		Vergohren ohne Steine	1,0205	6,73	8,17	0,502	0,254	0,65	0,846	0,53	7,9
c		Vergohren mit unverletzten Steinen	1,0256	5,74	9,44	0,607	0,224	0,24	0,876	2,21	38,4
d		Vergohren „ zerquetschten „	1,0277	5,54	9,78	0,533	0,293	0,11	0,897	2,13	38,4
5a	Fougerolles (hellrothe Abart der Merises)	Unvergohrener Saft**) . . .	—	—	—	—	—	—	—	—	—
b		Vergohren ohne Steine	1,0405	6,12	15,56	0,536	0,049	0,75	1,788	0,88	14,4
c		Vergohren mit unverletzten Steinen	1,0487	5,68	15,30	0,682	0,266	0,67	1,832	2,41	42,4
d		Vergohren „ zerquetschten „	1,0817	1,68	22,76	1,235	0,470	1,18	1,964	2,97	176,8
6a	Hellrothe saure Glaskirschen	Unvergohrener Saft	1,0520	—	13,34	1,490	—	6,09	0,604	—	—
b		Vergohren ohne Steine	1,0101	4,11	4,25	0,891	0,081	0,23	0,647	0,34	8,3
c		Vergohren mit unverletzten Steinen	1,0088	3,69	3,88	0,538	0,109	0,23	0,668	1,09	29,5
d		Vergohren „ zerquetschten „	1,0090	3,75	3,97	0,541	0,862	0,19	0,670	0,88	23,5
7a	Schwarzrothe saure Glaskirschen	Unvergohrener Saft	1,0703	—	17,83	1,844	—	7,67	0,619	—	—
b		Vergohren ohne Steine	1,0167	5,26	6,67	1,088	0,048	0,37	0,657	0,74	14,1
c		Vergohren mit unverletzten Steinen	1,0152	4,95	5,96	0,709	0,055	0,36	0,671	1,73	34,9
d		Vergohren „ zerquetschten „	1,0132	4,95	5,62	0,602	0,085	0,28	0,678	1,54	31,1

*) Die von Stielen befreiten Kirschen enthielten an Steinen: No. 1: 8,54 %, No. 2: 6,12 %, No. 3: 4,50 %, No. 4: 18,27 %, No. 5: 23,30 %, No. 6: 5,75 %, No. 7: 6,03 %.

**) Die Kirschen waren überreif und gaben so wenig Saft, dass im Interesse der Gährversuche von der Untersuchung des unvergohrenen Saftes Abstand genommen wurde.

8. Analysen von reinem Kirschwasser von C. Amthor und J. Zink (Forschungsberichte über Lebensmittel u. s. w. 1897, 4, 362):

No.	Nähere Bezeichnung	Spec. Gewicht bei 15°	Alkohol		Säure (Essigsäure)	Fuselöl	Blausäure			Benzaldehyd-cyanhydrin	Ester	
							Gesammt-	freie	gebunden		Gesammt-	leichtflüchtig
			Vol.-%	g in 100 ccm			mg in 100 ccm				ccm 1/10 N.-Alkali für 100 ccm	
	No. 1—14. Aus Elsass-Lothringen.											
1	Thann	0,9397	47,34	37,57	0,035	0,234	2,4	1,0	1,4	6,7	14,4	12,9
2	Rufach	0,9408	46,74	37,09	0,022	—	14,2	7,2	7,0	34,7	11,9	9,0
3	Zabern	0,9377	48,42	38,43	0,028	0,969	2,6	1,2	1,4	6,8	14,2	11,7
4	Rufach	0,9418	46,18	36,65	0,020	—	13,8	6,5	7,3	36,2	12,3	9,3
5	1892-er	0,9299	52,44	41,62	0,092	—	4,8	1,7	3,1	15,1	20,0	17,8
6	Leberthal	0,9363	49,17	39,02	0,068	—	6,0	—	—	—	14,4	12,4
7	Rufach	0,9416	46,29	36,74	0,019	0,319	14,6	7,5	7,1	34,6	12,6	8,9
8	Selbst destillirt aus Kirschwein	0,9412	46,51	36,91	0,042	—	—	—	—	—	21,0	—
9	Selbst destillirt aus Kirschmaische	0,9411	46,57	36,96	0,057	—	10,7	—	—	—	14,6	—
10	Selbst destillirt aus desgl. untersucht am 14. 9. 1896	0,9343	49,95	39,64	0,028	—	—	—	—	—	20,2	—
11	Selbst destillirt aus desgl. untersucht am 16. 1. 1897	—	—	—	0,027	—	—	—	—	—	20,7	—
12	Scharrburg 1894	0,9236	55,51	44,05	0,068	—	5,7	—	—	—	16,7	—
13	Scharrburg 1880	0,9367	48,96	38,85	0,054	—	1,8	—	—	—	35,5	—
14	Tresterbranntwein *)	0,9357	49,48	39,27	0,034	—	0,9	—	—	—	10,4	—
	No. 15—22. Aus Baden.											
15	Glotterthal, 1876	0,9331	50,83	40,34	0,071	—	6,5	1,0	5,5	27,1	13,9	12,5
16	Kappelrodeck, 1885	0,9265	54,12	42,95	0,050	0,273	2,5	1,1	1,4	7,0	19,9	17,9
17	Oppenau, 1892	0,9222	56,18	44,58	0,042	—	4,6	1,8	2,8	13,5	13,3	11,8
18	Renchen, 1883	0,9421	46,01	36,51	0,032	—	3,7	—	—	—	8,6	6,4
19	Oppenau	0,9423	45,90	36,43	0,144	—	4,4	—	—	—	74,0	—
20	Schwarzwald	0,9369	48,85	38,77	0,011	—	5,0	1,7	3,3	16,4	30,6	26,8
21	Durbach, 1893	0,9319	51,44	40,82	0,026	—	1,0	—	—	—	15,7	12,8
22	— 1893	0,9312	51,79	41,10	0,091	0,289	4,6	1,7	2,9	14,2	24,9	22,3

Kupfer bei No. 21 0,49 mg; bei No. 3, 5, 6, 15—19 und 22 starke bezw. ziemlich starke Reaktion; bei No. 1, 2, 4, 7 und 20 schwache oder sehr schwache Reaktion; bei No. 8—11 keine Reaktion.

Die Reaktion auf Furfurol (mit Anilinacetat) war stark bei No. 2, 4, 5, 7, 12—15 und 18—22; ziemlich stark bei No. 3, 6, 8—10 und 17; schwach bei No. 1 und sehr schwach bei No. 16.

Die Reaktion auf Aldehyde (mit Rosanilinbisulfit) war schwach bei No. 6, 14 und 16—22; sehr schwach bei No. 1—5, 7—10, 12, 13 und 15.

Untersuchungs-Verfahren: Alkohol aus dem spec. Gewichte des Branntweines selbst berechnet. — Säure durch Titration mit 1/10-N.-Alkalilauge unter Verwendung von Phenolphtalein als Indikator. — Fuselöl nach Röse. — Gesammt-Blausäure: 100 ccm Branntwein wurden stark ammoniakalisch gemacht, mit einem Ueberschuss von Silbernitratlösung versetzt, dann sofort mit Salpetersäure angesäuert und in einem aliquoten Theile der filtrirten Lösung mit Rhodanammonium der Ueberschuss des Silbers zurücktitrirt. — Freie Blausäure: 100 ccm Branntwein wurden direkt mit einem Ueberschuss von Silbernitratlösung versetzt und im Uebrigen wie vorher verfahren. — Benzaldehydcyanhydrin wurde aus der gebundenen Blausäure (Differenz der beiden vorhergehenden Bestimmungen) durch Multiplikation mit 4,92 berechnet. — Gesammt-Ester: 50 ccm Branntwein wurden genau neutralisirt, mit 25—50 ccm 1/10-N.-Alkali 15 Minuten am Rückflusskühler erhitzt und mit 1/10-N.-Salzsäure unter Verwendung von Phenolphtalein als Indikator der Alkaliüberschuss zurücktitrirt. — Leichtflüchtige Ester: 100 ccm Branntwein wurden mit 25 ccm Wasser versetzt, davon 100 ccm abdestillirt und vom Destillat 50 ccm weiter verarbeitet wie vorher.

*) Von Amthor und Zink selbst destillirt nach Zusatz von Zucker zu schon abdestillirter Maische und Vergährenlassen.

9. Im Laboratorium der Schweizerischen Alkohol-Verwaltung (Schweiz. Wochenschr. Chem. Pharm. 1901, 39, 479) wurden verschiedene Kirschwasser-Proben*) mit folgendem Ergebnisse**) untersucht:

No.	Herkunft des Branntweines	Alkohol	Gesammte alkohol. Verunreinigungen		Fuselöl		Im ursprünglichen Branntwein								
							Aldehyde	Furfurol	Säure (Essigsäure)	Esterzahl	Blausäure				Kupfer
			im Branntwein	auf absoluten Alkohol	im Branntwein	auf absoluten Alkohol					im Ganzen	frei	gebunden	Benzaldehydcyanhydrin	
		Vol.-%	Raumtheile in 1000 Raumtheilen						g in 1 l	ccm $^{1}/_{10}$ N.-Alkali für 1 l	mg in 1 l				
1	Alkohol-Verwaltung frisch	55,2	3,23	5,86	2,19	3,98	0,25	0,030	0,186	140	14,5	4,5	10,0	49,2	Spur
	Alkohol-Verwaltung $2^1/_2$ J. alt	—	—	—	—	—	—	—	0,180	134	—	—	—	—	—
2	Alkohol-Verwaltung	43,5	—	—	—	—	0,05	0,008	0,252	156	18,0	—	—	—	0
3	Spiez	49,3	6,05	12,27	3,41	6,91	0,03	0,006	1,080	267	45,0	15,5	29,5	145,1	6
4	Gunten	49,8	4,84	9,73	2,50	5,02	0,07	0,030	0,324	220	36,0	12,5	23,5	115,6	7
5	Oberhofen (Kant. Bern)	56,3	4,17	7,41	0,89	1,58	0,05	0,020	0,420	350	30,0	14,0	16,0	78,7	12
6	Reigoldswil (Kanton Baselland)	57,1	3,35	5,86	0,90	1,57	0,10	0,030	0,645	294	48,0	27,0	21,0	103,3	Spur
7	Arlesheim	50,9	3,43	6,74	0,93	1,82	0,03	0,015	0,630	255	18,5	12,7	5,7	28,3	4,5
8	Löhningen (Kanton Schaffhausen)	55,7	3,39	6,08	1,60	2,87	0,20	0,040	0,750	192	30,5	19,5	11,0	54,1	8
9	Travers frisch	48,3	3,58	7,41	1,33	2,76	0,15	0,050	0,354	280	24,5	15,0	9,5	46,7	15
	Travers n. $2^1/_2$ Jahren	—	—	—	—	—	—	—	—	262	—	—	—	—	—
10	Interlaken	50,1	7,42	14,81	3,49	6,96	0,10	0,010	0,720	408	22,5	5,0	17,5	86,0	9
11	Schwyz	49,2	—	—	—	—	—	—	—	—	33,35	—	—	—	—
12	Desgl. a) echt	59,2	15,17	25,64	9,42	15,91	0,04	0,005	1,729	660	44,0	37,5	6,5	32,0	Spur
	Desgl. b) koupirt	42,8	4,87	11,38	2,88	6,74	0,03	0,003	0,744	235	16,5	15,0	1,5	7,4	„
13	Basel. (Sofort nach Abtrennung des Vorlaufs entnommen)	73,5	—	—	6,01	8,18	0,40	0,035	1,420	1947	36,0	22,5	13,5	66,4	13

Sonstige Analysen von Kirschbranntwein.

Schumacher-Kopp (Chem.-Ztg. 1896, **20**, Rep. 143) untersuchte 6 Proben, die auf der schweizerischen Landesausstellung in Genf ausgestellt waren.

Zwetschen- und Mirabellenbranntwein.

1. Analysen von M. Petrowitsch (Zeitschr. analyt. Chem. 1886, 25, 195).***)

No.	Nähere Bezeichnung		Alter	Spec. Gewicht	Alkohol	Freie Säure	Extrakt	Mineralstoffe
			Jahre	bei 15,5°	Vol.-%	mg in 100 ccm		
1	Zwetschenbranntwein	Cereriv (Syrmien)	1	0,9489	41,87	86,0	18,0	—
2	Zwetschenbranntwein	Komoriste (Banat)	2	0,9383	47,89	78,0	8,0	—
3	Zwetschenbranntwein	Kisfalu (Baranya)	3	0,9493	41,62	138,0	25,0	—
4	Zwetschenbranntwein	M. Theresiopel (Ungarn)	4	0,9601	34,31	138,0	108,0	—
5	Zwetschenbranntwein	Bosnien	neu	0,9687	27,09	219,0	79,0	33,0
6	Zwetschenbranntwein	desgl.	„	0,9681	27,64	208,0	73,0	35,0
7	Zwetschenbranntwein	desgl.	„	0,9737	22,27	240,0	80,0	—
8	Pfirsichbranntwein von Pantschowa		1	0,9671	28,54	186,0	40,0	—

*) No. 1 und 3—11 waren Jahrgang 1897; die übrigen Jahrgang 1898. Mit Wasser gaben starke Trübung No. 10 und 13, starke Opalescenz No. 1, 3 und 5—8; die Opalescenz war deutlich bei No. 4, 9 und 12a, dagegen schwach bezw. kaum vorhanden bei No. 11 und 12b.

**) Ueber die Untersuchungs-Verfahren vergl. oben S. 1419, Anm. *).

***) Vergl. auch die Analysen von Trester-Kognak S. 1415. — Der Alkohol ist aus dem spec. Gewicht und die freie Säure als Essigsäure berechnet.

Der Extrakt, von gelblicher bis schwärzlicher Farbe, hinterliess in den meisten Fällen keine oder nur Spuren von Asche. Der bedeutende Gehalt der Branntweine an Säure hat in der Behandlung der Maische seine Ursache. Die Gährung der Zwetschen- wie der Trester-Maische wird in offenen Gefässen sich selbst überlassen und dauert ziemlich lange, da zu wenig Eiweissstoffe vorhanden sind, um eine stürmische Gährung zu veranlassen. Die Folge davon ist eine starke Bildung von Essigsäure, welche bei der Destillation leicht Kupfer löst und dieses in das Destillat überführt. Dazu hält man in Bosnien und Slavonien nicht den Branntwein, sondern die Maische vorräthig, welche erst kurz vor dem Gebrauch in einheimischen kleinen Apparaten abdestillirt wird. Daher hatten alle bosnischen Branntweine deutlichen Rauchgeschmack. Auch in Süd-Russland sind die Brennapparate meist primitiver Art. Nur ausnahmsweise wird die Destillation wiederholt; meistens wird gleich das erste Destillat als Branntwein genossen. Man hat es also eigentlich mit Lutter zu thun uud darin findet der zum Theil geringe und in weiten Grenzen schwankende Alkoholgehalt seine Erklärung.

Da Zwetschenbranntwein viel höher im Preise steht als Tresterbranntwein, so lässt man letzteren wohl auf gedörrten Zwetschen lagern, oder digerirt ihn mit zerstossenen Zwetschenkernen, um ihm Farbe und Aroma des Zwetschenbranntweins zu ertheilen und als solchen zu verkaufen.

Petrowitsch konnte in den Zwetschenbranntweinen Blausäure nicht oder nur in Spuren nachweisen.

2. A. Petermann (Recherches de Chimie et de Physiologie appliquées à l'Agriculture 1894, 2; mitgetheilt in Forschungsberichte über Lebensmittel 1897, 4, 362) fand Vol.-% bezw. mg in 100 ccm:

	Alkohol Vol.-%	Fuselöl (nach Röse)	Säure (Essigsäure)	Ester (Essigester)	Aldehyd	Furfurol	Basen-Stickstoff
Zwetschenwasser .	53,2	60	15	60	4	2,9	0,09
Mirabellenwasser .	58,3	1420	—	—	9	0,5	0,44

Der Aldehyd ist mit Rosanilinbisulfit und das Furfurol mit Anilinacetat kolorimetrisch bestimmt.

3. Analysen von reinem Zwetschen-, Mirabellen- und Schlehenwasser von C. Amthor und J. Zink (Forschungsberichte über Lebensmittel 1897, 4, 362):

No.	Nähere Bezeichnung	Spec. Gewicht	Alkohol		Säure (Essigsäure)	Fuselöl	Blausäure			Benzaldehyd-cyanhydrin	Ester	
							Gesammt-	freie	gebunden		Gesammt-	leicht flüchtig
		bei 15°	Vol.-%	g in 100 ccm	mg in 100 ccm						ccm 1/10 N.-Alkali für 100 ccm	
	Zwetschenwasser (No. 1—8 aus Elsass-Lothringen, No. 9 aus Baden).											
1	Metz	0,9340	50,37	39,79	—	—	1,3	1,0	0,3	1,7	15,0	12,7
2	Rufach	0,9386	47,94	38,04	52,0	228,0	3,3	1,3	2,0	9,7	16,7	12,3
3	Zabern	0,9336	50,57	40,13	41,0	—	0,9	0,7	0,2	0,7	16,8	15,3
4	Thann	0,9396	47,40	37,61	19,0	59,0	0,4	0,4	0	0	13,5	12,4
5	Metz	0,9380	47,78	37,92	74,0	—	0,7	—	—	—	21,1	19,1
6	Selbst destillirt, 1894	0,9311	51,89	41,18	81,0	—	2,8	—	—	—	21,4	15,1
7	Scharrburg, 1893	0,9322	51,29	40,70	28,0	—	2,3	—	—	—	16,3	—
8	Trester-Zwetschenwasser*) . . .	0.9411	46,57	36.96	73,0	—	0	—	—	—	20,7	—
9	Achern, 1892	0,9354	49,64	39,39	63,0	0,071	0,2	—	—	—	12,7	12,0
	Mirabellenwasser (No. 10—12 aus Elsass-Lothringen, No. 13 und 14 aus Baden).											
10	Zabern	0,9373	48,64	38,60	65,0	176,0	2,2	1,0	1,2	6,1	16,8	15,9
11	Lothringen, 1894	0,9393	47,56	37,74	31,0	113,0	4,3	—	—	—	14,7	11,5
12	Barr, 1893	0,9321	51,34	40,74	134,0	—	4,0	—	—	—	32,1	—
13	Baden, 1892	0,9258	54,46	43,22	50,0	—	1,4	0,7	0,7	3,4	22,2	18,5
14	Durbach, 1893	0.9295	52,64	41,78	33,0	—	—	—	—	—	9,9	9,8
	Schlehenbranntwein.											
15	Rufach	0,9459	43,83	34,78	9,0	210,0	5,1	1,5	3,6	17,8	8,9	4,2

Der Gehalt an Kupfer betrug bei No. 6: 1,7 mg; bei No. 1, 3, 9—11 und 13 war die Kupfer-Reaktion ziemlich stark, bei No. 14 war dieselbe schwach und No. 2, 4, 5 und 15 gaben keine Kupfer-Reaktion.

---

*) Von Amthor u. Zink selbst destillirt nach Zusatz von Zucker zu schon abdestillirter Maische und Vergährenlassen.

Die Reaktion auf Furfurol (mit Anilinacetat) war bei No. 1—14 (No. 6 wurde daraufhin nicht geprüft) stark und bei No. 15 ziemlich stark.

Die Reaktion auf Aldehyde (mit Rosanilinbisulfit) war stark bei No. 15, ziemlich stark bei No. 4 und 14, schwach bei No. 1—3 und 12 und sehr schwach bei No. 5, 7—11 und 13.

Ueber die Untersuchungs-Verfahren vergl. S. 1428.

4. K. Windisch (Arb. Kaiserl. Gesundh.-Amt 1898, 14, 309) stellte umfangreiche Untersuchungen*) über die Zusammensetzung des Zwetschenbranntweins an und fand für: 1. Echten in Elsass-Lothringen hergestellten gewöhnlichen Zwetschenbranntwein und 2. Spätbrand, ebenfalls dargestellt in Elsass-Lothringen aus etwa ½ Jahr in einem geschlossenen Fasse gelagerter Maische folgende Zusammensetzung:

Bestandtheile	100 ccm Branntwein enthalten:		Auf 100 000 Theile Aethylalkohol kommen Gewichtstheile:	
	Gewöhnlicher Branntwein	**Spätbrand**	**Gewöhnlicher Branntwein**	**Spätbrand**
Specifisches Gewicht bei 15°	0,9378	0,9513	—	—
Aethylalkohol	38,43 g	32,20 g	—	—
Extrakt	12,4 mg	29,8 mg	32,2	92,6
Glycerin und Isobutylenglycol	etwa 3 mg	etwa 5 mg	etwa 8	etwa 16
Mineralstoffe	4,5 mg	9,3 mg	11,7	28,9
Acetaldehyd	9,2 „	8,0 „	23,9	24,8
Acetal	2,8 „	1,7 „	7,3	5,3
Ameisensäure	1,4 „	1,5 „	3,6	4,7
Essigsäure	63,2 „	138,7 „	164,4	430,8
Normal-Buttersäure	4,1 „	3,9 „	10,7	12,1
Höhere Fettsäuren (Capron-, Capryl-, Caprin- und Palmitin- [?] Säure)	4,5 „	2,1 „	11,7	6,5
Ameisensäure-Aethylester	3,0 „	2,8 „	7,8	8,7
Essigsäure-Aethylester	79,4 „	92,3 „	206,6	286,7
Normal-Buttersäure-Aethylester	3,7 „	4,5 „	9,6	14,0
Ester höherer Fettsäuren (obiger Säuren und vielleicht Pelargonsäure)	12,3 „	14,2 „	32,0	44,1
Normal-Propylalkohol	18 „	16 „	47	50
Isobutylalkohol	41 „	25 „	107	78
Amylalkohol	194 „	121 „	505	376
Blausäure frei	0	0	0	0
Blausäure gebunden	3,18 „	2,63 „	8,27	8,17
Benzaldehyd, frei	2,8 „	3,3 „	7,3	10,2
Benzaldehydcyanhydrin	15,65 „	12,94 „	40,79	40,20
Benzoësäure	1,7 „	Spur	4,4	Spur
Benzoësäure-Aethylester	6,6 „	10,2 mg	17,2	31,7
Furfurol	2,3 „	Spur	6,0	Spur
Essigsaures Kupfer (wasserhaltig)	0,66 „	3,34 mg	1,73	10,37
Ammoniak (einschl. etwas organischer Basen)	0,57 „	1,27 „	1,48	3,94
Neutrale hochsiedende Oele (ätherische Oele oder Terpenhydrat?)	etwa 4 „	etwa 4 „	etwa 8	etwa 12

*) Bezüglich der Untersuchungs-Verfahren muss auf die Quelle verwiesen werden.

K. Windisch (Arb. Kaiserl. Gesundh.-Amt 1898, 14, 309) stellte auch Untersuchungen an über die Vergährung der Zwetschen- und anderer Pflaumensäfte unter verschiedenen Bedingungen, um unter anderem Aufschluss über die Quelle der Blausäure zu erhalten. Bezüglich der Ausführung der Versuche muss auf die Quelle verwiesen werden. Die Ergebnisse (g bezw. mg in 100 ccm) waren folgende:

No.	Art der Pflaumen	und der Vergährung	Spec. Gewicht 15°	Alkohol g	Extrakt (direkt) g	Nichtflüchtige Säure (Aepfelsäure) g	Flüchtige Säure (Essigsäure) g	Flüchtige Ester (Essigsäure-Aethylester) g	Invertzucker g	Saccharose g	Mineralstoffe g	Blausäure in 100 ccm Saft mg	Blausäure auf 100 g Alkohol mg
1 a	Hunde-pflaumen (klein, rund, roth)	Unvergohrener Saft	1,0657	—	16,88	1,464	—	—	9,96	1,77	0,675	—	—
b		Vergohren ohne Steine*)	1,0124	5,26	5,27	1,069	0,096	0,088	0,54	—	0,554	0,08	1,5
c		Vergohren mit unverletzten Steinen	1,0140	5,38	5,73	1,073	0,075	0,046	0,57	—	0,566	0,95	17,7
d		Vergohren „ zerquetschten „	1,0141	5‘32	5,87	1,047	0,076	0,054	0,57	—	0,560	0,86	16,2
2 a	Stengel-pflaumen (mittelgross, rund bis länglich, roth)	Unvergohrener Saft	1,0450	—	11,43	1,263	—	—	6,81	1,28	0,614	—	—
b		Vergohren ohne Steine	1,0116	3,06	4,11	0,847	0,086	0,058	0,52	—	0,523	0,10	3,3
c		Vergohren mit unverletzten Steinen	1,0097	2,94	3,65	0,598	0,196	0,030	0,50	—	0,503	1,87	63,6
d		Vergohren „ zerquetschten „	1,0102	2,72	3,51	0,600	0,221	0,187	0,46	—	0,487	1,97	72,4
3 a	Mirabellen (klein, rund, gelb)	Unvergohrener Saft	1,0553	—	14,01	1,497	—	—	7,58	2,12	0,647	—	—
b		Vergohren ohne Steine	1,0142	3,35	4,91	0,714	0,225	0,145	0,84	—	0,580	0,07	2,1
c		Vergohren mit unverletzten Steinen	1,0144	3,52	4,98	1,033	0,068	0,039	0,72	—	0,592	1,21	34,4
d		Vergohren „ zerquetschten „	1,0158	3,46	5,31	0,991	0,106	0,056	0,89	—	0,617	1,30	37,6
4 a	Aprikosen-pflaumen (mittelgross, rund, roth)	Unvergohrener Saft	1,0500	—	12,52	1,564	—	—	7,53	0,90	0,528	—	—
b		Vergohren ohne Steine	1,0121	3,58	4,65	1,315	0,082	0,048	0,42	—	0,415	0,12	3,3
c		Vergohren mit unverletzten Steinen	1,0118	3,23	4,38	1,148	0,133	0,087	0,45	—	0,433	1,30	40,4
d		Vergohren „ zerquetschten „	1,0132	3,17	4,62	1,353	0,058	0,049	0,48	—	0,451	1,22	38,5
5 a	Unver-gleichliche Pflaumen (gross, rund, roth)	Unvergohrener Saft	1,0541	—	13,74	1,818	—	—	7,14	1,88	0,546	—	—
b		Vergohren ohne Steine	1,0137	3,46	5,07	1,430	0,097	0,116	0,40	—	0,415	0,15	4,3
c		Vergohren mit unverletzten Steinen	1,0132	3,64	4,99	1,418	0,083	0,070	0,42	—	0,436	0,85	23,3
d		Vergohren „ zerquetschten „	1,0143	3,69	5,19	1,438	0,083	0,039	0,45	—	0,452	0,82	22,2
6 a	Diamant-pflaumen (mittelgross, länglich bis rundlich, gelb)	Unvergohrener Saft	1,0460	—	11,63	1,765	—	—	4,67	1,68	0,677	—	—
b		Vergohren ohne Steine	1,0178	3,00	5,95	1,477	0,132	0,094	0,58	—	0,544	0,12	4,0
c		Vergohren mit unverletzten Steinen	1,0161	3,12	5,50	1,454	0,110	0,078	0,48	—	0,530	1,00	32,1
d		Vergohren „ zerquetschten „	1,0174	2,94	5,62	1,529	0,122	0,107	0,42	—	0,571	1,02	34,7
7 a	Reine-clauden (gross, rund, gelblichgrün)	Unvergohrener Saft	1,0455	—	11,60	1,370	—	—	6,04	1,42	0,609	—	—
b		Vergohren ohne Steine	1,0145	2,55	4,63	0,868	0,156	0,081	0,61	—	0,586	0,04	1,6
c		Vergohren mit unverletzten Steinen	1,0151	2,82	4,84	1,073	0,116	0,040	0,58	—	0,582	0,97	34,4
d		Vergohren „ zerquetschten „	1,0152	2,66	4,79	1,148	0,068	0,061	0,43	—	0,603	1,08	40,6
8 a	Eier-pflaumen (gross, gelb)	Unvergohrener Saft	1,0574	—	14,52	1,785	—	—	7,37	2,42	0,544	—	—
b		Vergohren ohne Steine	1,0151	3,29	5,06	1,378	0,065	0,408	0,55	—	0,426	0,09	2,7
c		Vergohren mit unverletzten Steinen	1,0140	3,75	5,10	1,283	0,206	0,217	0,50	—	0,422	0,55	14,7
d		Vergohren „ zerquetschten „	1,0143	3,58	5,11	1,360	0,070	0,208	0,41	—	0,454	0,49	13,7
9 a	Princess-Juvel-pflaumen (mittelgross, rund, roth)	Unvergohrener Saft	1,0457	—	11,60	1,491	—	—	6,36	0,84	0,572	—	—
b		Vergohren ohne Steine	1,0156	1,82	4,63	1,286	0,137	0,510	0,35	—	0,484	0,03	1,6
c		Vergohren mit unverletzten Steinen	1,0141	2,66	4,76	1,373	0,076	0,030	0,50	—	0,489	0,73	27,4
d		Vergohren „ zerquetschten „	1,0146	2,55	4,82	1,319	0,041	0,054	0,48	—	0,507	0,82	32,1

*) Die von den Stielen befreiten Früchte enthielten an Steinen:

No. 1	2	3	4	5	6	7	8	9	10	11	12
4,59	4,71	5,23	4,49	4,11	5,40	4,39	3,16	4,97	7,88	5,08	5,88 %

No.	Art der Pflaumen und der Vergährung	Spec. Gewicht 15°	Alkohol g	Extrakt (direkt) g	Nichtflüchtige Säure (Aepfelsäure) g	Flüchtige Säure (Essigsäure) g	Flüchtige Ester (Essigsäure-Aethylester) g	Invertzucker g	Saccharose g	Mineralstoffe g	Blausäure in 100 ccm Saft g	Blausäure auf 100 g Alkohol g
10a	Nektarinen (glatte, grosse, gelbe Pfirsiche) Unvergohrener Saft . . .	1,0559	—	14,33	1,056	—	—	8,17	2,75	0,618	—	—
b	Vergohren ohne Steine	1,0100	4,41	4,27	0,853	0,098	0,055	0,77	—	0,521	0,04	0,9
c	Vergohren mit unverletzten Steinen	1,0091	3,75	3,82	0,478	0,177	0,106	0,64	—	0,526	0,93	24,8
d	Vergohren „ zerquetschten „	1,0096	4,23	4,03	0,667	0,190	0,159	0,66	—	0,551	0,85	20,1
11a	Zwetschen vom Berliner Markte Unvergohrener Saft . . .	1,0849	—	21,84	0,548	—	—	11,43	5,17	0,578	—	—
b	Vergohren ohne Steine	1,0104	7,39	5,90	0,443	0,064	0,093	0,65	—	0,460	0,08	1,1
c	Vergohren mit unverletzten Steinen	1,0101	6,99	5,59	0,448	0,084	0,126	0,61	—	0,442	0,75	10,7
d	Vergohren „ zerquetschten „	1,0105	6,99	5,66	0,404	0,117	0,209	0,59	—	0,470	0,70	10,0
12a	Zwetschen aus Rufach Unvergohrener Saft . . .	1,0545	—	13,64	0,561	—	—	5,42	4,26	0,662	—	—
b	Vergohren ohne Steine	1,0090	4,83	4,28	0,393	0,091	0,068	0,54	—	0,562	0,12	2,5
c	Vergohren mit unverletzten Steinen	1,0097	4,65	4,41	0,352	0,140	0,063	0,55	—	0,581	0,99	21,3
d	Vergohren „ zerquetschten „	1,0110	4,59	4,69	0,358	0,218	0,096	0,64	—	0,595	1,16	25,3

Sonstige Analysen von Zwetschenbranntweinen.

1. J. Boussingault (Annal. Chim. Phys. 1866 [4], **8**, 210) u. A. (mitgetheilt von K. Windisch in Arb. Kaiserl. Gesundh.-Amt. 1898, **14**, 309) berichten über Gährversuche mit Zwetschen- und Mirabellensaft.
2. V. Vedrödi (Zeitschr. Nahrungsm.-Unters., Hyg. und Waarenk. 1894, **8**, 189) untersuchte 15 Proben Zwetschenbranntweine, von denen zwei aus zuverlässigen Quellen stammten. Die angegebenen Werthe scheinen sehr unzuverlässig zu sein.

Sonstige Fruchtbranntweine.

No.	Nähere Bezeichnung	Zeit der Untersuchung	Spec. Gewicht	Alkohol Vol.-%	Alkohol g in 100 ccm	Extrakt mg in 100 ccm	Säure (Essigsäure) mg in 100 ccm	Fuselöl mg in 100 ccm	Ester Gesammt- ccm 1/10 N.-Alkali für 100 ccm	Ester leichtflüchtig ccm 1/10 N.-Alkali für 100 ccm	Analytiker
	Himbeerbranntwein.										
1*)	Aus Rufach	1897	0,9320	51,39	40,78	—	139,0	227,0	22,9	17,8	C. Amthor u. J. Zink[1])
2*)	„ Baar (Elsass), 1893 . .	„	0,9373	48,64	38,60	—	218,0	—	26,9	—	
	Heidelbeerbranntwein.										
3*)	Elsass-Lothringer	„	0,9332	50,78	40,30	—	52,0	—	9,9	7,5	
4*)	Aus Münster (Elsass) . . .	„	0,9322	51,29	40,70	—	41,0	—	12,5	8,8	
5*)	Aus Oppenau (Baden) . . .	„	0,9310	51,89	41,18	—	93,0	—	16,8	15,2	
	Hollunderbranntwein.										
6*)	Aus Münster (Elsass) . . .	„	0,9358	49,43	39,23	—	86,0	—	18,5	14,3	
	Enzian.										
7*)	Aus dem Münsterthal (Elsass), 1873	„	0,9211	56,69	44,99	—	14,0	—	5,00	—	
	Ebereschenbranntwein.				Gew.-%	%	%	Zucker %	Mineralstoffe %		
8	„Jerzebiak“	1892	0,9293	—	46,80	1,02	0,020	0,35	0,03	—	Gawalowski[2])

[1]) Forschungsberichte über Lebensmittel 1897, **4**, 362. — Ueber die Untersuchungs-Verfahren vergl. S. 1428.

[2]) Zeitschr. Nahrungsm.-Unters., Hyg. u. Waarenk. 1893, **7**, 265.

*) Die Furfurol-Reaktion war bei No. 6 sehr stark, bei No. 1, 3, 4 u. 7 stark, bei No. 5 ziemlich stark u. bei No. 2 sehr schwach; die Aldehyd-Reaktion bei No. 7 sehr stark, No. 4, 5 u. 6 ziemlich stark, bei No. 2 u. 3 schwach und bei No. 1 sehr schwach.

Analysen von Fruchtbranntweinen des Handels

von M. Mansfeld[1]) *) und A. Riche[2]) **) (Slibowitz No. 14—16).

a) Slibowitz (Sliwowitz).

No.	Nähere Bezeichnung	Zeit der Untersuchung	Alkohol Vol.-%	mg in 100 ccm Branntwein: Extrakt	Säuren	Aldehyde	Furfurol	Höhere Alkohole	Ester	mg auf 100 ccm absol. Alkohol: Säuren	Aldehyde	Furfurol	Höhere Alkohole	Ester	Gesammt-Verunreinigungen
1[0])	Echtes Destillat . .	1895	34,25	206,0	144,0	6,6	20,0	129,0	106,0	420,4	19,4	58,4	376,6	309,5	1183
2[0])	Verschnittwaare . .	„	43,50	54,0	79,0	3,1	0,6	96,5	42,9	181,7	7,1	1,3	222,0	98,6	512
3[0])	—	1896	63,60	—	52,8	12,6	3,4	137,8	94,7	83,0	20,0	5,6	215,3	149,0	470
4	Ungarischer . . .	1897	50,06	54,0	52,8	3,8	0,6	15,3	61,7	105,4	7,6	1,2	30,6	123,4	290
5	Desgl.	„	52,44	9,0	28,8	7,6	1,3	80,4	110,5	54,9	14,4	2,5	153,3	210,7	440
6	Aus konfiszirtem Obst	„	46,40	9,0	62,4	12,1	1,2	66,0	207,8	134,4	26,0	2,6	122,5	446,7	730
7	Slivorium, echt . .	„	43,83	338,2	120,0	7,2	1,0	33,4	109,3	273,3	16,4	2,3	76,2	249,4	617
8	Echt	„	43,50	17,6	99,0	5,7	0,4	18,5	56,1	228,0	13,1	0,9	44,8	129,7	417
9	Rakie, echt . . .	„	29,03	52,2	92,4	7,2	0,6	69,3	58,2	319,0	25,0	2,0	291,0	207,0	844
10	Ohne nähere Bezeichnung	1898	46,85	—	74,4	5,3	0,9	43,8	143,6	158,6	11,3	1,8	93,3	306,2	570
11		„	46,35	—	170,4	9,2	0,8	71,0	174,8	367,2	19,8	1,7	153,0	376,7	920
12		„	50,77	—	52,8	10,0	0,7	116,8	193,6	103,9	19,7	1,3	229,9	381,1	740
13		1900	46,69	—	60,0	12,3	0,8	53,4	157,1	129,1	26,4	1,7	114,9	338,1	340
14	Französische Zwetschen-Branntweine: Saumur	1895	60,50	38,0	38,0	15,5	1,1	174,0	94,0	63,0	26,0	1,8	288,0	155,0	530
15	„	„	61,00	64,0	64,0	9,0	0,9	146,0	151,0	105,0	14,8	1,5	239,0	248,0	610
16	Gray .	„	59,40	66,0	66,0	11,1	0,9	63,0	73,0	111,0	18,7	1,5	161,0	123,0	420
	Mittel	—	**48,64**	**82,5**	**78,6**	**8,6**	**2,2**	**82,1**	**114,6**	**161,6**	**17,7**	**4,5**	**168,8**	**235,6**	**588,2**
	b) Kirschbranntwein.														
1	Ohne nähere Bezeichnung	1898	43,59	—	26,4	5,2	0,3	53,1	100,5	60,5	12,8	0,7	121,8	230,5	520
2		1900	48,46	—	91,2	12,9	0,4	126,2	185,6	187,3	26,1	0,8	259,5	308,7	855
3	Echt	1901	49,43	—	40,8	3,9	0,5	13,7	195,4	82,7	7,9	1,0	27,7	395,3	510
	c) Amarasco.														
1[0])	Aus Kirschkernen .	1895	51,54	962,0	27,6	14,3	5,3	174,3	68,6	53,5	27,7	10,3	338,2	133,1	570
2[0])	—	1896	51,56	262,0	31,0	9,7	8,6	134,7	54,3	60,1	18,8	16,6	261,2	105,3	460
	d) Vogelbeerbranntwein.														
1	Ohne nähere Bezeichnung	1898	43,30	—	43,2	6,5	0,5	164,8	112,2	100,0	15,0	1,2	380,5	258,1	75
2		„	42,80	—	14,4	7,1	0,6	117,9	98,8	33,6	16,0	1,3	275,4	230,8	560
3		„	41,35	—	31,2	6,2	0,7	189,6	87,1	75,4	15,0	1,7	458,7	201,9	750
4		1900	43,20	—	26,4	5,7	0,8	218,6	133,1	61,1	13,2	1,8	506,0	308,2	890
5	Echter Branntwein .	1901	41,89	—	33,6	3,6	0,7	222,8	103,8	80,2	8,6	1,7	531,6	247,8	870

[1]) Sämmtliche Analysen ausser den Slibowitz-Analysen No. 14—16 sind von M. Mansfeld ausgeführt: Berichte der Untersuchungsanstalt d. Allgem. österr. Apoth.-Vereins zu Wien 1897—1899, 1900—1902; ferner Zeitschr. Nahrungsm.-Unters., Hyg. u. Waarenk. 1895, **9**, 317 u. 1896, **10**, 319; Zeitschr. angew. Chem. 1898, 449.

[2]) Journ. Pharm. Chim. 1895, [6], **2**, 368; mitgetheilt von K. Windisch in Arb. Kaiserl. Gesundh.-Amt 1898, **14**, 309.

*) Bezügl. der Bedeutung der Säure-, Ester- etc. Zahlen vergl. oben S. 1420, Anm. *).

**) A. Riche bediente sich ähnlicher Untersuchungs-Verfahren wie M. Mansfeld, jedoch bestimmte er die höheren Alkohole nach Abscheidung der Aldehyde kolorimetrisch durch Kochen in koncr. Schwefelsäure unter Vergleich mit Isobutylalkohol (Savalle'sches Verfahren).

[0]) Blausäure war bei No. 1, 2, 8, 9 u. 13 vorhanden; bei No. 7 dagegen nicht. Der Amarasco No. 1 enthielt im natürlichen Branntwein 7,3 mg Blausäure.

Der Gehalt an Basen (Ammoniak) betrug in 100 ccm Branntwein bezw. absol. Alkohol:

	Slibowitz No. 1	2	3	Amarasco No. 1	2
Branntwein . . .	3,0	0,6	0,2	2,1	0,2 mg
Absol. Alkohol .	8,7	1,3	0,3	4,0	0,4 mg

e) Schwarzbeerbranntwein.

No.	Nähere Bezeichnung	Zeit der Untersuchung	Alkohol Vol.-%	mg in 100 ccm Branntwein: Exrrakt	Säuren	Aldehyde	Furfurol	Höhere Alkohole	Ester	mg auf 100 ccm absol. Alkohol: Säuren	Aldehyde	Furfurol	Höhere Alkohole	Ester	Gesammt-Verunreinigungen
1	Ohne näh. Bezeichn.	1898	48,80	—	19,2	5,1	0,6	82,1	48,0	39,3	10,4	1,2	168,2	98,4	320
2		„	48,58	—	13,2	5,1	0,5	119,3	36,1	27,1	10,7	1,0	245,6	74,3	360
3		„	46,76	—	6,0	5,3	0,5	46,7	24,2	12,8	11,3	1,1	100,0	51,7	180
4	Echter Branntwein .	1901	47,78	—	16,8	4,6	0,6	152,1	72,2	35,6	9,7	1,2	322,4	153,0	520

f) Enzian.

No.	Nähere Bezeichnung	Zeit der Untersuchung	Alkohol Vol.-%	Exrrakt	Säuren	Aldehyde	Furfurol	Höhere Alkohole	Ester	Säuren	Aldehyde	Furfurol	Höhere Alkohole	Ester	Gesammt-Verunreinigungen
1	Ohne näh. Bezeichn.	1898	43,50	—	6,2	5,6	0,2	33,2	27,8	14,2	12,8	0,5	76,3	63,9	170
2		„	44,76	—	7,2	5,6	0,5	13,7	30,7	16,0	12,5	1,1	30,5	68,5	130

g) Hopfengeist.

No.	Nähere Bezeichnung	Zeit der Untersuchung	Alkohol Vol.-%	Exrrakt	Säuren	Aldehyde	Furfurol	Höhere Alkohole	Ester	Säuren	Aldehyde	Furfurol	Höhere Alkohole	Ester	Gesammt-Verunreinigungen
1	Ohne näh. Bezeichn.	1898	47,65	160,0	30,0	8,4	0,6	58,6	31,7	63,0	18,0	1,3	123,0	66,5	272

Branntweine des Kleinbetriebes.

Analysen von Behrend (Zeitschr. Spiritus-Industrie 1893, 13, 273; Vierteljahresschr. Nahrungs- u. Genussm. 1890, 5, 493):

No.	Bezeichnung des Branntweins	Alkohol Vol.-%	Alkohol Gew.-%	Fuselöl im Branntwein Vol.-%	Fuselöl im absoluten Alkohol Vol.-%	Säure (Essigsäure) g in 100 ccm	Furfurol g in 100 ccm	Kupfer mg in 1 l	Aldehyd-Reaktion
1	Kirsch	51,6	44,0	0,076	0,147	0,046	0,001—0,002	0	schwach
2	Zwetschen	58,2	50,4	0,117	0,200	0,015	0,0005—0,001	0	stark
3		52,0	44,4	0,129	0,247	0,009	0,001—0,002	0	„
4	Weintrester	53,2	45,5	1,406	2,627	0,020	—	8—10	sehr stark
5	Obsttrester	49,2	41,8	0,226	0,457	0,024	0	4—6	„
6	Melasse	78,3	71,6	0,236	0,297	0,004	0	0	„

Ueber die Untersuchungs-Verfahren vergl. S. 1407.

Liqueure und Bittere.

Absynth.

1. Adrian[1]) und Deschamps[1]) fanden für Absynth folgende Gehalte an Alkohol (Vol.-%) und Extraktstoffen (g in 100 ccm):

		Gewöhnlich	Halbfein	Fein	Schweizer
Adrian[1])	Alkohol	47,67	50,00	68,00	80,67 Vol.-%
	Absynth-Extrakt	0,100	0,153	0,283	0,283 g
	Sonstige Extraktstoffe . . .	0,017	0,033	0,033	0,033 g

		Lyon	Gros-Caillou	Place de l'École	Schweizer A.	Belleville	Gros-Caillou	Avalloe	Belleville	Rue de Rivoli
Deschamps	Spec. Gewicht .	0,8850	0,8925	0,9045	0,9060	0,9040	0,9192	0,9190	0,9390	0,9450
	Alkohol . .	69,20	65,80	61,80	61,60	61,20	56,40	55,60	45,00	43,20
	Absynth-Extrakt .	0,204	0,217	0,216	0,186	0,216	0,174	0,164	0,098	0,061
	Sonst. Extraktst. .	0,563	0,527	0,483	0,450	0,522	0,792	0,442	0,137	0,102

[1]) Dictionaire des altérations et falsifications de substances alimentaires par Chevalier et Baudrimont Paris 1878, 28 u. 29. Die im Originale angegebenen Zahlen beziehen sich auf ein Glas von 30 ccm. Wir haben dieselben auf 100 ccm umgerechnet.

2. Ueber die Zusammensetzung von 12 Proben französischem Absynth berichtet A. Hubert (Annal. chim. analyt. 1901, 6, 409) mit folgendem Ergebnisse (Vol.-% (?) bezw. mg in 100 ccm):

Probe No.	1	2	3	4	5	6	7	8	9	10	11	12
Spec. Gewicht (15°)	0,9982	0,8966	0,9246	0,9340	0,9453	0,9353	0,9157	—	—	—	—	—
Alkohol (Vol.-% ?)	48,0	67,6	55,0	50,0	44,0	50,0	59,0	49,0	47,0	55,0	65,5	57,0
Extrakt	156,0	172,0	36,0	108,0	52,0	80,0	92,0	89,8	90,2	132,0	111,7	97,0
Zucker (reducir. Stoffe)	Spur	Spur	0	Spur	0	0	0	—	—	—	—	—
Säure	12,0	28,8	2,4	9,6	4,8	7,2	7,2	8,0	11,1	9,2	5,4	8,0
Aldehyde	12,6	15,5	0,5	2,5	9,1	10,0	5,2	—	—	—	—	—
Ester	3,5	7,1	0,5	12,3	7,0	7,0	7,0	—	—	—	—	—
Essenzen	150,6	261,4	215,8	425,0	334,0	198,4	270,0	161,9	181,0	234,0	310,0	178,0

Die Essenzen wurden bestimmt durch Ausschütteln des Destillates mit Petroläther und Abdestilliren des letzteren im Kohlensäure-Strome.

Hundertkräuter-Liqueur (Centerba).

G. Paris (Zeitschr. Nahrungs- u. Genussm. 1900, 3, 153) untersuchte sowohl die sog. einfache Centerba, hergestellt durch Ausziehen zahlreicher Kräuter (Rosmarin, Thymian, Anis, Minze, Majoran, Raute, Sauerampfer, Melisse, Salbei, Steinklee, Angelica, Matriarica, Wermuth etc.) mit Alkohol oder künstlich aus Essenzen und die trinkbare Centerba, welche aus der einfachen durch Zusatz von Zucker hergestellt wird. Die Untersuchungs-Ergebnisse waren folgende:

1. Einfache Centerba.

No.	Nähere Bezeichnung		Spec. Gewicht 15°	Alkohol Vol.-%	Extrakt %	Säure (Essigsäure) %	Fuselöl Vol.-%	Ester %	Aetherisches Oel %	Glykose %	Saccharose %	Mineralstoffe %
1	Natürlich	—	0,8789	78,50	1,020	0,009	0,277	0,160	0,020	—	—	0,022
2	Natürlich	frisch	0,8345	91,20	0,028	0,007	0,242	0,033	0,012	—	—	0,004
3	Natürlich	älter	0,8518	87,20	0,072	0,005	0,300	0,049	0,012	—	—	0,012
4	Künstlich		0,8681	77,75	0,030	0,009	0,258	0,180	0,020	—	—	0,008
5	Künstlich		0,8602	81,70	0,032	0,006	0,300	0,050	—	—	—	0,010
	2 Trinkbare Centerba.											
6	Natürlich; grün		1,0733	45,43	40,80	—	—	—	—	16,62	20,93	0,050
7	Künstlich; weiss		1,1140	31,70	41,84	—	—	—	—	—	40,35	0,010
8	Künstlich; weiss		1,0663	37,27	30,86	—	—	—	—	—	30,62	0,160
9	Künstlich; weiss		1,0209	41,92	20,12	—	—	—	—	—	20,06	0,002

Schwedischer Punsch.

No.	Nähere Bezeichnung		Spec. Gewicht 15°	Alkohol Vol.-%	Alkohol Gew.-%	Extrakt %	Zucker (Saccharose) %	Säure (Essigsäure) %	Mineralstoffe %	Analytiker
1	Upsala Spirituosabolags	Punsch No. 2	1,052	23,2	17,5	38,4	20,9	—	—	Aug. Almèn [1]) *)
2	Upsala Spirituosabolags	„ No. 1	1,099	24,3	17,6	50,9	33,3	—	—	Aug. Almèn [1]) *)
3	Upsala Spirituosabolags	(förfuskad brygd)	1,085	23,7	17,4	45,9	28,5	—	—	Aug. Almèn [1]) *)
4	Upsala Spirituosabolags	Bankopunsch	1,155	25,4	17,5	49,8	42,3	—	—	Aug. Almèn [1]) *)

[1]) Upsala Läkareförenings Förhandlingar 1879, 14, 2.

*) Untersuchungs-Verfahren: Alkohol wurde durch Destillation, Extrakt sowohl durch direktes Trocknen von 10—15 g bei 110° C. als auch aus dem spec. Gew. der entgeisteten wieder aufgefüllten Extraktlösung bestimmt.

No.	Nähere Bezeichnung	Spec. Gewicht 15°	Alkohol Vol.-%	Alkohol Gew.-%	Extrakt %	Zucker (Saccharose) %	Säure (Essigsäure) %	Mineralstoffe %	Analytiker
5	Upsala Spirituosabolags, Bankopunsch	1,143	27,0	18,8	60,1	41,3	—	—	Aug. Almèn [1])
6		1,112	28,7	20,5	56,7	36,2	—	—	
7	Stockholm, Högstedt & Co. . . .	1,089	25,1	18,3	47,4	29,1	—	—	
8	Paris, Caloric. Banko Svedois, Cederlund & Söner	1,086	26,6	19,5	48,7	29,2	—	—	
9	Göteborg, Militärpunsch, Broddelius u. Ackermann	1,118	27,8	19,8	57,1	37,3	—	—	
10	Göteborg, Malmberg & Peters . . .	1,103	27,5	19,8	53,6	33,8	—	—	
11	Stockholm, Bragebolaget	1,097	29,7	21,5	55,0	33,5	—	—	
12	Carlshannes-Punsch von O. Wallerius u. Co. in Göteborg	1,1169	23,38	—	36,64	31,39 *)	0,054	0,025	O. Reinke [2]) *)
13	Göteborg-Punsch von Joh. Larson & Co. in Göteborg	1,0818	25,48	—	27,97	24,73	0,030	0,021	
14	Caloric-Punsch	1,0834	25,24	—	28,20	25,18	0,036	—	
	Mittel	**1,1015**	**25,94**	**18,69**	**46,89**	**31,91**	**0,040**	**0,023**	

Eier-Kognak.

1. A. Kickton (Zeitschr. Nahrungs- u. Genussm. 1902, 5, 554) fand für echte und wahrscheinlich durch Zusatz von kondensirter Magermilch verfälschte Eier-Kognaks folgende Zusammensetzung:

	Stickstoff-Substanz	Fett	Asche	Phosphorsäure
Echt . . .	3,5—4,0%	6,0—7,5%	0,5—0,8%	0,25—0,30%
Verfälscht .	3,3—3,6 „	0,2—0,8 „	0,7—0,8 „	0,23—0,28 „

2. J. Boes (Pharm.-Ztg. 1902, 47, 482) berichtet über die Zusammensetzung von deutschem und holländischem Eier-Kognak. Die Zusammensetzung ist folgende:

	Extrakt	Lecithin-Phosphorsäure	Gesammt-Phosphorsäure	Asche
Deutscher Eier-Kognak	41,27	0,178	0,195	0,365%
Holländischer Eier-Kognak (Advokaat)	28,29—32,97	0,218—0,247	0,224—0,259	0,368—0,376%

Die holländischen Eier-Kognaks waren meist dickflüssiger und durch Farbstoffzusatz dunkeler als die deutschen nicht gefärbten Eier-Kognaks.

3. R. Frühling (Zeitschr. öffentl. Chem. 1900, 6, 62; Zeitschr. Nahrungs- u. Genussm. 1900, 3, 718) berichtet über die Zusammensetzung eines verfälschten Eier-Kognaks.

Sonstige Liqueure.

1. C. Krauch und B. Aldendorff (Original-Mittheilung) untersuchten eine Anzahl der beliebtesten Liqueure mit folgenden Ergebnissen:

No.	Nähere Bezeichnung	Spec. Gewicht	Alkohol Vol.-%	Alkohol Gew.-%	Extrakt g in 100 ccm	Saccharose g in 100 ccm	Sonstige Extraktstoffe g in 100 ccm	Asche g in 100 ccm
1	Bonekamp of Maag-Bitter . .	0,9426	50,0	42,1	2,05	0	2,05	0,106
2	Benediktiner Bitter	1,0709	52,0	38,5	36,00	32,57	3,43	0,043
3	Ingwer	1,0481	47,5	36,0	27,79	25,92	1,87	0,141
4	Crême de Menthe	1,0447	48,0	36,5	28,28	27,63	0,65	0,068
5	Anisette de Bordeaux	1,0847	42,0	30,7	34,82	34,44	0,38	0,040
6	Curaçao	1,0300	55,0	42,5	28,60	28,50	0,10	0,040
7	Kümmel	1,0830	33,9	24,8	32,02	31,18	0,84	0,058
8	Pfeffermünz	1,1429	34,5	24,0	48,25	47,35	0,90	0,068

Untersuchungs-Verfahren: Alkohol ist durch Destillation, Extrakt durch Trocknen bei 105° C. bestimmt.

[1]) Vergl. Anmerkung [1]) u. *) S. 1436.

[2]) Industrie-Blätter 1887, 273; auch Zeitschr. Spiritus-Industrie 1887, 10, 109.

*) Ueber die Untersuchungs-Verfahren vergl. unten S. 1438, Anm. *). Die direkte Kupfer-Reduktion war nur gering.

2. Analysen von O. Reinke (Industrie-Blätter 1887, 273).*)

No.	Bezeichnung	Farbe	Reaktion	Geschmack und Geruch	Spec. Gewicht	Alkohol Vol.-%	Extrakt %	Saccharose (durch Polarisation) %	Direkt reduzirender Zucker
1	Mandarinen-Ginger of East India	roth (von Anilinroth)	schwach sauer	nach Ingwer	1,1343	32,03	41,71	40,10	0
2	Litthauer Magenbitter	desgl.	desgl.	nach Kardamom, Nelken, Karduibenediktenkraut etc.	0,9692	46,64	10,95	9,48	0
3	Angostura	Orangeroth bis braun, mit Wasser trübe	neutral	nach Zimmet und Nelken	0,9540	49,66	5,85	4,16	0
4	Absynth	gelbgrün, mit Wasser milchig	desgl.	stark ätherisch, nach Fenchel und Anis	0,9195	59,18	—	(+0,2°)	0
5	Curaçao	braungelb	schwach sauer	nach Apfelsinen und Pomeranzen	1,0439	40,20	25,45	22,50	0
6	Chartreuse	gelb	neutral	scharf aromatisch, anis- und angelikaartig	1,0799	43,18	36,11	34,35	0,88 g Cu für 100 g
7	Kakao-Liqueur	zart gelbbraun	desgl.	nach Kakao u. Vanille	1,1338	26,68	40,68	30,40	Spur
8	Pfeffermünz-Liqueur	farblos, mit Wasser opalisirend	desgl.	stark nach Pfeffermünz	1,0661	34,61	27,92	27,80	0

3. Holländische Liqueure von van Kleef & Zoon in Haag. Analysen von M. Mansfeld (Zeitschr. Nahrungsm.-Unters., Hyg. u. Waarenk. 1896, 10, 319).

No.	Nähere Bezeichnung	Alkohol Vol.-%	Fuselöl Vol.-%	Extrakt g in 100 ccm	Invertzucker g in 100 ccm	Saccharose g in 100 ccm
1	Crême d'oranges triple sec . . .	38,94	0	52,37	0,90	33,50
2	Half om half	34,40	0	35,17	0,90	28,80
3	Crême des noyaux	25,37	0	61,23	Glukose 19,23	42,00
4	„ de rose	28,05	0	59,41	11,77	47,64
5	Dubble fijne Anisette	30,40	0	57,18	25,05	32,13
6	„ „ Persico	33,87	0,084	54,62	26,33	23,29
7	„ „ Curaçou	35,88	0,034	50,10	17,97	32,13
8	Marasquino de Lara	29,89	0,051	52,28	17,57	34,71
9	Kümmel	32,93	0,039	52,37	14,12	38,25
10	Oude Jenever	46,35	0,142	0,026	—	—

Die Zuckerarten sind aus der Polarisation vor und nach der Inversion berechnet.

*) Untersuchungs-Verfahren: Spec. Gew. pyknometrisch; Alkohol durch Destillation von 100 ccm zu 100 ccm; die Polarisation geschah mit 26,048 g im 200 mm- oder 100 mm-Rohr (event. nach Entfärben mit Bleiessig) im Soleil-Ventzke-Scheibler'schen oder im Halbschattenapparat; Extrakt wurde durch Eindampfen von 10 g in einer Platinschale und Trocknen bei 105° ermittelt; der Rückstand diente zur Bestimmung der Asche; die direkt gefundenen Zahlen für Extrakt wurden durch die Saccharometeranzeige der auf gleiches Volumen gebrachten entgeisteten Flüssigkeit kontrollirt. Zum Invertiren wurden 10 g mit 220 ccm Wasser und 10 ccm Salzsäure (1,125 spec. Gew.) $1^1/_2$ Stunden gekocht, fast neutralisirt und zu 500 ccm aufgefüllt; hiervon dienten 25 ccm zur Reduktion mit Fehling'scher Lösung.

4. Gawalowski (Zeitschr. Nahrungsm.-Unters., Hyg. u. Waarenk. 1893, 7, 265) untersuchte mehrere Liqueure einer mährischen Firma und fand:

No.	Nähere Bezeichnung	Spec. Gewicht	Alkohol Gew.-%	Extrakt %	Säure nicht flüchtig %	Säure flüchtig %	Saccharose %	Aetherisches Oel %	Mineralstoffe %
1	Getreide-Kümmel	1,0567	43,71	35,01	—	—	33,80	0,06	—
2	Jarzebinka (Ebereschen-Liqueur) . .	1,0500	43,95	20,61	0,003	0,030	18,76	—	0,03
3	Alasch	1,0930	29,00	39,23	—	—	38,48	0,13	—
4	Chartreuse	1,1074	32,81	46,35	—	—	—	0,19	Spur
5	Radetzky-Bitter (Special-Liqueur) . .	0,9870	40,30	—	—	—	Invert-zucker 9,01	0,03	0,06

Anhang zu Branntweine und Liqueure.

1. Erzeugnisse der alkoholischen Gährung bei reinem Zucker.

F. Claudon und E. Ch. Morin (Bull. Soc. Chim. Paris 1888, **44**, 178) erhielten bei einem Gährversuch mit elliptischer Hefe aus 100 kg Zucker folgende Bestandtheile:

Aethylalkohol	50615,0 g	Isobutylenglycol	158,0 g
Normal-Propylalkohol	2,0 „	Glycerin	2120,0 „
Isobutylalkohol	1,5 „	Essigsäure	205,0 „
Amylalkohol	51,0 „	Bernsteinsäure	452,0 „
Oenanthäther	2,0 „	Furfurol und Aldehyd	Spuren

2. Fuselölgehalt von verschiedenen Alkoholsorten.

J. Szilagyi (Chem.-Ztg. 1890, **14**, 66) untersuchte die im Handel vorkommenden Spiritussorten auf ihren Fuselölgehalt (nach Röse-Herzfeld) mit folgendem Ergebnisse:

Rohspiritus aus landwirthschaftlichen Spiritusfabriken Ungarns.

Bezeichnung	Farbe	Reaktion	Alkohol Vol.-%	Alkohol Gew.-%	Fuselöl in 100 Thln. Spiritus	Fuselöl in 100 Thln. absol. Alkohol	Aldehyd-Reaktion
Kartoffeln . .	farblos	neutral	92,5	89,04	0,3050	0,3279	—
	„	„	93,0	89,71	0,2387	0,2566	—
Rüben . . .	gelblich*)	schwach sauer	85,8	80,50	0,6656	0,7930	—
	„	„ „	83,9	78,10	0,6861	0,8178	—
Mais u. Kartoffeln	„ *)	neutral	86,0	80,74	0,3120	0,3629	—
Mais	„	„	87,0	81,95	0,1800	0,2068	—
Melasse	„	schwach sauer	86,5	81,35	0,3240	0,3745	—
Spritsorten einer Spiritusfabrik und Raffinerie in Budapest.							
Secunda-Sprit . .	farblos	neutral	96,2	93,4	0,0199	0,0206	deutlich
Gewöhnlich. Sprit	„	„	96,2	93,4	0	0	Spur
Prima Sprit . .	„	„	96,5	94,61	0	0	„
Weinsprit . . .	„	„	96,5	94,61	0	0	„

3. Gehalt der käuflichen Alkohole an Basen.

L. Lindet[1]) bestimmte*) den Gehalt der käuflichen Alkohole an Ammoniak und an den diesem entsprechenden Basen. Im Fuselöl soll nach Krämer und Pinner eine stickstoffhaltige Base „Collidin"

[1]) Compt. rend. 1888, **106**, 280; Chem.-Ztg. 1888, **12**, Rep. 52.

*) 0,5—1 l des Alkohols wurden auf etwa 50° Gay-Lyssac gebracht, 20 g Schwefelsäure zugefügt, einige Zeit geschüttelt und dann destillirt, bis aller Alkohol und alles Wasser verschwunden war. Die zurückbleibende Masse wurde durch die Schwefelsäure verkohlt und nach Zugabe von 0,5 g Quecksilber weiter nach dem Verfahren von Kjeldahl auf Stickstoff-, d. h. Ammoniakgehalt untersucht.

enthalten sein und Morin[1]) will solche auch in einem Branntwein gefunden haben. Morin behauptet, durch fraktionirte Destillation drei Basen mit den Siedepunkten 155—160°, 171—172° und 185—190° gefunden zu haben. Der bei 171—172° siedende Antheil ist der grösste und wurde bisher untersucht; diese Base ist in Wasser, Alkohol und Aether leicht löslich und soll die Formel $C_7H_{10}N_2$ haben. Nach Tanret[1]) bilden sich bei der Einwirkung von freiem Ammoniak oder Ammonsalzen organischer Säuren auf Glukose flüchtige Basen, die er „Glycosine" nennt. Die von Morin beschriebene Base soll mit einem solchen Glykosin β $C_7H_{10}N_2$ identisch sein. Indem Lindet das gefundene Ammoniak auf diese Base umrechnete, fand er in 1 l Branntwein:

Nähere Bezeichnung	Alkohol °	Ammoniak mg	Base mg	Nähere Bezeichnung	Alkohol °	Ammoniak mg	Base mg
Kognak, alter (Vibrac Charentes)	45	1,29	5,48	Spiritus aus Korn, durch Malz verzuckert	50	0,40	1,70
Kognak, hergestellt im Laboratorium	49	0,95	4,04	Spiritus aus Korn, Genever v. Antwerpen	49	0,86	3,65
Obstbranntwein (Cleves, Seine-Inferieure)	53	1,35	5,74	Rübenspiritus	74	0,84	3,57
Weintresterbranntw. (Barletta-Ital.)	53	1,40	5,95	Rübenspiritus	54	1,04	4,42
Rum aus Melasse, Réunion	60	3,07	13,05	Rübenspiritus	58	2,86	12,15
Rum aus Melasse, Guadeloupe	63	2,54	10,79	Spiritus aus Topinambur	58	0,93	3,95
Rum aus Melasse, Martinique	55	5,30	22,52	Spiritus aus Rübenmelasse	85	16,23	68,98
Spiritus aus Korn, durch Säure verzuckert	59	0,52	2,21	Spiritus aus Rübenmelasse	79	18,09	76,88
Spiritus aus Korn, " " "	60	0,66	2,80	Spiritus aus Rübenmelasse	79	19,24	81,77
				Spiritus aus Rübenmelasse	71	23,05	97,96

4. Ueber die Zusammensetzung von Korn- und Kartoffelfuselöl.

Untersuchungen von K. Windisch (Arb. Kaiserl. Gesundh.-Amt 1892, 8, 140).

I. Kartoffelfuselöl, wie es bei der Rektifikation des Kartoffelbranntweines abgeschieden wird, enthält (g in 1 kg):

Spec. Gew. 15,5°	Wasser	Aethylalkohol	Normal-Propylalkohol	Isobutylalkohol	Amylalkohol	Freie Fettsäuren	Fettsäureester	Furfurol und Basen
0,8326	116,1	27,6	58,7	208,5	588,8	0,09	0,17	0,04
Hieraus ergiebt sich für 1 kg von Wasser und Aethylalkohol freies Kartoffelfuselöl g:								
—	—	—	68,5	243,5	687,6	0,11	0,20	0,05

II. Kornfuselöl, welches von Dr. Lorenz in Rostock aus reinem Roggenbranntwein durch Rektifikation abgeschieden wurde, ergab (g in 1 kg):

Spec. Gewicht 15,5°	Wasser	Aethylalkohol	Normal-Propylalkohol	Isobutylalkohol	Amylalkohol	Hexylalkohol	Freie Fettsäuren	Fettsäureester	Terpen	Terpenhydrat	Furfurol, Basen und Heptylalkohol
0,8331	101,5	40,2	31,7	135,3	685,3	1,14	1,37	2,62	0,28	0,41	0,18
Hieraus ergiebt sich für 1 kg von Wasser und Aethylalkohol freies Kornfuselöl g:											
—	—	—	36,9	157,6	798,5	1,33	1,60	3,05	0,33	0,48	0,21

In 100 Gew.-Thln. der freien Säuren und der Estersäuren sind enthalten:

	Caprinsäure	Pelargonsäure	Caprylsäure	Capronsäure	Buttersäure	Essigsäure
Kartoffelfuselöl, Freie Säuren + Estersäuren	36	12	32	14	0,5	3,5 %
Kornfuselöl, Freie Säuren	44,1	12,9	26,7	13,2	0,4	2,7 %
Kornfuselöl, Estersäuren	40,7	14,2	34,8	9,6	0,4	0,3 %

[1]) Compt. rend. 1888, **106**, 360; Chem.-Ztg. 1888, **12**, Rep. 50.

5. Gehalt der Obstalkohole an Methylalkohol.

J. Wolff (Zeitschr. Nahrungs- u. Genussm. 1901, 4, 391) fand in den Destillaten verschiedener vergohrenen Obst- und Beerensäfte folgende Mengen Methylalkohol (in Vol.-% auf 100 ccm 90%-igen Alkohol bezogen):

Schwarze Johannisbeeren	Pflaumen	Zwetschen	Mirabellen	Kirschen	Aepfel	Weintrauben		
mit oder ohne Kerne vergohren						ohne Kämme vergohren	mit Kämmen vergohren	Trester
über 2	etwa 1	etwa 1	etwa 1	0,5—1,0	0,2—0,3	Spur—0,03	0,15—0,40	0,15—0,60

6. Branntweinschärfen und Essenzen.

a) Analysen von Kognak-Essenzen von Ed. Polenske (Arb. Kaiserl. Gesundh.-Amt. 1890, 6, 294; 1894, 9, 135; 1897, 13, 301).

1. Rheinische Kognak-Essenz von Dr. L. Erkmann in Alzey. Auf 50 l 96%-igen feinsten Kartoffelsprit soll eine Flasche (Champagnerflasche) Essenz gelöst, diese Lösung mit einer Lösung von 1 kg Kandiszucker in 52 l Wasser vermischt und das Ganze mit Zuckerkouleur braun wie Kognak gefärbt werden.

Die bräunlich gelbe Flüssigkeit von 0,863 spec. Gewicht (bei 15°) enthielt 77,00 Vol.-% Alkohol und 0,24% Fuselöl sowie in 1 l:

Citronenöl	Weinbeeröl	Essigsäure-Aethylester	Perubalsam	Vanillin (kryst.)	Mineralstoffe	Buttersäure- u. Ameisensäure-Ester
0,54 g	9,65 g	30,00 g	21,80 g	0,20 g	1,10 g (eisenreich)	Spuren

Als Bestandtheile des Perubalsams wurden gefunden:

5,5 g Harz, 6,2 g Zimmtsäure, 5,6 g Benzoësäure, 4,5 g Benzylalkohol.

2. Kognak-Essenz fine Champagne mit Bouquet von Kölling u. Schmidt in Zerbst (1 kg auf 100 l). Die röthlich gelbe Essenz hatte ein spec. Gewicht von 0,844 (bei 15°) und enthielt 87,00 Vol.-% Alkohol einschl. 0,37 Vol.-% Fuselöl; ferner in 1 l:

Freie Buttersäure (einschl. Spuren Essigsäure)	Freie Ameisensäure	Vanillin (kryst.)	Weinbeeröl	Ameisensäure-Aethylester	Buttersäure-Aethylester (mit Spuren Essigsäureester)	Extrakt	Mineralstoffe
1,10 g	2,00 g	0,03 g	2,60 g	7,50 g	2,50 g	1,40 g	0,04 g

Eine weitere „Höchstkonzentrirte Kognak-Essenz, fine Champagne", von A. F. Kölling in Zerbst ist eine röthlich braune, stark sauere Flüssigkeit von 0,857 spec. Gewicht, welche in 1 l ausser 650,80 g Alkohol enthielt:

Freie Säuren				Aethylester der			
Ameisensäure	Essigsäure	Buttersäure	Höhere Fettsäuren	Ameisensäure	Essigsäure	Buttersäure	Höheren Fettsäuren (Weinbeeröl)
1,73 g	0,31 g	0,02 g	0,30 g	4,30 g	4,65 g	0,48 g	1,94 g

Vanillin	Fuselöl	Zucker	Braune harzartige Substanz
0,12 g	1,90 g	0,61 g	1,57 g

3. Kognak-Grundstoff von Louis Maul in Berlin. Die durch Zuckerkouleur dunkelbraun gefärbte Flüssigkeit von 0,928 g spec. Gewicht (bei 15°) enthielt 59,84 Vol.-% Alkohol (mit 0,212 Vol.-% Fuselöl) und in 1 l:

Freie Essigsäure	Vanillin (unrein)	Weinbeeröl	Ameisensäure-Aethylester	Essigsäure-Amyl- u. Aethylester	Buttersäure-Aethylester	Extrakt
0,90 g	0,20 g	1,30 g	0,96 g	3,83 g	2,00 g	47,31 g

Der Extrakt enthielt 7,16 g Invertzucker, 9,00 g Saccharose und 0,96 g Mineralstoffe.

4. „Kognak-Essenz" von Dr. F. W. Mellinghoff in Mülheim a. d. R. (1 l 96%-iger Alkohol und $1^1/_4$ l Wasser werden gemischt und der Inhalt eines Fläschchens Essenz (60 ccm) zugesetzt). Die Zusammensetzung zweier Proben dieser Essenz (Vol.-% bezw. g in 1 l) war folgende:

	Spec. Gewicht (15°)	Alkohol Vol.-%	Fuselöl Vol.-%	Freie Säuren Essigsäure	Freie Säuren Caprin- u. Caprylsäure	Essigsäure-Aethylester	Caprin- u. Caprylsäure-Aethylester (Weinbeeröl)	Extrakt	Invertzucker	Saccharose	Mineralstoffe
I.	1,0360	41,24	0,59	0,39	0,15	0,58	0,66	267,6	17,7	197,6	0,20
II.	1,0262	44,68	0,55	0,46	0,19	0,50	0,76	263,3	38,8	156,3	0,20

Der röthlich braune Farbstoff besteht aus Karamel. Der Gehalt an niederen und höheren Fettsäure-Estern ist im Verhältniss zu den vorstehenden Essenzen in dieser nur gering.

5. Kognak-Extrakt von Fr. W. Härtig in Niederlosnitz-Dresden ist eine bräunlich rothe, alkoholische, nach Estern riechende, sauere Flüssigkeit vom spec. Gewicht 0,9655, welche ausser 4,7 Vol.-% Alkohol (mit wenig Fuselöl) in 1 l enthielt:

Freie Säuren				Aethylester der			
Ameisensäure	Essigsäure	Buttersäure	Capryl- u. Caprinsäure	Ameisensäure	Essigsäure	Buttersäure	Capryl- u. Caprinsäure (Weinbeeröl)
0,62 g	0,56 g	0,35 g	0,30 g	0,40 g	3,00 g	0,30 g	1,30 g

Extrakt	Invertzucker	Weinsteinsäure	Mineralstoffe	Kali	Natron	Phosphorsäure
72,00 g	61,70 g	0,97 g	1,16 g	0,46 g	0,10 g	0,115 g

b) Analysen von Branntweinschärfen von Ed. Polenske (Arb. Kaiserl. Gesundh.-Amt 1890, 6, 294; 1894, 9, 136; 1895, 11, 505.)

1. „Branntweinschärfe“ von Stephan in Schwerin ist eine gelbrothe, neutrale, scharf brennende Flüssigkeit von 98 Vol.-% Alkohol mit 4,00 g Extrakt (davon 0,08 Mineralstoffe) von Capsicum-Früchten.

2. „Branntweinbasis“ von Eduard Büttner in Leipzig ist eine röthlich-gelbe Flüssigkeit von 0,9000 spec. Gew. (bei 15°), welche enthält 63,0 Vol.-% Alkohol (mit 1,16 Vol.-% Fuselöl) und in 1 l:

Tannin	Glycerin	Freie Säuren Weinsäure	Freie Säuren Essigsäure	Freie Säuren Ameisensäure	Aethylester der Ameisensäure	Aethylester der Essigsäure	Aethylester der Buttersäure	Essigsäure-Amylester	Extrakt	Mineralstoffe
3,00 g	3,60 g	6,67 g	22,80 g	1,87 g	1,20 g	16,50 g	3,12 g	15,00 g	15,60 g	0,06 g

Die Substanz enthielt ferner Capsicum-Tinktur sowie Spuren von Zucker und Weinbeeröl.

3. „Kornbranntwein-Essenz“ von L. Maul in Berlin ist eine gelbliche, fast neutrale, wenig aromatische, stark nach Fuselöl riechende Flüssigkeit von 0,921 spec. Gew. (bei 17°) mit 56,7 Vol.-% Alkohol einschl. 24,8 Vol.-% Fuselöl; sie enthält in 1 l:

Essigsäure- u. Buttersäure-Ester	Weinbeeröl	Extrakt	Invertzucker	Saccharose	Harz (Aetherlöslich)	Mineralstoffe
0,65 g	0,16 g	6,14 g	0,75 g	4,25 g	1,14 g	0,11 g

Die Essenz enthielt wahrscheinlich einen alkoholischen Auszug aus Gewürzen und Harzen.

4. „Nordhäuser Korngrundstoff“ von L. Maul in Berlin ist eine durch Zuckerkouleur rothbraune, schwach saure Flüssigkeit von 0,968 spec. Gew. (bei 17°) mit 30,3 Vol.-% Alkohol (einschl. 0,2 Vol.-% Fuselöl). Dieselbe enthält in 1 l:

Freie Buttersäure (einschl. Spuren Ameisensäure)	Buttersäure-Ester	Extrakt	Invertzucker	Vegetabilischen Extrakt	Mineralstoffe
0,44 g	0,40 g	9,53 g	3,24 g	6,29 g	0,23 g

Die Substanz schäumte stark und enthielt Saponin (Quillajarinden-Auszug?).

5. „Nordhäuser Kornwürze“ von Delvendahl und Küntzel in Berlin ist eine rothbraune, saure Flüssigkeit von 0,983 spec. Gewicht (bei 17°) mit 40 Vol.-% Alkohol (einschl. 0,32 Vol.-% Fuselöl); dieselbe enthielt in 1 l:

Freie Ameisensäure	Freie Buttersäure	Essigsäure-Aethylester	Ameisensäure-Aethylester	Extrakt	Traubenzucker	Mineralstoffe
0,068 g	0,924 g	0,640 g	0,130 g	89,500 g	52,500 g	1,680 g

Die Würze enthielt einen Auszug von Johannisbrot (Ceratonia siliqua) und ausserdem Saponin (Quillajarinden-Auszug).

6. „Nordhäuser Kornwürze“ von Schiff und Sander in Nordhausen enthielt in zwei Proben (Vol.-% bezw. g in 1 l):

	Spec. Gewicht	Alkohol	Fuselöl	Extrakt	Eugenol	Schwefelsäure als solche	Schwefelsäure aus den Sulfosäuren	Mineral-stoffe	Chlor	Natron	Kali
		Vol.-%	Vol.-%	g	g	g	g	g	g	g	g
I.	0,9573	39,03	0,17	0,740	0,13	0,050	0,110	0,240	—	0,081	Spur
II.	0,9540	38,63	0,14	0,787	0,15	0,065	0,108	0,252	0,0684	0,084	0,014

Die Kornwürze war mit einem Nitrofarbstoffe gelb gefärbt.

7. „Nordhäuser Kornbasis“ von Dr. A. Kurz in Wernigerode (zu 100 l Branntwein soll ¼ kg Kornbasis zugesetzt werden) ist eine bräunlich-gelbe, neutrale Flüssigkeit von 0,9466 spec. Gewicht, welche ausser Nelkenöl enthielt in 1 l:

Alkohol	Kornfuselöl	Aethylester der Ameisensäure	Aethylester der Essigsäure	Aethylester der Buttersäure	Extrakt	Zucker	Asche
346,0 g	21,0 g	0,08 g	0,85 g	0,11 g	0,76 g	0,50 g	0,04 g

c) Analysen von Branntweinschärfen und Essenzen von E. Polenske und Weitzel (Arb. Kaiserl. Gesundh.-Amt 1898, 14, 684). Von den untersuchten*) 74 Branntweinschärfen und Essenzen**), die zur Herstellung von „Qualitätsbranntweinen“ Verwendung finden, sei die Mehrzahl hier mitgetheilt:

No.	Bezeichnung	Preis eines Liters	Farbe	Spec. Gewicht bei 15°	Alkohol (% bezw. g in 1 Liter)	Fuselöl	Extrakt	Zuckergehalt des Extrakts	Asche	Freie Säuren: als Essigsäure berechnet: gesammte freie Säure	Freie Säuren: als Essigsäure berechnet: gesammte flüchtige Säure	Freie Säuren: Ameisensäure	Ester: gesammte, als Essigsäure-Aethyl-Ester berechnet	Ester: Ameisensäure-Aethyl-Ester	Aether-Ausschüttelung	Vanillin
		Mark			g	Vol.-%	g	%	g	g	g	g	g	g	g	g
1	Korn-Verstärkungs-Aether	4,25	gelb	0,876	664,0	0,36	2,05	14,0	0,106	28,0	28,0	1,7	103,0	0,9	—	—
2	Korn-Verstärkungs-Essenz	8,00	fast farblos	0,898	530,7	2,27	0,28	—	0,08	Spur	—	—	3,3	0,04	—	—
3	Korn-Verstärkungs-Essenz	8,00	desgl.	0,909	483,9	2,25	0,14	—	0,042	Spur	—	—	2,07	0,056	—	—
4	Verstärkungs-Essenz	4,00	dunkelgelb	0,9	527,0	0	8,0	43,0	0,72	0,84	0,84	Spur	3,55	Spur	0,64	Spur
5	Spiritus-Extraktivstoff	5,00	bräunlichroth	0,907	537,0	0,3	35,2	46,0	3,5	3,6	3,6	Spur	27,37	0,145	1,6	—
6	Spiritus-Verstärkungs-Essenz	3,30	desgl.	0,944	334,4	0	13,3	Spur	3,08	0,24	0,24	—	Spur	—	2,7	Spur
7	Kornschärfe	8,00	hellgelb	0,966	244,6	1,37	0,55	—	0,19	0,36	0,3	—	1,32	Spur	—	—
8	Popper-Essenz	5,00	fast farblos	0,98	141,7	0	2,47	Spur	0,26	—	—	—	0,25	—	0,07	—
9	Spiritus-Extraktivstoff	6,00	bräunlichgelb	0,897	532,7	Spur	4,99	22,4	0,45	0,48	0,42	—	0,42	—	—	Spur
10	Verstärkungs-Essenz	3,50	hellgelb	0,9	522,7	0,2	3,22	—	0,54	0,24	—	—	0,588	0,043	—	—
11	Verstärkungs-Essenz	4,00	rothbraun	0,837	697,0	0,11	2,54	—	0,174	0,36	—	—	Spur	—	0,49	—

*) Bezüglich der Untersuchungs-Verfahren sei auf die Originalarbeit verwiesen.

) Ueber den **Geruch liegen folgende Angaben vor: Es rochen a) nach Estern: No. 1, 4, 5, 13—15, 17, 19—21, 24, 27, 28, 34, 36, 39, 45—47, 49, 52, 56, 57, 62, 63, 66—74; b) nach Rum-Estern: No. 16, 22, 23, 29; c) nach Fuselöl: No. 2, 3, 7, 18, (auch nach Estern:) 43, 54, 55, 60, 61; d) nach Nelken: No. 9, 10, 32, 40, 53: e) nach Ingwer: No. 35; f) nach Vanille: No. 12: g) nach Pfefferminz und Pomeranzen: No. 25, 26.

Die **Aether-Ausschüttelung** enthielt: Capsicum-Harz bei No. 4—6, 8, 10—13, 15, 22—24, 26—31, 45—48, 50—52, 55, 58, 59, 62—64, 66, 72, 74; Pfefferharz (Piperin) bei No. 16, 17, 19—21, 25. 41, (u. Capsicum-Harz:) 42, 49, 54, 65, 67, 71, 73; Paradieskörner-Harz bei No. 33; Ingwer-Harz bei No. 35 u. Wermuth (?) bei No. 44.

Die **Aetherischen Oele** bestanden aus Nelkenöl bei No. 4, 6—10, 13, 16, 19—23, 26, 27, 29, 32—34, 37, 38, 40, 41, 43, 44, 48—50, 52—54, 56, 60, 61, 70, 74; aus Weinbeeröl bei No. 15, 17, 18, 71; aus Pfefferminz und Pomeranzenöl bei No. 25, 28; desgl. u. Weinbeeröl bei No. 26; aus Veilchenwurzelöl bei No. 36; desgl. u. Nelkenöl bei No. 64.

No.	Bezeichnung	Preis eines Liters	Farbe	Spec. Gewicht bei 15°	% bezw. g in 1 Liter: Alkohol	Fuselöl	Extrakt	Zuckergehalt des Extrakts	Asche	Freie Säuren: als Essigsäure berechnet: gesammte freie Säure	Freie Säuren: als Essigsäure berechnet: gesammte flüchtige Säure	Freie Säuren: Ameisensäure	Ester: gesammte, als Essigsäure-Aethyl-Ester berechnet	Ester: Ameisensäure-Aethyl-Ester	Aether-Ausschüttelung	Vanillin
		Mark			g	Vol.-%	g	%	g	g	g	g	g	g	g	g
12	Universum-Verstärkungs-Essenz	4,50	strohgelb	0,978	156,8	0	3,54	41,5	0,4	Spur	—	—	Spur	—	—	vorh.
13	Branntweinschärfe	4,50	goldgelb	0,945	374,4	Spur	14,56	50,0	1,69	0,96	0,6	—	3,52	Spur	0,28	—
14	Branntwein-Verstärkungsmittel	4,50	fast farblos	0,875	587,2	0,04	0,09	—	0,036	1,6	1,6	0,27	200,6	1,5	—	—
15	Branntweinschärfe	—	hellgelb	0,914	475,0	0,74	8,0	43,0	0,68	1,38	1,38	Spur	45,5	Spur	0,66	vorh.
16	Branntwein-Essenz	3,80	rothbraun	0,952	319,4	0,06	1,17	—	0,112	—	—	—	0,06	0,056	0,09	0,04
17	Branntwein-Essenz	—	fast farblos	0,891	551,9	0,23	2,06	—	0,04	—	—	—	13,2	Spur	2,0	0,04
18	Korn-Essenz	5,10	farblos	0,823	737,0	2,06	0,09	—	Spur	—	—	—	0,32	—	—	—
19	Korn-Verstärkungs-Essenz	3,50	hellgelb	0,836	635,3	Spur	2,82	—	0,08	0,2	0,19	—	0,163	—	0,355	0,04
20	Korn-Kraft-Essenz	4,00	bräunlichgelb	0,929	436,0	Spur	13,17	20,0	2,08	4,28	4,28	1,56	18,5	0,6	1,04	0,086
21	Verstärkungs-Essenz	—	fast farblos	0,912	484,4	0	2,2	—	0,036	—	—	—	0,35	—	1,8	0,055
22	Korn-Verstärkungs-Essenz	4,50	hellgelb	0,907	501,0	Spur	1,96	—	0,12	0,24	0,24	0,09	2,14	0,42	0,2	0,06
23	Korn-Kraft-Essenz	2,50	hellgelb	0,923	445,3	Spur	2,84	—	0,24	0,24	0,24	vorh.	0,97	vorh.	0,213	0,064
24	Korn-Kraft-Essenz	4,50	röthlichgelb	0,915	473,2	0	10,43	47,2	0,56	1,52	1,26	0,9	6,16	0,8	0,43	0,07
25	Kornschärfe	3,50	gelb	0,949	334,4	0,08	2,98	—	0,46	Spur	—	—	0,26	—	1,28	0,08
26	Verstärkungs-Essenz	8,00	röthlichgelb	0,928	434,7	0,12	10,9	30,0	1,44	0,72	0,48	vorh.	1,40	vorh.	0,6	0,04
27	Paprika-Essenz	3,50	desgl.	0,944	382,2	0	16,96	27,0	2,7	1,2	0,46	Spur	0,26	Spur	0,5	Spur
28	Kornschärfe	5,00	desgl.	0,94	381,7	0,1	5,94	16,0	1,48	0,3	0,24	Spur	2,2	0,12	0,14	0,04
29	Korn-Verstärkungs-Essenz	4,00	desgl.	0,902	516,3	0	2,32	—	0,16	1,98	1,8	0,75	6,42	0,93	0,217	0,06
30	Paprika-Essenz	3,70	rothbraun	0,92	500,0	Spur	42,7	46,0	3,78	3,48	0,78	Spur	Spur	—	2,47	—
31	Paprika-Essenz	2,70	desgl.	0,956	347,0	Spur	29,0	47,0	2,86	1,68	0,18	—	Spur	—	0,75	—
32	Nordhäuser Kornmünze	1,50	desgl.	0,956	297,4	0,11	1,07	—	0,28	Spur	—	—	Spur	—	—	—
33	Korn-Essenz	3,40	gelb	0,848	681,0	0,1	8,15	—	0,1	Spur	—	—	Spur	—	7,8	0,05
34	Kornkraft	6,00	hellgelb	0,939	380,0	0,08	0,31	—	0,06	12,3	12,3	1,8	14,1	1,1	—	Spur
35	Ingwer-Essenz	7,00	röthlichgelb	0,829	724,4	0,1	7,8	—	0,1	Spur	—	—	Spur	—	6,25	—
36	Spiritus-Extraktivstoff	4,00	rothbraun	0,901	533,3	0,15	17,88	32,0	2,89	2,64	2,31	0,9	45,76	0,47	0,72	—
37	Nordhäuser Kornbasis	6,00	bräunlichgelb	0,946	346,4	2,66	0,8	—	0,033	Spur	—	—	0,93	vorh.	—	—
38	Präparirte Getreide-Kornwürze	1,75	rothbraun	0,943	386,2	0,7	20,76	46,6	0,44	0,54	0,5	0,1	Spur	Spur	—	0,09
39	Korn-Kraft-Essenz	6,00	farblos	0,938	381,7	Spur	0,178	—	0,07	6,0	6,0	2,12	8,5	1,53	—	—
40	Brandy-Korn-Essenz	4,50	rothbraun	0,862	620,8	1,3	4,0	—	0,44	—	0,96	vorh.	16,2	Spur	—	—
41	Pyrogastrikon-Essenz	5,50	goldgelb	0,91	490,5	Spur	3,84	—	0,23	0,18	Spur	—	—	—	1,06	0,08
42	Verstärkungs-Essenz	3,50	röthlichgelb	0,945	383,0	Spur	20,2	40,0	2,96	1,2	0,2	—	Spur	—	0,545	0,065

No.	Bezeichnung	Preis eines Liters	Farbe	Spec. Gewicht bei 15°	% bezw. g in 1 Liter											
					Alkohol	Fuselöl	Extrakt	Zuckergehalt des Extrakts	Asche	Freie Säuren			Ester		Aether-Ausschüttelung	Vanillin
										als Essigsäure berechnet		Ameisensäure	gesammte, als Essigsäure-Aethyl-Ester berechnet	Ameisensäure-Aethyl-Ester		
										gesammte freie Säure	gesammte flüchtige Säure					
		Mark			g	Vol.-%	g	%	g	g	g	g	g	g	g	g
43	NordhäuserKorn-Essenz Perle 1a	6,00	hellroth	0,886	598	13,0	0,33	—	0,108	10,2	10,2	0,48	8,8	vorh.	—	vorh.
44	Grunewald-Essenz	3,00	grün	0,904	530,0	Spur	27,7	30,0	1,34	0,6	Spur	—	Spur	—	1,94	0,1
45	Verstärkungs-Essenz	3,50	röthlich-gelb	0,93	415,0	Spur	4,5	—	0,7	Spur	—	—	2,2	0,3	0,62	0,07
46	Korn-Gewürz-Essenz	3,75	hellgelb	0,917	459,0	Spur	1,88	—	0,068	0,3	Spur	—	2,2	vorh.	0,28	—
47	Extraktivstoff	5,10	röthlich-gelb	0,917	475,5	4,0	13,36	48,0	1,92	2,88	1,8	vorh.	18,5	0,24	2,85	0,07
48	Verstärkungs-Essenz	3,50	hellgelb	0,978	156,0	0	2,88	—	0,46	Spur	—	—	—	—	0,24	0,06
49	Korn-Kraft-Essenz	—	hellgelb	0,928	421,0	0,15	1,73	—	0,11	3,9	3,9	0,85	6,34	0,7	1,32	—
50	Branntwein-schärfe	2,40	roth-braun	0,973	204,0	Spur	7,28	25,0	1,4	Spur	—	—	0	—	0,185	0,07
51	Spiritus-Extraktivstoff	6,00	goldgelb	0,86	450,0	Spur	7,3	vorh.	0,45	Spur	—	—	Spur	—	2,4	vorh.
52	Paprika-Essenz	4,00	braun-roth	0,941	403,0	0,07	24,64	48,0	3,0	1,92	1,9	vorh.	8,1	vorh.	0,6	0,09
53	Kornwürze	1,80	hellgelb	0,954	310,0	0,15	0,84	—	0,1	Spur	—	—	0	—	—	0,065
54	Kornschärfe	6,00	hellgelb	0,921	317,4	0,58	2,36	—	0,416	Spur	—	—	0,4	—	1,16	0,08
55	Nordhäuser-Extrakt	7,50	roth-braun	0,915	472,9	4,6	4,0	—	0,231	—	1,62	Spur	9,3	Spur	—	0,07
56	Branntwein-stärke	3,75	hellgelb	0,893	543,8	0,69	0,2	—	Spur	8,16	8,16	1,9	31,68	1,5	—	vorh.
57	Branntwein-schärfe	3,50	röthlich-gelb	0,888	567,0	1,04	8,46	—	0,1	13,8	12,5	1,05	34,3	1,0	0,8	—
58	Feinste Brannt-wein-Essenz	—	goldgelb	0,945	388,8	Spur	14,6	—	1,84	0,84	0,34	vorh.	0,32	Spur	0,58	—
59	Branntwein-schärfe	3,00	roth-braun	0,821	737,6	Spur	5,12	—	0,08	0,36	—	—	0,5	—	1,56	—
60	Branntwein-würze	2,00	farblos	0,945	365,2	2,83	0.5	—	—	—	—	—	1,4	Spur	—	—
61	Kornschärfe	1,75	hellgelb	0,824	777,4	3,61	4,84	—	0,03	2,62	0,85	Spur	0,42	—	—	—
62		3,00	gelb	0,859	666,0	Spur	1,44	—	0,06	0,27	Spur	—	31,8	Spur	0,18	—
63	Branntwein-schärfe	4,00	hellgelb	0,926	—	—	3,32	—	0,196	0,48	0,48	Spur	Spur	Spur	0,285	vorh.
64		4,00	bräun-lichroth	0,944	469,0	Spur	107,0	22,0	6,17	3,6	0,72	—	—	—	2,56	vorh.
65		3,25	farblos	0,908	496,0	Spur	2,04	—	0,05	—	—	—	—	—	2,0	vorh.
66	Spiritus-Extraktivstoff	4,50	röthlich-braun	0,905	526,0	0,32	18,66	vorh.	2,88	2,16	2,1	vorh.	42,6	vorh.	0,97	—
67	Kornschärfe	4,00	desgl.	0,833	713,0	0,1	0,608	—	Spur	1,44	1,4	0,82	23,3	3,1	0,31	0,05
68	Korn-Essenz	3,00	farblos	0,86	643,4	0,18	0,08	—	Spur	2,04	2,04	0,5	14,6	5,0	—	—
69	Kornkraft	—	fast farblos	0,912	477,0	0,13	0,168	—	0,056	0,6	0,6	Spur	59,0	0,29	—	—
70	Kornkraft-Essenz	4,00	hellgelb	0,943	362,0	Spur	0,52	—	0,1	5,4	5,4	vorh.	8,2	1,2	—	—
71		4,15	gelb	0,891	550,0	0,3	5,69	—	0,12	3,9	3,9	2,2	24,9	2,65	4,85	—
72	Kornstärke	3,00	hellgelb	0,913	—	—	2,62	—	0,24	0,24	0,24	vorh.	vorh.	vorh.	0,28	vorh.
73	Kornkraft-Essenz	4,50	desgl.	0,914	475,0	2,4	1,82	—	0,1	2,4	2,4	vorh.	4,9	vorh.	1,37	—
74	Kornstärke	—	röthlich-gelb	0,913	416,6	0,75	10,3	30,0	1,8	0,84	0,36	—	2,2	Spur	0,54	vorh.

d) Analysen von Branntweinschärfen von A. Beythien und P. Bohrisch (Zeitschr. Nahrungs- u. Genussm. 1901, 4, 107):

No.	Bezeichnung der Essenz	Preis für 1 kg M.	Farbe	Geschmack	Spec. Gewicht bei 15°	Alkohol	Fuselöl	Extrakt	Freie Säure als Essigsäure	Essigsäure-Aethylester	Petroläther-Rückstand
						g in 100 ccm					
1	Superfeinste Nordhäuser Korn-Essenz	10,00	dunkelgelb	fuselig, gewürzig	0,8942	55,67	11,84	0,55	0,048	0,55	0,064
2	Paprika-Essenz	6,00	rothbraun	brennend scharf	0,9161	52,82	0	8,33	0,480	3,04	2,600
3	Kognak-Essenz	7,50	bräunlichgelb	etwas brennend, gewürzhaft	0,8890	57,13	1,62	1,70	0,066	1,14	0,160
4	Nordhäuser Korn-Maische	6,50	schwach gelblich	alkoholisch	0,8973	51,74	2,99	0,08	0,006	0,10	0,040
5	Verstärkungs-Essenz . .	4,00	gelblich	alkoholisch, etwas brennend	0,8999	51,77	2,82	0,20	0,012	1,13	0,060

Der Geruch war bei No. 1 und 5 fuselig, bei No. 2 und 4 alkoholisch und bei No. 3 nach Vanillin und Weinbeeröl. Der Extrakt enthielt bei No. 2 Capsaicin und bei No. 3 und 5 Piperin. Die ätherischen Oele entstammten bei No. 1 jedenfalls Oleum juniperi, bei No. 3 Weinbeeröl, bei No. 4 Oleum juniperi und Oleum menth. pip. und bei No. 5 vielleicht Oleum Cassiae. Der Petroläther-Extrakt war bei No. 2 orangeroth und bei No. 5 grünlichgelb.

Essig.*)

Weinessig.

No.	Nähere Bezeichnung	Zeit der Untersuchung	Spec. Gewicht	Essigsäure %	Extrakt %	Nichtflüchtige Säure (Weinsäure) %	Weinstein %	Glycerin %	Mineralstoffe %	Phosphorsäure %	Analytiker
1	Ohne nähere Bezeichnung .	—	1,0080	5,33	0,463	—	—	—	0,116	—	J. König und C. Krauch[1])
2**)	Reiner Weinessig . . .	1886	1,0143	7,79	0,863	0,216	0,057	0,141	0,118	0,012	H. Weigmann[2])
3	Reiner Weinessig . . .	„	—	5,84	2,550	0,080	0,190	0,282	0,250	—	R Fresenius[3])
4**)	Aus Wein und Essigsprit 20 % Wein	„	1,0107	6,83	0,647	0,145	0,028	0,086	0,088	0,008	H. Weigmann[2])
5	Aus Wein und Essigsprit —	„	—	7,29	1,290	0,007	0,037	0,100	0,230	—	R. Fresenius[3])
				100 ccm enthalten Gramm:							
						Alkohol		Mineralstoffe	Kali		
6	Salat- und Einmachessig mit 20 % Naturwein . . .	1891	—	7,36	1,296	wenig	0,025	0,120	0,036	0,018	J. König[4])
7	Aus badischem u. Frankenwein	„	—	6,32	2,661	1,19	0,172	0,284	0,102	0,050	J. König[4])
8	Desgl., aber mit feinen Kräutern etc. versetzt . .	„	—	6,60	3,063	0,68	0,102	0,906	0,178	0,098	J. König[4])

1) Original-Mittheilung. Die Essigsäure ist durch Titration mit Barytlauge, der Extrakt durch Trocknen bei 105° bestimmt.

2) Original-Mittheilung. Die Untersuchungen sind nach den Beschlüssen der 1884 vom Kaiserl. Gesundheitsamt einberufenen Kommission zur Festsetzung von gemeinschaftlichen Untersuchungs-Verfahren für Wein ausgeführt worden.

3) Zeitschr. Nahrungsm.-Untersuch., Hyg. u. Waarenk. 1888, 2, 22. Die Essigsäure (d. h. Gesammtsäure) ist durch Titration mit Barythydrat unter Anwendung von Phenolphtalein als Indikator bestimmt.

4) Bericht über die Dauerwaaren auf der 5. Wanderausstellung der Deutschen Landwirthschafts-Gesellsch. zu Bremen 1891, 229.

*) Der Essig gehört zwar nicht zu den alkoholischen Getränken, sondern er dient nur als Gewürz; wegen seiner nahen Beziehungen zu den alkoholischen Getränken mag er indessen hier Platz finden.

**) H. Weigmann fand ferner:

	Alkohol	Freie Weinsäure
No. 2 Reiner Weinessig	1,19	0,006 %
No. 4 Aus Weinessig und Essigsprit mit 20 % Wein-Zusatz	1,69	0,002 „

No.	Nähere Bezeichnung		Zeit der Untersuchung	Spec. Gewicht	100 ccm enthalten Gramm: Essigsäure	Extrakt	Alkohol	Weinstein	Glukose	Glycerin	Mineral-stoffe	Phosphor-säure	Analytiker
9	Reiner Weinessig aus Italien*)	weiss . .	1893	1,0195	4,01	4,992	3,24	0,278	2,08	0,686	0,396	—	E. Silva[1])
10		„ . .	„	1,0238	4,81	6,272	4,13	0,189	3,28	0,527	0,302	—	
11		roth . . .	„	1,0120	2,92	2,996	2,83	0,179	Spur	0,556	0,392	—	
12		weiss . .	„	1,0236	3,10	5,536	2,33	0,194	2,45	0,512	0,522	—	
13		rosa . . .	„	1,0113	4,40	1,964	2,67	0,139	Spur	0,532	0,440	—	
14		„ . . .	„	1,0167	5,98	2,692	2,33	0,257	Spur	0,512	0,336	—	
15		weiss . .	„	1,0534	3,65	11,848	0,34	0,272	8,88	0,254	0,404	—	
16		rosa . . .	„	1,0223	6,70	2,738	0,10	0,291	Spur	0,480	0,396	—	
17	Echter Weinessig . . .		1901	—	5,04	2,323	—	0,105	—	—	0,199	0,046	M. Mansfeld[2])
		Mittel	—	**1,0228**	**5,07**	**4,03**	**1,80**	**0,184**	**2,09**	**0,507**	**0,391**	**0,053**	

K. Farnsteiner (Forschungsberichte über Lebensmittel 1896, 3, 54) stellte vergleichende Untersuchungen über die Zusammensetzung des Weines und des daraus hergestellten Weinessigs mit folgenden Ergebnissen (g in 100 ccm) an:

No.	Bezeichnung des Weines	Zusammensetzung des Weines: Alkohol	Extrakt	Säure (Weinsäure)	Mineralstoffe	Zusammensetzung des Essigs: Essigsäure	Extrakt	Mineralstoffe	Verlust vom Extrakt des Weines %
1	Rothwein	9,01	2,24	0,67	0,24	4,23	1,99	0,25	11,2
2	Desgl.	7,96	2,37	0,61	0,23	7,20	2,14	0,24	9,7
3	Desgl. (St. Julien)	10,95	1,90	0,47	0,20	6,90	1,67	0,20	11,6
4	Weisswein (Hochheim)	8,51	2,17	0,46	0,24	6,51	1,81	0,24	16,6
5	Rothwein	8,21	2,29	0,52	0,30	7,05	2,07	0,31	9,6
6	Desgl.	7,80	2,53	0,66	0,28	8,10	2,12	0,28	16,4
7	Desgl. (S. Emilion, Bordeaux) . . .	8,28	2,07	0,64	0,23	9,00	1,78	0,23	14,0
8	Weisswein (Mosel)	8,67	1,63	0,62	0,19	4,50	1,50	0,19	8,0
9	Rothwein	7,57	2,22	0,58	0,26	6,45	1,98	0,26	10,8
10	Weisswein (Laubenheim)	9,29	1,76	0,56	0,17	6,40	1,58	0,20	10,2
11	Desgl. (Rheinwein)	8,94	2,24	0,64	0,22	6,20	2,08	0,22	7,1
12	Desgl. (Brauneberger Moselwein) . .	8,79	1,93	0,65	0,16	6,40	1,81	0,19	6,2
13	Desgl. (Weisswein)	8,58	1,67	0,56	0,17	6,30	1,68	0,20	—
	Mittel	8,66	2,08	0,59	0,22	6,56	1,81	0,23	10,1

Die Versuche wurden mit 250—500 ccm Wein in Erlenmeyer-Kolben angestellt. Bei No. 2 und 9 lag spontane Essigbildung vor, während die übrigen Weine mit Mycoderma aceti geimpft waren.

K. Farnsteiner (Zeitschr. Nahrungs- u. Genussm. 1899, 2, 198) stellte ausserdem den vorstehenden Versuchen entsprechende Untersuchungen im Grossen an, indem er in einer Weinessigfabrik je 100 l Wein mit 20 l fertigem, gut arbeitendem Weinessig versetzte, die Mischung frisch (a. am 30. 1. 98) und

[1]) Staz. sperim. agrar. Ital. 1893, **25**, 89; Centrbl. Agrik.-Chem. 1895, **24**, 497. Die Essige sind aus Wein mit Trestern hergestellt und daher sehr extraktreich und säurearm.

[2]) 14. Jahresbericht der Untersuchungsanstalt f. Nahrungs- und Genussm. des Allgem. österr. Apoth.-Vereins 1901/2, S. 7.

*) E. Silva fand ferner:

No.	9	10	11	12	13	14	15	16
Nichtflüchtige Säure (Weinsäure)	0,525	0,502	0,367	0,322	0,172	0,420	0,732	0,285

No. 9, 10, 12, 16 und 18 sind aus Naturwein von Asti, No. 14 u. 15 an der Weinbauschule zu Asti hergestellt.

fernere Proben bei voller Gährung (b. am 23. 3. 98) und nach beendeter Gährung (c. am 31. 5. 99) untersuchte. Die Ergebnisse (g in 100 ccm) waren folgende:

No.	Nähere Bezeichnung		Spec. Gewicht 15°	Alkohol	Extrakt	Gesammt-Säure (Essigsäure)	Nichtflüchtige Säure (direkt bestimmt)	Gesammt-Weinsäure	Zucker	Glycerin	Mineralstoffe
1	Versuch I	a	0,9987	5,95	1,88	1,68	0,33	0,16	0,11	0,50	0,23
2		b	1,0036	4,29	1,82	3,33	0,24	0,19	—	0,56	0,26
3		c	1,0055	3,75	2,03	3,56	0,23	0,19	0,11	0,72	0,28
4	Versuch II	a	1,0095	4,23	3,60	1,96	0,40	0,22	0,65	0,49	0,26
5		b	1,0173	1,67	3,44	4,92	0,18	0,26	0,73	—	0,27
6		c	1,0262	0	3,64	7,60	0,26	0,26	0,85	0,59	0,30
7	Versuch III	a	1,0055	4,98	2,87	1,63	0,17	0,18	0,27	0,35	0,28
8		b	1,0112	2,61	2,40	4,14	0,21	0,21	—	0,34	0,30
9		c	1,0172	1,23	2,56	6,00	0,20	0,20	0,30	0,52	0,34

Obstessig.

1. A. W. Smith (Journ. Americ. Chem. Soc. 1898, **20**, 3) untersuchte 22 Proben von reinem Obstessig mit folgenden Ergebnissen:

No.	In 100 g Essig			Alkalität der Asche von 100 g Essig	Phosphorsäure in der Asche von 100 g Essig			Ursprünglicher Extrakt *)	In 100 g ursprünglichem Extrakt	
	Essigsäure	Extrakt	Mineralstoffe		in Wasser löslich	in Wasser unlöslich	im Ganzen		Mineralstoffe	Phosphorsäure
	g	g	g	ccm $^1/_{10}$-N.-Lauge	mg	mg	mg	g	g	mg
1	5,46	2,27	0,49	43,0	22,7	16,3	39,0	10,46	4,21	373
2	3,29	2,69	0,36	31,2	17,3	8,7	26,0	7,63	4,72	341
3	4,22	3,21	0,36	36,0	18,5	9,2	27,7	9,54	3,77	290
4	3,58	2,91	0,31	28,4	15,6	4,2	19,8	8,28	3,74	239
5	3,74	2,14	0,31	36,0	17,5	7,8	25,3	7,75	4,00	326
6	4,74	2,80	0,35	34,4	18,3	6,8	25,1	9,91	3,53	253
7	4,59	2,86	0,32	32,8	19,5	13,8	33,3	11,74	2,73	284
8	4,19	3,00	0,33	36,8	20,5	8,5	29,0	9,28	3,55	312
9	4,92	4,45	0,38	30,8	17,8	9,5	27,3	11,83	3,21	231
10	4,63	3,30	0,40	47,2	21,3	9,8	31,1	10,24	3,90	303
11	3.24	3,89	0,44	45,2	20,5	10,8	31,3	8,78	5,01	348
12	3,89	3,00	0,33	30,4	22,5	10,5	33,0	8,88	3,72	372
13	4,97	2,40	0,37	44,0	15,5	11,0	26,5	9,85	3,76	269
14	6,55	2,76	0,49	44,8	17,0	4,6	21,6	12,58	3,89	172
15	4,11	2,43	0,36	28,8	21,2	5,6	26,8	8,60	4,19	312
16	7,61	2,97	0,43	55,2	21,0	11,0	32,0	14,38	2,99	223
17	4,00	2,53	0,34	35,2	19,4	11,3	30,7	8,53	3,98	360
18	4,08	2,82	0,33	36,0	13,6	19,4	33,0	8,94	3,69	369
19	4,00	2,75	0,51	45,6	17,5	15,5	33,0	8,75	5,83	377
20	3,80	2,50	0,50	48,8	19,9	9,0	28,0	8,20	6,09	352
21	4,20	2,00	0,39	44,0	19,9	9,0	28,9	8,29	4,70	348
22	4,30	2,50	0,46	40,0	22,5	10,0	22,5	8,95	5,14	365
Mittel	**4,46**	**2,83**	**0,39**	**38,8**	**19,1**	**10,1**	**28,6**	**9,65**	**4,11**	**310**

*) Diese Zahlen ermittelte Smith nach dem Verfahren von O. Hehner (Analyst 1891, **16**, 82), dnrch Addition des $1^1/_2$ des Essigsäuregehaltes zu dem noch vorhandenen Extraktgehalt. Diese Berechnung beruht auf der Annahme, dass aus 1 Molekül Glukose ($C_6H_{12}O_6 = 180$) 2 Moleküle Alkohol und aus diesen 2 Moleküle Essigsäure ($2\,C_2H_4O_2 = 120$)

2. R. E. Doolittle und W. H. Hess (Journ. Amer. Chem. Soc. 1900, **22**, 218; Zeitschr. Nahrungs- u. Genussm. 1900, **3**, 719) fanden für reinen Obstessig und Obsttresteressig folgende Zusammensetzung:

	In % des Extrakts		In % der Asche					
	Invertzucker	Saccharose	Kalk	Magnesia-	Kali	Natron	Phosphorsäure	Schwefelsäure
Reiner Obstessig	0—14 %	0—10 %	3,4—8,2	1,9—3,4	46,3—65,6	Spuren	3,3—6,7	4,7—16,3 %
Obsttresteressig	0	0	4,73	4,12	37,00	„	9,66	34,77 %

Doolittle und Hess und ebenso Fr. G. Ryan (Amer. Journ. Pharm. 1899, **71**, 71; Zeitschr. Nahrungs- u. Genussm. 1899, **2**, 954) theilen ferner die Analysen von verdächtigen bezw. verfälschten Obstessigen des Handels mit, auf die hier verwiesen sei.

3. M. Mansfeld (14. Jahresbericht der Untersuchungsanstalt f. Nahrungs- u. Genussm. des Allgem. österr. Apoth.-Vereins 1901/2, S. 7) fand im Aepfelessig in 100 ccm:

Essigsäure	Extrakt	Mineralstoffe	Phosphorsäure
2,55 g	3,09 g	0,230 g	0,015 g

4. C. A. Browne (Journ. Americ. Chem. Soc. 1901, **23**, 869; Zeitschr. Nahrungs- u. Genussm. 1903, **6**, 28) fand für reinen Aepfelessig im Mittel von 4 Analysen (g in 100 ccm):

Spec. Gewicht	Essigsäure	Extrakt	Aepfelsäure	Reduc. Zucker	Pektinstoffe	Stickstoff-Substanz	Alkohol	Mineralstoffe
1,0184	6,19	2,00	0,14	0,52	0,17	0,01	0	0,44 g

Malzessig.

1. L. A. Vasey (Chem. News 1890, **61**, 264; Chem.-Ztg. 1890, **14**, Rep. 174) fand für Malzessig:

Spec. Gewicht	Essigsäure	Extrakt	Mineralstoffe
1,0119	4,46 %	1,20 %	0,14 %

2. O. Hehner (Zeitschr. Spiritus-Industr. 1891, **14**, 105; Vierteljahresschr. Nahrungs- u. Genussm. 1892, **7**, 194) fand in drei Proben (No. 1—3) von echtem Malzessig und einem Gemisch (No. 4):

	No. 1	2	3	4
Essigsäure . .	3,07	2,88	3,10	4,76 %
Extrakt . . .	3,26	2,72	4,01	1,00 „
Phosphorsäure .	0,13	0,12	0,13	0,026 „

Essigsprit.

No.	Nähere Bezeichnung	Zeit der Untersuchung	Spec. Gewicht	Essigsäure %	Alkohol %	Extrakt %	Glycerin %	Mineralstoffe %	Analytiker
1	Ohne nähere Bezeichnung	—	1,0171	10,30	—	0,216	—	0,064	*J. König u. C. Krauch* [1])
2		—	1,0072	6,62	—	0,918	—	0,191	
3		—	1,0218	12,03	—	—	—	0,035	
4		1886	1,0177	11,55	0,63	0,296	0,010	0,031	*H. Weigmann* [1])

Gewöhnlicher Speiseessig.

No.	Nähere Bezeichnung	Zeit der Untersuchung	Spec. Gewicht	Essigsäure %	Alkohol %	Extrakt %	Glycerin %	Mineralstoffe %	Analytiker
1	Weiss	—	1,0110	4,63	—	0,207	—	0,101	*J. König u. C. Krauch* [1])
2	Braun (durch Zuckerkouleur)	—	1,0055	3,53	—	0,459	—	0,143	

entstanden sind. Die Zahlen können indess auf Genauigkeit keinen Anspruch machen, sondern sie haben nur einen Vergleichswerth, da einerseits während der Alkohol- und Essigsäuregährung durch Verdunstung Verluste entstehen und andererseits während der Gährungen Körper (Eiweissstoffe) aus der Lösung ausgeschieden werden.

[1]) Original-Mittheilungen. Vergl. auch S. 1446, Anm. [1]) u. [2]).

K. Farnsteiner (Forschungsberichte über Lebensmittel 1896, 3, 54) fand für 13 Proben gewöhnlicher Speiseessige des Hamburger Marktes folgende Zusammensetzung (g in 100 ccm):

	No. 1	2	3	4	5	6	7	8	9	10	11	12	13
Essigsäure . . .	3,97	4,02	4,76	4,89	3,50	4,29	4,45	3,97	4,55	4,36	3,78	5,54	5,40
Extrakt	0,12	0,10	0,09	0,14	0,14	0,09	0,09	0,09	0,11	0,96	0,12	0,15	0,07
Mineralstoffe . .	0,03	0,04	0,04	0,04	0,04	0,05	0,05	0,05	0,05	0,05	0,05	0,02	0,03

Sonstige Analysen von Essig.

1. C. Lables (Zeitschr. Nahrungsm.-Unters., Hyg. u. Waarenk. 1888, 2, 61) über Weinessig.
2. A. Gawalowski (Zeitschr. Nahrungsm.-Unters., Hyg. u. Waarenk. 1888, 2, 61; Vierteljahresschr. Nahrungs- u. Genussm. 1888, 3, 190) über Konserven-Essig.
3. A. Held (Journ. Pharm. Elsass-Lothr.; Chem.-Ztg. 1890, 14, Rep. 192) über verfälschten Weinessig.
4. K. Farnsteiner (Forschungsberichte über Lebensmittel 1896, 3, 54) über Weinessig des Handels.
5. I. Jettmar (Zeitschr. Nahrungsm.-Unters., Hyg. u. Waarenk. 1897, 11, 345) über Obstessig.

Anhang zu Essig.

1. Ueber den Einfluss des Lichtes auf die Essiggährung stellte G. Tolomei (Staz. sperim. Agrar. Ital. 1891, 20, 380; Centrbl. Agrik.-Chem. 1891, 20, 639) Versuche an, indem er von demselben Weisswein in neun verschiedene, 325 ccm fassende Glasgefässe gab, von denen eines verdunkelt, eines im weissen Sonnenlichte und die anderen unter solcher Beleuchtung gehalten wurden, dass diese genau einer der sieben Regenbogen-Farben entsprach. Die Gefässe wurden mit Reinkulturen von Mycoderma aceti geimpft. Durch einen Aspirator wurde die Luft in den Gefässen erneuert; die Gährtemperatur war 16—26°. Nach 22 Tagen waren die Ergebnisse der Untersuchung folgende:

Bestandtheile	Verdunkeltes Gefäss	Beleuchtete Gefässe							
		Roth	Orange	Gelb	Grün	Blau	Indigo	Violett	Weiss
Alkohol, Vol.-%	1,41	1,41	1,43	1,59	2,55	3,65	4,01	4,20	4,19
Essigsäure, Gew.-%	5,71	5,71	5,68	5,60	4,56	3,44	3,01	2,84	2,86
Während d. Gährung zersetzter Alkohol	3,09	3,09	3,07	2,91	1,95	0,85	0,49	0,30	0,31

Hiernach wird durch die chemisch wirksamen Strahlen des Sonnenlichtes die Essigsäurebildung gehemmt.

2. M. Inouyé (College of agric. Tokio, 2, 216; Chem. Centrbl. 1896, I, 128) berichtet über die Zusammensetzung des in Japan gebräuchlichen Nukamiso, einer dem Essig ähnlichen Würze, die aus Reiskleie und Kochsalz durch Milchsäure-Gährung hergestellt wird. Das klare Filtrat derselben enthielt:

Wasser	Milchsäure	Zucker	Chlornatrium	Sonstige Stoffe
75,6 %	2,6 %	3,4 %	8,1 %	10,4 %

Nachträge.

Im Nachfolgenden geben wir eine Zusammenstellung der wichtigeren, während des Druckes dieses Buches erschienenen sowie einiger bei der Bearbeitung einzelner Kapitel übersehenen Analysen von Nahrungs- und Genussmitteln.

Fleisch.

(Nachträge zu S. 2—98).

Vergleichende Untersuchungen über die Zusammensetzung des Rindfleisches

verschiedener Gegenden Frankreichs und der französischen Kolonien von Busson (Monit. scientif. 1901 [4], 15, II, 597).

Nähere Bezeichnung		Alter der Thiere	Halsstück				Schulterblatt				Keule			
			Wasser	Stickstoff-Substanz	Fett	Mineral-stoffe	Wasser	Stickstoff-Substanz	Fett	Mineral-stoffe	Wasser	Stickstoff-Substanz	Fett	Mineral-stoffe
		Jahre	%	%	%	%	%	%	%	%	%	%	%	%
I. Ochsen der Durham-Hereford-Rasse aus Neu-Kaledonien		4	70,49	23,63	4,82	1,06	70,61	24,69	3,61	1,09	71,32	24,36	3,10	1,22
		6	74,32	21,14	3,30	1,24	74,93	22,23	1,64	1,20	72,57	22,95	3,31	1,17
		7	74,27	21,93	2,38	1,45	73,57	21,61	3,38	1,44	74,53	21,81	2,03	1,63
		8	75,21	22,01	1,40	1,38	73,14	21,96	3,91	0,99	75,85	21,62	1,36	1,17
		Mittel	73,57	22,18	2,96	1,28	73,06	22,62	3,14	1,18	73,57	22,68	2,45	1,30
II. Bisamochsen aus Madagaskar			3-jähriger Ochs				4-jähriger Ochs				5-jähriger Ochs			
		I	74,06	20,53	4,40	1,01	70,04	19,61	9,22	1,13	64,42	20,01	14,45	1,12
		II	76,25	21,01	1,84	0,90	71,19	21,95	5,75	1,11	72,11	22,50	4,19	1,20
		III	76,31	20,88	1,68	1,13	74,61	20,95	3,35	1,09	72,50	22,05	5,30	1,15
		Mittel	75,54	20,81	2,64	1,01	71,95	20,84	6,10	1,11	69,68	21,18	7,98	1,16
III. Algerische Rasse (Oran) aus Marseille	Ochsen	4	71,93	22,70	4,35	1,02	73,24	23,33	2,32	1,11	72,30	22,44	4,17	1,09
		6	73,35	20,46	5,18	1,01	73,45	22,00	3,57	0,98	74,14	22,97	1,80	1,09
		8	73,34	22,32	3,25	1,09	71,60	23,61	3,74	1,05	75,24	22,19	1,52	1,05
	Kuh	6	73,73	21,78	3,36	1,13	73,63	22,10	3,12	1,15	73,20	21,62	4,05	1,13
		Mittel	73,08	21,82	4,04	1,06	72,98	22,76	3,19	1,07	73,72	22,30	2,89	1,09
IV. Fleisch aus Moulins (Inland) Bourbonische Rasse	Ochsen	4	73,25	22,04	3,57	1,14	74,29	21,50	3,01	1,20	74,03	23,16	1,56	1,25
		6	74,21	22,47	1,90	1,42	74,45	23,24	1,02	1,29	74,41	22,70	1,52	1,37
		8	73,95	21,94	2,97	1,10	73,71	23,11	2,01	1,17	73,79	22,18	2,79	1,24
	Kuh	6	74,34	21,96	2,50	1,20	74,22	21,59	3,00	1,19	74,53	22,02	2,14	1,31
		Mittel	73,95	22,10	2,74	1,21	74,17	22,36	2,26	1,21	74,19	22,52	2,00	1,29
V. Aus Bordeaux: Limosiner Rasse	Ochsen	4	75,75	22,01	2,99	1,15	75,57	20,77	2,54	1,12	75,67	20,81	2,41	1,11
		8	—	—	—	—	—	—	—	—	74,40	22,96	1,49	1,15
	Kuh	6	75,16	22,36	1,49	0,99	73,61	22,62	2,58	1,19	74,00	23,80	1,02	1,18
Garonaiser Rasse	Ochs	8	75,03	21,49	2,38	1,10	—	—	—	—	—	—	—	—
	Kuh	6	75,33	21,66	1,88	1,13	75,46	21,11	2,28	1,15	74,07	22,56	2,15	1,22
		Mittel	75,32	21,63	1,96	1,09	74,88	21,50	2,47	1,15	74,54	22,53	1,77	1,16

Nähere Bezeichnung	Alter der Thiere	Halsstück				Schulterblatt				Keule			
		Wasser	Stickstoff-Substanz	Fett	Mineral-stoffe	Wasser	Stickstoff-Substanz	Fett	Mineral-stoffe	Wasser	Stickstoff-Substanz	Fett	Mineral-stoffe
	Jahre	%	%	%	%	%	%	%	%	%	%	%	%
VI. Fleisch aus Lyon: Forézienner Rasse, Ochsen	6	74,69	21,98	2,24	1,09	73,64	21,69	3,68	0,99	74,07	22,86	2,04	1,03
VI. Fleisch aus Lyon: Forézienner Rasse, Ochsen	7	73,73	22,59	2,57	1,11	73,86	22,66	2,41	1,07	74,31	22,45	2,23	1,01
VI. Fleisch aus Lyon: Forézienner Rasse, Ochsen	8	74,38	22,41	2,11	1,10	73,39	21,93	3,67	1,01	74,45	22,25	2,15	1,15
VI. Fleisch aus Lyon: Forézienner Rasse, Kuh	8	72,84	21,46	4,72	0,98	71,90	21,70	5,33	1,07	73,33	23,03	2,60	1,04
Charonaiser Ochs . . .	8	74,67	22,57	1,67	1,09	73,58	22,34	2,94	1,14	74,97	22,64	1,23	1,16
Comtoiser Kuh	6	74,19	21,42	2,81	0,98	71,94	22.87	4,05	1,14	73,99	22,83	2,31	1,17
	Mittel	74,19	22,07	2,69	1,05	73,05	22,20	3,68	1,07	74,14	22,68	2,09	1,09
VII. Fleisch aus Brest (Bretonner Rasse), Ochsen	4	71,70	21,40	5,81	1,09	68,63	20,57	9,70	1,10	68,63	19,90	10,39	1,08
VII. Fleisch aus Brest (Bretonner Rasse), Ochsen	6	70,48	20,30	8,19	1.03	72,74	21,49	4,67	1,10	70,88	21,72	6,33	1,07
VII. Fleisch aus Brest (Bretonner Rasse), Ochsen	8	71,33	21,25	6,32	1,10	69,56	21,53	7,76	1,15	68,00	20,47	10,42	1,11
VII. Fleisch aus Brest (Bretonner Rasse), Kuh	6	72,80	20,18	5,97	1,05	71,82	20,69	6,49	1,00	70,92	20,28	7,79	1,01
	Mittel	71,58	20,78	6,57	1,07	70,69	21,07	7,16	1,08	69,61	20,59	8,73	1,07
	Gesammt-Mittel	**73,76**	**21,65**	**3,49**	**1,11**	**73,20**	**21,78**	**3,89**	**1,13**	**73,12**	**22,08**	**3,65**	**1,15**

Die aus den vorstehenden Fleischsorten erzielten Ausbeuten an gekochtem Fleisch betrugen im Mittel:

Gruppe	I	II	III	IV	V	VI	VII
Halsstück . .	58,08	55,64	56,09	54,38	57,46	58,12	56,12
Schulterblatt .	55,94	57,68	56,41	54,28	54,99	56,12	57,27
Keule . . .	55,44	58,45	55,09	53,25	57,28	56,07	57,12
Gesammt-Mittel	56,48	57,25	55,86	53,97	56,58	56,77	56,83

Ueber die Zusammensetzung verschiedener Fleischsorten

von A. Beythien, Hempel und Bohrisch (Zeitschr. Nahrungs- u. Genussmittel 1901, 4, 1).

Die untersuchten Proben stammten aus der städtischen Arbeitsanstalt in Dresden und stellten die Waare dar, wie sie der Anstalt geliefert wurde. Zur Erlangung brauchbarer Durchschnittswerthe wurden von jeder Fleischsorte 3—5 Proben, von denen jede einem anderen Thier der betreffenden Gattung entstammte, untersucht. Die so erhaltenen analytischen Ergebnisse*) waren folgende:

I. Rindfleisch.

Bezeichnung der Fleischstücke und Antheile		Muskelfleisch				Fettgewebe			
		Wasser	Stickstoff-Substanz	Fett	Asche	Wasser	Stickstoff-Substanz	Fett	Asche
		%	%	%	%	%	%	%	%
Derbe Stücke (Keule) (M.**) 64,26%, F.**) 19,59 „)	a	71.06	22,48	5,40	1,06	—	—	—	—
	b	72,49	21,84	4,53	1,14	9,77	3,85	86,20	0,18
	c	72,34	21,38	5,20	1,08	17,42	5,63	76,72	0,23
	Mittel	71,96	21,91	5,04	1,09	13,59	4,74	81,46	0,21

*) Die Untersuchungen erfolgten im Allgemeinen nach den in den „Vereinbarungen“ enthaltenen Angaben, nur wurde die Stickstoff-Substanz nicht aus der Differenz der übrigen Bestandtheile von 100, sondern durch Multiplikation des nach Kjeldahl gefundenen Stickstoffs mit 6,25 berechnet, während das Wasser aus der Differenz ermittelt wurde.

**) „M“ und „F“ bedeuten hier und im Folgenden die Antheile des eingelieferten Fleisches an vom Fett befreitem Muskelfleisch bezw. Fettgewebe. Der Rest bestand aus Knochen bezw. beim Schweinefleisch aus diesen und der Schwarte.

Bezeichnung der Fleischstücke und Antheile		Muskelfleisch				Fettgewebe			
		Wasser %	Stickstoff-Substanz %	Fett %	Asche %	Wasser %	Stickstoff-Substanz %	Fett %	Asche %
2. Spannrippe (M. 43,03%, F. 46,67%)	a	75,77	20,82	2,38	1,03	12,83	4,56	82,41	0,20
	b	74,69	19,98	4,26	1,07	9,77	2,26	87,82	0,15
	c	74,65	20,41	3,84	1,10	20,21	3,02	76,48	0,29
	d	73,37	19,49	6,10	1,04	12,50	2,28	85,06	0,16
	e	71,43	20,80	6,64	1,13	14,16	4,21	81,36	0,27
	Mittel	73,98	20,30	4,64	1,08	13,98	3,27	82,63	0,21
3. Bauchfleisch (M. 44,51%, F. 51,99%)	a	72,91	17,03	9,09	0,97	17,93	3,04	78,82	0,21
	b	68,24	20,12	10,61	1,03	20,92	6,94	71,92	0,22
	c	72,24	18,43	8,39	0,94	22,72	6,21	70,90	0,17
	d	68,32	20,55	10,06	1,07	13,34	3,70	82,77	0,19
	Mittel	70,43	19,03	9,54	1,00	18,73	4,97	76,10	0,20
II. Schweinefleisch, frisch.									
1. u. 2. Hinterkeule und Vorderblatt*) (M. 50,97%, F. 30,71%)	a	75,49	20,32	3,02	1,17	10,29	2,66	86,92	0,13
	b	74,87	20,34	3,66	1,13	19,00	7,51	73,19	0,30
	c	74,03	22,20	2,50	1,27	13,28	3,05	83,52	0,15
	d	72,81	21,65	4,34	1,20	8,65	1,88	89,36	0,11
	Mittel	74,80	21,13	3,38	1,19	12,80	3,78	83,25	0,17
3. Hals (Kamm) (M. 43,54%, F. 43,13%)	a	71,91	23,22	3,79	1,08	5,20	3,73	90,94	0,13
	b	70,21	22,33	6,35	1,11	5,08	1,82	93,01	0,09
	c	69,55	19,92	9,48	1,05	5,56	2,02	92,28	0,14
	Mittel	70,56	21,82	6,54	1,08	5,28	2,52	92,08	0,12
4. Rücken (Carrée) (M. 36,54%, F. 51,79%)	a	57,69	15,06	26,34	0,91	4,85	1,84	93,18	0,13
	b	66,07	20,18	12,68	1,07	6,66	2,72	90,52	0,10
	c	71,04	24,00	4,09	0,87	3,62	0,94	95,37	0,07
	Mittel	64,93	19,75	14,37	0,95	5,04	1,84	93,02	0,10
5. Bauchfleisch (M. 34,53%, F. 54,39%)	a	69,90	24,03	4,72	1,35	13,86	4,82	81,06	0,26
	b	72,39	21,42	5,12	1,07	12,27	4,00	83,52	0,21
	c	74,01	21,12	3,83	1,04	13,41	3,14	83,31	0,14
	d	68,15	21,63	9,13	1,09	7,70	1,94	90,19	0,17
	Mittel	71,11	22,05	5,70	1,14	11,81	3,47	84,52	0,20
III. Schweinefleisch, geräuchert.									
1. u. 2. Hinterkeule und Vorderblatt*) (M. 54,10%, F. 35,70%)	a	66,12	21,26	5,13	7,49	10,39	2,71	85,43	1,47
	b	64,79	21,41	6,42	7,38	2,83	1,96	94,34	0,87
	c	65,22	21,86	6,66	6,26	4,46	2,22	92,66	0,66
	Mittel	65,38	21,51	6,07	7,04	5,89	2,30	90,81	1,00
3a)**). Hals (Kamm) (M. 68,00%, F. 18,93%)	a	63,13	21,48	8,26	7,13	7,74	2,58	88,73	0,95
	b	63,63	22,37	11,86	2,14	9,82	4,39	85,05	0,74
	c	66,99	21,35	9,01	2,65	2,51	1,99	95,04	0,46
	Mittel	64,58	21,73	9,71	3,98	6,69	2,99	89,60	0,72

*) Hinterkeule und Vorderblatt sind als gleich zusammengesetzt angenommen.
**) Die Angaben von M und F beziehen sich auf 3a und 3b zusammen.

Bezeichnung der Fleischstücke und Antheile		Muskelfleisch Wasser %	Muskelfleisch Stickstoff-Substanz %	Muskelfleisch Fett %	Muskelfleisch Asche %	Fettgewebe Wasser %	Fettgewebe Stickstoff-Substanz %	Fettgewebe Fett %	Fettgewebe Asche %
3b)*). Rücken	a	55,41	22,64	13,48	8,47	8,19	3,23	86,66	1,92
	b	60,39	24,24	7,89	7,48	15,22	5,06	77.08	2,64
	c	64,51	25,70	5,34	4,45	5,25	3,52	90,74	0,49
	Mittel	60,10	24,20	8,90	6,80	9,55	3,94	84,83	1,68
4. Bauchfleisch (M. 34,42%, F. 57,51%)	a	59,28	24,96	8,03	7,73	7,92	2,55	88,99	0,54
	b	60,02	23,46	8,97	7,55	7,55	2,99	88,38	1,08
	c	61,10	20,18	9,03	9,69	10,29	2,96	85,40	1,35
	d	53,41	25,46	8,67	12,28	8,30	4,40	85,14	2,16
	Mittel	58,45	23,56	8,68	9,31	8,52	3,22	86,98	1,28
IV. Schaffleisch.									
1. u 2. Hinterkeule und Vorderblatt**) (M. 55,39%, F. 27,92%)	a	73,05	18,23	7,68	1,04	8,87	2,80	88,13	0,20
	b	74,67	18,69	5,53	1,11	16,07	4,14	79,53	0,26
	c	74,05	18,77	6,10	1,08	12,95	4,05	82,67	0,33
	d	74,31	19,33	5,26	1,10	6,75	1,43	91,67	0,15
	Mittel	74,02	18,76	6,14	1,08	11,16	3,11	85,50	0,23
3. u. 4. Hals, Kamm, Rücken, Bauch**) (M. 45,29%, F. 44,33%)	a	71,14	20,74	7,13	0,99	5,44	3,91	90,49	0,16
	b	69,88	21,81	7,42	0,89	4,08	2,88	92,89	0,15
	c	73,81	21,23	3,91	1,05	11,94	3,03	84,77	0,26
	d	75,37	19,95	3,59	1,09	11,38	2,92	85,51	0,19
	e	73,30	18,99	6,70	1,01	8,52	1,88	89.41	0,19
	Mittel	72,70	20,54	5,75	1,01	8,27	2,92	88,62	0,19

Zuckergehalt des Fleisches.

E. Polenske (Arb. Kaiserl. Gesundh.-Amt 1898, 14, 149; Zeitschr. Nahrungs- u. Genussm. 1898, 1, 782) fand für frisches und zubereitetes Fleisch folgende Zuckergehalte:

No.	Art des Fleisches	Zucker vor der Inversion %	Zucker nach der Inversion %	Zucker durch die Inversion gebildet %	No.	Art des Fleisches	Zucker vor der Inversion %	Zucker nach der Inversion %	Zucker durch die Inversion gebildet %
1	Frisches Rindfleisch	0,381	0,507	0,126	15	Salz - Kalbfleisch aus Dänemark . . .	0,291	0,339	0,048
2		0,349	0,568	0,119					
3		0,278	0,393	0,115	16	Trocken-Pökelrindfleisch aus Amerika	0,435	0,535	0,1
4		0,377	0,497	0,12	17		0,291	0,341	0,05
5		0,255	0,359	0,104	18		0,26	0,71	0,45
6		0,222	0,305	0,083	19		0,235	0,589	0,354
7		0,175	0,240	0 065	20		0,21	0,413	0,203
8		0,153	0 223	0,070	21		0,18	0,305	0,125
9	Frisches Schweinefleisch	etwa 0,1	0,2	etwa 0,1	22		etwa 0,1	0,35	0,25
10		„ 0,1	0,2	„ 0,1	23		„ 0,1	0,35	0,25
11	Frisches Kalbfleisch	0,255	0,381	0,126	24	Trocken-Pökelschweinefleisch aus Amerika	0,185	0,607	0,422
12		fast 0	0,1	etwa 0,1	25		0,14	0,468	0,328
13	Pferdefleisch, älter	0,377	0,541	0,164	26		etwa 0,1	0,3	0,20
14		0,372	0,529	0,157					

*) Vergl. Anmerkung **) S. 1453.
**) Hinterkeule und Vorderblatt bezw. Hals, Kamm, Rücken und Bauch sind als gleich zusammengesetzt angenommen.

Die Fleischauszüge wurden auf folgende Weise hergestellt: 200 g frisches, fein gehacktes Fleisch wurden mit 600 ccm kaltem Wasser zu einem gleichmässigen Brei zerrührt. Frischem Fleische, welches bereits sauer reagirte, wurden noch 4 Tropfen Essigsäure zugesetzt; Pökelfleisch von alkalischer Reaktion wurde mit Essigsäure deutlich angesäuert. Nach Verlauf einer halben Stunde wurde die Masse unter beständigem Rühren bis zum Kochen erhitzt und 2 Minuten im Sieden erhalten. Halb erkaltet wurde das Ganze durch ein angefeuchtetes Tuch von dünnem Flanell geseiht. Nachdem der Rückstand mit den Händen so stark als möglich ausgepresst worden war, wurde derselbe noch zweimal mit je 200 ccm Wasser zerrieben und wie vorher behandelt. Die drei Auszüge wurden nach einander durch ein genässtes Filter gegossen, dann mit einem Esslöffel voll wirksamer Thierkohle versetzt und auf dem Wasserbade bis zu etwa 250 ccm verdunstet. Der auf einem Filter gesammelten Kohle wurde durch Auswaschen mit mindestens 250 ccm kochend heissem Wasser der Zucker entzogen. Das Waschwasser wurde so weit verdunstet, dass der ganze Fleischauszug fast 300 ccm betrug. Die erkaltete, sauer reagirende Flüssigkeit wurde mit Ammoniak schwach übersättigt und auf 300 ccm aufgefüllt. Nach Verlauf einer Viertelstunde wurde die Flüssigkeit von dem entstandenen Niederschlage abfiltrirt und sofort mit einigen Tropfen Eisessig neutralisirt. Die so erhaltenen Fleischauszüge waren fast farblos. In der Lösung wurde der Zucker nach dem Verfahren von Pavy (Chem.-News **39**, 77) bestimmt. Der Pökellake wird häufig Rohrzucker zugesetzt. Um diesen im Pökelfleische zu bestimmen, wurde der Fleischauszug durch halbstündiges Erhitzen von 100 ccm mit 2 ccm Salzsäure von der Dichte 1,124 im Wasserbade invertirt. Auch bei frischem Fleisch wird hierbei eine gewisse Menge reducirenden Zuckers gebildet; das Glykogen wird unter diesen Umständen nur wenig verzuckert.

Gehalt verschiedener Theile des Pferdefleisches an Glykogen.

J. K. Haywood (Journ. Amer. Chem. Soc. 1900, **22**, 85; Zeitschr. Nahrungs- u. Genussm. 1901, **4**, 170) fand in den verschiedenen Theilen des Fleisches von drei Pferden folgende Glykogenmengen:

No.	Bezeichnung der Fleischstücke		Im natürlichen Fleisch			Glykogen in der fettfreien Trockensubstanz
			Wasser	Fett	Glykogen	
1	Hals (Chuck) . . .	I	70,57 %	9,01 %	0,30 %	1,47 %
2		II	74,30 „	4,63 „	0,48 „	2,28 „
3		III	77,22 „	5,84 „	0,86 „	5,08 „
4	Rippe (Rib)	I	66,12 „	12,51 „	0,61 „	2,85 „
5		II	72,87 „	4,54 „	0,54 „	2,39 „
6		III	76,31 „	1,24 „	0,79 „	3,52 „
7	Flanke (Flank) . . .	I	57,93 „	25,01 „	0,42 „	2,46 „
8		II	71,79 „	7,66 „	0,33 „	1,61 „
9		III	76,39 „	1,16 „	0,53 „	2,36 „

Verschiedene Theile des Fleisches eines anderen Pferdes enthielten folgende Glykogenmengen:

1	Zweites Schinkenstück . .	74,36 %	3,27 %	0,49 %	2,19 %
2	Erstes Schinkenstück . .	73,77 „	3,23 „	0,27 „	1,17 „
3	Schulterblatt	73,54 „	5,27 „	0,58 „	2,73 „
4	Kreuzrippen	73,86 „	6,30 „	0,32 „	1,62 „
5	Hals	68,00 „	15,39 „	0,34 „	2,05 „
6	Platte	52,16 „	33,66 „	0,41 „	2,89 „
7	Brust	66,70 „	12,16 „	0,46 „	2,17 „

Haywood bediente sich zur Bestimmung des Glykogens des bekannten Verfahrens von Brücke-Külz mit folgenden Abänderungen: Da die mit Kalilauge erhaltene Lösung des Fleisches sehr schwer filtrirte, machte er dieselbe mit Salzsäure schwach sauer und filtrirte einen aliquoten Theil ab. Um die beim Fällen des Glykogens mit Alkohol mitgefällten kleinen Mengen von Proteinstoffen zu entfernen, wurde das unreine Glykogen auf einem gewogenen Filter gesammelt und gewogen und alsdann das Glykogen mit heissem Wasser gelöst und das Filter zurückgewogen. Dem Fleische zugesetzte gewogene Glykogenmengen wurden nach diesem Verfahren genügend genau wiedergefunden.

Zusammensetzung von Fischen, Krustenthieren und Mollusken.

Balland (Compt. rend. 1898, **126**, 1728; Zeitschr. Nahrungs- u. Genussm. 1899, **2**, 143) fand für das reine, von Haut und Gräten befreite Fleisch folgende Zusammensetzung:

No.	Bezeichnung der Fische etc.	In der ursprünglichen Substanz					In der Trocken-Substanz			
		Wasser %	Stickstoff-Substanz %	Fett %	Stickstoff-freie Extraktstoffe %	Asche %	Stickstoff-Substanz %	Fett %	Stickstoff-freie Extraktstoffe %	Asche %
1	Gemeiner Maifisch . . .	63,9	21,88	12,85	0,11	1,26	60,62	35,58	0,30	3,50
2	Flussaal	59,8	13,05	25,69	0,70	0,76	32,46	63,90	1,74	1,90
3	Seeaal	75,8	16,97	5,27	1,09	0,87	70,10	21,75	4,51	3,64
4	Brasse	78,7	16,18	4,09	0,01	1,02	75,94	19,20	0,06	4,80
5	Hecht	79,5	18,35	0,66	0,41	1,08	89,52	3,20	2,01	5,27
6	Karpfen	78,9	15,71	4,77	0,08	0,54	74,44	22,60	0,41	2,55
7	Plattfisch	79,5	16,40	1,43	1,12	1,55	79,98	6,96	5,48	7,58
8	Goldfisch	81,8	16,94	0,93	0,06	0,97	89,62	4,90	0,32	5,16
9	Stint	81,5	15,72	1,00	1,02	0,76	84,98	5,40	5,52	4,10
10	Plötze	80,5	16,39	1,08	0,80	1,23	84,04	5,52	4,13	6,31
11	Gründling	81,2	15,94	1,03	0,44	1,39	84,73	5,52	2,34	7,41
12	Hering, frisch	76,0	17,23	4,80	0,46	1,51	71,80	20,00	1,90	6,30
13	Scholle	85,8	12,05	0,38	0,80	0,97	84,82	2,70	5,68	6,80
14	Makrele	67,6	15,67	15,04	0,28	1,41	48,37	46,41	0,88	4,34
15	Merlan (Weissling) . . .	80,7	16,15	0,46	1,25	1,44	83,65	2,36	6,51	7,48
16	Schwarzer Merlan (Seehecht)	80,1	17,84	0,36	0,73	0,97	89,64	1,80	3,66	4,90
17	Kabeljau	84,2	13,87	0,14	1,00	0,79	87,78	0,90	6,32	5,00
18	Meeräsche	79,3	18,32	1,22	0,07	1,09	88,50	5,90	0,33	5,27
19	Barsch	82,6	14,90	0,55	0,98	0,97	85,63	3,16	5,61	5,60
20	Rochen	76,4	22,08	0,45	0,17	0,90	93,58	1,90	0,72	3,80
21	Gewöhnl. rothe Meerbarbe .	72,8	22,85	0,98	2,29	1,08	84,00	3,60	8,45	3,95
22	Sardelle	73,1	22,12	2,33	0,57	1,88	82,22	8,65	2,13	7,00
23	Lachs	61,4	17,45	20,00	0,08	0,87	45,72	51,82	0,20	2,26
24	Seezunge	79,2	17,26	0,81	1,11	1,62	82,96	3,90	5,34	7,80
25	Schleihe	80,0	17,47	0,39	0,48	1,66	87,34	1,95	2,41	8,30
26	Lachsforelle	80,5	17,52	0,74	0,44	0,80	89,82	3,80	2,28	4,10
27	Steinbutte	77,6	18,10	2,28	1,28	0,74	80,82	10,15	5,73	3,30
28	Drachenfisch	84,2	13,71	0,76	0,61	0,72	86,76	4,78	3,89	4,57
29	Gemeine Krabbe	76,5	15,89	0,87	5,75	0,99	67,60	3,69	24,50	4,21
30	Kleiner Meerkrebs . . .	78,8	17,98	1,00	1,01	1,21	84,80	4,69	4,73	5,78
31	Krebs	82,3	13,59	0,57	2,89	0,65	76,76	3,23	16,31	3,70
32	Strandmondschnecke . . .	73,3	11,99	2,28	7,83	4,60	44,92	8,55	29,30	17,23
33	Herzmuschel (Cardium) . .	92,0	4,16	0,29	2,32	1,23	52,00	3,67	29,00	15,33
34	Gemeine Auster	80,5	8,70	1,43	7,33	2,04	44,60	7,32	37,61	10,47
35	Miesmuschel	82,2	11,25	1,21	4,04	1,30	63,20	6,82	22,68	7,30
36	St. Jakobsmuscheln (Coquille de St. Jacques)	78,0	13,69	1,54	5,05	1,72	62,24	7,00	22,96	7,80
37	Burgunder Schnecke . .	79,3	16,10	1,08	1,97	1,55	77,78	5,20	9,52	7,50
38	Weinbergsschnecke . . .	80,5	16,34	1,38	0,45	1,33	83,78	7,10	2,32	6,80

Zusammensetzung indischer Fische, Krustenthiere etc.

Nach Analysen des Kolonial-Museums zu Haarlem von M. Greshoff, J. Sack und J. J. van Eck.

Aus der grossen Zahl der in besonderen Tabellen zusammengestellten Analysen geben wir die nachstehenden, welche sich auf Nahrungsmittel aus dem Thierreiche beziehen, hier wieder:

No.	Nähere Bezeichnung	Holländische Bezeichnung	Wasser %	Stickstoff-Substanz %	Fett %	Stickstoff-freie Extraktstoffe %	Mineralstoffe %
1	Büffelhaut, gekocht und getrocknet	Kroepoek kerbo	15,65	83,12	3,80	—	0,80
		Frische Fische, zum Theil gesalzen.					
2	Engraulis spec.	Makasaarsche vischjes	65,57	15,00	0,40	2,11	16,92
3	Loligo javanica	Jav. inktvisschen	70,16	25,38	1,40	2,16	0,90
4	Scomber kanagurta	Ikan kombong	65,83	14,00	5,00	—	5,64
5	Spratella kowala (Clupeus-Art) . .	„ tembarg	76,60	17,38	0,92	0,78	4,32
6	Carassius auratus	„ maas	80,15	12,06	0,67	1,13	5,99
7	Muraena spec.	„ lindoeng	70,69	23,50	0,39	4,18	1,24
8	Sardinen in Büchsen	Sardijnen (in blik)	54,99	24,31	16,24	0,09	4,37
		Getrocknete Fische, zum Theil gesalzen.					
9	Stockfisch	Stockvisch	19,86	77,87	0,82	—	5,63
10	Sterocoris	Walang sangit	23,84	38,06	29,16	5,95	2,99
11	Clupea macrura	Telor troeboek K. M.	26,07	33,25	36,40	2,52	1,76
12	Clupea macrura	Telor troeboek H.	27,05	30,63	23,60	6,84	11,86
13	Stichopus	Tripang	22,20	48,06	1,75	5,07	22,92
14	Engraulis spec., an der Sonne getrockn.	Ikantrie kring	43,16	30,31	2,16	—	30,36
15	Harpodon	Bombay ducks	29,16	52,06	2,19	2,15	14,44
16	Osphromenus trichoperus	Ikan sepat	28,53	38,50	14,20	2,48	16,29
17	Ophiocephalus striatus	„ gaboes	31,01	40,25	3,00	—	18,33
18	Otolithus argenteus	„ djapoe	29,83	42,87	2,60	—	27,15
19	Mugil	„ selar	23,39	44,62	8,60	—	15,38
20	Dussumieria Hasseltii	„ samgé	26,46	53,37	5,20	—	17,65
21	Fischfleisch-Extrakt*)	Petiskau	17,05	38,43	0,21	—	46,31
		Krustenthiere etc.					
22	Granele, Penaeus indicus	Jav. garnalen	75,49	11,48	0,80	—	2,84
23	Mesodesma, Muschel	Kerang toto	86,51	9,88	1,20	—	0,71
24	„ glabrata	Laja poetih	86,11	5,06	0,57	—	5,04
25	Vivipara javanica, Süsswasserschnecke	Tjoet	74,93	18,25	0,34	—	2,82
26	Getrocknetes Schneckenfleisch . . .	Bartoclagavleesch	18,75	65,53	1,28	—	6,50
27	Javanische Auster, Ostrea imbricata .	Jav. oesters	66,58	11,38	4,80	—	1,10
28	Gesalzene Austern	Gezouten oesters	36,87	36,75	7,70	—	9,24
29	Getrocknete Holothurien	Tripang kebo	20,91	35,00	1,00	—	30,60
30	Holothuria spec.	„ gosfoh	22,60	43,75	0,60	—	18,05
31	„ impatiens	„ batoena	22,22	51,62	0,80	—	21,46
32	„ spec.	„ talengko	22,73	51,62	1,00	—	15,49
33	Octopus fangsiao, Seepolyp . . .	Zeepolyp	27,34	57,63	1,24	—	11,09

*) Die Fische werden gekocht und die Brühe unter Zusatz von Fleisch eingedickt.

Einfluss der Fütterung auf die Zusammensetzung des Karpfenfleisches.

Nach Fr. Lehmann (Allgem. Fischerei-Ztg. 1900, 25, 91; Zeitschr. Nahrungs- u. Genussm. 1900, 3, 475).

No.	Art des Futters	Fleisch-Ausbeute %	Wasser %	Stickstoff-Substanz %	Fett %	Asche %	Stickstoff %	Jodzahl des Fettes
1	Fleischmehl und Mais . . .	45,3	73,89	16,73	8,34	1,13	2,94	72,1
2	Mais und Lupinen	45,8	71,60	16,17	11,13	1,12	2,68	99,2
3	Lupinen	46,6	74,92	17,11	6,82	1,16	2,84	83,2
4	Ungefüttert	45,3	78,85	17,38	2,58	1,22	2,91	87,9

Die Stickstoff-Substanz ist aus der Differenz berechnet.

Einfluss des Einsalzens auf die Zusammensetzung des Härings.

S. Schmidt-Nielsen (Report on Norwegian Fishery- and Marine-Investigations 1900, 1, No. 8; Zeitschr. Nahrungs- u. Genussm. 1901, 4, 645) berichtet hierüber Folgendes:

Unmittelbar nach dem Fang werden die Häringe mit Salz in Fässer geschichtet und dann mit einer Salzlake übergossen. Nach 14 Tagen ist die Salzung vollendet und der Häring genussreif; er wird alsdann nochmals unter Zugabe von wenig Salz umgepackt. Für Häringe verschiedenen Alters ergab sich folgende Zusammensetzung:

Zeitdauer des Liegens des Härings in der Lake	Mittleres Gewicht von 1 Häring g	100 g Häring geben reines Fleisch g	Gehalt des Häringsfleisches an		
			Wasser %	Stickstoff %	Chlornatrium %
0	100	63,8	63,8	3,09	0,22
3—4 Tage	85	53,1	50,6	3,49	5,62
5 Tage	—	50,5	46,2	3,74	8,60
5 „	118	51,7	48,3	3,59	9,50
3 Wochen	69	48,5	45,8	3,76	17,20
1 Jahr	160	54,1	46,0	3,39	15,30
$2\frac{1}{2}$—3 Jahre	190	50,7	52,3	2,76	17,90
5 Jahre	82	45,1	55,5	2,36	16,10

Die Häringslake hat fast stets das specifische Gewicht von etwa 1,21 und enthält 25—27% Chlornatrium. Der Phosphorsäure-Gehalt der Lake betrug 14 Tage nach dem Einlegen der Häringe 0,16%, nach 1 Monat 0,16%, nach $2\frac{1}{2}$ Jahren 0,19%, nach 5 Jahren 0,21%, der Kali-Gehalt nach 14 Tagen 0,4%, der Stickstoff-Gehalt nach 24 Stunden 0,1%, nach $2\frac{1}{2}$ Jahren 0,9%, nach 5 Jahren 1,2%. Die stickstoffhaltigen Bestandtheile der Lake bestehen grösstentheils aus Aminbasen; sie enthalten aber auch kleine Mengen koagulirbarer Eiweissstoffe, Globuline, Albumosen und Xanthinbasen; Nukleoproteïde fehlen.

Veränderungen des gefrorenen Fleisches beim Aufthauen.

Hierüber liegen Untersuchungen des Hygienischen Instituts Hamburg vor (Bericht des Hyg.-Instituts über die Nahrungsmittelkontrolle in Hamburg bis 1896 von Dunbar und K. Farnsteiner, Hamburg 1897, S. 91), aus denen die nachfolgenden Analysen über die Menge und Zusammensetzung des Fleisches vor und nach dem Aufthauen, sowie über die Menge und Zusammensetzung des beim Aufthauen abfliessenden Saftes hier aufgeführt seien:

I. Gefrorenes australisches Fleisch.

Versuchs-No.	Art des Aufthauens.	Bestandtheile.	Zusammensetzung des Fleisches vor dem Abfliessen des Saftes %	Zusammensetzung des Fleisches nach dem Abfliessen des Saftes %	Zusammensetzung des Saftes %	100 g Fleisch zerfallen in 91,20 g Fleisch mit g	100 g Fleisch zerfallen in 8,80 g Saft mit g	Im Safte von der Gesammtmenge der Bestandtheile verloren %
1	415 g, schnell aufgethaut bei 15° C. (8,80% Saft)	Wasser	75,50	74,20	89,20	67,90	7,90	10,4
		Stickstoff-Substanz .	22,00	23,30	9,06	21,22	0,81	3,7
		Fett	1,11	1,22	—	1,11	—	3,7
		Asche	1,47	1,49	1,24	1,36	0,11	7,5
		Phosphorsäure . .	0,47	0,48	0,43	0,44	0,04	8,3
2	668 g, langsam aufgethaut bei 2° C. (6,60% Saft)	Wasser	71,50	70,24	88,93	65,60	5,90	8,4
		Stickstoff-Substanz .	25,60	26,73	9,75	25,00	0,62	2,4
		Fett	2,24	2,40	—	2,24	—	—
		Asche	1,09	1,09	1,19	1,01	0,08	7,4
		Phosphorsäure . .	0,43	0,43	0,41	0,40	0,03	7,0
3	173 g, langsam aufgethaut bei 2° C. (7,24% Saft)	Wasser	75,08	74,00	88,66	68,64	6,42	8,5
		Stickstoff-Substanz .	21,62	22,56	10,00	20,90	0,69	3,2
		Fett	1,13	1,22	—	1,13	—	—
		Asche	1,10	1,10	1,22	1,01	0,09	8,2
		Phosphorsäure . .	0,33	0,33	0,41	0,30	0,03	9,1

II. Gefrorenes einheimisches (tuberkulöses) Fleisch.

Versuchs-No.	Art des Aufthauens.	Bestandtheile.	vor %	nach %	Saft %	Fleisch g	Saft g	verloren %
4	638 g, schnell aufgethaut bei 15° C. (8,17% Saft)	Wasser	68,70	67,40	86,63	61,93	6,77	9,9
		Stickstoff-Substanz .	24,56	25,50	11,12	23,40	1,10	4,7
		Fett	5,84	6,36	—	5,84	—	—
		Asche	1,18	1,13	1,78	1,04	0,14	12,1
		Phosphorsäure . .	0,50	0,49	0,43	0,45	0,05	10,0
5	658 g, langsam aufgethaut bei 2° C. (8,40% Saft)	Wasser	72,40	71,20	85,70	65,20	7,20	9,9
		Stickstoff-Substanz .	22,32	23,11	13,31	21,19	1,12	5,3
		Fett	3,85	4,21	—	3,85	—	—
		Asche	1,19	1,21	0,99	1,10	0,08	6,0
		Phosphorsäure . .	0,36	0,36	0,31	0,36	0,03	7,7

Der Geschmack des gefrorenen und wieder aufgethauten Fleisches war weniger aromatisch und mehr fade, als der von ungefrorenem Fleisch. Das gefroren gewesene Fleisch zeigt eine leichte, graue Verfärbung und ist beim Kauen mehr teigig, als nicht gefrorenes Fleisch. Die Dauer der Aufbewahrung im gefrorenen Zustande ist anscheinend ohne Einfluss auf die Beschaffenheit des wieder aufgethauten Fleisches.

Zusammensetzung reiner Fleischwürste.

A. Juckenack und R. Sendtner (Zeitschr. Nahrungs- u. Genussm. 1899, 2, 177) berichten über die Zusammensetzung reiner Fleischwürste; sie fanden:

No.	Bezeichnung der Würste	In der natürlichen Substanz: Wasser %	Stickstoff-Substanz %	Fett %	Asche %	Stickstoff %	In der Trocken-Substanz: Stickstoff-Substanz %	Fett %	Asche %	Stickstoff %	Säurezahl des Fettes
	1. Weiche Mettwürste.										
1	Mettwurst	31,11	19,06	45,28	4,55	2,976	27,67	65,73	6,60	4,320	5,3
2		31,82	20,55	42,18	5,45	3,152	30,15	61,86	7,99	4,624	8,6
3	Thüringer Knackwurst	32,35	19,82	43,99	3,84	3,072	29,47	65,02	5,51	4,542	6,2
4		33,10	20,10	42,44	4,36	3,104	30,04	63,44	6,52	4,640	9,4
5	Braunschweiger Schlackwurst	42,31	15,57	38,36	3,76	2,424	26,99	66,49	6,52	4,202	14,3
6	Mettwurst	43,44	14,26	37,93	4,37	2,208	25,21	67,06	7,73	3,903	12,1
7		31,76	23,00	38,16	7,08	3,536	33,71	55,92	10,37	5,181	13,8
8		37,38	19.54	38.35	4,73	3,043	31,21	61,24	7,55	4,860	4,1
	Mittel	35,41	19,00	40,80	4,76	2,939	29,30	63,35	7,35	4,534	9,2
	2. Cervelatwürste.										
9	Cervelatwurst	27,33	21,22	46,53	4,92	3,280	29,21	64,02	6,77	4,514	7,2
10	Blasenwurst	23,87	21,88	48,76	5,49	3,367	28,74	64,05	7,21	4,422	6,9
11	Cervelatwurst	20,41	23,97	49,26	6,36	3,736	30,12	61,88	8,00	4,693	16,2
12		19,71	23,10	50,57	6,60	3,616	28,78	62,99	8,23	4,503	19,3
13		22,83	24,47	46,17	6,53	3,784	31,71	59,83	8,46	4,904	11,1
14		23,47	25,40	45,14	5,99	3,904	33,19	58,99	7,82	5,100	16,4
15	Blasenwurst	25,01	27,74	41,39	5,86	4,248	37,00	55,19	7,81	5,665	8,3
16		25,55	24,53	44,07	5,85	3,776	32,95	59,19	7,86	5,071	14,0
17	Westfälische Plockwurst	29,43	23,11	41,44	6,02	3,600	32,75	58,72	8,53	5,101	14,1
	Mittel	24,18	23,93	45,92	5,96	3,701	31,61	60,54	7,85	4,881	12,6
	3. Salamiwürste.										
18	Ohne nähere Bezeichnung	18,83	32.31	41,01	7,85	4,976	39,79	50,54	9,67	6,131	11,1
19		16,73	28,56	48,19	6,52	4,440	34,30	57,87	7,83	5,332	9,8
20		16,18	30,54	46,94	6,34	4,680	36,44	56,01	7,55	5,584	14,7
21		15,87	22,14	55,80	6,19	3,441	26,32	66,32	7,36	4,090	10,5
22		17,46	25,63	50,21	6,70	3,906	31,05	60,83	8,12	4,643	14,9
	Mittel	17,01	27,84	48,43	6,72	4,289	33,58	58,31	8,10	5,166	12,2
	4. Rindfleischwürste.										
23	Rindfleischwürste von Schlackwurstart (No. 23 mit Rothweinzusatz)	53,18	20,21	22,50	4,11	3,120	43,16	48,06	8,78	6,665	4,5
24		45,81	19,37	30,31	4,51	2,995	35,75	55,93	8,32	5,527	5,0
25		43,17	19,92	31,82	5,09	3,102	35,05	55,99	8,96	5,461	4,1
26		50,77	21,85	23,36	4,02	3.368	44,39	47,45	8,16	6,839	5,1
	Mittel	48,24	20,34	26,99	4,43	3,146	39,59	51,86	8,55	6,123	4,7
27	Rindfleischwürste von Cervelatwurstart	29,59	20,78	44,07	5,56	3,200	29,52	62,59	7,89	3,978	8,1
28		29,15	20.16	43,08	7,61	3,142	28,46	60,80	10,74	4,435	6,7
	Mittel	29,37	20,47	43,58	6,58	3,171	28,99	61,69	9,32	4,207	7,4

Von den gleichzeitig mitgetheilten Ergebnissen der Untersuchung gefärbter Würste seien hier nur die folgenden Mittelzahlen mitgetheilt:

Gefärbte Würste.

No.	Bezeichnung der Würste	Zahl der Proben	In der natürlichen Substanz: Wasser %	Stickstoff-Substanz %	Fett %	Asche %	Stickstoff %	In der Trocken-Substanz: Stickstoff-Substanz %	Fett %	Asche %	Stickstoff %	Säurezahl des Fettes
1	Weiche Mettwürste	8	33,61	14,35	48,33	3,71	2,278	21,62	72,78	5,60	3,431	11,5
2	Cervelatwürste	6	22,81	19,34	51,83	6,02	2,987	25,03	67,15	7,82	3,869	13,3
3	Salamiwürste	6	16,18	23,30	54,11	6,14	3,608	27,82	64,52	7,66	4,305	23,1
4	Rindfleischwürste von Schlackwurstart	3	50,61	19,62	25,97	3,80	3,043	39,69	52,63	7,68	6,155	7,2
5	Rindfleischwürste von Cervelatwurstart	1	31,48	22,20	41,76	4,56	3,441	32,41	60,94	6,65	5,023	5,2

Es waren zur Darstellung von 1 kg frischer nicht gefärbter und gefärbter Wurst an magerem Fleisch bezw. Fett erforderlich:

		Weiche Mettwürste	Cervelatwürste	Salamiwürste	Rindfleischwürste: Schlackwurstart	Rindfleischwürste: Cervelatwurstart
Fleisch	Nicht gefärbter Wurst	938,2 g	1181,7 g	1374,7 g	970,2 g	976,4 g
	Gefärbter Wurst	708,6 „	955,0 „	1150,6 „	935,9 „	158,9 „
Fett	Nicht gefärbter Wurst	344,7 „	379,4 „	391,5 „	217,4 „	382,9 „
	Gefärbter Wurst	435,5 „	453,8 „	463,4 „	209,0 „	360,3 „

Aus den Untersuchungen geht hervor, dass die gefärbten, sehr fleischreich erscheinenden Würste in Wirklichkeit erheblich fettreicher und fleischärmer sind, als die nicht gefärbten.

Russische Fleischpräparate.

F. Kestner (Dissertation Jurjew [Dorpat] 1900; Zeitschr. Nahrungs- u. Genussm. 1901, 4, 647) untersuchte einige der in Russland gebräuchlichsten sowie selbst hergestellte Fleischpräparate mit folgenden procentigen Ergebnissen:

No.	Nähere Bezeichnung	Wasser	Stickstoff-Substanz	Fett	Mineralstoffe	Kali	Natron	Phosphorsäure	Chlor
1	Fleischpulver, selbst hergestellt aus Fleisch, mit Saft (Mittel 3 Proben)	4,60	81,06	4,71	4,22	3,62	0,24	1,58	0,08
2	Fleischpulver, selbst hergestellt aus Fleisch, ohne Saft (4 Proben)	5,18	80,28	6,77	2,97	1,18	0,15	0,63	0,06
3	Fleischpulver, aus Petersburg	2,97	74,68	11,75	5,67	1,33	1,47	1,17	2,22
4	Fleischpulver, aus Moskau: Fleischpulver	3,98	75,74	14,01	1,91	0,35	0,21	0,58	0,09
5	Fleischpulver, aus Moskau: „Debove“	5,05	79,34	9,36	1,81	0,37	0,10	0,48	0,13
6	Fleischpulver, aus Moskau: Fleischzwieback	7,39	34,05	12,73	2,95	0,37	0,88	0,63	0,84
7	Fleischsaft, selbst hergestellt (3 Proben)	89,05	9,55	—	1,26	0,53	0,12	0,44	0,05
8	Fleischsaft, aus Moskau	8,96	56,52	—	24,94	4,36	9,83	3,55	7,06
9	Fleischsaft, aus Moskau	2,62	65,43	—	18,21	5,12	3,73	4,97	3,93
10	Fleischsaft, aus Petersburg	3,23	63,06	—	17,01	4,91	3,47	4,56	3,51
11	Fleischsaft, „Puro“ aus München	48,31	39,50	—	9,09	2,97	2,22	2,27	1,55
12	Präparat aus getrocknetem Blute; aus Moskau	6,65	86,34	—	4,15	0,22	1,63	0,23	1,39
13	Liebig's Fleischextrakt (2 Proben)	14,98	55,48	—	20,46	8,66	2,17	6,90	1,72

Vergleichende Untersuchung einiger Fleischextrakte und deren Ersatzmittel

von K. Micko (Zeitschr. Nahrungs- u. Genussm. 1902, 5, 193).

I. Procentiger Gehalt der natürlichen Substanz:

Bezeichnung der Bestandtheile	Liebig's Fleischextrakt	Toril	Bovos		Vir	Bios	Maggi's Präparate			Hefenextrakte		
			koncentr.	flüssig			Suppenwürze	Bouillonkapseln 12 Pfg.	Bouillonkapseln 16 Pfg.	Sitogen	Ovos	neuer
Wasser	17,44	28,20	28,65	61,67	76,60	26,52	56,93	7,48	9,96	32,50	53,67	65,93
Asche	22,19	28,15	25,92	17,51	14,70	20,32	22,11	57,69	66,54	22,00	16,87	15,73
Chlornatrium (NaCl)[1]	2,98	16,73	15,45	11,71	12,67	8,57	18,77	52,37	59,73	—	10,45	10,85
Phosphorsäure (P_2O_5)	7,93	4,50	4,76	2,44	0,69	5,82	1,11	1,79	2,24	6,54	2,79	2,11
Gesammt-Stickstoff	9,27	6,58	4,84	2,27	1,22	7,05	3,10	2,81	3,45	5,81	2,99	2,36
Stickstoff in Form von unlöslichen Stoffen	—	0,03	—	—	—	0,06	—	—	—	—	—	—
Stickstoff in Form von Ammoniak	0,39	0,22	0,24	0,12	0,06	0,61	0,67	—	—	—	—	—
Stickstoff in Form von Albumosen	1,63	1,94	0,61	0,28	0,24	0,18	0,07	—	—	—	—	0,21
Stickstoff in Form von Xanthinkörpern	0,65	0,39	0,89	—	0,09	—	0,01	0,15	0,21	1,14	0,50	0,30
Organische Substanz (fettfrei)	60,37	43,65	45,43	20,82	8,70	53,16	20,96	20,03	23,50	45,50	29,46	18,35
Albumosen	10,20	12,12	3,80	1,70	1,50	1,10	0,44	—	—	—	—	1,31
II. Procentiger Gehalt der Trocken-Substanz:												
Asche	26,37	39,21	36,33	45,68	62,80	27,65	51,34	62,35	73,90	32,60	36,43	46,16
Chlornatrium (NaCl)[1]	3,61	23.30	21,66	30,55	54,15	11,66	43,58	56,60	66,34	—	22,56	31,84
Phosphorsäure (P_2O_5)	9,60	6,27	6,67	6,37	2,95	7,92	2,58	1,94	2,49	9,69	6,02	6,18
Gesammt-Stickstoff	11,23	9,17	6,78	5,92	5,21	9,59	7,20	3,04	3,80	8,61	6,45	6,93
Stickstoff in Form von unlöslichen Stoffen	—	0,04	—	—	—	0,09	—	—	—	—	—	—
Stickstoff in Form von Ammoniak	0,48	0,31	0,33	0,30	0,24	0,83	1,56	—	—	—	—	—
Stickstoff in Form von Albumosen	1,97	2,70	0,86	0,73	1,02	0,24	0,16	—	—	—	—	0,62
Stickstoff in Form von Xanthinkörpern	0,70	0,55	1,25	—	0,39	0,69	0,03	0,16	0,23	1,69	1,08	0,90
Organische Stoffe (fettfrei)	73,13	60,79	63,67	54,32	37,20	72,35	48,66	21,61	26,10	67,40	63,57	53,84
Albumosen	12,30	16,90	5,40	4,60	6,40	1 50	1,02	—	—	—	—	3,84
III. Auf 100 Theile fettfreie organische Substanz kommen Theile:												
Gesammt-Stickstoff	15,36	15,07	10,66	10,90	14,02	13,26	14,79	14,05	14,66	12,77	10,15	12,90
Phosphorsäure	13,14	10,31	10,49	11,73	7,93	10,95	5,30	8,95	9,54	14,37	9,47	11,50

Koagulirbare Eiweissstoffe waren in keinem der Präparate vorhanden. — Die Reaktion auf Peptone war bei Liebig's Fleischextrakt, Toril, Bovos (koncr. und flüssig) und Vir sehr schwach oder undeutlich, bei Maggi's Suppenwürze und dem neuen Hefenextrakt schwach, dagegen bei Bios sehr deutlich. — Glykogen war in Liebig's Fleischextrakt, Toril und Maggi's Bouillonkapseln vorhanden, bei Maggi's Suppenwürze dagegen nicht. — Fett enthielten Maggi's Bouillonkapseln zu 12 Pfg.: 14,80 % in der natürlichen Substanz.

[1]) Aus dem Chlorgehalte der Asche berechnet.

Soja-Sauce.

A. Stift (Zeitschr. Nahrungsm.-Unters., Hyg. u. Waarenk. 1889, 3, Februar-Heft) fand für Soja-Sauce im Mittel dreier Analysen folgende procentige Zusammensetzung:

Wasser	Organische Substanz	Stickstoff-Substanz: Im Ganzen	Unlöslich	Lösliches Eiweiss	Pepton	Fett	Mineral-stoffe
65,48	11,18	4,50	0,09	2,08	0,96	0,31	23,34

Die Asche bestand vorwiegend aus Chlornatrium und enthielt ferner 7,05 % Kali, 0,73 % Phosphorsäure und 2,80 % Schwefelsäure.

Ueber die Zusammensetzung von Armee-Dauerwaaren

berichtet H. Röttger (Chem.-Ztg. 1890, 14, 1139); er fand für Erbsen-, Bohnen- und Linsen-Suppen-Dauerwaaren folgende procentige Zusammensetzung:

No.	Bezeichnung der Fabrik und Zeit der Untersuchung	Erbsen: Wasser	Stickstoff-Substanz	Fett	Asche	Chlornatrium	Bohnen: Wasser	Stickstoff-Substanz	Fett	Asche	Chlornatrium	Linsen: Wasser	Stickstoff-Substanz	Fett	Asche	Chlornatrium
1	A 1884 . .	7,5	16,0	22,5	10,0	—	9,8	14,9	20,2	9,5	—	8,7	15,1	21,9	11,0	—
2	A 1886 . .	5,5	14,5	21,1	10,1	7,3	6,1	9,7	23,3	10,9	7,5	5,9	10,5	19,7	11,2	8,2
3	B 1886 . .	6,5	10,7	22,7	8,2	5,9	6,2	14,6	22,9	10,1	7,8	5,8	9,8	21,1	8,5	7,1
4	C 1889 . .	6,6	20,4	16,5	11,4	9,3	9,7	26,2	16,6	12,0	9,2	8,6	22,5	14,8	12,3	10,3
5	D 1889 . .	9,9	25,6	18,4	9,6	7,1	9,3	23,1	19,0	9,0	5,8	9,2	23,1	19,1	8,1	—
6	D 1890 . .	6,6	21,2	20,3	6,1	3,7	4,5	19,9	26,9	8,0	5,3	6,7	23,7	20,7	6,6	4,7

Nährmittel.

I. Nährmittel mit vorwiegend unlöslichen Proteïnstoffen.

1. Tropon (aus thierischen und pflanzlichen proteïnreichen Abfällen).

No.	Nähere Bezeichnung	Zeit der Untersuchung	In der natürlichen Substanz: Wasser %	Stick-stoff-Substanz %	Fett %	Stickstoff-freie Extraktstoffe %	Rohfaser %	Asche %	Phosphor-säure %	Proteïn in der Trocken-Substanz %	Analytiker
1	Mittel von 468 Proben .	1897/1900	8,41	90,57	0,15	—	—	0,87	—	98,89	*H. Lichtenfeldt* [1])
2	Handels-Tropon . . .	1898	9,38	87,73	0,19	1,29		1,23	—	96,80	*Joh. Frentzel* [2])
3	Desgl. *)	„	8,89	89,77	0,20	—	—	1,24	0,35	98,53	*J. König* [3])
4	Desgl.	„	8,58	87,53	0,26	2,33		1,30	—	95,74	*Aufrecht* [4])
5	Desgl.	1900	9,77	88,76	0,34	—	—	1,13	—	98,37	*Aufrecht* [4])
6	Desgl.	1899	9,63	81,02	0,18	7,97		1,20	—	89,65	*R. Neumann* [5])
7	Thierisches Tropon . .	„	7,67	88,50	0,04	3,05	0	0,74	0,24	95,85	*R. Kunz* [6])

[1]) Berliner klin. Wochenschr. 1899, **36**, 918; Zeitschr. Nahrungs- u. Genussm. 1899, **2**, 576.
[2]) Berliner klin. Wochenschr. 1898, **35**, 1103; Zeitschr. Nahrungs- u. Genussm. 1900, **3**, 35.
[3]) Zeitschr. Nahrungs- u. Genussm. 1898, **1**, 762.
[4]) Pharm. Ztg. 1898, **43**, 759; Zeitschr. Nahrungs- u. Genussm. 1899, **2**, 576 u. Chem.-Ztg. 1900, **24**, 538.
[5]) Münchener medicin. Wochenschr. 1899, **46**, 42; Zeitschr. Nahrungs- u. Genussm. 1900, **3**, 36.
[6]) Vergl. Anmerkung [1]) und *) S. 1464.

*) Das Tropon enthielt ferner 0,12 % Ammoniak-Stickstoff, 0,37 % sonstigen wasserlöslichen Stickstoff, 1,42 % in Pepsin-Salzsäure unlöslichen Stickstoff, 0,12 % Kalk, 0,22 % Kali und 0,50 % unlösliche Mineralstoffe.

No.	Nähere Bezeichnung	Zeit der Untersuchung	In der natürlichen Substanz: Wasser %	Stickstoff-Substanz %	Fett %	Stickstoff-freie Extraktstoffe %	Rohfaser %	Asche %	Phosphorsäure %	Protein in der Trocken-Substanz %	Analytiker
8	Pflanzliches Tropon . .	1898	8,78	86,06	0,08	—	2,36	2,46	1,14	94,30	R. Kunz [1]) *)
9		1899	10,56	84,58	—	—	—	—	1,22	94,40	
10	Gemischtes Tropon	1898	12,07	80,75	0,30	—	0,92	1,24	0,35	91,83	
11	(1/3 thierisch, 2/3 pflanzlich)	1899	8,85	86,87	0,05	—	0,53	0,77	0,33	95,30	
	Mittel	—	**9,33**	**86,56**	**0,18**	**2,71**		**1,22**	**0,61**	**95,47**	

Tropongemische.

No.	Nähere Bezeichnung	Zeit der Untersuchung	Wasser %	Stickstoff-Substanz %	Fett %	Stickstoff-freie Extraktstoffe %	Rohfaser %	Asche %	Unverdaulicher Stickstoff	Protein in der Trocken-Substanz %	Analytiker
1	Tropon-Grünkernmehl .	1898	11,19	39,22	1,95	42,85	3,20	1,59	—	44,16	J. König [2])
2	„ Gerstenmehl . .	—	11,37	37,02	0,72	47,69	2,27	0,93	1,09	41,77	
3	„ Hafermehl . . .	—	12,37	38,79	4,30	40,36	2,67	1,51	0,93	44,27	
4	„ Erbsenmehl . .	—	10,22	46,13	1,25	36,35	3,41	2,64	1,17	51,38	
5	„ Bohnenmehl . .	—	10,91	45,81	1,44	35,55	3,22	3,07	1,42	51,42	
6	„ Kakes	—	3,56	26,97	10,95	53,72	3,60	1,20	1,05	27,97	
7	„ Chokolade . . .	1898	1,72	18,17	25,94	49,23	2,71	1,63	1,21	18,49	
									Phosphorsäure		
8	„ desgl.	1899	1,79	18,41	—	—	—	—	—	18,75	R. Kunz [1])
9	„ Kindernahrung **)	„	10,73	24,50	0,91	61,63	0,83	1,40	0,70	27,44	Aufrecht und Sternberg [3])
10	„ Sano **)	„	10,20	29,39	0,86	57,31	0,70	1,55	0,70	32,73	
11	„ Zwieback . . .	„	7,62	27,60	—	—	—	—	—	29,88	R. Kunz [1])
12	„ Brot	„	42,10	19,54	—	—	—	—	—	33,75	

2. Soson.

No.	Nähere Bezeichnung	Zeit der Untersuchung	Wasser %	Stickstoff-Substanz %	Fett %	Stickstoff-freie Extraktstoffe %	Rohfaser %	Asche %	Phosphorsäure %	Protein in der Trocken-Substanz %	Analytiker
1	Von der Eiweiss-Extrakt-Comp. in Altona a. d. Elbe aus Fleisch-Extrakt-Rückständen hergestellt	1899	3,30	92,50	—	—	—	0,85	—	95,66	R. O. Neumann [4])
2		1900	2,97	95,63	0,20	—	—	1,20	—	98,56	K. Knauthe [5])
3		„	4,45	93,75	0,40	—	—	1,40	—	98,12	
4		„	9,49	88,25	—	—	—	—	—	97,50	Ehrmann und Kornauth [6])
5		„	9,05	85,72	0,28	3,75	—	0,98	—	94,25	Aufrecht [7])
6		„	9,18	90,04	0,17	—	—	0,61	—	99,14	A. Beythien [8])
7		1901	8,06	89,70	0,48	—	—	0,81	—	97,56	Vers.-Stat. Münster [9])
8		„	4,92	93,66	0,30	—	—	1,12	—	98,51	
	Mittel	—	**6,43**	**91,16**	**0,31**	**1,10**		**1,00**	—	**97,42**	

[1]) Wiener klin. Wochenschr. 1899, **12**, 509; Zeitschr. Nahrungs- u. Genussm. 1900, **3**, 35.
[2]) Zeitschr. Nahrungs- u. Genussm. 1898, **1**, 762.
[3]) Allgem. medicin. Central-Ztg. 1899, **68**, 1033; Zeitschr. Nahrungs- u. Genussm. 1900, **3**, 482.
[4]) Münchener medicin. Wochenschr. 1899, **46**, 1296; Zeitschr. Nahrungs- u. Genussm. 1900, **3**, 484.
[5]) Deutsche Aerzte-Ztg. 1900, Heft 22.
[6]) Zeitschr. Nahrungs- u. Genussm. 1900, **3**, 736.
[7]) Chem.-Ztg. 1900, **24**, 538; Zeitschr. Nahrungs- u. Genussm. 1901, **4**, 171.
[8]) Jahresbericht des chem. Untersuchungsamtes Dresden 1900, 23; Zeitschr. Nahrungs- u. Genussm. 1902, **5**, 274.
[9]) Original-Mittheilung.

*) R. Kunz fand ferner:

	No. 7	8	10
Wasserlösliche Stoffe: organisch . .	2,83 %	2,59 %	1,53 %
anorganisch .	0,04 „	0,22 „	0,32 „
Eisenoxyd	0,058 „	0,148 „	0,117 „

**) Tropon-Sano ist ein Gemisch von dextrinirtem entschältem Gerstenmehl mit 25 % und Tropon-Kindernahrung ein solches mit 18 % Tropon.

3. Plasmon (Kaseon).

No.	Nähere Bezeichnung	Zeit der Untersuchung	In der natürlichen Substanz: Wasser %	Stickstoff-Substanz %	Fett %	Stickstofffreie Extraktstoffe %	Asche %	Kalk %	Phosphorsäure %	Proteïn in der Trocken-Substanz %	Analytiker
1	Von der Plasmon-Gesellschaft in Neubrandenburg aus Magermilch hergestellt	1899	12,67	70,42	0,66	7,79	8,76	—	—	80,64	E. Bloch[1])
2		"	12,01	69,21	0,64	9,91	8,23	—	—	78,65	
3		"	13,58	72,53	1,80	2,61	6,95	—	—	83,93	W. Caspari[2])
4		"	12,56	74,54	1,76	2,75	8,39	—	—	85,25	
5		"	10,66	70,51	(4,40)	7,47	6,96	—	—	78,92	M. Wintgen[3])
6		1900	11,17	71,78	0,13	10,13	6,79	—	—	80,57	W. Prausnitz und H. Poda[4])
7		"	12,65	68,42	0,39	11,43	7,11	—	—	78,33	
8		"	10,46	68,84	0,52	13,02	7,16	—	—	76,88	Aufrecht[5])
9		"	11,67	75,21 *)	0,16	5,56 *)	7,40	—	2,78	85,15	Fr. Strohmer[6])
	Mittel	—	**11,94**	**70,12**	**0,67**	**9,73**	**7,54**	—	**2,78**	**79,63**	

4. Kalk-Kaseïn.

No.	Nähere Bezeichnung	Zeit der Untersuchung	Wasser %	Stickstoff-Substanz %	Fett %	Stickstofffreie Extraktstoffe %	Asche %	Kalk %	Phosphorsäure %	Proteïn in der Trocken-Substanz %	Analytiker
1	Von der Gesellschaft für diätetische Produkte in Zürich hergestellt	1899	7,20	57,80	2,60	12,10 **)	20,30	—	9,60	62,29	A. Bertschinger[7])
2		1901	8,18	56,75	1,38	10,71 **)	22,98	11,23	11,50	61,81	Vers.-Stat. Münster [7])
	Mittel	—	**7,69**	**57,28**	**1,99**	**11,41**	**21,64**	**11,23**	**10,55**	**62,05**	

5. Roborat.

No.	Nähere Bezeichnung	Zeit der Untersuchung	Wasser %	Stickstoff-Substanz %	Fett %	Stickstofffreie Extraktstoffe %	Rohfaser	Asche	Phosphorsäure %	Proteïn in der Trocken-Substanz %	Analytiker
1	Aus Reis, Mais und Weizen hergestellt	1901	8,26	85,31	3,16	1,09		1,45	—	92,99	H. Zellner[8])
2		1902	10,65	79,18	4,15	4,43	0,19	1,34	—	88,62	M. Wintgen[9])
	Mittel	—	**9,46**	**82,25**	**3,66**	**2,86**		**1,40**	—	**90,81**	

6. Energin.

No.	Nähere Bezeichnung	Zeit der Untersuchung	Wasser %	Stickstoff-Substanz %	Fett %	Stickstofffreie Extraktstoffe %			Phosphorsäure %	Proteïn in der Trocken-Substanz %	Analytiker
1	Aus Reis hergestellt . .	1902	9,09	83,75	4,54	0,67	0,27	1,03	—	92,12	M. Wintgen[7])

7. Protoplasmin von Dr. Plönnis in Berlin.

No.	Nähere Bezeichnung	Zeit der Untersuchung	Wasser %	Stickstoff-Substanz %	Fett %	Stickstofffreie Extraktstoffe %	Asche %	Kalk %	Verdauliches Proteïn [0])	Proteïn in der Trocken-Substanz %	Analytiker
1	Aus Blutserum-Eiweiss hergestellt	1901	7,55	90,21	0,27	0,76	—	1,21	89,03	97,68	Vers.-Stat. Münster [7])
2		"	4,62	94,19	0,16	—	—	1,17	93,17	98,75	
	Mittel	—	**6,09**	**92,20**	**0,22**	—	—	**1,19**	**91,10**	**98,22**	

---

1) Zeitschr. f. Diätetik u. physikal. Therapie 1899, Heft 3.
2) Zeitschr. f. Diätetik u. physikal. Therapie 1899, Heft 5.
3) Zeitschr. Nahrungs- u. Genussm. 1899, **2**, 761.
4) Zeitschr. Biologie 1900, **39**, 239.
5) Chem.-Ztg. 1900, **24**, 538; Zeitschr. Nahrungs- u. Genussm. 1901, **4**, 171.
6) Mittheil. der chem.-techn. Vers.-Stat. des Central-Vereins f. Rübenzucker-Industrie Oesterreich-Ungarn. 1901, No. 182, 15.
7) Original-Mittheilung.
8) Pharm.-Ztg. 1901, **46**, 501; Zeitschr. Nahrungs- u. Genussm. 1902, **5**, 273.
9) Zeitschr. Nahrungs- u. Genussm. 1902, **5**, 289.

*) Fr. Strohmer fand ferner 73,84 % Kaseïn und 1,68 % Milchzucker.
**) No. 1 enthielt 4,50 % und No. 2 1,00 % Milchzucker.
0) In Pepsin-Salzsäure löslich.

8. Hämose von Dr. H. Stern in Berlin.

No.	Nähere Bezeichnung	Zeit der Untersuchung	In der natürlichen Substanz: Wasser %	Stickstoff-Substanz %	Fett %	Stickstofffreie Extraktstoffe %	Verdauliches Protein %	Asche %	Phosphorsäure %	Eisenoxyd %	Protein in der Trocken-Substanz %	Analytiker
1	Aus frischem Ochsenblut hergestellt . .	1900	17,37	80,95 *)	0,42	—	78,57	1,26 *)	0,17	0,268	97,97	*Vers.-Stat. Münster* [1]

9. Hämatin-Albumin von Dr. Niels R. Finsen bezw. Friedr. Feustel Nachf. in Hamburg.

No.	Nähere Bezeichnung	Zeit der Untersuchung	Wasser %	Stickstoff-Substanz %	Fett %	Stickstofffreie Extraktstoffe %	Verdauliches Protein %	Asche %	Phosphorsäure %	Eisenoxyd %	Protein in der Trocken-Substanz %	Analytiker
1	Aus Thierblut hergestellt	1899	8,37	87,69	2,75		86,94	1,19 **)	0,11	0,384	96,03	*Hintz u. W. Fresenius* [1]
2		1901	9,05	87,51	0,30	—	—	1,13 ***)	0,26	0,330	96,22	*Vers.-Stat. Münster* [1]
	Mittel	—	**8,71**	**87,60**	**0,30**	**2,23**	—	**1,16**	**0,19**	**0,357**	**96,13**	

10. Roborin der Roborin-Werke in Berlin.

No.	Nähere Bezeichnung	Zeit der Untersuchung	Wasser %	Stickstoff-Substanz %	Fett %	Stickstofffreie Extraktstoffe %	Verdauliches Protein %	Asche %	Phosphorsäure %	Eisenoxyd %	Protein in der Trocken-Substanz %	Analytiker
1	Aus Thierblut hergestellt	1900	7,67	78,63	—	—	—	13,70 °)	—	0,49	85,16	*Lebbin* [2]
2		1901	7,49	76,90	—	—	—	11,03 °°)	0,27	0,38	83,13	*G. Kassner* [2]
3		„	5,06	76,60	0,15	—	—	12,36 °°°)	0,33	1,17	80,68	*Vers.-Stat. Münster* [1]
	Mittel	—	**6,74**	**77,38**	**0,15**	**3,37**	—	**12,36**	—	—	**82,97**	

11. Hämogallol, Hämol und Hämoglobin von E. Merck in Darmstadt und Sanguinin von F. Raabe in Leipzig-Eutritsch.

No.	Nähere Bezeichnung	Zeit der Untersuchung	Wasser %	Stickstoff-Substanz %	Fett %	Stickstofffreie Extraktstoffe %	Verdauliches Protein %	Asche %	Phosphorsäure %	Eisenoxyd %	Protein in der Trocken-Substanz %	Analytiker
1	Hämogallol	1901	9,49	88,79 †)	0,61	—	—	1,11	0,05	0,59	98,10	*Vers.-Stat. Münster* [1]
2	Hämol	„	8,85	74,93 ††)	0,77	6,24	—	9,21	—	—	82,21	
3	Hämoglobin	„	5,17	87,37 ††)	0,53	0,85	—	6,08	—	—	92,13	
4	Sanguinin	1902	9,69	89,44	0,10	—	—	0,77	—	—	—	

[1]) Original-Mittheilung.

[2]) Medizin. Woche 1901, No. 16; Zeitschr. Nahrungs- u. Genussm. 1901, **4**, 585.

*) Von der Stickstoff-Substanz waren 99,16 % Reinprotein. Die Hämose enthielt ferner an wasserlöslichen Stoffen

Organische Stoffe	mit Stickstoff	Anorganische Stoffe	mit Kali
1,53 %	0,36 %	0,88 %	0,20 %

**) In der Asche wurden ferner gefunden:

Kalk	Magnesia	Kali	Natron	Schwefelsäure	Chlor	Kieselsäure
0,253	0,047	0,028	0,134	1,651 (= 0,65 % Schwefel)	0,077	0,018 %

***) Mit 0,04 % Kali.

°) Mit 1,70 % Chlornatrium.

°°) Die Asche enthielt;

Eisenoxyd	Kalk	Magnesia	Chlornatrium	Chlorkalium	Schwefelsäure
4,75	51,73	1,16	14,37	4,46	6,01 %

°°°) Mit 8,44 % Kalk und 0,07 % Kali.

†) Aus der Differenz berechnet; dieselben enthielten 14,33 % Stickstoff; ferner wurde gefunden 0,11 % Kali.

††) Vom Stickstoff waren

	in Wasser löslich	Albumin-Stickstoff	Albumosen-Stickstoff (Zinksulfat-Fällung)	Pepton- u. Basen-Stickstoff (Phosphorwolframsäure-Fällung)
Hämol	4,62 %	3,37 %	0,66 %	0,59 %
Hämoglobin	2,38 „	0,26 „	0,76 „	1,36 „

II. Nährmittel mit vorwiegend löslichen Proteïnstoffen.

A. Durch chemische Mittel löslich gemachte Nährmittel.

1. **Nutrose** der Farbwerke vorm. Meister, Lucius und Brüning in Höchst a. M.

No.	Nähere Bezeichnung	Zeit der Untersuchung	Wasser %	Stickstoff-Substanz im Ganzen %	Stickstoff-Substanz wasserlöslich %	Fett %	Asche %	Kali %	Phosphorsäure %	Natron %	Analytiker
1	Kaseïn-Natrium	1899	7,58	88,75	—	—	3,74	0,18	1,62	1,22	*Vers.-Stat. Münster*[1]
2		1901	10,97	82,18	78,62	0,41	3,63	0,82	0,63	1,31	

2. **Sanatogen** von Bauer & Co. in Berlin.

No.	Nähere Bezeichnung	Zeit der Untersuchung	Wasser %	Stickstoff-Substanz im Ganzen %	Stickstoff-Substanz wasserlöslich %	Fett %	Asche %	Kalk %	Phosphorsäure %	Reinproteïn %	Analytiker
1	Durch Glycerin-Natriumphosphat löslich gemachtes Kaseïn	1899	4,48	87,50	—	1,62	4,12	0,22	2,98	—	*Vers.-Stat. Münster*[1]
2		1901	11,77	74,68	67,58	0,26	4,57	—	1,65	—	
3		1900	8,34	82,75	—	—	5,37	—	2,49	—	*A. Beythien*[2]
4		"	9,22	82,72	—	0,80	7,26	—	—	—	*Aufrecht*[3]
5		"	9,83	79,06	—	—	6,52	—	—	74,37	*Ehrmann und Kornauth*[4]
	Mittel	—	**8,73**	**81,34**	—	**0,89**	**5,57**	**0,22**	**2,37**	—	

3. **Nikol** von O. Nicolai in Jüchen.

No.	Nähere Bezeichnung	Zeit der Untersuchung	Wasser %	Stickstoff-Substanz im Ganzen %	Stickstoff-Substanz wasserlöslich %	Fett %	Asche %	Chlornatrium %	Phosphorsäure %	Natron %	Analytiker
1	Durch Lösen von Kaseïn in Sodalösung und Fällen mit Salzsäure hergestellt	1900	13,29	83,12	—	Spur	4,50	—	—	—	*Nattermann*[1]
2		1901	11,51	80,46	50,94	—	6,81	—	—	—	
3		"	16,29	74,64	—	0,10	5,59	—	—	—	*Vers.-Stat. Münster*[1]
4		"	13,33	72,92	43,98	1,05	7,95	1,73	—	—	
5		"	12,77	75,82	52,39	0,62	6,34	1,52	—	—	
	Mittel	—	**13,84**	**77,28**	**49,10**	**0,59**	**6,24**	**1,63**	—	—	
									Eisenoxyd		
6	Sanitäts-Eiweiss (aus Nikol und Blut)	1901	13,50	80,49	—	—	6,83	—	—	—	*Nattermann*[1]
7		"	11,97	76,46	55,19	0,25	5,67	3,32	0,12	—	*Vers.-Stat. Münster*[1]

4. **Eukasin** von Majert & Ebers in Grünau bei Berlin.

No.	Nähere Bezeichnung	Zeit der Untersuchung	Wasser %	Stickstoff-Substanz im Ganzen %	Stickstoff-Substanz wasserlöslich %	Fett %	Asche %	Kali %	Phosphorsäure %	Ammoniak %	Analytiker
1	Kaseïn-Ammoniak	1900	9,36	76,68	—	—	6,31	—	—	—	*Ehrmann und Kornauth*[4]
2		1901	12,05	73,62	62,00	0,11	4,02	0,98	1,26	0,53	*Vers.-Stat. Münster*[1]
	Mittel	—	**10,71**	**75,15**	—	**0,11**	**5,17**	**0,98**	**1,26**	**0,53**	

5. **Galaktogen** von Thiele & Holzhausen in Barleben.

No.	Nähere Bezeichnung	Zeit der Untersuchung	Wasser %	Stickstoff-Substanz im Ganzen %	Stickstoff-Substanz wasserlöslich %	Fett %	Asche %	Kali %	Phosphorsäure %	Kalk %	Analytiker
1	Aus Quarg hergestellt	1900	6,20	72,00	—	—	6,84	—	—	—	*Alberti*[1]
2		1901	9,55	76,19	—	—	4,42	—	—	—	
3		"	8,80	78,21	75,03 *)	1,11	7,17	2,87	1,83	0,35	*Vers.-Stat. Münster*[1]
	Mittel	—	**8,18**	**75,67**	—	**1,11**	**6,14**	**2,87**	**1,83**	**0,35**	

6. **Nährstoff Heyden** der Chemischen Fabrik von Heyden in Radebeul bei Dresden.

No.	Nähere Bezeichnung	Zeit der Untersuchung	Wasser %	Stickstoff-Substanz im Ganzen %	Stickstoff-Substanz wasserlöslich %	Fett %	Asche %	Kali %	Phosphorsäure %	Natron %	Analytiker
1	Aus Eiereiweiss hergestellt	1900	8,53	77,37	—	—	5,65	—	—	—	*Ehrmann und Kornauth*[4]
2		1901	7,38	81,87	16,06	0,10	3,85	1,59	Spur	—	*Vers.-Stat. Münster*[1]
	Mittel	—	**7,96**	**79,62**	—	**0,10**	**4,75**	**1,59**	—	—	

[1] Original-Mittheilung.
[2] Jahresbericht des chem. Untersuchungsamtes Dresden 1900, 23; Zeitschr. Nahrungs- u. Genussm. 1902, **5**, 274.
[3] Chem.-Ztg. 1900, **24**, 538; Zeitschr. Nahrungs- u. Genussm. 1901, **4**, 171.
[4] Zeitschr. Nahrungs- u. Genussm. 1900, **3**, 736.
*) Davon wurden 33,59 % durch Kochen gefällt.

B. Durch Dampfdruck löslich gemachte Nährmittel.

1. Puro von Dr. H. Scholl in Thalkirchen bei München.

No.	Nähere Bezeichnung	Zeit der Untersuchung	Wasser %	Organische Substanz %	Gesammt-Stickstoff %	Unlösliche und gerinnbare Proteïnstoffe %	Albumosen %	Peptone + Basen %	Ammoniak %	Asche %	Analytiker
1	Aus Fleisch unter Zusatz von Suppenkräutern hergestellter Saft	1899	36,60	53,88	9,30	26,47*)	—	6,82	0,27	9,52 **)	*R. u. W. Fresenius*[1])
2		1900	48,31	42,50	6,32		39,50		—	9,09 **)	*F. Kestner*[2])
3		1901	52,52	39,28	6,21	12,25	10,50	12,32	—	8,20 **)	*Vers.-Stat. Münster*[1])
	Mittel	—	**45,81**	**45,22**	**7,28**	—	—	—	—	**8,97**	

2. Toril der Fleisch-Extrakt-Co. in Altona a. d. Elbe.

No.	Nähere Bezeichnung	Zeit der Untersuchung	Wasser %	Organische Substanz %	Gesammt-Stickstoff %	Unlösliche und gerinnbare Proteïnstoffe %	Albumosen %	Peptone + Basen %	Ammoniak %	Asche %	Analytiker
1	Ohne nähere Bezeichnung	1899	27,55	46,10	6,64	0,19	12,75	33,16	—	26,35 ***)	*Vers.-Stat. Münster*[1])
2		1902	28,20	43,65	6,58	0,19	12,12	—	0,27	28,15	*K. Micko*[3])
	Mittel	—	**27,88**	**44,88**	**6,61**	**0,19**	**12,44**	**33,16**	**0,27**	**27,25**	

3. Sitogen.

No.	Nähere Bezeichnung	Zeit der Untersuchung	Wasser %	Organische Substanz %	Gesammt-Stickstoff %	Unlösliche und gerinnbare Proteïnstoffe %	Albumosen %	Peptone + Basen %	Ammoniak %	Asche %	Analytiker
1⁰)	Aus Hefe hergestellt	1901	29,02	49,73	7,01	0,35	8,63	32,19	0,52	21,25 ⁰)	*A. Beythien*[4])
2		„	29,93	43,98	5,54	—	10,54	—	0,20	26,09 ⁰⁰)	*Vers.-Stat. Münster*[1])
3		„	25,89	60,28	7,75	—	(1,68)	45,21	1,43	13,83	*F. Filsinger*[5])
4		1902	32,50	45,50	5,81	0,12	—	—	—	22,00 ⁰⁰⁰)	*K. Micko*[6])
	Mittel	—	**29,34**	**49,87**	**6,52**	**0,24**	**9,59**	—	**0,72**	**20,79**	

4. Ovos.

No.	Nähere Bezeichnung	Zeit der Untersuchung	Wasser %	Organische Substanz %	Gesammt-Stickstoff %	Unlösliche und gerinnbare Proteïnstoffe %	Albumosen %	Peptone + Basen %	Asche	Phosphors.	Analytiker
1	Aus Hefe hergestellt	1901	27,36	61,72	6,44	—	—	—	10,92	5,31	*Lebbin*[7])
2		1902	53,67	26,46	2,99	—	—	—	16,87 †)	2,79	*K. Micko*[6])
	Mittel	—	**40,52**	**44,09**	**4,72**	—	—	—	**13,90**	**4,05**	

[1]) Original-Mittheilung.
[2]) F. Kestner, Dissertation Dorpat 1900; Zeitschr. Nahrungs- u. Genussm. 1901, **4**, 646; vergl. auch S. 1462.
[3]) Zeitschr. Nahrungs- u. Genussm. 1902, **5**, 193; vergl. auch S. 1461.
[4]) Zeitschr. Nahrungs- u. Genussm. 1901, **4**, 446.
[5]) Pharm. Centrh. 1901, **42**, 134; Zeitschr. Nahrungs- u. Genussm. 1901, **4**, 1034.
[6]) Zeitschr. Nahrungs- u. Genussm. 1902, **5**, 196.
[7]) Medicin. Woche 1901, **2**, 195; Zeitschr. Nahrungs- u. Genussm. 1902, **5**, 274.

*) Davon waren 2,28 % in kaltem Wasser unlöslich und 2,96 % waren in 66-procentigem Alkohol unlöslich (Leim). Die Probe enthielt ferner 1,16 % Fett.

**) Die Asche enthielt:

	Eisenoxyd	Kalk	Magnesia	Kali	Natron	Phosphorsäure	Schwefelsäure	Chlor
No. 1	0,053	0,037	0,249	3,92	1,43	3,13	1,19	1,20 %
„ 2	—	—	—	2,97	2,22	2,27	—	1,55 „
„ 3	—	—	—	2,68	—	2,01	—	1,59 „

***) Die Asche enthielt 9,73 % Chlor, entsprechend 16,03 % Chlornatrium.

⁰) Die Probe enthielt ferner 3,38 % Gesammt-Säure (= Milchsäure) und 0,16 % flüchtige Säure (= Essigsäure), 5,56 % Phosphorsäure und 5,19 % Chlor. Die Asche enthielt:

	Chlornatrium	Eisenoxyd	Kalk	Magnesia	Kali	Natron	Phosphorsäure	Schwefelsäure	Kieselsäure
Natürlich	40,33	0,78	0,84	2,69	11,81	15,12	26,17	2,14	0,12 %
Kochsalzfrei	—	1,31	1,41	4,50	19,79	25,34	43,83	3,59	0,20 „

⁰⁰) Die Asche bestand aus 0,20 % Kalk, 6,80 % Phosphorsäure und 6,15 % Chlor entsprechend 10,13 % Chlornatrium.
⁰⁰⁰) Mit 6,54 % Phosphorsäure.
†) Mit 10,45 % Chlornatrium.

C. Sonstige diätetische Nährmittel.

1. Fersan (aus Rinderblut hergestellt).

No.	Nähere Bezeichnung	Zeit der Untersuchung	Wasser %	Gesammt-Stickstoff-Substanz %	Gesammt-Stickstoff %	Reinproteïn-Stickstoff %	Amid-Stickstoff %	Wasserlösliche Proteïnstoffe %	Mineralstoffe %	Phosphorsäure %	Eisenoxyd %	Analytiker
1	Von Jolles in Wien*) . .	1900	11,91	81,88	13,32	13,10	0,22	78,21	4,59	0,12	0,37	*A. Jolles*[1])
2	Fersan Acid	„	7,32	86,56	13,85	—	—	74,93	4,52	—	—	*Ehrmann und Kornauth*[2])
3	Fersan	„	7,63	79,25	14,80	13,80	1,00	—	1,30	—	—	
4	Desgl., nach neuem Verfahren dargestellt . . .	„	8,12	84,94	13,59	—	—	—	—	—	—	
5	Von Dr. H. Byk, Berlin**)	1901	4,92	73,71	11,71	11,44	0,27	60,93	3,68	0,18	0,35	*Vers.-Stat. Münster*[3])
	Mittel	—	**7,98**	**84,01**	**13,45**	**12,96**	—	**71,39**	**3,52**	**0,15**	**0,36**	

2. Sicco oder trockenes Hämatogen, aus frischem Rinderblut hergestellt.

No.	Nähere Bezeichnung	Zeit der Untersuchung	Wasser %	Gesammt-Stickstoff-Substanz %	Gesammt-Stickstoff %	Reinproteïn-Stickstoff %	Fett %	Wasserlösliche Proteïnstoffe %	Mineralstoffe %	Phosphorsäure %	Eisenoxyd %	Analytiker
1	Von Schneider . . .	1900	7,44	89,52	—	—	0,11	—	2,60	—	0,33	*Hirschfeld*[4])
2		1901	9,54	87,12	—	—	0,53	82,12	3,14	0,19	0,41	*Vers.-Stat. Münster*[3])

3. Ferratin von Böhringer und Söhne in Waldhoff bei Mannheim.

No.	Nähere Bezeichnung	Zeit der Untersuchung	Wasser %	Gesammt-Stickstoff-Substanz %	Gesammt-Stickstoff %	Reinproteïn-Stickstoff %	Amid-Stickstoff %	Wasserlösliche Proteïnstoffe %	Mineralstoffe %	Phosphorsäure %	Eisenoxyd %	Analytiker
1 ***)	Aus Eier- etc. Eiweiss und organischen Eisensalzen .	1901	8,24	68,50	—	—	0,13	64,75	14,17	0,22	7,07	*Vers.-Stat. Münster*[3])

4. **Sanguinol** wird nach H. Andres[5]) durch Trocknen von steril gesammeltem Kalbsblut hergestellt. Das Sanguinol ist dunkelbraun und in Wasser leicht löslich; es enthält 0,48 % Wasser und 42,5 % Hämoglobin.

5. **Mutase**, von Weiler ter Meer in Uerdingen a. Rh. aus Hülsenfrüchten und Gemüsen dargestellt, enthält nach je einer Analyse von Aufrecht (I)[6]) und der Versuchsstation Münster (II)[3]):

	Wasser	Stickstoff-Substanz	In kaltem Wasser löslich: Stickstoff-Substanz	In kaltem Wasser löslich: Albumosen	Fett	Zucker	Sonstige stickstofffreie Extraktstoffe	Asche	Kalk	Eisenoxyd	Phosphorsäure
I. .	9,85	58,27⁰)	—	—	0,62	21,59		9,66	0,81	0,36	2,49
II. .	9,76	53,94	17,75	3,94	3,01	11,36	13,86	8,07	0,21	Kali 1,20	2,65

6. **Sanose**, eine Mischung von 80 % Kaseïn und 20 % Albumose, enthält nach S. Aufrecht[7]):

Wasser	Gesammt-Stickstoff-Substanz	Kaseïn	Albumosen	Asche	Phosphorsäure	Eisenoxyd
9,65	87,76	73,64	14,12	2,59	0,78	0,009 %

7. **Alkarnose** enthält nach A. Hiller[8]) in der Trocken-Substanz:

Albumosen	Fett	Lösliche Kohlenhydrate	Lösliche Mineralstoffe
23,6	17,7	55,3	3,4 %

[1]) Pharm. Post 1900, **33**, 289; Zeitschr. Nahrungs- u. Genussm. 1901, **4**, 647.
[2]) Zeitschr. Nahrungs- u. Genussm. 1900, **3**, 736.
[3]) Original-Mittheilung.
[4]) Zeitschr. Nahrungs- u. Genussm. 1901, **4**, 172.
[5]) Farmazeft 1901, **9**, 335; Zeitschr. Nahrungs- u. Genussm. 1901, **4**, 1036.
[6]) Zeitschr. Nahrungs- u. Genussm. 1899, **2**, 588 u. 877; vergl. auch S. 649.
[7]) Pharm. Ztg. 1898, **43**, 164; Zeitschr. Nahrungs- u. Genussm. 1898, **1**, 557.
[8]) Allgem. Medicin. Central-Ztg. 1899, **68**, 1117; Zeitschr. Nahrungs- u. Genussm. 1900, **3**, 484.

*) Die Probe enthielt ferner 3,83 % Chlornatrium.
**) Die Probe enthielt 0,27 % Fett und 0,12 % Kali.
***) Die Probe enthielt 0,28 % Kali.
⁰) Von der Stickstoff-Substanz waren 98 % durch Pepsin-Salzsäure löslich.

8. Eulactol Dr. Riegel's, ein Gemisch von Milch mit den Natriumverbindungen von Proteïnstoffen der Getreide- und Hülsenfrüchte und Nährsalzen — das Gemisch wird im Vacuum zur Trockne verdampft — enthält nach je einer Analyse von S. Aufrecht[1] (I), Ehrmann und Kornauth[2] (II) und der Versuchsstation Münster (III)[3]:

	Wasser	Stickstoff-Substanz	Fett	Zucker	Sonstige stickstofffreie Extraktstoffe	Asche	Kalk	Eisenoxyd	Phosphorsäure
I . .	6,39	28,28	14,46	46,35		4,27	0,32	0,062	0,52 %
II . .	5,07	30,07	—	—	—	4,27	—	—	— „
								Kali	
III . .	6,33	32,78	12,80	25,04	18,66	4,39	0,15	1,21	0,29 „
Mittel	5,93	30,41	13,63	—	—	4,31	0,24	—	0,41 %

No. III enthielt 18,18 % wasserlösliche Stickstoff-Substanz mit 13,64 % Albumosen. Bei No. I waren 96—98 % durch Pepsin und Pankreatin verdaulich.

9. Hämoglobin-Albuminat von Dr. Theuer in Breslau und Hämalbumin von Dahmen enthielten nach je einer Analyse der Versuchsstation Münster (Original-Mittheilung):

a) Hämoglobin-Albuminat (1900)

Wasser	Gesammt-Stickstoff	Unlösliche und gerinnbare Stickstoff-Substanz	Albumosen	Pepton u. Basen	Ammoniak	Alkohol	Zucker	Asche	Eisenoxyd
46,70	1,52	0,31	8,61	0	0	8,13	33,11	0,34	0,047 %

b) Hämalbumin Dahmen (1901)

Wasser	Stickstoff-Substanz im Ganzen	Stickstoff-Substanz wasserlöslich	Fett	Stickstofffreie Extraktstoffe	Asche	Eisenoxyd
10,87	81,56	70,06	0,53	5,03	2,01	1,25 %

Schwefelgehalt einiger Nährmittel.

H. Bremer und L. Geret (Zeitschr. Nahrungs- u. Genussm. 1899, 2, 791) fanden folgenden procentigen Gehalt an Gesammt-Stickstoff und Schwefel (nach dem Verfahren von Edinger-Asbóth)

	Schwefel	Gesammt-Stickstoff		Schwefel	Gesammt-Stickstoff
1. Aleuronat	0,89	12,46	8. Eukasin	0,77	13,20
2. Tropon	1,05	14,80	9. Nährstoff Heyden	1,47	12,70
3. Hämalbumin Dahmen	0,71	—	10. Mutase	0,58	8,30
4. Hämogallol Kobert	0,55	—	11. Sanose	0,66	12,40
5. Hämol Kobert	0,50	—	12. Pepton Liebig-Kemmerich	0,68	10—12
6. Nutrose	0,69	12,40	13. Liebig's Fleischextrakt	0,48	—
7. Sanatogen	0,81	12,30	14. Mietose	0,98	—

Eier. (Nachträge zu S. 98—100.)

Zusammensetzung der Eier verschiedener Vögel.

Nach C. F. Langworthy (U. S. Dep. Agric. Farmers Bull. 128, Washington 1901; Zeitschr. Nahrungs- u. Genussm. 1902, 5, 1125).

No.	Nähere Bezeichnung und Gewicht		Schale %	In der natürlichen Substanz: Wasser %	Stick-stoff-Substanz %	Fett %	Asche %
1	Hühnerei (56,7 g)	a) Ganzes Ei (roh) mit Schale	11,2	65,5	11,9	9,3	0,9
		b) Ganzes Ei (roh) ohne „	—	73,7	13,4	10,5	1,0
		c) Eiweiss	—	86,2	12,3	0,20	0,6
		d) Eigelb	—	49,5	15,7	33,3	1,1
		e) Ganzes Ei, gekocht, ohne Schale	—	73,3	13,3	12,0	0,8
		f) Rohes weissschaliges Ei	10,7	65,6	11,8	10,8	0,6
		g) „ braunschaliges Ei	10,9	64,8	11,9	11,2	0,7

[1] Pharm. Ztg. 1899, **44**, 23; Zeitschr. Nahrungs- u. Genussm. 1899, **2**, 670.
[2] Zeitschr. Nahrungs- u. Genussm. 1900, **3**, 738.
[3] Original-Mittheilung.

No.	Nähere Bezeichnung und Gewicht		Schale %	In der natürlichen Substanz: Wasser %	Stickstoff-Substanz %	Fett %	Asche %
2	Entenei	a) Ganzes Ei (roh) mit Schale	13,7	60,8	12,1	12,5	0,8
		b) Ganzes Ei (roh) ohne „	—	70,5	13,3	14,5	1,0
		Eiweiss	—	87,0	11,1	0,03	0,8
		Eigelb	—	45,8	16,8	36,2	1,2
3	Gänseei (156—159 g)	a) Ganzes Ei (roh) mit Schale	14,2	59,7	12,9	12,3	0,9
		b) Ganzes Ei (roh) ohne „	—	69,5	13,8	14,4	1,0
		Eiweiss	—	86,3	11,6	0,02	0,8
		Eigelb	—	44,1	17,3	36,2	1,3
4	Truthuhnei	a) Ganzes Ei (roh) mit Schale	13,8	63,5	12,2	9,7	0,8
		b) Ganzes Ei (roh) ohne „	—	73,7	13,4	11,2	0,9
		Eiweiss	—	86,7	11,5	0,03	0,8
		Eigelb	—	48,3	17,4	32,9	1,2
5	Perlhuhnei	a) Ganzes Ei (roh) mit Schale	16,9	60,5	11,9	9,9	0,8
		b) Ganzes Ei (roh) ohne „	—	72,8	13,5	12,0	0,9
		Eiweiss	—	86,6	11,6	0,03	0,8
		Eigelb	—	49,7	16,7	31,8	1,2
6	Kibitzei	a) Ganzes Ei (roh) mit Schale	9,6	67,3	9,7	10,6	0,9
		b) Ganzes Ei (roh) ohne „	—	74,4	10,7	11,7	1,0
7	Eingedickte Hühnereier[1])		—	6,4	46,9	36,0	3,6,

Die Zusammensetzung der Schalen war folgende:

Schale vom	Calcium-karbonat	Magnesium-karbonat	Calcium-phosphat	Organische Substanz
Hühnerei	93,7	1,3	0,8	4,2 %
Gänseei	95,3	0,7	0,5	3,5 „
Entenei	94,4	0,5	0,8	4,3 „

Vertheilung der Nährstoffe im Hühnerei.

1. Untersuchungen von G. Lebbin (Zeitschr. öffentl. Chem. 1900, 6, 148).

Das mittlere Gewicht von 6 mittleren Hühnereiern betrug 50,50 g; davon entfielen 5,50 g auf die Schalen (10,89 %), 15,50 g auf den Dotter (30,69 %) und 29,50 g auf das Eiweiss (58,42 %). Die Zusammensetzung von Eiweiss, Dotter und dem ganzen Ei war folgende:

Nähere Bezeichnung	In der ursprünglichen Substanz: Wasser %	Stickstoff-Substanz %	Fett %	Asche %	Phosphorsäure %	Eisen %	In der Trocken-Substanz: Stickstoff-Substanz %	Fett %	Asche %	Phosphorsäure %	Eisen %
Eiweiss	86,61	10,13	0,14	0,71	0,22	0,004	81,60	1,04	5,27	1,65	0,03
Dotter	47,53	17,45	33,32	1,67	1,43	0,026	33,25	63,51	3,18	2,72	0,05
Ganzes Ei (ohne Schale)	65,16	11,67	10,30	0,93	0,55	0,010	33,50	29,58	2,67	1,58	0,03

2. M. Mansfeld (Oesterr. Chem.-Ztg. 1901, 4, 442) fand für frische Eier im Mittel von 5 Eiern folgende procentige Zusammensetzung:

Wasser	Stickstoff-Substanz	Fett	Asche	Phosphorsäure: in der Asche	Lecithin-Phosphorsäure
72,40	12,60	11,37	1,02	0,266	0,357 %

[1]) Die Probe enthielt 7,1 % stickstofffreie Extraktstoffe.

Zusammensetzung von Eiern indischer Vögel, Fische etc.

Von M. Greshoff, J. Sack und J. J. van Eck (vergl. oben S. 1457).

No.	Nähere Bezeichnung	Holländische Bezeichnung	Wasser %	Stickstoff-Substanz %	Fett %	Asche %
1	Hühnereier	Kippeneieren	74,79	10,81	10,50	0,87
2	Enteneier, gesalzen	Eendeneieren	68,00	12,00	9,24	4,04
3	Muscheleier von Limulus mollucarum	Atjar telor mimi	49,63	19,25	6,20	1,97
4	Schildpatt-Eier	Telor penjoe	76,41	29,25	9,81	0,40
5	Schildpatt-Eier	—	65,91	18,13	11,09	2,88
6	Eier von Varanus salvator oder Hydrosaurus bivittatus	Varaanhagedis-eieren	72,77	14,31	9,87	2,20
7	Essbare Vogelnester, Collocalia fuciphaga	Aetbare Vogelnestjes Ia	18,65	59,50	0,60	7,67
8	Essbare Vogelnester, Collocalia fuciphaga	Aetbare Vogelnestjes IIa	18,60	51,63	—	6,64

Milch. (Nachträge zu S. 100—282.)

Analysen von Frauenmilch.

1. Colostrum von Frauenmilch.

H. Lajoux (Journ. Pharm. Chim. 1901, [6], 14, 145; Zeitschr. Nahrungs- u. Genussm. 1902, 5, 767) fand für verschiedene Colostrum-Proben folgende procentige Zusammensetzung:

No.	Colostrum von	Zeitpunkt der Entnahme nach der Geburt	Trocken-Substanz (95°)	Fett	Stickstoff-Substanz	Milchzucker (wasserfrei)	Asche	Refraktion des Fettes
1	Frau A.	18 Stunden	15,90	2,13	8,97	4,29	0,51	1,4690
2	Frau A.	$2^1/_2$ Tage	10,70	1,45	3,05	5,91	0,29	1,4675
3	Frau A.	5 „	13,42	4,18	2,41	6,53	0,30	1,4675
4	Frau A.	7 „	14,88	5,72	2,40	6,47	0,29	1,4655
5	Frau A.	8 „	13,44	4,43	2,03	6,72	0,25	1,4642
6	„ B.	9 Stunden	18,68	7,95	5,79	4,53	0,41	1,4700
7	„ C.	28 „	17,84	3,02	9,34	5,12	0,36	1,4668
8	„ D.	4 Tage	13,66	4,61	3,96	4,67	0,43	1,4668
9	„ E.	10 „	18,94	8,50	3,93	6,20	0,31	1,4647
10	drei Frauen	10—12 Stunden	13,77	0,92	8,23	4,04	0,58	—

2. Frauenmilch-Analysen von Camerer und Söldner (Zeitschr. Biologie 1898, 36, 277). Aus der grossen Zahl der Analysen seien die nachfolgenden Mittelzahlen hier aufgeführt:

No.	Tage nach der Geburt	Zahl der Proben	Trocken-Substanz %	Gesammt-Stickstoff %	Stickstoff: im Filtrat der Gerbsäure-Fällung %	Stickstoff: Aus dem Filtrat nach Hüfner entwickelt %	Fett %	Milchzucker (wasserfrei) %	Mineral-stoffe %
1	1—3 (Colostrum)	4	12,65	0,510	0,035	0,013	2,92	4,96	0,41
2	5—6	3	12,09	0,287	0,046	0,009	3,26	5,83	0,30
3	8—12	10	12,12	0,271	0,036	0,010	3,11	6,16	0,28
4	20—40	15	12,48	0,204	0,039	0,012	3,91	6,52	0,22
5	60—140	14	11,79	0,172	0,031	0,012	3,31	6,81	0,19
6	170 und mehr	10	11,44	0,148	0,026	0,011	3,20	6,78	0,18

3. A. H. Carter und H. Droop Richmond (British med. Journ. 1898, 119; Hyg. Rundsch. 1898, 8, 648) fanden für 94 Proben Frauenmilch sowie für Milch vor und nach dem Saugen folgende procentigen Werthe:

		Spec. Gewicht	Trocken-Substanz	Stickstoff-Substanz	Fett	Milch-zucker	Asche
Sämmtliche Proben	Mittel	1,2313	11,96	1,97	3,07	6,59	0,26
	Schwankungen . . .	1,0240—1,0426	8,60—17,10	1,02—4,05	0,47—8,82	4,38—8,89	—
Mittlere Zusammensetzung	vor dem Saugen .	—	11,67	1,99	2,89	6,51	0,28
	nach dem Saugen	—	11,96	1,99	3,18	6,53	0,26
Milch, welche erhielten	26 erkrankte bezw. gestorbene Kinder . .	—	11,90	2,36	2,95	6,28	0,31
	16 gesunde Kinder . .	—	11,88	1,83	3,11	6,70	0,24

4. Irtl (Arch. Gynäk.; Zeitschr. Nahrungsm.-Unters., Hyg. u. Waarenk. 1897, 11, 14) berichtet gleichfalls über den Fettgehalt der Milch von Wöchnerinnen.

Untersuchungen über das Kuhmilch-Colostrum

von H. Tiemann (Zeitschr. physiol. Chem. 1898, 25, 363).

I. Die procentige Zusammensetzung des Colostrums mehrerer Kühe von Niederungsrassen bei den 3 bezw. 4 ersten Gemelken war folgende:

	Rasse der Kühe	Spec. Gew.	Trocken-Substanz	Gesammt-Stickstoff-Substanz	Fett	Milchzucker	Asche
Erstes Gemelk	Angler	1,0399	25,21	18,10	2,92	2,90	1,17
	Shorthorn-Ditmarscher .	1,0399	28,55	15,75	9,28	2,42	1,10
	Angler	1,0594	32,93	21,76	8,14	2,21	0,82
	Breitenburger	1,0565	19,20	13,25	2,03	2,92	1,00
	Landschlag	1,0456	24,87	18,12	3,97	1,63	1,15
Zweites Gemelk	Angler	1,0318	18,58	11,27	2,27	3,88	1,16
	Shorthorn-Ditmarscher .	1,0404	18,61	8,18	5,52	3,73	0,96
	Angler	1,0446	25,91	15,25	7,06	2,77	0,83
	Breitenburger	1,0479	18,30	10,56	3,85	2,88	1,01
	Landschlag	1,0299	12.83	7,74	0,56	3,54	0,99
	"	1,0424	23,14	15,80	3,76	2,37	1,21
Drittes Gemelk	Angler	—	15,06	7,32	2,30	4,39	1,05
	Shorthorn-Ditmarscher .	1,0341	13,74	4,66	4,34	3,40	0,84
	Angler	1,0356	15,04	7,47	2,94	3,68	0,95
	Breitenburger	1,0428	14,64	7,47	2,67	3,55	0,95
	Landschlag	1,0301	12,89	7,63	0,56	3,76	0,94
	"	1,0358	20,57	12,06	4,52	2,74	1,25
Viertes Gemelk:	Angler	1,0329	14,28	4,27	4,98	4,17	0,86

II. Für die Proteïnstoffe des Colostrums wurde folgende procentige Zusammensetzung erhalten:

	Rasse der Kuh	Gesammt-Eiweiss	Ungelöstes Eiweiss	Gelöstes Eiweiss	Kaseïn	Colostrum-Globulin
Erstes Gemelk	Angler	3,4272	3,3936	0,0336	0,6442	2,7494
	Breitenburger	2,0888	2,0216	0,0672	0,6944	1,3272
	Shorthorn-Ditmarscher . .	0,8848	0,8456	0,0392	0,4368	0,4088
	" . .	0,8448	2,7384	0,1064	0,8400	1,8984

	Rasse der Kuh	Gesammt-Eiweiss	Ungelöstes Eiweiss	Gelöstes Eiweiss	Kaseïn	Colostrum-Globulin
Zweites Gemelk	Angler	2,4024	2,3184	0,0840	0,8904	1,4280
	Breitenburger	1,6632	1,5736	0,0896	0,6328	0,9408
	"	2,7048	2,4920	0,2128	0,5656	1,9264
	Shorthorn-Ditmarscher	0,6776	0,5880	0,0896	0,4200	0,1680
	"	2,4808	2,3296	0,1512	0,8960	1,4336
Drittes Gemelk	Angler	1,1760	1,0190	0,1570	0,4760	0,5430
	Breitenburger	1,1760	1,1144	0,0616	0,5040	0,6104
	"	1,7192	1,624	0,0952	0,5040	1,1200
	Shorthorn-Ditmarscher	1,8928	1,7416	0,1512	0,7728	0,9688

Untersuchungs-Verfahren: Gesammt-Eiweiss nach Kjeldahl; ungelöstes Eiweiss nach Lehmann mittels poröser Thonplatten; letzteres enthielt einen beträchtlichen Theil eines in Essigsäure löslichen Eiweissstoffes, den Tiemann Colostrumglobulin nennt.

Einfluss fettreicher Fütterung auf die Milch-Sekretion.

Nach Fr. Falke („Die Milch-Sekretion des Rindviehes unter dem Einfluss fettreicher Fütterung." Habilitationsschrift, Halle a. S. 1898).

Die Versuche wurden bei zwei Milchkühen angestellt, die ein Grundfutter aus Heu und etwas entfettetem Rapsmehl erhielten (I. Periode) und dazu in den folgenden Perioden Emulsionen von Sesamöl (II. Periode), Kokosöl (III. Periode) und Mandelöl (IV. Periode) in Wasser als warme Tränke; in der V. Periode wurde wiederum das Grundfutter gereicht.

Kuh I., Schwyzer Rasse; Gewicht bei Beginn des Versuches 592,6 kg.

Periode	Futter bezw. Art der Oel-Tränke	Dauer der Fütterung Tage	In Emulsion täglich aufgenommene Oelmenge für 500 kg Lebendgewicht g	Mittlerer Milchertrag im Tage kg	Spec. Gewicht	Zusammensetzung der Milch: Trocken-Substanz %	Stickstoff-Substanz %	Fett %	Asche %	Erzeugte Fettmenge g	Des Fettes: Verseifungszahl	Reichert-Meissl'sche Zahl	Jodzahl
I	Grundfutter . .	10	—	11,32	1,0320	12,43	3,63	3,47	0,82	393,4	224,7	31,1	44,3
II	Sesamöl-Tränke	12	900	9,40	1,0324	12,80	3,96	3,69	0,88	345,0	204,2	17,0	53,9
III	Kokosöl-Tränke	10	700	7,16	1,0295	12,82	3,40	4,34	0,85	304,5	236,8	20,0	37,1
IV	Mandelöl-Tränke	10	500	5,83	1,0322	12,82	3,48	3,71	0,88	216,8	210,2	19,7	50,9
V	Grundfutter . .	6	—	3,87	1,0332	13,34	3,53	3,98	0,88	153,6	218,5	22,0	41,3
	Kuh II, Holsteiner Rasse; Gewicht bei Beginn des Versuches 728,3 kg.												
I	Grundfutter . .	10	—	12,85	1,0290	10,52	2,70	2,50	0,71	321,6	223,2	29,5	45,0
II	Sesamöl-Tränke	12	700	9,03	1,0296	11,21	3,14	2,95	0,78	265,7	206,7	15,7	53,0
III	Kokosöl-Tränke	10	550	9,60	1,0277	10,75	2,38	2,98	0,71	285,0	229,7	18,6	35,2
IV	Mandelöl-Tränke	10	500	9,38	1,0296	11,10	2,57	2,86	0,78	267,5	207,1	15,3	53,9
V	Grundfutter . .	6	—	8,68	1,0297	11,18	2,54	2,90	0,72	251,9	216,0	24,4	44,5

Nach diesen Versuchen wird der procentige Fettgehalt der Milch durch die Oeltränke durchweg gesteigert. Unter Berücksichtigung der natürlichen Depression ergiebt sich ausser in der Sesamöl-Periode bei Kuh II bei allen übrigen Perioden in Bezug auf die gesammte Fettausbeute ein Mehrertrag; derselbe ist aber nur bei der Kokosöl-Periode bei Kuh I einigermassen beträchtlich (4,14 g pro Tag), in allen übrigen Fällen ist sie nicht nennenswerth, so dass die Fettfütterung durchaus nicht lohnend sein dürfte. Dagegen ist der Einfluss des Futterfettes auf das Milchfett, wie sich aus der Verseifungszahl etc. der Fette ergiebt, ein sehr beträchtlicher.

Einfluss der Arbeit auf die Zusammensetzung der Kuhmilch.

Nach A. Morgen, C. Kreuzhage, R. Hölzle und H. Sieglin (Landw. Vers.-Stat. 1899, 51, 117).

Die Versuche wurden mit zwei an Arbeit gewöhnten Simmenthaler Kühen ausgeführt. Die Arbeit bestand in dem Ziehen eines Bremsgöpels. Die Ergebnisse waren folgende:

Kuh I.

Nummer des Versuchs	Ruhe bezw. Arbeit	Spec. Gewicht der Milch	Zusammensetzung der Milch: Trocken-Substanz %	Stickstoff %	Fett %	Milch-zucker %	Asche %	Fettfreie Trocken-Substanz %	Producirte Menge für den Tag: Milch kg	Trocken-Substanz kg	Fett kg
1	Ruhe . .	1,0326	12,74	0,489	3,67	5,00	0,691	9,07	12,1	1,535	0,442
	Arbeit . .	1,0323	12,97	0,494	4,11	5,03	0,714	8,86	11,6	1,502	0,468
2	Ruhe . .	1,0325	12,92	0,455	4,21	5,09	0,725	8,71	11,9	1,521	0,478
	Arbeit . .	1,0322	13,31	0,513	4,30	5,03	0,722	9,01	11,9	1,570	0,485
3	Ruhe . .	1,0327	12,97	0,504	3,96	5,13	0,714	9,01	12,7	1,638	0,472
	Arbeit . .	1,0330	13,28	0,534	4,10	5,12	0,731	9,18	12,4	1,607	0,459
4	Ruhe . .	1,0329	13,18	0,544	3,98	5,10	0,750	9,20	12,5	1,605	0,444
	Arbeit . .	1,0322	13,64	0,546	4,51	4,97	0,723	9,13	11,2	1,555	0,452
5	Ruhe . .	1,0326	13,05	0,558	3,98	4,94	0,738	9,07	13,0	1,634	0,432
	Arbeit . .	1,0321	14,01	0,570	4,77	4,82	0,738	9,24	11,9	1,582	0,456
Kuh I, Mittel	Ruhe	1,0327	12,97	0,500	3,96	5,05	0,722	9,01	12,4	1,587	0,454
	Arbeit	1,0324	13,44	0,531	4,36	4,99	0,726	9,08	11,8	1,563	0,464
Kuh II.											
1	Ruhe . .	1,0335	13,29	0,557	3,78	4,79	0,785	9,51	11,3	1,494	0,425
	Arbeit . .	1,0330	13,54	0,545	4,22	4,84	0,788	9,32	10,9	1,482	0,460
2	Ruhe . .	1,0332	13,41	0,490	4,15	4,86	0,784	9,26	11,0	1,479	0,450
	Arbeit . .	1,0325	13,67	0,554	4,49	4,91	0,786	9,18	10,2	1,399	0,449
3	Ruhe . .	1,0329	13,53	0,527	4,12	4,93	0,786	9,41	11,1	1,491	0,445
	Arbeit . .	1,0330	13,63	0,552	4,33	4,83	0,797	9,30	10,5	1,433	0,438
4	Ruhe . .	1,0328	13,32	0,559	4,20	4,81	0,797	9,12	10,8	1,444	0,433
	Arbeit . .	1,0325	13,81	0,572	4,64	4,77	0,809	9,17	10,0	1,377	0,429
5	Ruhe . .	1,0328	13,21	0,577	4,01	4,76	0,796	9,20	11,2	1,486	0,421
	Arbeit . .	1,0324	14,20	0,586	4,86	4,81	0,785	9,34	10,4	1,461	0,438
Kuh II, Mittel	Ruhe	1,0330	13,35	0,542	4,05	4,83	0,790	9,30	11,1	1,479	0,435
	Arbeit	1,0327	13,77	0,562	4,51	4,83	0,793	9,26	10,4	1,430	0,443
Gesammt-Mittel	Ruhe	**1,0329**	**13,16**	**0,521**	**4,01**	**4,94**	**0,756**	**9,15**	**11,8**	**1,533**	**0,445**
	Arbeit	**1,0326**	**13,61**	**0,547**	**4,44**	**4,91**	**0,760**	**9,17**	**11,1**	**1,497**	**0,454**

Zusammensetzung der einzelnen Theile des Gemelkes bei gebrochenem Melken.

Hierüber liegt eine Reihe von neueren Untersuchungen vor, von denen die wichtigsten hier folgen:

1. R. Steinegger (Molkerei-Ztg. Berlin 1901, 11, 218) fand für das erste und letzte Liter des Gemelkes:

	Simmenthaler Kuh		Simmenthaler Kuh		Schwyzer Kuh	
	Erstgemolken	Letztgemolken	Erstgemolken	Letztgemolken	Erstgemolken	Letztgemolken
Spec. Gewicht	1,0342	1,0295	1,0332	1,0300	1,0349	1,0278
Fett . . .	1,9 %	6,4 %	2,7 %	5,1 %	1,0 %	7,85 %

Im Gehalt an Kaseïn, Albumin und Milchzucker waren Unterschiede nicht vorhanden; ebensowenig zeigten sich Unterschiede in der Labfähigkeit und dem Säuregrade der zuerst und der zuletzt gemolkenen Milch.

2. M. Skow (Molkerei-Ztg. Berlin 1901, 11, 577) theilte die Abend- und Morgenmilch einer Kuh in 13 bezw. 17 gleiche Theile und fand für dieselben folgende procentigen Fettgehalte:

Probe	1	2	3	4	5	6	7	8	9	10	11	12	13	14	15	16	17
Abendmilch	0,7	1,2	2,95	3,85	4,1	4,30	4,35	4,35	4,35	4,4	4,5	4,70	8,9	—	—	—	—
Morgenmilch	0,7	0,8	1,00	2,45	3,5	3,75	3,90	4,05	4,15	4,2	4,3	4,35	4,4	4,5	4,6	5,1	9,6

3. P. Hardy (Bull. Assoc. Belge Chim. 1901, 15, 228; Zeitschr. Nahrungs- u. Genussm. 1902, 5, 774) fand bei drei Kühen folgende procentigen Werthe:

	Kuh I				Kuh II			
	1. Liter	2. Liter	3. Liter	4. Liter	1. Liter	2. Liter	3. Liter	4. Liter
Fett	3,05	3,75	3,80	4,20	2,80	4,15	4,25	5,10
Trocken-Substanz	11,85	—	—	12,25	11,75	—	—	13,66
Asche	0,72	—	—	0,74	0,72	—	—	0,74

	Kuh III								
	1. halbes Liter	2. halbes Liter	3. halbes Liter	4. halbes Liter	5. halbes Liter	6. halbes Liter	7. halbes Liter	8. halbes Liter	9. halbes Liter
Fett	2,20	2,90	3,50	3,50	3,75	3,75	3,80	3,90	4,65
Trocken-Substanz	10,52	—	—	—	12,24	—	—	—	12,70
Asche	0,74	—	—	—	0,74	—	—	—	0,75

4. E. Ackermann (Chem.-Ztg. 1901, 25, 1160) stellte umfangreichere Untersuchungen über das gebrochene Melken bei Kühen an und erhielt folgende procentigen Ergebnisse:

a) Die Zitzen wurden rechts und links paarweise gebrochen gemolken.

Rechtes Zitzenpaar:						Linkes Zitzenpaar:					
Nummer der Fraktion	**Gewicht der Fraktion** g	**Spec. Gewicht**	**Trocken-Substanz** %	**Fett** %	**Fettfreie Trocken-Substanz** %	**Nummer der Fraktion**	**Gewicht der Fraktion** g	**Spec. Gewicht**	**Trocken-Substanz** %	**Fett** %	**Fettfreie Trocken-Substanz** %
1	263	1,0330	13,67	4,30	9,37	8	235	1,0327	13,92	4,55	9,37
2	255	1,0330	13,67	4,30	9,37	9	246	1,0325	13,85	4,55	9,30
3	268	1,0326	13,69	4,40	9,29	10	210	1,0325	13,90	4,60	9,30
4	241	1,0324	14,12	4,80	9,32	11	235	1,0325	13,90	4,60	9,30
5	252	1,0316	14,40	5,20	9,20	12	254	1,0321	14,17	4,90	9,27
6	249	1,0309	14,83	5,70	9,13	13	255	1,0312	14,28	5,20	9,08
7	245	1,0301	15,11	6,10	9,01	14	270	1,0313	14,70	5,50	9,20
16 (Nachzug)	71	1,0271	17,34	8,60	8,74	15	159	1,0303	15,64	6,50	9,14
						17 (Nachzug)	39	1,0272	17,61	8,80	8,81
Mittel	—	1,0322	14,27	5,09	9,17	Mittel	—	1,0332	14,37	5,08	9,29

b) Die Zitzen wurden paarweise gemolken, aber der Inhalt jeder Zitze gesondert in Fraktionen aufgefangen. Die hierbei erhaltenen Ergebnisse waren folgende:

Nummer der Fraktion	Rechte Zitzen: Gewicht der Fraktion g	Spec. Gewicht	Trocken-Substanz %	Fett %	Fettfreie Trocken-Substanz %	Nummer der Fraktion	Linke Zitzen: Gewicht der Fraktion g	Spec. Gewicht	Trocken-Substanz %	Fett %	Fettfreie Trocken-Substanz %
	I. Vordere Zitze:						III. Vordere Zitze:				
1	245	1,0337	13,43	3,95	9,48	11	237	1,0330	14,03	4,60	9,43
2	253	1,0327	14,13	4,75	9,38	12	263	1,0327	14,31	4,90	9,41
3	262	1,0322	14,68	5,30	9,38	13	245	1,0317	14,80	5,50	9,30
4	196	1,0302	15,79	6,65	9,14	14	94	—	—	6,75	—
5 (Nachzug)	54	—	—	9,20	—	15 (Nachzug)	45	—	—	9,15	—
Mittel	—	—	—	5,31	—	Mittel	—	—	—	5,40	—
	II. Hintere Zitze:						IV. Hintere Zitze:				
6	230	1,0331	13,93	4,50	9,43	16	269	1,0330	14,27	4,80	9,47
7	221	1,0326	14,29	4,90	9,39	17	256	1,0329	14,24	4,80	9,44
8	249	1,0324	14,73	5,30	9,43	18	248	1,0329	14,48	5,00	9,48
9	157	1,0312	15,38	6,10	9,28	19	261	1,0314	15,32	6,00	9,32
10 (Nachzug)	69	—	—	7,40	—	20 (Nachzug)	59	—	—	9,50	—
Mittel	—	—	—	5,30	—	Mittel	—	—	—	5,39	—

Jede Zitze liefert demnach eine Milch, deren Fettgehalt von Anfang bis zu Ende steigt. Werden wie gewöhnlich die Zitzen paarweise gemolken, so zeigt die Milch nach dem Ausmelken des ersten Zitzenpaares ein Höchstgehalt an Fett, wird dann beim zweiten Zitzenpaar wieder fast so schwach wie beim Beginn des Melkens und steigt von neuem bis zum zweiten Höchstgehalt.

Dieselben Ergebnisse wurden bei einer Ziege erhalten. Da die Ziegen aber nur zwei Zitzen haben die gleichzeitig gemolken werden, so findet bei Ziegen nur ein einmaliges Ansteigen statt.

5. Krüger (Deutsche Milchwirthsch.-Ztg. 1902, 145; Zeitschr. Nahrungs- u. Genussm. 1902, 5, 774) erhielt ähnliche Ergebnisse.

Eselmilch.

Nach Ellenberger (Arch. Physiol. 1896, 33; Zeitschr. Nahrungs- u. Genussm. 1900, 3, 331).

Milch von:	Spec. Gewicht	Gesammt-Stickstoff-Substanz	Kaseïn	Fett	Milchzucker	Asche
1. trächtigen Eselinnen	1,014—1,035	1,0—1,5 (selten 2,14)	—	0,55—1,60 (selten 2,51)	3,0—6,7 %	0,40 (Mittel)
2. nicht trächtigen Eselinnen	1,030—1,050	1,08—2,00	0,8—1,5	1,0—2,0	5,0—6,0	—
3. fünf anderen Eselinnen	1,030—1,060	1,24—1,72	—	0,15—1,70	5,9—6,4	0,30—0,40
4. Eselinnen 3 Wochen vor der Geburt	—	1,74	1,11	1,50	1,90	0,73
4. Eselinnen 5 Tage vor der Geburt	—	6,46	4,16	0,3—0,4	6,48	0,60
5. Colostrum am Tage der Geburt	1,039	3,80	2,97	2,80	6,10	0,70
2. Tage	1,035	2,50	2,14	1,15	6,00	0,65
4. "	1,037	2,81	2,16	1,05	—	—
7. "	1,035	2,62	2,00	1,60	—	—
9. "	1,034	2,43	1,82	1,20	—	—
13. "	—	1,60	—	0,20	—	—

Schweine- und Hundemilch.

Ramoot (Milch-Ztg. 1901, 30, 578; mitgetheilt von R. Braun) fand für zwei Proben obiger Milch folgende procentige Zusammensetzung:

	Kaseïn	Albumin	Fett	Milchzucker	Asche
Schweinemilch . . .	3,98	1,62	4,55	3,34	1,09 %
Hundemilch	4,66	3,04	8,10	3,11	1,05 "

Zusammensetzung von normaler und daraus hergestellter schleimiger Milch.

Nach J. König, A. Spieckermann u. J. Tillmans (Zeitschr. Nahrungs- u. Genussm. 1902, 5, 898).

Zu den Versuchen diente sterilisirte Milch der Warener Natura-Milch-Exportgesellschaft, welche mit verschiedenen Bakterien-Reinkulturen geimpft wurde. Die procentige Zusammensetzung der Milchproben, sowie die unter Berücksichtigung der absoluten Mengen ermittelte procentige Abnahme (—) bezw. Zunahme (+) an den einzelnen Bestandtheilen (in Procenten der ursprünglichen Menge der Bestandtheile) waren folgende:

Versuchs-Bakterien		Art der Milch	Trocken-Substanz	Kaseïn	Albumin	Molken-proteïn	Fett	Milch-zucker	Mineral-stoffe	Säure (Essigsäure)
I. Bacterium K.	Versuch A	Kontrollmilch	11,01	2,83	0,35	0,18	2,20	4,27	—	0,123
		Geimpfte Milch (nach 14 Tagen)	10,34	2,60	0,46	0,18	2,21	3,72	—	0,222
		Geimpfte Milch (nach 18 Tagen)	9,38	2,37	0,77	0,28*)	2,27	2,48	—	0,306
	Versuch B	Kontrollmilch	10,52	2,92	0,20	0,20	2,04	4,31	0,65	0,140
		Geimpfte Milch (nach 14 Tagen)	8,99	2,66	0,46	0,24	2,05	2,68	0,67	0,255
		Zu- bezw. Abnahme	−14,5	−10,2	+125,2	+17,4	± 0	−37,8	± 0	+80,0
II. Bact. lactis aërogenes und Bact. Guillebeau		Kontrollmilch zu Beginn	11,72	2,92	0,19	0,18	3,46	4,28	0,65	0,120
		Kontrollmilch zum Schluss	11,62	2,94	0,23	0,24	3,36	4,24	0,65	0,123
		Geimpft mit Bacterium lactis aërogenes	11,03	3,08	0,17	0,18	3,28	3,61	0,71	0,273
		Zu- bezw. Abnahme	−13,6	−4,0	−26,0	−21,6	−12,2	−22,6	± 0	+110,6
		Geimpft mit Bacillus Guillebeau	10,09	2,94	0,24	0,18	3,35	2,71	0,67	0,339
		Zu- bezw. Abnahme	−15,6	−18,0	+12,4	−16,5	−4,2	−38,0	± 0	+226,3
III. Bact. bruxellensis		Ungeimpft	10,32	2,87	0,22	0,17	1,73	4,59	0,62	0,120
		Geimpft (nach 14 Tagen)	9,73	2,92	0,24	0,15	1,78	3,59	0,65	0,402
		Zu- bezw. Abnahme	−6,6	+0,8	+8,4	−12,7	+1,9	−22,5	+3,3	+232,1
IV. Coccus der langen Wei		Ungeimpft	9,62	3,01	0,21	0,15	1,25	4,18	0,69	0,126
		Geimpft (nach 8 Tagen bei 28°)	9,26	2,77	0,33	0,22**)	1,05	3,69	0,62	0,570
		Zu- bezw. Abnahme	−4,0	−8,1	+55,4	+46,6	−16,1	−12,1	−10,3	+351,6
V. Bact. lactis longi		Ungeimpft	10,30	2,79	0,32	0,24	1,91	4,03	0,62	0,126
		Geimpft (nach 10 Tagen bei 28°)	9,94	2,69	0,28	0,32	1,85	3,53	0,58	0,570
		Zu- bezw. Abnahme	−5,7	−5,8	−14,5	+34,6	−5,4	−14,4	−8,6	+341,8

Ueber die Untersuchungs-Verfahren vergl. die Original-Mittheilung.

Molkerei-Erzeugnisse und Molkerei-Abfälle.

(Nachträge zu S. 282—398).

Ueber die Reifung von zwei Sorten Backsteinkäse

stellte O. Laxa (Zeitschr. Nahrungs- u. Genussm. 1899, 2, 851) Untersuchungen an und zwar mit den in Böhmen erzeugten Harrach- und Konopister-Käse. Die procentigen Untersuchungs-Ergebnisse waren folgende:

---

*) In dieser Probe wurden 0,0069 % Ammoniak-Stickstoff gefunden; die sämmtlichen anderen Proben der Versuche No. I und II waren frei von Ammoniak.

**) Diese Probe enthielt 0,008 % Ammoniak-Stickstoff.

I. Wasser- u. Säuregehalt.

Käseart	Zeit der Untersuchung 1899	Reifungszustand	Wasser			In 100 Theilen der Trocken-Substanz Säure (Milchsäure)		
			Ganzer Käse	Rinde	Inneres	Ganzer Käse	Rinde	Inneres
Harrach-Käse	24. 2.	Bruch	65,43	65,43	65,43	2,11	2,11	2,11
	3. 3.	frisch	51,87	51,87	51,87	4,42	4,42	4,42
	5. 4.	reif	53,28	51,54	55,03	2,16	0,94	3,38
Konopister-Käse	2. 3	frisch	46,14	46,14	46,14	3,21	3,21	3,21
	11. 4.	reif	41,79	37,08	46,51	1,70	0,78	2,72
	25. 5.	reif	42,65	38,45	46,86	1,12	0,89	1,35

II. Stickstoff-Verbindungen in der Trocken-Substanz.

Käseart	Zeit der Untersuchung 1899	Reifungsgrad	Stickstoff			Kaseïn + Albumin			Zersetzungsstoffe: Eiweissstoffe, fällbar durch Phosphorwolframsäure			Amide			Ammoniak		
			Ganzer Käse	Rinde	Inneres	Ganzer Käse	Rinde	Inneres	Ganzer Käse	Rinde	Inneres	Ganzer Käse	Rinde	Inneres	Ganzer Käse	Rinde	Inneres
Harrach-Käse	3/3.	frisch	5,90	5,90	5,90	32,27	32,27	32,27	2,45	2,45	2,45	1,45	1,45	1,45	0,06	0,06	0,06
	5/4.	reif	—	5,81	—	—	3,73	—	15,21	21,03	9,39	5,68	7,82	3,55	—	0,72	—
Konopister-Käse	2/3.	frisch	5,05	5,05	5,05	28,38	28,38	28,38	1,65	1,65	1,65	1,52	1,52	1,52	0,01	0,01	0,01
	11/4.	reif	—	—	—	—	—	—	9,17	12,28	6,06	8,01	9,35	6,68	0,29	0,30	0,28

III. Mineralstoffe in der Trocken-Substanz.

Käseart	Zeit der Untersuchung	Reifezustand	Asche			Kochsalzfreie Asche			Wasserlösliche kochsalzfreie Asche			Kalk			Phosphorsäure			Kochsalz		
			Ganzer Käse	Rinde	Inneres	Ganzer Käse	Rinde	Inneres	Ganzer Käse	Rinde	Inneres	Ganzer Käse	Rinde	Inneres	Ganzer Käse	Rinde	Inneres	Ganzer Käse	Rinde	Inneres
Harrach-Käse	24/2.	Bruch	3,24	3,24	3,24	3,24	3,24	3,24	0,37	0,37	0,37	—	—	—	—	—	—	—	—	—
	3/3.	frisch	6,95	6,95	6,95	3,07	3,07	3,07	0,46	0,46	0,46	1,07	1,09	1,07	1,43	1,43	1,43	3,88	3,88	3,88
	5/4.	reif	7,03	7,71	6,35	3,00	3,44	2,57	0,69	0,22	1,17	0,87	1,30	0,44	1,20	1,52	0,88	4,02	4,27	3,78
Konopister-Käse	2/3.	frisch	9,87	9,87	9,87	2,40	2,40	2,40	0,39	0,39	0,39	0,79	0,79	0,79	1,09	1,09	1,09	7,40	7,40	7,40
	11/4.	reif	10,15	10,04	10,27	2,62	3,42	1,82	0,48	0,42	0,54	0,87	1,20	0,35	1,01	1,33	0,69	7,03	6,62	8,45
	24/5.	reif	10,11	9,71	10,51	2,40	2,94	1,86	0,71	0,15	1,28	0,61	1,04	0,18	0,95	1,14	0,75	7,71	6,77	8,65

Die Käse reiften von der Oberfläche aus und zeichneten sich im Anfange durch das angenehme Aroma des Limburger Käses aus. Der Harrach-Käse reifte schnell und seine Oberfläche verwandelte sich in eine schleimige Substanz, die sich nach dem Innern fortsetzte, bis nach Verlauf von zwei Monaten der Käse fast ganz flüssig wurde. Der Konopister-Käse reifte langsam und trocknete an seiner Oberfläche, auf welcher sich schuppige Krusten ausgeschiedener Salze bildeten, ein. Im vierten Monate zeigte dieser Käse noch einen kreidigen Kern.

Untersuchungs-Verfahren: Wasser durch Wägen des Käses auf einer Schale mit ausgeglühtem Sande und Stäbchen, Verreiben des Käses und Trocknen desselben bei 100° C. bis zum gleichbleibenden Gewichte.

Fett wurde in dem fein verriebenen ausgetrockneten Rückstande von der Wasser-Bestimmung durch 10 Stunden langes Ausziehen mit wasserfreiem Aether, durch Trocknen des rohen Fettes, Auflösen in wasserfreiem Aether, Filtriren und eine Stunde langes Trocknen des Rückstandes bei 100° C. bestimmt.

Gesammt-Stickstoff wurde nach Kjeldahl und die stickstoffhaltigen Zersetzungsstoffe wurden nach A. Stutzer (Zeitschr. analyt. Chem. 1896, **35**, 493) bestimmt. — Ammoniak wurde durch Kochen unter Zusatz von kohlensaurem Baryum ausgetrieben und in titrirter Säure aufgefangen. — Die Albumosen und Peptone wurden in einem mit Sand und Wasser verriebenen Theile des Käses nach Kochen und Filtration bestimmt. Das Filtrat wurde mittels Schwefelsäure angesäuert und mit Phosphorwolframsäure versetzt; der Niederschlag wurde abfiltrirt und sein Stickstoffgehalt bestimmt. — Die Amide wurden im Filtrate der durch Phosphorwolframsäure gefällten Käsemasse bestimmt. Der gefundene Stickstoff wurde mit dem Faktor 6,25 auf Eiweissstoffe und Amide berechnet. — Das Kasein und das Albumin wurden aus der Differenz der Summe der erhaltenen Zersetzungsstoffe von derjenigen der Gesammt-Eiweissstoffe erhalten. — Die Säure wurde im verriebenen Käse durch Titration mit $^1/_{10}$-N.-Lauge ermittelt und als Milchsäure berechnet, obwohl auch andere sauer reagirende Stoffe vorhanden waren.

Die Asche ergab sich durch Veraschung des Käses in der Platinschale, Auslaugen mit Wasser und nochmalige Veraschung. In der Asche wurde das Chlor durch Titration mit Silberlösung bestimmt und auf Kochsalz umgerechnet.

Zusammensetzung von Käsesorten aus Portugal.

Von M. Hoffmann (Milch-Ztg. 1898, **27**, 199).

Die procentige Zusammensetzung der verschiedenen Kuh- und Schafmilchkäse war folgende:

No.	Nähere Bezeichnung und Herkunft	Wasser	Stickstoff-Substanz	Fett	Milchzucker	Asche	Chlor-natrium
1	Schafkäse, halbweich (Serra de Estrella)	31,87	22,18	40,05	2,24	3,66	0,89
2	Schaf- (auch Ziegen-) Käse (Alemtejo)	30,22	20,87	38,25	3,06	7,60	2,90
3	„Rabacal“, Schaf- und Ziegenkäse, ziemlich hart	16,45	35,00	37,36	2,93	8,26	2,42
4	„Saloios“, Weichquarg aus abgerahmter Kuhmilch . . .	76,25	11,37	1,78	5,28	5,32	2,49
5	„Queijo da Ilha“, halbharter Rundkäse aus Kuhmilch (Azoren)	28,39	30,62	32,00	2,85	6,14	1,66

Getrocknete Jack-Milch.

Die von Dr. C. Schulten im Jahre 1895 aus Tibet mitgebrachte Probe ergab nach einer Analyse der Vers.-Stat. Münster (Original-Mittheilung):

Wasser	Kaseïn (N × 6,34)	Fett	Milchzucker (Differenz)	Asche	Kalk	Phosphorsäure
10,08	65,87	5,22	13,41	5,42	2,29	2,80 %

Hiernach ist diese sog. getrocknete „Jack-Milch“ wohl keine eingetrocknete Milch, sondern ein getrockneter Milchquarg (Käse).

Milch und die auf verschiedene Weise daraus gewonnenen Molken

untersuchte H. Droop Richmond (Analyst 1901, **26**, 310; Zeitschr. Nahrungs- u. Genussm. 1902, **5**, 771) mit folgenden procentigen Ergebnissen:

Bestandtheile	Natürliche Milch	Serum von frischer Milch	Serum von erhitzter Milch	Molken durch Labfällung erhalten: nicht erhitzt	Molken durch Labfällung erhalten: erhitzt
Trocken-Substanz	12,83	5,09	5,03	6,21	6,12
Fett	4,01	0	0	0	0
Zucker	4,45	4,45	4,44	4,45	4,45
Eiweissstoffe	3,46	—	—	} 1,24	1,16
Andere feste Stoffe	0,16	0,16	0,12		
Asche	0,75	0,48	0,47	0,52	0,51
Kalk	0,170	0,054	0,045	0,051	0,047
Phosphorsäure	0,220	0,097	0,094	0,103	0,095
Kohlensäure, gebunden . . .	0,016	0,016	0,013	—	—
Gesammt-Stickstoff	0,540	—	—	0,129	0,113
Kaseïn-Stickstoff	0,477	—	—	0,068	0,047
Albumin-Stickstoff	0,063	—	—	0,061	0,066

Eingedickte Molken

von der Herstellung von Frühstückskäsen enthielten nach R. Backhaus (Milch-Ztg. 1897, 26, 281):

Wasser	Stickstoff-Substanz	Fett	Milchzucker	Milchsäure	Reinasche
2,91	13,34	1,44	65,97	7,96	8,38 %

Die Reinasche enthielt:

Eisenoxyd	Kalk	Magnesia	Kali	Natron	Phosphorsäure	Chlor
0,032	0,870	0,263	2,810	1,527	1,425	1,491 %

Vegetabile „Milch“ (Dr. Lahmann's)

von Hewel und Veithen in Köln enthielt nach einer Analyse von E. Haselhoff (Original-Mittheilung):

Wasser	Stickstoff-Substanz	Fett	Stickstofffreie Extraktstoffe	Asche	Kali	Phosphorsäure
25,88	10,06	18,71	43,66	1,69	0,49	0,75 %

Kindermehle.

(Nachträge zu S. 398—410.)

Aufrecht (Pharm. Ztg. 1898, 43, 410) fand für „Sano“ ein aus Gerstenmehl hergestelltes diätetisches Nährmittel und R. Hefelmann (Pharm. Centrh. 1901, 42, 43, mitgetheilt von P. Süss) sowie A. Beythien (Jahresbericht des Unters.-Amtes Dresden 1901, 4) für Dr. Klopfer's Kindermehl, ein aus Weizenmehl hergestelltes Mehl, folgende procentige Zusammensetzung:

	Wasser	Stickstoff-Substanz	Fett	Lösliche Kohlenhydrate	Stärke	Rohfaser	Mineralstoffe	Analytiker
Sano . . .	13,72	12,46	1,62	4,07	64,85	1,43	1,85	*Aufrecht*
Klopfer's Kindermehl	2,41	18,91	3,36	70,30	2,65	—	2,37	*Hefelmann*
	3,73	18,63	3,21	67,85	4,07	—	2,51	*Beythien*

Beythien fand ferner in Klopfer's Kindermehl 4,34 % wasserlösliche Stickstoff-Substanz und 2,28 % wasserlösliche Mineralstoffe.

Cerealien.

(Nachträge zu S. 413—573.)

Ueber die Zusammensetzung des Roggens

und seine Beurtheilung für Kornbranntweinbrennerei und Presshefefabrikation liegen folgende eingehenden Analysen, sowohl des Kornes selbst wie des daraus gewonnenen Mälzungs-Extraktes (mit Diastase gewonnen), von Schulte im Hofe (Zeitschr. ges. Brauw. 1889, 12, 174; Zeitschr. angew. Chem. 1889, 407) vor.

Der Roggen enthielt 12,8—17,6 % Wasser und ferner in der Trocken-Substanz:

No.	Zusammensetzung des Roggens							Extrakt-Ausbeute	Zusammensetzung des Extrakts					
	Stickstoff-Substanz %	Stärke %	Sonstige stickstofffreie Extraktstoffe und Fett %	Rohfaser %	Asche %	Kali %	Phosphorsäure %	%	Stickstoff-Substanz %	Maltose %	Dextrin %	Sonstige stickstofffreie Extraktstoffe und Mineralstoffe %	Kali %	Phosphorsäure %
1	12,75	63,43	19,06	2,79	1,97	0,51	0,48	87,05	5,31	56,26	19,47	17,60	0,56	0,80
2	13,32	62,11	19,82	2,57	2,18	0,64	0,75	81,27	5,52	64,15	15,63	13,46	0,73	0,51
3	13,44	61,81	19,55	2,48	2,22	0,47	0,95	86,39	5,61	56,32	18,74	18,15	0,53	0,71
4	14,30	60,20	21,02	2,46	2,02	0,58	0,86	82,94	6,17	54,58	20,91	17,21	0,64	0,65
5	14,03	61,42	20,14	2,38	2,04	0,57	0,64	80,54	6,23	63,13	16,42	13,06	0,67	0,49
6	14,84	62,45	17,86	2,49	2,36	0,61	0,83	82,80	5,49	62,04	16,70	14,28	0.72	0,67
7	15,36	60,22	20,01	2,59	1,82	0,56	0,65	81,26	6,79	63,04	14,39	14,56	0.68	0,54
8	15,89	60,46	18,04	2,61	2,11	0,54	0,74	80,54	6,23	63,13	16,42	13,06	0,67	0,49
9	17,38	61,09	16,76	2,71	2,06	0,57	0,66	81,00	7,06	62,64	17,02	12,08	0,68	0,52

Untersuchungs-Verfahren: 20 g fein geschrotener Roggen wurden mit 100 ccm Wasser und 0,05 g Rohdiastase in einem Becherglase in ein Dampfbad von 62,5° C gestellt, bis nach etwa 2½ Stunden in einer herausgenommenen, vollkommen erkalteten Probe Jodlösung keine Stärkereaktion mehr gab; dann wurde die Maische rasch abgekühlt, mit Wasser auf 200 g aufgefüllt und filtrirt.

Geschälte Gersten.

Balland (Compt. rend. 1897, 124, 1049; Centrbl. Agrik.-Chem. 1898, 27, 331) fand für nach verschiedenen Verfahren geschälte Gersten folgende procentige Zusammensetzung der Trocken-Substanz:

	Stickstoff-Substanz	Fett	Stickstofffreie Extraktstoffe	Rohfaser	Asche
Mit der Hand geschält . .	10,70	1,71	84,07	1,43	2,09
Mit Maschinen geschält . .	10,47	1,28	84,93	1,56	1,76
Geperlte Gerste	7,09	0,75	90,55	0,90	0,71

Leguminosen.

(Nachträge zu S. 574—603.)

Ueber die Zusammensetzung von französischen und ungarischen Bohnen

sowie die aus den Originalbohnen (A) in Ungarn nachgebauten Bohnen (B) berichtet Th. Kosutany (Landw. Vers.-Stat. 1900, 54, 463; Zeitschr. Nahrungs- u. Genussm. 1901, 4, 371) mit folgenden procentigen Ergebnissen:

No.	Bezeichnung der Sorte	Wasser		Stickstoff-Substanz		Fett		Rohfaser		Stickstoff-freie Extraktstoffe		Asche	
		A	B	A	B	A	B	A	B	A	B	A	B
1	Haricot rond blanc commun . .	13,98	15,07	22,88	25,91	1,72	1,74	4,63	4,35	53,46	48,77	3,35	4,13
2	Haricot flageolet blanc	16,69	15,33	23,20	26,84	1,78	1,51	4,89	3,59	49,93	48,45	3,51	4,23
3	Ungarische grosse weisse Bohne .	14,19	14,81	24,01	23,75	1,77	1,53	4,47	3,13	52,22	52,55	3,34	4,22
4	Haricot suisse rouge	14,83	15,17	21,89	26,69	1,77	1,30	4,28	3,40	54,01	49,49	3,23	3,95
5	Haricot de Prague à marbre à rames	16,21	15,25	21,25	21,64	1,57	1,34	4,23	3,62	53,27	54,71	3,48	3,44
6	Haricot flageolet rouge rognon de coq	16,10	15,63	21,14	25,44	1,62	1,27	3,75	3,78	54,06	50,30	3,34	3,58
7	Ungarische Rankbohne seregély .	14,61	15,39	21,38	24,33	1,83	1,39	3,53	3,53	55,36	52,03	3,33	3,42
8	Haricot suisse blanc	16,56	15,83	22,46	25,29	1,78	1,49	4,04	3,50	51,83	50,60	3,33	3,29
9	Haricot de soisson blanc à rames (Rankbohne)	17,56	16,46	20,63	23,75	1,88	1,46	4,14	3,97	52,24	50,19	3,56	4,17
10	Haricot commun blanc à rames (Rankbohne)	14,37	15,68	20,83	26,23	1,67	1,44	4,63	3,69	55,13	49,46	3,37	3,51
11	Zwergbohne aus Györ	15,02	14,86	21,11	25,87	1,51	1,62	3,66	3,18	54,92	51,99	3,78	3,48
12	Kleine weisse Bohne aus Sopron .	—	15,46	—	23,21	—	1,45	—	3,30	—	54,19	—	3,40
13	Braune Rankbohne von Debreczen	14,58	15,71	21,25	22,84	1,27	1,33	4,49	3,57	55,21	52,84	3,20	3,72
14	Rankbohne von Nyiregyháza . .	17,29	15,45	22,72	24,30	1,53	1,35	4,43	3,82	50,22	51,46	3,78	3,62
15	Grüne Rankbohne von Ráczkeve .	15,06	14,78	23,06	22,63	1,50	1,47	4,07	3,57	52,94	53,86	3,37	3,71
16	Halbzwergbohne von Csongrád . .	15,67	15,34	22,56	24,56	1,56	1,64	4,41	3,68	52,12	50,82	3,69	3,97
17	Zuckerbohne von Nyiregyháza . .	15,40	15,27	21,73	22,54	1,49	1,46	4,03	4,30	54,06	53,11	3,28	3,32
18	Weisse Bohne von Vacz	15,85	15,96	23,70	22,48	1,56	1,57	4,05	3,92	51,07	52,56	3,78	3,53
19	Grosse weisse kugelförmige Zuckerbohne	—	15,98	—	23,67	—	1,43	—	3,98	—	51,64	—	3,32
20	Grosse weisse russische Strauchbohne	—	16,13	—	22,99	—	1,91	—	3,85	—	51,08	—	4,03

Aus den Zahlen ist zu ersehen, dass die ungarischen Bohnen den französischen überlegen sind, da sie mehr Stickstoff-Substanz und Kohlenhydrate und weniger Rohfaser als die letzteren enthalten. Auch die in Ungarn nachgebauten französischen Bohnen übertrafen das Saatgut ganz beträchtlich im Gehalt an Stickstoff-Substanz (im Mittel um etwa 4 %), und zeigten auch einen bedeutend niedrigeren Rohfasergehalt.

Serbische Bohnen.

Nach A. Zega und D. Knez-Milojković (Chem.-Ztg. 1901, 25, 396).

No.	Name	Herkunft (Kreis)	100 Körner-Gewicht g	Wasser %	Stickstoff-Substanz %	Fett %	Stickstofffreie Extraktstoffe %	Rohfaser %	Asche %	Aussehen
1	Schöner Johann . .	Niš	45,40	11,79	20,57	1,10	61,00	3,16	3,38	weiss, gelber Kranz um den Keim
2	Sattel-Kirsche . .	„	51,30	10,86	18,95	0,80	63,55	2,33	3,51	roth und weiss
3	Falbe Bohne . . .	„	59,40	10,46	17,99	1,75	62,60	2,87	3,33	falb, rothe Sprenkelung
4	Gelbe Kugelbohne I .	Vranje	41,60	10,75	20,06	1,60	61,67	2,94	3,30	ockergelb
5	Gelbe Steckbohne .	Rudnik	56,51	9,76	20,07	1,42	63,84	2,85	3,06	gelb, rothe Sprenkelung
6	Bunte Bohne . . .	Vranje	48,15	11,80	17,60	1,02	62,66	3,50	3,42	roth und weiss
7	Hohe „ . . .	„	44,11	11,65	18,36	1,12	62,13	3,33	3,41	blassgelb
8	Bunte Kirsche I .	Niš	52,48	9,62	20,46	1,23	61,83	3,18	3,68	roth gesprenkelt
9	„ „ II .	Požarewaz	41,43	10,10	20,64	1,45	61,12	3,16	3,56	
10	Zuckerbohne . . .	Niš	40,61	11,87	21,45	0,90	58,39	4,23	3,16	rund, blauschwarz
11	Citronenbohne . .	Kloster Manasijà	21,42	11,44	16,51	1,79	65,60	2,57	2,91	citronengelb
12	„ . .	Niš	32,29	9,88	18,35	1,98	62,61	2,71	3,95	
13	Sandbohne . . .	„	65,61	11,18	19,49	1,26	61,12	3,28	3,67	grüngelb
14	Perlbohne	Ressava	34,01	11,28	22,24	1,58	57,78	3,78	3,54	fleischfarben
15	Gelbe Strauchbohne	Kloster Manasijà	54,61	10,90	20,00	1,36	61,71	2,70	4,25	
16	Frühe Bohne . .	Ressava	43,36	10,13	15,14	1,41	67,28	2,90	3,64	gelbbraun
17	Blaue „ . .	Niš	41,71	10,01	22,81	1,15	58,83	3,97	3,25	blauviolett
18	Ungarische Bohne .	Rudnik	43,58	9,98	18,36	1,29	63,43	3,07	3,87	falb
19	Gelbe Kugelbohne II	Vranje	45,62	9,79	17,60	1,69	64,85	2,98	3,17	gelbbraun
20	Weichselbohne I .	„	69,09	8,98	21,27	1,80	60,44	3,53	3,99	rothviolett
21	„ II .	Rudnik	102,50	10,27	17,03	1,40	64,25	3,72	3,29	
22	Butterbohne . . .	Belgrad	49,55	11,97	17,72	1,19	61,75	3,50	3,89	rund, blauschwarz
23	Kriechbohne . . .	Kruševaz	46,67	9,28	21,68	1,65	61,22	3,21	2,96	weiss, cylindrisch
24	Zwergbohne . . .	Kloster Tronoža	24,51	9,56	20,20	2,01	61,38	3,75	3,15	weiss
25	Spinnbohne . . .	Niš	45,46	9,15	24,43	1,56	57,64	3,47	3,75	weiss, seitlich zusammengedrückt
26	Strauchbohne . .	Kruševaz	49,10	13,01	20,46	1,46	61,09	2,86	3,12	cylindrisch, weiss
27	Spinnbohne . . .	Belgrad	50,20	10,60	19,97	1,57	60,89	3,47	3,50	weiss, flach
		Mittel	—	10,59	19,61	1,43	61,68	3,22	3,47	—
	Weisse Bohnen, Handelswaare, (Mittel von 14 Proben)		—	12,72	21,39	1,45	60,10	3,81	3,17	—

Sojabohnen aus Russland.

A. Nikitin (Westnik obschtschestw. gigieny 1900, 4, 453; Zeitschr. Nahrungs- u. Genussm. 1901, 4, 39) berichtet über die Zusammensetzung einiger von ihm selbst (No. 1 u. 2) sowie von Giljaranski (No. 3—8) und Lipski (No. 9) untersuchten Sojabohnen aus Russland. Die procentige Zusammensetzung war folgende:

No.	Nähere Bezeichnung	Wasser	Stickstoff-Substanz	Rein-Proteïn	Fett	Stickstofffreie Extraktstoffe	Rohfaser	Mineralstoffe
1	Schwarze aus Südrussland	7,35	42,28	30,125	20,27	19,63	4,70	5,77
2		8,43	44,75	—	17,86	23,93		5,03
3	Gelbe aus Russland . . .	9,26	37,14	—	17,23	21,89	9,70	4,78
4	Gelbe aus China	7,80	34,12	—	15,41	29,50	8,86	4,31
5	Gelbe aus Japan	7,21	33,27	—	14,78	31,84	8,95	3,95
6	Schwarze aus China . . .	6,28	29,05	—	13,33	35,74	11,20	4,52
7	Schwarze aus Japan . . .	8,16	31,10	—	14,79	30,72	11,08	4,43
8	Grünliche aus Japan . .	8,92	35,64	—	16,43	24,76	9,00	4,25
9	Gelbe aus Russland . . .	7,11	38,44	—	18,63	30,73		5,06

Zusammensetzung indischer Leguminosen.

Von M. Greshoff, J. Sack und J. J. van Eck (vergl. S. 1457).

No.	Nähere Bezeichnung	Holländische Bezeichnung	Wasser %	Stickstoff-Substanz %	Fett %	Stickstofffreie Extraktstoffe %	Rohfaser %	Mineralstoffe %
1	Grosse Bohnen (Vicia faba, var. „Greene Windsor")	Boonen, grote cruine, var. „Green Windsor"	10,38	26,31	2,16	38,12	6,51	3,48
2	Desgl. var. „Horse"	Boonen, grote cruine, var. „Horse"	11,39	25,44	2,19	40,71	7,39	2,98
3	Bohnen (Phaseolus vulgaris) weisse	Boonen, witte	18,20	18,44	0,78	45,32	4,29	3,29
4	Bohnen (Phaseolus vulgaris) kleine weisse, var. Dwarf Rice	Boonen, kleine witte (var. Dwarf Rice)	11,29	23,38	2,43	45,70	4,49	3,63
5	Bohnen (Phaseolus vulgaris) platte weisse, var. Henderson	B. platte witte (var. Henderson)	10,60	26,69	1,88	43,90	4,14	3,50
6	Phaseolus lunatus macrocarpus, var. Jersey	„ „ „ (var. Jersey)	10,31	19,56	2,48	46,46	4,93	4,07
7		Koro mas	14,85	21,00	0,60	36,88	3,66	3,38
8	Bohnen, braune	Boonen bruine	18,65	18,19	0,91	45,37	3,53	2,61
9	„ indische braune (Vigna) .	Katjang merah	14,77	23,81	2,27	44,93	4,19	3,25
10	Phaseolus radiatus	Katjang idjoe K. M.	14,97	40,50	2,40	41,09	5,73	2,75
11		Katjang idjoe H.	11,14	35,43	2,00	43,05	5,15	3,59
12	Phaseolus spec.	Katjang benghoe	11,66	20,12	3,40	41,75	7,26	3,11
13		„ bandong	14,77	23,81	2,27	44,93	4,19	3,25
14	Vigna Catjang, var. „Cow Pea" .	„ mierah	13,55	21,88	2,91	48,84	4,29	3,41
15	Catjanus spec.	„ goedéh	15,52	18,91	1,60	47,98	3,96	3,41
16	Voandzeia „	„ bogor	13,23	20,80	1,56	48,96	8,35	3,35
17	Dolichos „	Koro oetjeng	11,84	21,31	2,67	40,34	8,34	3,71
18	„ „	„ oedang	12,45	22,00	2,10	38,58	9,17	3,55
19	Leucaena glauca	„ peteh	12,15	25,38	5,40	21,80	13,97	3,99
20	Canavalia ensiformis	„ bedek	15,06	20,12	1,60	43,04	9,67	2,84
21	Lablab vulgaris	„ loemoet	11,93	19,25	2,80	43,64	7,73	3,31
22	Dolichus lablab	Kekara	9,54	22,34	2,57	39,96	7,70	3,72
23	Taratibohne (Nelumbium) . . .	Taratiboontjes	11,80	20,12	2,40	47,95	6,00	3,80
24	Sojabohne	Katjang kadelé H.	17,45	37,62	16,88	11,08	5,71	4,92
25	Weisse Sojabohne	Katjang kadelé K. M.	15,89	35,00	19,20	16,20	9,40	4,36
26	„ „ Vigna Catjang .	Katjang poetih	12,87	35,87	17,20	13,80	6,48	3,98
27	Glycine, gelbe Sojabohne . . .	Soja boonen, gele	6,44	36,19	20,75	7,17	6,66	5,45
28	Schwarze Sojabohne	Katjang kadelé itam	11,83	36,75	16,20	10,72	5,68	4,04
29	Psophocarpus tetragonolobus . .	Katjang ketjipir	12,29	29,75	15,00	15,48	9,03	3,71

Erderbse (Voandzu).

Der Samen von Voandzeia subterranca enthält nach Balland (Compt. rend. 1901, **132**, 1061; Zeitschr. Nahrungs- u. Genussm. 1902, 5, 1156):

Wasser	Stickstoff-Substanz	Fett	Stickstofffreie Extraktstoffe	Rohfaser	Asche
9,8	18,6	6,0	58,3	4,0	3,3 %

Oelsamen.

(Nachträge zu S. 603—618.)

Zusammensetzung indischer Oelsamen.

Nach M. Greshoff, J. Sack und J. J. van Eck (vergl. S. 1457).

No.	Nähere Bezeichnung	Holländische Bezeichnung	Wasser %	Stickstoff-Substanz %	Fett %	Stickstofffreie Extraktstoffe %	Rohfaser %	Asche %
1	Petehbohnen (Parkia speciosa)	Petehboonen op azijn	74,62	5,25	4,11	0,88	2,86	11,81
2	" " "	" " "	13,90	24,50	19,40	9,04	5,84	4,43
3	Erdnuss (Arachis)	Grondnooten	6,15	28,00	57,19	Spuren	5,51	2,21
4	Kokosnuss	Kokosnoot (Kalapa)	43,20	3,50	43,20	Spur	0,50	0,78
5	Pangium, geschälte Samen .	Kloeak	9,82	16,62	48,80	2,92	11,97	2,31
6	Aleurites	Kemirinoten	6,72	19,56	63,20	0,73	4,38	2,92
7	Sesam (Sesamum indicum) .	Sesamzaad (Wiedjen)	7,63	18,38	51,00	3,56	14,48	5,27
8	Canarium mollucanum . . .	Kanari ambonpitten	2,39	15,88	75,36	2,54	1,59	3,43
9	Melonenkerne (Citrullus edulis)	Meloenpitkernen („Kwa-Aji")	5,24	34,56	49,94	Spur	1,42	3,12

Peanussbutter und Peanolia (Raffinirte Peanussbutter),

zwei in Amerika im Handel befindliche angeblich nur aus Erdnüssen und Salz hergestellte Produkte, haben nach A. L. Winton (23. Jahresb. Connecticut Agric. Experim. Stat. 1900, 138) folgende procentige Zusammensetzung:

	Wasser	Proteïn	Fett	Zucker und Dextrin	Stärke	Rohfaser	Chlor-natrium	Sonstige Mineralstoffe
Peanussbutter . .	2,10	28,66	46,41	6,13	6,15	2,30	3,23	0,80
Peanolia	1,98	29,94	46,68	5,63	5,58	2,10	4,95	1,08

Unkrautsamen.

(Nachtrag zu S. 623—624.)

Gemeiner Knöterich (Polygonum Persicaria)

aus Russland enthält nach P. Horst (Chem.-Ztg. 1901, **25**, 1055):

Wasser	Stickstoff-Substanz	Aether-Extrakt	Zucker	Sonstige stickstofffreie Extraktstoffe	Rohfaser	Asche	Oxalsaures Calcium
10,07	24,81	1,92	3,24	25,83	27,61	6,52	2,18 %

Mehle. (Nachträge zu S. 625—670.)

Zusammensetzung von Weizen und den daraus gewonnenen Mehlen.

Nach G. Barth (Zeitschr. Nahrungs- u. Genussm. 1902, 5, 449).

No.	Bezeichnung des Weizens	Zusammensetzung der Körner: Wasser %	Stickstoff-Substanz %	Mehlige Körner %	Glasige Körner %	1000-Körner-Gewicht g	Zusammensetzung des Mehles: Wasser %	Kleber feucht %	Kleber trocken %	Stickstoff-Substanz %	Kleber in % der Stickstoff-Substanz	Wasserbindung des Klebers g von 100 g Mehl
1	Franken-Weizen . .	13,33	11,79	49	51	35,4	14,54	27,0	8,84	8,93	98,99	19,2
2	Bayerischer Weizen .	13,69	12,19	21	79	30,4	13,31	28,8	9,10	9,62	94,59	19,7
3	Kern	13,85	10,65	46	54	34,7	14,23	21,0	8,68	8,93	97,20	12,3
4	Englischer Rauhweizen	14,78	10,81	78	22	37,3	14,86	24,8	8,36	9,44	88,56	16,4
5	Saxonska	13,59	16,05	30	70	28,2	13,91	27,6	9,46	10,49	90,18	18,1
6	Rumänischer Weizen .	13,24	10,57	43	57	33,8	13,77	24,3	8,20	8,61	95,24	16,1
7	Serbischer Weizen . .	13,51	11,67	68	32	31,7	13,56	23,2	8,55	9,06	94,37	14,7

Zusammensetzung von Hafermehlen und Hafergrützen.

1. Ueber amerikanische, schottische und russische Hafergrützen berichtet G. W. Chlopin (Zeitschr. Nahrungs- u. Genussm. 1901, 4, 481) mit folgenden procentigen Ergebnissen:

No.	Nähere Bezeichnung	Zeit und Ort des Einkaufes	Preis 1 Pfunds (409,5 g) Pfg.	In der natürlichen Substanz: Wasser	Gesammt-Stickstoff-Substanz	Reinproteïn	Fett	Stickstoff-freie Extraktstoffe*)	Rohfaser	Asche	In der Trocken-Substanz: Gesammt-Stickstoff-Substanz	Reinproteïn	Fett	Stickstoff-freie Extraktstoffe*)
1	Sog. patentirte amerikanische Grützen: Herkulo	1896 Moskau	60	9,11	16,48	16,13	6,06	65,11	1,05	2,19	18,09	17,74	6,67	68,78
2	Sog. patentirte amerikanische Grützen: Herkulo	1897 Dorpat	70	8,83	18,13	17,81	6,00	64,28	1,59	1,17	19,88	19,54	6,58	70,52
3	Sog. patentirte amerikanische Grützen: Champion	1996 Moskau	60	10,12	14,32	12,75	6,50	66,17	0,95	1,94	15,93	13,07	7,23	73,62
4	Sog. patentirte amerikanische Grützen: Champion	1897 Dorpat	60	11,94	14,25	13,25	6,24	64,11	1,79	1,67	16,18	15,05	7,09	72,80
5	Amerikan. Grütze ohne Namen	1897 „	24	14,16	16,05	15,50	6,66	61,02	1,17	0,94	18,71	18,06	7,76	71,07
6	Mother brand crushed Oat-Meal, Ohio . .	1897 „	30	9,74	15,19	14,38	6,70	65,55	1,33	1,49	16,83	15,93	7,42	72,63
7	A.-B.-C. Oat-Meal, New-York	1897 „	45	9,61	16,38	15,00	6,68	64,63	1,01	1,69	18,12	16,66	7,39	71,50
8	Robinson's pure scotsch-Oat-Meal	1898 „	70	10,16	12,50	11,81	7,28	66,83	1,54	1,69	13,91	13,15	8,10	74,40
9	Russische gewöhnliche Grützen	1896 Moskau	16	10,36	11,69	10,50	5,85	69,80	0,79	1,51	13,04	11,71	6,53	77,86
10	Russische gewöhnliche Grützen	1897 Dorpat	16	13,22	13,81	12,00	4,43	65,72	0,99	1,83	15,92	13,83	5,11	75,72
11	Baehr's schottisches Mehl, Russland . .	1898 „	50	8,74	11,25	10,44	6,95	70,74	1,07	1,55	12,33	11,44	7,76	77,04
12	Baehr's A.B.C., Russland	1898 „	—	9,00	14,19	13,88	7,60	66,39	1,22	1,60	15,59	15,25	8,35	72,96
13	Silatsch, schott. Grütze	1899 „	—	9,27	13,31	11,88	5,20	68,82	1,67	1,72	14,67	13,09	5,73	75,86
14	Livonia, Riga . . .	1900 „	40	10,30	11,10	10,69	7,56	68,33	0,95	1,76	12,26	11,92	8,43	76,29
15	Excelsior	1900 „	—	10,57	16,52	15,52	6,51	63,62	0,88	1,90	18,52	17,47	7,28	71,09
16	Avena	1900 „	30	8,67	17,98	17,20	6,42	61,25	1,22	1,46	19,71	18,82	7,03	70,32
17	Atleto, Finnland . .	1900 „	50	8,70	17,69	17,22	5,97	64,84	1,13	1,67	19,37	18,89	6,54	71,02

*) Vor der Inversion reducirender Zucker war im Kaltwasserauszuge in sämmtlichen Proben nur in Spuren vorhanden. — Der procentige Gehalt an nach der Inversion reducirendem Zucker betrug:

No.	1	2	3	4	5	6	7	8	9	10	11	12	13	14	15	16	17
Natürliche Substanz . .	3,20	1,22	1,72	1,23	0,13	1,56	1,23	0,10	3,62	2,80	1,15	4,39	6,37	0,37	0,20	1,44	Spur
Trockensubstanz . . .	3,52	1,34	1,91	1,40	0,15	1,75	1,36	0,11	4,04	3,23	1,26	4,82	7,02	0,41	0,22	1,58	„

2. Analysen englischer Hafermehle und Flocken von B. Dyer (Analyst 1901, 26, 153).

No.	Nähere Bezeichnung	Wasser %	Stickstoff-Substanz %	Fett %	Stickstoff-freie Extraktstoffe %	Rohfaser %	Asche %	In Salzsäure unlösliche Asche %
1	Feine Hafermehle	9,07	16,00	9,53	60,86	2,07	2,47	0,17
2		9,10	14,81	8,95	63,71	1,50	1,93	0,07
3		9,53	13,06	8,63	65,65	1,30	1,83	0,07
4		9,17	13,62	9,17	64,94	1,20	1,90	0,17
5		9,00	12,94	9,23	65.76	1,10	1,97	0,10
6		8,83	18,19	12,23	54,65	2,20	3,90	0,10
7		9,00	14,00	8,60	65,46	1,17	1,77	0,10
8		8,27	14,44	10,63	62,79	1,70	2,17	0,13
9		9,10	13,94	9,97	63,16	1,70	2,13	0,13
10		8,60	18,44	12,33	54,40	2,20	4,03	0,27
11		8,83	13,12	8,67	66,31	1,20	1,87	—
12		8,20	15,31	9,70	62,09	1,80	2,90	0,17
13		8,33	14,93	9,37	63,81	1,43	2,13	0,03
14	Grobe Hafermehle	7,97	15,18	8,77	65,15	1,03	1,90	0,07
15		9,00	13,06	10,23	65,07	0,87	1,77	0,10
16		8,33	14,31	9,07	65,25	1,07	1,97	0,07
17		8,43	15,46	8,73	64,51	1,07	1,80	0,07
18		7,93	14,93	9,00	65,04	1,13	1,97	0,10
19		9,17	13,69	9,37	64,84	1.13	1,80	0,07
20	Gequetschter Hafer (Flocken)	8,70	14,93	7,57	66,13	0,97	1,70	0,10
21		8,17	14,44	7,80	66,82	0.87	1,90	0,10
22		8,57	13,94	7,87	67,02	0,87	1,73	0,07
23		8,93	14,44	8,43	65,50	0,87	1,83	0,07
24		9,03	14,56	7,63	66,21	0,80	1,77	0,07
25		9,27	12,68	9,30	66,21	0,87	1,67	0,07
26		8,77	15,18	8,17	65,24	0,87	1,77	0,07
27		8,60	14,81	7,53	66,12	1,17	1,77	0,07

Hirse, Hirsemehl und Hirsekleie (Sorghum vulgare)

aus Ungarn enthielten nach Cserháti (Wiener landw. Ztg. 1892, 260; Centrbl. Agrik.-Chem. 1892, 21, 676):

	Wasser	Stickstoff-Substanz	Fett	Stickstofffreie Extraktstoffe	Rohfaser	Asche
Samen . . .	19,87	10.43	3,83	62,58	2,12	1,17 %
Mehl . . .	10,60	11,01	3,14	72,42	1,26	1,57 „
Kleie . . .	10,50	13,82	4,46	65,86	3,40	1,96 „

Bananenmehl.

Hiervon liegen neue Analysen vor von J. B. Coppock (Chem. News 1897, 75, 265; Centrbl. Agrik.-Chem. 1898, 27, 858), E. H. Jenkins (23. Jahresb. Connecticut Agric. Experm. Stat. 1900, 156; Zeitschrift Nahrungs- u. Genussm. 1902, 5, 667) und eine weitere Analyse No. 5 (Nouveaux remèdes 1901, 17, 121; Chem.-Ztg. 1901, 25, Rep. 116). Die procentige Zusammensetzung ist folgende:

No.	Mehl aus Bananen von	Wasser	Stickstoff-Substanz	Fett	Stickstofffreie Extraktstoffe	Rohfaser	Asche	Phosphorsäure	Analytiker
1	—	10,62	3,55	1,15	81,67	1,15	1,60	0,26	*Coppock*
2	Porto Rico .	13,43	3,50	0,47	79,82	0,54	2,24	—	*Jenkins*
3	Florida . .	5,34	2,81	0,66	87,45	0,84	2,90	—	
4	Honduras .	10,33	2,87	0,50	87,02	0,73	2,55	—	
5	Jamaika . .	16,60	3,09	1,10	77,28		1,96	0,44	—

Zusammensetzung indischer Mehle und Stärkemehle.

Nach M. Greshoff, J. Sack und J. J. van Eck (vergl. S. 1457).

No.	Nähere Bezeichnung	Holländische Bezeichnung	Wasser %	Stickstoff-Substanz %	Fett %	Stickstofffreie Extraktstoffe %	Rohfaser %	Mineralstoffe %
1	Reis, geschält, roth von Java . . .	Rijst van Java	15,04	7,44	1,98	70,36	0,96	0,93
2	Reismehl	Rijst van Java (Indramajoe West)	13,34	7,69	0,33	77,89	0,24	0,56
3	Reismehl	Rijstmeel	14,84	6,56	0,20	77,36	0,50	0,48
4	Klebreismehl	Kleefrijst of witte Ketan	13,00	7,69	0,30	77,92	0,55	0,64
5	Klebreismehl	Kleefrijstmeel of Ketanmeel	13,68	8,13	0,80	73,12	0,26	0,70
6	Klebreismehl	Zwarte Kleefrijst of Ketan	15,33	7,56	1,69	72,48	1,11	0,82
7	Klebreismehl, schwarzes	Zwart Kleefrijst	13,05	8,75	1,00	68,60	0,38	2,54
8	Hirse, Sorghum vulgare, geschält (?)	Gierst van Java	15,01	11,18	4,51	61,25	2,48	1,51
9	Hirse „Djenna"	„ Djenna	11,09	13,56	5,67	43,32	7,52	2,92
10	Buchweizenmehl Polygonum fagopyrum	Boekweit van Java	12,95	19,06	3,63	63,05	0,94	1,48
11	Cassave-Mehl (Tapioca), ostindisches .	Tapioca	13,96	0,38	0,54	84,24	0,14	0,09
12	Bananenmehl, weiss	Bananenmeel v. Pisangradjah	15,67	2,88	0,23	77,89	0,83	1,98
13	„ braungrau	Bananenmeel Bruingrijs	15,29	4,31	1,79	63,55	3,65	5,07
14	Sago	Sagoe ambon K. M.	16,24	1,12	0,19	80,05	0,41	0,22
15	Sago	Sagoe ambon H.	15,52	0,37	0,10	78,16	0,13	0,72
16	Sago von Arenga saccharifera .	Sagoe arèn	14,71	0,88	—	78,60	0,40	0,20
17	Sago von Arenga saccharifera	Sagoe Ia Korrels	14,45	0,13	0,12	84,87	0,23	0,16

Ueber die natürliche Veränderung des Weizen- und Maismehles

stellte A. Scala (Staz. sperim. agrar. Ital. 1896, 29, 25) umfangreiche Untersuchungen an. Er liess die Mehle von verschiedenem Feinheitsgrad in „feuchten Kammern" über destillirtem Wasser bei Zimmer-Temperatur stehen und untersuchte sie im frischen, mässig veränderten und vollkommen verdorbenen Zustande mit folgendem Ergebnisse:

I. Weizenmehl und Weizenkleie.

No.	Nähere Bezeichnung	Zeit der Untersuchung	Wasser %	Auf Trocken-Substanz bezogen: Stickstoff-Substanz %	Fett %	Säure (Milchsäure) %	Stärke und Rohfaser %	Asche %	In kaltem Wasser löslich: Asche %	Stick-stoff-Substanz %	Sonstige lösliche org. Stoffe %	Säure (Milchsäure) %	Verhältniss von Gesammt-Stickstoff zu löslichem Stickstoff = 1 :	Asche zu Fett = 1 :
1	Weizenmehl No. 1	5. 11. 94	11,36	10,56	1,03	0,303	87,83	0,58	0,30	1,75	6,51	0,360	6,03	1,77
		5. 1. 95	29,18	18,94	0,71	0,762	80,45	0,90	0,80	7,00	8,50	1,126	2,70	0,71
		4. 4. 95	44,12	18,56	1,93	alkal.	78,64	0,87	0,80	15,75	9,85	2,521	1,18	2,22
2	Desgl. No. 2	8. 11. 94	12,98	12,31	1,26	0,360	85,78	0,65	0,40	1,75	4,45	0,360	7,04	1,94
		16. 1. 95	28,14	16,31	0,55	0,532	82,36	0,78	0,44	10,50	6,96	1,260	1,55	0,70
		8. 4. 95	44,54	20,50	0,44	alkal.	78,15	0,91	0,66	12,25	5,53	1,800	1,68	0,48
3	Desgl. No. 3	11. 11. 94	12,19	18,71	2,15	0,459	77,87	1,27	0,98	3,50	3,52	0,540	5,35	1,69
		19. 1. 95	25,03	20,87	1,12	1,080	76,51	1,50	1,15	12,25	3,49	1,080	1,70	0,74
		10. 4. 95	37,69	26,31	1,36	alkal.	70,58	1,75	1,40	10,50	8,35	1,440	2,50	0,78

No.	Nähere Bezeichnung	Zeit der Untersuchung	Wasser	Auf Trocken-Substanz bezogen: Stickstoff-Substanz	Fett	Säure (Milchsäure)	Stärke und Rohfaser	Asche	In kaltem Wasser löslich: Asche	Stick-stoff-Substanz	Sonstige lösliche org. Stoffe	Säure (Milch-säure)	Verhältniss von Gesammt-Stickstoff zu löslichem Stickstoff	Asche zu Fett
			%	%	%	%	%	%	%	%	%	%	= 1 :	= 1 :
4	Weizenmehl No. 4	15. 11. 94	11,62	7,56	1,03	0,269	90,81	0,60	0,54	1,75	5,37	0,180	4,32	1,71
		23. 1. 95	27,30	12,56	0	1,081	86,64	0,80	0,56	7,00	7,74	0,990	1,79	0
		14. 4. 95	49,08	17,50	1,83	alkal.	79,70	0,97	0,80	14,00	6,10	4,140	1,24	1,88
5	Desgl. No. 5	16. 11. 94	12,48	9,94	1,26	0,308	88,81	0,62	0,56	1,75	5,37	0,270	5,68	2,03
		28. 1. 95	24,93	15,87	0,42	0,509	82,89	0,82	0,60	8,75	7,03	1,080	1,80	0,51
		24. 4. 95	62,64	36,44	2,49	alkal.	58,87	2,24	2,00	24,40	15,50	3,230	1,49	1,11
6	Desgl. No. 6	19. 11. 94	12,15	12,63	0,82	0,333	86,04	0,51	0,42	2,63	6,19	0,180	4,80	1,61
		4. 2. 95	24,79	15,69	0,41	0,358	83,31	0,59	0,50	8,75	7,49	1,440	1,79	0,69
		27. 4. 95	37,54	17,93	2,06	alkal.	79,29	0,72	0,70	14,00	8,40	3,060	1,29	2,86
7	Desgl. No. 7	21. 11. 94	12,07	9,69	1,24	0,307	88,40	0,67	0,55	1,75	4,31	0,180	5,54	1,86
		6. 2. 95	20,60	13,06	0,32	0,283	85,93	0,69	0,54	4,38	3,02	0,360	2,98	0,46
		29. 4. 95	19,61	16,06	0,29	alkal.	82,94	0,71	0,60	5,25	1,75	0,430	3,06	0,41
8	Desgl. No. 8	24. 11. 94	11,88	10,25	2,26	0,459	86,39	1,10	0,96	1,75	5,19	0,360	5,85	2,05
		18. 2. 95	22,59	11,75	0,44	0,493	86,58	1,23	1,00	7,00	2,22	0,720	1,68	0,35
		1. 5. 95	42,72	25,43	1,92	alkal.	78,73	1,92	1,90	14,00	16,70	3,060	1,82	1,00
9	Desgl. No. 9	27. 11. 94	11,23	15,13	2,69	0,810	80,61	1,57	1,20	1,75	7,79	0,720	8,58	1,71
		22. 2. 95	19,64	15,56	0,64	0,783	82,34	1,46	1,28	5,25	2,55	0,720	2,96	0,44
		4. 5. 95	20,59	21,56	0,37	alkal.	76,71	1,36	1,20	8,50	5,00	0,540	2,52	0,27
10	Mehlige Kleie (Farinaccio)	29. 10. 94	10,36	16,50	4,57	1,394	75,51	3,42	3,20	5,25	19,09	2,153	3,14	1,34
		31. 12. 94	50,10	29,62	1,75	alkal.	62,69	7,94	5,70	10,50	10,16	3,420	2,82	0,22
		31. 3. 95	49,39	27,06	1,82	alkal.	62,91	8,21	6,60	10,25	9,49	3,600	2,64	0,22
11	Feine Kleie	26. 10. 94	10,47	20,75	5,34	1,006	69,38	4,53	4,24	4,38	—	1,620	4,73	1,18
		26. 12. 94	41,93	24,81	2,71	2,221	65,35	7,13	6,20	10,50	14,30	3,780	2,36	0,38
		28. 3. 95	18,92	28,69	3,29	alkal.	58,57	9,45	7,74	14,00	4,60	3,600	2,04	0,35
12	Grobe Kleie	31. 10. 94	10,72	15,94	2,83	0,402	75,30	5,93	4,60	3,50	9,90	2,880	4,55	0,47
		22. 12. 94	47,13	27,37	1,51	alkal.	61,87	9,25	9,04	8,75	5,65	3,061	3,13	0,14
		28. 3. 95	50,31	25,55	2,27	alkal.	60,79	11,39	8,20	10,50	3,70	2,880	2,43	0,19
	II. Maismehle.													
1	Paduaner	5. 5. 95	15,89	10,80	7,93	0,455	79,22	2,05	1,60	3,50	4,80	0,540	3,09	3,87
		27. 5. 95	21,43	11,69	4,03	2,313	81,86	2,42	2,20	3,50	6,64	2,154	3,34	1,66
		6. 6. 95	23,79	12,94	0,93	0,826	83,31	2,82	2,50	3,50	6,50	1,620	3,69	0,32
2	Sheppard'sches	3. 12. 94	12,65	12,50	2,27	0,411	84,64	0,59	0,56	1,75	24,28	0,270	7,14	3,85
		15. 3. 95	21,78	14,75	0,84	1,064	83,63	0,78	0,70	1,75	15,45	0,720	8,43	1,07
		9. 5. 95	26,51	13,81	0,88	alkal.	84,43	0,88	0,77	3,50	13,03	0,540	3,95	1,00

Untersuchungs-Verfahren: Gesammtsäure durch Aufschlämmen der feuchten Mehle mit destillirtem Wasser und Titration mit $^1/_{10}$-N.-Kalilauge unter Verwendung von Phenolphtalein als Indikator.

Wasserlösliche Stoffe: 2 g trockenes Mehl wurden in einem 250 ccm-Kolben mit Wasser aufgefüllt, sechs Stunden lang bei 15—20° gehalten und jede Viertelstunde umgeschüttelt. In aliquoten Theilen der Lösung wurden Stickstoff, Extrakt (bei 100° getrocknet) und Asche bestimmt.

Weizen- und Maisstärkemehle des Handels.

Nach O. Saare (Zeitschr. Spiritus-Industr. 1901, 24, 502):

1. Weizenstärke.

No.	Nähere Bezeichnung	Wasser %	In der Trocken-Substanz: Stickstoff-Substanz %	Fett %	Asche %	Säure[1]) %	Farbe	Bemerkungen
1	Kaiserauszug-Stärke	14,60	0,178	0,117	0,132	1,4	rein weiss	grossstückig, fest; Steifungsvermögen gut; zerfallen in Wasser leicht zu einer knötchenfreien, gleichmässigen Stärkemilch.
2		14,65	0,178	0,082	0,144	neutral	„	
3		14,13	0,243	0,070	0,141	0,9	„	
4		12,05	0,250	0,072	0,103	1,8	„	
5	Weizenmehl-Stärke (Prima Luftstärke)	14,04	0,456	0,131	0,207	neutral	weiss	ziemlich grossstückig, sonst wie No. 1—4.
6	Stärke aus Weizenkorn (nach dem Sauer-Verfahren)	13,65	0,221	0,130	0,204	1,0	„	sehr grossstückig; Steifungsvermögen gut; Zerfall in Wasser nicht knötchenfrei.
7	Stärke aus Weizenkorn (nach dem süssen Verfahren)	14,40	0,481	0,092	0,204	neutral	„	wie No. 1—4.
8		11,35	0,462	0,072	0,237	3,2	„	ziemlich grossstückig; Zerfall bröckelig.
9		12,80	0,447	0,091	0,186	1,8	„	
10		15,30	0,511	0,060	0,118	0,9	„	
11		13,78	0,341	0,049	0,208	neutral	„	Zerfall etwas bröckelig, sonst wie No. 1—4.
12	Schabestärke . . .	11,35	0,507	0,084	0,442	3,4	gelblich	Steifungsvermögen gut.
13	Weizenpuder . . .	13,22	0,593	0,129	0,205	neutral	„	
14		9,87	0,421	0,069	0,217	3,3	„	

2. Maisstärke.

No.	Nähere Bezeichnung		Wasser %	Stickstoff-Substanz %	Fett %	Asche %	Säure[1]) %	Farbe	Bemerkungen
1	Stärke für gewerbliche Zwecke	Brockenstärke	12,10	0,217	0,114	0,157	4,6	weiss	grossstückig, fest, Steifungsvermögen gut; in Wasser leicht zu einer gleichmässigen, knötchenfreien Stärkemilch zerfallend.
2			13,23	0,343	0,059	0,135	8,1	„	
3			12,83	0,406	0,046	0,110	9,2	„	
4			12,52	0,405	0,046	0,110	9,1	„	
5			15,40	0,452	0,080	0,162	3,5	„	
6			11,80	0,611	0,048	0,160	7,9	„	
7			12,48	0,652	0,055	0,180	6,9	„	
8			13,74	0,582	0,058	0,130	25,5	„	kleinstückig, bröckelig, giebt nicht steifen Kleister, in Wasser gut zerfallend.
9			14,22	0,608	0,061	0,190	22,2	„	
10			12,48	1,878	0,122	0,180	22,8	gelb	bröckelig, Steifungsvermögen ziemlich gut, befeuchtet sich schwer mit Wasser.
11		Puder . .	14,00	1,078	0,247	0,200	16,3	„	mischt sich schwer mit Wasser.
12	Deutsche Stärke für Nahrungszwecke	Maismon . . .	15,40	0,533	0,047	0,144	2,3	weiss	Stärkefabrik Schwäbisch-Hall, G. Lindenberger.
13		Panin	14,33	0,770	0,045	0,128	4,6	„	C. Goenermann, Zahna.
14		Sirona . . .	14,87	0,452	0,042	0,152	neutral	„	Sironawerke, Nierstein a. Rh.
15		Maispuder . .	15,70	0,421	0,019	0,120	5,0	„	Bayerische Maisstärkefabrik.
							Alkalität[1])		
16	Ausländische Stärke für Nahrungszw.	Maizena, 1900 .	13,64	0,271	0,034	0,484	43,5	zart gelblich	Duryea, Glen Cove, Long Island, New York.
17		„ 1901 .	14,62	0,375	0,025	0,480	48,1		
18		Mondamin, 1900	12,87	0,243	0,031	0,374	40,2	fast weiss	Brown und Polson, Paisley (England).
19		„ 1901	12,75	0,377	0,036	0,424	37,7		

[1]) Säure bezw. Alkalität sind ausgedrückt in ccm $^1/_{10}$-N.-Alkalilauge bezw. Schwefelsäure, welche zur Neutralisirung von 100 g Stärke erforderlich sind.

Eiernudeln.

Ueber die Zusammensetzung von Eiernudeln mit bekanntem Eigehalt bezw. der zur Herstellung der Nudeln verwendeten Mehle liegen folgende neueren Analysen vor:

No.	Mehl bezw. Nudeln	Wasser %	Stickstoff-Substanz %	Fett (Aether-Extrakt) %	Lecithin-Phosphorsäure %	Asche (nach Abzug der Chloride) %	Gesammt-Phosphorsäure %	Analytiker
1	Nudeln aus ungarischem Mehl ohne Eier	9,83	11,00	0,22	—	0,48	0,22	F. Filsinger [1]
2	Nudeln aus deutschem Mehl ohne Eier	9,56	9,06	0,32	—	0,51	0,15	
3	desgl. auf 1 kg Mehl mit 2 Eiern	9,78	9,69	1,02	—	0,55	0,24	
4	desgl. auf 1 kg Mehl mit 4 „	10,10	12,06	2,54	—	0,61	0,30	
5	desgl. auf 1 kg Mehl mit 6 „	9,89	13,25	3,30	—	0,76	0,33	
6	desgl. auf 1 kg Mehl mit 12 „	9,91	14,20	5,80	—	0,94	0,42	
7	Afrikanischer Hartweizengries . . .	—	—	0,68	0,033	—	—	M. Mansfeld [2]
8	Nudeln daraus mit 4 Eier auf 1 kg Mehl	—	13,57	2,76	0,057	—	—	
					In der Trockensubstanz:			
9	Im Haushalt bereitete Nudeln. Auf 1 kg Mehl: 12 Eier . .	8,75	—	5,20	0,1810	—	—	R. Sendtner [3]
10	12 „ . .	9,30	—	5,00	0,1785	—	—	
11	12 „ . .	11,25	—	5,50	0,1910	—	—	
12	10—12 Eier	11,00	—	5,20	0,1530	—	—	
13	Hartgries	10,95	—	0,91	0,0231	—	—	
14	Mehl No. 0	11,34	—	0,80	0,0164	—	—	

Backwaaren.

(Nachträge zu S. 671—703.)

Zusammensetzung serbischer Brotsorten

aus Belgrad ist nach A. Zega (Chem.-Ztg. 1901, 25, 540) folgende:

		Wasser	Stickstoff-Substanz	Fett	Stickstofffreie Extraktstoffe	Rohfaser	Asche
Weissbrot	Krume	44,16	8,12	0,31	45,97	0,33	1,11 %
	Rinde	13,65	12,54	0,45	70,86	0,68	1,82 „
Schwarzbrot	Krume	44,58	8,09	0,32	44,90	0,51	1,00 „
	Rinde	20,52	11,36	0,58	66,72	0,98	1,84 „
Soldatenbrot	Krume	45,67	8,06	0,42	43,34	0,95	1,56 „
	Rinde	19,20	12,65	0,68	62,57	1,71	2,19 „

Maismehl und Maisbrot.

W. Bersch (Chem.-Ztg. 1897, 21, 87) untersuchte gewöhnliches Maismehl (Polenta-Mehl) und das nach dem neuen Sheppard'schen Verfahren hergestellte Maismehl, sowie Brote aus Roggenmehl mit Maismehlzusatz. Die procentigen Ergebnisse waren folgende:

---

[1] Zeitschr. öffentl. Chem. 1899, 5, 396.
[2] Oesterr. Chem.-Ztg. 1901, 4, 442.
[3] Zeitschr. Nahrungs- u. Genussm. 1902, 5, 1008.

No.	Nähere Bezeichnung	Wasser	Proteïnstoffe	Sonstige Stickstoff-Substanz	Fett	Stärke	Dextrin, Gummi etc.	Rohfaser	Reinasche	Chlornatrium	Sand
1	Gewöhnliches Maismehl	13,52	11,93	0,76	3,28	62,40	6,02	1,24	0,65	—	0,20
2	Sheppard's Maismehl (Polenta-Mehl) . . .	9,70	12,13	0,55	1,19	55,97	19,51	0,35	0,55	—	0,05
3	Brot aus Weiss-Roggenmehl: ohne Zusatz	40,54	5,60	1,83	0,94	41,73	7,80	0,69	0,39	0,46	0,02
4	Brot aus Weiss-Roggenmehl: mit 1/4 gelbem Sheppard's Mehl	40,32	6,32	1,12	0,82	40,31	9,54	0,48	0,31	0,43	0,03
5	Brot aus Weiss-Roggenmehl: mit 1/4 weissem Sheppard's Mehl	40,99	6,05	1,39	0,88	40,43	8,89	0,53	0,29	0,51	0,04
6	Brot aus Weiss-Roggenmehl: mit 1/4 Polentamehl . . .	40,00	6,53	0,84	1,62	42,15	6,95	0,78	0,64	0,40	0,09

Hafer- und Gerstenbrot.

J. F. Masing (Dissertation Jurjew 1901; Zeitschr. Nahrungs- u. Genussm. 1902, 5, 667) fand für die in Dorpat käuflichen Brote folgende procentige Zusammensetzung:

No.	Brotsorte und Zahl der Proben	Porösität	Wasser	In der Trocken-Substanz: Stickstoff-Substanz	Fett	Rohfaser	Asche	Kochsalz	Phosphorsäure
1	Haferbrot (1) . .	31,25	47,43	14,47	2,90	0,70	2,65	0,48	0,94
2	Brot aus 2 Thln. Hafer und 1 Thl. Roggenmehl (1)	37,50	48,40	15,91	2,56	1,22	2,79	0,71	0,90
	Gerstenbrot (7) Mittel .	23,46	49,77	12,77	4,25	2,63	4,01	1,38	0,86
	Gerstenbrot (7) Schwankungen	15,63—35,00	44,75—53,00	10,12—14,06	1,20—9,20	2,26—4,13	3,65—4,65	1,17—1,91	0,61—1,01

Masing berichtet ausserdem über die Zusammensetzung der Roggen- und Weizenbrote Dorpats.

Lebkuchen

enthielten nach M. Mansfeld (Bericht der Untersuchungsanstalt des Allgem. österr. Apoth.-Vereins Wien 1898/99):

Wasser	Zucker	Fett (Wachs)	Asche
9,50	55,55	1,09	1,04 %

Ueber Hungersnoth-Brote

vergl. die Analysen von F. Erismann (Zeitschr. Biologie 1901, [N. F.] **24**, 672; Zeitschr. Nahrungs- u. Genussm. 1901, **4**, 1166 u. 1902, **5**, 668), ferner von A. Mauricio sowie von A. Bömer (Zeitschr. Nahrungs- u. Genussm. 1901, **4**, 1017 u. 1019).

Zusammensetzung von normalen und diesen entsprechenden fadenziehenden Broten.

Nach J. König, A. Spieckermann und J. Tillmans.
(Zeitschr. Nahrungs- u. Genussm. 1902, 5, 737).

Zu den Versuchen dienten normale Mehle, die theils regelrecht verbacken, theils durch Zusatz der in der Tabelle bezeichneten Bakterien künstlich fadenziehend gemacht waren. Die procentige Zusammensetzung, sowie bei den Weizenmehlen No. 8, 10 und 11 die unter Berücksichtigung der absoluten Mengen ermittelte procentige Abnahme (—) bezw. Zunahme (+) an den einzelnen Bestandtheilen (bezogen auf die ursprüngliche Menge dieser Bestandtheile) waren folgende:

I. Versuche mit Roggenmehl bezw. Roggenbrot.

No.	No. des Versuches; Untersuchungs-Gegenstand	Gesammt-Stickstoff	Rein-Protein-Stickstoff	Fett	In Wasser lösliche Stoffe: Im Ganzen: organische	unorganische	Stickstoff-Verbindungen: Gesammt-Stickstoff	Stickstoff in Form von: Albumosen	Pepton und Basen	Amiden	Ammoniak	Kohlenhydrate: Zucker: direkt reducirend	nach Inversion reducirend	Dextrin	Sonstige Kohlenhydrate	Säure (Milchsäure)	Stärke	Pentosane	Rohfaser	Asche
		%	%	%	%	%	%	%	%	%	%	%	%	%	%	%	%	%	%	%
1	I Mehl, ursprüngliches	2,18	1,99	1,97	13,08	0,81	0,64	—	—	—	—	1,57	3,74	3,82	—	0,52	73,09		1,15	1,09
2	I Brot, fadenziehend, durch Bac. I	2,36	2,01	2,80	50,06	1,27	1,17	—	—	—	—	13,69	15,71	11,73	—	2,21	36,21		1,19	1,71
3	II a) Mehl, ursprüngliches	2,31	2,02	1,13	12,41	0,71	0,68	0,43	0,022	0,21	0,018	1,30	2,77	3,55	0,17	0,37	68,56	5,38	1,61	0,73
4	II b) Brot gesund	2,30	1,95	1,37	16,66	0,72	0,61	0,13	0,068	0,39	0,022	2,77	3,20	5,94	0,51	0,42	62,95	5,92	1,69	0,85
5	II b) Brot fadenziehend, durch Bac. II schwach	2,38	1,80	1,46	52,03	0,95	1,18	0,12	0,044	0,59	0,027	17,74	10,19	12,58	3,36	0,79	39,63	6,65	1,66	1,07
6	II b) Brot fadenziehend, durch Bac. II stark	2,45	1,78	1,51	65,78	1,02	1,12	0,26	0,036	0,46	0,035	24,37	10,41	13,11	8,78	2,01	15,92	5,68	1,67	1,13
7	III Brot, geimpft mit Bacillus II	2,47	1,79	1,43	38,98	0,83	0,56	0,15	0,34	0,03	0,04	7,87	3,05	13,32	10,06	1,19	41,09	3,94	0,91	1,30
8	III Brot, geimpft mit Bacillus panis viscosus I Vogel	2,55	1,84	1,54	54,49	0,96	0,81	0,21	0,52	0,03	0,05	15,37	3,56	17,34	11,39	1,77	27,00	3,48	1,21	1,41

II. Versuche mit Weizenmehl bezw. Weizenbrot.

No.	No. des Versuches; Untersuchungs-Gegenstand	Gesammt-Stickstoff	Rein-Protein-Stickstoff	Fett	In Wasser lösliche Stoffe: Im Ganzen: organische	unorganische	Stickstoff-Verbindungen: Gesammt-Stickstoff	Stickstoff in Form von: Albumosen	Pepton und Basen	Amiden	Ammoniak	Kohlenhydrate: Zucker: direkt reducirend	nach Inversion reducirend	Dextrin	Sonstige Kohlenhydrate	Säure (Milchsäure)	Stärke	Pentosane	Rohfaser	Asche
		%	%	%	%	%	%	%	%	%	%	%	%	%	%	%	%	%	%	%
1	I a) Gesundes Weizenbrot zu Anfang des Versuchs	2,29	2,22	1,11	13,57	1,10	0,24	0,16	0,03	0,05	Spur	2,06	1,18	4,48	3,10	0,25	67,09	3,67	0,52	1,26
2	I b) Gesundes Weizenbrot zu Ende des Versuchs	2,28	2,23	1,15	14,66	1,07	0,25	0,16	0,06	0,03	Spur	2,59	0,22	3,44	6,63	0,22	65,48	4,39	0,42	1,21
3	I c) Fadenziehendes Brot, durch Bac. II schwach	2,57	1,43	1,38	42,61	0,75	1,21	0,38	0,46 *)	0,34	0,03	15,98	8,86	7,15	2,08	0,98	42,10	3,56	0,48	1,37
4	I d) Fadenziehendes Brot, durch Bac. II stark	2,66	1,31	1,74	56,66	1,46	1,78	0,33	0,71 *)	0,70	0,04	20,69	13,22	8,66	1,95	1,02	30,51	3,40	0,52	1,67
5	II Brot gesund	2,31	1,98	1,34	12,84	0,72	0,47	0,11	0,13	0,23	0	2,14	0,92	5,89	0,70	0,25	69,54	3,96	0,47	1,35
6	II Brot sehr schwach fadenziehend, durch Bacillus I	2,41	2,15	1,43	15,33	0,61	0,42	0,12	0,18	0,12	0,02	4,22	0,75	5,14	2,59	0,46	64,72	4,22	0,55	1,31
7	III Brot gesund	2,32	2,16	1,36	12,75	1,10	0,32	0,11	0,15	0,06	0	2,23	2,15	3,44	2,54	0,39	67,83	3,23	0,91	1,42
8	III Brot sehr stark fadenziehend, durch Bacillus I (4 Wochen)	3,34	2,09	1,94	51,30	1,70	2,19	0,16	0,83	0,79	0,41	4,09	0,60	15,29	13,32	4,32	32,90	3,02	1,38	2,27
	Zu- bezw. Abnahme**)	—10,8	—40,0	—11,6	+147,1	— 4,2	+324,1	— 9,9	+242,9	+715,7	∞	+13,7	—82,7	+175,4	+204,9	+586,4	—69,9	—42,1	—6,0	—0,9
9	IV Brot gesund	2,37	—	1,34	16,78	0,93	0,26	0,10	0,12	0,04	0			14,77		0,35	62,06	4,71	0,70	1,26
10	IV Brot fadenziehend durch (16 Tage) Bacillus II	2,81	—	2,15	81,52	1,13	2,25	0,17	0,62	1,17	0,29			64,81		2.63	6,62	4,07	0,94	1,22
	Zu- bezw. Abnahme	— 4,8	—	+28,8	+258,6	+12,2	+595,1	+36,3	+314,9	+2250	∞			+251,8		+502,7	—91,9	—30,6	+8,0	—
11	IV Brot fadenziehend durch (16 Tage) Bacillus panis viscosus I Vogel	2,54	—	1,68	66,97	0,83	1,56	0,24	0,47	0,76	0,09			55,53		1,69	19,08	4,23	0,72	1,20
	Zu- bezw. Abnahme	± 0	—	+16,9	+272,0	—16,8	+459,7	+123,7	+265,3	+1672	∞			+250,4		+334,8	—71,1	—16,3	—4,3	—

Ueber die Untersuchungs-Verfahren vergl. die Original-Mittheilung.

*) Nach Aussalzen der Albumosen gab Probe c deutliche, Probe d sehr starke Biuret-Reaktion.
**) Die Abnahme an Gesammt-Trockensubstanz betrug bei No. 8: 38,0 %, No. 10: 19,7 % und No. 11: 6,8 %.

Wurzelgewächse, Gemüse und Gemüse-Dauerwaaren.

(Nachträge zu S. 704—807.)

Ueber die Zusammensetzung der Kartoffel in ihrer Beziehung zum Gebrauchswerthe

liegen Untersuchungen von Fr. Waterstadt und M. Willner (Blätter für Gersten-, Hopfen- und Kartoffelbau 1901, 3, 293) vor. Dieselben fanden für die Rindenschicht und das Mark (getrennt am Gefässbündelring) für neun auf dem Sortenfelde der Kartoffelkultur-Station in Berlin gebaute Sorten folgende procentige Zusammensetzung:

Gruppe	Bezeichnung der Sorte		Rindenschicht					Mark				
			Trocken-Substanz	In der Trocken-Substanz				Trocken-Substanz	In der Trocken-Substanz			
				Gesammt-Stickstoff	Proteïn-Stickstoff	Stärke	Rohfaser		Gesammt-Stickstoff	Proteïn-Stickstoff	Stärke	Rohfaser
I	Typische Esskartoffeln	Daber	26,8	1,268	0,815	76,90	1,540	24,2	1,766	0,943	74,80	0,456
		Bruce	24,7	1,430	0,743	74,99	1,756	16,8	1,990	0,826	74,40	1,425
		Lech	21,1	1,501	0,786	73,20	2,290	18,3	1,794	0,813	74,30	0,764
		Mittel	24,3	1,399	0,781	75,03	1,862	19,8	1,850	0,861	74,50	0,882
II	Uebergangstypus zwischen Gruppe I und III	Topas	26,3	1,265	0,801	78,00	2,166	23,3	1,543	0,763	76,60	0,467
		Silesia	23,5	1,740	0,905	73,10	1,625	19,7	2,129	0,932	75,00	0,732
		Märker	26,6	1,184	0,646	76,70	2,164	22,8	1,379	0,674	77,50	1,441
		Mittel	25,5	1,396	0,784	75,93	1,985	21,9	1,684	0,787	76,37	0,880
III	Typische Massen-Kartoffeln	Phönix	25,4	1,458	0,686	77,35	1,570	21,4	1,662	0,771	76,30	0,340
		Wohltmann	26,5	1,369	0,712	75,90	1,744	22,4	1,663	0,645	76,10	1,472
		Sirius	28,8	1,202	0,721	76,60	2,341	25,4	1,331	0,748	78,10	1,173
		Mittel	26,9	1,343	0,706	75,68	1,885	23,1	1,552	0,721	76,87	0,995

Der Proteïn-Stickstoff wurde nach Stutzer, die Stärke durch Reduktion Fehling'scher Lösung nach der Inversion und die Rohfaser nach dem Weender Verfahren bestimmt.

Aus den Versuchen ergiebt sich, dass bei den als Esskartoffeln besonders geschätzten Sorten das Verhältniss zwischen Gesammt-Stickstoff und Stärke und besonders zwischen Proteïn-Stickstoff und Stärke ein enges ist.

Getrocknete Kartoffel- und Karottenschnitte

hatten nach M. E. Jaffa (Agric. Experim. Stat. California 1901, 154) folgende procentige Zusammensetzung:

		Wasser	Stickstoff-Substanz	Fett	Stickstoff-freie Extraktstoffe	Rohfaser	Asche
Kartoffelschnitte ungebleicht, aus Kalifornien		7,93	7,27	0,45	79,27	1,50	3,58
Präparirte Kartoffelschnitte	aus Kalifornien	8,70	8,70	0,43	77,86	1,65	2,66
	aus dem Osten	4,80	9,50	0,40	80,58	1,65	3.07
Karottenschnitte		3,50	7,70	3,55	72,38	7,95	4,92

Knollen der Batate (Sweet Potato)

aus Kalifornien untersuchten M. E. Jaffa und M. Curtis (Rep. Agric. Experim. Stat. California 1892—1894, 219); sie fanden folgende procentige Zusammensetzung:

No.	Bezeichnung der Sorte	In der natürlichen Substanz: Wasser	Stickstoff-Substanz	Fett	Zucker: direkt reducirend	Zucker: Gesammt-, nach der Inversion	Stickstofffreie Extraktstoffe im Ganzen	Rohfaser	Reinasche	In der Trocken-Substanz: Stickstoff-Substanz	Fett	Stickstofffreie Extraktstoffe	Rohfaser	Reinasche
1	Bermuda	66,29	3,42	0,56	—	—	25,72	2,82	1,19	10,14	1,66	76,29	8,36	3,54
2	Big-Stem Jersey	65,78	2,53	0,74	—	—	26,15	3,64	1,16	7,36	2,16	76,46	10,63	3,39
3	Tecotea	62,94	3,23	0,96	—	—	27,89	3,63	1,35	8,71	2,59	75,27	9,79	3,64
4	Golden Stem	70,89	1,58	0,64	0,79	3,81	22,77	3,02	1,10	5,42	2,20	78,20	10,38	3,80
5	California	75,28	1,29	0,59	1,17	5,17	19,48	2,35	1,01	5,25	2,37	78,78	9,51	4,09
6	Barbadoes	45,81	2,32	0,83	5,64	20,86	43,52	4,54	1,98	4,28	1,54	82,13	8,39	3,66
7	Early Golden	67,03	2,25	0,77	3,23	10,28	26,24	2,47	1,24	6,82	1,72	80,16	7,52	3,78
8	Matejito	67,54	1,59	0,68	—	2,18	25,71	3,24	1,24	4,90	2,10	79,17	10,00	3,83
9	Vineless	67,91	2,44	0,63	3,14	8,81	25,97	1,94	1,11	7,61	1,95	80,93	6,06	3,45
10	New Jersey	75,96	1,09	1,76	3,16	8,01	18,41	2,08	0,70	4,55	7,34	76,57	8,64	2,90
11	Haymun	68,55	1,92	0,40	—	2,39	25,01	2,98	1,14	6,12	1,28	81,11	9,49	2,00
12	Dog River	66,36	2,03	1,35	4,00	7,28	26,25	2,86	1,15	6,03	4,03	77,99	8,51	3,44
13	Yellow Nansemond	72,32	2,06	1,26	0,78	1,96	20,64	2,64	1,08	7,43	4,56	74,56	9,54	3,91
14	Pumpkin Yam	66,91	1,82	2,50	3,36	8,08	25,72	1,81	1,24	4,25	7,57	78,91	5,50	3,77
15	Norton	67,67	1,65	0,81	2,23	5,92	26,71	1,95	1,21	5,10	2,50	82,60	6,05	3,75
16	Peabody	68,48	1,87	0,57	2,07	3,77	25,53	2,29	1,26	5,97	1,82	80,29	7,91	4,01
17	Red Nansemond	72,73	1,57	1,77	1,01	1,15	21,18	1,58	1,17	5,77	6,50	77,62	5,82	4,29
	Mittel	**69,00**	**2,08**	**1,00**	**2,33**	**5,55**	**24,23**	**2,62**	**1,15**	**6,23**	**3,17**	**78,70**	**8,35**	**3,60**
	Mittel für 21 Sorten aus Texas	70,27	2,41	0,99	3,42	6,81	24,00	1,26	1,14	8,10	3,33	80,73	4.25	3,83

Knollen von Apios tuberosa

enthalten nach C. Brighetti (Staz. sperim. Agrar. Ital. 1900, 33, 72; Zeitschr. Nahrungs- u. Genussm. 1901, 4, 380) im frischen Zustande in Procenten:

Wasser	Stickstoff-Substanz	Verdauliches Proteïn	Fett	Stärke	Pentosane	Pentosen	Rohfaser	Asche
70,69	4,06	1,88	1,00	7,02	2,60	5,54	3,55	2,05 %

Die Asche enthält 0,54 % Kalk, 0,36 % Kali, 0,12 % Phosphorsäure und 0,32 % Kieselsäure.

Wurzel von Manihot utilissima (Cassava)

E. Leuscher (Zeitschr. öffentl. Chem. 1902, 8, 10) theilt die Durchschnittszahlen von 6 Analysen der rohen Wurzel mit; dieselben ergaben in Procenten:

Wasser	Proteïn	Fett	Zucker	Stärke	Rohfaser	Asche
70,25	1,12	0,41	5,13	21,44	1,11	0,54 %

Grüne Schnittbohnen

aus Serbien enthalten nach A. Zega und D. Knez-Milojković (Chem.-Ztg. 1901, 25, 396):

	Wasser	Stickstoff-Substanz	Fett	Stickstofffreie Extraktstoffe	Rohfaser	Asche
Gewöhnliche grüne Bohne	88,84	3,06	0,16	5,80	1,42	0,72 %
Gelbe Butterbohne	87,66	2,96	0,19	7,34	1,15	0,71 „
Zuckerbohne	85,40	4,57	0,11	8,14	1,58	0,71 „

Rhabarberkraut

untersuchte J. Nessler (Wochenbl. landw. Verein Baden 1891, 404; Centrbl. Agrik.-Chem. 1892, 21, 139). Die Stengel ergaben 86,2 % Saft; 100 ccm des letzteren enthielten:

Freie Säure	Oxalsäure	Zucker
1,65 g	0,20 g	0,82 g

Pentosan-Gehalt von Gemüsen und Früchten.

Nach C. Wittmann (Zeitschr. landw. Versuchsw. Oesterreich 1901, 4, 131):

Bezeichnung	Pentosane %	Bezeichnung	Pentosane %	Bezeichnung	Pentosane %
Gartenbohne	8,99 9,19	Kohlrabi (Br. oleracea gongylodes)	1,36 1,38	Sellerie (Apium graveolens)	1,65 1,54
Unterkohlrabi (Br. Napus rapifera)	1,56	Blumenkohl (Br. oleracea botrytis)	1,00	Kürbis (Cucurbita Pepo)	0,67 0,70
Wasserrübe (Br. Rapa rapifera)	0,36 0,37	Schwarzer Rettig (Raphanus sativus rapiferus)	0,88 0,88	Gurke (Cucumis sativus)	0,19 0,21
Blätterkohl (Br. oleracea acephala)	2,05 2,02	Radieschen (Raph. sat. Radiola)	0,57	Zwiebel (Allium Cepa)	0,28 0,28
Kopfkohl (Br. oleracea capitata) Weisskraut	0,55	Meerrettig (Cochlearia armoracea)	3,11 2,94	Knoblauch (Allium sativum)	1,06 0,80
Kopfkohl (Br. oleracea capitata) Rothkraut	0,71	Möhre (Daucus carota)	1,20 1,06		
Kopfkohl (Br. oleracea capitata) „	0,74				

Wassermelone (Cucumis citrullus).

1. G. Nardini (Staz. sperim. Agrar. Ital. 1890, 18, 448) untersuchte die einzelnen Theile einer Wassermelone (von Torre del Lago bei Viareggio) mit folgendem Ergebnisse (g in 100 g):

No.	Theile der Frucht	Antheile der Frucht %	Wasser	Invertzucker	Saccharose	Aetherextrakt	Gesammt-Stickstoff-Substanz	Proteïnstoffe	Rohfaser	Asche (kohlensäurefrei)
1	Saft (Spec. Gewicht 1,027 [15°])	63,11	93,62	4,949	0,765	0,007	0,206	0,080	—	0,168
2	Mark	3,48	89,65	0,868	—	0,023	1,331	0,842	1,323	0,260
3	Schale	29,65	92,00	0,948	—	0,295	0,906	0,614	1,646	0,663
4	Samen	3,76	49,63	—	—	12,427	10,375	4,757	14,676	1,345
	Ganze Frucht	—	91,35	3,910	—	0,560	0,834	0,441	1,086	0,362

Die Reinasche (kohlensäurefrei) der einzelnen Theile der Frucht enthielt in Procenten:

No.	Theile der Frucht	Eisenoxyd	Thonerde	Kalk	Magnesia	Kali	Natron	Phosphorsäure	Schwefelsäure	Kieselsäure	Chlor
1	Saft	0,71	1,75	8,73	2,42	51,98	5,75	3,82	17,31	3,33	4,03
2	Mark	7,72	6,30	10,26	7,70	33,20	12,97	6,26	9,26	3,93	1,45
3	Schale	1,06	1,38	15,70	3,91	50,67	5,91	7,11	6,11	4,37	3,78
4	Samen	5,27	2,18	2,18	6,68	30,37	4,29	41,22	2,57	4,96	0,33
	Aschenbestandtheile in Procenten der ganzen Frucht:										
	Ganze Frucht	0,006	0,006	0,042	0,015	0,173	0,021	0,040	0,033	0,014	0,012

2. Melonen aus Kalifornien untersuchte M. E. Jaffa (Rep. Agric. Experim. Stat. California 1894/95, 155) mit folgenden procentigen Ergebnissen:

	Wasser	Stickstoff-Substanz	Fett	Stickstofffreie Extraktstoffe	Rohfaser	Asche
Wassermelonen, ganz	90,25	1,07		7,86		0,81
Desgl. Schale	89,97	1,43	0,36	5,59	1,41	1,24
Desgl. Fruchtfleisch	92,07	0,76	0.60	5,80	0,47	0,30
Muskatnuss-Melonen, ganz	90,18	0,60	0,23	7,85	0,48	0,66

3. G. F. Payne (Journ. Amer. Chem. Soc. 1896, 18, 1061; Chem. Centrbl. 1897, I, 295) fand in der Wassermelone 0,334 % Asche und in der letzteren:

Eisenoxyd	Kalk	Magnesia	Kali	Natron	Phosphorsäure	Schwefelsäure	Kieselsäure	Chlor
10,25	5,54	6,74	61,18	4,31	10.25	4,41	2,15	4,94 %

Früchte von Hibiscus esculentus L.

Dieselben stammen aus Amerika und sind ein in Serbien sehr geschätztes Gemüse. Nach A. Zega (Chem.-Ztg. 1900, 24, 871) hatten vier Proben derselben folgende procentige Zusammensetzung:

No.	In der natürlichen Substanz						In der Trocken-Substanz	
	Wasser	**Stickstoff-Substanz**	**Fett**	**Stickstoff-freie Extraktstoffe**	**Rohfaser**	**Asche**	**Stickstoff-Substanz**	**Stickstoff-freie Extraktstoffe**
1 . . .	78,86	4,42	0,42	13,64	1,08	1,58	20,90	64,52
2 . . .	80,05	4,74	0,48	11,63	1,61	1,49	23,75	58,30
3 . . .	82,21	4,28	0,38	11,07	0,80	1,26	24,05	62,24
4 . . .	81,84	3,18	0,39	12,15	1,14	1,30	17,51	66,90
Mittel	80,74	4,15	0,42	12,12	1,15	1,41	21,55	63,24

An Aschen-Bestandtheilen wurden noch ermittelt:

Kalk	Magnesia	Kali	Natron	Phosphorsäure	Schwefelsäure	Kieselsäure
0,100	0,016	0,042	0,058	0,043	0,034	0,060 %

Früchte der Wassernuss (Trapa natans L.)

werden in Serbien von der ärmeren Bevölkerung genossen. Sie enthalten nach A. Zega und D. Knez-Milojković (Chem.-Ztg. 1901, 25, 45):

Wasser	Stickstoff-Substanz	Fett	Stickstofffreie Extraktstoffe	Rohfaser	Asche	Phosphorsäure
37,19	10,34	0,71	48,99	1,36	1,41	— %
39,71	8,04	0,80	48,94	1,27	1,24	0,56 %

Indische Feigen (Cactusfeigen) Cactus opuntia L.*).

Nach G. Mancuso Lima (Staz. sperim. agr. Ital. 1895, 23, 805).

1. Zusammensetzung der Schale.

Nähere Bezeichnung	Wasser	Zucker	In Zucker überführbare Stoffe	Gesammt-Stickstoff	Protein-Stickstoff	Protein	Fett	Asche	Aschenbestandtheile: Eisenoxyd u. Thonerde	Kalk	Magnesia	Kali	Natron	Phosphorsäure	Schwefelsäure	Kieselsäure	Kohlensäure
	%	%	%	%	%	%	%	%	In Tausendtheilen								
Fr. Agostani	86,19	0,125	5,546	0,101	0,064	0,400	0,083	0,154	0,03	0,16	0,17	0,02	0,02	0,03	0,02	0,03	0,64
„ Scoccolati	88,24	0,158	4,124	0,162	0,051	0,315	0,053	0,403	0,05	1,26	0,76	0,12	0,03	0,04	0,07	0,01	0,97
2. Zusammensetzung des Fruchtfleisches.																	
Fr. Agostani	92,95	5,020	0,169	0,080	0,058	0,366	0,074	0,253	0,05	0,13	0,08	0,17	1,10	0,27	0,02	Spur	0,21
„ Scoccolati	90,21	5,602	2,692	0,246	0,176	1,097	Spur	0,331	0,79	0,25	0,38	0,80	0,20	0,32	0,17	Spur	0,35
3. Zusammensetzung der Samen.																	
Fr. Agostani	33,37	—	—	3,48	1,32	8,24	8,53	1,29	1,56	0,58	1,49	0,49	2,36	0,49	0,73	2,20	1,60
„ Scoccolati	36,16	—	—	1,97	1,58	9,87	8,19	1,45	1,96	4,49	2,07	1,86	4,81	0,04	0,02	—	0,21

*) Zusammensetzung der Früchte:

	Mittleres Gewicht einer Frucht	Die Frucht besteht aus: Schale	Fruchtfleisch	Samen
Frutti Agostani . . .	124,70 g	39,45 %	57,60 %	2,95 %
„ Scoccolati . . .	112,12 „	33,40 „	63,19 „	3,41 „

Zusammensetzung indischer Wurzelgewächse, Gemüse etc.

Nach M. Greshoff, J. Sack und J. J. van Eck (vergl. S. 1457).

No.	Nähere Bezeichnung	Holländische Bezeichnung	Wasser %	Stickstoff-Substanz %	Fett %	Stickstoff-freie Ex-traktstoffe %	Rohfaser %	Mineral-stoffe %
1	Kartoffeln von Batavia	Aard-appeln Batavia	79,85	2,06	0,03	15,89	0,63	0,82
2	Kartoffeln von Malta roh	Aard-appeln Malta rauw	73,98	2,31	0,18	21,38	0,53	0,97
3	Kartoffeln von Malta gekocht	Aard-appeln Malta gekookt	72,73	2,25	0,07	21,99	0,48	1,57
4	Marinda citrifolia, Wurzel	Mangkoedoevruchten	86,49	1,94	0,20	9,63	1,48	0,39
5	Pachyrhizus angulatus, Knollen	Bengkoangknollen	86,94	5,56	0,64	7,24	1,00	0,18
6	Cassave-Wurzel (Jatropha Manihot)	Cassavewortel	50,63	1,63	0,94	39,79	2,10	0,24
7	Tomaten, Solanum (Lycopersicum) esculentum	Tomaten	95,72	0,81	0,38	0,69	0,68	0,41
8	Früchte von Solanum melanogena	Terong	93,71	1,00	0,10	2,52	0,99	0,67
9	Cucumis melo, Melonen	Meloen	96,46	0,44	0,11	1,14	0,49	0,45
10	„ sativa, Gurke	Komkommer (Ketimon)	96,45	0,50	0,23	1,47	0,32	0,50
11	Bananen	Banaan (Pisang)	79,44	0,43	0,50	14,28	1,26	0,76
12	Desgl. getrocknet	Banaan gedroogt	41,39	3,87	0,35	50,10	0,85	2,09
13	Datteln, Fruchtfleisch	Dadels (Korma)	28,75	1,93	Spur	63,07	2,72	1,60
14	Früchte von Gnetum Gnemon in Essig	Malindjoe	48,09	6,62	0,77	42,12	1,89	0,62
15	„ „ Zalacca edulis in Essig und Salz	Salak asin	92,18	0,81	0,06	1,26	0,76	2,54
16	Dorian-Fruchtfleisch von Durio Zibethinus	Doerianvruchtvleesch	79,50	2,19	4,66	5,11	2,98	0,77
17	Desgl. geschälte Samen	Doerianpitten	47,43	3,50	0,80	41,93	2,36	1,31
18	Junge Früchte von Bonea macrophylla in Essig und Salz	Gaudaria asem	76,67	1,37	1,19	2,86	0,84	12,38
19	Wassernuss (Trapa bicornis)	Waternooten (Lengkang)	77,85	7,00	0,40	15,50	0,64	1,27
20	Blumen von Polyanthes tuberosa, getrocknet	Sedap malam	23,14	10,50	1,00	52,32	7,70	5,49

Pilze, Schwämme und Algen. (Nachträge zu S. 808—819.)

Zusammensetzung essbarer Pilze aus Serbien.

A. Zega (Chem.-Ztg. 1902, 26, 10) untersuchte diese mit folgenden procentigen Ergebnissen:

Pilzart	Wasser	Stickstoff-Substanz	Fett	Stickstofffreie Extraktstoffe	Rohfaser	Asche
Agaricus esculentus	93,41	1,73	0,12	3,54	0,39	0,81
„ „	94,02	1,69	0,08	3,04	0,41	0,76
„ arvensis	90,01	6,72	0,18	1,56	0,78	0,75
„ „	89,12	6,64	0,15	2,62	0,84	0,63
Lactarius piperatus (Mittel von 4 Analysen)	85,70	6,41	1,07	2,54	3,30	0,98
Coprinus comatus	94,31	2,01	0,09	2,95	0,15	0,49

Zusammensetzung indischer Pilze und Algen.

Nach M. Greshoff, J. Sack und J. J. van Eck (vergl. S. 1457).

No.	Nähere Bezeichnung	Holländische Bezeichnung	Wasser %	Stickstoff-Substanz %	Fett %	Stickstoff-freie Ex-traktstoffe %	Rohfaser %	Asche %
1	Essbare Pilze Fistulina	Eetbare Zwam	85,00	1,41	0,65	3,66	3,75	1,89
2	Essbare Pilze Pachyma	Zwamknol „Hok-ling“	15,65	7,59	Spur	68,92	10,55	1,34
3	Agar (Eucheuma)	Agar-wier	49,80	2,88	0,24	19,16	3,20	18,96
4	Agar-Agar aus Eucheuma- u. Gelidium-Arten	Agar-Agar	17,33	3,62	0,20	45,00	0,47	2,89

Pentosan-Gehalt von Pilzen.

C. Wittmann (Zeitschr. landw. Versuchsw. Oesterreich 1901, 4, 131) fand:

	Champignon	Agaricus campestris	Boletus edulis
Pentosane . .	0,14	0,11	0,17 %

Obst und Beerenfrüchte.

(Nachträge zu S. 820—895.)

Zusammensetzung französischer in Steiermark nachgebauter Cideräpfel.

Nach E. Hotter (Zeitschr. landw. Versuchsw. Oesterreich 1902, 5, 333).

E. Hotter untersuchte die von 1892 aus Frankreich bezogenen Edelreisern französischer Cideräpfel in Steiermark nachgebauten Aepfel im September bezw. Oktober der nachbezeichneten Jahre mit folgenden Ergebnissen*):

No.	Bezeichnung der Sorte	Herkunft	Zeit der Untersuchung	Mittleres Apfel-Gewicht g	Mittleres Apfel-Volumen ccm	Spec. Gewicht des Mostes bei 17,5° C.	100 ccm Most enthalten Gramm: Extrakt	Invert-zucker	Saccharose	Säure (Aepfels.)	Tannin
1	Bedan . . .	Graz	1894	36,0	45,0	1,0661	17,16	9,90	3,99	0,117	0,550
2		D.-Landsberg	1895	36,0	48,0	1,0864	22,48	14,20	4,42	0,267	0,444
3		Herbersdorf	1898	36,0	47,2	1,0580	15,02	—	—	1,192	0,301
4		Ehrenhausen	1900	30,6	37,2	1,0753	19,57	11,76	2,03	0,329	0,520
5*)		Erlachstein	1900	46,1	47,2	1,0613	15,92	10,00	2,82	0,342	0,236
6*)		Graz	1901	30,4	44,0	1,0753	19,57	9,57	4,42	0,333	0,457
7		Gösting	1901	17,2	27,7	1,0820	21,99	14,36	1,40	0,310	0,426
8		Graz	1901	21,1	25,8	1,0910	23,67	15,21	2,78	0,137	0,686
9	Blanc Mollet. .	Erlachstein	1900	41,3	55,0	1,0635	16,48	9,96	2,36	0,179	0,207
10	Doux Évêque	Herbersdorf	1898	76,2	95,0	1,0562	14,58	—	—	0,166	0,188
11*)		Graz	1901	52,1	97,7	1,0600	15,58	8,37	2,91	0,195	0,212
12*)	Frequin rouge .	Erlachstein	1900	28,0	72,8	1,0605	15,70	10,98	1,79	0,179	0,460
13	Griese Dieppois .	Graz	1901	13,5	16,8	1,0800	21,22	8,02	6,87	0,222	0,299
14*)	Gros Doucet . .	Erlachstein	1900	52,0	72,2	1,0670	17,39	9,80	3,12	0,148	0,287
15	Medaille d'or .	Herbersdorf	1898	54,2	72,5	1,0648	16,82	—	—	0,211	0,666
16*)		Ehrenhausen	1900	26,1	33,8	1,0691	17,96	9,90	2,82	0,308	0,117
17*)		Graz	1900	39,0	50,0	1,0635	16.48	9,15	3,63	0,224	0,611
18*)		Erlachstein	1900	35,7	44,3	1,0731	18,99	10,74	3,90	0,398	0,973
19		Gösting	1901	36,6	47,1	1,0719	19,46	11,22	3,31	0,211	0,780
20*)		Voitsberg	1901	37,0	48,0	1,0618	16,03	10,51	3,98	0,109	0,582
21	Pomme Marabot	Pettau	1894	83,0	108,0	1,0587	15,24	9,28	3,28	0,169	0,109
22		Herbersdorf	1898	71,2	87,3	1,0579	15,02	—	—	0,108	0,199
23*)		Graz	1900	40,2	53,2	1,0691	17,96	9,57	3,38	0,219	0,295
24*)		Gösting	1901	32,1	44,0	1,0661	17,16	10,42	2,85	0,239	0,223
25*)		Graz	1901	33,0	43,5	1,0570	14,80	9,80	0,80	0,321	0,369
26	Rouge bruyère .	Herbersdorf	1898	64,0	74,6	1,0600	15,58	—	—	0,224	0,224

*) Aus den Untersuchungen geht hervor, dass die französischen Cideräpfel ihre Eigenart beibehalten und sich auch in Steiermark als bittersüsse, säurearme, tanninreiche Sorten erwiesen haben.

Bei einigen dieser Aepfel wurde auch der Glukose- und Fruktose-Gehalt des Invertzuckers bestimmt und wurden hierbei folgende Ergebnisse (g in 100 ccm) erhalten:

No.	5	6	11	12	14	16	17	18	20	23	24	25
Glukose . . .	3,32	1,50	2,07	3,03	2,11	2,36	2,73	2,24	2,24	2,20	2,64	2,00 g
Fruktose. . .	7,04	8,36	6,47	8,15	8,56	7,96	6,75	8,46	8,52	7,59	7,99	8,04 „

Steierische Mostäpfel.

E. Hotter (Zeitschr. landw. Versuchsw. Oesterreich 1902, 5, 333) fand für die zahlreichen von ihm in den Jahren 1892—1900 untersuchten Mostäpfel (vergl. S. 872—876), nach den Lukas'schen pomologischen Klassen geordnet, folgende Schwankungszahlen:

Klasse No.	Bezeichnung der Klasse	Zahl d. Proben	Mittleres Apfel-Gewicht g	Mittleres Apfel-Volumen ccm	Spec. Gewicht des Mostes	100 ccm Most enthalten Gramm: Extrakt	Gesammt-Zucker (Invert-zucker)	Säure (Aepfel-säure)	Tannin
I	Calville	6	69—105	77—125	1,0481—1,0657	12,47—17,05	10,21—14,53	0,175—0,580	0,030—0,080
II	Schlotteräpfel . . .	4	52—125	56—170	1,0477—1,0601	12,36—15,81	10,00—13,35	0,361—0,730	0,057—0,108
III	Gulderlinge . . .	10	66—226	75—286	1,0494—1,0661	12,80—17,16	10,31—14,42	0,275—0,707	0,032—0,088
IV	Rosenäpfel	9	52—167	54—207	1,0464—1,0617	12,03—16,03	9,50—13,02	0,240—0,831	0,022—0,123
V	Taubenäpfel . .	4	40—106	43—135	1,0481—1,0609	12,47—15,81	10,76—12,86	0,259—0,511	0,023—0,073
VI	Pfundäpfel (Ramboure)	5	125—372	145—440	1,0502—1,0546	13,02—14,19	10,33—12,17	0,165—0,526	0,030—0,060
VII	Rambour-Reinetten .	15	80—253	91—270	1,0498—1,0731	12,91—18,99	10,53—15,34	0,312—0,835	0,022—0,102
VIII	Einfarbige " .	20	44—920	49—155	1,0460—1,0753	11,92—19,57	9,97—16,47	0,158—0,823	0,032—0,110
IX	Borsdorfer " .	14	46—100	54—170	1,0528—1,0771	13,69—20,03	11,54—16,69	0,215—0,598	0,021—0,067
X	Rothe Reinetten . .	8	57—173	64—205	1,0426—1,0705	11,05—18,31	8,57—15,54	0,246—1,005	0,028—0,092
XI	Graue " . .	16	43—120	48—151	1,0549—1,0950	14,24—24,75	11,93—20,24	0,320—0,850	0,040—0,130
XII	Gold-Reinetten . .	29	55—214	60—264	1,0477—1,1051	12,36—27,41	10,25—23,04	0,278—1,335	0,039—0,245
XIII	Streiflinge	14	63—173	77—220	1,0443—1,0678	11,49—17,62	9,52—14,36	0,280—0,830	0,027—0,078
XIV	Spitzäpfel	2	149—197	105—290	1,0489—1,0532	12,69—13,80	10,22—11,67	0,538—0,740	0,032—0,049
XV	Plattäpfel	25	52—184	55—250	1,0447—1,0644	11,60—16,71	8,85—13,70	0,267—0,895	0,024—0,110

Ueber den Einfluss der Witterung etc. auf die Zusammensetzung der Aepfel

liegen Untersuchungen von R. Otto (Landw. Jahrb. 1902, 31, 605) vor, der die Aepfel derselben Bäume vom Herbste 1898 und 1900 im lagerreifen Zustande untersuchte. Die Ergebnisse waren folgende:

No.	Bezeichnung der Sorte	Jahrgang 1898: Zeit der Untersuchung	Spec. Gewicht des Mostes bei 15° C.	g in 100 ccm Most: Extrakt*)	Gesammt-Zucker*) (Invertzucker)	Säure (Aepfels.)	Jahrgang 1900: Zeit der Untersuchung	Spec. Gewicht des Mostes bei 15° C.	g in 100 ccm Most: Extrakt*)	Gesammt-Zucker*) (Invertzucker)	Säure (Aepfels.)
1	Geflammter Kardinal . . .	14.10.	1,0558	14,66	12,00	0,677	16.10.	1,0550	14,44	11,36	0,452
2	Süsser Holaart	17.10	1,0545	14,31	11,69	0,141	16.10.	1,0570	14,97	11,77	0,134
3	Polnischer Papierapfel . .	21.10.	1,0580	15,23	11,88	0,891	18.10.	1,0450	11,87	10,08	0,482
4	Kaiser Alexander	25.10.	1,0490	12,87	9,36	0,650	21.10.	1,0550	14,44	11,41	0,409
5	Türkenapfel	26.10.	1,0625	17,13	13,80	0,998	19.10.	1,0542	14,23	11,32	0,509
6	Kunzen's Königsapfel . . .	2.11.	1,0557	14,63	10,91	1,390	22.10.	1,0520	13,66	11,04	0,751
7	Doppelter Holländer . . .	10.11.	1,0458	12,03	9,53	0,460	21.10.	1,0515	13,53	10,12	0,322
8	Woltmann's Schlotterapfel .	2.11.	1,0504	13,23	10,74	0,764	24.10.	1,0490	12,87	10,58	0,442
9	Batullenapfel	4.11.	1,0524	13,76	10,31	0,687	27.10.	1,0570	14,97	12,24	0,556
10	Possart's Nalivia	4.11.	1,0384	10,08	6,81	0,801	2.11.	1,0415	10,10	8,49	0,543
11	Landsberger Reinette . . .	17.12.	1,0491	10,52	9,77	0,516	2.11.	1,0505	13,26	10,68	0,422
12	Carpentin	5.12.	1,0650	13,50	13,61	0,978	28.11.	1,0720	18,93	14,43	0,851
13	Scheiben-Reinette	20.12.	1,0730	19,19	14,74	0,824	28.11.	1,0768	20,20	15,55	0,674
14	Schöner Pfäffling	28.11.	1,0779	20,49	16,50	0,131	30.11.	1,0525	13,79	11,32	0,134
15	Grosser Bohnapfel	18.11.	1,0491	12,90	10,35	0,714	3.12.	1,0575	15,10	12,24	0,509
16	Boikenapfel	2.12.	1,0510	13,39	10,09	0,697	4.12.	1,0512	13,44	10,17	0,576
17	Florianer Pepping	14.11.	1,0385	10,11	7,22	0,717	14.1.	1,0550	14,25	11,68	0,508
18	Ribston-Pepping	19.12.	1,0581	15,26	11,70	0,643	15.1.	1,0630	16,33	12,81	0,456
	Mittel	—	1,0547	14,07	11,17	0,704	—	1,0553	14,47	11,52	0,485

*) Der Extrakt wurde aus dem spec. Gewicht bei 15° berechnet, der Gesammt-Zucker gewichtsanalytisch nach der Inversion bestimmt.

Stärke war bei der 1898-er Ernte nur in den beiden Aepfeln No. 2 und 3 in grösserer Menge, in den übrigen dagegen überhaupt nicht vorhanden; bei der 1900-er Ernte waren in No. 6 und 9 geringe Mengen Stärke, in den übrigen Aepfeln war dagegen Stärke nicht vorhanden.

Das Jahr 1900 war in Proskau in den Sommermonaten reicher an Niederschlägen und bedeutend wärmer als das Jahr 1898; dementsprechend waren im Jahre 1900 die Aepfel im Durchschnitt wesentlich früher lagerreif als im Jahre 1898 und war im Mittel der Extrakt- und Zuckergehalt im Jahre 1900 höher, der Säuregehalt dagegen niedriger als im Jahre 1898.

Zusammensetzung amerikanischer Aepfel und Beerenfrüchte sowie einiger Erzeugnisse aus Aepfeln.

Nach C. A. Browne jun.

(Journ. Americ. Chem. Soc. 1901, 23, 869; Zeitschr. Nahrungs- u. Genussm. 1903, 6, 28).

Auf Grund der Einzelanalysen berechnet Browne folgende procentigen Mittelzahlen:

No.	Nähere Bezeichnung	Zahl der Analysen	Wasser	Invertzucker	Saccharose	Stärke	Asche	Säure (Aepfelsäure)	Mark
1	Unreife Aepfel . . .	2	80,67	6,43	2,84	3,92	0,27	1,14	—
2	Sommeräpfel . . .	6	85,00	7,10	3,36	1,04	0,28	0,68	—
3	Winteräpfel	21	83,16	8,16	4,16	—	0,26	0,59	1,85

Als annähernde allgemeine Mittelwerthe für das Fleisch der Aepfel ergaben sich folgende Zahlen: Wasser 84,0%, Asche 0,30%, Invertzucker 8,0%, Saccharose 4,0%, Stärke 0, Cellulose 0,9%, Pentosane 0,5%, Lignin 0,4%, freie Säuren, als Aepfelsäure berechnet, 0,60%, gebundene Säure, als Aepfelsäure berechnet, 0,2%, Pektinstoffe 0,4%, Rohfett 0,3%, Eiweiss 0,1%, Unbestimmtes (Gerbstoff etc.) 0,3%. Die Aepfelasche hatte folgende mittlere Zusammensetzung: Kali 55,94%, Natron 0,31%, Kalk 4,43%, Magnesia 3,78%, Eisenoxyd 0,95%, Thonerde 0,80%, Chlor 0,39%, Kieselsäure 0,40%, Schwefelsäure 2,66%, Phosphorsäure 8,64%, Kohlensäure 21,60%.

Die Säfte von Aepfeln und einigen anderen Obst- und Beerenarten hatten folgende Zusammensetzung (g in 100 ccm):

No.	Saft von	Spec. Gewicht	Extrakt	Invertzucker	Saccharose	Säure (Aepfelsäure)	Asche	Pektin	Stickstoff-Substanz	Polarisation *)
1	Sommeräpfeln (5 Analysen)	1,0502	12,29	6,76	3,23	0,72	0 29	0,12	0,03	—26,67
2	Winteräpfeln (4 Analysen)	1,0569	13,96	8,57	3,40	0,43	0,27	0,12	0,02	—45,15
3	Erdbeeren	1,0420	9,64	5,90	0,89	1,28	0,61	0,63	0,38	— 5,28
4	Rothen Johannisbeeren .	1,0463	11,01	5,13	2,31	1,44	0,60	0,88	0,75	+ 7,32
5	Schwarzen Johannisbeeren	1,0567	13,65	9,52	—	1,85	0,60	0,72	0,38	—25,20
6	Schwarzen Kirschen (süss)	1,1034	24,30	16,35	—	1,47	0,79	0,30	0,63	—29 80
7	Rothen Kirschen (sauer) .	1,0461	11,22	7,33	—	1,32	0,57	0,25	0,56	—12,96
8	Aepfeln, zweite Pressung **)	1,0376	9,14	6,87	1,49	—	0,20	—	—	—31,94

Einige Erzeugnisse aus Aepfeln zeigten folgende procentige Zusammensetzung:

No.	Nähere Bezeichnung	Zahl der Analysen	Wasser	Invertzucker	Saccharose	Asche	Säure (Aepfelsäure)	Stickstoff-Substanz	Pektin	Mark
1	Dörräpfel	2	27,61	32,80	19,02	1,10	4,08	0,87	—	5,53
2	Aepfelbutter (Apple butter)	1	52,58	37,20	1,14	0,97	2,52	0,25	2,15	1,14
3	Aepfelweingelée (Cider Jelly)	1	44,53	49,50	2,18	1,39	3,61	—	1,60	0
4	Aepfeltrester	1	70,76	8,09	2 40	0,49	—	1,25	—	—

*) Grade Ventzke im 400 mm-Rohr.

**) Nach Zusatz von Wasser zu den ausgepressten Aepfeltrestern.

Untersuchungs-Verfahren: Das Wasser wurde durch Trocknen der zerriebenen Früchte u. s. w. bei 70° C. in einem luftverdünnten Raum (Vacuum von 25 Zoll) unter Durchleiten eines schwachen Luftstromes ermittelt. Die Substanz wurde in perforirten, mit Asbest beschickten Kupfer- oder Messingröhren abgewogen und darin getrocknet. Zur Berechnung der Trockensubstanz aus dem spezifischen Gewichte der Fruchtsäfte empfiehlt der Verf. die Formel $x = 245 (d - 1)$, worin d das spez. Gewicht bedeutet; nur bei Säften von hohem spec. Gewicht giebt die Formel einen zu hohen Werth. Zur Bestimmung der Stärke, der Zuckerarten, der Säure und des Marks wurden 100 g der zerriebenen Fruchtmasse in einem Musselintuch unter häufigem Ausdrücken ausgewaschen, bis die Flüssigkeit 2 l betrug. Die Stärke setzte sich zu Boden; die Flüssigkeit wurde nach 12—24-stündigem Stehen abgehebert und in abgemessenen Theilen Zucker und Säure bestimmt. Der Bodensatz, hauptsächlich aus Stärke bestehend, wurde mit Wasser ausgewaschen und die Stärke mit Diastase verzuckert. Der Rückstand auf dem Musselintuch war das Aepfelmark; es wurde bei 100° C. getrocknet und gewogen.

Kirschen und Erdbeeren aus Oregon

untersuchte G. W. Shaw (Experim. Stat. Rec. 1899, **10**, 961 und 1901, **12**, 445; Zeitschr. Nahrungs- u. Genussm. 1899, **2**, 933 und 1901, **4**, 701) mit folgenden procentigen Ergebnissen:

I. Kirschen.

No.	Bezeichnung der Sorte	Ganze Frucht				Fruchtfleisch						Fruchtsaft	
		Mittleres Gewicht g	Frucht-fleisch	Kerne	Zucker	Presssaft	Press-rückstand	Wasser	Stickstoff-Substanz	Zucker	Asche	Säure	Zucker
1	Lincoln	4,40	95,45	4,55	8,43	89,53	10,47	82,35	—	8,83	0,73	—	9,81
2	Windsor	5,50	95,27	4,73	7,37	87,98	12,02	82,62	—	7,74	0,55	0,48	9,31
3	May Duke	4,15	94,46	5,54	7,30	88,90	11,10	84,45	—	7,73	0,58	—	8,64
4	Black Tartarian . . .	5,64	94,86	5,14	11,02	85,55	14,45	83,87	1,06	11,62	0,53	0,32	13,55
5	Early Richmond . . .	4,19	96,42	3,58	10,05	91,73	8,27	84,80	1,13	10,42	0,55	0,64	11,36
6	Seedling	2,85	91,23	8,77	10,40	88,99	11,01	80,65	1,00	11,40	0,82	0,16	12,81
7	Transparent	5,36	95,90	4,10	10,64	91,13	8,87	86,00	0,79	11,10	0,46	0,28	12,18
8	Centennial	5,12	92,78	7,22	12,22	80,00	20,00	76,91	0,70	13,17	1,00	0,80	16,46
9	Governor Wood . . .	5,94	—	—	—	—	—	81,01	1,20	12,42	0,71	0,64	—
10	Elton	5,74	90,90	10,10	11,43	—	—	79,00	1,00	12,58	0,60	0,16	—
11	Lewelling	4,79	92,31	7,69	11,36	86,00	14,00	74,72	1,00	12,31	—	0,16	14,30
12	Rockport Bigarreau . .	7,79	93,35	6,65	11,78	80,00	20,00	78,65	0,84	12,62	0,66	0,24	15,77
13	Royal Ann	7,26	94,13	5,87	12,85	86,00	14,00	81,29	0,88	13,76	0,68	0,82	16,00
	Mittel	5,29	93,92	5,32	10,40	86,35	13,09	81,25	0,91	11,21	0,53	0,43	12,29

Die Kirschen waren auf dem basalthaltigen Lehmboden der Willamette Valley gewachsen und zur Zeit der Untersuchung vollständig reif.

II. Erdbeeren.

No.	Bezeichnung der Sorte	Ganze Frucht			Zusammensetzung der Frucht					
		Mittleres Gewicht g	Frucht-fleisch	Abfall	Wasser	Stick-stoff-Substanz	Invert-zucker	Saccha-rose	Aepfel-säure	Mineral-stoffe
1	Michael Early	2,39	94,47	5,53	91,52	0,62	3,07	1,59	1,08	0,33
2	Vick	10,66	97,27	2,73	81,70	1,12	3,21	0,93	0,95	0,39
3	Warfield	6,66	96,80	3,20	90,45	0,69	3,94	1,08	0,89	0,37
4	Glendale	10,30	97,00	3,00	88,23	1,12	3,27	0,88	1,01	0,32
5	Sharpless	5,55	97,54	2,46	88,22	1,12	6,18		0,72	0,36
6	Wilson	4,86	97,59	2,41	88,14	0,72	5,90		0,80	0,66
7	Oregon Everbearing .	6,96	96,56	3,44	87,30	0,62	10,00		0,40	0,58
8	Magoon	18,33	97,38	2,62	88,72	—	6,18		0,19	0,49
9	Clark Seedling . . .	8,43	95,36	4,64	89,02	—	5,44	0,62	—	0,25
	Mittel	8,39	96,66	3,34	88,57	0,86	5,80		0,75	0,41

Eine Durchschnittsprobe der Asche aller Erdbeersorten enthielt 4,20 % Kalk, 39,86 % Kali und 13,99 % Phosphorsäure.

Zusammensetzung unreifer Erdbeeren.

Nach G. Paris (Chem.-Ztg. 1902, 26, 248.)

Für drei Sorten unreifer Erdbeeren aus der Provinz Avellino (Italien) wurden folgende Werthe gefunden:

	Mittleres Gewicht einer Frucht g	Saftausbeute %	100 ccm Saft enthielten Gramm: Gesammt-Extrakt	Gesammt-Säure	Citronensäure	Aepfelsäure	Invertzucker	Saccharose	Asche
Erste Sorte . .	0,600	80,1	6,56	1,28	1,17	0,14	3,04	0,34	0,65
Zweite „ . .	0,645	87,1	6,75	1,44	1,22	0,19	1,28	1,23	0,66
Dritte „ . .	0,720	87,9	7,04	1,36	—	—	3,00	0,51	0,69

Oxalsäure, Weinsäure, Salicylsäure und Benzoësäure waren in den Erdbeermosten nicht vorhanden. Die säurereichste, am wenigsten reife (zweite) Sorte hatte den höchsten Saccharose-Gehalt.

Zusammensetzung von Beerenmosten.

Nach P. Kulisch (Landw. Jahrb. 1890, 19, 101.)

Für die Moste von Sortimenten von Beerenfrüchten wurde folgende Zusammensetzung (g in 100 cm) gefunden:

	Spec. Gewicht bei 17,5° C.	Zucker	Säure (Weinsäure)	Stickstoff	Asche
Johannisbeeren, roth	1,041	6,25	2,32	0,0556	0,461
Stachelbeeren	1,048	8,50	1,85	0,0373	0,378
Himbeeren	1,050	7,42	1,80	0,1292	0,458
Brombeeren	1,043	6,21	1,17	0,0894	0,319

Analysen von Fruchtsäften,

welche zur Herstellung von Syrupen, Konfitüren etc. dienen, führten Truchon und Martin Claude (Annal. chim. analyt. 1901, 6, 85—89; Journ. Pharm. Chim. 1901, [6], 13, 171—176; Zeitschr. Nahrungs- u. Genussm. 1901, 4, 703) mit folgenden Ergebnissen (g in 100 ccm) aus:

No.	Bezeichnung der Obstsorten	Spec. Gewicht	Invertzucker	Saccharose	Gesammt-Säure (Weinsäure)	Durch Alkohol fällbare Stoffe	Citronensäure	Weinsäure	Asche	Kali	Phosphorsäure
1	Frühkirschen . . .	1,0404	8,36	0	0,495	0,34	schwache Spur	vorhanden	0,300	0,044	0,033
2	Kirschen	1,0552	9,65	0	0,846	0,24	0	—	0,388	0,097	0,021
3	Früherdbeeren . .	1,0262	4,52	0	0,915	1,00	vorhanden	Spuren	0,596	0,046	0,060
4	Erdbeeren	1,0482	10,00	0	1,152	1,38	—	vorhanden	0,572	0,097	0,026
5	Himbeeren	1,0503	8,82	0	1,782	0,96	—	—	0,432	0,086	0,032
6	Johannisbeeren, rothe .	1,0400	6,37	0	2,850	0,86	—	—	0,540	0,125	0,017
7	Johannisbeeren, weisse .	1,0498	8,74	0	2,565	0,72	—	0	0,444	0,101	0,025
8	Johannisbeeren, schwarze	1,0655	11,66	0	3,144	1,08	—	vorhanden	0,720	0,163	0,066
9	Pfirsiche	1,0540	3,35	1,98	0,684	0,76	—	—	0,470	0,076	0,046
10	Birnen	1,0550	8,58	0	0,204	0,26	—	0	0,356	0,168	0,016
11	Quitten	1,0480	7,59	0	0,960	0,46	—	vorhanden	0,420	0,181	0,037
12	Aepfel	1,0680	10,28	0,66	0,744	0,68	—	0	0,372	0,209	0,019

Von Aprikosen, Reineclauden und Mirabellen wurden auch die ganzen Früchte mit folgenden procentigen Ergebnissen untersucht:

No.	Bezeichnung	Invertzucker	Saccharose	Citronensäure	Weinsäure	Asche	Kali	Phosphorsäure
1	Aprikosen . . .	2,64	4,15	vorhanden	vorhanden	0,59	0,126	0,05
2	Reineclauden . .	8,80	0,80	—	Spuren	0,57	0,115	0,06
3	Mirabellen . . .	6,57	3,04	—	—	0,59	0,217	0,07

Zusammensetzung reiner Citronensäfte.

1. Analysen reiner, selbstgepresster Citronensäfte; No. 1—3 von E. Spaeth (Zeitschr. Nahrungs- u. Genussm. 1901, 4, 529) und No. 4 von R. Sendtner (Zeitschr. Nahrungs- u. Genussm. 1901, 4, 1133).

No.	Spec. Gewicht bei 15°	Extrakt	Citronensäure (wasserhaltig)		Weinsäure	Gesammt-Zucker	Asche	Phosphorsäure	Alkalität der Asche ccm N.-Säure	Polarisation im 200 mm-Rohr (Schmidt und Haensch) bei 18—20° C.
			frei	gebunden						
1	—	9,41	6,80	1,18	0	—	0,374	0,093	4,4	— 0° 30′
2	—	11,56	7,84	2,13	0	—	0,455	0,110	6,0	— 0° 30′
3	—	10,10	7,49	1,41	0	—	0,400	—	5,0	— 0° 27′
4	1,0343	7,84	6,36	—	—	0,88	0,301	—	2,9	—

2. Analysen von K. Farnsteiner (Zeitschr. Nahrungs- u. Genussm. 1903, 6, 1).

Aus Citronen selbst hergestellte Citronensäfte, die zur Haltbarmachung mit Alkohol versetzt waren, hatten folgende Zusammensetzung (g in 100 ccm):

No.	Nähere Bezeichnung	Spec. Gewicht bei 15°	Alkohol	Extrakt (indirekt)	Citronensäure (wasserfrei)	Zucker (im Ganzen)	Saccharose	Stickstoff-Substanz	Glycerin	Mineralstoffe	Phosphorsäure	Alkalität der Asche ccm N.-Säure
1	Hergestellt im Mai 1900 nicht vergohren . .	1,0285	6,58	9,61	6,11	1,79	0,22	—	—	0,460	—	—
2	Hergestellt im Mai 1900 vergohren	1,0215	7,53	8,25	6,19	0,53	0,26	—	—	0,440	—	—
3	Hergestellt Septbr. 1900 aus reifen Citronen nicht vergohren	1,0241	6,53	8,54	5,46	1,41	—	0,475	(0,30)	0,379	0,024	4,9
4	Hergestellt Septbr. 1900 aus reifen Citronen vergohren . .	1,0181	7,39	7,43	5,41	0,26	—	0,456	(0,17)	0,380	0,027	4,8
5	Hergestellt Septbr. 1900 aus unreifen Citronen nicht vergohren	1,0279	—	9,41	5,52	1,22	—	0,581	(0,37)	0,597	—	—
6	Hergestellt Septbr. 1900 aus unreifen Citronen vergohren . .	1,0220	—	8,40	5,39	0,25	—	0,569	(0,34)	0,592	—	6,9
7	Hergestellt September 1901 (nicht vergohren) A . .	1,0362	—	8,64	5,74	1,08	0,19	0,481	—	0,477	—	6,3
8	Hergestellt September 1901 (nicht vergohren) B . .	1,0175	—	8,25	5,28	1,35	—	0,278	—	0,424	0,023	6,1

Flüchtige Säuren waren bei No. 1—6 nur in Spuren vorhanden. — No. 4 enthielt 0,008 g Schwefelsäure und 0,006 g Chlor. Ueber die Art der Herstellung der Säfte sowie über die Untersuchungs-Verfahren vergl. die Originalarbeit.

3. Zu den Analysen von Colby und Dyer (oben S. 845—849) sei hier noch bemerkt, dass sie den Extrakt-Gehalt aus dem spec. Gewichte nach einer mit der amtlichen Zucker-Tabelle der deutschen Normal-Aichungs-Kommission fast übereinstimmenden Tabelle berechneten, Danesi und Boschi (oben S. 844) dagegen den Extrakt-Gehalt gewichtsanalytisch bestimmten.

Zusammensetzung von reinen Fruchtsäften, Gelees und Jams.

Nach L. M. Tolmann, L. S. Munson und W. D. Bigelow (Journ. Americ. Chem. Soc. 1901, 23, 347).

Um für die Beurtheilung von Fruchtkonserven Unterlagen zu bekommen, wurden selbst bereitete Fruchtsäfte, Gelees und Marmeladen (Jams) untersucht. Die Säfte wurden hergestellt durch Kochen der Früchte mit Wasser und Durchseihen, die Gelees durch Aufkochen der Säfte mit der gleichen Gewichtsmenge Zucker, und die Jams durch 20 Minuten dauerndes Kochen von zwei Theilen zerquetschter Früchte mit einem Theil Zucker. — Die procentigen Ergebnisse waren folgende:

I. **Fruchtsäfte**, hergestellt durch Kochen der Früchte mit Wasser und Durchseihen.

No.	Nähere Bezeichnung	Extrakt (bezw. Trocken-Substanz)	Invertzucker	Saccharose	Gesammt-Säure (= H_2SO_4)	Stickstoff-Substanz	Asche
1	Apfel (fall pippin)	7,95	4,00	1,18	0,627	0,543	0,47
2	Holzapfel	5,62	2,56	1,03	0,372	0,075	0,20
3	Birne (Bartlett)	11,65	5,87	1,18	0,345	0,087	0,45
4	Pflaume (Damson)	12,72	4,86	0,51	—	0,431	0,63
5	„ (wild fox)	11,23	2,87	2,81	1,576	0,137	0,64
6	Pfirsich	8,90	—	4,59	—	0,218	0,45
7	Brombeere	8,54	4,34	0	0,978	0,350	0,52
8	Heidelbeere (Hucklebeere) . .	16,33	11,21	0,89	0,454	—	0,40
9	Weintraube (fox)	6,67	2,79	0,37	1,686	—	0,49
10	„ (Ives seedling) .	8,83	5,10	0,89	0,902	0,237	0,57
11	Orangen (Florida navel) . .	6,08	1,52	2,29	0,297	0,581	0,36
12	Ananas	13,27	2,74	8,96	0,588	0,368	0,45
13	„ -Schalensaft	8,43	—	4,73	—	0,350	0,77
14	Gemischte Früchte	6,53	2,68	0,59	0,612	0,150	0,32
	II. Gelees, hergestellt durch Aufkochen der obigen Säfte mit der gleichen Gewichtsmenge Zucker.						
1	Apfel (fall pippin)	59,18	20,78	33,04	0,279	0,175	0,22
2	Holzapfel	63,38	34,93	23,68	0,171	0,137	0,11
3	Birne (Bartlett)	69,12	6,58	58,46	0,181	0,156	0,34
4	Pflaume (Damson)	45,56	19,18	22,67	1,127	0,350	0,68
5	„ (wild fox)	54,49	24,00	25,48	1,029	0,138	0,40
6	„ „ stark eingekocht	73,01	44,22	22,37	1,529	0,175	0,65
7	Pfirsich	69,98	8,75	56,59	0,245	0,175	0,21
8	Brombeere	59,63	12,51	44,90	0,475	0,243	0,33
9	Heidelbeere (Hucklebeere) . .	63,02	24,27	32,74	0,245	0,069	0,28
10	Weintraube (Ives seedling) .	63,66	32,29	30,52	0,524	0,175	0,45
11	Orangen (Florida navel) . .	68,56	3,95	62,52	0,171	0,418	0,30
12	Ananas	80,28	22,13	56,70	0,328	0,387	0,43
13	„ -Schalensaft	76,34	7,40	65,22	0,352	0,350	0,73
14	Gemischte Früchte	66,58	39,70	24,22	0,367	0,069	0,21
	III. Zerquetschte Fruchtmassen, wie sie zur Herstellung der Jams dienen.						
1	Apfel (fall pippin)	8,25	4,13	1,03	0,499	—	0,30
2	Holzapfel	14,34	5,68	1,70	0,705	0,418	0,84
3	Brombeere	9,62	5,67	—	0,916	0,725	0,60
4	Weintraube (Ives seedling) .	12,50	6,11	0,29	—	—	0,75
5	Orangen (Florida navel) . .	13,11	4,13	3,33	0,686	0,985	0,61
6	Ananas	13,71	8,12	3,11	0,392	0,056	0,50
	IV. Jams, hergestellt aus 2 Thln. zerquetschter Fruchtmasse mit 1 Thl. Zucker.						
1	Apfel (fall pippin)	63,22	25,52	29,11	0,282	0,175	0,20
2	Holzapfel	41,82	14,80	23,04	0,715	0,493	0,27
3	Birne	61,52	13,20	33,74	0,163	0,312	0,28
4	Pflaume (Damson)	50,43	28,29	9,70	1,012	0,525	0,54

No.	Nähere Bezeichnung	Extrakt bezw. Trocken-Substanz	Invert-zucker	Saccharose	Gesammt-Säure (= H_2SO_4)	Stickstoff-Substanz	Asche
5	Pflaume (wild fox)	62,10	28,78	23,26	1,355	0,212	0,46
6	Brombeere	55,42	18,77	29,00	0,851	0,737	0,48
7	Weintraube (fox)	61,80	50,06	3,70	0,698	0,200	0,19
8	„ (Ives seedling) .	56,64	33,44	11,33	0,744	0,525	0,48
9	Orangen (Florida navel) . .	80,52	13,61	54,23	0,433	0,944	0,44
10	Ananas-Marmelade	73,92	14,05	46,40	0,315	0,312	0,30

Pentosan-Gehalt verschiedener Früchte.

Nach C. Wittmann (Zeitschr. landw. Versuchsw. Oesterreich 1901, 4, 131).

Der procentige Gehalt an Pentosanen*) in der natürlichen Substanz war folgender:

Bezeichnung	Pentosane %
Kgl. Kurzstiel	1,11 1,74
Quittenapfel, wild . . .	3,23
Quittenapfel, „ . . .	3,33
Quittenapfel, veredelt . .	1,78
Ribston Pepping . . .	1,13 1,39
Maschanzker	0,89
Winter-Goldparmäne . .	0,69
Stockapfel (Presssaft) . .	0,26
Olivier de Serres . . .	1,61
Herzapfel	0,86
Pastorenbirne	0,87
Hardenponts-Butterbirne	1,78 1,81
Forellenbirne	1,08
Holzbirne	3,94
Nagelwitzer Birne . . .	1,61
Sterkmann's Butterbirne .	1,13
Fallobst	1,34
Mispel	2,72
Herzkirsche, roth . . .	0,61
Dirndlbirne (Cornelkirsche)	1,07
Hauszwetsche, getrocknet	2,44 2,43

Bezeichnung	Pentosane %
Hauszwetsche, frisch .	0,76 0,70
Pflaume	0,54
Reineklaude	0,77
Aprikose	0,62
Pfirsich	0,77 0,75
Wallnuss, Schale . . .	5,92
Wallnuss, Kern . . .	1,51
Wallnuss, „ . . .	1,19
Mandel	3,51 3,11
Paradiesapfel	0,36 0,32
Heidelbeere (Vaccinium Myrtillus)	1,19 1,28 0,76
Himbeere (Rubus Idaeus) .	2,68
Japanische Weinbeere (Rubus phoenicolasius) .	1,60
Hollunderbeere (Sambucus nigra)	1,20 1,22
Preisselbeere (Vaccinium vitis Idaei)	0,73 0,77
Brombeere (Rubus fruticosus)	1,19 1,13

Bezeichnung	Pentosane %
Johannisbeere (Ribes rubrum)	0,41
Stachelbeere (Ribes Grossularia)	0,51
Walderdbeere (Fragaria vesca)	0,91
Weintraube (Vitis vinifera)	0,48 0,41
Wacholderbeere (Juniperus communis)	6,07 5,96
Dattel (Phoenix dactylifera)	3,33 2,97
Dattelkerne	2,68
Hagebutte (Rosa pomifera)	4,25 4,15
Feige (Ficus Carica), getrocknet .	3,74
Feige (Ficus Carica), „ .	3,96
Feige (Ficus Carica), frisch . .	0,83
Johannisbrot (Ceratonia siliqua)	5,48 5,42
Pinolen	1,09 1,08
Erdnuss	4,12
Pflaumenmus	2,98
Rosinen	1,51 1,57

*) Die Pentosane sind nach dem Phloroglucin-Verfahren bestimmt (g Furfurol — 0,0104) × 1,88 = g Pentosane. Es ergab sich aus den Bestimmungen bei Beerenobst, dass, je höher der Rohfasergehalt ist, desto höher auch der Gehalt an Pentosanen ist, z. B.:

	Wachholder	Himbeere	Hollunderbeere	Japanische Weinbeere	Brombeere	Erdbeere	Preisselbeere	Heidelbeere	Stachelbeere	Johannisbeere
Wasser . . .	23,89	69,54	81,87	75,58	83,42	79,35	83,00	85,46	85,93	82,64 %
Rohfaser . .	16,09	9,38	6,62	5,51	4,00	4,55	4,34	2,39	2,20	3,88 „
Pentosane . .	6,00	2,68	1,20	1,60	1,16	0,91	0,75	0,76	0,51	0,41 „

Borsäure-Gehalt von Zwetschen-, Reineklauden- und Kirschsaft.

1. Nach K. Windisch (Arb. Kaiserl. Gesundh.-Amt 1898, 14, 309).

Saft von	Spec. Gewicht 15° C.	In 100 ccm Saft: Asche	In 100 ccm Saft: Borsäure (B_2O_3)	Borsäure in der Asche
Zwetschen	1,0849	0,578 g	1,57 mg	0,27 %
Reineklauden . . .	1,0455	0,609 „	1,27 „	0,21 „
Kirschen	1,0813	0,662 „	2,28 „	0,34 „

2. A. Hebebrand (Zeitschr. Nahrungs- u. Genussm. 1902, 5, 1044) fand in 100 ccm Saft von:

Kirschen	Stachelbeeren	Apfelsinen	Citronen
0,4 mg	1,0 mg	0,4 mg	0,6 mg

Zucker und Zuckerwaaren.

(Nachträge zu S. 896—914.)

Frisches Zuckerrohr

aus Indien enthielt nach M. Greshof, J. Sack und J. J. van Eck (vergl. S. 1457) in Procenten:

Wasser	Stickstoff-Substanz	Fett	Saccharose	Sonstige stickstofffreie Extraktstoffe	Asche
77,59	0,91	0,05	12,09	8,65	0,71

Stärkesyrupe und Stärkezucker

untersuchte M. Hönig (Zeitschr. Nahrungs- u. Genussm. 1902, 5, 641) mit folgenden procentigen Ergebnissen:

No.	Nähere Bezeichnung		Wasser	Glukose	Dextrine: alkohol-fällbar	Dextrine: alkohol-löslich	Dextrine: im Ganzen	Asche	Trocken-Substanz: berechnet	Trocken-Substanz: gefunden
1	Stärke (Capillär-) Syrupe	I	17,83	34,01	26,43	21,68	48,11	0,24	82,36	82,41
2		II	17,20	34,40	25,78	22,33	48,11	0,21	82,72	83,01
3		III	20,33	31,73	24,67	23,00	47,67	0,20	79,60	79,87
4		IV	23,54	30,11	24,43	21,82	46,25	0,32	76,68	76,78
5	Fester Stärkezucker .		14,38	49,38	12,19	22,97	35,16	0,14	84,68	85,76

Bezüglich der Untersuchungs-Verfahren sei auf die Originalarbeit verwiesen.

Gewürze.

(Nachträge zu S. 930—984.)

Paprika

des Handels enthielt nach A. Beythien (Zeitschr. Nahrungs- u. Genussm. 1902, 5, 858) in Procenten:

No. *)	Nähere Bezeichnung	Preis für 1 kg M.	Wasser	Asche	Alkohol-Extrakt	Aether-Extrakt	Gesammt-Stickstoff	Alkohol-löslicher Stickstoff	Rohfaser
1	Rosenpaprika . . .	4,00	8,08	7,67	35,71	19,70	2,19	0,47	21,10
2	Paprika	3,00	8,80	7,76	32,85	19,05	2,27	0,47	21,53
3		1,80	8,60	7,31	31,88	19,30	2,30	0,46	21,39
4		6,00	10,32	5,83	30,90	14,85	2,31	0,46	22,73
5		5,00	13,52	6,24	30,49	15,55	2,25	0,45	22,85
6	Rosenpaprika . . .	1,80	9,43	5,63	30,11	15,74	2,37	0,42	22,87

*) Die Proben sind nach dem Gehalte an Alkohol-Extrakt geordnet.

No.	Nähere Bezeichnung	Preis für 1 kg M.	Wasser	Asche	Alkohol-Extrakt	Aether-Extrakt	Gesammt-Stickstoff	Alkohol-löslicher Stickstoff	Rohfaser
7	Paprika	2,40	9,55	5,94	29,80	14,12	2,43	0,44	23,49
8	Rosenpaprika . . .	8,00	10,46	6,23	29,62	14,88	2,46	0,44	23,69
9		5,00	10,51	6,88	29,58	15,15	2,48	0,44	22,00
10		3,00	8,74	5,86	29,53	16,24	2,42	0,44	23,15
11		2,60	10,40	5,41	29,39	14,70	2,37	0,44	23,03
12		3,20	12,41	6,17	29,28	16,10	2,43	0,44	23,10
13		2,40	11,31	5,74	29,10	17,46	2,41	0,44	22,91
14	Paprika	3,00	11,32	5,72	29,00	15,95	2,39	0,44	23,37
15		3,00	10,24	6,42	28,76	14,15	2,43	0,43	23,85
16		5,00	8,24	7,62	28,67	14,85	2,42	0,43	23,03
17		2,40	8,04	6,64	28,56	14,85	2,53	0,43	23,35
18		3,60	9,76	5,84	28,45	13,42	2,50	0,43	23,14
19	Rosenpaprika . . .	2,00	9,68	5,90	28,34	13,34	2,55	0,43	23,74
20		4,00	10,12	5,72	28,12	14,06	2,52	0,43	23,24
21		2,40	10,48	7,31	28,06	14,31	2,40	0,42	23,04
22	Paprika	—	13,52	6,41	28,04	15,22	2,51	0,43	21,14
23		4,00	9,43	6,72	28,02	14,95	2,41	0,43	23,50
24		1,80	11,31	6,53	27,81	12,54	2,37	0,42	24,46
25	Rosenpaprika . . .	1,60	9,21	5,78	27,59	12,97	2,47	0,42	24,86
26	Paprika	6,00	9,86	5,35	27,54	13,97	2,48	0,42	24,81
27	Rosenpaprika . . .	2,00	10,64	6,43	27,41	13,29	2,40	0,42	23,10
28	Paprika	4,00	7,98	7,00	27,01	14,86	2,45	0,42	24,02
29	Rosenpaprika . . .	7,20	10,83	5,86	26,69	13,99	2,51	0,36	24,91
30		3,00	9,20	6,18	26,63	12,78	2,47	0,36	25,10
31	Paprika	3,00	7,79	6,21	26,57	13,88	2,46	0,36	26,80
32		6,00	11,24	6,54	26,55	12,68	2,46	0,40	24,68
	Mittel	—	10,03	6,34	28,94	14,97	2,42	0,42	23,37
	Schwankungen	—	7,79—13,52	5,35—7,76	26,55—35,71	12,54—19,70	2,19—2,55	0,36—0,47	21,10—26,80

Ueber die Untersuchungs-Verfahren vergleiche die Originalarbeit.

Alkaloidhaltige Genussmittel.

(Nachträge zu S. 985—1056.)

Kaffee von Gross-Comore (Coffea Humblotiana Baill.),

nach Froehner eine auf der genannten Insel wild wachsende Abart von Coffea arabica, ergab nach G. Bertrand (Compt. rend. 1901, 132, 161; Zeitschr. Nahrungs- u. Genussm. 1901, 5, 81) im Vergleich mit Coffea arabica folgende procentige Zusammensetzung:

	Wasser	Gesammt-Stickstoff	Koffeïn	Aether-Extrakt	Alkohol-Extrakt	Reducirender Zucker	Nichtreducirender Zucker	Asche
Coffea Humblotiana	11,64	1,50	0	10,68	8,42	0,80	4,20	2,80
„ arabica . .	9,74	1,95	1,34	5,76	12,10	0,29	4,86	3,66

Da Bertrand nur die Auszüge mit lauwarmem Wasser, mit Aether, Benzol und Chloroform auf Koffeïn untersucht hat, so ist es noch sehr wohl möglich, dass die Samen der Coffea Humblotiana Koffeïn in gebundener, unlöslicher Form, als Glykosid oder Tannin-Verbindung etc., enthalten.

Kaffee-Ersatzmittel.

K. Kornauth (Mittheil. Pharm. Institut Erlangen 1890, 3, 1) untersuchte eine Anzahl der gebräuchlichsten Kaffee-Ersatzmittel (im gebrannten Zustande) mit folgenden procentigen Ergebnissen:

Nähere Bezeichnung	Wasser	In der Trocken-Substanz					Von der Asche in Wasser		In der Reinasche					
		Rohfett	Zucker	Stärke	Rohfaser	Wasser-löslich im Ganzen	löslich	un-löslich	Kali	Natron	Phosphor-säure	Schwefel-säure	Chlor	Kieselsäure
Cichorien . . .	7,16	2,57	11,79	—	30,12	63,81	4,28	1,60	36,90	10,07	9,91	10,97	5,18	4,17
Holzbirnen . . .	6,96	0,21	15,07	—	46,71	37,26	2,43	1,43	54,77	7,99	15,68	5,34	0,66	1,12
Gerste	6,44	1,04	—	67,19	10,56	34,37	1,28	0,76	29,16	2,20	27,56	1,56	2,04	0,19
Feigen	7,20	3,01	30,83	—	6,97	65,40	1,98	1,36	79,16	7,27	29,18	3,14	2,51	2,01
Eicheln	7,18	3,07	4,17	59,99	3,36	50,66	1,60	0,50	52,99	2,16	14,27	4,38	3,18	1,26
Kakaoschalen . .	6,39	11,11	—	4,00	18,26	—	4,26	1,01	—	—	—	—	—	—
Sojabohnen. . .	5,27	18,01	34,76	—	4,97	49,07	3,38	0,90	43,95	1,08	37,04	2,71	1,24	—
Hagebutten . . .	7,04	1,70	37,84	—	13,21	36,19	2,12	2,80	55,29	1,74	15,47	4,11	5,19	3,92
Spargelsamen . .	6,22	11,38	—	—	—	8,87	3,86	2,36	—	—	—	—	—	—
Weisse Lupinen .	6,00	4,07	15,09	—	12,70	22,44	1,82	1,90	32,28	19,21	29,12	7,07	2,31	1,11
Schwarze „ .	5,76	2,04	20,94	—	17,64	25,47	3,88	1,60	34,14	7,00	36,50	6,58	1,51	0,78
Erdmandeln . .	7,33	41,62	—	10,07	11,92	24,90	1,21	1,13	—	—	—	—	—	—
Hagebutten . . .	2,48	1,17	7,34	—	21,16	16,83	1,32	3,20	60,04	5,20	18,47	3,18	2,64	1,79
Löwenzahnwurzeln	8,46	2,78	1,53	—	18,64	65,74	3,20	4,00	22,56	31,90	10,72	3,24	4,17	4,18
Kartoffeln . . .	7,85	0,42	—	69,47	7,46	19,74	2,48	1,40	59,07	17,21	12,70	4,06	6,11	0,22
Johannisbrot . .	8,09	1,19	—	—	5,60	52,54	2,47	0,83	—	—	—	—	—	—
Zuckerrüben . .	8,18	—	24,19	—	9,10	62,84	4,47	2,27	59,09	8,92	10,50	4,16	6,26	1,68
Dattelkerne . .	3,99	7,32	2,15	—	31,62	9,34	0,10	1,40	34,27	5,14	11,28	3,27	2,19	2,16
Stragel-Kaffee .	8,09	—	—	—	—	44,63	1,60	2,98	—	—	—	—	—	—
Kentuck-Kaffee .	4,67	—	—	—	—	33,42	2,81	2,09	—	—	—	—	—	—
Mussaënda-Kaffee	1,07	—	—	—	—	18,40	4,02		—	—	—	—	—	—

Ueber den Gehalt der Kakaosamen an Schalen und die Zusammensetzung der Schalen

liegen neuere Untersuchungen von P. Welmans (Zeitschr. öffentl. Chem. 1901, 7, 491) vor:

I. Gehalt der Kakaobohnen an Schalen. Welmans findet in verschiedenen Kakaosorten folgenden Gehalt an Schalen, die durch Schälen mit der Hand und Aussuchen mit der Lupe festgestellt wurden:

a) Gereinigte Rohbohnen. Puerto Cabello 15,0—17,7, Ariba 15,44, Caracas 12,4—16,9, Guajaquil 13,24, Kamerun 8,0—13,2, Trinidad 14,05, St. Thomé 11,3, Ceylon 8,9, Samona 12,1, Cuba 14,7, Haiti 14,2, Machala 13,8, Balao 14,0, Ariba superieur 13,70, im Mittel 13,30 %.

b) Geröstete Bohnen. Ariba 12,4—16,0, Caracas 12,8—15,56, Guajaquil 10,3—12,0, Trinidad 11,2—13,6, St. Thomé 10,0—11,3, Ceylon 10,6—11,0, Bahia 9,60, Puerto Cabello 14,3—15,5 %, im Mittel 12,4 %.

II. Zusammensetzung der Kakaoschalen. Welmans stellte sich drei Proben von Kakaoschalenpulver dar, von denen das gröbste durch ein Sieb von 15 Maschen auf 1 cm Länge, das mittelfeine durch ein solches von 25 Maschen und das feinste durch ein solches von 40 Maschen auf 1 cm Länge getrieben war. Die Untersuchung dieser drei Proben ergab folgende procentigen Werthe:

	Wasser	Stickstoff-Substanz	Aether-extrakt	Mineralstoffe im Ganzen	Mineralstoffe wasser-löslich	Alkalität der Asche (K_2CO_3)	In kaltem Wasser löslich	Rohfaser (nach J. König) in der fettfreien Trocken-Subst.
No. 1 grob . . .	7,76	16,80	7,39	8,74	4,22	3,31	24,6	13,60
„ 2 mittelfein .	7,54	15,62	7,33	8,54	3,94	3,31	24,0	13,17
„ 3 fein . . .	8,78	16,10	7,55	8,52	4,34	3,04	25,4	13,23

In zwei anderen Schalenpulvern fand Welmans 7,53 % und 8,48 % Pentosane.

Thee aus Blättern der kaukasischen Preisselbeere (Vaccinium arctostaphylos), ein in Russland vielfach zur Theefälschung benutztes Mittel, hat nach B. Lorenz (Apoth.-Ztg. 1901, 16, 694) folgende procentige Zusammensetzung:

	Wasser	Extrakt	Asche im Ganzen	Asche unlöslich	Asche löslich	Gerbstoff	Arbutin
In der natürlichen Substanz .	4,035	39,125	3,950	2,345	1,605	8,293	Spuren
In der Trocken-Substanz . .	—	40,008	4,116	2,443	1,673	8,641	„

Wein. (Nachtrag zu S. 1188—1191.)

Reine Rheingau-Weine. Von P. Kulisch (Weinbau u. Weinhandel 1889, No. 17.)

No.	Gemarkung und Lage	Traubensorte	Jahrgang	Alkohol	Extrakt	Gesammt-Säure (Weinsäure)	Weinstein	Freie Weinsäure	Asche	Kalk	Magnesia	Kali	Phosphor-säure
				100 ccm Wein enthalten Gramm:									
	I. Geisenheim:												
1	Verschiedene Lagen	Riesling	1887	7,17	2,595	0,782	0,163	0,033	0,187	0,016	0,019	0,063	0,022
2	Verschiedene Lagen	Riesling u. Oesterreicher	„	8,14	2,824	0,868	0,204	0,024	0,175	0,014	0,018	—	0,039
3	Fuchsberg	2/3 Riesling, 1/3 Oesterreicher	1888	7,00	3,066	1,108	0,248	0,155	0,171	0,021	0,021	0,059	0,040
4	Fuchsberg	Riesling u. Oesterreicher	„	7,70	2,916	1,162	0,201	0,250	0,143	0,018	0,022	0,048	0,030
5	Fuchsberg	Riesling	1887	7,70	2,977	1,159	0,210	0,139	0,138	0,010	0,018	0,038	0,025
6	Fuchsberg	Oesterreicher . . .	„	7,40	2,371	0,813	0,206	0,045	0,157	0,015	0,016	0,062	0,022
7	Fuchsberg	Kleinberger . . .	„	6,50	2,789	1,233	0,241	0,142	0,155	0,020	0,016	0,059	0,018
8	Fuchsberg	Riesling I	1888	7,99	3,134	1,279	0,241	0,260	0,145	0,014	0,026	0,044	0,014
9	Fuchsberg	Oesterreicher . . .	„	7,73	2,676	0,934	0,277	0,116	0,159	0,011	0,019	0,065	0,027
10	Fuchsberg	Kleinberger . . .	„	5,61	2,563	1,354	0,186	0,269	0,161	0,027	0,020	0,057	0,017
11	Fuchsberg	Riesling II . . .	„	7,60	2,974	1,179	0,221	0,307	0,140	0,014	0,022	0,055	0,033
12	Fuchsberg	Oesterreicher und Traminer . . .	„	7,62	2,654	0,936	0,257	0,066	0,144	0,011	0,020	0,052	0,028
13	Fuchsberg	Kleinberger und Oesterreicher . .	„	6,75	2,621	1,115	0,222	0,164	0,168	0,015	0,023	0,061	0,033
14	Fuchsberg	Riesling u. Traminer	1886	9,21	2,866	0,703	0,176	0	0,198	0,010	0,021	0,066	0,037
	II. Rüdesheim:												Glycerin
15	Oberer Platz .	Riesling . .	1887	8,38	2,824	0,803	0,253	0	0,200	—	—	0,076	0,737
16	Rottland . .	Riesling . .	„	8,82	2,904	0,689	0,195	0	0,201	—	—	—	0,917
17	Hinterhaus .	Riesling . .	„	8,58	2,672	0,518	0,111	0	0,192	—	—	0,062	0,871
18	Mühlstein und Brunnen .	Riesling . .	„	9,95	2,487	0,467	0,094	0	0,185	—	—	0,067	0,810

Die Rheingau-Weine von 1887 und 1888 hatten in Folge unvollkommener Reife der Traube in mannigfacher Hinsicht eine abnorme Beschaffenheit. Auffallend ist z. B. der geringe Gehalt an Mineralstoffen, der sich nur auf das Kali, nicht auf Kalk, Magnesia und Phosphorsäure erstreckt. Verf. glaubt den niedrigen Gehalt an Kali mit der Nothreife der Trauben in Zusammenhang bringen zu sollen.

Die Weine wurden nach den im Kaiserlichen Gesundheitsamt vereinbarten Verfahren untersucht.

Branntweine und Liqueure.

(Nachträge zu S. 1402—1446.)

Branntwein-Analysen.

Nach Ch. Girard und L. Cuniasse (Manuel Pratique de l'Analyse des Alcools et des Spiritueux. Paris 1899. Masson et Cie.).

I. Industrielle Alkohole.

No.	Nähere Bezeichnung	Spec. Gewicht 15°	Alkohol Vol.-%	mg in 100 ccm Branntwein: Extrakt	Säuren	Aldehyde	Furfurol	Ester	Höhere Alkohole	mg auf 100 ccm absol. Alkohol: Säuren	Aldehyde	Furfurol	Ester	Höhere Alkohole	Gesammt-Verunreinigungen
1	Kornalkohol, französischer	0,8140	95,6	0	2,4	0,15	0	3,5	2,8	2,5	0,1	0	3,6	2,9	9,1
2	Kornalkohol, —	0,8141	95,6	0	2,4	Spur	0	3,5	5,0	2,5	Spur	0	3,6	5,7	11,8
3	Kornalkohol, —	0,8164	95,0	12,0	4,8	0	0	3,5	Spur	5,0	0	0	3,6	Spur	8,6
4	Aus Rüben, schlecht gereinigt .	0,8194	94,2	—	4,8	10,9	0	17,6	7,0	5,0	11,5	0	18,6	7,3	42,4
5	Aus Rüben, rektificirt .	0,8183	94,5	—	2,4	Spur	0	3,5	2,4	2,5	Spur	0	3,6	2,5	8,6
6	Aus Melasse, schlecht gereinigt	0,8194	94,2	—	9,6	10,2	0	8,8	8,0	10,2	10,7	0	9,3	8,4	38,5
7	Industrieller Alkohol —	0,8145	95,5	—	4,8	13,1	0	21,1	0	5,1	13,7	0	22,1	0	40,9
8	Industrieller Alkohol, frisch	0,8164	95,0	—	2,4	0	0	1,6	0	2,5	0	0	1,8	0	4,3
9	Industrieller Alkohol, frisch	0,8164	95,9	12,0	2,4	0	0	3,5	Spur	2,5	0	0	3,6	Spur	6,1
10	Alcool supérieur . .	0,8200	93,8	16,0	7,2	0	0,1	2,6	Spur	7,6	0	0,1	2,8	Spur	10,5
11	„ du Nord . .	0,8141	95,6	12,0	4,8	0	0	3,5	Spur	5,0	0	0	3,6	Spur	8,6
12	Reinster deutscher Alkohol	0,7953	99,8	0	2,4	4,2	0	3,5	Spur	2,4	4,2	0	3,5	Spur	10,1
13	Alcool d'entrepôt	0,8198	94,1	10,0	2,4	2,3	0	8,8	Spur	2,5	2,3	0	9,3	Spur	14,1
14	Alcool d'entrepôt	0,8183	94,5	10,0	2,4	11,1	0	10,6	Spur	2,5	11,7	0	11,2	Spur	25,4
15	Alcool d'entrepôt	0,8194	94,2	12,0	2,4	1,9	0	12,3	Spur	2,5	1,9	0	13,0	Spur	17,4
16	Alcool d'entrepôt	0,8539	83,6	5,0	4,8	0	0	10,6	Spur	5,7	0	0	12,3	Spur	18,0
17	Alcool d'entrepôt	0,8145	95,5	5,0	4,8	13,1	0	21,1	Spur	5,1	13,7	0	22,1	Spur	40,9
18	Alcool rectifié . .	0,8164	95,0	10,0	2,4	0,5	Spur	3,5	5,0	2,5	0,4	Spur	3,7	5,2	11,8
19	„ de rectification recent . .	0,8140	95,6	0	2,4	0,2	0	3,5	2,8	2,5	0,1	0	3,6	2,9	9,1
20	„ supérieur français	0,8116	96,2	2,0	2,4	Spur	0	3,5	Spur	2,4	Spur	0	3,6	Spur	6,0
21	„ rectifié . .	0,8164	95,0	0	2,4	Spur	0	14,1	3,6	2,5	Spur	0	14,8	3,7	21,0
	Mittel	0,8173	94,7	6,6	3,8	3,3	Spur	7,8	1,8	4,0	3,5	Spur	8,2	1,9	17,6

II. Weinbranntweine.

a) Echter Weinbrand von bekannter und zuverlässiger Herkunft.*)

No.	Aus Wein von:	Jahrgang	Spec. Gewicht	Alkohol	Extrakt	Säuren	Aldehyde	Furfurol	Ester	Höhere Alkohole	Säuren	Aldehyde	Furfurol	Ester	Höhere Alkohole	Gesammt-Verunreinigungen
1	Bas-Armagnac	1893	0,9017	64,5	156,0	38,4	16,4	1,2	52,8	167,6	59,5	25,3	1,8	81,8	259,7	428,1
2	Aunis pure, La Rochelle	1840	0,9346	52,2	1400,0 **)	69,6	17,3	0,4	66,9	73,0	133,3	33,1	0,7	128,1	139,8	435,0
3	Aunis pure, La Rochelle	1860	0,9391	47,5	330,0 **)	96,0	22,9	0,6	63,4	164,1	202,1	48,1	1,2	133,3	345,4	730,1

*) Der Branntwein No. 24 wurde im Jahre 1894 untersucht; No. 1—7 im Jahre 1895, No. 8—14 im Jahre 1896, No. 15, 16, 17, 18, 22, 23 im Jahre 1897, bei den übrigen Branntweinen fehlen Angaben über die Zeit der Untersuchung. Der Farbstoff bestand bei No. 1—8, 12—15, 17, 18, 20, 25 aus Tannin, bei No. 9—11 war Farbstoff nicht vorhanden; bei den übrigen Proben von „Echtem Weinbrand" fehlen Angaben über den Farbstoff.

**) Der Gehalt an Zucker betrug bei No. 2: 1,136 g in 100 ccm.

No.	Nähere Bezeichnung	Spec. Gewicht 15°	Alkohol Vol.-%	mg in 100 ccm Branntwein: Extrakt	Säuren	Aldehyde	Furfurol	Ester	Höhere Alkohole	mg auf 100 ccm absol. Alkohol: Säuren	Aldehyde	Furfurol	Ester	Höhere Alkohole	Gesammt-Verunreinigungen
	Aus Wein von: Jahrgang														
4	Aunis pure, La Rochelle 1875	0,9113	61,0	102,0	69,6	17,7	0,6	8,8	105,9	114,0	28,9	1,0	144,3	173,6	461,8
5	Aunis pure, La Rochelle 1893	0,9032	64,6	30,0	36,0	8,8	0,7	102,1	180,7	55,7	13,5	1,1	158,8	279,7	508,0
6	Aunis, gut, aber nicht garantirt 1879	0,9111	61,1	80,0	36,0	14,7	0,6	49,3	58,1	58,9	23,9	1,0	80,6	95,2	259,6
7	St. Marie, Ile de Ré . . . 1893	0,9045	64,0	60,0	74,4	10,9	0,7	107,4	140,7	116,2	16,9	1,1	167,6	219,6	521,4
8	Saintonge . 1880	0,9157	59,0	—	62,4	16,5	1,4	98,6	94,3	105,7	27,9	2,3	167,0	159,8	462,7
9	Saintonge . 1896	0,8947	68,2	0	12,0	16,4	1,8	42,2	177,2	17,5	23,9	2,6	61,9	259,8	365,7
10	Aunis, distil. sur lie . . 1896	0,9011	65,5	0	14,4	3,1	0,9	126,7	124,5	21,9	4,7	1,3	193,4	190,5	411,3
11	Ile de Ré . . 1896	0,8903	70,0	0	12,0	16,8	1,5	93,3	153,9	17,1	23,9	2,1	133,4	219,8	396,3
12	Cognac Bois . . 1817	—	31,8	262,0	126,0	11,5	1,0	41,2	196,0	394,0	36,0	3,1	128,7	612,5	1174,3
13	Cognac Champagne 1852	—	34,9	300,0	120,3	14,9	1,0	59,4	141,8	343,7	42,4	2,8	169,7	405,5	963,6
14	Cognac Armagnac 1856	—	49,8	180,0	72,0	15,5	0,4	61,6	99,9	146,7	31,4	0,7	125,5	203,5	507,8
15	Cozes . . . 1874	0,9571	37,0	—	74,4	17,0	0,2	35,2	94,0	201,0	46,0	0,4	95,1	254,0	596,5
16	Saintonge, Cozes 1896	—	67,9	55,0	19,2	2,5	0,3	64,6	252,9	28,2	3,6	0,4	95,1	372,0	498,3
17	Gémozac — 1893	0,9075	64,5	—	64,8	20,9	0,5	89,8	143,0	100,4	32,3	0,8	139,1	221,7	494,3
18	Gémozac — 1896	0,9022	66,0	—	19,2	7,7	0,8	66,9	171,6	29,0	11,5	1,2	101,3	260,0	403,0
19	Gémozac — 1893	—	64,5	130,0	64,8	22,3	1,1	109,5	222,7	100,6	34,5	1,6	170,0	345,8	652,5
20	Gémozac cru de Tesson 1896	—	65,9	15,0	14,4	6,6	1,3	72,0	187,4	21,9	9,9	2,0	109,4	284,8	428,0
21	Champagne (15—20-jährig) —	—	59,0	200,0	66,0	77,7	0,9	81,0	144,0	111,8	30,0	1,6	137,2	244,0	504,6
22	Saintonge . . 1896	—	69,9	60,0	12,0	11,8	2,8	73,9	169,6	17,4	17,1	4,0	107,1	245,7	391,3
23	Saujon . . . 1896	—	66,2	20,0	14,4	5,4	1,1	100,3	138,5	21,7	8,1	1,7	151,5	200,1	353,1
24	La Sarthe (Mans) —	—	48,4	96,0	33,0	13,7	0,2	123,5	137,9	68,0	28,4	0,4	254,6	283,0	634,4
25	La Rochelle . 1893	0,8999	65,9	25,0	36,0	2,8	0,7	118,4	75,0	54,6	10,5	1,0	179,6	113,8	359,5
	Mittel	0,9116	58,8	166,9	50,3	15,7	0,9	74,3	144,6	85,6	26,7	1,6	126,4	246,0	486,3

b) Normale Kognaks.

No.	Nähere Bezeichnung	Spec. Gewicht	Alkohol	Extrakt	Säuren	Aldehyde	Furfurol	Ester	Höhere Alkohole	Säuren	Aldehyde	Furfurol	Ester	Höhere Alkohole	Gesammt-Verunreinigungen
				g											
1	Kognak (Weinbrand)	0,9351	51,5	1,236	76,9	13,2	0,8	68,6	85,7	149,0	25,5	1,6	133,2	166,3	475,5
2	Kognak (Weinbrand)	0,9585	39,9	1,460	84,0	7,7	0,3	37,0	42,5	210,0	19,2	0,7	92,6	106,0	428,5
3	Kognak (Weinbrand)	0,9415	50,2	2,224	74,4	15,1	0,6	125,0	66,3	148,2	30,0	1,2	248,9	131,7	560,0
				mg											
4	Kognak (Weinbrand)	0,8440	86,9	10,0	9,6	11,8	0,2	293,9	147,6	11,0	13,5	0,2	338,2	169,7	532,6
5	Kognak (Weinbrand)	0,8468	86,0	10,0	14,4	12,3	0,05	225,3	75,6	16,7	14,3	0	261,9	87,9	380,8
	Mittel	0,9052	62,9	998,0	51,9	12,0	0,4	150,0	83,5	82,4	19,1	0,6	238,4	132,8	473,3

c) Handels-Kognaks, bekannte Marken.*) **)

No.	Nähere Bezeichnung	Spec. Gewicht	Alkohol	Extrakt	Säuren	Aldehyde	Furfurol	Ester	Höhere Alkohole	Säuren	Aldehyde	Furfurol	Ester	Höhere Alkohole	Gesammt-Verunreinigungen
				g											
1	Kognak, 1 Stern .	0,9127	49,0	1,768	14,4	10,6	0,5	26,4	31,9	29,3	21,7	0,9	51,8	65,1	168,8
2	„ 2 „ .	0,9418	49,0	1,764	14,4	10,8	0,5	31,7	38,9	29,3	22,1	0,9	64,6	79,3	196,2

*) Nach der Analyse sind No. 4, 9, 11, 15 reiner Weinbrand, die übrigen ausser No. 16 mit Industrie-Alkohol verschnittene Weinbranntweine, No. 16 ist ein aromatisirter Industrie-Alkohol.

**) Der Gehalt an Zucker (Glukose) betrug (g in 100 ccm):

No.	1	2	3	4	5	6	7	11	12	13	14
Zucker	1,666	1,666	2,380	0,961	1,136	1,214	2,650	0,607	0,641	0,555	0,462

No.	15	16	17	18	19	20	21
Zucker . .	0,396	0,806	0,781	1,562	0,446	0,607	0,607

Der Farbstoff bestand bei sämmtlichen Kognaks aus Tannin.

No.	Nähere Bezeichnung	Spec. Gewicht 15°	Alkohol Vol.-%	Extrakt g	mg in 100 ccm Branntwein: Säuren	Aldehyde	Furfurol	Ester	Höhere Alkohole	mg auf 100 ccm absol. Alkohol: Säuren	Aldehyde	Furfurol	Ester	Höhere Alkohole	Gesammt-Verunreinigungen
3	Kognak, seit 20 Jahr. in Flaschen . .	0,9462	48,5	2,460	16,8	10,9	0,6	28,2	7,8	34,6	22,3	1,0	57,8	16,0	131,7
4	Grande Champagne, Jahrg. 1834 . .	0,9470	45,0	1,060	105,6	20,1	0,8	33,4	156,5	234,6	44,7	1,9	74,3	347,7	703,2
5	Kognak, 1 Stern .	0,9415	48,8	1,244	14,4	8,2	0,8	42,2	56,4	29,5	16,8	1,0	86,5	115,5	249,3
6	„ 2 „ .	0,9415	48,5	1,340	14,4	11,4	0,6	33,4	46,6	29,6	23,3	1,0	68,9	96,0	218,8
7	Fine Champagne de la Cie X. . . .	0,9490	47,7	2,704	45,6	11,0	0,7	35,2	42,8	97,0	23,4	1,4	74,8	91,0	226,3
8	Kognak, geringere Marke	0,9415	47,3	0,652	24,0	3,6	0,5	26,4	22,9	50,7	11,2	1,0	55,8	48,3	167,0
9	Kogn., bessere Marke	0,9585	39,9	1,460	84,0	7,7	0,3	7,0	42,5	210,0	19,2	0,7	92,6	106,0	428,5
10	Eau de vie . . .	0,9484	45,0	1,600	31,2	5,0	0,4	22,9	33,4	69,3	11,2	0,8	50,8	74,2	206,3
11	Kognak: Marke X. Y. .	0,9378	50,0	0,752	50,4	9,3	0,5	38,7	75,0	100,8	18,6	1,0	77,4	150,0	347,8
12	desgl.	0,9372	50,0	0,748	38,4	7,9	0,5	35,2	55,0	76,8	15,8	1,0	70,4	110,0	274,0
13	1 Stern . . .	0,9370	50,5	0,636	40,8	6,8	0,7	49,3	55,0	80,7	13,4	1,4	97,5	110,0	303,0
14	2 „ . . .	0,9370	50,0	0,500	31,2	7,5	0,6	44,0	55,0	62,4	15,0	1,2	88,0	110,0	276,6
15	Siegel X. Y. .	0,9273	54,0	0,504	48,0	12,9	0,6	38,7	78,0	88,8	23,9	1,0	71,7	144,3	329,7
16	Siegel Silber, 3 Stern	0,9372	50,0	0,972	9,6	3,0	0,1	15,8	8,8	19,2	6,0	0,2	31,7	17,5	74,6
17	„ roth, 1 „	0,9372	50,0	0,956	28,8	9,1	0,5	33,4	30,0	57,6	18,2	0,9	66,8	60,0	203,5
18	„ weiss, 5 „	0,9433	49,5	1,760	45,6	12,1	0,5	32,5	46,6	92,1	24,5	1,0	71,1	94,4	283,1
19	„ braun, 3 „	0,9372	49,5	0,568	45,6	11,1	0,5	33,4	42,5	92,1	22,4	1,0	69,5	85,8	270,8
20	1 Stern . . .	0,9396	48,5	0,648	12,0	9,1	0,6	31,7	43,5	24,7	18,8	1,0	65,3	89,6	199,4
21	1 „ . . .	0,9596	48,5	0,668	12,0	10,3	0,6	29,9	45,5	24,7	21,1	1,0	61,6	93,8	202,2
	Mittel	0,9409	48,5	1,127	34,6	9,5	0,5	31,9	48,3	71,3	19,6	1,0	65,8	99,6	257,3

d) Verschnitt-Kognaks derselben Firma.*)

No.	Nähere Bezeichnung	Spec. Gewicht	Alkohol	Extrakt	Säuren	Aldehyde	Furfurol	Ester	Höhere Alkohole	Säuren	Aldehyde	Furfurol	Ester	Höhere Alkohole	Gesammt-Verunreinigungen
1	C. M., Preis 2,50 Fr.	0,9363	50,8	1,360	21,6	6,6	0,5	19,4	25,4	42,5	12,9	0,9	38,1	49,9	144,3
2	C. G., „ 3,50 „	0,9378	50,0	1,396	26,4	6,4	0,5	21,1	32,0	52,8	12,8	1,0	42,2	64,0	172,8
3	L. d.'H. „ 5,00 „	0,9396	49,7	1,496	31,2	6,9	0,6	22,9	40,3	62,7	13,9	1,1	46,0	81,0	204,7
4	T. d.'O. „ 6,00 „	0,9443	47,8	1,624	36,0	8,1	0,6	29,9	47,3	75,3	16,9	1,2	62,6	99,0	255,0

e) Kunst-Kognaks.

No.	Nähere Bezeichnung	Spec. Gewicht	Alkohol	Extrakt mg	Säuren	Aldehyde	Furfurol	Ester	Höhere Alkohole	Säuren	Aldehyde	Furfurol	Ester	Höhere Alkohole	Gesammt-Verunreinigungen
1	„Alter Kognak“ .	0,9495	43,5	640,0	9,6	2,3	0,3	8,8	12,8	22,0	5,3	0,7	20,2	29,3	77,5
2	„Alter Kognak“ .	0,9303	34,2	172,0	4,8	Spur	0,1	8,8	Spur	14,0	0	0,3	25,7	0	40,0
3	„Alter Kognak“ .	0,9605	34,5	160,0	4,8	1,4	0,1	7,0	Spur	13,9	3,9	0,2	20,5	0	38,5
4	„Eau de vie“. . .	0,9657	30,0	56,0	4,8	1,1	0,1	3,5	4,6	16,0	3,6	0,3	11,7	15,2	46,8
5	„Alter Kognak“ .	0,9523	41,5	468,0	28,8	0,6	0,1	3,5	6,8	69,3	1,4	0,1	8,5	16,3	95,6
6	„Alter Kognak“ .	0,9052	64,0	24,0	7,2	1,0	0,2	8,8	Spur	11,2	1,6	0,3	13,7	0	26,8
7	„Alter Kognak“ .	0,9504	41,5	112,0	9,6	Spur	Spur	3,5	13,3	23,1	0	0,1	8,4	31,4	63,5
8	„Alter Kognak“ .	0,9557	38,0	208,0	12,0	2,2	0,3	12,3	Spur	31,5	5,7	0,9	32,4	0	70,5
	Mittel	0,9462	40,9	230,0	10,2	1,1	0,2	7,0	4,7	24,9	2,8	0,4	18,2	11,5	57,8

*) Der Farbstoff bestand bei allen vier Kognaks aus Tannin und Karamel.

III. Weintresterbranntweine.

a) Trester-Kognaks von bekannter Herkunft.

No.	Nähere Bezeichnung	Spec. Gewicht 15°	Alkohol Vol.-%	mg in 100 ccm Branntwein: Extrakt	Säuren	Aldehyde	Furfurol	Ester	Höhere Alkohole	mg auf 100 ccm absol. Alkohol: Säuren	Aldehyde	Furfurol	Ester	Höhere Alkohole	Gesammt-Verunreinigungen
1	Aus Trestern von Bourgogne . .	0,9592	35,3	28,0	57,6	14,2	0,1	103,8	38,5	163,1	40,2	0,2	294,2	109,0	606,7
2	Aus Trestern von Montpellier . .	0,9355	49,6	10,6	105,6	55,5	0,9	272,8	146,0	212,9	111,8	0,1	550,0	294,3	1169,1
3	Aus Trestern von —	0,9332	51,0	60,0	110,4	15,3	0,1	139,0	50,0	216,4	29,9	0,1	278,0	98,0	622,4
4	Aus Trestern von le Beaujolais .	0,9361	50,0	440,0	33,6	130,0	0,4	228,8	110,0	67,2	260,0	0,7	457,6	220,0	1005,5
5	Aus Trestern von Bourgogne . .	0,9467	44,0	36,0	50,4	102,6	0,3	73,9	61,6	114,5	233,1	0,6	168,0	140,0	656,2
6	Aus Trestern von Auvergne .	0,9359	50,0	60,0	57,6	75,0	0,2	114,4	55,0	115,2	150,0	0,4	228,8	110,0	604,4
7	Aus Trestern von Auvergne .	0,9324	51,0	32,0	31,2	73,4	1,4	79,2	163,2	61,1	144,0	2,6	155,2	320,0	682,9
8	Aus Trestern von Bourgogne . .	0,9532	42,5	1952,0	139,2	103,5	0,4	230,6	158,4	327,5	243,4	1,0	542,5	372,7	1487,1
	Mittel	0,9415	46,7	327,3	73,2	71,2	0,5	155,3	97,8	156,7	152,5	1,0	332,5	209,4	852,1

b) Trester-Kognaks von mittlerer Güte.

No.	Nähere Bezeichnung	Spec. Gewicht 15°	Alkohol Vol.-%	Extrakt	Säuren	Aldehyde	Furfurol	Ester	Höhere Alkohole	Säuren	Aldehyde	Furfurol	Ester	Höhere Alkohole	Gesammt-Verunreinigungen
1	Ohne nähere Bezeichnung	0,9507	41,0	48,0	0	29,1	0,1	19,4	23,4	0	73,3	0,2	47,2	57,1	177,8
2		0,9445	45,0	24,0	36,0	19,0	0,1	61,6	57,1	80,0	42,3	0,2	136,8	126,9	386,2
3		0,9547	38,2	56,0	24,0	10,8	0,1	38,7	18,9	62,8	28,3	0,3	101,3	49,4	242,1
4		0,9553	38,0	48,0	14,4	12,8	0,1	38,7	64,0	37,8	33,6	0,2	101,8	168,4	341,8
5		0,9570	37,1	80,0	19,2	26,0	0,1	19,4	19,0	52,0	70,0	0,3	52,1	51,2	225,6
6		0,9507	41,0	40,0	2,4	21,8	0,1	12,3	18,9	5,8	53,1	0,2	30,0	46,0	135,1
7		0,9527	40,0	—	16,8	23,4	0,1	24,6	16,6	42,0	58,4	0,1	61,6	41,5	203,6
8		0,9529	40,0	48,0	19,2	10,0	0,1	19,4	33,3	48,0	24,9	0,2	48,4	83,2	204,7
	Mittel	0,9523	40,4	49,1	16,5	19,1	0,1	29,3	31,4	40,8	47,3	0,2	72,5	77,7	238,5

IV. Kirschwasser.

No.	Nähere Bezeichnung	Spec. Gewicht 15°	Alkohol Vol.-%	Extrakt	Säuren	Aldehyde	Furfurol	Ester	Höhere Alkohole	Säuren	Aldehyde	Furfurol	Ester	Höhere Alkohole	Gesammt-Verunreinigungen
1	Kirschwasser von bekannter, zuverlässiger Herkunft*)	0,9339	50,0	44,0	43,2	6,0	0,6	89,8	51,0	86,4	12,0	1,1	179,5	102,0	381,0
2		0,9339	50,0	28,0	50,4	8,5	0,4	52,8	60,0	100,8	17,0	0,7	105,6	120,0	344,1
3		0,9338	50,0	44,0	45,6	4,4	0,3	72,2	33,7	91,2	8,8	0,6	144,3	67,4	312,3
4		0,9361	49,1	32,0	48,0	2,0	0,5	105,6	61,7	97,7	4,1	0,9	215,5	123,8	441,5
5		0,9345	50,0	64,0	36,6	3,5	0,3	86,5	67,5	73,2	7,0	0,6	172,9	135,0	388,7
6		0,9347	50,0	88,0	43,2	4,5	0,3	93,3	75,0	86,4	8,9	0,6	186,5	150,0	432,4
7		0,9345	50,0	72,0	52,2	5,3	0,3	111,0	85,7	104,0	10,6	0,6	221,7	171,4	508,7
	Mittel (No. 1—7)	0,9345	49,9	53,1	45,7	4,9	0,4	87,3	62,1	91,6	9,8	0,8	174,9	124,4	401,5
8	Kirschwasser von normaler Zusammensetzung*)	0,9345	49,9	164,0	25,8	4,0	0,2	92,0	44,6	51,6	8,0	0,3	184,0	89,2	343,1
9		0,9350	50,3	208,0	53,4	5,9	0,4	107,2	45,6	106,1	11,6	0,8	213,1	90,6	422,2
10		0,9339	50,0	1,2	100,8	5,0	0,4	24,6	65,0	201,6	10,0	0,8	49,3	130,0	391,7
11		0,9343	50,0	—	62,4	5,0	0,7	205,9	150,0	124,0	10,0	1,3	411,8	300,0	847,9
12		0,9431	45,3	216,0	45,6	3,9	0,2	95,0	50,0	100,6	8,5	0,3	209,8	110,3	429,5
13		0,9339	50,0	28,0	43,2	6,0	0,6	89,8	51,0	86,4	12,0	1,1	179,5	102,0	381,0
14		0,9339	50,0	28,0	50,4	8,5	0,4	52,8	60,0	100,8	17,0	0,7	105,6	120,0	344,1
15		0,9351	49,6	268,0	50,4	4,0	0,2	90,6	56,9	101,6	8,0	0,5	182,7	114,7	407,5
	Mittel (No. 8—15)	0,9355	49,4	130,5	54,0	5,4	0,4	94,7	65,4	109,2	10,9	0,4	191,7	132,4	448,6

*) Der Gehalt an Blausäure betrug (mg in 100 ccm):

No.	1	2	3	4	5	6	7	8	9	10	11	12	13	14	15
Blausäure	4,0	4,0	3,3	4,2	4,3	4,3	4,4	2,3	3,8	4,0	5,4	5,0	3,1	4,0	4,4 mg

No. 1—4, 10 u. 13 enthielten Spuren und No. 11, 12, 14 u. 15 keine Benzoësäure; No. 5—9 sind darauf nicht geprüft.

No.	Nähere Bezeichnung	Spec. Gewicht 15°	Alkohol Vol.-%	mg in 100 ccm Branntwein: Extrakt	Säuren	Aldehyde	Furfurol	Ester	Höhere Alkohole	mg auf 100 ccm absol. Alkohol: Säuren	Aldehyde	Furfurol	Ester	Höhere Alkohole	Gesammt-Verunreinigungen
16	Kunst-Kirschwasser*)	0,9436	45,0	28,0	4,8	1,1	0,1	7,0	6,0	10,6	2,4	0,1	15,6	13,4	42,1
17	Kunst-Kirschwasser*)	0,9585	36,5	32,0	7,2	0,3	0	3,5	Spur	19,6	0,8	0	9,6	Spur	30,0
18	Kunst-Kirschwasser*)	0,9592	36,0	388,0	14,4	0,1	0	10,6	Spur	40,0	0,3	0	29,6	Spur	69,9
19	Kunst-Kirschwasser*)	0,9445	45,0	56,0	14,4	0,2	0	3,5	Spur	32,0	0,3	0	7,7	Spur	40,0
20	Kunst-Kirschwasser*)	0,9519	40,0	68,0	2,4	0,2	0	3,5	Spur	6,0	0,4	0	8,7	Spur	15,1
21	Kunst-Kirschwasser*)	0,9468	43,5	86,0	4,8	1,2	0	22,9	Spur	11,0	2,6	0	52,4	Spur	66,0
22	Kunst-Kirschwasser*)	0,9324	51,0	Spur	9,6	7,2	0,3	28,2	31,6	18,8	14,1	0,5	55,2	62,0	150,6
23	Kunst-Kirschwasser*)	0,9345	50,0	52,0	9,6	1,4	0,1	12,3	15,4	19,2	2,8	0,1	24,6	30,7	77,4
	Mittel (No. 16—23)	0,9484	43,4	88,8	8,4	1,5	0,1	11,4	6,6	19,4	3,4	0,2	26,4	15,3	64,6
	V. Rum.														
1	Rum von bekannter, zuverlässiger Herkunft: Martinique, 2-jährig	0,9346	50,4	280,0	136,8	23,8	2,3	142,6	55,4	271,4	47,1	4,6	281,2	109,9	714,2
2	Rum von bekannter, zuverlässiger Herkunft: bester	0,9258	55,0	512,0	122,4	13,6	0,7	112,6	31,6	222,5	24,5	1,2	204,8	57,4	510,4
3	—	0,9385	51,0	1740,0	204,0	17,4	2,3	91,5	153,0	400,0	35,1	4,5	179,4	300,0	919,0
4	Guadeloupe	0,9334	51,0	208,0	144,0	0,2	13,4	88,0	67,3	282,3	0,3	26,1	172,5	131,9	613,1
5	Martinique, Marke X.	0,9450	46,0	436,0	122,4	14,2	0,7	130,2	36,9	266,0	30,9	1,5	283,1	80,1	661,6
6	reiner	0,8850	50,0	—	79,2	5,6	2,5	179,5	26,0	158,4	11,2	5,0	359,0	52,0	630,6
7	—	0,9225	56,5	324,0	136,8	6,9	1,2	135,5	123,6	242,1	12,1	2,0	239,8	236,5	732,5
8	—	0,9484	44,0	436,0	122,4	10,0	1,1	95.0	135,8	278,1	22,7	2,4	216,0	308,6	827.8
	Mittel (No. 1—8)	0,9292	50,5	562,3	133,5	11,5	3,1	121,9	78,7	264,4	22,8	6,1	241,4	155,8	690,5
9	Rum von normaler Zusammensetzung: Martinique	0,9234	55,5	392,0	134,4	10,2	0,8	65,1	53,2	242,1	18,3	1,3	130,2	96,2	488,1
10	Guadeloupe	0,9215	56,6	228,0	144,0	12,8	1,1	59,8	42,1	254,4	22,5	1,9	105,7	74,4	458,9
11	Réunion	0,9168	58,5	56,0	93,6	12,5	0,8	70,4	76,0	160,0	21,3	1,3	120,3	129,8	432,7
12	Jamaïque	0,8925	69,5	636,0	122,4	15,4	2,1	308,0	62,6	176,0	22,1	2,9	443,1	93,9	738,0
13	—	0,9422	48,0	976,0	129,6	26,2	2,5	102,1	99,0	270,0	54,5	5,2	212,6	206,2	748,5
14	—	0,9415	49,0	1148,0	117,6	10,2	1,6	110,9	61,2	240,0	20,8	3,3	226,2	124,8	615,1
15	—	0,9396	49,0	820,0	146,4	10,8	1,5	132,0	51,6	298,7	22,0	3,0	269,3	105,1	698,1
	Mittel (No. 9—15)	0,9253	55,2	608,0	126,9	14,0	1,5	121,2	64,2	229,9	25,4	2,7	219,6	116,3	593,9
16	Verschnitt-Rum (mit Industrie-Alkohol verschnitten)	0,9640	34,5	948,0	36,0	5,2	0,4	35,2	23,8	104,3	14,9	1,0	102,0	68,9	291,1
17	Verschnitt-Rum (mit Industrie-Alkohol verschnitten)	0,9536	40,0	684,0	50,4	4,9	0,5	22,9	16,4	126,0	12,3	1,1	57,2	40,8	237,4
18	Verschnitt-Rum (mit Industrie-Alkohol verschnitten)	0,9593	36,0	336,0	45,6	3,8	0,3	29,9	41,1	126,6	10,6	0,9	83,1	114,0	335,2
19	Verschnitt-Rum (mit Industrie-Alkohol verschnitten)	0,9450	46,0	548,0	50,4	4,4	0,5	65,1	20,3	109,5	9,5	1,1	141,5	44,1	305,7
20	Verschnitt-Rum (mit Industrie-Alkohol verschnitten)	0,9391	49,0	440,0	60,0	3,0	0,7	35,2	43,2	122,4	6,0	1,3	71,8	88,1	289,6
21	Verschnitt-Rum (mit Industrie-Alkohol verschnitten)	0,9594	36,1	492,0	33,6	6,1	0,4	33,4	11,5	93,0	19,6	1,0	92,6	31,9	238,1
22	Verschnitt-Rum (mit Industrie-Alkohol verschnitten)	0,9470	43,3	408,0	76,2	8,1	0,5	45,8	12,4	175,9	18,7	1,2	105,6	28,6	330,0
23	Verschnitt-Rum (mit Industrie-Alkohol verschnitten)	0,9263	54,5	408,0	62,4	13,1	1,0	66,9	34,9	114,4	24.0	1,8	122,7	64,0	326,9
	Mittel (No. 16—23)	0,9442	42,4	533,0	51,8	6,1	0,5	41,8	26,7	122,2	14,4	1,2	98,6	63,0	299,4

*) Sämmtliche 8 Proben enthielten grosse Mengen Benzoësäure.

Der Gehalt an Blausäure betrug (mg in 100 ccm):

No.	16	17	18	19	20	21	22	23
Blausäure . .	0,4	0,2	0,3	0,2	0,1	0,5	0,4	0,8 mg

No.	Nähere Bezeichnung	Spec. Gewicht 15°	Alkohol Vol.-%	mg in 100 ccm Branntwein: Extrakt	Säuren	Aldehyde	Furfurol	Ester	Höhere Alkohole	mg auf 100 ccm absol. Alkohol: Säuren	Aldehyde	Furfurol	Ester	Höhere Alkohole	Gesammt-Verunreinigungen
24	Kunst-Rum	0,9604	35,0	540,0	0	4,1	0,3	17,6	11,6	0	11,5	0,9	50,2	33,0	95,6
25	Kunst-Rum	0,9460	46,2	1264,0	45,6	4,1	0,2	26,4	5,5	98,7	8,8	0,4	57,1	11,7	176,7
26	Kunst-Rum	0,9396	47,5	224,0	16,8	0,8	Spur	12,3	Spur	35,3	1,7	0	25,9	0	62,9
27	Kunst-Rum	0,9252	55,0	424,0	36,0	3,2	0,4	24,6	4,6	65,4	5,7	0,6	44,8	8,3	124,8
28	Kunst-Rum	0,9564	38,2	416,0	9,4	1,8	0,2	21,1	Spur	24,6	4,6	0,4	55,0	0	84,6
29	Kunst-Rum	0,9557	38,5	364,0	4,8	3,3	0,3	17,6	Spur	12,4	8,5	0,8	45,7	0	67,4
	Mittel (No. 24—29)	0,9472	43,4	538,7	18,8	2,9	0,2	19,9	3,6	43,3	6,7	0,5	45,8	8,3	104,6
	VI. Aepfelbranntwein von normaler Zusammensetzung.														
1	Calvados . . .	0,9383	48,5	128,0	79,2	29,8	0,8	114,4	83,5	163,2	61,5	1,6	235,8	172,1	631,2
2	Calvados . . .	0,9427	46,2	64,0	153,6	11,8	1,6	308,0	125,1	332,4	25,4	3,3	666,6	270,8	1298,5
3	Aepfelbranntwein	0,9137	60,0	80,0	48,0	9,7	0,7	154,9	183,5	80,0	16,2	1,1	258,1	305,7	661,1
4	Aepfelbranntwein	0,9064	63,2	12,0	76,8	20,2	1,4	154,9	87,5	121,5	31,9	2,2	246,0	138,4	540,0
5	Aepfelbranntwein	0,9045	64,0	64,0	50,4	16,8	0,8	149,6	115,2	78,7	26,1	1,2	233,7	180,0	519,7
6	Fruchtbranntwein .	0,9086	62,8	72,0	72,0	26,6	0,3	154,9	352,1	114,6	42,3	0,4	246,6	560,6	964,5
7	Aepfelbranntwein .	0,9034	64,5	72,0	67,2	12,4	0,5	179,5	64,5	103,9	19,1	0,8	277,9	100,0	501,7
	Mittel	0,9168	58,5	70,3	78,2	18,2	0,9	173,7	144,5	133,7	31,1	1,5	296,9	247,0	710,2
	VII. Whisky.														
1	Special irischer Whisky, 8-jährig .	0,9322	51,1	92,0	26,4	14,3	1,8	26,4	167,2	51,6	27,9	3,6	51,6	327,2	461,9
2	desgl. (sehr alt) . .	0,9339	50,2	128,0	19,2	15,5	2,0	26,4	176,7	38,2	30,8	3,9	52,5	351,9	477,3
3	Schottischer Whisky 6-jähr.	0,9324	51,0	168,0	26,4	16,6	2,0	40,5	140,8	51,9	32,5	4,0	79,3	276,0	443,7
4	Schottischer Whisky 9 „	0,9320	51,2	116,0	33,6	14,4	1,9	38,7	122,8	65,4	28,0	3,9	75,6	239,7	412,6
5	Schottischer Whisky —	0,9345	50,0	164,0	24,0	13,3	2,0	33,4	120,0	48,0	26,6	4,0	66,8	240,0	385,4
6	Schottischer Whisky (sehr alt)	0,9359	50,0	268,0	33,6	15,0	2,0	38,7	132,0	67,2	30,0	4,0	77,4	264,0	442,6
7	Whisky aus Paris .	0,9526	40,2	44,0	4,8	6,1	0,9	15,8	52,8	11,9	15,3	2,2	39,4	131,4	200,2
	Mittel	0,9362	49,1	140,0	24,0	13,5	1,8	31,4	130,3	48,9	27,5	3,7	63,9	265,4	409,4
	VIII. Absinth.														
1	Ohne nähere Bezeichnung	0,9382	48,0	156,0	12,0	12,6	0,1	3,5	150,7 *)	25,0	26,2	0,1	7,3	313,8	—
2	Ohne nähere Bezeichnung	0,8966	67,6	172,0	28,8	15,5	0	7,0	261,4 *)	42,6	22,9	0	10,4	371,9	—
3	Ohne nähere Bezeichnung	0,9246	55,0	36,0	2,4	0,5	0,1	10,6	—	4,3	0,9	0,1	19,2	—	—
4	Abs. aus der Schweiz	0,9340	50,5	108,0	9,6	2,5	0	12,3	425,0 *)	18,8	4,9	0	24,3	840,0	—
5	Ohne nähere Bezeichnung	0,9453	44,0	52,0	4,8	9,1	0	7,0	—	10,9	20,7	0	16,0	—	—
6	Ohne nähere Bezeichnung	0,9353	50,0	80,0	7,2	10,0	0	7,0	—	14,4	20,0	0	14,1	—	—
7	Ohne nähere Bezeichnung	0,9157	59,0	92,0	7,2	5,2	0,2	7,0	—	12,2	8,7	0,3	11,9	—	—
8	Ohne nähere Bezeichnung	0,9131	64,0	24,0	7,2	0,6	0,1	14,1	—	11,2	1,0	0,1	22,0	—	—
	Mittel	0,9254	54,8	90,0	9,9	7,0	0,1	8,6	—	18,1	12,8	0,2	15,7	—	—

*) Höhere Alkohole und Essenzen.

IX. Verschiedene Spirituosen.

No.	Nähere Bezeichnung	Spec. Gewicht 15°	Alkohol Vol.-%	mg in 100 ccm Branntwein: Extrakt	Säuren	Aldehyde	Furfurol	Ester	Höhere Alkohole	mg auf 100 ccm absol. Alkohol: Säuren	Aldehyde	Furfurol	Ester	Höhere Alkohole	Gesammt-Verunreinigungen
1	Anisette aus Marseille	0,9592	37,5	Spur	4,8	0,8	—	5,3	—	12,8	2,1	—	14,0	—	28,9
2	Raki*) aus Algier .	0,9424	46,7	Spur	2,4	5,8	0,2	38,7	—	5,1	12,4	0,4	82,9	—	100,8
3	Genèvre du Nord .	0,9391	47,5	52,0	19,2	4,7	0,1	8,8	13,3	40,4	9,9	0,3	18,5	27,9	97,0
4	Industrie-Alkohol**)	0,8890	70,5	—	28,8	44,3	0	119,3	13,9	40,8	62,8	0	1696,8	197,1	1997,5
5	Industrie-Alkohol**)	0,9665	29,1	—	81,6	0	Spur	144,3	27,9	280,4	0	0	495,9	95,8	872,3
6	Raki*) von Ohio .	0,9684	37,0	3420,0	2,4	5,2	0,2	7,0	—	6,4	14,0	0,4	19,0	—	39,8
7	Vulnéraire . .	0,9545	38,5	80,0	4,8	2,6	Spur	3,5	15,4	12,4	6,8	0	9,1	40,0	68,3
8	Vulnéraire . .	0,9567	37,0	80,0	12,0	1,1	Spur	3,5	16,3	32,4	3,0	0	9,5	44,1	89,0
9	Pflaumenbranntwein	0,9355	50,2	32,0	50,4	7,8	1,5	125,0	61,0	100,3	15,5	2,9	248,9	121,5	489,1
10	Pflaumenbranntwein	0,9467	43,1	56,0	52,8	8,3	0,9	70,4	104,4	122,5	19,1	2,0	163,3	242,2	549,1
11	Im Laboratorium hergestellte Destillate aus Wein der Champagne .	—	67,0	345,0	75,0	27,2	1,9	126,9	122,4	110,3	80,0	2,8	186,5	180,0	559,6
12	Im Laboratorium hergestellte Destillate aus Rosinenwein von Samos .	—	50,0	—	14,4	13,9	0,1	51,0	144,9	369,2	36,8	0,1	130,8	371,5	908,4
13	Im Laboratorium hergestellte Destillate aus Erdbeerwein .	—	50,0	—	4,8	5,8	Spur	10,6	Spur	9,6	11,6	0	21,1	0	42,3
14	Im Laboratorium hergestellte Destillate aus Wermuth . .	—	50,0	—	36,0	21,4	0,6	121,4	90,0	72,0	42,8	1,1	242,8	180,0	538,7
15	Im Laboratorium hergestellte Destillate aus Wein von frischen Rosinen	—	58,0	—	43,2	17,4	0,2	220,0	110,2	74,4	30,0	0,3	379,3	190,0	674,0
16	Im Laboratorium hergestellte Destillate aus Wein von Kognak . .	0,9453	44,0	—	19,2	10,8	0,6	75,7	102,6	43,6	24,6	1,4	172,0	233,1	474,7

Untersuchungs-Verfahren:

1. Alkohol durch Destillation und Spindeln bei 15° C.
2. Spec. Gewicht mittels Pyknometers bei 15° C.
3. Extrakt: 25 oder 50 ccm wurden bei 105°—110° 7—8 Stunden getrocknet.
4. Säuren: Durch Titration von 25 oder 50 ccm mittels einer $^1/_{10}$-N.-Alkalilauge; Indikator Phenolphtalein.
5. Aldehyde: Kolorimetrisch mittels des Gayon'schen Reagenzes (durch Natriumbisulfit entfärbte, schwach saure Fuchsinlösung).
6. Furfurol: Kolorimetrisch in 10 ccm mittels essigsauren Anilins.
7. Ester: Durch Verseifen von 50 oder 100 ccm durch $^1/_{10}$-N.-Kalilauge und Zurücktitriren des Alkali-Ueberschusses.
8. Höhere Alkohole: 50 ccm Branntwein wurden mit 1 g salzsaurem Metaphenylendiamin in der Hitze versetzt (um die Aldehyde zu binden); dann wurde destillirt und vom Destillat 10 ccm mit 10 ccm reiner konc. Schwefelsäure durch Unterschichten und darauf folgendes plötzliches Vermischen und Erhitzen gefärbt. Die entstandene Färbung wurde darauf mit der eines ebenso behandelten Isobutylalkohols von bekanntem Gehalt verglichen.

---

*) „Raki“ ist ein Anis-Branntwein.

**) No. 4 zeigte im Anfange, No. 5 am Ende schlechten Geschmack.

Zusammensetzung reiner portugiesischer Branntweine.*)

Nach Hugo Mastbaum (Zeitschr. Nahrungs- u. Genussm. 1903, 6, 97).**)

No.	Nähere Bezeichnung	Spec. Gewicht 17,5°	Alkohol Vol.-%	Milligramm in 1 Liter: Extrakt	Säure	Aldehyde	Furfurol	Ester	Höhere Alkohole	Milligramm auf 100 ccm absol. Alkohol berechnet: Säure	Aldehyde	Furfurol	Ester	Höhere Alkohole	Verunreinigungs-Koeffizient	Auf 100 Theile Gesammtverunreinigungen kommen: Säure	Aldehyde	Furfurol	Ester	Höhere Alkohole
1	Raffinirter Weinsprit	0,8241	93,95	672,0	144	198,5	4,0	1184,9	124,3	15,0	21,1	0,4	126,0	13,2	175,7	8,5	12,0	0,2	71,7	7,6
2		0,8245	92,86	40,0	24	46,8	Spur	1020,8	286,5	2,5	5,0	Spur	109,9	30,9	148,3	1,7	3,4	Spur	74,1	20,8
3	Weinbranntwein, hochfein	0,8592	81,80	12,0	144	40,0	1,6	528,0	1087,5	17,6	4,8	0,1	64,5	132,9	219,9	8,0	2,2	0,05	29,3	60,5
4	Weinbranntwein, fein oder rund	0,8698	78,80	120,0	168	12,4	1,4	774,4	1247,0	21,3	1,5	0,1	98,1	158,2	279,2	7,9	0,5	0,03	35,0	56,6
5		0,8708	78,46	212,0	264	243,7	8,6	830,9	836,7	32,5	31,0	1,0	105,9	106,6	277,0	11,7	11,2	0,3	38,3	38,5
5		0,8718	77,88	144,0	312	100,7	4,0	528,0	1259,0	40,0	12,8	0,5	67,1	161,8	282,2	14,2	4,5	0,2	23,7	57,4
7		0,8715	77,78	28,0	576	283,8	6,2	140,8	626,2	74,7	36,9	0,8	18,0	80,6	211,0	35,4	17,5	0,4	8,5	35,4
8		0,8722	77,15	216,0	288	125,2	3,9	963,0	1229,8	37,3	14,9	0,5	124,8	159,2	336,7	11,1	4,4	0,15	37,1	47,3
9		0,8727	77,04	240,0	240	30,7	5,8	554,2	Spur	31,0	3,9	0,7	71,9	Spur	107,5	28,8	3,7	0,6	66,9	Spur
10		0,8731	76,74	48,0	288	49,0	7,6	1425,6	643,8	36,2	6,3	0,9	185,8	83,9	313,1	11,6	2,0	0,3	59,3	26,8
11		0,8736	76,55	216,0	264	37,7	15,1	880,0	764,5	34,4	4,8	1,9	114,9	99,8	255,8	13,5	1,8	0,7	44,7	39,3
12		0,8755	76,26	77,2	240	39,9	4,0	764,6	2052,4	31,4	5,2	0,5	100,2	282,1	419,4	7,4	1,2	0,1	23,9	67,4
13		0,8788	75,19	588,0	456	314,9	3,1	1039,0	1004,6	60,6	41,8	0,4	138,1	133,6	374,5	16,0	11,2	0,1	39,9	32,8
14		0,8819	74,18	336,0	576	325,7	0,3	2763,2	1303,0	77,6	43,9	0,4	372,4	175,6	669,5	11,6	6,6	0,07	55,6	26,2
15	Tischweinbranntwein, zum Lagern	0,9004	68,29	15920,0	480	43,7	3,2	1266,7	875,5	70,2	6,4	0,4	185,1	128,5	390,6	17,9	1,7	0,1	47,4	32,9
16		0,9068	63,96	1640,0	624	141,7	7,0	1028,0	1417,0	97,5	22,1	1,0	160,7	221,5	503,0	19,4	4,4	0,2	31,9	44,1
17	Tischweinbranntwein, gewöhnlicher	0,9275	53,73	1168,0	144	270,0	1,8	1108,8	216,0	26,8	50,2	0,3	206,3	40,2	323,8	8,3	15,5	0,1	63,7	12,4
18		0,9283	53,34	1396,0	720	257,7	7,7	3097,6	1031,1	134,9	48,3	1,4	599,4	193,2	977,2	13,8	4,9	0,15	61,3	19,9
19		0,9301	52,44	80,0	216	100,0	0	457,6	500,0	41,1	19,6	0	87,2	97,2	245,1	16,7	8,0	0	35,4	39,8
20	Tischweinbranntwein, alter	0,9366	49,11	2152,0	552	788,2	5,8	704,0	1311,4	112,6	160,4	1,1	143,3	267,0	684,4	16,3	23,5	0,2	20,9	39,1
21	Weinbranntwein aus Nachwein	0,9326	51,50	120,0	384	154,7	3,6	844,8	2235,9	74,5	30,0	0,6	164,0	434,1	713,2	10,6	4,2	0,1	23,3	61,8
22	Weinbranntwein aus Trestern	0,9324	51,28	940,0	792	1709,8	1,6	1804,0	1300,0	154,4	333,4	0,3	351,7	253,5	1093,5	14,1	30,4	0,03	32,2	23,2
23	Kolonialbranntwein aus Zuckerrohr	0,9029	66,54	12490,0	1704	665,0	1,5	1390,4	1662,5	256,0	99,9	2,2	208,9	249,7	816,7	31,3	12,2	0,3	25,6	30,6
24	Branntwein aus Feigen	0,9026	57,07	188,0	480	171,0	1,3	1091,2	690,0	84,1	29,9	0,2	191,0	120,9	426,1	20,0	7,0	0,05	44,7	28,3
25		0,9306	52,09	144,0	1368	519,5	5,1	2012,0	0	243,4	99,7	0,9	386,2	0	730,2	33,3	13,7	0,1	52,9	0
26		0,9350	50,00	516,0	984	100,0	2,5	1126,4	440,0	196,8	20,0	0,5	225,2	88,0	530,5	37,1	3,8	0,1	42,4	16,6
27	Branntw. aus den Früchten von Arbutus europaeus	0,9425	45,95	540,0	1608	448,5	15,0	3520,0	439,2	349,9	97,6	3,2	766,2	96,2	1313,1	26,7	7,4	0,3	58,3	7,3

*) Das Aussehen und die Ergebnisse der Kostprobe waren folgende: 1. Bernsteinfarben, klar, rauh, sonst gut. 2. Farblos, klar, Geruch und Geschmack regulär. 3. Farblos, klar, rauh, rund, leidliches Aroma. 4. Farblos, klar, sanft, gut graduirt, von gutem Aroma und Geschmack. 5. Bernsteinfarben, klar, sanft, aromatisch, von gutem Geschmack. 6. Farblos, klar, gutes Aroma, gut graduirt, sehr befriedigend. 7. Farblos, klar, sanft, gut graduirt, gutes Aroma; gutes Fabrikat. 8. Leicht rosafarben, klar, sanft, gut graduirt, gutes Aroma; gutes Fabrikat. 9. Hell topasfarben, klar, sanft, gut graduirt, Geruch und Geschmack sehr befriedigend. 10. Klar, sanft, angenehm schmeckend, befriedigend. 11. Farblos, klar, etwas rauh, gutes Aroma, befriedigend. 12. Hell topasfarben, klar, angenehm schmeckend, gut graduirt, sanft, aromatisch, gut. 13. Farblos, klar, sanft, gut graduirt, gut. 14. Farblos, klar, rauh, befriedigend. 15. Hell topasfarben, klar, angenehmen Geschmacks, sanft, aromatisch, gutes Fabrikat. 16. Hell topasfarben, klar, aromatisch, sanft, gut graduirt, von sehr gutem Geschmack, alt. 17. Farblos, klar, sanft, rund, von gutem Aroma und Geschmack. 18. Bernsteinfarben, klar, rund. 19. Farblos, klar, rund, von gutem Geschmack, gutes Fabrikat. 20. Farblos, klar, sanft, rund, befriedigend. 21. Farblos, klar, rauh, von schlechtem Geruch und Geschmack. 22. Farblos, klar, von eigenthümlichem Geschmack, befriedigend. 23. Hell topasfarben, klar, von ausgesprochenem Geschmack, angenehm, gutes Fabrikat. 24. Farblos, klar, sanft, rund, von gutem Geruch und Geschmack, gut. 25. Farblos, klar, sanft, rund, von gutem Aroma. 26. Farblos, klar, sanft, rund, gutes Fabrikat. 27. Hell topasfarben, klar, sanft, angenehm, von sehr gutem Geruch und Geschmack; gutes Fabrikat.

**) Die Untersuchungs-Verfahren waren die des Pariser Städtischen Laboratoriums; vergl. darüber die Originalarbeit und S. 1517.

Alphabetisches Inhalts-Verzeichniss.